Gesamtverzeichnis des deutschsprachigen Schrifttums (GV) 1700 – 1910

Bearbeitet unter der Leitung von
Hilmar Schmuck und Willi Gorzny

Bibliographische und redaktionelle Beratung:
Hans Popst und Rainer Schöller

101

Mum - Nap

K · G · Saur München · New York · London · Paris 1984

CIP-Kurztitelaufnahme der Deutschen Bibliothek

Gesamtverzeichnis des deutschsprachigen Schrifttums
(GV) - Munchen, New York, London, Paris Saur
Bd 1 - 6 bearb unter d Leitung von Peter Geils
u Willi Gorzny
ISBN 3-598-30000-X

1700 - 1910 / bearb unter d Leitung von Hilmar
Schmuck u Willi Gorzny Bibliograph u red
Beratung: Hans Popst u Rainer Scholler

NE Schmuck, Hilmar [Bearb]

101. Mum - Nap. - 1984.

Techn. Realisierung und Druck Norbert Gärtner, Mainz-Kastel
Binden· Karl Schaumann, Darmstadt
Printed in the Federal Republic of Germany
ISBN 3-598-30000-X (Gesamtwerk)

MUM, Alois: Der Vokativ im Roman de Renart. — 1908. XIX Bl., 303 S. Diss. Graz, Univ.

Mum, Max I., Schutz gegen starke Verluste an öffentlichen Spielbanken durch Analyse. (24 S.) 12. Zürich 904. [C. Schmidt.] Schweizer Druck- u. Verlagshaus. n. 4. —

al-Mumallih. Abu 'l Charri 'l Momallechi ad Abu 'l Melchum sapientem carmen arabicum nunc primum editum latine et vernacule conversum interprete Guilielmo Gliemann. [Festschrift zu Christian Wolterstorff's 50jährigem Amtsjubilaeum.] Halis Saxonum 1828.

Mumbauer, Johs., s.: Jahrbuch, trierisches, f. ästhetische Kultur

Mumber, Georg (Weimar), Thomae Sagittarii quaestionum illustrium centuriae secundae decuria I et II. o. O. u. J. (3.75) 24370

Mumelter Manfred: Andreas Hofer im deutschen Drama.
H. 1907 PN 2304 Diss. Wien, Univ.

Mumelter, Frz. Jos., v. Sebertthal, Abänderungen d. geistl. Gerichtsbarkeit. 8. Wien, Krauß. 786.

Mumelter v. Seberntthal, Frz. Jos., († d. 1. Dec. 1798.) Abänderr. d. geistl. Gerichtsbarkeit. 8. Wien 786. v. Mösle. 16 Kr

MUMELTER [von Seberntthal Franz Josef]. Satze aus sammtlichen Theilen der Rechtsgelehrsamkeit nach einem historischen Leitfaden geordnet von - Schmidt, Wien 1786 20 S

— über d. Verdienste Oestreich. Regenten um das deutsche Reich. gr. 8. Wien 790. Beck. 2 Rthlr

— neuer Versuch über d. allgem. Weltgeschichte. 1r Bd, 1s u. 2s Stück. gr. 8. Wien 794, 95. Beck. 1 Rthlr 8 Kr 16. Haßlinger in Linz. 1 Rthlr 16 Kr

— Versuch e. systemat. Reichsgeschichte im Kleinen. 1r Bd. gr. 8. Wien 786. Krauß. 1 Rthlr 8 Kr (v. Mösle). 1 Rthlr

Mumhard, Heinr. Gtfr., Beleuchtung u. Auflös. einig. scheinbar. Hindernisse u. Schwierigkeiten, welche d. Wiederherstell. d. Julius-Carls-Universität entgegengest. werden könnten. Zur Prüf. d. hochverehrl. Ständen d. Hrzgth. Braunschw.-Wolfenbüttel u. d. Fürstenth. Blankenburg ehrfurchtsvoll vorgel. gr. 8. (2¾ B.) Helmstedt 831, (Fleckeisen.)

(——) Darstellung rc. d. Zustandes d. Stadt Helmstedt rc., s. Darstellung.

— libell. de praecip. spec., quibus debitoris debitores conveniri possunt. II Prts. 4. Helmst. 792. Fleckeisen. 8 Kr

Mumie, die, von Tammendorf. Histor. Novelle aus d. Anfange des 18n Jahrhunderts. 8. Crossen 836. (Guben u. Cottbus, Meyer.) ½ Rthlr

Mumien, die, s.a. die unsichtbare Loge.

— ausgestellt von Fr. Küchelbecker, m. K. 2 Bde. 8. Penig, Dienemann. 803.

Belinvav.

Muemler, Johann Ludwig Konrad

Mümler, Jh. Ldw. Konr., († d. 19. Mai 1787.) s. Abhandll. d. Akademie in Berlin.

Mümler, J.L.C. (Übers.):

s.: Abhandlungen, Physikalische und medicinische der Kayserlischen Akademie der Wissenschaften in Petersburg. Bd 1-2. Riga: 1782-83.

JB 6.192

– s H. Boerhave, Lehrsätze.

De Commercio animi et corporis. Helmstadii (1776:) Schnott. 28 s. 8°
Helmstedt, Med. Diss. v. 30. Dez. 1776

– s K. v. Mertens, v. d. Schwindsucht.

– s. J. v. Pinto, Kern.

Mümling, Th., humoristische Erinnerungen. Allerlei harmlose Geschichten. (112 S.) 8. Stuttgart 904. [Strecker & Schröder.] Birkach b. Stuttgart, H. Noack. 1.50; erm. Pr. — 60

(Ein Tagebuch in Bildern.) Meinen Mitarbeitern in Peking z. freundl. Erinnerung an ihren Chef Alfons v. Mumm, Kais. ausserordentl. Gesandter. (Berlin 1902: Graph. Ges.) (2 Bl., 208 Lichtdrucktaf.) quer-8°

— Bernhard Johann von (Westf. Adel), De facto tutorum a pupillis non praestando. Diss. jur. Präs. Jak. Friedrich Ludwig. [Halle] (Chr. A. Zeitler) 29. IV. 1704. 40 S. (5.50) 24372

— — Dasselbe. Halle/Magdeburg (J. Chr. Grunert) 19. XI. 1720. Rec. 1743. 40 S. (5.50) 24374

— — Dasselbe. Halle (Chr. A. Zeitler) 29. IV. 1704. 40 S. (5.50) 24373

Mumm, Elisab. v., die Pflichtfortbildungsschule des weibl. Geschlechts in hygien. Beziehung. Vortrag, geh. in der Generalversammlg. des niederrhein Vereins f. öffentl. Gesundheitspflege zu Cöln am 31. X. 1906. (14 S.) gr. 8. Bonn 906. M. Hager. n. — 30

Mumm, Herm. R., Eine eigene socialpolitische Theorie für die christlich-nationale Arbeiterbewegung. Referate auf der 12. Hauptversammlung der freien kirchlich-socialen Konferenz zu Karlsruhe i. B. am 4. IV. 1907 nebst Diskussionsreden. 8°. Berlin, Vaterländische Verlags- u. Kunstanstalt, 1907. (Hefte der freien kirchlich-socialen Konferenz, 41.)

Mumm, J. F., der erfahrene u. bewährte Obstwein- u. Champagner-Fabrikant. Aus langjähr. Erfahrn. mitgetheilt. 8. (5 B.) Berlin 835, (Lewent.)

Mumm, Martin, a. Frestedt, Referendar am Landgericht zu Altona: Zur Lehre von der Geldübermittlungspflicht. ⟨§ 270 BGB.⟩ Hamburg 1908: Berngruber & Henning. (VIII, 52 S.) 8° [J.]
Rostock, Jur. Fak., Ref. Lehmann, Diss. v. 25. April 1908
[Geb. 14. April 82 Frestedt, Kr Süder-Dithmarschen (Holstein); Wohnort: Altona; Staatsangeh. Preußen; Vorbildung: Gymn. Meldorf Reife O. 02; Studium: München 2, Berlin 3, Kiel 3 S.; Rig. 27 Febr. 08.]

Mumm, Otto: Beiträge zur Kenntnis der Autoxydationsvorgänge. Leipzig 1907: W. Engelmann. (48 S.) 8° ¶(Aus: Zeitschrift für physikalische Chemie Bd 59 H. 4.)
Kiel, Phil. Fak., Hab.-Schrift v. 1907

Mumm, Otto, aus Oldenburg (Holst.) Beiträge zur Kenntnis der Isoxazole. *Kiel 1902: P. Peters* (67 S.) 8°
Kiel, Phil. Diss. v. [31 Jan.] 1903

Mumm, R., Der Sozialismus vor Karl Marx und die soziale Bewegung. Hamburg, 1907 6 S.

Mumm, Rhard., s.: Christoterpe, neue.

— kirchlich-sociale Chronik. [Aus: „Kirchl. Jahrb."] 8. (40 S.) Gütersloh (901). C. Bertelsmann. n. — 50

— dasselbe (1902). 8. (22 S.) Ebd. (902). n. — 30

— kirchlich-soziale Chronik (üb. d. J. 1903—1905.) 8. Hagen (O. Rippel). n. 1. 30
1903. (18 S.) — 50. 1904. (18 S.) — 30. 1905. (13 S.) — 50. Sonderabdrucke aus: „Kirchl. Jahrb."

— s.: Führer durch das kirchliche Berlin.

— der neue Gewerkverein der Heimarbeiterinnen f. Kleider- u. Wäschekonfektion, s.a. Hefte der freien kirchlich-sozialen Konferenz.

— Der neue Gewerkverein der Heimarbeiterinnen für Kleider- und Wäschekonfektion. 8⁰. Berlin, Stadtmission, 1901. (Hefte d. Freien kirchlich-socialen Konferenz, Heft 17.)

Mumm, Rhard., s.: Jahrbuch, deutsch-evangelisches.

— s.: Kirchlich-sozial nach Theorie u. Praxis.

— Die öffentliche Mission u. die Presse, s.a. Flugschrift, kirchlich-soziale, Nr. 6.

Mumm, Reinhard· Die öffentliche Mission und die Presse. Von P. Lic. [Reinhard] Mumm. (Berlin: Vaterländ. Verl.- u. Kunstanst. [1909].) 12 S. 8⁰ [Umschlagt.]
(Kirchlich-soziale Flugschrift. Nr 6.)

Mumm, Reinhard, a. Düsseldorf: Die Polemik des Martin Chemnitz gegen das Konzil von Trient. T. 1. Mit einem Verzeichnis der gegen das Konzil von Trient gerichteten Schriften. Naumburg a./S. 1905: Lippert & Co. (VIII, 104 S.) 8°
Jena, Theol. Fak., Ref. Nippold, Diss. v. 22. Dez. 1899
[Geb. 25. Juli 73 Düsseldorf, Wohnort: Berlin; Staatsangeh.: Preußen; Vorbildung: Gymn. Düsseldorf; Studium: Bonn, Rig. 21 Dez. 99.]

— die Polemik des Martin Chemnitz gegen das Konzil v. Trient. Eine Untersuchg. 1. Tl. Mit e. Verzeichnis der gegen das Konzil v. Trient gerichteten Schriften. (VIII, 104 S.) gr. 8. Leipzig 905. A. Deichert Nachf. n. 2. —

— s.: Reform der Konfirmationspraxis.

— s.: Taschenbuch f. evangelische Arbeiter.

— Herm. Rafflenbeul, eine eigene sozialpolitische Theorie f. die christlich-nationale Arbeiterbewegung!, s.a. Hefte der freien kirchlich-sozialen Konferenz.

Eine eigene sozial-politische Theorie für die christlich nationale Arbeiterbewegung! Referate auf d. 12. Hauptversammlung d Freien-kirchlich soz. Konferenz zu Karlsruhe i B 1907 von Lic [Reinhard] Mumm u. Herm Rafflenbeul nebst Diskussionsreden Berlin Vaterland. Verl.- u Kunstanst 1907 97 S. 8°
(Hefte d. Freien kirchlich-sozialen Konferenz H 41) [09. 2969]

Mumm, Rud., die Gefängnißstrafe u. die bedingte Verurtheilung im modernen Strafrecht, s.a. Zeit- u. Streitfragen, deutsche.

Mumm, Rud.: Die Gefängnißstrafe u. die bedingte Verurtheilung im modernen Strafrecht. Hamburg 1891.
(Deutsche Zeit- u. Streit-Fragen hrsg. von v. Holtzendorff. N. F. Jg. 6, H. 87.)

Mumm, Rud., d. Gefängnißstrafe u. d. bedingte Verurtheilung im mod. Strafrecht. 2., verm. Ausg. gr. 8. (III, 68 S.) Hamburg 896. Verlagsanstalt u. Druckerei. n. 1. —

Mumm, Rud. Über Credit u. Genossenschaftswesen der Neuzeit m. Bezug auf das Handwerk. gr. 8. (24 S.) Straßb. i. E. 889, Heinrich. * — 50

Mumm, Rud., Lissabon 1897. Neue Bilder aus Portugal u. Spanien. [Aus: „Straßburger Post"] gr. 8. (V, 54 S.) Straßburg 898. (W. Heinrich.) n. 1. 20

—— Der Personal-Kredit u. die Kredit-Versicherung. Vortrag. gr. 8. (31 S.) Straßb. i. E. 891, (Heinrich). * — 40
Aus: Straßburger neueste Nachrichten, besonders abgedruckt.

Mumme, Erich, aus Westerlinde Über die Einwirkung von Chloressigsäure auf Anthranilsäure. *Halle a. S. 1901: O. Thiele.* (63 S.) 8°
Halle, Phil. Diss. v. 1901

Mumme, Fritz [aus Friedeberg i Neumark] Der Einfluss der Bewolkung auf die tagliche Temperaturschwankung. Halle a. S., Druck v Beyer & Munch, Berlin, 1891, 2 Bl, 38 S., 1 Bl., 2 Taf 8°
Halle, Phil Fak., Inaug.-Diss v [28. Jul.] 1891

Mummel, A., der grosse Krieg, s.a. Sammlung lebender Bilder Nr. 22.

Der grosse Krieg. Lebende Bilder aus d. deutsch-franz. Kriege 1870/71 von A Mummel. *Mühlhausen i. Th. G Danner [1901].* (14 S.) 8°
= Sammlung lebender Bilder No 22 [01. 8500]

Mummel, Anastasius, Fridolin der Hausknecht od. Der Spaziergang nach dem Eisenhammer, s.a. Carnevals-Bühne Nr. 3.

Fridolin der Hausknecht oder Der Spaziergang nach d Eisenhammer Ein klass. Drama in 5 auf einander folg Akten etwas sehr frei nach Schiller von Anastasius Mummel *Mühlhausen i. Th G Danner [1883]* (20 S.) 8° [A.]
= Karnevals-Bühne. No 3 [83 2343]

Mummelthey, Paul [pr. Arzt in Neustadt a. d. Dosse]: Aus d. chirurg. Klinik d. Univ. Kiel. Beitrag zur Behandlung der Coxitis ... Kiel, Druck v. P. Peters, 1895; 101 S., 1 Bl. 8.
Kiel, Med. Fak., Inaug.-Diss. v [4. Okt.] 1895

Mummenhoff, die modernen Geschütze der Fußartillerie, s.: Sammlung Göschen.

Mummenhoff, August [aus Elberfeld] Aus d Klinik f. Dermatologie u. Syphilis zu Bonn Beiträge zur Kenntnis über Lupus der Schleimhäute Bonn Univ Buchdr v Carl Georgi, 1889 39, 1 S. 1 Bl. 8°
Bonn, Med. Fak. Inaug.-Diss. v 23. Mai 1889

Mummenhof, Ernst. Altnürnberg, s.a. Bibliothek, bayerische.

Mummenhoff E, Alt-Nürnberg. (Bibliothek, Bayerische 22) Bamberg 1890

– Lutz Steinlingers Baumeisterbuch vom J 1452, s. Mitteilungen des Vereins für Geschichte der Stadt Nürnberg.

Mummenhoff, Ernst, die Burg zu Nürnberg. Geschichtl. Führer f. Einheim. u. Fremde. 12. (87 S. m. 8 Abb.) Nürnberg 896. J. L. Schrag. n. 1. —

— Führer durch d. Rathaus zu Nürnberg. M. Abb. v. F. Trost u. E. Lösch. Hrsg. vom Stadtmagistrat Nürnberg. 8. (66 S.) Nürnberg 896. (v. Ebner. — J. Ph. Raw's Verlag.) n.n. — 50

Geschichtliches über Nürnbergs Umgegend. Von Ernst **Mummenhoff.** (Separatabdruck aus der der 32 Wanderversammlung bayerischer Landwirte gewidmeten Festschrift.) Nürnberg 1895 8° m.

Mummenhoff, Ernst, der Handwerker in der deutschen Vergangenheit, s. a. Monographien zur deutschen Kulturgeschichte. 8. Bd.

Mummenhoff, Ernst. Der Handwerker in der deutschen Vergangenheit. Mit 151 Abbildungen und Beilagen [9 Tafeln] nach den Originalen aus dem fünfzehnten bis achtzehnten Jahrhundert. 142 S. gr.-8. Leipzig, Eugen Diederichs, 1901. [br. M. 4. —, geb. M. 5. 50]

Monographien zur deutschen Kulturgeschichte hrg. von Georg Steinhausen. (Band 8. Altertümliche Ausgabe.)

Das Hans Sachsfest in Nürnberg am 4. u. 5. Nov 1894. Im Auftr d. Festleitung Von Ernst **Mummenhoff**, Archivrat. (Vorr.: Bürgermeister Dr [Georg] v Schuh.) *Nürnberg. Selbstverl. d. Festleitung 1899.* (VIII, 300 S.) 8° [F.] [00. 7958

Die Königshausstiftung und die Königsstiftungshäuser in Nürnberg. Von Dr Ernst **Mummenhoff**. Mit 7 Abb. Zur 50j. Feier d. Eröffnung d. Königsstiftungshauses am 1. Mai 1857 Hrsg v Ausschusse d. Königshausstiftung. (Nürnberg) 1907 · U. E. Sebald. (18 S.) 8° [F.] [07. 11389 3

Der deutsch-französische Krieg von 1870/71 Zur 25jähr Erinnerungsfeier d. Jugend gewidmet von d. Stadt Nürnberg (Verf. von E[rnst] **Mummenhoff**, Stadtarchivar.) Nürnberg 1895: Tümmel. 32 S. 8° [10. 13044

Mummenhoff, E Georg Wolfg Karl Lochner Nekrolog, s. Mittheilungen des Vereins für Geschichte der Stadt Nürnberg.

— s.: Mitteilungen des Vereins für Geschichte der Stadt Nürnberg.

Der Neptunbrunnen zu Nürnberg seine Entstehung u Geschichte Festschrift z. Feier d Enthüllung d neuen Neptunbrunnens am 22 Okt 1902 Von Ernst **Mummenhoff**, Archivr *Nürnberg 1902 (E Nister)* (47 S.) 8° [F.] [02. 19. 0

Mummenhoff, R., der Reichsstadt Nürnberg geschichtl. Entwicklungsgang. Vortrag, geh. im grossen Rathaussaal zu Nürnberg d. 13. IV. 1898 am 5. deutschen Historikertag. gr. 8. (32 S.) Leipzig 898. Frdr. Meyer. n. 1. —

Die Pflege der Dichtkunst im alten Nürnberg Dramatische Szenen aus 3 Jahrhunderten von Ernst **Mummenhoff**, Emil **Reicke**, Heinrich **Tölke**. Hrsg vom Verein f Gesch d Stadt Nürnberg Mit 3 Taf — Nürnberg Schrag 1904 86 S 8°

Das Rathaus in Nürnberg. Von ERNST MUMMENHOFF. Mit Abbildungen nach alten Originalen, Massaufnahmen etc., sowie nach A. von Essenweins Entwürfen von Heinrich Wallraff. Im Auftrag und mit Unterstützung der Stadt Nürnberg herausgegeben vom Verein für Geschichte der Stadt Nürnberg. Nürnberg. 1891. Joh. Leonh. Schrag. 4°.

—— Das Rathhaus in Nürnberg. Mit Abbildgn. nach alten Originalen, Massaufnahmen etc., sowie nach A. v. Essenwein's Entwürfen v. Heinr. Wallraff. Im Auftrag u. m. Unterstützg. der Stadt Nürnberg hrsg. vom Verein f. Geschichte der Stadt Nürnberg. Lex.-8. (XIV, 365 S.) Nürnb. 892, J. L. Schrag. * 25 —; geb. * 28 —

— Hans Sachs. Zum 400jähr. Geburtsjubiläum des Dichters. Im Auftrag der Stadt Nürnberg. 1. bis 10. Taus. 8. (142 S. m. Abbildgn.) Nürnberg 894. (F. Korn.) n. — 50

– Studien zur Topographie und Geschichte der Nürnberger Rathhäuser, s. Mitteilungen des Vereins für Geschichte der Stadt Nürnberg.

— Nürnbergs Ursprung u. Alter in den Darstellungen der Geschichtsschreiber u. im Lichte der Geschichte. (VII, 141 S. m. 2 Plänen.) gr. 8. Nürnberg 908. J. L. Schrag. 4. —

Mummenhoff, Ernst: Volksspiele u. Vergnügungen, Spiel und Schießplätze im alten Nürnberg. Offizielle Zeitung für das XII. Deutsche Bundesschießen zu Nürnberg 1897 Nürnberg 1897. Druck u. Verlag Wilh. Tümmel.

Mummenhoff, Herm. (geb. Dortmund 15. 4. 1834) De haemorrhoidibus Berolini (1857) (29 S.) 8°

Berlin, Med. Diss. v. 27 Aug. 1857

Mummenhoff, R. s. Mummenhoff, Ernst

Mummenhoff, Wilhelm, Prof.: Die **Darstellungsweise Lessings** in seinen prosaischen Schriften. *Recklinghausen 1903: J. Bauer.* (S. 3—22.) 4°
Recklinghausen, G, P 1903 (419)

Die modernen Geschütze der Fußartillerie. Von [Wilhelm] **Mummenhoff**, Major Mit Textbildern. T 1 2. Leipzig G J. Göschen 1907. 2 Bde 8° [F.]

1. Vom Auftreten d. gezogenen Geschütze bis z. Verwendung d. rauchlosen Pulvers 1850–90.
2. Die Entwicklung d. heutigen Geschütze d. Fußartillerie seit Einführung d. rauchschwachen Pulvers. 1890 bis z. Gegenwart.

(Sammlung Göschen. 334. 362) [08. 15505 4

Mummens, Peter

— — De crimine Simoniae, ejusque larva politica. Disput. jur.-polit. Präs. Christoph Heinrich Amthor. Kiel (B. Reuther) März 1705. 44 S. (6.—) 24377

— — De feudorum Origine et Libris, Imprimis de codice mericutiano. Disput. jur. Präs. Samuel Reyher. Kiel (B. Reuther) Nov. 1704. 18 S. (5.—) 24376

Mummens, Peter (Eiderstadt), De quartis In Jure nostro occurrentibus, Et in Specie De quarta duplicata. Disput. jur. Präs. Samuel Reyher. Kiel (B. Reuther) April 1703. 16 S. (5.—) 24375

Mummenschanz zum Polterabend. 8. (V, 175 S.) Hannover 875, [Cohen und Risch.] Cohen's Verlag. *

Mummenthey, K., erstes Verzeichnis der Stein- und Erd-Denkmäler des Süderlandes unbestimmten Alters. Aufgestellt im Auftrage des Vereins für Orts- und Heimat-Kunde im Süderlande. gr. 8. (31 S. mit 6 Handskizzen in Lichtdr.) Hagen 888, (Butz.) *

Mummert, Richard, approb. Arzt aus Köben a. O., Schl.: **Aus** d. Kgl. pathol. Institut zu Greifswald. **Beitrag zur Aetiologie der Blutungen in Pons und Kleinhirn.** *Greifswald 1904: J. Abel.* (50 S.) 8°
Greifswald, Med. Diss. v 2. Febr. 1904

Mummsen, Jakob, s. Mumsen

Mummssen, Dietrich (Hamburg), De corde rupto. Leipzig (Langenheim) 13. IV. 1764. 42 S., 2 Taf. (5.—) 24378

Mumpitz, allerlei, für lachlustige Leute von Jocosus. 12. (48 S.) [Oberhausen 887.] Styrum, Spaarmann.

Mumsen, D. J., Gedanken üb. d. Luft u. ihr. Einfluß rc. 8. Hamb. Hoffmann. 787.

Mumsen, Jak., († d. 20. Juni 1819.)
s.a. Apologie der Bäume.

[MUMMSEN, JAC.], Apologie der Bäume. Der patriotischen Gesellschaft zugeeignet von einem alten abgängigen Ulme. Kiel. 1792. P.

— **Jakob** (Hamburg), De plethorae differentiis. Präs. Christian Gottlieb Ludwig. Leipzig (Langenheim) 31. I. 1766. 36 S. (5.—) 24380

– s Gedanken üb. die Luft.

– s. Nachr. v. epidem. Schnupfenkrankheiten.

– s. Pope, Versuch.

– s.a Reise nach Norwegen.

Mumsen, Jac., Reise d. Norwegen. gr. 8. Hamb. Bohn. 789.

Mumssen, Dietrich (Hamburg), Lentarum obstructionum theoriam delineat simulque viro Gottlob Sigmund Schneider (Zschopau / Meißen) .... Präs. Ernst Gottlob Bose. Leipzig (Salbach) 16. XII. 1763. 16 S. (5.—) 24379

Mumssen, Herm., fünf Predigten. Zum Besten d. heil. Dreifaltigkeit in Hamm. gr. 8. (5 B.) Hamburg 834, Perthes u. Besser.

Mumssen, H., Prüfung d. Ansichten d. Dr. Schleiden üb. Offenbarung, Auctorität d. heil. Schrift u. d. Inhalt d. christl. Glaubens. gr. 8. (2¼ B.) Hamburg 839, (Niemeyer.) •

— gegen das Sendschreiben des Dr. Schleiden an mich, eine Selbstvertheidigung im Interesse der guten Sache, 8. Hamburg 839. Niemeyer. ⅙ ℛ

— **Johann** (Hamburg), De navibus populorum belli tempore mediorum haud capiendis. Leipzig (C. Tauchnitz) 16. V. 1799. 36 S. (5.—) 24381

Mumssen, R., Wittenberg u. Wales! Erwiderung auf Glage's Schrift: Wittenberg od. Wales? (64 S.) 8. Neumünster (906). Vereinsbuchh. G. Ihloff & Co. n.n. — 10

Das Dasein Gottes. Von Rudgar **Mumssen**. Neumünster G. Ihloff & Co. [1908]. (31 S.) 8° [F.]
= **Mumssen**: Prüfet alles! H. 2 (08. 14311 8

Leib und Seele Von Rudgar **Mumssen**. Neumünster G. Ihloff & Co. (1908). (30 S) 8° [F]
= **Mumssen** Prüfet alles! H. 1 (08. 14360 8

Naturgesetz und Wunder Von Rudgar **Mumssen**. Neumünster G. Ihloff & Co. [1908]. (36 S.) 8° [F]
= **Mumssen** Prüfet alles! H 3. (08. 14311 8

Mumssen, Rudgar, prüfet alles! Abhandlungen üb. die Grundfragen der Weltanschaug. 1.—5. Heft. 8. Neumünster, Vereinsbuchh. G. Ihloff & Co. à — 30
(1—5 zusammen bezogen: 1. 20)
1. Leib u. Seele. (30 S.) (908.) — 2. Das Dasein Gottes. (31 S.) (908.)
3. Naturgesetz u. Wunder. (36 S.) (908.)
4. Wo ist der Himmel? (32 S.) (909.)
5. Der freie Wille. (40 S.) (909.)

Der freie Wille Von Rudgar **Mumssen** Neumünster Ihloff [1909]. 40 S. 8°
(Mumssen Prüfet alles! H 5) 09. 14125

Wo ist der Himmel? Von Rudgar **Mumssen** Neumünster Ihloff [1909]. 32 S. 8°
(Mumssen Prüfet alles! H 4) 09. 14124

Mun, Graf Alb. de, die Katholiken u. die Revolution. Rede bei Cassation seiner Wahl als Abgeordneter im französischen Parlamente am 16. November 1878. Ein weiterer Beitrag zur Würdigung unserer Lage, unserer Gegner u. unserer Waffen. gr. 8. (49 S.) München 879. Kellerer. n. — 80

—— Rede, gehalten in der Kammer der Abgeordneten Frankreichs am 21. Febr. 1878. Ein Beitrag zur Würdigung des Liberalismus. gr. 8. (40 S.) Ebendas. 878. *

— s.: Regesta archiepiscopatus Magdeburgensis.

Mun, Th. — **Blach**, R., Englands Schutz durch den Außenhandel. 8°. (211 S.) Wien Tempsky 1910. K 5. -
s.a. Blach, R.

Muna, B., Angelika. Den Frauen gewidmet. (V, 215 S.) 8. Oldenburg (906). Schulze. n. 3. —; geb. n. 4. —

Munblit, Chaim [aus Russland]: Ueber die Contagiosität der Syphilis und ihre Dauer ... Berlin, C. Vogts Buchdr., 1896; 31 S. 8.
Berlin, Med. Fak., Inaug.-Diss. v. 1. Dez. 1896

Munch, A., Jesu Bild. Gedicht. Aus dem Dän. von F. E. und E. F. 12. (72 S.) Leipzig 888, Fr. Richter. *
geb. *

Munch, Andr., die Brautfahrt der Königstochter. Gedicht in 12 Romanzen. Aus dem Norweg. übers. von F. v. K. Berlin 861. Haude & Spener. 16. (VII, 102 S.) 27 ngr.

— der Königstochter Brautfahrt. Norwegische Dichtung in 12 Romanzen. Deutsch von L. v. Arentsschildt. Hannover 866. Schmorl & v. Seefeld. 8. (V, 85 S.) cart. 15 ngr.

Munch, A., der Königstochter Brautfahrt. Ein Gedicht in zwölf Romanzen. Im Versmaß des Orig. und mit Genehmigung des Verf. übers. von Emil Jonas. Mit (eingedr. Holzschn.-) Illustr. von Lor. Frölich. gr. 4. (VII, 104 S.) Breslau 882, Schottländer. geb. mit Goldschn. *

—— Salomon de Caus. Eine Tragödie. Aus dem Norweg. Mit einer Vorrede von Joh. Wilh. Loebell. 8. (XV und 146 S.) Braunschweig 857, Schwetschke und Sohn.

Munch, Andr., die Jungfrau von Norwegen, s.a. Novellen-Sammlung.

Munch, A. Die Jungfrau von Norwegen. Historisch romantische Erzählung. Berlin 1865. Ü: *Strodtmann, Johann Sigismund.* (A)

—— Leid und Troſt. Nach der 5. Orig.-Aufl. aus dem Norweg. überſ. von F. v. K. 16. (XIII und 126 S. mit dem lithogr. Portr. und einem Vorwort des Dichters.) Berlin 860, Haude und Spener'ſche Buchh. geb.

Munch, Andr. Papſt u. Reformator. Hiſtoriſche Dichtg. Im Versmaaß d. Originals überſ. v. Emil Jonas. gr. 8. (VII, 123 S. m. Titelbild.) Berl. 892, A. Hofmann u. Comp. * 2 —

Munch, A., Lord William Ruſſell. Hiſtoriſche Tragoedie in 5 Acten. Aus d. Norweg. übertragen von John Heyliger Burt. Kopenhagen 858. Loſe u. Delbanco. 8. (153 S.) n. 20 ngr.

— William und Rachel Ruſſell. Hiſtoriſche Tragödie in 5 Akten. Unter ſpecieller Approbation des Dichters aus dem Norweg. übertragen von John H. Burt. 2., verb. Ausg. des „Lord William Ruſſell.“ Mit einem Anhang. Leipzig 860. Lorck. 8. (168 S.) n. 22½ ngr.

Munch, Anna, Frauen, ſ.a. Engelhorn's Romanbibliothek, 11. Jahrg.

[F.] Frauen. E. Stück Entwicklgsgeschichte. E. Erzählg aus Christiania v. Anna Munch. Autoris. Uebs. a. d. Norweg v M Grasshoff. *Stuttgart J Engelhorn 1895.* (159 S.) 1 Bd 8.
= Romanbibliothek, Engelhorns Allgemeine. Jg 11. Bd 20. (98. 10443 Gr

Munch, P. A., Aufschlüsse über das päpstliche Archiv. Hrsg. von Gust. Storm. Aus dem Dän. übers. von S. Löwenfeld. Lex.-8. (85 S.) Berlin 880, Weber. *
Aus: Archivalische Zeitschrift, besonders abgedruckt.

— det gotiske Sprogs Formlære med korte Læsestykker og Ordregister. [Med 1 stentrykt Blad indeholdende Skriftpröver.] gr. 8. (IV u. 115 S.) Ebd. 848. n. 1 ß

— forkfattet Fremſtilling af den ældſte nordiſke Runeſkrift og den i de ældſte Rune-Indſkrifter herſkende Sprogform. gr. 8. (VI u. 145 S. m. 1 lith. Taf.) Ebd. 848. n. 18 ngl

Munch, P. A., ſammenlignende Fremſtilling af det danſke, ſvenſke og tydſke Sprogs Formlære. gr. 8. (IV u. 31 S.) Chriſtiania 848, Feilberg & Landmark. n. 6 ngl

— Kart over det sydlige Norge, ester de bedste forhaandenværende Kilder, fornemmelig de ved Norges topographiske og hydrographiske Opmaaling anstillede astronomiske og geodætiske Iagttagelser, udarbeitet i Maalestokken 1 : 700000 af den sande Længde. 1 og 2. Section. gr. Fol. Lith. u. color. Christiania 845. 49, Cappelen. (Dahl.) (1: n. 2 ß 2: n. 2 ß 24 ngl) n. 4 ß 24 ngl

Munch, P. A., der Pangermanismus. Eine Schrift für Deutſchland und die nordiſchen Reiche gegen den däniſchen Skandinavismus und das Ruſſenthum. Aus dem Norweg. u. mit Anmerkungen. Hamburg 857. Hoffmann u. Campe. 8. (94 S.) 12 ngr.

—— über den Skandinavismus, ſ. Für und gegen Skandinavien.

— Sorg og Trøſt. Nogle Digte. 8. (VI u. 144 S.) Chriſtiania 852, Feilberg & Landmark. n. ½ ß

— die nordiſch-germaniſchen Völker, ihre älteſten Heimath-Sitze, Wanderzüge und Zuſtände. Eine Ueberſetzung der beiden erſten Abſchnitte von „Det norſke Folks Hiſtorie“ von Geo. Friedr. Clauſſen. Mit 1 (lith.) Ueberſichts-Charte über den Norden gleich nach der germaniſchen Einwanderung (in 4.). Lübeck 853. Dittmer. gr. 8. (VIII, 264 S.) n. 1 ß

Munch, P. A., das heroiſche Zeitalter der nordiſch-germaniſchen Völker, und die Wikinger Züge. Eine Ueberſetzung aus dem 3. und 4. Abſchnitte von „Det norſke Folks Hiſtorie“ von Geo. Friedr. Clauſſen. gr. 8. (VI und 253 S.) Lübeck 854, Dittmer'ſche Buchh. *

Münch, s.a Münnich

(MÜNCH): Beiträge zur Wissenschaft u. Literatur des deutschen Bundesrechts. I. Von der Unterscheidung zwischen Interessen u. Rechten bei Streitigkeiten unt. Bundesgliedern. *Bonn*, Weber. 823. 8. (12 Gr.)

Münch, Fahrdienſt, Betrieb u. Verkehr. Taſchenbuch für Eiſenbahnbeamte. (4. Aufl.) (IV, 256 S.) kl. 8. Arnsberg 906. F. W. Becker. Kart. n. — 80

Münch, d. heil. Franz. v. Aſſis, ein rührendes Beyſpiel eines wahren Büßers. Eine Predigt. 8. Augsburg, Kranzfelder.

Münch, Handbuch f. d. Stations- u. Abfertigungsdienſt. gr. 8. (X, 179 S.) Kaſſel 898. (E. Röttger.) n.n. 1. 25

Münch's, Hausſchatz. 1. u. 2. Bd. 12. Charlottenburg, R. Münch. à — 50; geb. à — 85; m. Goldſchn. à 1. 40
1. Dichtung, deutſche, der Neuzeit. Gedichte, durch die Dichter ſelbſt ausgewählt, von Alexis Aar, Frdr. Adler, Eufemia v. Adlersfeld-Balleſtrem u. a. (320 S.) (901.)
2. Skizzenbuch, deutſches. Skizzen u. Erzählgn., durch die Verff. ſelbſt ausgew. v. Valesca Gräfin Bethuſy-Huc, Carl Beyer, Marco Brociner u. a. (320 S.) (904.)

Münch (Nationalrath). Regesten der Grafen von Habsburg Laufenburgischer Linie 1198—1408, nebst urkundlichen Beilagen. Gr. in-8⁰, 201 S. Aarau, Sauerländer's Verlag. 1879.

Münch u. Weiler, Tafeln zur Berechnung der Zinſen aus jedem Kapitalbetrag in deutſcher Reichsmark, öſterr. Gulden, Franken, engl. u. amerik. Währg. von 1 bis 365 Tagen zu 3, 3½, 3¾, 4, 4¼, 4½, 4¾, 5, 5¼, 5½, 5¾ %. Nebſt Tabellen zur Zeitberechng., Umwandlg. der Reichsmünze in ausländ. Münzen, Beſtimmg. der Jahresgehalte u. Arbeitslöhne auf jede belieb. Zeit. 4. (X, 370 S.) Tauberbiſchofsheim 874. Lang. 4. —

— — daſſelbe zu 3, 3½, 4, 4¼, 4½, 4¾, 5, 5½ %. Nebſt Tabellen zur Zeitberechng., Umwandlg. der Reichsmünze in ausländ. Münzen, Beſtimmg. der Jahresgehalte u. Jahreslöhne auf jede beliebige Zeit. gr. 8. (XII, 370 S.) Ebend. 874. geb. 3. —

— ſ.: Taſchenbuch f. den Eiſenbahn-Fahrdienſt u. Perſonenverkehr.

Münch, siehe Weltverkehr.

Münch, Züge aus dem Leben des F. K. Straſſer, Schulproviſors zu Gattnau. 8. Landshut, Thomann. 819.

Münch. A. Abhandlung über die Wirkungen des Weins. D. Gießen. 1815.

Münch, A., die Münze zu Laufenburg. Beitrag zur Geschichte d. schweizerisch-oberrhein. Münzwesens vom 14. bis 17. Jahrhundert. Nebst e. Abriss der Geschichte d. Grafen v. Habsburg-Laufenburg Mit 3 (lith.) Münztaf. gr. 8. (96 S.) Aarau 874. Sauerländer n. 1. 60

— die Münzsammlung d. Kantons Aargau, s.: Argovia.

Münch, Alexander, Rechtsprakt.: Das Vereins- und Versammlungsrecht der Ausländer im Deutschen Reich und der Reichsangehörigen im Auslande. München 1909: Wolf. 54 S. 8°
Würzburg, Jur. Diss. v. 2. Aug. 1909, Ref. Piloty
[Geb. 31. Dez. 85 Lindau; Wohnort: München; Staatsangeh.: Bayern; Vorbildung: Gymn. Bensheim Reife O. 04; Studium: Heidelberg 1, Genf 3, München 5 S., Rig. 23. Juni 09.] [U 09. 4076

Münch, Aloys (Castellaun)
Abhandlung über die Wirkungen des Weins.
Giessen 1815. 14 S.
Diss. med. 13.9.1815. vorh. 7. Δ.

Münch, Amalie

Die Musik im Hause. Ästhetik d. Musik. Musikgeschichte u. musikal. Formenlehre. Von Amalie **Münch**. Leipzig & Berlin: B. G. Teubner 1909. (VI, 432 S.) 8° [F.]

— **Die Musik in Schule u. Haus.** 2 Tle. 8. Ebd. 907. 6.—; geb. in Leinw. 7. 20
1. Gesangmethodik u. Harmonielehre. (III, 248 S.) 2.40; geb. 3.—
2. Ästhetik der Musik. Musikgeschichte u. musikalische Formenlehre. (VI, 432 S.) 3.60, geb. 4. 20

Münch, A[rnold]. Das Armen-Soolbad in Rheinfelden. ⟨Canton Aargau.⟩ Mittheilungen über Gründung, Haushalt und Erfolge der Anstalt. SA. 8 Zürich 1868.

Münch, A[rnold]. Die Münzsammlung des Kantons Aargau ... Im Auftrag des h. aargauischen Regierungsrathes und der Historischen Gesellschaft des K. Aargau geordnet und beschrieben durch A. M'... [Mit 1 Tafel.] (Argovia. Band 7.) 8. Aarau 1871

Münch, Arthur [aus Hof]: Ueber ein exactes Verfahren zur Ermittlung der Entzündungstemperatur brennbarer Gasgemische ... Berlin, A. W. Schade's Buchdr., *1893*; 33 S. 8.
Heidelberg, Naturw.-math. Fak., Inaug.-Diss. v. [30. Okt.] 1893

Münch, Arth., üb. e. exactes Verfahren zur Ermittlung der Entzündungstemperatur brennbarer Gasgemische. Diss. gr. 8. (33 S. m. 1 Fig.) Berlin 894. (R. Friedländer & Sohn.) n. 1. —

Münch, Barth.

— **christl. Andachtsübungen zur Verehrung d. heil. Altarsakraments. 12. Augsb. 791.**

***Münch,* Barth., († d. 18. Febr. 1806.) brevis ac solida dilucidatio psalmorum et cantic. in breviario rom. contentor. 8maj. Augsb. 791. M, Rieger. 1 fl 8 kr**

Münch, Burchard Friedrich: Praktische Abhandlung von der Belladonna und ihrer Anwendung, besonders z. Vorbauung u. Heilung d. Wuth nach d. Bisse von tollen Hunden. Nebst 2 ausgemahlten Kupfertaf. Göttingen 1785. XVI, 408 S.

Münch, Burch. F., Kurtze Anweisung, wie die belladonna (in Hundswuth) anzuwenden ist. 408 S. Gött. 8°. *Blumenbach,* Bibl. II, 450.

1785

Burchardus Fridericus Münch: De belladonna efficaci in rabie canina remedio. Goettingae (1781:) Rosenbusch. 47 S. 8°
Göttingen, Med. Diss. v. 11. Okt. 1781

Muench, Burch. Fr., De belladonna, efficaci in rabie canina remedio. 217 pp. Gött. 4°. *Frank,* Del. opusc. med. Lps. 1790, I, p. 250—330. Sein Vater, Geistlicher, hatte dies Mittel oft angewendet.

1781

Muench, C., De clausulis a Valerio Maximo adhibitis. Diss. 1909. 65 S. 2.—

Münch, C., s. Zais, A., christkathol. Gebetbüchlein.

Münch, C. G. H., Gedichte. 8. Basel, Neukirch. 819.

Münch, Chr., Erinnerungen an das Jugendfest in Basel, welches den 5. u. 6. Heumonats 1841 gefeiert wurde. Im Auftrage der Jugendfest-Commission bearb. 8. (VIII u. 86 S. m. 1 Tab. in qu. Fol. u. 3 lith. Taf. in 8. u. Fol.) Basel (842) 849, Schabelitz. n. 1/3 ß

Münch, Chr., Schmids biblische Geschichte, in Form eines historischen Bibel-Katechismus. 8. Gmünd, Ritter. 817.

Muench, E s.a. Münch, Ernst Hermann Josef

— König Enzius. Beitr. z. Gesch. d. Hohenstaufen. 8. Ludwigsb. 827. Rast. 18 kr

Münch, E. König Enzio. Mit Urkunden. (24 B.) 8. Stuttgart 1841. 6,50.

— Epistolae obscurorum, s. Hutten, Opera, Vol. VI.

Muench, P. E. Festpredigt zur Feier der glorreichen Siege (1870/71) gehalten 2c. vor den Fähnrichen der Kriegsschule u. deren Offizieren. Eggenfelden 1895. 16 S.

Münch, E. Zur Geschichte der Hohenstaufen. König Enzius. 8. Ludwigsburg 1828.

v Münch, E. König Manfred. 8 Stuttgart 1840.

Münch, Eduard (Viernheim)
Ueber Embolie der Arteria centralis retinae.
Giessen 1866. 28 S. u. 2 Bl. Thesen.
Diss. med. 17. Mai 1866. vorh. 26.7

Münch, Eduard, aus Straßebersbach: **Ueber die Metallverbindungen der Aldehyd- und Keton-Kondensationsprodukte der Säurehydrazide.** *Heidelberg 1903: J. Hörning.* (88 S.) 8°
Heidelberg, Naturw.-math. Diss. v. 1903

– Münch, Ernst, s.a. Münch, Ernst Hermann Josef von

Münch, Ernst. Ueber die neuesten Bewegungen in der Schweiz. 2 Artikel. [A.] 8. ([Leipzig] 1832.)

– s. **Bibliothek für das europ. Kirchenwesen.**

Münch, Ernst. Bibliothek auserlesener Schriften berühmter Männer des sechzehnten Jahrhunderts.... 1. [einziger] Theil s. Pirckheimer, Bilibald. B' Pirkheimers Schweizerkrieg.... Basel 1826.

– s. Flindt, H.: The Hive of Literature

– s. Hjort

– s. Hutten, U v: Jugenddichtungen

– s. Museum, Deutsches

-s Taschenbuch der neuesten Geschichte.

Münch, Ernst, Forstamtsass.: Untersuchungen über Immunität und Krankheitsempfänglichkeit der Holzpflanzen. Ludwigsburg 1909 Ungeheuer & Ulmer. 81 S. 8° ¶ (Aus: Naturw. Zeitschr. f. Forst- u. Landwirtschaft. Jg. 7.)

München, Staatswirtsch. Diss. v. 28. Jan. 1909, Ref. Frh. v. Tubeuf

[Geb. 26. Nov 76 Ruchheim, Wohnort: München, Staatsangeh.. Bayern; Vorbildung Gymn. Landau Reife Juli 95; Studium: Aschaffenburg Forstl. Hochsch. 4, München 4 S., Rig. 28. Jan. 09.] [U 09. 3268

-s F. G. Wanker's gesammelte Schriften.

Münch, Ernst Hermann Josef von, s.a. Münch, Ernst

Münch, Ernst (Herm. Jos.), Aletheia, Zeitschrift, s.a. Aletheia.

Aletheia durch Ernst Münch. Zürich, 1822. 8°.

Schweizerlieder aus W. Steiner's handschriftl. Sammlung. S. Rochholz, Eidgenöss. Liederchronik S. XVI u. Soltau 1 S. VII u. XVIII.

——, Maria v Burgund, s. oben dess. „die Fürstinnen" etc.

—— Denkwürdigkeiten. 1. Hft. Ueberſicht d. publizist.-literar. Wirksamkeit d. Verf. im Allgem. — A. u. d. T.: Abgenöth. Wort d. Zeit wider Anschuldigungen d. Parteigeistes; an d. deutsche Publikum. gr. 8. (10¼ B.) Stuttgart 832, Hallberger. Thlr.

Münch, Ernst (Herm. Jos. v.), Denkwürdigkeiten z. Gesch. d. Häuser Este u. Lothringen im 16. u. 17. Jahrh., besteh. aus ungedr. Briefen, Memoiren, Staatsrelationen. 1. Bd. — A. u. d. T.: Collection de lettres, mémoires, relations, chroniques, manuscrits ou très-rares pour servir à l'histoire des 15., 16. u. 17. siècles. Supplém. aux divers. collections de chroniques et mémoires qui ont paru en France et en Allemagne etc. 1. Part. gr. 8. (31¼ B.) Stuttgart 840, Hallberger'sche Vrlsh.

—— Denkwürdigkeiten z. polit. Reformations- u. Sittengeschichte d. drei letzt. Jahrh., mit besond. Rücksicht auf d. Auswüchse d. Institute d. röm. Papstthums, d. Jesuitismus u. d. Möncherei. 8. (28 B.) Stuttgart 839, Hallberger'sche Vrlsh.

Münch, Ernst, ausgewählte sämmtl. Dichtungen. Ausgabe letzter Hand. Mit Portrait. 8. Stuttgart 840. Cast. 1½ ß

—— sämmtl. Dichtungen. Ausg. letzt. Hand mit Auswahl. 8. (27½ B. u. M's. Bildn.) Stuttgart 841, Cast'sche Buchh.

Münch, E., helvetische Eichenblätter. (Gedichte.) gr. 8. Schafhausen. (Sauerländer in Aarau.) 820.

— helvetische Eichenblätter. (Gedichte.) gr. 8. Schafhaus. 830. (Sauerländer in Aarau). 1 ß

— Erinnerungen an ausgezeichnete Frauen Italiens, s. d. Renea v. Este.

Münch, Ernst (Herm. Jos.), Erinnerungen an ausgezeich. Frauen Italiens, ihr Leben u. ihre Schriften. 1. u. 2. Bd. — A. u. d. T.: Renea v. Este u. ihre Töchter: Anna v. Guise, Lukrezia v. Urbino u. Leonore v. Este. 1. u. 2. Bd. Aachen, Mayer. [1. 8. (26 B.) 831. 1 Thlr. 16 Gr., 2. gr. 12. (12 B.) 833. 1 Thlr. 8 Gr.]

Münch, Ernst (Herm. Jos. v.), Erinnerungen, Lebensbilder u. Studien aus d. ersten 37 Jahren e. teutschen Gelehrten, mit Rückblicken auf d. öffentl., polit., intellektuelle u. sittl. Leben v. 1815—1835 in d. Schweiz, in Teutschland u. d. Niederlanden. 1—3. Bd. gr. 8. (31, 27¼ u. 32½ B.) Carlsruhe 836—38, Müller'sche Hofbuchh. à 1¾ Thlr. Thlr.

—— Erinnerungen, Reisebilder, Phantasiegemälde u. Fastenpredigten a. d. J. 1828—1840. I. Thl. 8. (27 B.) Stuttgart 841, Cast'sche Buchh.

Münch, Ernst (Herm. Jos.) v., Erinnerungen, Reisebilder, Phantasiegemälde u. Fastenpredigten a. d. J. 1840 bis 1841. Hrsg. v. F. E. Pipitz. 2. Thl. gr. 8. (13½ B.) Stuttgart 842. [Frankfurt a. M., Jos. Baer.] 1 Thlr. 11½ Ngr.; Hrbgef. Pr. f. beide Bde.

—— die Fürstinnen d. Hauses Burgund-Oesterreich in d. Niederlanden. Aus Quellen. 1. Abthl. — A. u. d. T.: Maria v. Burgund, nebst d. Leben ihrer Stiefmutter Margaretha v. York, Gemahlin Karls d. Kühnen, u. allerlei Beiträgen zur Gesch. d. öffentl. Rechts u. d. Volkslebens in d. Niederlanden zu Ende d. 15. Jahrh., aus franz., fläm., holländ. u. teutschen Quellen. 2 Bde. 8. (63 B.) Leipzig 832, Brockhaus.

— Gedichte. 8. Basel 819. Neukirch. 1 ß 8 gr

—— allgem. Geschichte d. kathol. Kirche, von d. Ende d. Tridentin. Konziliums bis auf. uns. Tage. 1. u. 6. Abthl. gr. 8. Carlsruhe, Müller'sche Hofbuchh.

Abthl. 1. Die Lebensbeschreibungen u. Denkwürdigkeiten d. berühmt. Vorfechter f. geläut. Katholizismus. 1. Bd. — A. u. d. T.: Frà-Paolo Sarpi, sein Kampf mit d. röm. Kurialismus u. d. Jesuitismus; nebst Rückblicken auf sein übriges Leben u. Wirken u. seine Denkwürdigkeiten. (22¼ B.) 838. 1 Thlr. 12 Gr.

" 6. A. u. d. T.: Geschichte d. Emser Kongresses u. seiner Punktate, so wie d. damit zusammenhäng. Nuntiatur- u. Dispens-Streitigkeiten, Reformen u. Fortschritte d. teutschen kathol. Kirche zu Ende d. 18. Jahrh. A. d. Quellen bearb. (26¼ B.) 840. 1 Thlr. 16 Gr.

—— allgem. Gesch. d. neuesten Zeit, von d. Ende d. großen Kampfes d. europ. Mächte wider Napoleon Bonaparte bis auf uns. Tage. 6 Bde. (od. 7 Thle.) gr. 8. (229¼ B. u. d. Verf. Bildn., Stahlst.) Leipzig 833—35, Scheible's Verls.-Expedition.

—— allgem. Geschichte d. neuesten Zeit, v. d. Ende d. großen Kampfes d. europä. Mächte wider Napoleon Bonaparte, bis auf uns. Tage. Ein Supplem.-Werk zu d. Geschichts-Werken v. Becker, Pölitz, Rotteck u. And. Neue, wohlf. Ausg. 7 Bde. gr. 8. (... u. M's. Portr.) Stuttgart 836—38, [Scheible, Rieger u. Sattler.]

—— dass. — 2 Supplementbde. hierzu. gr. 8. Ebds.

A. u. d. Tiln.:

Allgem. Geschichte d. neuesten Zeit v. d. Ende d. J. 1830. Von Frz. Kottenkamp. 2 Abthln. (31½ B.) 837. 21 Gr.

Der Unabhängigkeitskampf d. span.-amerikan. Colonieen. Dargest. v. Frz. Kottenkamp. (29½ B.) 838. 1 Thlr. 6 Gr.

— Geschichte v. Brasilien. 2 Bdchen. gr. 12. Dresd. 829. Hilscher. 18 gr

—— Geschichte v. Brasilien. 2 Bdchn. gr. 12. (9½ B.) Dresden 829. [Zittau, Nauwerck.] 18 Gr., hrbgs. Pr.

Aus der „Allgem. histor. Taschenbibliothek 2c." besond. abgedruckt.

Münch, E., Geschichte des Hauses und Landes Fürstenberg. 4 Bde. Mit 5 Kpfrn. Aachen, Leipzig und Carlsruhe 1829—47. 8.

—— Gesch. d. Hauses u. Landes Fürstenberg. Nach Urkunden u. d. besten Quellen. Mit Urkunden u. and. Beiln. 3 Bde. gr. 8. Aachen, Mayer. [1. (33 B. u. 5 Stnt.) 829. 2 Thlr. 8 Gr., Vlnp. 3 Thlr. 12 Gr., 2. (24 B.) 830., 3. (25 B.) 832. à 2 Thlr., Vlnp. 3 Thlr.] 6 Thlr. 8 Gr., Vlnp.

Münch, Ernst (Herm. Jos.) v., Geschichte des Hauses und Landes Fürstenberg. Fortgesetzt von C. B. A. Fickler. 4. Bd. gr. 8. (XIV und 419 S. mit 2 Tab. in Fol. und 1 Stnt.) Karlsruhe 847, Macklot'sche Vrlsh.

—— Gesch. v. Columbia. 2 Bdchn. 12. (10 B.) Dresden 828. [Zittau, Nauwerck.] 1 Thlr., hrbgs. Pr.

Aus der „Allgem. histor. Taschenbibliothek 2c." besond. abgedruckt.

— Geschichte v. Columbien. 2 Bdchen. 8. Dresd. 828. Hilscher. 1 Thlr.

Münch, Ernst: Geschichte des Emser Kongresses und seiner Punktate, so wie der damit zusammenhängenden Nuntiatur- u. Dispens-Streitigkeiten . . . Aus d. Quellen bearb. Karlsruhe 1840.

—— Gesch. d. Mönchthums, s. Geschichte rc.

Münch, Ernst: Geschichte des Mönchthums in allen seinen Verzweigungen und Folgen für Kirche und Staat. Stuttgart 1828.

Bd 1. Archäologie des Mönchwesens. Nach dem Verf. der ordres monastiques.
„ 2. Ursprung und Beschaffenheit des Mönchwesens in den ersten Jahrh. der christl. Kirche. Aus J. G. v. Zimmermann. Mit Erl., Zus. u. Berichtigungen.

—— Gesch. d. Hauses Nassau-Oranien. 3 Bde. gr. 8. Aachen, Mayer. [1. (23¼ B.) 831. 1 Thlr. 16 Gr., Vlnp. 2 Thlr. 12 Gr., 2. (25½ B.) 832., 3. (23½ B. u. 8 Stammt. qu. gr. Fol.) 833. à 2 Thlr., Vlnp. 3 Thlr.]
5 Thlr. 16 Gr., Vlnp.

— Geschichte des Hauses Nassau-Oranien. 2r u. 3r Bd. Mit 8 Stammtaf. gr. 8. Aachen 833, 34. Mayer. (à 2 Thlr.) 4 Thlr., Velinp. (à 3 Thlr.) 6 Thlr.

Muench, Ernst

Die Geschichte von Portugal. Bdchn 1-3. Dresden: Hilscher 1827. 120 S. 8°

Münch, Er. Jos. Herm., Grundriß e. deutschen Alterthumskunde, zum Gebr. bei Vorlesungen u. zum Selbststudium. 8. Freiburg 827. Fr. Wagner. 12 Gr.

— Grundzüge e. Gesch. d. Repräsentationssystems in Portugal. gr. 8. Leipz. 827. Hinrichs. 1 Thlr. 8 Gr.

Münch, E. Die Heerzüge des christlichen Europas wider die Osmanen. T. 1—5. Basel 1822—26. 8°.

— die Heerzüge des christl. Europas wider die Osmanen u. d. Versuche d. Griechen zur Freiheit; von dem ersten Erscheinen der Osmanenmacht, bis zum allgem. Aufstande des hellen. Volkes im J. 1822. 1r—3r Thl. gr. 8. Basel 822—24. Schweighäuser. 2 Thlr. — 4r u. 5r Thl. A. u. d. T.: Gesch. des Aufstandes der hellen. Nation, von d. Ermordung des Patriarchen u. Erklärung des Kongresses v. Kalamata, bis auf unsere Tage. 2 Thle. gr. 8. Ebd. 825 u. 26. Ebd. 2 Thlr. 12 Gr.

—— Jugendbilder u. Jugendtraeume. (Ausgewählte Poesien.) Lex.-8. (33 B.) Lüttich 829. (Leipzig, Brockhaus; Aachen, Mayer.)

——, Ulrich v. Hutten's Jugend-Dichtungen, s. Hutten, U. v.

MÜNCH, Ernst, Jugendlieder und Jugendträume. Lüttich, Verlag von J. v. Sartorius-Delareux, Aachen und Leipzig, von J. A. Mayer. 1829. Imp.-8°. Velinp. mit breitem Rande. (Expl. in Gotha, Herzogl. Bibl.) (5 Mk., unbeschn. im Orig.-Umschl., Max Jaeckel, Potsdam, 1906.)

— Heinrich Zschocke's Leben rc., s. Hnr. Zschocke, ausgewählte Schriften, Supplement.

— eidgenössische Lieder. 8. Basel 822. 2e Aufl. 826. Schweighäuser. 15 Gr.

— Lukrezia und Gasparo, oder die zwei Liebenden zu Siena. Nach Aeneas Sylvio Piccolomini (Pabst Pius II.) bearbeitet. gr. 12. Ludwigsburg 833. (Stuttgart, Liesching.) ⅝ Thlr.

——, Lukrezia u. Gasparo, od. d. zwei Liebenden zu Siena. Nach Aeneas Sylvio Piccolomini (Pabst Pius II.) bearb. gr. 12. (5 B.) Ludwigsburg 833. (Nast.)

—— das Großh. Luxemburg, integrir. Theil d. teutsch. Bundes, in sein. ält. u. neuern histor.-staatsrechtl. Verhältnissen, mit Widerleg. der in d. Rapport d. belg. Ex-Ministers d. Auswärtigen an d. Regenten geltend gemacht Scheingründe. (Geschr. zu Ende Aprils 1831.) gr. 8. (7½ B.) Braunschweig, Vieweg.

——, Mahmud II. Padischah d. Osmanen; sein Leben, seine Regierung u. seine Reformen, nebst Blicken auf d. nächste Gegenwart, u. d. Zukunft d. türk. Reichs. gr. 8. (15 B. u. M's. Portr.) Stuttgart 839, Krabbe.

— Margaretha von Oesterreich, Oberstatthalterin der Niederlande. Biographie u. Nachlaß; nebst allerlei Beiträgen zur politischen und Litteraturgeschichte des 15n u. 16n Jahrh. 1r Thl. gr. 8. Stuttg. 833. Scheible's Verlags-Exped. $2\frac{1}{6}$ Thlr.

— Margariten. — Frauen-Charaktere aus älterer u. neuerer Zeit. 1. u. 2. Thl. gr. 8. Canstatt 840, 41, Vereinsbuchhandlung. 1½ Thlr.

—— Margariten. — Frauen Charaktere aus älterer u. neuerer Zeit. 2 Thle. gr. 8. (36 B.) Cannstatt 840, 41. [Ulm, Ebner.]

— s. Museum, niederländisches.

— Olympia Fulvia Morata. Beitr. z. Gelehrtengesch. Badens. gr. 8. Freiburg 827. Fr. Wagner. 9 Gr.

— Pantheon d. Geschichte des deutschen Volks rc., s. Pantheon.

— Charitas Pirkheimer, ihre Schwestern u. Nichten. Biographie u. Nachlaß. gr. 12. Nürnb. 826. Campe. 18 Gr.

– (Hrsg.), s. Prokesch von Osten, A.: Denkwürdigkeiten und Erinnerungen aus dem Orient

— Renea v. Este u. ihre Töchter: Anna v. Guise, Lukrezia v. Urbino u. Leonora v. Este. 1r Bd. A. u. d. T.: Erinnerungen an ausgezeichnete Frauen Italiens, ihr Leben u. Wirken. 1r Bd. 8. Aachen 831. Mayer. 1 Thlr. 16 Gr.

——, Karl v. Rotteck, geschild nach seinen Schriften u. nach seiner polit. Wirksamkeit; nebst e. Umriß sein. vorzügl. Lebensmomente u. Andeutn. zur Gesch. d. öffentl. Geistes in Süd-Teutschland. Zugleich Supplembd. zu Rotteck's „allgem. Geschichte" u. polit. Schriften. 8. (20½ B.) Haag 831, Hartmann jun. Schrbp 1 Thlr. 12 Gr., Vlnp.

—— histor. Rückblicke, polit. Zeitstimmen u. patriot. Ermahnungen. An d. Teutschen. 1. Hft. gr. 8. (5½ B.) Braunschweig 831, Vieweg.

—— vollständ. Sammlung aller ält. u. neuern Konkordate, nebst e. Gesch. ihres Entstehens u. ihrer Schicksale. 2 Thle. gr. 8. Leipzig, Hinrichs.
Thl. 1. Konkordate d. ältern Zeit. (33⅓ B.) 830. 2 Thlr. 18 Gr.
2. Konkordate d. neuern Zeit. (40 B.) 831. 3 Thlr. 18 Gr.

Münch, Ernst: Fra-Paolo Sarpi, sein Kampf mit dem römischen Kurialismus u. dem Jesuitismus. Karlsruhe 1838.

MÜNCH, Er. Jos. Herm.: Ueb. d. Schenkung Konstantins. Beitrag z. Literatur u. Kritik d. Quellen d. Kanon. Rechts u. d. Kirchengeschichte, gr. 8. *Freyburg*, Wagner. 824. (10 Gr.)

Münch, Er. Jos. Herm., üb. die Schenkung Konstantin's. Beitr. zur Literatur u. Kritik d. Quellen des Kanon. Rechts u. der Kirchengesch. gr. 8. Freiburg 825. Fr. Wagner. 10 gr

— die Schicksale d. alten u. neuen Cortes von Spanien. 2 Bde. gr. 8. Stuttg. 824 u. 27. Metzler. 2 ℔ 12 gr

— s. Schneller, Jul., hinterlass. Werke.

— vermischte histor. Schriften. 2 Bde. Mit d. Portr. d. Verf. 8. Ludwigsb. 828. Nast. 3 ℔ 16 gr weiß Pap. 4 ℔

Münch, Ernst (Herm. Jos.), vermischte histor. Schriften. 2 Bde. gr. 8. Ludwigsburg 828, Nast. [1. (23½ B. u. M's. Bildn.) 2 Thlr., wß. Pap. 2 Thlr. 4 Gr., 2. (20 B.) 1 Thlr. 16 Gr., wß. Pap. 1 Thlr. 20 Gr]
3 Thlr. 16 Gr., wß. Pap. Thlr.

—— Schwarzwaldrosen. (Gedichte.) 16. (5¼ B.) Aachen 831, Mayer.

— Pirkheimers Schweizerkrieg, s. a. Bibliothek auserles. Schriften berühmter Männer rc. 1r Theil.

— Wilibald Pirkheimers Schweizerkrieg u. Ehrenhandel mit seinen Feinden zu Nürnberg, nebst Biographie u. krit. Schriftverzeichniß. 8. Basel 826. Schweighäuser. 1 ℔ (Vergl. Bibliothek auserles. Schriften berühmt. Männer rc., 1r Thl.)

—— biograph.-histor. Studien. 2 Bde. 8. (30¼ u. 29 B.) Stuttgart 836, Hallberger'sche Vrlsh. à 1¾ Thlr.

—— und Gust. Bacherer, Taschenbuch d. neuesten Geschichte, s. a. Taschenbuch.

Münch, Ernst u. **Bacherer**, Gust.: Taschenbuch der neuesten Geschichte. Geschichte der Jahre 1834 bis 1836. Carlsruhe 1836—38. 3 Bde

— Franz v. Sikingens Thaten, Plane, Freunde u. Ausgang. Mit Kupfr. u. Urkunden. 1r Bd. gr. 8. Stuttgart 827, v. Cotta.

——, Franz v. Sickingens Thaten, Plane, Freunde u. Ausgang. 2. Bd. gr. 8. (22 B.) Stuttgart 828, Cotta.

—— dass. 3. Bd. (Codex diplomaticus. 2 Abthln.) — A. u. d. T.: Beiträge zur Gesch. d. teutsch. Adels, namentl. im 16. Jahrh. 1. Bd.: Zur Gesch. Franzens v. Sickingen, Philipps v. Flersheim u. A. gr. 8. (20 B.) Aachen 829, Mayer.

—— Tuba mirum spargens sonum, s. a. Tuba.

TUBA mirum spargens sonum, d. i. Lauttonender Lärmschuss u. Nothstoss oder sonnenklarer Beweis der sonnenklaren Wahrheit, dass das allerheil. Cölibat sowohl im Willen u. Wesen Gottes, als in der Natur u. Bestimmung der Kirche, des Priesters, des Bürgers u. Menschen, überhaupt in einer angebornen Idee begründet sey, mithin weder aufgehoben werden könne, noch solle, noch dürfe. (Verf.: *Ernst Joseph Herm. v. Münch.*) Kleinrinderfels (so!). Hrsg. vom Redakteur der Aletheia. Haag 1830. Gr. 8°. (In Aargau, Cantonsbibl.) 334 S. (6 Mk., schönes Expl., Frdr. Klüber, 1896.)

— die Türkenkriege, namentl. des 16. Jahrh. Aus d. Latein. u. Französ. rc. gr. 8. Zürich 821. Orell. 1 ℔

(——) Teutschlands Vergangenheit u. Zukunft, die Gefahren, welche ihm drohn, u. d. Mittel, dens. zu begegnen; e. Wort d. Zeit, d. Friedens u. d. Einigung an d. Regierungen u. d. Nation. gr. 8. (6 B.) Haag 830. [Rotterdam, Hartmann jun.]
Aus dess. „Aletheia" besond. abgedruckt.

—— dass. 2., verb. u. mit e. zweiten Sendschreiben verm. Aufl. gr. 8. (7½ B.) Haag 831. (Braunschweig, Vieweg.)

—— die letzten Zeiten d. Hohenstaufen, in e. Reihe v. Biographien u. Monographien, nebst d. Gesch. d. Volkspoesie d. 13. Jahrh., a. d. Quellen neu bearb. 1. Bd. — A. u. d. T.: König Enzio. A. d. Quellen neu bearb. mit Beiln. histor.-krit., poet. u. urkundl. Inhalts. gr. 8. (24 B.) Stuttgart 841, Cast'sche Buchh.

——, Heinrich Zschokke, geschildert nach seinen vorzüglichsten Lebensmomenten u. seinen Schriften, mit seinen Freunden u. Feinden; nebst allerlei üb. Leben u. Treiben, Geist u. Ungeist in kleinen Republiken. — A. u. d. T.: H. Zschokke's ausgewählte Schriften. — Supplementbdchn. 8. (20¼ B.) Haag 831. Gebr. Hartmann. (?) *

—— dass. — 16. (22 B.) Ebds. 831. * 1 Thlr., weiß Pap. *
Vorstehendes Werk ist im 8. Bde. fälschlich auf Zschokke verwiesen, dort jedoch absichtlich nicht aufgeführt worden.

—— römische Zustände u. kathol. Kirchenfragen d. neuesten Zeit. Beleuchtet. 8. (14¾ B.) Stuttgart 838, [Hoffmann'sche Vrlsbh.]

Münch, Eug., ein Fall v. Sarkom der Portio vaginalis uteri. Diss. gr. 8. (37 S.) Freiburg i/B. 899. Speyer & Kaerner. n. 1. —

Münch, Ferd., Grammatik der ripuarisch-fränkischen Mundart. (XVI, 214 S.) gr. 8. Bonn 904. F. Cohen. n. 4. —

Münch, Ferd., Methodik des deutschen Unterrichts in der Volksschule. Eine Anleitg. f. angeh. Lehrer u. Lehrerinnen. 3., verb. Aufl. gr. 8. (IV, 261 S.) Köln 900. M. du Mont-Schauberg. n. 3. 20

Münch, Ferd., Methodik des deutschen Unterrichts in der Volksschule. Eine Anleitg. f. angeh. Lehrer u. Lehrerinnen. Neubearb. v. Maria Münch u. Margar. Pilati. 4., verb. Aufl. (IV, 255 S.) gr. 8. Köln 908. M. Du Mont-Schauberg. 3.20; geb. n 3. 70

Münch, Ferd., die Phonetik im Dienste des Leseunterrichts. (III, 86 S.) 8. Köln 904. A. Ahn. n. — 80

Münch, Ferdinand [pr. Arzt zu Remscheid]: Der tiefe Querstand bei Hinterhauptslage. . . . Marburg, Univ.-Buchdr. (R. Friedrich), 1889; 2 Bl. + 89 + 1 S. u. 1 Tab. 8°
Marburg, Med. Fak., Inaug.-Diss. v. [19. Jun.] 1889

Münch, Ferd., der deutsche Sprachunterricht in der Volksschule. Eine Anleitg. f. angeh. Lehrer u. Lehrerinnen. gr. 8. (III, 227 S. m. 1 lith. Schrifttaf.) Köln 885. Du Mont-Schauberg. n. 3. —

Münch, Ferd., der Unterricht im Deutschen in der Volksschule. Eine Anleitg. f. angeh. Lehrer u Lehrerinnen. 2., umgearb. u. durch Lehrproben verm. Aufl. gr. 8. (III, 298 S.) Köln 893. M. Du Mont-Schauberg. n. 3.50

Münch, Fr., († ...) einige Abhandll. über Forstpflege u. a. landwirthschaftl. Gegenstände. 8. Basel 796, 97.

—Rede, am Schwörtage auf E. E. Zunft d. Brodbäcker. 8. Basel 796.

Münch, Franc (geb. Hirschberg an d. Saale 18. 10. 1802) De cupri viribus in corpus humanum. (Berolini 1823.) (37 S.) 8°
Berlin, Med. Diss. v. 25. März 1823

Münch, Francis E.: Ueber die Entwicklung des Knorpels des äusseren Ohres. *Jena: G. Fischer 1897.* (27 S.) 8°
Strassburg, Med. Diss. v. 1897

Münch, Franziskus Jos. Andreas, s.a Oberste Gewalt des Staats in Rücksicht auf die Ehen.

Münch, Frz. Jos. Andr., oberste Gewalt d. Staats in Rücksicht auf die Ehen; e. Beitr. zur Eheverordn. Josephs II. vom 16. Jan. 1783. 8. Wien u. Münch. 784.

Bundeslied vom Br Fr[iedr.] Münch [Hamburg: 1830.] 1 Bl. 8° [Kopftit.]
Ohne Noten: „Maurer, zur Johannisfeier, . . .“

Münch, Frdr., Erinnerungen aus Deutschlands trübster Zeit. Dargestellt in den Lebensbildern v. Karl Follen, Paul Follen u. Frdr. Münch. Mit Münch's u. Karl Follen's Bildnissen (in Holzschn.) gr. 8. (91 S.) Neustadt a. d. H. 873. Gottschick-Witter. 1 25

--Geisteslehre f d heranreifende Jugend. StL, 1872

--Die sinnliche u geistliche Lebensansicht, oder Materialismus u Dualismus. Phila, 1871

[Lied.] Dem Br. M. H. Petersen so wie dem Br J. G. Lantz am Stiftungstage der ehrw. Loge zu den drei Rosen in Liebe gewidmet von ihren ihnen treu verbundenen Brüdern. [Verf. von Friedr. Münch.] Hamburg, den 24. Jan. 1844. [Hamburg 1844]: Appel. 2 Bl. 8° [Umschlagtit.]
Ohne Noten: „Die Freude ist's, die heut' uns hold begrüsst, . . .“

Münch, Friedrich. De mendaciis officiosis. (Resp.: Joh.Heinrich Gleser). 10 S.–
Basel, Jur.Diss.v.11.Febr.1749.

Münch, Friedr., der Staat Missouri, geschildert mit besond. Rücksicht auf teutsche Einwanderung. gr. 12. (237 S. mit 2 lithogr. Karten in gr. 4. und gr. Fol.) New-York 859. (Bremen, Strack.) *

Münch, Friedr., der Staat Missouri. Ein Handbuch für deutsche Auswanderer. 2., veränd. Aufl. Mit einem Anh. gr. 8. (112 S. mit 1 lithogr. Karte des Staats Missouri in qu. gr. 4.) Bremen 866, (Müller.) *

Münch, Friedr., der Staat Missouri. Ein Handbuch für deutsche Auswanderer. 3., den neuesten Verhältnissen entsprechend ganz umgearb. und ansehnlich verm. Aufl. Mit einem Anhang, mehreren (Holzschn.-)Abbild. und der neuesten (lithogr. und color.) Karte des Staates Missouri (in Imp.-Fol.). gr. 8. (IV, 181 S.) Bremen 875, (Tannen.) *

— fünf Reden üb. Religion, Aberglauben u. vernünftiges Menschenthum. An die Deutschen in Nordamerika. gr. 8. (VIII, 79 S.) Bremen 875 Tannen. n. 1 —

--Über Relig u Christentum. Eine Aufforderung z besonnenen Prufung an die Dten in Na. Bost, 1847

Muench, Friedrich. Gesammelte Schriften. St. Louis: C Witter, 1902.

Schwesternlied. Dem Br. P. O. H. Pepper zu seinem schönen Feste in hoher Freude und dankvoller Liebe gewidmet vom Br. Fr[iedr.] Münch. [Hamburg 1843.] 1 Bl. 8° [Kopftit.]
Ohne Noten: „Kennst Du die Treu, die Deiner Kindheit Pfad . . .“

Münch, Friedrich Amische Weinbauschule Anleitung z Anlegung des Weinbergs, z Behandlung d Reben u z Gewinnung des Weines in Na. 3c rev ed StL, 1877. also publ in Eng as School for American grape culture StL, 1867

— die Zukunft von Nordamerika und Blicke aus der neuen Welt in die alte. gr. 8. (30 S.) Bremen 860, (Strack.) *

Münch, G. Über Aldolanilin, Aldolphenylhydrazon und einige Abkömmlinge derselben. Über amidoxylisobuttersäurenitril u. dessen Verreifungsprodukte. In-8°. 31 S. Basel, (Georg & Co.). These. 1894.

Münch, G., Psychologie d. Bibel, Neues Test. 8. Regensb. Montag. 802.

Münch, G. N., die Zaraath (Lepra) der hebräischen Bibel, s.: Monatshefte f. praktische Dermatologie.

— dasselbe, s.: Studien, dermatologische.

Münch, G. S., Ordn. der Schr., gegründ. a. d. Geschmack d. ber. alt. u. n. Schreiber, m. K. u. Vorschr. Fol. Dresden. 755.

Münch, G. Z., Passionsblumen aus der heiligen Geschichte. Ein Altarblatt fur das Herz. 2te Aufl. 8. Tübingen, Osiander in Comm.) 816.

Münch, Georg, aus Breslau Beiträge zur Kenntnis der Wasseraufnahme transpirierender Landpflanzen mit besonderer Berücksichtigung der immergrünen Gewächse. Mit 1 Taf. *Erlangen 1900: A. Vollrath.* (40 S.) 8°
Erlangen, Phil. Diss. v. 19. Juni 1900

MÜNCH, Georg (Oberndorf): De febre nervosa versatili et stupida.- 1811. 24 S. 22.12.1809 - Pe 301; F 57
Diss. Ingolst.-Landsh.-Mchn.

Münch, Gustav

Ansprache des Br.·. [Gust.] Münch beim Beginn des neuen Maurerjahres 1882. [Worms 1882: Boeninger.] 2 Bl.8° [Kopftit.]
Verlangt, dass die mrischen Tempelarbeiten Instruktionslogen seien, für welche der Verf. ein Programm entwirft.

Münch, Gust., Beitrag zur Lehre von dem osteomalakischen Frauenbecken. Inaugural-Dissertation. Mit 4 (lith.) Taf. (in Imp. 4.) gr. 4. (24 S.) Giessen 851. (Ricker.) n. 1/3 ₰

Münch, Gustav, aus Ludwigshafen a. Rh. Ueber Diäthylresorcin und seine Derivate. *Heidelberg 1902: J. Hörning.* (47 S.) 8°
Heidelberg, Naturw.-math. Diss. v. 1902

Münch, Gust., das Mißverhältniß zwischen geistiger und körperlicher Ausbildung und seine Folgen naturwissenschaftlich begründet. Eine Mahnung für Eltern und Erzieher. gr. 8. (IV, 36 S.) Mannheim [Straßburg] 874, Schneider's Verlag.

Selbstschau eines Maurers [d. i. Gust. Münch] bei seinem 25jähr. Jubiläum. Leipzig: Findel 1883. 12 S. 8° [Umschlagtit.]
Aus: Bh. 25 (1882) S. 411—413.
Tt. 965.

Münch, H s M ü n c h , Ernst Hermann Josef

Münch, Hans, Scheck-, Überweisungs- u. Postscheckverkehr. (Umschlag: 2., verm. u. verb. Aufl.) (96 S.) kl. 8. Nürnberg (908). (F. Korn.) —50

Münch, Hans, Rechtspraktikant: Zwei badische Staatsverträge. Ein Beitrag zur Lehre vom internationalen Vertragsrecht. München 1907: J. Schweitzer. (54 S.) 8° [F.]
Heidelberg, Jur. Fak., Ref. Jellinek, Diss. v. 18. April 1907
[Geb. 2. Mai 81 Baden-Baden; Wohnort: Baden; Staatsangeh.: Baden; Vorbildung: Gymn. Lahr, Baden Reife Juli 01; Studium: Freiburg i. B. 1, Kiel 1, Berlin 1, München 1, Heidelberg 3 S.; Rig. 22 Juni 06.]

Münch, Heinrich

— über Domainen-Verkäufe. 8. Darmst. 823. Leske. 3 gr

Fahrdienst, Betrieb u. Verkehr. Taschenbuch für Eisenbahnbeamte. Hrsg. von Stationsvorsteher **Münch** in Nordhausen. (4. Aufl.) Arnsberg F. W. Becker 1906. (256 S.) 8° [F.] [07 .695

Münch, H., Fahrdienst, Betrieb u. Verkehr. Taschenbuch f. Eisenbahnbeamte. 7. Jahrg. (VI, 268 S.) kl. 8. Arnsberg 909. F. W. Becker. Kart. 1.—

– s.a. H a n d b u c h für den Stations- und Abfertigungsdienst

Handbuch für den Stations- und Abfertigungsdienst. Hrsg. u. bearb. von Stat.-Ass. [Heinrich] **Münch** in Cassel. *Cassel: Selbstverl. 1898.* (X, 179 S.) 8° [F.] [co 12,13 4

Münch, H., Handbuch f. den Stations- u. Abfertigungsdienst. Leitfaden, Hülfsmittel u. Orientierungs-Material f. Eisenbahnbeamte. 2., verb. u. erweit. Aufl. gr. 8. (VI, 283 S.) Marsberg 902. (A. Buddenkotte.) n.n. 2.—

Handbuch für den Stations- und Abfertigungsdienst. Leitfaden, Hülfsmittel u. Orientierungs-Material. Hrsg. u. bearb. von H. **Münch**, Bahnhofsvorsteher. 3. verb. Aufl. Arnsberg i. W. F. W. Becker 1906. (102 S.) 8° [F.] [07. 2982 6

Die grossen Kaiser-Manöver 1897 aus den Wahrnehmungen eines ehemaligen Soldaten d. XI. Armeecorps. [Verf. Heinr. **Münch**, Stat.Ass., Cassel.] 4. Aufl. *Cassel Geb. Gotthelft 1897.* (39 S.) 8° [F.] [.. 1897 4

— Taschenbuch f. den Eisenbahn-Fahrdienst, Betrieb u. Verkehr. II. Jahrg. 1899/1900. 12. (IV, 252 S.) Cassel 899. Ebd. Kart. — 75

Münch, Hnr., über den Verkauf der Grundrenten. 8. Darmst. 823. Leske. 10 gr

Münch, Herm., Kriegs- u. Jagdzüge in Tonkin. Erlebnisse in der franz. Fremdenlegion. 2. verm. u. verb. Aufl. gr. 8. (80 S. m. eingedr. Bildnis u. 2 Taf.) Pirna 899. Leipzig, M. Busch. n. 1.—

Münch, Hermann, Referendar: Das Sammelvermögen. Borna-Leipzig 1908: Noske. IX, 70 S. 8°
Münster, Rechts- u. staatsw. Diss. v. 13. Nov. 1908, Ref. Jacobi
[Geb. 20. März 85 Iserlohn; Wohnort: Posen; Staatsangeh.: Preußen; Vorbildung: Gymn. Essen a. R. Reife O. 03; Studium: Bonn 1, Freiburg i. B. 1, Berlin 2, Münster 4 S.; Rig. 14. Mai 08.] [U 09. 3560

Münch, Hermann „Vorwort zur Erinnerung an das 25jährige Bestehen der Anstalt". pg. 1—8. 4° Mintzel (C. Hörmann).
Hof, Progr. 1857/58

— **J. C. (Basel), Animadversiones nonnullas de tumoribus cysticis annexa enarratione succincta operationis steatomatis. Diss. med.-chir. Basel (J. Schweighauser) Okt. 1818. 22 S., 1 Taf. (4.50)** **24292**

— für häusliche Erziehung rc., s. Erziehung.

Münch, J. M., s. Jugend-Conversations-Lexikon.

Münch, J. Th., Diss. de notione ac indole Scepticismi, nominatim Pyrrhonismi. Altdorf, 796. 4.

— **Jo. Benjamin** (Dresden), De effectu oblationis ad jurandum mortuo ante praestationem offerente. Diss. jur. Präs. Gebhard Christian Bastineller. Wittenberg (Creusig) April 1724. 40 S. (5.—) 24294

Muench, Jo. H., Diss. sistens observationes practicas circa usum belladonnae in melancholia, mania et epilepsia. 32 pp. Gott. 4°. Deutsch. 408 S. Gött. 1785. Stendal 1789. 8°. *Doering*, I, 276. J. de med. LXIV, 495. *Blumenbach*, Bibl. I, 398.
1783

Münch, Joan Georg (geb. Trier 10. 2. 1793) De cardialgia. Berolini (1818) (41 S.) 8°
Berlin, Med. Diss. v. 4. Sept. 1818

— **Johann Georg** (Beyenh./Wetterau), Theses historicae de originibus Germanicis, sive temporibus Germaniae priscis, obscuris maximam partem et fabulosis. Präs. Christoph Friedrich Ayrmann. Gießen (J. R. Vulpius) 23. II. 1724. 24 S. (5.—) **24296**

— — Dasselbe. Gießen (J. R. Vulpius) 23. II. 1724. 24 S. (5.50) 24297

Gew.: Johann Ludwig Vigel. — Widm. v.: Christoph Friedrich Ayrmann, Johann Christoph Conrad Both (dtsch.), Georg Fried. Christ. Alefeld, Jo. Wilhelm Heinrich von Emgumer Closter.

Münch, Joh. Gerhard: De Monetariis principum ..., s. Brokes, Heinrich [Praes.]

— **Johann Gerhard** (Frankfurt/Main), De monetariis principum ac civitatum Germaniae dictis Hausgenossen. Diss. inaug. Präs. Christian Gottlieb Buder. Jena (Schill) 20. III. 1751. 40 S. (5.—) 24298

Widm. v.: Christian Gottlieb Buder, Carl Fried. Walch, Jo. Samuel Widemann, Chr. Paul von Sulzer, J. T. Ritter, Jean Jaques von Sulzer, Abrah. Isaak Sztranyawszky.

Münch, Johann Gottlieb

Münch, Jh. Gli., Abendbetrachtt. auf alle Tage des Jahres; f. christl. Familien. Mit 1 Titelkpf. gr. 8. Stuttg. 814. Steinkopf. 2 ℛ

—Abriß der Metaphysik, nach Kant. 8. Nürnb. 797. Monath u. K. 8 ℊ

—d. christl. Biographie, f. denkende Prediger zur Verfass. d. Lebensläufe. 8. Bayr. 804. Lübeck, (Grau). 20 ℊ

——, F. G. Wanker's Biographie, s. Wanker.

—über den Einfluß d. Criminalpsychologie auf e. System des Criminalrechts, auf menschlichere Gesetze u. Cultur d. Verbrecher. 8. Nürnb. 799. Stein. 3 ℊ

– s.a. Ewald: Ein Gemälde nach dem Tagebuch eines Unglücklichen.

EWALD, ein Gemählde nach dem Tagebuch eines Unglücklichen . . . (von *Joh. Gottlieb Münch*). Leipzig 1794.
Anon.-Lex. II. p. 77 (nach Kayser, Meusel u. Fikenscher).

– s. Für häusliche Erziehung

—der Genius am Grabe, oder: wir finden uns wieder nach d. Tode. Briefe an meinen Georg. 8. Nürnb. 800. 2e A. 803. Stein. 12 ℊ

—Grabreden. 8. Eßlingen 814. Fixdorff u. K. 16 ℊ

– s.a. Holzmeier's Hans Durchzüge

HOLZMEIER'S, Hans (d. i. Freund Hein's) Durchzuge. (Ziemlich farblose satirische Gedichte von *Joh. Gottlieb Münch.*) 2 Bde. Mit Titelvign. Leipzig 1799. 8⁰ (1 Mk 50 Pfg. R. Bertling, Dresden, 1888.)
Anon.-Lex. I. p. 421 (nach Fikenscher, Kayser, Goedeke Meusel).

– s. Tob. Lausche's Sonntagslaunen u. dess. Montagslaunen.

—Morgen- u. Abendbetrachtt. auf alle Tage des Jahres; für christl. Familien. 2 Bde. Mit 1 Titelkpf. gr. 8. Stuttg. 812. N. A. 813, 15. Steinkopf. 4 ℛ

Münch, Joh. Gtli., Morgen- u. Abend-Betrachtungen auf alle Tage d. Jahres. 2., mit einigen geistl. Liedern aus d. Nachlasse d. verew. Verf. verm. Aufl., nebst dess. Lebensabriß. 2 Bde. gr. 8. (97¾ B. u. 2 Stlkpfr.) Reutlingen 841, Fleischhauer u. Spohn. 2⅓ Thlr., Blnp.

s.a Narrheiten voller Wahrheiten zum Lachen und Weinen

NARRHEITEN VOLLER WAHRHEITEN zum Lachen und Weinen. Aus unsern denkwürdigen Zeiten. (Vf.: *Joh. Gottlieb Münch.*) Mit Titelvign. (Büste des Satyrikers Persius). Leipzig, in der Weygandschen Buchhandlung, 1802. 8⁰ Zahm. Schwacher Humor (1 Mk. Taussig, „343" [?] S.", 1903, jetzt theurer!)
Tit. u. 380 S. (incl. 1 Bl. Vorr.).

Münch, Joh. Gtli., Nichts bleibt verborgen! Aus d. Leben bestrafter Verbrecher, zur Lehre u. Warnung geschr. für's Volk. 8. (9½ B.) Tübingen 830, Fues.

—Passionsblumen aus d. heil. Geschichte; e. Abendblatt f. d. Herz. 8. Stuttg. 811. N. A. 8. Tübing. 816. (Osiander). 9 ℊ

—Predigt u. Rede bei d. Investitur d. Hrn. Pfarrers C. A. Dann in Oeschingen. Mit dessen von ihm selbst verfaßt. Lebenslaufe. 8. Stuttg. 813 Steinkopf. 3 ℊ

— neues christl. Predigt-Buch zur häusl. Erbauung. 2 Bde. gr. 8. Tübing. 825. Osiander. 2 ℛ 8 ℊ

—Psychologie des N. Testaments. 8. Regensb. 802. Montag u. W. 20 ℊ

s.a. Raritätenkasten

RARITÄTENKASTEN. Von dem Manne mit der grossen Brille, für unsere Tage. Experto crede Ruperto!!! (Vf.: *Joh. Gottlieb Münch.*) Mit hübscher Titelvignette. Leipzig, in der Weygandschen Buchhandlung, 1798. 8⁰. (In Berlin: Yz 5976; auch in Warmbrunn.) (60 Mk. [so!], schönes, nur etwas stockfl. Expl., Max Perl's Berliner Octob.-Auction, 1907, no. 785:)

380 S. u. 1 Bl. „Verzeichnis der Vorstellungen". Satyrisch und stellenweise derbpikant. Selten! Auf S. 210—216 „Zwei und zwanzigste Vorstellung Xenien." Sehr scharfe Bemerkgn. über Goethe's u. Schiller's Xenien (z. B. „Wenn mans liest, ists Schimpf und Spott, Mauspulver Brechweinstein zum Einnehmen, und setzt man die große Brille auf, so sind die Buchstaben Kröten und Schlangen, und man fürchtet sich zu lesen . . "), Vf. tadelt aber auch die Antixenienschreiber scharf, von denen nach seiner Ansicht viele sehr froh darüber sind, dass durch die Xenien ihr schon in Vergessenheit geratener Name wieder ans Tageslicht gezogen worden ist.

Das Anon.-Lex. III. p. 330 (nach Fikenscher) hat „Raritätenkasten für Weltbürger" . . . (doch wohl mit vorigem einerlei?).

— d. Reise d. Jünger nach Emmaus. 8. Bayr. Lübeck, 802. ·

—— die Reise d. Jünger nach Emmaus. 2., verm. Aufl. 8. (9½ B.) Tübingen 830, Laupp.

. s.a. Rettiche, Schwarze

RETTICHE, Schwarze, gebaut von meinem Haus Satyr (von *Johann Gottlob Münch*). Mit Titelvignette: (Abbildg. e. Satyrs m. d. Unterschr: „Es lebe mein Rettichfeld!") Leipzig, in der Weygandschen Buchhdlg. 8⁰. (In Warmbrunn.) (2 Mk. 50 Pfg. Frdr Klüber, 1905, 10 Mk. Emil Hirsch, München, 1909.)

366 S. (incl. 18 S. Vorst.), 1 Bl. „Sortenzettel der Rettiche" = Inh. Ursprung u. muthmaßl. Vaterland d. Rettiche. — Sorte 1 Vom Garten d. Humanität, 2. Vom Windmüllers Garten; 3. Vom Todtenfelde, 4. Vom Schulgarten, 5. Vom Nachtwächtergarten; 6. Vom Lande der Ehen (zahm), 7. Vom Felde d. Wahrheit, 8. Vom Felde d. Hoffnung, 9. Vom Rosengarten d. Freundschaft; 10. Von meinem Hausgärtchen. — Präsentir-Teller der Rettiche. (Meist fade und langweilig.)
Anon.-Lex. III p. 381 (nach Fikenscher, Goedeke, Kayser. Meusel).

– s.a Schriften, Kleine satyrische

— kleine satyr. Schriften. 8. Nürnb. 803. (v. Ebner). 16 gr, Schrbp. 1 ß

SCHRIFTEN, Kleine satyrische (von *Joh. Gottlob Münch*). Nürnberg 1806.
Anon.-Lex. IV. p. 52 (nach Goedeke).

— prakt. Seelenlehre f. Prediger. 3 Bdchen. 8. Regensb. 800, 801. Montag u. W. 2 ß 8 gr

s.a Theorie d. Müssiggangs und der faulen Künste.

THEORIE des Müßiggangs und der faulen Künste. Psychologisch und kritisch bearbeitet (von *Joh. Gottlieb Münch*). Mit interess. Titelvignette. Leipzig 1799. 8°. 333 S. (4 Mk. Gust. Fock, Lpz., 1907, 8 Mk. Oskar Rauthe, Berlin, 1909)
„Merkwürdiges u. seltenes Kuriosum". — Anon.-Lex. IV. p. 169 (nach Fikenscher, Goedeke, Kayser, Meusel u. dem Neuen Nekrolog).

– s.a. Verirrungen des menschlichen Herzens

VERIRRUNGEN, Die, des menschlichen Herzens, oder so macht es die Liebe (von *Johann Gottlieb Münch*). 2 Bde. Dresden 1796. 8° (5 Mk. Ludw. Rosenthal, 1910.)
Anon.-Lex. IV p. 290 (nach Goedeke, Fikenscher, Meusel, Kayser u. dem Neuen Nekrolog) hat „Görlitz 1796".

— Versuch e. Psychologie d. Sünde. 8. Heilbr. 804.

— was fordert die gegenwärt. Zeit von uns? Predigt 1814 gehalten. 8. Stuttg. 814. Steinkopf. 2 gr

— werden wir uns wiedersehen nach d. Tode? 8. Bayr. 798. Lübecks Erb. (Grau). 12 gr

— über Wiedersehen u. Wiederfinden zur Begründ. d. Schrift: Werden wir uns wiedersehen? 8. Nürnb. ... N. Aufl. 803. Stein. 12 gr

s.a. Wintermährchen

JOHANN, Gevatter (d. i. *Joh. Gottlob Münch*, 1774–1837). Wintermährchen vom Mit Titelvignette. Bayreuth 1800. 8° 334 S. (2 Mk. 50 Pfg. Jul. Neumann, Magdeb., 1906.)
Anon.-Lex. IV p. 404 (nach Meusel, Fikenscher u. dem Neuen Nekrolog).

– s. Züge aus d. Leben glückl Menschen

— üb. d. Zulässigk. d. ernst. Satyre, u. der. Anwend. a. d. Canzel. 8. Leipz. Weygand. 798.

Münch, Johann Heinrich

Münch J. H.: Kurze Anleitung wie die Belladonna sowohl bey denen Menschen als auch bey denen Thieren im tollen Hundesbiss anzuwenden ist. M. der Anweisung wie diese Pflanze auch im Garten anzuziehen, u. zu warten Götting 1783 40 S. P

Münch, Joh. Heinr., Praktische Anleitung, wie und in welchen Fällen die Belladonna bei den Tieren in der Landwirtschaft anzuwenden ist. 8. Stendal 787 Franzen & Grosse. 140 S. M. —.85

Münch, J. H., Beobachtungen b. angew. Bella Donna b. d. Menschen. 4 Stck. 8. Stendal, Franzen u. Gr. 789–95. (1s u. 2s 20 gr. 3s 7 gr. 4s 12 gr.) Rthlr.

— Diss. inaug. med. sistens observationes practicas circa usum Belladonnae in melancholia, mania et epilepsia. 4. Götting. 783. Dieterich. 2 gr

Münch, Johann Heinr (Ritberg) Rat des Grafen von Kaunitz u. Ritberg
Dissertatio inauguralis juridica de pacto hereditatis inter illustres foeminas acquisitivo
Giessae 1715: Joh Reinh. Vulpius. 59, (1) S. 4°
pro summis in utroque jure honoribus, privilegiis atque immunitatibus rite consequendis
(immatr am 27 5 1715)

Münch, Joh. Casp., [Basel]. Dissertatio inauguralis medico-chirurgica sistens animadversiones nonnullas de tumoribus cysticis annexa enarratione succincta operationis steatomatis.
Basel, Med Diss. 1818.

Munch, Johann Caspar Ein Wort zum Andenken an . Herrn Staatsrath und Dreyerherr Friedrich Munch (1729–1808). In der öffentlichen Promotion der Schuler des Gymnasii [zu Basel] den 8ten May 1810 vorgetragen. 4 Basel.

Wanderjahre des Johann Philipps **Münch** als Kaufmannsjunge u. Handlungsdiener 1680–1694 Von ihm selbst beschrieben Anno 1698 Hrsg. von Dr. Gottlieb Schnapper-Arndt. Frankfurt a.M. 1895: A. Osterrieth. (43 S.) 4°(8°)
Aus Archiv f. Frankfurts Geschichte u. Kunst. 3. Folge, Bd 5. [07. 7708 11

— **Johann Theodor** (Harburg), De columbis in ecclesia Graeca et Latina usitatis. Präs Joh. Andreas Schmid. Helmstedt (G.-W. Hamm) Dez. 1711. 22 S. (5.—) 24302

Münch, Johannes

Münch, J. Patriotische Dichtungen zur Feier nationaler Gedenktage in den Schulen. 12. (III, 96 S.) Bresl. 889, Morgenstern's Verl. — 75

Münch, J., Festlieder zum Schulgebrauch. Sammlung zwei- und dreistimmiger Lieder. 8. (III, 124 S.) Breslau 877, Morgenstern. *

Münch, J., der Gesangunterricht in der sechsklassigen Volksschule, s. Thoma, K.

Münch, J., Gold, Weihrauch u. Myrrhen. Ein vollständ. Gebet- u. Andachtsbuch f. kathol. Christen. 18. (430 Seit., 1 Stahlst. u. gest. Ttl.) Köln 845, Eisen.

Münch, J., Gold, Weihrauch und Myrrhen. Ein vollständ. Gebet- u. Andachtsbuch für kathol. Christen. 2. verm. Aufl. Köln (855.) F. C. Eisen. 16. (XVI, 464 S. m. 1 Stahlst. u. lith. Titel.) 22½ ngr.

Münch, Johs., Gold, Weihrauch und Myrrhen. Ein vollständ. Gebet- und Andachtsbuch für kathol. Christen. 3., verm. Aufl. 8. (XVI und 464 S. mit 1 Stahlst. und Titel in Stahlst.) Neuwied 861, Strüder. * 20 Ngr.; geb.

Münch, J. Gold., Weihrauch u. Myrrhen. Ein vollständ. Gebet- u. Andachtsbuch für katholische Christen. 3., verm. Aufl. Cöln 866. Boisserée. 8. (XVI, 464 S. mit 1 Stahlst.) 20 ngr.

Münch, J., Inh. d. christl. Lehre, Vorbild d. heilsam. Worte d. Glaubens. 12. Frankf. Stock. 725.

Münch, J., 44 katholische Kirchenlieder zum Schul-Gebrauch, geordnet nach den kirchl. Festzeiten. 12. (40 S.) Breslau 885. Morgenstern's Verl. n. — 12

Münch, J., 44 katholische Kirchenlieder zum Schul-Gebrauch; geordn. nach d. kirchl. Festzeiten. M. e. Anh.: D. gebräuchlichsten Responsorien. 2. Aufl. 12. (40 S.) Breslau 891. E. Morgenstern, Verl. n. — 12

Münch, Johannes, Referendar: § 1404 BGB. und seine Anwendbarkeit auf die vertragsmässigen Güterstände. Leipzig 1908: Edelmann. VI, 48 S. 8°
Leipzig, Jur. Diss. v. 4. Nov. 1908
[Geb. 1. Mai 82 Riesa; Wohnort: Leipzig; Staatsangeh.: Sachsen; Vorbildung: Realgymn. Döbeln Reife O. 02, Ergänzungsprüf. Carola-Gymn. Leipzig O. 04; Studium: München 2, Leipzig 6 S.; Rig. 1. Aug. 06.] [U 09. 2615

—— methodisch geordnete Sammlung von Uebungen und Liedern für Schulen, s. Thoma, R.

Münch, Johs., das singende Zion. Eine Sammlung alter geistlicher lieblicher Lieder für zwei Singstimmen eingerichtet mit Klavierbegleitung. 1. Sammlung. qu. 4. (VIII u. 71 S.) Frankfurt a. M. 849, Heyder & Zimmer. — 2. Sammlung. qu. 4. (IV u. 68 S.) Frankfurt a. M. 852, Zimmer'sche Sort.-Buchh. [Völcker]. (à 5/12 ₰) 5/6 ₰

— das singende Zion. Eine Sammlung alter geistl. liebl. Lieder für zwei Singstimmen eingerichtet mit Klavierbegleitung. 3. Sammlung. qu. 4. (IV und 68 S.) Frankfurt a. M. 857, Völcker. *
1. und 2. Sammlung. Ebendas. 1849—52. * 25 Ngr.

Münch, Karl, s. Brüder, die, d. Bundes f. Menschenglück.

Münch, Karl Ludwig, approb. Arzt aus Lustadt (Pfalz): Über einen Fall von Perforation der Harnblase durch einen papillomatösen Auswuchs einer Dermoidcyste des linken Ovariums. *Wien & Leipzig: W. Braumüller 1901.* (22 S.) 8° ¶(Aus Zeitschrift f. Heilkunde, Bd 23, Abth. f. pathol. Anat.)
Tübingen, Med. Diss. v. 1901

Münch, L., der biblische Geschichtsunterricht der drei untersten Schuljahre f. katholische Volksschulen. Katechetisch behandelt. (VIII, 161 S.) kl. 8. Bühl (902). Druckerei Unitas. n. 1.60

Münch, L., der bibl. Geschichtsunterricht der drei untersten Schuljahre f. katholische Volksschulen. Katechetisch behandelt. (8. Aufl.) (VIII, 159 S.) kl. 8. Bühl (910). Unitas. 1.50

Münch, L. W., Sittenlehre in Beispielen. Zum Gebr. f. Lehrer in Volksschulen. Fortsetz. d. Sittenlehre in Beispielen v. J. P. L. Snell. 8. Frankf. 812. Fr. Wilmanns. 10 gr

Münch, *Ludwig* Die elektrodynamische und dynamoelektrische Maschine mit Ringanker behandelt für den Physikunterricht an höheren Lehranstalten. 4 (8 S. mit eingedr. Fig.).
Progr. Rsch. *Wimpfen a. Neckar* 1887 (598).

Münch, Ludw. Friedr., Festtagsfeier in künstler. Verknüpfung homilet. Vortrags üb. d. Fest-Evangelien mit Gesängen, e. Beitr. z. Beförderung d. Kunst im protestant. Cultus. 1. Hft. gr. 8. (11/4 B.) Gießen 835, [Heyer's Verl.]

Münch, M., Antrag an d. Kammer d. Abgeordneten, betreff. e. Gesetzes-Entwurf üb. d. Sonntags-Feyer. 8. (1½ B.) Stuttgart 834, (Steinkopf.)

Münch, M., Bibelkatechismus. 2te Aufl. 8. Gmünd, Ritter. 821.

— Bibel-Katechismus. Zum Gebrauche für Schulen, Lehrer u. Katecheten; auch f. fromme Aeltern bei ihren sonn- u. feiertägl. Abendgesprächen mit ihren Kindern. 2 Bdchn. Altes u. neues Test. 4e verb. Aufl. 8. Ravensburg 830 Gebr. Dorn. 1/3 ₰ (Vergl. Mt. Tob. Münch, Schmid's biblische Geschichten ꝛc.,

—— Bibel-Katechismus. Zum Gebr. f. Schulen, Lehrer u. Katecheten; auch f. fromme Aeltern, bei ihren sonn- u. feyertägl. Abendgesprächen mit ihren Kindern. 2 Bdchn. Altes u. neues Testament. 4., verb. Aufl. 8. (16¼ B.) Ravensberg 830, Gebr. Dorn.

Münch, Maria, deutsches Lesebuch f. höh. Mädchenschulen, s.: Wacker, K.

Münch, Matthias Cornelius

— s. Bilder-Bibel für die kathol. Jugend.

Münch, Matth Cornel., Bilderschau. Ein gemeinnütziges Lesebüchlein für Kinder beim häuslichen u. öffentl. Unterricht. Mit 13 Abbildd. 8. Reutlingen 840. Mäcken jun. 1/3 ₰

Münch, Matth. Cornel., Biographien ausgezeichneter um die Menschheit verdienter Pädagogen. gr. 8. (6 B.) Augsburg 845, Schlosser's Buchh.

—— Bücher-Schau der gesammten pädagog. Literatur, od. möglichst vollständiges Verzeichniß von in älterer u. neuerer Zeit bis Oster-Messe 1842 erschienenen gang- u. brauchbaren Schriften über Pädagogik od. Erziehungslehre überhaupt ꝛc. ꝛc. Hin u. wieder m. krit. Bemerkungen, Inhaltsanzeigen u. Laden-Preisen. Zugleich als Anhang z. Universal-Lexicon der Erziehungs- u. Unterrichtslehre. gr. 8. (10. B.) Augsburg 842, Schlosser's Buchh.

— **das goldene Büchlein, oder die Makrobiotik im Kleinen. Ein Lesebüchlein für die Jugend. Mit 7 Taf. Abbildd. 8. Reutlingen 840. Mäcken jun. ... ₰**

— Diätetik oder die Gesundheitslehre, oder Anweisung zur Förderung u. Erhaltung der Gesundheit für Kinder in Stadt- und Landschulen. 3e Aufl. Mit Abbildd. 8. Reutlingen ... Mäcken jun. 5 gr — 4e verm. u. verb. Aufl. gr. 12. Augsburg 834. Math. Rieger'sche Buchh. (Himmer.) ¼ ₰

— **Diätetik od. Gesundheitslehre für Kinder in Stadt- u. Landschulen. Mit 2 lith. Abbildd. 3e verb. u. verm. A. 8. Stuttg. 830. Löflund u. S. 7 gr**

— das Eins und Alles, was ein beginnender Schuler zu lernen hat. Mit 17 Abbildd. 8. Reutlingen 840. Mäcken jun. ¼ ₰

—— die heil. Festzeiten d. kathol. Kirche. 12. (21½ B., 12 Kpfr. u. lith. Ttl.) Augsburg 845, Schlosser's Buchh.

Münch, Matth. Cornel., der heil. Frz. v. Assis; e. rührendes Beispiel e. wahren Büßers. Eine Predigt. 8. Augsb., Kranzfelder. 2 gr

—— der Fromme in dem Pilgerthale. Ein Gebet- u. Andachtsbuch f. kathol. Christen. gr. 12. (14¼ B. u. 4 Stahlst.) Reutlingen 844, Fleischhauer u. Spohn.

Münch, M. C., der Fromme in dem Pilgerthale. Ein Gebet- u. Andachtsbuch f. kathol. Christen. 2. Aufl. Mit 4 Stahlst. 8. (X u. 302 S.) Reutlingen 850, Fleischhauer & Spohn. 18 ngr

—— der Führer zum Himmel. Ein vollständ. Gebet- u. Erbauungsbuch f. kathol. Jünglinge u. Jungfrauen, als Mitgabe auf den Weg des Lebens. Neueste nach Matth. Reiters „Schutzgeist" bearb. u. verm. Ausg. 12. (11 B. u. 1 Stahlst.) Reutlingen 843, Fleischhauer u. Spohn.

— der Führer zum Himmel. Ein vollständiges Gebet- u. Erbauungsbuch für kathol. Jünglinge u. Jungfrauen, als Mitgabe auf den Weg des Lebens. Neueste nach seel. Matthäus Reiter's „Schutzgeist" bearb. u. verm. Ausg. 2. Abdr. 12. (XII u. 300 S. m. 1 Stahlst.) Reutlingen 849, Fleischhauer & Spohn. — 3. Abdr. 12. (XII u. 300 S m. 1 Stahlst.) Ebd. 852. 14 ngr; geb. m. Goldschn. u. in Futteral 24 ngr

Münch, M. C., der Führer zum Himmel. Ein vollständiges Gebet- u. Erbauungsbuch für katholische Jünglinge und Jungfrauen, als Mitgabe auf den Weg des Lebens. Neueste, nach sel. Matthäus Reiters „Schutzgeist" bearb. u. verm. Ausg. 5. Abdr. Reutlingen 863. Fleischhauer & Spohn. 16. (XII, 300 S. m. Holzschn. u. 1 Stahlst.) 20 ngr.

— das Ganze der Orthographie od. Rechtschreibung in anzieh. u. lehrreichen Aufgaben f. Kinder in Stadt- u. Landschulen. 2e Aufl. 12. Friedrichshafen 831. (Augsb., Rieger). 3 gr

Münch, Matth. Cornel., das Ganze d. Orthographie, od. Rechtschreib., in anzieh. u. lehrreichen Aufgaben f Kinder in Stadt- u. Landschulen. 2., Aufl. 12. (4 B.) Friedrichshafen 827. 3 Gr., 3., verm. A. gr. 12. (6 B.) Augsburg 834, M. Rieger'sche Buchhandlung.

—— die Gesundheitslehre, od. Anweis. zur Förderung u. Erhalt. d. Gesundheit f. Kinder in Stadt- u. Landschulen. 3., verm. u. verb. Aufl. 8. (7 B.) Stuttgart 830., 4., verm. u verb. Aufl. gr. 12. (6½ B.) Augsburg 834, M. Rieger'sche Buchhandlung. à
Bei d. 3. Aufl. heißt es: Diätetik oder Gesundheitslehre ꝛc.

— Glaube, Hoffnung u. Liebe. Ein Gebet- u. Betrachtungsbuch für katholische Christen jeden Standes. (Mit Titelbild.) gr. 12. Augsburg 835. Kranzfelder. 1 ₰ — 2e, mit Titelkupfer gezierte Ausg. gr. 12. Ebd. 839. Lampart u. C. ¾ ₰

—— Goldkörner, gewaschen im Strome d. Zeit, u. dargeboten d. Glauben u. Leben d. Christen. — A. u. d. T.: Das Reich Gottes in Bildern u. Gleichnissen z. Gebr. f. Prediger, Katecheten, Schullehrer u. jeden denk. Christen. 2 Bdchn. (3 Abthln.) 8. (81¾ B.) Mainz 837, Kupferberg.

— Vater Gotthold unter seinen Kindern, od. Auswahl kurzer Geschichten f. Kinder. ...

—— das Heiligthum, od. Erhebungen d. Geistes u. Herzens zu Gott. Ein Andachtsb. f. erleucht. kathol. Christen weibl. Geschlechtes. 1. Aufl. 839. u. 2. A. gr. 12. (à 13 B. u. Ttlkpfr.) Reutlingen 842, Fleischhauer u. Spohn. à

—— Himmelsblumen, aufgegangen im Garten der heil. Kirche. Ein vollständ. Gebet- und Andachtsbuch für kathol. Christen. 1. Aufl. 1847. und 2. (Titel-)Aufl. 8. (XX und 421 S. mit 4 Stahlst. und gest. Titel.) Reutlingen 850, Fleischhauer und Spohn.
Mit lithochrom. Titel.

—— der Himmelsgarten. Ein Gebet- u. Erbauungsb. f. mehr gehobene kathol. Kinder. 1. Aufl. 840. u. 2., unveränd. Abdr. gr. 12. (à 9½ B. u. Ttlkpfr.) Reutlingen 842, Fleischhauer u. Spohn. à ¼ Thlr., Vlnp.

Münch, M. C., der Himmelsgarten. Ein Gebet- und Erbauungsbuch für mehr gehobene katholische Kinder. Mit 1 Titelkpfr. 3. Abdr. 856. — 4. unveränd. Abdr. Reutlingen 858. Fleischhauer u. Spohn. 32. (XVI, 280 S.) 14 ngr.

— der Himmelsgarten. Ein Gebet- und Erbauungsbuch für mehr gehobene katholische Kinder. Mit 1 Titelkpfr. 5 unveränd. Abdr. Ebend. 860. 16. (XVI, 280 S.) 14 ngr.

Münch, M. C., der Himmelsgarten. Ein Gebet- u. Erbauungsbuch für mehr gehob. kathol. Kinder. 6., unveränd. Abdr. Reutlingen 865. Fleischhauer & Spohn. 16. (XVI, 280 S. mit 1 Titelkpfr.) geb. mit Goldschn. u. in Futteral 14 ngr.

—— neuester Jugendspiegel. Eine Reihe kl. Erzähln. u. Charakterzüge, aus d. Leben alt. u. neuer Zeit, mit e. Auswahl bewährt. Denksprüche u. Weisheitslehren ꝛc. M. 9 ill. Kpfrn. gr. 12. (12½ B.) Stuttgart 831, [Beck u. Fränkel.]

— neuester Jugendspiegel. Eine Reihe kleiner Erzähll. u. Charakterzüge aus d. Leben alter u. neuer Zeit, mit einer Auswahl bewährter Denksprüche u. Weisheitslehren ꝛc. Mit 9 ill. Kpf. gr. 12. Stuttg. 831. Löflund u. S. 1 ₰ 4 gr

— neuester Jugendspiegel. Eine Reihe kleiner Erzählungen ꝛc. Mit 9 ill Kpfrn. 8. Stuttgart ..., jetzt Mäcken jun. in Reutlingen, und der Preis 1 ₰

Münch, M. C., Die Kalenderkunde oder Anleitung z richtig. Kenntnis . . . . f. Kinder.
(1824).
Augsburg.

—— die Kalenderkunde, od. Anleit. zur richt. Kenntniß d. Kalenders u. zum nützl. Gebr. dess., f. Kinder in Stadt- u. Landschulen. (4.,) verb. Aufl. 12. (7 B.) Stuttgart 830. 12 Gr., 5., verm. u. verb. A. gr. 12. (5½ B.) Augsburg 834, M. Rieger'sche Buchhandlung.

—— die Kalender-Kunde, od. Anleit. z. richt. Kenntniß d. Kalenders u. z. nützl. Gebr. dess., f. Kinder in Stadt- u. Land-Schulen. 6., verm. u. verb. Aufl. 12. (8 B.) Augsburg 838, 39, Rieger'sche Buchh.

— der im Geiste u. in der Wahrheit betende Katholik. Ein vollständ. Gebet- u. Erbauungsbuch f. erleuchtete kathol. Christen. Im Verein mit dem Verfass der Glocke der Andacht neu bearb. u. vermehrt herausg. Mit 1 Stahlstich. gr. 12. Augsburg 837. Matth. Rieger. ½ ₰ Velinp. ¾ ₰ — Ausg. mit 3 Stahlst. gr. 12. Ebd. 840. à 2 ₰

—— der im Geiste u. in der Wahrheit betende Katholik. Ein vollständiges Gebet- u. Erbauungsbuch f. erleuchtete kathol. Christen. 2., verm. Aufl. gr. 12. (18 B., 1 Stahlst. u. Ttl. in Farbendr.) Augsburg 842, Rieger'sche Bh. 15 Ngr.; Vlnp.

—— das Kreuz des Christen Hochaltar. Ein Gebet- u. Erbauungsbuch f. kathol. Christen jeden Standes. 1. Aufl. (17½ B. u. 2 Stahlst.) 842. u. 2. Aufl. gr. 12. (17½ B., 4 Kpfr. u. gest Ttl.) Reutlingen 844, Fleischhauer u. Spohn. à -

—— das Kreuz des Christen Hochaltar. Ein Gebet- und Erbauungsbuch für kathol. Christen jeden Standes. 4. Aufl. 8. (XIV und 354 S. mit 1 Stahlst.) Reutlingen 849, Fleischhauer und Spohn.
Mit lithochrom. Titel.

— das Kreuz des Christen Hochaltar. Ein Gebet- und Erbauungsbuch für kathol. Christen jeden Standes. 5. Aufl. Reutlingen 854. Fleischhauer u. Spohn. 8. (XIV, 354 S.) mit 1 Stahlst. u. lith. Titel in Farbendr.) 24 ngr.

—— die christl. Lehre, in Denksprüchen aus d. göttl. Worte u. d. Schriften d. Kirchenväter. Zum Gebr. bei d. Religionsunterr. in kathol. Stadt- u. Landschulen, bei d. kirchl. u. häusl. Erbauung, u. als Mitgabe auf d. Lebensweg. 8. (12 B.) Stuttgart 832, Neff.

—— dass. im Auszuge, zum Auswendiglernen u. als Ergänz. d. Catechismen. 8. (4½ B.) Stuttgart 833, Neff.

—— Lesebuch f. die Kinder der ersten Klasse der kathol. Elementarschulen. 8. (6 B.) Augsburg 845, Schlosser's Buchh.

—— Lesebuch f. die Kinder d. mittlern Klasse der kathol. Elementarschulen. 8. (13 B.) Augsburg 845, Schlosser's Buchh.

—— neuestes Lesebuch f. die Oberklasse kathol. Elementarschulen zur Begründung u. Förderung eines ächt christl. Sinnes u. Wandels. 12. (18 B.) Augsburg 844, Schlosser's Buchh.

—— dass. 2. Abthl. (Die gemeinnützlichen Kenntnisse enthaltend.) 12. (15½ B.) Augsburg 845, Schlosser's Buchh.

—— neuestes Lesebüchlein f. kathol. Volksschulen nach ein. geordnet. Stufengang. 2 Abthln. 8. (...) Reutlingen 835, [Mäcken Sohn.] [1. 2 Gr., 2. 4 Gr.]

Münch, Matth. Cornel., neuestes Lesebüchlein f. kath. Volksschulen nach ein. geordneten Stufengange. 1. Abthl. 2., verb. u. verm. Aufl. 12. (3⅔ B.) Reutlingen 842, Mäcken jun. Thlr. -
2. Abthl. (1. Aufl.) Ebendas. 1835. 5 Ngr.

—— neuestes Lesebüchlein für kathol. Volksschulen nach einem geordneten Stufengange. 1. Abthl. 3., mit der 2. verb. und verm. gleichlautende Aufl. gr. 12. (86 S.) Reutlingen 851, Mäcken.

—— der Leseschüler, od. Uebungen im Lesen nach e. geord. Stufenfolge f. Volksschulen. 8. (6 B.) Ulm 829, Ebner.

—— das heil. Meßopfer in seiner hohen Einsetzung, Bedeutung u. Feier, so wie in seinen Ceremonien betrachtet u. in 35 Kpfrn. bildlich dargestellt. Mit Meß-Gebeten. 8. (4½ B.) Augsburg 843, Schlosser's Buchh.

Münch, M. C., s.a. Opfer am Altar d. häuslichen Andacht.

Münch, M. C., Opfer am Altare der Andacht. Vollständiges kathol. Gebet- und Erbauungsbuch für Kirche und Haus. Zusammengestellt aus den Schriften der Heiligen und der Asceten älterer und neuerer Zeit. 2. Aufl. Mit 12 Orig.-Stahlst. Umgearbeitet durch Ottmar Lautenschlager. 12 Lfgn. 8. Nürnberg 861, Lotzbeck. [1. Thl. (XVI und 576 S. mit 6 Stahlst.) 2. (VIII und 407 S. mit 6 Stahlst.)] à Lfg. 6 Ngr. Thlr.

— Opfer am Altare der Andacht. Vollständiges katholisches Gebet- und Erbauungsbuch für Kirche und Haus. Zusammengestellt aus den Schriften der Heiligen und der Asceten älterer und neuerer Zeit. 2. Aufl. Mit 12 Orig.-Stahlst. Umgearb. durch Ottmar Lautenschlager. 2 Thle. Nürnberg 862. Lotzbeck. 8. (XVI, 570 S.; VIII, 407 S.) 2 ₰ 12 ngr.

—— der heil. Opferaltar. Ein Gebet- u. Erbauungsb. f. d. reif. kathol. Jugend u. z. heils. Gebr. f. Erwachsene. 1. Aufl. 836. u. 2. A. gr. 12. (à 14 B. u. 1 Stahlst.) Augsburg 838, Rieger'sche Buchh. à ⅓ Thlr., Blnp.

—— der heilige Opferaltar. Ein Gebet- u. Erbauungsbuch f. die reifere kathol. Jugend u. zum heilsamen Gebrauche f. Erwachsene. 3., verb. Aufl. gr. 12. (16 B. u. 3 Stahlst.) Augsburg 843, Rieger'sche Buchh. —

—— der Palmenhayn, od. Sprüche aus alt. u. neuer Zeit, als Beitr. zur Lehre in Weisheit u. Leben. gr. 8. (7 B.) Stuttgart 830, (Beck u. Fränkel.)

— der Palmenhain, od. Sprüche aus alter u. neuer Zeit, als Beitr. zur Lehre in Weisheit u. Leben. gr. 8. Stuttg. 830. Löflund u. S. 8 gr

—— die Pforte d. Himmels. Ein Gebet- u. Erbauungsb. f. kathol. Christen jed. Standes. 1. Aufl. 838. 1 Thlr., u. 2. Ausg. 12. (à 27¼ B. u. 2 Stahlst.) Nürnberg 840, Zeh'sche Buchh.

— die Pforte des Himmels. Ein Gebet- u. Erbauungsbuch für kathol. Christen jeden Standes. 3. (Titel-) Aufl. 12. (X u. 449 S. m. 1 Stahlst. u. gest. Titel.) Nürnberg (840) 850, Lotzbeck. 21 ngr

— das Reich Gottes in Bildern u. Gleichnissen zum Gebrauch f. Prediger, Katecheten, Schullehrer u. jeden denkenden Christen. 3 Thle. Wohlf. (Titel-) Ausg. 8. (XXIV u. 1276 S.) Mainz (837) 848, Kupferberg. 1⅔ ₰

—— das Reich Gottes in Bildern und Gleichnissen zum Gebrauch für Prediger, Katecheten, Schullehrer und jeden denkenden Christen. 3 Thle. Wohlf. Ausg. 8. (XXIV und 1276 S.) Mainz 850, Kupferberg.

—— hellstrahlende Sterne auf der Bahn des Heils. Für die christl. Jugend zur Förderung und Pflege des Glaubens und Lebens. Mit einer Zugabe geistl. Sprüche; Lebensregeln und erheiternden Anekdoten. 8. (X und 294 S. mit 1 Stahlst.) Augsburg 848, Rieger'sche Buchh.

—— der Trost- u. Friedensbote an d. Kranken- u. Sterbebetten. Ein Handb. f. kathol. Seelsorger. gr. 12. (17 B. u. Titkpfr.) Augsburg 838, Rieger'sche Buchh.

Münch, Matth. Cornel., kleine Uebungen im Lesen. Ein ABC u. Leseb. nach e. geordn. Stufenfolge. 8. (6 B. u. 5 ill Kpfr.) Ulm 834, Ebner. Thlr.

—— Universal-Lexicon d. Erziehungs- u. Unterrichts-Lehre f. ält. u. jüng. christl. Volksschullehrer. 3 Bde. gr. 8. (50, 42¼ u. 37⅜ B.) Augsburg 840—42, Schlosser's Buchh.

— Universal-Lexicon der Erziehungs- u. Unterrichts-Lehre für ältere u. jüngere christliche Volksschullehrer. 16—86 Hft. (A — Kürze) gr. 8. Mergentheim 840. (Augsburg, Schlosser.) à ¼ ₰

—— Universal-Lexicon der Erziehungs- u. Unterrichts-Lehre f. ältere u. jüngere christl. Volksschullehrer, Schulkatecheten rc. 3 Bde. 2., verm. u. verb. Aufl. gr. 8. Augsburg 844, Schlosser's Buchh. [1. (40 B.) 1 Thlr. 15 Ngr., 2. u. 3. Bd. (73½ B.) 3 Thlr.]

— Universal-Lexicon der Erziehungs- und Unterrichtslehre für christliche Volksschullehrer, Geistliche und Erzieher. 3. umgearb. rc. Aufl. herausg. von Herm. Th. Loë. 1—8 Liefg. Augsburg 858. Schlosser. Lex.-8. (1. Bd.: XI, 462 S., 2. Bd.: S. 1—160.) Jede Liefg. ngr.

— Universal-Lexikon der Erziehungs- und Unterrichtslehre für Schulaufseher, Geistliche, Lehrer rc. 3. umgearb. u. verb. Aufl. herausg. von Herrm. Th. Loë. Mit einem Anh.: Biographien um das Schulwesen und die Jugenderziehung besonders verdienter Männer rc. von J. B. Heindl. 9—22. Liefg. Augsburg 859, 60. Schlosser. gr. 8. (2. Bd.: VIII, S. 161—488; 3. Bd.: XVIII, 839 S.) Jede Liefg. 5 ngr.

—— Vademecum f. ält. u. jüngere Volksschul-Lehrer, in welchem d. Erzieh- u. Unterrichts-Lehre ihrem Geiste nach enthalten ist, u. den Lehrer auf Stegen u. Wegen begleitet. 8. (30½ B. u. 1 Stndr.) Augsburg 831, Kranzfelder.

—— Vademecum f. ält. u. jüng. Volksschullehrer, in welchem d. Erzieh- u. Unterrichts-Lehre ihrem Geiste nach enth. ist, u. d. Lehrer auf Stegen u. Wegen begleit. 2. Ausg. 8. (30¾ B.) Augsburg 836, [Kollmann'sche Buchh.] 1 Thlr., hrbgs. Pr.

— Weizenkörner für Zeit u. Ewigkeit. Ein Gedenkbuch für die reifere kathol. Jugend auf jeden Tag des Jahres. Mit einer Zugabe von Morgen-, Abend-, Meß- rc. und andern Gebeten. 1—3. Aufl. Reutlingen 853—58. Fleischhauer u. Spohn. 32. (VIII, 528 S. mit 1 Stahlst. u. Titel in Farbendruck.) 18 ngr.

Münch, M. C., Weizenkörner für Zeit u. Ewigkeit. Ein Gedenkbuch für die reifere kathol. Jugend auf jeden Tag des Jahres. Mit einer Zugabe von Morgen-, Abend-, Meß- rc. Gebeten. 4. Aufl. Reutlingen 866. Fleischhauer & Spohn. 32. (VIII, 544 S. mit 1 Stahlst. u. chromolith. Titel.) geb. mit Goldschn. 18 ngr.
In Leder geb. mit Goldschn. 1 ₰ 6 ngr.

— Züge aus d. Leben F. K. Strasser, Schulprovisors zu Gattnau. 8. Landsh. 819. Thomann. 8 gr

Münch, Mt. Tobias, Cph. Schmid's biblische Geschichten in Form e. Bibelkatechismus, zum Gebr. f. Schulen, Lehrer u. Katecheten. 8. Gmünd 817. 2e A. 821. Ritter. 8 gr

Münch, M. T. v., was ist der Priester dem christl. Volke? Eine Predigt. 12. (1 B.) Augsburg 842, Schlosser's Buchh. -

Münch, Mar., († d. 29. Nov. 1791.) Geschichte des Frauenklosters Marienburg, aus einheim. u. fremden Urkunden. 8. Nürnb. 782.

Münch, O., wie kann ich mich v. der Wahrheit od. Unwahrheit des Christentums überzeugen! Ein Wegweiser f. die Gebildeten unter den Freunden u. Verächtern d. Christentums. (72 S.) 8. Leipzig (908). O. Born. 1. 20

Münch, Osk. Frhr. v. Aktenstücke eines württembergischen Justizverbrechens. o. O. [1908]. 4°

Münch, Oskar Frh. v. Vier Eingaben an die Kammer der Abgeordneten vom 27. März, 17. April, 18. 25. April und an den kgl. Verwaltungsgerichtshof in Stuttgart vom 31. Juli 1891 betr. seine Einweisung ins Irrenhaus u. a. [Eing. Tit.] 4°

Münch, Frhr. Osc. v. Ein Fall württembergischer Rechtspflege. gr. 8. (15 S.) Zür. 891, Verlags-Magazin. * — 20

Münch, Frhr. Osc. v., e. Commissionsgeschäft des Bankdirectors Colin u. meine Verurtheilung zu 2 Monaten Gefängniß. 8. (88 S.) Nürnberg 893. Wörlein & Co. — 20

Münch, Oskar Frh. v. Ein Kommissionsgeschäft des Bankdirektors Colin, Kgl. Geh. Hofrath u. Mitgl. d. Deutschen Kolonialraths, und meine Gefängnisstrafe. E. Ausschnitt württembergischer Regierung. Von –.
Zürich Dr. v. J. Schabelitz 1893 (87 S.) 1 Bd. 8°

Württembergische Rechtspflege und Verwaltung. [Von Frh. Oskar] v. Münch. Berlin (1902) J. Sittenfeld. (43 S.) 4° [Kopst J.] [o: 163 9

Münch, Oskar Joseph, a. Klengen b. Villingen: Markgraf Jakob I. von Baden. Freiburg i. B. 1906. H. M. Poppen & Sohn. (VI, 107 S.) 8°
Freiburg i. B., Phil. Fak., Ref. Finke, Diss. v. 29. Jan. 1906
[Geb. 17 Febr. 81 Klengen bei Villingen; Wohnort: Freiburg i. B.; Staatsangeh.: Baden; Vorbildung: Gymn. Rastatt Reife M. 01, Studium: Freiburg i. B. 5, Heidelberg 1, Freiburg i. B. 1 S.; Rig. 13. Jan. 06.]

Münch, O(tto), Dr.: Das Erosionstal der unteren Mosel. (Oppenheim 1907: W. Traumüller.) (9 S.) 4°
Oppenheim, großh. R. P. 1907 (815)

Münch, Otto, a. Langen: Über die Erosionstäler im unteren Moselgebiet. Mit einer Übersichtskarte, zahlreichen Karten im Text und 13 Tafeln der Gefällskurven. Darmstadt 1905: C. F. Winter. (118 S.) 8°
Gießen, Phil. Fak., Ref. Sievers, Diss. v. 22. Juni 1905
[Geb. 4. Aug. 79 Langen; Wohnort: Darmstadt; Staatsangeh.: Hessen; Vorbildung: Neues Gymn. Darmstadt Reife O. 98, Studium: Bonn 1, Berlin 1, Gießen 7 S., Rig. 17. Dez. 04.]

Münch, Otto, Heiteres u. Boshaftes. Humoristisch-satir. Gedichte. (26 S.) kl. 8. Dresden 904. E. Pierson. n. — 60; geb. n. 1. 60

Münch, Otto, Humor u. Satire, gewidmet allen Hypochondern u. Jenen, die es werden wollen. gr. 8. (30 S.) Dießen 902. J. C. Huber. n. 1. 20

— der bayerische Klostersturm im J. 1803. Eine Säkularbetrachtg. (32 S.) 12. München 903. Münchener Volksschriftenverlag. n. — 15

Münch, P. A., s. Registrum praediorum et redituum.

Die pälzisch Weltgeschicht von Paul Münch. Buchschmuck vom Verf. 4. u. 5. Doppelaufl. (Vorr.: Prof. Oskar Steinel.) Kaiserslautern Crusius 1909. VII, 136 S. 8° [illegible]

Münch, Paul, die pälzisch Weltgeschicht. Buchschmuck vom Verf. 13.—15. Tauf. (VIII, 136 S.) kl. 8. Kaiserslautern 910. E. Crusius. 1.50; geb. in Leinw. 2. —

Münch, Paul Geo., Arnd u. Silene. Novellen. (217 S.) 8. Leipzig (910). Grethlein & Co. 2.—; geb. in Leinw. 2. 80

— Rund ums rote Tintenfaß. Essays üb. den Schüleraufsatz. 2. Tauf. (121 S.) 8. Leipzig 909. A. Hahn. 1. 60

— Der Weg ins Kinderland. Roman. (353 S.) 8. Berlin (908). O. Janke. 3. —

Münch, Peter. Analytische Discussion einiger geometrischer Oerter. 30 S. u. Figurt.
Düsseldorf, Progr. 1853

Münch, Peter, Lehrbuch der Physik. 1. Aufl. (XV, 342 S.) 1871. *M. 3,50., und 2. verm. und verb. Aufl. gr. 8. (XVI, 313 S. mit 268 in den Text gedr. Abbild.) Freiburg i. Br. 873, Herder'sche Verlagsh. *

Münch, Pet., Lehrbuch der Physik. Mit einem Anhang: Die Grundlehren der Chemie. 3. und 4. verb. und verm. Aufl. (XVI, 339 S. mit 301 in den Text gedr. (Holzschn.-)Abbild. und 1 Spectraltaf. in Farbendr.) 1876,77; 5 verm. und verb. Aufl. gr 8. (XV, 371 S. mit 317 in den Text gedr. Abbild. und 1 Spectraltaf. in Farbendr. in 4.) Freiburg i. Br 878. Herder'sche Verlagsh. *M. 4 ; geb. *

— dasselbe. Mit 301 in den Text gedr (Holzschn.-)Abbildgn. u. e. Spectraltaf. in Farbendr. 4. verb. u. verm. Aufl. Mit e. Anh.: Die Grundlehren der Chemie. gr. 8. (XVI, 339 S.) Freiburg i. B. 877. Herder. n. 4. —

Münch, Peter, Lehrbuch d. Physik. Mit einem Anh.: Die Grundlehren der Chemie u. der mathematischen Geographie. Mit 317 in den Text gedr. Abbildungen u. einer Spectraltafel in Farbendr. 6. Aufl. gr. 8. (XV, 372 S.) Freiburg i/Br. 880. Herder. n. 4. —; geb. n. 4. 80

— dasselbe. 7. Aufl. gr 8. (XV, 441 S.) Ebend. 882. n. 4. 20; geb. n. 5. —

Münch, Pet, Lehrbuch der Physik. Mit e. Anh.: Die Grundlehren der Chemie u. der mathemat. Geographie. Mit 326 in den Text gedr. Abbildgn. u. 1 Spectraltaf. in Farbendr. 8. Aufl. gr 8. (XV, 443 S.) Freiburg i/B. 886. Herder. n. 4. —; Einbd. n.n. — 60

Münch, P., Lehrbuch der Physik. Mit e. Anh.: Die Grundlehren der Chemie u. der mathemat. Geographie. Mit 326 in den Text gedr. Abbildgn. u. 1 Spektraltaf. in Farbendr. 9. Aufl. gr. 8. (XVI, 448 S.) Freiburg i Br. 889. Herder. n. 4. —; geb. n n. 4 50

Münch, Pet., Lehrbuch der Physik. Mit e. Anh.: Die Grundlehren der Chemie u. der mathemat. Geographie. 10., verb. Aufl. gr. 8 (XV, 452 S. m. 327 Abbildgn. u. 1 farb. Spektraltaf.) Freiburg i/B. 893. Herder. n. 4. —; geb. in Halbldr. n.n. 4. 45

Münch, Pet., Lehrbuch der Physik. 11. Aufl., nach den preuß. Lehrplänen v. 1892 in 2 Tln. bearb. v. H. Lüdtke. gr. 8. Freiburg i/B. 900. Herder. n. 4.80; Einbde. n.n.n. — 80
1. Vorbereitender Lehrgang. Mit e. Anh.: Von den chem. Erscheingn. Mit 209 in den Text gedr. Abb. (XI, 160 S.) n. 1. 80; Einbd. n.n.n. — 35
2. Ausführl. Lehrgang. Mit e. Anh.: Die Grundlehren der mathemat. Geographie. Lehrausgabe der Obersekunda u. Prima höh. Lehranstalten. Mit 236 in den Text gedr. Abb. u. 1 Spektraltaf. in Farbendr. (XV, 330 S.) n. 3. —; Einbd. n.n.n. — 45

Münch, Peter [Dr., Dir.]: Geschichtliche Nachrichten über das Dominikanerkloster zu Münster i. W. Münster, Druck d. Coppenrathschen Buchdr., 1890; 30 S., 1 Taf. 4°
Münster i. W., RG, OP 1890 (364)

Münch, Peter, trattato di fisica. Traduzione eseguita sulla 3. ed. da Gius. Mora. Con 301 fig. intercalate nel testo ed una tav. spettrale colorata. gr. 8. (XVI, 346 S.) Wien 877. Hölder. n. 4. 40

Munch, Peter Andreas. Leid und Trost. A. d. Norweg. . . . Berlin 1860. Ü: *Klöse, F, von.* (Pettersen, Anon. og Pseudonymer. Kristiania 1890.)

Münch, Ph., relative Absoluta? (Persönlichkeit Gottes? Individuelle Unsterblichkeit?) Eine Auseinandersetzung Sören Kierkegaards mit dem Geiste der Gegenwart. 2. Aufl. (92 S.) gr. 8. Leipzig 903. Gotha, R. Wöpke. n. 1. 80; geb. n. 2. 60

Münch, Philipp: Die Haupt- und Grundgedanken der Philosophie Sören Kierkegaards in kritischer Beleuchtung. *Leipzig 1901: F. Richter.* (79 S.) 8°
Leipzig, Phil. Diss. v. [21. Nov.] 1901

Münch, Phpp., die Haupt- u. Grundgedanken der Philosophie Sören Kierkegaards in kritischer Beleuchtung. gr. 8. (III, 79 S.) Dresden 902. F. Richter. n. 1. 50

Wie kann ich mich von der Wahrheit oder Unwahrheit des Christentums überzeugen! Ein Wegweiser f. d. Gebildeten unter d. Freunden u. Verächtern d. Christentums. Von Dr phil. Philipp Münch Leipzig Born [1908]. 72 S. 8° [09. 13621

Münch, Pietro, Trattato di fisica, ad uso delle classi superiori delle scuole medie e degli istituti equiparati. Versione libera, con modificazioni, traslocazoni ed aggiunte, in relazione alle normali dell' eccelso J. R. ministero del culto e dell' istruzione eseguita sulla 10 ed. tedesca da Emanuele de Job. Con 223 figure intercalate nel testo ed una tavola spettrale colorata. gr. 8. (IX, 242 S.) Wien 898. A. Hölder. n. 4. —

Münch, Richard, Gerichtsaccessist aus Langen: Der Patentanwalt. *Erlangen 1902: F. Junge.* (92 S.) 8°
Erlangen, Jur. Diss. v. 10. Juli 1902

Münch, Rudolf: Die sprachliche Bedeutung der Gesetzsammlung König Alfreds des Grossen. Auf Grund e. Untersuchung d. Hs. H (Textus Roffensis). Halle a. S. 1908: Kaemmerer. 38 S. 8°
Düsseldorf, k. Prinz Georg-G i. E. OP 1908 (570) [S 08. 322

Münch, Rudolf, aus Peček (Böhmen): Die Handschrift H (Textus Roffensis) der Gesetzsammlung König Alfreds des Grossen. Eine grammat. Untersuchung. *Halle a. S. 1902: C. A. Kaemmerer & Co.* (38 S.) 8° ¶ (Teil d. eingereichten Arbeit.)
Halle, Phil. Diss. v. 26. Juni 1902

Münch, Rudolf Das Schulgebäude. S. 18—25. 4.
Progr. Kgl. Prinz Georg-Gymn. i. E. *Düsseldorf* 1907 (534).

Münch, Siegmar, aus Istha: Untersuchung über p-Dioxystilben. *Marburg 1903: R. Friedrich.* (56 S.) 8°
Marburg, Phil. Diss. v [30. Jan.] 1903

Münch, Th., vor dem großen Kriege, s.: Volks- u. Jugendschriften, deutsche.

Münch, Traugott, bacc. jur. in Zürich: Rechte und Pflichten des stillen Gesellschafters nach den Bestimmungen des Handelsgesetzbuches vom 10. Mai 1897. Borna-Leipzig 1908: R. Noske. (XI, 120 S.) 8°
Leipzig, Jur. Fak., Diss. v. 25. Juli 1908
[Geb. 31 März 80 Zürich; Wohnort: Zürich; Staatsangeh.: Schweiz; Vorbildung: Realsch. Zürich Reife Okt. 99; Studium: Zürich 2, Heidelberg 1, Zürich 1, Heidelberg 1, Zürich 5, Leipzig 1 S.; Rig. 25. Febr. 07.]

Muench, Victor: De clausulis a Valerio Maximo adhibitis. Vratislaviae 1909: Fleischmann. 65 S. 8°
Breslau, Phil. Diss. v. 17. Mai 1909, Ref. Skutsch
[Geb. 23. März 83 Kallendorf; Wohnort: Breslau; Staatsangeh.: Preußen; Vorbildung: Matthias-Gymn. Breslau Reife O. 03; Studium: Breslau Jura 2, Phil. 10 S.; Rig. 24. Febr. 09.] [U 09. 612

Münch, W Die Entstehung des Verlorenen Paradieses. Cleve, G., 1874. 33 S. 4. Progr.

Münch, Wilh., seltsame Alltagsmenschen. Aus der Erinnerg. gezeichnet. (VII, 249 S.) 8. München 910. C. H. Beck. In Leinw. kart. 3. 50

Münch, Wilh., Anmerkungen z. Text d. Lebens. Zugl. 2. (verdoppelte) Aufl. d. „Tagebuchblätter" d. Verf. gr. 8. (XII, 200 S.) Berlin 896. R. Gaertner. Geb. in Leinw. n. 4. 60

Münch, Wilh., Anmerkungen zum Text des Lebens. 3., gesichtete u. ergänzte Aufl. (XV, 233 S.) 8. Berlin 904. Weidmann. Geb. in Leinw. n. 4. 60

Münch, Wilhelm (Hrsg.), s. Arndt, Ernst Moritz: Fragmente über Menschenbildung.

Münch, W., vermischte Aufsätze über Unterrichtsziele und Unterrichtskunst an höheren Schulen. gr. 8. (VII, 296 S.) Berlin 888, Gaertner's Verlag. *

— vermischte Aufsätze über Unterrichtsziele u. Unterrichtskunst an höh. Schulen. 2., verm. Aufl. gr. 8. (IV, 351 S.) Ebd. 896. n. 6. —

Münch, Wilh., neue pädagogische Beiträge. gr. 8. Berlin 893. R. Gaertner. n. 3. —
1. An der Schwelle d. Lehramts. (Seminarvorträge.) 2. Soll u. Haben der höheren Schulen. 3. Nachlese. (160 S.)

— Weitere Beiträge zum deutschen Unterricht. (Die Pflege der deutschen Aussprache in unseren Schulen. Die Pflege der Deklamation an den höheren Schulen.) 4 (S. 3—28).
Progr. Rg. *Barmen* 1887 (436).
Beide Programme sind wiedergedruckt in des Verf. „Vermischte Aufsätze über Unterrichtsziele und Unterrichtskunst an höheren Schulen" (Berlin 1888) S. 122—164 78—96. 97—121

Münch, W. Bemerkungen über die französische und englische Lektüre in den oberen Realklassen. Ruhrort, Rg., 1879. 18 S. 4 Progr.

Münch, Wilhelm, a. Metz: Zur Bestimmung der absoluten oder kosmischen Bewegung unseres Planetensystems durch vervollständigte Aberrationsmessungen. (Berlin 1905: G. Schade.) (67 S.) 8°
Berlin, Phil. Fak., Ref. Foerster, Bauschinger, Diss. v. 5. Aug. 1905
[Geb. 11 Aug. 79 Metz, Heimatsort Potsdam; Staatsangeh. Preußen; Vorbildung: Joachimsthalsches Gymn. Berlin Reife O. 99; Studium: Berlin 4, Bonn 1, Berlin 3 S.; Rig. 3. Nov 04.]

Münch, Wilh., Didaktik u. Methodik des französ. Unterrichts, s. a. Handbuch d. Erziehgs.- u. Unterrichtslehre.

Didaktik und Methodik des französischen Unterrichts von Dr. Wilhelm **Münch**, Prof., Berlin. 2., umgearb. Aufl. *München: C. H. Beck 1902.* (IV, 179 S.) 8°
— Handbuch d. Erziehungs- u. Unterrichtslehre f. höh. Schulen. Bd 3, Abt. 2, Hälfte 1 [03. 6636

— Didaktik u. Methodik des französ. Unterrichts. 3., verb. u. ergänzte Aufl. (VII, 192 S.) gr. 8. Ebd. 910. 4.—; geb. in Leinw. 5. —
Sonderabdr. aus: „Handb. d. Erziehgs.- u. Unterr.-Lehre f. höh. Schulen".

— u. Frdr. Glauning, Didaktik u. Methodik. d. französischen u. englischen Unterrichts. [Aus: „Baumeister's Handbuch der Erziehungs- u. Unterrichtslehre f. höhere Schulen"]. Lex.-8. (107 u. 88 S.) München 895. C. H. Beck. n. 4. 50

— Eltern, Lehrer u. Schulen in der Gegenwart. (III, 124 S.) 8. Berlin 906. A. Duncker. n. 1. 50; geb. n. 2. —

Münch, Wilhelm, Festschrift zum 40. Stiftungsfeste des Männerturnvereins zu Wiesbaden. Wiesbaden 1904, 56 S., 8°

Münch, Wilh., zur Förderung d. französischen Unterrichts insbesondere auf Realgymnasien. gr 8. (IV, 100 S.) Heilbronn 883 Henninger. n. 2. —

Munch, Wilh. Zur Förderung d. französischen Unterrichts insbesondere auf Realgymnasien. gr. 8. Heilbr 884. Lpz, Reisland. * 2 —

— zur Förderg. des französischen Unterrichts. 2., veränd. u. ergänzte Aufl. gr. 8. (V, 121 S.) Leipzig 895. O R. Reisland. n. 2. 40

— Gedanken üb. Fürstenerziehung aus alter u. neuer Zeit. (VIII, 325 S.) 8. Ebd. 909. 6.50; geb. in Leinw. n 7. 50; in Perg. n 10. --

Geist des Lehramts. Eine Hodegetik f. Lehrer höh. Schulen. Von Wilhelm **Münch**. *Berlin: G Reimer 1903.* (X, 537 S.) 8° [F.] [03. 4439

— Geist des Lehramts. Eine Einführung in die Berufsaufgabe der Lehrer an höh. Schulen. 2. verb. Aufl. (XI, 648 S.) gr. 8. Berlin 905. G. Reimer. n. 10. —; geb. in Leinw. n. 11. —

— Gestalten vom Wege, s.a. Bucherei, deutsche 42.

Gestalten vom Wege. Von Wilhelm **Münch**. Berlin. H. Neelmeyer [1905]. (105 S.) 8° [F.]
= **Bücherei**, Deutsche. Bd 42 [06. 8080

— Kultur u. Erziehung. Vermischte Betrachtgn. (VII, 285 S.) 8. Ebd. 909. Geb. 4. —

— Leute v. ehedem u. was ihnen passiert ist. Erlebtes u. Erdachtes. 1.—4. Taus. (V, 182 S.) 8. Leipzig 908. 09. C. F. Amelang. 2.—; geb. in Leinw. 3. —

Münch, W. Shakespeare's Macbeth im Unterricht der Prima. Barmen, Rg., 1884. 19 S. 4. Progr.

— über Menschenart u. Jugendbildung. Neue Folge vermischter Aufsätze. gr. 8. (IV, 384 S.) Berlin 900. [R. Gaertner.] Weidmann. n. 6. —; geb. n.n. 7.80

— allerlei Menschliches, s.a. Bücherei, deutsche, 37. Bd.

Allerlei Menschliches. Vermischte Betrachtungen von Wilhelm **Münch**. Berlin: H. Neelmeyer [1905]. (127 S.) 8° [F.]
— **Bücherei**, Deutsche. Bd 37. [06. 8077

— Jean Paul, der Verfasser der Levana, s.a. Erzieher, die grossen. I.

Münch, Wilhelm: Jean Paul, der Verfasser der Levana. — Berlin: Reuther & Reichard 1907. VIII, 237 S. 8° (Die grossen Erzieher. 1.)

— s.: Philosophie, systematische.

Münch, Wilhelm: Aus Köppe's Priv.-Kinderpoliklinik in Giessen. Die Cutane Tuberkulinreaktion nach v. Pirquet. Gießen 1909: (Schock, Frankfurt a. M.). 35 S. 8°
Giessen, Med. Diss. v. 10. Mai 1910, Ref. Voit
[Geb. 26. Jan. 84 Balhorn, Wohnort: Gießen; Staatsangeh.: Preußen; Vorbildung: Gymn. Hanau Reife O. 04, Studium: Würzburg 2, Gießen 3, Leipzig 1, Gießen 4 S.; Coll. 14. Mai 09; Approb. 3. Mai 10.] [U 10. 1153

— das akademische Privatstudium der Neuphilologen. (27 S.) 8. Halle 906. Buchh. des Waisenhauses. n. — 30
Sonderabdruck aus: „Lehrproben u. Lehrgänge".

Münch, Wilh. Tagebuchblätter. Eindrücke u. Gedanken in loser Aufzeichng. gr. 8. (X, 100 S.) Berl. 891, Gaertner. cart. * 2 60

Münch, *Wilhelm* Der deutsche Unterricht am Realgymnasium, seine Eigenart und seine Aufgaben. Betrachtungen und Vorschläge 4 (24 S.). Progr Rg. *Barmen* 1886 (429).

— aus Welt u. Schule. Neue Aufsätze. (VII, 276 S.) gr. 8. Berlin 904. Weidmann. n. 5. —

— Zeiterscheinungen u. Unterrichtsfragen. Vortrag, geh. in d. pädagog. Sektion d. 43. Versammlg. deutscher Philologen u. Schulmänner zu Köln. gr. 8. (40 S.) Berlin 895. R. Gaertner. n. — 80

— Zukunftspädagogik. Utopien, Ideale, Möglichkeiten. (IV, 269 S.) 8. Berlin 904. G. Reimer. n. 4. —; geb. n. 4. 80

— Zukunftspädagogik. Berichte u. Kritiken, Betrachtgn. u. Vorschläge. 2., umgearb. u. auf den doppelten Umfang erweit. Aufl. (VIII, 373 S.) gr. 8. Berlin 908. G. Reimer. 7.—; geb. n 8. —

Münch-Bellinghausen, Graf Joach. Ed. v., s.a. † Halm, Fr.

Münch-Bellinghausen, Eligius Frhr. v. [Ps Friedr. Halm], s. Briefwechsel mit Mich. Enk v d. Burg.

Camoens. Charakterbild in 1 Aufz. von Friedrich Halm (d. i. Eligius Frh. v. **Muench**-Bellinghausen). Bühnenbearb. von Paul Sonnekalb. *Halle a. S.: O Hendel (1901).* (36 S.) 8° [F.]
(Bibliothek d. Gesamtlitteratur d. In- u. Auslandes. No 1499.) [01. 18600

Münch-Bellinghausen, Eligius Frh v: Der Fechter von Ravenna Trauerspiel in 5 Akten von Friedrich Halm (d.i. Eligius Frh. v. Münch-Bellinghausen). Mit e. Vorbemerkung von H Marshall u d. Bilde d Dichters. Halle a.d.S O. Hendel (1902) (74 S) 8°
(Bibliothek d. Gesamtlitteratur d. In- u. Auslandes. No 1575)

Halm, Friedrich [d. i. **Münch-Bellinghausen, Eligius v.**]: Die Marzipan-Liese. *Weimar & Berlin [1897].*
in. **Goldammer, Leo**: E. Hochzeit. [97. 6605

Die Marzipan-Lise. Von Friedrich Halm [d. i. Eligius Frh. v Münch-Bellinghausen]. Berlin (H. Neelmeyer [1905].) (46 S.) 8° [F.]
= **Bücherei**, Deutsche. Bd 21, [1] 05. 14119

v. Münch-Bellinghausen, Frhr. Hnr., s. Protocoll d. Reichs-Friedensdiputation.

v. Münch-Bellinghausen, Frhr. Eligius, üb. die älteren Sammlungen Spanischer Dramen. Fol. (85 S.) Wien 852. (Braumüller.) n. 1 ₰ (siehe auch: Denkschriften der k. Akademie der Wissenschaften. Philosophisch-historische Classe, III Bd.)

Münch-Bellinghausen, Eligius Frh. v.: Der Sohn der Wildnis. Ein dramat Gedicht in 5 Akten von Friedrich Halm (d.i. Eligius Frh. v Münch-Bellinghausen). Mit d. Bilde d. Dichters u. e. Vorbemerkung (von H. M[arshall]) Halle a.d.S. O. Hendel (1902). (82 S.) 8°
(Bibliothek d. Gesamtlitteratur d. In- u. Auslandes. No 1546.)

v. Münch-Bellinghausen, Thdr. Alex., über d. Frage: Ist bei d. Reichshofrathe d. Supplikation dergestalt, wie bei dem Kammergerichte d. Revision der effectus suspensivus benommen? 8. Wien 773.

MÜNCHAU, Max (Stargardt): Ueber die Wirkung des Hydrochinons.- München 1884. 36 S. 7.8.1884 - Urk (Titel: De hydrochini effectu.); Chr 1884/85,20
Diss. Ingolst.-Landsh.-Mchn.

Münchausen s. **Münchhausen.**

Münchberg, F. C., hist. pragmat. pacti Calmariensis. 4. Copenh. 751.

Münchberg, Fr.: Gesteigert. Kom. Zeitbild in 1 Aufz. gr. 8. (16 S.) München (898). Rubinverlag. n. 1. —

Müncheberg [Schlagwort]

Müncheberg, s.: **Deutschland. Kürschner-Pelp.**

Müncheberg, s.: Geologische Karten (Preussen).

Müncheberg, s.: **Mark. — Wanderkarten.**

Müncheberg, Gustav, aus Konigswalde i. d. Neumark **Beiträge** zur Geschichte der bäuerlichen Lasten in Mittelschlesien. *Breslau 1901: R. Galle* (70 S.) 8° ¶(Teil d eingereichten Arbeit, das übrige erscheint erweitert an anderer Stelle.)
Breslau, Phil. Diss. v 2 Febr 1901

Münchehof [Schlagwort]

Münchehof, s.: **Baunschweig. Landeskarte.**

München [Sachliches OW]

München. Plan der Stadt nebst einem Führer für Fremde und einem Kärtchen der Eisenbahn von München nach Starnberg, s. Brockhaus' Reise-Atlas.

München. **Führer durch die Stadt und Umgebungen. Mit vollständ. Katalog der alten und neuen Pinakothek etc. und Situationsplan. Nach Bädeker's System bearb. 12. (IV, 87 S. mit 1 Plan.) [München 882, Bibliographisch-artist. Institut.] Leipzig, Unflad.** *

— **dasselbe. Mit vollständigem Catalog u. grossem Plan in Farbendr. 12. (IV, 87 S.) Ebend. 881. n. 1. 80; geb. n. 2. 40**

München. Seine geschichtl., örtl. u. monumentale Entwicklg. unt. d. Wittelsbachern, nebst e. Führer durch die Stadt. (Von Jos. Weiss.) Mit 54 Ansichten u. 1 Stadtplan. Hrsg. auf Veranlassg. d. Lokalcomités f. d. 42. Generalversammlg. d. Katholiken Deutschlands. 8. (168 S.) München 895. A. Bruckmann. n. 1. 50

München Führer u. Ratgeber z. dauernden Ansiedlung Hrsg v Verein z. Förderung d. Fremdenverkehrs in München u. im Bayer Hochland. Mit 1 Pl. München 1900: C Gerber (64 S.) 8° [08. 8930

Munich. A guide and handbook for those who intend to make a prolonged visit. [**München,** Führer u. Ratgeber z dauernden Ansiedlung] Publ. by the Verein z. Förderung d Fremdenverkehrs in München u. im Bayer Hochland. With 1 map. Munich (1907) C Gerber (63 S.) 8° [08. 8931

München-Augsburg-Ulm Führer für Reisende auf der Eisenbahn zwischen München, Augsburg und Ulm,
s.a Brockhaus' Reise-Atlas.

München — Augsburg — Ulm. Führer für Reisende auf der Eisenbahn zwischen München, Augsburg und Ulm. (3 S. Text in 8. mit 8 eingedr. Abbildungen in Stahlst. und 1 chromolith. Karte in qu. 4.) Leipzig 856, Brockhaus.

München in naturwissenschaftlicher u. medicinischer Beziehung. **Führer für die Theilnehmer der 50. Versammlung deutscher Naturforscher u. Aerzte.** Leipzig u. München 1873. 8°

München in naturwissenschaftlicher und medicinischer Beziehung . . . Leipzig 1877. V: *Klein, F.* (Bücherverz. d. Zentralbibl. d. D. u. Ö. A.-V. München 1906.)

—— in naturwissenschaftlicher und medicinischer Beziehung. Führer für die Theilnehmer der 50. Versammlung deutscher Naturforscher und Aerzte. 8. (VI, 278 S. mit chromolithogr Plan in Imp.-Fol.) Leipzig 877, Hirth. geb. *

München im Bilde. 41 Ansichten nach photogr. Aufnahmen. (44 S.) 20×24,5 cm. München (907). K. Beck. (L. Haile.) 1. —

München nach seiner neuen Eintheilung in Straßen, Bezirke, Distrikte, Bezirkspflege-Commissionen u. in Pfarreien, m. Angabe der Bezirks-Kommissäre, Distriktsvorsteher, Bezirkspflege-Commissäre in übersichtl. Form. Mit e. kleinen Wegweiser zu den Lokalitäten der k. Hof-, Civil- u. Militärstellen, geistl. u. städt. Behörden rc. u. vielen anderen schätzenswerthen Mittheilgn. gr. 8. (36 S.) München 875. Huber. — 50

München, ganz, für 48 Kreuzer, s. **Morin, F., Wegweiser durch München.**

—— ganz, für 25 Pfennige. Mit (lithogr) Stadtplan von München. 128. (96 S.) München 879, Stahl.

— ganz, für 25 Pfennige. Nebst (lith.) Stadtplan. Mai—Oktbr. 1881. 128. (96 S.) München 881. Stahl. — 25

München, die kgl. bayer. Haupt- u. Residenzstadt, nach d. neuen Hausnummerirung. Ein Verzeichniß d. Häuser, deren frühere u. neue Hausnummern, d. Namen d. Hausbesitzer, so wie d. Straßen, Gassen u. Plätze. 16. (12¼ B. u. Titvign.) München 833, Franz.

München — Koniglich Baierische Haupt und Residenzstadt — im Jahre 1814. Vom k. Steuer-Kataster. 1: 2500. 9 Bl.

München. die weit berühmt, prächtig, und wohl fortificirte Churfurstl. Haupt u. Residenz Stadt des Herzogthums Bayern. Verlegts Matthae. Seutter etc. in Augspurg. 1741? Ohne M 1 Bl.

München, Die Haupt- und Residenzstadt und ihre Umgebungen. Ein Wegweiser . . . München [1827]. V: *Destouches, Jos. Anton v.* (HThPP)

München, die Haupt- u. Residenzstadt u. ihre Umgebungen. Ein Taschenbuch f. Fremde u. Einheimische. Mit 6 Ans. vorzügl. Gebäude u. 1 Pl. der Stadt. 12. Münch., Jaquet. schwarz 20 ⁄. illum. 1 ⁄.

München im Jahre 1858. **Neuestes Taschenbuch für Fremde und Einheimische. München 858. Giel. 32. (XXII, 189 S. u lith. Plan in 4.) n. 12 ngr.; mit 12 Stahlst. n. 24 ngr.**

München im Jahre 1493. Nach Dr Hartmann Schedel's Chronicon Norimbergense Nürnberg 1493 getreu abgebildet, mit dem Urtexte versehen und herausg. von Jos. Klob 1848. (Ansicht) 1 Bl.

München und die Königsschlösser. 25., neu bearb. Aufl. Mit 2 Karten. Berlin: A. Goldschmidt 1904–05. (IV, 140 S.) 8°
— **Reiseführer,** Griebens. Bd 19. [06. 3303

München und die Königsschlösser. 26. neu bearb. Aufl. Mit 2 Karten u. 2 Grundr. Berlin A Goldschmidt 1907 (VI, 116, 4 S.) 8°
— **Reiseführer,** Griebens. Bd 19. [07. 8496

München und die Königsschlösser 27., neubearb. Aufl. Mit 2 Karten u. 2 Grundr Berlin A. Goldschmidt 1908 09. (VI, 124 S.) 8°
— **Reiseführer,** Griebens. Bd 19. [08. 13568

München-Kufstein-Salzburg Führer für Reisende auf den Eisenbahnen zwischen München, Kufstein und Salzburg. s.a Brockhaus' Reise-Atlas

München u. seine Kunst- u. Kunst-Gewerbe-Ausstellung. Mit dem Plan v. München, der Kunst-Ausstellg., der Kunstgewerbe-Ausstellung u. einigen Ansichten. 8. (57 S.) Zürich 888. Schmidt. n. 1. —

— für eine Mark. Neuester Plan von München mit Umgebungs- und Eisenbahnkärtchen. Nebst kleinem Wegweiser zu den Sehenswürdigkeiten. [Im Auszug aus Trautwein's München 11. Aufl.] 16. (38 S. mit 1 chromolithogr. Plan in Imp.-Fol.) Ebendas. 878. *

— für 1 Mark. Neuester Plan von München mit Umgebungs- u. Eisenbahnkärtchen. Chromolith. qu. gr. Fol Nebst kleinem Wegweiser zu den Sehenswürdigkeiten. [Im Auszug aus Trautwein's München.] 12. Aufl. 12. (56 S.) München 882. Kaiser. n. 1. —

— für eine Mark. Kleiner Führer durch München u. seine Umgebung. Im Auszug aus Trautwein's München. 13. Aufl. Mit einem Anh.: Die bayerischen Königsschlösser. 12. (80 S. m. 1 grossen, color. Plane v. München, Kärtchen des Starnberger See's u. Plan v. Nymphenburg.) Ebd. 890. * 1 —
Auch u. d. T Kleiner Führer durch München u seine Umgebung etc

— das medicinische. E. Führer f. Studier. u. Aerzte m. 1 Plane v. München. Nach amtl. Quellen bearb. 12. (VI, 157 S.) München 895. J. F Lehmann's Verl. Kart. n. 1. —

— das medizinische. Ein Almanach f. Studierende u. Ärzte. Mit e. geschichtl. Einleitg. v. Geo. B. Gruber. Sommer-Sem. 1910. (46 S.) 16. München, O. Schönhuth Nachf. — 50

— d. werd. Millionenstadt u. s. Verkehrsverhältnisse v. X. B. Liebig. M. 1 mehrfarb. Karten-Skizze. Lex.-8. (53 S.) München 896. O. Galler. n. 1. —

MÜNCHEN und die Münchener Leute, Dinge, Sitten, Winke. Karlsruhe 1905. 8° (Mk. 4—.) (3 Mk., Expl. im Orglwbd., Adolf Weigel, 1908, 2 Mk. Willy Walter, Aschaffenburg, 1911)

München u. die Münchener. Leute. Dinge. Sitten. Winke. (399 S.) 8. Karlsruhe 905. Freiburg i/B., J. Bielefeld. Geb. in Leinw. n.n. 4. —

München 1908. (München 1908 J. Schön.) (28 S.) 8° [Umschlagt.] [Schilderungen anlässlich d. 'Ausstellung München 1908'] [08. 9259

— 1910. Veranstaltungen u. Festlichkeiten. Oberammergau. Luftschiffahrts-Verkehr. Auto-Touren. Ansichten der Königsschlösser. (Farbiger) Stadtplan m. Vororten (67×52,5 cm), Trambahn- u. Strassen-Verzeichniss (auf der Rückseite). (Farbige) Karte v. Südbayern (32,5×57,5 cm). Theaterpläne u. Sehenswürdigkeiten. (32 S.) kl. 8. München, Verlags-Abteilung der bayer. Handelsgesellschaft. — 50

39*

— für 60 Pfennig. Plan von München und der nächsten Umgebung, nebst kleinem Wegweiser zu den Sehenswürdigkeiten. [Im Auszug aus Trautwein's München 11. Aufl.] 16. (38 S. mit 1 chromolithogr. Plan in Imp.-Fol.) München 878, Kaiser. *

— für 60 Pfennige. Plan von München u. der nächsten Umgebung. Lith. qu. gr. Fol. Nebst kleinem Wegweiser zu den Sehenswürdigkeiten. [Im Auszug aus Trautwein's München.] 12. Auflage. 12. (66 S.) München 882. Kaiser. n. — 60

München für 60 Pfennig. Plan v. München u. der nächsten Umgebung. Nebst kleinem Wegweiser zu den Sehenswürdigkeiten. Im Auszug aus Trautwein's München. 13. Aufl. 12. (80 S. m. Kärtchen vom Starnberger See u. Plan v. Nymphenburg.) München 890, Kaiser. * — 60
Auch u. d. T: Kleiner Führer durch München u. seine Umgebung.

— die Reise nach Salzburg und Innsbruck und das Salzkammergut. 8. (X und 70 S. mit dem lithogr. Plan von München und den lithogr. Karten des Salzkammerguts und Tyrols in qu. 8. und qu. 4.) Berlin 857, Herbig. * geb. * —
Aus: Reichard's Passagier, 17. Aufl., besonders abgedruckt.

Der akademische Schach-Klub **München** Festschrift z. Feier des 20j. Bestehens unter Mitw. hervorragender Mitglieder hrsg. München 1900 (Stein in Potsdam). 142 S. 8° [11. 6967

— u. **Umgebung.** Künstlerisch illustr. Mit neuestem Stadtplan u. Plan v. Nymphenburg (in Farbendr.) 8. (65 u. 6 S.) München (Ohlmüllerstr. 1/I) 896. O. Brunn. — 75

München und Umgebung, m. bes. Berücks. d. Sehenswürdigkeiten, Kunstschätze u. d. Königsschlösser. 22. Aufl. bearb. v. George Morin. M 2 Kt. *Berlin: A Goldschmidt 1898.* (VIII, 116 S., 1 Pl., 1 Kt.) 1 Bd 8. = Reisebücher, Griebens. Bd 19. [98. 9871

München u. Umgebung. Das Isarthal, Kochel-, Walchen- u. Staffelsee, Chiemsee, Tegernsee u. Schliersee, Starnbergersee u. Ammersee, d. Königsschlösser. Mit neuest. Stadtplan u. den Katalogen zu den Kunstsammlgn. (Ausg. 1900.) 12. (101 u. 12 S. m. Abbildgn.) München (Ohlmüllerstr. 1/I), Osk. Brunn. — 75

München und Umgebung mit bes. Berücks. d Sehenswürdigkeiten, Kunstschätze u d bayrischen Königsschlösser 24 Aufl. Mit 2 Karten *Berlin A Goldschmidt 1902-03* (IV, 136 S.) 8° [S. u Ant] = Reisebücher, Griebens Bd 19. [03. 11500

— u. **Umgebung.** Mit den Katalogen zu den Kunstsammlgn. Das Isartal u. die Isartalbahn etc. etc. Mit neuestem Stadtplan, Plan v. Nymphenburg u. e. Uebersichtskarte. (Neue Ausg.) (96 u. VII S.) kl. 8. München (906). O. Brunn. n. — 75

— — dasselbe, mit: Die bayer. Seen u. die Königsschlösser. (128 u. VII S.) kl. 8. Ebd. 906. n. 1. —

— u. **Umgebung.** (Mit den Katalogen zu den Kunstsammlgn. Das Isartal u. die Isartalbahn. Die bayer. Seen u. die Königsschlösser.) Mit neuestem Stadtplan, 1 Übersichtskarte u. Illustr. (Neue Ausg.) (II, 133 u. VIII S. m. 1 Übersichtsplan.) kl. 8. München (908). O. Brunn. 1. 50

— — dasselbe. (Mit den Katalogen zu den Kunstsammlgn. Das Isartal u. die Isartalbahn. Der Starnbergersee). Mit neuestem Stadtplan, 1 Übersichtskarte u. Illustr. (Neue Ausg.) (II, 103 u. VIII S. m. Übersichtsplan.) kl. 8. Ebd. (908). 1. —

München und Umgebung. Mit 48 Abb. u. 1 Pl. 1910—1911. Berlin: Bermühler [1910]. 72 S. 8°
(Bermühlers Städteführer in Bildern. Bd 3.) [11. 10512

München mit seinen Umgebungen 1810. L. List. sculps 1 220,000. 1 Bl.

München und Umgebungen mit besond. Berücks. d. Sehenswürdigkeiten, Kunstschätze u. d. bayr Königsschlösser. 23. Aufl. bearb. von George Morin. Mit 2 Kartenbeil. *Berlin: A. Goldschmidt 1900.* (VIII, 127 S.) 8° = Reisebücher, Griebens. Bd 19. [00. 10604

Umgebungskarte **München.** Hrsg. v. Deutschen Touring-Club München. (Maßst. 1:150,000.) München: (Selbstverl. d. Dtsch. Touring-Club München); Lith. H. Köhler [1906]. (1 Kartenbl. 41×42 cm mit Legende, 1 Kartenbl. 25×19 cm.) 8° [Kopft.] [kol.]
[Umschlagt.] Karte von München u. Umgebung unter besond. Berücks. d. Radfahrwege mit d. Münchener Stadtplan. [06. 8406

München u. seine Umgegend. Mit sämmtl. Fahrplänen u. Kalender. Sommerzeit 1891. 64. (136 S. m. 1 Kärtchen.) München 891. M. Ernst. n. — 25

—— in der Westentasche. Ein Führer für Fremde und Einheimische. Monat Mai 1883. 64. (79 S.) München 883, Pollner.

München in der Westentasche. Ein Führer f. Fremde u. Einheimische. Monat Mai 1883. 64. (79 S.) München 883. Viereck. — 25

München wie es trinkt und isst, wie es lacht und küsst. München 1835-36. V: *Schaden, Adolph von & Frdr. Wilhelm Bruckbräu.* (BGE)

München, wie es trinkt und ist (sic!), wie es lacht und kusst. Heft 1 von *Adolph v. Schaden* 2 von *Frdr. Wilh. Bruckbrau.* (1 vol.) Mit 2 color. (drast.) TKpfrn. Munchen. Geo. Franz, 1835—36. Kl. 8⁰. Eleg. blau Srsb., wie neu.

I TK. u. 32 S. Inh. Die Auer. Skizze zu einem Original-Sitten- u Charakter Gemälde.

II: TK. u. 40 S. Inh. Der Edle von Bock. Erzphilister von München. Nebst e. Handwörterbuche der Münchener Bocks Mundart als Schlüssel zum Verstehen der Gespräche.

MÜNCHEN wie es trinkt und isst. Von *K. K.* München, Schurich, 1859. 8⁰.
VIII—39 SS. Mit der TVign. „Gambrinus"

München [Schlagwort]

— s.a Alpen.

— s. a.: Automobilkarten. Mittelbach. — Deutschland. Karte (Abt. Bayern). Übersichtskarte.

— s. a.: Europa. Generalkarte. Liebenow.

—— s.a. Grieben's Reise-Bibliothek.

s.a **Pharus-Städte Atlas.**

— s. a.: Radfahrerkarten. Brunn. Freytag. Lechner. Mittelbach. Strassenprofilkarte.

s.a Westentaschen Sammlung.

— s.a. Woerl's Reisehandbücher.

München-Basel, s.: Automobilkarten. Mittelbach.

München-Bozen, s.: Automobilkarten. Automobil-Tourenkarte.

München-Bregenz, s.: Automobilkarten. Automobil-Touren arte.

München-Hof, s.: Automobilkarten. Mittelbach.

München-Innsbruck, s.: Automobilkarten. Automobil-Tourenkarte. Mittelbach. Pharus-Auto-Strecke.

München-Karlsruhe, s.: Automobilkarten. Mittelbach.

München-Königssee, s.: Automobilkarten. Automobil-Tourenkarte.

München-Lindau, s.: Automobilkarten. Pharus-Auto-Strecke.

München-Linz a. Donau, s.: Automobilkarten. Automobil-Tourenkarte.

München-Nürnberg, s.: Automobilkarten. Automobil-Tourenkarte. Mittelbach. Pharus-Auto-Strecke.

München-Prag, s.: Automobilkarten. Mittelbach.

München-Rothholz, s.: Automobilkarten. Pharus-Auto-Strecke.

München-Salzburg, s.: Automobilkarten. Pharus-Auto-Strecke.

München-Stuttgart, s.: Automobilkarten. Automobil-Tourenkarte.

München-Tölz, s.: Isarthal.

München-Wien, s.: Automobilkarten. Mittelbach.

München. Beckmann's neuester Plan von München in 5farbiger Ausführung. 1 : 20,000. 48,5×48,5 cm. Nebst Verzeichniss der Strassen u. Plätze. schmal gr. 8. (8 S.) Stuttgart 902. Klemm & Beckmann. — 50

— — neuester, v. München. 1 : 15,000. Kleine Ausg. 47×62,5 cm. Farbdr. Mit Strassenverzeichnis. (15 S.) schmal 8. Ebd. (906). n. — 50

München. Beckmann-Plan v. München. Grosse Ausg. 73×72,5 cm. Farbdr. Mit Strassenverzeichnis. (20 S.) schmal 8. Stuttgart (906). W. Seifert. n. — 75

München. Beckmann-Plan. Neuester Plan von München in 5 farb. Ausführg. m. Hausnummern, e. Verzeichnis der Strassen, öffentl. Gebäude etc. (15 S. m. 1 weiteren farb. Plan.) (Neudr.) 47×62 cm. 1 : 15,000. 8. Stuttgart (910). W. Seifert. — 50

München, Umgebung. Bernhard, C., München's nächste Partieen. Prakt. u. verläss. Wegführer der besuchtesten Orte in d. nächsten Nähe Münchens auf 6—16 Stunden im Umkreis, genau nach Poststunden eingetheilt, m. der Ausdehng. v. München bis an d. südl. Theil d. Starnbergersees (v. Nord n. Süd) u. v. Peißenberg bis zum Taubenberg (v. West nach Ost). 1 : 170,000. 29,5 × 26,5 cm. Farbendr. München 895. W. Keller. — 50

— — Umgebungskarte v. München zwischen Ammersee u. Holzkirchen, Dachau u. Starnbergersee. Prakt. Wegführer auf 4 bis 16 Stunden im Umkreis. 1 : 170,000. 4., verb. Aufl. 29,5 × 28 cm. Farbdr. Ebd. 897. Auf Leinw. n. — 60

– Bruckmann's

— — neuester Plan v. München. 1 : 12,000. (Neue Ausg.) 47,5×54 cm. Mit Plan v. Nymphenburg. 13× 20 cm. Farbdr. Nebst: Angabe der Sehenswürdigkeiten, Trambahnlinien, Strassenverzeichnis etc. (15 S.) kl. 8. Ebd. (906). n. — 40

— — dasselbe m. Hausnummern. 1 : 10,000. (Neue Ausg.) 52×59,5 cm. Mit Plan v. Nymphenburg. 13× 20 cm. Farbdr. Nebst: Angabe der Sehenswürdigkeiten, Strassenverzeichnis etc. etc. (15 S.) kl. 8. Ebd. (906). n. — 50

— Bruckmann's Specialkarte Umgebung v. München m. den Voralpen. 1 : 150,000. 49,5×60,5 cm. Farbdr. München (898). A. Bruckmann. n. — 75

– Brunn's, Oskar

— — (kleiner) Plan v. München. 1 : 15,000. 35,5 × 42,5 cm. Farbendr. Mit Strassen-Verzeichniss u. Angabe d. Sehenswürdigkeiten, nach d. Besichtigungstagen geordnet. gr. 16. (16 S.) München 895. (Literar.-artist. Anstalt.) n. — 40

— Brunn's, Osc., Plan v. München. 1 : 10,000. Ausg. 1902. 2 Blatt à 77×108 cm. Farbdr. Mit Strassenverzeichnis. 8. (8 S.) München (Ohlmüllerstr. 1,I), Osc. Brunn. 6.—; m. 2 westl. Anschlussblättern: Bl. I. Pasing-Aubing, Bl. II Grosshadern-Gräfelfing-Planegg. (à 77,5×52 cm) 9.—

— Brunn's Plan v. München m. Umgebung. (Mit Eintragg. des Grundbesitzes der Terraingesellschaften.) 1 : 13,000. Ausg. 1906. 147,5×126 cm. Farbdruck. München, O. Brunn. n. 6.—

München, Stadt. Brunn's, O., neuester Plan von München. 1 : 12,500. 80,5×63 cm. Farbendr. Mit Strassenverzeichniss. 8. (8 S.) München (Ohlmüllerstrasse 1/1) 897. O. Brunn. 2.—

— — neuester Plan v. München. 1 : 12,000. (Ausg. 1900.) 46,5×54 cm. Farbdr. Mit der Angabe der Sehenswürdigkeiten, Trambahnlinien etc. etc., Strassenverzeichnis etc. 8. (15 S.) Mit Plan v. Nymphenburg. 11×16,5 cm. Farbdr. Ebd. —40

— — dasselbe. 1:12,500. Ausg. 1901. 110×87 cm. Farbdr. Mit Strassen-Verzeichnis. gr. 8. (10 S.) Ebd. 4.—

— Brunn's, Osc., neuester Plan v. München m. Hausnummern. 1 : 13,000. 80,5×63 cm. Farbdr. Nebst: Angabe der Sehenswürdigkeiten, Strassenverzeichnis etc. (14 S.) 8. München (909). O. Brunn. 1.50

— — Spezialkarte d. Umgebg. v. München. 1 : 100,000. (Ausg. 1900.) 46×34 cm. Farbdr. Ebd. —75

— — Spezialkarte der Umgebg. v. München. 1 : 150,000. 27,5×30 cm. Farbdr. Ebd. (907). —50

— — Spezialkarte der südöstl. Umgebung Münchens. 1 : 100,000. 41,5×54 cm. Farbdr. Ebd (907). 1.20

— dasselbe, umfassend das Gebiet nördl. bis Schwaben, östl. Wasserburg a/Inn, südl. die Tegernseer- u. Schlierseerberge bis Kufstein. 1 : 100,000. 69,5×54 cm. Farbdr. Ebd. (907). 2.—

— — Strassenführer v. München m. 5farbigem Stadtplan u. 8 Kunstbeilagen. 1.—20. Taus. schmal gr. 8. (214 S.) Ebd. 902. 1.—

— — Touristenkarte der südlichen Umgebg. v. München m. den oberbayerischen u. nordtiroler Alpen. Westl. Füssen u. der Fernpass, südl. das Inntal m. Innsbruck, östl. Kufstein-Rosenheim. 1 : 250,000. 53×48,5 cm. Farbdr. Ebd. (910). 1.20

— — Verkehrsplan v. München m den Bezirksgrenzen u. Anschluss von Nymphenburg. 1 : 7,500. 71,5×91,5 cm. Farbendr. Mit Strassenverzeichniss an den Seiten. Ebd. 895. n. 3.—

Munchen — Uebersichts Karte der Koniglichen Jagd Revieren im Leibgehege um — und aller zwischen dem Lech und Inn Flusse liegenden Koniglichen Reserve Herrschafts und Pacht Jagden. Entworfen von dem K. Bayer Ing. Geogr. A. v. Coulon. München 1817? 1 200000. 2 Bl.

(Munchen — Umgebungen von —) jedoch das Blatt ohne Titel. In der rechten untern Ecke steht: Metropolis Bavariae situs, et confinia Lector Aparent oculis scena superba tuis si nondum capias descriptio plura notabit. Contentusque opera, dum recrearis eris. De cuvilies direxit 1772? Jos. Kaltner sculps. 1 86,400. 1 Bl.

Mue hens — Karte der Umgebung — Verfertigt und in Stein gravirt von Ludwig Emert in Munchen 1826. 1 100,000. 1 Bl.

München. Gaebler, E., Specialkarte v. München u. Umgegend. 1 : 125,000. Chromolith. qu. gr. 4. Metz 888. Leipzig, Lang. —25

Munchen — Plan der Haupt und Residenzstadt — 1806. Auf allerhochsten Befehl herausgegeben von der königlich bayerischen Direction des topographischen Bureau. Aufgenommen vom Ingénieur Géographe Oberlieut. Jos. Consoni. Gezeichnet von F. Green, königl. bayer Dessinateur. Gestochen in München von J. Carl Schleich, konigl. bayer. Kupferstecher 1.: 1920. 1 Bl.

Munchen — Karte von der Gegend um — der Hauptstadt im Konigreich Bayern nach dem neuesten Zustand entworfen und herausgegeben von Homannischen Erben berichtigt. Nurnberg 1807. 1 60,000 1 Bl.

— Karte von München u. Umgebung m. besond. Berücksicht. der Radfahrwege. 1 : 150,000. 43×42,5 cm. Hrsg. vom Deutschen Touring-Club München (e. V.). Farbdr. München (906). (J. Lindauer.) n. —60

— Karte von München u. Umgebung unter besond. Berücksicht. der Radfahrwege. 1 : 150,000. 43×42,5 cm. Farbdr. Mit dem Münchener Stadtplan. 19,5×25,5 cm. Hrsg. v. deutschen Touring-Club München e. V. München (907). Th. Riedel. —60

Munchen — Karte zur Reise von — in das Bayerische und Salzburger Hochgeburge Munchen, Cotta sche artist. Anstalt 1850. 2 Bl. 1 : 200,000

— Karte der Umgebung v. München. 1 : 25,000. Photolith. Vergrösserung aus dem topogr. Atlas. 4 Blatt à 40,5×40,5 cm. Ausg. A. mit roten Entfernungslinien. Ausg. B. mit blauen Flusslinien. München (Literarisch-artist. Anstalt). à Blatt n.n. 1.05

— Keller's Plan v. München. 1 : 16,000. 5. Aufl. Farbendr. gr. 4. Mit Rundgang u. Übersicht der Sehenswürdigkeiten, Strassen, Plätze u. öffentl. Anlagen. 12. (16 S.) München 890. Keller. —40

München. Keller's Plan v. München. 1 : 16,000. 7. Aufl. Farbendr. 29,5×29,5 cm. Mit Rundgang u. Übersicht der Sehenswürdigkeiten, Strassen, Plätze u. öffentl. Anlagen. gr. 16. (16 S.) München 893. W. Keller. —40

— Keller's Plan v. München. 1 : 16,000. 9., verb. u. verm. Aufl. 29,5×29,5 cm. Farbendr. Mit Auswahl v. Gasthöfen, Wein- u. Bierhäusern, Cafés. Mit Rundgang, Uebersicht der Sehenswürdigkeiten, der Strassen, Plätze u. öffentl. Anlagen. gr. 16. (16 S.) München 896. W. Keller. —30

— Keller's Plan von München. 1 : 16,000. 10. Aufl. 29,5×29,5 cm. Farbdr. Mit Auswahl v. Gasthöfen, Wein- u. Bierhäusern, Cafés. Mit Rundgang, Übersicht der Sehenswürdigkeiten, der Strassen, Plätze u. öffentl. Anlagen. gr. 16. (16 S.) München (900). W. Keller. —30

München's Klima und diatetische Verhaltungsregeln für Einheimische und Fremde von einem praktischen Arzte. München 860. Kaiser. 12. (48 S.) n. 4 ngr.

München — Gegend um — 10 Meilen im Umkreise. Herausgegeben von K. Kolbe Berlin bey E. S. Mittler 1827? Gestochen von S. Siebert. Hist. Notizen von Dr. D. Korth. 1 : 600,000. 1 Bl.

München's Leben und Treiben von Hans Träumer. München 854. Palm. 12. (V, 100 S.) n. 8 ngr.

— Lintner, K., Umgebungs-Karte v. München u. des Münchner Oberlandes. 1 : 280,000, 26×26 cm. Lith. München (903). Mey & Widmayer. n. — 60

— Loreck, C., u. A. Winter, Atlas zur Heimatkunde f. die Münchener Volksschulen. III. u. IV. Klasse. Fol. München 898. Piloty & Loehle. n.n. — 90
III. (2 farb. Taf.) Auf Leinw. n.n. — 40. — IV. (4 farb. S.) n.n. — 50.

— Map of Munich. 27 × 30 cm. Farbdr. Mit Strassenverzeichnis etc. an den Rändern. Nebst Plan von München u. Umgebg 36,5 × 46,5 cm. Lith. With a list of the sights. Practical hints. 12. (XVI S.) (Bruckmann's illustr. Reiseführer 50e.) München 894. A. Bruckmann. n. — 40

München — Carte zu Ausflügen von — in die besuchtesten Gegenden des südlichen Bayerns, auf 10 Stunden westliche und auf 20 St. südliche Ausdehnung von München, mit perspectivischen Ansichten. Entworfen und gestochen von Georg Mayr, königl. Bayer. topograph. Graveur. München 1832. 1:500,000. 1 Bl. mit 11 Perspectiv-Ansichten.

Münchens Merkwürdigkeiten. Ein Taschenbuch f. jeden Fremden u. Kunstfreund. Mit 1 Pl. 12. Münch. 811. 2e A. 813. Giel. 8 gl.

— Meteor-Plan v. München. 2. Aufl. hoch 4. (9 farb. Pläne.) Mit Text. gr. 8. (VIII, 140 S.) München (899). A. Schupp. Geb. in Leinw., in gr. 8. n. 2. 50

München nach Paris — Strasse von — durch Strassburg, Nancy, Chalons und Meaux, und von Munchen nah Wienn, durch Braunau, Lintz, und St. Polten, aufgenommen von herrn de St. Michel ingenieur im Jahre 1785. 1 : 130,000. 9 Bl. illumin. mit Beschreibung. Handzeichnung.

München — Nord West, Schichte I. No. 1. Nord-Ost, Schichte I. No. 1. Süd-West, Schichte I. No. 1. Süd-Ost, Schichte I. No. 1. Vom k. Steuer-Kataster-Bureau. 1808. 1 : 5000. 4 Bl.

München — Neuester Plan von — mit der neuen Hausnumerirung von J. B. Pfeiffer München, Selbstverl. 1871 1 Bl.

München. Pharus-Plan. München. 1:9400. 69×91 cm. Farbdr. Grosse Ausg. Mit illustr. Führer München u. seine Umgebg. (Neue Ausg.) (XXVI u. 22 S. m. 1 Entfernungstaf.) 8. Berlin, Pharus-Verlag. n. 1. —

München. Pharus-Plan v. München. 1 : 9,400. 69,5×91,5 cm. Farbdr. Nebst: Führer durch München m. Hinweis auf den Pharus-Plan München. schmal 8. (23 S.) Berlin (902). Pharus-Verlag. n. 1. —

— — dasselbe. Kleine Ausg. 38×50 cm. Farbdr. Nebst: Führer durch München m. Hinweis auf den Pharus-Plan München. (22 S.) schmal 8. Ebd (903). n. — 50

Pharus Plan München (Kleine Ausg.) Maaßst 1 9.400 [Nebst] Führer durch München Berlin: Pharus-Verl. [1903] (1 Kartenbl. 49 × 37 cm, 23 S.) 8° [kol.]
[Kt 1 C 49]

Pharus Plan München Maaßst 1 9,400. [Nebst] Fuhrer durch Munchen Berlin. Pharus-Verl. [1903] (1 Kartenbl. 90×68 cm, 23 S.) 8° [kol.]
[Kt 1 C 49]

— Pharus-Plan, neuester, v. München. (Neue Ausg.) 1 : 15,000. (Kleine Ausg.) 47,5×62,5 cm. Farbdr. Mit Strassenverzeichnis u. e. Stundenplan der Sehenswürdigkeiten. (16 S.) 19,5×11 cm. Stuttgart (908). W. Seifert. — 50

München — Plan von — i. J. 1735. 2,333. Handzeichnung 1 Bl.

München, Stadt. Plan, neuer, v. München. Ausg. 1898. 34 × 34,5 cm. Farbdr. Mit Strassenverzeichnis. gr. 16. (4 S.) Berlin 898. A. Goldschmidt. — 30

— Plan v. München. 1 : 16,600. 28×30 cm. Farbdr. Übersichtsplan v. München u. Umgebg. 37,5×46,5 cm. Autogr. Mit Verzeichnis der Strassen u. Sehenswürdigkeiten (an der Seite). Praktische Notizen f. Fremde u. Einheimische. (Bruckmann's illustr. Reiseführer Nr. 50a.) 12. (XVI S.) (Ausg. 1899.) München, A. Bruckmann. n. — 40

— Plan von München. [Aus: „Grieben's Reiseführer".] 1 : 14,000. 41×40,5 cm. Farbdr. Berlin 905. 906. A. Goldschmidt. In Mappe — 50

— Plan von München. (1910.) 86×47,5 cm. Farbdr. Mit Wegweiser. (72 S.) 8. München, Vereinigte Kunstanstalten — 40

— — neuester, v. München m. leichtester Orientierungs-Einteilung, nebst color Angabe der Trambahnlinien. Chromolith. gr. Fol. Nebst alphabet. Verzeichnis sämmtlicher Strassen, öffentl. Gebäude u. Sehenswürdigkeiten. 4. Aufl. 8. (9 S.) München 888. Palm. 1. —

— — neuester, v. München u. der nächsten Umgebung. 1 : 11,000. Chromolith. gr. Fol. Mit Uebersicht der Sehenswürdigkeiten u. Verzeichniss der Strassen, Plätze, Thore etc. 12. (12 S.) München 888. Fritsch. n. — 60

— — neuester, v. München u. der nächsten Umgebung. Nebst kleinem Wegweiser zu den Sehenswürdigkeiten. Im Auszug aus Trautwein's München. 13. Aufl. Mit e. Kärtchen vom Starnberger See u. Plan v. Nymphenburg. Ausg. 1889. 12. (76 S.) München 889. Kaiser. n. — 60

— Plan, neuester, v. München. Lith. u. color. qu. gr. 4. München 890. Th. Ackermann. n.n. — 25; m. vollständ. Wegweiser. 12. (14 S.) n. — 60

— — neuester, v. München. 1 : 11,000. 49 × 55 cm. Farbendr. Nebst (eingedr.) Kärtchen der Umgegend. Mit Uebersicht der Sehenswürdigkeiten u. Verzeichniss der Strassen, Plätze, Thore etc. 12. (12 S.) München (892). C. Schimon & L. Burger n. — 60

— — neuester, v. München. [Aus: „Grieben's Reisebücher".] 1 : 14,000. 40,5 × 40,5 cm. Farbdr. Berlin (900). A. Goldschmidt. n. — 50

München — Plan der Königlichen Residenz-Stadt — mit den Umgebungen im Jahre 1826. Bearbeitet im top Bureau des königl. bay Generalquartiermeister Stabes nach den Aufnahmen der königl. Kataster - Commission. 1 10,000. 1 Bl.

München — Plan der Königlichen Residenz Stadt — als Wegweiser im Jahre 1849. Gezeichnet von Fried. Reinhard, k. b. Ingen. Hauptm. Gestochen von A. Edler, Kupferstecher im topograph. Bureau des k. b. General-quartiermeister Stabs der Armee. Zu haben im geographischen Depot in München. 1 6200. 1 Bl.

München — Plan zu den Truppenübungen in der Umgegend von — 25,000. Lithogr im topogr. Bureau des K Generalquartiermeister-Stabs.

München — Plan der Umgebung der K Haupt- und Residenzstadt — 25,000. Bearb im topogr Bureau des K. b. Generalquartiermeister-Stabes 1854. 2 Bl.

München — Positionskarte der Umgebung von — 25,000. Photol. vergrössert etc u. herausg. vom topogr. Bureau des K b. Generalquartiermeister-Stabes. 1868. 6 Bl.

München. Sr. Excellenz dem Herrn Minister Grafen von Montgelas unterthänigst gewidmet. Nach dem Original des Ingenieur Geographe Green, von Heinrich Posselt, Elève des statistisch topographischen Bureau. Gestochen von den königl. Kupferstechern des statistisch topograph. Bureau Ohne M. 1 Bl.

München — Umgebungen von — herausgegeben auf aller hochsten Befehl Sr. Majestät des Königs von der königlichen Direction des statistisch topographischen Bureau im Jahre 1812. Aufgenommen und gezeichnet von dem königl. Ingenieur Géographe von Rickauer. Gestochen von C. Schleich sen., k. baierisch. topogr Kupferstecher. 1 5000. 1 Bl.

— **Stadtplan** von München. 1 : 16,600. 27 × 30 cm. Farbendruck. Mit Verzeichniss d. Strassen u. Sehenswürdigkeiten. Prakt. Notizen f. Fremde u. Einheim. (Bruckmann's illustr. Reiseführer 50 a.) 8. (XXIV S.) München 894. A. Bruckmann. n. — 40

— **Staffelbauplan** der kgl. Haupt- u. Residenzstadt München. 1 : 13,000. 104×80,5 cm. Farbdr. München (904). O. Brunn. n. 5. —

— merkwürdigste Strassen, Gebäude und Denkmale geschichtlich erläutert. München 861. (Franz.) 16. (84 S. u. 1 lith. Plan in 4.) n. 9 ngr.

— **Straube**, Jul., neuester Plan v. München. 1 : 10,000. Chromolith. Imp.-Fol. Nebst Verzeichniss der Strassen u. Plätze. 8. (12 S.) München 887. Mey & Widmayer. n. 1. —

— **Straube's** neuester Plan v München. 1 : 10,000 Neudr. 1897. 69 × 66,5 cm. Farbdr. Nebst Verzeichniss der Strassen u. Plätze etc. etc. 8. (18 S.) München 897. Mey & Widmayer, Verl. n. 2. —

— **Uebersichtskarte** München-Innsbruck, Füssen-Chiemsee. (Ausg. 1910.) 1 : 250,000. 43,5×57,5 cm. Farbdr. München (Th. Riedel). nn 1. 20

— **Uebersichtsplan** von München u. Umgebg. (Mit Bezeichng. der Entferngn.) 37,5×46,5 cm. Autogr. München (899). A. Bruckmann. n. — 20; in Farbdr. — 30

— **Übersichtsplan** v. München u. Umgebung. 37×46 cm. (Neue Aufl.) Farbdr. Nebst Text. (16 S.) München (910). A. Bruckmann. — 40

— — von München u. Umgebung. (Neue Ausg.) Mit Text auf der Rückseite. 37×46 cm. Ebd. (910). — 20

— — von München u. Umgebung. 5 farb. Mit Text auf der Rückseite. 37×46 cm. Farbdr. Ebd. (910). — 30

München — Plan der K. Haupt.- und Residenzstadt — i. J 1852. Mit Legende Von C. Wenng. München bei Mey u. Widmayer. 2 Bl.

— **Wenng**, L., Karte der Umgebung von München. Starnberger-, Ammer-, Koohel-, Tegern- u. Schliersee. 1 : 400,000. kl. Fol. Würzburg 887. Staudinger. — 45

— — Plan v. München. 1 : 8000. Chromolith. gr. Fol. m. Strassenverzeichnis. München 888. (Literarisch-artist. Anstalt.) n.n. 5. —

— — Spezialkarte der Umgebung v. München m. den Voralpen. 1 : 200,000. Chromolith. qu. Fol. München 890. (Scherzer.) n. 1. 20

— — grosser Specialplan der Stadt München. 1 : 4000. 9 Blatt. Chromolith. qu. gr. Fol. München 888. (Literarisch-artist. Anstalt.) à n.n. 2. —

— — neuester Stadtplan von München. 1 : 10,000. Farbendr. gr. Fol. Mit Wegweiser zu den Sehenswürdigkeiten, Strassen, Plätzen etc. gr. 16. (12 S.) Würzburg 890. Staudinger. n. — 40

— **Wenz**, Gust., Karte von München u. Umgebung. 1 : 300,000. 2., umgearb. Aufl. 4 Blatt. Farbendr. Imp.-Fol. München 890. Th. Ackermann's Verl. n. 10. —; auf Leinw. n. 14. —; m. Stäben n. 16. —

— **Woerl's**, Leo, neuester Plan v. München. 1 : 12,500. 46×50,5 cm. Farbdr. Mit Strassenverzeichnis usw. (auf der Rückseite). Leipzig 905. Woerl's Reisebücher-Verlag. n. — 50

München [Verfasser]

Dominik Constantin München's Versuch einer kurzgefassten statistisch-bürgerlichen Geschichte des Herzogthums Lützelburg zum Gebr. der in Lützelburg studierenden Jugend. Unter Mitw. mehrerer Geschichtsforscher z. ersten Male hrsg. von Martin Blum, Pfarrer. *Luxemburg (1898)1901: P. Worré-Mertens.* (XVIII, 463 S.) 8° [J.]
(Beil. zu 'Ons Hemecht') [01. 1831 5

München, G., Bauer und Polizei, s.a. Theater, kleines.

München, G., Bauer u. Polizei. Schwank in 1 Aufzuge. 12. (24 S.) Osnabrück 888. Veith. n. — 50

München, Julius, appr. Arzt: Ueber multiple Endotheliome ⟨Angiosarkome s. Hämangioendotheliome⟩ der Dura mater. ⟨Mit 1 Abb.⟩ München 1904: Wolf. 22 S. 8°
München, Med. Diss. v. 22. Dez. 1904, Ref. v. Bollinger
[Geb. 19. Nov 76 Wadern; Wohnort: Wadern; Staatsangeh.: Preußen; Vorbildung: Apostel-Gymn. Cöln Reife O. 99; Studium: München 7, Berlin 1, München 3 S.; Coll. 22. Dez. 04; Approb. 21. Juli 04.] [U 10. 3552

München, Karl Die Krümmungslinien auf der windschiefen Schraubenfläche. 8. 3—47, 1 Taf. 8.
Progr. Öffentl. Privatgymn. an der Stella Matutina *Feldkirch* 1906.

München, N., über Chrysostomus, s. Chrysostomus.

– s. **M. T. Ciceronis, pro Q. Roscio Comoedo**

München, N., de jure ecclesiae catholicae statuendi impedimenta matrimonium dirimentia. Dissert. canonica. 8. maj. Cöln 827. Du-Mont-Schauberg. 10 ſgℓ.

München, Nic.

München, N., die Amts-Entfernung, ein Beitrag zur unbefangenen Kritik des Titels über die Verbrechen der Geistlichen in dem neuen Entwurfe des Strafgesetzbuches. [Aus d. „Kölnischen Zeitung" abgedr.] gr. 8. (23 S.) Köln 848, Du Mont-Schauberg. 3 ngl

— über die Bestrafung der Geistlichen nach dem Entwurfe des Strafgesetzbuches f. Preußen. [Aus d. „Kölnischen Zeitung" abgedr.] gr. 8. (18 S.) Ebd. 848. 3 ngl

München, Nic., das kanonische Gerichtsverfahren und Strafrecht. 2 Bde. gr. 8. Köln und Neuß, Schwann's Verlag. [1. Bd. (IV und 612 S.) 865. * 2 Thlr. 20 Ngr., 2. Bd. (III und 744 S.) 866. * 3 Thlr.] *

München, Nic., das kanonische Gerichtsverfahren und Strafrecht. 2 Bde. 2. Aufl. gr. 8. Köln und Neuß 874, Schwann's Verlag. *

Inhalt:
Bd. 1. Das kanonische Gerichtsverfahren. (611 S.) *ℳ 6.
 „ 2. Das kanonische Strafrecht. (742 S.) *ℳ 7.

Münchenberg, A., systematisch geordnete Anweisung z. harmon. Ausbildung des Körpers auf turnerische Weise mit physiolog.-ästhetischen Rücksichten. 16. (14 B.) Königsberg 845, Voigt.

— — Zur Aesthetik des Tanzes. (Wiener Blätter für Musik, Theater und Kunst von L. A. Zellner 1859. Nr 44, 45. 47. 48, 50 u. 51)
Beides bei Bartholomäus p. 18.

Muenchenberg, A., das Ballet u. sein Verhältniß zur darstellenden Kunst. gr. 8. (23 S.) Königsberg 852, Samter in Comm. n. 1/6 ℛ

Münchenberg, A., Kaleidoskop. Königsberg 861. Theile in Comm. gr. 8. (IV, 220 S.) n. 1 ℛ

Münchenberg, A., Kaleidoscop. 2. Thl.: Journalia. gr. 8. (IV, 331 S.) Königsberg 868, (Braun und Weber.)
1. Thl. Königsberg 1861, (Beyer.) *ℳ 3.

Münchenberg, A., Kaleidoskop 3. Thl.: Miscellanea. 8. (VI, 235 S.) Königsberg 881, Hartung'sche Verlagsdruckerei. *
1. und 2. Thl. erschienen 1861,68 im Selbstverlage des Verfassers.

Münchenberg, A., Das System der Freiübungen, Königsberg 1863, 44 S., 16°.

Münchenberg, Theodorus: De Diagora Melio. Halis Saxonum (1877): Karras. 30 S. 8°
Halle-Wittenberg, Phil. Diss. v. 21. Apr. 1877
Geb. Kunersdorf bei Frankfurt a. d. O. 13. 5. 1852. V.

Münchenbernsdorf, s.: Preussen. Messtischblätter.

Münchendorf, s.: Geologische Karten. Preussen 93.

„Münchener, die", und das oberbayerische Gebirgsschauspiel. Geschichtliches und Biographisches. 1. und 2. Aufl. 8. (48 S. mit 12 Illustr.) Leipzig 887, [Schloemp.] Freund. *
—— dass. — 3. Aufl. 8. (56 S. mit 15 Illustr.) Leipzig 888, Freund. *

Münchershof, E. v., zweierlei Tuch. Heiteres und Ernstes aus dem Offiziersleben im Frieden. 8. (218 S.) Rostock 888, Werther's Verlag. *ℳ 3.—; geb. *

Münchgesang, F., das Bauwesen, s. a. Handbuch der Gesetzgebung in Preußen u. dem Deutschen Reiche. IX.

Das Bauwesen. Staatsbauverwaltung, Baurecht, Baupolizei. Von Dr. jur. F[ritz] **Münchgesang**, Geh. Reg.R. *Berlin: J. Springer 1904.* (XII, 506 S.) 8° [F.]
— **Handbuch d. Gesetzgebung in Preußen u. d. Dtsch. Reiche.** 9. [03-13778]

Der Altar des unbekannten Gottes. E. Erzählg aus d. alten Griechenland F. d. reifere Jugend. Von Robert **Münchgesang**. M. 4 Farbendr.-Bild. v. W. Rohm u. e. erklär. Anh. *Köln a. Rh.: J. P. Bachem [1898]* (4 Bl., 147 S., 1 Bildert., 4 Taf.) 8.
— **Jugendschriften**, Bachem's neue illustr. Bd 11. [03-4458]

Münchgesang, Rob., gegen die sogenannten „häuslichen Aufgaben", s.: Sammlung pädagogischer Vorträge.

Ambros Dalfinger, der Held von Venezuela. Erzählung aus d. Zeit Kaiser Karls V. Für d. reifere Jugend. Von Rob. **Münchgesang**. Mit 4 Farbendruckbild. von W. Rohm. *Köln: J. P. Bachem [1901].* (167 S.) 8° [F.]
— **Jugendschriften**, Bachem's neue illustr. 19. [03-3130 5]

Unter dem alten Dessauer. Eine kulturhistor. Erzählung aus d. Zeit d. span. Erbfolgekrieges. Für d. reifere Jugend. Von Robert **Münchgesang**. Mit 4 Farbendr.-Bild. u. Einbandzeichnung von Wilh. Rohm. *Köln a. Rh.: J. P. Bachem [1903]* (145 S.) 8° [F.]
— **Jugendschriften**, Bachems neue illustrierte. Bd 27. [04-161 5]

Münchgesang, Rob., sprachliche Eigentümlichkeiten d. Bergischen Landes. 12. (121 u. VI S.) Barmen 890. Juderau. n. 1.50

— **Till Eulenspiegel. Für die Jugend erzählt. Mit zahlreichen Bildern v. R. Trache. (Volksausg.) (224 S.) 8. Reutlingen 906. Enßlin & Laiblin. Geb. 2.50; Prachtausg. m. 4 Farbdr. Geb. in Leinw. 3.—**

Münchgesang, Rob., Till Eulenspiegel. Für die Jugend erzählt. Mit zahlr. Bildern v. R. Trache. (Volksausg.) 7.—12. Taus. (224 S.) 8. Reutlingen (909). Enßlin & Laiblin. Geb. 2.50

Der rechte Falkensteiner. Eine Erzählung aus d. Mitte d. 14. Jhs. Für d. reifere Jugend. Von Robert **Münchgesang**. Mit 4 Farbendr.-Bild. *Köln a. R.: J. P. Bachem [1899]* (140 S.) 8° [F.]
— **Jugendschriften**, Bachems neue illustr. Bd 14. [04-3155 5]

[F.] Der Giesserbursch von Nürnberg. E. Erzählg aus Kaiser Maximilians Tagen. F. d. reifere Jugend. Von Robert **Münchgesang**. M. 4 Farbendr.-Bild. v. W. Rohm u. e. erklär. Anh. *Köln a. Rh.: J. P. Bachem [1898]* (4 Bl., 160 S., 1 Bildert., 4 Taf.) 8. Bd 8.
— **Jugendschriften**, Bachem's neue illustr. Bd 10. [03-4457]

Derfflingers Hufschmied. Eine kulturhist. Erzählung aus d. Zeit d. Großen Kurfürsten. Für d. reifere Jugend. Von Robert **Münchgesang**. Mit 4 Farbendr.-Bildern u. 1 Pl. von Wilh. Rohm. *Köln: J. P. Bachem [1902].* (188 S.) 8° [F.]
— **Jugendschriften**, Bachems neue illustrierte. Bd 20. [03-10388]

Karl der Hammer (Karl Martell). Eine kulturhist. Erzählung aus d. Merovingerzeit. Für d. reifere Jugend. Von Robert **Münchgesang**. Mit 4 Farbendr.-Bildern u. Einbandzeichn. von Wilh. Rohm. *Köln: J. P. Bachem [1902].* (167 S.) 8° [F.]
— **Jugendschriften**, Bachems neue illustrierte. Bd 22. [03-10390]

[F.] Der ägyptische Königssohn. E. Erzählg aus d. alten Nillande. F d. reifere Jugend. Von Robert Münchgesang. M 4 Farbendr.-Bild. v W Rohm u. e. erklär Anh. *Köln a. Rh.: J. P. Bachem [1896].* (4 Bl., 173 S., 4 Taf.) 1 Bd 8. [97. 7979

[F.] Radbert Overstolzen. E. Erzählg aus d. Zeit d. deutschen Kaisers Otto des Grossen. F. d. reifere Jugend. Von Robert Münchgesang. M. 4 Farbendruckb. v. W Rohm u. e. erklär Anh. *Köln a. Rh. J P. Bachem [1897]* (4 Bl., 170 S., 4 Taf.) 1 Bd 8.
= **Jugendschriften**, Bachem's neue illustr Bd 7. 97. 7831

[F.] Die Pyramide v. Gizeh. Erzählg aus d. ältesten Gesch. Ägyptens. F d. reifere Jugend. Von Robert Münchgesang. M. 4 Farbendruckb. v W. Rohm u. e. erklär Anh. *Köln a. Rh.: J. P Bachem [1896]* (4 Bl., 168 S., 4 Taf.) 1 Bd 8. [97. 7580

Der Reiter von Neisse Eine Erzählung aus d. siebenjahr Kriege Fur d. reifere Jugend Von Robert Münchgesang Mit 4 Farbendr.-Bild. *Köln a Rh J P Bachem [1899]* (135 S.) 8° [F.]
= **Jugendschriften**, Bachems neue illustr Bd 13. [… 3 54 6

Runen. (Sechs) altdeutsche Novellen aus d. Zeit Cäsars von Robert Münchgesang. Mit Ill. von W Roegge. *Berlin, Eisenach, Leipzig: H Hillger [1901].* (109 S.) 8° [F.]
= **Bücherschatz, Kürschners.** No 269. [… 25

Sertorius, sein Aufstand und Ende. Eine Erzählung aus altröm Zeit Fur d. reifere Jugend Von Robert Münchgesang. Mit 4 Farbendr Bild. von W Rohm *Köln J P Bachem [1901]* (176 S.) 8° [F.]
= **Jugendschriften**, Bachem s neue illustr 18. [… 3149 6

[F.] Spartacus der Sklaven-Feldherr E. Erzählg aus d. alten Rom. F d. reifere Jugend. Von Robert Münchgesang. M. 4 Farbendr -Bildern v W. Rohm u. e. erklärenden Anhang. *Köln a Rh. J. P. Bachem [1895]* (4 Bl., 174 S., 4 Taf.) 1 Bd 8. [96. 1696

Spartacus der Sklaven-Feldherr Eine Erzählung aus d. alten Rom. Für d. reifere Jugend Von Robert Münchgesang Mit 4 Farbendruckbild. u. e erklär Anh 3. Aufl Koln. J P Bachem [1900]. (174 S.) 8° [F.]
= **Jugendschriften**, Bachem's neue illustr Bd 1 [03. 11466

Nurnberger Tand. Eine Jugenderzählung aus d. Zeit d. ersten Hohenzollers in d. Mark von Robert Münchgesang. Rektor. Gütersloh C. Bertelsmann 1904. (117 S.) 8° [F.]
= **Jugendbibliothek**, G. Nieritz'. No 243. [05. 10749 6

[F.] Thankmar der Sugambrer E. Erzählg aus d. Zeit Julius Cäsars. F. d. reifere Jugend. Von Robert Münchgesang. M. 4 Farbendr.-Bildern v W. Rohm u. e. erklärenden Anhang. *Koln a. Rh.: J. P. Bachem [1895]* (4 Bl., 175 S., 4 Taf.) 1 Bd 8. [96. 1697

— der Verbannte v. Naxos. Erzählung aus altgriech. Zeit. Für die reifere Jugend. Mit 4 Farbendr.-Bildern v. W. Rohm. gr. 8. (VIII, 180 S.) Ebd. (900). Geb. in Leinw. n. 3.—

[F.] Der Vierherr von Erfurt. E. Erzählg aus d. Zeit des deutschen Kaisers Rudolf v. Habsburg. F d. reifere Jugend. Von Robert Münchgesang. M. 4 Farbendruck-Bild. v. W Rohm u. e. erklär. Anh. *Köln a. Rh.: J. P. Bachem [1897]* (4 Bl., 158 S., 4 Taf.) 1 Bd 8.
= **Jugendschriften**, Bachem's neue illustr. Bd 8. 97. 7830

— Die deutschen Volksbücher, s.: Schwab, Gust.

Waldkinder Eine Erzählung f. d. Jugend u. d. Volk von Robert Münchgesang, Rektor Gutersloh C. Bertelsmann [1906]. (127 S.) 8° [F.]
= **Jugendbibliothek**, G. Nieritz'. No 244. [… 804

[F.] Der Weg zur Wahrheit. E. Erzählg aus d. Zeit d. röm. Kaisers Domitian. F d. reifere Jugend. Von Robert Münchgesang. M. 4 Farbendr.-Bildern v. W. Rohm u. e erklärenden Anhang. *Köln a. Rh.: J. P Bachem [1895]* (4 Bl., 136 S., 4 Taf.) 1 Bd 8. [96. 1698

— wer ist glücklich? — Demokedes. 2 kulturhistorische Jugenderzählungen f. Knaben. Mit 3 Farbendr.-Bildern v. W. Rohm. (Bibliothek f. Knaben. Hrsg. unter Mitwirkg. bedeutender Schriftsteller.) (XV, 132 S.) kl. 8. Würzburg (904). F. X. Bucher. Geb. in Leinw. n. 1. 50

— nach schwerer Zeit. Erzählung aus der Zeit nach Beendigg. des 30jähr. Krieges. Für die reifere Jugend. Mit 4 Farbendr.-Bildern v. W. Rohm. gr. 8. (V, 175 S.) Ebd. (900). Geb. in Leinw. n. 3.—

Munchhausen s. Münchhausen.

Münchhausen [Sachliches OW]

Münchhausen. Humoristisch-satirisches Wochenblatt Kiel: Expedition 1883 8°

Münchhausen. Illustrirte Wochenschrift. Red.: Börries Frhr. v. Münchhausen. 1. Jahrg. Oktbr.—Dezbr. 1899. 13 Nrn. gr. 4. (à ca. 8 S.) Berlin, P. Nickel. à Nr. — 10

Münchhausen, s.a. Raspe, Rudolf Erich

Münchhausen. Illustriert von Wilhelm Stumpf. Berlin [1902]. V: *Raspe, Rud. Erich.* (Berl)

—s.a Abentheuer rc.

— die Abentheuer, des, mit 14 radirten Zeichn. von M. Distelli. Lex.-8. Solothurn 839. Jent u. Gaßmann. n 1/2 ℛ

Münchhausen's, Frhrn. v., Abenteuer. 1. illustr. stenogr. Ausg. Hrsg. v Frz. Xav. Rospini jun. Autographirt v. C Zeplichal. gr. 8. (98 lith. S. m. 3 Holzschntaf.) Wien 871. Klemm. n n. 1. 20

MÜNCHHAUSEN. [BÜRGER.] *Abenteuer des berühmten Freiherrn von Münchhausen.* Erster Theil. Land-Reisen [alles Erschienene]. Mit 16 radirten Blättern von M. DISTELI. Solothurn, Jent & Gassmann, 1841. 2 Bl. 60 S. 8°. Or.-Umschlag. 110.—
Blütenweißes, breitrandiges, kaum beschnittenes Ex. der ★ ersten Ausgabe m. diesen schönen Umrißkupfern. Rümann 322.

Münchhausen, des Freiherrn v., höchst wunderbare Abenteuer und Erlebnisse auf seinen Reisen zu Wasser und zu Lande. Zur Ergötzung für Jung und Alt auf's Neue hrsg. von Frz. Cornelius. 16. (135 S.) Berlin 857, Reymann.

Münchhausen, des Freiherrn v., höchst wunderbare Abenteuer und Erlebnisse auf seinen Reisen zu Wasser und zu Lande. Zur Ergötzung für Jung und Alt, auf's Neue herausg. von Fr. Cornelius. Berlin (858.) Reymann. 16. (135 S.) 7½ ngr.

—— des Freiherrn v., höchst wunderbare Abenteuer auf Reisen, zu Wasser und zu Lande und in Feldzügen. Aufs Neue hrsg. von Schneidauf und Zante. 8. (VII und 104 S. mit eingedr. Holzschn.) Reutlingen 853, Fleischhauer und Spohn.

— höchst wunderbare Abenteuer auf Reisen zu Wasser u. zu Lande u. in Feldzügen. Auf's neue hrsg. v. Schneidauf u. Zante. 8. (112 S.) Reutlingen 873. Fleischhauer & Spohn. — 40

Münchhausen, des wiederauferstandenen, neueste Abenteuer und Flausen; Seine Himmel-, Wasser- und Höllenfahrten, und lustige Schwänke aller Arten. Von ihm selbst hier launig ans Licht gebracht, und durch schöne Bilder anschaulich gemacht. Allen Freunden heiterer Lectüre gewidmet von X. Lügemund. 8. (384 S. mit eingedr. Holzschn.) Berlin 853, [Brigl und Lobeck.]

Münchhausen, Frhr. v., s.a. Abenteuer u. Reisen.

Münchhausen, des Frhrn. v., Abenteuer und Reisen. Neu bearb. von Edm. Zoller. Illustr. von Gust. Doré. 1. und 2. Aufl. Imp.-4. (VIII, 224 S. mit eingedr. Holzschn. und Holzschntaf.) Stuttgart 872,76, Hallberger. geb. mit Goldschn. *

Münchhausen, des Frhrn., wunderbare Abenteuer, s.a. Bilderbücher, Münchener.

—— wunderbare Abenteuer zu Wasser und zu Lande, wie er dieselben bei einer Flasche im Zirkel seiner Freunde vorzutragen pflegte. 8. (64 S.) [Elberfeld 875.] Köln, Püttmann.

Münchhausen in Amerika. Ein Potpourri schnurriger Geschichten, frei nach dem Amerikan. von Heichen-Abenheim. (2. Aufl.) gr. 16. (X, 213 S.) [Stuttgart 879.] Berlin, Abenheim'sche Verlagsh. *

—— dass. — Illustr. Ausg. 4. (X, 231 S. mit eingedr. Holzschn.) Ebendas. 879. *

Münchhausen, der große Bramarbas und Lügner. Mit 12 illum. Kupferstichen geschmückt. (Kleinkinderbuch.) qu. 16. Leipzig 842, Baumgärtner's Buchh. n. 1/3 ₰

– s. Disteli, M.

— einzig wahre Erlebnisse zu Wasser und zu Land, zu Pferd und zu Fuß, im Krieg und Frieden, in der Luft sowie in mehrerer Herren Länder. In diesem Jahre ganz neu verfaßt von Ihm Selbst. Und versehen mit sehr wunderlichen Zeichnungen nach der Natur aufgenommen von dem Maler A. v. Wille. Düsseldorf 857. Arnz u. Co. (Elkan, Bäumer u. Co.) gr. 4. (23 S., 8 Lithogr. u. lith. Titel in Farbendr.) n. 27 ngr.

Der fahrende Münchhausen oder neue Reisebilder zu Wasser und zu Lande, durch die Luft, durch die Erde v Hyronimus Frhr v Münchhausen Aus dem Franz. übers. v Victor Savello. [Verf Johann Peter Theodor **Lyser.**] Mit prachtvollen Stahlstichen u Zeichnungen der berühmtesten Künstler Englands u. Frankreichs Meissen 1814 8°

Münchhausen, Der fahrende, oder neue Reisebilder zu Wasser und zu Lande, durch die Luft, durch die Erde, durch Feuer und Schneegefilde, vom Süd- bis zum Nordpol, in den Mond und in die Hölle. Von Hieronymus Freiherrn von Münchhausen. Aus dem Französischen übersetzt von Victor Savello. Meissen, bei Fr. W. Goedsche 1840. V: *Lyser, Joh. Peter.* (Hdschr. Mitth. Prof. Friedrich E. Hirsch-Wien.)

Münchhausen, der griechische, oder die wahre Geschichte von Lukians wundersamer Reise. Ein Lügenmärchen für junge und alte Leser aus dem Griech. umgearb. von Rob. Schönborn. 16. (154 S. mit 6 lithogr. Abbild. in Tondr.) Halle 868, Schwetschke'scher Verlag. cart. (*ℳ 1,50.) *

Münchhausen in Californien. Ein wahrer u. wahrhaft., vollständig authentischer und nirgend übertriebener Bericht über eine Expedition nach dem Golddistrikte von San Francisco, unternommen unter der Leitung der Grand Auriferous Stultiferous Assiniferous Californian Bamboozle Campany in Hamburg von Abraham Krakenfuss, Capitain des Diddleus. Bremen 1849. 8° (1 Mk Julius Neumann, Magdeb., 1906.)

Münchhausen des jüngern Leben, Reisen, Abenteuer u. Schicksale zu Wasser und zu Lande, im Monde und in der Hölle Bartenstein, Fixdorff u. Komp., 1812. Kl 8° (In Warmbrunn.) (2 Mk, geles. Expl Frz. Teubner, Düsseldorf. c 1898, 8 Mk 75 Pfg H Streisand, 1908.)

— — Dasselbe. Ebd. 1829. 8° (7 Mk. 50 Pfg H Streisand, 1908.)

— des jüngern Herrn v., Bürgermeisters zu Schilda, Leben u. Thaten. (von G. F. Rebmann.) 8. Thorn. (Vollmer in Hamb.) 795.

Münchhausen, des jung. Hrn. von, Leben und Thaten. Neue Ausg. 8. Hamburg, Herold. 817.

Münchhausen, Herod., Lügen-Abentheuer. Aus d. Engl. übersetzt u. hrsg. v. Heinr. Döring, s.a. Döring, H.

Münchhausen's Lügen-Abentheuer. Auf's Neue frei aus d. Engl. übersetzt u. herausgeg. von Hnr. Döring. kl. 8. Erfurt 842, Expedition der Thüringer Chronik. n. 1/6 ₰

Münchhausen's, Herodot, Reisen, Erlebnisse u. Abentheuer auf Eisenbahnen. 4. Aufl. 842. 5. Aufl. 16. Leipzig 848, Glück's Sep.-Conto. 2 ngr

—— Lügenchronik, s.a. Lieblingsbücher, 3. u. 4. Thl.

—— Lügenchronik des Frhrn. v. Münchhausen, oder seine Reisen und Abenteuer zu Wasser und zu Land. gr. 16. (64 S. mit eingedr. Holzschn.) Reutlingen 876, Enßlin und Laiblin's Verlagsh.

Münchhausen, der neue, od. Erzählungen z. Todtlachen ꝛc. Taschenform. Cöln, Imhof-Schwarz. 15 kr Dass. Regensb., Daisenberger. 1 ₰

MÜNCHHAUSEN, Der neue, oder Erzählungen zum Todtlachen, besonders gut im Winter beim warmen Ofen zu lesen. Glückstadt 1820. 8° Selten!

v. Münchhausen, Frhrr., (G. A. Bürger). wunderbare Reise zu Wasser u. zu Lande, Feldzüge u. lustige Abentheuer, wie er dieselben bei d. Flasche im Zirkel seiner Freunde selbst zu erzählen pflegt; aus d. Engl. übersetzt, erweitert u. mit noch mer Kpf. geziert. 8. Götting. ... 4e verm. Original-Ausg. 8. Ebd. 822. Dieterich. 8 gr

Münchhausen, Reisen, siehe G. Bürger, u. in Romanen.

—— Reisen und Abenteuer, nach G. A. Bürger für die Jugend bearb. Mit Vorwort von Frz. Hoffmann und 8 Bildern in Farbendr. nach Aquarellen von W. Simmler. 1.—3. Aufl. gr. 8. (IV, 112 S.) Stuttgart 871—74, Thienemann. cart. *

Münchhausen, des Frhrn. v., Reisen und Abenteuer, nach G. A. Bürger für die Jugend bearb. Mit Vorwort von Frz. Hoffmann. 8 Bilder in Farbendr. nach Aquarellen von W. Simmler. 4. und 5. Aufl. (VI, 112 S.) 1877,80; 6. Aufl. gr. 8. (VI, 114 S.) Stuttgart 884, Thienemann's Verlag. geb. *

MÜNCHHAUSEN. BÜRGER. *Des Freiherrn von Münchhausen Reisen und Abenteuer* . . . bearb. von Franz Hoffmann. 2. Aufl. Stuttgart, J. Hoffmann [c. 1880]. M. 8 farb. Taf. v. W. SIMMLER. Illustr. Orhlwd. — Etwas benutzt. 8.—

—— Reisen u. Abenteuer, nach G. A. Bürger f. die Jugend bearb. Mit Vorwort von Frz. Hoffmann. Mit 8 Bildern in Farbendr. 7. Aufl. gr. 8. (VI, 120 S.) Stuttg. 891, Thienemann. geb. * 4 50

Münchhausen, des Freiherrn v., Reisen u. Abenteuer, nach G. A. Bürger f. d. Jugend bearb. Mit Vorwort v Frz. Hoffmann. 8 Aufl. M. vielen Textillustr. u. 8 Farbendr.-Bild. nach Originalen v. W. Simmler u. A. Wald. gr. 8. (156 S.) Stuttgart 897. K. Thienemann. Geb. in Leinw. n. 4. 50

Münchhausen, des Freiherrn v., Reisen u. Abenteuer, nach G. A. Bürger f. die Jugend bearb. Mit Vorwort von Frz. Hoffmann. Mit vielen Textillustr. u. 4 Farbendr.-Bildern nach Originalen von W. Simmler u. A. Wald. gr. 8. (156 S.) Stuttgart (902). K. Thienemann. Geb. in Leinw. n. 3. —; kleinere Ausg. 8. (156 S.) Geb. in Leinw. n. 2. —

— dasselbe, s.: Jungbrunnen.

Münchhausen, des Frhrn. v., Reisen u Abenteuer. Nach G. A Bürger f. die Jugend bearb. Mit Vorwort von Frz. Hoffmann. 9. Aufl. Mit vielen Textillustr. u. 8 Farbendr.-Bildern nach Originalen v. W. Simmler u. A. Wald. (156 S.) 8. Stuttgart (906). K. Thienemann. Geb. in Leinw. n. 4. 50

— dasselbe. Mit vielen Textillustr. u. 4 Farbendr.-Bildern. 2. Aufl. (156 S.) 8. Ebd. (906). Geb. in Leinw. n. 2. —

— Münchhausen's wunderbare Reisen u. Abenteuer. Für die Jugend hrsg. Mit (z. Tl. farb.) Bildern v. M. Müller-Münster. (192 S.) 8. Ebd. (910). Geb. 2. 50; Prachtausg., geb. in Leinw. 3. —

Münchhausen, des Frhrn. v., Reisen u. Abenteuer, nach G. A. Bürger f. die Jugend bearb. Mit Vorwort v. Frz. Hoffmann. 2. Aufl. Mit vielen Textillustr. u. 4 Farbendr.-Bildern nach Originalen v. W. Simmler u. A. Wald. (156 S.) 8. Stuttgart (910). K. Thienemann. Geb. in Leinw. 3. —

— dasselbe. (Billige Ausg.) 3. Aufl. (156 S.) 8. Ebd. (910). Geb. in Leinw. 2. —

—— wunderbare Reisen u. Abentheuer zu Wasser u. zu Lande, wie er dies. bei d. Flasche im Zirkel seiner Freunde selbst zu erzählen pflegte. Neue Origausg. 12. (8 B. u. 16 Federzeichn. v. Hosemann.) Berlin 840, Th. Enslin.

v. Münchhausen, Frhrr., wunderbare Reisen u. Abentheuer zu Wasser u. zu Lande, wie er dieselben bei der Flasche im Zirkel seiner Freunde selbst zu erzählen pflegte. Neue Originalausg. Mit 16 Federzeichnungen von Hosemann. 12. Göttingen 840. Dieterich; Berlin, Th. Enslin. 1/2 ℛ

v. **Münchhausen**, des Frhrn., wunderbare Reisen u. Abenteuer zu Wasser u. zu Lande, wie er dieselben bei der Flasche im Zirkel seiner Freunde selbst zu erzählen pflegte. Zuerst gesammelt u. englisch hrsg. von R. E. Raspe. Uebers. u. hier u. da erweitert von G. A. Bürger. 6. Originalausg. der deutschen Bearbeitung. Mit einleitenden Notizen über das Leben u. die Schriften des Verf., so wie über die Quellen u Vorbilder des Münchhausen u. die Literatur der erdichteten Reisen überhaupt Mit 16 (lith.) Federzeichngn. von Hosemann. gr 16. (XXXII u. 179 S.) Berlin 849, Th. Enslin. Göttingen, Dieterich. 1/2 ℛ

— wunderbare Reisen und Abenteuer zu Wasser und zu Lande, wie er dieselben bei der Flasche im Zirkel seiner Freunde selbst zu erzählen pflegte. Zuerst gesammelt und herausg. von R. E. Raspe. Übersetzt u. hier u. da erweitert von G. A. Bürger. 7. Originalausg. der deutschen Bearbeitung. Mit einleitenden Notizen über das Leben und die Schriften des Verf., so wie über die Quellen und Vorbilder des Münchhausen und die Literatur der erdichteten Reisen überhaupt. Mit 16 (lith.) Federzeichngn. von Hosemann. Göttingen 855. Dieterich. 12. (XXX, 150 S.) 18 ngr.

Münchhausen, des Freiherrn v., wunderbare Reisen und Abenteuer zu Wasser u. zu Lande, wie er dieselben bei der Flasche im Zirkel seiner Freunde selbst zu erzählen pflegte. Zuerst zusammengestellt und englisch herausg. von R. E. Raspe. Uebersetzt und hier und da erweitert von G. A. Bürger 8. Orig.-Ausg. der deutschen Bearbeitung. Mit 16 (lith.) Federzeichngn. von Hosemann. Göttingen 860. Dieterich. 8. (VIII, 150 S.) n. 16 ngr.

— — s. Bilderbücher, Münchener.

Münchhausen, des Freih. v., wunderbare Reisen u. Abenteuer zu Wasser u. zu Lande, wie er dieselben bei der Flasche im Zirkel seiner Freunde selbst zu erzählen pflegte. Zuerst gesammelt u. englisch hersg. von R. E. Raspe. Uebersetzt u. hier u. da erweitert von G. A. Bürger. 10. Orig.-Ausg. der deutschen Bearbeitung. Mit 16 Federzeichnungen (auf Holzschntaff.) von Hosemann. Göttingen 870. Dieterich. gr. 16. (XVI, 158 S.) n. 16 ngr.

— wunderbare Reisen u. Abenteuer zu Wasser u. zu Lande. Aus d. Engl. übers. v. G. A. Bürger. Mit 18 Illustr. (in eingedr. Holzschn.) v. Ph. Sporrer. 4. (95 S.) Leipzig 874. Amelang. geb. n. 3. —

Münchhausen, d. Frhrn. v., wunderbare Reisen u. Abenteuer zu Wasser u. zu Lande. gr. 16. (IV, 91 S.) Werl 877. Stein. — 50

— dasselbe, nach G. A. Bürger für die Jugend bearb. Mit Vorwort von Frz. Hoffmann. 8 Bilder in Farbendr. nach Aquarellen von W. Simmler. 5. Aufl. gr. 8. (VI, 112 S.) Stuttgart 880. Thienemann. geb. n. 4. 50

— wunderbare Reisen u. Abenteuer zu Wasser u. zu Lande. Aus dem Engl. übers. v. G. A. Bürger. Mit 18 (eingedr. Holzschn.-)Illustr. v. Ph. Sporrer. (2. Aufl.) Lex.-8. (95 S.) Leipzig 884. Amelang. geb. n. 3. —

Münchhausen, d. Freih. v., wunderbare Reisen u. Abenteuer zu Wasser u. zu Lande, wie er dieselben bei der Flasche im Zirkel seiner Freunde selbst zu erzählen pflegte. Zuerst gesammelt u. englisch hrsg. v. R. E. Raspe. Uebers. u. hier u. da erweitert v. G. A. Bürger. Neudruck der 11. Orig.-Ausg. der deutschen Bearbeitg. Mit 16 Federzeichngn. v. Hosemann. 12. (XVI, 158 S.) Gött. 890, Dieterich's Verlag. cart. 1 20

— dasselbe, s.: Meyer's Volksbücher.

—— wunderbare Reisen u. Abenteuer zu Wasser u. zu Lande, im Kreise seiner Freunde v. ihm selbst erzählt. Nach G. A. Bürger. 12. (110 S. m. 4 Buntbildern.) Berl. 891, H. Liebau. cart. 1 —

—— wunderbare Reisen u. Abenteuer, wie er dieselben im Zirkel seiner Freunde zu erzählen pflegte, nach G. A. Bürger. 8. (28 S. m. 6 Farbendr.-Bildern.) Lpz. 892, Opetz. cart. * — 50

— wunderbare Reisen u. Abenteuer zu Wasser u. zu Lande, wie er dieselben bei d. Flasche im Zirkel s. Freunde selbst zu erzählen pflegte. Zuerst gesammelt u. engl. hrsg. v R. E. Raspe. Uebers. u. hier u. da erweitert v. G. A. Bürger. 12. Aufl. d. Orig.-Ausg. d. deutschen Bearbeitg. M. 15 Federzeichngn. nach Hosemann. 12. (XXII, 160 S.) Leipzig 897. Dieterich. Geb. n. 1 50

— wunderbare Reisen u. Abenteuer. Im Kreise seiner Freunde v. ihm selbst vorgetragen. 8. (128 S. m. 4 Farbdr.) Dresden (899). M. Fischer. Geb. 4. —

— dasselbe. gr. 8. (208 S. m. 4 Farbdr.) Ebd. (899). Geb. 6. —

— dasselbe, wie er dieselben bei der Flasche im Zirkel seiner Freunde selbst zu erzählen pflegte. Zuerst gesammelt u. englisch hrsg. v. R. E. Raspe. Uebers. u. hier u. da erweitert v. G. A. Bürger. 18. Aufl. der Orig.-Ausg. der deutschen Bearbeitg. Mit 17 Federzeichngn. v. Hosemann. (XXIV, 160 S.) kl. 8. Leipzig 904. Dieterich. Geb. n. 1.50

— dasselbe. Hrsg. von der Kunstsektion des Schöneberger Lehrervereins, Bildschmuck von Rud. Braun. Für die Jugend vom 10. Jahre ab. (IV, 63 S.) kl. 8. Berlin (905). J. Räde. Kart. n. 1. —

— wunderbare Reisen u. Abenteuer zu Wasser u. zu Lande. Für die Jugend bearb. (192 S. m. 5 Farbdr.) gr. 8. Berlin (906). Globus Verlag. Geb. in Leinw. n.n.n. 1.10

Münchhausen, wunderbare Reisen zu Wasser und zu Land. s. a. Volksbücher 11. Heft.

— wunderbare Reisen zu Wasser u. zu Lande. 3e Aufl. 8. Hamb., Herold jun. 8 ℊ

— Dass. 2r—4r Bd. (v. Hnr. Thdr. Ldw. Schnorr). Mit Kpf. 8. (Stendal) 794—800. 1 ℛ 12 ℊ Franzen u. Gr. (4r Bd. A. u. d. T.: Reisen u. letzte Abentheuer d. Freiherrn Hieronymus v. Münchhausen etc. 12 ℊ)

Münchhausen, des Freyherrn von, wunderbare Reisen zu Wasser und zu Lande, aus dem Engl. 1ter Theil, mit Kupf. zweyte vermehrte Ausgabe, 8. London, (Göttingen) 788. (Dieterich) 15 sgl. Desselben Buches, 2r 3r Theil, m. K. zweyte Aufl. 8. Kopenhag. (Stendal) 794/95. (Franzen) 1 Rtl. des jüngern Herrn von, wohlweisen Bürgermeisters zu Schilda Leben und Thaten, der empfindsamen Reise nach Schilda, 2ter Theil, 8. Thorn, 795. Vollmer. 10 sgl.

Wunderbare Reisen zu Wasser und Lande, Feldzüge und lustige Abentheuer des Freyherrn von Münchhausen etc. 2te verm. Ausg. London 1788. — 2tes Bändchen. 2te Aufl. Kopenhagen 1795. — 3tes Bändchen. Bodenwerder 1794. *Mit Kupfern.* 8o.

Wunderbare Reisen zu Wasser und Lande und letzte Abentheuer des Freyherrn von Münchhausen. 4tes u. letztes Bändchen. Ein Opus posthumum verfasset von Hennige Küper *Mit Kupfern.* Bodenwerder 1800. 8o.

Münchhausen, v., wunderbare Reisen zu Wasser u. zu Lande, Feldzüge u. lustige Abenteuer, aus d. Engl. 3te Ausg. 8. Hamb. Vollmer. 812.

— — dass. 3te Originalausg. m. K. 8. Götting. Dieterich. 813.
(s. auch im Alphabet Bürger, G. A.)

— — Anhang dazu, s. Bornau, Fräulein Emilie v., wunderbare Reisen.

MÜNCHHAUSEN. [BÜRGER.] *Wunderbare Reisen* zu Wasser und Lande, Feldzüge und lustige Abentheuer *des Freyherrn von Münchhausen* . . . Aus dem Englischen [des R. E. Raspe] nach der neuesten Ausgabe übersetzt. Fünfte vermehrte Original-Ausgabe. Göttingen, 1834. In der Dieterichschen Buchhandlung. 176 SS. und 16 Kupfer, nach RIEPENHAUSEN, auf 8 Tafeln. Kl.-8°. Etw. verblaßter Leinenbd. d. Z. 40.—
Goed. IV, 1, 1009, 46. Gutes, breitrandiges Ex. mit den hübschen Kupfern der Erstausgabe von Riepenhausen in kleinerem Format. ★★

MÜNCHHAUSEN. [BÜRGER, G. A.] *Wunderbare Reisen* zu Wasser und Lande, Feldzüge und lustige Abentheuer *des Freyherrn von Münchhausen*, . . . Aus dem Englischen . . . Zweyte vermehrte Ausgabe. London 1788. — Faksimiledruck des Insel-Verlags, Leipz. 1906. Mit Wiedergabe der Kupfer Riepenhausens. 8°. Or.-Pappbd. 20.—
Nr. 178 der 400 Exx. dieses hübschen Druckes. Mit Nachwort u. der wichtigen Bibliographie der Raspeschen u. Bürgerschen Ausgaben v. Hans v. Müller.

MÜNCHHAUSEN. — *Des Freiherrn von Münchhausen nachgelassene Werke.* Erzählt von einer Gesellschaft gleichgesinnter Humoristen und Spaßvögel, wie sie diese Abenteuer bei seinen Lebzeiten aus seinem eigenen Munde vernommen haben . . . Mit 8 [lithogr.] Illustrationen von FRANZ JÄDE. Weimar, B. Fr. Voigt, 1854. XVI, 328 S. 8°. Lithogr. Or.-Umschlag. 25.—
Rümann 1046. Hayn-Got. V, 237: „Selten." ★ Erste Ausgabe dieses aus vielen Federn zusammengeflossenen Werks, das sehr amüsant illustriert ist. Der hübsch illustr. Or.Karton etwas benutzt.

Münchhausen [Verfasser]

Münchhausen

Almanach, Humoristisch-satyrischer Breslauer Prophezeihungen für jeden Tag des Jahres 1862. Von Dr. Münchhausen (d. i. E. Meyer). Breslau, Jacobsohn. 8°. 24 S.

MÜNCHHAUSEN, Freiherr v (ps.), Die wahre Kunst zu lügen. Kaffehausen 1788.
Weller, Lex Ps. u. fing Dr

Münchhausen, de, Commentatio de originibus Romanorum. Cum figg. Götting. 744. 4. 10 gr.

Münchhausen, der lustige Zeitvertreiber, od.: Lügen üb. Lügen m. e. ganzen Zwiebelreihe Dummheiten. 16. (72 S.) Mügeln 871. (Leipzig, G. Senf.) 1. —

Münchhausen, A v. Die Attribute der Heiligen alphatisch geordnet. (Von A von Münchhausen.) Hannover, 1843 8°

Münchhausen, A. F. v., Geschlechts-Historie d. Hauses derer v. Münchhausen von 1740 bis auf die neueste Zeit. Eine Fortsetzg. der v. G. S. Treuer im J. 1740 hrsg. Geschlechtshistorie d. Hauses. Fol. (V, 153 S. m. 13 Steintaf. u. e. Tab. in qu. gr. Fol.) Hannover 872. Hahn. n. 10. —

— Teppiche d. Jungfrauenstifts Marienberg bei Helmstedt. Erläutert u. m. photolithographisch verm. Abbildungen auf 9 Taf. (in gr. 4. u. qu. Fol.) versehen. Als Beigabe zum 7. Jahrg. der Zeitschrift d. Harzvereins f. Geschichte u. Alterthumskunde. gr. 4. (28 S.) Wernigerode 874. Quedlinburg, Huch in Comm. 3. —

† **MÜNCHHAUSEN**, Acidalius (ps.), Unentbehrlicher Rathgeber für Fremde, welche in der kurzen Zeit des Wollmarktes Breslau kennen lernen und genießen wollen. Breslau, C. F. Fritsch, 1827 8°. 47 S.
Fehlt in Wellers' Lex. Ps.

Münchhausen, Börries Frhr. v., Balladen. Mit Buchschmuck v. Rob. Engels. gr. 8. (95 S.) Berlin 901. Breslauer & Meyer. Geb. in Leinw. n. 4.50

Münchhausen, Börries Frhr. v., Balladen. Mit Illustr. v. Rob. Engels. 2. veränd. u verm. Aufl. 2. u. 3. Taus. (180 S.) Lex.-8. Goslar (906). F. A. Lattmann. Geb. in Leinw. n. 10. —

Münchhausen, des Frhrn. Börries v., Balladen u. ritterliche Lieder. 3. Aufl. (4. Taus.) (247 S.) 8. Berlin 908. E. Fleischel & Co. 3.50; geb. 5. —

Münchhausen, Börries v., Gedichte. gr. 16. (VIII, 157 S.) Göttingen 897. L. Horstmann. n. 2. —; geb. in Leinw. n. 3 —

— Juda. Gesänge. Buchschmuck v. E. M. Lilien. 4. (90 S.) Goslar (900). F. A. Lattmann. Geb. in Leinw. n.n. 8. —; numerierte Ausg. auf echt Chinapapier in Ldr. n. 25. —

Juda. Gesänge von **Börries** Frh. v. **Münchhausen.** Buchschmuck von E. M. Lilien. 1. Taus. *Berlin, Goslar, Leipzig: F. A. Luttmann [1901].* (48 Bl.) 4° [F.] [01. 5726 7

Ritterliches Liederbuch von **Börries,** Frh. v **Münchhausen.** 1 Aufl. *Berlin, Goslar, Leipzig F. A. Luttmann [1903].* (VII, 109 S.) 8° [F.] 04. 7328 7

– Ritterliches Liederbuch 1903 Jetzt Berlin, Fleischel

— s: Musenalmanach, Göttinger.

Münchhausen, Börries Freih. von Ueber die Strafbarkeit des Rückfalles nach allgemeinen Grundsätzen und positivem Rechte. Halle 1870 Hendel VI, 95 S. 8°

Halle-Wittenberg, Jur Diss v 9. Apr 1870

Geb. Osterode (Harz), 25 7 1845 V

Verf erlebte das Jubeldiplom 1920 als Rittergutsbesitzer und Sachsen-Altenburgischer Kammerherr in Hannover, und 1930 das 60jährige Dr · Jubiläum in Schloß Apelern, vgl Anh. Nr 273

Münchhausen, Borries v., wie ist das Einkommen aus landwirtschaftlichen Gütern zur Steuererklärung zu berechnen? gr. 4. Hannover 892. C. Meyer. n. 3. —

1. Anleitung zur einfachen Rechnungsführung f. größere Landgüter, m. besond. Berücksicht. ganz od. teilweise verpachteter Güter, zur Klarstellung d. Kassenbestandes, d. wirklichen u. d. zur Steuer zu berechnenden Reinertrages. II. Erklärung der auf die Landwirtschaft bezügl. Bestimmngn. d. Einkommensteuergesetzes vom 24. Juni 1891 u. der Ausführungsanweisg. dazu vom 5. Aug. 1891. III. Proberechnung als Beispiel e. nach vorgenannter Anleitg. aufgestellten Guts- u Forstrechng. (VIII, 101 S.)

Munchhausen, C. G. E., tetractys pythagoraeorum et quadratura circuli. 4. Erf. 739.

v. Münchhausen, C. H. A. Z., allgem. rc. Stadt-, Haus-, Landwirthschafts- u. Garten-Schatz, od. Inbegriff d. Wichtigsten u. Nützl. aus d. Gebiete d. Natur, Künste u. Gewerbe rc. 12 Bde. Mit Kpf. gr. 8. Leipz. 803. Joachim. 24 ß

Münchhausen, C H A Z v allgem Stadt-, Haus- u. Landwirthschafts- u Gartenschatz od. Inbegriff d. Wichtigsten u. Nutzlichsten aus d. Gebiete d. Natur etc 12 Bde Mit Kpf gr 8 Leipzig. 1803. (Melzer) 24. —

* Schediasma Philologico - Mathematicum quo tetractys Pythagoreorum et quadratura circuli explicantur et resolvuntur auctore *C. W. E. de Munchhausen* Eq. Thuring. Erfordiae apud Augustinum Crusium. 4. 20 S. nebst einer Tafel mit Figuren. 1739.

MÜNCHHAUSEN, Ch J a, De foro clerici delinquentis von dem Gerichts Standt eines verbrechenden Geistlichen. Lipsiae 1715 4° (1 Mk. 50 Pfg. Franz Teubner, Düsseldorf, 1898.)

— **Christoph Jo. von** (Thür. Adel), Disput. jur. ex jure canonico civili et Saxonico de foro clerici delinquentis Von dem Gerichts-Standt eines verbrechenden Geistlichen. Präs. Sigism. Gottlieb Hilliger. Leipzig (Titius) 21. III. 1715. 32 Seiten. (5.—) 24306

— — Dasselbe. Wittenberg (Schlomach) 21. III. 1715. 1735. 31 S. (5.—) 24307

— — Successiones in serenissima Guelfica domo usitatas. Präs. Carl Otto Rechenberg. Leipzig (J. Titius) (10.) V. 1716. 64 S. (5.—) 24308
Widm. v.: Carl Otto Rechenberg.

Münchhausen, Gerlach Adolf

Münchhausen's, G. A. v., Berichte üb. seine Mission nach Berlin im Juni 1740, hrsg. v. F. Frensdorff, s.a. **Abhandlungen der kgl. Gesellschaft der Wiss. zu Göttingen. Philol.-histor. Kl.**

G[erlach] A[dolf] v **Münchhausens** Berichte über seine Mission nach Berlin im Juni 1740. Hrsg u. erl. von F[erdinand] Frensdorff. *Berlin Weidmann 1904.* (87 S.) 4°
= **Abhandlungen** d. Königl. Gesellschaft d. Wiss. zu Göttingen. Phil.-hist Kl. N F Bd 8, No 2 [04. 12341

— **Gerlach Adolph von** (Thür. Adel), De capitulatione perpetua. Diss. jur. Präs. Christian Wildvogel. Jena (Muller) 8. XI. 1710. 108 S. (6.—) 24309
Widm. v.: Christian Wildvogel.

— — Dasselbe. Jena (Muller) 8. XI. 1710. 157 S. (6.50) 24310
Widm. v.: Johann Franz Buddeus, eine Widm. in dtschr. Sprache, unterschrieben: H. C. A. D. W., Christian Wildvogel.

— — Dasselbe. Jena (J. Chr. Croeker) 8. XI. 1710. 1742. 134 S. (6.—) 24311

v. *Münchhausen*, Gerlach Ad., (✝ d. 26. Nov. 1770.) meditationes juris publ. de capitulatione perpetua. 4. Jena 710. Recusa correct. 742 u. 758. Cröker. 8 ℛ

Mu[e]nchhausen, Gerl. Ad. de: Tractatus iuris publici de capitulatione perpetua. Jenae 1749.

— — De vicariatu Italico. Diss. jur. Halle/Magdeburg (Hendel) Sept. 1712. 1738. 64 S. (5.50) 24312
Gew.: Georg von Werthern.

Münchhausen, Hans Georg Freiherr von: Die Grund- und Freiheitsrechte im geltenden preußischen Recht. Borna-Leipzig 1909: Noske. XIV, 160 S. 8°

Leipzig, Jur. Diss. v. 2. Juni 1909

[Geb. 29. Aug. 77 Hildesheim; Wohnort Wiesbaden, Staatsangeh Preußen u. Sachsen, Vorbildung Lyz. II. Hannover Reife O. 98, Studium Heidelberg 3, Göttingen 3 S.; Rig. 23. Dez. 01] [U 09. 2016

— **Hanß Ludwig von,** De contractu Locationis-Conductionis. Disput. jur. Präs. Wilkin-Ludwig Molani. Jena (J. Beithmann) 2. IV. anno XXIV. (5.—) 24313

— **Hieronymus von** (Schaumburg. Adel), De restringenda libertate matrimonii ineundi. Disp. jur. moral. et civil. Präs. Heinrich Bodin. Halle / Magdeburg (J. J. Krebs) 17. XII. o. J. 22 S. (4.—) 24314

— — **Dasselbe. Präs. Heinrich Bodin. Halle/Magdeburg (J. Gruner) 17. XII. o. J. 24 S. (4.—) 24315**

— — Dasselbe. Halle/Magdeburg (J. Gruner) 17. XII. Rec. 1724. 24 S. (4.—) 24316

Münchhausen, Karl Ludwig August Heino Frh. von (Hrsg.), s. Barden-Almanach

v. Münchhausen, Frhrr. Karl Ldw. Aug., Rückerinnerungen, s. Seume.

– s.a. Stimme Europas

— d. Stimme Europas im letzt. Jahre d. 18ten Jahrh. 8. Marb. Krieger. 800.

— Versuche, prosaischen u. poet. Inhalts. 1r Thl. Mit Kpf. 8. Neustrel. 801. Albanus. 1 ₰ 8 gl

Münchhausen, Carl Wilhelm Ernst von (Thüringer Adel), Meditationes juris naturalis methodo mathematicorum prolatas. Präs. Jo. Daniel Richard Spoenla. Erfurt (J. Chr. Hering) April 1740. 50 S. (6.—) 24303

— — Ad jus testamentorum et legem Anastasii imperatoris *ΠΕΡΙ ΚΟΠΙΔΕΡΜΙΑΣ* observationes. Präs. Georg Heinrich Ayrer. Göttingen (Hager) 28. IV. 1742. 28 S. (4.50) 24304

— — Commentatio de originibus Romanorum post obitum beatissimi auctoris fato exstincti praematuro ex schedis mstis ejus edita cum praefatione Ludwig Martin Kahl. Göttingen (J. Chr. L. Schultz) Sept. 1744. XVI, 120 S. (8.50) 24305

Münchhausen, Max, Referendar in Warburg i. Westf.: Die Geschäftsführung ohne Auftrag nach dem Bürgerlichen Gesetzbuche. *Borna-Leipzig 1904: R. Noske.* (VIII, 31 S.) 8°
Leipzig, Jur. Diss. v. 1904

Münchhausen, Max Frhr. v., Eckhart v. Jeporen. Roman. (260 S.) 8. Dresden 905. C. Reissner. n. 3. —; geb. n. 4. —

— Nähkarline. (76 S.) kl. 8. Berlin 904. [Magazin-Verlag.] Leipzig, F. Rothbarth. 1. —

Nähkarline von Max F[rh]. v. Münchhausen. Berlin & Leipzig J. Hegner [1905]. (76 S.) 8° [F.] 05. 376

Münchhausen, Max v., ins Paradies. Adam, Eva, die Sünde. (109 S.) 8. München(-Schwabing) (907). E. W. Bonsels & Co. 2.40; geb. 3. —

Münchhausen, Max (Hrsg.), s. Zeitschrift, Deutsche.

Münchhausen, Otto v., monatl. Beschäftigungen f. e. Baum- u. Plantagengärtner bei Wildnissen, Pflanzungen, Pflanzschulen, Obstbäumen, Spalieren etc., als e. Zugabe z. Hausvater. 8. Hannover (1771). Helwing. — 10
— s.a. Hausvater.

[Münchhausen O. v.]: Monathliche Beschäftigungen f. einen Baum- u. Plantagen-Gärtner ... Hann. 1771. 215 S. 3 Tvl.
(= Til do.: Der Hausvater Th. 5). 337.

Münchhausen, Freiherr Otto von: „Der Hausvater", eine ökonomische Schrift. 5 Bände und des 6. Bandes erstes Stück, Hannover 1764—1774 (Helwing). — Vorh.: UB Göttingen und Stadtbibliothek Koblenz.
„Monatliche Beschäftigungen für einen Baum- und Plantagen-Gärtner bei Wildnissen, Pflanzenschulen, Obstbäumen, Spalieren etc. Als eine Zugabe zum „Hausvater", Hannover 1771 (Helwing).

Münchhausen, Otto von: Der Hausvater. [Verf. Otto von Münchhausen.] Th.1-3. Hannover: Förster 1765-68. -- 36*
[Th.2.1766, S.101-102: Schriften über Weinbau; Th.3.1768, S.412-428 Vom Weine.]

(Münchhausen O. v.): Der Hausvater Th. 1-5, Th. 6 Stück 1, Th. 1 2. Aufl. Hann. 1766-73, à c. 700-1000 S. (Th. 6[1] 403 S.). Tvl.
(2. D. Hausvaters botan., physikal. u oekonom. Bibliothek. -- 4 m. Tillæg m særsk. Titelbl.: Der freye Kornhandel se 711. — 5 m. do. Monathliche Beschäftigungen f. einen Baum- u. Plantagen-Gärtner se 546. — 6 Stück 1 o. m Tit.: Die Natur d. Dinge od. allgem. Physik. Th. 1. 1773).
— — Th. 1-3; resp. 3., 2., 2. Aufl. Sst. 1771-76, do. do.
(2 som ovf.).

(Münchhausen O. v.): Der freye Kornhandel als das beste Mittel um Mangel u. Theuerung zu verhüten ... Hann. 1772. (24) 176 S.
(Til do.: Der Hausvater. Th. 4). 337.

(Münchhausen O. v.): Die Natur d. Dinge ... od. allgemeine Physik. Th. I. Hann. 1773. (40) 403 S. 2 Tvl.
(=: Der Hausvater. Th. 6 St. I). 337.

Münchhausen, Ph. Ad., Bericht von der auf dem Rittergute Steinburg vorgenommenen Aufhebung der Acker-, Spann- und Handfrohndienste. Mit Einleitung und 19 Beilagen. 8°. Leipzig, Rabenhorst, 1801.

Münchhausen, Philipp Adolph von [Praes.], s. Bönigke, Georg Gottfried: Doctrinam de jure ministrorum exigendi a principe dimissionem.

— **Philipp Adolph von** (Sächs. Adel), Doctrinam de jure principis circa dimissionem ministrorum, solenni dissertatione. Präs. Justus Henning Böhmer. Halle/Magdeburg (Chr. Henckel) 26. IX. 1716. 73 S. (6.—) 24317

— — Dasselbe. Halle/Magdeburg (J. Chr. Grunert) 26. IX. 1716. Rec. 1734. 73 S. (6.—) 24318

— — Dasselbe. Halle/Magdeburg (J. Chr. Grunert) 26. IX. 1716. 1741. 74 S. (6.—) 24319

— über Lehnherrn u. Dienstmann. 8. Leipz. 793. Göschen. 9 gl

Münchhausen, Phil. Otto v., Heinrich v. Sachsen. Roman. 3 Thle. 8. (52¼ B.) Hannover 845, Kius.

Münchhausen, Phil. Otto v., Liebesnovellen. gr. 12. (10⅔ B.) Kassel 841, Fischer. Thlr.
Inh.: Lothar. — Richmond. — Noch e. romant. Liebe. — Ein Bal Intermezzo. — Eine Saison im Bade Kissingen.

Münchhausen, Phil. Otto v., Liebesnovellen. 2. (Titel-)Ausg. 8. (254 S.) Quedlinburg (846)68, Ernst'sche Buchh.

—— Graf Saint-Germain. 8. (22¾ B.) Göttingen 842, Dieterichsche Buchh. *

MÜNCHHEIMER. Die Prostitutionsfrage in der Litteratur des Jahres 1896. Berlin 1897. Gr. 8°. 23 S. (S.-A.)

Münchheimer, F., s.: Neisser, A., stereoscop. medic. Atlas.

Muenchheimer, Moritz (Neiße/Schlesien), De catarrho vesicae urinariae. Diss. med. Berlin (Nietack) 3. IV. 1832. 29 S. u. Biogr. (M.: J. Herschell.) (3.50) 24320
Oppon.: M. Landsberg, F. Piltz, Leop. Sachs. — Gew.: Sigm. Muenchheimer (Bruder), N. Kremser.

Münchhoff, P., s.a. Hôtel-Adressbuch.

Münchhoff, P. Hôtel-Adressbuch sämmtlicher Städte, Bäder und besuchteren Orte von Deutschland, Oesterreich, Ungarn, *Schweiz*, &c. I. Jahrg. 8⁰. Reichenbach i/V. Münchhoff, Ausg. B. 21 35 Ausg. A. 1878.

Münchhoff, P., Taschen-Hôtel-Adressbuch der besuchtesten Städte und Bäder von Deutschland, Oesterreich und Schweiz, sowie wichtigsten Städte der Erde. Auf Grund officieller Quellen bearb. 1. Jahrg. 24. (46 S.) [Berlin 880, Münchhoff.] Leipzig, Blüher. *
Nicht weiter erschienen.

Münchhouse, Baron de, s.: Kriegsberichte, französische.

Münchmayer, E. H. G., Commentatio de viribus Oxygenii in procreandis et sanand. morbis. 4. maj. Gött. Dieterich. 801.

Münchmayer, Mich., 200 jurist. Casus pract., od. Fälle. 2 Thle. 4. Sulzbach. 712.

— jus publ. rom.-germ., d. i. d. R. Reichs Staatsverfass. 2 Thle. m. K. 4. Nürnb. Schneider u. W. 730.

— — dass. II Tmi. 4. Amberg. 709—12.

Munchmeier s.a. **Münchmeier.**

Munchmeier

— **Tobias Dieterich** (Huy/[Belgien]), **Historia saeculi secundi fabulis variorum maculata. Präs. Jo. Andreas Schmidt. Helmstedt (G.-W. Hamm)** 12. IV. 1706. **60 S. (5.50)** **24322**
Widm. v.: Jo. Andreas Schmidt.

— — **Dasselbe. Helmstedt (H. D. Hamm)** 12. IV. **1706. Editio secunda. 1719. 60 S. (5.50)** 24323
Widm. v.: Jo. Andreas Schmidt.

Münchmeyer, A. G., Gedächtnißpredigt auf d. Superint. J. F. Meybrink zu Bleckede. gr. 8. Lüneb., Herold u. W. 4 g

Münchmeyer, A. F. O., das Amt des Neuen Testaments nach Lehre der Schrift und der lutherischen Bekenntnisse; 9 Thesen, abermals erläutert und gegen Hrn. Prof. Höfling in Erlangen gerechtfertigt. Osterode (853.) Sorge. 8. (1 Bl., 83 S.) 12½ ngr.

—— das Dogma von der sichtbaren und unsichtbaren Kirche. Ein histor.-krit. Versuch. gr. 8. (VIII und 181 S.) Göttingen 854, Vandenhoeck und Ruprecht's Vrlgsh. *

—— Gedenkbuch für Confirmanden oder Dr. Martin Luther's kleiner Katechismus mit kurzen Sätzen zur Erklärung desselben, als Leitfaden beim Confirmanden-Unterrichte, nebst einem doppelten Anhange: 12 Bekenntnißlieder; des Nicen. und Athanasian. Bekenntniß und der erste Theil der augsburg. Confession. 6. Aufl. (IV und 156 S.) 854. und 7., verb. Aufl. 8. (IV und 160 S. mit 1 Stnt.) Einbeck 856, Ehlers. *

Münchmeyer, A. F. O., Gedenkbuch für Confirmanden oder Dr. Martin Luther's kleiner Katechismus mit kurzen Sätzen zur Erklärung desselben, als Leitfaden beim Confirmanden-Unterrichte nebst einem doppelten Anh. 8. Aufl. 859. — 9., abermals durchgeseh. Aufl. Einbeck 861. Ehlers. 8. (IV, 159 S.) n. 4 ngr.

Münchmeyer, A. F. O., Gedenkbuch für Confirmanden, oder Dr. Martin Luther's kleiner Katechismus mit kurzen Sätzen zur Erklärung desselben. 8. Aufl. 1859. und 9., abermals durchgeseh. Aufl. 8. (IV und 159 S.) Einbeck 861, Ehlers. * 4 Ngr.; geb. *

Münchmeyer, A. F. O., Gedenkbuch f. Confirmanden, od. Dr. Martin Luther's kleiner Catechismus m. kurzen Sätzen zur Erklärg. desselben, als Leitfaden beim Confirmanden-Unterrichte nebst e. doppelten Anh. 10., abermals durchgeseh. Aufl. 8. (160 S.) Hannover 872. Meyer. n. — 50

Münchmeyer, A. F. O., Gedenkbuch für Confirmanden, oder Dr. Martin Luther's kleiner Katechismus mit kurzen Sätzen zur Erklärung desselben, als Leitfaden beim Confirmanden-Unterrichte, nebst einem doppelten Anhang: 1) 12 Bekenntnißlieder; 2) das Nicenische und Athanasianische Bekenntniß und der 1. Theil der Augsburg. Confession. 11. abermals durchgeseh. Aufl. gr. 8. (160 S.) Hannover 877, Meyer. * 60 Pf.; geb. *

Münchmeyer, A. F. O., Gedenkbuch für Konfirmanden, oder Dr. Martin Luthers kleiner Katechismus mit kurzen Sätzen zur Erklärung desselben, als Leitfaden beim Konfirmanden-Unterrichte, nebst einem doppelten Anhang: 1) Zwölf Bekenntnislieder; 2) das Nicen. und Athanasian. Bekenntnis und der 1. Tl. der Augsburg. Konfession. 12. nach der neueren Rechtschreibung bericht. Aufl. 8. (160 S.) Hannover 882, Meyer. geb. *

Münchmeyer, A. F. O. Gedenkbuch f. Konfirmanden, od. Dr. Mart. Luthers kleiner Katechismus m. kurzen Sätzen zur Erklärg. desselben, als Leitfaden beim Konfirmanden-Unterrichte, nebst e. Anh.: das nicen. u. athanas. Bekenntnis u. der 1. Teil der augsburg. Konfession. 13. durchgeseh. Aufl. 8. (156 S.) Hannov. 892, C. Meyer. * — 60; geb. * — 85

Münchmeyer, A. F. O., Gedenkbuch f. Konfirmanden, od. Dr. Martin Luthers kleiner Katechismus mit kurzen Sätzen zur Erklärg. desselben, als Leitfaden beim Konfirmanden-Unterrichte, nebst e. Anh.: das nicen. u. athanas. Bekenntnis u. der 1. Tl. der augsburg. Konfession. 14., von Münchmeyer durchgeseh. Aufl. 8. (164 S.) Hannover 902. C. Meyer. n. — 60; geb. n. — 85

— Harfenklänge. Göttingen 855. Vandenhoeck u. Ruprecht. 12. (VI, 96 S.) n. 10 ngr.

Münchmeyer, A. F. O., Huschke u. Mejer oder wie fassen beide die Fragen vom Kirchenregiment u. wem ist Recht zu geben? Einbeck 864. Ehlers. gr. 8. (V, 145 S.) n. 20 ngr.

—- zur Kirchenregimentsfrage. Ein Sendschreiben an Hrn. Pfr. Dr. Besser zu Waldenburg in Schlesien. gr. 8. (43 S.) Hannover 862, Hahn'sche Hofbuchh. *

— die Offenbarung Sanct Johannis ausgelegt in achtundzwanzig Bibelstunden für die Gemeine. Hannover 870. Meyer. gr. 8. (VII, 216 S.) n. 25 ngr.

—— und G. Uhlhorn, Reden am Sarge des seligen Herrn Joh. Gottlieb Kuno Kranold, Consistorialraths und Pastors zu Osnabrück gehalten. 8. (22 S.) Osnabrück 872, Rackhorst'sche Buchh. *

Münchmeyer, C F, s. Münchmeyer, Karl

Münchmeyer, Carl, s. Münchmeyer, Karl

Münchmeyer, Emil, die Cardialgie nach den neuesten Quellen u. eigenen Beobachtungen patholog. u. therapeutisch dargestellt. gr. 8. (9¼ B.) Lüneburg 843, Herold u. Wahlstab'sche Buchh. —

Münchmeyer, Ernst Heinrich Wilhelm

Münchmeyer, E. H. W., zum Andenken an d. verewigte Frau Aebtissin Caroline v. d. Wense zu Lüne. Eine biograph. Skizze. gr. 8. (1½ B.) Lüneburg 839, Herold u. Wahlstab.

Münchmeyer, E. H. W., kritische Blicke auf das Medicinalwesen Deutschlands in Allgemeinen u. auf d. Vorschläge z. Reformen desselben aus d. neuesten Zeit. gr. 8. (5¾ B.) Lüneburg 846, Engel's Buchh. *

Ernst Heinrich Wilhelm Muenchmeyer

Ueber die beste Einrichtung des Medicinalwesens für Flecken und Dörfer oder f. das platte Land. ... Von Ernst Heinr[ich] Wilh[elm] Münchmeyer. Halberstadt: Bureau für Literatur u. Kunst 1811. X,172 S. 8°

– s. Dn Hill, Beobacht.

– s. D. Kohn, Anweisung.

Münchmeyer, E. H. W., kurzgefaßte Rathschläge f. Familienväter zu Vorbereitungsmaaßregeln, um d. diätet. u. ärztl. Behandl. v. Cholera-Kranken in Privathäusern zu erleichtern u. zu beschleunigen. 8. (1 B.) Lüneburg 831, Herold u. Wahlstab.

Ernst Heinrich Wilhelm Muenchmeyer

Ernest[us] Henric[us] Guilielmus Münchmeyer: Commentatio de viribus oxygenii in procreandis et sanandis morbis. Gottingae (1801:) Dieterich. 63 S. 4°

Göttingen, Med. Preisschr. v. 4. Juni 1801

Münchmeyer, F., L. A. Petri u. O. Münchmeyer, die gegenwärtige Lage d. Kirche hinsichtlich des Bekenntnisses, d. Verfassung u. d. Vorbereitung d. Kandidaten auf das Amt. gr. 8. (3⅝ B.) Hannover 846, Hahn'sche Hofbuchh.

Münchmeyer, F. [aus Hannover]: Untersuchungen über das Verhalten verschiedenartig constituirter Carbonylverbindungen gegen Hydroxylamin und Phenylhydrazin. Göttingen, Druck d. Univ.-Buchdr. v. E. A. Huth, 1887, 39 + 1 S. 8°.
Göttingen, Phil. Fak., Inaug.-Diss. v. 21. Febr. 1887

Münchmeyer, F., Untersuchungen üb. das Verhalten verschiedenartig constituirter Carbonylverbindungen gegen Hydroxylamin u. Phenylhydrazin. Inaug.-Diss. gr. 8. (39 S.) Göttingen 887. (Vandenhoeck & Ruprecht's Verl.) n. — 80

Münchmeyer, Georg: Überführung des Oxymethylenacetophenons in Benzoylbrenztraubensäure, und einige neue Derivate derselben. Kiel 1910: Lüdtke & Martens. 54 S. 8°
Kiel, Phil. Diss. v. 14. April 1910, Ref. Harries
[Geb. 13. Aug. 85 Düderode; Wohnort: Münstedt; Staatsangeh.: Preußen; Vorbildung: Gymn. Goslar Reife O. 05; Studium Tübingen 3, Kiel 6 S.; Rig. 11 Dez. 09.] [U 10. 2516

Münchmeyer, J. H. W., üb. die beste Einrichtung des Medizinalwesens f. Flecken u. Dörfer rc. gr. 8. Halberst. Bureau f. Lit. u. Kunst. 811.

Münchmeyer, Karl

Münchmeyer, C. F., unbefangene Betrachtungen über die deutschen Gerichtskostengesetze, die Gebühren-Ordnung für Gerichtsvollzieher u. die Novelle vom 29. Juni 1881 vom praktischen Standpunkte. Für die Staatsbürger im deutschen Reiche. [Aus: „Monatsschr. f. deutsche Beamte".] gr. 8. (38 S.) Grünberg 882. Weiß' Nachf. Verl. n. — 60

Münchmeyer, C. F., der deutsche Erbnachweis. Mit Sachregister. (IV, 351 S.) gr. 8. Hannover 904. C. Meyer. n. 4. 50; geb. n. 5. —

Münchmeyer, Carl, Gefahren in der Zwangsversteigerg. Prüfung der Hauptgrundsätze des Reichs-Zwangsversteigerungsgesetzes für Juristen, Creditgeber, deren Vertreter u. Bietlustige, m. Vorschlägen f. dessen eilige Reform. gr. 8. (VIII, 251 S.) Hannover 901. C. Meyer. n. 4. —

— die grundbesitzgleichen Gerechtigkeiten, insbesondere die Gemeindegerechtigkeiten, u. ihre Behandlung zum Grundbuch. [Aus: „Magazin f. d. deutsche Recht der Gegenwart".] gr. 8. (III, 68 S.) Hannover 882. Helwing's Verl. n. 1. —

— Haftung des Erben u. Miterben f. die Nachlaßverbindlichkeiten nach dem bürgerl. Gesetzbuch. Studie f. die Praxis. gr. 8. (81 S.) Ebd. 899. n. 1. 50

— die Vorschriften über die Zwangsvollstreckung bezüglich des unbeweglichen Vermögens in der Prov. Hannover nach dem 1. Octbr. 1879. Zum prakt. Gebrauche f. Gerichts- u. Verwaltungsbeamte, Rechtsanwälte, Creditinstitute u. Capitalisten zusammengestellt u. erörtert. gr. 8. (IV, 112 S.) Hannover 880. Meyer. n. 2. —

Karl August Adalbert Muenchmeyer

Caroli Augusti Adalb[erti] Münchmeyer: Commentatio de differentia, quae intercedit inter epilepsiam et eclampsiam. Gottingae (1830:) Dieterich. IV,63 S. 4°

Göttingen, Med. Preisschr. v. 4. Juni 1830

Münchmeyer, O., die gegenwärtige Lage d. Kirche rc., s. Münchmeyer, F.

Münchmeyer, O. L., der Angriff des Herrn Archidiakonus Baurschmidt zu Lüchow auf Dr. Mart. Luthers kleinen Katechismus mit Erklärung für die evangelisch-lutherischen Kirchen und Schulen des Königreichs Hannover, beleuchtet. Mit einem Vorworte von H. Seebold. 2. Aufl. Lüchow 862. Saur. gr. 8. (IV, 40 S.) n. 5 ngr.

Münchmeyer, O. L., Gedächtniß-Predigt über Joh. 13, 7 am Tage der Bestattung des sel. Past. Frz. Krumstroh zu Wietzendorf am 25. Jan. 1869 gehalten. gr. 8. (16 S.) Celle 869, Schulze'sche Buchh.

Münchmeyer, O. L., das 2. Hauptstück nach dem Wortlaut der 3 Artikel u. der luther. Erklärg. derselben. 8. (II, 52 S.) Hamburg 876. Walther. n. — 60

Münchmeyer, O. L., der kleine Katechismus Luther's, nach Form und Inhalt des Textes bearb. Ein Versuch. 8. (200 S.) Hannover 885, Feesche. *

—— Wie beweisen wir uns als Diener Gottes in der gegenwärtigen anfechtungsvollen Lage? Vortrag am 2. Tage der luther. Pfingst-Conferenz zu Hannover, 4. Juni 1874 gehalten. gr. 8. (19 S.) Hannover 874, Feesche.
Aus: Hannoversche Pastoral-Conferenz, besonders abgedruckt.

Münchmeyer, Otto: Kritischer Bericht über 1000 Lumbalanästhesien mit Stovain ⟨Billon⟩. Rostock 1908: Adler [Text Laupp, Tübingen]. 28 S. 8° ¶ (Aus: Beiträge z. klin. Chirurgie. Bd 59, H. 2.)
Rostock, Med. Diss. v. 19. Jan. 1910, Ref. Müller
[Geb. 30. März 84 Düderode; Wohnort: Rostock; Staatsangeh.: Preußen; Vorbildung: Gymn. Goslar Reife O. 03; Studium: Rostock, Tübingen, Rostock zus. 5, Tübingen, Kiel, Rostock zus. 5 S.; Coll. 2. Dez. 08; Approb. 31 Dez. 09.] [U 10. 3917

Münchmeyer, Rhard, in der Fremde. Einige Zeugnisse aus der Auslandsarbeit. (116 S.) gr. 8. Marburg 905. N. G. Elwert's Verl. n. 1. 80; geb. n. 2. 40

Die Locomotive „Der Münchner", erbaut auf dem Ritter v. *Maffei*'schen Eisenwerke Hirschau bei München nach dem Vortrage des Prof. (A. L.) *Steinheil*, als Berichterstatter bei der auf Allerhöchst. Befehl aufgestellten Prüfung-Commission. S.-A. aus d. Kunst u. Gewerbeblatt für 1842, Heft 3. München, 1842. 30 S. 4°. Starkes Papier. Cart.

MÜNCHNERINN, Die schöne Ein Originallustspiel von 5 Aufzügen. Aufgeführt a. d. churfurstl. Theater zu München. O O 1776. 94 SS. 8° (6 Mk., S 95 u. ff fehlen, L Rosenthal, 1910.) Selten!

Münchner - Zeitungen, s. Zeitungen, Münchner

v. Münchow, Karte d. Grossherzogth. Posen in phys., topograph. u. administrativer Hinsicht, wie auch in militair., religiöser u commercieller Beziehung, in 2 (lith. u. color.) Bl. (Reg.-Bezirk Bromberg. — Reg.-Bezirk Posen.), nach den besten Quellen bearb. gr. Fol. Posen 850, Merzbach. n. 1 ½ ℛ; auf Leinw u. in Futteral n. 2 ℛ Einzeln der Reg.-Bez.-Bromberg n. ⅚ ℛ; der Reg.-Bez. Posen n. 1 ℛ

Münchow, s.: Wegweiser durch die Prov. Schleswig-Holstein.

Evangelisches Religionsbuchlein zum Gebrauch für den Unterricht mit den Schwachen. Bearb. von A[rmin] Münchow Berlin. F Zillessen [1907]. (VII, 72 S.) 8° [F.] (08. 10311

Münchow, Emil [app. Arzt aus Jüterbog]: Casuistische Beiträge zur Kenntniss der Contusionsamaurose ... Halle a. S., Hofbuchdr. v. C. A. Kaemmerer & C., 1892; 28 S., 2 Bl. 8.
Halle, Med. Fak., Inaug.-Diss. v. 4. Aug. 1892

Muenchow, Karl Dietrich von

Grundlehren der ebenen und sphaerischen Trigonometrie, in rechnender Entwickelungsweise dargest. von K[arl] D[ietrich] von Münchow. Bonn: Marcus 1826. VII, 244 S. 8°

— s. H. Hamilton, Lehre.

Münchow, K. D v. (Hrsg.), s. Jahrbuch der preussischen Rhein-Universität.

— de tractoriis geometricis atque earum cum trajectoriis orthogonalibus congruentia observationes quaedam. 4. Halle 810. Schimmelpfennig. 6 gr

Münchshausen s. Münchhausen

Munck

— s. auch Munk.

v. Munck, Frhr. Ign., s. Lomery, Darstellung.

Munck af Rosenschöld, P. S., Artis mensoriae electricae fundamenta mathematica. 8. (2¾ B. u. 1 Stnt.) Lundae 839. (Lipsiae, Vogel.) *

Muncke

——— Anfangsgründe der Experimental-Physik. Mit 5 Tafeln. Heidelberg 1819. 8.

Muncke: Anmerkk. zu (*K. S.*) *Zachariä's* Französ. Civilrecht. (4. Ausg.) Ein Nachtr. zu *Trefurt's* Bad. Civilrecht. *Ebend.* 839. gr. 8. (1 Thl.)

Muncke, s.a Gmelin, Bestimmung.

Muncke und Gmelin, Bestimmung der in einem brennenden Heuhaufen bei Oevelgönne im Oldenburgischen gefundenen, angeblich meteorischen Masse. (Gilbert's Annalen der Physik, Jahrgang 1823.)

Muncke: Das neue Kaisertum im Lichte der Kaiserproklamation am 18. Jan. 1871 15 S. 4° – Gütersloh, Progr. 1871.

Muncke, A., Vorträge zur Einleitung in d. Studium des badischen, bürgerl. Rechtes. gr. 8. (15⅝ B.) Mannheim 845. (Heidelberg, Carl Winter.) * —

Muncke, Alb., das moderne Naturgefühl. Deutsch u. Preußisch. 2 Vorträge. 8. (69 S.) Gütersloh 879. Bertelsmann. n. — 80

Muncke, Albertus. • De translationum quae vocantur apud Vergilium usu P prior. continens translationes ab humano corpore atque animo sumptas. 60 S. 4° (2°)
Halle-Wittenberg, Phil. Diss. v. 3. Jan. 1863
Geb. [Grossneuhausen (Sachs.-Weimar) 24. 10. 1834]

Muncke, Albt, Der deutsche Michel. Gütersloh 1870. 4.
Progr. d. Gymn. Gütersloh.

Muncke, G. A., de actionibus exceptionibusque possessori petitorive hereditatis ratione eorum quae ipsi creditoribus hereditariis legatariisque saluerunt competentibus, dissert. 4. Heidelb. 833 Mohr. ½ ℛ

Muncke, G. A., Anmerkungen zu Zachariae's franz. Civilrecht (4. Ausg.). Ein Nachtr. zu Trefurts badischem Civilrecht. gr. 8. (16½ B.) Heidelberg 839, J. C. B. Mohr.

—— heidelberger Jahrbücher etc., s. Jahrbücher.

Muncke, Georg Wilhelm

Muncke, Geo. Wlh., physikal. u. kosmolog. Abhandll. zur Erlernung d. Naturkunde. gr. 8. Gießen 815. Heyer. 1 ℛ 12 gr

Muncke, G W Physikalische Abhandlungen. Giessen. 1816.

— Anfangsgründe d. Naturlehre. (1e Abtheil. Experimentalphysik. 2e Abtheil. Mathemat. u. phys. Geographie u. Atmosphärologie.) gr. 8. Heidelb. 820. Groos. 3 ℛ

— die ersten Elemente d. gesammt. Naturlehre, zum Gebr. f. höhere Schulen u. Gymnasien. Mit 2 Kpft. 8. Heidelb. 825. 2e Aufl. 829. Oswald; Winter. 22 gr

Muncke, Geo. Wilh., die ersten Elemente d. gesammt. Naturlehre, zum Gebr. f. höh. Schulen u. Gymnasien. 2., u. 3., verb. Aufl. (à 15 B. u. 2 Kpfrt. 4.) Heidelberg 829, [Vereins-Verlag.] à

Muncke, G. W. Die ersten Elemente der gesammten Naturlehre. 3. A. Heidelb. 1832.

Muncke, Geo. Wlh., die ersten Elemente der gesammten Naturlehre, zum Gebrauche für höhere Schulen u. Gymnasien. 3e verb. Aufl., mit 2 Kpfrtaf. 8. Heidelberg 833. Oßwald. (Winter.) 1 ₰ 12 ℊℊ

Muncke, Geo. Wilh., die ersten Elemente der gesammten Naturlehre, z. Gebrauch f. höhere Schulen u. Gymnasien. 4., verb. Aufl. 8. (15½ B. u. 2 Kpfrt.) Heidelberg 842, C. F. Winter. *

— Grundriß d. prakt. Rechnungsarten, zum Gebr. d. Vorlesungen. gr. 8. Marb. 812. Krieger. 8 ℊℊ

Muncke, G. W. Handbuch der mathematischen und physischen Geographie nebst Atmosphärologie. Heidelberg 1830. 8. Auch unter dem Titel. Handbuch der Naturlehre 2. Vol.

—— Handbuch d. Naturlehre. 2 Thle. gr. 8. Heidelberg, Winter.
Thl. 1. Experimentalphysik, 2 Abthln. (Mechan. Naturlehre. — Unwägbare Potenzen.) (57½ B. u. 5 Kpfrt. gr 4.) 829. 4 Thlr 4 Gr.
- 2. A. u. d. T.: Handbuch d. mathemat. u. phys. Geographie u. Atmosphärologie. (34¼ B. u. 2 Kpfrt. gr. 4.) 830. 2 Thlr. 16 Gr.
Vgl. Munke.

— Sach- u. Namen-Register über Gehler's physikal. Wörterbuch, s. Gehler, J. S. T.

Muncke, G. W. über das Schießpulver, seine Bestandteile, die Stärke u. die Art seiner Wirkung. Marburg 1817. 120 S.

— über das Schießpulver, seine 3 Bestandtheile, die Stärke u die Art seiner Wirkung. gr. 8. Marb. 819. Krieger. 12 ℊℊ

— System d. atomistisch. Physik, nach d. neuesten Erfahrr. u. Versuchen dargestellt. 8. Hannov. 809. Hahn. 18 ℊℊ

Muncke, G(eorg) W(ilh.), populäre Wärmelehre oder Darstellung des Wesens und Verhaltens der Wärme, leichtfasslich und mit steter Rücksicht auf prakt. Anwendung. gr. 8. (XIV und 253 S. mit eingedr. Holzschn.) Leipzig 847, Schwickert.

Muncke, Th., das badische Forstgesetz in seiner jetzigen Gestalt nebst den Verordnungen über die Bewirthschaftung von Privatwaldungen der Gemeinde- und Körperschaftswaldungen, über das Verfahren in Forst-Straffachen und über die Holzmaaße. 8. (128 S.) Karlsruhe 874, Braun'sche Hofbuchh. *

Muencke, R: Preis-Verzeichniß über chemische Apparate und Geräthschaften. Berlin 1886—1892

Munckel, s: Duellunwesen, das, u. d. Fall Brüsewitz.

Munckel, [Aug.]: Einführung der Berufung gegen die Urtheile der Strafkammern in erster Instanz. Antrag nebst Motiven. Berlin 1884.

Munckel, A., Vertheidigungsreden in der Untersuchg. wider den Grafen Harry v. Arnim, s.: Dockhorn, A.

Munckel, Jakob (Greifenberg/Pomm.), De notione et usu ΕΠΙΚΛΗΣΕΩΣ Ecclesiae Graecae ad Spiritum S. in Eucharistia. Diss. histor.-philol. Präs. Christian Schoettgen. Stargard (J. Tiller) 14. I. 1723. 19 S. (5.—) 24384
Gew.: Johann Heinrich Engel, Johann Abraham Titius, Samuel Barfknecht.

Münckel, J. B., d. theor. prakt. Tafelrechner, nach d. Geist des Seminarii z. Hannover. 2 Thle. 8. Hannov. Helwing. 805.

Münckel, Jh. Fr., der theoret.-prakt. Tafelrechner, nach d. Geist des Seminarii zu Hannover. 2 Thle. 8. Hannov. 805. Helwing. 1 ₰ 12 ℊℊ

Muncker, Frz., s.: Abhandlungen, germanistische, Hermann Paul dargebracht.

Muncker, Frz., Anakreontiker u. preußisch-patriot. Lyriker, s.: National-Litteratur, deutsche.

Muncker, Frz., dramatische Bearbeitungen des „Pervonte" v Wieland (S. 81—92.) gr 8. München 904. (G Franz' Verl) n. — 40
Sonderabdruck aus „Sitzungsber. d bayer. Akad. d. Wiss."

Muncker, Franz (Hrsg.), s. Beiträge, Bremer

Muncker, Frz., s.: Briefe von u. an Gotthold Ephraim Lessing.

— zu Schillers Dichtungen. (S. 247—278.) gr. 8. München 906. (G. Franz' Verlag.) n. — 60
Sonderabdruck aus: „Sitzungsber. d. bayer. Akad. d. Wiss."

— s.: Forschungen zur neueren Literaturgeschichte.

— die Gralssage bei einigen Dichtern der neueren deutschen Litteratur. gr. 8. (S. 325—382.) München 902. (G. Franz' Verl.) n. — 80
Sonderabdruck aus: „Sitzungsber. d. bayer. Akad. d. Wiss."

Muncker, F., Friedrich Gottlieb Klopstock. Geschichte seines Lebens u. seiner Schriften. Mit dem Bildnis Klopstock's in Lichtdr. gr. 8. (IX, 566 S.) Stuttgart 888. Göschen. n. 12. —

— Friedrich Gottlieb Klopstock. Geschichte seines Lebens u. seiner Schriften. Mit dem Bildnis Klopstocks in Lichtdr. 2. [Titel-]Aufl. gr. 8. (X, 566 S.) Berlin [888.] 900. B. Behr's Verl. n. 7. —; geb. n. 9. —

— Friedrich Gottlieb Klopstock. Geschichte seines Lebens u. seiner Schriften. (Neue Titel-)Ausg. in 1 Bde. gr. 8. (X, 566 S. m. Lichtdr.-Bildnis.) Stuttgart 893. G. J. Göschen. n. 12. —; geb. in Halbfrz. n. 14. —

Muncker, Frz., Johann Kaspar Lavater. Eine Skizze seines Lebens u. Wirkens. 8. (68 S.) Stuttgart 883. Cotta. n. 1. 50

— Wielands „Pervonte". (S. 121—211.) gr. 8. München 903. (G Franz' Verl) n. 1 20
Sonderabdruck aus. „Sitzungsber. d bayer Akad. d. Wiss."

Muncker F. Friedrich Rückert. (Bayerische Bibliothek 14) Bamberg 1890

—— s. Schaefer, Joh. Wilh., Geschichte der deutschen Literatur des 18. Jahrh.

— über zwei kleinere deutsche Schriften Aventins. gr. 8. (VII, 94 S.) München 879. Th. Ackermann. n. 1. 80

— s.: Studien zur neueren Litteraturgeschichte.

Muncker, Frz., Lessings persönliches u. literarisches Verhältnis zu Klopstock. gr. 8. (VII, 232 S.) Frankfurt a/M. 880. Literar. Anstalt. n. 5. —

-- Über einige Vorbilder f. Klopstocks Dichtgn., s.a. Sitzungsberichte der königl. bayerischen Akademie der Wissenschaften. Philol.-histor. Klasse. 1908. VI.

Über einige Vorbilder für Klopstocks Dichtungen von Franz Muncker München Akad. d. Wiss. 1908. (51 S.) 8°
= Sitzungsberichte d. kgl. Bayer Akad. d. Wiss. Philos.-philol. u. hist. Kl. Jg 1908, Abh 6. [08. 11277

— Richard Wagner-Werk, s.: Leeke, Ferd.

— Richard Wagner. s.a. Bibliothek, bayerische.

—— Richard Wagner. A sketch of his life and works. Translated from the German by D. Landmann. Revised by the author. Illustrations by Heinr. Nisle. 8. (112 S. m. Plan d. Festspielhauses u. Fcsms.) Bamb. 891, Buchner Verlag. * 2 —

— Richard Wagner. Eine Skizze seines Lebens u. Wirkens. Zeichnungen v. Heinr. Nisle. 2., völlig neu bearb. Aufl. Mit Titelbild. 14 farb. u. 14 schwarzen Bildern im Text u. 3 auf Doppeltaf. (VIII, 168 S.) 8. Bamberg 909. C. C. Buchner's Verl. Kart. 3.—; geb. in Leinw. 4. —

— Wandlungen in den Anschauungen üb. Poesie während der zwei letzten Jahrhunderte. Festrede, geh. in der öffentl. Sitzg. der k. b. Akademie der Wissenschaften zu München am 18. XI. 1905. (29 S.) Lex.-8. Ebd. 906. n. — 60

Münckner, Oberpfr. M.,

Münckner, die Himmelsleiter. Eine episch-parabol. Darstellung von der Auffassung des Christenthums. In der oschatzer Prediger-Conferenz vorgetragen am 30. Juni 1848. Mit dem Umschlagstitel: Blätter der Erinnerung an den Hauptconvent der Geistl. der Ephorie Oschatz. 1848. Hrsg. von Friedr. Liebe. (2. Heft.) gr. 8. (16 S.) Oschatz 848, (Oldecop's Erben.)

Münckner, (A.) Gedichte. Wohlfeile Ausgabe. 8. Leipzig 823. Müller.

Münckner, Aug., Lieder vom Jenseits. 8. (VIII und 112 S.) Dresden 856, Türk.

— Morgen- u. Abendlieder; e. Andachtsbuch f. d. heranwachsende Jugend. 8. Leipz. 822. Barth. 18 gr

Münckner, [August Otto Johannes] [Ansprache bei der zum Gedächtnis des verewigten Rektors a. D. Oberstudienrat Prof. Dr Scholtze veranstalteten Feier] S. 47—49. 4.
Progr. Städt. Realgymn. mit Realschule *Plauen i. V* 1907 (698).

Münckner, Chr. Aug., Gedichte. 8. Leipz. 818. N. A. 823 Jm. Müller. 10 gr

Munckwitz, Rhold, verborgene Kräfte im Menschen od. die geheimnisvollen Seelen-Mächte im Dienste des Hypnotismus, der Suggestion und des Somnambulanismus u. deren wunderbare Heilwirkgn. in der Krankenbehandlg. Mit vielen genau beschriebenen u. v. jedermann leicht ausführbaren Wach- u. hypnot. Experimenten, nebst 30 dazu gehör., in den Text gedr. Orig.-Abbild. (V, 84 S.) 8. Leipzig (909). Modern-medizin. Verlag. 2. —

— Die Wundermacht des Hypnotismus. Das Geheimnis zur Selbstausführg. vieler Wach- u. hypnot. Experimente. (V, 84 S. m. 30 Abbildgn.) 8. Ebd. (909). 2. —

Muncre, A. Der deutsche Michel 15 S. 4° – Gütersloh, Progr 1870

Mund und Herz. Predigt über 5 B. Mos. 30, 11—14. Gehalten am 3. Sept. 1848 im Gotteshause der Genossenschaft für Reform im Judenthume zu Berlin. Berlin 1848. V: *Horn, Ede* (= *Ignaz Einhorn*). (EB)

Aus vieler Zeugen Mund. Ein Jahrgang Predigten von schweizer. Geistlichen. 8°. 424 S. St. Gallen. Buchh. d. Evang. Gesellschaft. Geb. 3 50
1899

Aus vieler Zungen Mund. 2. Jahrg. Predigten von schweizer. Geistlichen. 8°. 424 S. St. Gallen, Buchhandlg. d. Ev. Gesellschaft 2 50 geb. 3 50
1900

Mund. Aus vieler Zeugen Mund. 3. u. 4. Jahrgang Predigten von schweizerischen Geistlichen. (*je* 52 Nos.) *je* IV + 416 S. 8. St. Gallen, Buchh. der Evangelischen Gesellschaft, 1901 u. 1902. (*je* geb. fr. 3. 50]

Mund. Aus vieler Zeugen M'. 5. Jahrgang Predigten von schweizerischen Geistlichen. (52 Nos.) IV + 416 S. 8. St. Gallen, Buchh. der Evangelischen Gesellschaft, 1903. [fr. 2. —, geb. 3. 50]

Mund. Beschreibung von Goslar Goslar, 1800.

Mund, E D, s.a. Mund v Pochhammer, E D

†Mund, E. D. [E. v. Pochhammer], Axel Bötzow, der Husar. Erzählung aus dem siebenjähr. Kriege für die reifere Jugend. gr. 8. (IV, 192 S. mit 4 Bildern in Farbendr.) Stuttgart 880, Schmidt und Spring. cart.

†Mund, E. D. [v. Pochhammer], zwei Brüder bei den Karlisten. Für die reifere Jugend. 8. (VI, 107 S.) Cannstatt 885, Stehn. geb. *

Mund, E. D., Erlebnisse eines Arztes. 2 Abthlgn. à 2 Bde. Leipzig 866. Grunow. 8. (1. Abthlg. X, 478 S., 2. Abthlg. VII, 457 S.) Jede Abthlg. 2 ₰

— Grafen- u. Schulzensohn. Erzählung aus den Freiheitskriegen für die reifere Jugend. Mit 4 Bildern in Farbendr. nach Aquarellen von Offterdinger. gr. 8. (VIII, 197 S.) Ebend. 881. geb. 4. 50

Mund, E. D. (v. Pochhammer), des Quellbauern Haus. s.a. Sammlung beliebter Jugendschriften. Bd. 1.

†Mund, E. D. [E. v. Pochhammer], des Quellbauern Haus. Eine Erzählung für die liebe Jugend. 12. (90 S. mit 4 Stahlst.) Stuttgart 882, Schmidt und Spring. cart.

— s.: Kohlrausch, F., Bildnisse der deutschen Könige u. Kaiser.

—— Marahinta oder die Verlassene von San Nicolas. Nach einer wahren Begebenheit der Jugend erzählt. 12. (85 S. mit 4 Stahlst.) Ebendas. 884. cart.

Mund, E. D. (v. Pochhammer), Freiherr v. Münchhausen, s.: **Erzählungen,** lustige.

—— Christian David Ortlieb. Erzählung für die Jugend. 12. (95 S. mit 4 Stahlst.) Stuttgart 883, Schmidt und Spring. cart.

— Die beiden Reichenstein, s. a. Sammlung beliebter Jugendschriften. Bd. 5.

— die beiden Reichenstein. Eine Erzählung für die liebe Jugend. Mit 4 Stahlst. 12. (87 S.) Ebend. 881. cart. — 75

— Reisen u. Abenteuer des Freiherrn v. Münchhausen, wie er dieselben im Kreise seiner Freunde selbst zu erzählen pflegte. Für die liebe Jugend bearb. Mit 7 Farbdr.-Bildern nach Orig.-Aquarellen von G. Franz. 4. (IV, 43 S.) Stuttgart 882. Loewe. geb. 2. 50

—— Reisen und Abenteuer des Freiherrn v. Münchhausen, wie er dieselben im Kreise seiner Freunde selbst zu erzählen pflegte. Für die liebe Jugend bearb. 2. verm. Aufl. 4. (XIII, 108 S. mit 6 Farbdr.-Bildern nach Orig.-Aquarellen von G. Franz.) Stuttgart 887, Loewe. geb.

Mund, E. D. (v. Pochhammer). Reisen u. Abenteuer d. Freiherrn v. Münchhausen, wie er dieselben im Kreise seiner Freunde selbst zu erzählen pflegte. Für die liebe Jugend bearb. 3. u. 4. Aufl. 4. (VIII, 108 S. m. 6 Farbdr.-Bildern.) Stuttg. 889,91, Loewe. geb. 3 —

Mund, E. D. (v. Pochhammer), Reisen u. Abenteuer d. Freiherrn v. Münchhausen, wie er dieselben im Kreise s. Freunde selbst zu erzählen pflegte. F. d. liebe Jugend bearb. M. 6 Farbdr.-Bild. nach Orig.-Aquarellen v. G Franz. 5., unveränd. Aufl. 4. (VIII, 108 S.) Stuttgart 895. F. Loewe. Geb. 3. —

— dasselbe. M. 6 Vollbild. u. 23 Textillustr. v. F. Bergen. 6., unveränd. Aufl. 8. (VII, 150 S.) Ebd. 898. Geb. 1.20

— Reisen u. Abenteuer des Freiherrn v. Münchhausen, wie er dieselben im Kreise seiner Freunde selbst zu erzählen pflegte. Für die Jugend bearb. Mit 6 Farbdr.- u. 23 Textbildern v. G. Franz u. F. Bergen. 8. u. 9., unveränd. Aufl. 4. (à VIII, 98 S.) Stuttgart (901). Loewe. Geb. 3. —

— dasselbe. Mit 6 Vollbildern u. 23 Textillustr. von F. Bergen. 10., unveränd. Aufl. 8. (VII, 150 S.) Ebd. (902). Geb. 1. 20

Mund, E. D. (v. Pochhammer), Reisen u. Abenteuer des Freiherrn v. Münchhausen, wie er dieselben im Kreise seiner Freunde selbst zu erzählen pflegte. Für die liebe Jugend bearb. Mit 6 Vollbildern u. 23 Textillustr. v. F. Bergen. 11.–14. Aufl. (Volksausg.) (VII, 150 S.) 8. Stuttgart (903—906). Loewe. Geb. 1.20

— dasselbe. Mit 6 Farbdr.- u 23 Textbildern v. G. Franz u. F. Bergen. 12. Aufl. (VIII, 98 S.) Lex.-8. Ebd (904). Geb. 3. —

— dasselbe. Mit 4 Bunt-, 6 Voll- u. 23 Textbildern. 16. Aufl. (VII, 150 S.) 8. Ebd. (907). Geb. 2. 50

— Reisen u. Abenteuer des Freiherrn v. Münchhausen, wie er dieselben im Kreise seiner Freunde selbst zu erzählen pflegte. Für die Jugend bearb. Mit 6 Farbdr.- u. 23 Textbildern v. G. Franz u. F. Bergen. 18. Aufl. (VIII, 98 S.) Lex. 8. Stuttgart (910). Loewe. Geb. 3. —

— dasselbe. Mit 6 Vollbildern u. 23 Textillustr. v. F. Bergen. 19. Aufl. (VII, 150 S.) 8. Ebd. (910). Geb. 1. 20

— dasselbe. Mit 19 Textillustr. v. F. Bergen. (IV, 100 S.) 8. Ebd. (910). Geb. — 75

—— die geraubte Schatulle. Eine Erzählung aus dem wirkl. Leben. 2 Bde. 8. (III und 449 S.) Leipzig 866, Grunow.

Mund, E. D., aus Dr. Fichtner's Tagebuch. Fortsetzung der Erlebnisse eines Arztes. 2 Bde. 8. (VI, 456 S.) Leipzig 868, Grunow.

†Mund, E. D. [v. Pochhammer], wie Johannes Bürgermeister wurde. Der lieben Jugend erzählt. 8. (IV, 287 S.) Gotha 889, F. A. Perthes. geb. *

Mund, Ed., s. **Fanfaren, Berliner.**

Mund, Emil: Poliomyelitis anterior acuta bei Erwachsenen. *Erlangen 1897: F. Junge.* (28 S.) 8°
Erlangen, Med. Diss. v. 22. Juli 1897

Mund, Friedrich [cand. med. aus Bodenburg]: Vergleichende Versuche über halogenhaltige und halogenfreie Inhalationsanaesthetica ... Göttingen, Druck d. Dieterich'schen Univ.-Buchdr., 1896, 44 S. 8.
Göttingen, Med. Fak., Inaug.-Diss. v. [6. Aug.] 1896

Mund, Frdr., vergleich. Versuche über halogenhalt. u. halogenfreie Inhalationsanaesthetica. Diss. gr. 8. (44 S.) Göttingen 896. (Vandenhoeck & Ruprecht.) n. 1. 20

Mund, Fritz, Heinrich Püllen's Liebesgeschichte. Humoreske aus dem Schülerleben. 1.—5. Aufl. 8. (47 S.) Bernburg 881, Bacmeister. *

Mund, Fritz, Heinrich Püllen's Liebesgeschichte Humoreske aus dem Schülerleben. 6. Aufl. 8. (47 S. m. 6 Holzschn.) Oranienburg 884. Freyhoff. n. — 80

MUND, Fritz, Heinrich Pullens Liebesgeschichte Oranienburg, o. J Kl. 8°. 47 S. (90 Pfg Taussig. Prag. 1906.) Zahme Schüler-Humoreske mit 6 Holzschnitt-Vollbildern

Mund, Fritz, Heinrich Püllen's Liebesgeschichte. Humoreske aus dem Schülerleben. 7. Aufl. (58 S. m. Abbildgn.) 8. Leipzig (906). H. Beyer. n. — 50

Mund, H., Einführung in die naturgemäße Gesundheitspflege und arzneilose Heilkunde. 1.—3. Aufl. 8. (32 S.) Hannover 887,88, Schmorl und v. Seefeld.

Mund, H., die körperliche u geistige Erziehung der Kinder. Vortrag, geh. im Verein f. naturgemäße Gesundheitspflege u. arzneilose Heilweise in Hannover. gr. 16. (15 S.) Hannover 893. C. Mette. — 20

Mund, Herm., Historische Nachrichten üb. die Kirchenorgeln in Halle a. S. Mit mehreren Abbildgn. nach photographischen Aufnahmen. (15 S.) 32×23,5 cm. Leipzig 908. P. de Wit. — 75

Die Ausbildung und Erhaltung der menschlichen Stimme auf Grundlage der Anatomie ... für Gesanglehrer Sänger ... von Prof. H[ugo] Mund. *Hannover A. Sponholtz 1899* (VIII, 48 S.) 8. [A.]

Mund, Hugo. Ein Beitrag zum Gesang-Unterricht f. Gesanglehrer, Sänger u. Sängerinnen u. solche, die es werden wollen. gr. 8. (IV, 51 S.) Hannov. 880. — Lpz., Ad. Nagel Verlag. * 1 50

Mund, Hugo, ein Fluch des Reichtums. Lebensbild. (288 S.) 8. Leipzig 907. M. Zieger. 2.—; geb. 3. —

— Die Gesundheit als Grundlage d. menschlichen Glückes, ihre Befestigung u. Wiedergewinnung. 8. (40 S.) Hannov. 889, Schmorl u. v. Seefeld. * — 40

Mund, Hugo, musikalisches Künstlerbrevier. Aphorismen für Künstler u. Kunstfreunde. Gesammelt u. hrsg. 8. (XI, 80 S. m. Initialen u. Kopfleisten.) Leipzig 878. G. Wigand. n. 1. 25; geb. m. Goldschn. n. 2. 75; auf holländ. Pap. n. 3. 50

— kurzgefaßte Musikgeschichte f. angehende Künstler, Seminaristen, Lehrer u. Musikfreunde. 8. (48 S.) Paderborn 889. Junfermann. n. — 60

Mund, J. P. C., Unterr. v. Bierbrauen. 8. Leipz. Böhme. 805.

Mund, Jo. Heinrich (Braunschweig), De privilegio pecuniae hereditariae creditorum in concursu. Diss. inaug. Präs. Carl Friedrich Walch. Jena (Strauss) 14. X. 1776. 46 S. (5.50) 24385
Widm. v.: Carl Friedrich Walch, Heinr. Gottfr. Scheidemantel, Friedrich August Wideburg, Carl Anton Friedrich von Wurmb, B. G. H. Hellfeld, C. G. Stamm.

Mund, Karl, Gedichte. 2. verm. Aufl. gr. 16. (VIII, 288 S.) Magdeburg 874. E. Baensch. n. 4. —; geb. n. 5. —

Mund, Peter, approb. Arzt aus Olpe i. Westf. Ein **Fall** von vergeblich versuchter vaginaler Totalexstirpation des Uterus durch sofortige Koeliotomia abdominalis glücklich beendet. *München 1900: (A. Koenig, Guben).* (27 S.) 8°
München, Med. Diss. v. 1900

Mund, Reinhold, Gedichte. Leipzig 855. O. Wigand. 16. (94 S.) 15 ngr.

Mund, Sebast Geo Fr

— s. M. Lohmann, Beschreib. v. Goslar.

Mund, Sb. G. F., landwirthsch. Magazin. 2 Jahrg. z. 4 Quartl. m. K. gr. 8. Leipz. Crusius. (F. C. W. Vogel.) 788—91. (à 10 gr.)

— vom Unkraute; e. Preisschrift. gr. 8. Leipz. 787. (W. Vogel). 6 gl.

— über d. Verbesserung d. Wiesen. 8. Cassel, Cramer. (Krieger in Marburg.) 787.

Mund S. G. F.: Ueber die natürliche u. künstliche Verbesserungs-Mittel d. Wiesen nach ihrer gewöhnlichen Verschiedenheit. (Preisschr.). Cassel 1787 148 S.

Mund, W, die Bezahlg. d. Milch nach Fett-Prozenten. schmal gr 8. (43 S.) Bremen 896. Leipzig, M. Heinsius Nachf. n. 1. 20

Mund v Pochhammer, E D, s.a Mund, E D

Mund v. Pochhammer, E. D., Bildnisse der deutschen Kaiser von Karl dem Großen bis Kaiser Wilhelm I. 53 Porträts, nach Siegeln an Urkunden, nach Münzen, Grabmälern, Denkmälern u. Orig.-Bildnissen gezeichnet v. Heinr. Schneider u. A, nebst biograph. Umrissen, f. die reifere Jugend u. das Haus erzählt v. E. D. M. v. P. Lex.-8. (500 S.) Gotha 886. F. A. Perthes. geb. n. 10. —

— zwei Brüder bei den Karlisten. Für die reifere Jugend. 8. (VI, 107 S.) Cannstadt 885. Stehn. geb. n. 1. 80

— Marahinta od. die Verlassene v. San Nicolas. Nach e. wahren Begebenheit der Jugend erzählt. Mit 4 Stahlst. 12. (85 S.) Stuttgart 884. Schmidt & Spring. cart. — 75

— Christian David Ortlieb. Erzählung f. die Jugend. Mit 4 Stahlst. 12. (95 S.) Ebend. 883. cart. — 75

Mundart, Die, in und um Fallersleben. Nürnberg 1858. V: *Hoffmann gen. von Fallersleben, August Heinrich.* (GGr)

Mundart der Österreicher oder Kern aller ächt österreichischen Phrasen und Redensarten. Wien 1800. V: *Lorinser.* (Mz)

Mundart der Oesterreicher oder Kern echt österreichischer Phrasen und Redensarten . . . Wien 1811. V: *Sonnleithner, Ignaz von.* (Mz

Mundart, Die schweizerische, im Verhältniss zur hochdeutschen Schriftsprache aus dem Gesichtspunkte der Landesbeschaffenheit . . . Frauenfeld 1838. V: *Mörikofer, Johann Caspar.* (GGr) (Cat. d. Stadtbibl. Zürich. Zürich 1864—97.)

Mundart, die schweizer., in Verhältniß z. hochdeutsch. Schriftsprache, aus d. Gesichtspunkte d. Landesbeschaffenheit, d. Sprache, d. Unterrichtes, d. Nationalität u. d. Literatur. 8. (10¼ B.) Frauenfeld 838, [Zürich,] Beyel.

Die Zurcher **Mundart** in J. M. Usteris Dialektgedichten. Von Dr **Paul Sutor** *Zürich: Zürcher & Furrer 1901.* (X, 139 S.) 8°
= **Abhandlungen** hrsg. v. d. **Gesellschaft** f. deutsche **Sprache** in Zurich. 7 [01. 6364

Bayerns **Mundarten**. Beiträge z. deutschen Sprach- u. Volkskunde. Hrsg. von Dr. Oskar Brenner, Prof., u. Dr. August Hartmann, Custos zu München. Bd 1 2. *München: C. Kaiser 18(91–)95.* 2 Bde 8°
1 18(91–)92. 2. 18(93–)95. [03. 19630

Mundarten, deutsche. Anthologie, s. a. Giehne, Friedr.

Mundarten. – Deutsche Mundarten. Zeitschrift f. Bearb. d. mundartl Materials. Hrsg. von J(ohann) W(illibald) Nagl. Bd 1 2, H 1/2 [Mehr nicht ersch.] Wien. Fromme 1895–1906. 8°
1 1895–1901 2 H. 1/2 1906.

Mundarten, deutsche. Zeitschrift f. Bearbeitg. d. mundartl. Materials. Hrsg. v. Joh. Willib. Nagl. 1. Bd. 1. u. 2. Hft. gr. 8. (162 S.) Wien 896. 97. C. Fromme. à n. 3. 40

Mundarten, deutsche. Zeitschrift f. Bearbeitg. des mundartl. Materials. Hrsg. v. Joh. Willib. Nagl. 1. Bd. 3. u. 4. Hft. gr. 8. (VI, S. 163—383 u. 2 S.) Wien 899. 901. C. Fromme. à n. 3. 40

Mundarten, deutsche. Zeitschrift für Bearbeitung des mundartl. Materials. Hrsg. v. Joh. Willib. Nagl. 2. Bd. 1. u. 2. Heft. (S. 1—176.) Lex.-8. Wien 906. C. Fromme. n. 6. 80

Mundarten, Die deutschen. Eine Monatsschrift für Dichtung, Forschung u. Kritik. Begr von Jos. Ans. Pangkofer, fortges. von G. K. Frommann. Jhg. 1—4. Nürnberg 1853—57. — Vierteljahrsschrift für Dichtung, Forschung u. Kritik. Jhg. 5—6. Nördlingen 1858—59. — Jhg. 7 = N. F Bd. 1 Halle 1877 gr 8 . (D.)

Mundarten, die deutschen. Eine Monatsschrift für Dichtung, Forschung und Kritik. Hrsg. von G. Carl Frommann. 2. und 3. Jahrg. à Jahrg. 12 Hefte. gr. 8. (1. und 2. Heft 96 S.) Nürnberg 855, v. Ebner'sche Buchh. Verlagsconto. *
1. Jahrg. Ebendas. 1854. * 1 Thlr. 15 Ngr. Vgl.: Deutschland's Mundarten.

—— dass. — Vierteljahrsschrift für Dichtung, Forschung und Kritik. Hrsg. von G. Carl Frommann. 5. und 6. Jahrg. 1858 und 1859. à Jahrg. 4 Hefte. Lex.-8. (1. Heft. 144 S.) Nördlingen, Beck'sche Buchh. à Jahrg. *
Ist nicht fortgesetzt worden.

Mundarten, die deutschen. Zeitschrift f. Dichtung, Forschung u. Kritik hrsg. v. G. Karl Frommann. 7. Bd. [Neue Folge 1. Bd.] 4 Hfte. Lex.-8. (1. Hft. 128 S.) Halle 875. Buchh. d. Waisenh. n. 12. — einzelne Hefte à n. 4. —

Mundarten, die deutschen. Zeitschrift für Dichtung, Forschung und Kritik hrsg. von G. Karl Frommann. 7. Bd. [Neue Folge 1. Bd.] 4 Hefte. Lex.-8. (IV, 508 S.) Halle 877, Buchh. des Waisenhauses. *

Mundarten, Die deutschen, im Liede. Leipzig 1875. V: *Welcker, Hermann.* (Mitth. Prof. H. F. Wagner.) (GGr VII, 529)

—— die deutschen, im Liede. Sammlung deutscher Dialektgedichte. Nebst einem Anh.: Poetische Proben aus dem Alt-, Mittel- und Neudeutschen, sowie den german. Schwestersprachen. 8. (XVI, 358 S.) Leipzig 875, Brockhaus. *ℳ 5.; geb. *

Mundarten, Die deutschen, und die moderne Sprachwissenschaft. Leipzig 1866. V: *Rückert, Heinrich.* (Mz)

Mundbrod, Joh. Nep.

Mundbrod, J. N., Adelheid v. Landstrost oder: Der Kampf der Tugend mit dem Laster. Eine Erzählung aus der Zeit des 7jähr. Krieges. Für die reifere christl. Jugend u. das Volk. 2. Aufl. Mit 1 Stahlst. 8. (145 S.) Straubing 882. Volks- u. Jugendschriften-Verl. cart. 1. 20

Mundbrod, J. N., Hildegard od. der Abschied vom Vaterhause u. die Waise in der Fremde Eine Erzählg. aus der französ. Revolution. Für die reifere Jugend. 3. Aufl. Mit 1 Stahlst. 8. (157 S.) Straubing 884. Volks- u. Jugendschriften-Verlag. cart. 1. 20

Mundbrod, Joh. Nep., Irene, oder: Die Pilgerfahrt nach Jerusalem. Eine Geschichte aus den Zeiten der Kreuzzüge für die christl. Jugend und das christl. Volk bearb. 8. (IV und 176 S. mit 1 Stahlst.) Augsburg 850, Kollmann'sche Buchh.

—— Lebensschattirungen, s. Lebensschattirungen.

Mundbrod, J. N., Julius Graf v. Montefalkone oder Kindes- und Vaterlandsliebe. Ein histor. Charakter- und Familiengemälde aus der Zeit der Freiheitskämpfe. 3. Aufl. 8. (150 S. mit 1 Stahlst.) Straubing 888, Volks- und Jugendschriften-Verlag. cart.

Munde's Städteführer. Nr. 1 u. 2. 8. Stuttgart. [R. Munde.] Cannstatt, G. Honf. à — 60
1. Stuttgart u. seine Umgebg. in Wort u. Bild. Mit e. Stadtplane v. Stuttgart, sowie e. Karte der Umgebg. v. Stuttgart u. e. Karte v. Württemberg. (38 S.) 899.
2. Reutlingen in Wort u. Bild. — Tübingen in Wort u. Bild. — Schwäb. Alb in Wort u. Bild. Mit e. Stadtplane von Reutlingen u. Tübingen u. e. Karte der Umgebung von Reutlingen, nebst vielen Illustr. (8, 16 u. 16 S.) 899.

Munde, Carl, s. Munde, Karl

Munde, Charles, s. Munde, Carl

Munde, Karl

Munde, Carl, Anleitung zum Englisch-Sprechen für den Schul-, Privat- u. Selbstunterricht. Mit genauer u. vollständ. Bezeichnung der Aussprache, Erklärung aller vorkommenden Wörter u. Redensarten, u. Einübung der unentbehrl. grammat. Formen u. Regeln. gr 8. (XII, 243 S.) Leipzig 880. Arnold. n. 2. —,
Schlüssel (39 S.) n. — 80

Munde, Carl, Anleitung zum Englisch-Sprechen für den Schul-, Privat- und Selbstunterricht. gr. 8. Leipzig 880, Jul. Klinkhardt. * 2 —
Schlüssel. (39 S.) * — 80

Munde, Carl, the Bancroft Naturalization Treaties with the German States; the United States' constitution and the rights and privileges of citizens of foreign birth. Being a collection of documents and opinions relating to the subject, to the encroachment of the North-German treaty on our civilrights, etc. An appeal to the German-American citizens, to the government, congress etc. gr. 8. (IV, 164 S.) Würzburg 868, Stuber. *

Munde, Carl (I.), genaue Beschreibung d. Gräfenberger Wasserheilanstalt u. d. Priessnitzischen Curmethode. 1. Aufl. gr. 16. (12½ B.) 837., 2., verm. A. 8. (14 B.) 838., 3., verm. A. (15¼ B.) 839. à ½ Thlr., 4., ganz umgearb. u. verm. A. (26 B.) 840. u. 5., verm. A. (26½ B.) Leipzig 841. [Pesth, Hartleben's Verl.-Exped.] à

Munde, Carl (II.), Briefe z. Uebers. in d. Englische, mit beigefügter Worterklär. u. Erläuter. grammat. Schwierigkeiten, so wie e. kurzen Anweis., engl. Briefe zu schreiben. gr. 8. (6½ B.) Dresden u. Leipzig 839, Arnoldische Buchh.

—— Briefe zum Uebersetzen in das Englische, m. beigefügter Worterklär. u. Erläuterung grammatischer Schwierigkeiten, so wie e. kurzen Anweisung, engl. Briefe zu schreiben. 2. Ausg. gr. 8. (6½ B.) Dresden u. Leipzig 844, Arnoldische Buchh. *

Munde, Carl, Briefe zum Uebersetzen in das Englische, mit beigefügter Worterklärung u. Erläuterung grammat. Schwierigkeiten, so wie einer kurzen Anweisung, englische Briefe zu schreiben. 3. durchges. und durch Briefe aus Amerika stark verm. und für Auswanderer belehrend gemachte Aufl. Leipzig 855. Arnold. gr. 8. (XVI, 235 S.) n. 24 ngr

—— et Bertha Munde, collection de poésies, s. Collection.

Munde, Charles, Correspondance commerciale avec des notes grammaticales et explicatives. Partie française. — Neue und vollständ. Handels-Correspondenz in französ. und deutscher Sprache. Französisch-deutscher Theil. gr. 8. (X und 284 S.) Bremen 850, Schlodtmann.

Munde, Charles, Correspondance commerciale avec des notes grammaticales et explicatives. Partie allemande. 3. Édition. — Neue und vollständige Handels-Correspondenz in deutscher und französ. Sprache. Deutsch-französ. Theil. 3. Aufl. gr. 8. (XV und 302 S.) Leipzig 859, Gumprecht.

—— Diphtheritis und Schlangengift. Alkohol als Gegengift. Ein Beitrag zur Geschichte und Heilung der Diphtherie. Nachtrag zu meiner „Hydrotherapie" und zu meiner Broschüre: „Zimmerluft, Ventilation und Heizung." 8. (44 S.) Ebendas. 880. *

—— english edition or key to Carl Munde's „Briefe zum Uebersetzen in das Englische" or familiar letters, notes, classical letters and letters on America for the use of emigrants. gr. 8. (VIII und 190 S.) Leipzig 855, Arnoldische Buchh. *

Munde, Carl, neue u. vollständige Handels-Correspondenz in deutscher u. französ. Sprache. Französisch-deutscher u. Deutsch-französischer Theil. A. u. d. T.: Correspondance commerciale avec des notes grammaticales et explicatives. Partie Française et partie Allemand. gr. 8. (X. 284. X u. 290 S.) Bremen 850. 51, Schlodtmann. (à $\frac{5}{6}$ ℛ) $1\frac{2}{3}$ ℛ

— neue und vollständige Handels-Correspondenz in deutscher und französischer Sprache. 2 Thle. 2. verm. u. verb. Aufl. A. u. d. T.: Correspondance commerciale avec des notes grammaticales et explicatives. Leipzig 856, 57. Gumprecht. gr. 8. (X, 302; X, 286 S.) Jeder Thl. 25 ngr.

Munde, Carl, neue vollständige Handels-Correspondenz in deutscher und französischer Sprache. I. Französisch-deutscher Theil. 3. verb. Aufl. — Correspondance commerciale avec des notes grammaticales et explicatives. Partie française. 3. édit. — Leipzig 860. Gumprecht. gr. 8. (XVI, 288 S.) 25 ngr.

— — II. Deutsch-französischer Thl. 3. Aufl. 859. — 4. Aufl. Ebend. 862. gr. 8. (XV, 302 S.) 25 ngr.

Munde, Carl, neue und vollständige Handels-Correspondenz in deutscher und französischer Sprache. (Correspondance commerciale avec des notes grammaticales et explicatives.) 4., verm. und verb. Aufl. 1. (französisch-deutscher) Thl. 4 Lfgn. gr. 8. (XII und 326 S.) Leipzig 865, Gumprecht.

—— dass. — 2. (deutsch-französischer) Thl. 4. Aufl. 1862. und 5., verm. und verb. Aufl. gr. 8. (XII und 296 S.) Ebendas. 868.

—— neue und vollständige Handels-Correspondenz in deutscher und französischer Sprache. 2 Thle. 6.—8. verm. und verb. Aufl. gr. 8. Leipzig 868—73, Häßel. à Thl. ℳ 2,50.

Inhalt:
Thl. 1. Französisch-deutscher Theil. (VIII, 322 S.)
" 2. Deutsch-französischer Theil. (XII, 296 S.)

— neue u. vollständ. Handels-Correspondenz in deutscher u. französ. Sprache. 6. verb. u. verm. Aufl. Deutsch-französischer u. französisch-deutscher Thl. Ebend. 869. gr. 8. (XII, 296 u. XII, 322 S.) Jeder Thl. n. 25 ngr.

Munde, Carl, neue u. vollständige Handels-Correspondenz in deutscher u. französischer Sprache. 2 Thle. 9. verm. u. verb. Aufl. gr. 8. Leipzig 873. Häßel. à n. 2. 50
1. Französisch-deutscher Theil. (VIII, 322 S.)
2. Deutsch-französischer Theil. (XII, 296 S.)

Munde, Carl, neue und vollständige Handels-Correspondenz in deutscher und französischer Sprache. 2 Thle. gr. 8. Leipzig, Haessel. à Thl. ℳ 2,50.

Inhalt: *
Thl. 1. Französisch-deutscher Theil. 9. Aufl. (302 S.) 1876, 10. verb. und verm. Aufl. (VIII, 306 S.) 879.
" 2. Deutsch-französischer Theil. 9. Aufl. (XII, 296 S.) 1876; 10. verb. Aufl. (VIII, 300 S.) 879.

Munde, Carl, neue u. vollständige Handels-Correspondenz in deutscher u. französischer Sprache. 2 Thle. 11. Aufl. 8. Leipzig 884. Haessel. à 2. 50; geb. à 3. —
1. Französisch-deutscher Thl. (VIII, 306 S. m. 1 Formular.)
2. Deutsch-französischer Thl. (VIII, 300 S. m. 1 Formular.)

Munde, Carl, neue u. vollständige Handels-Correspondenz in deutscher u. französ. Sprache. (I.) Französisch-deutscher Thl. 12. Aufl. gr. 8. (VIII, 306 S. m. 1 Formular.) Leipzig 897. H. Haessel. n. 2. 50; geb. n. 3.—

Munde's, Karl, Handels-Correspondenz in deutscher u. französischer Sprache. Neu bearb. v. H. W. T. Hermann. 2 Thle. 13. Aufl. (1. Aufl. der Neubearbeitg.) 8. Leipzig 899. H. Haessel Verl. à n. 2.—; geb. à n. 2. 60
1. Französisch-deutscher Thl. (VIII, 227 S.)
2. Deutsch-französischer Thl. (VIII, 237 S.)

—— unsere Haut und ihre Beziehungen zu Kaltwasserkuren. Ein Führer zur Erhaltung und Wiederherstellung der Gesundheit ohne die Apotheke, namentlich auch bei dem Gebrauch einer Kaltwasserkur in irgend einer Anstalt. gr. 8. (VII, 68 S.) Leipzig 884, Arnoldische Buchh. *

Munde, Carl, unsere Haut und ihre Beziehungen zu Kaltwasserkuren. Ein Führer zur Erhaltung und Wiederherstellung der Gesundheit ohne die Apotheke, namentlich auch bei dem Gebrauch einer Kaltwasserkur in irgend einer Anstalt. 2. Aufl. gr. 8. (VIII, 67 S.) Leipzig 885, Arnoldische Buchh. *
geb. *

—— Hydrotherapie, od. d. Kunst, d. Krankheiten d. menschl. Körpers, ohne Hülfe von Arzneien, durch Diät, Wasser, Schwitzen, Luft u. Bewegung zu heilen u. durch e. vernünft. Lebensweise zu verhüten. Ein Handb. f. Nichtärzte. 8. (42 B.) Leipzig 841. [Pesth, Hartleben's Verl.-Exped.]

—— Hydrotherapie od. die Kunst, d. Krankheiten des menschl. Körpers, ohne Hülfe von Arzneien, durch Diät, Wasser, Schwitzen, Luft u. Bewegung zu heilen u. durch eine vernünftige Lebensweise zu verhüten. Ein Handb. f. Nichtärzte. 2., umgearb. Aufl. gr. 12. (20 B.) Leipzig 846, Arnoldische Buchh. *

— Hydrotherapie oder die Kunst, die Krankheiten des menschlichen Körpers durch Wasser, Luft, Bewegung und Diät zu heilen und durch eine naturgemäße Lebensweise zu verhüten. Ein Handbuch für Nichtärzte. 9. umgearb. u. mit einer Abhandlung über Schwangerschaft, Geburt, Wochenbett und Erziehung der Kinder in der ersten Lebenszeit vermehrte Aufl. Leipzig 853. Arnold. gr. 8. (XXII, 1 Bl., 511 S. m. Holzschn. im Text.) n. 2 ℛ.

— Hydrotherapie oder die Kunst, die Krankheiten des menschlichen Körpers durch Wasser, Luft, Bewegung und Diät zu heilen und durch eine naturgemäße Lebensweise zu verhüten. Ein Handbuch für Nichtärzte. Mit einer Abhandlung über Schwangerschaft, Geburt, Wochenbett u. Erziehung der Kinder in der ersten Lebenszeit. 10. verm. Aufl. Leipzig 861. Arnold. gr. 8. (XXI, 441 S. m. Holzschn. u. 1 Holzschntaf.) n. 2 ℛ

—— Hydrotherapie oder die Kunst die Krankheiten des menschlichen Körpers durch Luft Wasser und Diät zu heilen. Ein Handbuch für Nichtärzte. 11., nach einer 33jähr. Erfahrung und dem heut. Stand der Wissenschaft gänzlich umgearb. Aufl. 8 Lfgn. gr. 8. (XV und 630 S. mit eingedr. Holzschn. und Portr. in Stahlst.) Leipzig 868, Arnoldische Buchh. à Lfg. * 10 Ngr. *

— Hydrotherapie, das ist Natur- u. Wasserheillehre oder die Kunst, die Krankheiten des menschl. Körpers ohne Hülfe von Arzneien durch Luft, Wasser u. Diät zu heilen. Ein Handbuch für Nichtärzte. 12., verm. u. verb. Aufl. Mit 18 (eingedr.) Holzschn. 4 Lfgn. gr. 8. (1. Lfg. 160 S.) Leipzig 877. Arnold. à n. 2. 25

—— Hydrotherapie. Ein Lehr u. Handbuch f. Gebildete aller Stände. Nach dem Tode d. Verf. neu hrsg. v. Art. Pollack. 13. völlig umgearb. Aufl. gr. 8. (VIII, 419 S. m. 19 eingedr. Holzschn.) Lpz. 890, [Arnold.] Haberland. * 6 —; geb. * 7 —

Munde, Carl, die Kaltwasser-Heilanstalt zu Tharand, die Vorzüge der Kaltwasserheilmethode vor der Medicin, u. diejenigen Krankheiten, welche in Tharand od. einer anderen unter gleichen Verhältnissen befindl. Anstalt Linderung u. Heilung finden. gr. 8. (5 B.) Leipzig 845, Friese. Thlr. *

— Memoiren eines Wasserarztes. 2 Bde. gr. 12. Dresden u. Leipzig 844, Arnold'sche Buchh. n. 2½ ₰

— Memoiren eines Wasserarztes. 2 Bde. (In 1 Bd.) 2. wohlfeilere Ausg. gr. 12. (703 S.) Dresden 847, Arnold. 1 ₰ 6 ngl

— s. Mittel gegen chronische Krankheiten.

Munde, Carl, letztes u. sicherstes Mittel gegen chronische Krankheiten, s. Mittel.

Munde, Carl, anglo-american progressive reader. Englisch-amerikanisches vom leichten zum schwereren fortschreitenden Lesebuch. 1. Thl. Enthltd. Material zur Erweiterung des Sprachschatzes. Mit durchgäng. Wort- u. Sacherklärung u. vollständ. Bezeichnung der Aussprache. Zum Gebrauch für Schulen, sowie für den Privatunterricht u. das Selbststudium bearb. Leipzig 870. Arnoldische Buchh. gr 8. (XVI, 352 S.) n. 24 ngr.

— anglo-american progressive reader. Englisch-amerikanisches vom Leichteren zum Schwereren fortschreit. Lesebuch. 1. Thl. enth. Material zur Erweiterg. d. Sprachschatzes. Mit durchgäng. Wort- u. Sacherklärg. u. vollständ. Bezeichng der Aussprache. Zum Gebrauch f. Schulen, sowie f. den Privatunterricht u. das Selbststudium bearb. 2. Aufl. gr 8. (XVI, 352 S.) Leipzig 873. Arnold. n. 2. —

— anglo-american progressive reader. Englisch-amerikan. vom Leichten zum Schweren fortschreit. Lesebuch. Enth. Material zur Erweiterg. d. Sprachschatzes. Mit durchgäng. Wort- u. Sacherklärg. u. vollständ. Bezeichng. der Aussprache. gr. 8. (XVI, 352 S.) Ebend. 883. n. 1. 50

— s. L. Sauvan, Darstellung der wissenschaftl. Principien der Wasserheilkunst.

—— über Schwangerschaft, Geburt, Wochenbett und Erziehung der Kinder in der ersten Lebenszeit. Zur Belehrung für Mütter. 1. Aufl. 1852. 12 Ngr. und 2. Aufl. Mit (eingedr.) Holzschn. gr. 8. (72 S.) Leipzig 855, Arnoldische Buchh.

—— erster Unterricht im Englischen. Ein prakt. Lehrgang dieser Sprache, nach Ahn's Lehrgang d. Französischen, m. sorgfältiger Berücksichtig. der Aussprache u. vorzugsweiser Benutzung derjenigen Wörter, welche dem Deutschen gleich od. doch mit ihm verwandt sind. 1. Aufl. (11½ B.) 841. * 15 Ngr. u. 2. u. 3., verm. u. verb. Aufl. gr. 8. (à 12 B.) Dresden u. Leipzig 845, 47, Arnoldische Buchh. à

—— erster Unterricht im Englischen. Ein prakt. Lehrgang dieser Sprache, nach Ahn's Lehrgang des Französischen, mit sorgfält. Berücksicht. der Aussprache und vorzugsweiser Benutzung derjenigen Wörter, welche dem Deutschen gleich- oder doch mit ihm verwandt sind, zum Schulunterricht und Selbststudium hrsg. 1. Abthl. 4. und 5. Aufl. 1849. und 6., verb. Aufl. gr. 8. (VIII und 190 S.) Leipzig 851, Arnoldische Buchh.

— erster Unterricht im Englischen. Ein praktischer Lehrgang dieser Sprache, nach Ahn's Lehrgang des Französischen, mit sorgfältiger Benutzung der Aussprache u. vorzugsweiser Benutzung derjenigen Wörter, welche dem Deutschen gleich oder doch mit ihm verwandt sind. 3. verb. Aufl. gr. 8. (VIII u. 176 S.) Dresden 849, Arnold. ½ ₰ — 1. Abth. 4. verb. u. m. neuen Lesestücken verm. Aufl. gr. 8. (VIII u. 190 S.) Ebd. 849. — 5. verb. Aufl. gr. 8. (VIII u. 190 S.) Ebd. 849. — 6. verb. Aufl. gr. 8. (VIII u. 190 S.) Ebd. 851. — 2. Abth. Enth. die Grammatik auf ihre einfachsten Grundsätze zurückgeführt, nebst Uebungen ɹc. gr. 8. (VI u. 177 S.) Ebd. 849. — 2. verb. Aufl. gr. 8. (VI u. 177 S.) Ebd. 851. — 3. verb Aufl. gr. 8. (VI u. 177 S.) Ebd. 852. (Die Abth. à ½ ₰) 1 ₰

Munde, Carl, Schlüssel dazu oder englische Uebersetzung der in diesem Lehrbuche enthaltenen deutschen Aufgaben u. Briefe. Zur Erleichterung des Selbststudiums u. zum Gebrauch für angehende Lehrer. gr. 8. (64 S.) Ebd. 849. n. ⅓ ₰

—— Schlüssel zu der 1. Abtheilung vom ersten Unterricht im Englischen, oder engl. Uebersetzung der in diesem Lehrbuche enthaltenen deutschen Aufgaben. Zur Erleichterung des Selbstunterrichts und zum Gebrauch für angehende Lehrer. 2., durchgeseh. Aufl. gr. 8. (VI und 39 S.) Leipzig 853, Arnoldische Buchh.

— erster Unterricht im Englischen. Ein praktischer Lehrgang dieser Sprache, nach Ahn's Lehrgang des Französischen, mit sorgfältiger Berücksichtigung der Aussprache ɹc., zum Schulunterricht und zum Selbststudium herausgegeben. 1. Abth. 8—11. verb. Aufl. Leipzig 854—58. Arnold. gr. 8. (VIII, 193 S.) 15 ngr.

— — 2. Abth. Enthltd. die Grammatik auf ihre einfachsten Grundsätze zurückgeführt, nebst Uebungen ɹc. 4. verm. Aufl. 855. — 5. verm. ɹc. Aufl. Ebend. 857. gr. 8. (VIII, 184 S.) 15 ngr.

(—) Schlüssel zu C. Munde's 2. Abth. des ersten Unterrichts im Englischen. 2., nach der 3. des Lehrbuchs durchges. Aufl. Ebend. 854. gr. 8. (64 S.) n. 10 ngr.

(—) Schlüssel zu der 1. Abth. von C. Munde's erstem Unterricht im Englischen, oder englische Uebersetzung der in diesem Lehrbuche enthaltenen deutschen Aufgaben. Zur Erleichterung des Selbstunterrichts und zum Gebrauch für angehende Lehrer. 2. durchges. Aufl. 853. — 3. durchges. Aufl. Leipzig 857. Arnold. gr. 8. (VI, 39 S.) 7½ ngr.

—— erster Unterricht im Englischen. Ein prakt. Lehrgang dieser Sprache, nach Ahn's Lehrgang des Französ., mit sorgfältiger Berücksicht. der Aussprache und vorzugsweiser Benutzung derjenigen Wörter, welche dem Deutschen gleich oder doch mit ihm verwandt sind. Zum Schulunterricht und Selbststudium. 1. Abthl. 11—13., verb. Aufl. gr. 8. (VIII und 183 S.) Leipzig 858—61, Arnoldische Buchh.

(Munde, Carl,) Schlüssel zu der 1. Abth. von C. Munde's erstem Unterricht im Englischen, oder englische Uebersetzung der in diesem Lehrbuche enthaltenen deutschen Aufgaben. 4. durchgeseh. Aufl. Ebend. 863. gr 8. (VIII, 40 S.) 7½ ngr.

— erster Unterricht im Englischen. Ein praktischer Lehrgang dieser Sprache, nach Ahn's Lehrgang des Französischen, mit sorgfältiger Berücksichtigung der Aussprache und vorzugsweiser Benutzung derjenigen Wörter, welche dem Deutschen gleich oder doch mit ihm verwandt sind. Zum Schulunterricht und Selbststudium herausg. 1. Abth. 12—15. verb. Aufl. Leipzig 859—64. Arnold. gr. 8. (VIII, 183 S.) 15 ngr.

— — 2. Abth. 6. Aufl. 861. — 7. verm. u. verb. Aufl. Ebend. 864. gr. 8. (VIII, 176 S.) 15 ngr.

—— erster Unterricht im Englischen. Ein prakt. Lehrgang dieser Sprache, nach Ahn's Lehrgang des Französischen, mit sorgfält. Berücksichtigung der Aussprache und vorzugsweiser Benutzung derjenigen Wörter, welche dem Deutschen gleich, oder doch mit ihm verwandt sind Zum Selbstunterricht und Selbststudium hrsg. 1. Abthl. 14.—17., verb. Aufl. gr. 8. (VIII und 192 S.) Leipzig 865—67, Arnoldische Buchh.

—— dass. — Schlüssel zu der 1. Abthl. 4., durchgeseh. Aufl. gr. 8. (VIII und 40 S.) Ebendas. 863.

—— dass. — 2. Abthl. Enth. die Grammatik auf ihre einfachsten Grundsätze zurückgeführt, nebst Uebungen; einen anziehenden Briefwechsel; Formulare zu Wechseln; Quittungen rc., und eine Sammlung von Gesprächen. 7., verm. und verb. Aufl. gr. 8. (VIII und 176 S.) Ebendas. 864.

— erster Unterricht im Englischen. Ein prakt. Lehrgang dieser Sprache, nach Ahn's Lehrgang des Französischen, mit sorgfält. Berücksichtigung der Aussprache u. vorzugsweiser Benutzung derjenigen Wörter, welche dem Deutschen gleich, oder doch mit ihm verwandt sind. Zum Selbstunterricht u. Selbststudium hersg. 1. Abthl. 16—18., verb. Aufl. Ebend. 865—70. gr. 8. (VIII, 192 S.) 15 ngr.

— Schlüssel zu der 1. Abthl. vom ersten Unterricht im Englischen oder engl. Uebersetzung der in diesem Lehrbuche enthaltenen deutschen Aufgaben. Zur Erleichterung des Selbstunterrichts u. zum Gebrauch für angeh. Lehrer 5. durchges. u. verb. Aufl. Ebend. 869. gr. 8. (IV, 53 S.) $7\frac{1}{2}$ ngr.

— Schlüssel zur 2. Abthl. des ersten Unterrichts im Englischen etc. 4., nach der neuest. des Lehrbuchs durchgesehene Aufl. Ebend. 869. gr. 8. (64 S.) n. 10 ngr.

Munde, Carl, erster Unterricht im Englischen. Ein pract. Lehrgang dieser Sprache, nach Ahn's Lehrgang des Französ. mit sorgfält. Berücksicht. der Aussprache und vorzugsweiser Benutzung derjenigen Wörter, welche dem Deutschen gleich, oder doch mit ihm verwandt sind. Zum Schulunterricht und Selbststudium hrsg. 2 Abthlgn. gr. 8. Leipzig, Arnoldische Buchh. *

Inhalt:

Abthl. 1. 18.—20. mit neuen Sprechübungen verm. Aufl. (VI, 198 S.) 870—74. *M 1,60.

" 2. Die Grammatik auf ihre einfachsten Grundsätze zurückgeführt, nebst Uebungen, einem anziehenden Briefwechsel; Formulare zu Wechseln, Quittungen rc. und eine Sammlung von Gesprächen. 8.—10. Aufl. (VIII, 176 S.) 868—73. M 1,50.

—— dass. — Schlüssel oder engl. Uebersetzung der in diesem Lehrbuche enthaltenen deutschen Aufgaben und Briefe. Zur Erleichterung des Selbstunterrichts und zum Gebrauch für angehende Lehrer. 2 Abthlgn. gr. 8. Ebendas. [1. Abthl. 5. Aufl. 1869, und 6. durchgeseh. und der 20. des Lehrbuchs angepaßte Aufl. (44 S.) 874. 75 Pf.; 2. Abthl. 4. Aufl. (64 S.) 869. *M 1.] *

— erster Unterricht im Englischen. Ein pract. Lehrgang dieser Sprache, nach Ahn's Lehrgang d. Franz. m. sorgfält. Berücksicht. der Aussprache u. vorzugsweiser Benutzg. derjenigen Wörter, welche dem Deutschen gleich, od. doch m. ihm verwandt sind. Zum Schulunterricht u. Selbststudium hrsg. 2 Abthlgn. gr 8. Ebend. 873. 75 n. 3 10

I. 21 m. neuen Sprechübgn. verm. Aufl. (VI, 198 S.) n. 1. 60

II Enth. die Grammatik auf ihre einfachsten Grundsätze zurückgeführt, nebst Uebgn.; e. anzieh. Briefwechsel; Formulare zu Wechseln, Quittgn. rc. u. e. Sammlg. v. Gesprächen. 10. Aufl. (VIII, 176 S.) 1. 50

— dasselbe. 1. Abth. Schlüssel od. engl. Uebersetzg. der in diesem Lehrbuche enthaltenen deutschen Aufgaben. Zur Erleichterg. d. Selbstunterrichts u. zum Gebrauch f. angehende Lehrer. 6. durchgeseh. u. der 20. d. Lehrbuchs angepaßte Aufl. gr. 8. (44 S.) Ebend. 874. — 75; geb. n. 1. —

—— dass. — 2. Abthl.: Die Grammatik auf ihre einfachsten Grundsätze zurückgeführt, nebst Uebungen; einem anziehenden Briefwechsel; Formularen zu Wechseln, Quittungen rc. und eine Sammlung von Gesprächen. 11. Aufl. (III, 176 S.) Ebendas. 877.

—— dass. — 2. Abthl.: Schlüssel oder englische Uebersetzung der in diesem Lehrbuche enthaltenen deutschen Aufgaben und Briefe. Zur Erleichterung des Selbststudiums und zum Gebrauche für angehende Lehrer. 5. nach der neuesten des Lehrbuch durchgeseh. Aufl. gr. 8. (64 S.) Ebendas. 879. *

— erster Unterricht im Englischen. Ein prakt. Lehrg. dieser Sprache, m. sorgfältiger Berücksicht. der Aussprache u. vorzugsweiser Benutzg. derjenigen Wörter, welche dem Deutschen gleich, od. doch m. ihm verwandt sind. Zum Schulunterricht u. Selbststudium hrsg. 1. Abtlg. 22. Aufl. gr. 8. (VII, 208 S.) Leipzig 884. Arnold. n. 1. 60; Schlüssel. 7. Aufl. (IV, 47 S.) — 75

—— dass. — 2. Abtl.: Die Grammatik auf ihre einfachsten Grundsätze zurückgeführt, nebst Uebungen; einem anziehenden Briefwechsel; Formulare zu Wechseln, Quittungen rc. und eine Sammlung von Gesprächen. 12. Aufl. (III, 176 S.) Ebendas. 884. M 1,50.; geb. *

—— erster Unterricht im Englischen. Ein prakt. Lehrgang dieser Sprache, mit sorgfält. Berücksicht. der Aussprache und vorzugsweiser Benutzung derjenigen Wörter, welche dem Deutschen gleich oder doch mit ihm verwandt sind. Zum Schulunterricht und Selbststudium hrsg. 1. Abtl. 23. verb. Aufl. gr. 8. (VIII, 208 S.) Leipzig 887, [Arnoldische Buchh.] Klinkhardt. * geb. *

Schlüssel dazu. Ebendas. 1884. * 75 Pf.; geb. *M 1.—.; 2. Abtl. Ebendas. 1884. *M 1.50.; geb. *M 1.80. — Schlüssel dazu. 1880. *M 1.60.

Munde, Carl. Erster Unterricht im Englischen. Ein prakt. Lehrgang dieser Sprache, m. sorgfält. Berücksicht. der Aussprache rc. 1. Abtl. 24. Aufl. gr. 8. (VII, 208 S.) Lpz. 891, Klinkhardt. * 1 60

— erster Unterr. im Englischen. Ein prakt. Lehrgang dieser Sprache, m. sorgfält. Berücksicht. d. Aussprache u. vorzugsweiser Benutzg. derjen. Wörter, welche d. Deutschen gleich od. doch m. ihm verwandt sind. Zum Schulunterr. u. Selbststud. hrsg. 1. u. 2. Abtlg. gr. 8. Leipzig 895. J. Klinkhardt. n. 3. 10

1. 25. Aufl. (VII, 208 S.) n. 1. 60

2. Enth. d. Grammatik auf ihre einfachsten Grundsätze zurückgeführt, nebst Übgn.; e. anzieh. Briefwechsel; Formulare zu Wechseln, Quittgn. rc., u. e. Sammlg. v. Gesprächen. 13. Aufl. (IV, 176 S.) n. 1. 50

Munde, Carl, erster Unterricht im Englischen. Ein prakt. Lehrg. dieser Sprache, m. sorgfält. Berücksicht. der Aussprache u. vorzugsweiser Benutzung derjenigen Wörter, welche dem Deutschen gleich, od. doch m. ihm verwandt sind. Zum Schulunterricht u. Selbststudium hrsg. v. M. durchgesehen u. verb. von Wilh. Jedlitschka. 1. Abtlg. 27. Aufl. (IV, 208 S.) 8. Leipzig 905. J. Klinkhardt. Geb. n.n. 1. 85

Munde, Carl, erster Unterricht im Englischen. Ein prakt. Lehrgang dieser Sprache m. sorgfält. Berücksicht. der Aussprache u. vorzugsweisen Benutzg. derjenigen Wörter, welche dem Deutschen gleich, od. doch m. ihm verwandt sind. Zum Schulunterricht u. Selbststudium hrsg. I. Abtlg. 28. Aufl., durchgesehen v. A. Kawinkle. (IV, 208 S.) 8. Leipzig 910. J. Klinkhardt. Geb. 1. 85

—— erster Unterricht im Französisch-Sprechen. Eine prakt. Anleitung zur schnellen Erlernung dieser Sprache für Lehranstalten, Touristen, Militärs rc. Nebst einem Schlüssel, zur Erleichterung des Selbststudiums, welcher die genaue Aussprache der Wörter und Sätze, die richt. Uebersetzung der deutschen Aufgaben und Regeln, und alle nöth. grammat. und sachl. Erklärungen enthält. 8. (X, 217; 82 S.) Ebendas. 874. * cart. *

—— dass. — Schulausg. ohne den Schlüssel. 8. Ebendas. 874. *
cart. *

—— dass. — Schlüssel. 8. Ebendas. 874. *

— erster Unterricht im Französisch-Sprechen. Eine prakt. Anleitg. zur schnellen Erlerng. dieser Sprache f. Lehranstalten, Touristen, Militärs ꝛc. Nebst e. Schlüssel, zur Erleichterg. d. Selbststudiums, welcher die genaue Aussprache der Wörter u. Sätze, die richt. Uebersetzg. der deutschen Aufgaben u. Regeln, u. alle nöth. grammat. u. sachl. Erklärgn. enthält. 2. Aufl. (X, 217 u. 82 S.) Ebend. 875. n. 1. 80; cart. n. 2. —

—— erster Unterricht im Französisch-Sprechen. Eine prakt. Anleitung zur schnellen Erlernung dieser Sprache, für Lehr-Anstalten, Touristen, Militärs ꝛc. 2. im Wesentlichen unveränd. Aufl. 8. (IV, 217 S.) Ebendas. 875. cart. *

—— erster Unterricht im Italienischen. Eine prakt. Anleitung zum schnellen Erlernen des Verstehens und Sprechens dieser Sprache. 1. Abthl., enth. Vorübungen zu jeder italien. Grammatik und Sprachübungen für Anfänger aller Grade. Für den Schul-, Privat- und Selbstunterricht. gr. 8. (VI, 88 S.) Leipzig 879, Haessel. *

—— zweiter Unterricht im Englischen. Ein prakt. Lehrbuch dieser Sprache. Für den Schul- u. Privatunterricht. gr. 8. (23 B.) Leipzig 846, Arnoldische Buchh.

—— Schlüssel z. erstem u. zweitem Unterricht im Englischen, od. Uebersetzung d. in diesen Lehrbüchern enthaltenen Aufgaben u. Regeln. Zur Erleichterung des Selbstunterrichts u. z. Gebr. f. angehende Lehrer. gr. 8. (10 B.) Leipzig 846, Arnoldische Bh.

Munde, Carl (II.), zweiter Unterricht im Englischen. Ein prakt. Lehrbuch dieser Sprache. Für den Schul- und Privatunterricht hrsg. 2., verb. und verm. Aufl. gr. 8. (XXII und 378 S.) Leipzig 852, Arnoldische Buchh. *

(Munde, Carl,) Schlüssel zu C. Munde's zweitem Unterricht im Englischen ꝛc. 2. Aufl. Leipzig 853. Arnold. gr. 8. (114 S.) n. 16 ngr.

— zweiter Unterricht im Englischen. Ein prakt. Lehrbuch dieser Sprache, enthltd.: 1. Die Grammatik auf ihre einfachsten Regeln zurückgeführt; 2. mannichfaltigen, verschiedenen Wissenschaften und der Umgangssprache entnommenen Stoff zum Lesen und Uebersetzen ꝛc. Für den Schul- und Privatunterricht. 3. verb. Aufl. Ebend. 858. gr. 8. (XXXII, 337 S.) n. 1 ₰.

—— zweiter Unterricht im Englischen. Ein prakt. Lehrbuch dieser Sprache, enth.: 1) die Grammatik auf ihre einfachsten Regeln zurückgeführt; 2) mannigfaltigen, verschiedenen Wissenschaften und der Umgangssprache entnommenen Stoff zum Lesen und Uebersetzen aus dem Englischen in das Deutsche, und aus dem Deutschen in das Englische; 3) die Worterklärung zum Uebersetzen der Regeln sowohl, als der Uebungen, mit steter Berücksichtigung der Aussprache; 4) Fragen über die in jedem Abschnitte vorkommenden Regeln und den Inhalt der Uebungen, zur Belebung des mündl. Ausdrucks; 5) Regeln über Beobachtung der engl. und amerikan. Etikette. Für den Schul- und Privatunterricht hrsg. 4., verb. und verm. Aufl. gr. 8. (XXIV und 343 S.) Leipzig 863, Arnoldische Buchh. *

—— Schlüssel zu des Verf. zweitem Unterricht im Englischen oder englische Uebersetzung der in diesem Lehrbuche enthalt. deutschen Aufgaben und Regeln. Zur Erleichterung des Selbstunterrichts und zum Gebrauch für angehende Lehrer. 3., nach der 4. des Lehrbuchs bericht. Aufl. gr. 8. (117 S.) Leipzig 866, Arnoldische Buchh. *

—— zweiter Unterricht im Englischen. Ein prakt. Lehrgang dieser Sprache. Für den Schul- und Privatunterricht. 5. Aufl. gr. 8. (XXIV, 343 S.) Ebendas. 871. *
Schlüssel. Ebendas. 1866. * ℳ 1,60.

— zweiter Unterricht im Englischen. Ein prakt. Lehrbuch dieser Sprache. Für den Schul- u. Privatunterricht. 6. Aufl. gr. 8. (XVI, 340 S.) Ebend. 876. n. 3. —

—— Schlüssel zum zweiten Unterricht im Englischen. 4. Aufl. 8. (119 S.) Ebendas. 880. *

– s. Wasserfreund, der.

Munde, Karl: Die Gräfenberger Wasserheilkunde und die Prießnitzsche Cur. 4.ganz umgearb.und verm.Aufl. 402 S., gbd.

Leipzig: Frohberger 1840

JB 2.815

—— die Gräfenberger Wasserheilanstalt u. die Prießnitzische Curmethode. Nebst e. Anweisung, die am häufigsten vorkommenden Krankheiten gründlich zu heilen. 6., verb. Aufl. 8. (16½ B.) Leipzig 845. [Pesth, Hartleben's Verl.-Exped.] –

— Zimmerluft, Ventilation u. Heizung. Ein Beitrag zur wohlfeilen Verbesserg. der verdorbenen Luft, welche wir während der kalten Jahreszeit in unseren Wohngn. athmen, u. welche e. der Hauptursachen der Vermehrg. u. Verschlimmerg. v. Krankheiten ist. Erweit. Sep.-Abdr. aus der 12. Aufl. v. d. Verf. Hydrotherapie od. Wasserheillehre. Mit 4 erläut. (eingedr.) Holzschn. gr. 8. (III, 43 S.) Ebend. 876. n. — 50

— Zimmerluft, Ventilation u. Heizung. Ein Beitrag zur wohlfeilen Verbesserung der verdorbenen Luft, welche wir während der kalten Jahreszeit in unseren Wohnungen athmen, u. welche eine der Hauptursachen der Vermehrung u. Verschlimmerung von Krankheiten ist. [Aus: „Hydrotherapie. 12. Aufl."] Mit 4 erläut. Holzschn. 2. Aufl. gr. 8. (IV, 40 S.) Leipzig 877. Arnold. n. — 50

(Richard) Munde's Universal-Verkehrskarte von Deutschland. Massstab 1 × 800,000. [Nebst] Orts-Verzeichnis. Stuttgart: R. Munde [um 1906]. (1 Kartenbl. 124 × 91 cm, S. 43–56) 4° [Umschlagt.] 07. 6696 4

Munde, Th., der neue lustige Deklamator. Sammlung heiterer Gedichte und komischer Vorträge. 8. (64 S.) [Oberhausen 886.] Styrum, Spaarmann.

Munde, Th. Der neue lustige Deklamator. Sammlung heiterer Gedichte u. kom. Vorträge. 4. Aufl. 12. (64 S.) Styrum 892, Spaarmann. — 30

Münde, C., die Lehre von Verträgen nach Maaßgabe der königl. preußischen Gesetzgebung. Ein Hand- u. Hülfsbuch für jeden preuß. Staatsbürger, namentlich für Geschäftsleute, Landwirthe, Commissionäre ꝛc. Mit Muster-Formularen aller Art. Nordhausen 863. Büchting. gr. 8. (2 Bl., 156 S.) 22½ ngr.

Münde, Paul, Altes und Neues vom Jahndenkmal und der Hasenheide bei Berlin, 4 S., 4°.

Münde, Paul, Pfingsten im Harz, Leipzig 1893, 29 S., 8°.

Münde, Paul, Münchener Turnfesttage 1889, Leipzig 1890, 31 S., 8°

Münde, Paul, Eßlinger Turntags- und Reiseerlebnisse, Leipzig 1896, 39 S., 8°.

Mündel, das; Lstspl. 8. Altona 783. Hellmann. 4 K

— die,. Schauspiel v. Iffland. 8. Berlin, Rottmann. 785.
Schreibp.
Druckp.

— — dasselbe. Neue Aufl. 8. Leipz. Göschen.

Mündel, das unbehutsame, eine Erzählung von einem Frauenzimmer, aus dem Engl. 8. Leipzig, 778. Feind. 10 sgl.

Mündel, die unbehutsame; aus d. Engl. 8. Leipz. 778. Gleditsch. (Brockhaus). 8 gr

Mündel, Curt, s. Mündel, Kurt

Mündel, K., der Wert der rhythmischen Choräle u. deren Einübg. Referat, erstattet an die Diözesansynode Lörrach, d. 11. Juli 1894. gr. 8. (33 S.) Zell i/W. 894. (H Specht.) n — 50

Mündel, Kurt

— Führer durch d. Vogesen. Kleine Ausg. d. Reisehandbuches „Die Vogesen". 12. (XXXII, 279 S. m. 15 Karten u. Plänen.) Strassburg 898. K. J. Trübner, Verl. Geb. n. 2. 50

Mündel, Curt, Führer durch die Vogesen. Kleine Ausg. des Reisehandbuches „Die Vogesen". Mit 9 (z. Tl. farb.) Karten u. Plänen u. 7 Abbildgn. im Text. 3., vollständig umgearb. Aufl. 12. (XL, 293 S.) Strassburg 902. K. J. Trübner. Geb. in Leinw. n. 2. 50

Mündel, Curt, Führer durch die Vogesen. Kleine Ausg. des Reisehandbuches „Die Vogesen". Mit 10 Karten u. Plänen u. 7 Abbildgn. im Text. 4. umgearb. Aufl. (XXVI, 304 S.) kl. 8. Strassburg 905. K. J. Trübner. Geb. n. 2. 50

Mündel, Curt, Führer durch die Vogesen. Kleine Ausg. des Reisehandbuches „Die Vogesen". 6., verb. Aufl. v. Otto Bechstein. (XXVIII, 823 S. m. 10 Karten, Plänen u. 6 Abbild. im Text.) kl. 8. Strassburg 910. K. J. Trübner. Geb. in Leinw. 2. 50

Mündel, Curt, Haussprüche und Inschriften im Elsass. gr. 8. (76 S.) Strassburg 883, Schmidt's Universitäts-Buchh. *
Aus: Mittheilungen des Vogesenclubs, besonders abgedruckt.

— der Kaiserstuhl, s.a. Streifzüge u. Rastorte im Reichslande. 1. Hft.

Der Kaiserstuhl v. C[urt] Mündel. M. e. einleit. Gedicht v. Wilhelm Jensen. M. 4 Lichtdrucktaf. 6 Abb. im Text u. 1 Karte. *Strassburg J. H. E. Heitz (1899)* (VIII, 88 S.) 8°
= Streifzüge u. Rastorte im Reichslande u. d. angrenz. Gebieten. H. 1
99. 7006

Mündel, Curt, d. Sagen d. Elsasses, s.: Stober, Aug.

Mündel, C[urt], die Strassenbahn Strassburg-Markolsheim nebst Ausflügen in den Kaiserstuhl, s. Streifzüge und Rastorte im Reichslande und den angrenzenden Gebieten.

Mündel, Curt, die Vogesen. Ein Handbuch für Touristen, auf Grundlage von Schrickers Vogesenführer neu bearb., unter Mitwirkung von Jul. Euting u. Aug. Schricker. Mit 12 Karten, 1 Plan, 2 Panoramen u. mehreren Holzschn. 1. u. 2. Aufl. 12. (XVI, 288 S.) Strassburg 881 Trübner. geb. n. 3. —

— die Vogesen. Ein Handbuch f. Touristen. Auf Grund v. Schricker's Vogesenführer neu bearb. Unter Mitwirkg. v. Jul. Euting u. Aug. Schricker. Mit 13 Karten, 3 Plänen, 2 Panoramen u. mehreren Holzschn. 3. Aufl. 8. (XVII, 406 S.) Strassburg 883. Trübner. geb. n. 3. 50

—— die Vogesen. Ein Handbuch für Touristen. Auf Grundlage von Schrickers Vogesenführer neu bearb., unter Mitwirkung von Jul. Euting, Präsidenten des Vogesenclubs, und Aug. Schricker. Mit 13 Karten, 3 Plänen, 2 Panoramen und mehreren Holzschn. 4. neubearb. und beträchtl. verm. Aufl. (XIX, 472 S.) 886; 5. verb. Aufl. 8. (XX, 509 S.) Strassburg 888, Trübner, Sep.-Cto. geb. *

Mündel, Curt. Die Vogesen. Ein Handbuch f. Touristen; auf Grundlage v. Schricker's Vogesenführer neu bearb. Unter Mitwirkg. v. Jul. Euting u. Aug. Schricker. Mit 13 Karten, 3 Plänen, 2 Panoramen u. mehreren Holzschn. 6. verb. Aufl. 12. (XXIV, 518 S.) Strassb. i. E. 891, Trübner Verlag. geb. * 4 —

Mündel, Curt, die Vogesen. Reisehandbuch f. Elsass-Lothringen u. angrenz. Gebiete, auf Grundlage v. Schrickers Vogesenführer neu bearb. Unter Mitwirkg. v. Jul. Euting u. Aug. Schricker. Mit 15 Karten, 3 Plänen, 2 Panoramen u. mehreren Holzschn. 7., umgearb. Aufl. 12. (XXXII, 575 S.) Strassburg i/E. 893. K. J. Trübner's Verl., Sep.-Cto. Geb. in Leinw. n. 4. —

— die Vogesen. Reisehandbuch f. Elsass-Lothringen u. angrenz. Gebiete, auf Grundlage v. Schrickers Vogesenführer neu bearb. Unter Mitwirkg. v. Jul. Euting u. Aug. Schricker. M. 15 Karten, 3 Plänen, 2 Panoramen u. mehr. Holzschn. 8., vollst. umgearb. Aufl. 12. (XXXII, 610 S.) Strassburg 898. K. J. Trübner, Verl. Geb. in Leinw. n. 4. —; in 2 Bde. geb. n. 5. —

— die Vogesen. Reisehandbuch f. Elsass-Lothringen u. angrenz. Gebiete. Auf Grundlage von Schrickers Vogesenführer neu bearb. Unter Mitwirkg. v. Jul. Euting u. Aug. Schricker. Mit 15 Karten, 3 Plänen, 2 Panoramen u. mehreren Holzschn. 9., durchgeseh. Aufl. 12. (LVIII, 610 S.) Strassburg 899. K. J. Trübner. In 1 Leinw.-Bd. n. 4. —; in 2 Leinw.-Bdn. n. 5. —

Mündel, Curt. Die Vogesen. Reisehandbuch für Elsass-Lothringen und angrenzende Gebiete. Auf Grundlage von (Aug[ust]) Schrickers Vogesenführer neu bearb. ... unter Mitwirkung von Prof. Dr. Julius Euting, ... und Prof. Dr. Otto Bechstein... Mit 12 Karten, 3 Plänen. 2 Panoramen und mehreren Holzschnitten. 10., vollständig umgearbeitete Aufl. XLVIII + 664 S. 8. Strassburg, Karl J. Trübner, 1903. [geb. M. 4. 50]

Mündel, Curt. Die Vogesen. Reisehandbuch für Elsass-Lothringen und angrenzende Gebiete von C' M', unter Mitwirkung von Prof. Dr. Julius Euting ... und Prof. Dr. Otto Bechstein... . Mit 12 Karten, 3 Plänen, 2 Panoramen und mehreren Holzschnitten. 11., umgearbeitete Aufl. XXXVI + 746 S. 8. Strassburg, Karl J. Trübner, 1906. [geb. M. 4. 50]

Mündel, Kurt: Elsässische Volkslieder. — Straßburg: Trübner 1884. XV, 302 S.

— les Vosges. Guide du touriste. Rédigé, avec la collaboration de J. Euting et A. Schricker par C. M. Avec cartes, 3 plans, 2 panoramas et plusieurs gravures sur bois. 8. (XI, 426 S.) Ebend. 884. geb. n. 4. —

Mündel, Curt. Les Vosges. Guide du touriste en Alsace-Lorraine et dans les régions avoisinantes. Avec la collaboration de M. le Profr Dr [Julius] Euting, président, et de M. le Profr Dr [Otto] Bechstein, secrétaire du Vogesenclub. Avec 12 cartes, 3 plans, 2 panoramas et plusieurs gravures sur bois. 2e Ed. française, traduction de la 10e Ed. allemande, complètement remaniée. XXIV + 663 p. 8. Strasbourg, Karl J. Trubner, 1904. [relié M. 4. 80]

— Les Vosges. Guide du touriste en Alsace-Lorraine et dans les régions avoisinantes. Avec la collaboration de Euting et Bechstein. Avec 12 cartes, 3 plans, 2 panoramas et plusieurs gravures sur bois. 3. éd. française, traduction de la 11. édition allemande, complètement remaniée. (XXIV, 667 S.) kl. 8. Ebd 907. Geb. in Leinw. 4. 80

Mundelius, Curt, appr. Arzt a. Soldau, Ostpr., z. Z. einj.-freiw. Arzt im Infanterie-Regiment Prinz Moritz von Anhalt-Dessau ⟨5. Pomm.⟩ Nr. 42: Aus der Kgl. med. Klinik zu Greifswald. Beiträge zur topischen Rückenmarks-Diagnostik. Greifswald 1906: F. W. Kunike. (55 S.) 8°
Greifswald, Med. Fak., Ref. Minkowski, Diss. v. 14. März 1906
[Geb. 29. Sept. 81 Soldau; Wohnort: Schwetz; Staatsangeh.: Preußen; Vorbildung. Gymn. Marienwerder Reife O. 01; Studium: Königsberg 5, Leipzig 2, Greifswald 2 S.; Coll. 13. Dez. 05; Approb. 12. Dez. 05.]

Mundelius, Th., neuester Ausrechner. Ein prakt. Handbuch für Geschäftsleute und Rechnungs-Beamte. 2 Thle. 8. (VI und 519 S.) Saarbrücken 861, Neumann'sche Buchh. geb. *
Inhalt:
Thl. 1. Die Multiplication von 1 Pfg. bis 1 Thlr. mit 1/8, 1/4, 3/4 und 1/10 [0,1] bis 10,000 Stück, Geld-Reductions-Tabellen, Zins-, Agio- und Stempelberechnungen ꝛc. Mit Berücksicht. des neuen Münz-, Maß- und Gewichtswesens nach dem Decimalsystem. (III und 417 S. Einzeln. geb. * 20 Ngr.
" 2. Die Multiplication von 0,01 Sgr. bis 0,9 Sgr. mit 0,1 bis 10000 Stück sowie tabellarische Berechnung der Pfennige und Silbergroschen in Decimaltheilen eines Thalers, Berechnung der Pfennige in Decimaltheilen des Silbergroschens und Verwandlung der gewöhnlichen Brüche in Decimalbrüche, als Vervollständigung zum 1. Thl. geb.
Der 2. Thl. wird nicht apart gegeben.

Münden [Schlagwort]

Münden, s.: Deutschland. Kürschner-Pelp.

Münden (Hannover), s.: Preussen. Messtischblätter.

Münden [Verfasser]

Munden, C., de Christo vate passionis et gloriae Helmst 1728. 4

Münden, Chr., de columna nubis et ignis commentatio. 8. Lips. F. C. W. Vogel. 712.

— **universa doctr. Christi. 8. Helmst. 730.**

— etymologicum sacrum, s. omnium vocum N. Test. lib. memorialis. 8. Gött. 715.

— Hausandacht, best. in Habermanns Gebet: u. Handb. 8. Frankf. Brönner. 738.

MÜNDEN, CHR., He demonstrativum. Lipsiae. 1706. 4. P. [Resp. Conr. Jul. Frideri].

Münden, Max, der Chtonoblast. Die lebende biolog. u. morpholog. Grundlage alles sogenannten Belebten u. Unbelebten. (VII, 167 S. m. 11 Abbildgn. u. 9 Taf.) gr. 8. Leipzig 907. J. A. Barth. 6. —

Münden, Max: Aus dem pathologischen Institute zu Kiel. Ein eigentümlicher tötlich verlaufender Fall von Trauma. *Kiel 1898: P. Peters.* (11 S.) 8°
Kiel, Med. Diss. v. [2. Juni] 1898

Mündenius, Christian (Göttingen), Diss. exegetica, in qua novam oraculi Zachariani cap. VIIII. v. II. a variis varie expositi ΕΞΗΓΗΣΙΝ. Präs. Jo. Andreas Schmid. Helmstedt (P. D. Schnorr) 21. VI. 1725. 62 S. (5.50) 24325
Gew.: David Rupert Erythropilo, Philipp Ludwig Böhmer, Johann Peter Tapp, Johann Anton Schilling, Balthasar Mentzer, Otto Heinrich Völger, Heinrich Philipp Guden.

Osterode a. Harz: Geschichtliche Nachrichten der unter der Konstitution der Ehrw. Grossen Loge von Preussen gen. Royal York zur Freundschaft arbeitenden ger. u. vollk. Johannis-Loge zum Tempel der Eintracht i. Or.·. von Osterode a. H. seit Gründung derselben im Jahre 1792 bis zur Gegenwart 1899. Bearb. und zsgest. auf Grund der Logen-Akten von [Herm.] **Münder. Hs. f. Frmr.** Osterode a. H. 1899: Giebel & Oehlschlägel. 83 S. 2°
S. 62—83: Verzeichn. der Beamten u. Mitgl. der Loge.

Münderlein, Ulrich: „Speculum magistratus. Das ist / Spiegel der Weltlichen Oberkeit: . . . .", Ulm 1611 (gedruckt durch Johann Meder). — Vorh.. StB Nürnberg.

Munderloh, H. F., s. a. Jugendfreund.

Munderloh, H. F., C. H. Kröger, F. Poppe, M. Bücking, Jugendfreund. Lesebuch f. Mittelklassen. 8. Aufl. 8 (310 S.) Oldenburg 889. Stalling's Verl. n. — 85

— — **F. Poppe, M. Bücking,** Jugendfreund. Lesebuch f. Mittelklassen. 10. Aufl. 8. (310 S.) Oldenburg 894. G. Stalling's Verl. n. 1. —

— — **F. Poppe, M. Bücking,** Jugendfreund. Lesebuch f. Mittelklassen. Neue Bearbeitg. v. M. Bücking, F. Poppe, F. Meyerholz, D. Reil. 11. Aufl. gr. 8. (II, 382 S.) Oldenburg 897. G. Stalling's Verl. n. 1. —

— — **F. Poppe, M. Bücking,** Jugendfreund. Lesebuch f. Mittelklassen. Neue Bearbeitg. v. M. Bücking, F. Poppe, F. Meyerholz, O. Reil. 12. Aufl. gr. 8. (382 S.) Oldenburg 899. G. Stalling's Verl. n. 1. —; geb. n. 1. 25

— — **F. Poppe, M. Bücking,** Jugendfreund, Lesebuch f. Mittelklassen. Neue Bearbeitg. v. M Bücking, F Poppe, F. Meyerholz, O. Reil. 14. Aufl. (378 S.) 8. Oldenburg 905. G. Stalling's Verl. n n.n. — 60; geb. n.n.n. — 90

Munderloh, H. F., s. a. Lesebuch, deutsches.

— **C. H. Kröger, F. Poppe** u. **M. Bücking,** deutsches Lesebuch für Schule u. Haus. Im Auftrage des großherzogl. Oberschulcollegiums hersg. 2. Aufl. Ebend. 870. gr. 8. (IV, 604 S.) n. 24 ngr.

—— s. Lesebuch für Schüler von 10 bis 15 Jahren.

—— und C. H. Kröger, Rechenbuch. 1. Thl. 7. und 8., nach der neuen Maß- und Gewichtsordnung umgearb., verm. Aufl. gr. 8. (VIII, 192 S.) Oldenburg 870,71, Schulze'sche Buchh. *
Anh. dazu (28 S.) *

—— —— dass. — 2. Thl. 4. und 5. nach der neuen Maß- und Gewichtsordnung umgearb. und verm. Aufl. gr. 8. (XII, 168 S.) Ebendas. 870,71. *

—— —— dass. — 1. Thl. 9. und 10. Aufl. Vermehrt durch Aufgaben, in welchen das Rechnen mit der neuen Reichsmünze zur Anwendung kommt. (VIII, 192 S.) 1872. *ℳ 1., und 11. Aufl. gr. 8. (VI, 186 S.) Ebendas. 874. *
Anhang apart *

— u. C. H. Kröger, Rechenbuch. 1. Thl. 11. Aufl. Vermehrt durch Aufgaben, in welchen das Rechnen m. der neuen Reichsmünze zur Anwendung kommt. gr. 8. (VIII, 192 S.) Oldenburg 874. Schulze. n. 1. 20

— u. C. H. Kröger, Rechenbuch. 2. Thl. 7. Aufl. gr. 8. (VIII, 168 S.) Oldenburg 877. Schulze. n. 1 —

—— und C. H. Kröger, Rechenbuch. 2 Thle. und Anhang. gr. 8. Oldenburg, Schulze'sche Hofbuchh. [1. Thl. 12.—14. Aufl. (186 S.) 879,80. *ℳ 1.; Anhang. (... S.) 878. * 20 Pf.; 2. Thl. 8. Aufl. (VIII, 168 S.) 880. *ℳ 1] *

Munderloh, H. F., und C. H. Kröger, Rechenbuch. 1. und 2. Tl. gr. 8. Oldenburg, Schulze'sche Hofbuchh. [1. Tl. 15. und 16. Aufl. (VI, 186 S.) 882,85. — 2. Tl. 9. Aufl. (VIII, 164 S.) 886.] à Tl. *ℳ 1.—. *
geb. à Tl. *ℳ 1.30. *

Munderloh, H. F. u. C. H. Kröger. Rechenbuch. 2 Tle. gr. 8. Oldenb., Schulze. [1. Tl. 18. Aufl. (VI, 186 S.) 890; 2. Tl. 11. Aufl. (VIII, 168 S.) 891.] à Tl. * 1 —; geb. à Tl. ** 1 30

Munderloh, H. F., u. C. H. Kröger, Rechenbuch. 1. Tl. 20. Aufl. Bearb. v. J. Lueken. gr. 8. (IV, 164 u. Antworten 27 S.) Oldenburg 897. Schulze. n. 1. —;
geb. n.n. 1. 30; m. Anh. (IV, 164, 27 u. 42 S.)
geb. n.n. 1. 60; Anh. allein n — 35

Munderloh, H. F., u. C. H. Kröger, Rechenbuch. 1. u. 2. Tl. Bearb. v. J. Lueken. gr. 8. Oldenburg, Schulze.
à n. 1. —; geb. à n.n. 1. 30
1. 21. Aufl. (IV, 164 u. Antworten 27 S.) 899.
2. 13. Aufl. (III, 192 u. Antworten 24 S.) 898.

Munderloh, H. F., u. C. H. Kröger, Rechenbuch. 2. Tl. 14. Aufl. Bearb. v. J. Lueken. (III, 192 u. 24 S. m. Fig.) 8. Oldenburg 904. Schulze. Geb. n.n. 1. 30

Munderloh, H. F., und C. H. Kröger, Oldenburger Rechenbuch. 2 Thle. Oldenburg, Schulze. gr. 8. n. 22 ngr.
1. Thl. 1—4. Aufl. 859—63. (VIII, 216 S.) n. 12 ngr. —
2. Thl. 1. u. 2. Aufl. 860, 61. (XVI, 180 S.) n. 10 ngr.

Munderloh, H. F., und C. H. Kröger, oldenburger Rechenbuch. 2 Thle. gr. 8. Oldenburg, Schulze'sche Buchh. [1. Thl. 1—3. Aufl. (VIII und 216 S.) 859—61. * 12 Ngr., 2. Thl. 1. und 2. Aufl. (XVI und 160 S.) 860,61. * 10 Ngr.] Thlr. *

Munderloh, H. F., und C. H. Kröger, Oldenburger Rechenbuch. 8. [1. Thl. 4.—6. Aufl. (VIII und 156 S.) 2. Thl. 3. Aufl. (XVI und 160 S.)] Oldenburg 863—67, Schulze'sche Buchh. à Thl. * 10 Ngr. *
Mit Anh. (VIII und 184 S.) à Thl. * 12 Ngr. *

Munderloh, H. F., u. C. H. Kröger, Oldenburger Rechenbuch. 2 Theile. Oldenburg 865—70. Schulze'sche Buchh. 8. [1. Thl. 5—7. Aufl. (VIII, 192 S.) 2. Thl. 3. u. 4. Aufl. (XVI, 168 S.)] Jeder Thl. n. 10 ngr.
Mit Anh. (28 S.) Jeder Thl. n. 12 ngr.

Münderloh, J. G. H. W., aus der Zeit der Quiriten. Rechtsgeschichtliche Abhandlung. gr. 8. (VII, 198 S.) Weimar 872, Böhlau. *

Mundhaß, Bruno, die Annl vom Lindenhofe, s.: Theaterbibliothek, Zwickauer, Nr. 6.

Mundhenck, Isabella, geb. v. Dücker, auch f. die Feinde. Eine Geschichte f. die lieben Sonntagsschüler. 12. (21 S.) Witten 894. Buchh. der Stadtmission. — 10

[Umschlagt.] [J.] Auch für die Feinde. E Gesch. f. d. lieben Sonntagsschüler v. J Mundhenck, geb. v. Dücker Witten: F. Fries & C. [1894] (21 S.) 1 Bd 8. [5^ + 10

Mundhenk, Isabelle geb. v. Dücker, drei Himmelsblumen. Erzählt f. jung u. alt. gr. 16. (81 S. m. 2 Bildern.) Hamburg 893. J. G. Oncken Nachf. — 16

— Vater u. Sohn od. lange auf Irrwegen. gr. 16. (82 S. m. 2 Bildern.) Ebd. 893. — 16

Mündheim, Max, Erfahrungen mit intravenösen und subcutanen Infusionen von Kochsalzlösung bei acuter Anaemie. Diss. Würzburg 1888, Stahelsche Univ.-Buchh. 8°. 51 S.

Mündheim, Max [aus Hamm (Westf.)]: Die durchschnittliche Heilungsdauer der Unterschenkelbrüche bei verschiedener Behandlung oder bei der Behandlung mit der dorsalen Gypshanfschiene ... Würzburg, Becker's Univ.-Buchdr., 1892; 39 S. 8.
Würzburg, Med. Fak., Inaug.-Diss. v. 1892

Ueber Mündigkeit des Volkes und politisches Bewußtsein Seinen preußischen Mitbürgern gewidmet von einem alten Staatsmanne Köln, Walter 1847 44 S. 8.

Mundigl, Josef

Mundigl, Dr Jos. (Prof. an d. k. bayer Central-Veterinär-Schule in München), über die Abstammung, Verbreitung und Ausartung unserer *Hausthiere.* (Progr.) München 1816. Gedr. bey Frz Storno. 8°. Cart. 76 S.

Mundigl J.: Allgemeine Ansichten üb. die Seuchen unserer Hausthiere. (Veter.-Progr.). Münch. 1817 185 S.

Mundigl, J., allgem. Ansichten über die Seuchen unserer Hausthiere. gr. 8. München, Lindauer. 818.

Comparativ physiologisch und nosologische Ansichten von den Krankheiten des Menschen und der vorzüglichsten Hausthiere, insbes. von dem Fieber als sporatisch-u. epidemischer Krankheitsform. Hrsg. vvv von J[osef] Mundigl. München 1818: Leutner. XLII,146 S. 8°

Mundigl, J.: Klinische Beyträge. München 1820. XVI, 164 S.
(Inh.: Abth. I. Allgemein-therapeutische Grundlinien z. Einführung d. angehenden Thierarztes in d. thierärztliche Praxis. Abth. II. Ereignisse im Thierspitale, Beobachtungen u. Erfahrungen.)

Klinische Beyträge [Beiträge]. Hrsg. bey Gelegenheit der... öffentlichen Preise- Vertheilung. Von J[osef] Mundigl. München 1820: Lentner. XVI, 164 S. 8°

— klinische (thierärztl.) Beitrr. Nebst Jahresbericht v. d. Kön. Baier. Centralveterinärschule am Schlusse des J. 1819 u. 20. gr. 8. Münch. 821. J. Lindauer. 12 gr

Mundigl J.: Allgemein-nosologische Grundlinien od. Grundzüge d. kranken Lebens unserer Haussäugethiere f. Menschenärzte u. Thierärzte. Münch. 1822. (78) 172 S. 1 Portr.

Munding, über die Satiren des Juvenal in religiöser u. sittlicher Bedeutung. Rottweil 865. (Tübingen, Fues'sche Sortimentsh.) 4. (17 S.) n. 10 ngr.

Munding, Alfons, die christliche Dienstmagd. Unterrichts- u. Gebetbuch. 16. (576 S. m. farb. Titelbild.) Einsiedeln 899. Verlagsanst. Benziger & Co. Geb. in Leinw. n. 1.15

Munding, Ildefons, O. S. B., Kommunizieret in der hl. Messe. (40 S.) kl. 8. Regensburg 910. F. Pustet. — 25

Munding, Karl (Hrsg.), s. Auf kreisenden Schwingen

Munding, Karl, Geschichte des Gewerbevereins zu Rudolstadt. [1838—1888.] Festschrift zu dessen 50jähr. Jubiläum. gr. 8. (V, 72 S.) Rudolstadt 888, (Müller.) *

Munding, K., s.a. Huber's, V. A., ausgewählte Schriften üb. Socialreform u. Genossenschaftswesen.

Munding, K., V. A. Huber. Lebens- u. Charakterbild e. deutschen Socialreformators. [Aus: „V. A. Hubers ausgew. Schriften".] gr. 8. (III, 104 S.) Berlin (894). (P. Lehmann.) — 75

— s. Knigge's Umgangslehre.

— die Lügen d. sozialistischen Evangeliums u. die moderne Gesellschaft. 2. Aufl. gr. 8. (VII, 92 S.) Stuttgart 886. Levy & Müller. n. 1. 50

Munding, Karl. Die Lügen des sozialistischen Evangeliums u. die moderne Gesellschaft. 2. Aufl. gr. 8. Stuttg. 886, Schwabacher. * 1 50

Munding, Carl. Pflichten und Rechte der Genossenschaftsangestellten im Lichte der Genossenschaftsidee. Vortrag von Dr. K' M'. IV + 132 S. 8. Basel, Verband schweizer. Konsumvereine, 1906 (*Umschlag 1909). [fr. 2. —]
(Genossenschaftliche Volksbibliothek. Hrg. vom Verband schweiz. Konsumvereine. Heft 7.)

Munding, Karl, Quintessenz der Lebensweisheit u. Weltkunst, s.: Chesterfield, Lord.

Munding, Karl. Vide: Rundschau (Socialpolitische)

— die Schule d. Lebens. Ein Brevier f. Weltleute. 8. (XXXIV, 234 S.) Ebend. 887. n. 3. 60; geb. n. 5. —

— Umgangslehre, s.: Knigge.

Munding, Karl, s. Wegweiser, Genossenschaftlicher

Munding, Carl. Weihnachtsstimmung und Genossenschaftsideal. Von Dr. K' M'. ⟨Separatabdruck aus dem «Schweizer. Konsumverein», Nr. 52 vom 24. Dez. 1904.⟩ 11 S. 8. [Basel, G. Krebs.] N 3770[4]

Munding, Karl: Weihnachtsstimmung und Genossenschaftsideal. Basel: Verband schweiz. Konsumvereine 1905.

Mundinus, G., de ritibus precantium in ecclesia patriarchali. Lips. 1726. 4.

Mundinus, Johann (Stettin), Christum ceu sine exemplo hominem. Diss. theol. Präs. Gottlieb Wernsdorf. Wittenberg (Gerdes) Jan. 1706. (5.—) 24387
Widm. v.: Gottlieb Wernsdorf.

Mundkoch, der Dresdner, od. Küchen- u. Hauswirthschafter &c. 2 Thle. 8. Görl. 806. Anton in Halle. 2 ₰ Schrbp. 2 ₰ 12 gr

— d. Wiener, od. Handb. v. Zuber. d. schmackh. Speis. 8. Wien, Kurzböck. (Camesina.) 789.

Mund-Koch, der wohlunterrichtete, oder nöthige Anweisung, wie man schmackhafte Speisen aller Art, von der einfachsten bis zur feinsten gut u. billig kochen, backen u. zubereiten soll. Von einem alten Praktikus dem Bürgerstande gewidmet. 2. Aufl. Reutlingen 865. Baur. 8. (100 S.) 4 ngr.

Mündl, Norb., die österreichische Grundentlastungs-Schuld. Populäre Abhandlung über die Durchführung der Grundentlastung u. die damit verbund. Finanz-Operation, über den Stand u. die Tilgung d. Grundentlastungsfonds-Schulden, u. über das Wesen der Grundentlastungs-Obligationen, als: deren Umschreibung, Vinculirung, Devinculirung etc. Ein nützliches Handbuch für Banquiers, Vermögens-Verwalter u. überhaupt für Besitzer von Grundentlastungs-Obligationen. Wien 865. (Mayer & Co.) gr. 8. (VIII, 219 S. mit 2 Tabb. in Fol.) n. 1 ₰ 10 ngr.

Mündl, Norbert, Wesen der österreichischen Staats- und öffentlichen Fonds-Obligationen. Eine populäre Darstellung über die verschiedenen Obligations-Gattungen, über deren Behandlung bei Umwechslungen, Um- und Freischreibungen (Vinculirungen, De- und Revinculirungen); bei Cautions- (Militär-Heiraths-Cautions-) Widmungen, Convertirungen, dann über deren Zinsenbehebung, Amortisirung, An- und Verkäufen u. s. w. Ein nützliches Hand- und Hülfsbuch für Obligationsbesitzer, insbesondere für Vorsteher und Rechnungsführer von Kirchen-Stiftungs- u. dgl. Vermögens-Verwaltungen und Fonde Verfaßt mit Benützung amtlicher Quellen. (Wien 1864.) gr. 8. (VIII. 145 S.) Prag, Credner's Sort.-Cto in Comm. für Böhmen 1 fl. 20 kr.

Mündl, Norb., Wesen der österreichischen Staats- und öffentlichen Fonds-Obligationen. Eine populäre Darstellung über die verschied. Obligations-Gattungen, über deren Behandlung bei Umwechslungen, Um- und Freischreibungen (Vinculirungen, De- und Revinculirungen); bei Cautions- (Militär-, Heiraths- Cautions-) Widmungen &c. Ein nützl. Hand- und Hilfsbuch für Obligationsbesitzer, insbesond. für Vorsteher und Rechnungsführer von Kirchen-, Stiftungs- und dgl. Vermögens-Verwaltungen und Fonde. gr. 8. (VIII und 148 S) Wien 864. (Prag, Calve.) *

Mündler Bode u A. Beiträge zu Burckhardt's Cicerone. 3. Aufl. Leipzig 1874

Mündler, ..., Theorie des gerichtl. Verfahrens in bürgerl. Rechtssachen nach Kön. Baier. Gesetzen. gr. 8. Salzb. 812. Mayr. 20 gr

Mündler, Johann (Ulm), De querelae inofficiosae donationis praescriptione. Diss. jur. Präs. Carl Friedrich Walch. Jena (Strauss) 21. V. 1768. 38 S. (5.—) 24326
Widm. v.: Carl Friedrich Walch, Gottfr. Just. Wilh. Salzmann, J. H. Elsenwinner, Jean Theodor Wilhelm von Vaersheim, Georg Wilhelm Grieshammer (Oppon.), Christoph Theoph. Hailbronner.
Mundt, Bio-Bibliographie II.

Mündler, Max, aus Frankenthal Ueber Aminolyse. *Heidelberg 1901: J. Hörning.* (51 S.) 8°
Heidelberg, Naturw.-math. Diss. v. 1901

Mündler, O., s.a. Beiträge zu Burkhardt's Cicerone.

Mündler, O. P. (Subrector) „Wünsche und Winke für die Lehrer an den deutschen Schulen, den Unterricht in der Muttersprache betreffend!" pg. 11—15. 4° Tobias Dannheimer.
Kempten, Progr. 1840/41

Mündler, Otto, Beiträge zu Jac. Burckhardt's Cicerone, Abthl. Malerei. 8. (IV, 84 S.) Leipzig 870, Seemann. *
Aus: Jahrbücher für Kunstwissenschaft, besonders abgedruckt.

—— dass. — 3. Aufl., s. Beiträge zu Burckhardt's Cicerone.

—— s. Galerie, die, zu Cassel.

Mündler, Philipp (Subrektor) „Berechnung des Inhalts der Fässer". pg. 11—16. 4° Gedruckt mit Tob. Dannheimer'schen Schriften.
Kempten, Progr. 1836/37

Mündler, W Gustav „Ueber die Schwierigkeit fremde Sprachen zu lernen". pg. 3—16 4° Morich'sche Off.
Schweinfurt, Progr 1859/60

Mündler, Walther [Assist. am path. Inst. Kiel]: Drei Fälle von Aktinomykose des Kehlkopfes ... Tübingen, Druck v. H. Laupp jr., 1891; 1 Bl., 17 S. 8.
Heidelberg, Med Fak., Inaug.-Diss. v [25. Juli] 1891

Mündner, Hugo: Die Bromberger Schützengilde und ihre Entstehung . herausgegeben zur 100jährigen Jubelfeier der Gilde unter preußischer Herrschaft. Bromberg, 1889, 62 S.

Das Hospital zu Coblenz. Festschrift z. Hundertjahrfeier von Joseph **Mündnich,** Dir. d. Stadtbibl. Coblenz: Selbstverl. d. Residenzstadt Coblenz 1905. (XI, 213 S.) 8° [F.] [o4. 878

Mundschenk, der practische u. wohlerfahrene. Od. Anleitung, alle Arten warmer u. kalter Getränke, Säfte u. künstl. Weine zu bereiten. 16. Erfurt 844, Bartholomäus. 1/4 Thlr

Mundt

— s. a. **Mund.**

Mundt, A., Grundzüge d. Metrik d. griech. Tragiker. gr. 8 Berl. 826. Nicolai. 6 gr

Mundt, Alb., die Erztaufen Norddeutschlands von der Mitte des 13. bis zur Mitte des 14. Jahrh., s.a Studien, kunstwissenschaftliche. 3. Bd.

Die Erztaufen Norddeutschlands von der Mitte des 13. bis zur Mitte des 14 Jahrhunderts Ein Beitrag zur Geschichte des deutschen Erzgusses v Albert **Mundt.** Leipzig 1908 8
(Kunstwissenschaftliche Studien Bd 3)

Mundt, Albert: Die Erztaufen Norddeutschlands von der Mitte des XIII. bis zur Mitte des XIV. Jahrhunderts. Halle a. S. 1908 (Klinkhardt, Leipzig). 83 S. 8° ¶ (Ersch. vollst. als Kunstwissenschaftl. Studien. Bd 3.)
Halle, Phil. Diss. v 26. Aug 1908, Ref. Goldschmidt
[Geb. 4. Sept. 83 Naumburg a. S., Wohnort Naumburg, Staatsangeh.: Preußen, Vorbildung Gymn. Naumburg Reife O 02 Studium: Tubingen 1, Leipzig 1 Munchen 1, Berlin 2, Bonn 3, Halle 4 S. Rig. 26. Febr. 08.]

Mundt, August [aus Weissenfels a/S.] Ueber Hyperhidrosis capitis unilateralis . . Halle a. S., Hofbuchdr. v. C. A. Kaemmerer & Co., 1888; 70 S. + 1 Bl. 8°
Halle, Med. Fak., Inaug.-Diss. v. 2 Febr. 1888

Mundt, Dora

Zur Geschichte der 25jährigen Wirksamkeit (1880 bis 1905) der Gewerbe- u. Handelsschule für Mädchen und Frauen verbunden mit Seminar f. Handarbeits- u. Haushaltungslehrerinnen in Breslau, Gartenstr Nr 5. Von Dora **Mundt.** Breslau 1905 Bresl. Gen. Buchdr. (19 S.) 8° [F.] [05.13.662

Mundt, Ernst Edmund (Olpen/Westfalen), De thoracum abusu noxio. Diss. med.-diatet. Berlin (A. Petsch) 26. I. 1828. 31 S. mit Biogr. (M.: G. Rüggenberg.) (3.50) 24388
Oppon.: J. Dunker, N. Decker, A. Hülsmann. — Gew.: C. Fuchs, J. Westhofen.

Mundt, Karl Emil

Mundt, Car. Aem., de accuratione, qua possit quantitas per tabulas determinari et quidem cum per tabulas in universum, tum singulatim per tabulas logarithmicas et trigonometricas. 4m. Hauniae 842. (Leipz., T. O. Weigel.) n. 2 Thlr

Mundt, C E De accuratione qua possit quantitates per tabulas determinari disquisitio Havniae 1843 4.

Mundt, Frdr Ludw Thdr., stenographische Blätter. Lesebuch beim Unterricht in der Stenographie Gabelsberger's. Serie I. u II (à 8 Liefgn. à 1 Bgn.) Berlin 859, 61. (Th. Grieben.) 8. Jede Serie n. 1 Thlr 10 ngr.

—— stenographische Vorlegeblätter. 8. (96 lithogr. S.) Berlin 861, (Th. Grieben.) *

Mundt, G. W. *Burgheim unter seinen Kindern.* Neue Gespräche und Erzählungen für Kinder von acht bis sechzehn Jahren über Natur und Menschenleben. 2. verbess. Aufl. 3 Sammlungen in 3 Bdn. Halle, Waisenhaus, 1804 bis 1810. M. 1 Notenbeilage. Kl.-8°. Reizende braunviolette Halbmaroquinbde. d. Z. m. schöner Rv. 22.—
Goed. VI. 422, 12 zitiert nur d. 1. Ausg. Interess. Werk. Mundt war Feldprediger in e. preuss. Dragonerregiment. — Sehr schönes Ex m. Exlibris Leuchtenberg.

Mundt, Geo. Wlh., Konfirmation e. Tochter u. e. Sohnes des Kön. Preuß. Generalmaj. v. Stranz; nebst e. Predigten u. moral. Reden. 8. Berl. 800. Haude u. Sp. 8 gr

— einige Reden u. Predigten bei wicht. Veranlassungen des Kriegs gehalten. gr. 8. Halle 816. Waisenhausbuchh. 10 gr

Mundt, G W, Vater Burgheim's Reisen mit seinen Kindern u. Erzählungen von seinen ehemaligen Reisen, zur Kenntniss der Natur, der Kunst u. des Menschenlebens. Ein nützliches Unterhaltungsbuch für die Jugend. 2 Thle. Halle 1801 8.

— Vater Burgheims Reisen m. s. Kind., ꝛc. 2 Thle. 8. Halle, Waisenhaus. 803. 4. (1r 1 Rthlr. 4 gr. 2r 20 gr.)

Mundt, J., und J. Mundt, Beiträge zur Verwertung des Lesebuches. I und II. 8. Aachen 882, Barth. *
Inhalt:
I. Materialien und Beispiele zu sprachlichen Übungen auf der Mittelstufe der Volksschule. Unter Zugrundelegung des Crüwellschen Lesebuches für die Mittelklassen katholischer Volksschulen bearb. (56 S.) * 50 Pf.
II. Materialien und Beispiele zu sprachlichen Übungen auf der Oberstufe der Volksschule. Unter Zugrundelegung der Nummern 1—90 des Crüwellschen Lesebuches für die Oberklassen katholischer Volksschulen bearb. (XV, 160 S.) * M 1,50.

Mundt, J., Fibel, s.: Büscher, P. J.

— praktische Fragen u. Aufgaben üb. die Arbeiter-Versicherung des Deutschen Reiches. Für die Oberstufe der Volksschulen, f. Fortbildungsschulen, f. Arbeiter- u. Gesellenvereine hrsg. 18.—20., nach den neuesten gesetzl. Bestimmgn. bearb. Aufl. 8. (à 16 S.) Köln 901. J. P. Bachem. n.n. —15

· praktische Fragen u. Aufgaben über die Arbeiter-Versicherung des Deutschen Reiches. Für die Oberstufe der Volksschulen, f. Fortbildungsschulen, f. Arbeiter- u. Gesellenvereine hrsg. 21.—25., nach den neuesten gesetzl. Bestimmgn. bearb. Aufl. (Je 16 S.) 8. Köln 904. 905. J. P. Bachem. n n. —15

— Praktische Fragen u. Aufgaben üb. die Arbeiter-Versicherung des Deutschen Reiches. Für die Oberstufen der Volksschulen, f. Fortbildungsschulen, f. Arbeiter- u. Gesellenvereine hrsg. 28., nach den neuesten gesetzl. Bestimmgn. bearb. Aufl. (16 S.) gr. 8. Cöln 910. J. P. Bachem. —20

Mundt, J Der Kampf . , s. Mundt, Thdr Der Kampf

Mundt, J., und C. Groffmann, Rechenbuch, s. **Groffmann, C.**

— **Über den Rechenunterricht auf der Oberstufe der Volksschule,** s.: **Richter, A., u. J. Grönings.**

[Umschlagt.] [T.] Kaiser Wilhelm I., ein Vorbild für deutsche Lehrer. Gedächtnisrede geh. 1888 b. d. ersten Hauptversammlung d. Lehrer u. Lehrerinnen d. Aufsichtsbez. Jülich-Geilenkirchen v. Kreisschulinsp. [J.] **Mundt** zu Jülich. M. e. Ansprache an d. Lehrerschaft z. 22. März 1897. *(Düsseldorf: Dr. v. L. Schwann [1897].)* (4 Bl.) 1 Bd. 8. 199. 1418

Mundt, J. G. Feier des sechsten 100jährigen Jubiläums der Stadt Elbing. (Meistenth. Ged.) 7 S.
Elbing, Progr. 1837

Mundt, Jh. Geo., s. *Sexti Empirici Opera.*

Mundt, Johannes, stud. jur. a. Neustadt i. Mecklbg.: Der Mäklervertrag nach dem Bürgerlichen Gesetzbuch. Rostock 1905: Adlers Erben. (VIII, 165 S.) 8°
Rostock, Jur. Fak., Ref. Bernhöft, Diss. v. 25. Febr. 1905
[Geb. 4. Nov. 79 Neustadt i. M.; Wohnort: Rostock i. M.; Staatsangeh.: Mecklenburg-Schw.; Vorbildung: Gymn. Rostock Reife M. 01; Studium: Rostock 1, Leipzig 1, Rostock 1, Freiburg i. B. 1, Berlin 1, Rostock 2 S.; Rig. 19. Dez. 04.]

Mundt, Johannes, (cand. phil.) aus Jülich. **Nabis, König von Sparta.** ⟨206--192 v. Chr.⟩ *Köln 1903: J. P. Bachem.* (83 S.) 8°
Münster, Phil. Diss. v. [22 Juni] 1903

Mundt, Klara [Frauenname]
s. a. **Mühlbach, Luise** [Pseud.]

HORTENSE, Königin von Holland. — Mühlbach, Luise (d. i. Frau *Clara Mundt*), Königin Hortense. Ein Napoleonisches Lebensbild. 2 Bde. Berlin 1861. Gr. 8°. „Zahmes Lieblingsbuch der Frauenwelt."

— — Dasselbe, titulo: Hortense, Königin von Holland. Historischer Roman aus der Napoleonischen Zeit. 2 Bde. Erstmalig illustrirt. 6. Auflage. 1908. 8°. (Eleg. br Mk. 5—, Origbd. 6,50.)

— **Martin Wilhelm (Hamburg), Singularia capita ex historia triumviratus ad illustrandum jus Romanorum publicum et privatum petita. Exercit. jur. Präs. Johann Wilhelm Hoffmann. Frankf./Oder (S. G. Alex) 18. VII. 1733. 69 S. (5.50)** 24389

— — **De maioris aetatis termino legibus et moribus inprimis novissima sanctione Hamburgensi definito. Diss. jur. Präs. Christian Gottfried Hoffmann. Frankfurt/Oder (S. G. Alex) 24. XI. 1734. 78 S. (6.—)** 24390

Mundt, O., s.: **Jahrbuch d. preuß. Forst- u. Jagdgesetzgebg. u. Verwaltg.**

Mundt, O., Katalog der forstakademischen Bibliothek zu Eberswalde. 1. Nachtrag. gr. 8. (IV, 201 S.) Eberswalde 879. (Berlin, Springer.) **

(Mundt O.): Katalog d. Bibliothek d. königl. Forstakademie Eberswalde. (Berl.) 1885. 726 S.

Katalog der Bibliothek der Königlichen Forstakademie Eberswalde. (Verf. O[tto] **Mundt.**) [Nebst] Nachtr. *(Neu-Ruppin) 1885 99: (E. Buchbinder).* 2 Bde. 8°

Mundt, Richard, approb. Arzt aus Freden a. Leine: Ueber Carcinomentwickelung in Fibromyomen des Uterus. Hierzu 2 Abb., Taf. II. *Braunschweig (1901): A. Limbach.* (16 S.) 8°
¶(Aus: Baumgarten's Arbeiten, 3.)
Tübingen, Med. Diss. v. 1901

Mundt, Theodor. Der Adel in Deutschland und Preußen in seiner politischen und ständischen Vertretung. Berlin 1847. 45 S. 8.

Mundt, Thdr., Aesthetik. Die Idee der Schönh. u. d. Kunstwerks im Lichte uns. Zeit. 8. Berlin 845, Simion. n. 1 1/2 ℛ

Mundt, Thdr., Aesthetik. Die Idee der Schönheit u. des Kunstwerks im Lichte unserer Zeit. Neue (Titel-)Ausg. Leipzig (845) 868. E. J. Günther. 8. (VIII, 390 S.) 20 ngr.; in engl. Einb. mit Goldschn. 1 ℛ

Mundt, Th., der Basilisk, oder Gesichterstudien. Eine Novelle. gr. 12. Leipzig 833. Wolbrecht, jetzt Melzer. 1 ℛ

— **u. L. Mühlbach, Berlin u. seine Künste. Ereignisse auf der Berliner Kunstausstellung 1844. gr. 8. Berlin 844, Schepeler. n. 1/3 ℛ**

Mundt, Theod., ständische Blätter. 1. und 2. Heft. gr. 8. Berlin 847, Hirschfeld. à Heft * 6 Ngr. *
Heft 1. Der Adel in Deutschland und Preußen, in seiner polit. und ständischen Vertretung. (45 S.)
" 2. Der dritte Stand in Deutschland und Preußen in seiner polit. und ständischen Vertretung. (32 S.)

Mundt, Thdr., Cagliostro in Petersburg, s. Album. Bibliothek deutscher Originalromane.

Cagliostro in Petersburg. Histor. Novelle von Theod. **Mundt.** Prag u. Leipzig: Kober 1858. 214 S. 8° (Album. Bibliothek deutsch. Orig.-Romane. 13, 17.)
TB. 331.

— **Carmela oder die Wiedertaufe. Ein Roman. 12. Hannover 844, Kius. 1 1/2 ℛ**

(Mundt, Theod.,) Charaktere u. Situationen, s. Charaktere.

—— der Delphin ꝛc., s. Delphin.

— der Delphin. 1838 u. 1839. Ein Almanach. Mit Stahlst. 16. Altonau 837, 38. Hammerich. (à 2 ℛ jetzt à 1/2 ℛ) 1 ℛ

—— Dioskuren, s. Dioskuren.

— Dramaturgie, oder Theorie u. Geschichte der dramat. Kunst. 2 Bde. in 10 Lfgn. 8. (1. Bd. IV u. 419 S. 2. Bd. IV u. 430 S.) Berlin 847. 48, Simion. (à Lfg. n. 1/3 ℛ) n. 3 1/3 ℛ

Mundt, Th., das Duett. 8. Berl. 831. Dümmler. 1 ℛ 8 gr

Mundt, Th., die Einheit Deutschlands, in polit. u. ideeller Entwickelung. gr. 12. Leipz. 832. Brockhaus. 8 gr

— s. Fragen d. Zeit.

—— der Freihafen, s. Freihafen.

Mundt, Theodor. Der heilige Geist und der Zeitgeist. Zwölf Capitel, den Reformfreunden auf katholischem, protestantischem und jüdischem Gebiet gewidmet. Berlin, Mylius 1845. 79 S. 8.

—— die Geschichte der Gesellschaft in ihren neueren Entwickelungen u. Problemen. 8. (27 5/8 B.) Berlin 844, Simion. *

Mundt, Thdr., die Geschichte der Gesellschaft in ihren neueren Entwickelungen und Problemen. 2., verb. und verm. Aufl. 8. (IV und 404 S.) Leipzig 856, Voigt und Günther. *

— Geschichte der Literatur der Gegenwart. Vorlesungen. 1.—5. Liefg. 8. Berlin 842, Simion. n. $1^2/_3$ ₰

— Geschichte der Literatur der Gegenwart. Vorlesungen über deutsche, französische, englische, spanische, italienische, schwedische, dänische, holländische, vlämische, russische, polnische, böhmische und ungarische Literatur. Von dem Jahre 1789 bis zur neuesten Zeit. 2., neu bearb. Aufl. Leipzig 853. Simion. (Voigt u. Günther.) 8. (XIV, 896 S.) n. 2 ₰. 15 ngr.

— Geschichte der deutschen Stände nach ihrer gesellschaftlichen Entwickelung und politischen Vertretung. Berlin 854. Simion. (Leipzig, Voigt u. Günther.) 8. (XVI, 505 S.) n. 2 ₰. 15 ngr.

— die Götterwelt der alten Völker. Nach Dichtungen der Orientalen, Griechen u. Römer dargestellt. Mit 49 Abbild. auf 24 Taf. 8. Berlin 846, Morin. $1^3/_4$ ₰

— die Götterwelt der alten Völker. Nach den Dichtungen der Orientalen, Griechen und Römer dargestellt. 2. verb. u. verm. Aufl. Mit 49 Abbildgn. nach Antiken auf 24 (lith.) Taf. Berlin 854. Grobe. (Bergemann.) 8. (VIII, 476 S.) 1 ₰. $22^1/_2$ ngr.

—— ein deutscher Herzog. 8. (248 S.) Leipzig 855, Voigt und Günther.

—— pariser Kaiser-Skizzen. 2 Thle. 8. (VII und 369 S.) Berlin 856(57), Janke.

—— der Kampf um das schwarze Meer. Historische Darstellung aus der Geschichte Rußlands. gr. 8. (XIV und 333 S.) Braunschweig 855, Westermann. *

Mundt, Theodor, Katechismus der Politik. Darstellung und Erörterung der wichtigsten politischen Fragen und Staatsverfassungen. Dem deutschen Volke gewidmet. Berlin, M. Simion, 1848. 58 S. 8°.

—— Krim-Girai, ein Bundesgenosse Friedrichs des Großen. Ein Vorspiel der russisch-türkischen Kämpfe. 8. (VIII und 221 S.) Berlin 855, Schindler. *

—— die Kunst d. deutsch. Prosa. Aesthet., literar., gesellschaftlich. gr. 12. (14 B.) Berlin 837, Veit u. Comp.

—— die Kunst der deutschen Prosa. Aesthetisch, literargeschichtlich, gesellschaftlich. 2., umgearb. Aufl. 8. ($24^1/_2$ B.) Berlin 843, Simion. *

—— ein französisches Landschloß, s. Album. Hrsg. von J. L. Kober.

—— moderne Lebenswirren. Briefe u. Zeitabenteuer e. Salzschreibers. 8. (17 B.) Leipzig 834, Gebr. Reichenbach.

—— moderne Lebenswirren. Briefe u. Zeitabenteuer e. Salzschreibers. 2., unveränd. Ausg. 8. (17 B.) Leipzig 840, Gebr. Reichenbach.

— dies. 2. Bd. Moderne Lebenswirren. 8. Ebd. 844. (à) $1^2/_3$ ₰

— Lesebuch der deutschen Prosa. Musterstücke der prosaischen Literatur der Deutschen, nach der Folge der Schriftsteller u. d. Entwickelung d. Sprache. 8. Berlin 844, Simion. n. $1^2/_3$ ₰

—— allgem. Literaturgeschichte. 3 Bde. gr. 8. (88 B.) Berlin 846, Simion. *

Bd. 1. Die Literaturgeschichte der alten Völker.
„ 2. Die Literaturgesch. d. Reformationsperiode u. des 18. Jahrhunderts.
„ 3. Die Literaturgesch. der Revolutionsperiode.

— allgemeine Literaturgeschichte. 2., verb. u. verm. Ausg. 3 Bde. in 21 Lfgn. gr. 8. 1. Bd. Die Literatur der alten Völker u. des Mittelalters. (X u. 399 S.) 2. Bd. Die Literatur der Reformationsperiode u. des 18. Jahrhunderts. (VI u. 517 S.) 3. Bd. Die Literatur der Revolutionsperiode [19. Jahrhundert.] (VI u. 491 S.) Berlin 847. 48, Simion. (à Lfg. $^1/_4$ ₰) $5^1/_4$ ₰

— Luther's, Dr. Mart., politische Schriften. —

Mundt, Theod., Machiavelli und der Gang der europäischen Politik. 1. Ausg. (XIV und 217 S.) 851. 1 Thlr 15 Ngr. und 2., verm. Ausg. gr. 8. (XIV und 234 S.) Leipzig 852, Dyk'sche Buchh. Thlr.

— Machiavelli und der Gang der europäischen Politik. 2. verm. Ausg. Leipzig 853. Dyk. gr. 8. (XIV, 234 S.) 1 ₰.

Mundt, Thdr., Niccolo Machiavelli und das System der modernen Politik. 3., neu bearb. Ausg. Berlin 861. Janke. gr 8. (V, 318 S.) n. 2 ₰

—— Madelon, od. d. Romantiker in Paris. Eine Novelle. (Mit Titlvign.) gr. 12. ($10^1/_2$ B.) Leipzig 832, (Kayser.)

— Madelon, od. die Romantiker in Paris. Eine Novelle. gr. 12. Leipz. 832. Wohlbrecht. 1 ₰

—— Madonna. Unterhaltn. mit e. Heiligen. 1. Aufl. 835. $1^5/_6$ Thlr., 2., unveränd. Ausg. 8. (à $27^1/_2$ B.) Leipzig 840, Gebr. Reichenbach.

—— die Matadore. Ein Roman aus der Gegenwart. 2 Thle. 8. Leipzig 850, Brockhaus. *

Thl. 1. Mecklenburg und Paris. (VI und 324 S.)
„ 2. Der Frühling in Berlin. (VI und 314 S.)

—— Mendoza, der Vater der Schelme. Ein Roman. 1. u. 2. Bd. 8. Berlin 846, 47. [Mylius'sche Vrlgsb.] {1. ($25^1/_2$ B.) 2. ($21^1/_2$ B.) à 2 Thlr.]

— Graf Mirabeau. 4 Bde. Berlin 858. Janke. 8. (311; 295; 341; 407 S.) 6 ₰.

[Dasselbe.] 2. verb. Aufl. Th. [1]—4. Ebendas. 1860. 8°
[1.] 210 S.; 2. 199 S.; 3. 237 S.; 4. 293 S.
TB. 332. In diesem Roman tritt auch Cagliostro auf, u. die Umtriebe der Berliner Rosenkreuzer werden beleuchtet.

——, Thomas Münzer. Ein deutsch. Roman. 3 Bde. 1. Aufl. (47 B.) 841., 2., verm. u. verb. Ausg. 8. (52 B.) Altona 843, Hammerich. à

—— Thomas Münzer. 3 Bde. 3., verb. Aufl. 16. (XVII und 714 S.) Altona 860, Hammerich.

— — Paris und Louis Napoleon. Neue Skizzen aus dem Französ. Kaiserreich. 2 Bde. Berlin 1858. 8°. (4 Mk., Tit. gestemp., O. Rauthe, Berlin, 1909.)
Inhalt: Das Lorettenthum, die Frauen u. d. Salon, die dramat. Galanterie, die Hof-Oper des neuen Kaisertums etc. etc.

— Paris und Louis Napoleon. Neue Skizzen aus dem Französischen Kaiserreiche. 2 Bde. Berlin 858. Janke. 8. (2 Bl., IV, 232; 2 Bl., IV, 252 S.) 3 ₰.

—— Czar Paul. 1. Abthl.: Der Großfürst. 3 Bde. 8. (691 S.) Berlin 861, Janke.

—— dass. — 2. Abthl.: Czar Paul und sein Volk. 3 Bde. 8. (773 S.) Ebendas. 861.

— der Philosoph f. die Welt, s.: Engel's, J. J., Schriften.

(——) der Pilot, s. Pilot.

— Residenzgeschichten, s. Album. Bibliothek deutscher Originalromane.

—— Revision oder Vereinbarung? Eine Ansprache an die preuß. Wähler. gr. 4. (8 S.) Berlin 849, Schlesinger'sche Buchh.)

— Revision oder Vereinbarung? Eine Ansprache an die preuß. Wähler. gr. 4. (8 S.) Berlin 851. (Schlesinger'sche Buchhandlung.) 3 ngr

—— Robespierre. 3 Bde. 8. (IX und 1035 S.) Berlin 859, Janke.

MUNDT, Th. Rom und Neapel. 2. Auflage. 2 Bde. 1860.
(Viel über Prostitution.)

— v. Schlegel, Fr., Geschichte der alten u. neuen Literatur.

—— gesammelte Schriften, Novellen u. Dichtungen. 2 Bde. 8. Leipzig, [Berger's Buchh.] à 1 Thlr. 20 Ngr.
Bd. 1. I. Cimaletti. Eine Novelle. II. Protestant. Bilder aus Böhmen. ($20^1/_4$ B.) 843.
" 2. Moderne Lebenswirren. (24 B.) 844.

— gesammelte Schriften. (2. Ausg.) 1 u. 2. Bd. 8. 1. Cimaletti. — Protestant. Bilder aus Böhmen. (322 S.) 2. Moderne Lebenswirren. Abenteuer u. Briefe eines Salzschreibers. (383 S.) Leipzig 847, Berger. $1^1/_2$ ℳ

—— Schriften in bunter Reihe, s. Schriften ꝛc.

Mundt, Theod., kleines Skizzenbuch. 16. (14 B.) Berlin 844, Schepeler. Thlr.

—— Spaziergänge u. Weltfahrten. 3 Bde. 8. Altona, Hammerich. à 2 Thlr.
Bd. 1. Briefe aus London. — Tagebuch aus Paris. (27 B.) 838.
" 2. I. Deutschland in Frankreich. II. Meerfahrt. (18 B.) 838.
" 3. Ausflug durch d. Schweiz nach d. Provence. (26 B.) 839.

—— die Staatsberedtsamkeit der neueren Völker. Nach der Entwickelung ihrer Staatsformen dargestellt. 8. (VIII und 391 S.) Berlin 848, Gury's Vrlgsh.

—— zur Universitätsfrage, s. Fragen der Zeit.

Mundt, Theodor Zur Universitätsfrage, oder Die freie Entwickelung der protestantischen Universität. Berlin, M. Simion 1844. 71 S 8.

— Völkerschau auf Reisen. 1r Bd. I. Südfranzosen. — II. Polen. (Aus dem Tagebuche meines Aufenthalts in Krakau, im Sommer 1839.) — III. Naturvölker. 8. Stuttgart 840. Krabbe. 2 ℳ

—— kritische Wälder. Blätter z. Beurtheil. d. Literatur, Kunst u. Wissenschaft uns. Zeit. gr. 8. ($16^1/_4$ B.) Leipzig 833, (Kayser.)

— kritische Wälder. Blätter zur Beurtheil. d. Literatur, Kunst u. Wissenschaft unserer Zeit. gr. 8. Leipz. 833 (Melzer.) $1^1/_2$ ℳ

—— Zodiacus, s. Zodiacus.

—— italienische Zustände. 4 Thle. 8. Berlin, Janke. à Thl. 1 Thlr. 15 Ngr.
Inhalt
Thl. 1. Skizzen aus Piemont und Rom (VIII und 320 S.) 859.
" 2. Rom und Pius IX. (VII und 319 S.) 859.
" 3. Rom und Neapel. 1. und 2. Aufl. (XI und 307 S.) 860.
" 4. —— dass. — 2. Abthl. (VIII und 318 S.) 860.

Anschauungen und Bekenntnisse eines Eingeborenen. Selbstverf. Lebenslauf d. Seminaristen Santosh Mundu im Lande der Kols in Vorder-Indien. Hrsg. von Missionar P. Emil Muller *Friedenau Berlin: Gossner'sche Miss. [1899]* (30 S.) 8° [F.] [oo. 9948

Die Mundungen der Jade, Weser, Elbe und Eider 1 120 000. (No. 87). 1880. 1 Bl. K

Mundus oder die Weltlage ohne Gott u. m. Gott zur Warnung der Völker u. ihrer Regierungen. Von Rhollandus. 8. (IV, 244 S.) Wien 872. Kirsch. 1. 20

Mundus novus. Ein Bericht Amerigo Vespucci's an Lorenzo de Medici üb. seine Reise nach Brasilien, hrsg. v. Emil Sarnow u. Kurt Trübenbach, s.: Drucke u. Holzschnitte des XV. u. XVI. Jahrh. IX.

Mundus in maligno positus I. Joan. 5. Argumentum trium meditationum... Monachii 1748. V: *Neumayr, Frz.* (Jes) (So)

Mundus, s.: Weltfrieden durch Welt-Macht.

MUNDVOLL, Ein, kurzweiliger Schimpf- und Glimpfreden. Observiert anno 1651—1652. Für Rein hold Köhler zum 24. Juni 1890 gedruckt. 8° (4 Mk Oskar Rauthe, Friedenau-Berlin, 1908, 5 Mk. Gust. Fock. Lpz., 1912.)
„Seltener Privatdruck auf Büttenpapier, veranstaltet von Jakob Bächtold in Zurich."

Mundwiler, Johs., S. J., P. Georg v. Waldburg-Zeil, S. J. Ein Volksmissionär des 19. Jahrh. Ein Lebensbild. (VII, 162 S. m. 1 Bildnis.) 8. Freiburg i/B. 906. Herder. n. 1. 80; geb. in Leinw. n. 2. 40

Mundy, fünf Kardinal-Fragen der administrativen Psychiatrie. Aus dem „Mental-Science-Journal" des Dr. Bucknill 1861. Lex.-8. (36 S.) Osnabrück 862, Rackhorst'sche Buchh.
Aus: Medicinische Aehrenlese, besonders abgedruckt.

Mundy, G. C., Wanderungen in Australien und Vandiemensland, s. Hausbibliothek für Länder- und Völkerkunde.

Mundy, G. C., Wanderungen in Australien und Vandiemensland. Deutsch bearb. von Friedr. Gerstäcker. Neue (Titel-)Ausg. gr. 8. (XII und 271 S.) Leipzig (856)65, Senf.

Mundy, G. C., Wanderungen in Australien und Vandiemensland. Deutsch bearb. von Friedr. Gerstäcker. 8. (Titel-)Aufl. 8. (XII, 271 S.) Leipzig (865)74, Senf.

Mundy, J. v., e. weiterer Beitrag zu den Studien üb. Sanitäts-Züge. gr. 8. (47 S.) Wien 890. (Huber & Lahme.) n. 1. —

Mundy, J., Beiträge zur Reform des Sanitätswesens in Oesterreich. Wien 868. Gerold's Sohn. gr. 8. (IV, 207 S.) n. 12 ngr

Mundy, J., Beiträge zur Sanitätsreform in Oesterreich. 8. (205 S.) Wien: Huber & Lahme 1889. 1.—

Mundy, J., und H Zipperling. Beschreibung der Sanitäts Züge des souveränen Malteser Ritter Ordens, G v B. etc 2 vermehrte und veränderte Auflage gr 8 Wien 1880.

— u. H. **Zipperling,** organische Bestimmungen u. das Reglement f. den innern freiwilligen Sanitätsdienst im Kriege, dann die Beschreibung der Sanitäts-Züge d Souveranen Malteser-Ritter-Ordens G. v. O. B. etc. 4., verm. Aufl. Lex -8. (VIII, 91 S. m. 8 Taf.) Wien 889. Seidel & Sohn. n. 6. —

Mundy, J Ueber die Influenza. Ein Vortrag. gr. 8. (16 S.) Wien 890, (Huber u. Lahme). * 1 —

—— s.a. Licht, das elektrische, in seiner Anwendung auf die Kriegsheilkunde.

Mundy, Dr Joh. Freiherr v., k k Prof der Militär-Sanitäts-Pflege an der Universität Wien. Das elektrische Licht in seiner Anwendung auf die Kriegsheilkunde. Im Auftrage der Wiener Freiwilligen Rettungs-Gesellschaft vom Schriftführer 2. verm Aufl. (Der in Frankfurt a. M am 12. October 1891 über denselben Gegenstand gehaltene Vortrag ist der Flugschrift am Schlusse [pag 47] beigefügt.) 8. Wien 1891.

Mundy, J., die Militärsanität der Zukunft. Vortrag, geh. in der XXIII. Section [f. Militärsanität] der 54. Versammlung der Naturforscher u. Aerzte in Salzburg am 20. Septbr 1881. [Aus: „Wiener med. Wochenschr., Beilage der Militärarzt".] gr.8. (30 S.) Wien 882. (Seydel & Sohn.) n. — 80

Mundy, J., üb. das freiwillige Rettungswesen in Europa, s.a Vorträge üb. Gesundheitspflege u. Rettungswesen.

Mundy, J. Über das freiwillige Rettungswesen in Europa. Vortr. Hrsg. von P. Boerner. (Berlin) 1883. 8°. (Vorträge über Gesundheitspflege u. Rettungswesen. 2.)

Mundy, J. D Maltes. Ritter-Ordens freiw Sanitätsdienst i. Kriege. M 2 Anhängen. Wien 1879. (Dopp.) 2 Bde.

Mundy, Dr. J. Eine biograph. Skizze. 8. (166 S.) Leipzig 889. (E. H. Mayer.) n. 2. —

Mundy, J. Studien über den Umbau u. die Einrichtung von Güterwaggons zu Sanitätswaggons. Mit 9 Taf. Wien 1875. 94 S. 4°

(Mundy, J.) Studien über den Umbau und die Einrichtung von Güterwaggons zu Sanitätswaggons. Wien 1875. 8°. — Angeb.: (Mundy, J.) Des souveränen Malteser-Ritter-Ordens freiwilliger Sanitäts-Dienst im Kriege. Wien 1879.

—— Gerhard van Swieten und seine Zeit. Vortrag, gehalten am 4. April 1883, in der zweiten General-Versammlung der österreich. Gesellschaft für Gesundheitspflege. [Nach stenograph. Aufzeichnungen.] gr. 8. (20 S.) Wien 883, (Huber und Lahme.) *
Aus: Oesterreichische ärztliche Vereinszeitung, besonders abgedruckt.

– Du transport des blessés et malades en campagne, s. Billroth, Th.

— der Transport v. Kranken u. Verletzten in grossen Städten. Mit 12 Taf. Hrsg v. der Wiener freiwill. Rettungs-Gesellschaft. 12. (75 S.) Ebend. 882. n. 1. —

—— der Transport von Kranken und Verletzten in grossen Städten. Hrsg. von der Wiener freiwilligen Rettungs-Gesellschaft. 12. (75 S. mit 12 Taf.) (Ebendas.) 883.

Mundy, J v Über den Transport der im Felde Verwundeten und Kranken, s. Billroth, Th.

— „Unheilbar!" Vortrag, geh. in Wien am 1. Decbr. 1891. [Im Festsaale d. „Hotel Central".] Nach stenograph. Aufzeichngn. gr. 8. (9 S.) Wien 892. (Huber & Lahme.) n. — 60

— ein Vorschlag f. praktische Übungen der Sanitätstruppen zur Friedenszeit. 3. Aufl. [Aus: „Armeeblatt".] gr. 8. (16 S.) Ebd. 890. n. 1. —

Munera saecularia universitatis Cracoviensis quingentesimum annum ab instauratione sua sollemniter celebrantis. Vol. I—VIII. Krakau 900. (Buchh. der poln. Verlags-Gesellschaft.) n.n. 62. —
I. II. Historya uniwersytetu Jagiellońskiego średnie wieki i odrodzenie. Z wstępem o unywersitecie Kazimierza Wielkiego. Von Kazimierz Morawski. 2 tomi. gr. 8. (XVIII, 467 u. XV, 472 S.) n.n. 18. —
III. Incunabula typographica bibliothecae universitatis Jagellonicae Cracoviensis inde ab inventa arte imprimendi usque ad a. 1500. Secundum Hainii, „Repertorium bibliographicum" una cum conspectu virorum, qui libros olim habuerant, benefactorum bibliothecae ligatorum Cracoviensium. Per ordinem alphabeti digessit Wladisl. Wislocki. Lex.-8. (XXXIV, 634 S. m. Fig.) n.n. 12. —
IV. Commentariolum super theoricas novas planetarum Georgii Purbachii in studio generali Cracoviensi per Albertus de Brudzewo, diligenter corrogatum a. D. MCCCCLXXXII. Post editionem principem Mediolanensem a. MCCCCLXCV ad fidem codicum praesantissimorum denuo edendum curavit Ludw. Anton. Birkenmajer. gr. 8. (LVI, 169 S.) n.n. 4. —
V. Codex diplomaticus universitatis studii generalis Cracoviensis. Continet privilegia et documenta, quae res gestas academiae eiusque beneficia illustrant. Pars V, ab a. 1549 usque ad a. 1605. gr. 4. (XXVIII, 308 S. m. 1 Taf.) n.n. 8. —
VI. Polonia apud Italos scholastica saec. XV. Fasc. I. Poloni apud Italos litteris studentes et laurea donati inde a Paulo Wladimiri usque ad Johannem Lasocki collecti et illustranti a Joh. Fijalek. gr. 4. (VII, 120 S.) n.n. 6. —
VII. VIII. Symbola ad historiam naturalem medii aevi. Plantas, animalia, lapides et cetera simplicia medicamenta, quae in Polonia adhibebantur, inde a XII usque ad XVI saec. Auctor Jos. Rostafiński. (IV cum tabulis.) 2 partes. gr. 8. (XVI, 605 u. 852 S.) n.n. 14. —

For Sölring Spraak en Wus. Eine Sammlung von Sylter Wörtern, wie sie zu Anfang des zwanzigsten Jahrhunderts auf Sylt gesprochen und vordem gebraucht worden sind. Gesam v Nann Mungard. Keitum a Sylt. 1909 8°

Müngelgrün, Simon. Ueber die Morbidität und Mortalität der Studenten der Eidgenössischen Technischen Hochschule Zürich mit besonderer Berücksichtigung der Tuberkulose. Diss. Med. Univ. Zürich. 30 S. 23×16cm. Zürich, Buchdr. Fluntern, 1936.

Münger, F(riedrich). Kinematische Geometrie. [Mit 4 Tafeln, *auf 2 Blättern.*] 23 S. 4.
Bericht der Realschule zu Basel 1900-1901. Wissenschaftliche Beilage... Basel, Fr. Bürgin, 1901.

Münger, F. Die eiförmigen Kurven. M. 5 Taf. In-8°. 46 S. Bern. These. 1895

Münger, F., s. Schär, Verstaatl. d. schweiz. Wasserkräfte.

Münger, Fritz, üb. die Tätigkeit des schweizer. hydrometr. Bureaus, s.: Schär, Osk., die Verstaatlichg. der schweizer. Wasserkräfte.

Münger, Hugo. Ueber Benzolazoketone. Breslau, 1884.

Münger, Ad., u. Ad. Sulzberger, s.: Wappenkalender, schweizer.

Mungo-Park, s. Park Mungo.

Mungo Park's Reisen in Afrika, s. Bibliothek älterer Reisen.

Munich and the Royal castles of Bavaria. A pract guide. With 2 maps Berlin Goldschmidt 1910–11 94 S. 8°
(Grieben's Guide Books. Vol 130.) A 12. 5031

Munich et ses environs. Guide de l'étranger dans cette capitale. 3. édit. gr. in-12. (4½ B., 1 Stadtplan u. 9 Ansichten.) Munich 839, Lindauer.

Munich et ses environs parcourus en huit jours. Orné de vignettes et d'un plan de la ville. gr. in-16. (7½ B., Ludwig I. gest. Bildn. u. Ttlvign.) Munich 834, Franz.

Münich, Alfr., Märchenreigen, s.: Jugend- u. Volksbühne

Münich, Frdr., die Ehrenbezeigungen f. Unteroffiziere u. Soldaten. 8. (40 S.) München 872. J. A. Finsterlin in Comm. n. — 20

Münich, Friedr., Geschichte des königlich bayerischen I. Chevaulegers-Regiments Kaiser Alexander von Rußland. 1. Thl. Die Stämme des Regiments. (1645—1682.) Gleichzeitig ein Beitrag zur ältesten bayer. Heeresgeschichte von 1611—1682. gr. 8. (XVI und 196 S.) München 862, (Lindauer'sche Buchh.) *

—— **Geschichte der Entwickelung der bayerischen Armee seit 2 Jahrhunderten. 3 Lfgn. gr. 8. (XIX und 643 S.) München 863,64, Lindauer'sche Buchh. [1. und 2. Lfg. à 1 Thlr. 3 Ngr., 3. Lfg. 1 Thlr. 18 Ngr.]**

– Kurzgefaßte Geschichte d. Königr Bayern, s. Kamerad, Der

– Illustrirter deutsch-französischer Krieg in d. J. 1870/71, s. Kamerad, Der

— **Kriegs-Artikel** f. das Heer Mit genauer Beibehaltung d. Textes f. Unteroffiziere u. Soldaten übersichtlich gemacht. 16. (30 S.) München 873. J. A. Finsterlin in Comm. n. — 20

(*Münich*, Frdr, Hptm.) Aus dem Leben Sr. Durchl. des Fürsten Carl Theodor v. Thurn u. Taxis, kgl. bayer. General d. Cavallerie. Als Mspt. f. d. Familie gedr. Mit Titel-Portr. (Lichtdruck). München, akadem. Buchdr. von F. Straub, 1869. Gr. 8°. Eleg. grau Hklbldrb. m. Fileten.
VIII—185 S., 1 Bl. – S. 175 ff. interess. Personal-Notizen (54 Militairs betreffend)

Münich, F. Über die Pflege des historischen Sinnes in den Heeren. München 1869. 8°.

Muenich, F. Zur Säkular-Feier der K. Leibgarde der Hartschiere. München 1869. 7 S.

—— und L. Behringer, die Uniformen der bayerischen Armee von 1682—1848. 1. und 2. Lfg. 4. (12 ill. Stnt.) München 863, Mey und Widmayer. à Lfg. * 1 Thlr. *

Muenich, Julius, pr. Tierarzt: Aus d. physiol. Inst. zu Gießen. Die Einwirkung starker Induktionsschläge auf das Herz. Giessen 1909: v. Münchow. 31 S. 8°
Gießen, Veterinär-Med. Diss. v. 26. Febr. 1909, Ref. Frank
[Geb. 20. März 82 Straubing; Wohnort: Gießen; Staatsangeh.: Bayern; Vorbildung: Gymn. Straubing Reife Juli 02; Studium: München Tierärztl. Hochsch. 8 S.; Rig. 17. Juli 07] [U 09. 1165

Münich, Konrad, a. München: Über Nicht-euklidische Zykliden. München 1906: C. Wolf & Sohn. (40 S.) 8°
München, Phil. Fak., Ref. Lindemann, Diss. v. 26. Juli 1906
[Geb. 23. Jan. 82 München; Wohnort: München; Staatsangeh.: Bayern; Vorbildung: Ludwigs-Gymn. München Reife Juli 01; Studium: München 10 S.; Rig. 26. Juli 06.]

Münich, W. v., die Millionen-Erbschaft, s.: Familien-Bibliothek.

– Drei Tage Republik, s. Familien-Bibliothek

– Die Traubenkur, s. Familien-Bibliothek

Münich, W. v., durch die Zeitung, s. Familien-Bibliothek.

Münich, Walter v (Pseud), s. Abt, Antonius

Münich, Walter v., der Bürgermeister v. Kattenhahn, s.: Familien-Bibliothek.

Münich, Walt. v. Clamgallas, s. Familien-Bibliothek.

— lustige Geschichten vom Rhein. gr. 16. (IV, 203 S.) Würzburg 879. Woerl's Sep.-Cto. geb. n. 3. —

Münich, Walt. v. (A. Abt), lustige Geschichten vom Rhein. Gesammelt u. hrsg. v. L. Abt. gr. 8. (IV, 368 S.) Trier 899. Paulinus-Druckerei. n. 1. 80; geb. n.n. 2. 80

Münich, Walt. v., u. A. Billigmann, nur drei Beine, s.: Dilettanten-Theater.

– Nur schlau, s. Familien-Bibliothek.

– Ueber den Löffel barbirt, s. Familien-Bibliothek.

Münichsdorfer, Franz: Mineralogisch-petrographische Studien am Silberberg bei Bodenmais. 1908. 32 S. 4° ¶ Aus: Geognost. Jahreshefte. Jg. 21.
München, Dr.-Ing.-Diss. v. 29. 7. 1908

Münichsdorfer Fr Geologisches Vorkommen im Huttenberger Erzberge in Kärnthen. (Aus d. Jahrb. d. k. k. geol. Reichsanst.) Wien. 1855. 4.

Münichsdorfer, Friedr., und E. A. Frey, zwei Berichte über die Erzeugung und Verarbeitung von Bessemer-Stahl. Erstattet an das k. k. Ministerium für Handel und Volkswirthschaft. gr. 4. (16 S.) Wien 865, Manz' Verlag. *
Aus: Oesterreichische Zeitschrift für Berg- und Hüttenwesen, besonders abgedruckt.

Münichsdorfer, Friedrich. Geschichtliche Entwicklung der Roheisen-Produktion in Kärnten. Klgft., Bertschinger, 1873. 36 S.

Münichsdorfer, Friedr., Geschichte des Hüttenberger Erzberges. gr. 8. (X, 345 S. mit 1 lithogr. Karte in Fol.) Klagenfurt 870, (J. und F. Leon's Buchh.) *

Municipal- u. Gemeinde-Gesetze in Ungarn. Eine Zusammenstellung geltender Gesetze. gr. 8. (X, 120 S.) Hermannstadt 876. (Michaelis.) n. 2. —

Munier, J., über einige Lehren der Nikomachischen Ethik und ihre Beziehung zur Politik. gr. 4. (23 S.) Mainz 858, Faber'sche Buchh. *
Aus: Programm des Gymnasiums zu Mainz, besonders abgedruckt.

MUNIER, JOSEPH. Ueber die Spaltung des Acetessigesters, und einiger seiner Derivate durch Schwefelsäure. Würzburg, 1880.

Munier, Ludwig, a. Château-Salins (Lothr.): Aus der Universitätsklinik für Ohrenkrankheiten zu Straßburg i. E. Zur Histologie der Kehlkopfpolypen. Straßburg i. E. 1905: C. Müh & Cie. (27 S.) 8°
Straßburg, Med. Fak., Ref. v. Recklinghausen, Diss. v. 10. Febr. 1905
[Geb. 20. Nov. 78 Château-Salins, Lothr.; Wohnort: Straßburg; Staatsangeh.: Elsaß-Lothringen; Vorbildung: Bischöfl. Gymn. Straßburg Reife O. 99; Studium: Straßburg 4, München 1, Straßburg 5 S.; Coll. 17. Nov. 04; Approb. 24. Sept. 04.]

Munier, M., tabulae photographae XI. Materiam palaeographicam aetatis imperatoriae exhibentes. gr 8. (13 S. m. 11 photograph. Taf. in hoch 4.) Mainz 873. Diemer. n. 12. 60

Munier, Mor., die Paläographie als Wissenschaft u. die Inschriften d. Mainzer Museums. 4. (29 S. m. 1 Taf.) Mainz 883. Diemer. n. 1. —

Munier, Udalr., Vindicatio Honorii Pontificis Romani. Würzburg, Kleyer, 1747—8, 4°, 6 Dissertationen.

Munificentia. – 40 Jahre "Munificentia", s. Posner, Oskar

Zwischen Flensburg und Kiel. Erinnerungen von Haes **Munin**. Aufgezeichnet zum 26. Mai 1906. (Als Hs. gedr.) (16 S.) 8° [J.] [16. 1937

Muninger, Rudolf, pr. Arzt: Aus d. Leipziger geburtshilfl. Univ.-Poliklinik. Zwei Fälle von Vaginalsepten als Geburtshindernis. Borna-Leipzig 1908: Noske. 33 S. 8°
Leipzig, Med. Diss. v. 29. Sept. 1908, Ref. Zweifel
[Geb. 31 Juli 68 Königsberg i. P.; Wohnort: Cöln-Ehrenfeld; Staatsangeh.: Preußen; Vorbildung: Kneiphöf. Gymn. Königsberg Reife O. 89; Studium: Königsberg 9 S., Coll. 20. Nov. 08, Approb. 4. April 94.] [U 09. 2837

Munitions-Ersatz, der, im Zukunftskriege. Von ***. gr. 8. (107 S.) Linz 888. Mareis. n. 1 50

Munizipalitäten. Die Munizip' der zweyen Bezirken Willisau und Altishofen an die gemeinhelvetische National-Tagsatzung in Bern. [Eingabe vom 18. October 1801.] 8. o O

Munk, die Homöopathie und die Homöopathen. Ein Beitrag zur Kultur derselben. gr. 8. (III, 129 S.) Bern 868, Dalp'sche Buchh. *
Vgl.: Schädler, Emil.

Munk, Mißbräuche an den Börsen. Gutachten. gr. 8. (III, 68 S.) Berlin 892. C. Heymanns Verl. n. 1. —

—— über das Wesen der Homöopathie. Populärer Vortrag, gehalten im Berner Großrathssaale am 22. Mai 1868. 8. (III, 44 S.) Ebendas. 868. *

Munk, Alexander, appr. Arzt a. Berlin: Aus d. Universitäts-Frauenklinik zu Marburg. Übertragung bei Antefixatio uteri. Marburg 1907: Köster & Schell. (20 S., 4 Tab.) 8°
Marburg, Med. Fak., Ref. Ahlfeld, Diss. v. 13. Sept. 1907
[Geb. 23. März 78 Berlin; Wohnort: Charlottenburg; Staatsangeh.: Preußen; Vorbildung: Gymn. Wittstock Reife O. 01; Studium: Marburg 5, München, Marburg, zus. 4 S.; Coll. 22. Dez. 06; Approb. 12. Sept. 07.]

Munk, Ch., Anweisung sich gegen die asiatische Brechruhr [Cholera] zu schützen, dieselbe bis zur Ankunft eines Arztes u. im Nothfalle selbst zu behandeln. 12. (22 S.) Bamberg 848. Züberlein in Comm. n. ¹/₆ ℛ

Munk, Ch., die Nachtheile des Hopfenschwefelns für die Bierbereitung und die Gesundheit der Biertrinker. Eine Anweisung den geschwefelten Hopfen zu erkennen, und Angabe der Ursachen, weswegen der Hopfen geschwefelt wird. Zugleich ein Sendschreiben an Regierungen, Polizeibehörden und Medicinalbeamte über die Nothwendigkeit das Hopfenschwefeln und den Verkauf von geschwefeltem Hopfen allgemein zu unterdrücken. 8. (IV und 43 S) Augsburg 862, Doll'sche Buchh.

Munk, Christoph (Bamberg)
Ueber die Grippe.
[lt. Dekanatsbuch nur handschriftlich eingereicht.]
Dr. med. Giessen 5.3.1839.

Munk, Chrstph., die Ueberpflanzung d. Hornhaut (Keratoplastik). Eine Operationsmethode, um Blinden, die am unheilbaren Central-Leukome od. am globosen Hornhaut-Staphylome leiden, das Sehevermögen wieder zu geben. 8. (1¹/₄ B. u. 2 Stnt.) Bamberg 840, Literar.-artist. Institut. *

Munk, E., Judentum u. Monarchismus. Predigt, am 27. Jan. 1895 zur Feier d. Geburtstages Sr. Maj. d. Kaisers u. Königs im Gotteshause der Gemeinde Adaß Jisroel in Königsberg geh. Hrsg. v. Vorstande d. Gemeinde. gr. 8. (19 S.) Königsberg 895. Hartung. n. — 40

[J.] Welche Stellung soll der jüdische Religionsunterricht zu den jüngsten Ergebnissen der Wissenschaften nehmen? Besprochen v. Rabb. Dr. E. **Munk** in Königsberg. *Berlin: M. Poppelauer 1895.* (Erschien ursprünglich mit unwesentl. Abweichgn als wiss. Beil. z. 2. Ber d. Religionsschule d. Gem. Adass Jisroel zu Königsberg.) (24 S.) 1 Bd 8. [91. 151

Munk, Ed., de fabulis Atellanis scripsit fragmentaque Atellanar. poetar. adjecit. 8maj. (12¹/₄ B.) Lipsiae 840, [Köhler'sche Vrlsb.]

Munk, Ed., Geschichte der griechischen Literatur. Für Gymnasien und höhere Bildungsanstalten. 2 Thle. gr. 8. Berlin, Dümmler's Vrlgsb.
Auch einzeln unter den Titeln:
Thl. 1. Geschichte der griechischen Poesie. (XV und 408 S.) 849. 2 Thlr.
„ 2. Geschichte der griechischen Prosa. (V und 669 S.) 850. 2 Thlr.

Munk, Ed., Geschichte der griechischen Literatur. Für Gymnasien u. höhere Bildungsanstalten. 2 Thle. 2., umgearb. Ausg. Berlin 863. Dümmler's Verlhdlg. 8. Jeder Thl. n. 1 ℛ 15 ngr
Inhalt: 1. Thl.: Geschichte der griechischen Poesie. (XXIV, 487 S.) — 2. Thl.: Geschichte der griechischen Prosa. (XII, 496 S.)

Munk, Ed., Geschichte der griechischen Literatur. Für Gymnasien, höhere Bildungsanstalten u. zum Selbstunterrichte. 3. Aufl. Nach der 2. Aufl. neu bearb. von Rich. Volkmann. 2 Thle. gr. 8. (XI, 534 u. VIII, 610 S.) Berlin 879. 80. Dümmler's Verl. n. 12. —

Munk, Ed., Geschichte der griechischen Literatur. 3. Aufl. 2 Thle. gr. 8. Berlin 879,80. Gütersloh, Bertelsmann. * 12 —

Munk, Ed., Geschichte der römischen Literatur. Für Gymnasien und höhere Bildungsanstalten. 1. Thl. A. u. d. T.: Geschichte der archaistischen Literatur der Römer. Berlin 858. Dümmler's Verlhdlg. 8. (XI, 352 S.) n. 1 ℛ.

— Geschichte der römischen Literatur. Für Gymnasien und höhere Bildungsanstalten. 2. u. 3. Thl. Ebend. 859, 61. 12. Jeder Thl. n. 1 ℛ
Inhalt: 2. Thl.: Geschichte der classischen Literatur der Römer. (VI, 410 S.) — 3. Thl.: Geschichte der nachclassischen Literatur der Römer. (VII, 316 S.)

—— Geschichte der römischen Literatur. Für Gymnasien, höhere Bildungsanstalten und zum Selbstunterrichte. 2. Aufl. Hrsg. von Osk. Seyffert. 10 Lfgn. oder 2 Bde. gr. 8. (VIII, 289; VIII, 431 S.) Ebendas. 875—77. à Lfg. * ℳ 1. *
geb. in 1 Bd. *

Munk, Ed., Geschichte der römischen Literatur. Für Gymnasien, höhere Bildungsanstalten u. zum Selbstunterricht. 2. Aufl., hrsg. v. O Seyffert. (In ca. 10 Lfgn.) 1—7. Lfg. gr. 8. (1. Bd. VIII, 452 S. u. 2. Bd. S. 1—192.) Berlin 875. 76. Dümmler's Verl. à n. 1. —

— Geschichte der römischen Literatur. Für Gymnasien, höhere Bildungsanstalten u. zum Selbstunterrichte. 2. Aufl. Hrsg. von Osk. Seyffert. 8—10. Lfg. gr 8. (2. Bd. VIII u. S. 193—431.) Ebend. 881. à n. 1 —, in 1 Bd. geb. n. 11. 50

Munk, Ed., kurzer Leitfaden d. Metrik. Ein Ausz. a. d. Handbuche d. Metrik d. Griechen u. Römer. 8. (8 B.) Berlin 836, Heymann. Thlr.
Vgl. Munck.

Munk, Ed., die Metrik d. Griechen u. Römer. Ein Handb. f. Schulen u. zum Selbststud. Lex.-8. (18 B.) Glogau 834, [Berlin,] Heymann.

Munk, Ed., die natürliche Ordnung der platonischen Schriften. gr. 8. (XV und 526 S.) Berlin 856(57), Dümmler's Vrlgsh. *

Munk, Eduardus *De L. Pomponio Bononiensi Atellanarum poeta scripsit fragmentaque collegit. 109 S. 8° (4°)
Halle-Wittenberg, Phil Diss. v 25. Okt. 1825
Geb. [Glogau 14. 1. 1803]
Ersch. unt. gleich. Tit., verm. um 2 Bl.: Index titulorum Atellanarum Pomponiarum. & Index verborum. Glogaviae. libr. nova Guenteriana 1826. 100 S. 8° vorh. Berlin UB — Vom Verf. ersch. ferner: De fabulis Atellanis scripsit fragmentaque Atellanarum poetarum adjecit. Lipsiae Koebler 1840. VI, 190 S. 8°

Munk, Ed., de L. Pomponio Bononiensi Atellanarum poëta scripsit, fragmenta collegit etc. 8. Glogau 827. Neue Günter'sche B. 12 gr

— tabellar. Uebersicht der Metra der Griechen u. Römer. Nach der Böckhischen Ansicht geordnet. Fol. Glog. 828. Neue Günter'sche B. 12 gr

— tabellar. Uebersicht d. Metra d. Griechen u. Römer. Nach d. Böckhischen Ansicht geord. Fol. (9 B.) Glogau 828, [Flemming.]

Munk, Eduard: Ueber den Werth der klassischen Bildung. Vortr Glogau 1879. 8°

Munk, Eman., der Kurort Herkulesbad nächst Mehadia. Mit e. (lith.) Abbildg. u. 2 (lith.) Karten (in qu. u. gr. Fol.) gr. 8. (IV, 171 S.) Wien 871. Hölder. n. 3. —

Munk, Emanuel (Posen), Nonnulla de corde sano et morboso. Diss. med. Berlin (Nietack) 31. XII. 1835. 36 S. u. Biogr. (M.: J. Kohn.) (3.—) 24391
Oppon.: S. Hantke, A. Oettinger, Z. Pauly. — Gew.: Isidor Munk (Vater).

Munk, Esriel, d. Samaritaners Marqah Erzählung üb. den Tod Moses'. Inaug.-Diss. gr. 8. (62 S.) Königsberg i/Pr. 890. (Koch.) n. 1. 20

Munk, Fr., homilet. u. liturg. Versuche, nebst einem Beitr. zur liturg. Musik. 8. Nürnb. 796. (Eichhorn). 16 gr

Munk, Franz: Einheit und Duplizität im Aufbau von Schellings System des transzendentalen Idealismus. Mainz 1910: Schneider. 44 S. 8°
Gießen, Phil. Diss. v. 20. Okt. 1910, Ref. Groos
[Geb. 22. Sept. 88 Mainz; Wohnort: Bad Ems; Staatsangeh.: Hessen; Vorbildung: Oster-Gymn. Mainz Reife O. 06; Studium: Gießen 8 S.; Rig. 30. Juli 10.] [U 11. 1373

Munk, Franz Sammlung der in der Stadt Potsdam geltenden Ortspolizeiverordnungen und Ortsstatuten, sowie der Vorschriften über d Benutzung städt Anstalten u Einrichtungen Im amtl Auftr unter Benutzung d amtl Quellen zsgest von Franz Munk, Polizeisekr Potsdam Hayn [1909] VIII, 336 S. 8°

Munk, Fritz, appr. Arzt a. Sigmaringen, Vol.-Assistent in d. Nervenklinik d. Königl. Charité: Kommen doppeltbrechende Substanzen (Myelin) bei der fettigen Degeneration des Herzmuskels vor? Berlin (1908): G. Schade. (30 S.) 8°
Berlin, Med. Fak., Ref. Orth, Diss. v. 14. Aug. 1908
[Geb. 11. März 79 Sigmaringen, Wohnort Berlin; Staatsangeh. Baden; Vorbildung. Gymn. Bruchsal Reife O. 02; Studium: Freiburg i. B. 5, Berlin 1, München 1, Berlin 3 S., Coll. 11 Aug. 08, Approb. 7 Aug. 08.]

Munk, Fritz, prakt. Arzt: Über das Sarkom des Darmes. Breslau 1909: Breslauer Genossensch.-Buchdr 26 S. 8°
(Aus Beiträge z. klin. Chir Bd 60, H. 1.)
Breslau, Med. Diss. v. 3. Febr. 1909, Ref. Küttner
[Geb. 26. Apr 80 Burghaun, Wohnort Gr.-Wartenberg, Staatsangeh Preußen; Vorbildung Ritterakad. Liegnitz Reife O. 01, Studium: München 4, Heidelberg 1, Berlin 2, Greifswald 3 S. Coll. 27. Okt 08 Approb. 3. Mai 07] [U 09. 568

Munk, Herbert, aus Berlin Die Erscheinungen bei kurzer Reizung des Sehorgans. *Leipzig: J. A. Barth 1900.* (43 S.) 8°
Göttingen, Phil. Diss. v [12. Mai] 1900

Munk, Herm., zur Anatomie u. Physiologie der Sehsphäre der Grosshirnrinde. (S. 996—1013.) Lex. 8. Berlin 910. G. Reimer. 1. —
Sonderabdr. aus: „Sitzgsber. der preuss. Akad. d. Wiss."

Munk, Herm., üb. die Ausdehnung der Sinnessphären in der Grosshirnrinde. 3 Mittheilgn. gr. 8. Berlin (G. Reimer). n. 3. 50
1. (15 S.) 899. n. — 50. — 2. (24 S.) 900. n. 1. —. — 3. (35 S.) 901. n. 2. —.
Sonderabdrucke aus: „Sitzungsber. d. preuss. Akad. d. Wiss."

Munk, Herm., Bewegung und Milchsecretion, s. Archiv für Anatomie und Physiologie.

Munk, Herm., die elektrischen u. Bewegungserscheinungen am Blatte der Dionaea muscipula. Mit der anatom. Untersuchg. d. Dionaea-Blattes v. F. Kurtz. Mit 3 (lith.) Taf. (in qu. gr. 4. u. qu. Fol.) gr. 8. (159 S) Leipzig 876. Veit & Co. n 6. —

— zur vergleichenden Chemie des Säugethierharns, s. Archiv für Anatomie und Physiologie.

Munk, Herm (geb. Posen 3. 2 1839) De fibra musculari. Berolini (1859). (34 S.) 8°
Berlin, Med. Diss. v. 20. Apr 1859

Munk, Herm., über die Folgen des Sensibilitätsverlustes der Extremität f. deren Motilität. (40 S.) gr. 8. Berlin 903. (G. Reimer.) n. 2. —

— über die Funktionen der Grosshirnrinde. Gesammelte Mittheilungen aus den J. 1877—80 mit Einleitung und Anmerkungen. gr. 8. (X, 133 S. mit eingedr. Holzschn. und 1 lithogr. Taf.) Berlin 881, Hirschwald. *

Munk, Herm., üb. die Functionen der Grosshirnrinde. Gesammelte Mittheilgn. m. Anmerkgn. 2., verm. Aufl. Mit Holzschn. u. e. lith. Taf. gr. 8. (VII, 320 S.) Berlin 890. Hirschwald. n. 6. —

— Über die Functionen v. Hirn u. Rückenmark. Gesammelte Mitteilgn. Neue Folge. (VII, 371 S. m. 4 Fig.) Lex. 8. Berlin 909. A. Hirschwald. 6. —

— über die Functionen des Kleinhirns. (38 S.) Lex.-8. Ebd. 906. n. 2. —
2 Sonderabdrucke a.: „Sitzungsber. d. preuss. Akad. d. Wiss."

— Über die Functionen des Kleinhirns. 2. u. 3. Mittheilg. Lex. 8. Berlin 907. G. Reimer. 3. —
2 (17 S.) 907 1.—. 3. (38 S.) 908. 2.—.

Munk, Herm., die physiologische Gesellschaft zu Berlin. Rede zur Feier des 25jähr. Bestehens d. Gesellschaft, geh. am 24. XI. 1900. gr. 8. (31 S.) Berlin 901. A. Hirschwald. n. 1. —

—— zur Lehre vom Stoffwechsel des Pferdes, s. Archiv für Anatomie und Physiologie.

— Lernen u. Leisten. Rede, zur Feier des Geburtstages des Kaisers u. Königs in der Aula der thierärztl. Hochschule zu Berlin geh. am 27. I. 1903. (27 S.) gr. 8. Berlin 903. A. Hirschwald. n. — 60

Munk, Herm., Untersuchungen über das Wesen der Nerven-Erhebung. 1. Bd. Lex.-8. (XVIII und 482 S. mit 26 Abbild. in eingedr. Holzschn.) Leipzig 868, Engelmann. *

— Über das Verhalten der niederen Theile des Cerebrospinalsystems nach der Ausschaltung höherer Theile. (S. 1106—1183.) Lex. 8. Ebd. 909. 1. —
2 Sonderabdr. aus: „Sitzgsber. d. preuss. Akad. d. Wiss."

Munk, Hugo [app. Arzt aus Göppingen]: Über das Einlegen von Elfenbeinzapfen in die Markhöhle der Röhrenknochen bei der Operation der Pseudarthrose und bei dislocierten Frakturen. (Aus Beitr. z. klin. Chirurgie Bd VI.) Tübingen, H. Laupp'sche Buchh., 1890; 14 S. 8°
Tübingen, Med. Fak., Inaug.-Diss. v. 1890

Munk, J. Ventilatoren (Prospecte). Wien 1877. 4.

Munk, Imman., Einzelernährung u. Massenernährung, s. a. Handbuch der Hygiene.

Munk, J. Einzelernährung und Massenernährung. Jena 1893.

Munk, Immanuel: Zur Erinnerung an Emil du Bois-Reymond (Verf.: I[mmanuel] Munk.) Leipzig: G. Thieme 1897 (11 S.) 8°
Aus: Deutsche Medicin. Wochenschrift. 1897 No 2

Munk, J., u. J. Uffelmann, die Ernährung d. gesunden u. kranken Menschen. Handbuch der Diätetik f. Aerzte, Verwaltungsbeamte u. Vorsteher v. Heil- u. Pflege-Anstalten. Mit 1 Farbentaf. gr. 8. (VIII, 596 S.) Wien 887. Urban & Schwarzenberg. n. 14. —; geb. n. 16. —

— u. J. Uffelmann, die Ernährung d. gesunden u. kranken Menschen. Handbuch f. Ärzte, Verwaltungsbeamte u. Vorsteher v. Heil- u. Pflege-Anstalten. 2., verb. Aufl. 1. u. 2. Hälfte. gr. 8. (VIII, 600 S. m. 1 Farbentaf.) Wien 891. Urban & Schwarzenberg à n. 7 — (kplt. geb.: n. 16. —)

Munk, I., u. Uffelmann's Ernährung d. gesunden u. kranken Menschen. Handbuch der Diätetik f. Ärzte, Verwaltungsbeamte u. Vorsteher v. Heil- u. Pflege-Anst. 3., verb. Aufl., bearb. v. I. Munk u. C. A. Ewald. 2 Tle. gr. 8. (VIII, 591 S.) Wien 895. Urban & Schwarzenberg. à n. 7. — (kplt. geb.: n. 16. —)

— Lehrbuch der Physiologie des Menschen u. der Säugetiere f. Studierende u. Aerzte. Bearb. v. P. Schultz. 7. Aufl. (VIII, 700 S. m. 153 Holzschn.) gr. 8. Berlin 905. A. Hirschwald. n. 14. —

Munk, Imman., Physiologie des Menschen und der Säugethiere. Ein Lehrbuch für Studirende. gr. 8. (VIII, 546 S. mit 68 eingedr. Holzschn.) Berlin 881, Hirschwald. *

Munk, I., Physiologie d. Menschen u. der Säugethiere. Ein Lehrbuch f. Studirende. 2., verb. Aufl. Mit 90 Holzschn. gr. 8. (VIII, 592 S.) Berlin 887. Hirschwald. n. 14 —

— Physiologie d. Menschen u. der Säugethiere. Lehrbuch f. Studirende u. Aerzte. 3., verb. u. verm. Aufl. gr. 8. (VIII, 615 S. m. 109 Holzschn.) Berlin 892. A. Hirschwald. n. 14. —

— Physiologie d. Menschen u. d. Säugethiere. Lehrbuch f. Studirende u. Aerzte. 4. Aufl. gr. 8. (VIII, 633 S. m. 120 Holzschn.) Berlin 897. A. Hirschwald. n. 14. —

Physiologie des Menschen und der Säugethiere. Lehrb. f. Studirende u. Aerzte v. Prof. Dr. Immanuel Munk in Berlin. 5. Aufl. M. 130 Holzschn. *Berlin. A. Hirschwald 1899.* (VIII, 634 S.) 1 Bd 8. [illegible]

— Physiologie des Menschen u. der Säugethiere. Lehrbuch f. Studirende u. Aerzte. 6. Aufl. gr. 8. (VIII, 642 S. m. 147 Abb.) Berlin 902. A. Hirschwald. n. 14.—
5. Aufl. (VIII, 634 S. m. 130 Abb.) 899. n. 14. —.

— s.: Untersuchungen an zwei hungernden Menschen.

Munk, Immanuel (geb. Posen 30. 5. 1852): Versuche über die Wirkung des Cryptopin. Berlin (1873). (32 S.) 8°
Berlin, Med. Diss. v. 15. März 1873

Munk, Imman., s.: Centralblatt f. Physiologie.

Munk, Joh., sieben neue Fälle von Uterus-Ruptur mit Rücksicht auf vaterländ. Literatur. 8. (40 S.) Tübingen 874, Fues'sche Sortimentsh. *

Munk, Julius: Über die Einwirkung von verdünnter Schwefelsäure auf das aus Propionaldol durch Reduktion entstehende Glykol. S. 114. IIb. [illegible]
Separatabdruck

Munk, Leo

Zur Erinnerung an die Einweihung der Synagoge in Marburg am 15. Sept. 1897 von Dr. L[eo] Munk. *Marburg: N. G. Elwert 1897.* (1 Bl., 24 S.) 1 Bd 8. [illegible]

Zur Erinnerung an die Einweihung der neuen Synagoge in Marburg v. Dr. L. Munk, Provinzialrabbiner. *Marburg: N. G. Elwert 1897.* (2 Bl., 24 S.) 1 Bd 8. [illegible]

Munk, Leo, die patentrechtliche Licenz. E. Studie. gr. 8. (III, 176 S.) Berlin 897. C. Heymann's Verl. n. 3. 60

[Munk, Leo]: • De paraphrasi libri Esther Chaldaica, quae targum posterius appellatur. [Th. 1.] 57 S. 4° (2°)
Halle-Wittenberg, Phil. Diss. v. 24. Juli 1873
Geb. [Altona (Holst.) 23. 10. 1851]
Die andern Teile der eingereichten Arbeit:
2. Deutsche Uebersetzung des s. g. „zweiten" Targum (S. 58—196)
3. Deutsche Anmerkungen dazu (S. 197—271)
befinden sich nicht mehr bei den Akten.

Munk, Leo, das österreich. Patentgesetz. Kommentar zu d. Gesetz v. 11. I. 1897, betr. d. Schutz v. Erfindgn. gr. 8. (VIII, 466 S.) Berlin 901. C. Heymann. n. 8. —

Munk, Leo, der Herr Sachverständige. Vortrag, geh. in der Plenarversammlg. des niederösterreich. Gewerbevereines am 11. XII. 1908. (36 S.) gr. 8. Wien 908. Manz. — 50

Munk, L., die Steuerbelastung der Reichshauptstädte Wien u. Berlin in vergleichender Darstellung. Mit 1 lith. Taf. gr. 8. (III, 143 S.) Wien 889. Hölder. n. 3. 20

Munk, L., der Talmud. Vortrag, gehalten am ersten Tage des Hüttenfestes 5648. (4. Octbr. 1887.) gr. 8. (16 S.) Marburg 887, Elwert's Verlag. *

Munk, L., s. Targum Scheni zum Buche Esther.

Munk, L., was ist Thierschutz u. wie soll d. Pflicht d. Schonung d. Thiere u. Pflanzen in d. israelit. Schule gelehrt werden? Vortrag, geh. in der 27. Jahresversammlg. der israelit. Lehrerconferenz Hessens. gr. 8. (22 S.) Marburg 896. N. G. Elwert's Verl. n. — 40

Worte der Trauer an der Bahre der Frau Paula Wertheim gesprochen von Provinzialrabbiner Dr. Leo **Munk** am 10. Okt. 1901 *Marburg 1901: J. Hamel.* (3 Bl.) 8° [F.] (01. 14937 4

Munk, M. S., Notice sur Joseph ben-Iehouda, ou Aboul'-Hadjadj Yousouf ben-Ya'hya al-Sabti, al-Maghrebi, disciple de Maïmonide. (Extrait du Journal Asiatique.) gr. in-8. Paris 842. (Berlin, Asher et Comp.) n. 2/3 ℛ

Munk, Max, die Hygiene des Schulgebäudes. (177 S. m. 16 Abbildgn.) 8. Brünn 905. Karafiat & Sohn. n. 2. 50

— die Schulkrankheiten. I. Heft. Die Schulkurzsichtigkeit. Verkrümmungen der Wirbelsäule. (57 S. m. 9 Abbildgn.) 8. Ebd 905. n. 1. 50

— die Zahnpflege in Schule u. Haus. (12 S. m. 1 Abbildg.) 8. Ebd. 905. n. — 30

Munk, Meier [aus Altona, Prov. Schleswig-Holst.]: Ueber die möglichen Fälle mehrfach hyperboloidischer Lagen zweier Tetraeder ... Marburg, Buchdr. v. J. Hamel, 1893; 2 Bl., 51 S., 2 Bl. 8.
Marburg, Phil. Fak., Inaug.-Diss. v [28. Febr] 1893

Munk, Mich. (geb. Rawitsch 1812) De haemorrhoidibus ac tumorum haemorrhoidalium anatomia et causis. Berolini (1842). (34 S.) 8°
Berlin, Med. Diss. v. 3. Dez. 1842

Munk, Ph., und E. Leyden, die acute Phosphor-Vergiftung. Mit besond. Rücksicht auf Pathologie und Physiologie experimentell bearb. gr. 8. (III und 188 S.) Berlin 865, A. Hirschwald. *

Munk, Philipp. (geb. Posen 1833) De cupro in organica rerum natura obvio. Berolini (1856). (28 S.) 8°
Berlin, Med. Diss. v. 3. Dez. 1856

Munk, Reinhold [aus Göppingen]: Ein Beitrag zu den Dermoidcysten des Ovarium . Tübingen, L. Fr. Fues'sche Buchdr., 1885; 19 S. 8°.
Tübingen, Med. Fak., Inaug.-Diss. v. 1885.

Munk, Richard, Referendar Das **Vermächtnis** eines nicht zur Erbschaft gehörenden Gegenstandes nach gemeinem Recht und B.G.B. *Berlin [1904]: E. Ebering.* (XIII, 162 S.) 8°
Freiburg i. B., Rechts- u. staatswiss. Diss. v. 1904

Munk, S., Palästina, s. a. Schriften hrsg. vom Institut zur Förderg der israelit. Literatur.

Munk, S., Palästina. Bearb. von M. A. Levy. Leipzig 870—72. Breslau, Preuß und Jünger. (ℳ 7.) 4 —

Munk, S., Philosophie und philosophische Schriftsteller der Juden. Eine histor. Skizze. Aus dem Französ. mit erläut. und ergänz. Anmerkungen von B. Beer. gr. 8. (VII und 120 S.) Leipzig 852, Hunger. *

Munk, W., die preußische Gerichtsverfassung. Das deutsche Gerichtsverfassungsgesetz und das Einführungsgesetz, das preuß. Ausführungsgesetz und die preuß. Ergänzungsgesetze, Verordnungen und Ministerialverfügungen. Auf Grund der Materialien erläutert. gr. 8. (XIV, 468 S.) Berlin 880, Puttkammer und Mühlbrecht. *

—— das Gesetz vom 31. März 1879 betr. die Uebergangsbestimmungen zur deutschen Civilprozeßordnung und deutschen Strafprozeßordnung. Auf Grund der Materialien erläutert. gr. 16. (IV, 59 S.) Ebendas. 879. *

Munk, Walter Wesen und Voraussetzungen der mora creditoris im gemeinen Rechte und im Bürgerlichen Gesetzbuche für das Deutsche Reich. *Berlin: R. L. Prager 1898.* (IX, 72 S.) 8°
Erlangen, Jur Diss. v 14. Mai 1898

Munk, Will[ibald]. Über Pruritus vulvae mit Carcinom der Vulva. *Stadtamhof 1898: J & K. Mayr.* (21 S.) 8°
Erlangen, Med. Diss. v [Juli] 1898

Münk, Ign. Frhr. v., s.: Lamboy.

Muenk, Karl, a. Bünde in Westf.: Condensationen zwischen Oxalester und Methylaethylketon. Kiel 1905: H. Fiencke. (64 S.) 8°
Kiel, Phil. Fak., Ref. Harries, Diss. v. 12. Aug. 1905
[Geb. 3. Juli 82 Bünde, Westf.; Wohnort: Bünde; Staatsangeh.: Preußen; Vorbildung: Realgymn. Bielefeld Reife O. 01; Studium: Charlottenburg T.H. 5, Kiel 3 S.; Rig. 22. Juli 05.]

Munkacsi, Bernát, s.: Revue orientale pour les études ouralo-altaïques.

Munkacsy, Mich. v., Erinnerungen. D. Kindheit. M. e. Vorwort v. Boyer d'Agen. Autor. Übersetzg. aus d. Franz. v. F. Walth. Jlges. 8. (XXXVII, 124 S. m. Bildn.) Berlin 897. F. Fontane & Co. n. 2. —; geb. n.n. 3. —

MUNKAY, JOHANN: Herz Mariae Gebetbüchlein. Wien o. J.: o. Dr.

MUNKAY J. Das Leben der allerseligsten Jungfrau Maria. Aus dem Ungarischen des Dr J. Munkay. Mit 23 Bildern. o. O. o. J. o. Dr.

Munkay János —. Mennyei Nefelejts. Imakönyv keresztény katholikusok használatára szerkeszté — —. Esztergom Érseki Főmegye áldozó Papja. 8. (406 S) Béc-ben. Wallner Jakabnál. Nyom Pichler A. (Munkay Johann. Himmlisches Vergißmeinnicht. Gebetbuch zum Gebrauche für kathol. Christen. Verfaßt von — —, Priester der Graner Erzdiözese. Wien Bei Jakob Walner. Druck von A. Pichler.) 1855

Munkay, Johann, der neue geistliche Schild wider alle Gefährlichkeiten des Leibes und der Seele zu Wasser und zu Land. Ein kathol. Gebet- und Betrachtungsbuch auf alle Tage in der Woche, nebst 14 Abbild. von Heiligen. 16. (... S.) Wien 860, Wallner.

Munkay, J. Pfarrer Der Weg zum ewigen Leben. Ein Gebet- und Erbauungsbuch für katholische Christen. 5. Aufl. 8. (640 S.) Wien. Wallner. 1861. 1 fl. 20 kr.

Munke s a Muncke

Munke, Populäre Wärmelebre. Leipzig 1847. 8.

Munke, Aug., der vollkomm. Sattler. Eine vollständ. Mustersamml. aller Arten v. Sattlerarbeiten, mit Maßstab u. beigefügt. Erklär. Nebst e. Anh., enth. d. neueren Erfindn. u. Verbessern. an d. verschied. Sattlerarbeiten. Nach eig. Erfahrn. u. d. neuest franz. u. engl. Schriften üb. dies. Gegenstand bearb. M. 14 Taf. Abbild. (auf 7½ B. Fol.) 8. (2½ B.) Quedlinburg 832, Basse.

Munke, Aug., der vollkomm. Sattler. Mit e. vollständ. Mustersamml. aller Sattlerarbeiten. Nebst e. Anh., neuere Erfindn., Verbess. u. Vorschläge enth. 3., sehr verb. u. verm. Aufl. qu. Fol. (14 B. u. 18 Taf. Abbild.) Quedlinburg 836, Basse.

Munke, G. W., physikalische u. kosmologische Abhandlungen zur Erlernung d. Naturkunde. gr. 8. Gießen, Heyer. 815.

Munke, G. W., Anfangsgründe der Naturlehre. 1ste Abtheil. Experimentalphysik. 2te Abtheil. mathemat. und phys. Geographie und Atmosphärologie. gr. 8. Heidelberg, Groos. 820.

— Grundriß d. prakt. Rechnungsarten zum Gebrauch d. Vorlesungen. gr. 8. Marb. Krieger. 822.

— — über das Schießpulver, seine 3 Bestandtheile, die Stärke und die Art seiner Wirkung. gr. 8. Marburg, Krieger. 819.

Münkel, Kornelius Konrad

Münkel, K. K., das angenehme Jahr des Herrn. Epistelpredigten über das ganze Kirchenjahr. 1. u. 2. unveränd. Aufl. Verden 855. Steinhöfel. 8. (IV, 655 S.) n. 1 ₰. 10 ngr.

Münkel, K. K., das angenehme Jahr d. Herrn. Epistelpredigten auf das ganze Kirchenjahr. 3. Aufl. gr. 8 (IV, 588 S.) Hannover 875. Meyer. n. 6. —

Münkel, K. K., die Katechismusnoth und ihre Abhülfe durch die Synode. Verden 862. Steinhöfel. gr. 8. (74 S.) n. 7½ ngr.

—— Missionspredigt am 5. Juni 1855 zu Hannover gehalten. gr. 8. (11 S.) Verden 856, Steinhöfel'sche Buchh. **

Münkel's, K. K., nachgelassene Schriften, nebst e. Lebensbilde d. Entschlafenen von O. Mejer. Hrsg. von M Frommel. gr. 8. (VI, 195 S. m. Portr.) Linden-Hannover 889. Manz. n. 3. 80; geb. n. 4. 80

— Karl Johann Philipp Spitta. Ein Lebensbild. Leipzig 861. Friese. 8. (VIII, 287 S.) n. 25 ngr.

Karl Johann Philipp **Spitta.** Ein Lebensbild von Dr. theol. **K[arneades] K[onrad] Münkel**, weil. Pastor zu Oiste. Neu hrsg. von Dr theol. O[tto] Mejer, Präs. d. Landesconsist. zu Hannover *Bremen: M. Heinsius Nachf. 1892.* (XII, 226 S.) 8° [F.] (oo. 8789

— der Tag des Heiles. Evangelienpredigten über das ganze Kirchenjahr, nebst Fasten- und Bußtagspredigten. Verden 860. Steinhöfel. gr. 8. (IV, 910 S.) n. 2 ₰

Münkel, K. K., der Tag des Heiles. Evangelienpredigten über das ganze Kirchenjahr, nebst Fasten- u. Bußtagspredigten. 2. Aufl. Lex.-8. (IV, 834 S.) Hannover 877. Meyer n. 8. —

Münkel, Korn. Konr., kurzer Unterricht über Taufe u. Lehre der sogenannten Wiedertäufer. gr. 8. (44 S.) Verden 850, Tressan. n. 3 ngr.

—— was ist von den Methodisten zu halten? Beantwortet. 2., veränd. Aufl. gr. 8. (16 S.) Verden 850, Tressan.

Münkel, Louis, bunte Blätter. Gedichte. 16. (288 S.) Hannover 861, Helwing'sche Hofbuchh. *

Münkel, Louis, Fibel, s. Gölitz, G.

Münkel, Louis, Gedichte besond. f. d. weibl. Jugend. gr. 12. (12¼ B.) Hannover 846, Helwing'sche Hofbuchh. *

—— und Th. Colshorn, Kinderfreund, s. Colshorn.

Münkel, L., Kinderheimat, s.a **Gölitz, G.**

—— und Ernst Quietmeyer, Kinderheimath. Zweites Lesebuch. 8. (VIII und 279 S.) Hannover 850, Helwingsche Hofbuchh.

—— dass. — Drittes Lesebuch. gr. 8. (VI und 314 S.) Ebds. 851.
Erstes Lesebuch. Ebendas. 1848. 5 Ngr.

Münkel, Louis, Kinderheimath. Deutsches Lesebuch, vierte Stufe. gr. 8. (XVI u. 343 S.) Hannover 852, Schlüter. n. ½ ₰

Münkel, Louis, Kinderheimath. Deutsches Lesebuch, vierte Stufe. 2. unveränd. (Titel-)Aufl. Hannover (852.) 855. Helwing. gr. 8. (XVI, 343 S.) 15 ngr.

—— und Ernst Quietmeyer, Kinderheimat. 2. Lesebuch. 2. Aufl. gr. 12. (VIII und 279 S.) Hannover 858, Helwing'sche Hofbuchh.

Münkel, Louis, und Ernst Quietmeyer, Kinderheimat. 3. Lesebuch. 2. Aufl. 12. (VII und 368 S.) Hannover 861, Helwing'sche Hofbuchh. Thlr.

— Kinderheimat. Deutsches Lesebuch, 4. Stufe. 3. Aufl. Hannover 867. Brandes. gr. 8. (VIII, 368 S.) geb. n 20 ngr.

— Morgenröthe. Gedichte, deutschen Volksschullehrern gewidmet. 16. (VIII u. 127 S.) Hannover 847, Helwing. n. 8 ngr.

—— Schreib-Lese-Fibel, s. Quietmeyer.

——, G. Gölitz und Ernst Quietmeyer, Wandfibel, s. Gölitz.

Münkel, Otto, aus Hannover, Referendar zu Hannover Das **Rechtsverhältnis** aus § 651 des Bürgerlichen Gesetzbuches für das deutsche Reich. *Hannover 1899: Hartmann & Co.* (56 S.) 8°
Erlangen, Jur. Diss. v 22 Juni 1898

Munken, Jobst Wilh., merkwürdige Alterthümer. gr. 4. Nürnberg. 767. 68. Jetzt Lechner und der Pr. 4

Munkenbeck, *Ludwig Wilhelm* August [pr. Arzt aus Schwerte in Westf.]: Ueber ein primäres Carcinom des Pancreas-Schwanzes. . Schwerte, Druck v. C. Saatmann, 1890; 32 S., 1 Bl. 8°
Marburg, Med. Fak., Inaug.-Diss. v [28. Okt] 1890

Munker, Adolf, appr. Arzt a. Hof i. B.: Beitrag zur Symptomatologie und Therapie der Unterleibsverletzungen durch stumpfe Gewalt. Hof (1905): K. u. H. Hoermann. (43 S.) 8°
Erlangen, Med. Fak., Ref. Graser, Diss. v. 20. Sept. 1905
[Geb. 27. Mai 75; Rothenstadt; Wohnort: Hof; Staatsangeh.: Bayern; Vorbildung: Gymn. Regensburg Reife 95; Studium: Erlangen 12, München 6 S.; Coll. 31 Mai 05. Approb. 29. Mai 05.]

Munker, Balthasar Sebastian

— — De executione sententiae pendente appellatione licita Von Rechtserlaubter Vollziehung der Urthel währender Appellation. Altdorf (J. W. Kohle) Juni 1730. 35 S. (5.50) 24393

Munker, Balthasar Sebastian (Nürnberg), **De remediis contra sententias ob summam litis non appellabiles competentibus. Präs. Joh. Jodokus Beck. Altdorf/Bayern (J. W. Kohle) Febr. 1730. 31 S. (5.—)** 24392

Munker, J. G., eine elementare Erklärung der Präcessionsbewegung mit Berücksichtigung der Reibung, s. Abhandlungen der naturhistorischen Gesellschaft zu Nürnberg.

Munker, J. G. „Ueber den Exhaustor in der hiesigen Gasfabrik. pg. 3—5. 4°. (Forts. 1860/61.) Carl Brügel and Sohn.
Ansbach, Progr. 1861/62

Munker, J. G., die Grundgesetze der Elektrodynamik, synthetisch hergeleitet u. experimentell geprüft. M. Holzschn. gr. 8. (IV, 27 S.) Nürnberg 883. v. Ebner. n. 1. —

Munker, J. G. „Eine Luftturbine im Schornstein der hiesigen Gasanstalt". pg. 3—6. 4° Brügel.
Ansbach, Progr. 1860/61

Munker, J. G. „Die Schwingungen der Eisenbahnwägen und deren Einfluss auf das Entgleisen der Bahnzüge". pg. 3—7. 8°. Brügel.
Ansbach, Progr. 1863/64

Munker, J. G. „Eine elementare Theorie der Capillarerscheinungen". pg. 3 bis 8. 4° Mit Textfiguren. Jul. Volkhart.
Fürth, Progr. 1851/52

Munker, J. G. „Untersuchungen über die inducirten Ströme der magnetoelektrischen Rotationsmaschinen". pg. 3—13. 4°. Mit Textfigur. Brügel.
Ansbach, Progr. 1854/55

Munker, J. G. „Untersuchungen über die inducirten Ströme etc." (Fortsetzung von 1854/55.) pg. 3—9. 4°. Mit Textfigur. Brügel.
Ansbach, Progr. 1855/56

Munker, Jobst Wlh., († d. 11. April 1787.) Alterthümer, durch mytholog., histor. u. a. Anmerkk. erläutert v. Nußbiegeln. 2 Thle. Mit 32 Kpf. gr. 4. Nürnb. 769—76. Schwarzkopf. 6 ∮ (v. Ebner). 4 ∮

Munker, J. W., Alterthümer, durch mythol. Alterthümer erl. v. Nußbiegeln. 2 Thle. gr. 4. Nürnb. Schwarzkopf. 769—77.

— Phrases, formulae, sententiae, proverbia etc., quae particulam aliquam antiqhitatum Mythologiae, Philologiae etc. illustr. c. fig. 8. Nürnb. 771.

— merkw. Stellen d. alt. Profanscribenten u. neuern Reisebeschr. erkl. 1r Vers. 8. Nürnb. 747.

Munker, J. W., Merkwürdige Stellen der Alten aus Reisebeschreibungen erläutert. Nürnb. 747. Thl. I. 8. 10gr.

Münker, August, Gerichtsreferendar a. Allrath im Kreise Grevenbroich, Rheinland: Die condictio ob turpem causam. Düsseldorf 1906: L. Voss. (63 S.) 8°
Rostock, Jur. Fak., Ref. Matthiaß, Diss. v. 12. Juni 1906
[Geb. 29. Mai 80 Kreuzfelderhof bei Ronmerskirchen, Reg.-Bez. Düsseldorf; Wohnort: Düsseldorf; Staatsangeh.: Preußen; Vorbildung: Gymn. Cöln Reife O. 00; Studium: Heidelberg 2, Munchen 2, Bonn 2 S.; Rig. 20. Dez. 05.]

Münker, E., **neuere Glüh- u. Wärmöfen, s. a. Sammlung berg- u. hüttenmännischer Abhandlungen.**

Neuere Glüh- und Wärmöfen. Von Dir. E. **Münker.** Kattowitz Gebr. Böhm 1908. (13 S.) 8°
Aus. Berg- u. Hüttenmännische Rundschau.
= **Sammlung** Berg- u. Hüttenmännischer Abhandlungen. H. 22. 08. 7474

Münker, Heinrich [aus Wiesbaden]: Zur Kenntnis der Biazolone ... Erlangen, k. b. Hofbuchdr. v. A. Vollrath, 1895; 38 S., 1 Bl. 8.
Erlangen, Phil. Fak., Inaug.-Diss. v. 19. Juni 1895

Münker, Herb., **die Weseler Schiffahrt vornehmlich zur Zeit des spanisch-niederländischen Krieges, s. a. Studien u. Quellen zur Geschichte v. Wesel. I.**

Münker, Herbert, a. Mülheim a. d. Ruhr: Die Weseler Schiffahrt im XVI. Jahrhundert. Wesel 1907: C. Kühler. (XI, 44 S.) 8° ¶ (Erscheint vollst. u. d. T.: 'Die Weseler Schiffahrt vornehmlich zur Zeit des spanisch-niederländischen Krieges. Ein Beitrag zur Verkehrsgeschichte des Niederrheins' in 'Studien und Quellen zur Geschichte von Wesel'.)
Bonn, Phil. Fak., Ref. Schulte, Diss. v. 9. Juli 1907
[Geb. 26. Nov. 84 Mülheim a. d. Ruhr; Wohnort Mülheim; Staatsangeh.: Preußen; Vorbildung: Gymn. Mülheim Reife O. 02; Studium: Marburg 1, Berlin 3, Bonn 5 S.; Rig. 19. Dez. 06.]

Die Weseler Schiffahrt vornehmlich zur Zeit des spanisch-niederländischen Krieges. Ein Beitrag z. Verkehrsgeschichte d. Niederrheins von Herbert **Münker** Wesel: C. Kühler 1908. (XVI, 231 S.) 8°
= **Studien** u. Quellen z. Geschichte von Wesel. 1 08. 13356

Munkert, Anton [aus München] Beiträge zur Synthese von Indenderivaten. München, Buchdr. v. J. Fuller, 1890 31 S. 8°
Erlangen, Phil. Fak., Inaug. Diss. v. 1890

Munkert, Ant., die Normalfarben. Beitrag zur Technik der Malerei f. Techniker u. Künstler. (VII, 171 S.) gr. 8. Stuttgart 905. F. Enke. n. 4. —; geb. in Leinw. n. 5. —

Münkner, Aug., Gedichte. 8. Leipzig, Müller. 818.

Munkus, das Weib in der Sozialdemokratie u. die Mission der katholischen Kirche mit Bezug auf das Proletariat. 16. (32 S.) Berlin 878. Huth & Co. — 20

Munkus, das Weib in der Sozialdemokratie und die Mission der katholischen Kirche mit Bezug auf das Proletariat. gr. 16. (32 S.) Berlin 879, [Huth und Comp.] Jacob.

Munkwitz, Rhold, weniger Kinder u. glücklichere Eltern durch e. vollständ. naturgemässes Verhütungsverfahren. 2. Aufl. (94 S.) gr. 8. Dresden(-A., Annenstr. 58) 909. R. Munkwitz. 5. —
Infolge Rechtsspruchs unbrauchbar gemacht.

Munneke, H. A. D., Anweisung üb. d. Zubereitung u. Benutz. d. Roggens als Caffee-Surrogat. 8. (1½ B.) Braunschweig 836, Leibrock.

—— homöopath. Diätetik, mit besond. Berücksichtig. auf d. Gewohnheiten im braunschweig. Lande. 8. (3 B.) Braunschweig 837, Leibrock.

— homöopath. **Volksarzneibuch** mit besond. Bezieh. auf äußere Leiden, od. Aufstellung derjen. Krankheiten, ihrer characterist. Kennzeichen, an denen sie als vorhanden erkannt werden, mit Angabe d. Heilung nach homöop. Grundsätzen, welche dem von ärztl. Hülfe entfernt wohn. Nicht-Ärzte z. Selbstbehandl. übergeben werden können. 1. u. 2. Aufl. 8. (à 19½ B.) Braunschweig 837, Leibrock. à

— homöopath. Volksarzneibuch mit besond. Beziehung auf äußere Leiden, oder Aufstellung derjenigen Krankheiten, ihrer characteristischen Kennzeichen, an denen sie als vorhanden erkannt werden, mit Angabe der Heilung nach homöopath. Grundsätzen, welche dem von ärztl. Hülfe entfernt wohnenden Nicht-Ärzte zur Selbstbehandlung übergeben werden können. Nebst Anweisung, wie er in einigen, schnelle Hülfe erfordernden Krankheitszuständen bis zur Ankunft des Arztes zu verfahren habe. 8. Ebd. 837. ¾ rf — 2e Aufl. 8. Ebd. 839. ¾ rf

Münnekehoff, Heinrich [aus Castrop i. Westf.]: Die Fälle von künstlicher Lösung der Placenta nebst Erfolgen in der Münchener Universitäts-Frauenklinik während der Jahre 1892—1896 ... München, kgl. Hofbuchdr. Kastner & Lossen, 1897; 44 S. 8.
München, Med. Fak. Inaug.-Diss. v. 1897

Münnich, s.a. M ü n c h

Münnich, Geschichte des 1. Niederschlesischen Infanterie-Regiments Nr. 46 von Errichtung des Regiments bis zum Jahre 1882. Auf Befehl des königl. Regiments bearb. Mit 4 (lith.) Plänen. gr 8. (XII, 358 u. Anlagen 104 S.) Berlin 882. Mittler & Sohn. n. 9. —

Münnich, Hauptm., Geschichte des ersten Niederschlesischen Infanterie-Regiments Nr. 46 von Errichtung des Regiments bis zum J. 1882. Auf Befehl des königl. Regiments bearb. gr. 8. (XII, 358 S. mit 4 lithogr. Plänen und Anlagen 104 S.) Berlin 884, Mittler und Sohn. *

(**Münnich.**) Aus dem Leben des bayerischen Generals der Cavallerie Fürsten Thurn u. Taxis. 8. München 1869

Münnich. Leben, Thaten und Betrübter Fall Des Weltberufenen russischen Grafen Burchards Christophs von .. Andere Aufl. 8. Bremen 1743.

Muennich, August *(geb. Neiße 6. 9. 1848)*: Welches ist das beste Mittel zur Verhütung der Placentarretention? Breslau 1876. (24 S.) 8°
Breslau, Med. Diss. v. 17. [vielmehr 28.] Jan. 1876

Münnich, B., Ζονεις πολυγλεττα. 4maj. Gotting. Vandenhöck et Rupr 815.

Muennich, Bernard Theod. Carol. (geb. Berlin 1. 3. 1832): De pemphigo syphilitico neonatorum. Berolini (1855). (31 S.) 8°
Berlin, Med. Diss. v. 29. Dez. 1855

v. Münnich, Graf Burch. Cph., († d. 16. Oct. 1767.) s. *Ebauche* pour donner.

Münnich, C. H. W., s. M ü n n i c h, Karl Heinrich Wilhelm

Münnich, Christof Graf, Biblia illustrata, s. Biblia.

Münnich, Graf Ernst v., Memoiren. Nach d. deutschen Orig.-Handschrift hrsg., sow. m. e. Einleitg. u. e. Biographie d. Verf. vers. v. Arved Jürgensohn. M. e. Bildnis d. Grafen Münnich u. e. Fcsm. d. Handschrift. gr. 8. (XIII, 242 S.) Stuttgart 896. J. G. Cotta Nachf. n. 5. —

Muennich, Ern. (geb. Berlin 5. 5. 1836) De pneumothorace. Berolini (1859). (31 S.) 8°
Berlin, Med. Diss. v. 30. Juli 1859

Münnich, [Franz] Das Gymnasium Fridericianum zu Schwerin 1853—1903. „Forsan et haec olim meminisse iuvabit" Den ehemaligen Schülern gewidmet. 73 S., 3 Abb. 4.
Progr. Großh. Gymn. Fridericianum *Schwerin* 1904 (zu 764).

Münnich, Franz, Oberlehrer a. Dessau: Die Individualität der mittelalterlichen Geschichtschreiber bis zum Ende des 11. Jahrhunderts. Halle a. S. 1907: Heynemann. (99 S.) 8°
Halle, Phil. Fak., Ref. Lindner, Diss. v. 19. Febr. 1907
[Geb. 10. Nov. 80 Berlin; Wohnort: Dessau; Staatsangeh.: Anhalt; Vorbildung: Friedrichs-Gymn. Dessau Reife O. 00; Studium: Greifswald 1, Leipzig 1, Tübingen 1, Halle 5 S.; Rig. 10. Dez. 06.]

Münnich, Frz. Burggraf Johann III. von Nürnberg. (26) 4. Wittenberg 1875.

Münnich, *Franz* [Dir. Dr.]: Nachwort. (Enth. Die Stellung der Gymnasien in Deutschland.) Schwerin, gedr. in d. Bärensprungschen Hofbuchdr., 1890; S. 25–26; 4°
Schwerin i. M., grossh. G. Fridericianum, OP 1890

Münnich, Frz. Zum englischen Unterrichtswesen. Das Gymnasium. 1. 34 S. **Progr.** *Wittenberg* 1877

Münnich, *Franz* Verzeichniss der Abiturienten seit Ostern 1879 bis Michaeli 1887. 4 (S. 15–20 der Schuln.).
Progr. G. Fridericianum *Schwerin* 1890 (638)

Muennich, Frid(ericus) Guil(elmus) Alex(ander) Franc(iscus): De gravidarum parturientium et puerperarum eclampsia. Halae (1838): Karl Grunert. 32 S. 8°
Halle-Wittenberg, Med. Diss. v. 20. Dez. 1838
Geb. Hattingen (Westf.) [26. 10.] 1814. V

Muennich, Friedrich Wilhelm Alexander, Franz (Hattingen/Westfalen), De gravidarum parturientium et puerperarum eclampsia. Diss. med. et chir. Halle (C. Grunert) 20. XII. 1838. 32 S. u. Biogr. (M.: Ph. Rautert.) (3.50) 24327
Advers. erunt: H. Joesting, C. Tuengel. — Gew.: Anton Fried. Hohl, Lebrecht Muennich (Vater).

Münnich, Hans Adf., Braut in Haaren. Eine Erzählg. aus dem Gebirge. Mit e. Titelkpfr. nach Originalzeichnung v. Paul Thumann, in Kpfrst. ausgeführt v. H. Bürkner. gr. 8. (VIII, 227 S.) Jena 874. Costenoble. n. 4. —; geb. n. 5. 25

— aus aller Herren Ländern. Studien u. Skizzen. 2. (Titel-)Aufl. Wohlfeile Volks-Ausg. 2 Thle. in 1 Bde. 8. (221 u. 256 S.) Ebend. (1875) 880. 3. —

Münnich, Heinrich Friedrich

Münnich, H. Fr., Glossomantia sive de signis a lingua depromendis. Dissertat. inaug. medica. 8maj. (2 B.) Berolini 830, (Hirschwald.)

Münnich, Heinrich Friedrich (Oscaniensis), Glossomantia sive de signis a lingua depromendis. Diss. med. Berlin (A. Petsch) 20. III. 1830. 32 S. mit Biogr. (M.: Walther.) (3.50) 24328
Oppon.: E. Schmidt, A. David, J. Marcus. — Gew.: E. D. Aug. Bartels, H. J. L. Blau.

Münnich, J., gewerbliche Anlagen im Allgemeinen und Dampfkessel insbesondere. Systematische und erläut. Darstellung für Jedermann; unter Bezugnahme auf die Paragraphen 2 und 3 der Bau-Polizei-Ordnung für Berlin vom 21. April 1853 nach Lage der neuesten preuß. Gesetzgebung mit allen wesentl. dazu gehör. Ergänzungen, ministeriellen Vorschriften und Verordnungen aus amtl. Quellen bearb. 8. (XIV und 97 S. mit 1 Tab. in Fol.) Berlin 865, Peiser's Verlag. *

Münnich, J. J. W

— s. Gedanken u. Vorschläge zur Verbesserung

Münnich, J. J. W., Verhandlungen der Hadmerslebenschen Kreis-Synode. 16 Heft. gr. 8. Magdeburg, Heinrichshofen. 818.

— **Johann Andreas** (Bellebia Magdeb.), De diarrhoea biliosa. Diss. med. Präs. Georg Daniel Coschwitz. Halle / Magdeburg (J. Chr. Hilliger) Mai 1729. 20 S. (5.—) 24329
Gew.: August Friedrich Boden. — Widm. v.: Joh. Christoph Münnich (Bruder), J. W. Münnich, Joh. Samuel Münnich (Bruder), Joh. Friedr. Münnich (Bruder), Johann Gottfried Münnich (Bruder, dtsch.), Johann Emanuel Münnich (Bruder, dtsch.), Benjam. Schmidt (dtsch.), Gottfried Brand.

— **Johann Friedrich** (Bellebia Magdeb.), De diarrhoea serosa. Diss. med. Präs. Georg Daniel Coschwitz. Halle/Magdeburg (J. Chr. Hilliger) Mai 1729. 21 S. (5.—) 24330
Widm. v.: Joh. Christoph Münnich, J. W. Münnich (Bruder), Johann Samuel Münnich (Bruder), J. A. Münnich (Bruder), Johann Gottfried Münnich (Bruder, dtsch.), Johann Emanuel Münnich (Bruder, dtsch.), Steph. Siegfr. Vogel.

Muennich, Ioan. Gust. Adolph. (geb. Brandenburg a. H. 30. 6. 1833)
De veneficio per strychninum. Berolini (1857). (44 S.) 8°
Berlin, Med. Diss. v. 26. Sept. 1857

Münnich, Jh. Jak. Wlh., Versuch üb. die Gränzen d. Aufklärung unter d. Römern. gr. 8. Lpz. 789. (W. Vogel.) 1 ₰ 4 gr

Münnich, Jh. Lebr., Versuch, die Frage zu beantwort.: Kann irgend e. Art von Täuschung d. Volke zuträgl. seyn? ꝛc. 8. Brandenb. 781. Halle. 3 gr

Münnich, Karl, der Reichstag in der Westentasche. 1884—1887. 64. (48 S.) Leipzig 885. Radelli. cart. — 20

— parlamentarischer Taschen-Almanach f. die VI. Legislaturperiode d. deutschen Reichstags 1884—1887. Auf Grund actenmäß. Materials u. privater Mittheilgn. bearb. 8. (75 S.) Ebend 885. n. — 50

Münnich, Karl Heinrich Wilhelm

Münnich, (Ch. H. W.,) Anfangsgründe d. Erdbeschreibung f. die Jugend d. höhern Stände. (Mit französ. Uebersetz. z. Seite: Géographie élémentaire, à l'usage des enfans de bonne famille.) 8. Dresden 823, Arnold.

— Atlas zu Obigen. gr. 4. Ebd.

Münnich, K. H. W., Anfangsgründe d. Erdbeschreibung f. d. Jugend d. höh. Stände, verm. u. verbess. durch e. tabellar. Uebersicht d. ganz. Erdbeschreib. (1 B. 4.) Deutsch u. Franz. M. 1 Atlas v. 12 neugezeichn. Karten (Kpfrst. gr. 4.) nach d. fortschreit. Kenntnissen geord. 2., verm. Aufl. 8. (8 B.) Dresden 832, Arnold. Thlr.
Ohne Atlas, 8 Gr. — Der Atlas apart, 18 Gr.

— s. Calendarium Musarum.

Münnich, Carl Heinr. Wilh., das malerische Egerthal, in der Gegenwart und Vergangenheit, vom Ursprunge der Eger bis zu ihrer Mündung beschrieben in 20 Heften, mit 40 lithogr. Ansichten nach der Natur gezeichnet von Jul. Fleischmann. 5—10. Heft. (à 2 Stnt. in Tondr. und 4 S. Text.) qu. Fol. Dresden 851, (Kori und am Ende.) à Heft * 7½ Ngr. *
1—4. Heft ist noch nicht erschienen.

Münnich, Karl Heinr. Wilh., das Fichtelgebirge und das Egerthal, in der Gegenwart und Vergangenheit, vom Ursprunge der Eger bis zu ihrer Mündung, beschrieben. Mit 1 (lith.) Kärtchen des Egerlaufes (in Fol.). Dresden 859. am Ende. 16. (IV, 156 S.) n. 10 ngr

— kurzer Inbegriff der philosophischen Vorkenntnisse für Leben, Wissenschaft u. Kunst, enthltd. Grundzüge der Anthropologie, Psychologie, Logik und Metaphysik; der Pädagogik, Moral, Dikäologie und Aesthetik, zum Schul- und Selbstunterricht. Dresden 857. Adler u. Dietze. 8. (4 Bl., 192 S.) n. 15 ngr

— nouvelle méthode pour appr. le français. 8. Dresd. 824. (Grimmer). 6 gr

Münnich, (C. H. W.,) nouvelle méthode pour appr. aisément la langue française en indiquant les derivations et le compositions de cette langue. 8. Dresden 824, Hilscher. Rthlr.

— gedrängte, reine u. angewandte neugriech. Sprachlehre, nebst e. Uebersicht d. neugriech. Literatur, prosaisch. u. poet. Bruchstücken, Uebersetzungen u. Originalien. gr. 8. Dresd. 826. Arnold. 21 gr

— Sprach- u. Denkübungen f. Anfänger u. Geübtere, aus Anleitt. u. Zusammensetzungen, in Vorlegeblätt. bestehend. qu. 8. Leipz. 821. Gnobloch. 8 gr

— studia linguae latinae, in vocabulis derivandis et componendis versantia, edid. in us. stud. juventutis. 8. Dresdae 824, Hilscher.

Münnich, K. H. W., studia linguae latinae, in vocabulis derivandis et componendis versantia, edit. in us. stud. juventutis. 8. Dresden 824; jetzt Schulze in Celle. 1/3 ₰

Münnich, K. H. W., die malerischen Ufer der Saale. 1.—14. Liefg. qu. gr. 4. (Mit 26 Lithogr.) Dresden 846, Adler u. Dietze. à n. 6 ngr — Chines. Pap. à n. 9 ngr

— die malerischen Ufer der Saale. 15—30. Lfg. qu. gr. 4. (VI S. u. S. 56—120 m. 32 Lith.) Dresden 847, Adler & Dietze. à n. 6 ngr (1—30: n. 6 ₰) Chines. Pap. à n 9 ngr (1—30: n. 9 ₰)

Münnich, Kurt, appr. Arzt a. Berlin, Oberarzt im 3. Garde-Feldart.-Reg.: ⟨Aus dem physiologischen Laboratorium der Ohrenklinik der Königlichen Charité in Berlin.⟩ Über die Wahrnehmung der Schallrichtung. Berlin: S. Karger 1908. (39 S.) 8° ¶ (Aus: Beiträge z. Anatomie, Physiologie, Pathologie u. Therapie d. Ohres ... hrsg. v. Passow u. Schaefer, Bd 2 H. 1.)
Berlin, Med. Fak., Ref. Passow, Diss. v. 4. Aug. 1908
[Geb. 24. Mai 80 Berlin; Wohnort: Berlin; Staatsangeh. Preußen; Vorbildung: Askan. Gymn. Berlin Reife M. 99; Studium: Berlin 10 S.; Coll. 3. Aug. 08; Approb. 14. Juli 05.]

Münnich, P., s.: Amman, J., das churpfälzische Fürstenhaus.

Münnich, Paul J. W., f. Alle, nicht Alles f. jeden, eine Wochenschr. 8. Lüneb. 774.

Münnich, Paul Wlh., für Alle, nicht Alles f. jeden; e. Wochenschrift. 8. Salzwedel 774. 21 gr

— etwas für Fremdlinge d. Kunst, in medicin. Briefen. 8. Quedlinb. 767. Ernst. 6 gl

— Gedanken üb. d. neuen Gesundbrunnen zu Benkendorf. 8. Magdeb. Hechtel. 765.

— über die drei schädl. Vorurtheile bei d. Pflege derer, die an hitzigen Krankheiten liegen. 8. Lüneb. 774.

— warum sollte das Podagra, welches oftmals schlecht kurirt wird, nicht auch gut zu kuriren seyn? 8. Lüneb. 775.

— von dem Werthe der Dichter. 8. Quedlinb. 770. Ernst. 3 gl

Münnich, Richard, aus Steglitz b. Berlin Johann Kuhnau. Sein Leben u. seine Werke. [1.] *Leipzig 1902: Breitkopf & Härtel.* (37 S.) 8° ¶[T. 1, Kuhnau's Leben, erschien vollst. 1902 in Sammelbände d. Internat. Musikges., Jg. 3, H 3. — T 2, Kuhnau's Werke, erscheint bei anderer Gelegenheit.]
Berlin, Phil. Diss. v. 22. Jan. 1902

Münnich, Theod., das neueste Hand- u. Reisebuch f. junge Handwerker. Nebst e. Samml. v. Gebeten u. religiös. Gedichten. 16. (22 B.) Quedlinburg 831, Basse.
M 1 ill. Karte v. Deutschland. Fol. 18 Gr.

Münnich, Theod., das neueste Hand- u. Reisebuch f. junge Handwerker. 2., verb. Aufl. 16. (21 B. u. 1 Karte v. Deutschl.) Quedlinburg 837, Basse.
Ohne Karte

Münnich, Wlh., Ξενια πολυγλωττα. 4maj. Götting. 815. Vandenhöck u. R. 8 gl

— Ciceronis libri de republica notitia codicis Sarmatici facta illustrati quantumque fieri potuit restituti. 8maj. Götting. 825. (Leipz., Lauffer). 1 th 8 gl

— s. Lipinsky, conto national.

Münnich, Wilh., Mechanik u. Technik des Pianoforte. Praktischer Wegweiser f. Klavier-Händler, -Stimmer u. Reparateure. 8. (IV, 152 S.) Berlin (900). Mor. Warschauer. 3.—

— s Sexti Rufi breviarium rer. gest. populi Romani.

Münnig, C. H. W., der Elbstrom, s. Elbstrom.

Münninghoff, das eigentliche Wesen der Krankheiten. Enthaltend zugleich die Physiologie des thier. Magnetismus und des Hellsehens. Auch für Nicht-Aerzte verständlich dargestellt. 8. (XI, 155 S.) Leipzig 881, Besser. * geb.

Münninghoff, das eigentliche Wesen der Krankheiten. Enth zugleich die Physiologie des thier. Magnetismus u. des Hellsehens. Gemeinverständlich dargestellt. 2. Aufl. 8. (VIII, 155 S.) Leipzig 894. W. Besser. n. 1.50; geb. n. 2.—

Muenninghoff, August

Muenninghoft (*in d Vita richtig:* **Muenninghoff**), (Franciscus) Augustus (Victor) *(geb. Saerbeck in Westf 10 8 [1835])* De glaucomate. Vratislaviae (1859). (30 S.) 8° *[Im Personalverzeichnis Münnighoff; im Diplom Muenninghof]*
Breslau, Med. Diss. v 17 Mai 1859

Muenninghoft, Franz August Victor, s. Muenninghoff, August

Munotglöcklein: Das Munotglöcklein v. Schaffhauser Zeitung (III).

Munoz, Ant., aventures en verso y prossa, s.: Gesellschaft f. romanische Literatur.

Muñoz, Juan Baptista. Geschichte der Neuen Welt; a. d. Span. ... Weimar 1795. Ü: *Schmid, Ernst August.* (MGT) (CBH)

Muñoz, Jh. Bapt., Gesch. der neuen Welt; aus d. Span. mit Anmerkk. v. E. A. Schmid; mit Vorrede u. Anmerkk. v. M. Chr. Sprengel. 1r Bd. Mit Kpf. gr. 8. Weimar 795. Ind.-Compt. 2 th 16 gl

— dies. in span. Sprache, s. J. D. *Wagner*, collection.

Munro, H. A. J., Seneca's tragedies. S.-A. s. a. 10 S.

Munro, Hugh., katechet. Unterricht f. angeh. Wundärzte; aus d. Engl. 8. Leipz. 794. Weygand. 1 th

Munro, J , s. Munro, Juan Baptista

(**Munro**, Innes) Zerstreute Bemerkungen über die Küste Coromandel, die dortigen Einwohner, Lebensart der Europaer ihre Armeen, Lager und Feldzuge Aus Munros Geschichte des Krieges gegen Hyder Ally gezogen.
in Neue Beiträge zur Volker- und Landerkunde Th. 7 S 33—136 Leipzig 1791 8°

Munro, Jones

Munro, J. Geschichte des Krieges in Ostindien 1780—84. Aus d. Engl. Leipzig 1791. 8°. (Orig. 1789.)

Munro, Jones, Gesch. des Kriegs in Ostindien in d. J. 1780—84 zwisch. d. Engländern u. ihren verbünd. Feinden; aus d. Engl. mit Anmerkk. gr. 8. Leipz. 791. Barth. 1 th

Munro, W. B., s.: Beiträge, rechtswissenschaftliche.

Munsch, Ant, die Sensation v. Monte Carlo. (VII, 69 S. m. Abbildgn.) gr. 8. München 905. [C. Haushalter.] Verlag der süddeutschen Bauhütte. n. 3.—

Munsch, Victor, prakt. Arzt aus Schlettstadt Über einen Fall von spontaner circumscripter Hautgangraen. *Straßburg 1902 Ch. Müh & Co.* (32 S.) 8°
Straßburg, Med. Diss. v 1902

Munschau, Otto, lieb Vaterland magst ruhig sein?! Zeitbild. (246 S.) kl. 8. Leipzig 907. Verlag f. Literatur, Kunst u. Musik. 3.—; geb. n 4.—

Munsche, Albert *Edgar* Das Hexylen, seine bromirten Derivate und deren mögliche geometrischen [sic!] Isomeren. o. O., *1890*, 20 S., 1 Bl 8°
Jena, Phil. Fak., Inaug.-Diss. v 1890

Munsche, Alb., das Hexylen, seine bromirten Derivate u. deren mögliche geometrische Isomeren. Diss. gr. 8. (20 S.) Jena 890. (Rudolstadt, Dabis.) n. — 60

Munscheid, [Albert] [Ansprache bei der Weihnachtsfeier der Anstalt.] S. 11—13. 4. Fürstl. Gymn. u. Realschule *Sondershausen* 1906 (894).
Progr.

Munscheid, E., Stimmen aus dem Erzgebirge, s.: Reichel, M.

Munscheid, Wilhelm, Gerichtsref. aus Düsseldorf **Stellvertretung** im Besitzerwerb nach römischem und gemeinem Recht, verglichen mit den Vorschriften des Bürgerlichen Gesetzbuches. *Düsseldorf [1901]: A. Bagel.* (45 S.) 8°
Leipzig, Jur. Diss. v. 1901

Münscher, Die Athenischen Philosophen Kritolaus, Diogenes u. Karneades als Gesandte in Rom. Pr. 1867. 52 S. 4°. 2.—

Münscher, Vergleichung des deutschen Turnens mit der griechischen Gymnastik, Festr., Guben 1863, 12 S., 4°.

Münscher, Albert, a. Jesberg (Hessen-Nassau): Die Bücher Mosis der Vorauer Handschrift. Eine grammatisch-metrische Untersuchung. Marburg 1908: J. A. Koch. (153 S.) 8°
Marburg, Phil. Fak., Ref. Vogt, Diss. v. 8. Aug. 1908
[Geb. 22. Febr. 84 Jesberg (Hessen-Nassau); Wohnort: Marburg; Staatsangeh.: Preußen; Vorbildung: Gymn. Hersfeld Reife O. 03; Studium: Marburg 1, Berlin 4, Marburg 3 S.; Rig. 11. Dez. 07.]

Münscher, Alb., Weltkunde. Auswahl des Stoffes für den Unterricht in der Geographie, Geschichte, Naturgeschichte und Naturlehre für Oberklassen und Taubstummen-Anstalten. gr. 8. (80 S.) Leipzig 881, Siegismund und Volkening. *
—— dass. — Auswahl des Stoffes für den Unterricht in der Heimatskunde, Geographie, Naturkunde, Gewerbekunde, Verkehrskunde, Naturlehre, Geschichte und Gesetzeskunde für Taubstummen-Anstalten. 2. neubearb. und verm. Aufl. gr. 8. (VIII, 148 S.) Gotha 882, Thienemann. *

Münscher, C., s. Münscher, Karl

Münscher, Chr. L., Predigt zur Feier d. 15. Sept. 1830 üb. Psalm 118, 24—25. 8. (1 B.) Cassel 831, Luckhardt.

Münscher, F M., s. Münscher, Friedrich Wilhelm

Münscher, Friedrich

— Beiträge zur Erklärung der Germania von Tacitus. I. II. Pr. 1863 u. 64. 86. 48 S. 4°

Münscher, Fr. Chronik des Gymnasiums in Marburg von 1833 bis 1883. 39 S. **Progr.** G. *Marburg H.* 1883.

Münscher, Frdr., Chronik d. Gymnasiums zu Marburg von 1833—1883, nebst alphabet. Verzeichnis sämmtl. Schüler. gr. 8. (55 S.) Marburg 883. Elwert's Verl. n. 1. 80

Münscher, F., De Taciti Germania. Gel. 1857. 12 S. 4°.

Münscher, Frdr., De Taciti Germania disputatio. Marburgi 1857. 4.

Münscher, Frdr., Geschichte v. Hessen. Für Jung u. Alt erzählt. gr. 8. (XI, 550 S. m. 1 Bildnis.) Marburg 894. N. G. Elwert's Verl. n. 6.—; geb. in Leinw. n. 7.20; auch in 6 Lfgn. à n. 1.—

Münscher, Friedr., Geschichten aus dem Hessenland. 12. (IV, 146 S.) Marburg 887, Elwert's Verlag. *

Münscher, Fr., Geschichts-Tabellen für den Unterricht an Gymnasien und ähnlichen Lehranstalten besonders der beiden Hessen. gr. 8. (91 S.) Marburg 862, Elwert'sche Universitäts-Buchh.

Münscher, F., Horatiana. Gel. 1865. 6 S. 4°.

— Inhalt u. Erläuterung des Platonischen Dialogs Euthyphron. Pr. 1859. 37 S. 4°.

Muenscher, Friderich De rebus Plataeensium. (Dissertatio inauguralis Marburgensis.) Hanoviae 1841. 102 S., 1 Tf. 8°

Muenscher, Fried., quaestionum criticarum et exegeticarum in Aristotelis ethica Nicomachea specimen. Lex.-8. (III und 91 S.) Marburg 861, Elwert'sche Universitäts-Buchh. *

Münscher, *Friedrich Wilhelm Gedächtnisrede auf Se. hochselige Majestät Kaiser Friedrich III* 4 (S 9—16 der Schuln.) **Progr.** G *Jauer* 1889 (179).

Münscher, *Friedrich Wilhelm Gedächtnisrede auf Direktor Dr Richard Volkmann, gestorben am 23. April 1893* 4 (S. 7—11 der Schuln.). Kgl. G. *Jauer* 1893 (190).
Progr.

Münscher, F W Gliederung des platonischen Protagoras u. dreier Staatsreden des Demosthenes (mit vorangebender Epistula gratulatoria ad Fr. Muenscherum). II, 21 SS. **Progr.** *Jauer* 1883.

Muenscher, Friedrich Wilhelm [Dr., Prof. u. Prorector]: Philipp Melanchthon. Gedächtnisrede z. Feier seines 400jähr. Geburtstages in e. freien Versammlg evangel. Gemeindemitglieder. Jauer, Druck v. M. Eisermann, *1897;* 1 Bl., 13 S. 4.
Jauer, k. G, OP 1897 (195)

— Observatt. in Virgil. Aeneidem. Pr. 1829. 27 S. 4°.

Münscher F W Die unvollständigen Verse in Virgils Aeneide 26 S. **Progr.** *Jauer* 1879

Münscher, K., über d. Erhöhung d. Holz-Preise in d. kurhess. Waldungen. Eine rechtl. u. staatswirthschaftl. Erörterung. gr. 8. (2½ B.) Cassel 839, Fischer. *

Muenscher, Karl, die Philostrate. (S. 467—558.) gr. 8. Leipzig 907. Dieterich. 2. 40
Sonderabdruck aus: „Philologus".

Muenscher, Carolus *Theodorus Philippus* [Iavoriensis]: Quaestiones Isocrateae ... Gottingae, Dieterich, 1895; 2 Bl., 88 S. 8.
Gottingen, Phil. Fak., Inaug.-Diss. v. [7 Aug.] 1895

Muenscher, Carol., quaestiones Isocrateae. Diss. gr. 8. (86 S.) Göttingen 895. Leipzig, Dieterich's Verl. n. 2. —

Münscher, Karl: Die Rhythmen in Isokrates' Panegyrikos. Ratibor 1908: (Meyer). 43 S. 8°
Ratibor, k. ev. G OP 1908 (271) [S 08. 323

Münscher, Wilhelm

Münscher, W., an dialogus cum Tryphone Justino M. recte adscribatur. Marb. 1799. 4; rep. in commentatt. theol. ed. a Rosenmüller etc. 1, 2 p. 184—214.

— an dialogus cum Tryphone Justino martyri etc. 4. Marb. 799. Krieger. 4 gr.

Muenscherus, Vilelm., an pax perpetua sit speranda? Oratio academica, ipsis calendis ianuariis 1798 habita. gr. 8. (19 S.) Marburg 899. N. G. Elwert's Verl. n. —.50

Münscher, Wilh. (I.), Ansichten üb. d. Bestimm. u. Einricht. d. Gymnasien. Nebst e. kurzen Darleg. d. bisher. Zustandes u. d. gegenwärt. Bedürfnisse d. Gymnasial-Anstalten in Kurhessen. Angehängt ist 1 Tab. v. Lehrplanen (Fol.). gr. 8. (17½ B.) Hanau 833, König.

— Betreibung der altclassischen Studien in Hessen während des Reformations-Zeitalters. Pr. 1852. 45 S. 4°. 1.—

Münscher, W., Ueb. den schriftl. u. mündl. Gebrauch der alten class. Sprachen, besond. der lateinischen, in den Gymnasien. Pr. 1841. 31 S. 4°. —.90

Münscher, Wlh. I., († d. 28. Juli 1814.) Handbuch d. christl. Dogmengeschichte. 4 Bde. 1r—3r Bd. 797—802. N. Aufl. 803, 4. 4r Bd. 809. 3e Aufl. 819. gr. 8. Marb., Krieger. 7 ß 16 gr.

Münscher, Wilh., über kirchliches Leben u. kirchliche Einrichtungen mit besonderer Rücksicht auf Kurhessen. Thatsachen, Erörterungen u. Vorschläge. 1. Thl. A. u. d. T.: Versuch einer Geschichte der hessischen reformirten Kirche. gr. 8. (XVI u. 472 S.) Cassel 850, Luckhardt. 1⅓ ß

— Lebensbeschreibung u. nachgelass. Schriften; hrsgg. v. Ldw. Wachler. gr. 8. Frkf. a. M. 817. Hermann. 1 ß 14 gr Hbg. Pr. 20 gr

Münscher, Wilhelm. Lehrbuch der christlichen Dogmengeschichte … Zweite … Aufl. Marb. u. Kassel 1819. H: *Beckhaus, Moritz Johann Heinrich.* (Ji)

— Lehrbuch d. christl. Dogmengeschichte. gr. 8. Marb. 812. 2e A. 819. 3e v. Dn. v. Cölln besorgte Aufl. 832. 1e Hälfte. gr. 8. Cassel, Krieger. 2 ß 8 gr

Münscher Wilh. (II.), Lehrbuch d. christl. Dogmengesch. 3. Aufl. Mit Belegen aus d. Quellenschriften, Ergänzn. d. Literatur, histor. Noten u. Fortsetzn. vers. v. Dan. v. Coelln. 1. Hälfte u. 2. H. 1. Abthl. gr. 8. Cassel, Krieger. [1. (33 B.) 832. 2 Thlr. 8 Gr., 2. 1. (22 B.) 834. 1 Thlr. 16 Gr.]

Münscher, Wilh., Lehrbuch d. christl. Dogmengeschichte. Mit Belegen aus d. Quellenschriften, Ergänzn. d. Literatur, histor. Noten u. Fortsetzn. vers. v. Dan. v. Coeln. Nach dess. Tode fortges. v. Ch. Gtho. Neudecker. 2. Hälfte. 2. Abthl. — A. u. d. T.: Lehrbuch d. christl. Dogmengesch. v. d. Reformationszeit bis auf uns. Tage etc., v. Chr. Gtho. Neudecker. gr. 8. (44¼ B.) Cassel 838, [Kriegersche Buchh.] 1. u. 2. Hälfte. 1. Abthl. Ebendas. 1832—34. 4 Thlr.

Münscher, W. Lehrbuch der christlichen Kirchengeschichte. Dritte Ausg. Marb. 1826. H: *Beckhaus, Moritz Joh. Heinrich.* (Ji)

— Lehrbuch d. christl. Kirchengeschichte. gr. 8. Marb. 804. 2e A. v. Ldw. Wachler. 815. 3e A. besorgt v. J. H. Beckhaus. gr. 8. Ebd. 827. Krieger. 1 ß 8 gr

— s. Magazin f. das Kirchen- u. Schulwesen.

— Predigten zum Besten d. evangel.-luther. Schule zu Marburg. gr. 8. Marb. 805. Krieger. 1 ß

— politische Predigten. 8. Cassel 814. Krieger. 12 gr

– Uebersicht d. Forderungen, welche an die in dio 6 Klassen d. Gymn. neu aufzu den Schüler besonders im Latein., im Griech. u. in d. Mathematik gemacht werd 1855. 43 S. 4°

— W., Ueber die Zeitbestimmungen in Platos Gorgias. Pr. 1855. 17 S. 4°.

Muenscherus, Vilelm , s. Münscher, Wilhelm

Münsingen [Sachliches OW]

Münsingen u. seine Umgebung. Hrsg. vom Ortsverein Münsingen. 12. (28 S. m. Abb.) Münsingen 899. (Bern, A. Francke.) n. — 20

Münsingen [Schlagwort]

Münsingen, s.: **Alb, schwäbische.** Karte.

Münsingen, s.: **Deutschland.** Kürschner-Pelo.

Münsingen, Truppen - Uebungsplatz, s.: **Militärkarten.**

Munsmann, C., Rittmeister Bruhn u. Frau, s.: Lutz' Kriminal- u. Detektiv-Romane 40. Bd.

Munson u. Lyman, zwei Blutzeugen Christi auf Sumatra, oder: die Anfänge der Mission unter den Battas. 16. (32 S.) Barmen 872. Wiemann in Comm. n. — 20

Münst, Max, Ortsteinstudien im oberen Murgtal (Schwarzwald), s.a. **Mitteilungen der geologischen Abteilung** des kgl. württ. stat. Landesamtes. Nr. 8.

Münst, Max: Ortsteinstudien im oberen Murgtal ⟨Schwarzwald⟩. Stuttgart 1910: (Grüninger). 60 S., 1 Taf. m. Erl.-Bl. 8° [Umschlagt.] ¶ (Auch als· Mitteilungen d. Geol. Abt. d. K. Württ. Statist. Landesamts. Nr 8.)
Tübingen, Staatswiss. Diss. v. 10. Nov. 1910, Ref. v. Bübler
[Geb. 23. Juli 78 Blitzenreut; Staatsangeb.: Württemberg; Vorbildung. Gymn. Tübingen; Studium: Tübingen 16 S.; Rig. 1 März 10.] [U 11 4431

Münster [Sachliches OW]

Münster, oder das nordische Rom, s. (Evels, F. W.)

Münster Das M' zu Basel (Njbl.) s [Fechter, Daniel Albert].

Münster Das M' zu Bern Mit historischen Andeutungen über die Kirchenbaukunst des Mittelalters. Njbl s.[Lüthardt, Franz].

Münster Das M' zu Bern [Mit 1 Tafel.] 4 Bern *o. J* [1820 40].

Münster, Der, in Bern, mit historischen Andeutungen … [Bern 1835.] V: *Hegi, Franz.* (AarK)

Münster, Ernst Graf von. Hannover 1839. V: *Pertz, Georg Heinrich Jacob.* (Koner)

Münster, Ernst Friedrich Herbert Graf von, Herr auf Derneburg, Lebenburg, Dornum u. Binder rc. (Biographie.) gr. 12. (2 B.) Bremen 839, Heyse.

Munster — Das ehemalige Hochstift — nach einer Vertheilung im Jahr 1802 vorgestellt bey Homanns Erben 1803. Nürnb. 1 : 400,000. 1 Bl.

Münster, Ida,. Schauspiel in 5 Aufz. von la Motte. 8. Mannheim, Schwan.

Münster, Lina; Lstspl. in 3 A. 8. Coburg 801. Sinner. 4 gr

MÜNSTER, Rosalie, oder dunkel sind des Schicksals Wege Eine wahre Begebenheit (Oft anstößiger Roman.) Leipzig, bei Joh Glo Heinr Richter 1807 8° Tit u 294 S Selten!

Münster, Strafsburger, gezeichnet von Günther, gest von Oberthur. 1 Blatt 22 Zoll breit 29¼ Zoll hoch. Strafsburg. 1828. Vor der Schrift chin. Pap. 12 Thlr weifs Pap 8 Thlr Erste Abdr auf chin Pap. mit Schrift 8 Thlr. weifs Papier 4 Thlr.

Münster in Ulm, eine genaue Beschreibung desselben … Ulm [1857]. V: *Thrän, Ferd.* (Ky)

Münster in Ulm, eine genaue Beschreibung desselben. (Von Thrän.) gr. 8. (VIII und 56 S. mit 1 Ansicht des Münsters in Farbendr. und 1 lithogr. Grundriß.) Ulm 857, [Krick'sche Buchh.] *

Münster, das, in Ulm, dessen Geschichte und Beschreibung. 8. (50 S.) Ulm 877, Gebr. Nübling. *

Münster, das, in Ulm, dessen Geschichte u. Beschreibung. Mit einer Abbildung des Münsterthurmes (Holzschntaf.) nach dem Böblinger'schen Plane. 3. Aufl. Jubiläums-Ausg. 8. (62 S.) Ulm 877. Rübling. n. 1. —

Münster und seine nächsten Umgebungen in (12) maler. Orig. Ansichten nach der Natur aufgenommen von J. F. Lange unt in Stahl gest. von verschiedenen Künstlern. Mit einem historisch-topographischen Texte. 2., im Texte verm. und verb Aufl. hoch 4. (VIII und 178 S.) Münster 855, Regensberg.

Münster und seine nächsten Umgebungen in malerischen Originalansichten nach der Natur aufgenommen ... 2. Aufl. Münster 1865. V: *Guilleaume, Clemens August.* (Rass)

Münster i. W Hrsg. v Verkehrsverein Münster i. W. (Münster i. W. [1907] : 'Der Westfale') 66 S. 8⁰ [Umschlagt]

Münster i. W Hrsg. v Verkehrsverein Münster i. W. (Münster [1909] : Westfäl. Vereinsdr) 128 S. 8⁰ [Umschlagt.]

Münster [Schlagwort]

— s. a.: Deutschland. Karte. (Abt. Preussen.)

— s. a.: Deutschland. Karte. (Abt. Preussen). Uebersichtskarte.

— s.a. Handkarten.

— s.a. Heimatskärtchen. 7.

Münster a. St., s.a. Kreuznach.

Münster, s.a. Preussen. Messtischblätter.

— s. a.: Radfahrerkarten.

— s.a. Radfahrerkarten. Franke. Leus. Mittelbach.

— s.a. Rheinprovinz, Liebenow, W.

Münster, s.a. Vogesen.

— s.a. Westfalen. Grundkarte.

— s.a. Westfalen. Wegekarte.

Münster i. W., s.a. Woerl's Reisehandbücher.

Münster-Norddeich, s.: Automobilkarten. Automobil-Tourenkarte.

Münster. Brockmann, E., Schul-Wandkarte vom Reg.-Bez. Münster. 1 : 120,000. 125,5 × 140,5 cm. 6 Blatt. Farbendr. Arnsberg 895. J. Stahl. Auf Leinw. m. Stäben n. 12. —

Münster, Reg.-Bez. Brockmann, E., Schul-Wandkarte des Reg.-Bez. Münster. 1 : 120,000. 4. verb. Aufl. 125 × 141,5 cm. Farbdr. Arnsberg (901). J. Stahl. Auf Leinw. m. Stäben n. 12. —

Münster, Reg.-Bez. Entfernungskarte, amtliche, der 10 Kreise des Reg.-Bez. Münster. Auf Grund amtl. Unterlagen hergestellt v. der Katasterverwaltg. 1 : 50,000. Farbdr. Münster 904. Universitäts-Buchh. F. Coppenrath. n.n. 30. 50

Ahaus. 80×95 cm. n n. 3. —. Beckum. 52×87 cm. n.n. 3. —. — Borken. 57×118 cm. n.n. 3. —. — Koesfeld. 88×74 cm. n.n. 3. —. — Lüdinghausen. 67×87 cm. n.n. 3. —. — Münster. 95×84 cm. n.n. 4. —. — Recklinghausen (Stadt u. Land). 78×100 cm. n.n. 4. —. — Steinfurt. 77×77 cm. n.n. 2. 50. — Tecklenburg. 91×85 cm. n.n. 2. 50. — Warendorf. 69×78 cm. n.n. 2. 50.

Monasteriensis — Episcopatuum — etc. cura et sumptibus Matth. Seutteri. Aug. Vindel. 1 : 400,000. 1 Bl.

Münster i/W. Münster i. W. u. Umgegend. I. Karte der weiteren Umgebg. v. Münster i. W. m. Angabe der Entfernungs- u. Steigerungs-Verhältnisse. 1 : 300,000. 32×38 cm. Farbdr. — II. Kleiner Plan v. Münster i. W. (Innere Stadt.) 1 : 10,000. 16×20 cm. Nebst Verzeichnis der wichtigsten Sehenswürdigkeiten der Stadt Münster m. Angabe ihrer Lage u. der interessantesten v. Münster aus zu mach. Spaziergänge u. Ausflüge m. Angabe der dazu benötigten Zeit (auf dem Umschlage). Lith. Münster (909). H. Schöningh. — 60

Münster, Stadt. Pahnke, E., Plan der Stadt Münster. 1 : 10,000. Mit Strassen-Verzeichniss, Angabe der Kirchen, Klöster, Kranken- u. Wohlthätigkeits-Anstalten, Lehranstalten, Behörden u. Verwaltgn., Militär-Gebäude u. Dienststellen, Hôtels etc. Steindr. 48×69 cm. Münster i/W. 892. (Coppenrath.) n. 1. —; Farbendr. n. 1 25

Münster i/W. Pharus-Plan Münster i/W. (Grosse Ausg.) 1 : 7,200. 62×69 cm. Farbdr. Nebst: Führer durch Münster i. W. m. Hinweis auf den Pharus-Plan Münster i. W. (7 S.) kl. 8. Ebd. (904). n. 1. 75

— — dasselbe. (Kleine Ausg.) 37×42 cm. Farbdr. Nebst: Führer durch Münster i. W. m. Hinweis auf den Pharus-Plan Münster i. W. (7 S.) kl. 8. Ebd. (905). n. — 80

— Pharus-Plan Münster i/W. (Grosse Ausg.) 1 : 7200. 61,5×69,5 cm. Farbdr. Nebst Führer. (8 S.) kl. 8. Münster (908). Univ.-Buchh. F. Coppenrath's Sort. 1. 25

— Plan

— — kleiner, v. Münster i. W. (innere Stadt). 1 : 10,000. 16×20 cm. Lith. Nebst Verzeichnis der wichtigsten Sehenswürdigkeiten der Stadt m. Angabe ihrer Lage (auf dem Umschlag). 8. Ebd. (909). — 20

Münster, Stadt. Plan d. Stadt Münster i. W. 1 : 10,000. 47×52 cm. Farbdr. Mit Strassenverzeichnis an der Seite. Münster (902). H. Mitsdörffer. n. 1. 20

— — dasselbe. 1 : 20,000. 23,5×26 cm. Lith. Mit Strassenverzeichnis auf d. Rückseite. Ebd. (902). — 30

— Plan der Stadt Münster i. W. u. ihrer nächsten Umgebung. 1 : 10,000. 52,5×52 cm. Farbdr. Nebst Karte der Umgegend v. Münster i. W. 1 : 100,000 (m. Entfernungsangaben (auf der Rückseite). 43×52,5 cm. Lith. Hrsg. v. der Geschäftsstelle des Adressbuches der Stadt Münster. Mit Strassenverzeichnis am Rande u. Text auf dem Umschlag. Münster 909. H. Schöningh. — 50

Münster. Stierlin u. Schmeltzer, topographische Karte der 10 Kreise d. Reg.-Bez. Münster. 1 : 80,000. Entworfen nach der Grundsteuer-Kataster-Vermessg. u anderen Materialien. Ergänzt v. A. Weiss. Kreise Coosfeld u. Recklinghausen. Neue Ausg. 1890. Kpfrst. u color. qu. gr. Fol. Münster i/W., Coppenrath. à n. 2. 50

— — — dasselbe. Kreis Lüdinghausen. Ergänzt 1890 durch Pahnke. Lith. u. color. qu. gr. Fol. Ebd. n. 2. 50

Münster, Reg.-Bez. Stierling u. Schmeltzer, topographische Karte der Kreise d. Reg.-Bez. Münster, entworfen nach der Grundsteuer-Katastervermessg. u. andern Materialien, sowie nach eigenen Bestimmgn. 1 : 80,000 Ergänzt v. Pahnke u. A. Weiss. Kreise: Aahaus, Borken, Burgsteinfurt, Tecklenburg, Warendorf. Lith. u. kolor. 66×51 cm. Münster i/W., Coppenrath. à n. 2. 50

Aahaus. Ergänzt 1892 durch E. Pahnke. — Borken. Ergänzt 1891 durch E. Pahnke. — Burgsteinfurt. Ergänzt 1891 durch E. Pahnke. — Tecklenburg. Ergänzt 1892 durch E. Pahnke. — Warendorf. Ergänzt 1894 durch E. Pahnke.

Monasterii — Territorium Seculare Episcopatus — Munster Germanis dicti etc Noribergae publicata per Homannianos Heredes 1757. 1 : 400,000. 1 Bl.

Münster [Verfasser]

Münster, Graf zu, teichwirtschaftliche Buchführung. Fol. (265 S.) Leipzig (902). R. C. Schmidt & Co. Geb. n. 3.50

Münster, Graf zu, s: Petrikell.

Münster, Ernst Graf von

Münster, Graf E. v., Erklärung rc., s. Erklärung.

v. Münster, Graf E., Erklär. über einige in der Schmähschrift „Anklage des Ministeriums Münster" ihm persönl. gemachte Vorwürfe, so wie über seinen Austritt aus d. Kön. Hannöv. Staatsdienste. gr. 8. Hannov. 831. Hahn. 4 gGr (Vgl. Erklärung über e. d. Gr. v. Münster rc.)

(——) Réfutation etc., s. Réfutation.

— Widerlegung d. ehrenrühr. Beschuldigungen, welche Sich Se. Durchl. d. regier. Herzog v. Braunschweig gegen ihren erhab. Vormund u. die während Ihrer Minderjährigkeit mit d. Verwaltung Ihrer Lande u. Ihrer Erziehung beauftragt. Männer erlaubt haben. gr. 8. Hannov. 827. Hahn. 16 gGr

Münster, F., De occulto urbis Romae nomine, ad locum apocalypseos XVII, 5. Diss. 1811 20 S. 4° 1.50

v. Münster, F. C. Fr., s. Kleeblatt, das böhmische.

Münster, Friedrich Gottlieb (Bernens. Oldenburg / Westfalen), Monita quaedam discrimen spectantia quod inter morbos universales et topicos vulgo assumitur. Diss. med. Göttingen (Barmeier) 30. IX. 1801. 45 S. (4.—) 24331
Gew.: Bernhard Adolph Münster (Vater).

Münster, F. G., comment. exhib. monita quaedam discrimen spectantia etc. 8. Gött. Brose. 801.

Münster, Georg Graf zu

Münster, [G.] Graf zu, Anleitung zur rationellen Haus-Pferdezucht für die Landwirthe Mitteldeutschlands. Vom Vorstande des Pferdezuchtvereins im Großherzogth. Hessen gekrönte Preisschrift. 2. verb. und verm. Aufl. gr. 8. (31 S.) Darmstadt 886, (Waitz.) *
Aus: Pferdefreund, besonders abgedruckt.

Münster, Geo. Graf zu, Anleitung zur rationellen Pferdezucht für die Landwirthe des Königreichs Sachsen. 8. (35 S.) Dresden 878. (v. Zahn.) n. — 75

zu Münster, Geo. Graf, s. Beiträge zur Petrefacten-Kunde. 36 Heft.

Münster, Geo. Graf zu, Beiträge zur Petrefacten-Kunde. Unter Mitwirk. v. Herm. v. Meyer, Rud. Wagner, Braun, Wissmann, Germar, Althaus, Unger, Göppert u. C. Th. v. Siebold. M. viel. n. d. Natur gez. Abbildn. I—VI. Hft. gr. 4. Bayreuth, [Buchner'sche Buchh.] [I. (16½ B. u. 18 Stnt.); II. (11½ B. u. 30 Stnt.) 839. à * 4¾ Thlr., III. (17 B. u. 19 Stnt., d. 3. Tfl. in dopp. Grösse.) 840., IV. (20 B. u. 26 Stnt.) 841., V. (17 B., 10 einfache u. 5 dopp. Taf.) 842., VI. (13 B., 10 dopp. u. 4 einfach. Taf.) 843. à * 5⅓ Thlr.] * 30⅚ Thlr., hrbgs. Pr. *
Hft. II. A. u. d. T.: Decapoda Macroura. Abbild. u. Beschreib. d. fossilen langschwänzigen Krebse in d. Kalkschiefern v. Bayern.
- IV. A. u. d. T.: Beiträge z. Geognosie u. Petrefacten-Kunde d. südöstl. Tirol's, vorzügl. d. Schichten v. St. Cassian.

—— dass. 1. Hft. 2., verb. u. mit der Abhandl. üb. Clymenien u. Goniatiten verm. Aufl. gr. 4. (17¼ B. u. 24 Stnt.) Ebds. 843. *

Münster, Georg zu, Beiträge z. Petrefacten-Kunde. (Nach des Verf. Tode hrsg. v. Dunker.) 7. Hft. gr. 4. (6¼ B., 9 Stnt. u. d. Portr. des Verf.) Bayreuth 846, Buchnersche Buchh. *
Hft. 1—6. Ebendas. 1839—43. Hrbges. Pr. * 20 Thlr.

Münster, G. Graf zu. Bemerkungen zur näheren Kenntnis der Belemniten.

Münster, G. Grf. Beschreibung einer neuen Art der Gattung Pterodactylus Cuv Ornithocephalus Sömm. (Aus d. Act. Ac. Nat. Cur.) Bonn. 4.

Münster, G. Graf zu, Betrachtungen üb. das Oldenburger Pferd, seine Freunde u. Gegner. gr. 8. (26 S.) Oldenburg 889. Stalling's Verl. n. — 75

Münster G. Grf. Ueber einige ausgezeichnete fossile Fischzähne aus dem Muschelkalk bei Bayreuth. Bayreuth. 1830. 4.

Münster, Graf zu, s.: Führer durch Sachsens landwirtschaftliche Tierzucht.

— Goldfuß, Aug., Petrefacta Germaniae etc.

Münster, Geo. Graf zu, über die Clymenien u. Goniatiten im Uebergangs-Kalk des Fichtelgebirges. 2. Aufl. gr. 4. (Mit 6 lith. Taf.) Bayreuth 843, Buchner. n. 1⅓ Thlr

— die Conservirung d. Pferdematerials durch mechanische Vorbereitung der Remonten auf dem Zirkel, s. a. Beiheft zum Militär-Wochenblatt.

Münster, G. Graf zu. Die Conservirung des Pferdematerials. Berlin 1885. 8° (Bh. z. M W B.)

Münster, Graf zu, Sachsens Landespferdezucht u. Zuchtziel. Vortrag, geh. am 4. III. 1904 in der ökonom. Gesellschaft im Königr. Sachsen zu Dresden. (17 S.) gr. 8. Leipzig 904. Berlin, R. C. Schmidt & Co. n. — 60

(B) — Sachsens Landespferdezucht. 904. (KBL 34.) Jetzt: Leipzig, Fritzsche & Schmidt.

— die Pferdezucht Sachsens u. deren Hebung. Vortrag, gehalten in der Oekonomischen Gesellschaft im Königreich Sachsen, Dresden, am 17. Octbr. 1879. gr. 8. (15 S.) Dresden 880. (Schönfeld.) n.n. — 30

— Pferdezucht-Notizen. (144 S.) 8. Ebd. (903). Geb. in Leinw. n. 3. —

(B) — Pferdezuchtnotizen. 903. (KBL 34.) Jetzt: Hannover, M. & H. Schaper.

— das Vollblutpferd als Regenerator. Gedanken über Deutschlands Pferdezucht. gr. 8. (52 S.) Berlin 882. Parey. n. 1. 50

Münster, G. Graf zu, Ueber das geognostische Vorkommen der Ammoneen und Nautilaceen in Deutschland. 1831 8. . . (FBA.)

—— zur Zäumung des Pferdes und die Kandaren-Einsatz-Garnitur. 4. (16 S. mit 3 Taf.) Dresden 883, (Höckner.) *

Münster, Geo. Graf zu, die Zäumung d. Pferdes m. ihren jetzigen Mängeln u. die Universal-Kandare, als verbesserte Zäumg. Mit 1 (lith.) Taf. Abbildgn. (in qu. Fol.) gr. 8. (16 S.) Breslau 874. Korn. n. — 80

Münster, Geo. Graf zu, u. H. Alb. Johne, normale Zuchtstute als sächsisches Zuchtziel. (Nach der Natur modellirt v. Landsberg.) 1 Lichtdr.-Taf. m. eingedr. erläut. Text. 57 × 74 cm. Dresden 889. W. Hoffmann. 3. —

Münster, Geo. Herb. Graf zu, mein Antheil an den Ereignissen des J. 1866 in Hannover. 1. und 2. Aufl. gr. 8. (38 S.) Hannover 868, Rümpler. *

Münster, G. Herb. Graf zu, mein Antheil an den Ereignissen des Jahres 1866 in Hannover. 2. Aufl. Hannover 869. Rümpler. gr. 8. (38 S.) n. 10 ngr.

Münster, G. H., Graf zu, der norddeutsche Bund und dessen Uebergang zu einem deutschen Reiche. Berlin 1868. 8.

— der norddeutsche Bund u. dessen Uebergang zu einem deutschen Reiche. 1. u. 2. Aufl. Leipzig 868. Brockhaus. gr. 8. (VII, 50 S.) n. 10 ngr.

(Münster, G. Graf.) Hannover's Schicksal vom Juni bis September 1866. (Braunschweig 1866.) 8°.

Münster, Geo. Herb. Graf zu, politische Skizzen über die Lage Europa's vom Wiener Congreß bis zur Gegenwart (1815—1867). Nebst den Depeschen des Grafen Ernst Friedr. Herbert zu Münster über den Wiener Congreß. gr. 8. (VII und 308 S.) Leipzig 867, Brockhaus. *

— Deutschlands Zukunft, das deutsche Reich. Einige Betrachtungen über die jetzige Lage. (Septbr. 1870.) Berlin 870. Janke. br. 8. (47 S.) n. 10 ngr.

Münster, Gottfried Sigismund

MÜNSTER, GODOFR. SIGISM., Diss. inaug. de macie et atrophia infantum. Kiliæ. 1754. 4. P.

Münster, Gräfin zu, geb. Lady Harriett St. Clair, gute Küche. Eine Sammlung von Gerichten für Reiche u. Arme, Gesunde u. Kranke. Nach dem engl. „Dainty dishes" deutsch hrsg. u. mit einer Vorrede versehen von G. Graf zu Münster. Berlin 869. Janke. gr. 8. (XXXII, 360 S. mit 1 Holzschntaf.) n. 1 ₰ 10 ngr.

Münster, Gräfin zu, [geb. Lady Harriet St. Clair], gute Küche. Eine Sammlung v. Gerichten f. Reiche u. Arme, Gesunde u. Kranke. Nach dem engl. „Dainty dishes", deutsch hrsg u. m. e. Vorrede versehen v. G. Graf zu Münster. 2., verb. u. verm. Aufl. 8. (XXXII, 360 S.) Berlin 873. Janke. n. 4. —

Münster, Gräfin zu, geb. Lady Harriett St. Clair, gute Küche. Eine Sammlung von Gerichten für Reiche und Arme, Gesunde und Kranke. Nach dem engl. „Dainty Dishes" deutsch hrsg. und mit einer Vorrede versehen von G. Graf zu Münster. 3. Aufl. 8. (XXII, 271 S. mit 1 Holzschntaf.) Berlin 877, Janke. * M. 3.; geb. *

Münster, Heinr., kurze Geographie für Volksschulen. 1.— 3. verb. Aufl. gr. 16. (68 S.) Paderborn 875—78, F. Schöningh. *

Münster, Heinr., kurze Geographie f. Volksschulen. 4. verb. Aufl. 8. (73 S.) Paderborn 884. F. Schöningh. n. — 30

Münster, Hermann, a. Trarbach a. d. Mosel: Die Brauneisenerzlagerstätten des Seen- und Ohmtals am Nordrand des Vogelsgebirges. Ein Beitrag zur Kenntnis der Basalteisensteine. Berlin: J. Springer 1905. (21 S.) 4°
Gießen, Phil. Fak., Ref. Kaiser, Diss. v. 23. Aug. 1905
[Geb. 4. März 80 Trarbach a. d. Mosel Wohnort: Bonn; Staatsangeh.: Preußen, Vorbildung: Gymn. Saargemünd Reife M. 98; Studium: München 2, München T H 2, Berlin 2 S., Rig. 6. Juni 05.]

Münster, Herm., die Vermehrung der Kaliwerke u. der Kaliabsatz. Mit 7 grossen Kurventaf. (84 S.) 8. Halle 909. W. Knapp. 3. 60

Haupt-Katalog der Musikalien-Leihanstalt von Herm. F. Münster, Buchhändler in Triest. Supplement I. Triest. 1855. Buchdruckerei des österr. Lloyd. (94 S. 8.)

Münster, J. G. Graf zu, Bilder aus dem alten Sachsen. Dichtung nach Aufzeichngn. des Corveier Mönches Widukind (10. Jahrh.), Geschichtsschreiber der deutschen Vorzeit. (174 S.) 8. Heidelberg 910. O. Petters. 3.20; geb. in Leinw. 4. —

Münster, J. G., de ordine rerum Christi in Galilaea gestarum. Hal. 1770. 4.

Münster, J. J. B., wahrer Weg z. Unterricht im Singen ꝛc. 4. Augsb. Lotter. 804. -

Muenster [illegible] Elias geb Hamburg [illegible] De balneo animali Berolini 182[illegible] 98 S. 8
Berlin, Med Diss v [illegible] Febr 1822

Münster, Joh.-Geo. Graf zu, Brüche f. d. Weidmann. 8. (VII, 128 S.) Dresden 898. E. Pierson. n. 2. 50; geb. n. 3. 50

Münster, K., s.a. Münster, Karl

Muenster, K. v. Geschichte der bayer. Eisenbahn-Truppen. Mannschaftsausg. Mit Abb. München 1898. 100 S.

[F.] Elementarbuch der Französischen Sprache v. Dr. Karl Münster, Oberl. in Berlin, & Adolf Dageförde, Städt. Lehrer in Berlin. *Berlin: L. Oehmigke 1896.* (252 S.) 1 Bd 8. [96. 0,80

Münster, Karl, u. Adf. Dageförde, Elementarbuch d. französischen Sprache f. d. prakt. Leben. 2., verm. u. verb. Aufl. gr. 8. (260 S.) Berlin 898. L. Oehmigke's Verl. n. 1. 80; kart. n. 2. —

— u. Adf. Dageförde, Elementarbuch der französischen Sprache f. das praktische Leben. 3. Aufl. (260 S.) gr. 8. Berlin 903 L. Oehmigke's Verl. n. 1. 80; kart. n. 2. —

Münster, Karl [Dr.]: Die Lautverhältnisse in der mittelenglischen Übersetzung der Gedichte des Herzogs Karl von Orléans. Berlin, R. Gaertner, 1894; 22 S. 4.
Berlin, Siebente R '(HB)', OP 1894 (122)

Münster, Karl, Lehrbuch der englischen Sprache, s.: Plate, H.

— Lehrgang der englischen Sprache, s.: Degenhardt, Rud.

Münster, Karl, Lehrgang der englischen Sprache, s.: Plate-Kares, H.

Münster, K., Eliza F. Pollard. For the red rose. [Freytag's Sammlung französischer und englischer Schriftsteller.] 8° (125 S.) geb. K 1.50
Wien Tempsky 1909

Münster [Karl] [Rede bei der Trauerfeier für den am 14. August 1907 verstorbenen Prof. Dr Georg Ulrich.] S. 33—34. 4.
Progr. Siebente Realschule *Berlin* 1908 (153).

Muenster, Karl [aus Butzow i./M.] Untersuchungen zu Thomas Chestre's „Launfal" Kiel, Buchdr. v. Carl Böckel, 1886; 40 + 2 S. 8°
Kiel, Phil. Fak., Inaug.-Diss. v. 27. Febr. 1886.

Münster, Karl, Untersuchungen zu Thomas Chestre's „Launfal". gr. 8. (40 S.) Kiel 886. (Lipsius & Tischer.) n. 1. 20

Münster, K., Wörterbuch zu Eliza F. Pollard. For the red rose. [Freytag's Sammlung französischer und englischer Schriftsteller.] 8°. (42 S.) geb. K —.60
Wien Tempsky 1909

Münster, K., Wörterbuch zu Talbot Baines Reed. English boys. [Freytag's Sammlung französischer und englischer Schriftsteller.] 8° (16, 58 S.) K —70
Wien Tempsky 1902.

Münster M, der Untergrund der Stadt Halle a. S. (Publikationen des Vereins für öffentliche Gesundheitspflege I) Halle 1869

Münster, Maria Paula, O. S. F., Geschichte der Kongregation der Franziskanerinnen v. der Buße u. der christlichen Liebe (Heythuizen-Nonnenwerth). Mit e. Vorwort v. Leonh. Lemmens, O. F. M. (XVI, 460 S. m. 5 Kärtchen u. 4 Vollbildern.) 8. Freiburg i/B. 910. Herder. 4.40; geb. in Leinw. 5. 40

Münster, Paul: Die Umwandlung eines depositum in ein mutuum oder in ein depositum irregulare. Berlin 1907: B. Paul. (106 S.) 8°
Rostock, Jur. Fak., Ref. Bernhöft, Diss. v. 31. März 1908
[Geb. 29. Juni 74 Berlin; Wohnort Lankwitz b. Berlin; Staatsangeh.. Preußen; Vorbildung Viktoria-Gymn. Potsdam Reife M. 00, Studium. Berlin 9 S.; Rig. 20. Dez. 07.]

Münster, Renatus, der Anfang aller Weisheit ist d. Furcht Gottes. Ein Gebet- u. Erbauungsbuch f. d. erwachs. kathol. Jugend beiderlei Geschlechts. Mit 5 Kpf. 16. Brünn 824. u. Wien 830. Pfautsch. 16 kr

Münster, (Renat.,) der Anfang aller Weisheit ist d. Furcht Gottes. Ein Gebet- u. Erbauungsbuch f. d. erwachs. Jugend beiderlei Geschlechts. Mit 1 Kpfr. 16. Brünn 824, Traßler.

Münster, Renatus, der Anfang aller Weisheit ist d. Furcht Gottes. Ein Gebet- u. Erbauungsb. f. d. erwachs. kathol. Jugend beiderlei Geschlechtes. 12. (9½ B. u. 5 Kpfr.) Wien 834, Pfautsch.

† Münster, Renat., (A. W. Griesel,) der Anfang aller Weisheit ist die Furcht Gottes. Ein Gebet- u. Erbauungsbuch f. d. erwachs. kathol. Jugend beiderlei Geschlechtes. (2. Aufl.) 12. (9 B. u. 5 Kpfr.) Wien 841, Pfautsch u. Comp.

† Münster, Renatus, (G. W. Griesel,) der Anfang aller Weisheit ist die Furcht Gottes. Ein Gebet- u. Erbauungsbuch f. d. erwachsene kathol. Jugend beiderlei Geschlechts. 12. (9 B., 5 Kpfr. u. gest. Ttl.) Wien 845. [Pfautsch u. Voß.]

— der fromme Christ im Gemüthe u. im Glauben zu Gott, ein Gebetbuch f. gebildete Verehrer Jesu. 18. Prag 818. Calve. 12 kr, Schrbp. 16 kr

— der junge Christ in der Liebe zu Gott, e. Gebet- u. Erbauungsbüchlein. 12. Prag 817. Calve. 10 kr

Münster, Renatus, das Frauen-Gebet-Buch oder das weibliche Herz in der Andacht u. Liebe zu Gott. 8. (276 S. m. 1 Stahlst. u. Tit. in lith. Farbendr.) Prag 848, Haase Söhne. $^{5}/_{12}$ Thlr

— christl. Geist- u. Herzensspiegel, f. fromme Menschen jedes Alters u. Geschlechts, vorzügl. aber f. jene, welche sich dem geistl. oder beschaul. Stande zu widmen gedenken etc. gr. 12. Brünn 824. Traßler. 12 kr

Münster, R., Gott und seine Auserwählten. Ein Gebet- und Erbauungsbuch für kathol. Christen. Mit Kpfrn. 8. Prag, Calve. 821. Rthlr.

— Gott u. seine Auserwählten. Ein Gebet- u. Erbauungsbuch f. kathol. Christen. Neue wohlf. Ausg. mit 1 Kpfr. 8. Prag 826, Calve.

—— Gott, mein Vertrauen, mein Trost. Ein kathol. Andachts- u. Erbauungsb. f. den frommen Christen in allen Lagen u. Verhältnissen seines Lebens. gr. 12. (6½ B. u. Ttlkpfr.) Prag 840, Haase Söhne.
Mit 3 Kpfrn. $^{7}/_{12}$ u. $^{5}/_{6}$ Thlr., stark Vlnp.

(——) Gott meine Zuflucht, s. Gott.

Münster, Renatus, *Verf. der Gebet- und Erbauungsbücher: Gott meine Zuflucht etc.; der Weg des Heils etc.* Das Frauen-Gebet-Buch oder das weibliche Herz in der Andacht und Liebe zu Gott. Ein Weihgeschenk zur Erbauung für katholische Frauen und Jungfrauen. III. Aufl. *Prag* 1858. Verl. v. *Gottl. Haase S.* 274 S. 3 Bl. 8°. 36 kr.

Münster, Renatus, die Harfe der Andacht, gestimmt zur Ehre und zum Lobe Gottes und zum Heile christkatholischer Seelen. Ein Gebet- und Erbauungsbuch für die gebildeten Gläubigen. 8. (VIII und 223 S. mit 1 Stahlst.) Gratz 863, Settelle. * -

—— Maria, d. Gottes-Mutter u. Himmels-Königin, d. Mutter voll d. Gnaden. Ein Gebet- u. Erbauungsbuch, f. gebild. kathol. Frauen u. Jungfrauen in allen Angelegenheiten d. Lebens u. f. alle betreff. Kirchenfunctionen. 3. Aufl. gr. 12. (10 B. u. Ttlkpfr.) Prag 832, Haase Söhne. Vlnp. 10 Gr., Schrbp.

——, Maria, die Gottes-Mutter u. Himmelskönigin, d. Mutter voll d. Gnaden. Ein Gebet- u. Erbauungsb. f. gebild. kathol. Frauen u. Jungfrauen etc. 6. Aufl. gr. 12. (9⅔ B. u. 1 Stahlst.) Prag 841, Haase Söhne.
Mit 3 Stahlst.

Münster, Renatus, Maria, die Gottes-Mutter u. Himmelskönigin, die Mutter voll der Gnaden. Ein Gebet- u. Erbauungsbuch etc. 8. Aufl. gr. 12. Mit 1 Kupf. Prag 845, Haase Söhne. 12 ngr — Mit 3 Kpfrn. 16 ngr

— dass. mit 3 Stahlstichen. $^{3}/_{4}$ Thlr

—— Maria, die Gottes-Mutter und Himmelskönigin, die Mutter voll der Gnaden. Ein Gebet- und Erbauungsbuch für gebildete kathol. Frauen und Jungfrauen. 9. Aufl. 8. (278 S. mit 1 Stahlst. und Titel in lithogr. Farbendr.) Prag 848, Haase Söhne, Verlags-Expedition. -

Münster, Renatus —. (G. W. Schießler) Der erfahrene und wohlunterrichtete Rathgeber für Domestiken und Dienstherrschaften in allen Fällen des Gemein- und häuslichen Dienstlebens, mittelst einer genauen und ausführlichen Unterweisung Beider in ihren gegenseitigen Pflichten und Obliegenheiten, insbesondere aber der verschiedenen Dienstpersonen in den ihnen zukommenden besonderen Beschäftigungen und häuslichen Verrichtungen. Ein Hilfsbuch für jede Familie etc. etc. von — —. Mit einem besonderen Anhange unter dem Titel: Der Hausschatz, enthaltend eine nach den besten . . . Quellen alphabetisch verarbeitete theoretisch-praktische Anleitung zur leichten Erlernung nothwendiger weiblicher Handarbeiten für körperliche Bekleidung rc. rc. Mit lithographirten Mustertafeln. 8. (366 S. und 1 Blatt.) Wien. Gedruckt und im Verlage bei Edlen von Schmidbauer und Holzwarth. 1854.

—— Seraphsklänge. Ein Gebet- und Erbauungsbuch für gebildete kathol. Christen. gr. 12. (198 S. und 2 Stahlst.) Augsburg 848, Fahrmbacher.

† Münster, Renatus, (G. W. Griesel,) Seraphsklänge Ein Gebet- und Erbauungsbuch rc. (Miniatur-Ausg.) 16. (266 S. und 2 Stahlst.) Augsburg 848, Fahrmbacher. Thlr.

—— der Wegweiser d. Heils. Ein Gebet- u. Erbauungsb. f. kathol. Christen, enthalt.: Morgen-, Abend-, Meß-, Beicht- u. Communion-, dann verschied. and. Gebete auf d. heil. Festtage sowohl, als in besond. Umständen, mit beigefügt. belehr. Erklärn. u. religiös. Bedeutn. d. angeführt. Kirchenfeste u. Feierlichkeiten, ferner Bußpsalmen, Litaneien rc. (Mit Ttlkpfr.) gr. 12. (10 B.) Prag 834, Haase Söhne.

—— dass. M. 3 Kpfr. gr. 12. (10 B.) Ebds. 834. Schrbp. 16 Gr., Vlnp. 1 Thlr. 4 Gr., f. Vlnp.

—— (?) der Wegweiser d. Heils. Ein Gebet- u. Erbauungsb. f. kathol. Christen. 2. Aufl. gr. 12. (10 B. u. Ttlkpfr.) Prag 840, Haase Söhne.

— der Wegweiser des Heils. Ein Gebet- u. Erbauungsbuch für kathol. Christen. 3. Aufl. gr. 12. Mit 1 Kpfr. Ebend. 845. 12 n*ℳ*

Münster, Rudolf [Gerichtsref., aus Bonn]: Über die Singular-Succession in Schulden ... Bonn, Univ.-Buchdr. v. C. Georgi, 1893; 3 Bl., 100 S. 8.
Göttingen, Jur. Fak., Inaug.-Diss. v. [15. Sept.] 1893

Münster, Rud., üb. die Singular-Succession in Schulden. Diss. gr. 8. (100 S.) Bonn 893. (Göttingen, Vandenhoeck & Ruprecht.) n. 2. 20

(Münster, Sebast.) Die *Sechs und Dreissig Turniere*, welche seit Heinrich den (!) Vogelsteller vom Jahr 938 (in Wirkl. wohl 934) bis 1487 im deutschen Lande gehalten worden sind. Ein *getreuer Auszug aus Sebastian Münsterus* (sic) *Universal-Historie* (Buch 3), in besonderer Beziehung der seit Heinrichs (!) des Vogelstellers in Deutschland gehaltenen Turniere, und der adelichen, theilweise noch fortlebender. Geschlechter, welche zu damaliger Zeit an jenen Ritter-Spielen Antheil nahmen. Dem deutschen Adel gewidmet von *F. P. E.* München 1820, gedr. bei J. G. J. Seybold. 4° Tit. gestemp. Gleichzeit. Cart.-Bd.
Gestoch. Tit. m. Kpf. Vign. (Medaillon-Portr. König Heinrich s I). III—136 S. Mit : Kpf. Vign. (2 turnierende Ritter). — Selten. Scheint nicht in den Handel gelangt zu sein.
Das erste Turnier in Deutschland veranstaltete Heinrich d. Vogler zu Magdeburg, wahrschein. im J. 934. — Vgl. Geo. Rüxner's „Thurnier-Buch" (1530 etc.); s. auch Nr. 1717 d. Cat.

Münster, Theodor, Die Fabrikation von Kravatten, Schirmen, Handschuhen, Hosenträgern und Korsetts in Berlin. Schriften d. Vereins f. Socialpol., Bd. 85. gr. 8°. Leipzig 1899.

Münster, Theodor: Konrad von Querfurt, Kaiserlicher Hofkanzler, Bischof von Hildesheim und Würzburg. . . . Wernigerode, Druck v. B. Angerstein, 1890; 1 Bl., 62 S., 1 Bl. 8°
Leipzig, Phil. Fak., Inaug.-Diss. v. [7. Febr.] 1891

Münster, Wally vom, die Probiermamsell, s.a. Geschichten, intime.

Die Probiermamsell. Karriere einer Berliner Konfektionöse von Wally vom Münster. Berlin: Berliner Roman-Verl. [1904]. (48 S.) 8° [F.]
— Geschichten, Intime. 48. [05. 75]

— Zigeuner-Liebe, s.: Geschichten, intime.

Münster, Walter Alfons van Casuistische Beiträge zur Kenntniss der praecornealen und conjunctivalen melanotischen Neubildungen. Halle 1872: Lipke. 30 S., 1 Taf. 8°
Halle-Wittenberg, Med. Diss. v. 1 Aug. 1872
Geb. Emmerich am Rhein 8. 11. 1848. V

v. Münster-Meinehövel, Gräfin Amal. Jul. Isab. Gert., geb. v. Ompteda, s. Amalia.

v. Münster-Meinehövel, Reichsgraf Geo. Wern. Aug. Dietr., († d. 19. Febr. 1801.) s. Amalia, poet. Versuche.

Münster-Ansichten. (24 Bl) photographische Ansichten vom Münster in Ulm. fol in Mappe. Ulm (1888)

Münster Anzeiger
Münster-Zeitung
v. Anzeiger für das Michelsamt.

— Der Münsterbau in Bern. Erster Jahresbericht, umfassend die Periode der Vorstudien 1881 – 1887. Von der Hauptversammlung des Berner Münsterbauvereins genehmigt am 24. Nov. 1887. Bern, Buchdruckerei G. Michel. 1888

Münsterbeck, Freiherr von: „Bitte um Beantwortung der Frage: Wie ist die Aufhebung des Leibeigenthums und der naturellen Dienstleistung bey der Hoheit Beck und den vereinigten Güthern Ahlenburg, Schockenmühlen und Hochfeld in Minden ohne zu große Aufopferung des Besitzers und zum wahren Nutzen der Unterthanen einzurichten? Eine Preisaufgabe". Münster 1791 (Perenon).

Münsterberg [Sachliches OW]

Münsterberg, Joseph. Roman der Gegenwart. Eisleben 1850. V: *Temme, Jodocus Deodat Hubert.* (EB)

Münsterberg [Schlagwort]

Münsterberg, Kreis, s.: Breslau. Reg.-Bez.

Münsterberg, Kreis, s.: Glatz. Hansi, G.

s. Kreiskarten.

Münsterberg [Verfasser]

Vier Märchen von Charlotte **Münsterberg.** Mit Buchschmuck von Arthur Bendrat. Danzig: A. W. Kafemann 1906. (62 S.) 8° [F.]
[Umschlagt.:] Großmutters Wintermärchen. [06. 1530]

Münsterberg, Emil

Münsterberg, E., die Anstaltsfürsorge in Deutschland, s.a. Kieschke, Hedw., u. Dor. Hirschfeld.

Münsterberg, Emil D. Anstaltsfürsorge in Deutschland. Leipzig 1910. 8°

Muensterberg, E., die deutsche Armengesetzgebung und das Material zu ihrer Reform, s.a. Forschungen, staats- u. socialwissenschaftliche.

Münsterberg E. die deutsche Armengesetzgebung und das Material zu ihrer Reform. (Forschungen, staats- und sozialwissenschaftliche VI, 4) Leipzig 1886

Münsterberg, E[mil]: Die Armenpflege. Einführung in die praktische Pflegethätigkeit. — Berlin: Liebmann 1897. X, 213 S. 8°

— Armenwesen. (S.-A. aus: Die Weltwirtsch., Jhrg. 1, 1906, 1. Teil.) 8°. Leipzig u. Berlin, B. G. Teubner, 1906.

Münsterberg, Emil, amerikan Armenwesen, s.a Schriften des deutschen Vereins f. Armenpflege u. Wohltätigkeit. 77. Hft.

Amerikanisches Armenwesen. Von Dr jur E[mil] **Münsterberg.** Leipzig: Duncker & Humblot 1906. (120 S.) 8° [F.]
— Schriften d. deutschen Vereins f. Armenpflege u. Wohltätigkeit. H. 77.
(06. 15104

— das ausländ. Armenwesen, s.a. Schriften d. deutschen Vereins f. Armenpflege u. Wohlthätigkeit. 35. Hft.

[F.] Das auslandische Armenwesen. Übersicht über die neueren Bestrebgn auf d. Gebiete d. Armenpflege in den f. uns wichtigsten Staaten d. Auslands. Von Dr E[mil] **Münsterberg,** Stadtrat in Berlin. *Leipzig Duncker & Humblot 1898.* (VI, 73 S.) 1 Bd 8.
= Schriften d. deutschen Vereins f. Armenpflege u. Wohlthät. H 35.
(98. 9917

Münsterberg, E[mil]. Das ausländische Armenwesen. Übersicht über die neueren Bestrebungen auf dem Gebiet der Armenpflege in den für uns wichtigsten Staaten des Auslands. Neue Folge X + 308 S. 8. Leipzig, Duncker & Humblot, 1901. [M. 7. —]
Schriften des deutschen Vereins für Armenpflege und Wohlthätigkeit Heft 52..

Münsterberg, Die Aufgaben städtischer Socialpolitik. Abdr. aus dem Hamburger Korrespondenten. 8°. Hamburg 1896.

— Bibliographie des Armenwesens. — Bibliographie charitable. (Schriften der Centralstelle für Arbeiter-Wohlfahrts-Einrichtgn. Abteilung f. Armenpflege u. Wohlthätigkeit.) gr. 8. (XV, 160 S.) Berlin 900. C. Heymann's Verl. n. 3. —; geb. in Leinw. n. 4. —

— dasselbe. 1. Nachtrag. gr. 8. (XI, 63 S.) Ebd. 902. n. 1.20

— Bibliographie d. Armenwesens. 2. Nachtrag (Schriften der Centralstelle f. Arbeiter-Wohlfahrts-Einrichtgn Abteilg. f. Armenpflege u. Wohltätigkeit.) (XI, 84 S.) gr. 8. Berlin 906. C. Heymann. n. 1. 60
Hauptwerk u. 1. Nachtr. Ebd. 900 902 n. 4. 20.

— u. **Ludwig-Wolf,** Erstattung von Unterstützungen durch die Unterstützten selbst u. durch ihre Angehörigen, s.a Schriften des deutschen Vereins f. Armenpflege. 41.

Münsterberg, E[mil] Erstattung von Unterstützungen durch die Unterstützten selbst und durch ihre Angehörigen. Von Stadtr Dr jur E[mil] Münsterberg in Berlin u. Stadtr. [Leo Friedr] Ludwig-Wolf in Leipzig.
Leipzig: Duncker & Humblot 1899 (59 S.) 8°
= Schriften d. deutschen Vereins f. Armenpfl. u. Wohlthät. H. 41

— u. E. v. Massow, die Fürsorge f. Obdachlose in den Städten, s.a. Schriften d. deutschen Vereins f. Armenpflege u. Wohlthätigkeit.

Münsterberg, Dr. E., u. **Massow,** E. v., Die Fürsorge für Obdachlose in den Städten. (Schrift. d. Deutschen Vereins f. Armenpflege u. Wohlthätigkeit, Heft 22.) gr. 8°. Leipzig 1895.

— die Fürsorge f. Wöchnerinnen, s.: Hauser.

— Generalbericht üb. d. Thätigkeit d. deutschen Vereins f. Armenpflege u. Wohlthätigkeit, s.a. Schriften d. deutschen Vereins f. Armenpflege u. Wohlthätigkeit.

[F.] Generalbericht über die Thätigkeit des deutschen Vereins für Armenpflege und Wohlthätigkeit während der ersten 15 Jahre seines Bestehens 1880 - 1895 nebst Verzeichnissen d. Vereinsschriften u. alphab. Reg zu d. Vereinsschr. erstattet im Auftr d. Ver v Dr jur Emil **Münsterberg,** Berlin. *Leipzig. Duncker & Humblot 1896.* (VIII, 127 S.) 1 Bd 8.
= Schriften d. deutschen Vereins f. Armenpflege u. Wohlthät H. 24.
96. 6492

Generalbericht über die Tätigkeit des deutschen Vereins für Armenpflege und Wohltätigkeit während der ersten 25 Jahre seines Bestehens, 1880–1905, nebst Verz. d. Vereinsschriften u. alphab. Reg. zu d. Vereinsschriften erstattet im Auftr d. Vereins von Emil **Münsterberg,** Berlin. Leipzig Duncker & Humblot 1905. (VIII, 247 S.) 8° [F.]
= Schriften d. deutschen Vereins f. Armenpflege u. Wohltät. H. 72. (05. 10467

Münsterberg, E Die Gründe meines Ausscheidens aus dem Hamburgischen Staatsdienst. Von Dr —. Als Ms. gedr Berlin 1896: J. Sittenfeld. (IV, 56 S.) 8°

Münsterberg, Emil. Das Landarmenwesen, s.a. Schriften d. deutschen Vereins f. Armenpflege u. Wohlthätigkeit.

Münsterberg, Dr. Emil,

— Das Landarmenwesen. Im Auftrage des Deutschen Vereins für Armenpflege und Wohlthätigkeit und der von ihm niedergesetzten Kommission auf Grund der erstatteten Berichte. 8°. Leipzig 1890.

Das Elberfelder System. Festbericht aus Anlaß d. 50jährigen Bestehens d. Elberfelder Armenordnung erstattet von Stadtrat Dr. (E[mil]) **Münsterberg**-Berlin. *Leipzig: Duncker & Humblot 1903.* (54 S.) 8° [F.]
— Schriften d. deutschen Vereins f. Armenpflege u. Wohltätigkeit. H. 63.
(03. 23469

— u. **Rothfels,** Die Verbindung der öffentlichen und der privaten Armenpflege. 8°. Leipzig 1891.

— s.: Zeitschrift f. das Armenwesen.

— Zentralstellen f. Armenpflege u. Wohlthätigkeit. gr. 8. (IV, 67 S.) Jena 897. G. Fischer n. 1. 50

— Zwangsmaßregeln gegen nährpflichtige Angehörige, s.: Hirschberg, E.

Münsterberg, Hugo, die Amerikaner. 1.—3. Aufl. 2 Bde. Lex.-8. Berlin 904. E. S. Mittler & Sohn. à n. 5. —; geb. à n.n. 6. 25
1. Das politische u. wirtschaftliche Leben. (XII, 494 S.)
2. Das geistige u. soziale Leben. (III, 336 S.)

Münsterberg, Hugo, üb. Aufgaben u. Methoden der Psychologie, s: Schriften der Gesellschaft f. psychologische Forschung.

Münsterberg, H., Beiträge zur experimentellen Psychologie. 1.—3. Hft. gr. 8. Freiburg i/Br., J. C. B. Mohr. n. 11. —
1. (XII, 188 S.) 889. n. 4. —. — 2. (III, 234 S.) 889. n. 4. —. — 3. Neue Grundlegung der Psychophysik. (III, 122 S.) 890. n. 3. —.

— Beiträge zur experimentellen Psychologie. 4. Hft. gr. 8. (III, 238 S.) Freiburg i/B. 892. J. C. B. Mohr. n. 4. 50 (kplt.: n. 15. 50)

Münsterberg, Hugo, aus Deutsch-Amerika. (IX, 245 S.) gr. 8. Berlin 909. E. S. Mittler & Sohn. 5.—; geb. 6. —

Münsterberg, H., Gedankenübertragung. Vortrag. [Aus: „Berichte d. naturforsch. Gesellsch. zu Freiburg i/Br."] gr. 8. (IV, 23 S.) Freiburg i/Br. 889. J. C. B. Mohr. n. — 80

Münsterberg, Hugo, Grundzüge der Psychologie. 1. Bd. Allgemeiner Tl., die Prinzipien der Psychologie. gr. 8. (XII, 565 S.) Leipzig 900. J. A. Barth. n. 12. —; geb. in Leinw. n. 13. 50

Münsterberg, Hugo [aus Danzig] Die Lehre von der natürlichen Anpassung in ihrer Entwickelung, Anwendung und Bedeutung Leipzig, Druck v Metzger u. Wittig, 1885; 2 + 114 + 1 S. 8°.
Leipzig, Phil. Fak., Inaug. Diss. v. 19. Okt 1885.

Münsterberg, Hugo, die Lehre von der natürlichen Anpassung in ihrer Entwickelung, Anwendung und Bedeutung. gr. 8. (114 S.) Leipzig 887, Fock. *

Münsterberg, Hugo: Ein Leitfaden der deutsch-amerikanischen Geschichte. Cincinnati 1883. UC

— Philosophie der Werte. Grundzüge e. Weltanschaug. (VIII, 486 S.) gr. 8. Leipzig 908. J. A. Barth. 10.—; geb. in Leinw. 11. —

Münsterberg, Hugo: Problems of to-day. From the point of view of a psychologist. By –. London, Leipsic: Unwin 1910. 220 S. 8°

Münsterberg, H., Studentenpflicht u. Studentenrecht, s.a. Fragen, zeitbewegende.

— Studentenpflicht u. Studentenrecht. Ein Wort an die deutsche Studentenschaft. 2. (Titel-)Aufl. gr. 8. (23 S.) Leipzig 890. Levien. — 25

— der Ursprung der Sittlichkeit. gr. 8. (III, 120 S.) Freiburg i/Br. 889. J. C. B. Mohr. n. 3. —

Verse von Hugo Terberg [d. i. Hugo Münsterberg]. Großenhain Baumert & Ronge 1897. (143 S.) 8° [J.] [97. 8748]

Münsterberg, Hugo [Dr phil. et med., Privatdoc. d. Philos. an d. Univ. Freiburg]: Die Willenshandlung. (Aus Münsterberg, Die Willenshandlung. Ein Beitrag zur physiolog. Psychologie, Abschn. I.) Freiburg i. B., Buchdr. v. C. A. Wagner, 1888; 2 Bl. + 55 S. 8°
Freiburg i. B., Phil. Fak., Hab.-Schr. v. 1888

—— die Willenshandlung. Ein Beitrag zur physiolog. Psychologie. gr. 8. (VII, 163 S.) Freiburg i. Br. 888, Mohr. *

Münsterberg, J., s. Münsterberg, Emil

Münsterberg, Josephe, neue deutsche Zeitbilder, s. Zeitbilder.

Muensterberg, Margarethe, Heimatklänge. Andenken an Ost-Holstein. 8. (VI, 50 S. m. Titelbild.) Lübeck 897. Lübcke & Hartmann. Kart. m. Goldschn. n. 1. 20

Münsterberg, Oscar [aus Danzig]: Japans Edelmetall-Handel von 1542—1854 ... [Erscheint vollst. u. d. T.: Japans auswärtiger Handel von 1542—1854 ... als Stück 10 von: Münch. Volkswirtsch. Studien.] Stuttgart, Druck d. Union Deutsche Verlagsges., 1895; 38 S. 8.
Freiburg i. B., Phil. Fak., Inaug.-Diss. v. 1895

Münsterberg, Osc., Japans auswärt Handel von 1542 bis 1854, s.a. Studien, Münchener volkswirtschaftl.

Münsterberg, Oscar Japans auswärtiger Handel von 1542 bis 1854 Bearbeitet nach den Quellenberichten. (Münchener Volkswirtschaftliche Studien. Stück 10.) Stuttgart 1896. XXXVIII, 312 S. 8°

— d. japanische Kunst u. d. japan. Land. Ein Beitrag zur Kunstwissenschaft. gr. 8. (VII, 56 S. m. 27 Abb. u. 1 Heliograv.) Leipzig 896. K. W. Hiersemann. n. 3. —

Münsterberg, Osk., Japans Kunst. (III, 104 S. m. 161 Abbildgn. u. 8 farb. Taf.) Lex. 8. Braunschweig 908. G. Westermann. Geb. in Leinw. 4. 50

— Chinesische Kunstgeschichte. 1. Bd. Vorbuddhistische Zeit. — Die hohe Kunst: Malerei u. Bildhauerei. (XV, 350 S. m. 321 Abbildgn. u. 15 farb. Taf.) Lex. 8. Esslingen 910. P. Neff. 20.—; geb. 23. —

Münsterberg, Osk., japanische Kunstgeschichte. I. u. II. Lex.-8. Braunschweig, G. Westermann. Kart. n. 24. 75; Liebhaberausg., geb. in Ldr. n. 45. —
I. (XXIV, 136 S. m. 108 Abbildgn. u. 14 Taf.) 904. Kart n. 9. 75; geb. n. 20. —
II. (XVI, 263 S. m. 212 z. Tl. farb. Abbildgn. u. 23 z. Tl. farb. Taf.) (905.) Kart. n 15. —; geb. n. 25. —

— Japanische Kunstgeschichte. III. (Schluss-)Tl. Töpferei, Waffen, Holzschnitte, Gürtelhänger, Inro-Netzke. (LVI, 392 S. m. 346 z. Tl. farb. Abbildgn. u. 13 z. Tl. farb. Taf.) Lex. 8. Braunschweig 907. G. Westermann. Kart. 28. —; Liebhaberausg., geb. in Ldr. 40. —
I. u. II. Tl. Ebd. 904. 05. 24.75, bezw. 45. —

— ostasiatisches Kunstgewerbe in s. Beziehgn. zu Europa. Bayern u. Asien im XVI., XVII. u. XVIII. Jahrh. M. 2 Heliograv. u. 28 Text-Illustr. [Aus: „Zeitschr. d. Münch. Alterthums-Vereins".] gr. 4. (31 S.) Leipzig 895. (K. W. Hiersemann.) n. 3. —

Das Ostasiatische Museum in Berlin. (Verf.: Oscar Münsterberg.) Privatdr. (Leipzig 1910: J. J. Weber.) 33 S. 8° [Kopft.] [10. 14697]

— d. Reform Chinas. E. historisch-polit. u. volkswirthschaftl. Beitrag zur Kenntniß Ostasiens. gr. 8. (78 S.) Berlin 895. H. Walther. n. — 80

Muensterberg, Otto, [und] Hedwig *Leonhardt*, Die Animierkneipe. Notstände u. Abhilfe. Bericht üb. die vom Deutschen Verein gegen d. Missbrauch geistiger Getränke einberufene allgemeine Konferenz. Berlin 1908. 8°. *[Umschlagtit.]*

Münsterberg, (Otto), die Bekämpfung der Animierkneipen. Vortrag in der Verwaltungs-Ausschuß-Sitzg. des D. V. g. d. M. g. G. am 10. X. 1907. (18 S.) 8. Berlin 908. Mäßigkeits-Verlag. — 30
Sonderabdruck aus: „Bericht üb. die 24. Jahresversammlg. des D. V. g. d. M. g. G. in Posen".

Münsterberg, Otto, der Handel Danzigs, s.a. Zeitfragen, volkswirtschaftliche Hft. 217. 218.

Der Handel Danzigs. Ein Versuch z. Darstellung d. Entwickelung e. deutschen Seestadt d. Ostens. Von Otto **Münsterberg**, Mitgl. d. preuss. Abgeordn.-Hauses. Berlin: L. Simion Nf. 1906. (58 S.) 8°
→ Zeitfragen, Volkswirtschaftliche. H. 217/218. [06. 3329 6]

— Prostitution u. Staat, s.a. Flugschriften der deutschen Gesellschaft zur Bekämpfung der Geschlechtskrankheiten. 9. Heft.

Münsterberg, Otto: Prostitution und Staat. Vortrag. — Leipzig: Barth 1908. 30 S. 8° (Flugschriften d. deutschen Gesellschaft z. Bekämpfung d. Geschlechtskrankheiten. 9.)

Münsterberg, Rudolf aus Wetzikon (Kanton Zürich): Zu den spartanischen Dioskurenreliefs. Zür. o. Dr. 1890. 39 S. 8°.
Zürich, Phil. Diss. I. S. [v. 15. Dec. 1888].

Münster-Blatt, Strassburger. Organ des Strassburger Münster-Vereins. Schriftleitung: Wolff u. Müller. 1. bis 3. Jahrg. 1903/04. 1905 u. 1906. 4. Strassburg, L. Beust. n. 13. —

1. 1903/1904. (39 S. m. Abbildgn. u. 3 Lichtdr.-Taf.) n. 3. —
2. 1905. (32 S. m. Abbildgn. u. 10 Lichtdr.-Taf.) n. 5. —
3. 1906. (48 S. m. Abbildgn. u. 6 Lichtdr.-Taf.) n. 5. —

Münster-Blatt, Strassburger. Organ des Strassburger Münster-Vereins. Schriftleitung: Wolff. 4. u. 5. Jahrg. 1907 u. 1908. (34 S. m. Abbildgn. u. 1 Lichtdr.-Taf. u. 36 S. m. Abbildgn. u. 1 Lichtdr.-Taf.) 32×22,5 cm. Strassburg, L. Beust. à Jahrg. 3. —

Münster-Blätter. Im Auftrag des Münster-Comités hrsg. von Frdr. Pressel. 1. u. 2. Hft. 4. Ulm 878. 80. Ebner. à n. 2. 50

1. Mit (eingedr.) Holzschn. u. 1 Farbendr. (124 S.)
2. Mit 5 (eingedr.) Holzschn. u. 4 zinkograph. Taf. (88 S.)

Münster-Blätter. Im Auftrag d. Münster-Komites hrsg. v. Aug. Beyer u. Frdr. Pressel. 3. u. 4. Hft Mit 20 Holzschn. u. 2 zinkogr. Taf Lex.-8. (VII, 174 S.) Ulm 883. Ebner. n. 4. 50 (1—4: n. 9. 50)

Münster-Blätter. Im Auftrag d. Münster-Komitees hrsg. v. A. Beyer u. F. Pressel. 5. u. 6. Hft. Fol. (11 Bl. Text m. 8 Taf. in Photolith.) Ulm, Ebner. n. 6. 50 (1—6.: n. 16. —)

5. Mit 7 Holzschn. u. 2 zinkogr. Taf. (VII, 98 S.) 888. n. 2. 50
6. Mit 8 Taf. in Photolith. (11 Bl.) 889. n. 4. —

Münsterblätter, Freiburger. Halbjahrsschrift für die Geschichte u. Kunst des Freiburger Münsters. Hrsg. vom Münsterbau-Verein. Schriftleiter: Albert. 1. u. 2. Jahrg. à 2 Hefte. (III, 92 S. m. Abbildgn. u. 1 Taf. u. III, 84 S. m. Abbildgn.) gr. 4. Freiburg i/B. 905. 906. Herder. à Jahrg. n. 10. —

Münsterblätter, Freiburger. Halbjahrsschrift f. die Geschichte u. Kunst des Freiburger Münsters. Hrsg. vom Münsterbau-Verein. Schriftleiter: Albert. 3.—6. Jahrg. (à 2 Hefte.) 36,5×27 cm. Freiburg i/B., Herder. à Jahrg. 10. —

3. (III, 88 S. m. Abb.) 907. — 4. (IV, 88 S. m. Abb.) 908. — 5. (III, 88 u. VIII S. m. Abb. u. 1 farb. Taf.) 909. — 6. (1 Heft 52 S. m. Abb.) 910.

Münster- und Thurn-Büchlein, Strassburger; oder Kurzer Begrif der merkwürdigsten Sachen, so im Münster und dasigen Thurn zu finden ... 4. Aufl. Strassb. 1773. V: *Schweigheuser, Jos.* (schles)

Münsterer, F B von

Ders.: Essai sur l'origine et le progrès de la prétendue independence Genoise. 769. 8.

(de Münsterer, F. B.): Mémoires touchant la superiorité imperiale sur les villes de Genes et de St. Remo etc. *Ratisbonne*. 768. 8.

Münsterer, Gg., der Daschner Gangerl drei Tag ohne Wabm od. der Bader in Verlegenheit. Nach e. Schlierseer Stück. (32 S.) kl. 8. Regensburg (Weißenburgerstr. 5) (910). Administration des Burschenblattes. p nn — 50

Der Freund des Martyrers. Religiöses Trauerspiel in 6 Aufz. von Gg. **Münsterer,** Kooperator. Hrsg. von Josef Jansen. Kempen (Rhein): Klöckner & Mausberg [1905]. (46 S.) 8° [F.]
= [Theater-Bibliothek. H. 31.] [06. 5753

— Ein mißglücktes patriotisches Haberfeldtreiben aus vergangener Zeit. Volksstück in 3 Akten aus der Zeit v. 1705. (53 S. m. 1 Taf.) kl. 8. Ebd. (908). p — 50

Münsterer, Heinrich, Medizinalprakt.: Über Lebercirrhose beim Kind. München: Steinicke 1908. 32 S. 8°
München, Med. Diss. v. 13. Jan. 1910, Ref. v. Bollinger
[Geb. 12. Juli 82 Volkenschwand; Wohnort: Volkenschwand; Staatsangeh.: Bayern; Vorbildung: Gymn. Landshut Reife Juli 03; Studium: München 10 S.; Coll. 13. Jan. 10; Approb. 31. Dez. 09.] [U 10. 3553

Münsterer-Zeitung: Neue Münsterer-Zeitung
④ Anzeiger für das Michelsamt ⑤ Januar 1909—April 1909 ⑥ 2° ⑦ Wochenblatt ⑧ Beromünster: Josef Huber ⑩ der Drucker ⑪ der Drucker ⑫ neutral ⑬ BGSZ: 167, 681, 1028, 1032; Wallimann: Die Bürgergeschlechter von Beromünster I, S. 414 ⑮ Ende April 1909 fusionierte die «Neue Münsterer-Zeitung» mit dem bei Schori in Menziken erschienenen «Anzeiger für das Michelsamt».

Münsterglocken, Die, am 50jährigen Jubilaeum des Hn. Alt-Antistes Dr. Georg Gessner den 21. Okt. 1841. [Zürich.] V: *Schuster, Carl Ludwig.* (Cat. d. Stadtbibl. Zürich. Zürich 1864—97.)

Münsterglocken, die, zu Schaffhausen. Zur Erinnerg. an die Glockenweihe, Sonntag den 27. XI. 1898. gr. 8. (60 S. m. 1 Abbildg. u. 3 Taf.) Schaffhausen 899. (C. Schoch.) n. 1. 20

Münstermaifeld [Schlagwort]

Münstermaifeld, s.: Preussen. Messtischblätter.

Münstermann, Christian *Heinrich* [pr. Arzt aus Hersfeld]: '(Aus d. geburtshülfl. Poliklinik d. Kgl. Charité.)' Über das Creolin. '(Pearson.)' '(Beobachtgn aus d. Jahren 1891 u. 1892.)' ... Berlin, Buchdr. v. G. Schade, *1895*; 41 S. 8.
Berlin, Med. Fak., Inaug.-Diss. v. 4. Dez. 1895

Münstermann, Laurenz [app. Arzt aus Aachen]: Ueber Bauchfelltuberkulose. ... München, k. Hof- u. Univ.-Buchdr. v. Dr. C. Wolf & Sohn, 1890; 38 S. 8°
München, Med. Fak., Inaug.-Diss. v. 1890

Münstermann, Theodor, Referendar: Eigentumserwerb durch Inaedification. Halle a. S. 1909: Kaemmerer. 97 S. 8°
Erlangen, Jur. Diss. v. 5. Mai 1909, Ref. Siber
[Geb. 16. Febr. 85 Arnsberg i. W.; Wohnort: Halle a. S.; Staatsangeh.: Preußen; Vorbildung: Kaiser-Friedrichs-Gymn. Frankfurt a. M. Reife O. 03; Studium: Münster 1, München 1, Marburg 4 S.; Rig. 16. Febr. 09.] [U 09. 719

Münsterthal, das, s.: Streifzüge u. Rastorte im Reichslande.

Münstertal, das, von Colmar bis Münster. (Kollektion Lorenz.) Kurzgefasstes Geleitbuch, bearb. v. einigen Vogesenfreunden. Mit 4 (1 farb.) Kartenbeigaben. (VIII, 67 S.) kl. 8. Freiburg i/B. 904. F. P. Lorenz. n. — 60

Münsterwalde [Schlagwort]

Münsterwalde, s.: Preussen. Messtischblätter

Muntaner, Chronik des Edlen En Ramon. Hrsg. von Karl Lanz, s. Bibliothek des litterarischen Vereins in Stuttgart, Bd. 8.

Muntaner, des edlen En Ramon, Chronik. Aus d. Catalan. des 14. Jahrhunderts übers. von K. Fr. W. Lanz. 2 Thle. gr. 8. Mit 1 Stammtafel. Leipzig 842, Engelmann. $3^{1}/_{3}$ ß

Muntean, H., Ueber die Zeit u. Absicht der Tragödie des Sophokles Oedipus auf Kolonos. Pr. 1878. 77 S.

Muntean H.. Über die Zeit und die Absicht der Tragödie Oed. auf Kol. 75. Suczawa 78. Progr.

Munteanu, G., und G. Baritz, deutsch-romänisches Wörterbuch s. Baritz.

Munteanu, G. J. Puriemulu in limb'a romana. Kronstadt, gr.-or. O. G., 1862. 12 S. Progr.

Muntendam, Hendrik Petrus

Muntendam, H. P. Zur Kenntnis der p-Tolu-β Alkylmiazin- u. Carbonsäuren. In-8⁰. 64 S. Basel, (Georg & Co.). These. 1894.

Muntendorf, Vikt., Defraudationsschutz. Ein Beitrag zum Kapitel der Bureau-Organisation m. besond. Berücksicht. der Kreditgenossenschaften. gr. 8. (VIII, 163 S.) Brünn 903. (C. Winkler.) n. 4.—; für Deutschland: Leipzig, H. Seemann Nachf. n. 3. 30

Munter s.a. **Münter.**

Munter, Balthasar (Lübeck), De juramento inprimis metu extorto. Diss. jur. Präs. Peter Hermann Becker. Jena (Tennemann) 11. I. 1755. 34 S. (5.—) 24333
Gew.: Hermann Heinrich von Engelbrecht. — Widm. v.: Peter Hermann Becker.

Munter, Jerem., ein Funke, s.a. Ausland, das belletristische, 1798—1806. Bdchn.

Munter, Jeremias

Ein Funke. Roman. Aus dem Schwed. übers. v. Gottlob Fink. Bdchn 1–4. 5–9.
Stuttgart: Franckh 1852. 8⁰

Munter, M., der Untergrund der Stadt Halle, s. Publicationen des Vereins für öffentliche Gesundheitspflege.

Munter, Markulf, das Kartenspiel u. seine angenehmste u. ergiebige Ausnutzung im edelsten der Spiele. Mit Belehrgn., Betrachtgn. üb die richt. Pflege d. Spiels im Allgemeinen, Verdeutschgn. v. Spielausdrücken, Redensarten u. Schnurren, od. das goldene Lomber-ABC Lomber-Grund-, Hülf-, Noth- u. Trostbüchlein, m. 933 Reimsprüchen. gr. 8. (35 S.) Einbeck 891. (J. Ibbeken. n. —60

Munter, Salomo

Munter, S., physikalische u. diätetische Therapie der Gicht, bzw. der Zuckerharnruhr, s.a. Therapie, physikalische, in Einzeldarstellungen, 13. u. 14. Hft.

Physikalische und diätetische Therapie der Gicht. Für prakt. Ärzte. Bearb. von Dr. S[alomo] Munter. Stuttgart: F. Enke 1906. (70 S.) 8⁰
— Therapie, Physikalische, in Einzeldarstellungen. H. 13.

Physikalische und diätetische Therapie der Zuckerharnruhr. Für prakt. Ärzte. Bearb. von Dr. S[alomo] Munter. Stuttgart: F. Enke 1906. (61 S.) 8⁰
— Therapie, Physikalische, in Einzeldarstellungen. H. 14.

Munter, S., das Wasserheilverfahren in der Gesundheitspflege des Arbeiters, s.a. Arbeiter-Gesundheits-Bibliothek.

Das Wasserheilverfahren in der Gesundheitspflege des Arbeiters. Von Dr. S[alomo] Munter. Berlin: Vorwärts 1907. (20 S.) 8⁰ [J.]
— Arbeiter-Gesundheits-Bibliothek. H. 13.

Munter, Theophil Ludolph (Hildesheim), Commentatio de principio necessitatis a repugnanter disjunctis repetito. Göttingen (A. Vandenhoeck) (Juli) 1745. 24 S. (4.50) 24338

Münter, über den Hering der pommerschen Küsten. Bonn 1863.
Schul-/Univ.-Schrift

Münter, de Hesiodo nonnulla praefatur. Götting. 753. 4. 1 gr.

Münter, über Tuscarora-Rice. Greifswald 1863.
Schul-/Univ.-Schrift

Münter, (Joan.) Andr. Henr. Aug(ustus) Julius (geb. Nordhausen 14. 11. 1815) Observationes phytophysiologicae. Berolini (1841). (34 [vielmehr 36] S.) 8⁰ * Aus Linnaea. Bd 15. Halle 1841
Berlin, Med. Diss. v 27 Mai 1841

Münter, Balthasar

— Anleit. z. Erkenntniß u. Ausübung d. christl. Glaubens. 8. Götting. 783. Dieterich. 8 gr 5e A. 8. Kopenh. 815. Bonnier. 8 gr

Münter, B., Anleitung zur Erkenntniß und Ausübung des christl. Glaubens. 5te Aufl. 8. Copenhagen, Bonnier. 817.

Munter, Balthasar (geb. zu Lubeck 1735, Vater der Dichterin Friederike Brun), Der Baum der Erkenntnis des Guten u. Boesen wider einen neuen Nachfolger *Beverlands* vertheidigt. Gotha 1761 8⁰ 8 Bl., 236 S. (12 Mk. Max Harrwitz, Berlin, 1907.)
Ueber das göttliche Gesetz des Beischlafes. Der theolog Fakultät in Jena gewidmet. — Selten!

Münter, Balth., († d. 5. Oct. 1793.) Baum des Erkenntnisses d. Guten u. Bösen vertheidiget. 8. Gotha 762. Dieterich in Götting. 16 gr

Münter, B., die Bekehrung des Grafen Struensee. Ueberzeugung eines Naturalisten von der Wahrheit der christl. Religion. 8. Stolberg 845, Kleinecke. 1 ₰

Münter, B., die Bekehrung des Grafen v. Struensee. Ueberzeugung eines Naturalisten von der Wahrheit der christlichen Religion. 2. (Titel-)Aufl. Bautzen (845.) 853. Reichel. 8. (IV, 289 S.) n. 20 ngr.

Münter, Dr B., Bekehrungsgeschichte des vormaligen Grafen und dänischen geheimen Cabinetsministers Joh. Friedr. Struensee Mit Portrait. Kopenhagen 1772. 8⁰ (2 Mk. 50 Pfg. E. Frensdorff, 1905.)
— — Dasselbe, tit.. Bekehrungsgeschichte des vormaligen Grafen Joh. Struensee. O. O. 1773. 8⁰. (3 Mk. 80 Pfg., zus. mit Hee [s. ob.], Derselbe.)

— Bekehrungsgeschichte des Grafen Struensee, nebst dessen eigenhänd. Nachr. über d. Aenderung sr. Gesinnungen in der Religion. Mit sm. Bildn. u. Wappen. 8. Leipz. 772. 2e Aufl. 773. Brummer in Kopenh. 12 gr (Ernst in Quedlinb.) 16 gr

Münter, B., Bekehrungsgeschichte der vormaligen beyden Grafen Joh. Fr Struensee und Enewold Brandt, hrsg. von J Hee. 3. Aufl. Mit 2 Portr Kopenhagen u. Leipzig 1773. Gr 8⁰ 384 S. (4 Mk. F W Haschke, 1912. Mit Portrait. Kopenh. 1773. 8⁰ (2 Mk. der Vorige.)

— de dei existentia carmen. L. II. 8. Gotha 762. (Dieterich in Götting.) 4 gr

— Conversion du Comte J. F. Struensee, av. fig. 8. Zelle, Runge. 773.

— Dankpredigt über die d. Könige u. seinem Volke erzeugte Hülfe Gottes. 8. Kopenh. 772. Brummer. 2 gr

— poet. Denksprüche auf alle Tage d. Jahres. 8. Gotha 761. (Dieterich in Götting.) 3 gr

— Ermunterungen z. Glauben u. gut. Gewissen, z. Vertheidigung d. öffentl. Gottesdienstes rc. nach Anleit. d. Sonn- u. Festtags-Episteln, poetisch verfaßt rc. 8. Gotha 763. (Dieterich in Götting.) 8 gr

— von unserm Gebet f. d. König, eine Predigt am allgem. Betfeste, üb. Psalm 91, 14—16. 8. Kopenh. 766. Brummer. 2 gr

— Keuschens Größe; e. Rede. gr. 8. Jena. 759. 6 gr.

— Inhalt aller Predigten v. Jahre 1765—67. gr. 8. Kopenh., Brummer. 2 Rthlr. 16 gr.

— Inh. s. Predigten v. 1766—70. gr. 8. Gött. Dieterich. 767—71.

— Inhalt aller Predigten, im J. 1766, 67, 68, u. 69. gehalten. gr. 8. Kopenh. Schubothe. 5 Rthlr. 8 gr. Der Jahrg. einzeln à 1 Rthlr. 8 gr.

— Cantaten über die Episteln. 8. Rudolst. 762.

— Cantaten über die Evangelien. 8. Gotha 761.

— geistl. Cantaten. 8. Gött Dieterich. 769.

— geistl. Cantaten. 8. Götting. 779. Dieterich. 6 gr.

— christl. Lehre v. Gebet, in Predigten. gr. 8. Kopenh. 789. Schubothe 10 gr.

— geistl. Lieder. gr. 8. Kopenh. 772. Schubothe 10 gr. 2e Aufl. 2 Sammil. 8. Leipz. 773. Dyck. 18 gr.

Münter, Balth., geistliche Lieder. Neue Aufl. 16. (XVI und 237 S.) Leipzig 858, Dyk'sche Buchh.

— Predigt: Große Vortheile d. demüth. Hoheit 2c. vor J. Maj. d. Königin Juliane Marie gehalten. gr. 8. Kopenh. 766. Proft. 3 gr.

Münter, Balth., abgekürzte Predigten über e. Evangelien u. d. Katechism. v. Adv. 1769—77. 8. Kopenh. 771—77. (Schubothe) (à 1 Rthlr.) 8 Rthlr.

— 13 einzelne Predigten, a) die Seele eines einzigen Sünders groß geachtet in d. Augen Gottes. 8. Götting. 760. Dieterich. 2 gr. b) das unerlaubte Richten d. Nächsten, e. Quelle unsers eigenen Verderbens. 8. Ebd. 760. 2 gr. c) Gottes Wohlgefallen an d. seligen Armuth d. Geistes. 8. Ebd. 760. 2 gr. d) Das gute Herz Jesu gegen d. Nothleidenden. 8. Ebd. 760. 2 gr. e) Die große Gefahr d. Selbstbetrugs im Geistlichen. 8. Ebd. 760. 2 gr. f) Jesu Thränen üb. d. Unglück d. verstockten Jerusalems. 8. Ebd. 760. 2 gr. g) Der Herr hat alles wohl gemacht. 8. Ebd. 760. 2 gr. h) Unnöthige Sorgen d. Menschen, weil sie d. Fürsorge Gottes nicht vertrauen. 8. Ebd. 760. 2 gr. i) Der Gläubigen Todesfurcht verschlungen in d. Sieg d. gewissen Auferstehung. 8. Ebd. 760. 2 gr. k) Die Nothwendigkeit d. Geheimnisse in d. geoffenbarten Religion. 8. Ebd. 761. 2 gr. l) Gottes besond. Fürsorge f. uns, e. Quelle d. Vertrauens auf ihn 8. Ebd. 761. 2 gr. m) Die Herrlichkeit d. schmahl. Todes Jesu. 8. Ebd. 762. 2 gr. n) Trost e. treuen Lehrers beim Antritt e. neuen Amts. 8. Ebd. 765. 2 gr.

— Predigten an d. Festen Visit. Mariae u. Oculi. 8. Kopenh. 768.

— Predigten üb. Sonntagsevangelien. 7 Thle. gr. 8. Kopenh. 778—85. (1r—4r Thl. N. A. 787—90.) (Schubothe). 9 Rthlr. 8 gr. Schrov. 10 Rthlr. 16 gr.

— allgem. Redekunst. 8. Jena 760. Gollner. 6 gr.

— s. Reden, fünf mal fünf.

Esperanceloge Irene in Jena: **Fünfmahl fünf Reden über fünf wichtige Pflichten, derer die da hoffen in der ger. und vollk. Minervenloge [Irene in Jena] des Ordens der Hoffnung gehalten von dem Br Redner [Balthas. Münter]. Samml. 1—5. Jena: Gollner 1759—1762. 8⁰ [Kupfertit.]**

1. 1759 136 S.; 2. 1759 156 S.; 3. 1760 156 S.; 4. 1761 132 S.; 5. 1762 152 S.

Kl. 2779, Tt. 800. Selten. Die Pflichten lauten: Fürchte Gott! Ehre die Obrigkeit! Liebe deinen Nächsten wie dich selbst! Erkenne dich selbst! Sei mitleidig gegen die Notdürftigen! — Der Orden der Ritter u. Damen der Hoffnung war ein geheimer, frmrische Formen nachbildender Männer- u. Frauenorden, dessen Ziel war, seinen Mitgl. einen hohen Begriff von der Mrei beizubringen.

— heil. Reden od. Predigten 7 Thle. 8. Gotha 760—64. (Dieterich in Götting.) 4 Rthlr. 16 gr.

— Samml. geistl. Lieder. 2 Samml. 8. Leipz. Dyk. 773. (1r 8 gr. 2r 10 gr.)

— drei Traureden bei d. ehel. Verbindung fr. Kinder. 8. Kopenh. 792. (Schubothe). 4 gr.

— Unterhalt. e. nachdenk. Christen m. s. selbst. 2 Thle. 8. Hamb. (Breitkopf.) 775.

— Unterhaltt. eines nachdenkenden Christen mit sich selbst. 2 Thle. 8. Hamb. 775, 76. (Schubothe). 3 Rthlr. 16 gr.

— große Vortheile d. demüthigen Hoheit, eine Predigt. gr. 8. Kopenh. 766. Brummer. 3 gr.

— große Vortheile d. demüthigen Hoheit, eine Predigt. gr. 8. Copenh. Proft. 766.

— öffentl. Vorträge üb. d. Reden und Begebenheiten Jesu n. d. Evangelisten. 9 Bde. gr. 8. Copenh. Faber. (Schubothe.) 785—93. (I—III. à 1 Rthlr. 4 gr. IV. 1 Rthlr. V. 1 Rthlr. 4 gr. VI—VIII. à 1 Rthlr. IX. 1 Rthlr. 8 gr.) Schreibp.

Münter, C E, s.a. Münter, Chrisoph Elias

– s.a. Münter, Johann Karl Ernst

Münter, C. E., von der Acquisitiv- u. Extinctiv-Verjährung, nebst e. tabell. Uebersicht d. Fristen 2c. 8. Hannov. Gebr. Hahn 811.

Münter, C. E. (Zelle), Anleitungen wie Landleute und alle der Rechte unkundige Personen einen Handel oder Vertrag mit Vorsicht schließen können. Celle (Selbstverlag, i. Comm. bei E. A. Richter) 1793. IV, 65 S. (5.—) 24334

Münter, C. E., Anleit. wie Landl. u. alle d. Rechte Unkund. ein. Handel od. Vertrag 2c. 2 Thle. 8. Hannov. Hahn. 794.

Münter, C. E.: Von der Erfahrung in der ausgeübten Rechtskunde. Th. 1. 2. Zelle 1799. 1806.

— v. d. Erfahrung in d. ausgeübten Rechtskunde. 2 Thle. gr. 8. Celle, Schulze. 805. 6. (à 20 gr.)

Münter, C. E.: „Das Frachtfahrer-Recht", 2 Teile, Hannover 1798, 1801 (Hahn). — Vorh.: Bibl. des Kammergerichts Berlin — Fe. 20 — und Com. Bibl. Hamburg. — 2., mit Zusätzen nach dem Westphälischen Gesetzbuch vermehrte Auflage, 2 Teile, Hannover 1810 (Hahn).

— das Roßtäuscherrecht. 8. Hannover, Hahn. 810.

— d. Weiderecht. 8. Ebend. 810.

Mein Leid und Freud im Liede. Camilla **Münter.** Halle a. S.: Münter 1910. 80 S. 8° [10. 15265 3

Am Untrüborn. Gedanken u. Gedichte v. Camilla u. Ferdinand **Münter** *Halle a. S.: H. Peter (1900).* (56 S.) 8° [F.] [01. 4954 3

Münter, Carl, s. Münter, Karl

Münter, Christoph Elias, s.a. Münter, C. E.

– s.a. Münter, Johann Karl Ernst

v. Münter, Cp. El.: Die Servituten nach d. reinen Sinne d. röm. u. Napoleon. Gesetzg., ohne Rücks. auf Doctrinalmeinungen. *Hannov.*, Hahn. 806—10. 2 Thle. 8. (1 Thl. 2 Gr.)

Münter, Cph. Elias, merkwürd. Visionen u. Erscheinunger nach dem Tode; aus d. Gebiete d. Wahrheit z. Verminder. d. Aberglaubens ꝛc. Ein Seitenstück zu Wagners Gespenstern 3 Bde. 8. Hannov. 805. Hahn. 2 ß 12 ℊ

— merkwürdige Visionen u. Erscheinungen nach d. Tode, aus d. Gebite d. Wahrheit zur Verminderung des Aberglaubens ꝛc. Seitenstück zu Wagners Gespenstern, m. K. 3r Bd. 8. Ebend. 811.

Münter, F., s.: Arbeiten der agrik.-chem. Versuchsstation Halle a. S. der Landwirtschaftskammer f. die Prov. Sachsen.

— s.: Bericht, 7., üb. die Versuchswirtschaft Lauchstädt der Landwirtschaftskammer f. die Prov. Sachsen.

Münter, F., s. a. Dampfkessel-Revisionsbuch.

Münter, F., Dampfkessel-Revisionsbuch. 2. Aufl. Fol. (16 S.) Halle 877. Hoffstetter. cart. n. 1. 50

Münter, F., Dampfkessel-Revisionsbuch. 4. Aufl. Fol. (16 S.) Halle 884, Hoffstetter. geb.

Münter, F., Selbstbetrug. Handlung in 1 Aufzuge. (III, 46 S.) 8. Dresden 905. E. Pierson. n. — 75

— im Spiegel. 2 Tle. 8. Ebd. à n. 1.50; geb. n. 2. 50
I. (III, 95 S.) 903. — II. Liebe? Skizzen f. charakterstarke Menschen. (V, 121 S.) 905.

Münter, Ferdinand [aus Halle a/S.]: Ueber den Einfluss der Doppelbindung auf das Drehungsvermögen einiger optisch aktiver hydrocyklischer und Benzol-Derivate. Basel 1904, 72 S. 8°. [8. VI. 04.]
Basel. Phil. Diss. 1908/1904

Münter, F[erdinand]. Über den Einfluss der Doppelbindung auf das Drehungsvermögen einiger optisch aktiver hydrocyklischer und Benzol-Derivate. Diss. Phil. Basel. [Mit Figuren.] 72 S. 8. Basel, Walz & Miéville, 1904.

Münter, Ferdinand: Am Untrüborn, s. Münter, Camilla

Münter, Friedrich

Münter, Fr., antiquarische Abhandll., mit 5 Kpf. gr. 8. Kopenh. 814. Schubothe. 2 ß 16 ℊ

— Antiquarische Abhandlungen. Mit 5 Kupfern. Kopenh. 814. 8. 21 gr. Ebend. 817. 8. 2 rthl. 16 gr.

— vermischte Beitrr. z. Kirchengeschichte. gr. 8. Kopenh. 798. (Brummer). 1 ß 4 ℊ

— — verm. Beyträge z. Kirchengeschichte. gr. 8. Copenhagen. 788. Jetzt Bonnier.

— die Belagerung v. Kopenhagen im Jahre 1807. 8. Kopenh. 808. (Perthes u. Besser in Hamb.) 12 ℊ

— Beschr. d. Feyerlichk. d. 50jähr. Amtsjubelf. Jacobis in Zelle. 8. Altona, Kaven. 790.

Münter, Friedrich. ·Die Christinn im heidnischen Hause. Kopenhagen 1828. Ü: *Valentiner, Chn August.* (Collin, Anonymer. Kiobenh. 1869.)

Münter, Frieder., die Christin im heidn. Hause, vor d. Zeiten Constantins d. Gr. gr. 8. (5½ B.) Kopenhagen 828, Schubothe.

Antistitum Ecclesiae Danicae, Slesvico-Holsaticae et Lauenburgensis Epistola encyclica ad clerum de tertio reformationis jubilaeo diebus 31 Oct., 1 et 2 Nov 1817 pie celebrando [autore Friderico **Münter**]. Havniae (1817). 4° k.

Antistitum Ecclesiae Danicae, Slesvico-Holsaticae et Lauenburgensis Epistola encyclica ad clerum, de jubilaeo ob seculum decimum religionis christianae in patria feliciter exactum die 14 Maii pie celebrando [autore Friderico **Münter**]. Havniae 1826. 4° k.

— epistola de duobus monumentis veteris ecclesiae. 8. Kopenh. 810.

Münter, F., Erklärung einer griech. Inschrift, welche auf die Samothracischen Mysterien Beziehung hat. 1810. 47 S 1.25

— Erklärung einer griechischen Inschrift, welche auf die Samothracischen Mysterien Beziehung hat. 8. Kopenh. 810. Brummer. 8 ℊ

— fragmenta patrum graecorum edidit et illustr. Fasc. I. 8maj. Kopenh. 788. (Brummer). 12 ℊ

— Handbuch d. ältesten christl. Dogmengesch. 2 Bde. gr. 8. Göttingen, Vandenhök. 802 — 6. (1r 1 Rthlr. 12 gr. 2r 1ste 1 Rthlr. 8 gr. 2r 2te 1 Rthlr.)

— Handbuch d. ältesten christl. Dogmengeschichte. Mit Zusätzen verm. u. deutsch hrsgg. v. J. P. G. v. Ewers. 2 Bde. gr. 8. Götting. 804—6. Vandenhöck u. R. 3 ß 20 ℊ

— comment. de indole versionis Nov. Test. sahidicae; acced. fragm. epist. P. ad Timoth. etc. 4maj. Kopenh. 789. (Brummer). 1 ß

Kirchengeschichte von Dänemark und Norwegen v Friedrich **Münter.**
Th. 1 Geschichte der Einführung des Christenthums in Dänemark und Norwegen. Leipzig. 1823. 8°
Th. 2. Abth. 1 u. 2. ebd. 1831 8°
Th. 3. ebd. 1833. 8°

—— Kirchengeschichte v. Dänemark u. Norwegen. 2. u. 3. Thl. gr. 8. Leipzig, Vogel. [2. 2 Abthln. (70 B.) 831. 5 Thlr., 3. (44½ B.) 833. 3 Thlr. 4 Gr.]
1. Thl. Ebendas. 1823. 2 Thlr. 20 Gr.

— — der jüdische Krieg unter den Kaisern Trajan und Hadrian. gr. 8. Altona, Hammerich. 821.

— Magazin f. Kirchengesch. u. Kirchenrecht d. Nordens. 2 Bde. à 4 Stck. gr. 8. Altona, Hammerich. 792—96. (1r Bd. zu 4 Stck. à 8 gr. 2r Bd. 1s bis 3s Stck. à 8 gr. 4s Stck. 10 gr.)

— — f. d. Kirchen- u. Schulwesen. 1r Jahrg. 3s Stck. enth. f. Kirchenwesen 1s Heft. gr. 8. Göttingen, Vandenhök. 803.

— — Miscellanea Hafniensia, theologici et philologici argumenti. Tom. I. fasc. 1. 2. Tom. II. fasc. 1. c. tab. aen. 8maj. Hafn., Gyldendal. 816 — 820.
Chart. script.
(To. I. fasc. 1. 1 Rthlr. 12 Gr. u. 1 Rthlr. 20 Gr. fasc. 2. 1 Rthlr. 4 Gr. u. 1 Rthlr. 12 Gr. T. II. f. 1. 1 Rthlr. 12 Gr. u. 1 Rthlr. 20 Gr.)

— Miscellanea Hafniensia theologici et philologici argumentii. Tom. II. Fasc. II. 8 maj. Copenh. 825, Gyldendal. 1 Rthl. 21 gr. T. I et II. 816—20.

Authentische Nachricht von den Ritter- und Brûder-Eingeweihten aus Asien. Zur Beherzigung fûr Freymaurer [von Friedr. Münter.] [Kopenhagen: Profft] 1787. XXXII, 32 S. 8°
Abgedr. in: Ecker u. Eckhoffen, H. H. Frh. v.: Abfertigung an d. ungenannten Verf. 1788 S. I—XXXII, 1—32.
Recens: Goué, A. S. v.: Notuma. 3 (1789) S. 252—253.
Kl. 2706. Mystiker, die aus dem erloschenen Orden der Fratres rosae et aureae crucis von H. H. v. Ecker u. Eckhoffen umgeformt war. Gegründet 1782.

Münter, F. Nachrichten von Neapel und Sicilien. Kopenhagen 1790. Ü: *Kirstein, Ernst Philipp.* (Collin, Anonymer. Kiobenh. 1869.)

— Nachrichten v. Neapel u. Sicilien, gesamml. auf einer Reise in d. J. 1785 u. 86. m. K. gr. 8. Copenhagen, Proft. 790.

— — Nachrichten v. Neapel und Sicilien. A. d. Dänisch. übers. m. K. gr. 8. Copenh. 790. Jetzt Brummer.

— narratio de lucio primo episcopo romano. 4. Hafniae 823, (Brummer.)

—— Notitia codicis graeci, Evangelium Johannis variatum continentis. 8 maj. (2¼ B.) Hafniae 828, Schubothe.

Nouvelles authentiques des chevaliers et frères initiés de l'Asie. [Von Friedr. Münter.] Trad. de l'allemand. Berlin: 1787. 8°
[Thory: Acta 1, 1815.]

-- s. a Odae gnosticae.

— **Friedrich,** Odae gnosticae Salomoni tributae, Thebaice et Latine, praefatione et adnotationibus philologicis illustratae. Kopenhagen (J. Fr. Schultz) 8. et 9. VII. 1812. 32 S. (4.75) 24335

s. a Offenbarung Johannis.

— die Offenbarung Johannis übers. gr. 8. Ebend. 807.

Oratio Funebris in memoriam Friderici Münter Sellandiae Episcopi 1830 habita a Jano Møller Hauniæ (1830) 4°

— primordia ecclesiae Afrikanae. 4. Kopenh. 829. Schubothe. 4 ƒ

— Recherches sur l'origine des Ordres de chevalérie de Dannemarc. Mit Kpf. gr. 8. Copenhagen 822, (Brummer.)

— Rede am Jahresfeste d. dänischen Bibelgesellschaft am 11. Mai 1824. gr. 8. Stralf. 825, Löffler.

— Clausen u. Kochen's, Reden bei Einweihung d. wiederhergestellten St. Petrikirche in Kopenhagen, d. 14. Jul. 1815. gehalten. gr. 8. Kopenh. 819. Bonnier. 10 ƒ

— die Religion d. Babylonier. 3e Beilage z. Religion d. Karthager. Mit 3 Kupfrt. 4. Copenhagen 827, Schubothe.

Münter, Friederich, Religion der Karthager Kopenhagen 1816.

— — die Religion der Carthager. 2te verb. Aufl. Mit 2 Kupfert. 4. Copenhagen, Schubothe. 821.

— de Schola Antiochena. 4. Kopenh. 810. Schubothe. 8 ƒ

— Sendschreiben an Fr. Creuzer üb. einige sardische Idole. Eine Beilage zur 2n Ausg. d. Religion d. Karthager. Mit 2 Kpfrt. 4 Kopenh. 822, Schubothe.

— Sinnbilder u Kunstvorstellungen d. alten Christen. 2 Hefte. Mit Kupfr. u. Steint. gr. 4. Altona 825, Hammerich. 16 H. 2 Rth'. 26 H. 2 Rthl. 16 gr.

— Spuren ägyptischer Religionsbegriffe in Sicilien u. d. benachbarten Inseln. Mit 2 Kpft. 8. Prag 808. Widtmann. 6 ƒ

— s. a Statutenbuch

Statutenbuch des Ordens der Tempelherren. Aus einer altfranz. Hs. hrsg. u. erl. von Friedr. Münter. Th. 1. Berlin: Voss 1794. 496 S. 8°
cf. Globe. 1 (1839) S. 60 (L. Th. Juge).
Kl. 2246. Einziger Teil. Nebst Übersicht der Verfassung des Tempelordens.

— üb. die vom Himmel gefallenen Steine d. Alten, Bäthilien genannt, in Vergleichung mit den in neuerer Zeit herabgefallenen Steinen; aus d. Dän. v. J. A. Markussen. gr. 8. Kopenh. 805. Schubothe. 6 ƒ

— der Stern d. Weisen. Untersuch. über das Geburtsjahr Christi Mit 1 Kupft. gr. 8. Kopenhagen 827, Schubothe.

— Symbola veteris ecclesiae artis operibus expressa. 4. Kopenh. 819. (Schubothe). 12 ƒ

— Symbolae ad Interpretat. Evangelii Johannis ex marmoribus et numis, maxime graecis Programm. 4. Hauniae 826, Schubothe.

Muenter, Fridericus Ad symptomatologiam morborum cerebri De apoplexia duplici et tumore — glioma — in ponte Varolii. Halis Saxonum (1866): Ploetz. 30 S. 8°
Halle-Wittenberg, Med. Diss. v 28. Dez. 1866
Geb. Aschersleben 31. 8. 1843. V

— der Tempel der himmlischen Göttin zu Paphos. 2e Beilage zur Religion d. Karthager. Mit 4 Kupfertaf. u. einer architecton. Erklärung v. G. Fr. Hetsch. 4. Kopenhagen 824, Schubothe.

— Velia in Lukanien. Eine Beilage zu: Hegewisch üb. die Kolonien d. Griechen. gr. 8. Altona 818. Hammerich. 10 ƒ

Münter, Friedrich, aus Döllnitz, Assistenzarzt im Inf.-Reg. von Wittich (3. Kurhess.) No 83 · Über Verletzungen des Kniegelenkapparates durch Mantelgeschosse. *Berlin (1903): G. Schade.* (37 S.) 8°
Berlin, Med. Diss. v. 10. März 1903

— s.a. **Versuch üb. kirchl. Alterthümer.**

— Versuch üb. die kirchl. Alterthümer d. Gnostiker. 8. Ansbach 790. (Gassert). 14 Gr

— Versuch über die kirchl. Alterthümer der Gnostiker. 2e verb. Aufl. 8. Ansbach, jetzt Heyder in Erlangen. $^{2}/_{3}$ ß

— Versuch üb. die keilförmigen Inschriften v. Persepolis. Mit Kpf. gr. 8. Kopenh. 802. (Brummer). 1 ß 8 Gr Schrbp. 1 ß 12 Gr N. Aufl. 8. Edd. 818. Bonnier, (Leipz., Wienbrack). 1 ß

Münter, F., Om en Votivgemme med en Aeskulapisk Slange. Gel. s. a. 18 S. 4°.

Münter, G., aus der Physik des Luftmeeres. gr. 8. (123 S.) Herford 877. Essmann jun. in Comm. n. 4. —

Georg III., König von Grossbritannien: Ein Lied mit Chören, zur Ehre des Königs bey der Feyer des 5ten Stiftungstages der L. zur Ceder in Hannover gesungen, von Gottlieb Franz Münter. Hannover [1782]: Pockwitz. 2 Bl. 8° [Umschlagtit.]

Kl. 1781. Ohne Noten: „Singt unserm König Heil..." Üb. Georg III. s. Allgem. Deutsche Biographie Bd 8 1878 S. 645—651 (Schaumann); Brosch: Geschichte von England Bd 8. 9 1893. 1895.

Muenter, Gust. Henr (geb. Herford 2. 4. 1830) De pedum varorum orthopaedia post tenotomiam adhibitam. Berolini (1853). (31 S.) 8° Berlin, Med. Diss. v. 13. Okt. 1853

Münter, Gust. Wilh., geschichtl. Aufschluss einer wichtigen anatomisch-physiolog. Entdeckung, welche wesentlichen Einfluss auf die Physiologie des Menschen hat. gr. 8. (4 B.) Halle 844, [Knapp.]

. Gst. W. **Münter's** anatom. Grundlagen z. Seelenlehre der Menschen u. d. Thiere; für gebild. u. gelehrte Nichtärzte. Nebst e. Lithographie. *Halle*, Mühlmann. 846. gr 8° 1 ß

Münter, Gust. Wilh., geschichtliche Grundlagen zur Geisteslehre des Menschen oder die Lebensäusserungen des menschlichen Geistes im gesunden u. krankhaften Zustande. Für Gebildete aller Stände. 2 Hälften. gr. 8. (VIII u. 416 S.) Halle 850. 52, Pfeffer in Comm. (à n. 1 ß) n. 2 ß

Münter, Gust. Wlh., Versuch einer neuen Theorie der Verrichtungen des Gehirns u. Nervensystems, enthaltend eine physiolog. Beweisführung, daß das centrale u. peripher. Nervensystem für den Organismus das ist, was die Genitalien für die Erhalt. d. Gattung sind. gr. 8. Leipz. 838. Reimann, jetzt Melzer. $^{1}/_{2}$ ß

—— Versuch e. neuen Theorie d. Verrichtungen d. Gehirns u. Nervensystems, enth. e. physiolog. Beweisführung, daß d. centrale u. peripher. Nervensystem f. d. Organismus das ist, was d. Genitalien f. d. Erhalt. d. Gattung sind. gr. 8. ($4\frac{1}{2}$ B.) Leipzig 838. [Braunschweig, Westermann.]

— allgemeine Zoologie oder Physik der organischen Körper. gr. 8. Halle 840. Schwetschke u. Sohn. 2 ß

Münter, J., s. Münter, Julius

Münter, J. C. E., s. Münter, Johann Karl Ernst

Münter, J. St., Etwas für alle Stände u. etwas zur tägl. Andacht f. die, welche ihre Gesinnung damit übereinstimmend finden werden. 8. Götting. 775. Dieterich. 6 Gr

Münter, Johann Andreas Heinrich August Julius, s. Münter, Andreas

Münter, Johann Dietrich Albrecht

— s. Aristophanes, Plutus.

Münter, Jh. Dtr. Albr., praecepta, sententiae, sales atque similitudines. Fasc. I. et II. 8. Detmold 786. (Bädecker in Duisb.) 5 Gr

Münter, Jh. Ed. Ant., Handbuch zur gründl. Kenntniß der Dampfmaschinen, ihrer verschied. Arten, ihrer Wirkung u. Anwendungsart, sowie Anweisung, sie nach den neuesten Erfindungen u. Verbesserungen zu construiren. Nach d. vorzügl. engl., französ. u. deutschen Werken u. Abhandll. bearb. Mit 164 Abbildd. (auf 9 lith. Tafeln in Fol.) 8. Quedlinb. 832. Basse. 1 ß 20 Gr

Münter, Joh. Ed. Ant., prakt. Handbuch zur gründl. Kenntniß d. Dampfmaschinen, ihrer verschied. Arten, ihrer Wirkung u. Anwendungsart, sowie Anweis., sie nach d. neuesten Erfindn. u. Verbessern. zu construiren. Für Besitzer v. Fabriken rc. Nach d. vorzügl. engl., franz. u. deutsch. Werken u. Abhandln. bearb. M. 164 Abbild. (auf 9 lith. Taf. Fol.) 8. (22 B.) Quedlinburg 832, Basse.

Münter, Johann Karl Ernst, s.a. Münter, C. E.

– s.a. Münter, Christoph Elias

Münter, J. C. E.: Von der Acquisitiv- und Exstinctiv-Verjährung nebst einer tabellarischen Uebersicht der Fristen, von denen Präscription der Klagen und Einreden abhängt. Hannover 1810.

Münter, Jh. Karl Er., († 1812.) von d. Acquisitiv- u. Exstinctiv-Verjährung, nebst e. tabell. Uebersicht der Fristen rc. 8. Hannov. 811. Hahn. 10 Gr

— Anweis. f. d. Landmann u. alle d. Rechte unkundigen Personen, wie sie ihre Contracte rc. mit Vorsicht schließen können. 1r Thl. 8. Celle 792. 2e A. u. 2r Thl. Hannov. 794. Hahn. 8 Gr

— d. gute Berggeist. 1r u. 2r Jahrg. Celle, Schultze. 1 ß 16 Gr

— v. d. Erfahrung in d. ausgeübten Rechtskunde. 2 Thle gr. 8. Celle 799 u. 806. Schulze. 1 ß 16 Gr

— das Frachtfahrer-Recht. 2 Thle 8. Hannov. ... 2e A. 810. Hahn. 1 ß

— index novellarum. 8. Detmold. (Bädecker et K., Duisburg.) 787.

— index Novellarum. 8. Detmold 788. (Bädecker in Duisburg). 3 Gr

Münter, Jo. Car. Ern.: Index Novellarum. Detmoldiae et Meyenbergae 1788.

Münter, I. C. E., tractatio de matrimonio romano. 4. Götting. Brose. 787.

— das Roßtäuscher-Recht. 8. Hannov. 791. 2e A. 796. 3e A. 810. Hahn. 16 Gr

Münter, J. C. E.: Das Rosstauscher Recht. 2. verb. u. verm. Aufl. Hannover 1796. 288 S.
— 3. verb. u. durch d. westphälische Recht verm. Ausg. 1810. 288, 39 S.

— v. d. Servituten nach d. reinen Sinne d. Gesetzgebung ꝛc. 2 Thle. 8. Hannov. 806. u. 810. 1 ₰ 2 gr

— das Weiderecht. 8. Hannov. 804. 2e A. 810. Hahn. 1 ₰

Münter, Julius

Münter J.: Beitrag z. Kenntniss d. gegenwärtig herrschenden Kartoffelverderbniss. 1845. [Rostr. Saml.].

Münter J.: Ueber Gicht o. das sogenannte Gichtig- o. Radigwerden (Nielle) d. Weizens u. anderer Grasfrüchte. (Amst.) 1865. 10 S. (Seertr.). P

Münter, J., über die Honigbiene [Apis mellifica L.]. Vortrag, gehalten im wissenschaftlichen Vereine zu Greifswald am 17. Decbr. 1878. gr. 8. (40 S.) Greifswald 880. Abel. n. — 75

Münter, Jul., Jahresbericht über die Leistungen im Gebiete der physiologischen Botanik während des J. 1846. gr. 8. (128 S.) Berlin 849, Nicolaische Buchh. *
Aus: Archiv für Naturgeschichte, Jahrg. 1847. 2. Bd., besonders abgedruckt. — Bildet eine Fortsetzung zu: Link, Heinr. Friedr., Jahresbericht für physiologische Botanik.

Münter, J., über Corallenthiere, s. Sammlung gemeinverständl. wissenschaftl. Vorträge.

Munter J, über Korallentiere. (Samml. wiss. Vortr. 163) Berlin 1873

Münter, Jul., die Krankheiten der Kartoffeln, insbesondere die im Jahre 1845 pandemisch herrschende nasse Fäule. Mit 1 lithogr. Taf. gr. 8. Berlin 846, Hirschwald. n. 24 ngl

Münter, J., über Muscheln, Schnecken und verwandte Weichthiere, s. Sammlung gemeinverständl. wissenschaftl. Vorträge.

Münter J. über Muscheln, Schnecken und verwandte Weichtiere. (Sammlung gemeinverständlicher wissenschaftlicher Vorträge 260) Berlin 1876

Münter, Karl

Münter, Carl, Nu sünd wi in Amerika. En plattdütsch Riemels. gr. 8. (110 S.) Cincinnati 879. (Leipzig, K. F. Köhler.) *

Münter, Louis, Referendar aus Barmen. Begründet die Fahrlässigkeit eines Redakteurs bei Aufnahme eines Artikels mit strafbarem Inhalt den Tatbestand eines selbständigen Preßvergehens oder liegt die fahrlässige Begehung der durch den Inhalt der Druckschrift begründeten strafbaren Handlung (Beleidigung, Ungehorsam u. s. w.) vor? Die praktische Bedeutung des Unterschiedes. *Borna-Leipzig 1904: R. Noske.* (IX, 86 S.) 8°
Leipzig, Jur. Diss. v. 1904

Münter, M., der Untergrund der Stadt Halle, s. Publicationen des Vereins für öffentl. Gesundheitspflege.

Münter, Otto, Dr. med., prakt. Arzt aus Sachsenberg i. Waldeck. Congenitale Luxation des Radiusköpfchens mit Vererbung. *Würzburg 1899: H. Stürtz.* (13 S.) 8°
Erlangen, Med. Diss. v. (18. Juli) 1898

Münter, Theoph. Lud., parerga hist.-philolog. de Herculaneo etc. 8. Götting. Schmid. (a. Hahn, Hannov.) 749. Rthlr.

Munthe, C., s. Munthe, Ejler

Munthe, Caspar F., s. Munthe, Kaspar F

Munthe, Ejler

Munthe, E., die wichtigsten vaterländ. Begebenheiten, u. Lebensbeschreib. d. merkwürd. Personen v. d. ältesten Zeiten bis auf d. heutigen Tag. Ein Lesebuch f. Unstudirte. Aus d. Dän. v. H. E. Wolf. 8. Altona 806. 2e A. 823. Hammerich. 1 ₰

• Munthe, E., die wichtigsten vaterländischen Begebenheiten, u. Lebensbeschreibung d. merkwürdigsten Personen von den ältesten Zeiten bis auf den heutigen Tag. Ein Lesebuch f. Unstudirte. Aus d. Dän. von H. E. Wolf. 8. Altona, Hammerich. 810.

Die wichtigsten vaterländischen Begebenheiten und Lebensbeschreibungen der merkwürdigsten Personen von den ältesten Zeiten bis auf den heutigen Tag. Ein Lesebuch für die vaterländische Geschichte für Anfänger und Unstudierte v Ejler **Munthe.** Aus d. Dän. übers. v Hans Eiler Wolf. 2 Ausg. Altona. 1822 8°

Munthe, (E.) die wichtigsten vaterländischen Begebenheiten u. Lebensbeschreibb. d. merkw. Personen alter u. neuer Zeit. Aus den Dän. v. H. E. Wolff. 2e Aufl. 8. Altona 823, Hammerich.

Munthe, H., die Holzbaukunst Norwegens, s.: Dietrichson, L.

Munthe, Kaspar F

Munthe, Casp. F., observ. philol. in Nov. Test. ex Diodoro Siculo. 8. Kopenh. 755. Pelt. 18 gr

Munther, F H. „Beiträge zur Buchhaltungskunst im erweiterten Sinne und zur geregelten Hauswirthschaft; gestützt auf folgerechte Regeln und Grundsätze, für Geschäftsleute und Gewerbetreibende aller Klassen, insbesondere für Eleven des städtischen sowohl, als ländlichen Gewerbsbetriebs und für Beflissene der Buchhaltung in der Staats- und Communalverwaltung, nebst Beleuchtung einzelner Contirungsmethoden, der doppelten und einfachen Form, verschiedener kaufmännischer und landwirthschaftlicher Buchhaltungen", Berlin 1840 (Burmeister).
vgl. Munther, Fr Reinhold

Munther, F H. „Die landwirthschaftliche Buchhaltung in einfacher staatswirthschaftlicher Form. Erörterung darüber und Beweisführung, daß die italienische doppelte Methode dem landwirthschaftlichen Gewerbe weder nutzbar anzuwenden sei, noch Vorzüge begründe", Berlin 1838 (Rubach in Kom.).
vgl. Munther, Fr Reinhold

Munther, Fr Reinhold

— Beiträge zur Buchhaltungskunst im erweiterten Sinne u. zur geregelten Hauswirthschaft: gestützt auf folgerechte Regeln u. Grundsätze, für Geschäftsleute u. Gewerbtreibende aller Klassen, insbesond. für Eleven ꝛc., nebst Beleuchtung einzelner Contirungs-Methoden der doppelten u. einfachen Form verschied. kaufmänn. u. landwirthschaftl. Buchhaltungen. gr. 8. Berlin 840. Burmeister. n. 1/2 ₰
vgl. Munther, F H.

Munther, Fr. Reinhold, die landwirthschaftl. Buchhaltung in einfacher staatswirthschaftl. Form. Erörterungen darüber, u. Beweisführung, daß die italien. doppelte Methode für landwirthschaftl. Gewerbe weder mit Nutzen anwendbar sey, noch sonst Vorzüge begründe ꝛc., so wie Einladung zur Subscription auf eine Theorie zur landw. Buch- u. Kassenführung ꝛc. Mit Tabellen. gr. 8. Berlin 838. (Rubach.) 1/6 ₰
vgl. Munther, F H.

— Theorie d. Register-, Buch- u. Kassenführung bei Landgüter-Verwaltungen, u. Kontrolle d. in dem Grundbesitz vorhandenen Betriebs-Kapitals, begleitet v. Muster-Aufstellungen z. Register- u. Buchführung. gr. 8. (...) Berlin 839, Rubach.

Munting Jr., D. K [Arzt geb. in Utrecht] Ueber Combination von Uterus- und Ovarialgeschwülsten. *Zwolle, Druck v. La Rivière & Voorhoeve,* 1889; 49 S. 8°
Freiburg i. B., Med. Fak., Inaug.-Diss. v 18. Jul. 1889

Müntinga, J., d. Christen wahre Freiheit. Predigt üb Joh. 8, 36. gr. 8. (20 S.) Emden 891. Gerhard. — 25

Müntinghe, Hermann

— s. Annales acad. Groning.

Muntinghe, Herm., brevis expositio critices veteris foederis. Edider. B. Nieuwold et C. H. van Herwerden. 8maj. (13 B.) Groningae 827, Oomkens. *

Müntinghe, Herm., primae lin. Encyclopaediae theolog. in us. pandect. ductae. T. I et II. 8. Halae, Curt. 784—95. (I. 12 gr. II. 9 gr.)

— Psalmen, s. Psalmen.

— Sprüche Salomons, s. Salomo.

— sylloge opusculorum ad DoctrinamSacram pertinentium. II Voll. 8. Leyd. 793.

Müntinghe, Herm., theologiae christ. theoret., in compendium redactae P. I et II. 8maj. Harderovici 801. v. Kasteel. 3 ℛ 12 𝔤𝔤

Muntsch, C., Miete u. Pacht, Gesinde- u. Arbeitsvertrag nach gemeinem Rechte im Königr. Bayern, unter Berücksicht. sämtl. einschläg. Reichs- u. Landesgesetze, sowie der durch die Gewohnheit u. die Rechtsprechg. geltend gewordenen Rechtsgrundsätze f. Juristen u. Laien bearb. 8. (VIII, 97 S.) München 893. C. H. Beck. Kart. n. 1. 20

Muntsch, Karl [cand. med. aus Bartenstein in Württemb.]: Aus d. Kgl. Univ.-Kinderklinik in München. Zur Casuistik des Retropharyngeal-Abscesses nach acuten Infectionskrankheiten . . München, Buchdr. v. M. Ernst, 1892; 28 S. 8.
München, Med. Fak., Inaug.-Diss. v. 1892

Muntz, Diss. de ischuria. Marb. 4°. *Doering,* I p. 96. 1790

Muntz, Johann Philipp Christian

— — prakt. Anleitung zur Bereitung des Essig aus Wein, Bier, Branntweinlutter, Obst und dergl. mehr. 8. Neustadt a. d. O., Wagner. 821. –

—— prakt. Anleitung zur Bereitung d. Essigs aus Wein, Bier, Getreide, Branntweinlutter, Obst u. dgl. m., nebst e. Anh. f. Land- u. Hauswirthinnen, sich auf e. leichte u. wenig mühsame Weise ihren Hausessig selbst zu bereiten. Durch 1 Zeichn. (Fol.) erläut. 2. Aufl. 8. (5¼ B.) Neustadt a. d. O. 831, Wagner. Thlr.

Muntz, J. Phil. Chr., Anleitung z. unschädl. Schnellbrennen d. Branntweins aus Getreide u. Kartoffeln, durch 2 Zeichn. erläut.; nebst Bemerk. üb. d. Schädlichkeit vieler Brennzeuge f. d. Gesundheit d. Menschen, auch Beleucht. üb. d. Benutz. d. Branntweinspüligs zu Vermehr. d. Branntwein-Ertrags, mit Angabe erprobt. Versuche zur Verbess. d. Liqueure. gr. 8. (3 B.) Neustadt a. d. O. 830, Wagner.

Muntz, Joh. Phil. Chr., d. Bereitung d. Obstweins nach Art d. Traubenweins, mit Angabe d. Verbesserungsmittel, um v nicht zuckerreichem Obste doch guten u. haltbaren Wein z. erhalten. 8. Neustadt a. d. O., 1826. (Plauen, Schroeter.) — 7½

Muntz, Johann Ph. Christ. Die Bereitung des Obstweins mit Angabe der Verbesserungsmittel, um von nicht zuckerreichem Obste doch guten und haltbaren Wein zu erhalten. Nebst Bemerkung der schädlichen und verwerflichen Weinschmierereien. Neustadt a.d.Orla Wagner 1826. X, 77 S. -- 15*
Thienemann: Münz, J.P.C. 1825.

Muntz, Jh. Ph. Chr., das Bierbrauen in seinen zwei Hauptzweigen, Malzen u. Gähren; ausführl. beschrieben u. durch treue Abbildd. erläutert. Mit 8 ill. Kpft. gr. 8. Leipz. 820. Fr. Fleischer. 1 ℛ 16 𝔤𝔤 Schrbp. 2 ℛ

— das Bierbrauen in allen seinen Zweigen, als Malzen, Gähren, Schroten, Hopfen 2c. Mit 12 Kpft. gr. 8. Neust. 827. Wagner. 2 ℛ

Muntz, Joh. Phil. Chrstn., das Bierbrauen in allen seinen Zweigen, als Malzen, Gähren, Schroten, Hopfen 2c. mit Bemerkn. u. Verfahrungsarten bei d. Brauen am Rheine, in Baiern, Franken 2c. 2. Aufl. gr. 8. (14 B. u. 12 z. Theil col. Kpfrt.) Neustadt a. d. O. 836, Wagner.

Muntz, Joh. Phil. Chrn., das Bierbrauen in allen seinen Zweigen, als Malzen, Gähren, Schroten, Hopfen 2c. mit Bemerkungen und Verfahrungsarten bei dem Brauen in Baiern, am Rheine, in Franken 2c. Ausführlich beschrieben und durch treue Abbildungen erläutert. 3. (Titel-)Aufl. gr. 8. (XIX und 242 S. mit 12 zum Theil ill. Kpfrt. in gr. 8., 4. und qu. Fol.) Plauen (836)60, Schröter.

Muntz, J. Phil. Chr., über d. Bonitiren u. Classificiren d. Feldgrundstücke, zu Gunsten e. gleich. Besteuerung nach d. Forderungen d. Zeit. Ein Versuch. 8. (3 B.) Neustadt a. d. O. 828, Wagner.

—— das Hauptsächlichste d. Bierbrauens in sein. ganzen Umfange, wie es sein soll u. muß, um reines, wohlschmeck. u. haltbares Bier in verschied. Sorten, vom substantiösen engl., bis zum ganz ordin. herab zu bereiten, nebst mehr. ganz neuen, durch Versuche erprobten Erfindn. 2c. gr. 8. (10½ B. u. 2 Kpfrt.) Neustadt a. d. O. 836, Wagner.

— der Hopfenbau, wie er seyn soll, um sich in seiner Nützlichkeit mehr auszubreiten. Mit Zeichnn. 8. Neust. 827. Wagner. 6 𝔤𝔤

Muntz, J. Ph. Ch.: „Der Landwirth im Hause und auf der Flur. Ein Handbuch für angehende Verwalter, Landwirthe und Freunde der Landwirthschaft; nebst einem Anhang, die Mittel, ein ruinirtes Guth bald zu heben, das Ganze des Brandtweinbrennens und der Fabricirung der künstlichen Liköre betreffend. Alles auf eigne Erfahrung gegründet", Neustadt a. d. Orla 1823 (Wagner); 2. verm. und verb. Auflage ebenda 1828.

—— die Landwirthschaft in ihrem ganzen Umfange. Ein Buch f. junge Landwirthe, besond. f. Besitzer kl. Güter, enth. e. Anleit. zu leicht. Auffindung d. Werthes d. Güter u. deren Pachtungen, ingl. Belehr. üb. d. wirthschaftl. Geschäfte in monatl. Abtheiln., nebst Anweis. zu Betreib. d. landwirthschaftl. Gewerbe 2c. 2 Bde. gr. 8. (30 B.) Neustadt a. d. O. 831, Wagner.

— die Oelreinigung nach e. leichten u. schnellen Verfahren. Mit 1 Kpf. 8. Neust. 826. Wagner. 6 𝔤𝔤

Munz, J. Ph. Ch., Unterricht über das Bierbrauen 2c. 8. Leipz. Böhme. 806.

— Unterricht über d. Bierbrauen 2c. 8. Leipz. 806. (Cnobloch). 12 𝔤𝔤

— neu entdecktes Verfahren, d. Gerste z. Branntweinbrennen zu nutzen. Nebst einer besond. Behandlungsart d. übrigen Getreidearten zu d. Zwecke; wodurch große Vortheile erlangt werden. 8. Neust. 824. 2e A. 828. Wagner. 8 𝔤𝔤

— Vorsichtsmaßregeln f. Käufer, Verkäufer, Pachter u. Verpachter v. Gütern. gr. 8. Neust. 825. Wagner. 18 𝔤𝔤

Muntz, Karl

Muntz, Karl, zur Geschichte u. Theorie der Banknote, s. a Beiträge, Berner, zur Geschichte d. Nationalökonomie.

Muntz, K. Zur Geschichte u. Theorie der Banknote mit besondrer Rücksicht auf die Lehren der klassischen National-Ökonomie. In-8°. 67 S. Bern These. 1896.

[F.] Zur Geschichte und Theorie der Banknote m. bes. Rücks. auf d. Lehren d. klass. National-Ökonomie. Von Dr Karl Muntz. *Bern: K. J. Wyss 1896.* (67 S.) 1 Bd 8.
= Beiträge, Berner. z. Geschichte d. Nationalökonomie. No 8. [96. 4713

Müntz, Ch., wir Juden. (124 S.) 8. Berlin 907. Oesterheld & Co. n. 2. 50; geb. n. 3. 50

Müntz, Chaim: Zum Randwertproblem der partiellen Differentialgleichung der Minimalflächen. Berlin 1910: G. Reimer. 32 S. 4° ¶ (Aus: Journal f. reine u. angew. Math. Bd 139, H. 1.)
Berlin, Phil. Diss. v. 1. Okt. 1910, Ref. Schwarz, Schottky
[Geb. 28. Aug. 84 Lodz; Wohnort: Charlottenburg; Staatsangeh.: Rußland; Vorbildung: Höhere Gewerbesch. Lodz Reife O. 02; Studium: Berlin 15 S.; Rig. 3. März 10.]
[U 11. 283

Bibliothek Eugen Muentz Hervorragende Sammlung von Werken z Gesch. u Theorie d. Kunst (In o T.) Frankfurt a. M J Baer & Co. 1903-5. (Getr Pag.) 8° [c3. 6315

Müntz, Ignatz Die Religionsphilosophie des Maimonides und ihr Einfluss Berlin Druck v H Itzkowski, 1887, 2 Bl. + 36 S. + 1 Bl. 8°
Leipzig, Phil. Fak., Inaug Diss. v. 23. Apr 1887

Müntz, Ignatz, die Religionsphilosophie des Maimonides und ihr Einfluss. Diss. Leipzig 1887, Gustav Fock. 8°. 36 S.

Müntz, Mart., Handbuch d. Anatomie d. menschl. Körpers. 4. u. 5. Thl. gr. 8. (76⅛ B.) Würzburg 835, 36, (Stahel'sche Buchh.; Regensburg, Manz.) *
A. u. d. Ttln.:
Thl. 4. Lehre v. d. Hirne, d. Rückenmarke u. d. Nerven u. Beschreib. d. Abbildn. z. Lehre v. d. Sinnesorganen, m. 146 Abbild. in Lebensgrösse auf 9 Blätt., Imp.-Fol. v. Verf. selbst nach d. Natur u. nach d. besten Mustern auf Stein gezeich., in anatom., physiolog. u. pract. Hinsicht bearb.
5. Lehre v. d. Sinnesorganen, v. d. Knochen u. Bändern, m. 57 lith. Abbild. in Lebensgrösse auf 4 Blätt., Imp.-Fol.
1—3. Thl. (Ebendas.) 1822—27. * 18 Thlr.

Müntz ..., s. Münz

Müntzel, Hans, aus Berlin, Referendar am Kgl. Landger zu Potsdam Ueber den Ort der Erfüllung von Obligationen nach gemeinem Recht und dem Recht des bürgerlichen Gesetzbuchs, unter besonderer Berücksichtigung der Obligationen aus unerlaubten Handlungen. *Berlin 1899: M. Lichtwitz.* (65 S.) 8°
Erlangen, Jur Diss. v. 9. Dez. 1899

Muntzer, Thomas, s. Müntzer

MÜNTZER, ANT HERM. PHIL. DeVs qVI CVnCIs VnIVersI trIbVs DigItIs: poténtia, sapientia, & bonitate appendit. Das ist: Gott welcher die gantze Welt in dreyen Fingern: Der Allmacht, Weisheit und Güte angehängt haltet in einer jährlich-schuldigsten Pflicht- und Ehren-Rede an dem hohen Fest-Tag der Allerhöchsten drey-einigen Gottheit, und an dem hohen Titular-Fest der Barfüsser-Ordens der allerheiligsten Dreyfaltigkeit, in dessen Closter-Kirchen zu Pressburg vorgestellet von Ant. Phil. Müntzer. Pressburg (1742). Gedr bey denen Royerischen Erben. 8 f. - kl. 4°

Müntzer, Désiré, von meiner Fahrt. Gedichte. (94 S.) 8. Strassburg 907. C. A. Vomhoff. 2.50

Müntzer, Désiré. Lebensmai. Neue Gedichte. (VI, 102 S.) kl. 8. Strassburg 904. J. Singer. n. 2. —

— Elsässisches Sagenbuch. (VIII, 310 S.) 8. Straßburg 910. L. Beust. 4.—; geb. in Leinw. 5. —

— Der elsässische Student u. das Deutschtum. Ein Beitrag zur elsäss. Frage. (V, 35 S.) gr. 8. Straßburg (910). Akadem. Buchh. (E. d'Oleire & Rasch). — 60

Müntzer, Désiré, Varianten. Gedichte. (VII, 103 S.) 8. Dresden 904. E. Pierson. n. 2. —; geb. n. 3. —

Müntzer, Thomas

Außgetrückte emplöß- fung des falschen Glaubens der vngetrewen // welt / durchs gezeügnus des Euange//lions Luce / vorgetragen der elen-//den erbermlichen Christen-//heyt / zur innerung // jres irsals. // Thomas Muntzer [Müntzer] // mit dem hammer. / Mulhausen. 1524. Als Neudr. hrsg. von Prof. Dr [Gustav] Jordan. Muhlhausen i. Th. Danner 1901. (30 S.) 8° [F.] [o3. 9896

Aussgetrückte emplössung des falschen Glaubens der vngetrewen welt, durchs gezeugnus des Euangelions Luce, vorgetragen der elenden erbermlichen Christenheyt, zur innerung jres irsals. Thomas Muntzer [Muentzer]. Mülhausen 1524. Als Neudr. hrsg. von R[einhard] Jordan. *Mühlhausen i. Th.: Danner 1901* (30 S.) 8° [F.] [o0. 11403 3

Muntzer, Thomas, m. dem hammer, außgetrückte empflössung des falschen Glaubens der vngetrewen welt / durchs gezeugnus des Euangelions Luce / vorgetragen der elenden erbermlichen Christenheyt / zur innerung jres irsals. Mülhausen. MD. XXIV. Als Neudr. hrsg. v. Jordan. 2. Aufl. (30 S.) gr. 8. Mühlhausen i/Th. 908. Danner'sche Buchdr. — 80

Munusculum, Genethliacum,
... sub pomi punici schemate adumbratum. Viennae [1700]. V: *Scharff, Frz Ferdin.* (EB)

Munusculum, Hugonis Bo Fi Ra LDi,
ad Godofredum Reise ... S. l. 1746. V: *Lauhn, Bernhard Friedrich Rudolph.* (ML)

Munwes, Chassia. Zur Statistik und Kasuistik der Blasensarkome. Diss. Med. Univ. Zürich. 56 S. 8. Leipzig, Georg Thieme, 1910

Munz. Aufgabensammlung zur Berechnung der deutschen Münzen, Maße und Gewichte im metrischen System und umgekehrt. Mit Andeutungen zur Auflösung. Für Fortbildungs-, Real- und Volksschulen hrsg. 8. (29 S.) Freudenstadt 869. (Stuttgart, Lindemann.) *

Munz, A., Immergrün. Anspruchslose Blätter meinen Freunden gewidmet. 16. (52 S.) St. Gallen 872. Huber & Co. n. 1. 20

Munz, Conrad Friedrich, s. Munz, Konrad Friedrich

Munz, Emil Rob., Handbuch zu dem Regulative für das Sportel-Cassen- und Rechnungswesen der königl. sächs. unteren Justizbehörden. gr. 8. (VIII und 235 S.) Dresden 857. (Dietze.) **

Munz, Emilie, Heideklänge. Gedichte. 8. (VII, 158 S.) Stuttgart 895 (J. Weise.) Geb. in Leinw. m. Goldschn. 3. —

Munz, Frdr., verborgene Klippen od. Die weltl. Vergnügn. in der Wagschale des christl. Gewissens. (128 S.) 8. Konstanz (904). C. Hirsch. Geb. in Leinw. n. 1. 50

— der Krüppel v. Nürnberg, s.: Clark, Felicia Buh.

Munz, G. L., der Bildhauer Ohmacht und seine Werke. 8. Hadamar, Gelehrten-Buchhandl. in Coblenz. 818.

Munz, G. L., der Bildhauer Ohmacht u. seine Werke. 8. Hadamar 818. (Lanz in Weilburg). 6 ℛ

Munz, Geo., s. Geander.

Munz, J., s. Muntz, Johann Philipp Christian

Munz, J P C, s. Muntz, Joh. Philipp Christian

Munz, J[ohannes]. Zum Andenken an Herrn Alt-Decan Karl Friedrich Steiger, Pfarrer der unabhängigen evgl. Gemeinde Emmishofen, den 23. October 1889 8. o. O

Munz, J[ohannes]. Leichenrede bei Beerdigung des Herrn Dr. med. (Friedrich David) Heinrich Ellinger, gehalten .. den 8. Dezember 1873 ... zu Wyl. 8. Wyl.

Munz, Konrad Friedrich

Munz, Conrad Friedrich (Nürnberg), De auctoritate tutoris honorarii. Diss. jur. Altdorf/Bayern (J. A. Hessel) 29. VIII. 1752. 44 S. (5.50) 24340
Widm. v.: Joh. Heumann, M. J. S. Semler, A. F. von Müller (Lengsfeld, dtsch.), F. J. von Fischer (Liebenstein), Georg Andreas Willius, F. W. Bartholomäi (dtsch.), Giovanni Enrico Friedrich Deinlein (Oppon.), Jo. Georg Wuttich (Oppon.), L. Ph. W. Goldner (Oppon.), Joh. Christoph Martini, C. C. Munz (Bruder).

Munz, Romuald, O. S. B., besondere Messen der Heiligen der 3 Orden des hl. Franziskus, s.: Schott, Anselm, das Meßbuch der hl. Kirche.

Munz, Romuald, O. S. B., St. Benedictus-Büchlein. Leben d. hl. Benedict, d. Patriarchen u. Vaters d. Mönche, nebst e. Anh. v. Gebeten zur Verehrg. d. Heiligen. 16. (156 S. m. 1 Farbdr.) Münster 897. Alphonsus-Buchh. Geb. in Leinw. n. — 50

Munz, Romuald, O. S. B., St. Benedictus-Büchlein. Leben des hl. Benedict, des Patriarchen u. Vaters der Mönche, nebst e. Anh. von Gebeten zur Verehrung des Heiligen. 2. Aufl. 16. (156 S. m. farb. Titelbild.) Münster (899). Alphonsus-Buchh. Geb. in Leinw. n. — 50

Munz & Geiger, Buchdruckerei, Schriftproben. (164 S.) Stuttgart (1907)

Münz, d. primäre Scheidensarkom bei Kindern u. Erwachsenen. [Aus: „Frauenarzt".] gr. 8. (30 S.) Neuwied 895. Leipzig, M. Spohr. 1. —

Münz, *Adam* [Vorstand, Prof.]: *Reallehrer a. D.* Karl Friedrich Geiler, *gest. am 12. März 1896.* Schopfheim, Buchdr. v. G. Uehlin, 1896; 3—4 S. 4.
Schopfheim, grossh. R. P 1896**

Münz, Bernh., s.: Briefe von u. über Jakob Frohschammer.

Münz, Bernh., die Erkenntniss- u. Sensationstheorie des Protagoras. gr. 8. (36 S.) Wien 880. Konegen. n. 1. 20

Münz, Bernh., Marie Eugenie delle Grazie als Dichterin u. Denkerin. Mit dem Portr. der Dichterphilosophin. 12. (XIV, 117 S.) Wien 902. W. Braumüller. n. 2. 40

Münz, Bernh., Jakob Frohschammer, der Philosoph der Weltphantasie. gr. 8. (113 S.) Breslau 894. Schles. Verlags-Anstalt. n. 1. 50; geb. n. 2. 50

Münz, Bernh., Goethe als Erzieher. (VIII, 116 S.) 8. Wien 904. W. Braumüller. n. 2. —

— Friedrich Hebbel als Denker. (VII, 119 S.) 8. Ebd. 906. n. 2. —

Friedrich Hebbel als Denker v Bernhard Münz. 2. Aufl. Wien u. Leipzig 1907 8°

Münz, Bernh., Ibsen als Erzieher. (91 S.) 8. Leipzig 908. Xenien-Verlag. 2.—; geb. in Leinw. n 3. —

Münz Bernhard: Die Platonische Ideenlehre, soweit sie in den Platonischen Dialogen in Betracht kommt.
1877 PN 77 Diss. Wien, Univ. 6

Münz, Bernh., die Keime der Erkenntnisstheorie in der vorsophistischen Periode der griechischen Philosophie. gr. 8. (52 S.) Wien 880, Konegen. *

— Moriz Lazarus. Zur Feier seines 50jähr. Doctorjubiläums. (30. XI. 1899.) gr. 8. (56 S.) Berlin 900. F. Dümmler's Verl. n. 1. —

Münz, Bernh., Lebens- und Weltfragen. Philosophische Essais. 8. (95 S.) Wien 886, Konegen. *

Literarische Physiognomien. Von Bernhard Münz. *Wien & Leipzig: W. Braumüller 1903.* (239 S.) 8° [03. 8151

— Adolf Pichler, s.: Litteraturbilder fin de siècle.

— Frau Josephine Scheffel, s.: Litteraturbilder fin de siècle.

Münz, D., s. Münz, Martin

Münz, Eduard, Heine-Anekdoten. Zu Heinrich Heines 50. Todestage, 17. II. 1906. (44 S.) 8. Leipzig 906. Modernes Verlagsbureau. n. 1. —

Münz, Heinrich. Die Lage der Bergarbeiter im Ruhrrevier. Essen: Baedeker 1909. IV, 153 S. 8° ¶(Ersch. auch als Buch ebd.)
Tübingen, Staatsw. Diss. v. 21. Juni 1909, Ref. Fuchs
(Nur in beschränkter Anzahl für den Austausch)
[Geb. 4. Okt. 80 Werden a. R.; Wohnort Werden; Staatsangeh.: Preußen; Vorbildung: 1 Volksschullehrerprüf. 01, 2. 04; Studium: Cöln Handelshochsch. 5, Tübingen 3 S.; Coll. 24. Febr. 09.] [U 09. 3984

Münz Helene: Arnims „Gräfin Dolores".
1903 PN 1622 Diss. Wien Univ. 129

Münz, Ignatz (Tarnow/Galizien), Die Religionsphilosophie des Maimonides und ihr Einfluß. Diss. Berlin (H. Itzkowski) 1887. 36 S. u. Biogr. (2.—) 24343
Gew.: Wilhelm Münz.
vgl. Münz, Isak

Münz, Josef, aus Kempen, Rechtspraktikant am kgl. Landgericht München I: Die Voraussetzungen und Wirkungen der Notwehr, des Notstandes und der Nothilfe im Bürgerlichen Gesetzbuch und ihre Unterschiede. Mit einem hist. Ueberblick. *München: Th. Ackermann 1903.* (VI, 55 S.) 8° [J.]
Erlangen, Jur. Diss. v. 10. Juli 1901

Münz, Isak, über die jüdischen Aerzte im Mittelalter. gr. 8. (VI, 72 S.) Berlin 887, Driesner.

Münz, J., Maimonides als medizin. Autorität. gr. 8. (49 S.) Trier 895. S. Mayer. n. — 80

Münz, J., Rabbi Moses ben Maimon (Maimonides). Sein Leben u. seine Werke. 1. Thl. (V, 155 S.) gr. 8. Mainz 902. [J. Wirth'sche Hofbuchdr.] Frankfurt a/M., J. Kauffmann. n. 2. —

Rabbi Moses ben Maimon (Maimonides). Sein Leben u. s. Werke. Von Dr. I[sak] Münz. Th. 1. [Mehr nicht ersch.] Mainz: Wirth 1902. 155 S. 8° A15. 4803

— die Religionsphilosophie d. Maimonides u. ihr Einfluss. 1. Thl. gr. 8 (36 S.) Berlin 887. Rosenstein & Hildesheimer. n. 1. 20
vgl. Münz, Ignatz

Münz, L., die modernen Anklagen gegen das Judenthum als falsch nachgewiesen. Eine Rede. gr. 8. (29 S.) Frankfurt a. M. 882, (Kauffmann.) *

Münz, L., ein Buch f. die jüdische Ehefrau. Mit e. Beigabe: Lehren unserer Weisen üb. Erziehg. der Kinder. (III, 77 S.) Frankfurt a/M. 905. A. J. Hofmann. n. — 80

Münz, L., Rabbi Eleasar, genannt Schemen Rokeach. E Lebensbeschreibg., zugl. e. Einführg. in d. Gedankengang u. d. Lehrmethode d. rabbin. Schriftthums. gr. 8. (IV, 154 S. m. Bildn.) Ebd. 895. n. 3. —

Münz, L., drei Reden politischer Tendenz. gr. 8. (43 S.) Breslau 879. Schletter. n. — 80

Münz, L., religiöse Zeitfragen. 2. rev. Aufl. (X, 123 S.) gr. 8. Berlin 909. L. Lamm. 2. —

Münz, Leo, Medizinalpraktikant a. Berlin: Über ein carcinomatös entartetes Papillom der Tränenkarunkel. Weimar 1907: R. Borkmann. (23 S.) 8°

Jena, Med. Fak., Ref. Wagenmann, Diss. v. 21. März 1907

[Geb. 19. Dez. 82 Berlin; Wohnort Berlin, Staatsangeh.. Preußen; Vorbildung. Gymn. z. Grauen Kloster Berlin Reife M. 01; Studium. Berlin 8, Jena 2 S.; Coll. 7 Jan. 07; Approb. 11 Jan. 07.]

Münz, Martin

— — Ad Disputationem publicam Se Praeside a viro Ludwig Herz (Weilburg). Würzburg (C. W. Becker) 14. V. 1842. (2.—) 24345
Thesen z. Diss.: De partus abnormitate.

MÜNZ, Martin (Bamberg): De cortice peruviano et radice ipecacuanhae eorumque surrogatis.- Landishuti: Thomann (1810). 3 Bl.,233 S.
10.9.1810 - Pe 312; F 57
Diss. Ingolst.-Landsh.-Mchn.

— et F. Raab, Diss. de Cortice Peruviana et Radice Ipecacuanhae earumque surrogatis. 8maj. Landshut 811. Krüll. 1 ₰

— **Martin,** Ad Disputationem publicam Se Praeside a viro Ernst Schliemann (Schwerin/Mecklenburg). Würzburg (C. W. Becker) 14. V. 1831. (2.—) 24344
Thesen z. Diss.: De dispositione ad haemorrhagias haereditara.

Muenz, Martin:
Eingeweidlehre oder Lehre von den sämmtlichen Verdauungsorganen, den Harnwerkzeugen, den männlichen und weiblichen Geschlechtstheilen u. den Organen der Stimme und des Athmens ... von Martin Münz. [Text u. Taf.-Bd] Landshut: Verf. 1827.
(= Muenz: Handbuch der Anatomie des menschlichen Körpers. Th.3.)
[Taf.-Bd ungeb., Taf. 2 fehlt.]

— — Ad Disputationem publicam Präs. Johann Narr, a viro Maximilian Gundersheim (Frankfurt/Main). Würzburg (C. W. Becker) 27. VIII. 1842. (3.—) 24346
Thesen z. Diss.: De funiculo umbilicali in relatione forensi.

Muenz, Martin:
Gefäßlehre oder Lehre von dem Herzen, den Arterien, Venen und Saugadern ... mit Anm. über die vorzüglichsten Varietäten der Arterien u. die bewährtesten Methoden zur Aufsuchung u. Unterbindung derselben bey chirurgischen Operationen ... von Martin Münz. [Text u.Taf.-Bd.] Landshut: Verf. 1821. 8°
(= Muenz: Handbuch der Anatomie des menschlichen Körpers. Th.2.)

— — Ad Disputationem publicam Präs. Johann Narr, a viro Eduard Aschman (Luxemburg) Würzburg (C. W. Becker) 27. VIII. 1842. (3.—) 24347
Thesen z. Diss.: De genio aestatis epidemico.

Münz, Martin: Handbuch der Anatomie des menschlichen Körpers. Th.1: 1.u.2.Aufl. Th.1 - 5 (nebst) Abbildungen, gbd., Abb.

Th.1 - 3: Landshut: Thomann 1815 - 1827
Th.1 (2.Aufl.): Landshut: Thomann 1821
Th.4 - 5: Würzburg: Becker 1835 - 1836
Abb.: O.O.: o.J.

JB 6.285

— Handbuch d. Anatomie d. menschl. Körpers mit Abbildd. 1r Thl. A. u. d. T.: Muskellehre, nebst e. kurzen Anweis. zur Präparation d. Muskeln. Mit 12 Taf. lithogr. Abbildd. in Royal-Fol. gr. 8. Landsh. 821. Thomann. 3 ₰ 16 gr Ebd. Weber in Münch. 4 ₰ 10 gr, bei Krüll das. 4 ₰ 2r Thl. Auch u. d. T.: Gefäßlehre od. Lehre von d. Herzen, d. Arterien, Venen u. Saugadern mit 82 Abbildd. auf 23 lithogr. Royal-Fol.-Bl. Ebd. 821. Thomann. 7 ₰ 4 gr, Weber in Münch. 7 ₰ 18 gr. Krüll. 8 ₰, mit ill. Kpf. 9 ₰ 16 gr — 3r Thl. A. u. d. T.: Eingeweidelehre od. Lehre v. d. sämmtl. Verdauungsorganen, d. Harnwerkzeugen, d. männl. u. weibl. Geschlechtstheilen u. den Organen d. Stimme u. d. Athems mit 80 lithogr. Abbildd. auf 10 Royal-Fol.-Bl. gr. 8. Ebd. 827. Thomann 5 ₰ 20 gr Weber in Münch. 6 ₰ 16 gr Krüll. 6 ₰ — Alle 3 Thle. bei Thomann 16 ₰ 16 gr, bei Weber in Münch. 18 ₰ 20 gr, bei Krüll. 18 ₰

Münz, Martin, Handbuch der Anatomie des menschl. Körpers, mit Abbildungen. 4r u. 5r Thl. A. u. d. T.: Lehre von dem Hirne, dem Rückenmarke u. den Nerven u. Beschreibung der Abbildungen zur Lehre von den Sinnesorganen, mit 146 Abbildd. in Lebensgröße auf 9 Blättern vom Verfasser selbst nach der Natur u. nach den besten Mustern auf Stein gezeichnet, in anatom., physiolog. u. pract. Hinsicht bearbeitet. — Lehre von den Sinnesorganen, von den Knochen u. Bändern, mit 57 Abbildd. in Lebensgröße auf 4 Blättern. gr. 8. Würzburg 835, 36. (Stahel; Regensburg u. Landshut, Manz.) n. 8⅚ ₰ (1r—3r Thl. Ebd. 822—27. kosten n. 18 ₰)

Muenz, Martin:
Muskel-Lehre mit Abbildungen nach Albin ... nebst einer kurzen Anweisung zur Präparation der Muskeln. Von Martin Münz. [Text u. Taf.-Bd] 2. Aufl. Landshut: Verf. 1821.
(= Muenz: Handbuch der Anatomie des menschlichen Körpers. Th.1.)

Münz, Mt., anatom. Tafeln, mit erklär. Text. gr. Fol. Bamberg 815. (Barth in Leipz). 4 ₰ 18 gr

Münz, P., Aufklärung u. Wahnsinn, s. a. Compaß f. das katholische Volk.

Münz, P., Aufklärung u. Wahnsinn. Ebendas., 24 S., 20 Pf. (Kompaß x Nr. 4.)

Münz, P., Handbuch der Ernährung für Gesunde u. Magenkranke. Mit besond. Berücksicht. der jüd. Speisegesetze. gr. 8. (188 S.) Mainz 901. J. Wirth'sche Hofbuchdr. 2. —

— W. E. Frhr. v. Ketteler, Bischof v. Mainz, s.: Deutschlands Episcopat in Lebensbildern.

— Pemphigus neonatorum. gr. 8. (6 S.) Leipzig 899. B. Konegen. n. 1. —
Sonderabdruck aus: „Der Kinderarzt".

Münz, P. J., archäologische Bemerkungen über das Kreuz, das Monogramm Christi, die alt-christlichen Symbole, das Crucifix. gr. 8. (214 S. mit 8 Stnt. in qu. 4.) Wiesbaden 866. (Frankfurt a. M., Hamacher.) *
Aus: Annalen des Vereins für nassauische Alterthumskunde und Geschichtsforschung, besonders abgedruckt.

Münz, Paul, Fragmente zur Schulaufsichtsfrage Rückblicke u. Ausblicke m. besond. Berücksicht. der preuss. Verhältnisse. (55 S.) 8. Wiesbaden 905. (H. Rauch.) n. — 50

Münz, Philipp

Münz, P., die Arterienverkalkung (Arteriosklerose), ihr Wesen u. ihre Behandlung. Mit e. Anh.: Ihre Behandlg. in Bad Kissingen. (171 S.) 8. Berlin (907). H. Steinitz. 2. —

Münz, Sigm., Ferdinand Gregorovius u. s. Briefe an Gräfin Ersilia Caetani Lovatelli. gr. 8. (IV, 221 S.) Berlin 896. Gebr. Paetel. n. 4. —; geb. n. 5. 50

Münz, S., aus dem modernen Italien. Studien, Skizzen u. Briefe. gr. 8. (XII, 355 S.) Frankfurt a/M. 889. Litterar. Anstalt, Rütten & Loening. n. 5. —

Münz Sigmund: Das politische Programm des Dio Cassius.
1881 PN 229 Diss. Wien Univ. 669

Münz, Sigm., aus Quirinal u. Vatikan. Studien u. Skizzen gr. 8. (V, 210 S.) Berlin 891. Hüttig. n. 4. 5(

— italienische Reminiscenzen u. Profile. gr 8. (IX, 323 S.) Wien 898. L. Weiss. n. 5. —; geb. n.n. 6. —

Münz, Sigm., römische Reminiscenzen u. Profile. gr. 8. (V, 346 S.) Berlin 900. Allgem. Verein für deutsche Litteratur. n. 5. —; geb. in Leinw. od. Halbfrz. n. 6. 75

— moderne Staatsmänner. Biographieen u. Begegngn. 1. u. 2. Aufl. gr. 8. (à VI, 305 S.) Ebd. 901. n. 5. —; geb. in Leinw. od. Halbfrz. n. 6. 75

Moderne Staatsmänner Biographieen u. Begegnungen. Von Sigmund Münz. 2. Aufl. *Berlin: Allg. Ver. f. Deutsche Litt. 1901.* (308 S.) 8° [J.]
= Verein, Allgemeiner, f. Deutsche Litteratur. Abt. 27. [1.]

'Es werde Licht!' Eine Aufklärung über Bibel u. Babel von Dr. Wilhelm Münz, Rabbiner in Gleiwitz. 2.–4. Taus. *Breslau: W. Koebner 1903.* (52 S.) 8° [J.]

Münz, Wilhelm Die Grundlagen der Kant'schen Erkenntnistheorie. Halle a. d. S. 1882: o. Dr 35 S. 8°
Halle-Wittenberg, Phil. Diss. v [19. Juni] 1882
Geb. Tarnow (Galizien) 4. 2. 1856. V
Ersch. vollst. im Buchhandel Breslau Koebner 1882. III, 78 S. - 2. verb. Aufl. ebda 1885. IV, 84 S.

Münz, Wilh., die Grundlagen der Kant'schen Erkenntnistheorie. Eine Einführung in die Kritik der reinen Vernunft. gr. 8. (III, 78 S.) Breslau 882. Koebner. n. 1. 60

Münz, Wilh., die Grundlagen der Kant'schen Erkenntnistheorie. Eine Einführg. in die Kritik der reinen Vernunft. 2. Aufl. gr. 8. (V, 84 S.) Breslau 885. Koebner. n. 1. 80

Münz, Wilh., die Judenmetzeleien in Russland. Ein offener Brief an die regier. Fürsten u. Staatsoberhäupter der Kulturwelt. (10 S.) 8. Breslau 906. Koebner. n. — 20

Münz, Wilh., einsames Land. Erzählungen u. Stimmungsbilder. (V, 119 S.) 8. Frankfurt a./M. 907. J. Kauffmann. 2.50; geb. in Leinw. 3. 50

Münz, Wilh., Ritualmord u. Eid. Ein offener Brief an den Reichstagsabgeordneten Hrn. Liebermann v. Sonnenberg in Groß-Lichterfelde. 5.—15. Tauf. gr. 8. (à 10 S.) Gleiwitz 902. Neumann's Stadtbuchdr. — 10

— dasselbe. 4. verm. Aufl. 16.—20. Tauf. gr. 8. (12 S.) Ebd. 902. n. — 10

Münz-Abschied

„Müntz-Abschied, Der Dreyen im Müntz-Wesen Correspondirenden Hochlöblichen Fränck-, Bäyr- und Schwäbischen Creisen Zu Regenspurg aufgerichteter So Geschlossen worden den 7 December im Jahr 1705. Gedruckt bey Adam Jonathan Felssecker Nürnberg" — Vorh.. StB Nürnberg.

„Müntz-Abschied, Der Dreyen im Müntz-Wesen Correspondirenden Hochlöbl. Fränck-, Bayer- und Schwäbischen Crayssen, Zu Nürnberg aufgerichteter, so Geschlossen worden den 7ten Martii im Jahr 1725. Gedruckt bey Adam Jonathan Felssecker Nürnberg" — Vorh. StB Nürnberg.

„Münz-Abschied, Derer dreyen im Münz-Wesen correspondirenden Oberen Löblichen Reichs-Creyssen, Franken, Bayern und Schwaben. In der Kayserl. und des Heil. Röm. Reichs Stadt Augspurg beschlossen und aufgerichtet, den 6ten May 1761" — Vorhanden: StB Nürnberg.

Münz: u. Wechselarten, üb. die europ., f. künftige Kaufleute, (von J. Chr. Fr. Bährens). 8. Celle 787. (Herold u. W. in Lüneb.) 6 ℊ

Münz: u. Wechselarten, üb. d. europäischen, f. künftige Kaufleute. 8. Cölln, Quinbert. 788.

Münzbelustigungen, Bayerische. Herausgegeben von Peter Paul Finauer Augsburg u. Leipzig: Lauffer 1768. 4°

Münzbelustigungen, Brandenburgische historische. Ansbach 1768—74. V: *Spies, Joh. Jac. & Andere.* (Ky)

Münzbelustigungen, Brandenburg. histor., (v. J. J. Spies u. A.) 5 Thle. Ansbach 768—74. Haurisch. 14 ℊ

Münzbelustigungen, Historische Herausgegeben von Johann David Köhler Nürnberg 1729-1765. 4°

Münzbelustigungen, Nürnbergische. Altdorf u. Nürnberg: Monat 1764-67 4°

Münzberechnung, neueste, aller jetzt coursir. Gold- u. Silbermünzen in u. ausser Europa nach d. 24 fl. Fuss. Eine Hand-Tabelle f. Jedermann. Nebst e. fassl. Erklär. d. Courszettel u. Wechselvaluten nach d. 24 fl. Fuss in Beispielen dargest. Bearb. n. d. besten Quellen u. Erfahrn. v. e. prakt. Kaufmann. 8. (4½ B.) Neuburg a. d. D. 838, Prechter.

Münzberg, Jos., die Bienenzucht, s.: Janscha.

Münzberger, Josef

Münzberger Jos.: Aus dem B. Leipaer Stadtarchive (Nachrichten zur Geschichte Leipas von Wallensteins Tode bis zum Vergleich mit der Obrigkeit i. J. 1660.) 26. B.-Leipa R. 80.
— . vom Jahre 1660 bis zum Beginne des 18. Jahrh. 33. ibd. 85.
Progr.

Münzberger, J., aus dem B.-Leipaer Stadt-Archive. 2. Abschnitt: Nachrichten zur Geschichte Leipas vom J. 1660 bis zum Beginne des 18. Jahrh. gr. 8. (33 S.) B.-Leipa 885. (Wien, Pichler's Wwe. und Sohn.) *

— Prof. Eduard Steffen. (2). ibd. 98. Böhm. Leipa Progr.

Münzberger J · Prof. P. Zimmerhackel. †. (8). Böhm. Leipa R. 92. Progr.

Münzberger, Leopold Ueber das pathologisch-anatomische Substrat der Erosionen an der Portio vaginalis uteri. Halle 1881: Karras. 35 S. 8°
Halle-Wittenberg, Med. Diss. v 7 April 1881
Geb. Moers (Rheinprov.) 2. 3. 1858. V

Münzberger, Wenzel, s.: Bahnmeister-Kalender.

Münzbeschreibung des gräflich und fürstlichen Hauses Mansfeld. Nürnberg 1778. V: *Haagen, Johann Georg Friedrich von.* (EB)

Münzbilder, Antike. [Berlin 1888.] V: *Imhoof-Blumer, Ferd.* (Cat. d. Stadtbibl. Zürich. Zürich 1864—97.)

Münzblätter, Berliner. Monatsschrift zur Verbreitung der Münzkunde, nebst Beilage: Numismatische Correspondenz, hrsg. von Adph. Weyl. 1. Jahrg. 1880. 4 Nrn. (Bog. mit eingedr. Illustr.) 8. Berlin, Weyl. *

—— dass. — 2.—5. Jahrg. 1881—1884. à Jahrg. 12 Nrn. (Bog. mit eingedr. Illustr.) gr. 4. Ebendas. à Jahrg. *

Münzblätter, Berliner. Monatsschrift zur Verbreitung der Münzkunde, hrsg. von Adph. Weyl. 6.—9. Jahrg. 1885—1888. à Jahrg. 12 Nrn. (Bog. mit eingedr. Illustr.) gr. 4. Berlin, Weyl. à Jahrg. *

Münzblätter, Berliner. Zeitschrift zur Verbreitg. der Münzkunde, hrsg. v. Adph. Weyl. 10.—12. Jahrg. 1889—1891. à Jahrg. 12 Nrn. (à Nr. ½ Bog. m. eingedr. Illustr.) gr. 4. Berl., Weyl à Jahrg. * 2 50

— dasselbe. 13.—15. Jahrg. 1892—1894. à 12 Nrn (Bog. m. Abbildgn.) gr. 4. Mit: Numismatische Correspondenz. 10.—12. Jahrg. 1892—1894 à 14 Nrn. (½ Bog) gr. 8. Berlin, A. Weyl. à Jahrg. n. 6. —

Münzblätter, Berliner. Zeitschrift zur Verbreitg. der Münzkunde, hrsg. v. Adph. Weyl. 16.—19. Jahrg. 1895—1898. à 12 Nrn. (Bog. m. Abb.) gr. 4. Mit: Numismat. Correspondenz. 13.—16. Jahrg. 1895—1898. à 14 Nrn. gr. 8. Berlin, A. Weyl. à Jahrg. n. 6. —

Münzblätter, Berliner. Zeitschrift zur Verbreitg. der Münzkunde, begründet v. Adf. Weyl. Hrsg. u. Schriftleiter: Emil Bahrfeldt. 20.—22. Jahrg. 1899—1901. à 12 Nrn. gr. 4. (S. 2543—3118 m. Abbildgn. u. 1, 1, u. 5 Taf.) Berlin [A. Weyl]. Berlin (S. 14, Stallschreiberstr. 4) J. Bahlke. à Jahrg. n.n. 6. —

— dasselbe. Begründet von Adf. Weyl. Neue Folge. Hrsg. u. Schriftleiter: Emil Bahrfeldt. 23. Jahrg. 1902. 12 Nrn. (S. 1—200 m. Abbildgn.) Nebst Beiblatt: Numismatische Correspondenz. Hrsg. v. Rud. Kube. 19. Jahrg. 1902. Etwa 6 Nrn. gr. 8. (à ca. 16 S.) Berlin (S. 14, Stallschreiberstr. 4), J. Bahlke. n.n. 6. —

Münzblätter, Berliner. Neue Folge. Hrsg.: Emil Bahrfeldt. 24.—27. Jahrg. 1903—1906. à 12 Nrn. (223, 206, 222 u. 216 S. m. Abb. u. 1, 5, 2 u. 5 Taf.) Nebst Beiblatt: Numismatische Correspondenz. Begründet 1880 v. Adf. Weyl. Hrsg. v. Rud Kube. 20.—23. Jahrg. (168, 96, 128 u. 192 S.) Lex.-8 Berlin (W. 50, Kurfürstendamm 17), Dr. E. Bahrfeldt. à Jhrg. n. 8. —

Münzblätter, Berliner. Neue Folge. Hrsg.: Emil Bahrfeldt. 31. Jahrg. 1910. 12 Nrn. Nebst Beiblatt: Numismatische Correspondenz. Begründet 1880 v. Adf. Weyl. Hrsg. v. Rud. Kube. 24.—27. Jahrg. à 6 Nrn. 188 S. u. (25.—27. Jahrg.) XIV, 644 S. m. Abb. u. 5 bezw. 10 Lichtdr.-Taf. Lex. 8. Berlin-Grosslichterfelde-O. (Schillerstr. 16), Dr. E. Bahrfeldt. à Jahrg. 8.—

— **Frankfurter.** Im Vereine m. mehreren Fachgenossen hrsg. v. Paul Joseph. 1. u. 2. Jahrg. April 1899—März 1901. à 12 Nrn. gr. 8. (à ca. 8 S. m. Abb. u. Taf.) Frankfurt a/M. (Mainzer Landstr. 49), A. Hess Nachf. à Jahrg. n. 6. —

Münzbuch, neuestes. Uebersicht aller nach dem Wiener Vertrag vom 20. Januar 1857 gegenwärtig coursirenden deutschen Münzen und deren vergleichende Reduction in französisches, englisches, italienisches und russisches Geld. Nebst einem Anhang über die Wechsel-Course, Maaße und Gewichte der Haupt-Handelsplätze Europas. Ein nützlicher Leitfaden für Reisende und Geschäftsleute. 4. Aufl. gänzlich umgearb. u. verm. Frankfurt a. M. 859. Jügel's Verlag. 8. (IV, 74 S.) n. 14 ngr.

Münzbüchel aller in d. k. k. Staaten u. d. letzt. erhöhten Münzfuße gangbaren Gold- u. Silbermünzen rc. 18. Wien, Kaulfuß. 796. *

Münz-Büchlein, praktisches. Neuestes Hilfsbüchlein zum Rechnen in größeren Summen. Umwandlung von fl. 101, 102 rc. bis fl. 500. 32. (11 S.) Altötting 878, Lutzenberger.

Münzebrock, August Crone-, s. Crone-Münzebrock.

„Preussisches Münz-Edict von 1750, wegen Annahme des sogenannten Graumann'schen Münzfusses — 21 Gulden oder 14 Thaler aus der Mark Feinsilber, ausgeprägt in 1/1, ½ und ¼ Thalerstücken"

„Preussisches Münzedict vom 29 März 1764, wegen Wiederherstellung des 14-Thalerfusses"

„Kurfürstlich Sächs. Münzedict wegen Annahme des Konventionsmünzfusses, vom 14. Mai 1763"

[Sammelbd enth.:] Münzedicte für Jülich, Cleve u. Berg aus den Jahren 1657 bis 1782. fol.

„Verschiedene Münzedicte: Der Kreise Franken, Bayern und Schwaben von 1693; sächsische von 1724 und 1732; preussische von 1749 und 1763; braunschweig.-lüneburgische von 1691, 1693 und 1701, bremen-verdische von 1691 und 1692; mecklenburgische von 1763". — Folio. Mit Kupfern. — Vorh.: Com. Bibl. Hamburg.

Munzel, Karl

Munzel, C., der alte Kapitän. 8. (169 S.) Leipzig 897. P. Friesenhahn. n. 2. —; geb. n. 3. —

Munzel, C., Lustig u. Ernst. Döntjes un Vertelln. (106 S.) 8. Bremen (906). C. Schünemann. n. 1.20

Münzel, Alfred [aus Bürgel '(Sachs.-W.)']: Ueber die Prüfungsmethoden der Drucksinnempfindung ... Berlin, Buchdr. v. G. Schade, *1892;* 29 S., 1 Bl. 8.
Berlin, Med. Fak., Inaug.-Diss. v. 9. Juli 1892

Münzel, E. Spezialkarte des Harzes zwischen Ilsenburg, Harzburg, Oker u. dem Brocken. Mit besond. Berücksicht. der Touristenwege. 1 : 25,000. Chromolithogr. qu. gr. Fol. Mit Text. gr. 8. (4 S.) Lpz. 889, Spamer. * 2 —

Münzel, F., s. Behr, C. A. L. v.

Münzel, ..., das Ganze d. Nelkenzucht, s. C. A. L. v. Behr.

Münzel, Gustav, aus Koblenz: Untersuchungen über die Genfer Konvention. Eine Darstellung u. Kritik des nach diesem Vertrage geltenden Land-Kriegsrechtes, mit einem geschichtl. Überblick über d. Bestrebungen bis zum Abschlusse d. Vertrages u. üb. d. Versuche zu seiner Fortbildung. *Freiburg i. B. 1901: H. Epstein.* (189 S.) 8°
Freiburg i. B., Rechts- u. staatswiss. Diss. v. 1902

Münzel, Gust., Untersuchungen üb. die Genfer Konvention. Eine Darstellg. u. Kritik des nach diesem Vertrage gelt. Landkriegsrechts, m. e. geschichtl. Überblick üb. die Bestrebgn. bis zum Abschlusse des Vertrages u. üb. die Versuche zu seiner Fortbildg. gr. 8. (189 S.) Freiburg i/B. 901. G. Ragoczy. n. 2. —

Münzel, Robertus (geb. am 12 Sept. 1859 in Wiesbaden): De Apollodori Περὶ θεῶν libris ... Bonnae, typ. C. Georgi 1883. 39 S. 8. ¶ Teil einer m. d. Welckerpreis gekrönten Arb. — In Komm. bei Behrendt in Bonn.
Bonn, Phil Fak., Diss. v 10 März 1883

Münzel, Rob., de Apollodori περὶ θεῶν libris. Dissertatio philologica. gr. 8. (39 S.) Bonn 883, (Behrendt.) *

— quaestiones mythographae. gr. 8. (VI, 25 S.) Berlin 883. Weidmann. n. 1. 20

Münzen, Die angeblichen, von Misocco im Wellenheimischen Catalog. O. O. [1868]. V: *Trachsel, Ch. Fr.* (Cat. d. Stadtbibl. Zürich. Zürich 1864—97.)

Münzen, die antiken, Nord-Griechenlands, unter Leitg. v. F. Imhoof-Blumer hrsg. v. der kgl. Akademie der Wissenschaften. 1. Bd. 1. Halbbd. gr. 4. Berlin, G. Reimer. n. 54.—
Die antiken Münzen v. Dacien u. Moesien. Von Behrendt Pick. 1. Halbbd. (XV, 518 S. m. 20 Lichtdr.-Taf.) 898.

Münzen, die antiken, Nord-Griechenlands, unter Leitg. v F. Imhoof-Blumer hrsg. v. der kgl. Akademie der Wissenschaften. III. Bd. 1. Abtlg. Lex.-8. Berlin 906. G. Reimer. 19. — (I, 1 u. III, 1: 73. —)
Die antiken Münzen v. Makedonia u. Paionia. Von Hugo Gaebler. 1. Abtlg. Die makedon. Landesmünzen (m. Einschluss v. Amphaxitis u. Bottiaia), das Provinzialgeld (nebst Beroia) u. münzähnl. Gepräge makedon. Ursprungs. Tafel I—V. (VII, 198 S.)
I, 2 u. II sind noch nicht erschienen.

Münzen, die antiken, Nord-Griechenlands, unter Leitg. v. F. Imhoof-Blumer hrsg. v. der kgl. Akademie der Wissenschaften. I. Bd. 2. Tl. Lex. 8. Berlin, G. Reimer. 40. —
Die antiken Münzen v. Dacien u. Moesien. Von Behrendt Pick u. Kurt Regling. II. Halbbd. 1. Abth. Die Münzen v. Odessos u. Tomis m. 1 Ergänzungstaf. (XXI.) (IV u. S. 519—920.) 910. 40. —
Bd. II ist noch nicht erschienen.

Münzen und Medaillons, Ausgewählte römische, der städtischen Münzsammlung in Frankfurt a. M. [Wien 1897.] V: *Quilling, F.* (StBFrankf I, 136)

Münzen, Die badischen. Karlsruhe 1889. V: *Brambach, Wilh.* & *Hermann Wentz.* (BaBb)

Münzen, brandenburg.-preussische, 20 Abbildn., gest. v. F. G. Wagner jun. Fol. (Berlin 836, Heymann.) *
Aus: Cameralist. Zeitung, besond. abgedruckt.

Münzen, die deutschen. Tabell. Uebersicht ihrer Verhältnisse zu einander u. zu d. französ. u. engl. Gelde. Nebst einem Anhange, üb. die Wechsel-Course, Maaße u. Gewichte d. Haupthandelsplätze Europa's. Ein nützlicher Leitfaden f. Reisende u. Geschäftsleute. 3. Aufl. gänzlich umgearb. u. verm. v. Hugo Pauli. gr. 8. (Mit 1 Tab.) Frankfurt a/M. 846, Jügel. n. 5/12 ₰

Münzen, die gangbarsten, Deutschlands u. d. Schweiz, erklärt u. in ihrem Werthe nach d. gewöhnl. Cours, unter sich selbst, u. mit d. französ. u. engl. Gelde verglichen. Nebst einem Anh. üb. die gebräuchl. Gewichte u. Maaße. 8. Frankf. 830. Jäger. Velinp. 12 gr

Hamburgische Münzen und Medaillen. Hrsg. von einem Ausschusse des Vereins für Hamburgische Geschichte. Abth. 1—3. — Hamburg 18(43)—76 Meissner 8° (4°)
1 Die Münzen u Medaillen seit dem Jahre 1753. Red. von O[tto] C[hristian] Gaedechens 18(43)—50. [Nebent.] Die neueren hamburgischen Münzen und Medaillen. Eine Forts. des Hamburgischen Münz- u. Medaillen-Vergnügens von Langermann, 1843.
2 Red. von O[tto] C[hristian] Gaedechens. 1852(—54).
3. Ergänzungen und Fortsetzung Bearb. von C[ipriano] F[rancisco] Gaedechens. 1876.

Münzen u. Medaillen, Hamburgische. Hrsg. v. einem Ausschusse des Vereins f. Hamburgische Geschichte u. red. v. O C. Gaedechens. I. Abth.: Die Münzen u. Medaillen seit d. J. 1753. [Mit dem Umschlagstitel: Die neueren Hamburgischen Münzen u. Medaillen.] 4. Stück: Die Münzen. 4. (S. 125—175 m. eingedr. Abbildgn.) Hamburg 847. (Perthes-Besser & Mauke.) — 5. Stück: Die Jubelmedaillen. 4 (S. 177—224 m. eingedr. Abbildgn.) Ebd. 848. — 6. Stück: Denkmünzen zu Ehren ausgezeichneter Personen u. die Scharfrichterpfennige. 4. (S. 225—272 m. eingedr. Abbildgn.) Ebd. 849. — 7. Stück: Freimaurer-Medaillen. Prämien-Medaillen. Varia. Nachtrag. Register. 4. (IV S. u. S. 273—339 m. eingedr. Abbildgn.) Ebd. 850. — II. Abth. 1. Hft. (od. der ganzen Sammlung 8. Stück): Hamburgische geschichtliche Denkmünzen. In Hamburg geprägte Medaillen auf fremde Verhältnisse u. solche, welche indirect auf Hamburg Bezug haben. Medaillen die Nachbarstadt Altona betreffend. 4. (71 S. m. eingedr. Kpfrst.) Ebd. 852. à Hft n. n. 1 1/2 ₰ (1—8: n. n. 12 ₰)

Hamburgische Münzen und Medaillen. Hrsg. von einem Ausschusse des Vereins für Hamburgische Geschichte und red. von O. C. Gaedechens. Abth. 1—3. Hamburg 1850—1876: J. A. Meissner, [1876:] Th. G. Meissner. 4⁰
1. Die Münzen und Medaillen seit dem Jahre 1753. VIII, 339 S. 1850.
2. Die Ergänzung des in den Jahren 1741 bis 1753 ersch. LangermannschenHamburgischen Münz- und Medaillen-Vergnügens. IV, 358 S. 1854.
3. Hrsg. vom Verein für Hamburgische Geschichte, bearb. von C. F. Gaedechens. Erg. und Forts. 229 S. 1876.
S. 273—284 des 1. Bd: Beschreibung u. Abb. von 5 Frmrdenkmünzen; im 3. Bd. sind in Nr 1834—1836, 1839, 1847, 1946, 1949, 1951, 2065, 2086, 2134, 2156 Frmr-Medaillen beschrieben u. z. T. abgebildet.

— Hamburgische. Herausg. von einem Ausschusse des Vereins für Hamburgische Geschichte u. redig. von O. C. Gaedechens. II. Abth. 2. Heft (der ganzen Sammlung 9. Stück:) I. Jubel-Medaillen. II. Denkmünzen zu Ehren ausgezeichneter Personen. III. Vermeinte oder Privat-Portugaleser. IV. Medaillenartige Speciesthaler oder Schauthaler. Hamburg 853. (Perthes-Besser u. Mauke.) gr. 4. (S. 73—154 mit Kpfrst. im Text.) n. 1 ₰. 15 ngr.

—— —— dass. — II. Abthl. 3. und 4. Heft. (oder der ganzen Sammlung 10. Stück:) die hamburg. Münzgeschichte. Die Münzen bis zum J. 1753. 4. (IV und S. 155—358 mit eingedr. Kpfrst.) Ebds. 854. **
1. Abthl. und 2. Abthl. 1. Heft. Ebendas. 1843—52. ** 9 Thlr.

Münzen, Maasse und Gewichte, hannoversche, verglichen mit den Münzen, Maassen und Gewichten anderer Länder. (Abdr. aus dem „Hannoverschen Termin- und Geschäfts-Notizbuche pro 1862.") Stade 863. (Hannover, Schmorl & v. Seefeld.) 16. (33 S.) n. 5 ngr.

Münzen, Maasse und Gewichte, hannoversche, verglichen mit den Münzen, Maasen und Gewichten anderer Länder. 16. (33 S.) Stade 864. (Hannover, Schmorl und v. Seefeld.) *

Aus: Hannoversches Termin- und Geschäfts-Notizbuch pro 1862, besonders abgedruckt.

Münzen der Kleruchen auf Imbros. [Athen 1882.] V: *Imhoof-Blumer, Frdr.* (Cat. d. Stadtbibl. Zürich. Zürich 1864—97.)

Münzen aller Länder nach Louisdor und Kaisergeld gerechnet. Dresden 1785. V: *Gottschling, Paul Rudolph.* (OL) (KY) (MGT) (Kläbe, Neuest. Gel. Dresden. Leipz. 1796.)

— aller Länder, nach Louisd'or u. Kaisergeld gerechnet (von P. R. Gottschling). 4. Dresd. 785. 2e A. 790. Hilscher. 2 ℊ

Münzen. Luzerner M' und Medaillen. [Katalog der] Sammlung des Herrn Ad[olf] Dreyer-Wengi, Luzern. Versteigerung am 25. Februar 1904 ... unter Leitung des Experten Adolph E. Cahn, (Münzenhandlung,) Frankfurt a. M. .... [Mit 2 Tafeln.] IV+21 S. 8. Frankfurt a. M., (August Osterrieth,) 1904.

Dabei: ... Preisliste der am 25. Februar 1904 versteigerten Sammlung D'-W', Luzern. 2 S. ([Frankfurt,] Schmidt & Kobisch.) M. 2. —

——, Maße und Gewichte, die, in den vorzüglichsten Handelsstädten mit Berücksicht. der neuen deutschen Münzverfassung übersichtl. zusammengestellt. Ein kaufmänn. Hand- und Hülfsbüchlein. gr. 8. (23 S.) Leipzig 858, Holtze. *

Münzen und Medaillen des Benvenuto Cellini. [Berlin 184?.] V: *Friedländer, Julius.* (Cat. d. Stadtbibl. Zürich. Zürich 1864—97.)

Münzen und Medaillen des Benvenuto Cellini. (Am 4. Juni 1855.) gr. 4. (8 S. mit 1 Kpfrt.) Berlin 855, Hertz. *

Münzen und Medaillen, Die neueren hamburgischen. Herausgegeben von einem Ausschusse des Vereins für Hamb. Geschichte. Hamb. 1843. H: *Gaedechens, O. C., Lappenberg, Friedrich Georg Buek.* (schr I, 431)

— u. Medaillen, die neueren Hamburgischen. Eine Fortsetzung des Hamburg. Münz- u. Medaillen-Vergnügens von Langermann. Die Abbild. von Frz. Schröder gestochen. 1. Stück. Die Portugaleser. 4. Hamburg 843. (Perthes-Besser u. Mauke.) baar $1\frac{1}{2}$ ß — 2. Stück. Die Bürgermeister-Pfennige. 4. Ebend. 844. baar $1\frac{1}{2}$ ß — 3. Stück. Die geschichtl. Denkmünzen. 4. Ebend. 846. baar $1\frac{1}{2}$ ß

Münzen und Medaillen, die neueren hamburgischen. Hrsg. von einem Ausschusse des Vereins für hamburg. Geschichte. 5. Stück: Die Jubelmedaillen. 4. (S. 177—224 mit eingedr. Abbildungen.) Hamburg 848, (Perthes-Besser und Mauke.) **

—— dass. — 6. Stück: Denkmünzen zu Ehren ausgezeichneter Personen und die Scharfrichterpfennige. 4. (S. 225—272 mit eingedr. Kpfrst.) Ebds. 849. **

Die Fortsetzung erschien unter dem Titel:

Münzen, die neuesten Amerikanischen, und einige andere in getreuen Abbildungen. Ulm (857.) Adam. (6 lith. Taf. in gr. 8.) 6 ngr.

Münzen, die neuesten amerikanischen, und einige andere in getreuen Abbildungen. gr. 8. (6 Holzschnt.) Ulm 858, Adam's Verlagsbuchh.

Münzen von Selge und Aspendos ... [Berlin 1877]. V: *Imhoof-Blumer, Frdr.* (Cat. d. Stadtbibl. Zürich. Zürich 1864—97.)

Die **Münzen** von Trier T 2 Bonn Hanstein 1908. 4°
(Publikationen d. Gesellschaft f rhein. Geschichtskunde 30) log. 6305 3

Münzen der neuen österreichischen Währung. Druck u. Verl. von *Buschak* und *Irrgang* in Brünn. 1 Bl. Mit xylogr. Abdrücken.

Münzen-Auction. Sammlung des Herrn W Frommherz in Zürich. Versteigerung im Zunfthaus zur Waag in Zürich, 11. bis 13. Oktober 1900 8. (Zürich 1900.)

Münzenberger, E. F. A. Eine Lebensskizze, s. Benevolus, A. M.

Münzenberger, C. F. A.,
s. Münzenberger, Ernst Franz August

Münzenberger, Ernst Franz August

Münzenberger, E. F. A., Abessinien u. seine Bedeutung f. unsere Zeit Aus dem Nachlasse hrsg. v. Jos. Spillmann. gr. 8. (XI, 161 S. m. 38 Abbildgn. u. 1 Karte.) Freiburg i/B. 892. Herder. n. 3. –; geb. in Leinw. n. 5. —

Münzenberger, E. F. A., Afrika u. der Mohammedanismus. gr. 8. (69 S.) Frankfurt a/M. 880. Fösser Nachf. n. — 75

Münzenberger, E. F. A., das Frankfurter und Magdeburger Beichtbüchlein und das Buch „vom sterbenden Menschen". Ein Beitrag zur Kenntniß der religiösen mittelalterl. Volksliteratur. gr. 8. (72 S.) Mainz 881, Kirchheim. *

— die Entwicklung des Frankfurter Schulwesens im letzten Jahrzehnt. gr. 8. (IV, 266 S.) Frankfurt a/M. 880. Fösser. n. 1. 80

— katholisches Gesang- u. Gebetbuch. Ein Auszug aus dem Diöcesan-Gesangbuche unter Beifügung der in Frankfurt a/M. bisher üblichen Lieder u. Andachten. Für die Katholiken Frankfurts a/M. hrsg. 16. (XVI, 544 S.) Limburg a/d. L. 879. Herz. geb. n. 1. 50

Münzenberger, E. F. A., zur Kenntniß und Würdigung der mittelalterlichen Altäre Deutschlands. Ein Beitrag zur Geschichte der vaterländ. Kunst. 1.—6. Lfg. Fol. (S. 1—144 mit 60 Lichtdr.-Taf.) Frankfurt a. M. 885—88, (Foesser Nachf.) à Lfg. ** ℳ 6.—. **

—— Zur Kenntniß u. Würdigung der mittelalterlichen Altäre Deutschlands. Ein Beitrag zur Geschichte der vaterländ. Kunst. 7. u. 8. Lfg. Fol. (S. 145—208 m. 20 Lichtdr.-Taf.) (Ebd.) 889,90. à Lfg. ** 6 —; ** 12 —

1.—6. Lfg. (Ebd.) 1885—88. ** 36 —.

Münzenberger, E. F. A., u. Steph. **Beissel**, S. J., zur Kenntniß u. Würdigg. d. mittelalterlichen Altäre Deutschlands. Ein Beitrag z. Geschichte d. vaterländ. Kunst. Begonnen v. M., fortgesetzt v. B. 9.—14. Lfg. Fol. (2. Bd. S. 1—144 m. 60 photogr. Taf.) Frankfurt a/M. 895—898. P. Kreuer. à n. 6. —

— u. Steph. **Beissel**, S. J., zur Kenntniß u. Würdigung der mittelalterlichen Altäre Deutschlands. Ein Beitrag zur Geschichte der vaterländ. Kunst. Begonnen von M., fortgesetzt v. B. 15. u. 16. Lfg. Fol. (2. Bd. S. 145—192 m. 20 photogr. Taf.) Ebd. 900. 901. à n. 6. —

Münzenberger, E. F. A., u. Steph. Beissel, S. J., zur Kenntniß u. Würdigung der mittelalterl. Altäre Deutschlands. Ein Beitrag zur Geschichte der vaterländ. Kunst. Begonnen v. M., fortgesetzt v. B. 17. u. 18. Lfg. (2. Bd. S. 193—240 m. je 10 photograph. Taf.) gr. 4. Frankfurt a/M. 903. 904. P. Kreuer. à n. 6. —

—— die Kirchengesetzgebung der französischen Revolution vom J. 1790, s. Studien, katholische.

—— Communionbuch f. Alle, die sich auf den Empfang d. hl. Abendmahls würdig vorbereiten u. die Gnade d. heil. Sacramentes treu bewahren wollen. 2. sehr verm. Aufl. 24. (XII, 696 S. m. e. Farbendr.) (Ebd.) 890. geb. * — 1 50; m. Goldschn. * 2 25

Münzenberger, E. F. A., der Kreuzgang am Dome zu Frankfurt a/M., was er war u. was aus ihm werden soll. Mit 5 Abbildgn. (auf 4 Steintaf. in gr. 8. u. qu. gr. Fol.) gr. 8. (68 S.) Frankfurt a/M. 876. Völcker. 1. 50

Münzenberger, E. F. A., Weg zur Beharrlichkeit. Gebet-, Communion- u. Andachtsbuch. 8. Aufl., besorgt durch J. Braun, S. J. 16. (XI, 496 S. m. 1 Farbdr.) Frankfurt a/M. (901). P. Kreuer. Geb. in Leinw. n. 1. 25

—— wie sollen wir das Jubiläum recht halten? Erwägungen und Gebete zur würdigen Gewinnung des von Sr. Heil. Papst Leo XIII. für das J. des Heils 1886 ausgeschriebenen außerordentl. Jubiläums-Ablasses. 1.—3. Aufl. 16. (64 S.) Ebendas. 886. *

Münzenberger, F., s.: Dom, der, zu Lübeck.

Münzenberger, Hnr. Ksp., († d. 1. Febr. 1831.) Beleuchtung d. Romans, oder: Was ist d. Roman? was ist er geworden? u. was kann er werden? Beantwortet. gr. 12. Straßb. 825. Treuttel u. W. 12 gr.

— über die Entstehung religiöser Volksbegriffe. 8. Götting. 791. Dieterich. 9 gr.

—— grammat. Schul-Tabellen, e. Hülfsmittel zur Erleichter. u. Beförder. d. Unterr. in d. deutsch. Sprache. 4. (4 B.) Lübeck 828, (Aschenfeldt.)

— kurze Uebersicht üb. die 5 Erdtheile, Europa insbesondere, u. Deutschland, in tabellar. Form f. Volksschulen. (Nebst einem Anh., enth.: das Wissenswerthe aus d. mathemat. u. phys. Geographie, so wie d. polit. Völkerkunde.) gr. 4. Lübeck 830. (Aschenfeld). 12 gr.

Münzenberger, Heinr. (Casp.), wie soll d. Christ den Stunden gemeins. Prüfung entgegengehen? Eine Pred. gr. 8. ... Lübeck 831, (Aschenfeldt.)

Münzenberger, Herm., Materialien zur Uebung des Gedächtnisses. Nebst einer Anleitung zum Gebrauche derselben. Ein Beitrag zur Methodik des Unterrichts in Schule u. Haus. 3. verb. u. verm. Bearbeitung. Breslau 869. Hirt. gr. 8. (XII, 69 S.) n. 10 ngr.

Münzen-Buch, das, oder die im Weltverkehr coursirenden, gängigsten Gold- und Silber-Münzen aller Welttheile und Staaten in natürl. Grösse und Zeichnung. Ein in alphabet. Reihenfolge, so wie unter Berücksichtigung der neuesten Geographie geordnetes Hülfsmittel für den Unterricht und zur Selbstbelehrung. Zugleich ein prakt. Werth-Nachschlagebuch für Geschäfts- und Handels-Kreise etc. 6 Lfgn. gr. 8. (VI und 112 lithogr. S.) Bremerhaven 868, v. Vangerow. à Lfg. $7\frac{1}{2}$ Ngr.

Münzen-Buch, das, oder die im Weltverkehr coursirenden, gängigsten Gold- und Silber-Münzen aller Welttheile und Staaten in natürl. Grösse und Zeichnung. Ein in alphabet. Reihenfolge, sowie unter Berücksicht. der neuesten Geographie geordnetes Hülfsmittel für den Unterricht und zur Selbstbelehrung. Zugleich ein prakt. Werth-Nachschlagebuch für Geschäfts- und Handels-Kreise über die gegenwärt. im Verkehr befindl. Gold- und Silber-Münzen aller Länder nach ihrem Werth in Preuss. Courant, in Oesterreich. und Süddeutscher Gulden-, sowie in Francs-(Lire-)Währung. In 6 Lfgn. 2. verb. Aufl. Lex.-8. (VIII, 116 S., wovon 114 lithogr.) Bremerhaven 871, v. Vangerow. à Lfg. 75 Pf. *

Münzen-Buch, das, oder die im Weltverkehr coursirenden, gängisten Gold- und Silber-Münzen aller Welttheile und Staaten in natürl. Grösse und Zeichnung. Ein in alphabet. Reihenfolge, so wie unter Berücksicht. der neuesten Geographie geordnetes pract. Werth-Nachschlagebuch für Geschäfts- und Handels-Kreise über die gegenwärtig im Verkehr befindl. Gold- und Silber-Münzen aller Länder nach ihrem Werth in deutscher Reichs-Mark-, österreich. Gulden- und Francs-[Lire-]Währung. 3. verb. Aufl. 6 Lfgn. Lex.-8. (114 Stnt.) Bremerhaven 875,76, v. Vangerow. à Lfg. 75 Pf.

Munzenburger, d. Kirchengesetzgebg. d. franz. Revol. v. 1790. Würzb. 877.

Münzen- u. Medaillen-Cabinet d. Justizraths Rommann in Hannover. 3 Bde. m. Preislisten. gr. 8. (Mit je 6 Taf. u. 1 Bildnis.) Frankfurt a/M., Westendstr. 7, A. Hess. n.n. 25. —; Einzelpr. n n. 32 —
I. 2., rev. Aufl. (VIII, 584 S.) 891. n.n. 8. —; Preisliste n.n. 2. —. — II. 2., rev. Aufl. (IV, 735 S.) 892. n n. 8. —; Preisliste n n. 2. —. — III. (IV, 632 S.) 892. n.n. 10. —; Preisliste n.n. 2. —.

Münzenmaier, Gesichtspunkte u. Beispiele f. die Abhaltung v. taktischen Uebungsritten. gr. 8. (III, 120 S. m. 2 Karten.) Ulm 890. (Frey.) n. 2. 80

Münzenmaier, Gesichtspunkte u. Beispiele f. die Abhaltung v. taktischen Uebungsritten. 2. (Titel-)Ausg. Mit 2 Generalstabskarten. gr. 8. (III, 120 S.) Berlin 894. E. S. Mittler & Sohn. n. 2. 80

Münzenmaier, Gesichtspunkte u. Beispiele f. d. Abhaltg. v. taktischen Uebungsritten. 2. Aufl. M. 2 Uebersichtskarten in Steindr. gr. 8. (III, 125 S.) Berlin 896. E. S. Mittler & Sohn. n. 3. —

Münzenmaier, Ulrich: Aus d. med. Poliklinik in Tübingen ⟨Vorst. Otfried Müller⟩. Über Hypertonie. Tübingen: (Verl. d. Verf.) 1909 (Dr. d. kais. Wiener Zeitung). 14 S. 8° ¶(Aus Wiener med. Wochenschr. Jg. 59.)
Tübingen, Med. Diss. v 21. Juli 1909, Ref. v. Romberg
[Geb. 19. Juli 84 Balingen; Wohnort Stuttgart, Staatsangeh. Württemberg; Vorbildung Gymn. Heilbronn Reife Juli 02 Studium Tübingen 5, Berlin 1, Tübingen 4 S., Coll. 30. Jan. 09; Approb. 1. Juli 09.] [U 09. 3939

Münzentausch, Der, in Strassburg 1832. O. O. [1832.] V: *Schweizer, Alexander.* (Cat. d. Stadtbibl. Zürich. Zürich 1864—97.)

MÜNZENTHALER, August Joseph (Aschaffenburg): Dissertatio inauguralis anatomico-pathologica sistens observationes et annotationes quasdam de aneurysmatibus et praecipue veris.- Landishuti: Thomann 1820. 16 S.,Taf. Diss. Ingolst.-Landsh.-Mchn.
15.5.1820 - Pe 380; F 30

Versuch über die Amputation in den Gelenken. Hrsg. von August Joseph Münzenthaler. Leipzig: Kummer 1822. 44 S. 8°

Munzer, Carl [aus Erfurt]: Zur Kenntnis der Vergiftungen durch Oxalsäure .... Berlin, Buchdr. v. Gustav Schade (Otto Francke) (1887); 98 S. + 2 Bl. 8°.
Berlin, Med. Fak., Inaug.-Diss. v 26. Febr. 1887.

Münzer, Arthur: Ein Beitrag zur Lehre der Puerperalpsychosen. Berlin: S. Karger 1906. (28 S.) 8°
Heidelberg, Med. Fak., Ref. Nissl, Diss. v. 1900
[Geb. 13. Jan. 82 Wien; Wohnort: Heidelberg; Staatsangeh.: Preußen; Vorbildung: Französ. Gymn. Berlin Reife O. 00; Studium: Göttingen 1, Berlin 6, Heidelberg 2 S., Coll. 3. März 05; Approb. 22. Mai 05.]

Muenzer, Carl Heinrich Adalbert,
s. Muenzer, Karl Heinrich Adalbert

Münzer, E., Beiträge z. Anatomie d. Centralnervensystems, insbesondere d. Rückenmarkes, — Beiträge zur Kenntniss der Sehnervenkreuzung, s.: Singer, J.

Münzer, F., das Gesetz betr. die Ausführung des bürgerlichen Gesetzbuchs in Elsaß-Lothringen, s.: Molitor, Hugo.

Münzer, Felix: Welche Folgen hat ein Irrtum des Stellvertreters oder des Prinzipals bei einem von Ersterem abgeschlossenen Rechtsgeschäft? *Berlin 1897: G. Pintus.* (34 S.) 8° [J.]
Erlangen, Jur. Diss. v. 24. Mai 1897

Beiträge zur Quellenkritik der Naturgeschichte des Plinius. Von F[riedrich] **Münzer**. *Berlin: Weidmann 1897.* (XI, 432 S.) 1 Bd 8. [97. 5592

Münzer, Frdr., die Entstehung der Historien des Tacitus. Lex.-8. (31 S.) Leipzig 901. Dieterich. n. 1. 60
Sonderabdruck aus: „Beiträge zur alten Geschichte".

Münzer, Fridericus *Hermannus* [Oppoliensis]: De gente Valeria. . . .
Oppoliae, typ. E. Raabe, 1891; 2 Bl., 71 S., 2 Bl., 1 Tab. 8°
Berlin, Phil. Fak., Inaug.-Diss. v. 28. Jun. 1891

Münzer, Frdr., zur Komposition des Velleius. (S. 247—278.) gr. 8. Basel 907. (Leipzig, C. Beck.) 1. 20
Sonderabdruck aus: „Festschr. z. 49. Vers. deut. Philologen u. Schulmänner".

Münzer, F., Künstlerinschriften aus Athen. S.-A. 1895. 6 S.

Münzer, Georg: Beiträge zur Konzertgeschichte Breslaus am Ende des vorigen und zu Anfang dieses Jahrhunderts. . (Aus Vierteljahrsschr. f. Musikwiss. 6. Jhrg. 1890.) Leipzig, Druck v. Breitkopf & Härtel, 1890; 42 S. + 1 Bl. 8°
Berlin, Phil. Fak., Inaug.-Diss. v. 18. März 1890

Münzer, Geo., zur Einführung in Richard Wagners „Ring des Nibelungen". 4 Hfte. schmal gr. 8. (Mit je 1 Taf. Notenbeispiele.) Berlin (900). Harmonie. à — 75; in 1 Bd. kart. n. 3. —; geb. n. 4. —
1. Das Rheingold. (32 S.) — 2. Die Walküre. (27 S.) 3. Siegfried. (32 S.) — 4. Götterdämmerung. (48 S.)

Münzer, Georg: Festklänge. Symphonische Dichtung von Franz Liszt. Kleiner Konzertführer von –.
Leipzig: Breitkopf & Härtel [1908] 8 S. 8°
(Breitkopf & Härtels Musikbücher Abt. 2. Nr 619.)

Münzer, Georg: Hamlet. Sinfonische Dichtung von Franz Liszt. Kleiner Konzertführer von –. Leipzig: Breitkopf & Härtel [1908]. 12 S. 8°
(Breitkopf & Härtels Musikbücher. Abt. 2. Nr 616.)

— Hungaria. Sinfonische Dichtg. v. Franz Liszt. Kleiner Konzertführer. (12 S.) kl. 8. Leipzig (908). Breitkopf & Härtel. — 20

Münzer, Georg: Hunnenschlacht. Sinfonische Dichtung von Franz Liszt. Kleiner Konzertführer von –.
Leipzig: Breitkopf & Härtel [1908] 12 S. 8°
(Breitkopf & Härtels Musikbücher. Abt. 2. Nr 617.)

Münzer, Georg: Die Ideale (nach Schiller). Sinfonische Dichtung von Franz Liszt. Kleiner Konzertführer von –.
Leipzig: Breitkopf & Härtel [1908]. 15 S. 8°
(Breitkopf & Härtels Musikbücher Abt. 2. Nr 618.)

Der Märchenkantor. Von Georg **Münzer**. Berlin: Marquardt & Co. 1908. (232 S.) 8° [F.] [08. 18008

— Heinrich Marschner, s.a. Musiker, berühmte. 12.

Heinrich Marschner von Georg **Münzer**. *Berlin: Harmonie 1901.* (90 S.) 4° (8°)
= **Musiker, Berühmte.** 12. [01. 7691

— Mazeppa. Sinfonische Dichtg. v. Franz Liszt. Kleiner Konzertführer. (15 S.) kl. 8. Leipzig (908). Breitkopf & Härtel. — 20

Münzer, Georg: Orpheus. Sinfonische Dichtung von Franz Liszt. Kleiner Konzertführer von Dr. –.
Leipzig: Breitkopf & Härtel [1908]. 12 S. 8°
(Breitkopf & Härtels Musikbücher Abt. 2. Nr 626.)

Münzer, Georg: Prometheus. Sinfonische Dichtung von Franz Liszt. Kleiner Konzertführer von Dr. –.
Leipzig: Breitkopf & Härtel [1908]. 12 S. 8°
(Breitkopf & Härtels Musikbücher. Abt. 2. Nr 627.)

Münzer, Geo., s.: Puschman, Adam, Singebuch.

Münzer, G., Wunibald Teinert, e. tragi-kom. Musikanten- u. Kritikergeschichte. (227 S.) 8. Leipzig 905. B. Senff. n. 3. —; geb. in Leinw. n. 4. —

Münzer, Hugo *(geb. Nicolai in Oberschles. 28. 9. 1862)* Ueber Benzolazoketone. Breslau 1884. (32 S.) 8° *[Im Buchhandel 1884 bei Köhler in Breslau.]*
Breslau, Phil. Diss. v. 23. Dez. 1884

Münzer, Johann Friedrich

Münzer, J. Fr.: Marginalien zum 1n—3n Thle. d. allgem. Preuss. Gerichtsordn. u. s. w. 2 Stcke. *Breslau,* Korn. 802. (9 Gr.)

Münzer, J. F., Versuch zu einer Dorfgerichtsordnung nach d. Vorschriften d. allgem. Landrechts. 4. Bresl. 812. N. Aufl. 818. W. G. Korn. 8 gr.

***Münzer*, Jh. Ph., s. *Liber* latinus.**

Muenzer, Joan. (geb. Scherwionka in Schles. 24. 1. 1847). De Aristotelis ethica cum Stoicorum collata. Berolini (1873). (87 S.) 8°
Berlin, Phil. Diss. v. 14. Aug. 1873

Münzer, Johs., die Ethik des Aristoteles und ihr Werth auch für unsere Zeit. Vortrag, gehalten im Wissenschaftl. Club in Wien am 16. Novbr. 1882. Lex.-8. (12 S.) Wien 883, (Rospini.) *

—— ein Philosoph auf dem Throne [Marc Aurel]. Vortrag, gehalten im Wissenschaftl. Club am 17. Jan. 1884. Lex.-8. (10 S.) (Ebendas.) 884. *
Vorstehende zwei Schriften sind aus Monatsblätter des Wissenschaftlichen Club, besonders abgedruckt.

Münzer, Karl Heinrich Adalbert

Muenzer, Carl Henr. Adalb. (geb. Kleinlassowitz in Oberschles. 20. 8. 1830) De malaria. Berolini (1854). (31 S.) 8°
Berlin, Med. Diss. v. 16. Aug. 1854

Münzer, Kurt, Abenteuer der Seele. Novellen. 1.—3. Taus. (VII, 359 S.) 8. Berlin-Ch. (908). Vita. nn 3.50; geb. 4. 50

Schweigende Bettler. Roman von Kurt **Münzer**. Berlin: Vita (1909). 199 S. 8° [09. 6932

Münzer, Kurt, die Kunst des Künstlers. Prolegomena zu e. prakt. Aesthetik. (112 S. m. 10 Taf.) Lex.-8. Dresden 905. G. Kühtmann. n. 5. —; geb. n. 6. 50

MÜNZER, Kurt (in Berlin, geb. 18. Juni 1879 zu Gleiwitz), Das verlorene Lied, 4 Einakter Mit Illustrationen u. Buchschmuck von Immich. Berlin, Verlag von Alexander Jadassohn; Druck von Liebisch., 1907 201 S.

Der Strandläufer Die Geschichte e. Liebe. Von Kurt **Münzer** .. Berlin-Ch.: Vita (1910). 143 S. 8° [10. 12931

— Der Weg nach Zion. Ein Roman. (VI, 604 S.) 8. Stuttgart (907). Berlin-Charlottenburg, A. Juncker Verl. 6.—; geb. 7. 50

— — Der Weg nach Zion. Ein Roman. Berlin, Axel Junker (um 1910). 8°.
Verb. d. Ldg. III Berlin 14 A. 4. J. 893/11.

Münzer, Kurt, der Weg nach Zion. Beschlagnahmt.

Münzer, Max [prakt. Arzt] Ueber Vorfall der Schleimhaut der weiblichen Harnröhre. Erlangen, Druck d. Univ.-Buchdr. v. Junge & Sohn, 1888; 41 S. 8°
Erlangen. Med. Fak., Inaug.-Diss. v. 3. Febr. 1888

Muenzer, Otto, Kommersbuch f. Landwirte. 12. (III, 299 S.) Neusalz a/O. 893. (Leipzig, H. Voigt.) Geb. n. 3. —

Kommersbuch für Landwirte. Hrsg. von Otto **Muenzer** 2., neubearb. Aufl. Lissa i. P.: F. Ebbecke 1906. (204 S.) 8° [F.] [07. 1543

– des Landwirts Liederbuch 12. (V, 282 S.) Ebd. 893. Geb. n 2. 75

Des Landwirts Liederbuch. Hrsg. von Otto **Muenzer.** Ostmarkausg Lissa i. P.: F. Ebbecke 1906. (146 S.) 8° [F.] [07. 1544

— dasselbe. 2., neubearb. Aufl. (IV, 180 S.) kl. 8. Lissa 906. F. Ebbecke. Kart. n. 1. 20

Muenzer, Otto, des deutschen Landwirts Liederbuch. 3., neubearb. Aufl. des „Liederbuches f. Schüler landwirtschaftl. Lehranstalten". gr. 16. (IV, 139 S.) Leipzig 901. H. Voigt. n.n. — 75

— des deutschen Landwirts Liederbuch. 4., neubearb. Aufl. (154 S.) 16. Leipzig 906. H. Voigt. n. — 60

Muenzer, Otto, des deutschen Landwirts Liederbuch. 5., verb. Aufl. (182 S.) 16. Leipzig 910. H. Voigt. — 60

— Liederbuch f. Deutschlands Osten. (98 u. 16 S.) kl. 8. Lissa (907). O. Eulitz. — 50

Muenzer, Otto, Liederbuch f. Schüler landwirtschaftl. Lehranstalten. gr. 16. (III, 126 S.) Leipzig 896. H. Voigt. n. — 75

— dasselbe. 2. Aufl. gr. 16. (III, 126 S.) Ebd. 898. n.n. — 60

Muenzer, Otto, die Möhre, ihr feldmäß. Anbau u. ihre Verwendg. Aus d. Praxis f. d. Praxis. [Aus: „Illustr. landw. Zeitg."] 8. (28 S.) Berlin-Schöneberg 897. F. Telge. n. — 50

Münzer, Rich., Bausteine zu e Lebensphilosophie. (III, 172 S.) gr. 8. Leipzig 905. O. Wigand. n. 3.—

Richard **Münzer.** Bausteine zu einer Lebensphilosophie 2., durchges. Aufl. Wien & Leipzig: E. Beyer's Nachf. 1909. (270 S.) 8° [08. 15503

— das Cayenne-Whist (u. Bridge), s.: Bibliothek f. Sport u. Spiel.

— starke Menschen. Schauspiel in 3 Akten (145 S.) 8. Leipzig 905. O. Wigand. n. 2. —

— sein letztes Tagebuch. (III, 202 S.) 8 Ebd. (906). n. 2. 80; geb. n. 4. —

— Ein Vorurteil. Hoffmanns Erzählungen. Der Teagown. 3 Novell. (242 S.) 8. Ebd. 908. 3.—; geb. n 4. 50

— Aus der Welt der Gefühle. (207 S.) 8. Leipzig (907). [O. Wigand.] Wien, E. Beyer's Nachf. 3.—; geb. 4. 50

MÜNZER, WOLFG(ANG) Mirabile absconditum coram oculis omnium viventium. Oder das wundersam vor denen Augen aller Menschen Verborgene Geheimnuss der Drey-Einigen GOttheit, in etwas entworffen durch eine Danck-verpflichte Ehren-Rede in dem mit dreyfärbig prängend - heiligen Scapulier an dem hohen Titular-Fest des Barfüsser-Ordens der Allerheiligsten Dreyfaltigkeit in eigener Closter-Kirchen in Pressburg vorgetragen. Pressburg 1734. Gedr. b. Joh. Paul Royer 6 f. - kl. 4°

MÜNZERT, Ludwig (Landau/Pfalz): Ueber Nasenpolypen und deren Behandlung.- München: Wolf 1880. 24 S. 17.8.1880 - Urk (Titel: De polypis rhinicis deque eorum curatione.); Chr 1880/81,14
Diss.Ingolst.-Landsh.-Mchn.

Münzesheimer, Max: Beiträge zur Kenntnis der „Kohlenoxydspaltung" und über die Constitution des Oxallävulinsäureesters. *Würzburg 1898: Becker.* (40 S.) 8°
Freiburg i. B., Phil. Diss. v. 1898

Munz-, Zins- und Besoldungs-Faulenzer, neuester und vollständigster Bamberger. [Nebst den hauptsächlichsten Bestimmungen des Münzgesetzes vom 9. Juli 1873.] 1.—9., sehr verm. und verb. Aufl. [Mit Verzeichniß des verfallenen Papiergeldes, der außer Cours gesetzten Münzen ꝛc.] 16. (49 S.) Bamberg 874—76, Buchner'sche Buchh.

Münz-, Zins- und Besoldungs-Faulenzer, neuester und vollständigster Bamberger. [Nebst den hautsächlichsten Bestimmungen des Münzgesetzes vom 9. Juli 1873.] 11.—13. sehr verm. und verb. Aufl. [Mit Verzeichniß des verfallenen Papiergeldes, der außer Cours gesetzten Münzen ꝛc.] 16. (51 S.) Bamberg 876, Buchner'sche Buchh.
—— dass. — 14. sehr verm. und verb. Aufl. 16. (56 S.) Ebendas. 876.
—— dass. — In Plakatform. 4. Aufl. Ebendas. 876.

—— Zins-, Besoldungs-, Maß- und Gewichts-Faulenzer, neuester und vollständigster Bamberger. 15. sehr verm. und verb. Aufl. 16. (79 S.) Ebendas. 879.

Münz-, Zins-, Besoldungs-, Maß- und Gewichts-Faulenzer, neuester und vollständigster Bamberger. 16. sehr verm. und verb. Aufl. 16. (79 S.) Bamberg 880, Buchner'sche Buchh.

Münzfrage, Die deutsche.
Versuch einer Lösung derselben in einheitlicher Richtung . . . Rinteln 1861. V: *Weibezahn, Hermann.* (WFM)

Münzfrage, die deutsche. Versuch einer Lösung derselben in einheitl. Richtung unter Anbahnung des Uebergangs zur Goldwährung. gr. 8. (VI und 79 S.) Rinteln 861, Bösendahl. *

Münzfuß, der neue, im Königr. Sachsen. Ein Wort z. Verständigung d. öffentl. Meinung. 12. (2 B.) Zwickau 841, (Richter'sche Buchh.) Thlr.
Aus: Zwickauer Wochenblatt m. Zusätzen vermehrt, besond. abgedruckt.

Münz-Geld- und Bergwerks-Geschichte des Russischen Kaiserthums vom J. 1700—89 . . . Göttingen 1791. V: *Schlözer, Aug. Ludwig & Dorothea Rodde geb. Schlözer.* (MGT) (Ky) (GGr) »1791« (CBH)

Münz-, Geld- u. Bergwerksgeschichte d. russ. Kaiserthums v. J. 1700—89. (In Verbind. mit fr. Tochter M. Dorothea v. A. L. Schlözer.) gr. 8. Götting. 791. Bandenhöck u. R. 20 gr

Münzgesetz. Vom 9. Juli 1873. gr. 8. (12 S.) Berlin 873, v. Decker'sche Geh. Ober-Hofbuchdr.

„Hannoversches Münzgesetz vom 8. April 1834"

— das, des deutschen Reiches vom 9. Juli 1873. 8. (13 S.) Hamburg 873, Jowien.

Münzgesetz (russisches) vom 7. (19.) Juni 1899. Gutachten des Reichsrats vom 31. Mai (12. Juni) 1899. Petersburg 1899.

Münzgesetzgebung, über, ein Beitrag z. Erörterung einiger wichtigen Momente u. Grundsätze d. Münzgeschichte u. Münzlegislation. Frankf. 823. Andreä. 5 gr

Münz-Gespräch, Tyrolisches, oder Unterredung zweyer Land-Leute in der Graffschaft Tyrol so sie über die Verruffung derer eingerissenen, in Schrot und Korn sich denen Reichs-Satzungen nicht gemäss befindlichen Geld-Sorten gehabt ... O. O. 1736. V: *Coreth, Franz.* (MARGR)

Munzig, s. Kinderfreund, der christliche.

Münzig, Ludwig, s. Münzing

Münzing, G. F., Beschreib. d. Saline zu Dürrenberg. Mit Kpf. gr. 8. Freiberg 807. Craz u. G. 8 gr

Münzing, Ludwig [aus Köln] Die Verbindungen der Vanadinsäure mit Schwefelsäure Berlin, Buchdr v Gustav Schade (Otto Francke) (1889) 41 + 1 S. 1 Bl 8°
Berlin Phil Fak Inaug Diss v 29. Jul 1889

Munzinger, A.: Holz-Jndustrie Kaiserslautern: Katalog über Rückkühlanlagen. Kaiserslautern (Rheinpfalz) 1899

Munzinger, A., Holzindustrie Kaiserslautern: Wasser-Kühlanlagen. Patent Zschocke. Kaiserslautern (Rheinpfalz) (Um 1899)

Munzinger, C., siehe: *Greyerz, O. v.*

Munzinger, Carl, s. Munzinger, Karl

Munzinger, Elisabeth: Badische Konfektionsindustrie. ⟨Aus 'Die Kleidermacherin in Baden' von der gleichen Verfasserin⟩. Borna-Leizig 1908: Noske. 38 S. 8°
Heidelberg, Phil. Diss. v. 5. Jan. 1909, Ref. Gothein
[Geb. 28. Sept. 69 Zweibrücken; Wohnort: Karlsruhe i. B.; Staatsangeh.: Bayern; Vorbildung: Zürich Reife O. 02; Studium: München 3, Zürich 2, Berlin 1, Heidelberg 4 S.; Rig. 9. Nov. 08.] [U 09. 2009

Munzinger, Eugène, (Médecin spécial des bains). Les bains de Lostorf dans le Jura soleurois et leurs sources. 3e éd. In-8°. 24 p. Aarau, Sauerländer. 1878.

Munzinger, Eugen. Bad Lostorf im solothurnischen Jura und seine Schwefelquellen. 8.
[1 Aufl] Mit einer photogr Ansicht des Bades L' [Tafel]. Aarau 1865.
(2 Aufl) Olten 1871

Munzinger, Eug., Bad Lostorf im solothurnischen Jura und seine Schwefelquellen. 8. (32 S.) Aarau 865, (Sauerländer's Verlag.)

Munzinger, Hellmut, Referendar a. Straßburg: Die Fälligkeit nach heutigem bürgerlichen Recht. Straßburg 1906: C. Müh & Cie. (114 S.) 8°
Heidelberg, Jur. Fak., Ref. Endemann, Diss. v. 8. Dez. 1906
[Geb. 9. Juni 84 Mülhausen i. E.; Wohnort: Straßburg; Staatsangeh.: Elsaß-Lothringen; Vorbildung: Lyzeum Straßburg Reife Juli 02; Studium: Straßburg 4, Leipzig 1, München 1, Berlin 1 S.; Rig. 31 Okt. 06.]

Munzinger, Hermann [Rechtspraktikant]: Einige Fälle von actiones utiles für und gegen den Pflegling aus Handlungen des Vormunds. . . Bonn, Univ.-Buchdr. v. C. Georgi, 1891, 38 S., 1 Bl. 8°
Bonn, Jur. Fak., Inaug.-Diss. v. 6. Aug. 1891

Munzinger, Karl

Munzinger, Carl. Heimelig. ⟨[Text von] J[ohann] C[hristian] Ott.⟩ Duett für Sopran und Bass mit Klavierbegleitung componirt von C' M'. Partitur *und* Singstimmen. [Mit illustriertem Titel.] 5 + 4 S. 4. Bern, R. Müller-Gyr, [1904]. Partitur fr. 2. —, Singstimmen 1. —

— u. Emil **Müller,** vor u. nach d. Heimkehr. Vier geistl. Reden. E. Gedenkblatt f. d. Familie u. d. weit. Kreis d. Freunde. gr. 8. (16 S.) Kaiserslautern 895. (E. Crusius.) n.n. — 25

Munzinger, Carl, Japan u. die Japaner. (174 S.) 8. Stuttgart 904. D. Gundert. n. 1. 50; geb. n. 2. —

Munzinger, Carl, die Japaner. Wandergn. durch d. geist., soziale u. religiöse Leben d. japan. Volkes. gr. 8. (V, 417 S.) Berlin 898. A. Haack. n. 5. —; geb. in Leinw. n. 6. —

Munzinger, Carl, aus dem Lande der aufgehenden Sonne, s.: Flugschrift, 3., d. allgemeinen evangel.-protest. Missionsvereins.

— Neun zweistimmige Lieder mit Klavierbegleitung. Zum Gebrauch f. Mittelschulen zusammengestellt. *Singstimmen.* Gr. in-8°, 18 S. Ebd. 1879. — 30

Munzinger, Karl. Sechszehn einstimmige Lieder mit Klavierbegleitung. Zum Gebrauch an Mittelschulen zusammengestellt. *Singstimmen.* Gr. in-8°, 16 S. Bern, Haller-Goldschach. — 25 1879.

Munzinger, Carl, Paulus in Korinth. Neue Wege zum Verständnis des Urchristentums. (208 S.) gr. 8. Heidelberg 908. Ev. Verlag. 2.75; geb. 3. 75

Munzinger, Carl, die Protestation. Historisches Schauspiel zur Förderg. der Gedächtniskirche der Protestation zu Speyer. 8. (III, 100 S.) Kaiserslautern 900. E. Crusius. n. 1. —; geb. n. 1. 60

Munzinger, Carl, die Protestation. Historisches Schauspiel, zur Förderg. der Gedächtniskirche der Protestation zu Speyer gedichtet. 2. Aufl. (III, 99 S.) 8. Kaiserslautern 901. E. Crusius. n. 1. —; geb. n. 1. 60

Munzinger, Carl. 's Vreneli ab-em Guggisberg. Schweizerisches Volkslied.
Ausgabe A: ... nach mündlicher Angabe des Hans Nydegger für zwei Stimmen und Clavierbegleitung gesetzt von C' M'. Ausgabe für 2 Singstimmen. [Mit illustriertem Titel.] 3 S. 4. Bern, R. Müller-Gyr, [1904]. fr. 1.50
Ausgabe B: (Schulausgabe für 2 Singstimmen.) S. 2—3. 8. (Bern, R. M'-G', [1904].) (einzeln fr. —. 10, 20 Expl. à —. 05)

Munzinger, Ludwig, aus Strassburg i. E.: Die Entwicklung des Inseratenwesens in den deutschen Zeitungen. Eine hist.-wirtschaftl. Studie als Beitrag zur Geschichte d. Verkehrswesens. *Heidelberg: C. Winter 1901.* (90 S.) 8°
Heidelberg, Phil. Diss. v. 1901

Munzinger, Ludw., die Entwicklung des Inseratenwesens in den deutschen Zeitungen. gr. 8. (VII, 90 S.) Heidelberg 902. C. Winter. n. 2. 40

Munzinger, Ludw., Zukunftsländer am La Plata. Eine volkswirtschaftl. Reisestudie. Mit 25 Bildern u. e. Plankarte. (VIII, 140 S.) 8. München 907. (Bayer. Druckerei u. Verlags-Anstalt.) 2. —

Munzinger, Walther

Aktien-Gesellschaft Leu & Co. in Zürich. Antwort auf die Rechtsgutachten der Prof. Dr. Regelsberger und Bluntschli betreffend die Verantwortlichkeit der Vorsteherschaft derselben, von Prof. Dr. Munzinger. 46 Stn. 8. Bern, Druck v. Jent & Reinert. 1872.

Munzinger, Walth., Causa curiana vor dem römischen Centumviralgericht und die testamentarische Substitution. 8. (68 S.) Bern und Solothurn 855, (Jent und Gassmann.) *

Munzinger, Walther, der Katholiken-Congress in München. Die Stellung des Staates zu der religiösen Bewegung in der Schweiz. Ein aufklärendes Wort an den schweizer. Verein freisinn. Katholiken. gr. 8. (47 S.) Bern 871, Dalp'sche Buchh. *

Munzinger, Walth., Motifs du projet de code de commerce suisse. Traduits de l'allemand par Marc Dufraisse. gr. 8. (500 S.) Zürich 865, Fiala. *

—— Motive zu dem Entwurfe eines schweizerischen Handelsrechtes, im Auftrage des Tit. schweiz. Justiz- und Polizeidepartements verfasst. gr. 8. (508 S.) Bern 865, (Fiala. — Huber und Comp.)

Munzinger und Niggeler, Rechtsgutachten betreffend die durch die prorogirenden Gesetze u. Dekrete der französ. Behörden hervorgerufene Regressfrage, verfasst im Auftrage des Tit. Schweizer. Handels- u. Zolldepartements. 8. Bern, J. Dalp-sche Buchh. (K. Schmid.) 1871. 1. 50

Munzinger, Walter, Arzt, von Olten (Ct. Solothurn)' Ueber die neueren Resultate der Herniotomie mit besonderer Rücksicht auf die Ergebnisse der sogenannten Radicaloperation. Olten Dr. des 'Oltner Tagblatt' 1884. 103 S. 8°.
Zürich, Med. Diss. [v. 17 Mai 1884].

Munzinger, Dr. W., Studie über Bundesrecht und Bundesgerichtsbarkeit. Beitrag zu der schweizer. Verfassungsrevisionsfrage. 18 Bogen. 8. Bern, J. Dalp'sche Buchh. (K. Schmid.) 1871. 1. 80

Munzinger, W., erbrechtliche Studien. s.a. Vorträge, öffentliche, geh. in der Schweiz.

Munzinger W. erbrechtliche Studien. (Vorträge, Öffentliche II, 11) Basel 1874

Munzinger, W., Studien über das eheliche Güterrecht der Schweiz. Aus dessen Nachlass bearb. v. Dr. E. Huber. Bern, M. Fiala. 1875 —. 90

Munzinger, Dr., Die Wucherfrage. Referat, geh. in der Versammlung des schweizer. Juristenvereins in Aarau den 5. Oct. 1866. (Sep.-Abdr. aus der Zeitschr. f. schweiz. Recht, Bd. 15.) 8°. Basel, Bahnmaier's Verl., 1866.

(Munzinger, Werner): Werner Munzinger's Bericht an den schweiz Bundesrath vom 27 März 1863 [über seine Reise im nördlichen Abyssinien]. ([S. A.] „Bund") Bern 1863. 20 S. 8°

—— s. Mittheilungen aus Justus Perthes' geograph. Anstalt. Ergänzungsheft Nr. 13.

Munzinger, Werner, Papstthum und Nationalkirche. Eine kirchenrechtl. Studie. gr. 8. (III und 140 S.) Bern 860, Dalp'sche Buchh. *

Munzinger, Werner »Rapport (au haut Conseil fédéral suisse) sur l'Expédition faite en Afrique à la recherche du docteur [Eduard] Vogel. (Du 27 Mars 1863.) [E.] 8. ([Berne] 1863)

— über die Sitten etc. der Bogos, s. Mittheilungen schweiz. Reisender.

—— über die Sitten und das Recht der Bogos. 4. (XVI und 96 S. mit 1 lithogr. und ill. Karte der nördl. Grenzländer Abyssiniens in qu. Fol. und einem Vorwort von J. M. Ziegler.) Winterthur 859, Wurster und Comp.

Munzinger, Werner, ostafrikanische Studien. gr. 8. (VIII und 584 S. mit 1 lithogr. und ill. Karte von Nord-Abyssinien und den Ländern am Mareb, Barka und Anseba in gr. Fol.) Schaffhausen 864, Hurter'sche Buchh. *

Munzinger, Werner, ostafrikanische Studien. Mit 1 (lithogr. und color.) Karte von Nord-Abyssinien und den Ländern am Mareb, Barka und Anseba. 2. (Titel-)Ausg. gr. 8. (584 S.) Basel 883, Schwabe. *

Munzinger, Wern., vocabulaire de la langue Tigré, s.a. Dillmann, Ch. Fr. Aug., lexicon linguae aethiopicae.

—— Vocabulaire de la langue Tigré. gr. 8. (X und 93 S.) Leipzig 865, T. O. Weigel. *

Munzinger-Pascha, Werner. Sein Leben u. Wirken, s. Keller-Zschokke, J. V.

Münzinger, A., Forschungen auf dem Gebiete der Weinbergdüngung, s.: Arbeiten der deutschen Landwirtschafts-Gesellschaft. 124. Heft. (Versuche der Dünger-Abteilung.)

Münzinger, der Stickstoffkalk, seine Verwertung u. Wirkung. (36 S.) gr. 8. Berlin 906. P. Parey. n. 1. —

— Versuche üb. die Stickstoffdüngung der Kulturpflanzen, s.: Arbeiten der deutschen Landwirtschafts-Gesellschaft. 129. Heft. (Versuche der Dünger-Abteilg.) (Wagner, Paul.)

— Versuche üb. Tabakdüngung, s.: Arbeiten der deutschen Landwirtschafts-Gesellschaft. 138. Heft. (Wagner, Paul.)

— Versuche üb. Wiesendüngg., s.: Arbeiten d. deutschen Landwirtwirtschafts-Gesellschaft. 162. Heft. (Versuche der Dünger-Abteilg.) (Wagner, Paul.)

Münsinger, Adolf, Assist. am Kgl. landw Inst. Hohenheim, früh. Landwirtschaftslehrer zu Ladenburg Die Landwirtschaft im Industriekreise Mannheim. *Pleningen 1902: F. Find.* (103 S.) 8°
Jena, Phil. Diss. v. (15. Febr.) 1902

Münsinger, Wilhelm [app. Arzt aus Metzingen]: Ueber die diagnostische Bedeutung des Nachweises von Salzsäure m Magensaft ... Tübingen, F. Pietzcker, 1894; 59 S., 1 Tab. 8.
Tübingen, Med. Fak., Inaug.-Diss. v 1894

Münz-Journal, s. Andreits, A.

Münzkabinett

Münzcabinet, s. Joachim.

Münz- und Antiken-Cabinet, Das, der Universität Tübingen. [Tübingen 1846.] V: *Walz, Chr.* (Erman & Horn, Bibliogr. d. dtsch. Universitäten. 2. Leipz. u. Berl. 1904.)

„Des Herrn Claussens Müntz-Cabinet, enthaltend einen herrlichen Vorrath alter und neuer Müntzen ", Hamburg 1738. — Vorh.. Com. Bibl. Hamburg.

Münzcabinet, Das geöfnete . . ., sampt Beschreibung der berühmtesten Müntz-Cabinetten . . . Hamburg 1702. V: *Gröning, Johann.* (BrMm) »1715« (CBH)

Münzcabinet, hessisches, d. Prinzen Alexander v. Hessen. 4. (VIII, 360 S.) Darmst. 877, (Bergstraesser). * 16 —
Die Fortsetzg. bilden: Catalog d. hess. Münzkabinets (s. d.). — Serien, numismatisch-genealogische (s. d.) u. das folgende Werk:

— mainzisches, d. Prinzen Alexander v. Hessen. 4. (VII, 283 S.) Ebd. 882. n. 20. —
s.: Serien, numismatisch-genealogische.

Münz- und Medaillen-Cabinet, des Grafen Karl zu Inn- und Knyphausen. Hannover 1872—77. V: *Inn- und Knyphausen, Graf.* (Löwe, Bibliogr. d. Hann. u. Braunschw. Gesch. Hann. 1908. S. 205.)

Münz- und Medaillen-Kabinet des Grafen Karl zu Inn- und Knyphausen. gr. 8. (X, 419 S. mit 2 Lichtdr.-Taf.) Hannover 872, (Hahn'sche Buchh.) cart. **

Münz- u. Medaillen-Kabinet des Grafen Karl zu Inn- u. Knyphausen u. 1. Nachtrag hierzu. gr. 8. Hannover 877. (Hahn.) n.n. 10. 50
Hauptwerk. (X, 419 S. m. 2 Lichtdr.-Taf.) cart. n. 6. —
1. Nachtrag. (VII, 232 S. m. Lichtdr.-Taf.) n.n. 4. 50

Münz- u. Medaillen-Kabinet des Freiherrn Wilh. Knigge. gr. 8. (V, 323 S.) Hannover 901. M. & H. Schaper. Geb. in Leinw. n. 15. —

—— —— des Justizrath Reimann in Hannover. 1. und 2. Abthl. gr. 8. (Ebendas.) [1. Abthl. (III, 583 S. mit Taf.-Abbild. in Gold- und Silberdr.) 877. ** ℳ 11.; 2. Abthl. (II, 736 S. mit Tafel-Abbild. in Gold- und Silberdr.) 879. ** ℳ 16.] **

Münzkabinet, das, der königl. Museen zu Berlin. Geschichte u. Übersicht der Sammlg., nebst Verzeichnis der ausgelegten Stücke. Kleine Ausg. Hrsg. v. der Generalverwaltg. 2. Aufl. 12. (127 S.) Berlin 890. G. Reimer. n. — 70

Münzkabinet, des asiat. Museums d. k. k. Acad. in St. Petersb., s. Frähn.

Münz-Cabinet des Reisenden u. des Kaufmanns, od. Abbildungen von currenten Münzen der verschied. Länder. Nebst Angabe ihres Feingehaltes u. verhältnißmäß. Werthes in den bekanntesten Geldsorten. Eingesammelt u. herausg. von Engelmann, Vater u. Sohn in Mühlhausen. 1e Lfrg. Oesterreich. — Le Cabinet des Monnaies du voyageur et du Négociant, etc. Autriche. — The Traveller's and Marchant's Cabinet of Moneys, etc. Austria. Lithogr. Mit vielen gedr. Abbildd. gr. 8. Frankfurt 835. Schmerber. n. 3/4 ₰

Münz-Cabinet des Reisenden u. des Kaufmanns, od. Abbildungen von currenten Münzen der verschied. Länder. Nebst Angabe ihres Feingehaltes u. verhältnißmäß. Werthes in den bekanntesten Geldsorten. Eingesammelt u. herausg. von Engelmann, Vater u. Sohn in Mühlhausen. 2e Lfrg. Sachsen. (Deutsch, Französ., Englisch.) Lithogr. Mit vielen gedr. Abbildd. gr. 8. Frankfurt 835. Schmerber. n. 1/2 ₰

— dass. 3e Lfrg. Preußen. — Prusse. — Prussia. Lithogr. Mit vielen gedruckten Abbildd. gr. 8. Ebd. 835. n. 2/3 ₰

— dass. 4e Lfrg. Würtemberg — Wurtemberg. (Deutsch, Franz. u. Engl.) Lith. Mit vielen gedr. Abbildd. gr. 8. Ebd. 836. n. 5/8 ₰

— dass. 5e Lfrg. Baden. — Bade. gr. 8. Ebd. 839. n. 5/8 ₰

— dass. 6e Lfrg. Hannover. gr. 8. Ebd. 840. n. 1 1/4 ₰

Münz-Cabinet, Remarquable Historisches. Leipzig 1720. V: *Lehmann, Pet. Ambros.* (Hauptkat. d. Univ.-Bibl. Tübingen. F. S. 32.)

Münz- und Medaillencabinet, Vollständig. Braunschweig-Lüneburgisches, oder Beschreibung aller goldnen . . . Münzen, welche das Durchl. Haus Braunschweig Lüneburg seit 200 Jahren ausprägen lassen . . . Helmstädt 1744. V: *Praun, Georg Septimus Severus von.* (ML)

Münzcabinet Das Munzkab' der Stadt Zürich. Njbl. Zürich s.a. [Meyer, Heinrich I].

Münzcabinet, Das, der Stadt Zürich. Zürich [1862—63]. V: *Meyer, Hnr.* (Cat. d. Stadtbibl. Zürich. Zürich 1864—97.)

Münzcatalog. Dresden 1834. V: *Zehmen, C. C. von.* (Lipsius)

„Allgemeine Münzkonvention der zum Zoll- und Handelsverein verbundenen Staaten. Dresden 30. Juli 1838".

Münzkunde, neueste, Abbildung und Beschreibung der jetzt coursirenden Gold- und Silbermünzen mit Angabe ihres Gewichts, Feingehalts, ihrer Geltung und ihres Werthes. 1—30. Lfg. gr. 8. (78 Taf. in Congrevedr. mit 76 Bl. Erklärung und Text S. 1—471.) Leipzig 851—52, E. Schäfer. à Lfg. * 10 Ngr. *
Lfg. 1—10. wurden von Ludw. Fort herausgegeben

Münzkunde, Neueste. Abbildung und Beschreibung der jetzt coursirenden Gold- und Silbermünzen . . . Leipzig 1853. V: *Fliessbach, Ferdinand.* (Mitth. Dr. G. Herzfeld-Berlin.)

Münzkunde, neueste, Abbildung und Beschreibung der jetzt coursirenden Gold- und Silbermünzen mit Angabe ihres Gewichts, Feingehalts, ihrer Geltung und ihres Werthes. 31. Lfg. gr. 8. (Erklärung und Text XV und S. 472—532.) Leipzig 853, E. Schäfer. *
Der Preis des vollständ. Werkes ist * 10 Thlr.

Münzkunde, zur, Rußlands, (v. Hofr. Krug.) Herausgg. v. d. Kaiserl. Academie d. W. 8. St. Petersb. 805. (Leipz., Rein). 7 K

Münzkunde aller Staaten d. Erde, s.: Miniatur-Bibliothek.

Münz-Lexikon

„Müntz-Lexicon, Curieuses, Oder Kurtze Beschreibung Der vornehmsten Müntz-Sorten In- und außerhalb Europa, Nach dem Werth der Sächs. Müntze . . . . eingerichtet", Frankfurt a. M. 1740 (bey Wolffg. Christ. Multzen). — Vorh.: StB Nürnberg.

Münzlexicon, Kurzgefasstes, oder alphabetisches Verzeichniss aller noch gegenwärtig üblichen Münzsorten . . . Nürnberg 1790. V: *Spies, Chph David Jacob.* (will) (MGT) (Ky)

Münz-Lexicon, kurzgefaßtes, od. alphabet. Verzeichniß aller noch gegenwärtig üblichen Münzsorten, mit Erläuterr., deren Gehalt u. Gewicht betreffend, (v. Cph. Dav. Jak. Spies). 8. Nürnb. 790. 2e Ausg. unter folg. Tit.: Onomatologia numismatica succincta; oder kurzgefaßtes Münzlexicon u. s. w. Mit e. vollst. Register. 8. Ebd. 791. Stiebner. 8 ℛ N. Aufl. 8. 795. (Leipz., Barth). 10 ℛ

Münzlexikon, kurzgefaßtes. 8. Nürnberg, Stiebner. 798.

„Münz-Mandat des Herzogs Carl zu Braunschweig-Lüneburg, d. d. Wolfenbüttel, 20. Juni 1739". — Vorh.: StB Nürnberg.

„Münz-Mandat der Stadt Frankfurt a. M., die Bewertung einer grossen Zahl verschiedener auswärtiger Geldsorten betreffend. Frankfurt a. M., 15. August 1763". — Vorh.. StB Nürnberg.

„Münz-Mandat, Kaiserliches, gegen die Ausprägung geringhaltiger Münzen im Reich. Wien, 13. August 1759". — Vorh. StB Nürnberg.

„Münz-Mandat, Kaiserliches, gegen die ohne obrigkeitliche Erlaubnis stattfindende Beförderung von Gold oder Silber in Paketen. Wien, 4. März 1760". — Vorh.. StB Nürnberg.

„Münz-Mandat, Kaiserliches, betreffend den Verruf der von dem Fürstlichen Haus Brandenburg-Onolzbach in der Stadt Altenkirchen (in der Grafschaft Sayn-Altenkirchen) geprägten geringhaltigen Münzen. Wien, 27 März 1760". — Vorh.· StB Nürnberg.

„Münz-Mandat, Kaiserliches, betreffend die Verrufung der Fürstlich-Fuldaischen geringhaltigen Münzen, vom 27. März 1760". — Vorh.: StB Nürnberg.

„Münz-Mandat des Fränkischen Kreises, d. d. 4. Februarii 1773". — Vorh.: StB Nürnberg.

„Münz-Mandat des Fränkischen Kreises. Nürnberg, 29. Juli 1775. Mit 2 Valvations-Tabellen". — Vorh.: StB Nürnberg.

„Münz-Mandat des Fränkischen Kreises. Nürnberg, den 26. September 1782". — Vorh.: StB Nürnberg.

„Münz-Mandat des Fränkischen Kreises, die Bewertung auswärtiger Carolinen, Louisd'or usw. betreffend. Nürnberg, 28. Dezember 1741". — Vorh.: StB Nürnberg.

„Münz-Mandat des Fränkischen Kreises, die vorläufige Bewertung ausländischer, insbesondere französ. Münzen betr.", Nürnberg, 25. Oktober 1714. — Vorh.: StB Nürnberg.

„Münz-Mandat des Fränkischen Kreises, die Bewertung, bzw Verrufung ausländischer Geldsorten betreffend", Nürnberg, 14. Februar 1715. — Vorh.: StB Nürnberg.

„Münz-Mandat des Fränkischen Kreises, betr. die fernere Gültigkeit, bzw. Ungültigkeit der in dem Mandat vom 23. Dezember 1763 aufgeführten Geldsorten. Nürnberg, 5. Juni 1764". — Vorh.: StB Nürnberg.

„Münz-Mandat des Fränkischen Kreises, das Hereinschleichen schlechter Münze betreffend. [o. O., 2. December 1738]". — Vorhanden: StB Nürnberg.

„Münz-Mandat des Fränkischen Kreises, das Hereinschleichen schlechter Münze und die Münzvisitationen betreffend. [o. O., 30. Juli 1737]". — Vorh.. StB Nürnberg.

„Münz-Mandat des Fränkischen Kreises gegen die schlechten Kreuzer anderer Reichsstände. Nürnberg, 27. Juli 1765". — Vorhanden: StB Nürnberg.

„Münz-Mandat des Fränkischen Kreises gegen die Fuldaischen geringwertigen Münzen. Nürnberg, 9. August 1736". — Vorh.. StB Nürnberg.

„Münz-Mandat des Fränkischen Kreises, betr. die geringwertigen Hildburghausischen Münzen. Nürnberg, 14. Dezember 1761" — Vorh.: StB Nürnberg.

„Münz-Mandat des Fränkischen Kreises gegen verschiedene geringwertige Münzsorten. Nürnberg, 4. November 1765" — Vorhanden: StB Nürnberg.

„Münz-Mandat des Fränkischen Kreises gegen die aus der Münzstätte Amberg stammenden geringwertigen Kurbayerischen Münzen. Nürnberg, den 14. April 1764" — Vorh.: StB Nürnberg.

„Münz-Mandat des Fränkischen Kreises, mit angehängten Valvations-Tabellen guter und geringwertiger Münzsorten. Nürnberg, 27. Juli 1765". — Vorh.: StB Nürnberg.

„Münz-Mandat des Fränkischen Kreises, die Verrufung, bzw. Bewertung auswärtiger Geldsorten betreffend. Nürnberg, 15. December 1736" — Vorh. StB Nürnberg.

„Münz-Mandat des Fränkischen Kreises, die Verrufung geringwertiger Dänischer Münzen betreffend. Nürnberg, 18. März 1737". — Vorh.. StB Nürnberg.

„Münz-Mandat des Fränkischen Kreises, die Verrufung der Kurbayerischen geringhaltigen Münzen betreffend. Nürnberg, 22. Dezember 1766". — Vorh. StB Nürnberg.

„Münz-Mandat des Fränkischen Kreises, die Verrufung neuer Herzoglich Wüttembergischer geringhaltiger Münzen betreffend. Nürnberg, 22. Juni 1763" — Vorh.: StB Nürnberg.

„Münz-Mandat des Ober-Rheinischen Kreises betr den allgemeinen Verfall des Münz-Wesens. Frankfurt a. M., 23. März 1752" — Vorh. StB Nürnberg.

„Münz-Mandat, Kurbayerisches, gegen die Ausführung der guten bayerischen und die Ueberschwemmung des Landes mit schlechter ausländischer Münze. München, 17 April 1754" — Vorh.: StB Nürnberg.

„Münz-Mandat, Kurbayerisches, eine neue Bewertung der bayerischen und der schlechten auswärtigen Münzen betreffend. München, 3. Januar 1750". — Vorh.: StB Nürnberg.

„Münz-Mandat, Kurbayerisches, eine neue Bewertung der bayerischen und auswärtigen Münzen betreffend. München, den 9. August 1754" — Vorh.. StB Nürnberg.

„Münz-Mandat, Kursächsisches, gegen die Einschleppung auswärtigen Geldes. Dresden, 28. Februar 1735" — Vorh. StB Nürnberg.

„Münzmandat, Kursächsisches, gegen die Einschleppung schlechten auswärtigen Geldes. Dresden, 2. März 1736". — Vorh.: StB Nürnberg.

„Müntz-Mandat, Ihrer Kgl. Maj. in Pohlen etc. als Chur-Fürsten zu Sachssen . . ., Anderweites ernstes und geschärfftes. De Dato Warschau, den 9 Julii, Anno 1732 . Dresden, Gedruckt und zu finden bey Johann Conrad Stösseln" — Vorh.. SB Nürnberg.

„Münz-Mandat des Herzogs Friedrich zu Sachsen, Ober-Vormunds und Landes-Administrators zu Sachsen-Weimar . . Eisenach, 22. Februar 1752" — Vorh. StB Nürnberg.

„Unterschiedliche Münz-Mandate der Reichsstadt Nürnberg aus dem Jahre 1626 bis 1717". Ein Faszikel Einzelblätter mit Abbildungen. — Vorh. Bibl. des German. Museums Nürnberg.

Münzner, F. A., in Obergruna bei Siebenlehn (Sa.).
Sicherheitsvorrichtungen für Schachtanlagen.

Münzner Friedrich Die Quellen zu Longfellows Golden Legend. 4 (37 S.)
Öffentl Rsch. (Freimaurerinstitut), Lehr u Erziehungsanstalt für Knaben Dresden Friedrichstadt 1898 Progr.
Auch in Festschrift der 44 Versammlung deutsch Philol u Schulmänner dargeboten von den öffentl höh Lehranstalt. Dresdens 1897 S 249–285 4

Münzner, Friedrich: Die Quellen zu Longfellows Golden Legend. *Dresden 1898: B. G. Teubner.* (7 S.) 4°
Dresden-Friedrichstadt, R (Freimaurerinstitut, (Lehr- u. Erzieh.-A f Knaben), OP 1898 (580)

Münzner, Johanna, Kochbuch f. den einfachen Haushalt, zugleich 2. Aufl. des Leitfadens f. den Haushaltungsunterricht in der Volksschule. 8. (60 S.) Glauchau 899. A. Peschke. n. — 50

Münzner, Johanna, Kochbuch f. den einfachen Haushalt zugleich Leitfaden f. den Haushaltungsunterricht in der Volksschule. 8. Aufl. (70 S.) 8. Glauchau 904. A. Peschke. Kart. n. — 60

Münzner, Johanna, Kochbuch f. den einfachen Haushalt, zugleich Leitfaden f. den Haushaltungsunterricht in der Volksschule. 4. Aufl. 10.—12. Taus. (68 S.) 8. Glauchau (908). A. Peschke. Kart. — 70

Münzner, Johanna, Leitfaden f. den Haushaltungsunterricht in d. Volksschule. 8. (56 S.) Glauchau 897. A. Peschke. Kart n. — 50

Münzordnung, Caroli V., nach dem 1525 in Tübingen gedruckten Exemplar ... Helmst. 1739. V: *Göbel, Joh. Wilh. von.* (Lipsius) (CBH)

„Münz-Patent und Devalvations-Schema der Reichsstadt Regensburg, d. d 10. Januar 1737" — Vorh. StB Nürnberg.

„Müntz-Patent, Fernerweiteres, Derer Hohen Herren Fürsten und Ständen des Löbl. Fräncklschen Craises De Dato Nürnberg, den 9ten [handschriftlich verbessert in 23.] November 1736" — Vorhanden StB Nürnberg.

„Münz-Patent, Derer dreyen im Münz-Wesen correspondirenden Hoch-Löblichen Oberen Reichs-Creyssen Francken, Bayern und Schwaben abgefasstes, Wie solches bey dem in Augspurg fürgedauerten Münz-Probations-Convent beschlossen Anno 1761. Augspurg, gedruckt bey Maxim. Simon Pingitzer" — Vorhanden StB Nürnberg.

„Müntz-Patent, Derer Hohen Herren Fürsten und Ständen des Löbl. Fränck. Crayses De Dato, Nürnberg 15ten Martil 1726" — Vorh. StB Nürnberg.

„Müntz-Patent, Derer Hohen Herren Fürsten und Ständen des Löbl. Fräncklschen Creyses. De Dato Nürnberg 11 Januar 1732" — Vorh. StB Nürnberg.

„Müntz-Patent Derer Hohen Herren Fürsten / und Ständen des Löbl. Fränck. Craises. De Dato Nürnberg, den 14ten May 1736" — Vorh. StB Nürnberg.

„Müntz-Patent, Derer Hohen Herren Fürsten und Ständen des Löbl. Fräncklschen Craises. De Dato Nürnberg, den 9ten November 1736" — Vorh. StB Nürnberg.

„Müntz-Patent Hoher Herren Fürsten / und Ständen des Löbl. Fräncklschen Craises. De Dato Nürnberg 18. Januar 1737" — Vorhanden: StB Nürnberg.

„Münz-Patent, Churbraunschweigisches, vom 24. December 1759" — Vorh. StB Nürnberg.

Münzrechner, der allezeit fertige u. sichere. 8. Insbr. 796. Fischer. 16 ℋ

Münzrechner für Süddeutschland zur Umwandlung der Gulden und Kreuzer in Mark und Pfennig. Ein Hilfsmittel für Haus und Geschäft. Von T. Ruf. 12. Nördlingen 873, Beck'sche Buchh. *

Münzrecht, das Wiener, vom J. 1450. Zum ersten Male aus einer Seitenstettner Handschrift hrsg. v. J. P. Kaltenbaeck. gr 4. (IV u. 16 S.) Wien 847. (Klang.) n. 5/12 ℛ

Münzreductions- od. Cassier-Rechnung, leichtfaßliche, od. kurze Anleitung zur schnellsten Berechnung ausländischen Geldes in inländisches u. umgekehrt; besonders f. Gewerbsleute, Schiffer u. A. 16. (32 S.) Passau 848, Pustet. 2 ℊ

Münz-Reductions-Tabelle. Fol. Karlsruhe ... Cabinet für Literatur 2c. 1/8 ℛ

Münz-Reductions-Tabelle. Fol. Carlsruhe 838, Artist. Institut.

Münz-Reductions-Tabelle zur Umwandlung d. Fr. und Ct. in Mark und Pf., Thaler und Silbergr., südd. Gulden und Kreuzer — österr. Gulden und Kreuzer und umgekehrt. 8 Stn. 12. Winterthur, C. Studer. 1876. —. 20

Münz-Reductions-Tabellen. gr. 8. (9 S.) Frankfurt a. M. 864, Jäger'sche Buchh.

Münz-Reductions-Uhr. Reduction der süddeutschen Gulden und Kreuzer in Mark und Pfennige. gr. 16. 1 Blatt. Nürnberg 874, Lotzbeck. *

Münzreform, Die, des Norddeutschen Bundes. Itzehoe [1870]. V: *Reiche, F.* (Kat. d. Bibl. d. dtsch. Reichstages. Berl. 1882.)

Münzreform, die, des norddeutschen Bundes. Von einem Kaufmann a. D. gr. 8. (16 S.) Itzehoe 870, Nusser. *

Münzreform, Die, Deutschlands vom nationalen und internationalen Standpunkt betrachtet. Utrecht 1870. V: *Nahuys, Maurin.* (Kat. d. Bibl. d. dtsch. Reichstages. Berl. 1892.)

—— die, Deutschlands, vom nationalen und internationalen Standpunkt betrachtet. gr. 8. (16 S.) Utrecht 870, Kemink und Sohn. *

Münzreform-Projekt, russisches, v. 1896. Eine Stimme aus Russland. gr. 8. (53 S. m. 2 Tab.) Leipzig 896. (G. A. Gloeckner.) n. 1. 60

Münzreihe, der durchlauchtigsten Herzoge und Churfürsten in Baiern... München 1777. H: *Finauer, Peter Paul.* (ML) (Ky)

Münzrevolution, üb. d. bevorstehende u. deren Folgen, als eine Widerleg. Eberle's Beleucht. Fol. Frankf. 786. Brönner. 4 ℋ

Münzsammlung der wichtigsten seit dem Westphälischen Frieden bis zum Jahre 1800 geprägten Gold- und Silber-Münzen sämmtlicher Länder und Städte. 1—42. Liefg. Leipzig 853. Schäfer. Lex.-8. Jede Liefg. (à ca. 4 Bl. Text u. 2 Taf. in Congrevedr.) n. 5 ngr.
2. Aufl. vgl.: Fliessbach.

Münzsammlung enthaltend die wichtigsten seit dem westphälischen Frieden bis zum J. 1800 geprägten Gold- und Silbermünzen sämmtlicher Länder und Städte. Mit geograph., geschichtl., statist., herald. und numismat. Erläuterungen von Ferd. Fliessbach. 1. Aufl. 1852 — 53. und 2. Aufl. gr. 8. (164 S. und 120 Taf. in Congrevedr.) Leipzig 855, E. Schäfer. *

Münzsammlung der wichtigsten seit dem westphälischen Frieden bis zum Jahre 1800 geprägten Gold- u. Silber-Münzen sämmtlicher Länder u. Städte. 2., verb. Aufl. Mit ca. 120 Taf Abbildungen (in Hochdr.). (In ca. 30 Lfgn.) 1—13. Lfg. Lex.-8. (208 S. m. 52 Taf.) Leipzig 881. 82. M. Schäfer. à n. 1. —

Münzsammlung der wichtigsten seit dem westphälischen Frieden bis zum J. 1800 geprägten Gold- u. Silber-Münzen sämmtlicher Länder u. Städte. 2. verb. Aufl. Mit ca. 120 Taf Abbildgn. (in Hochdr.) 14—30. (Schluss-)Lfg. Lex.-8. (VIII u. S. 209—441 m. 68 Taf.) Leipzig 883—85. M Schäfer. à n. 1. —

Münzsammlung, Die Saurmasche, deutscher, schweizerischer und polnischer Gepräge . . . Berlin 1892. V: *Saurma-Jeltsch, Hugo Freih. v.* (Berl)

Münzsorten-Tabellen, od. Berechnung aller Münzen, so in hiesiger Gegend kursiren ıc. 8. Mainz, Kupferberg. 810.

Münzsortentabelle, sowohl d. fremden als französ. nach den durch die Decrete vom 18. Aug. u. 12. Sept. 1810. festgesetzten Tarifen. gr. Fol. Hadamar 812. (Hergt). 6 gr

Münzstudien. Neue Folge der Blätter für Münzkunde. Hrsg. von H. Grote. Nr. 1. und 2. gr. 8. (S. 1—340 mit 26 Stnt.) Leipzig 855—56, Hahn'sche Hofbuchh. à Nr. * 1 Thlr. 10 Ngr. *

Münzstudien. Neue Folge der Blätter für Münzkunde. Hrsg. von H. Grote. Nr. 3—6. gr. 8. (1. und 2. Bd. XVIII und S. 341—1012 mit 13 Stnt.) Leipzig 858—62, Hahn'sche Verlagsh. à Nr. * 1 Thlr. 10 Ngr. *

Münzstudien. (Neue Folge der Blätter für Münzkunde.) Hrsg. von H. Grote. Nr. 7—16. und Beilageheft. gr. 8. Leipzig, Hahn'sche Verlagsh. [Nr. 7. (3. Bd. S. 1—132 mit 3 Stnt.) 862. * 1 Thlr. 10 Ngr., Nr. 8. (3. Bd. S. 133—286 mit 7 Stnt.) 862. * 1 Thlr. 10 Ngr., Nr. 9. (3. Bd. VI und S. 287—478 mit 8 Stnt.) 863. * 2 Thlr., Nr. 10. (4. Bd. S. 1—146 mit 7 Stnt.) 864. * 1 Thlr. 20 Ngr., Nr. 11. (4. Bd. S. 147—314 mit 2 Stnt.) 865. * 1 Thlr. 15 Ngr., Nr. 12. (4. Bd. IV und S. 315—526 mit 1 Stnt.) 865. * 1 Thlr. 15 Ngr., Nr. 13. (5. Bd. S. 1—128 mit 5 Stnt.) 866. * 1 Thlr. 15 Ngr., Nr. 14. (5. Bd. S. 129—228 mit 6 Stnt.) 866. * 1 Thlr. 15 Ngr., Nr. 15. (5. Bd. IV und S. 229—522 mit 8 Stnt.) 867. * 1 Thlr. 20 Ngr., Nr. 16. (6. Bd. S. 1—184 mit 1 ill. Stnt.) 865. * 1 Thlr. 15 Ngr., Beilageheft (52 S. mit 9 Stnt.) 866. * 1 Thlr. 5 Ngr.] *
Nr. 1—6. Ebendas. 1854—62. * 8 Thlr.

Münzstudien. [Neue Folge der Blätter f. Münzkunde.] Hrsg. v. H. Grote. Nr. 21—23. gr. 8. Leipzig 872. 74. Hahn. à n. 5. —
21. (7. Bd. VI u. S. 351—506 m. 7 Steintaf.) — 22. (8. Bd. 170 S.) — 23. (8. Bd. S. 171—266 m. 2 Steintaf.)

—— dass. — 9. Bd., enth.: Stammtafeln. gr. 8. (XIV, 556 S.) Ebendas. 877. *
1.—5. Bd. oder Nr. 1—15. Ebendas. 1855—67. (*M 66.) *M 30.
6. Bd., 1. Heft, oder Nr. 16. Ebendas. 1865. *M 4,50. — Nr. 17 und 18 sind noch nicht erschienen.
7. Bd. oder Nr. 19—21. 1868—71 und 8. Bd. 1. und 2. Heft oder Nr. 22 und 23. 1871,73. à M 5. — Beilageheft. 1866. *M 3,50.

Münzstudien. Hrsg. von H. Grote. Nr. 24. gr. 8. (8. Bd. VI, S. 267—434 mit 2 Stnt.) Leipzig 877, Hahn'sche Verlagsh. *

Münztabelle. 8. Wien 806. v. Mösle. 12 gr N. Aufl. Hbg. Pr. 6 gr

— erläuternde, z. alltägl. Gebrauch bei d. neuen Münzverordn., sowohl in Species als Courantmünze, nach ihr. Gewicht (v. J. Blatt). 8. Schlesw. 788.

— europ., nach d. 24 Gulden Fuß. qu. Fol. Münch. 827. Weber. 4 gr

Münz-, Maaß-, Gewichts- u. Wechselcourstabelle, nebst einer geograph. Uebers. d. wichtigsten Handelsplätze Europa's. 2e Aufl. Hersfeld. Jnd.-Compt. 9 gr

Münztabelle, neue. Genaue Umrechng. der bisher. süddeutschen Gulden, Thaler, Mark-Courant ıc. von 1 Pfennig bis 100,000 Thaler in die neue deutsche Reichsmünze u. umgekehrt v. der neuen Reichsmünze in die bisher Nebst dem neuen Münzgesetze. 8. (20 S.) Weinheim 872. Ackermann. n. — 25
Dasselbe ist auch in Plakatform zu gleichem Preise erschienen.

— neue, v. Pfennig zu Pfennig bis zu 1 Thaler, nach d. Gesetz v. 30. Sept. 1821 berechnet. 8. Berl. 825. Gädicke. 2 gr

Münz-Tabelle, neue praktische, für Mark und Pfennig in Gulden und Kreuzer, sowie umgekehrt. Eingerichtet zum Gebrauche für Bureaus, Kaufleute und Gewerbetreibende. (Plakat.) qu. Fol. Würzburg 875, Keller. *
Aufgezogen *

— neue vollständ., nach d. Gesetz v. 30. Sept. 1821. berechnet, von 1 Pfennig bis zu 1 rf in neuen Silbergroschen gegen 24 u. 42 Groschen ıc. Fol. Berl., Mittler. 2 gr

—— für Reichsmark, Francs, Thaler und süddeutsche Gulden. 1.—5. Aufl. 16. (4 S.) Metz 873—75, Deutsche Buchh.

Münz- u. Courant-Tabelle, völlig richtige, f. Jedermann, v. ½ Pfennig Courant gegen Münze à $\frac{1}{12}$, so wie entgegengesetzt v. ½ Pfennig Münze à $\frac{1}{12}$ gegen Courant, bis zu 1000 rf 8. Berl. 818. Amelang 4 gr

— u. Uebersicht v. Gold- u. Silbermünzen d. In- u. Auslandes, welche im 19. Jahrh. geprüft u. in Umlauf gesetzt worden. Royal-Form. Wien, Sollinger. 12 gr ill. 18 gr

—— zur Umrechnung des bisher im Königr. Sachsen und im Herzogth. Sachsen-Altenburg gebräuchlichen Geldes in deutsches Reichsgeld und umgekehrt. gr. 16. (15 S.) Altenburg 875, Bonde.

Münz-Tabelle z. Umrechnung d. Groschen u. Pfennige nach d. Alten u. Neuen Vierzehn-Thalerfuße, mit d. Bruchtheilen genau ausgerechnet. gr. Fol. Altenburg 841, Helbig.

— vergleichende, z. Gebrauch beim Ein- u. Verkauf. 8. Berl. 822. L. Oehmigke. 2 gr

Münzstabelle, Vollständige neue, nach dem Gesetze vom 30. Septbr. 1821 berechnet von 1 Pfennig bis 10000 Thlr. . . . O. O. 1821. V: *Gädicke, Johann Chn.* (MGT) (NN) (Hitzig)

—— vollständigste. Ausg. für Norddeutschland. gr. 16. (60 S.) Leipzig 873, Schneider.
—— dass. — Ausg. für Süddeutschland. 8. (53 S.) Ebendas. 873.

— welche d. Reduction d. Louisd'ors z. Kassenmünze ıc. enth. 8. Celle, Richter. 785.

Münztabelle, um den Werth der gangbarsten coursirenden Gold- u. Silbermünzen in Europa u. Amerika sofort zu ermitteln. Altona 868. Verlags-Bureau. 8. (15 S.) In engl. Einb. n. 12 ngr.

—— um den Werth der gangbarsten coursirenden Gold- und Silbermünzen in Europa und Amerika sofort zu ermitteln. Für jede dieser verzeichneten Geldsorten ist der Werth in 16 Haupt-Staaten von Europa und Amerika nach den neuesten Durchschnitts-Coursen berechnet. 1. Aufl. 1868, und 2. Aufl. 8. (19 S.) Altona 872, Verlags-Bureau. geb. *

Münz-Tabellen. Wert der gangbarsten Gold- und Silbermünzen in Europa und Nordamerika. Hamburg

Münztabellen, Bequeme, von verschiedenen Sorten als Laubthalern, Carolin, Maxd'or, Ducaten ... Leipzig 1772—73. V: *Enderlin, Hieronymus Herk.* (BrMm)

„Bequeme Münz-Tabellen von verschiedenen Sorten, als Laubthalern, Carolin, Maxd'or, Ducaten, Souverainsd'or, auch von feinem Gold und Silber, alles gegen jetzige Leipziger Wechselzahlung in Louisd'or à 5 Thlr reducirt ", Leipzig 1772. — Vorh. Büch. der Industrie- und Handelskammer Leipzig.

MUENZTABELLEN Richtig berechnete - worinnen alle Gold und Silbersorten nach dem erhohten Munzfuße vom 1ten Februar 1786 enthalten sind k k Dikasterial Buchdrucke rey Brunn 1786 1 vol 80 S

— u. Cours-Tabellen, bremische. Fol. Lemgo 764. Meyer. 4 gr

Münztabellen, Erläuterte, zum alltäglichen Gebrauch bey der neuen Münzverordnung ... Schleswig 1788. V: *Blatt, Jürgen.* (Ky) (MGT) (Bruun, Bibl. Danica II, 850.) (Kordes, Schlesw.-holst. u. eutin. Schriftst. Schleswig 1797.)

— üb. Gold und Silbermünzen. 12. Wien, Trattner. 779.

Münz-, Maß- und Gewichts-Tabellen, nach einem neuen System. Für Fabrikanten, Kaufleute und Geschäftsmänner. Enthltd.: die Münzverhältnisse Deutschlands u. seiner Nachbarstaaten, — Reductionstabellen 2c. Von H. St. Mit einem Verzeichniß aller Eisenbahnen u. Dampfschifffahrten Deutschlands. Quedlinburg (854.) Ernst. gr. 8. (IV, 72 S. u. 1 Tab. in Fol.) 12½ ngr

Münz-, Maaß- und Gewichts-Tabellen, nach einem neuen System. Für Fabrikanten, Kaufleute und Geschäftsmänner bearb. Von H. St. Mit einem Verzeichniß aller Eisenbahnen und Dampfschifffahrten Deutschlands. gr 8. (IV und 72 S. mit 1 Tab. in qu. Fol.) Quedlinburg 855, Ernst'sche Buchh.

Münztabellen, Neue. Von Pfennig zu Pfennig bis zu 1 Thaler, nach dem Gesetze vom 30. Septbr. 1821 berechnet ... Berlin 1824. V: *Gädicke, Johann Chn.* (Hitzig) (MGT) »Münztabelle, Neue« (NN)

Münztabellen, z. Nutzen u. Bequemlichkeit, od. Reduktion verschiedener Gold- u. Silbersorten. 4. Leipz. 772. Krausewald. 16 gr

Münztabellen auf Grund des a. h. Patentes vom 27. April 1858. Verfasst zum Gebrauche des bürgerl. Geschäfts-Verkehrs. *Wien* 1858. Druck von *U. Klopf s. & Alex. Eurich.* 32 S., 8°.

Münz- u. Courant-Tabellen, völlig richtige, für jeden Rechnungsführer. 8. Berl. 815. (Sander). 6 gr

Münz- u. Courant-Tabellen, völligrichtige, für jeden Rechnungsführer. 8. Berl. Soc. Buchh. 815. Rthlr.

Münz-Tabellen zur Verwandlung von altem in neues Geld und umgekehrt. Nebst Verzeichniß des außer Kurs kommenden Papiergeldes. 64. (24 S.) Reutlingen 876, Enßlin und Laiblin's Verlagsh. *

Münztableau, s. Köpp.

Münztafel, österreichische, 100×60 cm. Farbdr. Korneuburg (903). J. Kühkopf. Mit Stäben u. lackiert 4. 40

Münz-Tafel zur Umrechnung der Gulden u. Kreuzer in Mark u. Pfennig u. umgekehrt. qu. gr. Fol. Waldsee 876. (Leutkirch, Roth.) n. — 20

Münzumrechner

—— oder Verwandlung der Gulden und Kreuzer in Mark und Pfennige und umgekehrt. Nebst Verzeichniß der Reichsmünzen in Gold, Silber, Nickel, Kupfer und der ausländ. Geldsorten. 1. und 2. Aufl. gr. 16. (4 S.) Bamberg 875, Hübscher'sche Buchh.

Münzumrechner, der neue. 2., sorgfältig verb. Aufl. 8. (35 S.) Nürnberg 865, Wagner.

Münzumrechner, neuester. Genaue Umrechnung der bisher. süddeutschen Gulden, Thaler, Mark-Courant, Thaler-Gold, oesterreich. Gulden und Franken von 1 Pfennig bis 100,000 Thaler in die neue deutsche Reichsmünze und umgekehrt von der neuen Reichsmünze in die bisher. Nebst dem Münzgesetze vom 4. Decbr. 1871 und 9. Juli 1873. 2.—4. Aufl. 8. (20 S.) Weinheim 874, Ackermann.

—— dass. — in Plakatform. Ebendas. 874.

Münz-Umrechner, praktischer, für das Porte-Monnaie oder die Westen-Tasche. 16.—25. Aufl. 32. (24 S.) Esslingen 881—84, Langguth Verlag. *

Münzumwandlungs-Tabelle. Imp.-Fol. Stuttgart 875. W. Müller. n.n. — 30

Münzumwandlungs-Tabelle. Imp.-Fol. Eßlingen 877, Langguth's Buchh.

Münzumwandlungs-Tabellen, enthltd die Reduktion der nach dem Wiener Münzvertrage vom 24. Jan. 1857 festgestellten deutschen Münzfuße nämlich des 30- u. 14-Thalerfußes, des 52½- und 24½-Guldenfußes, des 45- und des 20-Guldenfußes nebst den Goldkronen, gegenseitig in einander sowohl als auch in die Wiener Währung und in Französisches und Schweizer Geld. Mit einem Anh. von Zins-Tabellen. Für den allgem. Handgebrauch bearb. von einem prakt. Mathematiker. Ulm (857.) Adam. gr. 4. (8 Bl.) 8 ngr

Münzumwandlungs-Tabellen, enthaltend die Reduktion der nach dem wiener Münzvertrag vom 24. Jan. 1857 festgestellten deutschen Münzfuße, nämlich des 30- und 14-Thalerfußes, des 52½ und 24½ Guldenfußes, des 45- und des 20-Guldenfußes nebst den Goldkronen, gegenseitig in einander sowohl als auch in die wiener Währung und in französ. und schweizer Geld. Mit einem Anhang von Zins-Tabellen. Für den allgem. Handgebrauch bearb. von einem prakt. Mathematiker. gr. 4. (14 S.) Ulm 858, Adam's Verlagsbuchh. Thlr.

„Münzunion der Kurfürsten von Mainz, Trier und Pfalz, von Hessen-Darmstadt und der Stadt Frankfurt, geschlossen zu Frankfurt am 22. Februar 1765, wegen Annahme des 20-Guldenfusses".

Anonym „Das Münzunwesen, vorgestellet zur Rettung des gemeinen Besten gegen den durch die unbeständige Verbesserungen dem gemeinen Wesen zuwachsenden Schaden". Augsburg 1764. — Vorh. StB Nürnberg.

Münzverfassung, deutsche, s. Gesetzgebung, die, des Deutschen Reiches mit Erläuterungen.

Münzvergleichungen, vollständige, s. Königl. Westphäl. 2c. gr. 8. Gött. Dieterich.

Münz-Vergleichungs-Tabelle, europäische, bearb. v. J. Pressburg. qu.-Roy.-Fol. Frankfurt a. F. 845. (Leipzig, Thomas.) *

Münz-Vergleichungs-Tabellen, vollständige, für das Königr. Hannover. Gegen Courant u. Conventions-Münze, u. Conventions-Münze gegen Courant. Nach den Königl. Münzgesetzen vom 8. April u. 25. Junius 1834. Nebst 2 Interessen-Tabellen von ½ bis 6 procent von einem Monate u. einem Jahre. 4e verb. u. verm. Aufl. gr. 8. Celle 836 Schulze. ¼ ℛ

Münz-Vergleichungs-Tabellen, vollständ., f. d. Königr. Hannover, den nach d. Bekanntmach. d. kgl. Finanz-Ministerii v. 22. April 1843 veränd. Preis d. Pistolen ad 5 Thlr. 14 gGr. betreff. — 2. Anh., enthalt.: Gold gegen Courant u. umgekehrt. gr. 8. (1 B.) Celle 843, Schulze'sche Buchh. *

Münz- und Medaillen-Vergnügen, Hamburgisches, oder Abbildung und Beschreibung Hamburgischer Münzen und Medaillen ... Hamb. 1753. V: *Langermann, Johann Paul.* H: *Hartmann, Christian.* (ML) (BrMm) (Schr)

Münzverhältnisse, Die, der Schweiz im September 1859. [Zürich 1859.] V: *Ott-Trümpler, Caspar.* (Cat. d. Stadtbibl. Zürich. Zürich 1864—97.)

Münz-, Maass- und Gewichts-Verhältnisse, Die wichtigeren, aller Länder der der Erde. Zum Gebrauch für Lederfabrikanten und Lederhändler. Berlin 1859. V: *Kerst, S. Gottfried.* (KGBerlin II, 2420)

Münz-, Maass- und Gewichts-Verhältnisse, die wichtigeren, aller Länder der Erde. Zum Gebrauch für Lederfabrikanten und Lederhändler zusammengestellt von S. G. K. Lex.-8. (IV und 93 S.) Berlin 860, (Th. Grieben.) **

Münz-Verkehr, Berliner. Periodisch erschein. Verzeichniss verkäufl. Münzen u. Medaillen verschiedener Länder, sowie numismat. Werke, hrsg. v. Jul. Hahlo. Jahrg. 1889—1892. à Jahrg. 3 Nrn. gr. 8. (à Nr. ca. 50 S.) Berl., W Unter d. Linden 13, J Hahlo. à Jahrg. ** 1 50

Münz-Verkehr, Berliner. Periodisch erschein. Verzeichniss verkäufl. Münzen u. Medaillen verschied. Länder, sowie numismat. Werke, hrsg. v. Jul. Hahlo. Jahrg. 1894. 3 Nrn. (à 3 Bog.) gr. 8. Berlin W., Unter den Linden 13. J. Hahlo. n.n. 1. 50

Münz-Verkehr, Berliner. Period. erschein. Verzeichniss verkäufl. Münzen u. Medaillen verschied. Länder, sow. numismat. Werke, hrsg. v. Jul. Hahlo. Jahrg. 1895—1898. à 3 Nrn. (à ca. 3 Bog.) Berlin (w, Unter den Linden 13), J. Hahlo. à Jahrg. n.n. 1. 50

Münz-Verkehr, Berliner. Periodisch erschein. Verzeichniss verkäufl. Münzen u. Medaillen verschiedener Länder, sowie numismat. Werke, hrsg. v. Jul. Hahlo. Jahrg. 1901. 2 Nrn. gr. 8. (à ca. 48 S.) Berlin (W., Friedrichstr. 160). J. Hahlo. n.n. 1.50

Münz-Verordnung

„Müntz-Verordnung / anderweite, Derer Hohen Herren Fürsten und Ständen des Löbl. Fränckischen Crayses. De Dato, Nürnberg 15ten Aprilis 1726". — Vorh. StB Nürnberg.

„Müntz-Verordnung, Anderwelthe, Derer Hohen Herren Fürsten und Ständen des Löbl. Fränckischen Creyses. De Dato Nürnberg 25. Januar 1732" — Vorh. StB Nürnberg.

„Müntz-Verordnung, Neuere, Derer Hohen Herren Fürsten und Ständen des Löblichen Fränckischen Creyses. De Dato Nürnberg 31. Martii 1732" — Vorh. StB Nürnberg.

„Münzverordnung der Reichsstadt Regensburg, die Beobachtung der kurfürstlich bayerischen und salzburgischen Münz-Mandate betreffend, vom 17 Mai 1754" — Vorh. StB Nürnberg.

„Münzvertrag der süddeutschen Staaten, München 25. August 1837".

„Münzvertrag der süddeutschen Staaten, München 27 März 1845".

Münzvertrag, Wiener, zwischen dem Kaiserthum Oesterreich und den deutschen Zollvereinsstaaten vom 24. Jan. 1857 mit den Separatartikeln und dem Schlußprotokolle. Stuttgart 857. Metzler. gr. 8. (63 S.) n. 7½ ngr.

Münzvorstellung, accurate, aller im Schwunge gegangn. neuen Münzen. 4. Gotha 763. Mevius. 6 gr

Münzwesen, über das. 8. Frankfurt, Andreä. 803.

Münzwesen, über das. Mit Beziehung auf die bevorstehende schweizer. Münzreform. [Abgedr. aus dem Wochenblatt des schweizer. Industrie-Vereins.] gr. 8. (94 S.) Basel 849, Schweighauser. ⅓ ℛ

Münzwesen, über das in dem Kt Bern. 1787 Bern

Münzwesen, das preußische, im 18. Jahrh., s. a. Acta borussica.

Das preußische Münzwesen im 18. Jahrhundert. (Acta Borussica. Denkmäler der preußischen Staatsverwaltung im 18. Jahrhundert. Herausgegeben von der Königlichen Akademie der Wissenschaften. Darstellung von Friedrich Freiherr von Schrötter Akten bearbeitet von G. Schmoller und Friedrich Freiherr von Schrötter Berlin.

Münzgeschichtlicher Teil.

1. Band Die Münzverwaltung der Könige Friedrich I. und Friedrich Wilhelm I. 1701—1740. 1904.
2. " Die Begründung des preußischen Münzsystems durch Friedrich d. Gr. und Graumann. 1740—1755. 1908.
3. " Das Geld des siebenjährigen Krieges und die Münzreform nach dem Frieden. 1755-1765. 1910.

Beschreibender Teil.

1. Heft: Die Münzen aus der Zeit des Königs Friedrich I. und Friedrich Wilhelm I. Mit 19 Lichtdrucktafeln. 1902.
2. " Die Münzen aus der Zeit des Königs Friedrich II. des Großen. Mit 36 Lichtdrucktafeln. 1904.
3. " Die Münzen aus der Zeit des Königs Friedrich Wilhelm II. und Friedrich Wilhelm III. bis zum Jahre 1806. Mit 4 Lichtdrucktafeln. 1911.

Münzwesen, über d. schweizerische, in Beziehung auf d. im April 1825 abgeschlossene Münzconcordat. gr. 8. Bern 825. Jenni. 2 gr

Münzwesen, unser, u. seine Mängel. gr. 8. Neubrandenburg 845, Brünslow. n. 1/12 ℛ

Münz-Zeitung, Frankfurter. Im Vereine m. mehreren Fachgenossen hrsg. v. Paul Joseph. 1. u. 2. Jahrg. 1901 u. 1902. à 12 Nrn. gr. 8. (à ca. 16 S. m. Abb. u. Taf.) Frankfurt a/M.-Sachsenhausen (Schifferstr. 88). Selbstverlag des Hrsgs. à Jahrg. n. 6.—

Frankfurter **Münzzeitung** Hrsg von Paul Joseph. Jg 1–3, 1901–03. Frankfurt a. M. 1904 Osterrieth. 8° A 12. 1(947

Münz-Zeitung, Frankfurter. Im Vereine m. mehreren Fachgenossen hrsg. v. Paul Joseph. 3—6. Jahrg. 1903—1906. à 12 Nrn. (1901/03 u. 1904/06: 552 u. 556 S. m. Abbildgn u. 24 u. 22 Taf.) gr. 8. Frankfurt a/M.-Sachsenhausen (Schifferstr. 88), P. Joseph. à Jhrg. 8. —

Münz-Zeitung, Frankfurter. Im Vereine m. mehreren Fachgenoss. hrsg. v. Paul Joseph. 7.—10. Jahrg. 1907—1910. à 12 Nrn. (1907/09 X, 560 S. m. 296 Abb. u. 26 Taf.) Lex. 8. Frankfurt a/M. (Finkenhofstr. 33), P. Joseph. à Jahrg. 8. —

Münzzirkulation

Münzcirculation. Ueber Münzzirk' (Zusammenfassung ihrer Verhandlungen vom 11. November 1904, [hrg. - mit Anhang:] Anleitung zur Erkennung falscher Münzen, Mitteilung [der] Eidg. Münzstätte - [durch] die bernische numismatische Gesellschaft.) 16 S. 8. (Bern, Gustav Grunau, 1904.)

Muoth. Giachen Caspar M'.... [Biographische Skizze ...] s. [Decurtins, Caspar].

Muoth, Giachen Caspar s. Muoth, Jacob Caspar.

Muoth, Jakob Kaspar

Muoth, J. (G.) C., s.: Amterbücher, zwei sogenannte, des Bist. Chur.

Muoth, J[acob] C[aspar]. Zwei sogenannte Ämterbücher des Bistums Chur aus dem Anfang des XV Jahrhunderts. Veröffentlicht und mit Erläuterungen, sowie Zusätzen (*Ausg B. Umschlag Erl' und Beilagen) aus einem gleichzeitigen Lehnbuch und Urbar versehen von J C M' 8. (Chur 1898)
Ausg A (27 Jahresber hist antiq Ges Graubünden)
Ausg. B (Beilage zum 27 Jahresber Graubünden)

Muoth, J[acob] C[aspar]. Aus alten Besatzungsprotokollen der Gerichtsgemeinde Ilanz-Gruob ‹1773–1786› Ein Beitrag zur Verfassungsgeschichte der Republik der drei Bünde. ‹Mitgeteilt von Prof J C M'› SA 8 [Chur 1897]

(Muoth, J[acob] C[aspar].) Die „Culengia" von Schlans. (Mitgeteilt von Prof J. C. M') [A | 8 [Chur 1896.]

Muoth, J C., üb. bündnerische Geschlechtsnamen u. ihre Verwertung f die Bündnergeschichte. I. u. II Tl. Progr. gr. 4. (à 47 S.) Chur (Hitz). n. 2. —
I. Vor- u. Taufnamen als Geschlechtsnamen. 892.
II. Ortsnamen. 893.

Muoth, G. C. Grammatica romontscha-tudesga. In-8°. VIII, 184 p. Chur, Jul. Rich. 1890. Gebd. 2 80

(Muoth, [Jacob Caspar].) [1] Historia grischuna dil novissim temps. 1 [unica] Part Curs preparatori La veglia republica grischuna, sia organisaziun e sias relaziuns viers la fin dil davos secul ([2.] Il general Christoffel Schmid de Grüneck a Ghon, 1730) [E.] 8. [Cuera 1886]

— s.: Jousch, Chasper, statut del onorat comün da Zernez.

Muoth, Johann Caspar: Aufzeichnungen über die Verwaltung ,s. Jecklin, Fritz

Muottathal [Schlagwort]

Muottathal, s.: Westentaschen-Sammlung.

Muquardt, Karl

Muquardt, C., de la Contrefaçon et de son influence pernicieuse sur la littérature, la librairie et les branches d'industrie qui s'y rattachent; suivi d'un projet de convention entre la Belgique et la France pour l'abolition de la contrefaçon. Mémoire adressé à la Chambre des Représentants Belges. Lex.-8. Bruxelles 844, Muquardt. n. 1/2 ℔

Muquardt, Carl, das literarische Eigenthumsrecht, der Nachdruck und das Wesen der Presse in Beziehung auf Journal- und Bücher-Literatur. Eine Analyse. 8. (80 S.) Brüssel und Leipzig 851, Muquardt. *

—— de la propriété littéraire internationale, de la contrefaçon, et de la liberté de la presse. 8. (62 S.) Brüssel und Leipzig 851, Muquardt. *

MUR, Josephus Ecclesia docens, per quam triplex Christi munus continuatur, est verum ac proprium seu formale religionis christianae principium. — (1854) 71 S. 8° (Handschr) Diss. 161
Diss. Wien, Univ.

Murach, Franz, aus Angerburg Ueber **Produkte** der alkalischen Hydrolyse des Blutalbumins. *Königsberg i. P. 1900: H. Jaeger.* (44 S.) 8°
Erlangen, Phil. Diss. v 20. Juli 1899

Murachowsky, Leon, a. Rußland: Ueber eine Mißbildung: Hemicrania mit amniotischen Strängen. Berlin (1907): E. Ebering. (30 S.) 8°
Berlin, Med. Fak., Ref. Olshausen, Diss. v. 10. Dez. 1907
[Geb. 10. April 81 Mohilew; Wohnort: Mohilew; Staatsangeh.: Rußland; Vorbildung: Gymn. Kamenetz (Pod.) Reife M. 02; Studium: Wien 8, Berlin 3 S.; Rig. 7 Dez. 07.]

Murad; ein persisches Mährchen, von Anton Wall. 16 2s Buch. 8. Altenb. Schnuphase. Bot — 5. (à 1 Thlr.)

Murad Efendi, Balladen und Bilder. 8. (VI, 103 S.) Oldenburg 879, Schulze'sche Hofbuchh. *ℳ 2.; geb. *

Murad Efendi, Balladen u. Bilder. 2. Aufl. 8. (VI, 103 S.) Oldenburg 880. Schulze. n 2. —; geb. n. 3. —

Murad Efendi, Balladen und Bilder. 3. (Titel-)Aufl. 8. (VI, 103 S.) Oldenburg 885, Schulze'sche Hofbuchh. * geb. *

— Nassreddin Chodja. Ein osmanischer Eulenspiegel. 3. Aufl. 8. (114 S.) Oldenburg 878. Schulze. n. 2. —; geb. n. 3. —

Murad Efendi, Nassreddin Chodja. Ein osman. Eulenspiegel. 4. Aufl. 8. (114 S.) Oldenburg 890. Schulze. n. 2. —; geb. n. 3. —

—— Ost und West. Gedichte. 1. Aufl. (IX, 264 S. mit photogr. Portr. des Verf.) 1878; 2. Aufl. 8. (IX, 265 S.) Ebendas. 879. *ℳ 4; geb. mit Goldschn. *

— Sr. königl. Hoh. dem Großherzog Nicolaus Friedrich Peter v. Oldenburg zum 25jährigen Regierungs-Jubiläum am 28. Febr. 1878. Fest-Gruß. gr. 8. (8 S.) Ebend. 878. geb. m. Goldschn. n. — 80

†Murab Efendi [Frz. v. Werner], Ost und West. Gedichte. 3. Aufl. 8. (IX, 264 S.) Oldenburg 881, Schulze'sche Hofbuchh. *ℳ 4.; geb. *

—— Selim III., s. Universal-Bibliothek Nr. 657.

Murad Efendi, Selim der Dritte. Trauerspiel in 5 Acten. gr. 8. (127 S.) Wien 872, Rosner. *

— türkische Skizzen. 2 Bde. 8. (V, 247 u. III, 231 S.) Leipzig 877. Dürr'sche Buchh. 7. 50

— türkische Skizzen. 2 Bde. 2. Aufl. 8. (V, 247 u. III, 231 S.) Leipzig 878. Dürr'sche Buchh. 7. 50

— dramatische Werke. 3 Bde. 8. (379, 371 u. 345 S.) Leiden 881. Brill. (Leipzig, T. O. Weigel.) n. 15. —; geb. n. n 18. 60

Murad, Frdr., Arabat u. Masis. Studien zur armen. Altertumskunde u. Litteratur. gr. 8. (III, 104 S.) Heidelberg 901. C. Winter. n. 7. —

Murad, Frdr., s.: Offenbarung, die, Johannis in e. alten armenischen Uebersetzg.

Murad, M. J. B., Leben, s. Brutter, M.

Muradgea d'Ohsson, Ignace de

— vollständ. Beschreib. d. osmann. Reichs; aus d. Französ. (v. J. C. T. Wucherer u. J. J. M. Valett.) 1r Thl. 1r u. 2r Bd. gr. 8. Bayr. 788, 91. (Grau). 1 ₰ 8 gl

Muradgea d'Ohsson, I. de. Vollständige Beschreibung des Othomannischen Reichs . . . a. d. Franz. Bayr. 1788. Ü (Bd. 1): *Wucherer, Joh. Christian Jacob.* (Bd. 2): *Valett, Joh. Jac. Meno.* (Fiker) »1791« (Ky) (MGT) (Kordes, Schlesw.-holst. u. eutin. Schriftst. Schleswig 1797.)

Muradgea, d'Ohsson, Geschichte d. alten Persischen Monarchie unter d. Dynastien d. Pischdadier u. Kajaniden; aus seinem Gemälde d. Orients übers. v. F. T. Rinck. 8. Danzig 806. Troschel. 1 ₰ 8 gl

— s. die Osmanen.

Muradgea d'Ohsson, Ignace de. Schilderung des ottomanischen Reichs; a. d. Franz. Wien 1790. Ü: *Pezzl, Joh.* (Ky)

Murai, Heinr., Zinseszinsen-, Einlage-, Renten- u. Amortisations-Tabellen, auf 10 Decimalstellen berechnet. M. 362 ausgearb. Amortisationsplänen. gr. 8. (157 u. IV, 344 S.) Budapest 897. (Berlin, Gsellius.) Geb. in Leinw. n n. 20. —

Murai, Heinr., Zinseszinsen-, Einlage-, Renten- u. Amortisations-Tabellen auf 10 Decimalstellen berechnet. Mit 480 ausgearb. Amortisationsplänen. 2., verb. u. verm. Aufl. gr. 8. (189 u. 527 S.) Budapest (Rodoute) 900. Selbstverlag. Geb. in Leinw. n.n. 20. —
Auch in Ausg. f. Kronenwährung, sowie in französ., italien. u. ungar. Sprache erschienen.

Muraille, la, parlante, ou tableau de ce qu'on a écrit et dessiné sur la muraille du jardin du corps imp. d. cadets gentilsh. à Petersb. 16. Hamb. Bohn. 791.

Muraille, la, parlante ou tableau de ce qu'on a écrit sur la muraille etc. 16. Hamburg. 791. Jetzt Hoffmann und Campe.

Muralt, der Freygeist, nach seinem Tode. A. dem Franz. übers. 2te Aufl. gr. 8. Strasburg. (Leipzig, Kummer in Comm.) 820.

Muralt, Hans Conrad von, und Johann Heinrich Emanuel Mousson, Bürgermeister des eidgenössischen Standes Zürich. Zürich 1870. V: *Wyss, Georg v.* (Cat. d. Stadtbibl. Zürich. Zürich 1864—97.)

Muralt's, Johs. v., Biographie, s.a. Dalton, H.

(Muralt. Johannes von M' Med. Doct., 1645–1733.) Njbl. (Zürich) s.a[Finsler, Hans Jacob].

Muralt, Johann von. [Zürich 1833.] V: *Finsler, Hans Jac.* (Cat. d. Stadtbibl. Zürich. Zürich 1864—97.)

[Muralt, Leonhard von 1778–1848.] (Johann Rudolf Rahn, 1776–1835 [Mit 1 Porträt-Tafel]) Njbl. ⟨Chorh.⟩ Zürich 1837. 4. [Zürich.]

Muralt, Leonhard v., s.a. Neujahrsblatt zum Besten d. Waisenhauses in Zürich.

Muralt. Leonhard von M' Med. Dr (1806–1891). Njbl. Zürich 1893 s.a[Muralt, Wilhelm von]

Muralt, Leonhard von, Med. Dr. Zürich 1893. V: *Muralt, Wilh. v.* (Cat. d. Stadtbibl. Zürich. Zürich 1864—97.) (Berl)

Muralt, A. v., **Anleitung zur italien. Handelscorrespondenz in Beispielen und mit Anmerkungen. 1. Bdchn. gr. 16. (VIII und S. 1—54.) München 852, Franz.**

Muralt, A. L. von, s. Muralt, Leonhard von

Muralt, B. von

Muralto, B. de, Codex diplomaticus capitaneorum Locarnensium de Muralto, de Orello et de Magoria etc., ed. E. de Muralto. Berolini 1856. 8.

Muralt, Béat Louis de. Histoire de Frédéric le Grand. Frf. et Leipz. 1757. 2 vol 12

Muralt, Beat Ludw. v., s.a Greyerz, O. v.

Muralt, B. L. de. Lettres sur les Anglais et les Français. Herausg. mit einer litterarisch-biographischen Einleitung, sowie sachlichen u. litterar. Erklärungen von *O. v. Greyerz.* In-8°. XX, 300 S. Bern, Steiger & Co. 1897.
Brosch. 3 —; in Leinwand gebd. 4 —

Muralt, Beat Ludw., lettres sur les Anglais et les Français (1725) Hrsg. von Otto v. Greyerz. 8. (XXI, 299 S.) Bern 897. C. Sturzenegger.
Geb. in Leinw. n. 4.50

Muralt, Carl von, s. Muralt, Karl von

Muralt, Dan., der Freund d. Landmannes. Ein Volksbuch. Mit besond. Rücksicht auf Deutschland u. d. angrenz. Länder. gr. 8. (17¼ B.) Wien 836. (Gerold's Brtsh.) * 1⅓ Thlr., Schrbp. *

Muralt, Edward von

Muralt, E. v., zur Apologetik. [Aus: „Theolog. Zeitschr. aus d. Schweiz".] gr. 8. (26 S.) Zürich 892. Fäsi & Beer.
n — 80

Muralt. Edw[ard] v[on]. Athen im Jahre 1844. ⟨SA.⟩ 8. St. Petersburg 1847.

Muralt, Edw. v., Beiträge z. alten Literatur od. Untersuchungen üb. Philo, Plinius I., Ptolemaeus, Dionysius Areopagita, Hephaestio, Porphyrius, Basilius, Olympiodor u. Theod. Metochita, nach St. Petersburger Handschriften nebst Copien einiger unedirten griech. Inschriften. gr 8. (4 7/8 B.) St. Petersburg 844. (Leipzig, Voss.) *

— f. Briefe über den Gottesdienst der morgenländ. Kirche.

- s. a. Catalogus codicum bibliothecae imp. publicae Graecorum etc.

Muralto, Edw. de, Catalogus codic. bibliothecae Imp. publ. graecor. et latinor. Fasc. I. Codices graeci. Fol. (4 1/2 B. u. 1 Stnt.) Petropoli 840. (Lipsiae, Voss.) *

Muralt, Edward von Chronik der vereinigten französischen und teutschen reformirten Gemeinde in St Petersburg, nebst Beiträgen zur Geschichte der Stiftung protestantischer Kirchen, zum Kirchenrechte und zur Geschichte der Ausländer im russischen Reiche 8 Dorpat 1842.

Muralt, Edw. v., die göttliche Eingebung in der heil. Schrift und die Stufen derselben bei den vier Evangelien. Akademische Antrittsrede, gehalten zu Bern, den 9. Mai 1865. gr. 8. (26 S.) Bern 865, Haller'sche Verlagsh. *

Muralt, Ed. de, Essai de chronographie Byzantine pour servir à l'examen des annales du Bas-Empire et particulièrement des chronographes slavons de 395 à 1057. Lex.-8. (XXXII und 858 S.) St. Pétersbourg 855. (Leipzig, Voss.) **

Murault, Ed. de, Essai de chronographie Byzantine 1057—1453. Tomes 1 et 2. gr. 8. (XVIII, S. 1—397; 398—892.) Basel 871,73, Georg. à Tome *M. 6. *
Essai etc. de 395 à 1057. St. Petersburg 1855. (Leipzig, Voss.) **M. 9.

—— Führer durch Thun, dessen Merkwürdigkeiten, ältere Geschichte und Umgebungen. 16. (56 S. mit 1 Stnt.) Thun 865, Christen. cart.

—— ein Gang durch's Neue Testament an der Hand der ältesten Kirchenlehrer. Vortrag gehalten im Großrathssaale in Bern am 8. März 1867. gr. 8. (35 S.) Bern 867, Heuberger's Verlag.

(Muralt, Edward von) Die Capitaneen oder Cattaneen von Locarno und deren vom Schlosse Muralto benannte Nachkommen in Zürich und Bern. Denkschrift zur Jubelfeier ihrer Aufnahme in Zürich im Jahre 1555 ([verfasst von] Eduard von M'). [Mit 2 Vignetten und 1 Tabelle.] 4 Zürich 1855

—— Lexidion d. morgenländ. Kirche, n. d. besten schriftl. u. mündl. Quellen. 8. (6 1/2 B. u. 5 Abbild.) Leipzig 838, (Voss.) 1/2 Thlr., Schrbp.
Ist ein Anh. zu: Briefe üb. d. morgenländ. Gottesdienst, vgl. diese.

v. Muralt, Edw., Lexidion der morgenländ. Kirche, nach den besten schriftl. u. mündl. Quellen, mit 5 Abbildd. 8. Leipzig 838. Weygand'sche Buchh. (Jasper.) 1/2 ₰ Schreibp. 2/3 ₰ (Ist ein Anhang zu: Briefe über d. morgenländ. Gottesdienst.)

— s. a. Memorabilia et mirabilia Romae.

(Muralt, Ed. v.,) memorabilia et mirabilia Romae. Lex.-8. (9 S. mit 1 Kpfrt. deutscher Text und 1 Plan in qu. gr. 4. u. d. T.: Forum Romanum a Bunsenio, Quastio, Prellero et al. restitutum annotav. E. de Muralto.) Petersburg 846. (Hamburg, Meißner.) *

Muralt, E. v., Schweizergeschichte mit durchgängiger Quellenangabe u. in genauer Zeitfolge oder urkundliche Jahrbücher der Schweiz. 1—3. Lfg. gr. 8. (S. 1—192.) Bern 877—80. Wyß. n. 2. 80

Muralt, E v., Schweizergeschichte m. durchgängiger Quellenangabe u. in genauer Zeitfolge od. urkundliche Jahrbücher der Schweiz. 4—6. Lfg. gr. 8. (I. II u. S. 193—399.) Bern 884. 85. Wyß. n. 4. — (1—6 : n. 7. —)

Muralt. E[dward] v[on]. Schweizergeschichte mit durchgängiger Quellenangabe und in genauer Zeitfolge, oder urkundliche Jahrbücher der Schweiz. (1 [einziger] Band Vorgeschichte der Schweizerischen Eidgenossenschaft . 5 Lieferungen.) 8 Bern (°Lfg. 1–2 Schaffhausen) (1877–)1885
(Lfg. 1–2 1877–1878 – Lfg. 3. 1880 – Lfg. 4–5. 1884–1885.)

— Testamentum novum graece.

—— Thoune, son histoire et ses environs. 16. (76 S. mit 1 Stnt.) Thun 867, Christen. cart.

(Muralt, Edward von.) Einige Worte des Andenkens an den Pastor Johann[es] von Muralt (1780–1850). [SA.] 8. ([St Petersburg] 1850.)

Muralt, Emma Wuterich-
s. Wuterich-Muralt.

Muralt, Hans von

Muralt, H. v., Bausteine der Schweiz, s.a. Mittheilungen des schweizerischen Ingenieur- u. Architekten-Vereins.

Muralt, Hans von. Bausteine d. Schweiz. 8°. Zürich, Orell F. & Cie. 1878.
. Technische Mittheilungen, 12.

Muralt, Johann von: Kurtze und grundliche Beschreibung der ansteckenden Seuche der Pest, samt einer außführlichen Nachricht, wie man sich vor solcher leidigen Krankheit nächst göttlichem Segen und Hilffe glücklich verwahren...könne. 72 S., gbd.

Zürich: Bodmer 1721
an: Muralt, Johann von: Aretaei, neueröffneter Balsamischer Gesundheit-Schatz wieder die ansteckende Seuche an Menschen und Viehe. Zürich: 1714

JB 4.858

Muralt, J. v., Briefe üb. d. Engl. u. Franz. ꝛc. 8. Weim. Hoffmann. 761.

— Fables nouvelles. 8. Berl. Lange. 752.

Muralt, Johann von: Aretaei, neueröffneter Balsamischer Gesundheit-Schatz wieder die ansteckende Seuche an Menschen und Viehe. 102 S., gbd.

Zürich: Bodmer 1714
angeb.: Muralt, Johann von: Kurtze und grundliche Beschreibung der ansteckenden Seuche der Pest... Zürich: 1721

JB 4.858

— l'Instinct divin recommandé aux hommes. 8. Zürich, Orell, F. et C. 753. *

— Kinder- u. Hebammenbuch. 8. Basel, Schweighäuser. (auch Turneisen.)

— Lettres sur les Anglois et les François, sur les Voyages etc. 8. Londres. (Orell, Fussli et Comp. à Zürich.) 753.

— lettres sur les Anglois et Français, sur les voyages etc III Tom. 8. Londres 755. (Orell in Zürich). 1 ℛ 4 ℊ

— Schriften v. d. Wundarzney, n. e. Feldscheerkunst. 8. Basel, Schweighäuser. (auch Turneisen.) 711.

— Eydgenoss. Stadt- Land- u. Hans-Arzt. 8. Ebendas. 716.

— der Stadt-, Land- u. Hausarzt. Neue v. Thdr. Zwinger verm. Aufl. 8. Basel, Schweighäuser. 1 ℛ

Muralt, Johannes von [aus Zürich]: Die parlamentarische Immunität in Deutschland und der Schweiz mit Berücksichtigung der Entwicklung derselben in England und Frankreich. Zürich 1902 126 S. 8°.
Zürich. Jur Diss. 1901/1902.

Die parlamentarische Immunität in Deutschland und der Schweiz mit Berücks. d. Entwicklung derselben in England u. Frankreich. Von Dr. Johannes v **Muralt**. *Zürich: Schultheß & Co. 1902.* (126 S.) 8° [e]. 8393 9

Muralt, Karl von

Muralt, Carl von, med. pract. von Zürich: Die Staarextraction der ophthalmologischen Klinik in Zürich 1870—1880. Zür Orell Füssli Cie Dr 1881. 3 Bl., 70 S., 1 Bl. 8°
Zürich. Med Diss [v 30. Juli 1881].

Muralt, Carl v., die Staarextraction der ophthalmologischen Klinik in Zürich 1870—1880. Inaugural-Dissertation. gr. 8. (70 S.) Zürich 881. (Wiesbaden, Bergmann.) *

Muralt, Konrad von

Muralt, (Conrad) v(on), und Druey, (Henri). Antrag der Herren Bürgermeister v M' und Staatsrath D' über die Aargauische Klosterangelegenheit Dritte Minderheit. 8 Zürich 1841

Muralt, Conrad von. Bericht von . Herrn Amtsburgermeister C' von M', Präsidenten der eidgenossischen Tagsatzung, in deren erster Sitzung, . den 6. Heumonat **1840**, erstattet. [S A.] fol. [Zürich 1840.]

Muralt, Conrad von Entlassungsbegehren des Herrn C' von M' als Amtsbürgermeister und Mitglied des Regierungsrathes des eidgenössischen Standes Zürich, nebst dem über dasselbe gefassten Beschlusse des ... Grossen Rathes in der Sitzung vom 16. Christmonat 1844. 8. Zurich 1844

Muralt K v Rede, gehalten beim grossen Bote der Gesellschaft der Böcke Zürich 1857 4.

Muralt, Conr. v., Hans v. Reinhard, Bürgermeister d. eidgenöss. Standes Zürich u. Landammann d. Schweiz. Beitr. z. Gesch. d. Schweiz während d. letzten vier Jahrzehnte; bearb. nach Reinhards nachgelass. Denkschriften, Tagebüchern u. Briefwechsel. Lex.-8. (38 B. u. R's. Bildn.) Zürich 838, Orell, Füßli u. Comp.

v. Muralt, Lhrd., Anreden d. Vorstehers d. techn. Lehr-Anstalt in Zürich. 1) Bei d. ersten Versamml. d. Mitglieder ꝛc. 2) Bei Eröffnung d. Anstalt. 8. Zürich 827. Schultheß. 2 ℊ

(Muralt, Leonhard von [1778–1848].) Bitten und Ermahnungen eines Greisen an seine jüngern Mitbürger und geliebten Brüder in Christo. 8. ([Zürich] 1847.)

—— Darstellung d. Strafarbeitsanstalten in München u. Inspruck. 8. (1 B.) Zürich 829, Schultheß.

Muralt, A. L. v. Darstellung der Strafarbeitsanstalten in München und Inspruck; zum Behufe der obschwebenden Berathung über die Erweiterung und Verbesserung unserer Cantonal-Strafanstalt. Mit freimüthigen Bemerkungen. *Zurich, Schulthess.* 1830

—— Vergleichung d. gegenwärt. Standes d. Europ. Industrie mit demjen. vor d. franz. Staatsumwälzung. Mit Aufzähl. derjen. Zweige, worin d. Schweiz noch im Rückstande ist. Zwei Anreden ꝛc. 8. (2 B.) Zürich 828, Schultheß.

Muralt, Lily von

— s. a. Willner, Meta.

M[uralt], L[ily] v[on]. Vor Beginn der Schule. Dramatische Szene. II + 16 S. 8. [Zürich, Berichthaus, 1904.]

Muralt, Lily v., weitere Blätter aus Lottchens Tagebuch. Eine Erzählung f. junge Mädchen. (163 S.) 8. Zürich 909. Art. Institut Orell Füßli. Geb. in Lw. 2.80

Muralt, Lily v. (Meta Willner), unbewußter Einfluß. Eine Erzählg. f. Backfischchen. 8. (III, 133 S.) Zürich 900. Art. Institut Orell Füßli. Geb. in Leinw. n. 2.80

Muralt, Lily von. Hannas Ferien. Eine Erzählung für Mädchen im Alter von acht bis zwölf Jahren. 2. Aufl. [Umschlag illustriert.] 107 S. 8 Zürich, Orell Füssli, 1910 [geb. fr. 2. —]

Muralt, Lily von. Paulas Lebenserfahrungen. Eine Erzählung für die reifere Jugend und ihre Freunde. IV + 235 S. 8. Zürich, Art. Institut Orell Füssli, 1904. [geb. fr. 4. 50]

— Lockenköpfchen. Eine Erzählg. f. Kinder im Alter von 8—12 Jahren. 8. (III, 138 S.) Ebd. 899. Geb. in Leinw. n. 2.80

Muralt, Lily v. (Meta Willner), vier Namens-Schwestern. Eine Erzählung f. Mädchen im Alter von 12—15 Jahren. 8. (III, 137 S.) Zürich 898. Art. Institut Orell Füßli. Geb. in Leinw. n. 2.80

Muralt, Lily v., aus Lottchens Tagebuch. Eine Erzählg. f. junge Mädchen. (168 S.) 8. Zürich 906. Art. Institut Orell Füßli. Geb. n. 2.80

Muralt, L[udwig] v[on]. Die Behandlung schwerer einseitiger Lungentuberkulose mit künstlichem Pneumothorax. (Vortrag, gehalten an der 77. Versammlung des schweizerischen ärztlichen Zentralvereins in Olten, 30. X. 09.) [Mit Figuren.] Sonderdruck aus der Münchener medizinischen Wochenschrift, No. 50 und 51, 1909. II + 25 S. 8. ⟨München, J. F. Lehmann.⟩

Muralt, L[udwig] v[on]. Manometrische Beobachtungen bei der Ausübung der Therapie des künstlichen Pneumothorax. Aus dem Sanatorium Davos-Dorf .... Mit 6 Kurven im Text. (Sonderabdruck [aus:] Beiträge zur Klinik der Tuberkulose ... Band 18, 1910—1911, Heft 3.) IV S. + S. 359—384 ⟨26 S.⟩. 8. (Würzburg, Curt Kabitzsch.)

Muralt, L[udwig] v[on]. Das ärztliche Berufsgeheimnis. Vortrag, gehalten in der juristisch-psychiatrischen Vereinigung in Zürich am 13. Februar 1903. (Aus der Schweizerischen Zeitschrift für Strafrecht. Jahrg. 16. 1903 = Extrait de la Revue pénale suisse. 16e année.) I S. + S. 160—178. 8. [Bern, Stämpfli & Cie.]

Muralt, L[udwig] v[on]. Davos als Kurort für Nervenkranke und Erholungsbedürftige. Separat-Abdruck aus. D', ein Handbuch für Ärzte und Laien. 23 S. 8. Davos-Platz, Buchdr. Davos A.-G., 1907.

Muralt, Ludw, üb. congenitalen Defekt d. Tibia, s.a. Bibliotheca medica, Abth. C, Hft. 5.

Muralt, Ludwig v., prakt Arzt aus Zürich Ueber congenitalen Defekt der Tibia mit anatomischer Untersuchung eines Falles von totalem congenitalem Tibiadefekt. [Erschien als Heft 5 der Bibliotheca medica Abt C]. Cassel Th. G Fisher u. Cie **1895**. 2 Bl., 29 S., 2 Taf (1 Doppeltaf.). 4°
Zürich, Med. Diss. [v 22. Jan. 1896].

Ueber congenitalen Defekt der Tibia m. anatom. Untersuchg e. Falles v totalem congenitalem Tibiadefekt. Von Dr Ludwig v. **Muralt.** M. 2 Taf *Cassel: Th. G Fischer & C. 1896.* (1 Bl., 28 S., 1 Bl., 2 Taf.) 1 Bd 4. = Bibliotheca medica Abth. C. H. 5. [96. 551

v. *Muralt*, Ldw., s. *Histoire* de Frédéric.

Muralt, Ludw. v., über moralisches Irresein (Moral insanity). Ein Vortrag. (Umschlag: 2. Aufl.) (30 S.) gr. 8. München 903. E. Reinhardt. n. — 80

Muralt, L[udwig] v[on]. Zur Kenntnis der symmetrisch fortgeleiteten Rasselgeräusche. Aus dem Sanatorium Davos-Dorf ... Mit 2 Figuren im Text. (Sonderabdruck [aus:] Beiträge zur Klinik der Tuberkulose ... [Band 16, 1910, Heft 2.]) IV S. + S. 121—131 ⟨11 S.⟩. 8. (Würzburg, Curt Kabitzsch.)

Muralt, Rob. v., die Brandstiftung im schweizer. Strafrecht, s.a. Abhandlungen zum schweizer Recht. 14. Hft.

Muralt, Robert von, Fürsprecher in Bern: Die Brandstiftung im schweizerischen Strafrecht mit Berücksichtigung des deutschen und französischen Rechts. Bern 1906. VIII + 156 S. 8°.
Bern. Jur Diss. 1905/1906.

Die Brandstiftung im schweizerischen Strafrecht mit Berücks. d. deutschen u. franz. Rechts. Von Dr. jur. Robert v. **Muralt.** Bern: Stämpfli & Cie 1906. (VII, 156 S.) 8°
= Abhandlungen z. schweiz. Recht. H. 14. [06. 5060

Muralt, Th. Ed. v., Eschatologie oder Lehre von den letzten Dingen im Neuen Testamente. Ein Versuch. gr. 8. (23 S.) Zürich 888, (Höhr.) *
Aus: Theologische Zeitschrift aus der Schweiz, besonders abgedruckt.

Muralt, Wilhelm v von Zürich Ueber Hydrophthalmus congenitus. Zür Zürcher u. Furrer Dr **1869**. 61 S., 1 Taf., 1 Bl., 1 Bl. Thesen. 8°
Zürich, Med Diss. v 9 Nov 1869

Leonhard von Muralt, Med. Dr (Verf.: W v Muralt.) Zürich 1893 Ulrich & Co. (38 S.) 4°
=Neujahrsblatt z. Besten d. Waisenhauses in Zürich f. 1893. St. 56.

Muralt, Willy v. [med. pract. aus Zürich]. Über verschiedene Formen der Knochenresorption durch Metastasen maligner Tumoren. Zürich 1901. 36 S. 3 Taf. 8°
Zürich. Med. Diss. 1900/1901

Muralt-Hirzel, Henriette von. Als Familien-Manuskript gedruckt. Zürich 1883. V: *Stiefel, Julius.* (Cat. d. Stadtbibl. Zürich. Zürich 1864—97.)

[Muralt-Ulrich, Thekla von.] Die Leo-Sprache. Dem Papa, den Grossmüttern, Onkeln und Tanten gewidmet für die Zeit, wenn ich einmal gross u. nicht mehr nett bin, von meiner Mama. 24 S. 8 Zürich, Art. Institut Orell Füssli, 1901.

MURALTER, Alois: Die Viehwirtschaft der Steiermark, ihre natürlichen Voraussetzungen und ihre geographische Verbreitung. — 1910. V, 126, III Bl. Diss. Graz, Univ.

Muralto, B. de, s. Muralt, B. von

Muralto, Ed. de, s. Muralt, Edward von

Muralto, Leonard von (Zürich / Schweiz), De parorchidio. Diss. med.-chir. Berlin (Feister u. Eisersdorff) 1828. 28 S., 1 Taf. (4.50) 24396
Gew.: Conrad Meyer.

* **MURANTES** (ps.). — Der in letzten Zügen liegende CVPIDO, oder das fatal- und unglückliche Lieben, in einem modesten ROMAN zur vergönnten Gemüths-Ergötzung vorgestellet von MVRANTES. Franckfurt u. Leipzig, 1747 8°. (5 Mk. Gust. Klaunig, Cassel, 1887; 5 Mk. Rich. Löffler, Dresden, 1900.)
Titel, 3 Bll. Vorr., dat E Musaeo 4. Oct. 1747 374 S. Hier und da etwas frei. — Selten!

Muraoka, Hanichi [aus Tottori in Japan]: Über das galvanische Verhalten der Kohle. Strassburg, Buchdruckerei von G. Fischbach, 1881. 8. 36 S.

Murat, Nic., Dictionnaire français-turc en caractères latins et en caractères turcs. Publié avec l'autorisation du ministère de l'instruction publique. (432 S.) gr 16. Constantinopel 901. (O. Keil.)
In Leinw. kart. n.n. 1.80; geb. n.n. 2. —

— Dictionnaire turc-français en caractères turcs et latins, avec des exemples. (318 S.) gr. 16. Ebd. 903. Geb. in Leinw. n.n. 2.50

Murat, S.

Derselbe. Erklärung des Gedichts „der Mai" von Hagedorn. 31 S. Villingen, P 1865

S. Murat. Grundzüge des Unterrichts in der deutschen Sprache. S. 15—36 des Jahresberichts. Villingen, P 1863

Murat, das Lied von der Glocke, in deutscher und englischer Sprache. Stuttgart. 23 p.
Schul-/Univ.-Schrift

Derselbe. Über den Unterricht in der französischen Sprache: Ein praktischer Versuch. S. 17—30 des Jahresberichts. Villingen, P 1864

Murat, Zergliederung des Hagedorn'schen Gedichtes „der Mai". Villingen.
Schul-/Univ.-Schrift

Murat, Theod., das junge Paris, od. Einer wie Tausende. N. d. Franz. v. † Theod. Hell. 2 Thle. 8. (21 ¼ B.) Dresden u. Leipzig 835, Arnoldische Buchh.

Mûrat, Achilles, Briefe üb. d. moral. u. polit. Zustand d. verein. Staaten v. Nord-Amerika. A. d. Franz. gr. 12. (13⅙ B.) Braunschweig 833, [Horneyer.]

Mûrat, Achilles, Briefe über den moral. u. polit. Zustand der vereinigten Staaten von Nord-Amerika. Aus d. Franz. gr. 12. Braunschweig 833. Verlags-C.; jetzt Th. Fischer in Cassel. 1 ⁿ⁄₆

—— Darstellung d. Grundsätze der republikan. Regierung, wie dies. in Amerika vervollkommnet worden ist. A. d. Franz. gr. 12. (15 B.) Braunschweig 833, [Horneyer.]

Muratori, Lodovico Antonio

Muratori, Lud. Ant., Abhandl. v. d. ächten Einricht. der christl. Andacht. a. d. Ital. 8. Bamberg, Göbhard. 795. Nitblr.

Muratori, Ldw. Ant., Abhandl. von d. ächten Einricht. d christl. Andacht; aus d. Italien. 8. Bamb. 795. (Wesché in Frankf.) 12 gr.

Muratori, L. A. Kritische Abhandlung von dem guten Geschmack in den schönen Künsten . . . a. d. Ital. Augsburg 1772. Ü: *Obladen, Peter.* (MGT)

MURATORI, LUDWIG ANTON Kritische Abhandlung von dem guten Geschmacke in den Künsten und Wissenschaften. Aus dem Italiänischen übersetzt. Augsburg, M. Rieger & Söhne, 1772. 8° *Gestoch. Frontispizportrat des Verfassers von C. Klauber*, 15 Bl. 702 S. 12 Bl. Leicht berieb. I d. d. Z.

Muratori, Lodovico Antonio. Abhandlung von denen Spitälern, Pfand- Waisen- Armen- Findel- und Krankenhäusern . . . a. d. Ital. Augsburg 1781. Ü: *Obladen, Peter.* (MGT)

Muratori, Ldw. Ant., Abhandlung von den Spitälern, Pfand-, Waisen-, Armen-, Findel- und Krankenhäusern; nebst einem Anhange. Aus d. Italien. v. P. P. Obladen. 8°. Augsburg 1782.

— Abhandl. v. d. Werthe d. niedern Beredtsamk.; aus d. Italien. 8. Wien. 783. (Heubner). 3 gr.

– die wahre Andacht d. Christen

— — dieselbe. gr. 8. Wien, Camesina. 777.

— Dass. gr. 8. Wien 777. (Heubner). 10 gr.

— Dass. gr. 8. Wien 780. Trattner. 9 gr.

— Dasselbe. 8. Münst. 785. Aschendorf. 8 gr.

— die wahre Andacht d. Christen. 8. Augsb. ... N. A. 793 Wolf. 9 gr.

— — dies. 8. Bamb. Göbhard. 795.

— die wahre Andacht der Christen. 8. Bamb. 795. (Wesché in Frankf.) 12 gr.

Muratori, Ludwig Anton. „Anfangsgründe der Regierungskunst für junge Fürsten", aus dem Italienischen übersetzt, mit Anmerkungen und Zusätzen, von K. Ad. Caesar, Leipzig 1798 (Mittler).

Muratori, L. A., Annali d'Italia dal Principio dell' era volgare sino all' Anno 1749. Vol I — XV. col ritratto dell' Autore. 8. gr. Milano. (Vienna, Volke.) 818 — 20. 3

— Apologie des Suisses, ou réponse aux inculpations générales et particulières etc. 8. Basle, Tourneisen. 796.

Muratori, L. A. Gründliche Auslegung des grossen Gebots von der Liebe des Nächsten; a. d. Ital. O. O. 1761. Ü: *Obladen, Peter.* (Adel) (MGT)

— gründl. Ausleg. d. Gebots v. d. Liebe d. Nächsten, a. dem Ital. 8. Augsb. Rieger. 766.

Drei ungedruckte Briefe von L[odovico] A[ntonio] **Muratori** an Gabriel **Groddeck**. Erl. durch ebensolche von Bernhard de Montfaucon, Frederik **Rostgaard** u. a. aus d. Jahren 1697–1702, mitgeteilt u. eingeleitet von Karl **Wenck**, Prof. Pavia: Succ. frat. Fusi 1907. (31 S.) 4°(8°)
Aus: Raccolta di scritti storici in onore del Prof. Giacinto Romano nel suo 25 anno d'insegnamento.
07. 10326

Ludovici Antonii **Muratorii** De Corona ferrea, qua Romanorum imperatores in Insubribus coronari solent commentarius. Mediolani et Lipsiae. 1719 8°

— de recta hominis christ. devotione. 8. Viennae, Gerold.

— dialoghi curiosi, italienisch und deutsch. 8. Nürnberg. 721.

L. Ant. Muratori üb. d. Einbildungskraft d. Menschen, m. vielen Zuss. h. v. G. Hm. **Richerz.** *Lpz.*, Weygand. 785. 2 Thle. 8° 1 rf 14 gl

Muratori, Ludw. Ant., über d. rechten Gebrauch d. Vernunft in Sachen d. Religion. A. d. Lat. übers. u. hrsg. v. Biunde u. Braun. Mit e. Erzbischöfl. u. 5 Bischöfl. Approbationen. gr. 8. (28⅛ B.) Koblenz 837, Bädeker.

Muratori, L. A. Gedanken über die Abschaffung des Bettelns und Verpflegung der Armen . . . Augsburg 1780. Ü: *Obladen, Peter.* (MGT)

— Gedanken über Abschaffung des Bettelns. Aus d. Italien. v. P. P. Obladen. 8°. Augsburg 1780. (Kummer in Leipzig.) Uebersetzt und vermehrt von Peter Obladen. 16°. Wien 1783.

— — dieselben. 8. Innsbruck. Wagner. 785.

Ludwig Anton **Muratori** Geschichte von Italien, nach Ordnung der Jahre, vom Anfange der Christlichen Zeit-Rechnung bis auf das Jahr 1500, a. d. Ital. übersetzt. Nebst einer Vorrede Christian Gottlieb Jöchers. 4°.

Th. 1. Von Christi Geburt bis 221. Leipzig. 1745.
Th. 2. 222—400. ebd. 1745. Th. 3. 400—600. ebd. 1746.
Th. 4. 600—840. ebd. 1746. Th. 5. 841—1000. ebd. 1747.
Th. 6. 1001—1124. ebd. 1747. Th. 7. 1125—1250. ebd. 1748.
Th. 8. 1251—1377. ebd. 1749. Th. 9. 1378—1500. ebd. 1750.

Muratori, L. A. Geschichte von Italien, nach Ordnung der Jahre . . . A. d. Ital. . . . Leipz. 1745—50. Ü: *Baudis, Gfr. Leonhard.* (CBH)

— Gesch. v. Italien. 9 Thle. gr. 4. Leipz. Breitkopf. 745 —749.

Muratori, L. A. „Von der Glückseeligkeit des gemeinen Wesens, als dem Hauptzweck gut regierender Fürsten". München 1758.

— von d. Grenzen d. Vernunft in Religionssachen. 1r Thl. 8. Wien 783.. Hörling. 20 gr

— dissert. de jurisprudentiae naevis. 8. Augsb. 753. Wolf. (Kranzfelder). 8 gr

— contra sublimo loquentes in cathedra. 8. Augsb. 775. Wolf. 3 gr

— v. d. Mäßigung u. Denkart. in Religionssachen. 2 Thle. 8. Wien, Krauß. 769–70.

— de ingenior. moderatione in religionis negotio Libr. III. 8maj. Augsb. 779. M. Rieger. 1 rf

Muratori, L. A. „De moneta, sive jure cudendi nummos. De diversis pecuniae generibus, quae apud veteres in usu fuere . . . .", Mediol. 1738 bis 1742. fol.

— Traité du bonheur public av. sa vie et. le Catalogue de ses ouvrages. 12. Paris. (Varrentrapp et W. à Francf.)

— Traité du bonheur public, trad. de l'Ital. av. sa Vie. II Vol. 12. Paris. (Pott, L.) 772.

— geistl. Uebungen, nach d. Weise Segner d. Jüng. 8. Augsb. 772. Wolf. 9 gr

— geistliche Uebungen, auf acht Tage abgetheilt; aus d. Italien. mit Anh. verm. v. J. C. Edlweckh. 8. Münch. 772. Lentner. 1 rf

— — dasselbe. 8. Augsb. Bolling. 794.

Ἀδεισιδαίμονος φιλορωμαίου Vindiciae adversus sycophantas juvavienses. [Von Muratori.] Coloniae: Marteau 1741. 192 S. 4⁰
cf. Abafi, L.: Gesch. d. Frmrei i. Oesterreich-Ungarn. 4 (1893) S. 358—360.
Kl. 261. Selten. Joh. Bapt. de Gaspari wird auch als Verf. gen. Nach Thory: Acta 1 (1815) S. 351 auf theolog. Disputationen bezügl., in welche die Frmr 1741 in Salzburg verwickelt wurden.

Muratori, Ludwig Anton. Vita humilis servi dei Benedicti Jacobini praepositi Varallensis. Clagenfurti, Kleinmayr, 1759. 160 S.

Muratori, Lodovico Antonio: Francisci Torti medici Mutinensis vita. 20 S.(S.8 - 27), gbd.

Francofurti et Lipsiae: Fleischer 1756
in: Torti, Francesco`Therapeutice specialis ad febres periodicas perniciosas...
Ed.quinta. 1756

JB 1.841

Muratowicz, gloria sepulcri Christi. 4. Leipz. 755. Heinsius. 1 rf 16 gr

Murat's, Joachim, Heldenthaten in d. J. 1813, 14 u. 15. 8. Leipz. (Rein). 8 gr

Murau [Schlagwort]

Murau, s.: Europa. Liebenow.

Murau [Verfasser]

Murau, Karoline, aus Oesterreich's Herzen, s. Barach, Rosa.

Murau, Karoline, Wiener Malerinnen. 8. (XII, 127 S.) Dresden 895. E. Pierson. n. 2. —; geb. in Celluloid u. Leinw. n. 3. 50

Murauer, Hans, Geflügelzuchtbuchführg. f. Geflügelzuchtstationen u. kleinere Geflügelhaltungen. (64 S.) Lex. 8. Schärding (908). J. Heindl. 1. —

MURAUER, Josef: Das Verhältnis Herzog Heinrichs II. Jasomirgott von Österreich zum Reich und zur Curie nach dem Jahre 1159. — 1888. 95 S. Diss. Graz, Univ.

Murault, Ed. de, s. Muralt, Edward von

Murave, E., Schlesische Ehrensäulen, durch einige. Reden aufger. 8. Sorau, Hebold. 751.

— der Tag der Geburt, u. d. Tag d. Todes, in einigen Schriften d. untersch. Gelegenh. 8. Ebend. 759.

Muravius, Alexius, Plan z. Vorlesf. üb. d. Religion d. Vernunft u. Offenbarung f. die Candidaten d. Logik. 4. Münst. 785.

Murawjew, Graf M. N., Memoiren, s. Dictator, der, von Wilna.

Murawjew, M. N. Graf v. Der Dictator von Wilna. Memoiren des Grafen M. N. Murawjew Aus d. Russ. Leipzig 1883. 8⁰ (Orig. 1882.)

Murawiew, Nicolaus von

Murawjew's Geschichte der russischen Kirche. Aus dem Russ. übers. von Jos. König. gr. 8. (IV und 258 S.) Carlsruhe 857, Groos.

[von Murawiew, Nicolaus] Des kaiserlich russischen Gesandten Nicolaus von Murawiew Reise durch das Land der Truchmenen nach Chiwa in den Jahren 1819 und 1820.
in Reisen in den mittleren und nördlichen Festländern Asiens. Herausgegeben von Friedrich Heinzelmann S. 17—58 Leipzig 1855 42 S. 8⁰

— Reise durch Taurien im Jahre 1820. Aus d. Russ. v. W. v. Oertel. Mit 5 Karten u. Planen. gr. 8. Berl. 825. Enslin. 1 rf 16 gr

— Reise nach Turkomanien u. Chiva, in d. Jahren 1819 u. 20. gr. 8. Jena 823. Bran. 1 rf

v. Murawiew — Apostel, N., Reise durch Turkomanien nach Chiwa in d. Jahren 1819 u. 20. Aus d. Russ. übers. u. mit histor. Einleit., Beilagen u. Anmerkk begleitet v. Ph. Strahl. 2 Thle. Mit 8 Steintaf. u. 1 Karte. gr. 8. Berl. 824. Reimer. 3 rf

Murawlin, Dm. (Fürst Dmitri Petrowitsch Golizyn), Liebesirrtümer. Roman. Deutsch v. H. Röhl. (384 S.) 8. Leipzig (905). B. Elischer Nachf. n. 3. 50

Murawski, Bern., kurzes Lebensbild d. hl. Adalbert, Apostels d. Preußen. Zum 900jähr. Jubiläum s. Märtyrertodes bearb. 8. (III, 59 S. m. Abb. u. 1 Taf.) Gnesen 897. (J. B. Lange.) – 30

Murawtschik, L[eiba]. Über Arteriosclerosis cerebro-spinalis. Diss. Med. Basel. 42 S. 8. Basel, Brin & Cie., 1908.

Murbach, der Graf, oder die zu spät bereute Rache. Trspl. 8. Wien 780. Kurzböck. 3 ℛ

Murbach, C. L., neueste Unterhaltungs-Bibliothek, s. Unterhaltungs-Bibliothek.

Murbach, Lewis [aus Java, Ohio, U. S. A.]: Beiträge zur Kenntnis der Anatomie und Entwickelung der Nesselorgane der Hydroiden ... M. e. Taf. (Aus: Arch. f. Naturgesch., 1894.) Berlin, Nicolai, 1894; 39 S., 1 Taf. 8.
Leipzig, Phil. Fak., Inaug.-Diss. v [27 Sept.] 1894

Über Anomalien im Baue des Nucellus und des Embryosackes bei parthenogenetischen Arten der Gattung Alchemilla. Von Sv[ante Samuel] **Murbeck**. Mit 1 Taf. *Lund 1902 E. Malmström.* (10 S.) 4°
= Acta Universitatis Lundensis. Bd 38, Afd. 2, No 2 [04. 1408

Ueber den Bau und die Entwickelung von Dictyosiphon foeniculaceus Huds., Grev Von Sv[ante] **Murbeck** Mit 1 Taf *Christiania. J. Dybwad in Komm. 1900.* (20 S.) 4°(8)
— Skrifter udg af Videnskabsselskabet i Christiania. 1900. I. Math.-naturv Kl. No 7 [01. 1318

Contributions à la connaissance des Plombaginées-Graminées de la flore du Nord-Ouest de l'Afrique et plus spécialement de la Tunisie. Par Sv **Murbock**. Avec 3 pl. *Lund 1899: E. Malmström.* (30 S.) 4°
= Acta Universitatis Lundensis. Bd 35. Afd. 2 No 3 [01. 231

Über die Embryologie von Ruppia Rostellata Koch. Von Sv[ante Samuel] **Murbeck**. Mit 3 Taf. *Stockholm 1902: P. A. Norstedt & Söner* (21 S.) 4°
— Handlingar, K. Svenska Vetenskaps-Akademiens. N. F. Bd 36, No 5. [03. 1398] 4

Ueber das Verhalten des Pollenschlauches bei Alchemilla arvensis (L.) Scop. u. das Wesen d. Chalazogamie von Sv[ante] **Murbeck** Mit 2 Taf *Lund 1901 E. Malmström* (18 S.) 4°
= Handlingar, Kgl Fysiograf Sällskapets. Bd 11 No 9.
= Acta Universitatis Lundensis. Bd 36 Afd 2 No 9 [03 1940

Die Vesicarius-Gruppe der Gattung Rumex. Von Sv[ante Samuel] **Murbeck**. Mit 2 Taf. Lund 1907: H. Ohlsson. (30 S.) 4°
= Acta Regiae Societatis Physiogr. Lundensis. N. F. Bd 17, No 14
= Acta Universitatis Lundensis. N. F. Afd. 2, Bd 2, No 14. [08. 10717 4

Murchison, Charles, die typhoiden Krankheiten. Flecktyphus, recurrirender Typhus, Ileotyphus u. Febricula. Deutsch herausg. mit einem Anh.: Die Epidemie des recurrirenden Typhus in St. Petersburg 1864, 1865 von W. Zuelzer. Autoris. Ausg. Braunschweig 867. Vieweg & Sohn. gr. 8. (XVIII, 730 S. mit 6 lith. u. color. Taf. u. vielen Tabb. in gr. 8., 4. u. Fol.) n. 3 ℛ

Murchison, Roderich Impey

Murchison: Über die älteren oder paläozischen Gebilde s. Sedgwick.

— über die plutonischen u. vulkanischen Gebilde des Kirchenstaats, siehe: Jahrbuch, geograph., IV.

Murchison, Roderich Impey, über den Gebirgsbau in den Alpen, Apenninen u. Karpathen, namentlich um einen Uebergang aus sekundären Gebilden in tertiäre darzuthun, u. über die Entwicklung eocener Ablagerung im südlichen Europa. Bearb. v. Gust. Leonhard. Mit 1 lith. Profiltaf. (in Fol.) gr. 8. (162 S.) Stuttgart 850, J. B. Müller. 1 ℛ — Nachträge A. u. d. T.: Ueber die älteren vulkanischen Gebilde im Kirchenstaate u. über die Spalten, welchen in Toscana heiße Dämpfe entsteigen, u. deren Beziehungen zu alten Eruptions- u. Bruch-Linien. Deutsch von G. Leonhard. gr. 8. (IV u. 65 S. m. eingedr. Holzschn.) Ebd. 851. 12 ngr (cmplt. 1 ℛ 12 ngr)

——, E. v. Verneuil und A. v. Keyserling, Geologie des europäischen Rußlands und des Urals, bearb. von Gust. Leonhard. (In 2 Abthlgn.) 1. Abthl. Das europäische Rußland. gr. 8. (351 S. und 1 Stahlst.) Stuttgart 847, Schweizerbart'sche Vrlgsb *

—— dass. — 2. Abthl.: Der Ural. gr. 8. (S. 355—634 mit 1 lithogr. und ill. Bl. mit Durchschnitten in qu. Fol. und 1 geognost. Uebersichtskarte in Farbendruck.) Ebds. 848. *

Murchison, R. J. Geological Map of the Eastern Alps (Aus d. Trans. Brit. Geol. Society.) London, 1832 Folio.

Murchison: Die Rheinlande nach ihrer geologischen Beziehungen, s. Sedgwick

— üb. das Verhalten der heissen u. der Wasserquellen Toskanas zu den pluton. u. metamorph. Felsarten, siehe: Jahrbuch, geograph., IV.

Murcia Regnum. Auctore T Lopez. Denuo a Homannianis Heredibus in Lucem editum 1798. 1: 800,000. Beygedruckt. Insularum Mallorca et Cabrera Charta geographica. 1: 380,000 Opera et Studio Domini Thomas Lopez etc Homann. Heredes excuderunt Norimbergae 1798 1 Bl.

Mürcke, Andreas (Moskau / Rußland), De viribus sanguinis et solidorum motum facientibus curatius. Diss. physiol. Leipzig (Langenheim) 19. VI. 1772. 28 S. (4.50) **24348**

Mürdel, J. Casp., abel. Knechtschaft, d. ist Betr. v. Gottesdienst d. Frommen. 8. Ulm. 702.

Murdfield, Rudolf, a. Wadersloh: Das Lignin und Kutin in chemischer und physiologischer Hinsicht. Münster i. Westf. 1906: Westf. Vereinsdr. (44 S.) 8°
Münster, Phil. Fak., Ref. König, Diss. v. 25. Apr. 1906
[Geb. 9. Juni 82 Wadersloh, Wohnort Münster; Staatsangeh.: Preußen; Vorbildung Realgymn. Münster Reife O. 01, Studium Münster 8 S.; Rig. 3. März 06.]

A History of Japan. By James **Murdoch**. Publ. by the Asiatic Society of Japan. Vol. 1 Yokohama [usw.]: Kelly & Walsh, Leipzig: Harrassowitz [usw.] 1910. 4°(8°) [10. 1820]

Mürdter, D., Leitfaden der Weltgeschichte, s. Leitfaden.

Mürdter, Friedrich, s.a. Mürdter, J. Friedrich

Mürdter, F. Geschichte Babyloniens u. Assyriens, s.a. Reiche der alten Welt.

Mürdter, F., kurzgefaßte Geschichte Babyloniens und Assyriens nach den Keilschriftdenkmälern. Mit besond. Berücksicht. des Alten Testaments. Mit Vorwort von Friedr. Delitzsch. 8. (VIII, 279 S. mit 28 eingedr. Holzschn.-Abbild.) Stuttgart 882, Gundert. *

Mürdter, F., General Gordon, s.: Familienbibliothek, Calwer.

Mürdter, F., die blitzende Legion, s. Jugend- und Volksbibliothek, deutsche.

Mürdter, Frdr., wie stellst du dich zu deinen Dienstboten? 8. (94 S.) Stuttgart 894. Buchh. der Evang. Gesellschaft. Kart. n. — 60; geb. in Leinw. n. 1. —

Mürdter, J Friedrich, s.a. Mürdter, F

—— 11 Briefe über christliche Erziehung. Eltern und Lehrern gewidmet. gr. 16. (147 S.) Stuttgart 871, Belser's Verlag. * geb. *

Mürdter, J. F., General-Major Sir Henry Havelock, Baronet von Lacknau, Kommenthur des Bathordens rc. als Kriegsheld und als Christ. Nach den Biographien von W Brock, James Grant und John Marshman geschildert. Stuttgart 859. J. F. Steinkopf. 8. (164 S.) 12 ngr.

— deutsche Kaiserbilder. Für die reifere Jugend entworfen. 1. Abth.: Karl der Große bis Heinrich V. 768—1125. — 2. Abth.: Konrad III. bis Maximilian I. 1138—1519. Ebend. 862, 63. 8. (IV, 370 S. m. Holzschn.; 349 S. m. Holzschn.) Jede Abth. 27 ngr.

Mürdter, J. F., deutsche Kaiserbilder. Für die reifere Jugend entworfen. 3. Abthl. Karl V. bis Franz II. (1520—1806.) Stuttgart 866. J. F. Steinkopf. 8. (420 S. mit eingedr. Holzschn.) 27 ngr.

Mürdter, (J.) Friedr., Leitfaden der Weltgeschichte, s. Leitfaden.

Mürdter, J. Fr., englische Reformatoren und Märtyrer in Biographien. 3 Bdchn. 8. Heidelberg, C. Winter's Universitäts-Buchh. cart. à Bdchn. * 80 Pf. *

Inhalt:
Bdchn. 1. Sir John Oldcastle. — Dr. Thomas Bilney. — Dr. Rob. Barnes. — Anna Askew. Nebst einer kurzen Geschichte der Reformation Englands als Einleitung. (98 S.) 868.
„ 2. Dr. Hugh Latimer, Bischof von Worcester. — Dr. Nicol. Ridley, Bischof von London. (102 S.) 869.
„ 3. Dr. John Hooper. — Dr. Rowland Taylor. — Mr. John Bradford. — Dr. John Jewel. (120 S.) 869.

Mürdter, J. Friedr., Reformatoren und Märtyrer der evangelischen Kirche in England. Nach ihrem Glauben, Leben und Ende dargestellt. Mit einem Vorwort von Lechler. 8. (VI und 320 S.) Heidelberg 854, K. Winter. *

Mure, homöopathischer Haus- und Volksarzt. Praktische und allgemein verständl. Anweisung alle gewöhnl. Krankheiten nach dem homöopath. Heilverfahren, ohne Hülfe des Arztes und fast ohne Kosten zu heilen. Nebst Anleitung zur Heilung der wichtigsten Thierkrankheiten und der Kartoffelkrankheit durch die Homöopathie. Uebersetzung des französ. Orig. durchgesehen und bevorwortet von V. Meyer. 8. (VIII und 248 S.) Leipzig 851(52,) Falk.

Mure, Conrad von s. (Liebenau, Th[eodor] von) Conrad's von Mure Clipearius Teutonicorum. [Solothurn 1880.]

Murer, Hans Rudolf, s. Maurer

Murer, Heinrich s Blanchet, A[dolphe]. et Bovet, P. P[ierre Canisius]. La vie et la mort de Saint Béat . Fribourg 1876.

Murer, R., Beschreib. d. Habsburger Bades. 8. Zürich, Ziegler. 788.

Mürer, (T. C.,) **de causis cophoseos surdo-mutorum** indagatu **difficilibus. Comment. brevis sectionibus ca**daver. ut plurimum **illustr. Cum tab. lithogr. 8. Haf**niae, (Reitzel.)

Murero, Hans, Fechten im Bild, 36 Lehrtafeln f. alle, E. Einführung f. alle in Technik u. Taktik d. Säbel-, Florett- u. Degenfechtens, m. 42 Lichtbild. auf Kunstdr. u. e Fechtanweisung, Stuttgart, 16 S., 3 Taf., 16°

Sever MURESCIANU Die Drei-Heiligen-Kirche in Jassy
Prag, Phil. Diss. 1887/88

Muret: Le nonveau Pathelin. Berlin 1865
Schul-/Univ.-Schrift

Muret, E. Die Bezeichnung der englischen Aussprache. Berlin, Luisensch., 1868. 29 S. 4. **Progr.**

Encyclopædic English-German and German-English Dictionary Uniform in plan and arrangement with Sachs-Villatte's French-German and German French Dictionary Giving the pronunciation according to the phonetic system employed in the method of Toussaint-Langenscheidt By Prof Dr Éd **Muret**. (Ed. (from A to E) by Prof Dr Daniel Sanders. Continued with the assist. of Cornelis Stoffel by Prof. Dr Immanuel Schmidt.) Unabridged Ed. P 1 2 (In 48 Lfgn.) *Berlin Langenscheidt 1891(-1901).* 4 Bde 4°
[Nebent] Encyklopäd englisch-deutsches u. deutsch-englisches Wörterbuch Mit Angabe d Aussprache nach d. phonet System d Methode Toussaint-Langenscheidt Bearb von Muret Grosse Ausgabe
1 English-German (Half 1 2) 2 German-English. (Half 1 2)
1 A–J 2 K–Z 1 A–K 2 L–Z [91. 1001]

[Éd] **Muret**-[Daniel] Sanders Encyclopaedic English-German and German-English dictionary Uniform in plan and arrangement with Sachs-Villatte's French-German and German-French dictionary.) Giving the pronunciation according to the phonetic system employed in the method of Toussaint Langenscheidt Abridged (2 smaller) ed. For school and home) P 1 2 1 10. Thous. *Berlin: Langenscheidt 1898–1900.* 2 Bde 4°
1 English-German By B[erthold] Klatt 1898.
2 German-English By H[einr] Baumann, London 1900.
[Nebent] Muret-Sanders Encyklopäd engl.-deutsches u deutsch-engl. Wörterb (Ein Parallelwerk Mit Angabe d Ausspr Hand- u Schul-Ausg (Ausz aus d. Gr Ausg. [00. 3896

[Eduard] Muret-[Daniel] Sanders Encyclopaedic English-German and German-English Dictionary (Uniform in plan and arrangement with Sachs-Villatte's French-German and German-French Dictionary) giving the pronunciation according to the phonetic system employed in the method of Toussaint-Langenscheidt. Abridged (2: Smaller ed. for home and school. P. 1. 2. Revised and corrected ster. ed. *Berlin: G. Langenscheidt 1902.* **2 Bde 4°(8°)**
1 English-German by B[erthold] Klatt, 23.–32. Taus.
2. German-English by H[einr] Baumann, 19.–28. Taus.
[Nebent.] Muret-Sanders. Encyklopädisches engl.-deutsches u. deutsch-engl. Wörterb. Mit Angabe d. Aussprache nach d. phonet. System Hand- u. Schulausg. [03. 8700

Toussaint-Langenscheidt Method. (Éd[ouard]) **Muret** – (Daniel) Sanders Encyclopædic English-German and German-English Dictionary Uniform in plan and arrangement with Sachs-Villatte's French-German and German-French Dictionary Giving the pronunciation according to the phonetic system employed in the method of Toussaint-Langenscheidt. Unabridged Ed. Rev. and corr ed. P. 1. 2. Berlin-Schöneberg · Langenscheidt 1905–06. 4 Bde 4°
[Nebent.] Muret-Sanders enzyklopäd. engl.-deutsches u. deutsch-engl. Wörterbuch Mit Angabe d. Aussprache nach d. phonet. System d. Methode Toussaint-Langenscheidt. Grosse Ausg. Durchges. u. verb. Ster. Aufl.
1 Engl.-German. By Prof. Dr Ed. Muret. 9.–11 thous. (Half 1 A–K Half 2: L–Z.) 1906.
2. German-Engl. Commenced by Prof. Dr. Daniel Sanders, continued by Prof. Dr. Imm. Schmidt, finished by Dr Cornelis Stoffel. 6.–8. thous. (Half 1 A–J. Half 2 K–Z.) 1905. [07. 8850 8

Toussaint-Langenscheidt method. [Eduard] **Muret**-[Daniel] Sanders. Encyclopaedic English-German and German-English Dictionary, giving the pronunciation according to the phonetic system employed in the method of Toussaint-Langenscheidt. Abridged ed. (for school and home) .. London · H. Grevel & Co.; (Berlin-Schöneberg: G. Langenscheidt 1908). 2 Bde (in 1 Bde). 4°
T 1 English German by B[erthold] Klatt, Rev by Edmund Klatt. 78.–107 Taus.
T 2. Deutsch-Englisch. Neue verb. u. stark verm. Aufl. von H[einrich] Baumann. 71–98. Taus.
[Nebent.] Muret-Sanders. Enzyklopädisches engl.-deutsches u. deutsch-engl. Wörterbuch. Mit Angabe d. Aussprache nach d. phonet. System d. Methode Toussaint-Langenscheidt. Hand- u. Schul-Ausg. [08. 18367

Muret, Ed., Geschichte der französischen Kolonie in Brandenburg-Preußen, unter besond. Berücksicht. der Berliner Gemeinde. Aus Veranlassg. der 200jähr. Jubelfeier am 29. Oktbr. 1885 im Auftrage d. Konsistoriums der französ. Kirche zu Berlin u. unter Mitwirkg. d. hierzu berufenen Komitees auf Grund amtl. Quellen bearb. gr. 4. (IX, 360 S. m. Illustr.) Berlin 885. Consistorium der französischen Kirche. (Ausliefrg. durch Plahn'sche Buchh.) cart. n. 12. —

Muret, [Edouard]: Geschichte der ersten städtischen höheren Töchterschule, der Luisenschule in Berlin. Festschrift zur Feier des 50 jähr. Bestehens dieser Anstalt. — Berlin: Schumacher 1888. 111 S. 8°

Muret, Ed., Lebensbilder einiger Réfugiés aus der Zeit der Einwanderung, nach ihren eigenen Aufzeichngn. mitgetheilt. [Aus: „Die französische Kolonie".] hoch 4. (92 S.) Berlin 891. E. S. Mittler & Sohn. n. 3. 50

Muret, Ed., französisches Lesebuch, s. Güth, A.

—— Notwörterbuch der englischen und deutschen Sprache für Reise, Lektüre und Konversation. 3 Tle. gr. 16. Berlin 884, Langenscheidt'sche Verlagsh. à Tl. *M 2. *

Inhalt:

Tl. 1. Englisch-Deutsch. (XVI, 476 S.)
» 2. Deutsch-Englisch. (XVI, 418 S.)
» 3. Sachwörterbuch [Land und Leute in England]. Unter Mitwirkung von Heinr. Baumann und J. Th. Dann zusammengestellt von C. Naubert. (XVI, 607 S.)

[Muret, Eduardus Theodorus Gustavus]: *De fluidorum superficie. S. 5—58. 4° (2°)
Halle-Wittenberg, Phil. Diss. v 20. Juni 1859
Geb. [Berlin 31. 8. 1833]

— Taschenwörterbuch der engl. u. deutschen Sprache. Mit Angabe der Aussprache nach dem phonet. System der Methode Toussaint-Langenscheidt. 2 Tle. (Langenscheidt's Taschenwörterbücher.) 2. Bearbeitg. 44.—55. Taus. 12. (XLII, 496 u. XXXIX, 452 S.) Berlin 902. Langenscheidt's Verl. Geb. in Leinw. à n. 2.—; in 1 Leinw.-Bd. n. 3.50
Erschien bisher u. d. T.: Notwörterbuch rc.

Muret, Eduard, Taschenwörterbuch der engl. u. deutschen Sprache. Mit Angabe der Aussprache nach dem phonet. System der Methode Toussaint-Langenscheidt. 2 Tle. (Langenscheidt's Taschenwörterbücher.) 121.—180. Taus. (XVI, 496 u. XXXIX, 452 u. 40 S.) kl. 8. Berlin-Schöneberg (907). Langenscheidt's Verl.
Geb. in Leinw. à 2.—; in Leinw.-Bd. 3.50

— encyklopädisches Wörterbuch der englischen u. deutschen Sprache. Mit Angabe der Aussprache nach dem phonet. System der Methode Toussaint-Langenscheidt. 1. Tl.: Englisch-Deutsch. Grosse Ausg. 1.—14. Lfg. Lex.-8. (1432 S.) Berlin 891—894. Langenscheidt. à 1. 50 (1.—12. Lfg. = 1. Tl. 1. Hälfte geb. in Halbfrz.: n. 21. —)

— encyklopädisch. Wörterbuch d. englischen u. deutschen Sprache. M. Angabe d. Aussprache nach dem phonet. System d. Methode Toussaint-Langenscheidt. 1. Thl.: Englisch-Deutsch. Grosse Ausg. 15.—24. (Schluss-) Lfg. Lex.-8. (S. 1433—2460) Berlin 895—897. Langenscheidt. à Lfg. 1. 50; (kplt. geb. in 2 Halbfrz.-Bde.: n. 42. —)

Muret, E., u. Dan. Sanders, encyklopädisch. Wörterbuch d engl. u. deutschen Sprache. M. Angabe d. Aussprache nach dem phonet. System d. Methode Toussaint-Langenscheidt. II. Tl. Deutsch-Englisch. Grosse Ausg. 1.—9. Lfg. Lex.-8. (XXIV u. S. 1—848.) Berlin 897—898. Langenscheidt. à Lfg. 1. 50

— — dasselbe. Hand- u. Schul-Ausg. (Auszug aus d. grossen Ausg.) 1. Tl.: Englisch-Deutsch v. B. Klatt. 1.—10. Taus. Lex.-8. (XXXII, 845 S.) Ebd. 898. 6. —; geb. in Halbfrz. 7. 50

— u. Dan. Sanders, encyklopädisches englisch-deutsches u. deutsch-englisches Wörterbuch. Ein Parallelwerk zu Sachs-Villatte's französisch-deutschem u. deutsch-französ. Wörterbuche. Mit Angabe der Aussprache nach d. phonet. System der Methode Toussaint-Langenscheidt. II. Tl. Deutsch-Englisch. A—E. bearb. v. Dan. Sanders, fortgeführt unter Mitwirkg. v. Cornelis Stoffel v. Imman. Schmidt. Große Ausg. 10.—24. Lfg. Lex.-8. (S. 849—2368 u. XLIII S.) Ebd. (899—901.) à 1. 50; (kplt. 2 Tle. à 36. —; geb. in 4 Halbfrzbdn. à n. 21. —)

— — dasselbe. Hand- u. Schul-Ausg. (Auszug aus der grossen Ausg.) 2. Tl.: Deutsch-Englisch v. H. Baumann. Lex.-8. (XXIV, 888 S.) Ebd. 900. à 6. —; geb. in Halbfrz. à 7.50; kplt. in 1 Bd. geb. 14.—

— dasselbe. Hand- u. Schul-Ausg. (Auszug aus d. großen Ausg.) 2 Tle. Durchgesehene u. verb. Ster.-Aufl. Lex.-8. Ebd. à 6.50; geb. in Halbfrz. à 8.—; in 1 Bd. 13.—; in 1 Halbfrz.-Bd. 15.—
1. Englisch-deutsch v. B. Klatt. 33.—42. Taus. (XXXII, 845 S.) 903.
2. Deutsch-englisch v. H. Baumann. 19.—28. Taus. (XXIV, 889 S.) 903.

Muret-Sanders. Encyklopädisches englisch-deutsches und deutsch-englisches Wörterbuch. ⟨Ein Parallelwerk zu Sachs-Villatte's ... Wörterbuche.⟩ Mit Angabe der Aussprache nach dem phonetischen System der Methode Toussaint-Langenscheidt. Hand- und Schul-Ausgabe (*Teil 1:* (Auszug aus der grossen Ausgabe)). Durchgesehene und verbesserte Stereotyp-Aufl. 2 Teile. — *A. u. d. T.:* Muret-Sanders Encyclopædic English-German and German-English Dictionary.... 4. Berlin, Langenscheidt, 1902. (geb. jeder Teil einzeln à M. 8. —, in einem Band M. 15. —)
Teil 1: Englisch-deutsch von B Klatt. 23. bis 32. Tausend. - Part 1: English-German... XXXII + 845 S.
Teil 2: Deutsch-englisch von H[einrich] Baumann. 19 bis 28. Tausend. — Part 2: English-German... XXIV + 889 S.

Muret-Sanders: Enzyklopädisches englisch-deutsches und deutsch-englisches Wörterbuch. Hand- und Schul-Ausg. Durchges. und verb. Stereotyp-Aufl. Berlin 1904
T. 1. Englisch-Deutsch. Von B. Klatt. 43.—52. Tausend.
T. 2. Deutsch-Englisch. Von H Baumann. 39.—48. Tausend.

Muret-Sanders: Enzyklopädisches englisch-deutsches und deutsch-englisches Wörterbuch. Hand- und Schul-Ausg. Durchges. und verb. Stereotyp-Aufl. Berlin-Schöneberg 1905
T. 1. Englisch-Deutsch. Von B. Klatt. 53.—62. Tausend.
T 2. Deutsch-Englisch. Von H. Baumann. 49.—58. Tausend.

— u. Dan. Sanders, enzyklopädisches englisch-deutsches u. deutsch-englisches Wörterbuch. Parallelwerk zu Sachs-Villatte's französisch-deutschem u. deutsch-französ. Wörterbuche. Mit Angabe der Aussprache nach dem phonet. System der Methode Toussaint-Langenscheidt. Große Ausg. 2 Tle. in 4 Bdn. Lex. 8. Ebd. à Bd. 18.—; geb. in Halbfrz. 21.—
1. Englisch-Deutsch. Bearb. v. Ed. Muret. Durchgeseh. u. verb. Ster.-Aufl. 9. bis 11. Taus. 2 Bde. (IX, XXXII, 2460 S.) 906. à 18.—; geb. in Halbfrz. à 21.—
2. Deutsch-Englisch. Begonnen v. Dan. Sanders. Fortgeführt v. Imm. Schmidt. Beendet v. Cornelis Stoffel. Durchgesch. u. verb. Ster.-Aufl. 6. bis 8. Taus. 2 Bde. (XXIV, 10, XLVIII, 2368 u. II S.) 905. à 18.—; geb. in Halbfrz. à 21.—

Muret-Sanders: Encyklopädisches englisch-deutsches und deutsch-englisches Wörterbuch. Hand- und Schul-Ausg. Durchges. und verb. Stereotyp-Aufl. Berlin-Schöneberg 1907
T 1 Englisch-Deutsch. Von B. Klatt. 72.—77. Tausend.
T 2. Deutsch-Englisch. Von H. Baumann. 67.—70. Tausend.

Muret, Eduard, u. Dan. Sanders, enzyklopädisches englisch-deutsches u. deutsch-englisches Wörterbuch. Parallelwerk zu Sachs-Villatte's französisch-deutschem u. deutsch-franz. Wörterbuche. Mit Angabe der Aussprache nach dem phonet. System der Methode Toussaint-Langenscheidt. Hand- u. Schulausg. (Auszug a. d. großen Ausg.) 2 Tle. Lex. 8. Berlin-Schöneberg (908). Langenscheidt's Verl. Geb. in Halbfrz. à Bd. 8.—; in 1 Bd. geb. 15.—
1. Englisch-Deutsch. Bearb. v. B. Klatt. Neubearb. v. Edm. Klatt. 78.—107. Taus. (XXXII, 1067 S.)
2. Deutsch-Englisch. Neue, verb. u. stark verm. Aufl. v. H. Baumann, M. A. 71.—98. Taus. (XL, 1183 S.)

Muret-Sanders: Encyklopädisches englisch-deutsches und deutsch-englisches Wörterbuch. Große Ausg. Durchges. und verb. Stereotyp-Ausg. Berlin-Schöneberg
T 1. Englisch-Deutsch. Bearb. von Ed. Muret. 9.—11. Tausend. 1908
Hälfte 1. A—K.
Hälfte 2. L—Z.

Muret Ernest La légende de la Reine Berthe [Avec 1 vignette] E 8 Zurich 1897

Muret, Johann Ludwig (Morsee/Schweiz), **Differentias praecipuas juris Romani et Helveto-Waldensis circa jus pignorum et hypothecarum in rebus mobilibus et immobilibus. Diss. jur. Präs. Julius Fried. von Malblanc. Tübingen (L. Fr. Fues) Jan. 1820. 19 S. (3.50)** 24398
Widm. v.: Julius Fried. von Malblanc.

Muret, M A, s. M u r e t u s, Marcus Antonius

Muret, Maurice [aus Vevey]. Ueber die therapeutische Verwerthung des Naphthalins, besonders bei Typhus abdominalis. Basel, Druck v. M Werner-Riehm, 1886, 74 S. + 1 Bl. u. 9 Taf. 8°
Strassburg, Med. Fak., Inaug.-Diss. v 1886.

M u r e t, M a u r i c e, über die therapeutische Verwendung des Naphthalins, besonders bei Typhus abdominalis. Diss. Strassburg i. Els. 1886, Trübners Buchh. u. Antiqu. (E. d'Oleire) 8°. 74 S. mit 9 Taf.

Muret, Thdr., die protestantischen Galeerensträflinge in Frankreich. (Aus dem Französ.) 8. (VIII und 67 S.) Hamburg 855, Agentur des Rauhen Hauses.

Muret-Sanders, s. M u r e t, Eduard

Müret, J L.

— v. d. Mahlen d. Korns rc. gr. 8. Basel 777. Serini. 20 Gr.

— mémoires sur la M o u t u r e des Grains etc. 8. Bern. Typ. 776.

Müret, J. L., Preisschr. üb. d. Getreidepreis. 8. Bern. Typ. Societ, 9 Gr.

Mureti, M Antonii, s. M u r e t u s, Marcus Antonius

Muretti, Marci Antonii, s. M u r e t u s, Marcus Antonius

Muretus, Marcus Antonius

—— **B r i e f e des, in 3 Büchern, übers. u. mit Anmerkn. vers. v. Albr. Rober. 8. (26½ B.) Nürnberg 832, Riegel u. Wießner.**

Muretus, Marc. Ant.: Commentarii breves et perspicui in titulos ad materiam iurisdictionis pertinentes. Argentorati 1608. Rec. Halae Magdeb. 1771.

— commentarii in titulos ad mater. jurisdictionis pertin. 4. Halle 771. Hendel. 3 Gr.

M u r e t, Marc Ant., Dichtungen. Heilige Lieder. In Ursprache und Uebersetzung hrsg. von Adf. Frantz. 16. (71 S.) Würzburg 866, Julien.

—— **E p i s t o l a e.** Ad optimar. edit. fid. accurate editae. Edit. stereot. 16. (24¾ B.) Lipsiae 838, Car. Tauchnitz. ⅓ Thlr., Vlnp.

M u r e t i, M. Antonii, epistolae. Ad optimarum editionum fidem accurate editae. Editio ster. C. Tauchnitiana. Nova impressio. 16. (IV und 892 S.) Leipzig 866, Holtze.

— Epistolae selectae et orationes, quibus additum est Tib. Hemsterhusii Elogium auctore Dav. Ruhnkenio, ad emendatiss. exempla exactae et annotat. instructae a Fr. Karl Kraft. 8 Nordhausen 826. Landgraf. (Dörffling in Leipz.) 18 Gr.

— Eaedem in usum publicum editae ab E. Th. Hohler. gr. 8. Wien 822. Bauer u. Dirnböck. 1 fl 4 Gr. (Vergl. *Bibliotheca* selecta.)

Mureti, Mar. Ant., institutio puerilis ad M. Antonium, fratris F., et in eam Antonii Constantini notas adj. K. Ph. Kaiser. 8. Heidelb. 807. Mohr. 3 Gr.

—— **I n s t i t u t i o puerilis ad M. Antonium fratris F. et in eam Antonii Constantini adnotationes. In us. scholar. separatim edid. Car. Henr. Frotscher. 8maj. (1 B.) Lipsiae 834, Serig.**

Muretti, Marci Antonii, Institutio puerilis. Des Marcus Antonius Muretus Leitfaden für die Jugend, dessen Originaltexte zum erstenmale die Uebersetzungen aller Sprachen der österr. Monarchie beigefügt, dem zarten Alter gewidmet von Dr. Valentin Fassetta. gr 8. (48 S.) Wien, Gerold in Comm. 1863. 50 kr.

— **I n s t i t u t i o n** des enfans, ou conseils d'un père à son fils trad. du lat. en vers Franç. p. François de Neuchateau, av. une trad. allemande en vers. 12. Strasbourg, Treuttel et W.

Muret, M. A. Variarum lectionum libri 18 . . . Editio nova . . . Halle 1791. H: *Wolf, Frdr. Aug.* (ErschDL) (Ebert) (Gi)

— variae l e c t i o n e s, ed. super. accurat. et auct. T. I. 8. maj. Halae, Hemmerde et Schw. 791.

—— **variarum l e c t i o n u m libri XVIIII. cum observationum juris libro singulari. Edit. novam, superioribus accuratiorem, inchoatam a Fr. A. Wolfio, absolvit, recogn., animadversionibus atque indicibus instrux. Jo. H. Faesius. Vol. II. 8maj. (27 B.) Halae 828, [Schwetschke et fil.]**
Vol. I. (cur. Fr. A. Wolf.) Ebendas. 1791. 1 Thlr.

—— **variae l e c t i o n e s selectae. Adnotatione instruxit Fr. Car. Kraft. 8. (24½ B.) Lipsiae 830, Dyk.**

— **Lehre an die Jugend, od. Rath e. Vaters an seinen Sohn; aus d. Latein. in französ. u. deutsche Verse übers. 12. Straßb. 799. Treuttel u. W. 3 Gr.**

Muretus, Marc. Ant., Leitfaden für die Jugend, dessen Originaltexte zum erstenmale die Uebersetzungen aller Sprachen der österreich. Monarchie beigefügt, dem zarten Alter gewidmet von Valent. Fassetta. Wien 863. (Gerold.) gr. 8. (2 Bl., 48 S.) n. 10 ngr.

— v. Lobe d. Wissenschaften rc. Aus d. Latein. ins Deutsche übers. u. skeletirt von J. W. Abel. gr. 4. Hadamar 811. (Lanz in Weilb.) 6 gr.

Muretus, M. A., vom Lobe d. Wissenschaften rc. Aus d. Latein. ins Deutsche übers. u. skeletirt von J. W. Abel. gr. 4. Hadamar, Neue Gel. Buchh. 812.

— opera omnia ex MSS. aucta etc. c. annot. D. Ruhnkenii. IV Tomi. 8maj. Leyden 789. J. Luchtmanns. 9 rthl 16 gr. (Marcus in Bonn). 9 rthl 3 gr.

Muretus, M. Ant., Opera omnia ex Mss. aucta et emendata, cum brevi adnotatione Dav. Ruhnkenii. Studiose ab se recognita emendata aucta selectisque aliorum et suis adnotationibus instructa accurate ed. Car. Henr. Frotscher. Acced. indices copiosissimi. II Vol. 8maj. Lipsiae 834, Serig. [I. (30¼ B. u. M's. lith. Bild.), II. (27½ B.) à 1 Thlr. 12 Gr., Vlnp. 2 Thlr. 12 Gr.] 3 Thlr., Vlnp.

Mureti, M. Ant., Opera omnia ex Mss. aucta et emendata, c. brevi adnotatione Dav. Ruhnkenii. Studiose ab se recogn. emendata, aucta selectisque alior. et suis adnotationibus instructa accurate ed. Car. Henr. Frotscher. Acced. indices copiosissimi. Vol. III. — E. s. t.: Mureti variarum lectionum lib. XIX et Observationum juris liber singularis. Recogn. atque integris D. Ruhnkenii plerisque F. A. Wolfii, I. H. Faesii et suis adnotationibus instr. Geo. Aenotheus Koch. Acced. index scriptorum. 8maj. (32 B.) Lipsiae 841, libr. Serig. 1½ Thlr., Vlnp.

—— Orationes. Ad optimor. ed. fidem accurate editae. II Vol. Edit. stereot. 16. (36 B.) Lipsiae 838, Car. Tauchnitz. ¾ Thlr., Vlnp.

—— orationes. Ad optimarum editionum fidem accurate editae. 2 Tomi. Nova edit. ster. C. Tauchnitiana. Nova impressio. 16. (XXX und 544 S.) Leipzig 867, Holtze. à Tom. 11¼ Ngr.

— orationes academicae. In us. publicum selectae ab K. Th. Hohler. gr. 8. Wien 822. Bauer u. Dirnböck. 20 gr.

Mureti, Mar. Ant., orationes et epistolae, cura K. J. Kappii. Emend. brevique annotat. Dav. Ruhnkenii aliorumque auctae a Fr. C. Kirchhof. Pars I et II. 8maj. Hannov. 825, 26. Helwing. 2 rthl 2 gr.

— orationes, epist. et poëmata. 8. Leipz. Ed. Nova 750. (Frommann in Jena). 1 rthl

— orationes, epist. et poëmata, c. J. Erh. Kapp. II Tom 8maj. Hannov. 774. Helwing. 1 rthl 4 gr.

— scripta selecta, cura K. Ph. Kaiser; acced. G. Fr. Creuzeri epist. ad editorem. 8maj. Heidelb. 809. Mohr. 1 rthl 12 gr. Schrbp. 2 rthl 8 gr. Velinp. 4 rthl

Mureti, M. Antonii, Scripta selecta ed. Jos. Frey. Vol. I et II. 8. Leipzig, Teubner. à Vol. M 1,20.

Inhalt:
Vol. I. Orationes. Praefationes. (VII, 224 S.) 871.
» II. Epistolae. Variae lectiones. (222 S.) 873.

— Sittensprüche f. die Jugend, in deutsche Verse übers. v. C. G. Bock. 8. Eßlingen 767.

Muret, Mar. Ant., Unterricht der Jugend in deutschen Denkreimen. 8. Jena, Akademische Buchhandlung. 766. Rthlr.

— Unterricht an d. Jugend, in deutschen Denkreimen. 8. Jena 766. (Hennings in Neisse). 3 gr.

Muretiana, ein kl. moral. Lesebuch z. Gebrauch f. Knaben, die Latein. u. Griech. lernen. 8. Nürnb. 790. Monath u. K. 6 gr.

Murger, H., s.a. Murger, Heinrich

Murger, H., aus der komischen Oper, s. Universal-Bibliothek.

Murger, Heinrich

Murger, Henri, die Boheme. Scenen aus dem Pariser Künstlerleben. (Uebertr. v. Fel. Paul Greve. Zeichnung der Bilder u. des Titels von Frz. v. Bayros) (281 S. m. 5 Taf.) gr. 8. Leipzig 906. Insel-Verlag. n. 8. —; geb. in Ldr. n. 12. —

Murger, Henri, die Boheme. Szenen aus dem Pariser Künstlerleben. (2. Aufl. 3. u. 4. Taus. Die Übertragg. besorgte Fel. Paul Greve. Die 5 Bilder zeichnete Frz. v. Bayros, Titel-Einbd. H. Wieynk.) (395 S.) 8. Leipzig 909. Insel-Verlag. 4.50; geb. in Leinw. 6.—; in Ldr. 8. —

Die Bohème. Szenen aus d. Pariser Künstlerleben. [Scènes de la vie de Bohême.] Von Henry **Murger**. Mit Ill. von A. Lewin. Berlin, Leipzig: Hillger [1910]. 112 S. 8°
(Kürschners Bücherschatz. Nr 747.) [illegible]

—— il giuramonto d'Orazio, s. Emporeo drammatico.

—— die Grisette des Quartier latin, s.a. Bibliothek, europäische.

— — Die Grisette des Quartier latin. 2 Bde. Grimma 1852. 8° (24 Sgr) (80 Pfg. M. Hauptvogel, Gotha, 1909.)

—— weiße Haare, s. Theater des Auslandes.

— junges Herz, s. Theater des Auslandes.

—— le bonhomme Jadis, s. Répertoire du théâtre français.

—— ein alter prächtiger Knabe, s. Bühnen-Repertoir.

— Aus d. Leben der Bohême, s. Bücher, die, des deutsch. Hauses.

Aus dem Leben der Bohême (Scènes de la vie de Boheme). Von Henri **Murger** Übers. von Mario Spiro. Ill. von B. Gestwicki. Berlin-Leipzig: Buchverl. fürs Deutsche Haus 1908. (302 S.) 8° [illegible]
= **Bücher**, Die, d. Deutschen Hauses. Reihe 1 Bd 10. [08. 5778]

Murger, Heinr., Adeline Protat, s. Ausland, das belletristische.

Murger, Henry

Adeline Protat. Aus dem Franz. übers. v. C. Büchele. Stuttgart: Franckh 1854. 8°

Murger, Henry, les roueries de l'ingénue. Scènes de la vie de théâtre. Roman inédit. (Bibliothèque choisie. Vol. 388.) 16. (159 S.) Naumburg 861, Paetz.

— Scenen aus dem pariser Boheme-Leben. Bearb. von Leon Grellepois. 1. u. 2. Heft. Prag 864. Kober in Comm. 16. (XLVIII, S. 1—208.) Jedes Heft n. 10 ngr.

—— Scenen aus dem Leben der pariser Jugend, s.a. Bibliothek, europäische.

— — Scenen aus dem Leben der Pariser Jugend. Deutsch von Ludw Fort. Ebd. 1852. 8° (12 Sgr) (70 Pfg. der Vorige)

Murger, H., Zigeunerleben, s.a. Universal-Bibliothek Nr. 1535—1538.

Murger, H., pariser Zigeunerleben, s.a. Bibliothek, europäische.

MURGER, Henry, Pariser Zigeunerleben. Bilder aus dem französischen Literaten- und Künstlerleben. Deutsch bearbeitet von Dr Hugo Hartmann. 2 Thle. Grimma 851. 16°
R Zinke's Dresd. Juni-Auct. 1908. no. 1345.

Murger, Henri, s. Murger, Heinrich

Murger, Henry, s. Murger, Heinrich

Murgoci, Georg Munteanu-, aus Bukarest Über die Einschlüsse von Granat-Vesuvianfels in dem Serpentin des Paringu-Massiv's. *Bukarest 1901: Staatsdruckerei.* (V, 113 S.) 4° (8°) ¶ (Aus 'Buletinul Societăţei de sciinţe' aus Bukarest, Jg. 9, No 5 u. 6, 1900.)
München, Phil. Diss. v 1901

Murgthal [Schlagwort]

Murgthal, s.: Schwarzwald.

Murgthal. Wälde, A., Touristen-Karte vom oberen Murg- u. Renchthalgebiet. 1 : 50,000. Chromolith. Imp.-Fol. Reutlingen 888. (Kocher) n. 1. 60

Murgu, Euthym, über das Serben-Congreß-Memorandum. gr. 8. (65 S.) Pest 865, Râth. *

Murgue, Dan., über Grubenventilatoren. Mit einigen Zusätzen deutsch bearb. von Jul. Ritter v. Hauer. gr. 8. (V, 96 S. mit 12 eingedr. Holzschn.) Leipzig 884, Felix. *

Murgulovic, Ljubomir, drei Fälle von Unterbindung der Arteria femoralis. Inaugural-Dissertation. gr. 8. (23 S.) Jena 884, (Pohle.)

Murhard, s.a. Murrhard

Murhard, Chr., recueil général de traités etc., s. Recueil.

Murhard, Frederic, s.a. Murhard, Friedrich Wilhelm August

Murhard, Fr., s.a. v. Martens, Geo. Fr., nouveau Recueil de Traités d'Alliance etc.

Murhard, Fréd., nouveau Recueil de Traités d'Alliance etc., s.a. Recueil etc.

Murhard, Frederic Nouveau recueil général de traites, conventions et autres transactions remarquables, servant à la connaissance des relations etrangeres des puissances et états dans leurs rapports mutuels. Rédigé sur des copies authentiques par . . . Continuation du grand recueil de feu M de Martens. Tome I—XI. 1840—1848 — Tome XII—XIII. 1848—1849. par Ch. Murhard et J Pinnas, faisant suite au recueil-général et nouveau recueil-général de de Martens. Saalfeld et Fréd. Murhard. — Tome XIV—XVI partie I 1843—1857 par Charles Samwer, continuation du grand recueil de G Fr de Martens. (16 Bde.) 8. Gottingue 1843—1858

Murhard, Friedrich Wilhelm August

* **Abhandlung über die Bewegung eines durch eine beliebige Anzahl von Kräften getriebenen Körper-Systems.** Von *F. W. A. Murhard.* Kassel. 4. 4 Bog. 1796

— s. J. A. Allir, neues System.

Murhard, Fr. Wlh. Aug., bibliotheca mathemat., od. Literatur d. mathemat. Wissenschaften 1r—5r Bd. gr. 8. Leipz. 797—805. Breitkopf u. H. 5 ℛ 16 gℊ Schrbp. 6 ℛ 14 gℊ (3r—5r Bd. A. u. d. T.: Literatur d. mechan. u. opt. Wissenschaften. 1r—3r Bd.)

Frid[ericus] Guil[elmus] Aug[ustus] Murhard: Constructio generalis formularum differentialum

$$dX = A\,(x_{(I)} \pm \varphi x)$$

$$dX_{(I)} = A\,(x_{(II)} \pm \varphi x_{(I)})$$

$$dX_{(II)} = A\,(x_{(III)} \pm \varphi x_{(II)})$$

:

:

$$dX_{(n-I)} = A\,(x_{(n)} \pm \varphi x_{(n-I)})$$

sive solutio problematis datis his aequationibus investigare valorem ipsius x. Gottingae 1797: Dieterich. 19 S. 8° (m)

Göttingen, Univ. Schr. v. 1797.

— die unbeschränkte Fürstenschaft. Politische Ansichten des 19. Jahrhund. 8. Cassel 831. Bohné. 1 ℛ 21 K

— Gemälde d. Griech. Archipelagus. 2 Bde. 8. Berl. 807. Voß. 3 ℛ Schweiz. Pap. 4 ℛ

— Gemälde v. Constantinopel. 2 Bde. Mit 2 Kpf. 8. Penig 804. 2e Aufl. 805. Dienemann 4 ℛ (Leipz., Leich). Hbg. Pr 824. 3 ℛ

— Geschichte und Lehren der Physik 1ste u. 2te Abtheil. (od. Geschichte d. Künste u. Wissensch. rc. 8te Abth.) gr. 8. Gött. Röwer. 799. (à 1 Rthlr. 10 gr.)

MURHARD, FRIEDRICH WILHELM AUGUST.
Geschichte der Physik seit dem Wiederaufleben der Wissenschaften bis auf Ende des 18 Jahrhunderts. Göttingen, 1798–99. 8vo.
Deals with aëronautics, barometers and hygrometers.

MURHARDT, Friedr. (Wilh. Aug.): Grundlage d. jetz. Staatsrechts d. Kurfürstenth. Hessen. Dargest. nach Massgabe d. einz. Paragraphen d. Verfass.-Urkunde. v. 5. Jan. 1831. 1., 2. Abth. — A. u. d. T.: Die kurhess. Verfass.-Urkunde, erläut. u. beleucht. nach Massgabe ihrer einz. Paragraphen. 1., 2. Abth. *Kassel*, Bohné. 834, 35. gr. 8. (4 Thl. 16 Gr.)
[Wurde zuerst ausgeg. u. d. T.: Grundlage d. jetz. Staatsrechts d. Kurfürstenth. Hessen. 2. Abth.]

Murhard, Fr. (Wlh. Aug.), die Initiative bei der Gesetzgebung. Beleuchtung der Frage: „Wer soll die Gesetze vorschlagen in der Staatsgesellschaft?" Nebst e Anhange: Von der Uebung des Petitionsrechts durch öffentl. Volksversammlungen u. freie Vereine. gr. 8. Kassel 833. Bohné. 1⅙ ℛ

Friedrich Wilhelm August Murhard

Frid[ericus] Guil[elmus] Aug[ustus] Murhard: Integratio formulae valde complicitae. Gottingae (1796): Dieterich. 11 S. 8°
(Glückwunschschrift für Abraham Gotthelf Kaestner zum 50 jähr.Professoren-Jubiläum am 23.Nov.1796.)

— Constantinopel und St. Petersburg, siehe Reimers.

Friedrich Wilhelm August Murhard

Die wichtigsten Lehren der Physik historisch bearbeitet. Von Friedrich [Wilhelm August] Murhard. Bd 1. Göttingen:Rosenbusch 1799. 8°
Bd 1: 1799.

— die wichtigsten Lehren d. Physik. 1r Bd. 2 Abthll. Mit 2 Kpf. (auch: Geschichte d. K. u. Wissensch. rc. 8e Abthlg.) gr 8. Götting. 799. Röwer. 2 ℛ 20 ℊ

Murhard, Fr. Wilh. Aug. Literatur der mathematischen Wissenschaften. (5 Bde.) 4. Leipzig 1797—1805.

1796. * Ueber die Methode des Herrn *la Grange* alle Gleichungen durch Näherung vermittelst der Reihen aufzulösen von *W. A. Murhard*, nebst Anzeige seiner Vorlesungen im Winterhalbenjahre auf der Georg-Augusts-Universität zu Göttingen. Göttingen, gedruckt bey Johann Georg Rosenbusch. 4. 16 S.

— das Recht d. Nationen z. Erstrebung zeitheriger, ihrem Kulturgrade angemessener Staatsverfassungen. 8. Frankf. 832 Hermann. 2 ℛ

— das Recht d. Nationen zur Erstreb. zeitgemäß., ihrem Kulturgrade angemess. Staatsverfassn. 8. (26½ B.) Frankfurt a. M. 832, [Kettembeil.]

1796. * Dissertatio inauguralis specimen historiae atque Principiorum Calculi, quem vocant variationum sistens, quam publice defendet *Frider. Guil. Aug. Murhard* Hasso-Cassellanus, variarum societatum sodalis. Gottingae typis Jo. Georgii Rosenbuschii. 4. 20 S.

— System d. Elemente d. allgemeinen Größenlehre. 4. Lemgo 798. Meyer. 1 ℛ 16 ℊ

— die kurhess. Verfassungs-Urkunde, erläut. u. beleucht. nach Maßgabe ihrer einzel. Paragraphen. Ein Handb. f. Landstände, Geschäftsmänner, konstitut. Staatsbeamte u. Staatsbürger. 2 Abthln. gr. 8. (72½ B.) Kassel 834, 35, Bohné. Wurde zuerst mit dem Titel: Grundlage d. jetzigen Staatsrechts d. Kurfürstenth. Hessen (2 Abthln.), ausgegeben.

Friedrich Wilhelm August Murhard

Versuch einer historisch-chronologischen Bibliographie des Magnetismus. Von Fr[iedrich] Wilh[elm] Aug[ust] Murhard. Kassel :Griesbach 1797. 166 S. 8°

— Versuch einer histor. chronolog. Bibliographie d. Magnetismus. 8. Cassel 797. (Luckhardt). 10 ℊ

— das königl. Veto. Eine wicht. Aufgabe in d. Staatslehre d. konstitution. Monarchie. 8. (24 B.) Kassel 832, Bohné.

— die Volkssouverainität im Gegensatz d. sogen. Legitimität. 8. (25 B.) Kassel 832, Bohné.

Murhard, Fr. (Wlh. Aug.), Was gebieten in einem konstitutionellen Staate Recht u. Politik hinsichtl. der Behandlung der Fremden! Eine publizistische Diatribe, mit besond. Anwend. auf Kurhessen. 8. Cassel 831. (834) (Marburg, Garthe.) 1 ℛ

— über Widerstand, Empör. u. Zwangsübung d. Staatsbürger geg. d. besteh. Staatsgewalt, in sittl. u. rechtl. Bezieh. Allgem. Revision d. Lehren u. Meinungen üb. dies. Gegenstand. gr 8. (27 B.) Braunschweig 832, Vieweg.

— der Zweck d. Staats. Eine propolit. Untersuch. im Lichte uns. Jahrh. gr. 8. (27¾ B.) Göttingen 832, Dieterich.

MURHARD, H. Gf.: Libellus, sing. de praecipuis speciebus, quibus debitoris debitores conveniri possunt. II. Partes. *Helmstadt*, Fleckeisen. 792.

Murhard, Jh Karl Adam, s. Murhard, Karl

Murhard, Karl

Murhard, K. Ueber die Anwendbarkeit des Princips der progressiven Steigerung der Einkommensteuer. 8°. Leipzig 1829.

— s. Azuni, Gemälde.

Murhard, K. Ueber Besteuerung der gewerblichen und industriellen Producenten in einem Lande. 8°. Leipzig 1841.

— s. Blicke auf Paris, v einem Augenzeugen. 8. Altenb. 805. u. setze hinzu: (v. J. K. A. Murhard

— s. Cunha, polit. Versuch.

1801. * Darstellung der Theorie der Elektricität und des Magnetismus. Nach den Grundsätzen des Herrn Aepinus vom Bürger *Hauy*. Aus dem Französischen übersetzt und mit Anmerkungen begleitet von D. *Karl Murhard*. mit 7 Kupfert. Altenburg bei Rinck und Schnuphase. 8. XXXIV. und 310 S.

— s. Fell, Reise.

Murhard, Jh. Karl Adm., üb. Geld u. Münze überhaupt u. in besonderer Beziehung auf d. Königr. Westphalen rc. 8. Marb. 809. Krieger. 10 ℊ

— s. Hauy, Darstell. d. Elektricität.

— Ideen üb. wichtige Gegenstände aus d. Gebiete d. Nationalökonomie d. Staatsw. 8. Götting. 808. Dieterich. 1 ℛ 12 ℊ

Murhard, K. Die neue Kapital-Renten-Besteuerung in Churhessen in staatswirtschaftl. Hinsicht. 8°. Leipzig 1835.

— Theorie d. Geldes u. der Münze. gr. 8. Leipz. 817. Brockhaus. 1 ℛ 12 ℊ

—— Theorie u. Politik d. Handels. Ein Handb. f. Staatsgelehrte u. Geschäftsmänner. 1. Thl. — A. u. d. T.: Theorie d. Handels. gr. 8. (26 B.) Göttingen 831, Dieterich.

—— dass. 2. Thl. — A. u. d. T.: Politik d. Handels. gr. 8. (29½ B.) Ebds. 831.
s. a. Murrhard.

Murhard, (Joh.) Karl (Ado.), Theorie u. Politik d. Besteuerung. Ein Handb. f. Staatsgelehrte, Volksvertreter u. Geschäftsmänner. gr. 8. (4+ B.) Göttingen 834, Dieterich.

Murhard, K. Versuch einer wissenschaftlichen Begründung des Unterschiedes zwischen Grundvermögens- und Grundeinkommen-Steuern. gr. 8°. Jena 1844.

-- Westphalen unter Hieronymus Napoleon, f. G. Hassel.

Muri, Das Kloster. Die einfachste und billigste Lösung die aarg. Heilanstalten zu entlasten. Muri 1903. V: *Glaser, Alfr.* (BBullSchw 3, 1903)

Müri, A.: Zur Prophylaxe der Mastitis. Leipzig 1901. 16 S. 8°. (S.-A. aus Beiträge zur Geburtshilfe und Gynaekologie, Bd. 5.)
Basel, Med. Diss 1900 1901

[Müri, Hans.] Zur neuen Wehrverfassung Ein Wort der Aufklärung an die wehrpflichtigen Schweizerbürger. Hrg. vom Zentralkomitee der schweizerischen Offiziersgesellschaft 23 S. 8 (Aarau, Emil Wirz [1907].)

(Müri, W[alther].) Zum Andenken an Frau Hanna Vogel-Thut von Ober-Entfelden (1846-1905. Nachruf.... Gesprochen bei der Trauerfeier ... 17. November 1905). II + 7 S. 8. (Aarau, H. R. Sauerländer & Co., [1906].)

Murjahn, Ed., der erfahrene Brennerei-Verwalter auf der Höhe der Zeit. Praktische und theoret. Erfahrungen und neue Entdeckungen im Betriebe der Spiritusfabrikation. Ein Handbuch für Brennerei-Besitzer zur richtigen und leichten Beurtheilung des Brennerei-Betriebes zu jeglicher Zeit rc. Zugleich ein nützl. Rathgeber für Alle, welche Spiritusfabrikation betreiben oder betreiben lassen, insbesond. in mißl. Lagen. gr. 8. (VIII und 361 S.) Leipzig 864, Spamer *

Murjahn E Schule der Brennerei. 3. Ausg. Berlin 1878

Auf, zum Tanz! Grosser neuer Waffentanz in 3 Abth. von Paul Mürich, Kgl. Tänzer zu Berlin. Musik von Max Kayser. *Berlin M. Bohm [1899]* (16 S.) 8° [Ant. u. J.]

Mürich, Paul, auf, zum Tanz! Großer neuer Waffentanz in 3 Abtheilgn. Musik v. Max Kayser. gr. 8. (16 S. m. Fig.) Berlin (901). M. Böhm. Mit Duplikat (16 S.) u. Klavierauszug (gr. 4. 8 autogr. S.) 3. —

— neue u. alte Tänze. Ein Lehrbuch der modernen Tänze in leichtfaßl. Darstellg., durch zahlr. Zeichngn. erläutert. 8. (56 S.) Erfurt (900). J. C. Schmidt. 1.50

Muri-Gries. Das Benediktinerstift M'-G' 1845–1895. Ein Gedenkblatt zum fünfzigjährigen Bestande nebst Katalog der lebenden und verstorbenen Mitglieder. [Mit 1 Tafel.] 8. Sarnen 1895.

Murillo, Bartolomé Estéban

Murillo, der hl. Antonius mit dem Christuskind, s.: Meisterbilder.

Murillo's, B. E., Biographie u. Charakteristik, s. Lücke, H.

— die unbefleckte Empfängnis, s.: Meisterbilder fürs deutsche Haus.

Murillo, Meisterbilder, s.a. Weicher's Kunstbücher.

Die Meisterbilder von [Bartolomé Estéban] **Murillo** (1618–1682). Eine Auswahl von 60 Reprod. nach Franz Hanfstaengls Orig.-Aufnahmen. Berlin & Leipzig: Weicher 1910. 60 S. 8°
(Weichers Kunstbücher Nr 10.) [10. 17053

Murillo-Album mit einer Lebensskizze Murillo's und den Erklärungen der Bilder von Titus Ullrich. gr. 4. (10 Photogr. mit 40 S. Text.) Berlin 861, Schauer. * * 7 Thlr.; geb. * *

Müritz. Pelz, W., Tiefenkarte der Müritz. Aufgenommen u. in Grundlage der Messtischblätter zur Landesaufnahme aufgetragen in den J. 1901—1904. Hrsg. m. Unterstützg. des grossherzogl. meckl. Ministeriums des Innern v. dem Verein der Freunde der Naturgeschichte in Mecklenburg. 1:50,000. 54×43 cm. Farbdr. Nebst Begleitworten. (6 S.) 8. Güstrow 906. Opitz & Co. n. 2.—

Murke, Franz [aus Hildesheim]: Ueber Citronensäure, bes. in analyt. Hinsicht, und über Acetonbestimmung ... Göttingen, Druck d. Univ.-Buchdr. v. W. F. Kästner, 1893, 51 S., 1 Tab. 8.
Göttingen, Phil. Fak., Inaug.-Diss. v. [4. Dez.] 1893

Murke, Frz., üb. Citronensäure, besonders in analytischer Hinsicht, u. üb. Acetonbestimmung. Diss. gr. 8. (51 S. m. 1 Tab.) Göttingen 893. (Vandenhoeck & Ruprecht.) n. 1. 40

Murke, M., Die Geschichte von den sieben Weisen bei den Slawen. Wien 1890. Gr 8°. (2 Mk. 50 Pfg. Jos. Baer & Co.)

Murken, Erich, aus Varel Die Grundlagen der Seeschiffahrt. Eine ökon.-polit. Studie. *Berlin 1903: E. S. Mittler & Sohn.* (101 S.) 8° [J.]
Leipzig, Phil. Diss. v 1903

Murken, Erich, die Grundlagen der Seeschiffahrt. Eine ökonomisch-polit. Studie. (V, 101 S.) gr. 8. Berlin 904. E. S. Mittler & Sohn. n. 2. 25

Mürkens, Gerh., Untersuchungen üb. das altenglische Exoduslied, s.a. Beiträge, Bonner, zur Anglistik. II.

Mürkens, Gerhard, aus Elberfeld Untersuchungen über die altenglische Exodus. *Bonn 1898 : Georgi.* (32 S.) 8°
(Aus Bonner Beiträge z. Anglistik, H 2) — [Erschien vollst. ebenda.]
Bonn, Phil. Diss. v. 21 Dez. 1898

MURKO, Anton: Historia reformationis a Luthero susceptae. — 1843. 87 S. Diss. Graz, Univ.

Murko, Ant Jh.

Murko, A. J., theoret.-prakt. Grammatik der slowenischen Sprache in Steiermark, Kärnten, Krain u. dem illyrischen Küstenlande. 2. umgearb. u. sehr verm. Aufl. 8. Grätz 843, Ferstl. (Leipzig, Kummer.) ⅚ ₰

Murko, A. J., theoretisch-practische Grammatik der slowenischen Sprache in Steiermark, Kärnten, Krain u. dem illyr. Küstenlande. 2. umgearb. u. sehr verm. Aufl. gr. 8. (VIII u. 216 S.) Grätz 850, Ferstl. ⅚ ₰

Murko, Ant. Jh., deutsch-slowenisches u. slowenisch-deutsches Handwörterbuch. Nach d. Volkssprecharten d. Slowenen in Steiermark, Kärnthen, Krain u. Ungarn's westl. Distrikten. (2 Thle.) gr. 8. Grätz 833; (832). Ferstl. (Leipz., Kummer). 3 ℛ 15 𝒩

—— theoret.-prakt. Slowen. Sprachlehre f. Deutsche, nach d. Volkssprecharten d. Slowenen in Steiermark, Kärnten, Krain u. Ungarns westl. Distrikten. Nebst e. Anh. der zum Sprechen nothwendigst. Wörter, e. Auswahl deutsch-slowen. Gespräche f. d. gesellschaftl. Leben, u. kurzer slowen. Aufsätze zum Uebers. ins Deutsche. gr. 8. (14 B.) Grätz 832, Ferstl. 20 Gr., Vlnp.
Beides zus. gen. 3 Thlr. 18 Gr., Vlnp. 5 Thlr.

Murko Mathias: Das Adamglossar. Bruchstücke eines Beitrages zur Kenntnis der altdeutschen Glossographie.
H. 1885 PN 387 **Diss.** Wie..., ...v.

Murko, Matthias

— Bericht über eine Bereisung von Nordwestbosnien und der angrenzenden Gebiete von Kroatien und Dalmatien behufs Erforschung der Volksepik der bosnischen Mohammedaner S. 173/3 „ 140
Separatabdruck

Deutsche Einflüsse auf die Anfänge der böhmischen Romantik M. e. Anh. Kollár in Jena u. beim Wartburgfest. Von Dr. Matthias **Murko**. *Graz: 'Styria' 1897.* (XII, 373 S.) 1 Bd 8.
= **Murko, M** Deutsche Einflüsse auf d. Anfänge d. slav. Romantik. [Bd] 1. [97. 638

Murko, (Matthias), Geschichte der älteren südslavischen Litteraturen, s. a. Literaturen, die, des Ostens in Einzeldarstellungen. V, 2.

Geschichte der älteren südslavischen Litteraturen. Von Dr M[athias] **Murko**, Prof. Leipzig: C. F. Amelang 1908. (X, 248 S.) 8°
= **Litteraturen**, Die, d. Ostens in Einzeldarstellungen. Bd 5, Abt. 2. [08. 13304

Murko, M., die Geschichte v. den sieben Weisen bei den Slaven. [Aus: „Sitzungsber. d. k. Akad. d. Wiss."] Lex.-8. (138 S.) Wien 890. (Tempsky.) n. 2. 60

Murko, Matthias: Miklosichs Jugend- u. Lehrjahre. *Weimar 1898* in: **Forschungen** z. neueren Litteraturgeschichte. Festgabe f. R Heinzel. [98. 11337

— s.: **Kultur, die, d. Gegenwart. I. 9.** (Literat. u. Sprachen, die osteuropäischen u. slawischen.)

Murko, M., Vatroslav Oblak. Ein Beitrag z. Geschichte der neuesten Slavistik. gr. 8. (62 S.) Wien 902. A. Hölder. n. 1. 20

— **R. Meringer u. F. Heger**, drei Vorträge üb. die **ethnographische Ausstellung in Prag 1895.** Geh. in d. Monats-Versammlg. d. anthropolog. Gesellschaft am 12. Novbr. 1895. Nebst Bemerkgn. v. G. Bancalari. [Aus: „Mittheilgn. d. anthropolog. Gesellsch. in Wien".] gr. 4. (23 S. m. Abb.) Wien 895. (A. Hölder.) n. 2. —

— **s.: Wörter u. Sachen.**

Murleben, s. Vetter.

Murmann, Aug., über die Bahn der Europa. Lex.-8. (13 S.) Wien 859, (Gerold's Sohn.)

— — Fortsetzung. (Aus den Sitzungsber. der k. Akad. d. Wiss.) Ebend. 860. gr. 8. (10 S.) n. 2 ngr.

(Murmann, August). (im Jahre 1868 in Gemeinschaft mit Karl Hornstein.) Magnetische und meteorologische Beobachtungen zu Prag. Auf öffentliche Kosten herausgegeben. XXVIII.—XXIX Jahrg. (Fortsetzung der von Kreil und Bohm angestellten Beobachtungen.) 1867—68.
Prag 1868—69. (Der erste Bd. enthält ausserdem noch das Jahr 1866 von Bohm und der letzte Bd. das Jahr 1870 von Hornstein.)

—— **und L. Rotter, Untersuchungen über die physikalischen Verhältnisse krystallisirter Körper. Lex.-8. (63 S. mit eingedr. Holzschn. und 3 Stnt. in qu. gr. 4.) Wien 859, (Gerold's Sohn.)** *
Vorstehende drei Schriften des Verf. wurden aus: Sitzungsberichte der k. Akademie der Wissenschaften, Jahrg. 1859, besonders abgedruckt.

Murmann, Bruno Das gewerbliche, kaufmännische u. hauswirtschaftliche Fortbildungsschulwesen in Preussen. E. Samml. d. einschlag. gesetzl. u. minist. Bestimm. Breslau 1909. 8°

Murmann, Ernst

— Über die quantitative Analyse des Werkkupfers. S 105 IIb. 708 vgr
Separatabdruck

— Eine Atomgewichtsbestimmung des Kupfers S 115 IIb 177 vgr
Separatabdruck

— Bemerkungen zur Bestimmung des Zinks und Mangans als Sulfid. S 107 IIb. 634 vgr.
Separatabdruck

Murmann Ernst Dr Über einige Derivate des α-Phenylchinolins S. 101. IIb. 69 vgr
Separatabdruck

— Ein neuer Tiegel der „Rohrtiegel" (mit 1 Textfigur). S 107 IIb. 636 vgr
Separatabdruck

— Über die Trennung von Kalk und Magnesia S 119 IIb. 1179 vgr
Separatabdruck

— Quantitative Versuche über die Darstellung des α-Phenylchinolins. S 113. IIb. 83 vgr
Separatabdruck

Murmann, Frz. Jos., Eisenbahn-Güter-Tarif, nebst Gebühren-Berechnung (von 1—10000 Pfd. — 1—60 Meilen) für die Spedition der Frachten auf der südl. und östl. k. k. Staats-, concess. nördl. und südöstl. k. k. Staats-Eisenbahn, dann der k. k. priv. Wien-Neu-Szönyer-, a. p. Kaiser Ferdinands Nord- und Brünn-Rossitzer- (Segen Gottes) Bahn. gr. 16. (27, 122 lithogr. S. und 1 Tab. in Fol.) Wien 857, (Lechner's Universitäts-Buchh.) *

Murmann, Otto Alex., Beiträge zur Pflanzengeographie der Steiermark mit besond. Berücksicht. der Glumaceen. gr. 8. (224 S.) Wien 874, Braumüller. *

Mürmann, Adf., die **öffentliche Meinung in Deutschland über das preussische Wehrgesetz v. 1814 während der J. 1814—1819, s. a. Abhandlungen zur mittleren u. neueren Geschichte. 19. Heft.**

Mürmann, Adolf: Die öffentliche Meinung in Deutschland über den Grundsatz der allgemeinen Wehrpflicht während der Jahre 1814—1819. Berlin & Leipzig: Rothschild 1909. V, 44 S. 8° ¶ (Ersch. vollst. u. d. T.: Die öffentliche Meinung in Deutschland üb. d. preuß. Wehrgesetz v. 1814 während d. J. 1814—1819, als: Abhandl. z. mittl. u. neueren Gesch. H. 19.)
Freiburg i. B., Phil. Diss. v. 1909, Ref. Meinecke
[Geb. 16. Aug. 83 Hamburg; Wohnort Hamburg; Staatsangeh. Hamburg; Vorbildung: Oberrealsch. vor d. Holstentor Hamburg Reife M 03; Studium: Heidelberg 2, Berlin 2, Göttingen 2 Heidelberg 3, Freiburg i. B. 2 S.; Rig. 21 Dez. 08.] [U 10. 1072

Die öffentliche Meinung in Deutschland über das preussische Wehrgesetz von 1814 während der Jahre 1814—1819 Von Adolf **Mürmann**, Dr Berlin & Leipzig Rothschild 1910. XVII, 104 S. 8°
(Abhandlungen z. mittleren u. neueren Geschichte H 19.) [10. 5411

Muermann, Anton Heinrich Moritz,
s. Muermann, Moritz

Muermann, Chr., Deutschlands Sänger. Eine Auswahl ein- und mehrstimm. geistl. und weltl. Lieder für Schule und Haus. 8. (80 S.) Minden 881, Marowsky. *

— dasselbe. 2. Aufl. 8. (96 S.) Ebend. 882. n. — 30

Muermann, Georg (Bielefeld/Westfalen), De ossium decapitatione. Diss. chir. Berlin (Natorff) 19. IX. 1837. 36 S. u. Biogr. (M.: Ch. Güsen.) (3.50) 24349
Oppon.: H. Benzler, L. Gunkel, M. Meier. — Gew.: von Bernuth, G. Heinrich Muermann (Vater).

Muermann, *Anton Heinrich* Moritz [aus Minden]: Beitrag zur Lehre von der Endocarditis ulcerosa im Puerperium. . . Berlin, Buchdr v G. Schade, *1890*, 34 S., 1 Bl 8°
Berlin, Med Fak, Inaug.-Diss. v. 6. Sept. 1890

Murmellius, Johs., ausgewählte Gedichte. Urtext und metr. Uebersetzung. Hrsg. und mit Anmerkungen versehen von D. Reichling. gr. 8. (VIII, 87 S.) Freiburg i. Br. 881, Herder'sche Verlagsh. *

Murmellius, d. Münsterischen Humanisten Johs., de magistri et discipulorum officiis epigrammatum liber. Zum 1. Male in e. Neudr. hrsg. v. A. Bömer. 8. (40 S.) Münster i. W. 892, Regensberg. * 1 —

—— Opusculum de discipulorum officiis, quod Enchiridion scholasticorum inscribitur, in e. Neudr. hrsg. v. A. Bömer. 8. (67 S.) Ebd. 892. * 1 60

Murmellius, Johs., pädagogische Schriften, s.: Sammlung der bedeutendsten pädagogischen Schriften aus alter u. neuer Zeit.

— ausgewählte Werke des münsterischen Humanisten J. M., hrsg. v. A. Bömer. 1.—3. Hft. 8. Münster, Regensberg. n. 5. 60
1. De magistri et discipulorum officiis epigrammatum liber. (40 S.) 892. n. 1. —
2. Opusculum de discipulorum officiis, quod Enchiridion scholasticorum inscribitur. (67 S.) 892. n. 1. 60
3. Elegiarum moralium libri IV, in e. Neudr. hrsg. (XXII, 139 S.) 893. n. 3. —

Murmellius, d. Münsterischen Humanisten Johs., ausgew. Werke, hrsg. v. A. Bömer. IV. u. V. Hft. 8. Münster 895. Regensberg. n. 4. 60 (kplt.: n. 10. —)
IV. Pappa puerorum m. Ausschluss d. 1. Kapitels, in e. Neudruck hrsg. (XX, 43 S.) n. 1. 60
V. Scoparius inbarbarici propugnatores et osores humanitatis ex diversis illustrium virorum scriptis ad iuvanda politioris litteraturae studia comparatus, in e. Neudr. hrsg. (XXX, 138 S.) n. 3. —

(Murmelthier Das M') Njbl. s. [Schinz, Heinrich Rudolf].

Murmeltier. Das fröbliche M' am schweiz. Ski-Rennen in Grindelwald 1910. (Interlaken 1910) s. [Strasser, Gottfried].

Murnau [Schlagwort]

Murnau, s.: Deutschland, Karte. (Abt. Bayern.)

Murner in d. Hölle; e. scherzh. Heldenged. in 4 Gesängen, v. Fr. W. Zachariä. 4. Rostock, Koppe. (Stiller.) 767.

MURNER Harpax, oder der Keuschheitswächter unter dem Bette, ein Schwank für Hahnrey-lustige Krems 1812 8° Aeusserst selten!

Murner, Thomas

Murner, Thom., an den großmächtigsten u. durchlauchtigsten Adel deutscher Nation, s.: Neudrucke deutscher Litteraturwerke d. XVI. u. XVII. Jahrh.

Murner, Th, Badenfahrt, s.a. Beiträge zur Landes- u Volkskunde v Elsass-Lothringen.

Murner, Th. Badenfahrt. Neudruck nach der Ausgabe Strassburg 1514, mit Erläuterungen von *E. Martin*. In-8°, XXII u. 44 S., mit 6 Zinkätzungen. Strassburg, J. H. Ed. Heitz (Heitz & Mündel). *1887*. 2 70
*** Beiträge zur Landes- und Volkeskunde von Elsass-Lothringen, Heft 2.

— — Deutsche Dichter älterer Zeit in photolithographischer Nachbildung. Ausgewählt von W Scherer. I. Die Schelmenzunft von *Th. Murner* 1512. Berlin 1881

Murner, Thom., Gäuchmatt, s.a. Scheible, das Kloster.

— d. Gäuchmatt. (Basel 1519.) Hrsg. v. Wilh. Uhl. M. Einleitg., Anmerkgn. u. Exkursen. 8. (VII, 290 S.) Leipzig 896. B. G. Teubner. n. 2. 80

—— Gedicht vom großen lutherischen Narren. Hrsg. von Heinr. Kurz. (LVI und 256 S.) Zürich 848, Meyer und Zeller. *

Murneri, Th., ad rempublicam Argentinam Germania nova, s. Wimpfelingii, J., Germania.

Murner, Thom., Handzeichnungen zu seiner Uebersetzung der Weltgeschichte d. Sabellicus. Photographische Nachbildgn. nach der Orig.-Handschrift, nebst e. Vorwort v. Ernst Martin. gr. 8. (8 Taf. m. IV S. Text.) Strassburg i/E. 892. M. Gerschel. In Mappe. n.n. 8. —

Der erste teutsche Kirchen- und Ketzer-Almanach mit erläuternden Anmerkungen . . herausgegeben von Georg Ernst Waldau. Nürnberg, 1804. 8°.
Abdruck des Originals von 1527, wiederholt in Scheible's Kloster 10 S. 201—215. E. G. S. 203 Nr. 45.

Murner, Thom., die Mühle v. Schwindelsheim, s.a. Facsimiledrucke, Zwickauer. Nr. 2.

Thomas **Murner** Die Mühle von Schwindelsheim. Straßburg, Matthias Hupfuff 1515. (Hrsg: Otto Clemen.) Zwickau: Ullmann 1910. 39 Bl. 8°
(Zwickauer Facsimiledrucke Nr 2) [10. 16993

Murner, Th., die Narrenbeschwörung, s.a. Dichter, deutsche, des 16. Jahrhunderts.

— Narrenbeschwörung, s.a. Neudrucke deutscher Litteraturwerke des XVI. u. XVII. Jahrh.

—— die Narrenbeschwörung, s.a. Universal-Bibliothek Nr. 2041—2043.

Murner, Th.. Die Narrenbeschwörung. Erneut u. erl. v. K. Pannier. Leipzig 1884. 286 S. (Reclams Univ.-Bibl. 2041—43.)

— s.: National-Litteratur, deutsche.

Murner, Thomas, der Schelmen Zunft, s.a.Drucke, deutsche, älterer Zeit.

—— Schelmenzunft, s.a.Neudrucke deutscher Litteraturwerke d. XVI. u. XVII. Jahrh.

Murner, Thom., Schelmenzunft; aufs neue mit Erläuter. herausgeg. (v. G. E. Waldau). 8. Halle 788. Gebauer. 12 gl.

— — Schelmenzunft, hrsg. von E. Mathias. Halle 1890. Kl. 8° (50 Pfg. J. A. Stargardt, Berlin, 1897)

Murner's, Thomas, Schriften u. sein Leben, s. Scheible, J., d. Kloster, 4. Bd.

Murner's, Thom., Ulenspiegel. Hrsg. von J. M. Lappenberg. gr. 8. (XIV und 470 S. mit 2 Stnt., 1 Holzschnt. und 1 lithogr. Karte in 4.) Leipzig 854, T. O. Weigel. Thlr. *

— — Volksprediger, Moralisten und frommer Unsinn. — Sebastian Brandt's Narrenschiff mit Geiler's von Kaisersberg Predigten darüber und *Thomas Murner's* Schelmenzunfft. Mit 72 Taf. u. Bildniß des Abraham a Sancta Clara. Stuttgart, J. Scheible (Kloster, Bd. 1. (1845.) Kl. 8° XVI u. 908 S. (3½ Rthlr) (5 Mk. Paul Neubner, Cöln. c. 1890.)

Murnu, Geo. G., rumänische Lehnwörter im Neugriechischen, m. histor. Vorbemerkgn. (Diss.) gr. 8. (46 S.) München 902. (A. Buchholz.) n. 1. 50

Murnu, Georg G.: Rumänische Lehnwörter im Neugriechischen mit historischen Vorbemerkungen. *München 1902: F. Straub.* (47 S.) 8°
München, Phil. Diss. v. 1902

Morowana-Goslin [Schlagwort]

Murowana-Goslin, s.: Geologische Karten. Preussen 99.

Murphy's Master, s. Collection of British Authors.

Murphy, A., the Old Maid, s. Schaubühne, komische, der Engländer.

Murphy, A., three weeks after marriage, s. Theatre, british and american.

Murphy, Arthur, s. F. L. Menzel, Azuma.

– s. **Fr. L. Schröder, die Eifersüchtigen, dess. die Uebereilung.**

Murphy, Charles Oscar, aus Taunton, Mass., U. S. A.: Die morphologische und histologische Entwickelung des Kleinhirns der Vögel. *Berlin (1900): G. Schade.* (42 S.) 8°
Berlin, Phil. Diss. v. 19. Mai 1900

Murphy, J. B. C., die Ketten d. Sünde. Predigten f. d. Fastenzeit u. f. Ostern. Einz. autor. Uebersetzg. 8. (80 S.) Hannover 897. G. Jördens.
Geb. in Leinw. 1. 50

Murphy, James

Murphy, J., über d. Grundregeln d. Goth. Bauart. A. d. Engl. v. J. D. E. W. Engelhard. Fol. (15 B.) Darmstadt 828, Leske.

— s. auch Länder- u. Reisebeschreib., kleinere.

Murphy, J. I., Reisen durch Portugal 1789,90. Aus d. Engl. v. M. C. Sprengel übers. 8. Halle 786. Renger. 10 gl.

Murphy, J., Reisen durch Portugal 1789. 90. v. Sprengel übers. 8. Halle, Renger. 796.

Murphy, P., Wetter-Almanach f. 1838. Juli — Dec. N. d. 42. Aufl. d. engl. Orig. bearb. v. R. P. Zehme. 8. (2 B.) Berlin 838, (Rubach.)

Murr, Adolf, Rückblick auf die Entwicklungsgeschichte des Mannheimer Turnerbunds „Germania" zum 25. Stiftungsfest, 30. 4. 1910, Mannheim 1910, 15 S., 8°

Murr, Christoph Gottlieb von, s.a. Murr, Chph. Theoph.

Murr, C.G.v (Hrsg.), s.a. Abbildungen der Gemälde und Alterthümer aus dem Herculaneum.

v. Murr, Cph. Gli., († d. 8. April 1811.) Abbild. d. Gemälde u. Alterthümer in d. königl. Neapolitan. Museo zu Portici, welche seit 1738 sowohl in der, im Jahr Christi 79 verschütteten Stadt Herkulanum, als auch in Pompeji u. in d. umliegenden Gegenden an das Licht gebracht worden, nebst ihrer Erklärung. 1r—6r Bd. Mit 439 Kpf. Fol. Augsb. 777—82. Bürglen. 7r Bd. Mit 98 Kpftaf. Fol. Nürnberg. 793. Frauenholz. 4 ℔ 8r Bd. 1r u. 2r Thl. Mit 96 Kpft. Fol. Augsb. 799. Bürglen. (1r—6r u. 8r Bd.) 37 ℔ 6 gl.

— drei Abhandll. von d. Geschichte d. Araber, deren Münzen u. Siegeln. s.a. Cardonne, Geschichte v. Afrika.

— drey Abhandl. v. d. Geschichte d. Araber, deren Münzen und Siegeln. gr. 8. Nürnberg, Ammermuller. 770.

v. Murr, Cph. Gli., Abhandl. v. Gusse großer Bildsäulen in Brence. 8. Dresden 805.

— Abhandl. v. d. Krönungsringe, welcher ehemals bei d. deutschen Reichskleinodien war. gr. 8. Sulzb. 804. v. Seidel. 2 gl.

– s. Al Cotba

Murr, Christoph Gottlieb (Hrsg.). s. Alorna, Johann v Beschreibung der Gefängnisse von Junqueira in Portugal.

— üb. die fabelhafte sogenannte heil. Ampulle od. Salbeflasche in Rheims. 8. Nürnb. u. Altd. 801.

— Anmerkk. über Lessings Laokoon. 8. Erlang. 769. (Heyder). 4 gl.

– s. Bayer, P. W.: Reise nach Peru

— Beitr. z. Geschichte d. 30jähr. Krieges, insonderheit d. Zustandes d. Stadt Nürnberg. Nebst Urkunden u. Erläuterr. z. Geschichte Wallensteins ꝛc. Mit Kpf. gr. 8. Nürnb. 790. (G. Winter); (a. Knobloch in Leipz.) 20 gl.

— Beitrr. z. arab. Literatur. Mit 3 Kpf. gr. 4. Erlang. 803. (Heyder). 18 gl. (v. Seidel in Sulzb.) 16 gl.

— Beschreib. d. ehemals zu Aachen aufbewahrten 3 kaiserl. Krönungszierden ꝛc. Mit 4 Kpft. gr. 4. Nürnb. 801. 2e A. 805. Monath u. K. 12 gl.

— Beschreib. d. Marienkirche, oder Kaiserkapelle in Nürnberg. Mit 1 Kpft. 4. Nürnb. 804. Schneider u. W. 8 gl.

— Beschreib. d. vornehmsten Merkwürdigkk. in Nürnberg u. auf d. hohen Schule zu Altdorf. Mit Kpf. 8. Nürnb. 778. Zeh. 1 Thlr. 8 gr. 2e Aufl. Mit 1 Kpf. gr. 8. Sulzb. 801. v. Seidel. 2 Thlr. 16 gr.

— Beschreib. d. Nürnberg. Rathhauses. . . . 790.

Murr, Christoph Gottlieb von. Christoph Gottlieb von Murr Beschreibung der sämtlichen Reichskleinodien und Heiligthümer welche in Nürnberg aufbewahret werden. Nürnberg, in Commission der Bauer- und Mannischen Buchhandlung 1790
Tit. : Bl. 92 S. m. ; Holzschn. 4 Taf. (1 in Kupferst., 3 in Holzschn.) 8°
Nimmt Bezug auf das vorhergehende Werk

— Beschreib. d. sämmtl. Reichskleinodien u. Heiligthümer, welche in Nürnberg aufbewahrt werden. gr. 8. Nürnb. 790. Schneider u. W. 8 gr. Mit 12 Kpft. 1 Thlr. 16 gr. illum. 3 Thlr. 16 gr. Dass. Französ. Ebd. dieselb. Preise.

— Betrachtt. beim Absterben Gellerts. 8. Nürnb. 1e u. 2e A. 770. 3e A. nebst e. Lehrgedicht. 8. Ebd. 771. Zeh. 3 gr.

— Betracht. beim Absterben Gellerts. 8. Nürnberg, Zeh. 774.

- s.a. Briefe üb. die Aufhebung der Jesuiten

— Briefe üb. d. Aufhebung d. Jesuiterordens. 3 Thle. 8. Stuttg. Metzler. 773.

- s. Cardonne Geschichte v. Afrika.

- s. Catalogus omn. operum.

— — Disqu. diplomatica de comitiis Friderici II. Imp. Aug. Noribergae celebratis cum florum sparsione ad historiam huius Imperatoris. Nürnberg 1760. 24 S. (4.—) 24402

— Denkmal zu Ehren d. sel. Klotz. Nebst einigen Briefen. 8. Frankf. u. Leipz. 783. Metzler. 4 gr.

— die Ermordung Albrechts, Herzogs von Friedland. Mit Urkunden u. Kpf. gr. 8. Halle 806. Hendel. 10 gr.

- s. Fielding, H. Reisen.

— diplomat. Gesch. d. berühmt. Ritters Mart. Behaim. 8. Nürnb. 798. Zeh. 16 gr. N. A. mit 1 Kpf. gr. 8. Gotha 801. Perthes. 16 gr. — Dies. französ. gr. 8. Sulzb., v. Seidel. 16 gr.

- s. Geschichte der Gefangensch. Riccis.

— Geschichte d. Jesuiten in Portugal, unter d. Staatsverwaltung d. Marq. v. Pombal. Aus Handschr. u. sichern Nachrichten mit Anmerkk. 2 Thle. gr. 8. Nürnb. 787, 88. Felsecker. 2 Thlr.

Murr, Christoph Glieb. v., Geschichte der Jesuiten in Portugal unter der Staatsverwaltung des Marquis v. Pombal. Aus Handschriften hrsg. Neue verb. Ausg. v. J. L. Hakemeyer, S. J. (171 S.) Lex. 8. Porto Alegre (909). Freiburg i/B., Herder. 4.—

— Gesch. d. Juden in Sina, nebst Köglers Beschr. ihr. heil. Bücher rc. gr. 8. Halle, Hendel. 806.

v. Murr, Chr. G., s. R. Glovers Medica.

- s. Hamilton, W. Nachrichten.

v. Murr, C. G., s. Haob Kjöb Tschwen.

v. Murr, Chr. Gottl. Histoire diplomatique du célèbre chevalier Martin Behaim. Trad. de l'allemand. 8. Strasbourg 1802. — 8. Sulzbach 1803.

— Journal z. Gesch. d. Kunst. 17 Thle. m. K. 8. Nürnb. Zeh. 775. 790.

— Journal z. Kunstgeschichte u. z. allgemeinen Literatur. 17 Thle. Mit Kpf. 8. Nürnb. 776—790. Zeh. 14 Thlr.

— neues Journal z. Literatur- u. Kunstgeschichte. Mit Kpfn. 2 Thle. 8. Leipz. 798, 99. (Kühn). 2 Thlr. 20 gr.

- s. Koffler, J. Historiae

- s. Kögler, J. Notitia.

— v. d. Krönungsringe, w. ehemals bey d. deutschen Reichskleinod. war. gr. 8. Sulzb. Seidel. 804.

— Leben u. Schriften d. Philosophen Giordano Bruno. ... 805.

- s. Literae patentes.

— Merkwürdigkk. d. Stadt Bamberg. gr. 8. Nürnb. 799. (Lauffer in Leipz.) 1 Thlr.

- s. Montgolfier Versuche.

— Nachr. v. verschied. noch lebenden Gelehrten in England u. Italien, nebst Zusätzen zu Keißler's Reisen. 8. Nürnb. 770. Grattenauer; (a. v. Jenisch u. St. in Augsb.) 3 gr.

- s. Nachrichten v. d. Jesuiten.

— Nachrr. v. verschied. Ländern des span. Amerika. Aus Aufsätzen e. Missionäre d. Gesellsch. Jesu. 2 Abthll. gr. 8. Halle 810, 11. Hendel. 2 Thlr. 16 gr.

— literar. Nachrr. zu d. Geschichte d. Goldmachens. 8. Leipz. 805. Kummer. 12 gr.

- s. Pennant, Th. Zoologiae.

- s.a. Philodem

Murr, Christoph Gottlieb von- Philodem von der Musik. Berlin 1806.

- s. Pott, J. H. v. Hauptwunden.

Murr, Christoph Gottlieb von, Commentationem de re diplomatica Friderici II Imp. Aug. qua praesertim gloriosiss. huius Imperatoris tabulae civitati Noribergens. A. 1219 VI idus Novembres concessae illustrantur. Präs. Johann Heumann. Altdorf (J. A. Hessel) 23. XI. 1756. 104 S. (7.—) 24401
Gew.: Christoph Willibald Harsdoerfer, Adam Rudolph Carl Geuder, Johann Carl Grundherr, Christoph Jakob Waldstromer, Georg Christoph Gottlieb Imhof, Christoph Carl Kress, Johann Carl Ebner. Jakob Gottlieb Rudolph Volckamer.

— Reise einiger Missionarien, s. Reise.

Reisen einiger Missionarien der Gesellschaft Jesu in Amerika. Aus ihren eigenen Aufsätzen herausgegeben von Christoph Gottlieb Murr. Mit einer Landkarte und Kupfern. Nürnberg 1785. (VI), 615 S., 2 Tf., 1 Krt. 8°

– s. Röder, J P Codex

— an Rabners Schatten. 8. Frankf. 771. (v. Jenisch u. St. in Augsb.) 3 gr

— Sinngedichte. Magdeburg 773. 2e Aufl. 12. Nürnb. 779. Zeh. 3 gr

– s. Torrubia, P J · Vorbereitung.

– s. Trew, C J Hortus.

— Urkunden d. vornehmsten Orte, mit welchen Nürnberg Zollfreiheit errichtet hat. gr. 8. Nürnb. 806. Campe. 8 gr

— üb. d. wahren Ursprung d. Rosenkreuzer u. d. Freimaurer-Ordens ꝛc. nebst e. Geschichte d. Tempelherren. 8. Frankf. u. Leipz. 803. (v. Seidel in Sulzb.) 12 gr

Christoph Gottlieb v. Murr: Über den wahren Ursprung der Rosenkreuzer und des Freymaurerordens. Nebst einem Anh. zur Geschichte der Tempelherren [in Spanien und Portugal]. Sulzbach 1803: Seidel. 160 S. 8°
cf. °Murr's neues Journal z. Lit. u. Kunstgesch. 1 (1798) S. 156; AJ. 1 (1804) S. 623 bis 626; ALZ. 1804 Nr 303; Gothaische gel. Ztgen. 1804 S. 89—93; Taschenbuch f. Frmr. 1805 S. 323—328.

— die Mediceische Venus u. Phryne. gr. 8. Dresd. 804. Walther. 4 gr

– s. Versuch e. Geschichte d. Königs David.

— Versuch e. Geschichte d. Juden in Sina, nebst Köglers Beschreib. ihrer heil. Bücher ꝛc. der Synagoge zu Kaifongfu ꝛc. gr. 8. Halle 806. Hendel. 12 gr

— Versuch e. Geschichte der Juden in China. Nebst P. Ignaz Köglers Beschreibg. ihrer hl. Bücher in der Synagoge zu Kai-fong-fu. (Anastatischer Neudr.) (74 S.) 8. Halle 806. (Berlin 908. L. Lamm.) 3. —

— Versuch e. Geschichte d. engl. Sprache u. d. damit verwandten Dialekte. 8. Leipz. 805.

Murr, C G: Der Herren St. und J. v. Montgolfier Versuche mit der von ihnen erfundenen aerostatischen Maschine. Nürnberg 1784

— die jetzige Welt, ein Lehrgedicht. 4e Aufg. 8. Nürnb. 804.

– s. Zufriedene, Der.

Murr, Chph. Theoph., s.a. Murr, Christoph Gottlieb von

— adnotation. ad bibliothecas Halleriani bot. etc. c. variis ad scripta Mich. Serveti pertinent. 4maj. Erlang. 805. Palm. 9 gr Schrbp. 12 gr

Ej. adnotat. ad tract. theol. polit., ex autogr. ed. ac praefat. est, addita notitia scriptt. Philosophi, Cp. Thph. de **Murr.** *Haag*, 802. gr4°

— bibliotheque glyptographique. 4. Dresden. 804. Walther. 18 gr

— bibliotheque de peinture, sculpture et de gravure en général. II Tom. 8. Frankf. u. Leipz. 770. (Kraus in Wien). 1 ß 12 gr

— chirographa personarum celebr., Missus I. 12 tab. c. fig. 4maj. Weimar. 804. Ind.-Compt. 1 ß 12 gr

Murr, Chr. Th. von, Collectio amplissima scriptorum de Klinodiis S. R. Imperii Germanici, de coronatione imperatoris Germanici atque de rege Romano et electoribus Norimbergae 1793. 8.

— conspectus bibliothecae glotticae univ. operis quinquaginta annorum. 8. Nürnb. 803. Monath u. K. 5 gr

— Diss. de corona regum Italiae vulgo ferrea dicta c. 2 tab. aen. 4maj. Münch. 808. (Fleischmann). 16 gr

— de Corona regum italiae vulgo ferrea dicta c. tab. aen. gr. 4. München, Scherer. (Fleischmann.) 810.

— Theophaniae Augustae Ottonis II. Imp. conjugis corona aurea. 4. Nürnb. 804. Monath u. K. 4 gr

— Theophania Augustae Ottonis II. Imp. conjugis corona aurea. 4. Nürnb. Seidel. 804.

— description du cabinet de M. P. de Praun à Nürnb. av. 7 planch. gr. 8. Nürnb. 797. (Schneider u. W.) 1 ß 8 gr (v. Ebner). 821. 1 ß

— Description des ornemens impériaux et des reliques du Saint Empire Romain, gardées à Nuremberg et à Aix-La-Chapelle. Par Mr. Christophe Theophile de Murr. Traduit de l'allemand. A Nuremberg, chez Adam Gottlieb Schneider 1790
Tit. Bl. 74 S. m. 3 Holzschn. 4 Taf. davon 3 in Holzschn. 1 in Kupferst. 8°

— Essai sur l'histoire des poetes tragiques grecs. 8. Nürnb. 760.

— inscriptio arabica, literis cuficis, textili picta in infima fimbria pallii imperialis etc. c. XVIII tabb. 4maj. Nürnb. 790. Schneider u. W. 8 gr

— Journal zur Kunstgeschichte und allgemeinen Litteratur. Nürnb. 775-89. 17 Bde. 8.

— Mantissa ad inscriptiones extemporales classiariorum Pompejanorum. Fol. Nürnb. 783.

— memorabilia bibliothecar. publicar. Norimbergens. et universitatis Altdorfinae. III Tom. cum 24 tab. aen. 8maj. Nürnb. 786—91. Bauer u. Raspe. 5 ß 16 gr (Raw das.) 2 ß 20 gr

— notitia duorum codicum musicorum Guidon Aretini et S. Wilh. Hirsaugiensis. 4. Nürnberg, Monath et K. 801.

— notitia trium codicum autographorum Johannis Regiomontani. c. tab. aen. 4maj. Nürnb. 801. (v. Seidel in Sulzb.) 5 gr Schrbp. 8 gr

— notitia libri rariss., Geographiae Franc. Berlinghieri. gr. 8. Nürnb. Bauer. (Schmidmer.) 790.

— de papyris, s. volumin. graecis Herculanens. 8maj. Strassburg. 804. Levrault. 1 ß

— satira in pedantism. s. *Laudatio* funeralis.

— Satira in pedantism., thrasonism. et charlataneriam semieruditor. etc. 8. maj. Nürnb. Raw. 789.

— specimina antiquiss. scripturae graecae tenuioris, c. tab. Fol. Nürnb. 791. Bauer. 3 ℛ

Murr, C. Th von, Über ein Stück des vierten Bandes von Philodem über die Musik. Nürnb. 805. 4.

Murr, Johs., s. Murr, Josef

Murr, Josef

Murr, J., Herm. Zahn, J. Pöll, Hieracien, s. a. Reichenbach, H. G. Ludw., Deutschlands Flora bezw. Icones florae.

Hieracia critica vel minus cognita florae Germanicae et Helveticae simul terrarum adiacentium ergo Europae mediae. Auctoribus Dre J[osef] Murr, K. H. Zahn, J(osef) Poell. P 1-3
Lipsiae & Gerae. v. Zezschwitz 1904-12. 4⁰
1 1904-06. 2. 1906-09 3. 1909-12.
(Reichenbach, Heinr Gottlieb Ludw Icones florae Germanicae et Helveticae. Vol. 19, 2, 1-3.)

Murr Dr. J. Beiträge zur Kenntnis der altclassischen Botanik. 27. Innsbruck 88. **Progr.**

Murr, Josef Beiträge zur Kenntnis der altclassischen Botanik. 8 (S. 48—74). **Progr** Staatsg. *Innsbruck* 1888
I. Noch ein Wort über den ὑάκινθος. II. Speise-Eiche, Kastanie und Verwandtes.

– Weitere Beiträge zur Flora von Vorarlberg und Liechtenstein. S. 3—32. 8. **Progr.** K. k. Staatsgymn. *Feldkirch* 1910.

Murr J.: Die beschreibenden Epitheta d. Pflanzen bei den (² griechischen u.) römischen Dichtern. Progr 1-(2) (1 Vol.). Marb. 1893-94. 4⁰.
(1 Holzgewächse. 43 S. — 2. Blumen. 30 S.).

Murr, Jos., die Gottheit der Griechen als Naturmacht. Gründzüge e. einheitl. Systems griech. Götterlehre. Zugleich einleit. Theil zu d. Verf.'s „Pflanzenwelt in der griech. Mythologie". gr. 8. (XII, 80 S.) Innsbruck 892. Wagner. n. 2. —

Murr, Josef Die Kulturgehölze Feldkirchs mit Einbeziehung der übrigen vorarlbergischen Städte. S. 3—28. 8. **Progr.** K. k. Staatsgymn. *Feldkirch* 1908.

Die geographischen und mythologischen Namen der altgriechischen Welt in ihrer Verwertung für antike Pflanzengeographie. 8 (S. 3—44). II Die in Griechenland heimischen, nicht cultivierten Gewächse. 8 (S. 3—40). **Progr.** Ober-G. der Franciscaner *Hall* 1889. 1890.

— die Parusie der Gottheit in vegetativer Substanz. Vom Standpunkte der griech. Mythologie betrachtet. 12. (23 S.) Innsbruck 892. Vereinsbuchh. u. Buchdruckerei n. — 36

Murr, Johs., die Pflanzenwelt in der griechischen Mythologie. gr. 8. (VIII, 321 S.) Innsbruck 890. Wagner. n. 6. —

Murr Dr. Jos.:
— Verzeichnis der in Nordtirol entdeckten Pflanzenarten. (6). Innsbruck R 91.
Progr.

Murr, Josef Vokalismus und Gefühlsstimmung, in ihrem Zusammenhang an Homer und Vergil erläutert. S. 29—34. 8. **Progr.** K. k. Staatsgymn. *Feldkirch* 1908.

Murr, Josef Vorarbeiten zu einer Pflanzengeographie von Vorarlberg und Liechtenstein. S. 3—36. 8. **Progr.** K. k. Staatsgymn. *Feldkirch* 1909.

Murr, Jos., Was sagt uns Plato vom Jenseits? Innsbruck, Vereinsbuchh., 1891, 8°, 31 S., 24 kr.
In dem Schriftchen bringt M., „die platon. Stellen über d. letzten Dinge in deutscher Übers. geschickt zu einem geordneten Texte vereinigend, die vielfach fast wunderbare (?) Übereinstimmung der platon. Eschatologie mit der kath. Lehre zum Bewußtsein." Jos. Pajek, (Linzer) Theol.-pr. Quartalschr. 1893, S. 429

— Altgriechische Weisheit. Blumenlese v. Sinnsprüchen aus griech. Dichtungen in deutscher Uebersetzg. 1. u. 2. Bdchn. 12. Innsbr. 891, Wagner. à Bdchn. * — 80; * 1 60
1. Die ältesten Epiker u. Elegiker, Aischylos u. Sophokles. (VII, 77 S.)
2. Euripides. (IV, 66 S.)

Murr, Jos., altgriechische Weisheit. Sinnsprüche aus d. ges. Gebiete d. altgriech. Dichtg. in deutscher Uebersetzg. 3. Bdchn.: Liebe u. Ehe. 12. (VI, 56 S.) Innsbruck 898. Wagner n. — 80

— wo steht die Wiege der Menschheit. Vom pflanzengeograph. Standpunkte aus beantwortet. 12. (34 S.) Innsbruck 891. Vereinsbuchh. u. Buchdruckerei. n. — 48

Murr, Vinc., Lese- u. Sprachbuch f. allgem. Volksschulen in Tirol. (In 3 Thln.) 1. Thl. (Fibel.) gr. 8. (64 S. m. Abbildgn.) Innsbruck 900. Vereinsbuchh. u. Buchdruckerei. Kart. n. — 40

— Memoiren e. Schulmannes. gr. 8. (28 S.) Bozen 900. Buchh. Tyrolia. n. — 25
Sonderabdruck aus: „Kathol. Volksschule".

Murr's, Vinzenz, kurze deutsche Sprachlehre m. erläut. Beispielen u. vielen Aufgab. Neu bearb. v. Paul Murr. 17. Taus. (VIII, 166 S.) kl. 8. Innsbruck 908. Wagner. Kart. 1. 40

Murr, Vinz., der Sprachschüler in der Landschule. Ein Hülfsbüchlein beim Unterrichte in der deutschen Sprachlehre, im Rechtschreiben und schriftl. Aufsatze in Beispielen, Lehren und Uebungsaufgaben. 8. (VIII, 79 S.) Brixen 868, Theolog. Verlags-Anstalt. geb. *

Murr, Vinz., der Sprachschüler in der Landschule. Ein Hilfsbüchlein beim Unterrichten in der deutschen Sprachlehre, im Rechtschreiben u. schriftl. Aufsatze in Beispielen, Lehren u. Uebungsaufgaben. 2. Aufl. 8. (IV, 79 S.) Innsbruck 874. Wagner. geb. n. — 60

Murr, Vinc., der Sprachschüler in der Landschule. Ein Hilfsbüchlein beim Unterrichte in der deutschen Sprachlehre, im Rechtschreiben und schriftl. Aufsatze, in Beispielen, Lehren und Uebungsaufgaben. 4. Aufl. kl. 8. (79 S.) Innsbruck 879, Wagner'sche Universitäts-Buchh. geb. *

Murr, Vinc., kurzer theoretisch-praktischer Unterricht in der deutschen Sprache mit erläut. Beispielen und vielen Aufgaben. Ein Hilfsbuch für die obern Klassen der Volksschule. 8. (VIII und 142 S.) Brixen 864, Wegers's Buchh. *

—— kurzer theoretisch-praktischer Unterricht in der deutschen Sprache mit erläut. Beispielen und vielen Aufgaben. Ein Hilfsbuch für die obern Klassen der Volksschule. 3. verm. Aufl. 8. (VIII, 154 S.) Brixen 869, Weger's Buchh. geb. *

— kurzer theoretisch-praktischer Unterricht in der deutschen Sprache mit erläut. Beispielen u. vielen Aufgaben. Ein Hilfsbuch f. die obern Klassen der Volksschule. 4. Aufl. 8. (VI, 154 S.) Ebend. 873. n. — 80

—— kurzer theoretisch-praktischer Unterricht in der deutschen Sprache mit erläut. Beispielen und vielen Aufgaben. Ein Hilfsbuch für die obern Classen der Volksschulen. 15. und 16. Tausend. kl. 8. (VI, 154 S.) Ebendas. 879. geb. *

— **Wolffgang Heinrich** (Ansbach/Franken), De contumacia non respondentis. Disput. jur. Präs. Justus Henn. Böhmer. Halle/Magdeburg (J. Chr. Zahn) 3. V. 1717. 46 S. (5.50) 24403
Widm. v.: Justus Henn. Böhmer, Christian Breithaupt, Carl Friedrich Lipten, A. C. Groening, Wolffgang Friedrich Diez (dtsch.), F. C. Oldekop, Joh. Jak. Gross, Joh. Jak. Beuttel (dtsch.).

— — **Dasselbe.** Präs. Justus Henning Böhmer. Halle/Magdeburg (J. Chr. Grunert) 3. V. 1717. Rec. 1735. 46 S. (5.50) 24404

Murray, der berühmt. Miß Fanny, Geschichte. 2 Thle. 8. Nürnberg, Ammermüller. 768.

Murray, A., descriptio arteriar. corpor. hum. in tab. redacta. 4. Kopenh. 798. Brummer. 14 gr.

— — idem liber. 8. maj. Lips. Graffé. 794.

— — idem liber. 4. Lips. Kummer. 798.

— — idem liber. 4. Lips. Weigel in Commiss. 798.

— sciagraphia nervorum capitis descript. 2 Fasc. 4. Leipz. 793. Beer. 12 gr.

(Murray, Adolph) (Übers.):
s.: Bjerkén, Pehr: Abhandlung von den wahren Kennzeichen der Krebsschaden... (Inträdes tal om kräftskadors...igenkännande. Dt.) Göttingen: 1775

Murray, (Al.,) zum europäischen Sprachenbau; oder: Forschungen üb. die Verwandtschaft d. Teutonen, Griechen, Kelten, Slaven u. Indier. Nach d. Engl. von Ad. Wagner. 2 Thle gr. 8. Leipz. 825, Hartmann.

Murray, Al., z. europ. Sprachenbau; oder: Forschungen üb. die Verwandtschaft d. Teutonen, Griechen, Kelten, Slaven u. Indier. Nach d. Engl. v. Ad. Wagner. 2 Thle. gr. 8. Leipz. 825. (Lehnhold). 3 ℳ 12 gr

— **Andr. Jo. Georg** (Göttingen), De extracto Saturni et aqua vegeto-minerali nominatim optima utrumque praeparandi ratione experimentis confirmata. Diss. med. Göttingen (J. Chr. Dieterich) 14. IV. 1788. 48 S. (5.50) 24406
Gew.: Jo. Georg von Zimmermann.

Murray, Andr.

— Anm. z. nöth. Verst. d. Glaubens- u. Lebenswahrheit. 12. Stockh. 737.

MURRAY, M. ANDR., Demonstratio Dei ex voce animalium publico antea examini in Academia Kiloniensi subjecta, nunc vero plenius exposita. Hamburg. 1724.

Murray, Andr., Erklär. d. Epist. P. an d. Galater. 8. Leipz. Weidmann. 739.

— Commentar. de Kinaeis. 8. Hamburg, Bohn. 718.

— Predigten von dem zeitlichen Glück d. Menschen. 8. Hamburg. 735.

— d. Wahrh. u. Göttlichk. d. christl. Glaubens, n. Anleit. d. ordentl. Evangel. 6 Thle. 8. Hamburg, Bohn. 740—745.

Murray, Andreas (England), De hepatitide maxime Indiae Orientalis. Diss. med. Göttingen (J. Chr. Dieterich) 24. XI. 1779. 56 S. (5.—) 24405
Gew.: Hektor Monro, Thomas Murray (Vater)

Murray, Andr[eas]: Zur Bezeugung seines unterthänigen Mitleidens [Trauer-Zeilen auf Friedrich Rantzau, Geheimter Raht, † 8 Febr 1723, beigesetzt am 6. April 1723.] — Kiel (1723) Reuther 2 Bl 4°

Murray, Andrew, Adlersflügel. In das Deutsche übers. v. G. Holtey-Weber. 8. (IV, 76 S.) Leipzig 903. Ch. Steffen. Geb. in Leinw. n. 1.20

Murray, Andrew, Adlersflügel. 903. (KVB 32.) Jetzt: Gotha, Missionsbuchh. P. Ott.

— das Amt der Fürbitte. Eine Aufforderg. zum Gebet. In das Deutsche übertr. v. G. Holtey-Weber. 8. (III, 299 S.) Leipzig 899. E. Sonnenhol. n. 2.—; geb. n. 3.—

Murray, Andrew, der Auftrag des Meisters. Die äußere Mission u. die Notwendigkeit des Gebets. Autoris. Uebersetzg. v. Gräfin Elisab. Groeben. (48 S.) 8. Gotha 906. Missionsbuchh. P. Ott. n. —40

— Betet ohne Unterlaß! Eine Übungsschule der Fürbitte. [Aus: „Das Amt der Fürbitte".] 8. (71 S.) Ebd. 899. n. — 60

- nach Jesu Bild. Betrachtungen üb. das sel. Leben der Umgestaltg. in das Ebenbild d. Sohnes Gottes. Aus dem Engl. 8. (VIII, 215 S.) Ebend. 886. n. 1. 20; geb. n. 2. —

— nach Jesu Bild Betrachtungen über das sel. Leben der Umgestaltung in das Ebenbild des Sohnes Gottes. Aus dem Engl. 2. Aufl. 8. (VIII, 215 S) Basel 887. Spittler. n 1 20; geb. n. 2

—— Nach Jesu Bild. Betrachtungen üb. das sel. Leben der Umgestaltg. in das Ebenbild d. Sohnes Gottes. Aus dem Engl. 3. Aufl. 8. (223 S.) Basel 892, Jaeger u. Kober. * 1 20; geb. * 2 —

Murray, Andrew, nach Jesu Bild. Betrachtgn. üb. d. sel. Leben d. Umgestaltg. in d. Ebenbild d. Sohnes Gottes. Aus dem Engl. 4. Aufl. 8. (223 S.) Basel 897. Kober. n. 1. 20; geb. in Leinw. n. 2. —

— nach Jesu Bild. Betrachtungen üb. das sel. Leben der Umgestaltung in das Ebenbild des Sohnes Gottes. Aus dem Engl. 5. Aufl. 8. (223 S.) Basel 901. Kober. n. 1. 20; geb. in Leinw. n. 2. —

Murray, Andrew, bleibe in Jesu. Gedanken üb. das sel. Leben der Gemeinschaft m. dem Sohne Gottes. Nach dem Engl. 3. Aufl. 8. (206 S.) Basel 885. Spittler. n. 1. 20; geb. n. 2. —

— bleibe in Jesu. Gedanken üb. das sel. Leben der Gemeinschaft m. dem Sohne Gottes. Nach dem Engl. 4. Aufl. 8. (206 S.) Ebd. 887. n. 1. 20; geb. n. 2. —

Murray, Andrew. Bleibe in Jesu. Gedanken üb. das sel. Leben der Gemeinschaft m. dem Sohne Gottes. Nach dem Engl. 5. Aufl. 8. (206 S.) Basel 892, Jaeger u. Kober. * 1 20; geb. * 2 —

— bleibe in Jesu. Gedanken üb. d. sel. Leben d. Gemeinschaft m. d. Sohne Gottes. Nach d. Engl. 7. Aufl. 8. (206 S.) Basel 896. Kober. n. 1. 20; geb. in Leinw. n. 2. —

— dasselbe. 8. Aufl. 8. (206 S.) Ebd. 897. n. 1. —; geb. in Leinw. n. 1. 80

— Bleibe in Jesu. Gedanken üb. das sel. Leben der Gemeinschaft m. dem Sohne Gottes. Nach dem Engl. 10. Aufl. (206 S.) 8. Basel 903. Kober. n. 1. 20; geb. n. 2. -

— eine Botschaft des himmlischen Vaters an seine Kinder auf Erden. In das Deutsche übertr. v. G. Holtey-Weber. 8. (XIII, 168 S. m. Bildnis.) Ebd. (899). n. 1. 20; geb. n. 1. 80

Murray, Andrew, Demut, d. Heiligen Kleinod. Uebers. v. Johs. Biegler. 12. (111 S.) Kassel 896. E. Röttger. n. — 80, geb. n. 1. 40; m. Goldschn. n. 1. 60

— in des Königs Dienst. Autoris. Uebersetzg. v. E. F. (148 S.) 8. Bremen (903). Buchh. u. Verl. d. Traktathauses. n. 1. —; geb. in Leinw. n. 1. 30

— drei Dinge, die d. Christ wissen muß. Autor. Uebersetzg. aus d. Engl. durch J. Claassen. 12. (16 S.) Konstanz 898. E. Hirsch. n. — 10

— von der Erkenntnis des Willens Gottes. 8 bibl. Betrachtgn. 12. (32 S.) Ebd. 898. n. — 10

Murray, Andr., Familienleben in Christo. Berechtigte deutsche Ausg. m. Vorwort v. Elias Schrenk. gr. 8. (XII, 324 S.) Kassel 891. E. Röttger. n. 3. —; geb. n.n. 3. 75 u. n. 4. —

— Familienleben in Christo. Berecht. deutsche Ausg. m. Vorwort v. Elias Schrenk. 2., durchgeseh. Aufl. gr. 8. (360 S.) Kassel 895. E. Röttger. n. 3. —; geb. in Leinw. n. 4. —; in Damast m. Goldschn. 4. 50

— Familienleben in Christo. Berechtigte deutsche Ausg. m. Vorwort v. Elias Schrenk. 4. verm. Aufl. Mit Familien- u. Gäste-Chronik. (XVI, 352 S. m. Titelbild.) 8. Kassel (907). E. Röttger. Geb. in Leinw. 4. —

— Fleischlich u. Geistlich. Autor. Uebersetzg. aus dem Engl. durch J. Claassen. 12. (20 S.) Ebd. 898. n. — 10

— Aus Seiner Fülle. Autoris. deutsche Übersetzg. v. Emmy v. Feilitzsch. (148 S.) 8. Bielefeld 908. Verlagshandlg. der Anstalt Bethel. 1.30; geb. in Leinw. 1. 80

— der Liebe Gebetlust. D. Wandel im Geist. Autor. Uebersetzg. aus d. Engl. durch J. Claassen. 12. (16 S.) Konstanz 898. E. Hirsch. n. — 10

— das Gebetskämmerlein u. das verborgene Leben. Autoris. Uebersetzg. v. E. F. (VII, 152 S.) 8. Berlin 907. Deutsche ev. Buch- u. Traktat-Gesellschaft. n. 1.50

— der Geist Jesu Christi. Gedanken üb. die Innewohng. d. heil. Geistes. 8. (310 S.) Basel 891. Jaeger & Kober. n. 1. 20; geb. in Leinw. n. 2. —

— dasselbe. 2. Aufl. 8. (307 S.) Ebd. 894. n. 1. 20; geb. in Leinw. n. 2. —

— der Geist Jesu Christi. Gedanken üb. die Innewohng. des hl. Geistes. 3. Aufl. 8. (307 S.) Basel 901. Kober. n. 1. 20; geb. in Leinw. n. 2. —

— Geld. Gedanken f. Gottes Haushalter. In das Deutsche übertr. v. G. Holtey-Weber. 12. (95 S. m. Bildnis.) Leipzig (899). E. Sonnenhol. Geb. n. 1. —

— d. Glaube in d. Kraft Gottes. Autor. Uebersetzg. aus d. Engl. durch J. Claassen. 12. (16 S.) Ebd. 898. n. — 10

— aus d. Grabe neues Leben. Autor. Uebersetzg. aus d. Engl. v. J. Claassen. 12. (16 S.) Ebd. 898. n. — 10

Murray, A., heilig in Christo. Gedanken üb. den Beruf der Kinder Gottes, heilig zu sein, wie Er heilig ist. Uebers. v. A. Grebe. Einzig rechtmäß. Ausg. 8. (VII, 243 S.) Cassel 889. Röttger. n. 1. 50; geb. n. 2. 25

— heilig in Christo. Gedanken üb. den Beruf der Kinder Gottes, heilig zu sein, wie Er heilig ist. Uebers. v. A. Grebe. 2., v. berufener Hand durchgeseh. Aufl. 8. (VI, 236 S.) Kassel 894. E. Röttger. n. 1. 20; geb. in Leinw. n. 2. —

— Heilig in Christo. Gedanken üb. den Beruf der Kinder Gottes, heilig zu sein, wie Er heilig ist. 3. v. berufener Hand durchgeseh. Aufl. 8. (252 S.) Kassel 899. E. Röttger. n. 1. 20; geb. n. 2. —

— d. gereinigte Herz. Autor. Uebersetzg. aus d. Engl. durch J. Claassen. 12. (16 S.) Ebd. 898. n. — 10

— d. große Hohepriester. E. Erklärg. d. Briefes an d. Ebräer u. d. himml. Geheimnisse d. eröffn Heiligtums u. d. Priesters auf d. Throne Gottes. E. Leitfaden f. d. Glaubensleben. Aus d. holländ. Original übers. v. Ernst Wolff. Einzig berecht. deutsche Ausg. gr. 8. (VIII, 631 S.) Kassel 898. E. Röttger. Geb. n. 5. —
Erschien auch in 4 Hftn. à n. 1. —.

— Jesus heilt d. Kranken od. d. Heilung nach d. Worte Gottes. 2. Aufl. 8. (134 S.) Ebd. 898. n. 1. —; geb. in Leinw. n. 1. 80

— Jesus heilt die Kranken od. Heilung nach dem Worte Gottes. 3. Aufl. (134 S.) 8. Basel 904. Kober. n. 1. — ; geb. in Leinw. n. 1. 80

— Jesus selbst. 1. u. 2. Aufl. 16. (67 S.) Kassel 893. 894. E. Röttger. n. — 40; kart. n. — 60; geb m. Goldschn. n. 1. —

— dasselbe. Bearb. v. Multatuli. 16. (63 S.) Anklam 895. Altona, M. Hoffmann. n. — 30

— Jesus selbst. 5. Neudr. 16. (67 S.) Kassel 897. E. Röttger. n. — 40

— Jesus Selbst. 7. Neudr. (64 S.) 16. Kassel (905). E. Röttger. n. — 40; kart. n. — 60; geb. n. 1. —

— „Ihr seid die Reben." Autoris. Uebersetzg. aus dem Engl. durch J. Claassen. 12. (16 S.) Konstanz 898. E. Hirsch. n. — 10

— die Kraft des Blutes Jesu. In das Deutsche übertr. v. G. Holtey-Weber. 8. (VII, 299 S.) Hagen 900. O. Rippel. n. 2. —; geb. n. 3. —

— Die Kraft des Blutes Jesu. 900. —
(KBL 32.) Jetzt: Neukirchen, Buchh. des Erziehungsvereins.

Die Kraft des Blutes Jesu. Von Andrew **Murray**, Pastor. In d. Deutsche übertr. von G[ustav] Holtey-Weber. 2. Aufl. Hagen i. W. O. Rippel [um 1906]. (299 S.) 8° [F.] [07. 13185

— das geistliche Leben. Autoris. Uebersetzg. v. P. Siegels. (213 S.) 8. Ebd. (906). n. 1. 20; geb. n. 1. 80

— Leben u. volles Genüge. 5 Vorträge. 2. Aufl. 12. (63 S.) Neumünster (899). Vereinsbuchh. G. Ihloff & Co. n. — 20

— Leben u. Leiden nach dem Willen Gottes. 8 bibl. Betrachtgn. 12. (82 S.) Herborn 898. Buchh. des Nass. Colportagevereins. n. — 10

Das neue Leben. Worte Gottes f. d. jungen Kinder in Christo von Andrew **Murray**. In d. Deutsche übertr. von G. Holtey-Weber. *Hagen i. W.: Buchh. 'Immanuel' 1900.* (237 S.) 8° [F.] [01. 5798 6

Das neue Leben. Worte Gottes f. d. jungen Kinder in Christo von Andrew **Murray**, Pastor. In d. Deutsche übertr. von Pastor G[ustav] Holtey-Weber. 2. Aufl. Hagen i. W. O. Rippel [um 1906]. (237 S.) 8° [F.] [07. 13185

— völlige Liebe. In das Deutsche übertr. v. G. Holtey-Weber. (67 S.) 8. Leipzig 903. [Th Steffen.] L. A. Klepzig. Kart. n. 1. —

— die tägliche Liebeskunst. Autoris. Übersetzg. aus dem Engl. v. J. Claassen. 12. (16 S.) Konstanz 896. C. Hirsch. n. — 10

— nicht mein Wille! Die Seligkeit e. Lebens in dem Willen Gottes. Betrachtgn. f. e. Monat. In d. Deutsche übertr. v. G. Holtey-Weber. 12. (VIII, 125 S.) Herborn 898. Buchh. d. Nass. Colportagevereins. n. — 60; geb. n. 1 —; m. Goldschn. n. 1. 20

— nicht mein Wille! Die Seligkeit e. Lebens in dem Willen Gottes! Vom Verf. veranlaßte deutsche Ausg. 8. (94 S.) Ebd. 899. n. — 60; kart. n. — 80; geb. n. 1. 20; m. Goldschn. n. 1. 40

— d. volle Pfingstsegen. Vom Verf. veranlaßte deutsche Ausg. schmal 12. (205 S.) Kassel 898. E. Röttger. n. 1. —; kart. n. 1. 25; geb. n. 1. 80

— der volle Pfingstsegen. Das Eine, was not ist. Vom Verf. veranlaßte deutsche Ausg. (5.–7. [Umschlag-]Taus.) schmal 12. (205 S.) Kassel [898.] (900). E. Röttger. n. 1. —; kart. n. 1. 25; geb. n. 1. 80

— das Reich Gottes ist inwendig in euch. In d. Deutsche übertr. v. G. Holtey-Weber. 12. (86 S.) Leipzig 899. E. Sonnenhol. n. — 75; geb. in Leinw. n. 1. 20

— der Schlüssel zum Missions-Problem. Deutsch v. C. F. Vom Verf. veranlaßte Ausg. (IV, 188 S.) gr. 8. Kassel (903). E. Röttger. n. 1. 20; geb. n. 2. —

—— die Schule des Gebets. Frei nach dem Holländ. 8. (207 S.) Gernsbach 887, Christl. Kolportage-Verein. *

—— Die Schule d. Gebets. Frei nach dem Holl. 2. Aufl. 8. (218 S). Gernsbach 891, Christl. Kolportage-Verein. * 1 20

Murray, Andrew, die Schule des Gebets. Frei nach dem Holl. 3. Aufl. (200 S.) 8. Striegau 905. Th. Urban. n. 1. 20; geb. in Leinw. n. 1. 80

— Stille zu Gott. Übers. v. C. Werner. gr. 8. (117 S.) Ebd. 899. n. — 80

— wachset in der Gnade. Ein Büchlein f. Christen, die voran wollen. Aus d. holländ. Original übers. v. E. Wolff. 8. (IV, IV, 134 S.) Kassel 895. E. Röttger. n. 1. 20; geb. in Leinw. n. 2. —

— des Christen Wandel nach dem Willen Gottes. 8 bibl Betrachtgn. 12. (32 S.) Herborn 898. Buchh. des Nass. Colportagevereins. n. — 10

— warum glaubst Du nicht? Worte d. Belehrg. u. Ermunterg. f. jeden Tag e. Monats an Alle, die d. Herrn suchen. Aus dem holländ. Original übers. v. E. Wolff. 8. (II, 127 S.) Ebd. 896. n. 1. 20; geb. n. 2. —

— Gottes Wille des Himmels Herrlichkeit. 8 bibl. Betrachtgn. 12. (32 S.) Herborn 898. Buchh. des Nass. Colportage-Vereins. n. — 10

Murray, Augustus T. On parody and paratragoedia in Aristophanes with especial reference to his scenes and situations. gr. 8. (50 S.) Berl. 891, Mayer u. Müller. * 1 50

Murray, Charles A., s.a. Murrey, Charles A.

Murray, Ch. A., Fanny Campbell oder der weibliche Pirat, s. im 12. Bd.: Prahl, F.

—— die rothen Indianer von Newfoundland, s. Bibliothek, amerikanische.

Murray, Ch. A., kwiat preryi między Indyjczykamie. Powieść z zachodniopółnocnéj Ameryki. [Z 8 kolorowanemi (chromolith.) obrazkami.] Przerobiona dla młodzieży przez Józefa Betkowskiego. Thorn 870. Lambeck. br. 8. (354 S.) geb. n. 2 ℛ

—— Prairieblume unter den Indianern; für die Jugend bearb., s. a. Stein, W.

Murray, C. A. *Prairieblume unter den Indianern.* Eine Erzählung aus dem Westen Nordamerika's von Ch. A. Murray. Für die Jugend bearbeitet von Wilhelm Stein. Mit acht Kupfern [= Chromolithogr.] nach Zeichnungen von F Koska und einer Übersichtskarte. Breslau, Trewendt & Granier, 1855. IV, 390 S. 3 Bl. 8°. Viol. Orhlwd. m. goldgepr. Komposition a. d. Rücken. 15.—
Schön illustr. ★ erste deutsche Jugendausgabe des „Prairie-Bird" Ein wenig benutzt, Einbd. leicht gelockert.

Murray, Ch. A., Prärieblume unter den Indianern. Eine Erzählg. aus dem Westen Nordamerikas. Für die Jugend bearb. v. Wilh. Stein. Mit 8 Chromolith. nach Motiven v. F. Koska, gezeichnet v. W. Schäfer u. e. Uebersichtskarte. 5. Aufl. gr. 8. (281 S.) Breslau 883. Trewendt. geb. n. 5. —

Murray, Charles, der Prairievogel, s. a. Hoffmann, Otto.

Murray, Ch. A., Prairievogel, Bearbeitg., s. a. Stein, Wilh., Prairieblume unter den Indianern.

—— Prärievogel, s. a. Universal-Bibliothek für die Jugend.

Murray, Charles A., der Prairievogel. Eine Erzählung aus dem nordamerikanischen Staate Ohio. Für die reifere Jugend frei bearb. von Otto Hoffmann. Mit 6 Farbendr.-Bildern nach Aquarellen von G. Bartsch. gr.8. (206 S.) Stuttgart 877. Thienemann. cart. n. 4. 50

Murray, Charles, Prairievogel. Eine Erzählg. f. die Jugend, nach M. frei bearb. von Rich. Roth. Mit 4 Farbendr.-Bildern nach Aquarellen v. W. Zweigle. 8. (107 S.) Leipzig (900). O. Spamer. Geb. n. 1. 20

Murray, Charles, Prairievogel. Eine Erzählg. f. d. Jugend, nach M. frei bearb. v. Rich. Roth. Mit 4 Farbendr.-Bildern nach Aquarellen v. W. Zweigle. 2. [Titel-]Aufl. (107 S.) 8. Leipzig (907). O. Spamer. Geb. 1.20

Murray, Christie, s.a Murray, David Christie

Murray, Christie. Gabriel Kenyon, s. Collection Spemann.

Murray, Dan., Predigten. Aus dem Engl. übers. von Joh. Kayser. 3 Bde. Köln, Bachem. 8. 2 Thlr 15 ngr.
1. Bd.: Predigten auf die Sonntage des Jahres vom Advent bis zum Dreifaltigkeits-Sonntage. 860. (XX, 226 S.) 15 ngr. — 2. Aufl. 864. (XX, 355 S.) 1 Thlr
2. Bd. 1. Abth.: Predigten auf die Sonntage des Jahres von Ostern bis zum 7. Sonntage nach Pfingsten. 861. (VII, 213 S.) 15 ngr.
2. Bd. 2. Abth.: Predigten auf die Sonntage des Jahres vom 8. bis zum 24. Sonntage nach Pfingsten. 861. (VIII, S. 214—404.) 15 ngr.
3 Bd: Predigten auf die vorzüglichsten Feste des Jahres. 861. (VIII, 187 S) 15 ngr.

Murray, Dan., Predigten. 2. Aufl. 2 Bde. Aus dem Engl. übers. von Joh. Kayser. 8. Köln, Bachem. à Bd. 1 Thlr.
Inhalt:
Bd. 1. Predigten auf die Sonntage des Jahres vom Advent bis zum Dreifaltigkeits-Sonntag. (XX und 355 S.) 864.
" 2. Predigten auf die Sonntage nach Pfingsten und für die Hauptfeste des Jahres. (V und 436 S.) 865.

Murray, David Christie

—— a Life's Atonement, s. Asher's Collection of English Authors.

Murray, Dav. Christie, der Bischof in Not, s.: Engelhorn's allgem. Romanbibliothek, 14. Jahrg.

Murray, D. Ch., a bit of human nature and the „lively Fanny", s.: Asher's continental library of English authors.

— u. H. Murray, das verhängnisvolle Brecheisen. Eine Kriminalnovelle aus der engl. Gesellschaft. Uebers. v. A. Theinert. 2 Tle. in 1 Bde. (128 u. 128 S.) 8. Mülheim a/R. (904). J. Bagel. — 60

—— eines Lebens Buße, s. Romanbibliothek, englische.

Murray, D. Ch., Joseph's coat, s.: Asher's collection of english authors.

Murray, D. Ch., a model father, s.: Asher's collection of English authors.

Murray, Dav. Christie, by the Gate of the Sea, s. Asher's Collection of English Authors.

—— Hearts, s. Asher's Collection of English Authors.

Murray, Dav. Christie, die Jagd nach Millionen, s.: Engelhorn's allgem. Romanbibliothek. XVII. 11.

Murray, D. Christie, s.: Krieg, der große, v. 189–

Murray, Dav. Chr., glänzende Laufbahn. Roman. Genehmigte Uebers. v. A. Schultze. (382 S.) 8. Köln (903). J. P. Bachem. n. 3. 50; geb. n. 5. —

Murray, Dav. Christie, der bettelarme Millionär, s. Kürschner's Bücherschatz.

Der bettelarme Millionar (The penniless Millionaire). Kriminal-Roman von David Christie Murray Autor Übers aus d Engl von Joseline Kunkel Mit Ill. von A Lewin Berlin, Leipzig Hillger [1908]. 200 S. 8°
(Kürschners Bücherschatz Nr 645/646) [illegible]

— Rainbow Gold, s.: Collection of British authors.

— ein Spitzbubengewissen, s.: Engelhorn's allgemeine Romanbibliothek. XV. 16.

— Val Strange, s.: Asher's collection of english authors.

— the way of tho world, s.: Asher's collection of English authors.

— u. H. Murray, e. gefährliches Werkzeug, s.: Engelhorn's allgemeine Romanbibliothek.

Murray, E. C. Grenville [Trois-Etoiles], der Abgeordnete für Paris zur Zeit des zweiten Kaiserreichs. Aus dem Engl. von Helene Lobedan. Einzige autorisirte deutsche Ausg. 3 Bde. 8. (284; 280; 283 S.) Leipzig 876, Schlicke. *

—— französische Bilder in englischen Rahmen. Uebersetzt von Helene Lobedan. Einzige autorisirte deutsche Ausg. 2 Bde. 8. (265; 242 S.) Ebendas. 877. *

—— Round about France, s. Asher's Collection of English Authors.

Murray, E. C. Grenville, six Months in the Ranks, s. Collection of British Authors.

—— People I have met, s. Collection of British Authors.

—— French Pictures in English Chalk, s. Collection of British Authors.

Murray, E. C. Grenville [Trois-Etoiles], die Russen der Gegenwart. Deutsch von H. v. Wobeser. 8. (294 S.) Leipzig 878, Duandt und Händel. *

Murray, E. C. G, the Russians of to-day, s.: Collection of british authors.

—— strange Tales, s. Collection of British Authors.

— the artful Vicar, s. **Collection of British Authors.**

— eine Werbung. Roman. Aus dem Englischen von Helene Lobedan. Einzige autorisirte deutsche Ausg. 8. (262 S.) Leipzig 878. Schlicke. n. 4. —

MURRAY, Fanny (Maitresse, öffentliches Mädchen in London). — Geschichte der berühmten Miss Fanny Murray 2 Thle. Aus d. Englischen. Nürnberg 1768. 8°
Bibl. J. J. Schwabii II. p. 326; Zinke's Dresdner März-Auction 1906, no. 350: Ausrufspreis 3 Mk. — Sehr selten, wie die folgende Ausgabe.
§ — — Dasselbe. 2 Thle. Ebd. 1780. 8°.

Murray, Gilbert, s.: Anthropologie, die, u. d. Klassiker.

Murray, Henry: Ein gefährliches Werkzeug, s. Engelhorn's allgem. Romanbibliothek.

Murray, Hugh, Entdeckungen u. Abentheuer in Afrika, s. Entdeckungen.

– s. Entdeckungen u. Abentheuer in den Polar-Seen.

Murray, J., kurze Darstellung der außerordentl. Wirkungen des chemischen Düngers, nebst landwirthschaftl. Versuchen, um den Boden u. Dünger mit Kohlensäuren zu verbinden, die Ernährung der Pflanzen zu vermehren ꝛc. Aus d. Engl. 8. Leipzig 843. 2. unveränd. Aufl. 844, Haendel. 1/2 ₰

Murray, J A. H., petite grammaire anglaise, s.: Mauron, A.

Murray, J B (K). Lucerne. Full Description. With Poems on the Lake etc. by the Author.... [Illustrated.] 8. Lucerne 1887

Murray, J. Ph. [Hrsg.], s. Sammlung neuer und merkwürdiger Reisen ...

Murray, J. W., de redintegratione partium corpor. animalis. 8maj. Gölting. 787. Dieterich 8 gr

Murray, James, nuovo dizionario tascabile italiano-inglese colla pronuncia figureta. — A new pocket-dictionary english-italian. 2 Vols. 16. (403 u. 438 S.) Stuttgart 874. Scheible. 4. —

Murray, Johann Andreas

— Abhandl. üb. d. gichtisch. Tripper.; aus d. Latein. mit Anmerkk. 8. Götting. 794. Dieterich. 9 gr

Murray, J(ohan) Anders (Übers.):

s.: Acrel, Olof: Chirurgische Vorfälle in dem Königl.Lazaret und ausserhalb demselben angemerkt. (Chirurgiske Händelser anmärkte uti kongl.lazarettet... 2.ed. Dt.) Bd 1 - 2. Göttingen: 1777

Murray, Jh. Andr., († d. 22. Mai 1791.) apparatus medicamin. tam simplicium q. praeparatorum et compositor. in praxeos adjument. considerat. Vol. I et II. 776, 79. Ed. II. 793, 94. et Vol. III — VI. 784 — 92. auct. c. L. Ch. Althof. 8maj. Götting., Dieterich. 9 ₰ 20 gr

Io[annis] Andreae Murray Apparatus medicaminum tam simplicium quam praeparatorum et compositorum in praxeos adiumentum consideratus. Vol.1-6. Gottingae: Dieterich 1779-93. 8°

Vol.1: Ed.2.,auctior, curante Ludovico Christo-ph[oro] Althof. 1793.
Vol.2: 1779.
Vol.3: 1784.
Vol.4: 1787.
Vol.5: 1790.
Vol.6: Post mortem auctoris ed. Ludov[icus] Christoph[orus] Althof.1792.

— commentatio de arbuto uva ursi. (Pr.) 4. Götting. 765. Dieterich. 3 gr Vandenhöck u. R. 8 gr

Johann Andreas Murray

Des Joh[ann] Andr[eas] Murray [Apparatus medicaminum. Deutsch:] Arzneyvorrath [Arzneivorrat] oder Anleitung zur praktischen Kenntniß der einfachen, zubereiteten und gemischten Heilmittel. Aus dem Lat. übers. von L[udwig] C[hristian] Seger. Bd 1-5. Braunschweig: Waisenhausbuchh.(4 ff. Schulbuchh) 1782-1791. 8°

Bd 1.2: 1782.
Bd 3: 1785.
Bd 4: 1788.
Bd 5: 1791.

— Arzneivorrath, od. Anleit. z. prakt. Kenntniß der einfachen Heilmittel; aus d. Latein. v. L. C. Seger. 5 Bde. 8. Braunschweig 782—791. Schulbuchh. 6 ₰ 12 gr für Bd. Nach dem Tode d. Verfass. herausgg. u. aus d. Latein. übersetzt v. L. Ch. Althof. 8. Götting. 792. Dieterich. 16 gr 1r u. 2r Bd. 2e Aufl. unt. d. T.: Vorrath v. einfachen, zubereiteten u. gemischten Heilmitteln ꝛc. übers. u. herausgg. v. L. Ch. Althof. 8. Ebd. 793, 95. 4 ₰ 4 gr

Murray, Johan Anders (Hrsg.):

s.a. Bibliothek, Medizinisch-praktische... Bd 1. Göttingen: 1775.

Murray, Jh. Andr., medicin.-prakt. Bibliothek. 3 Bde. à 4 Stück. 8. Götting. 774—81. Dieterich. (à 6 gr) 3 ₰

– s. Bierchen: Abhandl.

(—). — Academiae Georgiae Augustae prorector **Jo. Andreas Murray** cum senatu successorem in magistratu academico Jo. Christoph Gatterer civibus suis honoris et officii caussa commendat indictis sollennibus. — Prolusionis loco: Opum regni Macedonici auctarum, attritarum et euersarum caussae probabiles. Göttingen (J. Chr. Dieterich) 2. I. 1790. 8 S. (4.—) 24409

— Diss. de cognitione inter arthritidem et calculum. 4. Götting. 767.

— Difficultates in curatione morborum infantilium obvenientes. Diss. 4. Gotting. 782.

Johann Andreas Murray

Io[annis] Andreae Murray Enumeratio librorum praecipuorum medici argumenti. Lipsiae: Weygand 1773. XXVIII, 96 S. 8°

— enumeratio libror. praecipuor. med. argum. 8. Leipz. 773. Weygand. 6 gl Recudendam curavit et permulta additamenta adjecit Fr. Wlh. v. Halem. 8. Aurich 798. Winter. 9 gl

— enumeratio vocabulorum quorundam, quibus antiqui linguae latinae auctores in re herbaria usi sunt. 4. Holm 756.

— Diss. de fatis variolarum insitionis in Suecia. 4. Götting. 763. Verm. Aufl. unt. d. T.: Historia variolarum insitionis in Suecia, in noviss. usque tempus producta. 8. ibid. 767. Vandenhöck u. R. 7 gl

Johann Andreas Murray

Ioannis Andreae Murray Historia insitionis variolarum in Svecia ad novissimum tempus protracta. Gottingae: Vandenhoeck 1767. 18,182 S. 8°

— Diss. de hydrophobia absque morsu praevio. 4. Basel 765.

Murray, Jo Andr., resp. H I. Ruer, A. Murray, J. F. Behrens, Diss. spinae bifidae ex mala ossium confirmatione initia persequitur. 26 pp. Goett. 4°. Delect. Opusc. II, n. 5. p. 193. Med. pr Bibl. III, 612. 1779

— spinae bifidae ex mala ossium conformatione initia (Pr.) 4. Götting. 780. Dieterich. 2 gl

Johann Andreas Murray

De limitanda Laude librorum medicorum practicorum usui populari destinatorum. Oratio... 17. Sept. 1779... praemissa a Io[anne] Andrea Murray. Gottingae (1779:) Dieterich. 32 S. 8°

(—). — Academiae Georgiae Augustae prorector Jo. Andr. Murray cum senatu anniversaria inaugur. sacra LII. — Libertas populorum raro cum magno ad eos fructu recuperata. Göttingen (J. Chr. Dieterich) 17. IX. 1789. 8 S. (4.50) 24408

— primae lineae Pharmaciae, in usum praelect. Sueciae idiomate editae ab Andr. Jo. Retzio. 8. Götting. 771.

Murray, Jo(han) Anders (Ed.):

s.: Linné, Karl von: Systema vegetabilium... Editio decima quinta. Gottingae: 1784

Murray, Jo(han) Anders (Bearb.):

s.: Linné, Karl von: Systema vegetabilium... Editio decima quinta...procurata a C(hristian) H(endrik) Persoon. Gottingae: 1797

— de materia arthritica ad verenda aberrante. sect. 1 et II. 4. Götting. 785. Dieterich. 4 gl — Deutsch, s. unt. Abhandl. v. Tripper.

— Diss. de conciliandis medicis quoad variolas internas dissentientibus. 4. Götting. 771.

— Memorial f. Hrn. Paul. Usteri in Zürich. 8. Götting. 790.

— observat. et animadvers. super variolar. insitione satura. Sect. 1—3. 4. Götting. 779. Dieterich, 6 gl

Murray, J(ohan) Anders: Opuscula, in quibus commentationes varias, tam medicas quam ad rem naturalem spectantes, retractavit, emendavit auxit. Vol.1 - 2, gbd., Abb.

Gottingae: Dieterich 1785 - 1786

Murray, Jo. A., Oratio de laude magnetismi sic dicti animalis ambigua. 24 pp. Gött. 4°. Opusc. II.
1789

— oratio de laude magnetismi sic dicti animalis ambigua. 4. Götting. 789. Dieterich. 2 gl

— Diss. de puris, absque praegressa inflammatione, origine. 4. Götting. 766.

— prodromus designationis stirpium Gottingens. c. fig. 8. Götting. 770. Dieterich. 12 gl

Murray, Johan Anders (Übers.u.Comm.):

s.: Rosén von Rosenstein, Nils: Anweisung zur Kenntniß und Cur der Kinderkrankheiten. (Underrättelse om barns sjukdomar och deras bote-medel. Dt.) 3.verm.und verbess.Aufl. Göttingen u.Gotha: 1774

Murray, Johan Anders (Übers.u.Comm.):

s.: Rosén von Rosenstein, Nils: Anweisung zur Kenntniß und Cur der Kinderkrankheiten. (Underrättelse om barns sjukdomar och deras bote-medel. Dt.) 4.verm.und verbess.Aufl. Göttingen u.Gotha: 1781

Murray, J(ohan) Anders (Übers.u.Comm.):

s.: Rosén von Rosenstein, Nils: Anweisung zur Kenntniß und Cur der Kinderkrankheiten. (Underrättelse om barns sjukdomar och deras bote-medel. Dt.) 5.verm.und verbess.Aufl. Göttingen: 1785

Murray, J(ohan) Anders (Übers.u.Comm.):

s.: Rosén von Rosenstein, Nils: Anweisung zur Kenntniß und Kur der Kinderkrankheiten. (Underrättelse om barns sjukdomar och deras bote-medel. Dt.) Neueste Aufl. Wien: 1787

Murray, J(ohan) Anders (Übers.u.Comm.):

s.: Rosén von Rosenstein, Nils: Anweisung zur Kenntniß und Kur der Kinderkrankheiten. (Underrättelse om barns sjukdomar och deras bote-medel. Dt.) Neueste Aufl. Wien: 1793

— s. Schulz, D. v. Unterricht.

— Diss. de sensibilitate ossium morbosa. 4. Upsal. 780. Schwederus. 3 gl

Gerson, Jos. (autor), Sylloge observationum de partu laborioso. Diss. inaug. Goettingæ. 1776. 4. [Præs. Jo. Andr. Murray].

Murray, Jo. Andr., resp. Jos. **Gerson**, Pr. de tempore corticis Peruviani in tussi convulsiva exhibendi. 11 l. Gött. 4°.
1776

—**Diss.** de tempore exhibendi emetica in febribus intermittentibus maxime opportuno 4. Götting. 782.

Murray, Johan Anders: De vermibus in lepra obviis iuncta leprosi historia et de lumbricorum setis observationes Reg(iae) Societati Scientiarum Gotting(ensi) praelecta. 80 S., gbd., 2 Taf.

Gottingae: Dieterich 1769

— **Jo. Andreas, Vindiciae nominum trivialium stirpibus a Linneo equ. impertitorum. Sectio prior. Göttingen (J. Chr. Dieterich) 3. X. 1782. 28 S. (5.—)** 24407
Mit Biogr. v.: Franz Joseph Dimler (Haaslach in Kinzingerthal, Fürstenberg) (M.: M. Cl. Meister), Johann Friedrich Krock (Petersburg) (M.: M. Lerschau), Christoph Girtanner (St. Gallen/Schweiz) (M.: B. F. Wegelin), Heinrich Carl Gottfried Bode (Wernigerode) (M.: J. M. Riemann), Carl Christian Melart (Wiburg) (M.: S. Levana), Peter Steven (Ruthena/Friedrichshamm) (M.: M. Barthram).

— Vorrath v. einf., zuber. u. gemischt. Heilmitteln übers. verm. u. herausg. v. Althof. (ist e. n. Ausg. v. d. Arzneyvorr.) 1r 2r u. 6r Bd. 8. Götting. Dieterich. 793—95. u. 92. (1r 2 Rthlr. 8 gr. 2r 1 Rthlr. 20 gr. 6r 16 gr.)

— **Johann Philipp (Göttingen), De numero Carolorum Sueciae regum non duodenario, sed senario commentatio. Göttingen (A. H. Schultz) 31. III. 1755. 8 S. (3.50)** **24410**

(—). — Academiae Georgiae Augustae prorector Jo. Philipp Murray cum senatu anniversaria inaugur. sacra XXXIV. — De sybaritarum ac Thuriorum rep. et legibus sectio altera. Göttingen (Acad. Nova) 17. IX. 1771. (3.50) **24411**

Murray, Sir John, u. E. **Philippi**, die Grundproben der „Deutschen Tiefsee-Expedition", s.a. Ergebnisse, wissenschaftl., der deutschen Tiefsee-Expedition. X, 4.

Die Grundproben der 'Deutschen Tiefsee Expedition' Von Sir John Murray u. Prof. E(mil) Philippi. Mit Taf. 16-22 u. 2 Kt. Jena Fischer 1908. S. 79-206. 4°.
(Wissenschaftl. Ergebnisse d. deutschen Tiefsee Expedition auf d. Dampfer 'Valdivia', 1898-1899. Bd 10, Lfg 4.)

[Murray, John.] A Hand-Book for Travellers in Switzerland and the Alps of Savoy and Piedmont, including the Protestant Valleys of the Waldenses. [1st Issue. With 1 Panorama and 1 Map.] 8. London, Leipzig, Paris 1838

(Murray, [John].) A Hand-Book for Travellers in Switzerland and the Alps of Savoy and Piedmont.... [2d Issue. With 1 Panorama and 1 Map.] 8. London, Leipzig, Paris 1838.

Murray, John, Versuche und Beobachtungen über den Durchgang der Wärme durch Flüssigkeiten herabwärts. (Aus: Ann. der Physik, B. 14, St. 2, J 1803, St. 6.)

Murray, Karl Aug., der Prairie-Vogel. Scenen aus den Wildnissen des westl. Nordamerika. Nach d. Engl. v. Wlh. Corte. 2 Thle. gr. 8. Zerbst 846, Kummer'sche Buchh. 3 ℛ

Murray, Lindlay. Methodische Anweisung zur Erlernung einer richtigen Aussprache des Englischen, für Deutsche bearbeitet mit Hinzufügung der Regeln nach der Ordnung der Buchstaben und mit Beispielen zur Einübung der Formenlehre, als Schulbuch zum Unterricht im Englischen . . . Göttingen 1849. H: *Benfey, Theodor.* (Russell IV. 815)

Murray's, Lindley, methodische Anweisung zur Erlernung einer richtigen Aussprache des Englischen, für Deutsche bearb., mit Hinzufügung der Regeln nach der Ordnung der Buchstaben und mit Beispielen zur Einübung der Formenlehre, als Schulbuch zum Unterricht im Engl., insbesond. für Kinder. gr. 12. (XII und 216 S.) Göttingen 849, Dieterichsche Buchh. *

Murray, Lindley, l'Esprit des Moralistes etc., s.a. **Esprit.**

Murray, Lindl., Esprit des moralistes français etc. IIme edit. III Vols. 12. Braunschw. 816. Pluchart. 1 ℛ 12 𝔤ℛ

Murray, L., English Exercises, adapted to the English Grammar, consisting of Exercises in parsing etc. cto. gr. 12. Leipz. 826. Fr. Fleischer. 16 𝔤ℛ

Murray, Lindley, **English Exercises, adapted to Murray's English Grammar: consisting of Exercices in Parsing; — Instances of False Orthography; — Violations of the Rules of Syntax; — Defects in Punctuation; and Violations of the Rules respecting perspicuous and accurate Writing.** Designed for the benefit of private learners, as well as for the use of schools. 42. edit. gr. 12. (9½ B.) Leipzig 834, Fr. Fleischer.

Murray, Lindl., English exercises, adapted to Murray's English grammar: consisting of exercises in parsing; instances of false orthography etc.; and violations of the rules respecting perspicuous and accurate writing. Designed for the benefit of private learners, as well as for the use of schools. A new edit. 8. (11⅙ B.) Leipzig 846, Friedr. Fleischer. —

—**English Grammar**, adapted to the different classes of learners. With appendix. 14e Aufl. gr. 12. Leipz. 826. Fr. Fleischer. 1 ℛ

Murray, Lindl., **english grammar, adapted to the different classes of learners. With an appendix, cont. rules and observations, for assisting the more advanced students to write with perspicuity and accuracy. 47. edit. (2. Leipz. edit.)** gr. 12. (14⅙ B.) Leipzig 836, Fr. Fleischer.

— **english grammar, adapted to the different classes of learners. With an appendix, containing rules and observations, for assisting the more advanced students to write with perspicuity and accuracy. A new edition. 8. the same. 846. 1 ℛ**

Murray, Lindley, **english grammar, adapted to the different classes of learners: with an appendix, containing rules and observations for assisting the more advanced students to write with perspicuity and accuracy. A new edition.** 8. (XII und 313 S.) Leipzig 860, Fr. Fleischer. Thlr

— Engl. Grammatik, s. Henke, E. J., neue engl. Sprachlehre.

— Macht und Gewalt der Religion über das Herz in den wichtigsten Verhältnissen des Lebens, erwiesen durch Zeugnisse und Beyspiele berühmter Personen, nach der 16ten englischen Ausgabe bearbeitet von Ph. Rosenmüller. gr. 8. Leipzig, Baumgärtner. 820.

—the english reader or pieces in prose etc. Auch u. d. T.: d. engl. Leser, od. Aufsätze in Prosa, aus d. besten Schriftstellern gewählt zc. Für Deutsche bearb. v. C. J. Henke. 8. Elberf. 827. Büschler. 20 gr

— the english reader. After the 17. edition. — Der Englische Leser. Enthält aus den besten Schriftstellern gewählte Aufsätze. Mit einem Wörterbuche (für Deutsche von C. J. Henke). Wohlf. Ausg. gr. 16. Leipzig 840. Graven. 1/3 rf

Murray, Lindl., the english reader. After the 17. edit. — Der engl. Leser. Enth. aus d. besten Schriftstellern gewählte Aufsätze. Mit e. Wörterbuche (für Deutsche v. C. J. Henke). Wohlf. Ausg. gr. 16. (16½ B.) Leipzig 840, [Friedlein u. Hirsch.] Thlr.

Murray, Otto, aus Magdeburg, Referendar Die Operationspflicht. *Neustadt a. Rbge 1899: W. Sicius.* (38 S.) 8°
Erlangen, Jur Diss. v 6 Dez 1898

Murray, Sara: A Study of the Life of Andreas, The Fool for the Sake of Christ. Borna-Leipzig 1910: Noske. 134 S. 8°
München, Phil. Diss. v. 6. Juli 1908, Ref. Krumbacher, Weyman
[Geb. 20. Okt 84 Newton, Mass. Wohnort Newton; Staatsangeb. Vereinigte Staaten, Vorbildung Radcliffe Coll. Cambridge, Mass. B. A Juni 04, Studium: München 7 S.; Rig. 6. Juli 08.] [U 10. 3681

Murray, Thomas J(enkins), aus Paisley (Schottl.) Versuche zur Darstellung und Charakterisierung der β-Phenyl-α-Chlormilchsäure und des Phenylacetaldehyds. *Leipzig: Thalacker & Schöffer 1903* (39 S.) 8°
Leipzig, Phil Diss. v [27 März] 1903

Murray, W. Chr., John Pym od. Sechs Geschichten aus d. Papieren e. Privatdetektivs, s. a. Bibliothek der Gesamtlitteratur d. In- u. Auslandes.

[X] W Chr Murray, John Pym oder Sechs Geschichten aus d. Papieren eines Privatdetektivs. Autoris. Übs. v Martin Hoefer *Halle a. S.: O Hendel [1898]* (VI S., 1 Bl., 123 S.) 1 Bd 8.
= Bibliothek d Gesamtlitteratur d. In- u. Auslandes. No 1166. 1167.
98. 8984

Murrbach, Der Graf, oder die zu spät bereute Rache. Ein Trauerspiel in fünf Aufzügen. Nach dem Französischen des Herrn d'Arnaud. Wien 1780. V: ***Wieland, Joh. Andreas von.*** (BiblPort)

Murrbach, der Graf; oder: die zu spät bereuete Rache. Trauersp. 8. Wien, Kurzböck. 780.

Murrell, Edward F., Leibesübgn. f. Kranke u. Leidende. Hrsg. v. e. deutschen Arzte. (III, 83 S.) 8. Leipzig 906. Krüger & Co. n. 1 50

Murrell, William, die Massage als Behandlungsmethode. Autoris. Uebersetzg. nach der 4. Aufl. des Originals v. Otto Roth. (Neue [Titel-]Ausg) (VIII, VI, 148 S.) gr. 8. Berlin [890] 903. Berlin. Verlagsanstalt. n. 3. —

Murrell, Will., die Massotherapie od. die Massage als Behandlungsmethode. Autoris. Übersetzg. nach der 4. Aufl. d. Originals v. Otto Roth. Mit e. Einleitg. zur französ. Übersetzg. des Werkes von Dujardin-Beaumetz. gr 8. (VIII, VI, 148 S. m. Abbildgn.) Neuwied 890. Heuser's Verl. n. 3. —

Murrey, Charles A. s. Murray, Charles A

Murrhard, Dan. Gtfr., die neuest. franz. Methoden zur besten, vortheilhaft. Fabrikation d. Stärke aus Kartoffeln, Weizen u. Roßkastanien, sowie Anweis., aus d. Stärke, u. durch Zusatz derf. Zucker od. Syrup, Fruchtsäfte, Essig, Arak, Rum, Liqueure u. Gummi zu fabriciren. Nebst Belehrn. üb. d. vorzügl. Bereit. d. Kartoffelmehls. 1. u. 2. Aufl. (à 3½ B. u. 2 Taf. Abbild. qu ½ Fol.) Quedlinburg 831, 35, Basse. à
Vgl. Murhard.

Murrhard, Dan. Gottfr., neu erfundenes Verfahren zur Fabrikation der Stärke aus Weizen, wobei die größte Menge einer blendendweißen, säurefreien Stärke gewonnen, die Erzeugung aller grauen vermieden wird zc. Für Stärkefabrikanten, Landwirthe zc. 2., verb Aufl. Mit Abbildungen. 8. (43 S. mit 1 Stnt. in qu. 4.) Quedlinburg 848, Basse.

Murrhardt [Schlagwort]

Murrhardt, s.: Württemberg. Höhenkurvenkarte.

Murri, Linda, das Verhängnis meines Lebens. Aufzeichnungen aus dem Kerker. Hrsg. v. Luigi di San Giusto. Autoris. Uebersetzg. v. E. Leimdörfer u. G. Pardo. 1.—5. Tauf. (VI, 448 S.) 8. Wien 906 C. Konegen. n. 3. 50; geb. n. 4 50

Murri, Romolo, Kämpfe v. heute. Das christl. Leben zu Beginn d. 20. Jahrh. 2. Aufl. Autoris. Übersetzg. aus dem Ital. (VIII, 279 S.) 8. Jena 910. E. Diederichs. 5.—; geb. 6. —
1 Aufl. (XI, 279 S) Cöln 908. 5.—.

Mürriger, Ferd., Handbüchlein der Bruderschaft unter dem Titel u. der Anrufg. der allerseligsten Jungfrau Maria v. der immerwährenden Hülfe u. d. hl. Alphonsus Maria v Liguori, insbesondere derjenigen in der Pfarrkirche zu Venn bei M.-Gladbach. 16. (48 S.) Münster i/W. 890. Alphonsus-Buchhandlg. n. — 20

Mürriger, Konr., das Dienst- u. Lehrverhältnis im Handelsgewerbe. Prakt. Leitfaden f. Prinzipale u. Handels-Angestellte. (X, 142 S.) 8. München 908. M. Beckstein. (Urspr. Pr. 1. —)

Murrkopf, Der gutherzige; nach Goldoni in 3 Aufz. Wien 1773. V: ***Stephanie, Christian Gottlieb.*** (Ky) (GGr)

Murrkopf, der gutherzige; eine freie Uebersetzung des Goldonischen Lustspieles: le Bourru Bien-faisant, in 3 Aufz. 8. Augsburg 785. v. Jenisch u. St. 4 gr

— dass., nach Goldoni (v. Chr. Gli. Stephani). 8. Wien, Wallishausser. 6 gr

Murrkopf, Der wohlthätige, ein Schauspiel in ungebundener Rede und drey Aufzügen, a. d. Franz. Frankf. a. M. 1772. V: *Goldoni, Carlo.* (BrMm)

— der wohlthätige; Schspl. Aus d. Französ. 8. Frankf. 772. Andreä. 6 gr

Murrleben, Vetter, oder die Brautfahrten eines verliebten Landjunkers. Quedlinburg 1823. V: *Müller, Heinr.* (BGE)

Murrmann's neuer deutscher Lehrerkalender, s. a. Lehrerkalender, neuer deutscher.

Murrmann's neuer deutscher Lehrerkalender für das Jahr 1882 u. das 1. Quartal 1883. Hrsg. von Heinr. Heskamp. 4. Jahrg. 16. (228 S.) Aachen, Barth. geb. n. 1. —

Murrmann, Frz., Erdkunde. Für kathol. Elementarschulen bearb. 8. (59 S.) Aachen 885. A. Jacobi & Co. n.n. — 25

Mc. Murry, C. A., die Organisation des höheren Schulwesens in den Vereinigten Staaten Amerikas und in England und die Stellung des Staates zu demselben, s. a. Sammlung nationalökonomischer und statistischer Abhandlungen.

M: Murry, C. A. die Organisation des höheren Schulwesens in den vereinigten Staaten Amerikas und in England und die Stellung des Staates zu demselben. Diss. Halle 1888, Lippertsche Buchh. 8°. 44 S.

Murs, O. des, Iconographie ornithologique, s. Iconographie.

Murschel: Entwurf einer Geschäftsordnung f. d. verfassunggebenden Reichstag, s. Schwarzenberg.

Murschhauser, hohe Schule d. musikal. Composition. Fol. Nurnb. Enders. 721.

Murschhauser, Franciscus Xaverius. Academia musico-poetica bipartita. Oder: Hohe Schul der musicalischen Composition in zwey Theile eingetheilt. Erster [einziger] Theil. Nürnberg 1721.

Murschhauser, Hans, a. München: Über das Spratzen der sauren Vanadate einwertiger Metalle. Leipzig 1907: Metzger & Wittig. (38 S.) 8° ¶ [Aus: Zeitschrift f. anorgan. Chemie Bd 56.]
München, Phil. Fak., Ref. v. Baeyer, Diss. v. 1. Mai 1907
[Geb. 10. Febr. 78 Augsburg; Wohnort: München; Staatsangeh.: Bayern; Vorbildung: Gymn. Freising Einj.-Freiw.-Zeugnis Juli 95, pharmazeut. Staatsexamen Mai 03; Studium: München 10 S.; Rig. 1 Mai 07.]

Mürset, A., siehe: *Kreuz, das rote.* 1834.

Mürset, A[lfred]. Ostertage in Spanien. [Mit Illustrationen und 3 Tafeln.] 8. Bern 1899.

Mürset, Hans. Ein Beitrag zur Entwickelung der Schulverhältnisse des Länggassquartiers in Bern. Sonder-Abdruck aus «Zeitschrift für Schulgesundheitspflege». Jahrg. 14. 1901. S. 226—237. 8. Hamburg u. Leipzig, Leopold Voss, (V. 1901).

— u. R. Studler, unter der Dorflinde, s.: Herdenreihen, der.

Mürset, Hans, der kleine Erzähler. Kurze Geschichtchen f. Kinder v. 8 bis 12 Jahren. 3. Heft. (62 S.) kl. 8. Bern 908. (Basel, Verein f. Verbreitg. guter Schrift.) nn — 10

Mürset, Hans. Exposé de la Situation financière du corps enseignant primaire bernois. Par H' M'. Traduction de Th[éodore] Möckli. La première partie de cet exposé a été établie sur les données de l'enquête officielle de 1906, mise au point par M. [Emil] Dietrich, inspecteur. [Publié par la] Société des instituteurs bernois, éditeur. [Avec des figures et couverture illustrée.] 123 p. 8. Berne, Neukomm & Zimmermann, impr., 1907. [fr. 1.—]

Mürset, Hans. Die stadtbernische Ferienversorgung erholungsbedürftiger Schulkinder. 1879—1904. Den Freunden der stadtbernischen F' zum fünfundzwanzigjährigen Jubiläum des Werkes nachträglich gewidmet vom Komitee des Hülfsvereins der Stadt Bern. [Mit Illustrationen und 1 Tafel.] (Separat-Abdruck a. d. Jahrbuch der Schweiz. Gesellschaft für Schulgesundheitspflege, Jahrg. 5, 1904, Teil 2.) II + 24 S. 8. Zürich, Zürcher & Furrer, 1904.

Mürset, Hans, der Herdenreihen. Eine Sammlung alter Volksmelodien, bearb. f. gemischten Chor. Im Auftrag des Kreisgesangvereins Bern hrsg. 2 Hfte. gr. 8. Bern. (Zürich, Gebr. Hug & Co.) n. — 60
1. 3. Aufl. (16 S.) 896. n. — 20. — 2. (32 S.) 898. n. — 40.

Mürset, Hans. Die ökonomische Lage der bernischen Primarlehrerschaft. Mit Benutzung der von Herrn Insp. [Emil] Dietrich bearbeiteten staatlichen Enquête von 1906 dargestellt von H' M'. Hrg. vom Bernischen Lehrerverein. [Mit Figuren und illustriertem Umschlag.] 122 S. 8. Bern, Druck Neukomm & Zimmermann, 1907. [fr. 1. —]

Mürset, Hans, die bernische Seminarfrage. Ein Wort der Aufklärg. an das Bernervolk. (64 S.) gr. 8. Berlin (903). (A. Francke) n. — 70

Mursinna, Christian Ludwig

— Abhandl. v. d. Krankheiten d. Schwangern u. Säugenden. 2 Bde. gr. 8. Berl. 784, 86. 2e A. 792. Himburg; (auch Haller in Bern). 1 ℳ 12 𝔤𝔯

Mursinna, Chr. Ldw., medicin.-chirurg. Beobachtt., nebst e. Anmerkk. 2 Sammll. gr. 8. Berl. 782, 83. 2e A. 796. (Reimer). 1 ℳ 6 𝔤𝔯

Mursinna, Christian Ludwig: Medicinisch-chirurgische Beobachtungen nebst einigen Anmerkungen darüber. 2.verm.und verbess. Aufl. 406 S., gbd.

Berlin: Himburg 1796

— neue medicin. u. chirurg. Beobachtt. gr. 8. Berl. 769. (Reimer). 1 ℳ 16 𝔤𝔯

Mursinna, Christian Ludwig: Neue medicinisch-chirurgische Beobachtungen. 546 S., gbd.

Berlin: Himburg 1796

Christian Ludwig Mursinna

Beobachtungen über die Ruhr nebst e. Anh. von den Faulfiebern. Von Christian Ludwig Mursinna. Berlin: Himburg 1780. XII,140 S. 8°

Christian Ludwig Mursinna

Christian Ludwig Mursinna, Beobachtungen über die Ruhr und die Faulfieber. 2., sehr verm. u. verb. Aufl. Berlin: Himburg 1787. XVI,256 S. 8°

— Berichtigung d. Sendschreibens Hagens an Stark in Jena über 2 schwere Geburtsfälle. 8. Berl. 791. (Reimer). 4 𝔤𝔯

— Betracht. üb. die Ruhr u. d. Faulfieber. gr. 8. Berl. 780. 2e A. 787. (Reimer; a. Richt; a. Taubert in Lpz.) 16 𝔤𝔯

— — über zwey schwere Geburtsfälle. 8. Ebend. 791. Jetzt Ebend.

—Journal f. die Chirurgie. 1r u. 2r Bd. 1s—3s Stück. u. 4n Bdes 1s — 3s Stück, od. neues Journal ꝛc. 1r Bd. 1s — 3s Stück. gr.8. Berl. 800—812. (Schmidt). 6 ℛ — 5r Bd. 1s— 4s Stck. A. u. d. T.: Neuestes Journal f. Chirurgie, Arzneikunde u. Geburtshülfe. 1r Bd. 4 Stücke. gr. 8. Berl. 815—20. (Rücker). 2 ℛ 12 gl

Mursinna, Christian Ludwig: Preisfrage, ist die Durchbohrung der Hirnschale bey Kopfverletzungen nothwendig, oder nicht? Wann und wo ist sie es, und in welchem Verhältnisse steht diese Operation mit dem glücklichen oder unglücklichen Ausgange gedachter Verletzungen? 41 S.(S.67 - 107), gbd.

Wien: Camesina 1800
(Abhandlungen über die Durchbohrung des Schedels (trepanatio cranii). 2)

Christian Ludwig Mursinna

Rede über die Geschichte der preußischen Chirurgie im 18. Jh.,gehalten ... von Christian Ludwig Mursinna. Berlin: Unger(1804). 28 S. 8°

— — über die Ruhr und d. Faulfieber. gr. 8. Berlin. 787. Jetzt Reimer.

—Schilderung eines Wundarztes, in einer Rede. gr. 8. Berl. 787. (Reimer). 3 gl

Mursinna, Friedrich Samuel

– s. Arnaud· Auswahl.

– s. Aufsätze f Lesegesellschaften.

(Mursinna, Fr. Sam.,) der Brautkranz, s. Brautkranz.

Mursinna, Frdr Sam. Catilina, historisches Gemälde, nach griechischen und romischen Schriftstellern bearbeitet. 8. Stendal 1797

ENKEL, Der des Herkules, oder die Vergnugungen der pariser Matronen vor der Revolution Von ihm selbst beschrieben (Verfaßt von *Friedr. Samuel Mursinna* 1754—1805) (In Komische Erzahlungen im Geschmak [!] des Boccaz Th. 6. Halle Dost, 1791 8° Nr 2 S 21—74) Selten!
Bearbeitung des franzos Eroticons Le petit fils d'Hercule

– Erzählungen

§ — —, Komische (meist sehr freie) im Geschmack des Boccaz (von *Friedr. Sam. Mursinna*). 6 Thle. Mit TVignetten. Halle, Dost, 1788—91 8°
Sehr selten cplt. (30 Mk Lesser, Breslau 1875, 15 fl J Eisenstein & Co, Wien, vor 1900, jetzt theurer!) Th. 3 hat auch d Tit Das neugierige Mädchen (s. d)

– Erzählungen

§ — —, Komische (sehr freie), im Geschmack des de la Fontaine (von *Friedr Sam. Mursinna*). 3 Thle. Halle, Ruff, 1792—95. 8° Cplt sehr rar!
— — Dasselbe. 3 Thle. 2. Aufl. Ibid. 1795—96. 8° (Th. 1 u. 3: 6 Mk., fleckiges Expl., M Edelmann, Nürnb., c. 1905.)

– Familie

— —. Die, von Homburg, oder Schuld und Sühne (von *Friedr. Samuel Mursinna*). Neue Ausgabe. Quedlinburg 1839.
Anon.-Lex II p. 87 (nach Kayser). — Ed. I. 18**?

FLÜCHTLINGE, Die, oder die verhängnisvolle Nacht. Eine Familiengeschichte (von *Friedr Samuel Mursinna*). 2 Thle. Braunschweig 1833. 8° (2 Mk. Frz. Teubner, c 1898; 3 Mk., geles. Expl., Jul. Neumann, 1908.)

– s. Freuden der Ehe.

– s. Friedrich II Gedanken über Religion

– s.a Gallerie merkwürd Menschen

(Mursinna, F. S.) Gallerie aller merkwürdigen Menschen, die in der Welt gelebt haben 14 Hfte. 8. Chemnitz 1797 – 1804 14,00.
— 2. Aufl. 2 Bde. 8 ib 1823. 13,00

– s.a Geistererscheinung ohne Geister

GEISTERERSCHEINUNGEN ohne Geister (11 jocose, z. Theil freie Erzählgn. von *Friedr. Samuel Mursinna.*) Mit Titelvign. Leipzig b. Georg Emanuel Beer, 1794. Kl. 8° 238 S. (5 Mk. Gust. Fock, Lpz., 1907.)

Mursinna, F S. Geschichte der Entdeckungen von Amerika, s. Geschichte

– s. Geschichte d. 7jähr Krieges.

– s. Geschichte, Vaterländische

HOCHGERICHT, Das, oder der Delinquent, nebst andern Erzählungen. Vom Verf. der natürlichen Tochter *(Friedr Sam. Mursinna,)* Braunschweig 1818, bey G. G. J. Meyer. 8° (3 Mk 50 Pfg Max Jaeckel, Potsdam, 1910.)
Tit gestoch. u. 222 S. 1 Das Hochgericht etc. 2 Psyche. Frei bearb. nach einer Mythe d. Alterthums. (Etwas frei.) 3. Ein Nachmittag und Abend in Paris. 4 Wer ist der Betrogene?

– s. Justi, K W Annalen

[MURSINNA, Friedrich Samuel] 1754 -
Leben und Charaktere berühmter und edler im Jahr 1790 verstorbener Männer. Eine Beispielsammlung zur rühmlichsten Nachahmung für junge Leute.
Halle Dost. 1792. 6, 154 S. 8°
Staats- und Universitätsbibliothek Göttingen

— Leben Friedrichs II. Konigs v. Preußen ꝛc. 8. Halle 794. (E. Fleischer in Leipz.) 12 gl

Mursinna, Fr. Sam., († d. .. Juni 1805.) Leben Friedrichs II. Konigs v. Preußen; für d. Bürger- u. Bauernstand. 8. Halle 794. (W. G. Korn in Bresl.) 14 gl

(Mursinna, Fr S.) Leben Carl Stuarts (I). 2 Bde 8 Chemnitz 1794

– s.a. Leben Karl und Marie Stuart

— Leben d. unglückl. Marie Stuart, Kön. v. Frankr. und Schottl. 3 Thle. m. K. 8. Meißen, Erbstein. (Gödsche.) 791.

– s.a Leben Skaramutz

Leben des Skaramutz, vormals berühm-Lustigmachers auf dem italienischen Theater zu Paris. Ein Beitrag zur Geschichte des Groteskekomischen (von Friedr Samuel Mursinna). Mit Titelkpfr. Halle, J F Dost, 1789. 8°. 144 S.
Max Perl's Berliner Febr.-Auction 1908, no. 627.

— — Dasselbe. Ebd. 1792. 8°
Heinsius 198. — Anon.-Lex. III. p. 16 (nach Kayser, Meusel. Adelung) nennt nur 1789.

– s.a. L e b e n Ulfeld.

Mursinna, Samuel. Lehrbuch der Dogmatik; a. d. Latein. Halle 1785. Ü: *Mursinna, Frdr. Samuel.* (Adel) (Ky) (MGT)

—Lehrbuch d. Dogmatik; aus d. Latein. übers. (v. F. S. Mursinna). gr. 8. Halle 795. (Hahn in Hannov.) 18 gl

– s.a. L i d e r i c h I., Graf v. Flandern.

* **LIDERICH**, G r a f v o n F l a n d e r n. Eine historische Novelle aus dem 7 Jahrhundert (nach d. Französ. von *Friedr. Sam. Mursinna*). Halle, Hendel, 1792. 8°. (In Berlin Yw 2611)
— — Dasselbe. Meissen und Pirna, Erbstein, 1793. 8°.

– s. M a h l l e i c h e, Die, od. die Schuld.

– s. M i l d e, Emilie.

– s.a. R e g i e r u n g Friedrich d. Großen.

Mursinna, Fr. Sam., Die Regierung Friedrich des Grossen. Ein Lesebuch. (Mit Kupfern und Register) Jahrgang 2. Quartal 1. 2. 3. 4. Jahrgang 3. Quartal 1. 2. 4. Band 3. 4. 5. 6. 8. Halle 1789. 90. 8.

– s. T a s c h e n b u c h, Akademisches.

– s. T o c h t e r, Die natürliche.

– s. U e b e r s i c h t d. Weltbegebenheiten.

—üb. die Vertreibung d. Pfälzer aus ihrem Vaterlande u. ihre Aufnahme in Preuß. Staaten. 8. Halle 788.

WALTHER, A u g u s t e, oder d i e d u n k e l n W e g e d e s S c h i c k s a l s. Ein (zahmes) Familien-Gemälde aus dem würcklichen (sic!) Leben entlehnt. Vom Verf. der natürlichen Tochter *(Friedr. Samuel Mursinna)*. 2 Thle. Mit Titelsteindr. Quedlinburg, Ernst, 1825. 8°
Anon.-Lex. IV p. 370 (nach Goedeke) hat u n r i c h t i g „August" (satt „Auguste").

— — Dasselbe. 2. Aufl. Ebd. 1830. 8° (1⁵/₆ Rthl.)
Kayser 1836, p. 148.

Mursinna, Max: Casuistischer Beitrag zur Behandlung des Cervixcarcinoms. [!] bei gravidem Uterus ... Würzburg, J. M. Richter's Buchdr., 1891; 22 S., 1 Bl. 8.
Würzburg, Med. Fak., Inaug.-Diss. v. 1893

Mursinna, Samuel

M u r s i n n a, S., Bibliographia selecta sive Memoria aliquot virorum doctissimorum. Hal. 782. Vol. I. 8. 18 gr.

Mursinna, Sam., (✝ d. 15. Febr. 1795.) biographia selecta, s. memoria aliquot viror. doctiss. Vol. I. 8. Halle 782. (Laue in Berl.) 18 gl

– s. B i o g r a p h i e, Classische.

– s. C a e s a r Germanikus.

– s. C a t i l i n a.

—compend. theologiae dogmat. 8maj. Halle 777. Trampe. (Hahn in Hannov.) 15 gl

—compend. theolog. moralis. 8maj. Halle. 778. Trampe. (Hahn in Hannov.) 8 gl

—de hebdomade gentilium et dierum a planetis denominatione. 8. Berl. 747. Brem. 771. Cramer. 4 gl

—homiletica s. de recta eloquentiae ecclesiast. methodo libellus. 8. Halle. 766. (Laue in Berl.) 6 gl

—primae lineae Encyclopaediae theologicae. 8. Halle. 764. Ed. II. 784. T. II. 795. (Laue in Berl.) 21 gl

Mursinna, Samuel, De origine generis humani qua ad orationem suam inauguralem. Diss. philos.-theol. Halle/Saale (Curt) 27. X. 1759. 58 S. (5.50)
24412

– s. P o l y ä n u s strategematum libri VIII

Murten-Anzeiger — Feuille d'Avis de Morat
② Neuer Murten Anzeiger ④ Der Wächter (Fr) ⑤ 10. 2. 1841—29. 12. 1847 ⑥ 4° ⑦ Wochenblatt ⑧ Murten: J. Brugg ⑨ Cabinet de Lecture (1842) ⑩ Bertschinger ⑫ Geschäfts- und Publikationsblatt ⑬ BGSZ 986 ⑭ Murten: Privatbesitz ⑮ Erhalten sind zwei Subscriptionseinladungen vom 29. Januar 1841 und vom 4. 3. 1846 Das Blatt wurde lithographiert herausgegeben.

Murten Anzeiger: Neuer Murten Anzeiger
v. **Murten** Anzeiger — Feuille d'Avis de Morat.

Murtenbieter: Der Murtenbieter
① Schweizerisches Volksblatt (1. 3. 1865—30. 8. 1874); Freisinniges Organ ③ Der Hupper vom Seebezirk ⑤ 28. 1 1855 (cont.) ⑥ zuerst 4°, dann 2° ⑦ wöchentlich 2× ⑧ Murten Conrad Bryner (bis Juli 1860), J. J. Rutishauser (bis Ende August 1874), Murtner'sche Druckerei (bis 1884), Peter Martin Strüby (bis 1921), Robert-Martin Strüby (bis 1948), R. M. Strüby's Erben (seit 1948) ⑨ Illustriertes Sonntagsblatt (seit 1884) ⑩ zuerst die Drucker, dann eine liberale Gesellschaft, seit 1884 wieder die Drucker ⑪ zeitweilig die Drucker, seit 1921 Th. Strüby ⑫ freisinnig ⑬ BGSZ 331, 986, Der Murtenbieter 1905, Nr 1, 1929, Nr 103, 1955, Nr 9 ⑭ Fr C.

Murten-Schlacht, Die, ... 1476 ... [Basel] o. J. V: *Wäber, Veit.* (Bz)

Murtfeldt, Wilhelm [aus Bueckeburg, (Schaumburg-Lippe)] Ueber die Aethylendiketone des Para-n-Cymols und Paraxylols und die p-Cymyl- und p-Xylyl-γ Ketoncarbonsauren. Freiburg i. B., Buchdr. v Chr Ströcker, 1887, 78 S. + 1 Bl 8°
Freiburg i. B., Phil. Fak., Inaug.-Diss. v 1887

Muru, Aug. K. zu, die Enthüllung d. christlich-religiösen Glaubens. gr 8. (22 S.) Dorpat 892. Selbstverlag u ... –

Murus et Antemurale. Oder Muri und seine Vormauer ... Gotthauss Mury 1720. V: *Studer, Bened.* (AarK)

Murxleben, s. Vetter.

Jacques Balde. Notice et bibliographie per **Paul Mury** et Carlos Sommervogel de la Comp. de Jesus. *Strasbourg 1901: F X Le Roux & Co* (67 S.) 8°
100. 11659

Mury, Paul, S. J., les Jésuites à Cayenne. Histoire d'une mission de 22 ans dans les pénitenciers de la Guyane. gr. 8. (XVI, 283 S. m. 1 Karte.) Strassburg 895. F. X. Le Roux & Co. n. 4. —

Mury, Paul. Lebensbild d. ehrw. P. Gabriel Malagrida, S. I., im 18. Jahrh., Apostel Brasiliens. Autoris. Uebersetzg. aus dem Franz. 12. (216 S. m. 1 Bildnis). Salzb. 890, A. Pustet. 1 80

Mury, Paul, S. J., Gabriel Malagrida de la compagnie de Jésus. 2. éd. 8. (XII, 350 S. m. 1 Bildnis.) Strassburg 899. F. X. Le Roux & Co. 2. —

Müry, A[lbert]. Zur Prophylaxe der Mastitis. Diss. Med. Basel. *Kopftitel* Aus der Frauenklinik der Universität Basel. — [Mit 1 Figur. — Separat-Abdruck aus Beiträge zur Geburtshilfe und Gynaekologie. Band 5.] II + 16 S. 8. Leipzig, Arthur Georgi, 1901.

Murz, F., Degen-, Säbel- u. Duell-Fechten. Mit 21 vom Verf. nach Photographien gezeichneten Fig.-Taf. gr. 8. (234 u. IV S.) Debreczen 890. (Budapest, C. Grill.) n. 4. —

Murz, G., die Hintanhaltung der Kraftzersplitterung bei den Bienenstöcken od. neue Verfahrungsarten einerseits dazu, Vor- oder Nachschwärme mit Erfolg zu verhüten, andererseits dazu, Vor- od. Nachschwärme ihren Mutterstöcken bleibend zurückzugeben. gr. 8. (36 S.) Braunschweig 889. Schwetschke & Sohn. n. 1. —

Murzel, P. J., Chemie. (Landwirtschaftliche Unterrichtsbücher.) 2., umgearb. Aufl. 8. (VII, 118 S.) Berlin 894. P. Parey. Geb. in Leinw. n. 1. 20

Murzel, P. J., Chemie. (Landwirtschaftl. Unterrichtsbücher.) 3., verm. Aufl. 8. (VIII, 143 S.) Berlin 900. P. Parey. Geb. in Leinw n. 1. 40

Murzel, P. J., die Feinde des Weinstockes, s. a. Volksbücher, landwirthschaftliche.

Murzel P J Die Feinde des Weinstockes nebst Mittel zu deren Vertilgung für den deutschen Weinbergsbesitzer Freunde des Weinbaues und Lehr-Anstalten Berlin & Leipzig Voigt 1877 30 S (Voigt s landwirthschaftliche Volksbücher (Nr 3))

Murzynowski, A. Frh. v., Gräfin Albertine v. R...., od. d. seltsame Vermählung. Novelle aus d. neuest. Gesch. Polens, mit e. histor. Anh. 8. (15 B.) Stuttgart 834, Schweizerbart.

Murzynowski, A. Frh. v., unparteiische Darstell. d. Gegen-Revolution in Warschau am 15. Aug. 1831, ihre Ursachen u Folgen; Schilder. d. patriot. Klubbs u. Beschreib. d. Einnahme Warschaus. gr. 16. (14¼ B.) Stuttgart 834, Schweizerbart.

Mürzzuschlag [Schlagwort]

Mürzzuschlag, s.: Alpen. Artaria. — Wiener Ausflugskarten.

Mürzzuschlag am Semmering u. Umgebung, s.: Woerl's Reisehandbücher.

Mues, A., Lebens-Erinnerungen u. Reise-Eindrücke e. Erzieherin. gr. 8. (211 S.) Osnabrück 894. P. Hoppenrath. n. 2. 50; geb. n. 3. —

Mues, A., Lebens-Erinnerungen u. Reise-Eindrücke e. Erzieherin. 2. Aufl. (184 S.) 8. Hamburg 909. P. Bendschneider. Geb. 2. 25

Mues, Carl, s. M u e s , Karl

Mues, Karl

Mues, Carl [aus Paderborn (Westf.)]: Zur Casuistik der Dermatitis herpetiformis. . Paderborn, Junfermann'sche Buchdr., 1891; 32 S. 8°
Würzburg, Med. Fak., Inaug.-Diss. v 1891

Mues, Karl [aus Arnsberg] Aus d. patholog Institut zu Bonn. Ueber die histologischen Vorgänge bei der Resorption von Fremdkörpern aus dem Unterhautzellgewebe. Ueber die Resorption von Agar Agar Bonn, Univ Buchdr v Carl Georgi, 1890; 36 S. + 1 Bl. 8°
Bonn, Med Fak, Inaug Diss. v 7 März 1890

Mues, Louis [cand. phil.]: Über den Magnetismus von Eisenringen, deren Fläche nur teilweise von zwei symmetrisch liegenden Spiralen bedeckt ist Greifswald, Druck v. J. Abel, 1893; 1 Bl., 37 S., 2 Taf. 8.
Greifswald, Phil. Fak., Inaug.-Diss. v 30. März 1893

Mues, L(udwig), Dr, (Kand. d. h. Lehramts) Die Vulkane Deutsch-Ostafrikas, ihr orographischer bau und ihre Beziehungen zur Tektonik des ostafrikanischen Hochplateaus. *Höchst a. M. 1903 A. A. Wagner.* (15 S.) 8° [J. u. Ant.]
Höchst a. M, G nebst R. P 1903 (455)

Musa Ebreichsdorfensis gloriosissimam Nationis Hungaricae insurrectionem festivo elego decantans . . . Soproni 1797. V: *Hödel, Joachim.* (Jes)

Musa Ludoviciana, oder einige dem . . . Erbprinzen zu Hessen-Homburg gewidmete . . . Poesien . . . Frankf. 1739. V: *König, Christian Gottlieb.* (ML)

Musa, Anton, Singularia de viris eruditione florentibus ex scriptis tam Latinis quam externis collecta et juxta ordinem alphabeticum disposita. Wittenberg (Chr. Th. Ludwig) 1728. 138 S. (6.—) 24413

Musae, Cantabrigienses seu Carmina quaedam numismate aureo Cantabrigiae ornata. 8. London. 810.

Musae, Francisco et Mariae Theresiae August. congratulatur. ob scientias bonasque artes restitutas. 4. Wien 750. Trattner. 16 gr.

Musae Portenses sive analecta poetica ab Alumnis Portensibus ultimis decem annis saeculi scholae Portensis tertii compos, quibus et superioris et recentioris aetatis Portenses qui vivunt omnes ad concelebranda almae matris saecul. die XXI. Maii A. MDCCCXLIII invit. C. Kirchner. 8 maj. (10⅝ B.) Lipsiae 843, Vogel.

Musaeljan, Heirapet: Die Agrarverhältnisse Transkaukasiens in ihrer geschichtlichen Entwicklung Borna-Leipzig 1909: Noske. 114 S. 8°
Erlangen, Phil. Diss. v. 2. März 1909, Ref. v Eheberg
[Geb. 22. Juni 84 Chankendy in Russisch-Armenien, Wohnort: Chankendy; Staatsangeh: Rußland, Vorbildung Seminar Schuscha Reife 03. Studium: Leipzig 4, Halle 2, Basel 2 S., Rig. 6. Juli 08.] [U 09. 847

MUSAFIA, BINJAMĪN [DIONYSUS] (BEN IMMANUEL): Sefer Zeker Rab |: Skabelsens Historie i Form af en Sammenstilling af de hebr. Ordstammer i det gl. Test. Med Kommentarerne »Migdanōt« og »Mazkīr« af Eleazar ben (Šelomō) Zalman Lisser. Altona [5]567 (ɔ: 1807) :| (Hebr.) P.

Musafia, Emil

— wie fördern wir unsere geistige Arbeitsfähigkeit?, s. a. Bibliothek sozialer Bildung. 2. Bd.

Wie fördern wir unsere geistige Arbeitsfähigkeit? Psychol. u. hygien. Hauptregeln beim geistigen Arbeiten von E Musafia, M. A. *Leipzig Socialer Verl. [1903]* (48 S.) 8°
— Bildung, Bibliothek Sociale. Bd 2

Musafia, Emil, wie fördern wir unsere mentale u. psychische Arbeitsfähigkeit?, s.a. Bibliothek Goetz-Jahn. 1. Bd.

Emil Musafia. Wie fördern wir unsere mentale und psychische Arbeitsfähigkeit? 13. bis 24. Taus. Berlin-Charlottenburg. Modern-Paedag. u. Psychol. Verl. [1904]. (48 S.) 8° [F.]
= Goetz-Jahn, Bibliothek. Bd 1.

Musaget, d., ein Begleiter d. Genius d. Zeit, v. A. Hennings. 6 Hefte. 8. Altona 798, 99. Hammerich. (à 16 gr) 4 ℔

MUSANDER (ps.). — Der Studente in seinen Probe Jahren, in Verschiedenen wahrhafften Begebenheiten abgeschildert und zum Nutzen auch Belustigung junger Gemüther vorgestellet von *Musandern*. Franckfurt u. Leipzig 1739. 8°. (In Stuttgart.)
— — Dasselbe. 1743. (Weller, Lex Pseud.).

Musanti, I. Fav., chronologia ad omnigenam historiam. 8. Sandom. 724.

Musäphilus, F. A. K., die Grafen Robach auf Geierstein, od. d. feindl. Verhängniß. Eine romant. Erzähl. d. Vorzeit u. Gegenwart. Mit Titlkpfr. 8. (14 B.) Eisenberg 830, Schöne.

Musard, Mrs., ou comme le tems passe. Comed. en 1 Acte, p. Picard. 8. Braunschw. Pluchart. 805.

Musarion oder die Philosophie der Grazien. Ein Gedicht in drey Büchern. Leipz. 1769. V: *Wieland, Christoph Martin.* (Mn) (Cat. d. Stadtbibl. Zürich. Zürich 1864—97.) »1768« (Ky) »1779« (GGr)

Musarion. Quartalschrift für Frauenzimmer. Frankfurt a. M. 1789. H: *Schneidler, Lorenz & Alois Wilhelm Schreiber.* (HS) (MGT) (Ky) (Kn) (NN)

— eine Quartalschrift f. Frauenzimmer, herausg. v. A. W. Schreiber u. G. L. Schneidler. 1s Quart. 8. Frankf. (B. Fleischer, Leipz.) 789.

— ovvera la filosofia] delle Grazie. 16. Lpz. Beer. 789.

Musarion overa la Filosofia delle Grazie. 16. Leipz. 790. Beer. (Nauck). 4 gr

Musarion, od. die Philosophie der Grazien; e. Gedicht in 3 Büchern, von C. M. Wieland. 8. Leipzig, Weidmann. 799.

MUSARION. Eine Monatsschrift für Damen. Hrsg. v. A. Lindemann. Heft 1—8 (à 6 Bogen, soviel ersch.?). Mit vielen, z. Th. color. Kpfrn., Portr., Tänzen u. Musikbeilagen. Altona 1799—1800. Kl. 8°. (6 Mk., Heft 1—5, 7—8, mit 20 Kpfrn. [incl. Musikbeilagen], davon 6 color. [engl. Damen-Moden], K. W. Hiersemann, 1899.)

Musarion, die Freundin weiser Geselligkeit u. häusl. Freuden. 3 Bde in 12 Hftn. hrsgg. v. A. Lindemann. (F. K. Lang.) 8. Altona 799—801. Hammerich. 3 ℔ Mit Kpf. 3 ℔ 12 gr

Musarion ouvero la Filosofia delle Grazie. 8. Leipzig. Sommer. 816.

— Unterhaltungsblatt f. gebildete Stände, herausgg. von W. Wendland 1828. Oct. bis Dec. 3 Hefte. Mit Vign. gr. 4. Offenbach, Hauch. 1 ℔ u. Jahrg. 829. Ebd. 4 ℔

—— Unterhaltungsblatt f. gebild. Stände. Hrsg. v. W. Wendland. Jahrg. 1829. 156 Nrn. Mit Vign. gr. 4. Offenbach. [Aschaffenburg, Pergay.]
Ist Fortsetzung d. „Unterhaltungsblatt für gebild. Stände,“ vgl. diese.

Musarion für Freunde fröhl. Gesangs, verlegt u. redigirt durch eine Gesellschaft in Heilbronn. gr. 12. Heilbronn 833. (Drechsler.) n. 1/4 ℔ — 2e verm. Aufl. 8. Ebd. 835. (auch Classische Buchh.) 1/2 ℔

Musarion f. Freunde fröhl. Gesangs. Verlegt u. redig. durch e. Gesellschaft in Heilbronn. 2., verm. Aufl. 8. (8 B.) Heilbronn 835, (Drechsler.)

Musarum remissio. Et. s. t.: Commentationes aliquot satyici, literarii, antiquarii et philologici argumenti. (a B. F. Hummel). 8. Altd. 766. Auctor.

Musäum für die Sächsische Geschichte, Litteratur und Staatskunde. Bd. 1-3 Leipzig: Weidmann 1794-96. 8°
Hrsgeg.: Chr. Ernst Weiße.
Fortges. u. d. T.: Neues Museum. Freiberg 1800 ff.

Musaeus. Übersetzt von Fulda. Leipz. 795. 8. 4 gr.
— Übersetzt. Zwick. 799. 8. 8 gr.
— Übersetzt von van Alpen mit Zugaben. Cöln 808. 8. 16 gr.
— Übersetzt von Danquard. Heidelb. 809. 12. 5 gr.

Musäus, Hero und Leander, s. Meisterwerke hellenischer Dichtkunst.

Musäos', des Grammatikers, Hero und Leander, s. Universal-Bibliothek Nr. 2370.

Musaeus. Τὰ καθ' Ἡρω καὶ Λέανδρον . . . de Hero et Leandro poema, Recensuit . . . J. H. Kromayerus . . . Halae Magd. 1721. Ü: *Voet, Paul.* (BrMm)

Musaeus. De Hero et Leandro Carmen. Graece et latine . . . Helmst. 1725. H: *Hardt, Hermann von der.* (Hoff)

— Hero u. Leander, übers. (v. K. E. Mangelsdorf). 8. Leipz. 770. Müller. 5 gr

— Hero u. Leander; aus d. Griech. (von J. G. Schlosser). 8. Frankf. 771.

— Dass. aus d. Griech. v. Fr. Grillo. 12. Berl. 771. Leipz. (W. Nauck). 2 gr

— Dass. aus d. Griech. übers. von K. A. Küttner.. 8. Mitau 773. 2e Aufl. 8. Altenb. 786. (Leipz., W. Nauck). 4 gr

Musaei, *Carmen* de Hero et Leandro. Graeco, cum lectt. varior. selectisq. emendatt. ac metaphrasi Witfordi. Magdeb. 775. 8. 5 gr.

Musaeus, de Herone et Leandro, carm. graec. ad opt. edit., et c. lect. var. select. (a. J. B. Carpzov). 8maj. Magdeburg 775. Zapf. 5 *gl*

— Dass. aus d. Griech. 8. Basel 784. Serini. 8 *gl*

Musaeus. Leander und Haero, ein Gedicht. [Frankf. u. Leipz. 1785]. Ü: *Schlüter, Joh. Georg Carl.* (Hoff)

— mit e. griech.-deutschen Wortregister von L. H. Teucher. 8. Leipz. 789. u. 795. Walther. 5 *gl* Neue Ausg. 8. Halle 801. Ruff. 5 *gl*

— de Herone et Leandro carmen. Recogn. et annott. instrux. K. F. Heinrich. 8. Hannov. 793. (Hahn). 12 *gl*

— Dass. aus d. Griech. übersetzt v. Fr. K. Fulda II. 8. Leipz. 795. (W. Rauck). 4 *gl*

— — übers. v. Fulda. 8. Leipz. Sommer. 795.

— τα καθ' Ἡρω και Λεανδρον. Musäus Gedichte v. Hero u. Leander, n. e. gr. deutsch. Wortreg. v. L. H. Teucher. 8. Leipz. Walther. (a. Vetr.) 795.

— carmen de Herone et Leandro, nov. emend. et not. adj. L. H. Teucher. 8. Halae, Ruff. 801.

— Hero u. Leander, metr. übers. v. H. G. v. Alpen, mit mehrern Zugaben. 8. Cöln 808. Rommerskirchen. 16 *gl*

— Dass. aus d. Griech. übers. v. A. L. Danquard. 12. Heidelb. 809. Mohr. 5 *gl*

— de Herone et Leandro carmen recens. E. A. L. Möbius. 12maj. Halle 814. Schwetschke u. S. 12 *gl*

— Dass. übersetzt (v. Fr. v. Bechelde). 8. Braunschw. 815.

Musaei grammatici de Herone et Leandro carmen, cum conjecturis ineditis P. Francii, ex recens. J. Schraderi, qui variantes lectiones, notas et animadvers. librum adjecit Edit. novam auct. cur. God. H. Schaefer. 8 maj. Lips. 825, Hartmann. 2 Rthl. Schreib. P.

— de Herone et Leandro carmen, cum conjecturis ineditis P. Francii, ex recens. J. Schraderii, qui variantes lectiones, notas et animadvers. ad librum adjecit. Edit. novam auct. cur. God. H. Schäfer. 8maj. Lpz. 825. (Lehnhold). 2 *rh* Schrbp. 3 *rh*

Musäos, Hero und Leander von Ferd. Torney. (Griechisch und deutsch.) 8. (96 S.) Mitau 859, Lucas.

Musaei grammatici carmen de Hero et Leandro rec. Carol. Dilthey. gr. 8. (XVII, 41 S.) Bonn 874, Cohen und Sohn. *

Musäos, das, Gedicht von Hero u. Leander. Eingeleitet u. übersetzt von Herm. Oelschläger. 8. (48 S.) Leipzig 882. Teubner. n. 1. —

* — — Der nächtliche Schwimmer, oder Hero u. Leander Eine Reliquie für Liebende, von *Musäus*. Ronneburg u Leipzig, 1799. in der Schumannschen Buchh. u. bei J A. Barth. — *A. E.* Gedr bei Blothe u. Comp. in Dortmund. 8° (In Berlin Vk 1554.) (7 Mk. 50 Pfg J. Eckard Mueller, Halle, 1908.)
100 S (incl Tit., 1 Bl. Vorw. des Verlegers u. 1 Bl. Inhalt). Selten!

— Urschrift, Uebersetzungen, Einleitungen u. krit. Anmerkk. v. Fr. Passow. 8. Leipz. 810. Gr. Fleischer. 1 *rh*

Musäus, Daniel Heinrich, s. Musäus, Johann Daniel Heinrich

Musäus, F., Comment u. Cerevis! Humoristische Erzählgn. aus dem Studentenleben. 8. (III, 167 S.) Leipzig 886. Unflad. n. 1. 50

Musaeus, Georgius [Stenimachitis]: *Γρηγόριος Πακουριανὸς μέγας δομέστικος τῆς Δύσεως καὶ τὸ ἐπ' αὐτοῦ τυπικὸν τῆς μονῆς τῆς Θεοτόκου τῆς Πετριτζονιτίσσης*. (Aus: Dissertationes Ienenses IV.) Lipsiae, typ. B. G. Teubneri, 1888; 2 Bl. + S. 135—210. 8°
Jena, Phil. Fak., Inaug. Diss. v 1868

Musaeus, I

— Collegium controversiar. Socinianis oppos. 4. Sorau, Hebold. 701.

Musaeus, J, communio sub utraque, utrum a Christo praecepta sit. I—II. Jen. 1694; rec. 1702. 4

Musaeus, I., de conversione hominis. 4. Francfurt. 706.

— Erklär. üb. 98 Religionsfrag. 4. Jena. 704.

Musäus, J., eine Lebensfrage für die teutschen Mittel- und Klein-Staaten. Gotha 864. (Leipzig, Poenicke.) gr. 8. (28 S.) n. 10 *ngr*

— Napoleon III. in Beziehung auf seine innere und äußere Politik unparteiisch gewürdigt. Leipzig 863. Pönicke. gr. 8. (IV, 48 S.) 7½ *ngr*

— praelection. in epitom. formulae concordiae. 4. Jen. Croecker. 707.

Musäus, J C, s. Musäus, Johann Karl August

Musäus, J C. A., s. Musäus, Johann Karl August

Musäus, J F

Musäus, J. K., Volksmährchen d. Deutschen. 8. Gotha 782—787. N. Aufl. Herausgg. v. Eph. Mt. Wieland. 787—88. 5 Bde. N. Aufl. 805. Ettinger. 3 *rh* 16 *gl* Schreibp. 4 *rh* 8 *gl* Velinp. 5 *rh* 12 *gl* N. Aufl. Mit Vorwort v. Fr. Jakobs. 5 Bdchen. 16. Ebd. 826. 2 *rh* 12 *gl*

Musäus, (J. K.,) Volksmährchen d. Deutschen. Mit Vorwort v. Fr. Jakobs. 5 Bdchn. Neue Aufl. 16. Gotha 826, Ettinger.

— Ders. 6r Bd. (v. G. G. Fülleborn). 8. Görlitz 789. Anton in Halle. 12 *gl*

Musaeus, J. G., de S. S. ante Chr n. inter gentes nota et lecta. Jen. 1716. 4.

Musäus, J K. A., s. Musäus, Johann Karl August

— Jo. Georg (Meiningen), De cunaria Apollinis adrastea ob natum nuper in summam excelsae domus et civium laetitiam patri patriae principem filium illustri Lyceo Meiningen festis orationibus celebrandum indicturus. Meiningen (Scheidemantel) 10. V. 1756. Mit Namen. (3.—) 24423

Musaeus, Joh.: Diss. de quaestione controversa: An conjugium, primaeva ejus constitutione salva, inter plures, quam duos, esse possit? Ed. nov. Jenae 1737.

Hauffmann, M. Otto (Oldenburg), De vera ac reali corporis & sanguinis Jesu Christi domini nostri in s. coena praesentia. Diss. theol. Präs. Johann Musäus. 17. XII. 1652. Jena (Ehrich) 1702. 20 Bl. (6.50) 13489

Musäus, Johann Daniel Heinrich

MusÄus, Joh. Dan. Heinr.: Abhandl. v. d. vornehmsten Europ. Seerechten, u. nach was für Gesetzen in vorkomm. Fällen zu erkennen sei. *Altona* u. *Hamb.* 781.

— Anfangsgründe d. Wechselrechts. 8. Hamb. u. Kiel 777. 2e Aufl. 8. Hamb. 799. Bohn. 12 gl

— juristische Beitr. 1e Samml. 8. Altona 781. Bachmann in Hamb. 8 gl

— jurist. Beyträge iv. 8. Hamb. Bachmann. 792.

Musäus, Jh. Dn. Hnr., Beitr. z. deutschen Rechte. 8. Frff. a. M. 801. Brönner. 16 gl

— — (Göttingen), **De causis praecipuis cur divisio Germaniae in pagos sensim desierit.** Sub initio **lectionum hibernarum commentatur.** Altona **(Eckhardt) (Okt.) 1778. 36 S. (4.50)** 24420

— Entwurf d. Wechselrechts. 8. Götting. 774. Vandenhöck u. R. 2 gl

Musäus, Johann Daniel Heinrich „Grundsätze des Handlungs und Wechselrechts, zum Gebrauch akademischer Vorlesungen". Hamburg 1785 (Bohn). — Vorh. Bibl. des Kammergerichts Berlin — Fb. 1940 —. 2 Auflage, Hamburg 1799, vorh. Com. Bibl. Hamburg. — 3. verbesserte und zum Teil umgearbeitete Auflage, Gießen 1817 (Heyer), vorh. Com. Bibl. Hamburg und Bücherei der Industrie- und Handelskammer Leipzig.

— Johann Daniel Heinrich, Commentatio de jure commissionum quae in concursu illustrium solent constitui. Göttingen (Vandenhoeck) 1774. VI, 150 S. (6.50) 24419
Gew.: Albert Friedrich von Lenthe, Ludwig Eberhard von Gemmingen.

— — (Hessen), Ad audiendam orationem de temporis nostri consiliis advocatos tollendi e republica invitat. — Praemissa disquisitione quatenus aedificia fundo feudali a vasallo imposita jure clientelari communi allodialia esse censeantur? Gießen (Braun), 27. VI. 1782. 20 S. (4.50) 24421

— vom Rechte, Freimeister zu ernennen. 8. Marb. 787. Krieger. 6 gl

— Diss. de trassato litteras cambiales in honorem acceptante. 8 Götting. 775. Vandenhöck u. R. 2 gl

Musäus, Johann Karl August

Musäus, Joh. Carl Aug., Dämon Amor, f.: Gabelsberger-Bibliothek.

Musäus, J. K. A., Dämon Amor, f.: **Volksbibliothek d. Lahrer hinkenden Boten.**

Musäus, J. K. A., die Bücher der Chronika der drei Schwestern. Illustrirt v. Heinr. Lefler u. Jos. Urban. Imp.-4. (64 S. m. z. Tl. farb. Abbildgn.) Berlin 900. J. A. Stargardt. Geb. in Leinw. n. 40.—

Musäus. *Contes populaires* des Allemands par J.-C.-A. Musaeus. Avec une préface de Wieland. Traduits de l'allemand et précédés d'une notice sur Musaeus. Par J. Lefèvre. Avec six gravures sur acier, après les dessins de Th. Hosemann. Leipzig, G. H. Friedlein [c. 1845]. 2 Bl. 227 S.; 2 Bl. 225 S.; 1 Bl. 239 S. Kl.-8°. Lithogr. illustr. Or.-Pappbde. 45.—
Gute Übersetzung mit den schönen Bildern Hosemanns. Etwas fleckiges Ex., die Einbände benutzt (ein kl. Riß geklebt).

Musaeus, Joh. Carl Aug., Contes populaires des Allemands. Avec une préface de Wieland. Trad. de l'allem. et précédés d'une notice sur Musaeus. Édit. en 3 volum. 8. (43⅞ B. u. 6 Stahlst.) Leipsic 845, Gebhardt u. Reisland. à * 15 Ngr. *

Musäus, J(oh.) C(arl) A(ug.), Contes populaires des Allemands. Avec une préface de Wieland. Traduits de l'allemand et précédés d'une notice sur Musaeus par J Lefèvre. 3 Vols. 8. (691 S. mit 6 Stahlst. nach Zeichn. von Th. Hosemann.) Leipzig 856, Friedlein.

— Die Entführung, s. Volksbibliothek des Lahrer hinkenden Boten

— Freund Heins Erscheinungen in Holbeins Manier, mit K. 8. Winterth. Steiner. 785.

Musäus, J. K. A., s. Gärtnermädchen, das.

Musäus, J. K. A., die Geschichte von den drei Roland's Knappen. Eine unterhaltende Erzählung. 8. (46 S.) Reutlingen 877. Enßlin & Laiblin. — 15

Musäus, der deutsche Grandison. 2 Bde. 8. Eisenach 763. 2e A. 780. R. Aufl. 8. Leipz. 808. (Rauck). 16 gl

Grandison der Zweite, Oder Geschichte des Herrn von N*** in Briefen entworfen. Eisenach, Verlegts M. G. Griesbach, 1760. M. TR. 8°
Verf. Musäus.

Musäus, Jh. Karl Aug., († d. 28. Oct. 1787.) moral. Kinderklapper, s. a. Monget.

Musäus, J. C. *Moralische Kinderklapper* für Kinder und Nichtkinder. Nach dem Französischen des Herrn Monget, von J. C. Musäus. Gotha, 1788. bey Carl Wilhelm Ettinger. Mit reiz. Titelvignette. VIII, 111 S. Kl.-8°. Hldr. d. Z. 14.—
2. Ausgabe. Vorwort u. Nachschrift von Bertuch. — Angebunden zwei kleine Schriften von Spangenberg u. Bode. Einband etwas benutzt.

Musäus. *Moralische Kinderklapper* für Kinder und Nichtkinder. Nach dem Französischen des Herrn Monget von J. C. Musäus. Neue Auflage. [Titelvign.] Gotha, 1794. Bey Carl Wilhelm Ettlinger. VIII, 132 S. mit 18 ganz reizenden Kupfern im Text, gez. von J. D. Schubert, gestochen von C. G. Geyser. 12°. Pbd. d. Z. m. Rsch. 45.—
Goed. IV, I. 580, 8. Rüm. 789. RümKB. 260. Diese, von Bertuch besorgte Ausgabe des interess., gelegentlich satirischen Büchleins, enthält erstmals die sehr hübschen Kinderszenen-Kupfer. — Wenige unbedeut. Gebrauchsspuren, gutes Ex. m. Exlibris Johanna v. Grimm.

Musäus, (J. C.,) moral. Kinderklapper, f. Kinder u. Nichtkinder. Neue Aufl. 8. Gotha 822, Ettinger.

Musäus, Joh. Carl Aug., moralische Kinderklapper, f. Kinder u. Nichtkinder. Neu hrsg. u. illustr. v. E. Duval. 16. (8 B. u. 3 Stnt.) Nordhausen 843. [Naumburg, Eichenbauer.] Thlr.

— Rolands Knappen. Illustr. v. Heinr. Lefler u. Jos. Urban. gr. Fol. (36 S.) Wien 898. Gesellschaft f. vervielfältig. Kunst. Geb. in Leinw. n. 15.—

—— zwei Legenden von Rübezahl dem Berggeist, | s. Hausbibliothek, kleine, für die Jugend.
—— noch drei Legenden vom Rübezahl, |

Musäus, J. K. A., Legenden von Rübezahl, s. a. Universal-Bibliothek.

— Legenden v. Rübezahl, s. a. Schaffstein's Volksbücher f. die Jugend. 9. Bd.

Musäus, J. K. A., Legenden von Rübezahl, s. Meyer's Volksbücher.

Legenden von Rübezahl von J[ohann] K[arl] A[ugust] **Musäus**. Für d. Jugend durchges. u. hrsg. von H(ermann) Schaffstein. Für Knaben u. Madchen v 10. J. an. 2 Aufl. Köln a. Rh. H. & F Schaffstein. (84 S.) 8° [F.]
— Musäus Volksmärchen d. Deutschen. T 1
— **Volksbücher** Schaffsteins, f. d. Jugend. Bd 9. [06. 13556

— Legenden vom Rübezahl. Mit Illustr. 8. (111 S. m. eingedr. Holzschn., 3 Holzschntaf. u. 2 Chromolith.) Berlin 880. Liebau. geb. 1. 20

— zwei Legenden v. Rübezahl, dem Berggeist. 12. (46 S.) Leipzig 893. Greßner & Schramm. Kart. n. — 50

— Libussa, s.a Jungbrunnen. 11

— Libussa. Die Nymphe des Brunnens. 2 Märchen. 8. (92 S.) Ebd. 894. Kart. — 60

Libussa. Marchen von J[oh] K[arl] Aug **Musäus**. Ill. von Richard Mauff *Berlin Fischer & Franke [1900]* (26 S.) 8° [Umschlagt. F.]
— Jungbrunnen [11] [00. 9426

— stumme Liebe, s. a. Erzählungen des deutschen Hausfreundes.

– Stumme Liebe, s. Jungbrunnen

Musäus, stumme Liebe, s. a. Universal-Bibliothek.

— Stumme Liebe. Illustr. von J Damberger. (56 S) (Jungbrunnen) Berlin (1900)

—— Märchen. Für die Jugend erzählt von K. A. Müller. 2. Aufl. 8. (VIII, 336 S. mit 56 in den Text gedr. Holzschn. und 4 Buntbildern nach Zeichnungen von Carl Römer.) Leipzig 888, Abel. geb. *

— Märchen. Für die Jugend erzählt v. K. A. Müller. Mit 56 in den Text gedr. Holzschn. u. 4 Buntbildern nach Zeichngn. v. Carl Römer 3. Aufl. gr. 8. (VIII, 336 S.) Leipzig 890. Abel & Müller geb. n. 3. —

Musaeus', J. K. A, Märchen. F. d. Jugend erzählt v. K. A. Müller. Mit 56 in den Text gedr. Holzschn. u. 4 Buntbild. nach Zeichngn. v. Carl Römer. 7. Aufl. gr. 8. (VIII, 336 S.) Leipzig 897. Abel & Müller. Geb. in Leinw. n. 3. —

— Märchen. Für die Jugend erzählt v. K. A. Müller. Mit 56 in den Text gedr. Holzschn. u. 4 Buntbildern nach Zeichngn. v. Carl Römer. 8. u. 9. Aufl. gr. 8. (à VIII, 336 S.) Leipzig (899. 901). Abel & Müller. Geb. in Leinw. n. 3. —

— Märchen. Für die Jugend erzählt v. K. A. Müller. Mit 56 in den Text gedr. Holzschn. u. 4 Buntbildern nach Zeichngn. v. Carl Römer. 10. u. 11. Aufl. (VIII, 336 S.) 8. Leipzig (903) 905. Abel & Müller. Geb. in Leinw. n.n. 3. —

— Märchen vom Rothmantel. 8. (104 S. m. eingedr. Holzschn., 1 Holzschntaf. u. 1 Chromolith.) Berlin 880. Liebau. geb. 1 20

– Märchen vom Rübezahl

— dasselbe, s. a. Nister's illustr. Jugend- u. Volksbücher.

— Märchen v. Rübezahl, s. a. Schauberg, F.

— Die Märchen vom Rübezahl. Für die Jugend von Christian Morgenstern. Mit 47 Illustr. v. Max Slevogt. (98 S.) 8. Berlin 909. B. Cassirer. Kart. 2. 50

— zwei Märchen vom Rübezahl, s. a. Jungbrunnen. 7.

Zwei Märchen vom Rübezahl von J[oh Karl] A[ug] **Musäus**. Ill. von G[eorg] A Stroedel. *Berlin: Fischer & Franke [1900]* (32 Bl.) 8° [Umschlagt. F.]
— Jungbrunnen. [7] [00. 9430

— Melechsala, s.: Volksbibliothek d. Lahrer hinkenden Boten.

– s. National-Bibliothek sämmtl. deutscher Classiker.

—— s. National-Litteratur, deutsche.

— die Nymphe des Brunnens, s. a. Gerlach's Jugendbücherei. 11. Bdchn.

— die Nymphe des Brunnens, s. a. Jungbrunnen. 34.

Die Nymphe des Brunnens. Märchen von [Johann Karl Aug.] **Musäus**. Mit Bildern von F[ranz] Müller-Münster Berlin. Fischer & Franke [1902]. (29 Bl.) 8° [Umschlagt.]
— Jungbrunnen. 34. [05. 10098

—— Reinald, das Wunderkind, und die drei Schwestern. Eine unterhaltende Erzählung. 8. (48 S.) Reutlingen 877, Enßlin und Laiblin's Verlagsh.

— physiognomische Reisen, s. a. Reisen.

* (Musäus) physiognomische Reisen, voran ein physiognom. Tagebuch. Altenb. 778. 779. [788.] 2 Bde. IV H. 8. (gegen Lavater.) Dazu: Leben u. Wanderungen e. Physiognomisten. E. Pendant zu M. Ph. R. Görlitz 795. 8.

Musaeus, J. C. A., Phisiognomische Reisen. 4 Hefte. Altenb. 8°. I. 3. Aufl. II—IV 2. Aufl. Lond. 1781. 8°.

1778

Musaeus, Johann Carl August. Das Rosenfest. O. O. 1772. V: *Heermann, Gottl. Ephr.* [?] (GGr IV, 67)

— Rübezahl. Deutsche Volksmärchen. Für die Jugend bearb. v. Louis Thomas. Mit Holzschn. nach Zeichngn. v. Ludw. Richter. 6. verb. Aufl. 8. (II, 134 S.) Berlin (899). H. J. Meidinger. Kart. n. 1. 50; geb. in Leinw. n. 2. —

— Rübezahl. Deutsche Volksmärchen. Für die Jugend bearb. v. Louis Thomas. Mit Holzschn. nach Zeichngn. v. Ludw. Richter. 6., verb. Aufl. (136 S.) gr. 8. Berlin (903). Meidinger's Jugendschriften-Verl.
Geb. in Leinw. 3. —; erm. Pr. 2. 25

— dasselbe, s.a. Jugendhort. 7.

Rübezahl. 5 Legenden von J[ohann] K[arl] A[ugust] **Musäus**. [Märchen, Ausz.] Für d. Jugend bearb. u. mit Berücks. d. neuen Rechtschreibung hrsg. von Ernst Arndt. Mit 3 Bild. von Eugen Hanetzog. Berlin: Jagendhort [1905]. (96 S.) 8° [F.]
— **Jugendhort**. 7

— Rübezahl. Deutsche Volksmärchen. Für die Jugend bearb. v. Louis Thomas. Orig.-Ausg. m. Holzschn. nach Zeichngn. v. Ludw. Richter. 7. Aufl. (140 S.) 8. Berlin (909). Meidinger's Jugendschriften-Verlag.
Geb. in Leinw. 2. 25

— Rübezahl, der Herr des Riesengebirges, bearb. v. Hans Fraungruber. i.: Gerlachs. Kart., Jugendbücherei.

— Rübezahl u. andere Märchen. Bearb. v. Frz. Günther u. Ernst Scherling. 12. (64 u. 68 S. m. 2 Bildern.) Leipzig 893. R. Werther. Kart. n. — 75

Rübezahl und das Hirschberger Schneiderlein, ein Märchen von J[ohann] K[arl] Aug **Musaeus** in Bildern von Arpad Schmidhammer Berlin: Fischer & Franke [1901]. (19 Bl.) 8° [Umschlagt.]
— **Jungbrunnen**. 18.

— dasselbe u. das Hirschberger Schneiderlein, s.a. Jungbrunnen. 18.

— der Schatzgräber, s.a. Hausbibliothek, kleine, für die Jugend.

— der Schatzgräber. Ein Märchen. 12. (56 S.) Leipzig 893. Greßner & Schramm. Kart. n. — 50

– Der geraubte Schleier, s.a. Volksbibliothek d. Lahrer hinkenden Boten

— der geraubte Schleier. Mit Illustr. 8. (79 S. m. eingedr. Holzschn., 1 Holzschntaf. u. 2 Chromolith.) Berlin 880. Liebau. geb. 1. —

Musäus, J. C. A. Nachgelassene Schriften. Hsg. von einem Zögling. Leipz. 1791. H: *Kotzebue, August Friedrich Ferdinand von.* (GGr)

— nachgel. Schriften, herausg. v. A. v. Kotzebue. 8. Leipz. Kummer. 791.

— nachgelassene Schriften, herausgg. v. A. v. Kotzebue. 8. Leipz. 791. Kummer. 20 gl.

MUSÆUS, J. C. A., s. Strauszfedern. 1787.

— Ulrich m. dem Bühel, s.: Volksbibliothek d. Lahrer hinkenden Boten.

— s. Volksbibliothek d. Lahrer hinkenden Boten.

— Volksmärchen, s.a. Bachem's Jugend-Erzählungen.

— Volksmärchen, Zeichnungen dazu, s.a. Richter, Ludw.

— Volksmärchen, s.a. Schwab, Gust.

— Volksmärchen, s.a. Volksbibliothek des Lahrer Hinkenden Boten.

— Volksmärchen. (4 Thle. in 1 Bde.) 16. (132, 102, 132 u. 132 S.) Leipzig 892. Versandt-Bureau (W. Fiedler). Geb. m. Goldschn. n. 1. 80

— Volksmärchen. Für die Jugend neu bearb. v. Alfr. Wagner. 2 Tle. (III, 116 S. m. 21 Abbildgn. u. III, 120 S. m. 17 Abbildgn. u. je 2 Farbdr.) 8. Stuttgart (904). G Weise. Geb. in Leinw. à n. 1. 50; in 1 Bd. geb. n. 3. —

— ausgewählte Volksmärchen der Deutschen. 3 Tle. Mit 3, resp. 5 u. 6 (chromolith.) Abbildgn. 8. (233; 278; 310 S.) Lahr 887—890. Schauenburg. cart.
à n. 2. —; geb. à n. 2. 50

— dasselbe Auswahl. Bearb. v. H. Meißner. 2 Bdchn. in 1 Bd. 12. (III, 152 u III, 184 S.) Halle 886. Hendel. geb. 1. —

— dasselbe, s.a. Bibliothek der Gesamt-Litteratur d. In- u. Auslandes.

— dasselbe, s.a. Meyer's Volksbücher.

— dasselbe, s.a. Volksbibliothek des Lahrer Hinkenden Boten.

— deutsche Volks-Märchen. Mit Illustr. 8. (160 S. m. eingedr. Holzschn., 4 Holzschntaf. u. 3 Chromolith.) Ebend. 880. geb. 1. 50

— deutsche Volksmärchen, f. d. Jugend bearb. v. Benno Seemann. 8. (127 S. m. 4 farb. Bild.) Dresden 896. M. Fischer. Geb. n. 2. —

— dasselbe gr. 8. (191 S. m. 4 farb. Bildern.) Ebd. 896. Geb. n. 3. —

— deutsche Volksmärchen, f. die Jugend bearb. v. Benno Seemann. 12. (126 S.) Dresden (899). M. Fischer. 1. 50; steif brosch. 2. —

— dass. — s.a. Bibliothek der deutschen Nationalliteratur des 18. und 19. Jahrhunderts.

— Volksmärchen der Deutschen, s.a. Hempel's Klassiker-Bibliothek.

— dass. — s.a. Meyer's Volksbücher.

— dasselbe, s.a. Schaffstein's Volksbücher f. die Jugend.

— dasselbe. s.a. Universal-Bibliothek für die Jugend.

— Volksmärchen der Deutschen, s.a. Universal-Bibliothek für die Jugend.

— dass. — s.a. Volksbibliothek des Lahrer Hinkenden Boten.

Musäus, Joh. Karl Aug., Volksmährchen der Deutschen. Bd. 1—5. Gotha 1782—86. 8.
—, — Mit Vorwort von Fr. Jacobs. 5 Bändchen. Neue Auflage. Gotha 1826. 16.
—, Neue Aufl. Th. 1—5. Gotha 1838. 8.
—, — Bdch. 1—6. Neue Aufl. Halle 1839. 8.

Musäus, J. C. A. Volksmährchen der Deutschen. Gotha 1787—89. V (Bd. 6): *Fülleborn, Georg Gustav.* (Ky)

Musäus, J(oh.) (Karl) A(ug.), Volksmährchen d. Deutschen. Mit e. Vorw. v. Friedr. Jacobs. 6 Bdchn. Neue Aufl. 8. (65¾ B. u. 6 Stahlst.) Halle 839, Hennemann. à ⅓ Thlr.

—— dass. Prachtausg. in 1 Bde. Hrsg. v. Jul. Ludw. Klee. M. Holzschnitten nach Originalzeichn. v. R. Jordan, G. Osterwald L. Richter, A. Schrödter. 20 Lfgn. Lex.-8. (45⅝ B.) Leipzig 842, [Mayer.] à Lfg. 10 Ngr. *

—— Volksmährchen d. Deutschen. 4 Bde. 16. (44⅞ B.) Leipzig 845, [Mayer.] *

—— dass. Neue Prachtausgabe in 1 Bde. mit 300 Holzschn. u. 12 größeren Ttlbl. 12 Lfgn. Lex.-8. (49⅝ B. u. 11 Stnt.) Leipzig 845, 46, Mayer. à Lfg. 15 Ngr.

Musäus, J(oh.) C(arl) A(ug.), Volksmährchen der Deutschen. Prachtausg. in 1 Bde. Hrsg. von Jul. Ludw. Klee. Mit Holzschn. 3., illustr. Prachtausg. gr. 8. (XVI und 655 S.) Leipzig. 847, G. Mayer.

—— Volksmärchen der Deutschen. Deutsche Classiker-Ausg. (4 Bde.) gr. 16. Leipzig 854, G. Mayer. [Bd. 1. 2. (VI und 340 S.) 3. (194 S.) 4. (III und 174 S.)]

—— dass. — Für die reifere Jugend ausgewählt und gesichtet von Louis Thomas. Mit Holzschn. nach Zeichnungen von Richter, Schrödter, Osterwald und Jordan. br. 8. 1. und 2. Thl. Ebds. 854. [1. (VII und 240 S.) 854., 2. (III und 232 S.) 855. à Thl. * 24 Ngr.] *

Musäus, J. K. A., Volksmärchen der Deutschen. 4 Bde. 6. Gesammtausg. gr. 16. (XII und 708 S.) Altona 862, [Händcke und Lehmkuhl.] *

— — Für die reifere Jugend ausgewählt und gesichtet von Louis Thomas. Mit Holzschn. nach Zeichnungen von Richter, Schrödter, Osterwald u. Jordan. 1. Thl. 3. unveränd. Abdr. u. 2. Thl. 2 unveränd. Abdr. Ebend. 863. gr. 8. (VII, 240 S.; V, 232 S.) Jeder Thl. n. 24 ngr.

— — Für die reifere Jugend ausgewählt u. gesichtet von L. Thomas. Mit (eingedr.) Holzschn. nach Zeichnungen von Richter, Schrödter, Osterwald u. Jordan. 4. Aufl. 6 Bdchn. Altona 867. Haendcke & Lehmkuhl. br. 8. n. 2 ℳ 2 ngr.

1. Bdchn. Legenden von Rübezahl. (92 S. mit 1 color. Holzschntaf.) 12 ngr.
2. Bdchn. Melechsala u. die Entführung. (92 S. mit 1 color. Holzschntaf.) n. 12 ngr.
3. Bdchn. Der Schatzgräber u. Ulrich mit dem Bühel. (90 S. mit 1 color. Holzschntaf.) n. 10 ngr.
4. Bdchn. Die Bücher der Chronika der drei Schwestern u. Richilde. (92 S. mit 1 color. Holzschntaf.) n. 10 ngr.
5. Bdchn. Die Nymphe des Brunnens u. Libussa. (100 S. mit 1 color. Holzschntaf.) n. 10 ngr.
6. Bdchn. Stumme Liebe oder Dämon Amor. (94 S. mit 1 color. Holzschntaf.) n. 10 ngr.

— Volksmärchen der Deutschen. Für die Jugend ausgewählt u. erklärt von Alb. Ludw. Grimm. Mit 6 Bildern in Farbendr., gez. u. lith. von H. Leutemann. Leipzig 868. Gebhardt. gr. 8. (VII, 477 S.) geb. 2 ℳ

— dasselbe. Hrsg. v. Jul. Ludw. Klee. Mit (eingedr.) Holzschn. nach Orig.-Zeichngn. v. R. Jordan, G. Osterwald, L. Richter, A. Schrödter. 3. illustr. Prachtausg. 2. Aufl. gr. 8. (XVI, 663 S.) Baden-Baden 870. Haendcke & Lehmkuhl. 9. —; geb. 10. 50

Musäus, Volksmärchen der Deutschen. Hrsg. von Jul. Ludw. Klee. Mit 300 (eingedr.) Holzschn. nach Orig.-Zeichnungen von R. Jordan, G. Osterwald, L. Richter, A. Schrödter. 2. illustr. Prachtausg., und 3. illustr. Prachtausg. 2. Aufl. [ohne Titelbilder]. gr. 8. (XVI, 665 S.) Hamburg [Gotha] 870, Haendcke und Lehmkuhl. (*ℳ 9.) * geb. *

2. Prachtausg. mit 12 lithogr. Titelbildern. Ebendas. *ℳ 30., geb. *ℳ 36. Die 12 Titelbilder apart *ℳ 6.

—— dass. — Volksausg. in 1 Bde. Mit (eingedr.) Holzschn. nach Orig.-Zeichnungen von R. Jordan, G. Osterwald, Ludw. Richter und A. Schrödter. 8. Gesammtaufl. 8. (XV, 496 S.) Ebendas. 870. (*ℳ 2,40.) * geb. *

—— dass. — Für die reifere Jugend ausgewählt und gesichtet von Louis Thomas. Mit (eingedr.) Holzschn. nach Zeichnungen von L. Richter, A. Schrödter, G. Osterwald und R. Jordan. 2 Bde. 4. Aufl. 8. (III, 286; V, 274 S., mit je 1 color. Stnt.) Ebendas. 870. cart. (*ℳ 4,80.) * Ausg. in 6 Bdchn. à Bdchn. *ℳ 1,20. *

— Volksmärchen der Deutschen. Für die Jugend ausgewählt u. erzählt v. Alb. Ludw. Grimm. 2. Aufl. Mit 6 Bildern in Farbendr., gezeichn. u. lith. v. H. Leutemann. br. 8. (477 S.) Leipzig 872. Gebhardt. geb. 6. —

— dasselbe. Für die Jugend ausgewählt u. erzählt von Alb. Ludw. Grimm. Mit 6 Bildern in Farbendr. nach Aquarellen von C. Offterdinger. 3. Aufl. gr. 8. (VI, 477 S.) Leipzig 877. Gebhardt. cart. 6. 75

— dasselbe. Volksausg. in 1 Bde. Mit (eingedr.) Holzschn. nach Orig.-Zeichnungen von R. Jordan, G. Osterwald, Ludw. Richter, A. Schrödter. 9. Gesammtaufl. 8. (XIV, 496 S) Hamburg 878. Haendcke & Lehmkuhl. n. 3. —; geb. n. 4. —

—— Volksmärchen der Deutschen. 4 Thle. gr. 16. (181; 132; 121; 164 S.) Berlin 879, Hempel. In 1 Bd. geb. *

Musäus. *Volksmärchen* der Deutschen . . . ausgew. u. bearb. v. Moritz Wilh. Gotthard Müller. 2. Aufl. Stuttgart, Thienemann [c. 1880]. 294 SS. 5 Bll. Verlagsanz. M. 45 Textabb. u. 8 farbigen Tafeln v. Herm. Vogel. 8°. Farb. Orlwd. 9.—

Musäus. *Volksmärchen* der Deutschen. Für die reifere Jugend bearb. v. Franz Hoffmann. Mit 8 farb. Bildern. 3. verb. Aufl. Stuttgart, Schmidt & Spring [ca. 1885]. 4 Bl. 309 S. 8°. Orhlwd. 9.—

—— dass. — Auswahl. Bearb. von Heinr. Meißner. 2 Bdchn. in 1 Bd. 12. (III, 152; III, 184 S.) Halle 886, Hendel. geb.

— Volksmärchen der Deutschen. Für die Jugend ausgewählt u. bearb. v. M. W. G. Müller. Mit 50 in den Text gedr. Abbildgn. u. 8 (farb.) Vollbildern nach Zeichngn. v. H. Vogel. (Pracht-Ausg.) gr. 8. (IV, 352 S.) Stuttgart 887. Thienemann. geb. n. 6. —; billige Ausg. m. schwarzen Vollbildern, cart. n. 4. —

— Volksmärchen d. Deutschen. F. d. Jugend ausgew. u. bearb. v. Mor. Wilh. Gotthard Müller. M. 45 in d. Text gedr. Abb. u. 8 Bild. in Farbendr. nach Zeichngn. v. Herm. Vogel. 2. Aufl. gr. 8. (294 S) Stuttgart 896. K. Thienemann. Geb. in Leinw. n. 4. 50

— Volksmärchen der Deutschen. Mit Bildern v. Geo. A. Stroedel, Rich. Mauff, Jos. Damberger, Arpad Schmidhammer u. Frz. Müller-Münster. (III, 266 S.) 4. Düsseldorf (903). Berlin, Fischer & Franke. Geb. in Leinw. n. 6. —

Volksmärchen der Deutschen von J[ohann] K[arl] A[ugust] **Musäus**. 1 1–3. Für d. Jugend durchges u. hrsg. von H[ermann] Schaffstein. Für Knaben u. Mädchen v 10. J. an. Köln a. Rh.: H. & F Schaffstein [1905]. 3 Bde 8° [F.]
1 = Musäus Legende von Rübezahl 2 Aufl
= **Volksbücher**, Schaffsteins, f. d. Jugend. Bd 9–11 [06. 10533

— dasselbe. Ausg. f. die deutsche Jugend, m. Bildern v. Jos. Damberger, Rich. Mauff, Frz. Müller-Münster u. G. A. Ströbel. (Neue Aufl.) (207 S. m. 1 Farbdr.) 8. Berlin (908). Stuttgart-Cannstatt, A. W. Franke. Geb. in Leinw. 1.80

— Volksmärchen der Deutschen. 5 Tle. (XXXIII, 238; V, 264; V, 274; V, 268 u. V, 271 S.) kl. 8. Berlin 909. B. Cassirer. Geb. in Halbfrz. 16.—

— dasselbe. Auswahl u. Bearbeitg. f. die Jugend. Mit (5) Illustr. in Farbendr. nach Originalen v. Max Wulff u. zahlr. Holzschn. im Text v. L. Richter, G. Osterwald, A. Schrödter u. R. Jordan. (240 S.) 8. Berlin (909). Globus Verlag. Geb. in Leinw. 1.50

— dasselbe. Für die Jugend ausgewählt u. bearb. v. Mor. Wilh. Gthard. Müller. Mit 45 in den Text gedr. Abbildgn. u. 8 Bildern in Farbendr. nach Zeichngn. von Herm. Vogel. 3. Aufl. (294 S.) 8. Stuttgart (909). K. Thienemann. Geb. in Leinw. 4.50

— dasselbe. Mit 168 Holzschnitten nach Orig.-Zeichngn. v. R. Jordan, G. Osterwald, Ludw. Richter u. A. Schrödter. 9. Aufl. (XV, 496 S.) kl. 8. Berlin, Meidinger's Jugendschriften-Verlag. Geb. in Leinw. 3.—

Musäus, Karl, Flora's Kränzchen. 8. ... 182..

MUSÆUS, CAROLUS, Monita practica circa puncturam nervorum. Erfordiæ. 1755. 4. P. [Præs. Herm. Paul. Juch].

Musäus, Carl, Rußland, geschild. durch sich selbst; e. kurze, aber treue Charakteristik sein. Eigenthümlichkeiten u. bürgerl. Verhältnisse, mit besond. Rücksicht auf den dahin reisenden Ausländer. 8. (6 B.) Dresden 830. [Zittau, Nauwerck.] 12 Gr., hrbaf Pr.

— Schneeglöckchen. 18 Sträuschen. (Gedichte.) gr. 8. Petersb. 819. (Leipz., Kummer). 18 gl.

Das Gebet des Herrn. Ausgelegt von Simon **Musäus**. Auf s neue hrsg von Hermann Beck, Dekan. Leipzig· Akad. Buchh. 1803. 44 S. 8° [11. 1912

Musäus, Sim., göttl. Trostgründe wider d. hohen Anfechtungen. 8. Sorau 754. Hebold. 4 gl.

Musaeus, Simon Heinrich

Prorector et senatus academiae Kiloniensis ad funus [Einladung des Prorektors und Senats der Universität Kiel zur Beisetzung des Simon Heinrich **Musäus**, Prof. d. Rechtswiss., † 11 Sept. 1711.] — Kilonii (1711): Reuther 4 Bl. 4°

— Disp. jur. Fredericiana de foro rei sitæ etiam ad res mobiles qvasvis pertinente. Kiliæ. 1705. 4. P. [Resp. Petr. Mummens].

De [illegible] virginum sanctimonialium monasterii [illegible] §§ 23 25 sq [illegible] monasticae quae habetur in ordinatione prov. Schleswico-Holsat [illegible] quam in Academia Cimbrica praeside Simone Henrico **Musaeo** [illegible] submittit Johann [illegible] Adami Rendsburgensis Holsatus [illegible] Aprilis 1708 Kilonii (1708) [illegible]

— Diss. I—IV de juribus in Parmæ et Placentiæ ducatus a pontifico male prætensis vel usurpatis. Kilonii. 1709—10. 4. P. [Resp. I—IV. Joh. Fried. Artzbergius].

Musaeus, Simon Heinrich (Hrsg.), s. Olivekrantz, J Paulin Tabulae in H. G libb. ex edit

— Disp. jur. de actionis Publicianæ origine, fundamento, natura et requisitis in genere. Kilonii. 1707. 4. P. [Resp. Detl. Göring].

MUSÆUS, SIM. HENR., Diss. jur. Fredericiana de amissa possessione agri inundati. Kilonii. 1703. 4. P. [Resp. Frid. Joach. v. Creutz].

— Disp. jur. Fredericiana de restitutione in integrum contra præscriptionem ex capite ignorantiæ. Kiliæ. 1704. 4. P. [Resp. Gust. Otto de Fabrice].

— Disp. jur. de revocatione donationis ob præstitum contra donatorem advocationem. Kilonii. 1702. 4. [Resp. Franc. Joh. Singelmann].

(Musaeus, Sim[on] Henr[ich], G[ünther] C[hristoph] Schelhammer u. C[hristoph] H[einrich] Amthor) Als die woll-edle und tugendbegabte Frau. [Trauergedichte auf Catharina **Bünemann**in, geb Büllen, † 21 Sept 1710] — Kiel (1710) Reuther 2 Bl 4°

Muscats, Anweis. z. zierlichen Schreibekunst. 3 Thle. Fol. Nürnb., Riegel u. W. 1 ß

Muscat, Ernst (Ernst Ludwig) (Mühlhausen/Thüringen), De metamorphosi gelati nosa ventriculi et ceterarum tubi intestinalis partium infantum. Diss. med. Berlin (Brüschcke) 23. XII. 1825. 45 S. mit Biogr. (4.—) 24425
Oppon.: A. Leu, E. Blasius, C. Berndt. — Gew.: Johann Wiebel, Johann Buettner, C. G. Neumann.

— **Johann Friedrich** (Lübeck), Forensem vocis justificationis significatum defendens. Diss. theol. Präs. Georg Brockman. Greifswald (Röse) Febr. 1780. 22 S. (4.—). 24426
Gew.: Joachim Matthias Lütkens, Hermann Georg Bünekau, Georg Wilhelm Detharding, Joachim Peters.

Muscate, Alfred, Dirschau: Die wechselrechtlichen Wirkungen des Blanko-Akzeptes. Heidelberg 1907 (Elbing: E. Wernich). (68 S.) 8°
Heidelberg, Jur. Fak., Ref. Schroeder, Diss. v. 1908
[Geb. 25. Sept. 81 Dirschau; Wohnort: Dirschau; Staatsangeh.: Preußen; Vorbildung: Gymn. Pr. Stargard Reife M. 03; Studium: Berlin 1, München 1, Berlin 6 S.; Rig. 20. Dez. 07.]

Muscatine Correspondent 1888? 1907?

Weekly Democratic 1891 98 Independent Democratic 1899- 1907 Circulation 1890 408 (est.) Edited & published by H Heinz 1888 1907
Muscatine IA

Muscatine Herold · 1907? 1921?

Independent Democratic weekly Continued from DEUTSCHER ANZEIGER Circulation 1910, 1250· 1915, 1000 1920 900 Edited & published by H. Heinz & Gustav Weis, 1907–08 by Henry Heinz 1909 21
Muscatine IA

Musch, A., die wichtigsten Bestimmungen des Gesetzes üb. Pensionirung der Reichspost- u. Telegraphen-Beamten u. Unter-Beamten u. üb. die Fürsorge f. die Wittwen u. Waisen. Mit Pensions-Tabellen. 8 (11 S.) Dresden 902. (Berlin, Berolina-Versand-Buchh.) n. — 20

Musch, Karl W., die Brantwein-Brennerei nach ihrem gegenwärtigen Standpunkte für Brennerei-Besitzer, Brennerei-Gewerbtreibende, angehende Brenner ꝛc., theoretisch-prakt. dargestellt. 1. Hft. gr. 8. (Mit 1 Taf.) Posen 846, Cohn. n. 1 ₰

— Elegie am Grabmale des hochseligen Königs Friedrich Wilhelm III.; in drei Gesängen. Ein Vermächtniß dem deutschen Volke. 8. Wollstein 845, Alexander. 1/3 ₰

Musch, Karl W.: Der deutsche Michel nach Walsrode. Fortsetzung aus Akten der neuesten Zeit. Berlin 1848. 8 S. 5.

—— u. Bernh. Musch, die Produktion des Alkohols aus Kartoffeln u. Getreide, vermittelst zweier einfacher natürl. Gährungen vorzugsweise aus ihren Faktoren, ohne alle Anwendung von Bier-, Preß- oder Pfund-Hefe, des Natrons ꝛc. 8. (1 B.) Wollstein 845, Alexander.

Musch, Carl und Bernh., die Produktion des Alkohols aus Kartoffeln und Getreide, vermittelst zweier einfacher natürlicher Gährungen, vorzugsweise aus ihren Faktoren, ohne alle Anwendung von Bier-, Preß- oder Pfund-Heefe, des Natrons und sonst gebräuchlicher Ingredienzien ꝛc. 2., unveränd. Aufl. 8 Berlin 849, (C. Heymann.) *

Müsch, August, Gerichtsrat aus Aachen: Wie unterscheidet sich der Genuskauf vom Spezieskauf? Aachen 1895. H. Kaatzer. (51 S.) 8°
Erlangen, Jur. Diss. v. 3. Febr. 1895

Müsch, Franz, appr. Arzt a. Köln (Rhein): Die Uterus-Rupturen der letzten zehn Jahre an der Münchener Frauenklinik. München 1905. C. Wolf & Sohn. (35 S.) 8°
München, Med. Fak., Ref. v. Winckel, Diss. v. 12. Juli 1905
[Geb. 21. Juni 81 Cöln a. Rh.; Wohnort Cöln; Staatsangeh.: Preußen; Vorbildung: Kaiser-Wilhelm-Gymn. Cöln Reife O. 00; Studium: Bonn 1, Greifswald 3, München 6 S.; Coll. 12. Juli 05; Approb. 20. Juni 05.]

Müsch, Mathias, Konstruktion u. Handhabung elektromedizinischer Apparate, s.: Zacharias, Johs.

MUSCHAWECKH, Johann Baptist (Rohr): De morbis aegris et medicamentis aphorismi medici.- Monachii: Wild 1839. 14 S.
3.5.1837 - Urk; F 63
Diss. Ingolst.-Landsh.-Mchn.

Muscheln, die geschwätzigen, eine komische Erzähl. a. d. Franz. d. Hrn. v. Diderot. 2 Th. 8. Augsb. Mauracher. 776.

Müschen, Carl, s. Müschen, Karl

Müschen, F. H., Beschreibung d. vorzügl. ältern u. neuesten Kern- u. Steinobstsorten, die sich sicher u. mit Nutzen im nördl. Deutschland anpflanzen lassen. 8. Rostock 821. Stiller. 8 gr. 2e u. 3e Abthl. ... ? 4 Abthl. Nebst Erfahrr. üb. d. Behandlung junger Obstbäume. (Aus d. Mecklenb. Landw. Annalen abgedr.) 8. Rost. 829. (Stiller). 8 gr.

Müschen, F. H., Beschreibung d. Obst-Sorten. 4. Abthl. Nebst Erfahrn. üb. d. Behandl. junger Obstbäume. 8. (3 B.) Rostock 828, (Stiller.)
Aus „Neue Annalen d. Mecklenb. Landwirthschafts-Gesellsch." abgedr. 1–3. Abthl. (?) Ebendas. 1821. 8 Gr.

Müschen, G. B., die Behandlung d. Obstbaumes, nebst e. Anweis. z. Wein-, Hopfen- u. Kümmelbau. 8. (7 1/4 B. u. 1 Stnt.) Schwerin 836, Kürschner'sche Vrlsb.

Müschen, G. B., die Behandlung des Obstbaumes nebst einer Anweis. zum Wein-, Hopfen- u. Kümmelbau. Neue Ausg. Mit 23 Abbild. (auf 1 Quarttafel.) 8. Schwerin 844, Kürschner'sche Buchh. (Berlin, Plahn'sche Buchh.) n. 1/4 ₰

Müschen, G. B., der Obstbau in Norddeutschland. Erfahrungen u. Rathschläge f. die allgemeinere Einführg. desselben Vereinsgabe d. deutschen Pomologen-Vereins an seine Mitglieder f. 1875/76. gr. 8. (190 S.) Stuttgart 876. Ulmer n. 2. 50

Müschen, Karl

Müschen, Carl, Haus-Choralbuch m. e. Anh. geistlicher Lieder. Hrsg. v. Frdr. Petersen. 1. u. 2. Aufl (XI, 130 S.) gr. 8. Schwerin 905. F. Bahn. In Leinw. kart. n. 1. 60; Geschenkausg. geb. n. 2. 60

Müschen, Carl, Haus-Choralbuch m. e. Anh. geistlicher Lieder. Hrsg. v. Frdr. Petersen. 4. verm. u. verb. Aufl. (XIII, 132 S.) gr. 8. Schwerin 909. F. Bahn. Kart. 1.60; geb. 2. 60

Muschenbroeck, Johann Peter

Muschenbröck, Jb. Pt., Beschreib. d. doppelten u. einfachen Luftpumpe. Aus d. Franzöſ. v. J. F. Brander. Mit Zusätzen v. J. Ch. Thenn. Mit Kpf. gr. 8. Augsb. 765. Klett. 12 gr

— compendium physicae experimentalis. 8. Leyden 762. Luchtmans. 1 ₰ 6 gr

— cours de physique. III Vols. 4. Leyd. 760.

— physica experim. et geometrica, c. fig. 4maj. Wien 756. Trattner. 3 ₰

Muschenbroeck, Johann Peter. Grundlehren der Naturwissenschaften . . . übersetzt. Leipz. 1747. Ü: *Gottsched, Joh. Chph.* (Waniek, Gottsched. Leipz. 1894. S. 392.)

Muschenbroeck, Pet. v., Grundlehr. d. Naturwissensch., n. einig. n. Zus. des Verfassers, übers. v. Gottsched, gr. 8. Stockholm. 747. Mtblr.

— institutiones logicae. 8. Leid. Luchtmann. 749.

— institutiones physicae. 8. Leid. Luchtmann. 748.

— introductio ad philosophiam natural. 4. Leyden 762. (Luchtmans). 10 ₰

— Diss. phys. experim. de magnete, c. fig. 4. Wien 754. Trattner. 18 gr

— tentamina experimentor. nat. 4. Leid. 731.

Muschenbröck, Jh. Pt., tentamen experimentor. naturalium captorum in acad. del Cimento. c. fig. 4maj. Leyd. 756. (Wien, Trattner). 2 ℔ 12 ß

— binae dissertat. phys. experim., de tubis capillaribus et attractione sepulcror. planor. c. fig. Viennae, Trattner. 753.

Muschenbröck, Peter, s. Muschenbröck, Johann Peter

Muschi, Bern., Glockentöne. Gedichte. (159 S.) 16. Würzburg 867, Julien. * 18 Ngr.; geb. mit Goldschn. *

Muschi, Jean Bernard, s. a.: Bernard, Jean.

Muschi, Jean Bernard, u. H. **Wäschke**, das litterarische Anhalt. Arbeiten zeitgenöss. Schriftsteller. 8. (XXIV, 255 S.) Dessau 888. Kahle's Nachf. n. 3. —; geb. n. 4. —; feine Ausg. geb. n. 4. 50

—— u. Herm. Wäschke. Das litterarische Anhalt. Arbeiten zeitgenöss. Schriftsteller. 2. (Titel-)Ausg. 8. (XXVI, 255 S.) Dessau 889, Kahle's Verlag. * 2 —; geb. * 3 —; feine Ausg. geb. * 3 50

Muschi, Jean Bernard, die Arbeitseinstellung, s.: Woywod's Volks- u. Jugendbibliothek.

— im Banne des Faustrechts, s.a. Aus unserer Väter Tagen.

Muschi, Jean Bernard
Im Banne des Faustrechts. (1270–1322). Geschichtl. Erzählung. Ill. von E.H. Walther.
Dresden, Leipzig: Köhler (1894). 114 S. 8°
(Aus unser Väter Tagen. Bd 12.)

Muschi, Jean Bernard, alleweg gut Brandenburg, s.: Geschichts- u. Unterhaltungs-Bibliothek, vaterländische.

—— Die Deutschen in Ostafrika, s.a. Geschichts- u. Unterhaltungs-Bibliothek, vaterländische.

[F.] Die Deutschen in Ostafrika. E. geschichtl. Erzählg aus unseren Kolonieen v. Jean Bernard **Muschi**. 2., durchges. u. bis auf d. Gegenw. fortgeführte Aufl. M. 1 Spezialkt. v. Ostafrika. *Breslau: M Woywod 1898.* (2 Bl., IV, 214 S., 1 Kt.) 1 Bd 8.
= **Geschichts**- u. Unterhaltgs-**Bibliothek**, Vaterländische. Bd 23.
[98. 12490

— anhaltisches Geschichtenbuch f. Jung u. Alt. 5 Lfgn. gr. 8. (VII, 229 S.) Bernburg 889. Mehrhardt. 3. —; geb. n. 4. —

— die Hansa, s.: Aus unserer Väter Tagen.

— die Jungfrau v. Oldenwörd. Novelle in Versen 12. (39 S.) Dresden 889. Pierson. n. — 75; geb. n. 1. 75

—— Die wendische Krone. Vaterländisches Schauspiel in 5 Akten. 8. (108 S.) Dessau 891, R. Kahle's Verlag. * 1 50

Muschi, Jean Bernard. Sein Leben u. Wirken, s. Schriftsteller, zeitgenössische deutsche. 18. Bd.

— der Marmorfuß, s.a. Kürschner's, Jos., Bücherschatz.

Der Marmorfuss. Roman von Jean Bernard **Muschi** Mit Ill. von W Roegge *Berlin, Eisenach, Leipzig H Hillger [1900]* (126 S.) 8° [F.]
= Bücherschatz, Kürschners No 219. [00. 14664

— der Marquis, s.a. Weichert's Wochen-Bibliothek.

Der Marquis. Roman von Jean Bernard **Muschi**. Mit 3 Vollbild. Berlin. A. Weichert [1903]. (95 S.) 8° [F.]
= **Wochen-Bibliothek**, A. Weichert's. Bd 149. [03. 5304

— deutsche Meister des Mittelalters, s.: Aus unserer Väter Tagen.

—— Kaiser Wilhelm II. und sein Friedenswerk, s.a. Geschichts- u. Unterhaltungs-Bibliothek, vaterländische.

[F.] Kaiser Wilhelm II. und sein Friedenswerk. E. Erzählg f. jung u. alt v Jean Bernard **Muschi**. M d. Bildn. d. Kaisers. 2., durchges. Aufl., bis auf d. Neuzeit fortgef v Prof. Karl Schmidt. *Breslau: M. Woywod 1898.* (4 Bl., 216 S., 1 Portr.) 1 Bd 8.
= **Geschichts**- u. Unterhaltgs-**Bibliothek**, Vaterländische. Bd 24.
[98. 12491

Muschick, Max, Doktor Lehmann, s.a. Theater, kleines.

Doktor Lehmann. Humorist. Gesamtspiel von Max **Muschik**. Paderborn: B. Kleine [1906]. (28 S.) 8° [F.]
= **Theater**, Kleines. H. 363. [06. 15608

Muschick, Max, gepfefferte u. gesalzene Witze. Das Buch zum Totlachen. Lachpillen! Witzbomben! (107 S.) 8. Dresden. Pankow b/Berlin, O. Linser Verl. 1. —

Muschick, Rudolf Enks Briefe über Goethes Faust (Ein Beitrag zur Fausterklärung.) S. 3—16. 8.
K. k. Staats-Gymn. mit deutscher Unterrichtssprache *Prag-Neustadt*, Graben 1907
Progr.

Muschietti, Costantino: Breve saggio sulla filosofia di Guglielmo d'Ockam. Bellinzona 1908 XII + 171 S. 8°.
Freiburg i. Schw Phil Diss 1908/09

Muschik-Droonberg, Emil, mein Heilverfahren! Eine neue Krankheitslehre u. e. alte Therapie. 12. (32 S.) Hamburg 897. Strauch & Zahn. — 30

— ist d. Hypnose gefährlich? Ein Wort zur Volksaufklärung. gr. 8. (23 S.) Leipzig 895. W. Besser. n. — 40

Muschik-Droonberg, Emil, Rettungsweg. Ein Wegweiser zur naturgem. Behandlg. d. Geschlechtskrankheiten im Gegensatz zur allopath. Gift-, Brenn- u. Schneidebehandlung 8. (94 S.) Hamburg 898. Strauch & Zahn. n. 1. 50

Muschitzki, B. Historisch kritische Beschreibung der Schlacht am Amselfelde 15. Juni 1389. (In russ. Sprache.) 8. Neusatz 1847.

Muschitzky Duschan: Die Schlacht an der Marica.
H. 1898 PN 1144 Diss. Wien Univ 816

Muschka, Marie, Erzählbuch, s.: Ambros, Jos.

Muschka, Marie, Grüße an die Kleinen. Neue Gedichte f. Kindergarten u. Familie. Kleine Gebete, kindl. Gedichte, leichte Wünsche, Weihnachts- u. Gelegenheitsgedichte. (VIII, 86 S. m. Abbildgn.) 8. Wien 904. A. Pichler's Wwe. & Sohn. n. 1. 20

— Neue Liederspiele. Kleine Aufführgn. f. das Kindesalter m. besond. Berücksicht. des Weihnachtsfestes. (VIII, 63 S.) 8. Ebd. 909. 1. —

Muschka, Marie, Marschierlieder u. Kreisspiele f. den Kindergarten. Vertont v. C. E. Noller. M. e. Begleitwort v. J. Ambros. gr. 8. (32 S.) Wien 898. A. Pichler's Wwe. & Sohn. n. 1. —

— Marschierlieder u. Kreisspiele f. den Kindergarten. Vertont v. J. E. Noller. Mit e. Begleitwort v. J. Ambros. 2., verm Aufl. (61 S.) gr. 8. Ebd. 906. n. 1. 70

— 25 Weihnachtslieder f. Kinder, zun. f. d. Kindergarten. Gedichte v. M. J. 1 Singstimme mit leichter Clavier- od. Harmoniumbegleitung componiert v. Karl Pfleger. Op. 8. M. e. Begleitwort v. J. Ambros. gr 8. (48 S.) Ebd. 898. n. 1. —

— 25 Weihnachtslieder f. Kinder, zunächst f. den Kindergarten. Gedichte v. M. Für 1 Singstimme m. leichter Klavier- od. Harmoniumbegleitg. komponiert v. Karl Pfleger. op. 8. Mit e. Begleitwort v. J. Ambros. 2. Aufl. (48 S.) gr. 8. Ebd. 906. n. 1. —

Muschketow, J. W., geolog. Skizze d. Glacial-Gebietes d. Teberda u. d. Tschchalta im Kaukasus. M. geolog. Karte, Tafeln der Querschnitte u. Polntipagen (1 Bl.). (Mémoires du comité géologique, vol. XIV, No 4.) (Russisch u. deutsch.) gr. 4. (III, 67 S. m. Fig.) St. Petersburg 896. (Eggers & Co.) n. 5. 10

Muschler, Reinhold Systematische und pflanzengeographische Gliederung der afrikanischen Senecio-Arten. ⟨T. 1–7.⟩ (Leipzig: W Engelmann 1908.) 42 S. 8° ¶(Der Rest ersch. in: Englers Botan. Jahrbücher.)

Berlin, Phil. Diss. v. 23. Sept. 1908, Ref. Engler

[Geb. 9. Aug 82 Berlin, Wohnort Steglitz-Berlin, Staatsangeh.: Bayern; Vorbildung Falk Realgymn. Berlin Reife Obersekunda O. 02, Dispens von d. Matur einstimmig von d. Fak beantr 7 Mai 08; Studium Berlin 8 S.; Rig 9. Juli 08.] [U 09. 242

Muschler, Reno, Phanerogamen (Blütenpflanzen), s.: Wissenschaft u. Bildung. (Gilg, Ernst.)

Muschner, Clara, s. Hepner, Klara

Muschner, Geo., über die Brücke. (143 S.) 8. München 911. Die Lese. 3.—; geb. 4.—

— s.: Bücher, die, der Lese.

Muschner-Niederführ, Georg

— Carl Hauptmanns „Bergschmiede". Ein Wort zur Einführg. u. Einstellg. (23 S.) 8. München 905. G. D. W. Callwey. n. — 50

Frau Eva. Das Buch unsrer Liebe von Georg Niedenführ [d. i. Georg Muschner-Niedenführ]. Leipzig H Seemann 1901 251 S. 8° [10. 1112

Muschner-Niederführ, Geo., Cäsar Flaischlen. Beitrag zu e. Geschichte der neueren Literatur. (VII, 188 S. m 1 Bildnis.) gr. 8. Berlin 903. E. Fleischel & Co. n. 3. —; geb. n. 4. —

— das Riesengebirge. Ein Hand- u. Reisebuch. Hrsg. im Einverständnis u. m. Empfehlg. des Hauptvorstandes des deutschen Riesengebirgsvereins u. des Zentral-Ausschusses des österreich. Riesengebirgsvereins. Mit zahlreichen Photogr., Orig.-Aufnahmen, Bildern nach C. E. Morgenstern u. m. Fig. im Text. (351 S.) 8. Berlin 904 A. Schall. n 3. 50

Musci frondosi exsiccati. Fasc. 1—3. Ed. B. Fiedler. 4. Suerini 842—46. libr. Kürschner. à Fasc. * 2 Thlr. *

Musci Norvegiae borealis. Bericht über die im nördl. Norwegen hauptsächlich von d. Herren Arnell, Fridtz, Kaalaas, Kaurin, Ryan u. d. Herausgeber in d. J. 1860–1897 gesammelten Laubmoose. Hrsg. von J. Hagen. Mit 2 Taf. (Tromsø 1899–1904 Aktietr i Trondhjem.) (XXIII, 382 S.) 8°
= Tromsø Museums **Aarshefter** 21. 22. [06. 7569 4

Musci thuringici, ed. Jh. K. Zenker et N. F. D. Dietrich. IV Fasc. 8maj. Jena 821—25. Schmid. 3 ℛ

Musculus, Abraham s Gegenbericht. Bestendiger G' Auff etliche Glaubens Articul. 1588

Musculus, Andr., vom Hosenteufel, s.: Neudrucke deutscher Litteraturwerke des XVI. u. XVII. Jahrh.

(Musculus, Chrstn. Theod.,) Euphrosyne, s. Euphrosyne.

Euphrosyne. Leben u. Denkmal. (Verf.: Christian Theodor **Musculus.**) Weimar 1830. [Neudr.] (Hrsg Dr Heinrich Stümcke.) (Berlin 1908.) (20 S.) 8° [F.] [08. 8933

Musculus, Christ. Thdr., Inhalts- u. Namen-Verzeichnisse üb. sammtl. Göthe'sche Werke, s. v. Göthe, sämmtl. Werke. Inhaltsverzeichniß

— alphabet. Namen-Register der in Goethe's Werken, Taschen-Ausg. 1840, erwähnten Personen, ingleichen einiger Schriften v. anonymen Verfassern; nebst e. Verzeichniß d. Stellen, an denen Goethe seine eigenen Productionen erwähnt od. bespricht. 16. ($15\frac{1}{2}$ B.) Stuttgart u. Tübingen 842, Cotta'sche Buchh. Vgl. Goethe.

Musculus, F und **Amthor**, C Über einige Weine des Jahrgangs 1879. Ein Beitrag zur Weinanalyse 1882.

Musculus, Gottlieb Israel

Musculus, G. J., de excommunicatione Hebraeorum ejusque in N. T. vestigiis. Lips. 1703. 4.

Musculus, Gottlieb Israel (Oschatz / Meißen) u. (Resp.) **Gottfried Tollmann** (Lauban / Lausitz), De officio docentium in republica. Diss. Moral. Leipzig (J. H. Richter) 5. VII. 1704. (6.—) 24427

Muse, Die. Leipzig 1776. V: *Becker, Wilh. Glieb. & Andere.* (Ky)

— die, (e. Samml. v. Gedichten, größtentheils v. W. G. Becker.) 2 Thle. 8. Leipz. 776.

— die, Monatsschrift für Freunde d. Poesie u. d. mit ihr verschwisterten Künste, herausgg. v. Fr. Kind. Jahrg. 1821 u. 22. 12 Hefte. 8. Leipz., Göschen. 14 ℛ

Muse, die, Blätter für ernstere und heitere Unterhaltung. Hrsg. und redig. von E. Drärler-Manfred. (1–4. Jahrg.) 1853 —56. à Jahrg. 104 Nrn. (½ Bog.) Lex.-8. Darmstadt, (Jonghaus'sche Hofbuchh.) à Jahrg. *

Muse, die. Blätter für ernste und heitere Unterhaltung. Hrsg. und redig. von E. Drärler-Manfred. 5. Jahrg. 1857. 104 Nrn. (½ Bog.) Lex.-8. Darmstadt 857, Expedition. (Jonghaus'sche Hofbuchh.) *
Ist nicht fortgesetzt worden.

— die christl.-latein., s. Jos. Aigner.

§ **MUSE**, Die, contra den Dichter in puncto violationis. O O u J 8° (In München Bav. 4050, 8) Sehr rar!

Muse der geselligen Freude, eine Sammlung neuer gesellschaftlicher Lieder. Leipzig 1796. V: *Brunner, Gfr. Samuel.* (MGT) (Ky)

Muse, der gesell. Freude, e. Samml, n. gesellschaftl. Lieder (v. G. S. Brunner.) 8. Leipz. 796. (Aue in Alt.) 16 gl

Muse, heitere. 1.—4. Bdchn. 12. [Dresden 886.] Leipzig, G. A. Kaufmann's Verlag. à Bdchn. *

Inhalt:

Bdchn. 1. Kamerunisches und Anderes! Fröhliche Stunden unter Negern und Weißen. Eine Blütenlese besten Humors, ausgewählt von Adf. v. Grün. 1.—3. Aufl. (104 S.)
" 2. Haus- und Gesellschafts-Theater. Ausgewählt und mit eigenen Beiträgen versehen von Adf. v. Grün. 1. Sammlung. 1. und 2. Aufl. (69 S.)
" 3. Launiges Allerlei. Eine Blütenlese besten Humors, ausgewählt von Adf. v. Grün. 1. und 2. Aufl. (104 S.)
" 4. Unser Bismarck! oder aus goldener Jugendzeit! Stimmungsbilder aus des deutschen Kanzlers Jugendleben. Orig.-Lustspiel in 5 Akten und 5 Bildern von Adf. v. Grün. (62 S.) geb. ℳ 1.50.

MUSE, Die Leichtgeschürzte. Erotische Lieder, Volksweisen und Spruchworte (so!) aus allen Zeiten. Hrsg von Dr Th. Walter 1908. Wahrmund-Verlag, Verlag für volkskundliche Literatur Oetzsch-Leipzig Breit-8° (Mk. 10—)

Muse, Lyrische, an der Saale. Jena 1759. V: *Schmaling, Gottlieb Chph.* [?]. (GGr)

la Muse maçonne, on recueil de chansons maçonniques etc. 8. Amsterd. 808. Hesse. (Leipz., Cnobloch.) 1 ₰ 8 gl

Muse, Meine. Naumburg 1786. V: *Kamiensky, Caroline Friederike von.* (GGr)

Muse, Die, an der Niederelbe. Eine Wochenschrift. Hamb. 1769. H: *Pauli, Wilhelm Adolph.* (schr)

Die Pfalzbaierische Muse für das Jahr 1786 [und 1787]. Jg. 4 u. 5. München: Edler v. Drouin 1786-1787 8°
Hrsg.: Joh. Seb. v. Rittershausen.
Anf. (= Jg. 1-3) u. d. T.: Münchener gelehrte Zeitung. München 1783-85.

Muse, Die weinende, an der Pleisse, an Gellerts Grab. Leipzig 1770. V: *Schmidt, Johann Christian.* (MGT)

Muse, die 10., v. Berolinensis, s.: Aus dem Sumpfe der Großstadt.

Museal-Blatt. Zeitschr. f. Gesch., Kunst, Natur u. Technologie Oesterreich's ob d. Enns u. Salzburg's. Redakt.: Jos. Gaisberger. 1. u. 2. Jahrg. 1840 u. 41. gr. 4. Linz, Haslinger. [1. (48 Nrn. ½ Bog.) * 1⅓ Thlr., 2. (36 Nrn. ½ Bog.) * 1 Thlr.] *

Museal-Blatt. Zeitschrift für Geschichte, Kunst, Natur u. Technologie Oesterreich's ob der Enns und Salzburgs. Redakteur: Jos. Gaisberger. 2. Jahrg. 1841. 36 Numm. (½ Bog.) gr. 4. Linz, Haslinger. 1 ₰ (Vergl. Zeitschrift des Museum Francisco-Carolinum.)

Müsebeck, Carl, s. Müsebeck, Karl

Müsebeck, Ernst, Ernst Moritz Arndt u. das kirchlich-religiöse Leben seiner Zeit. (VIII, 100 S.) 8. Tübingen 905. J. C. B. Mohr. n. 1.50; geb. n.n. 2.50

— Carl Candidus. Ein Lebensbild zur Geschichte des religiös-spekulativen Idealismus u. des elsäß. Geisteslebens vor 1870. (86 S.) 8. Ebd. 909. 1.80

Müsebeck, Ernst, Christentum, Kirche, Persönlichkeit. Ein Gedenkblatt f. Rudolf Manger, stud. jur. gr. 8. (115 S.) Marburg 902. N. G. Elwert's Verl. n. 1.50; geb. n. 2.—

[F.] **Müsebeck,** Ernst *Friedrich Christian* [aus Conerow]: Die Feldzüge des Grossen Kurfürsten in Pommern 1675—1677 .. Marburg, Druck v. Herrcke & Lebeling in Stettin, 1897; 2 Bl., 143 S. 8.
Marburg, Phil. Fak., Inaug.-Diss. v. [30. Juli] 1897

— Gustav Frenssen u. das Suchen der Zeit. 2 Vorträge (IV, 57 S.) 8. Berlin 906. A. Duncker. n. —75

Müsebeck, Ernst, E. M. Arndt's Stellung zu den Reformen des studentischen Lebens (1815, 1841/43). (86 S.) gr. 8. München 909. J. F. Lehmann's Verl. 2.—

Müsebeck, Ernst, Das Wartburgfest i. J. 1817 u. d. akademischen Reformbestrebungen d. Gegenwart (Hefte z. Hochschule, Nr. 1), Berlin 1917, 43 S., 8°

Müsebeck, Karl

Müsebeck, Carl, Anfangsgründe der Trigonometrie u. Stereometrie, s.: Lieber, H.

Müsebeck, C., Aufgaben üb. kubische u. diophant. Gleichgn. ꝛc., s.: Lieber, H.

Müsebeck, Carl, Aufgaben f. den Unterricht in der Goniometrie u. ebenen Trigonometrie, enth. Aufgaben zu Tl. III: Ebene Trigonometrie des Leitfadens der Elementar-Mathematik v. H. Lieber u. F. v. Lühmann. (VI, 78 S.) 8. Berlin 908. L. Simion Nf. Kart. 1.50

— dasselbe in der Planimetrie, enth. Aufgaben zu Tl. I: Ausg. A des Leitfadens der Elementar-Mathematik v. H. Lieber u. F. v. Lühmann. (VII, 78 S.) 8. Ebd. 908. Kart. 1.50

Müsebeck, Carl, Aufgaben in der Stereometrie u. sphär. Trigonometrie, enth. Aufgaben zu Tl. III des Leitfadens der Elementar-Mathematik v. H. Lieber u. F. v. Lühmann. (VI, 106 S.) 8. Berlin 908. L. Simion Nachf. Kart. 1.80

— Leitfaden der Elementar-Mathematik, s.: Lieber, H. u. Lühmann.

— s.: Sammlung der Aufgaben d. Aufgaben-Repertoriums der etc. Zeitschrift für mathemat. u. naturwissenschaftl. Unterricht.

— Sammlung v. Aufgaben aus der Planimetrie, Trigonometrie u. Stereometrie, enth. Aufgaben zu Tl. I: Ausg. B f. Realschulen des Leitfadens der Elementar-Mathematik v. H. Lieber u. F. v. Lühmann. (VII, 115 S.) 8. Berlin 905. L. Simion Nf. Geb. n. 2.—

Müllebeck, L., die Zucht der Bienenkönigin. (48 S. m. Abbildgn.) 8. Leipzig (905). Leipziger Bienenztg. n. — 80

Musée, ou magasin des merveilles et raretés, qu'offrent la nature, l'art et l'histoire de l'homme, par une societé de gens de lettres. II Cah. av. VIII planches. 8. Leipz. (804.) Baumgärtner. 1 ₰ 12 g

Musée des armes rares anciennes et orientales de S. M. l'empereur de toutes les Russies. 1ère—25e livr. (150 Taf. mit Beschreibung.) Pétersbourg et Carlsruhe 1839—1845. 2⁰

Le **Musée** belge Revue de philologie classique Publ. sous la dir de P Willems, prof., Louvain, & J. P Waltzing, Prof. à Liège. Année 1, T 1 *Louvain: Ch. Peeters, Berlin: R. Friedlaender & fils 1897* 8° 103. 114

Musée de Dresde 56 Photographien von A Braun. fol Dornach

Musée, le, égyptien. Recueil de monuments et de notices sur les fouilles d'Égypte. Tom. I, II et tom. III, fasc. 1 35×25 cm. Le Caire. (Leipzig, K.W. Hiersemann.) nn 98. 80
I. Publié par E. Grébaut. (44 S. m. Abb. u. 46 Taf.) 890—900. In Mappe nn 26. —
II. Publié par G. Maspero. 3 livrs. (119 S. m. Abb. u. 57 Taf.) 904. 06. 07. nn 52. 80
III. Publié par G. Maspero. Fasc. 1. (S. 1—28 m. Abb. u. 23 Taf.) 909. nn 20. —

Musée des familles. Lectures du soir. Dir. de la Redact.: Charles Wallut. Année 1876. 12 livrs. (4 Bog.) hoch 4. Köln 876, (Schloss.) *

Musée, Fol, le. Etudes d'art et d'archéologie sur l'antiquité et la renaissance. 1re et 2e année. Fol. Basel, Georg. cart. **
Inhalt:
1re année. Choix de terres cuites antiques, par W. Fol. Tome I. (VIII, 87 S. mit 32 phototyp., lithogr. und xylogr. Taf.) 874. **ℳ 16.
2e année. Choix d'intailles et de camées antiques, gemmes et pates décrits par Walther Fol. Accompagnée de 100 planches gravées sur cuivre. (IX, 168 S.) 875. *ℳ 20.

Musée Fol, le. Études d'art et d'archéologie sur l'antiquité et la renaissance. Publié aux frais de la ville de Genève. 3e année. Choix d'intailles et de camées antiques, gemmes et pates, décrits par Walther Fol. Accompagné de 100 pl. gravées sur cuivre. Tome II. Fol. (S. 169—267 mit 36 Kpfrt.) Basel 877, Georg. cart. *
Tome I et II. Ebendas. 1874,75. *ℳ 36.

Musee Fol, le. Etudes d'art et d'archeologie sur l'antiquite et la renaissance. Publié aux frais de la ville de Geneve. 4e annee. Choix d'intailles et de camees antiques, gemmes et pâtes, décrits par Walter Fol. Accompagné de 100 planches gravées sur cuivre. Tome III. Fol. (S. 269—372 mit 24 Kpfrt.) Genève 881. (Basel, Georg.) cart. *

Musée français. Choix de littérat., tire des meilleurs auteurs tant anciens que mod., p. O. L. B. Wolff et C. Schütz. 1—5. Année. 1836—40. à 52 Nos. (Bog.) 4. Bielefeld, Velhagen et Klasing. à ann. *
Hieran schliesst sich:

Musée français, nouveau. Choix de littérature, tiré des meilleurs auteurs modernes par O. L. B. Wolff et C. Schütz. 3—7. Année 1843—47. 52 Nrs. (Bog.) 4. Bielefeld, Velhagen et Klasing. à An. * 2 Thlr. *
1. et 2. Année 1841 et 1842. Le Même à An. * 1 Thlr.

Musée français, nouveau. Choix de littérature tiré des meilleurs auteurs modernes par O. L. B. Wolff et C. Schütz. 8—12. Année. 1848—52. à 52 Nrs. (Bog.) 4. Bielefeld, Velhagen et Klasing. à An. *
11. und 12. Jahrg. wurde von Schütz allein besorgt. —

Musée français, nouveau. Choix de littérature tiré des meilleurs auteurs modernes par C. Schütz. 13. et 14. Année. 1853 et 1854. 52 Nrs. (Bog.) 4. Bielefeld, Velhagen und Klasing. à l'anné *

Musée industriel cantonal de Fribourg et les établissements professionels. (44 S) 4° Freiburg 1898

Musée du Luxembourg. 26 chefs-d'oeuvre de l'école française contemporaine. Imp.-Fol. (25 Bl. in Photogr. m. 1 Bl. Text.) Berlin (902). Photograph. Gesellschaft. In Leinw.-Mappe 275. —

Musée, le, de l'Hôpital Saint-Louis. Iconographie des maladies cutanées et syphilitiques avec texte explicatif par Ernest Besnier, A. Fournier, Tenneson, Hallopeau, Du Castel, avec le concours d'Henri Feulard. Secrétaire général: M. L. Jacquet. M. e. deutschen Vorworte v. A. Neisser. Fol. (IV, IV, 346 S. m. Abb. u. 50 farb. Taf.) Paris 895—897. Leipzig, J. A. Barth. In Mappe n.n. 84 —
Erschien auch in 50 Lfgn. à n.n. 1. 60.

— Suisse, le. Album de la littérature et des arts. Année 1853. 12 livrs. (à 2 Bgn. Text mit 1 lith. oder Kpfrtaf.). Genève. (Bâle, Neukirch.) gr 4. n. 5 ₰.

Museen

Museen, die. Eine Wanderg. durch die bedeutendsten Gallerieen. Kupferätzungen nach Orig.-Aufnahmen. (In Abschnitten v. je 24 Lfgn.) 1.—16. Lfg. (à 1 Bl. m. 1 Bl. Text.) 40×30,5 cm. Berlin (907). Goens & Nau. à Lfg. — 50

Museen, die, Athens. In Lichtdr.-Reproduction v. Gebr. Rhomaïdès. Veröffentlicht v. C. Rhomaïdès. (1. Abth.) Ausgrabungen der Akropolis. Beschreibender Text (in neugriech., deutscher, französ. u. engl. Sprache) v. P. Carvadias. 1. Lfg. gr. 4. (8 S. m. 8 Taf.) Athen 886. Wilberg. n.n. 6. —

Museen, die, Athens. In Lichtdr.-Reproduction von Gebr. Rhomaïdès. Veröffentlicht von C. Rhomaïdès. (1. Abth.) Ausgrabungen der Akropolis. Beschreibender Text (in neugriech., deutscher, französ. u. engl. Sprache) v. Th. Sophoulis. 2. Lfg. gr. 4. (S. 9—19 m. 8 Taf.) Athen 887. Wilberg. n.n. 6. —; (1. 2. Lfg.: n.n. 12. —)

Museen, königliche. Abtheilung der aegyptischen Alterthümer. Die Wandgemaelde der verschiedenen Räume. 37 (lith.) Taf. nebst Erklärg. v. R. Lepsius. 2. Aufl. qu. Fol. (21 S.) Berlin 870. (Hertz.) n. 9. —

Museen, k., zu Berlin. Beschreibung der Bildwerke der christl. Epochen. 2. Aufl. II: die italienischen Bronzen. (140 S 81 T) 4° Berlin 1904

Museen Kgl., zu Berlin. Beschreibung der Bildwerke der christlichen Epochen. III, 1. Altchristliche Bildwerke, bearbeitet v O Wulff. (356 S 75 T) 1909. — III, 2. Mittelalterliche Bildwerke. II. v O Wulff. (144 S 29 T) mit Nachtrag II. 1911 — IV die deutschen Bildwerke und die der anderen cisalpinen Lander v W Voge. (338 S 36 T) 1910. — V die italienischen und spanischen Bildwerke der Renaissance und des Barocks von F Schottmüller (207 S) 1913. 4° Berlin 1909-13

Museen, Königliche, zu Berlin. Beschreibung der antiken Skulpturen mit Ausschluss der Pergamenischen Fundstücke. Berlin 1891

Museen, Königl., zu Berlin. Führer durch die Bibliothek des Kunstgewerbemuseums. 2. Auflage Berlin 1896

— Führer durch d. Sammlung d. Kunstgewerbemus. 14. Aufl. (207 S 1 T) Berlin 1907

— — Hauptwerke der Bibliothek d. Kunstgewerbemuseums. Heft 1-6. Berlin 1896-98

Museen, Königl. zu Berlin. Hauptwerke der Bibliothek des K. Kunstgewerbemuseums. 1. Möbel- u Holzarbeiten. 3. Aufl. (29 S) — 3. Dekorative Plastik. 2. Aufl. (30 S). — 4. Ornament, die Formen der angewandten Kunst. 3. Aufl. (32 S) Berlin 1906

Museen, Königl., zu Berlin. Hauptwerke der Bibliothek des Kunstgewerbemuseums. 2 Dekorative Malerei. 3. Aufl. (33 S.) 1908. — 7 Kunsttöpferei. (26 S) 1908. — 8. Weberei und Stickerei. (21 S) 1909. Berlin 1908. 09

Museen, die königlichen, zu Berlin, s. a. Grieben's Reise-Bibliothek.

Museen, die königlichen, in Berlin. Eine Auswahl der vorzüglichsten Kunstschätze der Malerei, Sculptur und Architectur der norddeutschen Metropole. Dargestellt in einer Reihe der ausgezeichnetsten Stahlst. mit erläut. Texte. 1—8. Heft. gr. 4. (IV S. und S. 1—64. mit 25 Stahlst.) Leipzig 853—54, Payne. à Heft * 7½ Ngr. *

Museen, die Königlichen, in Berlin. Eine Auswahl der vorzüglichsten Künstschätze der Malerei, Sculptur und Architektur der norddeutschen Metropole, dargestellt in einer Reihe der ausgezeichnetsten Stahlstiche mit erläuterndem Texte. 33 Hefte. Leipzig 855. Payne. gr. 4. (IV, 260 S.) Jedes Heft mit 3 Stahlst. n. 7½ ngr.

Museen, die, als Volksbildungsstätten, s. a. Schriften der Centralstelle f. Arbeiter-Wohlfahrtseinrichtungen. Nr. 25.

Die **Museen** als Volksbildungsstätten. Ergebnisse d. 12 Konferenz d. Centralstelle f. Arbeiter-Wohlfahrtseinrichtungen. Mit 42 Abb. *Berlin: C. Heymann 1904.* (VII, 228, 40 S.) 8° [F.]
— **Schriften** d. Centralstelle f. Arbeiter-Wohlfahrtseinrichtungen. No 25.
(04. 11834

Musehold, Albert (geb. Warmuntowitz in Schles. 10. 7 1854) Experimentelle Untersuchungen über das Sehcentrum bei Tauben. Berlin (1878). (30 S.) 8°
Berlin, Med. Diss. v 12. Okt. 1878

Musehold, Carl (geb. Warmuntowitz in Schles. 30. 5. 1853) Ein Fall von Echinococcus der Gallenblase und der Leber Berlin (1876). (31 S.) 8°
Berlin, Med. Diss. v 4. Aug. 1876

Musehold, Paul (geb. Ptakowitz in Schles. 3. 9. 1861) Die Bleivergiftung, eine Ursache chronischer Nierenerkrankung. Berlin (1883). (28 S.) 8°
Berlin, Med. Diss. v 19. Juli 1883

Musehold, P., die Pest u. ihre Bekämpfung, s. a. Bibliothek v. Coler. 8. Bd.

Die Pest und ihre Bekämpfung von Dr. P[aul] **Musehold**, Oberstabsarzt. *Berlin: A. Hirschwald 1901.* (X, 305 S.) 8°
— **Coler**, v., Bibliothek. Bd 8.
(01. 11559

Musei

— Franciani descriptio. Lips. 781. 2 P. 4. (P. I. Numismata et Gemmae. P. II. Signa, Capita et Imagines, Anaglypha, Vasa etc.) Verf. sind Eckhel, Reiz und Martini.

Musei Hedervarii in Hungaria etc. vide Wiczay, C. M. a.

Musei Kircheriani, Inscriptiones ethnicae et christianae in sacras, historicas, honorarias, et funebres distributae Commentariis subjectis Q. I M. D. G. C. 8 maj. Mediolani 837. (Viennae, Volke.) n. 23 ℳ

Musei Lugduno-Batavi Inscriptiones graecae et latinae. Edidit L. J. F. Janssen. Accedunt tabulae XXXIII. 4 maj. Lugduni Batav. 842, S. et J. Luchtmans. baar 8⅓ ℛ

Muselmann, der, aus Schwaben. Merkwürd. Gesch. des durch d. Gnade d. Königs v. Würtemberg aus d. türk. Sclaverey befreit. 22jähr. Jünglings J. N. Epp v. Reutlingen. Mit Titlkpfr. 8. ... Reutlingen 831, Kurtz.

Musen, Die. [Budissin 1773.]
V: *Hering, Carl Wilhelm August.* (MGT)

Musen, Die, ein Wochenblatt. Ulm 1777. H: *Meergraf, Jac. Jos.* (MGT)

— die. Eine norddeutsche Zeitschrift, s. a. Fouqué.

Die Musen. Eine norddeutsche Zeitschrift. Jg. 1812, 1813, 1814. Berlin: Salfeld (1813 f. Hitzig) 1812-14. 8°
Hrsg. Friedr Baron de la Motte-Fouque u. Wilh. Neumann.

Musen, die. Zwanglose Hefte f. Produktion u. Kritik. Hrsg. v. Wilh. Arent. 1. Hft. gr. 8. (IV, 120 S.) München 895. Münchner Handelsdruckerei u. Verlagsanstalt M. Poeßl. n. — 60

— dasselbe. 2. u. 3. Hft. (1.—3. Taus.) gr. 8. (IV, 144 S.) München 895. Berlin, C. F. Conrad n. 1. 50

— dasselbe. 4.—6. Hft. gr. 8. (à ca. 6 Bog. m. Abb.) Berlin 896. C. F. Conrad. n. 2. 50; einz. Hfte. n. 1 —

Musen, die. Zeitschrift f. Kunst, Literatur u. Theater. Hrsg. v. Leop. Engel unter Mitwirkg. hervorrag. Schriftsteller des In- u. Auslandes. Verantwortlich: Leop. Engel. 1. u. 2. Jahrg. 1907 u. 1908. à 12 Nrn. (à ca. 8 S. m. Abb.) 32×23,5 cm. Berlin, Verlag f. nationale Literatur. à Jahrg. 2. —
Vergriffen.

Musen, Bavarias, in J. J. Balde's Oden übers. v. J. B. Neubig, 1. u. 2. Bd., s. a. Balde.

Musen, Bavaria's, in Jh. Jak. Balde's Oden, aus d. Latein. in d. Versmaß d. Urschrift übersetzt v. Jh. Bapt. Neubig. 1r u. 2r Bd. gr. 8. Münch. 828, 29. (Kempt., Kösel). 1 ℛ 16 ℊ 3r Bd. Auch u. d. T.: J. J. Balde's Oden, metrisch verdeutscht v. J. B. Neubig. Mit 1 Portr. gr. 8. Ebd. 830. 20 ℊ

Musen und Grazien in der Mark. Hsg. von Ludwig Geiger. Berlin 1889. V: *Schmidt, Friedrich Wilhelm August.* (Verlags-Katalog Gebr. Paetel. Berlin 1895. S. 100.)

Musen, Märkische Neun, Welche sich unter den Allergrossmächtigsten Schutz Sr. königl. Majestät in Preussen ... Auf dem Franckfurtischen Helicon Frohlockend aufgestellet. [Frankf. a. O.] 1706. H: *Wircker, Erdmann.* (BGE)

— rheinische, (od. a. Zeitung f. Theater u. and. schöne Künste,) herausgg. v. H. Gtl. Schmieder. 1r—6r Bd. à 3 Hfte. u. 7r Bd. 1s u. 2s Hft. mit Kpf. gr. 8. Manh. 794—97. Kaufmann. 9 ℛ

Rheinische Musen. Bd. 1-7 Mannheim Kaufmann 1794-98. Hrsg. Heinr Gottl. Schmieder Fortges. u. d. T Taschenbuch fürs Theater. Mainz u. Hamburg 1798.

Musen, Die, in Wien auf dem Salzgriess im Hanswurstischen Hause. Ein Heldengedicht. [Wien] 1785. V: *Alxinger, Joh. Baptist von.* (EB)

Musenalmanach

Musenalmanach. Göttingen 1770—1803. H (Jahrg. 1770—74): *Boie, Heinrich Chn.* (Jhgg. 1775): *Voss, Johann Heinrich.* (Jahrg. 1776-78): *Göckingk, Leop. Frdr. G. von.* (Jahrg. 1779—94): *Bürger, Gottfr. Aug.* (Jahrg. 1795-1804): *Reinhard, Carl.* (AarF) (GGr) (1795—1802): *Reinhard, Carl.* (1803): *Mereau, Sophie.* (Grisebach, Weltlitteraturkat. Berl. 1898—1900. I, 245.)

Musen Almanach . [Hrsg. v. Heinrich Christian Boie u. a. Mit Kupf. v Johann Heinrich Meil, Johann Wilhelm Meil u. a.] ([Musik v Christoph Willibald] Gluck, [Hans Georg] Nägeli, E[rnst] C[hristoph] Dreßler [u.a.])
Göttingen: J. C. Dieterich (1771—1802]. 16°
[Kupfert.]
1773 ff [Nebent.]. Poetische Blumenlese.
[Zitiert] Göttinger Musenalmanach.
1771 22 Bl., 200 S., 6 Bl., 12 Kupfertaf., 3 Notenbl.
1772: 16 Bl., 230 S., 5 Bl., 9 Notenbl.
1773: 15 Bl., 234 S., 3 Bl., 12 Kupfertaf., 9 Notenbl.
1774 233 S., 3 Bl., 4 Notenbl.
1775: 14 Bl., 233 S., 2 Bl., 11 Notenbl.
1777: 14 Bl., 208 S., 4 Bl., 20 Notenbl.
1783: 15 Bl., 240 S., 3 Bl., 1 Titelkupf., 3 Notenbl. [*Kupf. u. Noten fehlen.*]
1787: 16 Bl., 204 S., 2 Bl., 1 Titelkupf. [*Unvollständ. Kupfert. durch Fotokopie ergänzt.*]
1788: 15 Bl., 192 S., 1 Titelkupf., 4 Notenbl. [*Fehlend. Kupfert. durch Fotokopie ergänzt.*]
1789: 15 Bl., 218 S., 3 Bl., 1 Titelkupf., 4 Notenbl.
1791: 16 Bl., 188 S., 2 Bl., 1 Titelkupf., 2 Notenbl.
1792: 16 Bl., 218 S., 2 Bl., 1 Titelkupf., 2 Notenbl.
1793: 16 Bl., 250 S., 3 Bl., 1 Titelkupf., 5 Notenbl. [*Fehlend. Kupfert. u. Titelkupf. durch Fotokopie ergänzt.*]
1794: 16 Bl., 216 S., 4 Bl., 1 Titelkupf., 1 Kupfertaf., 3 Notenbl. [*Die Kupfertaf. im Text fehlt.*]
1796: 16 Bl., 268 S., 1 Titelkupf., 6 Kupfertaf., 3 Notenbl. [*Kupf Nr 1 fehlt.*]
1797 16 Bl., 1 Kupf.-Zwischentit. 296 S., 1 Titelkupf., 6 Kupfertaf., 10 Notenbl.
1798 16 Bl., 270 S., 1 Bl., 1 Titelkupf., 8 Kupfertaf., 6 Notenbl. [*Kupfertit u. sämtl übrig Kupf fehlen. — Kupfertit durch Fotokopie ergänzt.*]
1799: 16 Bl., 254 S., 1 Titelkupf., 3 Notenbl.
1800 16 Bl., 234 S., 1 Titelkupf., 4 Notenbl.
1801. 16 Bl., 247 S., 1 Titelkupf., 5 Notenbl. [*Fehlend. Kupfertit. durch Fotokopie ergänzt.*]
1802 17 Bl., 238 S., 1 Titelkupf., 5 Notenbl.

Musenalmanach, s. a. Blumenlese.

Musenalmanach. Poetische Blumenlese
[Begr v. Heinrich Christian Boie u. a]
Mit Kupfern [v Johann Wilhelm Meil,
Daniel Chodowiecki u. a.]
Göttingen: Dieterich (1772 - 1803).
Göttingen, Münster Waldeck (1804).
1772-1774. 1778. 1780-1783. 1785-1793.
1795-1798. 1801. 1802.
1803 Hrsg. v. Sophie Mereau.
1804 Poetische Blumenlese .
[hrsg. v. Karl Reinhard].

Musen-Almanach oder poetische Blumenlese. 1780—1781
s. **Musenalmanach** [Hamburger].

Musen Almanach für . hrsg. v Joh[ann] Heinr[ich] Voss (1780—1788 u. [Leopold Friedrich Günter] Goekingk).
Lauenburg: gedr Joh. G. Berenberg (1777—1789: Hamburg: Carl Ernst Bohn; 1800: Neustrelitz: Ferd. Albanus) 1776—1800. 16°
1776—1779 [Nebent.]: Poetische Blumenlese.
1780—1781 [Nebent.] Musen-Almanach oder poetische Blumenlese.
[Zitiert:] Hamburger Musenalmanach.

1776 16 Bl., 247 S., 3 Bl., 1 Titelkupf., 10 Notenbl.
1779: 215 S., 3 Bl., 4 Notenbl.
1780 9 Bl., 213 S., 3 Bl., 5 Notenbl.
1782: 16 Bl., 202 S., 2 Bl., 12 Kupfertaf., 2 Notenbl.
1784 224 S., 7 Notenbl.
1785. 16 Bl., 206 S., 1 Bl. [*2 Notenbl. fehlen?*]
1786 16 Bl., 220 S., 2 Bl., 4 Notenbl.
1791: 16 Bl., 188 S., 2 Bl., 5 Notenbl.
1793: 187 S., 2 Bl., 4 Notenbl.
1797: 210 S., 3 Bl., 1 Titelkupf., 14 Notenbl.
Darin u. a. Jens Immanuel Baggesens „Der ächte Bischof" mit bisher ungedr. dän. Orig.
1798: 209 S., 1 Bl., 1 Titelkupf., 9 Notenbl. [*Titelkupf. fehlt.*]
1800: 1 Bl., 238 S., 1 Titelkupf.? 15 Notenbl. [*Titelkupf. u. Notenbl. fehlen.*]

Musenalmanach oder poetische Blumenlese fur das Jahr ..
[Hrsg. Engelhard Benjamin Schwickert]
Leipzig Schwickert
1784-1787.
Anf u d. T Leipziger Musenalmanach ...
1776 ff.

Musenalmanach. 1784 1786 1789—1794 1796. 1798. 1800 Hamburg bey C E Bonn.
Mit Kupfern. 8°
Der erste Musenalmanach erschien fur das Jahr 1770 in Göttingen bei Dieterich hrsg von Boie und Gotter Seit 1776 ff hrsg. von J H Voss. 1780—1788 hrsg von Voss u Goekingk Jg 1776 Lauenburg gedruckt bey Berenberg 1777 ff Hamburg bey C E Bohn Erschienen bis 1804

— a. d. Jahre 1791–92. herausgegeb. v. Jordens, m. K. 16. Berl. Maßdorf. (à 16 gr.)

Musenalmanach fürs Jahr .... Hg.: Gotth. Fr. Stäudlin. (Auf Kosten d. Verf.)
1792. M. 2 Musikb.
1793.
Stuttgart. **Goed. IV, 368, 17.**

Musenalmanach f. d. J. .... Hg.: Schiller.
1796. 12 Bl. Kal., 260 S. u. 2 Bl. M. Titelk. u. 8 Musikb.

— f. d. J. 1797, hrsg. v. Schiller. Nebst Begleitwort z. neuen Ausg. v. Hanns Holzschuber. (XVI, 310 S. m. 1 Stahlst., Musikbeilagen 16 S. u. Begleitwort LXV S. m. 3 Taf.) kl. 8. Leipzig (907). Insel-Verlag. Geb. in Ldr. u. geh. 24. —

Musen-Almanach für das Jahr . hrsg. v [Friedrich von] Schiller ([Mit Kupf v Johann] Fr[iedrich] Bolt, [Hans Heinrich] Meyer [u. a. u. Umschlagzeichn. v Johann Wolfgang von Goethe u. Hans Heinrich Meyer].)
Tübingen. J. G Cotta [1796—1799]. 12°
1797: [Sogenannter „Xenien-Almanach". 1796.] 9 Bl., 203 [vielm. 302] S., 4 Bl., 1 Titelkupf
nebst
Melodien zum Schillerschen Musenalmanach [komp. von Karl Friedrich Zelter]. 16 S.
1798: [Sogenannter „Balladen-Almanach". 1797.] 7 Bl., 318 S., 2 Bl., 1 Titelkupf., 9 Notenbl. ([komp. v. Christian Jakob] Zahn, [Karl Friedrich] Zelter [u. Johann Rudolf] Zumsteeg).
1799: [1798.] 8 Bl., 247 S., 1 Bl., 1 Titelkupf.
1800: [1799] 7 Bl., 264 S., 1 Bl., VIII S., 5 Kupfertaf.
s. a.
Anhang zu Friedrich Schillers Musen-Almanach für das Jahr 1797.
von Friedrich Nicolai. 1787.

— f. 1802; herausgg. v. J. G. Siegfried u. G. J. Klinkicht. 16. Leipz., Wolf. (Schmidt). 1 ℛ

Musen-Almanach für das Jahr 1802. Hrsg. v. A[ugust] W[ilhelm] Schlegel u. L[udwig] Tieck.
Tübingen: Cotta 1802. VI, 293 S. 12°

Musen-Almanach für das Jahr ... Hrsg. v. [Johann] Bernhard Vermehren. [Mit Kupf. v. Heinrich Schmidt.]
Leipzig: Sommer (2: Jena: Akad. Buchh.) 1802—1803. 12°
[1:] 1802. 2 Bl., 288 S., 1 Bl., 2 Kupfertaf.
2: 1803. 2 Bl., 305 S., 1 Bl.

— f. d. Jahr 1802 u. 1803; hrsgg. v. J. Bernh. Vermehren. 12. Leipz. u. Jena 802 u. 3. (W. Nauck). 16 gr

Musen-Almanach f. d. J. . . . . Hg.: S. Mereau.
1803. 200 u. 4 S. Reg.
Göttingen. Goed. IV, 364, k.

— von L. A. v. Chamisso u. K. A. Varnhagen f. 1804, 5, 6. 12. Berl. (Duncker u. H.) 3 Thlr Hbg. Pr. 1 Thlr

— herausgg. v. K. Streckfuß u. F. Treitschke, f. d. Jahr 1805. 12. Wien, (Armbruster). 8 gr Velinp. 1 Thlr

Musenalmanach für das Jahr MDCCCV. Hrsg. v. [Adolf Friedrich Karl] Streckfuss u. [Georg Friedrich] Treitschke.
Wien: J. V. Degen [1805]. 1 Bl., IV, 176 S., 1 Bl., 1 Titelkupf. 12°
[Kupfert.]

Musenalmanach auf d. J. 1806, s. Neudrucke, Berliner.

Musenalmanach f. d. Jahr . . . . Hg.: Leo Frh. v. Seckendorf.
1807. 188 S.
1808. 184 S.
Regensburg. Goed. VIII, 65, 102. Goed. IV, 370, 49.

— f. d. Jahr 1808, hrsgg. v. A. Kuhn u. Treitschke. Mit Kpf. 12. Wien, Wallishäuser. 16 gr Postp. 1 Thlr

— herausgg. v. Th. Erichson, mit Kpf. u. Compos. 16. Wien 814. Gerold. 1 Thlr geb. 1 Thlr 16 gr

Musen-Almanach für das Jahr 1815. Herausgeg. von Streckfuß und Treitschke. 12. Wien, jetzt Armbruster.

Musenalmanach f. d. Jahr . . . . Hg.: Jul. Curtius.
1826. 2 Bl., 180 S. u. 1 Bl.
Berlin. Goed. VIII, 116, 285.

Musenalmanach f. das Jahr 1826. Herausgeg. v. Julius Curtius. 8. Berlin, Vereins-Buchh.

Musenalmanach für das Jahr ... Hrsg. v. Amadeus Wendt (Jg 3 ff.: A[dalbert] v[on] Chamisso u. G[ustav] Schwab; Jg 10: A[dalbert] v[on] Chamisso u. Franz Freih[err] Gaudy). ([Mit Beitr. v.] E[rnst] M[oritz] Arndt, A[dalbert] v[on] Chamisso, Fr[iedrich] Rückert [u. a.].)
Leipzig: Weidmann 1830—1839. 16°
Fortges. u. d. T.: Deutscher Musenalmanach. Jg 4 ff.
[1:] 1830. VI, 288 S., 1 Titelbild.
2: 1831. VI, 312 S., 1 Titelbild.
4: 1833. VI, 380 S., 1 Titelbild. [*Titelbild fehlt.*]
5: 1834. VI S., 1 Bl., 411 S., 1 Titelbild. [*Titelbild fehlt.*]
7: 1836. XV, 439 S., 1 Titelbild. [*Titelbild fehlt.*]
10: 1839. VI S., 1 Bl., 261 S., 1 Titelbild.

—— für d. J. 1830—32. Hrsg. v. Amad. Wendt. 1—3. Jahrg. gr. 16. Leipzig, Weidmann. [830. (18½ B. u. Goethe's Bildn.), 31. (20 B. u. Tieck's Bildn.), 32. (25 B. u. W. v. Schlegel's Bildn.) à 1 Thlr. 12 Gr.]

— Eine Neujahrsgabe f. 1833. Im Vereine mit K. Bauer, Dr. Bernstein, L. Bechstein u. a. hrsgg. v. F. H. Küntzel u. Fr. Metz. 8. Darmst. (832.) Heyer. 1 Thlr 10 gr

—— ders. (mit d. Zusatz:) deutscher, f. d. J. 1833—35. Hrsg. v. A. v. Chamisso u. G. Schwab. 4—6. Jahrg. 16. Ebds. [833. (24 B. u. v. Chamisso's Bildn.), 34. (26¼ B. u. Fr. Rückert's Bildn.), 35. (28 B. u. Schwab's Bildn.) à 1 Thlr. 12 Gr.]
1—6. Jahrg., hrbgs. Pr. 4 Thlr.

Musenalmanach. 1843. Mit Beiträgen v. 150 deutschen Dichtern. Hrsg. v. Friedr. Steinmann. gr. 12. (20¾ B. u. 4 Bildn. von Dichtern.) Leipzig 842, Friedr. Fleischer. *

Musenalmanach für 1882. (1. Jahrg.) Eine Sammlung von Orig.-Poesien, hrsg. von Alfr. Heinze und Paul Heinze. 12. (269 S. mit 1 Photogr.) Dresden-Striesen, Heinze's Verlag.
Nicht weiter erschienen. geb. mit Goldschn.

— auf d. J. 1908. (Hrsg. v. Herm. Graef. Umschlagzeichnung v. Erich Gruner.) (Liebhaberausg.) (97 S. m. 2 Taf.) kl. 8. Leipzig, Verlag f. Literatur, Kunst u. Musik. Geb. in Perg. 3. —

Musenalmanach, e. Im Auftrage der Abteilg. f. Literatur u. Kunst der Münchener freien Studentenschaft hrsg. v. Herb. A. Hahn. (70 S.) kl. 8. München 908. Bavaria-Verlag. 1.50

Musen-Almanach 1910. Verein 'Berliner Presse'. (Berlin 1910. Ullstein.) 79 S. 8° [10. 7150

Akademischer Musen-Almanach auf das Jahr 1910. Hrsg von Wilhelm Dreckschmidt. Berlin. Verl. d. Druckerei f. Bibliophilen 1910. 103 S. 8° [10. 11924

Musenalmanach, Altmärkischer für . Hg.: Baudoin.
1829.
Stendal. Goed. VIII, 122, 313.

— anderer Berliner, für d. Jahr 1830, oder Geographie der neu entdeckten weltberühmten Musen-Erdkugel. Ein schön kurzweil. Büchlein, fast lustig, nützlich u. überaus lehrreich zu lesen, u. mit e. Vorworte Apollo's, d. Musengottes, v. Helfgott Οὔτις Nemo zusammengetragen. 99e verb. Aufl. (ein Schwank, es ist d. 1e.) Mit 1 Holzschn. 12. Landsb., Ende. 6 gr

Musenalmanach, Berliner, a. d. J. 1790. s. erotische Gedichte.

— Berliner, auf d. Jahre 1791, 92. Hrsgg. v. K. H. Jördens. Mit Kpf. 16. Berl., Matzdorf. (à 16 gr) 1 Thlr 8 gr

— Berliner, f. 1793—96. 16. s. F. W. A. Schmidt.

— Berliner a. J. 1803. s. F. G. Walther.

—— Berliner, f. d. J. 1830. Mit Tilkpfr. u. Titvign. 12. (14½ B.) Berlin, Finke.

—— ders. f. 1831. Hrsg. v. Mor. Veith. Mit d. Bildn. d. Walther v. d. Vogelweide (u. kl. Holzschn.-Vign.) 16. (21¼ B.) Berlin, Vereins-Buchhandlung.

Berlinischer *Musenalmanach* für ...
Berlin. Matzdorff
1791. Hrsg v. C[arl] H[einrich] Jördens.
Forts. u. d. T.: Neuer Berlinischer Musen-Almanach. 1795 ff.

— Bremer, auf d. J. 1910. (Den Einbd.-Titel u. das Kalendarium „Die Liebe in den 12 Monaten" zeichnete Edm. Schaefer.) (83 S.) kl. 8. Bremen, F. Leuwer. Kart. 1. —

— der Universität Breslau für 1842 u. 1843. 8. Breslau 842, 43. (Trewendt.) geb. à 1 ℛ

— Breslauer, akademischer, f. d. J. 1909. Hrsg. von Clem. Taesler. (58 S. m. 3 Taf. u. Musikbeilage 2 S.) gr. 8. Jauer (908). Glogau, Hellmann 1.20; auf Büttenpap. 4. —

— Cotta'scher, f. d. J. 1891. Hrsg. v. Otto Braun. 12. (VIII, 312 S. m. 6 Heliograv.) Stuttgart, Cotta Nachf. geb. m. Goldschn. n. 6. —

Musen-Almanach, Cotta'scher, f. d. J. 1892—1895. 2.—5. Jahrg. Hrsg v. Otto Braun. 12. Stuttgart, J. G. Cotta Nachf Geb. m. Goldschn. à Jahrg. n. 6. —
1892 (VIII, 310 S m. 6 Heliograv.) — 1893. (VIII, 312 S. m. 6 Heliograv.) — 1894. (VIII, 296 S. m. 6 Lichtdr.) — 1895. (VIII, 284 S. m. 6 Lichtdr.)

— Cotta'scher. 6.—9. Jahrg. Hrsg. v. Otto Braun. 12. Stuttgart, J. G. Cotta Nachf. Geb. in Seide m. Goldschn. à n. 6. —
6. (VIII, 296 S. m. 6 Lichtdr.) 896.
7. (VIII, 280 S. m. 6 Lichtdr.) 897.
8. 1898. (VIII, 292 S. m. 6 Lichtdr.) 898.
9. 1899. (VIII, 298 S. m. 6 Lichtdr.) 898.

Musen-Almanach, Cotta'scher, f. d. J. 1900. Hrsg. v. Otto Braun. 10. Jahrg. 12. (VIII, 284 S. m. 6 Lichtdr.) Stuttgart, J. G. Cotta Nachf. n. 4. —; geb. in Seide m. Goldschn. n. 6. —

— Deutscher, für d. J. 1850. Hrsg. von Chrn. Schad. Mit den (in Stahl gest.) Bildnissen v. G. Fr. Daumer, Hoffmann v. Fallersleben, J. N. Vogl, C. Weiß u. einer Musikbeilage von Rob. Schumann. 16. (XX u. 424 S.) Nürnberg, Bauer & Raspe. 1 ℛ — 2. Jahrg. Mit d. Bildnissen v. Ludw. Bechstein u. Max Waldau (in Stahlst.) u. einer Musikbeilage von Louis Spohr. 16. (XVI u. 342 S.) Ebd. 852. 1 ℛ — Mit den Bildnissen [in Stahl] von Rob. Reinick u. Frdr. Hebbel, u. einer Musikbeilage von Ferd. Hiller (in hoch 4.) 3. Jahrg. 16. (XVI u. 428 S.) Würzburg 853, Stahel. n. 1 ℛ 12 ngr; cart. n. 1 ℛ 24 ngr

— dass. — 2. Jahrg. Hrsg. von Dems. 16. (XVI und 342 S. mit den Bildnissen von Ludwig Bechstein und Max Waldau in Stahlst. und einer Musikbeilage von Louis Spohr.) Ebds. 851(52.)

Musenalmanach, deutscher, f. d. J. 1836—39. 7—10. Jahrg. 12. Leipzig, Weidmann'sche Buchh. (Hamburg, Engel.) [836. Hrsg. von A. v. Chamisso u. G. Schwab. (28½ B. u. Anast. Grün's Bildn.), 37. Hrsg. v. A. v. Chamisso. (21¾ B. u. H. Heine's Bildn.), 38. Hrsg. v. A. v. Chamisso u. G. Schwab. (20¾ B. u. Uhland's Bildn.), 39. Hrsg. v. A. v. Chamisso u. Frz. Frhr. Gaudy. (17 B. u. Platen's Bildn.) à * 1½ Thlr.] * 6 Thlr., hrbgs. Pr. *
1—6. Jahrg. 1830—35. Ebendas. * 9 Thlr. — Vollst. 10. Jahrg. (Hamburg, Engel.) * 3 Thlr.

— deutscher, 1. Jahrg. Mit Beiträgen v. Friedr. Rückert, Nic. Lenau, L. Bechstein u. A., u. e. Composition (auf 5 Blätt.) v. Fel. Mendelssohn-Bartholdy. 8. (19 B. u. 2 Stahlst.) Leipzig 840, Bernh. Tauchnitz jun. *

— deutscher, f. 1840. u. 1841. Hrsg. v. Th. Echtermeyer u. Arn. Ruge. 16. Berlin, Simion. (Frankfurt a. M., J. Baer.) [840. (23 B. u. Frhr. v. Gaudy's Bildn.), 41. (23½ B. u. J. Frhr. v. Eichendorff's Bildn. u. Facsim.) à * 1½ Thlr.] * 3 Thlr., hrbgs. Pr. *

Musenalmanach, Deutscher. Hg.: Ch. Schad.
1850. M. 4 Portr. u. 1 Musikb.
1851. M. 2 Portr. u. 1 Musikb.
1852. M. Portr. u. 1 Musikb.
1853. M. 2 Portr. u. 1 Musikb.
1854. M. 1 Portr. u. 1 Musikb.
1855. M. 1 Stahlst. u. 1 Musikb.
1856. M. 1 Stahlst. u. 1 Musikb.
1857. M. 1 Stahlst. u. 1 Musikb.
1858. M. 1 Stahlst. u. 1 Musikb.
1859. M. 1 Stahlst. u. 1 Musikb.
Nürnberg u. Würzburg.

Musen-Almanach, Deutscher, f. d. J. 1851—1853. Hrsg. v. O. F. Gruppe. 16. (1851: XII u. 349 S. 1852: XII u. 392 S. 1853: X u. 390 S.) Berlin, G. Reimer. In Engl. Einb. m. Goldschn. (à n. 1½ ℛ) n. 4½ ℛ

Musen-Almanach, deutscher, für die J. 1854 und 1855. 4. und 5. Jahrg. Hrsg. von O. F. Gruppe. 16. Berlin, G. Reimer. [4. (X und 383 S.) 853. 5. (X und 370 S.) 854. à Jahrg. * 1 Thlr. 15 Ngr.] *
1—3. Jahrg. 1851—53. Ebendas. à Jahrg. * 1 Thlr. 15 Ngr.

— deutscher. Herausg. von Chrn. Schad. 4. Jahrg. Mit dem Bildniß H. Heine's (Stahlst. in 8.) und einer Musikbeilage von H. Marschner (in 4.). Würzburg 854. Stahel. 16. (XV, 376 S.) n. 28 ngr

Musen-Almanach, deutscher. Herausg. von Chrn. Schad. 5. Jahrg. Mit dem Bildniß Leop. Schefers (in Stahlst.) und 1 Musikbeilage von Andr. Zöllner (in 4.). Würzburg 855. Stahel. 16. (XIV, 400 S.) n. 28 ngr

— — 6. Jahrg. Mit dem Bildniß Ch. F. Scherenbergs (in Stahlst.) und 1 Musikbeilage von Fr. Liszt (in gr. 4.). Würzburg 856. Stahel. 16. (XVII, 420 S.) n. 1 ℛ. 6 ngr

— — 7. Jahrg. Mit dem Bildniß Ed. Mörike's (in Stahlst.) und 1 Musikbeilage von Rob. Schumann (in gr. 4.). Würzburg 857. Stahel. 16. (XVII, 432 S.) n. 1 ℛ 6 ngr

— — 8. Jahrg. Mit dem Bildniß Herm. Lingg's (in Stahlst.) und 1 Musikbeilage von L. Spohr (in 4.). Würzburg 858. Stahel. 16. (XVI, 421 S.) n. 1 ℛ. 12 ngr

Musenalmanach, deutscher. Herausg. von Chrn. Schad. Mit dem (in Stahl gest.) Bildniß Jos. Frhr. v. Eichendorff's und 1 Musikbeilage von Louis Spohr (in 4.). 9. Jahrg. Würzburg 859. Stahel. 12. (XXXIII, 454 S. u. 1 lith. Taf.) n. 1 ℛ 12 ngr

— deutscher, f. d. J. 1897 Blätter neuer deutscher Litteratur u. Kunst. Hrsg. v. Wilh. Arent. Lex.-8. (XI, 320 S. m. Abb. u. 12 Taf.) Wien 896. Leipzig, Literar. Anstalt, A. Schulze. 5. —; geb 6. —

Musen-Almanach, Elsässischer. Hg.: A. Jäger. (1873). 1. (einzig.) Jg. Strassburg.

— erlanger, f. d. J. 1838. Hrsg. v. Friedr. Rückert. 16. (19½ B.) Erlangen, F. Enke. *

Musenalmanach, Der ewige, junger Germanen. Leipzig 1806. V: *Wagner, Friedrich Ludwig.* (GGr)

Musenalmanach, Der ewige, junger Germanen. (1806). 552 S. u. 24 S. Reg. M. Titelk. 2. Aufl. (1808). Leipzig. Goed. VIII, 64, 97.

— der ewige, junger Germanen. 8. Lpz. 809. Er. Fleischer. 2 ℳ

Musenalmanach, Frankfurter. Hg.: H. Wagner.
1777 u. 1778, 1780 u. 1781.
Frankfurt. Goed. IV, 366.

—— frankfurter. Hrsg. von I. Bachmann-Korbett, H. Kothe und G. Maurer. 1. Jahrg. gr. 12. (VII und 252 S.) Frankfurt a. M. 851, Lizius. *

Fraenkischer Musenalmanach für .. hrsg. v Joh[ann] Fried[rich] Degen.
Nürnberg: E. C. Grattenauer (1784). 8°
[Kupfert.]
1785: ([Mit Musik v. Johann Adam] Späth. 1784) 22 Bl., 143 S., 2 Bl., 2 Notenbl.

Musenalmanach, Fränkischer. Hg.: J. Fr. Degen.
1785. M. Titelk. u. 2 Bl. Mus.
1786. M. 3 Bl. Mus.
1787.
Nürnberg. Goed. IV, 368, 19.

Göttinger Musenalmanach
s. Musen Almanach. Hrsg. v. Heinr Chr. Boie. Göttingen.

— Göttinger, auf 1770, hrsg. v. Carl Redlioh, s. Litteraturdenkmale, deutsche, d. 18. u. 19. Jahrh.

Gottinger *Musenalmanach* auf 1770 [u.] 1771 Hrsg. v. Carl Redlich.
Stuttgart: Göschen 1894–1895.
= Dt. Literaturdenkmale d. 18. und 19. Jahrhunderts. Nr 49/50, 52/53

— Göttinger, auf 1771, hrsg. v. Carl Redlich. s. Litteraturdenkmale, deutsche, d. 18. u. 19 Jahrh., Nr. 52/53 u. 64/65.

— Göttinger. 1r—34r Jahrg. (1r Jahrg. 1770 v. Hnr. Chstn. Boie u. Gotter, 1771—75 v. Boie allein, d. spätern Jahrgg. 1776—1803 v. Bürger, Göcking u. zuletzt Reinhard.) 12. Götting., Dieterich. 1r—32r Jahrg. à 16 Gr., 33r u. 34r Jahrg. à 18 Gr. 22 ℳ 20 Gr.

— dasselbe auf 1772, hrsg. v Carl Redlich, s. Litteraturdonkmale, deutscho, d. 18. u. 19 Jahrh., Nr. 52/53 u. 64/65.

Göttinger Musenalmanach auf 1772. Hrsg. v Carl Redlich. *Leipzig: G. J. Göschen 1897* (2 Bl., 122 S.) 1 Bd 8.
= Litteraturdenkmale, Deutsche, d. 18. u. 19. Jahrhunderts. No 64 5. [illegible]

Musenalmanach, Göttinger.
... Göttingen 1896 ff. H: *Münchhausen, Börries Freih. v.* (EB)

— Göttinger, f. 1896. Hrsg. v. Göttinger Studenten gr. 8. (VI, 141 S.) Göttingen, L. Horstmann. n. 2.50; geb. n. 4.—

— dasselbe f. 1898. Hrsg. v. Göttinger Studenten gr. 8. (VIII, 326 S.) Ebd. 897. n. 4.—; geb. in Leinw. n. 5.50
Für 1897 u. 1899 nicht erschienen.

— Göttinger, f. 1900. Hrsg. v. Göttinger Studenten. (Red.: Levin Ludw. Schücking.) gr. 8. (VI, 99 S.) Göttingen 899. L. Horstmann. n. 2.—; geb. n. 3.25

Musen-Almanach, Göttinger, f. 1901. Hrsg. v. Börries, Frhr. v. Münchhausen, m. Buchschmuck von Melchior v. Hugo. gr. 8. (VIII, 187 S.) Göttingen, L. Horstmann. Kart. n. 3.50; geb. n. 4.50

Musen-Almanach, Göttinger, auf 1905. Hrsg.: Börries, Frhr. v. Münchhausen. Buchschmuck v. Clementine, Freifrau v. Münchhausen, geb. v. d. Gabelentz. (V, 190 S.) Lex.-8. Göttingen (904). L. Horstmann. n. 3.50; geb. n. 4.50

Grüner *Musenalmanach*
s. *Musenalmanach.*

— Hallescher. Hrsg. v. Hugo Ernest Luedecke. Beiträge v. Rob Corwegh, Mart. Otto Herzfeld, Hugo Ernest Luedecke usw. (IV, 156 S.) gr. 8. Halle (903). Paalzow & Co. n.n. 1.50

— Hallischer, 1909, hrsg. v. Hallischen Studenten. (Umschlagszeichnung v. Konstanze Schatz, Zeichngn. im Text v. Alfr. Hoffmann.) (VII, 59 S.) 8. Halle (909). C. A. Kaemmerer & Co. 1.—

Hamburger Musenalmanach
s. Musen Almanach. Hrsg. v. Joh. H. Voß. Lauenburg, Hamburg.

— hamburgischer. Taschenbuch auf d. J. 1909. Hrsg. vom Schriftsteller- u. Journalisten-Verein f. Hamburg u. Altona. (128 S. m. Abbild.) kl. 8. Hamburg (909). C. Boysen. Geb. 2.—

— Hannoverscher, f. d. J. 1905. Hrsg. im Auftrage des „Literarisch-philosoph. Vereins der königl. techn. Hochschule" v. Karl Oppermann u. Charlos Gerdes Umschlagzeichnung v. Oswald Koch. (VIII, 106 S.) 8. Hannover (904). Leipzig, O. Tobies. n. 2.50; geb. n. 3.50

— Hannoverscher. 904. (KBL 34.) Jetzt: Hannover, A. Sponholtz Verl. Erm. Pr. 1.50; geb. 2.50

Musenalmanach, Hessischer. Hg.: H. A. Fr. v. Eschstruth.
(1783) u. (1784).
Marburg u. Leipzig. Goed. VIII, 368, 20.

— hessischer. Ein Jahrbuch f. hess. Kunst u. Art. Hrsg. v. Karl Neurath. 1. Jahrg. 1.—5. Lfg. (S. 1—128 m. Abb. u. 1 Farbdr.) Lex.-8. Gießen (905. 906.) A. Frees. n. 3.80

— der Münchener Hochschule 1903. (Hrsg. v. Hanns Holzschuher.) (VII, 122 S.) gr. 8. München 903. E. Koch. n. 2.—

Musonalmanach der Hochschulen Wiens. (Hrsg. Stud. phil. Erich v. Hornbostel.) *Berlin & Leipzig: G. H. Meyer 1900* (135 S.) 8° [illegible]

— deutscher Hochschüler 1904. (IX, 129 S.) 8. München 904. Allgem. Verlags-Gesellschaft. Kart. n. 2.50

— der Hochschüler Münchens 1901. (Hrsg. v. Hanns Holzschuher.) gr. 8. (VII, 105 S. m. Vignetten.) Leipzig (902). H. Seemann Nachf. n. 2.50

— der Hochschüler Wiens. schmal gr. 8. (VII, 133 S.) Berlin 900. G. H. Meyer. n. 3.—

Musenalmanach f. d. Oesterreich. Kaisertum. s. u.: Musenalmanach von u. für Ungarn.

— Leipziger. auf die Jahre 1770—87. 17 Jahrgg. 8. Leipz. Schwickert. 12 ℛ 10 ℊ

Musenalmanach, Leipziger, aufs Jahr 1776[—87]. Leipzig 1776—87. H (Jahrg. 1776—78): *Hase, Friedrich Traugott.* (Jahrg. 1779—81): *Stockmann, August Cornelius.* (Jahrg. 1782—87): *Schwickert, Engelhard Benj.* (GGr)

Musenalmanach, Leipziger, aufs Jahr . . . Hg.: 1776—78 = Fr Fr Hasse 1779—81 = A. C. Stockmann. 1782—87 = E. B. Schwickert.
1776. 316 S. M. 1 Portr
1777 52 u. 238 S. M. 1 Portr.

1778. 244 S. M. 1 Portr
1779. 88, 200 u. 5 S. M. 1 Portr.
1780. 20, 264 u. 6 S. M. 1 Portr.
1781 X, 283 S.
1782. VIII, 96 u. 212 S.
1783. VI, 186 S.
1784. 233 S.
1785. 160 u. 4 S.
1786. 180 u. 4 S.
1787. 192 S.
Leipzig. Goed. IV, 360, 2.

— Leipziger, 1904. Hrsg. v. der Leipz. Abteilung der Leipz. freien Studentenschaft. Mit Zeichngn. v. Leo Schwarz. (IV, 74 S.) gr. 8. Göttingen 904. L. Horstmann. n. 2. 50; geb. n. 3. 50

— Lemberger, hrsgg. v. H. G. v. Bretschneider. 12. Lemb. 788.

Musenalmanach, Linzer. Linz 1805. 1806. H: *Wisshofer, Frz. Xaver.* (GGr IV/370. Nr. 46; VI/602c) (WBL 57/135) (BiblPort)

Musenalmanach, Militärischer. Hamburg 1785. H: *Buchenröder, Johann Nicolaus Carl.* (Ky) (Ml.)

— moderner, auf d J. 1893, hrsg. v. Otto Jul. Bierbaum. Ein Sammelbuch deutscher Kunst. Mit Orig.-Beiträgen der hervorragendsten Vertreter d. modernen deutschen Schriftthums; m. 23 Illustr. nach Fritz v. Uhde, Frz. Stuck, Wilh. Trübner ꝛc. gr. 8. (XII, 403 S.) München 893. Dr. E. Albert & Co., Sep.-Cto. n. 7. –; geb. n. 8. —

— dasselbe, auf d. J. 1894. Ein Jahrbuch deutscher Kunst. 2. Jahrg. Mit 16 Autotypien nach Werken v. Fidus, L. v. Hofmann, Graf Leop. Kalckreuth ꝛc. u. m. den 12 Bildnissen v. Herm. Bahr, Rich. Dehmel, Gust. Falke ꝛc. gr. 8. (XI, 317 S.) Ebd. n. 6. —; geb. n. 7. —

— Münsterscher, 1904 u. 1905. Hrsg. v. B. Schmitz. 8. Münster, Alphonsus-Buchh. n. 3. 30
1904. (99 S.) 1. 50. — 1905. (112 S.) 1. 80.

— neuer. Hrsg. v. der Red. d Halbmonatsschriften f. Dichtkunst u. Kritik Jung-Deutschland u. Jung-Elsaß, Jung-Schweizerland u. Jung-Deutschland. 4. Jahrg. 1897. 12. (XV, 259 S. m. 1 Bildn.) Basel 897. G. L. Kattentidt. n. 2. 20; geb. n. 3. 20

— dasselbe, s. a.: Jung-Deutschland Musen-Almanach.

— neuer Berlinischer, f. d. J. 1793. herausgeg. v. F. W. A. Schmidt u. F. C. Bindemann, m. Mus. u. K. 12. Berl. Franke.

Neuer Berlinischer *Musenalmanach* für . . .
Hrsg. v. Friedrich Wilh[elm] Aug[ust] Schmidt u. Ernst Christoph Bindemann.
1795 Berlin: Hartmann.
1797 Berlin Oehmigke
Anf u. d. T.: Berlinischer Musenalmanach 1791
Ff. 1788
Jg. 1797 auch vorh u. d. T.:
Gedichte der Freundschaft, dem Scherze und der Liebe gesungen Nebst sieben Fabeln von G. E. Leßing. In Verse gebracht von Ramler
[Hrsg. v. Friedrich Wilhelm August Schmidt u. Ernst Christoph Bindemann.]
Berlin Oemigke 1797

— neuer Göttinger, hrsg. v. e. zweiten Vereine. (1. Jahrg. 1832.) 16. (16½ B.) Göttingen, (Deuerlich; Vandenhoeck u. Ruprecht.)

— neuer Göttinger, herausg. von einem zweiten Vereine. 16. Göttingen 833. (Vandenhöck u. Ruprecht.) n. 1 ℛ

Musenalmanach, Neuer Wiener, auf das Jahr 1798, 1800 u. 1801. Hsg. von einer Gesellschaft. Wien 1798-1801. H (1798): *Neumann, Johann Philipp.* (1800. 1801): *Gaheis, Franz Anton.* (GGr)

Musenalmanach, Der neueste, auf das Jahr 1797. H: *Richter, Joseph.* (Hans Viktor Pisk: Josef Richter. Diss. Wien 1927. S. 140)

Musenalmanach, Neuster Berliner, f. . . . Hg.: Fr. O. Walter.
1802.
s. a.: Musenalmanach, Berlinischer.
— „ — , Neuer — „ —
Berlin. Goed. IV, 360, 33.

— norddeutscher. Hrsg. von Emil Weber. 1. und 2. Jahrg. (1857 und 1858.) 16. Hannover. (Leipzig, Hübner.) [1. Jahrg. (VIII und 248 S.) 2. (VIII und 240 S.)] à Jahrg.

Musenalmanach, Nordischer, für 1817 oder poetische Blumenlese. Hamb. u. Leipz. 1816—23. H: *Hinsche, Nicol. Dan.* (MGT)

— Nordischer, für 1817—19. (Der poet. Blumenlese 1r — 3r Jahrg.) hrsgg. v. Winfried. (H. D. Hinzsche). 8. Hamb., Perthes u. B. 2 ℛ 4 ℊ — Ders. für d. J. 820 — 23. (d. poet. Blumenlese 4r—7r Jahrg.) 8. Hamb., Herold. 3 ℛ 16 ℊ

Musenalmanach, Nordischer, f. (das Jahr) . . . . . Hg.: Winfried. (= Poetische Blumenlese 2—7. Jg.)
1818. VIII, 190 S.
1819. XII, 256 S.
1820. VIII, 216 S.
1821. VI, 170 S.
1822. VI, 202 S. M. 1 Kpf.
1823. 158 S.
Hamburg. Goed. VIII, 95, 188.

— — derselbe für d. Jahr 820 — 22. d. poet. Blumenlese. 4r bis 6r Jahrg. 8. Hamburg, Herold. (1820 18 Gr. 1821 20 Gr. 1822 1 Rthlr. 8 Gr.)

Nordischer Musenalmanach, für . . . Poetische Blumenlese, hrsg. v. Winfried [d. i. Nikolaus Daniel Hinsche].
Hamburg: Herold [1822]. 8°
1/1817 [u. d. T.]: Poetische Blumenlese.

— nord., f. 1823, poet. Blumenlese. 7r Jahrgg., herausgeg. v. Winfried. 8. Hamb., Herold.

—— oesterreichischer, hrsg. von Braun v. Braunthal. gr. 16. (24⅛ B.) Wien 837. (Dresden u. Leipzig, Arnoldische Buchh.)

—— oesterreichischer, 1840. Hrsg. v. Andr. Schumacher. 16. (24½ B.) Wien, (Tendler u. Schaefer.) *

Ost- und Westpreußischer Musen=Almanach, für . . . hrsg. v. E(mil) Jacobi, J[akob] H. Jacobson u. [Johann] A(ugust [Otto Leopold]) Lehmann ([2/] 1857 ff. [Johann] August [Otto Leopold] Lehmann) . . .
Marienwerder: H. Jacoby [u. a.] 1856—1859. 8°
[1/] 1856: LIX, 372 S., 4 Taf [*Musik-Beil. fehlt.*]
[2/] 1857: XXII, 410 S., 2 Bl.
3/ 1858: XVI, 427 S.
4/ 1859: XVI, 464 S.

—— ost- und westpreußischer, für 1857 und 1858. Im Namen des altpreuß. Dichtervereins hrsg. von Aug. Lehmann. 2. und 3. Jahrg. gr. 16. Königsberg, Nürnberger. [2. Jahrg. (XXII und 398 S.) 3. (XVI und 427 S.)] à Jahrg.

— ost- und westpreußischer, für 1859. Im Namen des Altpreußischen Dichtervereins herausg. von Aug. Lehmann. 4. Jahrg. Marienwerder 859. Jacoby in Comm. 16. (XVI, 464 S.) nn. 1 ᵽ

Musen-Almanach, ost- und westpreußischer. 5. Jahrg. im Namen des altpreuß. Dichtervereins hrsg. von der Redact.-Kommission des literar. Kränzchens zu Königsberg. 12. (XI und 276 S.) Königsberg 861, (Koch.) *
Vgl.: Almanach, preußischer.

—— der Ostseeprovinzen Rußlands für das J. 1854—56. Hrsg. von R. Rehbinder. 16. Mitau, Reyher'sche Vrlgsh. [1. (XI und 115 S.) 2. (XV und 94 S.) 3. (VIII und 104 S.) à Jahrg. 18 Ngr]

Musenalmanach, Pfalz-bayrischer litterarischer. München 1781—82. H (1781): *Dätzl, Georg Ant., Ferdinand Baader & Joh. Georg Grünberger.* H (1782): *Dätzl, Georg Ant.* (MGT)

Musenalmanach, Presburger, auf das Jahr 1785. Presburg 1784. H: *Tekusch, Johann Michael.* (MGT)

Musenalmanach, Pressburger, a. d. J. . . . . . Gesam. v. M. Tekusch.
1785. 8 Bl., 108 S., 2 Bl.
Pressburg. Goed. IV, 368, 23.

Musenalmanach, Rheinischer, für das Jahr 1798. Mannheim 1797. H: *Le Pique, Johann Peter.* (MGT) H: *Le Pique, Joh. Philipp.* (Ky) (Adel)

Musenalmanach, Rheinisch-westfälischer, a. d. J. . . Hg: Fr Rassmann. (s. a. = Musenalmanach aus Rheinland u. Westfalen.)
1821 XXI, 192 S.
1822. XII, 215 S.
Hamm u. Münster. Goed. VIII, 102, 232.

— aus Rheinland u. Westphalen. 1r — 4r Jahrg. 1821 — 24. Herausgg. v. Fr. Raßmann u. Rousseau. 8. Hamm, Wundermann. Alle 4 Jahrgg. Hbq. Pr. 1 ᵽ 8 ℊ — Ders. für 1823. 3r Jahrg. 8. Cöln, Du-Mont-Schauberg. 12 ℊ

Musenalmanach aus Rheinland und Westphalen. Hg Fr Rassmann. (1823). XVI, 191 S. (=Musenalmanach, Rhein.-Westf 3. Jg.)
Cöln. Goed. VIII, 103, 232.

Musenalmanach, Salzburger, a. d. J. . . Hg. Lorenz Hübner.
1787. M. 1 Musikb.
1788.
Salzburg. Goed. IV, 368.

— schlesischer, f. 1826 u. 27; herausgg. v. Th. Brand. Mit 1 Kpf. Musikbeil. u. Vign. 8. Bresl., Gosohorsky. (à 1 ᵽ 8 ℊ) 2 ᵽ 16 ℊ — Ders. f. 1828; herausgg. v. Th. Brand. Mit 4 Bildn. u. 1 Vign. 8. Ebd. Graß, Barth u. C. 1 ᵽ 4 ℊ Jahrg. 1829 — 33. Mit Kpf. 8. Ebd., (Aderholz). (à 1 ᵽ 12 ℊ) 7 ᵽ 12 ℊ

—— Schlesischer, f. d. J. 1828. Hrsg. v. Th. Brand. 3. Jahrg. 8. (19½ B., 4 Bildn., 5 Musikbeil. u. 1 Vign.) Breslau, Graß, Barth u. Comp.

—— ders. f. d. J. 1829, 30 u. 33. Hrsg. v. dems. 4—6. Jahrg. 8. Breslau, Aderholz. [829. (17½ B., 5 Bildn., 5 Musikbeil. u. 1 Vign.) 1 Thlr. 12 Gr., 30. (14¼ B., 4 Bildn. u. 3 Musikbeil.), 33. (18¼ B., J. L. Günther's Bildn. u. 2 Musikbeil.) à 1 Thlr. 8 Gr.]

—— ders. f. d. J. 1834 u. 35. Hrsg. v. dems. 7. u. 8. Jahrg. 8. Breslau, Schulz u. Comp. [834. (20 B. u. Hoffmann's v. Fallersleben Bildn.), 35. (18¼ B. u. v. Wachsmann's Bildn.) à 1 Thlr. 3 Gr.]
1. u. 2. Jahrg. 1826, 27. Breslau, (Gosohorsky.) à 1 Thlr. 8 Gr.

—— Schlesischer, für 1862. Hrsg. vom Schles. Dichterkränzchen zu Breslau. 8. (V und 186 S.) Breslau 862, (Schletter'sche Buchh.) * *

—— schleswig-holsteinischer, für 1851. Mit Beiträgen von: H. Zeise, Thdr. Storm, Carl Heinreich ꝛc. Hrsg. von Hugo Staacke und Ernst Goeders. gr. 16. (IV und 100 S.) Kiel 851, (Schröder und Comp.) *

—— ders. — für das J. 1852. 2. Jahrg. Hrsg. von Ernst Goeders. 16. (172 S.) Ebds. 851. *

— Schweizerischer, f. d. Jahr 1776—78. v. Fr. Tr. Hase, u. f. 1785. v. J. Lüthy. 8. Basel. Schweighäuser. 10 ℊ

Musenalmanach, Schweizerischer, auf das Jahr 1785. Basel. H: *Lüthy, Urs. Joseph.* (MGT) (Kn) (NN)

— Schweizerischer, herausg. v. Lüthy. 8. Basel, Schweighäuser. 785.

Musenalmanach Berliner Studenten. 8. (196 S.) Berlin 896. Schuster & Loeffler. 2. —

— Bonner Studenten 1908. Hrsg. v. Jos. Faßbinder. (XI, 142 S.) 8. Bonn 908. C. Georgi. 1.50

— katholischer Studenten 1903. 2. Jahrg. Mit dem Portr. von Arno v. Walden. (148 S.) 8. München 903. G. Schuh & Co. n. 2. —; geb. n.n. 3. —

— Leipziger Studenten. 1897. gr. 8. (96 S.) Leipzig-Reudnitz 897. A. Hoffmann. 1. 50

— Marburger Studenten. Hrsg. v. Ernst Thesing u. Wolfg. Lehmus. Deckelzeichnung u. Buchschmuck von Otto Arndts. gr. 8. (VIII, 112 S.) Marburg 901. N. G. Elwert's Verlag. n. 2. —; geb. n. 2. 80

— der katholischen Studentenschaft Deutschlands 1902. Red.: Lor. Krapp. gr. 8. (184 S. m. 1 Bildnis.) München (902). [R. Abt.] G. Schuh & Co. n. 2. —

— von u. f. Ungarn, auf d. Jahr 1801; hrsgg. v. Eph. Rösler. 12. Pesth, Hartleben. 14 gr — Ders. f. d. J. 1804, v. Demselb. 12. Ebd. 1 ß — Ders. auf d. Jahr 1808; herausgg. v. K. G. Rumi. A. u. d. T.: Musenalmanach f. das Oesterr. Kaiserthum 1r Jahrg. 8. Leutschen 807.

— v. u. f. Ungarn, a. d. J. 1801. herausg. v. Rösler. 12. Presb. (Gleditsch in Leipz.)

Musenalmanach, Westdeutscher, a. d. J. . . . Hg.: Joh. Bapt. Rousseau.
1823. XV, 287 S.
1824. XII, 263 S.
Hamm u. Münster. Goed. VIII, 209, 157.

— Wiener, auf d. Jahr 777—96; herausgg. v. Ratschky u. Al. Blumauer. gr. 12. Wien, (Beck). 7 ß 14 gr

— Wiener, auf d. Jahr 1802 u. 3; hrsgg. v. Ign. Liebel. gr. 12. Wien, (Heubner). à 1 ß 12 gr

Musenalmanach, Wienerischer (seit 1786 Wiener), auf das Jahr 1777(—96). Wien 1777—96. H (Jahrg. 1777—79): *Ratschky, Joseph Franz.* (Jahrg. 1780): *Prandstetter, Mart. Joseph.* (Jahrg. 1781—92): *Ratschky, Joseph Franz* & *Joh. Alois Blumauer.* (Jahrg. 1793—94): *Blumauer, Joh. Alois.* (Jahrg. 1795—96): *Leon, Gottlieb.* (GGr)

Musenalmanach, Wienerischer, a. d. J. 1777–79. u. 1795–96. Wien, Camesina. (à 12 gr.) Rthlr.

— Wienerischer, auf d. Jahr 1777—79. u. 1795, 96. Wien, (Heubner). 2 ß 12 gr

Wienerischer (1786 ff.: Wiener) Musenalmanach auf das Jahr ... Hrsg. v. J[osef] F[ranz] Ratschky u. A(lois) Blumauer.
Wien: Rud. Gräffer [1791]. 12°
1791: 162 S., 3 Bl.

Musenblümchen, Kleine, froh Auf Hoffnung gepflückt. Dresden 1808. V: *Hornn, Friedrich August.* (GGr)

* **MUSEN-CABINET,** Neu eröffnetes, in welchem auserlesene Hochzeit Leichen Vermischte-Verliebte- und Schertz-Gedichte, Vor die Liebhaber Der Teutschen Poësie zu befinden. Entrée 1—3. Leipzig, Groschuff, 1702—1703 — Fragmente der Fortsetzungen. 8°. (In Berlin: Yf 2181, 1 vol., mit handschriftl. Bemerkungen von Christoph Woltereck.) (Entrée 1—4 u. fragmentar Anhang 6 Mk Jos. Baer & Co., 1893.)
— — Dasselbe. Entrée 1—8. Ebd. 1702—7. 8°. (In Breslau, Kgl. u. Univ.-Bibl.) (So cplt. sehr rar!)

MUSEN-CHOR, Das Neueröffnete, Oder Auserlesener Vorrath allerhand Satyrischer und Ernsthaffter Gedichte. Thorn 1719.
R. Levy, Martial, S. 20. — Höchst selten!

Musenhold, Gottlieb (Pseud.), s. Goetten, Gabr Wilhelm

MUSENKINDER, Galante. Sammlung verschollener und wenig bekannter deutscher Liebes- und Scherzgedichte aus früheren Jahrhunderten. 3. Auflage. Herausgegeben und mit Anmerkungen versehen von M. Müller-Melchior. Mit Zeichnungen von Vogeler-Worpswede. Leipzig 1906. 8°. 168 S.

Musenklänge deutschen Humors. Mit 27 (chemitvp.) Illustr. von Henry Albrecht. 8. (IV, 103 S.) Leipzig 878. Wölfert. n. 1. —

— u. Reimchronik, Jena'sche. Eine Festgabe zum 50jähr. Jubiläum der deutschen Burschenschaft, dargebracht von der Alten Latte. Jena 865. Doebereiner. gr. 16. (72 S.) 7½ ngr.

Musenklänge aus dem Karlsruher Künstlerbund. 8. (46 S. m. Abbildgn.) Leipzig 902. R. Voigtländer. Kart. n. — 80

Musenklänge aus Deutschlands Leierkasten. Mit feinen Holzschnitten. 1. Aufl. (176 S.) 1849. und 3. Aufl. 16. (192 S.) Leipzig 851, [Schlicke.] *

Musenklänge aus Deutschlands Leierkasten. Mit feinen Holzschnitten. 4. Aufl. 16. (192 S.) Leipzig 855, Schlicke. Thlr. *

Musenklänge aus Deutschlands Leierkasten. 5—7. Aufl. 16. (191 S. mit eingedr. Holzschn.) Leipzig 857—61, Schlicke. *

Musenklänge aus Deutschlands Leierkasten. 8.—10. Aufl. 16. (191 S. mit feinen eingedr. Holzschn.) Leipzig 868 — 67, Schlicke. * 10 Ngr.; geb. *

Musenklänge aus Deutschlands Leierkasten. 11.—13. Aufl. 16. (190 S. mit feinen eingedr. Holzschn.) Leipzig 869—74, Schlicke. *M 1.; geb. *

Musenklänge aus Deutschlands Leierkasten. Mit feinen (eingedr.) Holzschn. 14. Aufl. 16. (190 S.) Leipzig 876. Schlicke. n. 1. –; geb. n. 1. 60

— aus Deutschlands Leierkasten. Mit feinen (eingedr.) Holzschn. 15. Aufl. 16. (191 S.) Leipzig 879. Schlicke. cart. n. 1. —; geb. m. Goldschn. n. 2. —

Musenklänge aus Deutschlands Leierkasten. Mit feinen Holzschn. 16. Aufl. 16. (192 S.) Reutlingen 884. Enßlin & Laiblin. cart. n. 1. —; geb. n. 2. —

Musenklange aus d Leierkasten d Chicago Turngemeinde. Chi, 1877

MUSENKLANGE aus Wiens Leierkasten. Wiener Singspiel-Halle. Gewählte, weder scenische Vorbereitungen noch sonstige Arrangements bedingende Burlesken, Schwänke, Travestien, Possen und Singspiele, komische Duo- und Soloscenen fur Herren und Damen (von den ersten Singspielhallen- und Volkssanger-Gesellschaften, als Amon, Drexler, Hornischer, Ulke, Wagner u. A., mit vielem Beifalle dargestellt), zur Auffuhrung in Privatzirkeln geeignet, von Joh. Ludw Weber, nebst einer Sammlung komischer Vorträge und Couplets von G. Schone 2 Bde. Mit 5 Portraits (Wiener Volkssanger) u. chromolithogr Titelumschlag. Wien, Alb. A. Wenedikt, 1875. 12⁰ 480 S (2 Mk. 50 Pfg. W. H Kühl, Berlin, c. 1882, jetzt theurer!)

Verfehmte **Musen-Klänge**. *Leipzig: C. Minde [um 1892]*. (126 S.) 8° [F.]
[03. 1670

— **verfehmte.** 12. (126 S.) Leipzig (902). Alldeutscher Verlag. n. 2.—

— Zürcher, v. Fritz Sempervirens. gr. 16. (XIV, 255 S.) Zürich 871. (Verlags-Magazin.) 3. —

MUSENSOHN, Der höfliche Wie er sich in u. nach der Schule, zu Hause, über Tische, in der Kirche . . . . . nach s. Umständen zu beobachten habe. Der studierenden Jugend zu Gefallen . . in XV Capitel abgefasst. Frankfurt und Leipzig, 1766. 8⁰ (7 Mk. 50 Pfg. Bernh. Liesching, Dresden, 1908.)
„Ganz in Versen! Äusserst seltenes Studenticum."

Musentafel der Ubier. 16. Mit Kpf. Cöln 799. Kauffmann.
1 ₰ 8 ℛ

Musentempel, ob. Proben aus allen deutsch. Classikern. Hrsg. v. G. Ch. Merz (u. A.) 1—3. Bd. 8. (54½ B.) Kempten 825—28, Dannheimer. Thlr.

Neueröffneter Musen-Tempel, welcher das allermerkwürdigste aus den Fabeln der Alten in LX. auserlesenen und schonen Kupfern von Herrn Bernard Picart und andern kunstreichen Männern vorstellet; mit deutlichen Erklarungen und Anmerkungen, zu rechtem Verstande der Fabeln und ihrem Zusammenhange mit der Historie erlautert; nebst einer Vorrede Herrn Christoph Gottlieb Stockmanns. J.C. Amsterdam und Leipzig. Bey Arkstee und Merkus. 1754.

Museo italiano. Scelta dei più celebri scrittori italiani antichi e moderni, illustrata con notizie intorno alla vita ed alle opere de medesimi e con brevi spiegazioni tedesche, onde facilitare l'intelligenza dei passi difficili. (Redact.: Minsberg.) 1837. 13 Ni. (à 1 Bog.) 4. Glogau, Prausnitz. *

Museo, ital. di scelto lettura o sia Trattenimenti dello spirito. opera period. mensuale. 8. Vienna, Camesina. 805.

Museo del Prado. Album conteniendo. 120 reproducciones en fototipia. gr. 4. (2 S. Text.) Madrid 895. (Leipzig, H. Zieger.) In Leinw.-Mappe n. 75.—

Museo zoologico. Descrizione delle belve e d'altri animali selvatici. gr. 4. (39 S. mit 16 ill. Stnt.) Triest 857, Direction des österreichischen Lloyd. *

Museographia oder Anleitung zum rechten Begriff und nützlicher Anlegung der Museorum . . . Leipzig u. Breslau 1727.
V: *Jencquel, Caspar Frdr.* (schr)

Muser, Emil, Anleitung zur Statistik u. zur Kassen- u. Rechnungsführung d. badischen Kranken- u. Hülfskassen, sowie üb. das Verfahren bei d. Einzug d. Invalidenversicherungsbeiträge durch d Gemeinde-Krankenversichergn., Orts- u. Innungs-Krankenkassen. gr. 8. (IV, 263 S.) Bonndorf 893. J. A. Binder's Nachf. Geb. in Leinw. n.n. 3. 40

Muser, Emil, Anweisung des großherzogl. badischen Landesversicherungsamts (vom 6. XII. 1899) über das Verfahren bei dem Einzug der Invalidenversicherungsbeiträge durch die Gemeinde-Krankenversicherungen, Orts- u. Innungs-Krankenkassen, sowie deren Einzugsstellen, m. Erläutergn. u. Zusätzen. gr. 8. (III, 68 S.) Karlsruhe 900. G. Braun'sche Hofbuchdr. Kart. n. 1. 60

— Bau-Unfallversicherungsgesetz v. 30. VI. 1900 m. den Vollzugs- u. Ausführungsbestimmungen f. das Großherzogth. Baden, nebst Zusätzen u. Verweisgn. 8. (XII, 704 S.) Ebd. 901. Geb. in Leinw. n. 6. 90

— d. badische Gemeindevoranschlagsanweisg. u. Gemeinderechnungsanweisg., s.: Müller, J. P.

— Gewerbe-Unfallversicherungsgesetz v. 30. VI. 1900 m. den Vollzugs- u. Ausführungsbestimmungen f. das Großherzogth. Baden, nebst Zusätzen u. Verweisgn. 8. (VIII, 632 S.) Ebd. 901. Geb. in Leinw. n. 5.—

— Grundstock u. Wirthschaft der Gemeinden. Darlegg. u. Erläuterung der maßgeb. Vorschriften. gr. 8. (IV, 92 S.) Bonndorf 899. Spachholz & Ehrath. Geb. n.n. 2.—

— Invalidenversicherungs-Gesetz v. 13. VII. 1899 m. den Vollzugs- u. Ausführungsbestimmgn. für das Großherzogth. Baden nebst Zusätzen u. Verweisungen 8. (X, 529 S.) Karlsruhe 900. G. Braun'sche Hofbuchdr. Geb. in Leinw. n. 4. 40

— Krankenversicherungsgesetz (u. Hilfskassengesetz) m. den Vollzugs- u. Ausführungsbestimmungen f. das Großherzogt. Baden nebst Zusätzen u. Verweisungen. (VI, 622 S.) 8. Karlsruhe 903. G. Braun'sche Hofbuchdr. u. Verl. Geb. in Leinw. n. 5. 80

— Unfallversicherungsgesetz f. Land- u. Forstwirthschaft vom 30. VI. 1900 m den Vollzugs- u. Ausführungsbestimmungen f. das Großherzogth. Baden, nebst Zusätzen u. Verweisgn. (XII, 686 S.) 8. Ebd. 903. Geb. in Leinw. n. 6. 40

Muser, Josef, Dr. theol., Pfarrer: Die Auferstehung Jesu und ihre neuesten Kritiker. Eine apologet. Studie. Kempten (1911): Kösel. 86 S. 8°
München, Theol. Diss. v. 23. Juli 1910, Ref. Seitz
(Nur in beschränkter Anzahl für den Austausch)
[Geb. 28. Febr. 74 Freiburg i. B.; Wohnort: Machtlfing; Staatsangeh. Bayern, Vorbildung: Gymn. Freiburg Reife Juli 95, Studium Freiburg i. B. 6. München 2 S.; Rig. 23 Juli 10.] [U 11 3539

Muser, Karl, Blumen am Wege. Gedichte in Schriftsprache und alemann. Mundart. 12. (XIII, 269 S.) Müllheim i. Br. 888. (Emmendingen, Dölter.)

Muser, Osk., demokratische Aufgaben. Rede, geh. auf der am 14. Septbr. d. J. in Karlsruhe stattgehabten Landesversammlg. der demokratisch-freisinn. Parteien Badens. 8. (20 S.) Mannheim 890. Bensheimer's Verl. n. — 20

Muser, Osk., Demokratie u. Block. „Doktrinarismus" u. „Realpolitik". (39 S.) kl. 8. Berlin (908). Concordia. — 30

Muser, Osk., Demokratie u. Sozialismus, s.a. Flugschriften der deutschen Volkspartei. 4. Hft.

Muser, Osk., Demokratie und Socialismus. gr. 8⁰. Frankfurt a. M., Sauerländer, 1899. (Flugschriften der deutschen Volkspartei, Heft 4.)

Muser, O., Die landwirtschaftliche Frage und die Handelsverträge vor dem badischen Landtage. 8⁰. Karlsruhe 1896.

—— Die sociale Frage u. die nächstliegenden socialen Aufgaben der Gesellschaft. Zusammengefaßte Reden. gr. 8. (VIII, 175 S.) Frankf. a. M. 891, Koenitzer's Verlag. * 1 40

Muser, Osk., der Kampf um die Schule, s.: Flugschriften der deutschen Volkspartei. 7.

— Sozialistengesetz u. Rechtspflege [Theorie u. Praxis], e. m. aktenmäß. Beispielen belegte Studie f. Laien und Juristen. 1.—3., verm. Aufl. gr. 8. (72, resp. 79 S.) Karlsruhe 889. Verlag der Handelsdruckerei Karlsruhe (A. H. Dillinger). à n. — 50

— die Trennung v. Staat u. Kirche. Der bad. Klosterstreit. Die Erziehungs- u. Schulfrage. (VII, 272 S.) gr. 8. Bamberg (903). Handels-Druckerei u. Verlagsh. n. 2. —

— Der Ultramontanismus u. das Zentrum. Eine Studie. (176 S.) gr. 8. Lahr 907. M. Schauenburg. p 1.80

Müser, Formularhandbuch rc., s. Neigebauer.

Mueser, Alfr W

Müser, A. W., Anschauungskursus der Geometrie. Für die zweite Klasse der Mittelschulen und städt. Volksschulen und die Oberklasse von Schulen mit einfacheren Verhältnissen. 8. (32 S.) Elberfeld 884, Faßbender's Buchh. *

Mueser, Alfr. W., 88 Choräle. Gesammelt u. in Chevé'sche Ziffernschr. übertr. 3. Aufl. gr. 8. (36 autogr. S.) Elberfeld 897. (J. Faßbender.) n. — 30

Müser, A. W., praktischer Lehrgang für den Gesangunterricht in der Volksschule. Mit Anwendung der Chevé'schen Ziffern-Gesangschrift nach den formalen Stufen bearb. gr. 8. (171 S.) Altenburg 888, Pierer. *

—— Liederschatz für die deutsche Volksschule. Gesammelt und in Chevé'sche Ziffernschrift übertragen. 2 Hefte. gr. 8. Ebendas. 887. **

Inhalt:

Heft 1. Unter- und Mittelstufe. (39 S.) ** 20 Pf.
„ 2. Oberstufe. (68 S.) * 30 Pf.

Müser, F. W., arithmet. Belustigungen zu Aufgaben in gesell. Kreisen. 8. (3½ B.) Münster 831, Coppenrath.

Mueser, Friedrich Wilhelm (Langendreer / Westfalen), De hernia diaphragmatis. Diss. med.-chir. Berlin (Nietack) 4. V. 1836. 39 S. u. Biogr. (M.: E. Brinkmann.) (3.50) 24350
Oppon.: H. Kisker, J. Krafft, J. Hellenbeck. — Seinen Eltern gew. (Vater: Johann Wilhelm Müser).

Müser, Heinrich, a. Köln a. Rh.: Die Transitzölle, ihre Entwicklung und Aufhebung. Cöln (1904): Th. Quos. (100 S.) 8° [F.]
Heidelberg, Phil. Fak., Ref. Gothein, Diss. v. 11. Nov. 1905
[Geb. 22. Dez. 76 Langenberg, Rheinprov.; Wohnort Cöln; Staatsangeh.: Preußen; Vorbildung: Gymn. Neuß Reife O. 96; Studium: Bonn 6 u. 4 S.; Rig. 11 Nov. 04.]

Müser, Paul Johann Wilhelm

Müser, P. J. Wilh., über den primären Krebs der Lungen u. Bronchien, s.a. Mitteilungen aus den hamburgischen Staatskrankenanstalten. VIII, 5.

Müser, Paul Johann Wilhelm· Aus d. Direktorial-Abt. d. Eppendorfer Krankenh. zu Hamburg ⟨Prof. Lenhartz⟩. Über den primären Krebs der Lungen und Bronchien. Hamburg & Leipzig Voss 1908. 48 S. 8° ¶(Aus: Jahrbücher d. Hamburg Staatskrankenanstalten. Bd 12.)
Bonn, Med. Diss. v. 31 Okt. 1908, Ref. Schultze
[Geb. 18. Nov 75 Langendreer; Wohnort Baden-Baden Staatsangeh.: Preußen; Vorbildung Gymn. Soest Reife O. 98 Studium: Bonn 3, Kiel 1, Berlin 6, Bonn 3 S., Coll 31 Okt. 08. Approb. 18. Apr. 05.] [U 09. 356

Museum

——, Blätter f. bild. Kunst. Redig. v. F. Kugler. 1—3. Jahrg. 1833—35. à 52 Nrn. (Bog.) Mit Kpfrbeil. u. Ttl.-vign. gr. 4. Berlin, Gropius. à J.

Museum. Blätter f. bild. Kunst. Redact.: F. Kugler. 4. u. 5. Jahrg. 1836. u. 1837. à 52 Nrn. (Bog.) Mit Kunstbeilagen. gr. 4. Berlin, [Thiesen.] à J. *
Vgl. 8. Bd. 2. Abthl. S. 59. — Jahrg. 1835—37. [Berlin, Thiesen.] Zusamm. genomm., hrbgs. Pr. * 2 Thlr.

— Bibliothek der neuesten u. besten Romane d. Auslandes. I—XII. Inhalt: I. Gaspard de Besse. Von Charles Reybaud. — II. III. Thekla, oder ein Consul in Marocco. Von Charles Didier. 2 Bde. — IV. V. Die Seherin d. Hochlande. Von William Sommers. 2 Bde. — VI. VII. Harry Lorrequers Abenteuer. Von Charles Lever. 2 Bde. — VIII. IX. Eine Pfarrerfamilie. Aus d. Schwed. 2 Bde. — X. XI. Eine Tochter des Regenten. Von Alex. Dumas. 2 Bde. — XII. Gabriel Lambert. Von Alex. Dumas. 16. Leipzig 845, Literar. Museum. pro 12 Bde. 3 ₰ einzelne Bde. à ½ ₰

— dass. (2. Serie.) XIII—XXIV. Inhalt: XIII. XIV. Geraldine. Von Charles Reybaud. 2 Thle. — XV—XVII. Ohne Mitgabe. Von Charles Reybaud. 3 Thle. — XVIII—XXII. Geheime Dramen. Von Fr. Soulié. 1.—5. Thl. — XXIII. Maurice. Von Eugen Scribe. — XXIV. Die beiden Margarethen. Von Charl. Reybaud. 16. Ebend. 845. pro 12 Bde. 3 ₰ einzelne Bde. à ½ ₰

—— Bibliothek d. neuesten u. besten Romane des Auslandes. Neue Folge. 1—42. Bd. 16. (à Bd. von 11 B.) Leipzig 846, 47, Berger's Buchh. à Bd. * 8 Ngr., *
Einzelne Bde. à * 10 Ngr.

Inhalt:

Der Weiberkrieg. Von Alex. Dumas. Deutsch v. Rob. Binder. 5 Bde. Mit D's. Bildn. (Bd. 1., 6., 8., 10. u. 14.)
Die Gräfin von Monrion. Von Friedr. Soulié. Deutsch v. Louis Fort. 4 Bde. (Bd. 2., 7., 12. u. 16.)
Carotin. Von Paul de Kock. Deutsch v. Aug. Schrader. 3 Bde. (Bd. 3., 9. u. 11.)
Der Wald von Rennes. Von Paul Feval. Deutsch v. Louis Fort. 3 Bde. (Bd. 4., 13. u. 17.)
Der Bastard von Mauleon. Von Alex. Dumas. Deutsch von Aloys Kosegarten. 4 Bde. Mit D's. Portr. (Bd. 5., 18—20.)
Godolphin. Von Eug. Sue. Deutsch v. G. W. Türck. (Bd. 15.)
Martin der Findling, od. Memoiren eines Kammerdieners. Roman v. Eug. Sue. Deutsch v. Carl v. Lameth. 10 Bde. (Bd. 21., 24., 27., 29., 31., 33., 36., 38., 41. u. 42.)
Der Herzog von Guise. Roman von Friedr. Soulié. Deutsch v. Alex. Lameth. 3 Bde. (Bd. 22., 25. u. 26.)

Museum. Bibliothek d. neuesten u. besten Romane des Auslandes. Neue Folge. 1—42. Bd.
Joseph Balsamo, od. Memoiren eines Arztes, v. Alex. Dumas. Deutsch v. Heinr. Bourdin. 7 Bde. (Bd. 23., 28., 30., 32., 34., 35. u. 37.)
Katharina. Von Jul. Sandeau. Aus d. Französ. übers. v. Aug. Brusendorff. 2 Thle. (Bd. 39. u. 40.)

Museum. Bibliothek der neuesten u. besten Romane des Auslandes. 1—4. 6. 8—12. Bd. Memoiren von Al. Dumas. Nach d. vom Verf. als allein vollst. erklärten Brüssel Ausg. übers. von Ludw. Fort. 10 Bde. 16. (1: VIII u. 192 S. 2: IV u. 188 S. 3: IV u. 187 S. 4: 189 S. 5: 192 S. 6: 191 S. 7: IV u. 180 S. 8: IV u. 188 S. 9: IV u. 182 S. 10: IV u. 174 S.) Leipzig 852. 53, O. Klemm (jetzt: Berlin, H. Ehle). (à 12 ngr) 4 ß

— dass. 5 u. 7. Bd. Lydia von H. de Kock. Aus dem Französ. von Ludw. Fort. 2 Bde. 16. (IV. 137 u. 122 S.) Ebd. 852. (à 12 ngr) 24 ngr

Museum. Bibliothek der besten Romane des In- und Auslandes. 1. Reihe. (In 24 Liefgn.) Wien 860, 61. Lechner. gr. 8. Jede Liefg. 5 ngr.
1—6. Ein Grafenkind. Roman von Ant. Langer. (2 Bl., 371 S.) einzeln 1 ß 7½ ngr.
7—14. Die Sträflinge vom Spielberg. Roman von Thdr. Scheibe. (2 Bl., 532 S.) einzeln 1 ß 20 ngr.
15—22. Die Pest von Marseille. [La peste de Marseille.] Roman von Mary Lafon. Bearb. von Alex. Patuzzi. (2 Bl., 446 S.) einzeln 1 ß 7½ ngr.
23. 24. Kriminalfälle und Denkwürdigkeiten aus dem Gerichtssaale. Aus dem Tagebuche eines Richters. Von H. R. Addisson. (S. 1—176.)

Museum: Jahrgang 1-3, Mar 3, 1865–1867?

Weekly Sub-title Wochenschrift für Literatur Kunst und Tagesgeschichte For a time carried a section entitled "Spitzbuben." Each "Jahrgang" consists of 3 "Theile" paged continuously through the "Jahrgang" but separately from each other the publisher explains this arrangement, „das Haupttheil, die inneren Seiten des Blattes," and „die Beiblätter die äußeren Seiten." The supplement is entitled BEIBLATT ZUM MUSEUM. Edited & published by Georg Degen, 1865–67
New York, NY

Museum. Sammlung litterarischer Meisterwerke. Nr. 1—6. 8. 9. 12. 14. 15. 21—23. 25—28. 30—34. 36—41. 43. 45—49. 51. 60—62. 77. 78. 81. 101. 103. 110. 115. 121. 130. 140-143. 146—149. 151. 155—158. 161. 171. 172. 249. 282. 285. 303. 307. 317. 325—330. 370. 371. 376. 381. 8. Elberfeld 881—82. Loll's Nachf. n. 26. 40
1. Clavigo. Ein Trauerspiel von Wolfg. v. Goethe. (45 S.) n. — 20
2. Egmont. Ein Trauerspiel in 5 Aufzügen von Wolfg. v. Goethe. (74 S.) n. — 20
3. 4. Faust. Eine Tragödie von Wolfg. v. Goethe. 2 Thle. (123 u. 122 S.) n. — 60
5. Götz v. Berlichingen mit der eisernen Hand. Schauspiel in 5 Aufzügen von Wolfg. v. Goethe. (93 S.) n. — 30
6. Goethe's Gedichte. (XI, 490 S.) n. 1. 20
8. Hermann u. Dorothea von Wolfg. v. Goethe. (56 S.) n. — 20
9. Iphigenie auf Tauris. Ein Schauspiel von Wolfg. v. Goethe. (60 S.) n. — 20
12. Reineke Fuchs. In 12 Gesängen von Wolfg. v. Goethe. (122 S.) n. — 30
14. Torquato Tasso. Ein Schauspiel von Wolfg. v. Goethe. (91 S.) n. — 30
15. Leiden des jungen Werthers. Von Wolfg. v. Goethe. (102 S.) n. — 30
21. Die Braut von Messina oder die feindlichen Brüder. Ein Trauerspiel mit Chören von Fr. v. Schiller. (86 S.) n. — 30
22. Don Carlos, Infant von Spanien. Ein dramat. Gedicht von Fr. v. Schiller. (179 S.) n. — 40
23. Die Verschwörung des Fiesco zu Genua. Ein republikanisches Trauerspiel von Fr. v. Schiller. (95 S.) n. — 30
25. Gedichte von Fr. v. Schiller. (VIII, 307 S.) n. — 80
26. Die Jungfrau von Orleans. Eine romant. Tragödie von Fr. v. Schiller. (107 S.) n. — 30
27. Kabale u. Liebe. Eine bürgerliche Tragödie von Fr. v. Schiller. (91 S.) n. — 20
28. Maria Stuart. Ein Trauerspiel von Fr. v. Schiller. (118 S.) n. — 30
30. Der Neffe als Onkel. Lustspiel in 3 Aufzügen. Aus dem Franz. d. Picard von Fr. v. Schiller. (44 S.) n. — 20
31. Der Parasit oder die Kunst, sein Glück zu machen. Ein Lustspiel nach dem Franz. Von Fr. v. Schiller. (64 S.) n. — 20
32. Iphigenie in Aulis. Szenen aus den Phönizierinnen. Uebers. von Fr. v. Schiller. (88 S.) n. — 30
33. Die Räuber. Ein Schauspiel von Fr. v. Schiller. (115 S.) n. — 30
34. Wilhelm Tell. Schauspiel in 5 Aufzügen von Fr. v. Schiller. (97 S.) n. — 30
36. 37. Wallenstein. Ein dramatisches Gedicht von Fr. v. Schiller. 2 Tle. (116 u. 119 S.) àn. — 30
38. Geschichte des Abfalls der vereinigten Niederlande von der spanischen Regierung. Von Fr. v. Schiller. (312 S.) n. — 80
39. Geschichte des dreißigjährigen Kriegs. Von Fr. v. Schiller. (336 S.) n. 1. —
40. Nachlaß. [Demetrius. Warbeck. Die Malteser. Die Kinder des Hauses.] Von Fr. v. Schiller. (85 S.) n. — 30
41. Emilia Galotti. Ein Trauerspiel in 5 Aufzügen von Gotth. Ephr. Lessing. (64 S.) n. — 20
43. Gedichte von Gotth. Ephr. Lessing. (94 S.) n. — 30
45. Minna von Barnhelm oder das Soldatenglück. Ein Lustspiel in 5 Aufzügen von Gotth. Ephr. Lessing. (80 S.) n. — 20
46. Nathan der Weise. Ein dramatisches Gedicht in 5 Aufzügen von Gotth. Ephr. Lessing. (124 S.)
47. Miß Sara Sampson. Ein Trauerspiel in 5 Aufzügen von Gotth. Ephr. Lessing. (78 S.) n. — 20
48. Abhandlungen über die Fabel von Gotth. Ephr. Lessing. (62 S.) n. — 20
49. Die Juden. Ein Lustspiel in 1 Aufzuge. Die Misogyn. Ein Lustspiel in 3 Aufzügen. Von Gotth. Ephr. Lessing. (79 S.) n. — 20
51. Der Paria. Ein Trauerspiel in 1 Aufzug von Mich. Beer. (36 S.) n. — 20
60. Das Leben ein Traum. Dramatisches Gedicht in 5 Akten von Calderon de la Barca. Nach dem Span. von C. A. West. (63 S.) n. — 20
61. Gedichte von Adb. v. Chamisso. (VIII, 422 S.) n. 1. 20
62. Peter Schlemihl's wundersame Geschichte. Mitgetheilt von Adb. v. Chamisso. (54 S.) n. — 20
77. Gedichte von Annette Freiin v. Droste-Hülshoff. (VI, 354 S.) n. 1. —
78. Zur Diätetik der Seele. Von Ernst Frhr. v. Feuchtersleben. (99 S.) n. — 30
81. Der Cid. Nach spanischen Romanzen besungen durch Joh. Gottfr. v. Herder. (119 S) n. - 30
101. Die Bettlerin vom Pont des Arts. Novelle von Wilh. Hauff. (91 S.) n. — 20
103. Jud Süß. Novelle von Wilh. Hauff. (62 S.) n. — 20
110. Phantasieen im Bremer Rathskeller. Ein Herbstgeschenk für Freunde des Weines von Wilh. Hauff. (47 S.) n. — 20
115. Schatzkästlein des rheinischen Hausfreundes von J. P. Hebel. (187 S.) n. — 40
121. Andreas Hofer. Ein Trauerspiel von Karl Immermann. (64 S.) n. — 20
130. Tulifäntchen. Ein Heldengedicht in 3 Gesängen von Karl Immermann. (89 S.) n. — 20
140. Die Hermannsschlacht. Ein Drama in 5 Aufzügen von Heinr. v. Kleist. (86 S.) n. — 30
141. Der zerbrochene Krug. Ein Lustspiel von Heinr. v. Kleist. (64 S.) n. — 20
142. Das Käthchen von Heilbronn oder die Feuerprobe. Großes historisches Ritterschauspiel in 5 Akten von Heinr. v. Kleist. (88 S.) n. — 20
143. Prinz Friedrich von Homburg. Ein Schauspiel von Heinr. v. Kleist. (66 S.) n. — 20
146. Penthesilea. Ein Trauerspiel von Heinr. v. Kleist. (94 S.) n. — 30
147. Amphitryon. Ein Lustspiel nach Molière von Heinr. v. Kleist. (70 S.) n. — 20
148. Erzählungen von Heinr. v. Kleist. (142 S.) n. — 40
149. Gedichte. Robert Guiskard. Von Heinr. v. Kleist. (54 S.) n. — 20
151. Leier u. Schwert. Von Thdr. Körner. (48 S.) n. — 20
155. Savonarola. Ein Gedicht von Nik. Lenau. (132 S.) n. — 30

156. Die Albigenser. Freie Dichtungen von Nik. Lenau. (105 S.) n. — 30
157. Faust. Ein Gedicht von Nik. Lenau. (106 S) n. — 30
158. Gedichte von Nik. Lenau. (VIII, 381 S.) n. — 80
161. Lucinde. Ein Roman von Fr. v. Schlegel. (76 S.) n. — 20
171. Luise. Ein ländliches Gedicht in 3 Idyllen von Joh. Heinr. Voß. (71 S.) n. — 20
172. Idyllen von Joh. Heinr. Voß. (92 S.) n. — 20
249. Der eingebildete Kranke. Lustspiel von Molière. Uebersetzt von Auguste Cornelius. (56 S.) n. — 20
282. Athalia. Trauerspiel in 5 Akten von Racine Uebersetzt von Nicolay. (61 S.) n. — 20
285. Phädra. Trauerspiel in 5 Aufzügen von Jean Racine. Uebersetzt von Fr. v. Schiller. (52 S.) n. — 20
303. Julius Cäsar. Trauerspiel in 5 Akten von Will. Shakespeare. Uebersetzt von Aug. Wilh. v. Schlegel. (65 S.) n. — 20
307. Hamlet, Prinz von Dänemark. Trauerspiel von Will. Shakespeare. Uebers. von Aug. Wilh. v. Schlegel. (110 S.) n. — 30
317. Der Kaufmann von Venedig. Lustspiel von Will. Shakespeare. Uebersetzt von Aug. Wilh. v. Schlegel. (74 S.) n. — 20
325. Romeo u. Julia. Trauerspiel in 5 Akten von Will. Shakespeare. Uebersetzt von Aug. Wilh. v. Schlegel. (87 S.) n. — 20
326. König Richard II. Geschichtliches Trauerspiel von Will. Shakespeare. Uebersetzt von Aug. Wilh. v. Schlegel. (78 S.) n. — 20
327. König Richard III. Geschichtliches Schauspiel von Will. Shakespeare. Uebers. von Aug. Wilh. v. Schlegel. (103 S.) n. — 30
328 Ein Sommernachtstraum. Von Will. Shakespeare. Uebersetzt von Aug. Wilh. v. Schlegel. (61 S.) n. — 20
329. Der Sturm. Zauber-Lustspiel von Will. Shakespeare. Uebersetzt von Aug. Wilh. v. Schlegel. (64 S.) n. — 20
330. Der Dreikönigsabend oder Was ihr wollt. Lustspiel in 5 Akten von Will. Shakespeare. Uebersetzt von Aug. Wilh. v. Schlegel. (71 S.)
370. Homers Odyssee. Von Joh. Heinr Voß. (299 S.) n. — 80
371 Homers Ilias. Von Joh. Heinr. Voß. (VIII, 379 S.) n. 1 —
376. Ovid's Verwandlungen von Joh. Heinr. Voß. (210 S.) n. — 50
381 Antigone. Von Sophokles. (44 S.) n. — 20

Museum. Sammlung literar. Meisterwerke. Nr. 7, 10, 11, 13, 16—20, 24, 25, 44, 50, 52, 54, 63—65, 102, 104—109, 111, 112, 159. 8. Berlin, Friedberg & Mode's Sep.-Cto. n. 18. 80

7, 10, 11, 13, 16, 17. Kleinere Theaterstücke. Von Wolfg. v. Goethe 6 Bde. (187, 181, 183, 178, 190 u. 185 S.) 883. à n. — 50
18. Die Wahlverwandtschaften. Ein Roman von Wolfg. v. Goethe. (216 S.) 883. n. — 60
19. Westöstlicher Divan. Von Wolfg. v. Goethe. (276 S.) 883. n. — 70
20. Kleine Schriften vermischten Inhalts. Von Frdr. v. Schiller. (616 S.) 883. n. 1. 60
24. Prosaische Schriften. Von Frdr. v. Schiller. (332 S.) 883. n. 1. —
25. Gedichte von Frdr. v. Schiller. (VIII, 307 S.) 883. n. — 80
44. Laokoon od. üb. die Grenzen der Malerei u. Poesie. Von Gotth. Ephr. Lessing. (158 S.) 883. n. — 50
50. Der Freigeist. Ein Lustspiel in 5 Aufzügen. Der Schatz. Ein Lustspiel in 1 Aufzuge. Von Gotth. Ephr. Lessing. (41 S) 883. n. — 30
52. Damon od. die wahre Freundschaft. Die alte Jungfer. Von Gotth. Ephr. Lessing. (35 S) 883. n. — 20
54. Hamburgische Dramaturgie. Von Gotth. Ephr. Lessing. (400 S.) 884. n. 1. 10
63. Reise um die Welt m. der Romanzoffischen Entdeckungs-Expedition in den J. 1815—1818 auf der Brigg Rurik, Kapitän Otto v. Kotzebue. Von Adb. v Chamisso. (512 S.) 883. n. 1. 30
64. Wilhelm Meisters Lehrjahre. Von Wolfg. v. Goethe. (512 S.) 883. n. 1. 30
65. Wilhelm Meisters Wanderjahre. Von Wolfg. v. Goethe. (365 S.) 883. n. 1. —
102. Das Bild d. Kaisers. Novelle v. Wilh. Hauff. (80 S) 883. n. — 20
104. Lichtenstein. Romantische Sage aus der württemberg. Geschichte v. Wilh. Hauff. (346 S.) 883. n. 1. —
105. Der Mann im Monde. Von Wilh. Hauff. Nebst der Kontroverspredigt üb. H. Clauren u. den Mann im Monde (206 S.) 883. n. — 60
106. Märchen f. Söhne u. Töchter gebildeter Stände. Von Wilh. Hauff. (307 S.) 883. n. — 80
107. Othello. Novelle v. Wilh. Hauff. (46 S.) 883.
108. Die letzten Ritter v. Marienburg. Novelle v. Wilh. Hauff. (55 S.) 883. n. — 20
109. Die Sängerin. Novelle v. Wilh. Hauff. (45 S) 883. n. — 20
111. Mitteilungen aus den Memoiren d. Satan. Von Wilh. Hauff. (237 S.) 883. n. — 70
112. Gedichte u. Skizzen. Von Wilh. Hauff. (56 S.) 883. n. — 30
159. Gedichte von Graf Aug. v. Platen. (VIII, 426 S.) 884. n. 1. 20

Museum. Sammlung litterarischer Meisterwerke &c.

Nr. 140. Kleist, Heinr. v., Hermannschlacht. Ein Drama in 5 Aufzügen. (86 S.) * 30 Pf.
= 141. — der zerbrochene Krug. Ein Lustspiel. (64 S.) * 20 Pf.
= 142. — Käthchen von Heilbronn oder die Feuerprobe. Großes histor. Ritterspiel in 5 Akten. (88 S.) * 20 Pf.
= 143. — Prinz Friedrich von Homburg. Ein Schauspiel. (66 S.) * 20 Pf.
= 144. — Michael Kohlhaas. Histor. Erzählung. (85 S.) * 30 Pf.
= 145. — Familie Schroffenstein. Ein Trauerspiel in 5 Aufzügen. (95 S.) * 30 Pf.
= 146. — Penthesilea. Ein Trauerspiel. (94 S.) * 30 Pf.
= 147. — Amphitryon. Ein Lustspiel nach Molière. (70 S.) * 20 Pf.
= 148. — Erzählungen. (142 S.) * 40 Pf.
= 149. — Gedichte. Robert Guiskard. (54 S.) * 20 Pf.
= 151. Körner, Thdr., Leier und Schwert. (48 S.) * 20 Pf.
= 152. — Gedichte. (294 S.) * 60 Pf.
= 153. — Dramen. (563 S.) * ℳ 1,40.
= 155. Lenau, Nik., Savonarola. Ein Gedicht. (132 S.) * 30 Pf.
= 156. — Albigenser. Freie Dichtungen. (105 S.) * 30 Pf.
= 157. — Faust. Ein Gedicht. (104 S.) * 30 Pf.
= 158. — Gedichte. (VIII, 381 S.) * 80 Pf.
= 159. Platen, Graf Aug. v., Gedichte. (VIII, 426 S.) * ℳ 1,20.
= 160. — Dramen. (442 S.) * ℳ 1,20.
= 161. Schlegel, Friedr. v., Lucinde. Ein Roman. (76 S.) * 20 Pf.
= 171. Voß, Joh. Heinr., Luise. Ein ländl. Gedicht in drei Idyllen. (71 S.) * 20 Pf.
= 172. — Idyllen. (92 S.) * 20 Pf.
= 249. Molière, der eingebildete Kranke. Lustspiel. Uebers. von Auguste Cornelius. (56 S.) * 20 Pf.
= 282. Racine, Jean, Athalia. Trauerspiel in 5 Akten. Übers. von Nicolay. (61 S.) * 20 Pf.
= 285. — Phädra. Trauerspiel in 5 Aufzügen. Übers. von Friedr. v. Schiller. (52 S.) * 20 Pf.
= 300. Shakespeare, Will., Maß für Maß. (79 S.) * 30 Pf.
= 301. — Timon von Athen. (68 S.) * 20 Pf.
= 302. — Ende gut, alles gut. (83 S.) * 30 Pf.
= 303. — Julius Cäsar. (65 S.) * 21 Pf.
= 304. — Coriolan. (100 S.) * 30 Pf.
= 305. — Cymbeline. (101 S.) * 30 Pf.
= 306. — Liebes Leid und Lust. (74 S.) * 20 Pf.
= 307. — Hamlet, Prinz von Dänemark. (110 S.) * 30 Pf.
= 308. — Heinrich IV. (172 S.) * 50 Pf.
= 309. — Heinrich V. (92 S.) * 30 Pf.
= 310. — Wie es euch gefällt. (75 S.) * 21 Pf.
= 311. — Heinrich VI. (256 S.) * 70 Pf.
= 312. — Heinrich VIII. (92 S.) * 30 Pf.
= 313. — die Komödie der Irrungen. (51 S.) * 20 Pf.
= 314. — die beiden Veroneser. (60 S.) * 20 Pf.
= 315. — der Widerspenstigen Zähmung. (72 S.) * 20 Pf.
= 316. — König Johann. (72 S.) * 21 Pf.
= 317. — der Kaufmann von Venedig. (74 S.) * 21 Pf.
= 318. — die lustigen Weiber von Windsor. (75 S.) * 20 Pf.
= 319. — Viel Lärm um Nichts. (70 S.) * 20 Pf.
= 320. — König Lear. (95 S.) * 30 Pf.
= 321. — Titus Andronicus. (69 S.) * 20 Pf.
= 322. — Macbeth. (68 S.) * 20 Pf.
= 323. — Othello. (94 S.) * 30 Pf.
= 324. — Antonius und Kleopatra. (99 S.) * 30 Pf.
= 325. — Romeo und Julia. (87 S.) * 21 Pf.

* 326. —— König Richard II. (78 S.) * 21 Pf.
* 327. —— König Richard III. (103 S.) * 30 Pf.
* 328. —— ein Sommernachtstraum. (61 S.) * 21 Pf.
* 329. —— der Sturm. (64 S.) * 21 Pf.
* 330. —— der Dreikönigsabend oder Was ihr wollt. (71 S.) * 21 Pf.
* 331. —— Wintermärchen. (86 S.) * 30 Pf.
* 332. —— Troilus und Kressida. (96 S.) * 30 Pf.
* 370. Homers Odyssee. Von Joh. Heinr. Voß. (299 S.) * 80 Pf.
* 371. —— Ilias. Von Joh. Heinr. Voß. (VIII, 379 S.) * ℳ 1.
* 376. Ovid's Verwandlungen. Von Joh. Heinr. Voß. (210 S.) * 50 Pf.
* 381. Sophokles, Antigone. (44 S.) * 20 Pf.
* 390. Virgil, Aeneis. (244 S.) * 70 Pf.

Andere Nummern noch nicht erschienen.

Museum, das. Eine Anleitung zum Genuss d. Werke bild. Kunst v. Wilh. Spemann. M. Beiträgen v. Wilh. Bode, Max J. Friedländer, Geo. Gronau etc. Hrsg. v. Rich. Graul u. Rich. Stettiner. 1.—4. Jahrg. à 20 Hfte. (à 8 Taf. m. ca. 4 S. illustr. Text.) gr. 4. Berlin 896—898. W. Spemann. à Hft. n. 1.—

Museum, das. Eine Anleitg. zum Genuss der Werke bild. Kunst v. Wilh. Spemann. Mit Beiträgen v. W. Bode, R. Borrmann, B. Berenson etc. Hrsg. v. Rich. Graul u. Rich. Stettiner. V.—VIII. Jahrg. 1899/1900—1902/1903. à 20 Hfte. gr. 4. (à ca. 8 Taf. m. ca. 4 S. illustr. Text.) Berlin. Stuttgart, W. Spemann. à Hft. n. 1.—

Der 5. Jahrg. ist v. Rich. Sattler redigiert.

— das. Eine Anleitung zum Genuss der Werke bild. Kunst v. Wilh. Spemann. Mit Beiträgen v. W. Bode, R. Borrmann, B. Berenson u. a. Hrsg v. Rich. Graul u. Rich. Stettiner. 9. u. 10. Jahrg. à 20 Lfgn. (160 Taf. m. IV, 107 S. ill. Text u. 160 Taf. m. IV, 108 S. ill. Text.) gr. 4. Stuttgart 904—906. W. Spemann. Geb. in Leinw. à Jhrg. n. 25.—

— das. Eine Anleitg. z. Genuss der Werke bild. Kunst v. Wilh. Spemann. Mit Beiträgen v. W. Bode, R. Borrmann, B. Berenson u. a. Hrsg. v. Rich. Graul u. Rich. Stettiner. 11. Jahrg. 1.—16. Lfg. (128 Taf. m. illustr. Text. S. 1—64.) 37×27,5 cm. Stuttgart (907—10). W. Spemann. à Lfg. 1.—

Museum, das. Hrsg.: Hans Landsberg. 1.—4. Bd. 8. Berlin, Pan-Verlag. Kart. n 9. 50

1. Schillers Flucht. Von Andr. Streicher. Mit Briefen Streichers u. Auszügen aus der Autobiographie Hovens neu hrsg. 1. u. 2. Aufl. (Je X. VI, 229 S.) (905.) n. 2.—
2. Rußlands soziale Zustände. Von Alex. Herzen. Neu hrsg. v Hans Landsberg. (XIV, 150 S.) (905.) n. 2.—
3. Annette. Von Goethe. Neu hrsg. nebst e. Anh. aus dem „Leipziger Liederbuch" v. Hans Landsberg. (XIII, 46 S. m. 1 Bildnis.) (905) n. 1.50
4. Athenäum. Eine Zeitschrift v. Aug. Wilh. Schlegel u. Frdr. Schlegel. Neu hrsg. v. Fritz Baader. (XI, 290 S.) (905.) n. 4.—

Museum, das. V. VI. u. VIII. 8. Berlin, Pan-Verlag. Kart. 9.—; geb. in Leinw. 10. 50

Michelangelo, Gedichte u. Briefe. In Auswahl hrsg. v. R. A. Guardini. 1. u. 2. Taus. (VIII, 169 S. m. Bildnis.) 907. (VIII. Bd.) Kart. 3.—; geb. 3. 50

Napoleon-Briefe. Gesammelt u. hrsg. v. Hans Landsberg. 3. Aufl. (Napoleon-Bibliothek.) (XIII, 457 S.) 907. (V. Bd.) Kart. 4.—; geb. 4. 50

Taine, Hippolyte, Napoleon. Deutsch v. Luise Wolf. Hrsg u. eingeleitet v. Hans Landsberg. 2. Taus. (Napoleon-Bibliothek.) (VI, 102 S.) 907. (VI. Bd.) Kart. 2.—; geb. 2. 50

— allgemeines belletristisches, in verschiedenen Sprachen. Unterhaltungsliteratur d. In- u. Auslandes mit gegenüberstehender Uebersetzung. In Verbindung mit Mehreren herausg. von Jh. Cramer. 1. Bd. 6 Hfte. hoch 4. Crefeld 845, Funcke'sche Buchh. Prän.-Preis n. 1 ℛ

Museum des Alterthums, s. *Thesaurus* antiquitatum.

Museum d. Alterthumswissenschaft, s.a. F. A. Wolf.

— der Alterthumswissenschaft. Herausgeg. von F A. Wolf u. Buttmann. Berl. 807. 10. 2 Bände. 8. 5 rthlr 16 gr. Jeder Band hat eigene 2 Hefte. Heft I. 18 gr. II. 1 rthl. III. 1 rthl. 8 gr. IV. 1 rthl. 6 gr.

— anatomicum, s. G. *Sandifort.*

Museum Anatomicum Academiae Lugd.-Batavae descriptum ab E. Sandifort. Tom. I—IV. c. fig. Fol. Lugd.-Bat. 793—835. (Leipzig, T. O. Weigel.) ...

Museum anatomicum Holmiense quod auspiciis Augustissimi regis Oscaris I. edd. professores regiae scholae medico-chirurgicae Carolinensis. Sectio pathologica. Fasc. I. Fol. (12 lithochrom. und chromolithogr. Taf. und 16 Bl. Text.) Holmiae 855, (Fritze.) **

Anhaltisches Museum. Bd. 1, 2. Zerbst 1784-85
Hrsg. Friedr Georg August Lobethan.

Archäologisches Museum. Weimar 1801 8°
Hrsg. C. Aug. Böttiger.

Museum für Ärzte und Wundärzte. Leipzig· Rein 1805 8°
Hrsg.· Joh. Edw Chrph. Ebermaier.

Museum: Attisches Museum

④ Neues Attisches Museum ⑤ 1797—1803 ⑥ 8° ⑦ vierteljährlich ⑧ Jena: Joh. Christ. Gottfr Göpferdt. Zürich: Geßner (?) Luzern: Hch. Geßner (?); Bern Hch. Geßner (?) ⑩ Christoph Martin Wieland; Verleger: Heinrich Geßner, Buchhändler, Zürich (1. und 2. Bd.): Heinrich Geßner, Zürich und Bern (3. Bd., 3. Heft), Geßner, Usteri und Wolf, Luzern (3. Bd., 1 und 2. Heft); Peter Philipp Wolf & Comp., Leipzig (4. Bd., 1 und 2. Heft); Bureau der einheimischen Literatur Leipzig (4. Bd., 3. Heft) ⑪ Christoph Martin Wieland ⑫ Wieland bringt Übersetzungen griechischer Dichter ⑬ Klages (Zeitschriften) Nr 22 ⑭ Zh Z Lu: Z.

—— f. Belehrung u. Unterhaltung f. Israeliten, m. Karten, Porträts u. Zeichnungen. In Verbindung m. mehr. Gelehrten hrsg. v. K. Klein. 1. Bdchn. 8. (8 B. u. 1 Stahlst.) Breslau 843, Kern. Thlr.

— Belgisch, voor de nederduitsche tael- en letterkunde en de geschiedenis des vaderlands, uitgegeven op last der maetschappy tot bevordering der nederduitsche tael- en letterkunde door J. F. Willems. 1e Deel. 1e—4e Aflevering (Mit Steindrr.) gr. 8 Gent 837,38. (Bonn, Marcus.) n. 2²/₃ ℛ — 2e et 3e Deel 4 Aflevering. (Mit Steintaff.) gr. 8. Ebd. 838—40. (Ebd.) à n. 2²/₃ ℛ — 4e Deel. 1e, 2e Aflevering. Ebd. 840. (Ebd.) à n. ²/₃ ℛ

Museum, Belgisch, voor de Nederduitsche tael-en letterkunde en de geschiedenis des vaderlands, uitgeg. door J. F. Willems. 4e Deel. 3e en 4de Aflevering. u. 5e — 9e Deel 1841—1845 à 4 Aflevering. Mit Steintaf. gr. 8. Gent 841—45. (Bonn, Marcus.) à n. ²/₃ ℛ

— das belletristische, für deutsche Frauen und Jungfrauen. Eine Sammlung der beliebtesten Romane und Novellen des Auslandes in sorgfältigen Bearbeitungen. Herausg. von C. F. Grieb. Stuttgart 856, 57. Belser. 16.

1. 2. Bdchn.: Tolla Feraldi oder wahre Lebensgeschichte eines Mädchens. Von E. About. 2 Thle. (192; 150 S.) 15 ngr.

3—6. Bdchn.: Beatrix oder die unbekannten Verwandten. Von E. Sinclair. 4 Thle. (184; 207; 208; 296 S.) 1 ℛ. 6 ngr.

— the British, a choice selection from the Works of the most celebrated english authors, bott ancient and modern The editors: O. L. B. Wolff and O. Schütz, A. A. M. M. 1836 52 Nro. 4. Bielefeld 836, 37. Velhagen et Klasing n. 2²/₃ ℛ · 2d Vol. 1838. 52 Nro 4. The sames. n. 2²/₃ ℛ — 3r u. 4r Jahrg. à 12 Hfte. 1839. 1840 à n 2²/₃ ℛ

Brittisches *Museum*, nebst der Beschreibung d. berühmten Naturalien- u. Antiquitäten-Cabinets d. Hrn. H. Sloane. Aus d. Engl. Berl. 1764. (30) 270 S.

—Brittisches, od. Beitr. zur allgem. Lectüre; aus d. Engl. (1r—3r Thl. v. Chr. H. Schmid.) 26 Thle. 8. Leipz. 770—81. Schwickert. 16 ℛ 21 gℊ

—Brittisches, f. die Deutschen; hrsgg. v. Jh. Joach. Eschenburg. 6 Bde. 8. Leipz. 777—80. Weygand. 6 ℛ (Fortsetz., s. Annalen der Brit. Litt.)

—brittisches, für Deutsche. 3 Hfte. Aachen 823, jetzt Hensen u. Comp. u. d. Pr. 1/3 ℛ

Museum, Brittisches, f. Deutsche. Neue Folge. 1s—3s H. 8. Aachen 825, La Ruelle.

— Burckhardianum. II Tmi. 4. Wolfenbütt. Meissner. 750.

—Carlsonianum, sist. aves, viv. color. expr. IV Fasc. Fol. Upsala 786—90. Acad. 80 ℛ

Museum, Das, Carolino-Augusteum 1833—1908. O. O. u. J. V: *Fugger, Eberhard.* (H. F. Wagner, Anonymes und Pseudonymes in der Salzburger Literatur 1910, S. 22)

— das, Carolino-Augusteum in Salzburg 1833—1908. (51 S. m. 21 Taf.) 8. Salzburg (908). (E. Höllrigl.) 2. 60

—Casimirianum, dissert. hist. compl. ed. E. A. Frommann. 8. Coburg 771. (Riemann). 18 gℊ

Museum, Das christlich-archäologische, der Universität zu Berlin. Berlin [1864]. V: *Piper, Ferdinand.* (Erman & Horn, Bibliogr. d. dtsch. Universitäten. 2. Leipz. u. Berl. 1904.)

—— das christliche. Erzählungen f. d. christl. reifere Alter. Vom Verf. der „Schicksale eines Waisenmädchens" rc. (Luitpold Baumblatt.) 8. (16¼ B.) Bamberg 844, Züberlein.

Museum, Das christliche, der Universität zu Berlin 1849—1884. Berlin 1885. V: *Piper, Ferdinand.* (Erman & Horn, Bibliogr. d. dtsch. Universitäten. 2. Leipz. u. Berl. 1904.)

—Criticum, cont. praesert. var. lect. observat. ad. auctor. veter. graec. et lat. ed. Fd. Stosch. III Voll. 8. Lemgo 774—78. Meyer. 1 ℛ

—criticum Vratislaviense. Opera Fr. Passow et C. Schneider. Pars I. 8maj. Bresl. 825. Holäufer. 2 ℛ 12 gℊ

—Cuficum, s. Jak. G. C. *Adler.*

— der Deklamation; enthalt. eine strenge Auswahl von d. beliebtesten Gedichten, Dialogen, Monologen, Reden, Erzählungen u. andern prosaischen Aufsätzen, ernsten und launigen Inhalts; nebst Erläuterungen üb. d. Vortrag derselben von C. F. Solbrig. 3 Bde. Leipz. Baumgärtner. 813—15. (à 1 Rthlr. 8 gr.)
Auch unt. d. Titel:
Solbrig, Samml. d. neuesten Dichtungen zum Behuf d. Deklamation.

Museum Demidoff, s. a *Demidow.*

— — Demidoff. Ou catalogue systemat. et raisonné des curiosités de la nature et de l'art, données à l'université impériale de Moscou p. Mr. Paul de Demidoff. 3 Vol. gr. in 4. Moscou. (Leipsic, Fr. Fleischer en comm.) 817.

— schlesischer Denkwürdigkeiten. Ein Buch für das Volk. Enthaltend: die wichtigsten u. interessantesten Ereignisse, Lebensbilder, Charakterzüge u. Biographien berühmter Männer Schlesiens von der ältesten Zeit bis auf unsere Tage. Mit Abbildungen. 1. Hft. 4. (Mit 1 Lithogr.) Breslau 846, Günther. n. 4 ngℊ

Deutsches Museum. Jg. 1-13. Leipzig Weygand 1776-88. 8°
Hrsg. Heinr Christian Boie u. (bis 1778) Chr. K. Wilh. v Dohm.
Fortges. u. d. T. Neues Deutsches Museum. Leipzig 1789 ff.

— deutsches; hrsgg. von Fr. v. Schlegel f. d. J. 1812 u. 13. 2 Jahrgg. à 12 Hfte. gr. 8. Wien, (Heubner). (à 8 ℛ) 16 ℛ

— deutsches. Herausgeg. v. E. Münch, in Verbindung mit deutschen, schweiz. u. elsäss. Gelehrten. 1r—6r Bd. gr. 8. Freiburg 822—25, Wagner.

Museum, deutsches. Zeitschrift für Literatur, Kunst und öffentl. Leben. Hrsg. von Rob. Prutz. 1. und 2. Jahrg. 1851 und 1852. à Jahrg. 24 Hefte. Lex.-8. Leipzig, Hinrichs'sche Buchh. à Jahrg. *
Der 1. Jahrg. wurde von Prutz in Verbindung mit Wilh. Wolfsohn herausgegeben.

—— deutsches, Zeitschrift für Literatur, Kunst und öffentliches Leben. Hrsg. von Rob. Prutz. 3—6. Jahrg. 1853—56. (à Jahrg. 2 Bde. oder) 52 Nrn. (à 2½—3 Bog.) gr. 8. Leipzig, Brockhaus. à Jahrg. *

—— deutsches. Zeitschrift für Literatur, Kunst und öffentliches Leben. Hrsg. von Rob. Prutz. 7—11. Jahrg. 1857—61. à Jahrg. 52 Nrn. (à 2—3 Bog.) gr. 8. Leipzig, Brockhaus. à Jahrg. *

Museum, deutsches. Zeitschrift für Literatur, Kunst und öffentliches Leben. Hrsg. von Rob. Prutz. 12.—15. Jahrg. 1862—65. à Jahrg. 52 Nrn. (à 2—3 Bog.) gr. 8. Leipzig, Brockhaus. à Jahrg. *

— — Hrsg. von Rob. Prutz u. Karl Frenzel. 16. u. 17. Jahrg. 1866 u. 1867. à Jahrg. 52 Nrn. (à 2 Bgn.) Ebend. gr. 8. Jeder Jahrg. n. 10 ℛ

—— deutsches f. Geschichte, Literatur, Kunst u. Alterthumsforschung. Hrsg. v. Ludw. Bechstein. 2 Bde. gr. 8. Jena, Mauke. [1. (22 B., 5 Bildtaf. u. 1 Facsim.) 842, 2. (21½ B., 5 Bildt. u. Facsim.) 843. à * 2 Thlr.] *

—— deutsches, für Geschichte, Literatur, Kunst und Alterthumsforschung. Begründet von Ludw. Bechstein. Neue Folge. 1. Bd. Hrsg. von Reinhold Bechstein. gr. 8. (XVI und 352 S. mit 4 Facs. in eingedr. Holzschn.) Leipzig 862, O. A. Schulz. *

MUSEUM, Deutsches, für 1781. (Hrsg. von Chrn. Heinr. Boie u. Chrn. Conr Wilh. v. Dohm.) (4 Quartale mit Titelbild.) Mit vielen Musikbeilagen. Leipzig 1781 8°. (12 Mk. O. Rauthe, Berlin-Friedenau, 1909.)

—— aus den deutschen Dichtungen österreichischer Lyriker und Epiker der frühesten bis zur neuesten Zeit ausgewählt und in neuhochdeutscher Sprache zusammengestellt von S. H. Mosenthal. 8. (XVI und 515 S.) Wien 854, Gerold's Sohn.

Museum, Dresdner. 1786-87.
H: *Keller, Heinrich.* (ML) (Ky)

—Dresdner; e. Monatsschrift. 3 Stcke. 8. Dresd. 786. Gerlach. 18 gr

—Duisburgense, s. a. *Symbolae* liter. Duisburg.

— Duisburgense, construct. a I. P. Berg. II Tmi. in IV pt. 8. Haag. (Boehme, Lips.) 782.

— Florentinum, exhib. insign. vetustat. monumenta q. Florent. s. X Tmi. cum fig. fol. maj. Flor. (Weidmann, Lips.) 769. 20

—Francianum, descriptum. II Partes. 8maj. Leipz. 781. Dyck. 2 rþ

— Franciscoeum. Annales. MDCCCXCV. gr. 8. (III, 209 S. m. 7 Fig. u. 2 Taf.) Brünn 896. (Wien, Gerold & Co.) n.n. 4.—

— dasselbe. MDCCCXCVI. gr. 8. (III, 342 S. m. Abb., 1 Bildn. u. 2 Taf.) Ebd. 897. n.n. 4.—

— dasselbe. MDCCCXCVII. Lex.-8. (III, 307 S. m. Abb. u. 19 Taf.) Brunae 898. Ebd. n. 10.—

— Franciscoeum. Annales. MDCCCXCVIII. Lex.-8. (VI, 184 S. m. Abbildgn., 13 Taf. u. 1 Karte.) Brünn 899. (C. Winiker.) n.n. 5.—

—— Frankfurter. Aesthetische Wochenschrift. Hrsg. von Otto Müller. 1. Jahrg. Octbr.—Decbr. 1855. 13 Nrn. (Bog.) gr. 4. Frankfurt a. M., Auffarth. *

— Frankfurter. Süddeutsche Wochenschrift. Herausgbr.: Otto Müller. 1. Jahrg. Octbr.—Decbr. 1855. 13 Nrn. (à 1 Bgn.). Frankfurt a. M., Auffarth. n. 22½ ngr.

—— dass. — Süddeutsche Wochenschrift für Kunst, Literatur und öffentliches Leben. Hrsg. von Th. Creizenach und Otto Müller. 2. Jahrg. 1856. 52 Nrn. (Bog.) Imp.-4. Frankfurt a. M., Expedition. *

—— frankfurter. Süddeutsche Wochenschrift für Kunst, Literatur und öffentl. Leben. Hrsg. von Th. Creizenach. 3. Jahrg. 1857. 52 Nrn. (à 1—1½ Bog.) Imp.-4. Frankfurt a. M., Expedition. *

— — 4. Jahrg. 1858. 52 Nrn. (à 1—1½ Bgn.) Frankfurt a. M., Expedition. Lex.-8. n. 5 nG.

— Frankfurter. Süddeutsche Wochenschrift für Kunst, Literatur und öffentliches Leben. 5. Jahrg. 1859. 52 Nrn. (à 1—1½ Bgn.) Frankfurt a. M., Expedition. Lex.-8. n. 5 nß

—— fränkisches. Hrsg. von J. B. Friedreich. 1. und 2. Heft. Lex.-8. Würzburg 857. 58, (Kellner.) [1. Heft. (III und 96 S.) 2. (III und 104 S.) à Heft * 12 Ngr.] *

—Französisches, oder Uebersetz. u. Auszüge aus d. besten französ. Journalen rc. von A. Eph. Kayser. 6 Stcke. gr. 8. Bayr. 790, 92. (Grau in Hof). 4 rþ 16 gr

—für Frauenzimmer, von einig. ihrer Mitschwestern. 4 Bdchn. Mit 4 Kpf. 12. Weißenf. 790. (Baumgärtner in Leipz.) 2 rþ

Museum Fridericianum. (41 Blatt Photographien.) Lübeck und Cassel. Fol.

Das germanische Museum in Nurnberg (v. von H.). (Separatabdruck der Abendstunden. Heft 2. 186..) (Wien 186..) 8°

Museum, Germanisches, s.a. Anzeiger

Museum, Germanisches, s.a. Katalog

Museum, Germanisches, s.a. Quellen zur Geschichte der Feuerwaffen.

Museum, Germanisches, s.a. Sammlungen

— germanisches, zu Nürnberg. (25 Bl.) qu. Fol. Nürnberg (902). S. Soldan'sche Verlagsbuchh. 12.—

Museum für das weibliche Geschlecht. Jg. 1 2.
Halle. Franke 1792-93 8°
Hrsg.: Aug. Heinr. Julius Lafontaine. Vorh. u. d. T
Zeitschrift für Gattinnen. Halle 1791 f.

Die Gesellschaft Museum in Fulda vom Jahre 1875 bis 1900. Erinnerungs-Blatt zur 25j. Jubelfeier den Mitgliedern gewidm. vom Vorstand. *Fulda 1900: (J. L. Uth).* (16 S.) 8° [oo 8270 4

— d., d. kaiserl. Odessaer Gesellschaft f. Geschichte u. Altertumskunde. Im Auftr. d. Gesellschaft hrsg. 1. Lfg. (Russisch u. deutsch.) gr. 4. Odessa 897. (Frankfurt a/M., J. Baer & Co.) n. 16.—
Terracotten. Von A. Derewitzky, A. Pavlovsky u. E. v. Stern. (46 S. m. 1 Fig. u. 17 Lichtdr.)

— das, der kaiserl. Odessaer Gesellschaft f. Geschichte u. Altertumskunde. Im Auftrag der Gesellschaft hrsg. 2. Lfg. (Russisch u. deutsch.) gr. 4. Odessa. Frankfurt a/M., J. Baer & Co. n. 16.—
Terracotten. Von A. Derewitzky, A. Pavlowsky u. E. v. Stern. (2. Lfg.) (48 S. m. 18 Lichtdr.-Taf.) 898.

— das, der kaiserl. Odessaer Gesellschaft f. Geschichte u. Altertumskunde. Im Auftrage d. Gesellschaft hrsg. 3. Lfg. (Russisch u. deutsch.) gr. 4. Odessa. Frankfurt a/M., J. Baer & Co. 16.—
Theodosia u. seine Keramik. Von E. v. Stern. (93 S. m. 1 Karte u. 9 [8 farb.] Taf.) 906.

—Geversianum s. index rerum naturalium, cont. instructissimam copiam pretiosissimorum omnis generis ex tribus regnis naturae objectorum, quam, dum in vivis erat, comparavit Abr. Gevers, ed. F. C. Meuschen. 8. Rotterdam 787.

—— Godeffroy Catalog V. Nebst einer Beilage, enth. topograph. und zoolog. Notizen. gr. 8. (XXXVI, 215 S.) Hamburg 874, Friedrichsen und Comp. *
Catalog I—IV sind nicht in den Handel gekommen.

Museum Godeffroy. Catalog VI. Nachträge zu Catalog V. gr. 8. (VII, 108 S.) Hamburg 877, Friederichsen und Comp. *
Catalog I—IV waren nicht im Handel; V. Hamburg 1874, Friederichsen und Comp. *M 6.

— dasselbe. Catalog VII. Wirbelthiere [Animalia vertebrata] u. Nachträge zu Catalog V u. VI aus den übrigen Thierklassen. gr. 8. (VIII, 99 S.) Ebend 879. n. 3.— (V—VII.: n. 12.—)

Göttingisches Philosophisches Museum. Bd. 1 2.
Göttingen: Dieterich 1798-99 8°
Hrsg.: Joh. Gottl. Buhle u. Fr. Bouterwek. Fortges. u. d. T
Neues Museum der Philosophie. Leipzig 1803 ff

Göttingisches Museum der Theologie und Literatur Bd. 1 2 Hannover· Hahn 1804-05 8°
Hrsg. Joh. Ritter v Horn.

— Gravelianum, s. collectionis regni mineralis praecipue hist. nat. illustr. recensio. 8. Strassb. 772. Treuttel u. W. 8 ℛ

Gymnasiastisches Museum. H. 1 Leipzig Gräff 1804 8°
Hrsg. Fr D Gräter.

— Haganum. — s.a. Barkey.

— Haganum, ed. Nicol. Barkey. IV Tomi. 8. Haag 775—80. 5 ℛ

— Hamburger. Belletristische Zeitschrift für Leser jedes Standes. Verantw. Red.: J. E. Schäfer. 3. Jahrg. 1847. 156 Nrn. Lex. 8. (¼ B.) — 4. Jahrg. 1848. 208 Nrn. Lex. 8. (½ B.) Hamburg, Herold in Comm. à Jahrg. n. 2 ⅔ ℛ

— das hamburgische, f. Kunst u. Gewerbe. Dargestellt zur Feier des 25jähr. Bestehens v. Freunden u. Schülern Justus Brinckmanns. 8. (VI, 436 S.) Hamburg 902. (Boysen & Maasch.) n. 5. —

—— hannoversches, Organ f. Literat., bild. Kunst, Theater, Musik u. sociales Leben. Hrsg.: W. Schröder. 1. Jahrg. Dec. 2. 1838 bis dahin 1839. 156 Nrn. (Bog.). Als Beil.: Lithographien, Karrikaturen ꝛc. kl. Fol. Hannover, Helwing'sche Hofbuchh.

— der Heilkunde; unter Direktion J. H. Rahn's hrsgg. v. der helvet. Gesellsch. d. Ärzte u. Wundärzte. 4 Bde. gr. 8. Zürich 792—97. Orell. 6 ℛ

— Heineanum. Verzeichniss der ornithol. Sammlung des Oberamtm. Ferd. Heine auf Gut St. Burchard vor Halberstadt. Mit kritischen Anmerkungen u. Beschreibung d. neuen Arten, systematisch bearb. von Jean Cabanis. I. Theil, die Singvogel enthalt. gr. 8. (VIII u. 234 S.) Halberstadt 850—51, Frantz in Comm. n. 1⅔ ℛ

Museum Helveticum
① Ad juvandas Literas in publicos Usus apertum ⑤ 1746—1753 ⑥ 8° ⑦ Quartalschrift ⑧ Zürich: Conrad Orell & Co. ⑪ Johann Jakob Breitinger; der Chorherr Jakob Zimmermann (1695—1756) ⑬ BGSZ 99 (p. 50/51. Nr 16) ⑭ Bs: U. Zh Z. Lu: Z ⑮ In lateinischer Sprache.

— Hermeticum reformat. 4. Viennae. 749.

Hermetisches Museum, allen Liebhabern der wahren Weisheit gewidmet. Bd 1-4. Reval, Leipzig. Albrecht 1782-90. 8°

— hermetisches, allen Liebhabern d. wahren Weisheit gewidmet 2 Thle. 8. Leipz. 782, 83. (Seger). 18 ℛ

Museum, Herzoglich. Die Sammlung mittelalterlicher und verwandter Gegenstände. Braunschw. 1879. V: *Riegel, Hermann.* (Mitth. Dr. H. Bäsecke.)

Museum. Historico-Philologico-Theologicum. Bremae 1728—32. H: *Hase, Theodor & Nicolaus Nonnen.* (Ebert) (BrMm)

— hist.-philol.-theologicum. II Vol. s. 8 pts. Brem. 729-732.

Museum, Historisches. Katalog No. II. Basler Münzen und Medaillen. 1899. Katalog der Basler Münzen und Medaillen der im Historischen Museum zu Basel deponierten Ewig'schen Sammlung von *Alfred Geigy.* Mit 44 Taf. in Lichtdruck von H. Speiser. 8°. XVII, 171 S. Basel. Historisches Museum. 1899. 5 —

Museum. Historisches M' Basel. Katalog No. 4: Musikinstrumente. ([Bearb. von] Dr. Karl Nef.) 1906. [Mit 12 Tafeln.] VIII + 75 S. 8. (Basel, Emil Birkhäuser, 1906.) fr. 1. —
Ausg. A. — Ausg. B, u. d. T : Kat' der Musikinstr' im Historischen Museum zu Basel. Von Dr. Karl Nef s. in Festschrift zum Zweiten Kongress der Internationalen Musikgesellschaft. .. Basel ... 1906.

Museum, histor. romantisches, herausg. v. verschied. Verfass. m. K. 1r—4r Bd. 8. Leipzig, Joachim. (I. II. enth. Pompejus d. Große, Roms Stolz u. Opfer. 2 Bde. 1 Thlr. 8 gr. III. IV. Pyrrhus, König d. Epirer, Roms mächtiger Gegner. 2 Bde. 1 Thlr. 12 gr.)

Museum, hist.-romant., herausg. v. Gust. Sch. 1802. 1r Bd. 8. Pirna, Pinther. Rthlr. m K.

— — historisk. 1r Th. Mit 2 color. und 1 and. Kupf. gr. 8. Stockholm, Strinholm. 816.

— Holländisches, f. Deutschlands Aerzte u. Wundärzte, (v. Chr Fr. Niceus). 1r Bd. gr. 8. Bresl. 794. J. F. Korn. 1 ℛ 4 ℊ

— humoristisches. Eine Auswahl der neuesten u. besten komischen Gedichte u. humoristischen Aufsätze in Prosa, welche sich besonders zu Vorträgen in geselligen Kreisen, sowie zur Selbst-Unterhaltung eignen. Nebst einem Anh.: scherzhafte Räthselfragen enthltd. Berlin (857.) Reymann. 16. (237 S.) 10 ngr.

—— humoristisches. Eine Auswahl der neuesten und besten komischen Gedichte und humorist. Aufsätze in Prosa, welche sich besonders zu Vorträgen in geselligen Kreisen, sowie zur Selbst-Unterhaltung eignen. Nebst einem Anhang: scherzhafte Räthselfragen enthaltend. 16. (237 S.) Berlin 858, Reymann.

— humoristisches. Eine Auswahl der neuesten u. besten kom. Gedichte u. humorist. Aufsätze in Prosa, welche sich besonders zu Vorträgen in gesell. Kreisen, sowie zur Selbst-Unterhaltung eignen. Nebst einem Anhang: scherzhafte Räthselfragen enthltd. 3. Aufl. Berlin 866. Reymann. 16. (236 S.) n. 10 ngr.

Museum österreichischer Industrie Jg. 1 2
Wien Stöckholzer von Hirschfeld 1863-64. 4°
Red. E. Fanta.

Inländisches Museum. Bd 1 2 (= H 1 2).
Dorpat Schünemann 1820-21. 8°
Hrsg. Karl Eduard Raupach.

— f. d. Jugend, zur Bereicherung d. Verstandes u. Bildung d. Herzens, v. e. Gesellsch. Erzieher. 1r u. 2r Bd. Mit ill. Kpf gr. 8. Bresl. 802. Schall. 2 ℛ

——, katholisches, f. d. gebild. Lesewelt. Hrsg. v. J. W. Hoeninghaus. 1—3. Hft. gr. 8. (à 10¼ B.) Aschaffenburg 834, 35, Pergay. à

—— katholisches, f. d. gebild. Lesewelt. Hrsg. v. J. W. Hoeninghaus. 4. u. 5. Hft. gr. 8. (10½ u. 10 B.) Aschaffenburg 836, Pergay. à H.
1—3. Hft. Ebendas. 1834, 35. à 12 Gr.

— f. Kinder. 8. Hamb. Matthiesen. 784.

— f. Kinder z. angenehm. u. nützl. Selbstunterhaltung 2c. Mit Kpf. Berl. 803. Belitz. 16 gr, illum. 1 ℛ

Museum des Kirchen- und Schul wesens Hildesheim. Gerstenberg 1808. 8°
Hrsg.: J. Kästner

—— kleines, der Deklamation, nebst vorangestelltem Inbegriff d. Regeln d. Deklamation, nach d. bekannten besten Quellen bearb. u. eingerichtet f. nied. Convikte, Gymnasien, Lehrerseminarien u. den Selbstunterr. v. C. K. 1. Aufl. m. etwas abweich. Ttl. (17 B.) 838. 5/6 Thlr., 2., verb. u. verm. Aufl. 8. (15½ B.) Gmünd 841, Dillenius.

— kleines, der Deklamation, oder kurze Samml. metrischer u. prosaischer Aufsätze zum Behufe der Deklamation; nebst kurzem Inbegriff der Regeln der Deklamation, nach d. besten Quellen bearbeit. u. eingerichtet für niedere Convikte, Gymnasien, Lehrerseminarien u. den Selbstunterricht von C. K. 8. Gmünd 838. Raach u. Buck; Leipzig (Meißner.) 5/6 ℛ

— kl., v. Länd.- u. Reisebeschr. in Ausz. a. gr. W. zur Unterh. f. d. reif. Jug. 1s u. 2s Bdch. m. K. 8. Lpz. Leo. 801–2. (1r 1 Rthlr. 12 gr. 2r 1 Rthlr.)

Museum, Das Königliche, für Völkerkunde. Berlin 1887

Das Königliche Museum für Völkerkunde in Berlin. Mit 3 Kupfertafeln. (Sonderabdruck aus der Zeitschrift für Bauwesen.) Berlin. 4°.

—— das königl., für Völkerkunde in Berlin. Lex.-8. (10 S. mit 3 Kpfrt.) Berlin 886, Ernst und Korn. cart. *
Aus Zeitschrift für Bauwesen, besonders abgedruckt.

— kritisches; e. Beschreib. des Naturalienkabinets Sloane's. 8 Berl. 764. Birnstiel. 16 gr

Museum für Kunst u. Industrie, k. k. Katalog desselben. II. Ausgegeben mit Anfang December 1864. Wien, Selbstverlag des k. k. österr. Museums. 8. (128 S.) 40 kr.

— der modernen Kunstindustrie. Muster-Sammlung von hervorrag. Gegenständen der letzten Weltausstellgn. v. London u. Paris. Ein Handbuch v. Vorlagen f. Industrielle aller Zweige, Gold-, Silber-, Bronze- u. Metallarbeiter, Holz- u. Elfenbeinschnitzer, Glas-, Porzellan- u. Thonwaaren-Fabrikanten etc. — Musée d'art et d'industrie moderne — Museum of modern art a. manufacture. (In 15—20 Lfgn.) 1. Lfg. gr. 4. (24 Holzschntaf.) Leipzig 871. Brockhaus. — 75

— Leskeanum, quod Regnum animale ordine systematice dispos. atque descripsit, a D. L. G. Karsten et Zschach II Tom. c. fig. 8maj. Leipz. 788. Müller. 4 ℛ — Deutsch unt. d. T.: N. G. Leske's hinterlass. Mineralienkabinet, systemat. geordnet u. beschrieben, u. mit Anmerkk. versehen von D. L. G. Karsten. 2 Bde. 8. Ebd. 789.

— literarisches. 2 Bde zu 4 Stcke. 8. Altd. 777—79. (Monath u. K. in Nürnb.) 2 ℛ

— — literarisches, für die herzogl. sächs. Lande. s. G. G. Güldenapfel.

Literarisches Museum für die Grossherzogl. Herzogl. Sächsischen Lande. 1816 s. Jenaischer Universitäts-Almanach.

— literarisch-romantisches. Lesefrüchte aus Deutschlands belletristischen Zeitschriften. 3 Hfte. 8. Kaschau 833. (Heckenast in Pesth.) In farb. Umschl. 3/4 ℛ

Museum für altdeutsche Literatur u. Kunst, s. a. Hagen, F. H. von der.

— — für altdeutsche Literatur und Kunst, von Hagen, Docen und Büsching. 1r Bd. und 2r Bd. 1s Heft. gr. 8. Berlin. 809 — 10. Jetzt Reimer.
Fortges. u. d. T Sammlung für altdeutsche Literatur und Kunst. Breslau 1812

— f. biblische u. orientalische Literatur, s. a. A. J. Arnoldi.

Museum für biblische und orientalische Litteratur Gemeinschaftlich angelegt von Albrecht Jacob Arnoldi Georg Wilhelm Lorsbach und Johann Melchior Hartmann. Ersten Bandes erstes Stück Marburg 1807

Museum für die griechische und römische Literatur Zürich 1794-95 8°
Hrsg.: Karl Ph. Conz.

Museum, das, zu Lübeck. Eröffnet am 16. Mai 1893. gr. 8. (39 S. m. eingedr. Grundrissen u. 1 Lichtdr.-Taf.) Lübeck 893. (Lübcke & Hartmann.) n. 1. —

Das Museum zu Lübeck Festschr. z. Erinnerung an d. 100jähr. Bestehen d. Sammlungen d. Gesellsch. z. Beförderung gemeinnütziger Thätigkeit. 1800–1900. *Lübeck 1900: Ch. Coleman.* (277 S.) 8° [illegible]

— das, zu Lübeck. Festschrift zur Erinnerg. an das 100jähr. Bestehen der Sammlgn. der Gesellschaft zur Beförderg. gemeinnütz. Thätigkeit. 1800—1900. gr. 8. (III, 278 S. m. Abbildgn., 20 Taf. u. 2 Bildnissen.) Lübeck 900. (Lübcke & Nöhring.) n. 12. —

—— Lugduno-Batavum. Inscriptiones graecae et latinae. Edit. L. J. F. Janssen. 4maj. (24¼ B. u. 32 Taf.) Lugduni Batav. 842, S. et J. Luchtmans. **

— Mecklenburgisches; hrsgg. von Jh. Chr. Fr. Dietz u. A. 1s Stck. 8. Rostock 786.

— ausländischer Meisterwerke historischen, polit. u. belletrist. Inhaltes. In neuen Verdeutschungen. 1r—11r Thl. — 1r bis 4r. A. u. d. T.: Corinna, oder Italien. Von d. Frau v. Staël-Holstein. Nebst e. biograph.-krit. Ueberblick des Lebens u. d. Werke d. Verf. Deutsch v. Fr. Gleich. 4 Bdchen. — 5r: Yoriks empfindsame Reise durch Frankreich u. Italien. A. d. Engl. d. Sterne. Nebst dessen Leben u. Charakteristik v. Peregr. Syntax. 6r—11r Bd. Robertson, Gesch. v. England. 6 Bde. 16. Lpz. 826, Hartleben in P

— dess. 12s u. 13s Bdchen. A. u. d. T.: Lesage, d. hinkende Teufel. Aus d. Französ. v. Fr. Gleich. 2 Bde. 16. Ebd. 827, Ebd.

— dess. 14s u. 15s Bdchen. A. u. d. T.: Jouy, Sittengemälde v. Paris. A. d. Franz. v. Peregr. Syntax. 2 Bde. 16. Ebd. 827, Ebd.

—— der wissenswerthesten Merkwürdigkeiten der Erde od. Weltbeschreibung in den Gebieten der Natur, der Kunst u. des Lebens. Unter Mitwirkung Mehr. hrsg. v. Löwen. 3 Bde. 4. Berlin, Hübenthal u. Comp. [1. (48 B. u. 49 Stahlst.) 844. 2 Thlr., 2. (52 B., 52 Stahlst. u. 1 Panorama von Berlin.) 45. 2 Thlr. 5 Ngr., 3. (60 B. u. 15 Stahlst.) 46. 2 Thlr. 15 Ngr.]

Museum f. Moral u. Aesthetik. 2 Hfte. 8. Frankf. 783—87. Pfähler. 12 gr

Museum, Moskauer Polytechnisches. (18 Bl Photographien) qufol Moskau

Das musikhistorische Museum von Nicolas Manskopf. *Frankfurt a. M. [1903] (R. Th. Hauser & Co.).* (64 S.) 8° [illegible]

Museum der N a t u r Breslau 1833-34
Hrsg. S. u. C. F Schilling.

(M u s e u m. [Aus] dem naturhistorischen M' Schaffhausens Ovis Ammon....) Njbl. s. [L a f f o n, Johann Conrad].

—naturhistor., f. Kinder. Mit 9 ill. Steintaf. 8. Berl. 824. Hasselberg. 18 gr

— das, f. Naturkunde, der königl. Friedrich-Wilhelms-Universität in Berlin. Zur Eröffnungs-Feier. Lex.-8. (16 S. m. 10 Taf.) Berlin 889. W. Ernst & Sohn. Kart. n. 3. —

— das neue pathologische, der Universität zu Berlin. (Von Rud. Virchow.) schmal gr. 8. (15 S. m. 5 Grundrissen.) Berlin 901. A. Hirschwald. n. 1 —

Museum, Neueröffnetes, oder Anmerkungen aus der Theologia casuali . . . Leipzig 1713—18. H: *Lange, Johann Christoph.* (ML)

— neueröffnetes, od. allerh. dienl. Anmerk. z. Gelehrsamk. dien. Sachen. 14 Thle. 8. Leipz. 713 - 18.

—neues Attisches; hrsgg. v. Cph. Mt. Wieland, J. J. Hottinger u. F. Jacobs. 3 Bde compl. gr. 8. Zürich 802—810. Geßner. 6 rthl

Museum: Neues Attisches Museum
③ Attisches Museum ⑤ 1805. 1806. 1809 ⑥ 8° ⑦ vierteljährlich ⑧ Zürich: Geßner (?) ⑩ Christoph Martin Wieland. Johann Jakob Hottinger, F Jacobs; Verleger Heinrich Geßner, Buchhändler Zürich ⑪ die Herausgeber ⑫ Übersetzungen griechischer Schriftsteller ⑬ Klages (Zeitschriften) Nr 23 ⑭ Zh Z; Lu Z.

— neues attisches, herausg. v. C. M. Wieland, J. J. Hottinger u. F. Jacobs. 3r Bd. 2s u. 3s Stck. gr. 8. Zurich, Geßner. 810 u. 11. (à 16 gr)

— neues, f. Damen, m. K. Berl. W. Oehmigke.

—neues, f. Damen, aus d. Gebiete d. Moden u. des Geschmacks; zur Kunde eleganter Gegenstände, u. zur Beurtheilung des Schönen in d. Tanzkunst, Malerei, Stickerei rc. Mit Kpf. 8. Berl. 800. 2 rthl 8 gr (Sander). 1 rthl 12 gr

—neues deutsches; hrsgg. (v. Hnr. Chr. Boie). 1789 Juli — Decbr. 1790. 12 Stcke, u. 1791. 6 Stcke. Leipz., Göschen. (à 6 Stcke 2 rthl) 6 rthl

N e u e s Frankfurter Museum. Jg. 1 Frankfurt a. M Expedition d. Zeit 1861 Hrsg. Theodor Creizenach

N e u e s Museum für die sächsische Geschichte, Litteratur und Staatskunde. Bd. 1-4 Freiberg Craz (sp. Leipzig Breitkopf) 1800 bis 1807. 12. Hrsg.. Chr. Ernst Weiße Vorh. u. d. T Musäum f. d. sächsische Geschichte. Leipzig 1794 ff.

Museum, neues histor., herausg. v. verschied. Verfassern, m. Kpf. 22 Bde. 8. Leipz. Joachim. 801. Rthlr.
(Inhalt: Paßwand Oglu, 2 Bde. Karl der XII. Kön. v. Schweden, 2 Bde. Johanna v. Ark. Diogenes Romanus, 2 Bde. Pompejus der Große, 2 Bde. Pyrrhus, König d. Epirer, 2 Bde. Anna Grenvil, 2 Bde. Alexander II., Großfürst v. Rußland, 2 Bde. Arnold an der Halten, 2 Bde. Carl der Kühne, Herzog v. Burgund. Der natürliche Zauberer. Franz Petrarka. Toussaint Louverture. Johann Bückler, genannt Schinderhannes. Diese alle einzeln nebst Preisen, s. an ihrem Orte.)

—neues, zum Nutzen u. zur Unterhalt. f. Kinder, s. Wochenblatt zum Nutzen u. Unterhaltung f. Kinder rc.

— neues, z. Nutz. u. z. Unterhalt. f. Kinder u. junge Leute. 6 Bde. (hat auch d. Tit.: Wochenblatt, unterhalt., für Kinder rc.) 8. Leipz. Sommer. 794 - 95.

N e u e s Museum der Philosophie und Litteratur Bd 1-3 Leipzig Martini 1803-05 8°
Hrsg. Fr Boeterwek. Vorh. u d T Göttingisches philosophisches Museum. Göttingen 1798 f

Neues Museum der deutschen Provinzen Rußlands, herausg. v. Carl Eduard Raupach, Dorpat 1824

Museum: Neues Schweitzerisches Museum
③ Schweitzerisches Museum ⑤ Januar 1793—1794 und 1796 ⑥ 8° ⑦ Monatsblatt ⑧ Zürich: Orell. Geßner Füßli & Comp ⑩ Johann Heinrich Füßli ⑪ Johann Heinrich Füßli ⑫ literarische Zeitschrift ⑬ BGSZ 99 ⑭ Zh Z Be L (unvollständig); Lu Z.

—— neues schweizerisches. Zeitschrift für die humanist. Studien und das Gymnasialwesen in der Schweiz, hrsg. von O. Ribbeck, H. Köchly, W. Vischer, J. Hunziker, H. Gehrig. 1. Jahrg. 1861. 12 Hefte gr. 8. (1. und 2. Heft. 84 S.) Bern, Dalp'sche Buchh. *

—— neues Schweizerisches. Zeitschrift für die humanist. Studien und das Gymnasialwesen in der Schweiz, hrsg. von O. Ribbeck, H. Köchly, W. Vischer, J. Hunziker, H. Gehrig. 2. Jahrg. 1862. 12 Hefte. gr. 8. (à Heft ca. 36 S.) Bern, Dalp'sche Buchh. *

—— dass. — hrsg. von H. Köchly, W. Vischer, H. Usener. 3. Jahrg. 1863. 12 Hefte. gr. 8. (à Heft ca. 34 S.) Ebendas. *

—— dass. — hrsg. von W. Vischer, S. Schweizer-Sidler, A. Kießling. 4. Jahrg. 1864. 4 Hefte. gr. 8. (à Heft ca. 96 S.) Ebendas. *

—— dass. — hrsg. von W. Vischer, H. Schweizer-Sidler, A. Kießling. 5. und 6. Jahrg. 1865 und 1866. à Jahrg. 4 Hefte. gr. 8. (à Heft ca. 96 S.) Basel, Bahnmaier's Verlag. à Jahrg. *
Wurde nicht fortgesetzt.

—neues vollständiges, für die Orgel, zum Gebrauch für Organisten in allen Theilen ihres Berufes u. zur allseitigen Ausbildung für dieselben, herausg. von einem Vereine vorzügl. Orgelcomponisten. 1r — 7r Jahrg. à 6 Hfte. gr. 4. Meißen ... Gödsche. (à 1 1/2 rthl) 10 1/2 rthl

— —, Neues, des Witzes, der Laune u. Satyre. 2 Bde. Berlin, Petri, 1822—24. 8°. (7 1/2 Rthl.)
Kayser 1827 II. p. 165.

Museum, neues, des Wundervollen, od. Magazin des Außerordentl. in d. Natur rc.; hrsgg. v. Dr. Bergk. 1r Bd. 1s—6s, u. 7r Bd. 1s Stück. Mit 34 Kpf. gr. 8. Leipz. 822 — 25. Baumgärtner. (à 18 gr) 5 rthl 6 gr
Vorh. u. d. T Museum des Wundervollen. Leipzig 1803 ff.

—des Neuesten u. Wissenswürdigsten aus d. Gebiete d. Naturwissensch., d. Künste rc. s. S. Fr. Hermbstädt.

— des Neuesten u. Wissenswürdigsten, aus dem Gebiete d. Naturwissensch., der Künste, der Fabriken, der Manufakturen, der technischen Gewerbe rc. herausg. von S. Fr. Hermbstädt. Jahrg. 1814 u. 15. gr. 8. Berlin, Amelang. (à 7 Rthlr. 12 gr.)
Vorh. u. d. T Bulletin des Neuesten und Wissenswürdigsten. Berlin 1809 ff.

— — des Neuesten und Wissenswürdigsten aus dem Gebiete der Naturwissenschaft, er Künste u. s. w. Herausgegeb. von S. F. Hermbstädt. Jahrg. 1816, 17, 18, oder 7r bis 15r Bd. gr. 8. Berlin, Amelang. (à Jahrg. 7 Rthlr. 12 Gr.)

— neufränkisches. 1r Thl. 8. Magdeburg, Heinrichshofen. 800.

— new British, a choice selection from the works of the most celebrated english authors, the editors: O. L. B. Wolff and C. Schütz. 1841. 52 Numm. (½ Bogen.) gr. Lex.-8. Bielefeld, Velhagen and Klasing. n. 2 ₰

Museum, new-yorker. Ein Journal für Literatur, Kunst, Humor und Satyre. Hrsg. von Geo. Degen. 1. Bd. 20 Nrn. (à 2 Bog.) gr. 4. New-York 861. (Philadelphia, Schäfer und Koradi.) Thlr. *

— niederländisches, Magazin f. Gesch., Literat., Kunst, u. Kenntniß d. öffentl. Zustände in d. Niederlanden. 1—4. Hft. gr. 8. (33¼ B.) Carlsruhe 837—39, Müller'sche Hfbh. à H.

— Niederländisches, Magazin für Geschichte, Literatur, Kunst, u. Kenntniß der öffentl. Zustände in den Niederlanden. 1s—7s Hft. gr. 8. Carlsr. 837—40. Müller. (à ¾ ₰) 5¼ ₰

— niederländisches. Magazin für Geschichte, Literatur, Kunst u. Kenntniß d. öffentl. Zustände in den Niederlanden. Herausgeg. v. Er. v. Münch. 8. Heft. gr. 8. Carlsruhe 841, Müller. ¾ ₰

— Noricum, oder Samml. auserles. kl. Schriften rc., aus d. Gelahrtheit u. Nürnberg. Geschichte, (v. G. A. Will). 4. Altd. 760. Schüpfel. 1 ₰ 8 gr

Museum, das k. k. österreichische, für Kunst und Industrie und die k. k. Kunstgewerbeschule in Wien. gr. 8. (72 S.) Wien 886, Hölder. *
Aus: Centralblatt für das gewerbliche Unterrichtswesen, besonders abgedruckt.

Museum, das k. k. österreichische, f. Kunst u. Industrie in Wien. Erbaut von Heinr v. Ferstel. qu. Fol. (10 Lichtdr.-Taf.) Wien 894 V. A. Heck n. 10. —

Museum, Das k. k. österreichische, und die Kunstgewerbeschule. Wien 1873. V: *Bucher, Bruno.* (TübZ 25, 17)

— das kaiserlich-königliche oesterreichische, und die Kunstgewerbeschule. Festschrift bei Gelegenheit der Weltausstellung in Wien Mai 1873. gr. 4. (IV, 142 S. mit eingedr. Holzschn. und 10 Holzschntaf.) Wien 873, Braumüller. *

Museum, Oesterreichisches. Wien 1833—39. H: *Schweickhardt, Franz Xaver Joseph.* (EB)

Pädagogisches Museum. Bd. 1. Leipzig: Schneider 1778-80. 8°
Hrsg.: Aug. Chrn. Borheck.

Museum zu Paris oder Sammlung von Copien der . . . Meisterwerke der Malerei. Cöln 1801—06. H: *Wallraf, Ferdinand Franz.* (Ky)

— das, zu Paris, od. Samml. v. Copien der dort befindl. Meisterwerke der Malerei. 3 Hfte. Mit Kpf. 12. Cöln 801—6. Fabricius. 4 ₰ 6 gr

— pathol. anatomisches, s. Cerutti.

Neues Museum der deutschen Provinzen Rußlands, herausg. v. Carl Eduard Raupach, Dorpat 1824

Museum, Pfalzbairisches. Mannheim 1786—88. H: *Klein, Anton von.* (Adel)

Museum, Pfälzisches. Mannheim 1783—90. H (Heft 1—18): *Klein, Anton von.* (Ky) »1783—85« (Adel) (ErschDL)

Pfälzisches Museum. Monatsschrift für heimatliche Literatur und Kunst (sp. für heimatliche Alterthumskunde und Geschichtsforschung). Jg. 1-56. Kaiserslautern. Kayser 1883-1933. 8° 4°. Red.: A. v. Vangerow

PFÄLZISCHES MUSEUM MONATSSCHRIFT FÜR HEIMAT(H)LICHE LITTERATUR UND KUNST, GESCHICHTE UND VOLKSKUNDE
Herausgegeben und verlegt vom Verein pfälzischer Schriftsteller — Verantwortlicher Redakteur JOHANNES HÜLL.
Jahrg 1 und 2 1884—1885. Neustadt an der Haardt 4° — 3. 1886. ib. —
(Organ des Vereins pfälzischer Schriftsteller.)
(Jahrg. 4). Kaiserslautern 1887 (Druck und Verlag von Hermann Kayser.)
(5.) ib. 1888. — (6.) ib. 1889 (—)
PFÄLZISCHES MUSEUM MONATSSCHRIFT FÜR PFÄLZISCHE LITTERATUR UND KUNST, GESCHICHTE UND VOLKSKUNDE
Organ des pfälzischen Schriftstellervereins.
Jahrg VII 1890 ib 1890 — VIII 1891 ib — IX [2]) 1892 ib —
[2]) Jahrg. 10 19 habe ich nicht einsehen können.

PFÄLZISCHES MUSEUM MONATSSCHRIFT FÜR HEIMATLICHE LITERATUR UND KUNST GESCHICHTE UND VOLKSKUNDE
Herausgegeben vom Literarischen Verein der Pfalz. Zugleich Organ des Historischen Vereins der Pfalz
Schriftleiter FR. J. HILDENBRAND in Speyer
Jahrg 20.[2]) 1903. Mit 5 Tafeln und 30 Abbildungen im Text ib. Druck und Verlag der Hofbuchdruckerei von Hermann Kayser gr. 8°
Herausgegeben vom Literarischen Verein der Pfalz. Zugleich Organ des Historischen Vereins der Pfalz und des Pfälzischen Kunstvereins.
Schriftleiter FR. J. HILDENBRAND in Speyer
Jahrg. 21 1904. Mit 5 Tafeln und 18 Abbildungen im Text. ib. —
Zugleich Monatsblatt (später Monatsschrift) des Historischen Vereins der Pfalz und des Pfälzischen Kunstvereins.
Herausgegeben von FR. JOH. HILDENBRAND in Speyer im Auftrag des Literarischen Vereins der Pfalz.
Jahrg. 22. 1905. Mit 3 Vollbildern, 15 Porträten, 15 Ansichten, 3 Plänen und 1 Karte ib. — 23. 1906. ib. — 24. 1907 (Mit Tafeln.) ib. — 25. 1908 (Jubiläums-) Jahrg. (Mit Tafeln.) ib. —

PFÄLZISCHES MUSEUM. MONATSSCHRIFT FÜR HEIMATLICHE ALTERTUMSKUNDE, GESCHICHTE, KUNST, VOLKSKUNDE UND LITERATUR
Zugleich Monatsschrift des Historischen Vereins der Pfalz und des Pfälzischen Kunstvereins.
Herausgegeben vom Literarischen Verein der Pfalz. Schriftleiter JOH. HILDENBRAND in Speyer
Jahrg. 26. 1909. (Mit Tafeln.) ib. —
Zugleich Monatsblatt des Literarischen Vereins der Pfalz und des Pfälzischen Kunstvereins.
Herausgegeben vom Historischen Verein der Pfalz und vom Verein „Historisches Museum der Pfalz"
Schriftleiter FR. JOH. HILDENBRAND in Speyer
Jahrg. 27. 1910. (Mit Tafeln.) ib. —

PFÄLZISCHES MUSEUM Monatsschrift für heimatliche Altertumskunde und Geschichtsforschung.
Herausgegeben vom Historischen Verein der Pfalz. Begründet vom Literarischen Verein der Pfalz im Jahre 1884
Schriftleiter FRIEDR. JOHANN HILDENBRAND in Speyer
Jahrg. 28. 1911 ib. — 29. 1912. ib. — 30. 1913. ib. —

— pfälzisches. Monatsschrift f. heimatl. Litteratur u. Kunst, Geschichte u. Volkskunde. Hrsg. vom Verein pfälz. Schriftsteller u. Künstler. Red.: A. v. Bangerow. 1. u. 2. Jahrg. 1884 u. 1885. à 12 Nrn. (B.) gr. 4. Speier, (Lang). à Jahrg n. 4. —

Museum, pfälzisches. Monatsschrift für heimatl. Litteratur und Kunst, Geschichte und Volkskunde. Hrsg. v. Verein pfälz. Schriftsteller. Red.: J. Hüll. 3. Jahrg 1886. 12 Nrn. (B.) gr 4 Neustadt a. d. H. (Speier, Lang.) n. 4. —

— dasselbe. 4. u. 5. Jahrg. 1887. 1888. à 12 Nrn. (B.) gr. 4. Kaiserslautern, Kaiser. à Jahrg. n. 4. —

—— pfälzisches. Monatsschrift für heimatl. Litteratur u. Kunst, Geschichte u. Volkskunde. 6.—9. Jahrg. 1889—1892. à Jahrg. 12 Nrn. (Bog.) gr. 4. Kaiserslautern, Kayser. à Jahrg. ** 2 —

— pfälzisches. (Organ des Vereins pfälz. Schriftsteller.) Monatsschrift f. heimatl. Literatur u. Kunst, Geschichte u. Volkskunde. Red.: L. Grünenwald. 11. Jahrg. 1894. 6 Nrn. (Bog. m. Abbildgn.) gr. 4. Kaiserslautern, H. Kayser n. 2. —

— pfälzisches. (Organ des Vereins pfälz. Schriftsteller.) Monatsschrift f. heimatl. Literatur u. Kunst, Geschichte u. Volkskunde. Red.: L. Grünenwald. 12. Jahrg. 1895. 6 Nrn. (Bog. m. Abb.) gr. 4. Kaiserslautern, H. Kayser n. 2. —

— dasselbe. (Organ des Vereins pfälz. Geschichtsfreunde. (Pfälz. Schriftstellerverein) 13. Jahrg. 1896. 6 Nrn. (Bog.) gr. 4. Ebd. n. 2. 20

— dasselbe. Schriftleitg.: Emil Heuser. 14 Jahrg. 1897. 12 Nrn. (Bog.) gr. 4. Ebd. n. 2. 50

— dasselbe. 15. Jahrg. 1898. 12 Nrn. (Bog.) Lex.-8. Ebd. n. 4. —

— pfälzisches. Monatsschrift f. heimatl. Litteratur u. Kunst, Geschichte u. Volkskunde. Hrsg. vom litterar. Verein der Pfalz. Schriftleiter: Emil Heuser. 16.—19. Jahrg. 1899—1902. à 12 Nrn. Lex.-8. (à ca. 16 S m. Abbildgn.) Kaiserslautern, H. Kayser. à Jahrg. n. 4. —

— pfälzisches. Monatsschrift für heimatl. Literatur u. Kunst, Geschichte u. Volkskunde. Hrsg. von Fr. Joh. Hildenbrand im Auftrag des literar. Vereins der Pfalz. Zugleich Monatsblatt des histor. Vereins der Pfalz u. des pfälz. Kunstvereins. 20.—23. Jahrg. 1903—1906. à 12 Nrn. (à ca. 16 S. m. Abbildgn.) Lex.-8. Kaiserslautern, H. Kayser. à Jhrg. n. 4. —

— pfälzisches. Monatsschrift f. heimatl. Altertumskde., Geschichte, Kunst, Volkskde. u. Literatur. Hrsg. v. histor. Verein d. Pfalz u. v. Verein „Histor. Museum d. Pfalz". Zugleich Monatsblatt des literar. Vereins der Pfalz u. des pfälz. Kunstvereins. Schriftleiter: Frdr. Joh. Hildenbrand. 24.—27. Jahrg. 1907—1910. 12 Nrn. (196 S. m. 38 Abb. u. 7 Taf.; 192 S. m. 25 Abb. u. 9 Taf.; 200 S. m. 24 Abb. u. 4 Taf. u. 196 S. m. 41 Abb. u. 14 Taf.) gr. 8. Kaiserslautern, H. Kayser. à Jahrg. 4. —

— Pfälzisches v. Pfalzbaiern. (1s—18s Hft. von A. v. Klein.) 783—87. 30 Hefte in 6 Bdn. 8. Manh. 783—90. Schwan u. G. 8 ℳ

— für Philologie; hrsgg. von F. G. Weiker u. A. F. Näke. 1r Jahrg. 4 Hfte. gr. 8. Bonn 832. Weber. 4 ℳ

Museum, Politisch-statis-tisch-mercantilisches, oder Beyträge zur Aufklärung in der Staatswissenschaft... Erfurt 1794. H: *Gosch, Josias Ludwig.* (KY) (MGT) (Kordes, Schlesw.-holst. u. eutin. Schriftst. Schleswig 1797.)

— polit., statist., merkantilisches, od. Beitrr. zur Aufklärung d. Staatswissensch. ꝛc., (v. J. L. Gosch). 1r Theil. 8. Erf. 794. Keyser. 12 gr.

Pommersches **Museum.** Rostock 1782-90: Adler 4°
Hrsg. Christoph Gottfried Nicolas Gesterding. Fortges. u. d. T Pommersche Mannigfaltigkeiten. Neubrandenburg 1796.

Prager Museum. Prag· 1779-84 8°

Museum für Prediger Bd 1-4 Leipzig: Vogel 1797-1801
Hrsg. Joh. Rud. Gottlieb Beyer

Museum der neuesten und interessantesten Reisebeschreibungen für gebildete Leser Wien 1825-27

— f. kathol. Religionslehrer, (von Frz. Xav. Mayr). 2 Bde. 8. (Landsh.) 804. Krüll. 2 ℳ

Museum für Religionswissenschaft Bd 1-3. Magdeburg. Heinrichshofen 1803-09. 8°
Hrsg.. Heinr Ph. Konr Henke. Vorh. u. d. T Magazin für Religionsphilosophie. Helmstädt 1794 ff

Rheinisches **Museum** (Bd 5 ff.:) Neues Rheinisches Museum für Jurisprudenz, Philologie, Geschichte und griechische Philosophie. Hrsg. von J. C. Hasse, A. Boeckh [u. a.]. Bd 1—7. Bonn, (Bd 4 ff :) Göttingen 1827—35.
7 Bde

— Rheinisches, f. Humanität u. schöne Literatur, v. L. F. v. Bilderbeck u. K. F. von Erlach. Jahrg. 1804. Mit Kpf. gr. 8. Manh. 804. Kaufmann. 4 ℳ

—— Rheinisches, f. Jurisprudenz. Hrsg. v. F. Blume, J. C. Hasse, G. F. Puchta u. Ed. Puggé. 2. u. 3. Jahrg. (Bd.) à 4 Hfte., u. 4. J. (Bd.) 1. Hft. gr. 8. Bonn, Weber. [2. 828. 3 Thlr., 3. 829. 4 Thlr., 4. 1. 830. 1 Thlr.] 8 Thlr., hrbgs. Pr.
1. Jahrg. (Bd.) Ebendas. 1827. 2 Thlr., hrbgs. Pr. 1 Thlr. 8 Gr. — 1—4. J. 1. Hft. ungetrennt, hrbgs. Pr. 6 Thlr. — Einzeln 2. J. à Hft. 12 Gr., 3. J. à Hft. 16 Gr. Der 1. J. wird nicht getrennt.

—— dass. Hrsg. v. Blume, Böcking, Hollweg, Puchta, Puggé u. Unterholzner. 4. Jahrg. (Bd.) 2. u. 3. Hft. gr. 8. Göttingen, Dieterich. [2. 832. 1 Thlr., 3. 833. 16 Gr.]

—— dass. Hrsg. v. dens. 5—7. Bd. — A. u. d. T.: Neues Rhein. Museum f. Jurisprudenz. 1—3. Bd. à 3 Hfte. gr. 8. Ebds. à Bd.

— Rheinisches, f. Jurisprudenz, Philologie, Geschichte u. griech. Philosophie. Herausgeg. v. J. C. Hasse, A. Boeckh, B. G. Niebuhr u. C. A. Brandis. 1r Jahrg. 4 Hefte. gr. 8. Bonn 827, Weber.

—— Rhein., f. Philologie. Hrsg. v. F. G. Welcker u. A. F. Näke. 1—3. Jahrg. 1833—35. à 4 Hfte. gr. 8. Bonn, Weber. à J.

—— dass. Supplembd. — A. u. d. T.: Der epische Cyclus od. d. Homerischen Dichter, v. F. G. Welcker. gr. 8. Ebds. 835.

— rheinisches, f. Philologie. Hrsg. v. F. G. Welcker u. A. F. Näcke. 4—6. Jahrg. à 4 Hfte. gr. 8. Bonn 835—38, Weber. à J. *

— dass. — 2. Supplembd. 3 Abthln. — A. u. d. T.: Die Griechischen Tragödien, mit Rücksicht auf d. epischen Cyclus geord. v. Welcker. 3 Abthln. gr. 8. Ebds. [1. u. 2. (49½ B.) 839. * 5⅓ Thlr., 3. (46½ B.) 841. * 4⅓ Thlr.] *

— dass. — Hrsg. v. F. G. Welcker u. F. Ritschl. — A. u. d. T.: Museum f. Philologie. Neueste Folge. 1. u. 2. Jahrg. à 4 Hfte. gr. 8. Frankfurt a. M. [Sauerländer's Verl.] [1. (40½ B.) 841, 42., 2. (40½ B., 2 Kart. u. 1 Taf.) 842, 43. à H. * ⅚ Thlr.] *

— rheinisches, f. Philologie. Hrsg. v. F. G. Welcker u. F. Ritschl. Neue Folge. A. u. d. Ttl.: Museum f. Philologie. 3—6. Jahrg. à 4 Hfte. gr. 8. (à Hft. ca. 10 B.) Frankfurt a. M. 843—47, Sauerländer's Verl. à Hft. * 25 Ngr., à J. *

— dass. 1. Supplementbd. 2. Abth. A. u. d. T.: Der epische Cyclus oder die Homerischen Dichter von F. G. Welcker. 2. Thl.: Die Gedichte nach Inhalt u. Composition. gr. 8. (X u. 563 S.) Bonn 847, Weber. n. 3⅓ *ℳ* (1, 1. 2.: n. 6 *ℳ*)

— rheinisches, für Philologie. Hrsg. von F. G. Welcker, F. Ritschl, J. Bernays. Neue Folge. 7. und 8. Jahrg. à Jahrg. 4 Hefte. (à ca. 10 Bog.) gr. 8. Frankfurt a. M. 849,51, Sauerländer's Verlag. à Jahrg. *

— rheinisches, für Philologie. Herausg. von F. G. Welcker, F. Ritschl, J. Bernays. Neue Folge. 9. Jahrg. 4 Hefte (à 10 Bgn.). Frankfurt a. M. 853. Sauerländer's Verlag. gr. 8. n. 4 *ℳ*.

— — Herausg. von F. G. Welcker und F. Ritschl. Neue Folge. 10—13. Jahrg. à 4 Hefte (à 10 Bgn.). Ebend. 854—58. gr. 8. Jeder Jahrg. n. 4 *ℳ*.

— rheinisches, für Philologie. Herausg. von F. G. Welcker und F. Ritschl. Neue Folge. 14—19. Jahrg. 1859—64. à 4 Hefte (à 10 Bgn. m. lith. Taf.). Frankfurt a. M., Sauerländer's Verlag. gr. 8. Jeder Jahrg. n. 4 *ℳ*

— rheinisches, für Philologie. Hersg. von F. G. Welcker, F. Ritschl u. A. Klette. Neue Folge. 20—24. Jahrg. 1865—69. à Jahrg. 4 Hefte (à ca. 160 S.). Frankfurt a. M., Sauerländer's Verlag. gr. 8. Jeder Jahrg. n. 4 *ℳ*

— dass. — Hrsg. von F. G. Welcker, F. Ritschl, A. Klette. Registerheft zu Bd. I—XXIV der neuen Folge [1842—1869]. gr. 8. (III, 176 S.) Ebendas. 872. *

— — Hersg. von Frdr. Ritschl u. Ant. Klette. Neue Folge. 25. Bd. (Jahrg. 1870.) 4 Hefte (à ca. 176 S. mit 1 Steintaf. in qu. gr. 4.) Ebend. gr. 8. n. 4 *ℳ*

— rheinisches, f. Philologie. Hrsg. v. Frdr. Ritschl u. Ant. Klette. Neue Folge. 26—29. Bd. (Jahrg. 1871—1874.) à 4 Hfte gr. 8. (à Hft. 160 S. m. 2 Steintaf. in qu. Fol.) Frankfurt a. M., Sauerländer. à Jahrg. n. 12. —

— rheinisches, für Philologie. Hrsg. von Friedr. Ritschl und Ant. Klette. Neue Folge. 30. Bd. (Jahrg. 1875.) 4 Hefte. gr. 8. (à Heft ca. 140—150 S.) Frankfurt a. M., Sauerländer's Verlag. *

— dass. — Hrsg. von Friedr. Ritschl, Otto Ribbeck, Ant. Klette. Neue Folge. 31. Bd. (Jahrg. 1876.) 4 Hefte. gr. 8. (à Heft ca. 150 S.) Ebendas. *

— rheinisches, für Philologie. Hrsg. v. Otto Ribbeck u. Ant. Klette. Neue Folge. 32—37. Bd. (Jahrg. 1877—1882.) à 4 Hfte. gr. 8. (1. Hft. 144 S.) Frankfurt a/M., Sauerländer. à Bd. n 14. —

— rheinisches, f. Philologie. Hrsg. v. Otto Ribbeck u. Frz. Buecheler. Neue Folge. 38—41. Bd. [Jahrg. 1883—1886.] à 4 Hfte. gr. 8. (à Hft. 156 S.) Frankfurt a/M., Sauerländer. à Jahrg. n. 14. —

— rheinisches, f. Philologie. Hrsg. v. O. Ribbeck u. F. Buecheler. Neue Folge. 42.—45. Bd. à 4 Hfte. gr. 8. (à Hft. ca. 160 S.) Frankfurt a/M. 887—890. Sauerländer. à Bd. n. 14. —

— rheinisches, f. Philologie. Hrsg. v. Otto Ribbeck u. Frz. Buecheler. Neue Folge. 46.—49 Bd. à 4 Hfte. gr. 8. (à Hft. ca. 160 S.) Frankfurt a/M. 891—894. J. D. Sauerländer. à Bd. n. 14. —

— dasselbe. Neue Folge. 47. Bd. Ergänzungsheft. gr. 8. Ebd. 892. n. 3. 60
Philologisches aus alten Bibliothekskatalogen (bis 1300). Zusammengestellt v. M. Manitius. (VIII, 152 S.)

— rheinisches, f. Philologie. Hrsg. v. Otto Ribbeck u. Frz. Buecheler. Neue Folge. 50.—53. Bd. à 4 Hfte. (à ca. 10 Bog.) gr. 8. Frankfurt a/M. 895—898. J. D. Sauerländer. à Bd. n. 14. —

Museum, rhein., f. Philologie. Hrsg. v. Frz. Buecheler u. Herm. Usener. Neue Folge. 54. u. 55. Bd. à 4 Hfte. gr. 8. (X, 648 u. X, 648 S.) Frankfurt a/M. 899. 900. J. D. Sauerländer. à Bd. n. 14. —

— dasselbe. Neue Folge. 56. u. 57. Bd. à 4 Hfte. gr. 8. (X, 646 u. XI, 649 S.) Ebd. 901. 902. à Bd. n.n. 16. —

— rheinisches, f. Philologie. Hrsg. v. Frz Buecheler, Herm. Usener u. Aug. Brinkmann. Neue Folge. 58. bis 61. Bd. à 4 Hefte. (à Jahrg. XII, 644 S.) gr. 8. Frankfurt a/M. 903—906. J. D. Sauerländer. à Bd. n.n. 16. —

— rheinisches, f. Philologie. Hrsg. v. Frz. Buecheler u. Aug. Brinkmann. Neue Folge. 62. u. 63. Bd. à 4 Hefte. (à ca. 160 S.) gr. 8. Frankfurt a/M. 907. 08. J. D. Sauerländer. à Bd. nn 16. —

— dasselbe. Hrsg. v. Aug. Brinkmann. Neue Folge. 64. u. 65. Bd. à 4 Hefte. (à ca. 160 S.) gr. 8. Ebd. 909. 10. à Bd. nn 16. —

— Rhein., f. Philologie, Geschichte u. griech. Philosophie. Hrsg. v. B. G. Niebuhr u. Ch. A. Brandis. 2. u. 3. Jahrg. 1828 u. 29. à 4 Hfte. Mit Stnt. gr. 8. Bonn, Weber. à J. 4 Thlr., hrbgs. Pr.
1. Jahrg. 1827. Ebendas. 2 Thlr., hrbgs. Pr. 1 Thlr. 8 Gr. — 1—3. J. ungetrennt, hrbgs. Pr. 6 Thlr. — Einzeln 2. u. 3. J. à Hft. 16 Gr. Hieran schließt sich:

Museum Richterianum, continens fossilia, animalia, vegetabilia, marina . . . Lips. 1742. H: *Hebenstreit, Johann Ernst.* (ML)

— Richterian., illustr. iconib. et comment. I. E. Hebenstreit. fol. maj. Lips. Fritsch. 743.

Museum rusticum et commerciale oder auserlesene Schriften, den Ackerbau, die Handlung ... betreffend ... a. d. Engl. ... Leipzig 1764—69. Ü: *Schultze, Christian August.* (EngOec) (Ky) (MGT)

— rusticum et commerciale, od. auserles. Schriften, den Ackerbau, die handelnd. Künste u. Manufakturen ꝛc. betreff., (von Chr. Aug. Schultze). 10 Bde. 8. Leipz. (764—69.) (Brockhaus). 6 ℛ 16 Gr.

— Rusticum et commerciale, od. Schr. d. Ackerb., Handl., Künste ꝛc. betr. 10 Bde. 8. Leipzig, Gleditsch. (764-69. (à 16 gr.)

Museum Schoepflini. I. Argentorati 1773. V: *Oberlin, Jer. Jac.* (Bibl. d. arch. Inst. in Rom. I. Rom 1900.)

—— des rheinisch-westfäl. Schulmänner-Vereins. Redig. v. W. H. Grauert, D. Landfermann, P. Soekeland. 1. Bd. 2 Hfte. gr. 8. Münster 841, Theissing'sche Buchh. *

—— des rheinisch-westphäl. Schulmänner-Vereins, redig. v. Grauert, Heinen, Schöne u. Wilberg. 2—4. Bd. à 4 Hfte. gr. 8. Essen 843, 45, 46, Bädeker à J. *
1. Bd. Münster 1841, Theissing'sche Buchh. * 1 Thlr. 20 Ngr.

Museum des Rhein.-Westphäl. Schulmänner-Vereins, red. v. Grauert, Heinen, Hoegg, Schöne, Wilberg. 5. Bd. [Neue Folge 1. Bd.] 2 Hfte. gr. 8. (365 S.) Arnsberg 848. 49, Ritter. n. 1 ℛ 17 ngr.

Museum, Schwäbisches. Kempten 1785—1788. H: *Armbruster, Johann Michael.* (Das graue Ungeheuer. O. O. 1784/7, 6. Bd., S. 202) (Ky 1/106) (GGr VI/419, Nr. 1/4) (BiblPort)

—— schwäbisches. Familienblatt z. Unterhaltung u. Belehrung u. zur Besprechung vaterländ. Interessen. 1. u. 2. Jahrg. 1844 u. 1845 à 104 Nrn. (Bog.) od. 12 Hfte. à J. m. Musik- u. Stahlstichbeil. gr. 4. Stuttgart, Göpel. à J. *

— schwedisches, herausg. v. E. H. u. E. G. Gröning. 2 Thle. gr. 8. Schwerin, Bödner. 783. 84.

— schwedisch. herausg. v. Nernst. 1r Bd. 1s 2s Hft. gr. 8. Stockh. Ulrich. 804-5. (à 18 gr.)

Museum: Schweizerisches Museum
v. auch Neues Schweitzerisches **Museum**, Schweitzerisches **Museum**.

Museum: Schweitzerisches Museum
④ Neues Schweitzerisches Museum ⑤ September 1783—Dezember 1790 ⑥ 8° ⑦ vierteljährlich ⑧ Zürich Orell. Geßner, Füßli & Comp. ⑩ Johann Heinrich Füßli ⑪ Johann Heinrich Füßli ⑫ literarisch ⑬ BGSZ: 99 ⑭ Be L. Lu Z ⑮ Im Sommer 1787 wurde die Ausgabe für ein halbes Jahr unterbrochen.

Museum: Schweizerisches Museum (Ag)
⑤ 1816 ⑥ 8° ⑦ alle zwei Monate ein Heft von 10 Bogen ⑧ Aarau: Heinrich Remigius Sauerländer ⑩ der Philosoph Ignaz Paul Vital Troxler und Heinrich Zschokke ⑪ die Herausgeber ⑫ politisch-literarisch ⑬ BGSZ 75. 810, 932; Aarauer Zeitung, 7. 9. 1816, Nr 108, S. 535 ⑭ Be: L; Lu: Z; Aa: K ⑮ Die Zeitschrift sollte »den Kern aller höheren menschlichen Bildung und die verschiedenen Fächer die man unter den Namen Religion, Philosophe, Ästhetik, Historie und Politik auseinanderzulegen pflegt«, umfassen. Es umfaßt 960 Seiten samt Inhaltsverzeichnis.

Museum: Schweizerisches Museum (Be)
① Ein Wochenblatt zur belehrenden Unterhaltung mit besonderer Beziehung auf die Schweiz ⑤ 1. 1. 1848—1849 ⑥ 4° ⑦ Wochenblatt ⑧ Bern. Stämpflische Buchdruckerei ⑭ Be L.

— Schweizerisches, für historische Wissenschaften. Herausg. von F. D. Gerlach, J. J. Hottinger und W. Wackernagel. 1r—3r Bd. 1837—1840, à 3 Hfte. gr. 8. Frauenfeld, Beyel. (à 2 ℛ) 6 ℛ

—— Senckenbergianum. Abhandln. aus d. Gebiete d. beschreib. Naturgeschichte. Von Mitgliedern d. Senckenberg. naturforsch. Gesellschaft in Frankfurt a. M. I. Bd. (3 Hfte.) gr. 4. (38¼ B. u. 18 Stnt. incl. 7 ill.) Frankfurt a. M. 833, Sauerländer. [1. u. 2. à 1 Thlr. 8 Gr., 3. 2 Thlr.]

— dass. Supplement zu Bd. I. A. u. d. T.: Die fossilen Zähne u. Knochen u. ihre Ablagerung in d. Gegend von Georgensgmünd in Bayern. Untersucht u. abgebildet von Herm. v. Meyer. Mit 14 (lithogr.) Taf Abbildd. gr. 4. Ebd. 834. n. 3 ℛ

— dass. Bd. II Hft. 1—3. Mit Taf. I—XVII. Ebd. 836, 37. (à n. 2 ℛ) 6 ℛ

— dass. Bd. III. Hft. 1. Mit Taf. I—V. gr. 4. Ebd. 839. n. 2 ℛ

— Senckenbergianum. Abhandlungen aus dem Gebiete der beschreibenden Naturgeschichte. Von Mitgliedern der Senckenberg. naturforsch. Gesellschaft in Frankfurt a. M. Bd. III. Heft 2 u. 3. Mit Tafel VI—XVII. gr. 4. Frankfurt a/M. 842 u. 45, Sauerländer. à n. 2 ℛ (I—III. u. Suppl. n. 19⅔ ℛ)

—— Senckenbergianum. Abhandlungen aus d. Gebiete der beschreibenden Naturgeschichte. Von Mitgliedern der Senckenberg. naturforsch. Gesellsch. in Frankfurt a. M. Bd. III. Hft. 3. (Schluss d. III. Bds.) gr. 4. (15¾ B. u. Taf. XIII—XVII.) Frankfurt a. M. 845, Sauerländer's Verl. *

Das städtische Museum in Eger. Mit 8 Illustrationen und 3 Plänen von Alois John. Eger. 1901. [In Comm.] Kobrtsch & Gschihay. 8°. 46 S. K —.60

— das stereoskopische. Red. v. Siegfr. Lederer. 1. bis 6. Serie. Je 10 Orig.-Aufnahmen. qu. schmal kl. 8. Nebst erläut. Text. schmal kl. 8. Prag. [M. Schulz]. B. Koči à —50: Luxusausg. à 1. 20
1.2. Pompeji I u. II. Erläuternder Text von Aug. Mau. (Je 12 S.) (904.) — 3. Schweiz, die, I. (Gotthardstrasse.) Erläuternder Text v. M. Wilh. Meyer. (11 S.) (904.) — 4. Dasselbe II. (Die Gletscherwelt des Rhonetales. Erläuternder Text v. M. Wilh. Meyer. (12 S.) (904.) — 5. 6. Klassische Skulptur I u. II. Je 10 Orig.-Aufnahmen nach den Gips-Abgüssen des Albertinum in Dresden v. Siegfr. Lederer. Erläut. Text v. Arth. Mahler. (12 u. 11 S.) (904.)

— antiquitatis studiorum. Opera F. A. Wolfii. Berol. 808. 811. Vol. I. Fasc. I. II. 8. 2 rthl. 16 gr. (Fasc. I. 1 rthl. 10 gr. Fasc. II. 1 rthl. 6 gr.)

Museum, Das technische, für Industrie und Gewerbe in Wien. Wien 1908. V: *Exner, Friedrich Wilhelm.* (EB)

— technolog., z. Vorth. d. Künstl. u. Gewerbstand. eröffn. in Wien, v. J. F. v. Schönfeld. 8. Prag, Schönfeld. 798.

Museum Tessinianum, op. Comit. C. Gust. Tessin. cum fig. fol. Lips. 753. Rthlr.

Museum Turicense
⑤ 1782 ⑥ 8° ⑧ Zürich: Orell, Geßner, Füßli & Cie. ⑩ Jakob Hottinger ⑬ BGSZ: 99 ⑭ Be L; Lu Z ⑮ Das »Museum Turicense« wird von BGSZ 12 als Zeitschrift erwähnt, doch ist es also solche, wie es Lang (BGSZ 99) tut, abzulehnen. In lateinischer Sprache.

— d. neuest. deutsch. Uebersetz. s. a. Bergsträsser.

Museum der neuesten teutschen Uebersetzungen und anderer in die Archäologie der Griechen und Römer einschlagenden Materien und Denkmäler
Frankfurt a.M.: Herrmann 1781-83. 8°
Hrsg.: Joh. Andr. Benign. Bergsträsser.

Das Vaterländische **Museum** zu Braunschweig Wolfenbüttel 1906: Angermann. 22 S. 4°
Aus Braunschweigisches Magazin. 1906 ... 7

Museum, Vaterländisches. Hamburg 1810—11. H: *Zimmermann, Frdr. Gottlieb & Andere.* (ErschDL)

— vaterländisches. 18—76 Heft. gr. 8. Hamb. 810 u. 11. Fr. Perthes. 4 ℛ 4 𝔤ℊ

Museum virorum Lucernatum Lucernæ 1777 s.a. [Balthasar, Joseph Anton Felix von]

— virorum Lucernatum illustrium, (ed. Jos. Ant. Felix v Balthasar). 8. Luzern 777.

Museum für deutsche Volkstrachten und Erzeugnisse des Hausgewerbes zu Berlin. Berlin (1888). (Auch in Posen, Bibl. d. histor Gesellsch.)

Museum komischer Vorträge 2c., s. Moll.

Museum komischer Vorträge für das Haus — und die ganze Welt . . . Berlin 1854. 3. A. 1856. 4. A. 1857. V: *Moll. F. E.* (Ky)

—— komischer Vorträge für das Haus — und die ganze Welt. Sammlung der besten, kernigsten Vorträge — Poesie und Prosa — welche in den letzten 10 Jahren überhaupt bekannt geworden sind. Hrsg. von der Red. des Komikers. 1. Aufl. (VII und 278 S.) und 4., verb. und durch viele neue Beiträge verm. Aufl. 16. (285 S.) Berlin 854, Janke. *

—— dass. — 2. Thl. Eine Gesammtausgabe des Bewährtesten so wie auch des originaliter Neuesten der komischen Vorträge in Poesie und Prosa von F. E. Moll. Hrsg. von der Red. des Komikers. 1. Aufl. (VI und 280 S.) und 3., neu durchges. und verm. Aufl. 32. (VIII und 290 S.) Ebds. 854. *

—— dass. — Sammlung der neuesten, kernigsten und besten Vorträge, Poesie und Prosa. Hrsg. von der Red. des Komikers. 3. und 4. Thl. 16. (VI und 474 S.) Ebds. 855. à Thl. * 10 Ngr. *

—— dass. — 5. und 6., verb. und verm. Aufl. 32. (270 S.) Ebds. 856. *

—— dass. — Eine Gesammtausgabe des Bewährtesten so wie auch des originaliter Neuesten der komischen Vorträge in Poesie und Prosa von F. E. Moll. Hrsg. von der Redakt. des Komikers. 2. Thl. 4—6. Aufl. und 3. Thl. 4., neu durchgesch. und verm. Aufl. 16. (XIV und 509 S.) Ebendas. 857—62. à Thl. * 10 Ngr. *

— komischer Vorträge für das Haus — und die ganze Welt. Sammlung der besten, kernigsten Vorträge — Poesie und Prosa — welche in den letzten zehn Jahren überhaupt bekannt geworden sind. Herausg. von der Red. des Komikers. 1. Thl. 7—10. Aufl. — 2. Thl. 5. u. 6. Aufl. — 3. Thl. 8. u. 9. Aufl. — 4. Thl. 2. u. 3. Aufl. Berlin 859—62. Janke. 16. (à ca. 250 S.) Jeder Thl. n. 10 ngr.

— — 6. Thl. A. u. d. T.: Humoristica. Komische Vorträge, Abhandlungen, Epigramme 2c. von A. Löwenstein. Ebend. 862. 16. (228 S.) n. 10 ngr.

— — 7. Thl. A. u. d. T.: Herr Heiter im Coupé. Humoristisches in Versen und Prosa von Ad. Brennglas. Ebend. 864. 16. (187 S.) n. 10 ngr.

— — 5., 8—10. Thl. Ebend. 865—67. 16. Jeder Thl. n. 10 ngr.

5. Thl. Die verkehrte Welt. Ein komisches Gedicht von Adf. Glaßbrenner. 5. Aufl. (201 S.)
8. Thl. Unser Verkehr. Eine Posse in 1 Aufzuge. Die Verlobung oder der Bräutigam im Felleisen. Die Braunschweiger Wurst oder böse Beispiele verderben gute Sitten. (187 S.)
9. Thl. Deklamations-Kalospinthechromokrene, enthltd.: Feuergarben des Witzes, Leuchtkugeln des Humors 2c. Ausgewählt, verfaßt u. hersg. von A. Hopf. (256 S.)
10. Thl. Unter frohen Menschen. Komische Vorträge von erprobter Wirkung, Poesie u. Prosa. Gesammelt u. hersg. von Frz. Wallner. (VI, 264 S.)

— komischer Vorträge für das Haus — u. die ganze Welt. Sammlung der besten, kernigsten Vorträge, Poesie u. Prosa, welche in den letzten 10 Jahren überhaupt bekannt geworden sind. Hersg. von der Redaktion des Komikers. 1. Thl. 11. u. 12. verm. u. verb. Aufl. (248 S.) 2. Thl. 7—10. Aufl. (264 S.) 3. Thl. 10. Aufl. (254 S.) 4. Thl. 4—10. verm. u. verb. Aufl. (VI, 256 S.) Berlin 865—68. Janke. 16. Jeder Thl. n. 10 ngr.

—— komischer Vorträge für das Haus — und die ganze Welt. Sammlung der besten, kernigsten Vorträge — Poesie und Prosa — welche in den letzten 10 Jahren überhaupt bekannt geworden sind. Hrsg. von der Redact. des Komikers. 1.—4. Bd. 16. Berlin 869—74, Janke. [1. Bd. 13. verm. und verb. Aufl. (VI, 244 S.); 2. Bd. 11.—13. verm. und verb. Aufl. (VIII, 248 S.); 3. Bd. 11. und 12. Aufl. (254 S.); 4. Bd. 11. Aufl. (VI, 256 S.)] à Bd. *

— komischer Vorträge f. das Haus — u. die ganze Welt. Sammlung der besten, kernigsten Vorträge -- Poesie u. Prosa — welche in den letzten 10 Jahren überhaupt bekannt geworden sind. Hrsg. v. der Redaction d. Komikers. 1—7. u. 9—11. Bd. 16. Berlin 874—76. Janke. à n. 1. —

1. 14. verm. u. verb. Aufl. (VI, 208 S.)
2. 11 verm. u. verb. Aufl. (VIII, 248 S.)
3. 13. verm. u. verb. Aufl. (VIII, 246 S.)
4. 12. Aufl. (256 S.)
5. Die verkehrte Welt. Ein kom. Gedicht v. Adf. Glaßbrenner. 6. Aufl. (205 S.)
6. Humoristica. Komische Vorträge, Abhandlgn., Epigramme 2c. v. A. Löwenstein. 2. Aufl. (231 S.)
7. Jan Peik de noorddütsche Spaßmacher. Sammlung plattdeutscher Humoresken, Schnurren, Gedichte, Sprüchwörter 2c. Von Wilh. Schröder. Mit 24 eingedr. Holzschn. Illustr. v. Arnold Schröder. (VIII, 216 S.)
9. 2. Aufl. (IV, 252 S.)
10. Unter frohen Menschen. Sammlung v. Vorträgen humorist. Inhalts v. erprobter Wirkg. v. Frz. Wallner. 4. Aufl. (224 S.)
11. Was die Spottdrossel pfiff. Zeitgemäßes u. Unzeitgemäßes, v. Rich. Schmidt-Cabanis. (216 S.)

— komischer Vorträge für das Haus — u. die ganze Welt. Sammlung der besten Vorträge — Poesie u. Prosa — welche in den letzten Jahren überhaupt bekannt geworden sind. Hrsg. v. der Red. des Komikers. 1—5., 8., 9. u. 12. Bdchn. 16. Berlin 877—82. Janke. à n. 1. —

1. 14., vollständig neu durchgeseh. u. um viele Orig.-Beiträge verm. Aufl. (VIII, 216 S.)
2. 12., neu bearb. Aufl. (VIII, 255 S.)
3. 14., verm. u. verb. Aufl. (VIII, 247 S.)
4. 13., vollständig neu durchgeseh. u. um viele Orig.-Beiträge verm. Aufl. (254 S.)
5. (Ganz neu zusammengestellt v. R. Schmidt-Cabanis.) (VIII, 224 S.)
8. Was die Spottdrossel pfiff! Ein zeitgemäßes Gesangbuch mit unzeitgemäß-kernliederl. Anh. Von Rich. Schmidt-Cabanis. 2., völlig umgearb. verm. Aufl. (VII, 219 S.)
9. 6., vollständig neu durchgeseh. u. um viele Orig.-Beiträge verm. Aufl. (IV, 227 S.)
12. Humor aus ernster Zeit. Anecdoten, humorist. Scenen, Wortspiele 2c., sowie kom. u. laun. Gedichte aus dem deutsch-französ. Kriege 1870—1871. Gesammelt u. hrsg. v. A. Laacke. 2., verm. Aufl. (VIII, 319 S.)

– komischer **Vorträge** f. das Haus u. die ganze Welt. Eine Gesammtausg. d. Bewährtesten, sowie auch d. originaliter Neuesten der kom. Vorträge in Poesie u. Prosa v. F. E. Moll. Hrsg. v. der Red. d. Komikers. 1 u. 2. Bd. 16. Berlin, Janke. à n. 1. —
1. 15. Aufl. (VIII, 216 S.) 886. — 2. 13. Aufl. (VIII, 254 S.) 885.

komischer **Vorträge** f. das Haus — u. die ganze Welt. Sammlung der besten, kernigsten Vorträge — Poesie u. Prosa — welche in den letzten Jahren überhaupt bekannt geworden sind. Hrsg. v. der Redaction d. Komikers. 3., 6. u. 10. Bdchn. 16. Berlin, Janke. à n. 1. —
3. 15., verm. Aufl. (VIII, 240 S.) 887.
6. Unter frohen Menschen. Von F. Wallner. 5. Aufl. (VII, 224 S.) 887.
10. Originalien-Buch ergötzlicher Polterabendscherze. Ein ergleb. Bereich neuer gemüthlich-lust. u. erheb. Scenen u. Vorträge zu Polterabenden, Kranzweihe u. Hochzeitsfesten. Von F. E. Moll. 7. Aufl. (VIII, 240 S.) 889.

— komischer **Vorträge** f. das Haus — u. die ganze Welt. Sammlung der besten, kernigsten Vorträge — Poesie u. Prosa --, welche in den letzten 10 Jahren überhaupt bekannt geworden sind. Hrsg. v. der Redaction d. Komikers. 5. u. 7. Bdchn. 16. Berlin, O. Janke. à n. 1. —
5. 3. Aufl. (VIII, 224 S.) 892. – 7. (VIII, 208 S.) 891.

Museum der eleganten Welt. Erster [und] Zweiter Jahrgang. München 1836—1837. Druck von Franz Seraph Hübschmann.
Mit kol. Modekupfern. 8°
II. Museum für Kunst, Literatur, Musik, Theater und Mode
Mehr nicht erschienen.

Museum des Witzes, der Laune und der Satyre; hsg. von Karl Müchler. Leipzig 1808—12. MH: *Michaelis, Christian Friedrich.* (Ky)

—des Witzes, der Laune u. d. Satyre; (hrsgg. v. Chr. Fr. Michaelis III.) u. Karl Müchler. 5 Bde. 8. Lpz. 808—12. Mag. f. Ind. 11 ℛ 6 ℊ

—des Witzes, d. Laune, d. Scherzes u. d. Satyre. Redig. v. H. Ph. Petri. Jahrgg. 822—27. gr. 8. Berl., Petri. (à Bd. 2 ℛ 12 ℊ) 15 ℛ

—— **Worsleyanum.** Eine Samml. v. antik. Basreliefs, Büsten, Statuen u. Gemmen, nebst Ansichten aus d. Levante. Hrsg. v. H. W. Eberhard u. H. Schaefer. 5. u. 6. (letzte) Lfg. Fol. (17 Taf.) Darmstadt 829, Leske. à
1—4. Lfg. Ebendas. 1826, 27. à 1 Thlr. 8 Gr. — 6 Lfgn. ungetrennt, hrbgs. Pr. 4 Thlr.

— des **Wundervollen,** od. Magazin d. Außerordentlichen in d. Natur d. Kunst, u. d. Menschenleben, bearb. v. e. Gesellsch. v. Gelehrt. u. herausg. v. J. A. Bergk u. F. G. Baumgärtner, m. K. 1s-60s Heft. od. 1r bis 10r Bd. à 6 Stck. gr. 8. Leipzig, Baumgärtner. 803-10. (à 18 gr.)
4

— des **Wundervollen,** od. Magazin des Außerordentlichen in der Natur, der Kunst u. d. Menschenleben, bearbeit. von e. Gesellschaft von Gelehrten, u. herausg. von J. A. Bergk u. F. G. Baumgärtner, mit K. 61s—72s Stück od. 11r u. 12r Bd. à 6 Stcken. gr. 8. Leipzig, Baumgärtner. 811. (jedes Stück 18 gr.)

Museum, Das zoologische, der Universität Breslau. Breslau 1832. V: *Gravenhorst, Johann Ludwig Christian.* (Erman & Horn, Bibliogr. d. dtsch. Universitäten. 2. Leipz. u. Berl. 1904.)

— das, der **Zukunft,** s.: **Flugschrift** des Dürer-Bundes zur ästhetischen Kultur.

Museumsbau, der, auf d. Karlsplatze, s.: Flugschriften des Vereines zum Schutze u. z. Erhaltung der Kunstdenkmäler Wiens u. Niederösterreichs. I.

Der Museumsbau auf dem Karlsplatze. [Flugschriften des Vereines zum Schutze und zur Erhaltung der Kunstdenkmäler Wiens und Niederösterreichs. I.] Gr.-8° (14 S.) K —.20
Wien: Fromme 1909.

LÜNEBURGER MUSEUMSBLÄTTER.
Herausgegeben im Auftrage des Museumsvereins für das Fürstentum Lüneburg von WILHELM REINECKE.
Bd. 1 (Heft 1—4.) (Mit Tafeln.) Lüneburg 1907. In Kommission bei Herold & Wahlstab (E. Fechner). 8°
Bd. 2. (Heft 5—8.) (Mit Tafeln.) ib. 1912.[1]) — Heft 9. Gewidmet den Teilnehmern der Jahresversammlung des Hansischen Geschichtsvereins und des Vereins für niederdeutsche Sprachforschung. ib. 1914. — Heft 10. ib. 1915. Druck von Gebrüder Jänecke, Hofbuchdruckerei, Hannover. — A. u. d. T. Glockentürme aus Holz im Regierungsbezirk Lüneburg. Von FRANZ KRÜGER. Sonderabdruck aus der „Zeitschrift für Architektur und Ingenieurwesen" Jahrg. 1915.
[1]) Auch erschienen unter dem Einzeltitel: Lüneburger Museumsblätter. Herausgegeben Heft 5. (Mit Tafeln.) ib. 1908. — Heft 6. (Mit Tafeln.) ib. 1909. — Heft 7 ib. 1910. — Heft 8. ib. 1911. —

Museumsblätter, Lüneburger. Hrsg. im Auftrage des Museumsvereins f. das Fürstent. Lüneburg v. Wilh. Reinecke. 1. u. 2. Heft. (VI, 109 S. m. Abb. u. 1 Taf. u. III, 97 S.) gr. 8. Lüneburg 904. 905. (Herold & Wahlstab.) à n.n. 3. 50

Museumsfrage, Die, in Breslau. Ein Appell an die Schlesischen Provinzialstände ... Breslau 1869. V: *Marcinowski, Johann.* (Kat. d. Druckschr. üb. Breslau. Breslau 1903. S. 343.)

Museumfrage, die, in Breslau. Ein Appell an die schlesischen Provinzialstände. Breslau 869. Korn. gr. 8. (28 S.) 3 ngr.

Museumskunde. Zeitschrift für Verwaltg. u. Technik öffentl. u. privater Sammlgn. Hrsg. v. Karl Koetschau. I. u. II. Bd. à 4 Hefte. (à Bd. XII, 240 S. m. Abbildgn. u. Taf.) Lex.-8. Berlin 905. 906. G. Reimer. à Bd. n. 20. —

Museumskunde. Zeitschrift f. Verwaltg. u. Technik öffentl. u. privater Sammlgn. Hrsg. v. Karl Koetschau. 3.—6. Bd. à 4 Hefte. (III, 268 S. m. 28 Abb.; III, 259 S. m. 55 Abb. u. 1 Taf.; III, 255 S. m. 57 Abb. u. 1 Taf. u. III, 276 S. m. 79 Abb. u. 1 Taf.) Lex. 8. Berlin 907—10. G. Reimer. à Bd. 20. —

Musgrave & Co.: Katalog über Original-Musgrave's irische Oefen. 2. Ausg. Belfast . . 1896

Musgrave, Agnes, Cäcilie, od. die Rose v. Raby; aus d. Engl. von Henriette Schubart. 2 Thle 8. Leipz. 820, Baumgärtner. 3 ℛ

Musgrave, Curt A.

Musgrave, Curt A., die Deutschen u. der Burenkrieg, s.: Flugschriften, pangermanische. Nr. I.

— das sterbende England, s.: Flugschriften, pangerm.

Musgrave, Curt A., die bevorstehende Revolution in den Vereinigten Staaten v. Nord-Amerika. gr. 8. (42 S.) Berlin 886. Walther & Apolant. n. 1 —

— Heidelberger Schöpfungs-Geschichte. gr. 8. (42 S.) Berlin 902. Verlag v. „The German Times". 1. —

Musgrave, G. M. By-Roads and battle-fields in Picardy. London 1861. 4°.

Musgrave, Sam., Betracht. üb. die Nerven u. Nervenkrankheiten; aus d. Engl. 8. Leipz. 776. Weidmann. 3 ℳ

Mushacke, B., Heinrich v. Kempten. Eine Rhapsodie [aus: „Deutsche Rhapsodien"]. Eine Festgabe zum 800jähr. Jubelfeste des Wettiner Fürstenhauses. 12. (73 S.) Borna 889. Nauen, B. Harschan. n. 1. 20; geb. m. Goldschn. n. 2. —

— Dr. Martin Luther als deutscher Mann. Eine Charakterskizze. 8. (20 S.) Ebd. 889. n. — 40

— deutsche Rhapsodien. 12. (128 S.) Brandenburg a H. 890. Haeckert's Verl. n. 3. —; geb. n. 4. —

Mushacke, B., die deutsche Wörter- und Satzlehre für Bürgerschulen im Zusammenhange dargestellt. br. 8. (48 S.) Dresden 869, Meinhold und Söhne. *

Mushacke, Ed., Gesetze u. Verordnungen über Besoldung, Dienstwohnungen, Diäten, Umzugskosten rc. der Lehrer an den preußischen Gymnasien, Progymnasien, Real-, höheren Bürger- u. Töchterschulen rc. nebst statist. Mittheilungen über die Höhe ihrer Gehälter. Nach amtlichen Quellen zusammengestellt. Berlin 865. W. Schultze. 8. (IV, 32 S.) n. 7½ ngr.

Mushacke, E., Lehrer-Almanach, s. Lehrer-Almanach,

Mushacke, E.: Lehrer-Almanach, s. Schulkalender, Preussischer

Mushacke, Ed., die preußischen Real- und höhern Bürgerschulen. Eine Sammlung aller noch gültigen das preuß. Realschulwesen betreff. Gesetze und Verordnungen. gr. 8. (IV und 105 S.) Berlin 851, (Gebauer'sche Buchh.) *

— Reglements, Instruktionen u. Statuten betr. die Prüfungen zum höheren Schulamte, zu den pädagog. Seminarien, für höhere Schulen, nebst den Verordnungen über das Probejahr der Kandidaten des höheren Schulamts in Preußen Nach amtl. Quellen zusammengestellt. 2., vollständig umgearb. Aufl. Berlin 865. v. Decker. gr. 8. (VIII, 84 S.) 12 ngr.

—— Reglements für die Prüfungen zum höheren Schulamte in Preussen, s. Reglements.

Mushacke, Ed., preußischer Schul-Almanach, s. Schul-Almanach, preußischer.

—— die Berliner Schulen und Lehrer nebst den höheren, mittleren und niederen Stadtschulen von 231 Städten Preußens. Mit Benutzung amtl. Quellen hrsg. 16. (84 S.) Berlin 866, W. Schultze. *

—— deutscher Schulkalender für 1874. 24. Jahrg. 2 Thle. Mit Benutzung amtl. Quellen hrsg. von Herm. Mushacke. 8. (222; XXXII, 560 S.) Leipzig, Teubner. *ℳ 4.; geb. *

—— dass. — für 1875. 25. Jahrg. 2 Thle. Mit Benutzung amtl. Quellen hrsg. von Reinh. Jenne. 8. Ebendas. *ℳ 4,20.; geb. *

Inhalt:

Thl. 1. Kalendarium und Notizbuch. (224 S.) *ℳ 1,20.; geb. *ℳ 1,80.

„ 2. Historisch-statist. und Personal-Nachrichten. (XXXII, 507 S.) *ℳ 3.; geb. *ℳ 4.

Der 1. Theil erscheint je zu Ostern und zu Michaelis.

Mushacke's deutscher Schul-Kalender für 1876 — 1879. 25.—28. Jahrg. 1. Thl.: Kalendarium und Notizbuch. Mit Benutzung amtl. Quellen hrsg. gr. 16. (IV, 226; IV, 217; 193; XXXII, 107 S.) Leipzig, Teubner. à Jahrg. * geb. à Jahrg. *

Der 1. Thl. erscheint je zu Ostern und zu Michaelis.

—— dass. — 25.—28. Jahrg. 1876—1879. 2. Thl.: Historisch-statist. und Personal-Nachrichten. Nach amtl. Quellen zusammengestellt. gr. 16. (XII, 531; XXVIII, 236, VIII, 284; XXVIII, 236, 285; XXXVI, 236, 290 S.) Ebendas. Jahrg. 1876—1878 à *ℳ 3.; geb. à * Jahrg. 1879 *ℳ 3,60.; geb. *

Mushacke's deutscher Schul-Kalender für 1880. 29. Jahrg. Mit Benutzung amtl. Quellen. Michaelis-Ausg. 1879 und Oster-Ausg. 1880. 12. (CV, 127; CIX, 107 S.) Leipzig, Teubner. à Thl. *ℳ 1,20.; geb. *

—— dass. — Für 1881. 30. Jahrg. Michaelis-Ausg. 1880 und Oster-Ausg. 1881. 12. (CV, 107; CVII, 107 S.) Ebendas. à Thl. *ℳ 1,20.; geb. *

—— dass. — Für 1882. 31. Jahrg. Michaelis-Ausg. 1881 und Oster-Ausg. 1882. 12. (CV, 109; CIX, 109 S.) Leipzig, Teubner. à Thl. *ℳ 1,20.; geb. *

Mushacke's deutscher Schul-Kalender für 1883. 32. Jahrg. Mit Benutzung amtlicher Quellen hrsg. Michaelis-Ausg. 1882. 12. (CV, 109 S.) Leipzig, Teubner n. 1. 20; geb. n. 1. 80

— dasselbe. 2. Thl., neue Folge, s.: Jahrbuch. statistisches, der höheren Schulen Deutschlands etc.

—— dass. — Für 1884. 33. Jahrg. Michaelis-Ausg. 1883 und Oster-Ausg. 1884. gr. 16. (CV, 127 S.; CIX, 127 S.) Ebendas. à Thl. *ℳ 1,20.; geb. *

—— dass. — Für 1885. 34. Jahrg. Michaelis-Ausg. 1884 und Oster-Ausg. 1885. 8. (CV, 127; CIX, 127 S.) Ebendas. à Thl. *ℳ 1,20.; geb. *

Mushacke's deutscher Schul-Kalender für 1886. 35. Jahrg. Mit Benutzung amtl. Quellen hrsg. Michaelis-Ausg. 1885 und Oster-Ausg. 1886. 12. (CV, 127; CIX, 127 S.) Leipzig, Teubner. à Ausg. *ℳ 1.20.; geb. *

Mushacke's deutscher Schul-Kalender f. 1887. 36. Jahrg. Mit Benutzg. amtl. Quellen hrsg. Michaelis-Ausg. 1886. 12. (CV, 127 S.) Leipzig, Teubner. n. 1. 20; geb. n. 1. 80

—— dass. — für 1888. 37. Jahrg. Unter Benutzung amtl. Quellen hrsg. Michaelis-Ausg. 1887 und Oster-Ausg. 1888. 12. (CV, 127; CIX, 127 S.) Ebendas. à Ausg. *ℳ 1.20.; geb. *

—— dass. — für 1889. 38. Jahrg. Unter Benutzung amtl. Quellen hrsg. Michaelis-Ausg. 1888 und Oster-Ausg. 1889. 12. (CVII, 127; CXI, 127 S.) Ebendas. à Ausg. *ℳ 1.20.; geb. *

Mushacke's deutscher Schul-Kalender f. 1890—1893. 39.—42. Jahrg. Michaelis-Ausg. 1889—1892. 12. (à Ausg. ca. CV, 150 S.) Lpz., Teubner. 39. Jahrg. * 1 20; geb. * 1 60 40.—42. Jahrg. à * 1 —; geb. à * 1 20

Eine Oster-Ausgabe erscheint jährlich zu gleichen Preisen. — Das Vorstehende [Notizbuch] bildet d. 1. Tl. d. Schul-Kalenders. 2. Tl., s. Jahrbuch, statistisches, d. höheren Schulen Deutschlands.

Mushacke's deutscher Schul-Kalender f. das Schulj. 1894/95. 44. Jahrg. Mit Benutzg. amtl. Quellen hrsg. Michaelis-Ausg. 1894 [vom 1. Septbr. 1894—31. Dezbr. 1895]. 12. (CXV, 155 S.) Leipzig, B. G. Teubner. n. 1. —; geb. in Leinw. n. 1. 20

— dasselbe f. d. Schulj. 1895/96. 44. Jahrg. Oster-Ausg. 1895 [vom 16. Jan. 1895—30. Apr. 1896]. 12. (CXI. 153 S.) Ebd. n. 1. —; geb. in Leinw n. 1. 20

Mushacke's deutscher Schul-Kalender f. d. Schulj. 1898/99. 48. Jahrg. Mit Benutzg. amtl. Quellen hrsg. Michaelis-Ausg. 1898 (vom 1. IX. 1898—31. XII. 1899) 12. (CV, 143 S.) Leipzig, B. G. Teubner. n. 1. —; geb. in Leinw. n. 1. 20

— dasselbe. Oster-Ausg. 1898 (v. 1. I. 1898—30. IV. 1899). 12. (CXI, 156 S.) Ebd. n. 1. —; geb. in Leinw. n. 1. 20

— dasselbe, neue Folge des I. Teiles, s.: **Jahrbuch**, statist., d. höh. Schulen.

Mushacke's deutscher Schul-Kalender f. das Schulj. 1901/1902. 53. Jahrg. Mit Benutzg. amtl. Quellen hrsg. Oster-Ausg. 12. (CXXXV, 129 S.) Leipzig, B. G. Teubner. n. 1. —; geb. in Leinw. n. 1. 20

— dasselbe f. d. Schulj. 1902/1903. 53. Jahrg. Michaelis-Ausg. Mit Benutzg. amtl. Quellen hrsg. 12. (CXXXIV, 129 S.) Ebd. n. 1. —; geb. in Leinw. n. 1. 20

Mushacke's deutscher Schul-Kalender f. d. Schuljahr 1906—1907. 57. Jahrg. Mit Benutzg. amtl. Quellen hrsg. Oster- bezw. Michaelis-Ausg. (à LXVI, 205 S.) kl. 8. Leipzig, B. G. Teubner. à n. 1. —; geb. in Leinw. à n. 1. 20

Mushacke's deutscher Schulkal. f. d. Schulj. 1910/1911. 61. Jahrg. Mit Benutzg. amtl. Quellen hrsg. Oster-Ausg. bzw. Michaelis-Ausg. (à LXXII S., Schreibkal. u. 128 S.) kl. 8. Leipzig, B. G. Teubner. à 1.—; geb. in Leinw. à 1. 20

Mushacke, E., preussischer Schul-Kalender, s. **Schul-Kalender**, preussischer.

— die **Universitäten** u. technischen Hochschulen Deutschlands, der Schweiz u. der russischen Ostsee-provinzen. Für d. J. 1870. Mit Benutzg. amtl. Quellen hrsg. gr. 16. (124 S.) Berlin 871. Schultze. n. 1 —

Mushacke, Ed., Universitäts-Kalender, s.a. **Universitäts-Kalender**.

Mushacke, Dr. Ed., Deutscher Universitäts- u. Schulkalender. (Vom 1. Oktober jeden Jahres bis letzten Dezember des folgenden.) Der Jahrgang zu 2 Theilen in 1 Bd. Jahrg. 20—29 — Berlin 1871—80 — 8°

— Deutschlands höhere **Unterrichts-Anstalten** im Jahre 1867. Mit Benutzung amtlicher Quellen hersg. [Aus Mushacke's Schul-Kalender für 1868.] Berlin 868. W. Schultze. 16. (406 S.) n. 22⅓ ngr

— **Wartegeld** und Ruhegehalt der Civil-Staatsbeamten, Kommunalbeamten und Lehrer an den höheren Unterrichts-anstalten in den Staaten des norddeutschen Bundes, den Gesammtstaaten Oesterreichs, sowie in Bayern, Württemberg, Baden, Frankreich und Russland. Nach amtl. Quellen bearb. 8. (XI, 156 S. mit 1 Tab. in qu. Fol.) Berlin 868, W. Schultze. *

Mushacke, Herm. Über einige Eigentümlichkeiten, insbesondere über Pleonasmus und Tautologie in der deutschen Wortzusammen-setzung. I Teil. 33 S. **Progr.** K. Wi. G. *Hannover* 1883.

Musbacke, Wilhelm Beiträge zur Geschichte des Elfenreiches in Sage und Dichtung. 4 (S. 3—20). **Progr.** G. *Crefeld* 1891 430).
I Das Elfenreich in der germanischen Sage und Dichtung. II Das Elfenreich im Huon de Bordeaux. III. Das Elfenreich in der Scottish History of James the Fourth. IV Das Elfenreich im englischen Volksglauben. V Das Elfenreich im „Midsummer Night's Dream"

Mushacke, Wilhelm [Dr.]: Beiträge zur Geschichte des Elfen-reiches in Sage und Dichtung. Crefeld, Druck v. Kramer & Baum. *1891*; S. 3—20; 4°
Crefeld, G, OP 1891 (430)

Mushacke, W., geschichtliche Entwicklung der Mundart von Montpellier [Languedoc], s.a. **Studien**, französische.

Mushacke, Wilhelm (geb. am 14 Febr 1862 in Wülfrath Rgbz. Düsseldorf) Geschichtliche Entwicklung der Mundart von Montpellier '(Languedoc)'. Altenburg, Pierer'sche Hofbuchdr. 1884. 30 S., 1 Bl. 8. ¶ Sonderabdr d. Anfangs einer gleichbetitelten Abh, die vollständig als 5 Heft d. IV Bdes der Franz. Studien erschien.
Bonn, Phil. Fak., Diss. v 9 Juli 1884

Geschichtliche Entwicklung der Mundart von Montpellier (Languedoc) von Wilhelm **Mushacke**. Heilbronn: Gebr Henninger 1884. (166 S.) 8° = **Studien**, Französische. Bd 4, H. 5. [06. 6048

Mushacke, Wilh., **Krefeld** zur Zeit der preussischen Besitzergreifg. Ein geschichtl. Beitrag zur Erinnerungs-feier der 200jähr. Zugehörigkeit zum preuss. König-reiche u. zum Hohenzollernhause. gr. 8. (54 S.) Krefeld (902). Kramer & Baum. n. — 60

— **Krefeld** im fridericianischen Zeitalter, unter besond. Berücksicht. der Entwickelg. der Seidenindustrie. Vortrag, geh. in der Krefelder Ortsgruppe des Alldeutschen Verbandes am 1. II. 1899. gr. 8. (23 S.) Ebd. 899. — 30

Mushacke, W. Altprovenzalische Marienklage des XII. Jahrh., s. **Bibliothek**, romanische.

Mushard, Luneberg, Monumenta nobilitatis antiquae familiarum illustrium, inprimis ordinis equestris inducatibus Bremensi & Verdensi i. e. Denckmahl der uhralten berühmten hochadelichen Geschlechter insonderheit der hochlöbl. Ritterschaft im Hertzogthum Bremen u. Verden. Bremen 1708. Anastatischer Neudr. (XX, 572 S. m. Abbildgn) 4. Berlin 905. (H. Barsdorf.) n. 50 —; geb. n. 55. —

Mushard, Luneburg, De Ostera Saxonum . . publice respondebit Joh. Chrph. Langius. Bremae 1700. 4. (D.)
— De Ostera Saxonum. Bremae 1700. 4. . . . . (D.)

Mushard, Lüneburgisch- Bremisch- u. Verdenscher Rittersaal. Fol. Bremen. 720.

Mushl, Stella. 8. (95 S.) Prag 891. J. G. Calve. n. 2. 40

Musica. Archiv für Wissenschaft, Geschichte, Aesthetik und Literatur der heiligen und profanen Tonkunst. In zwanglosen Heften hrsg. von Dom. Mettenleiter. 1. und 2. Heft. gr. 8. (S. 1—243.) Brixen 866,68, Theologische Verlags-Anstalt. [1. Heft * 14 Ngr., 2. Heft * 26 Ngr.] *

Musica. Beschreibung eines neuentdeckten Lautenbuches, sowie vier anderer musikal. Seltenheiten. Als Beitrag zur Musik-Bibliographie und Musik-Geschichte veröffentlicht von den derzeit. Besitzern dieser Werke: Gilhofer und Ranschburg. 4. (4 S.) Wien 886, Gilhofer und Ranschburg. **

Musica divina. Sive thesaurus concenurum selectissimorum omni cultui divino totius anni juxta ritum sanctae ecclesiae catholicae inservientium: ab excellentissimis superioris aevi musicis numeris harmonicis compositorum. Quos e codd. originalibus tam editis quam ineditis accuratissime in partitionem redactos ad instaurandam polyphoniam vere ecclesiasticam publice offert Car. Proske. Annus I. Harmonias IV vocum cont. Tom. I.: Liber missarum. 4maj. (LXX und 371 S.) Ratisbonae 853, Pustet. Thlr. *

— id. — Tom. II.: Liber motettorum. Sectio I—IV. (Sect. IV: Appendix.) 4maj. (LXXXVI und S. 1—582.) Ibid. 854. *

— id. — Annus I. Tom. I et Tom. II. Fasc. 1—8. Voces separatae. 4maj. (711 S.) [Ratisbonae 854—55, Pustet. — Manz.] *

— dass. — Voces separatae. Annus I. Tom. III. Sect. 1—5. gr. 4. (384 S.) Ebendas. 859—61. *

Musica divina. Sive thesaurus concentuum selectissimorum omni cultui divino totius anni juxta ritum sanctae ecclesiae catholicae inservientium: ab excellentissimis superioris aevi musicis numeris harmonicis compositorum. Quos e codd. originalibus etc.: publice offert Carl Proske. Annus I. Harmonias IV vocum cont. Tom. III.: Psalmodiam, Magnificat, Hymnodiam, et Antiphonas b. Mariae virg. complectens. gr. 4. (XXII und 543 S.) Regensburg 859, Pustet. *

—— **divina.** Sive thesaurus concentuum selectissimorum omni cultui divino totius anni juxta ritum sanctae ecclesiae catholicae inservientium: ab excellentissimis superioris aevi musicis numeris harmonicis compositorum. Quos e codd. originalibus etc.: publice offert Carol. Proske. Annus I. Harmonias IV vocum cont. Tomus IV.: Liber vespertinus. gr. 4. (XXXIV und 440 S. mit 1 Photogr.) Regensburg 863, Pustet. cart. *

—— dass. — Voces separatae. Annus I. Tomus IV. 6 Sectt. gr. 4. (376 S.) Ebendas. 863. *

—— dass. — Annus II. Tom. I. Sect. 1—3. gr. 4. Ebendas. 865.

Inhalt:

Sect. 1. Missa „octavi toni" quatuor vocum parium auctore Jo. Matth. Asola. (IV und 26 S.) 10 Ngr.
» 2. Missa „pro defunctis" quaternis vocibus auctore Franc. Anerio Romano. (IV und 38 S.) 13 Ngr.
» 3. Missa quatuor vocum auctore Joa. Leone Hasler. (22 S.) 8 Ngr.

Musica divina. Annus II. Harmonias IV vel V etc. vocum cont. Tomus I. Fasc. 4—7 et Tomus II. Fasc. 1 et 2. 4. Regensburg 871—74, Pustet. *

Inhalt:

Tomus I. Fasc. 4. Missa „Tu es Petrus". Sex vocum auctore T P. A. Praenestino. *ℳ 1,80. — Fasc. 5. Missa „Pro defunctis". Sex vocum auctore Thoma Ludovico a Victoria. Partitio. (42 S.) *ℳ 1,60. — Fasc. 6. Missa „Ascendo ad patrem". Quinque vocum auctore Joanne Petraloysio Praenestino. Partitio. (42 S.) *ℳ 1,60. — Fasc. 7. Missa Papae Marcelli. Sex vocum auctore Joanne Petraloysio Praenestino. Partitio. (IV, 58 S.) *ℳ 2,40.
» II. Fasc. 1. Sex motetta. IV, V, VI et VIII vocum, auct. Casciolini, Anerio, Orlando de Lasso, Jovanelli et Victoria. Partitio. *ℳ 1,50. — Fasc. 2. Decem motetta. IV, V et VI vocum auct. C. Porta, A. Gabrielli, J. Handl, J. Clodiensi, J. P. A. Praenestino, C. Verdonck, L. Marenzio, B. Nanini, P. Nenna et T. L. de Victoria. Partitio. (42 S.) *ℳ 1,60.

Annus I. Tom. I. Liber Missarum. *ℳ 8,40.; Tom. II. Liber Motettorum. *ℳ 14,40.; Tom. III. Psalmodiam, Magnificat, Hymnodiam et Antiphonas B. M. Virg. *ℳ 12.; Tom. IV. Liber Vespertinus. *ℳ 10,50. — Selectus novus missarum etc. Tom. I. *ℳ 10,20.; Tom. II. *ℳ 11,40. — Annus II. Tom. I, Fasc. 1—3. *ℳ 3,30.

Musica divina. Annus II. Tom. I, Fasc. 8, Tom. II, Fasc. 3, et Tom. III, Fasc. 1 et 2. gr. 4. Regensburg, Pustet. *

Inhalt:

Tomus I. Fasc. 8. Missa aeterna Christi munera. Quatuor vocum auctore J. P A. Praenestino. Partitio. (IV, 28 S.) 877. *ℳ 1,20.
» II. Fasc. 3. Octo motetta V et VI vocum auctore L. Vittoria, G. Croce, A. Gabrieli, J. Reiner, Orlando de Lasso, Giovanelli, Gr. Aichinger et J. P. A. Praenestino. Partitio. (IV, 76 S.) 876. *ℳ 2,40.
» III. Fasc. 1. Quatuor litaniae Lauretanæ, IV et V vocum. Auctore ignoto, Orlando de Lasso, Rinaldo de Mel et Fileno Cornazzano. 876. Partitio. *ℳ 1,40. — Fasc. 2. Vesperae de communi unius Martyris extra Tempus Paschale, IV, V et VI vocum in Falsobordone. Auctore J. A. Bernabei, Fr. C Andreae, L. Viadana, F. G. Stemmelio, Incerto et B. Ratti. (IV, 40 S.) 876. Partitio *ℳ 1,30.; voces *ℳ 1,20.

Musica divina sive Thesaurus concentuum selectissimorum omni cultui divino totius anni juxta ritum s. ecclesiæ catholicæ inservientium, ab excellentissimis superioris ævi musicis, numeris harmonicis compositorum, quos e codicibus originalibus tam editis quam ineditis accuratissime in partitionem redactos edidit Carolus Proske. Editionem hanc secundam redegit Fr. X. Haberl. Annus I: Harmonias quatuor vocum continens. Tom. I: Liber missarum. 13 fasc. gr. 4. (LX, 349 S.) Regensburg 880—85, Pustet. *

MUSICA DER GLAUBIGEN In einer Auswahl Alter und Neuer Geistes-Gesänge mitgetheilet. Büdingen, J. F Rezelein, 1727 12° (Schmalformat). Titel, 249 S. 2 Bl. HPgt. d. Z.

—— **sacra.** Vollständiges Verzeichniss aller seit dem J. 1750—1867 gedruckt erschienener Compositionen für die Orgel, Lehrbücher für die Orgel, Schriften über Orgelbaukunst. Nebst Angabe der Verleger und Preise. gr. 8. (56 S.) Erfurt 867, Körner'sche Buchh. *

—— **sacra.** Vollständiges Verzeichniss aller seit dem J. 1750—1871 gedruckt erschien. Werke heiliger Tonkunst. 2. und 3. Abthl. und Nachtrag zur 1. Abthl. gr. 8. Erfurt 872, Körner'sche Buchh. *

Inhalt:

Abthl. 2. Choralbücher, Liturgieen, Schriften über Liturgie, Choral- und Gemeindegesang, sowie sonst. diesen Gegenstand betr. Werke. Nebst Angabe der Verleger und Preise. Im Anh.: Abhandlung über den Choral und die ältere Literatur desselben, von J. A. P. Schulz. (47 S.) *ℳ 1,50.
» 3. Oratorien, Messen, Cantaten und andere Werke der Kirchenmusik im Clavier-Auszuge oder mit Begleitung der Orgel. Nebst Angabe der Verleger und Preise. (26 S.) 75 Pf.
Nachtrag zu Abthl. 1. Vollständiges Verzeichniss aller seit dem J. 1867 bis Ende 1871 gedruckt erschien. Compositionen für die Orgel, Lehrbücher für die Orgel, Schriften über Orgelbaukunst. (16 S.) 30 Pf.
1. Abthl. Ebendas. 1867. *ℳ 1,50.

— **sacra.** Beiträge zur Reform u. Förderung der kathol. Kirchenmusik, hersg. von Frz. Witt. 1. u. 2. Jahrg. 1868 u. 1869. à Jahrg. 12 Nrn. (Bgn.) Mit Musikbeilagen. Regensburg, Pustet. hoch 4. Jeder Jahrg. n. 18 ngr.

— **sacra.** Beiträge zur Reform u. Förderg. der kathol. Kirchenmusik, hrsg. v. Frz. Witt. 3—6. Jahrg. 1870—1873. à 12 Nrn. (B.) Mit Musikbeilagen. hoch 4. Ebend. à n. 1. 80

— dasselbe. 7—9. Jahrg. 1874—1876. à 12 Nrn. (B.) Mit Musikbeilagen. hoch 4. Ebend. à Jahrg. n. 2. —

— dasselbe. 1. Jahrg. [1868.] 2. unveränd. Aufl. Text-Ausg. ohne Musikbeilagen. hoch 4. (96 S.) Ebend. 871. n. — 60

— **sacra.** Beiträge zur Reform u. Förderung der kathol. Kirchenmusik, hrsg. v. Frz. Witt. 10—15. Jahrg. 1877—1882. à 12 Nrn. (à 1—1½ B.) Mit Musikbeilagen. hoch 4. Regensburg, Pustet. à Jahrg. n. 2. —

— **sacra.** Beiträge zur Reform u. Förderg. der kathol. Kirchenmusik, hrsg. v. Frz. Witt. 16—19. Jahrg. 1883—1886. à 12 Nrn. (à 1—1½ B.) Mit Musikbeilagen. hoch 4. Ebend. à Jahrg. n. 2. —

Musica sacra. Beiträge zur Reform u. Förderg. der kathol. Kirchenmusik, hrsg. v. F. Witt. 20. u. 21. Jahrg. 1887. 1888. à 12 Nrn. (à 1—1½ B.) Mit Musikbeilagen. hoch 4. Regensburg, Pustet. à Jahrg. n. 2. —

— dasselbe. Neue Folge. 1. u. 2., als Fortsetzg. 22. u. 23. Jahrg. 1889. 1890. à 12 Nrn. (1½ B.) Mit Musikbeilagen. hoch 4. Ebd. à Jahrg. n. 2. —

Musica sacra. Gegründet v. Frz. Xav. Witt. Monatsschrift f. Hebg. u. Förderg. der kathol. Kirchenmusik. Hrsg. v. Frz. Xav Haberl. Neue Folge. III.—VI., als Fortsetzg. XXIV.—XXVII. Jahrg. 1891—1894. à 12 Nrn. (¾ Bog.) Mit 12 Musikbeilagen. Lex.-8. Regensburg, F. Pustet. à Jahrg. n. 2. —

Musica sacra. Gegründet v. Frz. Xav. Witt. Monatschrift f. Hebg. u. Förderg. d. kathol. Kirchenmusik. Hrsg. v. Frz. Xav. Haberl. Neue Folge VII., als Fortsetzg. XXVIII. Jahrg. 1895. 12 Nrn. (Bog.) Mit 12 Musikbeilgn. Lex.-8. Regensburg, F. Pustet. n. 2. —

— dasselbe. Neue Folge VIII—X., als Fortsetzung. XXIX.—XXXI. Jahrg. 1896—1898. à 24 Nrn. (à ca. 12 S.) M. je 12 Musikbeilagen. Lex.-8. Ebd. à Jahrg. n. 3. —

Musica sacra. Gegründet v. Frz. Xav. Witt. Halbmonatsschrift f. Hebg. u. Förderg. der kathol. Kirchenmusik. Hrsg. v. Frz. Xav. Haberl. Neue Folge XI., als Fortsetzung XXXII. Jahrg. 1899. 24 Nrn. Mit 12 Musikbeilagen. Lex.-8. (148 S.) Regensburg, F. Pustet. n. 3. —; erm. Pr. n. 1. —

— dasselbe. Neue Folge XII., als Fortsetzg. XXXIII. Jahrg. 1900. 24 Nrn. Mit 12 Musikbeilagen. Lex.-8. (148 S.) Ebd. n. 2. —

— dasselbe. Monatsschrift für Hebg. u. Förderg. der kathol. Kirchenmusik. Hrsg. von Frz. Xav. Haberl. Neue Folge XIII. u. XIV., als Fortsetzg. XXXIV. u. XXXV. Jahrg. 1901 u. 1902. à 12 Nrn. Mit je 12 Musikbeilagen. Lex.-8. (152 u. 144 S.) Ebd. à Jahrg. n. 2. —

Musica sacra. Gegründet v. Frz. Xav. Witt. Monatsschrift f. Hebg. u. Förderg. d. kathol. Kirchenmusik. Hrsg. v. Frz. Xav. Haberl. Neue Folge 15.—18., als Fortsetzg. 36.—39. Jahrg. 1903—1906. à 12 Nrn. Mit je 12 Musikbeilagen. (164, 156, 152 u. 152 S.) Lex.-8. Regensburg, F. Pustet. à Jhrg. n. 3. —

Musica sacra. Gegründet v. Frz. Xav. Witt. Monatschrift f. Hebg. u. Förderg. d. kathol. Kirchenmusik. Hrsg. v. Frz. Xav. Haberl. Neue Folge. 19.—22., als Fortsetzg. 40.—43. Jahrg. 1907—1910. à 12 Nrn. (VIII, 144; VIII, 152; VIII, 152 u. VIII, 172 S.) Mit je 48 S. Musikbeilagen. Lex. 8. Regensburg, F. Pustet. à Jahrg. 3. —

— sacra f. Kirchenchöre, höhere Lehranstalten ꝛc. 3. Aufl. Mit e. liturg. Anh. v. F. Spitta. Lex.-8. (VIII, 170 u. Anh. 32 S.) Göttingen 887. Vandenhoeck & Ruprecht's Verl. n. 2. 80; ohne Anh. n. 1. 80; Anh. ap. n. 1. —

— sacra für höhere Schulen. (Hersg. von Schoeberlein.) Göttingen 869. Vandenhoeck & Ruprecht's Verl. Lex.-8. (VIII, 170 S.) n. 15 *ngr.*

— sacra f. höhere Schulen. (Hrsg. v. L. Schoeberlein.) 2. rev. Aufl. gr. 8. (VIII, 170 S.) Göttingen 877. Vandenhoeck & Ruprecht's Verl. n. 1. 80

—— theatralis d. i. vollständ. Verzeichniss sämmtl., seit dem J. 1750 bis zu Ende des J. 1863 im deutschen und auswärt. Handel gedruckt erschien. Opern-Clavier-Auszüge mit Text, und sonst für die Bühne bestimmter Musikwerke. Nebst Angabe der Verleger. Ein Beitrag zur musical. und dramat. Literatur. 8. (52 S.) Erfurt 864, Körner'sche Buchh.

Musici scriptores graeci. Aristoteles, Euclides, Nicomachus, Bacchius, Gaudentius, Alypius et melodiarum veterum quidquid exstat. Recognovit, prooemiis et indice instruxit Carol. Janus. Annexae sunt tabulae. 8. (XCIII, 503 S.) Leipzig 895. B. G. Teubner. n. 9. —

Musici scriptores graeci. Recognovit, prooemiis et indice instruxit Carol. Janus. Supplementum, melodiarum reliquiae. 8. (61 S.) Leipzig 899. B. G. Teubner. n. 1. 20
Hauptwerk Ebd. 895. n. 9. —.

Musician's, the, pocket-almanac and engagement-diary for 1891 — Des Musikers Taschen-Kalender u. Notiz-Buch f. 1891, aus den besten Quellen zusammengestellt v. H. Brett. schmal gr. 16. (141 S.) Leipzig 890. A. Dörffel. geb. — 75

Musiciens, les, de la ville de Brême. (12 S. m. 6 Farbdr.) 16. Stuttgart (903). G. Weise. n. — 10

Musicus s.a. Musikus

Musicus autodidaktos 1738, s.a. Eisel, Johannes

Musicus autodidaktos. Erfurt [1738]. V: *Eisel (Eysel), Joh. Philipp.* (Rothschild.)

[Musikus] Musicus, Der Critische- Herausgegeben von Johann Adolph Scheibe. 1 2. Theil. Hamburg 1738. 1740.

Musicus, Der kritische, an der Spree. Berlin 1749. H: *Marpurg, Friedrich Wilhelm.* (ML)

— d. kritische an d. Spree. 50 Stck. m. 5 Tab. 4. Berlin. 750.

Musiol, Josef: Aus d. Bresl. chirurg. Klinik ⟨Prof. v. Mikulicz⟩. Über die Behandlung chronischer Empyeme. *Breslau 1903: Bresl. Genoss.-Buchdr.* (60 S.) 8°
Breslau, Med. Diss. v. 28. Okt. 1903

Musig, Mart., Licht d. Weish. 2 Thle. 8. Halle, Waisenh. 727.

Musih-uddin, Mohammed, wie England Verträge schließt und bricht. Vertheidigung und Ehrenrettung der Souveräne und Regierungen von Aud in Ostindien. Nach Unterdrückung der engl. Ausg. deutsch hrsg. von einem Indierfreund. 8. (X und 253 S.) Leipzig 864, O. Wigand.

Musik, Die. [Budiss. 1773.] V: *Hering, Carl Wilhelm August.* (OL)

Musik. Copenhagen S. Sönnichsen 1788-89 8°
Hrsg.. Carl Friedr Cramer. Vorh. u. d. T . Magazin der Musik. Hamburg 1783 ff

Musik, die. Leiter: Bernh. Schuster. 1. u. 2. Jahrg. Oktbr. 1901—Septbr. 1903. à 24 Hfte. Lex.-8. (IV, IV, IV, IV, 2172 S. m. Abb. u. ca. 250 Taf. u. IV, IV, IV, IV, 2012 S. m. Abb. u. ca. 250 Taf.) Berlin, Schuster & Loeffler. à Jahrg. 10. —: vierteljährl. 3. —

Musik, die. Illustrierte Halbmonatsschrift. Hrsg. v. Bernh. Schuster. 3.—6. Jahrg. Oktbr. 1903—Septbr. 1907. à 24 Hefte. Lex.-8. Berlin, Schuster & Loeffler. à Jhrg. n. 15. —; viertelj. n. 4. —
3. (IV, XX, 480; IV, XX, 476; IV, XVII, 476 u. IV, XVI, 480 S. m. ca. 200 Kunstbeil.) — 4. (IV, XVII, 464; IV, XX, 460; IV, XVI, 464 u. IV, XV, 456 S. m. ca. 200 Kunstbeil.) — 5. (IV, XVI, 448; IV, XIX, 444; IV, XVI, 424 u. IV, XIV, 416 S. m. ca. 200 Kunstbeil.) — 6. (IV, XVI, 400; IV, XX, 388; IV, XVI, 384 u. IV, XVI, 380 S. m. ca 200 Kunstbeil.)

Musik, die. Hrsg. v. Bernh. Schuster. 7.—9. Jahrg. Oktbr. 1907—Septbr. 1910. à 24 Hefte. (XVI, 1536; XVI, 1540 u. XVI, 1560 S. m. je ca. 160 Taf. u. Fksm.) Lex. 8. Berlin, Schuster & Loeffler. à Jahrg. 15.—; viertelj. 4. —

— die. Sammlung illustr. Einzeldarstellgn. Hrsg. v. Rich. Strauß. 1.—7. 9. 11.—14. 16.—19. u. 21. Bd. kl. 8. Berlin, Marquardt & Co. Kart. à 1. 50; geb. in Ldr. od. Pergament à n. 3. —; Doppelbde. à n. 5. —
Batka, Rich., die Musik in Böhmen. Mit 6 Vollbildern u. 6 Fksms. (IV, 100 S.) (906.) (Bd. 18.)
Bie, Osk., Intime Musik. Mit 1 Heliograv. u. 9 Vollbildern in Tonätzg. (52 S.) (904.) (Bd. 2.)
— Tanzmusik. Mit 1 Heliograv. u. 13 Vollbildern in Tonätzg. (69 S.) (905.) (Bd. 6.)
Bischoff, H., das deutsche Lied. Mit 22 Vollbildern in Tonätzg. u. 14 Notenbeilagen (117 S.) (906.) (Bd. 16. 17.)
Bruneau, Alfr., Geschichte d. französischen Musik. Uebertr. v. Max Graf. Mit 1 Heliograv. u. 11 Vollbildern in Tonätzg. (65 S. m. 1 Fksm.) (904.) (Bd. 4.)
— die russische Musik. Uebertr. v. Max Graf. Mit 1 Heliograv. u. 12 Vollbildern in Tonätzg. (51 S.) (905.) (Bd. 9.)
Göllerich, Aug., Beethoven 1. u. 2. veränd. Aufl. Mit 1 Heliograv., 6 Vollbildern in Tonätzg. u. 7 Fcsms. (IV, 83 S.) (904. 905.) (Bd. 1.)
Graf, Max, die Musik im Zeitalter d. Renaissance. Mit 1 Lichtdruck u. 11 Vollbildern in Tonätzg. (59 S.) (905.) (Bd. 12.)
Klatte, Wilh., zur Geschichte d. Programm-Musik. Mit 1 Vierfarbdr., 1 Lichtdr., 10 Vollbildern in Tonätzg. u. 4 Fksms. (66 S.) (905.) (Bd. 7.)
Rolland, Roman, Paris als Musikstadt. Uebertr. v. Max Graf. Mit 1 Lichtdr., 12 Vollbildern in Tonätzg. u. 1 Titelbilde. (71 S.) (905.) (Bd. 11.)

Simon, James, Faust in der Musik. Mit 12 Vollbildern in Tonätzg. u. 12 Fksms. (63 S.) (906.) (Bd. 21.)
Wolff, Ernst, Robert Schumann. Mit 10 Vollbildern in Tonätzg. u. 6 Fksms. (86 S.) (906.) (Bd. 19.)
Wolfrum, Philipp, Joh. Seb. Bach. Mit 16 Vollbildern u. 11 Fksms. (180 S.) (906.) (Bd. 13. 14.)
Wolzogen, Hans v., Bayreuth. 1. u. 2. Aufl. Mit 21 Vollbildern in Tonätzg. u. e. Fksm. (81 S.) (904. 906.) (Bd. 5.)
— Wagner-Brevier. 2. Aufl. Mit 4 Vollbildern in Tonätzg. u. 4 Fksms. (66 S.) (906.) (Bd. 3.)
1. Aufl. (in Antiqua). (66 S.) 904.
Die Bde. 8, 10, 15 u. 20 sind noch nicht erschienen. — In Leinw. geb. Bde. werden nicht mehr geführt.

— die. Sammlung illustr. Einzeldarstellgn. Hrsg. v. Rich. Strauß. 1. u. 22.—32. Bd. kl. 8. Berlin [Marquardt & Co.] J. Knoblauch & Co. (Urspr. Pr. kart. 18.—; geb. in Ldr. 31.—)
Bekker, Paul, Jacques Offenbach. Mit 12 Vollbildern in Tondr. u. bisher unveröffentlichten Fksms. (138 S.) (909.) (Bd. 31. 32.) Kart. 3.—; geb. in Ldr. 5.—
Göllerich, Aug., Beethoven. 3. veränd. Aufl. Mit 1 Heliograv., 6 Vollbildern in Tonätzg. u. 7 Fcsms. (IV, 85 S.) (907.) (Bd. 1.) Kart. 1.50; geb. in Ldr. 3.—
Hausegger, Siegm. v., Alexander Ritter, e. Bild seines Charakters u. Schaffens. Mit 12 Vollbildern, Fksms. u. Musikbeilagen, sowie unveröffentlichten Briefen Richard Wagners u. seiner Familie. (161 S.) (907.) (Bd. 26. 27.) Kart. 3.—; geb. in Ldr. 5.—
Klatte, Wilh., Frz. Schubert. Mit 15 Vollbildern u. 20 Fksms. (113 S.) (907.) (Bd. 22. 23.) Kart. 3.—; geb. in Ldr. 5.—
Schneider, Louis, das französische Volkslied. Mit 8 Vollbildern in Tondr. u. 6 illustr. Notentaf. (126 S.) (908.) (Bd. 28. 29.) Kart. 3.—; geb. in Ldr. 5.—
Specht, Rich., Johann Strauss. Mit 1 Heliogravüre u. 11 Vollbildern in Tondr. u. bisher unveröffentlichten Notenbeigaben. (VIII, 93 S.) (909.) (Bd. 30.) Kart. 1.50, geb. in Ldr. 3.—
Weißmann, Adf., Bizet. Mit 4 Vollbildern, 5 Fksms. u. zahlreichen Notenbeilagen. (104 S.) (907.) (Bd. 24. 25.) Kart. 3.—; geb. in Ldr. 5.—

Mit **Musik**. Ein Album für's musikal. Haus. *Berlin: Harmonie [1902].* (23 Bl.) 2° [In Form e. Violine.] [04. 1177

— für Alle. Monatshefte zur Pflege volkstüml. Musik. Red.: Bogumil Zepler. 1.—3. Jahrg. Oktbr. 1904 bis Septbr. 1907. à 12 Nrn. (à ca. 20 S. u. 4 S. illustr. Text.) 4. Berlin, Ullstein & Co. à Jhrg. n. 6.—

Musik f. Alle. Monatshefte z. Pflege volkstüml. Musik. Red.: Bogumil Zepler. 4.—7. Jahrg. Oktbr. 1907—Septbr. 1911. à 12 Nrn. (4.—6. Jahrg. 218 u. 280 S. m. 106 Abb.; 216 u. 264 S. m. 74 Abb. u. 204 u. 248 S. m. 70 Abb.) 31,5×24 cm. Berlin, Ullstein & Co. à Jahrg. 6.—; geb. 7.50

— u. Musiker, über Danziger. 8. Danz. 785. Flörke. 6 gr

Musik an Elisa, zur Erinnerung d. 25. Decbrs. 4. Schwerin 778. Bödner. 20 gr

Frankfurter **Musik**. Musikalisches Flugblatt zur Besprechung des Frankfurter Musik-Lebens. H. 1-4. Frankfurt a. M.: Boselli'sche Buchh. in Comm. 1865.
Hrsg.: Heinrich Becker. Fortges. u. d. T.: Frankfurter Musik-Zeitung. Frankfurt 1866.

Musik, die, als Heilmittel. Von H(ugo T. D.) S. K(ramoling). 8. (32 S.) Wien 847, Doll's Enkel. 6 ngr

Musik, die, als Heilmittel. Von H. S. K........ Neue (Titel-)Ausg. Wien (847) 867. Capellen. 8. (32 S.) n. 5 ngr.

Musik am sächsischen Hofe... Für Klavier bearb. u. hrsg. von Otto Schmid-Dresden. [1.] *Leipzig: Breitkopf & Härtel 1898.* 4° [00. 4333

— nb. d., der Indier, a. d. Engl. v. W. Jones, siehe Jones.

Musik, Kirchliche. Eine ästhetische Studie ... [Bregenz 1908.] V: *Hörmann, Josef von.* (MARGR)

Musik, die, u. ihre Classiker in Aussprüchen Richard Wagner's. 8. (XVIII, 94 S.) Leipzig 878. Gebr. Senf. n. 1.50; geb. n.n. 2.25

— die, u. ihre Klassiker in Aussprüchen Richard Wagners. 2. unveränd. Aufl. 8. (110 S.) Leipzig (902). F. Reinboth. n. 1.50

(B) — die, u. ihre Klassiker. 902. (KBL 34.) Jetzt: Leipzig, C. Siegel.

Musik zu den Liedern in D's Bärewirts Töchterli, Volksstück in 5 Akten von Karl Grunder. (7 Nrn.) II + 8 S. 8. Bern, Ch. Künzi-Locher, 1906. [fr. —.60]
S. 1—2 (eingeklebt als Nr. 1): Der singende Hirt. Altes Volkslied von Joh[ann] Konr[ad] Tobler, für Gem. Chor gesetzt von J[ohann] G[ottfried] Krähenbühl. 2. Aufl. (Lyss, Selbstverlag des Herausgebers J. G. K., [1905].)

Musik, Mathematische, physikalische und politische. Görlitz [1808]. V: *Döring, Joh. Frdr. Sam.* (MGT)

Musik, Die, in Polen. Das Theater in Polen. Skizzen 8. (39 S.) In Comm. Wien: Weiss 1892.

Die **Musik** im Spiegel zeitgenössischer Dichtung. Eine lyrische Anthologie mit Orig.-Beiträgen von F. Dahn, Wilh. Jordan, Graf Schack, J. J. Widmann u. A., herausg. von *Alfr. Beetschen.* Kl. in-8°. 384 S. Zürich, Th. Schröter. 1896.

Musika, Frau, u. ihre Helden-Söhne. Musik-Festsp. in 7 leb. Bild. m. begleit. Text. 12. (6 S.) Berlin (895). M. Böhm. 1.—

Musika parabolika, od. parabolische Musik. 8. Leipzig. 754.

Hannoversche **Musikakademie**. Oratorienverein zu Hannover Bericht. Hannover 1894/1896 – 1896/1897

Musikalien-Boerse. Organ für den gesammten Musikalienhandel. Leipzig: Schultze 1896–(1901). 8°

Musikalien-Verzeichniss m. Angabe der Schwierigkeit. 2 Abthlgn. gr. 8. Kreuznach, C. Glock & Sohn. n. 2.70
1. Für Piano 2-, 4-, 6- u. 8händ. (272 S.) 891. n. 1.20
2. Für Instrumentalmusik. (345 S.) 892. n. 1.50

— m. Angabe der Verleger u. der Schwierigkeit. 2 Abthlgn. gr. 8. Ebd. 22.—
1. Für Piano 2-, 4-, 6- u. 8händ. (284 S.) 891. n. 10.—
2. Für Instrumentalmusik. (357 S.) 892. n. 12.—

Musik-Anhang zu einer evangelisch-luther. Gottesdienst-Ordnung enth. Altargesänge, Chöre, Introiten, Sequenzen, Responsorien der Gemeinde etc. hrsg. von Alwin Thdr. Schenk. gr. 4. (167 S.) Stettin 851, Weiss. *

Musikant, der eitle, u. Schenkwirth, als zwei Wunder in d. Christenheit. 8. Halle 761. (Waisenhaus-B.) 3 gr

Musikant, der reisende,. 8. Sorau, Hebold. 763.

Musikanten, die lustigen, Singsp. v. Cl. Brentano. 8. Frankf. Körner. 803.

Musikanten, die, am hohen Markt. Eine lokale Posse mit Gesang in 3 Aufz. — Adam Kratzerl von Kratzerfeld, als 2r Theil des Musikanten, Posse in 3 Aufz. von J. A. Gleich. 8. Wien, v. Mösle. 816.

Musik-Anzeiger. – Musik- und Concert - Anzeiger Hannover Bachmann Jahrgang 1 1896/1897 –

Musikausstellung

— s. a. Tappert.

Musik-Ausstellung, Allgemeine- Berlin 1898. Officieller Katalog. Berlin 1898.

Musikbetrieb, Der gewerbliche der Staats- und Kommunal-Beamten im Königreich Preussen. Berlin [illegible] 8°

Musikbibliothek. Schweizerische M'-B'. Ausgezeichnete Sammlung classischer u. moderner Stücke, Lieder, Tänze, etc. = Bibliothèque Musicale Suisse. Edition correcte et soignée des œuvres..., des romances..., etc. N° 20, 21. 4. Basel, Max Pohl, [1904]. Jede Nummer fr. —. 25
s. Schindlor, [Hermann].

Musikblatt, s.: Lehrer-Zeitung, preußische.

Musik- und Literaturblatt für Volksschullehrer und Schulfreunde. 1.—4. Jahrg. 1864—67. à Jahrg. 12 Nrn. (à ½—1 Bog.) Lex.-8. Wien, Sallmayer und Comp. à Jahrg. *

Musik- und Literaturblatt für Volksschullehrer und Schulfreunde. 5. Jahrg. 1868. 12 Nrn. (à ½—1 Bog.) Lex.-8. Wien, Sallmayer und Comp. *

Musik- und Literaturblatt für Volksschullehrer und Schulfreunde. Redact.: Ign. Meßner. 6.—9. Jahrg. 1869—1872. à Jahrg. 12 Nrn. (à ½—1 Bog.) Lex.-8. Wien, Sallmayer und Comp. à Jahrg. *
—— —— dass. — Redact.: Adb. Hein. 10. und 11. Jahrg. 1873 und 1874. à Jahrg. 12 Nrn. (à ½—1 Bog.) Lex.-8. Ebendas. à Jahrg. *

Musik-Blätter. (Nr 1 15 April 1900.) Wien Singer Jahrgang 1 1900 - 8. 1907,
Hrsg. u. verantwortl Red. Alexander Singer

Musikbuch aus Oesterreich. Ein Jahrbuch der Musikpflege in Oesterreich u. den bedeutendsten Musikstädten des Auslandes. Red. v. R. Heuberger. 1. bis 3. Jahrg. (XVI, 297; XX, 346 u. XX, 389 S.) kl. 8. Wien 904—906, C. Fromme. Geb. à n. 3. 75

Musikbuch aus Österreich. Ein Jahrbuch der Musikpflege in Österreich u. d. bedeutendsten Musikstädten d. Auslandes. Red. v. Hugo Botstiber. 4.—7. Jahrg. 1907—1910. gr. 8. Wien, C. Fromme. — Leipzig, Breitkopf & Härtel. Geb. in Leinw. 10. 70
1907 (XVIII, 333 S.) 3.75. — 1908. (XVI, 364 S.) 3.75. 1909. (XVI, 384 S.) 4.20. — 1910. (XVI, 425 S.) 5.—.

Deutscher **Musikdirektoren-Kalender.** Frankenberg Roßberg. Jahrgang 1 1907 - 7 1913
Hrsg. von Mitgliedern des 23 Bezirks des deutschen Musikdirektoren-Verbandes Chemnitz in Sachsen

Musikdirektoren-Zeitung, deutsche. Hannoversche Musiker-Zeitg. Amtliches Organ des Musikdirektoren-Verbandes u. der Inngn. selbständ. Musikdirectoren. Schriftleiter: Aug. Oertel. 8. Jahrg. 1900. 52 Nrn. gr. 4. (à ca. 8 S.) Hannover, Lehne & Co. 5. —
Vergl.: Musiker-Zeitung, hannoversche.

— **dasselbe.** Amtliches Organ des deutschen Musikdirektoren-Verbandes. Schriftleit.: Aug. Oertel. 9. Jahrg. 1901. 52 Nrn. Fol. (à ca. 8 S.) Ebd. 5. —
Fortsetzung unter dem Titel:

Musikdirigenten-Zeitung, deutsche. Schriftleiter: Aug. Oertel. 10. Jahrg. 1902. 52 Nrn. Fol. (à ca. 8 S.) Ebd. 5. —

Musikdirigenten-Zeitung, deutsche. Schriftleiter: Fr. Neuendorf. 11.—14. Jahrg. 1903—1906. à 52 Nrn. (408, 416, 416 u. 416 S.) Fol. Hannover, Lehne & Co. à Jhrg. n. 6. —

Musikdirigenten-Zeitung, deutsche. Schriftleitung: Max Chop. 15. u. 16. Jahrg. 1907 u. 1908. à 52 Nrn. (à ca. 8 S.) 37,5×28,5 cm. Hannover, Lehne & Co. à Jahrg. 5. —

Musiken zu klassischen Dramen hrsg. von Georg Richard Kruse. [1.] *Berlin: B. Scheithauer [1900].* 4° [illegible]

Musiker, berühmte. Lebens- u. Charakterbilder, nebst Einführg. in d. Werke d. Meister. Hrsg. v. Heinr. Reimann. 1.—5. u. 7. gr. 8. Berlin, Harmonie, Verlagsgesellschaft f. Literatur u. Kunst. Geb. in Leinw. 22. 50
1. Johannes Brahms. Von Heinr. Reimann. (VIII, 104 S. m. Abb., 2 Taf., Bildn. u. 5 Fksms.) 897. 3. 50
2. Georg Friedrich Händel. Von Fritz Volbach. (VI, 86 S. m. Abb., Bildn., 3 Taf. u. 1 Fksm.) 898. 3. —
3. Joseph Haydn. Von Leop. Schmidt. (VI, 137 S. m. Abb., 4 Taf., 1 Bildn. u. 5 Fksms.) 898. n. 4. —
4. Carl Loewe, Deutschlands Balladencomponist. Von H. Bulthaupt. (102 S. m. Abb., 1 Bildn., 1 Taf. u. 4 Fksms.) 898. n. 4. —
5. Carl Maria v. Weber. Von Herm. Gehrmann. (VI, 117 S. m. Abb., 1 Bildn., 1 Taf u. 5 Fksms.) 898. n. 4. —
7. Albert Lortzing. Von Geo. Rich. Krause. (VI, 142 S. m. Abb., 1 Bildn., 1 Taf. u. 5 Fksms.) 898. n. 4. —
Bd. 6 erscheint später.

Musiker, berühmte. Lebens- u. Charakterbilder, nebst Einführg. in die Werke der Meister. Hrsg. v. Heinr. Reimann. 1., 6. u. 8.—15. Bd. gr. 8. Berlin, „Harmonie“. Geb. in Leinw. à n. 4. —
1. Johannes Brahms. Von Heinr. Reimann. 2. verb. u. verm. Aufl. (VI, 121 S. m. Abbildgn., 2 Taf., 1 Bildnis u. 4 Fksms.) 900. n. 4. —; Sep.-Ausg. in Liebhab.-Bd. n. 6. —
6. Camille Saint-Saëns. Von Otto Neitzel. (IV, 94 S. m. Abbildgn., 1 Bildnis, 3 Taf. u. 2 Fksms.) 899. n. 4. —
8. Adolf Jensen. Von Arnold Niggli. (118 S. m. Abb., 1 Bildnis u. 3 Fksms.) 900. n. 4. —
9. Giuseppe Verdi. Von Carlo Perinello. (VI, 112 S. m. Abbildgn., 2 Taf. u. 2 Fksms.) 900. n. 4. —; Sep.-Ausg. in Liebhaber-Bd. n. 6. —
10. Johann Strauss. Von Rud. Frhr. v. Procházka. (VIII, 122 S. m. Abbildgn., 4 Taf. u. 2 Fksms.) 900. n. 4. —; Sep.-Ausg. in Liebhaber-Bd. n. 6. —
11. Peter Iljitsch Tschaikowsky. Von Iwan Knorr. (92 S. m. Abbildgn., 1 Taf. u. 4 Fksms.) 900. n. 4. —
12. Heinrich Marschner. Von Geo. Münzer. (90 S. m. Abbildgn., 1 Taf. u. 3 Fksms.) 901. n. 4. —; Sep.-Ausg. in Liebhaber-Bd. n. 6. —
13. Ludwig van Beethoven. Von Thdr. v. Frimmel. (100 S. m. Abbildgn., 4 Taf. u. 5 Fksm.-Beilagen.) 901. n. 4. —; Sep.-Ausg. in Liebhaber-Bd. n. 6. —
14. Franz Schubert. Von Rich. Heuberger. (115 S. m. Abbildgn., 3 Taf. u. 9 Fksm.) 902. n. 4. —
15. Robert Schumann. Von Herm. Abert. (112 S. m. Abb., 2 Taf. u. 4 Fksms.) 903. n. 4. —

Musiker, berühmte. Lebens- u. Charakterbilder, nebst Einführg. in die Werke der Meister. Hrsg. v. Heinr. Reimann. 1. 2. 10. 13. 16. u. 17. Bd. Lex.-8. Berlin, „Harmonie“. Geb. in Leinw. n 28. —
1. Johannes Brahms. Von Heinr. Reimann. 3. verb. u. verm. Aufl. (VII, 127 S. m. Abbildgn., 2 Taf. u. 6 Fksms.) 903. Geb in Leinw. n. 4. —; Sep.-Ausg. in Liebhaberband n. 6 —; Liebhaberausg. in Saffian n. 12. —
2. Georg Friedrich Händel. Von Fritz Volbach. 2. verm. u. verb. Aufl. (4.-6. Taus.) (VIII, 95 S m. Abbildgn., 5 Taf. u. 3 Fksms.) 907. Geb. in Leinw. n. 4. —; Sep.-Ausg. n. 6. —
10. Johann Strauss. Von Rud. Frhr. Procházka. 2. verm. Aufl. (3. u. 4 Taus.) (VIII, 122 S. m. Abbildgn., 4 Taf. u. 2. Fksms.) 903. Geb. in Leinw. Einzelpr. n. 6. —; in Ldr. n. 12. —
13. Ludwig van Beethoven. Von Thdr. v Frimmel. 2., verm. u. verb. Aufl. (6.—10. Taus.) (103 S. m. Abbildgn., 4 Taf. u 4 Fksms.) 903. Geb in Leinw. Einzelpr. n. 6. —
16. Frédéric Chopin. Von Hugo Leichtentritt. (145 S. m. Abbildgn., 2 Taf. u. 3 Fksms.) 905. n. 4. —; in Liebhaber-Bd. n. 6. —
17. Felix Mendelssohn-Bartholdy. Von Ernst Wolff. (196 u. 8 S m. Abbildgn., Taf. u. Fksms.) 906. Geb. in Leinw. n. 4. —; Sep.-Ausg., in Liebhaberbd. n 6. —

Musiker, berühmte. Lebens- u. Charakterbilder nebst Einführg. in die Werke der Meister. Hrsg. v. Heinr. Reimann. XV. u. XVII. Lex. 8. Berlin, Harmonie. Geb. in Leinw. à 4. —
Abert, Herm., Robert Schumann. 2., vollständig neu bearb. u. verm. Aufl. (112 S. m. Abb. u. Taf.) 910. (XV.)
Wolff, Ernst, Felix Mendelssohn-Bartholdy. 2. verm. Ausg. (196 S. m. Abb., Taf. u. Fksms.) 909. (XVII.)

— Leipziger. Charakterskizzen. Hrsg.: Valerian Tornius. Nr. 1. gr. 8. Leipzig, C. M. F. Rothe. — 30
1. Sachs, Woldemar. (Von Valerian Tornius.) (13 S. m 1 Bildnis.) (909.)

Musiker-Adreßbuch, unvollständiges, der „Signale f. die musikalische Welt". gr. 8. (25 S.) Leipzig 884. B. Senff. n.n. — 30

Musiker-Biographien, s.: Universal-Bibliothek.

Musiker-Briefe, s. Nohl, Ludw.

Musiker- u. Dichterbriefe an Paul Kuczynski. Hrsg. von Adb. v. Hanstein. 8. (238 S.) Berlin (900). Harmonie. n. 4. —; geb. n. 5. —

Musikergeschichten. 1. Bd. 8. Bad Kissingen, F. Weinberger. n. 1.—
Wanderjahre e. jungen Kapellmeisters! Ein Briefwechsel. Von Marie Romberg. (VI, 104 S.) 905.

Musiker-Kalender für die J. 1877 und 1878. Unter Redact. von Herm. Krigar. 4. und 5. Jahrg. 16. (239; 134, 106 S.) Berlin, Nauck'sche Buchh. à Jahrg.
Pracht-Ausg. mit Titelbild à Jahrg. *

—— dass. — für das J. 1879. 6. Jahrg. Unter Redact. von Herm. Krigar hrsg. Mit einem Holzschn.-Portr. von J. Stockhausen. 16. (134, 110 S.) Leipzig, Fernau. geb. *

—— allgemeiner deutscher, für 1879 und 1880. Hrsg. von Osc. Eichberg 1. und 2. Jahrg. 16. (XXIII, 189, 112; XXVI, 186, 174 S.) Berlin, Luckhardt'sche Verlagsh. geb. à Jahrg. *

Musiker-Kalender, allgemeiner deutscher, für 1881—1883. Hrsg. von Osc. Eichberg. 3.—5. Jahrg. 16. (à Jahrg. ca. XXXII, 400 S.) Berlin, Raabe und Plothow. geb. à Jahrg. *

—— dass. — Für 1884 und 1885. 6. und 7. Jahrg. 16. (XXXII, 400; XV, 428 S.) Ebendas. geb. à Jahrg. *

—— allgemeiner deutscher, für 1886—1889. Hrsg. von Osc. Eichberg. 8.—11. Jahrg. gr. 16. (XXV, 395; XV, 402; XVI, 428; XV, 428 S.) Berlin, Raabe und Plothow. geb. à Jahrg. *

Musiker-Kalender, allgemeiner deutscher, f. 1890—1893. Red. v. Bernh. Wolff. 12.—15. Jahrg. 16. (XIV, 440; XVI, 475; XVI, 499; XVI, 503 S.) Berl., Raabe u. Plothow. à Jahrg. geb. * 2 —

Musiker-Kalender, allgemeiner deutscher, f. 1895. Red. v. Bernh. Wolff. 17. Jahrg. 2 Tle. gr. 16. (154 u. XI, 367 S.) Berlin, Raabe & Plothow. Geb. in Leinw. u. geh. n. 2. —

Musiker-Kalender, allgem. deutscher, f. 1899. 21. Jahrg. 2 Tle. gr. 16. (154, XVI, 456 u. 37 S.) Berlin, Raabe & Plothow, Verl. Geb. in Leinw. u. geh. n. 2. —

Musiker-Kalender, allgemeiner deutscher, für 1903. 25. Jahrg. 2 Tle. gr. 16. (155, VIII, 472 u. 51 S.) Berlin, Raabe & Plothow, Verl. Geb. in Leinw. u. geh. 2. —

Musiker-Kalender, allgemeiner deutscher, f. 1907. 29. Jahrg 2 Tle. (154, VIII, 525 u. 59 S.) 16. Berlin, Raabe & Plothow Verl. Geb. in Leinw. u. geh. n. 2. —

Musiker-Kalender, deutscher, s.a. Hesse, Max.

Musiker-Kalender, deutscher, für das J. 1886. gr. 16. (295 S. mit dem Portr. und der Biographie Dr. Karl Reinecke's.) Leipzig, Max Hesse. geb. *

—— dass. — für das J. 1887. gr. 16. (288 S. mit dem Portr. und der Biographie von A. G. Ritter.) Ebendas. geb. *

—— dass. — für das J. 1888. gr. 16. (384 S. mit den Portr. Liszts und Wagners und der Biographie Franz Liszts.) Ebendas. geb. *

—— Max Hesse's Deutscher, f. d. J. 1889—94. Leipzig. 24. . . . . (D.)

Allgemeiner deutscher Musiker-Verbands-Kalender. Berlin: Jahrgang 1. 1889 - 17. 1905
Herausgegeben von dem Präsidium des Allgemeinen deutschen Musiker-Verbandes.

Musiker-Zeitung, Deutsche. Organ für die Interessen der Musiker und des musikalischen Verkehrs. Herausg. vom Verein Berliner Musiker. Redakt.: Zapp. Jhg. 1. 1870. Berlin. Imp.-4.

—— Gegründet vom Verein Berliner Musiker. Herausg. vom Allg. deut. Musiker-Verband. Im Auftrage: H. Thadewaldt. Jhg. 2—25. 1871—94. Berlin. gr. 4.

Musiker-Zeitung, deutsche. Organ für die Interessen der Musiker u. des musikal. Verkehrs. Hersg. vom Verein Berliner Musiker. Red.: Zapp. 1. Jahrg. 1870. 52 Nrn. (Bgn.) Berlin, (Philipp) Imp.-4. n. 1 ℛ 20 ngr.

Musiker-Zeitung, deutsche. Organ f. die Interessen der Musiker u. d. musikal. Verkehrs. Hrsg. vom Verein Berliner Musiker. Im Auftr.: H. Thadewald. Red.: H. Mendel. 2—7. Jahrg. 1871—1876. à 52 Nrn. (B.) Imp.-4. Berlin, Internationale Buchh. in Comm. à Jahrg. n. 5. —

Musiker-Zeitung, deutsche. Organ für die Interessen der Musiker und des musikal. Verkehrs. Gegründet vom Verein Berliner Musiker. Hrsg. vom Allgemeinen deutschen Musiker-Verband. Im Auftrage: H. Thadewaldt. 6.—10. Jahrg. 1875—1879. à Jahrg. 52 Nrn. (Bog.) gr. 4. Berlin, (Internationale Buchh.) à Jahrg. *

Musiker-Zeitung, deutsche. Organ f. die Interessen der Musiker u. d. musikal. Verkehrs. Gegründet v. Verein Berliner Musiker. Red.: W. Lackowitz. 27.—29. Jahrg. 1896—1898. à 52 Nrn. (à ca. 2 Bog.) gr. 4. Berlin (sw. Besselstr. 20, I) Expedition. à Jahrg. n 7. —

Musiker-Zeitung. deutsche. Organ f. die Interessen der Musiker u. des musikal. Verkehrs. Gegründet vom Verein Berliner Musiker. Eigentum des Allgem. deutschen Musiker-Verbandes. Red.: Hans F. Schaub. 37. Jahrg. 1906. 52 Nrn. (à ca. 16 S.) 4. Berlin (N. Chausseestr. 123), Expedition. n.n.n. 6. —
Nicht durch den Buchhandel zu beziehen.

Deutsche Musikzeitung. Organ für Theater und Kunst Jg. 1-3. Wien: Klemm (sp.: andere, zuletzt Bard & Bruder) 1874-1876. 2°
Hrsg.: C. M. Ziehrer. Vorh. u. d. T.: Blätter für Musik, Theater u. Kunst. Jg. 1-20. 1855-1874. Verb. mit: Deutsche Kunst- und Musikzeitung. Jg. 4. 1877

— deutsche. Organ f. Theater u. Kunst. Hrsg. v. C. Ziehrer. 1. u. 2. Jahrg. 1874 u. 1875. à 52 N (½ B. m. ½ B. Musikbeilage.) gr. 4. Wien, Klen à Jahrg. n. 16.

— dasselbe. 3. Jahrg. 1876. 52 Nrn. (à 1—1½ B. m. Musikbeilage.) gr. 4. Ebend. n.n. 20. 80

— deutsche, allgemeine. Wochenschrift f das gesammte musikal. Leben der Gegenwart. 1—3. Jahrg. 1874 1876 à 52 Nrn. (B.) gr. 4. Berlin, Luckhardt. à Jahrg. n. 8.

Musiker-Zeitung, hannoversche. Organ f. die Musiker-Inngn. u. selbständ. Musikdirektoren. Schriftleiter: Th. Kewitsch. 2. Jahrg. 1894. 45 Nrn. (Bog.) gr. 4. Hannover, Lehne & Co. n. 5. —
Der 1. Jahrg. ist vergriffen.
s.: Militär-Musik-Zeitung, neue. — Musikkorps, das

— hannoversche. Organ d. Musiker-Inngn. u. selbständ. Musikdirektoren. Schriftleiter: Th. Kewitsch. 3.—6. Jahrg. 1895—1898. à 52 Nrn. (Bog.) gr. 4. Hannover, Lehne & Co. à Jahrg. n. 5. —
Kann auch vierteljährlich bezogen werden. — D. 6. Jahrg. war von A. Oertel herausgegeben.

Musiker-Zeitung, hannoversche. Organ der Musiker-Inngn. u. selbständ. Musikdirektoren. Schriftleiter: A. Oertel. 7. Jahrg. 1899. 52 Nrn. gr. 4. (à ca. 8 S.) Hannover, Lehne & Co. 5. —
Fortsetzung s.: Musikdirektoren-Zeitung, deutsche.

—— österreichische. Hrsgbr.: Jos. Scheu und Aug. Seelig. 1. Jahrg. 1875/76. 40 Nrn. (Bog.) hoch 4. Wien, (Thiel.) **
—— dass. — 2. Jahrg. 1877/78. 30 Nrn. (Bog.) hoch 4. Ebendas. *
Nicht weiter erschienen.

— österreichisch-ungarische. Begründet vom Vereine Wiener Musikerbund 1876. II. Folge. 1893. Organ zur Vertretg. der Interessen der Musiker Oesterreich-Ungarns. Offizielles Organ d. „Oesterr.-Ungar. Musikerverbandes". Hrsg.: Frz. Frank. Red.: Heinr. Fischer. 12. u. 13. Jahrg. 1904 u. 1905. à 52 Nrn. (1904. 254 S.) 4. Wien (VII/2 Bernardgasse 35), Administration. à Jhrg. n. 8. —

N e u e **Musiker-Zeitung**. Organ für die Interessen der Musiker und des musikalischen Verkehrs. Berlin Peiser (G Kaliski)
1 1880 - 9 1888.
Herausgegeben von der solidarischen Verbindung der Musiker-Vereine (den Musiker-Vereinen) Berlin und Hamburg. Für die Redaction verantwortlich Franz Siegmann (C F Kettmann)

—— Norddeutsche. Organ für die Interessen der norddeutschen Musikvereine. Begründet unter Mitwirkung von G. Döring. L. Köhler, F. W. Markull. Jhg. 1. Oktbr. 1869. — Sptbr. 1870. Elbing 1870. Lex.-8.

— süddeutsche. Redact.: Ed. Foeckerer. 14—18. Jahrg. 1865—69. à Jahrg. 52 Nrn. (Bgn.) Mainz, Schott's Söhne. Fol. Jeder Jahrg. 1 ₰ 18 ngr.

Musikfest, Das; Abschiedslied. O. O. 18?? V: *Bähr, Joh.* (Cat. d. Stadtbibl. Zürich. Zürich 1864—97.)

Musikfest, das Aargauische, zu Zofingen am 24. Mai 1850. gr. 8. (14 S.) Aarau 850, Christen. n. 2 ngr

Musikfest, Das Aaargauische, in Zofingen den 21. u. 22. Juni 1860. Aarau [1860]. V: *Fröhlich, Albert Emanuel.* (ABJP)

B a y e r i s c h e s **Musik-Fest**. Nürnberg.
1 1900 - 2 1904

M u s i k f e s t. Das M in Bern Njbl. sa[B ü r k l i, Johann Georg].

Musikfest, Das, in Bern und ein Ausflug ins Oberland. [Zürich 1828.] V: *Bürkli, Johann Georg.* (Cat. d. Stadtbibl. Zürich. Zürich 1864—97.)

M u s i k f e s t, 73. niederrhein., zu Düsseldorf. Programm. (58 S 1 T) Düsseldorf 1896

E l s a s s - L o t h r i n g i s c h e s **Musikfest**. Strassburg.
1 1905 – 4. 1913

Musikfest, I. Baden-Badener, am 9, 10. u. 11. VI. 1906 im grossen Konzertsale des Konversationshauses Baden-Baden. (36 S. m. 1 Bildnistaf.) schmal 8. Baden-Baden (906 . (F. Spies.) n. 1.40

Musikfest zur Feier des 50jährigen Bestehens des Kieler G e s a n g v e r e i n s in Kiel, am 17 und 18 Juni 1894 im C Wriedt'schen Saale (Abgeschlossen am 7 Juni.) Kiel. 1894 8°

Musikfest, Das grosse, in Heidelberg ... O. O. 1836. V: *Lewald, August.* (BaBb)

Musikfest, das, zu Halberstadt. Ein Gedenkbüchl., allen Theilnehmern am Feste zur freundl. Erinner. gewid. Nebst 3 Abbild. in Stndr. gr. 4. (2 B.) Halberstadt 833, (Helm.)

N i e d e r r h e i n i s c h e s **Musikfest**. ([Ab 105 1950·] Jahrbuch.) Düsseldorf (Elberfeld, Cöln, Aachen) [1 1818] –

M u s i k f e s t Das M in St Gallen Njbl sa[B u r k l i, Johann Georg].

Musikfest, Das, in St. Gallen und der Sängerverein auf Vögelis-Eck. [Zürich 1826.] V: *Bürkli, Joh. Gg.* (Cat. d. Stadtbibl. Zürich. Zürich 1864—97.)

Schleswig-Holsteinisches **Musikfest** zu Kiel 1—6 Kiel. 1875—1902 8°

VI. Schleswig Holsteinisches **Musikfest** am 15. und 16. Juni 1902 im C. Wriedt'schen Saal in Kiel. Abgeschlossen am 6 Juni. (Kiel 1902: Schmidt & Klaunig.) (48 S.) 8° [F.] (os. [illegible] 8

S c h l e s w i g - H o l s t e i n i s c h e s **Musikfest** zu Kiel.
Kiel [1 1903] – 8. 1910

Siebentes Schleswig-Holsteinisches **Musikfest** am 17 und 18 Juni 1906 im Wriedt'schen Saal in Kiel (Kiel 1906) 8°

S c h w ä b i s c h e s **Musikfest** zu Augsburg.
Augsburg. Druck von Joh. Walch
[1 1899] – 3 1901

—— das schweizerische, am 2., 3. und 4. Juli 1851 in Bern. Geschildert unter Mitwirkung des Hrn. Antenen. 8. (III und 132 S.) Bern 851, (Blom.) *

Der **Musikfreund**. Mitteilungen des Vereins der Musikfreunde. Redakteur Fritz Schuberth. Leipzig: Schuberth. [1895]

Musikfreund, der. Ein musikal. Ratgeber. 1. u. 2. Jahrg. gr. 8. (86 u. 88 S.) Leipzig 900. 901. J. H. Robolsky. à n.n. — 50

Musikfreund, der. 1.—3. Jahrg. 1904—1906. à 24 Nrn. (à Jhrg. 192 S.) gr. 4. Cöpenick-Berlin, H. Jenne. à Jhrg. n. 4. —

Musikfreund, der. 4. u. 5. Jahrg. 1907 u. 1908. à 24 Nrn. (à ca. 8 S.) 35×27,5 cm. Cöpenick, H. Jenne. à Jahrg. 4. —

— dasselbe. Jahrg. 1909. Jan.—Septbr. 18 Nrn. (à ca. 8 S.) 35×27,5 cm. Ebd. 3. —
Erscheint nicht mehr.

Musikführer, der. Gemeinverständliche Erläutergn. hervorrag. Werke aus dem Gebiete der Instrumental- u. Vokalmusik. Mit zahlreichen Notenbeispielen. Red. v. A. Morin. Nr. 1. 8. Frankfurt a/M. 894. H. Bechhold. n. — 20

L. van Beethoven. 5. Symphonie in C-moll (Op. 67), erläutert v. A. Morin. (23 S.)

Musikführer, der. Gemeinverständl. Erläutergn. hervorrag. Werke aus dem Gebiete d. Instrumental- u. Vokalmusik. M. zahlr. Notenbeispielen. Red. v. A. Morin. Nr. 2—84, 84/85, 86, 87, 87/88, 89—117, 117/118, 119—123, 125—137, 139—142. 8. Frankfurt a/M. Stuttgart, J. Schmitt. à Nr. n. — 20

Die fehlenden Nrn. sind noch nicht erschienen.

Inhaltsübersicht in alphabet. Ordnung:

Beyer, Carl, L. van Beethoven. Violinkonzert. Op. 61. (15 S.) (896.) (Nr. 100.)
— Johannes Brahms. Klavierkonzert in D-moll, Op. 15, erläutert. (18 S.) 895. (Nr. 18.)
— Johannes Brahms, e. deutsches Requiem. Op. 45. Erläutert. (34 S.) 895. (Nr. 40. 41.)
— Felix Dräseke, Requiem (H-moll). (Op. 22.) (32 S.) 896. (Nr. 79. 80.)
— Felix Draeseke, Symphonia tragica (Op. 40). Erläutert. (23 S.) 895. (Nr. 32.)
Boedri, Paul, Adolf Samuel, Christus. (Symphon. Mysterium f. Orchester, Chor u. Orgel.) Autoris. von Frz. Wüllner durchgeseh. Übersetzg. (24 S.) 897. (Nr. 104.)
Erlanger, Gust., L. van Beethoven, 1. Symphonie in C-dur (Op. 21). Erläutert. (16 S.) 895. (Nr. 34.)
— L. van Beethoven, 2. Symphonie in D-dur. (Op. 36). Erläutert. (20 S.) 895. (Nr. 24.)
— Ludwig van Beethoven, 8. Symphonie (in F-dur). Op. 93. (21 S.) 897. (Nr. 66.)
— Felix Mendelssohn-Bartholdy, 4. (italien.) Symphonie (A-dur). Op. 90. (18 S.) 897. (Nr. 126.)
Gernsheim, Frdr., G. Verdi, Messa da Requiem. (Ausg. m. Text.) Erläutert. (31 S.) 896. (Nr. 55. 56.)
Glück, Aug., Max Bruch. Frithjof. (27 S.) (896.) (Nr. 83.)
— Felix Mendelssohn-Bartholy, Symphonie Nr. 3. A-moll. Op. 56. Erläutert. (21 S.) 896. (Nr. 58.)
— W. A. Mozart, G-moll-Symphonie. Aus d. J. 1788. Erläutert. (27 S.) 895. (Nr. 8.)
Grüters, Aug., Hector Berlioz, Requiem (Grande Messe des Morts), erläutert. (40 S.) 895. (Nr. 9. 10.)
Hahn, Arth., Franz Liszt, Ce qu'on entend sur la Montagne (Bergsymphonie). (15 S.) 897. (Nr. 71.)
— Franz Liszt, Festklänge. Symphon. Dichtg. (13 S.) 898. (Nr. 132.)
— Franz Liszt, Hamlet. (Symphon. Dichtg.) (14 S.) 898. (Nr. 140.)
— Franz Liszt, Hèroïde funèbre (Heldenklage). Symphon. Dichtg. (14 S.) 898. (Nr. 122.)
— Franz Liszt, Hungaria. (13 S.) (896.) (Nr. 99.)
— Franz Liszt, Hunnenschlacht. Symphon. Dichtg. (14 S.) 898. (Nr. 131.)
— Franz Liszt, die Ideale. (15 S.) 897. (Nr. 113.)
— Franz Liszt, Mazeppa. (14 S.) 897. (Nr. 76.)
— Franz Liszt, Orpheus. (11 S.) 897. (Nr. 64.)
— Franz Liszt, Les Préludes. (12 S.) 897. (Nr. 65.)
— Franz Liszt, I. Prometheus. Symphon. Dichtg. II. Chöre zu Herder's „Entfesseltem Prometheus". (20 S.) 898. (Nr. 125.)
Hahn, Arth., Franz Liszt. I. Tasso. Lamento e Trionfo. II. Le Triomphe funèbre du Tasse. (19 S.) 896. (Nr. 82.)
— Richard Strauss, Also sprach Zarathustra (Op. 30). (21 S.) 898. (Nr. 129.)
Helm, Thdr., Ludwig van Beethoven, 7. Symphonie (in A-dur, Op. 92). (25 S.) 897. (Nr. 72.)
Heuberger, R., Johannes Brahms, Konzert f. Violine m. Begleitung d. Orchesters, Op. 77. Erläutert. (16 S.) 895. (Nr. 36.)
— Johannes Brahms. I. Rhapsodie (m. Text), Op. 53. II. Nänie (m. Text), Op. 82. Erläutert. (14 S.) 895. (Nr. 44.)
— Johannes Brahms. I. Trio f. Pianoforte, Klarinette (od. Bratsche) u. Violoncello. Op. 114. II. Quintett f. Klarinette (od. Bratsche), 2 Violinen, Bratsche u. Violincello, Op. 115. Erläutert. (21 S.) 895. (Nr. 45.)
— Felix Mendelssohn-Bartholdy, „Paulus". (Mit Text.) (33 S.) 897. (Nr. 74. 75.)
— Robert Schumann, d. Paradies u. d. Peri. Op. 50. (17 S.) (896.) (Nr. 69.)
— Robert Schumann, Scenen aus Goethe's Faust. Für Solostimmen, Chor u. Orchester. (Mit Text.) (55 S.) 897. (Nr. 62. 63.)
Humperdinck, E., Joseph Haydn, Symphonie in Es-dur. Erläutert. (16 S.) 895. (Nr. 6.)
Knorr, Iwan, Johannes Brahms, Serenade f. grosses Orchester. (D-dur. Op. 11.) (14 S.) 898. (Nr. 142.)
— Johannes Brahms, Serenade f. kleines Orchester, Op. 16, erläutert. (25 S.) 895. (Nr. 16.)
— Johannes Brahms, Sextett in B-dur, Op. 18, erläutert. (20 S.) 895. (Nr. 23.)
— Johannes Brahms, Sextett f. Streichinstrumente. (Nr. 2, G-dur, Op. 36.) Erläutert. (22 S.) 896. (Nr. 57.)
— Johannes Brahms, 1. Symphonie (C-moll, Op. 68.) (21 S.) 897. (Nr. 73.)
— Johannes Brahms, 2. Symphonie (D-dur). Op. 73. (16 S.) 897. (Nr. 86.)
— Johannes Brahms, Variationen üb. e. Thema v. J. Haydn f. Orchester. Op. 56a, erläutert. (21 S.) 895. (Nr. 3.)
— Peter Tschaikowsky, Serenade f. Streichorchester, Op. 48, erläutert. (16 S.) 895. (Nr. 17.)
— Peter Tschaikowsky, Suite Nr. 3 (in G-dur) f. Orchester. Op. 55, erläutert. (21 S.) 895. (Nr. 5.)
Kwast, James, Edvard Grieg, Klavier-Konzert in A-moll. (Op. 16.) (16 S.) 897. (Nr. 70.)
— Felix Mendelssohn-Bartholdy, Klavier-Konzert in G-moll. Op. 25. (11 S.) 897. (Nr. 90.)
— Felix Mendelssohn-Bartholdy, Klavier-Konzert in D-moll. Op. 40. (11 S.) 897. (Nr. 91.)
Mauke, Wilh., Max Schillings Ingwelde. Dichtg. v. Ferd. Graf Sporck. (39 S.) 896. (Nr. 77. 78.)
— Richard Strauss, Don Juan. Op. 20. (17 S.) 897. (Nr. 114.)
— Richard Strauss, Till Eulenspiegel's lustige Streiche. (Op. 28.) (19 S.) (896.) (Nr. 103.)
— Richard Strauss. Tod u. Verklärung. Op. 24. (20 S.) 897. (Nr. 115.)
— Richard Strauss, Wanderers Sturmlied (Op. 14). Gedichte von W. v. Goethe. (25 S.) 897. (Nr. 67.)
Merkel, Johs., Fréd. Chopin, Klavier-Konzert in E-moll. Op. 11. (18 S.) 898. (Nr. 116.)
— Anton Rubinstein, Ocean-Symphonie. Op. 42. (22 S.) 898. (Nr. 121.)
— Robert Schumann, der Rose Pilgerfahrt. Op. 112. (14 S.) 897. (Nr. 117.)
— Dasselbe (m. Text). (31 S.) 897. (Nr. 117/118.)
Morin, A., L. van Beethoven, sechste Symphonie. F-dur. (Pastorale.) Op. 68. (26 S.) 896. (Nr. 81.)
Müller-Reuter, Thdr., Ludwig van Beethoven, Phantasie f. Pianoforte, Chor u. Orchester. Op. 80. (11 S.) (896.) (Nr. 98.)
— Felix Mendelssohn-Bartholdy, Elias. Ein Oratorium nach d. Worten d. alten Testaments. (26 S.) (896.) (Nr. 87.)
— Dasselbe. (Mit Text.) (38 S.) (896.) (Nr. 87/88.)
— Robert Schumann, Ouverture, Scherzo u. Finale f. Orchester. Op. 52. (14 S.) (896.) (Nr. 97.)
— Robert Volkmann, Ouverture zu Shakespeare's Richard III. Für grosses Orchester. (11 S.) (896.) (Nr. 96.)
Niggli, A., Franz Schubert, grosse Symphonie in C-dur. Erläutert. (20 S.) 895. (Nr. 7.)
— Franz Schubert, unvollend. H-moll Symphonie. Erläutert. (16 S.) 895. (Nr. 15.)
— Robert Schumann, 1. Symphonie (in B-dur, Op. 38). Erläutert. (22 S.) 895. (Nr. 35.)
— Robert Schumann, Symphonie II. C-dur. Op. 61. (24 S.) 897. (Nr. 68.)
— Robert Schumann, III. Symphonie (Es-dur). Op. 97. (16 S.) 898. (Nr. 128.)
Ochs, Siegfr., Anton Bruckner, Te Deum. Mit Text. (10 S.) (896.) (Nr. 102.)
Pochhammer, A., W. A. Mozart, Symphonie in C-dur. Mit d. Schlussfuge. (Jupiter-Symphonie.) Erläut. (28 S.) 896. (Nr. 54.)
— Camille Saint-Saëns, d. Sündflut (le Déluge). Op. 45. Erläutert. (34 S.) 895. (Nr. 49.)
— Richard Wagner, Parsifal. (Ein Bühnenweihfestspiel.) (47 S.) 898. (Nr. 134. 135.)
— Richard Wagner, d. Ring d. Nibelungen. I. Das Rheingold. Vorabend zu der Trilogie. (31 S.) (896.) (Nr. 105. 106.)
— Dasselbe. II. Die Walküre. 1. Tag aus d. Trilogie. (39 S.) (896.) (Nr. 107. 108.)
— Dasselbe. III. Siegfried. 2. Tag aus d. Trilogie. (38 S.) (896.) (Nr. 109. 110.)
Pochhammer, A., Richard Wagner. IV. Götterdämmerung. 3. Tag aus d. Trilogie. (45 S.) (896.) (Nr. 111. 112.)
Radecke, Ernst, Ludwig van Beethoven, Sinfonia eroica, composta per festeggiare il sovvenire di un grand'uomo. No. 3. Es-dur, Op. 55. Erläutert. (28 S.) 896. (Nr. 51.)
Riemann, Hugo, Johannes Brahms, III. Symphonie (F-dur). Op. 90. (21 S.) (896.) (Nr. 101.)
— Johannes Brahms, IV. Symphonie (E-moll). Op. 98. (19 S.) 898. (Nr. 120.)
— Felix Mendelssohn-Bartholdy, Lobgesang. E. Symphonie-Kantate nach Worten d. hl. Schrift. Op. 52. (22 S.) 898. (Nr. 119.)
— N. Rimsky-Korsakow, Scheherazade. Symphon. Suite. Op. 35. (18 S.) 897. (Nr. 127.)
— Peter Iljitsch Tschaikoffsky, Symphonie „Manfred" (H-moll). Op. 58. (23 S.) 898. (Nr. 141.)
— P. Tschaikoffsky, VI. Symphonie (H-moll). (Symphonie pathétique, Op. 74.) (17 S.) 898. (Nr. 130.)
— Richard Wagner, Huldigungs-Marsch. (9 S.) 898. (Nr. 123.)
— Richard Wagner, Kaiser-Marsch. (10 S.) 898. (Nr. 133.)
Scholz, Bernh., Caesar Franck, d. Seligkeiten (Les Béatitudes), erläutert. (43 S.) 895. (Nr. 11. 12.)
— Edgar Tinel, Franciscus. (23 S.) 895. (Nr. 2.)
Sittard, J., Joh. Seb. Bach, H-moll Messe, erläutert. (Mit Text.) (26 S.) 895. (Nr. 19. 20.)
— L. van Beethoven, C-dur Messe. (Mit Text u. Uebersetzg.) Erläutert. (30 S.) 895. (Nr. 30.)
— Ludwig van Beethoven, Missa solemnis (D-dur, Op. 123) (m. Text). Erläutert. (40 S.) 895. (Nr. 47. 48.)
— L. van Beethoven, 9. Symphonie in D-moll. Erläutert. (23 S.) 895. (Nr. 4.)
— Johannes Brahms. I. Akadem. Fest-Ouvertüre, Op. 80.

II. Die tragische Ouvertüre, Op. 81. Erläutert. (16 S.) 895. (Nr. 25.)
— Johannes Brahms. I. Schicksalslied (m. Text), Op. 54. II. Gesang der Parzen (m. Text), Op. 89. Erläutert. (18 S.) 895. (Nr. 37.)
— G. F. Händel, d. Messias (m. Text). Erläutert. (37 S.) 895. (Nr. 42. 43.)
Söhle, Karl, Johannes Brahms, Klavier-Konzert (No. 2) in B-dur. Op. 83. (18 S.) 898. (Nr. 139.)
Stransky, Jos., Robert Fuchs, Symphonie in C-dur, Op. 37. Erläutert. (12 S.) 896. (Nr. 60.)
— Friedrich Smetana, mein Vaterland. Ein Cyclus symphon. Dichtgn. I. Vysehrad. (13 S.) (896.) (Nr. 93.)
— Dasselbe. II. Vlta va (Moldau). III. Sarka. IV. Aus Böhmens Hain u. Flur. (15 S.) (896.) (Nr. 94.)
— Dasselbe. Für grosses Orchester. III. Hft.: V. „Tabor", VI. „Blanik". (12 S.) (896.) (Nr. 95.)
— Richard Wagner, „E. Faustouverture". (15 S.) 898. (Nr. 137.)
Volbach, Fritz, Hector Berlioz, „Faust's Verdammnis". (La damnation de Faust.) Erläutert. (26 S.) 895. (Nr. 33.)
— Richard Wagner, das Liebesmahl der Apostel. Erläutert. (20 S.) 895. (Nr. 46.)
Voltz, Ludw., u. Adph. **Pochhammer**, Hektor Berlioz, Romeo u. Julie. Dramat. Symphonie m. Chören, Gesang-Soli u. Chor-Recitativ nach d. Trauerspiel v. Shakespeare; Op. 17. (28 S.) (896.) (Nr. 92.)
Widmann, Bened., Johann Sebastian Bach, Johannes-Passion. Nach d. Ausg. d. Bach-Gesellschaft, 12. Lfg. 1. Erläutert. (34 S.) 896. (Nr. 52. 53.)
— Joh. Seb. Bach, Matthäus-Passion. Erläutert. (52 S.) 895. (Nr. 38. 39.)
— G. F. Händel, Cäcilien-Ode. (Nach d. Ausg. d. deutschen Händelgesellschaft, 23. Lfg.) Erläutert. (21 S.) 895. (Nr. 31.)
— Georg Friedrich Händel, Frohsinn, Schwermut u. Mässigung. Nach d. Textbearbeitung v. Rob. Franz u. d. Ausgabe d. deutschen Händelgesellschaft (Lfg. VI) erläutert. (30 S.) 895. (Nr. 26. 27.)
— Georg Friedrich Händel, Samson. (Ausg. m. Text.) Nach d. Ausg. d. deutschen Händelgesellschaft (Lfg. X) u. d. Programm des „Rühl'schen Gesang-Vereins" zu Frankfurt a. M. erläutert. (34 S.) 895. (Nr. 21. 22.)
— Jos. Haydn, die Jahreszeiten. (21 S.) (896.) (Nr. 84.)
— dasselbe (m. Text). (47 S.) (896.) (Nr. 84. 85.)
— Joseph Haydn, Schöpfung. (Ausg. m. Text), erläutert. (34 S.) 895. (Nr. 13. 14.)
— Joseph Haydn, Symphonie in G-dur (Mit dem Paukenschlag.) Erläutert. (11 S.) 896. (Nr. 59.)
— Joseph Haydn, Symphonie in G-dur (gen. Oxford-Symphonie). Erläutert. (15 S.) 895. (Nr. 50.)
— Friedrich Kiel, Christus. (60. Werk.) (Ausg. m. Text.) Oratorium. Aus d. Werken d. hl. Schrift zusammengest. u. in Musik gesetzt. Erläutert. (40 S.) 895. (Nr. 28. 29.)
Witte, G. H., Johannes Brahms, Konzert f. Violine u. Violoncell m. Orchester. (Doppelkonzert.) Op. 102. (14 S.) 898. (Nr. 136.)
Witting, C., Ludwig van Beethoven, 4. Symphonie (in B-dur.) Op. 60. (26 S.) 897. (Nr. 61.)
— Mozart, Symphonie in Es-dur. (16 S.) 897. (Nr. 69.)

Musikführer, der, gemeinverständliche Erläutergn. hervorrag. Werke aus dem Gebiete der Instrumental- u. Vokalmusik. Mit zahlr. Notenbeispielen. Red. v. A. Morin. Nr. 124, 138, 143—181, 183—185, 189—191, 195—214, 216—234, 237—241, 246—256, 259, 261—267, 269—273, 277, 286. 12. Leipzig, H. Seemann Nachf. à n. — 20

Inhaltsübersicht in alphabetischer Ordnung:

Beyer, Carl, Mozart, Requiem. Mit Text. (21 S.) Frankfurt a/M. 898. (Nr. 144.)
— Peter Iljitsch Tschaikoffsky, Symphonie in E-moll (Nr. 5). op. 64. (16 S.) 898. Frankfurt a/M. 898. (Nr. 146.)
Botstiber, Hugo, Ludwig van Beethoven Christus am Oelberge. Oratorium. (20 S.) (902.) (Nr. 277.)
— Anton Dvořák. 2. Symphonie (D-moll). Op. 70. (15 S.) (902.) (Nr. 272.)
— Robert Schumann, Musik zu Byrons Manfred. (Op. 115.) (20 S.) (901.) (Nr. 217. 218.)
— Robert Volkmann. Violoncell-Konzert A-moll, op. 33. (11 S.) (901.) (Nr. 249.)
Brandt, Adf., August Klughardt, die Zerstörung Jerusalems. (16 S.) Frankfurt a/M. 899. (Nr. 155.)
Brecher, Gust., Hector Berlioz. „Le carneval romain", Konzertouverture (Op. 9). (16 S.) (901.) (Nr. 175.)
— Rich. Strauss. Aus Italien. Symphonische Phantasie. Op. 16. (32 S.) (901.) (Nr. 180.)
Burghold, Jul., Richard Wagner. Die Meistersinger von Nürnberg. (43 S.) Stuttgart (899). (Nr. 157. 158.)
Egel, H. W., Georg Friedrich Händel. Josua. Nach der Ausg. der deutschen Händelgesellschaft (Lieferg. XVII). (18 S.) (902.) (Nr. 286.)
Glück, Aug., Joh. Seb. Bach, Weihnachts-Oratorium. (40 S.) (901.) (Nr. 181.)
Hahn, Arth., Hector Berlioz. Harold in Italien. (20 S.) Frankfurt a/M. 899. (Nr. 156.)
— Hector Berlioz, Sinfonie fantastique. (22 S.) Frankfurt a/M. 898. (Nr. 124.)
— Carl Goldmark. „Ländliche Hochzeit". (Op. 26.) (16 S.) (901.) (Nr. 198 99.)
— Edvard Grieg. „Peer Gynt"-Suiten. (Op. 46 u. 55.) (16 S.) (901.) (Nr. 176. 177.)
— Franz Liszt, Dante-Symphonie. (21 S.) Frankfurt a/M. 898. (Nr. 145.)
— Franz Liszt, Faust-Symphonie. (20 S.) Frankfurt a/M. 898. (Nr. 150.)
— Richard Strauss, Don Quixote. (Op. 35.) (27 S.) Frankfurt a/M. 898. (Nr. 148.)
— Richard Wagner. Ouverture zu „Tannhäuser". (13 S.) (901.) (Nr. 178.)
Haken, Max v., August Klughardt. Oratorium Judith. (23 S.) (902.) (Nr. 259.)
Hehemann, Max, Johann Sebastian Bach. Der Streit zwischen Phöbus u. Pan. Dramma per musica. (15 S.) (902.) (Nr. 271.)
— Edward Elgar, der Traum des Gerontius, f. Mezzosopran, Tenor- u. Baßsolo, Chor u. Orchester. Op. 38. (34 S.) (902.) (Nr. 269. 270.)
— Theodor Müller-Renner. Hackelberends Begräbnis f. Chor u. grosses Orchester komp. u. Richard Strauss gewidmet. Op. 24. (23 S.) (902.) (Nr. 266.)
Heym, G., Friedrich Gernsheim. Erste Symphonie in G-moll (op. 32). (11 S.) (901.) (Nr. 232.)
Jordan, Wolfg., Franz Liszt. Christus. Oratorium. (28 S.) (901.) (Nr. 189. 190.)
— Franz Liszt. Graner Festmesse. (24 S.) (901.) (Nr. 200.)
Kähler, Willibald, Anton Bruckner. Sinfonie Nr. VIII in C moll. (20 S.) (902.) (Nr. 262.)
Klatte, Wilh., Anton Dvořák. 5. Symphonie, E-moll „Aus der neuen Welt". op. 95. (19 S.) (901.) (Nr. 183.)
— Richard Strauss, e. Heldenleben. (Op. 40.) (15 S.) Stuttgart 899. (Nr. 154.)
— Richard Strauss. Symphonie in F-moll. Op. 12. (18 S.) (901.) (Nr. 179.)
Knorr, Iwan, Johannes Brahms, Triumphlied f. 8 stimm. Chor u. Orchester. op. 55. (9 S.) Frankfurt a/M. (897.) (Nr. 143.)
Kruse, Geo. Rich., Albert Lortzing-Hymne u. Oratorium (die Himmelfahrt Jesu Christi). (34 S.) (901.) (Nr. 202. 203.)
Medak, Hugo, Ludwig van Beethoven. Grosses Septett. Op. 20. (16 S.) (901.) (Nr. 225.)
— Anton Rubinstein. 4. Klavierkonzert. Op. 70, D-moll. (19 S.) (902.) (Nr. 251.)
— Franz Schubert. Octett, F-dur, op. 166. (22 S.) (901.) (Nr. 226.)
Müller-Reuter, Thdr., Joachim Raff, Lenore. Symphonie Nr. 5. E-dur. Op. 177 (22 S.) Frankfurt a/M. 898. (Nr. 149.)
— Joachim Raff, im Walde. Symphonie Nr. 3. F-dur. op. 153. (19 S.) Frankfurt a. M. 898. (Nr. 138.)
Niemann, Walt., J. S. Bach, Violinkonzerte in A-moll u. E-dur. (16 S.) (902.) (Nr. 237.)
— Anton Bruckner, Symphonie Nr. 3 (D-moll). (28 S.) (901.) (Nr. 171.)
— Anton Bruckner. Symphonie Nr. 4, romantische (Es-dur). (24 S.) (901.) (Nr. 172.)
— Anton Bruckner. VII. Symphonie in E-dur (27 S.) (901.) (Nr. 224.)
— Robert Schumann. Pianoforte-Quintett, op. 44. Es-dur. (19 S.) (901.) (Nr. 248.)
— Peter Tschaikowsky. Francesca da Rimini. Op. 32. (Phantasie-Ouvertüre.) (19 S.) (901.) (Nr. 239.)
— Peter Tschaikowsky. Mozartiana-Suite, op. 61. (18 S.) (901.) (Nr. 233.)
Nodnagel, E. O., Ludwig van Beethoven. Leonoren-Ouverturen. (30 S.) (901.) (Nr. 166. 167.)
— Ludwig van Beethoven. Koriolan-Ouverture. (16 S.) (901.) (Nr. 165.)
— Georges Bizet. L'Arlésienne. (20 S.) (901.) (Nr. 164.)
— Franz Liszt: Erstes Klavierkonzert in Es-dur. (15 S.) (901.) (Nr. 168.)
— Franz Liszt. 2. Klavierkonzert in A-dur. (12 S.) (901.) (Nr. 169.)
— Felix Mendelssohn-Bartholdy. Violinkonzert in E-moll (op. 64). (16 S.) (901.) (Nr. 170.)
Pembaur, Jos., die 84 Etuden v. J. B. Cramer, Anleitg. zu gründl. Studieren u. Analysieren derselben. (Neben dem Original u. den Ausgaben v. Bülow, Riemer, Germer, Vetter etc. zu verwenden.) (48 S.) (901.) (Nr. 252. 253.)
— Felix Mendelssohn-Bartholdy. 48 Lieder ohne Worte. (20 S.) (901.) (Nr. 173.)
Pfohl, Ferd., Hans Koessler. Symphonische Variationen f. grosses Orchester, (Den Manen Joh. Brahms'.) (14 S.) (901.) (Nr. 256.)
Pochhammer, A., L. van Beethoven. IV. Konzert für Klavier u. Orchester in G-dur. (Op. 58.) (9 S.) Stuttgart (900.) (Nr. 159.)
— Anton Bruckner. Symphonie Nr. 2 in C-moll. (12 S.) Stuttgart 899. (Nr. 153.)
— Peter Iljitsch Tschaikoffsky, Konzert f. Violine m. Begleitung des Orchesters od. des Pianoforte (D-dur). op. 35. (12 S.) Stuttgart (900). (Nr. 161.)
Riemann, Hugo, Ludwig van Beethoven, Quartett in B-dur (op. 130) u. Quartett-Fuge in B-dur (op. 133). (28 S.) (901.) (Nr. 211.)
— Ludwig van Beethoven. Streich-Quartett A-moll. Op. 132. (11 S.) (901.) (Nr. 238.)
— Ludwig van Beethoven. Streich-Quartett Cis-moll. Op. 131. (13 S.) (901.) (Nr. 228.)
— Ludwig van Beethoven, Streich-Quartett op. 127 (Es-dur). (20 S.) (901.) (Nr. 160.)
— Robert Schumann. 4. Symphonie in D-moll (op. 120). (12 S.) (901.) (Nr. 201.)

— Robert Volkmann, Symphonie Nr. 1, op. 44 (D-moll). (12 S.) (901.) (Nr 162.)
— Robert Volkmann, 2. Symphonie (B-dur) Op. 53. (12 S.) (901.) (Nr. 163.)
Riemenschneider, Geo., Eugen d'Albert. Konzert (C-dur) f. Violoncello m. Begleitung des Orchesters. Op. 20. (22 S.) (902.) (Nr. 265.)
— Josef Frischen. 2 Orchesterstücke: 1. Herbstnacht. Op. 12. 2. Ein rhein. Scherzo. Op. 14. (19 S.) (902.) (Nr. 267.)
— Benjamin Godard, „Scènes poétiques". Suite f. Orchester. Op. 46 (22 S.) (902.) (Nr. 220.)
— Jean Louis Nicodé. Das Meer, Symphonie-Ode f. Männerchor, Solostimmen, grosses Orchester u. Orgel. Op. 31. (16 S.) (902.) (Nr. 185.)
— Peter Tschaikowsky. Der Nussknacker, Suite f. grosses Orchester. Op. 71a. (28 S.) (902.) (Nr. 229.)
Sakolowski, Paul, Albert Becker. Selig aus Gnade. Oratorium. (36 S.) (902.) (Nr. 208. 209.)
— Franz Liszt. Zwei Episoden aus Lenau's Faust. (20 S.) (901.) (Nr. 205. 206.)
— Franz Liszt. Der XIII. Psalm f. Tenorsolo, Chor u. Orchester. (13 S.) (901.) (Nr. 204.)
— Camille Saint-Saëns. Le rouet d'Omphale. (Das Spinnrad der Omphale.) (Op. 31.) (12 S.) (901.) (Nr. 174.)
Sakolowski, Paul, Siegfried Wagner. Ouverture zur Oper „Herzog Wildfang". Nach Angaben des Komponisten erläutert. (8 S.) (901.) (Nr. 246.)
Schiedermair, Ludw., Gustav Mahler, Erste Symphonie (in D-dur.) (19 S.) (901.) (Nr. 222.)
— Gustav Mahler. 3. Symphonie. (Mit Text.) (21 S.) (901.) (Nr. 227.)
— Max Schillings. Symphonischer Prolog zu Sophokles' „König Oedipus". (11 S.) (901.) (Nr. 241.)
Schultze, Adf., Siegmund v. Hausegger, Barbarossa. Symphonische Dichtung in 3 Sätzen. (19 S.) (901.) (Nr. 223.)
— August Reuss. Symphonischer Prolog f. grosses Orchester zu Hugo v. Hofmannsthals Dichtung: „Der Thor u. der Tod". (Op. 10.) (13 S.) (902.) (Nr. 263.)
— Robert Schumann. Klavierkonzert in A-moll, op. 54. (17 S.) (902.) (Nr. 273.)
Smolian, Arth., Engelbert Humperdinck, Maurische Rhapsodie f. Orchester. (19 S.) (901.) (Nr. 216.)
Teibler, Herm., Georges Bizet. Suite „Roma". (16 S.) (901.) (Nr. 247.)
— Joseph Haydn. Symphonie in C-dur. (L'Ours.) (13 S.) (901.) (Nr. 234.)
— Joseph Haydn. Symphonie in G-dur. (Militär-Symphonie.) (16 S.) (901.) (Nr. 184.)
— Gustav Mahler. Symphonie No. 2 in C-moll (m. Text.) (35 S.) (901.) (Nr. 207.)
— Jules Massenet. Scènes pittoresques. IV. Orchester-Suite. (13 S.) (902.) (Nr. 261.)
— Hugo Röhr. Ekkehard. Dramatische Dichtung nach dem gleichnam. Roman v. Scheffel v. W. Schulte vom Brühl f. Soli, gemischten Chor u. Orchester. (36 S.) (901.) (Nr. 212. 213.)
— Richard Strauss. Macbeth. Tondichtg. f. grosses Orchester. (15 S.) (902.) (Nr. 210.)
— Peter Tschaikowsky. 1812. Ouverture f. grosses Orchester. Op. 49. (16 S.) (902.) (Nr. 254.)
— Peter Tschaikowsky. Capriccio italien. Für grosses Orchester. (13 S.) (902.) (Nr. 250.)
— Peter Tschaikowsky. Hamlet. (14 S.) (901.) (Nr. 214.)
— Peter Tschaikowsky. Romeo u. Julia. Ouverture-Fantasie nach Shakespeare. (14 S.) (901.) (Nr. 219.)
— Peter Tschaikowsky. 1. Suite, D-moll, f. grosses Orchester. Op. 43. (19 S.) (902.) (Nr. 264.)
— Peter Tschaikowsky. 4. Symphonie, F-moll, f. grosses Orchester. Op. 36. (24 S.) (902.) (Nr. 255.)
— Richard Wagner, Siegfried-Idyll f. kleines Orchester. (13 S.) (902.) (Nr. 197.)
Volbach, Fritz, Enrico Bossi. Das hohe Lied. (19 S.) (901.) (Nr. 195. 196.)
— Die Legende v. der hl. Elisabeth. Oratorium v. Franz Liszt. (27 S.) Frankfurt a|M. 898. (Nr. 147.)
— W. A. Mozart. Grosse Messe in C-moll. Nach Mozart'schen Vorlagen vervollständigt v. Alois Schmitt. (20 S.) (901.) (Nr. 230.)
— Anton Rubinstein. Symphonie dramatique. (Nr. 4, D-moll.) Op. 95. (14 S.) (901.) (Nr. 240.)
Witting, C., Ludwig van Beethoven. Klavierkonzert in Es-dur (op. 73). (13 S.) (901.) (Nr. 191.)
— Max Bruch. Violin-Konzert in G-moll. Op. 26. (13 S.) (902.) (Nr. 221.)
— Emil Młynarski. Violinkonzert. op. 11. (14 S.) (901.) (Nr. 231.)
Zuschneid, Karl, Max Bruch, Odysseus. (22 S.) Frankfurt a|M. 898. (Nr. 152.)
— Judas Maccabäus. Oratorium v. G. F. Händel. (28 S.) Frankfurt a|M. 898. (Nr. 151.)

Musikführer, der. Nr. 187, 188, 192. 236, 243, 260, 278, 283, 284, 289 u. 290. kl. 8. Berlin [H. Seemann Nachf.] Schlesinger'sche Buchh. à n. — 20
Grunsky, Karl, Anton Bruckner. 9. Sinfonie in D moll. (38 S.) Leipzig (903). (Nr. 283.)
Klatte, Wilh., Philipp Wolfrum. Ein Weihnachts-Mysterium. Op. 31. (18 S.) Leipzig (903). (Nr. 278.)
Mauke, Wilh., Richard Strauß. Zwei Gesänge f. 16 stimm. gemischten Chor a capella. Op. 34 I u. II. Der Abend (Friedrich v. Schiller). — Hymne (Friedrich Rückert). (31 S.) Leipzig (904). (Nr. 188.)
— Richard Strauß. 4 Gesänge f. 1 Singstimme m. Begleitung des Orchesters. Op. 33. Verführung (John Henry Mackay). Gesang der Apollopriesterin (E. v. Bodmann). Hymnus (Schiller). Pilgers Morgenlied (Goethe). (39 S.) Leipzig (903). (Nr. 187.)
Medak, Hugo, Carl Goldmark „Sakuntala" u. „Im Frühling". (33 S.) Leipzig (903). (Nr. 260.)
Reuß, Eduard, Friedrich Chopin. Klavierkonzert in F moll. (Op. 21). (22 S.) Leipzig (904). (Nr. 243.)
— Dornröschen. Märchen in e. Vorspiel u. 3 Akten v. E. B. Ebeling-Filhés. Musik v. Engelbert Humperdinck. Textlich u. musikalisch erläutert. (25 S.) Leipzig (904). (Nr. 284.)
Segnitz, Eug., W. A. Mozart. Bläser-Serenaden. Nr. 10 in B dur f. 2 Oboen, 2 Klarinetten, 2 Bassethörner, 4 Waldhörner, 2 Fagotte u. Kontrafagott od. Kontrabaß (Köch. Verz. Nr. 361). — Nr. 11 in E dur f. 2 Oboen, 2 Klarinetten, 2 Hörner u. 2 Fagotte (Köch. Verz. Nr. 375). (19 S.) Leipzig (904). (Nr. 236.)
Smolian, Arth., Richard Strauß „Taillefer" (Ballade v. Ludw. Uhland) f. Chor, Soli u. Orchester. Op. 52. (12 S.) Leipzig (903). (Nr. 290.)
Stier, Ernst, L. van Beethoven. Sonaten f. Pianoforte u. Violine. Op. 12, 23, 24, 30, 47 u. 96. (15 S.) Leipzig (903). (Nr. 289.)
Volbach, Fritz, Giuseppe Verdi. Quattro pezzi sacri. (18 S.) Leipzig (904). (Nr. 192.)

Musikführer, der. Nr. 182, 186, 193, 194, 215, 235, 242, 245, 248, 258, 268, 288, 291, 292, 298, 304, 342 u. 360. kl. 8. Berlin, Schlesinger'sche Buchh. à — 20
Glück, Aug., Albert Becker, große Messe in B moll op. 16 Für achtstimm. Chor, 4 Solostimmen, Orchester u. Orgel (42 S.) Leipzig (907). (Nr. 182.)
Grunsky, Karl, Anton Bruckner, 1. Sinfonie C moll. (16 S.) (907.) (Nr. 304.)
— Anton Bruckner, 6. Sinfonie A dur. (16 S.) (907.) (Nr. 258.)
Medak, Hugo, Alexander Glazounow. VI. Symphonie f. großes Orchester C moll op. 58. (37 S.) Leipzig (902). (Nr. 268.)
Riemann, Walt., Anton Bruckner. 5. Symphonie (B dur). (18 S.) Leipzig (907). (Nr. 242.)
— Rob. Schumann. Pianoforte-Quintett op. 44, Es-dur. (19 S.) Leipzig (907). (Nr. 248.)
Prohaska, Carl, Johannes Brahms, 1. u. 2. Violin-Sonate op. 78 u. 100. (15 S.) (907.) (Nr. 298.)
— Johannes Brahms, 3. Violin-Sonate op. 108. (11 S.) (907.) (Nr. 360.)
Riemann, Hugo, Ludwig van Beethoven. Streich-Quartett op. 135 (F dur). (21 S.) Leipzig (907). (Nr. 245.)
Riemenschneider, Geo., Ludwig van Beethoven. Oktett f. 2 Hoboen, 2 Klarinetten, 2 Fagotte u. 2 Hörner (Op. 103) (23 S.) Leipzig (907). (Nr. 235.)
Schattmann, Alfr., Hektor Berlioz, grande ouverture du roi Lear u. Ouverture Benvenuto Cellini. (15 S.) (907.) (Nr. 292.)
— Jean Sibelius. Konzert f. Violine m. Orchester D moll op. 47. (19 S.) (907.) (Nr. 342.)
Smolian, Arth., Hector Berlioz. Tedeum. Op. 22. (34 S.) Leipzig (902). (Nr. 193. 194.)
— Felix Woyrsch, Skaldische Rhapsodie. Konzert in D moll f. Violine u. Orchester (Op. 50). (15 S.) Berlin (907). (Nr. 291.)
Teibler, Herm., Alexander Borodin. 1. Symphonie (Es dur). (23 S.) Leipzig (907). (Nr. 186.)
— Joseph Haydn. Symphonie in C-dur (Le midi). (14 S.) Leipzig (907). (Nr. 215.)
— Ermanno Wolf-Ferrari. Das neue Leben (La vita nuova). Nach Worten v. Dante Alighieri. Für Bariton- u. Sopransolo, Chor, Orchester, Orgel u. Pianoforte. Deutsch v. M. Steinitzer. Textlich u. musikalisch erläutert. (23 S.) Leipzig (907). (Nr. 288.)

Einhundert Jahre Musikgeschichte. *Berlin & Leipzig. Schuster & Loeffler 1902.* (103 S.) 8° [J. u. Ant.]
[Aus Die Musik. Jg. 1]

Musikgesellschaft, Internationale.
— Bericht über den zweiten Kongress ... zu Basel 1906. Leipzig 1907

Winterthurer
Allgemeine Musikgesellschaft. Nr. 68. Louise Reichardt von Pfarrer *H. Weber.* In-4°, 20 S. u. 1 Portrait. Zürich, Druck v. Orell Füssli & Cie. 1880.

Musikgesellschaften Die frühern M' in Zürich bis auf ihre Vereinigung zu der gegenwärtigen. Njbl. Zürich *s.a.* [Stierlin, Leonhard].

Musikgesellschaften, Die früheren, in Zürich. Zürich [1856]. V: *Stierlin, Leonhard.* (Cat. d. Stadtbibl. Zürich. Zürich 1864—97.)

Musikhandel und Musikpflege Mitteilungen des Vereins der deutschen Musikalienhändler Leipzig: Verein der deutschen Musikalienhändler 1898-(1915). 4⁰
Hrsg. Karl Hasse

Musikheroen der Neuzeit. 1.—7. Bd. 8. (Mit je 1 Portr.) Leipzig, Hesse. à n. 1.20; geb. à n. 1.60
1 Vogel, B., Robert Schumann's Klaviertonpoesie Ein Führer durch seine sämtl Klavierkompositionen m. biograph. Abriß. (IV, 73 S.) 886.
2 Wellmer, A., Karl Loewe. Ein deutscher Tonmeister Mit e Biographie u. e. Verzeichnis sämtl. Werke Loewe s (74 S.) 886.
3. Vogel, B., Hans v. Bülow. Sein Leben u. s. Entwicklungsgang. (VII, 69 S.) 887.
4. - Johannes Brahms. Sein Lebensgang u. e. Würdigg. seiner Werke (VIII, 84 S.) 888.
5. - Anton Rubinstein. Biographischer Abriß, nebst Charakteristik seiner Werke (VI, 82 S.)
6. - Franz Liszt Abriß seines Lebens u. Würdigg. seiner Werke (VI, 132 S.) 888.
7 Richard Wagner als Dichter Ein überblick seines poet Schaffens. (IV, 87 S.) 888.

Musikheroen d. Neuzeit. VIII. 8. Leipzig 895. M. Hesse. n. 1.50; geb. n. 2.—
Charles Gounod. Ein Lebensbild v. Paul Voß. (IV, 147 S. m. Bildn.)

Musik- u. Kunst-Herold, Bremer, u. „Praeger & Meier's Konzert-Kalender" nebst „Bremer Kunst-Herold". Organ der brem. Gesellschaft der Musik- u. Kunstfreunde, Saison: 42. Oktbr. 1905—März 1906. 6 Nrn. (à ca. 40 S. m. Taf.) 8. Bremen, Praeger & Meier à Nr. —20

Musik-Herold, Bremer, u. „Praeger & Meier's Konzert- u. Vortrags-Kalender" nebst Kunst-, Literatur- u. Geschäfts-Herold. Organ der brem. Gesellschaft der Musik- u. Kunstfreunde. Saison: 43. Oktbr. 1906—März 1907. 6 Nrn. (S. 1409—1804 m. 14 Taf.) 8. Bremen, Praeger & Meier. à Nr. —20

Musik-Instrumenten-Zeitung. Fach- u. Anzeigeblatt f. Fabrikation, Handel u. Export v. Musik-Instrumenten aller Art Red.: Carl Baetz. 1.—4. Jahrg. Oktbr 1890-Septbr. 1894. à 52 Nrn. (à ca. 2 Bog) gr. 4. Berlin, M Warschauer. à Jahrg. n. 6.—

Musik-Instrumenten-Zeitung. Fach- u. Anzeigeblatt f. Fabrikation, Handel u. Export v. Musik-Instrumenten aller Art. Red.: Carl Baetz. Oktbr. 1894—Septbr. 1899. à 52 Nrn. (à ca. 2 Bog. m. Abb.) gr. 4. Berlin, M. Warschauer. à Jahrg. n. 6.—
Kann auch vierteljährlich bezogen werden.

Musik-Instrumenten-Zeitung. Fach- u. Anzeigeblatt f. Fabrikation, Handel u. Export v. Musik-Instrumenten aller Art. Red.: Carl Baetz. 10.—12. Jahrg. Oktbr. 1899—Septbr. 1902. à 52 Nrn. gr. 4. (à ca. 20 S. m. Abb.) Berlin, Mor. Warschauer. à Jahrg. n.n. 6.—

Musik-Instrumenten-Zeitung. Fach- u. Anzeigeblatt f. Musik-Instrumenten-Fabrikation, -Handel u. -Export. Red.: Paul Berger. 13.—17. Jahrg. Oktbr. 1902 bis Septbr. 1907. à 52 Nrn. (13.—16. Jhrg. 1296, 1308, 1380 u. 1368 S. m. Abbildgn.) gr. 4. Berlin, Mor. Warschauer. à Jhrg. 6.—

Musik-Instrumenten-Zeitung. Fach- u. Anzeigeblatt f. Musik-Instrumenten-Fabrikation, -Handel u. -Export. Red.: Paul Berger. 18.—21. Jahrg. Oktbr. 1907—Septbr. 1911. à 52 Nrn. (à ca. 24 S. m. Abb.) 30,5×23,5 cm. Berlin, Mor. Warschauer. à Jahrg. 6.—

Illustrirtes **Musik- und Theater-Journal.** ([Ab 1 1875/76] Wochenschrift für das gesammte musikalische, literarische und Bühnenleben der Gegenwart. [Ab 2 1876/77] Illustrirtes Musik-, Theater- und Literatur-Journal Unterhaltungsblatt für die intelligente Welt Organ des Vereines der Literaturfreunde in Wien.)
Chef-Redacteur: Otto Reinsdorf, ([ab 2. 1876/77] Theodor Helm.)
Wien Verlag der k. k. Hof-Musikalienhandlung Adolf Bösendorfer - Druck von Leopold Sommer & Comp.
Jahrgang 1 1875/1876 - 2 1876/1877.

Musik-Journal, internationales. Album moderner Compositionen. Hrsgbr.: Fritz Fichtner-Eisler. 1. Jahrg. 1888/89. 24 Nrn. (à Nr. 1/2 Bog. mit Illustr.) Imp.-4. Wien, (Steckler.) *

Praeger & Meiers illustrierter **Musik-Kalender.**
Bremen Praeger & Meier Jahrgang 1 1894 -
Hrsg. von H. Wilhelm.

Musik-Katalog. Gesammelte Verlags-Kataloge d. deutschen Musikalienhandels, zusammengest. v. Verein d. deutschen Musikalienhändler 6 Bde. gr. 8. (IV S. u. 96 Kataloge.) Leipzig 895. Verein der deutschen Musikalienhändler. (Breitkopf & Härtel.) Geb. in Leinw. 30.—

— dasselbe. 1. u. 2. Ergänzungs-Bd. gr. 8. (IV S. u. 81 Kataloge.) Ebd. 897. Geb. in Leinw. 7.50

Musikkorps, das. Wochenschrift f. die Interessen der Armeemusik. 1. Jahrg. Oktbr.—Dezbr 1891. 14 Nrn. gr. 4. Berlin, Th. Kewitsch. (à ca. 1 1/2 Bog.) n. 1.25

— dasselbe. 2. Jahrg. 1892. 52 Nrn. (à ca. 1 1/2 Bog.) gr. 4. Ebd. n. 5. —

— dasselbe. 3. Jahrg. Januar—März 1893. 12 Nrn. (à ca. 1 1/2 Bog.) gr 4. Ebd. n. 1.25
Hörte auf zu erscheinen, an dessen Stelle trat Musiker-Zeitung, hannoversche. — s. a.: Militär-Musik-Zeitung, neue.

Musik-Kritiker-Spiegel, Berliner. Ein Wink f. Componisten, d. an d. Hand e. „eigenen" Concertes in Berlin d. öffentl. Meing. üb. d. Werth ihrer Schöpfgn. aufzuklären wünschen. (Von Rob Hermann.) 12. (33 S.) Leipzig 896. (F. Hofmeister.) —50

Musikleben, Das, in Dresden. [Wiener Allgemeine Musikzeitung 1843, S. 243.] S.-A. V: *Lyser, Joh. Peter.* (Friedr. Hirth: J. P. Lyser. München u. Leipzig 1911. S. 563)

Musik- u. Zeichenlehrerberuf, der, s. a. Zur Fortbildung des Lehrers.

Der **Musik-** und Zeichen**lehrerberuf.** 1. Über musikalische Fortbildung des jungen Lehrers. Vom Musikdir Robert Linnarz. 2 Die Ausbildung und Besoldung d. Zeichenlehrer u. Zeichenlehrerinnen. Von Seminarzeichenlehrer Johann Steiner Berlin: Gerdes & Hödel 1909. 39 S. 8°
(Zur Fortbildung d. Lehrers. H. 16.) [10. 12183

Musiklexikon, Kleines, nebst Winken zur Erlangung und Bewahrung der Kunstkennerschaft ... Berlin 1892. V & H: *Simon, Hnr.* (Berl)

Musiklexikon, kleines, nebst Winken zur Erlangg. u. Bewahrg. der Kunstkennerschaft. Fragmente aus dem Nachlaß des Prof. Kalauer. Hrsg. v. H. Osmin. 2., verm. Aufl. 12. (46 S.) Berlin 894. Ries & Erler. — 75
Die 1 Aufl. erschien u. d. T.: Lauer, K., kleines Musiklexikon.

Musiklexikon, kleines, nebst Winken zur Erlangg. u. Bewahrg. d. Kunstkennerschaft. Fragmente aus d. Nachlaß v. Kalauer. Hrsg. v. H. Osmin 3., verm. Aufl. 12. (45 S. m. 1 Bild.) Berlin 896. Ries & Erler. — 75

Musiklexikon, kleines, nebst Winken zur Erlangg. u. Bewahrg. der Kunstkennerschaft. Fragmente aus dem Nachlaß v. Kalauer. Hrsg. v. H. Osmin 4. verm. Aufl. (48 S.) kl. 8. Berlin 906. Ries & Erler. n. — 90

Musik-Mappe, die. Eine Zeitschrift m. Noten-Beilagen. Red.: Fel. Lederer-Prina. 1. Bd. 15 Hefte. (à ca. 4 S. m. Musikbeilagen.) 4. Berlin, W. Vobach & Co. 6 30

— dasselbe. Mit den 4 Gratis-Notenbeilagen: 1. Im frohen Kreise. 2. Klassische Reminiszenzen. 3. Vergessene Lieder. 4. Aus der Jugendzeit. Red.: Fel. Lederer-Prina. 1. Bd. 16.—36. Heft. Jan. 1906—Septbr. 1907. (à ca. 4 S. m. Abbildgn., Musikbeilage 12 S. u. 8 S. in Lex.-8.) 4. Berlin, Ries & Erler. 4. 50

Musik-Mappe, die. Eine Sammlg. v. Orig.-Kompositionen moderner Meister nebst e. Textbeilage u. den Gratis-Notenbeigaben: 1. Aus der Jugendzeit, vollständ. Lieder- u. Kommersbuch. 2. Klassische Reminiszenzen f. Klavier u. Violine. Red.: Fel. Lederer-Prina, f. Oesterreich-Ungarn: Kunigunde Ansion-Hasatty. Jahrg. 1907/08—1910/11. Septbr. 1907—Oktbr. 1911. à 12 Hefte. (à ca. 4 S., Musikbeilage 8 S. in Lex. 8.) 33,5×25,5 cm. Berlin, W. Vobach & Co. à Jahrg. 6. —

Musik- und Theater-Rundschau. Für bildende und darstellende Kunst. Wien Expedition 1896. 8°
Vorh. u. d. T Oesterreichische Rundschau für bildende und darstellende Kunst Jg. 10. 1895
Hrsg.: R. Carlo.

Musik- u. Theater-Rundschau f. bild. u. darst. Kunst. Organ f. Musik, Theater, Kunst u. Literatur. Hrsg.: Felix Faith. Red.: Rud. Carlo. Febr. 1896—Febr. 1897. 24 Nrn. (Bog. m. Abb.) gr. 4. Wien (II/3, Rembrandtstr. 37), Expedition. n. 10. —

— dasselbe, s. a.: Rundschau, österreich., f. bild. u. darstell. Kunst.

Die Leipziger **Musiksaison.** Krit. Wochenschrift über d. Musikleben Leipzigs. Hrsg von Bruno Schrader Jg 1 *Leipzig 1903 01: Gräfler & Wunder.* 8°
104. 11879

Musiksalon, der. Internationale Zeitschrift f. Musik u. Gesellschaft. Unter Mitwirkg. u. intellektueller Unterstützg. hervorrag. Vertreter des Musikfaches, der wissenschaftl. Grenzgebiete u. der Literatur hrsg. v. M. Lubowski. 1. u. 2. Jahrg. 1909 u. 1910. à 24 Nrn. (V, 276; IV, 252 S.) Lex. 8. Berlin (C. Marschner). à Jahrg. 12. —

Musikschule, die pädagogische, zu Dresden. Allgemeiner Bericht v. Rich. Kaden. Mit Anmerkgn. v. P. Hohlfeld u. Festrede auf Direktor R. Kaden v. Paul Hohlfeld. (22 S.) gr. 8. Dresden 903. H. Burdach. n. — 30

Musikstudent, der deutsche. Musikalisches Familienblatt. Special-Organ f. die Interessen sämmtl. Schüler u. Schülerinnen deutscher Musikinstitute. Red.: Rich. Hillgenberg 1. Jahrg. Oktbr. 1892—Septbr. 1893. 24 Nrn. (½ Bog.) gr. 4. Stettin, Verlag d. deutschen Musikstudent. n. 3. —

Musik-Taschenbuch. 4. Aufl. [Erklärung der musikalischen Kunstausdrücke, von Hugo Riemann. — Katechismus der Musik von Osc. Schwalm. — Tabellen zur Musikgeschichte von Hugo Riemann. — Tonkünstler-Lexikon. — Führer durch die Klavier-Litteratur.] 16. (328 S.) [Hannover 888.] Leipzig, Steingräber's Verlag. cart. *
Frühere Ausg., s. Kalender für Musiker und Musikfreunde.

Musik-Taschenbuch. Hugo Riemann: Erklärung der musikalischen Kunstausdrücke. Kurzgefasste Harmonielehre. Anleitung zum Studium der technischen Übungen. Tabellen zur Musikgeschichte. Osk. Schwalm: Katechismus der Musik. Notizblätter u. Stundenconti. Führer durch die Edition Steingräber. (5. Aufl.) 16. (352 u. XXXII S.) Leipzig 892. Steingräber. In Leinw. kart. n. 1. —

Musik-Taschenbuch. Riemann, Hugo, Erklärung d. musikal. Kunstausdrücke. Kurzgefasste Harmonielehre. Anleitung zum Studium der techn. Übgn Tabellen zur Musikgeschichte. Beyer, E., zur Pädagogik d. Geigenspiels. Schwalm, Osk., Katechismus der Musik. Notizblätter u. Stundenconti. 12. Aufl. (366 S.) 16. Leipzig (909). Steingräber. In Leinw. kart. 1. —

Harpokrates: **Musiktext** zur Einweihung des neuen Tempels der Loge Harpokrates in Magdeburg. Am 14. Dec. 1828. [Magdeburg 1828.] 2 Bl. 8° [Umschlagtit.]
Choral, Hymne u. Kantate.

Musikus, s.a. Musicus

Musikus, instrumentalis, der wohlgeplagte, doch nie verzagte. 8. Sorau 772. Hebold. 5 gr.

Musikus, Critischer- Johann Adolph Scheibens, Königl. Dänis. Capellmeisters, — Neue, vermehrte und verbesserte Auflage. Leipzig 1745.

Musikverein, Der, zu Innsbruck. Eine historische Darstellung . . . Von einem Mitgliede. [Innsbruck 1832.] V: *Reinhart, Johann von.* (Margr)

Musikverein, Der, Milwaukee 1850-1900 Eine Chronik. Publ. Musikverein Milwaukee, 1900. See also no. 1304

Musik-Welt. Musikalische Wochenschrift für die Familie u. den Musiker. Hrsg. u. Chef-Red.: Max Goldstein. 1. Jahrg. 1880/81. 52 Nrn. (à 1½—2 B.) gr. 4. Berlin, H. S. Hermann. n. 16. —

— dasselbe. 2. Jahrg. 1882. 52 Nrn. (1½ B.) gr. 4. Ebend. n. 12. —

Die Musikwelt Organ für die Lebensinteressen des Musikerstandes und des musikalischen Publikums. Leipzig-Reudnitz Rühle Jahrgang I [1886] Hrsg. Jos. Schrattenholz.

Musikwelt, die. Unparteiisches Wochenblatt f. d. Interessen d. Musik u. Musiker. Populäre Musikzeitg. Red. u. Hrsg.: Herm. Genss. 1 Jahrg. 1898. 52 Nrn. (à ca. 20 S.) gr. 4. Berlin, Verl. d. Musikwelt. n. 6 —
Erscheint seit 15. Jan. 1899 u. d. T.: Die Musik- u. Theaterwelt im Verlage von Dr. M. Alfieri, Berlin W., Lützowstr. 105.

Musik-Welt, die. (Neue Folge der Musikwoche.) Red.: Ludw. Hamann. Jahrg. 1905. 48 Hefte. (à ca. 8 u. Musikbeilagen. 24 S.) 4. Berlin, Verlag der Musik-Welt. n. 19. 20

— dasselbe. Red.: Willy Herrman, f. Oesterreich-Ungarn: Rud. Mück. Jahrg. 1906. 4 Hefte. (à ca. 72 S.) 4. Ebd. à Hft. n. 2. —
Erscheint nicht mehr.

Musik- und Theater-Welt. Organ für Musik, Theater und Literatur Süddeutsche Blätter für Musik, Theater, Kunst und Literatur ‹Früher Musik- und Theaterwelt› Redaction Max Fuchs.) (Nr 1 1 Oktober 1884) München Carl Merhoff, ([ab 2 1885] Max Fuchs.) Druck von M Wild,([ab 2 1885] M Schmidtmann) Jahrgang 1 1884 - 2 1885 Eigenthümer und Herausgeber Carl Merhoff ([Ab 2. 1885]

Aus der Musik- und Theaterwelt. Beschreibendes Verzeichniß der Autographen-Sammlung Fritz Donebauer's in Prag. 8. (LXXX, 150 S.) In Comm. Prag. Haerpfer 1894. 2.—

Die Musik- und Theaterwelt. Populäre Musik- und Theaterzeitung. Jg. 2– Berlin. Alfieri 1899- 8⁰ Red H Geuss. Vorh. u d T Die Musikwelt. Jg. 1 1898.

Musik- u. Theaterwelt, die. Populäre Musik- u. Theaterzeitung. Red.: M. Adler. 2.—4. Jahrg. 1899—1901. à 52 Nrn. gr. 4. (à ca. 12 S. m. Abbildgn.) Berlin [Dr. M. Alfieri.] H. Thiele & Co. à Jahrg. n. 10.—

— — dasselbe. Berliner Wochenschrift. 5. Jahrg. 1902. 52 Nrn. gr. 4. (à ca. 12 S. m. Abb.) Ebd. n. 10.—

Musik- u. Theaterwelt, die. Schriftleitung: Johs. Scholtze. 6. Jahrg. 1903. 52 Nrn. (à ca 8 S. m. 1 Bildnis) gr. 4. Berlin, H. Thiele & Co. n. 10.—
Erscheint nicht mehr. Firma erloschen.

Musik-Woche, die. Moderne illustr. Zeitschrift. Verantwortlich: Ludw. Hamann. 1. u. 2. Jahrg. 1901 u. 1902. à 48 Hfte. gr. 4. (à ca. 12 S. m. Abbildgn. u. Musikbeilagen 24 S. in gr. 4. u. 16 S. in gr. 8.) Leipzig, Verlag der Musik- u. Kunst-Woche. à Jahrg. 14.40; erhöht. Pr. à 19 20

Musik-Woche, die. Moderne illustr. Zeitschrift. Verantwortlich: Ludw. Hamann. 3. Jahrg. 1903. 48 Hefte. (à ca. 8 S. u. Musikbeilagen 28 S. in gr. 4 u. 8 S. in gr. 8.) gr. 4. Leipzig [Verlag der Musikwoche] Dresden, E. Hoffmann. n. 19 20

— dasselbe. 4. Jahrg. Jan.—Septbr. 1904. 36 Hefte. (à ca. 8 u. Musikbeilagen 24 S. m. Taf.) gr. 4. Ebd. n. 14.40
Teilausgaben:
Der Gesang. — Die Klavier-Musik. — Die Streich-Musik. Je 36 Hefte. (à ca. 8 u. Musikbeilagen 8 S.) à n. 9 —
Fortsetzung s.: Musik-Welt, die.

Musikzeitung. Zeitschrift für Harmonie- und Blechmusik. Offic(ielles) Organ der nordwestschweizerischen Musikverbände Bern, Solothurn, Aargau, Luzern, Baselland. Verantwortliche Redaktion Interim. [istischer] Vorstand des Bern [er] kant [onalen] Musikverbandes. (Nr 1 15. April 1908) Laupen-Bern· Bollmann. Jahrgang 1 1908 – 4 1911

—— **allgemeine.** Wochenschrift für die Reform des Musiklebens der Gegenwart. Redact. und Hrsgbr.: Otto Lessmann. 13.—15. Jahrg. 1886—1888. à Jahrg. 52 Nrn. (à Nr. 1—2 Bog.) gr. 4. Ebendas. à Jahrg. *
Vorh. u. d. T Allgemeine deutsche Musikzeitung.

Musik-Zeitung, allgemeine. Wochenschrift f. die Reform d. Musiklebens der Gegenwart. Red. u. Hrsg.: O. Lessmann. 14.—17. Jahrg. 1887—1890. à 52 Nrn. (à 1—2 B.) gr. 4. Charlottenburg, Exped. à Jahrg. n. 8.—

Musik-Zeitung, allgemeine. Wochenschrift f. die Reform d. Musiklebens der Gegenwart. Red.: Otto Lessmann. (Allgemeine deutsche Musik-Zeitg.) 18.—22. Jahrg. 1891—1894. à 52 Nrn. (à 1—2 Bog.) gr. 4. Charlottenburg, Exped. à Jahrg. n. 8.—

Musik-Zeitung, allgemeine. Wochenschrift f. d. Reform d. Musiklebens d. Gegenwart. Red.: Otto Lessmann. (Allgem. deutsche Musik-Zeitg.) 22.—25. Jahrg. 1895—1898. à 52 Nrn. (à ca. 20 S.) gr. 4. Charlottenburg, Expedition. à Jahrg. n. 8.—
Kann auch vierteljährlich bezogen werden.

Musik-Zeitung, allgemeine. Wochenschrift f. die Reform des Musiklebens der Gegenwart. Mit Beiträgen der nahmhaftesten Künstler u. Schriftsteller. Red.: Otto Lessmann. (Allgem. deutsche Musik-Zeitung.) 26. u. 27. Jahrg. 1899 u. 1900. à 52 Nrn. gr. 4. (à ca. 20 S.) Charlottenburg, Verlag der allgem. Musikzeitg. à Jahrg. n. 8.—

— dasselbe. Wochenschrift f. die Reform des Musiklebens der Gegenwart. Red.: Otto Lessmann. (Allgem. deutsche Musikzeitg.) 28. u. 29. Jahrg. 1901 u. 1902. à 52 Nrn. gr. 4. (à ca. 24 S.) Ebd. à Jahrg. n. 10.—

Musik-Zeitung, allgemeine. Wochenschrift f. die Reform des Musiklebens der Gegenwart. Red.: Otto Lessmann. (Allgemeine deutsche Musik-Zeitg.) 30. bis 33. Jahrg. 1903—1906. à 52 Nrn. (832, 890, 872 u. 836 S. m. Abbildgn.) gr. 4. Charlottenburg, Verlag der allg. Musikzeitg. à Jhrg. n. 10.—

Musik-Zeitung, allgemeine. Wochenschrift f. die Reform des Musiklebens der Gegenwart. Begründer: Otto Lessmann. Schriftleiter: Paul Schwers. 34.—37. Jahrg. 1907—1910. à 52 Nrn. (à ca. 26 S. m. Abb.) 31,5×23,5 cm. Charlottenburg, Verlag der allg. Musikzeitg. à Jahrg. 10.—

Musik-Zeitung, allgem., zur Beförder. d. theoret. u. prakt. Tonkunst, s. Anzeiger, musikalischer.

Musikzeitung, allgemeine, zur Beförderung d. theoretischen u. prakt. Tonkunst. Jahrg. 1827. gr. 4. Frankfurt a. M. à Jahrg.
(Der 1e Jahrg. 1826, erschien Ebend. unter d. T.: allg. Musikal. Anzeiger u. Minerva, ein Beiblatt dazu. 4 Hefte. 3 Rthl. —)

Musikzeitung, allgem., zur Beförder. d. theoret. u. prakt. Tonkunst, f. Musiker u. f. Freunde d. Musik überh. Jahrg. 1828. 12 Hfte. gr. 4. Frankfurt a. M., Fischer.

Musik-Zeitung, allgemeine deutsche. Wochenschrift für das gesammte musikal. Leben der Gegenwart. 2. Jahrg. 1875. 52 Nrn. (Bog.) gr. 4. Cassel, Luckhardt'scher Musikverlag. *
1 Jg. u. d. T Deutsche allgemeine Musikzeitung.

—— dass. — 3. Jahrg. 1876. 52 Nrn. (à 1—1½ Bog.) gr. 4. Berlin, Luckhardt'sche Verlagsh. *
—— dass. — Redact.: Wilh. Tappert. 4.—6. Jahrg. 1877—1879. à Jahrg. 52 Nrn. (à 1½—2 Bog.) gr. 4. Ebendas. à Jahrg. *

— allgemeine deutsche. Wochenschrift für das gesammte musikal. Leben der Gegenwart. 4—6. Jahrg. 1877—1879. à 52 Nrn. (à 1—1½ B.) gr. 4. Berlin, Raabe & Plothow. à Jahrg. n. 8.—

Musikzeitung, allgemeine deutsche. Wochenschrift für das gesammte musikal. Leben der Gegenwart. Redact.: Wilh. Tappert. 7. Jahrg. 1880. 52 Nrn. (à Nr. 1—2 Bog.) gr. 4. Berlin, Raabe und Plothow. *

—— dass. — Redact.: Otto Lessmann. 8. und 9. Jahrg. 1881 und 1882. à Jahrg. 52 Nrn. (à Nr. 1—2 Bog.) gr. 4. Charlottenburg, Expedition. à Jahrg. *

— allgemeine deutsche. Wochenschrift f. die Reform d. Musiklebens der Gegenwart. Red.: Otto Lessmann. 10—13. Jahrg. 1883—1886. à 52 Nrn. (à 1—2 B.) gr. 4. Charlottenburg, Expedition.
Fortges. u. d. T Allgemeine Musikzeitung. à Jahrg. n. 8.—

Musik- und Theater-Zeitung, allgemeine deutsche, für Nord-Amerika. 1. Jahrg. Septbr. 1860 bis Aug. 1861. oder 1. und 2. Bd. à 26 Nrn. (Bog.) gr. 4. New York. Philadelphia, (Schäfer und Koradi.) à Bd. *

Allgemeine Wiener **Musik-Zeitung.** Jg. 1-8. Wien Völke (Jg. 5 ff: Mechetti) 1841-48. Hrsg. Aug. Schmidt, Jg. 7f Ferd. Luib. Fortges. u. d T Wiener allgemeine Musik-Zeitung.

Musik-Zeitung, allgem. wiener, hrsg. u. redig. v. Aug. Schmidt. 1. Jahrg. 1841. 156 Nrn. (½ Bog.) M. 6 Musik- u. 1 Bilderbeil. gr. 4. Wien, (Volke's Buchh.) *

—— allgemeine wiener, hrsg. u. redig. v. Aug. Schmidt. 2—7. Jahrg. 1842—47. à 156 Nrn. (½ Bog.) Mit Musikbeilagen. gr. 4. Wien, Mechetti. à J. *

Darmstädter **Musik-** und **Theater-Zeitung.** Zeitschrift für moderne Kunst-Pflege. Darmstadt-Frankfurt a. M. Druck von Hermann Grünbaum & Co. Jahrgang 1 1907, 1-4. Herausgegeben und verantwortlicher Redakteur: H. J. Veldkamp-Mann.

Musik-Zeitung, deutsche. Redig. von Selmar Bagge. 1. und 2. Jahrg. 1860 und 1861. à Jahrg. 52 Nrn. (Bog.) gr. 4. Wien, Wessely und Büsing. à Jahrg. *

—— deutsche. Redact.: Selmar Bagge. 3. Jahrg. 1862. 52 Nrn. (Bog.) gr. 4. Wien, Wessely. *

—— deutsche. Organ für Theater und Kunst. Hrsg. von C. M. Ziehrer. 1. Jahrg. 1874. 52 Nrn. (à ½ Bog. mit ½ Bog. Musikbeilage.) gr. 4. Wien, Klemm. *

—— deutsche. Organ für Theater und Kunst. Redact.: C. M. Ziehrer. 2. und 3. Jahrg. 1875 und 1876. à Jahrg. 52 Nrn. (à 1—1½ Bog. mit Musikbeilage) gr. 4. Wien, (Klemm.) Jahrg. 1875 * Jahrg. 1876 **
Die Fortsetzung bildet. Kunst- und Musik-Zeitung, deutsche.

Deutsche allgemeine **Musikzeitung.** Wochenschrift für das gesammte musikalische Leben der Gegenwart. Jg. 1 Leipzig und Berlin: Luckhardt 1874. 4°
Hrsg. Wilhelm Tappert Fortges. u. d. T Allgemeine deutsche Musikzeitung 2. 1875 ff

Deutsche **Musik-Zeitung** und Sängerblatt. Altona: Höner Jahrgang 1 1896

Deutsche Musik-Zeitung für die Vereinigten Staaten Band 1 -5. Sept 1856– Apr 1861?
Fortnightly Sept 1856 Nov 1859 monthly Dec 1859 Apr 1861 Not published Aug 15. 1857 Aug. 15. 1859 For literary supplement see Die Wespe Quarto, each issue 32 pages includes music
Edited by Philipp Matthias Wolsieffer Sept 1856 Oct 1 1857? by Theodor Hagen for New York Apr 1858 Apr 1861? Carl Winterstein Printed by King & Baird, 1856 61 Published by Philipp Rohr 1856 61
Philadelphia, PA

—— deutsche, für die Vereinigten Staaten. Hrsg. von Phil. Rohr. Redig. von P. M. Wolsieffer, unter Mitwirkung tüchtiger Musiker aus der alten und neuen Heimath. 1. Bd. Decbr. 1856 bis Juni 1857. 18 Nrn. (Bog.) gr. 4. Philadelphia, (Schäfer und Koradi.) *

—— dass. — Hrsg. von Phil. Rohr. 2. und 3. Bd. August 1857 bis Juli 1859. à Bd. 24 Nrn. (Bog.) gr. 4. Ebendas. à Bd. *

—— dass. — In Verbindung mit dem Literatur-Blatt „die Wespe." Hrsg. und redig. von Carl Winterstein. 4. und 5. Jahrg. Aug. 1859 bis Juli 1861. à Jahrg. 24 Nrn. (à 1—2 Bog.) gr. 4. Ebendas. à Jahrg. *

Frankfurter **Musik-Zeitung.** Ein Blatt zur Förderung volksthümlicher Musik. Jg. 1 (= 1-25). Frankfurt a. M. 1866. Hrsg.: Heinrich Becker. Vorh. u. d. T.. Frankfurter Musik. Frankfurt 1865.

Frankfurter **Musik-** und Theater-**Zeitung** Red. Willy Seibert. Jg 1. Frankfurt a. M. H. Veldkamp 1906. 4° 108, 1124o

Musik- u. Theaterzeitung, Frankfurter, m. Beilage „Frankfurter Sänger-Zeitung u. Die kleine Trommel". 2. u. 3. Jahrg. 1907 u. 1908. (26 u. 52 Nrn.) (à ca. 12 S. m. Abb.) Lex. 8. Frankfurt a/M., H. J. Veldkamp-Mann. à Jahrg. 6. —
Erscheint nicht mehr.

Hamburger **Musikzeitung.** Leipzig u. New York: Schuberth Jahrgang 1 1840 – 11 1850.
Hrsg. von Julius Schuberth.

Hamburgische **Musik-Zeitung.** Organ für die musikalische Welt. Für die Redaction verantwortlich A. Ed. Böhme. Hamburg Verl. Böhme. Jahrgang 1 1887/1888 - 5. 1891/1892.

— internationale. Zeitschrift f. die Gesammt-Interessen der musikal. Welt, enth. die Beiblätter: „Sänger-Zeitung", Organ f. Männergesang, red. v. Ed. Kremser, u. „Instrumenten-Zeitung". Hrsg. u. Red.: Frz. Wagner. Jahrg. 1893. 1894. à 12 Nrn. gr. 4. (à ca. 2 Bog. m 1 Bildnis u. Musikbeilage 2 S.) Wien. (Leipzig, E. Grude.) à Jahrg. n. 8. —; ohne Musikbeilage n. 4. —

— internationale, Fortsetzg., s.: **Presse, neue musikalische.**

Musikzeitung, kleine. Blätter f. Musik u. Literatur. 6. u. 7. Jahrg. 1845 u. 1846. à 52 Nrn. (½ Bog.) M. e. monatl. Verzeichnisse aller neuen Musikalien, Musikwerke rc. gr. 8. Hamburg, Schuberth u. Comp. à J. *
Jahrg. 1841—44. s. Blätter f. Musik.

Musikzeitung, kleine. Blätter für Musik und Literatur. 8–11. Jahrg. 1847—50. à 52 Nrn. (½ Bog.) Mit Musik- und Kunst-Prämien. gr. 8. Hamburg 849, (Schuberth und Comp.) à Jahrg. Thlr. *

Kleine Musik-Zeitung Jahrgang 1—13, no 1. 1858—Jan 5, 1870
Quarterly 1858? 1869 semi-monthly 1870. Sub-title Little Musical Gazette. Title varies LITTLE MUSICAL GAZETTE. KLEINE MUSIK-ZEITUNG. Edited & published by Julius Schuberth. Published in English and German Octavo. Then square folio typed title-page and contents, 7 pages, for Oct 1867 -Dec 1868. Suspended 1860- 67
New York, NY

— Leipziger. Organ f. die Gesamtinteressen der musikal. Welt. Hrsg. v. Alfr. Michaelis. 1. u. 2. Jahrg. 1891. 1892. à 12 Nrn. (Bog. m Musikbeilage.) gr. 4. Leipzig-Reudnitz, (R. Michaelis). à Jahrg. n. 4. —

Musik- u. Kunstzeitung, Leipziger. Früher „Parsifal". Red.: E. Schloemp. 3. Jahrg. 1886. 24 Nrn. (B.) gr. 4. Leipzig, Schloemp. n. 6. —

Musik- u. Kunstzeitung, Leipziger. Früher „Parsifal". Red.: E. Schloemp. 4. u. 5. Jahrg. 1887. 1888. à 24 Nrn. (B.) gr. 4. Leipzig, [Schloemp]. à Jahrg. n. 6. —
Ist von 1889 ab mit: Kunstwart, der, vereinigt.

— Leipziger, nebst Litteratur-Anzeiger. Ein musikalisch-pädagog. Monatsblatt f. Organisten, Kantoren, Gesang- u. Musiklehrer, sowie f. alle Musikfreunde. Hrsg. v. R. Michaelis. 3. Jahrg. 1893. 12 Nrn. (Bog.) gr. 4. Ebd. n. 1. 50

Leonard's Illustrierte **Musikzeitung.** Herausgeber und Redakteur: A. Löwenstein.
Berlin. – Leipzig: Kommissionsverlag Reinhold Schubert, ([ab 2. 1907/08, no. 6:] Berlin: Ernst Litfass' Erben.) Jahrgang 1. 1906/1907 – 7. 1912/1913.

—— Münchener allgem., redig. v. Frz. Stoepel. 1. Jahrg. 1827 Oct. — 1828 Sept. 52 Nrn. Mit Musikbeil., Stnt. etc. gr. 4. München, Hof-Musikalienhandl.

—— dies., redig. v. dems. 2. Jahrg. 1. Halbjahr. 1828 Oct. — 1829 März. 26 Nrn. Mit Musikbeil. etc. Nebst: Münchener Theater-Zeitung. gr. 4. (39 B.) München, Finsterlin.

— dasselbe, s.: Monatshefte, musikalische.

—— neue. Redact.: Aug. Reiser. 1.—5. Jahrg. 1880—1884. à Jahrg. 24 Nrn. (à Nr. 1/2—3/4 Bog. mit Beilagen und Musikbeigaben.) Imp.-4. Köln, P. J. Tonger. à Jahrg. *

—— neue. Redact.: Aug. Reiser. 6.—8. Jahrg. 1885—1887. à Jahrg. 24 Nrn. (à Nr. 1/2—3/4 Bog. mit Text- und Musikbeigaben.) Imp.-4. Köln, P. J. Tonger. à Jahrg. *

—— dass. — 9. Jahrg. 1888. 24 Nrn. (à Nr. 1/2—1 Bog. mit Text- und Musikbeigaben.) Imp.-4. Stuttgart, Grüninger. *
Buch-Ausgabe der Gratis-Beilagen, s. Köhler, Louis, Katechismus der Harmonielehre. — Musiol, Rob., Conversations-Lexikon der Tonkunst. — Piumati, G., musikal. Fremdwörterbuch.

—— neue. Redact.: A. Svoboda. 10. u. 11. Jahrg. 1889 u. 1890. à Jahrg. 24 Nrn. (à Nr. 1/2—1 Bog. m. Beilagen u. Musikbeigaben.) Imp.-4. Stuttg., Grüninger. Jahrg. 1889. * 3 20; 1890. * 3 40
Das 4. Quartal von 1890, redig. v. A Swoboda u. E Raschdorff, kostet * 1 —; die vorhergehenden à * — 80.

— neue. Red.: A. Svoboda u. E. Raschdorff. 12.—15. Jahrg. 1891—1894. à 24 Nrn. (à 1/2—1 Bog m. Illustr., Beilagen u. Musikbeigaben.) Imp.-4 Stuttgart, C. Grüninger. à Jahrg. n. 4.—
s.: Monatshefte, musikalische.

neue. Red.: A. Svoboda. 16.—19. Jahrg. 1895—1898. à 24 Nrn. (à ca. 2 Bog. m. Ill. u. Musikbeil.) Imp.-4 Stuttgart, C. Grüninger. à Jahrg. n. 4.—
Kann auch vierteljährlich bezogen werden.

Musik-Zeitung, neue. Red.: Ernst Ege. 20.—24. Jahrg. 1899—1903. à 24 Nrn. Imp.-4. (VIII, 320; VI, 304; VI, 320; VI, 318 u. VI, 304 S. m. Abbildgn., Fksm. u. jährl. 24 Musikbeigaben à 4 S.) Stuttgart, C. Grüninger. à Jahrg. n. 4.—; geb. in Leinw. n. 5.—; in Prachtbd. n. 6.—
Die Jahrgge. 20 u. 21 sind v. A. Svoboda redigiert.

— neue. Schriftleitung: Osw. Kühn. 26.—28. Jahrg. Oktbr. 1903—Septbr. 1907. à 24 Nrn. (25.—27. Jhrg. VIII, 514; VIII, 544 u. VIII, 586 S. m. Abbildgn. u. je 72 S. Musikbeigabe.) Imp. 4. Stuttgart, C. Grüninger. à Jahrg. n. 6.—

— neue. Red.: Osw. Kühn. 29.—32. Jahrg. Oktbr. 1907—Septbr. 1911. à 24 Nrn. (à ca. 24 S. m. Abb. u. Musikbeigabe.) 32×24 cm. Stuttgart, C. Grüninger. 29. u. 30. Jahrg. à 6.—; 31. u. 32. Jahrg. à 8.—
Die Ausg. f. Österreich-Ungarn ist eingegangen.

Musikzeitung, Neue Berliner- herausgegeben von Gustav Bock. Jahrgang 1—50. Berlin 1847—1896.

Musikzeitung, neue berliner, hrsg. von Gust. Bock. 1—6. Jahrg. 1847—52. à Jahrg. 52 Nrn. (Bog.) gr. 4. Berlin, Bote und Bock. à Jahrg. *
Mit Musik-Prämie à Jahrg. *

Musikzeitung, neue berliner, hrsg. von Gust. Bock unter Mitwirkung theoret. und prakt. Musiker. 7—10. Jahrg. 1853—56. à Jahrg. 52 Nrn. (Bog.) Imp.-4. Berlin, Bote und Bock. à Jahrg. *
Mit Musik-Prämie *
1—6. Jahrg. 1847—52. Ebendas. à Jahrg. * 3 Thlr., mit Musik-Prämie * 5 Thlr.

Musikzeitung, neue Berliner, gegründet von Gust. Bock unter Mitwirkung theoret. und prakt. Musiker. 11.—21. Jahrg. 1857—1867. à Jahrg. 52 Nrn. (Bog.) Imp.-4. Berlin, Bote und Bock. à Jahrg. * 3 Thlr.; halbjährlich *
Mit Musik-Prämien à Jahrg. * 5 Thlr.; halbjährlich *

Musikzeitung, neue Berliner, gegründet von Gust. Bock unter Mitwirkung theoret. und prakt. Musiker. Redact.: Rich. Wüerst. 22.—28. Jahrg. 1868—1874. à Jahrg. 52 Nrn. (Bog.) gr. 4. Berlin, Bote und Bock. à Jahrg. *
Halbjährl. * M. 5,50.; mit Musikprämie * M. 15.; halbjährl. *

—— neue Berliner, gegründet von Gust. Bock unter Mitwirkung theoret. und pract. Musiker. 29.—33. Jahrg. 1875—1879. à Jahrg. 52 Nrn. (Bog.) hoch 4. Berlin, Bote und Bock. à Jahrg. *
Mit Musikprämie à Jahrg. *

—— neue Berliner, gegründet von Gust. Bock unter Mitwirkung theoret. und pract. Musiker. 34.—38. Jahrg. 1880—1884. à Jahrg. 52 Nrn. (Bog.) hoch 4. Berlin, Bote und Bock. à Jahrg. *
Mit Musikprämien à Jahrg. *

—— neue Berliner, gegründet von Gust. Bock unter Mitwirkung theoret. und prakt. Musiker. 39.—41. Jahrg. 1885—1887. à Jahrg. 52 Nrn. (Bog.) hoch 4. Berlin, Bote und Bock. à Jahrg. * M. 10.—; halbjährl. *
Mit Musikprämie jährl. * M. 15.—; halbjährl. *

— dasselbe. Red.: O. Eichberg. 42. u. 43. Jahrg. 1888. 1889. à 52 Nrn. (B.) hoch 4. Ebd. à Jahrg. n. 8.—; m. Musikprämie ganzjährlich n. 15.—; halbjährlich n. 9.—

—— dass. — Redact.: Rich. Stern. 44.—46. Jahrg. 1890—1892. à Jahrg. 52 Nrn. (à Nr. ca. 1 1/2 Bog.) hoch 4. Berl., Stern u. Ollendorf. à Jahrg. * 8 —

— neue Berliner. Red.: Rich. Stern. 45.—47 Jahrg. 1891—1893. à 52 Nrn. (à ca. 1 1/2 Bog.) hoch 4. Berlin, Stern & Ollendorff. à Jahrg. n. 8.—

— dasselbe. Red.: Aug. Ludwig. 48. Jahrg. 52 Nrn. (à ca. 1 1/2 Bog.) hoch 4. Berlin, A. Ludwig. n. 8.—

— neue Berliner. Wochenschrift f. d. musikal. Welt. Red.: Aug. Ludwig. 49. u. 50. Jahrg. 1895—1896. à 52 Nrn. (à ca. 12 S.) hoch 4. Berlin, A. Ludwig. à Jahrg. n. 8.—
Weiter nicht erschienen.

Musik- u. Literatur-Zeitung, neue. Hrsg. u. Chef.-Red.: Gust. Kühle. 1. Jahrg. März 1903—Febr. 1904. 24 Nrn. (à ca. 12 S. m. Abbildgn. u. Musikbeilage 2 S.) gr. 4. Leipzig (O. Dietrich). à Nr. n. — 20
Erscheint nicht mehr.

N e u e Wiener Musik-Zeitung. Jg. 1-9 (zu je 52 Nrn). Wien. Glöggl 1852-60. 4°
Red. Franz Glöggl. Fortges. u. d. T Neue Wiener Zeitschrift für Musik. Wien 1879 ff.

— neue Wiener, im Vereine theoretischer und praktischer Musiker, redig. u. herausg. von F. Glöggl. 1—7. Jahrg. 1852—58. à 52 Nrn. (à 1/2—1 Bgn.) Wien, Glöggl. gr. 4. Jeder Jahrg. n. 2 Thlr. 20 ngr.

— neue Wiener, im Vereine theoretischer und praktischer Musiker red. u. herausg. von F. Glöggl. 8. u. 9. Jahrg. 1859 u. 60. à 52 Nrn. (à 1/2—1 Bgn.) Wien, Glöggl. gr. 4. Jeder Jahrg. n. 2 Thlr 20 ngr.

Musikzeitung, Neue Wiener. Mit einer Beilage: Blätter für Kirchenmusik. (Organ des Kirchenmusik-Vereines „Votivkirche" in Wien.) Redigirt von Carl Mayer. I. Jahrg. 1889. 36 Nummern. (B.) Kl.-4. 5.—, halbj. 3.—, viertelj. 1,50
Wien: Rättig 1889.

—— New-Yorker. Redact.: Thdr. Hagen. 1. und 2. Jahrg. 1865—66. à Jahrg. 52 Nrn. (à 2 Bog.) gr. 4. New-York, (Steiger.) à Jahrg. *

Neue New Yorker Musik-Zeitung: Jahrgang 1 – 5, Aug. 1866 –1871?
Weekly. Organ of Nord-Amerikanischer Sänger-Bund, and of the Nord-Östlicher Sängerbund, 1870?– 71. Binder's title: NEW YORKER MUSIK-ZEITUNG. Quarto, later folio, each issue 8–16 pages. Edited & published by Theodor Hagen, Aug. 1866 – May 1867; edited by Gustav Stein, & published by Philipp Gutmann & G. Stein, June 1, 1867 – 1871?
New York, NY

New-Yorker Musik-Zeitung: Jahrgang 1 – 22, no. 7. Jan. 11, 1865 – Apr. 26, 1879?
Semi-monthly, 1865, weekly 1865 – 79. Sub-title: 1) Wochenschrift für Musik, Theater, Kunst und Unterhaltung, 1866? – 1876. 2) Eine Wochenschrift für die gebildete Welt, 1877 – 79. Also as sub-title: Officielles Organ des Nord-Amerikanischen Sängerbundes und New York Allgemeinen Sängerbundes. Title varies: NEW YORKER MUSIK- UND UNTERHALTUNGSBLATTER, 1877 – 79. "Jahrgang 2, no. 7" repeated in numbering. Large quarto, each issue 12 – 16 pages, illustrated, including portraits, music, index for each "Jahrgang." Circulation: 1870, 2000 (est.); 1875, 2416; 1878, 2296. Edited by Theodor Hagen, Jan. 11, 1865 – 1872?; by Gustav Stein; by Dr. Leopold Damrosch, 1872. Published by Henry Beyer, Jan. 11, 1865 – 1875?; by P. Gutmann & G. Stein; by J. Schuberth & Co.; by Hildesheim & Meinecke; by B. Hildesheim & Co.; by George C. Stenz; by George C. Stenz & A. Schwarzmann, 1875—June 17, 1876; by A. Schwarzmann, June 24, 1876 – Dec. 22, 1877; by Keppler & Schwarzmann, Dec. 29, 1877– 1879.
New York, NY

—— niederrheinische, für Kunstfreunde und Künstler. Hrsg. von L. Bischoff. 1. Jahrg. Juli — Decbr. 1853. 26 Nrn. (Bog.) gr. 4. Köln 853, Du Mont-Schauberg'sche Buch. *

— — 2—6. Jahrg. 1854—58. à 52 Nrn. (à 1 Bgn.) Ebend. gr. 4. Jeder Jahrg. n. 4 ℛ︎

— niederrheinische, für Kunstfreunde und Künstler Herausg. von L. Bischoff. 7—12. Jahrg. 1859—64. à 52 Nrn. (à 1 Bgn.) Köln, Du Mont-Schauberg. gr. 4. Jeder Jahrg. n. 4 ℛ︎

— niederrheinische, für Kunstfreunde u. Künstler. Hersg. von L. Bischoff. 13—15. Jahrg. 1865—67. à Jahrg. 52 Nrn. (Bgn.) Mit Beilagen. Köln, Du Mont-Schauberg'sche Buchh. gr. 4. Jeder Jahrg. n. 4 ℛ︎

—— norddeutsche. Redact.: Aug. Pabst. Jahrg. 1863. 52 Nrn. (Bog.) Fol. Königsberg, (Richter.) *

Musikzeitung, norddeutsche. Organ für die Interessen der norddeutschen Musikvereine. Begründet unter Mitwirkung von G. Döring, L. Köhler, F. W. Markull. 1. Jahrg. Oktbr. 1869—Septbr. 1870. 36 Nrn. (½ Bgn.) Elbing 869. Neumann-Hartmann's Verl.-Cto. Lex.-8. n. 1 ℛ︎ 10 ngr.

Oesterreichische Musik- und Theater-Zeitung. Zeitschrift für Musik und Theater Wien: Administration 1895-(1900). 4°
Hrsg.. B. Lovosky. Red.. F. Regendorfer. Vorh. u. d. T.. Wiener Musik- und Theater-Zeitung. Jg. 1-7 1888-1895

Musik- u. Theater-Zeitung, österreichische. Zeitschrift f. Musik u. Theater. Hrsg. u. Chef-Red.: B. Lvovsky. VIII. Jahrg. Oktbr. 1895—Septbr. 1896. 24 Nrn. (à ca. 1 Bog. m. Bildn. u. Musikbeil.) gr. 4. Wien. (Leipzig, Literar. Anstalt A. Schulze.) n. 10. —

— dasselbe. IX.—XI. Jahrg. Septbr. 1896—Aug. 1899. à 24 Nrn. (à ca. 1 Bog. m. Bildn. u. Musikbeil.) gr. 4. Ebd. à Jahrg. n. 10. —
Seit d. X. Jahrg. ist Frdr. Regensdorfer Mitredakteur. — Kann auch vierteljährlich für n. 3. — bezogen werden.

Musik- u. Theater-Zeitung, österreichische. Zeitschrift f. Musik u. Theater. Hrsg. u. Chef-Red.: B. Lvovsky. Red.: Frdr. Regensdorfer. XII. Jahrg. Novbr. 1899—Oktbr. 1900. 24 Nrn. gr. 4. (à ca. 8 u. 4 S. m. Bildnissen u. Musikbeilagen.) Wien. (Leipzig, Literar. Anstalt, A. Schulze.) n. 10.—; halbjährl. n. 6.—

— — dasselbe. Hrsg. v. A. Cador. Red.: Jul. Gansterer. 13. Jahrg. Juni 1902—Mai 1903. 24 Nrn. gr. 4. (à ca. 16 S. m. Abbildgn.) Ebd. n. 10.—; halbjährl. n. 6.—

Prager Musikzeitung. Prag 1855 Redacteur. Celestin Müller

—— rheinische, für Kunstfreunde und Künstler hrsg. von L. Bischoff. 1. Jahrg. Juli — Decbr. 1850. 26 Nrn. und 2. und 3. Jahrg. 1851 und 1852. à Jahrg. 52 Nrn. (Bog.) gr. 4. Cöln, Schloss. [1. Jahrg. * 2 Thlr., 2. und 3. Jahrg. à * 4 Thlr.] *

— rheinische, für Kunstfreunde und Künstler. 3—6. Jahrg. 1853—55. à 52 Nrn. (à 1 Bgn.) Cöln, Schloss. gr. 4. Jeder Jahrg. n. 4 ℛ︎

—— dass. — 7. Jahrg. 1856. 52 Nrn. (à ½—1 Bog.) gr. 8. Ebds. *
(1—3.) Jahrg. 1850—52. Ebendas. * 10 Thlr.

—— rheinische, für Kunstfreunde und Künstler. 8—10. Jahrg. 1857—59. à Jahrg. 52 Nrn. (à ½—1 Bog.) gr. 8. Köln, Schloss. à Jahrg. *
Ist nicht fortgesetzt worden.

— rheinische. Red.: Karl Wolff. 1. Jahrg. Oktbr.—Dezbr. 1900. 11 Nrn. gr. 4. (126 S.) Köln, Rheinische Musik-Zeitung. n. 2.—

— dasselbe. Begründet u. hrsg. v. Willy Seibert. Red.: Karl Wolff. 2. Jahrg. Jan.—Septbr. 1901. 39 Nrn. gr. 4. (à ca. 12 S.) Ebd. n. 6.—
Fortsetzung s.: Musik- u. Theaterzeitung, rhein.

— — rheinische. Hrsg. v. Willy Seibert. Red.: Karl Wolff. 2. Jahrg. 4. Quartal. Oktbr.—Dezbr. 1901. 13 Nrn. gr. 4. (à ca. 16 S.) Köln [Schafstein & Co.]. Köln (Brabanterstr. 25), H. Schmitz. 1.50

— — dasselbe. 3. Jahrg. 1902. 44 Nrn. gr. 4. (à ca. 12 S.) Ebd. n. 6.—
Vergl.: Musik-Zeitung, rheinische.

Musik- u. Theater-Zeitung, rheinische. Hrsg.: Karl Wolff u. Gerh. Tischer. Red.: Gerh. Tischer. 4. bis 7. Jahrg. 1903—1906. 44, 29, 26 u. 52 Nrn. m. 26 Musikbeilagen. gr. 4. Köln, Verlag der rhein. Musik- u. Theater-Zeitg. à Jhrg. 10.—

— — rheinische. Allgem. Zeitschr. f. Musik. Hrsg.: Gerh. Tischer u. Wolfg. A. Thomas-San-Galli. Schriftleiter: W. A. Thomas-San-Galli. 8.—11. Jahrg. 1907—1910. à 52 Nrn. (664, 638, 744 u. 858 S.) 32×24 cm. Köln, Verlag der rhein. Musik- u. Theater-Zeitg. à Jahrg. 10. —

Musik- u. Sänger-Zeitung f. Mitteldeutschland. Allgemeine Sänger-Zeitg. Hessische Musik- u. Sänger-Zeitg. Schriftleitung: Albin Klein. 3. Jahrg. 1907 u. 1908. à 24 Nrn. (à ca. 8 S.) Lex. 8. Giessen, Giessener Verlagsdruckerei (A. Klein). (Nur direkt.) Postfrei à Jahrg. 2. 72
Fortsetzg., s.: Sänger- u. Dirigenten-Zeitung, allgem.

Schuberth's kleine Musikzeitung. Intelligenzblatt für Musiker und Musukfreunde, redigirt von Julius Schuberth. Leipzig: Schuberth. Jahrgang 1 1874 – 2. 1875.

— schweizerische, u. Sängerblatt. Organ des eidgenöss. Sängervereins. Red.: Gust. Weber. 19—22. Jahrg. 1879—1882. à 24 Nrn. (à 1—3 B.) Fol. Zürich, Hug. à Jahrg. n. 4. 80
cf.: Sängerblatt, schweizerisches.

— schweizerische, u. Sängerblatt. Organ d. eidgenöss. Sängervereins. 23—26. Jahrg. 1883—1886. à 24 Nrn. (à 1 — 3 B.) Fol. Zürich, Hug. à Jahrg. n. 5. —

Musik-Zeitung, schweizerische, u. Sängerblatt. Organ der Eidgenöss. Sängervereins. Redact.: [b. 1890 incl. A. Glück] A. Niggli. 29.—32. Jahrg. 1889—1892. à Jahrg. 24 Nrn. (à Nr. 1 — 3 Bog.) Fol. Zür., Gebr. Hug u. Comp. à Jahrg. * 5 —

— schweizerische, u. Sängerblatt. Organ des eidgenöss. Sängervereins. Red.: A. Niggli. 31.—34. Jahrg. 1891—1894. à 24 Nrn. (à 1—3 Bog.) Fol. Zürich, Gebr. Hug. à Jahrg. n. 5. —; m. directer Postversendg. n. 5. 80

— schweizerische, u. Sängerblatt. Organ d. eidgenöss. Sängervereins. Red.: A. Niggli. 35.—37. Jahrg. 1895—1897. à 24 Nrn. (à ca. 12 S. m. Abb.) Fol. Zürich, Gebr. Hug & Co. à Jahrg. n. 5. —; postfrei n. 5. 80

— dasselbe. 38. Jahrg. 1898. ca. 36 Nrn. (à ca. 8 S. m. Bildn.) Fol. Ebd. n. 4. 80; postfrei n. 6. 25; einz. Nrn. — 30

— schweizerische, u. Sängerblatt. Organ des eidgenöss. Sängervereins u. des Vereins schweizer Tonkünstler. Red.: Karl Nef. 39.—42. Jahrg. 1899—1902. à 36 Nrn. Mit der Beilage: Die Instrumentalmusik. 1.—3. Jahrg. à 12 Nrn. Fol. (IV, 328; IV, 360; IV, 338 u. IV, 330 S. m. Abbildgn.) Zürich, Gebr. Hug & Co. à Jahrg. n. 4. 80

— schweizerische, u. Sängerblatt. Organ des eidgenöss. Sängervereins u. des Vereins schweizer. Tonkünstler. Red.: Karl Nef. 43.—46. Jahrg. 1903—1906. à 36 Nrn. Mit der Beilage: Die Instrumentalmusik. 4.—7. Jahrg. à 12 Nrn. (IV, 326; IV, 356; IV, 354 u. IV, 348 S.) Fol. Zürich, Hug & Co. à Jhrg. n. 4. 80

— schweizerische, u. Sängerblatt. Organ des eidgenöss. Sängervereins, des schweizer. Tonkünstlervereins u. des schweiz. Gesang- u. Musiklehrervereins. Red.: Ernst Isler, E. A. Hoffmann. 50. Jahrg. 1910. 36 Nrn. Mit der Beilage: Der Volksgesang. 12 Nrn. (484 S. m. 52 Abb. u. 48 S.) 35×24 cm. Zürich, Hug & Co. 4. 80

—— süddeutsche. 1. Jahrg. April 1852 — März 1853. 52 Nrn. (Bog.) Fol. Mainz, Schott Söhne. *

—— dass. — 2—5. Jahrg. 1853—56. à Jahrg. 52 Nrn. (Bog.) Fol. Ebds. à Jahrg. *

—— süddeutsche. Redig. von F. Schott. 6—10. Jahrg. 1857—61. à Jahrg. 52 Nrn. (Bog.) Fol. Mainz, Schott Söhne. à Jahrg.

—— süddeutsche. Redact.: Ed. Foeckerer. 11.—16. Jahrg. 1862—67. à Jahrg. 52 Nrn. (Bog.) Fol. Mainz, Schott's Söhne. à Jahrg.

—— süddeutsche. Redact.: Ed. Foeckerer. 17. und 18. Jahrg. 1868 und 1869. à Jahrg. 52 Nrn. (Bog.) Fol. Mainz, Schott's Söhne. à Jahrg.

Musik- und Theater-Zeitung für Ostdeutschland. Red.: Willy Pieper [&] Paul Albers. Jg 1, Nr. 1 Breslau. H Böhm 1905. 4° [J.] 1-4. 1907

Thüringer Musik-Zeitung. Erfurt: Mensing. Redakteur: Karl Zuschneid.
Jahrgang 1. 1899

— Wiener allgemeine, herausg. u. red. von Aug. Schmidt. 7. Jahrg. 1847. — Eigenthümer u. Red.: Ferd. Luib. 8. Jahrg. 1848. à 156 Nrn. gr. 4. (1/2 B. m. Musikbeilagen.) Wien, Mechetti in Comm. à Jahrg. n. 6 2/3 ₰

Wiener Musik- und Theater-Zeitung. Jg. 1-7.
Leipzig: August Schulze 1888-1895. 4°
Hrsg.: Anna Cador. Fortges. u. d. T.. Oesterreichische Musik- und Theater-Zeitung. Jg. 8. 1895 ff.

Musil, Alfr., Bau der Dampfturbinen. (6, 233 S. m. Abbildgn.) Lex.-8. Leipzig 904. B. G. Teubner. Geb. in Leinw. n. 8. —

Musil, A., Geschichte der Entwicklung der Wärmekraftmaschinen. [Sonderabdruck aus Nr. 857—860 des Prometheus.] Lex-8°. (16 S.) Brünn. Winiker 1906. K 1. –

Musil, Alfr., Grundlagen der Theorie u. des Baues der Wärmekraftmaschinen. Zugleich autoris. erweiterte deutsche Ausg. des Werkes: The steam-engine and other heat-engines v. J. A. Ewing. gr. 8. (X, 794 S. m. 302 Fig.) Leipzig 902. B. G. Teubner. Geb. in Leinw. n. 20. —

Musil, Alfr., die Motoren f. Gewerbe u. Industrie. 3., vollst. neu bearb. Aufl. d. Motoren f. d. Kleingewerbe. M. 138 eingedr. Abb. gr. 8. (XIII, 311 S. m. 1 Taf.) Braunschweig 897. F. Vieweg & Sohn. n. 6. —; geb. in Leinw. n. 6. 80

Musil, Alf., die Motoren f. das Kleingewerbe. Vortrag geh. in der kärntner. Gewerbehalle. Mit 3 (lith.) Taf. (in gr. Fol.) gr. 8. (28 S.) Klagenfurt 875. Bertschinger & Heyn. n. 1. —

Musil, Alfr., die Motoren für das Kleingewerbe. Mit 4 (lith.) Taf. u. in den Text eingedr. Holzst. gr. 8. (X, 120 S.) Braunschweig 878. Vieweg & Sohn. n. 4. —

— dasselbe. s. e. Bericht über die Weltausstellung in Paris 1878.

Musil, Alfr., die Motoren f. das Kleingewerbe. Mit 4 (lith.) Taf. u. 51 Holzst. 2. Aufl. gr. 8. (XIV, 178 S.) Braunschweig 883. Vieweg & Sohn. n. 5. —

Musil, A: Die Motoren für das Kleingewerbe. 3. Aufl. Braunschweig 1897

— die Parsons-Dampfturbine. Vortrag, geh. in der Versammlg. der Fachgruppe der Maschinen-Ingenieure am 9. II. 1904. (15 S. m. Abbildgn.) 4. Brünn 904. C. Winiker. n. 2. —
Sonderabdruck aus: „Ztschr. d. öst. Ingenieur- u. Architekten-Ver."

— Wärmemotoren. Kurzgefasste Darstellg. d. gegenwärt. Standes derselben in therm. u. wirthschaftl. Beziehg. unter specieller Berücksicht. des Diesel-Motor. gr. 8. (VII, 106 S. m. 31 Abbildgn.) Braunschweig 899. F. Vieweg & Sohn. n. 2. 20; geb. in Leinw. n. 2. 50

Musil, Alois, Arabia Petraea. Hrsg. v. der kaiserl. Akademie der Wissenschaften. I—III. Lex. 8. Wien (A. Hölder). 65. 60
I. Moab. Topographischer Reisebericht. Mit 1 Taf. u. 190 Abb. im Texte. (XXIII, 443 S.) 907. 15. 60
II. 1. Edom. Topographischer Reisebericht. 1. Tl. Mit 1 Umgebungskarte v. wâdi Mûsa (Petra) u. 170 Abb. im Texte. (XII, 343 S.) 907. 15. 60
II. 2. Dasselbe. 2. Tl. Mit 1 Umgebungskarte des Dreiecknetzes u. 152 Abb. im Texte. (X, 300 S.) 908. 12. 80
III. Ethnologischer Reisebericht. Mit 62 Abb. im Texte. (XVI, 550 S.) 908. 21. 60

Musil Alois, Dr. Im nördlichen Heǵâz. Vorbericht über die Forschungsreise 1910 (mit 1 Kartenskizze). Aus dem Anzeiger der philosophisch-historischen Klasse der Kaiserlichen Akademie der Wissenschaften vom 17 Mai (Jahrgang 1911, Nr. XIII) separat abgedruckt K 1. —
Separatabdruck

Musil, Alois, sieben samaritanische Inschriften aus Damaskus. (11 S. m. 7 Abbildgn.) gr. 8. Wien 903. (A. Hölder.) n. — 50
Sonderabdruck aus: „Sitzungsber. d. k. Akad. d. Wiss."

Musil, Alois, Kusejr ʿAmra u. andere Schlösser östlich v. Moab. Topographischer Reisebericht. 1. Thl. gr. 8. (51 S. m. 20 Abbildgn. u. 2 Plänen. Wien 902. (C. Gerold's Sohn.) n. 2. 60
Sonderabdruck aus: „Sitzungsber. d. k. Akad. d. Wiss."

— Nord-Arabien. Vorbericht üb. die Forschungsreise 1908/09. (18 S. m. 1. Karte.) gr. 8. Ebd. 909. — 65
Sonderabdruck aus: „Anzeiger d. k. Akad. d. Wiss."

— und Prinz Sixtus von Bourbon-Parma: In Nordostarabien und Südmesopotamien. Vorbericht über die Forschungsreise 1912 mit 1 Kartenskizze. Aus dem Anzeiger der philosophisch-historischen Klasse der Kaiserlichen Akademie der Wissenschaften vom 8. Jänner (Jahrgang 1914, Nr. I) separat abgedruckt. 80
Separatabdruck

Musil, C. Ludwig, XI. niederösterreichisches Lehrer-Schematismus, umfassend sämmtliche öffentliche und Privat-, Volks- und Bürgerschulen in zwei Theilen. Aufgenommen nach dem Stande zu Beginn des Jahres 1894. I. Theil. Lex.-8. (310 u. 208 S.) In Lnwd. gebunden Kornenburg: Kühkopf 1894. 2.40

Musil Eduard, Neue Ausgabe von Schreibheften. Preiz eines Heftes 2 kr., wird zum Lehrgebrauche in Volks- und Bürgerschulen für zulässig erklärt. 1881.

Musil Johann: De scholiis Juvenalianis veteribus quaestiones selectae historicae et lexilogae.
1898 PN 1108 Diss. Wien Univ

Musil, Robert, a. Klagenfurt (Kärnten): Beitrag zur Beurteilung der Lehren Machs. (Berlin-Wilmersdorf: C. Arnold 1908.) (124 S.) 8°
Berlin, Phil. Fak., Ref. Stumpf, Diss. v. 14. März 1908
[Geb. 6. Nov. 80 Klagenfurt; Wohnort: Berlin; Staatsangeh.: Österreich; Vorbildung: Gymn. Brünn Reife Juni 04; Studium: Berlin 6 S.; Rig. 27. Febr. 08.]

Musil, Rob., die Verwirrungen des Zöglings Törleß. (316 S.) 8. Wien 906. Wiener Verlag. n. 3. —; geb. n. 4. 50

Musil, Rudolf, k. k. Hauptmann des Generalstabs-Corps. Besprechung der Haupt-Aufgaben, welche im Feldzuge 1870 an die Feld-Artillerie gestellt wurden. Nach dem Generalstabs-Werke der deutschen Armee und den bisher erschienenen Theilen des Werkes: „Die deutsche Artillerie in den Schlachten und Treffen des deutsch-französischen Krieges 1870—71" bearbeitet. (Separat-Abdruck aus „Mittheilungen über Gegenstände des Artill. und Genie-Wesens".) 8. Wien 1877.

Musil-Peterkau, Nina, der Weihnachtsmann. Eine Erzählg. 8. (74 S.) Dresden 892. W. Ulrich. n. 1. 50; geb. in Leinw. n. 2. —

Musluan, k. k. Kriegscommissär des Armee-Montur-Depots. Technik der Heeres-Ausrüstung bezüglich auf Leder, Sattel, Geschirre und Magazinirung. (Mit 8 Taf.) 8. München 1842.

Musiol. Katechismus der Musikgeschichte. (Aus: „J. J. Weber's Illustrierte Katechismen" Nr 80.) Leipzig 1877.

Musiol, A., Gesangbuch f. kathol. Volksschulen. Sammlg. d. gebräuchlichsten Schul- u. Kirchenlieder. Unt. Berücksicht. d. Verordngn. hoher Schulbehörden hrsg. 3. Aufl. 12. (66 u. 74 S.) Groß-Strehlitz 898. A. Wilpert. n. — 15; geb. n. — 20

Gesangbuch für katholische Volksschulen. Sammlung d. gebräuchlichsten Schul- u. Kirchenlieder. Unter Berücks. d. Verordnungen hoher Schulbehörden hrsg. von A. Musiol. 4. Aufl. *Gr. Strehlitz: A. Wilpert [1901].* (66, 78 S.) 8° [F.]
[Sondert.] Kath. Kirchenlieder hrsg. von A. Musiol. [03. 13.. 2]

Gesangbuch für katholische Volksschulen. Sammlung d. gebräuchlichsten Schul- u. Kirchenlieder. Unter Berücks. d. Verordnungen hoher Schulbehörden hrsg. von A. Musiol. 5. Aufl. *Gr.-Strehlitz: A. Wilpert [1903].* (72, 80 S.) 8° [F.]
[Sondert.] Kath. Kirchenlieder Sammlung d. gebräuchlichsten Kirchengesänge. Für Kirche u. Schule hrsg. von A. Musiol. 4. Aufl. [03. 1340] 2

Gesangbuch für katholische Volksschulen. Sammlung d. gebräuchlichsten Schul- u. Kirchenlieder ... hrsg. von A. Musiol. [Ausg. ohne Noten.] 6. Aufl. Gr.-Strehlitz: A. Wilpert [1904]. (72, 84 S.) 8° [F.]
[Sondert.] Kath. Kirchenlieder Sammlung d. gebräuchlichsten Kirchengesänge. Für Kirche u. Schule hrsg. von A. Musiol. 5. Aufl. [06. 1903] 2

Musiol, A., Gesangbuch f. kathol. Volksschulen. Sammlung der gebräuchlichsten Schul- u. Kirchenlieder. Unter Berücksicht. der Verordngn. hoher Schulbehörden hrsg. 7. Aufl. — Katholische Kirchenlieder. Sammlung der gebräuchlichsten Kirchengesänge. Für Kirche u. Schule hrsg. 6. Aufl. (72 u. 84 S.) kl. 8. Groß-Strehlitz (906). A. Wilpert. Kart. n. — 20

— katholische Kirchenlieder. Sammlg. d. gebräuchlichsten v. geistl. Behörden genehm. Kirchengesänge. Für Kirche u. Schule hrsg. 2. Aufl. 12. (74 S.) Groß-Strehlitz 897. A. Wilpert. n. — 10

— katholische Kirchenlieder. Für Kirche u. Schule hrsg. Ausg. m. Noten. gr. 16. (II, 127 S.) Ebd. 899. Kart. n. — 50

Katholische Kirchenlieder. Sammlung d. gebräuchlichsten Kirchengesänge. hrsg. von A. Musiol. (3. Aufl.) *Gr. Strehlitz: A. Wilpert [1901].* (78 S.) 8° [F.]
Aus des Verf. Gesangbuch f. kath. Volksschulen. [.. ....] 2

Katholische Kirchenlieder. Sammlung d. gebräuchlichsten Kirchengesänge. Für Kirche u. Schule hrsg. von A. Musiol. 4. Aufl. *Groß-Strehlitz: A. Wilpert (1903).* (80 S.) 8° [F.]
[Aus d. Verf. Gesangbuch f. kath. Volksschulen. 5. Aufl.] [04. 1135] 2

Katholische Kirchenlieder. Sammlung d. gebräuchlichsten Kirchengesänge ... hrsg. von A. Musiol. [Ausg. ohne Noten.] 5. Aufl. Gr.-Strehlitz: A. Wilpert [1904]. (84 S.) 8° [F.] [05. 13394] 2

Katholische Kirchenlieder. Sammlung d. gebräuchlichsten Kirchengesänge. Für Kirche u. Schule hrsg. von A. Musiol. 6. Aufl. Gr.-Strehlitz: A. Wilpert [1907]. (84 S.) 8° [F.] [08. 7408] 2

— Kirchenlieder f. kathol. Volksschulen. gr. 16. (67 S.) Ebd. 895 n. — 10

— Liederbuch f. das deutsche Volk. Eine Sammlg. v. Volksliedern u. volkstüml. Liedern. (Vaterlands-, Gesellschafts-, Trink-, Liebes-, Wander-, Natur- u. Ständelieder, Balladen.) (176 S.) gr. 16. Ebd. (904). n. — 30; kart. n. — 50

Musiol, A., Schulliederbuch. Sammlg. v. 122 Liedern f. Volksschulen. Unt. Berücksicht. der Verordngn. hoher Schulbehörden hrsg. 5. Aufl. 12. (66 S.) Ebd 898. n. — 10

— dasselbe. Ausg. m. Noten. 2. Aufl. 8. (III, 132 S.) Ebd. 897. In Leinw. kart. n. — 60

Schulliederbuch. Sammlung von 122 Liedern f. Volksschulen. Unter Berücks. d. Verordnungen hoher Schulbehörden hrsg. von A. Musiol. 7. Aufl. *Gr.-Strehlitz: A. Wilpert [1901].* (66 S.) 8° [Umschlagt. F.] [.. ....] 2

— Schulliederbuch. Sammlung v. 122 Liedern für Volksschulen. Unter Berücksicht. d. Verordngn. hoh. Schulbehörden hrsg. 8. Aufl. 12. (72 S.) Ebd. (902). n. — 10

— Schulliederbuch. Eine Sammlg. v. Liedern f. Volksschulen. Unter Berücksicht. der Verordngn. hoher Schulbehörden in 2 Heften hrsg. 8. Aufl. 8. Ebd. 904. — 55
1. Für die Unter- u. Mittelstufe. (68 S.) — 25
2. Für die Oberstufe. (72 S.) — 30

Schulliederbuch. Sammlung von 125 Liedern f. Volksschulen. Unter Berücks. d. Verordn. hoher Schulbehörden hrsg. von A. Musiol. 9., verb. Aufl. [Ausg. ohne Noten.] Gr.-Strehlitz A. Wilpert 1904. (72 S.) 8° [F.] [05. 14736] 2

— dasselbe. Sammlung v. 125 Liedern f. Volksschulen. Unter Berücksicht. der Verordngn. hoher Schulbehörden hrsg. 10., verb. Aufl. (72 S.) kl. 8. Ebd. (905) n. — 10

Schulliederbuch. Sammlung von 125 Liedern f. Volksschulen. Unter Berücks. d. Verordnungen hoher Schulbehörden hrsg von A Musiol. 11 verb. Aufl. Gr-Strehlitz. A. Wilpert [1907]. (72 S.) 8° [F.] (08. 7409 2

— Schulliederbuch. Sammlung v. 125 Liedern f. Volksschulen. Unter Berücksicht. der Verordngn. hoher Schulbehörden hrsg. 13. Aufl. (72 S.) kl. 8. Ebd. (910). — 10

Musiol, Karl, rechnerische u. zeichnerische Methode d. Zuschnittsermittlung in der Ziehpressentechnik. (IV, 101 S. m. Fig.) gr. 8. Leipzig-R. 908. F. Stoll jr. Geb. in Leinw. 6. —

Músiol, Rob., Hugo Brückler. Ein Beitrag zur Geschichte d. musikal. deutschen Liedes. gr. 8. (35 S. m. 1 Bildn.) Dresden 896. L. Hoffarth. — 75

— vollst. erklär. Fremdwörterbuch aller in der Musik gebräuchl. Ausdrücke, s.: Schuberth, Jul.

Musiol, Rob., Wilhelm Fritze. Ein musikal. Charakterbild. Mit dem (Holzschn.-)Portr. des Componisten. (1. und 2. Aufl.) 8. (88 S.) Demmin 883, Frantz. cart. *

Musiol, Rob., u. Rich. Hofmann, Grundriß der Musikgeschichte, s. a. Weber's illustr. Katechismen. 80 Bd.

Grundriß der Musikgeschichte von Robert Musiol. 3., stark verm Aufl. vollst neu bearb von Richard Hofmann, ([Prof., Komponist], Leipzig). Mit 11 in d. Text gedr u. 22 Taf. Abb. sowie zahlr Notenbeispielen. Leipzig J J Weber 1905. (X, 412 S.) 8° [F.]
[1 u. 2 Aufl u. d T Musiol Katechismus d Musikgeschichte]
(Webers ill Katechismen No 80.) (05. 60

Musiol, R., Katechismus der Musikgeschichte, s. a. Weber's, J. J., illustrirte Katechismen.

Musiol, Rob., Katechismus der Musikgeschichte. Mit 14 in den Text gedr. (Holzschn.-)Abbildungen u. 34 Notenbeispielen. 8. (VIII, 244 S.) Leipzig 877. Weber. n. 2. —

Músiol, R., Katechismus der Musikgeschichte. 2., verm. Aufl. Mit 15 in den Text gedr. Abbildgn. u. 34 Notenbeispielen. 8. (VIII, 279 S.) Leipzig 888. J J Weber geb. n. 2. 50

Musiol, R Katechismus der Musikinstrumente, s. Schubert, F L.

Músiol, Rob., Conversations-Lexikon der Tonkunst [Beilage der Neuen Musik-Zeitung.] Lex.-8. (III, 286, Nachträge 72 S.) Stuttgart 888, Grüninger. *ℳ 5.—.; geb. *

Músiol, Rob., Theodor Körner u. seine Beziehungen zur Musik. Musikhistorische Studie. 8. (96 S.) Ratibor 893. E. Simmich. n. 1. 50; geb. in Leinw. n. 2. 50

Musiol, Rob., deutscher Liederwald, s.: Glaser's, Conr., Taschenalbum Ideal. (Kern, C. A.)

— Musiker-Lexikon. 16. (IV, 544 S.) Stuttgart 890. Grüninger. n. 3. —; geb. n. 3. 50

Carlo Musitano

Caroli Musitani [Musitano: De Morbis mulierum tractatus. Deutsch:] Weiber Kranckheiten. ... Aus d. Lat. übers. Neue u. verm. Aufl. Leipzig: Jacobi 1743. 746 S. 8°

Musitani, C., opera omnia medica, pharmaceut. chymica. fol. Genev. 737.

— chirurg. u. physikal. Schriften. 3 Thle. 8. Copenhagen. 701.

Musitano, Carlo: Von denen Weiber Kranckheiten, worinnen die Erzeigung der Menschen auf das genaueste untersuchet, und noch zwey curieuse Fragen beygefüget, deren die eine de Semine der Männer und Weiber, die andere... von dem Menstruo handelt... (De morbis mulierum tractatus... Dt.) 765 S., gbd.

Leipzig: Braun 1711

JB 3.792

— Weiberkrankh., worin. d. Erzeug. d. Menschen unters. rc. 8. Leipz. Hilscher. (Compt. f. Litt.) 743.

Musitanus, Carolus

s.: Musitano, Carlo

Muska, N., de actibus humanis et eor. fine. 4. Viennae, Trattner. 759.

— de legibus, earum transgressione, s. de peccatis et eor. poena. libr. III. 4. ibid. 759.

— de sacramentis in gen. 4. ibid. 765.

MUSKALLA, HUGO.
See Berliner Milch-Zeitung.

Muskalla, Konstantin: Johann Timotheus Hermes. Ein Beitr. z. Kultur- u. Literaturgeschichte d. achtzehnten Jhs. 6. Kap. Stände Breslau 1910: Nischkowsky. 33 S. 8° ¶ (Vollst. in. Breslauer Beiträge z. Literaturgesch.)
Breslau, Phil. Diss. v 13 Okt. 1910, Ref. Koch
[Geb. 14 Dez. 79 Kaltwasser, Kr. Gr-Strehlitz, Wohnort. Kaltwasser; Staatsangeh.: Preußen Vorbildung Kath. Gymn. Glogau Reife M. 04; Studium: Breslau 12 S.; Rig 15 u 22 Dez. 09.] [U 11. 734

— naturgemäßer Lehrgang für den Unterricht in der deutschen Sprache mit steter Bezugnahme auf den Anschauungs-Unterricht. Zum Gebrauche in polnisch-deutschen Volksschulen u. Präparanden-Anstalten Schlesiens bestimmt, auch geeignet zum Selbstunterricht. Berlin 869. Roloff. gr. 8. (47 S.) 3 ngr.

Muskalla, P. Ph. J., nauka naturalna nowy niemieckiéj dla katolickich szkól elementarnych. Naturgemäßer Lehrgang für den Unterricht in der deutschen Sprache in kathol., polnisch-deutschen Volksschulen. Zugleich als Grundlage für den Anschauungs-Unterricht. 1. u. 2. Heft. Berlin 870. Mittler & Sohn. gr. 8. n. 5½ ngr.
1. 2. verb. Aufl. (S. 1—40.) n. 2½ ngr.
2. (S. 41—98.) n. 3 ngr.

Muskalla, Paul, naturgemäßer Lehrgang für den Unterricht in der deutschen Sprache. Als Lesebuch für die Mittelstufe der polnisch-deutschen Volksschule mit Zugrundelegung des Anschauungs-Unterrichts bearb. 1. Thl.: Stufenweise Einführung in die Sprache und ihre Gesetze und die Deklination. 3. und 4. Aufl. 8. (120 S.) Berlin 876,77, Salewski. *
Nicht weiter erschienen.

Muskat, Orthopädie und Schule, Hamburg u. Leipzig 1909, 27 S., 8°.

Muskat, Probleme der Skoliosenbehandlung, Leipzig 1910, 4 S., 8°.

Muskat. 4 Tafeln über Plattfusshäufigkeit und Einfluss auf die Dienstbrauchbarkeit. (Vorher auf der Ausstellung des internationalen Hygiene-Congresses 1907 in Berlin ausgestellt.)

Muskat, Eugen (geb. Breslau 21 4 1857) Ueber den Einfluss der bedingten Novation auf die urspruengliche Obligation. Breslau (1882). (VII, 60 S.) 8° [Im Buchhandel 1882 bei Köhler in Breslau]
Breslau, Jur Diss. v 7 Jan. 1882

— der vormundschaftliche Schutz der geistig od. körperlich gebrechlichen Personen. Nach dem Entwurfe e. bürgerl. Gesetzbuches f. das Deutsche Reich, unter Berücksicht. d. gelt, insbesondere d. gemeinen u. preuß. Rechts. gr. 8. (48 S.) Ebd. 889. n. 1.—

Muskat, Eug. Das zukünftige deutsche Civilrecht. Allgemeiner Thl. Nach d. Entwürfen e. bürgerl. Gesetzbuches für das deutsche Reich u. e. Einführungsgesetzes zu demselben, sowie nach den amtlich ausgegebenen Motiven dargestellt. gr. 8. (IX, 138 S.) Bresl. 890, Preuß u. Jünger. * 2 40; geb. ** 3 —

Muskat, Gust., die Brüche der Mittelfussknochen in ihrer Bedeutung f. die Lehre v. der Statik d. Fusses, s.a. Sammlung klinischer Vorträge.

Die Brüche der Mittelfussknochen in ihrer Bedeutung für die Lehre von der Statik des Fusses von Gustav Muskat (Berlin). *Leipzig Breitkopf & Härtel 1899* (16 S.) 8°
= Sammlung klinischer Vorträge N F No 258. [99. 10639

Muskat, Gust., das intermittierende „Hinken“ als Vorstufe der spontanen Gangrän, s.a. Sammlung klinischer Vorträge Nr. 439.

Das 'intermittierende Hinken' als Vorstufe der spontanen Gangrän von Gustav Muskat, Berlin. Leipzig: Breitkopf & Härtel 1906. (24 S.) 8°
— Sammlung Klinischer Vorträge. N. F. No 439. [07. 334

Muskat, Gustav [aus Breslau]: Die congenitalen Luxationen im Kniegelenk ... (Aus: Arch. f. klin. Chir., Bd. 54 Heft 4.) Berlin, gedr. bei L. Schumacher, 1897; 37 S., 1 Bl. 8.
Berlin, Med. Fak., Inaug.-Diss. v. 15. Juni 1897

— über den Plattfuss, s.a. Klinik, Berliner. Hft. 200.

Über den Plattfuß. Von Gustav Muskat, Berlin. Berlin Fischer 1905. (25 S.) 8°
— Klinik, Berliner. H. 200. [05. 1956

Muskat, (Gust.), Plattfuss u. Trauma. (16 S. m. Abb.) 8. Leipzig 910. B. Konegen. 1.—
Sonderabdruck aus: „Reichs-Medizinal-Anzeiger“.

— Probleme d. Skoliosenbehandlung. (4 S.) Lex. 8. Leipzig 910. B. Konegen. 1.—
Sonderabdruck aus: „Reichs-Medizinal-Anzeiger“.

Muskat, Gustav, Übungen in den Schulpausen zur Bekämpfung der Rückgratsverkrümmung (S. Abdr. a. Verhandl. d. Dtsch. Gesellsch. f. orthopäd. Chirurgie, Bd. 9, Beilageh. d. Ztschr. — Bd. 27), 5 S., Gr.-8°.

— Die Verhütung des Plattfusses m. besond. Berücksicht. der Wehrfähigkeit. (20 S. m. 10 Abb.) gr. 8. Berlin 907. E. S. Mittler & Sohn. — 60
Sonderabdruck aus: „Deut. militärärztl. Zeitschr.“

Muskatblut's Lieder, s.a. Lieder.

MUSKATBLUTH'S Lieder, erster Druck, besorgt von E. v. Groote. Köln 1853. 8°. XVIII u. 358 S. Selten! (6 Mk. Max Jaeckel, Potsdam, 1910.)

MUSKATBLÜT, Hans. Lieder. Erster Druck. Im Originaltext herausgegeben und mit Anmerkungen versehen von E. v. Groote. 1852. Gr. 8°. XVIII, 358 S.
Goedeke I, 312, 21. Meistersinger des 15. Jahrhunderts. In seinen politischen Gedichten bekämpft er Huß, aber auch die Schäden des kath. Klerus.

Muskau [Sachliches OW]

Muskau, der Park und das Arboretum von. gr. 8. (48 S. mit 4 Stnt., wovon 3 in Tondr. und 1 in Buntdr., in qu. und gr. 4.) Spremberg 869, Erbe's Buchh. geb. *

Muskau [Schlagwort]

Muskau, s.: Preussen, Messtischblätter.

Muskau [Verfasser]

MUSKAU, P. (ps.), Jussuf's pikante Abenteuer im Harem des Bei von Tunis. Graz, o. J. 8°. (1 Kr Halm & Goldmann, Wien, 1904.)
In Oesterreich verboten.

Muske, Ernst, a. Klein Drensen (Kreis Filehne): Die Begründung des Kulturwerts der verschiedenen Sandböden. (Berlin 1906: G. Schade.) (70 S.) 8°
Berlin, Phil. Fak., Ref. Orth, Diss. v. 16. Juni 1906
[Geb. 27. Okt. 76 Klein-Drensen; Wohnort: Bremen; Staatsangeh. Preußen; Vorbildung: Luisenstädt. Oberrealsch. Berlin Reife M. 04, Studium Berlin, Landwirt. Hochsch. 7, Berlin Univ. 2 S.; Rig. 5 März 06.]

Muskelrheumatismus u. Gelenkrheumatismus, s.: Miniatur-Bibliothek.

Müsken, Emmy

— und die Frauen?, s.: Lohmann, E., d. Befehl d. Königs.

Müsken, Emmy, Helene od.: Aus lauter Güte. E. Erzählg. aus d. Leben. 8. (137 S.) Herborn 898. Buchh. d. Nass. Colportagevereins. n. — 60; geb. in Bibliotheksbd. n. — 90; eleg. geb. n. 1. —

— der Herr löset die Gefangenen. Tagebuchaufzeichngn. e. Erzieherin. 8. (272 S.) Elberfeld 900. F. W. Köhler. n. 1.75; geb. in Leinw. n. 2.50

— eine kleine Kraft. Erzählg. aus d. Volksleben. 12. (113 S.) Basel 897. Kober. n. — 50; geb. in Leinw. n. — 80

— Ruth. Eine Erzählg. f. Jung u. Alt. 8. (129 S.) Witten (900). Buchh. der Stadtmission. Geb. 1.—
33

Müsken, Emmy, um den Abend wird es licht, s.: Himmelsblumen. Nr. 16.

Muskenklänge aus dem Süden: Eine Sammlung von Original-Gedichten von Hugo Weidemann, Christian F. Vogler, Georg Hoffmann und Franz Melchers. Charleston, 1858.

Muskete, die. Humoristische Wochenschrift. Hrsg. u. Red.: Adf. Mossbäck. 1.—3. Bd. Oktbr. 1905—März 1907. à 26 Nrn. (à ca. 8 S. m. z. Tl. farb. Abbildgn.) gr. 4. Wien, Administration. à Bd. n. 7 60

Muskete, die. Humoristische Wochenschrift. Hrsg.: Adf. Mossbäck. Red.: Louis Laechle. 4.—12. Bd. April 1907—Septbr. 1911. à 26 Nrn. (à ca. 8 S. m. z. Tl. farb. Abb.) 37×27,5 cm. Wien, Administration. à Bd. 7. 60

Musketiere einer ostdeutschen Garnison. Ein Gedenkbüchlein für ... den Töpfergesellen Paul Raabe ... Zürich 1904. 2. Aufl. 1904. V: *Nowakowski, Arthur.* (BBullschw 4, 1904) (ZZ)

Musketiere einer ostdeutschen Garnison. Ein Gedenkbüchlein für meinen teuren Leidensgenossen, den Töpfergesellen Paul Raabe, z. Zt. Musketier beim Königl. Preussischen Inf.-Regt. Nr. 176, 6. Komp., in Thorn a. d. Weichsel. ([Verfasser:] Ein deutscher Deserteur.) II + 164 S. 8. Zürich, Caesar Schmidt, 1904. [fr 2.50]

Muski, Stella. 8. (95 S.) Prag. Calve 1891. 1.20

Muskulus, Walther, appr. Arzt a. Halle a. S.: Beiträge zur Behandlung der Extrauterin-Schwangerschaft. Halle a. S. 1906. C. A. Kaemmerer. (30 S.) 8°
Halle, Med. Fak., Ref. Veit, Diss. v. 4. Aug. 1906
[Geb. 5 Jan. 81 Halle a. S.; Wohnort: Halle a. S.; Staatsangeh.: Preußen; Vorbildung: Stadt-Gymn. Halle Reife O. 99; Studium: Greifswald 1, Halle 4, München 5 S., Coll. 27 Juli 06; Approb. 15. Dez. 05.]

Muslay v. Boros Jenö, Emerich, Vereinigung aller Religionen in der Religion Jesu, eine neue noch in der Welt unbekannte Erklärung des alten u. neuen Testaments, der vorzüglichsten Evangelien u. Schriften der Propheten, durch phys., moral. u. mathemat. Grundsätze erörtert, zur öffentl. Widerlegung dargestellt. Gegründet durch Jesum Christum selbst mittelst Offenbarung des Geistes der Wahrheit im Ev. Joh. (C. 16. V. 16 u. 5. V. 23.) 8. (LXIV u. 196 S.) Leipzig 847, Orthaus in Comm. n 1 ℛ

Müslin, Abraham s. Musculus, Abraham.

Müslin, Dav., († ...) Analysen üb. den Heidelberger Katechismus, blos zum Gebr. d. Geistlichen u. Schullehrer ꝛc. 8. Bern 806. 2e A. 819. Haller. 1 ℛ

—Aussichten d. Christen in die Ewigkeit, s. unten: Predigten.

Müslin, D., die Aussichten des Christen in die Ewigkeit, s. Schatzgräber.

[Müslin, David.] Bern wie es war – ist – und seyn wird. [Bern] 1798.

Müslin, Dav[id]. Bettags-Predigt, gehalten ... zu Bern den 11 September 1806, aus Anlass des Unglücks zu Goldau. 8. Bern 1806.

—über die Bibel. Zwei Predigten, gehalten am 10. Mai u. 21. Juni 1813. 8. Bern 818.

Müslin, Dav[id]. Dankpredigt für die Befreyung der Stadt Bern. Gehalten den 24sten Herbstmonat 1802. 8. Bern 1802.

Müslin, David. Einweihungs-Predigt, gehalten bey dem Anfange der neuen [bernischen] Regierungsverfassung den 19. Hornung 1816. 8. Bern.

Müslin, David. Gedächtniss-Predigt auf den seligen Hinscheid Herrn Franz Ludwig Stephani, obersten Helfer an der Münsterkirche [zu Bern]. Gehalten den 31. Jänner 1813. 8. Bern.

—Geist d. christl. Glaubens- u. Sittenlehre. 12 Vorlesungen. 8. Zürich 814. Schulthess. 15 ℊ

Müslin, (David). Vor hundert Jahren. Wie Münsterpfarrer M. über den Uebergang predigte. [Mit biographischer Einleitung.] 8. Bern 1898.

—Israel erzwingt sich einen König. (Samuel I, Kap. 8. Vers 1—6.) Eine Predigt zur Beherzigung f. Viele, zur Nachahmung f. Alle, auf mehrseit. Verlangen neu in Druck gegeben im Brachmonat 1831. gr. 8. Bern (u. St. Gallen). Huber u. Comp. 1½ ℊ

—ist die Theuerung von Gott, oder ist sie e. blose Abirrung d. Natur? Drei Predigten ꝛc. 8. Bern 816.

Müslin, David. Der reiche Mann und Lazarus, Bettags-Predigt, gehalten ... zu Bern den 5ten September 1816. Zum Besten der Wasserbeschädigten. 8. Bern.

Müslin, David. Predigt, gehalten bey dem Regierungs-Antritte der neuen Bernerischen Regierung, den 18ten Jenner 1814. 8. Bern 1814.

—Predigten. 1r Bd. Kommunionspredigten. 1r Bd. 2e Aufl. gr. 8. Bern 815. Haller. 1 ℛ 12 ℊ — 2r Bd. Kommunions- u. Festpredigten, nebst e. Anh. üb. Ehescheidungen. 2e A. gr. 8. Ebd. 816. 1 ℛ 12 ℊ — 3r—6r Bd. gr. 8. Ebd. 815—17. 5 ℛ 12 ℊ (Diese 4 Bde einzeln unter folg. Titeln: Aussichten d. Christen in die Ewigkeit. 802. 2e A. 808. 3e A. 817. 1 ℛ Auswahl v. Predigten bei besond. Veranlassungen. 3 Bde. 802—5. 3e A. 809—17. 4 ℛ 12 ℊ) — 7r u. 8r Bd. od. neueste Predigten. Nach d. Verf. Tode hrsgg. gr. 8. Ebd. 821 u. 24. Haller; a. Jenni. (à 2 ℛ) 4 ℛ

— — neueste Predigten. gr. 8. Bern. Jenni. (Erlangen, Palm und E. in Comm.) 820.

— — Predigten und Predigtentwürfe für Landgemeinden. 1r Thl. Fest- und Communionspredigten. 8. Bern. (Aarau, Sauerländer.) 821.

— u. Stephani Predigten üb. d. Unzerstörb. s. a. Predigten.

—(u. F. L. Stephani), zwei Predigten, über Unzerstörbarkeit d. Christenthums u. wahre Freiheit. 8. Bern 798. Haller. 3 ℊ

—zwei Predigten. Bitte um Abkürzung d. Theuerung u. Dankpredigt f. die überstand. Theuerung, gehalten am 4. Mai u. 10. Aug. 1817. 8. Bern 817.

—zwei Predigten über die Theuerung. 8. Bern 794.

—zwo Predigten zu Weihnachten u. Neujahr. 8. Bern 794.

—Predigtentwürfe über die Leidensgeschichte, nach d. 4 Evangelisten. gr. 8. Bern 818. Haller. 1 ℛ

—Rede über d. Unentbehrlichkeit d. Verstandesausbildung f. d. Bürgerstand. 8. Bern 795.

—Religionsunterr., vorzügl. Töchtern guter Erziehung gewidmet. 8. Bern 795. Typ. Gesellsch.

Müslin, David. Standrede, gehalten den 21ten September 1802 bey dem Grabe des, vor den Mauren seiner Vaterstadt, als Er gegen die Helvetier kämpfte, gefallenen Jünglings Rudolf von Werdt. 8. Bern 1802.

Müslin, David. Vertheidigung der Geistlichen gegen eine Stelle in Bürger [Bernhard Friedrich] Kuhns Schrift über das Einheitssystem. 8. Bern 1800.

—moral. Vorlesungen. 4 Thle. 8. Bern 807.

Müslin, J., s. Einleitung in d. Heidelberger Katechismus.

Müslin, J. H., die Verstockung Pharao's; e. Gelegenheits-Predigt, gehalten d. 8. Mai 1814. 8. Bern. (Basel, Neukirch). 2 ℊ

— u. A. Bach, Turn- u. Singspiele f. Volksschulen. Auf Grund des Ministerial-Erlasses vom 30. IV. 1908. (XII, 152 S. m. 25 Fig.) 16. Trier 909. H. Stephanus. 1.—; geb. in Leinw. n 1.30

Musmacher, C., Aufgaben zum Gebrauche beim Rechenunterricht, s.: Schellen.

Musmacher, C., kurze Biographien berühmter Physiker. 8. (VIII, 280 S.) Freiburg i/B. 902. Herder. n. 1.80; geb. in Leinw. n. 2.40

Musmacher, C., Lehrbuch der Geometrie f. Mittelschulen. (III, 58 S. m. 78 Fig.) 8. Leipzig 905. Renger. Kart. n —80

— Leitfaden u. Aufgabensammlung f. den propädeut. geometr. Unterricht. (32 S.) 8. Ebd. 903 Kart. n. — 50

Musmacher, C. (Bearb.), s. Schellen, Heinrich: Aufgaben zum Gebrauche beim Rechenunterricht.

Musmacher, C. (Bearb.), s. Schellen, Heinrich: Materialien.

— Sonderlehrplan f. die Schulen des Landkreises Trier, s.: Lehrplan f. die preuß. Volksschulen. (Hochscheidt, H.)

Musmacher, Christoph, das Wasser im Dienste des Menschen, s.: Jugend- u. Volksbibliothek, naturwissenschaftliche.

Musmacher, J: Erfahrungen aus dem Bau und Betriebe von Kühlanlagen. Berlin 1902

Muesmann-Münster, Weihnachtsglocken. Vers und Bild. gr. 4. (12 lithogr. Blätter mit eingedr. Text.) Berlin 848, Petri's Vrlgsh. *

Musner, G[iovanni]. Intorno all' origine ed alla pubblicazione delle Ultime lettere di Jacopo Ortis di Ugo Foscolo. S. 3—24. 8. Progr. J. r. Ginn. superiore *Capodistria* 1906.

Musnig, Ant., Clima Goritiense. 8. Goritiae. 781.

Musold, Ferd., Lasset Alles friedlich u. ordentlich zugehen. Nathanael's Sendbriefe an Nikodemus vom neuen Papstthum zu Breslau. Leipzig 865. (Bredt.) gr. 8. (32 S.) n. 5 ngr.

Musolff, Andr., heimatliche Sagen u. Geschichten aus der Prov. Posen, f. die Jugend erzählt. (47 S. m. Abb.) kl. 8. Bromberg 910. Mittler. nn — 30

Musolff, Frz., Grundzüge der deutschen Sprachlehre. Zugleich zur Vorbereitung auf den Unterricht in fremden Sprachen. gr. 8. (VIII, 56 S.) Breslau 877, Aderholz' Buchh. *

Musolff, Frz., methodische Vorschule der griechischen Sprache. Mit Beispielen zum Uebersetzen aus dem Griechischen u. aus dem Deutschen. gr. 8. (VIII, 79 S.) Breslau 877. Aderholz. n. 1. —

— methodische Vorschule der lateinischen Sprache. Mit Uebungsstücken u. Wörterverzeichnissen. gr. 8. (XVII, 100 S.) Ebend. 877. n. 1. 20

— dasselbe. Mit Beispielen u. Wörterverzeichnissen. 2. Aufl. Erweitert für den Gebrauch der Quinta u. der Quarta. gr. 8. (XX, 230 S.) Ebend. 879. n. 2. —

Prüfende Bemerkungen zur Bruchrechnung mit Zahlen. Ein Beitrag z. Methodik d. Rechnens von F[ranz] H. Musolff, Kreisschulinsp. *Neisse: Huch in Komm. 1900.* (58 S.) 8° [J. u. Ant.] [01. 931

Musolff, F. H., prüfende Bemerkungen zur Bruchrechnung m. Zahlen. Ein Beitrag zur Methodik des Rechnens. 2. unveränd. [Titel-]Aufl. gr. 8. (58 S.) Leipzig [900.] 901. Dürr'sche Buchh. n. — 75

— die Bruchrechnung in Entwürfen zu schulmäßiger Behandlung. Nach den Grundsätzen e. fachl., entwick. Unterrichts bearb. Zugleich Lehrer-Ausg. zu dem Schülerhefte: Erklärungen u. Aufgaben f. das Rechnen u. aus der Raumlehre. gr. 8. (62 S.) Neisse 901. (J. Graveur's Verl.) n. 1. —

Musolff, F. H., Dispositionen zu Lehrproben in der Volksschule, s.: Scholz, F.

— Erklärungen u. Aufgaben aus der Raumlehre. Für die 2. Klasse der sechsklass. Schule u. f. die Oberstufe der einfacheren Schulverhältnisse bearb. [Aus: „M., Erklärungen u. Aufgaben f. das Rechnen".] gr. 8. (18 S. m. 16 Fig.) Ebd. 899. n. — 20

— Erklärungen u. Aufgaben f. das Rechnen u. aus der Raumlehre. Für die 2. Klasse der sechsklass. Schule u. f. die Oberstufe der einfacheren Schulverhältnisse bearb. gr. 8. (60 S. m. 16 Fig.) Ebd. 899. n. — 40

— s.: Monatsblätter f. die Schulaufsicht.

Musolff, F. H., die Pensenverteilung. Ein Beitrag zur Verwaltg. d. Schulamtes. gr. 8. (54 S.) Breslau 893. F. Hirt. n. — 60

Muson, Samuel Ernst (Lissa/Posen), De Deo summe uno et summe unico. Diss. Präs. Johann David Grill. Frankfurt / Oder (J. Chr. Winter) 7. IV. 1751. 20 S. (5.—) 24428
Gew.: Michael Stephan von Oskierka, Sitcovius Jablonscius, Alexander Cassius, Joachim Georg Muson (Vater).

Musonii, (C. Rufi,) philosophi stoici, reliquae et apophthegmata. Cum annotatione ed. J. Venhuizen Peerlkamp. gr. 8. Harlem 822. (Weidmanns in Leipz.)

C[ai] Musonii Rufi reliquiae. Ed. O[tto] Hense. Lipsiae B. G. Teubner 1905. (XXXVI, 148 S.) 8° (Bibliotheca script. graec. et rom. Teubneriana.) 05. 1107

MUSOPHILAX, Chrysologus (ps.), Kräftige Mittel wider die Herrsch- und Regiersucht Denen bösen Weibern zum neuen Jahr geschenkt. O. O. u. J. (175*). 8°.
Weller, Lex. Ps. p. 375; Haydinger's Bibl. I. 2. Wien 1876. No. 759.

Musophili, Labyrinthus philosophicus, i. e. reflexion. gravissimor. problematum etc. 4. Nurnberg. Stein. 749.

Musophilus, Vergnügter Poetischer Zeitvertreib, Dresden und Leipzig (1717)
s.a. Johann Georg Gressel.

— poetisch. Zeitvertreib. 8. Leipzig. (Gerlach, Dresden.) 718.

Muspilli, s.: Böttcher, G., u. K. Kinzel, Denkmäler der älteren deutschen Litteratur.

Muspilli, s.: Denkmäler der älteren deutschen Litteratur.

Muspilli. Althochdeutsche Dichtung, s. Schmeller, J. A.

Muspilli ovvero l'incendio universale. Versione dall' antico alto tedesco, con introduzione ed appendice del Aristide Baragiola. gr. 8. (47 S.) Strassburg 882. (Trübner.) n. 2. —

Muspratt, James Sheridan, s. Muspratt, Sheridan

Muspratt, Sheridan, theoretische, praktische und analytische Chemie, in Anwendung auf Künste und Gewerbe. Encyklopädie der technischen Chemie. Frei bearb. von F. Stohmann. Mit zahlreichen in den Text eingedr. Holzschn. 1. Bd. in 20 Liefgn. — 2. Bd. in 21 Liefgn. — 3. Bd. 1—5. Liefg. Braunschweig 854—58. Schwetschke. gr. 4. (1. Bd.: XII, 1254 Sp.; 2. Bd.: VIII, 1328 Sp.; 3. Bd.: Sp. 1—320.) Jede Liefg. n. 12 ngr.

Muspratt, Sheridan, theoretische, praktische und analytische Chemie, in Anwendung auf Künste und Gewerbe. Frei bearb. von F. Stohmann. Mit gegen 1000 eingedr. Holzschn. 3. Bd. 6—31. Liefg. Braunschweig 859, 60. Schwetschke & Sohn. gr. 4. (XI S., Sp. 321—1972.) Jede Liefg. n. 12 ngr.

— — 2 verb. u. verm. Aufl. Mit über 1500 in den Text eingedr. Holzschn. (In ca. 80 Liefgn.) 1. Bd. 1—19. Liefg. Ebend 863, 64. gr. 4. (Sp. 1—1216.) Jede Liefg. n. 12 ngr.

— — 1 Anhang. Aluminium und Thonwaarenfabrikation von F. Stohmann. — 2. Anh.: Die Zuckerfabrikation theoretisch und praktisch dargestellt von F. Stohmann und C. Siemens. Ebend. 861, 62. gr 4. (264 Sp.; 223 Sp. mit Holzschn.) Jeder Anh. n. 1 ℛ 18 ngr.

Muspratt's theoretische, praktische u. analytische Chemie, in Anwendung auf Künste u. Gewerbe. Frei bearb. von F. Stohmann. Mit über 1500 in den Text eingedr. Holzschn. 2., verb. u. verm. Aufl. 1. Bd. 20—28. Liefg. u. 2. Bd. 25 Liefgn. Braunschweig 865—66. Schwetschke & Sohn. gr. 4. [1. Bd. (XX Sp. u. Sp. 1217—1470.) 2. Bd. (1586 Sp.)] Jede Liefg. n. 12 ngr.

— — Frei bearb. von F. Stohmann; fortges. von B. Kerl. 3. Bd. 28 Liefgn., 4. Bd. 29 Liefgn., 5. Bd. 25 Liefgn. u. 6. Bd. 1—6. Liefg. Ebend. 866—68. gr. 4. [3. Bd. (XXIV Sp. u. 1766 Sp.) 4. Bd. (XXX Sp. u. 1816 Sp.) 5. Bd. (XVI, 1598 Sp.) 6. Bd. (Sp 1—384.)] Jede Liefg. n. 12 ngr.

Muspratt's theoretische, praktische u. analytische Chemie, in Anwendg. auf Künste u. Gewerbe. Frei bearb. v. F. Stohmann. Fortgesetzt v. Bruno Kerl. Mit zahlreichen in den Text gedr. Holzschn. 2. verb. u. verm. Aufl. 6. Bd. 7—10. Lfg. gr. 4. (XIV, Sp. 385—652.) Braunschweig 870. Schwetschke & Sohn. à n. 1. 20 (cplt.: n. 168. —)

— dasselbe. 3. verb. u. verm. Aufl. Mit gegen 3000 in den Text eingedr. Holzschn. aus dem Atelier v. A. Probst in Braunschweig. A u. d. T.: Encyklopädisches Handbuch der technischen Chemie v. Bruno Kerl u. F. Stohmann. 1 Bd. 28 Lfgn., 2. Bd. 26 Lfgn., 3. Bd. 33 Lfgn., 4 Bd. 29 Lfgn. u. 5. Bd. 1. u. 2. Lfg. hoch 4. (1 Bd XIX, 1766, 2. Bd. XX, 1620; 3. Bd. XXXII, 2104; 4 Bd. XXIV, 1826 Sp. u. 5. Bd. Sp. 1—128.) Ebend 873. à n. 1. 20

Muspratt's theoretische praktische, u. analytische Chemie, in Anwendung auf Künste u. Gewerbe. Frei bearb. v. Bruno Kerl u. F. Stohmann. A. u. d. T.: Encyklopädisches Handbuch der technischen Chemie, bearb. v. Bruno Kerl u. F. Stohmann. Mit gegen 3000 in Text eingedr. Holzschn. 3., verb. u. verm. Aufl. 5 Bd. 3—27 Lfg., 6. Bd. 34 Lfgn. u. 7. Bd. 40 Lfgn. hoch 4. (5. Bd. Sp. 129—1712; 6. Bd. 2126 u. 7 Bd. XXVI, 2362 u. Sachregister 162 Sp.) Braunschweig 877—80. Schwetschke & Sohn. à Lfg. n. 1. 20 (7 Bde cplt: n. 260. 40)

Muspratt's theoretische, praktische u. analytische Chemie in Anwendung auf Künste u Gewerbe Encyklopädisches Handbuch der techn. Chemie v. F. Stohmann u. Bruno Kerl. Mit zahlreichen in den Text eingedr. Holzst. 4. Aufl., unter Mitwirkg v. E. Beckmann, R. Biedermann, R. Bunte ꝛc. (In 7 Bdn.) 1. Bd. 1—10. Lfg. hoch 4. (Sp. 1—640.) Braunschweig 886. Vieweg & Sohn. à n. 1. 20

Muspratt's theoretische, praktische u. analytische Chemie in Anwendung auf Künste u. Gewerbe Encyklopädisches Handbuch der techn. Chemie v. F. Stohmann u. Bruno Kerl. Mit zahlr. in den Text eingedr. Holzst. 4 Aufl., unter Mitwirkg. v. E. Beckmann, R. Biedermann, R. Bunte ꝛc. 1. Bd. 11.—32. (Schluß-)Lfg. hoch 4. (XX u. Sp. 641—2020.) Braunschweig 887—888. Vieweg & Sohn à Lfg. n. 1. 20

— dasselbe. 4. Aufl. 2. Bd. 31 Lfgn. hoch 4. (XVII u. 1928 Sp.) Ebd. 888—890. à Lfg. n. 1. 20

— dasselbe. 4. Aufl. 3. Bd. 1.—12. Lfg. hoch 4. (Sp. 1—768.) Ebd. 890. à Lfg. n. 1. 20

Muspratt's theoretische, praktische u. analytische Chemie in Anwendung auf Künste u. Gewerbe. Encyklopädisches Handbuch der techn. Chemie v. F. Stohmann u. Bruno Kerl. Mit zahlreichen in den Text eingedr. Holzst. 4. Aufl., unter Mitwirkg. v. E. Beckmann, R. Biedermann, H. Bunte ꝛc. 3. Bd. 13.—31. Lfg. hoch 4. (XX S. u. Sp. 769—1940.) Braunschweig 891. F. Vieweg & Sohn. à Lfg. n. 1. 20 (3 Bd. kplt.: n. 37. 20; geb. n. 39. 80)

— dasselbe. 4. Aufl. 4. Bd. 36 Lfgn. hoch 4. (XVIII S. u. 2282 Sp.) Ebd. 891—893. à Lfg. n. 1. 20 (4. Bd. kplt.: n. 43. 20; geb. n. 45. 80)

— dasselbe. 4. Aufl. 5. Bd 1—21. Lfg. hoch 4. (1344 Sp) Ebd. 893. 894. à Lfg. n. 1. 20

— dasselbe. 5. Bd. 22.—34. Lfg. hoch 4. (XIX S. u. Sp. 1345—2118 m. Holzst.) Ebd. 895. 96. à Lfg. n. 1. 20 (5. Bd. kplt. n. 40. 80; geb. in Halbfrz. n. 43. 40)

Muspratt's theoret., prakt. u. analyt. Chemie in Anwendg. auf Künste u. Gewerbe. Encyklopäd. Handbuch d. techn. Chemie v. F. Stohmann u. Bruno Kerl. 4. Aufl., unt. Mitwirkg. v. E. Beckmann, R. Biedermann, H. Bunte u. and. Gelehrten u. Fachmännern. 4. Bd. (Neudr.) hoch 4. (XVIII S. u. 2282 Sp. m. Holzst.) Braunschweig 896. F Vieweg & Sohn. n. 43. 20; geb. n.n. 45. 80

— dasselbe. 6. Bd. hoch 4. (XIX S. u. 2282 Sp. m. Holzst. u. 1 Karte.) Ebd. 898. n. 43. 20; geb. in Halbfrz. n.n. 45. 80
Erschien auch in 36 Lfgn. à n. 1. 20.

— dasselbe. 7. Bd. 1.—8. Lfg. hoch 4. (Sp. 1—512 m. Abb.) Ebd. 898. à n. 1. 20

Muspratt's theoretische, praktische u. analytische Chemie in Anwendung auf Künste u. Gewerbe. Encyklopädisches Handbuch der techn. Chemie, begonnen v. F. Stohmann u. Bruno Kerl. 4. Aufl., unter Mitwirkg. v. E. Beckmann, R. Biedermann, E. v. Cochenhausen u. anderen Gelehrten u. Fachmännern hrsg. v. H. Bunte. 7. Bd. 9.—32. Lfg. hoch 4. (XIV S. u. Sp. 513—2020 m. Abbildgn.) Braunschweig 899. 900. F. Vieweg & Sohn. à n. 1.20; (7. Bd. kplt. n. 38.40; Einbd. in Halbfrz. n.n. 2.60)

— dasselbe. 8. Bd. 1.—13. Lfg. hoch 4. (Sp. 1—832 m. Abbildgn.) Ebd. 900—902. à n. 1. 20

Muspratt's theoretische, praktische u. analytische Chemie in Anwendung auf Künste u. Gewerbe. Encyklopädisches Handbuch der techn. Chemie, begonnen v. F. Stohmann u. Bruno Kerl. 4. Aufl., unter Mitwirkg. v. E. Beckmann, R. Biedermann, E. v. Cochenhausen usw. u. anderen Gelehrten u. Fachmännern hrsg. v. H. Bunte. 8. Bd. 14.—28. Lfg. (X S. u. Sp. 833—1752 m. Abbildgn.) Lex.-8. Braunschweig 903—905. F. Vieweg & Sohn. à n. 1. 20 (8. Bd. kplt. n. 33. 60; Einbd. in Halbfrz. 2. 60)

Muspratt's theoretische, praktische u. analytische Chemie in Anwendung auf Künste u. Gewerbe. Encyklopädisches Handbuch der techn. Chemie, begonnen v. F. Stohmann u. Bruno Kerl. 4. Aufl., unter Mitwirkg. v. E. Beckmann, R. Biedermann, E. v. Cochenhausen usw. u. anderen Gelehrten u. Fachmännern hrsg. v. H. Bunte. 9. Bd. 1.—5. Lfg. (Sp. 1—320 m. Abb.) Lex. 8. Braunschweig 910. F. Vieweg & Sohn. à 1. 20

— dasselbe. 10. Bd. 1.—11. Lfg. (692 Sp. m. Abbildgn. u. 2 Taf.) Lex.-8. Ebd. 905. 906. à n. 1. 20
Der 9. Bd. ist noch nicht erschienen.

— dasselbe. 10. Bd. 12. u. 13. Lfg. (Sp. 693—848 m. Abb.) Lex. 8. Ebd. 907. à 1. 20

Muspratt, James Sheridan (Liverpool)
Ueber die angebliche Erzeugung von Valeriansäure aus Indigo und über die Säure, welche durch Schmelzen mit Kalihydrat aus Lycopodium entsteht.
[In: Annalen d. Chemie u. Pharmacie, Bd 51 (1844) 271.]
Dr. phil. Giessen 4.3.1844.

Muß d. Freimaurer nothwendig e. Bekenner d. Christenthums sein? Als Mspt. f. Brüder. 8. ... Nürnberg 828, Campe.

Muß der Katholik an die päpstliche Unfehlbarkeit glauben? Verdeutschung der Denkschrift eines Konzilsvaters [Dupanloup?] über die Notwendigkeit der Einstimmigkeit bei dogmatischen Konzilsbeschlüssen nebst Vorwort, Einleitung u. Anhang betr. die Freiheit des vatikan. Konzils vom Übersetzer [Fritz Michelis]. Braunsberg, Peter, 1870, 8°, XX, 52 S., 1 Mk.
Ökum. Konzil Heft 11, S. 106.

Muß der Katholik an die päpstliche Unfehlbarkeit glauben? Verdeutschung der Denkschrift e. Concilvaters üb. die Nothwendigkeit der Einstimmigkeit bei dogmat. Concilsbeschlüssen, nebst Vorwort, Anleitg. u. Anh., betr. die Freiheit d. vatikan. Concils vom Uebersetzer. gr. 8. (XX, 52 S.) Leipzig 871. Peter. n. 1. —

Muß die Patrimonialgerichtsbarkeit in Preußen gänzlich umgestaltet werden? gr. 8. (11 S.) Glogau 847, Reisner'sche Buchh. *

MUSS man, um recht glücklich zu heyrathen, allezeit vorzüglich auf Stand, Schönheit und Geld sehen? Jena. 1752. 4°. 3 Bogen. Rar!
Cat. Meissner III. p. 171 (unter Liebesgeschichten).

Muss, Maximil. Frid. Alexand. (geb. Rüdnitz in d. Neum. 7. 1. 1828)
De adminiculis diagnosticis eorumque dignitate Berolini (1850)
(27 S.) 8°
Berlin, Med. Diss. v. 14. Okt. 1856

Plan der Stadt M.Gladbach entw. von P. Muss, Landmesser. Masst. [ca. 1 : 4,000]. *M. Gladbach. E. Schellmann 1901* (1 Kartenbl. 48 × 43 cm mit Legende.) 2° [01. 12739

Muss-Arnolt, W., a concise dictionary of the Assyrian language (Assyrian-English-German). (In ca. 7—8 parts.) Part 1. gr. 8. (S 1—64.) Berlin 894. Reuther & Reichard. n 5. —

Muss-Arnolt, W., A concise dictionary of the Assyrian language (Assyrian-English-German). Part. 2—7. gr. 8. (S. 165—448.) Berlin 895—898. Reuther & Reichard. à n. 5. —

Muss-Arnolt, W., a concise dictionary of the Assyrian language (Assyrian-English-German). Part. 8—12. gr. 8. (S. 449—768.) Berlin 899—902 Reuther & Reichard. à n. 5. —

Muss-Arnolt, W., A concise dictionary of the Assyrian language (Assyrian-English-German). Part. 13—19. (Schluss.) (XIV u. S. 769—1153) gr. 8. Berlin 903—905. Reuther & Reichard. à n. 5. —

— assyrisch-englisch-deutsches Handwörterbuch. In ca. 7—8 Lfgn.) 1. Lfg. gr. 8. (S. 1—64.) Ebd 894. n. 5. —

— assyrisch-englisch-deutsches Handwörterbuch. 2.—7. Lfg. gr. 8. (S. 65—488.) Ebd. 895—898. à n. 5. —

— assyrisch-englisch-deutsches Handwörterbuch. 8.—12. Lfg. gr. 8. (S. 449—768.) Ebd. 899—902. à n. 5. —

— assyrisch-englisch-deutsches Handwörterbuch. 13.—19. (Schluss-)Lfg. (XIV u. S. 769—1153.) gr. 8. Ebd 903—905. à n. 5. —

Muss-Arnolt, W., Reference-glossary of Assyrian words, s.: Bibliothek, assyriologische

Muess, H. De Syracusanorum rerum statu, qualis fuit Thrasybulo mortuo usque ad Ducetii, egregii ducis Siculorum, interitum (27.) 1867

Mußa u. Mariamu s. a. Missionsbilder, ostafrikan. 3.

Mussa und Mariamu. Alles verlassen u. wieder bekommen. *Berlin: M. Warneck [1900].* (24 S.) 8° [J.]
— Missionsbilder, Ostafrikanische. 3. [00. 10862

Mussa, Ant. Mar., familiarium observat. ad decision. Flaminii Chartav. lib. III. 2 Tmi. fol. Lipsiae, Junius. 730.

Mussa, Vict. Eman., populäre Erläuterungen zu den 9 Symphonien f. Orchester v. Ludwig van Beethoven. Für das Konzertpublikum verf. gr. 8. (24 S. m. 3 Abbildgn. u. 1 Tab.) Stuttgart (899). C. Dieterich. — 50

Mussaelianz, Hersilia. Über die Entwicklung der Nebenhöhlen der Nase. Diss. Med. Bern. [Mit 1 Figur.] 26 S. 8. Bern, Rösch & Schatzmann, 1910.

Mussafia, Adf., ein Beitrag zur Bibliographie der Cancioneros aus der Marcusbibliothek in Venedig. Lex.-8. (54 S.) Wien 868, (Gerold's Sohn.) *

Mussafia, Adf., Beitrag zur Kunde der norditalienischen Mundarten im 15. Jahrh. [Aus: „Denkschriften d. k. Akad. d. Wiss."] gr. 4. (128 S.) Wien 873. Gerold's Sohn in Comm. n. 6. 40

—— Beiträge zur Crescentiasage. I und II. Lex.-8. Wien, (Gerold's Sohn.) *
Inhalt:
I. Über eine italienische metrische Darstellung der Crescentiasage. (104 S.) 866. * 16 Ngr.
II. Eine altspanische Prosadarstellung der Crescentiasage. (66 S.) 867. * 10 Ngr.

—— Beiträge zur Geschichte der romanischen Sprachen. Lex.-8. (31 S.) Wien 862, (Gerold's Sohn.) * *

— Beiträge zur Litteratur der sieben weisen Meister. [Aus d. Sitzungsber. d. k. Akad. d. Wiss.] Ebend. 868. Lex.-8. (82 S.) n. 12 ngr.

—— Beiträge zur Litteratur der sieben weisen Meister. Lex.-8. (82 S.) (Ebendas.) 872. *

Per la bibliografia dei cancioneros spagnuoli. Appunti di Adolfo Mussafia. *Wien: C. Gerold's Sohn in Comm. 1900.* (24 S.) 4°
— Denkschriften d. Kais. Akademie d. Wissenschaften in Wien. Philos.-hist. Classe. Bd 47, 2. [04. 4140 4

Mussafia, Adf., per la bibliografia dei cancioneros spagnuoli. gr. 4. (24 S.) Wien 900. (C. Gerold's Sohn.) n. 1 60

Mussafia, A., zur Christophlegende. I. [Aus: „Sitzungsber. d. k. Akad. d. Wiss."] Lex.-8. (78 S.) Wien 893. (F. Tempsky.) n. 1. 60

Dei Codici Vaticani latini 3195 e 3196 delle Rime del Petrarca. Studio di Adolfo Mussafia. *Wien: C. Gerold's Sohn in Komm. 1899.* (30 S.) 4 = Denkschriften d. Kais. Akademie d. Wissenschaften in Wien. Philos.-hist. Classe. Bd 46, 6. [04. 4837 4

Mussafia, Adf., sulla critica del testo del romanzo in francese antico Ipomedon. [Aus: „Sitzungsber. d. k. Akad. d. Wiss.“] Lex.-8. (76 S.) Wien 890. (Tempsky.) n. 1 50

— Darstellung der altmailändischen Mundart nach Bonvesin's Schriften. Lex.-8. (40 S.) (Ebendas.) 868. *

— Darstellung der romagnolischen Mundart. [Aus „Sitzungsber. d. k. Akad. d. Wiss.“] Lex.-8. (72 S.) Ebend. 871. n. 1. —

Mussafia, Adolf, Difese d'un illustre. 8. (37 S.) Wien 861, (Tendler und Comp.) *

— del codice Estense di rime provenzali relazione. Lex.-8. (112 S.) Wien 867, (Gerold's Sohn.) * *
Vorstehende vier Schriften des Verf. wurden aus: Sitzungsberichte der k. Akademie der Wissenschaften, besonders abgedruckt.

— altfranzösische Gedichte aus venezianischen Handschriften. gr. 8. (XXXII und 294 S.) Wien 864, Gerold's Sohn. *

— über eine altfranzösische Handschrift der k. Universitäts-Bibliothek zu Pavia. Bericht. [Aus d. Sitzungsber. d. k. Akad. d. Wiss.] Ebend. 870. Lex.-8. (74 S.) n. 12 ngr.

— über eine spanische Handschrift der Wiener Hofbibliothek. Lex.-8. (41 S.) Wien 867, (Gerold's Sohn.) *

— zur Katharinenlegende. I. [Aus: „Sitzungsber. d. k. Akad. der Wiss.“] Lex.-8. (80 S.) Ebend. 874. n. 1. 20

Mussafia, Adf., z. Kritik u. Interpretation romanischer Texte. Ein Beitrag. [Aus: „Sitzungsber. d. k. Akad. d. Wiss.“] gr. 8. (36 S.) Wien 896. (C. Gerold's Sohn.) n. 1. —

— dasselbe. 2.—4. Beitrag. [Aus: „Sitzungsber. d. k Akad. d. Wiss.“] gr. 8. Ebd. n. 4. 80
2. (72 S.) 897. n. 1. 60. — 3. (48 S.) 897. n. 1. 30. 4. (81 S.) 898. n. 1. 90.

— zur Kritik u. Interpretation romanischer Texte. 5. u. 6. Beitrag. gr. 8. Ebd. n. 2. 20
5. (27 S.) 901. n. — 70. — 6. (64 S.) 902. n. 1. 50.
Sonderabdrucke aus: „Sitzungsber. d. k. Akad. d. Wiss.“

— sulla legenda del Legno della Croce. Studio. [Aus d. Sitzungsber. d. k. Akad. d. Wiss.] Ebend. 870. Lex.-8. (54 S.) n.n. 7½ ngr.

— über die provenzalischen Lieder-Handschriften des Giovanni Maria Barbieri. Eine Untersuchung. Lex.-8. (68 S.) (Ebendas.) 874. *
Vorstehende sieben Schriften sind aus: Sitzungsberichte der k. Akademie der Wissenschaften, besonders abgedruckt.

Mussafia, Adf., Pietro Metastasio. Discorso. gr. 8. (23 S.) Wien 882, (Gerold's Sohn.) *

— sull' antica metrica portoghese. Osservazioni. [Aus: „Sitzungsber. d. k. Akad. d. Wiss.“] Lex.-8. (36 S.) Ebd. 895. n. — 80

Mussafia, Adf., Mittheilungen aus romanischen Handschriften. I. u. II. Lex.-8. Wien, (Gerold's Sohn). n. 3. —
I. Ein altneapolitanisches Regimen sanitatis. (122 S.) 884. n. 2. —
II. Zur Katharinenlegende. (69 S.) 885. n. 1. —

— Monumenti antichi di dialetti italiani. Lex.-8. (123 S.) Wien 864, (Gerold's Sohn.) *

— s. Paolina Minorita.

Mussafia, Adf., zur Präsensbildung im Romanischen. Lex.-8. (77 S.) Wien 883. (Gerold's Sohn) n. 1. 20

Mussafia, Adolf, Eine altspanische Prosadarstellung der Crescentiasage. (Sonder-Abdr. a. d. Sitzungsber. d. k. Akad. d. Wiss.) gr. 8. (67 S.) Wien, Gerold in Comm. 1867. 50 kr

— u. Thdr. Gartner, altfranzösische Prosalegenden aus d. Hs. d. Pariser Nationalbibliothek Fr. 818. M. Unterstützg. d. kais. Akademie d. Wissenschaften in Wien. 1. Thl. gr. 8. (IV, 232 u. XXVI S.) Wien 895. W. Braumüller. n. 7. —

— über die Quelle des altfranzösischen Dolopathos. Lex.-8. (22 S.) Wien 865, (Gerold's Sohn.) * *

— über die Quelle der altspanischen „Vida de S. Maria Egipciaca.“ Lex.-8. (24 S.) Wien 863, (Gerold's Sohn.) *
Vorstehende vier Schriften des Verf. wurden aus: Sitzungsberichte der k. Akademie der Wissenschaften, besonders abgedruckt.

— üb. die v. Gautier de Coincy benützten Quellen. [Aus: „Denkschr. d. k. Akad. d. Wiss.“] Imp.-4. (58 S.) Ebd. 894 n. 3. 10

— Reihenfolge der Schriften Ferdinand Wolf's. 8. (28 S.) Wien 866, (Gerold's Sohn.) *
Aus: Jahresberichte über die Wirksamkeit der k. Akademie der Wissenschaften, besonders abgedruckt.

— cinque sonetti antichi tratti da un codice della palatina di Vienna. [Aus: „Sitzungsber. d. k. Akad. d. Wiss.“] Lex.-8. (12 S.) Ebend. 874. n. — 30

Sachregister, vollständiges, zu Adolf Mussafia's italienischer Sprachlehre. 8. Innsbruck, Wagner'sche Univ. B. 1864. 3 f.

Mussafia, A., Schlüssel zur italienischen Sprachlehre. Gr.-8° (55 S.) Wien: Braumüller 1905. geb K 1 80

Mussafia, Adf., italienische Sprachlehre in Regeln und Beispielen für den ersten Unterricht bearb. Wien 860. Braumüller. gr. 8. (IV, 248 S.) 1 ₰

— italienische Sprachlehre in Regeln und Beispielen. Für den ersten Unterricht bearb. 2. Aufl. 1864. und 3., verb. Aufl. gr. 8. (VI und 255 S.) Wien 867, Braumüller. *

— italienische Sprachlehre in Regeln und Beispielen für den ersten Unterricht bearb. 4. (Titel-)Aufl. gr. 8. (VI, 255 S.) Wien (867)69, Braumüller. *

— dass. — 5.—8. Aufl. gr. 8. (VI, 255 S.) Ebendas. 872—75. *

Mussafia, Adf., italienische Sprachlehre in Regeln und Beispielen für den ersten Unterricht bearb. 9. und 10. Aufl. (VI, 255 S.) 877,78; 11. und 12. Aufl. gr. 8. (X, 252 S.) Wien 879, Braumüller. *

—— italienische Sprachlehre in Regeln und Beispielen, für den ersten Unterricht bearb. 13.—15. Aufl. (X, 252 S.) 1880,81. *ℳ 3.; 16.—19. Aufl. gr. 8. (X, 252 S.) Wien 882—84, Braumüller. geb. *

—— italienische Sprachlehre in Regeln und Beispielen, für den ersten Unterricht bearb. 20.—22. Aufl. gr. 8. (X, 252 S.) Wien 885—88, Braumüller. geb. **

— italienische Sprachlehre in Regeln u. Beispielen Für den ersten Unterricht bearb. 23., verb. u. vorm. Aufl. gr. 8. (VI, 270 S.) Wien 893. W. Braumüller. Geb. in Leinw. n. 3. 40

— italienische Sprachlehre in Regeln u. Beispielen. F. d. ersten Unterricht bearb. 24., neu durchgeseh. Aufl. gr. 8. (VI, 276 S.) Wien 895. W. Braumüller. Geb. in Leinw. n. 3. 40

— dasselbe. 25., neu durchgeseh. u. verb. Aufl. gr. 8. (VI, 295 S.) Ebd. 897. Geb. in Leinw. n. 3. 40

— italienische Sprachlehre in Regeln u. Beispielen. Für den ersten Unterricht bearb. 26., m. der 25. gleichlaut. Aufl. gr. 8. (V, 295 S.) Wien 900. W. Braumüller. Geb. in Leinw. n. 3. 40

Mussafia, A., italienische Sprachlehre in Regeln u. Beispielen. Für den ersten Unterricht bearb. 27. Aufl., durchgesehen u. bearb. v. E. Maddalena. (328 S.) gr. 8. Wien 904. W. Braumüller. Geb. in Leinw. n. 3. —; Schlüssel (III, 55 S.) 905. Geb. n. 1. 50

Mussafia, A., italienische Sprachlehre in Regeln u. Beispielen. Für den ersten Unterricht bearb. 28. Aufl., durchgesehen u. bearb. v. E. Maddalena. (328 S.) gr. 8. Wien 908. W. Braumüller. Geb. in Leinw. 3. —

— dasselbe. Schlüssel. Nach der 28. Aufl. bearb. v. F. Maddalena. (III, 55 S.) gr. 8. Ebd. 908. Kart. 1. 50

—— handschriftliche Studien. 3 Hefte. Lex.-8. Wien, (Gerold's Sohn.) **

Inhalt:

Heft 1. Emendationen und Zusätze zur altfranzösischen metrischen Uebersetzung des Psalters ed. Francisque Michel, Oxford 1860. (33 S.) 862. ** 5 Ngr.

» 2. Zu den altfranzösischen Handschriften der Marcus-Bibliothek in Venedig. (53 S.) 863. * 9 Ngr.

» 3. Ueber die zwei Wiener Handschriften des Breviari d' Amor. (43 S.) 864. ** 6 Ngr.

Aus: Sitzungsberichte der k. Akademie der Wissenschaften, besonders abgedruckt.

Mussafia, Adf., handschriftliche Studien. 4. Heft. [Aus d. Sitzungsber. d. k. Akad. d. Wiss.] Wien 870. (Gerold's Sohn.) Lex.-8. (33 S.) n.n. 5 *ngr.*

— Studien zu den mittelalterlichen Marienlegenden. I—III. [Aus: „Sitzungsber. d. k. Akad. d. Wiss."] Lex.-8. (66 S.) Wien, (Tempsky). n. 3. 80
I. (80 S.) 887. n. 1. 20. — II. (90 S.) 888. n. 1. 40. — III. (60 S.) 889. n. 1. 20.

— Studien zu den mittelalterlichen Marienlegenden. IV. [Aus: „Sitzungsber. d. k. Akad. d. Wiss."] Lex 8. (85 S.) Wien 891. (F. Tempsky) n. 1. 70 (I—IV.: n. 5. 50)

— Studien zu d. mittelalterl. Marienlegenden. V. [Aus: „Sitzungsber. d. k. Akad. d. Wiss."] gr. 8. (74 S.) Wien 898. (C. Gerold's Sohn.) n. 1. 70 (I.—V.: n. 7. 20)

Mussafia, Adf., sul testo della divina commedia. Studii. I. I codici di Vienna e di Stoccarda. Lex.-8. (74 S.) Wien 865, (Gerold's Sohn.) **
Aus: Sitzungsberichte der k. Akademie der Wissenschaften, besonders abgedruckt.

— sul testo del Tesoro di Brunetto Latini. Studio. [Aus d. Denkschr. d. k. Akad. d. Wiss.] Ebend. 870. gr. 4. (70 S.) n. 1 *ℳ*

— — trattato de regimene rectoris di fra Paolino Minorita 8. (XXX u. 160 S.) Wien, Tendler & Comp. Verlag (Julius Grosser.) 4 fl. 1868

— *Trattato di regimine rectoris di Fra Paolino Minorita. Vienna, Tendler & Ko. Firenze, Vieusseux, 1868*

— die catalanische metrische Version der sieben weisen Meister [Aus: „Denkschr. d. k. Akad. d. Wiss."] Imp.-4. (85 S.) Wien 876. Gerold's Sohn in Comm. n. 4 —

— über die spanischen Versionen der historia Trojana. [Aus „Sitzungsber. d. phil.-hist. Classe d. k. Akad. d. Wiss."] Lex.-8. (26 S.) Ebend. 871. n. — 40

— sulle versioni italiane della storia Trojana. Osservazioni e confronti. [Aus „Sitzungsber. d. k. Akad. d. Wiss."] Lex.-8. (50 S.) Ebend. 871. n. — 60

— sulla visione di Tundalo. [Aus d. Sitzungsber. d. k. Akad. d. Wiss.] Lex.-8. (52 S.) Ebend. 871. n.n. — 75

— zur rumänischen Vocalisation. [Aus den Sitzungsber. d. k. Akad. d. Wiss.] Ebend. 868. Lex.-8. (32 S.) n. 6 *ngr.*

Mussaphia, R. Binjam., Secher Rab. Zum Schulgebrauche bearb. u. mit e. hebräischen Wörterbuche versehen von Jonas Willheimer. Prag 868. (Wien, Herzfeld & Bauer. — Leipzig, Leiner.) gr. 8. (84 S.) n. 10 *ngr.*

Mussard, J. Simplicifications de méthode relatives à quelques parties de l'enseignement de la syntaxe francaise. Lübeck, G., 1854. 14 S. 4. Progr.

Mussard, Mme. Jeanne, l'étoile de Christine, suivie de „un souvenir de la pierre aux fées" et de „une histoire d'autrefois". Ed. autorisée. 2 vols. gr. 16. (160 u. 149 S.) Naumburg 875. Pätz. 2 —

— les tarots de la tante Marguerite, suivis de: Le choix d'une femme. Ed. autoris. 2 vols. 16. (144 u. 176 S.) Ebend. 875. n. 2. —

—— les tarots de la tante Marguerite, suivis de: Le choix d'une femme. Edit. autorisée 2 vol. 16. (144; 176 S.) Ebendas. 876.

Mussat, C. A., s. Iris, Unterhaltungsblätter.

Mussaeus, J., Versuch e. plattdeutsch. Sprachlehre, mit besond. Berücksichtig. d. mecklenburg. Mundart. 8. (6 B.) Neu-Strelitz 829, Dümmler. Thlr.

Musschenbroek, s. Muschenbroek.

Musschenbroek, Pieter van: Dissertatio physica experimentalis de magnete. Lugduni Batavorum anno MDCCXXIX edita, nunc vero...Viennae Austriae MDCCLIV. 283 S., gbd., 10 Taf.

Viennae: typ.Trattner 1754

JB 133

Musschenbroek, Pieter van: Introductio ad cohaerentiam corporum firmorum. 252 S., gbd., 27 Taf.

Viennae: typ.Trattner 1755

JB 134

– Physicae experimentales, et geometricae, de magnete, tuborum capillarium vitreorumque speculorum attractione magnitudine terrae, cohaerentia corporum primorum Dissertationes ut et Ephemerides meteorologicae ultrajectinae Viennae, Pragae et Tergesti 1756.

1731. * Tentamina experimentorum naturalium captorum in accademia del Cimento edidit *Petr. van Musschenbroek.* Lugd. Bat. 4.
1756. — Vindob. 4.

Musse, Meine; Gedanken über die Welt, Zeiten und Sitten. Constanz 1783. V: *Eberlin*, *Philipp.* (Ky) (MGT)

Musse des französischen Divisions-Generals Franz Wimpffen, seit dreissig Tagen, die er in Paris ist, oder Bemerkungen über das deutsche Reich etc. Aus dem Französischen übersetzt. 8. Germanien 1798.

Mussehl, s.: Wochenblatt, prakt.

Mussehl, J., De Lucretiani libri primi condicione ac retractatione. Diss. 1912 182 S. 5.—

Mussehl, W., Verzeichniß u. Erklärung amerikanischer historischer, geographischer u. politischer Bei-, Spitz- u. Spott-Namen. [Surnames a. nicknames.] 16. (128 S.) Hoboken 869. (Philadelphia, Schäfer & Koradi.) n. 1. 20

Mussehl, W. Ch. L., vollständ. Anweisung z. Lüftungs-Bienenzucht. Des Berichtes üb. d. Einträglichkeit d. Lüftungs-Bienenzucht. 2., stark verm. u. mit Abbildn. verseh. Aufl. 8. (12 B.) Neustrelitz 837. [Neubrandenburg, Brünslow.]

Mussehl, W. Ch. L., vollständige Anweisung zur Bienenzucht nach der Nuttschen Lüftungsmethode. 3. Aufl. 8. (12⅛ B.) Neubrandenburg 844, Brünslow.

—— Bericht üb. d. Einträglichkeit d. Lüftungs-Bienenzucht, nebst Mittheil. wicht. Erfahrn. in ders. u. Beschreib. e. vereinfachten u. verbess. Flügelstockes. (Eine unentbehrl. Zugabe zu des Verf. „Anweisung z. Lüftungs-Bienenzucht nach Nutt.") 8. (5 B.) Neustrelitz 835. [Neubrandenburg, Brünslow.] *

— s. Loudon, Mrs., Anweisung f. Damen. — Wochenblatt, praktisches, d. Neuesten u. Wissenwürd. f. Landwirthschaft rc.

— s. Th. Nutt, Anweisung zur Lüftungs-Bienenzucht.

—— mecklenburg. Wochenblatt, s. Wochenblatt.

Müssemeier, Tagebuch f. Abdeckereien. (Für 500 Eintraggn.) (102 S.) 34,5×21,5 cm. Hannover (908). M. & H. Schaper. Geb. nn 3.50; f. 1000 Eintraggn. nn 5.50

Müssemeier, Fr., Untersuchungen üb. die Beziehungen zwischen der Tuberkulose des Menschen u. der Tiere, s.: Dammann.

Müssen die Protestanten von den Katholiken erst Toleranz lernen? [Ratzeburg 1808.] V: *Dietz*, *Johann Christian Friedrich.* (MGT)

Müssen die Schwerhörigen unglücklich sein? Von einer Schwerhörigen. Mit e. Vorwort v. Osc. Pank. gr. 8. (IV, 23 S.) Leipzig 901. J. C. Hinrichs' Verl. n. — 40

Müssen wir ein Handelsgericht und ein öffentliches mündliches Verfahren vor demselben wünschen? Ein Wort zu seiner Zeit an Hamburgs freye Bürger. Hamburg 1814. V: *Runge*, *Johann Daniel* oder: *Dammert*, *Johann Ludwig*[?]. (schr)

Müssen wir nicht von England getrennt werden? verneinend beantwortet von e. Hannoveraner. 8. German. 804. (Dyck in Leipz.) 12 gr

Müssen wir wieder Donauwasser trinken? Ein Mahnruf an die Bevölkerung Wiens. Wien 1892. V: *Braikowich*, *Frdr.* (EB)

Müssen wir wieder Donauwasser trinken? Ein Mahnruf an die Bevölkerg. Wiens. gr 8. (16 S.) Wien 892. A. Bauer. — 50

Mußestunden. Illustrirtes Sonntagsblatt. 1. Jahrg. 1858. 52 Nrn. (à 1 Bgn. mit Holzschn. im Text.) Wien, v. Waldheim. gr. 4. n. 2 ℛ 4 ngr.

Mußestunden. Illustrirtes Sonntagsblatt. Redig. von R. v. Waldheim. Jahrg. 1859—61. à Jahrg. 52 Nrn. (Bog. mit eingedr. Holzschn.) gr. 4. Wien, v. Waldheim's xylographische Anstalt. à Jahrg.

Mußestunden. Illustrirtes Familienblatt. Redact.: R. v. Waldheim. Jahrg. 1862 und 1863. à Jahrg. 36 Nrn. (à 1½ Bog. mit eingedr. Holzschn.) gr. 4. Wien, v. Waldheim. à Jahrg.
Fortsetzung. s. Waldheim's illustrirte Blätter.

Für **Mussestunden.** Blätter zu Anregungen und Mitteilungen aus der Schule des Lebens und des Lebens der Schule. Jg. 1-21. Leipzig: Siegismund und Volkening 1873-1895 4°
Hrsg. A Volkening.

[J.] Für **Mussestunden.** Ausgew Erzählgn f. d. Jugend v. 10 bis 14 Jahren. M Titelb. v. F Schmidt. *Düsseldorf: A. Bagel [1896].* (72 S., 1 Taf.) 1 Bd 8. (Der Jugend Bücherschatz.) [97. 1687

Für **Mußestunden.** Unterhaltendes u. Belehrendes f. alt u. jung, namentl. f. d. heranwachsende Jugend. Ser 1, Bdch. 1. 3. verm. Aufl. Münster i. W.: H. Schöningh [1910]. 8° [11 15626

Mußestunden eines Landpredigers Bd. 1-4. Nördlingen Beck 1787-90. 8°
Hrsg.: Georg Heinr. Lang. Vorh. u. d. T.. Der Landprediger. Nördlingen 1774 ff.

Mußestunden eines Soldaten. Ein Kranz anspruchsloser Lieder u. Gedichte. 12. (5 B.) Colberg 844, Post. Thlr.

Stenographische Mußestunden. Unterhaltungsblatt für Freunde der Stolzeschen Stenographie. Bd 1-3 (zu je 12 Nrn). Danzig: Doubberick 1863-66 8°
Hrsg.: C. R. Schildt, Bd 2 f.: Georg Kollm.

—— stenographische. Unterhaltungsblatt für Freunde der Stolzeschen Stenographie. Unter Mitwirkung von Mitgliedern des Danziger Stenographen-Vereins hrsg. von C. R. Schildt. 1. Bd. Octbr. 1863 bis Septbr. 1864. 12 Nrn. (lithogr. Bog.) 8. Danzig, (Doubberck.)

—— dass. — Unter Verantwortlichkeit von Ed. Döring hrsg. von Geo. Kollm. 2. und 3. Bd. Octbr. 1864 bis Septbr. 1866. à Bd. 12 Nrn. (lithogr. Bog.) 8. (Ebendas.) à Bd. *

Stenographische Mussestunden. Unterhaltungsblatt für Stolzesche Stenographen Charlottenburg: Häneke (sp. Sperber) 1898-1903. 8°
Hrsg.: Th. Richter, sp. R Schneider

Mussestunden, stenographische. Unterhaltungsblatt f. Stolzeaner. Beilage zur Stolzeschen Stenographen-Zeitg. Red.: Hugo Schneider. Jahrg. 1902. (à Nr. ca. 8 autogr. S.) Berlin-Schlachtensee (Eitel-Fritzstrasse 8), Otto Höft. n. 2.—; m. der Stolzeschen Stenographen-Zeitg. n. 4.—

Stenographische Mußestunden. Unterhaltungsblatt f. 'Stolzeaner' Beil. z. Stolzeschen Stenographen-Zeitung. Red. Hugo Schneider 1903. No 1 *Schlachtensee: O. Höft 1903.* 8°

Mußestunden zur Unterhaltg. u. Belehrg. f. jung u. alt, s**a**: Zehnpfennigbibliothek, Regensburger.

Mußestunden zur Unterhaltung u. Belehrung f. Jung u. Alt. Hrsg. v. A. W. Mit 1 Titelbilde (in Stahlst.). 8. (240 S.) Regensburg 887. Verlags-Anstalt. 1.50

Musset, der Günstling, oder Abenteuer, Liebschaften u. Einkerkerung des berühmten Lauzun. Deutsch von L. v. Alvensleben. 2 Thle. 8. Leipzig 836. Hunger. 3 ₰

Musset, die Staubbekämpfung in Stadt u. Land. Vortr., geh. auf der ordentl. öffentl. 40. Hauptversammlg. d. niederrhein. Vereins f. öffentl. Gesundheitspflege am Samstag, den 23. X. 1909, zu Aachen. (17 S.) gr. 8. Bonn 910. M. Hager. — 60
Sonderabdruck aus: „Centralbl. f. allg. Gesundh.-Pflege".

Musset, Alfr. de, hrsg. v. Mart. Hahn. II. u. III. Tl. 8. Goslar, F. A. Lattmann. n. 7.—; geb. n. 8.—
II. Schauspiele. Deutsch v. Mart. Hahn. (VIII, 343 S.) (903.) n. 4 50; geb. n. 5.—
III. Novellen. Uebers. v. Edg. Alf. Regener. (V, 322 S.) (904.) n. 2.50; geb. n. 3.—

— Auswahl, hrsg. v. Ernst Dannheisser, s. Schulbibliothek, französische u. englische, A 145. Bd.

Musset, Alfr. de, Auswahl. Mit biograph. Einleitg. u. Anmerkgn. versehen v. F. W. Bernhardt. (VI, 186 u. 24 S. m. Bildnis.) 8. Berlin 910. Weidmann. Geb. u. geh. 1.60

— Beichte e. Kindes seiner Zeit. Deutsche Uebertragg. v. Heinr. Conrad. (384 S.) 8. Leipzig 903. Insel-Verlag. n. 5.—; geb. n. 7.—

Musset, A. de, Börsenspeculationen, s. im II. Bde.: Theater des Auslandes.

— Börsenspeculationen, s.: Theater des Auslandes. 41. Lfg.

Musset, Alfr. v., un caprice, s. Bloch's Theater-Gartenlaube Nr. 39.

Musset, A. de, un caprice, s. Omnibus. —

de Musset, A., un caprice, siehe:
— Répertoire du théâtre Français à Berlin. Nr. 348.

Musset, Alfr. de, un caprice, s.: Théâtre français.

Musset, A. de, eine Caprice, s. Universal-Bibliothek Nr. 626.

— Comédies et proverbes (La nuit Vénitienne. André del Sarto. Les caprices de Marianne. Fantasio. On ne badine pas avec l'amour), s.: Bibliotheca romanica 26—28.

— Dichtungen, übersetzt von Otto Baisch. 12. (VII, 239 S.) Norden 880. Fischer Nachf. n. 4.—; geb. m. Goldschn. n. 5.—

—— dass. — übers. von Otto Baisch. 2. (Titel-)Aufl. 12. (VII, 239 S.) Norden 885, Fischer Nachf. *

Musset, A. de, Dichtungen. Deutsch v. M. Hahn. Mit Vorwort v. P. Lindau. 8. (XI, 216 S.) Breslau 888. Schlesische Verlags-Anstalt. n. 4.—; geb. n. 5.50

Musset, Alfr. de, Dichtungen. Deutsch von Mart. Hahn. Mit Vorwort von Paul Lindau. 8. (XI, 216 S.) Breslau 888, Schottländer. *ℳ 4.—; geb. *

Musset, Alfr. de, 1. Tl. Dichtungen. Deutsch v. Mart. Hahn. 8. (XXVII, 360 S.) Goslar (900). F. A. Lattmann. n. 4.50; geb. in Leinw. n. 5.—

— IV. Bd.: Erzählungen. Übers. v. Heinr. Lautensack u. Wilh. Mießner. (V, VI, 328 S.) 8. Goslar (908). F. A. Lattmann. 4.—; geb. 4.50; Sonderausg., geb. in Leinw. 5.—

Musset, Alfr de. Frederic et Bernerette. — Margot. Nouvelle edit. 12. (175 S.) Berl. 890, Neufeld u. Henius. 1 20

[MUSSET, Alfred de] — Gamiani oder Zwei Nächte in Ausgelassenheit. Von A. D. M. (Aus dem Französischen.) Holland 1873. Kl. 8° 109 S.
S. 3—11 Auszug aus den Memoiren der Komtesse v. C******** über ein Erlebnis mit Musset [vgl. Bloch in Ztschr. f. Sex.-Wiss., Jahrg. 2]. S. 15—109: Gamiani. — Schundausgabe. Holzpapier.
Verb. d. Ldg. III Berlin 17 J. 699/24.

— Gamiani oder Zwei Nächte in Ausgelassenheit. Von A. d. M. (Aus den (!) Französischen.) 4te Auflage (!) Amsterdam 1893. Kl. 8° 124 S.
Verb. d. Ldg. Köln II Ul. 48/95.

— Gamiani oder Zwei Nächte in Ausgelassenheit. Von A. de M. (Aus dem Französichen [!].) Bucarest, Jos. Theophano (um 1900). 8°. 92 S. Lateinische Lettern.
[E. II, 499.]
Sehr seltene Ausgabe; reich an Druckfehlern; offenbar in einer schlechten Bukarester Druckerei hergestellt.

— Gamiani oder Zwei tolle Nächte. Von Alcide Baron de M*** (Alfred de Musset). Deutsche Bearbeitung von Heinrich Conrad. Privatdruck des Verlages »Der Spiegel« [F. Freund]. Leipzig 1905. 8°. XVI, 158 S.

Musset, Alfred de. Gedichte aus dem Französ. Berlin 1871. Ü: *Kertbeny* (*Benkert*), *Karl Maria.* (Lit. Echo 18, 223) (Zeitschr. f. Büch. N. F. 15, 1923, S 17)

—— Gedichte. Aus dem Französ. gr. 16. (LVIII, 119 S.) Berlin 871, Gebr. Paetel. (*M* 2,50.) geb. mit Goldschn. (**M* 3,75.) *

— Javottes Geheimniß. Die Piraten v. Segna, s.: Bibliothek, Europäische, 37. Bd.

Musset, Alfred de
Javotte's Geheimnisse. Novelle.
s. Carlén, E.: Tutti Frutti. 1845.

Musset, Alfred de
Die beiden Geliebten. 1846
s. Erzählungen, vier.

Musset, Alfr. v., der Günstling, od. Abenteuer, Liebschaften u. Einkerkerung d. berühmten Lauzun. Deutsch v. L. v. Alvensleben. 2 Thle. 8. (42½ B.) Leipzig 836, [Literar. Museum.]

Musset, Alfr. v., der letzte Herzog von Guise. Frei nach d. Franz. v. Ottobold Werner. 8. (18 B.) Leipzig 842, Kollmann.

Musset, Alfr. de, Hoffnung auf Gott. In's Deutsche übertragen von Jean Vaillant. gr. 8. (16 S.) Halle a. S. 872, (Erlecke.)

— Hoffnung auf Gott. In's Deutsche übertragen v. Jean Vaillant. gr. 8. (16 S.) London 872. (Erlecke.) — 30

— il faut, qu'une porte soit ouverte ou fermée u. On ne saurait penser à tout, hrsg. v. Max Banner, s.: Perthes' Schulausgaben engl. u. franz. Schriftsteller.

-- il faut, qu'une porte soit ouverte ou fermée, s.: Théâtre français.

— il faut qu'une porte soit ouverte ou fermée. Proverbe dramatique en 1 acte. Mon étoile. Comédie en un acte par E. Scribe. Annotés pour la traduction en italien par G. Locella. 8. (VI, 77 S.) Leipzig 876. Krüger & Roskoschny. n. 1 --

—— eine Laune, s. Theater, neues Wiener.

-- — die Launen einer Frau, s. Universal-Bibliothek Nr. 767.

Musset, Alfr. de, wahre Liebe, s.: Sammlung Franckh.

— — Liebesbriefe an Aimée d'Alton (Madame Paul de Musset). Einl. v. L. Séché. Dtsch. v. A. Förster. 6. A. Berlin (1910). 8°. (Mk. 4—.) (3 Mk. 25 Pfg., Origlwd., J. Ricker, Giessen, 1911.)

— Lauzun's des Günstlings Liebschaften u. Abentheuer. Ein Beitrag zur Chronique scandaleuse des Hofes Ludwig XIV. Aus d. Franz. 2. wohlf. Ausg. 3 Bde. 8. (704 S.) Leipzig 848, Literarisches Museum. 1⅓ *ß*

— Zwischen Lipp u. Kelchesrand. Dramatische Dichtg. Übers. v. Frz. Schultz. (64 S.) 8. Leipzig-Gohlis 910. B. Volger. 1.—

— Louison, siehe: Théâtre Français par C. Schütz. Série X. 8. livr.

— zwei Maitressen. Emmeline, s. a Collection Kikeriki.

- zwei Maitressen; Emmeline, s. a Makart-Bouquet

— zwei Maitressen, s. a Neufeld's Reise-Bibliothek.

[Z.] Zwei Maitressen. Von Alfred de Musset. Deutsch v Fritz Wohlfahrt 3. Aufl. *Berlin: Neufeld & Henius [1897]* (131 S.) 1 Bd 8. = Reise-Bibliothek, Neufelds. Bd 33. (91. 1900)

— zwei Maitressen. Deutsch v. Fritz Wohlfahrt. 4. Aufl. 8. (131 S.) Berlin (900). Neufeld & Henius. 1.—

— les deux maîtresses. Emmeline. Nouvelle éd. 12. (180 S.) Berlin 890. Neufeld & Henius. 1.20

— man kann doch nicht an Alles denken, s. Both's Bühnen-Repertoir.

— man soll nichts verschwören. Komödie in 3 Akten. Deutsch v. Paul Goldmann. 8. (VI, 78 S.) Frankfurt a/M. 902. Literar. Anstalt. n. 1.20

—— Margot, s. Auteurs français.

— Frédéric et Bernerette Margot. Nouvelle éd. 12. (175 S.) Ebd. 890. n. 1.20

— eine venetianische Nacht, s.: Bibliothek der Gesammt-Litteratur d. In- u. Auslandes.

Musset, Alfred de, Pages choisies, hrsg. v. E. B. Russell, s. a Prosateurs français.

— Pages choisies, hrsg. v. F. J. Wershoven, s. a Textausgaben französischer u. englischer Schriftsteller.

Pages choisies. Par Alfred de Musset. In Ausz. mit Anm. f. d. Schulgebr. hrsg von E B. Russell. [Nebst] Anhang u. Wörterbuch. Bielefeld & Leipzig. Velhagen & Klasing 1905. 3 Bde 8°
= Sammlung. Velhagen & Klasings. franz. u. engl. Schulausgaben. Prosateurs franç. Lfg 15; B. (05. 3150)

Musset, Alfred de
Peter und Camilla oder die seltene Ehe.
s. a Carlén, E.: Tutti Frutti. 1845.

Musset, Alfr. de, Peter u. Camilla. Deutsch v. J. M. Mohr. Illustriert von Hans Volkert. 12. (105 S.) München (901). A. Schupp. Geb. in Leinw. n. — 70

— Mademoiselle Mimi Pinson, s. a Unterhaltungs-Bibliothek, neue elegante.

MUSSET, Alfr de, Mlle. Mimi Pinson, Scenen aus dem Studenten- und Grisettenleben in Paris. Aus d. Französ. Cassel 1854. 12°. (1 Mk. 50 Pfg. Paul Neubner, Cöln, 1888.)

Musset, Alfr. de, Mademoiselle Mimi Pinson. Suivi de: Histoire d'un Merle blanc. 16. (145 S.) Leipzig 858, A. Dürr.

— Poésies (1828—1833), s.: Bibliotheca romanica.

— das Rheinlied ꝛc., s. de Lamartine.

Musset, Alfred de. Rhin allemand, et Réponse par un Allemand. Berlin 1841. V (*Réponse*): *Schlosser, Joh. Frch.* (Bücher-Samml. d. hist. Ver. v. u. f. Oberbayern. München 1867.)

— Rolla. Eine Dichtung in 6 Gesängen. Deutsch von Ludw. Ganghofer. 12. (48 S.) Wien 883. Konegen. n. 1. —

— Andrea del Sarto, s.: Brann, Paul.

—— le Secret de Javotte, s. Echo des Feuilletons de Paris.

—— spielt nicht mit der Liebe; eine venetianische Nacht, s. Bibliothek der Gesamt-Litteratur des In- und Auslandes.

— zwischen Thür u. Angel, s.: Theater-Repertoir, Wiener.

— et P. J. Stahl, voyage où il vous plaira. 6. édit. Leipzig 858. A. Dürr 32. (192 S.) 15 ngr.

—— Wovon die jungen Mädchen träumen, s. Universal-Bibliothek Nr. 682.

Musset, M., Altona's Fischereihafen u. Fischmarkt, s.: Brix, J.

Musset, Paul de, la bavolette, s. Nouveautés françaises.

de Musset, Paul, la bavolette. (Nouveautés Françaises. No.3.) 8. (92 S.) Leipzig 850, Avenarius & Mendelssohn. ⅓ ₰

Musset, Paul de, Anne Boleyn, s. Collection portative. III. Serie. Livr 90—93.

Musset, Paul de, le cavalier servant. Scènes de la vie italienne. Suivi de „Les Sensations de Josquin" par Champfleury. Naumbourg 857. Exped. der Bibliotheque choisie. 16. (142 S.) 10 ngr.

—— der Chevalier von Riom. Eine Erzählung aus den Zeiten der Regentschaft. Nach dem Französ. von Aimé v. Wouwermans. 8. (103 S.) Graz 859, Mühlfeith.

LAUZUN, Chev de. — *Musset* (Paul de), Der Günstling, oder Abenteuer, Liebschaften und Einkerkerung des berühmten Lauzun. Deutsch v. L. v. Alvensleben. 2 Thle. Leipzig 1836. Magaz. f. Industrie u. Literatur. 8°.

Orig. (in München: P o. gall 1546np): Musset, Paul de, Lauzun. 2 vols. Bruxelles, Hauman, 1836. 8° 316 et 290 pp.

— — Dasselbe m. d. Tit.· Lauzun's, des Günstlings, Liebschaften und Abentheuer. Ein Beitrag zur Chronique scandaleuse des Hofes Ludwigs XIV. Aus d. Französ. 3 Bde. Leipzig 1848. 8° (3 Mk. Scheible.)

—— Lui et Elle. (Bibliothèque choisie. Vol. 309.) 16. (163 S.) Paris 859. [Naumburg, Paetz.]

— Sicilien und Franzisco, der Hirtenknabe. Nach dem Französ. Hamburg 859. Hoffmann & Campe. 8. (263 S.) 1 ₰

Musset, Paul de, Monsieur le Vent, hrsg. v. M. Mühry, s.: Schulbibliothek, französ. u. engl. C 3. Bd.

Musset, Paul de, d. Windgeist u. die Regengöttin. Ein Mährchen. Frei f. die deutsche Jugend bearb. v. M. Schlimpert. Mit Holzschn. nach Zeichngn. v. G. Séguin. 8. (8½ B.) Leipzig 846, Teubner.

—— der verhängnißvolle Zweikampf, s. Both's Bühnen-Repertoir.

Musset-Pathay, Victor Donatien de

Historische Erzählungen aus den Pariser Salons. Dt. bearb. v. Friederich Gleich. Th. 1.2. Leipzig: Focke 1827. 8°

— s. Trottier de la Messelière, Reise.

Mussett, J[ohann] A[lexander], aus London Über die Konstitution des Kondensationsproduktes aus Orcin und Acetessigester *Tübingen: F. Pietzcker 1902.* (39 S.) 8°
Tübingen, Natur.w. Diss. v. 1902

Mussgnug, Christoph

— — Neueste, dauerhafteste u. billigste Beschlagsmethode für den gesunden u. kranken Huf. Mit Taf. Augsburg 1870. 123 S.

Mußgnug, Chrph., der praktische Hufbeschlag nach einer neuen und äußerst vortheilhaften Methode. Das Resultat vieljähriger und vielseitiger Erfahrungen, Entdeckungen und Erfindungen auf dem Gebiete der Hufbeschlagkunst. Mit einem Anhange: die Räudekrankheit bei den Pferden und ihr schädl. Einfluß auf den Cavallerie-Kriegsdienst insbesondere, nebst radikaler Heilung derselben. gr. 8. (VI und 160 S. mit 2 Stnt. in qu. gr. 4.) Augsburg 856, Rieger'sche Buchh.

Mußgnug, L., das Nördlinger Münzhaus. Vortrag. (20 S.) 8. Nördlingen 908. C. H. Beck. nn — 25

Musshoff, Hugo, das Terrarium, s. Bibliothek f. Aquarien- u. Terrarienkunde.

Das Terrarium und seine Bewohner Ein kurzer ill. Ratgeber f. Terrarienfreunde Von Hugo Mußhoff. Mit zahlr. Abb., zumeist nach photogr. Aufnahmen. Berlin F Pfenningstorff (1903). (99 S.) 8° [J.]
= Bibliothek f Sport u Naturliebhaberei Bd 5.

Mußhoff, Thdr., im Anfange war das Wort. 5 Homilien üb. die Einleitg. zum Evangelium des hl. Johannes, verteilt auf die Adventssonntage u. das hochh. Weihnachtsfest. (44 S.) kl. 8. Essen (906). Fredebeul & Koenen. n. — 40

Müssigbrodt, Paul, Anlage u. Einrichtg. v. Operationssälen. (20 S. m. 5 Taf.) gr. 8. Berlin 903. W. Ernst & Sohn. n. 2. —
Sonderabdruck aus: „Ztschr. f. Bauwesen".

— Eduard Schmitt u Paul Spieker, medizinische Lehranstalten der Universitäten, Technische Laboratorien u. Versuchsanstalten Sternwarten u. andere Observatorien, s. Handbuch der Architektur IV. 6.

Medizinische Lehranstalten der Universitäten. Techn. Laboratorien u. Versuchsanstalten. Sternwarten u. andere Observatorien. Von Paul Müßigbrodt, Eduard Schmitt u. † Paul Spieker. 2. Aufl. Mit 376 Abb., sowie 13 Taf. Stuttgart. A. Kröner 1905. (VIII, 338 S.) 4°(8°)
= Handbuch d. Architektur. T. 4, Halbbd 6, H. 2, b. n.

Müßige, der, eine Wochenschrift. 4. Lübeck, Böckmann. 748.

Müssiggänger, Der, eine Sittenschrift. A. d. Engl. Zittau u. Leipzig 1764. V: *Johnson, Sam.* (Cat. d. Stadtbibl. Zürich. Zürich 1864—97.) Ü: *Herzog, Christian August.* (Ky) (MGT)

Müssiggänger, der; e. moral. Wochenschrift, (v. Chr. A. Herzog). 2 Thle. 8. Zittau 764. Schöps. 20 gr

Müssiggänger, die. Ein Lustspiel, f. Uebungsstoff zum Uebersetzen aus dem Deutschen ins Französische.

Müssiggänger, die, Ein Lustsp. in 1 Akt, aus dem Franz. des Picard, von Iffland. 8. Berlin, Braunes. 812.

— der beobachtende; aus d. Engl. 3 Thle. 8. Bern 788. (Fr. Fleischer in Leipz.) 4 ß

Mussik, F. A., Dessertfrüchte. 1r Bd. (Enth. 1) die Bärenmütze. 4 gr 2) die Seiltänzer. 12 gr 3) der schwarze Prinz u. die Geisterüberfuhr. 8 gr) Prag, Enders. 20 gr

Mussik, F. A., Dessertfrüchte, allen Freunden e. heit. Lektüre gewid. 1. Bd. 8. (14 B.) Prag 829, Enders.

Mussik, Fr. A., Herbstblumen u. Früchte. Zum Kranze gewunden. 8. (10 B.) Leitmeritz 834, Medau. Thlr.

Mussik, F. A., die Rettung um Mitternacht. Lstspl. in 1 A. 8. Prag 806. (Eggenberger). 6 gr

Mussik, F. A., der Markt Schönlinde u. dessen eingepfarrte Ortschaften. Nebst e. kurz. Abrisse d. Herrschaften Böhmisch-Kamnitz, Hainspach, Schluckenau u. Rumburg. 8. Prag 820. Krauß. (Enobloch in Leipz.) 1 ß

—— Theater u. Novellen. gr. 8. (7¼ B.) Leitmeritz 839, Medau. – Inh.: Der unvermählte Ehemann, od.: die beiden Fischermädchen. Operette. — Glückliche Täuschung. Lustsp. – Der todte Nebenbuhler. Lustsp. — Die Schreckgestalt. Novelle. — Wahnsinn u. Aberglaube. Novelle.

Mussil, C. Ludw., s.a. Kalender, verbunden m. dem niederösterr. Lehrer-Schematismus.

Mussil, Ludwig, Kalender f. d. gem. Jahr 1885. Verbund. m. dem III. Niederösterr. Lehrer-Schematismus. gr. 8. (377 S.) Korneubg. Franz Kühkopf. 1 fl. cart. N. b. 1885.

Mußil, C. Ludwig, Kalender für das Schuljahr 1889—90, verbunden mit dem VII. niederösterreichischen Lehrer-Schematismus, umfassend sämmtliche öffentliche Volks- und Bürgerschulen. Gr.-8. (443 S.) geb. Kornenburg. Kühkopf 1889. 1.80

Mussil, C. Ludwig, Kalender für das Schuljahr 1891/92, verbunden mit dem IX. niederösterreichischen Lehrer-Schematismus, umfassend sämmtliche öffentliche und Privat-Volks- und Bürgerschulen. Aufgenommen nach dem Stande am Schlusse des Schuljahres 1891. (August) Lex.-8. (489 S.) In Lwd. geb. Kornenburg:Kühkopf 1891. 1.80

Mussil, C. Ludwig, Kalender für das Schuljahr 1893 verbunden mit dem 10 niederösterreichischen Lehrer-Schematismus, umfassend sämmtliche öffentliche Volks- und Bürgerschulen. Aufgenommen nach dem Stande am Schlusse des Jahres 1892. Gr.-8. (507 S) In Lwd. geb. Kornenburg:Kühkopf 1892. 1.80

Mussil, C. Ludw, s.a. Lehrer-Kalender, niederösterreichischer.

Lehrer-Kalender. Niederösterreichischer, für das Schuljahr 1890/91. Bearbeitet von C. Ludwig Mussil. 16. (91 S. und Notizblätter.) In Lwd. geb. Kornenburg:Kühkopf 1890. —.80

Mussil, C. Ludwig, Niederösterreichischer Lehrer-Kalender für das Schuljahr 1891/92. 16. (95 S. u. Notizblätter.) In Lwd. geb. —.80 Kornenburg:Kühkopf 1891.

— s.a. Lehrer-Schematismus, XI. nieder-österreichischer.

Mussil, E. Ludwig, II. Niederösterr Lehrer-Schematismus, aufgenommen nach d. Stande am Beginne d J 1883. gr 8. (301 S. mit 1 Titelbilde.) Korneuburg, Fr. Kühkopf. cart. 1 fl. 10 kr. N. b. 1883.

Schulkalender, Deutsch-österreichischer, für das Schuljahr 1892/93. Bearbeitet von C. Ludwig Mussil. 16. (62 S. nebst Handkatalog für Volks- und Bürgerschulen) In Leinwd. geb. Kornenburg:Kühkopf 1892. —.80

Schulkalender, Deutsch-österreichischer, für das Schuljahr 1896/97. März-Ausgabe. Bearbeitet von C. Ludwig Mussil. IX. Folge. 16. (76 S. mit Stundenplänen und Notizblättern.) In Lnwd. geb. —.80 Kornenburg. Kühlkopf 1896.

Schul-Kalender, Deutsch-österreichischer, für das Schuljahr 1896/1897. August-Ausgabe X. Folge. Bearbeitet von C. Ludwig Mussil. 16. (78 S u. Handkatalog.) In Lnwd. geb. Kornenburg:Kühkopf 1896. —.80

Mussil, Moritz, Fach- und Turnlehrer, Methodischer Lehrgang für das Turnen. Erster Theil: Elementarstufe. 8. (34 S.) Znaim 885, Fournier und Haberler. *

Mussil, Moritz, Methodischer Lehrgang für das Turnen, T. 1: Elementarstufe, Znaim, 34 S., 8°.

Mussinan, Ferd. Joh. Bapt., Entwurf einer allgem. verpflichtenden u. angemessen schonenden Heer-Verfassung. Ein neues System z. erfolgreichster Lösung schwebender Fragen m. besond. Berücksichtig. d. teutschen Zustände d. Industrie sowie d. Erziehung u. Volksbildung. gr 8. (21¼ B.) München 846, Franz.

—— Technik der Heeres-Ausrüstung, bezügl. auf Leder, Sattel, Geschirre u. Magazinirung. Zur Hilfe u. Ersparung f. militärisch organisirte Corps, sowie f. Pferdebesitzer u. mit Leder umgehende Gewerbe. gr. 8. (16½ B. u. 8 Taf.) München 842, Lentner'sche Buchh. *

Mussinan, Jos. v, s. M u s s i n a n , Josef Anton v

v. Muſſinan, Joſ. Ant., Befeſtigung u. Belagerung d. baier. Hauptſtadt Straubing in den J. 1633, 1704 u. 1742. 8. Straubing. 816. (Schorner). 12 𝔤𝔯

—— Denkrede auf Geo. Karl v. Sutner. Geleſ. in d. öffentl. Sitzung d. k. b. Akad. d. Wiſſenſchaften am 28. März 1837. gr. 4. (2½ B.) München, (Franz.)

Mußinan, Joſ. v., Geſchichte d. franz. Kriege in Deutſchland, beſond. auf bayer. Boden, in d. J. 1796, 1800, 1805 u. 1809. 4. (letzt.) Thl., den Feldzug v. J. 1809 enthalt. gr. 8. (23 B.) Sulzbach 829, v. Seidel.
1—3. Thl. Ebendaſ. 1822, 26. à 2 Thlr.

— Geſchichte d. Löwlerbundes unter d. baier. Herzog Albert IV. vom J. 1488—95. gr. 8. Münch. 817. Lindauer. 16 𝔤𝔯

— Geſchichte der herzogl. niederbaier. Linie Straubing-Holland. Mit 1 Abbild. gr. 8. Sulzb. 820. v. Seidel. 12 𝔤𝔯

Muſſinan, Joſ. Ant. v., Bayerns Geſetzgebung, dargeſtellt. gr. 8. (28½ B.) München 835, (Lindauer'ſche Buchh.)

—— über d. ſeit 1824 beſteh. Kunſt-Verein d. Königr. Bayern, mit beſond. Rückblick auf d. früheren ſchon in d. J. 1788 u. 1789 ſtattgehabten Gemählde-Ausſtellungen in München. 12. (2½ B.) München 830, Finſterlin.

— Ludwig der Baier u. d. Jahr 1809. Mit 2 Kpf. 8. Straub. 809. Heigl u. C. (Schorner). 1 ℛ𝓉

v. Mussinan, Jos. Ueber das Schicksal Straubings und des bairischen Waldes während des dreyssigjährigen Krieges vom Oktober 1633 biss April 1634. 8. Straubing 1813

— geſchichtl. Ueberſicht u. Darſtell. des baier. Staatsſchuldenweſens, in Verbindung mit beſond. Betrachtt. über das Schuldenbudget u. den Geſetzentwurf f. die III. Finanzperiode 1831/1837. gr. 8. Münch. 831. (Finſterlin). 6 𝔤𝔯

—— Ueberſicht üb. die v. d. Ständen d. Königr. Bayern auf d. Landtage 1831 zum Wohl d. ganzen Nation gefaſſt., u. von d. kgl. Staatsregierung bewill. Beſchlüſſe. Zuſammengeſt. f. ſeine Hrn. Collegen in d. Kammer d. Abgeord. Hrsg. v. H. Holzſchuher. gr. 8. (1 B.) München 832, Franz.
Vgl. Holzſchuher.

(——) Wegweiſer in d. Schloß Trausnitz, ſ. 8. Bd.: Wegweiſer.

Mußkau, ſ. Pückler.

Müßle, Aug., Aufruhr. Drama in 3 Akten. (54 S.) gr. 8. Straßburg (905). Süddeutſcher Merker. n. 1.50

— Herzensſtürme u. Blüten. Gedichte. (XII, 180 S. m. Bildnis.) 8. Dresden 905. E. Pierſon. n. 1.50; geb. n. 2.50

Müssle, Heinrich [aus Sasbach]: Vergleichende Geschmacksprüfung zwischen Alkoholen, Glycosen und Saccharosen ... Würzburg, Druck d. Etlinger'schen Buchdr., 1891; 28 S. 8.
Würzburg, Med. Fak., Inaug.-Diss. v. 1891

Müssler, Fel., Wilhelm v. Humboldts pädagog. Ansichten im Lichte seiner Lebensauffassg., s. a. Magazin, pädagog.

Müssler, Felix, a. Limbach i. Sa. Wilhelm von Humboldts pädagogische Ansichten im Lichte seiner ästhetischen Lebensauffassung. Langensalza 1908. H. Beyer & Söhne. (114 S.) 8°
Leipzig, Phil. Fak., Ref. Volkelt-Wundt, Diss. v. 14. Juli 1908
[Geb. 20. Febr. 77 Limbach, Wohnort: Annaberg, Staatsangeh.: Sachsen, Vorbildung: Sem. Waldenburg, Wahlfähigkeitsprüfung Nov. 99, Studium: Leipzig 6 S.]

Mußmann, Ad., ſ. a.: Eck, M.

Mußmann, Adf., bunte Geſchichten für die Kinderwelt. (100 S. m. z. Tl. farb. Abbildgn.) Lex.-8. Hannover (903). A. Molling & Co. Geb. 3.—

Uendern Klewer. Plattd. Gedichte ((Mundart vor un in Hannower)) van M. Eck (Ad[olf] Mussmann). (Hannover) Hannowersche Anzeiger 1906. (87 S.) 8° [J.]

— Das plattdeutſche Schrifttum in der hannover. Stadtbibliothek. Nach ſeinem Vortrage im Keſtner-Muſeum. (12 S.) 8. Hannover 909. E. Geibel. —60
Sonderabdruck aus: „Hannov. Geſchichtsbl."

Mussmann, Friedrich [aus Hannover]: Ueber o-Kresolderivate ... Freiburg i. B., Buchdr. v. Chr. Ströcker, 1892; 44 S., 1 Bl. 8.
Freiburg i. B., Phil. Fak., Inaug.-Diss. v. 1892

Mussmann, Johann Georg

(Mußmann, J. G.,) wiſſenſchaftl. Beleuchtung d. Grundſätze zc., ſ. Beleuchtung.

Wissenschaftliche Beleuchtung der Grundsätze der religiösen Wahrheitsfreunde oder Philalethen. Eine Zuschrift an Religions- und Staatsfreunde [v. J. G. Mussmann] Halle 1831 8°

Mußmann, J. G., († d. 30. Juni 1833.) darf auf Gymnaſien philoſoph. Unterricht ertheilt werden oder nicht? gr. 8. Berl. 827. Mylius. 4 𝔤𝔯

—— Grundlinien d. Logik u. Dialektik, zum Gebr. bei mündl. Vorträgen. gr. 8. (12 B.) Berlin 828, Mylius.

—— Grundriß d. allgem. Geſch. d. chriſtl. Philoſophie, mit beſond. Rückſicht auf d. chriſtl. Theologie. gr. 8. (16 B.) Halle 830, [Grunert.]

Mussmann, Joan. Georg. (geb. Wotzlaff bei Danzig 3. 5. 1795): De idealismo sive philosophia ideali. Berolini 1826. VIII, 48 S. 4°
Berlin, Phil. Diss. v. 27. Mai 1826.

— de Idealismo seu philosophia ideali. Dissert. 4maj. Berl. 826. Reimer. 10 𝔤𝔯

— Immanuel Kant. Eine Gedächtnißrede, gehalten vor e. Verſamml. akadem. Bürger am 12. Febr. 1822. gr. 8. Halle 822. Anton. 8 𝔤𝔯

— Lehrbuch d. Seelenwiſſenſchaft od. rationellen u. empir. Pſychologie zc. gr. 8. Berl. 827. Mylius. 1 ℛ𝓉 16 𝔤𝔯

Mussmann, Johann Georg, De logicae ac dialecticae notione historica. Berlin (J. Fr. Starck) 1828. 28 S. (4.50) 24435
Widm. v.: Johann Samuel Hintz.

Mussmann, Ioannes Georgius. De logicae ac dialecticae notione historica. Halae (1828) Schimmelpfennig. IV, 28 S. 8° (4°)
Halle-Wittenberg, Phil. Hab.-Schr. v. 16. Aug. 1828
[Nebent. ebenso, ohne den akadem. Charakter der Schrift, aber: Berolini 1828. Starck. — Im Buchhandel Berlin (Halle: Ruff) 1828.

Vorleſungen über das Studium der Wiſſenſchaften u. Künſte auf der Univerſität. 8. Halle 830. jetzt Lippert. 1 ℛ𝓉

— Vorlesungen üb. das Studium d. Wissenschaften u. Künste auf d. Universität. Ein Taschenbuch f. Studirende. gr. 12. Halle 832. Fr. Ruff. 1 ß

Musso, Astelmo, d. Räuberhauptmann. 1r Thl. 8. Götting. Dieterich. 804.

MUSSONI, Albertus Epistolarum s. Pauli pastoralium authentia argumentis externis et internis demonstretur et adversariorum asserta refutentur — (1868) 56 S. 8° (Handschr.)

Diss. Wien, Univ.

J. Mussotter Antiquariat in Munderkingen, Württemberg. Catalog 65: Dante Alighieri. Eine reichhaltige Sammlung ... aus dem Nachlasse des ... Kirchenrat Dr. J[ohann] A[ndreas] Scartazzini [† 1901]. II + 34 S. 8. [1902.]

Bismarcksäulen. Von Wilhelm Musspreusse. 5. Heft der 'Kiebitzeier' *Hannover W. Wisser [1899]* (32 S.) 8° [Umschlagt. F.] (00. 170 7

Bismarcksäulen. Der teutschen Studentenschaft z. Sonnwendfeier gewidmet von Wilhelm Mußpreuße. 6. Heft d. 'Kiebitzeier' *Hannover W. Wisser [1903].* (22 S.) 8° [Umschlagt. F.] (03. 10079 7

[illegible] Kiebitzeier für den Einsiedler in Friedrichsruh und den zweitgrossten Deutschen' in Hannover. Von Wilhelm Mussprousse. 4. Sendung *Hannover. W. Wisser 1894.* (32 S.) 8° [F.] (00. 172 7

Frische Kiebitzeier für den 'Einsiedler in Friedrichsruh' und seine nationalliberalen Freunde. Von Wilhelm Mussprousse. 3. Sendung *Hannover W. Wisser [1892]* (32 S.) 8° [F.] (00. 171 7

Der Zweck heiligt die Mittel oder Egoismus und Uneigennützigkeit. Kibitzeier z. Geburtstage f. d. 'Einsiedler in Friedrichsruh' [!] am 1 Apr 1892 [Von Wilhelm Musspreusse.] 1 Sendung 2 Aufl. verm. u. verb. *Hannover: W. Wisser 1894.* (32 S.) 8° [F.] (00. 174 7

Der Zweck heiligt die Mittel? Frische Kiebitzeier f. den 'Einsiedler in Friedrichsruh' u. seine nationalliberalen Freunde. Von Wilhelm Mussprousse. 2 Sendung *Hannover: W. Wisser [1892]* (32 S.) 8° [F.] (00. 173 7

Mußte es sein? (Briefe v. Karl Wesendong an seine Pflegeschwester Ruth.) (Von J. Jobst.) 1.—8. Aufl. (à 184 S.) 8. Leipzig 904. 905. F. Rothbarth. n. 8. —; geb. n. 4. —

Mußte es so kommen? Von Hohenschwangau bis Schloß Berg. Die bayr. Regentschafts-Katastrophe m. Randglossen. Von e. Unterrichteten. 3. Aufl. gr. 8. (96 S. m. 1 Holzschn.-Portr.) Annaberg 886. van Groningen. n. 1. —

Müsste eine jede Sprache nicht auch ihre eigenen Lese- und Schriftzüge haben? [Riga 1828.] V: *Klot, Gustav Reinhold von.* (R-N)

Musswies-Messe, Die, komisch dargestellt. 1840. V: *Weisser, Adolf.* (Franz Brümmer, Lexikon der deutschen Dichter des 19. Jahrhunderts. Leipz. 1913 ff. VII, 381—382) (Hdschr. Mitth. von Friedrich Müller, München)

Must, Heinr., der Kanarienvogel, seine Züchtg. u. sein Gesang. Praktische Erfahrgn. aus der Vogelstube. 8. (VI, 40 S.) Halle 875. Lippert'sche Buchh. n. 1.

Mustad, Ole: Abscheidungspotential des Eisens aus seinen Sulfat- und Chlorürlösungen bei verschiedenen Temperaturen. 1908. 46 S., 1 Taf. 8° ¶ Vgl. F. Foerster: Beiträge zur Kenntnis des elektrochem. Verhaltens d. Eisens. Halle 1909. (Abhandlungen d. Deutschen BunsenGesellschaft f. angewandte phys. Chemie. Nr. 2.) S. 34 ff.

Dresden, Dr.-Ing.-Diss. v. 17. 7. 1908

Mustafa, Ben Abdalla Hadschi Chalfa, Rumeli u. Bosna, s. a. Hammer, J. v.

Mustafa, Ben Abdalla Hadschi Chalfa, Rumeli u. Bosna; aus d. Türk. übers. von J. v. Hammer. gr. 8. Wien 812. Kunst- u. Ind.-Compt. 2 ß 12 Gr.

Mustapha, Karl, eine türkische Geschichte, a. d. Franz. 8. Frankf. Gröll. 755.

Mustapha und Zeangir. Trauersp. 8. Leipz. 767.

Mustapha und Zeangir. Trauerspiel in vier A. Neu bearb. in Jamben nach Weisse. Augsburg 1823. V: *Wagenseil, Chn Jacob.* (GGr)

Mustapha Ben Abdallah Katib Jelebi dicti Haji Kalfa, Lexicon, s. Haji.

Mustapha, Fil. Hussein Algenabii. De gestis Timurlenkii seu Tamerlanis opusculum turo-arabo-persicum, latine redditum a Jos. Bapt. Podesta. Viennae 1680.

Volkerrechtliche Entwickelung Bulgariens seit dem Berliner Vertrage von 1878 bis zur Gegenwart. Von Moustapha Nedjmidin [Mușțafā Nagm-i-Din]. Bonn Georgi 1908. 152 S. 8°
Erschien zuerst als jur. Inaug.-Diss., Bonn (09. 2630 5

Mustard, W., The etymologies in the Servian commentary to Vergil. Diss. 1892. 87 S.

Muster altdeutscher Alphabete, entworfen v. Frau M. Beeg-Aufseß, u. moderner Monogramme, entworfen v. Frl J. v. Salzberg. Fol. (8 Bl. in Farbendr.) Leipzig 883 Heitmann. In Mappe. n. 3. —

Muster u. Alphabete für Schilder-Maler in verschied. englischen, Fractur, gothischen u. römischen Schriftarten. (12 lithogr. Blätter.) qu. gr. 4. Wesel 837. Bagel. n. 2/3 ß — 2e Aufl. 840. n. 2/3 ß

— amtliche, zur Grundbuchdienstweisung, s.: Vorschriften, d. landesrechtlichen, üb. die Grundbuchführung im Großherzogt. Baden.

— f. Anfänger im Stricken, Sticken u. Zeichnen in Bezieh. auf den 2n Thl. v. Funke's Lehrbuch z. Unterr. d. Töchter; hrsgg. v. C. P. Funke. 1s Hft. Mit ill. Kpf. Fol. Berl. 801. Voß. 1 ß 16 Gr.

— u. Aufgaben zu Geschäftsaufsätzen 2c. Von einem Verein berg. Lehrer. 2e Aufl. Wesel 840. Prinz. n. 1 Gr.

Muster u. Aufgaben zu Geschäftsaufsätzen u. Briefen f. Elementarschulen. Von e. Verein bergischer Lehrer. 3. u. 4. Aufl. gr. 12. (à 1 B.) Mörs 841, 42, Dolle. à

— u. Aufgaben zu Geschäftsaufsätzen u. Briefen f. Elementarschulen. Von einem Vereine bergischer Lehrer. 6. Aufl. 12. (24 S.) Meurs 852, Dolle. 1/24 ß

Muster zur Aufstellung von Orts-(Kreis-)Statuten für Kaufmannsgerichte auf Grund d. Kaufmannsgerichts-Gesetzes v. 6. Juli 1904. Veröffentl. auf Anordnung d. Minist. f. Handel u. Gewerbe. Berlin: C. Heymann (1904). (23 S.) 4° [F.] [06. 6293

[F.] **Muster** für schriftliche militärische Ausarbeitungen. *Berlin E. S. Mittler & Sohn 1897.* (2 Bl., 3 S., 7 Beil., 1 Erl.-Bl.) 1 Bd 4. [Text lithogr.] [98. 3871

Muster f. schriftliche militärische Ausarbeitungen. 2. Aufl. Fol. (7 lith. S. m. 4 Meldekarten, 1 Skizze, 1 Kroki u. 1 Briefumschlag.) Berlin 898. E. S. Mittler & Sohn. In Umschlag n. 1. —

Muster für schriftliche militärische Ausarbeitungen. 3. neubearb. Aufl. Berlin 1900. 4 S. u. 5 Bl. 4⁰

— zur Aufstellung v. Orts-(Kreis-)Statuten f. Kaufmannsgerichte auf Grund des Kaufmannsgerichts-Gesetzes vom 6. VII. 1904 (R. G. Bl. S. 266). Veröffentlicht auf Anordng. des Hrn. Ministers f. Handel u. Gewerbe (20 Bl) 4. Berlin 904. C. Heymann. n. 1. —

— dasselbe. (27 S.) 4. Berlin 904. F. Kortkampf. n. 1. —

— ausgefüllte, der Anlage 1—4 zur Pensionirungs-Vorschrift f. das preußische Heer. gr. 8. Berlin 900. E. S. Mittler & Sohn. n. 1.20
1. (8 u. 47 S.) n. —50. — 2. (5 u. 25 S.) —30.
3. (4 u. 24 S.) n. —20. — 4. (3 u. 24 S.) n. —20.

— der prakt. Baukunst in 34 Kpf., nebst d. Plan. d. Baumeisters d'Jönard. 1r Bd. gr. Fol. Straßb. 791. Treuttel u. W. 8 ℞

— d. Beredsamkeit, a. d. besten geistl. u. weltl. Rednern d. Deutsch. gesamml. 8. Strasb. 755.

Muster der geistlichen Beredsamkeit . . . Bamberg und Wirzburg 1785. V: *Wurz, Ignaz.* (Jes)

— d. geistl. Beredsamk., od. auserl. heil. Geheimn.- Lob- u. Sittenreden a. d. vornehmst. Fest. d. Kirche, a. d. Frz. 4 Bde. gr. 8. Bamb. Göbhard. 785.

— der geistl. Beredsamkeit, od. auserles. heil. Geheimniß-, Lob- u. Sittenreden auf d. vornehmst. Festtage d. Kirche; aus d. Französ. 4 Bde. gr. 8. Bamb. 785. (Wesché in Frkf.) 5 ℞

Muster der geistlichen Beredsamkeit in zwölf Predigten über verschiedene Gegenstände der Religion. A. d. Franz. Augsburg 1769. Ü: *Köberlin, Balthasar.* (ML)

Muster, Berliner, zur weißen Stickerey. 1s — 8s Heft. gr. Fol. Berlin, Wittig. 817 — 20. (1s — 3s Heft à 1 Rthlr. 18 Gr. 4s — 8s Heft à 1 Rthlr. 12 Gr.) 1

— Berliner, z. weißen Stickerei. 16 Hefte. qu. Fol. Berlin 827, Wittich.

Muster zu Bewerbungsgesuchen der Militäranwärter, m. e. Anh.: Bestimmungen üb. die Kommandierg. u. Beurlaubg. der im aktiven Militärdienste befindl. Militäranwärter im Interesse ihrer Zivilversorgg. (16 S.) 33,5×22 cm. Berlin (909). E. S. Mittler & Sohn. p —75

— v. couleurt gestickten Bordüren zu Kleidungsstücken, n. d. neuest. engl. Geschm. v. Philipson, m. illumin. K. Leipzig, Ind. Comt. 799.

— z. Briefen im neuesten Geschm. 8. Wien, Trattner. 796.

Muster der feinen religiösen Darstellungen in Stahlstich enth. Sorte II Nr. 1—41 aus dem Verlag der Kunst-Anstalt des österreich. Lloyd in Triest u. Wien. 8. (41 Stahlst.) Leipzig 850, Hubner. n. 2/3 ℞ — Sorte IV Nr. 1 - 24. Sorte V Nr 1—44. gr. 16. (68 Stahlst.) Ebd. 850. n. 2/3 ℞

Muster zur Dienstanweisung f. die Remonte-Depot-Administration (D. f. Rem.) vom 12. VI. 1897. (V, 825 S.) 8. Berlin 906. E. S. Mittler & Sohn. n. 2. —; kart. n. 2. 30

Muster, 23, zu Einträgen in die Standesregister zum Handgebrauche für die Standesbeamten. 12. (85 S.) Glauchau 883, (Peschke.) cart. *

Muster. – Das Muster eines rechtschaffenen Edelmanns, s.a. Fell, John, u. Richard Allestree

— eines rechtschaffn. Edelmanns, in d. Pflichten geg. Gott, d. Nächsten u. sich selbst. 8. Nürnb. 751.

— 21 zu Schreib-Vorschriften. Cöln, Verlagsbuchh.

— f. die laut der Verordnung des k. k. Eisenbahnministeriums vom 28. VIII. 1904, R. G. Bl. Nr. 97 betr. die Eisenbahnbrücken, Bahnüberbrückungen u. Zufahrtsstrassenbrücken m. eisernen od. hölzernen Tragwerken zu benützenden Behelfe u. Zusammenstellungen. (63 S.) gr. 4. Wien 905. (Hof- u. Staatsdruckerei) n. 1. 80

— engl. z. Sticken, f. Damen ꝛc. 4 Samml. 4. Leipzig, Baumgärtner. 794 - 96. (1ste 3 Rthlr. 2te 4 Rthlr. 3te u. 4te à 3 Rthlr.)

Muster zum Festoniren- od. Tambourinnähen. 6 Blätter. Fol. Ulm, Jakob Ebner.

Muster f. e. Fischerei-Pacht-Vertrag, entworfen von dem Vorstande des Fischerei-Vereins f. die Prov. Posen. 12. (15 S.) Neudamm 902. J. Neumann. n. —25

— neuzeitliche Flächenverzierung. Entwürfe f. Spitzen, Gardinen, Teppiche, Möbel- u. Kleiderstoffe, sowie f. Flächendecoration im Allgemeinen. gr. Fol. (14 Lichtdr.-Taf.) Dresden (900). Leipzig, Gilbers. n. 16. —

Muster zu Geschlechtstafeln u. leichter Berechnung der Verwandtschafts-Grade. gr 4. Tübingen 824. (Laupp.)

— neu gezeichnete, z. Stricken in Garn, Wolle, Seide u. zur Perlenstrickerei ꝛc. 3 Hefte. 4. Pirna 811. Friese. (à 12 gr) 1 ℞ 12 gr illum. (à 1 ℞) 3 ℞

Muster des wandelbaren Glücks-Rades an dem Rade der Justiz, d. i. Bilde des von seinem Leiben abgesonderten und auf einem Plocke steckenden Haupts des weltbekannten Joh Reinh v. Patkul 1 s l 1708

— gothische, v. Schmiede- u. Schlosser-Arbeiten aus dem gothischen Musterbuche v. V. Statz u. G G Ungewitter, enth. Thürbeschläge, Schloßdecken, Thürgriffe, Ringe, Klopfer u. Aehnliches. 15 (lith) Taf. m. vielen Abbildgn., nebst erläut. Texte. Fol. (1 Bl. Text) Leipzig 883 T. O. Weigel. In Mappe. n 4. —

Muster, lateinische, f. d. latein. Vorbereitungsschulen. 8. Salzb. 789. Duyle. 3 gr

— eines apostolischen Lehrers für d. Seelsorger ꝛc. 3 Thle. 8. Inspr. 780. Fischer. 1 ℞

— für Leinen-Stickerei, in farb. Kunstdr. ausgeführt. 1. Sammlung. 20 Hefte. Lex.-8. (à Heft 2 Bl.) Leipzig 882, Kramer und Most. à Heft 30 Pf.
Vergriffen.

— für altdeutsche Leinenstickerei. 5 Hfte. 32. (à 20 Steintaf. m. 4 S. Text.) Harburg 881. Elkan. à — 20

— altdeutscher Leinenstickerei. 4. Sammlung. Gesammelt und hrsg. von der Redaction der Modenwelt. gr. 4. (24 S. und 30 Taf.) Berlin 888, Lipperheide. In Mappe
Pracht-Ausg. auf Kupferdr.-Papier. In Mappe
1.—3. Sammlung, s. XVII. Bd. 2. Abthl. S. 218: Musterbücher für weibl. Handarbeiten. 1.—3. Abthl.

— v. Leinenstickereien sächs. Bäuerinnen aus d. siebenbürg. Landestellen Ungarns. Veröffentl. v. Hermannstädter Komitat gelegentlich der Millenniums-Ausstellg. 4. (11 Taf. m. 2 Bl. Text.) Hermannstadt 896. (L. Michaelis.) n. 1. 40

— für Majolicamalerei. 1. Lft. gr. Fol. (4 farb. Taf. m. 4 Contour-Abdr.) Budapest 890. (Révai.) n. 5. —

Muster einer älteren Materialien Rechnung des Train-Depots über Lazarett-Utensilien. (O. J.) (Handschr.)

— neue Pariser u. Londoner, um Petinet, Spitzen rc. zu brodiren. qu. Fol. Leipz. 804. Magaz. f. Ind. 1 Thlr.

— neue z. Stricken f. Damen. 2s Heft. Leipz. Leo. 808. (à 3 Rthlr.)

— neue, zum Stricken u. zur Tappissorie, od. Stickerei im türk. Geschmack. 4. Magdeb., Creutz. 16 Gr.

— — neueste Berliner, zum Sticken in Plattstich zu Weiß-Stickerey. 4. Berlin, Maurersche Buchhandl. 817.

— neueste engl., zum Sticken f. Damen, wie auch für Spitzen-Kattun- u. a. Fabrikant. 3 Hfte. Lpz. 803. Mag. f. Ind. 6 Thlr.

— neueste, zur elegantesten Perlenstrickerei, in 12 color. Blätt., als Arabesken, Bouquets, Blumen- u. Frucht-Guirlanden. qu. 4. Nürnb. 814. Zeh. 1 Thlr.

— neueste, für Zeichner u. Mahler. Eine Samml. der vorzügl. Charakterzeichnungen nach Rubens, Lebrun, Adam rc. 1s u. 2s Hft. (10 lithogr. Blätter.) gr. 8. Aachen 835. Hensen u. Comp. (à 1/4 Thlr.) 1/2 Thlr.

Muster, 90, der neuesten und gangbarsten Heiligenbilder in Bunden. Lithographien in Spitzen und Reliefrand, Farbendrücke und Stahlstichspitzen. Einsiedeln, Gebr. Benziger. 1871 4. —

— zur Palmstickerei. 2 Hfte. qu. Fol. Berl. 810. Schöne. 3 Thlr. 12 Gr.

— zu e. neuen Polizeiverordnung üb. die bauliche Anlage, die innere Einrichtung u. den Betrieb v. Theatern, öffentl. Versammlungsräumen u. Zirkusanlagen. (47 S. m. 5 Taf.) 34,5×32,5 cm. Berlin (909). W. Ernst & Sohn. 2. 50

— u. Proben d. deutschen Dichtkunst, in d. mehrsten Arten der Poesie, welche aus d. Arbeiten neuer Poeten gesammel. sind, (v. J. Chr. Stuß). 2 Thle. 8. Nordhaus. 756. Groß. 16 Gr.

— zu Probeschriften f. die, welche Advokaten werden wollen. 8. Leipz. 799. (Aue in Altona). 8 Gr.

Muster für die Schreibübungen in dem topograph. Bureau des K. Bayer. Generalquartiermeister-Stabs. qu. 1/2 Fol. (20 Kpfrtaf.) München 842. (Mey u. Widmayer) n. 2/3 Thlr.

— d. deutschen Sprache. 8. Wurzb. Stahel. 780.

Muster der Latein. Sprache aus den alten Schriftstellern. Wirzb. 772. 2 Thle. 8. Ebend. 780. Band I. 8. 16 gr.

— der latein. Sprache, aus d. alten Schriftstellern derselben, sammt e. kurzen Geschichte dieser Sprache. 8. Bamb. 777. (Wesché in Frankf.) 16 Gr.

Muster zum Sticken, s. Sammlung neuer Muster etc.

— zum Sticken f. Damen, nach d. neuesten Geschmack. qu. Fol. Augsb. 824. Engelbrecht. 16 Gr.

— zur weißen Stickerei im neuesten Geschmack. 1s u. 2s Hft. qu. gr. 8. Regensb. 829. Reitmayr. (à 10 Gr.) 20 Gr.

— zur weißen Stickerei im neuesten Geschmack. 2 Hfte. gr. 8. Regensburg 835. Reitmayr. (à 5/12 Thlr.) 5/6 Thlr.

— altdeutscher und moderner Stickereien. Hrsg. von Frau M. Beeg-Aufseß, Frl. C. v. Braumühl, Frau M. Meyer, Frl. Jos. Merz, Frl. J. v. Salzberg u. A. Ausg. A. Fol. (15 Bl. in Farbendr.) Leipzig 883, Heitmann. In Mappe *
Ausg. B. (30 Bl.) *
Ausg. C. (60 Bl.) in Leinw.-Mappe *

— zum Stricken, nach d. allerneuesten Geschmack gezeichnete, in Garn-, Wolle-, Seide- u. zu Perlenstrickerei rc. Mit 12 Kpfr. 4. Leipz. 812. Schmidt. 20 Gr.

— zum Stricken u. Nähen mit Perlen; e. Geschenk für fleißige Mädchen. Mit 30 Kpf. 4. Ulm, J. Ebner. 1 Thlr.

— für Textil-Industrie, angefertigt in der kunstgewerbl. Fachzeichenschule zu Plauen i. V. im Schulj. 1884/85. 40 Photogr. in 2 Abthlgn. Hrsg. v. Rich. Hofmann. 4. (1 Bl. Text.) Plauen 885. Neupert. In Mappe. n. 30. —

— der Unterthanen Treue am Nieder-Rhein. 8. Bamb. 798. (Wesché in Frkf.) 9 Gr.

Muster der Unterthanentreue am Niederrheine, oder: was steckt hinter den Vorspieggelungen von Freyheit, Gleichheit, Volksgluck und reinerem Christenthum? 2. Aufl. Frankfurt u. Leipzig 1798.

Muster, 54 neue, zum Auszählen in Spitzengrund od. Tüll, mit d. neuesten Desseins zu Kleidern, Pellerinen, Kragen, bestehend in Sternen, Kanten, Sternmustern rc., welche Alle ausführbar sind. Nebst 2 leeren Tüll- u. Spitzengrundblätt. 16. Dresd. 830. 2e A. 75 Muster rc. Ebd. 831. Friese. 16 Gr.

Muster, wie das Neue Controvers-Buch des ... Joseph Biners S. J. ...: Beschreibung des unglücklichen Anlauffs der H. Praedicanten zu Zürich, in ihren angestellten Mucken-Tantz ... geraten sei. Samt ... einem Sendschreiben von dem Authore dieser Schrift (Joh. Bapt. Suizer). Zürich 1742. V: *Breitinger, Johann,* (zuwzür 13, 1909, III, S. 13)

— z. Zimmerverzierung. u. Ameublem. 2 Samml. Qu. Fol. Ebendaselbst. (Voß.) 794—95. (1ste 1 Rthlr. 16 gr. 2te 2 Rthlr.)

— zu Zimmerverzier. u. Ameublements, n. ganz neuem Geschmack. Mit ill. Kpf. qu. Fol. Leipz. 804. Voß. 3 Thlr. 8 Gr.

— zwei uralte, ehrwürdige, zu aller Art von Kirchenschmuck. gr. 8. (8 S. m. 2 Taf.) Aachen 899. J. Schweitzer. n. — 80; kart. n. 1. —

Muster, 200, für Fröbel'sche Papier-Flechtarbeiten, in Zahlen dargestellt. Eine Gabe für die Jugend. Stettin 867. Dannenberg & Dühr. gr. 16. (46 S.) n. 10 ngr.

Muster, F., die Geschichte in der Volksschule. Von der Diesterweg-Stiftg. in Berlin prämiirte Concurrenzschrift. 8. (78 S.) Köln 876. Roemke & Co. 1. 50

Muster-ABC-Buch in 24 Bildergruppen. Mit ausführlichen Buchstaben-Uebungen, kleinen Geschichten, Denksprüchen, Gebeten, Gedichten u. dem Einmaleins. 854. — 2. Aufl. 856. — 3. Aufl. Stuttgart 858. Chelius. gr. 8. (40 S., lith. Titel u. 12 color. Lithogr.) 22½ ngr.

Muster-A-B-C-Buch in 24 Bildergruppen. Mit ausführlichen Buchstaben-Uebungen, kleinen Geschichten, Denksprüchen, Gebeten, Gedichten u. dem Einmaleins. 4. Aufl. Stuttgart 862. Chelius. gr. 8. (40 S. u. 12 lith. u. color. Taf.) 22½ ngr.

Muster-ABC-Buch in 24 Bildergruppen (auf 12 color. Steintaf.) Mit ausführl. Buchstaben-Uebgn., kleinen Geschichten, Denksprüchen, Gebeten, Gedichten u. dem Einmaleins. 5. Aufl. Lex.-8. (40 S.) Stuttgart 873. Leipzig, Berndt. 2. 25

Muster-ABC-Buch in 24 Bildergruppen. Mit ausführlichen Buchstaben-Uebungen, kleinen Geschichten, Denksprüchen, Gebeten, Gedichten u. dem Einmaleins. 5. Aufl. gr. 8. (40 S. m. 12 color. Steintaf.) Leipzig 878. Berndt. cart. 2. 50

Muster-ABC-Buch, großes, in 24 Bilder-Gruppen mit ausführlichen Buchstabir-Uebungen, kleinen Geschichten, Denksprüchen, Gebeten, Gedichten und Einmaleins. 1. Aufl. 1854. und 2. Aufl. 4. (40 S. mit 12 ill. Stnt. und lithogr. und ill. Titel.) Stuttgart 855(56,) Chelius. –

Musteralphabet, deutsches u. lateinisches. Je 2 Taf. à ca 90×67,5 cm. Dortmund (905). W. Crüwell. n.n. 2. —
auf Leinw. m. Stäben u. Oesen n.n. 8. —

Muster-Alphabet d. deutschen u. latein. Schreibschrift nach d. f. d. Crüwellschen Fibeln in Schlesien vorgeschrieb. Schriftformen. 8. (3 S.) Dortmund 900. W. Crüwell. — 05

Muster-Alphabet der deutschen und lateinischen Schreibschrift nach den für die Crüwellschen Fibeln in Schlesien vorgeschriebenen Schriftformen. Dortmund: W. Crüwell [1905]. (2 Bl.) 8° [F.] [06. 10873 6

Musteralphabet, württemberg. (Deutsch u. Lateinisch.) (2 Bl.) 8. Stuttgart (910). A. Müller. — 10

Muster-Alphabete u. Ideen z. Geschäftsfirmen f. Kalligraphen u. Schildermaler. qu. schm. 8. (24 Bl.) Chur 846, Grubenmann'sche Buchh. *

Muster-Alphabete u. Ideen zu Geschäftsfirmen f. Kalligraphen u. Schildermaler. qu. 8. (18 lith. Bl. u. 6 Bl. in Buntdr.) Chur 847, Grubenmann. n. ⅔ ₰

Muster-Alphabete und Ideen zu Geschäftsfirmen für Kalligraphen und Schildermaler. 2., verb. Aufl. qu. 4. (18 lithogr. und 7 chromolithogr. Taf.) Chur 856, Grubenmann'sche Buchh. *

Muster-Alphabete für Lehrer, Kalligraphen, Lithographen etc. in 34 Blättern. Lith. qu. gr. 8. Leipzig 877. Siegismund & Volkening. n. 1. 80;
Auswahl in 18 Blättern n. 1. —

Muster-Alphabete, zum Nähen, Stricken, Nachzeichnen u Nachschreiben. 4. Bl. Bresl., Hende. 2 ⅙

Muster-Alphabete u. Schreib-Vorlagen verschiedener Schriftenarten in den neuesten Formen. 1 u. 2. Hft. qu. 4. (à 12 Steintaf.) Leipzig 872. 73. Bauer à n. 1. —

Muster-Alphabete der gebräuchlichsten Schriftarten. Für Bildhauer u. Steinmetzen hrsg. gr. 4. (7 Blatt.) Ravensburg 885. Dorn. n. 1. —

Muster-Alphabete verschiedener Schriftarten in den neuesten Formen. 1. Heft. qu. 4. (12 Stnt.) Leipzig 872, Reclam sen. *

— verschiedener Schriftarten in den neuesten Formen. 1—4. Hft. qu. gr. 8. (à 12 Bl.) Leipzig 877—81. Bauer. à 1. —

Muster-Alphabete verschiedener Schriftarten in den neuesten Formen. 5. u. 6. Hft. 8. (à 12 Bl.) Leipzig 889. Bauer. à n. — 80 (1—6.: n. 5. 60)

Muster-Alphabete verschiedener Schriftarten in den neuesten Formen. VII. u. VIII. Hft qu. gr. 8. (à 12 Taf.) Leipzig 893. (R Bauer.) à n. — 80

Muster-Alphabete verschied. Schriftarten in den neuesten Formen. 10. Hft. qu. gr. 8. (12 Taf) Leipzig 897. (R. Bauer.) n. — 80

Muster-Alphabete verschiedener Schriftarten in den neuesten Formen. 11.—16. Heft. (à 12 Bl.) 15,5×23.5 cm. Leipzig (904—09). R. Bauer. à Heft — 80

—— verschiedener Schriftgattungen. 1. und 2. Aufl. qu. gr. 8. (20 Stnt.) Zürich 881,84. Orell, Füßli und Comp. *

— verschied. Schriftgattungen. 3. Aufl. (Innentitel: Erläuterungstafeln u. Muster-Alphabete verschiedener Schriftarten. Beilage zur Anleitg. f. d. Schreibunterricht v. e. bern. Lehrer.) qu. gr. 8. (20 lith. Taf.) Zürich 896. Art. Institut Orell Füßli, Verl. n. 1. —

Muster-Anekdoten. Einzige Sammlg., welche nur auserlesen zünd. u. neuere Humorblüthen v. selt. Komik in übersichtl. systemat. Abgrenzg. nach 30 [36] Materien bietet. Pendant zu „1000 Geistesblitze". 8. (96 S.) Leipzig 896. A. F. Schlöffel. n. 1. —

Musterarbeiten der Buchbinderei. gr. 4. (27 Taf. aus der „Monatsschr f. Buchbinderei.") Leipzig 892. (E. Volkening.) In Leinw -Mappe. 6. —

Muster-Arbeiten f. Damen. Eine Sammlung der neuesten u. geschmackvollsten Schnitte der Stick-, Strick- und Häckel-Arbeit. gr. 8. (7 Bl.) Leipzig 844, (Thomas.) * –

Muster-Beispiele zur Buchführung für ländliche Spar- und Darlehnskassen des Verbandes pomm. landw. Genossenschaften. (Stettin [1904]: Pomm. Reichspost.) (15 Bl.) 8°
— **Wegweiser** f. d. Geschäftsführung d. ländl. Spar- u. Darlehnskassen. [T 2.] [08. 3236 9

Musterbilder für Kinder. Kurze Lebensbeschreibungen frommer Kinder. Hrsg. von einem Priester der Diöcese Trier. Mit einem Stahlst.: der heilige Aloysius in seiner Kindheit. 12. (111 S.) Regensburg 880. Manz. — 80

Musterbilder zur Lehre und Warnung für Kinder. 30 Erzählungen und Gedichte. qu. 4. (40 S. mit 8 ill. Stnt. in Tondr.) Nürnberg 856, Lotzbeck.

Muster-Bilder, und Regulativ Der Bergmännischen Parade-Uniform in der Grafschaft Mannsfeld, Chur Sächsischer Hoheit, wie solche, am 9. Febr 1769, denen Bergbeamten, Berg-Saiger- und Rohhütten-Officianten, auch übrigen Subalternen, ingleichen der Berg- und Hütten-Knapschaft, nach ihren Classen, bey Parade-Aufzügen und sonst, zu tragen, angeordnet worden, nebst Anhang.
Tit., 33 Bl Text; 25 Taf. in Aquarellmalerei u. 3 Pläne. 4°
Hinzugefügt: „Regulativ der Bergmännischen Interim Uniform" datiert Eisleben am 28t April. 1787 mit 1 Abb.

Musterblatt u. Zeichenerklärung f. die topographischen u. kartographischen Arbeiten im Maßstabe 1:25000. Königl. preuß. Landesaufnahme. (24 S. m. 9 z. Tl. farb. Taf.) gr. 8. Berlin 909. (E. S. Mittler & Sohn.)
Geb. in Leinw. nn 3. 25

Musterblätter u. Alphabete f. Schilder-Maler, in verschied. engl., fractur, goth. u. röm. Schriftarten. 1. u. 2. Aufl. qu. gr. 4. (12 lith. Blatt.) Wesel 837, 40, Bagel. à *

Musterblätter nebst Anleitung zur Anfertigung des für den katholischen Gottesdienst vorgeschriebenen Weißzeuges als Altartücher, Communiontücher, Corporale rc. insbesondere auch der Spitzenverzierungen aus Filet- und Häkel-Arbeiten in echt kirchl. Stile hrsg. von einem Freunde der christl. Kunst. (Cyclus I.) Nebst Musterzeichnungen. gr. 8. (16 S. mit 12 Stnt. in gr. 4.) Münster 854, Cazin.

Musterblätter nebst Anleitung zur Anfertigung des für den katholischen Gottesdienst vorgeschriebenen und gebräuchlichen Weißzeuges als Altartücher, Communiontücher, Corporale rc. insbesondere auch der Spitzenverzierungen aus Filet- und Häkel-Arbeiten in echt kirchlichem Stile hrsg. von einem Freunde der christlichen Kunst. (Cyclus II.) gr. 8. (19 S. mit 9 Stnt. Musterzeichnungen in gr. 4.) Münster 858, [Aschendorff'sche Buchh.]

Musterblätter nebst Anleitung zur Anfertigung des für den katholischen Gottesdienst vorgeschriebenen u. gebräuchlichen Weißzeuges als Altar-Tücher, Communion Tücher, Corporale rc. insbesondere auch der Spitzen-Verzierungen aus Filet- und Häkel-Arbeiten in echt kirchlichem Stile herausg. von Bern. Zehe. Cyclus IV. Nebst 14 (lith.) Taf. Musterzeichnungen. Münster 864. Aschendorff. 4. (8 S.) 22½ ngr.

—— für die topographischen Arbeiten des k. preuß. Generalstabes. qu. gr. Fol. (8 lithogr. Bl. und 10 S. Text.) Berlin 850, (Schropp und Comp.) **

—— für die topographischen Arbeiten der königl. preussischen Landes-Aufnahme. gr. 8. (9 zum Theil color. Stnt. in qu. gr. 4. mit 32 S. Erläuterungen.) Berlin 876, (Mittler und Sohn.) geb. **

— für topographische Arbeiten [1:25,000]. Nach den Vorschriften der königl. preuß. Landes-Aufnahme. Kleine Ausg. in Lith. 8. (7 zum Theil color. Steintaf. m. 25 S. Text.) Berlin 878. Mittler & Sohn in Comm. n.n. 4. —

Muster-Blätter für die topographischen Arbeiten der königl. preuss. Landes-Aufnahme. (Grosse Ausg.) gr. 8. (9 Kpfrt., zum Theil in Farbendr., mit 35 S. Text.) Berlin 880, (Mittler und Sohn.) geb. **

Muster-Blätter f. die topographischen Arbeiten der Königl. Preußischen Landes-Aufnahme. 3. Aufl. gr. 8. (8 Taf. m. 43 S. Text.) Berlin 885. Mittler & Sohn. geb. n.n. 12. --

Musterblätter für topographische Arbeiten [1:25000]. Nach den Vorschriften der königl. preuß. Landes-Aufnahme. Kleine Ausg. in Lithogr. 4. Aufl. 8. (7 Taf. mit 23 S. Erläuterungen.) Berlin 887, (Mittler und Sohn.) **

— für d. topographischen u. kartograph. Arbeiten der kgl. preuß Landes-Aufnahme. 1:25000. 4. Aufl. gr. 8. (12 Blatt m. III, 34 S. Text.) Berlin 898. (E. S. Mittler & Sohn.) Geb. in Leinw. n.n. 8. 25

Muster-Blätter für die topographischen und kartographischen Arbeiten der Königlich Preussischen Landes-Aufnahme im Masstabe 1:25000. 5. Aufl. (Mit Taf.) Berlin E. S. Mittler & Sohn 1899 (34 S.) 8° [Ant. u. F.] [illegible]

— dasselbe. Nachtrag. gr. 8. Ebd. 889. n. - 35
Taf. Va Truppenzeichen Taf. V Kleine Signaturen rc. [Kreisgrenze] 2 Chromolith. (1 S. Text.)

— dasselbe. Kleine Ausg. Nachtrag. Taf. V. Kleine Signaturen u. Truppenzeichen. 8. (4 S. m. 1 Chromolith.) Ebd. 889. n. — 15

— für topographische Arbeiten (1:25,000). Nach den Vorschriften der königl. preuß. Landesaufnahme. Kleine Ausg. in Lith. 12. Aufl. (7 z. Tl. farb. Taf. m. 29 S. Text.) kl. 8. Berlin 906. (E. S. Mittler & Sohn.) n.n. 1. 25

Musterblätter f. Buchbinder u. Vergolder. I. u. II. Hft. qu. ½ gr. Fol. (à 6 lith. Bl.) Leipzig 842. (Herm. Fritzsche.) à

Musterblätter für die Darstellung des Terrains in militärischen Aufnahms-Plänen. Wien 1844. V: *Hofbauer Edl. v. Hohenwall, Gfr. & Mayern.* (KA)

Musterblätter fur das Fachzeichnen, nebst erl. Text hrsg von J[ohann] Witt, Dir. in Elbing, unter Mitw. .. 6. Aufl. H. 1 Berlin H. Spamer [1904]. quer-8° [illegible]

Musterblätter für Frauenzimmer zum Sticken u. Nähen. 2 Hfte. 4. Hamb. 811. (Herold jun.) 18 gr.

Musterblätter für Frauenzimmer zum Sticken und Nähen. 2 Hefte. 4. Hamb. Vollmer. 811. (à 9 gr.)

Musterblätter für Freundinnen der eleganten Stickerei. Hamburg 1833-39. V: *Meyn, Elisabeth geb. Aldenhoven.* (Ky) (EngMt)

Muster-Blätter f. Freundinnen d. elegant. Stickerei. (Von Elise Meyn, geb. Aldenhoven.) 1—3. Hft. qu. gr. Fol. Hamburg, Perthes u. Besser. [1. (16 Stnt. u. 2 B. Text.) 833., 2. (20 Stnt. u. 1 B. Text.) 834., 3. (15 Stnt. u. 1 B. Text.) 835. à 3 Thlr.]

—— für Freundinnen d. eleganten Stickerei. (Von Elise Meyn, geb. Aldenhoven.) 4—7. Hft. 1836—39. qu. ½ Roy.-Fol. (à 12 halbe u. 4 ganze B. in Stndr. u. 1 B. Text.) Hamburg, Perthes-Besser u. Mauke. à *

— f. geübtere Frucht- u. Blumenzeichner, enthalt. größere Frucht- u. Blumenstücke welche sich besond. als Vorlegebl. z. Examen-arbeiten in Schulen eignen. In Kreidemanier auf Stein gezeichnet. gr. Fol. (5 Bl.) Bresl. 829. (Hentze). 1 ℛ

—— 15 (lithogr.) kalligraphische. 3. Aufl. qu. gr. 8. Memmingen 856, Besemfelder'sche Buchh.

—— 15 kalligraphische. 5. Aufl. qu. gr. 8. (15 lithogr. Bl. mit lithogr. Titel.) Memmingen 859, Besemfelder'sche Buchh.

— zu den elegantesten u. modernsten Galanterie-Arbeiten für Buchbinder, Papparbeiter u. Dilettanten. Mit erklär. Texte. (Aus der „Zeitung für Buchbinder u. Papparbeiter" u. dem „Industrie-Album".) 1. Liefg. gr. 8. (Mit 4 Steintaf.) Quedlinburg 843, Schmaltz. n. ⅓ ℛ

Musterblätter für Gold- u. Silber-Arbeiter u. Juweliere, enthaltend die neusten Formen von Gefäßen u. Silberwaaren aller Art, so wie geschmackvoll moderner Bijouterien. Hft. I—III. (6 Blatter, wovon 3 illum.) Roy.-4. Berlin 836, 37. Gropius. (à n. ⅔ ℛ) 2 ℛ

Musterblätter, graphische, aus dem deutschen Buch- u. Steindrucker. Vorlagen für Lithographen, Chemigraphen u. Steindrucker. Bd. A. gr. 4. (40 Bl. m 2 S. Text.) Berlin (902). E. Morgenstern. n. 2. 50

Musterblätter, graphische, aus dem deutschen Buch- u. Steindrucker. Vorlagen f. Lithographen, Chemigraphen u. Steindrucker. Bd. B. (40 Bl.) gr. 4. Berlin (903). E. Morgenstern. n. 2. 50

— für künstlerische Handarbeiten. Hrsg. von Frieda Lipperheide. 1. Sammlg. hoch 4. (16 S. m. eingedr. Illustr. u. 12 farb. Taf.) Berlin 889. Lipperheide. In Mappe. n. 3. —

Musterblätter f. künstlerische Handarbeiten. Hrsg. v. Frieda Lipperheide. 2. u. 3. Sammlg. hoch 4. (Mit eingedr Illustr. u. je 12 farb. Taf.) Berlin, F. Lipperheide. In Mappe. à 3. —; einzelne Blätter à n. — 40
2. (VII u. S. 17—32.) 890. — 3. (4 S.) 893.

Musterblätter f. künstler. Handarbeiten. Hrsg. v. Frieda Lipperheide. 4. u. 5. (Schluß-) Sammlg. hoch 4. Berlin, F. Lipperheide. 7. 50; einz. Blätter n. — 40 (kplt. 16. 50)
4. (12 farb. Taf. m. 2 S. Text.) 893. 3. —
5. (18 farb. Taf. m. 3 S. Text.) 895. 4. 50

— f. Holzbrand. gr. Fol. (30 Bl.) München 893. Mey & Widmayer. In Mappe. n. 12. —; einzelne Blätter n. — 50

— für Holzbrand. Nr. 36—66. gr. Fol. München 896—898. Mey & Widmayer's Verl. à n. — 50; (II. Mappe kplt. 30 Bl. 12. —)

— f. Holzbrand. Nr. 67—82. Farbdr. gr. Fol. München (899). Mey & Widmayer, Verl. à — 50
Fortsetzung s.: Lechleitner, Fr.

— f. Holzbrand. 6. Mappe. (Bl. 151—180.) gr. Fol. München (905). Mey & Widmayer. In Mappe 12. — einzelne Blatt — 50
Die 5. Mappe s.: Lechleitner, Fr.

Musterblätter f. Holzbrand. 7. u. 8. Mappe. (Bl. 181—210 u. 211—240.) 57,5×45,5 cm. München (907. 10). Mey & Widmayer. In Mappe 27. —; einz. Bl. — 50 (7: 12. — 8: 15. —)

— für Holzbrand, Lederbrand etc. Burgen u. Schlösser. gr. Fol. (6 Bl.) Ebd. (900). 5. —

— dasselbe. Porträts. gr. Fol. (6 Bl.) Ebd. (900). 5. —

Musterblätter f. Holzmalerei entworfen u. gezeichnet v. A. Seder, J. v. Schmädel, A. Mecklenburg, Aug. Ranchner, L. Leybold, S. Scharffenberg u. A. Imp.-Fol. (18 Chromolith. u. 4 S. Text.) München 873. Mey & Widmayer. In Mappe. n. 12. —

— dasselbe, s.: Photographen-Zeitung, deutsche.

— internationale, v. Porträt-Aufnahmen. Hrsg.: Neue photograph. Gesellschaft m. beschränkter Haftg. in Berlin-Schöneberg. Sonderbeilage der deutschen Photographen-Zeitung. Jahrg. 1897—1898. à 12 Hfte. (à 5 Taf. m. Text.) gr. 8. Weimar, Verl. d. deutschen Photographen-Zeitg. à Jahrg. n. 3. 60

— internationale, von Porträt-Aufnahmen. Hrsg.: Neue photograph. Gesellschaft Actiengesellschaft, Berlin-Steglitz. Sonderbeilage der deutschen Photographen-Zeitg. Jahrg. 1899—1902. à 12 Hfte. gr. 8. (à ca. 5 Taf. m. 4 S. Text) Weimar, Verlag der deutschen Photographen-Zeitg. à Jahrg. n. 14. 40

— internationale, v. Portrait-Aufnahmen. Hrsg. Neue photograph. Gesellschaft Aktien-Gesellschaft, Berlin-Steglitz, Sonderbeilage der deutschen Photographen-Zeitg. Jahrg. 1903—1906. à 12 Hefte. (à 5 Taf.) gr. 8. Weimar, Verlag der deutschen Photographen-Zeitg. à Jhrg. n. 14. 40

— internationale, f. Portrait-Aufnahmen. Hrsg.: Neue photograph. Gesellschaft Aktien-Gesellschaft, Berlin-Steglitz. Sonderbeilage der deutschen Photographen-Zeitg. Jahrg. 1907—1910. à 12 Hefte. (à 5 Taf.) gr. 8. Weimar, Verlag der deutschen Photographen-Zeitg. à Jahrg. 14. 40
Erscheint nicht mehr.

—— calligraphische, Auswahl d. vorzügl. ält. u. neu. Schriften f. Calligraphen, Lithographen, Kupferstecher, Schriftmaler etc. Schmal qu. 4. (12 lith. Blätt.) Wolfenbüttel 841, Holle'sche Buchh.

— zu geschmackvollen weibl. Kunstarbeiten, als zum Stricken, Häckeln, zur Tappissorie- u. Mosaik-Arbeit u. dergl. qu. 8. Pirna 815. Friese. 2 ß 12 Ngr

Musterblätter, Kunstgewerbliche, I. Initiale u. Alphabete im Stil deutscher Renaissance. II. Ornamente, Randleisten u. Cartouchen im gothischen, Renaissance- und Rococostil. Qu.-8. à 17 Blatt.
Brünn: Rohrer 1890. —.30

Musterblätter des Herder'schen Kunst-Institutes in Freiburg im Breisgau. (12 Bl.) Fol. Freiburg ... Herder. 1 ß

— zu Laubsäge-Arbeiten für Kunsttischler und Dilettanten. 1—8. Buch. (à 24 lith. Taf.) München 862—64 Mey & Widmayer. gr. Fol. Jedes Buch 2 ß 12 ngr.; einzelne Bl. à 3 ngr.

Muster-Blätter zu Laubsäge-Arbeiten für Kunsttischler u. Dilettanten. 1—6. Buch. Neue Aufl. u. 9. Buch. München 865. Mey & Widmayer. Imp.-Fol. Jedes Buch (24 Steintaff.) 2 ß 12 ngr.; Einzelne Blatt 3 ngr.

— zu Laubsäge-Arbeiten f. Kunsttischler u. Dilettanten. Nr. 1—384. Lith. gr. Fol. München 871. Mey & Widmayer. 73. 20; à Bl. — 15

—— zu Laubsäge-Arbeiten für Kunsttischler und Dilettanten. Nr. 385—456. Lithogr. qu. gr. Fol. München 878, Mey und Widmayer. à Nr.

— zu Laubsäge-, Schnitz- u. Einlegearbeiten. [22—24. Buch.] Nr. 385—576. Lith. qu. gr. Fol. München 878. 79. Mey & Widmayer. à — 15

Musterblätter zu Laubsäge-, Schnitz- u. Einlegearbeiten. [25—32. Buch.] Nr. 577—768. Lith. qu. gr. Fol. München 883—86. Mey & Widmayer. à — 15

— f. Laubsäge-, Schnitz- u. Einlegearbeiten. Nr. 769—893. Lith. gr. Fol. München 887—890. Mey & Widmayer. à — 15

— f. Laubsäge-, Schnitz- u. Einlegearbeiten. Nr. 894—1046. Lith. gr Fol. Ebd. 891—894. à — 15

— f. Laubsäge-, Schnitz- u. Einlegearbeiten. Nr. 1047—1219. Lith. gr. Fol. Ebd. 895—898. à — 15

— für Laubsäge-, Schnitz- u. Einlegearbeiten, Holz- u. Brandmalerei, Flach- u. Kerbschnitt. Nr. 1220—1318. Lith. gr. Fol. Ebd. 899. 900. à — 15

Musterblätter für Meubeltischler. 2. wohlf. Ausg. Imp. 4. (48 lith. u. color. Taf.) St. Gallen 850, Scheitlin & Zollikofer. $3^{1}/_{2}$ ß

— neue, f Schlosser u. Schmiede. I—V gr. 8 (à 12 autogr Taf.) Dresden 888. 889. Bloem. à n 2. 50
I 50 Motive Grabgitter u. Grabkreuze Entworfen u gezeichnet v Max Gabler
II 50 Motive Frontgitter, Treppengeländer, Balkongeländer, Abschlußgitter, Firstgitter, Fenstergitter Thüreinsätze, Oberlichte Füllungen. Entworfen u. gezeichnet v. A Wittmann
III 50 Entwürfe, Beschläge, Zieranker, Giebelspitzen, Wetterfahnen, Fahnenstangen, Schilder, Ständer, Kandelaber, Laternen. Entworfen u gezeichnet v. A. Wittmann.
IV Feuerungsgeräthe, Ständer, Lampenträger, Leuchter u Lampen Entworfen u gezeichnet v. Max Gabler
V 50 Motive Treppengeländer u. Gitter Entworfen u gezeichnet v Max Gabler. (12 autogr Taf)

—— praktische, für Schilder-Maler, Steinmetzen und Graveure. qu. gr. Fol. (9 lithogr. Bl.) Bremen 853, Kraus.

—— für Rundschrift. qu. 4. (6 Stnt.) Winterthur 878, Studer. *

— für Rundschrift (Ronde). (6 Bl.) 14×23 cm. Leipzig (908). (R. Bauer.) — 40

— von Säulen, Geländern, Treppen, Brunnen etc. aus der Eisen- u. Gelbgiesserei von G. Kuhn. 3 Liefgn. Stuttgart 866. G. Weise. qu. Fol. Jede Liefg. (6 Chromolith.) 27 ngr.

— zu Schnitzarbeiten. Neue Folge. Blatt 1—6. Ebend. 864. gr. Fol. Jedes Bl. 3½ ngr

— zu Schnitz-Arbeiten. Neue Folge. 7—12. Blatt. Lith. München 865. Mey & Widmeyer. Imp.-Fol. Jedes Blatt 3½ ngr.

— für deutsche u. englische Schreibschrift. (6 Bl.) 14×23 cm. Ebd. (908). — 40

— f. Schreiner-, Tapezier-, Sattler-, Wagner-, Bildhauer-, Silber-, Kupfer-, Bronze-, Flaschner- u. Töpferarbeit. (Aus d Journal d. Luxus u. d. Moden besond. abgedr.) 30 Hfte. gr. 8 Weim. 807 u. ff. Ind. Compt. 7 ℔ 12 g.

Musterblätter für Schreiner-, Tapezier-, Sattler- etc. Arbeiten. 186 — 256 Heft. gr. 8. Weimar, L. Ind. Cptr. 816 — 20. Jedes Heft 6 Gr.

— der gebräuchlichsten Schriftarten. qu. 4 (8 Bl.) Wesel 875. Düms. 1. 65

— der gebräuchlichsten Schriftarten. qu. 4. (8 Bl.) Wesel 879. Düms. — 20

—— neuester Schriftarten für Maler, Schilderschreiber, Lakirer, Schreiblehrer etc. 1. und 2. Heft. qu. gr. 4. (1. Heft 12 Stnt., 2. Heft 7 Stnt.) Uttweil 858. 59. [Stuttgart,] Uhler. à Heft * 18 Ngr *
Zur Hälfte ill. à Heft * 28 Ngr. *

Musterblätter neuester Schriftarten für Maler, Schildschreiber, Lackirer, Schreiblehrer etc. 3. und 4. Heft. qu. gr. 4. (12 ill. Stnt.) Uttweil 861. [Stuttgart,] Uhler. à Heft * 22 Ngr. Thlr. *

— neuester Schrift-Arten für Maler, Schildschreiber, Lakirer, Schreiblehrer etc. 3., verb. Aufl. (In 4 Liefgn.) 1. u. 2. Liefg. Stuttgart 867, 68. Wittwer. qu. Fol. (20 Steintaff., wovon 16 color.) n. 1 ℔ 20 ngr.

—— neuester Schrift-Arten für Maler, Schildschreiber, Lakirer, Schreiblehrer etc. 1. Heft. 4. verb. Aufl. qu. gr. 4. (12 Stnt., wovon 8 color.) Stuttgart 869, Wittwer. *

—— dass. — 2. Heft. 3. verb. Aufl. qu. Fol. (8 color. Stnt.) Ebendas. 868. *

— — 4., verb. Aufl. 1. Heft. Ebend. 869. qu. gr. 4. (12 Steintaff., wovon 8 color.) n. 28 ngr.

— der europäischen Schriftzeichen. Magdeb. 827, Rubbach.

— für Schweinestallungen u. deren innere Einrichtg. Hrsg. v. der deutschen Section des Landesculturrathes f. das Königr. Böhmen in Prag. Fol. (12 Taf. m. 7 S. Text.) Prag 899. (J. G. Calve.) n. 2. —

—— der Stempel u. Fileten f. Buchbinder u. Vergolder aus der Gravir-Anstalt v. A. Falckenberg u. Comp in Magdeburg. 6 Hfte. 4. (à 6 Bl. blaues Papier m. Golddr.) Magdeburg 814, Falckenberg u. Comp. à 7½ Ngr.

— für Stubenmaler u. Stuckaturarbeiter. Nr. 1—6. (wovon 3 farbig gedruckt sind.) Fol. Darmstadt 837 Heil. ½ ℔

—— für Tapezierer, Decorateurs etc. 2., wohlf. Ausg. Imp.-4. (32 ill. Stnt.) St. Gallen 850, Scheitlin und Zollikofer.

Musterblätter kunstgewerblicher Thätigkeit Jg. 1 (Mehr nicht erschienen). Leipzig. Warnsdorff 1878. 2°
Ausg. A. Möbel-, Holzarchitektur und Polsterarbeiten. Hrsg. Alwin Türpe.
Ausg. B. Gold- und Silberarbeiten. Hrsg. Richard Humbert.
Ausg. C. Kunstschlosser- und Bronce-Arbeiten. Hrsg. Eduard Puls. Ausg. zu Laubsäge-(Schnitz- u Einlege)arbeiten.

Musterblätter kunstgewerblicher Thätigkeit, unter Mitwirkung hervorrag. Architekten und Fachgenossen, zum prakt. Gebrauch für Kunsthandwerker und Architekten hrsg. von Rich. Humbert, Ed. Puls und Alwin Türpe. Ausg. B: Gold- und Silber-Arbeiten, redig. von Rich. Humbert. 1. Heft. (3 Bog.) gr. Fol. Leipzig 878, Warnstorff.
Nicht weiter erschienen.

—— dass. — Ausg. C: Kunstschlosser- und Bronce-Arbeiten, redig. von Ed. Puls. 1. Heft. (3 Bog.) gr. Fol. Ebendas. 878.
Nicht weiter erschienen.

Musterblätter, venetianische, aus dem 16. Jahrhundert für Passementerie-Arbeiten und verwandte Techniken. (29 Bl) qu 8° Wien 1879

—— zum topographischen Zeichnen, nach den neuesten Bestimmungen des königl. preuss. Generalstabes nebst einer Tafel mit den Signaturen für Bezeichnung der Truppen auf Schlachtplänen. 4. (12 Stnt. und 4 S. Text.) Berlin 863, Mittler's Sortiment. cart. * 1 Thlr.: ill. *

Musterbrauhaus, das. Organ für Mälzerei und Brauwesen. Hrsgbr. und Redact.: A. K. Markl. 1. und 2. Jahrg. 1876 und 1877. à Jahrg. 12 Nrn. (à 1—2 Bog.) Lex.-8. Prag, [Verlag der Bohemia.] Haase. à Jahrg. *
Vom 3. Jahrg. erschienen nur 6 Nrn.

Muster-Briefe u. schriftl. Aufsätze verschied. Inhalts, zum Gebr. f. die Landschulen. 8. Nürnb. 820. Monath u. K. 5 g.

Musterbriefe für junge Damen aus dem Mädchen-, Braut-, Liebes- und Familienleben. Eine Anleitung zur Abfassung aller im weibl. Leben vorkommenden Briefe und Aufsätze in richtigem, elegantem Stile. Nebst einer Reihe von Poesieen zu Polterabenden und Hochzeiten, für Gedenkbücher und Albumblätter. 8. (II, 284 S.) Mülheim 883, Bagel's Verlagsh.

Musterbriefe der Liebe, Freundschaft u. des Familienlebens. Mit 24 in Stahl gest. m. Farben gedruckten Brief-Formularen. 16. (5½ B.) Stuttgart 845, Dittmarsch u. Comp. *

Musterbriefe für alle Verhältnisse des menschlichen Lebens, als: Freundschafts-, Erinnerungs-, Bitt- ꝛc. Briefe. Ein Hand- und Hilfsbuch für Jedermann. 2. durchgeseh. und verm. Aufl. 16. (155 S.) Brünn 879, Karafiat.
Die 1. Aufl. erschien im Verlag von Benedikt in Wien.

— für alle Verhältnisse d. menschlichen Lebens, als: Freundschafts-, Erinnerungs-, Bitt-, Empfehlungs-, Glückwunsch-, Einladungs-, Liebes- u. Beileids-Briefe. 3. Aufl. gr. 16. (155 S.) Brünn 885. F. Karafiat's Verl. 1. —

Muster-Briefsteller, praktischer. Enthaltend Briefe und Aufsätze zur Nachbildung, wie solche in allen bürgerl. Verhältnissen vorkommen, sowie die beim Briefschreiben zu beobachtenden Regeln, die üblichen Titulaturen und Adressen und die Buchführung beim Kleinhandel und Handwerke. 2. Aufl. (160 S.) 1852. und 3., verb. und verm. Aufl. gr. 12. (168 S.) Crefeld 855, Klein. *

Muster-Briefsteller, praktischer. Enthltd.: Briefe u. Aufsätze aller Art zur Nachbildung, wie solche in allen bürgerlichen Verhältnissen vorkommen ꝛc., die übl. Titulaturen u. Adressen, die Buchführung beim Kleinhandel u. Handwerke, die Münz- u. Gewichtskunde u. eine kurze Geographie Europa's. 5., verb. u. verm. Aufl. Crefeld 866. Klein. 12. (184 S.) 9 *ngr.*

— über sämmtliche Artikel der Schmalkalder Industrie. 4 Abthlgn. Fol. Schmalkalden 881. (Wilisch.) n. 18. —; in 1 Bd. geb. n. 18. —
1. Schuhmacher- u. Sattlerwerkzeuge. (47 Steintaf.) n. 5. —
2. Haus- u. Küchengeräthe. (58 Steintaf.) n. 6. —
3. Werkzeuge aller Art. (23 Steintaf.) n. 4. —
4. Waffen u. Jagdgeräthe. (12 Steintaf.) n. 3. —

MUSTERBUCH DER BAUMWOLLENGARNFÄRBEREI. Sieben Serien. Leipzig, 1877–90. 8vo. Ill.

Musterbuch der Baumwollgarnfärberei. 43 Proben gefärbter Baumwollgarne, sammt den neuesten u. besten im In- u. Auslande üblichen Färbverfahren von A. Rudloff, E. Stein u. A. 2. Serie. 8. (91 S.) Leipzig 880. G. Weigel. geb. n. 12. —
cf.: Wieland, H., u. E. Stein, Musterbuch ꝛc.

Musterbuch der Baumwollfärberei. III—V. Serie. 8. Leipzig, G. Weigel. cart. à n. 12. —
III. 50 Proben gefärbter Baumwollgarne, sammt den neuesten u. besten im In- u. Auslande übl. Färb-Verfahren v. L. Werner, R. Mayer u. A. (50 Bl.) 884.
IV. 50 Proben gefärbter Baumwollgarne, sammt den besten u. erprobtesten Färbverfahren v. G. Hertel, E. Meißner, W. Zimmermann u. A. (85 S.) 886.
V. 45 Proben gefärbter Baumwollgarne, sammt den besten u. erprobtesten Färbverfahren v. A. Czasche, Welter, Sartorius u. A. (101 S.)
Die I. u. II. Serie bilden: Wieland u. Stein, Musterbuch der Baumwollfärberei, 1879, u. Rudloff u. Stein, Musterbuch der Baumwollfärberei. 1880. à — 12

Musterbuch der Baumwollgarn-Färberei, auch brauchbar für die Baumwollstückfärberei u. die Färberei loser Baumwolle. VI. u. VII. Reihe. 8. Leipzig 890. G. Weigel. cart. à n. 12. —
VI. 68 Proben solid gefärbter Baumwollgarne, sammt den besten u. erprobtesten Färbverfahren v. R. Stein, L. Roth, M. Welter u. A. (113 S.)
VII. Die ohne Beize waschecht färbenden Farbstoffe u. echte Alizarinfärbungen. 39 Proben solid gefärbter Baumwollgarne, sammt den besten u. erprobtesten Färbverfahren v. H. Zimmermann, G. Hertel, W. Wenzel u. A. (79 S.)

— für Bildhauer. Eine Sammlung von Grabmälern, Kaminen, plastischen Ornamenten etc. aus allen Stilen. 25 Lfgn. Fol. (202 Holzschntaf.) Stuttgart 881. 82. Engelhorn. à n. 1. —

MUSTERBUCH ÜBER LANDWIRTSCHAFTLICHE BUCHFÜHRUNG. III. Auflage. Verkaufsstelle des Bundes der Landwirte. Abteilung für Buchführungswesen. Berlin. 8°.

Musterbuch, chinesisches. Zeichnungen. 5 Teile. 4° China

Musterbuch f. den Dekorateur. I. gr. 8. Ravensburg, O. Maier. In Mappe n. 5. —
Moderne Fenster-Dekorationen. Von Hans Riemer. (32 Taf. m. 15 Detailbl. u. III, 4 S. Text.) (902.)

Musterbuch für Eisen-Constructionen. Hrsg. vom Verein Deutscher Eisen- u. Stahlindustrieller u. bearb. von C. Scharowsky. Leipzig u. Berlin 1888. Fol. — 3. Aufl. 1895. Fol. [1. Aufl. in 2 Ex.]

— f. Frauenarbeitsschulen im Anschluss an die „Anleitung zum Hand-, Maschinen- u. Kleidernähen f. Schülerinnen von Frauenarbeitsschulen sowie zum Selbstunterricht, hrsg. v. den Lehrerinnen der Frauenarbeitsschule in Hall". Fol. (73 S.) Schwäb. Hall (901). W. German's Verl. Kart. n. 1. 20

Musterbuch für graph. Gewerbe. Serie 1-3. (40, 40 u 48 T) fol Stuttgart (1886-92)

— für graphische Gewerbe. 1—5. Lfg. Fol. (à 5 Taf.) Stuttgart 886. Engelhorn. à n. 1. 75

— für graphische Gewerbe. 6.—8. (Schluß-)Lfg. Fol. (à 5 Taf.) Stuttgart 887. Engelhorn. à n. 1. 75 (cplt.: n. 14. —)

— dasselbe. 2. Serie. 8 Lfgn. Fol. (à 5 Taf.) Ebd. 887. à n. 1. 75 (cplt.: n. 14. —)

Musterbuch f. graphische Gewerbe. 3. Serie. 8 Lfgn. Fol. (à 6 [1 farb.] Taf; m. 1 Bl. Text.) Stuttgart 892. 893. J. Engelhorn. à n. 1. 75 (3. Serie kplt. in Mappe: n. 14. —)

— für Gold- u. Silberarbeiter. 25 Lfgn. gr. 4. (à 8 Taf.) Stuttgart 883—84. Engelhorn. à n. 1. —

Illustriertes **Musterbuch** der Aktiengesellschaft für Feinmechanik vormals Jetter & Scheerer, Tuttlingen (Süddeutschland). Spezialfabrik f. Chirurgie-Instrumente. 6. Ausg. (Stuttgart) 1904: (Greiner & Pfeiffer). (784, XXXVIII S.) 4°(8°) [illegible] 10

Musterbuch der Industrie Nürnbergs. (100 Bl.) qufol Nürnberg 1854

Musterbuch einer Kattundruckerei. Modelabdrucke auf Papier. Deutsch um 1820
362 nummerierte Bl. 4°
Unvollst. 43 Bl. fehlen.

Musterbuch üb. alle lithographische Kunstmanieren, siehe Senefelder.

— für Kunstschlosser. (In 15 Lfgn.) 1. u. 2. Lfg Fol. (20 Holzschntaf.) Ebend. 882. à n. 1. —

— für Kunst-Schlosser. 3—15. (Schluss-) Lfg. Fol. (102 Holzschn.- u. chemigr. Taf. m. 1 Bl. Text.) Stuttgart 883. Engelhorn. à n. 1. —

— dasselbe. 2. Aufl. (In 15 Lfgn.) 1. Lfg. Fol. (12 Taf.) Ebend. 885. n. 1. —

Musterbuch f. Kunstschlosser. Eine Sammlg. zeitgemässer Kunstschmiede-Arbeiten. 100 Taf. m. 189 Fig. Hrsg. vom Verlag der illustr. Fachzeitschrift „Der Kunstschlosser". Nebst Text. (15 S.) 4. Lübeck (904). Ch. Coleman. In Leinw.-Mappe n. 12.—

— der Berliner Lampen- u. Broncewaaren-Fabrik vormals C. H. Stobwasser & Co., Actien-Gesellschaft. Begründet 1763. Berlin. qu. Fol. (170 Lichtdr.-Taf.) Berlin 892. (W. H. Kühl.) n. 20 —

— für Möbeltischler. 25 Lfgn. Fol. (à 8 Holzschntaf.) Ebend. 881. 82. à n. 1. — (cplt. in Mappe: n. 25. —; in Leinw.-Mappe: n. 27. 50)

— f. Möbeltischler. Neue Folge. 25 Lfgn. gr. 4. (202 Taf. m. 1 Bl. Text.) Stuttgart 894. J. Engelhorn. à 1. — (kplt in Mappe: 25. —)

Musterbuch venetianischer Nadelarbeiten 1558. Berlin, Ernst Wasmuth 1891
3 Bl. 37 Taf. 8°
Nachdruck von. *Bellezze de recami et dessegni, opera nova* In Venetia MDLVIII (Ydo 471

— venetianischer Nadelarbeiten. 1558. 4. (38 Bl. in Fksm.-Druck m. 1 Bl. Text.) Berlin 891. E. Wasmuth In Leinw. kart. n. 5.—

— über Petroleum-Lampen v. C. F. Kindermann & Co., Lampen-Fabrik in Berlin. Imp.-4. (80 Lichtdr.-Taf.) Berlin 892. (W. H. Kühl.) n.n. 12.—

Muster- und Preisbuch der Schulbankfabrik Ramminger & Stetter, Stuttgart-Tauberbischofsheim. 4° Stuttgart 1898

Musterbuch für Schlosser. Schmiedeeiserne Gitter, Thore, Füllungen, Balkon- und Treppengeländer, Thurmspitzen, Bekrönungen, Träger etc. 8 Lfgn. 8. (à Lfg. 16 Stnt.) Dresden 879, C. E. Dietze. Subscr.-Pr. à *M* 2. Einzelpr. à *

—— für Schlosser. Schmiedeeiserne Gitter, Thore, Füllungen, Balkon- und Treppengeländer, Thurmspitzen, Bekrönungen, Träger etc. 2. umgearb. Ausg. 8 Lfgn. 8. (à Lfg. 16 Stnt.) Dresden 880, C. E. Dietze. cart. à Lfg. * *M* 2. *

—— dass. — Neue Folge. Eisenmöbel, Füllungen, Console, Geländer etc. 8. (32 Stnt.) Ebendas. 881. cart. *

— f. Schlosser. Schmiedeeiserne Gitter, Thore, Füllgn. Balkon- u. Treppengeländer, Thurmspitzen, Bekröngn. Consolen etc. 8 Lfgn. 5. unveränd. Ausg. 8. (à 16 Taf.) Dresden 893. C. E. Dietze. In Kartons. n. 16. —; à Doppel-Lfg. n. 4. —

— dasselbe. Neue Folge. (I.) Eisenmöbel, Füllgn., Console, Geländer etc. 2. unveränd. (Titel-)Ausg. 8. (32 Taf.) Ebd. 893. In Karton. n. 4 —

— einfacher moderner Schlosserarbeiten. Eine Sammlung einfacher, leicht ausführbarer Schlosserarbeiten, als Gitter, Füllgn., Thore, Geländer, Grabgitter, Balkone etc. im Masstabe 1:10 u. m. Berechngn. I. Serie. Red. v. Ign. Ritter u. Ludw. Fejér. 10 Hfte. gr. 4. (100 Taf. m. 31 S. Text.) Leipzig (902). Budapest, Internat. Gewerbe-Buchh. In Mappe n. 20.—

— einfacher moderner Schlosserarbeiten. Eine Sammlung einfacher, leicht ausführbarer Schlosserarbeiten, als: Gitter, Füllgn., Thore, Geländer, Grabgitter, Balkone etc. im Masstabe 1 : 10 u. m. Berechnungen. II. Serie. (100 Taf. m. 32 S. Text.) 4. Leipzig (902). Budapest, Technische Verlagsanstalt. In Mappe n. 18.—

Musterbuch für Stickerei. (36 Lichtdr.-Taf.) gr. Fol. Plauen (903). Ch. Stoll. In Mappe n. 20.—

— der patentirten Stickmuster zum Aufplätten auf Stoff. 2., verm. Aufl., enth. 245 Abbildungen der beliebtesten u. gangbarsten Aufplättmuster. gr. 8. (IV, 99 lith. S.) Berlin 882. Ebhardt. geb. n. 1. —

Musterbuch der patentirten Stickmuster zum Aufplätten auf Stoff. 2. verm. Aufl., enthaltend 245 Abbild. der beliebtesten und gangbarsten Aufplättmuster. gr. 8. (IV, 99 lithogr. S.) Berlin 883, Ebhardt. geb. *

—— dass. — 3. verm. Aufl., enthaltend 303 Abbild. der beliebtesten und gangbarsten Aufplättmuster, darunter 86 ganz neue. gr. 8. (IV, 114 lithogr. S.) Ebendas. 883. geb. *

—— dass. — 1. Nachtrag (zur 1.—3. Aufl.), enthaltend 55 ganz neue und hochmoderne Muster. gr. 8. (II, 19 lithogr. S.) Ebendas. 883. *

—— dass. — 4. verm. Aufl., enthaltend 233 Abbild. der beliebtesten und gangbarsten Aufplättmuster. gr. 8. (92 lithogr. S.) Ebendas. 884. geb. *

—— dass. — 5. verm. Aufl., enthaltend 299 Abbild. der beliebtesten und gangbarsten Aufplättmuster; darunter 86 ganz neue. gr. 8. (IV, 116 S.) Ebendas. 884. geb. *
1. Aufl. Vgl.: Vorlagen der patentirten Aufplättmuster.

— der patentirten Stickmuster zum Aufplätten auf Stoff. 6. Aufl., enth. 369 Abbildgn. der beliebtesten u. gangbarsten Aufplättmuster; darunter 86 ganz neue. gr. 8. (IV, 140 S.) Berlin 886. Ebhardt. geb. n. 1. 20

— dasselbe. Nachtrag zur 1.—6. Aufl., enth. 75 neue Aufplättmuster. gr. 8. (48 S.) Ebd. 888. n.n. — 50

—— der patentirten Stickmuster zum Aufplätten auf Stoff. 7. verm. Aufl., enth. 446 Abbildgn. gr. 8. (176 S.) Berl. 889, Ebhardt u. Comp. geb. * 1 20
Neue Aufl., s. Ebhardt's Musterbuch.

Musterbuch, vollständ., aller Eisen-, Stahl-, Metall- u. damit in Verbindung stehend. Waaren. 1s—7s Heft. gr. Fol. Schmalkalden 824—32. (Schumann in Leipz.) 16 *f*

Musterbuch von Wein-Etiquetten der Paulinus Druckerei. Trier 1892. 22 gez. Bl.
-- 121

— f. Zimmer-Einrichtungen. Nr. I. gr. 4. (32 Taf.) Berlin 893. Gebr. Kiessau. Kart. 7. 50

— dasselbe. Nr. Ia. gr. 4. (32 farb. Taf.) Ebd. 893. Kart. 10. 50

— dasselbe. Nr. II. gr. 4. (24 Taf.) Ebd. 893. 3. 50; kart. 4.—

Musterbuch mit Zimmereinrichtungen, in der Perspektive gezeichnet, verbunden m. Fenster-, Thür- u. Wanddekorationen in verschiedenen Stylarten. 1. Lfg. qu. Fol. (4 Taf.) Dresden 893. C. E. Dietze. In Mappe. 2. 40

Musterbücher für weibliche Handarbeit. Hrsg. von der Redaction der Modenwelt. 1—3. Sammlung. gr. 4. Berlin 881. 82. Lipperheide. In Mappe. 16. —
1. Muster altdeutscher Leinenstickerei, gesammelt von Jul. Lessing. 1. Sammlung. 6. Aufl. (III, 12 S. m. 25 Taf.) 5. —
2. Dasselbe. 2. Sammlung. 4. Aufl. (8 S. m. 24 Holzschntaf.) 5. —
3. Dasselbe. 3. Sammlung. Alphabete. Gesammelt u. hrsg. von der Redaction der Modenwelt. 2. Aufl. (32 S. m. eingedr. Fig. u. 25 Taf.) 6. —

— dasselbe. Muster altitalienischer Leinenstickerei. 1. Sammlung. Gesammelt u. hrsg. von Frieda Lipperheide. gr. 4. (32 S. m. eingedr. Holzschn. u. 30 Taf.) Ebend. 881. In Mappe. 6. —

Musterbücher f. weibliche Handarbeit. Hrsg. v. der Redaction der Modenwelt. 1—3. u. 5. Sammlg. gr. 4. Berlin, Lipperheide. 20. 40
1. Muster altdeutscher Leinenstickerei, gesammelt v. Jul. Lessing. 1. Sammlg. 8. Aufl. (25 Taf. m. 2 Bl. Text.) 886. 4. 20
2. Dasselbe. 2. Sammlg. 5. Aufl. (26 Taf. m. 4 Bl. Text.) 883. 4. 20
3. Dasselbe. 3. Sammlg. Alphabete. (27 Taf. m. 32 S. Text.) 884. 6. —
5. Muster altitalienischer Leinenstickerei. 2. Sammlg. Gesammelt u. hrsg. v. Frida Lipperheide. (36 S. m. eingedr. Holzschn. u. 30 Taf.) 882. 6. —

— dasselbe. Neue Folge. Hrsg. v. Frida Lipperheide. 1—12. Lfg. gr. 4. Ebend. 885. 86. à 1. 20
Die Webe-Arbeit m. Hand-Apparat. Bearb. v. Anna Dorn u. Johanna Riedel. 6 Lfgn. (IV, 93 S. m. eingedr. Holzschn.)
Die Smyrna-Arbeit. Bearb. v. Lina Feige u. Clara Marggraff. 6 Lfgn. (IX, 53 S. m. 12 Chromolith.)

Musterbücher f. weibliche Handarbeit. (1. Folge.) Hrsg. v. der Redaction der Modenwelt. 1. Sammlung. hoch 4. Berlin 890. Lipperheide. In Mappe. n. 6. —
Muster altdeutscher Leinenstickerei, gesammelt v. Jul. Lessing. 1 Sammlung. 9. Aufl. (12 S. m. 26 Taf.)

— dasselbe. Bill. Ausg. 2. u. 3. Sammlg. hoch 4. Ebd. In Mappe. à n. 3 —
2. Muster altdeutscher Leinenstickerei, gesammelt v. Jul. Lessing. II. 7. Aufl. (12 S. m. 26 Taf.) 889.
3. — dasselbe. III. Alphabete 2c. Gesammelt u. hrsg. v. der Redaction der Modenwelt. 4. Aufl (32 S. m. Abbildgn u 27 Taf.) 888.
Von der 1. Sammlung ist e. bill. Ausg. nicht erschienen.
s. Muster altdeutscher Leinenstickerei.

Musterbücher f. weibliche Handarbeit. (1. Folge.) Hrsg. v. der Redaction der Modenwelt. 1. Sammlg hoch 4. Berlin 890. F. Lipperheide. In Mappe. 3. —
Muster altdeutscher Leinenstickerei, gesammelt v. Jul. Lessing. 1. Sammlg. 9. Aufl. (Billige Ausg.) (12 S. m. 25 Taf.) 3. —

— dasselbe. Muster altitalien. Leinenstickerei. 2. Sammlg. Gesammelt u hrsg. v. Frieda Lipperheide. 2. Aufl. gr. 4. (36 S. m Abbildgn. u. 30 Taf.) Ebd. 892. In Mappe. 6. —

Musterbücher f. künstlerische Handarbeiten. Neue Folge. Hrsg. v. der Red. der Modenwelt. I. u. II. Sammlg.: 32,5×24,5 cm. Berlin [F. Lipperheide]. F. Bruckmann. In Umschlag à — 60
I. 50 Vorlagen f. Kissen. (12 Taf. m. 16 S. illustr. Text.)
II. 50 Vorlagen f. Decken, Läufer usw. (12 Taf. m. 16 S. illustr. Text.) (908.)

Musterbücher, Japanische. Zeichnungen altjapan. Meister. 5 Bde (Tokio)

Muster-Buchführung des Landwirts hinter Pflug u. Egge. Enth. Inventurenbuch, Geld-Einnahmen u. Geld-Ausgaben, Quittungsblock, 3 Sammelmappen u. Lochapparat. Fol. u. 12. Bunzlau (903). (G. Kreuschmer). Kart. u. geh. n.n. 6. 50

MUSTER-CHARTE für angehende Kaufleute. Gesammelt auf der Reise durchs Leben von einem Kaufmanne. Weimar, Gebr Gädicke, 1804. 8⁰. (1½ Rthl.).
War in einem guten Cataloge unter „Romanen"

Mustercharte von Weibern, Männern, Jünglingen u. Kindern, wie sie sind, seyn können u. seyn sollen. 8. Hildesheim, Gerstenberg. 801.

Musterehe, die, und die Nothwendigkeit einer Wiederherstellung der Ehe nach der Musterehe. Ein Weihnachtsgeschenk am Schlusse der ersten Hälfte des 19. Jahrh. für Alle, die eines guten Willens sind. gr. 8. (22 S.) Freiburg im Br. 850, Herder'sche Vrlgsh.

Muster-Einrichtung, Eine, für zinkographische Anstalten. Halle a. S. 1899. V: *Beek, H. van.* (Berl)

Mustereinträge f. gewerbl. Buchführung nebst kurzem Leitfaden f. Buchführung u. Wechsellehre in Form v. Merksätzen. Für die Hand der Schüler hrsg. v. Mitgliedern des Lehrerkollegiums der II. städt. Fortbildungsschule zu Leipzig. 2. verb. Aufl. (7.—12. Taus.) 34×21,5 cm. Leipzig (908). A. Hahn. — 15

Musterentwürfe f. Bauten im Reg.-Bez. Hildesheim. Hrsg. v. der königl. Regierg. Hildesheim. (36 Taf. m. II S. Text.) 46×36 cm. Hildesheim 909. A. Lax. In Mappe 6. —

Muster-Entwürfe für Stickereien, Spitzen u. Gardinen. Preisgekrönt v. vogtländ.-erzgebirg. Industrie-Verein zu Plauen. 4. (19 Lichtdr.-Taf.) Plauen 898. Ch. Stoll. In Mappe n. 6. —

Muster-Entwürfe f. Stickereien, Spitzen u. Gardinen. Preisgekrönt vom vogtländisch-erzgebirg. Industrie-Verein zu Plauen. 2. von 19 auf 30 Taf. verm. Aufl. Lex.-8. Plauen (900). Ch. Stoll. In Mappe n. 9. —; 11 Ergänzungs-Taf. einzeln n. 3. —

— f. Weberei, Druckerei etc. Preisgekrönt vom vogtländisch-erzgebirg. Industrie-Verein zu Plauen. 14 (Lichtdr.-)Taf. gr. 8. Ebd. (899). In Mappe n. 5. —

Muster-Entwürfe zu Wohn- und Logierhäusern für die Bäder Landeck und Reinerz in Schlesien. [Leipzig Seemann & Co. 1908.] (61 S.) 4⁰ [Umschlagt. F.]
(Deutsche Konkurrenzen. Bd 22, Heft 260/61) [08. 11331

Mustererzählungen, acht, in der Kinderstube in Auszügen aus Erzählungen von Deutschlands besten Jugendschriftstellern. Zur Belehrung und Unterhaltung für die Jugend. Mit 8 (lith. u.) color. Bildertaf. in Tondr. Nürnberg 864. Lotzbeck. qu. 4. (57 S.) 18 ngr.

Musterformulare f. den Geschäftsverkehr der Erwerbs- u. Wirtschaftsgenossenschaften, s. a. Handbibliothek f. das deutsche Genossenschaftswesen. 8. Bd.

Musterformulare für den Geschäftsverkehr der Erwerbs- und Wirtschaftsgenossenschaften. Hrsg. von d. Allgem. Verbande der auf Selbsthilfe beruhenden deutschen Erwerbs- u. Wirtschaftsgenossenschaften, e. V. Berlin J. Guttentag 1907. (122 S.) 8⁰ [F.]
— Handbibliothek f. d. Deutsche Genossenschaftswesen. Bd 8. [07. 13728

Mustergallerie f. Silberarbeiten. 16 Hft auf 12 Verlegebl., 15 Gegenstände enth., nebst genauer Bestimmung d. zur Ausführung in derselb. Größe erforderl. Silbergewichts. Entwurf u. Zeichnung v. e. Manne v. Fach. gr. Fol. Leipz. 831. Kneisel. 1 ₰ 12 gl

Musterheft v. Formularen zur Rechnungs- u. Geschäftsführung v. Krankenkassen jeder Art, nebst Anleitg. zu deren Gebrauch. Entworfen u. bearb. auf Grund d. Reichsgesetzes vom 15. Juni 1883, sowie der amtl. Normal-Statuten f. Orts- u. Betriebs-Krankenkassen, unter sachverständ. Beirath v. Aufsichts-Beamten u. Rechnungsführern großer Kassen. Fol. (XIV, 28 S.) Berlin 885. Schettler's Erben Verl. n.n. 1 50

Musterhefte für Fortbildungsschulen. Stuttgart (1900)
1 Formularien für den Post- und Geschäftsverkehr. (24 S) — 2. Anleitung zur einfachen Buchführung. (24 S) — 3. Anleitung zur Führung eines Haushaltungsbuchs. (16 S) — 4. Formularien für den Post- und Geschäftsverkehr nebst Anleitung zur Führung eines Wirtschafts- und Haushaltungsbuchs. (28 S)

Muster-Journal. Magazin der neuesten u. elegantesten Original-Muster-Zeichnungen f. Stickerei u. Weberei in Rideaux, Robes, Shawls, Echarpes, Krägen, Sacktüchern etc., 1. Jahrg. 12 Lfgn. Imp.-Fol. (48 Stnt.) St. Gallen 845, (Huber u. Comp.) *

, Eine Muster Jury. Beitrag zur Geschichte der Internationalen Kunst-Ausstellung in München 18[illegible] von R. M. München 18[illegible]9. 8°. 31 S. Cart.
Interessante Beleuchtung Münchener Kunstzustände.

Musterkarte f. angeh. Kaufleute. 8. Berl. 804. (Henning ir Greiz). 1 ℔ 12 gr

Musterkarte d. nürnberger u. fürther Manufakturwaaren. 1—V. Lfg. Lith. qu. ½ Fol. (47 ill. Blätt. u. 3 Bl. Text.) Nürnberg 835, (Leuchs u. Comp.) *

Musterkarte schmiedeiserner Ornamente aus der Fabrik Stahl u. Sohn in Berlin. Berlin 1880. 11 Blatt. Fol.

Musterkarte von juridischen Waaren aus dem Monde. Wien 1806. V: *Patruban*. (Neue Annalen der Litteratur. Wien 1811. I/323) (Biblport)

— juridischer Waaren aus d. Monde. 8. Wien 806. Beck. 12 gr

— von Weibern, Männern, Jünglingen u. Kindern, wie sie sind u. sein können. 8. Hildesh. 801. Gerstenberg. 1 ℔ 4 gr

Musterkarte, Wienerische. Ein Beitrag zur Schilderung Wiens. Erstes bis sechstes Stück. Wien 1785. (Monatsschrift Jänner bis Juli.) H: *Richter, Josef.* (Der Wienerische Zuschauer 1785, Heft 5, S. 20) (Hans Viktor Pisk: Josef Richter. Diss. Wien 1927. S. 94) S. a. III, 5264.

Musterkarte, Wienerische. Ein Beytrag zur Schilderung Wiens. 2. Aufl. Wien 1799. V: *Richter, Jos.* (Zeitschr. f. Büch. VI, Heft 4, S. 144.)

Musterkarte, Wienerische. Ein Beytrag zur Schilderung Wiens. Vom Verfasser der Eipeldauerbriefe. Zweite abgeänderte Auflage. Wien o. J. [ca. 1799]. 120 S. 8°. Zweite abgeänderte Auflage. Wien in Kommission bey Cph. Pet. Rehm 1799. H: *Richter, Joseph.* (Hans Viktor Pisk: Josef Richter. Diss. Wien 1927. S. 94) S. a. III, 5264.

Muster Karten f. Bauschlosserei u. schmiedeeiserne Ornamente. Berlin. Kl. Fol.

Musterkatalog

— u. **Handbuch** f. kath. Volksbüchereien. Hrsg. v. der Red. der Bücherwelt. (II, 151 S.) gr. 8. Bonn 910. Zentralstelle des Vereins vom hl. Karl Borromäus. 1. —

Musterkatalog f. Haus-, Schul- u. Volks-Bibliotheken. Ein Verzeichniss v. Büchern, welche zur Anschaffg. f. jede Bibliothek empfohlen werden können. Hrsg. v. G. Szelinski. gr. 8. (V, 30 S.) Wien 889. Szelinski. n.n. 1 —

Musterkatalog f. Haus-, Vereins-, Volks- u. Schulbibliotheken. Nebst e. Anleitg. zur Errichtg. u. Verwaltg v. Bibliotheken. Mit Formularen. Hrsg. v. der Gesellschaft f. Verbreitg. v. Volksbildg. zu Berlin. 6. Aufl. gr. 8. (VIII, 128 S.) Hannover-Linden 892. Manz & Lange. n. 1. —

— f. Vereins-, Volks- u. Schulbibliotheken. Nebst e. Anleitg. zur Errichtg. v. Bibliotheken m. Formularen. Bearb. auf Grund d. gelieferten Materials v. etwa 900 Zweigvereinen der Gesellschaft f. Verbreitg. v. Volksbildg. 1.—3. Aufl. gr. 8. (VIII, 92 S.) Hannover-Linden 890. Manz. n. 1. —

Musterkatalog für Volksbibliotheken. Ein Verzeichniß von Büchern, welche zur Anschaffung für Volksbibliotheken zu empfehlen sind, hrsg. von dem Gemeinnütz. Vereine zu Dresden. gr. 8. (IV, 52 S.) Leipzig 882, (Spamer.) *

Musterkatalog, für Volksbibliotheken. Ein Verzeichnis von Büchern, welche zur Anschaffung für Volksbibliotheken zu empfehlen sind. Hrsg. vom Gemeinnützigen Vereine zu Dresden. 2. verm. und verb. Aufl. gr. 8. (III, 68 S.) Leipzig 886, Spamer. *

— f. **Volksbibliotheken.** Ein Verzeichnis v. Büchern, welche zur Anschaffg. f. Volksbibliotheken zu empfehlen sind. Hrsg. v. Gemeinnütz. Vereine zu Dresden. 3., verm. Aufl. gr. 8. (VI, 83 S.) Leipzig 894. O. Spamer. n. 1. —

Musterkatalog f. Volksbibliotheken. Hrsg. vom gemeinnütz. Vereine zu Dresden. 4., verm. u. verb. Aufl. gr. 8. (VI, 93 S.) Leipzig 900. O. Spamer. n. 1. —

Musterkatalog f. Volksbibliotheken. Hrsg. vom gemeinnütz. Vereine zu Dresden. 5., verm. u. verb. Aufl. (VI, 122 S.) 8. Leipzig 905. O. Spamer. n. 1. —

Der Muster-Kindergarten. Ein Wegweiser zur Errichtung von Kindergärten. Pläne nach den Grundsätzen des Vereines für Kindergärten und Kinderbewahranstalten in Oesterreich, entworfen von Albert H. Pecha, nebst einem Begleitworte von Josef Kugler. Wien. [1899.] Pichler's W & S. Gr.-8°. 25 S. mit 3 Tafeln. fl. —.30

Muster-Krippe, Die; das Asyl für Kinder der Armen. Dresden 1854. V: *Georgens. Joh. Dan.* (Ky)

Muster-Krippe, die; das Asyl für Kinder der Armen. (Von J. D. Georgens.) Separat-Abdr. aus den „Illustrirten Monatheften für Familienglück 2c." Dresden 854. Klemm. 4. (4 Bl. u. 2 Lithogr.) 6 ngr

Musterle, Friedrich [Tierarzt aus Burgau]: Aus dem veterinär-anatomischen Institute der Universität Bern. Zur Anatomie der umwallten Zungenpapillen der Katze und des Hundes. Mit einer Tafel. (S.-A. a. d. Archiv f. wissensch. u. prakt. Tierheilkunde. Bd. 30. 1904.) Berlin 1903. 25 S. 8°. [1 V 03]
Bern. Vet.-med. Diss. 1903/1904.

Muster-Lehrplan, ausführlicher u. möglichst einheitlicher, für den Schulkreis Tauberbischofsheim. gr. 8. (22 S.) Tauberbischofsheim 877. Lang. — 30

Musterlehrplan für die Knaben-Bürgerschulen Kärntens. Klgft., v. Kleinmayr, 1910. 20 S.

Musterlehrplan für die Mädchen-Bürgerschulen Kärntens. Klgft., v. Kleinmayr, 1910. 21 S.

Muster-Lese meiner Lieblings-Dichter. Eigene Auswahl. gr. 8. (14 S. nebst umrandetem Schreibpap.) Leipzig 892. E. Heitmann. Geb. 3. —

Musterlesestücke für deutsche Schulen, s. Lesebuch für Preußische Schulen.

Muster-Magazin, kleines, f. Leinweber. Monatl. Muster f. einfache Leinen- und Baumwollen-Weberei, als: Tischzeug, Hand-, Wisch-, Messertücher, Hosenzeuge u. s. w. 1. Jahrg. 1846. October—December. (à 4 große Quarttaf.) gr. 4. Weimar, Janssen. n. 1/2 ℔

Muster-Magazin, kleines, für Leinweber. Monatl. Muster f. einfache Leinen- u. Baumwollen-Weberei. II u. III. Jahrg. 1847 u. 1848. à 12 Hfte. gr. 4. (à 1/2 Bog. u. 4 lith. Taf.) Weimar, Jansen. à Jahrg. n. 2 ℔

Mustermesse und Export-Beilage
v. Basler Nachrichten aus der Schweiz und für die Schweiz.

Muster-Ornamente aus allen Stilen in historischer Anordnung. Nach Orig.-Aufnahmen von Jos. Durm, Fr. Fischbach, A. Gnauth, E. Herdtle, G. Kachel, A. Ortwein, R. Reinhardt, A. Schill, Val. Teirich u. A. 25 Lfgn. à 12 (Holzschn.-)Taf. gr. 4. Stuttgart 879—81. Engelhorn. à n. 1. —
(cplt. in Papp-Mappe n. 25.—; in Leinw.-Mappe n. 27. 50)

Muster-Ornamente aus allen Stilen in historischer Anordnung. Nach Orig.-Aufnahmen v. Jos. Durm, Fr. Fischbach, A. Gnauth etc. 2. Aufl. 25 Lfgn. Fol. (à 12 Holzschntaf.) Stuttgart 883. 84. Engelhorn. à n. 1. —

Muster-Partei, e., od. d. Bauernbündler unter sich, wie sie sich schlagen u. vertragen. E. lehrreiche Sammlg. v. Ferd. Bauernfreund. gr. 8. (IV, 232 S.) Augsburg 896. Literar. Institut v. Dr. M. Huttler. n. 2. —

Musterplan für landwirthschaftliche Bauten in Böhmen. Hrsg. vom Landes-Culturrathe für das Königr. Böhmen. 1.—4. Bl. Autogr. mit eingedr. Texte von Jos. Dumek. qu. gr. Fol. Prag 880—82, Calve'sche Universitäts-Buchh. *

Inhalt:
Bl. 1. In den Bezirken des böhmischen Flachlandes, mit Beziehung auf den Raumbedarf einer Wirthschaft von 40 Hectar. * 40 Pf.
» 2. Für die Bezirke Karbitz, Teplitz, Tetschen, mit Beziehung auf den Raumbedarf einer Wirthschaft von 40 Hectar. * 40 Pf.
» 3. Insbesondere für eine grössere Wirthschaft im Böhmerwalde. (4 S.) * 80 Pf.
» 4. Insbesondere für eine grössere Wirthschaft des Sudeten-Gebirges. (9 S.) * ℳ 1.

Musterplan f. landwirthschaftliche Bauten in Böhmen. 5. u. 6. Blatt. Hrsg. vom Landes-Culturrathe f. das Königr. Böhmen. gr. 8. Prag, Calve. à n. — 80
(1—6.: n. 4. 20)
5. Insbesondere f. e. grössere Wirthschaft d. Tepler Gebirges. Mit erläut. Texte v. Ladisl. Burket. (14 S. m. 1 Pl.) 885.
6. Insbesondere f. e. Wirthschaftshof im Erzgebirge. gr. Fol. Mit erläut. Texte v. Ladisl. Burket. (14 S.) 886.

Musterplan f. landwirtschaftliche Bauten in Kärnten. I. Wohnhaus u. Wirtschaftsgebäude f. e. mittelgrosse Landwirtschaft. Mit erläut. Texte v. Cosmas Schütz. Hrsg. vom bautechn. Bureau der k. k. Landwirtschafts-Gesellschaft f. Kärnten. gr. 8. (21 S. m. 1 Taf.) Klagenfurt 894. (Wien, W. Frick.) n. 1. —

— für landwirthschaftliche Bauten in Krain. Mit besond. Berücksicht. der Wochein. 1. Blatt. Mit erläut. Texte v. E. Kramer. Hrsg. v. der k. k. Landwirthschafts-Gesellschaft f. Krain. gr. 8. (11 S. m. Fig.) Wien 883. Frick. n. 1. —

Musterplan f. landwirthschaftliche Bauten in Mähren. Hrsg. v. der k. k. mährisch-schles. Ackerbau-Gesellschaft in Brünn. 1. Blatt. gr. 8. Wien 890. Frick. n. — 80
Für das Kuhländchen. Mit erläut. Text v. J. Laumann. April 1890. (19 S. m. 1 Plan.)

Musterplan für landwirtschaftliche Bauten in Mähren. II. Blatt. Hrsg. v. d. k. k. mähr. Landwirtschafts-Gesellschaft in Brünn. gr. 8. Wien 893. W. Frick. n. 1. — (I u. II: n. 1. 80)
Für d. Hanna. M. erläut. Texte v. J. Adamec u. Fr. Plony. Juni 1893. (15 S. m. 1 Plan.)

Musterplan für landwirthschaftliche Bauten in Niederösterreich. 2. und 4.—8. Bl. Hrsg. vom Comité für landwirthschaftl. Bauwesen der k. k. Landwirthschafts-Gesellschaft in Wien. Autogr. qu. gr. Fol. gr. 8. Wien, (Frick.) *

Inhalt:
Bl. 2. Wohn- und Wirthschaftsgebäude für einen grösseren bäuerl. Besitz. Mit besond. Berücksicht. der Bedürfnisse der Umgegend von St. Pölten. Erläut. Text von Carl A. Romstorfer. 2. veränd. Aufl. (4 S.) 883. * 60 Pf.
» 4. Mit Beziehung auf den Wienerwald (besonders für den Bezirk Purkersdorf). (1 autogr. Taf.) 879. * 32 Pf.
» 5. Mit Beziehung auf die Viehzucht treibenden Gegenden des Viertels ober dem Mannhartsberg. Mit erläut. Texte von Ant. Wittmann. (7 S. mit 1 autogr. Taf.) 882. * 40 Pf.
» 6. Weinkeller sammt Presshaus, insbesondere für die Gebiete des Viertels unter und ober dem Mannhartsberg. Mit erläut. Texte von Jul. Jablanczy. (6 S. mit 1 autogr. Taf.) 880. * 40 Pf.
» 7. Scheuer für das flache Land, mit Raumverhältnissen, wie selbe im Marchfelde üblich sind. Holzschntaf. in qu. gr. Fol. Mit erläut. Texte von Carl A. Romstorfer. (6 S. mit 1 autogr. Taf.) 881. * 40 Pf.
» 8. Kleinere und grössere Schweinestallungen. Mit erläut. Text von Ant. Wittmann. (12 S. mit 2 autogr. Taf.) 883. * ℳ 1.

1. und 3. Bl. Wien 1873,76, Verlag der k. k. landwirthschaftl. Gesellschaft. Waren nicht im Handel.

— für landwirthschaftliche Bauten in Niederösterreich. 8. u. 9. Blatt. Kleinere u. grössere Schweinestallgn. Mit erläut. Text v. Ant. Wittmann. Hrsg. vom Comité f. landwirthschaftl. Bauwesen der k. k. Landwirthschafts-Gesellschaft in Wien. 2 Taf. qu. Fol. Text. gr. 8. Ebend. n. 2. 20
8. Kleinere u. grössere Schweinestallungen. Mit erläut. Text v. Ant. Wittmann. 2 Taf. Nebst Text. (12 S.) 883. n. 1. —
9. Kleinere u. grössere Rindviehstallgn. 2 Taf. Mit Text. (22 S.) 886. n. 1. 20

— dasselbe, in Niederösterreich. 7., 10. u. 11. Bl. Mit erläut. Texte. Hrsg. vom Comité f. landwirthschaftl. Bauwesen der k. k. Landwirthschafts-Gesellschaft in Wien. gr. 8. Ebd. n. 3. 60
7. Scheueranlagen. Mit erläut. Text v. C. A. Romstorfer. 2., verm. Aufl. (13 S. m. Plan.) 887. n. — 60
10. Kleinere u. grössere Pferdestallungen. Mit Text. (16 S.) 886. n. 1. —
11. Arbeiterwohnhaus. Mit erläut. Text v. C. A. Romstorfer. (IV, 85 S. m. 1 Plan.) 888. n. 2. —

— dasselbe. II. Blatt. [2. Aufl.] Wohn- u. Wirthschaftsgebäude f. e. grösseren bäuerl. Besitz. Mit besond. Berücksicht. der Bedürfnisse der Umgegend v. St. Pölten Erläuternder Text v. Carl A. Romstorfer. qu. gr. Fol. (4 S.) Ebend. 883. n — 60

— für landwirthschaftliche Bauten in Schlesien. 1. Blatt, mit Beziehung auf den Jägerndorfer Bezirk. Mit erläut. Texte von Vict. Ritter v. Malinkowski. Hrsg. von der österr.-schles. Land- u. Forstwirthschafts-Gesellschaft in Troppau. gr. 8. (1 autogr. Taf. in qu gr. Fol. m. 4 S. Text.) Ebend. 880. n. — 40

Musterplan für landwirthschaftliche Bauten in Schlesien. 2. Blatt m. Beziehg. auf das Teschner Gebiet. Mit erlaut. Texte v. F. Staudacher. Hrsg. v. der österr.-schles. land- u. forstwirthschaftl. Gesellschaft in Troppau. gr. 8. (10 S. m. 1 Plan.) Troppau 889. (Wien, Frick.) n. — 60

— für landwirthschaftliche Bauten in Tirol. 1. Blatt. Für die Gebirgsgegenden Nordtirols. qu. gr. Fol. Text v. Adf. Trientl. Hrsg. v. der Section Innsbruck d. Landes-Culturrathes. gr. 8. (21 S.) Wien 883. (Frick. — Innsbruck, Wagner.) n. — 60

— dasselbe, in Tirol. 2. Blatt. Bauten auf den Alpen. 4 grosse Taf. nach Skizzen v. C. A. Romstorfer, J. Schlechter u. J. Wachter; entworfen u. autogr. v. C. A. Romstorfer. Mit erlaut. Texte v. Adf. Trientl. Hrsg. v. der Section Innsbruck d. Landes-Culturrathes f. Tirol. gr. 8. (44 S.) Wien 887. (Frick. — Innsbruck, Wagner.) n. 1. 80 (1. u. 2. n. 2. 40)

—— eines Wirthschaftshofes für den östlichen Theil Galiziens. Hrsg. vom k. k. Ackerbau-Ministerium. Autogr. qu. gr. Fol. Wien 880, (Frick.) *

Muster-Plane zu ländlichem Bauwesen, m. besond. Rücksicht auf die verschiedenen, im Königr. Württemberg üblichen Bauformen. Hrsg. v. der k. Centralstelle des württemb. landwirthschaftl. Vereins. 1. Hft. Roy.-Fol. (2 B. u. 15 Stnt.) Stuttgart 845, Ebner u. Seubert. *

Musterpläne zu Feldweganlagen, Feldereintheilungen u. Zusammenlegungen aus der Zahl der in Württemberg ausgeführten Markungsbereinigungen ausgewählt u. hersg. von den k. Centralstellen für die Landwirthschaft u. für Landeskultursachen. 2. Heft. Mit 23 (chromolith.) Regulirungskarten (in Imp.-Fol. in Mappe). Stuttgart 868 (Mebler's Verl.) gr. 8. (38 S.) n. 2 ℛ 18 ngr

Musterpläne zu Pracht- u. Civil-Gebäuden. Ausgearb. nach Motiven d. Oberbaurathes u. Dir. F. v. Gärtner. Von Barthels, Bauer, Beyschlag ꝛc. Neue Ausg. 1—6. Lfg. 4. (24 lith. Taf. in Fol.) München 852, Roller. (à ½ ℛ) 3 ℛ

Musterpläne zu Pracht- und Civil-Gebäuden. Ausgearbeitet nach Motiven des Oberbaurathes u. Direktors F. v. Gärtner. Von Barthels, Bauer, Beyschlag, Blotnitzki u. s. w. Neue Ausg. 7—9. Liefg. München 852. Roller. Fol. Jede Liefg. von 4 lith. Taf. 15 ngr

Musterpläne für Schweinestallungen und deren innere Einrichtung. Deutsche Section des Landesculturrathes für das Königreich Böhmen in Prag. Prag. 1899. Selbstverlag. In Comm. Calve. 4° Unpaginirt mit 12 Tafeln. fl. 1.—

Musterplatz, der, der Schauspiele. 8. Frankf. und Leipz. 745. ·

Muster- & Modenpost I.—II. Jahrg. 1886—1887 Verlag von Marschner & Stephan in Berlin
Mit Abb. 4
Mehr nicht erschienen!

Musterpredigten üb. alle Evangelien u. Episteln d. Jahres, so wie üb. freie Texte u. Casualfälle, aus d. Originalwerken d. neuesten u. berühmt. Kanzelredner Deutschlands gesammlet u. hrsgg. v. F. C. Gipser u. F. W. Flachmann. 9 Bde. gr. 8. Hannov. 810—19. Hahn. 15 ℛ 12 ℊ Hbg. Pr. 10 ℛ — Ferner hbg. Pr. 4 ℛ 12 ℊ (1r u. 2r Bd. Evangelien. 1 ℛ 8 ℊ, 3r u. 4r Bd. Episteln. 1 ℛ, 5r u. 6r Bd. Predd. üb. freie Texte. 1 ℛ, 7r Bd. Casualreden. 12 ℊ, 8r Bd. üb. Casualfälle. 12 ℊ, 9r Bd. üb. d. Ereignisse uns. Zeit. 12 ℊ) — Dass. Werk, 1r u. 2r Bd. N. A. gr. 8. Ebd. 830. 1 ℛ 8 ℊ

Musterpredigten über alle Evangelien und Episteln ꝛc. 8r Bd. Herausgeg. von F. W. Flachmann.
Auch unter dem Titel:
Musterpredigten über Casualfälle, aus den Originalwerken der neuest. und berühmt. Kanzelredner Deutschlands. 2r Bd. gr. 8. Hannover, Gebr. Hahn. 817.

— — dieselben 9r Bd. herausg. v. J. K. J. Gipser und F. W. Flachmann.
Auch unter dem Titel:
Musterpredigten über die Ereignisse uns. Zeit, herausgeg. v. F. W. Flachmann. gr. 8. Ebend. 819.

Musterpredigten üb. alle Evangelien u. Episteln d. Jahres, so wie üb. freye Texte u. Casualfälle; aus d. Orig.-Werken d. neuest. u. berühmt. Kanzelredner Deutschlands gesamm. u. hrsg. v. J. K. J. Gipser u. J. W. Flachmann. Neue Aufl. 1. u. 2. Bd., üb. d. Evangelien. gr. 8. (37 B.) Hannover 830, Hahn.

Musterpredigten zu der bevorsteh. Friedensfeier, nebst einigen Dispositionen zu ähnl. Ausarbeitungen. gr. 8. Sondersh. (Ilmen.) 814. Voigt. 6 ℊ

Muster-Predigten der kathol. Kanzel-Beredsamkeit Deutschlands aus der neueren und neuesten Zeit. Gewählt u. herausgeg. von Pfarrer A. Hungari. 1. Bd. Predigten auf die Feste des Herrn. 1. Thl. Weihnachts-Fest-Kreis. gr. 8. Frankfurt a/M. 845, Sauerländer. 1⅙ ℛ

— dies. 2.—4. Bd. Predigten auf die Feste des Herrn. 2.—4. Thl. — 2. Thl. Oster-Fest-Kreis. — 3. Thl. Pfingst-Fest-Kreis. 1. Abth. — 4. Thl. Pfingst-Fest-Kreis 2. Abth. gr. 8. Ebend. 845. à 1⅙ ℛ

— dies. 5. u. 6. Bd. Predigten auf die Feste d. seligsten Jungfrau Maria. 1. u. 2. Thl. gr. 8. Ebend. 846. à 1⅙ ℛ

— dass. 7. Bd. Predigten auf d. Sonntage u. Feste des Herrn. 1. Thl. gr. 8. Ebend. 846. (à) 1⅙ ℛ

Muster-Predigten der kathol. Kanzel-Beredsamkeit Deutschlands aus der neueren u. neuesten Zeit. Gewählt u. hrsg. von A. Hungari. 8—26. Bd. gr. 8. 8—18. Bd. Predigten auf die Sonntage u. Feste des Herrn. 2—12. Thl. 19—21. Bd. Predigten auf die Feste der Heiligen. 3 Thle. 22—26. Bd. Gelegenheitspredigten. 5 Thle. Frankfurt a. M. 847—49, Sauerländer. à 1⅙ ℛ (cmplt. 29⅓ ℛ)

— dies. 1—30. Bd. 2. gänzlich umgearb. Aufl. gr. 8. 1—6. Bd. Die Feste des Herrn. 6 Thle. (1: XII u. 570 S. 2: XII u. 615 S. 3: XII u. 596 S. 4: XIV u. 690 S. 5: XVI u. 700 S. 6: XVI u. 716 S.) 7—10. Bd. Die Feste der seligsten Jungfrau Maria. 4 Thle. (7: XIV u. 626 S. 8: XVI u. 584 S. 9: XVI u. 564 S. 10: XII u. 560 S.) 11—20. Bd. Predigten auf die Sonntage des Kirchenjahres. 10 Thle. (11: XII u. 552 S. 12: XII u. 544 S. 13: XII u. 560 S. 14: XII u. 568 S. 15: XVI u. 568 S. 16: XVI u. 556 S. 17: XII u. 564 S. 18: XII u. 566 S. 19: XII u. 519 S. 20: XII u. 550 S.) 21—26. Bd. Gelegenheits-Predigten. 6 Bde. (21: XII u. 548 S. 22: XII u. 599 S. 23: XIV u. 509 S. 24: XIV u. 623 S. 25: XII u. 572 S. 26: XII u. 564 S.) 27—30. Bd. Predigten auf die Feste der Heiligen. 4 Thle. (27: XII u. 518 S. 28: XII u. 531 S. 29: XII u. 575 S. 30: XVI u. 660 S.) Ebd. 850—52. (à 1⅙ ℛ) 35 ℛ

Muster=Predigten der katholischen Kanzel=Beredsamkeit Deutschlands aus der neueren und neuesten Zeit. Gewählt und hrsg. von A. Hungari. 25 Bde. 3. (Titel=)Ausg. gr. 8. Frankfurt a. M. (851)57—59, Sauerländer's Verlag. à Bd. 1 Thlr. 5 Ngr.

Inhalt:

Bd. 1. 2. Die Feste des Herrn. 1. und 2. Thl. (XXXI und 1185 S.)
" 3—6. —— dass. — 3—6. Thl. (LVI und 2702 S.)
" 7—10. Die Feste der seligsten Jungfrau Maria. 4 Bde. (LIX und 2334 S.)
" 11—16. Predigten auf alle Sonntage. 1—6. Bd. (LXXIV und 3348 S.)
" 17—20. —— dass. — 7—10. Bd. (XLVIII und 2199 S.)
" 21. Predigten bei der ersten Abendmahlsfeier der Kinder am weißen Sonntage. (XII und 558 S.)
" 22—25. Predigten auf die Feste der Heiligen. 4 Bde. (LII und 2230 S.)

— franz. Kanzelredner. Sechs Reden von Massillon, Flechier, Fenelon, Bossuet, Saurin und Bourdaloue, übersetzt von Heinr. Mor. Lincke. Nebst e. Vorrede von Aug. Ludew. Glob. Krehl. 8. Meißen 833. Goedsche. 7/12 ℛ

Musterpredigten der jetzt lebenden ausgezeichneteren Kanzelredner Deutschlands u. a. protestant. Länder. Hrsg. v. Heinr. Aug. Schott. Nach dess. Tode fortges. v. Jonath. Schuderoff. 4 Bde. (à 5 Lfgn.) gr. 8. (31, 30¾, 31¼ u. 31 B.) Leipzig 836, 37, [Hermann.] à 1⅔ Thlr.

3. u. 4. Bd. a. u. d. T.: Neueste Bibliothek protestant. deutscher Kanzelberedtsamkeit in Originalbeiträgen namhafter jetzt lebender Kanzelredner. 2 Bde.

1. Bd. hrsg. v. H. A. Schott, 2—4. Bd. hrsg. v. J. Schuderoff.

Musterpredigten der jetzt lebenden ausgezeichneteren Kanzelredner Deutschlands und anderer protestant. Länder. Herausg. von Heinr. Aug. Schott (u. Dr Danz) zu Jena. 1r u. 2r Bd. à 5 Lfrgg. gr. 8. Leipzig 836. Wuttig. (à 1⅔ ℛ) 3⅓ ℛ

— dass. 3r u. 4r Bd. A. u. d. T.: Neueste Bibliothek protestant. deutsch. Kanzelberedtsamkeit in Originalbeiträgen namhafter jetzt lebender Kanzelredner. Fortges. v. Schuderoff. 1r u. 2r Bd. à 5 Lfrgg. gr. 8. Ebd. 837. (à n. 1⅔ ℛ) n. 3⅓ ℛ Ladenpr. à 2¼ ℛ

Muster=Reden, auserlesene, üb. d. Sonn= u. Festtags=Evangelien. Aus d. Werken d. heil. Kirchenväter gesamm. u. gemäß d. heut. Sprachgebrauche, n. d. deutschen Coblenzer=Uebersetzungs=Ausg. bearb. 1—3. Hft. gr. 8. (...) Grätz 834—39, Ferstl'sche Buchh. [1. ½ Thlr., 2. u. 3. à ½ Thlr.]

— neun, von d. DD. Bauer, Großmann, Krehl, Meißner u. A. Gesammelt u. herausg. zum Besten des Fonds für das Armenschülerfest in Leipzig. gr. 8. Leipzig, (Schreck.) n. ½ ℛ

Musterreiter's neuer historischer Kalender auf d. J. 1910. 18. Jahrg. (110 S. m. 4 Taf.) gr. 8. Porto Alegre, C. Reinhardt. 2.—

Das Musterriegenturnen beim 8. Turnfest des Weser-Ems-Turngaues 2. 7. 1876 zu Varel (Verzeichn. d. angemeldeten Übungen). Bremen 1876, 16 S., 8°.

Musters, G. Ch., unter den Patagoniern, s. a. Bibliothek geographischer Reisen u. Entdeckungen.

Musters, Geo. Chaworth, unter den Patagoniern. Wanderungen auf unbetretenem Boden von der Magelhaës=Straße bis zum Rio Negro. Autoris. Ausg. f. Deutschland. Aus dem Engl. v. J. E. A. Martin. Mit 9 Illustr. in Ton= u. Schwarzdr. u. 2 (lith.) Karten (in gr. 8. u. gr. 4.) gr. 8. (XI, 341 S.) Jena 873. Costenoble. n. 11. 25

Musters, G. Chaworth, Unter den Patagoniern. Wanderungen auf unbetretenem Boden von der Magalhães-Strasse bis zum Rio Negro. Autor vollständige Ausgabe für Deutschland. Aus dem Engl. von J. E. A. Martin. Mit 9 Illustr. in Thon- u. Schwarzdruck u. 2 Karten. 2. Aufl. Jena 1877. 8°

Mustersammlung für Bautischler. Eine nach verschiedenen Stylen geordnete und vorzüglich aus Münchens Neubauten entnommene Sammlung von Thoren, Thüren, Fenstern, Vorbauen, Ladenschränken, Fußböden, Treppen, Kanzeln, Altären u. s. w. Zusammengestellt u. gezeichnet von Ed. Krug, fortgesetzt von Ed. Schidermair. 1.—12. Heft, jedes mit 12 Tafeln u. Text. (1. 2. u. 3. Heft 7. Aufl. 4. Heft 6. Aufl. 7. Heft 3. Aufl. 8. 9. 10. 11. Heft 2. Aufl.) gr. 4. München 841—46, Roller. (à ⅔ ℛ) 8 ℛ

— dass. in 3 Bänden cart. (à 2⅔ ℛ) 8 ℛ

Mustersammlung, deutsche, f. die latein. Schulen u. Gymnasien im Königr. Bayern. 1. Thl. gr. 8. (28½ B.) München 844. Central=Schulb.=Verlag. (Regensburg, Manz.) Thlr. **

Mustersammlung, Deutsche, für die lateinischen Schulen u. Gymnasien im Königr. Bayern. 2. Thl. 2 Abthlgn. gr. 8. (684 u. 336 S.) München 847, Central=Schulbücher=Verlag. (Regensburg, Manz.) n. 1 ℛ 17 ngr (I. II, 1. 2. u 2 ℛ 7 ngr)

—— auserlesener deutscher Dichtungen, s. Schatz.

Mustersammlung v. Holzschnitten aus englischen, nordamerikanischen, französischen u. deutschen Blättern. (In 10 Lfgn.) 1—9. Lfg. Fol. (30 S. m. 44 Holzschn.-Taf. u. 1 Lichtdr.) Berlin 885. 86. Lipperheide. à n. 3. —

Mustersammlung v. Holzschnitten aus englischen, nordamerikanischen, französischen u. deutschen Blättern. 10. [Schluss-]Lfg. Fol. (8 Taf. u. Text V u. S. 17—28.) Berlin 888. F. Lipperheide. n. 3. — (kplt.: n. 30. —)

Mustersammlung aus deutsch. Klassikern, geord. nach d. Bedürfnissen unt., mittl. u. oberer Klassen d. verschied. Schulanstalten Deutschlands, in 3 Cursus gestellt u. hrsg. v. mehrern Lehrern d. Bürgerschule zu Leipzig. 1. Curs. — A. u. d. T.: Samml. v. Denksprüchen, Liedern, Fabeln, poet. u. pros. Erzähln., nebst e. Anh. Für Kinder v. 5—10 Jahren. 2., stark verm. u. durchaus verbess. Aufl. gr. 8. (46 B.) Leipzig 827, Reclam.

Hieraus besonders abgedruckt:

Elementarlese= u. Sprachbuch nebst Dr. Luthers kleinem Katechismus u. ein. vollständ. systemat. geord. Samml. bibl. Sprüche u. religiös. Sprichwörter f. deutsche Schulen. 10 Gr.
Elementarlese= u. Sprachbuch f. deutsche Schulen. 8 Gr.
Elementarlesebuch, vollständ., f. deutsche Schulen. 4 Gr.
Luther's kl. Katechismus nebst e. systemat. geord. Samml. bibl. Sprüche 2c. 4 Gr.

2. Curs. Ebendas. 1822. 20 Gr. — Mit Anh. 1823. 1 Thlr. 2 Gr. Der 3. Curs. wird noch erwartet.

Mustersammlung 2c. Lesebuch f. Schule u. Haus, s. Auswahl v. Mustern deutscher Prosaisten, 2. Thl.

Mustersammlung, neueste, für Damenkleidermacher zu eleganten Verschnürungen und Besätzen auf alle Arten von Mänteln, Mantillen, Reitkleidern, Taillen, Jäckchen und dergleichen. 10., mittelst Planotypie gedr. Aufl. Imp.-Fol. (8 Blatt.) Dresden 864, Klemm's Verlag. In Couvert. —

Mustersammlung neueste, für Damenkleidermacher zu eleganten Verschnürungen und Besätzen auf alle Arten von Mänteln, Mantillen, Reitkleidern etc. 12. sehr verm. Aufl. Fol. (11 Stat.) Dresden 868, Klemm's Verlag.

— neuester Polterabend=Scherze zu grünen, silbernen u. goldenen Hochzeiten. Für e. u. mehrere Personen zum Vortrage in Familienkreisen. Hrsg. vom Verleger unter güt. Mitwirkg. namhafter Dichter. 12. (150 S.) Berne 891. B. Bessin. Kart. n. 1 —

—— deutscher Prosaiker u. Dichter, s. Auswahl.

— für Schlosser. Eine nach verschiedenen Stylen geordnete und vorzüglich aus Münchens Neubauten entnommene Sammlung von Vergitterungen, Beschlägen, Schlössern, Treppen-, Balkons-, Fenster-, Garten- und noch andern Geländern, Thoren, Portalen 2c. Zusammengesetzt u. gezeichnet von Ed. Krug. 2. Aufl. 3 Hefte, jedes mit 12 Tafeln u. Text. gr. 4. München 843, Roller. (à 2/3 ℛ) 2 ℛ

Mustersammlung f. die römische Schrift in 9 Blättern z. Gebrauch für Kupferstecher, Lithographen, Kalligraphen, Schriftmaler 2c. Gesammelt v. J. T. Schroth. qu. 1/2 Fol. (Dresden 846, Adler u. Dietze.) n. 1/2 ℛ

Mustersammlung interessant. Stücke deutscher Prosaiker, Lesebuch für Schule u. Haus, s. Auswahl von Muster deutscher Prosaisten 2c.

Mustersammlung interessanter Stücke deutscher Prosaiker und Dichter ... 3. Aufl. Berlin 1844. H: *Poplinski, Ant.* (Ky)

— für Zimmer- und Decorationsmaler. Eine Sammlung vorzüglicher Wandmalereien und Decorationen für Salons, Empfang-, Speise-, Schlafzimmer u. s. w. sowie von verschiedenen Verzierungen in vergrößertem Maßstabe. Nach der Natur in Herculanum und Pompeji aufgenommen und für den Zweck dieses Werkes eingerichtet von Herm. Anschütz. 2 Hefte, jedes mit 12 Tafeln u. Text. gr. 4. München ..., Roller. (à 2/3 ℛ) 1 1/3 ℛ

Mustersatzung f. öffentliche Sparkassen der Prov. Brandenburg (II, 19 S.) 4. Potsdam (905). E. Stein. n. 1.—

Mustersatzung für kleinere Viehversicherungsvereine Aufgestellt im Kais. Aufsichtsamte f. Privatversicherung im März 1903 nebst Abänderungen u. Erg. v. Febr. 1906. ([Berlin J. Guttentag] 1906.) (10 S.) 4° [Kopft J.] [07. 7435

Mustersatzungen. Satzungen der Wittwen-Waisen-Stiftung der Loge — im Or. — Berlin 1901: Denter & Nicolas. 11 S. 8° [Umschlagtit.] Entworfen von der Gr. Nat. Mutterloge.

Mustersatzungen f. Vereine zur Versicherung gegen Verluste u. Schäden im Pferde-Bestande. gr. 8. (15 S.) Merseburg 900. F. Stollberg. n.n. — 20

Musterschatz v. Handarbeiten. Eine Sammlg. farb. Musterblätter f. Kreuzstich, Application u. Phantasiearbeiten. 18 Stahlst.-Taf., m. der Hand colorirt. Fol. (4 S. Text.) Berlin 883. Ebhardt. In Leinw.-Mappe. n. 10. —

Musterschnitt, der, für Weißnähen, Maschinennähen, Kleidermachen, zugl. Leitfaden f. d. Stickunterricht. Hrsg. v. d. Frauenarbeitsschule Ulm. 8. (56 S. m. Fig.) Ulm 897. F. Ebner. n.n. — 50

Musterschreibheft, stenographisches, des Frequentanten. I. Vocalisation. 8. (16 S.) geh. 10 kr. Wien: Zwierczina 1882.

Musterschriften in 9 Tafeln, z. Erlernung nützl. Kenntnisse aus d. Naturalien, Geschichte u. Geographie. 8. Leipz. 805. Joachim. 6 ℊℊ.

Musterschule, Die, am schweizerischen weiblichen Seminar ... Zürich 1851. V: *Stadlin, Josephine.* (Ky)

Muster-Schultheiss, Der. Oder die Kunst, eine Gemeinde glücklich zu machen. Tübingen 1852. V: *Wüst, W. Friedrich.* (UBTüb 1853, 54, S. 10)

Musterstatut für die schiedsgerichtlichen Ausschüsse der Gewerbegenossenschaften. Lex.-8. (11 S.) —.10 Wien. Hof- u. Staatsdruckerei 1897

—— f. Bezirks-Krankenkassen, s. Gesetze, Sep.-Ausg. der neuen oesterreichischen, Nr. 59.

Musterstatut f. Betriebskrankenkassen. 4. (11 S.) Wien 889 Hof- u. Staatsdruckerei. n. — 20

— dasselbe. Nach Kundmachg. d. hohen k. k. Ministeriums d. Innern auf Grundlage d. Gesetzes vom 30. Mai 1888, R. G. Bl. Nr. 33. 12. (IV, 24 S.) Wien 889. Manz. n. — 40

Musterstatut für Bezirks-Krankencassen in Gemäßheit des §. 14 des Arbeiter-Krankenversicherungsgesetzes. Kundmachung des Ministeriums des Innern vom 20. Octbr. 1888. Nebst Gebrauchsanleitung und Formularien, und einem alphabet. Sachregister. 8. (88 S.) Prag 888, Mercy. *

—— für Bezirks-Krankencassen. Kundmachung des Hohen k. k. Ministeriums des Innern vom 20. Octbr. 1888 in Bezug auf §. 14 des Gesetzes vom 30. März 1888, R.-G.-Bl. Nr. 33, betr. die Krankenversicherung der Arbeiter. 12. (IV, 58 S.) Wien 888, Manz'sche Hof-Verlags- und Universitäts-Buchh. *

Musterstatut f. Bruderladen. Hrsg. üb. Beschluss des am 7.—8. Dezbr. 1890 in Wien abgeh. Bergarbeiter-Kongresses 8 (63 S.) Wien 891. (1. Wiener Volksbuchh J. Brand.) n. — 40

Musterstatut
Für Gehilfenversammlungen. Fol. (4 S.) —.05
Wien Hof- u. Staatsdruckerei 1897.

Musterstatut für gewerblose Genossenschaften. Fol. (15 S.) Wien. Hof- u. Staatsdruckerei 1897. —.10

MUSTER-STATUT und Geschäfts-Ordnungen nebst Formularen für Arbeiterwohnungs-Genossenschaften, herausgegeben vom Rheinischen Verein zur Förderung des Arbeiterwohnungswesens. (Düsseldorf 1900.) 4°.

Musterstatut f. registrirte Hilfskassen m. e. Anleitg. zum Gebrauche desselben u. d. Versicherungsplan. Fol. (118 S.) Wien 895. Hof- & Staatsdruckerei. n. 1. 20

— f. registrirte Hilfskassen, welche ausschließl. d. Versicherg. v. Krankenunterstützgn. u. Begräbnisgeldern betreiben. Fol. (22 S.) Ebd. 895. n. — 40

Muster-Statut f. Kaufmannsgerichte. Nach den Erfahrgn. m. der Verhältniswahl aufgestellt u. hrsg. v. der Berufsgenossenschaft Deutschnationaler Handlungsgehilfen-Verband (jurist. Person). (31 S.) 8. Hamburg 906. Deutschnationaler Handlungsgehilfen-Verband. n. — 20

Musterstatut für obligatorische Meister-Kranken-Cassen. Fol. (22 S.) Geh. --.10
Wien: Hof- u. Staatsdruckerei 1897

Nachtrag zu dem im Jahre 1897 veröffentlichten Musterstatute für obligatorische Meister-Kranken-Cassen. Fol. (2 S.) Gratis. Wien: Hof- u. Staatsdruckerei 1898.
— — In böhmischer Sprache. Gratis.

Muster-Statut für Sparcassen. Fol. Wien 872, k. k. Hof- und Staatsdruckerei. *

Musterstatut für Werkgenossenschaften. München: K. Bayer. Staatsministerium des Innern 1903

Muster-Statut für die Zweig-Vereine zur Pflege im Felde verwundeter und erkrankter Krieger in der Provinz Schleswig-Holstein. Schleswig 1890 8°

Musterstatuten für Genossenschaften m. beschränkter Haftpflicht. a) Absatz-Genossenschaft m. beschränkter Haftpflicht, — b) Konsumverein m. beschränkter Haftpflicht, — c) Vorschuß- u. Kreditverein m. beschränkter Haftpflicht. Hrsg. vom Ausschusse der Vereinigg. der Steuer- u. Wirthschafts-Reformer. Im Anh.: Bekanntmachung vom 11. Juli 1889, betr. die Führg. d. Genossenschaftsregisters u. die Anmeldg. zu demselben. 8. (VIII, 91 S.) Berlin 889. Bahlen. n. 2. —

Musterstücke, deutsche, aus dem Gebiete der Natur u. d. Menschenlebens als Grundlage e. allseitig bildenden Unterrichts in der Muttersprache, sowie insbesondere zur stufenmäß. Uebg. in der französ. u. engl. Komposition. Hrsg. unter Mitwirkg. v. Kapff, v. Gruner, Eisenmann u. Wildermuth. 1. Abth. bearb. v. Fr. Gruner 9. Aufl. Vermehrt m. e. kurzen Abriß d. deutsch-französ. Kriegs v. 1870 u. 1871. gr. 8. (XVI, 244 S.) Stuttgart 874 Metzler. n. 2. —

Musterstücke aus Shakspeare's Dramen, s. Beauties.

Musterstücke aus Shakspeare's Dramen. Englisch und deutsch. Frankf. a. M. 1835. H & Ü: *Berly, C. P.* (Ky)

Musterstücke, 36, deutscher Prosa. Gedruckt nach der für preußische Schulen amtlich festgestellten Rechtschreibung. 8. (32 S.) Wiesbaden 880. Limbarth. cart. n. — 35

Mustert, Joach. Christoph (Rostock), Imaginis descriptionem. Ejusdem que in essentialem et accidentalem divisionem contra Arnoldum ac Faniticos succincte considerans. Disput. metaphys. Präs. Jo. Joach. Weidner. Rostock (J. Weppling) 8. VI. 1707. (4.75) 24437
Widm. v.: Jo. Fecht, A. J. Krakevitz (dtsch.), Jo. Joach. Weidner (dtsch.), Georg Nikol. Ockell (dtsch.), Johann Wolff (dtsch.).

Mustertabellen der deutschen Declination u. Conjugation in d. Grammatik von J. G. Setzensaak, (v. J. G. Mayer II.) 4. Salzb. 786. Mayr. 3 ℳ

Musterung, de, oder Gehannes Fiulbaum un syn Suhn. Lustspiel in sauerländ. Mundart vom Verf. der „Sprickeln un Spöne.“ (F. W. Grimme.) 2. Aufl. Paderborn 869. Schöningh. gr. 16. (109 S.) n. 8 ngr

Die Musterung, eine Pommersche Wochenschrift
Stargard 1772: J. L. Kunst. 8°
Hrsg. Johann Georg Müchler

Musterung u. Bekleidung. Praktische Winke f. d. Kompagniechef. 5., umgearb. Aufl. d. Schrift „Die ökonom. Musterg.“ 12. (VIII, 35 S.) Berlin 902. E. S. Mittler & Sohn. n. — 60

Musterung d. Grund-Elemente äuß. weibl. Schönheits-Theile. Mit Anh.: Podoscopie. Frauenspiegel. Herrenspiegel. Deutung d. Schönheitsmähler. 16. (1½ B.) Ulm 832. (Augsburg, v. Jenisch u. Stage'sche Buchhandlung.) Thlr.

Musterung, oder Grund-Elemente äußerer weiblicher Schönheits-Theile. Mit Anhang: Podoscopie. Frauenspiegel. Herrenspiegel. Deutung der Schönheitsmäler. 2e Ausg. 12. Ulm 838. (Leipzig, Klein.) 1/8 ℳ

Musterung, die ökonomische. Praktische Winke f. den Kompagniechef v. e. älteren Hauptmann. 1.—3., verb. Aufl. gr. 16. (40 S.) Berlin 892—894. E. S. Mittler & Sohn. n. — 50

Musterung, die ökonomische. Prakt. Winke f. d. Kompagniechef v. e. ält. Hauptmann. 4., durchgeseh. Aufl. 16. (40 S.) Berlin 895. E. S. Mittler & Sohn. n. — 50

Musterung der Berliner Predigerkritik, auf d. J. 1783. 1s Quartl. 8. Berl. 783. (Reimer). 6 ℳ

Musterungskalender, allgem. deutsch. 1s Stck. mit K. 4. Leipzig, Gräff.

Musterungsvorschrift, enth. d. Bestimmungen f. d. Musterungsgeschäft b. d. Truppen. Berlin 1881. 1891.

Musterungsvorschrift [M. V.], enth. die Bestimmgn. f. das Musterungsgeschäft bei den Truppen. gr. 8. (31 S.) Berlin 891. E. S. Mittler & Sohn. n. — 35; kart. n. — 60

Musterungsvorschrift (M. V.), enth. die Bestimmgn. f. d. Musterungsgeschäft bei den Truppen. gr. 8. (47 S.) Ebd. 899. n. — 50; kart. n. — 70

Musterverse für den ersten Unterricht in der deutschen Verskunst. gr. 12. (155 S.) Landshut 848, Thomann. 9 ngr

Mustervorlagen für weibliche Handarbeiten in natürlicher Größe. Oktbr. 1902—Septbr. 1903. 12 Hfte. (à ca. 2 S.) 84×57,5 cm. Mit Text auf dem Umschlag. gr. 4. Berlin, W. Vobach & Co. n. 1. 60

Mustervorlagen für weibliche Handarbeiten in natürlicher Größe m. jährlich 12 farb. Handarbeitstafeln. Verantwortlich f. den Moden- u. Handarbeitstl.: M. Bade; f. den unterhalt. Tl.: S. Hochstein. 2.—5. Bd. Oktbr. 1903 bis Septbr. 1907. à 12 Hefte. (à ca. 2 S.) 84×57 cm. Mit Text auf dem Umschlag u. farb. Taf. in Lex.-8. Berlin, W. Vobach & Co. Bd. 2 n. 1. 60; 3—5 à n. 2. 40

Mustervorlagen f. weibliche Handarbeiten in natürlicher Größe m. jährlich 12 farb. Handarbeitstafeln. Verantwortlich f. d. Handarbeitsteil: G. Kosbahn, f. Österreich-Ungarn: Kunigunde Ansion-Hasatty. 6. u. 7. Bd. Oktbr. 1908—Septbr. 1909. à 12 Hefte. (à ca. 2 S.) 83,5×57,5 cm. Mit Text auf dem Umschlag u. 1 farb. Taf. in Lex. 8. Berlin, W. Vobach & Co. à Heft — 20
Fortsetzg., s.: Wäsche- u. Handarbeits-Zeitung, deutsche.

Muster-Vorschriften f. die Volksschulen im Königr. Baiern; 5 Blätter. Mit e. Titelbl. Münch. (Landsh., Thomann).

Muster-Werke aus der nürnberger Bauhütte für den Drechsler. Hrsg. vom nürnberger Bau- und Gewerk-Verein durch Carl Heideloff. 1. Heft. Imp.-4. (6 S. Text und 6 Stahlst.) Nürnberg 851, Geiger. Thlr. *

—— aus der nürnberger Bauhütte für den Hafner, Töpfer, Porzellan-, Fayence-, Steingut-, Ofen- und Ziegel-Fabrikanten. Hrsg. vom nürnberger Bau- und Gewerk-Verein durch Carl Heideloff. 1. Heft. Imp.-4. (5 S. Text und 6 Stahlst.) Nürnberg 851, Geiger. *

—— aus der nürnberger Bauhütte für den Juwelier, Gold- und Silberarbeiter. Hrsg. vom nürnberger Bau- und Gewerk-Verein durch Carl Heideloff. 1. Heft. Imp.-4. (14 S. Text und 6 Stahlst.) Nürnberg 851, Geiger. *

—— aus der nürnberger Bauhütte für den Zimmermann. Hrsg. vom nürnberger Bau- und Gewerk-Verein durch Carl Heideloff. 1. und 2. Heft. Imp.-4. (7 S. Text. und 12 Taf. in Stahlst.) Nürnberg 851—52, Geiger. à Heft * 16 Ngr. *

Muster-Wirthschaften, s. C. Schmalz.

Muster-Zeichnen-Buch für Schulen und zum Selbstunterricht. Nr. 1—12. (à 12 lith. Bl.) Hamburg 861. Adler. qu. 4. Jede No. n. 4 ngr.

Muster-Zeichner, der, Samml. v. Verzierungen f. Bildhauer, Stempelschneider u. s. w. 1e Lieferung. Fol. Berlin, Lüderitz.

Musterzeichner, der. Organ für streich- und kammgarnwollene Paletots- und Buckskin-Artikel. Stete Hinweisung in der Anfertigung und Herstellung genannter Artikel, krit. Sichtung der bezügl. Genremuster von deutschen, engl. und französ. Modestoffen, illustr. Darstellung dieser Muster, begleitet von zahlreichen neugebildeten Motiven systemat. Eintheilung und Gruppirung derselben. Unter Mitwirkung von Fachcapacitäten hrsg. und redig. von Jul. Koch. 1. Jahrg. 12 Nrn. (à 1/2 Bog. mit Musterbog.) gr. 4. Grünberg 874, Weiss. *

Musterzeichner, der. Organ d. „Verbandes deutscher Musterzeichner" u. der demselben angehör. Vereine (einschliesslich d. voigtländisch-thüring Zeichner-Verbandes). Zeitschrift f alle m. dem Musterzeichenfach zusammenhäng. Interessen der Industrie u. d. Gewerbes. Hrsg. unter Mitwirkg. v. Geo. Bötticher, Frdr Fischbach, Cornelius Gurlitt, R. Hofmann u. A. v. Thdr. Martin. 2. Jahrg. 1892. 26 Nrn. (ca. 1 Bog. m. Abbildgn. u. Taf.) gr. 4. Leipzig, Exped. der Leipziger Monatsschrift f. Textil-Industrie. n. 6. 40
Fortsetzung s.: Zeitschrift f. Musterzeichner.

Musterzeichner, der. Ideen f. kunstgewerbl. Arbeiten aller Art. I. Serie. 30 Taf. Orig.-Entwürfe. 45,5×34 cm. Wien (907). F. Wolfrum & Co. In Mappe 30. —

Musterzeichnungen von Dachdeckerarbeiten. (14 T) qu fol Darmstadt

Muster-Zeichnungen für Dachrinnen entworfen in der Abtheilung für das Bauwesen im Ministerium der öffentl. Arbeiten [in Preussen]. 6 Blatt. Fol. - Dazu 4 Bogen lithograph. Text: „Bestimmungen für die Construction der Dachrinnen, vom 31. März 1887" Fol. [3 Ex.]

Musterzeichnungen für die Einrichtung von Hafträumen. (7 Blatt Zeichnungen u. Erläuterungen.) Berlin 1890. Fol.

— von Feuerungsanlagen. (12 T) qu fol Darmstadt

Muster-Zeichnungen, 124, in Figuren u. Arabesken bestehend, für Tischler zum Auslegen der Meubles wie auch für Schlosser, Zinngießer, Papp-, Gold- u. Silberarbeiter. 4. (20 Bl.) Quedlinburg 846. (Ernst) 1/2 ₰

Musterzeichnungen von Maurerarbeiten. (24 T) fol Darmstadt (1865)

Musterzeichnungen von Möbeln. (32 T) qu fol Darmstadt

Musterzeichnungen zu Schlosserarbeiten etc., s. a. Deininger, J.

Musterzeichnungen zu Schlosser-Arbeiten v. 15n—19n Jahrhund., als Vorlagen f. techn. Schulen. Unter Leitung J. C. Heideloff, hrsg. v. C. Deininger. 1s u. 2s Hft. Mit Kpf. gr. qu. Fol. Nürnb. 828, 29. Riegel u. W. (à 20 gr) 1 ₰ 16 gr

— z. Sticken u. Blumenmalen, nebst e. unterhalt. Naturgesch. d. darin vorkomm. Blumen rc. 1s u. 2s Hft. Penig 802. Oekonom. Buchh. 1 ₰ 12 gr

Musterzeichnungen f. Techniker u. die verschiedenen Zweige d. Gewerbebetriebs sowie auch f. Handwerkerschulen. 2. Aufl. der vom Grossh. Hess. Gewerbverein bearb. u. hrsg. Sammlung übergedruckter Musterzeichnungen für Techniker etc. Mit Genehmigung des Grossh. Hess. Gewerbvereins vervollständigt u. hrsg. von Heinr. Möser u. Frz. Fink. Probeliefg. gr. Fol. (3 lith. Taf.) Darmstadt 848, Pabst. n. 9 ngr — 1. Abth.: Feuerspritzen. 8 (lith.) Taf. in Imp. Fol. m. (12 S.) Text (in gr. 8.) Ebd. 848. n. 24 ngr — 2. Abth.: Wagner- u. Schmiede-Arbeiten. 54 (lith.) Taf. in Imp. Fol. m. (20 S.) Text (in gr. 8.) Ebd. 848. n. 5 ₰ 12 ngr — 3. Abth.: Wagner-Werkstätte. 15 (lith.) Taf. in Imp. Fol. m. (14 S.) Text (in gr 8.) Ebd. 848. n. 1 1/2 ₰ — 4. Abth.: Schlosser-Werkstätte. 25 (lith.) Taf. in Imp. Fol. m. (20 S.) Text (in gr. 8.) Ebd. 848. n. 2 1/2 ₰ — 5. Abth.: Herausg. von Frz. Fink. Möbel. 14 Lfgn. 84 (lith.) Taf. in Imp. Fol. m. (14 S.) Text (in gr. 4.) Darmstadt 850, Frommann. (à Lfg. n. 1/2 ₰) n. 7 ₰ (I—V.: n. 17 ₰ 6 ngr)

Musterzeichnungen für Techniker u. die verschiedenen Zweige des Gewerbebetriebs sowie auch für Handwerker- u. Gewerbschulen. Neue Ausg. der vom großherzogl. hess. Gewerbverein bearb. u. herg. Sammlung übergedr. Musterzeichnungen für Techniker rc. 1—9. Abthl. Darmstadt, Beyerle. qu. Fol. n. 29 ₰ 29 ngr

1. Abthl. Mühlen, Mahl-, Oel-, Gyps-, Schwerspath-, Knochen-, Schneid- u. Lohmühlen. Mit 50 Steintaf. Abbild. in Fol. u. beschreibendem Texte. (76 S. in 8.) 854. n. 4 ₰ 20 ngr
2. Abthl. Baupläne für bürgerliche Wohngebäude. Mit 25 Steintaf. Abbild. in Fol. u. beschreibendem Texte. (16 S. in 8.) 858. n. 2 ₰ 12 ngr
3. Abthl. Die Arbeiten des Spenglers (Klempners). Mit 50 Steintaf. in qu. Fol. u. beschreibendem Texte. (20 S. in 4.) 859. n. 2 ₰ 12 ngr
4. Abthl. Die Arbeiten des Maurers in genauen Abbildungen u. beschreibendem Texte. (8 S. in 4.) Zum Gebrauche für Maurer, Bauhandwerker, Bauunternehmer rc. Mit 44 Steintaf. Abbild. darunter 4 Doppeltaf., größtentheils in Farbendr. 866. n. 3 ₰
5. Abthl. Die Möbel. Mit 84 Steintaf. Abbild. in Fol. u. beschreibendem Texte. (26 S. in 8.) 850. n. 7 ₰
6. Abthl. Die Arbeiten des Dachdeckers in genauen Abbildungen u. beschreibendem Texte. (20 S. in 4.) Zum Gebrauche für Dachdecker, Bauhandwerker, Bauunternehmer rc. Mit 33 Steintaf. Abbild., darunter 9 Doppeltaf., größtentheils in Farbendr. 866. n. 3 ₰
7. Abthl. Treppen in Holz, Stein u. Eisen in genauen Abbildungen u. beschreibendem Texte zum Gebrauche für Architekten, Zimmerleute, Bautischler rc. Mit 32 Steintaf. Abbild. in Farbendr., darunter 8 Doppeltaf. (10 S. Text in 4.) 866. n. 3 ₰
8. Abthl. Die Pumpen in genauen Abbildungen u. beschreibendem Texte. Mit 40 (lith.) Abbild., darunter 3 Doppeltaf. (u. 17 S. Text in 4.) 869. n. 3 ₰
9. Abthl. Die Dachausmittelungen in genauen Abbildungen u. beschreibendem Texte. Mit 24 (lith.) Taf. Abbild. in Farbendr. (u. 16 S. Text in 4.) 869. n. 1 ₰ 15 ngr

Musterzeichnungen f. Techniker u. die verschiedenen Zweige d. Gewerbebetriebs, sowie Vorlegeblätter f. Gewerbeschulen, Handwerker-Fortbildungsschulen rc. Neue Abth.: Maschinen-Theile in genauen Abbildgn. auf 35 (lith.) Taf. u. m. beschreib. Texte (15 S. in gr. 4.). Im Auftrag d. großh. hess. Landes-Gewerbevereins bearb. v. L. W. Möser. qu. gr. Fol. Darmstadt 872. Diehl's Sort. n. 7. 20

— zur Uebung f. die Jugend in Bürgerschulen, gezeichnet v. G. U. A. Veith, u. in Beziuh. auf das allgem. Lehrbuch in Bürgerschulen hrsgg. von C. P. Funke. 6 Hfte. qu. Fol. Berl. 796—800. Voß. 3 ℛ 18 ℊ

— für Zimmerleute u. Lakirer. 20 Taf. qu. gr. 4. Darmstadt 846, Frommann. n. ½ ℛ

Musterzeitung, s. Damenkleider-Magazin.

Muster-Zeitung. Zum Gebrauch in Gewerbe, Schule u. Haus, s. Moser, Rud.

Allgemeine Muster-Zeitung. Album für weibliche Arbeiten und Moden. 1.—22. Jahrgang.
Stuttgart. Verlag von Engelhorn & Hochdanz 1844—1865.
Mit Modekupfern. 8° u. 4°
17. Jg. ff. Verlag von Emil Hochdanz. — 22. Jg Druck und Verlag der J B Metzler schen Buchhandlung in Stuttgart.
Mehr nicht erschienen

Muster-Zeitung, allgemeine. Album f. weibl. Arbeiten u. Moden. 1. Jahrg. Octbr.—Decbr. 1844. 6 Nrn. (Bog.) Mit Modebildern u. Mustern. gr. 8. Stuttgart 844, Engelhorn u. Hochdanz.

—— dass. 2—4. Jahrg. 1845—47. à 24 Nrn. (Bog.) Mit Modebildern u. Muster-Bogen. gr. 8. Ebds. à J.

Muster-Zeitung, allgemeine. Album für weibl. Arbeiten und Moden. 1848—52. 5—9. Jahrg. à Jahrg. 24 Nrn. (Bog.) Mit 12 lithogr. und ill. Modenbildern, 24 lithogr. Musterbogen und Extrabeilagen. gr. 8. Stuttgart, Engelhorn und Hochdanz. à Jahrg. *
1—4. Jahrg. 1844—47. Ebendas. * 6 Thlr. 15 Ngr.

Muster-Zeitung, allgemeine. Album für weibl. Arbeiten und Moden. 10—14. Jahrg. 1853—57. à Jahrg. 24 Nrn. (Bog.) Mit 12 (lithogr. und) ill. Modebildern, 24 (lithogr.) Musterbogen und 4 Extrabeilagen. gr. 8. Stuttgart, Engelhorn und Hochdanz. à Jahrg.
1—9. Jahrg. 1844—52. Ebendas. * 16 Thlr. 15 Ngr.

Muster-Zeitung, allgemeine. Album für weibliche Arbeiten und Moden. 15—18. Jahrg. 1858—61. à Jahrg. 24 Nrn. (Bog.) Mit 12 (lithogr und) ill. Modebildern, 24 (lithogr) Musterbogen und Extra-Beilagen (in Fol. und Imp.-Fol.) 4. Stuttgart, [Hochdanz.] à Jahrg.

Muster-Zeitung, allgemeine. Album für weibliche Arbeiten und Moden. 16—21. Jahrg. 1859—64. à 24 Nrn. (à 1 Bgn.) mit je 12 (lith. u.) color. Modebildern, 24 (lith.) Musterbogen und Extra-Beilagen. Stuttgart, Hochdanz. 4. Jeder Jahrg. 2 ℛ

Muster-Zeitung, allgemeine. Album für weibl. Arbeiten u. Moden. 22. Jahrg. 1865. 24 Nrn. (Bgn.) Mit zahlreichen Muster- u. Modeblättern u. mit Holzschn.-Illustr. im Text. Stuttgart, Verlag der Frauenzeitung. gr. 4. 2 ℛ
Vgl.: Damenkleider-Magazin.

—— allgemeine, u. Farbe-Waaren-Kunde f. den Färberstand. Hrsg. v. ein. d. Theorie u. Praxis ergebenen Färbereibesitzer. (1. Jahrg.) 1846. 12 Nrn. (à 1½—2 B.) Erfurt, Bartholomäus. *

—— allgemeine, und Farbenwaaren-Kunde; für den Färberstand. Jahrg. 1848. Hrsg. von einem Färbereibesitzer. 12 Nrn. (à ca. 1½ Bog.) Mit Musterbeilagen. hoch 4. Erfurt, Bartholomäus.

Muster- und Modenzeitung, berliner. Eine Zeitschrift für weibliche Arbeiten und Moden, sowie zur Nachhilfe und zum Selbstunterricht bei Anfertigung der weibl. Garderobe. Redig. von A. Cosmar. Jahrg. 1852—57. à Jahrg. 24 Nrn. (à 1 Bog. mit 1 lithogr. Musterbogen und 1 ill. Modekpfr.) hoch 4. Berlin, Janke. à Jahrg. *
1. Jahrg. 1851. Ebendas. * 2 Thlr.

Muster- und Modenzeitung, Berliner, für weibliche Arbeiten und Moden. Red.: Otto Janke. — Red. des techn. Theils: Pauline v. Falkenstein. 3—8. Jahrg. 1853—58. à 24 Nrn. (à 1 Bgn. Text mit color. Modekpfr. u. lith. Musterbgn.) Berlin, Janke. 4. 3—5.: à n. 4 ℛ; 6. u. 7.: à 2 ℛ.; 8.: n. 2 ℛ 20 ngr.

Muster- und Modenzeitung, Berliner. Mode, weibliche Arbeiten, Toilette, Kunst, Unterhaltung, Literatur. 9. u 10. Jahrg. 1859 u. 60 à 24 Nrn. (à 1—2 Bgn. m. 2—3 lith. Musterbog. u. 1 color. Modekpfr.) Berlin, Janke. 4. Jeder Jahrg. 2 ℛ
Der Preis des Jahrg. 1858 ist ebenfalls nur 2 ℛ

Muster-Zeitung, Brünner, für wollene Rock- und Hosenstoffe. Hrsg. von W. Brodmerkl, unter Mitwirkung prakt. Webermeister. 4. und 5. Jahrg. 1875 und 1876. à Jahrg. 10 Lfgn. Lex.-8. (à Lfg. ½—¾ Bog. mit eingedr. Holzschn. und 3—5 Taf. aufgeklebter Stoffmuster.) Brünn, (Knauthe.) à Jahrg. *

—— dass. — 6. Jahrg. 1876/77; 7. Jahrg. 1877/78. à Jahrg. 10 Lfgn. (à ½—¾ Bog. mit eingedr. Holzschn. und 3—5 Taf. aufgeklebter Stoffmuster) Lex.-8. (Ebendas.) à Jahrg. *

—— dass. — Hrsg. von W. Brodmerkl's Nachf. 8. Jahrg. 1878/79. 10 Lfgn. (à ½ — ¾ Bog. mit eingedr. Holzschn und 3—5 Taf. aufgeklebter Stoffmuster.) Lex.-8. (Ebendas.) **

— deutsche, für alle Fächer der Weberei. Leitfaden für Musterschutz-Behörden, Fabrikanten u. Webschulen, hrsg. von Ed. Aug. Oehlemann. 1. Jahrg. Juli 1879—Juni 1880. 12 Hfte. (¼ B. mit 2 Farbendr.-Taf.) gr. 8. Leipzig, Most. à Hft. 1. —

—— deutsche, für Färberei, Druckerei, Bleicherei, Darstellung verwandter, techn. und chem. Erzeugnisse. Redig. und hrsg. von Ed. Bon und Wilh. Grüne jun. Unter Mitwirkung tüchtiger Männer des Fachs und der Wissenschaft. 1. Jahrg. Octbr. — Decbr. 1850. 3 Nrn. und 2. und 3. Jahrg. 1851 und 1852. à Jahrg. 12 Nrn. (à 1—1½ Bog. Text mit Stnt. und Musterbl. mit Stoffmustern.) gr. 4. Berlin, Grieben. [1. Jahrg. * 24 Ngr., 2. und 3. Jahrg. à * 3 Thlr. 6 Ngr.] *

— deutsche, für Färberei, Druckerei, Bleicherei, Darstellung verwandter, technischer und chemischer Erzeugnisse. Redig. von Wilh. Grüne jun. und C. Schneitler. Unter Mitwirkung tüchtiger Männer des Fachs und der Wissenschaft. 4. u. 5. Jahrg. 1853 u. 54. à 12 Nrn. (à 1—1½ Bgn. Text m. Holzschn. oder lith. Taf. und 1 Musterblatt mit Stoffmustern.) Berlin, Th. Grieben. gr. 4. Jeder Jahrg n. 3 ℛ 6 ngr.

— — Alphabetisches Sachregister zu den Jahrgängen 1850—53. (Berlin 854. Th. Grieben.) gr. 4. (X S.) n. 6 ngr.

— — Red.: Herm. Neidel. 6. u. 7. Jahrg. Neue Folge. 1 u. 2. Jahrg. 1857 u. 58. à 12 Nrn. (à 1—1½ Bgn. mit Stoffmustern, Holzschn. u. Lithogr.) Berlin, Th. Grieben. gr. 4. Jeder Jahrg. n. 4 ℛ.

— deutsche, für Färberei, Druckerei, Bleicherei, Appretur, Darstellung verwandter technischer und chemischer Erzeugnisse. Red. von R. Engels. 8—13. Jahrg. Neue Folge. 3—8. Jahrg. 1859—64. à 12 Nrn. (à 1—1½ Bgn. mit Stoffmustern, Holzschn. u. Lithogr.) Berlin, Th. Grieben. gr. 4. Jeder Jahrg. n. 4 ℛ

— deutsche, für Färberei, Druckerei, Bleicherei, Appretur. Darstellung verwandter technischer u. chemischer Erzeugnisse. Redig. von R. Engels. 14—18. Jahrg. Neue Folge. 9—11. Jahrg. 1865—69. à Jahrg. 12 Nrn. (à 1—1½ Bgn.) Mit Stoffmustern, Holzschn. u. Lith. Berlin, Grieben. gr. 4. Jeder Jahrg. n. 4 ℛ

— — Red.: M. Reimann. 19. Jahrg. 1870. 24 Nrn. (Bgn.) Mit Stoffmustern, Holzschn. u. Lith. Ebend. hoch 4. Halbjährlich n. 5 ℛ

Muster-Zeitung f. Färberei, Druckerei, Bleicherei, Appretur v. Gespinsten, Geweben, Papieren ꝛc. u. f. die gesammte Farbenanwendung unter besond. Berücksicht. der Spinnerei, Weberei ꝛc. Red. v. Wilh. Grüne u. Herm. Grothe. 20—22 Jahrg. 1874—1873 à 48 Nrn. (B.) Mit Stoffmustern, Holzschn. u. Lith. hoch 4. Berlin, Grieben. à Jahrg. n. 15. —

— dasselbe. Red.: Ferd. Springmühl. 23—26. Jahrg. 1874—1876 à 48 Nrn. (à 1—1½ B.) Mit Stoffmustern, Holzschn. u. Lith. hoch 4. Ebend. à Jahrg. n. 18. —

—— für Färberei, Bleicherei, Druckerei, Appretur und Farbenfabrikation. Central-Organ für Veröffentlichung neuer Erfindungen und Verbesserungen auf dem Gesammtgebiete der Farbenchemie für Färbereien, Zeugdruckereien, Kattunfabriken ꝛc. Redact.: Ferd. Springmühl. 26.—28. Jahrg. 1877—1879. à Jahrg. 48 Nrn. (à 1—1½ Bog.) Mit Stoffmustern, Maschinenzeichnungen und Holzschn. gr. 4. Ebendas. à Jahrg. *

Muster-Zeitung für Färberei, Bleicherei, Druckerei, Appretur und Farbenfabrikation. Central-Organ für Veröffentlichung neuer Erfindungen und Verbesserungen auf dem Gesammtgebiete der Farbenchemie für Färbereien, Zeugdruckereien, Kattunfabriken ꝛc. Redact.: Ferd. Springmühl. 29. Jahrg. 1880. 48 Nrn. (à Nr. 1—1½ Bog. mit Stoffmustern, Maschinenzeichnungen und Holzschn.) gr. 4. Leipzig, G. Weigel. *
Kleine Ausg. 12 Nrn. *
Fortsetzung s. Färberei-Muster-Zeitung.

Muster-Zeitung, deutsche, für wollene Rock- und Hosenstoffe, hrsg. von J. A. Ahnert. 1. und 2. Jahrg. 1875 und 1876. à Jahrg. 10 Lfgn. (à ¼ Bog. mit Stnt. und Stoffmustern.) gr. 8. Crimmitschau, Burkhardt'sche Buchh. à Jahrg. *
Nicht weiter erschienen.

—— für den Färberstand. Monatsschrift für Färberei, Druckerei und Farbwaarenkunde. Hrsg. von den Gebr. Lairitz. Jahrg. 1847. Juli—Decbr. 6 Nrn. und Jahrg. 1848. 12 Nrn. (à 2 Bog.) Mit Musterbeilagen. hoch 4. Leipzig, Expedition. (O. Leiner.) Vierteljährl. -
Die Fortsetzung s. Färber-Zeitung.

— für Herren- u. Damen-Wäsche-Fabrikation. Technisches Fachorgan f. die Leinenwaaren-Industrie, f. Wäschefabrikanten u. Wäsche-Handlgn. Red.: H. Klemm. 1. u. 2. Jahrg. 1875 u. 1876 à 6 Hfte. (1 B. m. Mustertaf. geschnittenen Modellen u. e. lith. u. color. Modekpfr.) gr. 4. Dresden, Exped. der Europ. Modenzeitung. à Jahrg. 9. --

Muster-Zeitung für Herren- u. Damen-Wäsche-Fabrikation. Technisches Fachorgan für die Leinenwaaren-Industrie, f. Wäschefabrikanten u. Wäsche-Handlungen. 3—7. Jahrg. 1877—1881. à 6 Hfte. (B. m. Mustertaf., geschnittenen Modellen u. einem lith. u. color. Modekpfr.) gr. 4. Dresden, Exped. der europäischen Modezeitung. à Jahrg. 9. —; einzelne Hfte. à n. 2. —
cf.: Wäsche-Zeitung.

— Pariser, f. Damenkleidermacher u. Putzmacherinnen. Jahrg. 1850—1852. à 12 Lfgn. hoch 4. (à ½ B., 1 col. Modekpfr. u. 1 Musterbog. in Imp. Fol.) Aachen, Guigue. (Leipzig, Rein.) à Jahrg. n. 2 ℳ

— Pariser, für Damenkleidermacher und Putzmacherinnen. Jahrg. 1853. 12 Liefgn. (à ½ Bgn. Text, 1 col. Modekpfr. in Stahlst. u. 1 lith. Musterbgn. in Fol.) Köln, Lengfeld in Comm. 4. n. 2 ℳ.

Musterzeitung für industriell-moderne Schnellstrickerei. I. Jahrg. Herausgeberin *Madelaine Jüngling*. Druck von *U. Klopf s.* und *Alex. Eurich*.
Erscheint in **Wien**, ¼-jahr zwanglos 1—2 Bogen Text in 4° mit Musterbeilagen von 4 Bogen in Fol., bezogen aus der k. k. Hof- und Staatsdr. (Naturselbstdr.) 2-spalt. Pran.-Pr jahrl. 4 fl. 12 kr. — pr. Post 4 fl. 30 kr.

Muster-Zeitung für Schuhmacher · 1880?—1890? New York, NY
Trade journal. Illustrated, boots and shoes.

—— Thüringer, für Färberei und Druckerei, nebst einer allgemeinen Farbewaarenlehre. Redact.: J. C. H. Geyer. 1.—3. Jahrg. 1865—67 à Jahrg. 12 Nrn. (à 1½ Bog. mit Musterbeilagen.) 4. Berlin, (Grieben.) à Jahrg. *

—— Thüringer, für Färberei und Druckerei nebst einer allgemeinen Farbewaarenlehre. Redact.: J. C. H. Geyer. 4. Jahrg. 1868. 12 Nrn. (à 1½ Bog. mit Musterbeilagen) 4. Berlin, (Grieben.) *
Vgl. Färber-Zeitung, deutsche.

Musterzeitung für die Tuchbranche Aachen. Mockel 1891-(1902). 8°
Red. N. Mockel.

Mustio

s.: Moschion

Muston, Alexis, Histoire des Vaudois des vallées du Piemont et de leurs Colonies, depuis leur origine jusqu'à nos jours. Tom. I. Mit 6 lithogr. Blätt. u. Facsimiles. gr. in-8. Paris et Strasbourg 834. Levrault. 2⅓ ℳ

Muston, Alexis, das Israel der Alpen. Erste vollständige Geschichte der Waldenser Piemonts u. ihrer Colonien, nach unedirten Quellen dargestellt. Nach dem Französ. von Joh. Friedr. Schröder. Duisburg 857. Ewich. 8. (IX, 498 S.)
n. 24 ngr.

Muston-Ehni, siehe: *Luzzi, G.* 1893

Mustoph, A. F., de usu aquarum medico. 8. Götting. 793. (Dieterich). 4 gr.

Musy, J[ean]. La tentative complexe et le Désistement volontaire. Thèse Dr Fribourg (Suisse). 92 p. 8. Fribourg, Impr de l'Œuvre de Saint-Paul, 1905.

Musy, M. (Professeur). Statistique sur la distribution des poissons dans les lacs et les cours d'eau du canton de Fribourg. In-8°, 208 p., av. 1 pl. Fribourg, impr. A. Henseler. 1881.
*** „Bulletin de la Société fribourgeoise des sciences naturelles, 1880.

Musy, M[aurice]. Le canton de Fribourg, esquisse d'histoire naturelle. Discours prononcé le 19 août 1891 à l'ouverture de la 74me session annuelle de la Société helvétique des sciences naturelles à Fribourg. 8. Fribourg 1891.

Musza, M. E., s. Musza, Emil

Muszak, Georg: Ueber die Haftung einer Regierung für Schäden, welche Ausländer gelegentlich innerer Unruhen in ihren Landen erlitten haben. Straßburg 1905: J. H. E. Heitz. (06 S.) 8° [J.]
Heidelberg, Jur. Fak., Ref. Jellinek, Diss. v. 5. Juli 1905
[Geb. 3. Febr. 83 Perleberg; Wohnort: Straßburg i. E.; Staatsangeh.: Preußen; Vorbildung: Gymn. Saarburg i. L. Reife M. 01; Studium: Straßburg, Berlin, München, Straßburg; Rig. 11. Juli 05.]

Muszka, Nikl., (†...) de actis humanis eorumque fine. 4. Wien 759. Trattner. 1 ℳ 6 gr.

Muszka, Nicol., Dissertationes excerptae ex commentario litterali in omnes Novi Testamenti libros Augustini Calmet, Ordinis s. Benedicti. Wien, 1759. 8°

—de legibus et earum transgressione, s. de peccatis et eor. poena libr. III. 4. Wien 759. Trattner. 1 ₰ 8 gr

—de sacramentis novae legis libr. VIII. II Tmi. 4. Wien 754 u. 65. Trattner. 1 ₰ 4 gr

Muszkat, Alexander, approb. Arzt aus Berlin: Über **Hüftgelenks-resection** bei Arthritis deformans. *Freiburg i. B.: Speyer & Kaerner 1904.* (34 S.) 8°
Freiburg i. B., Med. Diss. v. 1904

Muszkat, Arth. Das Wahrscheinlichkeitsgesetz u. seine Störungen in Messungsreihen der rothen Blutkörperchen. Diss. gr. 8. (38 S.) Breslau 889, (Köhler). * 1 —

Muszkat, Arthur [pr. Arzt] Das Wahrscheinlichkeitsgesetz und seine Störungen in Messungsreihen der rothen Blutkörperchen Breslau, Th. Schatzky's Buchdr., 1889; 38 S. + 1 Bl. 8°
Breslau, Med. Fak., Inaug.-Diss. v. 21. Jan. 1889

Muszkat, Mor., die Emissions- u. Notirungs-Steuer als Ersatz f. die beabsichtigte Börsensteuer-Verdoppelung. gr. 8. (30 S.) Berlin 893. C. Heymanns Verl. n. — 80

Muszkat-Muszkowski, Jan: Spartacus. Eine Stoffgeschichte. Leipzig: Xenien-Verl. 1909. 226 S. 8° ¶(Ersch. auch als Buch ebd.)
Leipzig, Phil. Diss. v. 26. Jan. 1909, Ref. Köster, Sievers
[Geb. 10. April 82 Warschau; Wohnort: Warschau; Staatsangeh.: Rußland; Vorbildung: 3. Gymn. Warschau Reife Juni 00; Studium: Krakau 2, Wien 3, Leipzig 8 S.; Rig. 24. Jan. 08.] [U 09. 3030

Muszkowski, Jan Muszkat-
s. Muszkat-Muszkowski. 09. 6148

Müszótár. Német-magyar tudományos műszótár a csász. kir. gymnasiumok és reáliskolák számára. A cs. kir. cultus és közoktatási ministeriumtól e végre kinevezett bizottmány által. Deutsch-ungarische wissenschaftliche Terminologie. *Pest* 1858. Kiadja *Heckenast Gusztáv.* VIII, 361 S., 8°.
(Deutsch-ungarische wissenschaftliche Terminologie für die k. k. Gymnasien und Realschulen. Von dem vom k. k. Ministerium für Cultus und Unterricht zu diesem Zweck ernannten Ausschuss. *Pest* 1858. Verlag von *Gustav Heckenast.*)

Muszynski, Englands Untergang oder der anglo-franko-russische Zukunftskrieg von „19..". Gr.-8°. (68 S.) K 1.50
Mostar: Pacher & Kisic 1904.

Russen, Wie die, über die Japaner urteilen. Entnommen dem Märzhefte 1904 des „Warschauer Militärjournals" Übersetzt und Herausgegeben von Oberstleutnant von Muszynski (Mit 3 Tabellen.) 8. Kaschau 1904.

Muszyński, Frz., der Charakter. Seine Bewurzelg. in der menschl. Natur, sowie seine Ausreifg. u. Auswirkg. im Lichte des christl. bezw. modernen Idealismus. (281 S.) gr. 8. Paderborn 910. F. Schöningh. 4. 60

— Die Temperamente. Ihre psychologisch begründete Erkenntnis u. pädagog. Behandlg. (XII, 274 S.) gr. 8. Ebd. 907. 4. 60

Muszynski, Karl und Ed. Prihoda
Leitfaden für den Unterricht in der Terrainlehre, im militairischen Planzeichnen und ... Aufnehmen auf den Kriegsschulen. 6. Aufl. Berlin 1889. 4°.
(1. Aufl. c. 1875.)
Dass. 7. Aufl. 1891.
Dass. 8. Aufl. 1894.
Dass. 9. Aufl. 1897.
Dass. 10. Aufl. 1899.
Dass. 11. Aufl. 1902.
Dass. 12. Aufl. 1906.
Dass. 13. Aufl. 1909.
Dass. 14. Aufl. 1911.

Muszynski, Carl, und Ed. Prihoda, die Terrainlehre in Verbindung mit der Darstellung, Beurtheilung und Beschreibung des Terrains vom militär. Standpunkte. gr. 8. (XXVIII, 514 S. mit 21 eingedr. Holzschn. und 1 Atlas von 29 lithogr. Taf. in qu. Fol.) Wien 872, Seidel und Sohn. *

Muszyński v. Arenhort, Militär-topographische Beschreibg. der Mandschurei. Mit e. Orientierungskarte. (III, 103 S.) gr 8. Wien 905. L. Weiss. n. 2. 50

Tireer: Die Amurprovinz. Aus d. „Wojennüj Ssbornjik" (Militärarchiv). Übers. von Oskar *Muszynski v. Arenhort.* Wien 1907 4° (8°)

Mut, s.a. Muth.

Mut, der, der Kaltblütigkeit gegenüber der anarchistischen Propaganda des Verbrechens. Von **.**. gr. 8. (26 S.) Leipzig 894. K. F. Pfau. n. — 60

Mutach, A. v. Beitrag zur Genese der congenitalen Cystennieren. Mit 2 Taf. In-8°. 43 S. Bern. These. 1896.

Mutach, Abr. Frid. de: Commentatio de fundamentis successionis ab intestato ex iure Romano. Goettingae 1785.

Mutach, Aloys von. Experimentelle Beiträge über das Verhalten quergestreifter Muskulatur nach myoplastischen Operationen. Diss. Med. Bern. Mit 1 Tafel. (Sonder-Abdruck aus dem Archiv für klin. Chirurgie. Bd. 93.) 58 S. 8. Berlin, L. Schumacher, 1910.

Mutafoff, Christo: Zur Geschichte des Rechts auf Arbeit mit besonderer Rücksicht auf Charles Fourier. Bern 1897. 142 S. 8°.
Bern. Jur Diss. 1897/98.

[F.] Zur Geschichte des Rechts auf Arbeit m. bes. Rücks. auf Charles Fourier. Von Dr Christo Mutafoff. *Bern: K. J. Wyss 1897.* (2 Bl., 142 S.) 1 Bd 8.
= Beiträge, Berner, z. Geschichte d. Nationalökonomie. No 10. 98. 848

Mutalammis, des, Gedichte, hrsg. v. K. Vollers, s.a. Beiträge zur Assyriologie u. semitischen Sprachwissenschaft. V. 2.

Die Gedichte ([Arab.] Diwān) des **Mutalammis,** arabisch u. deutsch bearb. von K[arl] Vollers. *Leipzig: J. C. Hinrichs 1903.* (S. 150–231.) 8° [F. u. Ant.]
— Beiträge z. Assyriologie u. semit. Sprachwissenschaft. 5, 2. 03. 13844

al-Mutanabbī

Mutanabbii carmina cum commentario Wāhidii. Ex libris manu scriptis qui Vindobonae Gothae Lugduni Batavorum atque Berolini asservantur edid. Fr. Dieterici. Fasc. I. et II. Berolini 858. Mittler u. Sohn. gr. 4. (S. 1—373.) Jedes Heft n. 3 ₰. 20 ngr.

Mutanabbii carmina cum commentario Wāhidii ex libris manu scriptis, qui Vindobonae, Gothae, Lugduni Batavorum atque Berolini asservantur, primum edidit, indicibus instruxit, varias lectiones adnotavit Fr. Dieterici. Fasc. III —V. Berlin 859. Mittler & Sohn. gr. 4. (160 S.; 176 S.; XIII, 172 S.) III. u. IV.: à n. 3 ₰ 20 ngr.; V.: n. 4 ₰

— — Proben der arabischen Dichtkunst in verliebten und traurigen Gedichten aus dem Motanabbi, Arabisch und Deutsch von Johann Jacob Reiske Leipzig 1765.

Mutasewicz, Jadwiga [aus Kowno, Russland] **Isolirte Verkalkung der Elastica interna bei Arteriosclerose.** (S.-A. aus „Beiträge z. pathol. Anatomie" Bd. XXXI. Heft 2.) Mit 2 Taf. Jena 1902. 15 S. 8°.
Zürich. Med. Diss. 1901 1902.

Mutel, Capitaine, Cheval. A., Flore française destinée aux Herborisations, ou description des plantes croissant naturellement en France, ou cultivées pour l'usage de l'homme et des animaux, avec l'analyse des genres et leur tableaux d'après le système de Linné; ornée de planches représentant les caractères de 550 espèces critiques. IV Tom. et Table générale et Supplement final. Mit Steintaf. 12. Paris et Strasbourg 834—38. Levrault. 11 ⅓ ℳ

MUTER, JOHN On the Alkaline Permanganates as tests of the sanitary condition of water and air, and as purifiers of the same, with the view of showing their true chemical position and value, and popularizing their employment Rostock, 1868.

Mutermilch, Leonard [Dr. d. Staatswiss.]: Crédit Foncier de France und seine Bedeutung für den landwirtschaftlichen Grundcredit in Frankreich. *Leipzig, Druck v. O. Leiner, 1892;* 6 Bl., 157 S. 8.
Tübingen, Staatswiss. Fak., Inaug.-Diss. v. 1892
(Nicht für den Austausch)

Mutermilch, Leon., Crédit Foncier de France u. seine Bedeutung f. den landwirtschaftlichen Grundcredit in Frankreich. gr. 8. (157 S.) Leipzig 893. (K. F Koehler's Sort) n. 2. 50

Mutert, Adolf [app. Arzt aus Osnabrück]: Aus d. Laboratorium d. pharmakognost. Sammlung in Kiel. Beitrag zur Kenntnis der Wirkung des Strychninchlormethylat ... Kiel, Druck v. A. F. Jensen, 1894; 30 S., 1 Bl. 8.
Kiel, Med. Fak., Inaug.-Diss. v. [6. Apr.] 1894

Muth, s.a. Mut

Muth gefasst! oder die Aufgabe Oesterreichs u. der süddeutschen Staaten. München 866. (Franz'sche Buchh.) gr. 8. (24 S.) 3 ngr.

Muth, Ein guter, als das tägliche Wohl-Leben der Creutz-Gemeine Christi zu Herrnhuth. [Kopenh.] 1731. V: *Zinzendorff, Nic. Ludw.* (Bruun, Bibl. Danica I, 385.) (Collin, Anonymer. Kiobenh. 1869.)

Muth der christlichen Liebe Wien 1875. V: *Stöger, Johann Nep.* (Jes)

Muth, s.: Schriften d. Vereins f. Socialpolitik, 41. Bd.

Muth's neue Verkehrskarten, s.: Verkehrskarten.

Muth, Adolf (Königshütte)
Ueber die Resorptionsfähigkeit des Uterus im Wochenbett.
Giessen: W. Keller 1882. 32 S.
Diss. med. 23.10.1882. vorh. 26. 7. la.

Muth, Aug., zwei Novellen. (102 S.) kl. 8. Leipzig 908. Verlag f. Literatur, Kunst u. Musik. 3.—; geb. n 4.—

Muth, Bernh., s.a. Muth, Julius Bernhard

Muth, Bernh., Dir., Prof. Dr.) [**Bericht** über] die Festlichkeiten zur Einweihung des neuen Schulgebäudes. *(Pirna 1903: F. J. Eberlein.)* (S. 5—15.) 4° [F.]
Pirna, st. R m. PG, OP 1903 (662)

Muth, (B[ernhard]), Dir Prof. Dr [Die **Feier** des fünfundzwanzigjährigen Bestehens der Realschule.] *(Pirna 1899: F. J. Eberlein.)* (S. 3—5.) 4°
Pirna, st. R m. PG, OP 1899 (611)

Muth, (Bernhard), Dir Prof. Dr. Die **Grundsteinlegung** zum neuen Realschulgebäude. *(Pirna 1902 F. J. Eberlein.)* (S. 5 –8.) 4°
Pirna, st. R m. PG, OP 1902 (644)

Muth, E., s.: Jahrbuch der Papier-Industrie.

Muth, Franz, aus Heuchlingen, O. A. Neckarsulm **Zur Entwickelungsgeschichte der Skrophulariaceen-Blüte.** *Stuttgart (1898): A. Bonz' Erben.* (48 S.) 8°
Tübingen, Naturw. Diss. v. 1898

Muth, Frz., die Tätigkeit der Bakterien im Boden. Vortrag, geh. im naturwissenschaftl. Verein zu Karlsruhe am 24. IV. 1903. (58 S. m. Abbildgn.) gr. 8. Karlsruhe 903. [W. Jahraus.] F Gutsch. n. 1. 20

Muth, Franz: Untersuchungen über die Entwickelung der Inflorescenz und der Blüthen, sowie über die angewachsenen Achselsprosse von Symphytum officinale. 1902. 61 S., 7 Taf. 8° Aus: Flora oder allg. botan. Zeitung. Bd 91. Erg. Bd.
Karlsruhe Te. H. Hab.-Schr. v. 21. 7. 1902

Muth, Frz. Alfr., bunte Blätter. Ein letzter Strauß. 8. (XV, 255 S. mit Lichtdr.-Bild des Verf.) Frankfurt a. M. 887. (Foesser Nachf.) *

Muth, Frz. Alfr., Dichterbilder u. Dichterstudien aus der neueren u. neuesten Literatur. (I.) gr. 8. (VII, 357 S.) Frankfurt a/M. 887. Foesser Nachf. n. 4. —

Muth, Frz. Alfr., Cl. A. Droste zu Vischering, Erzbischof von Cöln, s. Deutschlands Episcopat in Lebensbildern.

Muth, Frz. Alfr., Etwas über die Ehe, s. Compaß für das katholische Volk.

— Haideröslein. Ein Liederstrauß. 16. (VIII, 124 S.) Würzburg 870, Woerl.

— Hinaus mit den Klöstern, s. Compaß für das katholische Volk.

— Roland's Horn, s. Breitkopf und Härtel's Text-Bibliothek Nr. 136.

Muth, Frz. Alfr., Immer heiter kommt man weiter. Schwankgeschichten. 8. (VIII, 132 S.) Fulda 883, Maier. *

— kleines Leo-Buch. Gedenkblätter u. Lieder zur Sekundiz Sr. Heil. Papst Leo XIII. Mit dem neuesten Bildnis d. hl. Vaters u. e. Ansicht v. Rom. 1. u. 2. Aufl. 8. (32 S.) Breslau 887. Goerlich. n. — 20

Muth, Frz. Alfr., Liederstrauß. Gedichte. 2. Aufl. des „Heideröslein". 12. (80 S. m. Bildnis.) Breslau (902). F. Goerlich. — 50; geb. in Leinw. n. — 80

Muth, F. A., zwölf alte Marien-Legenden. Ein Angebinde f. d. liebe Jugend. gr. 16. (45 S. m. Titelbild.) Frankfurt a/M. 896. P. Kreuer. n. — 25

Muth, F. A., Minnetreue, s.a. Schotte, Karl.

[F.] Minnetreue. Volkstüml. Liederspiel in 2 Abt. gedichtet v. F[ranz] A[lfred] Muth. F. Sopran-, Tenor-, Bariton-Solo u. Männerchor m. Klavierbegleitg komp. v. Karl Schotte. op. 30. *Quedlinburg: Ch. F. Vieweg [1898].* (10 S.) 1 Bd 8. [98. 887

—— Rosen der Heide. Lieder. gr. 16. (176 S.) Regensburg 885, Coppenrath. *M 2.40.; geb. **

Muth, Frz. Alfr., die deutsche Sage, s. Broschüren, Frankfurter zeitgemäße.

—— und Jos. Michels, Scintillae et effata St. Ignatii. Die Weisheit in der Zelle oder Betrachtungen über Kernsprüche des heil. Ignatius, auf alle Tage des Jahres verteilt, aus dem Latein. übers., mit Sachregister und einem Anhang von Gebeten versehen. 2. verb. Aufl. 12. (VII, 452 S.) Regensburg 884, Coppenrath. *

—— Vagantenstreiche, s. Familien-Bibliothek.

— Waldblumen. Lieder. 16. (VIII, 123 S.) Frankfurt a. M. 872. Hamacher. n. 1. 20

—— Waldblumen. Dichtungen. 2. reich verm. Aufl. gr. 16. (XII, 404 S. mit 1 Stnt.) [Frankfurt a. M. 880, Foesser.] Paderborn, F. Schöningh. *M 3.; geb. *

— Waldblumen. Dichtungen. 3., durchaus ausgewählte u. reich verm. Aufl. 12 (XII, 408 S.) Paderborn 885. F. Schöningh. n. 3. —; geb. m. Goldschn. n. 4. 50

Muth, Frz. Alfr., Waldblumen. Dichtungen. 4. Aufl. 12. (XII, 408 S. m. Bildnis.) Paderborn 895. F. Schöningh. n. 3. —; geb. in Leinw. m. Goldschn. n. 4. 50

—— auf fröhlicher Wanderfahrt. Wanderbilder. 2. Aufl. (VII, 152 S.) Frankfurt a. M. 879, Fösser. *

—— der Weg zum Paradiese, s. Familien-Bibliothek.

—— die Weisheit in der Zelle, s. Michels, J.

—— Wintergarten: Novellen und Wanderbilder nebst einer lyrischen Nachlese. 8. (VIII, 177 S.) Frankfurt a. M. 870, Hamacher. *

— Wintergarten. Novellen u. Wanderbilder nebst e. lyrischen Nachlese. 8. (VIII, 177 S.) Ebend. 874. n. 2. —

—— Winter-Garten. Erzählungen. 2. Aufl. 12. (VII, 152 S.) Frankfurt a. M. 880, Foesser. *M 1,50.; geb. *

— Winter-Garten. Erzählungen. 3. verb. u. verm. Aufl. 8. (VIII, 204 S.) Regensburg 884. Coppenrath. n. 2. 20; Einbd. n.n. — 80

Muth, Frdr., die Beurkundung u. Publikation der deutschen Königswahlen bis zum Ende d. 15. Jahrh. gr. 8. (61 S.) Duderstadt 881. (Göttingen, Vandenhoeck & Ruprecht.) n. 1. 60

Muth, Friedrich: Geschichte des Königlichen Evangelischen Gymnasiums zu Glogau. 1708—1908. Festschr. z. 200j. Jubelfeier am 1. Nov. 1908. (Groß-Glogau 1009: Glogauer Dr.) 72 S. 4°
Groß-Glogau, k. ev. G P 1909 (265) [S 09. 338

Muth, Friedr.: Katalog der Schüler-Bibliothek des Königlichen evangelischen Gymnasiums zu Glogau. T 1. *(Glogau) 1898: (Glog. Druckerei-Ver.).* (50 S.) 8°
Gross-Glogau, k. Ev G, P 1898 (194)

Muth, Friedr(ich), Dr.: Katalog der Schüler-Bibliothek des Königlichen evangelischen Gymnasiums zu Glogau. T. 2. *(Gross-Glogau) 1900: (Glogauer Druckerei).* (39 S.) 8° ¶[Forts. d. P-Beil. 1898.]
Gross-Glogau, k. ev. G, OP 1900 (197)

Muth, Frdr., deutsches Lesebuch f. höhere Lehranstalten, Anh. f. die Prov. Schlesien, s.: Lehmann, Rud.

Muth, Friedrich, Prof. Dr.: Untersuchungen zum Frieden von Nikolsburg. Groß-Glogau 1905: Glogauer Dr. (S. 1—37.) 4°
Glogau, k. ev G OP 1905 (224)

Muth, Fritz, beim Friseur Schneidig, s.a. Pantomimen. 9.

Beim Friseur Schneidig Original-Pantomime von Fritz Muth. Mühlhausen i. Th., G Danner [1905]. (8 S.) 8° [F.]
= Pantomimen. No 9. [05. 13168 8

Muth, Heinr., über ein. cyanhalt. Doppelsalze des Silbers u. Quecksilbers. Diss. gr. 8. (36 S.) Bern 895. (H. Körber.) n. — 75

Muth, Hieronymus [aus Friedrichstadt '(Schleswig-Holst.)']: Ein Fall von Magenkrebs bei einem 24-jährigen Manne ... Aus d. patholog. Institut zu Würzburg ... Würzburg, Becker's Univ.-Buchdr., 1894; 21 S. 8.
Würzburg, Med. Fak., Inaug.-Diss. v 1894

Muth, J., über den Einfluß des vormaligen Peterklost. Benedictiner Ord. zu Erfurt, eine Vorlesung in d. Akademie nützlich. Wissenschaft. zu Erfurt. gr. 8. Erfurt, Beyer. 805.

Muth, J., Geräte- u. Maschinenkunde, s.: Landmann's, des, Winterabende.

Muth, J., Säen u. Ernten, s: Landmann's, des, Winterabende.

Muth, J. Bernh., üb. das Verhältniss v. Martin Opitz zu Dan. Heinsius. Inaugural-Dissertation. gr. 8. (31 S.) Leipzig 872. (Plauen, Hohmann.) 1. 20

Muth, J. Friedr., Vorbereitung auf den schönsten Tag des Lebens, oder vertraul., mit interessanten Erzählungen u. belehrenden Beispielen untermischte Unterhaltungen für Erstcommunicanten. Autorisirte Bearbeitung nach dem Französ. Mainz 866. Kirchheim. 16. (VIII, 266 S.) 10 ngr.

Muth, J. Friedr., Vorbereitung auf den schönsten Tag des Lebens oder vertrauliche, mit interessanten Erzählungen und belehrenden Beispielen untermischte Unterhaltungen für Erstcommunicanten. Autoris. Bearbeitung nach dem Französ. 2. Aufl. 12. (VIII, 266 S.) Mainz 880, Kirchheim. *

Die Kongregation unserer lieben Frau von Trier Welschnonnenkloster Eine kirchenrechtl. Studie z. Entwicklung d. Instituts d. religiösen Genossenschaften unter d. franz. Konsulat u. ersten Kaiserreich von Just.R Dr [Johann Peter] Muth, St. Johann-Saarbrücken. Strassburg J. H E. Heitz 1907 (VIII, 248 S.) 8° [07. 14731

Muth, Joa. Petrus, de obligatione alternativa. Dissertatio inauguralis. Berlin 867. (Puttkammer & Mühlbrecht.) 8. (42 S.) n. 4 ngr

Das Kollegiat-Stift St. Arnual, die General-Kirchen-Schaffnei der Grafschaft Saarbrücken und die Bruderschaftsgüter der Ortskirche St. Johann. Ein Beitrag z. Entwickelung d. evang. Kirchenrechts in d. vormal. Grafschaft Saarbrücken. Von Rechtsanw. Dr. [Johann Peter] **Muth**. Als Ms. gedr. St. Johann a. d. Saar 1904. Courths. VI, [illegible] S. 8°

Das evangelische Stift St. Arnual in Saarbrücken, lokalkirchl. Eigentum d. evang.-luth. Kirchengemeinden d. ehemal. Grafschaft Saarbrücken. Ein Beitrag z. Entwicklung d. rheinisch-ev. Kirchenvermögensrechts von Just.-R. Dr. [Johann Peter] **Muth**. Strassburg: J. H. E. Heitz 1908. (XX, 470 S.) 8°

Muth, Johannes Franz Seraph, Dr., Curatus an d. Kgl. Kreisirrenanst. München. Die **Heilstat** Christi als stellvertretende Genugtuung. Ein hist.-dogmat. Studie. *München: Verlagsanst. vorm. G. J. Manz 1904.* (VI, 237 S.) 8°
München, Theol. Hab.-Schr. v. 1904
(Nicht für den Austausch)

Muth, Johannes Franz Seraph, Dr. theol., Priester d. Erzdiözese Bamberg. **Der Kampf** des heidnischen Philosophen Celsus gegen das Christentum. Eine apologetisch-patrist. Abhandlung. *Mainz: F. Kirchheim 1899.* (XX, 229 S.) 8°
München, Theol. Diss. v. 1899
(Nur in beschränkter Zahl für den Austausch)

Muth, Jos.

— Abriß einer allgem. Religions-Lehre, zum Unterrichte der studier. Jugend ohne Unterschied der Confession. 8. Hadamar 822, Gelehrten-Buchh.

— Abriß e. allgem. Religions-Lehre, zum Unterricht der studir. Jugend ohne Unterschied der Confession. 8. Hadamar 822. (Lanz in Weilb.) 12 gr

Muth, religiöse Betrachtung, durch die „heilige Christnacht veranlaßt. 12. Hadamar, Gelehrten-Buchhandlung. 819.

Muth, Jos., religiöse Betracht., durch die heil. Christnacht veranlaßt. 12. Hadamar 819. (Lanz in Weilb.) 1 gr

Muth, Gedächtnißfeier d. Befreiung Pius VII. aus d. Gefangenschaft zu Fontainebleau, u. seine Rückkehr in seine Staaten. 8. Erfurt, Hennings. 81[illegible].

— Gedichte. 1r Thl. 8. Cobl. 819. (Lanz in Weilb.) 15 gr 2r Thl. A. u. d. T.: Euphrosyne, od. Gedichte f. Freunde der Natur u. heiterer Religion. 8. Ebd. 820. (Lanz in Weilb.) 1 ℛ 10 gr

— Handbuch d. Gesch. d. Hauses Nassau in e. Abrisse, nebst ausführl. Lebensbeschreib. Adolfs v. Nassau, f. d. vaterländ. Schulen bearbeitet. 8. Hadamar 827, Gelehrten-Buchh.

— Handbuch d. Geschichte des Hauses Nassau in e. Abrisse, nebst e. ausführl. Lebensbeschreib. Adolphs v. Nassau. Für die vaterländ. Schulen bearb. Mit 4 Stammtaf. 8. Hadamar 827. (Lanz in Weilb.) 14 gr

— Ismael u. Maria, od. Triumph edler Liebe. Ein Gedicht in 9 Gesängen. gr. 8. Hadamar 824. (Lanz in Weilb.) 18 gr

Muth, Jos., Die Mysterien der Alten, insbesondere die Eleusinien-Dichtung u. -Wahrheit mit Rücksicht auf Chr. Aug. Lobecks Aglaophamus. Hadamar 1842, 4°, 17 S., Progr. d. Gymnas.

Muth, Jos., Nassovia. Vaterländ. Gedichte. 8. (11½ B.) Wiesbaden 843, Schellenberg.

— christl. Reden. 1r Thl. A. u. d. T.: Fest- u. Gelegenheits-Predigten, nebst einig. Homilien. 8. Hadamar 821. (Lanz in Weilb.) 1 ℛ 15 gr — 2r Thl. A. u. d. T.: Predd. u. Homilien, an d. Sonntagen d. Kirchenj. 1e Liefrg. 8. Ebd. 823. Ebd. 1 ℛ 6 gr — 3r Thl. A. u. d. T.: Predd. u. Homilien an d. Sonntagen d. Kirchenjahres. 2e Liefrg. Pfingstpredigten. 8. Ebd. 821. Ebd. 1 ℛ 15 gr — 4r Thl. A. u. d. T.: Das prakt. Christenthum, in Predd. nach freigewählt. Texten dargestellt. 8. Ebd. 825. Ebd. 1 ℛ 15 gr

Muth, Jos., Über das Verhältnis des Christentums u. der christlichen Kirchen zur Vernunftreligion, oder: Geist des Schönen, Wahren u. Guten. Hadamar 1819, 8°, VI, 109 S., 2 Aufl.
1. Aufl. 1818. Recens. Felders Littztg f. kath. Religionslehrer 1819, Bd. 1 S. 61—[illegible]

Muth, Jos., Vorschule d. deutschen Dichtkunst. Für Schulen. 2 Thle. — A. u. d. Ttln.: Deutsche Poetik u. Mustersamml. v. Gedichten. — Aufgaben zu metr. Uebungen im Deutschen. gr. 8. (32 B.) Wiesbaden 831, Schellenberg.

Muth, Julius Bernhard, s.a. Muth, Bernh.

Muth, *Julius Bernhard: Bericht über die Feier des 25jährigen Bestehens der Anstalt.* 4 (S. 3–5). **Progr.** Städt. Rsch. mit Prg. *Pirna* 1899

Muth, *Julius Bernhard.* Einiges über Wesen und Aufgabe der Anstalt. 4 (S. 19—20). **Progr.** Rsch. mit Prg. *Pirna* 1886 (529).

Muth, Jul. Bernh. Die Entwickelung der Realschule durch Karl Mager. 20 S. **Progr.** *Plauen* 1878.

Muth, K., siehe: *Sienkiewicz, H.* 1899.

Muth, Karl (Veremundus), die litterarisch. Aufgaben der deutschen Katholiken. Gedanken üb. kathol. Belletristik u. litterar. Kritik, zugleich e. Antwort an seine Kritiker. gr. 8. (IV, 104 S.) Mainz 899. F. Kirchheim. n. 1.60

Muth, Carl u. Fritz Muth. Fest-Schrift zur Einweihung d. Spiel- u. Festhauses in Worms a. Rh. im Oktbr. d. J. 1889. Lex.-8. (39 S. m. Illustr.) Worms a. Rh. 889. (Mainz, Frey.) * 2 —

Muth, Karl, s.: Hochland.

Muth, K., die Kirchweih-Festtage zu Niederaltaich im J. 1727. Die feierl. Einweihg. d. Klosterkirche u. der Aufenthalt des Fürstbischofs Joseph Dominikus Grafen v. Lamberg zu Niederaltaich d. 1.-6. IX. 1727. Nach d. handschriftlich hinterlass. Aufzeichngn. d. damal. Priors u. spät. Abtes Marian Pusch geschild. [Aus: „Theol.-prakt. Monatsschr."] gr. 8. (17 S.) Passau 898. (G. Kleiter.) n.n. — 35

Muth, Karl, die ehemalige Klosterkirche (nunmehrige Pfarrkirche) in Nieder-Altaich. Nach ihrer Geschichte u. dermal. Gestalt beschrieben. Mit e. Grundplan der Kirche u. e. Ansicht des Klosters aus dem vor. Jahrh. gr. 8. (VIII, 86 S.) Passau 893. (R. Abt.) n.n. 3.50

Steht die Katholische Belletristik auf der Höhe der Zeit? Eine litt. Gewissensfrage von Veremundus [d. i. Karl **Muth**]. 2., unveränd. Aufl. *Mainz: F. Kirchheim 1898.* (82 S.) 8° [Umschlagt.]

— wem gehört die Zukunft?, s.: Broschüren, Frankfurter zeitgemäße.

— Die Wiedergeburt der Dichtung aus dem religiösen Erlebnis. Gedanken zur Psychologie des kathol. Literaturschaffens. (IV, 172 S.) gr. 8. Kempten 909. J. Kösel. 1.80

Muth, P.

— disquisitio histor.-crit. in bigamiam comitis de Gleichen, cuius monumentum est in ecclesia S. Petri Erfordiae. 4. Erfurt 788.

— s. Brancadoro.

Muth, P., de origine precum religiosarum. Erf. 1808. 4.

Muth, Peter [aus Osthofen a./Rh.] Ueber ternäre Formen mit linearen Transformationen in sich selbst. Giessen, Druck v W Keller, 1890; 25 S. 4°
Giessen, Phil. Fak., Inaug.-Diss. v 1890

Muth, P., Grundlagen f. d. geometr. Anwendg. d. Invariantentheorie. M. e. Begleitworte v. M. Pasch. gr. 8. (VI, 131 S.) Leipzig 895. B. G. Teubner. n. 3. —

Muth, P., Theorie u. Anwendung der Elementartheiler. gr. 8. (XVI, 236 S.) Leipzig 899. B. G. Teubner. n. 8. —

Muth, Placidus

— über den Einfluß des vormalig. Benedictiner-Ordens zu Erfurt auf religiös-moral. Kultur. Mit 1 Kpf. 8. Erf. u. (Gotha) 804. Hennings. 10 gr.

Muth, Placid., († d. 10. März 1821.) über den Einfluß des Königl. Benedictinerstifts auf dem Petersberge zu Erfurt, auf die erste Urbarmachung der hiesig. Gegenden durch Ackerbau rc. gr. 8. Erf. 798. (Otto). 8 gr.

— Gedächtnißfeier d. Befreiung Pius VII. aus d. Gefangenschaft zu Fontainebleau, u. seine Rückkehr in seine Staaten. gr. 8. Erf. 814. Hennings in Gotha. 10 gr.

— (Becker's) Noth- u. Hülfsbüchlein d. Einwohner zu Mildheim. Für kathol. Leser bearb. 2 Thle. gr. 8. Münch. 800. (Fleischmann). 14 gr. N. A. 813. Ebd. 14 gr.

— Fragebuch f. Lehrer über obiges Noth- u. Hülfsbuch. gr. 8. Münch. 800. (Fleischmann). 4 gr.

Muth, Placidus, Fragebuch f. Lehrer üb. obiges Noth- u. Hulfsbuch. gr. 8. Münch. Schulfondverlag. 813.

— Progr., quid religio moralis ad formandos juvenum animos faciat? Prs. I. et II. 4maj. Erfurt 796, 97.

— üb. d. wechselseit. Verhältnisse d. Philosophie u. Theologie, nach Kant'schen Grundsätzen. 8. Erf. 791. (Wienbrack in Leipz.) 4 gr.

Muth Dr. Richard v.: Die Abstammung der Baiuwaren. 18. St. Pölten Lehr. Sem. 00.
Progr.

Muth, Rich. v., deutsche Dichtung in Österreich v. d. Ausklängen d. Romantik bis z. Durchdringen d. Realismus. Lose Skizzen. Progr. Lex.-8. (52 S.) Wiener-Neustadt 896. A. Folk. n. 1. —

Muth, Rich. v., Einleitung in das Nibelungenlied. gr. 8. (X, 425 S.) Paderborn 877. F. Schöningh. n. 5. —

Muth's, Rich. v., Einleitung in das Nibelungenlied. 2. Aufl. Hrsg. m. des Verf. Nachträgen u. m. literar. Nachweisen bis zur Gegenwart v. J. W. Nagl. (X, 502 S.) 8. Paderborn 907. F. Schöningh. 8. —

Muth, Rich., Lenz u. Herbst. Gedichte. 8. (IV, 76 S.) Dresden (900). E. Pierson. — Wiener-Neustadt, A. Folk. n. 1. 70; geb. n. 2 70

Muth, Rich. v, mittelhochdeutsches Lesebuch. [Einleitg., Flexionslehre, Lehr- u. Lesestoff, Anmerkgn.] gr. 8. (IV, 156 S.) Wien 873. Hölder. n. 2 40

Muth, Rich. v., Methodik der deutschen Rechtschreibung f. österreichische Schulen. gr. 8. (III, 66 S.) Wien 901. A. Pichler's Wwe. & Sohn. n. 1. —

— mittelhochdeutsche Metrik. Leitfaden zur Einführung in die Lectüre der Classiker. gr. 8. (X, 130 S.) Wien 882. Hölder. n. 3. —

Muth, Rich. v. Die bairisch-österreichische Mundart. 44 S 8° – Krems OR., Progr 1873.

— der Mythus des Markgrafen Rüdeger. [Aus: „Sitzungsber. d. k. Akad. d. Wiss."] Lex.-8. (18 S.) Wien 877. Gerold's Sohn in Comm. n. — 40

— über eine Schichte älterer im Epos nachweisbarer Nibelungenlieder. Excurse über die innere Geschichte des XIV. Liedes u. ein Anhang über das Linzer Bruchstück. [Aus: „Sitzungsber. der k. Akad. der Wiss."] Lex.-8. (42 S.) Ebend. 878. n. — 80

— das methodische Seminar. Ein Vorschlag zur Reform d. practisch-akadem. Studiums. gr. 8. (23 S.) Wien 880. Lechner's Verl. n. — 80

Muth Dr. Richard v.: Lose Skizzen zur Geschichte der deutschen Poesie in Oesterreich von den Ausklängen der Romantik bis zum Durchdringen des Realismus. 50. Wiener Neustadt R. 96.
Progr.

Muth, Rich., die österreichische Staatsidee dargestellt in ihrer Entwickelung. gr 8. (15 S.) Wien 871. Hölder n. — 50

Muth, R Dr · Grillparzer's Technik. Essay. 345 Wiener Neustadt, R , 1883 Programmschrift

— Untersuchungen u. Excurse zur Geschichte u. Kritik der deutschen Heldensage u. Volksepik. [Aus. „Sitzungsber. d. k. Akad. d. Wiss."] Lex.-8. (34 S.) Wien 878. Gerold's Sohn in Comm. n.n. — 50

—— Heinrich v. Veldeke und die Genesis der romantischen und heroischen Epik um 1190. Eine krit. Abhandlung. Lex.-8. (70 S.) Wien 880, (Gerold's Sohn.) *
Aus: Sitzungsberichte der k. Akademie der Wissenschaften, besonders abgedruckt.

Muth, R Fr v Das bairische Volksrecht Eine rechtshistorische Abhandlung. 22 S 8° – Krems OR., Progr 1870.

Muth, Thdr., Furchtlos u. treu! Festgabe zur Hundertjahrfeier des Königr. Württemberg. Der württemberg. Jugend gewidmet. (40 S. m. Abbildgn. u. 2 Taf.) 8. Stuttgart 906. Muth. n. — 40

Muth, Walter, aus Frankfurt a. O. Zur Kenntnis des Pulegons. *Roßwein i. S. 1903: A. Haubold.* (45 S.) 8°
Leipzig, Phil. Diss. v 1903

Müth, Gerhard: Die projektive Erzeugung der Rotationsflächen zweiten Grades. Breslau 1905: H. Fleischmann (62 S.) 8°
Breslau, Phil. Fak., Ref. Sturm, Diss. v. 13. März 1905
[Geb. 16. März 82 Löwenberg i. Schles.; Heimatsort: Löwenberg; Staatsangeh. Preußen; Vorbildung: Realprogymn. Löwenberg, Realgymn. König-Wilhelms-Schule Reichenbach i. Schl. Reife O. 00, Studium. Breslau 10 S., Rig. 1 Febr. 05.]

Müthel, Jh. Ldw., († d. 24. Mai 1812.) Handbuch d. Livländ. Criminalrechtslehre. Nach dess. Tode hrsgg. v. F. G. v. Bunge. 1e Abthlg. 8. Dorpat 827.

Muethel, Jul., ein wunder Punkt in der lutherischen Liturgie. Beitrag z. Liturgie. gr. 8. (140 S.) Leipzig 895. (St. Petersburg, Eggers & Co.) n. 8. —

— nochmals Sätze über uns. luther. Consecrations-Liturgie im Abendmahls-Akte. gr. 8. (108 S.) Leipzig 896. A. Deichert Nachf. n. 1. 75

Muther, Albr., Gedichte für Verehrer Jesu. 12. Zürich 818. Orell. 5 ℛ

Muther, Ferd. Frid. Alb., in Fr. VI. communia praediorum commentatio. Erlangae 858. Deichert. gr. 8. (3 Bl., 67 S.) n. 10 ngr.

Muther, Frz., Geschichte der evangelisch-deutsch-reformierten Burgkirchengemeinde in Königsberg Pr. Eine Jubiläumsgabe zum 20. I. 1901. gr. 8. (48 S. m. 8 Taf.) Königsberg 901. (W. Koch.) n. 1. —

Muther, Heinrich

Muther, Heinr Beiträge zur Emendation von Ciceros Büchern de oratore. 21 S. Progr. G. Coburg 1885

Muther, H., Beitr z. Erklärung u. zur Emendation der horaz. Episteln. Pr. 1864. 31 S. 4° 2.—

— Beitr z. Kritik u. z. Erkl. d. Horazischen Satire I, 3. Pr. 1871 35 S. 4°. 1 —

Muther, H., Beiträge zur Methodik der altclassischen Lectüre. Pr. 1856. 34 S. 4°. —.75

Muther, H., über die Composition des ersten und des fünften Buches von Ciceros Tusculanen. Coburg 862. (Riemann'sche Hofbuchhdlg.) 4. (38 S.) n. 4 ngr.

Muther, Heinrich Ueber die Komposition der ersten Philippischen Rede des Demosthenes. 1887 4 (17 S.).
Progr. G. Casimirianum Coburg 1888 (zu 659).
Festschrift zum 50jähr Jubiläum von Johann Friedrich Emil Müller

Muther, Heinrich [Dir. Schulrat Dr]: Über die Tiresiasscene in Sophokles' König Odipus [sic!]. Coburg, Druck d Dietz'schen Hofbuchdr. (1890), S. 3–24, 4°
Coburg, G Casimirianum, OP 1890

Muther, Heinrich Übersicht über die Geschichte des Herzoglichen Hauses von Sachsen-Coburg-Gotha 4 (6 S.)
Progr. G Casimirianum Coburg 1888 (659

Muther, J. G. Th. A. A., Statuta facultatis jure consultorum Vitebergensium a. 1508, s. Statuta.

Muther, Rich., die ältesten deutschen Bilder-Bibeln. Bibliographisch u kunstgeschichtlich beschrieben. Lex.-8. (68 S.) München 883. Augsburg, Literar. Institut v. Dr. M. Huttler. 1. 50

— die deutsche Bücherillustration der Gothik u. Frührenaissance [1460—1530]. 6 Lfgn. Fol. (XVI, 232 S. u. Illustr. 248 S.) München 883 84. Hirth. à n. 20. —

Muther, Rich., der Cicerone in den Kunstsammlungen Europas, s.: Hirth, Geo.

Muther, R., der Cicerone in der königl. älteren Pinakothek zu München, s. Hirth, G.

Muther, Rich., Courbet, s.a. Kunst, die.

Courbet von Richard Muther Mit 16 Vollbild. Berlin. Marquardt & Co. (1908). (63 S.) 8°
— Kunst, Die Bd 48. [o8. 9642]

Muther, Rich., Lucas Cranach, s.a. Kunst, die.

Lucas Cranach. Von Richard Muther *Berlin: J. Bard [1902].* (64 S.) 8°
— Kunst, Die. Bd 1. [o3. 8000]

— Geschichte der Malerei, s.a. Sammlung Göschen.

Geschichte der Malerei von Richard Muther 1–5. *Leipzig. G J. Göschen 1900–02.* 5 Bde 8° [F.]
1 2: Neudruck 1902 3–5. 1900.
(Sammlung Göschen. 107–111.) [o3. 2038 II

Geschichte der Malerei. Von Richard Muther (Hrsg. Hans Rosenhagen.) Bd 1–3. Leipzig Grethlein 1909 8°
[illegible]
[illegible]
[illegible] [illegible]

— Geschichte der Malerei. 3 Bde. (567, 589 u. 602 S. m. Abb. u. Bildnis.) gr. 8. Leipzig 909. K. Grethlein. Geb. in Leinw. 36.—; Prachtausg. in Ldr. 60. —

— Geschichte der englischen Malerei. gr. 8. (400 S. m. 153 Abbildgn.) Berlin 903. S. Fischer, Verl. n. 12. 50; geb. n. 14. 50

Muther, Rich., Geschichte der Malerei im XIX. Jahrh. 3 Bde. od. 10 Lfgn. gr. 8. München, G. Hirth. à Lfg. n. 4. —; kplt. 3 Bde. n. 40. —; geb. in Halbfrz. n. 53. 50
1. Bd. (VII, 502 S. m. Illustr.) 893. n. 11. —; geb. n. 15. —
2. Bd. (VIII, 670 S. m. Illustr.) 893. n. 14. —; geb. n. 18. 50
3 Bd. (IX, 757 S. m. Illustr.) 894. n. 15. —; geb. n. 20. —

— Francisco Goya, s.a. Kunst, die. 30. Bd.

Francisco Goya von Richard Muther. Mit 1 Kunstbeil. u. 16 Vollbild. (Berlin). Bard, Marquardt & Co. [1904]. (61 S.) 8°
— Kunst, Die. Bd 30. [o5. 9710]

Muther, R., Anton Graff, s.a. Beiträge zur Kunstgeschichte.

Muther, Richard. Anton Graff (1736–1813). Ein Beitrag zur Kunstgeschichte des achtzehnten Jahrhunderts. (Mit einem Lichtdruck [Porträt-Tafel, sowie] Anhang Graff's Selbstbiographie.) 8. Leipzig 1881
(Beiträge zur Kunstgeschichte Heft 4.)

— ein Jahrhundert französischer Malerei. Mit 126 erläut. Textabbildgn. gr. 8. (323 S.) Ebd. 901. Geb. in Leinw. n. 10. 50

— s.: Katalog d. Schack-Galerie in München.

— Leonardo da Vinci, s.a. Kunst, die.

Leonardo da Vinci von Richard Muther Mit 2 Photograv. u. 8 Vollbildern. *Berlin. J. Bard [1903].* (61 S.) 8°
— Kunst, Die. Bd 9. [o3. 8008]

Muther, Rich., Leonardo da Vinci. 2. Aufl. Berlin [1904]. 8° *[1 Aufl. 1903.]*
(D. Kunst, hrsg. von Rich. Muther. Bd 9.)

Leonardo da Vinci von Richard Muther 3. Aufl. Mit 10 Vollbild. (Berlin): Bard, Marquardt & Co. (1907). (61 S.) 8°
— Kunst, Die. Bd 9. [o7. 4990]

— die belgische Malerei im 19. Jahrh. (109 S. m. 32 Abbildgn.) 8. Berlin 904. S. Fischer, Verl. Kart. in Halbschweinsldr. n. 6.—

— Die belgische Malerei im 19. Jahrh. (Neue wohlf. [Titel-]Ausg.) (109 S. m. 32 Vollbildern.) 8. Berlin (909). S. Fischer, Verl. 3.—

— Meister-Holzschnitte aus 4 Jahrhunderten, s.: Hirth, Geo.

— J. F. Millet, s.a. Kunst, die. 17. Bd.

J. F. Millet von Richard Muther. Mit 2 Photograv u. 10 Vollbild. Berlin: J. Bard [1903]. (72 S.) 8°
— Kunst, Die Bd 17. [05. 2658

J F Millet von Richard Muther 2 Aufl. Mit 2 Photograv u. 10 Vollbild. (Berlin): Bard, Marquardt & Co. [1907]. (72 S.) 8°
— Kunst, Die. Bd 17 [07 4977

— s.: Morgen.

— die Muther-Hetze. Ein Beitrag zur Psychologie d. Neides u. d. Verläumdung. 2. Aufl. gr. 8. (32 S.) München 896. G. Hirth. —50

— Rembrandt, s.a. Kunst, die. 40. Bd.

— Rembrandt. Ein Künstlerleben. 1. u. 2. Aufl. (Je 53 S. m. 24 Taf.) Lex. 8. Berlin 904. E. Fleischel & Co. n. 3.—; geb. n. 4.50

Rembrandt von Richard Muther. Mit 2 Heliogr. u. 13 Vollbild. (Berlin): Bard, Marquardt & Co. [1906]. (56 S.) 8°
— Kunst, Die. Bd 40. [06. 9869

— die Renaissance der Antike, s.a. Kunst, die. 8. Bd.

Die Renaissance der Antike. Von Richard Muther. Mit 1 Photograv. u. 8 Vollbildern. *Berlin: J. Bard [1903].* (67 S.) 8°
— Kunst, Die. Bd 8. [03. 4207

Muther, Rich., Die Renaissance der Antike. 2. Aufl. Berlin [1904]. 8°. *[1. Aufl. 1903.]*
(D. Kunst, hrsg. von Rich. *Muther.* Bd 8.)

—— Hans Schäufelein, s. Studien, gesammelte, zur Kunstgeschichte.

Muther, Richard. Studien und Kritiken. Band 1: 1900. 2. Aufl. VIII + 417 + 9 S. 8. (Wien,) Wiener Verlag, (1901). (M. 8.—)
(Republication der kleineren Artikel, von Ende 1899 bis Anfang 1901 geschrieben *in verschiedene Zeitschriften.*)
Darin: Gedenkblaetter; *u. a. S. 112—115:* [Giovanni] Segantini. October 1899, *S. 140—157:* Arnold Boecklin. Zum 70. Geburtstag ([mit] Epilog. Januar 1901).

— Studien u. Kritiken. 1. Bd.: 1900. 1. u. 2. Aufl. gr. 8. (à VII, 417 u. 9 S.) Wien (901). Wiener Verlag. n. 8.—

— dasselbe. 2. Bd.: 1901. 2. Aufl. gr. 8. (V, 290 u. 8 S.) Ebd. 902. n. 8.—

— Velasquez, s.a. Kunst, die. 23. Bd.

Velasquez von Richard Muther Mit 2 Photograv. u. 10 Vollbild. Berlin J. Bard [1904]. (78 S.) 8°
— Kunst, Die. Bd 23. [05 2704

Velasquez von Richard Muther. 2. Aufl. Mit 1 Photograv. u. 11 Vollbild. Berlin: Bard, Marquardt & Co. (1907). (78 S.) 8°
— Kunst, Die. Bd 23. [07. 9439

— s.: Zeit, die.

Muther, Thdr, die Ersitzung der Servituten mit besonderer Berücksichtigung der Wegservituten. 8. (VIII u. 72 S.) Erlangen 852, Bläsing. n. 8 ngl

Muther, Thdr., zur Geschichte des römisch-canonischen Prozesses in Deutschland während des 14. und zu Anfang des 15. Jahrh. Festschrift Namens und im Auftrage der Rostocker Juristen-Facultät verfasst. gr. 8. (IX, 82 S.) Rostock 872, Kuhn. [Werther's Verlag.]

Muther, Thdr., zur Geschichte der Rechtswissenschaft und der Universitäten in Deutschland. Gesammelte Aufsätze. gr. 8. (VIII, 428 S.) Jena 876, [Dufft.] Fischer. *

Muther, Thdr., die Gewissensvertretung im gemeinen deutschen Recht, mit Berücksichtigung von Particulargesetzgebungen, besonders der Sächsischen u. Preußischen. Erlangen 860. Deichert. gr. 8. (VIII, 335 S.) n. 1 ℛ 10 ngr.

Muther, Thdr., zur Lehre von der Römischen Actio, dem heutigen Klagrecht, der Litiscontestation und der Singularsuccession in Obligationen. Eine Kritik des Windscheid'schen Buchs: „Die Actio des Römischen Civilrechts, vom Standpunkte des heutigen Rechts." Erlangen 857. Deichert. gr. 8. (VIII, 198 S.) n. 24 ngr.

139

Muther, Theodorus: De origine processus provocatorii ex L. diffamari quem vocant. [Pars prior] Erlangae Deichert 1853. 68 S. 8°
Halle-Wittenberg, Jur. Hab.-Schr v 15. [vielmehr 21] Apr 1853
Vollst. Buchausg. Erlangae Deichert 1853. VII, 143 S.

— römisches u. kanonisches Recht im deutschen Mittelalter. Ein populärer Vortrag geh. am 20. Febr. 1871 in der Aula d. Universitätsgebäudes. gr 8. (51 S.) Ebend. 871. — 90

Muther, Thdr, die Reform d. juristischen Unterrichtes. Eine academ. Antrittsvorlesg. gr. 8. (23 S.) Weimar 873. Böhlau. n. — 50

— der Reformationsjurist Dr. Hieronymus Schürpf. Ein Vortrag gehalten im April 1858 zu Königsberg i. Pr. Erlangen 858. Deichert. (48 S.) 6 ngr.

—— Sequestration und Arrest im römischen Recht. gr. 8. (XII und 420 S.) Leipzig 856, Hirzel.

— Statuta facultatis jure consultorum Vitebergensium a. 1508, s. Statuta.

Muther, Thdr., aus dem Universitäts- und Gelehrtenleben im Zeitalter der Reformation. Vorträge. 8. (XII und 499 S.) Erlangen 866, Deichert. [Frankfurt, Völcker.]

— die Wittenberger Universitäts- u. Facultäts-Statuten, s. Universitäts- u. Facultäts-Statuten, die Wittenberger.

Muther, Theodor (Hrsg.), s. Urbach, Jo.

Muther, Th., Johannes Urbach, s.a. Untersuchungen zur deutschen Staats- u. Rechtsgeschichte.

Muther, Th[eod.]: Johannes Urbach. Nach hinterlassenen Papieren bearb. u. hrsg. von Ernst Landsberg. Breslau 1882.

(Untersuchungen z. Dt. Staats- u. Rechtsgesch., hrsg. von Gierke. H. 13.)

Tabellen der Schmelzpunkte der Hydrazone und Osazone der Zuckerarten und der Hydrazide der mit der Zuckergruppe zusammenhängenden Säuren, mit d. betreff. Litteraturangaben zsgest von Dr Aloys Müther Göttingen Vandenhoeck & Ruprecht 1903. (3 Tab., 1 Bl.) 8° [Umschlagt. ℑ. u. Ant.] [(3. 1185 7

Müther, Aloys, Tabellen der Schmelzpunkte der Hydrazone u. Osazone der Zuckerarten u. der Hydrazide der m. der Zuckergruppe zusammenhäng. Säuren, m. den betr. Litteraturangaben zusammengestellt. (3 Tab. in Fol. m. 1 Bl. Text.) gr. 8. Göttingen 903. Vandenhoeck & Ruprecht. n. 1. —

Müther, Aloys, aus Greven 1. Untersuchungen uber Fucusarten, Laminaria u. Carragheenmoos, sowie die hydrolytisch daraus entstehenden Substanzen und über Derivate derselben, besonders Fucose und Fuconsaure 2. Tabellarische Übersicht uber die bis jetzt hergestellten aromatischen Hydrazone, Osazone u. Hydrazide der Zuckerarten u. der der Zuckergruppe nahestehenden Sauren. 3. Über den 'Bloc Maquenne'. *Göttingen 1903: E. A. Huth.* (55 S.) 8°
Göttingen, Phil. Diss. v [21 März] 1904

Muthesius. – Der Fall Muthesius. Ein Vortrag mit Akten und Briefen. 4°
Aus. Hohe Warte, Jg 3, H. 5, 1907

Muthesius, Anna, das Eigenkleid der Frau. (84 S. m. 13 Taf.) 12. Krefeld 903. Kramer & Baum. Geb. n. 2. —

Muthesius, Hans, geprüft. Rechtskand.: Das Erfordernis besonderer Genehmigung bei Anlagen nach der Reichsgewerbeordnung. Borna-Leipzig 1909: Noske. VIII, 76 S. 8°
Jena, Jur. Diss. v. 20. Febr. 1909, Ref. Rosenthal
[Geb. 2. Okt. 85 Weimar; Wohnort: Leipzig; Staatsangeh.: Sachsen-Weimar; Vorbildung: Gymn. Weimar Reife O. 05; Studium: Grenoble 1, Berlin 3, Jena 2 S., Rig. 21. Dez. 08.] [U 09. 2109

Muthesius, Herm., die Anlage des Landhauses, s.: Flugschrift des Dürer-Bundes zur ästhetischen Kultur.

**Muthesius, Herm., die englische Baukunst der Gegenwart. Beispeile neuer engl. Profanbauten. Mit Grundrissen, Textabbildgn. u. erläut. Text. (In 4 Lfgn.) 1.—3. Lfg. gr. Fol. (81 Lichtdr.-Taf. m. V, 138 S. illustr. Text.) Leipzig 900—902. Cosmos.
In Mappe Subskr.-Pr. à n. 25. —; einzelne Lfgn. n. 30. —**

**— die englische Baukunst der Gegenwart. Beispiele neuer engl. Profanbauten. Mit Grundrissen, Textabbildgn. u. erläut. Text. 4. (Schluss-)Lfg. (28 Lichtdruck-Taf. m. illustr. Text S. 139—174 u. VII—XIII) gr. Fol. Leipzig (904). Cosmos.
In Mappe Subskr.-Pr. n. 25. —; Einzelpr. n. 30. —**

**— die neuere kirchliche Baukunst in England. Entwicklung, Bedinggn. u. Grundzüge des Kirchenbaues der engl. Staatskirche u. der Secten. hoch 4. (XVI, 176 S. m. 132 Abbildgn. u. 32 Taf.) Berlin 901. W. Ernst & Sohn. n. 15. —
Bedeutend erweit. Sonderabdr. aus: „Zeitschr. f. Bauwesen".**

Bedingungen, Anlage, gärtnerische Umgebung, Aufbau und gesundheitliche Einrichtungen des englichen Hauses. Von Hermann **Muthesius**. Berlin: E. Wasmuth 1904. (237 S.) 4°
= **Muthesius**: Das englische Haus. Bd 2. [c6. 8058

**— der kunstgewerbliche Dilettantismus in England, insbesondere das Wirken des Londoner Vereins für häusl. Kunstindustrie. Lex.-8. (47 S. m. 36 Abbildgn.) Ebd. 900. n. 2. 40
Erweit. Sonderabdr. aus: „Centralbl. d. Bauverwaltung."**

Muthesius, Herm., die Einheit der Architektur, s. a. Vorträge, Berliner. IV.

Die Einheit der Architektur Betrachtungen uber Baukunst, Ingenieurbau u. Kunstgewerbe von Hermann **Muthesius**. Vortrag, geh. 1908 in Berlin. Berlin K. Curtius 1908. (63 S.) 8°
— **Vorträge**, Berliner 4. [08. 13117

Entwicklung des Englischen Hauses. Von Hermann **Muthesius**. Berlin: E. Wasmuth 1904. (III, 219 S.) 4°
= **Muthesius** Das engliche Haus. Bd 1 [06. 8058

Muthesius, Herm., das englische Haus. Entwicklung, Bedinggn., Anlage, Aufbau, Einrichtg. u. Innenraum. 3 Bde. 4. Berlin, E. Wasmuth. Subskr.-Pr. à 25. —; Einzelpr à 30. —; Einbde. à 5. —
I. Entwicklung. (220 S.) 904.
II. Bedingungen, Anlage, gärtner. Umgebg., Aufbau u. gesundheitl. Einrichtgn. des engl. Hauses. (VII, 237 S. m. Abbildgn.) 904.
III. Der Innenraum des engl. Hauses. (VII, 240 u. XXVI S. m. Abbildgn.) 905.

Das englische Haus. Entwicklung Bedingungen, Anlage, Aufbau, Einrichtung u Innenraum. Von Hermann **Muthesius** In 3 Bden. 2 durchges. Aufl. (Bd 1) Berlin Wasmuth 1908. 4° [09. 9998 II

— Haus e. Kunst-Freundes, s.: Scott, Baillie.

Der Innenraum des englischen Hauses. Von Hermann **Muthesius**. Berlin: E. Wasmuth 1905. (240, XXVI S.) 4°
= **Muthesius**: Das englische Haus. Bd 3. [c6. 8058

Muthesius, Hermann: Der Kirchenbau der englischen Secten. 1902. 60 S. 8°
¶ Mit einigen Änderungen u. Beifügung v. Abb. in: Muthesius: Die neuere kirchliche Baukunst in England. 1901.
Dresden, Dr.-Ing.-Diss. v. 14. 4. 1902

— Kultur u. Kunst. Gesammelte Aufsätze üb. künstler. Fragen der Gegenwart. (IV, 155 S.) 8. Jena 904. E. Diederichs. n. 4. —; geb. n. 5. —

— Kultur u. Kunst. 2. Aufl. (VIII, 155 S.) 8. Jena 909. E. Diederichs. 2.—; geb. 3. —

— Kunstgewerbe u. Architektur. (150 S.) 8. Ebd. 906. 4.—; geb. 5. —

— Landhaus und Garten. (40, 240 S.) 4° München 1907

— Landhaus u. Garten. Beispiele neuzeitl. Landhäuser nebst Grundrissen, Innenräumen u. Gärten. Mit einleit. Text. 2. umgearb. u. verm. Aufl. (8.—10. Taus.) (240 S. m. Abb., Grundrissen u. 22 [13 farb.] Taf. u. LII S. Text m. Abb.) Lex. 8. München 910. F. Bruckmann. Geb. in Leinw. 12. —

Muthesius, Hermann. D moderne Landhaus u seine innere Ausstattung. München, 1905

Muthesius, Herm., italienische Reise-Eindrücke. [Aus: „Centralbl. d. Bauverwaltg.".] Fol. (X, 54 S.) Berlin 898. W. Ernst & Sohn. n. 3. —

— Stilarchitektur u. Baukunst. Wandlungen der Architektur im XIX. Jahrh. u. ihr heut. Standpunkt. gr. 8. (67 S.) Mülheim a/R. 902. K. Schimmelpfeng. Geb. in Leinw. n. 4. 50

— Stilarchitektur u. Baukunst. Wandlungen der Architektur u. der gewerbl. Künste im 19. Jahrh. u. ihr heut. Standpunkt. 2. stark vermehrte Aufl. (81 S.) gr. 8. Mülheim a. d. R. 903. (Dresden, Holze & Pahl.) n. 1. 75

— Wirtschaftsreformen im Kunstgewerbe, s.a. Zeitfragen, volkswirtschaftliche.

Wirtschaftsformen im Kunstgewerbe. Vortrag, geh. 1908 in Berlin von Hermann **Muthesius**. Berlin L. Simion Nf 1908. (31 S.) 8°
= **Zeitfragen**, Volkswirtschaftliche. H. 233.

— die Wohnungs-Kunst auf der Welt-Ausstellung in St. Louis 1904. (19 S.) Lex.-8. Darmstadt (904). Verlagsanstalt A. Koch. n. 1.—
Sonderabdruck aus: „Deutsche Kunst u. Dekoration".

Muthesius, Herm., der Zeichenunterricht in den Londoner Volksschulen, s.a. Beiträge zur Lehrerbildg. u. Lehrerfortbildg. 16. Hft.

Muthesius H. d. Zeichenunterricht i. d. Londoner Volksschulen. (19 S 7 T) Gotha 1900

— architektonische Zeitbetrachtungen. Ein Umblick an der Jahrhundertwende. Festrede, geh. im Architekten-Verein zu Berlin zum Schinkelfeste am 13. III. 1900. gr. 8. (22 S.) Berlin 900. W. Ernst & Sohn. n. 1.—
Sonderabdruck aus: „Centralbl. d. Bauverwaltung".

Muthesius, H., s. Zeitfragen, volkswirtschaftliche.

Muthesius, Karl, Altes u. Neues aus Herder's Kinderstube, s.a. Magazin, pädagogisches. 247. Hft.

Altes und Neues aus Herders Kinderstube. Von Karl **Muthesius**. Langensalza. H. Beyer & Söhne 1905. (35 S.) 8°
= **Magazin**, Pädagogisches. H. 247

Muthesius, Karl, s.: Beiträge z. Lehrerbildg. u. Lehrerfortbildg.

— die Bestimmungen üb. Immatrikulation u. Promotion Immaturer, insbesondere der Volksschullehrer, an den deutschen Universitäten. Auf Grund amtl. Quellen zusammengestellt. (16 S.) 8. Langensalza 905. H. Beyer & Söhne. n. —20

Muthesius, Karl, s.: Blätter, pädagogische f. Lehrerbildg.

— Schillers Briefe üb. d. ästhet. Erziehg. d. Menschen, s.a. Magazin, pädagogisches.

Schiller's Briefe über die ästhetische Erziehung des Menschen. Rede, geh. z. Geburtstag S. K. H. d. Grossherzogs Karl Alexander im Sem. zu Weimar. Von Karl **Muthesius**. *Langensalza: H Beyer & Söhne 1897* (2 Bl., 75 S.) 1 Bd 8.
= **Magazin**, Pädagogisches. H. 100.

— Herders Familienleben. Mit e. Bildnisse u. e. Handschriftnachbildg. (VII, 79 S.) 8. Berlin 904. E. S. Mittler & Sohn. n. 1 25; geb. n. 2. 25

— Goethe u. Karl Alexander. (VII, 116 S.) 8. Weimar 910. H. Böhlau's Nachf. 2.—

— Goethe ein Kinderfreund, s.a. Goethe's Lebenskunst u. Lebensweisheit. 5. Bd.

— Goethe, e. Kinderfreund. 8. (IX, 230 S. m. 1 Taf.) Berlin 903. E. S. Mittler & Sohn. n. 2.50; geb. n. 3.60

— Goethe e. Kinderfreund. 2., neubearb. Aufl. (3. u. 4. Tauf.) (VIII, 245 S. m. Titelbild.) 8. Berlin 910. E. S. Mittler & Sohn. 8.—; geb. 4.—

— Goethe u. Pestalozzi. (VII, 275 S. m. 1 Fksm.) 8. Leipzig 908. Dürr'sche Buchh. 4.50; geb. 5.60

— Kindheit u. Volkstum, s.: Beiträge zur Lehrerbildg. u. Lehrerfortbildung. 13. Hft.

— der 2. Kunsterziehungstag in Weimar, s.a. Magazin, pädagogisches. 224. Hft.

Der zweite Kunsterziehungstag in Weimar. Von Karl Muthesius. *Langensalza: H. Beyer & Söhne 1904.* (27 S.) 8°
= **Magazin**, Pädagogisches. H. 224

— die Lehrerbildung im Strome der Zeit. Rede, geh. bei der Einführg. als Seminardirektor zu Weimar am 9. X. 1906. (20 S.) gr. 8. Leipzig 906. Dürr'sche Buchh. n. —75

— die Lehrpläne f. die königl. preußischen Präparandenanstalten u. Lehrerseminare v. 1. VII. 1901, eingeordnet die method. Anweisgn. vom gleichen Tage, die Bestimmgn. üb. die Aufnahme in die Lehrerseminare u. üb. die Seminarentlassungs-Prüfg. v. 15. X. 1872 m. den Ändergn. derselben v. 1. VII. 1901 zusammengestellt, die Prüfungsordng. f. die 2. Lehrerprüfg. u. die Ordng. der Mittelschul-Lehrer- u. der Rektoren-Prüfg., hrsg. gr. 8. (V, 66 S.) Gotha 901. E. F. Thienemann. n. 1.—
s.a. Blätter, Pädagogische, f. Lehrerbildung.

— Die Lehrpläne f. die königl. preuß. Präparandenanstalten u. Lehrerseminare vom 1. VII. 1901, eingeordnet die method. Anweisgn. vom gleichen Tage, die Bestimmgn. üb. die Aufnahme in die Lehrerseminare u. üb. die Seminarentlassungs-Prüfg. vom 15. X. 1872 m. den Ändergn. derselben vom 1. VII. 1901 zusammengestellt, die Prüfungsordng. f. die 2. Lehrerprüfg. u. die Ordng. der Mittelschul-Lehrer- u. der Rektoren-Prüfg., hrsg. 2., unveränd. Aufl. (V, 66 S.) 8. Gotha 908. E. F. Thienemann. 1 —; kart. 1.30

— Rechenbuch f. Volksschulen, s.: Heiland, F.

— Schulaufsicht u. Lehrerbildung, s.a. Magazin, pädag.

Schulaufsicht und Lehrerbildung Vortrag, geh. auf d. 11 Hauptversamml. d. Vereins d. Freunde Herbartischer Pädagogik in Thüringen, von Karl **Muthesius**. *Langensalza H. Beyer & Söhne 1902* (53 S.) 8°
= **Magazin**, Pädagogisches H. 169.

— die Spiele d. Menschen, s.a. Magazin, pädagog.

Die Spiele der Menschen. Von Karl **Muthesius**. *Langensalza: H. Beyer & Söhne 1899.* (39 S.) 8°
= **Magazin**, Pädagogisches. H. 137.

Muthesius, Karl, üb. die Stellung der Heimatskunde im Lehrplan. Zugleich e. Beitrag zur Kritik der Ziller'schen Konzentrationsidee. gr. 8. (VI, 138 S.) Weimar 890. Böhlau. n. 1.80

[F.] **Muthesius**, *Carl:* Über die Stellung des Rechenunterrichts im Lehrplan der Volksschule. Weimar, Druck d. Hof-Buchdr., 1893; 3—59 S. 8.
Weimar, Schullehrer-Sm, OP 1893**

— üb. die Stellung des Rechenunterrichts im Lehrplan der Volksschule Ein Beitrag zur Methodik dieses Unterrichtsgegenstandes u. zugleich zur Kritik der Zillerschen Konzentrationsidee. gr 8. (106 S.) Leipzig 894. Siegismund & Volkening. n. 1.50

— Universität u. Volksschullehrerbildung, s.: Beiträge zur Lehrerbildung u. Lehrerfortbildung. 29. Hft.

Müthler, Gust (geb Unna in Westf. [6. 11 1846]) Ein Fall von Bronchostenose durch ein Sarcom bedingt Berlin (1873). (32 S.) 8°
Berlin, Med. Diss v 14 Okt. 1873

Muthmann, Arthur, aus Elberfeld. Aus d. med. Klinik d. Universitat Bonn. Ein **Fall** von professioneller Parese im Peronealgebiet. *Bonn 1899: K Drobnig.* (35 S.) 8°
Bonn, Med. Diss. v [10. März] 1900

Muthmann, Arth., psychiatrisch-theologische Grenzfragen. Historisches u. Kritisches. (III, 40 S.) gr. 8. Halle 907. C. Marhold. — 60
Sonderabdruck aus: „Ztschr. f. Religionspsychol."

Zur Psychologie und Therapie neurotischer Symptome Eine Studie auf Grund d. Neurosenlehre Freuds von Dr Arthur **Muthmann**, Bad Nassau. Halle. C. Marhold 1907 (V, 115 S.) 8° [07. 14410 3

MUTHMANN, Eugen (Elberfeld): Über die erste Anlage der Schilddrüse und deren Lagebeziehung zur ersten Anlage des Herzens bei Amphibien, insbesondere bei Triton alpestris. Mit 43 Textfig.- Wiesbaden: Bergmann 1904. 47 S.
10.3.1903 - Chr 1902/03,25; Jv 1903/04,329
Diss. Ingolst.-Landsh.-Mchn.

Muthmann, Eugen, approb Arzt aus Elberfeld Aus d. histol.-embryol. Laboratorium d. anat. Institutes zu Munchen. Über die erste **Anlage** der Schilddruse und deren Lagebeziehung zur ersten Anlage des Herzens bei Amphibien, insbesondere bei Triton alpestris. Mit 43 Textfig. *Wiesbaden: J F Bergmann 1904.* (47 S.) 8°
Munchen, Med. Diss. v 1903

Muthmann, Joh. Salfeldische Freude über die denen Saltzburgischen Emigranten wiederfahrene Gnade Gottes. Leipzig u. Zullichow 1733.

Muthmann, Wil*helm* [Dr.]: Beiträge zur Volumtheorie der krystallisirten Körper (Aus Zeitschr. f. Krystallogr u. Mineral., Bd. XXII Heft 5 u. 6.) Leipzig, W. Engelmann, 1894; 57 S. 8.
München, Phil. Fak., Hab.-Schr v 1894
(Nicht für den Austausch)

Muthmann, Wilhelm [aus Elberfeld] Ueber niedere Oxyde des Molybdäns München, Kgl. Hof-Buchdr. v E. Mühlthaler, 1886; 35 S. 8°.
München, Phil. Fak., Inaug.-Diss. v 1886.

Muthmann, W., u. F. Fraunberger, über Passivität der Metalle. (S. 201—241.) gr. 8. München 904. (G. Franz' Verl.) n. — 60
Sonderabdruck aus: „Sitzungsber. d. bayer. Akad. d. Wiss."

Muthmassung, Schriftmässige, was von dem Glück der Türkischen Waffen in dem jetzigen mit Russland angefangenen Kriege mit Grund zu halten sey. In Drey Sendschreiben beantwortet. Stuttgart 1769. V: *Christlieb, Wilh. Bernhard.* (ML)

Muthmassung über das Siegel Herdegen Holzschuhers. [Nürnberg 1780.] V: *Siebenkees, Johann Christian.* (Will)

Muthmassung, was von dem Glück der Türken gegen die Russen zu halten sey. Ulm 1769. V: *Christlieb, Wilh. Bernhard.* (Ky) vgl. Muthmaßungen.

Muthmassungen, Christiani Democriti eröffnete, und merkwürdige Gedancken über Herm. Jacobs von Nielle kurtze Beschreibung von den güldnen Bildergen ... Hamburg 1725. V: *Dippel, Joh. Conr.* (Bruun, Bibl. Danica II, 583.)

Muthmassungen und Nachrichten, welche das Jus episcopale und Patronatus zu Lichtenberg betreffen. [Bayreuth 1760.] V: *Wunderlich, Joh. Gg.* (Fiker)

Muthmassungen, Neue, über die Bilder von Marienhavn. O. O. 1787. V: *Derschau, Christoph Friedrich.* (ML) (Rotermund, Gel. Hannover. Bremen 1823.)

Muthmassungen in Betreff der Originalberichte, deren sich Moses wahrscheinlicherweise bey Verfertigung des ersten seiner Bücher bedient hat. A. d. Franz. Frankfurt a. M. 1782. V: *Astruc, Jean.* (BrMm)

— im Betreff d. Originalberichte, der s. Moses in s. erst. Buch b. dient hat. 8. Frankf. v. Duren. 783.

Muthmassungen, Philosophische, über die Geschichte der Menschheit. Frankfurt u. Leipzig 1764. V: *Iselin, Isaac.* (ML) (Ky) (GGr)

Prophetische Muthmaßungen über die Französische Staatsveränderung und andere neuere in Kurzem zu erwartende Begebenheiten. Nebst lehrreichen Erzählungen von Handlungen Josephs des Zweyten, des besten Kaisers, den Deutschland jemals verehrte. Dann ist unser Waschington mit diesem Joseph, der seine Laufbahn 1790 vollendet, verglichen. Und einer Beschreibung dreyer Gedächtniß-Medaillen mit der von den Amerikanisch Englischen Colonien erfochtenen Freyheit.
Philadelphia. Saur 1794. 88 S. 8°
New York Public Library
Übers. v Prophetic Conjectures of the French Revolution, Philadelphia 1794.
Sabin 10187 Evans 27566.

Muthmaßungen üb. d. Ursprung d. Deponentien in d. latein. Sprache. Von e. Liebhaber dies. Sprache. 8. (2½ B.) Münster 832, Regensberg.

Muthmaßungen über den Ursprung der Deponentien in der latein. Sprache. Von e. Liebhaber dieser Sprache. 8. Münster 833. Regensberg. 1 6 ℳ

Muthmassungen, warum der auf Kaiser Ludwig des Vierten goldener Münze vorkommende doppelte Adler der doppelte Reichs-Adler nicht seyn könne. Regensburg 1762. V: *Wild, Gg Glieb.* (EB)

Muthmaßungen, was von dem Glück der Türken gegen die Russen zu halten sey. 8. Ulm, Bartholomäi. 769.
vgl. Muthmaßung.

Muthreich, August Theod. (geb. Nordhausen [30. 6. 1847]) Thesen. Berlin (1870). (2 Bl.) 8°
Berlin, Med. Thes. v 19. Juli 1870

Muthreich, Eduard Karl Zusammenstellung der radiometrischen Beobachtungen und der zu ihrer Erklärung gegebenen Theorien. 26 S. u. 2 Taf. **Progr.** *Grünberg* 1878

Muthreich, K [Oberl.]: Die wichtigsten Sätze der Mechanik, für den Unterricht in der Prima . . . Landeshut i. Schl., Druck v. Th. Schimoneck (1889); 49 S., 1 Taf. 8°
Landeshut, RG, OP 1889 (207)

Muths, Verwaltung u. Verrechnung der Zölle u. Reichssteuern. gr. 8. (IV, 103 S.) Straßburg i/E. 880. Astmann in Comm. cart. n. 5. —

Muths, Otto, die Sicherung der Landesgrenzen im Frieden u. im Kriege, s.: Vortragsstoffe f. Volks- u. Familienabende.

Muthsam, Emil

Muthsam, E., Beiträge zur Raumgrößenrechnung in der Volksschule, f. die Hand d. Lehrers zusammengestellt. 8. (VII, 48 S. m. 77 Fig.) Reichenbach 890. Jannasch. n. — 70

Muthsam, Emil, Beiträge zur Raumgrößenrechnung in der Volksschule, f. die Hand d. Lehrers zusammengestellt. 8. (VII, 48 S. m. 77 dem Texte beigedr. Fig.) Reichenberg 891. [Jannasch.] Friedland i/B., Jos. Weeber. n. — 70

Muthwill, E. F. W., śpiewnik powszedni z dowodzacemi składami czyli melodie i cancyonal etc. Zeszyt 1—3. qu. 4. (S. 1—149.) Ober-Glogau 847, Handel. *

Mutianus, Conradus, Briefwechsel, s.a. Geschichtsquellen der Provinz Sachsen.

Der Briefwechsel des Conradus **Mutianus Rufus**. Gesam. u. bearb. v. Carl Krause. Kassel. 1885. = Zeitschrift des Vereins für hessische Geschichte und Landeskunde Neue Folge. 9. Supplement. 8°

Mutianus, Conradus, Briefwechsel. Gesamm. u. bearb. von Karl *Gillert* Hrsg. von d. Hist. Commiss. d. Prov Sachsen. Hälfte 1 2. Halle 1890. 8°
(Geschichtsquellen d. Prov. Sachsen u. angrenz. Gebiete. Bd 18.)

Mutianus Rufus' Briefwechsel, s.: Zeitschrift d. Vereins f. hessische Geschichte u. Landeskunde.

Mutieff, Demetrius (geb. Kalofer bei Philippopel 1818) De psychometria Berolini (1842) (6) S. 4°
Berlin Phil. Diss. v. 13. Aug. 1842

Mvtinensis — Statvs — in suas ditiones utpote Dvcatvm Mvtinensem, Regiensem etc exacte divisi etc studio et sumptibus Homannianorum Heredum. Norimbergae 1: 250,000 1 Bl.

Mutius, Carl v., über Patrimonial-Gerichtsbarkeit, als Grundlage e. festen Landes-Communal-Ordnung. gr. 8. (1¼ B.) Breslau 837, G. P. Aderholz.

Mutke: De theologia Sophoclis. 19 S —Neisse, Progr 1858

Mutke, Aug., der hl. Ludgerus u. die St. Ludgerikirche in Helmstedt. Ein Rückblick auf 11 Jahrhunderte. (64 S. m. 15 Abb. u. 1 Titelbild.) 8. Helmstedt 909. (F. Richter.) — 60

Mutke, Emil, Assistenzarzt am St. Joseph-Krankenh. zu Potsdam Aus d. St. Joseph-Krankenhause zu Potsdam. Ein Fall von Hemiplegie und Aphasie nach Ligatur der Arteria carotis communis sinistra. *Potsdam 1901: A. W Hayn's Erben.* (24 S.) 8°
Greifswald, Med. Diss. v 17 Sept. 1901

Mutke, Rob., die Behandlg. stammelnder u. stotternder Schüler. gr. 8. (30 S.) M. e. Übungstafel f. Stotternde. Fol. Breslau 898. F. Goerlich. n. — 60

Muto, Asanosuke, aus Gifu Chemische Untersuchung des japanischen Rüböls und des chinesischen Sojabohnenöls. *Würzburg 1904: C. J. Becker.* (23 S.) 8°
Würzburg, Phil. Diss. v. 1904

Mutschall, Wilhelm, Geschichte der Gemeinde Tarutino, Bessarabien, von 1814—1934. 224 S.

Mutschall, Wilh., Geschichte der russischen Werner-Centralschule zu Sarata v. 1844—1894. 83 S. — Festschrift zum 50jähr. Jubiläum der Schule (Text auf der ejnen Seite russisch, auf der anderen deutsch)

Mutschelle, Sebastian, Anweisung, die Evangelien mit Nutzen zu lesen. Köln, Fabricius, (Münster, Aschendorff.) 1789, 8°, 190 S. Auch Münster u. München, 1798.
Recens. Auserlesene Litterat. d. kath. Deutschl., Bd. I, S. 253—254.

— Beitr. zur Metaphysik, in e. Prüfung d. Stattler-antikantischen. 8. Münch. 795. 2e A. 800. Lindauer. 9 gr.

Mutschelle, Seb., Beyträge zur Metaphysik in einer Prüf. d. Stattler-antikantischen. 8. München, Lindauer. 801.

— Bemerkk. üb. die Evangelien nach den Festtagen des Herrn. 8. Münch. 789. 2e A. 794. N. A. 806. Lentner. 21 gr.

— — auf d. Fest Mariä u. d. Apostel. 8. Ebendaselbst. 807.

—— Bemerkungen über die Evangelien an den Festtagen des Herrn für Prediger, Katecheten und Lehrer. Ebendas., 1806, 3. Aufl., 410 S., 2,60 Mk.

—— Bemerkungen über die Evangelien auf die Festtage Marias und der Apostel. München, Lentner, 1808. 8°. 2. Aufl., 2,50 Mk.
1. Aufl. 1797

— Bemerkk. üb. die sonntägl. Evangelien f. Prediger. 1e u. 2e Jahreshälfte. 8. Münch. 786. 2e Aufl. 2 Bde. 8. Ebd. 791, 96 u. 805. Lentner. 1 ℛ 12 gr.

Mutschelle, Sebastian, Bemerkungen über die sonntäglichen Evangelien für Prediger, Katecheten und Lehrer. München, Lentner, 1805, 8°, 1. u. 2. Jahreshälfte, 352 u. 432 S., 4. Aufl., 4,50 Mk.
1. Aufl. 1786.

— — üb. d. sonntägl. Evangel. f. Prediger rc. 2 Bde. 8. Ebend. 806.

Mutschelle, Sebastian. Entretiens d'un Père avec son fils sur les premières vérités . . . de la religion chrétienne, traduit de l'allemand. Munich 1798. Ü: *Rechberg, Carl Graf von.* (JES) (MGT)

— Geburt u. Jugendgeschichte Jesu. 8. Münch. 784. Lentner. 5 gr.

— die Geschichte Jesu aus den 4 Evangelien in Eins gesamml., sammt e. Anweis., die Evangel. mit Nutzen zu lesen. 8. Münch. 784. 2e A. 805. Strobl. (Fleischmann). 1 ℛ 8 Kr

Mutschelle, Seb., Die Geschichte Jesu aus den vier heiligen Evangelien in eines gesammelt u. geordnet. Samt einer Anweisung, die Evangelien mit Einsicht u. Nutzen zu lesen. München, 1784, 8°, 598 S. Neue Aufl. 1806.

—über d. sittl. Gute. 8. Münch. 788. 2e A. 801. Lindauer. 9 gr

MUTSCHELLE, SEBASTIAN, Hochfürstl. Geistl. Rath und Censor (Freysing) Ueber das sittlich Gute. Zwote verbess. Aufl. Pest 1794 J. Lindauer 212 S. 170 mm

—Handbuch d. sonntägl. Evangelien f. kathol. Christen. 1r Thl. gr. 8. Münch. 791. (Fleischmann). 16 gr

—— Handbuch der sonntäglichen Evangelien für katholische Christen, die sie recht verstehen und sich daraus erbauen wollen. München, Strobl, 1791, gr. 8°, 1 Teil, 397 S, 2 Mk.

—Kenntniß u. Liebe des Schöpfers aus der Betrachtung der Geschöpfe. gr. 8. Münch. 786. Neue Aufl. 821. Lentner. 9 gr (Alle übrig. Ausg. sind Nachdrücke.)

— — dasselbe. 8. Münst. Aschendorff. 796.

—Kirchweihpredigten, aus dessen hinterlass. Schriften gesammelt u. herausgg. (von ...). 8. Münch. 821. Lentner. 10 gr

— Leben Cajus Weiler m. d. Bildniß. gr. 8. München, Lentner. 803.

—Moraltheologie od. theolog. Moral zum Gebr. sr. Vorlesungen, 1r Thl., 2r Thl. (von J. Thanner). gr. 8. Münch. 800 u. 803. Lentner. 1 ℔ 20 gr

—über Kantische Philosophie. 1s Hft. A. u. d. T.: Versuch e. solchen faßl. Darstell. der Kantischen Philosophie, daß das Brauchbare u. Wichtige derselb. f. die Welt einleuchten möge. 1s Hft. 6 gr 2s—12s fortges. v. Ign. Thanner. 8. Münch. 794—805. Lindauer. Alle 12 Hefte 2 ℔ 12 gr

—Predigten u. Homilien auf alle Sonn- u. Festtage des Jahres. (Nach des Verf. Tode hrsgg. v. Caj. Weiller). 2 Bde. 8. Münch. 805. Lentner. 2 ℔ 4 gr — 2r Jahrg. 2 Thle. 8. Ebd. 812. 2 ℔ 4 gr

— Predigten u. Homilien auf alle Sonn- u. Festtage des Jahr. 2 Bde. 8. Ebend. 805.

Mutschelle, Seb., vermischte Predigten, welche an verschied. Festtagen u. bei verschied. Veranlassungen gehalten wurden. (Nach des Verfass. Tode herausgg.) 8. Münch. 815. Lentner. 1 ℔ 4 gr

Mutschelle, Seb., d. heil. Schr. d. N. Testam. 2 Thle. gr. 8. Münch. Strobl. (Fleischmann.) 789. 90. M hlr

—vermischte Schriften, oder philosoph. Gedanken u. Abhandll. 4 Bdchen. (3s Bdchen. 2e Aufl. 827.) 8. Münch. 799, 800. Lindauer. 2 ℔

— vermischte Schriften. 3s Bdchen. 2e Aufl. 8. München 827, Lindauer.

— s. Testament, das neue.

—der Transcendental-Idealismus, in sr. 3fachen Steigerung, od. Kant's, Fichte's, Schelling's philosoph. Ansichten, nebst d. Verf. Ansicht u. Beurtheilung. 8. Münch. 805. Lindauer. 1 ℔ 4 gr

— kurze Uebersicht des Unterrichts, wie man gut und glücklich werden könne. 8. Linz, Akademie. 815.

—Uebersicht d. Unterrichts; wie man gut u. glückselig werden könne. 8. Luzern, Anich. 2 gr

—Unterredungen e. Vaters mit seinen Söhnen über Religion. 8. Münch. 791. 2e Aufl. 793. 3e A. 796. 4e A. 803. Lindauer. 8 gr — Ins Französ. übers. (von Karl Graf v. Rechberg), entrétiens d'un père etc. 8. Münch. 798. Ebd. 12 gr Schrbp. 16 gr

Mutschelle, Lebr., Unterred. eines Vaters mit seinen Söhnen, über d. ersten Grundwahrh. d. Religion. 8. München, Lindauer. 802.

— Unterred. e. Vaters m. s. Söhnen üb. Relig. 8. Münch. Lindauer. 803.

Mutschelle, (S.,) Unterredungen e. Vaters mit seinen Söhnen üb. die ersten Grundwahrheiten d. christl. Religion. 4e Aufl. 8. München 822, Lindauer.

—christkathol. Unterricht, wie man gut u. glückselig werden kann. 8. Freising. 792. 2e A. Münch. 792. N. A. 806. Lentner. 2 gr

Seb. **Mutschelle**'s Vers. e. fassl. Darstell. d. Kant. Philos., nach d. Tode d. Vfrs. (v. 2n Hft. an) fortges. v. e. Freunde dess. *Münch.*, Lindauer. 799-805. 12 Hfte. 8° 3 ℔

Mutschelle, S. Versuch einer solchen, fasslichen Darstellung der Kantischen Philosophie, dass hieraus das Brauchbare ... einleuchten möge ... München 1801-5. V (Heft 2-5): *Thanner, Frdr. Ign.* (Jes)

— Vers. e. solchen faßl. Darstell. d. Kantisch. Philosophie, daß d. Brauchb. u. Wicht. ders. f. d. Welt einleucht. möge. 12 Hefte. 8. Ebend. 805. (1s 6 gr. 2s 3s 12 gr. 4s 5s 14 gr. 6s–12s 1 Rthlr. 4 gr.)

—Was soll die Schule für die Welt seyn? e. Rede. 8. Münch. 799. Lindauer. 1 gr

Mutschlechner, Berta, der Führer zum Glück in Haus u. Familie. Hrsg. von der St. Josef-Bücherbruderschaft in Klagenfurt. (287 S. m. Abb.) 8. Klagenfurt 904. Buch- u. Kunsth. des St. Josef-Vereines. — 75; geb. n. 1. 25

— heimatlos. Blind, s.: Volksschriften, Münchener. Nr. 18.

Mutschler, Pfarrer, Untersuchungen über das Hausiergewerbe im Amtsbezirke Eberbach (Grossh. Baden). Schriften d. Vereins f. Sozialpol., Bd. 81. gr. 8°. Leipzig 1899.

Mutschler, *Ernst* Emil [app. Arzt]: Uber einen Fall von hysterischer Amblyopie mit centralem Skotom und Convergenzkrampf ... Leipzig, Druck v. E. Freter, *1896;* 34 S., 1 Bl. 8.
Leipzig, Med. Fak., Inaug.-Diss. v. 22. Jan. 1896

Mutschler, Karl, appr. Arzt a. Kempten: Ueber einen Fall primärer Lymphdrüsentuberkulose beim Erwachsenen. München 1905: C. Wolf. (20 S.) 8°
München, Med. Fak., Ref. v. Bauer, Diss. v. 15. Dez. 1905
[Geb. 17. Juli 78 Kempten; Wohnort: Kempten; Staatsangeh.: Bayern; Vorbildung: Luitpold-Gymn. München Reife Juli 98; Studium: München 5, Kiel 1, München 6 S.; Coll. 15. Dez. 05; Approb. 31. Okt. 05.]

Mutschmann, Heinr., a phonology of the North-Eastern Scotch dialect on an historical basis, s. a. Studien, Bonner, zur englischen Philologie. I.

Mutschmann, Heinrich: A Phonology of the North-Eastern Scotch Dialect. P. 1. The Middle Scotch vowels in the North-Eastern Scotch Dialect. Bonn: Hanstein 1909. x, 33 S. 8° ¶(Ersch. vollst. als· Bonner Studien z. Engl. Philol. H. 1.)
Bonn, Phil. Diss. v. 10. Marz 1909, Ref. Bulbring
[Geb. 18. Febr. 85 Essen a. R., Wohnort. Bitburg, Staatsangeh.. Preußen; Vorbildung. Oberrealsch. Essen a. R Reife O. 04, Studium: Bonn 2, Liverpool 2, Göttingen 1, Bonn 1 S., Rig. 22. Juli 08.] [U 09. 416

Mutschmann, Herm., s.a. Divisiones quae vulgo dicuntur Aristoteleae.

Mutschmann, Hermannus, Rhenanus· De divisionibus, quae vulgo dicuntur Aristoteleis. Lipsiae 1906· B. G. Teubner. (42 S.) 8° ¶(Praefatio editionis divisionum Aristot. quae in aedibus Teubneri prod.)
Kiel, Phil. Fak, Ref. Wendland, Diss. v 6. Aug 1906
[Geb 21 Okt. 82 Essen Wohnort Essen Staatsangeh Preußen. Vorbildung Gymn. Essen Reife O. 02; Studium Bonn 2, Kiel 1, Berlin 1, Kiel 3 S.; Rig 3 Febr 06.]

Muttenthaler, A[nton]. Erinnerung an den historischen Festzug zur Feyer des 700 jährigen Jubiläums der Gründung der Stadt München lithogr von A Muttenthaler München Max Ravizza [1858] Tit 14 Taf in kol Lithogr 2°

Muttenthaler, Tony, neue Bilder für Kinder mit Liedern von Frdr. Güll. 4. (56 S. m. eingedr. Holzschn.) München 849, Braun & Schneider. 1/3 ℛ

MUTTER, Die, oder das glückliche Elend. Eine Geschichte (aus d. Engl.?). 2 Bde. („Speciosa Miracula!" HOR.) Leipzig, bey M. G. Weidmanns Erb. u. Reich. 1762. 8° (In Stuttgart.) (3 Mk. Jos. Baer & Co., Frankfurt a. M., 1894.) I Tit., 190 S. (Buch 1—2). II: Tit., 178 S (Buch 3—5). Der 2. Theil trägt die Bezeichnung „Zweeter" Band" — Zahm.

— die, od. das glückl. Elend. 2 Bde. 8. Leipz. 768. Weidmann. 16 gl.

Mutter, die,. Lustsp. nach Genlis, von Gotter. 8. Wien, Kurzbock. 783.

— die,. Schausp. von Gotter. 8. Leipz. Dyk. 790.

Mutter, Die, oder sie kann nicht wählen; Schauspiel in einem Akt. Oldenburg 1791. V: *Cordes, Joh. Frdr.* (Ky) (MGT)

Mutter, die, oder sie kann nicht wählen. Schspl. (v. Jh. Fr. Cordes). 8. Oldenburg 792. (Hamb., Campe). 4 gl.

— die, oder sie kann nicht wählen. Schausp. 8. Oldenburg, Hoffmann in Hamburg. 792.

Mutter, die, eine allgem. faßl., natürl. Darstellung alles, sowohl auf d. Erzielung e. glückl. Entbindung, als auch auf d. erste Pflege d. Neugebornen einwirk. Verhältnisse; nebst e. Berichtigung d. gewöhnlich in Bezug auf diesen Gegenstand herrschenden volksthüml. Irrthümer. Zur Belehr. f. junge Mütter. N. d. Engl. v. Geo. Preyß. gr. 12 (7½ B. u. 1 Tab.) Wien 839, [Braumüller u. Seidel.]

Mutter, eine. Erzählung für kathol. Familien. gr. 12. (129 S.) Aachen 855, Cremersche Buchh. *—

Mutter!, Die. Weihe der Liebe, dem Andenken des Wiegenfestes der Mutter nach hundert Jahren gewidmet von den dankbaren Kindern, Enkeln und Urenkeln. Darmstadt, den 6. Dezember 1856. V: *Maurer, Georg Philipp.* (Herman Haupt, Hessische Biographien. Darmstadt 1918. I, 13)

Mutter, eine. Erzählung für katholische Familien. 2. Aufl. Aachen 860. Cremer 12. (129 S.) 12½ ngr.

Mutter Eine M' Eine wahre Geschichte. Basel s.a. [Zeller, Samuel]

Mutter, eine. Eine wahre Geschichte. 3. Aufl Basel 870. Spittler. 8. (20 S.) n. ⅔ ngr.

Mutter, eine. Eine wahre Geschichte. 6. Auflage. Kl. 8°, 23 S. Basel, C. F. Spittler. 1882. — 5

Mutter, eine. Eine wahre Geschichte. 7. u. 8. Aufl. 12. (24 S.) Basel 891. 892. Jaeger & Kober. n. — 4

Mutter, e. Eine wahre Geschichte. 8.—11. Aufl. 8. (24, 16, 16 u. 16 S.) Basel 892. 95. 96. Kober. à n. — 04

Mutter, eine. Eine wahre Geschichte. 13. Aufl. 8. (16 S.) Basel 900. Kober. n. — 03

Mutter, Eine. Der Mutter Gedenkbuch. Ein Buch für wichtige Aufzeichnungen aus dem Familienleben, mit Sprüchen und Aussprüchen für jeden Tag. Bern 1904. V: *Mühlberg-Sutermeister, Emmy.* (BBullschw 3, S. 573)

— eine. Eine wahre Geschichte. 14 u. 15. Aufl. (16 S.) kl. 8. Basel 904. 906. Kober. n. — 04

Mutter, die Zeitschrift f. Verbreitung anerkannter Gesundheits-, Erziehungs- u. Rechtslehren. Begründet unter Mitwirkg. v. R. Wehmer u. hrsg. v. Frau Olga Gebauer. Verantwortlich: Julie Gebauer. 3. u. 4. Jahrg. 1905 u. 1906 à 12 Nrn. (VIII, 288 u. VIII, 278 S. m. Abbildgn.) gr. 8. Berlin, E. Staude. à Jhrg. n. 3. —

Mutter, die. Zeitschrift f. Verbreitg. anerkannter Gesundheits- u. Erziehungslehren. Begründet unter Mitwirkg. v. R. Wehmer u. hrsg. v. Frau Olga Gebauer. Verantwortlich: Julie Gebauer. 5.—8. Jahrg. 1907—1910. à 12 Nrn. (à Jahrg. VIII, 280 S.) gr. 8. Berlin, E. Staude. à Jahrg. 3. —

Die Mutter. Monatsblatt (3 ff.: Monatsschrift) für kath. Frauen. (8, 2 ff.: . . . Verbandszeitung christl. Müttervereine.) (Red.: O[tto] Müller.) Jg. [1]. 1910-14. 1923 [Mehr nicht ersch.] — M. Gladbach: Müller (1911, 5 ff.: Verl. der Westdt. Arbeiterzeitung) 1910-23. 4°

Mutter, Amme u. Kind, in 2 Bde. v. Verf. v. Sophiens Reisen. 8. Berl. Voß. 809. (1r 2 Thlr. 8 gr. 2r 2 Thlr. 12 gr.)

Mutter, Amme und Kind in der Geschichte Leopold Kerkers . . . Berlin 1809. 2. Aufl. 1811. V: *Hermes, Johann Timoth. von.* (MGT) (Ky)

Mutter, Amme u. Kind, in d. Geschichte Herrn Leopold Kerker, (v. Verf. v. Sophien's Reisen.) Neue wohlf. Ausg. 2 Bde. 8. Berl. Voß. 811.

Mutter, Die, nach der Anweisung der Natur . . . a. d. Franz. . . . Frankfurt u. Leipzig [Nürnberg] 1774. V: *Deleurye, Franç. Ange.* Ü: *Scheuber, Johann.* (ML)

Mutter, die, nach d. Anweis. d. Natur; nebst Abhandll. über die Kinderkrankheiten; aus d. Französ. 8. Nürnb. 774. Felssecker. 9 ℊℊ

Die Christliche Mutter Jahrgang 1 32 no 8, Jan 1897 Aug. 1928
Roman Catholic monthly Sub-title Eine katholische Monatsschrift für häusliche Erziehung. Organ der Erzbruderschaft christlicher Mütter in Amerika. Quarto, each issue 16 pages. Edited & published by Joseph Schaefer
New York, NY

— die christliche. Halbmonatschrift zur Belehrg., Erbaug. u. Unterhaltg. Red. v. Frz. Keller. Mit d. Jugend-Beilage „Glöcklein". 1. Jahrg. 1910. 24 Hefte. (IV, 764 S. m. Abb.) Lex.8. Münster, Alphonsus-Buchh. 3.—

Mutter, Daciens, und ihr Sohn, in eliseischen Gefilden; a. d. Franz. O. O. 1790. Ü: *Reck, Johann Jacob Chn v.* (MGT)

Mutter, Du, was läuft der Herr Gendarm so? Schliessend: Werdet alle Socialdemokraten! 8°. Berlin, Verlag der Exped. d. „Vorwärts", s. a.

Mutter, Die ehrwürdige, Maria von der Vorsehung. (Eugenie Smet.) Ihr Leben und ihr Wirken für die armen Seelen im Fegfeuer. 8. (XV, 290 S.) Innsbruck. Rauch 1894. —.80

Mutter, Die eifersüchtige. Lustspiel. Weimar 1778. V: *Einsiedel, Frdr. Hildebrand von.* (Ky)

— die eifersüchtige. Lstspl. (v. F. H. v. Einsiedel). 8. Weimar 778. Hoffmann. 4 ℊℊ

Mutter Erde. E. Wochenschrift. Technik, Reisen u. nützl. Naturbetrachtgn. in Haus u. Familie. 1. Jahrg. Oktbr. 1898—Septbr. 1899. 52 Hfte. (à ca. 20 S. m. Abb.) hoch 4. Berlin, W. Spemann. à — 30

Mutter Erde. Eine Wochenschrift. Technik, Reisen u. nützl. Naturbetrachtg. in Haus u. Familie. 2. Jahrg. Oktbr. 1899—Septbr. 1900. à 52 Hfte. hoch 4. (à ca. 20 S. m. Abb.) Berlin. Stuttgart, W. Spemann. à Hft. —30
Erscheint nicht mehr.

— die erzählende, im Kreise ihrer Kinder, nebst des Marquis v. Marnezia moral. Erzählung: die glückl. Familie. (N. Ausg.) 8. Halle 829. Reinecke u. C. 14 ℊℊ

—— Anna's Erzählungen für kleine Kinder, s. Anna, Mutter.

Mutter Anna's Erzählungen für kleine Kinder. Neue Ausg. Mit (15 lith. u.) illum. Bildern von H. Werner. Berlin (857.) Gaertner. 4. (2 Bl., 42 S.) 1 ℛ.

— die exemplarische, s. Villars, Madame.

Mutter, Die exemplarische, oder Briefwechsel derselben mit ihrer Familie . . . A. d. Engl. [des Villars]. Leipzig 1769. Ü: *Zollikofer, Georg Joachim.* (Ky)

— die exemplarische; aus d. Engl. (v. G. J. Zollikofer). 2 Thle. 8. Leipz. 769. Weidmann. 14 ℊℊ

Mutter Fluch, der. Eine Erzählung für Eltern u. Kinder vom Verf. der stummen Waise. Mit einem Vorwort begleitet von einem kathol. Geistlichen. Mit 1 Stahlst. 8. Ulm 844. Seitz. 1/3 ℛ

— der, Gedenkbuch. Ein Buch f. wichtige Aufzeichngn. aus dem Familienleben, m. Sprüchen u. Aussprüchen f. jeden Tag, gesammelt von e. Mutter. (370 S.) gr. 8. Bern 904. [E. Sutermeister.] Lyß, A. Wenger-Kocher. Geb. in Leinw. n. 4.—

— **Gottes,** die, von Loreto, oder die lauretanische Litanei mit Erklärungen, frommen Erwägungen u. Gebeten. Nach d. Latein. eines Priesters der Gesellschaft Jesu bearb., mit einem Gebetbüchlein u. einer Geschichte des heil. Hauses verm. von einem Priester der Diöcese Paderborn. 12. (IV u. 164 S. m. 1 Lith.) Paderborn 852, Schöningh. n. 1/6 ℛ

— Gottes, die, von Loreto oder die lauretanische Litanei, mit 54 fein gravirten (lith.) Abbild. für alle Jene, welche die Ehre Maria's zu fördern gemeint sind. Auch als Mai-Andacht zu gebrauchen. Mit einem Anh. von Morgen-, Abend- u. Meß-Gebeten ꝛc. Glatz 867. (Hirschberg's Buchh.) gr. 8. (220 S.) n. 1 ℛ 10 ngr.

— Gottes v. Maria-Zell, wunderthätige, bitte f. uns! Innige u. kräft. Gebete in verschiedenen Anliegen f. die Wallfahrt zum Gnadenbilde in Maria-Zell. gr. 16. (67 S. m. Titelbild.) Wien 894. St. Norbertus. n. —20

Mutter. – Die gute Mutter, s.a. Brügger, Ruth

Die | gute Mutter. | Eine landliche Familiengeschichte. | Niedersächsische Gesellschaft | zur Verbreitung | christlicher Erbauungsschriften. | Hamburg. | Zu haben in der Buch- und Papier-Handlung dieser Gesell- | schaft, Bohnenstraße No. 6; bei J. G. Ortlepp, Kraien- | kamp, Platz No. 26; bei der evangelischen Gesellschaft | in Stuttgart; bei L. A. Schober in Herford und bei | H. Nahrmann in Osnabrück. (= *No.* 2).
Kol.: Gedruckt bei Pontt & von Döhren.
o. J. 24 S., 160 × 100.
Priv.-Bes.

Mutter, Die gute; ein Schauspiel . . . O. O. 1777. V: *Rupp, Victoria geb. Raudnitzky.* (Ky) (MGT)

Mutter, Die gute, auf das Geburtsfest der Herzogin Franziska von Würtemberg. O. O. 1790. V: *Schubart, Christian Friedrich Daniel.* (GGr)

Mutter, Die gute. Eine comische Oper in zwey Aufzügen. [Aufgeführt 10./V. 1795.] Wien 1795. V: *Alxinger, Joh. Bapt. von.* (Karl Bulling: Johann Baptist Alxinger. Leipzig 1914. S. 125) (Hdschr. Mitth. von Gustav Gugitz, Wien) (BiblPort)

— die gute. Neues ABC- u. Lesebuch. Mit 16 col. Bildern. 8. Neu-Ruppin 845, Kühn. (Leipzig, Thomas.) geb. 5/12 ₰

Mutter, Die gute. Einfache Anleitung zur Kinderpflege. Herausgegeben vom Wöchnerinnen-Unterstützungsverein Langenau. Langenau [1905]. V: *Brügger, Ruth.* (BBullschw 5, S. 163)

Mutter, der, Heimkehr. Ein Gedicht mit 7 farb. und 11 schwarzen Illustr. kl. 4. (18 S.) Leipzig 890. Meißner & Buch. cart. n. 1.—

— die, nach dem Herzen Gottes od. die Pflichten der christl. Mutter gegen ihre Kinder. Von e. Missionär Unserer Lieben Frau v. La Salette. Autoris. Uebersetzg. v. J. Klenk. 8. (VIII, 440 S.) Mainz 872. Kirchheim. 2. 60

— Irmentraud, 2 Thle, s. J. A. Gleich, Gemälde f. Liebende.

Mutter, Eine, im Irrenhause! Beitrag zur Sittengeschichte unserer Zeit. Bremen 1851. V: *Ebeling, Adolph Heinrich.* (schr)

Mutter, eine, im Irrenhause. Beitrag zur Sittengeschichte unserer Zeit. 12. (VI u. 150 S.) Bremen 851 (Hamburg, Meißner & Schirges.) 12 ngl.

Mütter, Die Jungfräulichen, in der Geschichte. Berlin 1894. V: *Schnellenbach, Edward.* (Berl 1904, S. 1147)

— und Kind. Ein Büchlein für Mütter und Kinder. 2. Aufl. gr. 12. Halle 842, Lippert. n. 1/6 ₰

Mutter und Kind. Ein Gedicht ... Berlin 1854. V: *Breithaupt, Adolphine.* (Verz. d. Büchersamml. d. Friedr.-Wilh.-Inst. Berl. 1890.) (Ky)

—— und Kind. Ein Gedicht von einem Arzte. (Breithaupt.) 12. (XIV und 256 S.) Berlin 854, Kühn.

— u. Kind. Wie man heikle Gegenstände m. Kindern behandeln kann. Nellie schrieb's holländisch, J. Grimm hat es verdeutscht. (42 S.) 12. Gießen 904. A. Töpelmann. Geb. n. — 75

— — Illustrierte Halbmonatsschrift für Kinderpflege, Erziehung u. Frauenhygiene. Unter Mitarbeiterschaft hervorragender Kinder- u. Frauenärzte u. Pädagogen. Chefred.: Emil Marcus. Red.: Heinr. Bandler. 1. bis 3. Jahrg. Oktbr. 1904—Septbr. 1907. à 24 Nrn. (à ca. 16 S.) Lex.-8. Wien, R. Coën. à Jhrg. n. 8.—

— u. Kind. Dieses prakt., volkstümlich geschriebene Büchelchen soll den Müttern bei der Pflege ihrer Kinder, speziell im ersten Lebensjahre, e. treuer Berater sein in gesunden u. kranken Tagen. (Von K. F. J. Süss.) (32 S.) kl. 8. Leipzig (Gellertstr. 7/9) (907). Jul. Süss jun. — 25

— — 12 photograph. Kunstblätter aus der Kronprinzessin-Stiftg. der Ausstellg. in Breslau 1906. Hrsg. vom dtschn. Photographen-Verein 1907. (13 Bl. m. 1 Bl. Text.) 51,5 × 40 cm. Steglitz-Berlin (907). Neue Photograph. Gesellschaft. nn 18.—

Mutter und Kind. Wie man heikle Gegenstände mit Kindern behandeln kann. Mit e. Vorwort von Georg Sticker. 5.—10. Tausend. Giessen [1909]. V: *Nellie, N. van Kol.* (Berlzu 1924, II, 1224)

— — Wie man heikle Gegenstände m. Kindern behandeln kann. Mit e. Vorworte v. Geo. Sticker. 5.—10. Taus. (44 S.) kl. 8. Gießen, A. Töpelmann. Kart. — 90

—— die, u. ihr Kind. Schönstes Bilderbuch f. die Kleinen. 8. (1 B. u. 12 ill. Bild.) Wesel 845, Bagel.

Mutter, die, unter ihren Kinder, oder wie Mama ihren Kindern schöne Märchen u. Geschichten erzählt, hübsche Liedchen lehrt u. sie zu schönen Spielen anleitet. Hunderte von kleinen Geschichtchen, Märchen, Fabeln rc. Mit (7 lith.) bunten Bildern, gez. von J. B. Sonderland. Mülheim a. R. 868. Bagel. Lex.-8. (VII, 176 S.) cart. 1 ₰

—— Herring's Küchlein, Bilder aus dem Londoner Straßenleben. kl. 8. (183 S.) Kassel 885, Röttger's Buchh. geb. ℳ 1.50. und

Mutter, Die lehrende, Buchstabir- und Lese-Buch für gute Kinder. Berl. 1831. V: *Jaekel, Ernst Glob.* (NN) (Ky)

— die lehrende, Buchstabir- u. Lese-Buch f. gute Kinder, (von E. Jankel). Mit 41 illum. Kpf. 8. Berl. 831. Hasselberg. 8 K

Mutter Gottes, die liebe, im Himmel, s.: Broschüren-Cyclus.

Mutter Liese. Ein Friedenszweig in stürmischer Zeit. Zwölf Briefe einer Mutter an ihre Tochter. Frankfurt a. M. 864 (Sauerländer's Verlag.) 8. (70 S.) n. 12½ ngr.

—— Liese. Ein Friedenszweig in stürmischer Zeit. 12 Briefe einer Mutter an ihre Tochter. 8. (70 S.) Frankfurt a. M. 867, (Sauerländer's Verlag.) * –

Mutter, Die, der Machabäer, ein Trauerspiel. Köln 1710. V: *Aler, Paul.* (Jes)

Mutter, die, der Makkabäer, Tragödie in 4 Akten von F. L. Z. Werner. gr. 8. Wien, Wallishauser. 820. Rthlr.

— der Mann m. dem Coaks ist da! Neuester Berliner Couplet-Scherz. Nach der Melodie d. „Gasparone-Walzer" zu singen. 3. Aufl. gr. 8. (7 S.) Berlin 886. Lassar. n. — 60

Mütter berühmter Männer, s. Arndt, F.

— meine. (2. Moses 20, 12.) 2. Aufl. 12. (22 S.) Basel 898. (Missionsbuchh.) n. — 15

— meine. (2. Moses 20, 12.) 3. Aufl. (16 S.) kl. 8. Basel 906. (Basler Missionsbuchh.) nn — 08

Mutter, Meine, hat's gewollt. Schauspsiel in 5 Akten. Berlin 1868. V: *Girndt, Otto.* (Grethlein, Allg. dtsch. Theaterkat.) (Franz Brümmer, Ver. d. dtschn. Dichter d. XIX. Jhdtes. 6. Aufl. Leipz. 1913. II, 373) (Hdschr. Mitth. von Friedrich Müller, München)

Mutter Ich
Meine Mutter und ich. Von der Verf. von John Halifax". 1876
s.a Mulock, Dinah Maria [Verf]

Mutter, Meine, und ich. A. d. Engl. von Anna Wunn ... Leipzig 1876. V: *Craik, Dinah Mary geb. Mulock.* (RUSSELL II/1, S. 135)

Mutter, meine, und ich. Von der Verf. von „John Halifax". Aus dem Engl. von Anna Wünn. Autoris. Ausg. 8. (325 S.) [Leipzig 876, C. J. Günther.] Berlin, Nicolai'sche Buchh. *

Mutter, Die neue, der Anmuth. Ein Gedicht ... Bayreuth 1799. V: *Wich, Isaac Friedrich.* (FIKER) (MGT)

Mutter, Die, schied. Ode auf den Tod Marien Theresiens. Prag 1780. V: *Cornova, Ignaz.* (GGR IV/111, Nr. 19/6; IV³/201, Nr. 21/7; VI/724, Nr. 8/4) (BIBLPORT)

Mutter, die Schmerzensreiche, nach Carlo Dolce's Orig.-Gem. in Cöln. In Stahl gestochen von H. Pinhas. Mit poet. Text nach J. H. von Wessenberg. gr. 4. Stuttgart 839. Scheible's Buchh. In Mappe n. 5 ...

Schmerzhafte Mutter Gottes, bitte für uns! Gebete für die Wallfahrt | zum Gnadenbild der | schmerzhaften Mutter Gottes in Heiligenbronn, O. A. Oberndorf (Württbg.). | Mit kirchlicher Gutheißung | Münster. | Druck und Verlag der Theissingschen Buchhandlung.
o. J. (Imprimatur 1890), 48 S., 122 × 85.
Diöz.-B. Rottenburg

Mutter u. Sohn. Bröneles letzte Grüße, s.: Goldkörner.

— die sorgfältige, f. sich und ihre Kinder. 8. Leipzig, J. C. W. Vogel. 735.

Mutter. Die sorgsame Mutter. (Ein unentbehrliches Heftchen für das Haus.) Nr. 1. (Oktober 1903. [Illustriert. Hrg. von] Scott & Bowne, Ltd., Chiasso.) IV + 16 S. 8.

— Annens Spinnstube. Blätter zur Unterhaltung u. Belehrung im Familienkreise, für den Bürger u. Landmann. Unter Mitwirkung mehrerer Volksschriftsteller herausgeg. v. Otto Ruppius. 1. Bd. 1.—4. Heft. 16. Langensalza 844. (Schulbuchhdlg. d. Th. L.-V.) à 1/8 ...

Mutter und Tochter. — Das Geburtstagsgeschenk. — Die Unvorsichtigkeit. — Das Geheimniss des Muthes — Die Grossmuth. Fünf Erzählungen für die Jugend. Aus dem Französischen übersetzt. 3. Aufl. *Wien* 1858. *A. Pichler's Wtw. & S.* 141 S. 1 Bl., 16°. Mit 1 Bilde.

Mutter u. Tochter. — Das Geburtstagsgeschenk. — Die Unvorsichtigkeit. — Das Geheimniß des Muthes — Die Großmuth. Fünf Erzählungen f. d. Jugend. A. d. Franz. übersetzt. 4. verb. Aufl. 8. (144 S.) Wien, Pichler 1860. 36 kr.

—— die unbefleckte. Kranz der Marienfeste, eine Festgabe für jungfräuliche Herzen. Zum Gedächtniß der feierl. Verkündigung der kathol. Lehre von der unbefleckten Empfängniß der allerseligsten Jungfrau Maria von J. v. E. Nebst einem vollständigen Gebetbuche. 8. (III und 456 S.) Düsseldorf 855, Kampmann. *

(Vignette: *Steinkreuz*, 38 × 40) | Die ungeheure Mutter | gegen | ihre eigenen Kinder, die sie dem Hungertode preisgab. | Dieselbe wurde zum Tode verurtheilt und am 12. Mai 1859 in Stuhlwei- | ßenburg, Königreich Ungarn, hingerichtet.
Kol.: Mülhausen, gedruckt bei J. P. Risler u. Comp.
o. J. (1867!), 1 Bl. zweiseitig bedruckt, 275 × 220.
BNP 4° Z. 77.

Mutter, Unsere; ein Lebensbild. 2. Aufl. Bielefeld 1880. V: *Krummacher, Maria.* (ZUWZÜR 12, 1908, II, S. 107)

Mutter, unsere. Ein Lebensbild v. M. K. 3., unveränd. Aufl. 8. (VII, 207 S.) Bielefeld 880. Velhagen & Klasing. n. 3. —; geb. n. 4. —

— unsere. Ein Lebensbild v. M. K. 5. Aufl. 8. (VII, 207 S.) Bielefeld 884. Velhagen & Klasing. geb. n. 4. —

Mutter, Die vertraute. Lustspiel. Bresslau 1748. V: *Uhlig, A. G.* (BRESL 31, S. 156)

Mutter, Die, der Waisen, oder der Erbräuber. Eine Erzählungen ... Von dem Verf. der Glocke der Andacht. Reutlingen 1844. V: *Nebel, Wilhelm Michael.* (Zeitschr. f. Büch. N. F. 15, 1923, S. 117)

—— die, der Waisen, od. der Erbräuber. Eine Erzählung f. die reifere Jugend. Von d. Verf. der Glocke der Andacht. gr. 12. (10½ B. u. 1 Stahlst.) Reutlingen 844, Fleischhauer u. Spohn.

Mutter, e., welche ihr Vertrauen auf den lebendigen Gott setzte. Eine wahre Geschichte. 11. Aufl. 8. (16 S.) Stuttgart 883. Buchh. der Evangel. Gesellschaft. n. — 4

Mutter! wo bleibt das Geld? Antwort durch d. speciellen Nachweis des sparsamsten Haushaltungs-Etats. Ein Neujahrsgeschenk für Alle, Reiche und Arme, Verheirathete und Unverheirathete. 12. Cöln 841. Gaul u. Tonger. 1/8 ...

Mutter! wo bleibt das Geld? Antwort durch den speziellsten Nachweis des sparsamsten Haushaltungs-Etats. Ein Neujahrsgeschenk. 16. Köln 841. (Leipzig, Volet.) 1/8 ...

— der, letzte Worte. Von der Verf. von „Amy Herbert", „Ein Blick in die Welt" rc. Aus dem Engl. Hamburg 867. W. Oncken. 8. (32 S.) 3 ngr.

Mutter, Die würdige. A. d. Franz. nach dem Ritter von Nerciat ... Dresden 1790. V: *Brühl, Alois Friedrich Graf von.* (BRMM)

— die wurdige. 8. Dresden 790. Walther. 8 gl.

Mütter, die, für sich u. ihr. Kinder sorgfält. 2 Thle. 8. Schweidn. 782. 83.

Mütter, Die, oder: Wie soll man denn euch Mädchen ziehen. Ein Originallustspiel in Prosa von fünf Aufzügen. Wien 1773. V: *Weidmann, Paul.* (Jahrb. d. Grillp.-Ges. XIII.)

Mütter, die; oder: wie soll man euch Mädchen erziehen? Lustsp. in 5 Aufz. von Weidmann. 8. Wien, Wallishausser.

Mütter, die beyden, od. die Verläumdung, von d. Frau v. Genlis, aus d. Franz. von Madame Bernard, geb. Gad. 3 Thle. gr. 8. 800—2. (à 1 Thlr.)

Mutter-Angst u. Sieges-Glanz, od. Wilhelm, d. tapfere Held. Rührende Erzählungen f. d. gebild. Jugend. gr. 12. (6 B. u. Titlbld.) Wien 843, Grund.
Aus: Der Jugendfreund ꝛc. besond. abgedruckt.

Mütterblatt, das, oder das Tagewerk der Mutter im Geiste der Menschenbildung; in theoretischen, meistens aber praktischen Anweisungen bestehend, wie Mütter ihre Kinder vom ersten Lebenstage an bis in's 6te Jahr entfalten, üben und bilden sollen. Eine Zeitschrift von J. G. Tobler. (1r Bd. oder Jahrg. 1833. 8 Hefte.) gr. 12. St. Gallen 833. (Büreau des Freimütigen.) $1^2/_3$ ₰

Mütterblatt, das, od. d. Tagewerk d. Mutter im Geiste d. Menschenbildung; in theoret., meistens aber prakt. Anweisn. besteh., wie Mütter ihre Kinder vom erst. Lebenstage an bis in's 6. Jahr entfalten, üben u. bilden sollen. Eine Zeitschr. v. J. G. Tobler. (1. Bd. od. Jahrg. 1833. 8 Hfte.) gr. 12. St. Gallen, (Wartmann u. Scheitlin.)

Kath. Aktion Österreichs. **Mütterbrief.** Das 3. Lebensjahr. — (Wien: Kath. Frauenbewegung [1961].) 15 S. kl. 8°

Für's **Mütterchen**. Spandau: Expedition 1888-1900. 8°

Mütterchen, das graue, od. die Hungerhöhle in der Briel; e. romant. Erzählung, m. K. 8. Leipz. Joachim. 803.

Mutterer, Berthold, Medizinalpraktikant a. Staufen i. B.: Aus der Prosektur des städt. Krankenhauses r. d. Isar in München. Prosektor Privatdoz. Dr. Oberndorfer. Ueber Darmstarre bei Peritonealcarcinose. München 1906: C. Wolf & Sohn. (18 S.) 8°
München, Med. Fak., Ref. v. Bollinger, Diss. v. 10. Dez. 1906
[Geb. 20. Dez. 79 Staufen i. B.; Wohnort: Wasenbrück b. Wien: Staatsangeh.: Baden; Vorbildung: Gymn. Freiburg i. B. Reife Juli 98; Studium: Freiburg i. B. 7, Würzburg 1, München 4 S.; Coll. 10. Dez. 06; Approb. 15. Nov. 06.]

Müttererziehung durch Frauenarbeit, s. Caritas-Schriften. 20. Heft.

Müttererziehung durch Frauenarbeit. 12 Vorträge. Hrsg. v. Verein kath. deutscher Lehrerinnen. — Freiburg i. B.: Caritasverband f. d. kath. Deutschland 1910. VIII, 226 S. 8° (Caritas-Schriften. H. 20.)

Mutter-Fluch, der. Eine Erzählung f. Eltern u. Kinder v. Verf. der stummen Waise. M. e. Vorw. begleit. v. e. kathol. Geistlichen. 8. ($8^1/_4$ B. u. 1 Stahlst.) Ulm 844. [Ebner, Müller's Buchh.]

Mutterglück, Das seltene, eine wahrhafte Familiengeschichte. Gera 1790. V: *Thienemann, Hnr. Glieb.* (ML)

Muttergottesbild, Das. 3. Aufl. Regensburg o. J. V: *Löcherer, Joseph.* (Russell IX, 621)

Muttergottesbild, das, oder d. Himmelsstadt. 3 Bdchen. 8. Erf. (u. Gotha) 802. Hennings. 3 ₰ Hbg. Pr. 2 ₰

Muttergottesbild, das, od. die Himmelsstadt. 3 Bde. 8. Erfurt, Hennings. 803.

Muttergottesbild, das wunderbare, zu Rimini. Nach authent. Nachrichten. Nebst einer wahrhaften Abbildung des Gnadenbildes. 16. (8 S. und 1 Stnt.) Aachen 850, Cremersche Buchh.

Muttergottesbuch. Sammlung v. Gebeten u. Andachten zu Ehren der allerseligsten Jungfrau Maria. Der Liturgie der hl. Kirche u. den Schriften der Väter u. Heiligen entnommen v. e. Mitgliede d. Kapuzinerordens. 12. (467 S. m. 1 Stahlst.) Dülmen 892. A. Laumann. 1 50

Muttergottes-Büchlein. Wien 1827. H: *Gräffer, Franz.* (WBL)

Muttergottes-Büchlein. Betrachtungen des sel. Alphons Liguori, auf die freuden- u. schmerzenreichen Feste der seligsten Jungfrau Mariä. Nebst e. Anhange ꝛc. gr. 12. ($9^1/_2$ B.) Innsbruck 845, Wagner'sche Buchh.

Muttergottes-Büchlein. Andachtsübungen in Gebeten und Litaneien nebst Meßgebeten zu Ehren der heiligsten Jungfrau Maria, und Unterricht von der Verehrung der allerheiligsten Gottes-Mutter und Himmelskönigin. 2. Aufl. 12. (24 S.) Dülmen 849. (Coesfeld, Wittneven, Sohn.)

Mutter-Gottes-Büchlein f. kathol. Christen, das ist: 1) Originalbildniß d. allerheil. Jungfrau Maria; 2) Lebensbeschreib. der glorreichst. Gottesmutter, mit Stellen aus berühmt. Kirchenvätern. Ein Gedenk- u. Betrachtungs-Büchelchen f. alle Verehrer der Himmelskönigin, von Fr. v. P. G. 16. Wien 828. (Mayer). 5 gl.

Mutter-Gottesbüchlein für kathol. Christen, d. i.: I. Originalbildniß der allerheiligsten Jungfrau Maria, wie solches der Apostel Lucas während ihres Aufenthalts in Jerusalem gemahlt hat, mit authent. Nachrichten von diesem merkwürdigen Gemälde. II. Lebensbeschreibung der glorreichsten Gottes-Mutter mit Stellen aus berühmten Kirchenvätern. 2e Aufl. 12. Wien 837 Mayer u. Comp. 5 gl.

Mutter-Gottes-Jahr, das, oder Züge aus dem Leben Mariä und ihrer Diener, mit Betrachtungen, Denksprüchen und Gebeten auf alle Tage des Jahres. Nach dem Lateinischen eines Priesters der Gesellschaft Jesu übers. u. bearb. Nebst einer Zugabe der Gebete für den regelmäßigen Gottesdienst. Aachen 861 Hensen. 12. (VI, 515 S.) 18 ngr.

Mutterhaus, Das, der Frauen vom guten Hirten in Angers. Ulm 1857 V: *Lander, Ph. B.* (Kat. d. ständ. Bibl. Stuttg. 1907. S. 339.) (Ky)

Mutterhaus, das, der Frauen vom guten Hirten in Angers. Reisenotizen von P Ph. B. L. (Lander.) Ulm 857 (Fr. Ebner.) 12. (40 S.) 6 ngr.

Mutterhaus, das, für Kinderpflege zu Nonnenweier bei Dinglingen im Großherzogth. Baden [früher in Leutesheim, dann in Langenwinkel,] in seinem 25jährigen Bestehen 1869. Ein kurzer geschichtl. Ueberblick, zunächst für die Schwestern u. Freunde desselben. Karlsruhe. (Barmen 869. Klein.) 16. (32 S.) n. 4 ngr.

— das, für Kinderpflege zu Nonnenweier bei Lahr, das J. 1868—1869 umfassend, u. die Festfeier des 25jähr. Bestehens der Anstalt am 6. Juli 1869 beschreibend. Barmen. Klein in Comm gr 8. (34 S.) n. 6 ngr.

Mutterhaus, Das, der Grossen National-Mutter-Loge »zu den drei Weltkugeln« im O. Berlin. Berlin 1888. V: *Schlichting, Jul.* (SJL)

Mutterherz, das, od. bleibe im Lande u. nähre dich redlich. Eine Erzählung f. d. Jugend v. Verf. „des Glockenbuben." 8. (8 B. u. 1 Stahlst.) Augsburg 844, v. Jenisch u. Stage'sche Buchh.

Mutterherz, das, in der deutschen Dichtung. Eine Festgabe für Mütter. Von Ernst Fischer. 16. (IX und 155 S. mit einem Stahlst.) Leipzig 853, Brandstetter.

Mutterherz, das, in der deutschen Dichtung. Eine Festgabe für Mütter Von Ernst Fischer. 3. Ausg. 16. (IX und 155 S. mit 1 Stahlst.) Leipzig 861, Brandstetter.

Mutterkind, e. Bilderb. z. leichtern Besänftig. d. schreienden Kleinen, m. K. 12. Leipz. P. F. Vogel.

Mutterkind, ein Bilderbuch. 12. Leipzig. Jetzt Hartmann in Riga.

Mutterkind, das, e. Bilderbuch zur leichtern Besänftigung d. schreienden Kleinen. Mit 16 illum. Kpf. 12. Leipz. ... Mit Jahrz. 819. (Serig). 14 gl.

Mutterkirche, die. Ein Friedenswort an unsere katholischen Mitchristen. Mit zwei offenen Briefen als Beilage. Frankfurt a. M. 854. Brönner. 12. (56 S.) 6 ngr.

Mutterkorn, Das. Berlin 1890. V: *Wüthrich, Ernst.* (BSchwLk V, a b)

Mutterland
v. Sursee'r Anzeiger.

Mutterlehren, der Fr. Hofr. H. — an ihre 16jährige Tochter. 8. Erfurt, Keyser. 782.

Mutterliebe s.a Christblumen. 10 Bdchn.

Mutterliebe, s.a Schillings Bücher des Rauhen Hauses.

Mutterliebe. Ein Geschenk für brave Kinder. 4. (11 ill. Stnt. mit Text.) Stuttgart 856, (Gebr. Scheitlin.)

Mutter-Liebe. Ein Gebet- u. Lehrbuch f. christl. Mütter. Mit e. Unterricht üb. den christl. Mütterverein. 12. (VII, 550 S. m. eingedr. Abbildgn. u. 1 Stahlst.) Regensb. 890, Pustet. * 1 —
geb. in Leinw. * 1 50; in Ldr. * 2 40

Mutter-Liebe. Ein Gebet- u. Lehrbuch f. christl. Mütter. Mit e. Unterricht üb. den christl. Mütterverein. Von e. Priester d. Kapuziner-Ordens. 2. Aufl. gr. 16. (VII, 564 S. m. 1 Bild.) Regensburg 893. F. Pustet. n. 1. —; geb. in Leinw. n. 1. 50; in Ldr. m. Goldschn. n. 2. 40

Mutter-Liebe. Ein Gebet- u. Lehrbuch f. christl. Mütter. Mit e. Unterricht üb. d. christl. Mütterverein. Von e. Priester d. Kapuziner-Ordens. 4., unveränd. Aufl. 12. (VII, 576 S. m. 1 Stahlst.) Regensburg 897. F. Pustet. n. 1. —; geb. in Leinw. n. 1. 50; in Ldr. m. Goldschn. n. 2. 40; in Chagrin m. Goldschn n. 3. 20

— Ein Gebet- u. Lehrbuch f. christl. Mütter. Mit e. Unterricht üb. den christl. Mütterverein. Von e. Priester des Kapuziner-Ordens. 6., verb. Aufl. 12. (VII, 572 S. m. 1 Stahlst.) Regensburg 902. F. Pustet. 1. —; geb. in Leinw. n. 1. 50; in Ldr. m. Goldschn. n. 2. 40

Mutterliebe. Ein Gebet- u. Lehrbuch f. christl. Mütter. Mit e. Unterricht üb. den christl. Mutterverein. Von e. Priester des Kapuziner-Ordens. 8. Aufl. (VII, 590 S. m. Titelbild.) kl. 8. Regensburg 907. F. Pustet. 1.—;
geb. in Leinw. 1.50; in Leder m. Goldschn. 2. 40

Mutter-Liebe oder Pflichten und Fehler in der Erziehung ... Innsbruck [1907]. V: *Bärnreither, Franziska C.* (MARGR)

Mutterliebe | bändigt | des Löwen Grimm. | Ein | wahrhaftes Muster mütterlicher Liebe. | Höchst interessante und wahrhafte Begebenheit. | Verlag von | Louis Henneberg in Salzhemmendorf.
Kol.: Druck von Gustav Jacob in Hannover.
o. J., 8 S., 184 × 110.
LBO Bänkelsängerlit. III, 109.
Der gleiche Text erschien noch einmal in »Oldenburg. | Druck von Büttner & Winter.« (ebenda III, 107 und Jahrmarktslit. R. c. 3, 99).

Mutterliebe | bändigt des Löwen Grimm. | Ein wahrhaftes | Muster mütterlicher Liebe. | Höchst interessante und | wahrhafte Begebenheit des Jahres 1860. | Eigenthum von Florenz Harder. | Druck von J. F. Rohr in Vegesack.
o. J. (1865?), 8 S., 180 × 113.
LBO Bänkelsängerlit. III, 108

Mutterliebe | ist ohne Grenzen . Sie furchtet nicht des Lowen | Wuth aus Liebe zu ihrem Kinde. | Erst dieses Jahr geschehen | Oldenburg Druck von Buttner & Winter
o J., 4 Bl. n. n., 165 × 110.
LBO Bänkelsängerlit I, 42
Inhalt mit dem der Nr 679 identisch

Die Mutterliebe ist ohne Grenzen, oder | merkwurdig grausenhafte Begebenheit, | die sich kürzlich | in der Schweiz im Canton Bern | zugetragen hat. | *(Text).*
Kol : Verlag der Frau Löhrig in Nordhausen. | Druck von N A Ordemann in Bremen.
o J., 4 Bl n. n., 187 × 112
LBO Bänkelsängerlit I, 41
Inhalt nicht identisch mit dem der folgenden Nummer

—— die, der heil. römisch-katholischen Kirche. Oder: Sammlung von Gebeten und guten Werken, auf deren Verrichtung die römischen Päpste den Gläubigen heilige Ablässe verliehen haben. Uebers. aus dem Italien. nach der 11. röm. Orig.-Ausg., verm. durch fast alle neuern Ablaß-Dekrete und versehen mit den gewöhnlichsten Andachtsübungen 2c. von Domin. Mettenleiter. 1. Aufl. (454 S.) 1852. und 2., verm. und verb. Aufl. 8. (477 S.) Regensburg 853, Manz.

Muttermal und Wasserzeichen. Novelle. [Leipzig 1844.] V: *Schmieder, Carl Chph.* (GGr)

Muttermilde. Lustsp. in 3 Akten, von Hell. 8. Leipz. Hinrichs. 810.

Mutterpferd, das,. Lustsp. in 2 Akten, von K. Ch. Engel. 8. Berlin, Maurer. 799.

Mutterpflichten, die ersten. Ein ärztl. Rathgeber für Mütter, welche gesunde und kräftige Kinder aufzuziehen wünschen. Oder: von der Behandlung der Kinder in dem ersten Kindesalter, hinsichtlich der Ernährung, der Reinlichkeit und der Bekleidung, und ferner Beschreibung von 34 Kinder-Krankheiten, wie solchen vorzubeugen und wie dieselben zu behandeln und zu heilen sind. Aus dem Englischen übersetzt. Neue (Titel-)Aufl. 8. (VI, 88 S.) Quedlinburg 873, Ernst'sche Buchh. *
Vgl.: Ammon, F. A. v.

Mutterpläne d. Pion. u. Eisenbahn-Materials. o. O. u. J. 2°

Mutter's Sorgenkind. Eine wahre Geschichte. Von A. R. (71 S.) kl. 8. Breklum 909. Christl. Buchh. — 15

Mutterschule, Die; Lustspiel. A. d. Franz. O. O. 1753. Ü: *Eckhof, Conrad.* (Ky)

Mutterschule, die; Lstspl. Aus d. Französ. (v. Konrad Eckhof). 8. ... 753. ..., s. auch: Er hat sie alle zum Besten.

„Mutterschutz". Zeitschrift f. Reform der sexuellen Ethik. (Publikations-Organ des „Bundes f. Mutterschutz".) Hrsg. v. Helene Stöcker. 1. Jahrg. 1905/1906. 12 Hefte. (VIII, 506 S.) gr. 8. Frankfurt a/M., J. D. Sauerländer. n. 6. —

— dasselbe. 2. Jahrg. April—Dezbr. 1906. 9 Hefte. (VIII, 385 S.) 8. Ebd. n. 4. 50

„Mutterschutz". Zeitschrift zur Reform der sexuellen Ethik. (Publikations-Organ des „Bundes f. Mutterschutz".) Hrsg. u. Schriftleitg. v. Helene Stoecker. 3. Jahrg. 1907. 12 Hefte. (à ca. 48 S.) 8. Frankfurt a/M., J. D. Sauerländer. 6. —
Fortsetzg., s.: Generation, die neue.

— dasselbe neue Folge, s.: Sexual-Probleme.

Muttersegen, der, od.: Die neue Fanchon. Drama in 5 Aufz. m. Gesang. Nach d. Französ. des la Grace de Dieu frei bearb. v. Fr. Bartels. 8. (11 B.) Nordhausen 844, Fürst. —

Muttersgleich, Heinr., Reduction der Arznei-Taxe zur oesterreich. Pharmacopöe vom J. 1855 in oesterreich. Währung nebst e. Anh. der Taxe für Armen- u. Findlings-Ordinations-Norm. Wien 858. Seidel. Lex.-8. (2 Bl., 40 S.) n. 10 ngr.

Muttersöhnchen, od. Begebenheiten des Hrn. v. B., eines niedersächs. Edelmanns, von ihm selbst beschrieben. 8. Hamburg. 755.

Muttersöhnchen, das: Lstspl. 8. Liegnitz 756. Siegert. 2 gr.

— das, oder der Hofmeister. Lstspl. 8. Berl. 780. Sander. 8 gr.

Muttersöhnchen, Das, oder Junker Fritz. Lustspiel. A. d. Franz. Berl. 1780. Ü: *Bode, Joh. Joach. Chph.* (Ky)

— das, oder Junker Fritz. Lstspl. Aus d. Französ. (v. J. J. Cph. Bode). gr. 8. Berl. 780. Sander. 3 gr.

— das; oder Junker Fritz. Lustsp. gr. 8. Ebend. 785.

Muttersöhnchen, Das. Ein Lustspiel in 5 Aufzügen. Aus dem russischen Original, betitelt: Nedorost von einer Gesellschaft Freunde übers. Leipz. u. Wien 1787. V: *Wisin, Denis Iwanowitsch.* (Zeitschr. f. Büch. N. F. 15, 1923, S. 117)

— das; Lstspl. in 5 Aufz. Aus d. Russischen, betit.: „Nedorosli." 8. Wien 787. (Gräffer). 8 gr.

Muttersöhnchen, Das, auf der Galeere. Nach dem Ital. des Goldoni. Lustspiel in drei Aufz. Salzburg 1778. V: *Giesecke (Metzler), Carl Ldw. von.* (GGr) (Ky)

Muttersöhnchen, Das, auf der Galeere. Leipzig 1783. V: *Wattenberg, Jacob.* Ü: *Reichel, Chn. Hch.* (Hdschr. Mitth. von Prof. Dr. Paul Jürgensen, Rostock, 17. VII. 1926) S. a. III, 5662.

Muttersöhnchen, das, auf d. Galeere, (v. Chr. Hnr. Reichel). 2 Thle. 8. Leipz. 783. (Aue in Altona). 1 Thlr 4 gr

— das, auf der Galeere, a. d. Schwed. 2 Thle. 8. Leipz. Jacobäer. 783.

— das, auf d. Galeere. Lstspl. nach Goldoni (v. J. G. K. Giesecke). 8. Salzburg 787. Mayr. 4 gr

Muttersöhnchen, Die lustigen. [Leipzig] 1764. V: *Kritzinger, Frdr. Adolph.* (BGE)

— das verwöhnte, od. Polydors ganz besonderer lustiger Lebenslauf. 8. Frankf. 728.

Muttersorgen und Mutterfreuden. Worte der Liebe und des Ernstes über Kindheitspflege. Von einer Mutter. Mit einer Vorrede von Diesterweg. 2 Bde. 8. (XXII und 220 S., XII und 232 S.) Hamburg 849—51, Hoffmann und Campe. à Bd. 1 Thlr.

Muttersprache, die, s. Berthelt, Aug.

Muttersprache, die. Lesebuch f. mehrklassige Volksschulen in 8 Abtheilgn. Hrsg. v. Berthelt, Petermann, Thomas u. Baron, Junghanns, Schindler 2—4. Schuljahr. gr. 8. Leipzig 876. Klinkhardt. n. 1. 70
2. (XXIV, 120 S.) n. — 50. — 3. (VI, 154 S.) n. — 60. — 4. (VIII, 167 S.) n. — 60.
Das 1. Schuljahr erscheint später.

— dasselbe. Für Mittelklassen. gr. 8. (VIII, 248 S.) Ebend. 876. n. — 90

Muttersprache, die. Hrsg. von Berthelt, Petermann, Thomas u. Baron, Junghanns u. Schindler. Ausgabe A. 8 Tle. gr. 8. Leipzig 878—82. Klinkhardt. n. 5. 5; geb. n. 7. 38

1. Fibel. Ausg. A. nach der Normalwörtermethode bearbeitet. 4. Aufl. (100 S. m. eingedr. Holzschn.) n. — 35; geb. n. — 53; Ausg. B. nach der gemischten Schreiblesemethode bearbeitet. 6. Aufl. (100 S. m. eingedr. Holzschn.) n. — 35; geb. n. — 53
2. 6. Aufl. (XXIV, 120 S.) n. — 50; geb. n. — 80
3. 5. Aufl. (VI, 154 S.) n. — 60; geb. n. — 90
4. 4. Aufl. (VIII, 167 S.) n. — 60; geb. n. — 90
5. 3. Aufl. (VIII, 196 S.) n. — 60; geb. n. — 90
6. 4. Aufl. (VIII, 192 S.) n. — 64; geb. n. — 90
7. 4. Aufl. (VIII, 208 S.) n. — 70; geb. n. 1. —
8. 3. Aufl. (X, 310 S.) n. 1. 10; geb. n. 1. 45

Vom 5. u. 6. Bde. ist auch eine Bearbeitung für katholische Schulen u. vom 8. Bd. eine Ausgabe für Norddeutschland zu gleichen Preisen erschienen.

Muttersprache, die. Hrsg. von Berthelt, Petermann, Thomas u. Baron, Junghanns u. Schindler. Ausgabe B. 5 Tle. gr. 8. Leipzig 878—82. Klinkhardt. n. 3. 45; geb. n. 4. 93

1. Fibel wie bei Ausg. A.
2. 3. Aufl. (VII, 112 S.) n. — 40; geb. n. — 70
3. 2. Aufl. (VIII, 200 S.) n. — 60; geb. n. — 90
4. 2. Aufl. (VIII, 284 S.) n. 1. —; geb. n. 1. 35
5. 3. Aufl. (VIII, 320 S.) n. 1. 10; geb. n. 1. 45

Vom 4. u. 5. Bde. ist auch eine Bearbeitung für kathol. Schulen zu gleichem Preise erschienen.

— dasselbe. Ausgabe C. 3 Tle. gr. 8. Ebend. 878—82. n. 2. 45; geb. n. 3. 53

1. Fibel wie bei Ausg. A.
2. 6. Aufl. (VIII, 248 S.) n. — 80; geb. n. 1. 10
3. 6. Aufl. in 2 Abtlgn. (VIII. 432 S.) à n. — 65; geb. à n. — 95; in 1 Bd. n. 1. 30; geb. 1. 70

Vom 3. Bde. 2 Abtlgn. existirt auch eine Ausg. f. Norddeutschland zu gleichen Preisen

Muttersprache, die. Ausg. A. Lesebuch in 8 Tln. Hrsg. v. Berthelt, Petermann, Thomas u. Baron, Junghanns, Schindler. 1—5. u. 7. Tl. gr. 8. Leipzig 885. 86. Klinkhardt. n. 3. 35; geb. n. 5. 3

1. Fibel. Nach der Normalwörtermethode bearb. 9. Aufl. (100 S. m. Illustr.) n. — 35; geb. n. — 53
2. 9. Aufl. (XIV, 120 S.) n. — 50; geb. n. — 80
3. 7. Aufl. (VI, 154 S.) n. — 60; geb. n. — 90
4. 6. Aufl. (VIII, 167 S.) n. — 60; geb. n. — 90
5. 5. Aufl. (VIII, 196 S.) n. — 60; geb. n. — 90
7. 5. Aufl. (VIII, 208 S.) n. — 70; geb. n. 1. —

— dasselbe. Ausg. B. Lesebuch in 5 Tln. gr. 8. Ebend. 885. 86. n. 3. 45; geb. n. 4. 93

1. Fibel. Nach der gemischten Schreiblesemethode bearb. 12. Aufl. (100 S. m. Illustr.) n. — 35; geb. n. — 53
2. 5. Aufl. (VII, 112 S.) n. — 40; geb. n. — 70
3. 5. Aufl. (VIII, 200 S.) n. — 60; geb. n. — 90
4. 6. Aufl. (VIII, 188 S.) n. 1. —; geb. n. 1. 35
5. 5. Aufl. (VIII, 320 S.) n. 1. 10; geb. n. 1. 45

— dasselbe. Ausg. C. Lesebuch in 3 Tln. 2. Tl. u. 3. Tl. in 2 Abtlgn. gr. 8. Ebend. 886. n. 2. 10; geb. n. 3. —

2. 10. Aufl. (VIII, 248 S.) n. — 80; geb. n. 1. 10
3. I. Für Oberklassen. 1. Abtlg. 8. Aufl. (VIII, 208 S.) n. — 65; geb. n. — 95. — II. Dasselbe. 2. Abtlg. 7. Aufl. (VIII u. S. 209—432.) n. — 65; geb. n. — 95; beide Abtlgn. in 1 Bd. n. 1. 30; geb. n. 1. 70

Muttersprache, die. Ausg. A. Lesebuch in 8 Tln. Hrsg. v. Berthelt, Petermann, Thomas u. Baron, Junghanns, Schindler. gr. 8. Leipzig, Klinkhardt. n. 5. 5; geb. n.n. 7. 38

1. Fibel Nach der Normalwörtermethode bearb. 13. Aufl (100 S m Bildern) 890. n. — 35, geb. n.n. 53
2. 10. Aufl. (XXIV, 120 S.) 890. n. — 50, geb. n.n. — 80
3. 8 Aufl (VI, 54 S) 888. n. 60, geb. n.n. — 90
4. 8 Aufl. (VIII, 167 S.) 890. n. — 60; geb. n.n. 90
5. 8 Aufl (VIII 196 S) 890. n. — 60, geb n.n. — 90
6. 9 Aufl (VIII, 192 S) 890. n. 60; geb. n.n. — 90
7. 7 Aufl (VIII, 208 S.) 889. n. — 70; geb. n.n. 1.
8. 6. Aufl (X, 310 S) 890. n. 1. 10, geb. n.n. 1. 45

— dasselbe. Ausg. B. Lesebuch in 5 Tln. gr. 8. Ebd. n. 3. 45; geb. n.n. 4. 93

1. Fibel Nach der gemischten Schreiblesemethode bearb. 18. Aufl (100 S. m. Bildern) 890. n. — 35, geb. n.n. — 53
2. 8. Aufl (VII, 112 S) 890. n. — 40; geb. n.n. — 70
3. 8. Aufl (VIII, 200 S) 890. n. — 60; geb. n.n. — 90
4. 10 Aufl (VIII, 288 S.) 890. n. 1. —, geb. n.n. 1. 35
5. 7 Aufl. (VIII, 320 S) 889. n. 1. 10; geb. n.n. 1. 45

— dasselbe Ausg. C. Lesebuch in 3 Tln. 2. Tl. u. 3. Tl. in 2 Abtlgn. gr. 8. Ebd. n. 2. 10; geb. n.n. 3. —

2 Tl. 14. Aufl. (VIII, 248 S.) 890. n. — 80; geb. n.n. 1. 10
3 Tl. 1 Abtlg. 10. Aufl (VIII u. S. 1—208.) 888. n. 65; geb. n.n. — 95. — 2. Abtlg. 10. Aufl. (S. 209—432.) 888. n 65, geb. n.n. — 95. (Beide Abtlgn. in 1 Bd. n. 1. 30, geb n.n. 1 70)

Muttersprache, die. Lesebuch. Hrsg. v. Berthelt, Petermann, Thomas u. Baron, Junghanns, Schindler. Ausg. A in 8 Tln. gr. 8. Leipzig, J. Klinkhardt. n. 5. 5; geb. n.n. 7 38

1. Fibel. Nach der Normalwörtermethode bearb. 18. Aufl. (107 S. m. Bildern.) 894. n. — 35; geb. n.n. — 53
2. 13. Aufl. (VIII, 120 S.) 893. n. — 50; geb. n.n. — 80
3. 10. Aufl. (VI, 154 S.) 893. n. — 60; geb. n.n. — 90
4. 9. Aufl. (VIII, 167 S.) 893. n. — 60; geb. n.n. — 90
5. 10. Aufl. (VIII, 196 S.) 894. n. — 60; geb. n.n. — 90
6. 11. Aufl. (VIII, 192 S.) 894. n. — 60; geb. n.n. — 90
7. 9. Aufl. (VIII, 208 S.) 893. n. — 70; geb. n.n. 1. —
8. 7. Aufl. (X, 310 S.) 893. n. 1. 10; geb. n.n. 1. 45

— dasselbe. Ausg. B in 5 Tln. gr. 8. Ebd. n. 3. 45; geb. n.n. 4. 93

1. Fibel. Nach der gemischten Schreiblesemethode bearb. 26. Aufl. (104 S. m. Bildern.) 894. n. — 35; geb. n.n. — 53
2. 11. Aufl. (VII, 112 S.) 894. n. — 40; geb. n.n. — 70
3. 10. Aufl. (VIII, 200 S.) 893. n. — 60; geb. n.n. — 90
4. 11. Aufl. (VIII, 288 S.) 892. n. 1. —; geb. n.n. 1. 35
5. 9. Aufl. (VIII, 320 S.) 893. n. 1 10; geb. n.n. 1. 45

— dasselbe. Ausg. C in 3 Tln. 2. Tl. u. 3. Tl., 2 Abteilungen. gr. 8. Ebd. n. 2. 20; geb n.n. 3. 10

2. 17. Aufl. (VIII, 248 S.) 893. n. — 80; geb. n.n. 1. 10; 18. Aufl. Neu bearb. u. m. Abbildgn. versehen v. Baron, Junghans u. Schindler. (XII, 308 S.) 894 n. — 80; geb. n.n. 1. 10
3. Für Oberklassen. 1. Abtlg. 12. Aufl. (VIII, 208 S.) 892. n. — 65; geb. n.n. — 95. — 2. Abtlg. 12. Aufl. (VIII u. S. 209—432.) 892. n. — 65; geb. n.n. — 95; m. Anh. (36 S.) n. — 75; geb. n.n. 1. 5

— dasselbe. Ausg. C. 3. Tl. Neu bearb. u. m. Abbildgn. versehen v. Baron, Junghanns u. Schindler. 14. Aufl. gr. 8. (XIV, 464 S.) Ebd. 894. n. 1 30; geb. n.n. 1. 70; m. Anh. (36 S.) n. 1. 40; geb. n.n. 1. 80

— dasselbe. Anh., s.: Aus dem Vaterlande. — Reichenbach i. V., unsere Heimatsstadt.

Muttersprache, die. Lesebuch. Hrsg. v. Berthelt, Petermann, Thomas u. Baron, Junghanns, Schindler. Ausg. A. (In 8 Tln.) gr. 8. Leipzig, J. Klinkhardt. n. 5. 15; geb. n.n. 7. 25

1. Fibel. Nach d. Normalwörtermethode bearb. 21. Aufl. (112 S. m. Abb.) n. — 35; geb. n.n. — 50
2. 14. Aufl. (VIII, 120 S.) 895. n. — 50; geb. n.n. — 80
3. 13. Aufl. (VIII, 160 S.) 898. n. — 60; geb. n.n. — 80
4. 10. Aufl. (VIII, 167 u. 45 S.) 896. n. — 60; geb. n.n. — 90
5. 13. Aufl. (VIII, 224 S.) 898. n. — 65; geb. n.n. — 90
6. 14. Aufl. (VIII, 224 S.) 898. n. — 65; geb. n.n. — 90
7. 11. Aufl. (VIII, 240 S.) 897. n. — 70; geb. n.n. 1. —
8. 8. Aufl. (X, 310 S.) 896. n. 1. 10; geb n.n. 1. 45

— dasselbe. Ausg. B Lesebuch in 5 Tln. Neu bearb. u. m. Abbildgn. verseh. v. Baron, Junghanns u. Schindler. gr. 8. Ebd. 898. n. 3. 85; geb. n.n. 5. 05

1. Fibel. Nach d. gemischten Schreiblesemethode bearb. 35. Aufl. (116 S.) n. — 35; geb. n.n. — 50
2. 15. Aufl. (VIII, 152 S.) n. — 45; geb. n.n. — 70
3. 15. Aufl. (XII, 260 S.) n. — 75; geb. n.n. 1. —
4. 15. Aufl. (XII, 308 S.) n. 1. 10; geb. n.n. 1. 35
5. 12. Aufl. (XII, 404 S.) n. 1. 20; geb. n.n. 1. 50

Muttersprache, die. Ausg. C. Lesebuch in 3 Tln. Neu bearb. u. m. Abb. vers. v. Baron, Junghanns u. Schindler. 2. u. 3. Tl. gr. 8. Leipzig 898. J. Klinkhardt. n. 2. 35; geb. n.n. 2. 90

2. 24. Aufl. (XII, 308 S.) n. — 85; geb. n.n. 1. 10
3. 18. Aufl. (XVI, 464 u. 36 S.) n. 1. 50; geb. n.n. 1. 80

Muttersprache, die. Lesebuch. Hrsg. v. Berthelt, Petermann, Thomas u. Baron, Junghanns, Schindler. Ausg. A in 8 Tln. Neu bearb. u. m. Abbildgn. versehen v. Baron, Junghanns u. Schindler. gr. 8. Leipzig, J. Klinkhardt. Geb. n.n. 7. 20
I. Fibel. Nach der Normalwörtermethode bearb. 27. Aufl. (112 S. m. Abbildgn.) 900. n. — 35; geb. n.n. — 50
II. 17. Aufl. (VIII, 152 S.) 901. n.n. — 70
III. 15. Aufl. (VIII, 160 S.) 902. n.n. — 80
IV. 13. Aufl. (VIII, 224 S.) 901. n.n. — 90
V. 15. Aufl. (VIII, 224 S.) 902. n.n. — 90
VI. 16. Aufl. (VIII, 224 S.) 902. n.n. — 90
VII. 13. Aufl. (VIII, 240 S.) 901. n.n. 1. —
VIII. 10. Aufl. (XII, 348 S.) 899. n. 1. 20; geb. n.n. 1. 50

— dasselbe. Ausg. B. Lesebuch in 5 Tln. gr. 8. Ebd. Geb. n.n. 5. 10
I. Fibel. Nach d. gemischten Schreiblesemethode bearb. 47. Aufl. (116 S.) 902. n. — 35; geb. n.n. — 50
II. 18. Aufl. (VIII, 152 S.) 901. n.n. — 70
III. 19. Aufl. (XII, 260 S.) 902. n.n. 1. —
IV. 18. Aufl. (XII, 308 S.) 902. n.n. 1. 40
V. 14. Aufl. (XII, 404 S.) 901. n.n. 1. 50

— dasselbe. Ausg. C. Lesebuch in 3 Tln. II. u. III. Tl. gr. 8. Ebd. 902. Geb. n.n. 2. 90
II. 28. Aufl. (XII, 308 S.) n.n. 1. 10
III. 22. Aufl. (XVI, 464 u. 26 S.) n.n. 1. 80

— dasselbe. Neu bearb. u. m. Abbildgn. versehen v. Baron, Junghanns u. Schindler. Ausg. A. Lesebuch in 8 Tln. II—VIII. Tl. 8. Ebd. Geb. n.n. 6. 70
II. 19. Aufl. (VIII, 152 S.) 904. n.n. — 70
III. 17. Aufl. (VIII, 160 S.) 904. n.n. — 80
IV. 15. Aufl., m. Rücksicht auf die neue Rechtschreibung durchgesehen. (VIII, 224 S.) 904. n.n. — 90
V. 17. Aufl. (VIII, 224 S.) 905. n.n. — 90
VI. 17. Aufl., m. Rücksicht auf die neue Rechtschreibung durchgesehen. (VIII, 224 S.) 904. n.n. — 90
VII. 14. Aufl., m. Rücksicht auf die neue Rechtschreibung, durchgesehen. (VIII, 240 S.) 904. n.n. 1. —
VIII. 12. Aufl. (XII, 348 u. 16 S.) 904. n.n. 1. 50

Muttersprache, die. I. Tl. Fibel. Ausg. A. Nach der Normalwörtermethode bearb. v. Baron, Junghanns, Schindler. 33. Aufl. (112 S. m. Abbildgn.) 8. Leipzig 906. J. Klinkhardt. Geb. n.n. — 50

— dasselbe. Ausg. B. Lesebuch in 5 Tln. Neu bearb. u. m. Abbildgn. versehen v. Baron, Junghanns u. Schindler. II.—V. Tl. 8. Ebd. Geb. n.n. 4. 60
II. 22. Aufl. (VIII, 152 S.) 906. Geb. n.n. — 70
III. 22. Aufl. (XII, 260 S.) 905. Geb. n.n. 1. —
IV. 21. Aufl. (XII, 308 S.) 905. Geb. n.n. 1. 40
V. 16. Aufl. (XII, 404 u. 16 S.) 905. Geb. n.n. 1. 50

— dasselbe. Ausg. B. Nach der gemischten Schreiblesemethode neu bearb. v. Baron, Junghanns, Schindler. 56. Aufl. (116 S. m. Abb.) 8. Ebd. 906. Geb. n.n. — 50

— dasselbe. Ausg. C. II. u. III. Tl. gr. 8. Ebd. Geb. n n. 2. 90
II. 31. Aufl. (XII, 308 S.) 905. Geb. n n. 1. 10
III. 24. Aufl. (XVI. 464 u. 40 S.) 905. Geb. n.n. 1. 80

— dasselbe. Anh., s.: Baron, M., Th. Junghanns u. H. Schindler, Proben aus den Werken neuerer Dichter.

— dasselbe. Lesebuch f. Volksschulen. Neubearbeitung. Hrsg. vom Dresdner Lehrerverein. Ausg. A in 5 Tln. 8. Leipzig 906. J. Klinkhardt. Geb. n. 5. 25
I. (112 S. m. Abbildgn.) n. — 50
II. 2. Aufl. (VI, 154 S. m. Abbildgn.) n. — 70
III. 2. Aufl. (XI, 260 S. m. Abbildgn.) n. 1. 10
IV. 2. Aufl. (XII, 308 S. m. Abbildgn.) n. 1. 35
V. 2. Aufl. (XXII, 394 S. m. Abbildgn.) n. 1. 60

— dasselbe. Ausg. B in 3 Tln. 8. Ebd. 906. Geb. n. 3 65
I. (112 S. m. Abbildgn.) n. — 50
II. (320 S. m. Abbildgn.) n. 1 35
III. (XX, 500 S. m. Abbildgn.) n. 1 80

— dasselbe. Ausg. B in 5 Tln. II., III. u. V. Tl. 8. Ebd. Geb. nn 8. 20
II. 23. Aufl. (VIII, 152 S. m. Abb.) 908. Geb. nn — 70
III. 24. Aufl. (XII, 280 S. m. Abb.) 908. Geb. nn 1. —
V. 17. Aufl. (XII, 404 u. Anh. 16 S. m. Abb.) 908. Geb. nn 1. 50

Muttersprache, die. Lesebuch v. Baron, Junghanns u. Schindler. I. Tl.: Fibel. Ausg. A (nach der Normalwörtermethode). 38. Aufl. (112 S. m. Abb.) 8. Leipzig 910. J. Klinkhardt. Geb. nn — 50

— dasselbe. Ausg. B. Nach der gemischten Schreiblesemethode neu bearb. v. Baron, Junghanns, Schindler. 60. Aufl. (116 S. m. Abb.) 8. Ebd. 910. Geb. nn — 50

— dasselbe. Ausg. C in 3 Tln. II. u. III. Tl. 8. Ebd. Geb. nn 2. 90
II. 35. Aufl. (XII, 308 S. m. Abb.) 910. Geb. nn 1. 10
III. 27. Aufl. (XVI, 464 u. 40 S. m. Abb.) 910. Geb. 1. 80

— die. Lesebuch f. Volksschulen. Neubearbeitg. Hrsg. vom Dresdner Lehrerverein. Ausg. A in 5 Tln. 8. Ebd. Geb. 5.25
I. 8. Aufl. (114 S. m. Abb.) 910. Geb. — 50
II. 9. Aufl. (VI, 154 S. m. Abb.) 910. Geb. — 70
III. 10. Aufl. (XI, 280 S.) 910. Geb. 1. 10
IV. 8. Aufl. (XII, 308 S. m. Abb.) 910. Geb. 1. 35
V. 7 Aufl. (XXII, 324 S.) 910. Geb. 1. 60

— dasselbe. Ausg. B in 3 Tln. II. Tl. 2. Aufl. (320 S. m. Abb.) 8. Ebd. 908. Geb. 1. 35

Jahres Bericht über die Egerer k. k. Kreis-Hauptschule 1854. 8. (54 S.) Eger. Druck von Kobrtsch und Gschihay. 1854.
Inhalt: Die Religion in den Volksschulen. — Die Muttersprache in der Volksschule. — Schulnachrichten.

Mutterstadt, Fritz v., Expektorationen, s. Expektorationen.

Mutterstadt, Fritz v., der Herr, leidend u. verklärt. Ein bibl. Epos. gr. 16. (316 S.) Heidelberg 879. C. Winter. n. 5. —; geb. m. Goldschn. n. 6 —

Muttertreue; ein häusl. Gemälde des 16ten Jahrh. von F. Müller, m. K. 16. Leipz. Schiegg.

Mutterwort, Ein. Worte einer Mutter an ihre Tochter. A. d. Norw. Leipzig 186? 1864. V: *Gislesen, Henriette.* (Pettersen, Anon. og Pseudonymer. Kristiania 890.)

Mutterwort, ein. Worte einer Mutter an ihre Tochter. Nach der 8. Aufl. aus dem Norweg. übertragen von Julie Ruhkopf. 2. Aufl. 16. (III und 62 S.) Leipzig 864, Friese.

Mutterwort, ein. Worte e. Mutter an ihre Tochter. Aus dem Norweg. übertr. v. Julie Ruhkopf. 3. Aufl. Mit e. Geleitwort v. Hölscher. 16. (71 S. m Titelbild.) Bremen 895. M. Heinsius Nachf. 1. —; geb. in Leinw. m. Goldschn. 2. —

Mutter-Worte an erwachsene Töchter v. einer württ. Pfarrfrau. Mit Umschlag. 3. Aufl. In-8°, 16 S. Basel, Spittler. 1893. — 10

Mutthaei: Einige Hauptmomente aus der Lehre von der harmonischen Theilung. 8 S. u. Fgt. – Liegnitz G. Progr. 1859

Muttray, Johann August (Memel), De cruribus fractis gypso liquefacto curandis. Diss. chir. Berlin (A. Petsch) 28. IX. 1831. 29 S. mit Biogr., 1 Taf. (3.—) 24438
Oppon.: Schmalz, Gescheldt, Motherby. — Gew.: J. F. Dieffenbach.

Muttray, Rich. (geb. Marggrabowa in Ostpr. 2. 4. 1850) Totalexstirpation des Uterus. Berlin (1880). (31 S.) 8°
Berlin, Med. Diss. v. 20. Nov. 1880

Müttrich, A., Beobachtungen der Erdboden-Temperatur auf den forstl meteorol Stationen in Preussen, Braunschweig und Elsass Lothringen. (Separ Abdr aus d. Festschr z. 50jahr Jubelf d. Forstakad. Eberswalde Berlin 1880.

Müttrich, A., sieh Beobachtungs-Ergebnisse der forstlich-meteorol. Stationen 1875—79, Jahresbericht über die Beobachtungs-Ergebnisse 1880—85.

Eberswalde, Forst-Akademie (Müttrich, A., Dr), Beobachtungs-Ergebnisse der von den forstlichen Versuchsanstalten des Königreichs Preussen etc. eingerichteten forstlich-meteorologischen Stationen
12 Jahrg. 1886, 15., 16. u. 17 Jahrg. 1889, 90 u. 91 Berlin.

Müttrich, A., Dr Beobachtungs Ergebnisse der von den forstlichen Versuchsanstalten des Königreichs Preussen p. p. eingerichteten forstlich-meteorologischen Stationen. 18 Jahrg., 1892 Berlin.

MÜTTRICH, A.: Bericht über die Untersuchung der Einwirkung des Waldes auf die Menge der Niederschläge. - Neudamm 1903. 28 S., m. Kt.

Müttrich, A., s.a. Jahresbericht über die Beobachtungs-Ergebnisse der im Königreich Preussen u. in den Reichslanden eingerichteten forstlich-meteorologischen Stationen.

MÜTTRICH, A. (Hrsg.): Jahresbericht über die Beobachtungs-Ergebnisse der von den forstlichen Versuchsanstalten des Königreichs Preussen, des Herzogthums Braunschweig, der Reichslande und dem Landesdirectorium der Provinz Hannover eingerichteten forstlich-meteorologischen Stationen. - Berlin 1875-1897. Jg. 1-28

— Ueber Spät- und Frühfröste (Sonder-Abdr aus der „Zeitschrift für Forst- und Jagdwesen", Jahrg. XXX, 1898, Heft 4.)

Müttrich, Emil, u. Conr **Friedländer,** Merkbüchlein zum Gerätheturnen für Vorturner höherer Lehranstalten. Elbing 867 Meißner 16 (VI, 83 S.) 5 ngr.

Müttrich, Emil, u. Konr. **Friedländer,** Merkbüchlein zum Gerätheturnen f. Vorturner höherer Lehranstalten In 2. Aufl. durchgeseh. u. verb. v. Emil Müttrich. 32 (96 S.) Elbing 871. Meissner. n. — 50

Müttrich, J. A. Ueber math. Aufgaben-Sammlungen, ein Sendschreiben an die Lehrer der Mathematik an den höhern Schulanstalten in Deutschland. 8 S. . . . .
Progr. Königsberg A. 1841

Müttrich, J. A. Beitrag zur Lehre von den Schwingungen der Flächen. 8 S.
Königsberg, A., Progr. 1837

Müttrich, J. A. Ueber d. Naturwiss. als Lehrgegenst. in d. Schule. 8 S. .
Progr. Königsberg A. 1829

Müttrich, J. A., Sammlung stereometrischer Aufgaben, zusammengestellt aus seinen Diarien und aus den Arbeiten seiner Schüler von H. v. Behr. 8. (IV und 60 S.) Königsberg 861, Bon's Verlag.

Müttrich, J. A., Sammlung stereometrischer Aufgaben, zusammengestellt aus seinen Diarien u. aus den Arbeiten seiner Schüler von H. v. Behr. 2. (Titel-)Aufl. Königsberg (862)69. Bon's Verlag. 8. (IV, 60 S.) 10 ngr.

Muettrich, T. A., Quid valeat temperatura ad variandos constantes opticos Tartari natronati. Dissertatio inauguralis physica. gr. 8. (32 S. mit 1 Stnt.) Königsberg 863, (Akademische Buchh. von Schubert und Seidel.) *

Mutualité. La Mᵗ Scolaire. Manuel pratique pour la fondation et l'organisation des Mutualités scolaires en Suisse. Publié par le Groupe d'action sociale Le Sillon de Fribourg. 64 p. 8. Fribourg, «Le Sillon», 1904. fr. —. 80
p. 50—62: La Mutualité scolaire («La Jeunesse Prévoyante») à Fribourg, Rapport *etc.*

Mutz, wach' uf! Brief vo Christe Frymueth a's Bärner Volch: Isch's Bärner Regiment 935,000 Fränkli wärth? gr. 8. (32 S.) Zürich 877. Franz & Co. n. — 50

Mutz, Frz. Xav., christliche Aszetik, s.a. Handbibliothek, wissenschaftliche. I, 27.

Christliche Aszetik. Mit besond. Berücks. d. priesterl. Lebens. Von Dr Franz Xaver **Mutz,** Regens. Paderborn F Schöningh 1907. (XII, 560 S.) 8° [F.]
= **Handbibliothek,** Wissenschaftliche. Reihe 1, 27 [08. 7705

Christliche Aszetik Von Dr Franz Xaver **Mutz** 2., verm u. verb Aufl. Paderborn Schöningh 1910. XIII, 570 S. 8°
(Wissenschaftliche Handbibliothek. Reihe 1, 27.) [10. 4750

— Paulus u. Johannes als Pastorallehrer. Vorträge üb. die Briefe an Timotheus u. die Briefe an die 7 Engel in der geheimen Offenbarg (VIII, 264 S.) 8. Paderborn 910. F. Schöningh. 2.40

Mutz, Frz. Xav., die Schmähschrift „In Coena Domini u. Messe. Von Wilh. Joos." Beleuchtet. 8. (44 S.) Freiburg i/Br. 884. Herder. n. — 20

MUTZ, SEBASTIAN S. P. Betrachtungen eines reuenden Sünders über die sieben Buß-Psalmen Davids. Pest 1759. Gedr. bey Frantz Anton Eitzenberger 8 f. 378 S. - 160 mm

(MUTZ), SEBASTIANUS A S. ERNESTO S. P. Lob- und Ehren-Rede Deß Löbl. Kayserl Königlichen General Feld-Marschall Lieutenant-Graf-Czerninischen Cuirassier-Regiments, welche Bey der zu Parthfeld den 4. May 1751 Solenniter gehaltenen Estandart-Weyhung von Patre Sebastiano (Mutz) a Sancto Ernesto Ordinis Schol. Piarum hochgedachten Löbl. Regiments Capellano abgeleget worden Caschau 1751 Academ Buchdruck. Soc. Jesu. 14 f. - 190 mm

MUTZ, SEBASTIAN S. P. Trauer-Rede. / Welche / in Gegenwart einer Hoch-Adelichen Versammlung / Bey / Der kläglichen Leich-Begängnuß / Ihro / Excellenz / Des Hoch- und Wohlgebohrnen Hochwürdigsten Herrn / Herrn Francisci Xaverii / Grafen / Klobusiczky / Von / Zétény, / Aus Gottes Gnaden Erzbischofs von Colocsa / und Batsch, der Löblicher Batscher Gespannschaft Ober-Gespann, / Beyder Kayserl. und Königlichen Apostolischen Majestäten / Wurcklicher Geheimen Rath, / und der Hoch-Löblichen / Septem-Viral-Tafel Ersteren Beysitzers, / in der Haupt-Kirchen zu Colocsa / gehalten worden, den 19. May, / Anno 1760. Von Sebastiano Mutz, a Sancto Ernesto regulirten / Priester der frommen Schulen. / Pest. / Gedruckt bey Frantz Anton Eitzenberger, Ertz-Bischöflich- und / Burgerlichen Buchdrucker. 1760. 32 S. - 2°

Mutzbauer Karl Der homerische Gebrauch der Partikel μέν
I. Einleitung und aus Kapitel I καὶ μέν und ἀτὰρ μέν 23 S
Progr. Fr W G Cöln 1884.

Mutzbauer, Carl Der homerische Gebrauch der Partikeln *MEN*
II Cap. I Fortsetzung ἦ μέν, μὴ μέν, ἤτοι μέν 4 (35 S.).
Progr Friedrich-Wilhelms-G *Köln* 1886 (395)

Mutzbauer, Carl, der homerische Gebrauch der Partikel *μέν*. I. u. II. 4. (23 u. 35 S.) Köln 884 u. 86. (Berlin, Mayer & Müller.) n. 2. —; II. Tl. ap. n. 1. —

Mutzbauer, Carl, die Grundbedeutung des Konjunktiv u. Optativ u. ihre Entwicklg. im Griechischen. Ein Beitrag zur histor. Syntax der griech. Sprache. (X, 262 S.) gr. 8. Leipzig 908. B. G. Teubner. 8. —; geb. 9. —

Mutzbauer, Carl, die Grundlagen der griechischen Tempuslehre u. der homerische Tempusgebrauch. Ein Beitrag zur histor. Syntax der griech. Sprache. gr. 8. (VIII, 402 S.) Strassburg 893. K. J. Trübner, Verl. n. 15. —

— Die Grundlagen der griechischen Tempuslehre u. der homerische Tempusgebrauch. Ein Beitrag zur histor. Syntax der griech. Sprache. 2. (Schluss-)Bd. (XIV, 324 S.) gr. 8. Strassburg 909. K. J. Trübner. 9. —
Bd. 1. Ebd. 893. 15. —

Mutzbacher, Carl, Grundriss f. den Unterricht in der deutschen Literatur in den oberen Klassen höh. Lehranstalten u. zum Selbststudium. (VIII, 146 S.) 8. München 906. C. H. Beck. Geb. n. 2. 20

Mutzbauer, Karl Ausführlicher Lehrplan für den lateinischen Unterricht im Gymnasium zu Duisburg nebst einer Verteilung des elementarstilistischen Stoffes auf die mittleren und unteren Klassen. S 9 - 19 **Progr.** G *Duisburg* 1879

Mutzbauer, C., die Wiedergeburt d. Deutschen Reiches aus d. Geiste u. d. Kraft. Festrede, geh. am Geburtstage Sr. Maj. d. Kaisers u. Königs Wilhelm II. am 27. Jan. 1896 in d. Aula d. kgl. Gymnasiums zu Neuwied. gr. 8. (20 S.) Neuwied 896. L. Heuser. n. — 40

Mütze, Die. Eine französische Erzählung aus dem Lande der Feien O. O. [1745]. V: *Breitinger, Joh. Jac.* (Waniek, Gottsched. Leipzig 1897. S. 534.) (VLBS) (GGr) (Bächtold, Litt. d. Schweiz. Frauenf. 1892. S. 180.)

Die rothe Mütze. Wien: Klopf & Furich 1848. Red.: L. Eckardt u. Cerry.

Mütze, unser Wohn- u. Heimatort Oberfriedersdorf. Nachrichten aus seiner Vergangenheit. Ein Büchlein f. jung u. alt zum Lesen u. Nachdenken. Seiner lieben Gemeinde in treuer Gesinnung dargeboten. Mit 1 Bildnis weil. Mstr. Hofmanns, 7 Abbildgn., 1 Flurskizze u. 1 Gesamtansicht unseres Orts. (205 S.) 8. Leipzig 904. A. Strauch. n. 2. 50

Mütze, Carl, s. Mütze, Karl

Reise Bericht über die Befahrung der Elbe im Juli 1903. (Verf.: [Julius] **Mütze**.) Coblenz (1903): H. L. Scheid. (15 S.) 4° [F.] 07. 15186

Mütze, Karl

Mütze, Carl, Assistenzarzt. Aus d. med. Klinik d. Akad. f. prakt. Med. zu Düsseldorf (Prof. Hoffmann). Ueber den heutigen Stand der Lehre vom Elektrocardiogramm und seine Bedeutung für die Klinik. Marburg 1910: Hamel. 38 S. 8°
Marburg, Med. Diss. v. 17. Febr. 1910, Ref Brauer
(Geb. 2 März 84 Holzhausen, Kr Kirchhain Wohnort: Düsseldorf; Staatsangeh. Preußen; Vorbildung Gymn Marburg Reife O. 02; Studium: Marburg 6, München 4 S. Coll. 8 Dez 09, Approb. 15. Sept. 08.) [U 10. 3325

Mütze, Sara, Elflein im Schnee. Märchen f. Deklamation u. f. Gesang nach Volksweisen zur Aufführg. in Schule u. Familie. (16 S.) 8. Schwarzenberg (904). (M. Helmert.) n. — 25

Mütze, Sara, Tante Lehrerin. Roman. (148 S.) 8. Leipzig 910. Verlag f. Literatur, Kunst u. Musik. nn 1. 75

Mütze, Wilh., Frdr. Hüventhal. Göttinger Bilder aus der Reformationszeit, m. e. Vorspiel Herzog Erich. 8. (87 S.) Göttingen (902). L. Horstmann. n. — 80

Mütze, Wilh., Friedrich Ludwig Jahn, s.: Volksspiele, niedersächsische. 4. Heft.

Mütze, W Friedrich Ludwig Jahn. 12 Bilder aus dem Leben eines deutschen Mannes. Göttingen 1910. 84 S. (Niedersächsische Volksspiele 4.)

Mütze, Wilh., Otto v. Nordheim. Geschichtliches Charakterbild in 5 Aufzügen. (103 S.) 8. Göttingen 906. Verlag „Niedersächs. Volksspiele". (Nur direkt.) n. 1. —

— Ein Sachsenheld, s.: Volksspiele, niedersächsische. 3. Heft.

Mütze, Wilh., Rosen- u. Sommerblumen, s.: Weber's illustr. Gartenbibliothek. III.

Mutzel, S., Die römischen Wartthürme besonders in Bayern. S.-A. 1851. 22 S. 4 Taf. 4°. 1

Mützel, Ant., militärischer Wegweiser f. die Absolventen der Lehrerseminarien, s.: Bayrle, J. R.

Mützel, H., 12 Landschaften, f. Landschaftszeichner, der.

Mützel, H., Vorlagen f. Holzbrandtechnik etc., s. Laudien. M.

Mützel, Hans. Die Farbenharmonie der Damenkleidung auf wissenschaftlicher Grundlage bearbeitet Berlin, Hirsch'sche Schneider-Akademie 1906.
40 S 8°

Mützel, Heinr., Baumstudien zum Unterricht für Landschafter. Fol. (12 lithogr. Bl.) Berlin 847, Sachse und Comp.

—— Studien zum Landschaftszeichnen. I. Heft. 31 Blatt. qu. gr. 8. Berlin 847, Winckelmann und Söhne.

—— dass. — 2. Heft. 16 (lithogr.) Blatt Bäume. qu. 4. Berlin 849, Winckelmann und Söhne.

— Vorlegeblätter zum Landschaftszeichnen. 5. Hft. enth. 10 ausgeführte (lith.) Landschaften, zum Theil Ansichten aus dem Thiergarten bei Berlin. qu. gr. 4. Ebd. 847. 1 ℳ

Mützel, J., Andeutungen über das Wesen u. die Berechtigung der Philologie als Wissenschaft 1835 42 S. —

Mützel, J., die Züchtungslehre, s. Settegast, H., die Thierzucht.

Mützel, R., üb. Röntgen-Strahlen. gr. 8. (28 S.) Breslau 897. Preuß & Jünger. n. — 60

Mützel, Kurt *Alfred Gerhardt Karl* [aus Brieg]: Ueber innere Reibung von Flüssigkeiten. . Leipzig, J. A. Barth, 1891, 30 S., 1 Bl. 8°
Breslau, Phil Fak., Inaug.-Diss. v 18. Mai 1891

Mützel, Max, aus Schwabmünchen Ueber 'Spondylitis traumatica'. *Schwabmünchen 1898: A. Weiss.* (41 S.) 8
Wurzburg, Med. Diss. v 1898

Mützel, Ph. Fr., († d. 24. Aug. 1796.) dogmat. u. moral. Abhandll. u. Reden über christl. Lehren. 1r Thl. 8. Ansb. 765. Haueisen. 10 gr

— auch die Genealogien u. a. Dinge in d. heil. Schrift haben ihren Nutzen. 8. Schwabach 788. Zeh. 8 gr

— Rede von d. Nächstenliebe, über d. Evangelium am 18. Sonnt. nach Trinit. 8. Ansb. 763.

— Rede von d. Streit d. Vernunft wider d. Glauben. 8. Ansb. 763.

— s. Senault discours.

Mützel, Wlh. Jul. Karl, de emendatione theogoniae Hesiodeae libri tres. 8mai. Lipsiae 833. Böhme. 2 1/2 ℳ

Mützelberg, Adolph, s. Mützelburg, Adolph

Mützelburg, Adf., das Attentat. Historische Novelle aus der Geschichte Portugals. 2. Aufl. Berlin 865. Sacco. 16. (230 S.) 10 ngr

Mützelburg, Adf., der Bockreiter, s.a. Goldschmidt's Bibliothek f. Haus u. Reise.

Mützelburg, Adf., der Bockreiter. Eine Criminal-Novelle. 8. (191 S.) Berlin 868, Mecklenburg.

Mützelburg, Adf., der Bockreiter. Eine seltsame Historie. 2 Bde. 8. (112; 89 S.) Berlin 880, A. Goldschmidt. *

—— Hennig Brabant. Historische Novelle aus der Stadt Braunschweig. 2 Thle. 2. Aufl. 16. (551 S.) Berlin 865, Sacco Nachfolger.

— Robert Clive, der Eroberer von Bengalen. Historischer Roman. 5 Bde. Leipzig 868. E. J. Günther. 8. (208, 199, 189, 194 u. 174 S.) 3 ₰ 10 ngr.

— Eisen und Blut. Roman. (In ca. 24 Liefgn.) 1—6. Liefg. Ebend 864. gr. 8. (1 Bd.: 278 S.; 2. Bd: S. 1—16.) Jede Liefg. 4 ngr.

— Eisen u. Blut. Roman. 7—25. Liefg. Berlin 865—66. Sacco Nachfolger. gr. 8. (2. Bd. S. 17—283, 3. Bd. 336 S.) Jede Liefg. 4 ngr.

— der Engel des Friedens oder das Schwert Deutschlands. Historischer Roman. 1—13. Heft. Berlin 860. Röhring. gr. 8. (1. u. 2. Bd.: 636 S.; 3. Bd.: S. 1—192.) Jedes Heft 4 ngr.

— die Enterbten. Roman. 2 Bde. Berlin 870. Brigl. br. 8. (196 u. 163 S.) 1 ₰ 20 ngr.

—— der Erbstreit. Roman. 3 Bde. 8. (IX und 793 S.) Berlin 862, Gerschel's Verlag.

— die Extrafahrt, s. Bergson's Eisenbahnbücher.

Mutzelberg, Adolph Die Fee des Niagara Amerikanische Erzahlung. 2v Berlin 1855

— zwei heitere Geschichten. Ebend. 869. br. 8. (183 S.) 25 ngr.

— der Held von Garika, s. Album, Bibliothek deutscher Originalromane.

Muetzelburg, Adolf
Der Held von Garika. Roman aus den Ländern des Kaukasus. Bd 1.2.
Leipzig: Günther 1866. 8°

Mützelburg, Adf., der Herr der Welt. Fortsetzung des Grafen von Monte-Christo. Roman. 4 Bde. gr. 8. (1159 S.) Berlin 856, Sacco.

Mützelburg, Adf., der Herr der Welt. Fortsetzg. v. Dumas, Der Graf v. Monte Christo. 5. Aufl. 4 Bde. 12. (190, 158, 176 u. 182 S.) Stuttgart (900). Franckh. n. 5.—; in 2 Leinw.-Bdn. n. 5. 80; auch in 22 Lfgn. à n. —20

Mützelburg, Adf., der Herr der Welt. Roman. (379 S. m. Abb.) 8. Berlin (909). Schreiter. 2.—; geb. 3.—

- Der Hexentanz, s. Novellen-Sammlung

—— der Himmel auf Erden. Roman aus unserer Zeit. 6 Bde. in 25 Heften. gr. 8. (1074 S.) Berlin 863,64, Sacco Nachfolger. à Lfg. 4 Ngr.

— die Intriganten. Historischer Roman aus der Zeit d. ersten französischen Revolution. 2 Abthlgn. Berlin 867 Sacco Nachfolger. 8. 7 ₰ 15 ngr.
1. Abthl. Die Labyrinthe des Herzens. 3 Bde. (VII, 681 S. mit 12 Holzschntafl.) 4 ₰ 15 ngr.
2. Abthl. Die Tochter des Feudalen. 2 Bde. (V, 556 S. mit 6 Holzschntafl.) 3 ₰

- Kaiser Joseph und der Sekretär, s.a. Novellen-Sammlung

Muetzelburg, Adolf
Kaiser Joseph und der Sekretär. Historischer Roman. Berlin 1856.
In: Fata Morgana. Bd 6.

— die Kammerjungfer. Criminal-Roman. 2 Bde. Berlin 868. Brigl. 8. (195 u. 198 S.) 1 ₰ 10 ngr.

—— der Konak. Eine Episode aus dem Kaukasus. (Aus den Papieren eines Amerikaners.) 2. Aufl. 16. (310 S.) Berlin 865, Sacco Nachfolger.

—— der Leibeigene. Erzählung aus der neuern russ. Geschichte. 3 Bde. 2. Aufl. 16. (1014 S.) Berlin 865, Sacco Nachfolger.

— Mazeppa. Ein historischer Roman. 2 Bde. Berlin 860. Röhring. 16. (746 S.) 1 ₰

— die Millionenbraut. (Fortsetzung des Herrn der Welt u. Schluß des Grafen von Monte-Christo.) 3 Bde. Berlin 868. Sacco Nachfolger. gr. 8. (320 S., 295 S, 344 S.) 3 ₰

— Die Millionenbraut. Roman. (379 S. m. Abb.) 8. Ebd. (909). 2.—; geb. 3.—

-- der Nonnengrund. Erzählung. 2 Bde. Berlin 870. Brigl. br. 8. (138 u. 159 S.) 1 ₰ 20 ngr.

—— Novellen. 2 Bde. 8. (VI und 603 S.) Berlin 867, Eichhoff. *

—— der Orang-Utang. Eine Reise-Erinnerung. (Aus den Papieren eines Amerikaners.) 4 Thle. 2. Aufl. 16. (1296 S.) Berlin 865, Sacco Nachfolger.

- Die Pflanzerstochter, s. Novellen-Sammlung

Mützelburg, Adf., der Prophet. Historischer Roman aus der Zeit der Wiedertäufer. 3 Thle. 2. Aufl. 16. (1102 S.) Berlin 865, Sacco Nachfolger.

—— Rheinsberg, s. Novellen-Sammlung.

—— Luigia Sanfelice. Historische Novelle aus den Zeiten der Republik Neapel. 2. Aufl. 16. (371 S.) Berlin 865, Sacco Nachfolger.

— das Schloß an der Ostsee. Erzählung. Berlin 869. Brigl. 8. (200 S.) n. 10 ngr.

— das Schloß an der Ostsee. Erzählung. 2. Aufl. 8. (200 S.) Ebend. 882. n. — 50

- Kapitain Smith, der Abendteurer, s. Novellen-Sammlung

—— der Sohn des Kaisers. Historische Novelle aus der Zeit des deutschen Bauernkrieges. 4 Thle. 2. Aufl. 16. (1413 S.) Berlin 865, Sacco Nachfolger.

- Die Spanier in Venedig, s. Novellen-Sammlung

- Der Stern Amerika's im Orient, s.a. Novellen-Sammlung

Muetzelburg, Adolf

Der Stern Amerika's im Orient. Roman aus der Gegenwart. Berlin 1855.

In: Perlen. Bd 10.

– Victoria regia, s. Novellen - Sammlung

— Graf Werner oder die Kinder des Elends. Ein Sittengemälde der Gegenwart. 4 Bde. Berlin 860. Röhring. 16. (1400 S.) 2 ℛ

Mützelburg, Wilhelm, Referendar in Altona. Die **Verpfändung** von Forderungen nach gemeinem Recht und Bürgerlichem Gesetzbuch. *Borna-Leipzig 1904: R. Noske.* (IX, 100 S.) 8°
Leipzig, Jur. Diss. v. 1904

Mützelfeldt, Carl, allerlei Mißbrauch der Naturwissenschaft. A. „Kosmos"-Veröffentlichungen, s.a. Schriften des Keplerbundes. 4. Heft.

Allerlei Mißbrauch der Naturwissenschaft. A. 'Kosmos'-Veröffentlichungen. Von Carl **Mützelfeldt**. Godesberg: Naturwiss. Verl. 1909. 8°
(Schriften d. Keplerbundes. H. 4.) (10. 346, 5

Mützell, Alexander August

— s. H. Corne, Burgersinn.

Mützell, Al. Aug., alphabet. Verzeichniß sämmtl. Städte u. Flecken des Preuß. Staats, hinsichtl. ihrer Lage nach landräthl. Kreisen u. Regierungs-Bezirken, der Gewerbsteuer-Klasse, zu welcher sie gehören, der Zahl der Privatwohnhäuser u. der Einwohner; so wie der landräthl. Amtssitze. Aus amtl. Quellen zusammengetragen. gr. 8. Berl. 832. Krause. 8 ℛ

Mützell, Alex. Aug., Alphabetisches Verzeichniß sämmtlicher Städte u. Flecken des Preuß. Staats, hinsichtlich ihrer Lage nach landräthlichen Kreisen u. Regierungs-Bezirken rc. Aus amtl. Quellen zusammengetragen. gr. 8. 832. Halle, Colditz'sche Buchh. 1/3 ℛ

Mützell, (A. A.,) Wörterbuch d. Preuß. Staats, s. C. Krug.

Mützell, A. A., topogr.-statist. Wörterbuch. s. Krug.

Mützell, Jul., Andeutungen üb. d. Wesen u. d. Berechtigung d. Philologie als Wissenschaft. gr. 8. (3 B.) Berlin 835, Duncker u. Humblot.

— s. Curtius Rufus, de gestis Alexandri Magni Regis Macedon. libri qui supersunt octo.

Muetzell, Guilielmus **Julius** Carolus. De Theogoniae Hesiodeae emendatione pars I
Halle-Wittenberg, Phil. Diss. v. 16. März 1831
Geb. [Konitz (Westpr.) 18. 11. 1807]
Ms. fehlt. Die Arbeit ersch. vollst. u. d. T. De emendatione Theogoniae Hesiodeae libri tres. Lipsiae. Hartmann 1833. XX, 524 S. 8°

Muetzell, Guil. Jul. Car., de emendatione theogoniae Hesiodeae libri tres. 8 maj. (34½ B.) Lipsiae 833, [Böhme.]

Mützell, J., geistliche Lieder der evangelischen Kirche aus dem 16. Jahrhundert, s.a. Lieder, geistliche.

Mützell, Jul., geistliche Lieder der Evangelischen Kirche aus dem 16. Jahrhundert. Nach den ältesten Drucken herausg. 3 Bde. Berlin 855. Th. Enslin. gr. 8. (XXXII, 1156 S.) n. 6 ℛ. 20 ngr.

— geistliche Lieder der evangelischen Kirche aus dem 17. und der 1. Hälfte des 18. Jahrh., von Dichtern aus Schlesien u. den umliegenden Landschaften verfaßt. Zusammengestellt u. nach den ältesten Drucken herausg. Mit Bemerkungen über die Geschichte der Lieder, literargeschichtl. Beigaben u. Registern. 1. Bd. Braunschweig 858. Schwetschke. Lex.-8. (XIV, 394 S.) n. 2 ℛ. 20 ngr.

Mützell, Guil[ielmus] **Julius** Car[olus]. Sententiae controversae, quas loco commentationis de emendatione Theogoniae Hesiodeae proxime edendae defendet. Halis [1831] Ruff. 2 Bl. 8°
Halle-Wittenberg, Phil. Thesen v. 16. März [1831]

J. MÜTZELL, **Pädagogische Skizzen, die Reform der deutschen höheren Schulen betreffend. Der eilften Versammlung der deutschen Philologen, Schulmänner und Orientalisten im Auftrage des berlinischen Gymnasiallehrer-Vereins überreicht. Berlin 1850. Gedr. bei A. W. Schade. 8°.**

De translationum quae vocantur apud Curtium usu commentatio.
Scripsit Julius Mützell.
Insunt veterum grammaticorum de translatione aliisque tropis praecepta.
= Jahresbericht. Programm des Joachimsthalschen Gymnasiums Berlin 1842.

Mützell, Jul., de translationum quae vocantur apud Curtium usu commentatio. Insunt veterum grammaticorum de translatione aliisque tropis praecepta. 4 maj. (10½ B.) Berolini 842, Duncker et Humblot. Thlr

Mützell, Julius (Hrsg.), s. Zeitschrift für das Gymnasialwesen

Mützell, M., das Rentenbank-Gesetz vom 2. März 1850 aus den Motiven erläutert. 4. (31 S.) Stolp 850, (Fritsch.) *

Katalog der berühmten Schmidt-Sammlung des verstorbenen Herrn **Max Mützell** sowie der von ihm hinterlassenen ungewöhnlich reichen Werke von G. Edelinck, F. Kobell, Ant. Waterloo und anderer Meister des 17.—18. Jahrhunderts. Berlin 1888. 8°.

Muetzell, Wilhelm Julius Karl, s. Muetzell, Julius

Mutzenbacher, Josefine, oder Die Geschichte einer Wienerischen Dirne von ihr selbst. [S.l.] 1906. V: *Salzmann (Salten)* [?], *Felix* oder *Schnitzler* [?], *Arthur*. (Blätter für Bibliophilen, hsg. von Willy Schindler. I. Jg. Heft 2, S. 98 ff.)

Mutzenbacher, Josefine, oder die Geschichte einer Wienerischen Dirne von ihr selbst. S. l. [Wien] 1906. V: *Salzmann, Siegmund* (*Salten, Felix*). (Blätter für Bibliophilen, hsg. von Willy Schindler. I. Jg., Heft 2, S. 98 ff.) V (nicht): *Schnitzler, Arthur*. (Mitth. von Dr. Arthur Schnitzler) Vgl. V, 6580; VI, 6717.

Mutzenbecher, Aug., s.a. Zur Erinnerg. an d. Generalsuperintendenten Esdras Heinrich Mutzenbecher.

[F.] Zur Erinnerung an den Generalsuperintendenten Esdras Heinrich Mutzenbecher in Oldenburg. (Vf.: August **Mutzenbecher.**) *Oldenburg & Leipzig: Schulze (1897).* (2 Bl., 84 S.) 1 Bd 8. (98. 6897

Mutzenbecher, Esdras Heinrich Wilhelm

s **Bericht d. kirchl. Versamml. d. luther. Gemeine.**

s **Bibliothek, philolog**

s. **J. C. Biel, nov. thesaurus**

s. **J. de Bosch, uber Homers Ilias.**

s **Gesangbuch, Oldenburg.**

— Gesch. d. Ursprungs u. Fortgangs der Streitigkeiten in d. luther. Gemeine in Amsterdam. 8. Lingen, Julicher. 792.

s. **Greveri, commentat.**

Mutzenbecher, E(sdras) H(einrich) W(ilhelm), Amtsassessor u. Hilfsarbeiter beim Grh. oldenburg. Staatsministerium, Departement d. Justiz, in Oldenburg Die **Lehre von den Kommorienten.** *Oldenburg 1901: B. Scharf.* (36 S.) 8° [F.]
Tubingen, Jur Diss. v 1901

— Luthers kl. Katechismus n. d. 5 Hauptstücken; mit kurz. Anmerkk. f. Lehrer u. Schüler. 12. Oldenb. 797.

— Nachr. von d. Leben, Charakter u. Schriften des sel. E. A. Pardey. 8. Hannov. 776. Hahn. 2 gr.

— **Predigt: Vom christl. Nachdenken über d. Werke Gottes. 8. Lingen 791. Jülicher. 2 gr.**

— **Predigt am Neujahrstage 1775. gr. 8. Götting. 775. Vandenhöck u. R. 2 gr.**

— **drei Predigten, bei außerordentl. Gelegenheiten gehalten. 8. Hamb. u. Haag 780. 2e A. 793. Jülicher in Lingen. 14 gr.**

Mutzenbecher, Esdr. Hnr., († d. 21. Dec. 1801.) Samml. v. Gebeten u. Formularen beim öffentl. Gottesdienste. gr. 8. Brem. 794. 2e verm. Ausg. 801 (Frankf. a. M.) Fr. Wilmanns. 1 ℛ 4 gr.

— s.a. **Samml. geistl. Lieder u. Psalmen.**

Mutzenbecher, Esdras H., Samml. geistl. Lieder und Psalmen u. sc. gr. 8. Lingen, Julicher. 790.

- s. **Samml. u. Reisen, Götting.**

Mutzenbecher, Esdr. Hnr. (u. Hollmann), Unterricht in d. christl. Lehre, mit Hinweisung auf Luthers kl. Katechismus. 8. Oldenb. 797. (Helwing in Hannov.) 4 gr.

Mutzenbecher, Franz Matthias: Zur Lehre vom Persönlichkeitsrecht. Hamburg 1909: Lütcke & Wulff. 65 S. 8°
Heidelberg, Jur. Diss. v. 3. Febr. 1910, Ref. Jellinek
[Geb. 10. März 84 Hamburg; Wohnort: Hamburg; Staatsangeh.: Hamburg; Vorbildung: Gelehrtensch. d. Johanneums Hamburg Reife O. 02; Studium: Grenoble 1, Cambridge 2, München 2, Berlin 6 S.; Rig. 2. Dez. 09.] [U 10. 1950

Mutzenbecher, J. H., Predigt bei d. Einweihung d. neuen Kirche zu Brockel. Mit e. Vorrede von J. C. Velthusen. 8. Hannov., Hahn. 3 gr.

v. Mutzenbecher, Kurt: Beiträge zur Lehre von der culpa in concreto innerhalb obligatorischer Rechtsverhältnisse ... Berlin, Druck v. L. Simion, 1896; 68 S., 2 Bl. 8.
Erlangen, Jur Fak., Inaug.-Diss. v 1896

Katalog einer Sammlung von hervorragenden Seltenheiten, vornehml. aus Literatur u. Kunst, hierin d. Bibliothek Dr Kurt v **Mutzenbecher** Wiesbaden in Verbindung mit Beständen d Bibliothek v Biedermann-Dresden. (Vorr Fedor v Zobeltitz.) Versteigerung 1906. Berlin. M Perl 1906. (IX, 140 S.) 8° [c6. 1370

Mutzenbecher, L. S. D., Nachr. von den im März 1814 in Altona herrsch. Krankheiten, üb. Zeichen, Charakter, Behandlung u. Verhütung derselb. 8. Altona 814. Hammerich. 4 gr.

MUTZENBECHER, S[AMUEL] D[IETR.], Vorläufige Nachricht von den jezt herrschenden Krankheiten dieser Stadt, über Zeichen, Charakter, Behandlung und Verhütung derselben. Altona. 1814. P.

Mutzenbecher, Wilhelmine, geb. Hübbe, warum bedürfen wir weiblicher Dienstbotenschulen? u. wie sollen sie angelegt sein? Versuch e. Erläuterung vom hauswirthschaftl. Standpunkte unserer Zeit zunächst für Hamburgs Haushaltungen. Hamburg 869 Nolte. gr. 8. (23 S.) n. 3 ngr.

MUTZER, Ign.: Praecognita in jurisprudentiam ecclesiasticam positivam Germanorum. *Frcf.* 770. 8.

Mutzl, Ed., kurzgefaßte Geschichte Bayerns. Regensburg 862. Manz. gr. 8. (IV, 112 S.) 12 ngr.

Mutzl, Sebast., 324 Aufgaben z. Selbstbeschäftigung d. Kinder in Schulen. 8. Salzb. 809. 2e A. 820. 3e A. 829. Mayr. 4 gr.

Mutzl, S., 324 Aufgaben zur Selbstbeschäftigung d. Kinder in Schulen. 8. Salzburg, Mayr. 815.

Mutzl, S., Aufgaben zur nützlichen Selbstbeschäftigung der Kinder in zahlreichen Schulen, in denen ein Lehrer alle Classen unterrichtet. 2te Aufl. 8. Salzburg, Mayr. 820.

Mutzl, Seb., Aufgaben zur nützl. Selbstbeschäftig. d. Kinder in zahlreich. Schulen, in denen e. Lehrer alle Klassen unterricht. Zugleich Verstandesübn. u. Vorbereitung zu schriftl. Aufsätzen. 3., verm. u. verb. Aufl. 8. (5 B.) Salzburg 829, Mayr.

Mutzl: Die Bayern Herzoge d. sechsten Jahrhunderts.
18 S.–Straubing, Progr 1863

—— Blumenlese aus span. Dichtern. (Uebers.) gr. 12. (8½ B. u. Titkpfr.) Landshut 830, Thomann.

Mutzl, S., s.: Eichstätts Kunst.

Mutzl, Sebast., Elementarbuch der latein. Sprache, zum öffentl. und Privat-Gebrauche. 1r Cursus. 8. Landshut 833. Thomann. (Attenkofer.) 5/12 ℛ

— **und Karl Kugler, Geschichte Bayerns von der frühesten bis auf unsere Zeit, für Schule u. Haus bearb. Ebend. 857. gr. 8. (XVI, 368 S.) 1 ℛ**

Die Lex Baiwariorum als geschichtliche und sprachliche Urkunde von Sebastian Mutzl, R. u. P. — 1859. Ebend. — S. 1—13.
Progr. Eichstätt

Mutzl, Sebast., die Cella S. Maximiliani zu Bischofshofen, und die älteste Geschichte Bayerns. gr. 4. (24 S. und 1 lithogr. Karte. Regensburg 851, Manz.

Mutzl, Sebast., die Cella S. Maximiliani zu Bischofshofen, u. die älteste Geschichte Bayerns. [Mit 1 (lith.) Karte.] gr. 4. (24 S.) Regensburg 852, Manz. 1/4 ₰

— giftige Pflanzen; vorzügl. zum Gebr. f. Schulen bestimmt. Fol. Salzb. 803.

Mutzl, (Seb.,) de nominum latinorum radicibus. Commentatio grammatica. gr. 8. München 827. Finsterlin.

— über die accentuirende Rhythmik in neueren Sprachen. Ein Programm. gr. 4. Landshut 835. Thomann. (Attenkofer.) 1/3 ₰

Mützl, Sebast., kleine lateinische Schulgrammatik für die untersten Klassen der Studienanstalten. (Auszug aus der größern Schulgrammatik.) gr. 8. (IV und 278 S.) Regensburg 852, Manz.

Mutzl, Sebast., kleine lateinische Schulgrammatik für die untersten Klassen der Studienanstalten. 2. durchaus verb. Ausg. Regensburg 856. Manz. gr. 8. (IV, 292 S.) 18 ngr.

— latein. Schulgrammatik. gr. 8. Landsh. 832. Thomann. 1 ₰

— Lateinische Schulgrammatik. 2e verb. u. verm. Aufl. gr. 8. Landshut 834. Thomann. (Attenkofer.) 1 ₰ — 3e durchaus verb. u. verm. Aufl. gr. 8. Ebd. 838. 1 1/2 ₰

— lateinische Schulgrammatik. 3., durchaus verb. u. verm. Aufl. gr. 8. (41 B.) Landshut 838, Thomann'sche Buchh.

(——) orthograph. Schul-Tabelle. gr. Fol. Landshut 834, Thomann.

—— Table des verbes irréguliers, à l'usage des écoles. gr in-Fol. Landshout 828. [Regensburg, Manz.]

Mutzl, Sebast., die Urgeschichte der Erde u. des Menschengeschlechtes nach der mosaischen Urkunde u. den Ergebnissen der Wissenschaften. gr. 8. (21 7/8 B.) Landshut 843, Thomann'sche Buchh.

Ueber die Verwandtschaft der germanisch-nordischen und hellenischen Götterwelt. Von Seb. Mutzl, R. u. P. — 1845. Eichstätt. — S 1—17.
Progr. Eichstätt

—— über die Verwandtschaft der germanisch-nordischen u. hellenischen Götterwelt. gr. 4. (2 1/2 B.) Ingolstadt 845, Fromm.

—— die römischen Wartthümer, besonders in Bayern. Ein Beitrag zu v. Limbrun's, Buchner's, Mayer's u. A. Abhandlungen über röm. Alterthümer in Bayern. gr. 4. (25 S. und 4 Stnt.) München 851, (Franz.)

Mutzner, Paul. Beiträge zur Rechtsgeschichte Graubündens im Mittelalter. 8.
In: Zeitschrift für Schweizerisches Recht... Neue Folge Band 27 Heft 1. Basel, Helbing & Lichtenhahn, 1908. S. 48—128.

Mutzner, Paul, von Chur: Geschichte des Grundpfandrechts in Graubünden. Ein Beitrag zur Geschichte des schweizerischen Privatrechts. Chur 1909. VIII + 155 S. 8°.
Bern. Jur Diss 1908/09.

Mutzner, Paul, Geschichte des Grundpfandrechts in Graubünden. Ein Beitrag z. Geschichte d. schweizer. Privatrechts. (VIII, 155 S.) gr. 8. Chur 909. (F. Schuler.) 3. —

Mutzschen, s.: Sachsen. Karte. Messtischblätter.

Muurling, Guil., Oratio de Wesseli Gansfortii, Germani Theologi, principiis atque virtutibus, etiam nunc probandis et sequendis. 8maj. (3 B.) Amstelodami 840, J. Müller. *

Muus, H. Decorations-Malereien, s. Hoffmann, C.

Muus, H[ans] G[eorg], Rechtsanwalt u. Notar zu Lübeck. Der Klagegrund der actio negatoria. *Leipzig-Reudnitz 1899: A. Hoffmann.* (67 S.) 8° [J. u. Ant.]
Erlangen, Jur. Diss. v. 1898

Hertugdømmet Slesvigs adelige Godser i deres vigtigste Retsforhold af [N. E.] Muus. Flensborg. 1869. 8°

Muus, Niels, über die sogen. embryonalen Mischgeschwülste der Niere, s.: Bibliotheca medica. 14.

Über die sogenannten embryonalen Mischgeschwülste der Niere. Von Dr **Niels Muus,** Kopenhagen. Mit 4 Taf. *Stuttgart. E. Nägele 1901.* (IX, 104 S.) 4°
— **Bibliotheca** medica Abth. C, H. 14. [01. 11404

Muus, P. C., lettres mercantiles. 8. Lübeck 802. (Hahn in Hannov.) 6 gr.

Muusmann, Karl

— Artistenblut, s.: Kürschner's Bücherschatz.

Muusmann, Carl, des Nordpolfahrers Andrée letzte Aufzeichnungen. In Briefen wiedergegeben. Deutsch v. Bernh. Mann. 3. Taus. (191 S.) 8. Berlin 907. [G. Rieckes Buchh. Nachf.] Charlottenburg, Ch. Singer. 2.—; geb. 3. —

Muusmann, Carl, Rittmeister Bruhn u. Frau, s.: Lutz' Kriminal- u. Detektiv-Romane.

— Gefangener Nr. 113, s.: Meyer's, Ulr., Bücherei.

Gefangener No. 113. Erzählung von Karl **Muusmann.** Autor. Übers. aus d. Dän. von Bernhard Mann. Berlin U Meyer [1907]. (160 S.) 8° [J.]
— **Bücherei,** Ulrich Meyer's. No 24. 25. [08. 2300

— Matadora, s.: Kürschner's Bücherschatz.

Muusmann, Carl: Matadora Roman von –
Deutsch von Bernhard Mann.
Berlin, Leipzig. Hillger [1909]. 112 S. 8°
(Kürschners Bücherschatz. Nr 670.)

Muusmann, Carl, Gräfin Klara. Sneewittchen, s.: Bobach's illustr. Roman-Bibliothek. III. 7.

— Die Sünden der Väter, s.: Engelin's interessante Bibliothek.

— 13 Trümpfe, s.: Weichert's Wochen-Bibliothek.

Muuss, Lettres mercantiles. 8. Lübeck, Niemann et R. 802.

Muuß, R., Auflösungen einer Anzahl Aufgaben aus Saß' 2. Uebungsbuche. gr. 8. (II, 62 S.) Altona 878. Schlüter in Comm. n. 2. —

Müvészi Ipar. Her. von G Pasteiner u A. Bd 2-5. 4° Budapest 1887-90

Magyar Muviczek oder ungarisch Künstler Munkacsy — Zichy — Benczur — Baditz — Ebner — Mészöly — Bruck — Wagner — Skutezky — Spanyi — Aggházy — Vastagh — Jankó — Liezenmayer — Paczka. — Pesko. — Roskovics — Vagó Text von Thomas Szana Ein grosser Quartband in höchst eleganter Ausstattung mit 180 Vollbildern und 8 Heliogravuren. Budapest Gebr Révai brosch fl. 12.— geb. fl. 15.— /886

Muwaffaq b. Alī, Abu Manṣūr

- — Codex Vindobonensis sive medici Abu Mansur Muwaffak bin Ali Heratensis liber fundamentorum pharmacologiae edidit in Latinum vertit Franciscus Romeo Seligmann P I Vindobonae 1859

Muwaffaq b. Ali. Abu Mansur Liber fundamentorum pharmacologiae Auctore Abu Mansur Mowafik ben Ali al herui. Epitome Latio donavit Romeo Seligmann P I II Vindobonae 1830 1833.

(Muxel,) **Verzeichniss d. Bildergallerie d. Prinzen Eugen,** s. **Verzeichniss.**

(*Muxel*) Verzeichniss d. Bildergallerie Sr Kgl. Hoh. des Prinzen *Eugen, Herzogs von Leuchtenberg,* in München. München 1833. Kl. 8° Cart VI 50 S. In 2 Salen ... Nrn. nebst einigen Statuen, Vasen etc

(Muxel.) Verzeichniss der Bildergallerie des Prinzen Eugen, Herzogs von **Leuchtenberg** in München. (Gegenwartig in St. Petersburg.) München 1835. 8°

Verzeichniss der Bildergallerie des Prinzen Eugen Herzogs von Leuchtenberg in Muenchen (Von **Muxel.**) Muenchen 1815 12°

Muxel, J. N., Catalogue des tableaux de la galerie de feu Son Altesse Royale Monseigneur le Prince Eugene Duc de Leuchtenberg à Munich. 12. Munich 841, Finsterlin. n. 1/4 ℔

—— Gemälde-Sammlung, s. **Gemälde-Sammlung.**

Muxel, J. N. Gemalde-Sammlung des Herzogs von Leuchtenberg. (Gegenwärtig in St. Petersburg.) In Umrissen auf Kupfer mit deutschem und französischem Texte. 2 Bde. München 1835–1836. 4°.

— **Verzeichniß der Bildergallerie Seiner Königlichen Hoheit des Prinzen Eugen, Herzogs von Leuchtenberg in München. 12. Ebend. 841. n. 1/4 ℔**

Muxen die kaltherzige oder der blutige Kuss in der Sakristei. Histor.-romant. Schauergemälde aus Merseburgs Vorzeit. Weissenfels, Severin, 1792, 8° Sehr selten! (6 Mk., reizendes Expl., Max Jaeckel, Potsdam, 1908.)

Muybridge (San Francisco), das Pferd in Bewegung, aufgenommen in 56 photogr. Augenblicksbildern. qu. gr. 8. (6 Bl.) Berlin 879. Mittler & Sohn in Comm. n. n. 24.—

Muyden, A. van, Berechnung der elektrischen Leiter. Graph. Tafeln. Hrsg. vom Hause A. de Meuron & Cuénod, Cuénod Sautter & Cie. Succrs. 12. (8 S. mit 2 Tab.) Genf 886, Burkhardt. geb. *

Muyden, B[erthold] van Histoire de la Nation Suisse. 3 Tomes. 8. Lausanne (*Tome 2d et 3e* L', Paris) 1896–1899.
Tome 1er (avec 87 gravures et 3 planches hors texte). 1896.
Tome 2d (avec 78 gravures). 1899.
Tome 3e (avec 51 gravures et portraits). 1899.

Muyden, E. von, siehe: *Dunki.* 1892.

Muyden, Gustav van

Muyden, G. van, s.: Collection d'auteurs français.

Muyden, Gustavus van: De vocabulorum in Latina lingua compositione. Halis Saxonum 1858: Orphanotropheum. 40 S. 8°
Halle-Wittenberg, Phil. Diss. v [27. Juli] 1858
Geb. [Lausanne (Schweiz) 15. 1 1837]

Muyden, G. van, la nouvelle législation douanière de l'empire allemand. Tarif général des douanes du 15 juillet 1879, l'impôt sur les tabacs, le droit de statisque. Traduction des textes officiels allemands, suivie d'un répertoire alphabetique du tarif des douanes. 1re et 2e édit. 8. (62 S.) Berlin 879. Schneider und Comp. cart. *

Muyden, G. van, la nouvelle législation douanière de l'empire allemand. Tarif général des douanes du 15 juillet 1879, l'impôt sur les tabacs, le droit de statistique. Traduction des textes officiels allemands, suivie d'un répertoire alphabétique du tarif des douanes. 3me édit. 8. (62 S.) Berlin 880, [Schneider und Comp.] Wilhelmi. cart. *

Muyden, G. van: Die Monier-Bauweise. Berlin 1893

— **u. E. B. Lang,** der Reisebegleiter. Winke f. Reisende nach Frankreich. Abriss der französ. Grammatik, Sammlg. prakt. Gespräche, deutsch-französ. Nothwörterbuch, französ. Hochschulen u. Bibliotheken. 12. (63 S.) Berlin 891. E. Goldschmidt. Kart. n. — 80

Muyden, G. van, Schlüssel zu den französischen Aufgaben, s.: **Webell, v., Vorbereitung f. das Examen zur Kriegs-Akademie.**

— **Schlüssel zu den mathematischen u. französischen Aufgaben in v. Webell's Vorbereitung f. das Examen zur Kriegs-Akademie,** s.: **Havemann.**

Muyden, G. v., Schlüssel zu den mathematischen und französischen Aufgaben, s. **Webell,** von, Vorbereitung für das Examen zur Kriegs-Akademie.

Muyden, G. van, s.: **Toussaint-Langenscheidt,** der kleine.

—— **petit vocabulaire français, donnant la prononciation exacte de chaque mot d'après le système phonétique de la méthode Toussaint-Langenscheidt. 2 parties. 16. (VIII, 168; VIII, 163 S.) Berlin 883, Langenscheidt'sche Verlagsb. à Lfg. *ℳ 1.; *ℳ 2.; geb. ***

Muyden, G. van, petit vocabulaire français donnant la prononciation exacte de chaque mot. D'après le système phonétique de la méthode Toussaint-Langenscheidt avec le concours de G. Langenscheidt. 2 Tle. 16. Berlin-Schöneberg 905. Langenscheidt's Verl. Kart. à n. 1. –
I. 4. éd. (VIII, 175 S.) — II. (VIII, 163 S.)

— — **Wörterbuch** der französischen u. deutschen Umgangssprache, enth. auch 1. Die gebräuchlichsten techn., militär. u. Handelsausdrücke; 2. Eigennamen; 3. Angabe der Aussprache; 4. Deklinations- u. Konjugationstabellen; 5. Für die Bedürfnisse d. Reiseverkehrs berechnete Gespräche u. s. w. 2 Thle. u. Anh.: Der Reisebegleiter, Sammlg. prakt. Gespräche. 12. (XVI, 234, 320 u. 28 S.) Ebd. 891. Geb. in Etui. n. 4. 50; geb. in 1 Bd. n. 4. —

— **u. E. B. Lang, Wörterbuch** d. deutschen u. französ. Umgangssprache. Enth. auch: 1. Die gebräuchlichsten techn., militär. u. Handelsausdrücke. 2. D. Eigennamen, deren Schreibg. in beiden Sprachen abweicht, 3. D. genaue Angabe d. Aussprache, 4. Deklinations- u. Konjugationstabellen, sow. d. Angabe d. hauptsächl. grammatikal. Schwierigkeiten, 5. F. d. Bedürfnisse d. Reiseverkehrs berechn. Gespräche u. s. w. 2 Tle. in 1 Bd. 12. (XXIV, 320 u. 234, 31 u. 23 S.) Paris 895. H. Ollendorff. Geb. in Leinw. 5. —

Muyden, Th. van, u. Vict. van **Berchem**, das Schloss Valeria in Sitten, s.: **Kunstdenkmäler der Schweiz.** IV.

Muys, Gfr., Forschungen auf dem Gebiete der alten Völker- und Mythengeschichte. 2 Thle. Köln 856, 58. Heberle. gr. 8. n. 4 ₰.
1. Thl.: Griechenland u. der Orient. (2 Bl., IV, 258 S.) n. 1 ₰. 20 ngr.
2. - Hellenika. (3 Bl., II, 328 S.) n. 2 ₰. 10 ngr.

— quaestiones Ctesianae chronologicae. Dissert. histor.-critica. Monasterii 853. Theissing. gr. 8. (36 S.) n. 10 ngr.

Muyschel, C. Justus, De medicinae veterinariae intra illud temporis spatium quod ab A. 1825 ad. A. 1835 effluxit conditione et incrementis. Vilnae 38.

Muyser, Const. de, recueil des cartes et plans du pays et de la ville et forteresse de Luxembourg publiés depuis 1579 jusqu'à nos jours. gr. 8. (16 S.) Luxemburg 886, (Brück.) *

Muyser, Jean Pierre Alexis Louis de Landwirthschaftliche G e r ä t h e . Der Pflug. (I.) S. 50-56. Echternach, École agric., Progr. 1862/63

Muyser, Jean Pierre Alexis Louis de: Landwirthschaftliche G e r ä t h k u n d e Der Pflug. (II.) S. 46-52. Echternach, École agric., Progr. 1863/64

Muyser, Jean Pierre Alexis Louis de: L a u b - und Nadel- h o l z S. 46-52. Echternach, École agric., Progr. 1859/60

Muža, M. Emil

Muža, M. E., prakt. Grammatik der kroatischen Sprache, s. a. **Kunst, die, der Polyglottie.**

Muža, Emil, Praktische Grammatik der croatischen Sprache für den Selbstunterricht. 8. (214 S.) Gebd. (Bibliothek der Sprachenkunde. 46. Theil) Wien Hartleben 1894. 1.10

Muža, Emil. Praktische Grammatik der K r o a t i s c h e n S p r a c h e für den Selbstunterricht. Theoretisch-praktische Anleitung zur schnellen Erlernung durch Selbstunterricht. (Aus:) „Bibliothek der Sprachenkunde" kl. 8. Wien, Pest, Leipzig (1898).

Praktische Grammatik der Kroatischen Sprache für den Selbstunterricht Theoret.-prakt. Anleitung z. schnellen Erlernung durch Selbstunterr von M E[mil] **Muža**. 2. Aufl. *Wien, Pest, Leipzig: A. Hartleben [1902].* (VIII, 214 S.) 8° [F.]
= **Kunst** d. **Polyglottie** T 46.
(Bibliothek d. Sprachenkunde.) [04. 11,14

Muža, M. E., Praktische Grammatik der kroatischen Sprache für den Selbstunterricht. 8. Aufl. [Die Kunst der Polyglottie. 46. Teil.] 8°. (VII, 183 S.) Wien: Hartleben 1908. geb. K 2.20

— prakt. Grammatik der serbisch-kroatischen Sprache, s. a. **Kunst, die, der Polyglottie.**

Muža, Emil, Praktische Grammatik der serbisch-kroatischen Sprache für den Selbstunterricht. Theoretisch-praktische Anleitung zur schnellen Erlernung durch Selbstunterricht Zweite Auflage. 8. (VIII, 183 S.) Geb. (Bibliothek der Sprachenkunbe. 12. Theil, 2. Aufl.) 1.10
Wien: Hartleben 1894.

Muža, Emil Praktische Grammatik der S e r b i s c h k r o a t i s c h e n S p r a c h e für den Selbstunterricht. Theoretisch-praktische Anleitung zur schnellen Erlernung durch Selbstunterricht 2. Aufl (Aus:) „Bibliothek der Sprachenkunde" kl 8 Wien Pest, Leipzig (1898).

Praktische Grammatik der Serbisch-kroatischen Sprache für den Selbstunterricht. Theoret.-prakt. Anleitung z. schnellen Erlernung durch Selbstunterr. Von M E(mil) **Muža**. 3. Aufl. *Wien, Pest, Leipzig A Hartleben [1900]* (VIII, 183 S.) 8°
= **Kunst** d. **Polyglottie** T. 12
(Bibliothek d. Sprachenkunde.) [04. 11905

Muža, M. E., Praktische Grammatik der serbisch-kroatischen Sprache für den Selbstunterricht 4. Aufl. [Die Kunst der Polyglottie. 12. Teil.] 8°. (VIII, 183 S.) geb. K 2 20
Wien: Hartleben 1908.

Muža, E., die Kunst, die serbo-kroatische Sprache zu erlernen, s. a. **Kunst,** die, der Polyglottie.

Muža, Prof Emil, Die Kunst, die Serbo kroatische Sprache durch Selbstunterricht schnell zu erlernen Theoretisch praktische Anleitung zum Selbstunterricht 8° (VIII 184 S.) Wien Hartleben Bibliothek der Sprachenkunde 12 Theil geb fl 1 10 1887.

Mužak. P., Škola osnovnoy crtanja za narodne škole (Die Schule des Elementar-Zeichnens für Volksschulen.) Quer-4. 48 Bl mit Text Pančova, Brüder Jovanović 1 fl. 80 kr 1884 B 115

Muzarelli, Alfons, S. J., beim Christkindlein zur Schule, s.: **Blüten aus dem Himmelsgarten.**

[Russ.] **Muzej** imperatorskago Odesskago obščestva istorii i drevnostej. Vypusk I. Terrakotty. Po poručeniju obščestva izdano A[leks.] A Derevickim, A[leks.] A. Pavlovskim i D. (vielm. E[rnest.]) R. fon-Sternom, chranitelem muzeja. [Ant.] Das **Museum** d. Kais. Odessaer Gesellsch. f. Gesch. u. Altertumskunde. Lfg I. Terracotten. Im Auftr. d. Ges. hrsg v A Derewitzky, A. Pavlovsky u. E. v. Stern, Dir. d. Museums. *Frankfurt a M.: J Baer & C 1897* 4. [97 5081

Muzel, Fr , s. M u z e l i u s

Muzel, Fridericus (Guilielmus Alexander) (geb. Breslau 4 4 1817) Artis sphygmicae qualis saeculo decimo sexto fuerit brevis expositio. Vratislaviae 1837 57 S. 8°
Breslau, Med Diss v 24 Juni 1837

Muzel, Karl Edw., († d. 15. Febr. 1791.) Abhandll. zum Behuf d. schönen Wissenschaften u. der Religion. 2 Thle. 8. Stettin 752, 53. (Horvath in Potsd.) 8 gr.

Muzel, Ph. Edw., Abriß e. Religionslehre im Geiste d. evangel. Kirche. Neue Ausg. mit Verbesserr. u. Zusätzen u. e. Anh. v. Bibelsprüchen u. Liederversen. 8. Frankf. a. d. O. 825. Hoffmann. 6 gr.

Muzel, Phil. Ludw., Christophilos, üb. einig. in jetz. Zeit zu wenig geachtete od. nicht erkannte Vorzüge d. Christenthums. gr. 8. (14 B.) Berlin 830, Reimer.

— u. Brescius, Denkschriften der ersten Provinzialsynode des Regierungsbezirks Frankfurt a. d. O. gr. 8. Frkf. a. d. O. 820. Hoffmann. 12 gr.

— etwas über Prediger-Seminarien. 8. Berl. 818.

— auch d. **Genealogien** u. a. Dinge in d. heil. Schr. haben ihren Nutzen. 8. Schwab. Hall. 788.

Muzel, Phil. Ludw., üb. den Glauben an die im Neuen Testamente erzählten Wunder. 8. Elberfeld, Buschler. 815.

— über den Glauben an die im Neuen Testam. erzählten Wunder. 8. Elberf. 815. (Schönian). 10 ggr

– s F. A. Hassenkamp, 2 Br.

— s. Ph. L. Mart.

— s. Mathanasius.

— Predigt bei Eröffnung der Provinzial-Synode zu Frankfurt a. d. O. den 10. Juni 1819. gr. 8. Frkf. a. d. O., Hoffmann. 2 ggr

— christl. Predigten. gr. 8. Frankf. Akadem. Buchhandl. 791.

— christl. Predigten. gr. 8. Frankf. a. d. O. 791. (Sander in Berl.) 12 ggr

— — christliche Predigten. gr. 8. Frankfurt a. d. O. 791. Jetzt Flittner.

— Stromata, s. H. A. Grimm.

— Bernet, od. üb. d. nächst. Hindernisse d. Nützlichk. des Predigtamts. gr. 8. Züllichau, Darnmann. 801.

— Bernet, od. über d. nächst. Hindernisse d. Nützlichkeit des Predigtamts. gr. 8. Züllich. 801. (Fr. Fleischer in Leipz.) 20 ggr

—— über d. Verpflichtung auf d. symbol. Bücher d. evangel. Kirche. gr. 8. (5½ B.) Berlin 831, Hayn.

— Vorlesung über Christenthum u. Deismus. gr. 8. Danz. 794. Troschel. 20 ggr

Muzel, Ph. Sam., Schaupl. d. Gewissens in versch. Predigt u. 2 Thle. 4. Quolzb. 730.

Müzel, Ph. F., dogmat. moralische Abhandlungen u. Reden, uber christliche Lehren. 1r Thl. 8. Anspach, Haueisen. 765.

Muzelius, ursprüngl. Muzell, Fr., († d. 11. Jan. 1753.) abrégé de la langue franç. en 285 dialog. ou traduct. du vestibulum. 8. Berl. 730. Nouv. Ed. 779. Nicolai. 5 ggr

— clavis vestibuli marchici ac totius latinitatis ad us. juventut. scholast. accomm. 8. Berl. 747 u. 79. Nicolai. 14 ggr

— collectanea epistolica ad usum juventutis accomm. etc. 8. ibid. 736.

— compendium univ. latinitatis, od. kurzer Begriff d. ganzen latein. Sprache; in Exercitien ꝛc. 8. Berl. 720. 3e A. 772. Nicolai. 10 ggr

— formulae conscribendar. epistolar. ex Cicerone etc. coll. 8. ibid. 759.

— infundibulum grammaticae latinae, od. Trichter d. lat. Grammatik in Exercitien. 8. Frankf. 745.

— infundibulum od. Wiederhol. d. lat. Lect. cd. v. Holzing. 8. Landsh. Hagen. 795.

— introductio in linguam latinam, s. vestibulum etc. 8. Leipz. 729. Berl. 753. Nicolai. 7 ggr

— tractat. de rationis natura. 8. Francf. ad. Viad. 717.

— oratoria in usu juventut. accomm. 8. Berl. Nicolai. 753.

— palaestra epistolica, in us. juventnt. 8. Berl. 739 u. 753. Nicolai. 7 ggr

— s. Caj. Caec. Sec. Plinii, Panegyr.

— großer Trichter der latein. Grammatik. 8. Berl. ... N. A. 776, 794. Nicolai. 3 ggr

— kleiner Trichter der latein. Grammatik. 8. Berl. ... N. A. 780. Nicolai. 2 ggr

— neuer Versuch, die Praeterita u. Supina d. angeh. Schuljugend ꝛc. beizubringen. 8. Berl. 752.

Muzelius, Joh. Ludw, Gottes Ehr, Freud- und Wundervoller Ruhm in der Höhe über dem . . . Frieden auf Erden gezeichnet in Dresden den 25 December 1745, wurde an dem Stargardischen Dank-Feste angepriesen. Stargard und Leipzig. 1746. 4. (16 Seit.)

Muzell, Fr. H., Mania cedens frigidis balneis. Med. u. chir. Wahrn. I. II. Samml. Brl. 1772. 8°. II, cas. 11. Epilepsia ab opio. Ibidem II, n. 20. Mania inoculationi scabiei cedens. Ib. II, n. 12. Tartarus tartarisatus in mania. Ib. I, c. 8. 11. II, c. 10. Amaurosis causa arthritis. Ib. II, n. 16. Amaurosis causa cerebri ulcus, Ib. II, n. 13, steatoma, thlipsis. Ib. n. 14. Vesicatoria in amaurosi. Ib. II, n. 15. 16. Apoplexia sanguinea. Ib. II, n. 17.

1772

Friedrich Hermann Ludwig Muzell

Medicinische und chirurgische ... Hrsg. von Friderich Hermann Ludewig Muzell. Samml. 1.2. Berlin: Haude & Spener 1754-64. 1 Bd 8°

Samml.1: 1754.
Samml.2: 1764.

Friedrich Hermann Ludwig Muzell

Medicinische und chirurgische Wahrnehmungen. Hrsg. von Friderich Hermann Ludewig Muzell. 2.Aufl. Samml.1.2. Berlin: Haude & Spener 1772. 1 Bd 8°

Muzen-Almanak, Nederlandsch Israëlitisch, voor het jaar der schepping 5604. 1. jaarg. 8. Amsterdam 843—44. (Leipzig, Schreck.) cart. n. 1 ℳ

Muzenbecher, Esdr Hur, s. Mutzenbecher, Esdr. Hur.

Een duytsch musyck boeck [muziekboek]. Naar de uitgave van 1572 in partituur gebracht en opnieuw uitg. door Fl. van Duyse. *Amsterdam: F. Muller & Cie; Leipzig: Breitkopf & Härtel 1903.* (7, 127 S.) 4°
— Uitgave van de Vereeniging voor Noord-Nederlands muziekgeschiedenis. 26. [c4. 5009

Mužik, Hugo Bemerkungen zu Weidners Neposausgabe. 8 (S. 25—27). Progr. K. k. Staats-G. *Krems* 1892.

Muzik, Hugo, Geschichte d. Schützenvereins in Krems a. d. Donau. Als Beitrag z. 900jähr. Jubelfeste d. Stadt Krems u. z. 400jähr. Jubelfeste d. Schützenvereines verf. gr. 8. (XV, 163 S. m. 1 Abb. u. 3 Taf.) Krems 895. (F. Oesterreicher.) n. 4. —

Mužik, Hugo, u. Frz. Perschinka, Kunst u. Leben im Altertum. (XVI, 195 S. m. z. Tl. farb. Abb.) 22×30 cm. Wien 909. F. Tempsky. — Leipzig, G. Freytag. Geb. in Leinw. 4. 40

Mužik, K., Lehr- und Anschauungsbehelfe zu den lateinischen Schulklassikern. Gr.-8°. (XI, 160 S.) K 4.50
Wien. Fromme 1903.

Mužik, Hugo, Lehr- u. Anschauungsbehelfe zu den griechischen Schulklassikern. (VIII, 121 S.) gr. 8. Wien 906. C. Fromme. n. 3. 50

— dasselbe, zu den lateinischen Schulklassikern. (XI, 160 S.) gr. 8. Ebd. 904. n. 3. 75

Mužik, Hugo Lesearten zweier Wiener Handschriften zu Ciceros „De inventione" 8 (S 20—25) K k Staats-G *Krems* 1891 Progr.

Mužik Hugo Ein archäologischer Schulatlas. S. III—XXII. 8. Progr. K k. Elisabeth-Gymn. *Wien* 1904.

Mužik, Hugo, Stoff u. Mittel d. Unterrichts in den classischen Sprachen. Pädagogisch-didakt. Betrachtgn. im Interesse f. Schule u. Schüler. gr 8. (III, 71 S.) Krems 893. F. Österreicher. n. 1. —

Mužik Hugo: J J S Ritt v Hauers Symbola heroica moralia critica nobili iuventuti consecrata Veröffentlicht von H M 8 (S. 3- 34). (Schlufs.) (Umschlagtitel: , II. Theil Schlufs) 8 (S 3—16 = S 35—78). K k Elisabeth-G *Wien* 1897 1898 Progr.

Muzner, Jucundin., (†...) Fastenpredigten. 6 Bde. 8. Augsb. 784—88. Wolf. 3 ₰ 20 ℛ

Muzner, Jucundin., Gelegenheitsreden bei verschied. Feierlichkeiten. 3 Bde. 8. Augsb. 788—90. Wolf. 1 ₰ 14 ℛ

— sittl. Kanzelreden auf alle Sonnt. d. Jahrs, z. Unterr. d. gem. Volks. 3 Bde. 8. Ebend. 792—93. (1r 16 gr. 2r u. 3r à 20 gr.)

— Lobreden üb. versch. Gegenst. 3 Bde. 8. Ebend. 777.

— s. Samml. auserles. Kanzelreden.

Muzzarelli, Alph., das Breviergebet. Ein Beitrag zur Heiligung des Priesters. Nach dem Italien. von F. O'Byrn. Schaffhausen 860. Hurter. 16. (VII, 116 S.) 7½ ngr.

Muzzarelli, Alfonso. Das Kindlein Jesu, die Liebe unserer Herzen. A. d. Italien. Dülmen 1874. Ü: *Emonts, Ferdinand.* (so) (Jes)

Muzzarelli, Alph., das Kindlein Jesu, die Liebe unserer Herzen. Neuntägige Andacht als Vorbereitg. auf das Fest der Geburt unseres Herrn Jesus Christus. Nebst Morgen-, Abend-, Meß-, Beicht- u. Communion-Andacht ꝛc. 16. (144 S.) Dülmen 874. Laumann. n. — 40

Muzzarelli, Alph., das Kindlein Jesu, die Liebe unserer Herzen. Neuntägige Andacht als Vorbereitung auf das Fest der Geburt unseres Herrn Jesus Christus. Nebst Morgen-, Abend-, Meß-, Beicht- u. Communion-Andacht ꝛc. 16. (144 S.) Dülmen 879. Laumann. — 30

Muzzarelli, Alph., das Kindlein Jesu, die Liebe unserer Herzen. Neuntägige Andacht als Vorbereitg. auf das Fest der Geburt unsers Herrn Jesus Christus. Nebst Morgen-, Abend-, Meß-, Beicht- u. Communion-Andacht ꝛc. 32. (120 S.) Dülmen 893. A Laumann. — 30

Muzzarelli, Alph., neuer Mai-Monat. Mit Zugrundelegg. d. alten Büchleins hrsg. v. e. Seelsorgspriester. 16. (208 S. m. 1 Stahlst.) Mainz 883. Kirchheim. — 90

Muzzarelli, Alphons, neuer Mai-Monat. Mit Zugrundelegung des alten Büchleins v. M. hrsg. v. Joh. Praxmarer. 2. durchgeseh. Aufl. (208 S.) gr. 16. Mainz 904. Kirchheim & Co. n. — 90; geb. in Leinw. n. 1.20

— von den Pflichten e. Seelenhirten in Zeiten der Drangsale der Kirche. gr. 16. (IV, 105 S.) Regensburg 885. Verlags-Anstalt. — 65

Muzzebin, romantisch-komische Oper in zwei Aufzügen von J. Schnitzer. Musik von S. Bachrich. Für das k. k. Hofoperntheater in Wien eingerichtet. (Textbuch.) 8. (66 S.) Wien 883, Kilnast. *

Muzzi, Salvat., cento novelline morali pei fanciulletti. 16. (99 S.) Triest 864, Coen. *

Mwallimu Mbaraka (zu Dâr-es-Salâm): Kaiserlied. Hrsg. u. frei übers. v. R. Zache. (Deutsch u. arabisch.) [Aus: „Seidels Ztschr. f. afrikan. u. ocean. Sprachen".] Lex.-8. (12 S. m. 1 Bildnis.) Berlin 897. D. Reimer. n. — 50

Mwansa, s.: Kolonialkarten, Kiepert, R.

My mother a. I, s.: Collection of brit. authors.

My, van der, tractatus duo de morbis et symptomatibus popularibus bredanis tempore obsidionis et eorum immutationibus pro anni victusque diversitate deque medicamentis in summa rerum inopia adhibitis. Iterum ed. ob. rarit. et argum. gravit. not. aux. et praef. Ch. G. Gruner. gr. 4. Jenae, Academ. Buchh. 792.

Myalls, Charles, ABC der Photographie. Praktischer Leitfaden für Photographen u. die es werden wollen. Anleitung zur Erzeugung von Lichtbildern auf Glas, Papier, Wachstuch, Lackleder ꝛc. nach den neuesten Erfahrungen unter sorgfältiger Berücksichtigung aller Details in der Ausübung übersichtlich zusammengestellt. Aus dem Engl. Hamburg 860. B. S. Berendsohn. 32. (VIII, 143 S.) 15 ngr.

Myatowitsch, Georg, aus Neusatz Ungarn Ueber das osteomalacische Becken. Zür Orell Füssli Cie Dr 1875. IV 80 S 8°
Zurich, Med. Diss [v 27 April 1875].

Mycc, Johann Friedrich

Mycc, J. F., italien.-deutscher Handelscorrespondent. 8. Basel 781. Schweighäuser. 15 ℛ

— — ders. französ. u. deutsch. 8. Frankfurt, Brönner. 784.

Mycc, Joh. Friedr. Wohlgeübter Correspondent, oder Sammlung von drey hundert Kaufmanns- und andern Briefen, zum Gebrauch dererjenigen, welche in der Italienischen Schreibart Fertigkeit zu erlangen suchen, mit den gebräuchlichsten Italienischen Wörtern Wie auch einem Anhang von allerhand Wechsel-Briefen In das Italienische übersetzet von A. P. M. Nürnberg, Pollmann, 1763. 8° *Gestoch. Frontispiz,* 3 Bl. 422 S. Einfacher HPgt. d. Z. (Rücken geplatzt).

Zweispaltig; in der linken Spalte jeweils der deutsche Text, in der rechten die italien. Wörter im Nominativ und Infinitiv (mit der dt. Übersetzung nach jedem Wort): „Hieraus erwächst einem jungen Anfänger der Vortheil, daß, sobald er nur das Decliniren und Conjugiren gefast hat, er auch gleich anfangen kan zu übersetzen " (Vorwort)

Mycielski, Jos. v., s.: Brief, offener, e. Polen an die deutschen Einwohner der ehemals polnischen Landestheile.

Mycielski, Michael De juris offerendi origine Berolini 1848
Berlin, Jur Diss. v Aug 1848

Mycielski, M., de juris offerendi origine. gr. 8. (96 S.) Berolini 848, Schneider & soc. n. 12 ngl

Myckert, Oskar Johann August, aus Ribben, Ostpr, Oberarzt im K S. Fußart-Reg No 12 in Metz Die **Behandlung der nicht komplizierten Frakturen am oberen Ende des Humerus.** *Leipzig 1903: B. Georgi.* (44 S.) 8°
Leipzig, Med. Diss. v (24 Juni) 1903

(Myconius. Oswald M' 1488–1552.) Njbl. s [Schweizer, Felix]

(Myconius, Oswald Myk' [und die Reliquie].) Njbl. s [Stolz, Johann Jacob]

Myconius, Oswald s Vitae quatuor reformatorum. Berolini 1841.

Frederik van der Mye

Frederici van der Mye De Morbis et symptomatibus popularibus Bredanis. 6. Ienae (1792:) Fiedler. 8°

6: [Forts.] Christianus Gothfrid[us] Gruner. (1792) [Einladungsschrift zur Dr. med.- Promotion von Philipp Ehrhard Hertlaub. Jena, 5.Apr. 1792.]

Mye, Friedrich van der, De morbis et symptomatibus popularibus bredanis tempore obsidionis et eorum immutationibus pro anni victusque diversitate deque medicamentis in summa rerum inopia adhiritis tractatus. o. O. (25. II. 1792.) (2.—) 24439
Mit Biogr. v. Christian Gottfried Knackfuss (Rochlitz) (M.: J. Chr. Mehlig).

van der Mye, Fr., de morbis et symptomatibus popularibus Bredanis. Iterum ob. rarit. et argum. gravit. not. aux. et praef. ed. Ch. G. Gruner. 4maj. Jena 792. Acad. B. 16 gl

Myer, Isaac

Oldest books in the world. An account of the Religion, Wisdom, Philosophy, Ethics, Psychology, Manners, Proverbs, Sayings, Refinement, etc., of the Ancient Egyptians 27 ill. By Isaac **Myer** *Leipzig: O. Harrassowitz 1900.* (XXIV, 502 S.) 4° [00 8971

Myer, Isaac, Scarabs. The history, manufacture and religious symbolism of the Scarabaeus, in ancient Egypt, Phoenicia, Sardinia, Etruria, etc. Also remarks on the learning, philosophy, arts, ethics, psychology, ideas as to the immortality of the soul, etc., of the ancient Egyptians, Phoenicians, etc. 8. (XXVII, 177 S.) Leipzig 894. O. Harrassowitz. Geb. in Leinw. n.n. 12. —

Myers, A B R., die Ueberanstrengung d. Herzens, s: Seitz, J.

Myers, Burton D., A. M., aus Ithaca, N.-Y. (U S.A.) (Aus d. anat. Anstalt zu Leipzig.) **Beitrag zur Kenntniss des Chiasmas und der Commissuren am Boden des dritten Ventrikels.** *Leipzig: Veit & Co. 1902.* (32 S.) 8° ¶(Aus Archiv f. Anat. u. Physiol., 1902, Anat. Abth.)
Leipzig, Med. Diss. v (10. Juli) 1902

Myers, F. W. H., Gespenster lebender Personen, s.: Gurney, E.

Myers, *George William* [M. L. Associate Prof. d. Math. an d. Univ. of Illinois, Urbana]: Untersuchungen über den Lichtwechsel des Sternes β Lyrae . München, Akad. Buchdr. v. F. Straub, 1896; 64 S., 2 Taf. 4.
München, Phil. Fak., Inaug.-Diss. v 1896

Myers, Harry C. [aus Cleveland '(Ohio, U. S.)'] Ueber Dichlormethylparaconsäure ... Strassburg, Univ.-Buchdr. v. J. H. E. Heitz, 1891; 17 S. 8.
Strassburg, Math.-naturw Fak., Inaug.-Diss. v 1891

Myers, J. B., William Carey, der Schuhmacher, der „Vater u Begründer der neueren Heidenmission". Verdeutscht v Isabella **Mundhenk**, geb. v. Dücker. 8. (157 S. m. Abbildgn. u. Bildnis.) Hamburg 892. J. G. Oncken Nachf. 1. 35; geb. in Leinw. 2. —

Myers, John E. [aus Keighley '(Engl.)']: Ueber das Silber-Voltameter und Ueber das Faraday'sche Gesetz bei Strömen von Reibungselectricität Strassburg i. E., Buchdr. C. Gœller, 1895; 24 S., 1 Bl. 8.
Strassburg, Math.-naturw Fak., Inaug.-Diss. v 1895

Myers, P Hamilton

Myers, P. H., der Erbe. Ellen Welles, s. **Bibliothek**, amerikanische.

Myers, P. Hamilton, der Erbe, s.: **Erzählungen**, 1001, f. Jung u. Alt.

— dasselbe, s.: **Perfall**, Ant. Frhr. v., Jack.

Myers, P. H., der Gefangene, s. **Bibliothek**, amerikanische.

Mygind, Eduard, Syrien u. die türkische Mekkapilgerbahn, s.a. **Geographie**, angewandte. 11. Heft.

Syrien und die türkische Mekkapilgerbahn. Ein Beitrag z. Kenntnis d. Landes u. d. Bedeutung d. Bahn. Von Eduard **Mygind**. Halle a. S.: Gebauer-Schwetschke 1906. (IV, 76 S.) 8°
= **Geographie**, Angewandte Ser 2. H. 11 [07. 2469 3

Mygind, Eduard, vom Bosporus zum Sinai. Erinnergn. an die Einweihg. der Hamidié-Pilgerbahn des Hedjas (Teilstrecke Damaskus-Ma'an). Mit 2 Portr., 15 Bildern, 1 Karte u. 1 Höhenriss. (V, 93 S.) gr. 8. Konstantinopel 905. O. Keil. n. 3. —

Mygind, Holger, kurzes Lehrbuch der Krankheiten der oberen Luftwege. gr. 8. (XI, 252 S. m. 65 Abbildgn.) Berlin 901. O. Coblentz. Geb. in Leinw. n. 6. —

Mygind, H., die angeborene Taubheit. Beitrag zur Aetiologie u. Pathogenese der Taubstummheit. gr. 8. (VII, 119 S.) Berlin 890. Hirschwald. n. 3. —

Mygind, Holger, Taubstummheit. gr. 8. (VII, 278 S.) Berlin 894. O. Coblentz. n. 6. —

Myhrman, David Wilhelm

Myhrman, Dav. W., Sumarian administrative documents dated in the reigns of the kings of the second dynasty of Ur from the temple archives of Nippur, s.: **Expedition**, the Babylonian, of the University of Pennsylvania. III. 1.

Myhrman, David W(ilhelm), aus Tuna (Schweden): **Die Labartu-Texte.** Babylonische Beschwörungsformeln nebst Zauberverfahren gegen d. Dämonin Labartu. (In Umschrift u. Uebers. hrsg.) *Strassburg: K. J. Trübner 1902.* (60 S.) 8° ¶(Aus Zeitschrift f. Assyriol., Bd 16.)
Leipzig, Phil. Diss. v [17 Mai] 1902

Mykologie d. Bodens, d. Wassers u. d. Düngers ... herausg. v. F. Lafar. 2., wesentlich erweit Aufl. Jena 1904—06. 503 S. Fig. 10 Tvl. 4°.
(= Handbuch d. technischen Mykologie. Bd. 3). 653.

Mykonius, Friedrich. Vortrag v. Wohlrabe, s. Magazin, pädagog.

Mylad, Jonas Der Oeconomische Tausendkünstler in unzähligen Sympatetischen antipathetischen und andern besonders wunderbaren Wein- und Haußhaltungsgeheimnüssen bewiesen und zur Beförderung der Oeconomie hrsg. Franckfurt & Leipzig 1755. 536 S. -- 14*

Myler, Eberhard Wilh. (Oschatz/Meißen), De salvo conductu Latine commeatu. Diss. jur. Präs. Augustin von Leyser. Wittenberg (J. Fr. Schlomach) 10. VI. 1740. 36 S. (5.—) 24440

Myler, Nic., ab Ehrenbach, archologia ordinum imperialium. 4. Stuttg. 723.

Myler von Ehrenbach, Nikolai, Etologia ordinum imperialium, sive De Principum et aliorum Statuum Imperii Romano-Germanici jure concedendi veniam aetatis; Libellus singularis. Tübingen (G. Stoll, G.-H. Reis) 1706. 82 S. (6.—) 24441

— gamologia ord. imp. s. de matrimoniis personar. imper. illustr. 4. Tub. 723.

— hyparchologia, s. de officialib., magistratib. etc. 4. Stuttg. 723.

— metrologia ordin. imp. s. de mensuris, ponderib. 4. ib. 733.

— nomologia ordin. imp. 4. Tub. 723.

— stratologia german. imp. 4. Ulm. 720.

Myletor, Dr. [F. X. Werner in St. Pölten]. Der Hermesianismus vorzugsweise von seiner dogmatischen Seite dargestellt u. beleuchtet in Briefen zweier theologischen Freunde. Regensburg, Manz (jetzt Verlagsanst.), 1845, gr. 8°, 173 S., 2,50 Mk.
Eine sachgemäße Beurteilung des Hermesianismus vom theol. Standpunkte aus u. Rechtfertigung des kirchl. Verdammungsbreves. Recens Kathol. Littblätter zur Sion 1845, S. 43—5.

Mylich, Gf. Georg

Mylich, (G. G.,) Elementarbuch z. Gebr. f. d. niedern deutschen Schulen rc. 5e Aufl. 8. Mietau 824, (Reyher.)

Mylich, Gf. Geo., († d. 1. Sept. 1815.) Versuch e. Elementarbuchs z. Gebr. f. d. niedern deutschen Schulen in Kurland rc. 8. Mietau 792. 2e A. 797. 3e A. 803. 4e A. 811. 5e A. 824. (Reyher). 14 gl

von Mylius. Erneuerte Armen-Ordnung der Stadt Koln. *Cöln Dümont-Schauberg.* 1818

Mylius: Über englische Orthographie und Aussprache. 15 S.– Stolp, Progr. 1868.

Mylius u. Isphording, der Wasserbau an den Binnenwasserstrassen. Ein Lehr- u. Handbuch f. Stromaufsichtsbeamte der preuss. Wasserbauverwaltung Im Auftrage des Ministeriums der öffentl. Arbeiten hrsg. 2 Tle. gr. 8. Berlin, W. Ernst & Sohn.
Geb. in Leinw. n. 14.—
I. Verwaltungs- u. Gesetzeskunde. (VII, 215 S. m. Fig.) 904. n. 5.—
II. Baukunde. (X, 588 S. m. Fig.) 906. n. 9.—

— — dasselbe. Anh. Leitfaden f. d. Rechnen, f. Flächen- u. Körperlehre. (VI, 52 S. m. Fig.) gr. 8. Ebd. 904. n. 1.20

Mylius, A , die Harfe, s. Harfe.

Mylius, A., I. Die Inspiration der heil. Schrift unter Vergleichung der bezüglichen altlutherischen Lehre m. den Aussagen der neueren Theologie. II. Die Lehre St. Pauli vom sogenannten 3. Gebrauch d. Gesetzes. III. Unser Verhalten gegen die Sekten. 3 Vorträge. gr. 8. (52 S.) Geestemünde 889. Henke. n. 1.—

Mylius, A., der fleischgewordene Logos im Prolog d. Evang. Joh. [I., 1—18] unter Berücksicht. der v. H. Schultz in seinem Werke „Die Lehre v. der Gottheit Christi" dargelegten „Johanneischen Lehre". gr. 8. (19 S.) Hannover 883. Feesche. n. — 50

Mylius, Adolph Heinrich (Leipzig), De pseudotutoro et curatore notarii. Diss. inaug. Moder. Johann Peter Ludewig. Halle (J. Grunert) 14. XII. 1712. 32 S. (4.75) 24442

— — Dasselbe. Halle (J. Grunert) 14. XII. 1712. 32 S. (5.—) 24443
Widm. v.: Christian Otto Mylius, Gebhard Christian Bastineller.

— Adolph Theodor (Hildesheim), De venaesectionis historia. Diss. med. Berlin (Nietack) 16. II. 1835. 28 S. u. Biogr. (M.: Ch. Baumgarten.) (2.50) 24444
Oppon.: B. Halsband, Fr. Stich, H. Nordsiek. — Gew.: H. C. G. Kassebaum, Johann Heinrich Mylius (Vater).

Mylius, Albert [aus Basel]. Untersuchungen über Oxykobaltiake und Anhydrooxykobaltiake. Zürich 1898. 43 S. 8°
Zürich. Phil. Diss. II. S. 1897 98.

Mylius, Albert Oskar, s. Mylius, Oskar

Mylius, Andr., conspect. jurisprudent. civ. rom. juxta ordin. institution. imperial. etc. tab. repraes. fol. Regensb. 738.

Mylius, Andreas [Praes.], s. Eylenbergk, Johann Caspar De jure carnificum.

Mylius, Andreas [Praes.], s. Fritsch, Christian Siegfried: De remissione facinorosorum, eorumque transportatione per territorium alienum. Von Abfolge und Durchführung der Maleficanten.

Mylius, Andreas [Praes.], s. Homilius, Gottlieb Benjamin De muliere domina.

Mylius, Andreas [Praes.], s. Maxen, Joh. Georg von. De feudo in pecunia consistente, Von dem Lehn-Stamm.

— — Commentatio jur. de remissione facinorosorum eorumque transportatione per territorium alienum. Oder: Von Abfolge und Durchführung der Maleficanten. Frankfurt u. Leipzig (J. Chr. Schroeter) 1743. 32 S. (5.—) 24446

— **Andreas Friedrich** (Leipzig), De censibus promobilibus, von Kutscher-Zinnßen. Disput. inaug. Präs. Adrian Beier. Jena (Werther) 19. V. 1706. 36 S. (5.—) 24450

— — Dasselbe. Jena (Werther) 19. V. 1706. Rec. 1715. 36 S. (5.—) 24451

Mylius, Anton Frh. v

Mylius, A. Frh. v., die heut. Gemeindeverfassung in ihren Wirkungen auf Gemeindewohl, nebst Gedanken zu e. Entwurfe f. d. Rheinlande a. d. Gesichtspunkte eines Verwalteten. 8. (11 B.) Köln 830, Bachem.

—— der Handel, betrachtet in sein. Einflusse auf d. Entwickel. d. bürgerl., geist. u. sittl. Kultur. gr. 8. (11 B.) Köln 829, Bachem.

Mylius, **August**, d. gesegnete Begründer u. erste Propst d. Hermannsburger Telugu-Mission, s.: Missionsschriften, kleine Hermannsburger, Nr. 9.

Mylius, Benno Franz, s. Mylius, Franz

Der Wasserbau an den Binnenwasserstraßen. Ein Lehr- u. Handbuch f. Stromaufsichtsbeamte d. Preuß. Wasserbauverwaltung. Im Auftr. d. Minist. d. öffentl. Arbeiten hrsg. von [Bernhard] **Mylius** u. [J.] Isphording, Reg.- u. Bauräte. T. 1. Berlin: W. Ernst & Sohn 1904. 8° (05. 11947

Mylius, Bruno: Über den Einfluss des Lösungsmittels auf die Reaktionsgeschwindigkeit. Breslau 1908: H. Fleischmann. (45 S.) 8°
Breslau, Phil. Fak., Ref. Ladenburg, Diss. v. 22. Jan. 1908
[Geb. 10. Dez. 83 Rathenow, Kr. Westhavelland; Wohnort: Liegnitz; Staatsangeh.: Preußen; Vorbildung. Gymn. d. Ritterakad. Liegnitz Reife O. 03; Studium: München 2, Breslau 8 S., Rig. 4. Dez. 07]

Mylius, C., das Anlegen v. Herbarien der deutschen Gefässpflanzen. Eine Anleitg. f Anfänger in der Botanik. 8. (VI, 110 S.) Stuttgart 885. Thienemann. n. 1. 80; geb. n. 2. 20

Mylius, C., d. Anlegen v. Herbarien 885. (KBL 24.) Jetzt: Stuttgart, E. Schweizerbart.

Mylius, C. I. Die Wahl- u. Krönungskirch[illegible] deutschen Kaiser St. Bartholomäus in Frankfurt a. M. in 11 Ph[illegible] Text von Ernst Kelchner. Frankf[illegible] a. M. 1866. Fol.

Mylius, C. Fr., aus Volkes Mund. Sprichwörtliche Redensarten, Citate aus classischen Dichtungen, aus der Oper, aus der Bibel. Jüdisch-deutsch. 8. (VII, 235 S.) Frankfurt a/M 878. Jaeger. n. 2. 40; geb. n. 3. 50

Mylius, C. J., über einige Mittel zu kräftiger Beförder. höherer Bildung bei Landpredigern u. Landschullehrern. gr. 8. Karlsr. 822. Braun. 3 ℓ

Mylius, C. J., Treppen-Vestibul- und Hof-Anlagen aus Italien. Skizzen. 50 Taf. photolithogr. ausgeführt von W. Korn und Comp. in Berlin. Fol. (6 S. Text.) Leipzig 867, A. Dürr. cart. *

Mylius, C. S., komisches Theater d. Deutschen älterer und mittlerer Zeit. 1r Bd. 8. Berlin, Maurer. 785.

Mylius, Chr. Fr., malerische Fußreise durch d. südl. Frankreich u. einen Theil v. Ober-Italien. 4 Bde. Mit 68 Steindr. gr. 8. Karlsr. 818, 19. Verfasser. (Leipz., Barth). 12 f 12 gr 2e Ausg. Ohne Kpf. 4 Bde in 8 Abthll. gr. 8. Ebd. 830. Groos. 6 f — Dass. Werk mit 1 Atlas v. 91 Steintaf. u. Kpftaf. qu. Fol. 7 f 12 gr

Mylius, Chr. Fr., Reise durch d. südl. Frankreich u. e. Theil v. Ober-Italien. 2. Ausg. (ohne Stnt.) 4 Bde. (8 Abthln.) gr. 8. (179¹/₄ B.) Karlsruhe 830, Groos.
Dass. Werk mit 89 Stnt. u. 1 Bl. Erklär. qu. Fol. 7 Thlr 12 Gr.

Mylius, Christian Otto

Mylius, Chr. O.: Corpus constitutionum Magdeburgicarum novissimarum. Oder Königl. Preuß. u. Churfl. Brandenb. Landes-Ordnungen, Edicta und Mandata, im Hertzogthum Magdeburg, wie auch in der Graffschafft Mansfeld Magdeburgischer Hoheit, von anno 1680. biß 1714. publiciret, u. samt einigen Rescripten ans Licht gegeben. [Nebst] Contin. v. 1714–17. Magdeburg u. Halle (1715–17). 2+1 Bde

Mylius, Chr. O.: Corpus Constitutionum Marchicarum, oder Königl. Preuß. und Churfürstl. Brandenburg. in der Chur- u. Marck Brandenburg auch incorporirten Landen publ. u. ergangene Ordnungen, Edicta, Mandata, Rescripta etc. Von Zeiten Friedrichs I. Churfürstens zu Brandenburg . . . ad annum 1736 incl. Berlin u. Halle. 7 Bde fol.

Th. 1. Von Geistlichen- Consistorial u. Kirchen-Sachen. (1737.)
„ 2. Von der Justiz so wol in Civil- als Criminal- u. Fiscal-Sachen u. deren Proceß. (1737.)
„ 3. Von Kriegs-Sachen. (1737.)
„ 4. Von Zoll- Jagdt- Holtz- Forst- Maß- Post- Vorspann- Müntz- Saltz- Salpeter- u. Bergwercks- auch Domainen Pacht- u. andern Aemter- Damm- u. Teich-Sachen, Accis-Wesen. (1738.)
Th. 5. Von Policey- . . . auch Feuer- Gassen- u. andern zur Policey gehörigen Ordnungen. (1740.)
„ 6. Von Miscellaneis. u. Supplementis derer vorhergehenden 5 Theile bis 1736. Nebst Anh. 1750.

Anh. Die von dem Etablissement derer Frantz. Kolonien . . . in frantz. Sprache publ. . . . Ordnungen. Edicta. Mandate u. Rescripta. [Nebentit.] Recueil des édits, ordonnances, réglements et rescripts. 1750.

Contin. 1 Ordnungen, Edicta von 1737 biß 1740 incl. (1744.)
„ 2. Edicten Mandaten von 1741 bis 1744 incl. (1744.)
„ 3. Edicten von 1745 biß 1747 incl. (1748.)
Suppl. [zu] Contin. 1—3. Edicten von 1737 bis 1747 incl. (1751.)
Contin. 4. Edicten von 1748 biß 1750 incl. (1751.)
Repertorium. 1755.

Chr Otto Mylii Corpus Constitutionum Marchicarum, oder Königl. Preuß. in der Kur- und Mark Brandenburg, auch inkorporirten Landen publicirte und ergangene Ordnungen, Edikte, Mandate, Reskripte, von Zeiten Friedrichs, Kurfürsten von Brandenburg, ad annum 1736. Berlin und Halle. Fol. 6 Thle. — IV. Continuationes und 1. Supplementar-Band zur I. II. und III. Kontinuation, enth. die Verordnungen von 1737—1747. — Novum Corpus Constitutionum Borussico-Brandenburgensium praecipue Marchicarum, oder: Neue Sammlung Königl. Preuß. und Kurfürstlich Brandenburgischer, sonderlich in der Kur- und Mark Brandenburg, wie auch andern Provinzen publicirten Verordnungen, Edikte, Mandate, Reskripte ꝛc, vom Anfang des Jahres 1751 und folgende Zeiten. Mit K. Allergn. Bewilligung und Dero Akademie der Wissenschaften darüber ertheiltem Privilegio, nebst einer Einleitung in die mannigfaltigen Gesetze eines Staats, und besonders in den Königlich Preuß. und Kur-Brandenburgischen, geistlichen und weltlichen Justiz-, Militair-, Kameral-, Polizei- und übrigen Landesgesetzen. Tom. I—XIII o. J. 1751—1806. Fol.

Zu dieser Sammlung gehören zwei besonders erschienene Register-Bände.
Der erste hat den Titel:
Repertorium novi Corporis Constitutionum Brandenburgensium praecipue Marchicarum I. chronologicum,

II. reale, oder. doppeltes Register über die neue Sammlung der Königl. Preuß. und Kurfürstl. Brandenburgischen, besonders in der Kur- und Mark-Brandenburg ergangenen und publicirten Ordnungen, Edikte, Mandate, Reskripte u. s. w., welche in 25 Jahrgängen v. 1751—1775, mit Allergn. Königl. Bewilligung durch Höchst Dero Akademie der Wissenschaften zum Druck befördert worden. Berlin bei Kunst. Fol. (o. J.)

Der andere hat den Titel:
Repertorium novi Corporis Constitutionum Borussico-Brandenburgensium praecipue Marchicarum I. chronologicum, II. reale, oder. doppeltes Register über die neue Sammlung der Königl. Preuß. und Kurfürstl. Brandenburgischen, besonders in der Kur- und Mark-Brandenburg ergangenen, publicirten Ordnungen, Edikte, Mandate und Reskripte, welche in funfzig Jahrgängen von 1751—1800, mit Allergn. Königl. Bewilligung durch Höchst Dero Akademie der Wissenschaften zum Druck befördert worden. Berlin, 1803.

Durch dieses Register wird das erste entbehrlich. Die Vorerinnerung giebt Nachrichten über die Veranlassung und Einrichtung der Mylius'schen Sammlung nebst deren Continuationen und der neuen Edikten-Sammlung.
Man citirt die Mylius'sche Sammlung gewöhnlich durch C. C. M. (Corpus Constitutionum Marchicarum) und die neue Edikten-Sammlung durch N. C. C. (Novum Corpus Constitutionum).

— — (Halle-Magdeburg), De jure septidui, In specie do septiduo processus Saxonici. Diss. inaug. Präs. Jo. Sam. Strykius. Halle/Magdeburg (J. Grunert) 29. VI. 1702. 56 S. (5.50) 24453

— — Dasselbe. Halle/Magdeburg (J. Grunert) 29. VI. 1702. 56 S. (5.50) 24454
Gew.: Heinrich von Bünau.

Mylius, Christian Otto [Praes.], s. Sachsensche, Theodor Heinrich: De reservatione hypothecae a venditore facta in securitatem pretii residui.

Mylius, Christlob (Hrsg.):
s.: Belustigungen, Physikalische. Stück 1-20. Berlin: 1751-53.

JB 6.177

— Beschreib. e. neuen Grönländ. Thierpflanze. Mit Kpf. gr. 4. London 753. (Hahn in Hannov.) 6 gl

— s. Clairaut, Anfangsgründe.

Mylius, Christlob, Gedank. üb. d. Atmosphäre des Mondes. 4. Hamb. 746.

– s. W. Hogarth, Zergliederung.

* KUSS, Der, oder Das ganz neu musikalische Schäfer-Spiel (von *Christlob Mylius*), So in einer Comödie aufgeführt, 1748. Die Personen: Thyrsis, Phillis, Damon. Franckfurth und Leipzig. 8°. (In Berlin: Yr 1256.) Selten!
Anon.-Lex. II. p. 381 (nach W v. Maltzahn)

Mylius, Christlob (Hrsg.), s. Naturforscher, Der

Mylius, Christlob, († d. 6. März 1754.) vermischte Schriften, gesamml. v. G. E. Lessing. 8. Berl. 754. Haude u. Sp. 14 gl

Mylius, Christlob, Untersuchung, ob man die Thiere um physiologischer Versuche willen lebendig eröffnen dürfe. Eine Abhandlung aus dem vorigen Jahrh. üb. die Vivisektionsfrage. Mit einer Einleitung. gr. 8. (14 S.) Rothenburg o/Tbr. 880. Klein. n. — 40

Mylius, D. F., Die Wahl- und Krönungskirche der deutschen Kaiser St. Bartholomäi in Frankfurt a/M. 2 Bl. Text u. 12 Photogr. Fol.

Mylius, E., der Apotheker als Geschäftsmann. (IV, 124 S.) 8. Berlin 903. J. Springer. n. 2.40

Mylius, E., das Bogenschiessen als Sport u. zum Jagdgebrauch, s.: Miniatur-Bibliothek f. Sport u. Spiel.

Mylius, E.: Das Bogenschießen als Sport und zum Jagdgebrauch. Leipzig 1908. 78 S. (Miniaturbibl. f. Sport u. Spiel. 11.)

— Der Küstensegler. (IV, 282 S. m. 38 Abb. u. 10 Taf.) Berlin 904. Wassersport-Verlag. Geb. in Leinw. 5. —

MYLIUS, E. Aus dem Nonnenkloster. Erzählung einer Klosterschülerin. (Um 1910.) 8°.
Verb. d. Ldg. III. Berlin A. 4 J. 891/14.

Mylius, E., kleiner Rathgeber für den Apothekenkauf. 8. (VI, 58 S.) Berlin 888, Springer. *

Mylius, E., kleiner Ratgeber f. den Apothekenkauf. 2. verm. u. verb. Aufl. 8. (VI, 74 S.) Berlin 902. J. Springer. n. 1.40

Mylius, E., s.: Schule der Pharmacie.

Mylius, Er Fr.

— Auszug d. Hauptsätze u. Eintheilungen aus d. Entwürfen ɛc. 8. Hamb. 745—59.

Mylius, Er. Fr., († d. 15. Dec. 1774.) Entwurf heilsamer Unterweisungen, od. Dispos. d. Evangel. gr. 8. Hamb. 745 —74. (Jahrg. à 20 gl) 25 ℔

Mylius, Ernst, die Kreise Delitzsch u. Bitterfeld in alten Zeiten. Zwei Abhandlgn. gr. 8. (42 S.) Delitzsch 893. R. Pabst. n. — 80

— Ernst (Nimecensis), Scotus Erigena part. I. quid Scotus Erigena demalo docuerit. Qua dissertatiuncula viro clarissimo Joh. Gottfried Gruber gratulatur. Halle (Ch. Graeger) (14. XII.) 1843. 27 S. (3.50) Gew.: Joh. Gottfr. Gruber. 24455

Mylius, Ernst, Volkswetterkunde, Witterungstypen u. Witterungs-Katechismus f. Nord- u. Mitteldeutschland. (45 S. m. 3 Tab.) gr. 8. Berlin 908. O. Salle. 1. —

Mylius, Ernst (II.), wie führen wir auch in unsern Tagen das Amt des neuen Testamentes recht? Predigt. 8. (¾ B.) Leipzig 845, Franke.

— Ernst Heinrich, An is qui alimenta vivo praestitit, ad hunc sevcliendum sit obligatus disquirit et viro consultissimo Ludwig Magen (Leipzig) gratulatur. Wittenberg (E. G. Eichsfeld) 17. XII. 1737. (1.—) 24456

Mylius, Ernst Heinrich [Praes.], s. Beuchel, Friedrich Ferdinand: De remedio I. II. c. de resc. vendit. in locatione conductione. Spec. jur. I.

— — De citatione vasalli et simultanee investiti Saxonici eiusque insinuatione. Diss. inaug. Leipzig (Breitkopf) 2. IV. 1739. 36 S. (4.50) 24458
Gew.: Carl Otto Rechenberg, Augustin Leyser.

—· — De jure protimeseos domino directo in quavis feudorum alienatione secundum jus Saxonicum competente. Präs. Leonard Ludwig Mencken. Wittenberg (Scheffler) 22. XII. 1738. 28 S. (5.—) 24457

Gew.: Gottfried Ludwig Mencken. — Widm. v.: Augustin Leyser.

Mylius, Ernst Heinrich [Praes.], s. Knoblach, Johann Friedrich: De dispositionis vasalli inter liberos recte facienda interpretatione potissimum de feudo feminino.

— — De sententia furioso in terrorem dictanda nonnulla profert et lectiones privatas hoc semestri aestivo. Leipzig (Chr. Zunkel) (Rogate) 1740. 12 S. (3.50) 24459

Mylius, Ernst Heinrich [Praes.], s. Richter, Johann Tobias: De remissione mercedis propter sterilitatem in praediis rusticis. Specimen jur. III.

Mylius, Ernst Heinrich [Praes.], s. Wallbaum, Johann Georg Christoph: De fictione quasi contractuum in iure Germanico otiosa.

Mylius, Ernst Heinrich [Praes.], s. Wehner, Johann Ernst. De felonia ante praestitum fidelitatis commissa.

— Eusebius (Leipzig), De jure sibi ipsi nocendi. Disput. moral. Präs. Heinr. Ludwig Wernher. Leipzig (Brandenburger) 22. V. 1706. 24 S. (4.50) 24460

Mylius, F., und O. Fromm: Ueber die Abscheidung der Metalle aus verdünnten Lösungen. Berlin 1894 (Mittheil. a. d. Physik.-Techn. Reichsanst.)

Mylius, F., und A. Meußer: Über die Anwendbarkeit von Quarzgeräten im Laboratorium. Hamburg und Leipzig 1905

Mylius, F., und A. Meußer: Über die Bestimmung der Borsäure als Phosphat. Berlin 1904 (Mittheil. a. d. Physik.-Techn. Reichsanst.)

Mylius, F., und F. Foerster: Über die Bestimmung kleiner Mengen von Alkali und die Erkennung der Neutralität des Wassers. Berlin 1891 (Mittheil. a. d. Physik.-Techn. Reichsanst.)

Mylius, F: Ueber die Beurtheilung der Glasgefäße zu chemischem Gebrauche. Das Verhalten von Glasoberflächen zu Wasser. Berlin 1891 (Mittheil. a. d. Physik.-Techn. Reichsanst.)

Mylius, F und Fromm, O. Ueber die Bildung schwimmender Metallblätter durch Elektrolyse. (Sonder-Abdruck.) Leipzig 1894.

Mylius, F., und J. v. Wrochem: Über das Calciumchromat. (Studien über die Löslichkeit der Salze. Berlin 1901 (Mittheil. a. d. Physik.-Techn. Reichsanst.)

Mylius, F., und F. Rose: Ueber die Einwirkung lufthaltigen Wassers auf Aluminium. Berlin 1893 (Mittheil. a. d. Physik.-Techn. Reichsanst.)

Mylius, F. Die Eiweißreaction der Säuren. Berlin 1903

Mylius, F., und E. Groschuff: Über Entstehung und Veränderung von wasserhaltigem Glase. Hamburg und Leipzig 1907 (Mitteil. a. d. Physik.-Techn. Reichsanst.)

Mylius, F. Die Eosinreaktion des Glases an Bruchflächen. Hamburg und Leipzig 1907 (Mitteil. a. d. Physik.-Techn. Reichsanst.)

Mylius, F. Die Eosinreaktion des Glases an Bruchflächen. 2. Verwitterbarkeit schwerer Glasarten. Hamburg und Leipzig 1910 (Mitteil. a. d. Physik.-Techn. Reichsanst.)

Mylius, F: Ueber die Herstellung und Beurtheilung von reinem Platin. Vortrag. Berlin 1892

Mylius, F: Zur Kenntnis der Molybdänsäure. Berlin 1903 (Mitteil. a. d. Physik.-Techn. Reichsanst.)

Mylius, F: Ueber die Klassifikation der Gläser zu chemischem Gebrauche. Berlin 1904

Mylius, F., und J. Förster: Ueber die Löslichkeit der Kali- und Natron-Gläser in Wasser. Berlin 1889 (Mittheil. a. d. Physik.-Techn. Reichsanst.)

Mylius, F., und R. Funk: Ueber die Löslichkeit einiger leicht löslicher Salze in Wasser bei 18°. Berlin 1897

Mylius, F., über wässrige Lösungen des Magnesiumoxalats, s.: Kohlrausch, F.

Mylius, F., und R. Funk: Über die Natriumsalze der Chromsäure. (Studien über die Löslichkeit der Salze. 4) Berlin 1901 (Mittheil. a. d. Physik.-Techn. Reichsanst.)

Mylius, F, Die Prüfung der Oberfläche des Glases durch Farbreaktion. (Mitth. aus der Physik. Techn. Reichsanstalt.) (Sonder-Abdr. aus der Zeitschr. für Instrumentenkunde, Jahrg. IX, Febr. 1889.) Berlin 1889.

Mylius, F., Ueber die Störungen der Libellen. (Mittheilung aus der Physikal. Techn. Reichs-Anstalt.) (Sonder-Abdr. aus der „Zeitschrift für Instrumenten-Kunde.“ VIII. 1888.) Berlin 1888.

Mylius, F: Tellursäure und Allotellursäure. (Studien über die Löslichkeit der Salze. Berlin 1901 (Mittheil. a. d. Physik.-Techn. Reichsanst.)

— Ueber die Verbindungen des Kohlenoxydplatins. (Separat-Abdruck.) Berlin 1891

Mylius, F: Versuche zur Herstellung von reinem Zink. Hamburg und Leipzig 1895

Mylius, F: Über die Verwitterung des Glases. Berlin 1908 (Mitteil. a. d. Physik.-Techn. Reichsanst.)

Mylius, F. F., die Nemesis, od. Folgen d. Erziehung. Ein Weihnachtsgeschenk f. d. reif. Jugend. gr. 12. (7¼ B.) Neuhaldensleben 840, Eyraud.

Mylius, F. H., acht Tage in Holland. Reisenotizen über das Land und seine Kunstschätze. 2. Aufl., mit Illustr. nach Zeichnungen des Verf. gr. 16. (159 S.) Mailand 878, Hoepli. *

Mylius, F. L. —. Der Isolations-Rektifikator mit Regulator, zur Erzeugung von absolut fuselfreiem Spiritus direkt aus der Maische ohne Anwendung von Kohlen oder anderen chemisch-wirkenden Mitteln. Von — —. Wien. 1855. Druck von Karl Gerold's Sohn. (14 S. 8)

Mylius, (Benno) Franz (geb. Soldin 27. 5. 1854) Beitrag zur Kenntniss organischer Thiobasen. Berlin 1883. (64 S.) 8°
Berlin, Phil. Diss. v. 12. Mai 1883

Mylius, Franz [Dr.]. Juglon und Hydrojuglon ... Freiburg i. B., Univ.-Buchdr. v. Chr. Lehmann, 1885; 60 S. 8°
Freiburg i. B., Phil. Fak., Hab.-Schr. v. 1885.

Mylius, Franz, Juglon und Hydrojuglon. Hab.-Schr. Freiburg i. B. 1885, Fr. Wagnersche Univ.-Buchh. 8°. 60 S.

— **Friedrich Heinrich** (Leipzig), Actuarius peccans in ord. crim. car. art. CXLIX. De inspectione cadaveris ante sepulturam. Diss. Präs. Gustav Heinrich Mylius. Leipzig (Langenheim) 13. XII. 1748. 15 S. (4.—) 24461
Gew.: Christian Otto Mylius. Mit sehr schöner Vignette am Anfang der Widmung. 4 Bl.

Mylius, Friedrich Heinrich [Praes.], s. Bauer, Heinrich Gottfried: De jure consuetudinario universali Germaniae medii aevi in speculis Saxonico et Suevico eiusque cognoscendi ratione.

— — De genuino juris Germanici universalis hodierni privati civilis conceptu, mediisque illud meliorem in ordinem redigendi. Diss. jur. German. inaug. Leipzig (Langenheim) 30. XII. 1751. 50 S. (5.—) 24463

— — Dasselbe. Leipzig (Langenheim) 30. XII. 1751. 50 S. (5.25) 24464
Gew.: Gottfried Wilhelm Küstner, Christian Otto Mylius.

Mylius, Friedrich Heinrich [Praes.], s. Geradehand, Christoph Sigismund: De genuina juris civilis servitute altius tollendi.

— — De insignibus consulum Romanorum disserit, et fasces atque consulatus ornamenta in virum Gottfried Wilhelm Küstner . . . . ab amplissimo senatu Leipzig collata gratulatur. Leipzig (Langenheim) (August) 1749. 16 S. (4.—) 24462

Mylius, Friedr. Heinr., prakt. Unterr. im Treppenbau. Für Bautischler, Zimmerleute u. Maurer. M. 5 Taf. Abbild. (auf 3 lith. Bog. gr. Fol.) 8. (3 B.) Quedlinburg 833, Basse. Thlr.

Mylius, G., neuestes Taschen-Fremdwörterbuch zum Verständnisse der im geschäftl. und gesell. Verkehr gebräuchlichsten fremdländ. Ausdrücke und Redensarten, nebst Angabe der richtigen Aussprache für jeden Stand den Anforderungen der Neuzeit entsprechend bearb. 2. gegen 25000 Fremdwörter enth. Aufl. 16. (VI, 468 S.) Würzburg 871, Stahel'sche Buchh. geb.

Mylius, Gottlieb Friedrich

M[ylius], G. F., Memorabilium Saxoniae subterraneae pars prima, i. e. Des Unterirdischen Sachsens seltsamer Wunder der Natur erster und anderer Theil. Leipzig 1709, 1718.

Gottlieb Friedrich Mylius

Gottlob Friedrich Mylii [vielm. Gottlieb Friedrich Mylius:] Memorabilia Saxoniae subterraneae; i.e. Des unterirrdischen Sachsens seltsame Wunder der Natur. ... (Th.[1.] 2.) Leipzig: Weidmann 1720. 1 Bd 8°

Gottlieb Friedrich Mylius

Museum sive Catalogus rerum naturalium & fossilium tam exoticarum quam domesticarum, quas Gottlieb Friedrich Mylius...coll., consignatum ab ipso collectore. Gottlieb Friedrich Mylii Cabinet, oder Kurtze Beschreibung aller natürlicher und aus der Erden...absonderlich im Sachsen-Lande gefundener Sachen, wie er sie durch grosse Mühe coll. [Auktionskatalog.] Leipzig: Groschuffen (1716). 67 Bl. 8°

Mylius, Gustav Heinrich [Praes.], s. Brascha, Anton Daniel: De patre Judaeo alimenta sumtus studiorum et legitimam filio Christiano denegante.

Mylius, Gustav Heinrich [Praes.], s. Brescius, Karl Ehrenfried: Constitutiones imperii et Saxonicas contra fures et raptores promulgatas.

— — (Leipzig), Selectae fori conclusiones. Präs. Johann Heinrich Mylius. Leipzig (J. Chr. Brandenburger) 17. VII. 1703. 22 S. (4.50) 24468

— — Dasselbe. Leipzig (J. Chr. Brandenburger) 17. VII. 1703. 22 S. (4.50) 24469
Gew.: Heinrich Otto Mylius (Vater).

— — De condictione Ex. L. 4. C. Fin. Reg. Authoritate Superiorum. Leipzig (Fleischer) 28. X. 1707. 79 S. (6.—) 24470

Mylius, Gustav Heinrich [Praes.], s. Conradi, Adolph Gottlob Friedrich: Actuarius peccans in actu torturae.

— — Idemque procancellarius de curiis disserit et inaugurationem candidati Jo. Hieronymus Hetzer (Leipzig) indicit. (Leipzig (Langenheim)) 23. I. 1749. 15 S. mit Biogr. H.'s. (M.: J. S. Hemm.) (3.50) 24467

Mylius, Gustav Heinrich [Praes.], s. Crell, Christian Ludwig: Positionum ad processum inhibitivum Saxonicum spectantium semicenturia.

Mylius, Gustav Heinrich [Praes.], s. Dabel, Johann Gottfried Notarius peccans in instrumento publico conficiendo.

Mylius, Gustav Heinrich [Praes.], s. Ewald, Christo. Sigism.: De anticipatione usurarum.

Mylius, Gustav Heinrich [Praes.], s. Facius, Christian Friedrich Actuarius peccans circa sententias et decisa.

Mylius, Gustav Heinrich [Praes.], s. Francke, Georg Christoph: Actuarius peccans in possessorio summariissimo.

Mylius, Gustav Heinrich [Praes.], s. Grosschupf, Andreas Franz: De oppignoratione feudorum, vasallorum et instrumentorum feudalium.

Mylius, Gustav Heinrich [Praes.], s. Hasskerl, Gottfried Benjamin: Actuarius peccans in actu jurandi

Mylius, Gustav Heinrich [Praes.], s. Helbing, Gottlob Friedrich: Admonitionem de vitando perjurio quae fit per clericum.

Mylius, Gustav Heinrich [Praes.], s. Hilliger, Johann Gottfried: Actuarius peccans circa inquisitionem generalem. Spec. I.

Mylius, Gustav Heinrich [Praes.], s. Huhn, Benjamin Gottfried·
De judiciis denunciatoriis Saxonicis, Rüge= Gerichte dictis.

— **Gustav Heinrich,** Solennia inauguralia nobilissimi summorum in utroque jure honorum candidati Carl Otto Packbusch (Chemnitz) (Leipzig (Langenheim)) 21. III. 1748. 12 S. mit Biogr. P.'s. (M.: R. E. Gruhl.) (3.50) 24466

Mylius, Gustav Heinrich [Praes.], s. Joecher, Karl Friedrich.
Usum doctrinae de novi operis nunciatione in foris Germaniae sistens.

Mylius, Gust. Hnr., De judiciis denunciatoriis Saxonicis, Rüge-Gerichte dictis. Exercitationem acad. examini submittit Benj. Gfrd Huhn. Lipsiae 1737. 4. . . . (D.)

Mylius, Gustav Heinrich [Praes.], s. Jung, Christian Gottfried:
Actuarius peccans in citatione quoad causas civiles.

— — De jure narium et poena **amputationis** ac scapellationis nasi. Diss. jur. **Präs. Gustav** Heinrich Mylius. **Leipzig (J. Chr. Langenheim)** 30. XII. 1734. 31 S. (4.50) **24471**

— — **Dasselbe. Leipzig (J. Chr. Langenheim) 30. XII. 1734. 31 S. (4.50) 24472**
Gew.: Gottfried Wilhelm Kustner, Adolph Heinrich Mylius.

— — **Exercitium disputandi publicum indicit et de jure Romanorum incerto disserit. (Leipzig (Langenheim)) Laetare 1753. 12 S. mit Namen. (3.50) 24475**

Mylius, Gustav Heinrich [Praes.], s. Kirsten, Joh. Ehrenfried:
De concubitu matrimonii perfectione ante copulam sacerdotalem.

Mylius, Gustav Heinrich [Praes.], s. Klingling, Friedrich Ludwig. De beneficio restitutionis contra rem judicatam, quae fit brevi manu.

Mylius, Gustav Heinrich [Praes.], s. Mylius, Friedrich Heinrich: Actuarius peccans in ord. crim. car art CXLIX.
De inspectione cadaveris ante sepulturam

Mylius, Gustav Heinrich [Praes.], s. Mylius, Gustav Heinrich: De jure narium et poena amputationis ac scapellationis nasi.

Mylius, Gustav Heinrich [Praes.], s. Mylius, Johann Heinrich. Observationes ad processum inhibitivum Saxonicum spectantes.

Mylius, Gustav Heinrich [Praes.], s. Mylius, Johann Heinrich. Vindiciarum Theophili specimen ad prooem. L. I. Tit. I. et partem Tit. II.

Mylius, Gustav Heinrich. Opuscula de partu undecimestri, s. Püttmann, Josias Ludwig Ernst

— — **Panegyrin inauguralem candidati Christian Erdmann Deyling (Eisleben) in auditorio jureconsultorum indicit. (Leipzig (Langenheim)) 18. V. 1745. 16 S. mit Biogr. D.'s. (M.: L. S. Wagner.) (4.—) 24474**

— — **Panegyrin inauguralem candidati Johann Gottfried Richter (Altenburg) indicit. Leipzig (Breitkopf) 9. IV. 1744. Mit Biogr. R.'s. (M.: C. E. Beck.) (4.—) 24473**

Mylius, Gust. Hnr., Dissertatio de purgatione Saxonica, quam proponit G. A. Vi-nold. Lipsiae 1758. 4. . . . . (D.)

Mylius, Gustav Heinrich [Praes.], s. Rasch, Erdmann Heinrich August De poena inficiationis, occasione dispositionis in ordin. proc. Sax recogn. ad tit. XVI
Von der litis contestation § II et III

Mylius, Gustav Heinrich [Praes.], s. Rosencrantz, Friedrich Nikolaus Actuarius peccans in legem iudiciariam de compositione amicabili tentanda.

Mylius, Gustav Heinrich [Praes.], s. Schomburgk, Johann Friedrich De privatione iurisdictionis ob eius abusum exercitatio academica.

Mylius, Gustav Heinrich [Praes], s. Schreyer, Friedrich Traugott Actuarius peccans in taxam sive regulam sportularum iudicialium.

Mylius, Gustav Heinrich [Praes.], s. Schütz, Friedrich Wilhelm. Mutationes clericorum superiorum consensu.

Mylius, Gustav Heinrich [Praes.], s. Stahn, Samuel Rudolph: De oppignoratione iurisdictionis
Von Verpfändung der Gerichte.

Mylius, Gustav Heinrich [Praes.], s. Wolff, Otto Jakob
De officio iudicis et clerici in actu admonitionis eorumque honorario

Mylius, H. Ueber englische Orthographie und Aussprache. Stolp. G., 1868. 15 S. 4. Progr

Mylius, Heinr., Gedichte in Themarer Mundart. Mit e. Einleitung v. Friedr. Hofmann. 8. (5 B.) Hildburghausen 845, (Kesselring'sche Hofbuchh.)

Mylius, Heinr., Gedichte in Themarer **Mundart.** Mit e. Einleitg. v. Frdr. Hofmann. 2., verm. Aufl. gr. 8. (73 S.) Hildburghausen 895. Kesselring. n. 1. —; kart. n. 1. 20

Mylius, Hugo, die geologischen Verhältnisse des hinteren Bregenzer Waldes in den Quellgebieten der Breitach u. der Bregenzer Ach bis südlich zum Lech, s.a. Forschungen, landeskundliche, hrsg. v. der geographischen Gesellschaft in München. 5. Heft.

Mylius, Hugo Die geologischen Verhältnisse des Hinteren Bregenzer Waldes in den Quellgebieten der Breitach und der Bregenzer Ach bis südlich zum Lech. ⟨Mit 1 Karte, 1 orogr.-tekton. Übersichtskarte, 13 Profilen und 13 Fig.⟩ Erlangen 1909: Junge. IV, 90 S. 8° ⁎ (Aus: Mitteilungen d. Geogr. Gesellsch. in München. Bd 4, H. 1.)
München, Phil. Diss. v. 26. Nov. 1908, Ref. Rothpletz
[Geb. 16. Dez 70 Frankfurt a. M., Wohnort Frankfurt; Staatsangeh.: Preußen. Vorbildung Klinger-Oberrealsch. Frankfurt Reife O 97, Studium: Techn. Hochschulen Aachen 6, Karlsruhe 5, München 1, Univ 8 S.; Rig. 26. Nov 08.] [U 09. 3491

Mylius, I. C., Bibliotheca anonymorum et pseudonymor. ad supplend. et continuand. Placcii theatr. anonymor. fol. Dresd. Walther.

— — ead. 8. ibid. 740.

Mylius, J. C., de veris et fictis binominibus in S. S. Jen. 1738. 4.

Mylius, J. C., Geschichte der Familien Mylius; geneal.-biograph. Familienchronik der Mylius aller Zeiten und Länder. Mit 3 Wappentfln. u. zahlr. Portraits. Buttstädt 1895. 8. Nicht im Handel.

Mylii, J. C., Memorabilia bibliothecae academ. Jenensis. Jen. et Weissenf. 746. 8. 12 gr.

Mylius, J. D., der Geist der Liebe im Christenleben u. der Friede mit Gott. Zwei Predigten. gr. 8. Brandenb. 825. (Leipz., Klein). 4 gr.

Mylius, J. D. Predigt zur Einweih. d. neuerbaut. Kirche zu Berchesar, am 4. Sonnt. nach Trinitat. 1831 gehalt. gr. 8. (1½ B.) Potsdam, Vogler.

Mylius, J. H.: Diss. 1. 2. quae Justin. Imp. in prooemio Instit. supposita perperam creduntur vindicata. *Hal.* 731. 4.

Mylii, J. H, Theophilus sive de Graecar. juris institutionum earundemq. auctoris historia, aetate etc. Lips. 732. 4. 4 gr. Lugd. B. 733. 8.

Mylius, J. L., f. J. J. *Schöpfer*, Synopsis.

— **Joh. Adolph** (Leipzig), **Annus. Romanus argumentum. Historicum. Proposuit. Joh. Theophil Seger. Leipzig (Breitkopf) 29. V. 1759. 48 S. (4.75)** **24476**
Gew.: Carl Christoph Seger (Vater).

Mylius, Johann Chr [Praes.], s. Lautz, Nikolaus Johannes: De sancta quorundam in abolendis, vel mutilandis auctoribus classicis elegantioribus latinis simplicitate.

Mylius, Johann Christoph [Praes.], s. Baldamus, Theophil Christan: De oratoris prudentia, in conscribendis satyris adhibenda, et quid satyrae ad eloquentiam amplificandam conferant

— — u. (Resp.) **Joh. Michael Lauterbach** (Buttstädt / Thür.), **De elegantia compositionis apud Graecos et Latinos, praesertim de idearum apud eosdem elegante combinatione. Diss. phil.-crit. Jena (J. Chr. Cröker) 13. X. 1736. 36 S. (5.25)** **24479**

— f. J. G. Heinsius, kurze Fragen.

Mylius, J. C., Historia Myliana vel de variis Myliorum familiis, eorum ortu et progressu. 2 prts. Jenae 1751-52.

Mylius, Jh. Cph., († ...) **historia Myliana. II Tomi. 4.** Weissenf. 751, 52. 1 ₰ 4 gr.

— Hist. Myliana. II Tmi. 4. Ienae. 753.

— **Johann Christoph** (Buttstädt), **Maximam principum virtutem quae est suos nosse in serenissimo Ernst August Duce Saxoniae, ... et serenissimi huius patris patriae natalem . , . . . oratione hac in splendido conventu Jena habita. Jena (J. Chr. Croeker) 19. IV. 1738. 20 S. (4.—)** **24478**

Mylius, Johann Heinrich: De advocatis eorumque officio in bene constituta republica valde necessario, s. Peylschmiedt, Karl Heinrich

Mylius, Johann Heinrich: Aequitatem legum Romanarum circa periculum rei venditae, s. Drewer, Christian Heinrich

Mylius, Johann Heinrich [Praes.], s. Griebner, Michael Heinrich. De primo academiae Lipsiensis cancellario.

Mylius, Johann Heinrich [Praes.], s. Marche, August Christian. De praetore peregrino.

Mylius, Johann Heinrich [Praes.], s. Mylius, Gustav Heinrich. Selectae fori conclusiones.

— **Johann Heinrich, Observationes ad processum inhibitivum Saxonicum spectantes. Präs. Gustav Heinrich Mylius. Leipzig (G. Saalbach) 15. VII. 1728. 24 S. (4.50)** **24480**
Gew.: Adolph Heinrich Mylius.

— — (Leipzig), **Quae Justiniano imp. in provemio institutionum supposita perperam creduntur. Halle/Saale (J. Grunert) Jan. 1731. 24 S. (4.50)** **24485**
Gew.: Christian Otto Mylius (Vater). — Widm. v.: Johann Peter von Ludewig.

— — **Theophilus sive de Graecarum juris institutionum earundemque auctoris historia, aetate, auctoritate, fatis dotibus, naevis. Liber singularis. Leipzig ((B. Chr. Breitkopf)) 1730. 64 S. (5.50)** 24481

— — **Vindiciarum Theophili praeparatio qua historia ipsius et paraphraseos exponitur. Leipzig (Breitkopf) 11. V. 1730. 64 S. (6.—)** 24482
Gew.: Christian von Loss.

— — u. **Gustav Heinrich Mylius, Vindiciarum Theophili specimen ad prooem. L. I. Tit. I. et partem Tit. II. Leipzig (Langenheim) 14. XII. 1731. 16 S. (4.—)** **24486**

Mylius, Johann Karl

Mylius, Joh. Carl, Geschichte d. **Familien Mylius.** Genealog.-biograph. Familienchronik d. Mylius aller Zeiten u. Länder. M. 3 Wappentaf. u. zahlr. in d. Text gedr. Porträts. gr. 8. (III, 352 S. m. 1 Tab.) Buttstädt 895. (Berlin, J. A. Stargardt.)
Geb. in Leinw. n. 12. —

— **Johann Ludwig** (Sulzbach/Pfalz), **De errore jus faciente. Diss. jur. Präs. Adam Balthasar Werner. Altdorf/Bayern (H. Meyer) Juni 1707. 48 S. (5.—)** 24487
Widm. v.: Adam Balthasar Werner.

— — **Dasselbe. Altdorf / Bayern (H. Meyer) Juni 1707. 48 S. (5.—)** 24488
Gew.: von Scharpf, Böttinger. — Widm. v.: Adam Balthasar Werner.

— — **De remediis sententiae executionem impedientibus. Diss. jur. Nürnberg (J. W. Kohle) 1. XII. 1707. 37 S. (5.—)** 24489
Widm. v.: Heinrich Hildebrand, zwei dtsche. Widm. ohne Namen, David Jonathan, zwei latein. Widm. ohne Namen.

Mylius, Jonas, u. Heinr **Wagner**, Baulichkeiten f. Cur- u. Badeorte, s.: Handbuch der Architektur.

Mylius, Leonhard Heinrich [Praes.], s. Brummer, Adrian De logica naturali.

— **Ludw. Theoph.** (Neumark / Thüring.), Socratis theologiam e reliquiis dictorum ipsius et factorum, per discipulos memoriae posteritatis consecratorum, erutam, et ad quasdam naturalis cognitionis classes brevissime revocatam eruditorum aequissimo submittit judicio. Jena (H. Chr. Cröker) 1714 (17. X. 1713). 35 S. (5.—) 24491

Mylius, Max Ausdehnung einer kreisförmig gebogenen Röhre von elliptischem Querschnitt bei normaler Belastung. 12 S. *Kawitsch* 1882
Progr.

Mylius, Mich. Mart., German. trium circa Danub. circulorum Austr., bavar. et Suecici br. conspect. etc. 8. Lips. et Goerl. 737.

— — quatuor circa Rhenum circulor., rhenan. super. rhen. infer., westphal. et burgundici, br. conspect. etc. 8. ibid. 738.

— br. historia univ. 8. Goerl. 734.

Mylius, Oskar

— Robinson Krusoe, s.: **Campe, J. H.**

Mylius, Osc., der Kinder Lieblings-Märchen. Eine Sammlg. d. schönsten Märchen v. Andersen, Bechstein, Gebrüder Grimm, Hauff. M. 6 Farbdr.-Bild. nach Aquarellen v. Eug. Klimsch. gr. 8. (IV, 291 S.) Stuttgart 896 Süddeutsches Verlags-Institut. Geb. in Leinw. n. 4. 50

Mylius, Osc., der Kinder Lieblingsmärchen. Eine Sammlg. der schönsten Märchen v. Andersen, Bechstein, Brüder Grimm, Hauff, Musäus u. A. Mit zahlreichen Illustr. v. Pet. Schnorr u. 4 Farbdr.-Bildern v. Eug. Klimsch. Kleine Ausg. gr. 8. (III, 171 S.) Stuttgart (899). [Süddeutsches Verlags-Institut.] Berlin, Schreiter. Geb. 1. 50

Mylius, Albert Osc (geb. Ferchesar bei Brandenburg a. H 7. 2. 1829)
De ancurysmatibus nonnulla. Berolini (1854). (32 S.) 8°
Berlin, Med. Diss. v 24. Aug. 1854

— **in der Wildnis.** Eine Sammlg. der schönst. Indianergeschichten. Mit zahlreichen Text-Illustr. in Holzschn. u. feinem Farbendr. nach Aquarellen u. Orig.-Zeichngn. v. G. Franz, W. Zweigle u. A. gr. 8. (III, 162 S.) Stuttgart (899). [Süddeutsches Verlags-Institut.] Berlin, Schreiter. Geb. 1. 50

Mylius, Otfrid [Pseud.],
s.a. Müller, Hermann Friedrich Wilhelm Karl

†**Mylius**, Otfried [Karl Müller], s. **Müller, Karl.**

Mylius, Otfr., Amor im Walde. Roman. Mit Orig.-Illustr. v. Karl J. Arnold u. Hans W. Schmidt. 2 Tle. in 1 Bd. gr. 8. (227 u. 226 S.) Weimar 896. Berlin, Schriftenvertriebsanstalt. n. 2. —; geb. n. 2. 75

Mylius, Ottfr., der vergnügte Angler, s.: **Bloch's, E.**, Theater-Correspondenz.

Mylius, Otfr. (Karl Müller), die überfallenen Ansiedler; unter den Goldgräbern Californiens, s.: Volks-Erzählungen, kleine.

Mylius, Otfr., die Aufgabe des Jünglings. Eine Jünglings-Schule. Neu bearb. v. P. Christaller. (XII, 364 S.) 8. Riga 902. Jonck & Poliewsky. Geb. in Leinw. n. 4.—

Mylius, Otfried, die Aufgabe im Leben des Jünglings. Eine Jünglingsschule für Söhne gebildeter Stände. Stuttgart 861. Quad. 16. (VIII, 392 S.) 24 ngr.

†**Mylius**, Otfried [Karl Müller], **Auge um Auge, Zahn um Zahn**, s. **Unterhaltungs-Bibliothek.**

Mylius, Ottfr : Auge um Auge, Zahn um Zahn,
s. Volkserzählungen, Kleine.

— die deutschen Auswanderer in Australien. Eine Erzählung. 8. (159 S) Mülheim a/d. R. 892. J. Bagel. 1.—

—— die jungen deutschen **Auswanderer in Australien**, s.a. In der Wildniß.

† **Mylius**, Otfried, [Karl Müller], **die jungen deutschen Auswanderer in Australien.** Eine Erzählung für die Jugend. 8 (143 S. mit 1 Chromolithogr.) Mülheim 879, Bagel's Verlagsh. cart.

Mylius, Otfr., das Bäschen vom Lande, s.: **Verein für Verbreitung guter Schriften, Basel. Nr. 39.**

— Prinz Besenstiel, s.: **Kühling's, A.**, Album für Liebhaber-Bühnen.

Mylius, Ottfr., Bummelfritze, s.: **Kühling's, A.**, Theater-Specialität.

— **dasselbe.** s.: **An den Ufern des Missisippi.**

— Cecco, der Trapezschwinger, s.a. Bibliothek interessanter Erzählungen.

Mylius, Ottfr., **Cecco, der Trapez-Schwinger.** Erzählung aus dem Leben eines jungen deutschen Künstlers in Amerika, für Volk u. Jugend. 8. (144 S. m. 1 Chromolith.) Mülheim 880. Bagel. cart. 1.—

— Professor Claus, s.: **Kühling's, A.**, Album für Liebhaber-Bühnen.

— James Cook, der Weltumsegler, od.: Was aus einem Schiffsjungen werden kann. Eine Erzählung für Volk u. Jugend. 8. (128 S. m. 1 Chromolith.) Mülheim 881. Bagel. cart. 1.—

† **Mylius**, Otfried [Karl Müller], **Bienemann's Erben.** Roman. 4 Bde. 8. (236; 251; 214; 265 S.) Leipzig 888, Friedrich. *

— Bienemann's Erben od. d. geraubte Testament. Roman. — Amor im Walde. Roman. Mit Orig.-Illustr. v. Karl J. Arnold u. Hans W. Schmidt. 1.—48. Hft. (4 Bde.) gr. 8. (336, 331, 227 u. 226 S.) Ebd. 895. à Hft. — 10 (Bienemann's Erben kplt.: n. 3.—; in 2 Leinwbdn. n. 4. 50)

— **ausgewählte Erzählungen.** 1—6. Liefg. Stuttgart 863. Kröner. 8. (1. Bd.: 291 S.) Jede Liefg. n. 4 ngr.

—— drei sinnige Erzählungen für alles Volk und alle Zeiten. 8. (VII und 263 S.) Stuttgart 861, Schiller.

— Eulenspiegel, s.: Bloch's, E., Theater-Correspondenz.

Mylius, Otfr., Familien-Geschichten. (In 4 Bdn.) 1. u. 2. Bd. Stuttgart 868. Grüninger. 8. Jeder Bd. n. 1 ℛ
1. Das Bäschen vom Lande. Eine Familiengeschichte. (231 S.)
2. Der Wilde-Mann u. das Feuerzeug. Eine bürgerliche Familiengeschichte. (219 S.)

— die weiße Frau. Eine Hof- u. Familiengeschichte aus dem 18. u. 19. Jahrhundert. (In 25 Liefgn.) 1—13. Liefg. Stuttgart 867. E. Ebner. (Vogler & Beinhauer.) gr. 8. (1. Bd. 398 S. u. 2. Bd. 432 S.) Jede Liefg. 5 ngr.

— die weiße Frau. Eine Hof- u. Familiengeschichte aus dem 18. u. 19. Jahrh. 14—19. Lfg. gr. 8. (2. Bd. S 433—700 u. 3. Bd. S. 1—112) Stuttgart 873. Moser. à — 50

— für Frauenhand. Sinnige Erzählgn. u Novellen zu Lust u. Lehre f. Frauen u. Töchter gebildeter Stände 1. Bd. Mit dem Bildniß d. Verf. (in Stahlst.) 8. (VI, 367 S.) Stuttgart 875. Bruchmann. 3. — geb. 4 20

— das Geheimniß der jungen Mamsell, s. Kühling's, A., Album für Liebhaberbühnen.

— Geheimnisse der Bastille. (In 10—12 Liefgn.) 1. u. 2. Liefg. Stuttgart 864. E. Ebner. 8. (S. 1—126 m. Holzschn.) Jede Liefg. n. 4½ ngr.

— Geheimnisse der Bastille. 3—17. Liefg. Stuttgart 865. E. Ebner. (Frankfurt a. M., Schwelm.) 8. (1. Bd. S. 187—582, 2. Bd. 515 S. mit eingedr. Holzschn. u. Portr in Holzschn.) Jede Liefg. 4½ ngr.

Mylius, Otfr., neue Geheimnisse v. Paris. Ein Sittengemälde aus dem Seine-Babel. 3. Aufl. 3 Bde. (VI, 285, 264 u. IV, 300 S. m. Abbildgn.) 8. Rudolstadt (909. 10). A. Bock. 6.—; auch in 20 Lfgn. à — 30

Mylius, Otfr., A. v. Winterfeld u. A., heitere Geschichten aus d. Ehestandsleben. gr. 8. (120 S.) Mülheim a. d. R. 896. J. Bagel. 1. —

— A. v. Winterfeld u. A., heitere Geschichten aus dem Ehestandsleben. 8. (110 S.) Mülheim a/R. (902). J. Bagel. — 30

Mylius, O., A. v. Winterfeld u. A., heitere Geschichten aus dem Ehestandsleben. — Spielmann, C., leicht geschürzt. Launige Geschichten (neue 6. Folge). (Umschlag: Mylius, Otfr., u. C. Spielmann, Glück bei Frauen. Launige Geschichten.) (110 u. 104 S.) 8. Mülheim a/R. (904). J. Bagel. — 60

— das Glasmännchen. Eine Weihnachtsgeschichte für Jung u. Alt. With english notes by Thom. James. 8. (86 S.) Leipzig 878. O. Schulze. cart. n. 1. 25
s.a. Universal-Bibliothek

— der Gorilla-Jäger. Erlebnisse u. Abenteuer eines jungen Deutschen in Westafrika. Erzählung. 8. (144 S. m. 1 Chromolith.) Mülheim 881. Bagel. cart. 1. —

— am heiligen Grabe. Malerische Wanderungen durch das Gelobte Land u. die Stätten der Heiligen Schrift. Ein Haus- u. Familien-Buch für Leser aller Stände. Mit 24 Kunstblättern in Farbendr., 27 (eingedr.) Holzschn.) u. einem (lith.) Grundriß von Jerusalem. hoch 4. (VIII, 566 S. m. chromolith. Titel.) Stuttgart 877. Horster. geb. m. Goldschn. 18. —

—— Grafenkrone und Dornenkrone. Roman. 3 Bde. 8. (272; 218; 256 S.) Ebendas. 888. *

—— Die rote Gräfin. Roman in 3 Bdn. 8. (327; 348, 383 S.) Lpz. 889, W. Friedrich. * 12 —

—— Graveneck. Geschichtlicher Roman aus der zweiten Hälfte des 18. Jahrh 8. (324 S.) Stuttgart (861)62, Schiller.
s.a. Universal Bibliothek

— s. Haus- u. Reise-Bibliothek.

— Comtesse Helene, s.: Kühling's, A., Album f. Solo-Scenen.

— geprüfte Herzen. Novellen u. Geschichten. 8. (321 S.) Nürnberg 874. Richter & Kappler. n. 4. —; geb. n. 5.

— Herzliebchen mein unter'm Regendach! Parodie auf das allbeliebte Ständchen: Herzliebchen mein unterm Rebendach. Berlin 870. Lassar. 8. (7 S.) n. 2½ ngr.

— am Hofe der nordischen Semiramis. Historischer Roman. 2 Bde. 8. (240 u. 260 S.) Hannover 873. Rümpler. 6. —

— drei Jahre unter arabischen Seeräubern. Abenteuer aus dem indischen Inselmeer, nacherzählt. 8. (128 S. m. 1 color. Steintaf.) Mülheim 877. Bagel. cart. 1. —

—— Drei Jahre unter arabischen Seeräubern. Abenteuer aus dem ind. Inselmeer. 8. (117 S.) Mülheim a. d. R. 892, J. Bagel. 1 —

— die Indianerburg, s.a. Haus- u. Reise-Bibliothek. — Sammlung der beliebtesten Volks- u. Jugendschriften.

— die Indianerburg od. Erlebnisse u. Abenteuer e. jungen Deutschen im fernen Westen. Eine Erzählg. 8. (159 S.) Ebd. 892. 1. -

— das Indianergrab od.: Am Nicaragua-See, s.: Volks-Erzählungen, kleine.

—— Iphigenie. Roman. 2 Bde. 8. (314; 288 S.) Hannover 875, Rümpler.

— die Irre von Eschenau. Historischer Roman aus dem 18. Jahrh. Stuttgart 868. Vogler & Beinhauer. 8. (1. Bd. 256 u. 2. Bd. 257 S.) 1 ℛ 18 ngr.

—— die Irre von Eschenau. Historischer Roman aus dem 18. Jahrh. 2 Bde. in 12 Lfgn. 8. (256; 257 S.) Stuttgart 869, Vogler und Beinhauer. [Grüninger.] à Lfg. 40 Pf.

—— König Karl v. Württemberg. Ein Erinnerungsblatt an sein 25jähr. Regierungs-Jubiläum 1864—25. Juni—1889. gr. 4. (11 S. mit 2 Bildnissen.) Stuttg. 889, Greiner u. Pfeiffer. * — 10

— vor Kassenöffnung d. Theaters, s.: Solo-Scene.

— das liederliche Kleeblatt, s.: Bloch's, E., Theater-Correspondenz.

— ein armer Klosterbruder, s.: Kühling's A., Album f. Solo-Scenen.

— Maschinenbauer Knobbe, s. Kühling's, A., Album für Solo-Scenen.

— La Bonté, der Trapper. Eine Geschichte aus dem fernen Westen. Für die Jugend frei bearb. 8. (135 S. m. 1 color. Steintaf.) Mülheim 877. Bagel. cart. 1. —

— die Lachtaube, s.: Kühling's, A., Album f. Solo-Scenen.

— ihr Leopold, s.: Bloch's, E., Dilettantenbühne.

—— stille Liebe mit Hindernissen, s. Bloch's, E., Dilettanten-Bühne.

— - Liebfrauenmilch, s. Kühling's, A., Album für Liebhaber-Bühnen.

— Lucinde vom Theater, s.: Kühling's, A., Album f Solo-Scenen.

Mylius, Ottfr., der einzige junge Mann im Dorfe, s.: Bloch's, E., Theater-Correspondenz.

—— die drei Männer im feurigen Ofen, s. Kühling's, A., Album für Liebhaber-Bühnen.

— der Mensch denkt — Gott lenkt! Eine Familiengeschichte. 2 Bde. 8. (232 u. 238 S.) Hannover 874. Rümpler. 6. —

— ein Meteor der Börse. Roman. 3 Bde. 8. (217, 244 u. 201 S.) Leipzig 873. E. J. Günther. 7. 50

—— das Milchmädchen aus Schöneberg, s. Kühling's, A., Album für Solo-Scenen.

— neue Londoner Mysterien. Ein Sittengemälde aus der Gegenwart. 4 Bde. Stuttgart 865—67. E. Ebner. (Frankfurt a. M., Schwelm.) gr. 8. (380 S., 382 S., 392 S., 460 S.) 4 ℳ

— neue Pariser Mysterien. Ein Sittengemälde aus dem zweiten Kaiserreich. 3 Bde. Stuttgart 863. Kröner. 8. (968 S.) 2 ℳ 20 ngr.

- Närrischkeiten, s.: Kühling's, A., Album f. Liebhaberbühnen.

ausgewählte Novellen. 2 Bde. 8. Leipzig 875. Dürr'sche Buchh. 7. 50
1. Incognito. Zwillinge. (254 S.)
2. Eine reiche Erbin. Drei Verlöbnisse. (314 S.)

— die Frau Oekonomierath, s. Universal-Bibliothek.

—— die Opfer des Mammon, s. Universal-Bibliothek Nr. 1619 und 1620.

— im Pfarrhause. Erzählung f. Frauen u. Töchter. 16. (151 S.) Leipzig 888. [Steffens.] Königsberg, H. Matz. geb. m. Goldschn. n. 2. 25

—— die Reise um die Welt in 80 Tagen, s. Kühling's, A., Theater-Specialität.

— ein Ritt über die Grenze, s.: Volks-Erzählungen, kleine.

-- ein Ritt üb. die Indianer-Grenze, s.: Volks-Erzählungen, kleine.

—— Robert und Bertram, s. Bloch's, E., Theater-Correspondenz.

—— der Canadische Robinson, s. Im Lande der Indianer.

— der canadische Robinson. Abenteuer u. Erlebnisse eines jungen Deutschen in den Hinterwäldern von Canada. Eine Erzählung für die Jugend bearb. 8. (136 S. m. 1 Chromolith.) Mülheim 879. Bagel. cart. 1. —

—— Der canadische Robinson. Abenteuer u. Erlebnisse e. jungen Deutschen in d. Hinterwäldern v. Canada. Eine Erzählg. 8. (159 S.) Mülheim a. d. R. 892, J. Bagel. 1 —

— Röschen u. ihr Piepmatz, s. Bloch's Dilettanten-Bühne.

—— der Schatz des Seeräubers, s. Haus- und Reisebibliothek. — Sammlung der beliebtesten Volks- und Jugendschriften.

— schmeckst du prächtig!, s.: Kühling's, A., Album f. Liebhaber-Bühnen.

—— die Schützlinge der Malayen, s. In der Wildniß.

— die Schützlinge des Malayen, od. Abenteuer im Sunda-Archipel. Für die reifere Jugend bearb. 8. (136 S. m. 1 Chromolith.) Mülheim 879. Bagel. cart. 1. —

— der Schützling des Missionars, s.: Bibliothek interessanter Erzählungen.

—— verkaufte Seelen. Historischer Roman aus der Zeit des Soldatenhandels deutscher Fürsten im 18. Jahrh. 2. (Titel-)Aufl. 3 Bde. 8. (320; 336; 311 S.) [Ulm 877, Gebr. Bruchmann.] Stuttgart, Levi. *
Vgl.: Müller, Karl.

— Sensations-Novellen, s. Sensations-Novellen.

— aus dem Sepoys-Aufstande in Ostindien. Eine Soldatengeschichte, nacherzählt. 8. (128 S. m. 1 color. Steintaf.) Mülheim 877. Bagel. cart. 1. —

— ein verlorener Sohn. Familien-Roman. 4 Bde. 8. (265, 261, 249 u. 311 S.) Jena 874. Costenoble. 17 25

—— ein verlorener Sohn. Familien-Roman. 2. (Titel-)Aufl. 4 Bde. 8. (265; 261; 249; 311 S.) Jena 879. Costenoble.

— beim Standesbeamten, s.. Bloch's, E., Theater-Correspondenz.

— Steckenpferde, s.: Kühling's, A., Album für Solo-Scenen.

— die Sträflinge auf Tasmania, s.: Unterhaltungs-Bibliothek.

— Täuberich u. Täubchen, s.: Bloch's, E., Dilettanten-Bühne.

— das Testament von St. Helena. Historischer Roman in 3 Bdn. 1—9. Liefg. Stuttgart 869. Grüninger. gr. 8. (1. Bd. S. 1—454 u. 2. Bdn. S. 1—128). Jede Liefg. 5 ngr.

— das Testament von St. Helena. Roman. 3 Bde. gr. 8. Stuttgart 874, Grüninger. [Gutzkow.]

— zweierlei Tuch, s.: Bloch's, E., Theater-Correspondenz.

— die Türken vor Wien 1683, s. Universal-Bibliothek.

— verschlagen auf dem Ozean, s.: Unterhaltungs-Bibliothek.

— verschlagen auf d. Ozean, s.: Volks-Erzählungen, kleine.

†Mylius, Otfried, [Karl Müller], der Verschwender, s. Bloch's, E., Theater-Correspondenz.

— s.: Volks-Erzählungen, kleine.

—— Im fernen Westen. Sioux-Kit. Feurige Kohlen. Der junge Auswanderer. 3 Erzählgn. 8. (160 S.) Ebd. 892. 1 —

Mylius, Ottfr Die Wette, s. Bloch, E. Theater-Correspondenz.

—— unter den Wilden der Südsee, s. Volks-Erzählungen, kleine.

— die gestohlene Yacht, s.: Volks-Erzählungen, kleine.

—— in heißer Zone, s. Haus- und Reisebibliothek. — Sammlung der beliebtesten Volks- und Jugendschriften.

Mylius, Ottfr.: Der Zug nach der Silbermine, s. Haus- und Reise bibliothek – Sammlung der beliebtesten Volks- und Jugendschriften

Mylius, Otto, s.a. Mylius, Ottfried

Mylius, Otto, s.: Deutschlands Liederschatz.

Mylius, Otto Christian, s. Mylius, Christian Otto

Mylius, R., über Behandlung der Syphilis mit subcutanen Injectionen von Quecksilberchloridchlornatrium. Inaugural-Dissertation. gr. 8. (38 S.) Göttingen 877. (Vandenhoeck & Ruprecht.) n. — 80

Mylius, W., die Schiffbarmachung der oberen Aller u. deren zweckmäßige Verbindung mit der Elbe durch Canalisirung dazu geeigneter Flüsse, Bäche u. Niederungen im Fürstenth. Lüneburg. Eine Schifffahrtsverbindung für die Orte Celle, Gifhorn, Wittingen, Bodenteich 2c. Celle 866. Schulze'sche Buchh. 8. (18 S.) 3 ngr.

Mylius, Wilhelm Christhelf Siegmund

Mylius, W C. S., s. 1) Beiträge zur Nationalbühne. 2) Dr Fausts Leibgürtel. 3) Hanswurst, Doctor nolens volens. 4) Puff van Vlieten. 5) So prellt man alle Füchse 2c. 6) Theater, kom., der Deutschen.

Mylius, Wlh. Chrhlf. Siegm., s. 1) Bretonne, Zeitgenossinnen. 2) Chantreau, Rußland. 3) Destouches f. Deutsche. 4) B. v. Fontenelle, Dialogen. 5) Friedrichs II. Werke d. Philosophen. 6) Holberg, N. Klims Reisen. 7) Laveaux, ländliche Nächte. 8) Moliere f. Deutsche. 9) Necker, Rechnung. 10) Plautus, Lustspiele. 11) Voltaire, sämmtl. Werke u. Candide. 12) in Romanen u. Schauspielen.

Mylius, Wlh, Chrsthlf. Sigm., s. 1) Faschingskind, das. 2) Florian Galathee. 3) Gallerie-romant. Gemälde. 4) Geschichte d. Flibustiers. 5) Graf Ant. Hamilton, drei Mährlein. 6) Lesage Gilblas. — Dess. Asmodi Hinkebein. 7) Mann v. Gefühl, der. 8) Marivaux, d. emporgekomm. Landmann. 9) v. Melarme, Eugenie Bedford. 10) Mensch, d. fliegende. 11) Montjoye, Fernando Taxato. 12) Pigault le Brün, d. Zögling d. Liebe. 13) Pikle Peregrine. 14) Romane, kleine, Erzähl. u. Schwänke aus verschied. Sprachen. 15) Smollet, Roderich Random. 16) Tanzni u. Neardane. 17) Graf Tressan, Amadis aus Gallien.

HINKEBEIN, Teufel Asmodi. und sein Befreier in England. Eine Fortstzg des lahmen Teufels von le Sage. Nach d. Engl. (von *Wilh. Christhelf Sigm. Mylius)*, 2 Thle. Mit 1 drast. Titelkpf (J. D. Heidenreich fec.). Berlin, Ernst Felisch, 1793. Gr 8°. (6 Mk. C G. Boerner, Lpz., 1905, 18 Mk. Max Harrwitz, Berlin, 1906.)

Stellenw zieml. frei. I: Tit., 319 S., 1 S Err II Tit 339 S., 1 S Err., 1 Bl Verlag d. Firma — Ueber Theater Freudenmadchen, Liebschaften etc

Mylius, Wilhelmine, Gedichte. 16. (7¾ B.) Hannover 840, Hahn'sche Hofbuchh. *

Mylius, Wolfg. Jer., heil. Gemüthsübung u. Passionsbetracht. 8. Jeng. 702.

Myller, Alexander, a. Bukarest: Gewöhnliche Differentialgleichungen höherer Ordnung in ihrer Beziehung zu den Integralgleichungen. Göttingen 1906: Dieterich. (35 S.) 8° Göttingen, Phil. Fak., Ref. Hilbert, Diss. v. 20. Juni 1906

[Geb. 3. Dez. 79 Bukarest; Wohnort: Göttingen, Staatsangeh.: Rumänien; Vorbildung: Gymn. Bukarest Reife O. 96; Studium Bukarest 6, Berlin 2, Göttingen 6 S.; Rig. 2. Mai 06.]

Myller, Ch. H., s. Müller.

Myller, Frz. Xav. I., iudicium castrense, od. Criminal Kriegsgerichte. 4. Frankf. 742.

— iurisprudentia criminalis od. kais. Corp. iuris in Kriegsrechten. 4. Wien. 746.

Myller, P. A. M., Reisebeschr. in Europa, Asia u. Afrika, m. K. 4. Wien u. Nürnb. 735.

Myllius

Zu der öffentlichen Prüfung ... des Friedländischen Gymnasiums ladet ein Dr. Robert Unger Director. Inhalt: Myllii Passio Christi. Denuo edidit A Hagemann. 1861 4°

Der Verf. M. Myllius (Müller) starb 1521. Abdruck der äußerst seltenen Schrift „Passio Christi 1517." S. WB. Nr. 80, G. E. 148 Nr. 11 u. WK. 2 S. 1103–1106.

Mylo, Bruno, a. Berlin Ueber Amide von Aminosäuren (Berlin 1906. A W Schade.) (45 S.) 8°
Berlin, Phil. Fak., Ref Fischer, Diss. v 28 Juli 1900
[Geb. 29. Febr 84 Berlin, Wohnort Charlottenburg; Staatsangeh. Preußen, Vorbildung: Sophienrealgymn. Berlin Reife M. 02; Studium: Berlin 7 S.; Rig 5 Juli 06]

Mylo, Paul Das Verhaltnis der Handschriften des mittelenglischen Jagdbuches Maistre of Game. Berlin· Mayer & Muller 1908. 50 S. 8° ¶(Ersch. vollst. als Palästra. H. 19.)
Würzburg, Phil. Diss. v. 29. Dez. 1908, Ref. Förster
[Geb. 21 Sept 81 Berlin, Wohnort Berlin, Staatsangeh.: Preußen; Vorbildung Sophien-Realgymn. Berlin Reife M 00, Studium: Berlin 14 S.; Rig. 25 Juli 08] [U 09. 4170

Mylonas, Cyriacus Dion., de Smyrnaeorum rebus gestis. Pars I. Dissertatio inauguralis. gr. 8. (51 S.) Göttingen 867, (Rente.) *

Mynas, C. Minoide, la Grèce constituée et les affaires d'Orient. gr. in-8. Paris 836. Merklein. (Leipzig, Hermann.) n. 1½ ₰

Mynlieff, A

Mijnlieff, A., einige Betrachtungen üb. Albuminurie u. Nephritis gravidarum im Zusammenhang m. dem intrauterinen Absterben der Frucht, s.: Sammlung klinischer Vorträge.

Mynlieff, A., dies u. jenes üb. Nephritis gravidarum u. deren Behandlg. [Aus: „Frauenarzt".] gr. 8. (15 S.) Neuwied 896. L. Heuser. n. — 60

Mynlieff, A., üb. den Einfluss der Influenza auf Menstruation, Schwangerschaft u. Wochenbett. Deutsch v Mensinga. [Aus: „Frauenarzt"] gr. 8. (4 S.) Neuwied 890. Heuser's Verl. n. — 30

Mynlieff, A., Hydrorrhoea gravidarum. [Aus: „Frauenarzt"] gr. 8. (20 S.) Neuwied 890. Heuser's Verl. n. — 80

Mynlieff, A. Zur Therapie bei Albuminurie u. Nephritis bei Schwangeren. gr. 8. (12 S.) Neuwied 891, Heuser's Verlag. * - 40

Mynor, Rob., prakt. Gedanken üb. die Amputation; aus d. Engl. 8. Jena 786. (Hennings in Neisse). 5 gr

Mynors, Rob., Geschichte der Trepanation u. der nach selbiger nöthigen Behandlung der Wunde. Mit Beobacht. üb. e. neue Heilmethode u. einem erläuternden Vorfall. A. d. Engl. 129 S. Lpz. 8°. Aus dem Londoner med. Tagebuche. Später vollständiger in selbständiger Schrift. A history of the practice of trepaning the skull and the aftertreatment, with observations upon a new method of cure illustrated by a case. Birm. 1785.

— Gesch. d. Trepanation u. die Behandl. nach derselben; aus d. Engl. 8. Leipz. 785. Weygand. 8 gr

— Gesch. d. Trepanation u. d. Behandl. nach selb. a. d. Engl. 8. Leipz. Weygand. 786.

Mynors, Rob., History of the practice of trepaning the skull, with obs. upon a new methode of cure. 152 pp. Birmingh. 1785. 8°. Deutsch Lpz. 1786. 8°. *Richter*, Chir. Bibl. VIII, 641.

Mynsicht, Adr

Mynsicht A. a.: Medicinisch-chymische Schatz- u. Rüst-Kammer ... anfangs v. dem Authore in latein. Sprache geschrieben; anjetzo aber übers. Tübing. 1702. (14) 663 (9) S.

Mynsicht, Adr., medicin. chym. Schatz- u. Rüstkammer 8. Stuttg. 725.

— thesaur. et armamentar. medico-chirurgic. c. supplem. Musitani. 8. Genev. 726.

Mynsinger, Gustav Benoni (Ulm/Württemb.), Methodum curandi pestem. Disput. med. Präs. Friedrich Hoffmann. Halle/Magdeburg (J. Gruner) Okt. 1708. 40 S. (5.50) 24493

Mynsinger, Heinr., von den Falken, Pferden und Hunden. Hrsg. von K. D. Hassler, s. Bibliothek des litterarischen Vereins in Stuttgart, Bd. 71.

Monumenta lectionis cameralis antiquae; 1. Casp. et Wern. **Kochiorum,** Joach. **Mynsingeri,** assessorum, et Conr. ab Offenbach [richtig: **Uffenbach**], visitatoris, notas et commentarios, ad ordinationes Camerae 1548 et 1555, olim a Jul. Magenh(orst) truncatim editos: 2. Memorati ab Offenbach commentationem de revisione actorum et sententiarum Camerae Imper. 3. Phil. **Tennagel,** de decernendis processibus librum sing. 4 **Observationes** Ante- ut vocant-Marillianas ut et centuriam observationem cameralium repraesentantia: notis edita Joh. Deckherri. Wezlariae 1720.

Mynster, Jak. Pet., Betrachtungen üb. d. christl. Glaubenslehren. Uebers. v. Theod. Schorn. 2 Bde. 1. Aufl. (61 B.) 835. 3 Thlr., 2. A. gr. 8. (43½ B.) Hamburg 840, Fr. Perthes. *

Mynster, J. P., Betrachtungen über die Christlichen Glaubenslehren. Aus dem Dän. übers. 3. Aufl. Gotha 856. Fr. A. Perthes. gr. 8. (IV, 595 S.) n. 1 ₰. 14 ngr.

Mynster, J. P., Betrachtungen üb. die christlichen Glaubenslehren. Aus dem Dän. übers. 4. Aufl. gr. 8. (IV, 575 S.) Gotha 871. F. A. Perthes. n. 4. 40

Mynster, Jak. Pet., christl. Haus-Altar, od. religiös. Vorträge f. Geist u. Herz auf alle Sonn- u. Festtage im Jahre. A. d. Dän. 2 Thle. gr. 8. (56¼ B.) Hamburg 834, 35, Nestler u. Melle.

Mynster, J. P., Ordinationsreden. Aus d. Dän. v. Chr. H. Kalkar. gr. 8. (10½ B.) Hamburg 843, Perthes-Besser u. Mauke.

Predigt gehalten in dem Dom zu Roeskilde bei Eröffnung der Versammlung der Provinzialstände am 1 Oct. 1835 v Jacob Peter Mynster. Übersetzt v Theodor Schorn. Copenhagen. (1835.) 8°

—— Predigt gehalt. in d. Dom zu Roeskilde bei Eröffnung d. Versamml. d. Provinzialstände am 1. Oct. 1835. gr. 8. (...) Kopenhagen, Reitzel.

Mynster, J. P., Prædikener holdte i Kirkeaaret 1846 – 47. gr 8. (VI u. 154 S.) Kjøbenhavn 847, Deichmann. n. 28 ngr

—— Rede u. Predigt bei d. Vermähl. Ihrer Kgl. Hoheiten d. Prinzeßinn Wilhelmine Maria u. d. Prinzen Frieder. Carl Christian. Uebers. v. Th. Schorn. 8. (2 B.) Copenhagen 828, Reitzel.

Mynster, J. P., kleine theolog. Schriften. gr. 8. Kopenh. 825. Gyldendal. 2 ₰ 6 gr

Trauer-Reden zu des Königs Friederich des Sechsten Gedächtniss Gehalten im Trauerpalais und in der Domkirche zu Rothschild am 15 und 16 Januar 1840. v. Jakob Peter **Mynster.** Übers. a. d. Dän. Oldenburg 1840. 8°

— **Trauerreden zu Sr. Maj. des Königs Friedrich VI. glorwürdigstem Gedächtniß. A. d. Dän. übers. 8. Oldenburg 843, Fränckel. 1/6 ℳ**

Mynthinge, s. Müntinghe.

M-y-r Kaviar für s Volk; eine wahre Geschichte aus der Gegenwart Phila. 1882

Myr, Emil, der Weltwille. Ein Essay üb. das Leben. (138 S.) 8. Leipzig 908. Modernes Verlagsbureau. 3.—

v. Myra, s. Nicolaus.

Myrbach, Felician Frhr. v., s.: Ars nova.

Myrbach, Felicien Frhr. v., tirolische Schlösser, s. Schwarz, Kaspar.

Myrbach, Frz., Frhr. v.,
s.a. Myrbach-Rheinfeld, Frz., Frhr. v.

Myrbach, Frhr. v., die Arbeit u. ihre Stellung in der menschl. Wirtschaft, s.a. Sammlung gemeinnütz. Vortr.

MYRBACH, Franz, Freiherr von

(F) **Die Arbeit und ihre Stellung in der menschlichen Wirtschaft.** Von Dr. Franz Freiherr von **Myrbach.** (Sammlung gemeinnütziger Vorträge. Nr. 272. Herausgegeben vom Deutschen Vereine zur Verbreitung gemeinnütziger Kenntnisse in Prag.) Prag. [1901.] Verlag des deutschen Vereines zur Verbreitung gemeinnütziger Kenntnisse in Prag. In Comm. Haerpfer Gr.-8°. 19 S. K —.60

Myrbach, Frz. Frhr. v., die Besteuerung der Gebäude u. Wohnungen in Oesterreich u. deren Reform. Eine finanzwissenschaftl. Studie. gr. 8. (IV, 287 S.) Tübingen 886. Laupp. n. 5.—

— der gemeinwirtschaftliche Betrieb elektrischer Anstalten aus dem Gesichtspunkte d. ökonomischen Vortheils. gr. 8. (III, 142 S.) Ebend. 886. n. 3.—

— s.: Fläche, die.

Myrbach, Frz. Frhr. v., die Molkereigenossenschaften in Oesterreich u. deren Besteuerung, s.a. Publikationen des österreichischen Centralvereines f. Milchwirthschaft.

Myrbach F. v.: Die Molkereigenossenschaften in Oesterreich u. deren Besteuerung. Wien 1894. 42 S. P.
(Publicationen d. österr. Centralvereines für Milchwirthschaft No. 3).

Myrbach, F., Die Molkereigenossenschaften in Oesterreich und deren Besteuerung. Roy.-8°. Wien, Frick, 1894. (Publik. d. österr. Centralver. f. Milchwirtsch., Nr. 3.)

Myrbach, Frz. Frhr. v., über die Notwendigkeit e. Ausgestaltung der westlichen Staatsbahnlinie (die direkte Verbindung Salzburg-Wörgl). Vortrag, geh. am 13. XII. 1907 im niederösterreich. Gewerbevereine. (27 S.) gr. 8. Innsbruck 908. (Wagner.) —60

— Uber Teuerung. Ein populär-wissenschaftl. Vortrag. (III, 47 S.) 8. Wien 910. F. Deuticke. 1.—

Myrbach, Frz. Frhr. v., die Uebertretung der Zinsverheimlichung nach österreichischer Gesetzgebung. Systematisch dargestellt und erläutert. gr. 8. (VIII, 135 S.) Graz 881, Leuschner und Lubensky. *

Myrbach, Frz. Frhr. v. Die Uebertretung der Zinsverheimlichung nach österreichischer Gesetzgebung. Systematisch dargestellt und erläutert. 2. gänzlich umgearb. Aufl. gr 8. (VIII, 170 S.) Graz 891, Leuschner u. Lubensky. * 3 50

Myrbach, s.: Wienerstadt.

Myrbach-Rheinfeld, Frz. Frhr v., s.a. Myrbach, Frz., Frhr v

Myrbach-Rheinfeld, F Frhr. v., Finanzrecht, s. Grundriss d. österr. Rechts.

Myrbach-Rheinfeld, Frz. Frhr. v., Grundriß des Finanzrechts, s.a. Grundriß des österreichischen Rechts.

Grundriss des Finanzrechts. Von Dr. Franz Frh. v **Myrbach-Rheinfeld**, Prof. Leipzig: Duncker & Humblot 1906. (XIV, 312 S.) 8° [F.]
= **Grundriss** d. Österreich. Rechts. Bd 3, Abt. 7 [ch. 7103 4

— die Reform der österr. Hauszinssteuer. Vortrag, geh. in der Gesellschaft österreich. Volkswirte am 17. II. 1903 (29 S.) Lex.-8. Wien 903. W. Braumüller. n. — 80
Sonderabdruck aus: „Ztschr. f. Volkswirtschaft, Sozialpolitik u. Verwaltg."

Myrbach-Rheinfeld, Otto Frhr. v., über die Abhängigkeit der Transmissionskoeffizienten der Atmosphäre f. die Sonnenstrahlung v. Feuchtigkeit, Luftdruck u. Wetterlage in Innsbruck. (17 S. m. 2 Fig.) gr. 8. Wien 910. A. Hölder. — 60
Sonderabdruck aus: „Sitzungsber. d. k. Akad. d. Wiss."

Myrberg, O. F. Die biblische Theologie u. ihre Gegner. gr. 8. (115 S.) Gütersloh 892, Bertelsmann. * 1 80

Myrdacz, Paul

Myrdacz, P. Bericht üb. d. Tätigkeit u. d. Leistungen d. wissensch. Vereins d. Militärärzte d. Wiener Garnison v. 1874—99. Wien 1899.

Myrdacz, Paul, Epidemiologie der Garnisonen des k. u. k. Heeres, s.a. Publikationen, militärärztliche.

Myrdacz, P., Epidemiologie der Garnisonen des k. u. k. Heeres in den Jahren 1894—1904. [Militärärztliche Publikationen Nr. 99.] Gr.-8° (VI, 76 S.) Wien: Safar 1906. K 2.

Myrdacz, Paul. Ergebnisse der Sanitäts-Statistik d. k. k. Heeres s.a. Sammlung medicinischer Schriften.

Myrdacz, Paul, Ergebnisse der Sanitäts-Statistik des k. k. Heeres in den J. 1870—1882. Mit vergleichender Berücksichtigung der J. 1883—1885, sowie der Sanitäts-Statistik fremder Armeen. Nach den militärisch-statist. Jahrbüchern und anderen authent. Quellen bearb. Lex.-8. (VII, 334 S. mit 38 Tab. und 17 graph. Beilagen.) Wien 887, Seidel und Sohn. *

— dasselbe, in den J. 1883—1887, s.: Sammlung medicinischer Schriften

Myrdacz, Paul, s.a. Handbuch f. k. u. k. Militärärzte.

Myrdacz, Paul, Handbuch f. k. u. k. Militärärzte, s.a. Publikationen, militärärztliche.

Myrdacz, Paul, Handbuch f k. u. k. Militärärzte. III. Nachtrag f. d J. 1892. gr. 8. (VI, 173 S.) Wien 893. J. Šafář. n.n. 3. 20
Hauptwerk nebst I. u. II. Nachtrag kamen nicht in den Handel.

— dasselbe. Systematisch geordnete Sammlg. der in Kraft steh. Vorschriften. Circular-Verordngn., Reichs-Kriegs-Ministerial-Erlässe etc. üb. das k. u. k. Militär-Sanitätswesen u. die persönl. Verhältnisse der Militärärzte, als Ergänzg. zum Reglement f. den Sanitätsdienst d. k. u. k. Heeres. 2., verm. u. verb. Aufl. Lex.-8. (XII, 1185 S.) Ebd. 893. n. 18. —

— dasselbe. IV. Nachtrag (I. Nachtrag zur 2. Aufl.) f d J. 1893. Lex.-8. (60 S.) Ebd 894. n. 1 20; Beilage (14 S.) n. — 80 (2. Aufl. m. 1. Nachtrag u Beilage: n. 19. 50)

Myrdacz, Paul, Handbuch f. k. u. k. Militärärzte. V Nachtrag (II Nachtrag zur 2. Aufl.) f d. J. 1894. gr. 8. (VII, 142 S.) Wien 895. J. Šafář. n. 3. 20 (2. Aufl. m. Beilage, 1. u. 2. Nachtrag: n. 22. 70)

— dasselbe. VI. Nachtrag (III. Nachtrag zur 2. Aufl.) f. d J. 1895. Lex.-8. (VII, 146 S.) Ebd. 896. n. 3. —

— dasselbe. VII. Nachtrag (IV. Nachtrag zur 2. Aufl.) f. d. J. 1896. Lex.-8. (70 S.) Ebd. 897. n. 1. 50

— dasselbe. VIII. Nachtrag (V. Nachtrag zur 2. Aufl.) f d. J. 1897. gr. 8. (87 S.) Ebd. 898. n. 1. 60

Myrdacz, P., Handbuch für k. u. k. Militärärzte. XI Nachtrag für das Jahr 1901 Lex -8° (92 S.) Wien. Safar 1902.

Myrdacz, P., Handbuch für k. u. k. Militärärzte. 12. Nachtrag für das Jahr 1902. [Militärärztliche Publikationen Nr. 77.] Lex.-8°. (92 S.) Wien Safar 1903. K 2.—

Myrdacz, P., Handbuch für k. u. k. Militärärzte. 13. Nachtrag für das Jahr 1903. [Militärärztliche Publikationen Nr. 81.] Gr.-8°. (100 S.) Wien: Safar 1904. K 2.20

Myrdacz, P., Handbuch für k. k. Militärärzte. XIV. Nachtrag. [Militärärztliche Publikationen. Nr. 97.] Gr.-8°. (80 S.) K 1.40 Wien: Safar 1906.

Myrdacz, P. Handbuch für K. und K. Militärärzte. 4. Aufl. Bd. I. 1905. — Dazu Nachtrag 15 bis 19 für die Jahre 1906 bis 1910. 7 Bde.

Myrdacz, P., Handbuch für k. u. k. Militärärzte. I. Bd. 4. Aufl. [Militärärztliche Publikationen. Nr. 90.] Gr.-8°. erscheint in Lieferungen Wien: Safar 1905. kompl. K 18.—

Myrdacz, P, Handbuch für k. u. k. Militärärzte. I. Bd. Systematisch geordnete Sammlung der in Kraft stehenden Vorschriften, Zirkularverordnungen, Reichskriegsministerialerlässe usw über das k. u. k. Militärsanitätswesen und die persönlichen Verhältnisse der Militärärzte als Ergänzung zum Reglement für den Sanitätsdienst des k. u. k. Heeres. 4. Aufl. [Militärärztliche Publikation Nr. 92a.] Gr.-8°. (VIII, 1056 S.) K 18.— geb. K 21.— Wien. Safar 1905.

Myrdacz, P., Handbuch für k. u. k. Militärärzte. XV. Nachtrag (II. Nachtrag zur 4. Auflage des ersten Bandes) für das Jahr 1906. [Militärärztliche Publikationen. Nr. 103.] Gr.-8°. (93 S.) Wien: Safar 1907. K 2.20

Myrdacz, P., Handbuch für k. u. k. Militärärzte. XVI. Nachtrag. (III. Nachtrag zur 4. Aufl. d. I. Bd.) Für das Jahr 1907 [Militärärztliche Publikationen. Nr. 116.] Gr. 8°. (116 S.) K 2.70 Wien. Safar 1908.

Myrdacz, P., Handbuch für k. u. k. Militärärzte. XVII. Nachtrag. (IV Nachtrag zur 4. Aufl. des ersten Bandes.) Für das Jahr 1908. [Militärärztliche Publikationen. Nr 124.] Gr.-8° (99 S.) Wien. Safar 1909. K 2.40

Myrdacz, P., Handbuch für k. u. k. Militärärzte. XVIII Nachtrag. (V Nachtrag zur 4. Aufl. des ersten Bandes für das Jahr 1909.) [Militärärztliche Publikationen Nr. 134.] Gr-8°. (123 S.) Wien: Safar 1910. K 3.40

—— Leitfaden f. den Blessiertenträger in 100 Fragen u. Antworten. Mit Zugrundelegg. d. „Leitfadens f. den Krankenträger" von Billaret f. die k. u. k. österreichisch-ungar. Armee bearb. 8. (24 S. m. 1 Abbildg.) Wien 892, Šafář. * — 35

— Leitfaden f. d. Blessiertenträger in 100 Fragen u. Antworten. Mit Zugrundelegg. d. „Leitfadens f. den Krankenträger" von Billaret f. d. k. u. k. österreichisch-ungar. Armee bearb. 2., durchgeseh. Aufl. 8. (24 S. m. 1 Abb.) Wien 894. J. Šafář. n.n. — 35

Myrdacz, P. D deutsche Militär-Sanitätswesen. Geschichte u. gegenwärt. Gestaltg. (S.-A. Myrdacz s Handb. 2 Bd., 6. Heft.) Wien 1896.
s.a. Handbuch für k. u. k. Militärärzte

Myrdacz, Dr. Paul, Das franz. Militärsanitätswesen. Geschichte und gegenwärtige Gestaltung. (75 S.) 8. Wien Safar 1895. 1.20

— das französische Militär-Sanitätswesen. Geschichte u. gegenwärt. Gestaltg. 2., durchgesch. Aufl. [Aus: „Handbuch f. k. u. k. Militärärzte" II. Bd] Lex.-8. (81 S.) Ebd. 897. n. 2. 20

Myrdacz, P. Das italienische Militär-Sanitätswesen. Wien 1897. 4°
s.a. Handbuch für k. u. k. Militärärzte

Myrdacz, P. D. russ. Militär-Sanitätswesen. Geschichte u. gegenwärt. Gestaltg. Wien 1896.
s.a. Handbuch für k. u. k. Militärärzte

— Ärztliche Rekrutierungsstatistik v. Österreich-Ungarn in d. J. 1894—1905. Mit Genehmigg. des k. u. k. Reichskriegsministeriums nach den militär-statist. Jahrbüchern bearb. Mit 4 Tab. u. 12 Kartogr. (IV, 20 S.) gr. 8. Wien 907. L. W. Seidel & Sohn. 2. 40
Sonderabdruck aus: „Streuffleurs militär. Ztschr."

— s.a. Sanitäts-Bericht, statist., üb. das k. u. k. Heer.

Statistischer Sanitäts-Bericht über das k. u. k. Heer für die Jahre 1883 1893. Mit vergleich. Berücks. d. Jahre 1870 1882, dann 1894 1896, sowie d. Sanitätsstatistik fremder Armeen. Nach den militarstat Jahrbüchern u. and authent Quellen bearb. von Dr Paul Myrdacz, Oberstabsarzte Mit 21 Tab Wien J Šafář 1899 (VIII, 253 S.) 4°(8°)

Myrdacz, Paul, Sanitäts-Geschichte der Bekämpfung d. Aufstandes in der Hercegovina, Süd-Bosnien u. Süd-Dalmatien im J. 1882. Mit 1 Kartenskizze. gr. 8. (VIII, 208 S.) Wien 885. Seidel & Sohn. n. 5. —

Myrdacz, P. Sanitäts-Geschichte des Feldzuges 1859 in Italien. Wien 1896. 4°.
s.a. Handbuch für k. u. k. Militärärzte

Sanitäts-Geschichte der Feldzüge 1864 und 1866 in Dänemark, Böhmen und Italien. Mit Benutzung der Acten des k. und k. Kriegsarchivs bearb. v Paul Myrdacz. Wien. 1897 8° m.
(Handbuch für k und k. Militärärzte. Bd. 2. H 10.)

Myrdacz, P. u. J. Steiner. Sanitätsgeschichte des deutsch-französ. Krieges 1870/71. Wien 1896. 4°.
s.a. Handbuch für k. u. k. Militärärzte

Myrdacz. Sanitätsgeschichte des russisch türkischen Krieges 1877/78 in Bulgarien und Rumänien. (Aus „Myrdacz. Handbuch für k. u. k. Militärärzte." 11. Heft.) Wien 1898.
s.a. Handbuch für k. u. k. Militärärzte

Myrdacz, P. Sanitäts-Geschichte des Krimkrieges. Wien 1895. 4°
s.a. Handbuch für k. u. k. Militärärzte

Myrdacz, Paul, Sanitäts-Geschichte u. Statistik der Occupation Bosniens u. der Hercegovina im Jahre 1878. Mit Benützung amtlicher u. anderer authent. Quellen dargestellt. gr. 8. (XII, 420 S.) Wien 881. Urban & Schwarzenberg. n. 8. 40

Myrdacz, P. Die Sanitätsverhältnisse des K. u. K. Heeres in den J. 1883—87. (S.-A.) Wien 1891

—— die Thätigkeit der k. k. Schiffs-Ambulanzen und Eisenbahn-Sanitäts-Züge im J. 1878—79. Nach amtl. Quellen dargestellt. gr. 8. (56 S.) Wien 880, (Seidel und Sohn.) *
Aus: Organ der militär-wissenschaftlichen Vereine, besonders abgedruckt.

de la Myre, Claud. Magdal., Tractatus de contractibus juri hodierno Galliae accommodatus, ad usum seminarii Cenomanensis et Tractatus de jure et justitia juxta secund. editionem Cenomanensem 1820. Ed. II. Mechlin., alt. corr. et emend. II Tom. 12. Mainz 822. (Müller). 1 ʄ 15 gr

Myres, J. L., s.: Anthropologie, die, u. die Klassiker.

Mylam, P., Comtesse Freda. Roman aus der Gesellschaft. (179 S.) 8. Gotha (905). Verlagsanstalt u. Druckerei (H. Bartholomäus). 1. —

— Herbst-Phantasien. (56 S.) 8. Wien (907). Szelinski & Co. 1. 80

Myriam, P., s. a.: Pereira, Baronin Marie.

Myriander, Gedichte Claudians wid. d. Rufin. gr. 8 Nürnb. Stein. 790.

— — dieselben nebst einigen Sinngedichte. gr. 8. Ebendas. 756.

Myriander, (Jh. K. Niedermayer,) Sinngedichte, in 4 Büchern, 1s u. 2s Stck. 8. Nürnb. 768. Stein. 4 gr — 1r u. 2r Nachtrug dazu. 8. Ebd. 770 u. 73. 7 gr

Myriander, (Jh. K. Niedermayer,) neuere u. letzt. Sinngedichte, u. Beitrag dazu. 8. Nürnb. 776, 77. Stein. 8 gr

Myriantheus, L., die Açvins oder arischen Dioskuren. gr. 8. (XXXII, 185 S.) München 876, Th. Ackermann. *

Myriantheus, L., die Marschlieder des griechischen Drama. gr. 8. (VII, 141 S. mit 1 Stnt. in 4.) München 873, Th. Ackermann. *

Myrias versuum sine ellipsi, et synalepha editorum. Authore R. Patre Constantino a Passione Domini. Tyrnaviae 1735. V: *Halapi, Constant.* (PK II/51) (WBL VII/230) (BiblPort)

Myriautheus, J., Περι τῶν ἀρχαίων Κυπρίων. 1868. 90 S.

Myricke, H., Reise nach Jerusalem. 8. Wien. 720.

Myriorama, od. die Kunst, tausende von Landschaften in einer Viertelstunde zu schaffen. 1r Thl. in 16 Bl. 824. Nürnb., Fr. Campe. 1 ʄ 12 gr — Das neue große, in 24 Bl. od. 2r Thl. Ebd. 825. 2 ʄ

— neues, od. die Kunst, in kurzer Zeit unzählige Landschaften zu bilden. Leipz., (Klinkhardt). In Futteral 1 ʄ 8 gr

Myriorama, neues großes, oder die Kunst Tausende von Landschaften zu bilden. — Grande et nouvelle Myriorama, ou l'art de produire mille paysages. (20 illum. Bl. auf Pappe in schmal 8. Fulda 836. Müller.) n. 1 1/6 ʄ

Myrrhenbüschlein auf d. Wege uns. Heilandes. 8. Bamberg, Göbhard. 765.

Myrrhenbüschlein auf d. Wege uns. Heilandes. 8. Bamb. ... 3e A. 763. (Wesché in Frkf. a. M.) 4 gr

Myrrhenfrüchte, Süsse, vom Baum des heiligen Kreuzes . . . Mainz 1861. V: *Nickel, Adam Marcus.* (Kn)

Myrrhengarten, kleiner, od. andächt. christkathol. Gebetbüchlein. Neue Aufl. 32. (192 S.) Luxemburg 874. Brück. n. — 20

Myrrhengarten, kleiner, bepflanzt m. der schönsten Morgen-, Abend-, Meß-, Vesper-, Beicht- u. Communiongebeten, nebst Andachtsübungen zu Gott u. seinen Heiligen. 49. Aufl. 16. (238 S. m. Titelbild.) Saarlouis 891. F. Stein Nachf. — 30

Myrrhengarten, marianischer, s. Baumgarten, marianischer.

NEUER Myrrhen-Garten. Gebetbuch zur Erbauung für katholische Christen. 4. vermehrte Aufl. Pest o. J. Trattner-Károlyi. - 12°

— ein Gebet- u. Andachtsbuch f. kathol. Christen. Mit großer Schrift u. Stereotypen gedruckt. 6e Aufl. 12. Zweibr., Ritter. 4 gr

Myrrhen-Garten, d. neugepflanzte, darin die kräftigsten, auf das Leiden Christi gerichteten Morgen-, Abend-, Meß-, Vesper-, Beicht-, Communion-, Miserere- u. Wallfahrts-Gebete 2c., begriffen sind. Jetzt von neuem fleißig überlesen u. verb. 8. Neisse 826. (Leipz., Centr.-Compt.) 14 gr — Dass. Prag 826. (Fr. Fleischer in Leipz.) 8 gr

Myrrhen-Garten, der neugepflanzte, des bittern Leidens, darin d. kräftigsten auf d. Leiden Jesu Christi gerichteten Morgen-, Abend-, Meß-, Vesper-, Beicht- u. Communiongebete 2c. Von neuem durchgesehen 2c. durch Martin v. Cochem. Mit 1 Titelkpfr. 8. Glogau 840. Günther. 1/3 ʄ weiß Pap. 3/8 ʄ

Myrrhenkrone, geistliche, e. vollständ. Samml. auserwählter Gebete aus d. Schriften d. heil. Augustinus, Frz. v. Sales 2c., u. a. d. bewährt. Schriftstellern d. ält. u. neuest. Zeit. Nebst e. Anh. sämmtl. Kirchenlieder u. Litaneyen. Mit Vorrede v. J. P. Silbert. Nebst 3 Kpf. u. 1 Vign. gr. 12. Wien 826. 2e A. 830. Grund. (Leipz., Fr. Fleischer). 16 gr

Myrte. — Silber. — Gold. Zu den drei Hochzeiten. 8. (V, 136 S. m. eingedr. Holzschn.) Hannover 875. Cohen. n. 1. 50

Myrtenblüten, von Jul. Hort. 1s Bdchen. 8. Dessau, Ackermann. 821.

Myrten- u. Cypressen-Kränze, von A. Schreiber. 2 Bdch. Mit Kupf. 8. Stuttgart, Sattler. 821.

Myrtenreiser. Festgabe zu der achten Säkularfeier in der Pfarrkirche zu Grossgmain. Salzburg 1876. V: *Moser, Athanasius.* (Hr)

Myrtha. Ein Hirtenschauspiel für Kinder. Vom Verfasser der Beatushöhle. Augsburg 1833. V: *Bauberger, Wilhelm.* (Russell I, 166)

Myrtha. Ein Hirtenschausp. f. Kinder, s. 8. Bd.: Unterhaltungen, dramat., I. Bdchn.

Myrthe und Schwert. Eine Erzählung . . . Meissen 1819. V: *Ahlefeld, Charl. Sophie Louise Wilhelmine.* (MGT) (schl)

Myrthe u. Schwert, eine Erzählung aus d. letzten Freyheitskriege d. Deutschen, von Elise Selbig. 8. Meißen, Gödsche. 819.

Myrthen. Eine poet. Blumenlese f. d. jüd. Familie, s.: Universal-Bibliothek, jüdische.

Myrthen, drei. E. Polterabend-Spiel zur Doppel-Feier d. Grünen u. Silbernen Hochzeit. 12. (8 S.) Berlin (895.) M. Böhm. 1. —

Myrthen und Cypressen um die Urne der Zeit. Gera 1793. V: *Eisenschmidt, Christian Friedrich.* (GGr) (Ky)

Myrthen u. Cypressen um die Urne der Zeit, (v. Chr. F. Eisenschmid). 2 Thle. 8. Gera 793.

Myrthenblätter (Zeugnisse aus älterer u. neuerer Zeit) v. der Sammlerin der „Perlen der Wahrheit", „Glaubensöl" rc. Stuttgart 870. Schober. br. 8. (III, 252 S.) 22½ ngr; in engl. Einb. 1 ₰

Myrtenblüthen. Katholisches Gebet- und Andachtsbuch der christl. Frau. Sammlung der schönsten und vorzüglichsten zumeist aus den Schriften der Heiligen entnommenen Gebete. 16. (XXIV, 536 S.) Dülmen 884, Laumann'sche Verlagsh.

Myrthenblüthen. Katholisches Gebet- u. Andachtsbuch der christl. Frau. Sammlung der schönsten u. vorzüglichsten, zumeist aus den Schriften der Heiligen entnommenen Gebete. 2. Aufl. 16. (XXIV, 536 S.) Dülmen 886. Laumann. n. 2. —; geb. von n. 3. — bis n. 30. —

Myrthenblüthen. Katholisches Gebet- u. Andachtsbuch der christl. Frau. Nebst Belehrgn. u. Unterweisgn. üb. das heil. Sakrament der Ehe. 3. Aufl. 16. (XXIV, 544 S. m. farb. Titel u. 1 Stahlst.) Dülmen 890. Laumann. n. 2. —

Myrthenkranz, der geistliche. Eine Sammlung ausgewählter Gebethe für Jünglinge und Jungfrauen, vorzüglich als Prüfungsgeschenk anwendbar. 18. (162 S. und 1 Holzschn.) Linz 831 (Leipzig, Hübner.)

Myrthenkränze, s.a. Oskar

Myrthenkränze. Von Friedr. Oskar und Kurt von der Aue. Leipzig 1822. V: *Wiessner, Amadeus.* (GGr)

Myrthen-Strauß, lyrischer, zur Feier der Vermählung des Kronprinzen Friedrich Wilhelm v. Preußen, mit d. Prinzessin Elise Ludovike v. Baiern, von d. Völkern Baierns u. Preußens ehrfurchtsvoll dargebracht. Mit 1 Kpf. 8. Augsb. 824. (Leipz., Rein). 8 ℊ

Myrthenthal, Leop. von

Myrthenthal, L. v., kurze Geschichte über die Leiden und Widerwärtigkeiten der Menschh. 8. Altona. (Gräff, Leipz.) 787.

Myrtenthal, Leopold von, kurze Geschichten über die Leiden und Widerwärtigkeiten der Menschheit, 8. Frankfurt und Leipzig, (Altona) 787. (Kaven) 1 Rthl. 5 sgl.

v. Myrthenthal, Leop., (...) kurze Geschichte über die Leiden u. Widerwärtigkeiten d. Menschheit. 8. Altona 787. (Wienbrack in Leipz.) 1 ₰ 4 ℊ

v. Myrthenthal, Leop., (Psdn.), Henriette v. Wallendorfs unglückl. Lebensjahre, in Briefen. 8. Frankf. u. Leipz. . . . Gräff. (Wienbrack). 10 ℊ

— — Henriette von Wallendorfs erstere unglückliche Lebensjahre in Briefen. Aus dem Tagebuch *Leop. von Myrthenthals.* Mit 2 Kpfrn. O O. (Altona, Kaven) 1786. 8° 224 S. (1 Mk. R. Härtel, Plauen, 1904; jetzt theurer!) Weller, Lex. Ps. p. 375. — Selten!

Myrthenzweige, m. K. 8. Leipz. Joachim. 805.

Myrthenzweige. Gelegenheitswerkchen zur Vermählungsfeier . . . des . . . Königs von Ungarn . . . Ferdinand's V. mit . . . Carolina Anna Maria Pia . . . Wien 1831. H: *Engländer, Hermann* [?]. (Mell)

Myrthenzweige in den Jubelkranz Sr. Bischöfl. Gnaden des Hochw. Herrn Georg Anton, Bischofs von Würzburg, dargebracht am 4. Oktbr. 1865 von Priestern der Diöcese Würzburg. Würzburg 865. Stahel'sche Buchh. gr. 8. (X, 334 S.) 1 ₰

Myrtil, Blanche [Pseudon.] s. Goth, Charles.

MYRTILLUS (ps.). — Schäfer-Gedichte, auf die Semisch- und Boßerkische Ehe-Verbindung den 20. Jenner 1743. in einem Gespräche entworffen: von *Myrtillo.* O O 4° 4 Bll. W. z. Maltzahn p 440 no. 931

(Mysani, Gaudenz de. Auszug [aus dem] zu meinen Gunsten von Herrn Andrea Coroi verfertigten Consult. [Mit Beilagen.]) 4. *o. O u. J* [ca. 1787].

(Mysani, Joh[annes] Theodosius. Klägten wider meinen Bruder, Podestat Gaudenz Mysani.) fol. *o. O u. J.* [ca. 1788].

Nyseras, Lambr., Anmerk. e. Christen auf dem Himmelswege. 8. Zürich 752. Füßli. 6 gr.

— Empfindungen e. Christen auf d. Wege nach d. Himmel. gr. 8. Frankf. a. M. 784. Brönner; (a. Hermann). 20 gr.

Myseras, Lambr., Empfindungen u. Erfahrungen der Frommen auf dem Wege nach d. Himmel. Aus d. Holländ. übersetzt 6., verb. Aufl. gr. 12. (13½ B.) Meurs 842, Dolle.

Myseras, (L.,) Erfahrungen u. Empfindungen d. Frommen auf d. Wege nach d. Himmel. 5e Aufl. 8. Elberfeld 825, Hassel.

— evangel. Kommunionbuch f. diejenigen, die die Wahrheit in Jesu kennen rc. 8. Elberf. 793. (Schönian). 10 gr. 5e A. 8. Ebd. 825. Hassel. 14 gr.

Mysing, Georg Ernst Friedrich (Osnabrück), De haemorrhoidibus mucosis vesicae urinariae ab infarctibus ortis. Diss. med. Jena (Mauk) 25. III. 1795. 32 S. (5.—) 24494
Gew.: Gotthelf Dietrich von Ende, Nikolaus von Decken, Johann Georg von Uslar.

Mysing, Hans, approb. Arzt aus Jever i. Gr. Oldenb.: Ein Fall eines intrapraeputial gelegenen gonorrhoischen Lymphtumors. *Kiel 1900: P. Peters.* (14 S.) 8°
Kiel, Med. Diss. v. [10. Mai] 1900

Mysing, Osk. (Otto Mora), s. a.: Mora, Otto.

Mysing, Osc. (Otto Mora), die neue Aspasia. Roman. 8. (238 S.) Leipzig 900. [O. Gracklauer.] Schulze & Co. n. 3. —; geb. n. 4. —

Mysing, Osk. (Otto Mora), Beresina. Roman v. 1812. 3 Bde. 8. (V, 230; V, 200 u. 227 S.) Berlin 898. O. Janke. n. 10. —

— die Bildungsmüden, s. Collection Tiesenbach.

[F.] Die Bildungsmüden. Roman v. Oskar **Mysing** (Otto Mora) ... *Berlin: Ver. f. freies Schrifthum [1894].* (2 Bl., 291 S.) 1 Bd 8.
[Veröffentlichungen des Vereins f. Freies Schriftthum. Jg. 1. Bd 2.] [97. 1810

Mysing, Osc. (O. Mora), der erste Dandy. Roman v. 1812. (309 S.) 8. Berlin 910. O. Janke. 3. —

— der Emigrant. (Histor.) Roman. 3 Bde. gr. 8. (V, 196, V, 216 u. V, 228 S.) Berlin 899. O. Janke. n. 10. —

— eine Feindin Napoleons. Roman v. 1799. 8. (362 S.) Ebd. 897. n. 6. —

— Festspielrausch. Deutscher Roman. (410 S.) 8. Berlin (907). Harmonie. (Urspr. Pr. 4.—; geb. 5. —)

[F.] Fürstenliebchen. Rokoko-Erzählg v. O[scar] **Mysing** . . *Berlin: O. Janke [1898].* (2 Bl., 131 S.) 1 Bd 8.
(Collection Otto Janke.) [98. 5367

Mysing, Oscar [aus Bremen]: Robert Garnier und die antike Tragödie ... Leipzig-Reudnitz, Druck v. O. Schmidt, 1891; 56 S., 1 Bl. 8.
Leipzig, Phil. Fak., Inaug.-Diss. v. [15. Sept.] 1891

— das neue Geschlecht. Roman. 8. (409 S.) Leipzig (902). H. Seemann Nachf. n. 3. —; geb. n. 4. —

— Das neue Geschlecht. Roman. 2. Aufl. (412 S.) 8. Ebd. (908). (Urspr. Pr. 4.—; geb. 5. —)

Mysing, Osk., ein werdender Gott. Roman aus den Tagen des Kaisers Hadrian. (254 S.) 8. Berlin (906). O. Janke. 2. —

— eine Kaiserin. Roman aus der Byzantiner Kaiserzeit. 8 Tle. in 1 Bde. (293 S.) 8. Ebd. (903). 4. —; erm. Pr. n. 2. —

— im Kampf der Gesellschaft. Moderner Roman. 8. (387 S.) Berlin 893. O. Janke. n. 5. —

— e. Kampf um Liebe. Erzählung. 8. (134 S.) Ebd. 894 n. 1. —

Die große Leidenschaft. Roman von O[skar] **Mysing** (O. Mora). *Leipzig: W. Friedrich [1899].* (180 S.) 8° [F.] [93. 4113

— moderne Liebe. Novellen. 8. (146 S.) Bremen 893. C. Hampe. n. 2. —

— quer durch d. Liebe. Wahre Geschichten. 8. (192 S.) Leipzig 897. C. F. Tiefenbach. n. 2. —; geb. n. 3. —

— der Narr der Zarin. Roman. (374 S.) 8. Ebd. (904). 4. —; erm. Pr. n. 2. —

— Passion d. Liebe. Roman. 8. (204 S.) Leipzig 897. C. F. Tiefenbach. n. 2 —; geb. 3. —

— verfolgte Phantasie. Roman. 8. (368 S.) Berlin 895. O. Janke. n. 6. —; ermäß. Preis n. 2. —

— Satan auf Reisen. Erzählung. 8. (136 S.) Berlin 894. O. Janke. n. 1. —

— Schwertadel. Roman v. 1809. 3 Bde. 8. (227, 251 u. 217 S.) Berlin 900. O. Janke. n. 10. —

— nach der Sündflut. Roman v. 1795. 3 Bde. 8. (203, 189 u. 196 S.) Berlin 896. O. Janke. n. 10. —

Myska, Gustavus [Magister in Collegio Fridericiano]: De antiquorum historicorum Graecorum vocabulis ad rem militarem pertinentibus ... Regimonti, ex offic. Hartungiana (1886); 4 + 71 S. 8°
Königsberg, Phil. Fak., Inaug.-Diss. v. 24. Jun. 1886.

Myska, Gustav, de antiquiorum historicorum graecorum vocabulis ad rem militarem pertinentibus. gr. 8. (67 S.) Königsberg 886. (Koch & Reimer.) n. 1. 20

Myska, Gustav: Die Wortspiele in Gottfrieds von Strassburg Tristan. *Tilsit 1898: J. Reylaender & Sohn.* (3—30 S.) 4°
Tilsit, k. RG, OP 1898 (22)

Myska, Ludwig Gustav [Dr.]: Über das Verhältnis des von Plato im Politikos entwickelten Staatsbegriffes zu der Darstellung desselben in der Politeia und den Nomoi. Allenstein, Druck v. A. Harich, 1892; III—XVI S. 4.
Allenstein, k. G, P 1892 (1)

Muski, J. W

—— und C. Koch, Bilderschrift-Fibel, s. Koch, C.

Myski, J. W., Festkränze. Eine reiche Sammlung von Neujahrs- Geburtstags- u. Weihnachts-Wünschen in besond. Berücksicht. der verschied. Kindesalter geordnet u. m. eigenen Dichtungen versehen. 2. verm. Ausg. Colberg 850. Howe. 16. (80 S.) 3 ngr.

Myski, J. W., Festkränze. Eine reiche Sammlung von Neujahrs-, Geburtstags- und Weihnachts-Wünschen in besonderer Berücksichtigung der verschiedenen Kindesalter. 3. verm. Aufl. Colberg 858. Howe. 24. (VIII, 123 S.) 3¾ ngr.

—— und A. Meyer, das Geburtstags-Kränzchen für Kinder verschiedenen Alters. Original-Dichtungen. Mit 1 Musikbeilage von C. Koch. 8. (31 S.) Berlin 860, A. Meyer. *

— biblische Geschichten. In Rücksicht auf den Normal-Lehrplan für die Unterklassen der Schulen bearb. Berlin 856. Huber. 8. (32 S.) 2½ ngr.

—— biblische Geschichten. In Rücksicht auf die preuß. Regulative (vom 1., 2. und 3. Octbr. 1854) für die Mittel- und Oberklassen der Schulen (im Anschluß der bibl. Geschichten für die Unterklassen) bearb. br. 8. (124 S.) Berlin 867, [König's Verlag.] *

Myski, J. W., biblische Geschichten. Auf Grund der drei preuß. Regulative für die Unterklassen der Schule bearb. 3. Aufl. Berlin 870. Schulze. 8. (32 S.) n. 2½ ngr.

— In vier Wochen lernen kleine Kinder lesen! Eine neue praktische Lese-Lehre für Schule u. Haus u. als Anweisung für die Monats-Fibel bearb. Berlin 861. J. Abelsdorff. gr. 8. (66 S.) 10 ngr.

—— Kirchen-Lieder, ausgewählt nach den drei preußischen Regulativen vom 1., 2. und 3. Octbr. 1854. Für die Unterklassen der evangel. Schulen hrsg. 8. (8 S.) Berlin 857, Huber.

Myski, J. W., die Monats-Fibel. Oder: In vier Wochen lernen kleine Kinder lesen. Eine Vor- und Grundschule für jedes erste Lesebuch. 8. (IV und 22 S., wovon 16 lithogr.) Berlin 862, J. Abelsdorff.

— Normal-Volks-Zeichenheft in Verbindung mit der Formenlehre. Für den Massen-Unterricht der Schulen u. zur gründlichen Ausbildung der Geschicklichkeit im Zeichnen unter Anwendung eines selbst zu fertigenden kleinen Reißzeuges. Berlin 860. (H. Müller.) 4. (12 lith. Bl.) n. 2½ ngr.

—— Normal-Volkszeichnenlehre. Eine Anweisung den Massen-Zeichnen-Unterricht zu ertheilen und ein allgemein nützliches Zeichnen zu lehren. In besond. Berücksicht des Normal-Volkszeichnenhefts und einfacher Apparate und Reißmittel. gr. 8. (32 S.) Berlin 860, (H. Müller.) *

— das Polterabend-Kränzchen für Kinder verschiedenen Alters. Original-Dichtungen in Rücksicht auf kleine Spenden, welche in einem ernsten, oder zartscherzenden Wunschgesange gern die kindliche Freude darbringen mag. Mit 2 Musikbeilagen von C. Koch. Ebend. 860. 8. (32 S.) n. 3 ngr.

- und A Meyer

—— —— das Polterabend-Kränzchen für Kinder verschiedenen Alters. Original-Dichtungen in Rücksicht auf kleine Spenden, welche in einem ernsten, oder zartscherzenden Wunschgesange gern die kindliche Freude darbringen mag. Mit 2 Musikbeilagen von C. Koch. 8. (32 S.) Berlin 861, A. Meyer. *

— der lesende Rechner. Erstes Lesebuch in der Zahlenlehre. Bearb. für den Schulgebrauch. Hierzu eine Anweisung betitelt: „Zahlenlehre für lesende Rechner". Berlin 855. Dümmler's Verlhdlg. 8. (VI, 106 S.) n. 6 ngr.

—— und L. Gaulke, Weihnachtswünsche für jedes Kindesalter, s. Gaulke.

— Zahlenlehre für lesende Rechner. 1. Cursus. Die Species in der Lehre von der reinen Zahl. Eingerichtet für den Schulgebrauch als Anweisung für das erste Buch des lesenden Rechners. Ebend. 855. 8. (VIII, 83 S.) n. 10 ngr.

Muski, W , s.a. Muski, J W

Myski, W., Wandkarte der K. Preuß. Provinz Pommern. Entworfen für den Schulgebrauch. Fol. (15 Bl.) Colberg 846, Post. n. 1⅓ ₰

Myskovszky, Vikt., Kunstdenkmale des Mittelalters und der Renaissance in Ungarn. 10 Lfgn. gr. Fol. (à Lfg. 10 photolithogr. Taf. nebst 1 Bl. Text.) Wien 883—85, Lehmann. à Lfg. *ℳ 8. *

Myskovszky, Vict., les monuments d'art du moyen âge et de la renaissance en Hongrie. 10 Livrs. Fol. (à Lfg. 10 Lichtdr.-Taf. mit 1 Bl. Text.) Wien 885, A. Lehmann. à Lfg. *ℳ 8.—. *

Myslbek, Jos. V. Sein Leben u. seine Werke. (37 Taf. u. Bildnis.) Mit Text (v. K. B. Mádl). gr. Fol. (35 S. m. Abbildgn.) Leipzig 902. A. Twietmeyer. n. 60. —

[Russ. u. Ant.] Mysli o sovremennom položenii Rossii. *,* Tajnago Sovetnika. *Berlin: B. Behr 1902* (30 S.) 8°
[Auf d. Umschl.] Gedanken üb. d. gegenwärtige Lage Russlands. [Von *,*, Geheimrat.] 02. 8157

Myśli o stanowisku kobiety w przyszłości. gr. 8. (40 S.) Posen 849, Stefański.

Mysliwečeк, Jos. ⟨1737–1781⟩. Trio für Flöte, Violine und Violoncell ⟨B. c.⟩. Op. 1, No 4. (Bearb. von Hugo Riemann.) (Pianof., Flöte ⟨Viol. I.⟩, Viol. II., Violoncell.) Leipzig: Breitkopf & Härtel [1904]. (11, 3, 3, 3 S.) 4°
— Collegium musicum. No 20.
(Breitkopf & Härtel's Kammermusik-Bibliothek. No 1833 34.) 07. 9734

Myśliwiec, Victor [app. Arzt aus Gleiwitz O./S.]: Operations-Methoden zur Exstirpation hochsitzender rectum-carcinome. Erlangen, A. Neumann'sche Buchdr (P. Ducius in Breslau, 1889; 30 S. 8°
Erlangen, Med. Fak., Inaug.-Diss. v. 13. Apr. 1889

Mysliwski, Naturgeschichte f. katholische Elementarschulen. 8. (72 S.) Aachen 885. A. Jacobi & Co. n. — 35

Mysliwski, Th., Wiederholungsbüchlein beim Unterrichte in der Physik. Zum Gebrauche in Seminarien u. bei der Vorbereitg. f. die 2. Lehrerprüfg. gr. 8. (IV, 83 S.) Breslau 892. H. Handel. Kart. n — 90

Myslowitz-Dombrowa-Jaworzno, s.: Bergbau.

Myson von Chenae, oder der ausübende Weise. [Weimar 1782.] V: *Knoll, Heinrich Christoph Friedrich.* (ML)

Mystagog, der, od. Ursprung u. Entstehung aller Mysterien u. Hieroglyphen d. Alten, welche auf Freymaurerei Bezug haben. 8. Leipz. Sommer.

Mystagog, Der, oder vom Ursprung und Entstehung aller Mysterien und Hieroglyphen der Alten . . . Osnabrück und Hamm 1789. V: *Hermann, Joseph Gottlieb (gen. Eichhörnl).* (SJL) (ML)

Mystagog, der, oder v. Ursprung u. Entstehung aller Mysterien u. Hieroglyphen d. Alten, die auf Freimaurerei Bezug haben, (v. Fr. J. Pallini). gr. 8. Münst. 789. Coppenrath 20 gr (W: Nauck in Leipz.) 20 gr

Mystagogos. Eine christliche Vorschule. Hamburg: Nestler & Melle 1858. XIII, 323 S. 8⁰
[Dasselbe.] N. F. Hamburg: Meissner 1860. VI, 243 S. 8⁰

Mystagogos. Eine christliche Vorschule. Neue Folge. Hamburg 1860. V: *Jachmann, J., Dr., Prof. auf Kobulten bei Masuren, Ostpreußen.* (Russell V, 492.)

Mystakides, B. A, Notes sur Martin Crusius, ses livres, ses ouvrages et ses manuscrits. S.-A. 1898. 28 S. —.75

Mystakidis, B. A. Byzantinisch-deutsche Beziehungen zur Zeit der Ottonen. gr. 8. (XVIII, 99 S.) Stuttg. 891. (Tübingen, Heckenbauer.) * 2 40

Mystenschule, Ostens. Ein pittoreskes Lehrgedicht über Weisheit und Thorheit . . . Mannheim 1803. 1828. V: *Bürmann, Johann Heinrich.* (SJL) (Kl)

Mystère de la croix de Jesus Christ et de ses membres. 8. Leipz. Weidmann. 732.

Mystères, les, du grand monde, s. Collection des meilleurs auteurs modernes.

Les **Mystères** du Palais d'hiver, par *H. T.* (En langue russe.) In-12⁰. 380 p. Genève, Bâle, Lyon, H. Georg. 1830. 4 50
Fürs Ausland Mk. 4 50

Mystères, Les plus secrets, des hauts grades de la maçonnerie dévoilés ou Le vrai rose-croix, trad. de l'anglois, suivi du Boachite trad. de l'allemand. Jerusalem [Nerlin] 1766. 1767. 1768. Avec fig. 1768. Nouv. éd. augm. 1774. 1778. 1786. 1788. H: *Köppen, Karl Friedr.* (wolfstieg II, 408)

—— les, de la Russie. Russie, Allemagne et France, révélations sur la politique russe, d'après les notes d'un vieux diplomate, par Marc Fournier. 8. (10⅓ B.) Bruxelles 844. Leipzig, Michelsen.

— die, des grünen Tisches oder der Europäische Bohon Upas bestehend in Beobachtungen u. Bemerkungen gesammelt an den Spielbanken in Aachen, Alexisbad, Baden, Doberan, Ems, Homburg ꝛc. während den letzten 20 Jahren. Mit einem Anhange von traurigen, herzzerreißenden Unglücksfällen. 8. (Mit 2 Lithogr.) Gießen 845. (Heyer's Verlagshandlg.) 1 ℛ

Mysterien, über die alten u. neuen, (von J. A. Starck). 8. Berl. 782. 2e A. 817. Maurers B. 1 ℛ 12 gr

— aufgedeckte der Gallischen Schädellehre. 8. Basel 810. (Neukirch). 8 gr

— neuer Bacchanalien, s. Redoutenlieder.

Mysterien neuerer Bacchanalien. [Weimar] 1791. V: *Vulpius, Chn Aug.* (BrMm)

— neuer Bacchanalien. 16. Weimar, Hoffmann. 792.

Mysterien, Die, der Ceres von Eleusis. Vertheidigt gegen die Spöttereyen des Verfassers des Horus . . . Gedruckt im Thale Josaphat 1785. V: *Bourscheid, B. von.* (M. Perl, Aukt.-Kat. 85, Nr. 440) (Zeitschr. f. Büch. N. F. 15, 1923, S. 117)

Die **Mysterien** der Ceres von Eleusis. Vertheidigt gegen die Spöttereyen des Verf. des Horus [d. i. Christian Ernst Wünsch] und in dem Endzwecke der Stiftung verglichen mit dem Endzwecke der Stiftung der Freymåurergesellschaft. Gedr. im Thale Josaphat, zur Aufhůlf einer armen Familie. [Wien] 1785. 84 S. 8⁰
Recens: WJ. 2, 4 (1785) S. 226—227.
Kl. 3822. Selten.

Mysterien des Ehestandes. Oder wie kann man durch den Genuss der Liebe sein Leben verlängern . . . Berlin 1809. V: *Flittner, Chn Gfr.* (MGT)

Mysterien einer Berliner Erziehungs- und Stickmuster-kolorir-Anstalt. Ein Blättchen Zeitgeschichte. Abdr. aus der Berliner Gerichtszeitung. Berlin 854. Brandis. (Falckenberg u. Co.) 8. (40 S.) 3 ngr.

MYSTERIEN der galanten Frauen Berlins. Altona, Verlagsbureau (Aug. Prinz), o. J. (c. 1872). 8⁰. Mit illustr. Umschl. (1 Rthl.)

Mysterien der Geistlichkeit, Oder ob das Betragen des Kaisers gegen die Geistlichkeit überhaupt gut . . . sey. Wien [Ulm] 1784. V: *Biwancko, Ignaz Joseph.* (MGT) (Wr) (BrMm) (Ky)

— üb. d. hebräischen, als d. älteste religiöse Maurerey. 8. Leipz. Göschen. 787.

– über die hebräischen, als d. älteste religiöse Maurerei, in zwei Vorleſſ. vom Bruder Decius, (K. L. Reinhold). 8. Leipz. 788. Göschen. 12 gl.

Mysterien, die, der polit. Katastrophe 1848. Von A. Z. gr. 8. (VIII und 248 S.) Quedlinburg 850, Basse.

§ **MYSTERIEN**, Die, der Liebe und des Lebensgenusses. Eine Gallerie von Cabinets-Stücken für philosophische Lüstlinge. Mit 2 Kpfrn. (incl. TKpf.) nach Angelica Kaufmann). Philadelphia, auf Kosten der Bruder, 1800. (Leipzig, Liebeskind.) 8°. VI S., 1 Bl u. 371 S. (10 Kr., H Bukowski, Stockholm, 1887, 15 Mk. Paul Neubner, Cöln 1893, 20 Mk., nur mit TKpfr., Adolf Weigel, 1907.) (Auch in Wien, Stadtbibl Secr A 38.)

– die, der Liebe u. des Lebensgenusses. 8. Philadelphia 805. (Liebeskind in Leipz.) 1 ₰ 12 gl.

— die, der Magnetomagie; oder Enthüllung der Geheimnisse des Magnetismus, der magnetischen Prophezeiungs- und Zauberkunst und der neuentdeckten geheimnißvollen, leblose Körper bewegenden Naturkraft. Mit Aufschlüssen über Wesen, Wirkung u. Anwendung des vitalen Magnetismus, über Somnambulismus, Ekstase und magnetische Prophetie; über magnetische Sympathie und Antipathie 2c. Nach A. Segouin und andern Autoritäten. Mit 1 (lith.) Titelkpfr. und 3 magisch-magnet. (lith.) Kpfrtaf. Weimar 854. Voigt. 12. (XII, 144 S.) 10 ngr.

Mysterien (Aus den) des russischen Nihilismus. Aufzeichnungen eines ehemaligen Nihilisten. 8°. Leipzig, Friedrich, 1885.

Mysterien eines Palastes od. der Spion des Polizeiministers. Historischer Roman. 2 Bde. gr. 8. (352 u. 410 S. m. 16 Holzschntaf.) Wien 877. Hartleben. 8. —

Über religiöse Mysterien. Ein Versuch für Vereinigung der christl. Religionsparteien. Gewidmet der 3. Säkularfeier der von Dr. Luther einseitig unternommenen Kirchenreform. München, Giel (jetzt Regensb., Verlagsanst.), 1818, 8°, 174 S., 2 Mk.

Recens. Felders Littztg 1818, Bd. 3 S. 374–84.

– über religiöse, e. Versuch zur Vereinigung der christl. Religionspartheien. gr. 8. Münch. 818. Giel. (Barth in Lpz.) 16 gl.

Mysterien, römische, beschrieben v. einem Augenzeugen, L. v. B., Deutsch-Katholiken. 2. Aufl. 8. (1 B.) Breslau 845, Freund.

Mysterien vom Schaffot, von Sanson, s. Ausland, das belletristische.

— die, des Schlafes und Magnetismus oder Physik und Physiologie des natürlichen und des magnetischen Somnambulismus. Eine auf naturwissenschaftliche Principien gestützte rationelle Erklärung der Phänomene des Schlafs und Traumes, der Ekstase und Sehergabe 2c. Nach Debay, Carpenter u. A., sowie nach eignen Beobachtungen herausg. von Isid. Bonaventura. Weimar 856. Voigt. 16. (X, 338 S.) 22½ ngr.

MYSTERIEN im Tempel der Nachteule. O. O. 1808. 8°. Bibl. Mehnert II p. 180. — Sehr selten!

—— **die, eines Tendenz-Prozesses. [Banhans contra Ofenheim.]** Ein Stück österreich. Regierungs-Geschichte. 1. und 2. Aufl. gr. 8. (31 S.) Leipzig 875, Schmidt und Günther.

ערות ביעקב — Mysterien, über die, welche enthalten sind in den zur Bezeichnung Gottes dienenden 3 Vocalbuchstaben יהו. Ein Versuch aus den hebräischen Urkunden u. späteren rabbin Schriften den Ursprung u. wahren Begriff der Trinitäts-Idee nachzuweisen u. zu entwickeln, als Beitrag zur Würdigung des Judenthumes u. des rein biblischen Christenthumes von einem jüdischen Geistlichen. 8. (VIII u. 160 S.) Anclam 848, Dietze ⅔ ₰

Mysterien, üb. die wichtigsten d. Religion, s. von Eckartshausen.

Mysterienbuch alter und neuer Zeit oder Anleitung geheime Schriften lesen zu können, geschwind und kurz schreiben zu lernen, ingleichen Chiffern aufzulösen. Nebst einem Anh. die Blumenchiffern der Morgenländerinnen zu verstehen und nachzuahmen. Leipzig: Leo 1797. 115 S. 6 Taf. 8°
Tt. 2721.

Mysteries of the private office of an american dry goods merchant. Bd. I. Alles was erschienen). O. O. u. J. 8° 86 pp. Deutsch. Nicht im Handel. (6 Mk. Adolf Weigel, 1908.)

Mysteries, the, of the holy rosary. An easy method of reciting the prayers and meditating on the mysteries of the holy rosary. Translated from the German. 16. (63 S. m. Illustr.) Freiburg i/B. 893. Herder. Geb. n. — 40

Mysteries, the, of the holy rosary. 2. ed. (72 S. m. Abb.) 16. Freiburg i/B. 905. Herder. Geb. in Leinw. n. — 50

Mysterion Ἀποκαταστάσις εω[Πάντων d. i. das Geheimniss der Wiederbringung aller Dinge. Pamphilia [Offenbach] 1703–10. V: *Petersen, Joh. Wilh.* (wr)

Mysteriosophie 2c. s. Horst, G. C.

Mysterium der Geistlichkeit, oder: Ob das Betragen d. Kaisers gegen die Geistlichkeit überhaupt gut, u. zu Oestreichs Größe nothwendig sey? 8. Salzb. 784. Mayr. 3 gl.

Mysterium, das grosse thüringische, oder das geistliche Spiel von den zehn Jungfrauen, s. a. Wartburg-Bibliothek.

Das grosse thuringische Mysterium oder das geistliche Spiel von den zehn Jungfrauen. Aufgeführt zu Eisenach am 24 April 1322. Nach der einzigen bis jetzt aufgefundenen Handschrift herausgegeben von Ludwig Bechstein. Mit einem Kupfer Halle, 1855. 8°

Mysterium iniquitatis pseudo-evangelicae h. e. Dissertatio apologetica pro doctrina b. Johannis Arnd . . . Goslariae 1821. V: *Breler, Melchior.* (schr)

Mysterium, das, der Liebe. Ein Cyclus Gedichte vom Verf. d. „Götter-Moral". (VI, 177 S.) 8. Leipzig 905. F. Luckhardt. 3. —

Mysterium magn., oder sicherer Weg, den Stein der Weisen zu bereiten. 8. Nürnberg, Monath. 739.

— magn., vom Worte des Lebens. 8. Kopenhagen. 738.

Mysterium, Sublime, Ss. trinitatis in unitate collatum. Bamberg 1773. V: *Stürmer, Placidus Bernhard.* (Ky)

The grand Mystery laid open, or The free-masons' signs and words discovered. o. O. 1726. 1. Bl. 2°
Sehr selten.
[°Fr. 49 1909—1910 S. 762. (Nach Angabe des Brs F. Schmidt, Frankfurt a. M.)]

Mysticismus, der neueste, e. Sendschr. an meine Brüder unt. d. Mystikern v. Theobulus Mysticus. gr. 8. (2 B.) Leipzig 835, [Jackowitz.]

Mystification, eine. Vom Verf. der „50 versöhnl. Briefe." 2., unveränd. Aufl. Paderborn 866. Junfermann'sche Buchh. 8. (35 S.) n. 2½ ngr.

Mystificationen, diplomatische, und Volksleichtgläubigkeit oder das englisch-französische Bündniß. Aus dem Engl. Dresden 855. Schönfeld. gr. 8. (IV, 88 S.) n. 12 ngr.

Mystik. Hrsg.: L. Fink. 1. Jahrg. Juli 1900—Juni 1901. 12 Nrn. qu. gr. 4. (à ca. 4 S.) Bottighofen bei Münsterlingen. (München, F. C. Mickl.) n. 6.—
Erscheint nicht mehr.

Mystik und Magie. [Leipzig 1880.] V: *Hübbe-Schleiden, Wilh.* (Hof- und Landesbibl. Carlsruhe. Zugangsverz. 1892.)

Mystiker, Der, vom Abbé ****. Deutsch von A. Peters. Bremen 1870. V: *Michaud, Jean Hippolyte.* (BGE V³, 267)

Mystiker, die. Vom Abbé ***. Autorisirte deutsche Ausg. übertragen von Aug. W. Peters. 2 Bde. Bremen 870. Kühtmann & Co. 8. (300 u. 294 S.) n. 2 ℛ 20 ngr.

Mystiker, die. Vom Abbé ***, Verf. von „der Verfluchte", „die Nonne", „der Mönch" ꝛc. Autoris. deutsche Ausg. übertragen von Aug. W. Peters. 1. und 2. (Titel-)Aufl. 1870,72. *ℳ 8., und 3: Ausg. 2 Bde. 8. (300; 294 S.) Bremen 875, Kühtmann und Comp. *

Mystiker, die. Vom Abbé***, Verf. v. „der Verfluchte", „die Nonne" „der Mönch" ꝛc. Autoris. deutsche Ausg. übertrag v. Aug. W. Peters. 2. Aufl. 2 Bde. 8. (300 u. 294 S.) Bremen 873. Kühtmann & Co. n. 8.—

Mystiker, Die. Ein Roman, deutsch v. A. W. Peters. 3. A. Bremen 1875. V: *Michaud, Jean Hippolyte.* (Hoffmann & Campe, Berlin, Katalog XXVI, S. 219)

Mystiker, deutsche, hrsg. v. Wilh. Oehl. Bd. I: Seuse, s.: Sammlung Kösel.

Mystiker, deutsche, des 14. Jahrhund. Hrsg. v. Frz. Pfeiffer. 1. Bd. Hermann von Fritzlar, Nicolaus von Strasburg, David von Augsburg. gr. 8. (41¼ B.) Leipzig 845, Göschen'sche Vrlgsh.

Mystiker, deutsche, des 14. Jahrhunderts. Hrsg. von Frz. Pfeiffer. 2. Bd. A. u. d. T.: Meister Eckhardt. 1. Abthl. gr. 8. (XIV und 687 S.) Leipzig 857, Göschen'sche Verlagsh.

Mystiker, deutsche, des 14. Jahrh. Hrsg. v. Frz. Pfeiffer 2. Bd. gr. 8. Göttingen 906. Vandenhoeck & Ruprecht. n. 12. —; geb. n. 13.
Meister Eckhart. Hrsg. v. Frz. Pfeiffer. 2. unveränd. Aufl. Anastat. Neudr. der Ausg. v. 1857. (XIV, 687 S.)

— deutsche, des 14. Jahrh. Hrsg. v. Frz. Pfeiffer. 1. Bd. gr. 8. Göttingen 907. Vandenhoeck & Ruprecht. 12.—; geb. 13.—
Hermann v. Fritslar, Nicolaus v. Strassburg, David v. Augsburg. Zum erstenmal hrsg. v. Frz. Pfeiffer. 2. unveränd. Aufl. Anastat. Neudr. der Ausg. v. 1845. (XLVIII, 612 S.)

Mysz', Edw., Touren-Weiser f. Ausflüge in die Berge u. Gebirge der Umgebung v. Kronstadt. 12. (62 S. m. Illustr u 1 farb. Übersichtskarte.) Kronstadt 890. (H. Zeidner.) Kart. n. — 70

Mysz, Ernst: Beitrag zur Theorie des Druckversuches. 1909. 54 S. 4°
Darmstadt, Dr.-Ing.-Diss. v. 18. 9. 1909

MYSZKOWSKI, Titus Antichristianam philosophiae, in primis modernae de ultimo hominis fine doctrinam infirmam esse — (1889) 115 S 4° (Handschr.) Diss. 410
Diss. Wien, Univ.

Myszkowski, Titus, chronologico-historica introductio in Novum Testamentum. gr. 8. (VII, 179 S.) Lemberg 892. (Gubrynowicz & Schmidt.) n.n. 4.—

* Mythen, rabbinische Erzählungen u. Lügen, nebst 2 Balladen d. christl. Mythologie d. Mittelalters. 8. Hadamar, Neue Gelehrt. Buchh. 802. -

— Rabbinische Erzähll. u. Lügen, nebst 2 Balladen d. christl. Mythologie d. Mittelalters. 8. Hadam. 802. (Lanz in Weilb.) 8 gl

— Griech. u. Röm., s. a. de Moustier.

Mythen, Griechische und Römische, in Briefen an Emilie. Frey nach d. Franz. (des Charles Albert Demoustier u. Louis Elisabeth de Lavergne Comte de Tressan). Dresden 1802—4. V: *Nostitz und Jänkendorf, Gottlob Adolph Ernst von.* (GGr) (Ky)

Mythen, die, d. Lebens Jesu. Auszüge aus „Haiat ul Kulub, od. Gesch. Muhameds, beschr. n. d. Schiitischen Tradition v. Muhamed Bachir." Nebst e. das „Leben Jesu v. Dr. Strauss" betreff. Anh. hrsg. v. Chr. G. Barth. gr. 16. (2¾ B.) Stuttgart 837, J. F. Steinkopf.

Mythen und Märchen aus dem deutschen Heidenthume, s. Jugend-Bibliothek, herausg. von Nieritz.

Mythen, Rabbinische. Hadamar 1802. V: *Bredow, Gabriel Gfr.* (LS Nachtr. I, S. 775.)

Mythen, Sagen und Märchen aus dem deutschen Heidenthume von *** 8. (IV und 219 S.) Leipzig 855, Voigt und Günther.

Mythen aus Griechenlands goldnem Zeitalter; hrsgg. von W. A. Gerle. 1s Bdchn. 12. Prag 805. Herzfeld. (A. u. d. T.: Amor u. Psyche, eine griech. Mythe nach Apulejus u. Lafontaine).

Mythographen, lateinische, übers. von B. Bunte. I. Heft: Lactantius Placidus. Nebst Beiträgen zur Emendation des Hyginus. gr. 8. (VIII und 112 S.) Bremen 852, Kühtmann und Comp. *

Mythographi graeci. Vol. I. 8. Leipzig 894. B. G. Teubner. n. 3. 60
Apollodori bibliotheca. Pedasimi libellus de XII Herculis laboribus. Edidit Rich. Wagner. (LXXV, 323 S. m. 1 Lichtdr.-Taf.)

Mythographi graeci. Vol. II. fasc. 1. 8. Leipzig 896. B. G. Teubner. n. 2. 40
Parthenii libellus περὶ ἐρωτικῶν παθημάτων, ed. Paul Sakolowski. Antonini Liberalis μεταμορφώσεων συναγωγή, ed. Edgar. Martini. (XCVI, 148 S.)

— dasselbe. Vol. III. Fasc. 1. 8. Ebd. 897. n. 1. 20 (I, II, 1 u. III, 1.: n. 7. 20)
Pseudo-Eratosthenis Catasterismi, rec. Alex. Olivieri. (XVIII, 76 S.)

Mythographi graeci. Vol. II. Fasc. I. Supplem. et vol. III. Fasc. II. 8. Leipzig, B. G. Teubner. n. 5. 20; geb. n. 6. —; (I, II. 1, Suppl. u. III, 1. 2. n. 12. 40; geb. n. 14. 60)
II, 1. Suppl. Parthenii Nicaeni quae supersunt. Ed. Edg. Martini. (XIII, 107 S. m. 1 Taf.) 902. n. 2. 40; geb. n. 2. 80
III, 2. Palaephati περὶ ἀπίστων. Heracliti qui fertur libellus περὶ ἀπίστων. Excerpta vaticana (vulgo Anonymus de incredibilibus). Ed. Nic. Festa. (LIII, 128 S.) 902. n. 2. 80; geb. n. 3. 20

Μυθογράφοι. Scriptores poeticae historiae graeci, edid. Ant. Westermann. 8maj. (30 B.) Brunsvigae 843, Westermann. *

Mythologia seu fabulosa deorum gentilium historia. Solodori 1818. V: *Falkenstein, Constantin Carl.* (ADB)

Mythologiae septentrionalis monumenta latina, s. Wal, J. de.

Mythologie, kurzgefaßte Darstell. f. Freunde dieser Wissenschaft. Mit 30 Abbildd. Prag, Enders. 16 gr

Mythologie. 8. Leipzig, Friedrich Bruder. 810. Rthlr. ·

Mythologie oder kurzgefaßte Darstellung der griechischen u. römischen Götterlehre Mit Abbildungen in Steindruck. Straßburg, Levrault, 1822, 8°

Mythologie, ancienne et moderne, à l'usage de Classes subalternes etc. 8. Magdeb. v. Schütz. -

Mythologie ancienne à l'usage des classes subalternes des Collèges et des Institus d'éducation domestique. 8. Brandenb. ... 2e A. 819. Wiesike; (a. Lauffer in Lpz.) 12 gr

Mythologie ancienne à l'usage des classes subalternes des collèges et des instituts d'éducation domestique. 3. Édit. 8. (VI und 156 S.) Brandebourg 848, Wiesike.

Mythologie ancienne à l'usage des classes subalternes des collèges et des instituts d'éducation domestique. 3. édit. 8. (VI u. 156 S.) Brandebourg 849, Wiesike. ½ rf

Mythologie, griechische, u. Antiquitäten etc., s.a. Grote, G.

Mythologie und Antiquitäten, griechische, nebst dem Capitel über Homer und auserwählten Abschnitten über die Chronologie, Literatur, Kunst, Musik etc. übers. aus Geo. Grote's griech. Geschichte von Thdr. Fischer. I. Bd. gr. 8. (454 S.) Leipzig 856, Teubner. *

Mythologie und Antiquitäten, griechische, nebst dem Kapitel über Homer und auserwählten Abschnitten über die Chronologie, Literatur, Kunst, Musik etc. übers. aus Geo. Grote's griech. Geschichte von Thdr. Fischer. 2—4 Bd. gr. 8. Leipzig, Teubner. [2. Bd. (481 S.) 857. * 2 Thlr., 3. Bd. (668 S.) 858. * 2 Thlr. 20 Ngr., 4. Bd. (550 S.) 860. * 3 Thlr.] *

— **la, des Dames,** voyez Servais, C. M. de.

— **d. deutsche, od. Beschr. heidnisch. Götter.** 8. Nürnberg. 712. -

Mythologie à domicile. Comédie en 1 acte par un Russe. 8. (51 S.) Wien 892. W. Frick. n. — 80

Mythologie d. Feen u. Elfen; vom Ursprunge dies. Glaubens bis auf d. neuest. Zeiten. (Von T. Keightley.) 2 Thle. A. d. Engl. v. O. L. B. Wolff. M. 12 bildl. Darstelln. u. 1 Vign. gr. 12. (33 B.) Weimar 828, Landes-Indust.-Comptoir.

— **u. Götterlehre für d. Jugend.** Mit Kpf. 12. Nürnb. 821. Campe. 6 gr

Mythologie der Griechen u. Römer, s.a. Miniatur-Bibliothek.

— **die, d. Griechen u. Römer.** M. 41 mytholog. u. allegor. Abbild. 16. (5 B.) Eisleben 829, Reichardt.
Aus „Die Schule d. schönen u. bildenden Künste" abgedruckt.

— **die, der Griechen u. Römer.** Mit 41 mytholog. u. allegor. Abbildd. 16. Eisleben 830. Reichardt. 8 gr (Aus: die Schule der schönen u. bildenden Künste, abgedr.)

— **der Griechen u. Römer.** Ein Lesebuch f. d. Jugend. M. 23 Abbild. gr. 12. (10 B.) Münster 833, Coppenrath.

Mythologie d. Griechen, Römer u. Aegyptier, f. Töchter aller Stände. 8. Kaschau 837. [Pesth, Heckenast.]

Mythologie der Griechen und Römer, bearb. für höhere Töchterschulen. 8. (62 S.) Amberg 875, Habbel. *

Mythologie der Griechen u. Römer, bearb. f. höh. Töchterschulen. 2. Aufl. (72 S.) kl. 8. Regensburg (909). J. Habbel. — 40

Mythologie, Griechische und römische, in Briefen an Emilie. Wien u. Prag 1807. V: *Nostitz und Jänkendorf, Glob Adolph Ernst von.* (EB)

Mythologie, die griechisch-römische und germanische. Für höhere Töchterschulen. gr. 8. (IV, 80 S. mit 28 lithogr. Taf.) München 882, Stahl. *

— f. d. Jugend u. zur Selbstunterhaltung. 12. Bresl. 820. Förster. 4 gr

— — die, der alten Völker. 2 Bände in 6 Heften. Mit 36 Kupfert. auf Velinpapier. 2te Aufl. gr. 4. Erlangen, Heyder. 817. Jedes Heft 1 Rthlr.

— der Nordischen Völker, (von F. G. Neuenhagen). 8. Leipz. 794. Breitkopf u. H. 6 gr

— durch Vorstellungen d. schönsten Stücke d. Alterthums erläutert. 1s—6s Hft. Mit 36 Kpft. gr. 4. Erlang. 791—95. (Heyder). 6 ß

— durch Vorstell. d. schönsten St. d. Alterth. erläutert. 6 Stck. mit K. gr. 4. Erlangen, Walther. 791—95. (à 1 Rthlr.)

Mythos, der, alter Dichter in bildl. Darstellungen. 60 Bl. mit Text. gr. 8. Wien 815—20. Härter. 36 ß 2e verb. A. Ebd. 821. Gerold. 16 ß (Vergl. Darstell. aus d. Mythologie.)

Mythoterpe. Ein Mythen-, Sagen- und Legendenbuch. Dichtungen von Amara George, G. F. Daumer und Alex. Kaufmann. Herausg. von Amara George. Leipzig 858. Brockhaus. 8. (XIX, 408 S.) n. 1 ß. 24 ngr.

Mytilini-Smyrna. Kiepert, Heinr., Karte v. Mytilini-Smyrna. (Französisch-türk. Conflikt.) [Aus: „K., Karte vom westl. Kleinasien".] 1 : 250,000. Mit Carton: „Übersichtskarte d. Aegaeischen Meeres, 1 : 5,000,000 u. Constantinopel u. der Bosporus. 61×52 cm. Farbdr. Berlin 901. D. Reimer. n. 1.—

Mywords, der Untergang des Lloyddampfers „Elbe" am 30. Jan. 1895. E. Beitrag zur Zeitgeschichte. Nach authent. Quellen dargest. 8. (88 S. m. Abb.) Leipzig 895. J. Milde. n. 1.—; gekürzte Ausg. (16 S.) — 10

Mžik Hans von: Das Vezirat bei den Arabern. 1903 PN 1599 Diss.Wien, Univ.

Na dzisiaj. Rapsod tragi-komiczny. Przez ***. Leipzig 866. (Rhode?) gr. 8. (28 S.) n. 10 ngr.

Na ich sage doch! oder: Schulze und Müller. Ein Lustspiel in Berlin. Altona 862. Verlagsbureau. 16. (2 Bl., 79 S.) 7½ ngr.

NA ich sage doch! oder Schulze und Müller. Ein Lustspiel in Berlin. Altona, Verlagsbüreau (Aug. Prinz), o. J. (ca. 1865). *A. E.:* Druck von J. J. Wagner in Neustadt. 12°. Titelbild, Tit. u. 79 S. Vergriffen! (6 Mk. Adolf Weigel, 1907.)

Naab, Jakob Paul, aus Nierstein a. Rhein Die chirurgische Behandlung der Nasenrachenfibrome. *Tübingen: H. Laupp 1898.* (28 S.) 8° ¶(Aus Beiträge zur klin. Chirurgie, Bd 22, H 3) Heidelberg, Med. Diss. v [15. Juli] 1898

Naacke, M., Hosianna! 21 Gesänge. Lex.-8. (IV, 32 S.) Hagen 901. O. Rippel. n. 1.—; kart. n. 1, 20

Naaff, Anton August

Naaff, A. A., aus dem Dornbusch. Lieder vom Hügel. 16. (XVI, 254 S.) Dresden 890. Pierson. n. 2.—; cart. n. 2. 50; geb. n. 3.—

Naaff, Ant Aug., Garthheil u. Krauseminz. Lieder im Volkston. Illustriert v. Alfr Heide 12. (IV, 122 S. m. 7 Lichtdr.) Berlin 891. H. J. Meidinger. Geb. in Leinw. n 2. 50

Naaff, Ant. Aug., Gerda. Ein Dichtungsreigen f. Jahr u. Tag. M. 25 Zeichngn. v. Herm. C. Kosel. 8. (IV, 76 S.) Leipzig 897. F. Luckhardt. Geb. in Leinw. m. Goldschn. n. 3.—

Naaff A A, der Teplitzer Gewerbeverein im ersten Jahrzehnt seines Bestandes. Teplitz 1880

Naaff, Ant. Aug., die Dux-Teplitzer Gruben- u. Quellen-Katastrophe vom Jahre 1879. Auf Grund verlässlicher Quellen dargestellt. gr. 8. (180 S. m. 3 Taf.) Leipzig 879. Knapp. n. 4.—

Naaff, A. Aug., von stiller Insel. Lieder und Gedichte. 16. (VIII, 248 S.) Leipzig 882, Friedrich. *

Alois John als Heimatsschriftsteller. 20 Jahre im Dienste d. Heimat (1880—1906). Von Anton August **Naaff.** (Eger: Selbstverl. 1906.) (19 S.) 8° [Kopft. J.]
[Umschlagt.] 20 Jahre im Dienste d. Heimat, 1886—1906.
= Egerland, Unser Jg. 10, H. 1, Beil. [06. 1904

Naaff, Ant. Aug., s.: Lyra, die.

Naaff, Ant. Aug., zehn Sommer. Lieder u. Gedichte aus dem Lebensbuche eines Wandernden. 6. Sammlg. (Neue Dichtgn. aus 1895—1906.) (VIII, 271 S.) kl. 8. Wien 906. 07. „Lyra". Kart. 2.50; geb. in Leinw. 3.—

Der Sonne zu. Lieder u. Dichtungen von Anton August **Naaff.** (3. selbstständige Sammlung) 4 Aufl. Wien Lyra-Verl. [1895]. (XVI, 264 S.) 8° [J.] [07. 8750

— der Sonne zu. Lieder u. Dichtgn. (3., selbstständ. Sammlg.) 2. Aufl. 12. (VI, XVI, 264 S.) Wien (XVIII, 2) 895. 96. Lyra-Verlag. In Leinw. kart. n. 2. 50

Naamah ein Schauspiel, in dem Geister erscheinen . . . Leipz. 1780. V: *Goué, Aug. Friedrich von.* (ML) (Ky) (VLBS VI, 149) (Rotermund, Gel. Hannover. Bremen 1823.)

Naahmah. Ein Schspl. in dem Geister erscheinen, (von A. F. v. Goue). 8. Leipz. 780. Weygand. 9 gr

Naaman, der Syrer Vollkommene Gnade. 6. Aufl. *Elberfeld: R. Brockhaus 1900.* (22 S.) 8° [J.]
= [Schriften z. Erbauung u. Befestigung d. Gläubigen.] No 176. [01. 3196

Naamann, der Syrer. Vollkommene Gnade. 6. Aufl. 8. (22 S.) Elberfeld 900. R. Brockhaus (durch J. Faßbender). n. — 08

Selectorum Litterariorum Specimen 15, Quo bibliothecae Flensburgensis Nicolaitanae codicem ineditum, Lvdolphi Naamani, manuscriptum, recenset et ad Georgii Cläden, Flensburgensis, Orationem Gymnasticam Memorabilia Flensburgensia exhibituram ad d. 21. Oct. a. 1723 Auditores invitat Jo. Henr a Seelen. Lvbecae. (1723.) 4° k. (Schulprogr.)

Na-ami, Taschenbuch für die Jugend. s. a. Dr. Heinemann.

Na-ami. Taschenbuch zur Belehrung und
Unterhaltung der Jugend.
Berlin
Hrsg.: Jeremias Heinemann.
1818.

Na-ami, Taschenbuch zur Belehrung u. Unterhaltung f. d. Jugend; hrsgg. von Heinemann. 12. Berl. 819. Herausgeber. 1 ℛ — f. 1820 unt. d. T.: Pomona, Taschenbuch f. d. Jugend. 12. Ebd. 1 ℛ

Naar, Abram [aus Curaçao (West-Indien)] Beiträge zur Kenntniss des Zimmtaldehyds Marburg, Univ Buchdr (R Friedrich), 1886; 29 S. 8°
Marburg, Phil Fak., Inaug Diss. v 6. Jul 1886.

Naar, Abram, Beiträge zur Kenntniss des Zimmtaldehyds. Diss. Marburg 1886, N. G. Elwertsche Univ.-Buchh. 8°. 29 S.

Naarmann, Friedrich, (aus Münster i. W.) Die **Reform** des Volksschulwesens im Herzogtum Westfalen unter den beiden letzten Kurfürsten von Köln Maximilian Friedrich, Graf von Königseck-Rottenfels ⟨1761—1784⟩, und Maximilian Franz, Erzherzog von Österreich ⟨1784—1801⟩. *Münster 1903: Regensberg.* (IV, 60 S.) 8° [F.]
Münster Phil Diss. v (20. Febr.) 1903

Geschichte der Evangelischen Parochialkirche zu Berlin von 1703–1903. Festschrift z. 200jähr Jubiläum d. Bestehens der Kirche im Auftr d. Gemeindekörperschaften verf. von H[ermann] **Naatz**, Erstem Geistl. d. Gemeinde Mit 29 Abb. u. 1 Plan von Berlin 1688. *Berlin 1903: [W Büxenstein]* (VII, 111 S.) 4° [03. 15718

Naatz, Herm., Liebesgabe. 10 Predigten. gr. 8. (III, 123 S.) Berlin 893. (G Nauck.) Geb. in Leinw. n.n. 2. —

Nabat. Aus d. Leben e. armenischen Mädchens. Gr.-Lichterfelde: Deutsche Orientmission 1905. (12 S.) 8° [F.] [06. 4850

Nabatianz, Susanna: Aus d. Univ.-Klinik. Sarkom des os sacrum. (Berlin 1910: Blanke.) 29 S. 8°
Berlin, Med. Diss. v. 28. Juni 1910, Ref. Bier
[Geb. 13. Jan. 81 Elisabethpol, Wohnort: Charlottenburg; Staatsangeh.: Rußland; Vorbildung: Marine-Gymn. Tiflis Reife 02; Studium: Zürich 14, Berlin 2 S.; Rig. 28. Juni 10.] [U 10. 74

Näbauer, Martin, Assist. f. Geodäsie an d. Techn. Hochsch. München: Die Bedeutung der Koordinatengeometrie für die Bauingenieur-Technik. 1907. VI, 93 S. 8° ¶ Aus: Zeitschrift d. Bayer. Geometer-Vereins. Bd 11.
München, Dr.-Ing.-Diss. v. 7. 3. 1907

Nabbat, Herm., und Johs. Lemcke, die Siegesstrasse der Preussen im J. 1866 durch Böhmen, Mähren, Oesterreich und Ungarn. Ansichten der vorzüglichsten Hauptquartiere und Panoramen der Schlachtfelder. Auf Befehl Ihrer königl. Hoheiten des Kronprinzen und des Prinzen Friedrich Carl aufgenommen und gezeichnet. qu. Fol. (26 lithogr. Taf. und 3 S. Text.) Berlin 868, Ernst und Korn.

Näbe, F Max Die steinzeitliche Besiedelung der Leipziger Gegend, unter besond. Berücks. d. Wohnplatzfunde Mit e. Beitrag von Prof Dr. C[arl] Schröter Mit 6 Taf., 2 Kt. u. 121 Abb. Leipzig Voigtländer 1908. VII, 58 S. 4°
(Veröffentlichungen d. städt. Museums f. Völkerkunde zu Leipzig. H. 3.)

Näbe, Friedrich August Adolf

Naebe, Fried. Aug. Ad., brevis in nov. testamentum commentar., c. selectis praestantiss. theologor. sentent. Pt. I. Cont. Matthaeum. 8maj. (16 B.) Lipsiae 837, [T. O. Weigel.]

Näbe, Fr. Aug. Ad., Compendium historiae ecclesiasticae ac sacrorum christianorum in us. stud. juvent. 8maj. Leipzig 832. (Künzel.) 2 ℛ

Näbe, **Fr. Aug. Ad., Compendium historiae ecclesiasticae ac sacrorum christianorum, in usum studiosae juventutis compositum. 8maj. Leipz. 832. Schumann. 4 ℛ**

Näbe, Friedrich August Adolf, s. Cramer, L. D. Vorlesungen über d. christl. Dogmatik

Naebe, Friedrich August Adolf De discrimine, s. Höpfner, Ernst Friedrich

Naebe, Friedrich August Adolph (Costevit./Sachs.), **De discrimine mediatae et immediatae Dei efficaciae rectius intelligendo.** Diss. philos. Leipzig (J. Fr. Glück) 27. IX. 1823. 72 S. (4.—) 24501
Gew.: Johann August Heinrich Tittmann.

F. A. Adf. Näbe: dissert. cum de mendacio in gen., tum de eo quod per necessit. extortum nominatur. (Addita est brevis huj. doctr. historia.) *Lpz.*, **(Kayser & Schumann in C.) 829. gr 4° 8 gl**

— — u. (Soc.) **Christian Moritz Seltmann,** Diss. **cum de mendacio in genere tum de eo quod per necessitatem extortum nominatur (addita est brevis huius doctrinae historia).** Leipzig (C. Ph. Melzer) 7. III. 1829. 34 S. (4.—) 24505

—— Predigt v. Kampfe d. Christen f. seinen Glauben, nebst einigen Worten gesprochen am Grabe e. edlen Wohlthäters in Leipzig u. z. Besten d. Abgebrannten in Ronneburg u. Lößnig. 8. (1⅞ B.) Leipzig 829, Schumann.

Näbe, Fr. Aug. Ad., Stimmen der Andacht aus den gefeiertsten christl. Sängern alter und neuer Zeit. Zur häuslichen Andacht so wie zum kirchl. Gebrauche gesammelt. 8. Leipzig 844, Klinkhardt. ⅓ ℛ In Leinewandband mit 1 Stahlst. n. ½ ℛ; fein geb. mit Goldschn. n. ⅔ ℛ

– s. Testament, Das neue.

—— Worte d. Mahnung an d. Kinder bei d. dritten Secularfeier d. öffentl. Einführ. d. Reformation in Sachsen, gespr. d. 31. Oct. 1839. gr. 8. (½ B.) Leipzig, [T. O. Weigel.]

—Worte der Mahnung an die Kinder bei der dritten Säcularfeier der öffentl. Einführung d. Reformation in Sachsen. gr. 8. Leipzig 839. Schumann. n. 1/12 ℛ

Näbe, Fritz: Zur Kenntnis des Cyanurbromids. 1907. 51 S. 8° ¶ Vgl. Journal f. prakt. Chemie. Bd 186. N. F. Bd 78. 1908. S. 531 ff.
Dresden, Dr.-Ing.-Diss. v. 6. 2. 1907

Nabehl, ..., Jugendstreiche. Lstspl., s. A. v. Kotzebue, Almanach. 31r Jahrg.

Nabél, Franç. Fréd., anecdotes, historiettes, descriptions etc. etc. Recueillies pour ses éleves. gr. 12. (228 S.) Vienne 852, Sollinger vve. 24 ngl

Nabel, Herm., die Hauptwerke der Kunstgeschichte, übersichtlich zusammengestellt. 8. (IV, 75 S.) Berlin 899. A. Haack. n. 1.—; geb. in Leinw. n.n. 1. 75

Nabel, Herm., die Hauptwerke der Kunstgeschichte, übersichtlich zusammengestellt. 2. Aufl. (IV, 112 S.) 8. Berlin 910. A. Haack. 2.—; geb. in Leinw. 2. 60

Nábělek, Franz

Nábělek, Fr., über die systematische Bedeutung des feineren Baues der Antherenwand. (64 S. m. 4 Taf) gr. 8. Wien 906. A. Hölder. 3. —
Sonderabdruck aus: „Sitzungsber. d. k. Akad. d. Wiss"

Nabelek Franz: Ein Beitrag zur Förderung des Unterrichtes in der Astronomie an Gymnasien 8 (S 3—46, 1 Karte)
Progr. K k deutsches Staats-G. *Kremsier* 1896

NÁBĚLEK, Fr.
Die Himmelsuhr. Eine praktische Anleitung, den gestirnten Himmel als Uhr und als Kalender zu benützen. Hiezu die Sternkarte: „Der nördliche Sternhimmel" bis zum 40° südl. Declination. Von Dr. Fr. Nábělek. 2. Auflage. Zugleich eine Erklärung dieser Sternkarte und der „Wandkarte des nördlichen Sternhimmels" von demselben Autor. Kremsier. [1901.] Selbstverlag. [In Comm.] Gusek. 8°. 32 S. K —.60

Nabelek Franz: Die Materie bei Descartes, Leibniz u. Herbart.
H. 1891 PN 661 **Diss.** Wien Univ.

Nábělek, *Franz*: Eine Notiz über die Versuche mit Röntgen schen Strahlen mit Hilfe einer Influenzmaschine (ohne den Ruhmkorff'schen Funkeninductor). 8 (S. 47—50).
Progr. K. k deutsches Staats-G. *Kremsier* 1896.

Nábělek, Franz· Říše Římská v postupném vývoji dle Sieglina, s. Umlauft, B

— Die Zone der Ekliptik zwischen 35° nördlicher u. 35° südlicher Breite. 6 Blatt je 77×59 cm. Farbdr. Mit 1 Bl. Text. 98×71 cm. Wien (907). G. Freytag & Berndt. 20.—; auf Leinw. in Mappe 25. —

Naben-Innen-Bremse in Verbindung mit Free Wheel jederzeit sofort ein- und ausschaltbar (o. O.) 1901

Naber Anton: Sir Traneis Kynaston.
H. 1910 PN 2832 **Diss.** Innsbruck, Univ.

Naber, Friedrich

Naber, Fr Gotische Praepositionen. I 26 S 8 **Progr.** *Detmold* 1879.

Naber, Frdr., aus Sage u. Geschichte. Hülfsbuch f. den ersten geschichtl. Unterricht auf den untersten Klassen höherer Lehranstalten. gr. 8. (VI, 204 S.) Detmold 885. Meyer. n. 1. 50; cart. n. 1 75

Naber, H. A., das Theorem des Pythagoras, wiederhergestellt in seiner ursprünglichen Form u. betrachtet als Grundlage der ganzen Pythagoreischen Philosophie. Mit 104 in den Text eingedr. Fig. u. 3 Abb. auf Glacépap. (XII, 239 S.) gr. 8. Haarlem 908. P. Visser Azn. 7.—; geb. 8. 50

Naber, Johanna W. A., alte u. moderne Klöppel- u. Spitzenarbeiten. (30 Lichtdr.-Taf. m. 10 S. Text.) Fol. Haarlem (903). H Kleinmann & Co. n. 25. —

Naber, Samuel Adriaan

Naber, S. A., Adnotationes criticae ad Longi Pastoralia. S.-A. 1877. 32 S. 1

Naber, S. A., *Εἰς Κασσιον Δίωνα*. I. S.-A. 1867. 22 S.

Naber, S. A., Lanx satura. S. A. 1870. 28 S. —

Naber, S. A., s.: Mnemosyne.

Naber, S. A., Observationes criticae in Platonem. II. III. S.-A. 1864. 35 u. 34 S.

Naber, S. A., Ramenta (in Xenophontis Cyropaediam). S.-A. 1893. 22 S. 1

Naber, S. A., verisimilia, s. **Pierson, A.**

Naberschulte, Joseph (geb. am 3 Juni 1854 in Gelsenkirchen). Ueber die Aetiologie der Krampfe im Kindesalter. Bonn, Univ-Buchdr v C. Georgi 1879. 30 S., 1 Bl. 8.
Bonn, Med. Fak., Diss. v 16 Dez 1879

Nabert. Ueber Sprachgrenzen, insonderheit die deutsch-französischen in den Jahren 1844—47. Hannover, H. B., 1856 29 S. **Progr**

Nabert, Heinrich

Nabert, H, die Bedrängnis d. Deutschtums in Österreich-Ungarn, insonderheit in Böhmen, Mähren, Österreichisch-Schlesien, Galizien, Krain, Kärnten, Steiermark, Tirol, Ungarn. gr. 8. (46 S.) Stuttgart 894. R. Lutz. n. — 80

Nabert, H . Das Deutschtum in Tirol. XVI + 128 S. 8. München, J. F. Lehmann, 1901. (Einzelpreis M. 2. —)
Der Kampf um das Deutschtum. (Hrg. vom Alldeutschen Verbande.) Heft 7

Nabert, H., Grammatik der spanischen Sprache, s. Lespada, A. J.

Nabert, H., d. königl. Hoftheater zu Stuttgart in s. Leistgn. währ. d. Spielzeit 1890—91, nebst Skizzen der Mitglieder desselben. gr. 8. (III, 51 S.) Stuttgart 891. Glaser & Sulz. — 75

Nabert, H. Karte der Verbreitung der Deutschen in Europa. Nach österreich., russ., preuss., sächs., schweizer. u. belg. amtl. Quellen, Reiseberichten d Dr. Lotz u. anderer, sowie nach eigenen Untersuchgn. in den J. 1844, 48, 78, 79, 80, 81, 82, 83, 84, 86, 87 im Auftrage d. deutschen Schulvereins u. unter Mitwirkg. v. R. Böckh dargestellt. 1 : 925,000. 8 Sekt. Farbendr 74×75 cm. Mit Beigabe: Lebensabriss d. Prof. Dr Heinrich Nabert. 8. (20 S.) Glogau 891,92, Flemming. à Sekt. * 3 —; * 24 —

— das deutsche Sprachgebiet in Europa u. die deutsche Sprache sonst u. jetzt. 8. (III, 133 S.) Stuttgart 893. Strecker & Moser. n. 2. —

Nabert, Wilh., Harz-Album. Neue Orig.-Cartons photogr. von Fr. Pahlmann. 1. Liefg. Braunschweig 867. Ramdohr. qu. 8. (6 Blatt.) In Carton 1 *af* 6 *ngr.* Ausg. in qu. 4. 3 *af* 18 *ngr.*; Ausg. in qu. Fol. 6 *af*

Nabholz, A(d[olf]). Die Ergebnisse der ärztlichen Rekruten-Untersuchungen im Kanton Glarus 1884–1893. — Der Militärdienst der schweizerischen Lehrer. Referate für die Frühlingskonferenz 1904 des Glarner Kantonallehrervereins. 45 S. gr.-8. Glarus, D. Hefti, 1904.

[Nabholz, Adolf.] Zum Gedächtnis Friedrich [von] Schillers. Ansprache des Rektors an die Schüler der höhern Stadtschule in Glarus am 9. Mai 1905 bei der Jahrhundertfeier von Schillers Tod. [Mit Porträt.] II + 17 S. 8. Glarus, J. Spälti.

Nabholz, Adolf, von Zürich Geschichte der Freiherrn von Regensberg. Zür. E. Lehmann Dr 1894. 95 S. 1 Bl., 1 Tab. 8°
Zürich, Phil. Diss. I. S. [v 28. April 1894].

Nabholz, Adf., Geschichte d. Freiherrn v. Regensberg. E. Beitrag z. zürcher. Landesgeschichte. gr. 8. (96 S. m. 1 Stammtaf.) Zürich 894. E. Leemann. n. 1. 80

Nabholz, Hans. Der Argau nach dem Habsburgischen Urbar. Sonderabdruck aus Argovia, Jahresschrift der Historischen Gesellschaft des Kantons Aargau, Bd. 33. II S. + S. 115—177. 8. Aarau, H. R. Sauerländer & Co., 1909.

Nabholz, Hans. Der Anteil der Grafschaft Lenzburg am Bauernkrieg 1653. Separatabdruck aus dem «Taschenbuch der hist. Gesellschaft des Kantons Aargau 1902». II + 74 S 8 Aarau, H. R. Sauerländer & Co., 1902. [fr. 1. 20]

Nabholz, Hans [von Zürich] Die Bauernbewegung in der Ostschweiz 1524—25. Bülach 1898. 110 S. 8°.
Zürich. Phil. Diss. I S. 1897/98.

Nabholz, Hans Die Eingaben des zürcherischen Volkes zur Verfassungsrevision des Jahres 1830. Ein Beitrag zur Geschichte der Regeneration [Mit 2 Tafeln.] 54 S. 4. [Zürich,] Komm. Fäsi & Beer (*Umschlag Beer & Cie). [fr. 3 —] (1910)
Neujahrsblatt hrg. von der Stadtbibliothek Zürich auf das Jahr 1911 Nr 267

Nabholz, Hans. Die Eingaben des zürcherischen Volkes zur Verfassungsreform des Jahres 1830. Ein Beitrag zur Geschichte der Regeneration. Habilitationsschr. Phil. I. [Univ.] Zürich. 54 S. gr.-8. Zürich, Orell Füssli, 1911.
Diese Arbeit ist als Neujahrsblatt der Stadtbibliothek Zürich auf das Jahr 1911 ... erschienen.

Nabholz, Hans. Aus Zürichs Geschichte im 15. Jahrhundert nach dem 3. Bande der Zürcher Stadtbücher. (Etwas erweiterter Vortrag im Februar 1905 [in] der Antiquarischen Gesellschaft Zürich gehalten. [Mit Vignette.] Separat-Abdruck aus dem «Zürcher Taschenbuch» [auf das Jahr 1906. N. F. Jahrg. 29].) II S. + S. 166—201. 8. [Zürich, Fäsi & Beer.]

Nabholz, Hans, s.: Stadtbücher, die Zürcher, des XIV. u. XV. Jahrh.

[Nabholz, Johann Ulrich.] Warhaffter Bericht, Darauß erhället, Wie beyde Lobliche Stände Zürich und Bern Mit denen Stifft St Gallischen HHrn. Deputierten den Fridens-Tractat in Rorschach ... behandlen helffen ... 4. *o. O* Im October 1714.

[Nabholz, Johann Ulrich.] Warhafftiger und Grundlicher Entwurff Worauf das enzwischen dem Fürstl. Stifft St. Gallen Und der Landschafft Toggenburg nunmehro lange Zeit obgeschwebte Streitgeschäfft eigentlich beruhe 4 *o. O* 1709
Ausg A Mit einer Druckfehler-Correctur
Ausg B Mit 3 Zeilen Trucker-Fehler
Ausg C Mit 8 Zeilen Trucker-Fehler

[Nabholz, Johann Ulrich.] Wahrhafftiger und grundtlicher Entwurff ... Rettung Der Ehren und Rechten ... St. Gallen 1710

Nabholz, Paul, aus Zürich Geometrische Interpretation linearer Abhängigkeiten und ihre Anwendung auf endliche und unendliche lineare Gleichungs-Systeme Zürich. Gebr Leemann & Co. 1910 120 S. 8° [3 VII 11]
Zürich. Univ Phil. Diss. II S 1910/11

Nabholz, Philipp Markus

Nabholz, Ph.(J.)M., neue Fibel, s. Fibel, neue.

Derselbe. Leitfaden zum deutschen Sprachunterricht für Elementarschulen. Karlsruhe und Freiburg bei Herder. 1839. Ettlingen, P 1840

Nabholz, Ph. M., Schreiblese-Unterricht, s. Jung, K., Anleitung.

Philipp Markus Nabholz. Wesen und Gliederung der Schule. Mit den Schulnachr. 72 S. Ettlingen, P 1838

Nabiclack, Edw., s. Nordlichter.

NABINGER, NEMEZ. Die Ruhestätte der Fürsten und Grafen aus dem Batthany'schen Stamme in der Familiengruft bei den PP Franciskanern in Güssing. Steinamanger 1856. Druck v. Emerich v. Bertalanffy. 20. S. - 200 mm

Naebis-Ueli, der arme Mann im Toggenburg. Zürich 1892. V: *Brägger, Ulr.* (Zuwachsverz. d. Bibliotheken in Zürich 1898 ff.)

Nabl Arnold Über färbende Bestandteile des Amethysten, Citrins und gebrannten Amethysten (mit 2 Textfiguren). S. 108 IIb. 48 vgr.
Separatabdruck

Nabl, Arnold, wohnhaft zu Wien Ueber Einwirkungen von Hydroperoxyd. *Rostock 1902: Adler's Erben.* (46 S.) 8°
Rostock, Phil. Diss. v [25. Aug.] 1902

— Über Einwirkungen von Hydroperoxyd. S. 110. IIb. 66 vgr.
Separatabdruck

— Über die unterschweflige (hydroschweflige) Säure S. 108 IIb. 49 vgr.
Separatabdruck

Nabl, Frz., Hans Jäckels erstes Liebesjahr. Roman. (289 S.) 8. Berlin 908. E. Fleischel & Co. 3.50; geb. 5. —

Nabl, Frz., noch einmal....! Ein letzter Akt. (26 S.) 8. Wien 905. Das literar. Deutsch-Oesterreich. n. 1. —

Weihe In 3 Handlungen von Franz **Nabl.** Wien: C. Konegen 1905. (182 S.) 8° [J.] [07. 6248

Nabl, Jos., über die elektrostatischen Ladungen der Gase, die an der activen Elektrode des Wehnelt-Unterbrechers auftreten. gr. 8. (9 S. m. 1 Fig.) Wien 902. (C. Gerold's Sohn.) n. — 30

— Über die elektrostatischen Ladungen der Gase, die an der aktiven Elektrode des Wehnelt-Unterbrechers auftreten (mit 1 Textfigur) S 111 IIa. 96 , —.30
Separatabdruck

— über die Longitudinalschwingungen v. Stäben m. veränderlichem Querschnitte. gr. 8. (11 S.) Ebd. 902. n. — 30

— Über die Longitudinalschwingungen von Stäben mit veränderlichem Querschnitte (mit 2 Textfiguren). S. 111 IIa. 86 , —.30
Separatabdruck

Nabl, J., über die Störung der Wirkung e. radioaktiven Gases in e. geschlossenen Raume durch e. f. die Wirkung undurchlässigen, hineinragenden zylindrischen Stab. (31 S. m. 4 Fig.) gr. 8. Wien 908. A. Hölder. 1.05
Sonderabdruck aus: „Sitzungsber d. k. Akad. d. Wiss."

— Zur Volumkorrektion der Zustandsgleichung der Gase (mit 2 Taf.) S. 120. IIa 894 . 1.50
Separatabdruck

Ueber den Widerstand strömender Elektrolyte von Josef Nabl. (Mit 2 Textfiguren.) Aus den Sitzungsberichten der kaiserl. Akademie der Wissenschaften in Wien. Mathem.-naturw. Classe; Bd. CVIII, Abth. IIa. December 1899.) Wien. 1899. In Comm. Gerold's Sohn. Gr.-8°. 24 S. K —.50

Nabob, der; od. d. Geheimniß. Schausp. in 5 Akt. von Rambach. 8. Berl. Schüppel. 803.

Nabob England

Der Nabob in England, oder Die Rachsucht verschmaheter Liebe. 1826

s.a. Bucher, A.F. [Übers.]

Nabob, der, in England, oder die Rachsucht verschmäheter Liebe. Aus d. Engl. v. A. F. Bucher. 2 Thle. 8. Leipzig 826, Kollmann.

Nabob, des, Heimkehr. Roman aus dem Engl. v. E. Richard. 3 Bde. gr. 12. Aachen 843, Mayer. 3 ℛ

Nabor, Fel. (Karl Allmendinger), Auferstehung. Roman. (290 S.) 8. Hamm (908). Breer & Thielmann. 3.—; geb. in Leinw. 4. —

— Gesühnt, s.: Volksschriften, Münchener.

— Das goldene Haus, s.: Buol, M., e. gutes Wort.

— Heldentod, s.: Weber's moderne Bibliothek.

— Der Helfensteiner, s.: Bachem's Jugend-Erzählungen.

Nabor, Felix. (Pseud.) Johanna, die Jungfrau von Orleans. Historische Erzählung. Klgft., St. Josefs-Druck., 1909. 281 S. (Verf. Karl Allmendinger.)

Nabor, Fel. (Karl Allmendinger), der Kreuzzug der Kinder. Erzählung aus dem 13. Jahrh. (244 S. m. Bildnis.) gr. 8. Regensburg 903. Verlagsanstalt vorm. G. J. Manz. n. 2. —; geb. in Leinw. n. 3. —

— die Meeresbraut, s.: Für Herz u. Haus 30. Bd.

Nabor, Fel., Mysterium crucis. Roman aus der Zeit des Kaisers Nero. gr. 8. (570 S.) Regensburg 902. Verlagsanstalt vorm. G. J. Manz. n. 4.—; geb. n. 5.20

— Der Stern v. Marburg, s.: Bachem's Jugend-Erzählungen.

— der Vogt v. Lorch. Roman aus dem großen Bauernkrieg. (309 S.) gr. 8. Regensburg 904. Verlagsanstalt vorm. G. J. Manz. n. 3.—; geb. in Leinw. n. 4.—

Naboth, Milt., resp. G. **Münchenrod**, De organo auditus. 7 l. Hal. 4°. 1703

Nabożeństwo, katolickie, zobrane i ułożone podług Józefa Lubieńskiego. Posen 869. Jagielski. 12. (312 S.) 12 ngr.

Nabożeństwo dła młodzieży. Lissa 855. Günther. 12. (VIII, 24 S.) 15 ngr.

— — Część 2. A. u. d. T.: Officium albo godziny błogosławionej panny Maryi i za dusze zmarłych; oraz psalmy stopniów i siedm psalmów pokutnych. Lissa 858. Günther. 16. (4 Bl., 207 S.) 12 ngr.

Nabożeństwo do najbłogosławieńszéj Panny Maryi, Matki Pana i Zbawiciela naszego Jezusa Chrystusa. Dla chrześciańsko Katolickich mężatek. Z niemieckiego na polski język przełożona przez Ign. Dziadek. 8. (316 S. m. 1 Stahlst.) Glogau 848, Handel. n. 5/12 ℛ Velinp. n. 7/12 ℛ

Nabuch. Trauerspiel in fünf Aufz. Nach dem Italien. Manuscript übersetzt . . . Ronneburg 1826. V: *Niccolini, Gimbattista.* (Zeitschr. f. Büch. N. F. 15, 1923, S. 117)

Nabuch, Trauerspiel in 5 Aufzügen. Nach dem Italien. Manuscript übers. u. mit beigefügtem Grundtexte herausg. 8. Ronneburg 826, Fr. Schumann. Rthlr.

Nabuch; Trspl. in 5 Aufz. Nach d. Italien. Manuscript übers. u. mit beigefügtem Grundtexte herausg. 8. Ronneb. 826. Weber. 21 ℛ

Nabuchodonosor somnians regna et regnorum ruinas a theocratia exorbitantium Prodromus . . . S. Blasii 1791. V: *Gerbert Freiherr von u. zu Hornau, Martin.* (ML)

Nabud oder der Freiball. Wetzlar 1772. V: *Opiz, Johann Ferdinand.* (GGr XII, 337, 8) (Zeitschr. f. Büch. N. F. 15, 1923, S. 117)

Nácar Fuster, Eloino, el Romero. Guía de los principales santuarios y monumentos de Roma y de las más importantes ciudades de Italia. Arreglada para peregrinos de lengua española. Con 108 hermosos grabados, 1 mapa de las vías férreas de Italia y 1 plano de la ciudad de Roma. (XIX, 440 u. V S.) kl. 8. Freiburg i/B. 908. Herder. Geb. in Leinw. 6. —

NACAS, Demetrius N. (Monastir): Ein Fall von Sublimat-Vergiftung.- München: Wolf 1893. 34 S.
24.2.1893 - Chr 1392/93,16; Jv 1892/93,209
Diss. Ingolst.-Landsh.-Mchn.

Nacatenus, s. Nakatenus.

Nacc, G. Fr., Anekdotenfreund. Eine Sammlung der besten neuesten u. älteren Anekdoten. Reutlingen 867. (Stuttgart, Fischhaber.) gr. 16. (64 S.) 3 ngr.

Nacc, G. Fr., das Buch zum Todtlachen. Eine Sammlg. der neuesten u. älteren Anekdoten f. alle Altersklassen. (48 S.) 8. Reutlingen (906). R. Bardtenschlager. —25

Der | Lustige Deklamator | in | ächt schwäbischer Mundart | von | Dr. Nacc. | Zweites Bändchen. | Reutlingen. | Druck und Verlag von R. Bardtenschlager. (= *Reutlinger Volksschriften*, 59).
o. J., 79 S., 165 × 114.
LBS d. D. oct K 3242.

Nach Amerika. Hochinteressante Erzählg. f. die Jugend. 12. (15 S.) Berlin (899). (Berolina-Versand-Buchh.) — 10

Nach Amerika in die Mission. Von e. Benediktiner. 16. (88 S.) Luzern 891. Gebr. Räber & Co. n. — 60

Nach der Arbeit. Ein Sonntagsgast für den deutschen Handwerker und sein Haus. Hrsgbr.: A. Krüger. 1. Bd. gr. 4. (52 Bog. mit eingedr. Holzschn.) Berlin 855, Brigl und Lobeck.

Nach der Arbeit. Das Buch des deutschen Handwerkers für die Stunden der Erholung. Herausg. von Wilh. Wackernagel. 2. Bd. 16 Liefgn. (à 5 Bgn. m. Holzschn.) Berlin 860. Brigl. 4. 2 *ℛ* 20 *ngr*

Nach der Arbeit. Ein Blatt für Mußestunden. Red.: H. Reetz. 1. Jahrg. 1873. 52 Nrn. (à 1½—2 B.) gr. 4. Berlin, „Invalidendank". n. 12. —

Nach d. Arbeit! Reise-Onkel's humorist. Hausschatz f. Kaufleute jeden Alters u. solche, die es waren od. werden wollen, kurz f. d. ges. Handelsstand u. jeden Freund e. gesunden Humors! E. Sammlg. d. besten Orig.-Humoresken, Witze, humorist. Gedichte rc., alles nur auf das Leben d. Kaufmanns, den Handel Bezug habend! Unt. Mitwirkg. erster Schriftsteller u. Künstler. gr. 8. (333 S. m. Abb.) Stuttgart 897. A. Brettinger. n. 4. —; geb. in Leinw. n. 5. —
Erschien auch in 7 Lfgn. à n. —.0.

Nach der Arbeit. Illustrierte Familienzeitschrift. Red.: H. W. Kleine. 1. Jahrg. Juni—Dezbr. 1906. ca. 32 Nrn. (à ca. 8 u. 8 S. m. Abbildgn.) 4. Leipzig, Verlag der illustr. Familienzeitschrift „Nach der Arbeit". à Nr. — 15

— der Arbeit. Illustr. Familienzeitschrift. Red.: H. W. Kleine. 2.—5. Jahrg. 1907—1910. à 52 Nrn. (à ca. 16 S.) 33,5×24,5 cm. Leipzig. Berlin-Charlottenburg, Verlagsanstalt Augustin & Co. à Nr. — 15

Nach der Arbeit. 1. Bd. 8. Berlin, E. Frowein. 1. 85
Führer durch die Kunstgeschichte. Von Ernst Schur. (151 S. m. 10 Taf.) 909.

Nach der Aufnahme. »Hier diesen heiligen Hallen ...« Von M. [Leipzig] o. J. V: *Marbach, Oswald.* (wolfstieg II, 837)

Nach der Aufnahme. »Jakin! Der Herr wird dich erheben!« Von M. [Leipzig] o. J. V: *Marbach, Oswald.* (wolfstieg II, 837)

— zehnjährigem Bestehen. Ein Beitrag zur Orientierg. über den kathol. Lehrerverein in Bayern. (119 S.) 8. München 903. V. Höfling. n. — 50

Nach Bethlehem. Dichtung vom Verf. der „Lyra passionis". In Musik gesetzt f. Chor u. Solostimmen m. Begleitg. der Orgel, d. Harmonium od. Pianoforte v. R. Reich. 8. (24 S.) Basel 889. Spittler. n. — 30

—— Bethlehem. Dichtung v. Verf. der „Lyra passionis". In Musik gesetzt f. Chor u. Solostimmen m. Begleitg. der Orgel, d. Harmonium od. Pianoforte v. R. Reich. 1. u. 2. Aufl. 8. (24 S.) Basel 889,92, Jaeger u. Kober. * — 30

Nach Bronnbach. Weihnachten 1855. V: *Janssen, Joh.* (Baer 737/1608)

Nach Canossa geh'n wir nicht! Ein geschichtlicher Beitrag zur 800jähr. Wiederkehr der Tage zu Canossa mit vergleichenden Hinweis auf den gegenwärtigen Kirchenstreit. Dargestellt von einem Freunde vaterländischer Geschichte. 8. (IV, 140 S.) Hagen 878. Hammerschmidt. n. 1. 20

— dem Dienst. Illustrirtes Wochenblatt f. Belehrg. u. Unterhaltg. Red.: E. Hülle. 1.—4. Jahrg. 1891—1894. à 52 Nrn. (1½ Bog.) gr. 4. Berlin. (Leipzig, H. G. Wallmann.) à Jahrg. n.n. 3. —

— d. Dienst. Illustr. Wochenblatt f. Belehrg. u. Unterhaltg. Red.: E. Hülle. 5.—8. Jahrg. 1895—1898. à 52 Nrn. (à 12 S.) gr. 4. Berlin. (Leipzig, H. G. Wallmann.) à Jahrg. n. 3. —
Kann auch vierteljährlich bezogen werden.

— dem Dienst. Illustr. Wochenblatt f. Belehrg. u. Unterhaltg. Red.: v. Rohrscheidt. 9.—12. Jahrg. 1899—1902. à 52 Nrn. gr. 4. (à ca. 8 u. 4 S.) Berlin. (Leipzig, H. G. Wallmann.) à Jahrg. n. 3. —
Die Jahrgge. 9—11 sind v. E. Hülle redigiert.

— dem Dienst. Illustriertes Wochenblatt f. Belehrung u. Unterhaltg. Red.: v. Rohrscheidt. 13.—16. Jahrg. 1903—1906. à 52 Nrn. (à ca. 8 u. 4 S.) gr. 4. Berlin, Schriftenvertriebsanstalt. à Jhrg. n. 3. —

— dem Dienst. Illustr. Wochenblatt f. Belehrg. u. Unterhaltg. Red.: v. Rohrscheidt. 17.—20. Jahrg. 1907—1910. à 52 Nrn. (à ca. 8 u. 4 S.) 32×23 cm. Berlin, Schriftenvertriebsanstalt. à Jahrg. 3. —

— Dienstschluß. Illustriert. Familienblatt f. Beamte. Red.: P. Quack. 3. Jahrg. 1910. 24 Nrn. (à ca. 24 S.) 31,5×24 cm. Berlin, P. Quack. 6. —

Nach der Einnahme des Fürstenthums Wallachei durch den kk. Feldmarschall-Prinzen von Coburg. Wien 1789. V: *Schweighofer, Johann Michael.* (EB)

— Feierabend. Illustrierte unterhalt. Wochenschrift. Red.: Art. Pleißner. 1.—4. Jahrg. 1899—1902. à 52 Nrn. gr. 4. (à ca. 8 S.) Leipzig, Verlag „Nach Feierabend". à Jahrg. 5. 20
Der 1. Jahrg. ist v. H. G. Thenau, der 2. u. 3. v. B. Meyer redig.

— Feierabend. Illustriertes Familienblatt. Red.: Wilh. Ruland. 5.—7. Jahrg. 1903—1905. à 52 Nrn. (à ca. 16 S.) gr. 4. Leipzig, Bernh. Meyer. à Nr. — 15

— Feierabend. Illustr. Familienblatt. Red.: Emil Gaudlitz. 9. Jahrg. 1907. 52 Nrn. (à ca. 20 S.) 33,5×24 cm. Leipzig, Bernh. Meyer. à Nr. — 20

— der Fluth. Dichter-Album, herausg. von Ludw. Bowitsch. Mit Beiträgen von Bauernfeld, Bogensberger, Bowitsch rc. Wien 862. Pichler. (Leipzig, Liebeskind.) 8. (VIII, 160 S.) 10 *ngr*

— Frankreich! Der französ. Krieg v. 1870 u. 1871. Ein Volksbuch. Mit Illustr. Von e. Rheinländer. gr. 8. (III, 142 S.) Kreuznach 871. Voigtländer. n. — 50

Nach dem Frieden. Ein Gespräch. Berlin 1859. V: *Rössler*, *Constantin.* (Rössler, Ausg. Aufsätze. Berlin 1902. IX.)

— dem Frieden. Ein Gespräch. br. 8. (32 S.) Berlin 859, Springer's Verlag.

— dem Gesetz u. Zeugnis. Monatsblatt des Bibelbundes. Hrsg. unter Mitwirkg. einzelner Mitglieder desselben v. Frdr. Gaedke. 1. u. 2. Jahrg. April 1901—März 1903. à 12 Hfte. gr. 8. (à ca. 32 S.) Braunschweig, H. Wollermann. à Jahrg. n. 2.50
Der 1. Jahrg. erschien in Treptow a. R.

— dem Gesetz u. Zeugnis. Monatsblatt des Bibelbundes. Hrsg. unter Mitwirkg. einzelner Mitglieder desselben v. Frdr. Gaedke. 3.—6. Jahrg. April 1903—März 1907. à 12 Hefte. (à Jhrg. IV, 384 S.) 8. Braunschweig, H. Wollermann. à Jhrg. n. 2.50

Nach dem Gesetz u. Zeugnis. Monatsblatt d. Bibelbundes. Hrsg. unter Mitwirkung einzelner Mitglieder desselben v. Frdr. Gaedke. 7.—10. Jahrg. April 1907—März 1911. à 12 Hefte. (à Jahrg. IV, 384 S.) 8. Braunschweig, H. Wollermann. à Jahrg. 2.50

— Golgatha. Dichtungen zur Leidensgeschichte Jesu Christi. Verfasser: „Von Mara nach Elim". gr. 8. (IV, 159 S.) Gotha 887. F. A. Perthes. n. 3.—; geb. n. 4.20

Nach der Hinrichtung des Anton Meyers von Sulz zu Luzern 1811. Luzern [1811]. V: *Müller*, *Thaddäus.* (Cat. d. Stadtbibl. Zürich. Zürich 1864—97.)

— der Hochzeit. Der Ehe Wohl u. Wehe. Deutsche Dichterstimmen. 8. (XV, 128 S. m. e. Holzschntaf.) Hannover 875. Cohen & Risch. n. 1.75; cart. n. 2.—; geb. n. 3.—

— der Jagd. Lustige Erzählgn. u. Anekdoten aus dem Jägerleben. M. Illustr. v. H. Albrecht, M. Flashar, Th. Grätz ꝛc. gr. 8. (136 S.) München 896. Braun & Schneider. n. 1.50; geb. n. 2.50

— der Jagd! Fest-Lieder nach bekannten Melodien. gr. 16. (10 S.) Boppard (899). O. Maisel. — 15

Nach dreissig Jahren; die letzten Tage des Sonderbundes ... Aarau 1877. V: *Wapf*, *Ant.* (Zuwachsverz. d. Bibliotheken in Zürich 1898 ff.)

— dreißig Jahren. Die letzten Tage des Sonderbundes. Gedenkblatt für die schweizerische Jugend. Aus den Erlebnissen u. Zusammenstellungen eines Fünfzigjährigen. gr. 8. (107 S.) Aarau 877. Sauerländer. 1.20

Nach 30 Jahren! Die Gefechte bei Hundheim, Tauberbischofsheim und Werbach am 23. und 24. Juli 1866. Mit einem geschichtlichen Rückblick ... Tauberbischofsheim 1896. V: *Zöller*, *J. G.* (BMarsch 273)

Nach fünfhundert Jahren in Wien. Knittelverse. Leipzig 1865. V: *Frankl Ritter von Hochwart*, *Ludwig August.* (EB)

— 25 Jahren. Reiseeindrücke aus d. Elsaß v. e. Mitgliede d. engl. Unterhauses (Fritz Hoffet). 1. u. 2. Aufl. gr. 8. (102 S.) Straßburg 895. C. A. Bomhoff. 1.50

Nach 27 Jahren, s.: Vergißmeinnicht, dramatisches.

— vierzig Jahren. Religions-philosoph. Briefwechsel zweier Jugendfreunde (Frdr. Pilgram u. Wilh. Gelender) in spätester Lebenszeit. gr. 8. (VIII, 232 S.) Leipzig 895. Berlin, Deutsche evang. Buch- u. Traktat-Gesellschaft. n. 3.—

— zehn Jahren. I. (Heft.) Auch eine Rundschau (März 1848 bis März 1858.) gr. 8. (VI und 32 S.) Frankfurt a. M. 858, Auffarth. *

Nach zehn Jahren. London 1889. V: *Auer*, *Ludwig.* (Biographisches Jahrbuch u. Deutscher Nekrolog. Hsg. von Bettelheim. XII. Bd. Berlin 1909. S. 202.)

Nach 10 Jahren. Materialien und Glossen zur Geschichte des Socialistengesetzes. 2 Tl. 8⁰ London 1889—90.

Nach zehn Jahren! Geschichte, Zweck und Bedeutung des Reformirten Bundes für Deutschland ... Berlin 1894. V: *Brandes*, *Frdr. H.* (Berl) (Ky)

— zehn Jahren! Geschichte, Zweck u. Bedeutg. d. Reformirten Bundes f. Deutschland, dargestellt v. dem derzeit. Moderator d. Bundes (Brandes). gr. 8. (14 S.) Berlin 894. Verlag der Reformirten Kirchenzeitung (K. J. Müller). — 10

„— Jerusalem! Von Ludw. Aug. Frankl." Vom jüdischen Standpunkte beurtheilt von J. (Aus dem Jeschurun. Ein Monatsblatt zur Förderung jüdischen Geistes ꝛc.) Leipzig 859. (C. L. Fritzsche.) gr. 8. (24 S.) n. 2 ngr.

— Jerusalem m. Sang u. Klang. gr. 8. (4 S.) Berlin 893. G. A. Dewald. — 10

— dem schönen Alpenlande Kärnten, dem Lande der Lieder u. der Seen. (32 S. m. Abb.) gr. 8. Klagenfurt (910). (J. Heyn.) — 20

Nach Constantinopel und Brussa. Ferienreise eines preussischen Juristen. Berlin 1855. V: *Kirchmann*, *Jul. Hermann v.* (EB)

Nach Constantinopel und Brussa. Ferien-Reise eines preuß. Juristen. 8. (IV und 384 S.) Berlin 855, [Schneider.] Thlr.

— dem Kriege. gr. 8. (44 S.) Berlin 875. Dümmler's Verl. — 75

— der Krisis. Bemerkungen üb. das Scheitern der Ausgleichsaction v. ***. gr. 8. (30 S.) Leipzig 872. C. G. Naumann. n. — 60

— dem Magdalenenstift, s.: Existenzen, dunkle.

Nach der Natur. Lebende Bilder aus der Zeit (von Max Spiller v. Hauenschild). 3 Thle. 8. 1. Tyrol. (326 S.) 2. Schlesien. (359 S.) 3. Baden. (364 S.) Hamburg 850, Hoffmann & Campe. 4 1/2 ℳ

Nach der Natur. Lebende Bilder aus der Zeit ... Hamburg 1850. 2. A. 1851. V: *Spiller von Hauenschild, Rich. Gg.* (ADB) V: *Spiller von Hauenschild, Max.* (Ky)

Nach der Natur. Photogravüren nach Originalaufnahmen ... Berlin [1987]. V (Text): *Stettiner, Rich.* H: *Goerke, Frz.* (Berl)

—— Norderney und Juist. Saison 1885. 64. (34 S.) Norden, Soltau.

—— dass. — Saisons 1886—1888. 32. (50; 50; 42 S.) Ebendas. à Jahrg. *

— Norderney u. Juist. Saison 1890. 32. (54 S.) Norden 890. Soltau. n. — 20

— Norderney u. Juist. Saison 1891. 32. (62 S.) Norden 891. D. Soltau. n. — 20

— Ostasien, s.: Projections-Vorträge 69. Heft.

— Paris. Scenen aus Deutschlands Heldenkampf. Ein Kriegsalbum f. die Jugend. qu. Fol. (8 color. Holzschn.-taf.) Stuttgart 871. G. Weise. geb. 1. 50

— Paris! ohne Dolmetscher. Mit e. Schnellplan v. Paris. Einzige Methode, um nach 2 Wochen m. Aufwand von täglich 1 Stunde durch Selbststudium alles auf französisch fließend zu sagen, was zur Reise u. zum persönl. Gebrauch notwendig ist. Hrsg.: Polyglottion „A. de Filippis". 8. (IV, 64 S.) München 900. L. Burger. n. 1.—

Nach Regen folgt Sonnenschein. Lstspl. in 5 A. 8. Wien 806. Wallishausser. 6 K

Nach dem Reichsrathe. Eine Stimme aus Böhmen. München 1860. V: *Helfert, Joseph Alex. Freih. von.* (Mitth. Dr. H. Friedjung.)

—— dem Reichsrathe. Eine Stimme aus Böhmen. 1. und 2. Abdr. 8. (78 S.) München 860, Kaiser. *

—— Remonte. Ein cavalleristisches Vademecum. Zusammengestellt von einem königl. preuß. Rittmeister a. D. 8. (51 S.) Berlin 860, Decker'sche geheime Ober-Hofbuchdruckerei.

— San Remo! Grüße deutscher Dichter an unsern Kronprinzen. Orig.-Dichtgn. v. Amyntor, Baumbach, Bleibtreu rc. 2.—7. Tausend. 8. (VI, 56 S.) Spandau 888. Oesterwitz.] Frankfurt a/O., Waldow'sche Buchh. n. 1.—

Nach der Schablone. Das Vorrecht der Frau. Wien 1886. V: *Schwarzkopf, Gustav.* (EB)

— der Schicht! Bergmännisches Liederbuch. 16. (120 S.) Gelsenkirchen 892. C. Bertenburg. Kart. n. — 50

— der Schicht. Zeitschrift zur Unterhaltg. u. Belehrg. f. das werkt. Volk. Korrespondenzblatt des Kathol. Kolportage-Vereins Neunkirchen, Bez. Trier. Mit der Beilage: Jugendblätter. Red.: J. Schütz. 2. Jahrg. 1906. 52 Nrn. (à ca. 16 S. m. Abbildgn. u. 4 S. in gr. 8.) 4. Neunkirchen, Bez. Trier, (Bismarckstr. 19), A. Schillo. (Auslieferung durch: Druckerei Lehrlingshaus in Mainz.) à Nr. n.n. — 15

— der Schicht. Wochenschrift zur Unterhaltg. u. Belehrg. f. das Volk. (Mit Beilage: Jugendblätter.) Red.: J. Schütz. 3.—6. Jahrg. 1907—1910. à 52 Nrn. (à Jahrg. IV, 832 S. m. Abbild.) 31,5×23,5 cm. Wiebelskirchen, Bez. Trier, Neunkirchener Kolportage-Verlag. à Jahrg. 6. 50

3. Jahrg. 1907 ist vergriffen.

—— der Schule. Illustrirte Zeitschrift zur Unterhaltung und belehrenden Beschäftigung der Jugend. Mit literar., musikal. und artist. Beiträgen von C. Beyer, Mart. Claudius, G. C. Dieffenbach rc. hrsg. von Friedr. Seidel. 1. Jahrg. Octbr. 1876—Septbr. 1877. 12 Hefte und 2. Jahrg. Octbr. 1877—März 1878. 6 Hefte. (à 2—3 Doppelbog. mit eingedr. Holzschn.) gr. 4. [Leipzig, Hirt und Sohn.] Gera, Griesbach's Verlag. 3 Bde. cart. à Bd. * ℳ 4. * geb. in Leinw. à Bd. * ℳ 5. *

Nicht weiter erschienen.

— Sonnenuntergang. (Gedichte.) (Von Edithe Léontine v. Buchka.) (IV, 79 S.) 8. Dresden 904. E. Pierson. n. 1. 50; geb. n. 2. 50

Nach Sonnenuntergang. Gedichte. Dresden 1904—1905. V: *Buchka, Edithe Leontine von.* (Berlzu 1919, I, 207)

— Steiermark! Jahrbuch des Landesverbandes für Fremdenverkehr. Mit Nachweisg. der Sommerstationen in Steiermark. Mit 43 Illustr., darunter Orig.-Aufnahmen v. H. Bergmeister, A. Zoff, C. Damianos u. a. (V, 174 S.) 8. Graz 903. (P. Cieslar). n. — 80

— Subjaco in Arkansas. Reisebild, verf. v. e. Kandidaten O. S. B. gr. 16. (V, 148 S.) Goßau 892. J. G. Cavelti-Hangartner. n. 1.—

—— Tagesmühen — Abendruhe! Ein Kranz neuer Erzählungen und Geschichten aus dem Leben, zur nützl. Unterhaltung und Erhebung häusl. Familienkreise und der reiferen deutschen Jugend. Hrsg. von einem Freunde der Jugend und des Familienlebens. 8. (VII und 240 S.) Leipzig 855, Baumgärtners Buchh.

Nach Ungarn! Ein Aufruf an Auswanderungslustige ... Leipzig 1850. V: *Korn, Frdr.* (EngG)

Nach Ungarn! Ein Aufruf an Auswanderungslustige, welche die weite, kostspielige u. gefahrvolle Reise über das Meer zu vermeiden wünschen; insbesondere an Landwirthe u. Gewerbtreibende. Eine gedrängte Skizze des Wissenswertheſten über die staatlichen u. confessionellen Einrichtungen, agrar. u. commerz. Zustände, sowie des Schul- u. Medizinalwesens, u. der klimat. Beschaffenheit dieses fruchtbarsten u. dennoch schwach bevölkerten Landes. gr. 8. (IV u. 60 S.) Leipzig 850, Brandstetter. 9 ngl

Nach und durch Ungarn. (Europäische Wanderbilder No. 164—166. 171—173 151 174—176. 178. 179.) Zürich (1890) 9 Bd. 8
Bdch. 1 Von Wien nach Budapest über Bruck a L.—Tots (österr.-ung. Staatseisenbahngesellschaft und kgl ung Staats-Bahnen) und über Marchegg—Pressburg (österr.-ungar. Staatseisenbahngesellschaft) Von A. Imendörffer W. Gerlai und J. Sziklay Mit 41 Illustrationen von J. Weber und zwei Karten.
Bdch. 2. Von Oderberg nach Budapest durch das Waagthal Sillein—Galanta und durch die ungarischen Bergstädte Ruttka—Hatvan Von Karl Siegmeth Mit 16 Illustrationen von J. Weber nebst einer Karte.
Bdch. 3 Von Wien Oderberg und Budapest in die Hohe Tatra und in das Abauj-Torna-Gömörer Höhlengebiet Von Karl Siegmeth Mit 60 Illustrationen.
Bdch. 4 Durch West-Ungarn Von Ferdinand Krauss und Johann Sziklay Mit 19 Illustrationen von J. Weber nebst einer Karte
Bdch. 5. Von der Donau zum Quarnero Fünfkirchen, Agram und die Zagorje Fiume und das Küstenland Von Geza Kenedi und Wilhelm Gerlai Mit 23 Illustrationen von J. Weber und einer Karte
Bdch 6 Die ungarischen Ostkarpathen I. Linien der ungarischen Nordostbahn und der ungarisch-galizischen Eisenbahn Von Karl Siegmeth. Mit 24 Illustrationen und einer Karte
Bdch. 7 Durch die ungarische Tiefebene. Von Johann Sziklay Mit 23 Illustrationen von J. Weber nebst einer Karte
Bdch. 8. Das siebenbürgische Hochland. Nach Skizzen von F. A. Bell, F. Krauss C. J. Römer E. Sigerus und C. Weingärtner Mit 32 Illustrationen von J. Weber und einer Karte
Bdch 9 Durch Süd-Ungarn Von Adolf Sternberg Patricius Dragalina Cornel Diaconovich Johann Sziklay und Athanas Plavsic Mit 28 Illustrationen von J. Weber nebst einer Karte

Nach **dem Vaterhause. 1. Daheim und in der Fremde. 2. Marie. Von der Verfasserin von: »Ein Blatt auf Vrony's Grab«. 2. Aufl. Bremen 1872. V: *Spyri, Johanna.* (EB)**

— dem Vaterhause. Von der Verf. v.: „e. Blatt auf Vrony's Grab." 8. (55 S.) Bremen 872. Müller. n. — 60

— **Birnsberg!** Spaziergang v. Herrn Kunz u. seinem Freunde Hinz im Aug. 1905. (72 S. m. 2 Plänen.) gr. 8. Frankfurt a/M. 906. Neuer Frankfurter Verlag. n. 1. 60

— **welchen Gesetzen erfolgt die Kaliaufnahme der Pflanzen aus dem Boden? Berichterstatter: O. Wimmer, s. a. Arbeiten der deutschen Landwirtschafts-Gesellschaft. 143.**

— Westen! rc., s. a. Elze, K.

—— **Westen!** Britische und amerikanische Gedichte übers von Carl Elze. gr. 16. (VII und 152 S.) Dessau 860, Aue'sche Verlagsbuchh. * 15 Ngr.; geb. *

Nach der Wiederherstellung des Friedens im Jahre 1797. Ein lyrisches Gedicht. Uebersetzung mit den nöthigen Anmerkungen im Jahre 1798. Wien 1798. V: ***Müller, Fz. Reinhold.*** (BiblPort)

— dem Zapfenstreiche. Erzählungen der besten Militär-Schriftsteller. (Abdr. aus dem militärisch-belletristischen Wochenblatte: „Der Kamerad.") 1. u. 2. Bdchn. Wien 863. Dirnböck. 8. (180 S.) Jedes Bdchn. 12 ngr.

Nach dem Zapfenstreiche. Erzählungen der besten Militär-Schriftsteller. 3—5. Bdchn. (Aus: Der Kamerad, Oesterreichische Militärzeitung.) Wien, Dirnböck's Buchh. 8. Jedes Bdchn. n. 10 ngr.
3. 4. Bdchn. Aus dem Stegreif. Erinnerungen eines Neustädter Zöglings. Von einem gewes. k. k. Offiziere. (302 S.) 866.
5. Verirrt. Erinnerungen aus dem Tagebuche eines Veteranen. — Ein lustiger Abend im Fort. Skizze. — In der Gefangenschaft. Erzählung aus dem Jahre 1812. (81 S.) 867.

Nachahmung, die; ein Schspl. in 1 A. 8. ... 790. (Leipz., Wienbrack). 3 gl

Nachahmung, Die, ein Schauspiel in einem Aufzug. Frankf. a. d. O. 1798. V: *Bahr, Robert.* (MGT) »1797« (NN) (GGr) (Nowack, Schles. Schriftst. Lex. Breslau 1836—43. V. 8.)

Nachahmung, Die, des heil. Herzens . . . Paderborn 1866. V: *Arnoudt, Pierre.* Ü: *Dosenbach, Steph.* (Jes)

Nachahmung, über die, in der Malerei. 8. Frkf. a. M. 818. Varrentrapp. 8 gl

NACHAHMUNGEN in Fabeln und Erzählungen, nebst einem Anhange anderer Gedichte. Dresden, b. Joh. Nic. Gerlach. 1761 8° 7 Bogen. (In München P. o. germ. 997.)
O. M. V. 1761, S. 130, Cat. Meissner III, p. 521 — Die Bibl. J. J. Schwabii (und darnach wohl Koch I p. 256) hat d. Jahrzahl „1771" (?).

Nachahmungen, Freye, des heiligen Chrysostomus. Amsterdam [Leipz.] 1774. V: *Reisig, Joh.* (Wr)

Nachbar [Sachliches OW]

Nachbar, der Herr, eine Samml. von Erzähl., herausg. v. K. Stein. 2 Thle. 8. Berl. Maurer. 810—11. (à 1 Thlr. 8 gr.)

Der Nachbar 1851— Newark, NJ
Humorous weekly Edited & published by Conrad Hollinger

Nachbar, der. Ein Hamburgisches Volksblatt für Stadt und Land. Jahrg. 1855. 52 Nrn. (à 1 Bgn.) Nebst Beiblatt: Rundschau auf Reisen nach und in Amerika und Australien. (In zwanglosen Nrn. in 4.) Hamburg. (Nolte u. Köhler.) Fol. n. 1 rf. 20 ngr.; die Rundschau allein n. 12½ ngr.

— Ein Hamburgisches Volksblatt für Stadt u. Land. Redig. von F. A. Löwe. 8. u. 9. Jahrg. 1856. u. 57. à 52 Nrn. (à 1 Bgn.) Hamburg. (Kittler.) Fol. Jeder Jahrg. n. 2 rf. 20 ngr.

Nachbar, der. Ein Hamburg. Volksblatt für Stadt u. Land. 10—16. Jahrg. 1858—64. à 12 Nrn. (à 1 Bgn.) Hamburg, (Nolte.) Fol. Jeder Jahrg. n. 2 rf

Nachbar, der. Ein Hamburger Volksblatt für Stadt u. Land. Hersg. von H. O. Persiehl. 17—22. Jahrg. 1865—70 à Jahrg. 52 Nrn. (Bog.) Hamburg, (Nolte.) gr. 4. Jeder Jahrg. n. 2 rf

Nachbar, der. Ein Hamburg. Volksblatt f. Stadt u. Land. Hrsg. v. H. O. Persiehl. 23—25. Jahrg. 1871—1873 à 52 Nrn. (B.) gr. 4. Hamburg, (Nolte.) à Jahrg. n. 6. —

— dasselbe. 26. Jahrg. 1874. 52 Nrn. (B.) gr. 4. Ebend. n. 7. 50

Nachbar, der. Ein christl. Volksblatt für Stadt und Land. Redig. von H. O. Persiehl. 27. und 28. Jahrg. 1875 und 1876. à Jahrg. 52 Nrn. (Bog.) gr. 4. Hamburg, (Nolte.) à Jahrg. *

Nachbar, der. Ein christliches Volksblatt für Stadt u. Land. Red. von N. Fries u. C. Rinck. 29—34. Jahrg. 1877—1882. à 52 Nrn. (B.) gr. 4. Hamburg, Persiehl. à Jahrg. n. 4. —
Auch in Ausgaben für Hessen, Mecklenburg, Oldenburg, Sachsen u. Schleswig-Holstein erschienen.

Nachbar, der. Ein christl. Volksblatt f. Stadt u. Land. Red. v. N Fries u. C. Rinck. 35—37. Jahrg. 1883—1885. à 52 Nrn. (B.) gr. 4. Hamburg, Persiehl. à Jahrg. n. 14. —

Nachbar, der. Ein illustr. christl. Volksblatt f. Stadt u. Land. Red.: N. Fries. 38.—42. Jahrg. 1886—1890. à 52 Nrn. (B.) 4. Hamburg, Persiehl. à Jahrg. n. 4. —
Auch in Ausgaben f. Hessen, Mecklenburg, Oldenburg, Ost u. Westpreußen, Königr. Sachsen, Schleswig-Holstein u. Waldeck u. Pyrmont

Nachbar, der. Ein illustr. christl. Volksblatt f. Stadt u. Land. Leiter: N. Fries. 43.—46. Jahrg. 1891—1894. à 52 Nrn. (Bog.) 4. Hamburg, H. O. Persiehl. à Jahrg. n. 4. —
Auch in Ausgaben f. Hessen, Mecklenburg, Oldenburg, Ost- u. Westpreußen, Kgr. Sachsen, Schleswig-Holstein, Waldeck u. Pyrmont.

Nachbar, der. Ein illustr. christl. Volksblatt f. Stadt u. Land. Hrsg. v. Behrmann, unt. Mitred. v. Frommel. 47.—50. Jahrg. 1895—1898. à 52 Nrn. (Bog.) 4. Hamburg, H. O. Persiehl. à Jahrg. n. 4. —
Kann auch vierteljährlich bezogen werden. — Erscheint auch in Ausgaben f. Hessen, Mecklenburg, Lübeck, Oldenburg, Ost- u. Westpreußen, Kgr. Sachsen, Prov. Sachsen, Schleswig-Holstein, Waldeck, Pyrmont u. Rußland.

Nachbar, der. Ein illustr. christl. Volksblatt f. Stadt u. Land. Hrsg. v. Behrmann. 51.—54. Jahrg. 1899—1902. à 52 Nrn. 4. (à ca. 8 S.) Hamburg, H. O. Persiehl. à Jahrg. n. 4. —
Auch in Ausgaben f. Hessen, Mecklenburg, Lübeck, Oldenburg, Ost- u. Westpreußen, Königr. Sachsen, Prov. Sachsen, Schleswig-Holstein, Waldeck u. Pyrmont.

Nachbar, der. Ein illustr. christl. Volksblatt f. Stadt u. Land. Hrsg. v. Behrmann. 55.—58. Jahrg. 1903-1906. à 52 Nrn. (IV, 416; IV, 416; IV, 424 u. IV, 416 S.) 4. Hamburg, H. O. Persiehl. à Jhrg. n. 4. —
Auch in Ausgaben f. Hessen, Mecklenburg, Lübeck, Oldenburg, Ost- u. Westpreußen, Königr. Sachsen, Prov. Sachsen, Schleswig-Holstein, Waldeck u. Pyrmont.

Nachbar, der. Ein illustr. christl. Volksblatt f. Stadt u. Land. Hrsg. v. Behrmann. 59.—62. Jahrg. 1907—1910. à 52 Nrn. (à Jahrg. IV, 496 S.) Lex. 8. Hamburg, H. O. Persiehl. à Jahrg. 3.—; geb. 4. —
Auch in Ausgaben f. Hessen, Mecklenburg, Lübeck, Oldenburg, Ost- u. Westpreußen, Königr. Sachsen, Prov. Sachsen, Schleswig-Holstein, Waldeck u. Pyrmont.

— dasselbe. Monatsbeilage, s.: Beiblatt z. Sonntagsboten f. Sachsen.

— dasselbe. Sächsisches Beiblatt. Leiter: A. Siebenhaar. 19.—21. Jahrg. 1908—1910. à 12 Nrn. (à 8 S. m. Abb.) Lex. 8. Ebd. à Jahrg. nn 1. —

Nachbar, Der beste. München 1783.
V: *Milbiller, Jos.* (BGE *V/223) (biblPort)

Nachbar, der beste, in scherzhaften, satyr. u. moral. Aufsätzen. 6 Stcke. gr. 8. Münch. 783. (J. Lindauer). 1 ℔
Vorh.unt.d.T.: Der Zuschauer in Baiern. Mü.1779ff.

Nachbar, der beste, in scherzh., satyr. und moral. Auff. 6 Stk. gr. 8. München, Crätz. (Lindauer.) 783.

— d. getreue. E. Unterhaltg. m. einsichtsvollen Leuten üb. d. heut. Land- u. Volksleben, nebst e. Mahnruf f. d. bevorsteh. Reichs- u. Landtagswahlen. V. e. alten Landwirt. gr. 8. (39 S.) Bunzlau 898. (E. Muschket.) n.n. — 50

— der lustige, zur Erweckung d. guten Laune. 12. Hamb., (Herold jun.) 1 ℔

— — derselbe. Hamb. Vollmer.

NACHBAR, Der lustige. Taschenbuch zur Erweckung guter Laune, für 1806. Leipzig, Schiegg, 1805. 12° (1/2 Rthl.)

— der lustige, Taschenbuch z. Erweckung guter Laune. Mit 1 Kpf. 12. Leipz. 806. Schiegg. (Cnobloch). 1 ℔

Nachbar, der lustige, Taschenbuch zur Erweckung guter Laune. Mit 1 Kupf. 12. Leipzig, Schiegg. 821.

— an den, mit Rath., Sendschreiben an den Grafen v. Reventlaw, von e. Holsteiner. 8. Hamb. 805. Perthes u. B. 3 gr. (Vergl. Antwort.)

— — Antwort auf dieses Sendschr. 8. Ebend. 805.

Der Unglückliche Nachbar (Buchhändler Joseph v Crätz). Eine bayrische Inquisitionsgeschichte. Deutschland 1787
Weller, fing Drucke. — Sehr rar!

Nachbar [Verfasser]

Nachbar, Jos., zwanglose Bemerkungen inbetreff der Hineinziehung der Grammatik in den Sprachunterricht der Volksschule. Mit besonderer Berücksichtigung der Sprachverhältnisse utraquistischer Schulen entworfen. 8. (27 S.) Ober-Glogau 881. Handel. — 30

Nachbar, K. J., der Gregorianische Kirchengesang, oder die Kirchentonarten, deren Ursprung, Entwickelung, Notenschrift u. Harmonie, m. Berücksichtigung der polnischen Kirchenlieder u. musikal. Kunstausdrücke. Für Kantoren u. Organisten verfaßt. 8. (152 S. m. 1 lith. Musikbeilage.) Schwiebus 852, Wagner. 1/2 ℔

Nachbar-Kalender. Illustr. Familien-Kalender f. 1889—1893. 1.—5. Jahrg. 8. (à Jahrg. ca. 100 S.) Hamb., Persiehl. à Jahrg. — 30

Nachbar-Kalender. Illustr. Familien-Kalender f. 1895. 7. Jahrg. 8. (96 u. 16 S.) Hamburg, H. O. Persiehl. — 30

Nachbar-Kalender. Illustr. Familien-Kalender f. d. J. 1899. 11. Jahrg. 8. (96 u. 14 S. m. 1 Wandkal.) Hamburg, H. O. Persiehl. — 30

Nachbar-Kalender. Illustrierter Familien-Kalender f. d. J. 1903. 15. Jahrg. 8. (96 u. 14 S. m. Wandkalender.) Hamburg, H. O. Persiehl. — 30

Nachbar-Kalender. Illustrierter Familien-Kalender f. d. J. 1907. 19. Jahrg. (96 u. 20 S. m. 1 Farbdr. u. Wandkalender.) 8. Ebd. — 30

Nachbar-Kalender. Illustr. Familien-Kalender f. d. J. 1911. 23. Jahrg. (96 u. 15 S. m. Abbild., Titelbild u. Wandkalender.) 8. Ebd. — 30

Nachbarländer, Die Türkischen, an der Südostgrenze Österreichs: Serbien, Bosnien, Türkisch-Kroatien, Herzegowina und Montenegro. Ausführliche Darstellung der Lage . . . Wien 1854. V: *Falk, Maximilian.* (EngG)

Nachbarländer, die türkischen —. An der Südostgränze Oesterreichs: Serbien, Bosnien, Türkisch-Kroatien, Herzegowina und Montenegro. Ausführliche Darstellung der Lage, Beschaffenheit des Bodens, der Straßen, Orte, der Bevölkerung und der Geschichte dieser Länder, so wie ihrer Bedeutung für den gegenwärtigen russisch-türkischen Krieg und einer genauen Uebersichtskarte. 8. (64 S.) Pesth, Wien, Leipzig, Hartleben's Verlag. Druck von J. P. Sollinger's Witwe. 1854.

Nachbarn, die, s. Skizzen aus d. Alltagsleben.

Nachbarn, Die, oder die Zudringlichen. Lustspiel in einem Aufz. nach d. Franz. [des Louis Benoit Picard]. Hannover 1805. V: *Lohmann, Chph Wilh.* (GGr)

Nachbarn, die; oder die Zudringlichen. Lustsp. in 1 Aufzug, n. d. Franz. von Lohmann. 8. Goslar, Lohmann. 808.

Nachbarn, Die beiden. Mitau 1814. V: *Gantzkauw, Ulrich Wilh. Moritz von.* (Ky) (R-N)

Nachbarn, die beiden, (von Ulr. Wlh. Mr. v. Ganzkauw). 8. Mitau 814. (32 S.)

Nachbarschaft, die, Lustspiel in 1 Akt, aus dem Franz. des Picard, von A. W. Iffland. 8. Berlin, Braunes. (Sommerbrodt.)

Nachbarschaft, Die gute, durch die Zunahme von Handlung und Reichthum . . . London 1751. V: *Magens, Nicolaus.* (Schr) (CBH)

Nachbarschaft, die gute, durch die Zunahme von Handlung u. Reichthum in d. Nähe u. Ferne, erwogen v. e. Kaufmanne. 8. Hamb. 752. König. 4 gr.

— die unruhige,. Oper in 2 Aufz. von Hensler. 8. Wien, Wallishäußer. 803.

Nachbarskinder, s.: Goldkörner 28. Heft.

Nachbarstöchter, die. Ohn all Verdienst und Würdigkeit. Eine Erzählung von der Verf. der „Margarethe, ein christlicher Roman von Frauenhand." Halle 864. Fricke. 8. (349 S.) 24 ngr.

[Nachbauer, August:] Eine wahre und traurige Begebenheit welche sich kürzlich in Avricourt zugetragen hat.
Kol.: Druck von J. F. Rietsch in Landshut. o. J. 1 Bl.
LBO Bänkelsängerlit. III, 91.

Nachbauer, Joh., Fundgrube f. d. Rechtschreibunterricht. Sammlg. gleich- u. ähnlichlaut. Wörter in Mustersätzen. Dargest. f. d. Schulgebrauch u. zum Selbstunterr. 12. (V, 93 S.) Altzedlisch 898. (Wien, Sallmayer'sche Buchh.) n.n. 1. —

Nachbauer, Paul, der fromme Sodale. Ein Gebet- u. Gesangbüchlein f. Mitglieder Marianischer Sodalitäten. 16. (XII, 436 S.) Regensburg 883. Verlags-Anstalt. n. — 80

Nachbaur, J., die „Lection" über Reichthum und Glück. kl. 8. (40 S.) Tachau (885), Holub. * 1 —

Nachbaur, Karl

Nachbaur, C., über das sogenannte Cyanoform. Lex.-8 (9 S.) Wien 859, (Gerold's Sohn.) *
Aus: Sitzungsberichte der k. Akademie der Wissenschaften, Jahrg. 1859 besonders abgedruckt.

Nachbaur Karl über einige Derivate der Gallussäure S 24 270 . — 20
Separatabdruck

Nachbaur, K. Von d. Nahrungsstoffen d Pflanzen. 13 S.8° – Feldkirch R , Progr 1863

— Über Sulphophloretinsäure S 30. 150 vgr.
Separatabdruck

— Untersuchung der Embryonen von ungekeimtem Roggen, speziell auf ihren Gehalt an Diastase S 86. II 26 vgr.
Separatabdruck

Nachbericht der 1. Deputation der 1. Kammer über die Angelegenheiten der Presse. Dresden 1850. V: *Biedermann, Freih. von.* (cb)

Nachbildung, getreue, der eigenhändigen Unterschriften Schillers, dessen Frau u. Kinder. Hrsg. v. Thr. Dl.-Dresden. Lex.-8. (1 Lichtdr.) Dresden 894. (A Müller, Fröbelhaus.) n. —50

Nachbildung Dänischer Poesien. Copenh. 1848. V: *Dirckinck Holmfeld, Constant Pet. Hnr. Maria Walpurgis Baron.* (Collin, Anonymer. Kiobenh. 1869.)

Nachbildungen schöner Gegenden in d. Nähe v. Heilbronn. Fol. Heilbr. Ind. C. (Guilhaumann, Frankf.) 795.

Nachbildungen von im k. k. Oesterr. Museum für Kunst und Industrie befindl. Gegenständen. Photograph. aufgenommen von Ludwig Angerer. II. Folge Nr. 138—200 (Nr. 137—176 in Abthlg. IX.) Wien. Selbstverlag des k. k. Museums; in Debit in Wien bei Artaria & Comp., Miethe & Wawra. Ferdinand Fabel und G. A. Lenoir; in Prag bei Friedrich Ehrlich. Preis für unaufgezogene Blätter.
1865 à 50 kr, aufgezogene 1 fl.

Als Ms. gedr **Nachbildungen** Russischer Originale. (W V.) 1905. Berlin 1905 G. Bernstein. (107 S.) 4°(8°) [46. 335]

Nachbildungen russischer Originale. (Von W. V.) (Gedichte.) (IV, 107 S.) Lex.-8. Berlin 906. (Stuhr). n. 4. —

Nachbildungen, photographische, aus der historischen Ausstellung kunstgewerblicher Erzeugnisse zu Frankfurt a/M. 1875. Nach Auswahl d Comité photogr. v. Alex. Liebner, Schnellpressen-Lichtdr v Brauneck & Maier 20 Lfgn. gr. Fol. (à 5 Photogr.) Frankfurt a/M. 876. Keller. à n. 5. —

Nachbildungen im Steindruck aus Berliner Privat Museen. 1e u. 2e Liefrg. gr. Roy.-Fol. Berl. 824. Lüderitz. 6 gr.

NACHBLICK in das Leben des verewigten Fünfkirchner Bischofs Sr Excellenz Ignatz Freiherrn Szepesy von Négyes. Fünfkirchen 1838 Kön priv bischöfl Lyceum-Buchdruckerei (7 S) 180 mm

Nachdem das grosse Werck die Neue Dokke glücklich vollbracht . . . wurden. Copenh. [1739]. V: *Winneke, Chn.* (Bruun, Bibl. Danica III, 356.)

NACHDEM hier in Ofen in der Christinavorstadt der Bau des neuen Gotteshauses bereits dahin befördert worden ist, daß das Gnadenbild zu Maria Blut genannt darein übersetzt werden kann zu welcher Feierlichkeit alle eingeladen sind. Ofen 1797 o Dr (1 f.)

Nachdenken, Christliches, zu vernünftigem Gebrauch des heiligen Abendmahls gerichtet. Zürich 1762. V: *Tobler, Johs.* (Cat. d. Stadtbibl. Zürich. Zürich 1864—97.)

Nachdenken, Das ernsthafte, über die Lage, worin wir durch die Zeitumstände des verflossenen Jahres versetzt waren . . . O. O. 1815. V: *Knickbein, Johann Heinrich.* (LS)

Nachdenken, Mein liebstes, über das oberste Moralgesetz. Straubing 1802. V: *Müller, Franz Xav.* (Ky)

Nachdenken, mein liebstes, über d. oberste Moralgesetz, (v. F. X. Müller). 8. Straubing. 802. (Leipz., Wienbrack). 4 gr.

Nachdenken über mich selbst. Zürich 1770. 2. Aufl. 1771. V: *Lavater, Joh. Casp.* (Cat. d. Stadtbibl. Zürich. Zürich 1864—97.)

Nachdenken über mich selbst. Riga 860. (Eisleben, Kuhnt.) 8. (26 S.) n. 2 ngr.

Nachdruck in den Niederlanden. A. d. Holländ. übersetzt. Amsterdam 1875. V: *Brinkman, C. L.* (cb)

Nachdruck, Den, von Theodor Körners Werken betreffend . . . Berlin 1852. V: *Parthey, Gust. Frdr. Constantin.* (cb)

Nachdrucker, die; Lstspl. in 1 A. 8. Leipz. 804. Baumgärtner. 12 gr.

Nachdrucker, Der gerechtfertigte, oder: J. Th. v. Trattners . . . erwiesene Rechtmässigkeit seiner veranstalteten Nachdrucke . . . Wien u. Leipz. 1774. V: *Wilcke, Chn Heinr.* (cb)

Nachdrucker-Speculation, Eine, von der neuesten Art . . . O. O. 1815. V: *Cotta, Joh. Gg & Carl Bertuch.* (cb)

Nachdrucks-Prozess d. Frankfurter Adressbuches. gr. 8. (112 S.) Frankfurt a/M. 888. Mahlau & Waldschmidt. n.n. 10. —

Nacheiferungen in den zierlichen Wissenschaften, eine Monatsschrift . . . Jena 1750. H.: *Naumann, Chn Aug.* (ML)

Nacheiferungen in den zierl. Wissenschaften. 8. Jena 750. Güth. 9 gr.

NACHÉR, Ed. Das Buch des jüdischen Jargons nebst Anhang über die Gauner oder die Kochemersprache mit Quellennachweis und Erklärungen. Wien (1910). Kl. 8°. 164 S.

Nachersberg, (Joh. Heinrich) Ernst

Nachersberg, Jh. Hnr. Er., vollständ. Anleit., d. deutschen Präpositionen auf Französ. auszudrücken rc. 8. Bresl., Gehr. 16 gr.

DU sprachst wahr, Graukopf!!! Tragisches Gemälde, von *E. N. ch. rsb. rg.* (d. i. *Nachersberg*). Glogau 1794. 8° Rar!

Bibl. Bülov II 2 p. 119.

— engl. Formularbuch, od. Anleit., engl. sprechen u. schreiben zu lernen. 8. Bresl. 800. J. F. Korn. 14 gr.

— die Lehre von dem Gebrauch d. französ. Artikel rc. 8. Bresl. 804. Gehr. 8 gr.

NACHERSBERG (Joh. Heinr.) Ernst, geb 19. Jan. 1775 in Großglogau, † als pens. Gymnas.-Oberlehrer (Schweidnitz) zu Breslau 20. Aug 1841). Mode-Romane, oder komische und abentheuerliche Erzählungen. Glogau, neue Gunthersche Buchhdlg., 1804. 8° 252 S.

Goedeke VII, 444, 54 (nach Meusel u. Nowack).

Nachersberg, (Jh. Hnr.) Er., außereuropäische Oerterkunde, od. alphabet. Darstell. rc. 8. Bresl. 808. (Kayser in Lpz.)

— Europäische Oerterkunde, od. alphabet. Darstell. aller wichtigen Städte, Flecken, Dörfer u. Schlösser in Europa rc. 8. Bresl. 808. Gehr. (Kayser in Leipz.) 12 gr.

RENDEZVOUS, Ebenteuerliches. (Miscellen.) Erstes (einz. Bändchen. (Vignette.) Von *E. N. ch. rsb. rg. (Nachersberg).* Breslau, Hirschberg und Lissa, bei Joh. Friedr. Korn, dem Aeltern. 1794. 8° (1/2 Rthl. H W Schmidt, Halle, vor 1870.)

Titelkpf. VIII u. 416 S. — Inhalt S 1—30 Gedichte (darunter ein frivoler Schwank, S. 14—30). — S. 31-56 Der Wiesbegierige. (sic!) Eine Robinsonade. — S. 57—184: „Ein künstlicher Ziegenbart vollendet die Posse!" — sprach Karnulf, der Harfner. Ein Ritterroman. — S. 185-306 Albukassem und Aurora die Silfide. Ein Mährchen. — S. 307—401 Schuldloser noch als die Unschuld sank er dem Mordstal. Dramatisirte Geschichte. — S. 402—406: Kritik eines Beweises für das Nichtdasein Gottes. — S. 407—416: Mentor an Sidonius.

Das Opus ist merkwürdig durch seine unsinnige Orthographie.

— allgem. Sternkalender f. jede Stunde im Jahr, oder kurze u. lichtvolle Aufzählung aller Sternbilder, welche dann über unserm Horizonte stehen, nach Himmelsgegend u. Höhe. Mit 1 Sternkarte. 8. Bresl. 816. Holäufer. 18 gr.

— u. Jos. Büttner, Stimmbuch; od. Anweis., wie jeder Liebhaber sein Klavierinstrument rc. selbst repariren u. stimmen kann. Mit Figuren. 8. Bresl. 801. Gehr.

— Stoffkunde od. Grundlinien der chem. Physik, nach d. neuesten Entdeck. u. Ansichten. 8. Bresl. 818. (J. F. Korn). 4 gr

Nachersberg, (J. H.) E. Ueber das Verhältniß der Mathematik zur Logik. 3 S.
Schweidnitz, Progr. 1829

Nachfeier, eine sonderbare, des Protestantenfestes in Worms. Ein Wort für Abs. Mitzenius an alle rechtschaffene Protestanten Hessens. [Aus d. „hess. Landeszeitung."] Darmstadt 868. (Wiesbaden, Limbarth.) 8. (26 S.) n. 2 ngr.

Nachfolge. Von E. *Striegau: R. Urban [1902].* (15 S.) 8° [F.]

Nachfolge. Von E. 2. Aufl. (12 S.) 8. Striegau 904. Th. Urban. — 15

Nachfolge, die — des heil. Aloisius. Ein Andachtsbuch für studirende Jünglinge. *Iglau* 1858. Druck und Verlag des *Johann Rippl.* 188 S., 1. Bl. 8°. 1 fl.

Nachfolge **des hl. Aloisius . . .** Salzburg [1885]. V: *Laireiter, Alois.* **(Hr)**

Nachfolge d. heil. Aloisius. Vollständiges Gebet- u. Erbauungsbuch f. die heranwachs. Jugend v. A. L. 16. (480 S. m. 1 Chromolith.) Salzburg 885. Pustet. — 90

Nachfolge, die, des heiligen Aloysius v. Gonzaga, des Vorbildes u. Schutzpatrones der christlichen Jugend. Mit einer neuntäg. Andacht und verschied. andern Gebeten. Aus dem Französ. von Mich. Sintzel. Mit 1 Stahlst. 18. Regensburg 841, Manz. 1/3 rß

Nachfolge, die, des heil. Augustin. Von dem Verf. der Reise nach Hippo. Aus dem Französ. von Mich. Sintzel. Nebst Gebeten. 18. (Mit 1 Lith.) Landshut 844, Thomann'sche Buchh. n. 8 1/4 ngl

— e. Christen a. d. Creuzwege Jesu. 8. Breslau, Korn d. j. 777.

Nachfolge, die, Christi. Ein Erbauungsbuch f. gebildete evang. Christen. Mit Anwendungen u. Betrachtungen aus den Werken anerkannter evangel. Kanzelredner u. geistlicher Liederdichter. 3. verm. u. verb. Aufl. gr. 8. (XVI u. 373 S. m. 2 Taf. in lith. Farbendr.) Leipzig 847, Lorck. 2 2/3 rß — 3. verm. u. verb. Aufl. 2. Abdr. gr. 8. (XIV u. 373 S. m. 1 Lithochrom. u. lithochrom. Titel.) Leipzig 850, Teubner. 2 2/3 rß

Nachfolge, die, Christi. Tagebuchblätter e. Christen, hrsg. v. Heinr. Pudor. 8. (23 S.) Dresden (891). Leipzig, Heinr. Pudor. n. — 50

Nachfolge Christi, in Betracht. s. heils. Lehr., d. Sinnbild. erkl. 8. Frankf. 726.

— die, der Heiligen od. der wahre Weg zur Gottseligkeit. (Abdr. aus der „wohlf. kathol. Bibliothek.") 18. (IV u. 291 S. m. 1 Lith.) Aachen 847, Cremer. 1/3 rß

Nachfolge der Heiligen. In's Deutsche übers. von einem Priester der Diöcese Rottenburg. 16. (XX und 452 S.) Schaffhausen 859, Hurter'sche Buchh.

Nachfolge des heiligen Herzens Mariä in vier Büchern. Von Abbé N. N. Aus dem Französ. übersetzt und mit Beispielen, Gebeten, Tugendübungen und allgemeinen Andachten vermehrt, auch für die Mai-Andacht geeignet von einem Ordensmitgliede des heil. Franziskus. 8. (VI, 484 S.) Innsbruck 873, F. Rauch.

Nachfolge Jesu Christi, s. Thomas v. Kempen.

Nachfolge d. göttlichen Kindes Jesus. E. Gebetbüchlein f. Kinder d. oberen Schuljahre. V. e. Priester des Bist. Rottenburg. 5. Aufl. 16. (164 S. m. 1 Farbendr.) Stuttgart 895. Süddeutsche Verlagsbuchh. Kart. n. — 35; geb. in Halbleinw. n. — 40; in Leinw. n.n. — 45; m. Goldschn. n. — 75

— des heil. Joseph. Nebst Morgen-, Meß-, Beicht- u. Kommuniongebeten. Herausg. von Jos. Erckens. .. Aachen 839. Cremersche Buchh. (Cazin.) 1/4 rß

Nachfolge, die, des heil. Joseph. Nebst Morgen-, Abend-, Meß-, Beicht- u. Communion-Gebeten. Hrsg. v. Jos. Erckens. 3. Aufl. 12. (9 B. u. 1 Stahlst.) Aachen 843, Cremersche Buchh. Thlr.

Nachfolge, die, des heiligen Nährvaters Joseph. Ein Seitenstück zur Nachfolge Mariä. Neu bearb. nach dem Französ. Mit Morgen-, Abend-, Meß-, Beicht-, Communion- u. a. Gebeten. Mit 1 Titelbilde (Holzschn.). Regensburg 855. Manz. 24. (320 S.) 6 ngr.

—— des heil. Joseph als Seitenstück zu d. Nachfolge Mariä. Aus d. Franz. v. C. Schmidt. Nebst Gebeten. 2. u. 3. Aufl. (à 4 B. u. 1 Titkpfr.) 845, 46. u. 4. Aufl. 12. (5 B. u. 1 Stahlst.) Sitten 847. (Augsburg, Schlosser's Buchh.) à

— des heiligen Joseph als Seitenstück zu der Nachfolge Maria. Nach dem Französ. von einem Geistlichen der Diözese Augsburg. Nebst Morgen-, Abend-, Meß- rc. Gebeten. 5. Aufl. Mit 1 Stahlst. Augsburg 862. Schlosser 12. (V, 144 S.) 4 ngr.

Nachfolge, Die, der allerseligsten Jungfrau . . . Paderborn 1871. V: *Arias, Francisco.* Ü: *Diel, Johann Bapt.* (Jes)

Nachfolge, Die, der allerseligsten Jungfrau in vier Büchern; a. d. Franz. Neue Übersetzung. Wien 1833. V: *Héronville, Alexandre Joseph d'.* Ü: *Silbert, Johann Peter.* (Th)

— die, der Allerseligsten Jungfrau, in vier Büchern. Aus d. Franz. Neue Uebersetzung. 8. Wien 833. Mechitaristen-Congregat.-Buchh. 2/3 rß

— die, d. Allerseligsten Jungfrau, in 4 Büchern. Aus d. Franz. Neue Uebersetzung. 3. Aufl. 32. (VIII u. 392 S.) Wien 852, Mechitharisten-Congregations-Buchhandlung. 8 ngl

Die Nachfolge Mariä. In einem Buche, ursprunglich lateinisch [**Libellus** unicus de imitatione Mariae virginis et Dei genitricis.] Verf. (vor d. J. 1764) von e. Prämonstratenser der Abtei Ober-Marchtal a. D. Ins Deutsche übertr. durch P. Leo Schlegel, Cistercienser. Mit e. Anh. von Gebeten. Paderborn **Bonifacius**-Dr 1907. 159 S. 8°

Nachfolge der Gottesmutter Maria. Katholisches Erbauungsbuch m. Betrachtgn. üb. die Tugenden der göttl Mutter, nebst e. Auswahl der allgemeinen kathol. Andachtsübgn. gr. 16. (480 S. m. 3 Steintaf.) Einsiedeln 875. Eberle, Kälin & Co. — 96

— die, der allerseligsten Jungfrau Maria. Nach dem Vorbild der Nachfolge Jesu Christi in vier Büchern. Neu übers. aus dem Französ. Mit 1 Titelbilde (Holzschn.). Regensburg 854. Manz. 24. (503 S.) 8¾ ngr

— dass. Als Gegenstück zu der Nachfolge Christi. Nebst Morgen-, Abend-, Meß-, Beicht- u. Communion-Gebeten. Aus d. Franz. übers. von Jos. Erckens. Mit 1 Stahlstich. 12. Aachen 838. Cremersche Buchh. ½ ₰ — 2e Aufl. 12. Ebd. 840. ½ ₰

—— die, der allersel. Jungfrau Maria in 4 Büchern. Als Seitenstück zu der Nachfolge Christi. Hrsg. v. Jos. Erckens. 3. Original-Ausg. 12. (15 B. u. 1 Stahlst.) Aachen 844, Cremersche Buchh. —

— die, allerseligste Jungfrau Maria in vier Büchern. Als Seitenstück zu der Nachfolge Christi. Nebst Morgen-, Abend-, Meß-, Beicht- u. Communion-Gebeten. Aus d. Franz. übers. von Jos. Erckens. 4. Orig.-Ausg. Mit 1 Stahlst. (u. lith. Titel.) 24. (342 S.) Aachen 851, Cremer 5/12 ₰

— die, der allerseligsten Jungfrau Maria in 4 Büchern. Als Seitenstück zu der Nachfolge Christi. Nebst Morgen-, Abend-, Meß-, Beicht- u. Communion-Gebeten. Herausg. von Jos. Erckens. 5. Orig.-Ausg. Aachen 856. Cremer. 24. (339 S., 1 Stahlst. u. lith. Titel.) 12½ ngr

— die, der allerseligsten Jungfrau Maria u. des heiligen Joseph. Als Seitenstück zu der Nachfolge Christi. Nach dem Französ. bearb. v. Jos. Erckens. — Prachtausg. m. Stahlst. 6 Liefg. gr. 8. (Mit Stahlst.) Aachen 841, Cremer'sche Buchh. (F. Cazin.) 2 ₰ — 3. Orig.-Ausg. Mit 1 Stahlst. 12. Ebend. 844. 5/12 ₰

— die, Mariä, der allerseligsten Jungfrau u. Mutter Gottes; meist aus d. heil. Schrift u. d. Kirchenvätern gezogen. Nebst kräftigen Morgen-, Abend-, Meß-, Beicht-, Kommunion- u. a. Gebeten. Von e. Priester des Barfüßer-Karmeliterordens. Mit Titelkpf. 8. Straßb. 830. (Landsh., Krüll).

—— die, Mariä, d. allersel. Jungfrau u. Mutter Gottes; meist aus d. heil. Schrift u. d. Kirchenvätern gezogen. Nebst kräft. Morgen-, Abend-, Meß-, Beicht-, Kommunion- u. and. Gebeten. Von e. Priester d. Barfüßer Karmeliterordens. 8. (18½ B. u. Ttlkpfr.) Straßburg 830. (Regensburg, Manz.)

—— die, Maria's, der allerseligsten Jungfrau und Mutter Gottes. Nebst Morgen-, Abend-, Meß- und anderen Gebeten. Aus dem Französ. neu hrsg. von einem Priester der Erzdiöcese Freiburg. 16. (X und 342 S. mit 1 Stahlst.) Villingen 855, Förderer.

Schrbp.

— der allerseligsten Jungfrau Maria als Seitenstück zu der Nachfolge Christi. Aus d. Französ. von C. Schmidt. Nebst Gebeten. 2. Aufl. 12. (Mit 1 Kpfr.) Sitten 845. Augsburg. (Schlosser.) ⅛ ₰ — 3. Aufl. 12. Ebend. 846. ⅛ ₰

—— d. allerseligsten Jungfrau Maria als Seitenstück z. d. Nachfolge Christi. A. d. Franz. v. C. Schmidt. Nebst Morgen-, Abend- u. Meß-Gebeten. 2. Aufl. (6½ B. u. 1 Kpfr.) 845. u. 3. Aufl. 12. (5 B.) Sitten 846. (Augsburg, Schlosser's Bh.) à -

—— der allerseligsten Jungfrau Maria als Seitenstück zu der Nachfolge Christi. Aus dem Französ. von C. Schmidt. Nebst Morgen-, Abend-, Meß- rc. Gebeten. 6. Aufl. 12. (118 S. mit 1 Stahlst.) Augsburg 860, Schlosser's Buchh.

Nachfolge, Die, der seeligen Jungfrau Maria. A. d. Franz. 2. Aufl. Bamberg 1798. V: *Richter, Ferdinand* [?]. (so)
Vgl. Nachfolgung, Die,...

—die, der Jungfrau Maria, in 4 Büchern; aus d. Französ. übers. v. B. Pfeuffer, gr. 8. Bamb. 787. 2e A. 798. Dederich; (a. Wesché in Frankf. a. M.) 12 ℊ

— d., d. Jungfr. Maria, in 4 Büch. gr. 8. Bamb. Dederich, (a. Gobhard.) 798.

— der seligsten Jungfrau Maria, nach dem Muster der Nachfolge Christi. Nebst einem vollständigen Gebetbuche. Aus dem Französ. von H. Lenarz. Saarlouis (854.) Stein. 32. (400 S. u. 1 Stahlst.) 5 ngr; Velinp. mit 2 Stahlst. u. lith. Titel in Farbendr. 9 ngr

— die, Mariä der Jungfrau u. Mutter Gottes, meist aus d. heil. Schriften u. d. Kirchenvätern gezogen. 8. Augsb. 801. Rieger. 12 ℊ Neu bearb. u. verm. v. S. Buchfelner. Mit 1 Titelkpf. 8. Ebd. 833. (832.) M. Rieger. 12 ℊ

— die, Mariä, nach d. Lehre d. heiligen Schrift u. der heil. Väter, oder vollständ. Gebet- u. Erbauungsbuch rc., mit Morgen-, Abend-, Meß-, Beicht-, Kommunion- u. and. Gebeten. Neu bearbeitet u. verm. v. S. Buchfelner. 8. Augsburg 833. M. Riegers Buchh. (Himmer.) ½ ₰

—— die, Mariä, nach d. Lehre d. heil. Schrift u. d. heil. Väter, od.: Vollständ. Gebet- u. Erbauungsbuch f. Verehrer d. reinst. Jungfrau u. Gottes-Mutter. Mit Morgen-, Abend- u. and. Gebetern. Verfaßt v. e. Karmeliter-Priester; neubearb. u. verm. v. S. Buchfelner. 8. (15 B. u. Titkpfr.) Augsburg 833, M. Riegers sel. Wtw.-Buchh.

Nachfolge der heil. Monika oder Rathschläge für die christlichen Frauen u. Mütter. Autoris. Uebersetzung. 16. (272 S.) Dülmen 882. Laumann. n. — 50; geb. von n. — 75 bis n. 1. 50

Nachfolger, Casanovas, oder Abenteuer, Liebschaften und Erlebnisse eines galanten Offiziers. Paris [Tübingen] 1848 bis 1853. V: *Friederich, Johann Conrad.* (Ebrard, Friedr. Clemens & Louis Liebmann: Joh. Konrad Friederich. Frankfurt a. M. 1918. S. 295/6) (BGE II², 365)

Casanovas Nachfolger oder Abenteuer, Liebschaften und Erlebnisse eines galanten Offiziers. 4 Bde. Paris, Verlag von Heideloff & Campe. o. J. (1858).

Nachfolger, Casanovas, oder Abenteuer, Liebschaften und Erlebnisse eines galanten Officiers. Paris [ca. 1868]. V: *Friedrich, C.* (BGE) (Ottmann, Casanova. Stuttg. 1900.)

Nachfolger. Der fromme und getreue N' des... Welt-Heylands in einer feyrlichen Proceßion Vorgestellet das ist Uebersezung des... Leibs des heiligen Martyrer Pius, von Rom... in die Kirche des heiligen Kreuzes auf dem Calvari-Berg... nächst St. Gallen: Abzuhalten in diesem Jahr 1777 4. St. Gallen

Nachfolger, Ein kleiner,... des Appendicis. Copenh. 1735. V: *Berg, Magnus.* (Collin, Anonymer. Kiobenh. 1869.)

(Nachfolger Hans Georg Nägeli's bedeutendste N'.) Njbl. Zürich s. [Weber, Heinrich I].

Nachfolgung Christi ... Strassburg 1729. V: *Thomas a Kempis, S.* Ü: *Weimer, Georg Jacob.* (Jes)

Nachfolgung Christi. Vorbereitung zur heil. Communion. gr. 16. (78 S. mit 1 Holzschntaf.) Freiburg i/Br. 879. Herder. — 50

Nachfolgung, Die, des armen Lebens Christi nach J. Tauler neu herausg. Frankf. 1833. H: *Schlosser, Joh. Friedr. Heinr.* (Kn)

Nachfolgung, liebevolle, unsers Erlösers Jesu Christi, auf d. schmerzhaften Kreuzweg d. 14 Stationen in Kürze zu üben. 8. Münch., Jaquet.

Nachfolgung der heiligsten Jungfrau Maria. Von Herrn M. Abt ***. Aus dem Französischen übersetzt. 3. Aufl. Klgft., Kleinmayr, 1783. 421 S.

Nachfolgung, die, der heil. Jungfrau Maria, nach dem Muster d. Nachfolgung Jesu Christi Thom. a Kempis. 12. Grätz 833. Kienreich. 5/12 Rthlr.

Nachfolgung, die, d. heiligst. Jungfrau Maria, nach d. Muster d. Nachfolgung Jesu Christi Thomae a Kempis. 12. (17 B.) Grätz 833. (Wien, Mayer u. Comp.) Thlr.

Nachfolgung, Die, der seeligsten Jungfrau Maria ... a. d. Franz. Bamb. 1787. Ü: *Pfeuffer. Conrad.* (ML) (MGT) (Ky)
Vgl. Nachfolge, Die, ...

Nachforschungen, Meine, über den Gang der Natur in der Entwickelung des Menschengeschlechts ... Zürich 1797. V: *Pestalozzi, Joh. Heinrich*

Nachforschungen, meine, üb. d. Gang d. Natur, und die Entwick. des Menschengeschl., v. H. Pestalozzi. 8. Zürich, H. Geßner. 797.

Nachhall auf das Kölner Dombaulied von C. Prutz. Lex.-8. Stettin 842, Müller u. Comp. 1/12 Rthlr.

Nachhall dem verewigten Hrn. Jh. Jak. Heß, D. d. Theologie u. Antistes der Zürcher Kirche. Ein Lied v. e. Landmann, d. das Glück genossen, mit d. Seligen in Freundschaft gestanden zu haben. 8. Zürich 828. Schultheß, 1 fl.

— vom Nordgestade des Pontus. Ein Schreiben an den Hrn. Staatsrath u. Ritter v. Köhler, zur Würdigung sr. Beurtheilung d. im J. 1822 im 20n Bde der Wiener Jahrbücher der Litt. abgedruckt. Schrift: „Alterthümer am Nordgestade des Pontus." Von d. Verf. derselben, (v. Pet. v. Köppen). 8. Wien 823.

Nachjauchzer
v Der Morgenstern (Gr).

Nachklang, ein, der Epistolae obscurorum virorum: Determinatio secunda almae facultatis theologiae Parisiensis super Apologiam Philippi Melanchthonis pro Luthero scriptam. Liber primus. Annexa est ratio determinationis primae. Liber secundus. Tertius liber habet quasdam regulas intelligendi scripturas. Ein Abdruck des im J. 1521 erschienenen Orig.-Druckes, besorgt von Geo. Buchwald. gr. 8. (V, 24 S.) Dresden 882, H. J. Naumann. *
Ausg. auf Büttenpap. *

Nachklang, nothdürftiger, auf J. Fresenii vorläuf. Antwort. 8. Görlitz. 748.

— d. ungestimmte, oder Anmerk. über d. sogen. nothdürft. Nachklang e. Herrnhuters wid. Fresenius. 8. 748.

Nachklänge. Lieder von F. Brunold, E. Ferrand, W. Jäger, L. Koßarsky, A. Rebenstein. 12. Berlin 834. Stuhr. 1/2 Rthlr.

Nachklänge aus den Erzählungen des Verf. der Ostereier, Chr. v. Schmid Eine Festgabe zu dessen 80. Geburtstage den 15. Aug. 1847. Dargebracht v. J. W. 8. (VIII u. 72 S.) Augsburg 847, Wolff. (München, Finsterlin.) 9 ngr.

Nachklänge aus den Erzählungen des Verf. der Ostereier Chrph. v. Schmid. Zur Erinnerung an die feierliche Enthüllung des Chrph. v. Schmid'schen Monumentes zu Dinkelsbühl den 12. Oktbr. 1859. Augsburg 860. (München, Finsterlin.) 8. (VIII, 72 S. u. 1 Stahlst.) 6 ngr.

— aus dem Gotteshause. In zumeist noch ungedruckten Predigten für alle Sonn- u. Festtage des Kirchenjahres von den gefeiertsten Kanzelrednern der evangelisch-lutherischen Kirche zur Beförderung christlicher Hausandacht herausg. 1—12. Heft. Leipzig 863, 64. Matthes. gr. 4. (S. 1—480.) Jedes Heft 7½ ngr.

Nachklänge aus dem Gotteshause. In zumeist noch ungedruckten Predigten für alle Sonn- u. Festtage des Kirchenjahres von den gefeiertsten Kanzelrednern der evangel.-luther. Kirche zur Beförderung christl. Hausandacht herg. 13—16. Heft. Leipzig 865. Matthes. gr. 4. (S. 481—638.) Jedes Heft 7½ ngr.

Nachklänge zum Gotthard-Triumph vom 22./23. Mai 1882. O. O. 1882. V: *La Nicca, Rich.* (Cat. d. Stadtbibl. Zürich. Zürich 1864—97.)

Nachklänge, Hesperische, in deutschen Weisen. Aus gedruckten und ungedruckten Quellen hsg. v. R. Köln 1824. H. *Rassmann, Christian Friedrich.* (Franz Seeliger vorm. Lederer, Berlin. Für Bücherliebhaber Nr. 7.)

Nachklänge, Hesperische, in deutschen Weisen. Eine Samml. deutscher Glossen, Sestinen, Canzonen ꝛc. Aus gedruckten u. ungedruckten Quellen, herausgeg. v. Fr. Raßmann. gr. 12. Köln 824, Schmidt.

—— illustrirte, aus der deutschen Revolution. 1. Heft: Berliner Volksredner. 16. (6 lithogr. Bl.) Berlin 849, A. Sala.

Nachklänge von der Neunten lutherischen Schulkonferenz u. dem 50jähr. Schuljubiläum in Luzine. *Elberfeld Luther Bücherverein 1899.* (23 S.) 8° [F.] [ww. 1311 5

— v. der 9. lutherischen Schulkonferenz u. dem 50jähr. Schuljubiläum in Luzine. gr. 8. (23 S.) Elberfeld 899. (Baedeker.) n. — 20

Nachklänge zum Buchholzer Stadt-Jubiläum. Geschichtliche Plauderei v. e. Buchholzer. 8. (38 S. m. 1 Taf.) Buchholz (901). A. Handreka. n. — 40

— aus Weihestunden. Ein Erbauungsbuch, zunächst für Christkatholiken u. Geistesverwandte, hrsg. v. Eug. Vogtherr. 8. (XII u. 152 S.) Breslau 848, Scholz. n. 1/3 ℛ

— aus Weihestunden. Ein Erbauungsbuch, zunächst für Christkatholiken und Geistesverwandte, hrsg. von Eug. Vogtherr. 8. (XI und 182 S.) Breslau 848, Scholz.

Nachkommen, Die, des Freiherrn Georg v. Eckardstein auf Leuenburg und der Freifrau Charlotte v. Eckardstein geb. Freiin von Loen. Aufgestellt durch O. v. S. Görlitz 1908. V: *Saldern* (*Saldern*), *Otto von.* (Berlzu 1922, II, 2005)

Nachkommen des Aug. Reuss, Amtmanns zu Horrheim. Stuttgart 1831. — Stuttgart 1842.

Nachkommen des Aug. Reuss, Geistlichen Verwalters zu Marbach. Schwäb.-Hall 1862.

Nachkommenschaft, die, d. Kaiserinn, Königinn Maria Theresia, Grossmutter Sr. Maj. d. Kaisers, u. d. Haus Oestreich im J. 1829. gr. Fol. (1 B.) Wien, Wimmer.

Nachlass, Fannys, Novelle von Josef Kármán. A. d. Ungarischen. [Pest 1794.] V: *Rózsa, Maurus.* (GGr)

Aus fürstlichem Nachlass. Gr. in-8°. 32 S. Zürich, Verlagsmagazin (J. Schabelitz). 1896 — 60

Nachlass meiner Mutter Gans und meiner Amme Goldmund. Riga 1795-98. V: *Pöschmann, Gg Frdr. von.* (Ky) (R-N)

Nachlaß meiner Mutter Gans und meiner Amme Goldmund, 3 Theile, mit 1 Kupf. 8. Riga, 795-97. Müller. 3 Rthl. 8 sgl. Der 2te Theil auch unter dem Titel: Mährchen, neue, und Erzählungen.

Nachlaß meiner Mutter Gans u. meiner Amme Goldmund. 4 Thle. 8. Riga, Müller. (Meinshausen.) 795—98. (I. 1 Thlr. 8 gr. II. hat a. d. Titel: neue Mährchen. 1 Thlr. 8 gr. III. hat a. d. Titel: der Wilde. 14 gr. IV. 18 gr.) Schreibr.

Nachlass eines Geschiedenen. Berlin 1835. V: *Blankensee, Georg Graf von.* (GGr VIII, 281, 9) (Zeitschr. f. Büch. N. F. 15, 1923, S. 117)

Nachlaß eines Geschiedenen. 1e Lfrg. 3 Bdchen. Inhalt: 1r Bd. Lieblos mit Liebe. Liebevoll ohne Liebe. (2 Novellen.) — 2r Bd. Die Künstler. Drama in 4 Akten. — 3r Bd. Karlo. Trauerspiel in 5 Akten mit Einleitung und Prolog. 8. Berlin 835, Enslin'sche Buchh. (Müller.) n. 2 ℛ

Nachlass, Handschriftlicher und anderer, von Sebastian Gäuggeli. Harmlose Betrachtungen eines alten Cordonnier . . . 2. Aufl. Zürich 1904. V: *Ritter, Adolph.* (BBullSchw 4, 1904) (Zuwachsverz. d. Bibliotheken in Zürich 1898 ff. 8.)

Nachlaß einer alten erfahrenen Hausmutter od. geheimgehaltene Künste u. Nützlichkeiten f. das Hauswesen. Ein unentbehrl. Hand- u. Hülfsbuch f. Hausmütter, Haushälterinnen u. Köchinnen. Neue Aufl. 8. Leipzig 822, Central-Compt. Rtblr

Nachlaß e. alt. erfahrn. Hausvaters, od. mehr, a. 150 Künste und Nutzlicht. herausg. v. C. F. Marschall. 8. Leipz. Joachim. 802.
Vgl. Elisens Unterricht.

Nachlass, Juliens. Von der Verfasserin von Juliens Briefen. Leipzig 1844. V: *Engelhard, Caroline.* (GGr) (EE)

Nachlaß der Frau Kinderzeitung. Herausgeg. v. Karl Mücke. gr. 8. (Mit 23 lith. Taf.) Berlin 846, Rieß. 1/2 ℛ

Nachlaß des Katers Murr. Eine Fortsetzung der Lebensansichten des Katers Murr v. E. T. A. Hoffmann, nebst einer Vorrede des Herausgebers. 8. Leipz. 825, Lauffer.

Nachlass des Katers Murr. Eine Fortsetzung der Lebensansichten des Katers Murr von E. T. A. Hoffmann nebst einer Vorrede des Herausgebers. Leipzig 1826. V: *Schiff, Hermann David.* (Gr VIII, 496.)

— eines armen Poeten. Herausgeg. von Rud. Alexander. 8. Leipzig 843, Literar. Museum. 1 1/4 ℛ

Nachlass, Rosaliens, nebst einem Anhange . . . Leipzig 1812 V: *Jacobs, Friedrich.* (MGT) (Cat. d. Stadtbibl. Zürich. Zürich 1864—97.)

Nachlass, Schriftlicher, von Karoline Rudolphi. Heidelb. 1835. V: *Voss, Abraham.* (Krusche)

Nachlassenschaft, die, od. Abhandl. üb. Sprichwörter. 8. Parma. 788.

Nachläufer: Der Nachläufer
④ Der Walliser Bote ⑤ 18. 7. 1840—22. 8. 1840 ⑥ 8° ⑦ Wochenblatt ⑧ Sitten: Schmid & Murmann ⑨ Schmid & Murmann ⑪ Alois von Riedmatten ⑫ katholisch-konservativ ⑭ Si C ⑮ Der Nachläufer ist die erste Walliser Zeitung in deutscher Sprache; Beilage zum «Bulletin officiel».

Nachläufer: Regelmäßiger Nachläufer der Bündner Zeitung v. Bündner Zeitung (I).

Nachläufer: Der Nachläufer zum Schweizerboten
v. Der aufrichtige und wohlerfahrene Schweizer-Bote

Nachläufer, der, zum aufrichtigen u. wohlerfahrnen Schweizerboten. Jahrg. 1828. 4. Aarau, Sauerländer.

Nachlese, v. alt. u. n. Abhandlungen rc. w. d. röm. Staatsr. rc. betr. 3 Stck. 4. Stockh. (Andreä, Frankfurt.) 764. 65.

Nachlese zu der Beleuchtung d. unpartheiischen Gedanken üb. die Einführung d. Simultaneums zu Fürstenau, von N. T. G. 8. Bamb., (Esslinger in Frankf. a. M.)

— z. d. Beleuchtung d. unpartheyischen Gedanken üb. d. Einfuhr. d. Simultaneums zu Fürstenau, v. N. T. G. 8. Bamberg, Göbhard.

Nachlese zu der Beleuchtung der unpartheyischen Gedanken . . . Frankf. u. Leipzig 1789. V: *Gönner, Nic. Thadd. v.* [Pütter, Litt. d. Teutsch. Staatsr. Gött. 1773-91. IV, 598.]

Nachlese zu den Devisen für Teutschlands Gelehrte . . . O. O. 1773. V: *Reichard, Hnr. Aug. Ottocar.* (GGr) (ML) (Ky)

— zu d. Devisen f. Deutschlands Gelehrte. 8. Eßling. 773.

Nachlese auf dem Felde der ungarischen u. siebenbürgischen Geschichte . . . Kronstadt 1840. V: *Kurz, Ant.* (Ky)

Nachlese auf dem Felde d. ungarischen u. siebenbürg. Geschichte nach Quellen u. Urkunden bearb. v. A. K(urz.) gr. 8. (Mit 1 lith. Taf.) Kronstadt 840. (Németh.) n. 2/3 rf

Nachlese, Freiwillige, bey den bisherigen gelehrten und erbaulichen Monatsschriften. Frankf. u. Leipz. 1735—38. V: *Marche, Christian Gottfried.* (ML) (OL)

— der Freywilligen, b. den bish. gel. u. erbaul. Monatsschrift. 13 Samml. 8. Frankf. und Leipz. 735—38.

Nachlese zu Günthers Gedichten. Bresl. 1741. V· *Arletius, Joh. Caspar.* (ADB)

Nachlese, gehalten auf guten u. reichen Feldern. Wohlf. Ausg. 8. Elberf. 824, Schönian.

— genealog., von einig. gräfl. und adel. Geschlechtslin. in Schles. Fol. Oels. 766.

Nachlese: Helvetische Nachlese

① Hominem pagina nostra sapit (Motto auf dem Jahresumschlag) ② Die Helvetische Nachlese (Jahresumschlag) ③ Der Helvetische Patriot ⑤ Januar 1759—Oktober 1759 ⑥ 8° ⑦ Monatsblatt ⑧ Basel Johann Rudolf Im Hof ⑩ Emanuel Wolleb ⑫ moralische Zeitschrift ⑬ BGSZ: 99 ⑭ Lu: Z; Bs: U; Be: L ⑮ Die erste Nummer trägt den Titel «Helvetische Nachlese», die folgenden «Der Helvetischen Nachlese Ausgabe». Titelblatt, Vorwort, Nachbericht und Inhaltsverzeichnis.

Nachlese, helvetische. 8. Bas. (Fleischer, Leipz.) 760. Rthlr.

Nachlese zu dem Inbegriff von Wünschen . . . in Beziehung auf den Landtag Würtembergs. Stuttgart 1798. V: *Speidel, Chn Frdr.* (MGT) (Ky)

— zu dem Inbegriff von Wünschen, Winken rc., (von Chr. Fr. Speidel). 8. Stuttg. ... (Metzler.) 1 rf

Nachlese zu denen Bibelerläuternden Kupfern, welche in Danzig 1756-60 herausgegeben sind. Danzig 1767. V: *Dickmann, A. C.* (EB)

Nachlese in und ausser mir. Aus den Papieren des Verfs. der Selbstbekenntnisse oder vierzig Jahre . . . Leipz. 1856—58. V: *Klencke, Hermann.* (Erman & Horn, Bibliogr. d. dtsch. Universitäten. 1. Leipz. u. Berl. 1904.)

Nachlese in und außer mir. Aus den Papieren des Verf. der Selbstbekenntnisse oder vierzig Jahre aus dem Leben eines oftgenannten Arztes. Herausg. u. mit einem Vorworte begleitet vom Verleger. 4 Bde. Leipzig 856. Kollmann. 8. (329; 353; 272; 303 S.) 4 rf. 20 ngr.

Nachlese zu S. P. Wagner's gründliche Nachricht etc., derer in Sachsen, Thüringen und Meissen gemüntzten Groschen. 8 Tafeln in Lichtdruck herausgegeben vom Numismatischen Verein in Leipzig. Leipzig. 1881. 4o.

Nachlese einheimischer und auswärtiger Nachrichten. [Zittau] 1764—73. H: *Kretschmar, Benjamin Glieb.* (MGT) (OL)

— üb. Kantische Philosophie, 8. München, Lindauer. 800.

— noch eine, üb d. Kantische Philosophie, v. T**r. 8. Salzb. 802. Duyle.

Nachlese in den Reichsgeschichten, bestehend in einer neuen Sammlung von ungedruckten Reichstags- und . . . Reichsstädtischen Collegialhandlungen . . . Frankf. u. Leipz. 1759. V: *König von Königsthal, Gustav Georg.* (ML) (will) (Ky)

Nachlese u. politische Umschau 1852. gr. 8. (28 S.) Münster 852, Deiters. 6 ngr

Nachlese zu Gottscheds Vorrath zur Geschichte der Teutschen dramatischen Dichtkunst. Leipzig 1760. H: *Freiesleben, Gottfried Christian.* (ML)

Nachlese zu Schillers Werken, v. Karl Hoffmeister, s. Schiller, Fr. v.

Nachlese zu Schillers Werken.
Wien 1810. H: *Gräffer, Franz.* (WBL)

Nachlese zu Schillers Werken od. Sammlung d. vorzüglichsten prosaischen u. poetischen Arbeiten, welche Schiller's Strenge gegen sich selbst, in seinen Werken nicht aufgenommen hat. gr. 8. Wien. (Leipz. Gräff in Comm.) 811.
Rthlr. -

Nachlese zu Friedr. v. Schiller's sämmtl. Werken. Besorgt v. H. Döring. gr. 8. (23½ B.) Zeis 834, Webel.

—— dass. 8. (39 B.) Ebds. 834.

—— aus Laurence Sterne's Werken in's Deutsche übers. von Jul. Voß. gr. 8. (99 S.) Thorn 854, Lambeck.

— aus Sterne's Werken, s. Sterne.

Nachmanides (Ramban)

Nachmanidis disputatio publica pro fide Judaica [a. 1263] e codd. mss. recognita addita ejusdem expositione in Jesaiam LIII. edid. M. Steinschneider. Berlin 860. Asher & Co gr 8. (28 S.) n. 8 ngr.

Nachmann, Adolf, a. Stirbey ⟨Kreis Jalomitza⟩ in Rumänien: Kondensationen von Phenylphenanthrophenazoniumchlorid ⟨Flavindulin⟩ mit Methylengruppen. (Berlin 1907: G. Schade.) (52 S.) 8°
Berlin, Phil. Fak., Ref. Fischer, Diss. v. 10. Aug. 1907
[Geb. 27 Mai 82 Stirbey, Kr. Jalomitza, Rumänien; Wohnort: Berlin; Staatsangeh.: Rumänien; Vorbildung: Lyzeum Massim Braila Reife M. 01; Studium Berlin T.H. 5, Univ. 3 S.; Rig. 29. Juli 07.]

Nachmann, Albert, Rechtsprakt.: Über persönliche Freiheitsbeschränkungen des Beschuldigten im Strafprozeß unter hauptsächlicher Berücksichtigung der deutschen Strafprozeßordnung und des Entwurfs einer deutschen Strafprozeßordnung vom Jahre 1909 ⟨Entwurf II⟩. Borna-Leipzig 1910: Noske. VIII, 80 S. 8°
Heidelberg, Jur. Diss. v. 14. Febr. 1910, Ref. v. Lilienthal
[Geb. 27 Febr. 84 Hörden; Wohnort: Heidelberg; Staatsangeh.: Baden; Vorbildung: Gymn. Rastatt Reife Juli 02; Studium: Heidelberg 6, München 8 S.; Rig. 10. Dez. 09.] [U 10. 1951

Nachmanson, Ernst, Beiträge zur Kenntnis der altgriechischen Volkssprache. (Skrifter utgifna af k. humanistika vetenskaps-samfundet i Uppsala. XIII. 4) (VI, 87 S.) gr. 8. Uppsala (910). Leipzig, O. Harrassowitz. nn 2. —

Nachmanson, Ernst, Laute u. Formen der magnetischen Inschriften. (XVI, 199 S.) gr. 8. Uppsala 903. Leipzig, O Harrassowitz. n.n. 6. —

Nachmias, R. Jos., Commentar zum Buche Esther, zum ersten Male hrsg. nach e. Handschrift der kgl. Hof- u. Staatsbibliothek München m. Emendationen, Quellennachweisen u. Anmerkgn. von M. L. Bamberger. (Deutsch u. hebräisch.) gr. 8. (23 u. 31 S.) Frankfurt a/M. 891. (J Kauffmann.) n. 2. —
s.: Bamberger, M. L., Josef Nachmias.

Nachmias, Jos., Commentar zu den Pirke Aboth, zum ersten Male hrsg. nach der Parmaer Handschrift De Rossi No. 1402 m. Emendationen, Quellennachweisen u. Anmerkgn. v. M. L. Bamberger. (In hebr. Sprache.) (172 S.) gr. 8. Berlin 907. L. Lamm. 4. —

Nachmittags-Andachten, f. d. Kirchenjahr. Oberhirtl. vorgeschrieben f. d. Leitmeritzer Diözese. Neue Aufl. 12. (245 S.) Leitmeritz 896. (Warnsdorf, A. Opitz.)
Geb. in Leinw. n. 1. —; in Ldr. n. 2. —

Nachmittags-Andachten, kirchliche, wie sie in den katholischen Pfarrkirchen gewöhnlich gehalten werden. Ein Manuale für alle Priester. Zusammengestellt von einem Geistlichen des Bisth. Eichstätt. 8. (XVI, 238 S.) Regensburg 881. Manz. 2. 20

Nachmittags-Andachten, 4, zum kirchlichen Gebrauch f. die Mitglieder d. „Vereins der christl. Familien", zusammengestellt v. e. Pfarrer der Diöcese Münster. 16. (61 S.) Münster 894. Alphonsus-Buchh. — 15

[F.] Vier **Nachmittags-Andachten** z. kirchl. Gebr. f. Mitglieder des 'Ver. d. christl. Familien' zsgest. v. e. Pfarrer d. Diöc. Münster. 2. Aufl. *Münster i. W.: Alphonsus-Buchh. [1896].* (61 S.) 1 Bd 8. [96. 8,11

Nachmittagsstunden am Sonntag. Bilder aus dem Leben für Jung u. Alt von der Verf. vom „Weihnachtsteppich". gr 16. (30 S.) Basel 877. Spittler. n. — 20

Nachmittagsunterhaltung. Gemüthliche N'-U' im politischen Klubb zum klugen Elephanten in Utopia ⟨Nirgendsheim.⟩ 8. *o. O* 1831

Nachod, Hans: Der Rennwagen bei den Italikern und ihren Nachbarn. Leipzig 1909: Radelli & Hille. VIII, 100 S. 8°
Leipzig, Phil. Diss. v. 3. Nov. 1909, Ref. Studniczka, R. Heinze
[Geb. 31. Mai 85 Leipzig, Wohnort: Leipzig; Staatsangeh.: Sachsen; Vorbildung: Thomassch. Leipzig Reife O. 04; Studium Freiburg i. B. 3, Leipzig 5, Berlin 2 S., Rig. 17 Dez. 08.] [U 10. 3199

Nachod, Oskar: Die Beziehungen der Niederländischen Ostindischen Kompagnie zu Japan im siebzehnten Jahrhundert. *Berlin 1897: Paß & Garleb.* (XXXIV, 444, CCX S.) 8°
Rostock, Phil. Diss. v. [24. Juni] 1897

Die Beziehungen der Niederländischen Ostindischen Kompagnie zu Japan im 17. Jh. v. Oskar **Nachod** .. *Leipzig: R. Friese 1897.* (1 Bl., XXXIV, 444, CCX S., 1 Bl.) 1 Bd 8. [97. 5593

Geschichte von Japan von O[skar] **Nachod.** Bd 1. Gotha. F. A. Perthes 1906. 8°
= Geschichte d. auszereuropäischen Staaten. Werk 1, Bd 1.
= **Staatengeschichte,** Allgemeine. Abt. 2, Werk 1, Bd. 1. [06. 294

Nachod, O[sk.], Geschichte von Japan. Bd 1. Gotha 1906. 8°.
Buch 1 D. Urzeit (bis 645 n. Chr.)
(Gesch. d. aussereurop. Staaten, hrsg. von Karl *Lamprecht.* Werk 1, Abt. 2.)

Nachod, Osk., ein unentdecktes Goldland. Ein Beitrag zur Geschichte der Entdeckungen im nördl. Grossen Ocean. gr. 8. (VI u. S. 311—451.) Tokyo 900. (Leipzig, R. Friese, Sep.-Cto.) n. 4. —
Sonderabdruck aus: „Mittheilgn. d. deutschen Gesellschaft f. Natur- u. Völkerkunde Ostasiens".

Nachod, O., Japan, s.: Weltgeschichte.

Nachod, Walter: Treuhänder und Treuhandgesellschaften in Großbritannien, Amerika und Deutschland. Tübingen 1908: Laupp. VIII, 151 S. 8° ¶ (Ersch. auch als: Zeitschr. f. d. gesamte Staatswissensch. Erg.H. 28.)
Leipzig, Phil. Diss. v. 23. Okt. 1908, Ref. Bücher, Eulenburg
[Geb. 7. Dez. 80 Leipzig; Wohnort: Leipzig; Staatsangeh.: Sachsen; Vorbildung: Thomasschule Leipzig Reife O. 00; Studium: Heidelberg 1, Freiburg i. B. 4, Leipzig 7 S.; Rig. 1 Aug. 08.] [U 09. 3031

Treuhänder und Treuhandelsgesellschaften (in Grossbritannien, Amerika und Deutschland) von (Dr.) Walter **Nachod.** Tübingen: H. Laupp 1908. (VIII, 149 S.) 8°
= **Zeitschrift** f. d. gesamte Staatswissenschaft. Erg.H. 28. [08. 15507

Nachprüfung d. v. Neisser u. Sachs angegebenen Verfahrens zur forensischen Unterscheidg. v. Menschen- u. Tierblut. An den Hrn. Minister der geistl., Unterrichts- u. Medizinal-Angelegenheiten erstattete amtl. Berichte v. Löffler u. Uhlenhuth, Gaffky u. Wassermann, Strassmann, A. Schulz u. H. Marx u. Ehrlich, Neisser u. Sachs. (49 S.) gr. 8. Jena 908. G. Fischer.
Sonderabdr. aus: „Klin. Jahrbuch". 1. 50

Nachrede am Grabe des Herrn Joh. Jak. Rambach . . . Hamburg 1818. V: *Breiss, Peter.* (Schr) (GGr)

Nachreiner, Vincenz Abbildung krummer Flächen auf einander mit besonderer Berücksichtigung der konformen Projektion. II, 32 SS 8 Progr. *Speyer* 1879

Nachreiner, Vincenz Beitrag zur Theorie der bestimmten Integrale u. zur Attraktionstheorie IV 36 SS. 8 Progr. *Neustadt a. d. H.* 1883.

Nachreiner, Vinzenz Beziehungen zwischen Determinanten und Kettenbrücken Diss. München 1872 4°

Nachreiner, Vincenz, Prof. Dr.: Mathematisch-physikalische Kleinigkeiten. Neustadt a. d. Hdt. 1907: W. Kranzbühler. (26 S.) 8°
Neustadt a. d. Hdt., k. G P 1907*

Nachreiner, Vincenz Mathematisch-physikalische Kleinigkeiten. 26 S. 8. **Progr.** Kgl Gymn. *Neustadt a. d Hdt.* 1907
I. Die auf den Mittelpunkt bezogene Fußpunktkurve der Ellipse. II. Die Kurve, deren Bogen = vq ist. III Anziehung eines homogenen Rotationsellipsoids auf einen Punkt seiner Oberfläche IV Freie Oberfläche einer homogenen flüßigen Masse, die um eine Gerade rotiert. V Bemerkungen zur Theorie der Planetenbewegung im widerstehenden Mittel VI. Ein vom Quecksilberbarometer unabhängiges Aneroid.

Nachricht, s.a. Nachrichten

Nachricht, s.a. Avertissement

— von Ackergeräthen, od. v. e. zweckmäß. Pflügen u. Eggen, aus Frankreich; mit Anmerkk. von F. G. Leonhardi. gr. 4. Leipz. 802. Baumgärtner. 6 gr

[Wappen F u. K] | Nachricht | Betreffend die Advokaten und Prokuratorn. | . . . Gegeben zu Lutzemburg den 13ten April | 1787 (Am Ende.) Lützemburg, | Bey der Wittib J. B. Kleber, 1787 |
2 S., 4° (330 × 195 mm).

Accurate Nachricht von der Russisch u. Sächsischen Belager u. Bombardirung der Stadt Dantzig Von unpart Feder entw (337) 4 M K Coln 1735

— — ders. 2r Thl., od. Ausz. poln.-preuß. Kriegsgesch. 4. Ebend. 738.

Nachricht, Accurate, von der Russisch und Sächsischen Belager- und Bombardirung der Stadt Danzig. Cöln 1735-1738. V: *Seyler, Georg Daniel & Georg Peter Schultz.* (EB)

Nachricht von dem beym Einmarsche der Kgl. Preuss. Armee in Böhmen unter d. Prinzen v. Braunschweig-Bevern vorgefall. Action zw. Kratzau u. Reichenberg. 4. 1757.

Nachricht, Allgemeine, von den verschiedenen Mineralwassern, Salzen, Pulvern und Balsam der Biliner Gegend. Leitmeritz 1762. V: *Troschel, Heinrich Gottl. Nep.* (KY 5/476) (BiblPort)

Allgemeine **Nachricht** an das Publikum, über die aus den Königl. Preuß. Staaten nach Siberien geschickten gefährlichen Bösewichter, nebst kurzer Schilderung ihres Lebens u. ihrer Vergehungen. 2. Aufl. Berlin 1802.

— an d. Publikum, über d. aus d. Preuß. Staaten nach Siberien geschickt. Bösewichter, nebst Schilderung ihres Lebens u. Vergehen, aus d. Akt. gezogen. gr. 8. Berl. 803. Nauck. 3 gr

— von den unfern d. Stadt Rotwell im J. 1784 entdeckten röm. Alterthümern. 8. Rotwell 826. Herder.

... Nachricht von der Anstalt für arme Kranke zu Altdorf im Nürnbergischen hrsg. von Chr[istoph] Gottl[ieb] Hofmann [Hoffmann, 1743-1797], (1800-1801 ff. hrsg. von Christian Erich von Fabrice). 1 (1786-87) - 7 (1792-93) 1800-01- 1804-1806. Altdorf & Nürnberg: Monath (6 ff.: Monath & Kußler) 1787-93. (1800-01 - 1804-06 Altdorf 1801-07). 1 Bd 8°

1 (:1787-87): 1787.
2 (:1787-88): 1788.
3 (:1788-89): 1789.
4 (:1789-90): 1790.
5 (:1790-91): 1791.
6 (:1791-92): 1792.
7 (:1792-93): 1793.
1800-1801: 1801.
1801-1802: 1802.
1802-1803: 1803.
1804-1806: 1807.

— von der Anstalt f. arme Kranke in Altorf, v. Cph. Gli. Hoffmann. 7 Stcke. gr. 8. Nürnb. 785—93. Monath u. K. 1 rß 4 gr — Dass. fortgesetzt v. Jh. Chr. Gli. Ackermann. gr. 8. Ebd. 794—99. ... — Fernere Fortsetz. v. Chr. E. v. Fabrice. 3 Stcke. gr. 8. Ebd. 800—4. (v. Ebner). 20 gr

Nachricht von der zwoten Anstallt der Freymåurer fůr das [!] Armuth auf Sept. 1772 — Mårz 1773. [Dat.:] Dresden 1772—1773. 8° [Kopftit.]
Sept. und Oct. 1772. 8 Bl.
Nov.-Dez. 1772, Jan., Febr., Mårz 1773. 8 Bl.
(Beyl. z. 51. u. 19. St. d. Dresdner Anzeigers.)
Selten.

Nachricht und Anzeige von dem Brodersenschen Testament . . . 1786 Schlesw. V: *Moller, Ol. Hnr.* (Bruun, Bibl. Danica III, 1037.) (Collin, Anonymer. Kiobenh. 1869.)

Nachricht von den Berlinischen Teutschen Armen-Anstalten. [Hamb. u. Halle 1778.] V: *Hagen, Thomas Philipp v. der.* (ML)

Nachricht von den Armenanstalten in Königsberg. 8. *Königsb., Hartung.* 1785

Nachricht von dem Armen- und Zuchthause zu Waldheim und dem Armen- und Waisenhause zu Torgau. Mit Kupfern. *Dresden, Waltherische Hof-Buchdruckerei.* 1775

Nachricht von den Armen-, Arbeits- und Waysen-Häusern in Engelland. 8⁰. Braunschweig 1745.

Nachricht von den Armen-und Arbeits-oder Werkhausern in England. *Aus dem Englischen.* 1745

Nachricht von Armen-, Schul- und Waisenhausern. 4 Thle. 8. *Görlitz.* 1757.

NACHRICHT - von dem in der k. k. Residenzstadt Wien, auf Sr Majestät [Josef II. Kaiser von Österreich] allerhochste Veranlassung eingefuhrten Armeninstitute. Trattner, Wien 1784

NACHRICHT - über das Armeninstitut unter dem Namen, die Vereinigung aus Liebe des Nächsten. o. V. o. O. u. J. [dat.] Wien, den 1. August 1783 1 vol., 6 Bl

NACHRICHT über das Armeninstitut unter dem Namen. Die Vereinigung aus Liebe des Nächsten. Pesth 1786. Gedr. bey Jos. Gottfried Lettner. 32 S. · 8°

Nachricht von dem Armen-Waisenhause in Würzburg. Würzburg 1778. V: *Goldmayer, Jh. Ph. Franz.* (KY 2/400) (BiblPort)

— v. d. Armenwesen. 8. Hannover, Hahn in Commiss.

Nachricht üb. d. Armen-Wesen in Magdeburg, s. (Oppermann.)

Nachricht von zweierley Arten neu erfundenen Taschen-Buchdruckereyen ... Hamburg 1772. V: *Ritter, Frdr. Chn.* (cb)

Nachricht fur praktische Aerzte aus dem Kurorte Ischl im Salzkammergute. Wien, 1857. Gedr. bei A. Pichlers Witwe & Sohn. (2 Bl. 4.)

Nachricht, Astronomische. [Halberstadt 1800.] V: *Fischer, Gottlob Nathanael.* (ML)

Nachricht von J. K. Wezels Aufforderung an Herrn D. Platner ... Halle 1781. V: *Wezel, Johann Carl.* (BrMm) (GGr)

Nachricht und wiederholte Aufforderung und Bitte an alle Menschenfreunde und Christen aller Bekenntnisse, zur Bildung des Hülfsvereins für die Christen im Orient. Darmstadt 1845

Nachricht von der Neuen Aufklärung. -Zweite Pause ... Hamburg [1799]. V: *Claudius, Matthias.* (GGr)

Nachricht, Aufrichtige, von Finanzien-Wesen der Provinz von Holland. Freystadt [Hannover] 1714. N. A. Cöln 1717. V: *Lau, Theod. Ludw.* (wr)

Nachricht, Aufrichtige, Von den Jüdischen Lehren, Und ihren zur Exgesi und Antiquitaet gehörigen Schriften ... Halle 1730. V: *Opfergelt, Friedrich.* (Petz)

— von den jüdischen Lehrern u. ihrer zur Exegesis u. Antiquit. gehörigen Schriften. 8. Halle. 730.

Nachricht, Aufrichtige, von dem Oster-Liede: Jesus meine Zuversicht und mein Heyland ist mein Leben. Schneeberg 1728. V: *Oertel, J. P.* (Myl)

Nachricht, Aufrichtige, von dem Unfug der Unschuldigen Nachrichten betreffend die Ober Grätzischen Sachen. Halle 1719. V: *Klein-Nicolai, Gg.* (Myl)

Nachricht von der vor hundert Jahren erfolgten Aufrichtung der Evangel. Kirche A. C. zur H. Dreifaltigkeit vor Schweidnitz. Schweidnitz 1753. V: *Langhannss, Gfr.* (Nent)

Nachricht und Aufruf an die Zehnten- und Grundzinspflichtigen Bürger allernächst dem Canton Zürich ... 2. Aufl. Zürich 1800. V: *Schulthess, Johann Georg.* (AarK)

Nachricht von einer Griechischen Aufschrift, welche zwey Engländer an der Pompejus-Säule in Aegypten ... entdeckt haben ... [Leipzig 1803.] V: *Bergk, Johann Adam.* (MGT)

Nachricht von dem unglücklichen Auftritten in Genf im Julius 1794. Aus dem Französischen übersetzt von Johann Wilhelm Heinrich Ziegenbein. Braunschweig: Schulbuchhandlung 1794. 8⁰

Nachricht von der Stadt Augsburg. [Halle 1718.] V: *Gundling, Nicolaus Hieronymus.* (BB)

Nachricht, Ausführliche, von der durch den Kunstrichter Löwen in Hamburg gegen alle deutschen Wanderbühnen ... ergangenen Achtserklärung ... O. O. 1767. V: *Dreyer, Joh. Matthias.* (Litzmann, F. L. Schröder. Hamb. u. Leipz. 1890. I, 333.)

Ausführl. Nachricht von d. Aufhebung u. Niederlage Russ. Husaren u Cosaken, w zu Schwedt den Markgr Friedrich u. Prinz Eugen v Würtemberg überrumpelten. (2 Bl.) 4. (1758.)

Ausführl. Nachricht v. d. Belagerung der Stad Schweidnitz 1758. 4. (1758.)

Ausführliche und mit authentischen Documenten bewährte Nachricht von der Verfälschung und dem sträflichen Verkauf welche der Major Quereille mit der Schwerschen Wunder-Essenz vorgenommen hat. u. St. o. A. [Altona 1778?]. P.

Nachricht (Ausführliche) von der Einrichtung und Verfassung der unter dem Privilegio des Landgr. Friedrich Ludwig errichteten Capitaal- und Leibrenten-Banco. 8⁰. Homburg 1769.

Ausführl. Nachricht v. Entweichung des Kgl. Pohln. u. Churf. Sächs. Prinz Friedrich August. Infant.-Regim., ingl. des 1. Bat. d. Prinz Haverischen Infant.-Regim. aus Preuss. Diensten. (20.) 4. 1757.

Nachricht, Ausführliche, von der grossen Ergiessung des Maynstroms in ... Frankfurt im Jahr 1784. O. O. V: *Hüssgen, Heinrich Sebastian.* (MGT)

Ausführliche Nachricht von dem Feldzuge d. J. 1756 sowohl in Böhmen als in Schlesien u. Sachsen. Berlin 1756. 4. 16 S.

Nachricht, Ausführliche, von dem niederösterr. - ständischen Freycorps. Wien u. Prag [1797]. V: *Geissau (Geusau), Anton Ferdinand Edl. von.* (WBL)

— ausführl., von d. niederöstreich-standischen Freicorps. 8. Wien 797. Rehm's Wwe. 4 gl.

Nachricht, Ausführliche, von dem h. Ritter Georgio und dem, was von ihm den Namen führet ... Hamb. 1722. V: *Hempel, Johann Balthasar.* (schr)

Ausführliche und recht gründliche Nachricht, Von denen bishero in Hamburg passirten Religions-Affairen, Wie Selbige Angefangen, continuiret, und endlich ... mit Nieder-Reissung der daselbst neuerbaueten Catholischen Capelle, sich geendiget; Welches ein Passagier, In einem Schreiben an einen Vornehmen Minister, in nachfolgenden kürtzlich berichtet. o. O. 1720. 4⁰

Nachricht, Ausfürliche historisch- und theologische, von der Herrnhuthischen Brüderschafft. Franckf. 1743. — Fortsetzung. Ebd. 1751 8⁰.

Nachricht, Ausführliche, von dem Römisch-Catholischen Jubel-Jahr, wie solches vom Papst Bonifacius VIII. an ... celebriret worden. Frankfurt 1725. V: *Jungendres, Sebastian Jacob.* (BB) (ML) (will)

Nachricht, Ausführliche, von der Kön. Grossbritannischen Colonie Salzburgischer Emigranten in America. Halle 1741—52. V: *Urlsperger, Sam.* (weber)

Ausführliche Nachricht von den Engländischen Krönungen wie es mit selbigen so wohl zu Zeiten der vorigen Könige und Königinnen gehalten, als auch, wie sie am 31 20 October dieses Jahrs von Sr. ietzigen Königlichen Majestät von Gross-Britannien gelevret worden ist Hamburg 1714.
Titelkupfer Tit 2 Bl 168 S 10 Taf in Kupferst. 8⁰
Krönung Georgs I

— ausführl., v. einer schrecklichen Naturbegebenheit in Ostindien; aus d. Span. ins Engl. u. aus diesem ins Deutsche übers. 8. Amsterd. 773. (Gosohorsky in Bresl.) 3 gl.

— ausführl., v. e. schrecklichen Naturbegebenh. in Ostindien, a. d. Spanischen ins Englische und aus diesem ins Deutsche übersetzt. 8. Amsterdam. (Meyer in Bresl.) 773.

Nachricht, Ausführliche, von der durch den Hrn. Prof. Oelsner im J. 1794 gestifteten ... Privat-Lehr- und Erziehungs-Anstalt. [Breslau 1813.] V: *Reiche, Sam. Gfr.* (Nowack, Schles. Schriftst.-Lex. Bresl. IV, 128.) (NN)

Ausführl. Nachricht v. d. blutigen Schlacht zw d. Alliirten u. Frantzos. d. 13. April 1759 bey Bergen. (2 Bl.) 4 Franckfurth 1759.

ausführl. Nachricht von der blutigen Schlacht bey Prag, 6. May 1757. 4.

Nachricht, Ausführliche, Von der blutigen Schlacht zwischen denen Preußischen Völckern Und der Russischen Hülfs-Armee den 30. Aug. 1757. bey Groß-Jägerndorf. Dann Der Haupt-Action Ohnweit Görlitz den 7. Sept. Und Der Bataille bey Hastenbeck. Braunschweig. Gedruckt nach denen bewährtesten Nachrichten. 2 Bl. 4⁰. Kart. 18.—

Ausführliche Nachricht von der Schlacht bei Crefelt, zw. den Alliirten u. u. Französ. Armeen. 4. (1758.)

Ausführl. Nachricht von der Schlacht bei Zorndorf . . . . 4. M. Pl. (1758).

Nachricht, Ausführliche, von dem mit dem Friedrichswerderschen Gymnasium verbundenen Seminarium für gelehrte Schulen. Berlin 1789. V: *Gedicke, Fr.* (KY 2/321) (BIBLPORT)

Nachricht, Ausführliche, von der Fürstlichen Töchterschule zu Dessau. Zerbst 1811. V: *Hausmann, Carl Frdr.* (Ky)

— ausführl., v. d. Fürstl. Töchterschule zu Dessau, (v. C. F. Hausmann). 8. Zerbst 811. Füchsel.

Ausführl. Nachricht v. d. 30. Aug. 1757 bey Gross-Jägersdorf zw den Russ. u. Preuss. Armeen vorgef. Treffen. 4. 1757

Ausführl. Nachricht von dem durch die österreich. Völker unter Herzog Carl v Lothringen, gewagten u. glückl. vollbrachten Uebergang über den Rhein. 4. M. Karte. Nürnberg 1744.

Ausführliche Nachricht von dem strafbaren Verbrechen des Hausdiebes u. Mordbrenners ... **Höpner.** (Berlin 1786.)

Ausführliche Nachricht von dem **Bredtstedter Vorlande.** Nebst denen darüber ertheilten allergnädigsten Octroyen und andern Concessionen, wie auch den Conditionen, worauf dieses Vorland am 16. Dec h. a. zu Glückstadt soll verkauffet werden o O Anno 1720. Fol.

Nachricht, Ausführliche, von den Nürnbergischen Zollprocessen, besonders in Absicht auf die fundamenta ac merita causae ... O. O. 1761. V: *König von Königsthal, Gustav Georg.* (Holz) (will) (ML)

Nachricht, Ausführliche, von dem gegenwärtigen Zustande der jenaischen Akademie. Jena 1751. V: *Wiedeburg, Basilius Christian Bernhard.* (Erman & Horn, Bibliogr. d. dtsch. Universitäten. 2. Leipz. u. Berl. 1904.)

Nachricht von einer seltenen Ausgabe des Virgils. Kiel 1785. V: *Christiani, Wilh. Ernst.* (Collin, Anonymer. Kiobenh. 1869.)

Nachricht von der Ausgabe eines Werkes, Flora Danica genannt, mit einer Probe-Platte von der Pflanze: Rubus Chamaemorus. [Copenhagen 1761.] V: *Oeder, Georg Christian.* (Bruun Suppl. 206)

Authentique u. umständl. Nachricht von der zw. der Alliirten und Französ. Armee d. 23. Junius vorgefallenen Schlacht. (8.) 4. 1758.

Nachricht, Authentische, von der zu Thoren erregten und nach Erforderung der Gerechtigkeit gestrafften Aufruhr... O. O. 1725. V: *Hannenberg, Gottfried.* (JES)

Nachricht, Authentische, von dem am 19ten Julius 1792 gehaltenen Auszuge der Studirenden aus Jena und von den Wiedereinzuge derselben nebst einer getreuen Darstellung der Ursachen, welche diese Begebenheiten veranlaßten. O.O. 1792. V: *Fernow, Carl Ludwig.* (Keil, Gesch. d. Jen. Studentenlebens. S. 263.) (Pernwerth v. Bärnstein, Beitr. z. Gesch. u. Lit. d. dtsch. Studententhums. Würzburg 1882.) (Erman & Horn, Bibliogr. d. dtsch. Universitäten. 2. Leipz. u. Berl. 1904.)

— von den d. 19. Juli 1792 gehaltenen Auszuge der Studirenden aus Jena u. vom Wiedereinzuge derselben. 8. Weim. 792. Hoffmann.

Authentische Nachricht von der General Versammlung der Kirche Gottes aus allen Evangelischen Religionen in Pennsylvanie : 1 7: Jan 1741/2 1742:
Reports of the Gemeine Gottes im Geist [Congregation of God in the Spirit]. Conferences were held in various places 1st Jan 1 2 1741/2, Germantown 2d, Jan. 14 15, 1741/2, Falckner-Schwamm am Georg Hübners Hause 3d, Feb. 10 12, 1742, Oley Berks County in the home of John de Turk 4th, Mar 10 12 1741/2 Mr Ashmead Hause Phila. 5th, Apr 6–7, 1742, Germantown 6th, June 2 3, 1742, Phila. 7th 1742, Phila Octavo, paged continuously, p 1 -120.
Philadelphia, PA

Herrnnuter I Authentische Nachr von der Verhandlung u dem Verlaß der am 14 u 15 Januarii anno 1741/2 gehaltenen zweyten Versammlung der Evangelischen Religionen, 1742 II: Zuverlässige Beschreibung der Dritten Conferenz der Ev Religionen Teytscher Nation in Pennsylvania, welche am 9 10 u 11 Februarii 1741/2 gehalten worden. Phila, 1741/2

Authentische Nachricht von der chirurgischen Pepiniere zu Berlin nebst e. Zusatze v. Hrsg.([d.i.] Justus Christian von Loder). Jena: Akadem. Buchh. 1803. 16 S. 8°
Aus: Loder's Journal für die Chirurgie. Bd 4.St.1. 1802.

Nachricht, Authentische, von der chirurgischen Pepinière zu Berlin ... Jena 1803. V: *Görcke, Joh.* (call) (Choulant)

Nachricht, Authentische, von den Ritter- und Brüder-Eingeweihten aus Asien ... [Kopenhagen] 1787. V: *Münter, Friedrich.* (SJL)

— authentische, von d. Rittern u. Brüdern Eingeweihten aus Asien. 8. Kopenh. 787. Proft. 4 ℛ

Nachricht von denen Bataillen, Actionen, Affairen u. Attaquen, welche in den Krieg von 1756—1762 bes. in Teutschland vorgefallen. — 1763.

Nachricht über die Baumkultur in dem Landgute Illerfeld. Kempten [ca. 1817].

Nachricht und Bedingungen, nach welchen die im Amte Husum belegenen Herrschaftlichen Fischteiche am 17. Sept. d. J. in Husum verpachtet werden sollen. o. O. (1806.) Fol.

— v. Befreyungsjubelfeste d. St. Freyberg. 4.

Nachricht von der Befuegnis, Beschaffenheit, Billigkeit der neuen hamburgischen, 1725 beliebten Müntz-Verordnungen u dem Zustande der zwischen dem Kgl. Dän. Hofe u. der Stadt entstandenen Mißhelligkeiten. Mit Beyl 1—35. — o. O u. J [um 1734] 339 S. 8° (4°)

Nachricht von einer beschafftigen Begebenheit, welche sich in der Marterwoche des 1716ten Jahres zu Halle mit ein Compagnie böser Menschen zugetragen. 716. 4.

Nachricht von den Begebenheiten, 1716 in Grosspohlen bey Szrum zw. Sachsen und Pohlen. 4 Dresden 1718

Nachricht von der feierlichen Bekanntmachung der von Sr. Kais. Maj. Alexander dem Ersten der Universität zu Dorpat ... geschenkten Funndations-Akte ... 1802 [Dorpat]. V: *Parrot, Georg Friedrich von.* (Erman & Horn, Bibliogr. d. dtsch. Universitäten. 2. Leipz. u. Berl. 1904.)

— von der feierl. Bekanntmachung der von Sr. Kaiserl. Maj. Alexander I. der Universität zu Dorpat geschenkten Fundations-Acte. 4. Dorpat 802. Meinshausen. 4 gr

NACHRICHT von der Bekehrung des Herrn Johann Thayer Protestant zur katholischen Religion in Rom. Ofen 1790. o. Dr. · 8°

—— von d. Belagerung u. Eroberung d. Stadt Neubrandenburg am 9. März 1631; durch d. Kaiserl. Generalissimus Grafen v. Tilly. Bei Gelegenheit d. 200jähr. Feier im J. 1831 aufs neue ins Gedächtniß gerufen. 8. (2 B.) Neustrelitz u. Neubrandenburg, Dümmler. 1831

Nachricht von den Belagerungen v. Saragossa; aus d. Span. Mit 1 Pl. gr. 8. Berl. 816. Reimer. 1 ℛ 12 gr

Nachricht, Belehrende historische, von dem eigentlichen ... Vaterlande der Stadt Thorn, durch Natur und Diplome gesichert... [Erfurt 1796.] V: *Geret, Samuel Luther von.* (ML)

Nachricht und Beleuchtung der Gründe, aus welchen sich die Erzstift-Salzburgische Lande ... von dem kurpfälzischen Reichs-Vikariats-Sprengel haben ausziehen wollen. O. O. 1793. V: *Krenner, Johann Nepomuk Gottfried von.* (MGT) (Adel)

— v. d. Bemüh. d. Gel. u. and. Begebenh. in Leipz., v. 1739 bis 56. 8. Leipzig, Langenheim.

Nachricht von den Bemühungen der Gelehrten in Leipzig. Leipzig 1739-59. H: *Kriegel, Abraham.* (OL)

Nachricht von dem ehemaligen Bergbau bei Ilmenau. Weimar 1783. V: *Eccard, von.* (A. Weigel 103/126a) (Perl 97/395) (Hiersemann 338/119) (BiblPort)

„Nachricht von dem Chursächsischen Bergwerksstaate und den gangbaren Gruben auf 1776, 1777, 1778", o. O 1776 bis 1778. — Vorh. Bibl. des German. Museums Nürnberg.

Nachricht aus Berlin an (sol) Henriette Sontag. O O u. J 8° (3 Mk E. Frensdorff, 1907)

Nachricht von der gegenwärtigen Beschaffenheit der Normalschule und einiger anderer deutschen Schulen in und bey der kk. Residenzstadt Wien. Wien 1775. V: *Wilkowitz, Joachim Bernhard von.* (K. K. Schulbücherverlag. Ausstellungs-Katalog. Leipzig 1914. Nr. 34) (J. A. Frhr. von Helfer, Die Gründung der oesterreichischen Volksschule. Prag 1860. S. 320) (BiblPort)

Anonym „Nachricht von der Beschaffenheit der Stadt-Hamburgischen Münz-Verfassung, in Ansehung der Commercien der königlich dänischen Unterthanen", Hamburg 1734 4°

Nachricht von der wahren Beschaffenheit des Instituts der Jesuiten. A. d. Franz. Berlin u. Stettin 1785. V: *Nicolai, Christoph Friedrich.* (Ky) (Kl)

— von der wahren Beschaffenheit d. Instituts der Jesuiten; aus d. Französ. (von K. F. Trost). Mit Kpf. gr. 8. Berl. 785. Nicolai. 12 gr

Nachricht von dem Institut der Jesuiten; a. d. Franz. ... Berlin 1786. Ü: *Trost, Carl Frdr.* (MGT)

— von d. wahren Beschaffenh. d. Wertheim. Simultanei in possessorio et petitor. Fol. Nördlingen, Beck.

— — Auszug aus demselben für den gem. Mann. 4. Ebend.

Nachricht von der wahren Beschaffenheit der neuen Steuer- und Urbarialregulirung in den k. k. Teutschen Erbstaaten ... Wien 1790. V: *Zanetti, von.* (MS) (weber)

— u. Beschreib. von d. Hafen u. der Stadt Alexandrien in Aegypten. Mit 5 Kpf. in Fol. 8. Leipz. (799). Baumgärtner. 18 gr

— u. Beschreibung v. verschied. Obstsorten, d. in d. Niederlausitz gebaut werden. 2 Stcke 8. Pförten. (Friedrichsstadt, 1773 u. 74. Lehmann.) — 5

— — s. Heinecken, Karl Heinr. v.

Nachricht und umständl. Beschreibung von der eroberten Stadt Ryssel und der darauff erfolgten Belagerung der Citadel, die kurtze Belagerung und Aufhebung der Stadt Brussel samt der von den Allirten glücklich unternommenen Passirung der Schelde bey Kerkhoven. (54.) 4 M. 2 Pl. 1708

Nachricht von einer in Manuscript vorhandenen Beschreibung des Oberlausitzischen Adels. [Görlitz 1739.] V: *Meisner, Christian Gottfried.* (ML) (OL)

Nachricht von dem Bestehen und den Leistungen der Sonntags- und Gewerbeschule . . . Grossenhayn 1834. V: *Preusker, Carl Benjamin.* (ABJP)

— von d. Betragen, letzten Worten u. Hinrichtung Dodd's. 8. Leipz. 777. Hilscher. 3 gr.

— v. allen Betrügern, d. s. in Rußl. f. Zaaren u. Thronfolg. ausgeg. h. 8. Riga, Hartknoch. 775.

Nachricht, Beurkundete, von dem Closterhaus und Commende Schiffenberg . . . Giessen 1755. V: *Koch, Chph Ldw.* (Holz) »von dem Teutsch-Ordens-Hauss und Commende . . . O. O. 1752—55.« (Stri) Vgl.Nachrichten, Beurkundete,...

— und Beurth. der über Rothfischers Ueberg. v. ihm u. für und wider ihn herausgek. Schr. 2 Thle. 4. Frankfurt. 754.

Nachricht und Beurtheilung des Verhaltens des Wienerischen und Sächsischen Hofes und ihrer gefährlichen Absichten wider Seine Majestät den König von Preußen nebst den zur Rechtfertigung und Beweis dienenden Urkunden. Berlin 1756. V: *Hertzberg, Ewald Friedrich Graf von.* (Preußische Staatsschriften. Bd. III. Berlin 1892. S. 342.)

Nachricht von der eigentlichen Bewandtniß des Schauenburgischen Hofes in der Stadt Hamburg u. von dem rechtlichen Zustande der . seiten des Kgl. Dän. Hofes . . erregten . Streitigkeiten. Mit Beyl. 1—57. — o. O u. J [nach 1725] 299 S 8° (4°)

Nachricht von der Hebräischen Bibel D. Martin Luthers. [Berlin 1747.] V: *Widekind, Melchior Ludwig.* (ML)

1 Nachricht von der für das Herzogthum Sachsen Lauenburg und das Fürstenthum Ratzeburg gestifteten vereinigten Bibelgesellschaft Ratzeburg 1820 8°

. Nachricht von der Rendsburgischen Bibel Gesellschaft. Rendsburg 8°
3, 1820
10, 1828

Nachricht über die Fürstliche Bibliothek zu Wernigerode. [Wernigerode 1900.] V: *Jacobs, Eduard.* (Berl)

Nachricht von der nach Altdorf gestifteten Bibliothek und Naturalienkammer und deren feierlichen Eröffnung. Altdorf 1770. 2. vermehrte Ausgabe. Altdorf 1794. V: *Will, Gg. Andreas.* (KY 6/246) (BIBLPORT)

— von der Friedrich II. zu Altstettin errichteten Bildsäule. gr. 4. Berl. 794. Felisch. 8 gr.

— von der Bildung d. Gesellschaft z. Beförderung d. evangel. Missionen unter den Heiden. Mit Beziehung auf den Aufruf zu milden Beisteuern f. diese Missionen v. Dr. Neander. gr. 8. Berl. 825, Nicolai.

— von d. Bildung e. Missions-Vereines in Celle. Als Anh. ein in d. Vereine gehalt. Vortrag Hugues. gr. 8. (2 B.) Celle 833, (Schulze.)

Nachricht, Biographische, von merkwürdigen Gelehrten des Hochstifts Würzburg aus älteren Zeiten. Würzburg 1794. V: *Stumpf, Andreas Sebastian.* (Russell XI, 757) Vgl.Nachrichten, Kurze,...

— biograph., von merkwürd. Gelehrten des Hochstifts Würzburg aus ält. Zeiten, (von A. S. Stumpf.) 8. Würzb. 794. Stahel. 9 gr, Schrbp. 12 gr

Nachricht. Biographische N' über Dr Samuel Friedrich Lüthardt (1767–1823) von Bern. [S A] 8. [Aarau, Bern 1826.]

Nachricht, Biographisch-Litterarische, von einigen Stadtschullehrern und Predigern, die den Geschlechtsnamen Kloss führen. Görlitz 1803. V: *Otto, Gottlob Friedrich.* (MGT)

Nachricht von den sogenannten oder sich so genennt habenden Bockreitern einer für unsere Zeiten unförmlichen Bande verschworener Räuber; welche zu Herzogenrode oder Hertzogenrade . . . aufgesucht und hingerichtet worden sind. Nebst beygefügten unvorgreiflichen Gedanken über dieses unerhörte Beginnen. Mit 3 Kupfern. O. O. 1781. 8°.
Höchst seltener Druck, welcher als wichtige Quelle zur Geschichte des Gaunertums Veranlassung zu Avé-Lallements »Die Merseburger Bockreiter« wurde. Gibt gleichzeitig die Geschichte eines merkwürdigen vom krassesten Aberglauben und unerhörter Grausamkeit zeugenden Prozesses.

— v. d. Hause Bourbon. 8. Freyst. 742.

— von d. im Sommer ausgebrochenen Brande im Schwarzwalde. gr. 8. Ulm 801. Stettin. 3 gr.

— von gegossenen eisernen Branntweinblasen, welche auf d. königl. Eisengießerei bei Berlin verfertigt werden, mit ein. Abdruck von e. gestochenen Eisengußplatte. gr. 8. Berl. Gädicke. (in Comm.) 811.

Nachricht, brauchbare, f. diejenigen, welche sich des würtemberg. Wildbades bedienen wollen, (v. J. J. Moser). 8. Stuttg. 758. N. Aufl. 769.
Vgl.Nachrichten, Brauchbare,...

Nachricht von einem höchst seltenen Breviario. [Bremen] o. J. V. *Cassel, Johann Philipp.* (Brem. Mag. II, Nr. 2. S. 201—208.) (Rotermund, Lex. aller Gel. in Bremen. Bremen 1818. S. 69.)

Nachricht von der heil. Brigitte. [Reval 1786.] V: *Rickers, Heinrich Wilhelm Joachim.* (R-N)

Heiligendamm: **Nachricht** für Brüder von dem Armenhause am Seebade zu Heiligen-Damm bey Doberan im Grossherzogthum Mecklenburg Schwerin. [Dat.:] Rostock 1816. 2 Bl. 4° [Kopftit.]
Kl. 590. Bericht üb. diese von der Loge Tempel der Wahrheit in Rostock gegründete Anstalt für arme Kranke (1811 eröffnet). 341.

Nachricht von den Böhmischen und Mährischen Brüdern ... O. O. 1725. V: *Edzardi, Seb.* (Myl)

Nachricht von dem merkwürdigen Buch des Hieron. Rorarii: Murium oratio pro se ipsis. [Weimar 1771.] V: *Leinker, Johann Siegmund.* (will) (ML)

Nachricht von einigen auserlesensten, grösstentheils raren, alten und neuen Juristischen Büchern. Jena 1725. V: *Slevogt, Gottlieb.* (KGBerlin I, 5)

Nachricht an alle geliebte Bundes-Brüder [aus der Loge Ferd. z. Glückseligkeit in Magdeburg 1825]. 1 Bl. 8°. [Kopftit.] 21.

—— über d. Cholera, bekannt gemacht v. d. Collegium Medikum d. Königr. Polen. A. d. Poln. übers. v. F. D. 2. Aufl. 8. (2 B.) Danzig 831, Gerhard.

Fernerweite **Nachricht** von dem Collegio Carolino zu Braunschweig. 1746. (Darin: Beylage 1. Serenissimi gnädigste Declaration, den Burgfrieden betr. [Nr 630]; 2. Serenissimi gnädigste Verordnung, das Leihen betr. [Nr 631]; 3. Das Gebet fürs Carolinum [Nr 632].) 16 S. 8°

Weitere **Nachricht** von dem Collegio Carolino und von der Aufnahme in dasselbe. 1750. 31 S. 8°

— v. dem, w. zwischen d. Administration des Kalenberg. Wittweninstituts verband. w. m. 2 Anh. 4. Dessau, Gel. Handl. 782.

— von d. Denkmal, welches den am 2. Sept. 1792 bei der Einnahme von Frankfurt a. M. gebliebenen Hessen errichtet wurde. Mit 1 Kpf. gr. 4. Frkf. a. M. 792. Brönner. 6 Gr Mit latein. Lettern 12 Gr

Nachricht von dem Denkmal, welches für die bei der Einnahme von Frankfurt ... gebliebenen Hessen errichtet worden ist. Frankfurt a. M. 1793. 4°

Nachricht von dem Denkmal, welches auf Befehl Seiner Koeniglichen Majestät von Preussen Friedrich Wilhelm II. den am 2ten Dezember 1792 bei der Einnahme von Frankfurt gebliebenen Hessen errichtet worden ist. Mit einer Kupfertafel. Frankfurt am Main 1794. 8°.

Nachricht von den ältesten erotischen Dichtern der Italiener. Hannover 1774. V: *Unzer, Ludwig August.* (JL)

— von d. ältern erotischen Dichtern d. Italiener. gr. 8. Hannov. 774. Helwing. 6 Gr

— von e. zahlreichen Diebsbande zu Hildburghausen. 2 Thle. 4. Leipz. 753—55. 8 Gr

Nachricht von dem Diebstahl u. der vorsetzlichen Brand-Stiftung, welche Höpner seiner Herrschaft zugefüget. (Berlin) 1786.

Nachricht für Diejenigen, die sich auf dem Donaumoose ansiedeln wollen. München 1801
Auch in französischer Sprache.

Nachricht, Dienliche, vom Pietismo. O. O. 1701. V: *Klettwig, Simon Philipp.* (Myl)

Nachricht verschiedener verwunderungswürdiger Dinge welche der ehrwürdige Magister Chambertain kurz vor seinem Abschiede aus dieser Welt in der englischen Stadt Lovert in einem Gesichte gesehen Aus dem Engl übers Flensburg o J 8°

NACHRICHT von dem fünfzigjährigen Doctorjubiläum des Herrn Sam Thom von Soemmerring, der Heilkunde Doctors und vormals Professors Gefeiert in Frankfurt am Main am 7 April 1828. Frankfurt am Main o J Druck von Heinr Ludw Bronner 8°

Nachricht, Documentirte, von der wahren Beschaffenheit der Reichs-Pfandschaft Gelichausen. O. O. [17??]. V: *Wolfart, Johann Daniel.* (stri)

Nachricht von der Domschule zu Riga. [Leipzig 1747.] V: *Willisch, Johann Friedrich.* (R-N)

Nachricht von den Drusen. Aus dem Moniteur Nr. 69 d. 9. März. 1808. U. St. P.

Nachricht, Echte, über die seltenen Erscheinungen ... bei der Anna Katharina Emmerich ... Dorsten 1815. V: *Druffel, Franz Ferdinand von.* (EngM)

Aechte Nachricht von dem Krieg der deutschen Bauern gegen die Franzosen 1796. 8. s. l. (1796).

„Nachricht, die Edirung aller teutschen Münz-Ordnungen, Recesse und Münz-Abschiede etc. auf Praenumeration, betreffend [a. E.:] Anspach, den 26. Martii 1755" — Vorh. StB Nürnberg

Anonym: „Nachricht von Eigenschaft und Beschaffenheit der Schupflehen", o. O. 1728.

Eigentl. u. umständl. Nachricht von der von Kays. Haupt Armee unter Printz Eugen v. Savoyen am 15 Junii 1717 untern glückl. Passirung der Donau u. Berenn- u. Belagerung d. Türck. Haupt Festung Belgrad. 4. M. K. Augspurg 1717.

Eigentl. u. umständl. Nachricht von der herrl. Victorie am 5. Aug. 1716 bei Peterwardein unter Printz Eugen v. Savoyen. 8. Augspurg.

Nachricht von der Einrichtung eines Erziehungsinstituts ... in Sternberg. O. O. 1784. V: *Brinkmann, Joh. Joach.* (Bachmann, Mecklenburg. Güstrow 1889. S. 363.)

Nachricht von der gegenwärtigen Einrichtung und dem Fortgang des Instituti clinici, gegeben von Friedrich [von] Wendt. [1]-6. Erlangen: Palm 1785-86. 1 Bd 8°

[Fortges. u. d. T.:]
Nachricht von dem Fortgang des Instituti clinici. 2. 1786.
Nachricht von dem Kranken-Institut zu Erlangen. 3-6. 1785-86.

[1]-3/4: 2. Aufl. 1786.
5/6: 1785.

Nachricht von der gegenwärtigen Einrichtung des Berlin-Kölnischen Gymnasiums. Berlin 1796. V: *Gedicke, Fr.* (KY 2/321) (BiblPort)

Nachricht von der gegenwärtigen Einrichtung der Mädchen-Industrie-Schule zu Hirschberg. Hirschberg [1810]. V: *Friebe & Meissner.* (Nent)

— üb. die neue Einrichtung der Schulanstalten zu Nordhausen v. Grünhagen, Dietrich, Sparr und Heyse. 8. Hannover, Hahn. 810.

Nachricht, die veränderte innere Einrichtung der Wismarschen Stadtschule betreffend. Wismar [1789]. V: *Bartholdi, Gottlieb Adolph.* (Bachmann, Mecklenburg. Güstrow 1889. S. 462.)

Nachricht von der verbesserten Einrichtung des Zucht- und Arbeitshauses in Magdeburg. [Magdeburg 1790.] V: *Rötger, Gotthilf Sebastian.* (MGT)

Nachricht über die Einrichtung der auf der Königl. vereinten Friedrichs-Universität wieder errichteten Zahlungs-Kommission. (Halle, den 28. Februar 1825.) 2 Bl. 8° (4°) [Kopft.]

— — (gez.: E. d'Alton, Prorector.) Dat. Halle 15. Nov. 1845. 2 Bl. 8° (4°) [Kopft.]

—— über einig. Einrichtungen d. Kgl. Bayer. Kadeten-Korps, [Auszug aus d. Lehrplan ꝛc.

Nachricht über einige Einrichtungen des kgl. baier. Kadetten-Korps für die Eltern, Vormünder der Zöglinge dieses Instituts. München 1825. 54 S.

— über e. Einrichtungen d. kön. baier. Kadettenkorps f. d. Aeltern u. Vormünder d. Zöglinge d. Instituts. 8. Münch. 825. (Finsterlin). 9 gr. — Dass. gr. 8. Ebd. 831. Franz. 8 gr.

Nachricht von der Einweihung und dem gegenwärtigen Zustand der Friedrichs-Universität Erlangen. O. O. [1743]. V: *Huth, Caspar Jacob.* (Erman & Horn, Bibliogr. d. dtsch. Universitäten. 2. Leipz. u. Berl. 1904.)

Nachricht von dem vollendeten Basedowschen Elementarwerke. [Zürich 1774.] V: *Lavater, Joh. Casp. & Isaac Iselin.* (Cat. d. Stadtbibl. Zürich. Zürich 1864—97.)

— von e. ganz neuen Entdeck. e. Thermolampe ꝛc.; aus d. Französ. 8. Leipz. 802. Liebeskind. 3 gr.

— v. Entscheidung d. Frage: Ob d. Scharfrichter u. ihre Kinder f. ehrlich zu halten sind? Fol. Frankf. a. M. 770. Keßler. 10 gr.

NACHRICHT – von der Entstehung, Aufnahme und jetzigen Verfassung des k. k. Taubstummeninstitutes in Wien. Instituts buchdruckerey. Wien 1787. 1 vol. 25 S.

Nachricht von der Entstehung und Einrichtung der Söhne- und Töchterschule bey der Hofgem. zu Hannover. Hannover 1791. V: *Salfeld, Joh. Chph.* (KY 4/196, 5/13) (BiblPort)

— von d. Entstehung u. Einrichtung d. Söhne- u. Töchterschule bei d. Hofgem. zu Hannover. 8. Hannov. 791. Helwing. 6 gr.

— von d. Entstehung u. d. gegenwärt. Zustande d. kathol. Krankenhauses zum heil. Joseph in Regensberg. 8. Augsb. 806. Daisenberger. 8 gr.

Nachricht, Erbauliche, von dem Leben und Tode ... Louisen Elisabeth ... Herzogin zu Sachsen-Merseburg ... Halle 1751. V: *Heinsius, Johann Sigismund.* (BEM I, 1, S. 312)

Nachricht von der Erbauung des neuen Thurms der Marienkirche zu Berlin. Berlin 1790. 4°

— von Erbauung u. Zurichtung des feinen Flachses, wie solcher zu Battisten, Brabanter Spitzen ꝛc. verarb. wird. Aus engl. Urkunden gezogen von J. G. Seiferth. gr. 8. Dresd. 780. Walther. 12 gr.

— von d. Erbhuldigung u. Eröffnung d. ständisch. Berathungs-Versammlung zu Weimar d. 7. April 1816. gr. 8. Weim. 816. Ind.-Compt. 3 gr.

— von d. feierl. Erbhuldigung Friedrich Augusts d. Gerechten, zu Leipzig am 2. Mai 1769, nebst Trauer-Reglement ꝛc. 8 Leipz. 827. Taubert. 6 gl

— von d. sich zeither u. besond. in Messina ereigneten Erdbeben. 8. Berl. 784. Wever.

Nachricht von d. Erdbeben d. Stadt Lissabon u. a. Oerter ꝛc. 4. Danzig 756. 6 gl

Nachricht, Erfreuliche, von einem hoffentlich bald zu errichtenden protestantischen Inquisitionsgericht ... Hamburg [Berlin] 1766. V: *Abbt, Thomas.* (ML) (stri) (Wr) »1769« (Adel)

— erfreul., von e. hoffentl. bald zu errichtenden protestant. Inquisitionsgericht. 8. Berl. 766. Nicolai. 12 gl

Höchst erfreul. Nachricht von der gloriosen u. blutigen Victorie, so Printz Eugen v. Savoyen wider d. Türcken d. 2. u. 5. Aug. 1716 erfochten. 4. München 1716.

Nachricht von der Stadt Erfurt. O. O. 17?? V: *Weinrich, Joh. Mich.* (Jöch)

Nachricht von einem neuen Erläuterer der heil. Dreieinigkeit. O. O. 1766. V: *Herder, Joh. Gfr. von.* (JL) (Ky)

— von e. neuen Erläuterer d. heil. Dreieinigkeit, (G. F. Stender). (Von J. G. v. Herder.) 8. Riga 766. Hartknoch. 1 gl

Nachricht, Erläuterte, [von einer freiwilligen Feuer-Cassa für das Herzogthum Würtemberg]. Stuttg. 1754. V: *Moser, Joh. Jacob.* (Moser, Joh. Jac., Lebensgeschichte von ihm selbst beschrieben. Frankfurt u. Leipzig 1777. III, 158—159)

Erläuterte Nachricht von den verschiedenen einzelnen Klassen. Hamburg 1783.

— v. d. Eröffnung d. Friedenscongresses bey Fockschani. 8. Frankf. Gröll. 773.

Nachricht über die Eröffnung des neuen Gebäudes der Gewerb- und Baugewerkenschule in Plauen. O. O. [1849]. V: *Pfretzschner, Chn Glieb.* (Kat. d. stat. Bureaus. Dresden 1890.)

— von Eröffnung des neuen Theaters in Leipzig. gr. 8. Lpz. Crusius. (F. C. W. Vogel) 766.

Nachricht, Erste, von dem wirklichen Bestehen des juristisch-practischen Instituts zu Erlangen. O. O. 1824. V: *Wendt, Christian Ernst von.* (Erman & Horn, Bibliogr. d. dtsch. Universitäten. 2. Leipz. u. Berl. 1904.)

Erste Nachricht von dem Fortgange des Vereins zur Beaufsichtigung und Besserung der entlassenen Sträflinge. 8. *Weimar.* 1829

Nachricht, Erste, von den, zum Besten der von Evangelisch-Lutherischen Predigern ... nachgelassenen Wittwen und Waysen vermachten Legaten ... Frankf. a. M. 1777. V: *Mosche, Gabriel Christoph Benjamin.* (ML)

— erste, über die Rettungsanstalt in Langenau bei Obernhof im Herzogth. Nassau. Nebst den am Tage der Einweihung, den 9. Septbr. 1851, gehalt. Reden. 8. (32 S.) Wiesbaden 851. (Kreidel.) n. 3½ ngl

Nachricht, Erste ..., von einer neuangelegten Schule ... Wien 1763—68. V: *Chemnitz, Joh. Hieron.* (Collin, Anonymer. Kiobenh. 1869.) (Bruun, Bibl. Danica II, 544.)

Nachricht, Erste, von den neueren Verhandlungen die Vertheilung der Kielischen Stadtländereyen betreffend. [Kiel 1796.] V: *Ehlers, Mart.* (schles)

Nachricht, Erste, von der Versorgung und Unterstützung der verwaisten Kinder im Meissnischen Kreise ... Dresden 1815. V: *Weber, Carl Gottlieb.* (MGT)

ERSTE NACHRICHT VON DEM ZUSTANDE DER SENCKENBERGISCHEN NATURFORSCHENDEN GESELLSCHAFT (Frankfurt a. M. 1821. — Ohne bes. Titelblatt.) 8°

Nachricht oder historische Erzehlung der Kriegs-Handlungen, welche gegen das Ende des 1745 Jahres in Sachsen sich zugetragen haben, aus dem Frantzösischen übersetzt nebst Anmerkungen eines Preußischen Grenadiers. Hamburg 1746. V: *Dyherrn, Georg Carl v.* V (Anm.): *Friedrich II., König v. Preußen* (?). (Preußische Staatsschriften. Bd. II. Berl. 1885. S. 267 ff.)

— Dasselbe. Cöln bey Peter Marteau 1746. 4 (16 S.)

Nachricht von einer Erziehungs-Anstalt in Bernstorfsminde. O. O. [1802]. V: *Ost, Joh. Frdr.* (Bruun, Bibl. Danica II, 970.)

Nachricht von der Erziehungsanstalt der Freimaurer zu Dresden-Friedrichstadt. Gedruckt im April 1816. [Dresden 1816.] 2 Bl. 4⁰ [Kopftit.]
Prospekt des Instituts. 110.

Nachricht über die Erziehungsanstalt auf dem Schlosse Lenzburg. [Aarau 1833.] V: *Lippe, Chn.* (AarK) (Cat. d. Stadtbibl. Zürich. Zürich 1864—97.)

Nachricht von einer Erziehungs- und Versorgungsanstalt armer Kinder in Riga. [Riga] 1783. 31 S. 8⁰
cf. WJ. 1, 2 (1784) S. 252—254.
Die Anstalt wurde von der Loge zum Schwert in Riga errichtet. Enth. Nachricht üb. Entstehung, Erweiterung, Eröffnung usw. der Anstalt, (Ansprache bei dieser Gelegenheit von L. Bergmann); Instruktion für Aufseher u. Kinder. 281.

Nachricht von einer Erziehungs- und Versorgungs-Anstalt . . . Riga 1783. V: *Bergmann, Liborius von.* (R-N)

— von d. Frankenthal. Erziehungshause f. junge Frauenzimmer. gr. 8. Frankenth. 787. (Schwan u. G. in Manh.) 2 gl.

Nachricht von dem in Leutschau befindlichen Erziehungs Institut für protestantische Jünglinge. O. O. u. J. V: *Liedemann, Martin.* (KU) (Pk)

Nachricht von dem jetzigen Etat der Finanzen der vereinigten Niederlande. 8⁰. Cölln 1717.

Nachricht Exekution beschehenen
Nachricht von der zu Coppenhagen am 28. April 1772 an denen beeden Grafen Struensee und Brand beschehenen Execution samt deren von der Inquisitions-Commission gefällten und von dem Könige unterschriebenen Todes-Urtheil. 8 S., gbd.

o.O.: 1772
an: Struensee, Graf, oder die Zusammen=rottung von Dänemark. 1772

Nachricht von den Britischen Expeditionen nach Tubet, siehe: Jahrbuch, geograph., I.

Der theologischen Facultät — in Halle nothw. Nachricht und Erinnerung von dem daselbst mit einer bösen Gesellschaft sich begebenen Casu tragico. Halle 716. 4

Nachricht von einer adelichen Familie der Herren v. Weigel . . . Im J. 1784. O. O. V: *Will, Gg Andreas.* (ML)

Nachricht von der Feyer des fünf und zwanzigjährigen Jubiläums der in Dorpat errichteten Wittwen- und Waisen-Versorgungs-Anstalt . . . Dorpat 1806. V: *Lenz, Friedrich David.* (R-N)

Nachricht von der kirchlichen Feier der Rendsburgischen Bibelgesellschaft, geh. am Sonntage Exaudi, den 23. May 1819 in der St Marien-Kirche zu Rendsburg. Rendsburg (1817) 8⁰

Nachricht von der von der Loge Archimedes zu den drei Reissbretern in Altenburg auf Veranlassung der Grundlegung ihres eignen Logenhauses den 12ten Aug. 1802 veranstalteten Feier. Als Ms. f. Brr. gedr. [Altenburg 1802.] 22 S. 1 Taf. 8⁰ [Umschlagtit.]
Abgedr. in: Neues frmrisches Taschenbuch. 3 (1803) S. 76—118. 193. 358.

— von d. Feierlichkeiten bei d. Beerdigung des Hrn. Prof. Heyne. Nebst 2 Beil. gr. 4. Götting. 812. Dieterich. 4 gl (Vandenhöck u. R.) 3 gl

— von d. Feierlichkeiten bei d. 1786 ꝛc. Erbhuldigung Friedrich Wilhelms zu Königsberg. 8. Königsb. 787. Hartung. 8 gl

Nachricht, Fernere, von dem glücklichen Fortgange der Hamburgischen Armen-Anstalt. [Braunschweig 1797.] V: *Eschenburg, Johann Joachim.* (MGT)

— von d. großen Feuersbrunst in Greiz am 6. April 1802. 8. Greiz, Henning. 1½ gl

Nachricht von der durch die Engel- u. Holländ. See-Armada 1704 unweit Malaga geschlag. frantzös. Flotte
Leipzig 1704. 4⁰

Nachricht von dem Fortgang des neuen Bergbaues zu Ilmenau. Weimar 1785-94. V: *Goethe, Johann Wolfgang von.* (Mn) (BrMm)

NACHRICHT VON DEM FORTGANGE DER NATURFORSCHENDEN GESELLSCHAFT ZU JENA.
1—3. Jahr 1794—1796. Jena gedruckt mit Göpferdtschen Schriften. 8⁰.
4—9. Jahr 1797—1802. ib. bey Joh. Christ. Gottfr. Göpferdt.

— von dem Fortgange d. naturforschenden Gesellsch. zu Jena. 1s—9s Jahr. 8. Jena 802. (Schmid).

NACHRICHT VON DEM FORTGANGE DER WESTPHÄLISCHEN NATURFORSCHENDEN GESELLSCHAFT ZU BROCKHAUSEN.
1—2. Jahr 1798—1799. Düsseldorf 1798—1800. In der Dänzerschen Buchhandlung. 8⁰
3—4. Jahr 1800—1801 Berlin 1801—1802. In der Buchhandl. des Kommerzienraths Matzdorff.

— von dem Fortgange d. Westphäl. naturforsch. Gesellschaft zu Brockhausen. 1r u. 2r Jahrg. 1798, 99. gr. 8. Düsseld., Dänzer. (Leipz., Barth). 4 gl

Nachricht von der gegenwärtigen Einrichtung und dem Fortgang des Instituti clinici, gegeben von Friedrich [von] Wendt. [1]-6. Erlangen: Palm 1785-86. 1 Bd 8°

[Fortges. u. d. T.:]
Nachricht von dem Fortgang des Instituti clinici. 2. 1786.
Nachricht von dem Kranken-Institut zu Erlangen. 3-6. 1785-86.

[1]-3/4: 2. Aufl. 1786.
5/6: 1785.

Nachricht von dem Fortgange der in Eckernförde angeordneten Verbesserung des Armenwesens. Schlesw. 1792. V: *Fürsen, Joh. Nic.* (Bruun, Bibl. Danica III,662.)

Nachricht, Fortgesetzte Actenmässige, was es mit der bey Einem Höchstpreisslichen Reichshofrath ... Rechtshängigen Sache dermalen vor eine eigentliche Bewandnuss habe ... Frankfurt a. M. 1774. V: *Jan, Joh. Christ. Gottl.* (Holz)

Nachricht, Fortgesetzte historische und genealogische, von dem alten berühmten und gesegneten Wirthischen Geschlechte. [Laub. u. Leipz. 1756.] V: *Gregorius, Immanuel Friedrich.* (OL)

Nachricht, Fortgesetzte historische, von dem Wirthischen Geschlechte in Löwenberg und Lauban. Lauban 1754. V: *Gregorius, Immanuel Frdr.* (ML)

— fortgesetzte, v. e. medicin. Rechtshandel in Münster ꝛc. 8. Leipz. 784. (Breitkopf u. H.) 4 gr

Fortgesetzte Nachricht von der am 17. Jenner 1772 von den Freymaurern für das [!] Armuth gemachten Subcription. [Dresden 1772.] 16 S. 8° [Kopftit.]
Abgedr. in: Gesammlete Nachrichten von den Armen-Einrichtungen der Frmr in Chursachsen. 1776 S. 22—32.

Fortgesetzte umständliche Nachricht, der von denen Oesterreichischen, Russischen und Sächsischen Trouppen im Monat October 1760 auf die Stadt Berlin unternommenen Expedition, samt einer ausführlichen Beschreibung derer in der Mark Brandenburg ausgeübten Grausamkeiten und Verheerungen. 1760. 4. (14 Seiten.)

Nachricht von der 80sten Frage des Heidelbergischen Catechismi. Leipzig 1720. V: *Fabricius, Johann Ludwig.* V (Anmerkungen): *Mayer, Johann Friedrich.* (Myl)

Nachricht von den Freitischen und Stipendien bei der Universität Breslau. Breslau 1832. V: *Unterholzner, Carl Aug. Dominik.* (Erman & Horn, Bibliogr. d. dtsch. Universitäten. 2. Leipz. u. Berl. 1904.)

Nachricht von dem uralten, so genannten Fuchsthurm bei Jena und der daselbst 1784 getroffenen Einrichtung. Neue Auflage. Weimar 1795. V: *Wiedeburg, Joh. Ernst Carl.* (KY 6/230) (BiblPort)
Vgl. Nachricht, Kurze,...

„Nachricht von der in Berlin errichteten Fussboten-Post", Berlin 1800. — Vorh. Preuß. Staatsbibliothek Berlin.

Nachricht von dem großen Mörder und Straßenräuber Galantho. 1733. (Format?) Sehr rar!
Offerirte Ed. Fischhaber, Reutl., ca. 1870 in einem Sammelbd. ähnlicher Criminalia.

Nachricht von dem Gebrauch und Nutzen einiger polychresten Medicamenten, zum Unterricht derer, die sich selbiger bedienen, ans Licht gest. von Jena 1731: Müller. 4 Bl. 8°

— von d. Gefangennehmung d. Lieuten. Baron v. Hohenhausen am 25. Nov. 1809. gr. 8. Leipz. 810. Rein. 3 gr

Gegründete Nachricht von dem Auszuge der Königl. Pohln. und Churfürstl. Sächsischen Armee aus ihrem Lager bey Pirna. Nebst beigefügte Capitulations-Punkte. Dresden 1756. 4. (16 S.)
— Dasselbe: 20 Seiten.

In Facto Gegründete umbständliche Nachricht, Wie der Dänische Hoff des Holstein-Gottorpischen Hauses Untergang und Ruin beständig gesuchet, auch aus einer solchen absicht weder Verträge, noch Friedensschlüsse jemahln gehalten etc etc Auff Gnädigsten Befehl publiciret. o. O. Im Jahr 1714. 4°

— gegründete, von zweien in d. Grafschaft Glatz befindl. Gesundbrunnen, zu Reinerz u. Cudova, nebst Anweis. zum Gebrauch derselben. 8. Bresl. 769. W. G. Korn. 4 gr

Gegründete Nachricht von dem glorreichen Sieg, welchen die vereinigt- Hannöver-Hessisch- und Braunschweigische Armee unter Commando ... Prinz Ferdinand von Braunschweig am 1. Augusti 1759 ohnweit Petershagen über die Königlich-Französische unter dem ... Marschallen von Contades erfochten hat. Anno 1759. 4. (4 Bl.)

Geheime Nachricht von einem der allerelendesten Schriftsteller. Straßburg. [O. Dr. u. J., ca. 1760?]. Kl.8° XXXI S. *mit hübscher Titelvignette.*
Bibl. Norica III, 1026. Höchst merkwürdiges Pamphlet gg. einen Gelehrten, dem alle Untugenden und Lächerlichkeiten nachgesagt werden; gewidmet den „Vorstehern und Geheimschreibern, und allen ordentlichen Ehrenmitgliedern der Gesellschaft der allerelendesten Schriftsteller"

— aus der neuen christlichen Gemeinde zu Magdeburg. 9. Dec. 1847. (Mit Anh.: Erklärung evangelischer Christen in Magdeburg.) gr. 8. (24 S.) Magdeburg 848, Creutz in Comm. 3 ngr

— von d. unter Gothaisch. Schutz stehenden Gemeine zu Genf. 4. Gotha 768. (Dieterich in Götting.) 3 gr

Nachricht, Genaue, von des verkappten Ch. Erdmanns seltenem Buche: Norimberga in flore avitae . . . religionis . . . 1629. [Altdorfi 1768.] V: *Will, Georg Andreas.* (ML) (will)

– vom Cistercienserkloster Georgenthal rc. 4. Gotha 758. Dieterich in Götting. 5 Ng

– von einem nächtl. Gepolter in Tegel bei Berlin. 8. Leipz., (Nauck). 2 Ng

Nachricht von dem neuen Nürnbergischen Gesangbuch. O. O. 1769. V: *Zobel, Nicolaus Ernst.* (ML) (BB) (Ky)

Nachricht von dem pommerschen Geschlechte der von Sliwin oder Schlieffen. [Cassel 1780.] 2. . . . Aufl. 1784. V: *Schlieffen, Mart. Ernst Freih. von.* (Pr) (BrMm) (MGT) (stri)

Nachricht von einer alten gelehrten Gesellschaft zu Nürnberg. Altdorf 1759. V: *Will, Georg Andreas.* (ML)

– von der deutschen Gesellschaft zur Beförder. reiner Lehre u. wahrer Gottseligkeit rc., v. e. Gesellschaftsmitgliede, (J. Dreykorn, u. hrsgg. v. W. F. Hufnagel). 8. Erlang. 784.

Nachricht von der Teutschen Gesellschaft zur Beförderung reiner Lehre und wahrer Gottseligkeit . . . [Nürnberg 1784.] V: *Dreykorn, Johann.* (ML) H: *Hufnagel, Wilh. Frdr.* (BB) (Ky)

Nachricht von der erneuerten deutschen Gesellschaft in Leipzig und ihrer jetzigen Verfassung . . . Leipzig 1727. V: *Gottsched, Joh. Chph.* (Waniek, Gottsched. Leipz. 1897. S. 86.)

Nachricht // von der erneuerten // Deutschen // Gesellschafft // in Leipzig // und ihrer jetzigen Verfassung. // Herausgegeben durch die Mitglieder derselben. // Auf Kosten der Gesellschafft. // Leipzig, mit Breitkopfischen Schrifften 1727. - 4 Blatt (nicht paginiert: Titelblatt und Widmung. - 76 S.

Nachricht von der deutschen Gesellschaft zu Leipzig bis auf das Jahr 1731 fortgesetzt . . . Leipzig 1741. H: *Gottsched, Joh. Chph.* (Waniek, Gottsched, Leipz. 1897. S. 210.)

Nachricht von einer Nürnbergischen Teutschen Gesellschaft, welche gegen Ende des vorigen Jahrhunderts entstanden ist. Altdorf 1760. V: *Will, Georg Andreas.* (ML)

Nachricht von öffentlichen Gesellschaften, zur Beförderung der Gelehrsamkeit und Künste . . . [Frankfurt 1781.] V: *Strieder, Friedrich Wilhelm.* (stri)

Nachricht von dem im Dorf Willinghusen . . . wieder entdeckten Gesundbrunnen. [Altona 1793.] V: *Niemann, Aug. Christian Heinrich.* (MGT)

Nachricht von dem zu Belzig entsprungenen Gesundbrunnen . . . Wittenb. 1715. V: *Külbe, Joh. Adam.* (MS)

Nachricht von dem Ronneburger Gesundbrunnen. O. O. u. J. V: *Königsdorfer, D. Georg Hch.* (Ky 3/391 »Altenburg 1766«) (biblPort)

Gewisse Nachricht von den am 17. und 18. Junius grossen und herrlichen Siege bey Collin, den Sr. Majestät unser Allergnädigster König durch Gottes Beystand erfochten nebst einen Lobgedichte auf Sr Königl. Majestät von Preussen. Gedruckt im Brachmonat. 1757. 8 (2 Bl)

Nachricht von den drei Thüring Bergschlössern, die Gleichen gen 4 Frankfurt a./M 1791 0,75.

– von d. 3 Thüring. Bergschlössern d. Gleichen genannt. Mit 1 Kpf. 4. Frkf. a. M. 791. Hermann. 6 Ng

Nachricht, e. glückliche. (In russ. Sprache.) (23 S) 8. Berlin (903). H. Steinitz. n. 1.—

– von den bei Beckum entdeckten alten Gräbern. Herausgeg. auf Veranstaltung der Münsterischen Abtheilung des Vereins für Geschichte u. Alterthumskunde Westfalens. Mit Abbild. u 1 Karte. 8. Münster 836. (Wundermann.) 1/4 ß

Nachricht von einigen in Böhmen entdeckten heidnischen Grabhügeln. Prag 1802. V: *Dobrowsky, Joseph.* (MGT) »1803« (Ky)

Nachricht, Gründliche, von Ankunft, Gepräge, Gewicht und Werth der in Sachsen, Thüringen und Meissen gemünzten Groschen . . . Wittenberg 1727. V: *Wagner, Polycarp Samuel.* (CBH) (MS)

– v. Ankunft, Gepräg rc. d. in Sachsen rc. befindl. Groschen. m. K. 4. Wittenb. 728.

Gründliche Nachricht und Anweisung von Würckung und Gebrauch einiger bewährten Medicamenten, bey allerhand Arten Kranckheiten... 20 S., gbd.

o.O.: Lehmann o.J.

Nachricht (Gründliche) von der allhiesigen Armen-Cassa und wie es mit der Verpflegung deren Dürftig- u. Nothleidenden dermalen gehalten wird. 4⁰. Wien 1741.

Gründliche Nachricht von dem Bau-Wesen in Franken etc. Mit Kupfern. Schwabach 1775. 4⁰.

Gründliche Nachricht von den zu Koppenhagen am 17.Jan.1772 vorgefallenen Begebenheiten, und entdeckten Verbrechen derer Grafen Struensee und Brand..nebst einem Gespräch im Gefängniß zwischen Brand und Struensee. Übers. a.d.Dän. 46 S., gbd.

Hamburg, Leipzig: 1772

Nachricht, Gründliche, von denen Begebenheiten und Verbrechen der Grafen Struensee und Brand, Hamburg (Schwabach, Mizler) 1772.
Weller, fing. Dr. I. p. 105.

Gründliche und bescheidene **Nachricht** vom Ansehen der Kirchen-Versammlungen, sonderlich des Concilii Tridentini ... Angeh. ist Carl du Moulin Rathschlag, von Annehmung des Concilii Tridentini in Franckreich; ins Teutsche übers. von Ge. Ludw. Oeder. Schwabach 1736.

Gründliche Nachricht von denen, von einigen Räubern u. Spitzbuben an dem Pfarrer zu Edderitz Herrn Alrico **Plesken** u. einem Schneider Hansen Lingen u. dessen Ehe-Weibe in Febr. u. Martio 1713 ausgeübten Diebstahl, gebrauchten entsetzl. Marter u. respective begangenen Mord u. der in der Stadt Cöthen ergangenen Inquisition u. den 4. Mai 1714 darauff erfolgten Execution. o. O. 1714.

Gründliche Nachricht von den Frey-Maurern, nebst angehångter [2. Aufl.:] beygefůgter historischen Schutz-Schrifft. Franckfurt a. M.: Andreå 1738. 140 S. 1 Titelkpf. 8⁰

[Dasselbe.] 2. verm. Aufl. Ebendas. 144 S. 1 Kpf. 8⁰
cf. Frmr. Bibliothek. 1 (1778) S. 81; 2. Aufl. 1782; 3. Aufl. 1792.

— v. d. Freymaurern. 8. Frankf. 740.

Nachricht, Gründliche, von den Sichersreuther Heilbronnen bey Wunsiedel im Bayreuthischen ... Hof 1785. V: *Schmidt, Joh. Gg.* (Fiker) ›1784‹ (MGT)

Nachricht, Gründliche, von den Herzogen von Pommern, Danziger Linie ... Berlin 1774. V: *Gercken, Philipp Wilhelm.* (Holz) (ML)

Nachricht, Gründliche historische, von denen in dem Heil. Römischen Reich Teutscher Nation von Zeiten des Ableibens weyland Kaysers Friderich II. biss auff die Regierung ... Kaysers Leopoldi vorgewesenen Interregnis und in denen selben hergebrachten Vicariaten. Ed. 2. Wetzlar 1711. V: *Deckher von Wallhorn, Johann.* (KGBerlin I, 1253)

Gründliche historische Nachricht vom Teufel, darin die Siege, so der Teufel über das menschliche Geschlecht — erhalten hat, klar und deutlich erwiesen. Ersterer und anderer Theil. Aus dem Englischen u. Französischen übersetzt. Cöthen 748. 8.

Nachricht, Gründliche historische, vom Teuffel, darinnen die Siege, so der Teuffel über das menschliche Geschlechte von Eva an, bis auf unsere Zeiten erhalten hat, klar u. deutlich erwiesen. Erster und anderer Theil. Aus dem Englischen und Frantzösischen in das Teutsche übersetzet. Cöthen 1788. V: *Swinden, Jeremias.* (Grässe, Bibliotheca magica et pneumatica, S. 11 u. 9)

Gründliche Nachricht in abgeurtheilter peinlicher Inquisitions-Sache, Christoph Christ. Händels, ehemal. Brandenb.-Onolzbach. General-Superintendentens, worinnen gezeiget wird, welchergestalten er nicht nur von 23 Scriptis criminosis, injuriosis et seditiosis entweder selbst Author seye oder doch selbige zum Druck befördert, sich wider das 6. Gebot sehr vergangen etc. etc Onolzbach 1720. Fol. 219 S. (8 Mk. 50 Pfg. B. Seligsberg, Bayreuth, 1907:)
Sehr seltene umfangreiche Schrift üb. die schweren Missetaten u. Verbrechen (Betrug, Hurerei, Fälschung etc.) dieses geistlichen Herrn, der dafür zu lebenslängl. Gefängniss verurteilt wurde.

Gründliche Nachricht vom Conclave. Oder Neueste Historie des Römischen Hofes, enthaltend I. Das Ruhm-wurdige Leben Regierung und Tod Pabstes Clementis XI. II. Den Ursprung, die Hoheit und Würde der Cardinale III. Conclave IV. Wahl des neuen Pabsts Innocent XIII. Frankfurth, Bey Johann Philipp Gerhard 1721
326 S. 14 Taf. in Kupferst. 8°

— v. Conclave, od. neueste Hist. d. röm. Hofs, m. K. 8. Nürnberg. 740.

Nachricht, Gründliche, vom Konklave oder der Papstwahl. Wien 1775. V: *Geissau, Anton Ferd. von.* (Behrisch, Wiener Autoren 1784) (KY 2/328) (BiblPort)

Gründl. Nachr. v. d. sogen. pohlnischen Kranckheit. 1735.

Nachricht, Gründliche, von der kaiserlichen Crönung, welche von Caroli M. Zeiten an ... vom Pabst geschehen ist. O. O. 1711. Ü: *Wolfart, Joh. Daniel.* (stri)

Gründliche Nachricht Von der Käyserlichen Freyen und des H Römis. Reichs Stadt Lübeck Welche Denen Einheimischen und Fremden aus unverwerfflichen Documenten mit aufrichtiger Feder ertheilet wird Lübeck 1713 8°

Gründliche Nachricht von dem Marsche und wichtigen Unternehmungen der Englisch- und Deutschen Armee unter Commando . Ferdinands, Hertzog von Braunschweig . . gegen die vereinigte Kayserliche, Reichs- und Frantzösische Armee. (Anfang April 1759). 4.

Nachricht, Gründliche, von dem an die Stadt Lübeck Anno 1359. verpfändeten Dominio . . . Möllen. O. O. 1740. V: *Meyern, Joh. Gfr. von.* (Schles) (Holz)

— von der Herrschaft und Vogtey Möllen 2c. gr. Fol. Göttingen. 740.

Nachricht, Gründliche, von dem Teutschen Münzwesen älterer und neuerer Zeiten . . . Göttingen 1739. V: *Praun, Georg Septimus Andreas von.* (ML) (BrMm) (Ky)

Anonym „Gründliche Nachricht von dem teutschen Münzwesen älterer und neuerer Zeiten, mit Johann David Köhlers Vorrede", Göttingen 1739 (A Vandenhoeck & C H. Cuno). — Vorh. Bibl. des Oberlandesgerichts Celle — (an Tc 382) — StB Nürnberg und German Museum Nürnberg. — 2 Auflage Helmstedt 1741 (Chr Frdr Weygand), vorh. Bibl des Oberlandesgerichts Celle — Tc 386 — und StB Nürnberg.

Nachricht, Gründliche, von dem Münzwesen insgemein, insbesondere aber von dem Teutschen Münzwesen . . . Helmst. 1741. V: *Praun, Georg Septimus Andreas von.* (ML) »1739« (Pütter, Litt. d. Teutsch. Staatsr. Gött. 1773—91. III. 565.) (BrMm)

Nachricht, Gründliche, von des glorwürdigsten Churfürsten zu Pfalz Friderici Victoriosi . . . hoher Stammlinie . . . angeerbten . . . Rechten . . . O. O. 1731. V: *Frühauf, Joh. Frdr. von.* (Holz)

Nachricht und Vorstellung, Gründliche, die der Stadt Nürnberg allergnädigst verliehene beede böhmische Lehengüter, Rothenberg und Hartenstein betreffend. O. O. 1708. V: *Hochmann Frh. von Hochenau, Hnr. Chph.* (Holz) (Weber) (Will)

Gründliche und warhaffte Nachricht, aus was Ursachen . Hedwig Sophia ... Hertzogin zu Schlesswig-Holstein .. etc. und .. Christian August, Erwehlter Bischoff des Stiffts Lübeck, in Vormundschafft ... Carl Friederichs Hertzogen zu Schlesswig Holstein ... etc, Sich gemüssiget gefunden, das dem Hertzogthum Holstein, in specie dem Fürstenthum Stormarn Fürstlich Gottorpischen Antheils, Erb-Eigenthümlich angestammtes uhralt-Vätterliches, eine Zeit hero aber von dem Herrn Graffen Rantzow detinirtes Ambt Barmstede gegen Darlegung der dem vorgeben nach darauff verschossenen vermeintlichen Kauff-Summe reoccupiren zu lassen. o. O. 1706. 4°

Nachricht, Gründliche, was es mit dem Burggrafthum Magdeburg . . . vor eigentliche Bewandtnüss gehabt . . . [Leipzig?] 1709. V: *Ludewig, Johann Peter von.* (BrMm)

Nachricht, Gründliche, was es mit dem Hochfürstl. Löwensteinischen Matricular-Anschlag im Hochl. Fränkischen Kreis für eine Beschaffenheit habe . . . Wertheim 1755. V: *Hinkeldey, Hieron. Heinrich v.* (Holz)

Nachricht, Gründliche, was es mit denen zwischen Ihrer Königl. Majestät in Pohlen . . . und dem Hause Schwartzburg . . . errichteten Recessen vor eigentliche Bewandniss habe . . . Dresden 1716. V: *Griebner, Mich. Hnr.* (Holz)

Gründliche Nachricht von denen Ceremonien, welche jederzeit nach dem Absterben eines Pabstes ausser und in dem Conclave bis zur Wahl und Crönung eines neues Pabstes vorgehen. Ingleichen von dem Ursprung, Hoheit und Würde der Cardinäle Mit Kupfern Frankfurt und Leipzig, bei George Peter Monath 1769.
Tit. 2 Bl. 166 S. 12 Taf. in Kupferst. 8°

— gründl., von den Ceremonien nach Absterben eines Papstes. Mit Kpf. 8. Nürnb., Monath u. K. 6 gr.

Gründlich-verfaßte historische **Nachricht** von dem berühmten Jülich- u. Bergischen Succeßions-Streit von Anfang des 14. seculi biß auf das Jahr 1739. Franckfurt u. Leipzig 1739.

Nachricht und Grundriss einer Erziehungs-Anstalt für junge Leute, welche zur Handlung bestimmet sind. [Frankfurt a. M.] o. J. V: *Bartsch, Friedrich Gottlieb.* (StBFrankf I, 198)

Nachricht von der Gründung und dem Fortgang einer Bildungsanstalt für die Jugend durch die ger. u. vollk. Loge zur Einigkeit in Frankfurt am Main. Stück 1. [Frankfurt a. M.] 1804. 16 S. 4°
Kl. 559. 138.

Nachricht von der Gründung einer naturforschenden Gesellschaft zu Jena am 14. July 1793 nebst den dabey gehaltnen Reden, den Statuten der Gesellschaft, und dem Verzeichnisse ihrer Mitglieder. ([Hrsg.:] A[ugust] J[ohann] G[eorg] C[arl] Batsch.) Jena: Cuno in Komm. (1793.) 56 S. 8°

— von d. Gründung e. naturforsch. Gesellschaft zu Jena d. 14. Juli 1793, (v. A. J. G. K. Batsch). 8. Jena 793. Stahl. 4 gr.

Nachricht über die Gründung des Wiener Nationaltheaters. Wien 1770. V: *Brahm, Moritz von.* (GGr)

Nachricht über die Gründung der Tochtergesellschaft der Rheinisch-Westphälischen Gefängnifs-Gesellschaft für sittliche und bürgerliche Verbesserung der Gefangenen zu Köln. *Köln am Rhein.* 1829

—von d. Joachimthal. Gymnasium zu Berlin. 8. Berl. 777. Nicolai. 4 gr

Nachricht von dem Königl. Joachimsthalschen Gymnasium . . . Berlin 1850. V: *Meineke, Johann Albrecht Friedrich August.* (BrMm)

Nachricht, Hamburgische; Göttingische Anzeige; Berlinische Beurtheilung der Kreuzzüge des Philologen . . . Mitau 1763. V: *Hamann, Joh. Gg.* (Hamann, Schriften hsg. v. Roth II.) (ML) (R-N) (Ky)

Nachricht vom Handel in Schlesien. Breslau 1805. V. *Zimmermann, Frdr. Albr.* (LVS)

Anonym „Nachricht vom Handel in Schlesien. Nebst einer Tabelle der Aus- und Einfuhr schlesischer und fremder Producte und Waaren", Breslau 1805. — Vorh.: Com. Bibl. Hamburg.

Anonym: „Nachricht vom Handel in Schlesien, nebst einer Anweisung von Aus- und Einfuhr schlesischer und fremder Produkte und Waaren", Breslau 1805 (Gehr).

— v. d. Handlung d. Holländ. in a. Th. d. Welt. 8. Hannover. 717.

Nachricht von einer Handschrift des lateinischen Gedichts von Attilas Heereszügen . . . [Bayreuth 1782.] V: *Molter, Friedrich.* (MGT)

Nachricht von dem hochfreiherrlichen Geschlecht von Hanstein. fol. Hamburg 1775.

Nachricht von den ehemaligen liefländischen Hauptmannschaften oder Starosteien. [Riga 1783.] V: *Brotze, Johann Christoph.* (R-N)

Nachricht von einigen Häusern des Geschlechts doren von Schlieffen oder Schlieben, vor Alters Sliwin oder Sliwingen (von M. E. v. Schlieffen). Mit vielen Stammtfln. u. Wappen. Cassel 1784. 4.

Nachricht von einigen Häusern des Geschlechts der von Schlieffen oder Schlieben . . . Cassel 1785. V: *Schlieffen, Martin Ernst Freih. von.* (MGT) ›1780‹ (Pütter, Litt. d. Teutsch. Staatsr. Gött. 1773—91. IV, 264.) ›1784‹ (ADB)

— v. einigen Häusern d. Geschlechts d. v. Schlieffen oder Sliwin, (v. M. E. v. Schlieffen). Mit Kpf. gr. 4. Cassel 780. N. A. 785. Waisenhaus.

Nachricht, Haynewaldische. Zittau 1755. V: *Michaelis, Christoph.* (OL)

Nachricht von der gymnastischen orthopädischen Heilanstalt zu Dresden. Dresden [1847]. V: *Heinicke, C. W.* (Kat. d. stat. Bureaus. Dresden 1890.)

Nachricht von Herculaneum. Aus dem Französ. von J. P. Eberhard. Erfurt und Leipzig 749. 8.

— v. Heuschrecken. 8. Frankf. 750.

— v. einig. Hülfsmitteln, d. Gesundh. z. erhalt. 2 Thle. 8. Prenzl. Ragoczy. 747.

Nachricht über öffentliche Hülfsmittel und Unterstützungen, welche zu Gunsten der Studirenden auf hiesiger Universität bestehen. ([Inhalt:] I. Universitätsbibliothek. II. Akademischer Krankenfonds. III. Öffentliche Beneficien.) o. O. [nach 18. 7 1845 und wohl vor 18. 2. 1849] 4 S. 4° [Kopft.]

Hiervon fanden sich nachträglich in den Akten XV, 13 I Drucke aus den Jahren 1843, 1846, 1849, 1852, 1855, sämtlich zu je 4 S. 4° [Kopft.]

— histor., von Allendorf, Salzungen, Ringelstein, Otterinden rc. 4. Gotha 766. Dieterich in Götting. 3 gr

— hist. v. Nonnenkloster Allendorf rc. 4. Gotha, Dieterich. 766.

Nachricht, Historische, von dess loblichen Hirten- und Blumen Ordens an der Pegnitz, Anfang und Fortgang . . . Nürnberg 1744. V: *Herdegen, Joh.* (Rüdiger, Neuest. Zuwachs. Liegnitz 1782—93. IV, 158.) (MN)

Nachricht, Historische, von dess löblichen Hirten und Blumen Ordens an der Pegnitz Anfang und Fortsetzung bis auf das . . . erreichte Hundertste Jahr. Nürnberg 1744. V: *Herdegen, Jo.* (V. A. Heck, Wien XXXIV/149)

Nachricht, Historische, den Anfang und Zustand des Postwesens im Stift Hildesheim . . . betreffend. Frankf. u. Leipz. 1760. V: *Hinüber, Georg Heinrich.* (JStBbH) (Pütter, Litt. d. Teutsch. Staatsr. Gött. 1773—91. III, 587.)

Nachricht, Historische, von dem Bau der Haupt- und Pfarrkirche zu St. Johann in Zittau. [Görlitz 1778.] V: *Renger, Jacob.* (OL)

Historische Nachricht vom Blocksberge und der Herenzusammenkunft auf demselben. Braunschweig 726. 8.

Nachricht, Historische, von den Mährischen Brüdern zu Herrnhaag, in der Grafschaft Büdingen, worin, was bey und nach ihrer Aufnahme bis jetzo her meistentheils in Politischen Händeln vorgegangen, aus den Büdingischen Acten zusammen getragen worden u s. w 8⁰ Frankfurt und Leipzig, H L. Brönner, 1751 8⁰ (4 Mk 50 Pfg Adolf Weigel, 1908.)

—— histor., vom Brüder-Gesangbuche d. J. 1778, u. dess. Lieder-Verfassern. 8. (15 B.) Gnadau 835, Burkhard. (Leipzig, Kummer.)

Nachricht, Historische, vom Brüder-Gesangbuche des Jahres 1778. 2. Aufl. Gnadau 1851. V: *Gregor, Christian.* (ADB 23, 712)

Anonym. „Historische Nachricht, Dass bey nahe kein einziger des Münz-Regalis berechtigter Reichs-Stand, allermeist des Ober-Sächssischen und Fränkischen Creysses, sich schon von vielen Jahren her an die vormals geordnete Creyss-Münz-Städte wenn es nicht dero eigene Landes-Stadt gewesen, gebunden habe", anno 1759 — Vorh. StB Nürnberg.

Nachricht, Historische, dass beynahe kein einziger . . . Reichsstand . . . sich . . . an die vormals geordnete Kreismünzstädte . . . gebunden habe. O. O. 1759. V: *Kobe von Koppenfels, Joh. Seb.* (Holz) (ML)

Histor. Nachricht von den Denkwürdigkeiten der Stadt Chemnitz 8 Chemnitz 1734 0,65

— v. d. Denkwürdigk. d. Stadt Chemnitz. 8. Chemnitz, Stössel. 735.

— hist., v. d. Einweih. d. Gymnasii in Altona. 4. Altona. 744.

— histor., von d. Elende d. 1777 auf d. Wallfischfang verunglückten Schiffs Wilhelmina rc. 8. Brem. 779. Förster. 5 ½

Nachricht, Historische, wegen der an verschiedenen Gegenden im Norden . . . bemerkten Erdbewegung. Flensburg [Glücksstadt] [1755]. V: *Lossau, Carl Ernst August.* (Schr)

Histor. Nachricht v. d. Oliv. Frieden, worinn, kürzl. enthalten, was selb. veranlasst u. wie darin vorneml. d. poln. Preussen mit eingeschloss. worden, wie nicht weniger auch, wer d. Garanteurs v. solchen seyen, dem zugl. e. kurze Beschr. dies. Landes mit beigef. etc. *Hamb.* 725. 4.

Nachricht, Historische, von den Garnisons-Kirch- und Schulanstalten in Berlin und deren Gebäude, Patronen, Prediger. Berlin 1743. V: *Walther, J. F.* (MAY 91/201) (BIBLPORT)

Historische u geographische Nachricht von Dresden u. dessen Merkwürdigkeiten u Schicksalen M 1 Pl Leipzig 1761

Nachricht, Historische, von der Römisch-Kayserlichen Grossbothschaft nach Constantinopel. Nürnberg 1723. V: *Jungendres, Sebastian Jac.* (ML) (BB) (Will)

Nachricht, Historische und gründliche, von dem Rechte der Succession in dem Königreiche Schweden . . . Nebst einer . . . Vorstellung von der Successions-Gerechtigkeit . . . Leipz. 1721. V: *Hein, Dav.* Ü: *Silvius, David.* (Bygdén, Svenskt anon. och pseud. lex. Upsala 1898 ff. I.)

— hist., v. d. Hirten- u. Blumenorden an der Pegnitz rc. s. Nachrichten v. d. Blumenorden.

Nachricht, Historische, von der Judengemeinde in dem Hofmark Fürth . . . Frankf. u. Prag 1754. V: *Würfel, Andreas.* (ML) (Ky)

Nachricht, Historische, von dem . . . Kampf Johannes Bosserten von Altstetten. Zürich 1740. V: *Ulrich, Joh. Casp.* (Cat. d. Stadtbibl. Zürich. Zürich 1864—97.)

Nachricht, Historische, von den aufgehobenen Carthäusern und Nonnenklöstern. 2. Auflage 1783. V: *Geissau, Ant. Ferdinand von.* (WBL V/127) (BIBLPORT)

Nachricht, Historische, die öffentliche Katechismusübung in Görlitz betreffend. Görlitz 1764. V: *Giese, Gottlieb Christian.* (OL)

Nachricht, Historische, von der Kirche zu S. Johannis in der Vorstadt zu Kemnitz. Kemnitz 1724. V: *Herrmann, Gottlieb.* (Myl) (Kat. d. stat. Bureaus Dresd. Dresden 1890.)

Nachricht, Historische, von der Kirchenbibliothek bey der Hauptkirche zu S. S. Petri und Pauli zu Görlitz. Görlitz 1763. V: *Giese, Glieb Chn.* (ML) (OL)

Nachricht, Historische, die Confirmationshandlung überhaupt und besonders in Görlitz betreffend. Görlitz 1765. V: *Giese, Gottlieb Christian.* (OL) (ML)

Nachricht, Historische, von dem Nordischen Kriege ... Freystadt [Jena] 1716—26. V: *Zschackwitz, Joh. Ehrenfr.* (Schles) »1715—26« (Pr)

Nachricht, Historische kurze, von der Freymaurer-Mutterloge zu den drey Weltkugeln in Berlin. Berlin 1775. V: *Wöllner, Joh. Christoph von.* (Tt)

Nachricht, Historische, von dem betrügerischen Leben ... des angeblichen Grafen Don Dominiko Emanuel Caetano Conte de Ruggiero ... Berlin u. Frankf. an d. O. 1790. V: *König, Anton Balthasar.* (Ky) (MGT)

— histor., von d. betrüger. Leben u. rühml. Ende d. Grafen Don Dominiko Emm. Cätano d. Ruggiero rc. (v. A. B. König). 8. Frankf. a. O. 791. Kunze. 10 ℛ

— hist., v. d. Leb. u. Schr. W. Dodd's z. London. 8. Lpz. Jacobäer. 777.

— histor., von d. Leben u. Schriften W. Dodd's zu London. 8. Leipz. 777. (Aue in Altona). 4 ℛ

Nachricht, Historische, von dem letzten Lebensjahre Königs Friedrich I. ... 1787. V: *Hertzberg, Ewald Friedrich Graf von.* (Bresl 31, S. 221)

Historische Nachricht von denen Lustbarkeiten, welche der König bey Gelegenheit der Ankunft I. Königl. Hoheit u. Marggrafens von Brandenburg-Bareuth, 1750, zu Potsdam, Charlottenburg u. Berlin angestellet hat. (Aus dem Französischen von Joh. Jacob Wippel). Berlin. 4.

— histor., von d. Maria Theresia-Orden. Mit Kpf. 4. Nürnb. 763. Bauer. 5 ℛ

historische Nachricht von dem ehemaligen Russischen Staatsminister Alexander Daniel Fürsten Menzikoff 8 s. l. (Leipzig). 1728.

Nachricht, Historische, von den Orgeln der St. Petri und Paulikirche zu Görlitz. Görlitz 1766. V: *Giese, Gottlieb Christian.* (OL)

Nachricht, Historische, von der Regimentsverfassung und dem Rathe der Reichsstadt Bremen ... Bremen 1768. V: *Post, Hermann v.* (Schletter, Handb. d. jurist. Litt. Grimma 1843. S. 276.) (ErschJ)

— histor., v. d. Samojeden u. Lappländern, (v. Tim. Merzahn v. Klingstädt). Aus d. Französ. 8. Riga u. Mitau 768. Hartknoch. 2 ℛ

Nachricht, Historische, von den Samojeden und Lappländern. A. d. Franz. Riga 1769. V: *Merzahn v. Klingstedt, Timoth.* (MGT) (Ky)

Nachricht, Historische, von der St. Johanniskirche zu Zittau. Leipz. u. Görl. 1766. V: *Knauth, Christian.* (OL)

— histor., v. d. Missionärs Peter Sans, Franz Serrano u. ihren Gesellen aus d. Predigerorden, welche 1745—48 in China gemartert worden. 8. Augsb. 770. Kranzfelder. 4 ℛ

Nachricht, Historische, von dem ... Herrn C. Schwenckfeld vom Ossing ... Prentzlau 1744. V: *Köpke, Adam.* (BrMm)

— v. d. vor 200 J. bek. Casp. Schwenkfeld von Ossig. 8. Prenzlau. 744.

Historische **Nachricht** samt denen Statuten des neuerrichteten Hochpreisslichen Jonathaner-Ordens oder der Société de la parfaite et veritable amitié von J. C. G. Nürnberg: Fleischmann 1764. 16 Bl. 2°

Kl. 2691. Betr. einen vom Herzog Christian Franz zu Sachsen-Koburg-Saalfeld 1756 zu Leitmaritz gestifteten Orden, der besonders für Offiziere sein sollte. Das Grossmstrtum sollte unveränderlich im Herzogl.-Koburgisch. Hause verbleiben. Nebst Verzeichnis der Mitglieder. Dieser Orden scheint also mit dem Orden J. u. D. nicht identisch zu sein.

Nachricht, Historische, samt denen Statuten des neu errichteten hochpreisslichen Jonathaner-Ordens ... Nürnberg 1764. V: *Gritsch, Johann Chph.* (SJL)

Nachricht, Historische, von verschiedenen entdeckten Steinkohlen im Kanton Bern. [Bern 17??] V: *Sinner, Joh. Rudolph.* (ML)

Nachricht, Historische, vom weltlichen Stifts-Ritterorden des heiligen Joachim und dessen Statuten. [Hann. 1804.] V: *Wehrs, Georg Friedrich von.* (MGT)

— histor., von d. Stiftung u. Aufhebung d. Klosters Hamburg bei Langensalza. 4. Langens. 774. Martini. 3 ℛ

Nachricht, Historische, von derjenigen ... Streitigkeit, welche zwischen denen beyden ... Hessischen Häusern, Cassel und Darmstadt, in Ansehung dero beyderseitigen Universitäten ... entstanden. [Halle 1760.] V: *Weidlich, Christoph.* (ML)

Nachricht, Historische, von den Superintendenten in der Neustadt Alt-Brandenburg a. d. Havel. 1726. V: *Gottschling, Caspar.* (ADB 8, 371.)

Nachricht, Historische, von dem Unterrichte der Taubstummen und Blinden ... Leipzig 1793. V: *Petschke, Adolph Friedrich.* (Ky) (ErschDL) (Mell) (MGT)

— histor., von d. Unterricht d. Taubstummen u. Blinden, (von A. F. Petschke). 8. Leipz. 793. Breitkopf u. H. 14 gr

HISTORISCHE Nachricht von dem Ursprung, Merckwürdigkeiten, Wunder und Gnaden des alten und neuen Gnadenorths zu Dömölk. o. O. o. J. o. Dr. - 2°

Nachricht, Historische, von dem Ursprunge und Wachsthum der Stadt Nürnberg. Frankf. u. Leipz. [Halle] 1707. V: *Gundling, Nicolaus Hieron.* (will) (BB) (Wr)

Nachricht, Historische, von der Verfassung des Fürstenthums Schwerin besonders in Politicis. [Schwerin?] 1741. V: *Verporten, Joh. Burchard.* (BrMm)

Nachricht, Historische, von denen Vicariaten des H. R. Reichs. O. O. 1711. V: *Struv, Burkh. Gottl.* (Holz) »Jena 1711« (Pütter, Litt. d. Teutsch. Staatsr. Gött. 1773—91. III, 835.)

Historische Nachricht von den Vicariaten des Heil. Röm. Reichs wie sie nach Unterscheid des Römischen. Teutschen u. Italiänischen Reichs unterschieden ... von Zeiten Kaysers Friedrich des Zweyten bis auf Anno 1711. Franckfurt a. M. 1740.

—v. Reichsvicariaten. 4. Frankf. a. M., Jäger. 5 gr

Nachricht, Historische, vom Voigtlande ... Jena 1725. V: *Körber, Christian.* (Myl)

Nachricht, Historische, was es mit dem in diesem 1725. Jahr in der römischen Kirche zu feyrenden Jubilaeo vor eine Bewandniss habe. Leipzig 1724. V: *Marperger, Paul Jacob.* (Myl)

— hist., von der Wasserfluth im Holsteinischen. 8. Hamb. 732.

— historische, von der Stadt Wetzlar. 4. Wetzlar. 734.

Nachricht, Historische, wie sehr tiefsinnig die letzte Krieges Handlung durch die Königl. Oesterreichische und Chur Sächsische Generals-Personen hat ausgeführet werden sollen, um des Königs von Preußen innere Erb-Lande die Chur-Marck Brandenburg gäntzlich zu ruinieren. Wie wunderbar aber des Höchsten Hand solches gewendet, wird durch einen Sächsischen Officier selbst beschrieben und erörtert. Nach dem Cöllnischen Marteauschen Exemplar 1746. V: *Dyherrn, Georg Carl von.* (Preuß. Staatsschriften. II. Bd. Berl. 1885. S. 268.)

Historische Nachricht, wie sehr tiefsinnig die letzte Kriegs-Handlung, durch die Königl. Oesterreichische und Chur-Sächsische Generals-Personen hat ausgeführet werden sollen, um des Königs von Preussen innere Erb-Lande die Chur-Marck Brandenburg gäntzlich zu ruiniren. Wie wunderbar aber des Höchsten Hand solches gewendet, wird durch einen Sächsischen Officier selbst beschrieben und erörtert. Nach dem Köllnischen Marteauschen Exemplar 1746. 4. (16 S.)

Nachricht, Historische, von den Zigeunern. Halle 1720. V: *Zinke, Gg Heinrich.* (ML)

Histor.-geneal. Nachricht von dem durchlaucht Hause Schwartzenberg.

Nachricht, Historisch-geographische, von der Abtey Yrsen. [Nürnberg 1794.] V: *Haid, Joh. Hercules.* (ML)

— histor.-krit., v. Leben u. Schriften einiger Dichter in d. Westmünsterabtey rc. 8. Lübeck 764. Donatius. 16 gr

Nachricht, Historisch-Okonomische, von dem Rittergute D***. O. O. [17??]. V: *Heinitz, Friedrich Anton Freih. von.* (MGT)

Nachricht, Historisch-physicalische, von dem Zaysenhauser mineralischen Brunnen und Bade ... Stuttgart 1746. V: *Gesner, Johann Albrecht.* (ML)

Nachricht, Historisch-statistische, von dem Marktflecken Berolzheim im ... Fürstenthum Ansbach ... [Ansbach 1794.] V: *Ulmer, Friedrich Ferdinand.* (ML)

— von d. eingegangenen Hoftheater zu Gotha. gr. 8. Gotha 780. Ettinger. 2 gr

Nachricht von dem neuen Hospital- Bau zu Weickersheim in der Grafschafft Hohenlohe. o.O.(1746)
8 S. 8°

Nachricht von der in Korneuburg bestehenden Industrie-Anstalt für die Jugend. 3. Aufl. Wien 1798. V: *Gaheis, Franz de Paula Anton.* (wrztg 1799, S. 1427) (Fideicomiss-Bibliothek Wien 2/391, Nr. 13990) (F. de Paula Gaheis, Wanderungen, Bd. 8, S. 255) (biblport) (GGr VI/546, Nr. 23/19)

„Nachricht von der vaterländischen Industrie-Gesellschaft in Nürnberg", Nürnberg 1793 (Grattenauer).

Nachricht von dem hieselbst errichteten Klinischen Institute zum Besten der Armen. [Kiel 1785.] V: *Weber, Georg Heinrich.* (schles)

Nachr. v. d. k. k. Instit. f. blinde Kinder i. Wien. Wien 1812.

Nachricht von dem kaiserlichen königlichen Institute für blinde Kinder in Wien. Wien 1815. V: *Klein, Joh. Wilh.* (Mell)

Nachricht von einigen vor die Liebhaber der Lectüre in Schlesien und besonders in Breslau errichteten Instituten. [Breslau] 1781. V: *Streit, Carl Conrad.* (Kat. d. Druckschr. üb. Breslau. Breslau 1903. S. 351.)

Nachricht von den Journalen. Gardelegen 1718—24. V: *Goetten, Heinrich Ludwig.* (Adel)

Nachricht von der Jubelfeier in den königl. Dän. Staaten zum Andenken der vor tausend Jahren (826) allhier gegründeten christlichen Religion ... O. O. [1826]. V: *Schultze, Johann Hnr.* [?]. (LS)

—— über das am 2. Mai 1838 zu Dessau gefeierte Jubelfest d. Anhaltiner, welche d. Feldzügen geg. Frankreich in d. J. 1813, 1814 u. 1815 beigewohnt haben. Zu ein. Gedächtniß an dass. zusammengetr. u. allen seinen Kameraden gewidm. v. ein. Theilnehmer am Feste. 4. (4 B. u. 1 Stnt.) Dessau 838, Fritsche u. Sohn.

—— dass. — 4. (4 B. u. ill. Stnt.) Ebds. 838. Blnp. m. Goldschn. *

Nachricht von zwey grossen Braunschweigischen Juristen vel quasi und ihren Thaten. [Leipz. 1799.] V: *Wolffram und Wolfframitz, Carl Joh. Glieb Freiherr von.* (MGT)

[Wappen F. u. F] | Nachricht | Von Wegen | des Kaysers und Königs. | Da verschiedenen Personen, insonderheit auf dem Platten-|Lande, möchte unbekannt seyn die Gefahr, (Nachricht über die Verhaftung durch die Militärwachten) Gegeben zu Lutzemburg | den Iten Octobris 1782. (Am Ende:) Lutzemburg, | Bey der Wittib J. B. Kleber, 1782. |
2 S., 4° (335 x 205 mm).

— v. der evangel.-lutherisch-deutschen Kirche zu Genf. 4. Götting. 768. Dieterich.

Nachricht von der evangelisch-reformierten Kirche zu Göttingen nebst der Rede, welche bey Legung des Grundsteines ist gehalten worden. Göttingen (1752).

Nachricht von der sogenannten neuen Kirche oder dem neuen Jerusalem der Anhänger Emanuel Swedenborgs ... Weimar 1789. V: *Schneider, Christian Wilhelm.* (winer) (Ky) (ML)

— v. d. sogenannten neuen Kirche, od. d. neue Jerusalem. 8. Weim. 789. Hoffmann. 4 gr.

Nachricht von einer im Jahre 1613 durch das Herzogthum Liefland ergangenen katholischen Kirchenvisitation ... [Riga 1795.] V: *Brotze, Johann Chph.* (R-N)

—— über die unt. d. Namen Kinderstube d. Armenpflege in Stralsund angelegte Klein-Kinder-Schule. 8. (2 B.) Stralsund 828, Löffler.

Nachricht von der Klosterkirche in Görlitz. Görl. 1764. V: *Knauth, Chn.* (ML)

— v. den Kometen u. ihrem Einfluß auf die Erde. 8. Hof 790. Grau. 2 gr.

Nachricht vom Könige in Preussen und der Kriegsverfassung der preussischen Armee. Leipzig 1778. V: *Geusau, Anton Ferdinand von.* (Annalen. Wien 1804. Intellbl., Sp. 148) (Zeitschr. f. Büch. N. F. 15, 1923, S. 117)

— v. einer unglückl. Königin, nebst ihren Briefen an Freunde; aus d. Engl. 8. Boston. (Leipz.) 777. (Celle, Schulze). 10 gr.

Nachricht von dem Päpstlichen Conclave, insonderheit was sich 1721, 1724 u. 1730 darinnen zugetragen. Frankf. u. Leipz. 1730. V: *Jungendres, Sebastian Jac.* (ML) (BB)

— v. d. alt. u. n. Corsika, n. d. Leb. d. Kön. Theodor und 1 Th. 4. Frankf. Monath. 736.

Nachricht von der wohlthätigen Krankenanstalt zu Petersburg. Petersburg 1791—93. V: *Lampe, Pet.* (call)

Nachricht von der gegenwärtigen Einrichtung und dem Fortgang des Instituti clinici, gegeben von Friedrich [von] Wendt. [1]-6. Erlangen: Palm 1785-86. 1 Bd 8°

[Fortges. u. d. T.:]
Nachricht von dem Fortgang des Instituti clinici. 2. 1786.
Nachricht von dem Kranken-Institut zu Erlangen. 3-6. 1785-86.

[1]-3/4: 2. Aufl. 1786.
5/6: 1785.

Nachricht von dem Krancken-Spital zur Allerheiligsten Dreyfaltigkeit, worinnen dessen Anordnung, und Beschaffenheit beschrieben, zugleich aber alle diejenige Ordnungen und Instructiones zusammen getragen worden, welche die, zur Besorgung der Billiot-Hoffmann- und Kirchnerischen Stiftung, von Hoch-Löbl. N.Oe.Regierung, bestellte Commission zum Behuf dieses Spitals gemachet, und ertheilet hat. 55 S., gbd.

Wien: v.Ghelen 1742

— v. e. merkwürd. Krankheit, welche Blanchart sich durch Enthaltsamkeit zugezogen. 8. Zürich 780. Orell. 3 gr

[Schmalen, A. v.] Nachricht von den Fränkischen Craistrouppen. Nebst einem Anhang von den schwäbischen Creisregimentern. Nürnberg, bey Gabriel Nicolaus Raspe 1782
102 S 12 Taf in kol. Kupferst. 8°
Geplant war eine Darstellung der gesamten Reichsarmee. Mehr nicht erschienen

Nachricht von den Fränkischen Kreistruppen . . . Nürnberg 1782. V: *Schertel von Burtenbach, Anton Eberhard Freih. von.* (Ky) (ML) (Pütter, Litt. d. Teutsch. Staatsr. Gött. 1773—91. IV, 493 f.) V: *Soden, Carl August Freih. von.* (MGT)

Nachricht von der Kriebelkrankheit, welche in dem Herzogthum Lüneburg in d. Jahren 1770 u. 1771 graßiret und wie selbige geheilet worden. Zelle: Gsellius 1771. 78 S. 8°
Aus: Nachrichten d. kgl. Großbritt. churfürstl. Braunschw. Lüneburg. Landwirtschaftsgesellschaft. Bd 2. St.5. 1766.

— von d. Kriebelkrankheit in Lüneburg. 8. Zelle 772. Gsellius. 4 gr

Nachricht von dem gegenwärtigen Kriege in Finnlandt. (5 B.) 4. St. Petersburg 1741

Nachricht von den gegen die Türken u. Tataren v. 1736—40 vorgefallenen Kriegsoperationen der kaiserl. russ. Armee.

— v. Jh. Chr. Kropp u. dessen Verurtheilung wegen d. v. ihm verübten Ermordung d. Bäckers u. Schenkwirths J. L. Koch u. dessen Ehefrau. gr. 8. Lemgo 774. Meyer. 4 gr

Nachricht von Lorenz Walther Küchel, Doctor der Arzneywissenschaft . . . Ulm 1806. V: *Veesenmeyer, Georg.* (MGT) (Call) (Heyd) (BrMm)

Nachricht von einigen Nürnbergischen Künstlern und ihren Arbeiten . . . [Weimar 1777.] V: *Häslein, Johann Heinrich* (Will) oder *Siebenkees, Joh. Chn* [?]. (ML)

— v. Künstlern, welche sich seit 1400 bis 1770 beim Münzwesen hervorgethan, s. Samml. v. Medailleurs rc.

· von Künstlern, welche sich seit 1400 bis 1770 b. Münzwesen hervorgethan. 4. Nrnb. Hausse. 781.

Nachricht von einer Kunstsammlung zu Hannover. 1781. 8°.

Nachricht von der Kunstsammlung des Hrn General v. Walmoden zu Hannover. [Leipz. 1767.] V: *Raspe, Rudolph Erich.* (Stri)

Nachricht von der öffentlichen Kunstschule in Zürich. Zürich 1776. V: *Meister, Leonh.* (Cat. d. Stadtbibl. Zürich. Zürich 1864—97.)

Nachricht von dem Kupferwerke zu Fahlun. [Hann. 1766.] V: *Beckmann, F.* (MS)

Nachricht für die Kurgäste und Reisenden über das Bad Pfäfers (im Canton St. Gallen ..). <Revidirte Ausg.> [Umschlag illustriert.] 8. St. Gallen.
Ausg. A 1853 — *Ausg. B* 1864.

Nachricht, Curieuse, von Erfindern und Erfindungen. O. O. 17?? V: *Marperger, Paul Jacob.* (Myl)

Nachricht, Curiose, von dem Jesuiter-Orden . . . Cöln 1716. V: *Tschudi, Joh. Hnr.* (Wr)

Nachricht, Curieuse, von denen heut zu Tag grand mode gewordenen Journal- Quartal- und Annualschriften . . . Freyburg [Jena] 1716. V: *Hunold, Marcus Paul.* (Myl) (Wr)

Nachricht, Curieuse, von dem Leben M. Sebastian Fröschel's. Leipzig 1722. V: *Usleber, Frdr. August.* (ADB 8, 150)

Nachricht, Curieuse, von einer neuen Art Seide, welche von den Spinnen-Weben zubereitet wird . . . Leipzig 1711. V: *Busch, Peter.* (BrMm)

Kurze Nachricht von d. Abmarsch der Sächs. Armee aus ihrem Lager bey Pirma. (15.) 4. Frankfurth 1756.

Nachricht, Kurze, von dem Anbau, u. Wartung des weissen Maulbeerbaums. Klgft., Kleinmayer, 1764. 14 S.

Eine kurtze Nachricht, von der Christlichen und liebreichen Anstalt, welche zum Besten und zur Unterweisung der armen Teutschen, und ihrer Nachkommen in Pennsylvanien, und andern daran gräntzenden Englischen Provinzien in Nord-America errichtet worden ist. *Herausgegeben auf Befehl derer, zu Ausführung dieser Sache, bestimmten Herren General Trustees. Philadelphia, Gedruckt durch Anton Armbrüster, in der Dritten-Straß, 1755. 16 S.*

Nachricht, Eine Kurtze, von der Christlichen und Liebreichen Anstalt, welche zum Besten und zur Unterweisung der Armen Teutschen ... in Nord-America errichtet worden ist ... Philadelphia 1755. V: *Smith, W.* (Seidensticker, German Printing in America. Philad. 1893.)

Nachricht, Kurze, von dem Ausgang und der allergerechtesten Entscheidung des ... zwischen den Herren Physikern zu Frankfurt am Mayn ... entgegen Herrn J. M. Hofmann ... vorgewesenen Rechtsstreits ... Frankf. a. M. 1769. V: *Schlosser, Hieron. Peter.* (Holz)

Nachricht, Kurze, von den Beschäftigungen der Gelehrten in Rinteln ... [Frankfurt 1784.] V: *Rullmann, Gg Wilh.* (stri) (MGT)

Nachricht, Kurze, von dem a. h. Besuche worin Ihre kais. Majestät unser Gymnasium (Kronstadt) am 7. Juni d. J. 1773 begnadigte. V: *Roth, Paul.* (WBL 27/97) (BIBLPORT)

Nachricht, Kurze, von den ungarischen Bibelausgaben. O. O. 1764. V: *Németh.* (Pk)

Nachricht, Kurze, von der kaiserl. königl. Bildergallerie zu Wien ... Frankfurt a. M. 1781. V: *Hilchenbach, Carl Wilhelm.* (MS) (MGT) (Ky)

Nachricht, Kurze, über die jetzigen öffentlichen und Privat-Bildungsanstalten der Stadt Eutin. Eutin 1803. V: *Götschel, Johann Chn Frdr.* (MGT)

Nachricht, kurze — über die Bruderschaft der allerheiligsten Dreifaltigkeit von der Erlösung der Gefangenen. Mit Genehmigung des F. B. Ordinariats Trient. Innsbruck. Gedruckt bei Felician Rauch. (16 S. 8.) 1856.

Nachricht, Kurze, von einem raren Buche: Bissendorfs nodi gordii resolutio ... Jena 1759. V: *Kobst, Joh. Andr.* (Hauptkat. d. Univ.-Bibl. Tübingen. K. S. 52.)

Nachricht, Kurtze, von den Büchern und deren Urhebern in der Stollischen Bibliothek. Jena 1733—37. H: *Stolle, Gottlieb.* (cb)

— — v. d. Stollischen Bibliothek. 18 Thle. 4. Jena. 735-43.

Nachricht, kurze, von einem in Tarnowo, Posener Kreises aufgestellten flachen Dache. gr. 8. Posen 842, Gebr. Scherk. verklebt. 1/6 ₰

Kurze Nachricht, von dem, was in Beziehung auf die Feier des dritten hundertjährigen Jubelfestes der Reformation in der Altstädter Sanct-Marien-Kirche durch freiwillige Beiträge verbessert worden. Rendsburg 1818. 8°

Nachricht, Kurze, von dem also genannten Dominio Rheni derer ... Churfürsten am Rhein ... O. O. 1745. V: *Kopp, Joh. Adam.* (Holz) (ML)

— v. dominio Rheni, weg. Trier u. Cöln. Fol. Neuw. 745.

Nachricht, Kurze, über die gegenwärtige Einrichtung des Erziehungsinstituts zu Schnepfenthal ... Schnepfenthal 1820. V: *Salzmann, Carl.* (MGT)

— kurze, über die gegenwärtige Einrichtung der Erziehungsanstalt zu Schnepfenthal. Mit 1 Kupf. gr. 8. Schnepfenthal, Erziehungsanstalt. 820.

— kurze, u. Entwickelung d. Gründe für d. Lineal-Erbfolge in Stämmen in dem herzogl. Hause Sachsen. Mit e. Anh. Ein wichtiger Successions-Proceß d. neuern Zeit. 8. Ilmen. 823. Voigt. 4 gr.

— kurze, die Erbfolge-Ordnung im herzogl. Hause Sachsen betreffend. 8. Meining. 822. (Keyßner). 6 gr. — Diss. 1e u. 2e Fortsetzung. 8. Ebd. 822 u. 23. (Ebd.) 18 gr.

Nachricht, Kurtze, von dem Erbrecht im Amt Steinburg. Kopenh. [ca. 1727]. V: *Hartmann.* (Collin, Anonymer. Kiobenh. 1869.)

Kurtze Nachricht von dem Erb-Recht der Voll- und Halb-Geschwister und deren Kinder in dem Amte Steinburg. Altona. o. J 4°

Kurze Nachricht von der Erweiterung der neuen Armen-Schule in Friedrichstadt durch ein ganz neu erbautes Haus, und dem bey dessen Beziehung angestellten Examen am 1. Dec. 1774, als eben an dem Tage, an welchem sie nunmehr vor zwey Jahren fůr 30 arme Kinder erőfnet [!] wurde, nebst Berechnung derer von ihren Stiftern hierzu aufgebrachten, und von andern Wohlthåtern eingelaufenen freywilligen milden Beytråge. Friedrichstadt bey Dresden [1774]: Lehmann. 39 S. 8°
Abgedr. in: Gesammlete Nachrichten von den Armen-Einrichtungen der Frmr in Chur-Sachsen. 1776 S. 147—176.

Kurze Nachricht von der Erziehungs-Anstalt zu Friedrichstadt bei Dresden. [Dresden 1798.] 2 Bl. 4° [Kopftit.]
Bericht üb. Entstehung u. Entwicklung der Anstalt. 193.

Nachricht, Kurtze, von dem anderhalb Jährigen Fasten einer Haderslebischen Jungfer . . . Copenh. 1722. V: *Höjer, Andr.* [Bruun, Bibl. Danica I, 791.] (Collin, Anonymer. Kiobenh. 1869.)

Nachricht, F. v. V. Kurze, von Flynzberg oder Flinsberg. O. O. 1783. V: *Fritsche v. Volkersdorf, Ehrenfried.* (Nent)

Nachricht, Kurze, von dem uralten sogenannten Fuchsthurm bey Jena... Nürnberg 1784. N. A. Weimar 1795. V: *Wiedeburg, Joh. Ernst Basilius.* (ML) (Ky)
Vgl. Nachricht von dem...Fuchsthurm...

Kurze Nachricht von der Festung Gaeta u. deren in früheren Zeiten vorgefallenen Belagerungen. Mit 1 Pl. Leipzig 1806. 16 S.

— kurze, von d. Festung Gaeta ꝛc. Mit ill. Plan. 8. Leipz. 806. (Klein). 8 gr.

Kurze gegründ. Nachricht v. d. Auszug der Kgl. Chur-Sächs. Armee aus ihrem Lager bey Pirna nebst umständl. Nachricht v. d. Feldzuge v. 1756. 4. Frankfurt u. Leipzig 1757

Nachricht, Kurze, von einigen evang. Gemeinen in America, s.a. Nachrichten, Hallische.

Nachricht, Kurze, von einigen evangelischen Gemeinen in America, absonderlich in Pensylvanien. Halle 1744. 1750. H: *Francke, Gotthelf Aug.* (winer)

Nachricht, Kurze und meistens generale, von der Würtembergischen Landes Grundverfassung . . . Stuttgart 1763. V: *Stockmayer, Joh. Frdr.* (Holz)

Nachricht, Kurtze, von der General-Versammlung der Dänischen Acker-Academie . . . Flensburg 1762. V: *Lüders, Phil. Ernst.* (Bruun, Bibl. Danica III, 766.)

Nachricht, Kurze, betreffend die neuere Geographie von Liv- und Ehstland. [Riga 1803.] V: *Mellin, Ludwig August Graf.* (R-N)

— kurze, von dem Glauben d. griech. Kirche ꝛc. gr. 8. Leipz. 822, Märker.

Nachricht, Kurze, von Gold, Kupfer, Eisensteinen . . . welche bey und um Jena gefunden werden. Jena 1726. V: *Hermann, Hieron. Joh.* (Gatterer, Repert. d. mineral. Litt. Giessen 1798-99. I, 114.)

Nachricht, Kurze . . . doch gründliche, von dem Festungs-Schloss Wartburg bey Eisenach . . . Eisenach [1757]. V: *Kurz, Joh. Chph.* (Cat. d. Stadtbibl. Zürich. Zürich 1864—97.)

Nachricht, Kurze, doch gründliche, wie von ieher in dem Reichsdorf Gochsheim . . . verfahren worden . . . O. O. 1775. V: *Höflich, Joh. Wolfg.* (Holz)

Kurze **Nachricht** von der Gründung des Maurer-Tempels, Ludewig zur Treue, im Morgen von Gies[s]en, nebst einigen der darin gehaltenen Reden. Giessen 1817. 40, 8 S. 8°
Kl. 2085, Tt. 562. Im Anh.: 3 bei der Einweihung gesungene Lieder. 23.

Nachricht, Kurze, von der Grundverfassung des herzogl. Pädagogiums zu Bützow. Bützow 1772. V: *Möller, Valentin Christoph.* (MGT)

Nachricht, Kurtze, Von der Stadt Halle, Und absonderlich Von der Vniuersität daselbst. Anno 1709. O. O. V: *Gottschling, Caspar.* (Erman & Horn, Bibliogr. d. dtsch. Universitäten. 2. Leipz. u. Berl. 1904.)

Nachricht, Kurze historische, aus dem Berichte der Königlich Dänischen Missionarien . . . von dem Bekehrungs-Werk der Ost-Indischen Heyden. Augspurg 1730. V: *Urlsperger, Sam.* (Myl)

Kurze historische **Nachricht** von der feyerlichen Einweihung des Königl. Academischen Gymnasii in der Stadt Altona, welche den 26. Mai dieses 1744 Jahres vollzogen ward. nebst der Königlichen Fundation wie auch andern hierher gehörigen Acten und an das Licht getretenen Schriften. (Mit 2 Kupfertaf.) Altona u. Flensburg. 1744 8°

Angebunden

Leges für die Studirende, welche auf den öffentlichen Gebäuden des Königlichen Gymnasii wohnen. o O u J 1 Bl Fol zsgefaltet in 8°

Kurze historische Nachricht, Eine, von den Kämpfen der Schweizer fur die Freiheit Phila. 1775

Nachricht, Kurze historische, von der Kirche zum heil. Creuz in Dressden. O. O. [1760]. V: *Am Ende, Joh. Joach. Gottlob.* (Kat. d. stat. Bureaus. Dresden 1890.)

Anonym. „Kurtze historische Nachricht von dem Stapelrecht der alten Stadt Magdeburg, worinnen zugleich von denen ehemaligen Burggrafen und deren in der Altstadt Magdeburg gehabten Befugnissen und Gerechtigkeiten gehandelt, und die in D. Benjamin Leuberi Magdeburgischen Stapel-Unfug enthaltene Fehler und Irrtümer entdecket . . ." Magdeburg 1741 (Gottfried Vetter). — Vorh. Büch. der Handelskammer Magdeburg.

Nachricht, Kurze historische, von dem Stapelrecht der alten Stadt Magdeburg . . . Magdeburg 1741. V: *Cellarius, Chph.* (CBH) (Holz)

Nachricht, Kurtze Historische, von dem Ursprung und Fortgang des Stifft und Closters Understorff Can. Reg. S. Aug. Congreg. Lateranensis in Ober-Bayern Rent-Amts München. Anno 1762. Augsburg. V: *Marhart, Gelasius.* (Auction Schnitzer 219) (BiblPort)

Kurtze historische Nachricht von dem Ursprung der Frey-Maurer-Gesellschafft und deren Geheimnissen, mit unpartheyischer Feder in Sendschreiben vorgestellt. [Stück 1]—4. Franckfurt a. M. [Stück 1]: Multz, [Stück 2—4]: Heinscheid 1742. 178 S. 8°

[1.] 48 S.

2... Worinnen zugleich des Hrn Hellmund so genanntes christliche Bedenken beantwortet wird. S. 49—128.

°3... Worinnen vorjetzo en passant die Hellmundische Zugabe zu seinem nicht recht rubricirten christlichen Bedenken beantwortet wird. S. 129—170.

°4. S 170—178.

Stück 1—3 abgedr. in: Des verb. Konstitutionenbuchs 2. Theil. 1784 S. 171—410.

Kl. 272. Selten.

Kurze **Nachricht** von dem durch die hiesige Freymaurer Loge seit 1771 unterhaltenen Institut zum Unterricht junger Leute in der Mathematik, französischen Sprache, Geschichte, Erdbeschreibung und Zeichenkunst, nebst einem Vorberichte, dem vaterländischen Publikum gewidmet von der Loge zur gekrönten Säule [in Braunschweig]. Braunschweig 1789: Kolb. 20 S. 4° [Umschlagtit.]

Kl. 517. Selten. Widerlegung der den Frmrn gemachten Vorwürfe u. Bericht üb. die Tätigkeit des Instituts.

Nachricht, Kurze, von dem Brandstifter J. G. Keller. Ratzeburg d. 5. Mai 1828. V: *Burmester, Friedrich.* (LS, I. Nachtr. S. 729.)

Nachricht, Kurze, von der in Lauban . . . vor dem Brüderthore gelegenen Kirche zu U. L. Frauen. [Laub. u. Leipz. 1756.] V: *Witschel, Glieb Traugott.* (OL)

Nachricht, Kurze, von allen Kirchen der Augsburgischen Confessionsverwandten . . . in . . . Polen und Litthauen. O. O. 1791. V: *Kaulfuss, Joh. Chn.* (MGT)

— — v. allen Kirchen d. Augsburg. Confessionsverwandten u. ihren Predigern in d. Königr. Polen u. Litthauen. gr. 8. Stendal 791. Franzen u. Gr. 2 ℛ

— kurze, v. d. Kosaken u. andern russ. Volkerschaften. Mit 4 ill. Kpf. 8. Magdeb. 807. Creutz. 4 ℛ,

Nachricht, Kurze, von der Lehrart in Silena, zur Bildung eines Patrioten . . . Solothurn 1778. V: *Gugger, Franz Philipp.* (AarK)

— — v. der Lehrart in Silena, z. Bildung e. Patrioten, (v. F. P. Gugger). 8. Basel 779. Flick. 6 ℛ

Nachricht, Kurtze, Von der Stadt Leipzig, Und absonderlich Von der Vniversität daselbst. [Halle 1709.] V: *Gottschling, Caspar.* (Erman & Horn, Bibliogr. d. dtsch. Universitäten. 2. Leipz. u. Berl. 1904.)

Kurze Nachricht von Marienbad, mit besonderer Beziehung auf den Nutzen und Gebrauch des Kreuz- und Ferdinandsbrunnens daselbst. 5.verbess.Aufl. 64 S., gbd., 1 Taf., 1 Tab.

Eger: typ.Kobrtsch & Gschihay 1837

Nachricht, Kurze — über Marienbad, mit besonderer Rücksicht auf den Nutzen und Gebrauch seiner versendeten Heilwasser. 8. (54 S. und 1 Tabelle) Eger. Druck von J. Kobrtsch und Gschihay. 1854.

Nachricht, kurze — über Marienbad, mit besonderer Rücksicht auf den Nutzen und Gebrauch seiner versendeten Heilwasser. Eger, 1856. Druck von J. Kobrtsch und Gschihay. (54 S. 8. Mit einem Titelkupfer: Marienbad. Karl Mayer's Kunstanstalt in Nürnberg, und mit einer Uebersicht der in den Marienbader Heilquellen enthaltenen festen und flüchtigen Bestandtheile.)

Nachricht, Kurtze, von der K. Dänischen Mission in dem Norwegischen Lappland ... [Copenh. 1745.] V: *Jessen, Erich Joh.* (Bruun, Bibl. Danica I, 164.)

Nachricht, Kurze, von dem Plissenischen Parnasso des daselbst solenn angestellten Dichter Carnevals ... Leipzig [1725]. V: *Gottsched, Joh. Chph* (?). (Waniek, Gottsched. Leipz. 1897. S. 69.)

Nachricht, Kurze, über meine Privat-Erziehungs- u. Unterrichts-Anstalt. Cöthen 1829. V: *Grüneberg, Heinrich Chn.* (StAt)

Nachricht, Kurtze, von dem Seiter Anno 1682 ... rechtshängig gewesenen Processen, das ... Lehen-Guth Bothkamp betreffend ... Kiel 1726. V: *Vogt, Franz Ernst* [?]. (schles)

Nachricht, Kurze, von den zu Nürnberg Rathsfähigen ... Herren von Pesler. Nürnberg 1786. V: *Will, Georg Andreas.* (ML)

Nachricht, Kurze, von der merkwürdigsten heiligen Reliquien, welche in der hohen Domstifts-Kirche zu Brixen aufbewahret und verehret werden. Brixen 1814. V: *Sinnacher, Franz Anton.* (margr)

Kurze Nachricht von der Republique der Gesellschaft Jesu über Meer, von d. Krieg welchen gemelde Jesuiten wider Spanien u. Portugal geführt. (68.) 4. Lissabon 1760.

— kurtze, v. der Republique so v. denen R. R. P. P. der Gesellschaft JEsu der Portugießisch- u. Spanischen Provinzen in den über Meer gelegenen diesen zweien Mächten gehörigen Königreichen aufgerichtet worden. Und von dem Kriege welchen gemelde Patres Jesuiten wider Spanien u. Portugall geführet u. ausgehalten haben. Diese Nachricht ist aus der geheimen Registratur der zweien Bevollmächtigten respectivé Prinzipal-Commissarien, u. bewährten Urkunden gezogen, aus der Portugießischen in die Welsche, u v. dieser in die Teutsche Sprache übers. worden Lissabon 1760. Hrsg. v. H. Baumgartner. (Die Jesuiten-Republik in Paraguay, e. Pombal'sche Lügenschrift.) 12. (107 S.) Wiener-Neustadt 892. Prof. Dr Heinr. Baumgartner n. 1. —

Nachricht, Kurze, von der epidemischen Schnupfenkrankheit ... Hamb. 1782. V: *Mumssen (Mumsen), Jacob.* (schr) (Call) »1782—83« (Ky) (Kordes, Schlesw.-holst. u. eutin. Schriftst. Schleswig 1797.)

— — von d. epidem. Schnupfenkrankheit, u. d. Beschaffenheit der Luft. 1781, 82. (v. J. Mumsen). 8. Hamb. 782, 83. Campe. 2 [illegible]

Nachricht, Kurze, von der Seelenführung Christian Davids. Halle 1783. V: *Lynar, Heinrich Casimir Gottlob Graf zu* (ML) (Ky)

Kurze Nachricht vom Tode Friedrichs des Zweiten. Ein Schreiben aus Potsdam. Berlin 1786. 8
– Dasselbe. Aufl. 2.
— Dasselbe. Dritte verbesserte Auflage. Berlin 1786.

— v. Tode Friedrichs II. 8. Berl. 786. Unger. 1 [illegible]

Nachricht, Kurtze, von dem am Gottes-Acker zu Alt-Dressden befindlichen Todten-Tantze ... Dresden 1723. V: *Hilscher, Paul Christian.* (Mn)

Kurtze Nachricht von dem am Gottes-Acker zu Alt-Dreßden befindlichen Todten-Tantze Dresden. Zu finden in dem Miethischen Buchladen Anno 1723
8 S. 8°

Nachricht, Kurze, von der unter dem Namen der böhmisch-mährischen Brüder bekannten Kirche Unitas fratrum. O. O. 1757. V: *Cranz, David.* (ADB)

— kurze, über den Verein edler Frauen und Jungfrauen in der Herzogl. Residenzstadt Coburg. gr. 8. (Coburg 836. Riemann.) 1/8 [illegible]

Nachricht, Kurze, von der Verfassung und den Beschäftigungen des Cosmographischen Institutes in Wien, seit seinem Anfange (1790) bis zum Jahre 1811 2. Auflage. 8. Wien 1811.

Nachricht, Kurze, von der Verfassung und Einrichtung des k. k. Taubstummen-Instituts in Wien. Wien 1804. V: *May, Jos.* (Mell)

Kurze Nachricht von der Verfassung und Einrichtung des kaiserl.königl.Taubstummen- Instituts zu Wien. 16 S., gbd.

Wien: 1807

Kurtze Nachricht von den Verrichtungen der ersten Conferenz, der Deutschen, Evangelisch Lutherischen Prediger, gehalten in dem Staate Tennessee, den 17ten Julius 1820. Samt einem Bericht von der Spaltung der Evangelisch Lutherischen Synode, welche hat sollen gehalten werden den 31sten May, 1820, in Lincolnton, N. C. *Wie auch der Plan-Entwurf der General-Synode und die bedenklichen Einwendungen dagegen. Also auch die unveränderte Augsburgische Confession, und etliche Anmerkungen wegen der Heiligen Taufe etc. Neu-Market, Va.: S. Henkel's Druckerey 1821. pp. 68. Die Augsburgische Confession 50 S.*

Nachricht, Kurze, von dem, den 16. Julii 1765 gehaltenen Versammlungs-Tage der K. D. Acker-Academie. Flensb. [1765]. V: *Lüders, Phil. Ernst.* (Bruun, Bibl. Danica III, 766.)

Nachricht, Kurze, doch vollständige, aus Original-Aktenstücken gezogene, von den widerrechtlichen, am Reichstag zu Regensburg anhängig gewordenen Beeinträchtigungen ... gegen ... den Hrn. Fürstbischoff zu Speyer ... Regensburg 1790. V: *Hörschelmann, Friedrich Ludwig Anton.* (MGT)

Nachricht, Kurtze doch vollständige, von dem Anderem Hundert-jährigen Jubilaeo, Welches Im Jahr 1730 Wegen der ... Augspurgischen Confession ... gefeyret worden ... Greiffswald [1730]. V: *Krackevitz, Alb. Joachim von.* (Erman & Horn, Bibliogr. d. dtsch. Universitäten. 2. Leipz. u. Berl. 1904.)

Kurtze doch wahrhaffte Nachricht von dem Königl. Preuß. u. Chur-Brandenburgischen höchst gegründeten Succeßions-Rechte, an denen sämtlichen Jülich-Clev- u. Bergischen Landen, u. derselben Zubehörungen. o. O. 1732.

Nachricht, Kurtze, von denen in letzt verstrichenen Jahren sonderlich um Breslau entstandenen Wasserfluthen und Eyssfahrten. Breslau 1711. V: *Winkler, Casp.* (LVS)

Nachricht, Kurze, wie man in der Dänischen Acker-Academie den Feld- mit dem Garten-Bau vereinigen ... könne. Flensb. 1762. V: *Lüders, Phil. Ernst.* (Bruun, Bibl. Danica III, 767.)

Nachricht, Kurze, von dem Evangelischen Wittwenhaus in Oettingen ... Oettingen 1762. V: *Löblein, Christian Joh. Siegmund.* (ML) (Adel)

Nachricht, Kurtze, von dem Ceremonialien und denen Curialien, welche bey Kays. und Königl. Wahl und Crönung pflegen beobachtet zu werden, sambt denen dabey vorfallenden Audientien, Visiten, Gegen-Visiten, Aufzügen und Einholungen.
8. Franckfurt und Augspurg 1711.

Nachricht, Kurze, von denen Nürnbergischen Zoll-Prozessen mit denen Marggräflich-Brandenburgischen Häussern. O. O. 1760. V: *König von Königsthal, Georg Gust.* (Holz) (Will) (ML)

Nachricht, Kurze zuverlässige, von dem Fichtelberg. Bayr. 1770. V: *Petermann, Carl Maximilian Wilh.* (Fiker)

Nachricht, Kurze und zuverlässige, von dem Zustande der protestantischen Kirche in Ungarn. 2. Aufl. 1746. V: *Bel, Matthias.* (SzMJ)

— — von dem Zust. der protestantischen Kirche in Ungarn, mit 5 Beylagen. 8. Gött. Vandenhek. 746.

Kurzgefasste Nachricht derer Preuss. Seits denen Chur-Sächs. Landen seit dem Anfang des abgewich. 1758ten J. beygefügten Bedrückungen. Nebst Königl. Preuss. Anmerkungen. (Beylagen und Anlagen) Mense Mart. 1759. 4.

Kurtzgefasste bescheinigte Nachricht von dem Statu des frstl. Hohenloh-Waldenburgischen wegen Pfedelbach verordneten gemeinschaftlichen Consistorii A. C. zu Oehringen. [o. O. Juli 1750.

— kurzgefasste, von der Blokade u. Einzug d. Königl. Preuß. Truppen in Erfurt v. 21. Octbr. 1813 bis zum 8. Jan. 1814. 8. Erfurt 839. Hennings u. Hopf. 1/12 ß

Kurzgefasste Nachricht von demjenigen, was seit dem Treffen bey Liegnitz, bey denen Königlich Preussischen Kriegesheeren, in Schlesien und Sachsen vorgefallen ist: Wie auch von dem herrlichen Siege, welchen Se Königliche Majestät, den 3. November bey Torgau erhalten haben. 1760. 4. (1 Bl.)

Kurzgefaßte Nachricht v dem Etablissement d Salzburgischen Emigranten zu Ebenezer in der Provinz Georgien in Nord-Amerika, wie solche von dem Hrn. Regierungsrath von Beck zu Ranzau mitgetheilt worden. Hamburg. 1777

Nachricht, Kurzgefasste, von Sr. Russisch. Kais. Majestät Paul I. Gelangung zur Würde eines Grossmeisters des Ordens St. Johann von Jerusalem ... 1799. O. O. V: *Kayser, Albert Christoph.* (MS) (Adel) (MGT)

— v. Sr. Russ. Kaiserl. Maj. Paul I. Gelangung z. Würde d. Großmeisters d. Ordens St. Johann zu Jerusalem 2c. Ein Ausz. aus d. Annales historiques de l'ordre souverain de St. Jean de Jerusalem, (v. A. C. Kayser). St. Petersburg 799.

Kurzgefasste doch gründl. Nachr. v. d. Kriegsceremoniel u. d. sogen. Kriegsmanier u. s. w. 745. 8.

— vom Kriegsceremoniel. 8. Lpz. 745.

Nachricht, Kurzgefaßte historische, von dem Anfange der . Wendischen Gesellsch. in Leipzig, s. Katzer, J C A

Nachricht, Kurzgefasste historische, von dem Aschermittwochen ... Nürnberg 1769. V: *Schmidbauer*, *Chph Melchior.* (ML)

Nachricht, Kurzgefasste historische, von der ehemahligen und gegenwärtigen Einrichtung der ... Bibliothek zu Dresden. Dresd. u. Warschau 1763. V: *Clodius*, *Heinrich Jonathan.* (ML) (Ky)

— von d. Einrichtung d. kurfürstl. Bibliothek in Dresden, (von H. J. Clodius). 8. Dresd. 763. Richter. 3 ℛ

Nachricht, Kurzgefaßte historische und geographische, von der Stadt Torgau, und derer seit ihrem Ursprunge her vorgefallenen Merkwürdigkeiten, und wie selbige den 14.ten Augusti 1759 von der Reichs-Armee belagert und beschossen, und zu gleicher Zeit die Vorstädte mit in Brand gerathen sind. O. O. 1760. Mit einer großen Ansicht von T., Püschel sc. 16 S. 4°. Kart. 20.—
Übergabe von Torgau an die Österreicher unter Prinz Carl zu Stolberg und Kleefeld am 13. Aug. 1759, und Wiederbesetzung durch die Preußen am 1. Sept.

Nachricht, Kurzgefasste historische, von der berühmten Vestung Rothenberg. Frankf. u. Leipzig 1744. V: *Schönleben*, *Conrad* [?]. (ML) (will)

Nachricht, Kurzgefasste historische, von der gegenwärtigen Verfassung der evangelischen Brüderunität augspurgischer Confession. Barby 1781. V: *Spangenberg*, *Aug. Glieb.* (EB)

Nachricht, kurzgefaßte histor., von der gegenwärtigen Verfassung der evangelischen Brüderunität Augsburg. Confession. 8. Barby. (Leipzig, Kummer in Comm.) 818. Rthlr.

— kurzgefaßte histor., v. d. gegenwärt. Verfassung d. evangel. Brüder-Unität, Augsburg. Confession. 8. Gnadau 818. 3e A. 823. (Leipz., Kummer). 3 ℛ Velinp. 5 ℛ

Nachricht, Kurzgefasste, von denen Predigten und dero nützlichen Anhörung ... Oettingen 1714. V: *Christhold*, *Christian Albrecht.* (ML) (BB)

Nachricht, Kurzgefaste, von allen in denen Ring-Mauren der Stadt Regensburg gelegenen Reichs-Stifftern ... Regensb. 1725. V: *Paritius*, *Gg Hnr.* (weber)

Nachricht, Kurzgefasste, von den Schicksalen der Egydien-Kirche in Nürnberg ... Nürnberg [1768]. V: *Schmidbauer*, *Christoph Melchior.* (ML)

Nachricht, Kurzgefasste, von dem reichen Spital zu St. Leonhard in Lauf. Altdorf 1763. V: *Martini*, *Johann Christoph.* (BB) (Adel) (will)

Kurzgefasste Nachricht von dem Ursprung. Auf- u. Zunahme des kaiserl.-gefreiten Benedictiner-Stiftes u. Klosters Ettal in Oberbayern. Freysingischen Bisthumbs gelegen. Mit Titelhlzsch. (das Marienbild). Kaufbeuren. gedr. bei Frz. Jos. Dorn 1800. 8° Ppb.
Titelbl. u. 32 S. — Selten!

Kurzgefasste Nachricht von der ab Seiten der Russisch-Oesterreichisch- und Sächsischen Troupen auf eine unerhörte Art geschehenen Verheerung der Mark Brandenburg. Und von denen Grausamkeiten, Welche sie bey der im Monath October 1760 auf die Stadt Berlin gemachten Unternehmung darinnen ausgeübet haben 1761. 4 (12 S.)

Kurtz-gefasste Nachricht von dem eigentlichem und wahrem Zustande der Lübeckischen freyen und Römisch-Käyserl. Allergn. Special-Schutzes Protection und Salvaguardi von undencklichen Jahren her gewürdigten Stiffts-Unterthanen, Capittulschen Antheils, aus dem so genannten Holstein-Ort und Travemünder Winckel nebst einer ausführlichen Anzeige der hauptsächlichsten Neuerungen und Beschwerden welche besagten freyen Stiffts-Unterthanen zeithero mit List etc. aufgebürdet etc. Vorläuffig zu jedermans unpartheyischer Beurtheilung ans Licht gestellet. Von C F G. o. O. 1726.

Nachricht, Kurzgefasste Zuverlässige, von den Holstein-Plönischen Landen ... Plön 1760. N. A. Flensburg 1764. V: *Hansen*, *Peter.* (ML) (MS) »1759« (schles) »Kopenh. [1759]« (Collin, Anonymer. Kiobenh. 1869.)

Nachricht Kurtz verfaste, der 100-jährig-andächtigen Bedächtnuss wegen wunderthätiger Befreyung der Koniglichen Stadt Brünn, als selbte im Jahr 1645 vom 3. May anfangend bis auf den 15 Monath Augusti durch ganze 16 Wochen von der Schwedischen Macht hart ist belagert, und bestürmet, dannach durch den Schutz der allerseeligsten Jungfrauen Mariä, welche in ihrem Gnaden Bild in der Kirchen deren W W E. E. PP Augustinern Ordinis Eremitarum zu Sanct Thomas nächst der Königlichen Stadt Brünn durch 389 Jahr andächtigst verehret wird, ist befreyet, und erledigt worden So von denen gesammten Innwohnern offt gedachter Königlichen Stadt Brünn 1745. Den 15. August-Monath, als an dem Tag der glorreichen Himmelfahrt Mariä anfangend mit Genehmhaltung der Hochwürdigen Geistlichen Obrigkeit durch 3 Täg unter Zulauf einer unzahlbaren Menge Volcks feyerlichst ist begangen worden, etc. Fol. Brünn 1747.

Nachricht von dem K. K. Böhmischen Landesgubernium ... Prag 1790. V: *Bayer*, *Thadd.* (call)

Nachricht von der kaiserl.königl.Landesregierung im Erzherzogthume Oesterreich unter der Enns. Da die Pflanze bella donna, welche von dem Landvolk gemeiniglich Wolfsbeere genannt wird, unter die giftigsten Pflanzen gehöret... 3 S., gbd., 1 Taf.

Wien: 1788

Nachricht von einem Dänischen in dem Ackerbaue sehr erfahrnen Landmanne. [Kopenhagen 1770.] V: *Klopstock, Friedrich Gottlieb.* (MGT)

— für das Landvolk in Absicht auf Erziehung. 8. Zürich 769. Orell, Füßli u. C. 12 gr

Nachricht das hochfürstl. culmbachische Kastenamt Lauenstein betreffend. [Erlangen 1782.] V: *Boye, Moriz.* (MS)

Nachricht von des Magisters Balticus ... Leben, Verdiensten und Schriften. Ulm 1793. V: *Veesenmeyer, Georg.* (Heyd) »1793—94« (ADB 2, 33)

Nachricht v. d. Leben des am 16. Juni 1837 heimgegang. Joh. Friedr. Baron, kgl. Superint. u. Pastor zu Michelau. 8. (1 B.) Oppeln, [Graß, Barth u. Comp.]

Nachricht von dem Leben des am 16. Juni 1837 heimgegangenen Johann Friedrich Baron, Königl. Superintendent und Pastor zu Michelau, Kr. Brieg. 8. Oppeln 837. Baron. 1/12 rf

Nachricht von dem Leben des 63sten Generals der Dominikaner, Anton Bremondius. [Leipzig 1778.] V: *Wagenseil, Christian Jacob.* (MGT)

— v. Leben, Charakter u. Amtsführung rechtschaffener Prediger; hrsgg. v. Chr. C. Sturm. 6 Thle. gr. 8. Halle 775—79. Schwetschke u. S. 4 rf

— vom Leben und Charakter des Thomas Bateman, weiland Doctors d. Medizin ꝛc. zu London. Ein Lesebuch für Geistliche, Aerzte und Laien. Aus d. Engl. übersetzt u. mit einigen erläut. Anmerkk. versehen v. Karl Ad. Mor. Bresler. 8. Berlin 834. L. Oehmigke. 2/3 rf

— v. W. E. Christianis Leben u. Schrift. ꝛc. gr. 8. Kiel, Akadem. Buchh.

— v. d. Leben Forsters. 8. Nrnb. 775.

Nachricht von Ulrich Krafts, beider Rechten Doctors ... Leben, Verdiensten und Schriften. Ulm 1802. V: *Veesenmeyer, Georg.* (BrMm) (Heyd)

Nachricht von dem Leben des Freiherrn Gideon Ernst v. Laudon. Gotha 1796. 8°

Nachricht von dem Leben Paul Wolfg. Merkel's. Nürnberg 1821. V: *Roth, Carl Joh. Frdr. v.* (Hauptkat. d. Univ.-Bibl. Tübingen. K. S. 128.)

— Leben und Schriften Murner, s. G. E. Waldau.

— üb. Rigas Leben u. Schriften. Gesammelt, übersetzt u. mit Anmerkk. begleitet v. Dr. Schott.. Anhang zu Pouqueville's Geschichte d. Wiedergeburt Griechenlands. Mit Bildn. gr. 8. Heidelb. 825. Winter. 6 gr

Nachricht von dem Leben, Schriften und Charakter des gewesenen Erzbischofs Sir William Dawes, a. d. Engl. übersetzt. Braunschweig u. Hildesheim 1766. Ü: *Hornemann, Friedrich Georg.* (Rotermund, Gel. Hannover. Bremen 1823.)

— v. d. Leben u. Thaten d. alten Hochländers, d. Feldwebels Donald Macleod. Nach d. 3n Engl. Ausg. übers. 8. Duisb. 792. (Bädecker). 8 gr

Nachricht von dem Leben und den Thaten des Barons Theodor v. Neuhoff, und der von ihm gekränkten Republik Genua. 8. Frankfurt 1736. — 8. ib. 1737

Nachricht von dem Leben und Verrichtungen Johann Hallers, des Helffers zu Schweitz ... Wie auch Johann Hallers des Sohns, Pfarrers zu Augspurg und Bern ... Bern 1742. V: *Scheurer, Samuel.* (zuwzür 12, 1908, IV, S. 108)

Nachricht von dem Leben ... Joh(annes) Hallers ... Bern 1743 s [Scheurer, Samuel].

Nachricht von dem Leben und den Werken des Franz Anton von Leydensdorf ... Mannheim 1800. V: *Klein, Anton von.* (Mannh. Gesch. Bl. 14, 1913, Nr. 3) (Zeitschr. f. Büch. N. F. 15, 1923, S. 117)

Nachricht von den Lebensumständen Hrn. Rösels von Rosenhof ... [Nürnberg 1769.] V: *Will, Gg Andreas.* (ML)

Nachricht von den Lebens-Umständen ... des weil. Joh. Adam Steinmetz, Abt des Stifts und Klosters Bergen von Magdeburg. O. O. [1762]. V: *Jonä, Chr. Frdr.* (Hauptkat. d. Univ.-Bibl. Tübingen. K. S. 114.)

Nachricht von einer Lehr- und Erziehungsanstalt. Frankf. a. M. 1817. V: *Willemer, J. J.* (MGT)

Nachricht von der Lehr- und Erziehungs-Anstalt zu Friedrichstadt bei Dresden. Mit zwei Beil. in Kupfer- und Steindr. Dresden: Selbstverl. Hilscher in Comm. 1825. 36 S. 8° 215.

— v. d. Lehr- u. Erziehungsanstalt zu Friedrichsstadt bei Dresden. Mit 2 Beil. in Kpf. u. Steindr. 8. Dresd. 825. (Grummer). 8 gl.

Nachricht über die Lehr- und Erziehungs-Anstalt für Töchter von G. Schäffer. — Berlin 1834: Pomer. 16 S. 8°

Nachricht von der landwirtschaftlichen Lehranstalt des Prof. Schulze in Jena, für das Sommerhalbjahr 1828. Jena. V: *Schulze, Friedrich Glob.* (Erman & Horn, Bibliogr. d. dtsch. Universitäten. 2. Leipz. u. Berl. 1904.)

— von d. Leichenbestattung des D. Hermes zu Berlin, nebst der an seinem Sarge von D. Schleiermacher gehalt. Rede. Mit Hermes Bildn. gr. 8. Berl. 819. Reimer. 8 gl.

Nachricht von den auf der Glückstädter Gelehrten-Schule beendigten Lectionen.
(Von Michaelis 1826/27, 1827/28, 1829/30, 1830/31) ebd. 1827, 28, 30 u. 31 1836/37 ebd. 1837 1852/53. ebd. 1853.

Nachricht von den geendigten Lectionen in den beyden ersten Klassen der königl. Domschule zu Schleswig ... Flensburg 1780. V: *Esmarch, Heinrich Peter Chn & Dirksen.* (MGT) (Kordes, Schlesw.-holst. u. eutin. Schriftst. Schleswig 1797.)

Nachricht von meinen Leseanstalten. O. O. [1802]. V: *Streit, Carl Conrad.* (Kat. d. Druckschr. üb. Breslau. Breslau 1903. S. 351.)

Nachricht von der Lesegesellschaft zu Dillingen. Dillingen 1787. V: *Weber, Joseph.* (Ky) (Fr)

Nachricht von der neuesten Holländischen medicinischen Litteratur vom Jahre 1789. O. O. V: *Halem, Frdr. Wilh. v.* (MGT)

Nachricht über die von der Loge Archimedes zu den drei Reissbretern in Altenburg vom Jahre 1809 an in Umlauf gesetzten Logen - Cassen - Scheine. [Dat.:] Altenburg 1809. 1 Bl. 2° [Kopftit.] 3.

Nachricht von der im Churfürstenthum Sachsen angestellten Lotterie. 8°. Leipzig 1723.

— v. Lubeck. 8. Lübeck. 744.

— an die großen Mächte, üb. die Projekte eines großen Souverains. gr. 8. Stralf. 805. (Kratsch in Hamb.) 6 gl.

Nachricht vom Magdalen-Real-Gymnasium in Breslau. Breslau 1770. V: *Hermes, Gg.* (KY 3/119) (BiblPort)

— v. d. Manufacturen d. Tücher u. anderer wollener Zeuge. 8. Dresd. 765. Walther.

Nachricht von einem, etliche lief- und esthländische Alterthümer ... betreffenden Manuscript ... [Riga 1797.] V: *Brotze, Johann Christoph.* (R-N)

— v. e. aerostat. Maschine, mit 2 Kpf. 8. Straßb. 784. Treuttel u. W.

Nachricht von einem gewissen Medicament so bey der Hornviehseuche alle andere an Wirkung übertrift. Lübeck 1745. V: *Wagner, Joh. Gerh.* [?]. (Henzen, Vet. Schriften. Stendal 1781. S. 224.)

— merkwürd., e. türk. Effendi, von d. Aufruhr in Konstantinopel u. d. Absetzung des Kaiser Achmet III. im J. 1730. 8. Danz. 773. Wedel. (Leipz., Jacobäer). 5 gl.

Merkwürdige Nachricht eines türkischen Effendi von dem Aufruhr in Constantinopel und von der Absetzung des Kaisers Achmed III im Jahre 1730. 8. Danzig 1775.

Nachricht, Merkwürdige, von einem unsern Leipzig, Mittwochs in der Jubilate-Meß-Woche 1716, um 4. Uhr Nachmittags erschienenen Himmels-Zeichen. O. O. u. J. (Leipzig 1716). 2 Bl. 4°. Kart. 15.—
Berichtet von einer Trombe, die bei Breitenfeld und Plössen in Sachsen gesehen worden ist.

Nachricht, Merkwürdige, von einem sehr frühzeitig gelehrten Kinde, nebst vielen zur Kinder-Zucht gehörig-nützlichen Anmerkungen, und einer Vorrede von gelehrten Kindern. Stettin und Leipzig 1728. V: *Baratier, Franz.* (KGBerlin II, 2695)

— merkw., v. e. frühzeit. gel. Kinde, und itzt 14 jähr. Magist. Baratiere. 4. Stettin. 735.

Nachricht, merkwürd., von d. Leben u. der Staatsverwaltung berühmter Staatsminister. 8. Gotha 765. (Dieterich in Götting.) 12 gl.

Merkwürdige Nachricht von der . im Herzogthum Bergen (!) entstandenen Ellerischen oder Ronsdorfischen Secte, die sich äusserlich zur reform. Kirche bekennet, innerlich aber die schändlichsten Greuel lehret u. ausübet. Mit Beilagen. Franckfurt und Leipzig 1751. 8°. 56+71 Seiten.
Rare Skandalschrift.

— — von d. im Herzogth. Bergen entstand. Ellerisch. od. Ronsdorfischen Sekte. 8. Frkf. a. M. 751. Garbe. 4 gr

— v. d. Merkwürdigkeiten der schwedischen Reichsversammlung 1755-56. 8. Zürich, Orell. 757.

Nachricht von einem verbesserten alphabetischen Mikroskop aus dem optischen Institute Utzschneider und Frauenhofer in München. München 1829. V: *Döllinger, Ignaz.* (EBHN)

Nachricht von dem Militär-Aufzuge bey der bevorstehenden Jubelfeyer auf die Erbauung der Stadt Bern im Jahr 1791. Bern 1790. V: *Kuhn, Bernh. Frdr.* (MGT) (Ky)

— v. dem Militär-Aufzuge bei d. bevorstehenden Jubelfeier d. Stadt Bern im J. 1791. (von B. F. Kuhn). Mit 6 ill. Kpf. u. 1 Pl. 4. Bern 790.

— v. d. Trippstädter Mineralbrunnen. 8. Manh. 778. Schwan u. G. 2 gr

— von den gegenwärtigen Mißhelligkeiten unter den Dissidenten beyder Confessionen in Polen ꝛc. 8. Warschau, Grell. 783.

Nachricht über die Missionen unter den Heiden. Lemgo 1826. V: *Althaus, Frdr. G.* (Ky)

— über die Missionen unter den Heiden (v. F. G. Althaus.) 8. Lemgo 826, (Meyer.)

Nachricht für die Mitglieder der □ Friedrich zur Beständigkeit. [Zerbst] o. J. 1 Bl. 8° [Kopftit.]
Statut, betr. die Zahlung der Beiträge. 3.

Nachricht für die Mitglieder der Militärischen Gesellschaft. Berlin 1804. 8°

— v. einigen neu entdeckten Mitteln, die Ameisen in Gärten und auf den Feldern auszurotten. 8. Augsb. Daisenberger.

Nachricht v e. neu entdeckten Mittel, d. Ameisen überall z. vertreiben; mit deutl. Unterricht, sich dasselbe nachzumachen. 8. 2. Aufl. Regensburg, 1802. (Daisenb rger.)

— von zwey neu entdeckten Mitteln für Schwangere und Gebährende. 8. Bern, Haller. 780.

Nachricht von der zu Berlin auf die Gesellschaft der Alethophilorum, oder Liebhaber der Wahrheit, geschlagenen Münze. 1740.
Kl. 1002.

Nachricht vom Göttingischen Musenalmanach vom Jahr 1793. [Leipzig 1797.] V: *Wolfram und Wolfframitz, Karl Joh. Glieb Freiherr von.* (MGT)

Nähere ausführl. Nachricht von der den 1. Oct. vorgefallenen Schlacht bey Lowositz. 4. 1756.

Anonym „Nähere Nachricht von der neuen königl. preussischen asiatischen Compagnie in Emden nach Canton in China", Hamburg 1751 — Vorh. Com. Bibl. Hamburg.

Nähere Nachricht von der Schlacht, welche den 5. Nov 1757 zwischen der Königlich-Preussischen und der Französisch-Oesterreichischen und gewesenen Reichs-Armee bei Micheln, 2 Stunden von Merseburg vorgefallen Nebst einer Liste, Blessirter und Gefangener. Gedruckt im November 1757 4. (2 Bl.)

Nachricht an die deutsche Nation üb. die Errichtung eines Erziehungsinstituts. 8. Freyburg, Herder. 815.

Nachricht, Neue, von der Einrichtung des Friedrich Werderschen Gymnasiums. Berlin 1788. V: *Gedicke, Fr.* (Ky 2/321) (BiblPort)

Neue Nachricht alter u neuer Merkwürdigkeiten, enthaltend ein vertrautes Gespräch u sichere Briefe v d Landschaft Carolina u übrigen Englischen Pflanzstädten in Amerika zu finden zu Bern, Basel Schaffhausen und St Gallen in d Berichthausern gegen Ende d Jahres 1730 Bern 1735 7619

Neue Nachricht alter und neuer Merkwürdigkeiten, enthaltend ein vertrautes Gespräch und sichere Briefe von der Landschaft Carolina und übrigen Englischen Pflantz-Städten in Amerika. *Zu finden zu Zürich, Bern, Basel, Schaffhausen und St. Gallen in den Gericht-Häusern gegen Ende des Jahres 1734. 80 S.*

Nachricht, Neue, von dem Lateinischen Originale der Augspurgischen Confession. [Leipzig 1746.] V: *Kapp, Joh. Erhard.* (ML)

Nachricht, Neue umständliche, von der Einrichtung der Real-Schule . . . in Bresslau. Bresslau 1769. V: *Hering, Daniel Hnr.* (Nent)

— neue u. verbess., v. d. kön. preuß. Armee m. Anf. d. J. 1777. 8. Breslau, Meyer.

— — Fortsetz. s. Zustand.

Neue u verb zuverlassige Nachricht von der Koniglich preussischen Armee im Anfange des Jahres 1777 Breslau 1,50

— neueste, v. d. Friedrichs- u. Realschule in Breslau. 8. Bresl. 766, Meyer. 2 gr

— neueste, üb. Kissingen u. seine Heilquellen. Mit besond. Rücksicht auf d. Nutzen u. Gebr. ders. 2., verm. Aufl. 12. (2 B.) Würzburg 829, Stahel.

Neueste Nachricht über Kissingen und seine Heilquellen, mit besonderer Rücksicht auf den Nutzen und Gebrauch derselben. 3.verm. Aufl. 48 S., gbd.

Würzburg: Stahel 1831

Nachricht, Neueste und richtigste, von der Landschaft Georgia in dem Engelländischen America ... Göttingen 1746. V: *Kramer, Johann Matthias.* (will) (ML)

Neuste u richtigste Nachricht von der Landschaft Georgia Mit Anmerkungen, die der Übersetzer bei seinem vieljährigen Aufenthalt in Amerika angestellt hat begleitet Von J M. K. Göttingen, 1746

— neuiste, von der Schreib- u. Druckfreiheit in Schweden. 8. Stralf. 778. Koppe. 4 gr

Neueste zuverlässige **Nachricht** von der Real-Schule bei Jena, unter dem Namen der Rosen-Schule zur Ernährung und Erziehung armer Kinder zum Nutzen der wirthschaftlichen Beschäftigungen angelegt [und eröffnet 10. Jan. 1762] durch Darjes 1763. o. O. 1763.
Kl. 364.

Nachricht von dem Nicolai-Armen- u. Arbeitshause ... Riga 1795-1800. V: *Bergmann, Liborius von.* (R-N)

Nachricht, Nothwendige, zur Vertheidigung des Autors der in Frankfurt und Leipzig A. 1753. herausgekommenen Briefe nebst anderen poetischen und prosaischen Stücken. O. O. u. J. V: *Gemmingen, Eberhard Friedrich Frh. v.* (Bresl 31, S. 32)

Anonym „Offenherzige Nachricht von denen heut zu Tage vielfältig verderbenden Kaufleuten und Bankerotirern, und deren Ursach. Wie auch ein Bericht von dem rechtlichen Beneficio bonorum cessionis, und einem Bedenken von den Kippern, Wippern und Münzpartirern", Hamburg und Leipzig 1764 — Vorh. Bücherei der Industrie- und Handelskammer Leipzig.

Nachricht, Öffentliche, von der ersten Versammlung der General-Synoden der Protestantischen Kirche in Bayern ... Sulzbach 1824. V: *Niethammer, Frdr. Imman.* (AarK) »1825« (Ky)

— öffentl., von der ersten Versammlung d. General-Synoden d. protestant. Kirche in Baiern diesseits des Rheins, im J. 1823, (v. F. E. Niethammer.) gr. 8. Sulzbach 825, v. Seidel.

Nachricht von denen Hochfürstlichen Officianten, dem Ministerio Ecclesiastico ... und denen Magisträten der Städte ... Mitau 1770. V. *Neimbts, Johann Eberhard.* (R-N)

— v. d. zweiten Ordination d. Pastor Seider zu St. Petersburg. 8. Berl. 803. (Sander). 3 gr

Nachricht, Des unmittelbaren R. R. Canton Ottenwald Actenmässige, der wider ... G. D. Jäger ... sich veroffenbahrten Verbrechen ... Heilbronn 1778. V: *Hoser, Conr. Frdr.* (Holz) (MGT)

— vom Pädagogio zu Klosterberg. 8. Magdeburg, Scheidhauer. 763.

Nachricht von dem 1624 zu Langensöns im Hüttenberg unversehrt gebliebenen Paradiesgärtlein des seel. Arnd's ... [Marburg 17??]. V: *Susemihl, Johann Melchior.* (ML)

Nachricht über die am 17. Mai 1870 auf der Hensoltshöhe bei Gunzenhausen abgehaltene erste allgemeine Pastoralconferenz evangelisch-lutherischer Geistlichen von Bayern ds. Rheins. Ansbach 870. Junge. gr. 8. (51 S.) 6 ngr

Nachricht von denen Pfarr-Kirchen in Lauenburg, s. Laffert, H. W. v. 1715 ff.

— physikalische, von den Witterungen. 4. Frankfurt 743.

NACHRICHT, Poetische, von dem in einen Caffee-Schenken verwandelten Cupido. O. O. 1748. 4°. 2 Bogen. Sehr rar!
Ganz in Versen. — Cat Meissner III p 521 Auch das M. M. V 1748. D 3a nennt weder Ort noch Verleger

— von herumschleichenden nächtl. Poltergeistern und Erscheinungen. 3 Thle. 8. Quedlb. 750.

— von d. Königl. Residenz Potsdam. 8. Berl. 754. Henning. (Reimer) 4 gr

— von der königl. Residenz Potsdam. 8. Berlin, Henning. (Lange) 754.

Nachricht von der dem Niedersächsischen Kreise zustehenden Präsentation zu zwoen Kammer-Gerichts-Assessor-Stellen und der Theilnehmung der Könige von Dännemark als Herzöge zu Holstein an solchem Rechte. 1795. V: *Carstens, Adolph Gotth.* (Bruun Suppl. 117)

Nachricht von Herrn Stephan III. Praun. O. O. [1783]. V: *Jäger, Wolfgang.* (will)

NACHRICHT von denen Prediger-Mördern / Räubern und Spitzbuben / welche den 28. Jan. 1713 ... ihren allerseits Beicht-Vater und 22jährigen Prediger Herrn Joh. Heinr. Meiern / Zu Rehburg (im Ambte Stoltzenau) jämmerlich ermordet / und der ... Inquisition und darauf erfolgten Execution. Deme noch beygefügt / viele andre in kurtzer Zeit geschehene Mord-Geschichte / Kirchen-Raub und Diebstähle ... Mit 8 Kupfern. Im Jahr Christi (Köthen 1715). 4°.
Äußerst selten, auch Avé-Lallement unbekannt geblieben. Bildet das Seitenstück zu der von Avé-Lallement I, 225, zitierten Schrift über die Edderitzsche Mordbande. Die blattgroßen Kupfer stellen die Bildnisse der Räuber und deren Hinrichtung dar.

Nachricht von dem in einem Kober gefundenen Prinzen. Görlitz 1799. V: *Hortzschansky, Johann.* (OL) (MGT)

NACHRICHT VON DER AM 31. JANUAR 1789. GESTIFTETEN NATURFORSCHENDEN PRIVATGESELLSCHAFT ZU LEIPZIG. Leipzig 1799. 8°.

Nachricht einer in Schlesien zu errichtenden Privatcameralschule. Dessau 1782. V: *Löwe, Joh. Carl Chn.* (Verlags-Katalog von Joh. Ambr. Barth. Leipzig 1880. S. 110.)

— von einer in Schlesien zu errichtenden Privatcameralschule. 8. Dessau, gelehrte Handl. (auch Barth in Leipzig) 782.

Nachricht von einer neu errichteten Privatunterrichtsanstalt für die männliche Jugend zu Darmstadt ... Darmstadt 1829. V: *Scriba, Ludwig Heinrich Wilh. Eduard.* (HS)

Nachricht von den Privatvorlesungen über die Entbindungskunst und die damit verknüpfte Entbindungs- und Krankenanstalt. Prag 1790. V: *Melitsch, Johann.* (Fideicommissbibliothek Wien 2/80, Nr. 206) (BiblPort)

Nachricht über die sogenannte Propaganda. O. O. 1793. V: *Maier, Georg Wilhelm.* (will) (Adel)

—v. d. merkwürd. Prophezeihung e. Mönchs in Schlesien, die Erlöschung d. Kurbaier. Stammes betr. 4. Bresl. 778. W. G. Korn. 2 gl.

Nachricht an das Publikum über die Einrichtung des Hauptspitals in Wien ... Wien 1784. V: *Quarin, Jos. Graf von.* (choulant) (call) (MGT) »1786« (Strakosch-Grassmann. Bibliogr. z. Gesch. d. öst. Unterr.-Wesens. Wien 1896—1902. II, 17.)

Nachricht an das Publikum, über die Errichtung des Hauptspitals in Wien: bei dessen Eröffnung von der Oberdirektion herausgegeben. 47 S., gbd.

Wien: typ.v.Trattnern 1784

Nachricht an das Gelehrte Publicum ... O. O. 1777. V: *Hess, Heinrich Ludwig von.* (schr) (Holz)

Nachricht an das Publikum, die Gesundbrunnen zu Codowa, Reinertz, Altwasser ... betreffend. Breslau 1777. V: *Morgenbesser, Michael.* (LVS) (Nent)

Nachricht an das Publikum den literarischen Nachlass des verstorbenen Lichtenberg's in Göttingen betreffend. Göttingen den 1. August 1799. H: *Dieterich, Johann Christian.* [Griesebach, Weltliteraturkatalog, Berlin 1898—1901 I, 239.]

Nachricht an das Publikum, eine Recension in der Gothaischen gelehrten Zeitung betreffend. O. O. 1781. V: *Beyer, Johann Rudolph Gottlieb.* (MGT)

Nachricht an das Publicum von einer neuen Verfassung der Armenpflege in Kopenhagen, und von der Errichtung einer damit verbundenen Kgl. Realschule im bisherigen Waysenhause. Kph. 1771. V: *Rescewitz, Frdr. Gabr.* (Bruun, Bibl. Danica II, 643.)

Nachricht an das Publikum die Verlegung der Staatswirtschafts Hohen Schule nach Heidelberg betreffend ... Mannheim 1784. V: *Medicus, Friedrich Casimir.* (Erman & Horn, Bibliogr. d. dtsch. Universitäten. 2. Leipz. u. Berl. 1904.)

Nachricht für das Publikum über fromme Vermächtnisse. Prag 1789. V: *Kindermann Ritter von Schulstein, Ferdinand.* (Eduard Winter: Ferdinand Kindermann Ritter von Schulstein. Augsburg 1926) (BiblPort)

Nachricht an das Publikum, oder die vorläufige Vertheidigung gegen einige boshafte Zeitungsschreiber. O. O. [1767]. V: *Hess, Hnr. Ldw. v.* (Bruun, Bibl. Danica III, 1171.)

—an das Publikum, die vergangene theure Zeit betr. 8. Leipz. 772. Compt. f. Lit. 3 gl.

— von den Räubern und Spitzbuben in den Anhält. und Braunschweig-Luneburgischen. 2 Thle. m. K. 4. 714-15.

Nachricht, Rechtsbegründete, von der wahren Beschaffenheit des ehemaligen kaiserlichen Landgerichts Hirschberg ... O. O. 1755. V: *Sündermahler, Joh. Jac. Jos.* (Pütter, Litt. d. Teutschen Staatsr. Gött. 1773—91. II, 169.) (Holz)

— v. Landesger. Hirschberg, contra Churbayern. Fol. 755.

— von dem Rechtsstreite d. ber. Voltaire wider den Juden Hirsch. gr. 8. Berlin, Nicolai. 790.

Nachricht von dem zweyten Reformations-Fest der Allstädtischen Gemeine zu Königsberg. O. O. 1723. V: *Lilienthal, Michael.* (Myl)

Nachricht von den Reiseunternehmungen einiger Engländer ... [Leipzig 1803.] V: *Bergk, Johann Adam.* (MGT)

— von d. Nassau-Saarbrück. Renovatur- u. Steuerwesen. 4. Frankf. a. M. 773. Eßlinger. (Schäfer). 4 ℊ

— von einer bevorstehenden großen Revolution d. Erde, m. Bemerkungen eines Astronomen. 8. Frankf. Reinhard. (Schulbuchhandlung in Braunschweig, auch Niemann und Comp. in Lübeck) 785.

— v. einer bevorsteh. großen Revolution d. Erde, insonderh. d. südl. Europa u. e. Theil Deutschlands betr. 8. Bresl. 786. W. G. Korn. 2 ℊ

Astronom, Ein. Nachricht von den allgemeinen Revolutionen, welche der Erdkreis noch auszustehen hat, und von dem neuen Himmel und der neuen Erde. 1785.

Nachricht von den allgemeinen Revolutionen welche der Erdkreis noch auszustehen hat ... [Frankf.] 1786. V: *Ziehen, Conr. Sigm.* (EB)

NACHRICHT von der kaiserl. königl. theresianisch savoyischen Ritterakademie in Wien. Kurzbeck, Wien 1783

— v. d. zusammengesetzten Ritterakademien zu Wien. 4. Wien 779. Trattner. 2 ℊ

Nachricht von einer beträchtlichen Sammlung thierischer Eingeweidewürmer ... [Wien 1811.] V: *Schreibers, Carl Ritt. von.* (EB)

Nachricht von C[onrad] Sams, des ersten ordentlich beruffenen Ulmischen Reformators Leben ... Ulm 1795. V: *Veesenmeyer, Georg.* (Heyd)

Nachricht aus St. Petersburg ... von dem berühmten und merkwürdigen Todesfalle des Hrn. Prof. Richmanns ... Leipzig 1753. V: *Hanov, Michael Chph.* (ML) (Dunkel, Hist.-Crit. Nachrichten v. verstorb. Gelehrten. Dessau u. Cöthen 1753-56. II, 175.)

Nachricht von dem Schaden, welchen die Landschaft Stapelholm ... durch die hohe Fluth am 21. März d. J. erlitten hat. [Altona 1791.] V: *Weinmann, Otto.* (NN) (MGT)

Nachricht von der Schaubühne des Freyherrn J. von Petrasch. Altd. 1762. V: *Will, Georg Andreas.* (ML) (BB) (Ky)

Nachricht von der Bernerischen jungen Schauspieler-Gesellschaft, von der Aufnahme und dem Zuwachse derselben mit einigen Anhängen und 24 am Ende beygefügten Silhouettes mit Verwilligung und Beytrag des Herrn Berners zusammengetragen von M. J. R. Einem Zögling derselben im Jahre 1782. Erlangen 1782. V: *Garnier, Franz Xaver.* (biblPort) V: *Renth, M. J.* (Theaterkalender 1784, 191) (Hdschr. Mitth. von Erich Mennbier, Wien)

Nachricht von der im Jahre 1758 von Herrn Berner errichteten jungen Schauspieler-Gesellschaft. Botzen 1784. V: *Garnier, Frz. Xaver.* (Meine Pilgerfahrt. O. O. 1802. S. 175) (biblPort)

Nachricht und Schilderung der herrschaftlichen Eremitage ... zu Sanspareil. O. O. 1768. V: *Hedenius, Marcus Friedrich.* (ML) (Fiker)

Nachricht von der Schlacht bei Jena, am 14. October 1806, zwischen den Kaiserlich-Französischen und Königlich-Preussischen Armeen, zur Erläuterung des Plans derselben. Mit dem Plane der Schlacht. 4. Weimar 1806.

Nachricht von der Schlacht bei Jena am 14. Okt. 1806. Mit 1 Pl. Weimar 1806. 15 S

— von der Schlacht bei Preußisch-Eylau am 8. Febr. 1807 Mit der Karte der Gegend um Preußisch-Eylau u. dem Plan der Schlacht 2 verm. Ausg. (In deutsch. u franz. Sprache.) Weimar 1807 46 S

— v. d. Schlacht bei Preußisch Eylau am 8. Febr. 1807, in deutscher u. französ. Sprache. Mit Kart. u. Pl. gr. 4. Weimar 808. Geograph. Instit. 1 ℊ

Nachricht von dem ersten Evangel. Theol. Doct. im Fürstenthum Hessen ... Tilemann Schnabel. [Marb. 17??] V: *Susemihl, Johann Melchior.* (ML)

— v. d. letzten u. wichtigsten Schriften Starks 2c. 8. Berl. 792. Nicolai. 4 ℊ

Nachricht, Schriftliche, welche in den neuen dem Thurme ... aufgesetzt werden sollenden Knopf ... eingelegt wird. Hirschberg 1793. V: *Weinmann, Glob Benj.* (Nent)

Nachricht von einem alten statistischen Schriftsteller. (1672). [Leipzig 1818.] V: *Petri*, *Samuel Friedrich Erdmann*. (MGT)

Nachricht von der zu Grottkau in Schlesien errichteten Evangelischen Schul- und Kirchenanstalt. O. O. [17??]. V: *Krickende*, *Samuel*. (ML)

— v. d. zu Grotkau in Schlesien errichteten Schul- u. Kirchenanstalt. 4. Bresl. 781. Löwe. 8 gl.

Nachricht von der Schul- und Erziehungsanstalt zu Friedrichstadt-Dresden. [Nebst] Nachtr. [Dat.:] Dresden 1820. 16 S. 8°
Nachtr. 1 Bl. 1822.
Üb. Entstehung, Zweck, Zustand, Unterricht, Einrichtung etc. des Instituts. 281.

Nachricht von den neuen Schulanstalten Zürich. Als eine Anweisung und Aufforderung sich dieselben zu nutze zu machen; meinen Mitbürgern gewidmet. Zürich 1773. V: *Usteri*, *Leonhard*. (BSCHWL V, 10c, S. 218)

Nachricht von den neuesten Schulanstalten in Zürich. Zürich 1773—75. V: *Usteri*, *Leonhard*. (MS) (Cat. d. Stadtbibl. Zürich. Zürich 1864—97.)

— von den neuen Schulanstalten in Zürich. 6 Stck. gr. 8. Zurich, Orell, Fußli und Comp. 773-75.

— von einigen Schul- und Studienanstalten in den österr. Erblanden. 4. Wien, Kurzböck. (Camesina) 791.

NACHRICHT. - von einigen Schul- und Studienanstalten in den österreichischen Erblanden. Kurzbeck, Wien 1791. 2. Aufl. Diesbach, Prag 1792 1 vol. 62 S.

Nachricht vom Schullehrerseminar zu Tondern. [1812] V: *Decker*, *Jac.* (LS)

Nachricht von wichtigen Schulverbesserungen in Dorpat. [Riga 1813.] V: *Parrot*, *Georg Friedrich von*. (R-N)

Nachricht. – 13 (u. 14.) Nachricht von dem göttlichen Segen . . ., s. Haupt, Johann Georg.

Nachricht, Sichere, von der im Jahre 1764 erfolgten Erneuerung der Churvereinig. Regensburg 1764. V: *Oertel*, *Christian Gottfried*. (ML) (Pütter, Litt. d. Teutsch. Staatsr. Gött. 1773-91. IV, 176.)

Nachricht, Sichere, und warhafftige Erzehlung der Unglücksfälle ... bey denen ... Wasser-Fluthen in ... Schweidnitz, Jauer und Liegnitz ... Lauban 1703. V: *Winkler*, *Caspar*. (Nent)

Nachricht von der Sirene des Hrn Archiaters v. Linné. [Hann. 1767.] V: *Beckmann*, *Johann*. (MGT)

Nachricht von denen Solennitaten, welche bey des Hollstein-Gottorpischen Erb-Printzens Karl Peter Ulrich, später als Peter III Kaiser von Russland Tauff Actu in Kiel am 29 Febr 1728 vorgegangen, nebst denen bey dieser Gelegenheit declarirten Avancemens o. O. u. J. (Kiel 1728) 2 Bl. 8°

Nachricht von der Heil- und Verpflegungsanstalt Sonnenstein bei Pirna am Tage der 2.Einweihung der Kirche allda den 2.Nov.1817. 2., mit einigen Anm., 8 neuen Beil. ...versehene Ausg. Sonnenstein: Verpflegungsanst. 1818. 80 S. 8°
Aus: Zeitschrift für das Kgr. Sachsen.H.1.1818

— v. d. Heil- u. Verpflegungsanstalt Sonnenstein bei Pirna. 2e Aufl. (Aus d. 1n Hefte d. Zeitschr. für d. Königr. Sachsen abgedr.) Mit Kpf. gr. 8. (Dresd., Walther). 18 gl.

Nachricht von der durch die Loge Asträa zur grünenden Raute in Dresden errichteten Sonntags-Schule. [Dresden 1820.] 1 Bl. 4° [Kopftit.]
Üb. die Entstehung, den Unterrichtsplan u. die Entwicklung dieser Schule für Handwerkslehrlinge. 193.

— von alten und gelehrten Sorauern. 4. Sorau. 738.

Nachricht von einer neuerrichteten Societät der Wissenschaften. O. O. 1750. V: *Schade*, *Georg*. (Collin, Anonymer. Kiobenh. 1869.)

Nachricht von dem Spital zu St. Bernhard im Lauf. Altdorf 1763. V: *Martini*, *Joh. Chph.* (Bibl. d. Germ. Nat. Mus. Nürnberg 1855.)

Nachricht von der für Schul- und Volksbildung gegründeten Stadtbibliothek zu Grossenhayn ... Grossenhayn 1833. V: *Preusker*, *Carl Benjamin*. (ABJP)

— v. d. Städten überhaupt u. insbesondere v. Reichsstädten. 8. Halle, Renger. 2 rf 12 gl.

Nachricht von der Stempelschneiderey und Schriftgiesserey ... Leipzig 1777. V: *Breitkopf*, *Joh. Gottlob Immanuel*. (ML)

Nachricht von der Weinmännischen Stiftung für studierende Jünglinge auf der Universität Tübingen . . . Frankf. u. Leipzig 1795. V: *Speidel, Chn Frdr.* (Heyd)

Nachricht über die Streitigkeiten zwischen Ihrer Königl Majest (Friedrich IV) von Dennemarck etc und Ihr Hochfürstl Durchl (Friedrich IV) von Holstein-Gottorff etc Enthalten in einem Brief eines Edelmanns an seinen guten Freund in Holland, vom 16/26 November 1699 Aus dem Frantzösischen übersetzet o. O 1700 4⁰

— von Stuß, Rector zu Gotha. gr. 8. Götting. 776. Beßic. gel. 4 gl.

Nachricht von dem hinter Pirna zurückgeschlagenen Oesterr. Succurs. (2 Bl.) 4.

Nachricht von dem Canstatter Sultz-Wasser . . . Stuttg. 1749. V: *Gesner, Joh. Albr.* (Heyd) (ML)

— summarische, vom Raths-Collegio in Leipzig von 1260 bis 1710. Fol. Lpz. 719.

Nachricht, Summarische, von denen milden Stiftungen oder piis causis . . . O. O. 1735. V: *Kobe von Koppenfels, Joh. Sebast.* (Holz)

Nachricht von einer armen Sünderin nahmentlich Elise Albrechten, so wegen begangenen grausamen Kindes-Mord durch das Schwerdt hingerichtet worden. Biberach 1767. 4⁰

Nachricht von Surinam und seinen Einwohnern, sonderlich den Arawacken . . . Görlitz 1807. V: *Quandt, Christlieb.* (MGT) »1808« (EngG) (Ky)

— v. Surinam u. seinen Einwohnern, sonderlich d. Arawacken, Warauen u. Karaiben, v. d. nützl. Gewächsen u. Thieren des Landes, d. Geschäften d. dort. Missionarien 2c. (v. C. Quandt. Nebst 1 Karte u. 2 Kpftaf. 8. Görlitz (807.) (Kummer in Lpz.) 20 gl.

Nachricht den Tobaks-Bau betreffend, f den Landmann in der Herrschaft Pinneberg Altona 1778 15 S P

Nachricht von dem ältesten kurländischen Thaler. [Riga 1797.] V: *Brotze, Johann Christoph.* (R-N)

Nachricht von einem seltenen Thaler. [Riga 1793.] V: *Brotze, Johann Christoph.* (R-N)

Nachricht von einer Schönen That. Berlin 1781. V: *Cranz, August Friedrich.* (Berliner Curiosa, hg. v. Gotthilf Weisstein. Nr. 1.)

Nachricht von der Taufhandlung, welche an einem zu Christo bekehrten Ehepaar aus dem Judenthum . . . vollzogen wurde . . . Nürnb. 1777. V: *Ries, Heinrich August Andreas.* (ML)

— vom Theerwasser, dessen herrliche, medicinische Tugenden, Zubereitung und Gebrauch. 8. Amsterdam. 718.

Nachricht, Teplitzer, von der dasigen Einrichtung mit den mineralischen Wässern, Salzen, Pulvern und anderer Produkten. Leitmeritz 1762. V: *Troschel, Hch.* (Ky 5/476) (Ambrogi S. 64) (Die Bäder zu Teplitz, S. 9) (BiblPort)

— v. d. Theater-Direction. 8. Wien, Trattner. 2 gl.

Nachricht von dem Tode des Englischen Komedianten David Garrick . . . Hamb. [1779]. Ü: *Wittenberg, Albr.* [?]. (Arch. f. Litt. VIII, 210.)

— v. d. Tode d. Hrn. Mussart, Pfarrers in Somme-Vesle. 8. Augsb. 789. Doll. (Landsh., Krüll). 1 gl.

Nachricht über den Todtfall Seiner Gnaden Herrn Altschultheiss [Franz] Xaver Keller selig (Luzern 1816) 8 o O

Nachricht von einem Totentanz zu Wismar. Schwerin 1877. V: *Crull, Frdr.* (Bachmann, Mecklenburg. Güstrow 1889. S. 478.)

NACHRICHT, Traurige, von dem unerhörten Muthwillen, welchen einige junge unerfahrne Hofbediente am 26ten des Monats Kuxs 12719 zu Peckin in China ausgeübet, als welche sich nicht entblödet eigenmächtiger und unbefugter Weise den ehrwürdigen Namen des gesamten Hofes zu usurpiren, und dessen Stimme zu ihrem schnöden Privatinteresse auf eine höchst hinterlistige Art nachzuahmen, für welchen Frevel dieselben sich zur wohlverdienten Strafe, andern aber zum schreckenden Beispiel, von der ganzen vernünftigen Welt ausgelachet worden. Nebst einem Bußliede der Delinquenten, welches in kurzem zum Besten einer zum zweitenmal gefallenen Tugend [NB! der Erbprinzessin] mit Variationen fürs Klavier auf Pränumeration ans Licht treten wird. So gut als aus dem Chinesischen. 12719. (ca. 1790?). O. O 8⁰ (4 Mk., Max Weg, Lpz., 1897.)
Unbekannt! 15 S (incl. Tit), S. 16 leer

Nachricht, den am 16. Junii 1734 auf dem Hamburger Berg entstandenen Tumult betreffend Mit Beyl 1—3 Nach dem Copenhagener Exemplar — Altona· Hülle (1734) 48 S. 8⁰ (4⁰)

Nachricht von der Neu-Staat-Hildesheimischen Tumult-Sache und denen beyderseits edirten Schrifften, nebst samtlichen Reichs Hofraths Conclusis und einigen Anmerkungen über des H. von Meiern unpartheyische Reflexiones etc. [Hildesheim] 1731. H: *Moser, Joh. Jacob.* (Moser, Joh. Jacob Lebensgeschichte von ihm selbst beschrieben. Frankfurt u. Leipzig 1777. III, 147/8)

Nachricht von den Turnübungen (Schulkalender f. d. J. 1814, S. 43—49). Berlin 1814, 7 S., 16°

Nachricht, Typographische, von Schweidnitz. [Nürnb. 1797.] V: *Tiede, Johann Friedrich.* (ML)

Nachricht von seinem Übergange zu der Evangelischen Kirche . . . Leipzig u. Wolfenb. 1752. V: *Rothfischer, Franz.* (Jcs)

Nachricht von des seligen Herrn Prof. Schulzens deutschen Uebersetzung von Plutarchs Lebens-Beschreibungen berühmter Männer. Halle 1746. V: *Agnethler, Michael Gottlieb.* (Trausch)

Nachricht von der Stadt Ulm 8 s l 1750.

Nachricht über die Umgestaltung und Erweiterung des Collegii Carolini zu Braunschweig. 2 Bl. 8⁰ ¶ Aus: Braunschw. Magazin. Bd 48. 1835. S. 297 ff.

Umstandl Nachricht von der zw des Bruchowski Detachement von der Cron-Armee u d Grudzinskischen Anhang d 27 u 28 Jun 1712 vorgefallenen Action 4

Nachricht, Umständliche, von des Unions Verfechters M. Joh. G. Cuntii Aufführung. O. O. 1723. V: *Neumeister, Erdmann.* (Myl)

Nachricht, Umständliche, von der erschrecklichen Ermordung des Königs von Schweden . . . Braunschweig 1792. V: *Fischer, Joh. Hnr.* (MGT) (Ky)

— von der Ermordung des Königs v. Schweden, (v. Jh. Hnr. Fischer II.) Mit Ankerströms Silhouette. 8. (Braunschw.) 792.

Umständliche Nachricht von Christ. Heering, einem Elbfischer zu Proßen bey Königstein, seit etliche 20 Jahren bekannt gewordenen Erscheinungen und Voraussagungen betreffend ꝛc., zusammt J. Charlier's (Gerson's) Tractat von der Prüfung derer Geister ins Teutsche übersetzt mit Anmerk. von J. G. Süsse. Dresd. u. Leiz. 772. 8.

NACHRICHT, Umständliche, von dem Leben und sonderbaren Schicksale Kaspar Neutons, eines unweit Paris gewesenen Tabuletkrämers Sohns, welcher seine ihm zugestossene Unglücksfälle von Jugend an sowohl als auch die nachhero erfolgten Begebenheiten da er auf einer unbewohnten Insul neunzehen Jahre hingebracht durch ein Englisches Schiff befreyet und in Europa wieder angelanget aufrichtig erzählet, und auf guter Freunde Ersuchen aufgezeichnet. Dreßden und Leipzig bey Joh. Nicolaus Gerlachs Wittwe und Sohn. 1773. 8⁰. (Besitzt Dr. Ullrich in Brandenb. a. Havel.)
Vorrede 5 Bll., beziffert III—XII. Text S. 1—431.

umständl. Nachricht von dem Treffen bei Striegau den 4. Juni. 4. Dresden 1745.

Umständliche Nachricht von der Unternehmung der Russen auf Berlin. 1760. 4. (16 Seiten.)

Nachricht, Umständliche, von dem gegen den ehemaligen Regierungsrat Glave verhängten Untersuchungsprocess. Königsberg 1786. V: *Mangelsdorf, Karl Ehregott.* (Altpreuss. Monatsschr. 1904, 89; 1914, 167) (Zeitschr. f. Büch. N. F. 15, 1923, S. 117)

Nachricht, Umständliche, von dem Waisenhause, wie auch Toll- und Krankenhause zu Pforzheim . . . Carlsruhe 1759. V: *Macklot, Mich.* (Cat. d. Stadtbibl. Zürich. Zürich 1864—97.)

Umständliche Nachricht von dem Waisen-, Toll- und Krankenhause zu Pforzheim; ingleichen von dem Zucht- und Arbeitshause. *Karlsruhe.* 1759

— umständliche, was sich mit einem evangelischen Priester in Ostfriesland zugetragen. 8. Bremen. 728.

Umständliche und zuverlässige Nachricht von dem grossen Siege, welchen die Königlich Preussische Armee unter höchst eigener Anführung Sr. Majestät des Königs d. 25. August 1758 über die Russische Armee unter dem Commando des Generals Grfn. von Fermer bey Zorndorf in der Neumark erfochten hat und was seitdem weiter erfolget ist. Nebst einem accurat. Plan von der Gegend. Berlin. 4. (8 S.)

Nachricht v einem Unglücklichen der durch e Schuß s. untere Kinnlade verlor. Berlin 1799. 4.

Nachricht von einem Unglücklichen der durch einen Schuß seine untere Kinnlade verlohr,... Berlin 1803. 6 S. 8⁰

Nachricht, Unpartheyische, von der Gemeine zu Herrenhut. Schleswig 1737. V: *Knoblauch, Joh. Gg.* (Adel)

Unpartheyische und gründliche **Nachricht** von der Freymäurerloge der Juden und andern geheimen Gesellschaften in Hamburg. [Hamburg] 1786. 8 S. 8⁰ [Kopftit.]
Kl. 2704. Gegen das Treiben der Brr Ecker u. Eckhoffen in Hamburg (Asiatische Brr) u. gegen den Jochensorden. 193.

— unpartheiische, v. d. Leben u. Tode Gab. Malagriba. 8. Basel 784. Thurneysen. 6 gr

— über das allgemeine Unternehmen der Straßen-Beleuchtung und Pflasterung. gr. 8. Cassel 832. (Leipzig u. Naumburg. Franke.) n. 1/6 ß

Nachricht von einigen Unterredungen mit einer Frau, die sich für besessen hielt. [Halle 1781.] V: *Streithorst, Johann Werner.* (MGT) (ML)

Nachricht und Unterricht | an die Einwohner hiesiges Landes | Nämlich | des Herzogthums Lutzemburg und | Graffschaft Chiny | Vorgetragen durch die drey Landes | Stände gesagter Provinz. | Ueber die | Pflanzung und Pflegung des Arts | Aepfel Bäume so besonders zum | Aepfel-Trank dienen. | [Wappen] | Lutzemburg, | Bey der Wittib J. B. Kleber, Seiner Kay-|serlichen Königlichen Majestät Buchdrucker | MDCCLXXXV |
76 S., kl-8° (160 × 100 mm).

Nachricht von der kgl. Unterrichts- u. Erziehungs-Anstalt für die weibliche Jugend in Nymphenburg. Schuljahre 1875 76—1878 79. München 1876—1879. 4°
(Forts. s. Jahresbericht.)

Nachricht über öffentliche Unterstützungen, welche zu Gunsten der Studirenden auf hiesiger Universität bestehen. ([Inhalt:] I. Öffentliche Beneficien. II. Akademischer Krankenfonds.) o. O. [nach 18. 7. 1845 u. vor 2. 1. 1849]. 4 S. 4° [Kopft.]
S. 1 endet sofern, auf S. 2 Camptendorf

Nachricht über öffentliche Unterstützungen, zu Gunsten der Studirenden auf der Koniglichen vereinigten Friedrichs-Universität Halle-Wittenberg. o. O. [1860]. 4 S. 4° [Kopft.]
S. 1 endet sofern nicht, S. 2 in Ac 3 Camptendorf, S. 2 Krukenberg

Nachricht über öffentliche Unterstützungen zu Gunsten der Studirenden (Halle [1861] Hendel.) 4 S. 4° [Kopft.]
S. 1 endet aller, S. 2 in Ac. 3. Komptendorf, S. 2 Krukenberg

Nachricht über öffentliche Unterstützungen . (Halle [1863]: Hendel.) 4 S. 4° [Kopft.]
S. 1 endet: zum Genusse, S. 2 in Ac 3: Komptendorf, S. 2: 10) Wucherer

— — o. O. [1864]. 4 S. 4° [Kopft.]
S. 1 endet Formulars, S. 2 in Ac. 3 Komptendorf, S. 2: 10) Wucherer
Die Priorität unter den beiden letzten Neudrucken bleibt zweifelhaft.

Nachricht die von K'sche Untersuchung betreffend. Königsb. 1792. V: *Hippel, Theodor Gottlieb von.* (ML)

— d. v. K**sche Untersuchung betr. 8. Königsb. 792. Nicolovius. 9 gr (A. u. d. T.: Th. v. Hippel Beitrr. üb. Verbrechen u. Strafe).

— für die Unterth. d. Königr. Westphalen von dem, was sie nach dem Gesetzb. Napoleons in Ansehung d. Akten des Civilstandes z. vollkommen Sicherstellung ihrer u. ihrer Kinder bürgerl. Rechte in allen vorkommenden Fällen zu beobachten haben. 8. Quedlinb. Basse. 809.

Nachricht, Herrn Urians, von der neuen Aufklärung nebst einigen andern Kleinigkeiten. Hamb. [1797]. V: *Claudius, Matthias.* (MGT) (schr) (GGr) (Wr) (Ky) (BrMm) (Collin, Anonymer. Kiobenh. 1869.)

— urkundliche von der nürnbergischen neuerlich ausgeschriebenen Kopfsteuer rc. 8. Hof, Grau. 786.

— urkundliche, v. der durch d. Magistrat zu Nürnberg neuerlich ausgeschriebenen Kopfsteuer rc. 8. Hof 786. Grau. 5 gr

— v. d. mögl. Ursachen d. Revolution d. Erde. 8. Jena 784. Reinhold. 6 gr

Nachricht von den möglichen Ursachen der Revolution der Erde . . . [Frankf.] 1786. V: *Ziehen, Conr. Sigm.* (EB)

— v. d. Ursprung, Fortgang u. hauptsächl. von d. gegenwärt. Verfass. d. Brüder-Unität, od. sogenannten Herrnhuther. 8. Halle . . . 2e A. 769. (Laue in Berl.) 9 gr

Nachricht vom Ursprung, Fortgang und gegenwärtigen Verfassung der Herrnhuter. Halle 1779. 4°.

— von dem Ursprunge der Fortgange der Herrnhuter. gr. 8. Halle, Curt. 779.

Nachricht von dem Ursprung und Fortgang . . . der Brüder-Unität . . . Halle 1781. V: *Lynar, Heinrich Casimir Glob Graf von.* (Winer) (ML) (Ky)

Nachricht vom Ursprung und Fortgang der Brüder-Unität. 2. stark vermehrte Auflage, mit Büsching's Vorrede. Ebd. 1781. 8°. (1 Mk. B. Liebisch, 1901)

Nachricht von den Veranstaltungen der Freymåurer für das [!] Armuth im Febr.-Aug. [1772]. [Dresden 1772.] 8° [Kopftit.]
Febr. 4 Bl.
März 4 Bl.
April 6 Bl.
May 8 Bl.
Junius, Julius und Aug. 8 Bl.
(Beyl. z. 11, 15, 19, 24, 41 St. d. Dresdnischen wöchentl. Frag- und Anzeigen.)
Kl. 389. Selten.

Nachricht von der beabsichtigten Verbesserung des öffentlichen Unterrichtswesens in Oesterreich, hgbn. von Chr. Ulr. Detl. Freih. Eggers. Tübingen 1809. V: *Rottenhan, Hch. Frz. Graf.* (BiblPort)

Nachricht von einer neuen Verbesserung der Stubenöfen. [Hannover 1768.] V: *Beckmann, Johann.* (MGT)

— v. Verbesser. d. Uhren. 8. Stettin 795. Leich. 2 gr

— v. Verbrennung d. Stadt Cusel durch die Franzosen. 4. Frkf. a. M. 794. Varrentrapp. Schrbp. 3 gr

Nachricht von der Vereinigung der Lutheraner und Reformirten im Königreiche Würtemberg. [Stuttg. u. Tübingen] 1828. V: *Steudel, Johann Chn Frdr.* (Heyd)

Nachricht vom jetzigen Verfall und den inneren Unruhen der Republik Nürnberg ... Frankf. u. Leipzig 1787. V: *Becker, Rudolph Zacharias.* (StAt)

— v. d. jetzigen Verfall u. Unruhen d. Republik Nürnberg, (v. Rud. Z. Becker). 8. Nürnb. 788. Grattenauer. 4 gl.

Nachricht von der Verfassung der hiesigen Armenanstalt. 8°. Darmstadt 1790.

Nachricht von der gegenwärtigen Verfassung der Armenanstalt zu Erlangen ... [Erlangen] 1783. V: *Seiler, Gg Frdr.* (Fiker)

Nachricht von der gegenwärtigen Verfassung des Erziehungsinstituts zu Dessau. Dessau 1785. V: *Neuendorf, Carl Gottfried.* (Ky) (ML)

— v. d. Verfassung d. Erziehungsinstit. in Dessau. (von K. G. Neuendorf). 8. Dessau 785. (W. Vogel in Leipz.) 3 gl.

Nachricht von der gegenwärtigen Verfassung der Ritterakademie und des Seminariums zu Erlangen. Erlangen 1741. V: *Gross, Joh. Gottfried.* (Fiker) (Will) (ML)

— v. d. Verfassung d. Berliner Gesellschaft z. Rettung der in ihrem Gewerbe zurückgekomm. Bürger. 4. Berl. 789. Maurers B. 6 gl.

Nachricht von d. Verfassg d. Gesellsch. z. Rettg Berlin i. ihrem Gewerbe zurückgekommen. Bürger. Berlin 1796. 4.

— v. Verfass. d. Berl. Gesellsch. z. Rett. der in ihr. Gewerbe zurückgek. Bürger. 4. Berlin. Maurer. 797.

Nachricht von der jetzigen Verfassung des Friedrichs-Gymnasiums zu Herford. O. O. 1782. V: *Wachler, Johann Friedrich Ludwig.* (MGT)

Nachricht von der neuern Verfassung des Herzogthums Schlesien ... Franckf. u. Leipz. 1741. V: *Günther, Elias Melch.* (Nent)

— v. d. Verhandll. d. protestant. General-Synode zu Kaiserslautern, nebst Beschreib. aller Feierlichkeiten u. vollständ. Vereinigungs-Urkunde. gr. 4. Münch. 818. Finsterlin. 4 gl.

Nachricht von der unterhalb der Stadt Bremen im Hornung des 1771sten Jahres erfolgten Verstopfung des Weser-Stromes und Aufeisung. Bremen 1772. V: *Schilling, Rud. Chn.* (Ky 5/84) (Auct. Bruckstein 21/920) (BiblPort)

Nachricht von einer Verwahrungs- und Rettungsanstalt für Badende ... Erlangen 1803. V: *Seiler, Georg Friedrich.* (Fiker) (MGT)

— v. d. Verwahrungs- u. Heilungsmitteln gegen die Bisse wüthiger Hunde, sammt e. Unterw. f. Wundärzte. Fol. Salzb 781. Duyle. 2 gl.

Nachricht von der Provinz Virginien in Nord-America, nebst ausführlichen Beschreibungen der entsetzlichen Wasser-Fluth so gedachte Provinz im Jahre 1771 Monaths May erlitten. Als auch Beschreibung von der Schlacht und gänzlichen Ausrottung der Regulatoren in Nord-Carolina in America. Deme annoch beygefüget eine ausführliche und accurate Geographische Beschreibung der Provinz Pennsylvanien in Nord-America.
Frankfurt a. M. Fleischer 1772 16 S. 4°
Staatsbibliothek Bamberg
Sabin 100494 Baginsky 469 Palmer

— vollständ., von d. Beschaffenheit d. reform. Religionswesens in Worms. Fol. Frankf. 772. 2 ß

Vollständige Nachricht von dem, was vor und bey Abfassung des Reichs-Schlusses d. d. Regensburg den 17. Jan. 1757 vorgegangen. 4 (59 S.)

Vollständige und genuine Nachricht desjenigen, was am 11 Februar 1757 in dem Churfürstl. Collegio vorgefallen 4 (32 S.)

Vollständige Nachricht von dem Processe wider den Engl. Mylord Georg Sakville Nebst einer ausführl. Relation des unweit Minden am 1 Aug. 1759. erfochtenen Sieges. (so wie von der Affaire des Erbpr. von Braunschweig mit einem Corps französ. Truppen am 1. Aug. 1759 in der Gegend Gohfeldt — —) Frankfurth und Leipzig 1760. 4

Vollständige Nachricht von dem siegreichen Treffen I. Czar Maj. gegen die Schwed. Armee zw. Poltowa u. Potruka d. 27 Jan. s. v. 1709 Dresden (2 B.) 4°

Nachricht, Vollständige, von dem Ursprung ... der Kön. Dänischen Selbstherrschaft ... Kopenh. 1760. B: *Boppenhausen, Jac. Wilhelm.* (Bruun, Bibl. Danica III, 194.)

Vollständige, wahrhaffte und documentirte Nachricht. Was mit Abtrennung der Vorstadt von Dresden vorgegangen. Gedruckt zu Dresden 1759. 4 (2 Bl.)

Nachricht von einem fatalen Vorfall den Pfarrer Lavater betreffend. Geschehen Donnerstags Nachmittags. Den 26. IX. 1799. [Zürich.] V: *Lavater, Johann Kaspar.* (schstr S. 133)

Nachricht von dem Vorkommen des Besessenseyns . . . und seiner . . . Heilung durch magisch-magnetisches Einwirken. Stuttg. 1836. V: *Kerner, Justin.* (Mp)

Nachricht, Vorläufige, von einem hier einzurichtenden Armen- und Arbeitshause. Riga 1793. V: *Bergmann, Liborius von.* (R-N)

Nachricht, Vorläufige, von dem Bau und Errichtung der Acker-Academien . . . Flensburg [1759]. V: *Lüders, Phil. Ernst.* (Bruun, Bibl. Danica III, 766.)

Vorläufige Nachricht von einer -- Begebenheit, welche sich zu Halle mit einer Compagnie boier Menschen zugetragen. Halle 716. 4.

Vorläufige Nachricht und Beschreibung von dem großen siebenjährigen Kalbskopf, welcher in Engelland bei dem angestellten Freudenfest wegen des Anno 1783. mit denen Amerikanern geschlossenen Friedens, auf eine bisher noch niemal erhörte kostbare Art zubereitet, und bei demselben mit einem großen Pracht verzehret werden soll.
Herausgegeben von Fabian Sebastian Wilkes.
London 1783.
Aus dem Englischen übersetzt.
o. O. u. J. [1783]. XIII, 38 S. 8°.
Staats- und Stadtbibliothek Augsburg
Hg.-name fingiert.
Sabin 100774. Palmer

Nachricht, Vorläufige, von der gegenwärtigen Einrichtung des Klinikums . . . zu Würzburg . . . Würzb. 1795. V: *Siebold, Georg Chph.* (Call)

Nachricht, Vorläufige kurze, von der neuen Einrichtung der Stendalischen Stadt-Schule. Stendal 1760. V: *Haehn (Haehne, Haen, Hoehn), Joh. Frdr.* (Fiker) (Rotermund, Gel. Hannover. Bremen 1823.)

Nachricht, Vorläufige kurzgefasste, von einigen Klöstern der heil. Schwedischen Brigitte ausserhalb Schweden . . . Frankf. u. Ulm 1764. V: *Nettelbla (Nettelblatt), Christian Frhr. von.* (ML)

—— vorläufige, v. rc. Leviseur glückl. Methode geg. d. Cholera. Angehängt e. Gutachten d. rc. Houssette üb. d. Häusersperre. gr. 8. (1½ B.) Kiel 831, Universit.-Buchh.

Vorläufige Nachricht über den im März 1842 gestifteten holsteinischen Philalethen-Verein. [Hamburg.] 1842. 8°

— vorläufige, v. d. ehemal. berühmten Privatbuchdruckerei ad insigne pinus in Augsburg, von Zapf. gr. 8. Augsb. 804. Bürglen. 4 gr.

Vorläufige *Nachricht* v. jetziger immer näher kommenden Rindvieh-Seuche . Eisenach (1757). (16) S

Vorläufige doch sichere Nachricht von der am 1ten August 1759 ohnweit Minden vorgefallenen Bataille . . . Hannover d. 2ten Aug. 4. (2 Bl.)

Vorläufige Nachricht des am 1. Oct. 1756 v. der Kgl. Preuss. Armee über die Oesterr. bei Lowoschütz erfochtenen Sieges. (2 Bl.) 4.

Vorläufige Nachricht von dem letzten glorreichen Siege der Preuss. Armee zw. Mecheln u. Rossbach. (2 Bl.) 4. im Nov. 1757.

Vorläuffige Nachricht von einem Unions-Märtyrer dieser Zeit, welcher wegen eines an sich unschuldigen Carminis durch eine ungewissenhafte Orthodoxe Geistlichkeit von Amt und Brodt, Weib und Kind aus Holstein gejaget worden. Nach der Warheit mitgetheilet von J. B. H. Gedruckt im J. 1723. 4. P. [Digtet er af Joh. Georg Cuntius].

Nachricht, Vorläuffige, von der den 22. Nov. über die Preußische Armee bey Breßlau erfochtenen Victory. O. O., Dr. u. J. (Wien 1757). 1 Bl. 4°. 8.—
Sieg der Österreicher unter Lothringen und Daun über den Herzog von Braunschweig-Bevern.

Nachricht, Zweyte und Dritte, von der Vorlesung über die Entbindungskunst und die damit verknüpften Entbindungs- und Krankenanstalt für arme verheirathete Weiber. Prag 1792. V: *Melitsch, Joh.* (KY 4/76) (BiblPort)

Nachricht von den Vorlesungen über das allgemeine Gesetzbuch. Berlin 1791. V: *Gossler, Christoph.* (MGT)

— von der Wahl und Krönung eines römischen Kaisers. 4. Frft. Andreä. (auch Brönner) 741.

— — dass. 4. Frft. Jäger. 741.

— v. Wahlen, w. sie gewesen, wo sie Gold geschmolzen u. auf Kräutern Gold gemacht. 8. Frankf. 764. 6 gr.

Nachricht von Wahlen, wer sie gewesen, wo sie Gold-Erz aufgesucht . . . wie sie solches geschmelzt . . . Frankf. u. Leipzig 1764. H: *Lehmann, Christian Gottlieb.* (Nent) (BrMm)

Wahrhaffte u. Gründl. Nachricht von denjenigen, So vor u. nach der d. 14. Febr. 1713 beschehenen Einräumung der Festung Tönnigen an den Grafen von Steenbock, u. biss zu der den 8. Febr jüngst erfolgten Uebergabe gedachter Festung an J. K. Maj. zu Dänemarck sich zugetragen. (24) 4. s. l. 1714.

Warhaft gründl. u. umbständl. Nachricht von der delogirung u. abführung J. K. M. v Schweden aus dero Paläst bey Bender 4 1713

Warhaffte Nachricht von einer hochteutschen evangelischen Colonie zu Germantown [i. e., Germanna], in Nord-Virginien in Amerika, und derselben dringendliches Ansuchen an ihre Glaubens-Genossen in Europa. N.p., anno, 1721

Nachricht, Wahrhafte, von dem Leben . . . Joh. Melch. Gözens . . . Hamb. 1787. V: *Steineck, J. C. M.* (MGT) »1786« (schr) S. a. Nr. 5792.

—v. dem Leben J. M. Gözen's (v. J. C. M. Steineck). 8. Hamb. 786. (Riemann u. R. in Lüb.) 8 gl

Wahrhafte und urkundliche Nachricht, von der Battaille bey Prag, so den 6. May 1757 geschehen. Auf allergnädigsten Befehl publiciret. Anno 1757. 4. 2 Bl.

Wahrhaftige fernere Nachricht von der Beschwörung des Satans, welche ein Studiosus nebst zwei Bauren in Jena vorgenommen. 716. 4.

Wahrhafftige Nachricht von der unvergleichl. und glorreichen Victorie, welche S. K. Maj. v. Preussen wider der Oesterr. Armee am 10. Apr. in Schlesien erhalten. (8.) 4. s. l. 1741.

Nachricht von dem Lastadischen Waisenhause zu Altenstettin. 3 Thl. 8. *Stettin.* 1732.

Nachricht vom Waisenhaus in Züllichau in einer kurzen Geschichte von dessen Ursprung, Einrichtung und 47jährigen Schicksalen. Züllichau 1766. V: *Steinbart, Jh. Chr.* (Erster Nachtrag zum Verzeichnisse Aug. Gräffer. Wien 1781. S. 68) (KY 4/201) (BiblPort)

— v. Waisenhaus in Züllichau, in e. kurzen Geschichte v. dessen Ursprung, Einrichtung u. 47jähr. Schicksalen. 8. Züllich. 766. Frommann in Jena. 4 gl

Nachricht von dem Züllichauschen Waisenhause. 6 Thle. 8. *Züllichau, Frommann.* 1723

Nachricht von dem Sulzerischen Wappen und von dem Ursprung, Fortgang und merkwürdigen Begebenheiten des Geschlechts der Sulzer in Augsburg (v. J. D. Herz v. Herzberg). Mit Kpfrn. Augsburg 1763. 4.

Nachricht von dem Auerbacher mineralogischen Wasser. Darmstadt o. J. [ca. 1770]. V: *Lichtenberg, J. H.* (Auct. Rentz 1088) (Völker 232/43) (BiblPort)

Nachricht von dem bey Radeberg befindlichen mineralischen Wasser. Dresden 1778. V: *Schwenke, Chr. Gotthold.* (KY 5/202) (Auct. Renz 1046) (BiblPort)

Nachricht von einem alten Sächsischen Weichbild-Recht . . . O. O. [1783]. V: *Häslein, Johann Hnr.* (will) (ML)

Nachricht von der Tockayer Weinlese im J. 1803 . . . [Lübeck 1804.] V: *Fukker, Frdr. Jac.* (MS)

Nachricht von der in England eingeführten Weise, die Steinkohlen abzuschwefeln und zu Zunder zu machen, nebst Abbildung des englischen Ofens. (o. O.) 1769

—v. d. in England eingeführten Weise, die Steinkohlen abzuschwefeln u. zu Zunder zu machen. 8. Frankf. a. M. 769. Andreä. 2 gl

Nachricht, Weitere, von den Nürnbergischen Zoll-Processen mit denen Marggräflich Brandenburgischen Hochfürstl. Häussern . . . O. O. 1761. V: *König von Königsthal, Georg Gust.* (Holz) (will) (ML)

Nachricht, welcher gestalt die Salzburgischen Emigranten in Stolberg am 2. bis 4. August 1732 empfangen worden. Stolberg 1742. V: *Schnabel, Joh. Gottfried.* (Stern, Ad., Beiträge zur Literaturgeschichte des 18. Jahrh. 1892, S. 85.)

Nachricht welcher Gestalt seine königl. Majest. in Preussen dero Aemter, Vorwercker u. andere Domainen-Stücke in Erb-Pacht gesetzet wissen wollen. Nebenst der königl. preuss. neuen publicirten Flecken-Dorff- u. Acker-Ordnung U St 1705. 48 S. P

Nachricht von einem nicht in den Buchhandel gekommenen historischen Werke. [Leipzig 1801.] V: *Wolffram von Wolfframitz, Carl Joh. Glieb Freih. v.* (MGT)

Nachricht von den in den Ländern zwischen Lahn und Lippe gelegenen und auf der Eversmannschen Charte angezeigten metallischen und unmetallischen Werken. Als Zugabe zu dieser Charte. Dortmund 1804. V: *Eversmann, Friedrich August Alexander.* (StBKöln II, 227)

—— wichtige, v. zuverläss. Schutzmitteln geg. d. Cholera. Zu haben in d. Chem. Produkten-Handlung in Nürnberg. 8. (1 B.) Nürnberg 831. (Leipzig, Hinrichs.)

Nachricht wie es in Pommern zur Zeit der Reformation mit der . . . Abschaffung des päpstlichen Kirchenwesens eigentlich bewandt gewesen. O. O. [17??]. V: *Caroc, Georg Adolph.* (Adel)

Nachricht, wie es wegen einer Gräfl. Frau Wittib in Ansehung der Vormundschafft-administration Wittums . . . bey dem H. H. Wallerstein gehalten werde. Nördlingen 1745. V: *Scheid, Georg Frdr.* (Holz)

Nachricht von dem am 24. II. 1784 geschehenen Wiederangriff des Bergwerks zu Ilmenau. V: *Goethe, Joh. Wolfg. von.* (Hellersberg 1/414) (A. Weigel 103/126b) (Hiersemann 338/119) (BiblPort)

Nachricht von der Wiedereinnahme von Zürich durch die fränkischen Heere den 26 September 1799 8 Zürich 1799

Nachricht von Wiedererbauung des Rathhauses zu Dörpat . . . Riga 1782. V: *Gadebusch, Friedrich Conrad.* (R-N)

Nachricht von der Wirkung, dem Gebrauch und der Erhaltung der parabolischen Lampe. O. O. [1762]. V: *Löhe, Johann Conrad.* (Will) (ML)

— von den Witterungsbeobachtungen in Böhmen, veranstaltet durch die k. k. patr.-ökonom. Gesellschaft in Böhmen im J. 1844. Aus den neuen Schriften dieser Gesellschaft X. 1. abgedruckt. gr. 8. Prag 846, Calve'sche Buchh. n. 1/3 ₰

Nachricht von einer Witwencaſſe in der Stadt Minden, welche auf Oſtern 1772. den Anſang nehmen wird. Minden, mit Enaxiſchen Schriften, 4. 1771.

Nachricht von einem Zittauischen Wochenblatte zur Aufnahme des Nahrungsstandes. Zittau 1771. V: *Spieckermann, Adam Jacob.* (ML)

Nachricht, Wohlmeynende, Von den bezeichneten Häusern, Nebst Bezeichnung der Gassen, In der . . . Stadt Breslau . . . O. O. [17??]. V: *Gomolcke, Daniel.* (Kat. d. Druckschr. über Breslau. Breslau 1903. S. 85.) (LVS) (Nent)

Nachricht über den Wohlthätigkeits-Verein zu Dessau. Dessau 1846. V: *Richter, Franz Theodor.* (HHBD Anhaltina I, 119)

Nachricht von der kais. kön. Wollenzeugfabricke in Linz. [Gött. 1782.] V: *Luca, Ignaz de.* (MS)

Nachricht von der Stadt Wolmar. [St. Petersburg 1764.] V: *Hilde, Friedrich Gottlieb.* (R-N)

Nachricht von den Ziegelhöfen am Flensburgischen Meerbusen. O. O. 1787. V: *Burchardi, Christian Aug.* (NN)

Nachricht vom Academischen Cirkel bei dessen 25jähriger Jubel-Feier am 26. Nov 1836 nebst Verzeichniß der gegenwärtigen Mitglieder und Theilnehmer desselben. [Breslau 1836.] (8 S.) 8° [F.]

Nachricht über das Kais. Kön. Civil-Mädchen-Pensionat in Wien. Wien 1847. V: *Werner, Freih. von.* (EB)

Anonym „Nachricht von den Nürnbergischen Zoll-Processen mit denen Marggräflich-Brandenburgischen Häussern", o. O 1764. — Vorh. Bibl. des German. Museums Nürnberg.

Nachricht von dem Zufalle, so das jungfräul. Kloster Unterzell nächst Wirzburg des Praemonstratenser-Ordens betroffen. Verfasset im J 1749. (A.) Mainz 1822. 8° (1 Mk. Jul. Neumann. 1908)

— von d. zweiten Zusammenverschwörung in Portugal. 4. Ulm 762. Stettin. 12 ℛ

— v. dem Zustande d. Jenaischen Academie. 4. Jena 750. Melchior. 4 ℛ

— v. dem betrübten Zustande der um die Lehre d. Evangeliums nach d. unveränd. Augsb. Confess. leidenden vielen Bedrängten in Oesterreich. 3e Aufl. 8. Leipz. 753. (Vogel). 1 ℛ

Nachricht von dem bisherigen Zustand der evangelischen Kirche in Siebenbürgen. Cölln 1708. V: *Gauhe (Gaue), Johann Friedrich.* (Wr)

Nachricht von dem dermaligen Zustand, in welchem sich das illustre Collegium Christian-Ernestinum zu Bayreut befindet. Bayr. 1769. V: *Lang, Lorenz Joh. Jacob.* (Fiker)

Nachricht von dem gegenwärtigen Zustande des Collegii Carolini in Braunschweig. 1782. — [Veränderte Fassungen] 1786. 1790. Je 2 Bl. 8°

Nachricht von dem gegenwärtigen Zustande der vornehmsten Erzgebürge u. Bergwerke in Schweden. [Halle 1770.] V: *Möller, Johann Georg Peter.* (MS) [Hamb. u. Halle 1768.] (MGT)

Nachricht von dem jetzigen Zustande des Theaters. Berlin [ca. 1788]. V: *Hagemeister, Johann Gottfried.* (MGT)

Nachricht von dem Zustand der hiesigen Kranken-Anstalt. [Kiel 1792—93, 1796—98.] V: *Weber, Gg Hnr.* & *C. A. Tamsen.* (Schles)

Nachricht von dem Zustand der Landschulen in der Badenschen Markgrafschaft Hachberg. O. O. 1785. V: *Sander, Heinrich.* (BaBb)

— v. dem neusten Zustande d. Volksmenge d. Armenstandes ꝛc. gr. 8. Wien, Ant. Doll. 810.

NACHRICHT Zuverlässige und ausführliche – von dem Armeninstitute, welches auf den gräflich-Bouquoischen Herrschaften in Böhmen im Jahre 1779 errichtet worden. Hrsg. von dem Institute selbst. Durch die Hochl. N. Oe Herrn Stände unentgeltlich ausgetheilet Kurzbeck, Wien 1781 1 vol. 2 Bl. + 22 S.

Nachricht, Zuverlässige und ausführliche, von dem Armen-Institute welches auf den gräflich Buquoischen Herrschaften in Böhmen im Jahr 1779 errichtet worden. Prag 1780. Wien 1783. Brünn 1784. V: *Spazierer, Bernhard.* (Ign. de Luca, Wiens gegenwärtiger Zustand, S. 318) (wrztg 1783, Nr. 55) (Deibler 9/77) (Auct. Eckel 3/456) (BiblPort) (Karafiat 50/77)

— zuverlässige, von d. Festivitäten bei d. Ankunft d. Königin v. Dänemark, Karol. Mathilde Maj., in Celle am 20. Octbr. 1772. 4. Celle, Schulze. 2 gr.

— zuverlässige, von Glasuren u. Farben ꝛc. Mit Kpf. 8. Lübeck 780. Iversen. 3 gr.

Zuverlässige Nachricht von demjenigen Holz-Cabinet, welches am 3. Januar dieses Jahres (von M Christian Clodius) in Ihro Königl. Majestät in Pohlen und Churf Durchl. zu Sachsen vortreffliche Naturalien-Cammer geliefert worden, nebst einem Verzeichniß aller und jeder darinnen befindlichen Holz-Arten, in Latein- und Deutscher Sprache - Dresden, Leipzig 1729. 31 S.

— v. d. Holzkabin. in d. Naturalienkammer z. Dresden. 8. Dresden, Walther.

Nachricht. Zuverlässige N' von der letzten Revolution in Genf [A.] 8. ([Hannover] 1789.)

Zuverlässige **Nachricht** von der letztern Staatsveränderung in Dänemark von Ihro Majestät der Königin Caroline Mathilde während Ihrer Gefangenschaft auf dem Schlosse zu Kronenburg eigenhändig entworfen und ohnlängst dem Grafen von * * * zur Prüfung zugesandt. Nach dem Original a. d. Engl. übers. Rotterdam 1772. 8°

— — v. d. letzten Staatsveränderung in Dänemark v. d. Königin Carolina Mathilde während ihrer Gefangenschaft. 8. Hof 773. Grau. 2 gr.

Nachricht, Zuverlässige, von der in Dännemark den 17. Jan. 1772 vorgefallenen grossen Staatsveränderung etc. Amsterdam (fing.) 1772. 8°.
(2 Mk. 50 Pfg. Derselbe.)
Weller, fing. Dr. I. p. 105.

Zuverlässige **Nachricht** von der in Dännemark den 17. Jenner 1772. vorgefallenen grossen Staatsveränderung etc. (v. J. F. S.) (1. Aufl.) Franckfurt und Leipzig. 1772. 8°.

Zuverlässige Nachricht von der in Dännemark den 17ten Jenner 1772 vorgefallenen grossen Staatsveränderung, den Lebensumständen der merkwürdigsten Personen des königlichen dänischen Hofes wie auch der Staatsgefangenen und den bey ihrer Gefangennehmung vorgefallenen Begebenheiten in einem Schreiben eines Reisenden zu E. an seinen Freund in H. (Von J. F S.) 2. Aufl. Halle 1772. 8°

— zuverl., v. d. in Dänemark vorgef. Staatsveränder. gr. 8. Halle, Trampe. (Hahn in Hannover) 772.

Nachricht, Zuverlässige, von dem mineralischen Wasser zu Wattweile. Basel 1741. V: *Bacher, Frdr.* (Adel)

Nachricht über Zweck, Einrichtung und Verfassung der Königl. Preußischen Akademie des Landbaues zu Möglin. - Berlin: Rücker 1830. 31 S. 8°

Nachricht, Zweyte, von dem Fortgange des Armen-Instituts welches auf den Gräflich Buqoischen Herrschaften in Böhmen im Jahre 1779 errichtet worden. Wien 1783. Linz 1784. V: *Spazierer, Bernhard.* (Ign. de Luca, Wiens gegenwärtiger Zustand, S. 318) (BiblPort)

Nachricht, Zweite, von der auf Sr. Königlichen Majestät in Preußen allergnädigste Conceßion angefangenen Waisen- und Schul-Anstalt zu Bunzlau in Schlesien . . . Bunzlau 1755. V: *Woltersdorf, Ernst Glieb.* (Baumgarten, Nachrichten v. merkw. Büchern. Halle 1752—57. 9, 185.)

Nachrichten, s.a. Nachricht

Nachrichten. –
Oldenburg. – 3.I.1867 – 11.IV 1938
Fortges u.d T Oldenburger Nachrichten.

Nachrichten : 1899 1903.
Weekly, 1898 1900 monthly ?. -1903. Title varies Milwaukee Nachrichten Edited & published by M. Ott.
Milwaukee, WI

Nachrichten Jahrgang I Dec 1900 1917
Semi-weekly Half folio, each issue 4 pages Probably ceased publication with no 1502 Great financial difficulties but held its own until closed by World War I Sub-title Organ für brasilianisch-deutsche Interessen Published by the Verlag von Hess & Comp
Petropolis

Aarauer Nachrichten
① Freisinnig-demokratisches Organ des Kantons Aargau. Centralorgan der Freisinnigen des Kantons Aargau (1893) ② Aargauer Nachrichten (1878) ③ Täglicher Anzeiger der Stadt Aarau ⑤ 1 12. 1854—1 6. 1918 ⑥ 2° ⑦ wöchentlich 6× (eine Zeitlang 7×) ⑧ Aarau Franz Gabriel Martin (1854—1887), J. J. Spühler (1887—1893), Aktiengesellschaft Freisinnig-demokratischer Presseverein (1893—1. 1. 1905), Emil Wirz (1905—1911), Eugen Keller (1. 2. 1911—1.6. 1918) ⑨ Aarauer Blätter (mit einem Feuilleton zur Unterhaltung und Belehrung; 1887). Die Lesehalle. Politische Blätter zur Aufklärung des aargauischen Volkes über die Frage der Totalrevision der Staatsverfassung. (1883, 3 Nrn) ⑩ die jeweiligen Drucker, 1893—1 1 1905 der freisinnig-demokratische Presseverein. ⑪ F G. Martin, J. J. Spühler seit 1893 Otto Weber, Dr. Franz Kugler, Oberst Künzli, Dr Max Widmann, Gottfried Keller (1911—1916), Hermann Allemann. ⑫ radikal-demokratisch, Organ der Linksliberalen ⑬ BGSZ 145, 701, 941 ⑭ Aa. K ⑮ Die «Aargauer Nachrichten» und das «Aargauer Tagblatt» waren zwei sich konkurrenzierende Tageszeitungen in Aarau. Politisch vertraten sie die beiden sich bekämpfenden Richtungen des Freisinns. Am 1. 6. 1918 kaufte dann das Aargauer Tagblatt die Aargauer Nachrichten auf.

Nachrichten über die Acta Borussica, Denkmäler der preussischen Staatsverwaltungen im 18. Jahrhundert. Berlin 1908. V: *Schmoller, Gust.* (EB)

— afrikanische. Unabhängige Wochenschrift f. Länder- u. Völkerkunde Afrikas, m. besond. Berücksicht. der deutschen Interessen. Hrsg. von J. J. Kettler. 1. Jahrg. Juli 1892 - Juni 1893. 48 Nrn. gr. 4. (à Nr. ca. 12 S. m. Karten.) Weimar, Geograph. Institut. * 12 —

— afrikanische, s. a. Kettler

Nachrichten, afrikanische. Hrsg.: D. Kürchhoff. 1. Jahrg. April 1908—März 1909. 12 Nrn. (à ca. 10 S. m. Abb.) 30,5×24 cm. Ober-Schöneweide-Berlin, Afrikan. Nachrichten. 1. —
Erscheinen nicht mehr. Hrsg. verstorben.

Afrikanische **Nachrichten**. Monatsschrift f. Handel u. Verkehr, Industrie u. Landwirtschaft. Hrsg. (Oberlt. a. D.) [Dietmer] Kürchhoff. Jg. 1. Nr. 1-7. [Mehr nicht ersch.] Ober-Schöneweide 1908. Kahn. 4° [Kopat.]

—von d. Academien überhaupt u. insbesond. v. Halle u. Leipzig. 8. Halle, Renger. 10 gr

Nachrichten, Actenmässige,
von dem Gauner- und Vagabunden-Gesindel, sowie von einzelnen professionirten Dieben ... Cassel 1822. V: *Schwencke(n), Carl Phil. Theodor.* (Wa) (Ky) (BrMm)

— aktenmäßige, von dem Gauner- u. Vagabunden-Gesindel, so wie von einzelnen professionirten Dieben, in den Ländern zwischen dem Rhein u. d. Elbe, nebst genauer Beschreibung ihrer Person, von (C. P. T. Schwenken.) gr. 8. Cassel 822, Bohné.

—aktenmäß., von der Inquisition der in Stargard inhaftirten Räuberbande. 4. Bresl. 773. W. G. Korn. 6 gr

Nachrichten, Aktenmässige,
nicht blosse Meinungen von dem wahren Sinne . . . der Mecklenburgischen Landes-Reversalen . . . [Nürnb. 1790.] V: *Evers, Carl Friedrich.* (MGT)

Nachrichten, Aktenmässige,
von der neuesten philosophischen Synode und derselben Concordienformel. Tübingen 1791. V: *Flatt, Johann Friedrich.* (MGT) »Frankf. a. M.« (Ky)

—aktenmäßige, v. d. neuesten philosoph. Synode v. Isonomiophilus, (v. Jh. Fr. Flatt). 8. Frankf. a. M. 791. (Osiander in Tub.) 10 gr

— actenmäß., v. d. gegen R. Glave verhängten Untersuchungsproceß. gr. 8. Königsb. 787 Hartung. 12 gr

Nachrichten und Aktenstücke über das hochstbedauerliche Ableben Sr. königl. Hoheit des Großherzogs Leopold von Baden und den Regierungs-Antritt Sr. königl. Hoheit des Prinzen u. d. Regenten Friedrich von Baden. Eine Beilage zum Karlsruher Tagblatt. Karlsruhe, Chr. Fr. Müller 1852. IV, 52 S. 8.

Allerneueste **Nachrichten** von juristischen Büchern, academischen Abhandlungen, Deductionen und Verordnungen grosser Herren, Leben der berühmtesten verstorbenen und noch lebenden Rechts-Gelehrten nebst andern zu der Rechts-Gelehrsamkeit gehörigen Sachen. Th. 1—16 (= Bd 1. 2). Frankfurt u. Leipzig, (Th. 4 ff.:) Jena u. Leipzig 1739—42.
2 Bde

Nachrichten, Allerneueste,
von juristischen Büchern, academischen Abhandlungen, Deductionen und Verordnungen grosser Herren . . . Jena 1739-55. H (1-47): *Jenichen, Gottlob August.* (ML) H (48-80): *Hofmann, Joh. Andr. & Carl Frdr. Walch.* (Oa) (Ky) (Adel)

Nachrichten, Allgemeine oekonomische und mit philosophischen Betrachtungen vermischte, . . . Nürnberg 1757. V: *Brenk, Johann Wolfgang.* (ML)

Nachrichten – Allgemeine Politische Nachrichten – Essen - 1 I 1799 29 III 1806
Vorh u d T Essendische Zeitung von Kriegs- und Staatssachen
Fortges u d T Privilegirte Essen-Werdensche Zeitung

Nachrichten. – Allgemeine Politische Nachrichten – Essen – 13 IV 1806 – 31 XII 1859
Vorh u d T Privilegirte Essen-Werdensche Zeitung
Fortges u.d T Essener Zeitung

„Alphabetische Nachrichten über die sämmtlichen Anzeigen und Auszüge der Leipziger ökonomischen Gesellschaft" Dresden 1790 (Walther)

Nachrichten, Alte und neue,
des Thurmknopfes der evangelischen Kirche zu Landshut . . . Hirschbg. 1837. V: *Perschke, Wilh. Carl Adolph.* (NN) (Nowack, Schles. Schriftst.-Lex. Breslau 1836—43. III, 120.)

Nachrichten über die zu Cleve gesammelten, theils römischen, theils vaterländischen Alterthümer und andere daselbst vorhandene Denkwürdigkeiten. Mit 22 Kupfertafeln und 13 eingedruckten Vignetten. Berlin 1795. 8°.

—über die zu Cleve gesamml. röm. u. vaterländ. Alterthümer, (von ... v. Buggenhagen). Mit 22 Kpft. u. 13 Vign. gr. 8. Berl. 795. Maurers B. 2 ß

Nachrichten üb. deutsche Alterthumsfunde, s. a. Zeitschrift f. Ethnologie, Ergänzungsblätter.

NACHRICHTEN ÜBER DEUTSCHE ALTERT(H)UMSFUNDE.
Mit Unterstützung des Königlich Preussischen Ministeriums der geistlichen, Unterrichts- und Medicinal-Angelegenheiten herausgegeben von der Berliner Gesellschaft für Anthropologie, Ethnologie und Urgeschichte unter Redaction von R. VIRCHOW und A. VOSS. Ergänzungsblätter zur Zeitschrift für Ethnologie.
(Jahrg. 1—2.) 1890—1891 Berlin. 1890—1892. A. Asher & Co. 8° – (Jahrg. 3.) 1892. ib. 1893. — (Jahrg. 4—12.) 1893—1901 ib. 1894—1902. —
Mit Unterstützung des Königlich Preussischen Ministeriums der geistlichen, Unterrichts- und Medicinal-, (später Medizinal-)Angelegenheiten herausgegeben von A. VOSS und dem Vorstande der Berliner Gesellschaft für Anthropologie, Ethnologie und Urgeschichte. Ergänzungsblätter zur Zeitschrift für Ethnologie.
(Jahrg. 13—15.) 1902—1904. ib. 1902—1905. —[2])

[2]) Mehr nicht erschienen.

Nachrichten, Die ältesten, über den Marktflecken Burkhardsdorf. O. O. 1885. H: *Schmiedel, E.* (Kat. d. stat. Bureaus. Dresden 1890.)

Nachrichten. – Altonaer Nachrichten. – Hamburg-Altona. – 20.VI.1850 – 31.XII.1855.
Fortges. u.d.T Nordischer Courier und Altonaer Nachrichten.

Nachrichten. – Altonaer Nachrichten. – Hamburg-Altona. – nach 1863 – 30.VI.1922.
Vorh. u.d.T.: Nordischer Courier und Altonaer Nachrichten

[Nachrichten aus der Loge „Amalia" in Weimar.]
3. Juli 1817; 2. Aug. 1818.

Nachrichten aus Amerika: 1876?—1882?
Monthly. Small folio, each issue 4—16 pages. Circulation 1880, 4700 (est.) Edited & published by William Rasch, 1876—82.
New York, NY

Nachrichten, amerikanische. Deutsch-amerikan. Wochenblatt. Organ zur Vermittelung deutscher und amerikan. Interessen. Redact.: G. Brückner. 1. und 2. Jahrg. Mai 1883—April 1885. à Jahrg. 52 Nrn. (Bog.) Fol. Berlin, (Brückner.) à Jahrg.

— dasselbe, s.: Auswanderer, der.

Nachrichten (die Familie Ammon betreffend) nach dem Stand vom 1. Januar 1853. Mit Stammtfl. O. O. u. J. 1 Bgn. fol. Lithographirt.

— amtliche, für Elsaß-Lothringen. Verordnungen u. Bekanntmachungen des General-Gouverneurs, des Civil-Commissars u. des Ober-Präsidenten Aug. 1870 bis Ende März 1879. [Abdr. aus den „Amtlichen Nachrichten" der Straßburger Zeitung.] Imp.-4. (XXVI, 198 S.) Straßburg 879. Trübner. n. 6. —

Nachrichten, Amtliche, über die Feier des dritten Secularfestes der Albrechts-Universität zu Königsberg. Königsberg 1844. V: *Burdach, Carl Friedrich.* (Burdach, Rückblick auf mein Leben. 1848. S. 458 f.) (Erman & Horn, Bibliogr. d. dtsch. Universitäten. 2. Leipz. u. Berl. 1904.)

— amtliche, über die Feier des dritten Secularfestes der Albrechts-Universität zu Königsberg. gr. 8. Königsberg 844, Gräfe u. Unzer. n. 1 ß

— amtliche, vom Magerviehhof Friedrichsfelde-Berlin, s.: Viehhändler, der, auf Markt u. Gehöft.

— amtl., d. Invaliditäts- u. Altersversicherungs-Anstalt f. d. Prov. Schlesien. 1. Jahrg. Juli—Decbr. 1891. 12 Nrn. gr. 4. (176 u. Beilagen 35, 51 u. 10 S.) Breslau, W. G. Korn. n. 1. 50

— dasselbe. Jahrg. 1892. 24 Nrn. gr. 4. (160 u. Beilagen 58 S.) Ebd. n. 3. —

— dasselbe. Jahrg. 1893 u. 1894. à 13 Nrn. gr. 4. (74 u. Beilagen 23 u. 98 u. Beilagen 24 S.) Ebd. à Jahrg. n. 3. —

— dasselbe. Jahrg. 1895 u. 1896. 12 u. 9 Nrn. (90 u. 72 S.) gr. 4. Ebd. à Jahrg. n. 2. 60

— dasselbe. Jahrg. 1897 u. 1898. à 5 Nrn. (140 S.) gr. 8. Ebd. à Jahrg. n. 1. 60

Nachrichten, amtliche, der Invaliditäts- u. Altersversicherungsanstalt f. die Prov. Schlesien. VII. Bd. 14 Nrn. gr. 8. (214 S.) Breslau 897—899. W. G. Korn. n.n. 5. —
k. Fortsetzung s.: Nachrichten, amtliche, der Landes-Versicherungsanstalt Schlesien.

—— amtliche, des k. k. Ministeriums des Innern, betreffend die Unfallversicherung und die Krankenversicherung der Arbeiter. 1. Jahrg. 1888/89. 24 Nrn. gr. 4. (à Nr. ca. 36 S.) Wien, Hof- und Staatsdruckerei. *

— amtliche, d. k. k. Ministeriums d. Innern, betr. die Unfallversicherung u. die Krankenversicherung der Arbeiter. 2. Jahrg. 1890. 24 Nrn. gr 4. (Nr. 1: 95 S.) Wien, Hof- u. Staatsdruckerei. n. 8. —

— amtliche, des k. k. Ministeriums des Innern, betr. die Unfallversicherung u. die Krankenversicherung der Arbeiter. 3.—6. Jahrg. 1891—1894. à 24 Nrn. (à 1—6 Bog.) gr. 4. Wien, Hof- u. Staatsdruckerei. à Jahrg. n. 8. —

Amtliche Nachrichten des k. k. Ministerims des Innern, betreffend die Unfallversicherung und die Krankenversicherung der Arbeiter. XI. Jahrgang. 1899. Wien. 1899 Hof- und Staatsdruckerei. 4° erscheint in 24 Nrn.
Einzelne Nrn. fl. —.20, compl. fl. 3.—

Amtliche Nachrichten des k. k. Ministeriums des Innern, betreffend die Unfallversicherung und die Krankenversicherung der Arbeiter. XII. Jahrgang. 1900. Wien. 1900. Hof- und Staatsdruckerei. 4°. erscheint in 24 Nrn.
Einzelne Nrn. K —.40, compl. K 6.—

Nachrichten (Amtliche) des k. k. Ministeriums des Innern betr. die Unfallversicherung und die Krankenversicherung der Arbeiter. Jhrg. 7—21, 1895—1909. Lex.-8°. Wien, Hof-Staatsdr., 1895—1910.

Nachrichten, amtliche, d. k. k. Ministeriums d. Innern, betr. d. Unfallversicherung u. die Krankenversicherung d. Arbeiter. General-Index f. die Jahrgänge 1905—1909. I. Ergänzungsbd. zum General-Index der „Amtl. Nachrichten" f. die Jahrgänge 1888/9—1904. Im Auftrage des k. k. Ministeriums des Innern verf. v. Roman Nußbaumer. (VII, 98 S.) Lex. 8. Wien 910. (Hof- u. Staatsdruckerei.) 4. 50

Nachrichten, Amtliche, für den Kreis Pinneberg. Blankensee 1903. V: *Scheiff, Ludwig.* (Berlzu 1917, I, 800)

— amtliche, üb. das deutsche Reichsschuldbuch. Nach dem Reichsgesetze vom 31. Mai 1891 [RGB. S. 321] u. den Ausführungsbestimmgn. d. Bundesraths. gr. 16. (40 S.) Berlin 892. J. Guttentag. n. — 40

— amtliche, üb. das deutsche Reichsschuldbuch. 2. Ausg. Nach dem Reichsgesetze vom 31. V. 1891 (R.G.Bl. S. 321) u. den Ausführungsbestimmgn. des Bundesrat vom 21. I. 1892 (Reichs- u. Staatsanzeiger vom 30. I 1892, Nr. 26; Zentralblatt f das Deutsche Reich v. 1892, S. 25; preuß Just. Min. Bl. v. 1892, S. 123). (47 S.) 12. Berlin 903. [J. Guttentag.] Hauptverwaltg. d. Staatsschulden. Kostenlos.

Amtliche Nachrichten über das Deutsche Reichsschuldbuch. 3 Ausg. (Nach d. Reichsgesetze v 6 Mai 1910 .) Berlin 1910 (Reichsdr). 51 S. 8°

— amtliche, d. Reichs-Versicherungsamts. 1. u. 2. Jahrg. 1885 u. 1886. à 24—26 Nrn. 4. (Nr. 1. 1 B.) Berlin, Asher & Co. à Jahrg. n. 6. —

— amtliche, d. Reichs-Versicherungsamts. 3.—6. Jahrg. 1887—1890. à 24 Nrn. 4. (à 1—8 B.) Berlin, Asher & Co. à Jahrg. n. 6. —

— dasselbe. Gesammt-Register f. die Jahrgänge 1885—1892. gr. 4. (187 S.) Ebd. 893. n. 3. 40

— dasselbe. 12.—14. Jahrg. 1896—1898. à 12 Nrn. 4. Ebd. à Jahrg. n. 6. —
Der Umfang d. Nummern ist ganz verschieden.

— dasselbe. Gesammt-Register f. d. Jahrgänge 1885—1897. 4. (340 S.) Ebd. 898. n. 6. —

— amtliche, des Reichs-Versicherungsamts. 15.—18. Jahrg. 1899—1902. 4. (II, 810; II, 878; II, 694 u. II, 724 S.) Berlin, A. Asher & Co. à Jahrg. n. 8. —

— dasselbe. Gesammt-Register f. die Jahrgänge 1885—1900. gr. 4. (III, 416 S.) Ebd. 901. n. 7. 50

— amtliche, des Reichs-Versicherungsamts. 19.—22. Jahrg. 1903—1906. à 12 Nrn (II, 635; II, 714; II, 713 u. II, 703 S.) 4. Berlin, Behrend & Co. à Jhrg. n. 8. —

Nachrichten, amtliche, des Reichs-Versicherungsamts. Gesamtregister f. die Jahrgänge 1885 bis 1905. (519 S.) Lex.-8. Berlin 906. Behrend & Co. n. 14. —

— amtliche, des Reichs-Versicherungsamts. 23.—26. Jahrg. 1907—1910. à 12 Nrn. (602, 796, 655 u. 712 S.) Lex. 8. Berlin, Behrend & Co. à Jahrg. 8. —

Nachrichten des Reichs-Versicherungsamts, Amtliche. Gesammtausgabe. Jhg. 1—10. Berlin 1885—94. 4. . . . . (G., KPA.)

Nachrichten, amtliche d. Reichs-Versicherungsamts. Gesammtausg. 7. Jahrg. 1891. 24 Nrn. (à 1—8 Bog.) 4. Berlin, Asher & Co. n. 6. —

— dasselbe Gesammtausg. 8.—10. Jahrg. 1892—1894. à 24 Nrn. (à 1—8 Bog.) 4. Ebd. à Jahrg. n. 8. —

Nachrichten, amtliche, d. Reichs-Versicherungsamts. Gesammtausg. 11. Jahrg. 1895. 12 Nrn. 4. Berlin, A. Asher & Co. n. 8. —

— dasselbe. Sonder-Ausg. f. Invaliditäts- u. Altersversicherg. 1.—4. Jahrg. 1891—1894. 4. Ebd. à Jahrg. n. 4. —
Erscheint in zwanglosen Nrn.

— dasselbe. Sonder-Ausg. f. Invaliditäts- u. Altersversicherg. 5. Jahrg. 1895. 4. Ebd. n. 4. —
Weiter nicht erschienen.

— dasselbe. Invaliditäts- u. Altersversicherung. Gesammt-Register f. d. Jahrgänge 1891—1895. gr. 4. (55 S.) Ebd. 896. n. 2. —

— dasselbe. Beiheft 4. Ebd. 898. n. 5. —
Statistik d. Ursachen d. Erwerbsunfähigkeit (Invalidität) nach d. Invaliditäts- u. Altersversicherungsgesetz, aufgestellt im Reichsversicherungsamt. (XVI, 227 S.)

— dasselbe. 1899. Beiheft. Statistik der Unfallversicherg Unfallversicherung der in gewerblichen Betrieben beschäftigten Personen. Unfallstatistik f. d. J. 1897. 1. Thl. Bearb. im Reichs-Versicherungsamt. 4. (54 u. 183 S. m. 3 farb. graph. Darstellgn. u. 2 farb. Karten.) Ebd 899. n. 5. —

— dasselbe. 1900. 1.—3. Beiheft. 4. Ebd. 900. n. 23. —
1. Statistik der Unfallversicherung. Tabellen: Umfang, Ausgaben u. Einnahmen, 1885 bis 1898. Bearb. im Reichs-Versicherungsamt. (IV, 331 S.) n. 10. —
2. Statistik der Unfallversicherung. Unfallversicherung der in gewerbl. Betrieben beschäftigten Personen. Unfallstatistik f. d. J. 1897. II. Thl. 1. Abth. Bearb. im Reichs-Versicherungsamt. (54 u. 188 S. m. 5 [4 farb.] Taf.) n. 5. —
3. Dasselbe. II. Thl. 2. Abth. (VI, 479 S.) 900. n. 8. —

— dasselbe. 1901. 1. u. 2. Beiheft. gr. 8. Ebd. à n. 5. —
1. Statistik der Invalidenversicherung f. die J. 1891 bis 1899. Bearb. im Reichs-Versicherungsamt. (177 S.)
2. Ausscheiden, das, der Invalidenrentenempfänger aus dem Rentengenuß. Bearb. im Reichs-Versicherungsamt. (153 S.)

— amtliche, des Reichs-Versicherungsamts 1902. 1. Beiheft. 4. Berlin, A. Asher & Co. 4. —
1. Statistik der Heilbehandlung bei den Versicherungsanstalten u. zugelassenen Kasseneinrichtungen der Invalidenversicherung f. die J. 1897, 1898, 1899, 1900 u. 1901. Bearb. im Reichs-Versicherungsamt. (129 S.) 1902

— dasselbe. 1902. 2. Beiheft. 1903 u. 1904. à 2 Beihefte. 1905. 1 Beiheft u. 1906. 2 Beihefte. 4. Ebd. n. 37. —
1902. II. Sammlung ärztlicher Obergutachten. Aus den „Amtl. Nachrichten des Reichs-Versicherungsamts" 1897—1902. 1. Bd. der Buchausg. (XIII, 200 S.) 903. n. 4. —
1903. I. Statistik der Heilbehandlung bei den Versicherungsanstalten u. zugelassenen Kasseneinrichtungen der Invalidenversicherung f. die J. 1898, 1899, 1900, 1901 u. 1902. Bearb. im Reichs-Versicherungsamt (145 S.) 903. n. 4. —
II. Statistik der Ursachen der Erwerbsunfähigkeit (Invalidität) nach dem Invaliditäts- u. Altersversicherungsgesetz f. die J. 1896—1899. Bearb. im Reichs-Versicherungsamt. (XXIV, 231 S. m. 2 farb. Taf.) 904. n. 6. —
1904. I. Statistik der Unfallversicherung. Unfallstatistik f. Land- u. Forstwirtschaft 1901. 1. Tl. Bearb. im Reichs-Versicherungsamt. (68 u. 103 S. m. 6 farb. Taf.) 904. n. 5. —
II. Dasselbe 1901. 2. Tl. Bearb. im Reichs-Versicherungsamt. (175 S.) 904. n. 5. —
1905. I. Statistik der Heilbehandlung bei den Versicherungsanstalten u. zugelassenen Kasseneinrichtungen der Invalidenversicherung f. die Jahre 1900, 1901, 1902, 1903, 1904. Bearb. im Reichs-Versicherungsamt. (147 S.) 905. n. 4. —
Ein 2. Beiheft ist für 1905 nicht erschienen.
1906. I. Ausscheiden, das, der Invalidenrentenempfänger der J. 1891—1899 aus dem Rentengenuß. Bearb. im Reichs-Versicherungsamt. (XVIII, 137 S. m. 1 Taf.) 906. n. 5. —
II. Statistik der Heilbehandlung bei den Versicherungsanstalten u. zugelassenen Kasseneinrichtungen der Invalidenversicherung f. die J. 1901, 1902, 1903, 1904, 1905. Bearb. im Reichs-Versicherungsamt. (155 S.) 906. n. 4. —

— **amtliche**, des Reichs-Versicherungsamts 1907. 1. Beiheft. Lex.-8. Berlin, Behrend & Co.

1. Statistik der Heilbehandlung bei den Versicherungsanstalten u. zugelassenen Kasseneinrichtungen der Invalidenversicherung f. die J. 1902, 1903, 1904, 1905, 1906. Bearb. im Reichs-Versicherungsamt. (161 S.) 4. —.

Nachrichten, amtliche, des Reichs-Versicherungsamts 1908. Lex.-8. Berlin, Behrend & Co.

1. Beiheft. Statistik der Heilbehandlung bei den Versicherungsanstalten u. zugelassenen Kasseneinrichtungen der Invalidenversicherung f. die J. 1903, 1904, 1905, 1906, 1907. Bearb. im Reichs-Versicherungsamt. (181 S.) 4. — 1908.

Nachrichten, amtliche, des Reichs-Versicherungsamts 1908. 2. Beiheft. 2 Tle. Lex.-8. Berlin, Behrend & Co. 24. —

2. Beiheft. Jahresberichte der gewerblichen Berufsgenossenschaften üb. Unfallverhütung f. 1907. 2 Tle. (V, 4, 76, 27, 11, 16, 16, 24, 5, 10, 7, 6, 32, 8, 4, 6, 6, 35, 19, 9, 8, 4, 3. 10. 15, 8, 8, 12, 28, 6, 8, 20, 15, 47 u. 6, 57, 16, 11, 4 18, 9, 3, 7, 7, 4, 10, 6, 7, 24, 5, 5, 6. 10, 14, 11, 24, 4, 4, 2, 47, 5, 9, 8 u. 120 S. m. Abbildgn.) 24. —. 1908.

— **dasselbe 1909. 1.—3. Beiheft. Lex. 8. Ebd.** 29. —

1. Sammlung ärztlicher Obergutachten. [Aus: „Ämtl. Nachrichten des Reichs-Versicherungsamts".] 2. Bd. der Buchausg. (III, XII, 227 S. m. Abb.) 909. 5. —
2. Statistik der Heilbehandlung bei den Versicherungsanstalten u. zugelassenen Kasseneinrichtungen der Invalidenversicherg. f. die J. 1904, 1905, 1906, 1907, 1908. Bearb. im Reichs-Versicherungsamt. (197 S.) 909. 4. —
3. Jahresberichte der gewerblichen Berufsgenossenschaften üb. Unfallverhütung. II. Jahrg. f. 1908. 2 Tle. (20, 80, 24, 10, 11, 11, 21, 8, 11, 7, 16, 22, 6, 7, 5, 10, 29, 18, 17, 8, 5, 12, 11, 15, 7, 5, 18, 31, 6, 8 u. 18, 6, 31, 10, 49, 14, 11, 12, 2, 9, 9, 8, 5, 5, 4, 4, 6, 6, 9, 4, 6, 6, 17, 9, 15, 11, 2, 15, 2, 4, 9, 20, 6 u. 135 S. m. Abb.) 909. 20. —

— **dasselbe 1910. 1.—3. Beiheft. Lex. 8. Ebd.** 59. —

1. Gewerbe-Unfallstatistik f. d. J. 1907. Bearb. im Reichs-Versicherungsamt. 3 Tle. (IV, 107, 337; VII, 385 u. 23 u. 284 S. m. 72 farb. Karten.) 910. 36. —
2. Statistik der Heilbehandlung bei den Versicherungsanstalten u. zugelassenen Kasseneinrichtungen der Invalidenversicherg. f. d. J. 1905, 1906, 1907, 1908, 1909. Bearb. im Reichs-Versicherungsamt. (201 S.) 910. 5. —
3. Jahresberichte der gewerblichen Berufsgenossenschaften üb. Unfallverhütung f. 1909. III. Jahrg. (III, 16, 77, 23, 4, 15, 8, 12, 4, 6, 3, 3, 22, 3, 7, 4, 7, 19, 6, 5, 3, 3, 15, 4, 5, 6, 4, 7, 22, 3, 3, 8, 7, 10, 17, 17, 14, 11, 16, 2, 6, 5, 8, 4, 3, 3, 4, 4, 4, 7, 3, 5, 4, 23, 4, 18, 8, 4, 3, 2, 3, 8, 4, 2 u. 99 S. m. Abb.) 910. 18. —

Amtliche **Nachrichten** der Landes-Versicherungsanstalt Rheinprovinz. Jg 1 No 1 Düsseldorf 1904 Rhein. Prov.-Arbeitsanst. Brauweiler 4°

— **amtl., der Landes-Versicherungsanstalt Schlesien. VIII. Bd. (1900—1902). 10 Nrn. gr. 8. (XIV, 208 S.) Breslau, W. G. Korn.** n. 4. —

Nr. 1 u. 2. (1900.) n. 1. —. — Nr. 3—6. (1901.) n. 1. 50. — Nr. 7—10. (1902.) n. 1. 50.

Vergl.: Nachrichten, amtliche, der Invaliditäts- u. Altersversicherungsanstalt f. die Prov. Schlesien.

— **amtliche, der Landes-Versicherungsanstalt Schlesien. 1903—1905. (Bd. IX.) (26, 212 S.) gr. 8. Breslau, W. G. Korn.** n. 4. 50

— **dasselbe. 1906. (54 S.) gr. 8. Ebd.** n. 1. 50

— **amtliche, der Landes-Versicherungsanstalt Schlesien. 10. Bd. 1906/08 u. 11. Bd. 1909/11. (152 u. 12 S. u. S. 1—128.) gr. 8. Breslau, W. G. Korn.** à Bd. (8 Jahrgge.) 4. 50

Amtliche Nachrichten über das Bremische Staatsschuldbuch. Nach dem Gesetze vom 2. Dezember 1898 und den Ausführungsbestimmungen der Finanzdeputation. Bremen 1898.

— **amtliche, üb. d. Staatsschuldbuch f. d. Großherzogth. Hessen. Nach d. Gesetze v. 27. III. 1898 (Reg.-Bl. I. Nr. 13. S. 2115) u. der Bekanntmachung großherzogl. Ministeriums d. Finanzen v. 31. VIII. 1898. (Reg.-Bl. I. Nr. 38.) 12. (40 S.) Darmstadt 898. (G. Jonghaus.)** — 15

— **amtliche, üb. das preußische Staatsschuldbuch. 8. (32 S.) Berlin 884. Guttentag.** n.n. — 25

—— **amtliche, über das preußische Staatsschuldbuch. 2. und 3. Ausg. Nach den Gesetzen vom 20. Juli 1883 [G. S. S. 120] und vom 12. April 1886 [G. S. S. 124] und den Ausführungsbestimmungen des Herrn Finanzministers. 12. (40 S.) Berlin 886,88, Guttentag.** *

— **amtliche, üb. das preußische Staatsschuldbuch. 4. Ausg. Nach den Gesetzen von 20. Juli 1883 (G. S. S. 120, u. vom 12. April 1886 (G. S. S. 124) u. den Ausführungsbestimmgn. d. Hrn. Finanzministers. 12. (40 S.) Berlin 889. Guttentag.** n. — 40

— **amtliche, üb. das preußische Staatsschuldbuch. 5. Ausg. Nach den Gesetzen vom 20. Juli 1883 (G. S. S. 120), 12. April 1886 (G. S. S. 124) u. vom 8. Juni 1891 (G. S. S. 105) u. den Ausführungsbestimmgn. d. Hrn. Finanzministers. 12. (40 S.) Berlin 892. J. Guttentag.** n. — 40

— **amtliche, über das preußische Staatsschuldbuch. 6. Ausg. Nach den Gesetzen v. 20. Juli 1883 (G. S. S. 120), 12. Apr. 1886 (G. S. S. 124) u. v. 8. Juni 1891 (G S. S. 105) u. d. Ausführungsbestimmgn. d. Hrn. Finanzministers. 12. (40 S.) Berlin 896. J. Guttentag.** n. — 40

Nachrichten, amtliche, üb. das preuß. Staatsschuldbuch. 7. Ausg. 12. (43 S.) Berlin 902. J. Guttentag. n. — 40

Amtliche **Nachrichten** über das Preußische Staatsschuldbuch ... 9. Ausg. Berlin 1908: (Reichsdr.). (47 S.) 8° [F.] [08. 18364 3]

Amtliche **Nachrichten** über das Preussische Staatsschuldbuch. 10. Ausg. Nach d. Staatsschuldbuchgesetze .. v. 27. Mai 1910. Berlin 1910 (Reichsdr.). 48 S. 8°

Anatomische merckwürdige Nachrichten von der grossen Speise-Saffts-Röhre in der Brust oder von der grossen Brust-Milch-Ader, betr. deren Lager-Stelle, Anfang, Fortgang und Ende, nebst deren Gestalt in Menschen und Thieren... ins Teutsche übers. .. Franckfurt a.d.Oder: Conradi 1740. 64 S. 8°

Aus: Selecta medica Francofurtensia.

— — **von der großen Speisesaftsröhre in der Brust, oder Brustmilchader, m. K. 4. Frkf. Braun.** 740.

Anderweit. **Nachrichten** v. d. Schlacht bey Zorndorf nebst Schreiben d. Gener. Fermor an Gener. Springer. 4. Danzig 1758.

Nachrichten u. Anekdoten zur Geschichte Carls XII, insonderheit von der Calabalik mit den Türcken bey Bender. A. d. Schwed. (6 B.) 8. Greifswald 1758.

— **u. Anekdoten z. Geschichte Karls XII. 8. Berl. 758. Mylius.** 3 gr.

Nachrichten. – Fürstl. Anhalt-Deßauische wöchentliche öffentliche Nachrichten – 21 V 1763 – 27.XII.1828

Fortges u.d T Herzoglich-Anhalt-Dessauisches Wochenblatt

Nachrichten und Anmerkungen von dem Charakter . . . J. U. Frhrn von Cramer. Ulm 1774. V: *Preuschen, Georg Ernst Ludwig.* (Heyd)

—— über Annahme u. Einstellung als Freiwilliger bei der kaiserl. Marine. [Auszug aus der Marineordng.] gr. 8. (8 S.) Berl. 891, Mittler u. Sohn. * — 20

— üb. Annahme u. Einstellung als Freiwilliger bei der kaiserl. Marine. (Auszug aus der Marineordng.) gr. 8. (8 S.) Berlin 894. E. S. Mittler & Sohn. n. — 20

— über Annahme u. Einstellg. als Freiwill. bei d. kaiserl. Marine. (Auszug aus d. Marineordng.) (Neudr. 1896.) gr. 8. (8 S.) Berlin 896. E. S. Mittler & Sohn. n. — 20

Nachrichten in Betreff der Annahme u. Einstellung von Mannschaften der Landbevölkerung als Freiwillige bei der kaiserl. Marine. gr. 4. (4 S.) Berlin 879. Mittler & Sohn. n.n. — 30

— v. d. Stadt Anspach. 4. Anspach. 732.

— von einer, zum Heil der Juden u. Muhamedaner, auch zum Besten der morgenländ. christl. Kirche durch göttl. Beistand errichteten u. bisher fortgesetzt. Anstalt; herausgg. v. Steph. Schulz. Mit 15 Stckn. Fortsetz. von 1767—1776. — Dass. Fortsetz., nebst d. Ausz. aus den Tagebüchern d. reisenden Mitarbeiter; hrsgg. von J. J. Bever. 15 Stcke von 1777—91. (Das Ganze 31 Stcke). 8. Halle, Waisenhaus-B. 4 ₰ 20 ℛ

Nachrichten, betreffend die Anstellung von verabschiedeten Offizieren im Civildienst, welchen die Aussicht hierzu Allerhöchsten Orts verliehen worden ist. 8. (9 S.) Berlin 888, Mittler und Sohn. — 10

— betr die Anstellung v. verabschiedeten Offizieren, welchen die Aussicht auf Anstellung im Civildienst Allerhöchsten Orts verliehen worden ist. 8. (49 S.) Ebd. 890. n. — 50

— betr. d. Anstellg. v. verabschied. Offizieren, denen Allerhöchsten Orts d. Aussicht auf Anstellung im Zivildienst verliehen worden ist. Hrsg. v. kgl. preuß. Kriegsministerium. gr. 8. (47 S.) Berlin 898. E. S. Mittler & Sohn. n. — 35; kart. n. — 50

— betr. die Anstellung von verabschiedeten Offizieren, denen Allerhöchsten Orts die Aussicht auf Anstellung im Civildienst verliehen worden ist. Hrsg. v. königl. preuß. Kriegsministerium. 8. (47 S.) Berlin 901. E. S. Mittler & Sohn. n. — 35; kart. n. — 50

— dasselbe. Hrsg. vom königl. sächs. Kriegsministerium. 8. (27 S.) Dresden 899. C. Heinrich. — 40

Appenzeller Nachrichten (I)
③ Appenzeller Tagblatt ⑤ 1882—1888 ⑥ 2° ⑦ wöchentlich 3× ⑧ Herisau. Landert, Gebr Kellenberger. Suter & Scherzinger ⑩ ein Konsortium ⑪ Georg Baumberger ⑫ liberal-konservativ ⑬ BGSZ: 944; Helvetische Typographia 1882, Nr 44.

Nachrichten von den im Jahr 1778, 1779, 1780 und 1781 in dem Strudel der Donau zur Sicherheit der Schiffart vorgenommenen Arbeiten durch die kk. Navigations-Direktion an der Donau. Wien 1781. V: *Walcher, Jos.* (Bespr. Realzeitung 8/5 1781, S. 292/4) (Biblport)

— von d. im J. 1778—81 in d. Strudel d. Donau 2c. vorgenommenen Arbeiten. Mit Kpf. gr. Fol. Wien 781. Kurzböck. 2 ₰
— Nachr. v. d. bis 1791 daselbst fortgesetzt. Arbeiten 2c. Mit Kpf. gr. Fol. Ebd. 792. 1 ₰

Nachrichten von den bis auf das Jahr 1791 an dem Donau-Strudel . . . fortgesetzten Arbeiten . . . Wien 1791. V: *Walcher, Jos.* (EB)

Arboner Nachrichten
④ Thurgauer Arbeiterzeitung ⑤ 20. 3. 1897—30. 12. 1911 ⑥ 2° ⑦ wöchentlich 3× ⑧ Arbon Güntert & Lütte. A. Hensenberger-Grob (seit 1. 10. 1906) ⑬ BGSZ 1068 ⑭ Ff K ⑮ Das Verlagsrecht wurde an die sozialdemokratische Presseunion verkauft.

Nachrichten über die Familie von Arentsschild. O. O. u. J. [Spandau 1900.] V: *Arentsschild, A. v.* (Löwe, Bibliogr. d. Hann. u. Braunschw. Gesch. Hann. 1908. S. 369.)

Nachrichten von den Armenanstalten in Königsberg. 8°. Königsberg, Hartung, 1785.

Nachrichten aus Armenien
v. Christlicher **Volksbote aus Basel.**

Nachrichten über die Armenpflege im Herzogthum Anhalt-Dessau. *Dessau.* 1789

Nachrichten, Das Armenwesen der Stadt Braunschweig betreffende. Erstes Stück. Braunschweig 1803. V: *Leisewitz, Johann Anton.* (GGr) (Hallesche Litt. Ztg. Erg. Bl. 1818. Nr. 115.)

Nachrichten von einigen Aerzten, die den Namen Elwert führen . . . [Leipz. 1795.] V: *Elwert, Joh. Caspar Phil.* (MGT)

Nachrichten, Astronomische. Gegründet 1823 und herausg. bis 1851 von H. C. Schumacher, fortges. 1851 von A. C. Petersen. 1851—54 von A. C. Petersen und P. A. Hansen. 1854 von P. A. Hansen, 1855—80 von C. A. F. Peters, 1880 bis 1881 von C. A. F. Peters und C. F. W. Peters, 1881 von C. F. W. Peters, 1882 ff. unter Mitw. des Vorstandes der Astronom. Gesellschaft herausg. von A. Krüger. Kopenhagen 1823 ff., Altona 1834 ff., Kiel 1865 ff.

— **astronomische, s. Schumacher, Hnr. Chr.**

Astronomische Nachrichten, herausgeg. von H[EINR.] C[HR.] SCHUMACHER. 8—17. Bd. Altona. 1831—40. 4. M. Tvl. (fortsættes), (jf. B. D. II. 33).

Nachrichten, astronomische, hrsg. von H. C. Schumacher (und vom 32. Bde an) fortgesetzt von A. C. Petersen. 24—35. Bd. oder Nr. 553—840. (à ca. 1 Bog.) Mit Beilagen und Abbildungen. gr. 4. Altona 847—52, (Hamburg, Perthes-Besser und Mauke.) [24—33 Bd. à * 7 Thlr. 15 Ngr., 34. und 35. Bd. à * 5 Thlr.] *

Nachrichten, astronomische, hrsg. von A. C. Petersen. 36—45. Bd. oder Nr. 841—1080.) (à ca. 1 Bog.) Mit Beilagen und Abbildungen. gr. 4. Altona 853—55. (Hamburg, Perthes-Besser und Mauke.) à Bd. Thlr. **

— — General-Register der Bde. 21—40. Ausgearb. von G. A. Jahn. Hamburg 856. Perthes-Besser u. Mauke. gr. 4. (2 Bl., 315 S.) n. 6 ℳ.

Nachrichten, astronomische, begründet von H. C. Schumacher, fortgesetzt von P. A. Hansen und C. A. F. Peters 46—55. Bd. oder Nr. 1081—1320. Mit Beilagen und Abbildungen. gr. 4. Altona 857—61. (Hamburg, Perthes Besser und Mauke.) à Bd. ** 5 Thlr. **

Nachrichten, astronomische, begründet von H. C. Schumacher, hrsg. von C. A. F. Peters. 56.—70. Bd. oder Nr. 1321—1680. Mit Beilagen und Abbild. gr. 4. Altona 862—67. (Hamburg, Mauke Söhne.) à Bd. * 5 Thlr. *

—— dass. — General-Register der Bände 41—60. gr. 4. (232 S.) Ebendas. 866. *

Nachrichten, astronomische. Hrsg.: C. A. F. Peters. 71—88. Bd. à 24 Nrn. (B.) gr. 4. Kiel 868—76. (Hamburg, Mauke Söhne.) à Bd. n. 15. —

— dasselbe. General-Register der Bde. 61—80. Ausgearb. v. C. F. W. Peters. gr. 4. (188 S.) Leipzig 875. Mauke. n. 20. —

— **astronomische.** Hrsg.: C. A. F. Peters u. A. Krüger. Jahrg. 1877—1882 oder 89—103. Bd. à 24 Nrn. (à 1/2—1 B.) gr. 4. Kiel. (Hamburg, Mauke Söhne.) à Bd. n. 15. —

— **astronomische.** Hrsg.: A. Krüger. 104—115. Bd. à 24 Nrn. (B.) gr. 4. Kiel 883—86. (Hamburg, Mauke Söhne.) à Bd. n.n. 15. —

— astronomische. Hrsg.: A. Krueger. 116.—126. Bd. à 24 Nrn. (B.) gr. 4. Kiel 887—890. (Hamburg, Mauke Söhne.) à Bd. n.n. 15. —

— dasselbe. General-Register der Bde. 81—120, Nr. 1921—2880. Verf. v. H. Kreutz u. R. Schorr. gr. 4. (III S. u. 407 Sp.) Ebd. 891. n.n. 25. —

— astronomische. Hrsg.: A. Krueger. 127.—137 Bd. à 24 Nrn. (à ca. 1 Bog.) gr. 4. Kiel 891—894. (Hamburg, W. Mauke Söhne.) à Bd. n.n. 15. —

— astronomische. Hrsg.: A. Krueger. 138.—140. Bd. à 24 Nrn. (à ca. 1 Bog. m. Abb.) gr. 4. Kiel 895. 96. (Hamburg, W. Mauke Söhne.) à Bd. n.n. 15. —

— dasselbe. Hrsg.: H. Kreutz. 141.—148. Bd. à 24 Nrn. (à ca. 1 Bog.) gr. 4. Ebd. (896—898). à Bd. n.n. 15. —

— astronomische. Hrsg.: H. Kreutz. 149.—160. Bd. à 24 Nrn. gr. 4. Kiel. (Hamburg, W. Mauke Söhne.) à Bd. n.n. 15. —
149. (VIII, 436 S.) 899. — 150. (VIII, 448 S. m. 2 Taf.) 899. — 151. (VIII, 424 S. m. 1 Taf.) 899. — 152. (VIII, 412 S. m. 2 Taf.) 900. — 153. (VIII, 464 S. m. 3 Taf.) 900. — 154. (VIII, 464 S.) 900. — 155. (VIII, 408 S.) 901. — 156. (VIII, 404 S. m. 1 Taf.) 901. — 157. (VIII, 424 S. m. 2 Taf.) 901. — 158. (VIII, 404 S. m. 2 Taf.) 902. — 159. (VIII, 412 S.) 902. — 160. (VIII, 436 S.) 902.

— dasselbe. General-Register der Bde. 121 bis 150, Nr. 2881 bis 3600. Verf. v. A. Stichtenoth. Red. u. hrsg. von H. Kreutz. gr. 4. (IV S. u. 388 Sp.) Ebd. 902. n.n. 25. —

Nachrichten, astronomische. Hrsg.: H. Kreutz 161.—173. Bd à 24 Nrn. gr. 4. Kiel 903—906. (Hamburg, W. Mauke Söhne.) à Bd. n n 15. —
161. (VIII, 446 Sp. m. 5 Abb.) — 162. (VIII, 406 Sp. m. 9 Abb. u. 2 Taf.) — 163. (VIII, 403 Sp. m. 10 Abb. u. 1 Taf.) — 164. (VIII, 410 Sp. m. 20 Abb. u. 3 Taf.) — 165. (VIII, 403 Sp. m. 11 Abb. u. 3 Taf.) — 166. (VIII, 406 Sp. m. 9 Abb. u. 2 Taf.) — 167. (VIII, 422 Sp. m. 7 Abb. u. 8 Taf.) — 168. (VIII, 416 Sp. m 11 Abb. u. 2 Taf.) — 169. (VIII, 436 Sp. m. 5 Abb. u. 4 Taf.) — 170. (VIII, 412 Sp. m. 13 Abb. u. 5 Taf.) — 171. (VIII, 424 Sp. m. 16 Abb. u. 3 Taf.) — 172. (VIII, 408 Sp. m. 16 Abb. u. 3 Taf.)
Ergänzungshefte, s.: Abhandlungen, astronomische.

— astronomische. Hrsg.: H. Kreutz u. v. Bd. 176 an: H. Kobold. 174.—186. Bd. à 24 Nrn. Lex. 8. Kiel 907—10. Verlag der astronom. Nachrichten. à Bd. nn 16. —
174 (VIII, 408 Sp. m. 14 Abb. u. 1 Taf.) — 175. (VIII, 424 Sp. m 25 Abb. u. 2 Taf.) — 176. (VIII, 420 Sp. m. 16 Abb.) — 177 (VIII, 424 Sp. m. 23 Abb. u. 1 Taf.) — 178. (VIII, 420 Sp. m. 17 Abb. u. 1 Taf.) — 179. (VIII. 412 Sp. m. 16 Abb. u. 4 Taf.) — 180. (VIII, 408 Sp. m. 8 Abb. u. 3 Taf.) — 181. (VIII, 420 Sp. m. 12 Abb. u. 3 Taf.) — 182. (VIII, 424 Sp. m. 16 Abb. u. 5 Taf.) — 183. (VIII, 448 Sp. m. 21 Abb. u. 3 Taf.) — 184. (VIII, 424 Sp. m. 16 Abb. u. 7 Taf.) — 185. (VIII, 424 Sp. m 20 Abb. u. 4 Taf.) — 186. (VIII, 444 Sp. m. 7 Abb. u. 2 Taf.)

— **dasselbe. Ergänzungshefte, s.: Abhandlungen, astronom.**

— **athletische.** Eigentum d. Harvestehuder Sport-Clubs u. d. Amateur-Athletic-Club's „Excelsior" Hamburg. Red.: B. Kleinert u. A. Wiese. 1. Jahrg. 1898. ca. 12 Nrn. (à ca. 8 S.) gr. 8. Hamburg, A E. Groeneveld. n. 2. —
Kann auch vierteljährlich bezogen werden.

Nachrichten von der Aufführung der russisch kayserl. Armee in der Gegend bey Cüstrin nebst einem Anhange von der Beschaffenheit und Einrichtung dieser Völker. Neumark 1759. 4.

Nachrichten. – Augsburger Neueste Nachrichten – 1 IV 1862 – 31 V 1932

Nachrichten. – Auricher Nachrichten. – 26.I 1864 – 31.XII 1872
Fortges u.d T Ostfriesische Nachrichten

Nachrichten von der Ausbreitung des Reiches Gottes unter Israel
① Mitteilungen an die Freunde (1936—Juli 1937). Mitteilungen des Vereins der Freunde Israels in Basel (September 1937—Mai 1943) ② Der Freund Israels (Februar 1838 cont.) ⑤ 1 9. 1834 (cont.) ⑥ 8° (Vergrößerungen: 1878, 1932). ⑦ jährlich 3—4× (1834—1874); alle 2 Monate (1875—1923); alle 10 Wochen (1924—1948): jährlich 6× (1949 cont.) ⑧ Basel: Felix Schneider (1 9. 1834—1885), Felix Schneider (Adolf Geering) (1890—1900), M. Werner-Riehm (1901—1933), Karl Werner (1934 cont.) ⑩ Verein von Freunden Israels in Basel (1834—1945). Verein der Freunde Israels. Schweizer Judenmission Basel; Präsident: Dr W Sarasin; Direktor: Robert Brunner (1946 cont.) ⑪ Carl Brenner (1834—1838), E. Bernoulli (1835—1873), Dr. Friedrich Hemann (1874—Juni 1913), Pastor P Laub (Juli 1913—Dezember 1924), Pfr. A. Gerhardt (Februar 1925—April 1941), Pfr Rudolf Vollenweider (Juli 1941—Mai 1943), Pfr Herbert Hug (Juli 1943—April 1944), Pfr Lic. Robert Brunner (Juni 1944—1945), Pfr Lydia Schäppi (1946 cont.) ⑭ Bs: U, SA (seit 1881) ⑮ Die Zeitschrift ist in Bänden zusammengefaßt. Der erste Band enthält die Hefte vom 1 9. 1834—1 10. 1837 Die folgenden Bände, bis 1874, umfassen je 3 Jahrgänge. Die Bände bis zu diesem Jahre sind mit Namens- und Ortsregister versehen. Seit 1875 sind die einzelnen Jahrgänge zusammengefaßt und mit einem Inhaltsverzeichnis versehen. Der Bandtitel lautet bis 1893 Der Freund Israels. Nachrichten von der Ausbreitung des Reiches Gottes unter Israel. Seit 1894 bis 1935 lautet der Jahrgangstitel Der Freund Israels. Gabe für den Kollekteverein. Seit 1946 Antiquadruck

Nachrichten, ausserlessne historisch-bayrische alt, (sic) u. neue, von allerhand gesammlet u. mit Notis beleuchten (!) *Staats-Merckwürdigkeiten*, mit Sr. Churfürstl. Durchl. gnädigist ertheilten Special-Privilegio. Zusammen getragen von *Joanne Langio*, u. *Franc. Ant. Max. Blondeau.* Tomus I, 1—2 (enth. 17 Relationen vom Octob. 1751—Febr. 1753; soviel erschienen). Relation 1—3. München gedruckt, (sic) u. zu finden nach Ende jeden Monaths (!) bey Frantz Jos. Thuille in der Prangers(!)-Gassen. 1751; 4—17: München, gedr. u. zu finden . . . . bey Joh. Chp. Mayr, wohnhafft aufm Rindermarkt. 1752—53. (Zus. in 2 voll.) 4°. Gleichzeit. Hfrzbde. (aus Föringer's Bibl.).

Nachrichten, Ausführliche, über Böhmen . . . Salzburg 1794. V: *Kausch, Johann Joseph R. von.* (MS) (Weber) (Ky) (GGr) (MGT)

— ausführl., über Böhmen, (v. J. J. Kausch). 8. Salzb. 794. Mayr. 12 gr Schrbp. 14 gr

Nachrichten, Ausführliche, über Schlesien . . . Salzburg 1794—96. V: *Kausch, Johann Joseph R. von.* (MS) (Ky) (MGT) (Hr) (Nent)

— — üb. Schlesien v. Verf. D. N. über Polen, Böhmen (J. J. Kausch). 8. Salzb. 794. Mayr. 20 gr Schrbp. 1 rℓ

Ausstellung Kiel 1896. Nachrichten über die Ausstellung der Provinz Schleswig-Holstein, verbunden mit Sonder-Ausstellungen und einer internationalen Schiffahrts-Ausstellung in Kiel. Als Manuskript gedruckt. Nr 1-19 Kiel, 7 Mai - 2. Oct. 1896. 4°

— für Auswanderer. (1. Heft.) 8. Eisleben 846, Reichardt. 2/3 rℓ

— für Auswanderer 2. Hft. A. u. d. T.: Neueste Nachrichten aus Texas. Zugleich ein Hülferuf an den Mainzer Verein zum Schutze deutscher Einwanderer in Texas. Von A. H. Sörgel 8. (38 S.) Eisleben 847, Reichardt. 6 ngr (1 u. 2.: 26 ngr)

—u. Auszüge aus d. Handschriften d. Kön. Bibliothek zu Paris. Auf Veranstaltung J. W. F. Hegels ins Deutsche übers. v. J. M. Lobstein u. C. P. Fischer. 2 Bde à 2 Abtheill. gr. 8. Hildburgh. 791—96. (Leipz., Er. Fleischer). 4 rℓ 22 gr

Nachrichten und Auszüge aus den Handschriften der Königl. Bibliothek zu Paris; a. d. Franz . . . II. 1. 2. Hildburghausen 1794—96. Ü: *Fischer, Chn Philipp.* (MGT)

Nachrichten, authentische, von d. großen französisch. Armee, vom 15.—24. Octbr. 1813, in saubere Reime gebracht. 8. Berl. Salfeld. 814.

— authentische, über Californien u. dessen Goldreichthum zugleich ein Rathgeber für Auswanderer nebst einer (lith.) Karte des Golddistricts (in 4) gr. 8. (24 S.) Bremen 849, Löning & Co 1/6 rℓ

Nachrichten, Authentische, von dem Leben und den Thaten George Freyherrn von Derflinger . . . Stendal 1786. V: *König, Anton Balthasar.* (MGT) (Ky) (Pr) (BrMm)

—authentische. v. dem Leben u. d. Thaten G. v. Derflinger. (v. A. B. König). Mit Derflingers Bildn. gr. 8. Stendal 786. Franzen u. Gr. 9 gr

— authentische, der merkwürdigsten Schlachten u. Kriegsereignisse d. J. 1813 u. 14, mit Kupf. Fol. Dresden, Beger. 815.

Authentische Nachrichten über die am 4 Oct. 1832 in Stockholm wegen Hochverraths zur Verantwortung gezogenen schwedischen Baron Major Johann Friedrich Ernst v Vegesack und Major Gustav v Düben. (11 B.) 8. Leipzig 1832 2,25

—— authent., üb. die am 4. Oct. 1832 in Stockholm wegen Hochverraths zur Verantwort. gezog. schwed. Barone, Maj. Joh. Friedr. Ernst v. Vegesack u. Maj. Gust. v. Düben, d. Untersuch. d. Kgl. Hofgerichts zu Stockholm u. das v. Seiten d. dienstthuend. Advokat-Fiscals Pfeffer üb. dies. ausgesproch. Urtheil. Ein genauer Auszug aus dem bei dies. Gelegenheit geführt. Protocolle d. schwed. Criminalgerichts. gr. 8. (11 B.) Leipzig 833, [Böhme.]

Nachrichten von dem Geschlechte Baden. Copenh. 1832. V: *Burmann-Becker, Joh. Gfr.* (Collin, Anonymer. Kiobenh. 1869.)

Nachrichten. – Bamberger neueste Nachrichten – 16.X.1860 – 31.XII.1868.
Fortges. u.d.T Bamberger Neueste Nachrichten

Nachrichten. – Bamberger Neueste Nachrichten – 1 I 1869 – 15.IX.1923
Vorh. u.d T. Bamberger neueste Nachrichten

Basler Nachrichten aus der Schweiz und für die Schweiz

① (Des Intelligenzblattes der Stadt Basel zwölfter Jahrgang) — (dieser Untertitel mit fortlaufender Numerierung bis 16.8. 1885, 41 Jg.) — und Intelligenzblatt der Stadt Basel. Gegründet 1844 (18. 8. 1885—1 9. 1885), und Intelligenzblatt der Stadt Basel (2. 9. 1885—16 12. 1912) mit Finanz- und Handelsblatt (Intelligenzblatt der Stadt Basel) (17 12 1912—31 7 1949), mit Finanz und Handelsblatt (1 8 1949 cont.) ② Basler Nachrichten (1 8. 1856) ③ Allgemeine Schweizer Zeitung (Fusion seit Juli 1902). Allgemeines Intelligenzblatt der Stadt Basel ⑤ 2 1 1856 (cont) Probenummer im «Intelligenzblatt» (22 12. 1855) ⑥ 2° (stark vergrößert seit 1870) ⑦ Tagblatt täglich 2× (17. 12. 1912 – 31.7.1924, 3. 1 1944 cont.) Basel Schweighauser'sche Verlagsbuchhandlung (1856—1858). Schweighauserische Buchdruckerei (1859—16. 8. 1885). Druckerei der Basler Nachrichten (Berichthaus). Buchdruckerei Wackernagel (18 8 1885 – 5 7 1902) J G Wackernagel (27 9 1885 — 23. 3 1886). Em. Wackernagel (5. 3. 1886 — 5 7 1902). Buchdruckerei zum Berichthaus AG (6. 7 1902 cont.) ⑨ Sonntagsblatt der Basler Nachrichten (7 1 1906—24. 6. 1917 6 4 1919—31 7 1949. 4° die ersten 3 Nrn in doppelter Ausführung 2° und 4° Wochenblatt. Red Dr Ed Fritz Knuchel. illustriert im Offsetdruck 1924—1931) Sonntagsblatt Basler Nachrichten (seit 7 8 1949. 4° 17 8. 1949—5. 5. 1951. 2° 2 5 1951. Wochenblatt. Red. Dr E Fritz Knuchel); Finanz- und Handelsblatt der Basler Nachrichten (17 12 1912—1 8 1914. 2° Tagblatt. Red Dr L V Furlan; Mustermesse und Export-Beilage «Basler Nachrichten» mit «Finanz- und Handelsblatt» 4° 1918—1919) Automobilismus (Beilage der Basler Nachrichten. 1920. 4° Monatsblatt. Red Max A Ras) Literatur (2. 1 1926—31 10. 1926 4° Wochenblatt. Red. Dr Ed. Fritz Knuchel) Literaturblatt der Basler Nachrichten (6. 11 1927—29. 7 1949. 2° Wochenblatt. Red. Dr Ed Fritz Knuchel) Literaturblatt Basler Nachrichten (seit 5. 8 1949. 2°. Wochenblatt. Red Dr Ed Fritz Knuchel) Die Tribüne — Die Seite für die Meinung der Andern (seit 19. 5 1950. 2° Wochenblatt) ⑩ Schweighauser'sche Verlagsbuchhandlung (Hans Wieland) (2. 1 1856—13. 1 1860). Franz Reinisch und H. Zehntner (14. 1 1860- 29. 6 1872). Dr Johann Gottfried Wackernagel (in Verbindung mit Franz August Stocker Benno Schwabe und Oberst Emil Frey [Frei]) (1 7 1872—23. 2 1886). Emanuel Wackernagel (5. 3. 1886—23. 2 1902). Dr Otto Zoller (9. 3 1902—21 6. 1902). Hasenstein & Vogler (22. 6. 1902—5 7 1902). Buchdruckerei zum Basler Berichthaus AG (6. 7. 1902 cont.). Verwaltungsrat (6. 7 1902) Prof Speiser Dr Alfred Wieland. Dr Ernst Köchlin. Ludwig Treu. O Zellweger; Verantwortlich O. Zellweger (6. 7. 1902 —14. 6. 1920. 6. 7 1920—1924) Verantwortlich Dr O. Hedinger (15 6. 1920—5. 7 1920) Verantwortlich Dr Karl Sartorius (2 1 1925) ⑪ H. Zehnter 1850—29 6 1872). Franz Reinisch (1856—29. 6. 1872). Franz August Stocker (1872 20. 10. 1892). Dr Johann Gottfried Wackernagel (1 7 1872—23. 2 1886). Oberst Emil Frey [Frei] (1 7 1872—30. 6. 1882). J. Börlin (1 7 1872—30. 10. 1877). Fridolin Hoffmann 2 1 1878—9. 2 1878), Stephan Born (16. 7 1878—5 5 1898). Dr Fritz Göttisheim (1 7 1882—13. 7 1896). Dr Otto Zoller (8. 10. 1891—21 6. 1902). Hermann Stegemann (13. 8 1895—5. 7 1902. 1 1 1903—28 2 1906). Wilhelm Waller (16 9. 1898—30. 9 1902). J J Obrecht (16. 9. 1898– 30. 9. 1902), Dr Albert Oeri (6. 7 1902—1 10. 1950. Chefredaktor 2. 1 1925—1 4 1949). Dr Fritz Bauer (6. 7 1902—3. 1 1921). Dr C Ad. Fetzer (6. 7 1902—1 3. 1903). Dr J Steiger (Bern) (1 1 1903—31 3. 1931). Dr Hermann Blattner (16. 6. 1903—10. 1 1905). Dr Hans Buser (1 5 1905—29. 5. 1906), Dr Hermann Schoop (30. 5. 1906—15 8. 1907). Dr W Bolza (28. 6. 1906 —10. 6. 1910). K. H. Maurer (16. 9. 1907—31 12. 1910). Robert Jäkel (1. 4. 1910—3. 12. 1914). Dr E. Wasmer (6. 12 1910—20. 6. 1920). Prof. Dr Louis Vladimir Furlan (Handelsteil) (1 4. 1913—1953). Oberst K. Egli (militärischer Berichterstatter) (25. 5. 1916—30. 11 1918). Dr Eduard Fritz Knuchel (Feuilleton) (1 12. 1918). Dr O. Hediger (5. 6. 1920—5 7 1920). Dr Karl Weber (17 8. 1920—30. 10. 1930). Dr Wilhelm Degen (17 8. 1920—31 3. 1939). Prof Dr Wilhelm Merian (11 10. 1921—30. 9. 1951). N C. G. Bischoff (25. 4. 1921 cont.). H. L Freyvogel (25. 4. 1921—1941). Dr O. B. Cappis (1 9. 1926—30. 4. 1942). Dr Karl Petermand (1 9. 1926—25. 6. 1931). Dr Hermann Büchi (5. 2. 1931—10. 4. 1943). Dr Hans Hartmann (15. 10. 1931 cont.). Dr Hans Ehinger (1 1 1941 cont.). Dr Gustav Adolf Wanner (1 7 1943—31 10. 1945). Peter Dürrenmatt (1 7. 1943 cont.), Melitta Beck (1. 2. 1944 cont.), Dr Max A. Meier (1 2. 1944 cont.). Dr Paul J Bloch (1 12. 1945 cont.), Heinz Kreis (1 1 1948 cont). Dr Dietrich Barth (2 1 1951—1955). Dr Rudolf Frei (1954 cont.) ⑫ gemäßigt liberal (1856—1871). freisinnig-demokratisch (1872—Juni 1902). liberal-konservativ (Juli 1902 cont.) ⑬ BGSZ 70 (p. 383), 185, Festschrift Albert Oeri (Basel 1945). 100 Jahre Basler Nachrichten «Sondernummer der Basler Nachrichten» November 1946; E F Knuchel Von der Fraktur zur Antiqua. «Sonntagsblatt der Basler Nachrichten» 31 7. 1949 ⑭ Bs: U, SA, WA Be L ⑮ Antiqua seit 1. 8 1949.

Nachrichten von der Familie **Baur** in Altona. Als Ms. gedr Altona 1885· Hammerich & Lesser 76 S. 8° (4°)

Nachrichten. – B a u t z e n e r Nachrichten –
9 VI 1868 – 1940
Vorh. u.d.T Budissiner Nachrichten
[NA ab 1 VIII 1934 von Der Freiheitskampf, Dresden (1930)]

—— Baierische, üb. d. deutsche Schul- u. Erziehungswesen, e. Zeitschr. f. Lehrer, Eltern u. Erzieher. Im Vereine mit mehr. Schulfreunden hrsg. v. J. A. Fischer. I — V. Jahrg. 1828 — 32. (od. 1 — 5. Bd.) à 4 Hfte. gr. 8. Augsburg, (I — III.) Wolff; (IV. V.) Kollmann.
à J. 1 Thlr. 8 Gr., hrbgs. Pr. ungetrennt
Auf dem 1. u. 2. Jahrg. hat sich d. Hrsgeb. nicht genannt. Hieran schliesst sich:

—— über d. deutsche Schul- u. Erziehungswesen ꝛc. Hrsg. v. dems. VI — VIII. Jahrg. 1833 — 35. (6 — 8. Bd.) à 4 Hfte. gr. 8. Augsburg, Kollmann. à J.

Nachrichten von den Beamten des Amts Rochlitz. Leipz. 1776. V: *Bernhardi, Gottfried August.* (MGT) (Ky)

— v. d. Beamten d. Amtes Rochlitz, (v. Gf. Aug. Bernhardi). 4. Leipz. 776. — 26 Heft, s. Beiträge z. Geschichte v. Geringswalde.

27 u. 28. Nachr an d Beförderer d. Institute f. weibliche u. männliche Kranken. Hamburg 1823 u. 24.

Nachrichten von den wichtigsten Begebenheiten, die sich unter Regierung Ludwigs XIV. in Franckreich zugetragen ... übersetzt. Leipz. 1716. V: *La-Fare, Charles Aug. Marquis de.* (Milchs) Ü: *Harsdörffer, Georg Phil.* (Bibliotheca Rinckiana. Lips. 1747.)

Nachrichten von B. C. Sandvig's Beyträgen zur alten Teutschen Litteratur. [Gotha 1790.] V: *Schmid, Chn Hnr.* (ML)

Nachrichten über die B e k ä m p f u n g des Missbrauchs geistiger Getränke im Grossh. Baden. Herausgegeben vom Vorstand d. badischen Landesvereins etc. Kalsruhe.
Von 1895 ab.

Nachrichten von der die Sechs Stadt Gorlitz 1641 betroffenen Belagerung (43) 4 m 1 Pl. Gorlitz 1777

„Belehrende Nachrichten für den Nahrungsstand", Jahrgang 1 (= Quartal 1—4), Leipzig 1783 (Breitkopf)

Nachrichten über die adeliche und freiherrliche Familie von Bellinghausen. Zur Feier der Enthüllung des Denkmals für den Admiral Fabian von Bellinghausen zusammengestellt ... Reval 1870. V: *Russwurm, C.* (BMarsch 509)

Nachrichten und Bemerkungen über Algier und den Algerischen Staat. Altona 1799—1800. V: *Rehbinder, Joh. Ad. Frh. von.* (Pr) (MGT) (MS) (EngG) (Ky) »1798—1800« (BrMm) (CBH) V: *Levsen, Chn.* (Bruun, Bibl. Danica II, 557.) 1796—1800. (Collin, Anonymer. Kiobenh. 1869.)

— u. Bemerkk. über Algier u. b. Algier. Staat, (v. J. v. Rehbinder) 2/3 Thle. Mit 1 Karte u. ill. Kpf. gr. 8. Altona 798, 99. Hammerich. 9 ß

Nachrichten u. Bemerkungen, einige, üb. d. Chausseebau im Königr. Hannover. gr. 8. (3¼ B.) Hannover 831, Hahn.

Einige *Nachrichten* u. Bemerkungen üb. den Chausseebau im Königreich Hannover Hann. 1831 52 S. P

— u. Bemerkungen aus den Feldzügen des Jahres 1813 u. 814, aus d. Tagebuch eines Feldgeistlichen in d. preuß. Heere. 8. Berl. Fr. Maurer. 814.
(Ist der 2te Heft d. neuesten Ereignisse, siehe Ereignisse.)

Nachrichten von dem Bemühen der Französischen Emigranten in Braunschweig, das Königthum in Frankreich wieder herzustellen. [Leipz. 1797.] V: *Wolffram und Wolfframitz, Carl Joh. Glieb Freih. von.* (MGT)

Nachrichten für die Benutzung der Telegraphen-Linien zur Beförderung von Privat-Depeschen nach dem In- u. Auslande. Bearb. nach den Materialien der Königl. Telegraphen-Direction in Berlin. 862. (39 S.) 2½ ngr. — (Neue Aufl.) Ausgegeben im Decbr. 1863. Berlin 863. v. Decker. 8. (40 S.) n. 2½ ngr.

Nachrichten für die Benutzung der Telegraphen-Linien zur Beförderung von Privat-Depeschen nach dem In- und Auslande. Bearbeitet nach den Materialien der Königlichen Telegraphen-Direction in Berlin. Berlin, Decker Febr 1865. Kl. 8. (2¾ Bog.)

—— für die Benutzung der Telegraphen-Linien zur Beförderung von Privat-Depeschen nach dem In- und Auslande. Bearb. nach den Materialien der Königl. Telegraphen-Direction in Berlin. br. 8. (43 S.) Berlin 866, v. Decker'sche geheime Ober-Hofbuchdruckerei. **

Nachrichten von dem Bergwerke zu Sahla in Schweden. [Hann. 1767.] V: *Beckmann, F.* (MS)

Nachrichten und Berichtigungen von des [Tempelherren-]Ordens Stiftung und seinem unglücklichen Schicksale. [Hrsg. von Friedr. Ludw. Schröder] [Rudolstadt ca 1805—1806: Geheimdr.] 46 S. 8°
Tt. 824. Zu Nr 11 B der Schröderschen Ritualsamml.; nur für die Geheimakten des Engbundes gedr. Gesch. des Ordens, wie sie im 7. Grade des schwed. Systems mitgeteilt wird.

— Berliner akademische. (Neue Folge der Berliner akadem. Wochenschrift.) Hrsg. v. der akadem. Auskunftsstelle an der kgl. Friedrich-Wilhelms-Universität. Hrsg. u. Schriftleiter: Wilh. Paszkowski. II. Jahrg. Winter-Sem. 1907/8. 13 Nrn. (à ca. 8 S.) Lex. 8. Berlin (N. 24, Linienstr. 158), Universitäts-Buchdruckerei v. G. Schade. nnn 1. —
Nicht im Buchhandel.

— Berliner kirchliche. Wochen-Rundschau f. alle evangel. Bestrebgn. der Reichshauptstadt. 1. Jahrg. Oktbr.—Dezbr. 1892. 13 Nrn. (1½ Bog.) Fol. Berlin, K. J. Müller. 1. —

— dasselbe. 2. Jahrg. 1893. 52 Nrn. (1½ Bog.) Fol. Ebd. 4. —
Erschien nicht weiter.

Nachrichten. – B e r l i n e r Neueste Nachrichten – 1.IV 1881 – 30 VI 1919

Nachrichten. – B e r l i n i s c h e Nachrichten von Staats- und gelehrten Sachen –
[„Hofzeitung", sp „Haudesche Zeitung"]
30 VI 1740 – 3 VI 1872
Fortges. u.d T · Spenersche Zeitung.

Berner Nachrichten (I)
③ Der Freie Berner (II) ⑤ 1867—1871 ⑦ wöchentlich 2× ⑧ Biel ⑬ BGSZ 959. 973.

Berner Nachrichten (II)
① Ein freisinniges Wochenblatt Organ der freisinnigen Demokratie (ab 2. 7 1884) ③ Berner Landbote (I) ④ Berner Zeitung (VI; (v sub 15) ⑤ Probenummer 30. 12. 1882 1883 — 28. 11 1885 ⑥ 2° ⑦ Wochenblatt. halbwöchentlich (ab 2 7 1884) ⑧ Bern Stämpfli. Lack & Scheim ⑪ Albert Hohl, früher Redaktor der Berner Tagespost (30. 12. 1882 — 30. 6. 1884). Ed. Müller Fürsprecher (1 7. 1884—30. 7 1885). J J Obrecht (1 7 1885—28 11 1885) Mitarbeiter Huldreich Arnold Seifert. Mitbegründer der Zeitung (Nekolog in Nr 14. 18 2 1885) ⑫ freisinnig ⑬ BGSZ 973. Programm v Berner Nachrichten (II). Probenummer 30. 12. 1882 ⑭ Be L., St ⑮ Ende November 1885 fusionieren «Berner Nachrichten» (II) und «Berner Post und Tagblatt der Stadt Bern» und bilden ein neues Blatt, die «Berner Zeitung» (VI).

— von d. Beschaffenheit d. Niederlausitz. 18 Stck. gr. 8. Dresd. 761. Gröll. 8 gr.

Nachrichten, B e s o n d e r e, von den Opfern der Staaten sowohl als auch von den Opfern der Gerechtigkeit dieses 18. Jahrhunderts, besonders aber von den in Dänemark hingerichteten Grafen Struensee u. Brandt. Pelim 1772. 8°

Nachrichten, Besondere, von den Opfern der Staaten ... Pelim [Flensburg] 1772. V: *Camerer, Johann Friedrich.* (Ky) (Wr) (Bruun, Bibl. Danica III, 1487.)

— besondere, von d. Opfern d. Staaten als auch v. d. Opfern d. Gerechtigkeit d. 18. Jahrhund., (v. J. F. Camerer). 8. Flensb. 772. Korte. 8 gr.

Besondere Nachrichten die Schlacht bei Rossbach betr. 4. 1757

Besondere Nachrichten von denen Vampyren, oder sogenannten Blut-Saugern, wobey zugleich die Frage: Ob es möglich, daß verstorbene Menschen wiederkommen, denen Lebendigen durch Aussaugung des Bluts den Tod zuwege bringen, und dadurch gantze Dörffer und Menschen und Vieh ruiniren können? gründlich untersucht worden von Putoneo. 732. 8.

Nachrichten über Bestimmung und Zweck der k. Erziehungsanstalt für Studirende in Amberg. 16. (8 S.) Amberg 873, Habbel.

- aus Bethanien in Ostindien u. anderen Missionen alter u. neuer Zeit. Red. u. Hersg.: C. Blochmann. 12—14. Jahrg. 1868—70. à Jahrg. 12 Nrn. (Bgn.) Ebend, gr. 8 Jeder Jahrg. n. 10 ngr.

— aus Bethanien in Ostindien u. anderen Missionen alter u. neuer Zeit. Red. u. Hrsg.: Clemens Blochmann. 15—19. Jahrg. 1871 - 1875. 12 Nrn. (à 1—1½ B.) gr. 8. Dresden, (Leipzig, Werner.) à Jahrg. n. 1. —
Forts.s.:Nachrichten aus Siloam...

— u. Betrachtt. üb. die ungar. National-Synode v. Jahre 1822, (v. Dr. Fabius). gr. 8. Sulzb. 824. v. Seidel. 12 gr.

Nachrichten u. Betrachtt. üb. die Thaten u. Schicksale d. Reiterei in den Feldzügen Friedrich II. u. d. neuern Zeit (v. Canitz.) 2 Thle v. J. 1740 bis 1813. gr. 8. Berlin 823—24. Mittler. 1r Thl. 1 Rthl. 20 gr. 2r Thl. 2 Rthl. Rthlr

Nachrichten und Betrachtungen über die Thaten und Schicksale der Reiterei in den Feldzügen Friedrichs II. ... Berlin 1823—24. V: *Canitz und Dallwitz, Carl Wilh. Ernst Freih. v.* (Nent) (ADB) (Ky)

—— und Betrachtungen über die Thaten und Schicksale der Reiterei in den Feldzügen Friedrichs II. und in denen neuerer Zeit. 1740—1813. 2. Aufl. in 1 Bde. gr. 8. (XVI und 528 S.) Berlin 861, Mittler und Sohn.

Nachrichten von dem Betriebe der unter der Preußischen Berg-, Hütten- und Salinenverwaltung stehenden Staatswerke. [Bis 1883/84 u. d. T.: „Übersicht über die Verwaltung der Bergwerke, Hütten und Salinen im Preußischen Staate."] Jg. 1868—1906. Berlin, 1869—1908.

Nachrichten, Beurkundete, von der Herrschaft Reiffenberg, dem angränzenden Stockheimer Gericht und denen ... zustehenden Rechten ... O. O. 1776. V: *Tabor, Heinr.* (Holz)

Nachrichten, Beurkundete, von dem Teutsch-Ordens-Haus und Commende Schiffenberg ... O. O. 1752—55. V: *Koch, Christoph Ludwig.* (ML)
Vgl.Nachricht, Beurkundete,...

Nachrichten, Einige, über den Bezirk des Kreisamts Altenburg. Altenburg 1843. V: *Geutebrück.* (UBTüb 1852/53, S. 21)

Nachrichten, einige, über den Bezirk des Kreisamts Altenburg im Herzogth. Sachsen-Altenburg. Für die 7. Versammlung deutscher Land- u. Forstwirthe zusammengestellt. Lex.-8. (Mit 7 Tab.) Altenburg 843. (Schnuphase.) n. ⅔ rf

— von der Bibelgesellschaft in Zittau. gr. 8. Zittau 817. Schöps. 2 gr.

Nachrichten von der ehemaligen aus lauter Handschriften bestandenen Bibliothek in Fulda ... Leipzig 1812. V: *Kindlinger, Venant. Nic.* (BrMm)

— von e. Hallischen Bibliothek, darin Recensionen alter u. neuer seltner Bücher enth.; hrsgg. v. Siegm. Jak. Baumgarten. 8 Bde (od. 48 Stcke). 8. Halle 748—51. Gebauer.

Forts.s.Nachrichten v.merkwürdigen Büchern.

Nachrichten, Biographische, über den zu Helmstadt verstorbenen Hofrath und Dr. Gottfried Christoph Beireiss. Berl. 1811. V: *Sybel, Joh. Carl.* (CALL)

Nachrichten, Biographische, über Christoph von Benkendorf. [Riga 1823]. V: *Budberg, Gotthard Wilhelm Frh. von, genannt Böninghausen.* (R-N)

— biographische, von dem Fürsten u. Bischof zu Bamberg u. Würzburg, F. L. Freih. von u. zu Erthal. 8. Freib. Herder. 803.

— biograph., des Bischofs Frhrrn Franz Ldw. v. u. zu Erthal. 8. Freiburg 803. Herder. 8 gl (Bamb., Drausnick).

Nachrichten, Biographische, von Weiland dem Hochwürdigsten am 18ten Junius 1807 verstorbenen Bischof in Linz, Joseph Anton Gall, gesammelt von dem Redakteur der Theologisch-praktischen Linzer Monatsschrift. Linz 1808. V: *Freindaller, Frz. Seraph Jos.* (L. Guppenberger, Bibl. der Diöcese Linz, S. 54) (BIBLPORT)

— biograph., von Jos. Ant. Gall, Bischof in Linz. 8. Linz 808. Haslinger. 4 gl

— biograph., von la Clos, französ. Artillerie-General. 8. Frkf. a. d. O. 804. Acad. B. 2 gl

Nachrichten, Biographische, von Sr. Hochfürstlichen Gnaden, dem Hochw. Fürst-Bischof zu Brixen, Karl Franz, gebornen Grafen zu Lodron Laterano etc. . . . Brixen 1829. V: *Sinnacher, Franz Anton.* (MARGR)

Nachrichten, Biographische, von Hn. Hans Conrad Meyer, gew. Cantons-Wundarzt. Zürich 1813. V: *Hirzel, Joh. Casp.* (Cat. d. Stadtbibl. Zürich. Zürich 1864—97.)

Einige biographische Nachrichten von dem Grafen Nikita Iwanowitsch von Panin 12 s. l. 1786.

Nachrichten, Biographische, von dem fürstbischöflich-Brixner'schen Consistorialrathe und Professor Franz Anton Sinnacher. Brixen 1837. V: *Di Pauli, Andreas Alois von.* (MARGR)

Nachrichten, Biographische, von dem Kupferstecher Franz Edmund Weirotter. [Innsbruck 1834.] V: *Di Pauli, Andreas Alois von.* (MARGR)

Nachrichten, Biographische, über den salzburgischen Tonkünstler und Compositeur Joseph Wölfl. Salzb. 1842. V: *Pichler, Georg Abdon.* (HR)

Nachrichten von zwey ehemaligen bisher unbekannt gewesenen dörptschen Bischöffen. [Riga 1797.] V: *Brotze, Johann Christoph.* (R-N)

Bischofszeller Nachrichten,
⑤ 1. 1. 1908 (cont.) ⑥ 2° ⑦ wöchentlich 2× wöchentlich 3× (1910) ⑧ Bischofszell E. Lüthi, AG Bischofszeller Nachrichten (17. 2. 1910), G. Hildebrand (4. 12. 1915), Leo Hildebrand (14. 11. 1933) ⑩ die Drucker ⑫ katholisch-konservativ ⑬ Hagen Buchdruck- und Zeitungswesen im Thurgau ⑭ Ff. K.

Nachrichten über das Dorf und Gut Blumberg im Kreise Nieder-Barnim und die ehemals und jetzt dazugehörigen Ortschaften. Bernau 1881. V: *Sundelin, H.* (BRESL 31, S. 26)

— von d. Blumenorden an d. Pegnitz. Mit Kpf. gr. 8. Nürnb. 778. Riegel u. W. 1 ꝛf 8 gl

Nachrichten, Einige, von dem von Senckenberg herausgegebenen Brachylogo juris civilis . . . [Leipzig 1797.] V: *Siebenkees, Johann Christian.* (MGT)

Nachrichten der Calenbergischen Brandassecuranz-Societät . . . [Leipz. 1776.] V: *Hohenthal, Peter Carl Wilhelm Graf von.* (NN)

— von Brasilien überhaupt, u. insbesond. v. Rio-Janeiro. Mit 1 Karte. 8. Eisenach, (Bärecke). 6 gl

— v. Brasilien überhaupt, und insbesondere von Rio Janeiro. m. 1 Charte. 8. Eisenach, Wittekind.

Nachrichten, Brauchbare, für diejenigen, so sich des fürtrefflichen würtemb. Wildbades bedienen wollen . . . Stuttg. 1758. V: *Moser, Joh. Jac.* (HEYD) »1769« (KY) (ML)

Vgl.Nachricht, Brauchbare,...

Nachrichten. – Braunschweigische Nachrichten – 2.I.1775 – 8.XI.1782
Vorh u.d T Gnädigst privilegirte Neue Braunschweigische Zeitung.
Fortges. u.d.T Neue Braunschweigische Nachrichten

Nachrichten über das Amt Bredstedt. [Altona 1821.] V: *Levsen, Chn.* (schles)

Nachrichten üb. das Amt Bredstedt. Altona 1821. 275 S.
[I Mitteilungen z. Vaterlandskunde. Bd. 1]. 699.

Nachrichten. – Bremer Nachrichten –
1.I.1854 – 29.IX.1934
Vorh. u.d.T. Bremer Wöchentliche Nachrichten
Fortges. u.d.T. Bremer Nachrichten mit Weser Zeitung.

Nachrichten. – Bremer Wöchentliche Nachrichten –
[„Wochenblatt"] – 7.I.1743 – 31.XII.1853
Fortges. u.d.T. Bremer Nachrichten.

Nachrichten, Breslauische, von Schriften und Schriftstellern auf die Jahre 1758—[1778] ... O. O. H: *Klose, Samuel Benjamin.* (ML) (Kat. d. Druckschr. üb. Breslau. Breslau 1903. S. 394.)

Vorh.unt.d.T.:Schlesische Berichte von gelehrten Sachen. Breslau 1757 ff.
Forts.unt.d.T.:Bücher-Nachrichten und Bemerkungen. Breslau 1784.

— Breslauische, von Schriften u. Schriftstellern auf d. Jahr 1758—71. 1r Bd. 8. Bresl., W. G. Korn. 16 gr — Dies. v. 1777 u. ff. 8. u. 4. ...

— aus der Brüder-Gemeine. 44—51. Jahrg. 1862—69. Gnadau. Leipzig, H. Schultze. 8. (à Heft ca. 90 S.) Jeder Jahrg. n. 2 ℛ 20 ngr.

— aus der Brüder-Gemeine. 52—58. Jahrg. 1870—1876 à 12 Hfte. (à 5—6 B.) Gnadau, (Leipzig, H. Schultze.) à Jahrg. n. 8. —

— aus der Brüder-Gemeine. Red.: C. H. Pemsel. 59 - 64. Jahrg. 1877—1882. à 12 Hfte. 8. (à Hft. 109 S.) Gnadau, Unitäts-Buchh. à Jahrg. n. 8. —

— aus der Brüder-Gemeine. Red.: C. A. Seiler. 65—67. Jahrg. 1883—1885. à 12 Hfte. 8. (à Hft. 93 S.) Gnadau, Unitäts-Buchh. à Jahrg. n. 8. —

— dasselbe. 68. Jahrg. 1886. 12 Hfte. 8. (1. Hft. 92 S.) Ebend. n. 6. —

— aus der Brüder-Gemeine. Red.: C. A. Seiler. 69.—72. Jahrg. 1887—1890 à 12 Hfte. 8. (à Hft. ca. 80 S.) Gnadau, Unitäts-Buchhandlg. à Jahrg. n. 4. —

— aus der Brüder-Gemeine. Red.: C. A. Seiler. 73.—76. Jahrg. 1891—1894. à 12 Hfte. (à ca. 4 Bog.) 8. Gnadau, Unitäts-Buchh. à Jahrg. n. 4. —

— aus d. Brüdergemeine, Fortsetzg., s.: Mitteilungen aus d. Brüdergemeine ꝛc.

Nachrichten, Einige, von den im fünfzehnten Jahrhundert zu Lübeck gedruckten niedersächsischen Büchern. [Lübeck? 1834.] V: *Deecke, Ernst.* (BrMm)

— von jurist. Büchern, akadem. Abhandll., Deduktionen ꝛc., (von ... Jenichen, Jh. Andr. Hoffmann u. K. F. Walch). 80 Stcke. 8. Jena 740—55. Cröker. 6 ℛ 16 gr

— Nachrr. von merkwürd. Büchern. 12 Bde in 66 Stücken. 8. Halle 752—57. Gebauer. 8 ℛ

Vorh.unt.d.T.:Nachrichten von einer Hallischen Bibliothek. 1748 ff.

Nachrichten von neuen theologischen Büchern. Jena 1742-48. H(Bd. 1-4): *Kraft, Frdr. Wilhelm.* (Bd. 5. 6): *Becker, Christian Wilhelm.* (ML) (winer)

Forts.unt.d.T.:Neue theolog.Bibliothek. 1746 ff.

— v. theol. Büchern u. Schr. 60 Stck. 8. Ebend. 741—748.

— aus dem Buchhandel u. den verwandten Geschäftszweigen f. Buchhändler u. Bücherfreunde. Red.: Max Evers. Oktobr.—Dezbr. 1894. 74 Nrn. (à ca. 1½ Bog.) gr. 4. Leipzig, Geschäftsstelle des Börsenvereins der deutschen Buchhändler. n. 1. 50

— aus d. Buchhandel u. d. verw. Geschäftszweigen f. Buchhändler u. Bücherfreunde. Red.: Max Evers. Jahrg. 1895. ca. 300 Nrn. (à ca. 8 S.) gr. 4. Leipzig, Geschäftsstelle des Börsenvereins der Deutschen Buchhändler. n. 6. —

— dasselbe. Jan.—Juni 1896. 149 Nrn. (1228 S.) gr. 4. Ebd. n. 3. —
Weiter nicht erschienen.

Nachrichten. – Budissiner Nachrichten –
Bautzen. – 5.I.1828 – 8.VI.1868
Vorh. u.d.T.: Budissinische Nachrichten.
Fortges. u.d.T. Bautzener Nachrichten.

Nachrichten. – Budissinische Nachrichten. –
Bautzen – 7.I.1809 – 4.I.1828.
Vorh. u.d.T. Budissinische wöchentliche Nachrichten.
Fortges. u.d.T.: Budissiner Nachrichten.

Nachrichten. – Budissinische wöchentliche Nachrichten –
Bautzen. – 5.I.1782 – 31.XII.1809.
Fortges. u.d.T.. Budissinische Nachrichten.

Nachrichten, Budissinische wöchentliche. Bud. 1786 ff. H: *Monse, George Gotthold.* (OL) (MGT)

— von e. geheimen aber unsichtbaren Bunde wider d. christl. Religion. 8. Marb. 785. Krieger. 12 gr

Nachrichten von einem grossen, aber unsichtbaren Bunde gegen die christliche Religion und die monarchischen Staaten. o. O. 1794. 78 S. 8°
Aus: Neueste Religionsbegebenheiten. 16 (1793) S. 499—576.

[Dasselbe.] 2. verm. und mit Belegen vers. Aufl. [Marburg: Krieger] 1795. 112, 132 S. [Kupfertit.] 8°

[Dasselbe.] Ebendas. 1797. 92, 132 S. [Kein Kupfertit.] 8°
cf. D. neuesten Religionsbegebenheiten. 17 (1794) S. 345—361; 18 (1795) S. 249—265. Kl. 3473. Gegen die geheimen Gesellschaften u. hauptsächl. gegen die Illuminaten.

Bündner Nachrichten
③ Der Volksfreund (Gr) ⑤ 18. 12. 1885—22. 9. 1892 ⑥ 2° ⑦ wöchentlich 3×, dann 6× ⑧ Chur Manatschal & Ebner ⑩ Manatschal & Ebner ⑪ F Manatschal ⑫ fortschrittlich-demokratisch ⑭ Ch. K.

Nachrichten des Statistischen Bureaus für Elsaß-Lothringen. Jg [1], Nr 1. Straßburg 1908 Kayser 4° (10. 3911

„Nachrichten der Königl. Großbritt. Kurfürstlich Braunschweigisch-Lüneburgischen Landwirthschaftsgesellschaft, von der Verbesserung der Landwirthschaft und des Gewerbes", 2 Bände, je 12 Stücke, 3. Band, 1.—3. Stück, Celle 1764—1778 (Gsellius). — Vorh.: UB Göttingen. Fortsetzung: „Neue Abhandlungen und Nachrichten der Königl. Großbritt. Kurfürstlich Braunschweigisch-Lüneburgischen Landwirthschaftsgesellschaft", 4 Bände, Celle 1787—1794 (Hannover, Hahn). — Vorh. UB Göttingen. Fortsetzung „Annalen der niedersächsischen Landwirthschaft", herausgegeben von der K. Landwirthschaftsgesellschaft zu Celle, durch A. Thaer und J. C. Benecke, Celle 1799 ff. Fortsetzung „Cellische Nachrichten für Landwirthe, besonders im Königreich Hannover", 1. Bd., 4 Hefte, Hannover 1820—1826 (Hahn). 2. Bd., 2 Hefte, hersg. v. L. Schaake, ebenda 1832.

— fur Landwirthe, Cellische, besonders im Königr. Hannover. 1r Bd. 1s 2s Stück. 4. Hannover, Hahn. 819 und 820. 1r Bd. 1s 20 Gr. 2s 1 Rthlr. 4 Gr.
2s auch unter dem Titel:
Meyer, J. G., über die Bearbeit. d. Hanfes und Flachses im angerotteten Zustande, durch Maschinen. 4. 820.

Nachrichten, Cellische, f. Landwirthe, bes. im Königr. Hannov. Herausgeg. im Namen d. K. Landwirths-Gesellschaft in Celle, v. L. Schaake. 1r Bd. 3s u. 4s Stück. Mit Kpf. gr. 4. Hannov. 822 u. 26, Hahn. 3s Stück. 20 gr. 4s St 1 Rthl.

—— Cellische, f. Landwirthe, besond. im Königr. Hannover. Hrsg. im Namen d. Kgl. Landwirthschafts-Gesellsch. zu Celle v. L. Schaake. 2. Bd. 1. u. 2. Stück. gr. 4. Hannover, Hahn. [1. (28 B.) 832. 1 Thlr. 8 Gr., 2. (20½ B.) 833. 1 Thlr.]
1. Bd. 4 Stcke. Ebendas. 1820—26. 8 Thlr. 20 Gr.

Nachrichten von dem Character und der Amtsführung rechtschaffener Prediger. Halle 1775—79. V: *Sturm, Christian Christoph.* (WINER)

— von dem Charakter und Amtsführung rechtschaffener Prediger, s. C. C. Sturm.

Nachrichten, die chemischen neuesten, insbesondere f. die gesamte deutsche Patentliteratur der Chemie u. aller Zweige der chemischen Technologie. Red.: Wilh. Boehm. Oktbr.—Dezbr. 1908. 13 Nrn. (245 S. m. Fig.) 31,5×23,5 cm. Berlin, S. Cronbach. 6. —

— dasselbe u. Export-Anzeiger f. die gesamte chem. Industrie. Red.: Wilh. Boehm. 2. u. 3. Jahrg. 1909 u. 1910. à 52 Nrn. (980 u. 980 S.) 30,5×23 cm. Ebd.
Erscheinen nicht mehr. à Jahrg. 24. —

— von China. 8. Halle 796. (Osterloh, S.) 4 gr

—— über d. Cholera Morbus u. ihre schreckl. Verheerungen im J. 1830, mitgeth. v. zwey evangel. Pastoren im Russ. Gouvernem. Saratow, nebst e. Anh. üb. d. Entsteh. u. Verbreitung dies. Krankheit, so wie ein. Heilmittel geg. dies. 8. (3¼ B.) Basel 831, Spittler.

—— über d. Cholera-Seuche, s. Sammlung d. wichtigst. Abhandlungen...

Nachrichten, Chronologische, der Stadt Glatz ... Glatz 1840. V: *Raimann.* (LVS) (Nent)

Nachrichten über Paul von Cleve (geb. 1581) und seine Nachkommenschaft in männlicher Linie. Görlitz 1910. V: *Cleve, Carl.* (Berlzu 1910, S. 661)

Nachrichten. – Danziger Neueste Nachrichten – 15 IX 1894 – 9 III (?) 1945

Davoser Nachrichten: Davoser russische Nachrichten v Davosskij Věstnik.

Nachrichten von dem, was in Erfurt seit dem im J. 1763 geschlossenen Frieden bis hieher mit Stadt und Land... vorgefallen ... Frankf. u. Leipz. 1770. V: *Bellmont, Joh. Arnold von.* (MGT) (Ky)

— von dem, was in Erfurt seit dem im J. 1763 geschloss. Frieden rc. vorgefallen, (von Jh. Arn. v. Bellmont). Fol. Frkf. u. Leipz. 770. (Hoffmann in Weimar). 16 gr

— denkw., des Marsch. v. Berwick, wo ihm s. beschr. 2 Thle. 8. Bern, Typ. 780.

Dt.-Brasilische **Nachrichten** und Dt.-Brasilische Korrespondenz. Monatsschr für die wirtschaftl. und kulturellen Interessen des Dtm in Brasilien. Jg 3. — Bln-Hessenwinkel: Giesebrecht 1900. 4°
Anf s. Dt.-Brasilische Korrespondenz.

— deutsch-brasilische, u. deutsch-brasilische Korrespondenz. Monatsschr. f. die wirtschaftl. u. kulturellen Interessen des Deutschtums in Brasilien. Hrsg.: Frz. Giesebrecht. 3. Jahrg. 1900. 12 Nrn. gr. 4. (à ca. 12 S. m. Abbildgn.) Berlin-Hessenwinkel, Deutsch-Brasil. Verl. (F. Giesebrecht). n. 5. —
Erscheinen nicht mehr. Firma erloschen.

— deutsch-brasilische, Fortsetzg., s.: Monatsschrift des deutsch-brasilischen Vereins.

Nachrichten, deutsche. 1. Jahrg. 1886. (Erscheint wöchentlich.) Gr. in-fol. Zürich, Expedition der deutschen Nachrichten. Mai—Juni — 80
Jährlich 4 80

-- deutsche. Wochenschrift f. deutsche Interessen im In- u. Auslande. D. Wichtigste d. Woche üb. Politik, Litteratur, Kunst, Wissenschaft, Industrie, Handel u. Verkehr. Nebst: Montags-Blatt. Red.: Karl Hesselbarth. 1. Jahrg. Oktbr. 1895—Septbr. 1896. 52 Nrn. (à ca. 4 Bog.) gr. 4. Berlin-Charlottenburg, Neue Berliner Verlags-Anstalt, A. Krebs. n. 10. —

— dasselbe. (Ohne Montagsblatt.) Red.: Rud. Rabe. 2.—4. Jahrg. Oktbr. 1896—Septbr. 1899. à 52 Nrn. (à ca. 3 Bog.) gr. 4. Ebd. à Jahrg. n. 10. —
Kann auch vierteljährlich bezogen werden.

— deutsche. Wochenschrift f. deutsche Interessen im In- u. Auslande. Das Wichtigste der Woche über Politik, Litteratur, Kunst, Wissenschaft, Industrie, Handel u. Verkehr f. Deutsche in Ost- u. West-Afrika (Deutsche Kolonien), Süd-Afrika, Transvaal &c. Red.: Herm. W. Klahr. 5. Jahrg. Oktbr. 1899—Septbr. 1900. 52 Nrn. gr. 4. (à ca. 24 S. m. Abbildgn.) Charlottenburg, Neue Berliner Verlags-Anstalt, A. Krebs. n. 10.—

— deutsche. Wochenschrift der Deutschen im Auslande. Wochenschrift f. Politik, Litteratur, Kunst u. Wissenschaft. Stimmen aus allen Parteien. Nebst: Industrielle Nachrichten. Technisches Export-Fachblatt f. europ. u. überseeisches Ausland, sowie „Deutsches Offertenblatt" f. Ingenieure — Techniker — Maschinenfabriken etc. Red.: Hugo Herold. Jahrg. 1901. 52 Nrn. gr. 4. (à ca. 60 u. 4 S. m. Abb.) Berlin, J. H. Schorer. n. 12.—

— dasselbe. Red.: Hugo Herold. Nebst: Frauen-Nachrichten. Zeitschrift f. die Angelegenheiten d. deutschen Frau, u. Jugend-Nachrichten. Zeitschrift f. die deutsche Jugend im Auslande. Red.: Paul Vetter. Jahrg. 1902. 52 Nrn. gr. 4. (à ca. 60, 4 u. 4 S. m. Abb.) Ebd. n. 12.—

— deutsche. Wochenschrift der Deutschen im Auslande. Wochenschrift f. Politik, Litteratur, Kunst u. Wissenschaft. Stimmen aus allen Parteien. Red.: Hugo Herold. Nebst: Für Haus u. Schule u. Hauswirtschaftl. Nachrichten. Red.: Paul Vetter. Jahrg. 1903—1905 à 52 Nrn. (à ca. 64, 4 u. 4 S. m. Abbildgn.) gr. 4. Berlin, J. H. Schorer. à Jhrg. n. 12. —

— dasselbe. Jan.—März 1906. 13 Nrn. (à ca. 72, 4 u. 4 S. m. Abbildgn.) gr. 4. Ebd. n. 3. —
Erscheint nicht mehr.

Deutsche Nachrichten für das Ausland Jahrgang 1 1878 ?
Published every three weeks principally for foreign trade, overseas-edition of Deutsche Nachrichten. Edited and published by A. Trautmann
Valparaiso

Deutsche Nachrichten für Süd-Amerika
Jahrgang 1 no. 1 Nov. 17 1870 – no. 4450 July 4 1909
Established as a semi-weekly, later tri-weekly (in 1894 1902 or longer). For Overseas edition, see Deutsche Nachrichten für das Ausland. Has supplement entitled Sonntags-Beilage. Followed by Deutsche Zeitung für Chile. Editor and publisher A. Trautmann (1894 1902 or longer.)
Valparaiso

Nachrichten aus Deutschland und Amerika : **Hoboken, NJ**

Nachrichten aus Deutschland und der Schweiz : Jahrgang 1 -40, Aug. 1867– 1907
Weekly. Sub-title: Offizielles Organ der deutschen und schweizerischen Regierungen für Erbschafts-Aufforderungen, Edictalladungen, &c. Offizielles Organ des Generalpostamtes für Veröffentlichung der Liste unbestellbarer Briefe aus dem ganzen Gebiete der Vereinigten Staaten. Wochenblatt. Title varies: NACHRICHTEN AUS DEUTSCHLAND, 1891–1907. "Extra-Nummer" issued each week. Folio, each issue 4–16 pages. Circulation: 1870, 4700 (est.); 1871, 26,000; 1875, 21,729; 1880, 12,688; 1885, 15,000; 1890, 10,000; 1895, 17,500; 1900, 10,000. On Subscription List of Harmony Society for 5 years. Edited & published by C. Pfirsching, 1867—71, edited by M. Schaffran, & published by C. Pfirsching, 1872–76, edited & published by C. Pfirsching, 1877–90; by F. Eizenhauser, 1891—92; edited by Emil Schneider, & published by H. F. Schneider & Co., 1893—1907
New York, NY

Nachrichten über Joh. Melchior Dinglinger in Dresden. [Leipzig 1819.] V: *Vulpius, Christian August.* (MGT)

Nachrichten, Diplomatische, von dem Ursprung und Stifftung des Closters Neustatt am Mayn Ord. S. Bened. . . . O. O. 1767. V: *Schmidt, Joh. Chn.* (Holz) (ML)

Nachrichten. – D o r t m u n d e r Nachrichten –
1 I 1888 – 1.X.1889
Fortges. u.d.T General-Anzeiger

Nachrichten, Dramaturgische. 1. 2. Stück. Bonn 1780. H: *Grossmann, Gust. Frdr. Wilh.* (JL) »1779—80« V: *Hagen, Joh. Jost Anton Freih. v.* (MGT) (Ky)

Nachrichten. – D r e s d n e r Nachrichten. –
1.X.1856 – 14.III.1943

Nachrichten. – D r e s d n e r Neueste Nachrichten. –
1.IV 1903 – 14.III.1943
Vorh. u.d T · Neueste Nachrichten.

Nachrichten, Dresdnische, von Staats- und gelehrten Sachen auf das Jahr 1743. Dresden. H: *König, Johann Ulrich.* (Waniek, Gottsched. Leipz. 1897. S. 460.)

— Dresdnische, v. Staats- u. gel. Sach. v. J. C. Rost. 4. Dresden, Waltber. 743.

Dübendorfer Nachrichten
① Unparteiisches Publikations-Organ für den Bezirk Uster sowie der Nachbargemeinden Dietlikon, Rieden, Schwamendingen und Wallisellen. Obligatorisches Publikationsorgan der Gemeinden Dübendorf, Fällanden, Schwerzenbach und Wangen ④ Wochenblatt des Bezirkes Uster ⑤ Probenummer Dezember 1899; Januar 1900—13. 12. 1902 ⑥ 2° ⑦ wöchentlich 2× ⑧ Dübendorf Hermann Eckinger († 1902), Wwe. Eckinger-Egli (1902) ⑨ Illustriertes Unterhaltungsblatt ⑩ die Drucker ⑪ die Drucker ⑫ politisch neutral ⑬ Der Zürichbieter 1. 7. 1948 ⑭ Zh. Z.

Nachrichten.-Düsseldorfer Neueste Nachrichten,
s. A n z e i g e r , Täglicher

Aechte Nachrichten von dem Grafen Cagliostro. Aus der Hs seines entflohenen Kammerdieners. Berlin 1786. 100 S. 8° [Kupfertit.]
Kl. 3360. Selten.

Nachrichten: Eidgenössische Nachrichten (I)
② Eidgenössische Nachrichten oder merkwürdige Ereignisse in dem merkwürdigen Zeitpunkt der Revolution vom Jänner 1798 bis Ende May (Sammeltitel) ④ Neue Berner Zeitung (I) ⑤ 6. 1. 1798—2. 6. 1798 ⑥ 4° ⑦ Wochenblatt ⑧ Bern: von der Typographischen Gesellschaft verlegt, jedoch nicht mehr von ihr selbst gedruckt ⑩ v. sub 15 ⑫ versöhnlich und regierungsfreundlich ⑬ BGSZ 12, 107, 963, 973, Eidgenössische Nachrichten Nr 1, 6. 1. 1798 ⑭ Be. L, S, St ⑮ Das Blatt auch in französischer Übersetzung. Ab 17. 3. 1798 im Titel die Devise: Freyheit, Gleichheit, Rechtschaffenheit. — Sammeltitel in BGSZ 12, p. 3 u. BGSZ 973, p. 66. Lt. «Neue Berner Zeitung» (I) Nr 86, 30. 3. 1799 ist J. G. Heinzmann der «Ausgeber» des Blattes, nicht aber der «Herausgeber», da in Wirklichkeit Regierungsmitglieder die Herausgabe besorgten. Textprobe in BGSZ 973, p. 66f.

Nachrichten, Eidgenössische. Bern 1798. H: *Heinzmann, Johann Georg.* (MGT)

Nachrichten. Die gestern aus Schlesien eingeloffene. E x t r a b l a t t, dat. Wien, 10. Dec. 1757. O. O., Dr. u. J. (Wien 1757). 1 Bl. 4°.
Vorsichtiger Bericht über die Niederlage bei L e u t h e n am 5. Dez. 1757.

E i n g e l a u f f e n e N a c h r i c h t e n von den vorgef. Scharmützeln durch die bis Cottbus gestreiften Ulanen. Mit vorläuf. Nachricht des in Schlesien vorgefall. Blutbades zwischen der K. K. Armee u. den Preuss. Truppen. (4.) 4. s. l. 1760.

Nachrichten von der Einrichtung u. dem Fortgang der Hamburg. Armenanstalt. Hrsg. von J. A. Günther, Bartels und Ksp. Voght. 1.—33. Stück. 8⁰. Hamburg (Campe) 1794—1806.

— über die Einstellung in Unteroffizierschulen. Oktbr. 1904. (4 S.) 8. Berlin (904). E. S. Mittler & Sohn. n. — 10

— üb. die Einstellg. in Unteroffizierschulen. (Novbr. 1910.) (8 S.) 8. Berlin (910). E. S. Mittler & Sohn. — 10

—— in Betreff des freiwilligen Eintritts in die Schiffsjungen-Abtheilung. 8. (8 S.) Berlin 878, Mittler und Sohn. **

— über freiwilligen Eintritt in die Schiffsjungenabtheilung der kaiserl. Marine. (Auszug aus der Marineordng.) gr. 8. (6 S.) Berlin 894. E. S. Mittler & Sohn. n. — 20

— über freiwill. Eintritt in d. Schiffsjungenabtheilung d. kaiserl. Marine. (Auszug aus d. Marineordnung.) gr. 8. (5 S.) Berlin 895. E. S. Mittler & Sohn. n. — 20

— üb. den freiwilligen Eintritt in die Schiffsjungen-abtheilung der kaiserl. Marine. (Auszug aus der Marineordng.) gr. 8. (6 S.) Berlin 899. E. S. Mittler & Sohn. n. — 20

Nachrichten über den freiwilligen Eintritt als Schiffsjunge in die Kaiserliche Marine Berlin: E. S. Mittler & Sohn [1903]. (7 S.) 8° [Kopft. J.] [07. 9036 11

Nachrichten über den freiwilligen Eintritt als Schiffsjunge in die Kaiserliche Marine. ⟨Mai 1905.⟩ Berlin E. S. Mittler & Sohn (1905). (7 S.) 8° [Kopft. J.] [07..9037

— üb. den freiwilligen Eintritt als Schiffsjunge in die kaiserl. Marine. (Oktbr. 1909.) (7 S.) 8. Berlin (909). E. S. Mittler & Sohn. — 20

— über den Eintritt in Unteroffiziervorschulen. Oktbr. 1904. (4 S.) 8. Ebd. (904). n. — 10

— über den Eintritt in Unteroffiziervorschulen. (Novbr. 1910.) (8 S.) 8. Ebd. (910). — 10

— Eisenach. wöchentl., v. Polizei-, gelehrten u. andern Sachen, aus d. Jahren 1752—55. 4. Eisenach. 2 ß

„Eisenachische wochentliche Nachrichten von Policey- und andern Sachen auf die Jahre 1752, 1753, 1754, 1755 und 1756", Eisenach.

Nachrichten, Elektrotechnische. Jg. 6—19. Berlin 1910—23

Emmenthaler Nachrichten

① Im Untertitel Erwähnung der Erscheinungsweise und Aufzählung der Beilagen. Später mit dem Leitspruch »Mit Gott für Volk und Vaterland.« ⑤ 1884 (cont.) ⑥ 2° ⑦ halbwöchentlich, wochentlich 3× (ab 1. 7. 1911) ⑧ Langnau Fr. Burren. Münsingen Fr. Burren. B. Fischer (ab 1889) ⑨ Schweizer Inseratenblatt. Emmenthaler Hausfreund. Ein religiöses Unterhaltungs- und Erbauungsblatt für Alt und Jung. Mit Bildern. Probenummer am 15. 10. 1889. Rasch abgelöst durch Feierabend. Illustrierte Sonntagsbeilage. Später ersetzt durch Familien-Feierabend. Illustrierte Sonntagsbeilage. Später mit der Bezeichnung Illustriertes Unterhaltungs- und Erbauungsblatt. Witz und Humor. Für Haus- und Landwirtschaft. Das Neueste im Bilde. Die Welt im Bilde ⑪ Fritz Burren (1884—1890). B. Fischer (bis 1935). Jak. Bührer (1907—30. 9. 1908). Otto Schmid (3. 10. 1908—1911). E. Stettler (1912—1935). Dr. E. Beer (1936—31. 8. 1945). W. Wagner (bis 29. 1. 1937). Dr. A. Grütter (1. 2. 1927—17. 2. 1941). Herbert Fischer (19. 2. 1941—1. 2. 1943). Dr. E. Schaerer, später Redaktor der Gewerbezeitung (3. 2. 1943—31. 12. 1945). Oskar Hedinger (ab 3. 9. 1945). Walter v. Kaenel (ab 3. 1. 1946) ⑫ politisch neutral ⑬ BGSZ 194 (Thormann, 50 Jahre Berner Tagblatt, p. 3). 240. 621. 973. Gedenkschrift Burkhard Fischer 1857—1938. Münsingen 1938 ⑭ Be. L., St. ⑮ Im Anfang der 80er Jahre trat im Kanton Bern die neu entstandene »Bernische Volkspartei« dem damals kühn vorwärtsstürmenden Radikalismus entgegen und rief einige Zeitungen ins Leben. Zu ihnen zählen auch die in Langnau erschienenen »Emmenthaler Nachrichten«

Ergänzen ② Emmentaler Nachrichten ⑤ 26. 12. 1883 (cont.) ⑦ wöchentlich 5× (ab November 1956) ⑧ heute AG Buchdruckerei B. Fischer

Nachrichten von den neuesten Entdeckungen der Engländer in der Südsee... Berlin 1772. V: *Spener, Joh. Carl Philipp.* (Ky) (MGT)

— von d. neuest. Entdeck. d. Engländer in d. Südsee, od. Ausz. aus d. Tagebuche des Schiffes the Endeavour, (v. K. Spener). 8. Berl. 772. Haude u. Sp. 10 gr

Nachrichten, entomologische. Red.: Katter. 1. u. 2. Jahrg. 1875 u. 1876 à 24 Nrn. (à ½—¾ B.) gr. 8. Putbus. (Quedlinburg, Vieweg.) à Jahrg. n. 4. —

Nachrichten, entomologische. Hrsg. von Katter. 3. Jahrg. 1877. 12 Hfte. (B.) gr. 8. Putbus. Leipzig, Geissler. n. 4. 50

— dasselbe. 4—6. Jahrg. 1878—1880. à 24 Nrn. (B.) gr. 8. Ebend. à Jahrg. n. 6. 50

— dasselbe. 7. u. 8. Jahrg. 1881 u. 1882. à 24 Nrn. (B.) gr. 8. Stettin, Katter. à Jahrg. n. n. 7. —

— entomologische. Hrsg. v. F. Katter. 9. Jahrg. 1883. 24 Nrn. (à ¾—1 B.) gr. 8. Putbus. (Stettin, Katter) n. 7. 50

— dasselbe. 10—12. Jahrg. 1884—1886. à 24 Nrn. (1½ B.) gr. 8. Berlin, Friedländer & Sohn. à Jahrg. n. 6. —

— entomologische. Begründet v. F. Katter, hrsg. v. F. Karsch. 13.—16. Jahrg. 1887—1890. à 24 Nrn. (B.) gr. 8. Berlin, Friedländer & Sohn. à Jahrg. n. 6. —

— entomologische. Begründet v. F. Katter, hrsg. v. F. Karsch. 17.—20. Jahrg. 1891—1894. à 24 Nrn. (Bog.) gr 8. Berlin, R. Friedländer & Sohn. à Jahrg. n. 6. —

— entomologische. Begründet v. F. Katter, hrsg. v. F. Karsch. 21.—24. Jahrg. 1895—1898. à 24 Nrn. (à ca. 20 S.) gr. 8. Berlin, R. Friedländer & Sohn. à Jahrg. n. 6. —

— entomologische. Begründet v. F. Katter, hrsg. v. F. Karsch. 25. u. 26. Jahrg. 1899 u. 1900. à 24 Nrn. gr. 8. (VIII, 384 S. m. 23 Fig. u. 1 Taf. u. VIII, 384 S. m. 40 Fig. u. 2 Taf.) Berlin, R. Friedländer & Sohn. à Jahrg. n. 6. —

Erscheinen nicht mehr.

Nachrichten über Entstehung, Hindernisse und Fortgang der Enthaltsamkeits- und Mässigkeitsvereine im Kgl. Preuss. Regierungsbezirk Erfurt. 8°. Quedlinburg, Rasse, 1839. (13. Heft des Mässigkeits-Journales f. Deutschland.)

— über die Entwickelung und den gegenwärtigen Standpunkt des Taubstummen-Unterrichtswesens in der Provinz Westfalen. Aus amtlichen Quellen zusammengestellt. Münster 863. Regensberg in Comm. gr. 4. (76 S.) n. 15 ngr.

ERBAULICHE NACHRICHTEN UND BRIEFFE 1 Sammlung [Franckfurt an der Oder] Auf Kosten guter Freunde 1739 96 S. Hrsg.. Joh. Jak. Moser

Erbauliche Nachrichten von den milden Schulen in England. 12. *Berlin, Rüdiger* **1708**

Nachrichten, die Erbauung der Kirche in Klein Paschleben betreffend, mit einigen Anmerkungen. Cöthen 1783. V: *Renthe.* (HHBD Anhaltina 169)

Nachrichten über die Familie Erbslöh. Düsseldorf 1905. V: *Eynern, G. von.* (StBKöln II, 7)

Nachrichten u Erfahrungen u d VS v A, gesammelt auf einer Reise in den Jahren 1806 bis 1808. V einem Rheinländer Frankf a. M., 1812

Nachrichten und Erfahrungen über die vereinigten Staaten von Nordamerika . . . Frankfurt a. M. 1812. V: *Gottlieb, G. A.* (EngG) (Ky)

— von mehreren u. wichtigen Erfindd. u. Entdekk., durch welche die Industrie 2c. der Europäer verbessert werd. könnte. Deutsch u. Französ. Mit 1 Kpf. 4. Leipz. 804. (Brockhaus). 20 gr.

Nachrichten über den Erfolg der eingeführten Stallfütterung der Schaafe im Sommer auf dem fürstl. Anhalt-Dessauischen Amte zu Gröbzig. O. O. 1785. V: *Finke, Johann Heinrich.* (MGT) (Ky)

— Erfurtische gelehrte, die unter Aufsicht d. Acad. d. Wissensch. in Mainz von e. Gelehrten gesammelt u. hrsgg. worden, auf d. J. 1755, 56 u. 57 8. Götting., Dieterich.
Forts.unt.d.T.:Erfurtische gelehrte Zeitungen. 1769 ff.

Nachrichten über die Ergebnisse der Zusammenlegung der Grundstücke in den Fluren von Grossengottern und Altengottern. Merseburg

Nachrichten und Erinnerungen, betreffend die Bibel- und Missionssache . . . Itzehoe 1826. V: *Vent, Hnr. Ludw. Aug.* (Winer)

Nachrichten von kleinen Erklärungsschriften der göttlichen Offenbahrung. Leipzig 1751—53. H: *Messerschmid, Johann Christian.* (ML) (Ky)

— von kleinen Erklärungsschriften d. göttl. Offenbarung, (von J. C. Messerschmid). 8. Leipz. 751—753. Junius. (Brockhaus). 1 ß

Anonym „Einige Nachrichten zur Erläuterung der zwischen der Krone Dänemarks und der Stadt Hamburg wegen der von dieser 1725 beliebten Münzordnung entstandenen Misshelligkeiten", mit 56 Beilagen, Hamburg 1734. 4°.

Einige Nachrichten zur Erläuterung der fürnehmsten zw der Cron Dannemarck u d Stadt Hamburg obschwebenden Mißhelligkeiten [Verf Johann **Klefeker**] — Hamburg 1734 C. Konig. 50 S. 8° (4°)

Nachrichten. – Essener Neueste Nachrichten –
[vor 1900] – 27 V (?)1908
Vorh. u.d T Neueste Nachrichten.

Familiengeschichtl Nachrichten über die 3 Dänisch-Norwegischen Admirale le Sage de Fontenay. Mit Portr. Kiel 1885. 8. Nicht im Handel.

— über den Feldzug d. Oestreicher in Tyrol im J. 1805. Mit Urkunden. 8. Insbr. 808. Wagner. (Barth in Leipz.) 12 gr.

Nachrichten, Fernere, Von der herrlichen Victorie, so die Kayserl. Armée am 5. Augusti 1716. wider die Türcken unterhalb Peterwardein erhalten, Und was weiters an denen Türckischen Grentzen, nach Croatien zu, passiret ist. Regenspurg, Joh. Hch. Krütinger, (1716). 2 Bl. 4°. Kart. 25.—
Nicht bei Apponyi. Zwei Berichte, dat. Wien, 13. August 1716. und Peterwardein, 8. August 1716.

Nachrichten über vaterländische Festungen von Seidel. [Berlin 1820.] V: *Blesson, Joh. Ludwig Urban.* (Hitzig)

Nachrichten. – Flensburger Nachrichten. –
15 VI 1865 – 9 V 1945
Vorh u.d T Flensburger Zeitung.

Flumser Nachrichten
① Lokalblatt der politischen Gemeinde Flums und für die Interessen der Umgegend ⑤ 14. 2. 1905—? ⑥ 2° ⑦ wöchentlich 3× ⑧ Wallenstadt: Schmid'sche Buchdruckerei ⑨ Illustriertes Sonntagsblatt für die katholische Familie ⑫ der Drucker ⑬ BGSZ 1045. 1047 ⑭ Be L (Nummer v 16. 2. 1905).

Nachrichten, Fortgesetzte, die Kuhpocken-Impfung in Schlesien, besonders in Breslau betreffend. Breslau 1801. H: *Friese, Friedrich Gotthilf, Kruttge & Andere.* (BrMm)

Fortgesetzte *Nachrichten* die Kuhpokken-Impfung in Schlesien, besonders in Breslau betreffend. Bresl. 1801 (76) S.

Fortgesetzte Nachrichten von dem Königl. Preussischen herrlichen Siege vom 1. October 1756. (2 Bl. daran: Fernere Vortheile der Königl. Preussischen Armee Ausgangs Octobers 1756 (2 Bl.))

Nachrichten, Fragmentarische, über die landwirtschaftlichen Verhältnisse der Rittergüter Sahlis, Rüdigsdorf und Neuhof ... O. O. [1855.] V: *Crusius, Wilh.* (Kat. d. stat. Bureaus. Dresden 1890.)

Nachrichten. – Frankfurter Nachrichten und Intelligenz-Blatt. –
F.a.M. – 11.X.1910 – 30.IV.1934.
Vorh. u.d.T.: Intelligenz-Blatt.

Nachrichten. – Fränkische Nachrichten. –
Erlangen. – 2.I.1884 – 13.X.1922
Fortges. u.d.T.: Erlanger Neueste Nachrichten.

Nachrichten, Meister Frantzen, allhier in Nürnberg ... Nürnberg 1801. V: *Schmid, Franz.* (EB)

Nachrichten. – Freiberger Nachrichten. –
1.IV.1848 – 31.XII.1851(?)

Nachrichten, Freyberger gemeinnützige, für das Chursächsische Erzgebirge, zum Besten des Nahrungsstandes ... Freyburg 1800—06. V: *Gerlach, Johann Christoph Friedrich.* (MGT)

— Freyberger gemeinnütz., f. d. churf. Erzgeb. v. Gerlach. 10 Jahrg. v. 1800 – 1809. 4. Freyberg, Craz u. G. (à 2 Rthl.) 2

— — dieselben 11r Jahrg. 1s u. 2s Quartal. 810. Ebend.

— Freiberger gemeinnützige, herausg. von J. Ch. F. Gerlach. 11r Jahrgang. 3s u. 4s. 4. Freiberg, Craz u. Gerlach. 810.

— — derselb. 12r—16r Jahrg. jeder Jahrg. in 4 Stcken. 4. Ebend. 811—15. (à 2 Rthlr.)

— Freyberger, gemeinnützige, herausgegeben von J. C. F. Gerlach. 17r — 21r Jahrg. Jeder Jahrgang in 4 Stücken. 4. Freyberg, Craz und Gerlach. 816 — 20. à 2 Rthlr.

— Freiberger gemeinnützige, herausgegeben v. J. C. Gerlach. 22r — 27r Jahrg. Jeder Jahrgang in 4 Stücken. 4. Freiberg, Craz u. Gerlach 821 — 27. à 2 Rthl.

Nachrichten, Freyberger gemeinnütz., f. d. Kgl. Sächs. Erzgebirge. Wochenschr., hrsg. v. Fr. Const. Gerlach. 28—35. Jahrg. 1828—35. à 4 Hfte. 4. Freyberg, Craz u. Gerlach. à J. Thlr.
1—27. Jahrg. 1801—27. Ebendas. à 2 Thlr.

— Freiberger gemeinnützige, für d. K. Sächs. Erzgebirge. Herausgeg. von Fr. C. Gerlach. 42.—47. Jahrg. 1841—1846. 4. Freiberg, Craz u. Gerlach. à J. n. 2 ℛ

Freiburger Nachrichten
① Tagesblatt für die westliche Schweiz ③ Freiburger Zeitung (1865—1904) ⑤ 1904 (cont.) ⑥ 2° ⑦ wöchentlich 6× ⑧ Freiburg: Imprimerie St-Paul ⑨ Unterhaltungsblatt der Freiburger Nachrichten, Arbeiterfreund; St. Niklaus Glocken ⑪ Josef Pauchard (1914—1937), Dr Franz Wäger (1937), A. Remy (1920) ⑬ BGSZ 256, 986: Freiburger Nachrichten 1953, Nr 302 25 Jahre Arbeiterfreund ⑭ Fr: C.

Nachrichten, Freye, aus dem Reiche der Wissenschaften und der schönen Künste. Hamb. 1765—67. V: *Löwen, Joh. Frdr.* (Arch. f. Litt. VIII, 204.) H: *Feddersen, Peter.* (MGT) (Ky)
Forts.s.:Nachrichten, Gemeinnützige,..

Nachrichten über die Freimaurer und Jakobiner in Oesterreich, gegen Ende des 18. Jahrhunderts. Von S. A. G. O. O. u. J. V: *Greuser, S. A.* (wolfstieg I, 662)

Nachrichten: Freymüthige Nachrichten von Neuen Büchern, und andern zur Gelehrsamkeit gehörigen Sachen
② Freymüthige Nachrichten von Neuen Büchern, und andern zur Gelehrtheit gehörigen Sachen ④ Wöchentliche Anzeigen zum Vortheil der Liebhaber der Wissenschaften und Künste ⑤ 1. 1 1744—28. 12. 1763 ⑥ 8° ⑦ Wochenblatt ⑧ Zürich: Heidegger & Co. ⑩ Heidegger & Co. ⑪ Salomon Wolf, Registrator; Johannes Heidegger: Vorreden von Johann Jakob Breitinger; Mitarbeiter: Johann Jakob Bodmer (vor 1752), Christoph Martin Wieland, Martin Künzli ⑬ BGSZ 92a (p. 577), 99 (p. 40—42); Martin Hürlimann: Die Aufklärung in Zürich, p. 51—54 ⑭ Bs: U, Zh: Z ⑮ Vor 1752 das Organ des Bodmerkreises. Ausführliche Vorreden der Jahresbände bis 1749. Jahresregister.

— freimüthige, von neuen Büchern u. a. zur Gelahrtheit gehör Sachen. 20 Jahrgg. 4. Zürich 744—63. Orell. 26 ℛ 16 𝔤𝔤

— — ders. Forts. f. Anzeigen, wöchentl.

— für Freiwillige, die in die Schiffsjungendivision eintreten wollen. (16 S. m. 1 Tab.) kl. 8. Kiel (906). R. Cordes. n. — 25

Nachrichten für Freiwillige, die in die Schiffsjungendivision eintreten wollen. (Kiel R. Cordes [1908].) (14 S.) 8° [Kopft. J.] 08. 13506 8

— für diejenigen Freiwilligen, welche in die Unteroffizierschulen zu Potsdam, Biebrich, Ettlingen und Marienwerder eingestellt zu werden wünschen. 4. (2 S.) Berlin 888, Mittler und Sohn. — 15

— für diejen. Freiwill., welche in d. Unteroffizierschulen eingestellt zu werden wünschen. [Aus: „Dienstvorschrift f. d. Infanterie-Schulen".] 8. (4 S.) Berlin 895. E. S. Mittler & Sohn. — 10

— für Freiwillige, die in Unteroffizierschulen eingestellt zu werden wünschen. [Aus: „Dienstvorschrift f. die Infanterieschulen".] gr. 8. (4 S.) Berlin (901). E. S. Mittler & Sohn. — 10

Nachrichten von der Frivolitätsinsel ... [Kempen 1785.] V: *Weber, Frdr. August.* (MGT)

Nachrichten über die Familie von Froben. Als Manuskript gedruckt. 8.

— frohe, der russischen Bibelgesellschaft, theils von ihrer vierten Jahresversammlung, theils von d. Fortschritten der Bibelgesellsch. in d. ganzen Welt. 8. Nürnb. 818. Raw. 8 𝔤𝔤 Hdg. Pr. 4 𝔤𝔤

Nachrichten von göttlichen Führungen der Seelen. Züllichau 1754-57. V: *Weber, Fürchtegott Thuerecht.* (Ky)

— von göttl. Führungen der Seelen. 2 Bde od. 18 Stücke. 8. Züllich. 754—57. Frommann in Jena. 1 ℔

Nachrichten. – Fürther Neueste Nachrichten – 27 VI 1869 – 22 X 1889
Vorh u.d T Fürther Abendzeitung.
Fortges u.d.T Generalanzeiger

— v. d. Festung Gaeta in Königreich Neapel ꝛc. m. Plan. 8. Leipzig, Herzog.

Nachrichten von der Festung Gaeta im Königreich Neapel 8 M Pl. Leipzig 1811

NACHRICHTEN und unvorgreifliche Gedanken von den Hamburgischen Gerichten, Gesetzen und Anwälden (hrsg vom Notarius Joh. Hinrich Zarncke, der desshalb in's Zuchthaus musste). Stück 1—45 (vom 28. IV 1768— 2. III 1769, soviel ersch.). Selten! (8 Mk M Glogau jr Hamb., 1906.)
Anon.-Lex. III p. 188 (nach Schröder).

Nachrichten, Gegründete, von den Erbämtern dss Fürstenthums . . . Nürnberg. Erlangen 1745. V: *Gadendam, Johann Wilhelm.* (Mitth. Prof. Karl Wagner.)

Nachrichten von den Erbämtern des Burggrafenthums Nürnberg der Markgrafen zu Brandenburg. Erlangen 1745. V: *Gonne, Johann Gottlieb.* (Adel)

Nachrichten, Gegründete, von gelehrten Gesellschaften zur Aufnahme guter Wissenschaften. Frankf. u. Leipz. 1749. V: *Herdegen, Johann.* (EB)

Nachrichten und Briefe, Geheime, von Herrn Menantes (C. F. Hunolds) Leben und Schriften. Cöln [Nürnb.] 1731. V: *Wedel, Benjamin.* (wr) (ADB)

Geheime // Nachrichten // und // Briefe // von // Herrn // MENANTES // Leben // und // Schrifften. // Cöln /// Bey Johann Christian Oelschnern. 1731. - 4 Blatt (nicht paginiert) Titelkupfer, Titelblatt und Vorrede. - 184 S.

Nachrichten, Geheime, zur Geschichte von Persien (Satyre auf den Hof Ludwigs XV.). Aus dem Frantzös. Cölln (Frankf.) 1746. V: *Pecquet, Antoine & Mme de Vieux-Maisons dite Melle.* Ü: *Lange, Samuel Gotthold.* (BGE IV³, 282)

Nachrichten, Geheime, zur Historie von Persien. A. d. Franz. Cöln [Rostock] 1746. V: *Pecquet, Antoine.* Ü: *Lange, Samuel Gotthold.* (wr)

— geh., z. Hist. v. Persien. 8. Rost. Koppe. 746.

Nachrichten, Geheime, von der Hochzeitnacht Heinrich des Unvermögenden von Kastilien u. ihren Folgen. Leipzig 1790. Frankfurt u. Leipzig 1791. V: *Meynier, Jean Henri.* Ü: *Schneider, H.* (BGE III³, 120)

Nachrichten, Geheime, von der Hochzeitnacht Heinrich des Unvermögenden von Kastilien und ihren Folgen. [A. d. Franz.] Nürnb. 1790. Ü: *Meynier, Johann Heinrich.* (Ky) Fiker) (MGT)

— geheime, von d. Hochzeitnacht Heinrichs d. Unvermögenden v. Kastilien u. ihren Folgen, (v. J. H. Meynier). 8. Nürnb. 790. Monath u. K. 12 gr

Nachrichten, Geheime, des Hofes von St. Cloud. Leipz. 1806. V: *Wichmann, Christian August.* (MGT)

Geheime Nachrichten vom Schwedischen Hofe und von denen Veränderungen unter Regierung Carls des XI. Aus dem Frantzösischen (des *Esais Pufendorf*). Cölln, P Marteau (Hamburg, Sam. Heyl), 1716. 8⁰. (In Berlin Ua 204, no. 3.)
Orig. (in Berlin: Ua 6610): Les anecdotes de Suède ou l'histoire secrete des changements arrivez dans la Suède. Sous le regne de Charles XI. La Haye, Chez Charles Charpentier, à l'Enseigne de l'Apôtre St. Barthelemy (Ulm) 1716. 8⁰. — Rep. Stockholm (Holl.) — Cassel 1718. (Vgl. Weller.)

Geheime Nachrichten vom schwedischen Hofe und von denen in selbigem Reich vorgefallenen Veränderungen unter Regierung Carls des XI. [Karl XI. König v. Schweden]. Aus d. Frantz. übers. — Cölln: Marteau 1716. 198 S. 1: Ua 6614 [u.] 3 in Ua 204. 12: H. sept. 147.
2. 4. 7. 8. 9.
4.8678

NACHRICHTEN, Geheime, des 14. Jahrhunderts, zum Behuf der Geschichte grosser und berühmter Frauen damaliger Zeiten. Th. 1 (einz.?). Frankfurt und Leipzig 1761. 8⁰. Selten! (4 Mk. S. Glogau & Co., c. 1885.)

Nachrichten, Geheime, von d. Kriege in Ungarn in denen Feldzügen 1737, 1738 und 1739 . . . Leipz. u. Zwickau 1772. V (Anmerkungen): *Schmettau, Frdr. Wilh. Carl Graf v.* (BrMm) (Pk) (Pr)

— geheime, v. d. Kriege in Ungarn in d. Feldzügen 1737—39. Mit Anmerkk. 8. Zwickau 772. (F. Chr. W. Vogel in Leipz.) 8 gr (Schaumburg in Wien). 12 gr

Geheime Nachrichten zum Leben des Herrn v. Voltäre. Aus dem Französischen. Mit einer Titelvignette. O. O. 1784. 12⁰. 180 S.
Hayn-Gotendorf VIII, 253 zitiert aus dem selben Jahr eine ähnliche Ausgabe mit der gleichen originellen Titelvignette: Voltaire, von dem Teufel in einen großen Mantel gehüllt.

Geheime Nachrichten zum Leben des Herrn Voltaere (so!). Von ihm selbst geschrieben. (sic!) Aus dem Französischen. Mit Porträt von Berger nach Chodowiecki. O. O. (Wien?) 1784. 8⁰. 168 S. (25 Mk., Prachtexpl. auf starkem Papier in e. schönen alten Ganzldrbde. mit Rückenvergoldung, F. W. Haschke, Lpz., 1912.)

— geh., zum Leben des Herrn von Voltaire, von ihm selbst beschrieben, a. d. Frz. gr. 12. Weissenfels, Graffé. (Trattner, auch Wucherer in Wien) 785.

— geheime, a. d. Leben der berühmten Wucherer u. s. w. 8. Prag, Schönfeld. 798.

Nachrichten, Geheime, über Napoleon Bonaparte. Von einem Manne, der ihn seit 15 Jahren nicht verlassen hat. Leipzig 1815. V: *Bourges, Charles Doris de.* Ü: *Bergk, Johann Adam.* (Barbier III, 253) (Zuwzür 13, 1909, II, S. 304) (BGE ³V/304)

Nachrichten, Geheime, über Napoleon Bonaparte. Von einem Manne, der ihn seit fünfzehn Jahren nicht verlassen hat. Nebst einem Anhang. Aus dem Französischen mit einigen Anmerkungen übersetzt 8 Leipzig 1815.

— geheime, üb. Napoleon Bonaparte, von ein. Manne, der ihn seit 15 Jahren nicht verlassen hat. 8. Leipzig, Gerh. Fleischer. 815.

— geheime, von Rußland, insbes. v. d. Regierung Catharinens II. und v. Thronbesteigung Pauls I. rc. 3 Thle. 8. Hildburghausen, Hanisch.

— geheime, v. Rußland, insbesond. v. d. Regierungs-Ende Katharinens II. u. v. d. Thronbesteigung Pauls I. rc. aus dem Französ. 3 Thle. 8. Paris 800. (Schmidt in Leipz.) 3 ♂ 18 ♀

Nachrichten, Geheime, über Russland unter der Regierung Catharinens II und Pauls I . . . [a. d. Franz.]. Paris [Strassburg] 1800—02. V: *Masson de Blamont, Carlet Franç.* (BrMm) (BGE)

— geheime, von d. Constitution unigenitus, auf Befehl d. Cardinals v. Noailles gesammelt. 6 Thle. 8. Magdeb. 754—63. Scheidhauer. 3 ♂

— geheime, aus Venedig u. der Türkey von den Begebenheiten d. Grafen v. Bonneval. 2 Thle. 8. Frankf. Andreä. 740.

Nachrichten von einigen besondern Geistern und Gespenstern, nebst einer Vorrede von dem Aufenthalte der Seelen nach dem Tode bis zum Gericht. Frkf. 7 14. 8.

Nachrichten, Gelehrte. Rostock 1752—63. H: *Aepinus, Angelus Joh. Dan.* (Bachmann, Mecklenburg. Güstrow 1889. S. 346.)

Vorh.unt.d.T.:Mecklenburgische gelehrte Zeitungen.Rostock 1751.

Gelehrte Nachrichten über die Arbeiten deutscher Gelehrter zur Oekonomie, Physik und Medicien", Stück 1—6, Wien 1786—1787 (= Beilage zur Wiener ökonomischen neuen öffentlichen Zeitung). — Vorh.: Bibliothek v. Portheim, Wien.

— v. d. jetzt lebend. Gelehrt. in Schlesien, ihr. Werken rc. gr. 8. Breslau, W. G. Korn. 776.

Nachrichten: Gelehrte Nachrichten aus Welschland

① Vorzüglich die Physik und Naturhistorie betreffend ⑤ 1783 (nur 1 Nummer) ⑥ 8° ⑦ zweimonatliches Erscheinen vorgesehen ⑧ Basel: J. J. Thurneisen (Thurneysen) der Jüngere ⑩ J. J. Thurneisen der Jüngere ⑪ Jac. Sam. Wittenbach (Wyttenbach), Bern ⑬ BGSZ 99 (p. 46, Nr. 10) ⑭ Bs: U ⑮ Die Zeitschrift wollte bedeutende Werke der italienischen Literatur in der Schweiz bekanntmachen. Auch »Helvetische gelehrte Neuigkeiten« sollten beigefügt werden.

Nachrichten zur Gelehrten-Geschichte der Stadt Militsch. Breslau 1788. V: *Lauterbach, Abrah. Sam. Glieb.* (Nent)

Nachrichten, Einige, zur gelehrten Geschichte der Stadt Militsch in der freyen Standesherrschaft Militsch. Breslau 1789. V: *Lauterbach, Samuel Abraham Glieb.* (Ky) (ML) »1788« (Adel)

— zur gelehrten Gesch. d. Stadt Militsch. 8. Bresl. 789. (J. F. Korn). 4 ♀

Nachrichten von den vereinigten Deutschen Evang.-Luth. Gemeinen in Nord-America, s. Nachrichten, Hallische

Nachrichten: Gemeinnützige Nachrichten und Bemerkungen besonders für Freunde der Naturgeschichte und der Landwirtschaft

① Auf Veranstaltung der ökonomischen Gesellschaft in Bern herausgegeben ⑤ 16. 4. 1796—April 1798 ⑥ 8° ⑦ Monatsschrift ⑧ Bern: Emanuel Hortin, Rudolf Albert Haller (später Hallersche Druckerey, ab Dezember 1797) ⑩ Oekonomische Gesellschaft Bern ⑬ BGSZ 99, 963, 973 ⑭ Be: L.

Nachrichten und Bemerkungen, Gemeinnützige, für Freunde der Naturgeschichte und der Landwirthschaft . . . Bern 1796 ff. H: *Gruner, Gottlieb.* (MGT)

— u. Berechnungen, gemeinnütz., f. die Bewohner des Königr. Hannover, enth.: Länderei u. Handels-Maaße, Gewichte, Münzen, Zahl u. Menge rc. gr. 8. Hannov. 824. (Helwing). 6 ♀

— gemeinnützige, für Handel, Gewerbe und Landwirthschaft. Ein belehrendes Unterhaltungs- und Intelligenzblatt. 1. Jahrg. April — Debr. 1855. 39 Nrn. (à 1 Bgn.) Wriezen, Roeder. Fol. 22½ ngr.

Nachrichten: Gemeinnützige helvetische Nachrichten

② Gemeinnützige Schweizerische Nachrichten (ab Nr. 151) ⑤ 1. 7. 1801—1817 ⑥ 4° ⑦ halbwöchentlich; wöchentlich 3× (ab 4. 11 1801); wöchentlich 4× (ab 13. 4. 1802) ⑧ Bern: G. Stämpfli ⑨ Helvetischer Anzeiger, zur Beförderung der inländischen Litteratur, Land- und Stadtwirthschaft, Gewerbe, Künste, Manufacturen und Handlungen usw (12. 1. 1802—10. 7. 1802; mit jeder 5. Nummer) ⑩ Dr A. Höpfner ⑪ Dr A. Höpfner ⑫ kritische Einstellung zur Helvetik, sucht eine Lösung zwischen alter und neuer Ordnung zu finden ⑬ BGSZ: 107, 675, 973 ⑭ Be L, St; Lu: Z; Zh Z ⑮ In Nr. 25 vom 23. 9. 1801 nennt sich das Blatt eine Oppositions-Zeitung, »deren Absicht dahin geht, jede Neuerung zu prüfen«. — Im Zeitungskopf wechselndes Motto.

Nachrichten, Gemeinnützige, für die Provinz Ostfriesland. 1—3. Jahrgang. Aurich 1805—07. H: *Geyer.* (MGT) (Ky)

Nachrichten, Gemeinnützige, aus dem Reiche der Wissenschaften und der Künste. Hamburg 1768 (nicht 1765). V: *Feddersen, Peter.* (Kordes, Schlesw.-holst. u. eutin. Schriftst. Schleswig 1797.) S. a. Nr. 6240.

Vorh.unt.d.T.:Freye Nachrichten...1765 ff.

Nachrichten: Gemeinnützige Schweizerische Nachrichten
v. Gemeinnützige helvetische Nachrichten.

Nachrichten. – Gemeinnützige unterhaltende Itzehoer Nachrichten
19 VIII.1857 – 4.I 1869
Vorh u d T Gemeinnütziges (und) unterhaltendes Itzehoer Wochenblatt
Fortges. u.d.T · Itzehoer Nachrichten.

— gemeinnützl., von d. neuesten Erfindd., Fortschritten u. Entdekk. des In- u. Auslandes, so wie von d. neuest. Literatur u. Kritik d. Gewerbkunde, f. Handwerker, Fabrikanten, Künstler u. Oekonomen verfaßt u. hrsgg. v. Fr. A. W Netto. 1r Bd. 6 Hfte. Juli — Dec. 1828, u. 2r Jahrg. 1829. 6 Hfte. Mit 9 Kpf. gr. 8.. Berl. 828, 29. Natorff u. C. (à 2 ₰) 4 ₰

Genaue *Nachrichten* von beyden Kaiserlich-Königlichen Schaubühnen und anderen öffentlichen Ergötzlichkeiten in Wien.
Von Joh[ann] Heinrich Friedrich Muller.
Mit Kupfern.
Preßburg, Frankfurt Leipzig Lowe 1772.

Geneal., biograph. u. bibliograph. Nachrichten über Joh. van Ghelen (1678-1721). Mit Portr. Wien 1884. 4. S.-A.

— genealog., v. d. Bilfinger. Familie. Fol. Stuttgart, Metzler. 802.

Nachrichten, Genealogische, von der Bilfingerschen Familie. Stuttgart 1822. V: *Spittler*, *Chn. Ferd.* (Ky)

— genealog., von d. Bilfinger. Familie. Fol. Stuttg. 822. Metzler. 1 ₰

Nachrichten, Genealogische, von der adelichen Familie von Koss. Rostock 1789. V: *Koss*, *Peter Tönder von.* (ML)

Geneal. und sonstige Nachrichten über die Familie Brisken in Soest und Arnsberg. Gedruckte Handschrift für Verwandte. Mit 9 Stammtfln Arnsberg 1853. 4.

Genealogisch-Historische **Nachrichten** von den Allerneuesten Begebenheiten, welche sich an den Europäischen Höfen zutragen, als eine Forts. des Genealog. Histor. Archivarii. Th. 1—145. Leipzig 1739—52.

[Fortges. u. d. Tit.:]
Neue Genealogisch-Historische **Nachrichten** von den Vornehmsten Begebenheiten. Th. 1--146. 1750—62.

— genealog.-histor., aller Begebenheiten, welche sich an d. Europ. Höfen zugetragen haben. 145 Thle. 8. Lpz. 739--51. Heinsius. 12 ₰ 12 gl — Neue genealog.-histor., 160 Thle od. 13 Bde. 8. Ebd. 750—60. 13 ₰ — Fortges. neue genealog.-histor., 168 Thle. 8. Ebd. 761—78. 14 ₰

Nachrichten, Genealogisch-historische, von den allerneuesten Begebenheiten, welche sich an den Europäischen Höfen zu tragen... Leipz. 1739-52. H: *Ranft*, *Michael.* (ML) (Ky) (weber)

— neue geneal. hist., 160 Thle. 8. Ebend. 750—60.

NACHRICHTEN, Neue Genealogisch-Historische, von den Vornehmsten Begebenheiten, welche sich an den Europäischen Höfen zutragen (!), worin zugleich vieler Standes-Personen Lebens-Beschreibungen vorkommen ... (hrsg. von Michael Ranft). Leipzig, J P Heinsius, 1750—62 8⁰ (In Warmbrunn Th. 1—12, ebd. 1750—51)
Anon.-Lex. III p. 194 (nach Meusel u. Kayser).

Neue genealogisch-historische Nachrichten (von Mich. Ranft). T 1-160 12 Bdn. Ebdas 1750 62

— fortgef. neue geneal. histor. 168 Thle. 8. Ebend. 761—78.

Nachrichten, Fortgesetzte Neue genealogisch-historische, von den allerneuesten Begebenheiten, welche sich an den Europäischen Höfen zutragen... Leipz. 1762—77. H: *Ranft*, *Michael.* (ML)

Nachrichten, Genfer, s. Genfer-Nachrichten

Genossenschaftliche Nachrichten des Verbandes der landwirtschaftlichen Genossenschaften der Provinz Sachsen und der angrenzenden Staaten. Jg.1,1901. Halle a d.S. 1901.

— geographische, s.: Aus allen Weltteilen.

Geographische Nachrichten. Populäres Organ zur Verbreitung geogr. Kenntnisse. Redaktion von Dr. *Hotz.* In-fol. Erscheint alle 14 Tage. Basel, Birkhäuser. 1885. Jährlich 5 —

Nachrichten, Geographische. Populäres Organ zur Verbreitung geographischer Kenntnisse. Redakt. Dr. *R. Hotz.* Jahrg. II. 1886. (Erscheint alle 14 Tage.) In-fol. Basel, E. Birkhäuser. Jährlich 5 — Ausland 6 25

Nachrichten, geographische. Populäres Organ zur Verbreitung geographischer Kenntnisse. Redaktor: Dr. *R. Hotz.* Verantwortlicher Herausgeber: *Emil Birkhäuser.* 3. Jahrg., 1887. 52 Nrn. in-fol. Basel, Buchdruckerei Emil Birkhäuser. Jährlich 5 —, Ausland 6 25

Nachrichten, Geographische. Populäres Organ zur Verbreitung geograph. Kenntnisse. Red. von *R. Hotz.* Mit Beiblatt: „Handels- und Industrieblatt“. Handelsgeograph. Theil der Geograph. Nachrichten. 6. Jahrg. 1890. (24 Nº). Basel, Emil Birkhäuser. Jährlich Fr. 5 —, Ausland Mk. 5 —
Mit Beiblatt „ „ 10 —, „ „ 10 —

Nachrichten, Geographische. Populäres Organ zur Verbreitung geographischer Kenntnisse 7. Jahrg. 1891 (24 N°). Red. von *R. Hotz.*
Basel, Emil Birkhäuser. Jährlich 5 –
Für's Ausland Mk. 5 —

Nachrichten, Geographische. Populäres Organ zur Verbreitung geograph. Kenntnisse und offizielles Organ der Ostschweizer. geographisch-kommerziellen Gesellschaft. 8. Jahrg. 1892. (24 N°). Red. von *R. Hotz.* N° 1. Mit Illustr. Gr. in-8°. 16 S. Basel, Emil Birkhäuser. Jährlich 5 —
Fürs Ausland Mk. 5 —

Nachrichten, Geographische. Zeitschrift zur Verbreitung geographischer Kenntnisse und offizielles Organ der ostschweizerischen geogr.-commerciellen Gesellschaft. 9. Jahrg. (24 N°). Red. von *R. Hotz.* Basel, Emil Birkhäuser. 1893. Jährlich 5 —
Fürs Ausland Mk. 5 —

Nachrichten, Geographische. Zeitschrift zur Verbreitung geographischer Kenntnisse und offizielles Organ der ostschweizerischen geogr.-commerciellen Gesellschaft. 10. Jahrg. (24 N°s). Red. von *R. Hotz.* Basel, Emil Birkhäuser. 1894. Jährlich 5 —
Fürs Ausland Mk. 5 —

Nachrichten, geographische. Populäre Zeitschrift zur Verbreitung geographischer Kenntnisse. 11. Jahrg. (24 N°s). Red von *R. Hotz.*
Basel, Emil Birkhäuser. 1895.
Jährlich 5 —; Fürs Ausland Mk. 5 —

Nachrichten, geographische. Populäre Zeitschrift zur Verbreitung geographischer Kenntnisse. 12. Jhrg. 24 N°s. Red. von *R. Hotz.* Gr. in-8°. Basel, Emil Birkhäuser. Jährl. 5 —: f. d. Ausland Mk. 5 — 1896.

Nachrichten, geographische. Populäre Zeitschrift zur Verbreitung geographischer Kenntnisse. Red. von *R. Hotz.* 13. Jahrg. 1897. 24 N°s. Gr. in-8°. Basel, Emil Birkhäuser. Jährlich 5 —
Für das Ausland Mk. 5 —

— geogr., hist., polit., v. d. nördl. Amerika. 8. Frankfurt. 756.

GEOGRAPHISCHE NACHRICHTEN FÜR WELTHANDEL UND VOLKSWIRTHSCHAFT Organ für Auswanderungs- und Colonisationswesen, herausgegeben vom Central-Verein für Handelsgeographie und Förderung deutscher Interessen im Auslande unter der verantwortlichen Redaction von O. KERSTEN.
Jahrg. 1. Heft I—VIII. (Mit 3 Karten.) Berlin 1879. Jahrg 2 Heft I u. II (Mit 1 Karte.) ib. 1880. Jahrg. 3. Heft I—III. (Mit 1 Karte.) ib. 1881 Selbstverlag des Centralvereins für Handelsgeographie Comm. bei Rob. Friese in Leipzig. 8°.

— geographische, für Welthandel u. Volkswirthschaft. Hrsg. vom Central-Verein für Handelsgeographie u. Förderung deutscher Interessen im Auslande, unter Red. von O. Kersten. 1. Jahrg. 1—8. Hft. gr. 8. (S. 1—434 mit 1 Tab. u. 3 chromolith. Karten.) Berlin 879. Puttkammer & Mühlbrecht. à n. 1. —

—— geographische, für Welthandel und Volkswirthschaft. Hrsg. vom Central-Verein für Handelsgeographie und Förderung deutscher Interessen im Auslande, unter Redact. von O. Kersten. 2. Jahrg. 2 Hefte. gr. 8. (122 S. mit 1 chromolithogr. Karte.) Berlin 880, Walther und Apolant. à Heft * ℳ 1. *

—— dass. — Organ für Auswanderungs- und Colonisationswesen, hrsg. vom Centralverein für Handelsgeographie und Förderung deutscher Interessen im Auslande, unter Redact. von O. Kersten. 3. Jahrg. 3 Hefte. gr. 8. (164 S. mit 1 chromolithogr. Karte.) Ebendas. 881. *
Nicht weiter erschienen.

Geogr. histor. Nachrichten von dem Theile des nördl. Amerika, wo zw den Engländern u. Franzosen Krieg geführt wird. 8.

— geogr. hist., von Westgallizien. 8. Wien. (Liebeskind in Leipzig) 796. —

Nachrichten, Geographisch-statistische, über das Neger Reich Dar Fur im innern Afrika. Ein Auszug aus Browne's Reisen, und nach noch neueren Nachrichten ergänzt und berichtigt.
kl. 8. Wien 1802.

Nachrichten, Geographisch-statistische, vom ganzen türkischen Reiche für Zeitungsleser. Berlin 1788. V: *Schulz, Joachim Christoph Friedrich.* (Ky)

— geograph.-statist., v. ganzen türkisch. Reiche f. Zeitungsleser rc. 8. Berl. 788. Wever. (Sander). 6 ℛ

—— von der g. a. Universität und der k. Gesellschaft der Wissenschaften zu Göttingen, s. Anzeigen, göttingische gelehrte.

— von der G.A. Universität u. der Königl. Gesellschaft der Wissenschaften zu Göttingen. Jahrg. 1850—1852. à ca. 12 Nrn. 8. (à ½—1 Bog.) Göttingen. (Dieterich. — Vandenhoeck & Ruprecht.) à Jahrg. n. $^{7}/_{12}$ ℛ

Göttingen Georg-Augusts-Universität und Kgl. Gesellschaft der Wissenschaften, Nachrichten der — Vom Jahre 1861—78
Göttingen 18 [62, 63, 64] 65—78.
Später unt.d.T.:Nachrichten d.Kgl.Ges. d.Wissenschaften...zu Göttingen.

Nachrichten, Geprüfte, zur Beleuchtung der Geschichte des uralten ... Hauses der Reichs-Erbschenken ... zu Limpurg ... Frankf. u. Leipz. 1775. V: *Prescher, Joh. Phil. Heinr.* (Holz) (Heyd)

— gerichtliche, v. d. Herrn v. Klinglin, königl. Prätor d. Stadt Straßburg; aus d. Französ. 8. Frankf. a. M. 754. Varrentrapp. 5 ℛ

Gesammlete **Nachrichten** von den Armen-Einrichtungen der Freymåurer in Chur-Sachsen vom 17. Jenner 1772 bis zum Jahr 1775. [Dresden] 1775. 188 S. 2 Kpfr. 8° [Kupfertit.]
Auszug in: Almanach od. Taschen-Buch f. d. Brr Frmr. 1 (1776) Bl. 50—54.
cf. Almanach des francs-massons. 1773 S. 22 bis 48.
Kl. 392, Tt. 1239. Selten. 23. KB.

— gesamml., v. allerh. merkw. Begebenh., Beysp. v. Tug. u. Last. 8. Leipzig, Heinsius. 776.

Nachrichten, Gesamlete, von demjenigen, was bey dem Andern Evangel. Augspurgischen Confessions Jubelfest Zu Franckf. a. d. Od. . . . daselbst vorgegangen. Franckf. a. d. O. 1730. V: *Hoffmann, Christian Gottfried.* (Erman & Horn, Bibliogr. d. dtsch. Universitäten. 2. Leipz. u. Berl. 1904.)

Nachrichten und Documente, Gesamlete, den gegenwärtigen Zustand des Hertzogthumbs Schlesiens betreffend. O. O. 1741—44. H: *Haymann, Johann Gottfried.* (Nent)

Vorh.unt.d.T.:Ges.Kriegs-u.Friedens-Archiv.

— und Dokumente, d. Zust. Schlesiens betr. 60. Thle. n. Reg. 8. Berl. Richter. 742-44.

Gesammelte Nachrichten von der Famile Fäsch oder Fesch in Basel, aus welcher der Cardinal Fesch abstammt. Regensburg 1806. 8.

Nachrichten, gesammelte, von der Familie Fäsch in Basel. 1e Sammlung. 8. Regensb. Montag und W. 806. Rthlr. -

Nachrichten, Gesammlete, zur Geschichte noch lebender und nicht lange verstorbener Gelehrten in und ausser Teutschlands. Wolfenb. 1781. H: *Stosch, Ferd.* (Petz)

— gesamml., zur Gesch. noch lebender u. nicht lange verstorbn. Gelehrten in Deutschland. 8. Braunschw. 781. Meißner. 10 gr.

Gesammelte Nachrichten der Oekonomischen Gesellschaft in Franken. Hrsg. v. Joh. Christ Hirsch. Ansbach 1765-67

Nachrichten, Gesammlete, von dem vortrefflichen Gesundbrunnen nahe bey . . . Reuttlingen. Reuttlingen [1761]. V: *Gmelin, Joh. Frdr.* (Tübz 7, 53)

— gesammelte, üb. die einst bestandenen Klöster vom Orden der hl. Birgitta. gr. 8. (215 S.) München 888. (Halle.) n. 3.50

Gesammelte Nachrichten v. d. Schlaht bey Rossbach, d. 5 Nov 1757 (27) 4.

Gesammelte Nachrichten u. Urkunden den im J. 1756 in Deutschland entstandenen Krieg betreffend. 4 Bde. 1757—59.

Gesammlete Nachrichten und Urkunden den 1756 in Deutschland entstandenen Krieg betreffend. Bd 1—(5). o. O. 1757—60. 8°

Gesammelte Nachrichten u. Urkunden den 1756 in Deutschland entstandenen Krieg betr. 55 St. 8. Frankfurt u. Leipzig 1757—63. 13,75.

Nachrichten und Urkunden, Gesammelte, den 1756 in Deutschland entstandenen Krieg betreffend. Frankfurt u. Leipzig 1757—64. H: *Schumann, Gottlieb.* (Ky) (ML)

Nachrichten, gesammelte, u. Urkunden, den 1756 in Deutschland entstandenen Krieg betr. 55 Stück. 8. Frankf. u. Leipz. 757—64. Deinzer. 4 fl 14 gr

Nachrichten, Gesammelte und verbesserte, von Joh. Andr. Widmanstad. [Nürnb. 1771.] V: *Schwarz, Georg Christoph.* (Will)

Nachrichten, Gesammelte, von dem Verfahren der Holländer, wann sie wasserdichtes Mauerwerk machen . . . Dresden u. Leipzig 1774. V: *Aster, Frdr. Ludwig.* (BrMm) (Ky)

— v. d. Verfahren d. Holländer, wenn sie wasserdichtes Mauerwerk machen; in 2 Sendschr. (v. Fr. Ldw. Aster). Mit 2 Kpft. 8. Dresd. 774. N. A. 784. (Vgl. oben: Nachrr. v. d. Cemente rc.)

Nachrichten, Gesammelte, von der adelichen Familie von Wentzky. Breslau 1803. V: *Zimmermann, Frdr. Alb.* (Ky) (MGT) (Pr) (Nent)

— v. d. adeligen Familie v. Wentzky. gr. 8. Bresl. 803. Barth. (Holäufer). 10 gr

Nachrichten, Gesammlete, von dem . . . gebräuchlichen Cemente aus Trasse. Dresden u. Leipzig 1773. V: *Aster, Friedrich Ludwig.* (Gatterer, Repert. d. mineral. Litt. Giessen 1798-99. II, 337.) (Ky)

— gesamml., v. d. Cemente aus Trasse, oder gemahlnen Cöln. u. Andernachschen Tuffstein; in 3 Sendschreiben, (v. Fr. Ldw. Aster). gr. 8. Dresd. 773. N. Aufl. unt. d. T.: Nachrr. von d. Cemente aus Trasse rc. von wasserdicht. Mauerwerk d. Holländer. — Beschreib. d. holländ. Kleymühle rc. Mit 2 Kpf. gr. 8. Dresd. 791. Gerlach; (a. Weygand in Leipz.) 8 gr

Nachrichten, Gesammelte, von dem gegenwärtigen Zustande des Chinesischen Reichs . . . a. d. Franz. Greifswald 1769. V: *Guignes, Joseph de.* Ü: *Dähnert, Johann Carl.* (Ky) (ML)

— gesammelte, von dem Zustande des chinesischen Reichs und der dortigen Regierung. 8., Greifsw. 769. Jetzt Knobloch in Leipzig

— von dem Gesamtgebiete der Photographie. Monatsschrift f. Fach- u. Liebhaberphotographie, Kunst u. Technik. Hrsg. u. Schriftleitg.: Paul Reinicke. Juli 1906—Juni 1907. 12 Nrn. (160 S. m. 19 Abbildgn.) qu. 8. Rudolstadt i/Th., Paul Reinicke. (Nur direkt.) nn 1.50

Nur f. d. Dienstgebrauch. Geschäftliche **Nachrichten** für die Preußische Handels- und Gewerbe-Verwaltung Berlin 1900: E. S. Mittler & Sohn. (93 S.) 8° [F.] [07. 5505

Nachrichten zur Baierischen Geschichte aus noch unbenutzten Quellen. München 1812-14. H: *Aretin, Joh. Chph Ant. Maria Freih. v.* (MGT) (GGr) »1810-12« (Döll)

— zur baierschen Geschichte, aus noch unbenutzten Quellen. 2 Bde. gr. 8. Münch. Lindauer. 813.

Nachrichten zur Geschichte des Hauses Brandenburg . . . Neue . . . Aufl. Berlin 1751. V: *Friedrich II. König von Preussen.* (EB)

— zur Geschichte d. Hauses Brandenburg. Mit Karten. 8. Leipz. 751. Weidmann. 12 gl

Nachrichten, die Burggräflich Nürnbergische und Brandenburgische Geschichte betreffend. Franckfurt u. Leipzig 1755. V: *Georgii, Joh. Eberhard.* (Bibl. d. Germ. Nat. Mus. Nürnberg 1855.) (Bibliotheca Norica Williana. Altdorf 1772—78. I, 1, 240.)

Nachrichten zur Geschichte der Kirche von Eschenbach an der Pegnitz. Ein Beitrag zu der am 24. Juli stattfindenden Feier ihrer achthundertjährigen Einweihung. Nürnberg 1859. V: *Barack, Karl August.* (BMarsch 689)

Nachrichten zur Geschichte des Dynasten- und Freiherren-Geschlechtes von Krosigk . . . Berlin 1856. V: *Krosigk, Rudolph von.* (BMarsch 546)

Nachrichten zur Geschichte der Familie Meister. Oestrich [1904]. V: *Meister, Carl Wilh. v.* (Zuwachsverz. d. Bibliotheken in Zürich 1898 ff. 8.)

Nachrichten zur Geschichte der Stadt Nürnberg. Nürnberg 1785—86. V: *Truckenbrot, Michael.* (CBH) »1783—84« (EngG) (Ky) (Kat. d. Bibl. Frz. Schnitzer. München 1902. S. 212.)

— zur Gesch. d. Stadt Nürnberg, (v. Mch. Truckenbrot). 2 Bde. 8. Nürnb. 783, 84. Stiebner. 2 ℔

Nachrichten zu der Geschichte der Marquise Pompadour; a. d. Engl. London [Göttingen] 1759. V: *Fauques, Marianne Agnes de.* (Wr)

— zur Gesch. der Marquisin v. Pompadour. 8. Götting. 760. Dieterich. 8 gl

Nachrichten zur Geschichte der Marquisin von Pompadour, in welchen die Geschichte des französ. Hofes in den letzten letzten 20 Jahren enthalten ist. Von ihr selbst geschrieben. Aus d. Engl. (= aus d. Französ.). London [Leipzig] 1760. 1761. Leipzig 1767. V: *Pillement, Marianne Agnès dame de Fauques de Vaucluse.* (BGE VI³, 246) V: *Jolyot de Crebillon, Claude Prosper* (Oettinger II, 1455)

— von d. Marquise v. Pompadour u. d. Geschichte d. Französ. Hofes in d. letzten 20 Jahren. 2 Thle. 8. Leipz. 767. Jacobäer. (Aue in Altona). 16 gl

— von d. Gesch. u. Verfassung d. adelig. Guts Wandsbeck. 8. Hamb. 773. Buchenröder. 4 gl

— geschichtliche, von den Kirchen u. Schulen der Stadt Freiburg, so wie der Dorfschaften Zirlau, Polsnitz, Ober- und Nieder-Kunzendorf und Fröhlichsdorf mit Zeisberg. Eine Denkschrift für die evangel. Kirchengemeinde zu Freiburg bei der ersten 100jähr. Jubelfeier der wiedererlangten freien Religionsübung am 2. Adventsonntage 1841. kl. 8. Schweidnitz 842. (Heege.) n. 1/6 ℔

— geschichtliche, über die beiden Lauenburgen u. Stecklenberg. Ein Andenken für die Besucher. Mit 1 Abbildung. 8. Quedlinburg 841. Basse. 1/12 ℔

Geschichtliche **Nachrichten** der Loge zur goldenen Mauer in Budissin von Johannis 1848 bis dahin 1849. [Bautzen 1849.] 12 S. 8° [Kopftit.]
Tt. 563. 25.

Nachrichten, Geschichtliche, über Dorf und Gut Rosenthal. Hannover 1905. V: *Löwe, Victor.* (Löwe, Bibliogr. der Hann. u. Braunschw. Gesch. Hann. 1908. S. 344.)

Nachrichten, Geschichtliche, über die Sophien-Kirche . . . [Berlin] 1838. V: *Frege, Ludwig.* (Ky) (Zu)

—— geschichtl., üb. d. Sophien-Kirche, zusammengest. bei Gelegenheit d. Namensveränderung d. Sophien-Kirchgasse in Sophien-Strasse d. 9. März 1837, u. z. Erinnerung an d. vor 125 Jahren stattgehabte Erbauung d. Kirche. gr. 4. (½ B. u. 1 Ansicht.) Berlin 838, (Gropius'sche Bh.) •
Aus: Chronik v. Berlin, besond. abgedruckt.

Nachrichten, Einige geschichtliche, über Stadtkyll im Kreise Prüm, und über die vormaligen Besitzer dieses Ortes, die Grafen von Manderscheid. Köln 1821. V: *Bärsch, Georg.* (StBKöln I, 232)

Nachrichten vom Hansischen Geschichtsverein, s.a. Jahresbericht des Hansischen Geschichtsvereins.

Nachrichten vom Hansischen Geschichtsverein, Stück 1 ff Siehe in Hansische Geschichtsblätter, Jg. 1871 ff. 8°

Die Nachrichten enthalten Jahresberichte etc.

Nachrichten von dem adeligen Geschlechte der von Wobeser. Breslau 1893. V: *Wobeser, Albr. Wilh. v.* (Berl)

Nachrichten von dem adeligen Geschlechte der von Wobeser *Breslau 1893 Th. Schatzky.* (77 S.) 8° [illegible]

Nachrichten von dem adelichen Geschlechte der von Wobeser. Marienwerder 1793. 8.

Nachrichten von dem alten ... Wirthischen Geschlechte aus Löwenberg ... Lauban 1751. V: *Gude, Glob Frdr.* (ML) (OL)

Nachrichten --- , Der // Deutschen Gesellschaft // in Leipzig // Nachrichten // und // Anmerckungen, // welche // die Sprache, Beredsamkeit // und // Dichtkunst der Deutschen // betreffen. // Erstes Stück. // Leipzig, // bey Bernhard Christoph Breitkopf. - 168 S.
Der // Deutschen Gesellschaft // in Leipzig // Nachrichten // und // Anmerckungen, // welche // die Sprache, Beredsamkeit // und // Dichtkunst der Deutschen betreffen. // Zweytes Stück. // Leipzig, // bey Bernhard Christoph Breitkopf. // 1740. - Seite (169) - 344).

Der // Deutschen Gesellschaft // in Leipzig // Nachrichten // und // Anmerckungen, // welche // die Sprache, Beredsamkeit // und // Dichtkunst der Deutschen // betreffen. // Drittes Stück. // Leipzig, // bey Bernhard Christoph Breitkopf. // 1743. - Seite (345) - 528.
Der // Deutschen Gesellschaft // in Leipzig // Nachrichten // und // Anmerckungen, // welche // die Sprache, Beredsamkeit // und // Dichtkunst der Deutschen // betreffen . // Viertes Stück. // Mit einem dreyfachen Register. // Leipzig, // bey Bernhard Christoph Breitkopf. 1744. - 2 Blatt (nicht paginiert) Titelblatt und Inhalt. - Seite (529)-[illegible] und noch 4 Blatt (nicht paginiert)

— u. Anmerkk. d. deutsch. Gesellsch. in Leipzig, welche d. Sprache, Beredsamkeit u. Dichtkunst d. Deutschen betreffen. 4 Stcke. 8. Leipz. 762. (Ernst in Quedlinb.) 12 gr

— von der k. Gesellschaft der Wissenschaften u. der Georgia-Augusta-Universität zu Göttingen, s.: Anzeigen, Göttingische gelehrte. u.: Nachrichten d. Georg-Aug.-Universität ... zu Göttingen.

Nachrichten von der Königlichen Gesellschaft der Wissenschaften zu Göttingen. Göttingen. Jgg. 1865—1869 und 1888

— von der königl. Gesellschaft der Wissenschaften u. der Georg-Augusts-Universität zu Göttingen. Red.: H. Sauppe. Jahrg. 1889. 1890. Lex.-8. (à Nr. ca. 26 S.) Göttingen, (Dieterich's Verl.). à Jahrg. n. 6. —
Sonst als Beiblatt zu den „Götting. gelehrten Anzeigen" erschienen.

— von der königl. Gesellschaft der Wissenschaften u. der Georg-Augusts-Universität zu Göttingen. Red.: H. Sauppe. Jahrg. 1891—1893. Lex.-8. Göttingen, (Dieterich's Verl.). à Jahrg. n. 6. —
Erscheint in zwanglosen Nrn.

Nachrichten von der Gesellschaft der Wissenschaften zu Göttingen. Philg.-Hist. Klasse. 1891—93. — Göttingen Dietrich 1891 bis 93. 8°

— von der königl. Gesellschaft der Wissenschaften zu Göttingen. Geschäftliche Mittheilgn., mathematisch-physikal. u. philologisch-histor. Klasse. Red.: E. Ehlers u. U. v. Wilamowitz-Moellendorff. Jahrg. 1894. Lex.-8. (Nr. 1. 67, 64 u. 103 S.) Ebd n. 8. —
Hierzu einzeln:
— Philologisch-histor. Klasse, nebst geschäftl. Mittheilgn. 1894. Lex.-8. (Nr. 1. 103 S.) Ebd. 894. n. 5. —
— Mathematisch-physikal. Klasse, nebst geschäftl. Mittheilgn. 1894. Lex.-8. (Nr. 1 u. 2. 163 u. 67 S.) Ebd. 894. n. 5. —

Nachrichten von d. königl. Gesellschaft d. Wissenschaften zu Göttingen. Geschäftl. Mittheilgn., mathematisch-physikal. u. philologisch-histor. Klasse. Red. U. v. Wilamowitz-Moellendorff. Jahrg. 1895—1898. Lex.-8. Göttingen (L. Horstmann). à Jahrg. n. 8. —
Erscheint in zwanglosen Hftn. 1897 war E. Ehlers u. 1898 F. Leo Redakteur.
Hieraus einzeln:
Mathematisch-physikal. Klasse, nebst geschäftl. Mittheilgn. 1895—1898. Lex.-8. Ebd. à Jahrg. n. 5. —
Philologisch-histor. Klassse, nebst geschäftl. Mittheilgn. 1895—1898. Lex.-8. Ebd. à Jahrg. n. 5. —

— von der königl. Gesellschaft der Wissenschaften zu Göttingen. Geschäftl. Mittheilgn., mathematisch-physikal. u. philologisch-histor. Klasse. Red.: E. Ehlers. Jahrg. 1899—1902. Lex.-8. Göttingen (L. Horstmann). à Jahrg. n. 8. —; f. Abonnenten d. götting. gelehrten Anzeigen n. 6. —
1899. (IV, 314 S. m. Fig. u. 1 Taf. u. IV, 555 S. m. 1 Taf.,
1900. (IV, 399 S. m. Fig. u. 1 Taf. u. IV, 436 u. Beiheft 204 S.)
1901. (IV, 233 S. m. Fig. u. 1 Taf. u. IV, 528 S.)
1902. (IV, 353 S. m. Fig. u. 1 Taf. u. IV, 762 S.)
Hieraus einzeln:
Mathematisch-physikal. Klasse, nebst geschäftl. Mittheilgn. 1899—1902. à Jahrg. n. 5. —
1899. (IV, 314 S. m. Fig. u. 1 Taf.) — 1900. (IV, 399 S. m. Fig. u. 1 Taf.) — 1901. (IV, 233 S. m. Fig. u. 1 Taf.) — 1902. (IV, 353 S. m. Fig. u. 1 Taf.)
Philologisch-histor. Klasse, nebst geschäftl. Mittheilgn. 1899—1902. à Jahrg. n. 5. —
1899. (IV, 555 S. m. 1 Taf.) — 1900. (IV, 436 S. u. Beiheft 204 S.) — 1901. (IV, 528 S.) — 1902. (IV, 762 S.)

— von der königl. Gesellschaft der Wissenschaften zu Göttingen. Geschäftliche Mittheilgn., mathematisch-physikal. u. philologisch-histor. Klasse u. Beihefte. Red.: Fr. Leo u. seit 1906 E. Ehlers. Jahrg. 1903—1906. Lex.-8. Berlin, Weidmann. à Jhrg n. 8. —; f. Abonnenten d. götting. gelehrten Anzeigen n. 6. —
1903. (124; IV, 399 u. III, 700 S. m. Fig. u. Taf) — 1904. (118; IV, 560 u. III, 547 S. m. Fig. u. Taf.) — 1905. (116; IV, 477 u. III, 471 S. m. Fig. u. Taf.) — 1906. (93; IV, 548; III, 395 S. u. Beihefte 145 u. 98 S.)
Hieraus einzeln:
Mathematisch-physikal. Klasse, nebst geschäftl. Mittheilgn. 1903—1906. (IV, 399; IV, 560; IV, 477 u. IV, 548 S. m. Fig. u. Taf.) Lex.-8. à Jhrg. 5. —
Philologisch-histor. Klasse, nebst geschäftl. Mittheilgn. 1903—1906. (III, 700; III, 547; III, 471 u. III, 395 S.) à Jhrg. n. 5. —

— dasselbe. Philologisch-histor. Klasse. 1906. Beiheft. Lex.-8. Ebd. 3. —
Papsturkunden in Frankreich. Von Wilh. Wiederhold. I. Franche-Comté. (145 S.) 906.
Die Nachrichten erschienen bis 1905 in Göttingen.

— von der königl. Gesellschaft der Wissenschaften zu Göttingen. Geschäftliche Mitteilgn., mathematisch-physikal. u. philologisch-histor. Klasse u. Beiheft. Red.: E. Ehlers u. F. Leo. Jahrg. 1907—1910. Lex. 8. Berlin, Weidmann. à Jahrg. 8.—; f. Abonnenten d. götting. gelehrten Anzeigen 6. —
Hieraus einzeln:
Mathemat.-physikal. Klasse, nebst geschäftl. Mitteilgn. 1907—1910. (IV, 676; IV, 360; IV, 428 u. IV, 628 S.) à Jahrg. 5 —
Philolog.-histor. Klasse, nebst geschäftl. Mittheilgn. 1907—1910. (III, 303 u. 172 S.; IV, 669 S.; IV, 572 S. u. III, 374 u. Beiheft 179 S.) à Jahrg. 5 —

Börner, Immanuel Karl Heinrich und Tzschirner, Karl Gottfried (Herausgeber) „Oekonomische Nachrichten der Patriotischen Gesellschaft in Schlesien", Band 1—7 für die Jahre 1772—1779, Breslau 1774—1780 (W G. Korn). — Vorh. Preußische Staatsbibliothek Berlin. — Signatur Ou 12580. Fortsetzung u. d. T.. „Der Patriotischen Gesellschaft in Schlesien neue ökonomische Nachrichten", Band 1—4, Breslau 1780—1783 (W. G. Korn in Komm.). — Vorh.: Preußische Staatsbibliothek Berlin — Signatur Ou 12581.

— v. Gesellschaften u. gemeinschaftl. ausgef. rt. Schr. d. Gelehrt. bes. d. Theol. 6 Stck. 8 Leipz. 744.

Nachrichten, Einige, von Gibbon . . . [Hannover 1794.] V: *Langer, Ernst Theodor.* (MGT)

Nachrichten von Gibraltar in Auszügen aus Original-Briefen eines hannöverischen Offiziers vor und während der letzten Belagerung. Frankfurt 1784. 8°.

— von Gibraltar, aus Briefen e. hannöv. Officiers, während der Belagerung. Mit 1 Karte. 8. Frankf. a. M. 784. (Er. Fleischer in Leipz.) 8 gr.

Glarner Nachrichten
① mit Amtsblatt des Kantons Glarus. Tagblatt und Anzeiger für das Glarnerland. Sargans. Gaster See und March heute Tagblatt und Anzeiger für das Glarnerland und seine Nachbarschaft. Mit Amtsblatt des Kantons Glarus ③ Der freie Glarner ⑤ 6 12. 1884 (cont.) ⑥ 4° 1884), 2° (1895) ⑦ wöchentlich 6× ⑧ Glarus Fröbel & Schaller, David Legler von Diesbach, später Regierungsrat, National- und Ständerat (1886) Daniel Tschudi-Abli, von Schwanden, ehemals Lehrer (1890) Rudolf Tschudi, von Schwanden und Glarus, späterer Nationalrat (1905) Tschudi & Co. (1937) ⑨ Amtsblatt des Kantons Glarus (seit 1886) Illustriertes Sonntagsblatt der Glarner Nachrichten (1898—1916) ⑩ die Drucker ⑪ Dr jur Albert Brunner David Legler, Edwin Hauser, Advokat, später Regierungsrat. Daniel Tschudi (1890—1905), Jost Schlittler Staatsanwalt (1900) Rudolf Tschudi (1905—1937), Fridolin Knobel (1908—1940), Dr Viktor Jent (1928—1935), Dr jur Hans Trumpy (1937), Edwin Schneebeli (1936—1952) ⑫ demokratisch ⑬ BGSZ 278. 880, 881, 996, 997 ⑭ Gl L ⑮ 1890 mit der Zeitung »Der freie Glarner« (II) verschmolzen, unter Beibehaltung des Titels An Stelle des Sonntagsblattes traten seit 1917 zwangslose Sonderseiten über Frauenfragen, Literatur Geschichte, Technik usw Dazu kommt seit 1937 jeden Samstag die Lesestunde.

Nachrichten, Glaubwürdige, von der Gräfinn von Barre (sic!) (u. deren Tochter) in Briefen. Aus d. Englischen übersetzt. Cölln am Rhein, bey Peter Marteau, dem Jüngern (Leipzig, Hertel) 1772. 8° 176 S. (3 Mk. E. Frensdorff, c. 1905.)
— — Dasselbe. Ibid. 1778. 8°
Orig.: The Authentic Memoirs of the Countess de Barre, the French King's Mistress, Carefully collated from a Manuscript in the Possession of the Dutchess of Villeroy, By Sir Francis N— London 1771.
E. & J. de Goncourt. „C'est un petit roman qui n'a pas le moindre rapport avec l'histoire de madame du Barry"
Französ. Uebersetzung Mémoires authentiques de Mme. la comtesse de Barré (!) Londres 1772. 8°.

Glaubwürd u neuliebste Nachrichten wegen der Türk Kriegsrüstung gegen Pohlen u Moskau. 4 s l. 1713

Nachrichten. – Görlitzer Nachrichten –
15.I.1876 – 1.II 1929
Vorh. u.d.T Görlitzer Anzeiger.
Fortges. u.d.T.: Vereinigte Görlitzer Nachrichten und Niederschlesische Zeitung.

Gossauer Nachrichten (I)
④ Fürstenländer ⑤ 1876 ⑧ Gossau (SG) H. Kellenberger ⑩ H. Kellenberger ⑬ BGSZ 1047

Gossauer Nachrichten (II)
③ Allgemeiner Anzeiger (SG) ⑤ Frühjahr (?) 1882—Ende September 1883 ⑦ wöchentlich 2× ⑧ Gossau (SG) J Meierhans. H Kellenberger ⑩ H. Kellenberger ⑬ BGSZ 1045 1047 Helvetische Typographia 1882, Nr 11.

Nachrichten. – Gothaer Neueste Nachrichten –
21 III 1894 – 26 II 1898

Nachrichten. – Greizer Neueste Nachrichten. –
20.III 1901 – 30 VI 1940

Nachrichten, Einige, von Ignatz Gropp. [Leipz. 1797]. V: *Siebenkees, Johann Christian.* (MGT)

Nachrichten, Gründliche und aktenmässige, von denen die Gewissensfreyheit . . . der Unterthanen betreffenden Friedensverhandlungen . . . O. O. 1759. V: *Kraus, Joh. Baptist* (Lindner) (ML)

— über die obern u. untern Gymnasien in Ellwangen u. Rotweil rc. 8. Ulm 820. Stettin. 3 gr.

Nachrichten, Einige, das Freiberger Gymnasium betreffend. Freiberg 1818. V: *Gernhard, August Gottlieb.* (Ky)

— einige, das Freiberger Gymnasium betreff., (v. A. G. Gernhard). gr. 8. Freiberg 818. Craz u. G. 2 gr.

Nachrichten von dem Rigischen Gymnasium für das Schuljahr 1834—35. Riga 1835. V: *Napiersky, Carl Eduard v.* (R-N)

Nachrichten, Halbjährige, von den Verhandlungen und Preisaufgaben der Hamburgischen Gesellschaft zur Beförderung der Künste und nützlichen Gewerbe. O. O. 1790—1809. H (St. 2ff.): *Meyer, Friedrich Johann Lorenz.* (Ky)

— halbjähr., von d. Verhandll. u. Preisaufgaben d. Hamburg Gesellsch. z. Beförder. d. Künste u. nützl. Gewerbe. 1s—15s Stck. v. J. 1790—98. (2s—15s hrsgg. v. F. J. L. Meyer) 4. Hamb. — vollständ. Samml. d. halbjähr. Nachrr. v. d Verhandll. rc. in d. J. 1790—96, als concentrirte Geschichte d. Gesellsch., eines 6jähr. Zeitraums, (von F. J. L. Meyer) 1s Hft. 1s—12s Stück. 4. Ebd. 797. — Fortgesetzte jährl Nachrr. v. d. Verhandll. rc. 16s—29s Stück, (von F. J. L Meyer). 4. Ebd. 798—809.

Hallesche **Nachrichten** über Gesundheitspflege und Naturheilkunde. No 1 (Halle a. S. F Ulbrich) 1908. 8°

[Hallische Nachrichten] Nachrichten von den Vereinigten Dten Ev-Luth Gemeinen in N-A. absonderlich in P-ien. Erste bis sechzehnte Fortsetzung der kurzen Nachricht von einigen Evangelischen Gemeinen in A, 1745-87 mit einer Vorrede von D. Johann Ludwig Schulze 16 Theile in 2 Bde Halle, 1787

— v. einig. evangel. Gemeinen in Amerika, absonderl. in Pensylvanien, m. 16 Forts. 4. Halle, Waisenhaus. 751—774.

[**Hallische Nachrichten**]: **Nachrichten von den vereinigten Deutschen Evangelisch-Lutherischen Gemeinen in Nord-America, absonderlich in Pennsylvanien.** *Erster Band mit einer Vorrede von D.* **Johann Ludewig Schulze.** *Halle: In Verlegung des Waisenhauses 1787. Fortsetzung I—XVI. (7), 808, (9), 809—1518, (10) S.*

[—] Nachrichten von den vereinigten Deutschen Evangelisch-Lutherischen Gemeinen in Nord-America, absonderlich in Pennsylvanien. *Mit einer Vorrede von Dr.* **Johann Ludewig Schulze.** *Halle: In Verlegung des Waisenhauses 1787. Neu Herausgegeben mit historischen Erläuterungen und Mittheilungen aus dem Archiv der Franckeschen Stiftungen zu Halle von* **W. J. Mann, B. M. Schmucker, W. Germann.** *Bd. I. Allentown, Pa.: Brobst, Diehl & Co. 1881. 672 S.; Zweite Auflage 1886. XI, 724 S.; Bd. II. Philadelphia, Pa.: P. G. C. Eisenhardt 1895. X, VI, 821 S.*

Nachrichten von Hamburg –
26 I 1813 – 18.III 1813
Vorh. u d T Affiches, Annonces et avis divers de Hambourg oder Nachrichten, Bekanntmachungen und unterschiedliche Anzeigen von Hamburg
Fortges. u.d T Privilegirte wöchentliche gemeinnützige Nachrichten

Nachrichten. – Hamburger Nachrichten –
2.VII 1849 – 9.(?)III 1939
Vorh u.d T . Privilegirte Wöchentliche Gemeinnützige Nachrichten

Hamburger Nachrichten : 1873(-? Baltimore, MD
Monthly journal literary in character

Nachrichten. – Hamburger Neueste Nachrichten. –
1.IV 1898 – 31.II 1933
Vorh u.d.T.. Hamburger Freie Presse

— Hamb., aus dem Reiche der Gelehrsamkeit a. J. 1758 u. 59. 8. Lpz. 759.
Vorh.unt.d.T.:Hamburgische Berichte von neuen gelehrten Sachen. 1732ff.
Forts.unt.d.T.:Freywillige Beyträge ...Hamb.1772.

Nachrichten für Handel und Industrie. Zusammengestellt im Reichsamt des Innern. 1899-1907. 4° Berlin 1899-07

Nachrichten für Handel, Industrie u Landwirtschaft. 1908-13. 4° Berlin 1908-13

'1774' **Nachrichten** des Handlungsgehilfen-Vereins zu Breslau gegrundet 1774. Jg 1 Breslau Handlungsgehilfen-Verein 1904. 4° [illegible]

— über Heerführer u. Familien, deren Namen Truppentheilen durch Allerhöchste Kabinets-Ordre vom 27. Jan. 1889 verliehen sind. [Aus: „Soldaten-Freund".] gr. 8. (II, 85 S.) Berlin, Mittler & Sohn. 1889. n. — 75

Nachrichten. – Heidelberger Neueste Nachrichten –
15.IX 1910 – 31 VIII 1944
Vorh u.d.T Heidelberger Anzeiger

Nachrichten aus der Heidenwelt; herausgg. v. der Missions-Hülfs-Anstalt in Stuttgart. Mit Kpfr. Jahrgg. 1823 u. 24. gr. 8. (Stuttg., Steinkopf). (à 21 ggr) 1 ß 18 ggr

— aus d. Heidenwelt. Hrsg. v. d. Missions-Hülfs-Gesellschaft in Stuttgart. Jahrg. 1835—43. à 12 Nrn. (¼ Bog.) Mit Abbildn. gr. 8. Stuttgart, J. F. Steinkopf. à J. *
Jahrg. 1823—34. Ebendas. à * 18 Gr.

— aus der Heidenwelt, im Auftrage der Missionsvereine zu Rostock, Ludwigslust rc. Hrsg. v. Ernst Salfeld. 1—8. Hft. 12. Hamburg 845—47, Agentur d. Rauhen Hauses. * —
Hft. 1. Neuseeland. 4. Aufl. (...B.) * 1½ Ngr.
„ 2. Die Hottentotten. 2. Aufl. (1½ B.) * 1¾ Ngr.
„ 3. Lilienbrun. (1 B.) * 1 Ngr.
„ 4. Grönland. Bearb. v. Joh. Rußwurm. (2 B.) * 1¾ Ngr.
„ 5. Stellenbosch u. Wagenmacherthal. (1 B.) * 1 Ngr.
„ 6. Tahiti. Bearb. v. Joh. Rußwurm. (2½ B.) * 1½ Ngr.
„ 7 Erste Missionsarbeit in Westindien. (1⅓ B.) * 1 Ngr.
„ 8. Die Thomaschristen u. Trankebar. (1½ B.) * 1 Ngr.

— aus d. Heidenwelt, im Auftrage der Missionsvereine zu Rostock, Ludwigslust rc. Herausgeg. v. Er. Salfeld. 2. Hft. Die Hottentotten. 2. Aufl. 12. Hamburg 845, Agentur des Rauhen Hauses. 1¾ ngr

— dass. 3. Hft. Lilienbrun. 12. 845. Ebend. 1 ngr

— dass. 4. Hft. Grönland. Bearb. von Jh. Rußwurm. 12. 845. Ebend. 1¾ ngr

— dass. 5. Hft. Stellenbosch u. Wagenmacherthal. 12. Ebend. 846. 1 ngr

— dass. 6. Hft. Tahiti. Bearb. von Jh. Rußwurm. 12. Ebend. 846. n. 1½ ngr

— dass. 7. Hft. Herausgeg. v. Er. Salfeld. Erste Missionsarbeit in Westindien. 8. Ebend. 846. 1 ngr

— aus der Heidenwelt, hrsg. von Ernst Salfeld. 4. Hft.: Grönland. Bearb. von Johs. Rußwurm. 4. Aufl 12. (47 S.) Hamburg 852, Agentur des Rauhen Hauses. 1½ ngr — 7. Hft.: Erste Missionsarbeit in Westindien. 4. Aufl. 12. (28 S.) Ebd. 852. n. 1 ngr — 8. Hft.: Die Thomaschristen u. Trankebar. 12. (36 S.) Ebd. 848. (1–8. Hft. in 1 Bd. cart. n. 12 ngr)

— aus der Heidenwelt. 2 Thle. gr. 16. (240 S.) Cincinnati 856 57. (Philadelphia, Schäfer und Koradi.) geb. *

Nachrichten aus der Heidenwelt 1882 -(Berne, IN
Bi-weekly Edited by J. Sommer

— aus der Heidenwelt. Hrsg. v. der evang.-luther. Mission zu Leipzig. Schriftleiter: Bernhardt. 19.—22. Jahrg. 1907—1910. à 12 Nrn. (à 4 S. m. Abbildgn.) Lex. 8. Leipzig, Verlag der ev.-luther. Mission. à Jahrg. — 12
Nur in Partien von mindestens 100 Stück an zu beziehen.

Nachrichten üb. d. Heil- u. Pflege-Anstalt in Schleswig-Holstein. Brsl. 8°.
1774

— über die Heilquellen von Homburg vor der Höhe, deren chemischen Gehalt und Wirksamkeit. Mit 1 Blatt Holzschn. u. 1 Ansicht. gr. 8. Frankfurt 837. (Körner.) n ⅙ ß

Nachrichten: Helvetische Nachrichten
③ Helvetische Annalen ④ Helvetische Neuigkeiten ⑤ 14. 11 1798—20. 4. 1799 ⑥ 4° ⑦ wöchentlich 2x ⑧ Bern (Joh. Anton Ochs, Verleger) ⑨ Emanuel Zeender (Gründe gegen die Herausgabe des Blattes durch Höpfner in BGSZ 107. p. 34 — für Höpfner als Herausgeber BGSZ 12 p. 4) ⑫ Oppositionsblatt von gemäßigter Haltung ⑬ BGSZ 107. 973 ⑭ Be L. S. St.

Nachrichten von dem Hülfswerk in Armenien
v Christlicher Volksbote aus Basel.

Nachrichten von dem Hülfswerk in Armenien. Hrg. von dem Central-Bureau der Schweizerischen Hülfsvereine in Neuenburg Nr. 7 Dezember 1901 [Illustriert] S. 25—28. 4. Neuenburg, Gebrüder Attinger fr —. 10
Beilage zum «Christlichen Volksboten» *und zu andern Zschr*

Nachrichten von dem Hülfswerk in Armenien. Hrg. von dem Central-Bureau der Schweizerischen Hülfsvereine in Neuenburg. Nr 8. März 1903. [Illustriert.] S. 29—32. 4. Neuenburg, Gebrüder Attinger. fr. —. 10
Beilage zum «Christlichen Volksfreund» *und zu andern Zschr*

Nachrichten von dem Hülfswerk in Armenien. Hrg. von dem Central-Bureau der Schweizerischen Hülfsvereine in Neuenburg. Nr. 9. März 1904. [Illustriert.] S. 33—36. 4. Neuenburg, Gebrüder Attinger. fr. —. 10
Beilage zum «Christlichen Volksfreund» *und zu andern Zschr*

— histor.-diplom., v. d. thüring. Stadt Waltershausen, d. Schloß Tanneberg ꝛc. 4. Gotha 766. Dieterich in Götting. 16 gl.

— historische, üb. d. bis jetzt bekannten größten, schönsten u. berühmtesten Diamanten ꝛc., mit K. 8. Halle, Hän: del. 816.

[Historische Nachrichten über die Freimaurer-Loge Harmonie in Hohenstein mit Chemnitz. 1844.] 2 Bl. 8⁰
Abdr. der in den Grundstein des neuen Logenhauses eingeschlossenen Urkunde. Die Loge wurde unter demselben Namen ständig nach Chemnitz verlegt. 358a.

Histor. Nachrichten v. d. Kriegen u. Friedenstractaten zwisch. beid. Kronen Dänemark u. Schweden v. d. 8. Saec. n. Chr. Geb. an bis auf d. heut. Tag, z. Bequemlichk. d. Liebhaber histor. Wissenschaften in gehör. u. kurze Ordn. aufgezeichnet. *Neutra* d. 24. Nov. 709. 4.

Nachrichten, Historische, von der Kaiserl. . . . freyen Stadt Nordhausen, worin von derselben Lage, Erbauung, Namen . . . ausführlich gehandelt wird. Frankf. u. Leipzig 1740. V: *Lesser*, *Frdr. Christian.* (BrMm) (Pr) (ML)

— historische, von der Reichsstadt Nordhausen, m. K. 4. Nordh. Voß. (Nitsche) 740.

Nachrichten, Historische, politische und militairische, von Russland von den Jahren 1727—44. A. d. Franz. Leipzig 1771. V: *Manstein*, *Chph. Herm. Baron de.* Ü: *Gellius*, *Joh. Gfr.* (CBH)

Nachrichten, Historische und politische, von den oesterreichischen Niederlanden. Aus d. Franzoes. Lpzg. 1784. V: *Nenny*, *Patrice-Mac Comte de.* (RHMB VI, 61)

— histor. polit., v. d. österr. Niederlanden. 8. Gera. 784. Beckmann. (Zeltsecker in Nürnb.) 20 gl. — Dass. 8. Leipz. 785. Kummer. 1 ₰ 6 gl.

Nachrichten, Historische, von der Regiments-Verfassung und dem Rathe der . . . Reichsstadt Bremen . . . Bremen 1768. V: *Post*, *Hermann von.* (CO) (EngJ) (Schz)

— hist., von unterirdischen Schätzen, w. th. glücklich gehoben ꝛc. 8. Frankfurt. 738.

Nachrichten, Einige historische, von den livländischen Städten. [Riga 1807.] V: *Sonntag*, *Carl Glob.* (R-N)

Nachrichten. Historische N' der Stadt Stein a. Rhein. ([Von] S) 8 Stein 1876.

Nachrichten, Historische, von der Stiftung der französischen Kolonie in den preussichen Staaten. A. d. Franz. Berlin 1785. V: *Erman*, *Joh. Peter* & *Pet. Chn. Frdr. Reclam.* Ü: *Catel*, *Sam. Hnr.* (Ky)

— histor., v. d. Stiftung d. französ. Kolonie in d. Preuß. Staaten. Aus d. Französ. (d. Hrn. Ermann u. Reclam, von S. H. Catel). 8. Berl. 785. (Köchly). 8 gl.

— — von der Stiftung der französischen Colonie in d. preuß. Staaten. 8. Berlin, Lagarde. 785.

Nachrichten, histor., von der Stiftung der Colonien in den preuß. Staaten. Mit Kpfr. gr. 8. Berlin 786. (Leipzig, Fr. Fleischer.) 1/3 ₰

Nachrichten, Historische, vom Thee. [Braunschweig 1749.] V: *Reichard*, *Elias Caspar.* (ML)

Nachrichten, Historische, über Teufelsbanner, Wahrsager . . . Cöln 1843. V: *Mering*, *Frdr. E. Baron von* & *Ludw. Reichert.* (Call)

— hist., v. d. 1724. zu Thorn erfolgte Tumult ꝛc. 28 Thle. 4. Jena.

Nachrichten, Historisch-Genealogische, von dem uralten Geschlechte derer Grafen und Herren von Schönburg . . . Waldenburg [1769]. V: *Stöckhardt*, *Gottfried Gerhard.* (EB)

Histor.-geneal. Nachrichten über die reichsfreiherrliche Familie Raitz von Frentz zu Schlenderhan. Mit geneal. Tabellen. Aachen 1857. 8.

Nachrichten, Historisch-critische, von der ansehnlichen Bibelsammlung, die sich zu Braunschweig ... befindet. Hannover u. Wolfenbüttel 1749-54. V: *Knoch, Georg Ludolf.* (ML) (Ky) (Rotermund, Gel. Hannover. Bremen 1823.)

— histor.-krit., von d. ansehnl. Bibelsammlung in d. Braunschweiger Grauenhof. Bibliothek. 10 Stcke. Mit Anhang. 8. Hannov. 749—54. (Helwing). 22 ℛ

Nachrichten, Historisch-kritische, von den durch die Briefe aus Wien ... über die österr. Reformation veranlassten Streitschriften. Entworfen von österr. Patrioten aus der Provinz u. mit Anmerkgn. herausg. v. J. B. V. A. Breslau u. Leipzig 1786. V: *Quarin, Joseph Graf von.* (BGE V³, 456)

— histor.-krit., v. d. durch d. Briefe aus Wien u. Berlin üb. d. Oesterreich. Reformation veranlaßten Streitschriften. 8. Bresl. 786. J. F. Korn. 8 ℛ

Nachrichten, historisch statistische, von Weimar. 8. Leipzig, Rein. 800. Rthlr.

Nachrichten, historisch-statistische, von der berühmten Residenzstadt Weimar. 8. Elberfeld, Mannes. (Leipz. Bruder in Comm.) 811. Rthlr.

Nachrichten von dem Portugiesischen Hof und der Staatsverwaltung des Grafen von Oeyras ... a. d. Engl. Frankf. u. Leipz. [Göttingen] 1768. H & Ü: *Faber, Johann Ernst.* (ML) (MS) (Ky) (Rotermund, Gel. Hannover. Bremen 1823.)

— von d. Portugies. Hofe u. d. Grafen Oeyres. Aus d. Engl. (v. J. E. Faber). 8. Frankf. u. Leipz. 768. Dieterich in Götting. 12 ℛ

— über die Königliche Stammburg Hohenzollern. Mit 1 lith. Plan u. 8 Holzschn. (im Text). Berlin 863. A. Duncker. gr. 8. (VII, 182 S.) n. 1 ℳ

Nachrichten, Einige, über Holmhof. [Riga 1815]. V: *Wendt, Peter David.* (R-N)

Nachrichten, Einige, von den ehemaligen Honigbäumen bei Riga. [Riga 1797.] V: *Brotze, Johann Christoph.* (R-N)

Nachricht, hydrographische, s. a. Mittheilungen aus dem Gebiete d. Seewesens.

Hydrographische Nachrichten der K. K. Kriegsmarine, Pola. Jahrg. 1876–89. Pola 1876–89.

Hydrographische Nachrichten. Herausgegeben vom Hydrographischen Amte der k. k. Kriegsmarine, Seekarten-Depot. Jahrg. 1890 93. Pola 1890–93.

— jährl., aus dem Reiche d. Wissensch. 1s und 2s Stck. a. 1746 und 47. 8. Hof.

Nachrichten, Jenaische wöchentliche, s. Saal-Blätter.

Illustrierte Nachrichten aus Deutschland, Oesterreich und der Schweiz: 1880?—1881? Weekly Large quarto, each issue 16 pages. Circulation 1881, 5500. Edited by Maurice Kell, & published by Transatlantic Publishing Co., 1880; edited & publishing by R. Stack & Co., 1881. New York, NY

— über Industrie, Handel u. Verkehr aus dem statist. Departement im k. k. Handels-Ministerium. 1. Bd. 1—4. Hft., 2. Bd., 3. Bd. 1., 2. u. 4. Hft., 4. Bd. 1—3. Hft., 5. Bd., 6. Bd. 1—3. Hft., 7. Bd., 8. Bd. hoch 4. Wien 873 76. Meyer in Comm. n. 60. 40

I. 1. Statistik d. österreich. Postwesens in d. J. 1870 u. 1871. (64 S.) n. 1 60
2. Statistik d. österreich. Telegraphen in d. J. 1870 u. 1871. (91 S.) n. 2. —
3. Amtlicher Bericht üb. die Geschäftsthätigkeit d. k. k. Handels-Ministeriums während d. Zeitraumes vom 1. Decbr. 1871 bis zum 31. Decbr. 1872. Zusammengestellt vom statist. Departement dieses Ministeriums (VI, 109 S.) n. 2. 40
4. Miscellen üb. die oesterreichisch-ungar. Eisenbahnen. (90 S.) n. 2. 60

II. Mittheilungen der k. k. oesterreichisch-ungar. Consulatsbehörden. 1. Jahrg. (VI, 376 S.) n 4. —

III. 1. Statistik der oesterreich. Industrie. A. Industrie in Metallen u. Metallwaaren. (94 S.) n. 2. —
2. Statistik der österreichischen Industrie in Maschinen, Werkzeugen, Transportmitteln u. Instrumenten. (S. 95—177.) n. 1. 60
4. Statistik der österreichischen Industrie. E. Industrie in Nahrungsmitteln u. sonst. Verzehrungs-Gegenständen. (S. 327—560.) n. 3. 60

IV. 1. Statistik d. oesterreich. Telegraphen im J. 1872. (193 S.) n. 4. —
2. Statistik d. oesterreichischen Postwesens im J. 1872. (79 S.) n. 2. —
3. Amtlicher Bericht üb. die Geschäftsthätigkeit d. k. k Handels-Ministeriums während d. J. 1873. (IV, 185 S) n. 3. 60

V. Mittheilungen der k. k. oesterreichisch-ungar. Consulatsbehörden. 2. Jahrg. (1. u. 2. Thl. 64 S.) n. 4. —

VI. 1 Statistik d. oesterreich. Telegraphen im J. 1873. M. c. graph. (lith.) Darstellg. in qu. gr. 4. (163 S.) n. 3. —
2. Statistik d. oesterreich. Postwesens im J. 1873. (103 S.) n. 2. —
3. Amtlicher Bericht üb. die Geschäftsthätigkeit d. k. k. Handels-Ministeriums während d. J. 1874. (IV, 161 S.) n. 3. —

VII Mittheilungen der k. u. k. österreichisch-ungarischen Consulats-Behörden. 3. Jahrg. (XXIV, 384 S.) n. 4. —

VIII. 1. Statistik d. oesterreich. Telegraphen im J. 1874. Mit c. graph. Darstellg. (in qu. Fol.) (159 S.) n. 3. —
2. Statistik d. österreichischen Postwesens im J. 1874. (IV, 113 S.) n. 4. —
3. Amtlicher Bericht üb. die Geschäftsthätigkeit d. k. k. Handels-Ministeriums während d J. 1875. (VIII, 171 S.) n. 3. —

— über **Industrie**, Handel und Verkehr aus dem statistischen Departement im k. k. Handelsministerium. 3. Bd. 3. und 4. Heft; 8. Bd. 2. und 3. (Schluss-)Heft; 9. Bd.; 10. Bd. 3 Hefte; 11. Bd. 2 Hefte; 12. Bd.; 13. Bd. 4 Hefte; 14. Bd.; 15. Bd. 4 Hefte; 16. Bd. und 17. Bd. 4 Hefte. hoch 4. Wien, k. k. Hof- und Staatsdruckerei. *

Inhalt:

Bd. 3. 3. Heft: Statistik der österreichischen Industrie. C. Erzeugnisse aus nicht metallischen Mineralien. D. Chemische Industrie. (S. 178—326.) 876. *ℳ 2. — 4. Heft E. Industrie in Nahrungsmitteln und sonst. Verzehrungs-Gegenständen. (S. 327—560.) 876. *ℳ 3,60.

» 8. 2. Heft: Statistik des österreichischen Postwesens im J. 1874. (IV, 113 S.) 875. *ℳ 1. — 3. Heft: Amtlicher Bericht über die Geschäftsthätigkeit des k. k. Handels-Ministeriums während des J. 1875. (VIII, 171 S.) 876. *ℳ 1,40.

» 9. Mittheilungen der k. und k. österreichisch-ungarischen Consulats-Behörden. 4. Jahrg. 12 Hefte. Lex.-8. (XXVIII, 384 S.) 876. *ℳ 4.

» 10. 1. Heft: Statistik der österreichischen Telegraphen im J. 1875. (165 S.) 876. *ℳ 1,40. — 2. Heft: Statistik des österreich. Postwesens im J. 1875. (IV, 117 S.) 876. *ℳ 1. — 3. Heft Haupt-Ergebnisse der österreichischen Eisenbahn-Statistik im J. 1875. [Beiden Reichshälften der Monarchie gemeinsame und österreich. Eisenbahnen.] (91 S.) 876. *ℳ 3.

» 11. 1. Heft: Statistik der Dampfkessel in industriellen und anderen Etablissements nach dem Stande vom 15. Juli 1875, bei der See- und Flussschifffahrt und bei den Locomotiven der Eisenbahnen nach dem Stande vom 1. Jan. 1876. (XII, 356 S.) 877. *ℳ 6. — 2. Heft: Statistik der Dampf-, Gas- und Heissluftmaschinen nach dem Stande vom 1. Jan. 1876, sowie Nachträge zur Statistik der in der 1. Hälfte enth. Dampfkessel. (302 S.) 879. *ℳ 6.

» 12. Mittheilungen der k. und k. österreichisch-ungarischen Consulats-Behörden. 5. Jahrg. 12 Hefte. Lex.-8. (XXX, 384 S.) 877. *ℳ 4.

» 13. 1. Heft: Amtlicher Bericht über die Geschäftsthätigkeit des k. k. Handels-Ministeriums während des J. 1876. Bearb. auf Anordnung Sr. Exc. des Hrn. k. k. Handels-Ministers Joh. Ritter v. Chlumecky vom statist. Departement des Ministeriums. (IV, 94 S.) 877. *ℳ 2. — 2. Heft: Statistik der österreichischen Telegraphen im J. 1876. (IV, 148 S.) 877. *ℳ 3. — 3. Heft Statistik des österreichischen Postwesens im J. 1876. (IV, 126 S.) 877. *ℳ 2. — 4. Heft: Haupt-Ergebnisse der österreichischen Eisenbahn-Statistik im J. 1876. (68 S.) 878. *ℳ 2,40.

» 14. Mittheilungen der k. und k. österreichisch-ungarischen Consulats-Behörden. 6. Jahrg. 12 Hefte. Lex.-8. (XXVIII, 384 S.) 878. *ℳ 4.

» 15. 1. Heft: Amtlicher Bericht über die Geschäftsthätigkeit des k. k. Handels-Ministeriums während des J. 1877. Bearb. auf Anordnung Sr. Exc. des Hrn. k. k. Handels-Ministers Joh. Ritter v. Chlumecky vom statist. Departement des Ministeriums. (IV, 103 S.) 878. *ℳ 2. — 2. Heft: Statistik der österreichischen Telegraphen im J. 1877. Mit einer Uebersicht über den neuesten Stand der Telegraphen in Europa. (147 S.) 878. *ℳ 3. — 3. Heft: Statistik des österreichischen Postwesens im J. 1877. Mit einer Uebersicht über den neuesten Stand der Post in Europa. (IV, 131 S.) 878. *ℳ 2. — 4. Heft: Haupt-Ergebnisse der österreichischen Eisenbahn-Statistik im J. 1877. [Beiden Reichshälften der Monarchie gemeinsame und österreich. Eisenbahnen.] (67 S.) 879. *ℳ 2,40.

» 16. Mittheilungen der k. und k. österreichisch-ungarischen Consulats-Behörden. 7. Jahrg. 12 Hefte. Lex.-8. (XXVIII, 384 S.) 879. *ℳ 4.

Bd. 17. 1. Heft: Amtlicher Bericht über die Geschäftsthätigkeit des k. k. Handels-Ministeriums während des J. 1878. (IV, 100 S.) 879. *ℳ 2. — 2. Heft: Statistik der österreichischen Telegraphen im J. 1878. Mit einer Uebersicht über den neuesten Stand der Telegraphen in Europa und einem Anhang über die Einführung des Worttarifs 1879. (156 S.) 879. *ℳ 3. — 3. Heft: Haupt-Ergebnisse der österreichischen Eisenbahn-Statistik im J. 1878. [Beiden Reichshälften der Monarchie gemeinsame und österreich. Eisenbahnen.] (87 S.) 879. *ℳ 2,40. — 4. Heft: Statistik des österreichischen Postwesens im J. 1878. (IV, 133 S.) 879. *ℳ 2.

1. und 2. Bd. und 3. Bd. 1. und 2. Heft, 4.—7. Bd. und 8. Bd. 1. Heft. Ebendas. 1873—75. *ℳ 44,80.

— dasselbe. 10. Bd. 2. u. 3. (Schluss-)Hft. hoch 4. Ebend. 877. n. 5. —

2. Statistik des österreichischen Postwesens im Jahre 1875. (IV, 117 S.) n. 2. —
3. Haupt-Ergebnisse der österreichischen Eisenbahn-Statistik im Jahre 1875. [Beiden Reichshälften der Monarchie gemeinsame u. österreichische Eisenbahnen.] (91 S.) n. 3. —

— dasselbe. 16. Bd. Lex.-8. Ebend. 881. n. 4. —

Mittheilungen der k. u. k. österreichisch-ungarischen Consulats-Behörden. 7. Jahrg. (XXVIII, 384 S.)

— dasselbe. 17. Bd. 4 Hfte. Lex.-8. Ebend. 879. 80. n. 9. 40

1. Amtlicher Bericht über die Geschäftsthätigkeit des k. k. Handels-Ministeriums während d. J. 1878. (IV, 100 S.) n. 2. —
2. Statistik des österreichischen Telegraphen im Jahre 1878. Mit einer Uebersicht über den neuesten Stand des Telegraphen in Europa u. einem Anhang über die Einführung des Worttarifs. (156 S.) n. 3. —
3. Haupt-Ergebnisse der österreichischen Eisenbahn-Statistik im Jahre 1878. [Beiden Reichshälften der Monarchie gemeinsame u. österreich. Eisenbahnen.] (87 S.) n. 2. 40
4. Statistik des österreichischen Postwesens im Jahre 1878. (IV, 133 S.) n. 2. —

Nachrichten über **Industrie**, Handel u. Verkehr aus dem statistischen Departement im k. k. Handels-Ministerium. 18. Bd. Lex.-8. Wien 880. k. k. Hof- u. Staatsdruckerei. n. 6. —

Statistik der gewerblichen Hilfskassen in den im Reichsrathe vertretenen Ländern der österreichisch ungarischen Monarchie im Jahre 1879. (XXXI, 367 S.)

— dasselbe. 19. Bd. Lex.-8. Ebend. 881. n. 4. —

Mittheilungen der k. u. k. österreichisch-ungarischen Consulats-Behörden. 8. Jahrg. (XXVIII, 384 S.)

— dasselbe. 20. Bd 4 Hfte. Lex.-8. Ebend. 880. n. 9. 40

1. Amtlicher Bericht über die Geschäftsthätigkeit des k. k. Handels-Ministeriums während des Jahres 1879. (IV, 111 S.) n. 2. —
2. Statistik des österreichischen Telegraphen im J. 1879. (145 S.) n. 3. —
3. Statistik des österreichischen Postwesens im Jahre 1879. Mit einer Uebersicht über den neuesten Stand der Post in Europa. (IV, 133 S.) n. 2. —
4. Haupt-Ergebnisse der österreichischen Eisenbahn-Statistik im Jahre 1879. [Beiden Reichshälften der Monarchie gemeinsame u. österreichische Eisenbahnen.] (67 S.) n. 2. 40

— dasselbe. 21. Bd. Lex.-8. Ebend. 881. n. 4. —

Mittheilungen der k. u. k. österreichisch-ungarischen Consulats-Behörden. 9. Jahrg. (XXII, 480 S.)

— dasselbe. 22. Bd. 1—5. Hft. Lex.-8. Ebend. 881 n. 7. —

1. Amtlicher Bericht über die Geschäftsthätigkeit des k. k. Handels-Ministeriums während des Jahres 1880. (IV, 122 S.) n. 2. —
2. Statistik des österreichischen Telegraphen im Jahre 1880. Mit einer Uebersicht über den neuesten Stand des Telegraphen in Europa. (145 S.) n. 3. —
3. Statistik des österreichischen Postwesens im Jahre 1880. Mit einer Uebersicht über den neuesten Stand der Post in Europa. (IV, 145 S.) n. 2. —
4. Hauptergebnisse der österreichischen Eisenbahn-Statistik im Jahre 1880. [Beiden Reichshälften der Monarchie gemeinsame u. österreichische Eisenbahnen.] (91 S.) n. 2. 40
5. Werthe für die Mengeneinheiten der im Jahre 1880 im österreichisch-ungarischen Zollgebiete ein- u. ausgeführten Waaren. (80 S.) n. 2. —

— über **Industrie**, Handel u. Verkehr aus dem statistischen Departement im k. k. Handels-Ministerium. 23. Bd. Lex.-8. Wien 882. Hof- u. Staatsdruckerei. n. 8. —

Mittheilungen der k. u. k. österreichisch-ungarischen Consulats-Behörden. 10. Jahrg. (XXX, 975 S.)

— dasselbe. 24. Bd. 1—3. Hft. Lex.-8. Ebend. 882. n. 7. —

1. Amtlicher Bericht über die Geschäftsthätigkeit des k. k. Handels-Ministeriums während des Jahres 1881. (IV, 114 S.) n. 2. —
2. Statistik des österreichischen Telegraphen im Jahre 1881. Mit einer Uebersicht über den neuesten Stand des Telegraphen in Europa. (153 S.) n. 3. —
3. Statistik des österreichischen Postwesens im Jahre 1881. Mit einer Uebersicht über den neuesten Stand der Post in Europa. (IV, 137 S.) n. 2 —

— dasselbe. 24. Bd. 4. u. 5. Hft. Lex.-8. Ebend. 882. n. 4. 40

4. Hauptergebnisse der österreichischen Eisenbahn-Statistik im J. 1881. [Beiden Reichshälften der Monarchie gemeinsame u. österr. Eisenbahnen.] (130 S.) n. 2. 40
5. Werthe f. die Mengeneinheiten der im J. 1881 im österreichisch-ungarischen Zollgebiete ein- u. ausgeführten Waaren. (III, 74 S.) n. 2. —

— dasselbe. 25. Bd. Lex.-8. Ebend. 883. n. 8. —

Jahresberichte der k. u. k. österreichisch-ungarischen Consulats-Behörden. 11. Jahrg. (XVI, 970 S.)

— dasselbe. 26. Bd. 1—5. Hft. Lex.-8. Ebend. 882. 84. Hof- u. Staatsdruckerei. n. 11. 40
1. Amtlicher Bericht üb. die Geschäftsthätigkeit d. k. k. Handels-Ministeriums während d. J. 1882. (IV, 121 S.) n. 2. —
2. Statistik d. österreichischen Telegraphen im J. 1882. Mit e. Uebersicht üb. den neuesten Stand d. Telegraphen in Europa. (157 S.) n. 3. —
3. Statistik d. österreichischen Postwesens im J. 1882. Mit e. Uebersicht üb. den neuesten Stand der Post in Europa. (IV, 139 S.) n. 2. —
4. Hauptergebnisse der österreichischen Eisenbahn-Statistik im J. 1882. [Beiden Reichshälften gemeinsame u. österreich. Eisenbahnen.] (121 S.) n. 2. 40
5. Werthe f. die Mengeneinheiten der im J. 1882 im österreichisch-ungarischen Zollgebiete ein- u. ausgeführten Waaren. (V, 112 S.) n. 2. —

— dasselbe. 27. Bd. Lex.-8. Ebend. 884. n. 17. 10
Jahresbericht der k. u. k. österreichisch-ungarischen Consulatsbehörden. 12. Jahrg. (XIV, 828 S.)

— dasselbe. 28. Bd. Lex.-8. Ebend. 884. n. 6. —
Statistik der österreichischen Industrie nach dem Stande vom J. 1880. (XIV, 244 S.)

Nachrichten über Industrie, Handel u. Verkehr aus dem statistischen Departement im k. k. Handels-Ministerium. 29. Bd. 1—5. Hft. Lex.-8. Wien 884. Hof- u. Staatsdruckerei. n. 11. 40
1. Amtlicher Bericht üb. die Geschäftsthätigkeit d. k. k. Handels-Ministeriums während d. J. 1883, nebst e. Darstellg. d. Ressorts dieser Centralstelle nach dem Bestande vom 30. Septbr. 1884. (IV, 131 S.) n. 2. —
2. Statistik d. österreichischen Telegraphen im J. 1883. Mit e. Uebersicht üb. den neuesten Stand d. Telegraphen in Europa. (161 S.) n. 3. —
3. Statistik d. österreichischen Postwesens im J. 1883. Mit e. Uebersicht üb. den neuesten Stand der Post in Europa. (IV, 145 S.) n. 2. —
4. Hauptergebnisse der österreichischen Eisenbahn-Statistik im J. 1883. [Beiden Reichshälften der Monarchie gemeinsame u. österreich. Eisenbahnen.] (135 S.) n. 2. 40
5. Werthe f. die Mengeneinheiten der im J. 1883 ein- u. ausgeführten Waaren im österreichisch-ungarischen Zollgebiete. Festgestellt v. der k. k. Permanenz-Commission f. die Handelswerthe. (VI, 96 S.) n. 2. —

— dasselbe. 30. Bd. Lex.-8. Ebend. 885. n. 8. —
Jahresbericht der k. k. österreichisch-ungarischen Consulats-Behörden. 13. Jahrg. (XX, 984 S.)

— dasselbe. 31. Bd. 1-4. Hft. Lex.-8. Ebend. 886. n. 9. 40
1. 2. Statistik d. österreichischen Post- u. Telegraphenwesens im J. 1884. Mit e. statist. Uebersicht üb. das Post- u. Telegraphenwesen in Europa. (V, 293 S.) n. 5. —
3. Hauptergebnisse der österreichischen Eisenbahn-Statistik im J. 1884. [Beiden Reichshälften der Monarchie gemeinsame u. österreich. Eisenbahnen.] (143 S.) n. 2. 40
4. Werthe f. die Mengeneinheit der im J. 1884 im österreichisch-ungarischen Zollgebiete ein- u. ausgeführten Waaren. Festgestellt v. der k. k. Permanenzcommission f. die Handelswerthe. (V, 110 S.) n. 2. —

— dasselbe. 32. Bd. Lex.-8. Ebend. 886. n. 8. —
Jahresbericht der k. k. österreichisch-ungarischen Consulats-Behörden. 14. Jahrg. (VIII, 805.)

— dasselbe. 33. Bd. 1. u. 2. Hft. Lex.-8. Ebend. 886. n. 5. —
Statistik d. österreichischen Post- u. Telegraphenwesens im J. 1885. Mit e. statist. Übersicht üb. das Post- u. Telegraphenwesen in Europa. (V, 303 S.)

— über Industrie, Handel u. Verkehr aus dem statistischen Departement im k. k. Handelsministerium. 33. Bd. 3. u. 4. Hft. Lex.-8. Wien 886. Hof- u. Staatsdruckerei. n. 4. 40
3. Hauptergebnisse der österreichischen Eisenbahn-Statistik im J. 1885. [Beiden Reichshälften der Monarchie gemeinsame u. österreich. Eisenbahnen.] (151 S.) n. 2. 40
4. Werthe f. die Mengeneinheiten der im J. 1885 im österreichisch-ungarischen Zollgebiete ein- u. ausgeführten Waaren. (VII, 123 S.) n. 2. —

— dasselbe. 34. Bd. Lex.-8. Ebd. 887. n. 8. —
Jahresberichte der k. u. k. österreichisch-ungarischen Consulats-Behörden. 15. Jahrg. (IX, 846 S.)

— dasselbe. 35. Bd. 4 Hfte. Lex.-8. Ebd. n. 9. 40
1. 2. Statistik d. österreichischen Post- u. Telegraphenwesens im J. 1886. Mit e. statist. Uebersicht üb. das Post- u. Telegraphenwesen in Europa. (V, 311 S.) 887. n. 5. —
3. Hauptergebnisse der österreichischen Eisenbahn-Statistik im J. 1886. [Beiden Reichshälften gemeinsame u. österreichische Eisenbahnen.] (154 S.) 887. n. 2. 40
4. Werthe f. die Mengeneinheiten der im J. 1886 im österreichisch-ungarischen Zollgebiete ein- u. ausgeführten Waaren. (VII, 125 S.) 888. n. 2. —

— dasselbe. 36. Bd. Lex.-8. Ebd. 888. n. 8. —
Jahresberichte der k. u. k. österreichisch-ungarischen Consulats-Behörden. 16. Jahrg. (X, 866 S.)

— dasselbe. 37. Bd. 4 Hfte. Lex.-8. Ebd. 888. n. 9. 40
1. Werthe f. die Mengeneinheiten der im J. 1887 im österreichisch-ungarischen Zollgebiete ein- u. ausgeführten Waaren. (X, 212 S.) n. 2. —
2. 3. Statistik d. österreichischen Post- u. Telegraphenwesens im J. 1887. Mit e. statist. Uebersicht üb. die Post u. den Telegraphen in Europa. (VII, 334 S.) n. 5. —
4. Hauptergebnisse der österreichischen Eisenbahn-Statistik im J. 1887. [Beiden Reichshälften der Monarchie gemeinsame u. österreich. Eisenbahnen.] (158 S.) n. 2. 40

—— über Industrie, Handel u. Verkehr aus dem statistischen Departement im k. k. Handelsministerium. 38.—40. Bd. Lex.-8. Wien, Hof- u. Staatsdruckerei. 105 —
38. Bd. Statistik der österreich. Industrie nach dem Stande v. J. 1885. (XII, 267 S.) 889. * 6 —.
39., 41. u. 43. Bd. Jahresberichte der k. u. k. österreichisch-ungarischen Consulats-Behörden. 17.—19. Jahrg. [17. Jahrg. (. . . . . . S.) 889. * 10 —, 18. Jahrg. (. . . . . . S.) 889. * 6 —; 19. Jahrg. (VI, 911 S.) 892. * 8 —.] * 26 —.
40. Bd. 1. u. 2. Heft, 42. Bd. 1. u. 2. Heft u. 45. Bd. 1. u. 2. Heft. Statistik d. österreichischen Post- u. Telegraphenwesens in d. J. 1888, 1889 u. 1890. Mit e. statist. Uebersicht üb. die Post u. den Telegraphen in Europa. (V, 344; V, 358; V, 370 S.) 890—92. à Jahrg. * 5 —
40. Bd. 3. Heft, 42. Bd. 3. Heft u. 45. Bd. 4. Heft. Werthe f. die Mengeneinheiten der in d. J. 1888, 1889 u. 1890 ein- u. ausgeführten Waren im österreichisch-ungarischen Zollgebiete. Festgestellt v. der k. k. Permanenzcommission f. die Handelswerthe. (VIII, 153; VIII, 168; VIII, 164 S.) 890—92. à Jahrg. * 2 —.
40. Bd. 4. Heft, 42. Bd. 4. Heft, 45. Bd. 3. Heft. Hauptergebnisse der österreichischen Eisenbahn-Statistik in d. J. 1888, 1889 u. 1890. [Beiden Reichshälften der Monarchie gemeinsame u. österreich. Eisenbahnen.] (160; III, 162; 160 S.) 890—92. à Jahrg. * 2 40.

— üb. Industrie, Handel u. Verkehr aus dem statistischen Departement im k. k. Handelsministerium. 41. Bd. Lex.-8. Wien 889. Hof- u. Staatsdruckerei. n. 8.—
Jahresberichte der k. u. k. österreichisch-ungarischen Consulats-Behörden. 18. Jahrg. (ca. 900 S.)

— dasselbe. 42. Bd. 4. Hfte. Lex.-8 Ebd. n. 9. 40
1. 2. Statistik d. österreichischen Post- u. Telegraphenwesen im J. 1889. Mit e. statist. Übersicht üb. die Post u. den Telegraphen in Europa. (V, 358 S.) 890. n. 5. —
3. Werthe f. die Mengeneinheiten der im J. 1889 ein- u. ausgeführten Waren im österreichisch-ungarischen Zollgebiete. Festgestellt v. der k. k. Permanenzcommission f. die Handelswerthe. (VIII, 168 S.) 891. n. 2. —
4. Hauptergebnisse der österreichischen Eisenbahn-Statistik im J. 1889. [Beiden Reichshälften der Monarchie gemeinsame u. österreich. Eisenbahnen.] (III, 162 S.) 891. n. 2. 40

— dasselbe. 43. Bd. Lex.-8. Ebd. 891. n. 8. —
Jahresberichte d. k. u. k. österreichisch-ungarischen Consulats-Behörden. 19. Jahrg. (VI, 911 S.)
44. Bd. 1.-6., 8.—13. Heft u. 46. Bd. 1.—6., 8.—13. Heft. Statistische Uebersichten betr. den auswärtigen Handel d. österreichisch-ungarischen Zollgebiets im J. 1891 u. 1892. Zusammengestellt vom statist. Departement im k. k. Handelsministerium. à Jahrg. 12 Hefte: Waren-Ein- u. -Ausfuhr in den Monaten Januar—Decbr. 1891 u. 1892. (1891 à Heft ca. V, 125 S.; 1892 Heft 1. V, 121 S., Heft 2—12 à V, 179 S.) à Heft * 1 60.
44. Bd. 7. u. 14. Heft, 46. Bd. 7. u. 14. Heft. Statistische Uebersichten betr. den auswärtigen Handel d. österreichisch-ungarischen Zollgebiets im J. 1891 u. 1892. 7. Heft: Waren-Ein-, Aus- u. Durchfuhr im 1. Halbj. 1891 u. 1892. (VI, 180; VI, 238 S.); 14. Heft Desgl. im 2. Halbj. 1891 u. 1892. (VI, 182; VI, 264 S.) à Heft * 1 60.

— dasselbe. 45. Bd. 4 Hfte. Lex.-8. Ebd. 892. n. 9. 40
1. 2. Statistik d. österreichischen Post- u. Telegraphenwesens im J. 1890. Mit e. statist. Übersicht üb. die Post u. den Telegraphen in Europa. (V, 370 S.) n. 5. —
3. Hauptergebnisse der österreichischen Eisenbahn-Statistik im J. 1890. [Beiden Reichshälften der Monarchie gemeinsame u. österreich. Eisenbahnen.] (160 S.) n. 2. 40
4. Werthe f. die Mengeneinheiten der im J. 1890 ein- u. ausgeführten Waren im österreichisch-ungarischen Zollgebiete. Festgestellt von der k. k. Permanenzcommission f. die Handelswerthe. (VIII, 164 S.) n. 2. —

— dasselbe. 46. Bd. 14 Hfte. Lex.-8. Ebd. 892. 893. à Hft. n. 1.60
1—6, 8—13. Statistische Übersichten, betr. den auswärtigen Handel d. österreichisch-ungarischen Zollgebiets im J. 1892. 1.–6., 8.—13. Hft. Waren-Ein- u. Ausfuhr in den Monaten Januar—Decbr. 1892. (à ca. VI, 179 S.)
7. 14. — dasselbe. 7. u. 14. Hft. Waren-Ein-, Aus- u. Durchfuhr im 1. u. 2. Halbj. 1892. (VI, 238, VI, 264 S.)

— dasselbe. 47. Bd. Lex.-8. Ebd. 892. n. 8. —
Jahresberichte der k. u. k. österreichisch-ungarischen Consulats-Behörden. 20. Jahrg. (VI, 929 S.)

Nachrichten über Industrie, Handel und Verkehr aus dem statistischen Departement im k. k Handels-Ministerium. XLVIII. Band. 1. u. 2. Heft. Statistik des österreichischen Post- und Telegraphenwesens im Jahre 1891. Mit einer statistischen Uebersicht über die Post und den Telegraphen in Europa. Lex.-8. (V, 384 S.) Ebda.1892.

Nachrichten über Industrie, Handel und Verkehr aus dem statistischen Departement im k. k. Handels-Ministerium. XLVIII. Band. 3. Heft. Hauptergebnisse der österr. Eisenbahn-Statistik im Jahre 1891. Lex.-8. (166 S.)
Wien: Hof-u.Staatsdruck.1893.

— dasselbe. 49. Bd. Lex.-8. Ebd. 893. n. 2. —
Werte f. die Mengeneinheiten der im J. 1891 ein-, aus- u. durchgeführten Waren im österreichisch-ungarischen Zollgebiete Festgestellt v. der k. k. Permanenzcommission f. die Handelswerte. (VIII, 188 S.)

— dasselbe. 50. Bd. 14 Hfte. Lex.-8. Ebd. 893. n. 12. — einzelne Hfte. à n. 1.60
Statistische Übersichten, betr. den auswärtigen Handel d. österreichisch-ungarischen Zollgebiets im J. 1893. 14 Hfte. (à ca. V, 175 S.)

Nachrichten üb. Industrie-, Handel u. Verkehr aus dem statistischen Departement im k. k. Handelsministerium. 51. Bd. Lex.-8. Wien 893. Hof- u. Staatsdruckerei. n. 8. —
Jahresberichte der k. u. k. österreichisch-ungarischen Consulats-Behörden. 21. Jahrg. (VI, 1088 S.)

— dasselbe. 52. Bd. 3 Hfte. Lex.-8. Ebd. 893. n. 7.40
1. 2. Statistik des österreichischen Post- u. Telegraphenwesens im J. 1892. Mit e. statist. Übersicht üb. die Post u. den Telegraphen in Europa. (V, 400 S.) n. 5. —
3. Hauptergebnisse der österreichischen Eisenbahn-Statistik im J. 1892. (Beiden Reichshälften der Monarchie gemeinsame u. österreich. Eisenbahnen.) (III, 166 S.) n. 2.40

Nachrichten über Industrie, Handel und Verkehr aus dem statistischen Departement im k. k. Handelsministerium. LIII. Bd. Werthe für die Mengeneinheiten der im Jahre 1892 ein-, aus- und durchgeführten Waaren im öst.-ung. Zollgebiete. Lex.-8. (XV, 231 S.) 1.20
Wien: Hof-u.Staatsdruckerei 1894.

Nachrichten über Industrie, Handel und Verkehr aus dem statistischen Departement im k. k. Handels-Ministerium. LIV. Band. 1. Heft. Statistik der österreichischen Industrie nach dem Stande am Ende des Jahres 1890. Lex.-8. (XVI, 339 S.)
Ebda.1894. 3. –

Nachrichten über Industrie, Handel und Verkehr aus dem statistischen Departement im k. k. Handels-Ministerium. LIV. Bd. II. Heft. Statistik der Dampfkessel nach dem Stande vom Jahre 1890. Lex.-8. (VI, 235 S.) Ebda.1894. 2.

— dasselbe. 55. Bd. 1.—11. Hft. Lex.-8. Ebd. 894. à Hft. n. 1 60
1—6, 8—11. Statistische Übersichten betr. den auswärtigen Handel des österreichisch-ungarischen Zollgebiets im J. 1894. 1.—6., 8.—11. Hft. Waren-Ein- u. Ausfuhr im Jan.—Octbr. 1894. (à ca. IX, 200 S.)
7. — dasselbe. 1894. 7. Hft. Waren-Ein-, Aus- u. Durchfuhr im 1. Halbj. 1894. (IX, 244 S.)

— üb. Industrie, Handel u. Verkehr aus d. statist. Departement im k. k. Handelsministerium. 55. Bd. 12.—14. Hft. Lex.-8. Wien 894. 95. Hof- u. Staatsdruckerei. à n. 1.60
12. 13. Statist. Übersichten betr. d. auswärt. Handel d. österreichisch-ungar. Zollgebiets im J. 1894. 12. u. 13. Heft. Waren-Ein- u. Ausfuhr im Novbr. u. Decbr. 1894. (à IX, 249 S.)
14. Dasselbe. 14 Hft. Ein-, Aus- u. Durchfuhr im J. 1894. (III, IX, 262 S.)

— dasselbe 56. Bd. Lex.-8. Ebd. 894. n. 10. —
Jahresberichte d. k. u. k. österreichisch-ungar. Consulats-Behörden. 22. Jahrg. (VI, 1031 S.)

— dasselbe. 57. Bd. 4 Hfte. Lex.-8. Ebd. 894. n. 9.80
1. 2. Statistik d. österr. Post- u. Telegraphenwesens im J. 1893. M. e. statist. Uebersicht üb. d. Post u. d. Telegraphen in Europa. (V, 328 S.) n. 5. —
3. Hauptergebnisse d. österreich. Eisenbahn-Statistik im J. 1893. (Beiden Reichshälften d. Monarchie gemeinsame u. österreich. Eisenbahnen.) (184 S.) n. 2.40
4. Werte f. d. Mengeneinheiten d. im J. 1893 ein-, aus- u. durchgef. Waaren im österreichisch-ungar. Zollgebiete. Festgest v. d. k. k. Permanenzcommission f. d. Handelswerte. (XX, 229 S.) n. 2.40

— dasselbe. 58. Bd 14 Hfte. Lex.-8. Ebd. à n. 1.60
1—4, Statist. Übersichten, betr. d. auswärt. Handel d. österr.-ungar. Zollgebiets im J. 1895. 1.-4. Hft. Ein- u. Ausfuhr im Jan., Febr., März u. Apr. 1895. (IX, 187; VIII, 245; VIII, 245 u. VIII, 245 S.) 895.
5. 6. Dasselbe. 5. u. 6. Hft. Ein- u. Ausfuhr im Mai u. Juni 1895. (à VIII, 245 S.) 895.
7. Dasselbe. 7. Hft. Ein- u. Ausfuhr. im 1. Halbj. 1895. (VIII, 189 S.) 895.
8. 12. Dasselbe. 8.—12. Hft. Ein- u. Ausfuhr im Juli, Aug., Septbr., Oktbr. u. Novbr. 1895. (à 245 S.) 895.
13. Dasselbe. 13. Hft. Ein- u. Ausfuhr im Decbr. 1895. (VII, 245 S.) 896.
14. Dasselbe. 14. Hft. Ein- u. Ausfuhr im J. 1895. (III, VIII, 189 S.) 896.

— dasselbe. 59. Bd. Lex.-8. Ebd. 895. n. 8. —
Jahresberichte d. k. k. österr.-ungar. Consulats-Behörden. 23. Jahrg. (1328 S.)
Vergriffen.

— dasselbe. 60. Bd. 4 Hfte. Lex.-8. Ebd. 895. n. 11.40
1. 2. Statistik d. österreichischen Post- u. Telegraphenwesens im J. 1894. M. e. statist. Übersicht üb. die Post u. den Telegraphen in Europa. (V, 346 S.) n. 5. —
3. Werte f. d. Mengeneinheiten d. im J. 1894 ein- u. ausgef. Waaren im österreichisch-ungar. Zollgebiete. Festgestellt v. d. k. k. Permanenzcommission f. d. Handelswerte. (XXIV, 235 S.) n. 2.40
4. Hauptergebnisse d. österreich. Eisenbahn-Statistik im J. 1894. (III, XXX, 271 S.) n. 4. —

— dasselbe. 61. Bd. 14 Hfte. Lex.-8. Ebd. à n. 1.60
1—4, Statist. Übersichten betr. d. auswärtigen Handel d. österreichisch-ungar. Zollgebiets im J. 1896. 1.—4. Hft. Ein- u. Ausfuhr im Jan.—Apr. 1896. (VIII, 195; VIII, 249; VIII, 249 u. VIII, 249 S.) 896.
5. 6. 8—10. Dasselbe. 5., 6., 8.—10. Hft. Ein- u. Ausfuhr im Mai—Septbr. 1896. (à VIII, 249 S.) 896.
7. Dasselbe. 7. Hft. 1. Halbj. 1896. (VIII, 199 S.) 896.
11—13. Dasselbe. 11.—13. Hft. Ein- u. Ausfuhr im Octbr., Novbr. u. Decbr. 1896. (à VIII, 249 S.) 896.
14. Dasselbe. 14. Hft. Ein- u. Ausfuhr im J. 1896. (VIII 199 S.) 897.

— dasselbe. 62. Bd. Lex.-8. Ebd 896. n. 8. —
Jahresberichte d. k. u. k. österreichisch-ungar. Consulats-Behörden. 24. Jahrg. (VI, 1185 S.)

— dasselbe. 63. Bd. 3 Hfte. Lex.-8. Ebd. n. 7. 40
1. 2. Statistik d. österr. Post- u. Telegraphenwesens im J. 1895. M. e. statist. Übersicht üb. d. Post u. d. Telegraphen in Europa. (V, 316 S.) 896. n. 5. —
3. Berichte üb. d. Handelsbewegg., sow. Bewerthg. der im J. 1895 ein- u. ausgef. Waren des österreichisch-ungar. Zollgebiets. Zusammengestellt v. der k. k. Permanenz-Commission f. d. Handelswerte. (III, LIII, 238 S.) 897. n. 2. 40

— dasselbe. 64. Bd 14. Hfte. Lex.-8. Ebd. à n. 1. 60
1. Statist. Übersichten betr. den auswärt. Handel d. österr.-ungar. Zollgebiets im J. 1897. 1. Hft. Ein- u. Ausfuhr im Jan. 1897. (VII, 193 S.) 897.
2—6. u. 8—10. Statist. Übersichten betr. d. auswärt. Handel d. österr.-ungar. Zollgebiets i. J. 1897. 2.-6. u. 8.—10. Hft. Ein- u. Ausfuhr im Febr.—Septbr. 1897. (à VII, 187 S.) 897.
7. Dasselbe. 7. Hft. Ein- u. Ausfuhr im 1. Halbj. 1897. (VII, 196 S.) 897.
11—13. Dasselbe. 11.—13. Hft. Ein- u. Ausfuhr im Octbr.- Decbr. 1897. (à VII, 187 S.) 897.
14. Dasselbe. 14. Hft. Ein- u. Ausfuhr im J. 1897. (VII, 187 S.) 898.

Nachrichten üb. **Industrie**, Handel u. Verkehr aus d. statist. Departement im k. k. Handelsministerium. 65. Bd. Lex.-8. Wien 897. Hof- u. Staatsdruckerei. n. 8. —
Jahresberichte d. k. u. k. österr.-ungar. Consulats-Behörden. 25. Jahrg. (VI, 1402 S)

— dasselbe. 66. Bd. 1.—3. Hft gr. 8. Ebd. 897. n. 7. 40
1. 2. Statistik d. österr. Post- u. Telegraphenwesens im J. 1896. M. e. statist. Übersicht üb. d. Post u. d. Telegraphen in Europa. (V, 328 S.) n. 5.
3. Berichte üb. d. Handelsbewegg., sow. Bewertg. d. im J. 1896 ein- u. ausgef. Waren d. österr.-ungar. Zollgebietes. Zusammengest. v. d. k. k. Permanenz-Commission f. d. Handelswerte. (287 S.) n. 2. 40

— dasselbe. 67. Bd. 1.—11. Hft. Lex.-8. Ebd. 898. à n. 1. 60; f. d. 67. Bd. kplt. n. 12. —
1—4. Statist. Übersichten betr. den auswärt. Handel d. österr.-ungar. Zollgebiets im J. 1898. 1.—4. Hft. Ein- u. Ausfuhr im Jan.—April 1898. (VII, 185; VII, 185; VII, 187 u. VII, 187 S.)
5. 6. 8—11. Dasselbe. 5., 6. u. 8.—11. Hft. Ein- u. Ausfuhr im Mai—Octbr. 1898. (à VII, 187 S.)
7. Dasselbe. 7. Hft. Ein- u. Ausfuhr im 1. Halbj. 1897. (VII, 187 S.)

Nachrichten über Industrie, Handel u. Verkehr aus d. statistischen Departement i. k. k. Handelsministerium. 67. Bd. 12.—14. Hft. Lex.-8. Wien, Hof- u. Staatsdruckerei. à n. 1. 60
12. 13. Statistische Übersichten, betr. den auswärtigen Handel des österr.-ungar. Zollgebietes im J. 1898. 12. u. 13. Hft. Ein- u. Ausfuhr im Novbr. u. Decbr. 1898. (à VII, 187 S.) 898.
14. Dasselbe. 14. Hft. Ein- u. Ausfuhr im J. 1898. (VII, 187 S.) 899.

— dasselbe. 68. Bd. Lex.-8. Ebd. n. 8. —
Jahresberichte der k. u. k. österr.-ungar. Consulats-Behörden. 26. Jahrg. (VI, 1557 S.) 898.

Nachrichten über Industrie, Handel und Verkehr aus dem statistischen Departement im k. k Handels-Ministerium LXIX. Band. I. u. II. Heft. Inhalt: Statistik des österreichischen Post- und Telegraphenwesens im Jahre 1897. Mit einer statistischen Uebersicht über die Post und den Telegraphen in Europa. Lex.-8. (V. 334 S.) Ebda. 1898.

— dasselbe. 69. Bd. 3. Hft. Lex.-8. Ebd. n. 2. 40; (69. Bd. kplt. n. 7. 40)
Berichte üb. die Handelsbewegung, sowie Bewertung der im J. 1897 ein- u. ausgeführten Waren des österr.-ungar. Zollgebiets. (LVII, 301 S.) 899.

— dasselbe. 70. Bd. 14 Hfte. Lex.-8. Ebd. 899. à n. 1. 60
1—6. Statistische Übersichten, betr. den auswärtigen Handel des österr.-ungar. Zollgebietes im J. 1899. 1.—6. Hft. Ein- u. Ausfuhr im Jan.—Juni 1899. (VII, 193; VII, 195; VII, 195; VII, 195; VII, 195 u. VII, 195 S.)
7. Dasselbe. 7. Hft. Ein- u. Ausfuhr im 1. Halbj. 1899. (VII, 195 S.)
8—13. Dasselbe. 8.—13. Hft. Ein- u. Ausfuhr im Juli—Decbr. 1899. (à VII, 195 S.)
14. Dasselbe. 14. Hft. Ein- u. Ausfuhr im J. 1899. (VII, 195 S.)

Nachrichten üb. Industrie, Handel u. Verkehr aus d. statistischen Departement im k. k. Handelsministerium. 71 Bd. Lex.-8. Wien 1899, Hof- u. Staatsdruckerei. 8. —
71. Jahresberichte der k. u. k. österr.-ungar. Consulatsbehörden. 27. Jahrg. (VI, 1732 S.)

— dasselbe. 72. Bd. 3 Hfte. Lex.-8. Ebd. n. 7. 20
1. 2. Statistik des österr. Post- u. Telegraphenwesens im J. 1898. Mit e. statist. Übersicht üb. die Post u. den Telegraphen in Europa. (V, 344 S.) 899. n. 5. —
3. Berichte üb. die Handelsbewegung sowie Bewertung der im J. 1898 ein- u. ausgeführten Waren des österr.-ungar. Zollgebiets. Zusammengestellt v. der k. k. Permanenz-Commission f. d. Handelswerte. (XLIX, 272 S.) 899. n. 2.40

— dasselbe. 73. Bd. 14 Hfte. Lex.-8. Ebd. 900. 901. à n. 1. 60
1—6. Statistische Übersichten, betr. den auswärtigen Handel des österr.-ungar. Zollgebietes im J. 1900. 1.—6. Hft. Ein- u. Ausfuhr im Jan.—Juni 1900. (VII, 193; VII, 195; VII, 195; VII, 195; VII, 195 u. VII, 195 S.)
7. Dasselbe. 7. Hft. Ein- u. Ausfuhr im 1. Halbj. 1900. (VII, 195 S.)
8—13. Dasselbe. 8.—13. Hft. Ein- u. Ausfuhr im Juli—Decbr. 1900. (à VII, 193 S.)
14. Dasselbe. 14. Hft. Ein- u. Ausfuhr im J. 1900. (VII, 193 S.)

— üb. Industrie, Handel u. Verkehr aus dem statistischen Departement im k. k Handelsministerium. 74. Bd. Lex.-8. Wien, Hof- u. Staatsdruckerei. 8. —
74. Jahresberichte der k. u. k. österreichisch-ungarischen Consulats-Behörden. 28. Jahrg. (VI, 1690 S.) 1900.

— dasselbe. 75. Bd. 3 Hfte. Lex.-8. Ebd. 900. n. 7. 40
1. 2. Statistik des österr. Post- u. Telegraphenwesens im J. 1899. Mit e. statist. Übersicht üb. die Post u. den Telegraphen in Europa. (V, 356 S.) n. 5. —
3. Berichte üb. die Handelsbewegung sowie Bewertung der im J. 1899 ein- u. ausgeführten Waren des österr.-ungar. Zollgebiets. Zusammengestellt v. der k. k. Permanenz-Commission f. die Handelswerte. (XLIX, 294 S.) n. 2. 40

— dasselbe. 76. Bd. 12 Hfte. Lex.-8. Ebd. 901. 902. à n. 1. 60
Statistische Übersichten, betr. den auswärtigen Handel des österr.-ungar. Zollgebietes im J. 1901. 1.—12. Hft. Ein- u. Ausfuhr im Jan. bis Decbr. 1901. (VII, 193; VII, 219; VII, 219; VII, 219; VII, 219; VII, 219; VII, 219; VII, 219; VII, 219; VII, 219; VII, 219 u. VII, 223 S.)

— dasselbe. 77. Bd. 3 Hfte. Lex.-8. Ebd. 901. n. 7. 40
1. 2. Statistik des österr. Post- u. Telegraphenwesens im J. 1900. Mit e. statist. Übersicht üb. die Post- u. den Telegraphen in Europa. (V, 372 S.) n. 5. —
3. Berichte üb. die Handelsbewegung sowie Bewertung der im J. 1900 ein- u. ausgeführten Waren des öster.-ungar. Zollgebiets. Zusammengestellt v. der k. k. Permanenz-Commission f. die Handelswerte. (LI, 314 S.) n. 2. 40

— dasselbe. 78. Bd. 1. u. 2. Hft. Lex.-8. Ebd. n. 5. —
Statistik des österr. Post- u. Telegraphenwesens im J. 1901. Mit e. statist. Übersicht üb. die Post- u. den Telegraphen in Europa. (V, 376 S.) 902.

— üb. Industrie, Handel u. Verkehr aus dem statist. Departement im k. k. Handelsministerium. 78. Bd. 3. Hft. Lex.-8. Wien, Hof- u. Staatsdruckerei. n 2. 40
Berichte üb. die Handelsbewegung, sowie Bewertung der im J 1901 ein- u. ausgeführten Waren des österr.-ungar. Zollgebiets. Zusammengestellt v. der k. k. Permanenz-Commission f. die Handelswerte. (LVII, 351 S.) 902.

— dasselbe. 79. Bd. 12 Hfte. Lex.-8. Ebd. 902. à n. 1. 60
Statistische Übersichten, betr. den auswärtigen Handel des österr.-ungar. Zollgebietes im J. 1902. 1.—12. Hft. Jan.—Decbr. 1902. (VII, 193; VII, 219; VII, 219; VII, 219; VII, 219; VII, 223; VII, 219; VII, 219; VII, 219; VII, 219; VII, 219 u. VII, 223.)

— dasselbe. 80. Bd. 12 Hefte. Lex.-8. Ebd. n. 13. 80
1.—3. Statistische Uebersichten, betr. den auswärtigen Handel des österr.-ungar. Zollgebietes im J. 1903. 1.—3. Heft. Januar-März 1903. (VII, 193; VII, 218 u. VII, 219 S.) 903. à n. 1. 60
4.—12. Dasselbe. 4.—12. Heft. April—Dezbr. 1903. (VII, 219; VII, 219; VII, 221; VII, 219; VII, 219; VII, 219; VII, 219; VII, 219 u. VII, 221 S.) 903. 9_4. à n. 1. —

— dasselbe. 81. Bd 1., 2. u. 3. Heft. Lex. 8. Ebd.
1. 2. Statistik des österreichischen Post- u. Telegraphenwesens im J. 1902. Mit e. statist. Übersicht üb. die Post u. den Telegraphen in Europa. (V, 300 S.) '03. 5. — — 3 Berichte üb. die Handelsbewegung, sowie Bewertung der im J. 1902 ein- u. ausgeführten Waren des österreichisch-ungarischen Zollgebiets. Zusammengestellt v. der k. k. Permanenz-Kommission f. die Handelswerte. (LVI. 335 S.) '03. 2. —

— dasselbe. 82. Bd. 12 Hefte. Lex.-8. Ebd. à n. 1. —
Statistische Uebersichten, betr. den auswärtigen Handel des österr.-ungar. Zollgebietes im J. 1904. 12 Hefte. Jan.—Dezbr. 1904. (VII, 193; VII, 219; VII, 219; VII, 219; VII, 219; VII, 219; VII, 219; VII, 219; VII, 219; VII, 219; VII, 219 u. VII, 221 S.) 904. 905.

Nachrichten üb. Industrie, Handel- u. Verkehr aus dem statistischen Departement im k. k. Handelsministerium. 83. Bd. Lex.-8. Wien, Hof- u. Staatsdruckerei.
1. 2. Statistik des österreichischen Post- u. Telegraphenwesens im Jahre 1903. (IV, 108 S.) '04. 5. —

— dasselbe. 83. Bd. 3. Heft. Lex.-8. Ebd. 1904 2. —
3. Berichte üb. die Handelsbewegung, sowie Bewertung der im J. 1903 ein- u. ausgeführten Waren des österreichisch-ungarischen Zollgebiets. Zusammengestellt v. der k. k. Permanenzkommission f. die Handelswerte. (LVIII, 347 S.)

Nachrichten üb. Industrie, Handel u. Verkehr aus dem statist. Departement im k. k. Handelsministerium. 84. Bd. 12 Hefte. Lex.-8. Wien, Hof- u. Staatsdruckerei. à n. 1. —
Uebersichten, statistische, betr. den auswärtigen Handel des österr.-ungarr. Zollgebietes im J. 1905. 12 Hefte. Januar—Dezbr. 1905. (VII, 193; VII, 219; VII, 219; VII, 219; VII, 219; VII, 219; VII, 219; VII, 219; VII, 219; VII, 219; VII, 219 u. VII, 221 S.) 905. 906.

— dasselbe. 85. Bd. 3 Hefte. Lex.-8. Ebd. n. 7. —
1. 2. Statistik des österreichischen Post- u. Telegraphenwesens im J. 1904. (X, 111 S.) 905. n. 5. —
3. Berichte über die Handelsbewegung, sowie Bewertung der im J. 1904 ein- u. ausgeführten Waren des österr.-ungar. Zollgebiets. Zusammengestellt v. der k. k. Permanenskommission f. die Handelswerte. (LVIII, 36. S.) 905. n. 2. —

— dasselbe. 86 Bd. 1.—7. Heft. Lex-8. Ebd. à n. 1. —
1.—7. Uebersichten, statistische, betr. den auswärtigen Handel des österr.-ungar. Zollgebietes im J. 1906. 1.—7. Heft. Jan.—Juli. (VII, 193; VII, 219; XXXIV, 395; XXXIV, 397; XXXIV, 397; XXXIV, 397 u. XXXVIII, 9.1 S.) 906.

— dasselbe. 87 Bd 1. u. 2. Heft. Lex.-8. Ebd n. 5. —
Statistik des österreichischen Post- u. Telegraphenwesens im J. 1905. (X, 123 S.) 906. n. 5. —

Nachrichten üb. Industrie, Handel u. Verkehr aus dem statistischen Departement im k. k. Handelsministerium. 88. Bd. 1. Heft. Lex.-8. Wien, Hof- u. Staatsdruckerei. 1907. 1. —; f vollständig 10. —
1. Übersichten, statistische, betr. den auswärtigen Handel des österreich-ungarischen Zollgebietes im J. 1907. 1. Heft. Jan. (XXVIII, 221 S.) 1. —.

— dasselbe. 90. Bd. 1. Heft. Lex. 8. Ebd. 1. —
1. Übersichten, statistische, betr. den auswärt. Handel des österreich.-ungar. Zollgebietes im J. 1908. 1. Heft. (XXVI, 219 S.) 908.
Fortsetzung, s.: Übersichten, statistische, betr. den auswärtigen Handel des Vertragszollgebiets d. beiden Staaten der österr.-ungar. Monarchie.

Industrielle Nachrichten. Korrespondenzblatt f. Fabrikanten. Unternehmer, Kaufleute u. Gewerbetreibende. Hrsg. v. Litt. Auskunfts-Bur. C. Freyer, Berlin. Jg. [1] – 6. (Berlin: C. Freyer) 1897–1902. 2° [Kopft.]
[1.] 1897. [2.] 1898. [3.] 1899 [4.] 1900. 5. 1901 6. 1902.

— industrielle. Wochenschrift f. Industrielle, Architekten, Ingenieure, Unternehmer u. Gewerbetreibende. Red.: H. Seehausen. 5. Jahrg. 1901. 52 Nrn. Fol. (à ca. 14 S.) Berlin, C. Freyer. 24. —

Innsbrucker Nachrichten. II. Jahrg. Verantwortlicher Redakteur: E. Hauschild. Verlag und Druck: Wagner. 8 Täglich, mit Ausnahme der Sonn- und Feiertage. 42 kr. und 1 fl 30 kr. vierteljährig.
Innsbruck 1855.

Innsbrucker Nachrichten. (III. Jahrg.) Verantwortlicher Redakteur: E. Hauschild. Verlag und Druck von Wagner. 8. Erscheint täglich mit Ausnahme der Sonn- und Feiertage.
Innsbruck 1856.

Innsbrucker Nachrichten V. Jahrg. Verantw. Red. *E. Hauschild*. Verl. und Druck der *Wagnerschen* Buchhandl. und Buchdr.
Erscheint in **Innsbruck**, Dinstag. Donnerstag, Samstag ¼ Bog. in 8°, mit der Beilage: „Unterhaltungs-Blatt". Pran.-Pr. ¼-jahr. 1 fl. 12 kr.; pr. Post 1 fl. 42 kr. Einzelne Nummern 2 kr Insertionsgeb.: Die 2-spalt. Petitzeile 1mal 2 kr., 3mal 4 kr. R. W.

Nachrichten über das landwirthschaftliche Institut der Universität Königsberg i. Pr. Königsberg 1888. 1895. V: *Fleischmann, W.* (Erman & Horn, Bibliogr. d. dtsch. Universitäten. 2. Leipz. u. Berl. 1904.)

— von dem polytechnischen Institut zu Freyburg im Breisgau. Freyburg, Wagner. 819.

Nachrichten über das Königlich preußische pomologische Institut zu Proskau (Schlesien). Proskau 1903. I. Wolff in Oppeln. (62 S.) 8° [F.]
(08. 836

Nachrichten uber das Konigliche Preussische Pomologische Institut zu Proskau (Schlesien). (Langensalza 1908 Beyer) 32 S. 8° [Kopft.]
110 1974 7

Nachrichten (Interessante) von des berüchtigten Joh. Paul Marat's Leben und Tod und einer kurzen Geschichte seiner Mörderin Charlotte Corday Mit Portrait und Carricatur 8°. Stuttgart 1793.

Nachrichten, Interessante, von des verruchten Marats Leben und Tod . . . Stuttgart 1794. V: *Scheler, Eugen Carl Ludwig von.* (Ky) (MGT)

— interessante, v. Marats Leben u. Tod; mit e. kurzen Gesch. d. Charl. Korday, (von E. K. L. v. Scheler). 8. Manh. 795. Löffler. 10 gr (Steinkopf in Stuttg). 8 gr

— einige, über das Invaliden-Verpflegungswesen des Königreichs Hannover. Hannover 860. Helwing. gr. 8. (15 S.) n. 2 ngr.

Nachrichten. – Itzehoer Nachrichten. – 5.I.1869 – 31.XII.1928
Vorh. u.d T.: Gemeinnützige unterhaltende Itzehoer Nachrichten.
Fortges. u.d.T.: Landesblatt Schleswig-Holstein.

Nachrichten die zu Potsdam den 1 Juli 1804 errichtete Junker schule betreffend 4 Potsdam 1805.

— v. der am 1. Juni 1804 zu Potsdgm eröffn. Junkerschule. 4. Potsd. 805. Herrath. 3 gl.

—— für und über Kaiser Wilhelms-Land und den Bismarck-Archipel. Hrsg. im Auftrage der Neu-Guinea-Compagnie zu Berlin. 1. Jahrg. 1885. 4 Hefte. gr. 8. (61 S. mit 2 Karten.) Berlin, (Neuenhahn.) ** 5 —

—— dass. — Hrsg. von der Neu-Guinea-Compagnie zu Berlin. Jahrg. 1886. 4 Hefte. gr. 8. (135 S.) Berlin, (Asher und Comp.) ** 8 75

—— dass. — 1887. 5 Hefte. gr. 8. (Ebendas.) [1. und 2. Heft. (S. 1—72 mit 2 Karten.) à Heft **ℳ 2.—; 3. und 4. Heft. (S. 73—155.) **ℳ 1.80.; 5. Heft. (S. 157—197 mit Karte.) **ℳ 1.25.] ** 7 5

—— dass. — 1888. 4 Hefte. gr. 8. (Ebendas.) [1. und 2. Heft. (S. 1—79 mit 2 Karten.) **ℳ 2.75.; 3. Heft. (S. 81—163.) **ℳ 1.20.; 4. Heft. S. 165—242 mit Illustr.) **ℳ 2.—.] ** 5 95

— dasselbe. Jahrg 1889. 1. 2. Hft. gr. 8. (S. 1—87 m. 3 Karten u. 3 Lichtdr.-Taf.) Ebd. n.n. 4. 50

— dasselbe. 1889. Beiheft. gr. 8. Ebd. 889. n.n. 4. 50
Die Flora v. Kaiser-Wilhelms-Land v. K. Schumann u. M. Hollrung. (V, 140 S.)

— dasselbe. Jahrg. 1890. 1. Hft. gr. 8. (S. 1—60 m. 2 Lichtdr.-Taf.) Ebd. n.n. 1. 50

— über Kaiser-Wilhelms-Land u. den Bismarck-Archipel. Hrsg. v. d. Neu-Guinea-Compagnie zu Berlin. 6. Jahrg. 1890. 2. (Schluß-)Hft. gr. 8. (S. 61—98 m. 1 Lichtdr.-Taf. u. 1 Karte.) Berlin 891. (Asher & Co.) n.n. 1 50 (1890 kplt.: n.n. 3. —)

— dasselbe. Jahrg. 1891. 1. (einz.) Heft. gr. 8. (63 S. m. 2 Lichtdr.-Taf. u. 1 farb. Karte.) Ebd. 891. n.n. 2. 50

— dasselbe. Jahrg. 1892. 1. (einz.) Hft. gr. 8. (50 S. m. 2 Lichtdr.-Tafeln.) Ebd. 892. n.n. 1. 25
Vom Jahrg. 1891 u. 1892 erschien nur je 1 Hft., jedoch mit der Bezeichnung 1. Hft.

— dasselbe. Jahrg. 1893. gr. 8. (68 S. m. 2 Lichtdr.-Taf., 1 farb. Karte u. 6 S. Namenverzeichnis.) Ebd. 893. n.n. 3. —

— über Kaiser Wilhelms-Land u. d. Bismarck-Archipel. Hrsg. v. d. Neu-Guinea-Compagnie zu Berlin. Jahrg. 1894 u. 1895. gr. 8. Berlin (A. Asher & Co.) à Jahrg. n.n. 2. —
1894. (53 S. m. 2 Lichtdr.-Taf. u. 1 eingedruckte Karte.) 895. 1895. (57 S. m. 2 Lichtdr.-Taf.) 896.

— dasselbe. Jahrg. 1896 u. 1897. gr. 8. Ebd. à Jahrg. n.n. 1. 50
1896. (57 S. m. 1 Karte.) 897. — 1897. (102 S.) 898.

— üb. Kaiser-Wilhelms-Land u. den Bismarck-Archipel. Hrsg. v. der Neu Guinea Compagnie zu Berlin. 1898. gr. 8. (81 S. m. 1 Karte.) Berlin 899. (A. Asher & Co.) n.n. 2. —
Erscheinen nicht mehr.

— von Californien u. fr. Einnahme bis aufs J. 1752; aus d. Spanisch. d. Pat. Venegas u. seines Fortsetzers übers. u. mit Anmerkk. u. Erläuterr. von H. Fölix. Mit 1 Karte. In Bdes 1r u. 2r Thl. 8. Thal-Ehrenbreitstein, Gehra. 1 ₰ 8 gl.

Nachrichten von der Amerikanischen Halbinsel Californien mit einem zweyfachen Anhang falscher Nachrichten... Mannheim 1772. V: *Begert (Bägert), Jacob.* (ML) (EngG) (SO) (CBH) »1773« (Ky)

— von d. amerikan. Halbinsel Californien, (von Jak. Begert). Mit Kpf. 8. Manh. 773. Löffler. 18 gl (d. Franz in München. 4 gl)

Nachrichten. – Karlsruher Nachrichten –
1 VI.1870 – 30 VI 1894

— Karlsruher. Specialorgan f. Lokalangelegenheiten. 1874. 156 Nrn. (1½ B.) Fol. Karlsruhe 874. Gutsch. n. 4. 20

Nachrichten, Kärntner. Organ für den Gewerbe- u. Arbeiterstand. Villach, Muhr, St. Josefs-Druck. in Klgft., 1894—. Folio.

Nachrichten über den Eisenbahndirektionsbezirk Cassel in der Zeit von 1895 bis 1905 Cassel (1905). Weber & Weidemeyer 44 S. 4° [Umschlagt] 10. 4333

Nachrichten. – Kempter Neueste Nachrichten. –
1871 – 1874
Fortges. u.d.T Allgäuer Zeitung.

Nachrichten zur genauern Kenntniss der Geschichte, Staatsverwaltung ... des Königreichs Schweden. A. d. Franz.... Dresd. 1778. V: *Canzler, Joh. Gg.* Ü: *Heyde, Joh. Dan.* (CBH) (ML) (EngG) (MGT) (Kläbe, Neuestes Gel. Dresden. Leipz. 1796.)

Nachrichten zur Kenntniss Schwedens. A. d. Franz. Dresden 1778. V: *Kantzler.* (Verz. der von Meusebachschen Bibl. Berlin 1855. S. 59.)

Nachrichten von Kentucky einer neuen Niederlassung im Innern von Nordamerica an den Grenzen von Carolina und Virginien.
in Beiträge zur Völker- und Länderkunde. Th 5. S. 187—266. Leipzig 1786. 8°.

Nachrichten. – Kieler Neueste Nachrichten. –
1 V 1895 – 30 IX 1942
Vorh. u.d T Generalanzeiger

Kielische gemeinnützige Nachrichten von den Jahren 1776—89 Nr. 26 (27/6). Kiel.

—— aus der evangelischen Kirche. Redakt.: Wolf und Cörper. (1—3.) Jahrg. 1852—54. à Jahrg. 24 Nrn. (à ¼—½ Bog.) 8. Meisenheim, [Krull und Burkert.] à Jahrg. *

—— für die evangelische Kirche in Rußland, s. Mittheilungen und Nachrichten.

— aus der lutherischen Kirche Nord-Amerikas. Hrsg. v. W. Pfaff. 1.—4. Jahrg. 1887—1890. à 12 Nrn. (B.) gr. 4. Kropp, Buchhandlg. „Eben-Ezer". à Jahrg n. 2. —

Nachrichten von der Brünner neuen Kirchengemeinde. Dessau 1789. V: *Riecke, V. H.* (WBL 26/79) (BiblPort)

— von Kirchen- und Polizeysachen der Stadt Hamburg bis 1739 fortgesetzt. 6 Thle. 8. Hamburg. 731-39.

Nachrichten, Kirchliche, In wöchentlichen Blättern dem Rothburgischen Publicum gewidmet ... Rothenb. 1817—18. H: *Lehmus, Gottlieb Albrecht.* (NN) (Ky) (MGT)

Kirchliche Nachrichten: 1891—
Monthly. Organ of Die Deutsche Evangelisch-Lutherische Synode von Missouri, Ohio u. a. Staaten.
St. Louis, MO

Kirchliche **Nachrichten** für den Kreis Calbe a. S.: Jg. 1
Barby: Kropp 1908. 4°

Kirchliche **Nachrichten** aus der Domgemeinde, Halle a. S. Jg. 1.
Halle a. S. 1910: (Hendrichs). 8° [illegible] 3

Nachrichten, Kirchliche, zur 50jährigen Jubelfeier in Rakschütz. Jauer 1793. V: *Heinzel, Joh. Gfr.* (LVS)

Nachrichten u. Nachweisungen, kirchliche, über Herzog Leopold Friedrich von Anhalt u. Höchstdessen Vorfahren u. Familie vom Jahre 1676 bis zum Jahre 1867. (Von W. Buchrucker.) Dessau 867. (Aue'sche Buchh.) 8. (XI, 55 S.) n. 5 ngr.

Nachrichten und Nachweisungen, Kirchliche, über Herzog Leopold Friedrich von Anhalt und Höchstdessen Vorfahren und Familie ... Dessau 1867. V: *Buchrucker, Wolfgang.* (Ky)

Nachrichten von Klostersachen. O. O. 1777. V: *Milbiller, Joseph.* (BB)

— von Klostersachen. (Eine Satyre auf die schlechten Prediger u. Asceten von J. Milbiller.) 8. Augsb. 777. v. Jenisch u. St. 4 gr

Nachrichten. – Coblenzer Tägliche Nachrichten. –
1.XI.1890 – 31.VII.1896.

— von Hans Kohlhasen, einem Befehder der chursächsischen Lande. Mit einem Steindruck. gr. 8. Berlin, Maurersche Buchhdl. 818.

Nachrichten. – Kölner Nachrichten. –
1.IV.1870 – 31.III.1885.
Fortges. u.d.T.. Kleine Kölnische Zeitung.

Nachrichten. – Kölner Nachrichten. –
3.I.1887 – 31.III.1892.
Vorh. u.d.T.: Kleine Kölnische Zeitung.

— von d. engl. Colonien in Nordamerika. Mit 1 Karte. 8. Hamb. 778. Müller. 10 gr

Nachrichten. – Konstanzer Nachrichten. –
1.I.1886 – 31.III.1923.

Nachrichten, kosmographische, auf 1748.
Nürnberg 1750. 4°

— kosmographische, od. Samml. z. Verbesser. d. Weltbeschreibungswissenschaft auf d. Jahr 1748. Mit Kpf. 4. Wien 750. Kraus. 2 rß

— v. d. merkwürd. Kriegsbegebenheiten unter Ludwig XIV. u. XV. Aus d. Originalpap. d. Herzogs Adr. Mor. v. Noailles zusammengetragen v. Abt Millot; aus d. Französ. 6 Bde. 8. Leipz. 778. (Hahn). 2 rß 12 gr — Dass. 6 Bde. 8. Heilbr. 778. Claß. 3 rß

Nachrichten von der Krim. [Petersb. 1783.] V: *Szujew, Wasili.* (MS)

— critische, 10 Bde. und neue critische 17 Bände. gr. 8. Greifsw. 765 — 794. Jetzt Cnobloch in Leipzig. (20 Rthlr. und 34 Rthlr.)

— critische, 10 Bde, u. neue critische, 18 Bde. gr. 8. Greifsw. 765—94. (Cnobloch in Leipz.) (à 1 rß) 28 rß

— neue critische. 10 Bde. 4. Greifsw. Röse. 766—74.

— neueste critische. 17 Bde. 4. Ebend. 775—92.

— krit., aus dem Reiche d. Gelehrsamkeit rc. a. J. 1750 u. 51. 4. Berlin.

Kritische Nachrichten von kleinen medicinischen Schriften inn- u. ausländischer Akademien vom Jahre ... in Auszügen u. kurzen Urtheilen dargelegt von Christian Gottfried Gruner. Th. 1. 2. Leipzig: Böhme 1783 - 84. 1 Bd 8°
Th. 1: vom Jahre 1780. 1783.
Th. 2: vom Jahre 1780 u. 1781. 1784.

Nachrichten, Kritische, von dem gegenwärtigen Zustande des Teutschen Parnasses ... [Leipzig 1774.] V: *Schmid, Christian Heinrich.* (MGT) (ML)

Nachrichten, Kritische und zuverlässige, von den neuesten Schriften für die Liebhaber der Philosophie und schönen Wissenschaften. Jena u. Leipzig 1761—63. H: *Schwarz, Johann Friedrich.* (Ky) (MGT) (BrMm)

— z. Kunde d. vornehmsten derzeit. außereurop. Fürsten, ihrer Familien u. Besitzungen; nebst Beschreib. des letzten Türk. Krieg's (v. G. A. v. Breitenbauch). Mit 1 Karte u. 15 Geschlechtstafeln. 8. Leipz. 793. Mit n. Tit. 808. (Fr. Fleischer). 1 rß 8 gr (Vergl. v. Breitenbauch, Stammtafeln rc.)

Nachrichten zur Kunde der vornehmsten derzeitigen aussereuropäischen Fürsten ... Leipzig 1793. V: *Breitenbauch, Gg Aug. v.* (MGT) (Ky)

-- z. Kunde d. Fürsten, ihrer Familien und Besitzungen. 8. Leipzig, Feind. 808.

Nachrichten über die preußischen Kunstgewerbeschulen. Zsgest. gelegentl. der mit d. 3. Deutschen Kunstgewerbeausstellung in Dresden 1906 verbundenen Ausstellung preuß. Kunstgewerbeschulen. Berlin. Kgl. Preuß. Ministerium f. Handel u. Gewerbe (1906). (151 S.) 8° [07.9303 10

Nachrichten von Künstlern und Kunstsachen. Leipzig 1768—71. V: *Heinecken (Heineken), Carl Heinrich von.* (ML) (Mn) (Ky) (BrMm) (Ebert) (Cat. d. Stadtbibl. Zürich. Zürich 1864-97.) »1768-86« (EB)

— v. Künstlern u. Kunstsachen, (v. K. H. v. Heinecken) 2 Thle. gr. 8. Wien 768—70. Kraus. (Taubert in Leipz.) 2 ℛ 12 g.

Nachrichten, Neue, von Künstlern und Kunstsachen. Dresden u. Leipzig 1786. V: *Heinecken, Carl Heinrich von.* (will) (ML)

neue, von Künstlern u. Kunstsachen, v. Heimke. 1r Thl. m. K. gr. 8. Dresden, Richter. 786.

Nachrichten von allen in Dresden lebenden Künstlern gesammelt und herausgegeben. Leipzig 1788. V: *Keller, Heinr.* (Bibl. Ceroniana Nr. 333) (Ky 3/325) (Allg. Litteratur-Zeitung. Jena 1789. I, Sp. 315) (BiblPort)

— v. allen in Dresden lebenden Künstlern rc. gr. 8. Leipz. 788. Dyck. 14 g.

Nachrichten über den Kunst-Verein und über die Kunstausstellungen in Halberstadt, in den Jahren 1868 u. 1869. Halberstadt 8°.

Nachrichten, curieuse, von dem Ritter St. Goris. 8. Nancy. 717.

Curieuser *Nachrichten aus dem Reich der Beschnittenen* Unterredung 1—4 (cplt. in 1 vol.), zwischen *Sabathai Sevi* (s. ob. Nr. 2297), einem in dem vorigen Seculo in den Morgenländern höchst-berüchtigt gewesenen Jüdis. Ertzbetrüger u. dem fameusen *Württembergischen Avanturier, Jud Joseph Süss Oppenheimer*, worinn dieser beeder beschnittenen Spitzbuben Leben u. Begebenheiten entdecket u. noch andere zur Erkenntnuss jüdischer Geschichte, Gebräuche Ceremonien dienliche u. lesenswürdige Sachen mit angebracht werden. Stück 1—2 Franckfurt u. Leipzig 1737—38. Stück 3—4 Gedr. zu Cana in Galiläa, 1738. 4°. Wenige Bll. kurzrandig u. fleckig, sonst schönes Expl. in eleg. weiss. Hpgmtb.

Eins d. ausführlichsten u. merkwürdigsten Bücher über Süss O. Mit einer Menge z. Th. sehr derber und cynischer Spott Gedichte. — Sehr selten! I 05 S. II 00 S. III ... S. 1 S. 1 leeres Bl. IV 76 S. (Hier springt d. Seitenz. von 10 auf 21, ohne dass etwas fehlt.)

Nachrichten, Kurze biographische, der vornehmsten schlesischen Gelehrten, die vor dem achtzehnten Jahrhundert gebohren wurden . . . Grottkau 1788. V: *Peuker, Johann Georg.* (LVS) (Nent) (BrMm)

Nachrichten, Kurze, von Rigaischen Buchdruckern . . . Riga 1795. V: *Bergmann, Liborius von.* (R-N)

Nachrichten, Kurze, über einige öffentliche Gebäude und Anstalten in Riga. [Riga 1819—28.] V: *Schweder, Johann Gotthard Dietrich.* (R-N)

Nachrichten, Kurze, von merkwürdigen Gelehrten des Hochstifts Wirzburg in den vorigen Jahrhunderten. Frankf. u. Leipzig 1794. V: *Stumpf, Andreas Seb.* (Ky) (MGT) (will)

Vgl. Nachricht, Biographische, ...

Nachrichten, Kurze, von der teutsch-reformirten Gemeinde in Magdeburg . . . Magdeburg 1781. V: *Küster, Carl Daniel.* (Adel) (Ky) (MGT)

Nachrichten, Kurze, von den Generalsuperintendenten Livlands. Riga [1814]. V: *Bergmann, Liborius von.* (GGr)

Nachrichten, Kurze doch gründdlich historische, von den neuesten Staats- und Welthändeln unserer Zeiten . . . Nürnberg 1744—46. V: *Scharfenstein, Julius Friedrich.* (will) (ML)

— von den neuesten Staats- und Welthandeln uns. Z. s. den Tod Carls VI. rc. 4. Frft. Varrentrapp. 745.

— kurze, von dem Leben und Wirken des am 6. July 1820 verstorbenen Prof. Joh. Gottl. Schmidt zu Pforte. Nebst einigen Gedichten des Verstorbenen. (v. K. C. G. Schmidt.) 8. Leipzig, Hinrichs. 821.

Nachrichten, Kurze, aus dem Leben und Wirken des . . . Prof. Joh. Gl. Schmidt zu Pforte . . . Leipzig 1821. V: *Schmidt, Carl Chn Glieb.* (Ky)

—— kurze, v. d. Liederdichtern d. Gesangbuchs f. d. Großh. Baden, s. Gesangbuch.

— kurze, von den Liederdichtern des Gesangbuchs für die evangel.-protestant. Kirche im Großherz. Baden. 8. Karlsruhe 839. Groos. 1/12 ℛ weiß Pap. 1/8 ℛ

Nachrichten, Kurze, von den adelich-fürerischen Majorat- und Fideicommissgütern. O. O. 1791. V: *Müller, Christian Gottlieb.* (MGT)

— kurze, über die Mineral-Quellen, kohlensauren Gas-, salzsauren Dampf- u. Schlamm-Bäder, so wie über d. Molken-Anstalt zu Kissingen. gr. 12. (Mit 1 Tab.) Frankfurt a/M. 841, Jügel. n. 1/4 ℛ — 2. verm. Aufl. 8. Ebend. n. 1/3 ℛ — 5. verm. Aufl. Nebst e. Anleitung zum Verbrauche des versendeten Rakoczy u. Marbrunnen, (von Dr. Balling.) Mit 1 Stahlst. gr. 8. Ebend. 844. n. 1/3 ℛ

Nachrichten, Kurze, über die Mineral-Quellen ... zu Kissingen. Frankfurt 1841. 5. Aufl. 44. H (und V d. Anleitung z. Verbrauche): *Balling, Franz Anton.* (Ky) (EngM)

KURZE NACHRICHTEN ÜBER DIE OBERLAUSITZER WENDISCHE PREDIGERGESELLSCHAFT ZU LEIPZIG.
(Mittheilung 1.) Vom 10. December 1831 bis dahin 1832. s. l. & a. 4°.
Mittheilung 2. (Vom 10. December 1832 bis dahin 1835.) s. l. & a.

KURZE NACHRICHTEN ÜBER DIE LAUSITZER WENDISCHE PREDIGERGESELLSCHAFT ZU LEIPZIG.
Mittheilung 3. (Vom 10. December 1835 bis dahin 1838.) (Leipzig. Gedruckt bei Friedrich Rückmann.)

KURZE NACHRICHTEN ÜBER DIE LAUSITZER PREDIGERGESELLSCHAFT, später: PREDIGER-GESELLSCHAFT ZU LEIPZIG.
Mittheilung 4. (Vom 10. December 1838 bis dahin 1841.) (ib. —)
Mittheilung 4. (sic! pro 5.) (Vom 10. December 1841 bis dahin 1844.) (ib. —)
Mittheilung 6. (Vom 10. December 1844 bis dahin 1847.) (Leipzig. Druck von Fr. Nies.)
Mittheilung 7. (Vom 10. December 1847 bis dahin 1850.) (Bautzen. Gedruckt bei C. G. Hiecke.)
Mittheilung 8. (Vom 10. December 1850 bis dahin 1853.) (ib. —)
Mittheilung 9. (Vom 10. Dezember 1853 bis dahin 1856.) (ib. —)
Mittheilung 10. Vom 10. Dezember 1856 bis dahin 1859. Bautzen 1860. Druck von Chr. Fr. Hiecke.

Kurze Nachrichten über die Kgl. rheinisch-westfälische polytechnische Schule zu Aachen <Rheinprov., Königr. Preussen>. Eröffnet im Jahre 1870.

Kurze Nachrichten über den Plauen'schen Stadtwald und die Anpflanzungen im Stadtgebiete nebst Führer für den am 22. Juni 1885 seiten des Sächsischen Forstvereins in den Stadtwald stattfindenden Waldgang nebst Waldkarte mit Angaben der durch den Stadtwald führenden Wege - Plauen 1885 7 S., 1 Kt.

Nachrichten, Kurze, von der Insel Sylt. Kopenh. 1792. V: *Ambrosius, Eduard.* (Ky) (MS) (MGT) (Collin, Anonymer. Kiobenh. 1869.) (Kordes, Schlesw.-holst. u. eutin. Schriftst. Schleswig 1797.)

Kurtze, vollst. Nachrichten von Kriegs und Siegs-Begebenheiten in Italien, Piemont und Flandern, auch am Ober-Rhein, Seetreffen bey Toulon u. Uebergang der Kgl. Ungar Armee über den Rhein. (16.) 4. M. 2 K. Frankfurt a. M. 1744

Nachrichten, Kurzgefasste, von den bekanntesten deutschen Nationalbühnen und von den Nationaltheatern zu Wien und der damit verbundenen Operette insbesondere. 1779. V: *Schmidt, Joh. Fch.* (Theaterkalender 1779. Gotha. S. 204) (BiblPort)

Nachrichten: Kurzgefaßte allgemein politische Nachrichten für Bündten
② Allgemein politische Nachrichten für Bündten ④ Was giebts neues? ⑤ 1781—1785 ⑥ 8° ⑦ wöchentlich 2× (1781—1784), Wochenblatt (1784—1785) ⑧ Chur: Bernhard Otto ⑬ BGSZ: 1000 ⑭ Ch: Bibliothek Tscharner, St. Margrethen; Maienfeld: Bibliothek Sprecher

Nachrichten Von der Lage, der Geschichte des Rehburger Gesundbrunnen und Bades. Hannover 1773. V: *Weber, Chr.* (Loewe, Bibliogr. d. Hann. u. Braunschw. Gesch. Hann. 1908. S. 341.)

Einige Nachrichten über die Lagerung der Truppen unter Zelten für die Intendanturen der preuß. Armee. (Mit) Atl Berlin 1823. 8° u. 4°

— des statistischen Landesamts f. Elsass-Lothringen. (Neue Folge.) 1 Jahrg. April 1910—März 1911 12 Nrn (Nr. 1 u 2. 29 S. m. Abbildgn. u. 1 farb. Taf.) gr. 8. Strassburg, Heinrich'sche Buchh. 1. 50

Nachrichten üb. das königl.-hannoversche Landgestüt zu Celle. (Hann.) 1863. 14 S. P

Nachrichten: Landwirtschaftliche Nachrichten für Bünden, hauptsächlich dem Landmann gewidmet
⑤ 1799 ⑥ 8° ⑧ Marschlins Neue Buchdruckerei ⑩ Carl Ulysses v Salis, Marschlins ⑬ BGSZ: 1023; Klages (Zeitschriften), Nr 32 ⑭ Ch K.

„Nachrichten der Königl. Großbritt. Kurfürstlich Braunschweigisch-Lüneburgischen Landwirthschaftsgesellschaft, von der Verbesserung der Landwirthschaft und des Gewerbes", 2 Bände, je 12 Stücke, 3. Band, 1.—3. Stück, Celle 1764—1778 (Gsellius). — Vorh.. UB Göttingen. Fortsetzung „Neue Abhandlungen und Nachrichten der Königl. Großbritt. Kurfürstlich Braunschweigisch-Lüneburgischen Landwirthschaftsgesellschaft", 4 Bände, Celle 1787—1794 (Hannover, Hahn). — Vorh. UB Göttingen. Fortsetzung „Annalen der niedersächsischen Landwirthschaft", herausgegeben von der K. Landwirthschaftsgesellschaft zu Celle, durch A. Thaer und J. C. Benecke, Celle 1799 ff. Fortsetzung „Cellische Nachrichten für Landwirthe, besonders im Königreich Hannover", 1. Bd., 4 Hefte, Hannover 1820—1826 (Hahn). 2. Bd., 2 Hefte, hersg. v. L. Schaake, ebenda 1832.

Der königl. grossbritt. churfürstl. braunschw.-lüneb. Landwirthschaftsgesellschaft Nachrichten v. Verbesserung d. Landwirthschaft u. d. Gewerbes. Bd. 1 (Samml. 1-6 1765-68), Bd. 2 (Samml. 1-3 1768-69). Zelle 1768, 1772(¹).
(Bd. 2 Samml. 4-5. 1770-71 mgl.).
— - 2. Druck. Bd. 1 (som ovf., 2 Vol.). Sst. 1769.

— der Braunschweig-Lüneburg. Landwirthschaftsgesellschaft. 1n, 2n u. 3n Bdes 1s—3s Stück. 8. Zelle 765—79. (Schulze). 2 ß 12 gr.

Nachrichten vom Deutschen Landwirthschaftsrath. Im Auftr. d. Vorstandes hrsg. vom Generalsekr Dr [Heinrich] Dade. Jg. 1—7. *Berlin. P Parey in Komm. 1896—1902.* 7 Bde 4° [F.]
Forts. s. u. d. T Zeitschrift f. Agrarpolitik. 1903. 103. 3134

— v. deutschen Landwirthschaftsrath. Im Auftr. des Vorstandes hrsg. v. Dade. I. Jahrg. Juni – Dezbr. 1896 9 Nrn. gr. 4. (105 S.) Berlin (P. Parey). n. 8. —

— dasselbe. II. Jahrg. 1897. 11 Nrn. gr. 4. (383 S. Ebd. n. 8. —; f. Mitglieder landwirthschaftl. Vereine (durch d. Redaktion) n.n.n. 2. —

— dasselbe III. Jahrg. 1898. 12 Nrn. (à ca. 28 Sp.) gr. 4. Ebd. n. 2. 80

— vom deutschen Landwirthschaftsrath. Im Auftrage des Vorstandes hrsg. von Dade. 4.—7. Jahrg. 1899—1902. à 12 Nrn. gr. 4. (VIII, 536; 224; IV, 480 u. VI, 356 Sp.) Berlin (P. Parey). à Jahrg. n. 2. 80

— vom deutschen Landwirthschaftsrath, Fortsetzg., s.: Zeitschrift f. Agrarpolitik.

Nachrichten. – L a u e n b u r g e r Neueste Nachrichten. – Lauenburg/Pommern – 1910 – 31.XII 1912(?)

— über die Laufbahn des Maschinistenpersonals u. der Marine-Ingenieure der kaiserl. Marine. gr. 8. (11 S.) Berlin (899). (E. S. Mittler & Sohn.) n.n. — 25

Nachrichten von dem Leben, Charakter und Schriften Ph. Doddrige's; a. d. Engl. Leipz. 1769. V: *Orton, Hiob.* Ü: *Lindner, Paul Gottlob.* (winer)

— v. d. Leben u. Charakter Ph. Doddridge; aus d. Engl. 8. Leipz. 769. (Brockhaus). 14 gr.

— v. d. Leben ꝛc. Ph. Doddridge, s. Leben.

— einige, von dem Leben, Charakter und Schriften S. W. Oetters. gr. 8. Nrnb. Raw. 792.

Nachrichten von dem Leben, Charakter und Schriften . . . J. H. Pratje. Stade 1791. V: *Schlichthorst, Herm.* (Ky) (winer)

Nachrichten von dem Leben und den Erfindungen der berühmtesten Mathematiker . . . Münster 1788. V: *Hollenberg, Georg Heinrich.* (MGT) (Ky) (BrMm) (Rotermund, Gel. Hannover. Bremen 1823.)

Nachrichten von dem Leben und den Erfindungen der berühmten Mathematiker. In alphabetischer Ordnung. Münster. Perrenon. 8. 1. Th., welcher die bis jetzt bereits verstorbenen enthält. 308 S. 8. 1788.

— v. d. Leben u. den Erfindd. d. berühmten Mathematiker (von G. H. Hollenberg). 8. Münster 788. (Coppenrath). 12 gr.

— v. dem Leben d. Königl. Preuß. Geheim. Rathes u. Dr. der Arzneiwissenschaft, Ernst Ldw. Helm, gesammelt, zur Feier seines 50jähr. Doctor-Jubil. d. 15. Apr. 1822. 2e Aufl. gr. 8. Berl. 822. Herbig. 18 gr.

Nachrichten von dem Leben des . . . Ernst Ludwig Heim . . . Berlin 1822. V: *Kessler, Gg Wilh.* (GGr) (Ky) (Call)

— v. d. Leben u. d. Hinrichtung Patkuls, aus authent. Nachrichten. 8. Götting. 783. Vandenhöck u. R. 4 gr.

Nachrichten, die zum Leben der Frau von Maintenon und des vorigen Jahrhunderts gehörig sind, a. d. Franz. Leipz. 1757. V: *Angliviel de la Beaumelle, Laurent.* (BGE) Ü (1): *Gottsched, Luise Adelg. Vict. geb. Kulmus.* (2): *Runkel, Dorothea Henr. von geb. Rother.* (3): *Gottsched, Joh. Chph.*

— zum Leben d. Frau v. Maintenon; aus d. Französ. 3 Bde. gr. 8. Berl. 761. Rüdiger. 2 rthl. 8 gr.

— aus d. Leben u. üb. die Musik-Werke Carl Maria v. Weber's. Mit dess. Portr. gr. 4 Berl. 827. Trautwein.

Nachrichten zu dem Leben des Franz Petrarca an seinen Werken und den gleichzeitigen Schriftstellern. Lemgo 1774—79. V: *Sade, Jacques François Paul Alphonse de.* Ü: *Heinse, Johann Jakob Wilhelm, Klamer Schmidt & Johann Lorenz Benzler.* (schstr S. 221)

Nachrichten zu dem Leben des Franz Petrarca aus seinen Werken . . . Lemgo 1774—78. V: *Sade, Jean Franç. Jos. Marq. de.* (BrMm) Ü: *Schmidt, Klamer Eberhard Carl.* (MGT) »1774—79« (Ky)

— zu d. Leben d. Frz. Petrarka, (v. Kl. Eb. K. Schmidt). 3 Bde. 8. Lemgo 774—79. Meyer. 4 rthl.

Nachrichten vom Leben, Schicksal und Bekehrung Fr. Albr. Augusti, eines jüdischen Rabbi. Gotha 1783. V: *Augusti, Ernst Frdr. Anton.* (Ky)

— vom Leben, Schicksal u. Bekehr. Fr. Albr. Augusti, e. jüd. Rabbi. (Von Ern. Fr. Ant. Augusti). 8. Gotha 783. Ettinger. 9 gr.

Nachrichten. Einige N von dem Leben Herrn Georg Christoph Toblers. (1702-1784), gewesnen Pfarrers zun Predigern [in Zürich] [Mit Porträt-Tafel] Zürich 1784. 8°

Nachrichten, Einiche, von dem Leben und Verrichtungen Meister Frantz Kolbs von Röthelen. Bericht von Peter Kuntzen von Schönthal, dem eyferigen Reformator des Niederen Siebenthals. Bern 1744. V: *Scheurer, Samuel.* (zuwzür 12, 1908, IV, S. 108)

Nachricht Einiche N Von dem Leben Meister Frantz Kolbs von Röthelen Bern 1742 s.a. [Scheurer, Samuel]. Bernerisches Mausoleum Bern 1740(–1743).

NACHRICHTEN UND LEBENSBILDER AUS DEM LEBEN UND WIRKEN DER NATURFORSCHENDEN GESELLSCHAFT DES OSTERLANDES während 40 Jahrgängen ihres Bestehens, vom 1. Juli 1817 bis 1. Juli 1857, zusammengestellt aus den Protocollen, Jahresberichten und Correspondenzen, aus Acten des Herzogl. Geheimen Ministeriums und der Herzoglichen Cammer, beziehungsweise aus den gedruckten »Mittheilungen aus dem Osterlande« von einem in Altenburg einheimischen ordentlichen Mitgliede Edler VON BRAUN). s. l. & a. (1860). 8°

— lebensgeschichtliche, üb. die Liederdichter, welche im Neuen Gesangbuche f. die evangel. Kirche der Pfalz angeführt sind. 16. Gabe d. evangel. Vereins f. die Pfalz. 12. (181 S.) Westheim 859. Kaiserslautern, Buchh. d. evang. Vereins f. die Pfalz. — 90

Nachrichten, Einige, von den Lebensumständen des verstorbenen Maria [C. Brentano] . . . Bremen 1802. V: *Winkelmann, August Stephan.* (GGr)

Nachrichten von den Lebensumständen und Schriften evangelischer Prediger in allen Gemeinden des Königreichs Ungarn. Leipzig und Ofen 1789. V: *Klein, Joh. Samuel.* (wrztg 1789, Nr. 19, S. 560; S. 3076) (WBL 46/248) (GGr VII/38e) (biblport)

Nachrichten über die Lehr- und Erziehungsanstalt zu Friedrichstadt-Dres den, und Darstellung ihrer jetzigen Verfassung nebst einem kurzen Jahresberichte. Einladung zu den öffentlichen Prüfungen der Zöglinge den 17. und 18. April 1848. Dresden [1848]: Ramming. 68 S., 5 Bl. 8⁰ [Umschlagtit.]
110.

Erneuerte **Nachrichten** über die unter dem Namen des Freimaurer-Institutes zuFriedrichsstadt[!]-Dresden bestehende Lehr- und Erziehungsanstalt, und Darstellung ihrer jetzigen Verfassung. Zugleich Bericht über das sechs und siebzigste Schuljahr, von Ostern 1848 bis dahin 1849, als Einladungsschrift zu den öffentlichen Prüfungen der Zöglingen, den 2. und 3. April, nachmittags von 3 Uhr an, nebst zwei Beilagen: A. Über die allgemeinen Bestimmungen zur Aufnahme etc. B. Über das Reglement der Zöglinge. Dresden [1849]: Arnoldi i. Komm. 64 S. 8⁰. [Umschlagtit.]
[Beigebunden: Hausordnung und Stundenpläne der verschiedenen Klassen.] 10 Bl.

Fortgesetzte Nachrichten über die unter dem Namen des Freimaurer-Institutes das sieben und siebzigste Jahr: von 1849. bis 1850. bestehende Lehr- und Erziehungs-Anstalt zu Friedrichstadt-Dresden und ihre jetzige Verfassung; zugleich als Einladungsschrift zu den öffentlichen Prüfungen der Zöglinge, den 25. und 26. März, des Nachmitt. von 3 Uhr an. Dresden [1850]: Ramming. 27 S. 8⁰. [Umschlagtit.]

Fortgesetzte Nachrichten über die seit 80 Jahren bestehende Lehr- und Erziehungs-Anstalt für Knaben zu Friedrichstadt-Dresden, bekannt unter dem Namen: Freimaurer-Institut, zugleich als Einladung zur Feier des Johannis-Festes am 27. Juni, 1852. Dresden [1852]: Ramming. 64 S. 1 Taf. 8⁰
Tt. 1240. 439.

Nachrichten über die seit 84 Jahren bestehende Lehr- und Erziehungs-Anstalt für Knaben zu Friedrichstadt-Dresden, bekannt unter dem Namen: Freimaurer-Institut, zugleich als Einladung zur Feier des Johannis-Festes am 29. Juni 1856. Dresden 1856: Ramming. 84 S. 3 Taf. 8⁰
Mit Grundrissen. 193.

Nachrichten, Lehrreiche, für einen Reisenden in verschiedene europäische Staaten. A. d. Franz. . . . Berlin 1738—39. V: *Merveilleux, David Franç. de.* (CBH)

Nachrichten. – Leipziger Nachrichten – 1861 – 30.IX 1892.
Fortges. u.d.T. Leipziger Neueste Nachrichten

Nachrichten. – Leipziger Neueste Nachrichten – 1.X 1892 – 18.IV 1945
Vorh. u.d.T Leipziger Nachrichten.

Nachrichten von dem Lekturcabinet zu Salzburg. 1787. V: *Schalhammer, von.* (H. F. Wagner, Anonym in der Salzburger Litteratur, S. 11) (BiblPort)

— für diejenigen jungen Leute, welche in die Unteroffizier-Vorschulen zu Weilburg, Annaburg u. Neubreisach einzutreten wünschen. 4 (2 S.) Berlin 888. Mittler & Sohn. —15

— für diejen. jungen Leute, welche in d. Unteroffiziervorschulen einzutreten wünschen. [Aus: „Dienstvorschrift f. d. Infanterie-Schulen".] 8. (4 S.) Ebd. 895. —10

— für junge Leute, die in Unteroffizierschulen einzutreten wünschen. [Aus: Dienstvorschrift f. die Infanterieschulen".] gr. 8. (4 S.) Ebd. 901. —10

Nachrichten von Niedersächsischen berühmten Leuten und Familien. Frankf. u. Leipzig 1768—69. H: *Winkler, Johann Dietrich.* (ML) (Ky)

Nachrichten v. Niedersächs. berühmten Leuten u. Familien, (hrsg. v. J. D Winckler). 2 Bde. Hamburg 1768—69. 8.

— von niedersächsischen ber. Leuten und Familien. 2 Bde. 8. Hamburg, Brand. 768-69.

Nachrichten, f. Liebhaber d. Kanarienvögel rc. 8. Cöln, Fabricius. 800. Rthlr. -

Nachrichten von Liederdichtern des augsburgischen Gesangbuches. 2. Aufl. Schwabach 1775. V: *Hörner, Joh.* (ADB 16, 328) (Neuer dtsch. Bücherschatz [v. Karl Biltz]. Berlin 1895. S. 70.)

Nachrichten, Literarische, von den Ausgaben der Landgerichts-Ordnung. Kiel 1772. V: *Christiani, Wilhelm Ernst.* (Collin, Anonymer. Kiobenh. 1869.)

Nachrichten, Literarische, von den Werken der besten Schriftsteller. Wien 1775—76. H: *Rosalino, Franz von Paula.* (Ky)
Vorh.unt.d.T.:Auszüge aus den besten litterar.Journalen Europas. Wien 1773ff.

— literarische, von d. Werken d. besten Schriftsteller. 1775. 4 Quartale u. 1776 1 Quartal. 8. Wien, Trattner.

Nachrichten, Litterarische, von dem itzigen Zustande der baierischen Universität in Ingolstadt . . . Frankfurt und Leipzig 1787 V: *Hübner, Ignaz.* (Erman & Horn, Bibliogr. d. dtsch. Universitäten. 2. Leipzig u. Berlin 1904.)

Nachrichten, Litterarische, vom neuesten Zustand der Universität Ingolstadt. Ingolstadt 1787. V: *Hübner, Ignaz.* (Ky) (MGT) (Kn)

Nachrichten aus der neuesten gemeinnützigen Litteratur. [Altona 1791.] V: *Niemann, Aug. Chn Hnr.* (MGT)

Nachrichten, Einige, von der Portugiesischen Litteratur und von Büchern, die über Portugal geschrieben sind. Frankfurt a. O. 1779. V: *Junk, Johann Andreas von.* (EngG) (MS)

— einige, von der portugief. Literatur. 8. Frankfurt, Strauß. (Academ. Bchhdl. in Jena) 779.

— von der portugiesischen Literatur. 8. Frankfurt a. d. O. 779. Jetzt Filtiner.

— einige, v. d. portugief. Literatur. 8. Frankf. a. O. 779. (Sander in Berl.) 9 gr

Nachrichten. – L ü b e c k e r Nachrichten –
30 VIII 1900 – 31.III 1919
Vorh u.d T Eisenbahn-Zeitung (Hamburg-Bergedorf, sp Lübeck).
Fortges. u.d.T Lübecker Vorstadt-Zeitung.

— aus dem Luisenstift zu Niederlößnitz. Zur Erinnerg. an die am 12. Oktbr. 1882 festlich begangene 25jähr. Jubelfeier. gr. 8. (96 S.) Dresden 883. (J. Naumann.) n. 1. —

Nachrichten von der Stadt Luzern und ihrer Regierungsverfassung . . . Luzern 1784. V: *Balthasar, Joseph Ant. Felix von.* (AarK) (EngG) (Cat. d. Stadtbibl. Zürich. Zürich 1864—97.)

Luzerner Nachrichten (I)
① Organ des Luzernischen Bauernvereins (1864). Handels- und Markt-Anzeiger für die Centralschweiz (ab Nr 43, 1868—Nr 98, 1869) ⑤ 12. 12. 1863 —20. 4. 1870 ⑥ 4° ⑦ wöchentlich 2× ⑧ Luzern Bolzernsche Druckerei ⑨ Der Landwirth, auch mit Extra-Abonnement (1865—1866) ⑩ A. Bolzern ⑪ A. Bolzern, L. Schmid (1869) ⑫ Vertreter bäuerlicher Interessen ⑬ BGSZ 1028, 1032 ⑭ Lu Z ⑮ Die Beilage «Der Landwirth» wurde 1867 zu einem eigenen Organ ausgebaut. 1868 (Nr 43) wurde noch eine Unterabteilung geschaffen Handels- und Gewerbe-Zeitung, nachdem der «Handels- und Markt-Anzeiger für die Centralschweiz» mit den «Luzerner Nachrichten» vereinigt worden war.

— Mainzer stenographische. (System Stenotachygraphie.) Organ d. Stenotachygraphen-Verein Mainz. Red.: J. Winterholer. 1. Jahrg. Juli 1898—Juni 1899. 12 Nrn. (à ca. 4 S.) gr. 8. Mainz (Kirschgarten 19). Stenotachygraphen-Verein. n. 2. —

— Mainzer stenographische. (System Stenotachygraphie.) Organ des Stenotachygraphen-Verein Mainz. Red.: J. Winterholer. 2. Jahrg. 1899. 12 Nrn. gr. 8. (à ca. 4 S.) Mainz (Kirchgarten 19), Stenotachygraphen-Verein. n. 2. —

— von den vortrefflichen Männern aus den Prediger-Orden, welche 1745–48, in China gemartert worden. 8. Augsburg, Veith.

Nachrichten des Männerturnvereins München v. 1870, Nr. 1—13, München 1909—1912, Gr.-8°.

Nachrichten von einigen im Fränckischen Creyse befindlichen Arabischen, Türckischen und Persischen Manuscriptis. [Leipzig 1726.] V: *Schulze, Joh. Hnr.* (will)

— über die Marine-Ingenieurlaufbahn. (Mrz 1906.) (11 S.) 8. Berlin (906). (E. S. Mittler & Sohn.) n. — 20

— üb. die Marine-Ingenieurlaufbahn. (Febr. 1909.) (11 S.) 8. Berlin, E. S. Mittler & Sohn. — 20

Nachrichten. – M e c k l e n b u r g e r Nachrichten. –
Schwerin – 1.IX.1887 – 30.IV 1929
Vorh. u.d T Mecklenburgische Landesnachrichten.
(Stavenhagen)

Nachrichten. – M e c k l e n b u r g i s c h e Nachrichten. –
Schwerin. – 26.IV 1749 – 2.I.1807
Fortges u.d.T Mecklenburg-Schwerinsche Anzeigen

— medizinalstatistische. Im Auftrage des Hrn. Ministers der geistl., Unterrichts- u. Medizinal-Angelegenheiten hrsg. v. kgl. preuss. statist. Landesamte. 1. u. 2. Jahrg. 1909 u. 1910. à 4 Hefte. (V, 579 u. IV, 634 S.) Lex. 8. Berlin, Verlag des königl. statist. Landesamts. à Jahrg. 6. —

Nachrichten und Bemerkungen, Einige medizinische, über Burtcheid bei Aachen. Aachen 1804. V: *Hesse, F. E.* (KGBerlin II, 2570)

Medicinischer und chirurgischer berlinischer wöchentlicher Nachrichten ... Jahrgang, ... Zsgetr. u. mit e. Reg. versehen von Samuel Schaarschmidt. Jg. (4-6: Th.) 1-6. Berlin: Rüdiger (4 ff.: Schütz) 1742-48. 3 Bde 8°

[Fortges. u.d.T.:] Samuel Schaarschmidts medicinischer und chirurgischer Nachrichten ... Th. Th. 4/6. 1748

Jg. 1: Nebst e. Vorr. Friedrich Hoffmanns [1660-1742]. 1742.
Jg.2.3: 1742.
Th.4/6: Mit e. Reg. nebst e. Vorr. versehen u. hrsg. von August Schaarschmidt. 1748.

Nachrichten: Medizinische naturwissenschaftliche Nachrichten v. Schweizer Familienheim.

Nachrichten vom Baltischen Meere, aus dem Reiche der Gelehrsamkeit, der Sittenlehre ... Hamburg 1765—67. V: *Camerer, Johann Friedrich.* (ML) (Ky) (BB) »Hadersl. 1765—66« (Collin, Anonymer. Kiobenh. 1869.)

— v. baltischen Meere, aus d. Reiche der Gelehrsamkeit u. der Sittenlehre, d. Haushaltung, d. schönen Wissensch. u. Künste rc. (v. J. F. Camerer). 2 Thle. 4. Hadersleben 765, 67. Hertel.

Meiringer Nachrichten
① Anzeiger von Oberhasli (auch Oberhasle) ④ Der Oberhasler (v sub 15) ⑤ 25. 6. 1891—(Ende?) 1897 ⑥ 2° ⑦ halbwöchentlich ⑧ Meiringen J. Nägeli ⑨ Illustriertes Sonntagsblatt ⑩ J Nägeli ⑬ BGSZ 973 ⑭ Be St ⑮ 1897 Fusion mit dem »Oberhasler«, dessen Titel auf das neue Blatt übergeht.

— merkantilische, aus Königsberg. gr. 8. Berlin 800. (Leipzig, Fr. Fleischer.) 1/4 ℔

— merkantilische, aus Königsberg. 8. Berl. 800. (Köchly). 6 ℊ

— merkantilische, aus Petersburg. gr. 8. Berlin, Lagarde. 800.

Merkwürdige historische Nachrichten von denen bei den jetzigen Kriegen von neuem bekannt gewordenen Volkern [Leichte Truppen Oesterreichs] 8. Jena 1743.

—— von den bey jetzigem Kriege bekannt gewordenen Völkern. 4 Thle. 4. Jena, Marggraf. 743-46.

Nachrichten, merkwürdige, von den *Jesuiten in Weissreussen* (1772—1780), in Briefen. Aus d. Italien. Frankfurt u. Leipzig 1785. 8°. Ppb.

Durchaus jesuiten- u. russenfreundlich! 368 S. — Orig „Lettere critiche in schiarimento del vero stato attuale dei Gesuiti nella Russia Bianca, e loro difesa nel Noviziato da essi apertoci; col seguito delle altre cose favorevoli ai medesimi accordate negli Stati dell'Imperatrice delle Russie, del Re di Prussia, nel Portogallo, ed altrove; diretto al Sig. Marchese**** In Firenze (Roma?) 1780." 8°

Nachrichten, Merkwürdige, von den Jesuiten in Weissreussen ... A. d. Ital. Frankf. u. Leipzig 1785. Ü: *Murr, Christoph Gottlieb von.* (AarF) (BrMm)

— merkwürd., von den Jesuiten in Weißreussen; aus d. Italien. v. C. G. v. Murr. 8. Frkf. u. Leipz. 785. (Zeh in Nürnb.) 20 ℊ

Nachrichten u. Merkwürdigkeiten von Gibraltar 8 Hannover 1776

—— üb. die Mineralquellen u. Kurorte des Herzogth. Nassau. gr 8. (24 3/8 B.) Wiesbaden 843, (Friedrich'sche Bh.) *
Aus Medizin. Jahrb. f. d. Herzogth. Nassau besond. abgedruckt.

Nachrichten, Das geistliche Ministerium und die Kirchengeschichte in Danzig betreffende. Frankf. u. Leipzig 1779. V: *Lengnich, Carl Benjamin.* (ML) »Danzig 1780« (Ky)

Nachrichten aus der Basler Mission
⑤ Juni 1908—November/Dezember 1939 ⑥ 8° ⑦ jährlich 3—6× ⑧ Basel: Basler Druck- und Verlagsanstalt ⑩ Aargauisches Komitee für die Basler Mission ⑭ Be L ⑮ Beilage des Wochenblattes »Christlicher Volksbote aus Basel« und mehrerer anderer protestantischer Blätter

— aus der ostafrikanischen Mission. Red.: C. G. Büttner. Jahrg. 1887—1889. à 12 Nrn. (B.) gr. 8. Berlin, (Oehmigke's Buchhandlg.) à Jahrg. n. 1. 50

— dasselbe. Red.: L. Beyer. Jahrg. 1890. 12 Nrn. (B.) gr. 8. Berlin, (Matthies). 1. 50

— aus der ostafrikanischen Mission. Red.: L. Beyer. Jahrg. 1891. 12 Nrn. (à ca. 1 1/2 Bog.) gr. 8. Berlin (Oehmigke's Sort.) n. 1. 50

— dasselbe. Red.: Winkelmann. 6.—8. Jahrg. 1892—1894. à 12 Nrn. (à ca. 1 1/2 Bog.) gr. 8. Ebd. à Jahrg. n. 1 50

— aus d. ostafrikan. Mission. Hrsg. u. Red.: Winkelmann. 9.—12. Jahrg. 1895—1898. à 12 Nrn. (Bog. m. Abb.) gr. 8. Berlin (Oehmigke's Sort.). à Jahrg. 1. 50
Redakteur d. 12. Jahrg. war Döring.

— aus der ostafrikanischen Mission. Red.: Michaelis. 13.—16. Jahrg. 1899—1902. à 12 Nrn. gr. 8. (à ca. 16 S. m. Abb.) Berlin (Oehmigke's Sort). à Jahrg. 1.50
Die Jahrgge. 13 u. 15 sind v. Trittelwitz, der 14. v. Döring hrsg.

— aus der ostafrikanischen Mission. Red.: Michaelis. 17. —20 Jahrg. 1903—1906. à 12 Nrn. (à Jahrg. ca. 200 S. m. Abbildgn.) gr. 8. Berlin (Oehmigke's Sort.). à Jhrg. 1. 50

Nachrichten aus der ostafrikanischen Mission. Red.: Trittelvitz. 21.—24. Jahrg. 1907—1910. à 12 Nrn. (220, 196, 220 u. 260 S. m. Abb.) 8. Bethel bei Bielefeld, Evangel. Missionsgesellschaft f. Deutsch-Ostafrika. à Jahrg. nnn 1. 50

NACHRICHTEN AN DIE MITGLIEDER DES VOIGTLÄNDISCHEN ALTERTHUMSFORSCHENDEN VEREINS.
Abtheilung 1. Catalog der Vereins-Bibliothek. Schleiz 1836. Gedruckt in der Meyer'schen Buchdruckerei. 8°.

Nachrichten für die Mitglieder des Evangelischen Bundes in Schleswig-Holstein und Lübeck Jg 1, 1908 — Jg 7, 1914 (Bordesholm) 4°

Nachrichten, Monatliche. Zittau 1762. H: *Kretschmar, Benjamin Gottlob.* (MGT) (OL) (Ky)

— monatliche, aus dem internationalen Bureau zur Regulierung der Getreidepreise. Hrsg. von G. Ruhland. 1. Jahrg. Juni 1900—Mai 1901. 12 Nrn. gr. 4. (à ca. 16 S.) Freiburg (Schweiz). (Berlin, Getreidemarkt.) n. 20. —
Fortsetzung s.: Getreidemarkt.

— monatliche, (v. B. G. Kretschmar). 6 Stcke. 4. Zittau 762.

Nachrichten, Monatliche zur Aufnahme der Gelehrsamkeit und des Buchhandels dienliche. Stuttgart 1752. H: *Erhard, Johann Chph.* (Ky) (ML)

—monatl., zur Aufnahme d. Gelehrsamkeit u. des Buchhandels dienende; (hrsgg. v. Balth. Erhard). 1r Bd. d. Jahr 1752. 4. Stuttg. 753. ... 16 *ßl*

— monatliche, für Kaufleute und Fabrikanten. Herausg. von Joh. C. Leuchs. 1—5. Jahrg. 1854—58. à 12 Nrn. (à 1 Bgn.) Nürnberg, Leuchs u. Co. gr. 8. Jeder Jahrg. 21 *ngr.*

Nachrichten, Monatliche, von gelehrten Leuten und Schriften. Jena 1726—29. H: *Köcher, Johann Chph.* (ML)

Nachrichten: Monatliche Nachrichten einicher Merkwürdigkeiten, gesammlet und herausgegeben in Zürich
② Schweyzerische Nachrichten, A. 17 in Zürich gesammelt (Dezember 1778—Dezember 1780). Der Züricherische Sammler Monatlicher Schweizerischer Neuigkeiten (Januar 1781—Dezember 1785) Monatliche Nachrichten aus der Schweiz (Januar 1786—Dezember 1786). Monatliche politische Neuheiten aus der Schweiz (Januar 1787—Dezember 1787) Monatliche Nachrichten Schweizerischer Neuheiten (Januar 1788—Februar 1798). Umschlag: Monatliche Nachrichten einicher Merkwürdigkeiten, in Zürich gesammlet und herausgegeben (1750—1779). Schweyzerische Nachrichten, verschiedener in der Schweiz [1780. Schweyz] sich ereigneter Merkwürdigkeiten A. 17 in Zürich gesammelt (1779—1780) ④ Wöchentliche Nachrichten Schweizerischer Neuheiten ⑤ Januar 1750—Februar 1798 ⑥ 4° ⑦ Monatsblatt ⑧ Zurich Johann Kaspar Ziegler (1750—1791) Ziegler & Weiß (1792), Johann Kaspar Ziegler (1793—1794). Ziegler & Ulrich (1795—1797) ⑩ die Drucker ⑫ neutrales Nachrichtenblatt ⑬ BGSZ 99. 107 Cattani Das Berichthaus v Zürich (1956) ⑭ Zh Z Lu: Z Be L ⑮ Da im Februar-März 1798 die Zeitung den Titel änderte, trägt der Jahresumschlag folgenden Titel: »Monatliche und wöchentliche Nachrichten, Schweizerischer Neuheiten. Gesammelt im Jahr 1798«.

Nachrichten: Monatliche Nachrichten Schweizerischer Neuheiten

Nachrichten: Monatliche und wöchentliche Nachrichten, Schweizerischer Neuheiten
v Monatliche **Nachrichten** einicher Merkwürdigkeiten, gesammlet und herausgegeben in Zürich. Wöchentliche **Nachrichten** Schweizerischer Neuheiten.

Monatliche **Nachrichten** zur Regulierung der Getreidepreise. Hrsg von Prof. Dr. G[ustav] Ruhland. Jg. 1. 1900/1901 Berlin Monatl. Nachrichten z. Regulierung d. Getreidepreise 1901 (212 S.) 4°
Forts. u. d. T Getreidemarkt 1901ff Landwirtsch. Marktzeitung. 1905. [?]

Nachrichten: Monatliche Nachrichten aus der Schweiz
v Monatliche **Nachrichten** einicher Merkwürdigkeiten, gesammlet und herausgegeben in Zürich.

Nachrichten aus dem Monde. Königsberg 1781. V: *Keyserling, Heinrich Christian Graf von & Charlotte Amalie Reichs-Gräfin von Keyserling. geb. Gräfin von Truchsess-Waldburg.* (MGT) (ML)

Nachrichten von Eduard Worthley Montague Esq. mit Anmerkungen über Sitten und Gebräuche des Morgenlandes, aus seinen nachgelassenen Handschriften. Aus dem Engl. 2 Thle. Mit 1 hübsch gestoch. Titelbild „Der orientalische Wanderer" Leipzig, bey Weidmanns Erben und Reich, 1779. Kl. 8. 134 u. 152 S. (7 Mk. 50 Pfg. Rich. Bertling, Dresden, 1907.)

Nachrichten, Moralische und satirische, aus dem Karlsbade ... Hamb. 1736. V: *Lamprecht, Jac. Friedrich.* (JL) (Schr)

Nachrichten. – Münchner Neueste Nachrichten –
14 VI 1887 – 28 IV 1945
Vorh u.d T Neueste Nachrichten
Fortges. u.d T Süddeutsche Zeitung.

Nachrichten, Wöchentliche- und Anmerkungen die Musik betreffend. Jahrg. 1—4. [Jahrg. 4 u. d. T.] Musikalische Nachrichten und Anmerkungen. [Herausgegeben von Johann Adam Hiller.] Leipzig 1766—1770.

— von den kaiserl. österreichischen Naturforschern in Brasilien und den Resultaten ihrer Betriebsamkeit. Aus officiellen Nachrichten an Herrn C. von Schreibers mit 1 Kupf. und 1 Plan. gr. 8. Brünn, Traßler. 820.

— v. d. k. k. österr. Naturforschern in Brasilien u. d. Resultaten ihrer Betriebsamkeit, 2 Hefte. gr. 8. Brünn, 820 u. 23, Traßler. (Leipzig, Hartmann.) 1s Heft. 1 Rthl. 16 gr. 2s H. 1 Rthl. 3 gr.

Nachrichten. – Naumburger Nachrichten. –
1888(?) – 1900(?).

Nachrichten, Neue, v. Zeitung, Villacher.

Nachrichten, Neue, oder Anmerkungen über Italien und über die Italiener ... A. d. Franz. ... Leipzig 1766. V: *Grosley, Pierre Jean.* Ü: *Schröckh, Johann Matthias.* (Ky) (EngG)

—neue, u. Anmerkk. üb. Italien u. die Italiener, von zween schwed. Edelleuten (v. Groslev.) (Uebers. v. J. M. Schröckh u. A.) 3 Thle. gr. 8. Leipz. 766. Holle. 1 *ꝛf* 8 *ßl*

— neue, und Anmerkungen über Italien und die Italiener. 3 Thle. gr. 8. Lpz. Holle. 769.

Nachrichten. – Neue Bayerische Nachrichten –
Ingolstadt – 11.IX 1876 – 26.III 1877
Vorh u. fortges. u.d T Ingolstädter Tagblatt.

Neue Berliner **Nachrichten** von polizeilichen Gerichts- und anderen Tagesereignissen, im amtl. Theile Organ des Königl. Polizei-Präsidiums zu Berlin. Jg. 1867, Nr 1—228. Berlin. fol.

Nachrichten. – Neue Braunschweigische Nachrichten –
9 IX.1783 – 28 XII 1786.
Vorh. u.d T Braunschweigische Nachrichten.
Fortges. u.d T.: Braunschweigische Zeitung.

— neue und geh., d. Graf. v. Bonneval. 2 Thle. 8. Frankfurt, Andreä. 740.

Neue genealogisch-historische Nachrichten von den Vornehmsten Begebenheiten, welche sich an den Europäischen Höfen zugetragen ... Bd. 1-13 (= T 1-160). Leipzig: Heinsius 1750-63. 8°
Hrsg.: Michael Ranfft.
Vorh. u. d. T · Genealog.-historische Nachrichten.
Fortges. u. d. T. Fortges. neue geneal.-historische Nachrichten

Nachrichten, Neue, von den neuentdeckten Inseln in der See zwischen Asien und Amerika . . . Hamburg 1776. V: *Scherer, Joh. Bened.* (EngG)

— von den neu entdeckten Inseln in der See zwischen Asien und Amerika. 8. Hamburg. (Gleditsch in Leipzig, auch Lange in Berlin) 776.

— von d. neuentdeckten Inseln in der See zwisch. Asien u. Amerika. 8. Hamb. 776. (Reimer in Berl.) 7 gr

Nachrichten, Neue, von Künstlern u. Kunstsachen,
s. Nachrichten von Künstlern u Kunstsachen.

— neue literar., f. Aerzte, Wundärzte u. Naturforscher. 3 Jahrgg. f. 1786—89. (f. 1788, 89 v. Kurt Sprengel). gr. 8. Halle, Hendel. 7 Rthlr 12 gr

Neue litterarische Nachrichten für Aerzte, Wundärzte und Naturforscher aufs Jahr... 1787 - 89.
Halle in Sachsen: Hendel 1787 - 89. 2 Bde 8°
1787: 1787.
1788 (u.89), 1. - 4. Quartal: [Hrsg.:Kurt Sprengel] 1788 - 89.

Neue Nachrichten von den Missionen der Jesuiten in Paraguay und von andern damit verbundenen Vorgängen in der spanischen Monarchie Aus dem Spanischen Hamburg 1768. XXIV 307 S 3 Tf 1 Krt 8°

Hohental, Peter Freyherr von (Herausgeber) „Oekonomische Nachrichten", 180 Stücke oder 15 Bände, Leipzig 1749—1762 (Hahns V. H.). Fortsetzung „Neue ökonomische Nachrichten", 60 Stücke oder 5 Bände, Leipzig 1763—1773 (Hahns V H.).

Hohenthal, Peter Graf von: „Oeconomische Nachrichten", Band 1—15 (= Stück 1—180), Leipzig 1750—1763 (Johann Wendler). — Vorh.. Preußische Staatsbibliothek Berlin (Signatur Ou 12450) und UB Breslau. — Derselbe: Fortsetzung u. d. T.. „Neue Oeconomische Nachrichten", Band 1—5 (= Stck. 1—60), Leipzig 1764—1773 (Joh. Wendler; 3 ff.. C. Fritsch). — Vorh.. Preußische Staatsbibliothek Berlin (Signatur Ou 12451) und UB Göttingen.

„Neue ökonomische Nachrichten auf 1780—1782", Breslau (W. Korn).

Zürcher Nachrichten: Neue Zürcher Nachrichten und Handelsblatt
① Mit Kurs- und Handelsblatt (1926—30. 9. 1942) katholische Tageszeitung (17. 5. 1945 cont.) ② Neue Zürcher Nachrichten 1926 cont., ③ Zürcher Nachrichten (II) ⑤ 13. 12. 1904 (cont. ⑥ 2° ⑦ wochentlich 7× dann 6× ⑧ Zürich Hermann Borsig dann H Borsig Erben AG ⑨ Die Heimat (Wochenbeilage 1901 -1907). Die Scholle Enue 1911—1935) s Müetterli (16 6 1915—11 12 1922) Literarische Warte (12 12 1919—1935 monatlich 1—2× zuerst 8° dann 2°). Die Welt der Frau (8 1 1921—29. 11 1924 Monatsblatt später Abschnitt der Zeitung Christliche Kultur usw. unter dem Titel »Katholische Kultur 1930—1935 1936 cont.) ⑩ Katholischer Presseverein des Kantons Zürich, dann Neue Zürcher Nachrichten Verlags AG ⑪ Dr Georg Baumberger (1904—1918 Dr J. Kälin (1903—1925 Theodat Bucher (1904—1931) Eugen Fischer (1912 1924) Philipp Etter (1913 Dr Emil Buomberger (1924—1933 Dr Hermann Odermatt (1919 cont. Mitarbeiter Heinrich Federer (1910. 1923—1925 ⑫ christlich-sozial ⑬ BGSZ 493 520, 540, 554, 613 Neue Zürcher Nachrichten 1928 Nr 117 1946. Nr 252a 1953 Nr 273. Oswald Flueck Heinrich Federer (1938). besonders p 63—67 ⑭ Zh Z; Be L ⑮ Kopfblätter mit besonderem lokalem Teil Basler Volksblatt, Glarner Volksblatt, Schwyzer Nachrichten

Neueste Nachrichten. Milwaukee, WI
German daily Published by Socialist Printing Co No files found and no further mention

Neueste Nachrichten. Politisches Tageblatt für Jedermann aus dem Volke. Hrsg. Dr. H. Herich. 1850. Nr 23—31 4

Nachrichten, Neueste Vom 29. April bis 31 Mai 1859 (Beigebunden:) Fremden Blatt Vom 1 Juni bis 31 Juli 1859.
Fol. Wien 1859.

Nachrichten. – Neueste Nachrichten –
Wuppertal. – 29 XII 1879 – 27 VII 1914

Nachrichten. – Neueste Nachrichten –
Chemnitz – 29 X.1889 – 1914
Fortges. u.d T Chemnitzer Neueste Nachrichten.

Nachrichten: Neueste Nachrichten
⑤ 1891 ⑦ wöchentlich 6× ⑧ Bern; BGSZ: 12, 973.

Nachrichten. – Neueste Nachrichten –
Dresden – 8 IX 1893 – 31.III 1903
Fortges u.d.T Dresdner Neueste Nachrichten.

Nachrichten. – Neueste Nachrichten. –
Essen – 1893 – [vor 1900].
Fortges. u.d T Essener Neueste Nachrichten

Nachrichten. – Neueste Nachrichten. –
Braunschweig. – 21.III 1897 – 6.IV.1926.
Fortges. u.d T Braunschweiger Neueste Nachrichten

—— neueste, und Anzeiger für Stadt und Land. Redakt.: Friedr. Steger. 1. Jahrg. 1853. 313 Nrn. (½ Bog.) hoch 4. Meißen, (Romberg.) *

—— neueste, aus China. Hrsg. von der Direction der chinesischen Stiftung. (1.) Jahrg. April 1851 — März 1852. 12 Nrn. (Bog.) gr. 8. Cassel 851, Hotop. *

Nachrichten. – Neueste Essendische Nachrichten von Kriegs- und Staatssachen. –
Essen. – 9.I 1770(?) – 1777(?)
Vorh u.d T Essendische Zeitung. Von Staats- und Kriegs-Sachen.
Fortges. u.d T Essendische Zeitung von Kriegs- und Staatssachen

Nachrichten. – Neueste Essendische Nachrichten Von Staats-, Kriegs- und Gelehrtensachen. –
Essen – 28.VIII (?)1738 – 16 VII.1762
Fortges. u.d.T Essendische Zeitung. Von Staats- und Kriegs-Sachen

Neueste Nachrichten aus Frankfurt a M Briefliche Mittheilungen vom 18. September Gedruckt bei J. Zittenfeld. 1 Bl. Fol
Flugblatt. Berlin, 19. Sept. 1848.

Nachrichten, Neueste, über das Hülfswerk des »Deutschen Hülfsbundes« . . . in Armenien. [Frankfurt a. M. 1897.] V: *Lohmann, E.* (Berl)

Nachrichten, Neueste historisch-politisch-geographische und statistische, von Savoyen, Piemont und den sämmtlichen sardinischen Staaten . . . Berlin 1797. V: *Doppet, François Amédée.* (EngG)

— — a. Savoyen, s. Brunn, F.L.

Nachrichten, neueste, von den deutsch-lutherischen Colonieen im Saginawthale, mit besond. Berücksicht. der äußeren Verhältnisse. Für solche geschrieben, welche jene Colonieen um ihres kirchl. Charakters willen lieb haben und ihnen gutes gönnen. 8. (36 S.) Nördlingen 852, Beck'sche Buchh. *

Neueste critische Nachrichten ... Bd. 1-33. Greifswald
Selbstverl. 1775-1807
Hrsg.. Joh. Karl Dähnert, ab 1779: J. G. P. Möller.
Vorh. u. d. T.. Neue critische Nachrichten.

— neueste, aus den kathol. Missionen. Eine Sonntagsbeilage zum Katholiken. Redakt. Frz. Sausen. (1.—3. Jahrg.) 1844—1846. à 52 Numm. 4. Mainz, Kirchheim, Schott u. Thielmann. à n. $1^{1}/_{6}$ ℛ

— neueste, aus den kathol. Missionen. Red.: Frz. Sausen. (4 u. 5. Jahrg.) 1847 u. 1848. — Red.: C. Riffel u. Frz. Sausen. (6. Jahrg.) 1849. à 52 Nrn. gr. 4. ($^1/_2$ Bog.) Mainz, Kirchheim & Schott. à Jahrg n. 1 ℛ 4 ngr

— neueste, aus dem Morgenlande. Herausg. von W. Hoffmann und F. A. Strauß. 1. Jahrg. 1857. 4 Nrn. (à ca. 2 Bgn.) Berlin, W. Schultze. gr. 8. n. 10 ngr

— neueste, aus dem Morgenlande. Herausg. von W. Hoffmann u. F. A. Strauß. 2—8. Jahrg. 1858—64. à 4 Nrn. (à 2 Bgn.) Berlin, W. Schultze. gr. 8. Jeder Jahrg. n. 10 ngr

— neueste, aus dem Morgenlande. Hersg. v. W. Hoffmann u. F. A. Strauß. 9—14. Jahrg. 1865—70. à Jahrg. 4 Nrn. (Nr. 33—56.) (à 2 Bgn.) Berlin, W. Schultze. gr. 8. Jeder Jahrg. n. 10 ngr

— neueste, aus dem Morgenlande. Hrsg. v. W. Hoffmann u. F. A. Strauß. 15. Jahrg. 1871. 4 Nrn. [Nr. 57—60.] (2 B.) gr. 8. Berlin, W. Schultze. n. 1. —

Nachrichten, neueste, aus dem Morgenlande. Hrsg. v. C. Hoffmann. 16—20. Jahrg. 1873—1876. à 6 Hfte. (à 2—3 B.) 8. Berlin, W. Schultze. à Jahrg. n. 3. —

—— neueste, aus dem Morgenlande. Neue Folge. Unter Mitwirkung von Kögel, Strauß, Petermann u. A. hrsg. von C. Hoffmann. 19.—23. Jahrg. 1875—1879. à Jahrg. 6 Hefte. (à 2—3 Bog.) gr. 8. Berlin, W. Schultze's Verlag. à Jahrg. *

— neueste, aus dem Morgenlande. [Neue Folge.] Unter Mitwirkung von Kögel u. Strauß, hrsg. von C. Hoffmann. 24—26. Jahrg. 1880—1882. à 6 Hfte. 8. (1. Hft. 23 S.) Berlin, W. Schultze. à Jahrg. n. 3. —

— neueste, aus dem Morgenlande. [Neue Folge.] Unter Mitwirkg. v. Kögel, Strauß u. A. hrsg. v. C. Hoffmann. 27—30. Jahrg. 1883—1886. à 6 Hfte. (à 1—2 B.) gr. 8. Berlin, W. Schultze. à Jahrg. n. 3. —

— neueste, aus dem Morgenlande. [Neue Folge.] Unter Mitwirkg. v. Kögel u. A. hrsg. v. C. Hoffmann. 31.—34. Jahrg. 1887—1890. à 6 Hfte. (à $1^1/_2$—2 B.) gr. 8. Berlin, W. Schultze. à Jahrg. n. 3. —

— neueste, aus dem Morgenlande. [Neue Folge.] Unter Mitwirkg. v. Kögel u. A. hrsg. v. C. Hoffmann. 35.—38. Jahrg. 1891—1894. à 6 Hfte. (à ca. $1^1/_2$ Bog.) gr. 8. Berlin, W. Schultze. à Jahrg. n. 3. —

— neueste, aus d. Morgenlande. [Neue Folge.] Unt. Mitwirkung v. Kögel u. A. hrsg. v. C. Hoffmann. 39. Jahrg. 1895. 6 Hfte. (à 2 Bog.) gr. 8. Berlin, W. Schultze. n. 3. —
Weiter nicht erschienen.

Nachrichten, Neueste, aus dem Gebiete der Politik. Nebst der Beilage „Münchener Anzeiger", Jahrg. 1—24 (in ca. 100 Bdn.). München 1848—71. Redaktion, Druck u. Verlag von C. R. Schurich. 8⁰. Ppbde.
Seltene alte Reihe (in 2 Spalten gedr.). — Jetzt, in Format (gr. Fol., 4spaltig) u. Ausstattung der grossen politischen Blätter, gelesenste freisinnige Zeitung u. erstes Annoncen Blatt Bayerns. (Aufl. 55,000.) Druck u. Verlag von Knorr & Hirth Färbergraben 23. Redaktion Ernst Francke (Chefred.) etc.
Die „Neuesten" haben sich durch energische Bekämpfung des Ultramontanismus u. Partikularismus unläugbar grosse Verdienste um die deutsche Sache erworben. Leider ist die Haltung des Blattes zu ausgesprochen judenfreundlich, dagegen masslos in Angriffen auf die Bestrebungen des Hofpredigers Stöcker u. seiner zahlreichen einflussreichen Anhänger.

Nachrichten. – Neueste Nachrichten – München. – 9.IV 1848 – 13 VI.1887
Fortges. u.d.T Münchner Neueste Nachrichten.

Nachrichten, Neueste, aus dem Reiche Gottes . . . Berlin 1816—56. H: *Gossner, Joh.* (zu) (1817—31): *Elsner, Sam. & Nicolai.* (1831—41): *Gossner, Joh.* (Ky)

– neueste, aus d. Reiche Gottes. Jahrgg. 1817—27. Mit Portr. gr. 8. Berl., Enslin. à 2 Rthl. 8 gr.

—— neueste, aus d. Reiche Gottes. Jahrg. 1828—31. à 12 Hfte. Redig. v. Nicolai. gr. 8. Berlin, (Enslin'sche Buchhandlung.) à J.
Jahrg. 1817—27. Ebendas. à 2 Thlr. 6 Gr.

— neueste, aus dem Reiche Gottes, (von J. Goßner). Redakteur u. Verleger: Kaufmann Elsner. 15r—25r Jahrg. 1830—1841. à 12 Hefte. gr. 8. Berlin, (Wohlgemuth.) (à n. 2 ℛ) 22 ℛ

— neueste, aus dem Reiche Gottes. Redakteur u. Verleger S. Elsner. 25.—30. Jahrg. 1841—1846. à 12 Hfte. Mit Bildn. gr. 8. Berlin. (Wohlgemuth's Buchh.) 25., 26. J. à n. 2 ℛ 27. J. n. $1^7/_8$ ℛ 28.—30. J. à n. $1^3/_4$ ℛ

— neueste, aus dem Reiche Gottes. Red.: S. Elsner. 31—36. Jahrg. 1847—1852. à 12 Hfte. Mit Lith. gr. 8. (à 48 S.) Berlin. (J. A. Wohlgemuth.) 31—34. Jahrg. à n. n. $1^3/_4$ ℛ 35 u. 36. Jahrg. à n. n. $1^5/_6$ ℛ

— neueste, aus dem Reiche Gottes. Red.: S. Elsner. 37—40. Jahrg. 1853—56. à 12 Hefte (à 3 Bgn.). Mit Lithogr. Berlin. (W. Schultze. — Wohlgemuth.) gr. 8. Jeder Jahrg. nn. 1 ℛ. 25 ngr

Neueste Nachrichten von dem türkischen Reiche. Handbuch für Unkundige, die sich bei Gelegenheit des gegenwärtigen Krieges zw Russland, Oesterreich und der Pforte unterrichten wollen. (180.) 8. Berlin 1787.

Nachrichten, Neueste, vom türkischen Reich; ein Handbuch für Unkundige . . . Berlin 1788. V: *Seidenburg, Johann Gottlieb.* (Ky) (MGT) V: *Schulz, Joach. Christoph Friedrich von.* (R-N)

— neueste, v. türkischen Reiche; ein Handbuch f. Unkundige zc. (v. J. G. Seidenburg). Mit 3 Kart. gr. 8. Berl. 788. Weber. (Sander). 16 ℊ

Neueste Nachrichten von Staats- und Gelehrten Sachen. 1752. Wandsbeck. 4. (U. B.).

— neueste, aus dem Gebiete der Technik, Industrie, des Patent- u. Urheberrechts. April 1899—März 1900. 52 Nrn. gr. 4. (à ca. 6 S.) Görlitz, R. Lüders. n. 2.40

Neueste Nachrichten aus dem Vatican von dem denckwürdigen Leben des jüngst verstorbenen Pabst **Clementis XI.** Aus d. Ital. übers. o. O. 1721.

Neueste höchst wichtige Nachrichten aus Dresden bis zum 6. Mai Abends 6 Uhr Friedländerische Buchdruckerei. 1 Bl. Fol.
Flugblatt. Berlin, 6. Mai 1849.

Nachrichten von Neu-Gronland, nach Egede, Stauning, Dalager, Pontoppidan, und andern dänischen Schriftstellern.
in. Neue Beiträge zur Völker- und Länderkunde Th. 13. S. 275—298 Leipzig 1793. 8°

Nachrichten. – N e u w i e d i s c h e Nachrichten -
3.I 1844 – 3.I 1848
Vorh. u. fortges. u.d T Wöchentliche Neuwiedische Nachrichten.

Nachrichten. – N e u w i e d i s c h e Nachrichten -
1 II 1850 – 31 XII 1855
Vorh u.d T. Wöchentliche Neuwiedische Nachrichten

Nachrichten, Niedersächsische, von gelehrten neuen Sachen auf das Jahr 1731. Hamb. H: *Kohl, Johann Peter.* (schr) (Myl)

Früher unt.d.T.:Niedersächsische Neue Zeitungen...Hamburg 1729f.

Norddeutsche **Nachrichten.** Allgem. Anzeiger f. d. Elbgegend. Zum 25j. Geschäftsjubil. den Abonnenten u. Geschäftsfreunden gewidmet von Johs. Krögers Buchdr in Blankenese 1879/1904. (Blankenese 1904: J Kröger.) (16 S.) quer-8° [Umschlagt. F.] [07. 936 8

Nachrichten für den Nordwesten: Jahrgang 1–51 no 52, 1887 Dec 7 1941
Independent weekly Sub-title Offizielles Organ des Verbandes Deutschsprechender Vereine von Oregon Title varies PACIFIC NACHRICHTEN, 1887 94? 2) PACIFIC NACHRICHTEN UND FREIE PRESSE 1894? 3) NACHRICHTEN AUS DEM NORDWESTEN UND FREIE PRESSE ? Aug 1918, 4) NACHRICHTEN AUS DEM NORDWESTEN, FREIE PRESSE UND OREGON DEUTSCHE ZEITUNG Oct 11 1918 ? 5) NACHRICHTEN FÜR DEN NORDWESTEN, 1938? 41 Absorbed 1) FREIE PRESSE 2) WASHINGTON STAATS-ZEITUNG (Seattle), 3) WASHINGTON POST (Spokane Wash) 4) WACHT AM SUNDE (Tacoma, Wash.). Circulation 1895, 2000 1905, 9300 1915, 5450 1918, 14,000 1930, 12,024 1940 11,300 Edited & published by Northwestern German Publishing Co., 1887 94 by J. J Kern 1895 96 by Albert F Kern, 1897 1901 by German Publishing Co 1902 18 by A. F Kern, & Co 1919 37 by Daily Journal of Commerce 1938 41 Edited by Albert F Kern 1895 by J. A. Ottenberger 1902 04 by F R Blochberger 1906 10 by Martin Dudel, 1911 13 by J J Jackle 1918 by Albert F Kern 1919 37 by R W Withrow 1936 39 by Albert F Kern, 1940 41
Portland, OR

Nachrichten. – N ü r n b e r g e r Neueste Nachrichten -
1885 – 1920

Nachrichten zum Nuzen und Vergnügen. Stuttgart 1781. H: *Schiller, Friedrich von.* (GGr)

W o l f, Johann Georg (Herausgeber)· „Nützliche Nachrichten und Abhandlungen, das Oekonomie- und Commerzwesen betreffend", Monatsschrift, Band 1—3 (je 12 Stücke), Wien 1767—1769 (Jh. Th. Edler von Trattner). — Vorh.: UB Göttingen und Com. Bibl. Hamburg.

Nachrichten, Nützliche, Von Denen Bemühungen derer Gelehrten und andern Begebenheiten in Leipzig . . . [Leipzig] 1739—56. H: *Kriegel, Abraham.* (Erman & Horn, Bibliogr. d. dtsch. Universitäten. 2. Leipz. u. Berl. 1904.)

Nachrichten. – O b e r h e s s i s c h e Nachrichten. –
Giessen. – 1.I.1881 – 29 VI.1890

Nachrichten: Oberländische Nachrichten
④ Der Oberhasler ⑤ 1889 ⑦ Wochenblatt ⑧ Meiringen ⑬ BGSZ: 973
⑮ Das Blatt fusioniert 1889 mit dem «Oberhasler».

— aus dem Oberwesergebiete. Offizielles Organ des Wesergebirgsvereins, umfassend das Gebiet zwischen Minden u. Kassel, Teutoburger Wald, Egge u. Deister, Leine, Solling. Red.: Th. Fuendeling. Jahrg. 1907/08. Oktbr. 1907—Septbr. 1908. 10 Nrn. (à ca. 8 S.) Lex. 8. Hameln, Verl. des Wesergebirgsvereins. 1. —

Nachrichten: Oeffentliche Nachrichten von den landtäglichen Verrichtungen in Bünden
⑤ 1. 3. 1798—12. 5. 1798 ⑥ 8° ⑦ wöchentlich 2× ⑧ Chur: Bernhard Otto (?) ⑩ Standeskanzlei ⑪ Andreas Otto, Stadtschreiber (?) ⑬ BGSZ. 1000 ⑭ Ch: K

H o h e n t a l, Peter Freyherr von (Herausgeber). „Oekonomische Nachrichten", 180 Stücke oder 15 Bände, Leipzig 1749—1762 (Hahns V H.). Fortsetzung „Neue ökonomische Nachrichten", 60 Stücke oder 5 Bände, Leipzig 1763—1773 (Hahns V. H.).

H o h e n t h a l, Peter Graf von. „Oeconomische Nachrichten", Band 1—15 (= Stück 1—180), Leipzig 1750—1763 (Johann Wendler). — Vorh.. Preußische Staatsbibliothek Berlin (Signatur Ou 12450) und UB Breslau. — Derselbe Fortsetzung u. d. T. „Neue Oeconomische Nachrichten", Band 1—5 (= Stck. 1—60), Leipzig 1764—1773 (Joh. Wendler; 3 ff.. C. Fritsch). — Vorh.. Preußische Staatsbibliothek Berlin (Signatur Ou 12451) und UB Göttingen.

„Oekonomische Nachrichten", 180 Stücke oder 15 Bände, Leipzig 1749—1763 (Hahn). „Neue ökonomische Nachrichten", 60 Stücke oder 5 Bände nebst Register über alle 20 Bände, Leipzig 1763 bis 1773 (Hahn).

— ökonom., 180 Stck. od. 15 Bde. 8. Lpz. Fritsch. 749-63.

B ö r n e r, Immanuel Karl Heinrich und Tzschirner, Karl Gottfried (Herausgeber) „Oekonomische Nachrichten der Patriotischen Gesellschaft in Schlesien", Band 1—7 für die Jahre 1772—1779, Breslau 1774—1780 (W G. Korn). — Vorh. Preußische Staatsbibliothek Berlin. — Signatur Ou 12580. Fortsetzung u. d. T.. „Der Patriotischen Gesellschaft in Schlesien neue ökonomische Nachrichten", Band 1—4, Breslau 1780—1783 (W G Korn in Komm.). — Vorh. Preußische Staatsbibliothek Berlin — Signatur Ou 12581.

Nachrichten, Oekonomische, der Patriotischen Gesellschaft in Schlesien. Breslau 1773—79. H: *Börner, Samuel Carl Heinrich.* (Nent) H: *Tzschirner, C. Gfr. W.* (EB)

— ökonom., d. patriot. Gesellsch. in Schlesien aus d. J. 1772—79. Herausgg. v. K. G. W. Tzschirner. 7 Bde. Mit Kpf. 4. Bresl., (W. G. Korn). 12 ß — neu ökonom. Nachrr. au' d. J. 1780—84. 4. Ebd. 8 ß

Nachrichten, Oekonomische, vor die Studirens halber hieher kommenden. Jena 1783. V: *Wiedeburg, Johann Ernst Basilius.* (Erman & Horn, Bibliogr. d. dtsch. Universitäten. 2. Leipz. u. Berl. 1904.)

Oldenburger Nachrichten: 1896 –1899
Weekly 1896 98 fortnightly 1899 Independent Circulation 1899, 1400 Edited & published by J. C. Van Goens 1896 99
Chicago, IL

Oltner Nachrichten
① Katholisches Tagblatt für den Kanton Solothurn und die angrenzenden Gebiete (ab Nr 268, 1916. Katholisches Tagblatt für den Kanton Solothurn und die ganze übrige Schweiz (ab Nr 127 1919). Schweizerisches Tageblatt für katholische Politik und Volkswirtschaft (ab Nr 281 1919) ④ Der Morgen ⑤ 28. 3. 1895—21 12. 1920; bis 15. 1 1921 noch als Kopfblatt der Zeitung «Der Morgen» ⑥ 2° ⑦ wöchentlich 3×, wöchentlich 6× (ab 1 7 1911) ⑧ Olten Buchdruckerei der Oltner Nachrichten. Druck- & Verlagsanstalt Olten (ab 19. 8. 1916). Oltner Druck- & Verlagsanstalt Otto Walter (ab Nr 268 1916 Graphische Anstalt Otto Walter (ab 1919) Otto Walter AG (ab Nr 298, 1920) ⑨ Illustrierte Sonntags-Zeitung Illustrierte Sonntags-Beilage (ab 1 7 1921) ⑩ die Drucker ⑪ Richard Buttiker (1854—1921), Gründer der Zeitung August Jäggi (ab Nr 151 1907). Heinrich Businger (ab Nr 64, 1916) ⑫ katholisch-konservativ ⑬ BGSZ 1060: Der Morgen. Jubiläums-Ausgabe v 31 3. 1945 ⑭ So· Z, St; Be L.

Nachrichten. – O p p e l n e r Nachrichten –
8 IX 1895 – 30 IV (?) 1935

Nachrichten, Ordentliche, von allen zu Göttingen sowohl bei der neuerrichteten Universität, als auch bei dem Senat selbst ... vorfallenden und dem gemeinen Wesen zu wissen nöthigen ... Angelegenheiten ... Göttingen 1735. V: *Hollmann, Sam. Christian.* (ABJP)

Nachrichten. – Ostfriesiesische Nachrichten. – Aurich – 1 I 1873 – 7 V 1945
1.X.1949 ff
Vorh u d T Auricher Nachrichten

—— aus und über Ostindien für Freunde der Mission, nach Mittheilungen des Missionars Ochs und in Verbindung mit mehreren Freunden hrsg. von Ernst Genzken. 1. Jahrg. Octbr. 1856 – Septbr. 1857. 12 Nrn. (Bog.) 8. Schwarzenbeck. (Dresden, Naumann.) *

—— aus und über Ostindien für Freunde der Mission, nach Mittheilungen des Missionars Ochs und in Verbindung mit mehreren Freunden hrsg. von Ernst Genzken. 2. und 3. Jahrg 1858 und 1859. à Jahrg. 12 Nrn. (Bog.) 8. Schwarzenbeck. Leipzig und Dresden, (Naumann.) à Jahrg. *

—— dass. — Redig. von Ernst Genzken. 4. Jahrg. 1860. 12 Nrn. (Bog) 8. Ebendas. *

—— dass. — 5. Jahrg. 1861 12 Nrn. (Bog.) 8. Rendsburg, (Matthiessen.) *

—— aus und über Ostindien für Freunde der Mission. Redact: E. Genzken. 6.—9. Jahrg. 1862—65. à Jahrg. 12 Nrn. (Bog.) gr. 8. Rendsburg, (Matthiessen.) à Jahrg. *

—— dass. — Redact.: Mühle und Genzken. 10. und 11. Jahrg. 1866 und 1867. à Jahrg. 12 Nrn. (Bog.) gr. 8. Dresden. Leipzig, Werner. à Jahrg. *

Nachrichten von Jakob Otto, Franz Broeus, G. E. Fritsch. [Leipz. 1799.] V: *Siebenkees, Johann Christian.* (MGT)

— über Patent- u. gewerbliche Rechtssachen. Hrsg.: R. Ziebarth. 1. Jahrg. 52 Nrn. ($^1/_2$ B.) 4. Berlin 878. Gaertner. n. 4. —

Nachrichten über Penig. Penig 1883. V: *Clauss.* (Kat. d. stat. Bureaus. Dresden 1890.)

Nachrichten, Pennsylvanische, von dem Reiche Christi. O. O. 1742. V: *Zinzendorf und Pottendorf, Nic. Ludw. Grf von.* (Kat. d. ständ. Bibl. Stuttg. 1907. S. 73.)

Nachrichten, Pforzheimer wöchentliche. Pforzheim 1794. H: *Zandt, Jacob Friedrich Theodor.* (MGT)

Nachrichten. – Pforzheimer Wöchentliche Nachrichten. – 7 I 1801 – 14 (?)XII 1810.
Vorh u.d.T · Wöchentliche Nachrichten.
Fortges. u.d.T. Pforzheimer Wochenblatt.

Pharmazeutische **Nachrichten**. Organ f. alle mit d. Herstellung u. d. Vertrieb pharmazeut. Präparate beschäftigten Handlungen. Verantw Leiter: Bruno Salomon. Jg 1, No 1–25 u. Sonderh. [Mehr nicht erschienen.] Berlin: Gebr. Kiesau 1905. (292, 13 S.) 4°

— philosophische, v. Frhrn. von *** aus d. Französ. 2 Bde. 8. Nürnb. 789. Stein. 1 ℔ 8 gr

—— photographische. Wochenschrift d. Photograph. Vereins zu Berlin. Hrsg. u. redig. v. F. Stolze. 4. Jahrg. 1892. 52 Nrn. gr. 8. (à Nr. ca. 12 S.) Berl., Mayer u. Müller. * 10 —
1.—3. Jahrg. erschienen im Verlage von F. Stolze u. Comp. in Berlin.

— photographische. Wochenschrift d. Photograph. Vereins zu Berlin. Hrsg. u. red. v. F. Stolze. 4. u. 5. Jahrg. 1892. 1893. à 52 Nrn. (à ca. $^3/_4$ Bog.) gr. 8. Berlin, Mayer & Müller. à Jahrg. n. 10. —; vierteljährlich n. 3. —

Plattdeutsche Nachrichten: 1878 1903?
Weekly Title varies Plattdeutsche Zeitung, 1878–96. Circulation 1885, 4000 1890, 2000, 1895, 2600 1898, 3973. Edited & published by Edward Cook, 1878–96, by Plattdeutsche Nachrichten Co 1897 99
Milwaukee, WI

Plattdeutsche Nachrichten: 1888?—1890?
Weekly Large quarto, each issue 10 pages. Circulation 1890, 2500. Edited & published by W Salzmann, 1888–90.
New York, NY

Plitts Amerikanische Nachrichten. Phila, 1819-21

Nachrichten über Pohlen. Salzburg 1793. V: *Kausch, Johann Joseph R. v.* (Hr) (Ky) (EngG) (BrMm)

— von Polen. 2 Thle. 8. Salzb. Mayr. 793. Schreibp.

— — Fortsetzung davon, s. Kausch.

Nachrichten: Allgemein politische Nachrichten für Bündten
v. Kurzgefaßte allgemein politische Nachrichten für Bündten.

Nachrichten: Politisch-Militärische Nachrichten
⑤ Juni 1799—August 1799 ⑥ 8° ⑦ wöchentlich 2× ⑧ Kloten: Felddruckerei der kaiserlichen Reichsarmee ⑨ Kriegs-Begebenheiten ⑩ Hauptquartier der kaiserlichen Reichsarmee ⑫ amtlicher Charakter ⑬ Fretz: Zeitungsgründer am See vor 1842, S. 12 ⑭ Wien: Kriegsarchiv ⑮ Die «Politisch-Militärischen Nachrichten» und die «Kriegs-Begebenheiten» wurden dem Hofkriegsrate, der damals obersten Militärbehörde, vorgelegt und befinden sich als Beilagen bei den Akten des Kriegsarchives Wien. Da sich Erzherzog Karl mit dem Hauptquartier vom 6. Juni bis 29. August 1799 in Kloten aufhielt, kann angenommen werden, daß Nr. 35—55 dort gedruckt wurden.

Nachrichten, Politisch-militarische. O. O. 1799—1800. V: *Haller, Carl Ludwig von.* (MGT)

Nachrichten, Pommersche, von Gelehrten Sachen. Greifswald 1743—48. H: *Dähnert, Johann Carl.* (Erman & Horn, Bibliogr. d. dtsch. Universitäten. 2. Leipz. u. Berl. 1904.)

Nachrichten. – Posener Neueste Nachrichten – 18.VI.1899 – 15.II.1926.

— Pößenecker, wöchentl., f. Stadt- u. Landbewohner. 1r—4r Jahrg. 1828—1831. 4. Neustadt a. d. Orl, Wagner. (à 1 ℔) 4 ℔

— postalische. Hrsg.: E. Seiffert. 1 u. 2. Jahrg. Mai 1881—April 1883. à 12 Nrn. ($^1/_2$ B.) gr. 4. Bielefeld, (Helmich). à Jahrg. n. 3. —

Einige Nachrichten von Prag nebst den zufälligen Gedanken darüber. Einige Nachricht aus dem Lager vor Prag (1 Bl.).

Nachrichten, gelehrte, Prager. Prag 1/10 1771—17/3 1772. H: *Loeper, Chn. Phil. Gabriel.* Dagegen: Böhmische Litteratur 1779, S. 345. (WBL 3/178) (Das gelehrte Österreich 1/300) (KY 4/199) (zibrt 1/577) (WBL 15/398) (A. A. Przedak, Geschichte des deutschen Zeitungswesens in Böhmen, S. 44—45) (BiblPort) Red: *Leppert.* Mitarb.: *Seibt, Carl Hch., Josef Gross.* Vgl. R. Fürst, Böhmens erste kritische Zeitschrift. In: Ein Wiener Stammbuch. Dem Director des Museums und der Bibliothek der Stadt Wien Dr. Carl Glossy zum 50. Geburtstag 7/III 1898 dargebracht. Wien 1898. Mitarb.: *Pelzel, Joseph Bernhard* (?). (GGr VI/693e)

— Prager gelehrte, eine krit. Wochenschr. 2 Bde. 8. Prag 771, 72. Gerle. 2 ∕

Nachrichten, Prager interessante, nebst der eigentlichen Intelligenz aus dem Frag- u. Herrschaftsamtes. Prag 1786/93. H: *Pruscha, A.* (?) *A.* (?), *Pruscha, Vinc. Victorin* (?). (GGr VI/697 »1784—1793«) (Deutsche Arbeit, 2. Jg., S. 534) (Beobachtungen in und über Prag 1787, 2/123) (A. G. Przedak, Geschichte des deutschen Zeitungswesens in Böhmen, S. 52) (BiblPort)

Nachrichten, Praktisch-Ökonomische. O. O. [17??]. H: *Krak, Johann Heinrich.* (MGT)

— aus dem evangelischen Predigerseminar Wittenburg (Dembowalonka). Ausg. an dem Tage seines 10jähr. Bestehens, dem 1. X. 1909. (113 S. m. Abb.) gr. 8. Potsdam (909). (Stiftungsverlag.) 2.80

Nachrichten. – Privilegirte wöchentliche und gemeinnützige Nachrichten. –
Hamburg. – 3.VIII.1793 – 5.XII.1811.
Vorh. u.d.T.: Wöchentliche Gemeinnützige Nachrichten.
Fortges. u.d.T.: Affiches, Annonces et Avis divers de Hambourg oder: Nachrichten, Bekanntmachungen und unterschiedliche Anzeigen von Hamburg.

Nachrichten. – Privilegirte wöchentliche gemeinnützige Nachrichten. –
Hamburg. – 19.III.1813 – 31 (?)V.1813
Vorh. u.d.T Nachrichten von Hamburg.
Fortges. u.d.T.: Affiches, Annonces et Avis divers de Hambourg oder: Nachrichten, Bekanntmachungen und unterschiedliche Anzeigen von Hamburg.

Nachrichten. – Privilegirte Wöchentliche Gemeinnützige Nachrichten. –
Hamburg – 19 V.1814 – 1 VII 1849
Vorh u.d T Affiches, Annonces et Avis divers de Hambourg oder Nachrichten, Bekanntmachungen und unterschiedliche Anzeigen von Hamburg.
Fortges u.d T Hamburger Nachrichten

Nachrichten. – Privilegierte Zittauische Wöchentliche Nachrichten –
2.I 1800 – 1 XI 1875
Fortges. u.d T Zittauer Anzeiger

Nachrichten über die Provinzial-Commission zur Erhaltung und Erforschung der Denkmäler der Provinz Schlesien und über die Thätigkeit des Provinzial-Conservators in d. J. 1891 bis 31 März 1896. [Verf.: Hans **Lutsch.**] Breslau (1896) Graß, Barth & Co. (40 S.) 8° [J.] (04. 1968

Nachrichten des Provinzialverbandes ev.-luth Jünglings- und Männer-Vereine in Schleswig-Holstein.
Jg. 1-4, Nr 1 2 (Bordesholm.) 1816-19 8°

NACHRICHTEN ÜBER QUEDLINBURG und die Alterthümer des Rathhauses daselbst. (Quedlinburg 1869. Druck von Eilmann & Voges.) 8°.

— über Quedlinburg u. seine Altertümer. 3. verm. Aufl. 8. (33 S.) Quedlinburg 886. Huch. n.n. — 30

Nachrichten. – Rastatter Wöchentliche Nachrichten –
16.XI 1797 – 26 XI 1797
Fortges. u.d T Rastatter Congreß-Blatt und Wöchentliche Nachrichten.

Nachrichten. – Rastatter wöchentliche Nachrichten –
29 XI 1798 – ?
Vorh u.d T Rastatter Congreß-Blatt und Wöchentliche Nachrichten.

Nachrichten über den, bey dem churfürstl. Hofrathe in München anhängigen . . *Rechtshandel in der Peter Dulacischen Forderungssache* (de dato München, 10. April 1798). Fol. 8 S. Beibd. Cart.
betrifft die Forderung der Dulac'schen Erben an den bayer. Fiscus auf Wiedererstattung von ca. 140,000 Francs, welche P. Dulac angeblich in d. Jahren 1698—1701 für den Churfürsten Max Emanuel als „dépenses secrettes de S. A. E." und „gastos secretos du Roi" verauslagt haben soll. — Interess. u. rar!

Nachrichten aus dem Reich der Kunst und Gelehrsamkeit. Nürnberg 1754. H: *Will, Georg Andreas.* (ML) (BB)

— v. d. Reiche d. Türken u. d. Anspr. der Kaiserin und des Kaisers. 8. Frft. Hösch. 788.

Nachrichten, Des deutschen Reichsstaats urkundliche, vor die churfürstlichen Rechte auf die Reichs-Ertz-Ämter . . . O. O. 17?? V: *Pachelbel von Gehag, Wolfgang Gabriel.* (Myl)

Nachrichten. – Reichsstadt Gmündische Nachrichten –
Schwäbisch Gmünd – 6 I 1792 – 1793(?)
Fortges. u.d T Wöchentlicher Anzeiger

[M., R.], Nachrichten von einer Reise nach Buenos-Ayres und von dort aus zu Lande nach Potosi. Aus dem Englischen. Hamburg 1784 [=NSR Theil 6.]

Nachrichten für Reisende in der Schweiz. Bern 1796. V: *Heinzmann, Joh. Georg.* (Cat. d. Stadtbibl. Zürich. Zürich 1864—97.)

Nachrichten von d. Religionsverfassung u. d. Religionsstreitigkeiten der Reformirten in d. Unterpfalz. 8. Leipz. 780. Weygand. 1 ß

— üb. verschied. merkwürd. Revolutionen u. Verschwörungen in England rc. 2 Thle. gr. 8. Altona 795, 96. Hammerich. 1 ß 10 gr

Nachrichten des Ruhrdepartements – Dortmund – 1 IV 1810 – 29 X 1813

— v. gelehrt Sachen, s. Erfurter Zeitung.

— von Rostockischen gelehrten Sachen. 2 Stck. 8. Rostock. 743.

— d. Graf. v. St. Germain v. ihm selbst, a. d. Franz. 8. Frankfurt, Eßlinger. 780.

Nachrichten über das Erzstift Salzburg nach der Säkularisation. Passau 1805. V: *Spaur, Frdr. Frz Graf v.* (Hr)

— üb. d. Erzstift Salzburg, nach d. Säcularisation. In vertrauten Briefen üb. d. Entschädigungs-Länder Eichstädt, Passau rc. 2 Bde. Mit Kpf. 8. Passau 805. Ambrosi. 2 ß

Nachrichten, Salzburgische, mit theologischen und historischen Anmerkungen . . . Frankfurt 1732. H: *Dietz, Johann Hector.* (ML) (ABJP) (Adel)

Nachrichten von den Hessischen Samt-Hospitalien . . . [Leipzig 1784.] V: *Mauvillon, Jacob.* (ML)

St. Galler Nachrichten
v. Werdenberger Nachrichten.

— üb. die St. Katharinenschule in Lübeck. 25e Fortsetz., s. A. *Goring*, Primi Ciceroniani.

Nachrichten aus Sardinien von der gegenwärtigen Verfassung dieser Insel. Leipz. 1780. V: *Fues, Joseph v.* (EngG) (Ky)

— aus Sardinien, v. d. Verf. dieser Insel (v. Fues). 8. Lpz. 780. (W. Vogel). 18 gr

Schaffhauser Nachrichten (I)
⑤ 1804 ⑥ 2° ⑦ wöchentlich 6× ⑧ Schaffhausen ⑬ BGSZ 12, p. 77

Schaffhauser Nachrichten (II)
⑤ 21 12. 1863—30. 9. 1864 ⑥ 2° ⑦ wöchentlich 6× ⑧ Schaffhausen Bercher & Meier ⑫ freisinnig ⑬ BGSZ 1053 ⑭ Sh St ⑮ Am 1. 10. 1864 mit dem Schaffhauser Intelligenzblatt fusioniert.

— v. d. ostpreuß. Stadt Schippenbeil. Mit Kpf. 4. Königsb. 778. Hartung. 16 gr

— v. d. Schlacht bei Enzersdorf u. Deutsch-Wagram am 5. u. 6. Juli 1809 rc. Franzöf. u. deutsch, mit Plan. gr. 4. Königsb. 809. Hartung. 15 gr

Nachrichten von der Schlacht bei Enzersdorf und Teutsch-Wagram am 5 und 6. Julius 1809 und den darauf folgenden Gefechten bis zum Abschlusse des Waffenstillstandes zu Znaym den 12 Julius. Mit dem Plan der Schlacht (In deutscher und französischer Sprache) Weimar 1809 4°

— v. d. Schlacht bei Zorndorf. Mit 1 Plan 4. Berl. 758. 3 gr

Nachrichten von der Schlacht bei Zorndorf 4. Frankfurt 1758.

Nachrichten. – Schlesische Nachrichten –
Breslau – 1 XI 1887 – 1 XI 1890
Fortges u.d T Schlesische Volkswacht

Nachrichten. – Schleswiger Nachrichten –
1 VI 1864 – 11 V 1945
1 XII 1949ff
Vorh u.d T Königlich privilegirtes Schleswiger Intelligenzblatt

Nachrichten aus Schleswig-Holstein Jahrgang 1–53, no. 12, Jan ? 1888—Oct. 22, 1940r Weekly 1888–89 fortnightly 1890–1940 Published in interests of Schleswig-Holsteiners in the U.S., contains much dialect material. Motto „Up ewig ungedeelt." Place of publication varies Boone Iowa, 1888–91 Chicago, 1892–1913 Oak Park Ill. 1914–Mar 1923 Forest Park Apr 1923–Oct 1940 Circulation 1890, 2115 1900, 4400 1910, 5200 1920, 6100; 1930, 6000 1935 4375 Edited & published by H. Kaul 1888—90 by L. Huendling, 1891, by H. Kaul 1892–1940 [Note Last issue reports R. A. Vens as editor and publisher but H. Kaul's name remains.]
Forest Park, IL

Nachrichten aus Schnepfenthal für Eltern und Erzieher. Leipz. 1786—88. V: *Salzmann, Christian Gotthilf.* (MGT)

— von alten und neuen kleinen exegetischen Schriften. Leipz. 1750. H: *Messerschmid, Joh. Chn.* (ML) (Ky)

— v. alten u. neuen exegetischen Schriften, (v. J. C. Messerschmid). 4 Stück. 8. Leipz. 750. (W. Vogel). 8 gr

— von d. besten Schriften unserer Zeit. 20 Stück. 8. Lindau 763—69. Otto. 2 ß 12 gr

Nachrichten von den merkwürdigsten theologischen Schriften. Lübeck 1765—72. V: *Froriep, Justus Frdr.* (Ky)

— v. d. merkwürd. theolog. Schriften, (v. J. Fr. Froriep). 3 Bde. 8. Lüb. 765—72. Donatius. 2 ß

— v. d. neuesten Schriften f. Liebhaber d. Philosophie. (v. Jh. Fr. Schwarz). 2 Bde. od. 8 Stück. 8. Jena 761—63. Gollner. 1 ß 8 gr

— v. einigen berühmten Schulanstalten. 1s Stck: v. Hallischen Waisenhaus. 8. Aerotopolis (Berl.) 785. (Unger). 4 gr

— von einigen berühmten Schulanstalten in Deutschland. 1s Heft. 8. Berlin 785. Jetzt Sommerbrodt.

Nachrichten über das deutsche Schul- u. Erziehungswesen. 1833-35. s. Nachrichten, Bayerische, über d. dt. Schul- u. Erziehungswesen.

Nachrichten vom deutschen Schulwesen in den . . . churbaierischen Staaten, eine Monatsschrift. Münch. 1803-09. H: *Hobmann, Wfg.* (MGT) »1803-18« (Ky)

— v. d. deutschen Schulwesen in d. Königl. Baier. Staaten; e. Monatsschr. Jahrg. 1803—18. 8. Münch. (Landsh., Krüll). à 12 gr 3 ₰ 12 gr v. 810—818. à 16 gr 6 ₰

— von dem deutschen Schulwesen in den königl. bayerschen Staaten, eine Monatsschrift. Jahrgang 1803-9. München, Fleischmann. (à 9 gr.)

— von dem deutschen Schulwesen in dem königl. baierschen Staaten, eine Monatschrift. Jahrg. 1811 u. 12. Münch. Schulfond-Verlag. (à 16 gr.)

Moser, Johann Jakob (Herausgeber): „Schwäbische Nachrichten von Oekonomie-, Cameral-, Policey-, Handlungs-, Manufactur-, Mechanischen- und Bergwerkssachen", Stück 1—10 nebst Register, Stuttgart 1756—1757. — Vorh.: Preußische Staatsbibliothek Berlin (Signatur Fe 446).

Nachrichten: Schweyzerische Nachrichten, verschiedener in der Schweiz [resp. Schweyz] sich ereigneter Merkwürdigkeiten .. in Zürich gesammelt
v. Monatliche Nachrichten einicher Merkwürdigkeiten, gesammlet und herausgegeben in Zürich.

— **schweizerische philatelistische. Monatsschrift f. Briefmarkenkunde. Spezial-Organ des Sammlers schweiz. Postwertzeichen. Red.: J. F. Arnold. Jahrg. 1909. 10 Nrn. (à ca. 16 S.) Lex. 8. Bern, E. Zumstein, Briefmarkenhaus. (Nur direkt.) nnn 1.60**

Nachrichten. Schweizerische Wissenschaftliche N' = Bulletin Scientifique Suisse = Bolletino Scientifico Svizzero. Beiblatt zu den Neuen Denkschriften der Schweizerischen Naturforschenden Gesellschaft = Supplément des Nouveaux Mémoires de la Société Helvétique des Sciences Naturelles = Supplemento alle Nuove Memorie della Società Elvetica di Scienze Naturali. Jahrg. 1 = 1e Année = 1o Anno. 1907. (Fünf Serien.) [Probenummer. – Mit Figuren und 3 Tafeln.] IV + II + 28 + 33 + 4 + 39 + 21 + VII S. 8. Zürich, Gebr. Leemann & Co., 1907.
Nicht weiter erschienen.

– für Seefahrer. Beiblatt zum Marine-Verordnungs-Blatt. Mittheilungen des hydrograph. Bureaus des Marine-Ministeriums. 1. Jahrg. 1870. Juli — Decbr. 26 Nrn. (à ½—1 Bgn.) Berlin, (Mittler & Sohn.) 4. n. 1 ₰

— für Seefahrer. Beiblatt zur Marine-Verordnungs-Blatt. Mittheilungen d. hydograph. Bureaus d. Marine-Ministeriums. 2. Jahrg. 1871. 52 Nrn. (à ½—1 B.) 4. Berlin, Mittler & Sohn. in Comm. n. 6. —

– dasselbe. 3. Jahrg. 1872. 52 Nrn. 4. (Nr. 1. 1½ B.) Ebend. n. 5. —

– dasselbe. 5—7. Jahrg. 1874—1876. à 52 Nrn. (½ B.) hoch 4. Ebend. à Jahrg. n. 2. —
cf.: Mittheilungen hydrographische.

Nachrichten für Seefahrer. Hrsg. von dem hydrographischen Bureau der kaiserlichen Admiralität. 8—13. Jahrg. 1877—1882. à 52 Nrn. (à ½—2 B.) hoch 4. Berlin, Mittler & Sohn in Comm. à Jahrg. n. 2. —

— für Seefahrer. Hrsg. v. dem hydrograph. Amt der Admiralität. 14—17. Jahrg. 1883—1886. à 52 Nrn. (à ½—2 B.) hoch 4. Berlin, (Mittler & Sohn). à Jahrg. n. 2. —

— für Seefahrer. Hrsg. v. dem hydrograph. Amt der Admiralität. 18.—21. Jahrg. 1887—1890. à 52 Nrn. (à ½—2 B.) hoch 4. Berlin, (Mittler & Sohn). à Jahrg. n. 2. —

— für Seefahrer. Hrsg. v. dem hydrograph. Amt d. Reichs-Marine-Amts. 22.—25. Jahrg. 1891—1894. à 52 Nrn. (à ½—2 Bog.) hoch 4 (Berlin, E. S. Mittler & Sohn. à Jahrg. n. 2. —

— für Seefahrer. Hrsg. v. Reichs-Marine-Amt, naut. Abtheilg. 26.—29. Jahrg. 1895—1898. à 52 Nrn. (à ca. 3 Bog. m. Abb.) hoch 4. Berlin (E. S. Mittler & Sohn). à Jahrg. n 2. —
Kann auch halbjährlich bezogen werden.

— f. Seefahrer. Hrsg. v. Reichs-Marine-Amt, naut. Abteilg. 30.—33. Jahrg. 1899—1902. à 52 Nrn. Lex.-8. (1064, 942, 990 u. 886 S. m. Fig.) Ebd. à Jahrg. n. 2. —

— für Seefahrer. Hrsg. vom Reichs-Marine-Amt. 34.—37. Jahrg. 1903—1906. à 52 Nrn. (52, 972; 52, 974; 54, 978 u. 66, 982 S. m. Fig.) Lex.-8. Berlin, (E. S. Mittler & Sohn). à Jhrg. n. 2. —

— für Seefahrer. Hrsg. vom Reichs-Marine-Amt. 38. bis 41. Jahrg. 1907—1910. à 52 Nrn. (à ca. 20 S. m. Fig.) Lex. 8. Ebd. à Jahrg. 2. —

Seeländer Nachrichten
① und allgemeiner Anzeiger der Stadt Biel und der Gemeinden Bözingen, Nidau, Madretsch und Mett, sowie des übrigen Seelandes ③ Der Grütlianer (v sub 15) ④ Seeländer Bote ⑤ 1898--Ende Juni 1904 ⑥ 2° ⑦ wöchentlich 6× ⑧ Biel Würsten & Schurter ⑩ die Buchdrucker ⑪ Hans Mettier Großrat, später Redaktor des Grütlianers ⑫ zeitweise Kampfblatt der Arbeiterschaft, aber auch der bürgerlichen Richtung verpflichtet ⑬ BGSZ 177a, 401a, 595, 973 ⑭ Be St ⑮ Nach Joh Brandenburger (v BGSZ 401a) wurde die Zeitung gegründet, um im Kampf um die politischen Entscheidungen den als Wochenblatt erscheinenden «Grütlianer» zu unterstützen und die «täglichen Angriffe» abzuweisen. Als 1901 unter Louis Heer das «reaktionäre» «Tagblatt der Stadt Biel» sich in eine Arbeiterzeitung umwandelte, da wuchs im bürgerlichen Lager die Reaktion und führte nach 2 Jahren den Untergang der «Seeländer Nachrichten» herbei. Wilhelm Gaßmann erwarb das Verlagsrecht des Blattes und verschmolz dieses am 1 7 1904 mit dem «Seeländer Boten» der ab 7 6 1904 wöchentlich 6× herauskam. Das von den «Seeländer Nachrichten» vertretene parteipolitische Programm übernahm 1917 das von Fritz Jordi gegründete «Arbeiter Blatt»

Nachrichten, Einige, von Seifhennersdorf in der Oberlausitz. Zittau 1801. V: *Richter, August Frdr.* (MGT) (OL)

Nachrichten über das evangelisch-theologische Seminar in Blaubeuren, umfassend die Kurse 1857-61. (Sigwart, Geschichte des Klosters und Seminars Blaubeuren) Blaubeuren 1861

Nachrichten vom geistlichen Seminar in Regensburg. [Nürnberg] 1803. V: *Wittmann, Georg Michael.* (schmal)

—v. geistlichen Seminarium in Regensburg. 8. Nürnb. 803. Raw. 2 gr

Nachrichten von Siemens & Halske, Aktiengesellschaft. Jg. 2—6. 1898—1902. Berlin.
Ausserdem: Nachrichtenheft Nr 4 (Februar 1903): T. 1. Die elektrische Anlage des Emder Hafens. T. 2. Einzelnachrichten Januar—Februar 1903. Berlin.
Nachrichten April—Dezember 1903. Berlin

— von Siemens & Halske, Aktiengesellschaft. IV. u. V. Jahrg. 1900 u. 1901. Fol. (210 S. u. 122 u. 64 S. m. Abb.) Berlin (J. Springer.) à Jahrg. n. 3. —

— von Siemens & Halske, Aktiengesellschaft. VI. Jahrg. 1902. (174 S. m. Abbildgn.) Fol. Berlin (903). (J. Springer.) Geb. in Leinw n. 3. —

Nachrichten von Siemens & Halske Aktiengesellschaft Jg. 6. Berlin 1902. 2°
[Fortges. u. d. Tit.] Nachrichten der Siemens-Schuckertwerke G m.b.H. (und der Siemens & Halske Aktiengesellschaft). H. 1 ff Berlin 1902 ff 2°
1. 1903, 2-4, 1904, 5-7, 1905, 8-9, 1906, 10-12, 1907, 13-15, 1908; 16-17, 1909.

— der Siemens-Schuckertwerke, G. m. b. H. 1903. (65 S. m. Abb.) Fol. Ebd. Geb. in Leinw n. 3.—

Nachrichten der Siemens-Schuckert Werke G. m. b. H. und der Siemens & Halske A.-G. Jg. 1904—10 u. 1912—13. Berlin

— der Siemens-Schuckertwerke, G. m. b. H., u. der Siemens & Halske, Aktiengesellschaft. 16. Heft. Juli 1909. (IV, 145 S. m. Abb.) 87×27 cm. Berlin, (J. Springer). Geb. in Leinw. 8.—

Nachrichten von den Familien Siemers und Zastrow. Hamburg 1841. 4.

— aus Siloam u. Bethanien in Ostindien. Aus dem Dän. übers. v. A. Michelsen. Nebst Mittheilgn. aus anderen Missionen. Hrsg. v. dem Comité f. Mission ohne Kaste. Red: Glob. Schütze. 1. [21.] Jahrg. 1876. 12 Nrn. (à 1—2 B.) Dresden. Leipzig, Werner in Comm. n. 1. 20
cf Nachrichten aus Bethanien.

— aus Siloam u. Bethanien in Ostindien. Aus dem Dänischen übersetzt von A. Michelsen. Nebst Mittheilungen aus anderen Missionen. Hrsg. von dem Comite für Mission ohne Kaste. Red.: E. Gämlich, A. Bierich, A. Knöbel. 2. [22.] Jahrg. 1877. 12 Nrn. (à 1—2 B.) gr. 8. Dresden. Leipzig, Werner in Comm. n. 1. 20

Solothurner Nachrichten
① Täglicher Anzeiger für Stadt und Land ⑤: Probeblätter v. Dezember 1868 Januar 1869—10 6 1871 ⑥ 2° ⑦ wochentlich 6× ⑧ Solothurn Stu- der & Reinhard Druckerei der »Solothurner Nachrichten« (ab Nr 173 1870) ⑨ Der Familienfreund (wochentlich 2×) ⑩ Louis Studer und Ing J Rein- hard ⑪ Redaktionskommission Hauptredaktoren waren Fidel Flury und Johann Mollet ⑫ freisinnig ⑬ BGSZ 1262 Weiß Politische Presse Solo- thurn 1955 ⑭ So Z St O S ⑮ Ein Kampfblatt der »Grauen« Professor Peter Dietschi (1830—1927) in Olten, der Mitarbeiter dieser Zeitung, erwarb zu Ende des Jahres 1870 die Druckerei der »Solothurner Nachrichten«, ver- mietete sie aber den Herausgebern des Blattes noch bis zum 1 7 1871

Sonderbare Nachrichten von dem ruhmwürdigen Leben und Thaten des grossen Feld-Herrn Eugenii, Herzogs von Savoyen und Piemont. 8. Mit 2 Krtn. Nürnberg 1738.

Nachrichten über die württembergischen Sparkassen von 1818-68. Stuttgart 1868

Nachrichten über den algierschen Staat, s. Levsen, Chr. 1798 ff.

Nachrichten von Staats- und gelehrten Sachen. Berlin. (Haude und Spenersche Zeitung.) No. 125. 1851. Fol. (Enthält das Programm, Beschreibung etc. der Enthüllungsfeier des Friedrich-Denkmals Unter den Linden.)

— aus dem Gebiete der Staats- u. Volkswirthschaft, mitgetheilt von Otto Hübner. (1.) Jahrg. 1853. 52 Nrn. (à 1 Bgn.) Berlin (Leipzig, Hübner in Comm.) gr. 4. nn. 4 ℳ.

„Staatswissenschaftliche und juristische Nachrichten", Jahrgang 1 und 2, Hildburghausen 1799—1800.

Loz, J. F. E. (Herausgeber): „Staatswirthschaftliche und juristische Nachrichten", 2 Bände, Hildburghausen 1800, 1801 (Hanisch).

Einige Nachrichten von den Stammvätern der Familie Hasse. Schneeberg 1823.

Internationales Landwirtschaftsinstitut Rom, Italien. Nachrichten zur landwirtschaftlichen Statistik Saatenstands- und Erntebericht. Bd 1, No 1 Rom 1910 Buchdr d. Abgeordnetenkammer 4° [10. 469]

Nachrichten, statistische, üb. die auf den Bahnen d. Vereins deutscher Eisenbahn-Verwaltungen vorgekommenen Achsbrüche u. Achs-Anbrüche. Berichtsj. 1890, 1891. Ausg. v. der geschäftsführ. Verwaltg. d Vereins. Fol. (17, 15 S.) Berlin 891. 892. (Wiesbaden, C. W. Kreidel.) à n. 2.—

Nachrichten, statist., üb. d. auf d. Bahnen d. Vereins deutscher Eisenbahn-Verwaltgn. vorgekomm. Achsbrüche u. Achs-Anbrüche. Berichtsj. 1894. Ausg. v. d. geschäftsführ. Verwaltg. d. Vereins. Fol. (13 S.) Berlin 895. (Wiesbaden, C. W. Kreidel.) n. 2.—

— dasselbe. Berichtsj. 1895. Ausg. v. d. geschäftsführ. Verwaltg. d. Vereins. Fol. (13 S.) Ebd. 896. n. 2.—

—— statistische, von den oesterreichisch-ungarischen Eisenbahnen. Bearb. vom statist. Departement im k. k. Handels-Ministerium. 1. Bd. 4 Hefte: Betriebs-Ergebnisse des J. 1870. hoch 4. (555 S. mit 1 Chromolithogr.) Wien 873—75, (Meyer.) à Heft *ℳ 5. *
—— dass. — 2. Bd. 1. Heft: Betriebs-Ergebnisse des J. 1871. hoch 4. (198 S.) Ebendas. 874. *

— statistische, von den österreichisch-ungarischen Eisenbahnen. Bearb. vom statistischen Departement im k. k. Handels-Ministerium. 2. Bd. 2. Hft. Betriebs-Ergebnisse des Jahres 1871. Imp.-Fol. (V u. S. 199—511.) Wien 877. k. k. Hof- u. Staatsdruckerei. n. 7.—

—— dass. — 3. Bd.: Betriebs-Ergebnisse des J. 1872. Imp.-Fol. (238 S.) Ebendas. 876. *

— dasselbe 4. Bd. Statistik der den beiden Reichshälften gemeinsamen u. der österreich. Eisenbahnen in den J. 1872 bis einschliesslich 1874. Imp.-4. (259 S.) Ebend. 876. n. 10. —

—— statistische, von den österreichisch-ungarischen Eisenbahnen für die Betriebsj. 1876—1878. Bearb. vom statist. Departement im k. k. Handels-Ministerium. Fol. (481; IV, 335; IV, 333 S.) Wien, k. k. Hof- und Staatsdruckerei. Jahrg. 1876 *
Jahrg. 1877 und 1878 à *

— dasselbe, für das Betriebsjahr 1877. Bearb. vom statistischen Departement im k. k. Handels-Ministerium. Fol. (IV, 335 S.) Ebend. 880. n. 8. —

— dasselbe, für das Betriebsjahr 1878. Bearb. vom statistischen Departement im k. k. Handels-Ministerium. Imp.-4. (IV, 333 S.) Ebend. 881. n. 8. —

— statistische, üb. die Eisenbahnen der österreichisch-ungarischen Monarchie f. d. Betriebsj. 1879. Bearb. u. hrsg. vom statist. Departement im k. k. Handels-Ministeriau in Wien u. vom königlich-ungar. statist. Landesbureau in Budapest. (Deutsch u. ungarisch.) Imp.-4. (VI, 596 S.) Wien 882. Hof- u. Staatsdruckerei. n. 16. —

— dasselbe f. d. Betriebsj. 1880. Imp.-4. (IV, 411 S.) Ebend. 883. n. 10. —

— dasselbe f. das Betriebsj. 1881. Imp.-4. (IV, 409 S.) Ebend. 883. n. 12. —

— dasselbe f. das Betriebsj. 1882. Imp.-4. (IV, 639 S.) Ebend. 884. n. 16. —

— Statistische, über d. Eisenbahnen d. österr.-ungar. Monarchie f. d. Betriebsj. 1883. Bearb. u. herausgeg. v statist. Departement im k. k. Handelsministerium in Wien u. v. kgl. ungar. statist. Landesbureau in Budapest. Fol. (450 S.) Ebds. 6 fl. 1885.

— statistische, üb. die Eisenbahnen der österreichisch-ungarischen Monarchie f. das Betriebsj. 1884. Bearb. u. hrsg. vom statist. Departement im k. k. Handels-Ministerium in Wien u. vom königl. ungar. statist. Landesbureau in Budapest. [Deutsch u. ungarisch.] Imp.-4. (IV, 453 S.) Wien 886. Hof- u. Staatsdruckerei. n. 12. —

Nachrichten, statistische, üb. die Eisenbahnen der österr.-ungar. Monarchie f. das Betriebsj. 1885. Bearb. u. hrsg vom statist. Departement im k. k. Handels-Ministerium in Wien u. vom königl. ungar. statist. Landesbureau in Budapest. [Deutsch u. ungarisch.] Imp.-4. (IV, 691 S.) Wien 887. Hof- u. Staatsdruckerei. n. 16. —

— dasselbe, f. das Betriebsj. 1886. Imp.-4. (IV, 494 S.) Ebd. 888. n. 12. —

Nachrichten, Statistische, über die Eisenbahnen der österreichisch-ungarischen Monarchie für das Betriebsjahr 1887. Bearbeitet und herausgegeben vom statistischen Departement im k. k. Handels-Ministerium in Wien und vom königlich-ungarischen statistischen Landesbureau in Budapest. Fol. (524 S.) Ebda. 1889. 6.—

— statistische, üb. die Eisenbahnen der österreichisch-ungarischen Monarchie f. das Betriebsj. 1888. Bearb. u. hrsg. vom statist. Departement im k. k. Handels-Ministerium in Wien u. vom königl. ungar. statist. Landesbureau in Budapest. [Deutsch u. ungarisch.] Imp.-4. (IV, 871 S.) Wien 891. Hof- u. Staatsdruckerei. n. 16. —

Nachrichten, Statistische, über die Eisenbahnen der österr.-ungar. Monarchie für das Betriebsjahr 1889. Bearbeitet und herausgegeben vom statistischen Departement im k. k. Handels-Ministerium in Wien und vom königlich-ungarischen statistischen Landes-Bureau in Budapest. Folio. (590 S.) 6.— Ebda. 1893.

Nachrichten, Statistische, über die Eisenbahnen der österr.-ungar. Monarchie für das Betriebsjahr 1890. Bearbeitet und herausgegeben vom statistischen Departement im k. k. Handels-Ministerium in Wien und vom kgl. ungar. statistischen Landes-Bureau in Budapest. Folio. (IV, 567 S.) 6.— Ebda. 1894.

— statistische, üb. d. Eisenbahnen d. österreichisch-ungar. Monarchie f. d. Betriebsj. 1891, 1892 u. 1893. Bearb. u. hrsg. v. statist. Departement im k. k. Handelsministerium in Wien u. v. kgl. ungar. statist. Bureau in Budapest. [Deutsch u. ungarisch.] Fol (IV, 645; IV, 637 u. IV, 663 S.) Wien 895—897. Hof- u. Staatsdruckerei. à Jahrg. n. 12. —

— statistische, von den preussischen Eisenbahnen. Bearb. auf Anordnung Sr. Exc. des Hrn. Chefs des Königl. Ministeriums für Handel, Gewerbe u. öffentl. Arbeiten von dem techn. Eisenbahn-Büreau genannten Ministeriums. 1 Bd. Berlin 855. Ernst u. Korn. Imp.-4. (3 Bl., 292 S. mit Holzschn. im Text, 6 lith. Taf. u. 12 Tab. in Fol.) nn. 4 ℛ.

— — 2. Bd., die Ergebnisse des Jahres 1854 enthltd. Berlin 856. Ernst u. Korn. Imp.-4. (4 Bl., 249 S. mit Holzschn. im Text u. 4 Tab. in Fol.) nn. 3 ℛ.

— — 3. Bd. enthltd. die Ergebnisse des J. 1855 nebst 1 (lith.) Uebersichtskarte u. 16 (lith.) Bl. Nivellements-Plänen (in Fol.). Berlin 857. Ernst u. Korn. Imp.-4. (4 Bl., 192 S. m. Holzschn. im Text u. 3 Tab. in Fol.) nn. 5 ℛ.

— — 4. Bd. enthltd. die Ergebnisse des J. 1856 nebst 1 (lith.) Uebersichtskarte, 1 (lith.) Nivellements-Plan u. 1 (lith.) Schienen-Profil (in Fol.). Berlin 858. Ernst u. Korn. Imp.-4. (4 Bl., 243 S. u. 3 Tab. in Fol.) nn. 3 ℛ.

— — 5. Bd. enthltd. die Ergebnisse d. J. 1857 nebst 1 (lith.) Uebersichtskarte, 1 (lith.) Nivellements-Plan u. 5 (lith.) Bl. Zeichnungen (in Fol.). Berlin 858. Ernst u. Korn. Imp.-4. (4 Bl., 324 S. u. 3 Tab. in Fol.) nn. 3 ℛ.

— statistische, von den Preussischen Eisenbahnen. Bearbeitet auf Anordnung Sr. Exc. des Herrn Ministers für Handel, Gewerbe u. öffentliche Arbeiten von dem technischen Eisenbahn-Bureau des Ministeriums. 6. Bd. enthaltend die Ergebnisse des Jahres 1858, nebst 1 (lith.) Uebersichtskarte, 1 (lith.) Nivellements-Plan u. 3 (lith.) Blatt Zeichnungen (in Fol.). Berlin 859. Ernst & Korn. Imp.-4. (VII, 265 S. m. Holzschn.) nn. 3 ℛ

— — 7. Bd., enthaltend die Ergebnisse des Jahres 1859, nebst 1 (lith.) Uebersichtskarte u. 1 (lith.) Nivellements-Plan (in Fol.). Ebend. 860. Imp.-4. (VII, 277 S.) nn. 3 ℛ

— — 8. Bd., enthaltend die Ergebnisse des Jahres 1860, nebst 1 (lith.) Uebersichtskarte, 1 (lith.) Nivellements-Plan u. 13 (lith.) Blatt Zeichngn. von Güterwagen (in Fol.). Ebend. 861. Imp.-4. (VII, 363 S.) nn. 3 ℛ

— — 9. Bd., enthaltend die Ergebnisse des Jahres 1861, nebst 1 (lith.) Uebersichtskarte u. 2 (lith.) Nivellements-Plänen (in Fol.). Ebend. 862. Imp.-4. (IV, 285 S.) nn. 3 ℛ

— — 10. Bd., enthaltend die Ergebnisse des Jahres 1862, nebst 1 (lith.) Uebersichtskarte u. 2 (lith.) Nivellements-Plänen (in Fol.). Ebend. 863. Imp.-4. (IV, 251 S. m. Holzschn. u. 1 Tab. in Fol.) nn. 3 ℛ

Nachrichten, statistische, von den preuss. Eisenbahnen. Bearb. von dem techn. Eisenbahn-Bürcau des Ministeriums. 11—16. Bd., enthltd. die Ergebnisse der J. 1863—68. Berlin, Ernst & Korn. Imp.-4. [11. Bd. (IV, 343 S. nebst 1 chromolith. Uebersichtskarte u. 1 lith. Nivellements-Plan in qu. Fol. u. gr. Fol.) 864., 12. Bd. (VI, 244 S. nebst 1 chromolith. Uebersichtskarte u. 1 lith. Nivellements-Plan in qu. Fol. u. gr. Fol.) 865., 13. Bd. (VI, 243 S. nebst 1 chromolith. Uebersichts-Karte u. 1 lith. Nivellements-Plan in qu. gr. Fol.) 866., 14. Bd. (VII, 262 S. mit 5 Steintaff. in gr. 4. u. qu. gr. Fol., nebst 1 chromolith. Uebersichts-Karte u. 1 lith. Nivellementsplan in qu. gr. Fol.) 867., 15. Bd. (VII, 395 S. nebst 1 chromolith. Uebersichtskarte u. 1 chromolith Nivellements-Plan in qu. gr. Fol.) 868., 16. Bd. (V, 218 S. nebst 1 chromolith. Uebersichtskarte u. 3 lith. Nivellements-Plänen in gr. Fol.) 869.] Jeder Bd. nn. 3 ℛ

— statistische v. den preussischen Eisenbahnen. Bearb auf Anordng. d. Ministers f. Handel, Gewerbe u. öffentl Arbeiten v. dem techn. Eisenbahn-Bureau d. Ministeriums. 17—22. Bd. Imp-4. Berlin 870—75. Ernst & Korn. n.n. 72. — (I—XXII.: n.n. 225. —)

17. Die Ergebnisse d. J. 1869 nebst e. (chromolith.) Uebersichtskarte u. e. (lith.) Nivellements-Plan (in qu. Fol.) (IV, 225 S. m. 1 Steintaf. u. 2 Tab.) n.n. 9. —
18. Die Ergebnisse d J. 1870, nebst e. (chromolith.) Uebersichtskarte (in qu. gr. Fol) u. 2 Nivellements-Plänen (in 13 lith. Taf. in Fol. u. qu. gr. Fol.) (IV, 305 S.) n n. 9. —
19. Die Ergebnisse d J. 1871, nebst e. (chromolith.) Uebersichtskarte (in qu. gr. Fol.) u. 3 lith. Nivellements-Plänen (in qu. gr. Fol.) (IV, 266 S.) n.n. 9. —
20. Die Ergebnisse d. J. 1872, nebst e. (chromolith.) Uebersichtskarte (in qu. gr. Fol.) u. 2 (lith.) Nivellements-Plänen (in qu. gr. Fol.) (IV, 288 S.) n.n. 9. —
21. Die Ergebnisse d. J. 1873, nebst e. (chromolith.) Uebersichtskarte u. 4 (lith.) Nivellements-Plänen (in qu. gr. Fol.) (IV, 364 S.) n.n. 18. —
22. Die Ergebnisse d J 1874, nebst 1 (chromolith.) Uebersichtskarte u. 2 (lith.) Nivellements-Plänen (in qu. gr. Fol.) (IV, 250 S.) n.n. 18. —

— statistische, von den preussischen Eisenbahnen. Bearb. auf Anordnung des Ministers für Handel, Gewerbe u. öffentliche Arbeiten von dem technischen Eisenbahn-Büreau des Ministeriums. 23. Bd., enthaltend die Ergebnisse des Jahres 1875, nebst 1 (chromolith.) Uebersichtskarte u. 2 (lith.) Nivellements-Plänen (in qu. gr. Fol.). Fol. (IV, 252 S.) Berlin 876. Ernst & Korn. n.n. 18. —

— dasselbe. 24. Bd., enthaltend die Ergebnisse des Jahres 1876, nebst 1 (chromolith.) Uebersichtskarte u. 3 (lith.) Nivellements-Plänen (in qu. gr. Fol.). Fol. (IV, 377 S.) Ebend. 877 n.n. 18. —

— dasselbe. 25. Bd., enthaltend die Ergebnisse des Jahres 1877, nebst graphischen Darstellungen, 1 (chromolith.) Uebersichtskarte u. 2 (lith.) Nivellements-Plänen (in qu. gr. Fol.). Fol. (V, 253 S.) Ebend. 878. n.n. 18. —

— dasselbe. 26. Bd., enthaltend die Ergebnisse des Jahres 1878, nebst graphischen Darstellungen, 1 (chromolith.) Uebersichtskarte u. 4 (lith.) Nivellements-Plänen (in qu. gr. Fol.). Fol. (VI, 259 S.) Ebend. 879. n.n. 18. —

— dasselbe. 27. Bd., enthaltend die Ergebnisse des Jahres 1879, nebst graphischen Darstellungen, 1 (chromolith.) Uebersichtskarte u. 3 (lith.) Nivellements-Plänen (in qu. gr. Fol.). Fol. (VI, 395 S.) Ebend. 880. n.n. 18. — (1—27. n. 315. —)

Nachrichten, Statistische, von den preussischen Eisenbahnen. Bearbeitet auf Anordnung Seiner Excellenz des Herrn Ministers für Handel, Gewerbe und öffentliche Arbeiten von dem technischen Eisenbahn-Bureau des Ministeriums. Bd. 14—27, enthaltend die Ergebnisse der Jahre 1866—1879. Mit Karten und Nivellements-Plänen. (Von 1880 siehe: „Statistik der im Betriebe befindlichen Eisenbahnen Deutschlands".) (14 Bde.) Fol. Berlin 1867—1880.

Nachrichten, Statistische, von den preußischen Eisenbahnen. Bd 1—27 1865—1879 Berlin.
Forts. u. d. T.: **Zusammenstellung**, Uebersichtliche, der wichtigsten Angaben der deutschen Eisenbahn-Statistik nebst erläuternden Bemerkungen und einer Uebersichtskarte, bearbeitet im Reichs-Eisenbahn-Amt. Bd 1—17. 1880/1882—1897/98. Berlin

— statistische von den Eisenbahnen des Vereins deutscher Eisenbahn-Verwaltungen für das Etats-Jahr 1878. Hrsg. von der geschäftsführenden Direction des Vereins. 29. Jahrg. Fol. (194 S.) Berlin, (Nauck & Co.). cart. n.n. 12. —

— dasselbe, für das Etatsjahr 1879. Hrsg. von der geschäftsführenden Direktion des Vereins. 30. Jahrg. Fol. (201 S.) Ebend. 881. cart. n.n. 12. —

— dasselbe, für das Etatsjahr 1880. Hrsg. von der geschäftsführenden Direktion des Vereins. 31. Jahrg. Fol. (199 S.) Ebend. 882. n.n. 12. 50
cf.: Eisenbahn-Statistik, deutsche.

— statistische, v. den Eisenbahnen d. Vereins deutscher Eisenbahn-Verwaltungen f. d. Etats-Jahr 1881—1884. Hrsg. v. der geschäftsführ. Direktion d. Vereins. XXXII—XXXV. Jahrg. Fol. (à 200 S.) Berlin 883—86. (Nauck & Co.) cart. à Jahrg. n.n. 12. 50

— statistische, von den Eisenbahnen d. Vereins deutscher Eisenbahn-Verwaltungen f. das Rechnungsjahr 1885, 1886, 1887, 1888. Hrsg. v. der geschäftsführenden Direction d. Vereins. 36.—39. Jahrg. Fol. (211; 215; 209; 213 S.) Berlin 887 — 889. (Nauck & Co.) cart. à Jahrg. n.n. 12. 50

— statistische, v. den Eisenbahnen d. Vereins deutscher Eisenbahn-Verwaltungen f. d. Rechnungsj. 1889—1892. Hrsg. v der geschäftsführ. Verwaltg. d Vereins. XL. — XLIII. Jahrg. Fol. (215; 218; 218; 220 S.) Berlin 891—894. (A. Nauck & Co.) Kart. à Jahrg. n.n. 12. 50

— statistische, v. d. Eisenbahnen d. Vereins deutscher Eisenbahn-Verwaltgn. f. d. Rechnungsj. 1893, 1894, 1895 u. 1896. Hrsg. v. d. geschäftsführ. Verwaltg. d. Vereins. 44.—47. Jahrg. Fol. (221; 225; 225 u. 223 S.) Berlin 895—898 (A. Nauck & Co.) Kart. à Jahrg. n.n. 12. 50

— statistische, von den Eisenbahnen des Vereins deutscher Eisenbahn-Verwaltungen f. d. Rechnungsj. 1897, 1898, 1899 u. 1900. Hrsg. v. der geschäftsführ. Verwaltung des Vereins. 48.—51. Jahrg. Fol. (228, 254, 249 u. 255 S.) Berlin 899—902. (A. Nauck & Co.) Kart. à Jahrg. n.n. 12. 50

— statistische, von den Eisenbahnen des Vereins deutscher Eisenbahn-Verwaltungen f. d. Rechnungsj. 1901—1904. Hrsg. v. der geschäftsführ. Verwaltg. des Vereins. 52.—55. Jahrg. (263, 269, 272 u. 273 S.) Fol. Berlin 903 - 906, (J. Springer.) Kart. à n. 12 50

Nachrichten, statistische, v. den Eisenbahnen des Vereins deutscher Eisenbahnverwaltungen f. d. Rechnungsj. 1905. Hrsg. v. der geschäftsführ. Verwaltg. des Vereins. 56. Jahrg. (275 S.) Berlin, J. Springer. Kart. 12. 40.
1907.

Nachrichten, statistische, v. den Eisenbahnen des Vereins deutscher Eisenbahnverwaltungen f. das Rechnungsj. 1906. Hrsg. v. der geschäftsführ. Verwaltg. des Vereins. 57. Jahrg (281 S.) Berlin, J. Springer. Kart. 12. 40.
1908.

— statistische, v. den Eisenbahnen des Vereins deutscher Eisenbahnverwaltungen f. d. Rechnungsj. 1907. Hrsg. v. der geschäftsführ. Verwaltg. des Vereins. 58. Jahrg. (282 S.) Berlin, J. Springer. 1909. 12. 40.

—— statistische, über das Elementar-Schulwesen in Preußen für die J. 1859 bis 1861. gr. 4. (X und 53 S.) Berlin 864, Hertz.

— statistische über d. Elementar-Schulwesen in Preußen für die Jahre 1862 bis 1864. Berlin 867. Hertz gr 4. (XIX, 87 S.) n. 1 ℛ 10 ngr.

— statistische, üb. die Erkrankungs-Verhältnisse der Beamten v. 25 Vereins-Verwaltungen im J. 1882. Hrsg. v. der geschäftsführ. Direktion d. Vereins deutscher Eisenbahn-Verwaltgn. Fol. (66 S.) Berlin 883. (Nauck & Co.) n. 3. —

— statistische, aus dem Gesammtgebiete der Landwirthschaft. Auf Veranlassg. u. mit Unterstützg. des k. k. Ackerbau-Ministeriums hrsg. v. der k. k. statist. Central-Commission. 1.—4. Jahrg. April 1899—März 1903. à 24 Nrn. Lex.-8. (IV, 341; IV, 399; IV, 314 u. IV, 310 S. m. Tab.) Wien, W. Frick. à Jahrg. n.n. 4.—; postfrei n.n. 5.—

— statistische, aus dem Gesamtgebiet der Landwirtschaft. Auf Veranlassg. u. m. Unterstützg. des k. k. Ackerbau-Ministeriums hrsg. v. der k. k statist. Zentralkommission. 5. u. 6. Jahrg. April 1903—März 1905. à 24 Nrn. (à ca. 16 S.) Lex.-8. Wien, W. Frick. à Jhrg. n.n 4.—

— dasselbe. 7. Jahrg. April—Dezbr. 1905. 89 Nrn. (331 S.) Lex.-8. Ebd. n.n. 4.—

— dasselbe. 8. Jahrg. 1906. 52 Nrn. (à ca. 8 S.) Lex.-8. Ebd. n.n. 4.—

— statistische, aus dem Gesamtgebiete der Landwirtschaft. Auf Veranlassg. u. m. Unterstützg. d. k. k. Ackerbauministeriums hrsg. v. der k. k. statist. Zentralkommission. 9.—12. Jahrg. 1907—1910. à 52 Nrn. (IV, 536; V, 670; V, 698 u. VI, 772 S.) Lex. 8. Wien, W. Frick. à Jahrg. 4.—

Nachrichten, statistische, üb. Handel u. Schifffahrt der Herzogthümer Schleswig-Holstein im J. 1848. Bearbeitet im Finanz-Departement. gr. Fol. (X u. 134 S.) Altona 850. (Lehmkuhl.) n. 1⅔ ℛ

— statistische, über Hannover. Hannover 868. Klindworth. gr. 8. (32 S.) n. 4 ngr.

—— statistische, über Hannover. gr. 8. (32 S.) Hannover 870, Klindworth. *

Nachrichten, Statistische, aus Hessen. [Halle 1788.] V: *Krause, Christian Siegmund.* (MGT)

Nachrichten, Statistische, über den Regierungsbezirk Minden. 4. Minden 1861.

— statistische, über das Grossherzogthum Oldenburg herausg. vom statist. Bureau. 1. Heft enthltd. Rhederei, Schiffsbau u. Schifffahrt im Herzogthum Oldenburg für d. J. 1829—1855, nebst e. Nachtrag, enthltd. Rhederei, Schiffsbau und Schifffahrt für d. J. 1856. Oldenburg 857. Schulze. gr. 4. (2 Bl., 164 S.) n. 1 ℛ.

— — 2. Heft enthltd. Stand der Bevölkerung etc. nach der Zählung vom 3. Decbr. 1855, 1. Abth., mit einer Einleitung, betr. die Ergebnisse der Volkszählungen seit dem J. 1815. Ebend. 857. gr. 4. (2 Bl., 218 S.) n. 1 ℛ. 10 ngr.

— statistische, über das Grossherzogthum Oldenburg herausg. vom statistischen Bureau. 3. Heft, enthaltend Stand der Bevölkerung im Grossherzogthum Oldenburg nach der Zählung vom 3. Dezbr. 1855. 2. Abth. Oldenburg 859. Stalling. gr. 4. (IV, 279 S.) n. 1 ℛ 20 ngr.

— — 4. Heft, enthaltend A. Durchschnittspreise des Getreides und einiger anderen Nahrungsmittel im Grossherzogthum Oldenburg aus den Jahren 1817—1858. B. Stand der Bevölkerung im Grossherzogthum Oldenburg nach der Zählung vom 3. Dezbr. 1858. Ebend. 860. gr. 4. (IV, 165 S.) n. 1 ℛ

— — 5. Heft, enthaltend A. Rhederei, Schiffsbau und Schiffsverkehr im Herzogthum Oldenburg für die Jahre 1856—1860. B. Post- u. Telegraphen-Verkehr im Grossherzogthum Oldenburg für die Jahre 1853—1860. Ebend. 862. gr. 4 (IV, 189 S.) n. 1 ℛ

— — 6. Heft. Zur Statistik der Bevölkerung, insbesondere Stand der Bevölkerung nach der Volkszählung vom 3. Dec. 1861. Ebend. 863. gr. 4. (XVII, 208 S.) n. 1 ℛ 15 ngr.

— statistische, über das Grossherzogthum Oldenburg hersg. vom statist. Bureau. 7—11. Heft. Oldenburg, Stalling's Verlag. gr. 4. n. 6 ℛ 27½ ngr.

7. Heft. Zur Statistik der materiellen Kultur nach den Aufnahmen v. 3. Decbr. 1861. (VIII, 381 S.) 865. n. 1 ℛ 22½ ngr.

8. Heft. A. Zur Statistik der Bevölkerung. B. Zur Statistik d materiellen Cultur. (XXI, 212 S.) 867. n. 1 ℛ 10 ngr.

9. Bewegung der Bevölkerung, dargestellt auf Grund d. Nachweisungen für das Herzogth. Oldenburg aus den Jahren 1760—1864, für die Fürstenth. Lübeck u. Birkenfeld aus den J 1836—1864. 1. Thl. enthltd. methodisch-geordnete Zusammenstellung der Nachweisungen, auch Zu- oder Abnahme der Bevölkerung u. mittlere Bevölkerungszahlen, nebst einem Anhang: Zur Theorie der Sterbetaff. für ganze Bevölkerungen. (XIX, 285 S.) 867. n. 1 ℛ 15 ngr.

10. Heft. enthltd.: A. Rhederei, Schiffsbau u. Schiffsverkehr im Herzogth. Oldenburg für die Jahre 1861 bis 1865, auch Lootsengebühren u. Hafenabgaben. B. Post- u. Telegraphen-Verkehr im Herzogth. Oldenburg u. Fürstenth. Birkenfeld f. die Jahre 1861 bis 1865. (XIX, 154 S.) n. 25 ngr.

11. Heft. Bewegung der Bevölkerung, dargestellt auf Grund d Nachweisungen für das Herzogth. Oldenburg aus den Jahren 1700 bis 1864, für die Fürstenth. Lübeck u. Birkenfeld aus d Jahren 1836 bis 1864. 2. Thl. enthltd.: Zusammenstellung d. im Hefte 9 enthalt. Nachweise nach mehrjähr. Perioden, zum Vergleich benutzte Nachweise aus fremden Staaten u. Resultate nebst 2 graph. Darstellungen u. 3 (lith.) Karten. 4. (X, 318 S.) n. 1 ℛ 15 ngr.

— statistische, üb. das Grossherzogth. Oldenburg hrsg. vom statist. Bureau. 12. Hft., enth. Ergebnisse der Volkszählg. vom 3. Decbr. 1867. gr. 4. (XVIII, 142 S.) Oldenburg 871. Stalling. n. 2. 25

— dasselbe. 13. Hft. enth. A. Die Elemente der Bewegg. der Bevölkerg. in d. J. 1865—1870; B. Durchschnittspreise verschied. Produkte u. Nahrungsmittel in den J. 1859—1870; C. Durchschnittlicher Tagelohn f gewöhnl. Tagelöhner-Arbeiten in den J 1858—1870. gr 4. (V, 179 S.) Ebend. 872. n. 2. 50

—— statistische, über das Grossherzogthum Oldenburg, hrsg. vom statist. Bureau. 14.—17. Heft. gr. 4. Oldenburg, Stalling's Verlag. *

Inhalt:

Heft 14. Die Ergebnisse der Volkszählung am 1. Decbr. 1871. (63 S. Text und 114 S. Tab.) 874. *ℳ. 3.

» 15. Die Viehhaltung nach den Ergebnissen der Zählung vom 10. Jan. 1873. (38 S. Text und 69 S. Tab.) 875. *ℳ. 1,50.

» 16. Der Stand der Bevölkerung nach den Ergebnissen der Volkszählung vom 1. Decbr. 1875. (76 S. Text und 149 S. Tab.) 876. *ℳ. 4.

» 17. Die Gewerbe nach den Ergebnissen der Aufnahme vom 1. Decbr. 1875. (45 S. Text und 162 S. Tab.) 877. *ℳ. 4.

—— statistische, über das Grossherzogthum Oldenburg, hrsg. vom statist. Bureau. 18. und 19. Heft. gr. 4. Oldenburg, Verlag des statist. Bureaus. à Heft *

Inhalt:

Heft 18. Das Armenwesen mit Einschluss der besonderen Wohlthätigkeitsanstalten. (289 S. mit 2 Taf.) 881.

» 19. Der Stand der Bevölkerung nach den Ergebnissen der Volkszählung vom 1. Decbr. 1880. (323 S.) 882.

— statistische, üb. das Grossherzogth. Oldenburg. Hrsg. vom grossherzogl. statist. Bureau. 20. Hft. Das Finanzwesen der Communalverbände in den J. 1873—1882. Nebst 2 kartograph. Tab. gr. 4. (VIII, 164 u. 301 S.) Oldenburg 886. (Bültmann & Gerriets.) n. 10.—

— statistische, üb. das Grossherzogth. Oldenburg. Hrsg. vom grossherzogl. statist. Bureau 21.—23. Hft. gr. 4. Oldenburg, A. Littmann, Buchdr. (durch H Hintzen). n. 16. —

21. Der Stand der Bevölkerung nach den Ergebnissen der Volkszählung vom 1. Decbr. 1885. (VII, 92 u. 155 S.) 887. n. 5. —
22. Die Bewegung der Bevölkerung in den J. 1871 bis 1887 m. Rückblicken auf die ältere Zeit. Nebst 3 kartograph. Taf. u. 1 graph. Darstellg. (VIII, 144 u. 221 S.) 890. n. 8. —
23. Die Viehhaltung nach den Ergebnissen der Zählung vom 1. Dezbr. 1892. Von Paul Kollmann. (V, 41 u. 37 S.) 893. n. 3. —

Nachrichten statistische, üb. d Grossh. Oldenburg 24-27 4° Oldenburg 1905-13

—— statistische, über den Kreis Prenzlau. Auf Befehl der königl. Regierung zusammengestellt von dem königl. Landraths-Amte zu Prenzlau. 4. (102 S.) Prenzlau 881, (Mieck). *

— statistische, üb. die auf den Bahnen des Vereins deutscher Eisenbahn-Verwaltungen vorgekommenen Radreifenbrüche u. Radreifen-Anbrüche. Ausgegeben v. der geschäftsführ. Verwaltg. des Vereins. Betriebsj. 1887/1888. Fol. (116 u. 3 S. m. Fig.) Berlin 891. (Wiesbaden, C. W. Kreidel.) n. 10 —
Fortsetzung s. u. d. T.: Radreifenbruch-Statistik.

Nachrichten, statistische, über den Stand des Gelehrten- und Realschulwesens in Württemberg auf 1. Jan. 1884. gr. 8. (57 S.) Tübingen 884, Fues. *
Aus: Correspondenzblatt für die Gelehrten- und Realschulen Württembergs, besonders abgedruckt.

— dasselbe, auf 1. Jan. 1886. gr. 8. (84 S.) Ebend. 885. n. 1. —

— statistische, üb. den Stand d. Gelehrten- u. Realschulwesens in Württemberg auf 1. Jan. 1887 [Aus: „Korrospondenzbl. f. d. württ. Gelehrten- u Realschulen".] gr. 8. (59 S.) Tübingen 887. Fues' Verl. n 1. —

— dassolbe, auf 1. Juni 1889. gr. 8. (85 S.) Ebd. 889 n. 1. 50

— dasselbe, auf 1. Jan. 1890. gr. 8. (57 S.) Ebd. 890. n. 1. 20

Nachrichten, statistische, üb. den Stand d. Gelehrten u. Realschulwesens in Württemberg auf 1. Jan. 1891 [Aus: „Korresp.-Blatt f. die Gelehrten- u. Realschulen"] gr. 8. (59 S.) Tübingen 891. F. Fues. n. 1. 50

— statistische, üb. den Stand d. Gelehrtenschulwesens in Württemberg auf 1. Jan. 1892, 1. Jan. 893. [Aus: „Korrespondenzbl. f d Gelehrten- u. Realschulen".] gr. 8. (à 56 S.) Ebd. 892. 893 à n 1. 50

— statistische, über die Verbreitung der Stolze'schen Stenographie. Hersg. von der statist. Commission des stenograph. Vereins zu Berlin. Berlin 865. (Mittler & Sohn.) 8. (VIII, 104 S.) n. 5 ngr.

Nachrichten, Statistisch-tabellarische, aus dem Amt und Leben der vom Jahre 1830 bis dahin der Anhalt-Dessauischen Pastoral-Gesellschaft angehörigen Mitglieder. Dessau 1856. V: *Buchrucker, Friedrich Wilhelm Wolfgang Vollrath.* (HHBD Anhaltina I, 114—115.)

— stenographische, f. Hessen u. Hessen-Nassau. Zugleich amtl. Mitteilgn. des Verbandes der Gabelsberger-Stenographen des Main-Rhein-Gaues u. v Hessen-Nassau. Hrsg.: Mich. Winkler. Mit der Beilage: „Lese- u Uebungsblatt". Red.: Fröhliger. 1 u. 2. Jahrg. 1903 u. 1904. à 12 Nrn. (à ca. 8 S.) gr. 8. Darmstadt (Zimmerstr. 11, I), M. Winkler. à Jhrg. n. 1. 50
Fortsetzung, s.: Schriftwart, der.

Nachrichten. – Stettiner Neueste Nachrichten –
1 VII 1896 – 1918
Vorh u.d T Pommersche Volksrundschau

Nachrichten, Einige, von Würtembergischen Stipendien und einigen andern Stiftungen. Stuttg. 1783. V: *Moser, Joh. Jacob.* (Heyd)

Nachrichten. – Stolper Neueste Nachrichten –
1 X (?) 1909 – 4.X 1921
Fortges u.d T Stolper Tageblatt

— Straßburg. gelehrte u. Kunst-, v. Jahre 1782, 83 u. 84. 8. Straßb. Acad. 4 rf

Straubenzeller Nachrichten
⑤ 1888 – Januar 1892 ⑦ wöchentlich 2× ⑨ St Gallen-Bruggen ⑬ BGSZ 12, 1045. 1047

Nachrichten: Südamerikanische Nachrichten
⑤ Januar 1883—Mai 1884 ⑦ Wochenblatt ⑧ Basel Emil Birkhäuser ⑪ José Greger aus Buenos-Aires ⑬ BGSZ 12, Helvetische Typographia 1883, Nr 3.

Nachrichten, Summarische, aus der Thomasischen Bibliothek von auserlesenen mehrentheils alten Büchern. Halle 1715. H (Bd. 1—4): *Crüger, Theodor.* (5 ff.): *Hahn, Modest, M. Salig,* & *Andere.* (Dunkel, Hist.-Crit. Nachrichten v. verstorb. Gelehrten. Dessau u. Cöthen 1753—56. 2. S. 259.)

— v. auserl. in d. Thomas. Biblioth. bef. Büchern. 24 Thle. 8. Halle.

—— tägliche allgem. Hamburg.-Altonaische, üb. Cholera-, Gesundheits-, Quarantaine- u. and. Angelegenheiten. Hrsg. v. J. H. Meldau. 1831. Oct.—Dec. (Angef. am 15. Oct.) 78 Nrn. (½ B.) gr. 4. Hamburg 832, (Herold.)

Nachrichten von Taurien. [Berl. 1786.] V: *Stritter, Joh. Ghelf* & *Bened. Franz Joh. Hermann.* (MS)

Thurgauer Nachrichten (I)
① Organ für die thurgauische Seegegend ② Thurgauer Tagblatt vormals Thurgauer Nachrichten (1 7 1865—31 12. 1865) ③ Allgemeiner Anzeiger für Bischofszell und Umgebung ④ Thurgauer Volkszeitung (I) ⑤ 1 7 1861 —31 12 1873 ⑥ 4° ⑦ wöchentlich 2× (bis Juni 1865) wöchentlich 3× (Juli—Dezember 1865) wöchentlich 2× (ab 1866) ⑧ Kreuzlingen Jakob Feierabend. J J Hilfiker-Schlatter (9. 8 1868, Weinfelden (Bodmer 1 1 1869) ⑩ die Drucker nur am 4. 4 1868 trat neben J J Hilfiker P Zürcher als Herausgeber ⑪ die Drucker ⑬ Hagen Buchdruck und Zeitungswesen im Thurgau ⑭ Ff K

Nachrichten, Thueringische, von gelehrten Sachen, sonderlich der Universität Jena. Jena 1734—36. H: *Fabricius, Johann Andreas.* (Myl) (ML)

Nachrichten für Tiermedicin u. Tierzucht. Klgft., Leon, 1904—06. Quart. Jgg. 4—6. (Das übrige in Wien ersch.)

Nachrichten. – Tilsiter Nachrichten – 1895 – 31.(?)XII 1912 [NA ab 1898 von: Tilsiter Zeitung, Tilsit (1841)]

Toggenburger Nachrichten
v. **Toggenburger Wochenblatt (II).**

—topographische, über die Stadt Constanz. 8. Karlsr. 813. Müller. 3 gl

Nachrichten, Topographisch-statistische, von Niederhessen. Göttingen u. Helmstadt 1788-99. H: *Martin, Johann Christian.* (Ky) (MGT) (Kat. d. stat. Bureaus. Dresden 1890.)

—topograph.-statist., v. Niederhessen, (v. Jh. Chr. Martin). 1r u. 2r Bd. à 3 Hefte. 8. Götting. u. Helmst. 788—96. Fleckeisen. 1 rthlr 18 gl 3r Bd. 1s Heft. 8. Cassel 1797. Griesbach.

— von Niederhessen, s. a. Martin J. C.

Nachrichten, Topographisch-statistische, von einigen Städten in der Uckermark. [Halle 1785.] V: *Trost, Carl Friedrich.* (MGT)

Nachrichten von der Abbtey la Trappe. [Halle 1786.] V: *Breitenbauch, Gg August von.* (MGT)

Nachrichten, Trenchin-Neutraer Zeitschrift für Volkswirthschaft, Vaterlandskunde, Kunst, Industrie, Handel und Gewerbe, communales und sociales Leben. Verantw Redakteur: A. Proksch. 52 Nrn. Hoch 4. Trenchin und Neutra, Mößner 1869.

Nachrichten, Einige, über **Alt- und Neuhannoversche Truppen-Corps. Von einem Hannoverschen Jäger.** Hannover 1878. V: *Brandis, von.* (Löwe, Bibl. d. Hann. u. Braunschw. Gesch. Hann. 1908. S. 196.)

—— einige, über alt- und neu-hannoversche Truppen, enth. die Stammtafeln (in gr. Fol.) aller hannoverschen Truppen-Corps seit Errichtung der stehenden Heere, nebst 16 color. Abbildungen, von einem hannoverschen Jäger. 8. (11 S.) Hannover 878, (Brandes.) *

Nachrichten, Türkische, oder verliebte Geschichte zweener Türken . . . [A. d. Franz.] Hannover 1752. V: *Godart d'Aucourt, Claude.* (BGE)

Turnerische Nachrichten über Süd-Amerika, hrsg. v. D. T. V. zu Valparaiso, begr. u. geleit. v. Paul Kramer, Jg. 1/2 1896/97, 8°

— über d. Turniere zu Würzburg u. Bamberg in den J. 1479 u. 1486. gr. 8. (48 S.) Würzburg 867. (Stahel'sche Verlagsanstalt) n.n. — 70

— aus d. allgem. Turnverein zu Leipzig, f. d. Jubelj. 1895. Leiter: Rud. Gasch. 12 Nrn. Lex.-8. (II, 110 S. m. Bildnissen.) Leipzig (Turnerstr. 2) 896. Allg Turnverein. 1. 50

—— typographische. Organ zur Verbreitung von Fachkenntnissen in Berufskreisen. Hrsg. vom litterar. Klub der Typographischen Gesellschaft zu Leipzig. Redact.: Karl Müller. 1.—4. Jahrg. 1885—1888. à Jahrg. 12 Nr. (Bog. mit Illustr.) Imp.-4. Leipzig, Expedition (O. Kahle bei Fischer und Kürsten). à Jahrg. *

— typographische. Organ zur Verbreitung von Fachkenntnissen in Berufskreisen. Hrsg. vom litterar Klub der Typograph. Gesellschaft zu Leipzig. Red.. K. Müller 3.—6. Jahrg. 1887—1890 à 12 Nrn. (B. m. Illustr.) Imp.-4. Leipzig, Expedition (O. Kahle bei Fischer & Kürsten). à Jahrg. n. 6. —

— typographische. Organ zur Verbreitg. v. Fachkenntnissen in Berufskreisen. Hrsg. vom typographisch-litterar. Klub zu Leipzig. Red.: Karl Müller. 7.—9. Jahrg 1891—1893. à 12 Nrn. (Bog. m. Illustr.) Imp.-4. Leipzig, (G. Hedeler). à Jahrg. n. 6. —

— dasselbe. Zeitschrift f. Technik u. Betrieb der Buchdruckerei u. deren Hilfsgewerbe. Hrsg.: Karl Müller. 10. Jahrg. 1894. 12 Hfte. (Bog. m. Illustr.) gr. 4. Ebd. n. 4. —

· typographische. Zeitschrift f. Technik u. Betrieb d. Buchdruckerei u. deren Hilfsgewerbe. Hrsg.: Karl Müller. XI. Jahrg. Apr. 1895—März 1896. 12 Hfte. (à ca. 2 Bog. m. Abb.) gr. 4. Leipzig (G. Hedeler). n. 4. —
Weiter nicht erschienen

Nachrichten, Unpartheyische und gegründete, von denen Siegen, welche Die Preußische Armee in Schlesien d. 15. August ohnweit Liegnitz und Parchwitz gegen die Oesterreichische Armee, besonders gegen General v Laudon, ingleichen der Preußische Gen.-Lieut. von Hülsen den 20. ohnweit Strehla erfochten. O. O. 1760. 4 Bl. 4°. Kart. 20.—

Nachrichten, Unpartheyische, von der Gemeine zu Herrnhut. Schleswig 1737. V: *Knoblauch, Johann George.* (OL)

— unschuldige, oder früh aufgelesene Früchte vom Jahr 735-742.

Unschuldige Nachrichten von Joh Reinh v Patkul I Leipzig 1707

— unschuldige, od. Samml. v. alten u. neuen theolog. Sachen v. 1701—50. 8. Leipz., Hilscher. 41 rthlr 16 gl Hauptregist. 5 Decennien. 8. Ebd. 5 rthlr 4 gl Theolog. Annalen. 5 Decennien. 8. Ebd. 4 rthlr. Neue Beiträge v. 1751—61. 8. Ebd. 9 rthlr 4 gl
Anf.unt.d.T.:Altes u.Neues aus d. Schatz theol.Wissenschaften. Wittenberg 1701.
Forts.unt.d.T.:Fortges.Sammlung v.alten u.neuen theol.Sachen. Leipzig 1720ff.

Nachrichten, Unschuldige. Wittenb. 1701—55. H: *Löscher, Val. Ernst, Mich. Hnr. Reinhard, Joh. Erhard Kapp, Joh. Rudolph Kiessling.* (Ebert)

Nachrichten, Unterkärutnerische, v Bote, Lavant thaler

Unterschiedl Nachrichten theils aus Croatien, theils aus dem kays Feld Lager bei Semlin, theils aus Siebenbürgen u von Debreczin, von einigen gegen die Türcken erhaltenen Avanggen, u Eroberung Zwornick in Bosnien. (4) 4 Regenspurg (1717)

Unterschiedl **Nachrichten** aus Ungarn, Wallachey, Moldau pp Regenspurg, s.a (1716.) 8 S. 4°

Nachrichten vom Untersee (I)
Ⓢ 1878—1892 Ⓑ Stein a. Rh. Ⓓ BGSZ. 1052, 1053.

Nachrichten über öffentliche Unterstützungen zu Gunsten der Studirenden auf der Königl vereinigten Friedrichs-Universität Halle-Wittenberg. (Halle [zwischen 1870 und 27 Sept. 1878]· Hendel) 15 S. 8°

Nachrichten von Unterwalden September 1798 4 o O

Nachrichten, Urkundliche, über Mednicken. 1300—1900. Pr. Holland [1900]. V: *Kanitz, Hans Graf.* (Berl)

Nachrichten, Urkundliche, über Podangen. 1339—1900. Pr. Holland 1900. V: *Kanitz, Hans Graf.* (Berl)

Urkundliche Nachrichten über die frühere Schützengilde zu Otterndorf. Otterndorf, Heinrich Hergeröder, 1863.

— urkundliche, über die in Mecklenburg vorhandenen Stipendien für Studirende. (Von C. v. Both.) gr. 4. Rostock 842, Leopold. 3/4 ß

Nachrichten, Urkundliche, über die Ursprünge des Namens und Wappens der als Erbtruchsesse (dapiferi) und Burggrafen des ... Stifts Corvey vorkommenden ... Geschlechts der Raben und Herren von Pappenheim ... Carlshafen a. W. 1904—05. V: *Rabe Freih. v. Pappenheim, Gust.* (Berl)

DIE URKUNDLICHEN NACHRICHTEN VON SCHLEIZ AUS DEM MITTELALTER (von 1232 bis 1550) im Auftrage des Geschichts- und altertumsforschenden Vereins zu Schleiz bearbeitet und herausgegeben von BERTHOLD SCHMIDT.
Bd. I. der Geschichte der Stadt Schleiz von (BERTHOLD) SCHMIDT und (WALTHER) BÖHME. (Mit 3 Tafeln.) Schleiz 1908. F. Webers Nachfolger. — (Umschlag m. d. T.: GESCHICHTE DER STADT SCHLEIZ. Bd. I. Schleiz. F. Webers Nachfolger.) 8°.

Nachrichten und Urtheile von den Lateinischen Auctoribus classicis ... Halle 1713. V: *Lengnich, Gottfried* (ML) oder *Hoepfner, Paul Chn.* (BrMm) (Myl)

Vaterländische **Nachrichten** ... Apenrader Wochenblatt 1848 Nr 5-7 Mai 31- Juni 14 Fol.

— des Verbandes der Besitzer deutscher Lesezirkel. Red.: Siegb. Schnurpfeil. 1. Jahrg. März 1908—Febr. 1909. 12 Nrn. (à ca. 12 S.) Lex. 8. Leipzig, (S. Schnurpfeil). nnn 5. —

Nachrichten des Verbandes landwirtschaftlicher Genossenschaften in Schlesien. Jg. 1, 1895. Bielitz 1895.

Nachrichten des Verbandes deutscher Schlosser-Innungen. Beilage zur Deutschen Schlosser-Zeitung. Nr. 1—85. Berlin 18 .—95. 4.

Verband dter Schriftsteller u Lit Freunde in NY Nachrichten. V1-5 NY. 1907-13. Ceased publ w no. 5 (Nov. 1913).

Nachrichten von der beabsichtigten Verbesserung des sämmtlichen Unterrichtswesens in den Oesterreichischen Staaten ... Tübingen 1808. V: *Rotenhahn, Heinr. Franz Graf von.* (MGT) (Ky)

Nachrichten von merkwürdigen Verbrechen in Deutschland. Bd 1. 2. Bornholm 1786.

— v. merkwürd. Verbrechern in Deutschland. 2 Thle. 8. Stettin 786. (Nicolai in Berl.) 16 gr

NACHRICHTEN von merkwürdigen Verbrechern in Deutschland. 2 Bde. Bornholm (Nicolai in Berlin). (c. 1800.)
Weller, fing Druckorte. — Rar!

—— verbürgte, üb. d. Heilquellen zu Schönberg in d. pr. Ober-Lausitz, v. e. prakt. Ärzte. gr. 8. (1 B.) Grünberg 840, (Levysohn.)

NACHRICHTEN VOM BERLINER HYGIEINISCHEN VEREINE.
Nr. 1—10. Januar 1882 — April 1885. (Ohne bes. Titelblatt. — Berlin. W. H. Kühl.) 8°.

NACHRICHTEN VOM BERLINER HYGIEINISCHEN VEREINE.
Nr. 13—15. Oktober 1885 — April 1886. (Ohne bes. Titelblatt. ib. —)

—— ÜBER DEN HISTORISCHEN VEREIN FÜR NIEDERSACHSEN.
1—7 Hannover 1836—1844. Gedruckt bei den Gebrüdern Jänecke. 8°.
8—10. ib. 1845—1846.
11—19. ib. 1848—1856. Gedruckt bei den Gebr Jänecke.
20—30. ib. 1857—1868. Druck von Ph. C. Göhmann.
31—45. ib. 1869—1883. Hofbuchdruckerei der Gebr Jänecke.

—— ÜBER DEN HISTORISCHEN VEREIN FÜR NIEDERSACHSEN
46—47 Hannover 1884—1885. Hofbuchdruckerei der Gebr. Jänecke. 8°.

NACHRICHT ÜBER DEN HISTORISCHEN VEREIN FÜR NIEDERSACHSEN
48 Hannover 1886 Hofbuchdruckerei der Gebrüder Jänecke. 8° —
49—53. ib. 1887—1891 —[1])

[1]) Mit Jahrg. 1891 haben die Nachrichten über den historischen Verein für Niedersachsen aufgehört zu erscheinen; an ihrer Stelle wird jährlich ein „Geschäftsbericht des Vorstandes des historischen Vereins für Niedersachsen" veröffentlicht, der ohne besonderes Titelblatt in der „Zeitschrift des historischen Vereins für Niedersachsen' abgedruckt wird.

Nachricht, 39., üb. den Lübeckischen Verein zur Beförderg. der evangel. Missionen unter den Heiden. gr. 8. (16 S.) Lübeck 872. (Barmen, Klein.) n. — 30

NACHRICHTEN ÜBER DEN NATURWISSENSCHAFTLICHEN VEREIN IN SCHLEIZ
4 Bericht umfassend die Jahre 1865. 1866 1867 und 1868. (Mit 1 meteorologischen Tabelle) Schleiz. Druck von Richard Rosenthal 8°
5. Bericht, umfassend die Jahre 1869 und 1870 ib —

NACHRICHTEN DER DEUTSCHEN VEREINIGUNG
Jahrg 1 Nr 1-12 Bonn 1908. Verantwortlich für die Schriftleitung KARL JOSEPH MÖNDEL, Bonn Verlag Deutsche Vereinigung Bonn (Ohne bes Titelblatt) 8°
Jahrg 2. 1909 Nr 1 — Nr 8 ib. —
Jahrg 3. 1910. Nr 1 — Nr 7/8. ib. —
NACHRICHTEN DER DEUTSCHEN VEREINIGUNG
(Verantwortlich für die Schriftleitung Dr AUGUST ENGEL, Bonn)
Jahrg 4 Bonn 15 Februar 1911 Nr 1 — Nr 7/8 (Verlag Deutsche Vereinigung Bonn Druck Westdeutsche Druckerei, e G m b H Beuel bei Bonn,) spater Druck Carl Georgi, Universitäts-Buchdruckerei

Nachrichten üb. d. alte repräsentative Verfass. d. Herrschaft Jever. (Aus d. 4. Bde. d. Archivs f. Geschichte u. s. w. v. *Schlosser* u. *Bercht* abgedr.) *Frankf.*, Schmerber. 832. gr. 8. (8 Gr.)

Nachrichten von der politischen und ökonomischen Verfassung des Fürstenthumes Bayreuth und den in diesem Jahrhunderte verstorbenen Markgrafen von Brandenburg Bayreuth. 8. Gotha 1780.

— **von der politischen und ökonomischen Verfassung des Fürstenthums Bayreuth** ... Bayr.-Gotha 1780. V: *Meyer(n), Joh. Gottlob v.* (MS)

—v. d. polit. u. ökonom. Verfassung d. Fürstenth. Bayreuth. (v. Jh. Glo. v. Meyer). 8. Gotha. 780. Ettinger. 12 gr

Nachrichten aus der Verfolgungszeit der lutherischen Gemeinde Luzine. In Druck gegeben von ihrem derzeit Pastor Johannes Nagel. Elberfeld Luth. Bücherverein 1910. 54 S. 8°

Nachrichten v. den Verhandlungen d. Gesellschaft z. Beförderung vaterländischer Industrie in Nürnberg. Od. Intelligenzblatt Bdch. 1 Nürnb. 1800

— von d. Verhandll. d. Gesellschaft z. Beförder. vaterländ. Industrie zu Nürnberg. 16 Bdchn. Mit Kpf. 8. Nürnb. 800 Schneider u. W. 1 ℛ Hbg. Pr. 14 gr

. **Nachrichten v. d. Verhandll. der ersten Cammer der allgem. Ständeversammlung d. Königr. Hannover im J. 1831.** No. 1—10. *Hannover*, Hahn. 831. gr. 4. (12 Gr.)
Nachrichten v. d. Verhandll. n. s. w. Dies. v. den Verhandll. d. zweiten Cammer im J. 1831. Nr. 1—14. *Ebend.* 4. (8 Gr.)

—— dies. v. d. Verhandln. d. zweiten Cammer rc., im J. 1831. 18 Nrn. 4. Ebds. 831.

— aus dem Verlagsbuchhandel. Literarische Mitteilgn. f. Redaktionen u. Kritiker u. bemerkensw. Neuigkeiten des Büchermarktes. Presseorgan des dtschen. Buchhandels. Novbr. 1908—Oktbr. 1909. ca. 24 Nrn. (à 8 S.) gr. 8. Leipzig, Teutonia-Verlag. nnn 6. —

Nachrichten: Vermischte Nachrichten
v Merkwürdigkeiten der neuesten Welt-Geschichten.

Nachrichten und Anmerkungen, Vermischte, zur Erläuterung und Ergänzung der sächsischen ... Geschichte. Eisenach 1766—72. V: *Schumacher, Carl Wilhelm.* (EB)

Vermischte **Nachrichten** und Bemerkungen, histor. und litterar. Inhalts. Theils selbst verf., theils hrsg. von [Joh. Georg] Meusel. Erlangen: Palm u. Enke 1816. VIII, 180, 4 S. 8°
Kl. 2978. Spricht üb. mrische Ereignisse des vergangenen Jhs. KB.

—vermischte, e. Hessischen Brigadiers aus Holland. 8. Nürnb. 786. Zeh. 4 gr

Nachrichten, Vermischte, von Reichs-Ritterschaftlichen Sachen. 6 Stücke. Nürnberg 1772—1773. H: *Moser, Joh. Jacob.* V (»Die Geschichte der Reichs-Ritterschatft unter denen Kaysern Maximilian I. und Carl V«): *Moser, Johann Jacob.* (Moser, Joh. Jacob, Lebensgeschichte von ihm selbst beschrieben. Frankfurt u. Leipzig 1777. III, 139)
Forts.unt.d.T.:Beiträge zu reichsritterschaftl.Sachen. Ulm 1775.

NACHRICHTEN, Vermischte, aus dem Tagebuch eines REISENDEN ABENTEURERS aus der Oberwelt. Ein würdiges Seitenstück zu der Nachricht des Ungenannten aus der Innen- oder Unterwelt, verlegt bei Wienbrack in Leipzig. Mit Titelbild (Lithogr) u. Titelvign. (Motto aus Sailer 5 Zeilen.) 1830. 8° (In Dresden.)

— vermischte, aus d. Tagebuche eines reisenden Abentheurers der Oberwelt. Ein Seitenstück zu d. Nachrr. d. Ungenannten aus d. Innern od. Unterwelt. Mit 1 Kpf. 8. Dresd. 830. (Arnold); (a. Volbrecht in Leipz.) 10 gr

— vermischte, aus d. Tagebuche eines reisenden Abentheurers aus der Oberwelt. Mit 1 Kpfr. 8. Dresden 830. (Leipzig, Melzer.) 10¹⁄₂ gr

Nachrichten, Vermischte, welche die Geschichte der Reichsstadt Nürnberg und der adelichen Geschlechte daselbst ... erläutern. [Altdorf] 1765. V: *Wurfel, Andr.* (Bibliotheca Norica Williana. Altdorf 1772—78. I. 2, 238.)

Nachrichten von der Versorgung der Armen im Fürstenthum Dessau. 4. *Leipzig, Crusius.* 1789

Nachrichten von der Versorgung der Armen im Fürstenthum Dessau. 4°. Leipzig (W. Vogel) 1789.

Nachrichten über die heldenmütige Vertheidigung von Saragossa durch die Spanier i. d. J. 1808 u. 1809 Gesam u. hrsg. v. einem preuß. Ing. Offizier Mit 1 Pl Berlin 1816. 178 S

Nachrichten über die heldenmüthige Vertheidigung von Saragossa ... 1808 u. 1809 ... Berlin 1816. V: *Fromm, F. L.* (Pr)

Nachrichten von der Verwaltung und Urbarmachung der Warthebrüche. Mit einer Charte. 8. Berlin 1787.

— v. d. Verwaltung u. Uebermachung d. Warthebrüche. Mit Kpf. gr. 4. Berl. 787. Haude u. Sp. 1 ℔

—— vierteljährliche, von Kirchen- und Schulsachen, hrsg. von B. Raven. 69.—71. Jahrg. 1875—1877. à Jahrg. 4 Hefte. (à 3 Bog.) 8. Hannover, Feesche. à Jahrg. *
—— dass. — 72. und 73. Jahrg. 1878 und 1879. à Jahrg. 4 Hefte. 8. (à Heft 3—4 Bog.) Ebendas. à Jahrg. **

— dasselbe. 72 - 76. Jahrg. 1878—1882. à 4 Hfte. (à 3 —4 B.) 8. Ebend. à Jahrg. n.n. 1. 50

— vierteljährliche, v. Kirchen- u. Schulsachen, hrsg. v. B. Raven. 77—80. Jahrg. 1883—1886. à 4 Hfte. 8. (1. Hft. 48 S.) Hannover, Feesche. à Jahrg. n.n. 1. 50

— vierteljährliche, v. Kirchen- u. Schulsachen, hrsg. v. B. Raven 81.—83. Jahrg. 1887—1889. à 4 Hfte 8. (à Hft ca. 48 S.) Hannover, Feesche. à Jahrg. n.n. 1. 50

Nachrichten über die Victoria-Stiftung zu Dahme. [Unterz.:] Der geschäftsführende Ausschuss der Victoria-Stiftung. Berlin [1909]: Denter & Nicolas. 2 Bl. 4° [Kopftit.]
Enth. die Bestimmungen zur Aufnahme für das Schwesternhaus in Dahme. 282.

— über Volksschul- u. Erziehungswesen. Eine Zeitschrift für Lehrer, Eltern u. Erzieher; herausg. von Jos. Ant. Fischer u. Oberlehrer Cartier. Jahrg. 1837. 4 Quartalhefte. gr. 8. Luzern. (Basel, Neukirch.) n. 1 1/3 ℔

Nachrichten über das Flensburger Volksschulwesen Im Auftrage des städtischen Schulkollegiums (H. 7 ff der städtischen Schuldeputation) hrsgg. v P L. Madsen. (H. 20 ff v A[ugust] Henningsen). H. 1ff Flensburg. 1902 ff 8°

Nachrichten über das Flensburger Volksschulwesen im Auftr d. stadt Schulkollegiums hrsg. von P[eter] L. Madsen H 1 Flensburg 1902 Laban & Larsen. 8° [10. 17375

— von den merkwürdigsten indischen Volksstämmen der Mahratten und Seik's, nach den Berichten von Forster, Langles und andern neuen Reisenden. gr. 8. 812. Hat Gerold in Wien.

Nachrichten, Vollstaendige, von dem ordentlichen Inhalte derer . . . academischen Schriften, welche vornehmlich in die Gottesgelahrtheit, Weltweisheit . . . einschlagen . . . [Frankf. 1746—49.] H: *Kriegel, Abraham.* (ML) (OL)
Vorh.unt.d.T.:Gründliche Auszüge aus denen neuesten theol.-philos.u.philolog. Disputationibus...Leipzig 1733ff.

— —von d. ordentl. Inhalte der kl. u. auserles. akadem. Schriften von 1746—61. 8. Leipz., Jacobi. 14 ℔ 14 ℛ

Nachrichten von den Spittler'schen Voreltern. Stuttgart 1809.

Nachrichten und Vorschläge von einer vortheilhaften Behandlung und Ausfischung des Torfs Dresden 1784 22 S , m Holzschn

—u. Vorschläge von e. vortheilhaft. Behandlung u. Ausfischung des Torfs. gr. 8. Dresd. 784. Walther. 2 ℛ

Nachrichten, Wahrhafte und gegründete, von Joh. Wiklefs Leben, Lehrsätzen und Schriften. Bayreuth u. Hof 1753. V: *Wirth, Ludwig Philipp.* (MS)

Wahrhafte Nachrichten von einigen Geistern und Gespenstern. 2te Aufl. Frkf. u. Leipz. 741. 8.

Nachrichten von einigen Wahrnehmungen an der Bramstedter Quelle . . . [Kiel 1789.] V: *Hensler, Phil. Gabr.* (MGT)

— vom Waisenhaus zu Pforzheim. 8. Carlsruh, Macklot. (Gebhard und K. in Frankf.) 759.

— vom Waisenhaus zu Pforzheim. Mit Kpf. 8. Carlsr. 779. Macklot. 10 ℛ

Nachrichten, Einige, von der Ostenischen Waysenhauss-Stiftung, allhier in Hof . . . Hof 1781. V: *Helfrecht (Helfrich), Joh. Theod. Benjamin.* (Fiker)

Nachrichten von der allgemeinen Waisen-Versorgungs-Anstalt des Herzogthums Nassau, vom Jahr 1818 bis incl. 1824. *Wiesbaden. S. Schellenberger.* 18 18/24

Nachrichten, Walliser, s.a. Wallisernachrichten

Nachrichten von dem Selteser Wasser, dessen Bestandtheilen und Heilkräften. O. O. 1822. V: *Döring, Sebastian Ludwig.* (NN)

Nachrichten, welche im Allgemeinen über das Kirchspiel Brockdorf und insbesondere über die Districkte Afsteeck, Gross- und Klein-Arendsee . . . gewünscht werden. [Altona 1822.] V: *Rönnenkamp, Peter Joh.* (schles)

Werdenberger Nachrichten
① Allgemeines Publikationsmittel der Bezirke Werdenberg, Oberrheintal, Obertoggenburg und Sargans (1906); Obligatorisches Publikationsmittel der Gemeinden Buchs, Grabs, Sennwald, Sevelen und Wartau (31. 12. 1952) ⑤ 19. 6. 1906 (Probenummer) (cont.) ⑥ 2° ⑦ wöchentlich 3× ⑧ Buchs (SG): J. Kuhn (1906—22. 5. 1928), J. Kuhns Erben (seit 24. 5. 1928) ⑨ Illustriertes Sonntagsblatt Zur Unterhaltung und Belehrung, Unterhaltungsbeilage; Familien-Sonntagsbeilage, Illustriertes Unterhaltungsblatt (1928—1929; Druck: Stuttgart) ⑪ die Drucker ⑫ demokratisch, dann politisch neutral ⑬ BGSZ: 1045—1047 Werdenberger Nachrichten 1956, Nr 78 ⑭ Be L ⑮ Von 1921—1927 erschienen als Kopfblatt dieser Zeitung die «St. Galler Nachrichten». Mit dem 1 Januar 1928 verschmolzen sie mit den «Werdenberger Nachrichten».

Nachrichten von der Familie von Werder. 1854. 8.

Nachrichten von der Oberhessischen Stadt Wetter und denen daraus abstammenden Gelehrten. Frankf. 1769. V *Plitt, Johann Jacob.* (ML) (Ky)

— von d. Oberheſſ. Stadt Wetter u. deren Gelehrten. 8. Frkf. a. M. 769. Keßler. (Hermann). 8 gl

Wichtige Nachrichten, die Krieges-Begebenheiten der Jahre 1744. 1745 betreffend. Berlin 1745. 8

Wichtige Nachrichten, die Krieges-Begebenheiten der Jahre 1744/45 betreffend. 8. Berlin (1746).

Nachrichten. Wichtige N' von der provisorischen Landesregierung Bündens an das sämmtliche rhätische Volk, über eine nach dem Einmarsch der Franken endtekten Verrätherei. Chur 1799 4°

Nachrichten, wie der König von Preussen seine Aemter, Vorwerke u. andere Domänen-Stätte in Erbpacht gesetzt wissen will. 8°. Berlin 1705.

Nachrichten (Wienerische) von dem in der k. k. Residenzstadt Wien etc. eingeführten Armeninstitut. gr. 8°. Wien, Trattner, 1784.

„Wienerische nützliche Nachrichten und Abhandlungen aus dem Oekonomie- und Cameralwesen", 3 Bände in 36 Stücken, Wien 1767—1769.

— und Abhandl., Wienerische, a. d. Oekon.- und Commerzweſen. 3 Jahrg. zu 12 Stck. gr. Wien, Trattner, 767–69. (à 3 Rthlr. 5 gr.)

Wienerische Nachrichten u. Abhandlungen aus dem Oekonomie- u. Commerzwesen. Bd. 2-3 (à 12 Stücke; 6 Vol.). Wien 1768-69.
(De enkelte Stücke har en anden Overskrift: **Wienerische oekonomische Sammlungen**).

„Wienerische nützliche Nachrichten und Abhandlungen aus dem Oekonomie- und Cameralwesen", 3 Bände in 36 Stücken, Wien 1769—1772.

Nachrichten. – Wiesbadener Neueste Nachrichten – 1886 – 1894(?)
Fortges u d T Wiesbadener General-Anzeiger

Nachrichten von dem Wilhelms-Kanal in Heilbronn a. N. zur Herstellung einer ununterbrochenen Schiffahrt zwischen Cannstadt und Mannheim. Mit lithogr. Zeichnungen. Stuttg. 1827. V: *Duttenhoffer, Carl August Friedrich.* (Mitth. O.-R.-R. Dr. Adam-Stuttgart.) (Allg. Zeitung, Nr. 212, 31. Juli 1821. Beil. Nr. 127, Mittwoch 11. August 1821. S. 501—502.) (Kat. der ständ. Bibl. Stuttg. 1907. S. 657.)

Nachrichten von dem Wilhelms-Canal in Heilbronn am Neckar . . . Stuttg. 1827. V: *Duttenhofer, A.* (Heyd)

Winterthurer Nachrichten
③ Winterthurer Zeitung (II) ④ Neues Winterthurer Tagblatt ⑤ Probenummern 11 5 1878—29 5 1878 1 6 1878—13 12 1890 ⑥ 2° ⑦ wöchentlich 3× wöchentlich 6× ⑧ Winterthur F Westfehling R Ehrich ⑩ die Drucker ⑪ Gustav Friedrich Zscherzsche-Tanner (✝ 1880). Carl Eichhorn (bis 1889). Hans Frei ⑫ freisinnig-demokratisch ⑬ Neues Winterthurer Tagblatt 1952 Nr 304 ⑭ Zh. Z Be 1. (1878—1879).

Nachrichten über Wirksamkeit und Einrichtung kleiner Viehversicherungsvereine im Königreich Hannover. Hannover 1853.

Nachrichten aus dem Evangelischen Predigerseminar Wittenburg ‹Dembowalonka›. Ausgegeben an d. Tage s. 10jähr Bestehens 1909 (Potsdam 1909 Vereinsdr) 113 S. 8°

Nachrichten: Wöchentliche Nachrichten
⑤ 1776—1777 ⑥ 4° ⑦ Wochenblatt ⑧ Chur Jakob Otto ⑩ Jakob Otto ⑫ belletristisch-gemeinnütziges Unterhaltungs- und Anzeigeblatt ⑬ BGSZ 1000 ⑭ Ch K.

Nachrichten. – Wöchentliche Nachrichten –
Karlsruhe, sp. [ab 2 VII 1800] Pforzheim –
1 VII 1794 – 4 VII 1796
30.VIII.1796 – 6 I 1801
Fortges. u.d T Pforzheimer Wöchentliche Nachrichten

Nachrichten, Wöchentliche- und Anmerkungen die Musik betreffend. Jahrg. 1—4. (Jahrg. 4 u. d. T.) Musikalische Nachrichten und Anmerkungen. [Herausgegeben von Johann Adam Hiller.] Leipzig 1766—1770.

NACHRICHTEN, Wöchentliche, für Freunde der Geschichte, Kunst u. Gelehrtheit des Alterthums. 4 Bde. = Jahrg 1816—1819. (3. und 4. Bd. auch unter d. Titel Der Deutschen Leben, Kunst u. Wissen im Mittelalter) Mit Kupfern. Hrsg. von Joh. Gust. Gottlieb Büsching (geb. 1783, ✝ 1829). Breslau 1816—19. Gr 8° Cplt. rar! (25 Mk., E. Frensdorff, 1908.)

—— Wöchentliche, für Freunde der Geschichte, Kunst u. Gelehrtheit des Mittelalters. Bd. 1—4. Breslau 1816—19. 8. . . . . (D.)
Von Bd. 3. ab a. u. d. T..
—— Der Deutschen Leben, Kunst und Wissen im Mittelalter. Bd. 1. 2.

Nachrichten. – Wöchentliche Gemeinnützige Nachrichten –
Hamburg. – 29.II 1792 – 2 VIII 1793
Fortges. u.d T Privilegirte wöchentliche und gemeinnützige Nachrichten

Nachrichten, Götting., Wöchentliche, nebst allerhand vorangesetzten philosophischen Betrachtungen ... Göttingen 1735. V: *Hollmann, Samuel Christian.* (ABJP) (Myl)

— wöchentl. Göttingiſche, u. philoſ. Betracht. a. 1735 J. verſehen. 4. 736.

— wöchentl. hiſtor., beſond. aus d. Geſch. des Frankenlandes. 2 Jahrgg. gr. 8. Bayr. 767, 68. Lübecks Erb. 2 ß 8 gl

Nachrichten: Wöchentliche Nachrichten Schweizerischer Neuheiten
① Als Fortsetzung der monatlichen (1798). Als Fortsetzung der monatlichen und wöchentlichen Nachrichten (1801). Als Fortsetzung der monatlichen Nachrichten (1802) ② Der Beobachter (Zh) (5. 1 1801—1803). Monatliche Nachrichten Schweizerischer Neuheiten (1804—1815). Umschlag Monatliche und wöchentliche Nachrichten, Schweizerischer Neuheiten (1798) Wöchentliche Nachrichten Schweizerischer Neuheiten (bis 1803) ③ Monatliche Nachrichten Schweizerischer Neuheiten (= Monatliche Nachrichten einicher Merkwürdigkeiten) ④ Schweizerische Monathschronik ⑤ 9. 3. 1798—Dezember 1815 ⑥ 4° ⑦ Wochenblatt (bis Ende 1801) Monatsblatt (1802—1815) ⑧ Zürich: Ziegler & Ulrich (bis 1813). J. J. Ulrich. zum Berichthaus (1814/15) ⑩ J C. Fäsi. Professor ⑪ J. C. Fäsi ⑫ neutral ⑬ BGSZ 107 ⑭ Zh: Z; Lu: Z; Be L.

Nachrichten. – Wöchentliche Neuwiedische Nachrichten. –
1780(?) – 2 I 1844
Vorh. u.d T Wöchentlicher Neuwiedischer Anzeiger
Fortges. u.d T Neuwiedische Nachrichten

Nachrichten. – W ö c h e n t l i c h e Neuwiedische Nachrichten –
4.I 1848 – 31.I.1850
Vorh u fortges. u.d T Neuwiedische Nachrichten

—— über einige Wohlthätigkeits- u. Sicherheits-Anstalten in Gotha. gr. 4. (9¾ B.) Gotha 845. (Gläser.)

Nachrichten, worin was seit d. Tode Carls VI. bis Ende 1746 in Kriegs- u. Staatssachen vorgegangen. 4. Frankfurt 1748.

— aus der alten und neuen Z e i t, welche die Stadt Mitweida betroffen, und den Bewohnern derselben, sowie zum Theil auch d. umliegenden Gegend denkwürdig sind, gesammelt und in die möglichst zusammenhäng. Ordnung gebracht von M. Kretzschmar. Mit Ansicht von Mitweida. 8. Mitweida 839—41. Billig. 2 ℳ

Nachrichten. – Z e i t z e r Neueste Nachrichten. –
14.II 1900 – 31.III.1943

-- des Central-Comites d. badischen F r a u e n - V e r e i n s üb. den jeweil. Stand seiner Thätigkeit zur Pflege im Felde verwundeter u. erkrankter Soldaten. Jahrg. 1871. 102 Nrn. (½ B.) gr. 8. Karlsruhe 871. Braun. n. 3. 20

Nachrichten. – Z i t t a u e r Nachrichten –
1 X 1876 – 1945
[NA ab 2 I 1935 von Der Freiheitskampf, Dresden (1930)]
Vorh u.d.T Zittauer Anzeiger.

Zuger Nachrichten
① Conservatives Organ des Kantons Zug Anzeigeblatt für Stadt und Land Zug heute Hauptanzeigeblatt für Stadt und Land Zug Conservativ-christlichsoziales Organ des Kantons Zug ③ Neue Zuger Zeitung (II) ⑤ 12. 12. 1886 (cont.) ⑥ 2° ⑦ wöchentlich 2×, wöchentlich 3× (ab 1898) wöchentlich 4× (ab 1936) ⑧ Zug Johann Zürcher (1886– 1920), Werner Zürcher (1901—1926) Wolfgang Zürcher (1926) später W Zürchers Erben ⑨ Unterhaltungsbeilage (seit ca 1890) Illustriertes Sonntagsblatt (bis 1916 mit Unterbruchen) Heimatklänge (seit 1921), Besinnliche Stunde ⑩ Katholischer Presseverein des Kantons Zug ⑪ Landammann Josef Plazidus Steiner, Philipp Etter nachher Bundesrat ⑫ katholisch-konservativ ⑬ BGSZ 492, Heimatklänge 1945 Sonder Nummer v 11 9. ⑭ Zg S Lu Z (unvollständig) Be L (1891 cont.).

Zürcher Nachrichten (I)
① Tägliches Publikationsmittel für Stadt und Umgebung ⑤ 16 Probenummern vom 12. 9. 1878—30. 9. 1878, 1 10. 1878—30. 9. 1881 ⑥ 2° ⑦ wöchentlich 6× ⑧ Zürich Güttinger & Co. zur Neumühle ⑩ die Drucker ⑪ Dr Friedrich Locher ⑫ Mittelstandsblatt, parteilos ⑬ Neue Zürcher Zeitung 1954, Nr 1082 (zum Abbruch eines Hauses in Fluntern) ⑭ Zh Z.

Zürcher Nachrichten (II)
④ Neue Zürcher Nachrichten ⑤ Probenummer 28 12 1895, 1 1 1896—10. 12. 1904 ⑥ 2° ⑦ wöchentlich 2× ⑧ Zürich Keller Müller & Co. ⑨ Die Heimat Keller & Börsig illustr ⑩ die Drucker ⑪ Dr Aug. Erb, Dr Georg Baumberger Heinrich Federer ⑫ katholisch-konservativ ⑬ BGSZ 495, 520, 615 Neue Zürcher Nachrichten 1946, Nr 252 a, Oswald Flueck Heinrich Federer (1938) ⑭ Zh Z.

Zürcher Nachrichten: Zürcher Monatliche Nachrichten
⑮ Dieser Zeitungstitel findet sich bei Johannes Dierauer (Geschichte der Schweiz Eidgenossenschaft IV Bd., 2 Aufl. p. 378, Anmerkung 77). Das Blatt heißt »Monatliche Nachrichten einicher Merkwürdigkeiten, in Zürich gesammelt, und herausgegeben«

Nachrichten vom Zürichsee (I)
① Beilage zum Wochenblatt des Bezirkes Meilen (5. 1. 1867—28. 12. 1867—?, Untertitel der als Beilage erscheinenden Ausgabe) ⑤ 2. 1. 1864—28. 12. 1867 —? (nach BGSZ: 12, p. 98 noch 1868 erschienen) ⑥ 2° ⑦ Wochenblatt (nach BGSZ 12, p. 98 wöchentlich 2×) ⑧ Stäfa: Gebrüder Gull (2. 1. 1864—1. 12. 1866), Boßhard & Ruegg (15. 12. 1866—28. 12. 1867—?) ⑩ Lesegesellschaft Stäfa ⑪ Rudolf Gull ⑫ liberal ⑭ Be: L (23. 7. 1864, 3. 12. 1864, 3. 12. 1864); Zh Z (1864—1867) ⑮ Erschien selbständig und als Beilage zum Wochenblatt des Bezirkes Meilen.

Nachrichten vom Zürichsee (II)
① Volksblatt für Politik, Handel, Gewerbe und Landwirtschaft. Obligatorisches Publikationsorgan der Gemeinden Wädenswil, Schönenberg, Hütten, Hirzel und Oberrieden. Amtliches Publikationsmittel der Gemeinden Wädenswil, Schönenberg, Hütten und Hirzel (1900) ④ Allgemeiner Anzeiger vom Zürichsee ⑤ 20. 12. 1883—1937 ⑥ 2° ⑦ wöchentlich 2×, wöchentlich 3× (1887) ⑧ Wädenswil A Stutz ⑨ Unterhaltungsblatt (1891—1896); Illustriertes Sonntagsblatt (1900). Wädenswiler Unterhaltungsblatt (1932); Für Haus und Hof (1936); Bilderbeilage (1932); Fürs Haus (1932) ⑩ der Drucker ⑪ der Drucker, A. Eichenberger ⑫ liberal-konservativ ⑭ Zh: Z.

Nachrichten über den Zustand der Armen-Kasse der Stadt Hanover. *Hanover.* 1800

—v. d. Zustande d. Gegend u. Stadt Juvavia, vor, während u. nach d. Beherrschung d. Römer, (v. F. T. v. Kleinmayrn). Fol. Salzb. 784. Duyle. 4 ℳ 11 ℊ Universal-Repertorium dazu (v. A. J. Emmert). 8. Ebd. 805. 10 ℊ

Nachrichten vom Zustande der Gegenden und Stadt Juvavia . . . Salzburg 1784—85. V: *Kleimayern, Franz Thadd. v.* (EngG) (weber) (Hr) (Ky)

— v. d. kirchl. und politischen Zustande der Stadt H a m b u r g. 6 Thle. 8. Hamburg. 731—39.

— vom neuesten Zustande der l u t h e r i s c h e n Kirche in Schlesien, vom April 1832 bis Juni 1833. Nebst beigefügten Originalbriefen. — Fortsetzung der Geschichte der luther. Gemeine in Breslau von J. G. Scheibel. gr. 8. Nürnberg 833. (Raw'sche Buchh.) n. $^1/_6$ ℳ

Nachrichten, Einige, den Zustand der Spanischen Poesie betreffend. [Hamburg 17??] V: *Schiebeler, Daniel.* (ML)

Nachrichten von dem Zustande der Schaubühne zu Hermannstadt im Grossfürstenthum Siebenbürgen bis zum Jahre 1789. Hermannstadt 1789. V: *Kriegsch, Peter.* (Archiv d. Vereines f. Siebenbürg. Landeskunde. Neue Folge. Bd. 21, S. 533) (BiblPort)

Nachrichten v. dem Zustande d. Wissenschaften u. Künste in den königl. dänischen Reichen u. Ländern. Bd. 1-3. Kopenh. u. Leipz. 1754-57
— **Fortgesetzte Nachrichten** Bd. 1-4. Sst. 1759-66.

Nachrichten von dem Zustande der Wissenschaften u. Künste in den dänischen Reichen und Ländern. Kopenh. u. Leipzig 1754—68. H (Bd. 1 u. 2): *Büsching, Anton Frdr.* (Bd. 3 ff.): *Lork, Josias.* (ML) (BrMm) (Ky)

— v. d. Zustande d. Wissenschaften u. Künste in d. Dän. Reiche, (v. A. F. Büsching u. Josias Lork). 24 Thle. u. Fortsetzung 4 Bde. 8. Kopenh. u. Leipz. 754—63. Pelt. 4 ℳ

Nachrichten, Fortgesetzte, vom Zustande der Wissenschaften in Dänemark. Kopenh. 1758—63. V: *Lork, Jos.* (Collin, Anonymer. Kiobenh. 1869.)

Fortgesetzte **Nachrichten** von dem Zustande der Wissenschaften und Künste in den Königl. Dänischen Reichen und Ländern. Bd. 1—4 — Kopenhagen & Leipzig: Pelt 1758—66. 8°

Nachrichten über die Z u s t ä n d e im Herzogthum Schleswig seit dem 1. Febr 1864 (April 1864). Kopenhagen. (1864.) 8°
Ist zum größten Teile eine wörtliche Übersetzung von „Meddelalser om Preussernes og Osterrigernes Færd i Slesvig etc. Revideret Aftryk etc."

— zuverl. v. d. k. preuß. A r m e e. 5 Thle. 8. Halle, Hemmerde u. S. 757—60.

Zuverlässige Nachrichten von der Kgl. Preuß. Armee (1756—60). Stück 1—5. Halle 1758—60. 8°.

Zuverläßige Nachrichten u. unbefangene Bemerkungen über den Würtembergischen Hochverraths-Prozeß. Mit wichtigen Beil. o. O. 1805.

Zuverl. Nachrichten von dem, was nach der Schlacht bey Zorndorf vorgefallen, nebst Anm. über die von Russ. Seite in den Warschauer u. Königsberger Zeitung publ. Relation von der Bataille. (8.) 4. 1758.

Nachrichten, Zuverlässige, von denen auf der Reise nach Georgien in Amerika begriffenen ... Grossbritannischen Colonisten ... Augspurg 1734. V: *Urlsperger, Samuel.* (ABJP)

Nachrichten, Zuverlässige. von dem über die Bayrische Erbfolge in Deutschland entstandenen Kriege. Leipzig 1778—80. V: *Seyfart, Johann Friedrich.* (ML) (Ky) »1778—79« (weber)

Zuverlaessige Nachrichten von dem über die bayer Erbfolge in Teutschland entstandenen Kriege (Von J. F. Seyfart.) Leipzig 1778—1781 992 S
(Spätere Aufl. s. Unpartheyische Geschichte des bayerischen Erbfolgekriegs.)

Nachrichten von dem über die bayersche Erbfolge entstandenen Kriege. 11 St. 8. Leipzig 1780. — 2. verm. A. ib. 1781. 5,50.

— v. d. üb. die baier. Erbfolge entstand. Kriege. 11 Stück. 8. Leipz. ... 2e verm. Aufl. 781. (Kummer). (à 4 gr.) 1 rh 20 gr

Nachrichten, Zuverlässige, von wichtigen Landes- und Wirthschafts-verbesserungen ... Stettin 1778—84. V: *Benckendorf, Carl Friedrich von.* (Ky) (wö)
Bd.1 unt.d.T.:Der Pommersche u.Neumärksche Wirth. Stettin 1778.

Zuverlässige Nachrichten v. wichtigen Landes- u. Wirthschafts-Verbesserungen. Bd. 1, Bd. 2 (4 Stücke), Bd. 3 Stück 1 (3 Vol.). Stettin 1778-84.

— v. wichtigen Landes- u. Wirthschaftsverbesserungen (von K. Frn. v. Benekendorf.) 2 Bde u. 3n Bdes 1s Stück. 8. Stettin 781—84. Kaffke. 5 rh 3 gr

Zuverlässige Nachrichten von den Schützengesellschaften sowohl überhaupt als insonderheit der Schützengesellschaft zu Lübben in älteren und neueren Zeiten mit verschiedenen Urkunden erläutert. Lübben, 1767, 40 S.

— zuverlässige, von d. Schützengesellschaft in Lübben. 8. Eisen. 768. Griesbach. 4 gr

Zuverlässige Nachrichten von dem Amerikanischen General von Steuben. *Journal von und für Deutschland. Herausgegeben von Siegmund Freyherrn von Bibra. Jg. II. August/September 1784. S. 84—88.*

Zuverlässige und unpartheyische Nachrichten den jetzigen Krieg in Preussen betreffend. In einigen Schreiben eines Krämers an einen Kaufmann in Nürnberg. Regenspurg im Maymonath 1758. 4. 118 S.

Nachrichten, zuverläßige, über die Vorbereitungen, unter welchen Auswanderungen nach Nordamerika versucht werden dürfen. 8. St. Gallen, Huber und C. 818.

Nachrichten, Zuverläßige, von dem gegenwärtigen Zustande, Veränderungen und Wachsthum der Wissenschaften. 121—131 Teil. Leipzig, Gleditsch, 1750. *Mit 11 Porträts von Sysang.* 896 S. 12 Bl. (mit mehreren Zwischentiteln und Bll. mit Verlagsanzeigen). Leicht bestoß. und berieb. Ld. d. Z. mit Rv und Rsch.
Diesch 31. Fortsetzung der „Deutschen Acta Eruditorum" in 216 Teilen erschienen.

— — von d. gegenwärt. Zustande d. Wissenschaften. 216 Thle. 8. Leipz. 742—57. Gleditsch. 18 rh

Nachrichten, Tr. Zwo kurze, vom Schulzischen Münz-Kabinett. Halle 1746. 1750. V: *Agnethler, Michael Gottlieb.* (Trausch)

Nachrichten. – Zwickauer Neueste Nachrichten – 1892 – 1935

Nachrichten- und Anzeigen-Blatt der Berliner Turnerschaft (Korporation), hrsg. v. Vorst., Jg. 1 31, 1885 1915, Berlin, 8° 23 Bde.

Nachrichtenblatt üb. das litterarische u. künstlerische Leben Göttingens. Nachrichten aus dem Konzert- u. Theaterleben, Vortragswesen, Volkshochschulvorträge, Ausstellungswesen, Litteraturberichte. Hrsg.: Otto Hapke. 1. Jahrg. Winterhalbj. 1905/6. 7 Nrn. (104 S. m. Abb.) 31×23,5 cm. Göttingen, O. Hapke. Geb. 2.40

Nachrichten-Blatt des Spandauer Männerturnvereins, E. V., gegr. 29. 8. 1860, Schriftl.: Fritz Darkow, Jg. 1—11, Spandau 1910 1920, 8°.

Nachrichten-Blatt f. d. Mitglieder d. Altonaer Turnerschaft v. 1880, hrsg. v. Turnrat, Jg. 1, 1899—Jg. 4 1902, Altona, 8°.

Nachrichten-Blatt f. d. Sieg-Rheinischen Turngau, hrsg. v. Gauturnrat, Köln-Nippes 1885—1914, 2° u. 4°.

Nachrichten-Blatt d. Charlottenburger Turngemeinde (gegr. 1858), hrsg. v. Vorstand, Jg. 15 u. 16, 24—26, Charlottenburg 1909—1910, 1918—1920, 4° u. 8°

Nachrichten-Blatt f. d. Turnkreis XV (Deutsch-Österreich), (früh. Nachrichtenbl. f. d. deutsch-freiheitlichen T. V. in Österreich), Prag, Jg. 1—15, 1902—1916, Gr.-8°

Nachrichten-Blatt für den Turnkreis 15b (Deutsch-Österreich). Deutsche Turnerschaft. Prag.
Jg. 6. 1907, Jg. 8—9. 1909—10, Jg. 11—12. 1912—13.

Nachrichtenblatt f. d. Berliner Turnrat (Gau Berlin II), hrsg. v. Ausschuß d. Berliner Turnrats i. Gemeinschaft mit d. 1. Schriftwart Paul Bugge, Jg. 1 39, 1882 1920, Berlin (erscheint nicht mehr), 4° u. 8°.

Nachrichtenblatt des Stettiner Turnvereins, Korporation (früher: Vereins-Nachrichten d. Stettiner T. V.), hrsg. v. Stettiner T. V., Jg. 1—12, Stettin 1909 1921, 8°

Nachrichten-Blatt d. Vereins zur Förderung d. Damenturnens in Berlin, hrsg. v. Vorstand, Jg. 1 u. 2, Nr. 1—25, 1897—1899, Berlin, 8°.

Nachrichtenblatt, f. die Zollstellen. Hrsg. vom Reichsschatzamt. 1. Jhrg. April 1906—März 1907. (XXXXVI, 332 S.) Lex.-8. Berlin, J. Springer. n. 6.—

— f. die Zollstellen. Hrsg. vom Reichsschatzamt. 2.—5. Jahrg. 1907—1910. (à 24 Nrn.) XXXXII, 388; XXXXIX, 352; XXXXVIII, 844 u. LI, 316 S. m. Abb.) Lex. 8. Berlin, J. Springer. à Jahrg. 8. —

Nachrichten- u. Marschsicherungs-Dienst. Für Unteroffiziers- u. Einjährigen-Freiwilligen-Schulen. Von St. de V. gr. 8. (16 S.) Ungvar 888. (Budapest, Grill.) n. — 50

Nachrichtenkalender Basler Nachrichten-Kalender 1903. IV, 56 S. 8 Basel, Buchdr. zum Basler Berichthaus A.-G., 1903.

Nachrichts- und Anzeigeblatt. – Bonner Nachrichts- und Anzeigeblatt –
Feuilles d'afiches annonces et avis divers(es) de Bonn
5.I 1812 – 21.I 1814
Vorh. u.d.T Wochenblatt
Fortges. u.d.T Bönnisches Wochenblatt

Nachrichtsblatt der deutschen malakozoologischen Gesellschaft. 1. u. 2. Jahrg. 1869 u. 1870. Unter Mitwirkung von D. F. Heynemann red. von W. Kobelt. à Jahrg. 12 Nrn. (Bgn.) Frankfurt a. M., 870. (Sauerländer.) Jeder Jahrg. n. 1 ₰ 10 ngr.

Nachrichtsblatt der deutschen malakozoologischen Gesellschaft. 3. Jahrg. 1871. Unter Mitwirkg v D. F. Heynemann red. v. W. Kobelt. gr. 8. (IV, 208 S.) Frankfurt a. M., Sauerländer. n. 4. —

Redigirt von W KOBELT:
Jahrg. 4. 1872. ib. —
Redigirt von W KOBELT und D F HEYNEMANN.:
Jahrg 5 1873 ib. Johannes Alt
Redigirt von W KOBELT
Jahrg 6–9. 1874—1877 ib. —
Jahrg. 10—11 1878—1879. ib. Alt & Neumann.
Jahrg 12—16. No. 1 u. 2. 1880—1884 ib. Moritz Diesterweg.

NACHRICHTSBLATT DER DEUTSCHEN MALAKOZOOLOGISCHEN GESELLSCHAFT
Redigirt von W KOBELT
Jahrg 16—17 1884—1885. Frankfurt am Main. Moritz Diesterweg. 8°

NACHRICHTSBLATT DER DEUTSCHEN MALAKOZOOLOGISCHEN GESELLSCHAFT
Redigiert von W KOBELT
Jahrg 18—21 1886—1889 Frankfurt am Main. Moritz Diesterweg 8°

Nachrichtsblatt der deutschen malakozoologischen Gesellschaft. Redact.: W. Kobelt. 20. Jahrg. 1888. 12 Nrn. (Bog.) gr. 8. Frankfurt a. M., Diesterweg. **
4.–19. Jahrg. erschienen als Beilage zu den Jahrbüchern der Gesellschaft. Die Jahrgänge bis 1880 sind von R. Friedländer und Sohn in Berlin übernommen. Die „Jahrbücher" erscheinen nicht mehr.

Nachrichtsblatt der deutschen malakozoologischen Gesellschaft. Red.: W. Kobelt. 20.—22. Jahrg. 1888—1890. à 12 Nrn (B.) gr. 8. Frankfurt a/M., Diesterweg. à Jahrg. n.n. 6. —

Nachrichtsblatt der deutschen malakozoologischen Gesellschaft. Red. v. W. Kobelt. 23.–26. Jahrg. 1891—1894. à 12 Nrn. (à 1—2 Bog.) gr. 8. Frankfurt a/M., M. Diesterweg. à Jahrg. n.n. 6. —

Nachrichtsblatt d. deutschen malakozoologischen Gesellschaft. Red. v. W. Kobelt. 27.—30. Jahrg. 1895—1898. à 12 Nrn. (à ca. 2 Bog.) gr. 8. Frankfurt a/M., M. Diesterweg. à Jahrg. n.n. 6. —

Nachrichtsblatt der deutschen malakozoologischen Gesellschaft. Red. v. W. Kobelt. 31.—34. Jahrg. 1899—1902. à 12 Nrn. gr. 8. (III, 192 S. m. 1 Taf.; IV, 192; IV, 192 u. IV, 216 S.) Frankfurt a/M., M. Diesterweg. à Jahrg. n.n. 6. —

Nachrichtsblatt der deutschen malacozoologischen Gesellschaft. Red. v. W. Kobelt. 35.—38. Jahrg. 1903—1906. à 4 Hefte. (IV, 192 S.; IV, 176 S. m. 4 Taf.; IV, 212 S. m. 3 Abb., 5 Taf. u. 1 Portr. u. IV, 228 S m. 6 Taf.) gr. 8. Frankfurt a/M., M. Diesterweg. à Jhrg. n.n. 6. —

Nachrichtsblatt der deutschen malakozoologischen Gesellschaft. Red. v. W. Kobelt. 39.—42. Jahrg. (1907—1910.) à 4 Hefte. (à ca. 48 S. m. Abb.) gr. 8. Frankfurt a/M., M. Diesterweg. à Jahrg. nn 6. —

Nachrichts- und Anzeigeblatt. – Koblenzer Nachrichts- und Anzeigeblatt –
7.I 1814 – 4.I 1816
Vorh. u.d.T Feuille d'affiches, annonces et avis divers de Coblenz. Koblenzer Nachrichts- und Anzeigeblatt
Fortges. u.d.T Koblenzer Anzeiger

Nachrichtsblatt. – Rudolstädter Nachrichtsblatt. –
14 VIII 1833 – 3.XII 1833
Fortges. u.d.T · Rudolstädter Mittwochsblatt.

Nachrichtsblatt für Deutschlands Turnanstalten u. Turngemeinden. Herausgeg. von Mälat u. A. Ravenstein. Jahrg. 1846. 12 Numm. (½ Bog.) gr. 8. Frankfurt a/M. 846, Sauerländer. n. ⅓ ₰

Nachrichtsblatt f. Deutschlands Turnanstalten u. Turngemeinden. Hrsg.: A. Ravenstein u. Mälot. (2.) Jahrg. 1847. 24 Nrn. gr. 8. (à ½ B.) Frankfurt a. M., Sauerländer. n. ⅔ ₰

Nachricht- und Kundschaffts-Blatt. – Wöchentlich-Heilbronnisches Nachricht- und Kundschaffts-Blatt –
1.I 1744 – 1780.
Fortges. u.d.T Heilbronnisches Wochenblatt

Nachruf an unsern würdigen verehrten Freund und Lehrer Ludwig Bechstein ... 1822. O. O. V: *Welcker, Philipp Heinrich.* (ABJP)

Nachruf an Eug. Borel gehalten in der Loge „Zur Hoffnung" in Bern an der Trauerloge vom 4. Dez. 1892. [Unterz.:] C. G. Bern 1892: Michel & Büchler. 12 S. 8° [Umschlagtit.] 193. 358a.

Nachruf ... an Dr Josef Simon Etlin ... Sarnen 1871 s. W[irz], Th[eodor]

Nachruf für Pastor Fritz Fliedner in Madrid nebst Aufruf z. Fortführung s. Werkes. (Bln '01.) 4 Bl.

Nachruf an P Othmar Gachowetz, s. Duda, Augustin

Nachruf am Grabe des Verewigten Christoph Daniel Graf v Blücher-Altona, geboren den 29. Februar 1764, gestorben zu Altona, den 1 August 1845 — Hamburg: Kahlbrock (1845) 4 Bl 8°

Nachruf am Grabe des Schullehrers Georg Friedrich Gräff von einem seiner Jugendfreunde gesprochen am 18ten Junius 1822. Frankfurt a. M. [1822]. V: *Kirchner, Anton.* (STBFrankf I, 192)

Nachruf an unsern Lehrer ... den Herrn Diaconus Guenzel zu Lauban. Leipzig 1801. V: *Schweitzer, Wilhelm & Andere.* (BrMm)

Nachruf eines Hermesianers an einen ehemaligen Hermesianer auf dessen Zuruf an alle Hermesianer. Zur Aufklärung des Publikums über die hermesische Angelegenheit. Trier 1838. V: *Biunde, Franz Xaver.* (StBKöln I, 126)

— eines Hermesianens ꝛc., s. F. X. Biunde.

Nachruf an Dr. Johann Ritter von Jenull... Klagenfurt 1859. V: *Buzzi, Andr. Ritter von.* (EB)

Nachruf an Herrn Kammer-Präsident von Ingersleben. [Halberstadt 1798.] V: *Fischer, Gottlob Nathanael.* (ML)

Nachruf an die eingesegnete Jugend der evangelischen Kirche. Berlin (858.) (Evangelische Buchhdlg.) 8. (24 S.) 1⅓ ngr.

Nachruf an die eingesegnete Jugend der evangelischen Kirche. 8. (24 S.) Berlin 859, (Beck.) **

Nachruf an Meister Jakob Keller, Glockengiesser ... Zürich 1894. V: *Meyer, Conr.* (Cat. d. Stadtbibl. Zürich. Zürich 1864—97.)

Des Landes kläglicher Nachruff [Tröstl. Zuspruch von A C auf Friederich von **Rantzau**, Geheimter Raht, † 8. Febr 1723, beigesetzt am 6. April 1723] — Kiel (1723): Reuther 2 Bl 4°

Nachruf an Herrn Dekan [Johannes] L i n d e r von Ziefen. ([Gedicht von] J J. Sch) Basel 1833. 8°

Nachruf an Hermine Marti, geb. 24 Juli 1879 gest. 8 März 1899 8. o. O

Nachruf an den weiland geheimen Haus-, Hof-, und Staatskanzler Fürsten Metternich. (Gedicht.) 1 Bl. in gr. 8. Leipzig 848, Naumburg. *

Nachruf an den weiland geheimen Haus-, Hof- u. Staatskanzler Fürsten Metternich. (Gedicht.) 1 Bl. in gr. 8. Leipzig 852, Naumburg. n. 1 ngr.

Nachruf, Mitleidender, als Daniel Bene fürnehmer Kauf und Handelsmann, zu Hamburg, welcher am 3. December 1733 verschied ... zu Seiner Ruhe-Stätte in der Cathedral-Kirche daselbst gebracht ward ... O. O. V: *Wend, Chph Gottlieb.* (Schr)

Nachruf eines heimgegangenen evangel. Predigers. Eine neue Sammlung von Predigten, aus dem Nachlaß Diederich Leberecht Höpfner's, weil. Hauptpastors u. Klosterpredigers zu Uetersen. (Herausg. vom Compastor Hansen.) gr. 8. Hamburg 835. Perthes, Besser u. Mauke. 2 ℛ

Nachruf an meine jüngere Reisegesellschaft beim Beginnen e neuen Jahres, geweckt durch die demüthig-ernste Frage des Herrn: Wo sind aber die Neuen? (v. C. A. Dann.) 8. Stuttg. 822, Steinkopf.

Nachruf an meine jüngere Reisegesellschaft beim Beginnen e. neuen Jahres, s. C. A. Dann.

Nachruf für den am 7 April 1854 verstorbenen General F X. A v Roggenbach 4 s l 1854

([Nachruf an] Joh[ann] Georg Schulthess) Njbl s [Schulthess, Johannes II]

Nachruf an den Bürgermeister Joh. Christ. Schwartz. Riga 1804. V: *Reimers, Martin Ernst.* (R-N)

Nachruf liebevoller Sehnsucht, am Grabe der Erdenhülle eines edlen Menschen und Bürgers, eines zärtlichen Gatten und Freundes, Carl Gottlieb Hommeyer gesprochen von J. N. B. am 3ten May 1810. Dresden 1810. V: *Bischoff, Johann Nikolaus.* (Kl 1435) (Wolfstieg I, 827)

Nachruf an Johann Stöckl sen.... Salzburg 1888. V: *Storch, Franz.* (Hr)

Nachruf bei Gottfried Webers Tod, 21 Sept 1839. Darmstadt 1905 L. C Wittich. (12 S.) 8° [δ]
Aus Großh. Hess. Zeitung 1839, Nr 277 358 359. (04. 1491)

[Nachruf u. Gedicht.] Zur Trauerloge von Karl Tscharner in der □ zur Hoffnung in Bern am 29. Mai 1880. [Bern 1880: Haller.] 2 Bl. 2° [Umschlagtit.]
Nachruf in Versen von L. Steiner. Gedicht von H. Hagen. — Üb. Tscharner s. Allgem. Deutsche Biographie Bd 38 1894 S. 710 bis 711 (v. Jecklin). 193. 358 a.

Nachrul. Unterthänigster, als F r i e d. L u d e w i g, Cron-Printz von Groß-Britannien, Chur-Printz von Hannover, und Herzog zu Braunschweig Dero Abreise von H a n n o v e r nach Engelland in der Nacht Den 4ten December 1728 gantz unvermuthet angetreten. Regenspurg, gedr. bey Hieron. Lentzen. (1728). 2 Bl. Fol. 15.—
Gedicht von 76 Versen auf F r i e d r i c h L u d w i g Prinz von Wales (1707—1751).

Nachruhm, Dankbarer, der evangelischen Gemeinde zu Birkach bei Hohenheim zu Ehren ... Carls Herzogs zu Wirtemberg ... Stuttg. 1794. V: *Kohler, Frdr. Wilhelm.* (Heyd)

Nachruhm, üb. den, großer Männer, eine Standrede bei Laudons Tode. 8. Wien 790. Gerold. 3 ℛ

Nachruhm, Unsterblicher, Friedrich Augusts Königes von Pohlen und Churf. zu Sachsen . . . Hamburg 1733. V: *Zimmermann, Joh. Joach. Daniel.* (Cat. d. Stadtbibl. Zürich. Zürich 1864—97.)

Nachschebi. Die sieben weisen Meister . . . [Leipzig 1845.] Ü: *Brockhaus, Hermann.* (KatDMG)

Nachschlageblatt, deutsches. Fach- u. Offerten-Blatt f. Exporteure, Agenten, Händler ꝛc. Mit dem Beiblatte „Führer durch Deutschlands allgemeine Industrie u. Gewerbe" u. Zugabe „Bezugsquellen-Adreßbuch" d. „Deutschen Nachschlageblattes". 8. Jahrg 1890. 24 Nrn. (2 B.) Fol Plauen i. V., Friedrich. n.n. 1. —

Nachschlageblatt, deutsches. Ein Führer durch Deutschlands allgemeine Industrie u. Gewerbe. Fach- u. Offerten-Blatt in erster Linie f. Exporteure, Agenten, Händler ꝛc. 10. Jahrg. 1892. 24 Nrn. (à $1^1/_2$—2 Bog.) Fol. Friedeberg i. d. Neumark, E. Eisermann. n.n. 1. —

Nachschlageblätter zum täglichen Gebrauch aus dem Gebiete des Handels- und Verkehrslebens im achten Jahrzehnt. Enthaltend: Uebersichten und Tabellen in Rücksicht auf Waarenstatistik (Waarenmarkt), Geldmarkt, Ein- und Ausfuhrverhältnisse (Produktion — Import und Export); heutige Beschaffenheit des Eisenbahn-, Post- und Telegraphenwesens; Beachtenswerthes aus dem Bereiche des Steuer- und Zollwesens und dahin einschlagender Verhältnisse, aus Münz-, Maß- und Gewichtskunde; ferner Notizen wegen Bevölkerungswechsel, weiterhin Aufklärungen über Waaren-, insbesondere Lebensmittelverfälschung, praktische Mittheilungen aus dem Bereiche der Waarenkunde ꝛc. ꝛc. Suppl. zum „Illustrirten Handelslexikon". Hrsg von der Redact. des „Illustrirten Handelslexikon". 7 Lfgn. Lex.-8. (III, 232 S. mit 1 lithogr. Weltverkehrskarte.) Leipzig 881, [Spamer.] Gloeckner. (à Lfg. 50 Pf.; compl. ℳ 4.)

Nachschlagebuch bei Austragung v. Ehrenhändeln f. den Offizier als Kartellträger [Zeuge], Sekundant, Unparteiischer. 8. (35 S.) Berlin 891. R. Eisenschmidt. Kart. n. — 60

Bürgel's **Nachschlagebuch** für Handel, Gewerbe und Industrie nebst großem Ortslexikon von Deutschland. Hrsg. von Martin Bürgel. *Berlin: H. G. M. Bürgel 1903.* (1399 S.) 8°

Nachschlagebuch, alphabetisch-geordnetes, über das Gebühren- und Stempelgesetz für sämmtliche Kronländer der Monarchie nach der mit 1. Novbr. 1858 ins Leben tretenden neuen österreichischen Währung u. mit Berücksichtigung aller bisher erschienenen Nachtragsverordnungen. 6. bedeutend verm. Aufl. Wien 859. Sommer. (F. Klemm.) gr. 8. (XVIII, 167 S.) n. 20 ngr.

Frühere Aufl. s.: Nachschlagebuch, Vollständiges, ...

Nachschlagebuch, alphabetisch geordnetes, über das Gebühren- u. Stempelgesetz für sämmtliche Kronländer der Monarchie nach den mit 1 Jänner 1863 ins Leben tretenden Aenderungen u. mit Berücksichtigung aller seit 1850 erschienenen u. in Kraft bestehenden Nachtrags-Verordnungen nebst dem Promessengesetze vom 7 November 1862. 7. vollständig umgearb. Auflage d. (X 196 S.) Wien. F. Klemm in Comm. 1863

— — nach den mit 1. Jänner 1863 ins Leben tretenden Aenderungen u. mit Berücksichtigung aller seit 1850 erschienenen u. in Kraft bestehenden Nachtragsverordnungen, nebst dem Promessengesetze vom 7. Novbr. 1862. 9., nach den neuesten Erlässen vervollständigte Aufl. Ebend. 863. br. 8. (XVI, 200 S.) n. 20 ngr.

— — nach den durch das Gesetz vom 29. Febr. 1864 ins Leben tretenden Aenderungen u. mit Berücksichtigung aller seit 1850 erschienenen u. in Kraft bestehenden Nachtragsverordnungen, nebst dem Promessengesetz vom 7. Novbr. 1862. 10., nach den neuesten Erlässen vervollständigte Aufl. Ebend. 864. gr. 8. (XVI, 212 S.) n. 20 ngr.

Nachschlagebuch, alphabetisch geordnetes, über den durch den ungar. Reichstag im Jahre 1868 für die Königr. Ungarn, Siebenbürgen, Slavonien, Croatien ꝛc. in Kraft belassenen Gebühren- u. Stempel-Tarif. Mit Berücksichtigung aller seit 1850 bis 1868 inclusive erschienenen u. in Kraft bestehenden diesbezügl. Verordnungen zusammengestellt von einem königl. Beamten. Pest 868. Lauffer's Verl. gr. 8. (117 S.) n. 20 ngr.

— alphabetisch-geordnetes, über den am 6. Nov. 1851 erschienenen allgemeinen österreichischen Zolltarif für die Ein-, Aus- u. Durchfuhr nebst einer gemeinfaßlichen Erläuterung der allgemeinen Bestimmungen, einem alphabetischen Verzeichnisse der zollfreien Waaren, einer Tabelle zur Reduktion des Wiener Gewichtes auf Zollgewicht ꝛc. 8. Wien 852. (Leipzig, Hübner.) — 2. m. den neuesten Erlässen verm. Aufl. 8. (216 S.) Ebd. 852. — 3. m. d. neuesten Erlässen verm. Aufl. 8. (216 S.) Ebd. 852. n. 12 ngr.

Nachschlagebuch, alphabetisch-geordnetes, u. vollständiges alphabetisches Waaren-Verzeichniß zu dem mit 1. Jänner 1854 in Wirksamkeit tretenden allgemeinen österreich. Zolltarif für die Ein-, Aus- und Durchfuhr, dann für den Zwischenverkehr mit den Zoll-Vereinsstaaten, Modena, Parma und Lichtenstein, nebst vielen Uebersichtstabellen, einer alphabetisch-geordneten Verzehrungssteuer-Tabelle, sowie einer Tabelle zur Berechnung des Agio-Zuschlages für alle Zollsätze des Tarifes. Wien 854. Sommer (F. Klemm.) gr. 8. (XXIV, 286 S. u. 1 Tab in Fol.) n. 28 ngr.

— alphabetisch geordnetes, u. vollständiges alphabetisches Waarenregister zu dem seit 1. Juli 1865 giltigen österreichischen Zolltarif sowohl für den allgemeinen Verkehr, wie auch für den Verkehr mit den Zollvereinsstaaten nebst vielen Reduktionstabb. u. einem Verzehrungssteuertarif; nach den amtl. Quellen u. mit Berücksichtigung aller noch in Kraft besteh. Nachtragsverordnungen bearb. Wien 865. Sommer's Verlag. (Klemm.) gr. 8. (XVII, 121 S.) n. 20 ngr.

Nachschlagebuch, Alphabetisch geordnetes — zum Preußisch-Oesterr. Zoll- und Handels-Vertrag vom 19. Februar 1853, nach dem vom k. k. Oesterr. Handels-Ministerium im Nachhange zum allgemeinen Zolltarif herausgegebenen Waarenverzeichnisse bearbeitet, nebst der Preuß. Denkschrift. 8. (114 S.) Wien, Leop. Sommer 1853.

Nachschlagebuch bei der Handhabung der vom 1 April 1899 bezw 1 Januar 1900 ab gültigen neuen Satzungen des Allgemeinen Knappschafts Vereins zu Bochum Besonders zum Gebrauche für Grubenbeamte [1 Aufl.] Bochum, 1905. 56 S.

Dasselbe [2 Aufl. Ebd., 1906. 70 S.

Kommerzielles und finanzielles **Nachschlagebuch.** (Ueberreicht von d. Norddeutschen Creditanst., Königsberg i. Pr) [1] 1909 (Königsberg Nordd. Creditanst. 1909) 8°

Nachschlagebuch für die Leitungen der örtlichen Sportkartelle, E. Anweisung f. d. Funktionäre d. Arbeitersportbewegung, Leipzig u. Berlin, 78 S., 8°

Nachschlagebuch für den Reise- und Fremdenverkehr. 1909. [Illustrierter Wegweiser durch die österr. Kurorte, Sommerfrischen und Winterstationen.] Gr.-8°. (ill XXIV, 128, 160, 96, 104, 88, 210, 128, 80, 26 8) geb. K 8.—
Wien: Elbemühl 1909.

Nachschlagebuch f. den Reise- u. Fremdenverkehr, s.a. Wegweiser, illustr., durch die österr. Kurorte usw.

Nachschlagebuch für Uebersetzer. Hrsg. von d. Red. d. Feder Berlin: Federverl. [1906]. 118 S. 8°
(Schriftstellerbibliothek. Nr 7) [11. 591

Nachschlagebuch f. Uebersetzer, s. a. Schriftstellerbibliothek.

Nachschlagebuch für die Veröffentlichungen des Königlich Sächsischen Statistischen Landesamtes (bis 1905 'Statist. Bureau im Kgl. Minist. d. Innern') u. d. früheren 'Statist. Ver. f. d. Kgr. Sachsen', in d. J. 1831 bis Mitte 1907. Hrsg v. Kgl. Sächs. Statist. Landesamt. Dresden: C. Heinrich in Komm. 1907. (121 S.) 4°(8°) [07. 13761

Nachschlagebuch, vollständiges, über das Gebühren- u. Stempelgesetz vom 7. Febr. 1850. Erschöpfende Aufzählung aller im bürgerlichen Leben vorkommenden Rechtsgeschäfte u. Amtshandlungen mit Beisetzung der genauesten Stempel- u. Gebührenschuldigkeit, nebst einer Tabelle für beide Scalen zur Bemessung der Werthverhältnisse. Zum Gebrauche f. Jedermann. 3. Aufl., nach den neuesten Erlässen verb. u. m. einem Anhang verm. [Nach alphabet. Buchstabenfolge eingerichtet.] br. 8. (IV u. 127 S.) Wien 850. (Leipzig, Hübner.) n. 12 ngr

Nachschlagebuch, Vollständiges — über das Gebühren- und Stempelgesetz für sämmtliche Kronländer der Monarchie. Erschöpfende Aufzählung aller im bürgerlichen Leben vorkommenden Rechtsgeschäfte und Amtshandlungen mit Beisetzung der genauesten Stempel- und Gebührenschuldigkeit. 5. Auflage, vermehrt mit einem Anhange: Praktische und gemeinfaßliche Belehrung über den Gebrauch der Stempelmarken statt des Stempelpapiers. Enthaltend den Text der Verordnung vom 28sten März 1854, nebst allen darin bezogenen älteren Erlässen und einer populären, mit vielen Beispielen und Formularien versehenen Erläuterung der einzelnen Gesetzes-Bestimmungen. 8. (1 Blatt, 128 und 32 S.) Wien. Druck und Verlag von

Leopold Sommer. 1854.

Weitere Aufl.s.:Nachschlagebuch, Alphabet.geordnetes,...

Nachschlage-Register, alphabetisches, zum allgemeinen deutschen Handels-Gesetzbuche. Von einem Fachmanne. Wien 861. F. Manz. gr. 8. (2 Bl., 40 S.) n. 8 ngr.

Nachschlageregister für das mit a. h. kaiserl. Patente vom 8. Oktbr. 1856. Z. 185 R. G. B. kundgemachte neue Eherecht. Zusammengestellt von J. R. gr. 4. (6 S.) Olmütz 857, [Große.]

Nachschlage- und alphabetisches Firmen-Register zur Publication des Central-Marken-Registers f d. Jahr 1892. 4. (VIII S.) —.10
Wien: Hof-u.Staatsdruckerei 1893.

Nachschlage- und alphabetisches Firmen-Register zur Publication des Central-Marken-Registers für das Jahr 1897. Heft I—XII. Lex.-8. (LXXVIII S.) 1.25
— — zur Separat-Ausgabe der Gruppe I. 1897. Heft 1-12. Lex.-8. (XIV S.) — 25
Wien: Hof-u.Staatsdruckerei 1898.

Nachschlagewerk, geschichtliches, sozialpolitisches u. apologetisches. Hrsg. v. Paul Siebertz, Mathias Erzberger u. Alfons Schwarz. I. u. II. Tl. à 2 Bde. 8. Stuttgart, Süddeutsche Verlagsbuchh. à Bd. n. 2. 25
I. Geschichtlicher Führer. Alphabet. geordnet u. besonders für das kathol. Vereinsleben bearb. auf Grund des neuesten Quellenmaterials. Von Paul Siebertz. (XVIII, 680 S.) 899. n. 4. 50
II. Politisch-soziales Abc-Buch. Ein Handbuch f. die Mitglieder u. Freunde der Zentrumspartei. Auf Grund authent. Quellenmaterials bearb. Von Paul Siebertz. 2 Bde. (IX, 677 S.) 900. n. 4. 50; in 1 Bd. geb. n.n. 5. 50

Nachschlagewerk, geschichtliches, sozialpolitisches u. apologetisches. Hrsg. v. Paul Siebertz, Mathias Erzberger u. Alfons Schwarz. III. Tl. 1. Bd. 8. Stuttgart, Süddeutsche Verlagsbuchh. 6. —
Kirchlich-apologetischer Führer. Unter Mitwirkg. bewährter Theologen hrsg. Von Conr. Albr. Ley. 1. Bd.: Aberglaube — Kulturkampf (II, 881 S.) 905.

Nachschrift, Die. Ein Original-Lustspiel in einem Aufzuge. Wien 1785. V: *Arnstein, Bened. David.* (Bespr. Allgemeine Wiener Bücher-Nachrichten 1786, S. 103) (GGR V/325) (BIBLPORT)

Nachschrift zu Dr Troxlers „Fürst und Volk" Thatsächliche Darstellung der Schicksale dieses Buches und seines Verfassers unter Schweizer Regenten mit interessanten Belegen. Hrsg. von Freunden von „Fürst und Volk" 8° Stuttgart, J B. Metzler'sche Buchh., 1822.

Nachschrift zu der Brochüre: Die hohe Landesversammlung und die Gymnasien in Braunschweig. gr. 8. (19 S.) Leipzig 861, O. Wigand.

Der Nachschub im Russisch-Japanischen Kriege Bearb auf Grund von Aufsätzen d. 'Russischen Invaliden'. Berlin· Mittler 1909 S. 16-44 8°
(Militär-Wochenblatt. 1909 Beiheft 1, [2].)

Nachschubsdienst, der, bei e. kämpfenden Armee, mit bes. Berücksicht. der Befehlsgruppierg. währ. d. Gefechts. Von H. S. 3. Aufl. Ende 1896 richtiggestellt. Farbiges Tableau m. Text an der Seite. 64×52 cm. Wien 897. (L. W. Seidel & Sohn.) n. — 75

Zur Nachschußfrage. Denkschrift der Norddeutschen Hagelversicherungsgesellschaft. Berlin 1906.

Nachsinner, Lesekunst. 8. Büding. 735.

Nachspiel, das,. Lustsp., s. Schauspiele von Fr. v. Weissenthurn 2r Bd.

Nachspiel zu der Comödie: erklärte Fehde; oder: List gegen List. Lustsp. 8. Wien, Gräffer. 786.

Nachspiele f. steh. Bühnen u. Privattheater, von W. Vogel. 2 Thle. (1r enth. a) d. Invalide, b) 4 Schildwachen auf ein. Posten, c) d. König u. der Stubenheitzer, d) d. seltene Recept. 2r Th. a) dasselbe. b) d. Gäste, c) d. Hut, d) die Versuchung). 8. Frankf. Simon. 809. Rthlr.

— drey, von Schletter: Frauenwitz, Lohn und Strafe, Jack Splene. 8. Brünn, Bauer. (Gräff, Leipz.). 791.

Nachspiele für Schauspieler die kleine Operetten und Ballets aufführen können oder wollen. 8. Wesel, Röder. 790.

Nachspiele für Schauspieler, die kleine Operetten aufführen wollen. 8. Wesel 793. Klönne. 8 gr

— für ein gesellschaftl. Theater zu Gotha. 8. Gotha 773. Ettinger ...

Nachstaedt, R., zur Bearbeitung v. Grundbuch-Sachen. Beiträge aus der Praxis nebst krit Bemerkgn. 8. (87 S.) Breslau 890. Kern's Verl. n. 1. 50

Nachstädt, Wilhelm

Nachstädt, *Carolus* Guilelmus [Berolinensis]: De altera Plutarchi declamatione quae est „de Alexandri fortuna" ... (Erscheint vollst. in: Berliner Beitr. z. klass. Philol.) Berolini, typ. C. Vogtii, *1894*; 29 S., 1 Bl. 8.
Berlin, Phil. Fak., Inaug.-Diss. v. 25. Juli 1894

De Plutarchi declamationibus quae sunt 'De Alexandri fortuna' scripsit Dr Guil. Nachstädt. *Berolini Typ. C. Vogt 1895.* [S. 1—29 erschien als Berl. Diss. 1894.] (123 S.) 1 Bd 8.
= Beiträge, Berliner, z. klassischen Philologie (II.) □.

Der nächste Krieg Frankreichs gilt Preußen! Berlin 1859. 8°

Nächster, Moritz

Naechster, Mauritius De Pollucis et Phrynichi controversiis. Lipsiae: Seele 1908. VIII, 90 S. 8°
Leipzig, Phil. Diss. v. 17. Sept. 1908, Ref. Lipsius, Bethe
[Geb. 21 Dez 82 Glashütte i. S., Wohnort Buhlau-Dresden, Staatsangeh.: Sachsen; Vorbildung Fürstensch. St. Afra Meißen Reife O. 02, Studium: München 2, Berlin 1, Leipzig 6 S., Rig. 18 Dez 07.] [U 09. 3032

Nachstudien, Schweizer. [Berlin 1881.] V: *Mommsen, Theod.* (Zuwachsverz. d. Bibliotheken in Zürich 1898 ff.)

Nacht [Sachliches OW]

— die, oder die Rache d. Weiber. 8. Wien ... Trattner. 3 gl.

Die Nacht. Ein Gedicht von C. L. G. Grunstatt (fing ?) 1749. 8° (In Stuttgart.)

— — Dasselbe, titulo Die Nacht ein Gedicht. Zu seiner u. des Nächsten Ermunterung aufgesetzt von C. C. (!) G. Wegen der Vortreflichkeit dieses Gedichts, nach anderweitiger vorheriger Ausgabe, vor besondere Liebhaber von neuem aufgelegt, und mit Summarischen Inhalt versehen. Im Jahr Christi 1749. 46 S. u. 1 Bl.

Nacht, Die. O. O. 1753. V: *Gessner, Salomon.* (Deutsche Litteraturdenkm. 70—81 XXIV.) (Cat. d. Stadtbibl. Zürich. Zürich 1864—97.)

Nacht, die, Lustsp. von Capacelli. 8. Wien, Kurzböck. 777.

Nacht, Die. Gedicht in 20 Liedern. Bremen 1797. V: *Wessely, Emm.* (BGE V³, 283)

— die. (Ein Gedicht.) 2 Thle. Mit Kpf. 8. Brem. 797. Fr. Wilmans in Frankf. a. M. 1 ℛ 16 gl.

Nacht, die. Red.: C. Digel. 1. Jahrg. 1906. 52 Nrn. (à ca. 24 S. m. Abbildgn.) kl. 8. Stuttgart. (Hamburg, W. Digel.) à Nr. — 10

—— abendländische Tausend u. Eine, od. d. schönsten Mährchen u. Sagen aller europä. Völker. Zum ersten Male gesamm. u. neu bearb. v. J. P. Lyser. M. 30 Bildern (Stnt.) n. Orig-zeichnn. d. Herausgeb. 15 Bdchn. à 2 Abthln. 8. (243 B. u. lith. Ttln.) Meißen 838, 39, Goedsche. à Bd. ½ Thlr.

—— dass. — Neue Folge. 4 Bdchn. — A. u. d. T.: Hundert u. eine Nacht. Ein Mährchen- u. Sagen-Strauß, gesamm. u. erzählt v. P. P. Lyser. 4 Bdchn. 8. (61¼ B. u. 4 Stnt.) Ebds. 810. à Bd. ½ Thlr.

Nacht, eine, in Berlin, oder Geheimnisse eines Victualienkellers. Aus den Papieren eines Nachtwächters. Mit 1 Titelkpfr. 16. Demmin 844, Gesellius u. Comp. ¼ ℛ

Nacht, die, in Berlin oder nächtlicher Spaziergang durch die Residenz. Von Clauren d. Jüngeren. 1—3. Aufl. Berlin (856.) Bernhardt u. Co. 32. (51 S. u. 1 Holzschn.) n. 5 ngr.

Nacht, Die durch ein unglückliches Fatum Höchst-betrübte, des hohen Todes-Falls . . . Bresl. 1740. V: *Franckenberg, Carl Moriz Freih. von.* (Kat. d. Druckschr. üb. Breslau. Breslau 1903. S. 12.)

— eine, bei den Blumen des Friedhofs. 854. 22½ ngr. — Neue (Titel-)Ausg. Dresden (857.) Höckner. 16. (48 S.) 15 ngr.

Nacht, e., bei den Blumen d. Friedhofs. 2. Aufl. 16. (79 S.) Dresden 874. Höckner. cart. m. Goldschn. n. 2. —, geb. m. Goldschn. n. 2 50

Nacht, e., bei den Blumen d. Friedhofs. 3. Aufl. 12. (79 S.) Dresden 888. Höckner. n. 1 50; geb. n. 2. 50

— u. Dämmerung, od. die Geheimen des Orients im Allgerischen Geschmack, m. K. 8. Leipz. Joachim. 801.

Nacht, Die Englische, oder die zwar vor einigen Jahren etwas ausserordentlichen, heut zu Tage aber ganz einfachen u. sehr gewöhnlichen Begebenheiten des Herrn Dabaud, Kaufmanns in der Strasse Saint Honoré zu Paris. Ein Roman, wie es viele giebt. Aus d. Arabischen ins Irokesische, a. d. Irokes. ins Samojedische, a. d. Samojed. ins Hottentott., a. d. Hottentott. ins Läppische, a. d. Läpp. ins Französ. u. endlich aus d. Franz. (!) ins deutsche übersetzt durch den P. Spectroruni, einen italienischen Mönch. [Celle 1800.] Ü (!) (franz.): *Belin de la Liborliere, François Louis Marie.* (BGE V³, 283)

Nacht, die englische 2c., od. Begebenheit. des Kaufmanns Dabaud 2c. 2 Thle. 8. Zelle, Schulze. 800. Rthlr.

— e., im Feindesland, s.: Gabelsberger-Bibliothek.

Nacht, e, im Felsen-Gebirge, s.: Volksbücher, Münchener

Gute Nacht Charlottenburg. Eine Volks-Prophezeihung. Verlag von S. Löwenherz. 1 Bl. Fol.
Flugblatt. Berlin, 21. Aug. 1848.

Gute Nacht, Freiheit! Die Männer der Zelte verlangen — Ein Freund der Freiheit für Alle. Druck von E. Litfaß. 1 Bl. Fol.
Flugblatt. Berlin, 15. Mai. 1848.

— gute, dem Erbadel gewünscht von ein. Fürsten. 8. Cöln. (Hennings in Erfurt.) 808.

Nacht, Gute, dem Erbadel gewünscht . . . Amsterdam u. Cöln [Erfurt] 1809. V: *Schiede, H. C.* (wr)

Nacht, Gute, Republik. Die Emigrirten stehen auf! . . . [Frankfurt] 1796. V: *Horstmann, Philipp Bernhard.* (Ky) (Wr) (MGT)

NACHT, Eine, im Harem eines Marokkanischen Würdenträgers. 2 Bde. (20 Mk., eine böhm. Firma, 1901, ohne nähere Angabe.)

Nacht, heilige, s.: Weihnachten. Nr. 6. 7.

—— die heilige. Weihnachtsspiel in zwei Abtheilungen. kl. 8. (32 S.) Bonn 886, Hauptmann. *

Nacht, die heilige. Weihnachtsspiel in 2 Abthlgn. 2. u. 3. Aufl. 12. (32 S.) Bonn 891. 894. P. Hauptmann. n. — 25

— die heilige. Weihnachtssp. in 2 Abthlgn. (4. Aufl.) gr. 16. (32 S.) Bonn 898 P Hauptmann n. — 25

— dasselbe. Ein Weihnachtsfestspiel f. Kinder. Von e. Kinderfreunde im Erzgebirge. gr. 8. (28 S.) Meißen 891. P. Haeser. n. — 40

— dasselbe. Ein Weihnachtsfestspiel, v. Kindern darzustellen, v. N. S. Mit e. Einleitg. 12. (10 S.) Berlin 892. Buchh. der Deutschen Lehrerzeitg. (F. Zillessen). n.n. — 15

— die heilige. Ein Weihnachtsfestsp., v. Kindern darzustellen, v. N. S. Mit e. Einleitung. 2. Aufl. 8. (VI, 10 S.) Berlin 896. Buchh. d. Deutschen Lehrerzeitg. n.n. — 15

— historische Tausend und Eine, in Anekdoten u. Charakterzügen großer Männer. 4 Thle. 2e Ausg. der Anekdoten von Regenten ꝛc. Mit 1 Bildniß. 16. Stuttgart 839. Köhler. n. 1 ₰

Nacht, Hundertundeine,
s. Nacht, Abendländ. tausendundeine, Neue Folge.

— illustrirte tausend u. eine. Arabische Erzählungen. Nach Bildern der besten Künstler. Gestochen von den Gebr. Dalziel. 24 Hefte. Leipzig 865—67. Payne. hoch 4. (XII, 528 S. mit eingedr. Holzschn. u. 94 Holzschntaff.)

—— dass. — s. Dalziel.

— die, ist weit vorgerückt, u. d. Tag ist nahe. Römer 13, 12. 12. (16 S.) Elberfeld 896. R Brockhaus (durch J. Faßbender). n. - 06

Die **Nacht** ist weit vorgerückt, und der Tag ist nahe. 2. Aufl. *Elberfeld R. Brockhaus 1903.* (15 S.) 8° [F.]
= [Schriften z. Erbauung d. Gläubigen.] No 248.

— die letzte, d. Jahres Ein Traum. gr. 16. (6 S m. 1 Bild.) Dinglingen 897. (Frankfurt a/M., J Schergens.) — 10

— des Soldaten letzte. Eine Erfahrg. aus dem J. 1866. 32. (16 S.) Nonnenweier 871. (Barmen, Klein.) — 15

Aus **Nacht** zum Licht. Erzählung aus d. 4. Jh. *Elberfeld Buchh. d. Erziehungs-Ver. [1903].* (303 S.) 8° [F.]
= **Saat** u. Ernte. Bd 19.

Nacht, durch, zum Licht. Trauerspiel in 5 Akten m. Chören, von J. K. L. Zahn. 8. Nordhausen, Landgraf. 821.

Nacht. Durch N. zum Licht! oder Lebensgang des .. F. J. Benedict Nimser Kornthal .. 1864 *s.* [Thumm, Wilhelm Friedrich].

Durch **Nacht** zum Licht. *Witten (Ruhr) Stadtmission [1900]* (16 S.) 8° [F.]
= **Sonnenstrahlen.** 4. [04. 3198

— die, v. Ligny. Zur feierl. Aufstellung d. Ehrentafeln am zweiten Gedächtnißtage unserer Gebliebenen. gr. 8. Bresl. 817. Max u. C. 4 *gl*

Nacht, Meine letzte, in Berlin. Novelle: Berl. Convers.-Blatt 1827, Nr. 43/58 passim. V: *Alexis, Will.* (*Gg. Wilh. Hch. Häring*). Wiederholt in dessen Gesammelten Novellen, Bd. 4, Berlin 1831, u. d. T. »Herr Kritik«. (DARP)

—— und Morgen. Ein Roman, s. Bulwer, E. L.

— u. **Morgen**, II. 1. Die Missionsgeschichte der alten Kirche in Cultur- u. Lebensbildern aus dem Heidenthum u. Christenthum hersg. von Gust. Leonhardi. 1. Bd. 2. völlig umgearb. Aufl. Leipzig 870. Bredt. 8. (XVIII, 372 S.) 27 *ngr.*

Nacht und Morgen der Deutschen. Ein Morgenlied am Schillertage. gr. 8. (15 S.) Teschen 859, Prochaska. Thlr. *

— u. **Morgen** in fernen Ländern. Schilderungen aus der Heidenmission in Wort u. Bild, hrsg. v. der Missionskonferenz in der Prov. Brandenburg. 1.—3. Hft. gr. 8 (à ca. 32 S.) Berlin 891. [K J. Müller.] Buchhdlg. der Berliner evang. Missionsgesellschaft. à n. — 25
1. Nacht u. Morgen in Date. Eine Geschichte v. der Goldküste. Erzählt v. R. Grundemann.
2. Pahan u. Prätschin od. Teufelspriester u. Gemeindeältester. Eine Geschichte aus dem ind. Dorfleben. Erzählt v. R. Grundemann.
3. David Arendse. Ein Lebensbild aus Südafrika. Gezeichnet v. R. Grundemann.

— u. **Morgen** in Oesterreich, s.: Gustav-Adolf-Hefte, sächsische. Nr. 2.

Neue tausend und eine Nacht. Mährchen aus dem Arabischen ins Französische übersetzt und hrsg. von den Herren *Chavis* und *Cazotte*. Verdeutscht von C. A. W. (d. i. Christian August Wichmann). 4 Bde. Dresden und Leipzig 1790—92. (3 Mk. Ludolph, St. Goar, Frf. a. M., 1887; jetzt theurer!)
Anon.-Lex. III. p. 196 (nach Kayser u. Meusel).

— neue tausend und eine, arabische Mährchen, aus dem Franz. des Chavis und Cazotte, 5 Theile, 8. Dresden, 790/92. Richter. 6 Rthl. 20 sgl.

— Tausend u. eine, Mährchen, aus d. Arab. ins Französ. übers. v. Chavis u. Cazotte; verdeutscht (v. Chr. A. Wichmann). 5 Thle. 8. Dresd. u. Leipz. 790—92. (W. Nauck).

— tausend und eine, neue, Mährchen, a. d. Arab. übers. 5 Bde. 8. Dresden, Richter. (Sommer in Leipz.) 808.

Nacht und Ohngefähr. Ein Lustspiel in einem Act (nach Albergatis La notte). Berlin 1779. V: *Reichard, Hnr. Aug. Ottocar.* (GGr) (Ky)

Nacht und Ohngefehr. Lstspl. in 1 A. (von H. A. O. Reichard). gr. 8. Berl. 779. (Sander). 3 ℊ

Nacht, Eine, im Orpheum. Bdchn. 1. (einz.) O. O. u. J. (ca. 1875). 12°. (1 Mk., Fischhaber, Reutlingen, c. 1880.)

— die schauerlichste, meines Lebens; nebst einigen romantischen Dichtungen, v. F. v. Thümmel. 8. Leipz. Joachim.

Nacht, Die schoene. [Berlin 1763.] V: *Rost, Joh. Chph.* (JL) (ML) (BGE) (EE) (Wahl, Rost. Leipz. 1902. S. 83.) »1754« (Mn)

NACHT (= Brautnacht), Die schöne. O. O u. J. (Dresden, Walther, 1754). Kl. 8° (In Dresden. Lit. Germ. rec. B 2019, wie neues, nur etw kurzrand. Expl. in roth Halbmaroquin mit Ruckenvergoldg, auch in Wien, Stadtbibl.: Secr A 14.) (7 1/12 Rthl. Heinr Lesser, Breslau, 1875, 51 Mk. Max Perl's Berliner Octob.-Auction, 1907, no. 727)
(„Berlin 1763") hat das Anon.-Lex. (nach Jördens, Meusel u. Privatmitthlg) S. auch Wahl, Rost Lpz. 1902, S. 82 bis 84. — W v. Maltzahn hat „1754"

— — Dasselbe. O. O. u. J. 8°
Anderer Druck als der vorige Einer von beiden auch in München.
— — Dasselbe Berlin 1764. 8° (9 Mk. Scheible, 1872; jetzt theurer!)
— — Dasselbe. Nürnberg, Monath, 1766. 8°. (Kayser II. p. 343.)
— — Dasselbe. O O. u. J (c. 1870). 8°. Reproduktion in Lichtdruck, die unrein ausgefallen ist. 8°. (5 Mk. E. Frensdorff, c 1905, 6 Mk. O Rauthe, 1909.)
— — Dasselbe. Neuer Abdruck in Stern. B., Geschichte der erotischen Literatur, II, S. 44—121

— die schöne, (ein Gedicht v. J. Ch. Rost). Mit Kpf. 8. Berl. 764. Lange. 12 ℊ

Nacht, Die schreckliche: Erheiterungen. Hg. von Zschokke. Jg. 1813. Bd. 2, S. 161/91. V: *Zschokke, Joh. Heinr. Daniel.* Wiederh. (u. d. T. »Die Nacht in Brzwcmcisl«) in dessen Ausgew. Schriften 20 (1825), S. 305 ff. (DARP)

Nacht, die seltsame, oder der unglückliche Bräutigam. Eine unerhörte, aber wahre Begebenheit. 2. Aufl. Reutlingen 869. Enßlin & Laiblin. 8. (29 S.) 1 ngr.

— die seltsame, od. der unglückl. Bräutigam. Eine unerhörte, aber wahre Begebenheit. 3. Aufl. 8. (29 S. m. e. eingedr. Holzschn.) Reutlingen 873. Enßlin & Laiblin. — 10

Die seltsame Nacht | oder | der unglückliche Bräutigam. Eine unerhörte, aber wahre Begebenheit. | Vierte Auflage. | Reutlingen. | Druck und Verlag von Enßlin und Laiblin. (= *Reutlinger Volksbücher*, 10).
o. J., 29 S. + 3 S. Anzeigen, 160 × 106, U.-Fig · *Raubüberfall im Walde*, 55 × 70.
Priv.-Bes.

Nacht, stille, heilige Nacht. Weihnachts-Erzählgn. f. jung u. alt v. Ernst Evers, E. Hofmann, E. Klee, G. Klee, E. Müller, G. v. Niebelschütz, M. Rüdiger, E. v. W. Mit Bildern v. Hans Kaufmann u. E. Voigt. (144 S.) 8. Reutlingen (907). Enßlin & Laiblin. Geb. in Leinw. 1.20

Nacht oder Tag? Eine Frage, veranlaßt durch die v. d. Herrn Cand. theol. Wallmann unter d. Titel: „Kirche od. Schule" herausgeg. Schrift. Lex.-8. Leipzig 841. (Quedlinburg, Basse.) 6¼ ngr

Nacht, Tausend und eine. s. Alf leila wa-laila

Nacht, Tausendundeine. s.a. Erzählungen Die, aus den tausendundein Nächten

Nacht, Tausendundeine. s.a Geschichte von Sul und Schumul

Nacht, Tausendundeine s. a. Liebeshändel, Arabische

— 1001, s. a. Meyer's Volksbücher.

Nacht, Tausendundeine. s.a. Nacht. Neue tausendundeine.

Nacht, Tausendundeine. s. a. Nächte, Curieuse Arabische

Nacht, Tausendundeine, s.a. Nächte, Tausendundein, im Harem.

— dass. — s. Universal-Bibliothek für die Jugend.

Nacht, Tausendundeine. s. a. Weisser, Christoph Friedrich Die Mährchen der Scheherazade

Die Tausend und Eine Nacht, Worinnen Seltzame Arabische Historien und wunderbahre Begebenheiten, benebst artigen Liebes-Intriguen, auch Sitten und Gewohnheiten der Morgenländer, auf sehr anmuthige Weise erzehlet werden; Erstlich vom Hrn. Galland, der Kön. Academie Mitgliede, aus der Arabischen Sprache in die Frantzösische, und aus selbiger anitzo ins Teutsche übersetzt: Erster und Anderer Theil. Mit einer Vorrede von TALANDERN (d. i. Aug. Bohse). LEIPZIG, Im Verlag Johann Ludwig Gleditsch und M. G. Weidmanns, 1711. (Nebst Kupfertitel.) 8°. (In Berlin: an Yv 1096; fehlt S. 1—4.)
Titel (roth u. schwarz), 2 Bll. Vorr (dat. Liegnitz, den 7 Sept. Anno 1710), 490 fortlaufend pag. Seiten.

Die Tausend und Eine Nacht, Worinnen Seltzame Arabische Historien .. erzehlet werden, Erstlich vom Hrn. Galland .. aus der Arabischen Sprache in die Frantzösische, und aus selbiger anitzo ins Teutsche übersetzt. Theil 9-10. Leipzig 1717.

Nacht, tausend und eine, nebst tausend und einer Viertelstunde, 12 Theile, 8. Leipzig, 730/35. Weidmanns. 2 Rthl. 10 sgl.

-Tausend und Eine Nacht, worinnen seltsame arabische Historien . . . Liebes-Intriguen, auch Sitten . . . . der Morgenländer auf sehr anmuthige Weise erzehlet werden. Erstlich vom Hrn. *Galland* aus der Arabischen Sprache in die Frantzösische, u. aus selbiger anitzo ins Teutsche übersetzt. Mit der Vorrede Herrn Talanders (Aug Bohse). 12 Thle. Mit 6 Titelkpfrn. Leipzig, Weidmann,. 1730—43. 8°

— — Dasselbe, 12 Thle. Leipzig 1730—61. 8°. (26 Mk., nicht uniform geb., Th. 7 in 2 verschied. Drucken, Max Harrwitz, Berlin, c. 1903:)

Teil 1 und 2 (344 S.) mit gemeinsamem Titel u. Frontisp. 1730.
Teil 3 und 4 (342 S.) „ „ „ „ „ 1750.
Teil 5 und 6 (416 S.) „ „ „ „ „ 1750.
Teil 7 (beide Ex. je 184 S.) ohne Frontisp. 1738 u. 1752.
Teil 8 (172 S.) ohne Frontisp. 1752.
Teil 9 u. 10 (446 S.) mit gemeinsamem Titel u. Frontisp. 1743.
Teil 11 u. 12 (440 S.) mit gemeinsamem Titel ohne Frontisp. 1761.

— tausend u. eine, worinnen seltsame arabische Historien u. wunderbare Begebenheiten, benebst artigen Liebesintriguen, auch Sitten u. Gewohnheiten d. Morgenländer., auf sehr anmuthige Weise erzählet werden. 12 Thle. 8. Leipz. Weidmann. 771—74. (I. II. 8 gr. III. IV. 8 gr. V. VI. 8 gr. VII. VIII. à 4 gr. IX. X. 10 gr. XI. XII. 14 gr.)

Die Tausend und eine Nacht, arabische Erzählungen, ins Französ. übersetzt von *Antoine Galland*. Aus d. Französ. übers. von Joh. Heinr. Voss. 6 Bde. Bremen, 1781—85. 8°. Selten! (36 Kr., Einbände beschäd., Gilhofer & Ranschburg, Wien, 1908.)

— tausend u. eine, arab. Erzähl. ins Franz. übers. v. Ant. Galland, a. d. Franz. von Joh. Hch. Voß. 6 Bde. 8. Bremen, Cramer. (Rabenhorst in Lpz.) 782—84.

— — Dasselbe, 12 Thle., Leipzig 1786. 8°
Wildmoser's (München) Leihbibl.-Cat., no. 8066—77

— Tausend u. eine, arab. Mährchen. ächte Fortsetzung z. aus d. Arab. v. Don Dinis Chavis u. Cazotte. 4 Thle. 8. Gotha 790, 91. Ettinger. 3 ≠ (A. u. d. T.: Blaue Bibliothek aller Nationen. 5r—8r Bd.)

— tausend u. eine, arabische Mährchen, 8te Fortsetz. a. d. Arab. ins Franz. übers. u. herausg. von den Herren Don Denis Chavis u. Cazotte. 4 Thle. 8. Weimar, Land. Ind. Compt. 790—91. (à 8 gr.)

Tausend und eine Nacht, oder die arabischen Erzählungen der Sultanin Scheherazade. Uebersetzt in's Deutsche. Mit Abbildgn. 12 Bde. Berlin, o. J. (c. 1808—15). 8°. (2 Mk. 50 Pfg. [so!], mit 1 Beibd., Jürgensen & Becker, Hamburg, 1898.)

Nacht, Tausend und eine, neu bearbeitet zur Unterhaltung für Alt und Jung. Mit illum. Kupf. gr. 8. Gotha, Hennings. 819.

— der Tausend u. einer, noch nicht übersetzten Mährchen, Erzählungen u. Anekdoten, z. ersten Male aus dem Arabischen ins Franz. v. J. v. Hammer u. aus d. Franz. ins Deutsche v. Zinserling. 3 Thle. gr. 8. Stuttg. 823 u. 24, v. Cotta.

Nacht, Tausendundeine, s.a. Mährchen, Der tausendundeinen Nacht noch nicht übersetzte ..

Tausend und Eine Nacht. Arabische Erzählungen. Zum erstenmal aus einer Tunesischen Handschrift ergänzt und vollständig übersetzt von Max Habicht, F H. von der Hagen und Karl Schall. 15 Bdchn. Breslau, Max & Comp., 1825. Kl. 8°. (1824-25)
— — Dasselbe. 20 Bde. Mit 20 Kupferstichen. Wien 1826. 12°. (5 Mk. 50 Pfg., Eckard Mueller, Halle, 1894.)
— — Dasselbe. (Nachdruck?) 50 (!) Thle. Wien 1827. 8°. (9 Kr., Expl. in 10 cart. Bdn., Halm & Goldmann, 1907.)

TAUSEND und eine Nacht. Arabische Erzählungen. Zum erstenmal aus einer Tunesischen Handschrift ergänzt und vollständig übersetzt von Max Habicht, F. H von der Hagen und **Karl Schall. 18 Bändchen. Wien, Schade, 1826. 12°. In 6 Halbleinwandbändchen.**

Nacht, Tausend u. Eine, deutsch v. Max. Habicht, Fr. C. v. der Hagen u. Carl Schall. 15 Bdchn. 2e verm. Aufl. Mit 15 feinen Holzschnitten. 16. Bresl. 827, Max u. C.

Nacht, Tausend u. Eine. Arabisch. Nach e. Handschr. aus Tunis. (Nebst Erklär. der darin vorkomm. u. in d. Wörterbüchern fehlend. Wörter.) Hrsg. v. Max. Habicht. 3—6. Bd. gr. 16. Breslau, Max u. Komp. [3., 4. (à 28 B.) 827, 28., 5. (23 B.) 831., 6. (25 B.) 834. à 3 Thlr.]
1. u. 2. Bd. Ebendas. 1825, 26. à 3 Thlr.

Nacht, Tausend u. Eine. Arabisch. Nach e. Handschr. aus Tunis hrsg. v. Max. Habicht. 7. u. 8. Bd. 8. (27 u. 25 B.) Breslau 837, 38, [Hirt.] à * 3 Thlr. *

—— dass. — hrsg. v. Max. Habicht, nach sein. Tode fortges. v. Heinr. Leber. Fleischer. 9—11. Bd. 8. (89 B.) Ebds. 842, 43. à * 3 Thlr. *
1—6. Bd. Ebendas. 1825—34. à * 3 Thlr.

—— Tausend u. Eine, Arabisch. Nach e. Handschrift aus Tunis, hrsg. v. Max. Habenicht, nach seinem Tode fortges. v. Heinr. Leb. Fleischer. 12. (letzter) Bd. 8. (33 B.) Breslau 843, Hirt's Verl. *
1—11. Bd. Ebendas. 1825—43. * 33 Thlr.

—— dies. neu bearb. zur Unterhalt. f. Alt u. Jung. M. 4 ill. Kpfr. 2. u. 3. Ausg. gr. 8. (à 19 B.) Gotha 830, [Hennings u. Hopf.]

— tausend u. eine, neu bearb. z. Unterhaltung f. Alt u. Jung. Mit 4 ill. Kpf. 3e Ausg. gr. 8. Erfurt u. Gotha 830. (Reichenbach in Leipz.) 20 gr

— Tausend u. eine, neu bearb. z. Unterhaltung f. Alt u. Jung. Mit 4 ill. Kpf. 8. Gotha 831, Hennings. 20 gr

—— Tausend u. Eine, neu bearb. z. Unterhalt. f. Alt u. Jung. 4., verm. Aufl. 8. (18½ B. u. 8 ill. Bild.) Erfurt 838, Hennings u. Hopf.

—— Arab. Erzählungen. Zum erstenmal aus e. Tunes. Handschr. ergänzt u. vollständ. übers. v. Max. Habicht, Fr. H. von d. Hagen u. Karl Schall. 3., unveränd. Aufl. 15 Bdchn. (od. 5 Lfgn.) (Pfennig-Ausg.) Breit 16. (254 B. u. Ttl.-Vign.) Breslau 834, Max u. Komp.

—— Tausend u. Eine. Arab. Erzähln. Zum erstenmal n. ein. Tunesischen Handschrift ergänzt u. vollständ. übers. v. Max. Habicht, Fr. H. v. d. Hagen u. Carl Schall. 15 Bdchn. 4., verb. u. verm. Aufl. 836. 4⅜ Thlr. u. 5., verb. A. 8. (à 227 B. u. 15 Vign. in Holzschn. v. Watts.) Breslau 840, Max u. Komp.

Tausend und Eine Nacht. Arabische Erzählungen. Zum erstenmale aus dem arabischen Urtexte treu übers. von Dr. Gust. Weil. Hrsg. u. mit einer Vorhalle (Einleitung) von Aug. Lewald. Mit 2000 (z. Th. freien) Bildern und Vignetten (Holzschnitten) von F Gross. 4 Bde. Stuttgart, Verlag der Classiker, 1837—41 4° (20 Rthl.) (In München A. Or Arab. 1319.) (40 Kr. Halm & Goldmann, 1907; 32 Mk. Adolf Weigel, 1904, 30 Mk., sehr schöne Hldrbde., Max Perl's Berliner Octob.-Auct. 1907, no. 886, 50 Kr., etwas stockfl., wie die meisten Expll., Gilhofer & Ranschburg, 1907.)

—— Tausend u. Eine. Arab. Erzähln. Zum ersten Male a. d. arab. Urtext treu übers. v. Gust. Weil. M. 2000 Bild. u. Vignn. v. F. Groß (in Holzschn.) 4 Bde. (od. 478 Lfgn.) Schmal hoch 4. (4,8 B.) Stuttgart (Pforzheim) 837—41, [Scheible, Rieger u. Sattler.] à L. 1 Gr. 19 Thlr. 22 Gr., hrbgs. Pr.

Tausend und Eine Nacht. Arabische Erzählungen. Zum erstenmale aus dem arabischen Urtext treu übersetzt von Dr. Gustav Weil. Herausgegeben und mit einer Vorhalle von August Lewald. Mit 2000 Bildern und Vignetten von F Gross. Erster Band, Stuttgart, Verlag der Classiker, 1839. Zweiter, dritter, vierter Band. Pforzheim, Dennig, Finck & Comp., 1839—1841 4°
— — Dasselbe. 4 Bde. Mit 160 Bildern in feinstem Holzschnitt. Pforzheim 1842. Kl. 8° (In Hannover, Stadtbibl.) (8 Kr., schönes Expl., A. H. Huber, Salzburg, ca. 1905.)
— — Dasselbe. Stuttgart, 1852. 4°. (29 1/12 Rthl.) (24 Mk. O. Richter, Lpz., c. 1885.)

— Tausend u. eine, Arabische Erzählungen zum ersten Male aus dem arab. Urtext treu übersetzt von Gust. Weil. Mit 2000 Bildern u. Vign. im feinsten Holzstich. 4. Bd. Liefg. 1—120. 889.—1001. Nacht. gr. Lex.-8. Pforzheim 841, 42, Denning, Finck u. Comp. (Stuttgart, Scheible, Rieger u. S.) (à Liefg. n. 1 1/2 ngr)

—— Tausend u. Eine. Arab. Erzähln. A. d. Urtext in's Deutsche übertr. Mit Gratis-Beigabe v. 160 Bildern in Holzst., gez. u. gest. von d. berühmt. Künstlern Frankreichs. Wohlf. Taschen-Ausg. 44 Bdchn. 16. (163 1/2 B.) Pforzheim 841, 42. [Stuttgart, Scheible, Rieger u. Sattler.] à Bdchn. 1 1/2 Gr.

Nacht, Tausend und Eine. Nachtrag. Eine Sammlung morgenländ. Erzählungen, aus einer arab. Handschrift übersetzt v. A. Reinhardt. 16 Bdchen. A u. d. T.: Morgenländ. Lebensbilder. 16 Bdchen. gr. 12. Jena 840. Hochhausen. 2 2/3 Thlr

— dass. Arabische Erzählungen. Deutsch von Alex. König. In 24 Bdchen. mit 24 Stahlstichen. — 16—113 Bdchen. 32. Leipzig 841. G. Wigand. à 1/8 Thlr

— Tausend eine, Arabische Erzählungen. Deutsch v. Alex. König. 12.—24. Bdchn. Jedes mit 1 Stahlst. kl. 16. Leipzig 841, G. Wigand's Verlag. (à 4 ngr)

—— Tausend u. Eine. Arab. Erzähln. Deutsch v. Alex. König. 24 Bdchn. kl. 8. (171 B.) Leipzig 841. [Berlin, Klemann.] * Mit 25 Stahlst.

— tausend u. eine. Arabische Erzählungen, übers. v. Ldw. Parrot. 4 Bde. (in 23 Liefg.) Mit (24) lith. Bildern von Nordmann. 12. Berlin 843, Weidle. 2 2/3 Thlr

— tausend u. eine. Arabische Erzählungen übers. v. Ludw. Parrot. Mit lith. Bildern v Nordmann. 1. Bd. 1—4. Lfg. 2 Ster.-Abdr. 8. (670 S.) Berlin 850. 51, Leo. (à n. 1/6 Thlr) n. 2/3 Thlr

Nacht, tausend eine. Arabische Erzählungen. Deutsch v. Alex. König. 24 Bdchn. (Neue Ausg.) 32. Berlin 851, Klemann. 1 Thlr 18 ngr Mit 25 Stahlst. 2 Thlr; geb. n. 3 1/3 Thlr

Nacht, Tausend und Eine —. Arabische Erzählungen. Neueste, vollständigste, korrekte und billigste Taschen Ausgabe. 1. 2. 3. 4. 5. 6. Band. Band 1. (X, 392 S.) Band 2. (400 S.) Band 3. (384 S.) Band 4. (384 S.) Band 5. (384 S.) Band 6. (382 S.) 12 Wien. A. Dorfmeister. 1854.

— tausend eine. Arabische Erzählungen. Deutsch von Alex. König. 24 Bdchn. (à ca. 6 Bgn.) mit 24 (lith.) Bildern von G. Bartsch in Farbendr. Berlin 859. Klemann. 16. 4 Thlr; einzelne Bdchn. à 6 ngr

Tausend und Eine Nacht. Arabische Erzählungen. Zum erstenmale aus dem Urtext vollständig und treu übersetzt von Dr Gustav Weil. Dritte, vollständig umgearbeitete, mit Anmerkungen und mit einer Einleitung versehene Auflage. Mit mehreren hundert Illustrationen in feinstem Holzschnitt. 4 Bde. Stuttgart, Rieger, 1866. 8°.

„Die „zweite Auflage" (Pforzheim 1842, 4 Bände in 12°) war ein „gegen Weil's Willen" veranstalteter Neudruck der ersten Quartausgabe. — Die Holzschnitte der 3. Auflage sind eine Auswahl aus denen der Quartausgabe." (Grisebach.)

— tausend u. eine. Arabische Erzählungen. Zum Erstenmale aus dem Urtext vollständ. u. treu übersetzt v. Gust. Weil. 3., vollständ. umgearb., mit Anmerkungen u. mit einer Einleitung verseh. Aufl. Mit mehreren hundert Illustr. in feinstem Holzschn. 4 Bde. in 40 Liefgn. Stuttgart 866,67 Rieger'sche Verlagsh. gr. 8. (411 S., 432 S., 448 S., 370 S.) Jede Liefg. 3 ngr

Nacht, 1001 Arabische Erzählgn. Zum erstenmale aus dem Urtext vollständig u. treu übersetzt v. Gust. Weil. 4 vollständig umgearb., m. Anmerkgn. u. m e. Einleitg. vers. Aufl. Mit mehreren 100 Illustr. in feinstem Holzschn. 25 Lfgn. gr 8. (1. Bd. 414, 2. Bd. 431, 3. Bd. 440 u. 4 Bd. XI, 368 S. m. eingedr. Holzschn. u. e Holzschntaf.) Stuttgart 871—72. Rieger. à — 50

— dasselbe. Deutsch v. Alex. König. Neue verb. Aufl., durchgesehen v. Fr. Herring. 12 Hfte. gr. 16. (1. Bd III, 533, 2. Bd. 536, 3. Bd. 597 u. 4. Bd. II, 574 S.) Brandenburg 875. 76. Gera, Köhler's Verl. à — 75

— dasselbe. Eine Auswahl der besten Erzählgn. aus dem oriental. Märchenschatze f. die liebe Jugend erzählt u. m. 12 Farbendr.-Bildern illustrirt. gr. 4. (32 S.) Eßlingen 876. Schreiber. n. 3. —

Nacht, 1001. Eine Auswahl der besten Erzählungen aus dem orientalischen Märchenschatze, der lieben Jugend erzählt u. mit 12 feinen Farbendruck-Bildern illustrirt. 2. Aufl. gr. 4. (32 S.) Eßlingen 878. Schreiber. cart. n. 3. —

Nacht, 1001. Eine Auswahl der besten Erzählungen aus dem oriental. Märchenschatze, der lieben Jugend erzählt und mit 12 feinen Farbendr.-Bildern illustrirt. 2. Aufl. gr. 4. (32 S.) Eßlingen 880, Schreiber. geb. *

— 1001. Arabische Erzählgn. Zum erstenmale aus dem Urtext vollständig u. treu übers. v. G. Weil. 3. Abdr. der 3. vollständig umgearb., m. Anmerkgn. u. m. e. Einleitg. verseh. Aufl. Vollständige Ausg. Mit ca. 700 Illustr. 33 Lfgn. Lex.-8. (1. Bd. VIII, 408; 2. Bd. 412; 3. Bd. 423; 4. B. 362 S.) Stuttgart 889. Rieger. n. 14. —; in Leinw. geb. n. 20. —

Tausend und Eine Nacht. Deutsch von M. Henning. 7 Thle. u. Nachtrag (= 8 Bde.). Leipzig, 1895. 8°. (Mk. 12—) (7 Mk. 80 Pfg., etw. beschäd. Orig.-Lwdbde., Lipsius & Tischer, Kiel, 1906.)

— 1001. Arabische Erzählgn. Zum erstenmale aus dem Urtext vollst. u. treu übers. v. Gust. Weil. 4. Abdr. d. 3., vollst. umgearb., m. Anmerkgn. u. m. e. Einleitg. versch. Aufl. 4 Bde. gr. 8. (VIII, 408; 412, 423 u. 362 S. m. 718 Illustr.) Bonn 897. E. Strauß, Großantiqu. In 2 Leinwbdn. 13. 50

— — Dasselbe. 4 Bde. Mit 712 prächtigen Holzschnitten. Berlin 1900. Gr. 8°. (Mk. 20—.) (13 Mk. 50 Pfg., Orig.-Prachtbde., A. Bielefeld, 1908.)

— 1001. Sammlung arab. Märchen. Für die Jugend bearb. (240 S. m. 5 Farbdr.) gr. 8. Berlin (906). Globus Verlag. Geb. in Leinw. n.n.n. 1. 10

— 1001. Arabische Erzählgn. Zum erstenmale aus dem Urtext vollständig u. treu übers. v. Gust. Weil. 5. Abdr. der 3. vollst. umgearb., m. Anmerkgn. u. m. e. Einleitg. versehenen Aufl. 4 Bde. (VIII, 408, 412, 423 u. 362 S. m. 718 Abb.) gr. 8. Berlin (906). Th. Knaur Nachf. Geb. in Leinw. n. 13. 50

— tausend u. eine. Arabische Erzählgn. Zum erstenmale aus dem Urtext vollständig u. treu übers. v. Gust. Weil. Mit üb. 700 Illustr. 6. vollst. umgearb., m. Einleitg. u. Anmerkgn. verseh. Aufl. 4 Tle. in 2 Bdn. (VIII, 408, 412, 422 u. 362 S.) gr. 8. Berlin (909). Neufeld & Henius. Geb. in Leinw. 24. —

—— Tausend u. Eine, in scherzhaften Anekboten. 4 Bdchn. in 1 Bde. 16. (32¼ B.) Stuttgart 837, Köhler. *
Ist 2. Ausg. der: Anekdoten scherzhaften Inhalts.

Nacht, Tausend und Eine, und ihre Bearbeitungen historisch-kritisch beleuchtet. Leipzig 1828. V: *Hartmann, Ant. Theod.* (Hauptkat. d. Univ.-Bibl. Tübingen. C. S. 242.)

— tausend u. eine, d. Gegenwart, od. Mährchensamml. im Zeitgewande, v. Julius v. Voß. 4 Thle. 8. Berl. Schmidt. 809—11. (à 1 Thlr. 8 gr.)

—— tausend und eine, in Wien. Original-Roman in Verbindung mit einem Cyclus von Original-Novellen. Hrsg. von Xav. Riedl. 3 Bde. 8. (587 S.). Wien 854. 55, (Hügel.)

— tausend und eine, in Wien, s. Riedl.

Die Tausend und zweyte Nacht, ein Mährchen bey der Hankelischen und Schäferischen Hochzeit erzählet von einen (so!) Ihrer Freunde. Frankenhausen d. 3. Febr. 1768. 4°. 16 S. (5 Mk., breitrand. Expl., Dietrich, Göttingen, 1907.)
Seltener Privatdruck mit hübscher Umrahmung des Textes.

— die tolle, ein komischer Roman. 8. Leipzig, Joachim. 803.

Nacht, Die unruhige, ein komisches Singspiel in drey Aufzügen. Aus dem Italiänischen. Wien 1783. V: *Goldoni, Carlo.* Ü: *Eschenburg, Joh. Joachim.* (A. G. Th. Sonneck, Catalogue of Opera Librettos. Washington 1914. Bd. I, 802) Ü: *Stephanie, Gottlieb d. J.* (Hch. Wolfgang Behrisch, Wiener Autoren 1784, S. 226) (Biblport)

— die unruhige. Singspl. 8. Wien 785. Kurzböck. 3 gr.

— die unruhige. Oper; aus d. Italien. d. Goldoni. 8. Passau 793. Ambrosi. 4 gr. (Leipz., Wienbrack). 8 gr.

— dass. 8. Münch. 793. Fleischmann. 4 gr.

— die unruhige,. Oper, a. d. Ital. 8. Passau, Ambrosi. (Gräff in Leipzig). 794.

NACHT, Eine, in Venedig, oder das schöne Frauenpaar. — Dabei Ein Monat in Venedig. (Sotad. Erzählgn.) Rom u. Paris; gedruckt in diesem Jahr. (Stuttgart, Scheible, c. 1855.) 8°. (4 Mk. Ed. Fischhaber, vor 1885, jetzt theurer!)
66 S. u. S. 67—107 Längst vergriffen! — Verboten v. K.-G. Wels, 15. August 1875, § 516, und vom K.-G. Wels, 25. August 1876, § 516.

Eine Nacht in Venedig oder Das schöne Frauen-Paar Rom und Paris, gedruckt in diesem Jahre. 8°. 64 S. (»Eine Nacht in Venedig« geht bis S. 24. Darauf folgt mit besonderem Titelblatt: »Ein Monat in Venedig«, Fortsetzung von »Eine Nacht in Venedig«. Motto: »In varietate voluptas!« Rom und Paris, gedruckt in diesem Jahre [ca. 1855 bei J. Scheible, Stuttgart].
[B. V, 284.]

— e., auf der Venus. 8. (23 S.) Köln 895 J. G. Schmitz. n. — 50

Nacht, die verhängnißvolle. Enthüllungen über den geheimnißvollen Tod des Fräulein Agnes Sander zu Glogau am 5. October 1864. Mit den Portr. der Fräulein Agnes Sander, Antonie Drogand, so wie der Lieutenants Krause u. v. Richthofen (in Holzschn.). 1. u. 2. Aufl. Leipzig 864. Colditz in Comm. 8. (16 S.) n. 2½ ngr.

Nacht, Eine verhängnissvolle. Komödie in 4 Akten. (Bühnen-Manuscript.) Die Verfügung über das Aufführungsrecht ist der Agentur der Deutschen Genossenschaft dramat. Autoren und Componisten zu Leipzig übertragen. Leipzig o. J. (A. d. Umschlag: 1873). V: ***Lehmann, Ernst.*** (Brümmer, Franz, Lex. der deutschen Dichter des 19. Jahrh. Leipzig 1913 ff. IV, 212)

NACHT, Eine verhängnissvolle. O. O. u. J. (c. 189*). Schmal-Fol., offenes Bl., blau gedr. mit Einfassg. Lat. Lett.
Schmutzerei ordinärster Art in entsprechenden Reimen, aber nichts Erotisches.

NACHT, Eine verhängnisvolle. Wahre Begebenheit aus dem Leben einer Weltstadt. London, Heinrich Eisenhammer, 1905. 8°. 35 S.
Verb. d. SchG. Charlottenburg 30. 1. 1925: 17 J. 698/24.

NACHT, Eine, der Wollust oder Geheimnisse eines W..... Hôtel. (2 Mk., eine böhmische Firma, 1901, ohne Angabe von Ort u. Jahr.)

Nacht [Verfasser]

Nacht, Albert, approb. Arzt aus Bottuschani in Rumän. ⟨Aus d. Universitäts-Augenklinik zu Marburg.⟩ Die bei Erkrankungen der Meningen beobachteten **Erscheinungen** mit spezieller Berücksichtigung der okularen Symptome. *Berlin: S. Karger 1904* (70 S.) 8° ¶(Aus Zeitschr f. Augenheilk. Bd 12, Erg II)
Marburg, Med. Diss. v 18 Juli 1904

Nacht, Jak., **Mekor Chaiim.** Inhalt: a) Ausführl. Biographie des Rabbi Chaim ibn Attar. b) Minhage Trefot (מנהגי טריפות) der jüd Gemeinde in Fez v Rabbi Juda ibn Attar (nach ms. Berlin), m. krit. Einleitg. u. Biographie d. Verf. (In hebr. Sprache.) gr. 8. (VIII, 40 S.) Drohobycz 898. (Frankfurt a/M., J. Kauffmann.) n. 2. —

— **Tobia ben Elieser's** Commentar zu Throni (Lekach Tob). Zum 1. Male nach Ms. München hrsg. u. m. e. Einleitg. u. Anmerkgn. vers. gr. 8. (31 u. 36 S.) Berlin 895. Ebd. n. 2. —

Nacht, J. Tobia Ben Elieser's Commentar zu Throni (Lekach Tob). Zum ersten Male nach Ms. München herausg., mit Einl. u. Anmerk. versehen. Gr. in-8°. 32 u. 36 S. Bern. These. 1895.

Nacht, Leo, Turin 1902. (In 6 Lfgn.) 1. Lfg. (10 farb. Taf. m. II S. Text.) gr. Fol. Berlin (902). E. Wasmuth. n. 7. —

Nacht, Leo, Turin 1902. 2.—5. (Schluss-)Lfg. (40 Lichtdr.-Taf.) gr. Fol. Berlin (903). E. Wasmuth. à n. 7. —

Nacht, M., Die revolutionäre Bewegung in Russland. 8° Berlin 1902.

Nacht, Siegfried, Der Generalstreik und die sociale Revolution. 8°. London, Druck der internat. Verlags-Anstalt „Société d'édition d'œuvres sociologiques", 1902.

Nacht, Z[eida] Oscar. Rodbertus' Stellung zur sozialen Frage. Diss. Phil. Bern. 93 S. 8. Berlin, Norddeutsche Buchdr. und Verlagsanstalt, 1907.

Nacht, Osk., **Rodbertus' Stellung zur sozialen Frage.** (92 S.) gr. 8. Berlin 908. Puttkammer & Mühlbrecht. 2. —

Deutsche Sektion, Gesellschaft für Soziale Reform. — DIE NACHTARBEIT DER JUGENDLICHEN ARBEITER IN DEUTSCHLAND Bericht der Deutschen Sektion an die Internationale Vereinigung für gesetzlichen Arbeiterschutz. 1906. — 8°

Nachtarbeit, die gewerbliche, der Frauen. Berichte üb ihren Umfang u. ihre gesetzl. Regelg. v. Miss A. M. Anderson, dem belg. Arbeitsamte in Brüssel, Ilse v. Arlt u a. Im Auftrage der internationalen Vereinigg. f. gesetzl. Arbeiterschutz eingeleitet u. hrsg. v. Steph Bauer. (XL, 400 S.) gr. 8. Jena, 903. G. Fischer. n 6. ; französ. Ausg. (XLII, 384 S) n. 6. -

Die gewerbliche Nachtarbeit der Frauen Berichte über ihren Umfang und ihre gesetzliche Regelung von Miss A. M. ANDERSON britische Cheffabriksinspektorin, dem belgischen Arbeitsamte in Brüssel, ILSE von ARLT in Graz, Gewerbeinspektor Dr H. BLOCHER in Basel, ROB. CENTNER in Verviers, der Comision de Reformas Sociales in Madrid, dem Departement of Labour von Neusüdwales, Prof. DUBOIS in Gent, Pfarrer EUGSTER in Hundwil, Gewerbeinspektor Dr FUCHS in Karlsruhe, I. GATTI DE GAMOND in Brüssel, Dr MAX HIRSCH in Berlin, Dr KIAER in Kristiania, A. von MADAY in Budapest Prof. MAHAIM in Lüttich, Prof MATSUZAKI in Tokio, Staatsrat NEUMANN in Luxemburg, Prof. PIC in Lyon, Fabrikinspektor Dr SCHULER in Mollis, Arbeitsinspektor G. I van THIENEN in Arnhem, Prof. TONIOLO in Pisa, L. VARLEZ in Gent, Frl. A VEDEL, Fabrikinspektorin in Kopenhagen, G. VOGT in Solothurn, Prof. ADNA F WEBER in Albany, GEO H WOOD in London Im Auftrage der internationalen Vereinigung für gesetzlichen Arbeiterschutz eingeleitet und herausgegeben von Prof Dr STEPHAN BAUER, Direktor des internationalen Arbeitsamtes in Basel. (Mit 1 Tabelle.) Jena 1903. Verlag von Gustav Fischer 8°

Nachtbesuch, der, nach d. Engl. der Marie Roche v. Friedrich v. Oertel. 3 Thle. 8. Leipz. Tauchnitz. 801.

Nacht-Betrachtungen eines Christen. 2. Aufl. Zürich 1758. V: *Vögelin, Sal.* (Cat. d. Stadtbibl. Zürich. Zürich 1864—97.)

Nachtbilder. (2. Abdr.) 8. Berlin 885. Goldschmidt. n. — 50
Brüderlein fein. Eine Kriminal-Novelle v. Pitavall. — Die blonde Perrücke. Ein unaufgeklärter Kriminal-Fall v. Ponson du Terrail. (122 S.)

Nachtbilder aus dem Ritter- u. Räuberleben und der Geisterwelt. 1ö—6ö Bdchen. 8. Mergentheim 840. Neue Buchhandlung. (Augsburg, Schlosser.) (à 1/4 ₰) 1 1/2 ₰

Nachtbilder aus dem Ritter- u. Räuberleben u. der Geisterwelt. 1. Bdchn. 2. Aufl. 8. Mergentheim 840, Neue Buch- u. Kunsth. 1/4 ₰

NACHTBILDER aus dem Ritter- und Räuberleben und der Geisterwelt. 7 Bdchn. (soviel ersch.?). Mergentheim, 1840—41. Verlag der neuen Buch- und Kunsthandlung. 8° (1—2 in Stuttgart; 208 fortlaufend gez. S.). (1—5 in 1 Hldrbd. 1 Mk. Franz Teubner, Bonn, c. 1895.)
„7 Bde." waren in Appun's (Bunzlau) Leihbibl.-Cat., S. 111. — Es lagen nur vor:
IV: Tit., 1 Bl. Inh. u. S. 313—415. Enth. 11 Erzähl.
V: Tit., 1 Bl. Inh. u. 102 S. Enth. 17 Erzähl. u. a.: Der Räuber Casparone. — Das Klopferle von Sachsenheim. — Der Ebersberg (im Schwarzwalde). — Adelheid, die Gemahlin Otto's I. — Kaiser Friedrich der Rothbart. — Gustav Wasa in Dalekarlien etc.
VI: Tit., 1 Bl. Inh. u. S. 105—208. Enth. 11 Erzähl., u. a. Ermordung des P Thomas u. s. Dieners in Damaskus. — Richard ohne Furcht u. Tadel etc.
Sämmtlich zahm. — Ganz cplte. Expll. schwer anzutreffen.

Nacht- und Tagblaetter aus dem Portefeuille Louis XVIII. Eine Reihe pikanter Umblicke am französischen Hofe vor und nach der Revolution. Leipzig 1832 bis 1835. Leipzig 1835. V: *Lamothe-Langon, Etienne Léon de.* Ü: *Schiebler, Carl Wilhelm & Ludwig von Alvensleben.* (BGE IV³, 283)

Nacht- u. Tageblätter aus dem Portefeuille Louis XVIII. Eine Reihe pikanter Umblicke am franz. Hofe, vor und nach der Revolution. Aus d. Franz. 2 Bde. 8. Leipzig 835. Literar. Museum; (jetzt Schrick.) 2 ₰

NACHTBOTHE (sic!), Der. Oder Geschichte der französ. Auswanderung, und der dabey vorgefallnen Liebesabentheuer und politischen Begebenheiten. Gebeichtet von einem bekehrten Emigranten. Aus d. Französ. (von Leonh. Wächter). Nebst *Veit Weber's* (d. i. *Leonhard Wächter's* Schilderung des Betragens einiger in Deutschland geduldeten Französ. Flüchtlinge gegen reisende Deutsche. Mit TKpf. (nach Penzel von J J Wagner gest.). Berlin, bei Frdr. Maurer, 1793. 8°. (In Berlin Xy 6796, auch im British Museum.) (6 Kr. Gilhofer & Ranschburg, 1909.)
Tit., 2 Bll. Vorr u. 250 SS. Am Schluss des Anhangs nennt sich Leonh. Wächter. Laut Vorr nur unvollständige Uebers. d. Originals. Einiges etwas frei.
— — Dasselbe 2 Aufl. Mit TKpf. Ebd. 1794. 8°
Anon. Lex III. p. 196 citirt nur „1793" (nach Hayn).

Nächte. Gassen- u. Giebelgeschichten. Bilder aus Zeit u. Zukunft v. e. Mitmenschen (Kurt Geucke). gr. 8. (VIII, 258 S. m. Vignetten.) Berlin 897. H. Walther.
n. 4. —; geb. n. 5. 50

Nächte. Gassen- u. Giebelgeschichten. Bilder aus Zeit und Zukunft von einem Mitmenschen. Berlin 1897. 2. Aufl. Berlin 1898. V: *Geuke, Curt Ehrenfried.* (BGE V[a], 290)

Nächte, Berlinische. Leipzig u. Züllichau 1803—4. V: *Mercy, Joseph Alois.* (BGE)

NÄCHTE, Berlinische (hrsg. v J. Mercy). 2 Bde. Leipzig u Züllichau 1803 u. 1804. VIII, 372 S. u. 355 u. 8 S.
Äußerst selten und gesucht! Inhalt: Im Thiergarten, Beim Ausmarsch der Truppen, In einem Marionettentheater, In dem Tollhause, Bei Fichtianern, Bei einem Souper, Bei dem Stralauer Fischzuge, Bei Hufeland, In Wilmersdorf, Auf der Redoute, Bei einer Hebeamme, In der Behrenstraße, Bei Eröffnung des neuen Schauspielhauses, Bei Kunstbereitern und Seiltänzerin, Bei der Ankunft der Freifrau v H., ehemaligen Gräfin v L. usw. 1922 [Antiquariat S. Martin Fraenkel, Berlin. Kat. 23.]

Nächte, Berlin., 2 Thle. 8. Züllich. 803, 4. Danmann. 2 ß 16 gr 2r Thl. bei Michelsen in Leipz. 16 gr

Nächte, die drei. Liebeslieder v. Marie Madeleine (Baronin v. Puttkamer.) 1.—3. Taus. 8. (136 S. m. Bildnis.) Berlin (901). Dr. Max Sklarek & Co.
Geb. in Leinw. n. 3. 50

·Nächte, Drei, ausser dem Brautbette oder die Töchter der Hexe von Endor . . . Leipzig 1822. V: *Gleich, Joseph Alois.* (Ky) (BGE) (GGr) (WBL) (NN)

Nächte, drei, außer dem Brautbette od. die Tochter d. Hexe, von Endor, Wundergesch. v. Verf. d. Eheteufels auf Reisen. 8. Leipz. 822, Hartknoch.

NÄCHTE, Durchtollte, durchjubelte Tage. Der Roman einer Berliner Lebedame (vom Theater, nachmaliger Fürstin, laut Prospect). Als Mspt. gedruckt in einer einmaligen, beschränkten Auflage von 400 in der Maschine numer. Expll. (1908.) (Eleg. gebd. Mk. 20.—.)
Privatdruck, nicht für den Handel bestimmt.

Nächte, Englische, oder Sammlungen von Erzählungen . . . Schwäbisch-Gmünd 1793. V: *Etzdorf, Marquard Graf von.* (MGT) »Ansbach 1800« (Ky)

Nächte, Die Englischen, oder der gesellschaftliche Zeitvertreib in angenehmen Stunden zur Gemüthsergötzung. Schwäb.-Gmünd 1795. V: *Etzdorf, Marquard Graf von.* (MGT)

— die englischen, od. Erzähl. u. Aufsätze zur angenehm. u. nützl. Unterhaltung. 4 Thle. 8. Frankf. Haueisen. (Gassert in Ansbach.) 800.

Nächte, Französische, siehe: Chronik, geheime, der k. Lustschlösser Frankreichs.

Nächte, Französische. Geheime Geschichte des Hoflebens in Frankreich. Leipzig 1848. V: *Guérin, Eugène Louis.* (BGE VI[a], 381)

Nächte, Fünf, zu St. Albans. Nach dem Engl. bearbeitet. Hamburg 1830. III. B: *Bärmann, Gg. Nikol.* Vgl. Hamb. Schriftst.-Lex. 1 (1851), S. 120. (DARP)

Nächte, fünf, zu St. Albans. Nach d. Engl. bearb. 3 Thle. 8. (46½ B.) Hamburg 830, A. Campe.

Nächte, Hamburgische. Altona [ca. 1800]. H: *Evers, Joach. Lor.* (Ky)

NACHTE, Hamburgische, oder Begebenheiten und Reflexionen des nächtlichen Wanderers über menschliche Situationen und Verhältnisse. Altona, Bechtold, 1808. 8° (10 ggr) Höchst selten!

Nächte, Isidors schwärmerische, oder romantische Darstellungen aus dem Gebiete der Phantasie und der Träume. Leipz. 1822. 2. Ausg. 1822. V: *Kerndörffer, Heinrich August.* (Ky) (MGT) (GGr) (NN)

Nächte. – Clementinische Nächte, s.a. Bertola, Aurelio Giorgio

Nächte, Clementinische, a. d. Franz. Berlin u. Stettin 1779. V: *Bertola, Giorgio.* Ü: *Kluge, Johann Daniel.* (Ky) (ML) (MGT)

Nächte, Clementinische. 2te Aufl. 8. Berlin, Pauli. 786. (Schöne.)

— — dies. in französischer Sprache. 8. Ebend.

Nächte der Kleopatra. Bremen 1857. V: *Ruperti, Friedrich.* (Grisebach, Weltlitteratur-Katalog. Berlin 1898—1900. I, 293.)

Nächte der Kleopatra. Bremen 857. Strack. 16. (40 S.) n. 10 ngr.

Curieuse Arabische Nächte und Liebes-Händel von einer Sultanin in tausend Nacht-Gesprächen erzehlet, a. d. Frantz. übers. Leipzig, Jo. Lud. Gleditsch.
Frf Fast. M V 1705. B. F ib. — Erschien 1706.

NÄCHTE, Die, der Königin Liebe. Erbauliche Schwänke und verliebte Geschichten aus den »Gesta Romanorum«, dem ältesten deutschen Märchenbuch, womit ehemals mittelalterliche Gottesmänner ihre Predigten würzten. Neuerzählt und zusammengebunden mit verlorenen Liebesgeschichten des Orients und verflochten in einen Liebesroman von K. Kraus und E. Gutmacher Berlin, Wilh. Borngräber, o. J. Mit 1 Radierung von Bayros. Original-Halbldrbd. mit Goldtitel.

Nächte, Die, der heiligen Magdalena, übers. von Joh. B. Berger. Koblenz 1833. V: *Giulio, Dominik.* (Th)

—— die, der büßenden, heil. Magdalena. Betrachtn. A. d. Italien. übers. v. Jean Bapt. Berger. gr. 12. (5 B.) Coblenz 833, Hergt.

Nächte, Mystische, oder der Schlüssel zu den Geheimnissen des Wunderbaren . . . Berlin 1897. V: *Eckartshausen, Carl v.* (Berl)

ODILOS Nächte unter den Südseebewohnern oder die Wanderer nach fremden Welttheilen. Eine Robinsonade. Mit Titelbild. Leipzig, Im Joachimschen litterarischen Magazin, o. J. (1802). 8°
Titel u. 270 S. (incl. Nebentitel).

—— Pariser, s. Chronik des Oeil de Boeuf, 9—14. Bd.

Nächte, pariser, 7—12. Bd., s. Chronik des Oeil de Boeuf, 15—20. Bd.

— Pariser. 8. Gotha 811, s. Louvet, des jungen Faublas Abentheuer.

— pariser. 8. Erfurt, Henningsd.

Nächte, Pariser. [A. d. Franz. des J. B. Louvet.] Paris u. Leipzig [Erfurt] 1811. Ü: *Weyland, Philipp Christian.* (Wr)

Nächte, Pariser. Eine Gallerie galanter Abentheuer, geheimer Liebes- und anderer Geschichten der Pariser Grossen. Leipzig 1834—1837. V: *Touchard-Lafosse, G.* (BGE VI[a], 88)

NÄCHTE. Pariser Schattenbilder aus dem Leben und Treiben dieser Weltstadt. Frei nach dem Französischen 18 Thle. Mit einigen Kpfrn. Wien 1847—48. 8° (15 Kr., cplt in 6 Bdn., Halm & Goldmann, Wien, 1904.)
Interessante cultur u. sittengeschichtl. Schilderungen

Nächte, Pariser. Aus dem Franz. übers. v. A. Schwarz. 8. (104 S. m. Illustr.) Budapest 890. Grimm. n. 1. —

Nächte, Parisische, oder der nächtliche Zuschauer. Nach d. Franz. . . . Hamburg 1789. V: *Restif de la Brétonne, Nic. Edme.* (BGE)

Nächte, parisische, oder der nächtliche Zuschauer, nach dem Franz. des Herrn Retif de la Bretonne im Auszug, 3 Theile mit 1 Kupf. 8. Hamburg, 789. Hoffmann. 2 Rthlr. 25 sgl.

— parisische, od. der nächtl. Zuschauer, von Retif de la Bretonne, im Auszuge. 3 Bde. 8. Hamb. Hoffmann. 789—790. (I. 1 Thlr. 4 gr. II. 1 Thlr. III. 16 gr.)

Nächte, Römische, oder Geisterserscheinungen am Grabe der Scipionen. Berlin 1805. Kopenhagen 1821. V: *Verri, Alexander Graf von.* (KY 6/361) (BiblPort)

— römische, oder Geistererscheinungen am Grabe d. Scipionen. Aus d. Ital. 8. Berlin, Quien. 805. (Sommerbrodt.)

Nächte, Salomonische. No. 1. Zürich 1796. V: *Zschokke, Johann Heinrich Daniel.* (MGT) (EE) (KY) (Cat. d. Stadtbibl. Zürich. Zürich 1864—97.)

— Salomonische, (v. H. Zschokke). Nr. 1. 8. Zürich 797. Geßner. 16 gr. Nr. 2 u. 3. 8. Ebd. 798.

NÄCHTE, Schlaflose. Von Catulle Mendès, Armand Sylvestre, Th. de Vauville etc. Budapest, Verlagsbüro Arpad (um 1900). 8°.
Verb. d. Ldg. I Berlin 3 E. M. 101/04.

NÄCHTE, Sieben, aus den Flitterwochen Louisens von Cornouse. (189*) (2 Mk. eine böhmische Firma.)
Verboten v L.-G. Wien, 26. V 1897. § 516.

SIEBEN Nächte aus den Flitterwochen Louisens. Von C. (1898.) 8°.
Konfisziert.

NÄCHTE, Sieben, aus den Flitterwochen Louisens von Cournouée. 5. verbesserte Auflage. Fin de Siècle o. O. u. J. (vor 1900). Kl. 8°. 29 S.
Verb. d. Ldg. Chemnitz St. A. II 607/02.

— die, des Strapparola von Caravagozle. 2 Thle. 8. Wien, Alberti. 791.

— die, des Strapparola von Caravaggio aus dem Italienischen, 2 Theile mit Kupf. 8. Wien, 791. Degen. 1 Rthl. 4 sgl.

Tausendundein Nächte im Harem. Arabische Erzählungen. (Ausgabe für Erwachsene.) Bearbeitet von Dr. Adolph Conrad. Mit Illustrationen von Paul Haase. (Br. Kr. 3—; Orig.-Lwd. Kr. 6—.) (2 Kr., bezw. 3,60, Gilhofer & Ranschburg, 1909, ohne Orts- u. Jahresangabe; 5 Mk. Oskar Rauthe, Berlin, 1909, ebenso.)

Venetianische Nächte. Aus dem Tagebuch eines österreichischen Offiziers. Nebst einer scherzhaften Bilderbeigabe. (187*.) Kl. 8°.

NÄCHTE, Venetianische. Tagebuch-Erinnerungen eines österreichischen Offiziers. Zürich, Borneologischer Verlag, o. J. (um 1900). 16°. 19 S.

Venetianifche Nächte. Erinnerungen aus dem Tagebuch eines öfterreichifchen Offiziers. Zürich, Pornologifcher Verlag (um 1910). 8°.
Verb. d. Ldg. Leipzig I. A. 2/10.

— vier, oder romant. Gemälde der Phantasie. s. Kanne, F. A.

Nächte, Zwey unruhige, oder Neigung und Abneigung. Ein Schauspiel in fünf Aufzügen. Leipz. 1794. V: *Gozzi, Carlo.* (Max Harrwitz-Berlin. Nr. 101 a, S. 20.)

Nächte, zwei unruhige, oder Neigung u. Abneigung. Schspl. 8. Leipz., Dyck. 10 gl (NB. s. auch Gesellschaftstheater von J. G. Dyck).

Nachtegall, Frederik

Nachtegall, F., Lehrbuch der Gymnastik, zum Gebrauch für die gelehrten Schulen in Dänemark. (Nebst Regulativ. — Approbirt durch allerhöchste Resolution vom 14. Septbr. 1833.) Aus d. Dän. übersetzt von C. Kopp. 8. Tondern 837. (Altona, Aue.) n. 5/6 rß

Nachtegall, F., Lehrbuch der Gymnastik zum Gebrauch f. d. gelehrten Schulen in Dänemark, übers. v. C. Kopp.
(Angeb.): Regulativ für den gymnast. Unterricht b. d. gelehrten Schulen in Dänemark, übers. v. C. Kopp, Tondern 1837, 144 S. u. 22 S., 8°

Lehrbuch der Gymnastik für Volks- und Bürgerschulen [v. Frederik **Nachtegall.**] Aus d. Dän. übers. v. C. Kopp. Mit 4 Steindrücken. Tondern. 1831. 8°

Nachtheile (Die) der Accise für den Nationalwohlstand, zum Beweis, dass die jetzige Accisenverfassung im Preussischen Staate mit den Interessen der Nation ferner nicht vereinbar ist. gr. 8°. Berlin, Hayn, 1808.

Nachtheile des Tabakrauchens bei jungen Leuten. [Salzburg 1876.] V: *Hager, Edmund.* (Hr)

Nachteile, die wirtschaftlichen, der bei militärischen Übungen aufgeworfenen Schützengräben. (Verhandlgn. d. XXXV. Plenarversammlg. d. deutschen Landwirtschaftsrats 1907.) (S. 519—531.) Lex. 8. Berlin (907). P. Parey. nn — 50
Sonderabdr. aus: „Archiv d. deutsch. Landwirtschaftsrats".

Nachtheilige, das, u. Schädliche aller Frühlings- u. Sommerkuren, ingleichen d. häufigen Purgirens. 8. Nürnb. 791. Grattenauer. 4 gl

Nacht-Eilwagen, der Ameise, s. Ameise.

Nachtfalter, Pariser. Lebensbilder aus Neu-Babylon vom Chevalier de Croix-Rouge. I. Die moderne Gesellschaft. Berlin 867. Janke. br. 8. (III, 92 S.) n. 10 ngr

NACHTFALTER, Heinrich v., (ps.), Junggesellen-Almanach. Mit zahlreichen Illustrationen. Budapest, Grimm, 1886. (2 Auflagen.) 8°. (3 Mk. H. Hugendubel, München, c. 1905.)

Nachtfeier, Mnemosynens, bei Berlins Denkmälern, Gedicht. Berlin 1808. V: *Laurenzi.* (Ky)

NACHTFEIER, Die, der Venus, eine Kantate. (Übersetzg. des „Pervigilium Veneris", von Gottfr. Aug. Bürger.) (Weimar, 1773.)
Anon.-Lex. III. p. 196 (nach Meusel).

Nachtfeier, die, der Venus, latein. u. deutsch, mit Anmerkk. v. Er. u. Edw. Möbius. 8. Hannov. 819. Hahn. 3 gl

Nachtgedanken über das ABC Buch von Spiritus Asper für alle, die buchstabieren können. Leipz. 1809. V: *Hempel, Friedrich Ferdinand.* (RHMBF I, 84)

Nachtgedanken über das A-B-C-Buch von *Spiritus Asper,* für alle, welche buchstabiren können. Mit Noten u. Holzschnitten (auf 5 Tafeln incl. 2 Titelbildern). 2 Bdchn. Leipzig, bey Heinrich Gräff, 1809. 8°. (9 Kr. Gilhofer & Ranschburg, 1904; 6 Mk. E. Frensdorff, 1904; 5 Mk., etwas stockfl., C. Kirsten, Hamburg, c. 1905.)
9 Bll. Vorst., XVIII—400 S. 2: 1 Bl., VI—314 S. — Humoristisch-satyrisches Opus. In den zahlreich eingestreuten Gedichten viele Zoten u. Zweideutigkeiten.

— — Dasselbe. Neue Auflage. Stuttgart, Scheible, 1856. 16°. 160 S. (80 Pfg. Weller, Bautzen, vor 1885.)
Curiosa et Jocosa, Th. 4.

Nachtgedanken d. heil. Augustinus, Bischofs v. Hippo. A. d. Italiän. übers. v. W. Arnoldi u. Matth. Heuser. gr. 12. (11½ B.) Trier 833, (Troschel.)

Nachtgedanken über die so genannten starken Geister besonders über die letzteren Schriften des angeblichen Menschenfreundes ... durch einen ächten Menschen- und Wahrheitsfreund. O. O. 1776. V: *Tewis, Frz. Anton.* (BiblPort) (Gust. Gugitz u. Max v. Portheim: Friedr. Freih. v. d. Trenck. Wien 1912. S. 157)

Nachtgedanken der heil. Magdalena. A. d. Ital. ... von Gg. Niedermayr. Augsburg 1838. V: *Giulio, Dominik.* (Th) (Schmal)

Nachtgedanken, heil., d. Büßerin Magdalena. A. d. Welschen übers. v. Geo. Niedermayr. 8. (10 B. u. Titvign.) Augsburg 828 (833). (Regensburg, Manz.) Thlr.

— heilige, der Büßerin Magdalena. Aus d. Welschen (italien.) übersetzt von Georg Niedermayr. 8. Augsburg 828. (Regensburg, Manz.) 1/2 rß — 2e mit Titelbild verm. Ausg. 8. Augsburg u. Günzburg 838. Veith u. Rieger'sche Buchh. 3/8 rß

Nachtgedanken eines Invaliden über Schweizerische Kriegerei. gr. 8. Basel 841, Schweighauser'sche Buchh. 5/8 rß

Nachtgedanken der heiligen Magdalena. Aus dem Italien. von Heinr. Schiel. Wien 862. Mechitharisten-Congreg.-Buchhdlg. 16. (146 S.) 12 ngr

NACHTGEDANKEN der busfertigen Maria Magdalena. Ein Gedichte Aufgesetzt in den Nächten der Charwoche, 1756. Von einer bekannten Maitresse. (Herausg. von S. v H.). Leipzig u. Basel. 1756. 4°. 24 S. (In Berlin Yf 6646, no. 8, auch in Breslau, Kgl. u. Univ.-Bibl.)
Sehr selten!

Nachtgedanken bey einer gefährlichen Reise in Kriegszeiten ... Breslau 1761. V: *Belach, Andreas.* (ML)

Nachtgedanken bei einer gefahrl. Reise in Kriegszeiten. gr. 8. Bresl. 761. (Gosohorsky). 8 gr.

Nachtgedanken auf dem Schlachtfelde v. Sedan. gr. 8. (31 S.) Jena 871. Döbereiner. n. — 50

Nachtgedanken zum Zeitungs-Artikel in Nr. 90 des Lloyd über die steierische Eisen-Industrie. Gratz 1851. V: *Scheliessnig, Jacob.* (JOANSTYRA)

Nachtgedanken zum Zeitungs-Artikel in Nr. 90 des Lloyd über die steierische Eisenbahn-Industrie. gr. 8. (20 S.) Graz 851, Hesse. n. 4 ngr.

Nachtgedanken des Publizisten Gotthelf Zurecht. Leipzig 1851. V: *Hartig, Franz Graf.* (Mitth. Dr. H. Friedjung.)

—— des Publicisten Gotthelf Zurecht im Februar 1851. gr. 8. (V und 148 S.) Leipzig 851, Fr. Fleischer, Verlag. *

Nachtgedichte (vom alten Gleim.) Im Frühjahr 1802. 8. Halberstadt, Vogler.

— — in den Sommermonaten. 1802. (v. Gleim.) Ebend.

Das Nachtgefecht bei Laon am 9. März 1814. Berlin 1889. 8°

Nachtgefecht, Das, in Ville Evrard am 21. Dezember 1870. Dresden [ca. 1900]. V: *Ziller, Paul Ernst.* (BERLZU 1923, I, 857)

Nachtgefechte, Ueber, ihre Eigenthümlichkeit und ihre Bedeutung. Erläutert an kriegsgeschichtlichen Beispielen. 8. Hannover 1889.

NACHTGESELLSCHAFT, Die, eines Burgbewohners am Harzgebirge. (Zahme Erzählgn., Aufsätze u. Gedichte.) (Vorr. unterz. *Fr. W—cht—r*) Mit Titelvign. Breslau u. Leipzig, bey Ernst Gli. Meyer 1795. 8° VIII u. 357 S.

Nachtgesellschaft e. Burgbewohners am Harz. 8. Bresl. 795. (Gosohorsky).

Nachtgespräch des Luzerner Seegeflügels anlässlich des Zunftessens der Safrangesellschaft in Luzern am 11. Januar 1880 von R..... M... (in Schweizerdeutsch). In-8°, 15 S. Luzern, Prell. 1880.

Nachthäubchen, Das geheimnissvolle. Orig.-Erz.: Erholungsstunden ..., 1. Jg. Aarau 1828. S. 109. 303. V: *Zschokke, Joh. Heinrich Daniel.* Vgl. GGr X, 95. (DARP)

Nachtigal, üb. Kinderernährung u. den Wert der Präparate aus reiner Alpenmilch f. dieselbe. gr. 8. (20 S.) Stuttgart 888. Kohlhammer. n. — 40

Nachtigal. Terrain-Karte v. Stuttgart u. Umgebung, f. die Oertel- u. andere Kuren bearb. 1 : 25,000. Farbendr. qu. gr. 4. Stuttg. 890, (Lindemann). ** 1 —

Nachtigal, A., die ältere Heidenmission in Süd-Afrika. gr. 8. (86 S.) Berlin 891. Buchhandlg. der Berliner evangel. Missionsgesellschaft. n. — 75; geb. in Leinw. n. 1. 25

Nachtigal, Albert, a. Detmold: Künstlerische Weltanschauung. Ein Beitrag zur Kunsterziehung. Duisburg (1905): Dietrich & Hermann. (48 S.) 8° [F.]
Jena, Phil. Fak., Ref. Rein, Diss. v. 12. Jan. 1906
[Geb. 20. Juli 74 Lydenburg, Transval, Wohnort: Lydenburg; Staatsangeh.: Lippe-Detmold; Vorbildung: Gymn. Detmold Reife O. 94; Studium: Erlangen 2, Greifswald 3, Kiel 1, Berlin 1, Jena 2 S.; Rig. 15. Juli 05.]

Nachtigal, Alb., wenn das Leben erwacht. Gedanken beim religiösen Verfall unserer Zeit. 8. Aufl. (128 S.) 8. Hagen (910). O. Rippel. 1. 50

Nachtigal, Friedrich

Nachtigal, F., Güterglück einst u. jetzt. Mitteilungen aus der Vergangenheit u. Gegenwart der Gemeinde Güterglück. (V, 112 S. m. Titelbild.) 8. Zerbst 908. (F. Gast.)
Sonderabdruck aus: „Zerbster Ztg." 1. —

Nachtigal, Gust., Erinnerung an ihn, s.: Berlin, D.

—— s. Kuhle, Friedr. Deutsche Afrikareisende.

Nachtigal, Gustav. Bericht über den Dritten Internationalen Geographen-Congress und die damit verbundene geographische Ausstellung in Venedig (September 1881) erstattet in der Sitzung der Gesellschaft für Erdkunde in Berlin am 5. November 1881 ([S.-A.] Verhandlungen der Gesellschaft für Erdkunde zu Berlin. Bd. 8. 1881.) Berlin 1881 26 S. 8°

Nachtigal, Gustav: Handel im Sudan. ([S.-A.] Mittheilungen der Geographischen Gesellschaft in Hamburg. 1876-77.) Hamburg 1877. 22 S. 8°

Nachtigal's, Gust., Reisen in der Sahara u. im Sudan. Nach seinem Reisewerk dargestellt v. Alb. Fränkel. Mit Nachtigal's Portr., 92 Abbildgn. u. 1 Uebersichtskarte. gr. 8. (XII, 401 S.) Leipzig 887. Brockhaus. n. 6. —; geb. n. 6. 50

Nachtigal's, G., Reisen in der Sahara u. im Sudan. Nach seinem Reisewerk dargestellt v. A. Fränkel. Mit Nachtigal's Portr., 92 Abbildgn. u. 1 übersichtskarte. 2. Aufl. gr. 8. (XII, 401 S.) Leipzig 887. Brockhaus. n. 5. —; geb. n. 6. 50

Nachtigal, Gust., Sahărâ u. Sûdân. Ergebnisse sechsjähriger Reisen in Afrika. 1. u. 2. Thl. Mit 95 Holzschn., 6 (chromolith.) Karten (in gr. Fol.) u. 4 Schrifttaf. gr. 8. (XXII, 748 u. XXIV, 790 S. m. 19 Tab.) Berlin 879. 81. Weidmann. Parey. geb. à n. 20. —

— Sahărû u. Sûdân. Ergebnisse sechsjähr. Reisen in Afrika. 3. Thl. Hrsg. v. E. Groddeck. Mit e. Portr. in Photogravüre, 1 Karte, 2 Schrift-Taf. u. Generalregister zum I.—III. Thl. gr. 8. (XXII, 548 S.) Ebd. 889. n. 15. —; geb. n. 16. 50 (1.—3. Thl. geb. n. 56. 50)

Nachtigal, Johann Karl Christoph

— Beitrr. z. Geschichte d. Sitten u. Sprache d. Mittelalters. 8. Halberst. 794.

Nachtigal, J. C. C., Biographie, von ihm selbst geschrieben und mit einigen seiner Schulreden herausgeg. von D. Hoche. gr. 8. Halberstadt, Helm. 819.

Nachtigal, Jh. Karl Cph., († d. 12. Juni 1819.) Biographie, v. ihm selbst geschrieben u. mit einigen seiner Schulreden herausgg. v. Dr. Hoche. gr. 8. Halberst. 820. Helm 12 gl.

— das Buch der Weisheit, als Gegenst. zu Koheleth. gr. 8. Ebend. 799.

Nachtigal, Johann Karl Christoph, s. Chrestomathia hebraica.

– s. Handbuch, exeget., d. A. Test.

— Koheleth, oder die Versamml. der Weisen rc. 2 Bde. gr. 8. Halle 798, 99. Gebauer. (1r Bd. A. u. d. T.: Das Buch d. Weisheit. 21 gl.) 1 ß 21 gl

– s. Lesebuch f. die ersten Anfänger d. französ. Sprache.

— neue Nachrr. v. d. Domkirche zu Halberstadt, v. Ostern 1800 bis Ostern 1806. gr. 8. Halberst. 807.

— Psalmen, s. Psalmen.

Nachtigal, Johann Karl Christoph [Hrsg.]

Ruhestunden für Frohsinn und häusliches Glück. Hrsg. von Johann Karl Christoph Nachtigal u. Johann Gottfried Hoche. Bd. 1–4.
Bremen: Wilmans 1798–1800. 8°

— u. J. G. Hoche, Ruhestunden, f. Frohsinn u. häusl. Glück. 6 Bde. 8. Brem. 798—804. Fr. Wilmans in Frankf. a. M. 8 ß

— Ruhestunden, s. Ruhestunden.

– s. Selecta ex Eutropio.

Nachtigal, Selecta ex Eutropio, Cornelio, Justino, Curtio, Cicerone — capita. Werninger. 779. 8.

Nachtigal, Joh. Karl Kasp., (unter dem Namen Otmar) Volkssagen. Bremen 1800 8

— Zion, od. — Gesänge Davids und seiner Zeitgenossen rc. s. Zion.

Nachtigal, Rich. (geb. Glogau 10. 3. 1845) Die Pathologie des Lungenemphysems, dargestellt nach der Cellular-Physiologie. Berlin (1870) (42 S.) 8°
Berlin, Med. Diss. v. 8. Apr. 1870

Nachtigall [Sachliches OW]

Nachtigall, Die. Eine Erzählung nach dem Bocaz. [Berlin] 1755. V: *Lamprecht, Jac. Frdr.* (BGE) »1744« (JL) V: *Naumann.* (Wahl, Rost. Leipz. 1902. S. 94.) (Gleim-Uz, Briefw. S. 119.)

NACHTIGALL, Die. Eine (frivole, aber graziöse) Erzählung nach dem Boccaz (von *Christian Nicolaus Naumann*). O. O. (Berlin, Klüter) 1755. 4° XVI. S. In Versen. (In Berlin: Yk 6536.) (3 Mk. 50 Pfg. G. Priewe, 1895, 4 Mk. 50 Pfg. Friedr. Klüber, München, c. 1903; 25 Mk. Max Perl, Berlin, 1906.)
Weder von Rost noch von Lamprecht. Vgl. Wahl, Rost. Lpz. 1902. S. 94; Gleim-Uz, Briefwechsel, S. 119. Gedichtet nach La Fontaine's (?) „l'oiseau dans le cage"; derselbe Stoff schon Decamerone 5, 4 und Gesammtabenteuer, Nr. 25. (Goedeke IV, 13, 6, 5.) — Von großer Seltenheit! Jördens hat „1744". (?) (Anon.-Lex. III. p. 196.)

— — Dasselbe, tit.: Die Nachtigall. Eine Erzehlung. Der muntre Jüngling. Eine Ode. O. O. (Berlin) 1756. 8°. 31 S. (In Berlin 2 Expll. an Yk 6711; an Yr 831.)

Nachtigall, die. — Die weißen u. rothen Rosen. Zwei Erzählungen für Eltern u. Kinder. Leitomischl 865. Berger. 12. (82 S.) — —

Nachtigall, Die Schlesische, welche das ganze Jahr hindurch singet, oder: Kleine Sammlung von lauter schönen neuen Liedern ... Zur Oelsse ... [1825]. V: *Hoffmann gen. von Fallersleben, August Heinrich.* (GGr)

Nachtigall, Die Schöneberger. Berlin 1822. V: *Hoffmann genannt von Fallersleben, Aug. Heinrich.* (GGr)

Nachtigall [Verfasser]

Nachtigall, E. Verpuffter Krempel. Politischer Jungegesang. (Das Wörtchen Revolution.) Druck von E. Litfaß. 1 Bl. Fol.
Flugblatt. Berlin, 1848/49.

Nachtigall, Godhart, aus Hannover. 1. Ueber einige Reaktionen des Glutakonsäureesters. 2. Ueber die Konstitution des Mononitrosoorcins. *Erlangen 1903: E. Th. Jacob.* (53 S.) 8°
Erlangen, Phil. Diss. v. 11. Mai 1903

Nachtigall, Karl. Die Berücksichtigung des volkswissenschaftlichen Elementes bei dem Geschichtsunterricht in höheren Lehranstalten. 18 S. Progr. *Remscheid* 1883.

Nachtigall, Carl, Hülfsbuch für den deutschen Unterricht in den oberen Klassen einer Realschule II. Ordnung. 8. (VIII, 85 S.) Remscheid 880, Schmidt. *

Nachtigall, Karl, Hilfsbuch f. den deutschen Unterricht in den oberen Klassen höherer Lehranstalten. 2. Aufl. gr. 8. (XI, 106 S.) Remscheid 886. Schmidt. geb. n. 1. 50

Nachtigall, Karl, Hilfsbuch f. den deutschen Unterricht in den oberen Klassen höherer Lehranstalten. 3., verb. Aufl. gr. 8. (XII, 116 S.) Remscheid 892. G. Schmidt. Geb. n. 1. 50

Nachtigall, Karl, Hilfsbuch f. d. deutschen Unterricht in d. oberen Klassen höh. Lehranst. 4. Aufl. gr. 8. (XIV, 132 S.) Remscheid 896. G. Schmidt. Geb. in Leinw n. 1. 50

Nachtigall, Karl Probe eines Hülfsbuchs für den deutschen Unterricht, zum Gebrauch der oberen Klassen einer Realschule II Ordnung 22 S **Progr.** *Remscheid* 1877

Nachtigall, Paul, prakt. Arzt Aus d. Breslauer chirurg. Klinik. Ein Fall von medianer Nasenspalte. *Breslau 1901: Bresl. Genoss.-Buchdr.* (23 S.) 8°
Breslau, Med. Diss. v 19. Nov 1901

Nachtigall Raimund: Ein Beitrag zu den Forschungen über die Besĕdu trĕch svjatilelej samt einer literaturgeschichtlichen Uebersicht derselben.
1900 PN 1296 **Diss.** Wien, Univ

Nachtigall, Wilhelm Gustav Adolf

Nachtigall, Guil. Gust Adolph (geb. Derenburg 11 12 1820) De colica saturnina. Berolini (1844). (32 S.) 8°
Berlin, Med. Diss. v 15. Aug. 1844

Nachtigäller, *Hermann* Anton [aus Everswinkel in Westf.]: Ein Fall von habituellem Hydrops foetus . Berlin, C. Vogts Buchdr., *1896*; 28 S., 2 Bl. 8.
Berlin, Med. Fak., Inaug.-Diss. v 2 Juni 1896

Nachtisch, Der, oder Beschäftigungen für Damen. Breslau 1777—78. V: *Wiedmer, Gottfried Rudolph.* (BGE) (Ky) (OL) »Breslau 1779« (MGT)

Nachtisch, der, od. Beschäftigungen für Damen. 3 Thle. 8. Breslau, W. G. Korn. 777—80.

***NACH-TISCH,** Angenehmer, Bey Gelegenheit einer lustigen Studenten-Hochzeit aufgetragen in dreyen Trachten, jede von hundert Gerichten, Welche Bey dieser angestellten Assamblée (sic!) zur Recreation und Belustigung des Gemüths und Verkürtzung der Zeit sind eröffnet und mit einer Nach-Tracht von 22. Gerichten ist vermehret worden, Im Jahr Bezahl du mich nun ietzt für baar. Franckenau, Bey Hanss Broders (sic!) Erben. O. J. (c. 1690). 8° (18 Mk. J. Halle, München, c. 1905; 20 Mk. Adolf Weigel, 1908, 20 Kr Halm & Goldmann, 1907)
— — Dasselbe. Franckfurt u. Leipzig (Gessner in Leipzig). 1738. 8°.
— — Dasselbe. Strassburg 1739. 8°.

Nachtisch, Der, auf dem Landhause zu H . . . oder Gedanken guter Freunde über den würtembergischen Solon, besonders über den Landtag in St[uttgart]. Strasburg [Ulm] 1766. V: *Clemm, Heinr. Wilh.* (Kat. d. ständ. Bibl. Stuttg. 1907. S. 515.)

Der Nachtisch auf dem Landhause zu H oder Gedanken guter Freunde über den Wirtenbergischen Solon, besonders über den Landtag in St (Stuttgart). Strassburg (Bartholomäi in Ulm) 1766. 8° (6 Mk. Edm. Meyer, Berlin, 1909.)
Weller, fing Dr —

Nachtlager, Das, in Blutenburg oder der Lola Montez letztes Verweilen in Münchens Nähe . . . München 1848. V: *Vogt, Karl Wilhelm.* (BMarsch 88)

Nachtlager in Blutenburg, Das, oder der Lola Montez letztes Verweilen in Münchens Nähe. Nach dem Berichte eines beglaubigten Augenzeugen, welcher das Angegebene eidlich zu erhärten bereit ist, aufgezeichnet. O. O. u. J. (München 1848.) 8°. 4 S. (1 Mk. 60 Pfg. H. Hugendubel, c. 1902, 2 Mk. Ackermann, 1913.)
Maill. II, 339.

Nachtlampe, klinische. Einladungsschrift zur Feier d. 36. Leipziger klin. Vogelschießens am 30. Juli 1887. 8. (30 S. m. eingedr. Abbildgn.) Leipzig 887. Garte. n. — 75

Nachtlichtlein für die Philosophie bei langen Winternächten oder Encyklopädie der Religionsphilosophie von einem kathol. Priester. Landshut, Thomann, 1846, 8°, 36 S., 50 Pf.
Recens. (Bonner) Ztschr. f. Philos. u. k. Theol. 1848, Heft 2 S. 160—2.

Nachtmahl, das, der Verzweifelung, s. Alkuin, Todtenwirth.

Nachtmahl, das, der Verzweiflung. 2 Bde. 8. Erfurt, Müller. 810.

Nachtmal, Das, der Verzweiflung . . . Erfurt 1811. V: *Bornschein, Johann Ernst Daniel.* (BGE) (MGT) (NN) »1810« (Ky)

Nachtmann, [Franz Xaver]. Collection des divers costumes composant les quadrilles du bal masqué donné à Munic le 15. Fev: 1827. Dessinée et lithographiée d'après nature par X Nachtmann. [Umschlagtit.].
14 Taf. (davon 8 kol.) in Lithogr 4°

Nachtmann, Jak., der Blutegelsumpf im Zimmer. [Aus den Sitzungsber. d. k. Akad. der Wiss.] Wien 866. (Gerold's Sohn.) Lex.-8. (4 S.) 1½ *ngr.*

— zur Reform der Pharmacie. Prag 866. (Kober.) 8. (40 S.) n. 6 *ngr.*

Nachtmann, Jac., die Verleihung der Apotheker-Personal-Gewerbe in Oesterreich. Nebst einem Beispiele, wie man selbst den zweckmäßigsten Gesetzen ein Hinterpförtchen zur Umgehung öffnet. gr. 8. (28 S.) Wien 849, (Lechner's Universitäts-Buchh.) *

Nachtmenschen, die, od. moral.-medicin. Bekenntnisse e. reisenden Italieners. Ans Licht gestellt v. Fel. Pantolfi. 8. Leipz 795. Fr. Fleischer. 1 *ℛ*

Nachtmenschen, die entlarvten, u. ihre moral. medicin. Bekenntnisse. 8. Frankf. a. M. 795. (Fr. Fleischer in Leipzig). 18 *gr*

Nachtmenschen, die entlarvten, u. ihre moral. medic. Bekenntn. 8. Frankf. Willmanns. 795. .

NACHTMÜTZE, Die, oder Elise an Treubold, Regensburg (Wien) 1784.
Gegen Sonnenfels. — Weller, fing. Druckorte.

NACHTMÜZE (so!), Die fricasirte (!), eine komische Geschichte in vier Büchern. Mit reizender Titelvignette. Leipzig, bey Carl Friederich Schneidern. 1776. 8°. 46 S. (2 Mk., geles. Expl., P. Neubner, Cöln, 1892; 6 Mk. 50 Pfg. Max Perl's Berliner Octob.-Auct. 1907, no. 677.) (Expl. in Warmbrunn.)

Nachtpflanzen, Die, . . . Pappenheim 1821. V: *Lewer, Stephan v.* (Ky)

Nachtpflanzen, die, mit dem Motto: Denuo quod latiis quid terris fiat iberis, quid quoque francigenis monachorum etc. 8. Pappenheim 821. (Eichst., Beyer; Leipz. Barth. 12 gr.

Nachtrab zu den Vorbothen des neuen Heidenthums. Basel 1781. V: *Weissenbach, Joseph Anton.* (MGT)
Vgl.Nachtrag...

Nachtrab gegen Herrn M. Eilmars Vortrab. O. O. 1704. V: *Klettwig, Sim. Philipp.* (Myl)

NACHTRAB, Friedrich Wilhelm v : Anleitung zu dem neuen Waldkultur-Verfahren des Oberförsters Bierman. - Wiesbaden 1846. XIV, 58 S., 2 Tab.

v. **Nachtrab,** Fr. Wlh., Anleitung zu dem neuen Waldkultur-Verfahren d. Königl. Preuß. Oberförsters Biermanns. Mit 2 lith. Tab. 2. Aufl. gr. 8. Wiesbaden 846, Fischer. n. 1/2 rf

Nachtrag, s.a. Nachträge

Nachtrag zu der Abhandlung über die Wahl der Büchertitel. [Fulda 1791.] V: *Schmid, Christian Hnr.* (MGT) (ML)

Nachtrag zu den Abhandlungen über das beste ausführbare Mittel, dem Kindermord Einhalt zu thun. Tübingen 1785.

Nachtrag z. d. Abhandl. üb. d. best. Mittel, d. Kindermord Einhalt zu thun. 8. Tüb. Heerbrand. 785. Rthlr. ·

Nachtrag zum Abscheid vom 23sten Juni 1797 (Gegeben Chur, den 27 Juni 1797 [durch] Die Häupter und einige zugezogene Räthe gemeiner drei Bünden.) fol o O

Nachtrag zu der Schrift: Große Absichten des Ordens der Illuminaten. München 1786. V: *Cosandey, Sulpitius, Joseph von Utzschneider, Veit Renner & Georg Gruenberger.* (Grolig, Die Freimaurer-Bibliothek in Brünn. Wien 1908. S. 18.)

Nachtrag zu der Anfrage, die römische Octavia des Herzogs Anton Ulrich betreffend. [Leipz. 1798.] V: *Wolffram und Wolfframitz, Carl Joh. Glieb Freih. v.* (MGT)

Nachtrag zum Anhang [eines Liederbuches]. [Unterz.:] G. A. 1889. 1 Bl. 8⁰. [Kopftit.] 21.

Nachtrag zu der Anleitung für den Landmann in Ansicht auf sein Verhalten bey herrschender Ruhr. Wiesbaden 1785. V: *Neidhard, Johann Friedrich.* (ML)

Nachtrag zur Antwort auf Joh. Martin Degen's beleuchtetes bischöffliches Recht, die Coadjutoren ... aufzustellen ... München 1787. V: *Indobler, J. C. Erdmann.* (ML)

Nachtrag zur Arzeneien-Taxe v. J. 1830 f. d. Kgl. Sächs. Lande, s. Arzeneien Taxe.

— z. Arzneien-Taxe v. Jahre 1830 f. die Königl. Sächs. Lande gr. 8. Dresd. 832. Walther. 3 gr.

Nachtrag zu dem Aufsatze über den Bonifazius-Felsen beym Altenstein in Thüringen. [Leipzig 1815.] V: *Wolf, Johann.* (MGT)

Nachtrag zu den Ausführungsbestimmungen, betr. das Tabacksteuergesetz vom 16. Juli 1879, sowie Zusammenstellg. der Abändergn. u. Nachträge a) zu dem Regulativ f. Privattransitlager v. Bau- u. Nutzholz ohne Mitverschluß der Zollbehörde vom 24. Mai 1880, b) zu den Bestimmgn., betr. Erleichtergn. in den Abfertigungsformen f. in Flößen eingehendes Bau- u. Nutzholz vom 24. Mai 1880, c) zu dem Regulativ f. Privattransitlager v. den in Nr. 9 d. Zolltarifs aufgeführten Waaren (Getreide 2c.) ohne Mitverschluß der Zollbehörde vom 13. Mai 1880, d) zu dem Regulativ, betr. die Gewährg. e. Zollerleichterg. bei der Ausfuhr v. Mühlenfabrikaten vom 27. Juni 1882. Erlassen vom Bundesrath am 5. Juli 1888. 4. (7 S.) Berlin 888. C. Heymann's Verl. n. — 20

Nachtrag zu der im J. 1854 erschienenen amtlichen Ausgabe des Gesetzes, betreffend den Ansatz und die Erhebung der Gerichtskosten; enthaltend die von da ab bis heute ergangenen erläuternden Gesetze und Ministerial-Rescripte. Zusammengestellt und hrsg. von C. S. Michel. Fol (IV und 27 S.) Pleß 858. (Berlin, Th. Grieben.) *

— zu d. chronolog. Auszuge d. Geschichte v. Frankreich. 4. Frkf a. M., Wesché. 16 gr.

Nachtrag zu den Beyträgen zu einer richtigen Uebersetzung der syrischen Chronik des Gregorius Barhebräus ... Wien 1820. V: *Mayer, Ferd. Gregor.* (KatDMG)

— zu Rousseau's Bekenntnissen. Aus d. Französ. 8. Hof 796 Grau. 8 gr.

— zu den frühern, Kurhessens freudige Zukunft erwägenden zeitgemäßen Bemerkk. eines Hanauer Bürger-Gardisten. gr. 8 Hanau 831. König. 2 gr.

Anonym „Nachtrag zu den Bemerkungen über die Golderhöhung in Frankreich und Oesterreich . ", Augsburg 1786.

— zu d. patriot. Bemerkungen üb. d. neuen bayer. Schulplan v. 1829. 8. (2 B.) (Straubing 829, Schorner.)

Nachtrag zu dem ausführlichen Bericht üb. die Verhandlungen der Assisen der Provinz Starkenburg zu Darmstadt in Anklagesachen gegen Johs. Stauff wegen Ermordung der Gräfin von Görlitz, 2c. mit dem Erkenntnisse des Großherzogl. Hess. Cassationshofs zu Darmstadt vom 27. Mai 1850. gr. 8. (15 S.) (Darmstadt, Leske.) 1 ngr.

Nachtrag, 3., zum »Bericht über die finanzielle Tragweite einer Kombination der Leistungen der von den Bundesbahnen übernommenen Pensions- und Hülfskassen« vom November 1902, auf Grund der Rechnungsergebnisse im Jahr 1905. Bern 1906. V: *Leubin, Robert.* (Büchermarkt 1916, Nr. 16)

Nachtrag einiger Beruhigungen über die Einwürfe ... wider die Freymaurerey ... Kosmopolis [Nürnberg] 1783. V: *Michaeler, Carl Joseph.* (SJL)

Nachtrag einiger Beruhigungen über die Einwürfe des Verf. der neuesten Religionsbegebenheiten [H. M. G. Kösters] wider die Freymaurerey. Vom Verf. der Beruhigung über die päpstlichen Bullen [d. i. Karl Jos. Michaeler]. Kosmopolis [Nürnberg: Grattenauer] 1783. 84 S. 8°
cf. D. neuesten Religionsbegebenheiten. 7 (1784) S. 746—793.
Kl. 443.

Zweyter Nachtrag einiger Beruhigungen über die Einwürfe des Gegners, der die zwey vorausgegangenen Stücke für die Freymaurerey bestritt, vom Br. [Karl Jos.] M[ichaeler]. Kosmopolis [Nürnberg: Grattenauer] 1784. 120 S. 8°
Kl. 444. Gegen Servatis: „Wider den Frmr Michaeler u. sein Nötchen". 1784.

Nachtrag zur Beschreibung einer Astronomischen Uhr welche von F. David a S. Cajetano Augustiner Barfüsser in dem kk. Hofkloster zu Wien eigenhändig verfertiget und im Jahre 1769 den 21. März zu Ende gebracht. Wien 1778. V: *Rendler, Josef.* (WBL 25/286) (BiblPort)

— für die Besitzer der ersten Ausgabe des ersten Unterrichts für die Jugend über Gegenstände der Natur und Kunst. 8. Quedlinb. Ernst. 810.

Nachtrag zu den Betrachtungen über die herzogl. mecklenburgische Deklaratorverordnung ... Wismar 1803. V: *Krüger, Christian Friedrich.* (NN)

Nachtrag zu dem Impressso: Ohnumstösslicher Beweis ... O. O. 1769. H: *Heuschkel, Johann Melchior.* (ML)

Nachtrag zur österreichischen Biedermanns-Chronik ... O. O. [1784]. V: *Rautenstrauch, Joh.* [?]. (WBL)

Nachtrag zum Freiberger Bier-Comment. Freiberg 869. Engelhardt. 8. (36 S.) n. 6 *ngr.*

— zu d. Herrn Pfarrers Heggelin Biographie. 8. Augsb. 804 Doll. 4 *gl*

Nachtrag [zum Bücherverzeichnis der Loge Friedrich Wilhelm zur Eintracht in Bremen]. (Januar 1907.) 3 Bl. 8°. [Kopftit.]
cf. W. 281.

Nachtrag zu den Büsten Berlinischer Gelehrten, Schriftsteller und Künstler. Halle 1792. V: *Knüppeln, Julius Friedrich.* (MGT)

Nachtrag zur aktenmässigen Darstellung der Ursachen warum die von dem kaiserlichen und Reichskammergerichte den Kreisausschreiben den Herren Fürsten des niederrheinisch westphälischen Kreises unterm 27. August 1789 gegen die Lütticher Aufrührer aufgetragene Executions-Kommission bisher unvollständig geblieben ist. O. O. 1790. V: *Werner, Johann Ludwig Freiherr von.* (BiblPort)

Nachtrag zu der Darstellung der rechtlichen Ansprüche des Grossherzogthums Hessen gegen das Haus Nassau. Darmstadt 1823. V: *Stickel, Franz.* (HS)

Nachtrag zu der beurkundeten Darstellung der Kurhessischen Landtagsverhandlungen ... Cassel 1816. H: *Robert, Georg Friedrich Carl.* (MGT)

Nachtrag zu der Darstell. der Kurhess. Landtags-Verhandl. etc. s. a. Landtags-Verhandlungen.

Nachtrag zu der Darstellung des Gefechtes bei Xions Beiheft z. „Milit. Wochenblatt" — Berlin 1849.

Nachtrag über den Deichbruch bey Kiebizmoor Norderdithmarschen ... [Kiel 1794.] V: *Thiessen, Johann Peter.* (MGT)

Nachtrag zu den typographischen Denkmählern aus dem funfzehnten, und Büchermerkwürdigkeiten aus dem sechszehnten und siebenzehnten Jahrh., welche sich in der Bibliothek ... zu Neustift in Tyrol befinden. Brixen 1791. V: *Gras, Frz.* (MGT)

Nachtrag zu Heydenreich's Diss. de iure apanagii ... O. O. 1787. V: *Lauhn, Bernh. Frdr. Rud.* (ML)

Nachtrag, Documentirter, zu der in der Reichs-Adel. von Tucherischen Familien-Streittigkeit A. 1764. zum Vorschein gekommenen Druck-Schrifft ... Wien 1777. V: *Staudtner (Staudner), Joh. Leonh.* (Holz) »1771« (ML)

— d. neuesten Erfahrr. u. Ansichten üb. collegial. u. öffentlich Rechtspflege, v. Verf. d. zu Leipzig 1819 erschien. Schrift desselben Gegenstandes, hauptsächl. auch in Bezug auf die Organisation d. Untergerichte im Herzogthum Sachsen v. Jahre 1801 u. mit Vorschlägen zu Modification dieser Einrichtung gr. 8. Wittenb. 826. Zimmermann. 4 gr

Erster Nachtrag zu den Ergänzungen d. allgem. Landrechts. Mit einer Vorrede v. Fr. Cramer. *Halberstadt*, Helm. 832. gr. 8. (2 Thl.)

Zweiter Nachtrag z. d. Ergänzz. d. allg. Landr. *Breslau*, Schulz u. Comp. 833. gr. 8. (1 Thl. 8 Gr.)

Nachtrag zu der von Sr. Königl. Majestät von Preussen und Churfürstl. Durchlaucht zu Brandenburg d. 3. Juli 1778 an Ihre hohe Mitstände des teutschen Reichs gerichteten Erklärung über die bayerische Successions-Angelegenheit. Regensburg den 23. eiusd. 4. 7 S.

— z. Erläuterung des allerhöchsten Stempel- u. Tax-Gesetzes v. 27. Jan. 1840, betreff. die Anwendung des Stempels auf gerichtl. Akte in u. außer Streitsachen. Verf. v. J. Deodat Frhr. v. Spiegelfeld. gr. 8. Innsbruck 846, Wagner'sche Buchh. n. 2/3 ngl

Nachtrag zu C. Witte's Exercir-Reglement f. die Bürgerwehr. gr. 16. (20 S.) Hannover 850, Klindworth. 1 1/2 ngr

Nachtrag zu der Frage: Was ist der Staat? ... [Münch.?] 1783. V: *Chrismar, Franz Ant. v.* (EB)

„Nachtrag zu der Buchholtzischen Schrift: Freyheit und Eigenthum der Bauern in den Domainen ...., welcher einen Band der verschiedenen Recensionen gedachter Schrift enthält", Schwerin 1789 (Bärensprung).

Nachtrag zum Gebet- und Liederbuche der sehr ehrw. ger. und vollk. Loge Julia Carolina zu den drei Helmen im O. v. Helmstedt. Helmstedt o. J.: Leuckart. 18 S. 8° [Umschlagtit.]
11 Lieder ohne Noten.

Nachtrag, Gedanken und Bemerkungen über die Sonn- und Feiertagsschulen, besonders auf dem Lande. 8. Augsburg ... M. Rieger. 1/2 ngl

Nachtrag zu der Geisteserscheinung des Adolphi Clarmundi. Rostock 1787. V: *Voss, Johann Ludwig.* (NN) (MGT)

Nachtrag zu den maurischen Gesängen für die Loge Apollo in Leipzig. Druck v. Vollrath. 1859 31 S. 8°
16 Lieder von Anschütz, Lucius, Marbach, Mahlmann, Zille u. a.

Nachtrag zur Geschichte des Geschlechts v. Kröcher. Berlin 1888. 8.

Nachtrag zum neuen Königlich Hannoverschen Gesetze, die Entrichtung der Stempelsteuer betreffend. Zusatzbestimmungen vom 24. Jan. 1851. Celle 853. Schulze. gr. 8. (4 S.) 1 1/4 ngr

Nachtrag [zu d. akad. **Gesetzen** betr. d. Ferienordnung] s. beim J. 1823 Leges.

Erster **Nachtrag** zur Grundverfassung und den Statuten des Bundes der Freimaurer der Grossen National Mutterloge in den preussischen Staaten gen. Zu den 3 Weltkugeln [in Berlin]. Zum eigenen Gebrauche zsgest. von der St. Johannisloge Carl zu den 3 Adlern. Erfurt 1889: Ohlenroth. 29 S. 8° 128.

Nachtrag zu dem Gutachten betreffend die Basler Festungswerke und Erwiederung auf die Bemerkungen des Prof. Dr. F. L. von Keller in Berlin. Zürich 1860. V: *Rüttimann, Jacob.* (Cat. d. Stadtbibl. Zürich. Zürich 1864—97.)

— zur amtlichen Handausgabe des Gesetzes über die Verpflichtung zum Kriegsdienste im Königreiche Württemberg. gr. 8. Stuttgart 845, J. F. Steinkopf. n. 1/6 ngl

Nachtrag zu den bis jetzt erschienenen Handausgaben des Gesetzes, das wegen polizeilicher Beaufsichtigung der Baue zu beobachtende Verfahren betreffend vom 6. Juli 1863 und der dazu gehörigen Verordnungen. Alphabetisch getrennt gehaltenes Sachregister 1. für Gesetz u. Ausführungsverordnung, 2. für Baupolizeiordnung für Städte, 3. für Baupolizeiordnung für Dörfer. Herausg. von einem Verwaltungspraktiker. Chemnitz 863. Focke. Lex.-8. (16 S.) n. 2 ngr

Nachtrag, Ad Imp. allerunterthänigster, zu dem diesseitigen Libello restitutorio de praes. hodierno iuncto petito humill. inhaesivo ... Coburg 1778. V: *Gruner, Joh. Gerhard.* (Holz) (ML)

— zu der von der K. General-Kommission f. die Provinz Posen unterm 8. Dec. 1840 ertheilten technischen Instruktion. gr. 8. (34 S.) Posen 847, Gebr. Scherk in Comm. baar 6 ngr

— zu sämmtlichen Kalendern, die vor der am 13. Dec. 1862 erfolgten Veröffentlichung der neuen Finanzgesetze erschienen sind, u. namentlich zum österreich. Handels- u. Börsenkalender. 3. Jahrg. 1863. Herasg. v. C. Henop. Wien, (Fromme.) 32. (16 S.) 2 ngr

— zu d. geognost. bergmännischen Karte d. Umgegend v. Freiberg rc. Unter Anleit. Stölzels d. J., gest. v. L. G. Fischer Freiberg 822. Craz u. G. 5 gr

Nachtrag zur Kenntniss der Bienenzucht in Sachsen ... Dresden 1779. V: *Lüttichau, Magn. Heinrich von.* (ML) (Engoec) (Ky)

— zu d. erneuerten Kirchenagende, insbesondere f. die Provin Pommern. 4. Berl. 827. Mittler. 12 ℛ

Nachtrag, Ein Kleiner, zu des Ruperti Pipan Pfalzgrafen bey Rhein Geschichte ... O. O. [1762]. V: *Flad, Philipp Wilhelm Ludwig.* (ZP)

Nachtrag, Kurzer, zu dem ... 1761 ... zur Dictatur gebrachten rechtlichen Beweis, dass der Frau v. Albini die Erziehung ihrer Fräulein Tcchter ... auf keine Weise gewehret ... werden können. Giesen 1761. V: *Kortholt, Frz Justus.* (ML)

Nachtrag zur Lebensgeschichte Friedrich Freyherrn von der Trenck. Vierter merkwürdigster Band. Altona 1793. Frankfurt u. Leipzig 1793. V: *Trenck, Friedr. Freiherr von.* (Petzek 130 verboten) (BiblPort)

Nachtrag zu den wichtigsten Lebensmomenten Karl Ludwig Sand's aus Wunsiedel mit der vollständigen Erzählung seiner Hinrichtung am 20. Mai 1820. Nürnberg 1820. 94 S.

Nachtrag, Erster, zu dem Lieder-Anhange in der Sammlung für freye und angenommene Maurer. Gotha 1780. H: *Reichard, Johann Friedrich.* (Kl 1539) (Tt 2325) (wolfstieg II, 792)

Nachtrag erster zu dem Lieder-Anhange in der Sammlung für freye u. angen. Maurer. (Gotha.) 1780. 12. 32 S. u. 2. Bl. Musiknoten — Zehn teutsche, ein lateinisches und zwei franzos. Lieder. Herausgegeben von J. Fr. Reichard.

Nachtrag z. Liederbuch f. dtsche. Turner d. d. Turnabteilung d. Ver. früh. Schüler d. Realschule d. Doventhor, Bremen 1901, 19 S., 8°

Nachtrag zur dänischen Litteratur. Kopenh. 1780. V: *Ekkard, Friedrich.* (Collin, Anonymer. Kiobenh. 1869.)

Nachtrag zu der Schrift: Der hamburgische Bürgermeister Heinrich Meurer ... Hamb. 1836. V: *Bartels, Joh. Hnr.* (schr)

Nachtrag zu den Motiven d. Entwurfs e. deutschen Strafproceßordnung u. e. Gesetzes üb. die Verfassg. der Gerichte im deutschen Reiche. gr. 4. (135 S.) Berlin 874. v. Decker. n. 2. 50

— neuester, zu E. Renan's Leben Jesu, und zwar zu allen bisherigen Ausgaben dieses vielgelesenen Buches, deren Besitzern zur Schadloshaltung, und allen Lesern zum Schlüssel des Ganzen. Auch für andere u. allerlei Leser wichtig in unserer Zeit! Berlin 864. Wohlgemuth. gr. 8. (39 S.) n. 5 ngr

— nothwendiger, gegen den ersten Kindes-Unterricht in d. Religion. 8. Sulzb. 826, v. Seidel.

— zur königl. preußischen Ordens-Liste. 1868. Enthltd. die Verleihungen vom 1. Januar bis ult. Decbr. 1868. Berlin 869. v. Decker. gr. 8. (IV, 82 S.) n. 10 ngr

Nachtrag von weiteren Originalschriften, welche die Illuminatensekte überhaupt, sonderbar aber die Stifter derselben Adam Weishaupt, gewesenen Professor zu Ingolstadt betreffen. München 1787. V: *Weishaupt, Adam* (??). (Kerler 276/331) (BiblPort) (Vgl. GGr VI/522, Nr. 22/10)

Nachtrag von weitern Originalschriften, welche die Illuminatensekte überhaupt, sonderbar aber den Stifter derselben Adam Weishaupt, betreffen, und bey der auf dem Baron Bassusischen Schloss zu Sandersdorf, einem bekannten Illuminaten-Neste, vorgenommenen Visitation entdeckt, sofort auf Churfürstlich höchsten Befehl gedruckt und zum geheimen Archiv genommen worden sind, um solche jedermann auf Verlangen zur Einsicht vorlegen zu lassen. Abth. 1. 2. München: 1787. 8°
1. Correspondenz. 261 S. 4 Tab.
2. Documenten. 159 S. 1 Tab.

[Dıssel be.] München: Lentner 1787. 159 S. 1 Tab. 8°
cf. D. neuesten Religionsbegebenheiten. 10 (1787) S. 861—906.
Kl. 3249.

[Dasselbe.] München: Lindauer. 1787. 159 S. 1 Tab. 8°

Nachtrag zu den von d. Fürstbischof v. Speier unterm 5. u. 31. Jänner an die hohe Reichsversammlung überfertigten promemoria, die Einquartierung des Condé'schen Truppenkorps, die den speierschen Gemeinden u. Unterthanen von diesen Truppen zugefügten Nachtheile u. Exzesse betr. (68.) fol. Bruchsal 1795.

Nachtrag zu den Processschriften des Hofraths Stubenrauch zu Zerbst. O. O. [17??]. H: *Stubenrauch, Wilhelm Lebr.* (ML)

Nachtrag zum Rathgeber für alle, welche sich gegen die Cholera morbus schützen wollen ... Breslau 1831. V: *Schnitzer, Adolph.* (Nowack, Schles. Schriftst.-Lex. Bresl. 1836—43. II, 153.)

— zu den zum Vereins-Zolltarif gehörigen Rechnungstafeln. In Folge des Bundesgesetzes vom 26. Juni 1869, die Besteuerung des Zuckers betr. u. der Ausführungsbestimmungen zu dem Tabaksteuer-Gesetz vom 26. Mai 1868 aufgestellt im königl. preuß. Finanz-Ministerium. Berlin 869. (Jonas' Verl.) gr. 4. (7 S.) n. 2 ngr

— z. d. Reden am Traualtare u. bei Särgen u. Gräbern. 8 Stendal 795. Franzen u. G. 5 gr

Nachtrag zu den Reductionstabellen zunächst für Oesterreich auf Grundlage des allerh. k. k. Patentes vom 27. April 1858. *Innsbruck* 1858. Verlag der *Wagner'schen* Buchh. 30 S., 8°.

— 1888—89 zu: Deutsches Reichs=Gesetzbuch f. Industrie, Handel u. Gewerbe u. Der Rechtsbeistand im Geschäft u. Haus. gr. 8. (VI, 94 S.) Hamburg u. Berlin 889. Bruer & Co. 1. 50

Nachtrag zu den gesammelten Reise-Anekdoten der Wiener Furchtsamen auf ihrer Flucht im Monate April 1797. Wien u. Prag [1797]. 104 S. 8°. V: *Richter, Joseph.* (Pichler, Caroline, Denkwürdigkeiten aus meinem Leben, hgbn. von Karl Ernst Blümml. München 1914. I, 516. 397) (Hans Viktor Pisk: Josef Richter. Diss. Wien 1827. S. 144)

Nachtrag zu den wunderbaren Reisen zu Wasser und zu Lande und lustige Abentheuer des Freyherrn von Münchhausen . . . Koppenhagen 1789. V: *Bürger, Gottfried August.* H: *Schnorr, Hnr. Theod. Ludw.* (Grisebach, Weltlitteraturkat. Berlin 1898—1900. I, 243.)

Nachtrag zu dem Hessen-Casselischen Rekurs-Memorial . . . O. O. 1784. V: *Dittfurth, Franz Dieterich von.* (MGT)

Nachtrag zur Rezension aller poetischen und prosaischen Stücke auf den Tod Marien Theresien. Von M. A. 1781. V: *Ambros, Michael* (?). (Mitth. von Gustav Gugitz) V: *Ahlen, . . . von.* (Behrisch, Die Wiener Autoren 1784, S. 260)

„Nachtrag zur Sammlung der über die Königl. Preussischen Stempelgesetze ergangenen erläuternden, ergänzenden und abändernden Bestimmungen bis 1815", Berlin 1816 (Decker).

— erster, zur Sammlung der das deutsche Schulwesen betreffenden allerhöchsten und höchsten Gesetze, Verordnungen und Vollzugs=Vorschriften, im Regierungsbezirke der Oberpfalz und von Regensburg, die Jahre 1844 bis 1852 umfassend, zum Gebrauche für die Distrikts= Polizei= und Schulaufsichts=Behörden, Schullehrer=Seminar=Inspectionen, Magistrate u. s. w. (Von Joh. Konr. Bauer.) Sulzbach 853. v. Seidel in Comm. 4. (VIII, 104 S.) 10 ngr.

— zur Samml. christl. Lieder f. evangel. Gemeinen, z. öffentl u. stillen Erbauung. 8. Bresl. 830. Graß, B. u. C. 3 gr

—— zur „Sammlung christl. Lieder" ꝛc., s. Sammlung.

Nachtrag zu der Skizze von Linz. O. O. 1787. V: *Hoff, Hch. Georg.* (BIBLPORT)

Nachtrag zu dem aktenmässigen statu caussae in Sachen Hrn Probst und Convents des Kaiserl. Stifts und Klosters St. Georgenberg vor Goslar . . . O. O. 1781. V: *Bostell, Valentin Philipp Wilhelm von.* (MGT) (Rotermund, Gel. Hannover. Bremen 1823.)

—— zur Straf-Prozeß-Ordnung. 4. (S. 333—354.) Dresden 854, Meinhold und Söhne. *
Vgl.: Entwurf einer Straf-Proceß-Ordnung für das Königr. Sachsen.

— zu d. bisherigen Streitigkt. üb. d. Lehre v. heil. Abendmahl. In e. Relation derjen. Unterredung, welche auf d. 1661 zu Cassel gehalt. Kolloquio v. d. Rintel. u. Marburg. Theologen geführt worden ist. 8. Frankf. a. M. 768. Andreä. 2 gr

— zu Las Cases Tagebuch, s. Las Cases.

Nachtrag zum Tagebuch der Revue bei Kalisch. 1835. (Mit 5 Tafeln und angeschlossenem Text.)
gr. Fol. (Berlin 1835.)

Nachtrag zur Unterhaltung und zum Nachdenken für Freymaurer. Stendal 1787. V: *Rabe, Carl Ludwig Frdr.* (MGT)

— z. Unterhaltung u. z. Nachdenken f. Freimaurer. 8. Stendal 787. Franzen u. G. 2 gr

Nachtrag zum actenmässigen und rechtsbegründeten Unterricht, oder Abdruck der am K. Reichs-Cammer-Gericht . . . übergebenen Exceptionum Rei iudicatae . . . O. O. 1777. V: *Hofmann, Casp. Frdr.* (Holz)

Nachtrag, Unterthänigster, zu dem Actenmässigen Beweiss in Sachen weil. der Frhn v. Stein wider weil. die Frhn v. Brengt und Clodt . . . O. O. 1777. V: *Seifert, Carl Jacob.* (Holz)

Nachtrag zum Versuch über die Schädlichkeit der geschlossenen Churmärkischen Elbschiffer-Gilde . . . Berlin 1792. V: *Gründler, Christian Gottlob.* (MGT)

Nachtrag zu meiner letzten Veröffentlichung: Versuche über das Ausströmen . . . [Leipzig 1878.] V: *Fliegner, Albert.* (Cat. d. Stadtbibl. Zürich. Zürich 1864—97.)

Nachtrag zu der Schrift: Vertheidigung des Herzogs Ludwig Eugen zu Würtemberg. Tübingen 1798. V: *Schwab, Johann Christoph.* (MGT)

— zu der von Wigand verfaßten Vertheidigung Jordan's, bestehend in einem Schreiben des Hofgerichts-Advokaten Dr. Bansa in Gießen an d. Hrn. Stadgerichts-Direktor Dr. Ph. Wigand in Wetzlar, die Untersuchungssache gegen Jordan betreffend. gr. 8. (1 B.) Mainz 844, v. Zabern. *

Nachtrag zu den wegen des Holzverkaufs aus Staatswaldungen den 25 Februar 1837 erlassenen Vollziehungs-Vorschriften (für Württemberg) · Stuttgart 1838

Nachtrag zu den Vorbothen des neuen Heidenthums an Verführer und Verführte. O. O. 1782. V: *Weissenbach, Joseph Anton.* (SO)
Vgl. Nachtrab...

Nachtrag zu der ehrerbiethigen Vorstellung und Rechtfertigung der aargauischen Klöster an die hohe eidgenössische Tagsatzung. (Den 1 May 1838) fol (Schaffhausen.)
s. auch Rechtfertigung der aargauischen Klöster (Datum 14. Dez 1836) — Vorstellung Ehrerbietige V' der aargauischen Klöster (Den 24 April 1836)

Nachtrag zu der im Druck vorliegenden Actenmässigen Vorstellung . . . Frankfurt 1773. V: *Jan, Johann Christian Gottlieb.* (will)

Nachtrag zu meinem Voto d. d. 1. Febr. den Landtag in Bayern betreffend ... O. O. 1800. V: *Utzschneider, Joseph von.* (MGT) (NN)

Nachtrag, Weiterer, zu denen in der Reichs-Adelich. von Tucherischen Familien-Streitigkeit zum Vorschein gekommenen Druckschrifften ... Wien 1779. V: *Staudtner (Staudner), Joh. Leonh.* (Holz) »1777« (ML)

Nachtrag, Höchstwichtiger, oder vierte Fortsetzung von den Briefen über die neueste Maurerrevolution. [Wien] 1786. V: *Kratter, Franz.* (Grolig, Die Freimaurer-Bibliothek in Brünn. Wien 1908. S. 45.)

Nachtrag zu den Worten zur Verständigung über Aufgehen oder Vorangehen. Berlin und Posen, E. S. Mittler, 1848. 11 S. 8°

Nachtrag zu dem Circular-Brief an die S. E. Freimaurer-Logen . . . Germanien [Weimar] 1790. V: *Bode, Johann Joach. Chph.* (Tt) (SJL)

NACHTRAG zum neuen norwegischen Zolltarif. (In Kraft gesetzt am 8. und 11. August 1905.) ib. 1905. Druck und Verlag von Liebheit & Thiesen. 8°

Nachtrag zu dem Zolltarif des französischen Reichs, siehe Zolltarif.

NACHTRAG ZU DER ZUSAMMENSTELLUNG VON ANTRÄGEN zu den Handelsverträgen aus dem Kreise der Mitglieder des Deutschen Handelstags (Handelskammern u. s. w.). Herausgegeben vom Deutschen Handelstag. Berlin, Juni 1903. Druck von Liebheit & Thiesen. 4°

Deutscher Handelstag. NACHTRAG ZUR ZUSAMMENSTELLUNG DER GUTACHTEN DEUTSCHER HANDELSKAMMERN, Corporationen und Vereine über Erneuerung der Handelsverträge und über die dabei besonders zu beachtenden Tarifpositionen. Berlin, 1876. Druck von Liebheit & Thiesen. 4°.

Nachtrag, Zweyter, einiger Bemerkungen über die Einwürfe des Gegners, der die zwey vorausgegangenen Stücke für die Freymaurerey bestritt . . . Kosmopolis [Nürnberg] 1784. V: *Michaeler, Carl Joseph.* (SJL)

Nachtrag, Zweyter, einiger »Beruhigungen« über die Einwürfe des Gegners der die zwey vorausgegangenen Stücke für die Freymaurerey bestritt von Br. M. Kosmopolis [Nürnberg] 1784. V: *Michaeler, Karl Joseph.* (Kl 444) (Wolfstieg II, 160)

Nachträge, s.a. Nachtrag

Nachträge zu Amarcius. [Zürich] 1867. V: *Büdinger, Max.* (Cat. d. Stadtbibl. Zürich. Zürich 1864—97.)

Nachträge zur Arzneitaxe für das Königr. Sachsen auf das Jahr 1869. Dresden 869. Meinhold u. Söhne. gr. 8. (8. S.) 1½ ngr.

Nachträge zum Berggesetz. [7. Bd. der Taschenausg. österreich. Gesetze.] 7. Aufl. kl. 8. (36 S.) Wien 887, Manz'sche Hof-Verlagsh. *
Auch u. d. T.: Manz'sche Gesetz-Ausgabe Nr. 38.

— dasselbe. II. Gesetz, betr. die Regelg. der nach dem allgemeinen Berggesetze errichteten od. noch zu errichtenden Bruderladen, nebst Durchführungs-Verordngn. 12. (S. 37—68.) Ebd. 889. n. — 40

Nachträge u. Berichtigungen d. Reglem. üb. d. Bekleidung d. Truppen i. Frieden. Berlin 1858.

Nachträge zu Campell. [Bern] 1899. V: *Schiess, Traug.* (Zuwachsverz. d. Bibliotheken in Zürich 1898 ff.)

Nachträge zu der Eichordnung. Vom 16. Juli 1869. gr. 8. (10 S.) Berlin 874. v. Decker. — 15

Nachträge zu d. Ergänzungen u. Berichtigungen d. Versuchs üb. d. Capitels- u. Sedivacanzmünzen etc., s. (Zepernick, K. Fr.)

— zum Exerzier-Reglement für Infanterie. Berlin 867. v. Decker. 8. (24 S.) n. 2 ngr.

— zur Geschäfts-Ordnung für die Verwaltung der kgl. preußischen Garnison-Anstalten. Berlin 1843. Berlin 867. v. Decker. gr. 8. (239 S.) n. 14 ngr.

NACHTRÄGE ZUR GESCHICHTE DER GREIFSWALDER KIRCHEN, nach den Kirchenrechnungen herausgegeben von THEODOR PYL.
Heft 1 Greifswald 1898. Vereinsschrift der Rügisch-Pommerschen Abtheilung der Gesellschaft für Pommersche Geschichte und Alterthumskunde. C. V v J Bindewald, Akad. Buchh. 8°
Heft 2. ib. 1899. Vereinsschrift der Rügisch-Pommerschen Abtheilung der Gesellschaft für Pommersche Geschichte und Alterthumskunde. Com.-Verl. von Julius Abel.

NACHTRÄGE ZUR GESCHICHTE DER GREIFSWALDER KIRCHEN UND KLÖSTER, herausgegeben von THEODOR PYL.
Heft 3. Geschichte des Georghospitals. ib. 1900. Vereinsschrift der Rügisch-Pommerschen Abtheilung der Gesellschaft für Pommersche Geschichte und Alterthumskunde. —

Nachträge z. Geschichte Leipzigs. 1. u. 2. Nachtrag. (Von Mor. Seeburg.) gr. 8. Leipzig, (Schreck.) à * 1/4 Thlr. *
Nachtr. 1. Das Johannishospital. (1½ B. u. 1 Kpfrt.) 835.
" 2. Der Marienborn u. d. Wasserleitungen Leipzigs. (1½ B. u. 3 Kpfrt.) 836.

Nachträge zum K. Würtemberg. Hof- u. Staats-Handbuch von 1839, enth. die seit dessen Erscheinen im Laufe d. J. 1839 u. 1840 eingetretenen u. veröffentl. Veränderungen. gr. 8. Stuttgart 841, J. F. Steinkopf. 1/3 ₰

— zu Jaeger, das bürgerl. Gesetzbuch m. Nebengesetzen u. Allfeld, die Strafgesetzgebung des Deutschen Reichs. (S. 1403—1447 u. 4 S.) gr. 8. München 908. J. Schweitzer, Verl. — 50

Nachträge zum allgemeinen Landrecht für die preuß. Staaten, s. Landrecht.

Neue Nachträge zur Bau-Polizei-Ordnung für den Stadtkreis Berlin vom 15. August 1897. Bau-, Gewerbe- u. Feuerpolizeibetr. Berlin Seydel 1908. 62 S. 8° [10. 15209

— zur Petition der Sensenschmiede von Michldorf, Messerer von Steinbach u. Trattenbach, Grundbesitzer u. Eisen-Industriellen ꝛc. in Betreff der Verlaß-Waldungen u. Weiden der Herrschaft Steyr. Steyr 862. Haas. 8. (58 S.) n. 20 ngr.

Nachträge zu den im J. 1894 amtl. hrsg. Polizei-Vorschriften der Stadt Halle a. S. Amtliche Ausg. gr. 8. (VIII, 287 S.) Halle 899. O. Hendel. n. 3. 60
Hauptwerk unt. d. T.: Holly, v., Polizei-Vorschriften ꝛc. Ebd. 894. Geb. n. 6. —.

Nachträge zu dem Reglement über das Kassen-Wesen bei den Truppen vom 28. Jan. 1841, sowie zu den speciellen Bestimmungen des Kriegs-Ministeriums zu diesem Reglement. gr. 8. (52 S.) Berlin 877. v. Decker. — 60

Nachträge zu Hain's Repertorium bibliographicum u. seinen Fortsetzungen. Als Probe des Gesamtkatalogs der Wiegendrucke hrsg. v. der Kommission f. den Gesamtkatalog der Wiegendrucke. (IV, 81 S.) Lex. 8. Leipzig 910. R. Haupt. 6. —

Nachträge von Joseph Lancaster's Schule in London. [Dresden 1808.] V: *Haan*, *Friedrich Gottlob.* (MGT)

—— zu d. Selbstbekenntnissen d. Hrn. Prälaten D. Schwabe in Darmstadt. Von e. Laien. 8. (2 B.) Leipzig 833, [Güntz.]

— zu den Selbstbekenntnissen des Hrn. Prälaten Dr. Schwabe in Darmstadt. Von e. Laien. 8. Leipzig 833. Schaarschmidt; jetzt Brandes. 1/8 ₰

—— zum Strafgesetz vom 27. Mai 1852. Vagabunden- und Sprengstoffgesetz. kl. 8. (20 S.) Ebendas. 886. *
Auch u. d. T.: Manz'sche Gesetz-Ausgabe Nr. 33.

— zum Straf- u. Polizeistrafgesetzbuche. Würzburg 869. Stahel. gr. 16. (28 S.) 3 ngr.

— zu Sulzers allgem. Theorie d. schönen Künste, (v. ... Schatz u. J. G. Dyck). 8 Bde zu 2 Abthll. gr. 8. Leipz. 782—808. Dyck. 10 ₰ 16 gr

Nachträge zur Allgemeinen Theorie der schönen Künste ... Leipzig 1792—1808. H: *Schatz*, *Georg* & *Johann Gottfried Dyk.* (GGr) (EE) (Ky)

Nachträge und Veränderungen zum Stamm- und Adressbuch der Preussischen Juristen. Berlin [1838]. V: *Rauer*, *Carl Friedrich.* (EngJ)

Nachträge, Verordnungen u. Normal-Statuten zu der durch das Gesetz vom 15. März 1883 abgeänderten u. ergänzten Gewerbe-Ordnung vom 20. Decbr. 1859. Ergänzungsheft zur „Gewerbe-Ordnung". 8. (64 S.) Wien 883. Manz. n. — 40

— zu der Vorschrift über die Einrichtung u. Ausstattung der Handwerksstuben, Montirungskammern, Räume zur Unterbringung der zum Heergeräth gehörenden Fahrzeuge für die königl. preuß. Armee. Berlin 1845. Ebend. 867. gr. 8. (20 S.) n. 2 ngr.

—— zur Vorschrift über Militair-Pferdeställe mit Zubehör. Berlin 1837. gr. 8. (4 S.) Berlin 867, v. Decker'sche geheime Ober-Hofbuchdruckerei.

— zur Vorschrift über Militairwachen. Militair-Arreste u. das Unterkommen der Militair-Sträflinge. Berlin 1840. Ebend. 867. gr. 8. (7 S. mit 3 Steindrtaff. in 8. u. qu. gr. 4.) n. 3½ ngr.

—— zu Schiller's sämmtl. Werken, s. Schiller, Fr. v.

—— zu Schillers sämmtlichen Werken. Gesammelt und hrsg. von Ed. Boas. Neue (Titel-)Ausg. gr. 16. (1. und 2. Bd. XXII und 1063 S. mit 1 Stahlst.) Stuttgart 853, Schweizerbart'sche Vrlgsh. *

Nachträge z. Kön. Preuß. Zollordnung v. J. 1824. Als Anhang zum Zollgesetz u. zur Zollordnung. 4. Leipzig 825, Klein.

Nachträgliches zur Physiologie der Akzentuation. Eine Entgegnung. Marburg [1893]. V: *Hoffmann-Krayer*, *Eduard.* (Zuwachsverz. der Bibl. in Zürich 1898 ff.)

Schweizerische Bundesbahnen. Nachtragsbudget (*1901: Nachtragskredite).... 8. [Bern, Stämpfli & Cie.]
...für das Jahr 1901. [Bern] 1901: [1.] Botschaft des Bundesrates. ⟨Vom 16. August 1901.⟩ 11 S. — [2.] Bundesbeschluss. ⟨Vom 20. Dezember 1901.⟩ 4 S.
...für das Jahr 1902. [Bern] 1902: [1.] Botschaft des Bundesrates. ⟨Vom 7 April 1902.⟩ 41 S. — [2.] Bundesbeschluss. ⟨Vom 26. April 1902.⟩ (2 S.)
2. Nachtragsbudget für das Jahr 1902. [Bern] 1902: [1.] Botschaft des Bundesrates. ⟨Vom 12. Juni 1902.⟩ 12 S. — [2.] Bundesbeschluss. ⟨Vom 28. Juni 1902.⟩ 2 S.

Nachtragsgutachten im Prozesse betreffend den Nachlass X. Siegwart. Zürich 1896. V: *Meili, Frdr.* (Zuwachsverz. d. Bibliotheken in Zürich 1898 ff.)

Nachtrags-Instruction d. Evangelischen Ober-Kirchenraths vom 20. Juni 1874 zur Kirchengemeinde- u. Synodal-Ordng. vom 10. Septbr. 1873. 8. (12 S.) Berlin 874. v. Decker. — 15

... Nachtrag-Katalog der Bibliothek der Königlichen (1: rheinisch-westfälischen) Technischen Hochschule zu Aachen. (2—4. Vorr.: Herm. Peppermüller.) 1—4. 1879 1904. 8⁰

1. ⟨Umfassend die Acquisitionen seit Ende 1872 bis dahin 1878.⟩ 1879. 393 S.
2. ⟨Umfassend die Erwerbungen seit 1879 bis Anfang 1898.⟩ 1898. X, 851 S.
3. ⟨Umfassend die Erwerbungen seit Anfang 1898 bis Ende 1899.⟩ 1900. VII, 186 S.
4. ⟨Umfassend die Erwerbungen seit Anfang 1900 bis Ende 1903.⟩ 1904. VIII, 298 S.

Nachtragskatalog der aargauischen Kantonsschulbibliothek, 1881. In-8⁰, 54 S. Aarau, H. R. Sauerländer.

Nachtragscreditbegehren zum Budget 1875. Voranschlag, Ausgaben etc. pro 1876. Chur, (29 Stn. in-4.)

(Kanton Zürich.) Nachtragskredite .. Bericht und Antrag des Regierungsrates. 8.
für das Jahr 1900. (1901 Februar 16.) 40 S.
für das Jahr 1901. (1902 Februar 13.) 35 S.

Nachtrags-Statistik der Elektrizitätswerke in Deutschland nach dem Stande vom 1. IV. 1910. (Ergänzung der Ausg. vom 1. IV. 1909.) Im Auftrage des Verbandes deutscher Elektrotechniker, e. V., hrsg. v. Geo. Dettmar. (VIII, 72 S.) Lex. 8. Berlin 910. J. Springer. Geb. nn 3.50

Nachtrags-Verordnungen zum Forstgesetze u. zur Novelle vom 1. März 1885 Redactionelle Beilage d. kärtn. Gemeindeblattes vom Anfang Juni 1891. gr. 8. (7 S.) Klagenfurt 892. (F. v. Kleinmayr.) n — 24

II. Nachtrags-Verzeichnis der Bücher-Sammlung der Loge „Albrecht Dürer" in Nürnberg. 1. Juni 1907. Als Ms. gedr. 18 S. 8⁰. [Umschlagtit.] 21.

Nacht- und Morgenröthe, Hamburgs. Hamburg 1814. N. A. 1825. V: *Freudenthal, Wilh. Nicolaus.* (GGr) (Schr)

Nachtschatten. Schauer-Erzählungen, s. a. Blutrosen.

NACHTSCHATTEN. Schauer-Erzählungen. Frei nach d. Französ. u. Engl. von St. Friedrich, François Robert. 2 Bde. (Auch m. d. Titel. Blutrosen. Schauer-Erzählungen. Bd. 3, 4.) Breslau, Verlags-Comtoir, 1840. 8⁰. Zahm.

Nachtschwärmer, der, oder nächtliche Abentheuer eines irrenden Ritters, 8. Altenburg, 787 Richter. 13 fgl.

Nachtschwärmer, der, od. nächtl. Schwärmereien d. irrenden Ritters. 8. Altenb. 788. Richter. (Hennings in Neisse).

Nachtschwärmer, der, od. nächtliche Schwärmereyen u. Abenteuer ein. irrend. Ritters. 8. Altenb. Richter. (Akad. Bibl. in Jena.) 788.

NACHTSCHWÄRMEREIEN, oder die Geschichte der neuen Nonnenklöster, von einem Mönch aus dem Orden des heiligen Franziscus. Aus d. Englischen. 2 Thle. (in 1 Bde.). Leipzig, im Schwickertschen Verlage. 1780. 8⁰. Grosse Seltenheit! (6 Rthlr Scheible, vor 1875, 15 fl. Gilhofer & Ranschburg, 1897, 36 Mk. Max Perl, 1906.)

NACHTSEITEN der Gesellschaft, eine Sammlung der merkwürdigsten Geschichten und Rechtsfälle aller Zeiten und Länder. Aus den Papieren eines Criminalbeamten. Berlin (ca. 1840). 8⁰ 864 S. (5 Mk. 50 Pfg. Max Harrwitz, 1903.)
Unter den 26 Criminalgeschichten betreffen viele Berliner Verbrechen.

NACHTSEITEN DER GESELLSCHAFT. Eine Sammlung der merkwürdigsten Kriminalgeschichten und Rechtsfälle aller Zeiten und Länder. Aus den Papieren eines Kriminalbeamten. Berlin, o. J. (ca. 1840). 8⁰. 864 S. (5 Mk. 50 Pfg., Max Harrwitz, Berlin, 1903.)

NACHTSEITEN DER GESELLSCHAFT. Eine Gallerie merkwürdiger Verbrechen und Rechtsfälle. Hrsg. v. A. Diezmann, W. Jordan u. L. Meyer. 18 Thle. Leipzig 1844—46. 8⁰. (8 Mk. 50 Pfg., Expl. in 3 Hfrzbdn., Schnabel & Walter, Potsdam, 1907, Th. 1—8 5 Mk. E. Frensdorff, 1907.)

Nachtseiten der Gesellschaft. Eine Gallerie merkwürdiger Verbrechen u. Rechtsfälle. Hrsg. von A. Diezmann, W. Jordan u. L. Meyer. 18 Thle. in 3 Bdn. 3 (Titel-)Aufl. 16. Leipzig (844—46) 850, O. Wigand. 4 ₰

Nachtseiten der Gesellschaft. Eine Gallerie merkwürdiger Verbrechen und Rechtsfälle. Hrsg. von A. Diezmann, W. Jordan und L. Meyer. (1. Serie.) 18 Thle. in 3 Bdn. 3. (Titel-) Aufl. 16. (VIII und 2010 S.) Leipzig 851. O. Wigand.

— dass. — 2. Serie. 1—8. Bd. 8. Ebds. [1. (153 S.) 2. (190 S.) 848., 3. (134 S.) 849., 4. (117 S.) 850., 5. (III und 164 S.) 6. (III und 164 S.) 7. und 8. (V und 314 S.) 851. à Bd. 15 Ngr.]

NACHTSEITEN der Berliner Gesellschaft. Sociale Lebensbilder der neuesten Zeit. 2 Thle. à 4 Bdchn. (= 8 Bdchn). Mit Illustrationen. Berlin 1845—46. 8⁰. (6 Mk. W. H. Kühl, Berlin, c. 1885, 4 Hefte mit 2 Titelkpfrn., ebd. 1846, 6 Mk. 80 Pfg. J. Taussig, Prag, ca. 1900.)

Nachtseiten der berliner Gesellschaft. Sociale Lebensbilder der neuesten Zeit. 4 Bdchn. 8. (16¾ B. u. 2 Holzschn.) Berlin 845, Hofmann u. Comp. à 7½ Ngr

— dass. 1. u. 2. Bd. 8. Ebds. [1. (16⅝ B.) 845., 2. (15⅝ B. u. 4 Stnt.) 46. à Bd. 1 Thlr.]

NACHTSEITEN DER SOCIALEN ZUSTÄNDE. Sammlung merkwürdiger Criminalgeschichten u. Rechtsfälle aus neuester Zeit. Ein neuer Pitaval. (So der Umschlag-Titel. — Der innere Tit. lautet: Sammlung merkwürdiger Rechtsfälle aus neuester Zeit. Hrsg. u. bearb. von mehreren Rechtsgelehrten.) 2 Bde. Frkft. a. M., Oehler, 1847. 8⁰. Zahm.

— **der socialen Zustände. Ein neuer Pitaval. 2 Bde. (Neue Titel-Ausg. der Gerichtshalle.)** siehe a. Gerichtshalle.

Nachtsheim, H., Gas- u. elektrische Beleuchtung, s.: Bericht über die Weltausstellung in Paris 1878.

Nachtsheim, Hubert [aus Boppard]: Aus d. Laboratorium d. med. Klinik zu Bonn. Zur Kenntnis der Biologie der Cholera-bacterien Siegburg, Druck v. Wilh. Reckinger, 1888; 34 S. + 2 Bl. 8°
Bonn, Med. Fak., Inaug. Diss. v. 28. Jun. 1888

Nachtsheim, Maria, drei patriotische Festspiele. Aus großer Zeit (f. 22. III. 1897). Niemand zu Liebe, niemand zu Leide. Mit Gott f. König u. Vaterland. 12. (35, 8 u. 7 S.) Boppard 897. J. C. W. Krug's Nachf. n. 1. —

— Mit Gott f. König u. Vaterland. Patriot. Festspiel. 12. (7 S.) Ebd. 897 n.n. — 50

[J.] Patriotisches Festspiel. Niemand zu Liebe, niemand zu Leide. Von Maria Nachtsheim. *Boppard a. Rh.: J. C. M. Krug's Nachf. 1897.* (8 S.) 1 Bd 8. (97. 3147)

Nachtsheim, Maria, Weihnachtstraum. Ein Märchenspiel. 8. (23 S.) Boppard (900). (Dr. Keil.) n. — 50

Weihnachtstraum. Ein Märchenspiel von Maria Nachtsheim. *Boppard: Selbstverl. [1900]* (23 S.) 8° [J.] (01. 3419 B

[J.] Patriotisches Festspiel. Aus grosser Zeit '(für 22. März 1897)'. Von Maria Nachtsheim. *Boppard a. Rh.: J. C. W. Krug's Nachf 1897.* (35 S.) 1 Bd 8. (98. 9617

Nachtspruch, Kiltspruch, Nr. 1, welcher bei Tüti-Tüfu in der Luft hängend, gefunden wurde. Bern 18?? V: *Bärtschi, J. U.* (BSCHWL V, 5, S. 243)

Nachtspruch, Kiltspruch, Nr. 2. Ein wunderschöner, nagelneuer ... [Bern 18??] V: *Bärtschi, J. U.* (BSCHWL V, 5, S. 243)

Nachtstimmen, von D. Abrlau. 8. Frankf. a. M., Schäfer. 818.

NACHTSTÜCK, Ein, für lüsterne Leser. (Roman.) Leipzig, Joachim, o. J. (c. 1802). 8°. Äusserst selten!

Nachtstücke. Breslau und Leipzig 1795. V: *Schwarz, Johann Franz Ludwig.* (BGE V², 288)

Nachtstücke, mit 1 Kupfer von Kohl, 8. Breslau, 795. W. G. Korn. 1 Rthl.

Nachtstücke, herausgeg. von dem Verf. d. Phantasiestücke in Callots Manier (E. T. A. Hoffmann). 2 Thle. 8. Berlin, Reimer. 816. 17. (1r Thl. 1 Thlr. 16 Gr. 2r 1 Thlr. 20 Gr.)

Nachtstücke hsg. ... in Callots Manier. Berlin 1817. V: *Hoffmann, Ernst Theod. Amad. Wilhelm.* (MGT) (EE) (BrMm) (Ky)

Nachtstücke aus dem Drama der französ. Revolution. Nach d. Franz. Stuttg. 1834. V: *Seybold, Friedrich.* (Max Harrwitz. Katalog Nr. 101a, S. 45.)

NACHTSTÜCKE aus dem Drama der französischen Revolution. Nach d. Französischen (von Fr Seybold). Stuttgart 1834. 8° 416 S. (3 Mk. O Rauthe, 3 Mk. Rossberg, Lpz. 1910.)
Betrifft vornehmlich den „Tod Ludwigs XVI" — Nichts Erotisches. Fehlt im Anon.-Lex.

Nachtstücke, (polit.,) aus d. Drama d. franz. Revolution. Nach d. Franz. 8. (26¼ B.) Stuttgart 834, Hallberger.

Nacht- u. Höllenstücke. Den edlen Culturkämpfern gesammten Weltalls devotest gewidmet. gr. 16. (245 S.) Luxemburg 876. Brück. 1. 50

NACHT-STÜCKE, Moralische. Stutgard (!), Chr. Fr. Cotta, 1767. 8°. 67 S.

Nachtstücke, nordische, s.: Lese-Cabinet, neues belletristisches.

NACHTSTUNDEN, Berliner. 12 Photos nach Originalen von E. Urbach. Berlin (18**). In eleg. Mappe. (7 Mk. 50 Pfg. A. Bielefeld, Carlsruhe, 1892.)

Nachtstunden, Julchens, oder der seltene Mann. Familiengeschichte ... [Leipzig 1803.] V: *Störchel.* (BGE)

Nachtviolen; v. Ludw. v. Baczko. 2 Bde. 8. Halle, Ruff. 810—13. (1r 1 Rthlr. 8 gr. 2r 1 Rthlr.)

Nachtviolen, Die, oder kleine Romane, Erzählungen u. Gedichte in einsamen Abendstunden. Hg.: Edwin Floriador.
(1817). 152 S.
Berlin. Goed. VIII, 97, 104.

Nachtviolen, die, oder kleine Romane, Erzählungen und Gedichte in einsamen Abendstunden. 8. Berlin, Sommerbrodt. 817.

Nacht-Violen. Historisch-romant. Erzählungen aus der Vorzeit und Gegenwart. 8. (369 S.) Stuttgart 863, Fischhaber.

Nachtviolen. Lieder einer Heimgegangenen. 2. Aufl. M.-Gladbach 1880. V: *Nourney, Charlotte, geb. Kamp.* (Russell IV, 606)

Nachtviolen, die, des Blinden. Berlin 853. W. Schultze. 8. (48 S.) n. 5 ngr.

— die, der Blinden, von der Verf. des „Christbaumes." 2. verb. Aufl. Leipzig 860. Naumann. 16. (56 S.) n. 5 ngr.

Nachtwachen. 32. (128 S.) Barmen 870. (Klein.) n. — 50

Nachtwachen. Vom Verf. der Schriften: „Er ist treu, der — verheißen hat", „Der Bogen in den Wolken", „Worte Jesu an die Müden", „Jesu Sinn" u. „Abendopfer". (Nach Macduffs Schriften bearb.) 3. Aufl. (17.—19. Taus.) gr. 16. (128 S.) Barmen (899). Wupperthaler Traktat-Gesellschaft. n. — 30; geb. n. — 60; m. Goldschn. n. — 75

Nachtwachen, die, d. heil. Augustin, Bisch. v. Bona. Von d. Verf. d. „Nächte d. büß., heil. Magdalena." A. d. Italien. übers. v. Jean Bapt. Berger. gr. 12. (13⅞ B.) Coblenz 833, Herat.

Nachtwachen, Die, des Einsiedlers zu Athos. [Nürnberg] 1790. V: *Schreiber, Alois Wilhelm.* (Bresl 31, S. 175) (BGE V³, 289)

Nachtwachen, die, des Einsiedlers zu Athos. 8. Nürnb. 790. Felßecker. 8 gr

Nachtwachen, Humoristische. 1825. (III, 6427.) — *C. v. Schuler* ist nur der Bearbeiter; Verf.: *G. Proctor* (ps.: *Humphrey Ravelin* Esqu.). Vgl. Weller, Pseud.-Lex., S. 471. (DARP) (BGE V³, 289)

Nachtwachen, humorist., des ehemal. brittischen Majors Ravelin Humphrey; nach d. Engl. v. C.F.v. S. 8. Cassel 825, Bohné.

NACHTWACHTER, Der, oder das Nachtlager der Geister bei Saatz in Böhmen, eine fürchterliche Sage aus den Zeiten des grauen Zauberalters", von ** *(Franz Anton Theod. Pabst,* lebte um 1820 in Prag). Prag. 1798. bei Johann Stiaßny, und in Commission bei Karl Barth. 8°. 3 Bll., 240 S.

Nachtwächter, der, od. d. Nachtlager d. Geister bei Saatz; e. Sage d. Vorzeit (v. Pabst). 8. Prag 798. (Krappe in Lpz.) 16 gr.

NACHTWACHTER, Der, ein scherzhafter Neujahrswunsch. O. O. u. J. (Nürnberg, c. 1800). 4 S. (60 Pfg, B. Seligsberg, Bayreuth, 1906.)

Nachtwächter, der, e. polit.-satyr. Zeitschrift. Begründet u. redig. v. M. L. Langenschwarz. (1. Jahrg.) 1832. Nr. 1—26. (½ Bog.) mit Vign. gr. 4. Hamburg, (Hoffmann u. Campe.) Fortsetzung ist nicht erschienen.

— der, eine polit.-satyr. Zeitschrift. Begründet u. redig. v. deutschen Improvisator M. L. Langenschwarz. (1r Jahrg.) 1832. 104 Numm. Mit Vign. gr. 4. Hamb., (Hoffmann u. Campe). 6 gr

NACHTWACHTER, Der buckelichte, zu Kuhnitz, wie er in der Neujahrsnacht beim Abdanken seinen Bauern die Wahrheit sagt. Mit Holzschn. O. O. u. J. (Nürnberg, c. 1790). 8°. 1 Bl. mit 30 Versen. (3 Mk., zus. mit 12 andern Neujahrswünschen von ca. 1790—1818, der Vorige, 1906.)

— (der christl.); sieben Stundenrufer, in Musik gesetzt. 4. Augsb. 804. Doll. (Landsh., Krüll). 2 gr

Nachtwächter. Der christliche N. (Christian Mende), oder grosse Treue im Kleinen. Eine Begebenheit aus dem Anfange dieses Jahrhunderts. [Umschlag illustriert.] 8. Basel *o. J.* [1842 50].

Nachtwächter, Der deutsche, in Paris. Im Jahr 1815. O. O. V: *Reichard, Carl August.* (Mitth. Dr. H. Bäsecke.)

Nachtwächter am Gäbris

(15) In der Wochenzeitung »Der Hochwächter am Säntis« vom 27. 4. 1833 (Redaktor J. J. Hohl, Arzt, Wolfhalden; Druck St. Gallen) findet sich ein Artikel, betitelt »An den Nachtwächter am Gäbris«, der mit folgenden Worten beginnt »Nun hätten wir eine zweite Nummer Ihres Nachtwächters vor Augen. So sehr ich mich auch über die Erscheinung Ihres ersten Blättchens freuen wollte, so entgegengesetzt wirkte Ihre zweite Nummer auf mich .« Und redaktionell findet sich in der gleichen Nummer folgende Nachschrift: »Dem Hochwächter wäre es nie eingefallen, auch nur ein Wörtlein gegen den zweimal erschienenen Nachtwächter, dieses geist- und herzlose Produkt böser Gespensterstunden, bei dem wir allein den Titel richtig finden, zu sagen .« Handelt es sich hier um eine gedruckte oder handgeschriebene Zeitung des Jahres 1833?

Nachtwächter, der, d. 19n Jahrhunderts. 8. Magdeb. 801. Creutz. 4 gr

Der Nachtwächter in | Paris | Franz la paillasse, | ruft bey jeder Stunde aus Verzweiflung über die | Niederlage der Franzosen, eine noch nie gehörte Wahr- | heit aus | im October 1813.
o. O., o. J. (1813), 4 S. n. n., 4°.
St. A. Ludwigsburg D 52 / 1181
Seltene Variante zum Thema der »Zwölf Wahrheiten« (vgl. dazu Schenda VoB S. 417).

Nachtwächter, Der Selige Kosmopolitische. Zwei schöne neue Lieder aus Schwaben. [Stuttgart 1847.] V: *Hoffmann genannt von Fallersleben, August Heinrich.* (GGr)

Nachtwächtergeschichte, eine. 64. (16 S.) Karlsruhe 875. (Barmen, Klein.) — 9

Nachtwächter-Lied. Breslau 1845. V: *Pulvermacher, Christian Leopold Julius.* (Kat. d. Druckschr. üb. Breslau. Breslau 1903. S. 36.)

Nachtwandler, der, oder die neuen Abenteuer des Don Diego, von Fr. de Quevedo Villegas, m. Kpf. 8. Wien, Alberti. (Schalbacher.) 792.

Nachtwandler, der, oder die neuen Abentheuer des Don Diego, von Fr. de Quevedo Vellegas mit Kupf. 8 Wien, 792. Degen. 15 sgl.

Nachtwandler, Der. Lustspiel. Meissen 1836. V: *Robe, Carl.* (EE)

Nachtwandler, der, Lustsp. 8. (7½ B.) Meißen 836, Goedsche.

Nachtwandlerin, die. Oper in 3 Acten nach dem Italienischen frei bearb. von Friederike Ellmenreich. Musik von Bellini für das k. k. Hofopern-Theater in Wien eingerichtet. (Textbuch.) 8. (52 S.) Wien, Klinast. **

Nachtwandlerin, Die, oder die schrecklichen Bundesgenossen der Finsterniss ... Hamb. 1802. V: *Arnold, Ign. Ferd. (Theodor Ferdinand Cajetan).* (BGE) (Ky)

Nachtwandlerin, die, od. die Bundesgenossen d. Finsterniß; aus d. Memoiren d. Grafen F ... gegenwärt. Staatsgefangenen zu S—n. (v. Th. F. K. Arnold). 8. Hamb. 802. (Herold jun.) 2 ß

Nachtwandlerin, die, od. die schreckl. Bundsgenossen der Finsterniß; aus d. Memoiren des Graf. F***, gegenwärt. Staatsgefangenen zu S—n. 2 Bde. 8. Hambg. Vollmer. 802.

NACHTWANDLERIN, Die. Eine Zeitschrift für Scherz und Ernst von Dr. Lasker (Julius Sincerus). No 1—52 [1837 Jan. 1—Juni 28. → Mehr nicht erschienen]. Breslau, Leuckart. 4°.

Nachtweh, Alw , s. A l p - S c h ä r m e n , Der neue, auf dem Obersäss der Churer-Alpen bei Arosa

Nachtweh, Alwin, leichtfassliche Anleitung zum Feldmessen u. Nivellieren. s.: Wüst.

Nachtweh, Alwin, Beiträge zur Kenntnis, Theorie u. Beurteilung der Mähmaschinen. (122 S. m. 111 Abbildgn. u 6 Taf) Lex -8. Berlin 904. P. Parey. n. 4. —
Sonderabdruck aus: „Landw. Jahrbb."

Nachtweh, Alwin, a. o. Prof. an d. Univ. Halle: Beiträge zur Theorie und Beurteilung der Mähemaschinen. 1903. 47 S., 6 Taf. 4⁰ ¶ Auch bei Parey in Berlin 1904; vollst. in: Landwirtschaftl. Jahrbücher. Bd 32.
Braunschweig, Dr.-Ing.-Diss. v. 30. 7. 1903

— Düngerstreumaschinen. Eine Darstellg. der zur Zeit in der Schweiz, Deutschland u. Oesterreich-Ungarn gebräuchl. Düngerstreumaschinen, ihrer Konstruktion u. Wirkungsweise. gr. 8. (VI, 53 S. m. 50 Abbildgn.) Frauenfeld 900. Huber & Co. 1. 60
Erweiterter Sonderabdruck aus: „Schweizer landwirtschaftliches Centralblatt".

— die Geräte u. Maschinen zur Bodenbearbeitung. Eine kurze u. leichtfaßliche Darstellg. derselben als Leitfaden zum Unterrichtsgebrauch an landwirtschaftl. Schulen und zum Selbstunterricht f. ausüb. Landwirte. gr. 8. (VIII, 80 S. m. 121 Abbildgn.) Leipzig 902. Auslaender & Kühr. n. — 75; geb. n. 1. 80

Die Hauptprüfung der Bindemäher 1902 Prüfungsbericht erstattet von Prof. A[lwin] **Nachtweh**-Halle a. S. *Berlin: Deutsche Landwirtsch. Ges. 1903.* (68 S.) 8° [F.]
— **Arbeiten** d. Deutschen Landwirtsch -Gesellschaft H. 79. (03. 9390

— s.: **Hochschul-Kalender** f. die techn. Hochschulen.

— s.: **Mitteilungen** des Verbandes landwirtschaftlich. Maschinen-Prüfungs-Anstalten.

— Neueres auf dem Gebiete der Motoren in der Landwirtschaft. Vortrag, geh. in der ökonom. Gesellschaft im Königr. Sachsen, Dresden am 13. I. 1905. (41 S.) gr. 8. Leipzig 905. Berlin, R. C. Schmidt & Co. — 60

(B) — Neueres auf dem Gebiete der Motoren. 905. (KVB 34.) Jetzt: Leipzig, Fritzsche & Schmidt.

— s.: Ueber Neuerungen auf dem Gebiete des landw. Maschinenwesens.

Nachtweih, Albertine, Frühlingsfahrt. Gedichte. 16. (110 S.) Leipzig 894. R. Claußner. n. 3 —; geb. n. 4. —

Nachtweih, Albertine, weh gethan u. gut gemacht, s.: Erzählungen f. Schulkinder. III. 2.

Zippel-Zappel. Märchen von Albertine **Nachtweih**. 6.–10. Taus. *M Gladbach & New-York. A Riffarth [1898]* (16 S.) 8° [F.]
— **Erzählungen** f. Schulkinder [Ser 1,] H 1 (00. 7396

Nachtweyh, August. Paul. (geb. Jodjeres in Polen 10. 9. 1840) De tabe dorsali. Berolini (1864). (32 S.) 8°
Berlin, Med. Diss. v 16. Apr. 1864

Nachversammlungen, die, betrachtet im Lichte der Bibel. F. F—n. gr. 8. (48 S.) Zinten 887. (Berlin, Deutsche evangel. Buch- u. Tractat-Gesellschaft.) n. — 15

Nachversteuerung (Zur) des Tabaks. 8⁰. Mainz 1878.

Nachwehen, die, von G. Schilling (oder G. Schilling's Schriften 40r Bd.) 8. Dresden, Arnold. 817.

Nachweis der Bevölkerungsvorgänge in der Stadt Zürich im Jahre 1904. II + 16 S. 4. Zürich, Komm. Rascher & Cie., Buchdr. Berichthaus, 1906. fr. 1. —
Statistik der Stadt Zürich. Hrg. vom Statistischen Amt der St' Z' Nr. 5.

Nachweis, d a s s der Herzog von Schleswig-Holstein-Augustenburg bei Abtretung seiner Güter im Herzogthum Schleswig an die dänische Regierung einen Verlust von 2,549,824 Rthlr Pr Cour. an seinem Vermögen erlitten hat. Hamburg. 1865 4⁰

Nachweis der neuen Gassen- und Strassen-Benennungen von Ober-Döbling in alphabetischer Ordnung. Wien 1868. V: *Winkler, Michel.* (EB)

Nachweis der neuen Gassen- und Strassen-Benennungen [in der Gemeinde Simmering]. [Wien] 1869. V: *Winkler, Michael.* (EB)

Nachweis der im J. 1867 bevorstehenden Gehalts-Verbesserungen der Königl. Preuß. Unter-Beamten. Berlin 867. Hempel. gr. 8. (24 S.) n. 6 *ngr.*

Nachweis über die Konstruktion und die Verbreitung von 541 Wasserthürmen und Gasbehältern nach dem System und den Berechnungen des Geh. Reg R Prof O[tto] Intze in Aachen. In d. J. 1883 bis 1900 vorwiegend ausgef. durch d. Firmen . Angewandt in Deutschland, in Oesterr Mit zahlr Abb. *Aachen: La Ruelle 1900* (95 S.) 4° (01. 4396

Nachweis der in k. k. Kriegsdiensten in verschiedenen Feldzügen verwundeten und gefallenen Mitglieder des gräfl. Hauses St. Julien-Wallsee. Wien o. J. 4.

Nachweis der Naturdenkmäler im Kreise Worbis mit 24 Abb. Hrsg vom Kreisausschuß d. Kreises Worbis. Worbis 1910: Müller 14 S., 24 Taf. 8° (10. 17415

Provisorischer Nachweis des Zwischenverkehres zwischen den im Reichsrathe vertretenen Königreichen und Ländern und den Ländern der ungarischen Krone im Jahre 1900. Herausgegeben vom k. k. Zwischenverkehrsstatistischen Amte im k. k. Handelsministerium. Wien. 1901 Hof- und Staatsdruckerei. Lex.-8⁰ 51 S. K 1.—

Nachweis arabischer und anderer orientalischer Quellen zur Geschichte der Germanen im Mittelalter. [Berlin 1889.] V: *Jacob, Georg & Frdr. Müller.* (KatDMG)

Nachweis. Tabellarischer N' der Bevölkerungsvorgänge in der Stadt Zürich für die Jahre 1901—1903. Mit besonderer Berücksichtigung der Wanderungen. Nebst einem Nachtrag zur Wanderungsstatistik der Jahre 1899 und 1900. II + 61 S. 4. Zürich, Komm. Rascher & Co., Buchdr. Berichthaus, 1906. fr. 1. 50
Statistik der Stadt Zürich. Hrg. vom Statistischen Amt der St' Z'. Nr 8. — (Die textliche Bearbeitung zu diesen Tabellen s. in Nr 4 der «Stat' der St' Z'».)

Nachweis der bei den Grabdenkmälern der Schlachtfelder um Metz liegenden Todten. Als Mscr. gedruckt. gr. 16. (18 S.) Metz 891. Scriba. — 30

Nachweis der hauptsächlichsten Veröffentlichungen aus der Erdkunde, Bodenkunde, Pflanzenkunde, Tierkunde, Vorgeschichte und Volkskunde der Provinz Westpreußen. Entw u. hrsg. v. Westpreuß. Prov.-Museum. (Vorr.: [Hugo] Conwentz, Dir.) Danzig 1906: (A. W. Kafemann). (28 S.) 8°

Nachweis wie die thurgauische Katechismus-Kommission von dem Grund u. Boden der heil. Schrift u. der Kirchenlehre abweicht, indem sie behauptet: „Die heil. zehn Gebote haben keinen sittlichen, sondern nur kriminellen Werth, sie seien f. Christen unnöthig, ungenügend, zu dürftig u nicht mehr passend" ꝛc. gr. 8. (16 S.) Zürich 849, Hanke. 2 ngl

Nachweise, biblische, über die wichtigsten Glaubenslehren 3., gänzl. umgearb. deutsche Ausg. 8. (32 S.) Basel 888. Internat. Traktat-Gesellschaft. n. — 25

Nachweise, monatliche, üb. den auswärtigen Handel d. deutschen Zollgebiets, nebst Angaben üb. Großhandelspreise, sowie üb. die Gewinnung. v. Zucker. Hrsg. vom kaiserl. statist. Amt. Jahrg. 1892—1894. à 12 Hfte. Lex.-8. (à Hft. ca. 90 S.) Berlin, Puttkammer & Mühlbrecht à Jahrg. n. 6.

Erscheinen in Gemeinschaft m. den Vierteljahrsheften zur Statistik d. Deutschen Reichs als Fortsetzung der „Monatshefte zur Statistik d. Deutschen Reichs".

Nachweise, monatl., üb. d. auswärt. Handel d. deutschen Zollgebiets, nebst Angaben üb. Großhandelspreise, sow. üb. die Gewinnung. v. Zucker. Hrsg. vom kaiserl. statist. Amt. Jahrg. 1895—1897. à 12 Hfte. (à ca. 150 S.) Lex.-8. Berlin, Puttkammer & Mühlbrecht. à Jahrg. n. 6. —

— dasselbe, sow. üb. d. Gewinnung. v. Zucker u. Branntwein Hrsg. vom kaiserl. statist. Amt. Jahrg 1898. 12 Hfte. (à ca. 160 S) Lex.-8. Ebd n. 6. —

Nachweise, monatliche, üb. den auswärtigen Handel des deutschen Zollgebiets, nebst Angaben üb. Großhandelspreise, sowie üb. die Gewinnung. v. Zucker u. Branntwein. Hrsg. vom kaiserl. statist. Amt. Jahrg. 1899—1902. à 12 Hfte. Lex.-8. Berlin, Puttkammer & Mühlbrecht. à Jahrg. n. 6. —

1899. (XII, 199, 199, 232, 200, 200, 232, 199, 199, 231, 199, 200 u. 235 S.) — 1900. (XIV, 215, 215, 249, 215, 217, 249, 215, 215, 249, 215, 221 u. 262 S.) — 1901. (XIV, 218, 218, 254, 218, 219, 253, 219, 218, 253, 218, 220 u. 251 S.) — 1902. (XIV, 215, 229, 264, 229, 230, 264, 229, 229, 264, 230, 230 u 269 S)

Die Jahrgänge 1900—1902 sind vergriffen.

Nachweise, monatliche, üb. den auswärtigen Handel Deutschlands, nebst Angaben üb. Großhandelspreise Zucker, Branntwein u. deutsche Seefischerei. Hrsg. vom kaiserl. statist. Amt. Jahrg. 1903—1906. à 12 Hefte. (à ca. 200 S.) gr. 8. Berlin, Puttkammer & Mühlbrecht. à Jhrg. n. 6. —

Nachweise, monatliche, üb. den auswärt. Handel Deutschlands, nebst Angaben üb. Großhandelspreise, deutsche See- u. Bodenseefischerei u. Handel der deutschen Schutzgebiete. Hrsg. vom kaiserl. statist. Amt. Jahrg. 1907—1910. 12 Hefte. (1907. 8 u. 10: 5096, 5365 u. 2702 S.) gr. 8. Berlin, Puttkammer & Mühlbrecht. à Jahrg. 6. —

Monatliche Nachweise des Zwischenverkehres zwischen den im Reichsrathe vertretenen Königreichen und Ländern und den Ländern der ungarischen Krone im Jänner 1901 Herausgegeben vom k. k. Zwischenverkehrsstatistischen Amte im k. k. Handelsministerium. Wien. 1901. Hof- und Staatsdruckerei. Lex.-8° erscheint in 12 Heften. compl. K 10.60

Monatliche Nachweise des Zwischenverkehres zwischen den im Reichsrathe vertretenen Königreichen und Ländern und den Ländern der ungar. Krone im Jahre 1902. Lex.-8° erscheint in 12 Heften. Ebda. 1902. compl. K 10.—

— monatliche, des Zwischenverkehres zwischen den im Reichsrate vertretenen Königreichen u. Ländern u. den Ländern der ungar. Krone i. d. J. 1903—1906. Hrsg. v. k. k. zwischenverkehrsstatist. Amte im k. k. Handelsministerium. à 12 Hefte. (à ca. 100 S.) Lex.-8. Wien, Hof- u. Staatsdruckerei. à Jhrg. n. 10. —

— monatliche, des Zwischenverkehres zwischen den im Reichsrate vertretenen Königreichen u. Ländern u. den Ländern der ungarischen Krone im J. 1907. Hrsg. v. k. k. zwischenverkehrsstatist. Amte im k. k. Handelsministerium. 12 Hefte. (à ca. 100 S.) Lex. 8. Wien, Hof- u. Staatsdruckerei. 10. —

— dasselbe, s.: Archiv, österreich. wirtschaftspolit.

Nachweise, Urkundliche, über die Kranken-Hospital-Stiftungen der Stadt Freiburg. O. O. 1843. V: *Hägelin.* (BaBb)

Nachweiser über die der Bundesversammlung erstatteten und im Bundesblatt abgedruckten Berichte. Bern 1868—80. H: *Schiess, Joh. Ulr.* (schz)

Nachweiser über die der Bundesversammlung erstatteten und im Bundesblatt abgedruckten Berichte. Von Ende Mai 1868 bis Ende 1877. In-8°, VI und 160 S. Bern, Druck von Stämpfli. 1880.

Nachweiser über die der Bundesversammlung erstatteten und im Bundesblatt abgedruckten Berichte, 1878-87 Bern 1888.

Nachweiser über die der Bundesversammlung erstatteten und im Bundesblatt abgedruckten Berichte. Vom 1. Januar 1898 bis Ende 1900. 132 S. 8. Bern, Ott & Bolliger, 1902.

Nachweiser für Berlin und Umgebung nach Gemeinde-, Gerichts- u. Posteinteilung mit e. Übersichtskarte. 1 Straßenverzeichnis. 2. Behördenverzeichnis. 3. Ortschaftsverzeichnis. Gesetz v 16. Sept. 1899, betr d. Gerichtsorganisation. Die Gerichtseinteilung tritt am 1 Juni 1906 in Kraft. Bearb. im Bur. d. Justizminist. Berlin R. Decker 1905. (103 S.) 8° [illegible] 11

Nachweiser für Berlin und Umgebung nach Gemeinde-, Gerichts- und Posteinteilung. Bearb. im Bureau d. Justizminist. Mit 1 Übersichtskarte. Ausg. im Juni 1906. Berlin R. v. Decker 1906. (117 S.) 8°

Nachweiser f. Berlin u. Umgebung nach Gemeinde-, Gerichts- u. Posteinteilung. Bearb. im Bureau des Justizministeriums. Mit e. (farb) Uebersichtskarte. I. Strassenverzeichnis. II. Behördenverzeichnis. III. Ortschaftsverzeichnis. Anh.: Gesetz u. Ausführungsbestimmgn., betr. die am 1. VI. 1906 in Kraft getretene Gerichtsorganisation. Ausg. im Juni 1906. (117 S.) kl. 8. Berlin, R. v. Decker (1907.) n. — 50; geb. in Leinw. n. — 75

Nachweiser f. Berlin u. Umgebung nach Gemeinde-, Gerichts- u. Posteinteilung. Bearb. im Bureau d. Justizministeriums. Mit 1 (farb.) Übersichtskarte. I. Ortschaftsverzeichnis. II. Strassenverzeichnis. III. Behördenverzeichnis. Anh.: Gesetz u. Ausführungsbestimmgn., betr. die am 1. VI. 1906 in Kraft getretene Gerichtsorganisation. Ausg. im Novbr. 1910. (157 S.) kl. 8. Berlin (910). R. v. Decker. — 80

Nachweiser, Der Berliner, zu allen hiesigen Sehens- und Merkwürdigkeiten . . . Berlin 1828. V: *Gädicke, Johann Christian.* (EngG)

Nachweiser, ökonomisch-technologischer, für Hausväter u. Hausmutter. 8. Delmenhorst, Barth. 808.

Nachweisung,

— **ausführliche,** über den Eisenbahnbau im Großherzogthum Baden nach dem Stand am 1. Januar 1844 mit 22 Beilagen u. einem besondern aus 60 lith. Blättern bestehenden Hefte (u. d. T.: Die badische Eisenbahn. Sammlung von Constructionen der hauptsächl. Bauwerke, Maschinen u. Fahrzeuge. 1. Thl. Die Bahnabtheilung zwischen Mannheim u. Offenburg resp. Kehl in 60 lith. Blättern.) Bearb. u. herausgeg. von den Beamten der Großherz. Oberdirection des Wasser- u. Straßenbaues. 4. (Mit 1 lith. Taf.) Karlsruhe 844. (Braun.) baar 8 ₰

— **ausführliche,** über den Eisenbahnbau im Großherzogthum Baden nach dem Stand am 1. Januar 1853 mit 28 Beilagen und einem besondern aus 45 lith. Bl. bestehenden Hefte (in Fol.). Bearb. und mit Genehmigung des Großherzoglichen Ministeriums des Innern herausg. von den Beamten der Großherzoglichen Oberdirection des Wasser- und Straßenbaues. 2. Abth.: Bauwerke von Offenburg bis Haltingen. Karlsruhe 853. Bielefeld. — Braun. 4. (4 Bl., 174 S. u. 1 lith. Taf. in Fol.) n. 9 ₰. 20 ngr.
1. Abth. Ebend. 844. nn. 8 ₰.

Nachweisung d. während d. Regierung Sr. Maj. d. Kaisers Franz Josef I. v. d. k. k. Reichshaupt- u. Residenzstadt Wien in d. J. 1849 bis einschließl. 1896 bestritt. Auslagen f. Bauten, öffentl. Anlagen u. Herstellgn., f. d. Erwerbg. v. Gründen u. Realitäten z. Straßenverbreiterg. u. als Vermögensobjecte, dann f sonst. bemerkenswerthe außergewöhnl. Zwecke. Lex.-8. (III, IV, 295 S.) Wien 898. (W. Braumüller.) n.n. 3. 80

Nachweisung über den B a u und Betrieb der unter Hannoverscher Verwaltung stehenden Eisenbahnen 1851-52. Hannover 1853. 4°

Nachweisung der Besoldungen der etatsmäßigen Beamten des Reichs und der Schutzgebiete. [1.] Nach d. Etats f. d. Rechnungsjahr ... Berlin 1904 Reichsdr 8° [ß.] [03. 668]

Nachweisung der Besoldungsklassen der mittleren und höheren Beamten nach der durch den Staatshaushalts-Etat für 1. April 1897 98 erfolgten allgemeinen Gehaltsaufbesserung. (Berlin 1897.) fol.

Nachweisung über den Betrieb der Großherzogl. Badischen Eisenbahn, I. Section, umfassend die Bahnstrecke von Mannheim bis Heidelberg für die Zeit vom Beginnen des Dienstes, bis zum Schlusse des Jahres 1841. gr. 4. Karlsruhe 842, Müller'sche Hofbuchh. ¼ ₰

— dass. für die Zeit v. 1. Januar 1842 bis dahin 1843. gr. 4. Ebend. 844. ¼ ₰

Nachweisung, dritte, über den Betrieb der Großherzogl. Badischen Eisenbahn. Für die Zeit vom 1. Januar 1843 bis dahin 1844. gr. 4. (19 S. m. 12 Tab. in 4. u. Fol.) Karlsruhe 849, Müller. — vierte. Für die Zeit vom 1. Jan. 1844 bis dahin 1845. gr. 4. (22 S. m. 13 Tab. in 4. u. Fol.) Ebd. 849. — fünfte. Für die Zeit vom 1. Jan. bis 31. Decbr. 1845. gr. 4. (22 S. m. 13 Tab. in 4. u. Fol.) Ebd. 849. — sechste. Für die Zeit vom 1. Jan. bis 31. Decbr. 1846. gr. 4. (22 S. m. 13 Tab. in 4. u. Fol.) Ebd. 849. 3: 12 ngr. 4—6: ⅓ ₰

Nachweisung, 7. bis 11., über den Betrieb der großherzogl. badischen Eisenbahn. Für die Zeit vom 1. Jan. 1847 bis 31. Decbr. 1851. gr. 4. (121 S. mit 79 Tab. in 4. und Fol.) Karlsruhe 851. 52, Müllersche Hofbuchh. à 15 Ngr.

— - dass. — 12. und 13. Für die Zeit vom 1. Jan. bis 31. Decbr. 1853. gr. 4. Ebds. [12. (20 S. mit 13 Tab. und 1 Stnt. in qu. gr. Fol.) 853., 13. (II und 26 S. mit 12 Tab. in gr. 4., Fol. und qu. Imp.-Fol.) 856. à 15 Ngr.]

Nachweisung, 14—17., über den Betrieb der großherzoglich badischen Eisenbahnen. gr 4. Carlsruhe 858—60, Müller'sche Hofbuchh.

Inhalt:

14. Für die Zeit vom 1. Jan. bis 31 Decbr. 1854. (II und 47 S. mi 13 Tab. in gr. 4., qu. Fol., qu. gr. Fol. und qu. Imp.-Fol.) 15 Ngr
15. Für die Zeit vom 1. Jan. bis 31. Decbr. 1855, (106 S. mit 2 Tab. i qu. Imp.-Fol. und 2 Stnt. in qu. Fol.) 22½ Ngr.
16. Für die Zeit vom 1. Jan. bis 31. Decbr. 1856. (III und 124 S. mi 7 Tab. und 4 Stnt. in qu. Fol. und Imp.-Fol.) 22½ Ngr.
17. Für die Zeit vom 1. Jan. bis 31. Decbr 1857 (III und 123 S. mi 7 Tab. und 3 Stnt. in qu. Fol. und Imp.-Fol.) 22½ Ngr

Nachweisung, 18—23., über den Betrieb der Großherzogl. Badischen Eisenbahnen. Carlsruhe, Müller'sche Hofbuchh. gr. 4. 4 ₰ 28½ ngr.
18. Für die Zeit vom 1. Jan. bis 31. Decbr. 1858. 860. (III, 173 S. mit 3 Steintaff. in qu. Fol.) 22½ ngr.
19. Für die Zeit vom 1. Jan. bis 31. Decbr. 1859. 861. (III, 175 S. mit 3 Steintaff. in qu. Fol.) 22½ ngr.
20. Für die Zeit vom 1. Jan. bis 31. Decbr. 1860. 863. (III, 185 S. mit 3 Steintaff. in qu. Fol.) 22½ ngr.
21. Für die Zeit vom 1. Jan. bis 31. Decbr. 1861. 864. (III, 211 S. mit 3 Steintaff. in qu. Fol.) 27 ngr.
22. Für die Zeit vom 1. Jan. bis 31. Decbr. 1862. 864. (XXIV, 195 S. mit 4 Steintaff. in qu. Fol.) 27 ngr.
23. Für die Zeit vom 1. Jan. bis 31. Decbr. 1863. 864. (XXVI, 209 S. mit 3 Steintaff. in qu. Fol.) 27 ngr.

Nachweisung üb. den Betrieb der großherzogl. badischen Eisenbahnen, Fortsetzg. s.: **Jahres-Bericht üb. die Staatseisenbahnen u. die Bodensee-Dampfschiffahrt im Großherzogt. Baden.**

Nachweisung über den Betrieb der kgl. bayerischen Verkehrsanstalten. München 1853—1881 — 4°
Für die Etatsjahre 1851/52—1856/57 in 1 Bd., für 1857/58—1861/62 in 1 Bd., für 1862/63—1864/65 in 1 Bd. Von 1865 an je 2 Jahrgänge in 1 Bd.

Nachweisung der B e t r i e b s e r g e b n i s s e bei den Staats- und Privat-Eisenbahnen im Königreich Sachsen, 1847-53. Dresden. 4°

— **der Betriebsergebnisse bei den Staats- u. Privat-Eisenbahnen im Königr. Sachsen.** 1864. Dresden 866. Burdach. Imp.-4. (XVII, 61 S. mit 1 Tab. in gr. Fol.) n. 1 ₰ 15 ngr.

— — 1865. Ebend. 867. Imp.-4. (XXV, 63 S. mit 1 Tab. u. 2 Karten, wovon 1 chromolith. u. 1 in Kpfrst. in Imp.-Fol.) n.n. 2 ₰ 15 ngr.

Nachweisung der Betriebs-, Reserve-, Ausgleichungs-, Tilgungs-, Erneuerungs- und Baufonds der grösseren Städte Deutschlands nach dem Stande vom 31. März 1907 Aufgestellt im Statist. Amte der Stadt Cöln. O. O. u. J. 4°

— **der auf den Stationen der Eisenbahnen u. der Haupt-Post-Straßen bei Stellung der Uhr gegen mittlere berliner Zeit zu berücksichtigende Differenzen.** 32. (40 S.) Berlin 848, Decker. 1½ ngr.

— **der im J. 1851 in den Zollvereinsstaaten erhobenen Eingangs-Abgaben nach den Tarifartikeln u. nach den bei den Zollstätten jedes Vereinsstaats erhobenen Einnahmen geordnet.** [Abdr. aus dem Centralblatt der Abgaben- rc. Gesetzgebung in den K. Preuß. Staaten. Jahrg. 1852.] gr. 4. (7 S.) Berlin 852, Jonas. 1/12 ₰

Nachweisung von Eintheilung der sämmtlichen, den Interessenten des Warthe-Bruchs zur Unterhaltung zugemessenen Haupt-Fahrdämme und darauf befindlichen Brücken. Landsberg a. d. W. [um 1811]. fol.

Nachweisung der Entfernungen zwischen den Stationen auf den verschiedenen Dampfbootkursen im Deutschen Reiche u. in Theilen angrenzender Länder. gr. 4. (16 S.) Berlin 876 v. Decker. n. — 40

— der Entfernungen zwischen den Stations-Orten auf d. Eisenbahnen Deutschlands u. zwischen den Stations-Orten auf den Dampfboot-Coursen im Preuß. Staate u. einiger Nachbar-Staaten. Nebst Nachweisung der auf den Stationen der Eisenbahnen u. der Haupt-Post-Straßen bei Stellung der Uhr gegen mittlere Berliner Zeit zu berücksichtigenden Differenzen. 32 (VIII u. 143 S.) Berlin 849, Decker. 1/4 ℛ

— des Erbrechts Herzog Friedrich's VIII. auf die Herzogth. Schleswig-Holstein. Ueberreicht der deutschen Bundesversammlung am 1. Septbr. 1864. Kiel 865. Schwers'sche Buchh. gr. 4. (39 S.) 15 ngr.

Nachweisung der Erfordernisse zur Ausrüstung einer Artillerie-Munitions-Colonne. München 1874. 8°

Nachweisung der Erfordernisse zur Ausrüstung einer reitenden Batterie. München 1874. 8.

Nachweisung der Erfordernisse zur Ausrüstung eines Corps-Brücken-Trains. (Pionier-Detachement mit Train-Colonne, 2 Brücken- und 1/2 Pionier-Equipage.) München 1875. 8.

— — der ꝛc. eines Divisions-Brücken-Trains. (1 Pionier-Compagnie mit Train-Colonne, 1 Brücken- und 1 Pionier-Equipage.) München 1875. 8.

— — der ꝛc. einer Eisenbahn-Bau-Compagnie mit Train-Colonne. München 1875. 8.

— — der ꝛc. einer Fahrpark-Colonne. München 1875. 8.

— — der ꝛc. einer Feld-Batterie mit 8cm. Geschützen. München 1874. 8.

— — der ꝛc. einer Feld-Batterie mit 9cm. Geschützen. München 1874. 8.

Nachweisung der Erfordernisse zur Ausrüstung eines Feldlazareths. München 1875. 8°

— — der ꝛc. einer Feld-Telegraphen-Abtheilung mit Train-Colonne. München 1875. 8.

— — der ꝛc. eines Feld-Telegraphen-Detachements mit Train-Colonne. München 1875. 8.

Nachweisung der Erfordernisse zur Ausrüstung des Hauptmunitions-Depots. München 1874. 8°

— — der ꝛc. einer Infanterie-Munitions-Colonne mit Patronenwagen C/72. München 1874. 8.

Nachweisung der Erfordernisse zur Ausrüstung einer Colonne des Feld-Munitions-Parks. München 1874. 8°

— — der ꝛc. des Commando's der Ingenieure und Pioniere. München 1875. 8.

— — der ꝛc. eines Pferde-Depots. München 1875. 8.

— — der ꝛc. einer Pionier-Compagnie mit Train-Colonne und einer Pionier-Equipage München 1875. 8.

— — der ꝛc. einer Proviant-Colonne. München 1875. 8.

— — der ꝛc. einer Reserve-Bäckerei-Colonne. München 1875. 8.

— — der ꝛc. einer Reserve-Feld-Telegraphen-Abtheilung mit Train-Colonne. München 1875. 8.

Nachweisung der Erfordernisse zur Ausrüstung eines Sanitäts-Detachements. München 1876. 8°

— — der ꝛc. des Stabes: einer Feld-Artillerie-Brigade; eines Feld-Artillerie-Regiments; einer reitenden Abtheilung; einer Feld-Abtheilung zu 4 Batterien; einer Feld-Abtheilung zu 3 Batterien; einer Munitions-Colonnen-Abtheilung. München 1874. 8.

— der hauptsächlichsten Estafetten- u. Post-Course, welche bei Weiterbeförderung telegraphischer Depeschen von Stationen innerhalb des Deutsch-Oesterreich. Telegraphen-Vereins-Gebiets, nach Orten, welche nicht mittelst Telegraphen zu erreichen, muthmaßlich zur Anwendung kommen werden, sowie der für derartige Beförderungen erwachsenden Estafetten- oder Porto-Kosten. gr. 4. (31 S.) Berlin 851, Decker. n. 4½ ngr.

Nachweisung der dem Herzogthum Sachsen durch die Convention vom 27. Sept. 1825 überwiesenen Familienstiftungen, [sowie der] durch die Convention vom 28. Dec. 1825 nachträglich überwiesenen Provinzial- und Local-Stiftungen. [Dat.:] Dresden 1825.

Nachweisung der Gehälter der etatsmässigen Beamten in Preussen seit dem 1. April 1899. Berlin 1899: Reichsdr. (135 S.) 8°

Nachweisung der Gehälter der etatsmäßigen Beamten in Preußen seit dem 1. April 1905. Berlin 1905. Reichsdr. (159 S.) 8° [3.] [illegible]

Nachweisung, Genealogische, des Familien-Adels der von Ammon im Königr. Bayern und Sachsen. Dresden 1825. V: *Ammon, Christoph Friedrich von.* (MGT)

Nachweisung, genealogische, des Familien-Adels der von Ammon im Königr. Baiern u. Sachsen. gr. 8. Dresden 825, Wagner.

— zweite Geschäfts-, der Großh. Badischen Verwaltung des Eisenbahn-Baues für die Zeit vom März 1840 bis April 1841. 4. Ebd. Herabges. Pr. n. 3/4 ℛ

Nachweisung der hiesigen Grundstücke und ihrer Besitzer, aufgestellt nach amtlichen Angaben. gr. 8. Erfurt 837. (Gotha, Wenige.) n. 1/4 ℛ

Nachweisung üb. die ausgeschlossenen Güter-Gemeinschaften in der Prov. Westfalen vom 1. Jan. 1860 bis incl. den Monat August 1883. gr. 8. (342 S.) Hagen 883. Risel & Co. n. 6. —

—— der Görlitzer Handlungsfirmen, soweit dieselben in das Handelsregister eingetragen sind und Namen-Verzeichniss der Firmen-Inhaber sowie Nachweisung der preuss. Bankplätze. Lex.-8. (35 S.) Görlitz 863, Koblitz'sche Buchh. *

— der f. die medizinisch-chirurgische Sanitätsausrüstung des Heeres zahlbaren Höchstpreise vom 21. II. 1907. (San.-Hpr.) (D. V. E. Nr. 156.) (52 S.) 8. Ebd. 907. —30; kart. —40

Nachweisung d. für d. ärztl. Sanitätsmaterial d. Armee zahlbaren Höchstpreise. (Preisverzeichn. 1888.) Berlin 1887.

— der f. das Sanitätsmaterial der Marine zahlbaren Höchstpreise. Preisverzeichn. 1895. Hrsg. m. Verfügg. d. Staatssekretärs d. Reichs-Marine-Amts v. 12. Dezbr. 1894—G. 1571. gr. 8. (59 S.) Berlin 895. E. S. Mittler & Sohn. n. —80

Nachweisung der freiwilligen Jäger und Volontairs, sowie der freiwilligen Soldaten aus den Jahren 1813, 14, 15, welche 50 Jahre nach der glorreichen Erhebung Preussens ... am 15. December 1862 noch am Leben waren. Berlin 1863. V: *Olberg, von.* (Kat. d. Bibl. d. k. Preuss. gr. Generalstabes. Berlin 1878.)

— der freiwilligen Jäger und Volontairs sowie der freiwilligen Soldaten aus den Jahren 1813, 1814, 1815, welche — 50 Jahre nach der glorreichen Erhebung Preußens — [ihrer schriftlichen Anzeige zufolge] am 15. Dezbr. 1862 noch am Leben waren. Zusammengestellt durch das Comité des Aeltesten Berliner Vereins der Freiwilligen Jäger aus den Jahren 1813, 1814, 1815. Berlin 863. (Mittler & Sohn.) gr. 4. (VII, 180 S.) nn. 1 ₰

Nachweisung aller evangelischen Kirchen und Geistlichen in d. Provinz Ostpreußen nebst Anh. Im Dezember 1905. Königsberg Ostpreuß. Dr. u. Verl.-Anst. (1905). 32 S. 8° [10. 14134

Nachweisung aller evangelischen Kirchen u. Geistlichen in der Prov. Ostpreußen nebst Anh. Januar 1909. (35 S.) 8. Königsberg, (Ev. Buchh. des ostpr. Prov.-Vereins f. innere Mission). nn —60

— der Mitglieder der zur Vereinbarung der Preuß. Staats-Verfassung einberufenen Versammlung. Fol. (10 S.) (Berlin 848, Decker.) 1/6 ₰

—— namentliche, der Aerzte und Officiers de santé in Elsass-Lothringen nach dem Stande vom April 1880. gr. 8. (15 S.) Strassburg 880, Schmidt's Universitäts-Buchh. *

I. **Nachweisung** über die Naturalverpflegungsstationen Westfalens nebst Lippe-Detmold und Waldeck in ihrem Bestande vom 1. Oktober 1886 bis 30. September 1887 Zusamg. vom Vorstande der Arbeiter-Kolonie Wilhelmsdorf und des westfälischen Herbergsverbandes. II. Bericht über die Generalversammlung für Wilhelmsdorf in Hamm am 22. November 1887. Bielefeld. (1887.) 4°

Nachweisung der in der Berliner Gemeinde-Verwaltung beschäftigten Personen sowie Angabe der wichtigsten Verwaltungs-Bezirke. Berlin.
Jg. 1867. 1873. 1874.

Nachweisung der in der hiesigen Communal-Verwaltung, insbes. mit der Armenpflege beschäftigten Personen. Amtl. hrsg. von der Armen-Direction. Berlin: Brandes & Schultze 1859.

Nachweisung der mit der hiesigen Stadtarmenpflege unmittelbar beschäftigten Personen nebst Wohnungsanzeige derselben und einige Verwaltungs-Notizen. Fur das Jahr 1830, 8. *Berlin, Jordan.*

— der Portosätze f. die Briefpostsendungen aus Hamburg nach allen Ländern der Erde. gr. Fol. (1 Bl.) Hamburg 872. Richter. n. —25

Nachweisung der Post-Comtoirs des Preußischen Post-Gebiets. Berlin 1849. 4.

Nachweisung d. Preise f. d. chirurgischen Instrumente u. Geräthe Berlin o. J.

Nachweisung d. Rechnungsergebnisse Württemb. f. die Etatsjahre 1877-85. Stuttgart

4° Stuttgart 1904

Nachweisung d. Rechnungsergebnisse d. Staatshaushalts d. Kgr. Württemberg 1904.

Nachweisung der Rechnungsergebnisse des Staatshaushalts des Königreichs Wurttemberg. 1905. 06. 4° Stuttgart 1907

Nachweisung sämmtlicher Seereisen S. M. Schiffe und der Ablösungskommandos ausserhalb der Ost- und Nordsee. (Berlin 1899. E. S. Mittler & Sohn.) (LXXXVII S.) 8°
= Marineverordnungsblatt. 1899 No 21 Anl.

Nachweisung sämtlicher Seereisen S. M. Schiffe und der Ablösungskommandos außerhalb der Ost- und Nordsee (Seedienstnachweisung.) Berlin: Reichsmarineamt 1906. (480 S.) 4°(8°) [F.]
(D. F. No 71.) [07. 7105

Nachweisung der in den Seehäfen des Deutschen Reiches angekommenen und abgegangenen Seeschiffe im Jahre 1871. fol Berlin 1872

Nachweisung über den Stand der Staatsschulden mit Ende des 2 Semesters 1897 — Siehe: „Beilage zum amtlichen Theil der Wiener Zeitung" vom 2 Juni 1898 Wien 1898.

Nachweisung und Statistik der zur Kenntnis der Königl. Bergpolizeibehörde gelangten Schlagwetterunfälle beim Sächsischen Steinkohlenbergbau seit dem Jahre 1841 [bis 1880]. Nebst Anhängen Unfälle in Schwaden, Stick- und Brandgasen betreffend. Hrsg. von A. F. Wappler Freiberg, 1881. 119 S.

[**Nachweisung**] Kreisausschuß zu Burgdorf. Nachweisung über die Steuer- und Abgaben-Verhältnisse sowie der Rechnungsergebnisse der Städte und Landgemeinden des Kreises Burgdorf f. d. Rechnungsj. 1909 ff Burgdorf Lehrte o. J. 4°
1909—1912.

Nachweisung der Stiftungen und Legate der Stadtgemeinde Berlin ... Berlin 1886. V: *Berthold, Gust.* (Kat. d. stat. Bureaus. Dresden 1890.)

Nachweisung der Stiftungen und Legate der Stadtgemeinde Königsberg i. Pr. für Unterrichts-, Armen- und Wohltätigkeitszwecke. Schluss d. Redaktion: Sept. 1905 (auf d. Umschl.: Juni 1906). (Königsberg i. Pr. 1906): Königsb. Allg. Zeitungs-Dr. (XII, 228 S.) 8° [F.] [06. 10678 10

—— der in der Provinz Pommern vorhandenen, für Gymnasiasten und Studierende der evangel. Theologie verwendbaren Stipendien, Benefizien und Legate. Auf Grund amtl. Verzeichnisse zusammengestellt vom Vorstande der pommerschen Provinzial-Synode. hoch 4. (IV, 41 S.) Pasewalk 888, (Schnurr.) *

Nachweisung, „Summarische, über die Ergebnisse der nach dem Gesetze vom 7 Juli 1891 im Jahre 1904 ff durch die Generalkommissionen erfolgten endgültigen Rentengutsgründungen, sowie üb d. Gesamtergebnisse d. Rentengutsgesetzes bis z. Schlusse d. J 1904 ff O O u J 8°
1904-1907

— der vorzügl. in Europa erscheinenden polit. u. nicht-polit. Tage- u. Wochenblätter u. period. Zeitschriften, nebst Bemerk. d. Preises, f. welchen solche durch die Königl. Preuß. Postämter zu beziehen sind. Mit 2 Suppl. gr. Fol. Berl. 823, 24, Rücker. 1 ℔

Nachweisung der vorzüglichsten in Deutscher, Französischer, Englischer etc. Sprache erscheinenden politischen und nichtpolitischen Tages- und Wochenblätter und periodischen Zeitschriften nebst Bemerkung des Preises für welchen solche durch die K. Preuss. Post-Aemter zu beziehen sind. Berl. 1824. Fol. . . (D.)

Nachweisung der bei den sächsischen Eisenbahnen vorhandenen Transportmittel für 1881-1886. Dresden

—— des Vermögens und des Einkommens sämmtlicher evangelischen Pfarreien im Regierungsbezirke Cassel. Nach amtlichen Quellen. Lex.-8. (55 S.) Cassel 871, Kay. **

Nachweisung der in Kurorten getroffenen Vorkehrungen für Militarpersonen mit Angabe der Kosten (Ziffer 50 der Kurvorschriften). (Berlin 1910 Reichsdr.) 105 S. 8°
(Armee-Verordnungsblatt. 1910. Nr 12 Beil.) [10. 10233 3

— der in Kurorten getroffenen Vorkehrungen f. Militärpersonen, m. Angabe der Kosten. (Ziffer 50 der Kurvorschriften.) (Beilage zu Nr. 12 des Armee-Verordnungsblattes f. 1910.) (105 S.) 8. Berlin 910. E. S. Mittler & Sohn. 1. 20

[ö] Nachwoisung des Wagenbestandes der Ostpreussischen Südbahn von 1896 an. *Königsberg: Ostpr Zeitgs- u. Verl. Dr. 1896* (12 S.) 1 Bd 8 [98. 7159

Nachweisung der über die Seegrenzen des deutschen Zollvereins eingegangenen, sowie aus- und durchgegangenen Waren im Jahre 1871. 4° (Berlin 1872

— der im Deutschen Reiche gesetzlich geschützten Waarenzeichen, hrsg. im Auftrage d. Reichsamts d. Innern. 1.—3. Bd. Lex.-8. Berlin 888. Stankiewicz. à n. 20.—

1. Gruppe I Kunst- und Handelsgärtnerei; Baumschulen. Gruppe III Bergbau, Hütten u. Salinen, Torfgräberei. Gruppe IV. Industrie d. Steine u. Erden. Gruppe V. Metallverarbeitung. Gruppe VI. Maschinen, Instrumente u. Apparate Gruppe VII. Chemische Industrie Gruppe VIII Forstwirthschaftliche Nebenprodukte, Leuchtstoffe, Fette, Oele u. Firnisse. Der Inhalt reicht bis Ende 1886. (X, 476 S.
2. Gruppe XII. Nahrungs- u. Genußmittel. (X, 368 S. mit Illustr.)
3. Gruppe IX. Textilindustrie Gruppe X. Papier u. Leder Gruppe XI Holz- u. Schnitzstoffe Gruppe XIII. Bekleidung und Reinigung. Gruppe XV. Polygraphische Gewerbe. Gruppe XVII. Handelsgewerbe Der Inhalt reicht bis Ende 1886. (IX, 267 S.)

Nachweisung der im Deutschen Reiche gesetzlich geschützten Waarenzeichen, hrsg. im Auftrage d. Reichsamts d. Innern. Ergänzungs-Bd. 1887. Lex.-8. (VIII, 146 S.) Berlin 889. Stankiewicz. n. 6.—

— dasselbe. Ergänzungs-Bd. 1888. Lex.-8. (VIII, 172 S.) Ebd. 889. n. 6.—

— dasselbe. Ergänzungs-Bd. 1889. Lex.-8. (VIII, 172 S.) Ebd. 890. n. 6.—

Nachweisung der im Deutschen Reiche gesetzlich geschützten Waarenzeichen, hrsg. im Auftrage des Reichsamts des Innern Ergänzungs-Bd. 1890, 1891, 1892, 1893, 1894. (Schluß.) Lex.-8. (VIII, 168; VIII, 187; VIII, 194; VIII, 214; VIII, 186 S. m. Abbildgn.) Berlin 890—894. P. Stankiewicz. à Bd n. 6.—

Nachweisung über das Wesen und den Zustand der Kleinkinderbewahranstalt in Oedenburg mit Ende des Jahres 1855. Herausgegeben durch das leitende Comité des Instituts. Oedenburg, 1856. Gedruckt bei Adolf Reichard. (35 S. 8.)

Nachweisungen über die Einrichtungen des k. k. Heeres für die mit der Musterung des Bundes-Kontingentes im Herbste 1846 beauftragten Inspektionsgenerale Mit Beil (Lithogr.) o. O. 1846. 118 S. 4°
— Dass. für 1853.

Nachweisungen zu dem Entwurfe des revidirten Staatsgrundgesetzes. gr. 8. (11 S.) Oldenburg 852, Stalling. *

Nachweisungen, statistische. Im Auftrage des Herrn Ministers der öffentl. Arbeiten aufgestellt. III.—V. Abthlg. Imp.-4. Berl., Ernst u. Sohn. * 32 —
III. Betreffend bemerkenswerthe in den J 1873 bis 1887 vollendete Bauten der Garnison-Bauverwaltung d. Deutschen Reiches u. in den J 1870 bis einschl. 1885 ausgeführte Gemeindebauten im Reg.-Bez. Cöln. (Aufstellung von Wiethoff.) (146, 70, 47 S. m. Textfig.) 890. * 12 —
IV Statist. Nachweisungen, betr. die in den J 1881 bis einschl. 1885 vollendeten u. abgerechneten preussischen Staatsbauten aus dem Gebiete d. Hochbaues. (Aufstellung von Wiethoff.) (270 S. m. Textfig.) 892. * 16 —
V Statistische Nachweisungen, betr. die im J 1890 vollendeten u. abgerechneten preussischen Staatsbauten aus dem Gebiete d. Hochbaues. (Aufstellung von Lorenz u. Wiethoff.) (49 S. m. Textfig.) 892. * 4 —.
Vorstehende 3 Abthlgn. sind aus Zeitschrift f Bauwesen, besonders abgedruckt.
Abthl. I, s. Endell u. Frommann. Ebd. 1883. * 10 —, Abthl. II, s. Endell u. Wiethoff. Ebd. 1886. * 18 —

—— statistische, betr. die Anlage-, Unterhaltungs- u. Betriebskosten der seit dem J. 1875 in preussischen Staatsbauten ausgeführten Central-Heizungs- u. Lüftungs-Anlagen. Im Auftrage d. Hrn. Ministers der öffentl. Arbeiten zusammengestellt von Lorenz u. Wiethoff. I. Abthl. Imp.-4. (38 S.) Ebd. 892. * 4 —
Aus Zeitschrift f. Bauwesen, besonders abgedruckt
Vgl. L o r e n z .

Nachweisungen, Statistische, betreffend bemerkenswerte in den Jahren 1883—1887 vollendete Bauten der Garnison-Bauverwaltung des Deutschen Reiches. Berlin 1890.
Vgl. L o r e n z .

Nachweisungen, statistische, üb. bemerkenswerthe, in d. J. 1886—1892 vollend. Bauten der Garnisonbauverwaltg d. deutschen Reiches. M. Genehmigg. des Hrn. Ministers d. öffentl. Arbeiten f. d. Zeitschrift f. Bauwesen bearb. v. Lorenz u. Wiethoff. III. Fortsetzung d. im J. 1893 erschien. statist. Nachweisgn. betr. bemerkenswerthe, in d. J. 1884—1891 vollend. Bauten d. Garnisonbauverwaltg. d. Deutschen Reiches. [Aus: „Zeitschr. f. Bauwesen".] Imp.-4. (35 S. m. eingedr. Grundrissen.) Berlin 895. W. Ernst & Sohn. n. 3.—

— dasselbe in d. J. 1891—1893. IV. Fortsetzg d. im J. 1895 erschien. statist. Nachweisgn. betr. bemerkenswerthe, in d. J. 1886—1892 vollend Bauten d. Garnison-Bauverwaltung des Deutschen Reiches. [Aus: „Zeitschr. f. Bauwesen".] Imp.-4. (27 S. m. eingedr. Grundrissen.) Ebd 896. n. 3.—

— dasselbe in d. J. 1890—1894. V. Fortsetzg. der im J. 1896 erschien. statist. Nachweisgn. üb. bemerkenswerthe, in den J. 1891—1893 im deutschen Reiche vollend. Bauten der Garnison-Bauverwaltung. [Aus: „Zeitschr. f. Bauwesen".] Fol. (39 S.) Ebd. 897. n. 3.—

— dasselbe in d. J. 1891—1895. VI. Fortsetzg. d. im J. 1897 erschien. statist. Nachweisgn. üb. bemerkenswerthe, in den J. 1890—1894 im deutschen Reiche vollend. Bauten der Garnison-Bauverwaltung. [Aus: „Zeitschr. f. Bauwesen".] Imp.-4. (27 S. m. Fig.) Ebd. 898. n. 3.—

— dasselbe üb. bemerkenswerthe, in den J. 1890—1896 vollendete Hochbauten der preussischen Garnison-Bauverwaltung. Mit Genehmigg. des Hrn. Ministers der öffentl. Arbeiten. Für die Zeitschrift f. Bauwesen bearb. im Auftrag. VII. Fortsetzg. der im J. 1899 erschienenen statist. Nachweisgn. üb. bemerkenswerthe, in den J. 1891—1895 im deutschen Reiche vollendete Bauten der Garnison-Bauverwaltg. Imp.-4. (51 S. m. Fig.) Ebd. 899. n. 3. —
Sonderabdruck aus: „Zeitschr. f. Bauwesen".

Nachweisungen, statistische, üb. bemerkenswerthe, in den J. 1890 bis 1899 vollendete Bauten der Garnison-Bauverwaltung. Für die Zeitschrift f. Bauwesen bearb. im Auftrage des Hrn. Ministers der öffentl. Arbeiten. VIII. Fortsetzg. der im J. 1902 erschienenen statist. Nachweisgn. üb. bemerkenswerthe, in den J. 1890 bis 1899 vollendete Bauten der Garnison-Bauverwaltg. (83 S. m. Fig.) gr. 4. Berlin 905. W. Ernst & Sohn. n. 4. —
Sonderabdruck aus: „Ztschr. f. Bauwesen".

— statistische, üb. bemerkenswerte, in den J. 1894 bis 1902 vollendete Hochbauten der preuss. Militärbauverwaltung. Für die Zeitschrift f. Bauwesen bearb. im Auftrage des Hrn. Ministers der öffentl. Arbeiten. IX. Fortsetzg. der im J. 1905 erschienenen statist. Nachweisgn. (75 S. m. Fig.) 36><27 cm. Berlin 908. W. Ernst & Sohn. 4. —
Sonderabdruck aus: „Ztschr. f. Bauwesen".

Nachweisungen, statistische, zur Beantwortung der Frage: soll die Eisenbahnstracke Thörishaus-Peterlingen über Freiburg oder Murten gebaut werden? Murten 1855.

Nachweisungen, statistische, über das Pressburger Comitat. Gesammelt, zusammengestellt u. hersg. von der Pressburger Districts-Handels- u. Gewerbe-Kammer. Pressburg 865. (Wigand.) Lex.-8. (III, 331 S. mit 1 chromolith. Karte des Pressburger Comitates in Imp.-Fol.) n.n. 1 ℳ 20 ngr.

Nachweisungen, Statistische, über das Pressburger Comitat. Gesammelt, zusammengestellt und herausgegeben von der Pressburger Districts-Handels und Gewerbekammer (Mit 1 Karte des Pressburger Comitates.) 4. Pressburg 1866.

Statistische Nachweisungen über das civilgerichtliche Depositenwesen, die cumulativen Waisencassen und über den Geschäftsverkehr der Grundbuchsämter (Veränderungen im Besitz- und Lastenstande der Realitäten) im Jahre 1895. 5. Heft der „Statistik der Rechtspflege" in den im Reichsrathe vertretenen Königreichen und Ländern für das Jahr 1895. Bearbeitet von dem Bureau der k. k. statistischen Central-Commission. Wien. 1898. In Comm. Gerold's Sohn. 4°. XXXII, 107 S. fl. 2.—

Statistische Nachweisungen über das Civilgerichtliche Depositenwesen. die cumulativen Waisencassen und über den Geschäftsverkehr der Grundbuchsämter (Veränderungen im Besitz- und Lastenstande der Realitäten) im Jahre 1896 5. Heft. Der „Statistik der Rechtspflege" in den im Reichsrathe vertretenen Königreichen und Ländern für das Jahr 1896. Bearbeitet von dem Bureau der k k. Statistischen Central-Commission. Wien. 1899. Hof- und Staatsdruckerei In Comm. Gerold's Sohn. 4° XXXIV. 112 S. fl. 2.—

Nachweisungen, statistische, üb. das civilgerichtliche Depositenwesen, s. a. Statistik, österreichische.

— statistische, aus der Forstverwaltung des Großherzogth. Baden, f. die J. 1878—1892. I—XV. Jahrg. gr. 4. (117, 153, 109, 107, 107, 109, 105, 105, 121, 105, 109, 107, 107, 111 u. 111 S.) Karlsruhe 880 - 893. (Ch. F. Müller.) à 3. —

— statist., aus der Forstverwaltung des Großherzogth. Baden f. d. J. 1893—1895. 16.—18. Jahrg. gr. 4. (111, 116 u. 116 S.) Karlsruhe 894—896. (Ch. F. Müller.) à Jahrg. 3. —

Nachweisungen, statistische, aus der Forstverwaltung des Großherzogth. Baden f. die J. 1896—1900. XIX.—XXIII. Jahrg. gr. 4. (115, 113, 113, 119 u. 121 S.) Karlsruhe 897—901. Ch. F. Müller. à 3. —

— statistische, aus der Forstverwaltung des Großherzogt. Baden f. d. J. 1901—1904. XXIV—XXVII. Jahrg. (133 S., 127 S., 141 S. m. eingedr. Kurven u. XX, 125 S. m. eingedr. Kurven.) gr 4. Karlsruhe 903—906. C. F. Müller. à 3. —

Nachweisungen, statistische, aus der Forstverwaltung des Großherzogt. Baden f. d. J. 1905 u. 1906. 28. u. 29. Jahrg. (XX, 125 u. XXI, 137 S. m. eingedr. Kurven.) Lex. 8. Karlsruhe 907. 08. C. F. Müller. à 3. —

Nachweisungen, statistische, aus der Forstverwaltung des Grossherzogt. Baden f. d. J. 1907 30. Jahrg., m. Allgemeinen Mitteilgn. üb. die forstl. Verhältnisse des Landes, bearb. aus Anlass der im J 1909 in Heidelberg tag. 10. Hauptversammlg. des deutschen Forstvereins. (44, XX u. 139 S. m. eingedr. Kurven u. 13 farb. Taf.) Lex.-8. Karlsruhe, C. F. Müller. 1909.

Statistische Nachweisungen über die vom 1 April 1880 bis Ende 1890 im Bereich der K. Domänendirektion zur Ausführung genehmigten, vollendeten und abgerechneten Hochbauten, welche einen Kostenaufwand von mehr als 10000 M. erfordert haben. Stuttgart März 1891 4

Statistische Nachweisungen über die im Bereich der K Domänendirektion zur Ausführung genehmigten, vollendeten und abgerechneten Hochbauten von mehr als 10000 M. aus 1880—90 [und] 1890—1905. Stuttg. Kohlhammer 1891. 1907 (2°) 4°

— statistische, betr. d. im J. 1892 vollend. Hochbauten d. preuss. Staats-Eisenbahnverwaltg Im Auftr. des Hrn. Ministers d. öffentl. Arbeiten f. d. Zeitschrift f. Bauwesen bearb. v. Lorenz u. Wiethoff. Eisenbahnhochbau II. Fortsetzg. d. im J. 1894 erschien. statist. Nachweisgn. der in d. J. 1882—1891 vollend. Hochbauten der preuss. Staats-Eisenbahnverwaltg. [Aus: „Zeitschr. f. Bauwesen".] Imp.-4. (47 S m. eingedr. Grundrissen.) Ebd. 895. n 3. —
Vgl. Lorenz.

- dasselbe im J. 1893. III. Fortsetzg. d. im J. 1895 erschien. statist. Nachweisgn. d. im J. 1892 vollend. Hochbauten d. preuss. Eisenbahnverwaltung. [Aus: „Zeitschr. f. Bauwesen".] Imp.-4. (25 S. m. Fig.) Ebd. 896. n. 3. —

— dasselbe im J. 1894. IV. Fortsetzg. d. im J. 1896 erschien. statist. Nachweisgn. etc. [Aus: „Zeitschr. f. Bauwesen".] Imp.-4. (27 S. m. Fig.) Ebd. 897. n. 3. —

— dasselbe im J. 1895. V. Fortsetzg. der im J. 1897 erschien. statist. Nachweisgn. etc. [Aus: „Zeitschr. f. Bauwesen".] Imp.-4. (32 S. m. Fig.) Ebd. 898. n. 3. —

— dasselbe betr. die in dem J. 1896 vollendeten Hochbauten der preussischen Staats-Eisenbahnverwaltung. Für die Zeitschrift f. Bauwesen bearb. im Auftrage des Hrn. Ministers der öffentl. Arbeiten. Eisenbahnhochbau VI. Fortsetzung der im J. 1898 erschienenen statist. Nachweisgn. üb. die im J. 1895 vollendeten Hochbauten der preuss. Staats-Eisenbahnverwaltung. Imp.-4. (38 S. m. Fig.) Ebd. 900. n. 3. —

— statistische, üb. d. in d. J. 1897 bis 1900 vollendeten Hochbauten der preuss. Staats-Eisenbahnverwaltung. Für die Zeitschrift f. Bauwesen bearb. im Auftrage des Hrn. Ministers der öffentl. Arbeiten. VII. Fortsetzg. der im J. 1900 erschienenen statist. Nachweisgn. (53 S. m. Fig.) 36×27 cm. Berlin 907. W. Ernst & Sohn. 3. —
Sonderabdr. aus: „Ztschr. f. Bauwesen".

Statistische Nachweisungen betreffend die in den J. 1871 bis 1880 vollendeten und abgerechneten Preussischen Staatsbauten aus dem Gebiete des Hochbaues, von Endell Frommann u. Wiethoff. 2 Bde Berlin Ernst & Korn 1883, 86. 2°

Vgl. Lorenz.

— statistische, betr. d. in d. J. 1893, 1894 u. 1895 unt. Mitwirkg. d. Staatsbaubeamten vollend. u. abgerechn., bezw. nur vollend. Hochbauten. Im Auftr. d Ministers d. öffentl. Arbeiten bearb. v. Lorenz u. Wiethoff. IX.—XI. Abth. [Aus: „Zeitschr. f. Bauwesen".] Imp.-4. Berlin, W. Ernst & Sohn. à n. 4. —
IX. 1893. (60 S. m. Fig.) 895. — X. 1894. (62 S. m. Fig.) 896. XI. 1895. (58 S. m. Fig.) 898.

— statistische, betr. die i. d. J. 1896 u. 1897 unter Mitwirkung der Staatsbaubeamten vollendeten Hochbauten. Im Auftrage des Ministers der öffentl. Arbeiten f. die Zeitschrift f. Bauwesen bearb. v. Wiethoff. XII. u. XIII. Abth. Imp.-4. (70 S. u. 80 S. m. Fig.) Berlin 899. 901. W. Ernst & Sohn. à n. 4. —

— statistische, betr. die in den J. 1898 u. 1899 unter Mitwirkung der Staatsbaubeamten vollendeten Hochbauten. Für die Zeitschrift f. Bauwesen bearb. im Auftrage des Hrn. Ministers der öffentl. Arbeiten. XIV. Abtlg. (166 S. m. Fig.) gr. 4. Berlin 906. W. Ernst & Sohn. n. 6. —

Nachweisungen, statist., üb d allgem Strafanstalten d. Königr Sachsen. Dresden 1867

Nachweisungen, statistische, üb. die allgemeinen Strafanstalten d. Königr. Sachsen. Bearb. beim kgl. sächs. Ministerium d. Innern, Abth. f. die allgemeinen Straf- u. Versorgungsanstalten. gr. 8. (IV, 31 S.) Dresden 872. (v. Zahn.) n.n. — 75

Statistische Nachweisungen aus dem Gebiete der landwirtschaftlichen Verwaltung von Preußen. Bearb. im Kgl. Preuß. Ministerium f. Landw. [1.] Jg 1901 u. 1902 *Berlin P. Parey 1904.* 4°(8°)
= Jahrbücher, Landwirtschaftliche Bd 32, Erg Bd 3.

Statistische Nachweisungen aus dem Gebiete d. landwirtschaftlichen Verwaltung v. Preussen. Jahrg. 1901—09, 1911—14. Berl. 1904—16. 4°
(1901—09 = Landwirtschaftliche Jahrbücher. Erg.-bd. 32: 3, 33: 2, 33: 3, 35: 6 36: 2, 38: 1, 39: 1). 373.
[Fortsættelse af Beiträge z. landw. Statistik v. Preussen, se ovenfor].

— statistische, aus dem Gebiete der landwirtschaftlichen Verwaltg. v. Preussen, s. Jahrbücher, landwirtschaftl. Erg.-Bd.

Nachweisungen, Statistische, über das Volksschulwesen im Grossherzogthum Hessen . . . Darmstadt 1878. V: *Ewald, L.* (Bibl. d. stat. Bureaus. Dresden 1890.)

— statistische, üb. den Vollzug der Bodenkultur-Gesetze in Bayern. Mit e. Einleitg. v. Geo. Mayr [Aus „Beiträge zur Statistik d. Königr. Bayern."] Hrsg vom k. statist. Bureau. Fol. (XXIX, 116 S.) München 871. A. Ackermann. n. 3. 60

— statistische, üb. ausgeführte Wasserbauten des preussischen Staates. Bearb. im Ministerium der öffentl. Arbeiten. 1. u. 2. Fol. Ebd. n. 7. —
1. (30 S.) 900. n. 3. —. — 2. (S. 31—78 m. Fig.) 901. n. 4. —
Sonderabdruck aus: „Zeitschr. f. Bauwesen".

— statistische, üb. ausgeführte Wasserbauten des preussischen Staates. (Bearb. im Ministerium der öffentl. Arbeiten.) (III.) (S. 79—108 m. Fig.) gr. 4. Ebd. 904. n. 3. —
Sonderabdruck aus: „Ztschr. f. Bauwesen".

Nachweisungen, statistische, über den Zinsfuss der Hypothekar-Darlehen in den im Reichsrathe vertretenen Königreichen u. Ländern im Jahre 1879. Hrsg. von der k. k. statist. Central-Commission. Imp.-4. (V, 126 S.) Wien 881. (Gerold's Sohn.) n. 3. 40

— der vornehmsten Sterne durch Linie u. Triangel. gr. Fol. Stuttg. 824. Schulz. 9 gr.

— der im Bezirke der Königl. Regierung zu Breslau geltenden landespolizeilichen Straf-Verordnungen mit auszugsweiser Angabe ihres Inhalts. Zusammengestellt im Jan. 1850. 8. (86 S.) Breslau 850, Graß, Barth & Co. Verl. n. 6 ngr

— übersichtliche, der Schiffahrt und des Seehandels sämmtlicher österreichischer Häfen, s. Mittheilungen aus dem Gebiete der Statistik.

Nachweisungs-Tabelle, alphabetisch geordnete, solcher Verlags-Buch-, Kunst- und Musikalien-Handlungen, deren Firmen nicht mehr existiren und deren Verlag an Andere übergegangen ist; desgleichen solcher jetzt noch existirender, welche Verlags-Artikel an Andere abgetreten haben. 2, unter Mitwirkung von C. H. Strabel ganz neu bearb. Aufl. von Ed. Volger. 4. (IV und 96 S.) Landsberg a. d. W. 863, Volger und Klein. *

Nachweisungstabelle f. Lotterie-Einnehmer u. Lotterie-Spieler in d. Königl. Preuß. Staaten rc. 8. Berl. 832. Schüppel. 2 gr.

Nachwort, noch ein, zu der neuen Ausgabe von Joh. Glieb. Fichte's Reden an die deutsche Nation, mit einem politischen Fragmente desselben. Frauenfeld 859. Verlags-Comptoir. (Zürich, Meyer & Zeller.) gr. 8. (23 S.) 3 ngr.

Nachwort, Gewichtiges, von James Booth & Söhne. O. O. 1834. V: *Booth, John Godfrey.* (schr)

Nachwort, e. ruhiges, zum Duell Salomon-Bering. [Aus: „Hannoversche Rundschau".] gr. 8. (8 S.) Hannover 890. Verlag d. hannov. Rundschau. — 30

Nachwort, schlichtes, zu der bekannten Erklärung v. 15. Aug. d. J., durch welches über seine Mitunterzeichnung derselben den von Vielen gewünschten Aufschluß darbietet der evangel. Bischof Dr. Dräseke. 8. Potsdam 845, Stuhr'sche B. 1/12 rf

Nack, am Lagerfeuer im Urwalde, s.: Sammlung kleiner Volksschriften.

Nack, Alb., s.: Büchernack.

— Schnurren-Schüssel. Humoristisches in pommerschem Platt. Reich illustr. v. F. Maddalena. (68 Bl.) gr. 8. Berlin-Charlottenburg (Kantstr. 124) (909). Alb. Nack. 1.50; kart. 2. —

Nack, H., der Dom zu Verden. Eine kurze Geschichte u. Beschreibg. desselben. gr. 8. (35 S. m. e. Holzschntaf.) Verden 872. (Steinhöfel.) n. — 50

Nack, H., Fibel f. deutsche Schulen in Brasilien, s.: Rotermund, Wilh.

Nack, H., und H. Flathmann, Lesebüchlein. Verden 861. Tressan. 8. (60 S.) nn. 3 ngr.

— u. H. Flathmann, Lesebüchlein. 21. Aufl. gr. 8. (80 S. mit Illustr.) Stade 887. Steudel sen. -- 20

—— —— Schreiblese-Fibel. 8. (IV und 24 S.) Verden 861, Tressan. geb. **

Nack, H., u. H. Flathmann, Schreiblese-Fibel. 3. Aufl. Stade 865. Steudel. 8. (36 S., wovon 12 lith.) n. 2 ngr.

— — — 6. Aufl. Mit 14 (eingedr.) Orig.-Holzschn. von Mezger u. Probst. Ebend. 870. 8. (36 S., wovon 12 lith.) cart. n. 3 ngr.

—— —— Schreiblese-Fibel. 27.—30. Aufl. gr. 8. (40 S. mit Illustr.) Ebendas. 887.

—— —— dass. — 31. Aufl. gr. 8. (48 S. mit Illustr. und dem Normal-Duktus.) Ebendas. 888.

—— —— Wandfibel in 14 Tafeln. Imp.-Fol. Verden 862, Tressan. *

— — Wandfibel in 16 Taff. 2. Aufl. Verden 869. Tressan. qu. Imp.-Fol. n. 1 rthl 10 ngr.

Nack, Jh. Bernh., († ...) s. 1) le Beau, Reisen. 2) G. di Lucca, Geschichte.

Nack, Karl Aloys, nachmittäg. Andachtsübungen an Sonntagen zur heil. Dreifaltigkeit. Mit Glaube, Hoffnung u. Liebe, sammt Reue u. Leid. 8. Augsb. 802.

— Auszug aus d. kathol. Gebetbuch. 5e Aufl. 8. Kempt. 826. (Landsh., Krüll). 12 gr — Dess. 5e Aufl. 8. Kempt. 6e A. 827. Kösel. 7 gr in 12. 5e A. 829. Edd. 7 gr

— dess. 5e Aufl. 8. Kempt. 826, (Leipz., Central-Cptr.)

— kathol. Gebetbuch, Auszug. 8e Aufl. (Grobe Schrift) 8. Kempten 832. Kösel. 7 gr — Auszug. 9e Aufl. (Grobe Schrift.) Ebd. 834. 5/12 rthl — Auszug. 10 Aufl. 8. Ebd. 836. 7 gr — 11e Aufl. gr. 12. Ebd. 838. 12e Aufl. 839. 7 gr

Nack, Carl (Aloys), Auszug aus dem kathol. Gebetbuch. 15. Aufl. 12. (VIII und 326 S.) Kempten 848, Kösel'sche Buchh.

Nack, Karl Alois, Beruhigung des Glaubens im Gebete zu Gott. Ein Gebetbuch für katholische Christen. 22. Aufl. Augsburg 860. Schmid. 36. (252 S. u. 1 Stahlst.) 3 ngr.

Nack, Carl Alois, der andächtige Christ, oder kleines Gebetbuch für Katholiken zum allgemeinen Gebrauche. 12., verb. und verm. Aufl. 12. (216 S. mit 1 Holzschnt.) Augsburg 853, Schmid'sche Vrlgsh.

—— dass. — Ein Gebetbüchlein für kathol. Christen. Auszug aus dem gleichnam. größern Gebetbuche. 18., verb. und verm. Aufl. 24. (144 S. mit 1 Stahlst.) Ebds. 853. *

— Entwurf z. osterl. Beicht- u. Communionandacht f. Kinder u. Erwachsene in kathol. Pfarrgemeinden. 8. Augsb. 810.

Nack, Karl Aloys, Entwurf zur österlichen Beicht- u. Kommunionandacht für Kinder und Erwachsene in kathol. Pfarrgemeinden. 8. Augsburg 810. u. 834. jetzt Kollmann. 1/8 rthl

— s. Erhard, Casp., das himmlische Jerusalem.

Nack, Karl Aloys, Erhebung d. Geistes u. Herzens zu Gott. Für d. reif. Jugend bearb. v. e. kathol. Geistlichen. 12. (11½ B. u. Ttlkpfr.) Augsburg 839. (Regensburg, Manz.)

—— Erhebung des Geistes u. Herzens zu Gott. Für d. reifere Jugend bearb. v. e. kathol. Geistlichen. 3. Aufl. 12. (11½ B. u. 1 Ttlkpfr.) Augsburg 843, (Regensburg, Manz.)

— die Firmung z. Unterricht u. z. Erbauung f. Kinder u. Erwachsene. 12. Augsb. 817. 3e A. 822. (Landsh., Krüll). 1 gr

— die Firmung. Ein paar Kindersprüche zum Unterricht und Erbauung. 8. Augsburg 827. M. Rieger. 1/12 rthl

— das Fronleichnamsfest u. Octav sammt Zugabe für Gebetstunden. Eine Volksandacht. 8. Augsburg 834. jetzt Kollmann. 5 gr

— Gebetbuch für Bürger und Bauer. 8. Ebend.

– s. Gebetbuch f. Bürger u. d. Landvolk.

Nack, P. Karl —. Christkatholisches Gebetbuch zum allgemeinen Gebrauche. kl. 8. (352 S.) Linz. Druck von Johann Huemer. 1827. (1854.)

— kathol. Gebetbuch. 8. Münster. 805. (Aschendorf). 10 gr

— — dass. 8. Halberstadt, Dölle.

— — dass. 8. Augsb. Ant. Rieger. 797.

—— kathol. Gebetbuch. 3e rechtm. u. verb. Ausg. in grobem Druck. 8. Kempten 826, (Landsh., Krüll.)

—— kathol. Gebet- u. Andachtsbuch. 15. Aufl., durchges., verb. u. verm. v. Frz. Geiger. 16. (20¾ B. 1 Stahlst. u. Ttlvign.) Mainz 838, Kirchheim, Schott u. Thielmann.

— kathol. Gebetbuch z. allgem. Gebrauch. 8e Aufl. Mit Kpf. 8. Rotweil, Herder; (a. Ebner in Ulm). 12 gr

Nack, P. K., katholisches Gebetbuch zum allgemein. Gebrauche, mit K. 8. Innsbruck, Wagner. 812.

— — dasselbe. Neue Ausgabe, mit K. 8. Luzern, Anich. (Leipz. Schmidt in Comm.) 814.

Nack, P. K., kathol. Gebetbuch zum allgemeinen Gebrauche. Neue Ausg. 8. Luzern, Anich. (Leipzig, Schmid in Comm.) 818.

Mit 4 Kpfrn.

— dess. Neue Ausg. 8. Luzern 821, Anich. 9 gr. Mit 4 K.

— kathol. Gebetbuch zum allgem. Gebrauch. 13e Aufl. Mit 1 Steindr. 8. Luzern 831. Anich. (Landsh., Krüll). 10 gr Mit 4 Kpf. 16 gr (a. Lentner in Münch.) 9 gr

Nack, Karl Alois, s. Gebetbuch, kathol., f. Kinder u. junge Leute.

— kathol. Gebetbuch, bestimmt f. alte Leute. 8. Kempten 801. 3e A. 812. Kösel. Mit groß. Lettern. 20 gr

— kathol. Gebetbuch f. junge Leute. 3e Aufl. 12. Dillingen, (Landsh., Krüll.)

Nack, K. A., kathol. Gebetbuch für junge Leute. 12. Dillingen, Roßnagel. (Leipzig, Herbig.) 821.

—— kathol. Gebethbuch f. junge Leute. 4., verb. u. verm. Aufl. 12. (7 B.) Dillingen 827, Roßnagel.

— kathol. Gebetbuch für junge Leute. Neueste, mit vielen Gebeten u. christl. Gesängen verm. Ausg. Mit 1 Stahlstich u. dem Anhang: Heiliger Kreuzweg in 14 Stationen. 12. Dillingen 840. Aulinger. 1/4 Thlr — dass. mit Schreibschrift gedr. 1/8 Thlr

— kathol. Gebetbuch f. junge Leute. Neueste verm. u. verb. Aufl. Mit 1 Stahlst. gr. 12. Dillingen 842, Aulinger'sche Verlagsh. 1/4 Thlr — 5. verb. Aufl. 12. Ebend. 843. 1/6 Thlr

— Gebetbuch für ältere Leute. 8. Bregenz, Brentano.

— neues Gebetbuch f. junge, wohlunterrichtete Christen. 18. Rotweil ... Herder. 4 gr

— neues Gebetbuch für die Jugend. 12. Ebendaselbst. 814.

Nack, Gebetbuch für alle Stände, mit 5. K. 8. Freiburg, Herder. 815.

— — dass. ohne Kupf. mit 1 Titelkupf.

— vollständiges Gebet- u. Andachtsbuch für fromme kathol. Christen. Neueste verb. u. verm. Aufl. (Mit 4 Stahlst.) kl. 8. Würzburg 843, Etlinger'sche Verlagsh. 2/3 Thlr feinstes Velinp. 5/6 Thlr — Neueste verb. u. verm. Aufl. Mit 3 Stahlst. 8. Ebend. 844. 5/6 Thlr — Neueste Aufl. Mit 3 Stahlst. 8. Ebend. 846. n. 2/3 Thlr

— vollständiges Gebet- und Erbauungsbuch für kathol. Christen, welche Gott im Geiste u. in der Wahrheit anbeten. Nebst der deutschen Messe von J. M. Sailer. Neue, wohlfeilste Ausg. Mit Titelbild. 8. Oettingen 838. (Nördlingen, Beck.) geb. 8 3/4 ngr

—— vollständ. kathol. Gebet- u. Andachtsbuch z. allgem. Gebrauche. 15. Aufl., durchges., verb. u. verm. v. Frz. Geiger. 16. (20 3/4 B., 3 Stahlst. u. Vign.) Luzern 838, Anich.

—— vollständ. kathol. Gebet- u. Andachtsbuch z. allgem. Gebrauche. Neueste Aufl. 8. (23 1/2 B. u. Ttlkpfr.) Rotweil 840. [Constanz, Meck; St. Gallen, Scheitlin u. Zollikofer.]

— vollständ. kathol. Gebet- und Andachtsbuch zum allgemeinen Gebrauche. 13. Aufl. (2. Abdr.) Durchges., verb. u. verm. von Frz. Geiger. Mit 1 Stahlst. u. 29 Vign. 16. Reutlingen 843, Fleischhauer u. Spohn. 3/8 Thlr

— vollständiges kathol. Gebet- u. Andachtsbuch zum allgemeinen Gebrauche. Neueste Aufl. 8. (Mit 1 Stahlst. u. Titel in Golddruck.) Rottweil 845, Setzer. 7/12 Thlr In Leder geb. mit Goldschn. u. in Etui n. 1 1/4 Thlr

— vollständiges kathol. Gebet- u. Andachtsbuch. Zum allgem. Gebrauche. Mit 1 Stahlst. 12. (VI u. 304 S. m. Titel in Buntdr.) Neuburg 847, Prechter. 1/2 Thlr

— vollständiges katholisches Gebet- u. Andachtsbuch. 15. Aufl., (3. Abdr.), durchgeseh., verb. u. verm. v. Frz. Geiger. Mit 1 Stahlst. u. 29 Vignetten. 16. (VIII u. 368 S.) Reutlingen 847, Fleischhauer & Spohn. 12 ngr

— vollständiges katholisches Gebet- und Andachtsbuch zum allgemeinen Gebrauche. 15. Aufl. [4. Abdr.] Durchgesehen, verb. u. verm. von Fr. Geiger Mit 1 Stahlst. u. 29 Vignetten. Reutlingen 863. Fleischhauer & Spohn. 16. (XIV, 368 S.) 20 ngr.

Nack's, P. Karl, vollständiges katholisches Gebet- u. Andachtsbuch zum allgemeinen Gebrauche. 15. Aufl. (5. Abdr.) Durchgesehen, verb. u. verm. von Fr. Geiger. Reutlingen 868. Fleischhauer & Spohn. 16. (XIV, 368 S. mit 1 Stahlst. u. 29 Vignetten.) geb. mit Goldschn. in Futteral 20 ngr.

—— Neige, o Herr, dein Ohr und erhöre mich! Ps. 85, 1. Vollständiges kathol. Gebet- und Erbauungsbuch zum Gebrauche für Kirche und Haus. 6. Aufl. 1853. und 7. Aufl., gleichlautend mit der sorgfältig überarb. rc. 6. Aufl. Mit 3 Stahlst. 32. (XVI und 476 S. und: Christl. Album für schriftl. Nachtrag 24 S. mit 2 Holzschnt.) Augsburg 855, Schmid'sche Vrlgsh.

—— Neige, o Herr, dein Ohr und erhöre mich! Ps. 85, 1. Vollständiges kathol. Gebet- und Erbauungsbuch. 8. Aufl. 1857. und 9., verm. und verb. Aufl. Mit 3 Stahlst., Anhang der k. k. österreich. Kirchengesänge und Album zu schriftl. Nachträgen. 32. (XVI und 488 S. und Album 24 S.) Augsburg 859, Schmid'sche Verlagsbuchh.

— Gebetbüchlein für die Jugend. 12. Regensburg 840. Reitmayr. n. 1/6 Thlr

— Gebetbüchlein für Kinder. 8. Neresh. 793. 12. Augsb. 794, 99. 3e rechtm. Aufl. 12. Ebd. 824. (Krüll in Landsh.) 5 gr 4e A. 12. Ebd. 831. (Rieger). 4 gr

—— Gebethbüchlein f. Kinder. 4., rechtmäß. Aufl. 12. (3 B. u. Ttlkpfr.) Augsburg 831, M. Rieger'sche Buchh.

— kleines Gebetbüchlein für Kinder. 18. Augsburg ... M. Rieger. 1/12 Thlr

— kl. Gebet- u. Sittenbüchlein f. Dienstboten. 12. Augsb. 816. 3e A. 820. (Landsh., Krüll). 3 gr

—— neues Gebethbüchlein f. d. Jugend. Neueste Ausg. 12. (7 B. u. Ttl.-Vign.) Luzern 831, Anich.

— neues Gebetbüchlein f. Kinder. 8. Augsb. 803. N. A. 820. (Münch., Lentner). 4 gr

— neues Gebetbüchlein für Kinder. 8. Luzern, Anich. 809.

— neues Gebetbüchlein f. Kinder. 12. Luzern 814. Anich. 5 gr N. A. 816, 20, 31. Ebd. 4 gr — Dess. neueste Aufl. Mit 1 Kpf. u. Meßgesängen. 18. Mainz 818. Kupferberg. 2 gr fein Pap. 3 gr

– s. Gedanken üb Sonn- u. Feiertagsschulen

Nack, (K. A.,) die Charwoche zum andächtigen Gebrauche f. kathol. Christen. Sammt einem Anhange von Andachten f. die heil. Fastenzeit. 8. Augsb. 816. (Landsh., Krüll.)

— die Charwoche, zum andächtigen Gebrauche für kathol. Christen. 8. Augsburg 834. jetzt Kollmann. 1/3 Thlr

Nack, Karl Alois, die heil. Charwoche zum Gebr. f. kathol. Christen. Sammt 1 Anh. von Andachten für d. heil. Fastenzeit. Mit Zugrundlegung der Allioli'schen Bibelübers. neu bearb. v. Jh. Ev. Stadler. gr. 8. (Mit 1 Kpfr.) Donauwörth 846, Veith. 22 ngr

— kathol. Katechismus, od. Religionsunterricht f. die Jugend. 4e Aufl. 8. Nürnb. 823. Zeh. 2 gr

— die Kinder Bethlehems an d. Krippe d. Herrn, ein Weihnacht-spiel u. Weihnachtsgeschenk f. Kinder. Augsb. 812.

— die Kinder Jerusalems, im Hause des Nikodemus u. beim Grabe des Herrn am Tage der Auferstehung. Ein Ostergeschenk f. Kinder. 8. Augsb. 821, (Landsh., Krüll.)

— die Kinder Jerusalems im Hause des Nikodemus, und beim Grabe des Herrn am Tage der Auferstehung. Ein Ostergeschenk für Kinder. Neue verb. Aufl. 8. Augsburg 833. M. Riegers Buchh. (Himmer.) 1/12 ₰

— zwei Kindergespräche v. d. Beichte, od. v. Empfang d. heil. Sakraments d. Buße. 8. Augsb. 817.

—— zwey Kinder-Gespräche v. d. Beichte, od. v. Empfange d. heil. Sakramentes d. Buße. 3., verb. Aufl. 8. (3½ B. u. Ttlvign.) Augsburg 833, (M. Rieger's sel. Brlsh.)

— zwei Kindergespräche in der Communion. 8. Augsburg 828. M. Rieger. 1/12 ₰

— Kreuzweg zur Beförderung d. Nachfolge Jesu. 12. Augsburg ... M Rieger. 1/2 ℛ

— u. G. Vorleidner, der Kreuzweg, eine beliebte Volksandacht in d. Fastenzeit ꝛc. 8. Wartenstein 812. Firdorff u. K. 3 ℛ

— s. Lehr- u. Lese buch f. das kathol. Landvolk.

— erstes Lehr- u. Lesebüchlein für deutsche Schulen. 8. Neresheim 793.

— fünf Litaneien v. Leben u. Tode Jesu; sammt e. Gebeten z. Fastenandacht. 8. Augsb. 810.

— gemeinschaftl. Morgen- u. Meßandacht für das Volk. 8. Augsb. 810.

— s. Neresheim, Reichsstift.

— s. Schulordnung, Neresheimer.

— kurzer Unterricht v. d. heil. Beichte u. Kommunion, mit Gebeten f. die kathol. Jugend. 12. Augsb. 802.

— kurzer Unterricht v. d. Beichte u. Kommunion, mit Gebeten f. die kathol. Jugend. 8. Augsb. 818.

— gemeinschaftl. Volksandacht im Sommer, zu Erhaltung d. Feldfrüchte u. z. Feier d. Erndtefestes. 8. Augsb. 810.

— gemeinschaftl. Volks-Andachten f. die heil. Osterzeit bis nach Pfingsten. 8. Augsb. 823, (Landsh., Krüll.)

— gemeinschaftliche Volks-Andachten für die heil. Osterzeit bis nach Pfingsten. 8. Augsbu·g 834. jetzt Kollmann. 1/8 ₰

— gemeinschaftl. Volksandachten f. Verstorbene. 8. Augsb. 810.

— Volksandachten v. Weihnachten bis z. Fasten. 8. Augsb. 816.

— Volks-Andachten von Weihnachten bis zur Fasten. Ein Weihnachtsgeschenk. 8. Augsburg 834. jetzt Kollmann. 5 ℛ

—— Weg zum Himmel. Ein christkathol. Gebet-Buch f. junge Leute. Mit Ttlkpfr. 12. (7 B., z. größt. Thl. Schreibschr.) Oetting 833. (Regensburg, Manz.)

—— Weg zur Seligkeit. Ein christkathol. Gebet- u. Erbauungsbüchl. f. d. Jugend u. auch f. Erwachsene. Mit Ttlkpfr. 12. (7 B., z. Thl. mit Schreibschr.) Oetting 832. (Regensburg, Manz.)

Nack, Karl Jos., († d. 4. März 1795.), s. Adolph der Kühne.

Naeck, E., Gustav-Adolf-Spuren in der Wüste, s.: Festschriften f. Gustav-Adolf-Vereine. Nr. 68.

Nacke: Untersuchungen über die Kreisevolvente 14 S. u. Tab – Leitmeritz, Progr 1852

Nacke, Ernst: Aus d. pharmakol. Institut zu Marburg. Über das Verhältnis der Wirkungsstärke der Narcotica zu der Grösse des Teilungscoefficienten bei verschiedenen Temperaturen. Marburg 1901: J. Hamel. (19 S.) 8°
Marburg, Med. Diss. v. 20. Febr. 1901

Nacke, F., Zugabe zu Ecks Spruchbuche, s.: Rothert, W.

Nacke, J., das Decimalrechnen auf Grund der Wesenheit d. Decimalsystems. Nach Vorträgen von J. N. 2. Aufl. Neu bearb. u. erweitert v. F. S. Holzinger. 8. (VII, 84 S.) Linz 884. Fink. n. 1. 20

Nacke, Johs., der Tischtitel als Inaugural-Dissertation bearb. Paderborn 869. Schöningh. gr. 8. (38 S.) n. 5 ngr.

Nacke, Karl, Einführg. in d. deutsche Litteratur, s.: Lüben, Aug.

—— —— Grundlagen zu Literatur-Bildern, s. Lüben, Aug.

Nacke, Carl, pädagogischer Jahresbericht, s. Jahresbericht.

Nacke, Carl, und A. Lüben, Commentar zu dem Lesebuch für Bürgerschulen, } s. Lüben.

Nacke, Carl, Lesebuch f. Bürgerschulen, s.: Lüben, Aug.

—— der Vogelsteller im Harzgebirge, od. Peters Abenteuer im Befreiungskriege. Eine Gabe d. Liebe, d. deutsch. Jugend z. Unterhaltung u. Belehrung gewidmet. gr. 8. (8¼ B.) Leipzig 846, [Brandstetter.]

Nacke, Karl, d. Vogelsteller im Harzgebirge, od. Peters Abenteuer im Befreiungskriege. Eine Gabe d. Liebe, d. deutschen Jugend zur Unterhaltung und Belehrung gewidmet. gr. 8. Leipzig 846, Einhorn's Verl.-Exped. 12 n₰

—— die Weltkunde als Anschauungs- u. Sprech-Unterricht in d. Unterklasse. Für Volks- u. Bürgerschulen method. bearb. 8. (10 B.) Leipzig 846, [Brandstetter.]

Nacke, Theodor, appr. Arzt: Aus d. Univ.-Augenklinik zu Marburg. Die Resultate der Allgemeinuntersuchung in der Marburger Universitäts-Augenklinik vom 1. Juni 1903 bis 1. Januar 1909. Marburg 1909: Köster & Schell. 40 S. 8°
Marburg, Med. Diss. v. 13. Aug. 1909, Ref. Bach
[Geb. 30. Mai 75 Kappel i. L., Wohnort Marburg; Staatsangeh.: Lippe-Detmold; Vorbildung: Gymn. Detmold Reife O. 94; Studium: Marburg, Greifswald, Berlin zus. 10 S.; Coll. 24. Juli 09, Approb. 14. Dez. 08.] [U 09. 3147

Nacke, Wilhelm, cand. med. aus Breslau: **Symptomatologie der Lungensyphilis auf anatomischer Grundlage.** *Erlangen (1898): A. Vollrath.* (54 S.) 8°
Erlangen, Med. Diss. v. 19. Juli 1898

Näcke, Paul

Näcke, P., einige psychiatrische Erfahrungen als Stütze f. die Lehre v. der bisexuellen Anlage des Menschen. (S. 583—603.) 8. Leipzig 906. M. Spohr. n. — 60
Sonderabdruck aus: „Jahrb. f. sex. Zwischenstufen".

Uber Familienmord durch Geisteskranke Von Med.R Dr P[aul] Näcke in Hubertusburg Halle a. S C Marhold 1908. (140 S.) 8°

— Die Gehirnoberfläche v. Paralytischen. Ein Atlas v. 49 Abb. nach Zeichngn., erläutert u. m. e. Einleitg. versehen, m. e. Vorworte v. Flechsig. (IV, 8 S. u. Bl. 9—58.) 35,5×26,5 cm. Leipzig 909. F C. W. Vogel. 20. —

Uber die sogenannte 'Moral Insanity Von Dr P[aul] Nacke, Oberarzt zu Hubertusburg *Wiesbaden J F Bergmann 1902.* (65 S.) 8°
= Grenzfragen d. Nerven- u Seelenlebens H 18

— die Unterbringung geisteskranker Verbrecher. gr. 8. (57 S.) Halle 902. C. Marhold. n. 2. —

Näcke, Paul, Verbrechen u. Wahnsinn beim Weibe. Mit Ausblicken auf die Criminal-Anthropologie überhaupt. Klinisch-statist., anthropologisch-biolog. u. craniolog. Untersuchgn. gr. 8. (XI, 257 S. m. 2 Tab.) Wien 894. W. Braumüller. n. 5. —

Nacken, Ernst, Adam u. Eva. Eine Streitschrift f. die keusche Nacktheit in d. Kunst. (20 S.) 8. Straßburg 909. J. H. E. Heitz. — 80

— Morgenlicht leuchte! Roman. (352 S.) kl. 8. Barmen (909). E. Biermann. 4.—; geb. in Leinw. 4. 50

Nacken, Leonh., Malmedy, die wallonische Schweiz, s.. Für die Feste u. Freunde d. Gustav-Adolf-Vereins.

Nacken, Richard, a. Rheydt: Ueber die Bildung und Umwandlung von Mischkristallen und Doppelsalzen in den binären Systemen der dimorphen Sulfate von Lithium, Natrium, Kalium und Silber. (Stuttgart 1907: C. Grüninger.) (68 S.) 8° ¶ (Aus: Neues Jahrbuch f. Mineralogie Beil.-Bd 24.)
Göttingen, Phil. Fak., Ref. Liebisch, Diss. v. 21. Mai 1907
[Geb. 4. Mai 84 Rheydt; Wohnort. Rheydt, Staatsangeh. Preußen; Vorbildung: Gymn. Gütersloh Reife O. 03, Studium Tübingen 1, Göttingen 7 S.; Rig. 20. Dez. 06.]

Nacken, R., üb. die Mischfähigkeit des Glaserits m. Natriumsulfat u. ihre Abhängigkeit v. d. Temperatur. (S. 1016—1026 m. Fig.) Lex. 8. Berlin (910). G. Reimer. — 50
Sonderabdr. a.: „Sitzungsber. d. preuss. Akad. d. Wiss."

Nacken, Walter [aus Wickrath '(Rheinl.)']: Zur chemischen Charakteristik des Heidelbeersaftes und seiner Gärungsproducte ... (Aus d. Forschungsber. üb. Lebensmittel u. ihre Bezieh. z. Hyg. ...) München, kgl. Hof- u. Univ.-Buchdr. v. Dr. C. Wolf & Sohn, 1895; 13 S. 4.
München, Phil. Fak., Inaug.-Diss. v. 1895

Näckler, Alois v., Das Haus Habsburg. Festschrift zur 600jährigen Feier der Gründung der Dynastie Habsburgs. 12. (32 S. mit Abbildungen, geh. 12 kr
Wien: Pichler's Witwe 1882.

Näckler, Alois von, Erzherzog Rudolf, Kronprinz von Österreich. Festschrift zur Vermählungsfeier. 12. (32 S. m. eingedr. Holzschn.) Wien 881. Pichler's Wwe. & Sohn. n. — 20

Näckler, Alois v., s.: Rundschau, pädagogische.

Näckler, Alois von, Schlüssel zu den in österreichischen Schulen verwendeten deutschen Lesebüchern. 8. (48 S.) —.50
Wien: Pichler's Witwe u.S. 1889.

Nackt. Pariser Geschichten. Deutsch v. Egon Berg. (133 S.) schmal 8. Berlin (905). Berliner Verlags-Institut. n. 2. —

Nacktsport. (Hrsg. W[ilhelm] Kästner) Berlin. W. Kästner [1910]. 16 S. 8° [Umschlagt.] (10. 1502)

Nadachowski, Ant., Beweis des Fermatischen Satzes. (4 S.) 30,5×23,5 cm. Linz (910). (Ob.-öst. Buchdr. u. Verlagsgesellschaft.) — 30
Sonderabdr. a.: „Mittlgn. d. Ver. d. Ingen. d. k. k. öst. Staatsb."

Nádai, Géza. Darstellung von o-nitrierten Aminen aus dem entsprechenden Phenolderivaten. Diss. Phil. [II.] Univ Zürich. 49 S. 8. Zürich-Selnau, Gebr. Leemann & Co., 1908.

Nadaillac, Marquis de, die ersten Menschen u. die prähistorischen Zeiten, mit besond. Berücksicht. der Urbewohner Amerikas. Nach dem gleichnam. Werke hrsg. v. W. Schlösser u. Ed. Seler. :Mit 70 Holzschn. gr. 8. (XII, 527 S.) Stuttgart 884. Enke. n. 12. —

Nadal, Hieronymi, S. J., epistolae ab anno 1546 ad 1577, nunc primum ed. et illustratae a patribus ejusdem societatis. 3 tomi. (6, 5 u. 6 fasciculi.) (LXXI, 876; XX, 732 u. XXXII, 912 S.) gr. 8. Matriti 898. 899 902. (Freiburg i/B., Herder.) n.n. 34. —
Sonderabdruck aus: „Monumenta historica societatis Jesu".

Nadal. Vict., die Trägheit, s. Todsünden, die sieben. IV.

NADAL, V., Die Trägheit. Mit zahlreichen etwas freien Illustrationen von A. Scheiner. Budapest, Grimm, 1904. 8°. (Eleg. br. Kr 3,60.) (2 Kr. 60 H. Vict. Eytelhuber. Wien, 1905.)

Nadal de Mariezcurrena, Alfr., Deutsch-spanische Handelskorrespondenz, s.: Göschen's kaufmänn. Bibliothek. 8. Bd.

Nadal de Mariezcurrena, Alfredo: Spanische Handelskorrespondenz Leipzig. Göschen 1906. VIII, 134 S 8°
(Sammlung Göschen. 295)

— Spanische Handelskorrespondenz, s. Sammlung Göschen.

Nadar, la robe de Déjanire. 3 vols. Leipzig 857. A. Dürr. 16. (201; 219; 210 S.) 1 ₰. 15 ngr.

Nadasdi, Gräfin, s. Isidore.

Nadasdi, Gräfin Isidore von, Vicekönigin von Hungarn, zwölffache Mörderin aus Eitelkeit. Eine wahre schaudervolle Begebenheit d. 17ten Jahrh. 8. Eisenb. Schöne. 807.

Nadasdi, Isidora Gräfin von, Vice-Königin von Ungarn ... Neue Aufl. Eisenb. 1824. V: *Bornschein, Johann Ernst Daniel.* (Ky)

Nádasi, Johannes

Nadasi, Joa., aspirationes theologicae ad unum et trinum Deum in 52 hebdomadas divisae. Ed. novissima cura Jos. Nirschl. 12. (159 S.) Würzburg 894. F. X. Bucher. n. — 80

Nadasi, I., cor Amoris Dei. 12. Vien. Gerold. 743.

NÁDASI, JOANNES S. J. Jahr der Ewigkeit. Übersetzt von P Gregor Gabriel. Wien 1729. Schwendimann. 117 S. 1 t. 130 mm

— himmlisches Jahr. 8. Augsburg, Doll. 751.

— himml. Jahr, Jesu u. Mariä geheiligt. 8. Augsb. 751. Wolf. 20 ℊ

— Jahr, d. geheiligten Sonntage. 8. Ebend. 728.

Nadasi, Jh., himmlisches Jahr d. geheiligten Sonntage rc. 8. Augsb. 751. Wolf. 16 ℊ

Nadasi, J., der Monat der göttlichen Liebe. Aus dem Franz. 16. (70 S.) Paderborn 872. Junfermann. n. — 30

Nadasi, Jh., pretiosae occupationes morientium in Soc. Jesu. 12. Ofen 753. Typograph. S. 10 ℊ

— vita et mores praedestinatorum. fol. Colon. 726.

NÁDASI, JOHANNES Heilige Wochen von der Höllen-Fluchi, Das ist: Andächtige Wochentliche Ubung, Wie man mit dem Feuer der Göttlichen Lieb die Höllen auß-löschen, und hergegen mit den höllischen Flammen die Lieb Gottes anzünden möge. Erstlich Von R. P JOANNE NÁDASI der Societät Jesu Priester in Latein verfasset; Anjetzo von einem anderen Priester gemelter Societät verteutschet, und mit wenigem Zusatz in diese Ordnung versetzet. Regenspurg, Gedruckt bey Catharina Raithin, Wittib, Hoch-Fürstl. Bischoffl. Buchdr. An. 1706. (30,6 S.) - 16°

Nadasius, Johann., heil. Wochen von der Höllenfluth. Reacnsp. 709. 12.

Nadasti, Graf Joseph Vincenz von, der Edelmüthige, eine Ungarische wahre neuere Geschichte, 8. Leipzig 797. Weygand. 1 Rthl. 5 sgl.

Nadastiny, Frz., Untermenschen. Das ius talionis im Lichte der Kriminalpsychologie, s.a. Bibliothek d. Menschheitsziele. II.

Nadastiny, F., Untermenschen. Das ius talionis im Lichte der Kriminalpsychologie. (IX, 191 S.) 8. Leipzig, O. Wigand. 1908. 6. —
Bibliothek der Menschheitsziele, II. Bd.

— Untermenschen od. Narren? Eine kriminalpsycholog. Kritik der klin. Lehre v. Verbrecherseelenleben. Ein Studienbehelf f. Strafjuristen u. Ärzte. (IV, 171 S.) gr. 8. Wien 910. C. Konegen. 3. —

Nadaud, R., Prononciation classique de la langue franç., ou remarques à l'usage des Allemands, sur la prononciation classique des Français, sur l'usage de leurs accents et sur l'union des mots; suivies d'un essai sur la prosodie, et d'un abrégé de la versification française. gr. in-8. (6¾ B.) Bonn 838. Habicht.

— s. Chr. Theoph. Schuch, Aussprache, Accente.

Nadbyl, preuß. Gerichtskostengesetz, Ersatz, s.: Schulz, Ed.

Nadbyl, preuß. Gerichtskostengesetz u. Gebührenordnung f. Notare, s.: Taschen-Gesetzsammlung.

Nadbyl, Adalbert [app. Arzt aus Frauenwaldau]: Ueber das Enchondrom. . . . München, Buchdr. v. M. Ernst, 1891; 32 S., 1 Bl., 1 Taf. 8°
Würzburg, Med. Fak., Inaug.-Diss. v. 1891

Nadbyl, Bernh., Chronik und Statistik der königlichen Universität zu Breslau. Bei Gelegenheit ihrer 50jährigen Jubelfeier am 3. Aug. 1861 im Auftrage des akademischen Senats verfaßt u. herausg. Breslau 861. Graß, Barth & Co. Sorthblg. in Comm. gr. 4. (2 Bl., 89 S.) n. 22½ ngr.

Nachricht von den Freitischen und Stipendien bei der Universität Breslau nebst kurzen Mittheilungen über auswärtige Stipendien. Nach amtlichen Quellen bearb. von Bernhard **Nadbyl**, K. Universitäts-Secretär. Breslau 1875. (66 S.) 8°

Nádejde, Demetrius C[onstantin] [Prof. a. Bukarest]: Beitrag zur biologischen Theorie der Lust und Unlust. Leipzig: W. Engelmann 1907. (34 S.) 8° ¶ (Aus d. Werke d. Verf.: Die biologische Theorie der Lust und Unlust.)
München, Phil. Fak., Ref. Lipps, Diss. v. 24. Juli 1905
[Geb. 5. Nov. 76 Botoschani (Rumänien); Wohnort: Bukarest; Staatsangeh.: Rumänien; Vorbildung: Klass. Gymn. Botoschani Reife Juni 94; Studium: Bukarest 6, München 4 S.; Rig. 24. Juli 05.]

Nádejde, Demetrius C., die biologische Theorie d. Lust u. Unlust. I. Heft. (VII, 99 S.) gr. 8. Leipzig 908. W. Engelmann. 2. 40

Nadein, M. P. v., neues sanitär-ökonomisches Canalisations-System durch Anwendung v. Apparaten, welche Abfallwässer in ihre festen u. flüss. Bestandtheile scheiden, erstere zu gleicher Zeit automatisch zu Dünger verarbeiten u. den Wohnraum ventiliren, sowie durch Anwendg. periodisch wirk. Syphone. gr. 8. (20 S. m. 1 Taf.) Berlin 892. (G. Siemens.) n. — 50

Nadel, Arno, aus vorletzten u. letzten Gründen. (XV, 254 S.) 8. Berlin (909). E. Fleischel & Co. 3.50; geb. 5. —

Nadelhoffer, Emil, Referendar: Einfluß familienrechtlicher Verhältnisse auf die Erwerbung und den Verlust der Reichs- und Staatsangehörigkeit. München: J. Schweitzer 1906. (VIII, 41 S.) 8° [F.]
Straßburg, Rechts- u. staatswiss. Fak., Ref. Rehm, Diss. v. 1906
[Geb. 13. Sept. 82 Niederhagenthal, Ober-Elsaß, Wohnort: Straßburg i. E.; Staatsangeh.: Elsaß-Lothringen; Vorbildung: Gymn. Altkirch Reife M. 00; Studium: Leipzig, Straßburg zus. 7 S.]

Nädelin, Ph. Jak., latein. Chrestomathie z. Gebrauche der mittl. Klassen in d. Gymnasien u. Landschulen rc. 8. Stuttg. 808. 2e A. 817. Steinkopf. 1 ℛ 8 ℊ 3e Aufl. Mit Wörterb. 8. 821. 1 ℛ 8 ℊ Das Wörterbuch apart. Ebd. 10 ℊ

Naedelin, W: Die erste Periode der Entwicklungsgeschichte der deutschen Crentalgewalt. Das Merovingische Königthum. Stuttgart 1865 20 S.
Schul-/Univ.-Schrift

Nädelin (Praeceptor) W. H., Anleitung zu einer schnellen, jedoch gründlichen Erlernung der Schönschreibekunst, nach d. Grundsätzen der Carstairs'schen oder sogenannten amerikan. Schreib-Methode bearbeitet. Mit 16 Steintaf. gr. 4. Stuttgart 833. Ebner'sche Kunsthandl. n. ½ ℛ

—— method. Anleitung z. Schön- u. Schnellschreiben nach Carstairs'schen Grundsätzen f. Elementarschulen, wie f. latein. u. Real-Anstalten bearb. Mit e. Vorr. v. C. A. Zoller. qu. gr. 8. (87 lith. Vorlegebl. u. 2½ B. Text.) Stuttgart 839, Schweizerbart'sche Buchh.

Nädelin, W. H., method. Anleitung z. Schön- u. Schnellschreiben nach Carstairs'schen Grundsätzen für lateinische Gewerbe-, Real- und Elementarschulen bearb. Mit e. Vorwort vom Rektor Zoller. 2. Aufl. qu. gr. 8. (Mit 63 lith. Blättern.) Stuttgart 844, Schweizerbart. n. 1⅙ ℛ — 3. Aufl. (91 Bl.) 846. n. 1⅙ ℛ

Nädelin, (W. H.), methodische Anleitung zum Schön- und Schnellschreiben nach Carstairs'schen Grundsätzen für lateinische, Gewerbe-, Real- und Elementarschulen bearb. Mit einem Vorworte von Zoller. 4. Aufl. Stuttgart 860. Schweizerbart. qu. 8. (8 S. u. 90 lith. Bl.) n. 1 ℛ 5 ngr.

Nädelin, methodische Anleitung zum Schön- u. Schnellschreiben nach Carstairs'schen Grundsätzen f. Gymnasien, Gewerbe-, Real- u. Elementarschulen bearb. 5. Aufl. qu. gr. 8. (45 S. m. 70 Steintaf.) Stuttgart 875. Schweizerbart. n. 4. —

Nädelin, methodische Anleitung zum Schön- u. Schnellschreiben, nach Carstairs'schen Grundsätzen f. Schulen u. zum Selbstunterricht bearb. 6. Aufl. qu. gr. 8. (32 S. m. 44 Bl. Vorlag.) Waldenburg 901. G. Knorr sen. n. 4. —

Nädelin, methodische Anleitung zum Schön- u. Schnellschreiben, nach Carstairs'schen Grundsätzen f. Schulen u. zum Selbstunterricht bearb. 7. Aufl. Volksausg. (32 S. m. 44 Taf.) 14,5×23 cm. Breslau 909. A. Kothe. 2.50

Nädelin, W. H., prakt. Anleitung z. leichten u. gründl. Erlern. d. Schönschreibekunst, n. d. Grundsätzen d. Carstairs'schen od. sogen. amerikan. Schreiblehrmethode f. Schulen u. z. Selbstunterr. bearb. qu. 1/2 4. (48 Stnt. u. 1 B. Text.) Stuttgart 835, [Scheible, Rieger u. Sattler.]

Nädelin, (W. H.), calligraphische Muster-Blätter in Briefen für Gewerbe- und Fortbildungsschulen. Stuttgart (858.) Schweizerbart. 4. (17 lith. Bl.) n. 15 ngr.

Nädelin, (W. H.), kalligraphische Musterblätter in deutschen, französ. u. goth. Schriftarten. qu. gr. 8. (12 lith. Bl.) Stuttgart 850, Schweizerbart. n. 1/3 Rthlr.

Nädelin, (W. H.), kalligraphische Musterblätter in deutschen, französischen und gothischen Schriftarten. 2. Aufl. qu. gr. 8. (12 lithogr. Bl.) Stuttgart 851, Schweizerbart'sche Vrlgsh. Thlr. *

—— das Taktschreiben, ein Hülfsmittel z. leichten Erlernung des Schönschreibens. gr. 12. (1 B.) Stuttgart 844, Schweizerbart'sche Buchh.

—— das Taktschreiben, ein Hülfsmittel zur leichten Erlernung des Schönschreibens, erfunden und dargestellt. 2., verb. und verm. Aufl. gr. 12. (22 S.) Stuttgart 856, Schweizerbart'sche Vrlgsh. *

— deutsche u. lateinische Vorlegeblätter zur Erlernung des prakt. Theils über die amerikan. Schreibmethode. Vorschriftformat. Stuttgart 835. Brodhag. 1/6 Rthlr.

—— 30 Vorlegeblätter z. Schönschreiben f. Töchter-Schulen u. Real-Anstalten. schmal qu. 8. Stuttgart 844, Schweizerbart'sche Buchh. *

Nädelin, (W. H.), 30 (lith.) Vorlegeblätter zum Schönschreiben für Töchterschulen u. Real-Anstalten. 2. Aufl. qu. gr. 8. Stuttgart 851, Schweizerbart. n. 1/3 Rthlr.

—— 30 (lithogr.) Vorlegeblätter zum Schönschreiben für Töchterschulen und Real-Anstalten. 3. Aufl. qu. gr. 8. Stuttgart 856, Schweizerbart'sche Vrlgsh. *

— 30 (lith.) Vorlegeblätter zum Schönschreiben f. Real-Anstalten u. Töchterschulen. 4. Aufl. qu. gr. 8. Ebend. 875. n. 1. —

Nädelin, W. H., 164 kalligraphische Vorlegeblätter für Volksschulen. 1/2 gr. Fol. (19 sauber lith. Bl.) Stuttgart 842, Schweizerbart. 1 1/12 Rthlr. — 2. Aufl. gr. 4. Ebend. 845. 1 1/12 Rthlr.

—— 164 kalligraphische Vorlegeblätter für Volksschulen. 2. Abthl., bestehend in 24 achtzeil. deutschen Vorschriften. gr. Fol. (8 Stnt.) Stuttgart 851, Schweizerbart'sche Vrlgsh. *
1. Abthl. Ebendas. 1845. * 27 1/2 Ngr.

—— 164 kalligraphische Vorlegeblätter für Volksschulen. 1. Abthl. 3. Aufl. Fol. (20 Stnt.) Stuttgart 856, Schweizerbart'sche Vrlgsh. *

— 164 kalligraphische (lith.) Vorlegeblätter f. Volksschulen. 5. Aufl. qu. 4. Ebend. 875. n. 3. —

—— neue Vorlegeblätter z. Ergänzung d. prakt. Theils üb. d. amerikan. Schreibmethode. Deutsch u. franz. 1/4 qu. 4. (20 lith. Blätt.) Stuttgart 838, Beck u. Fränkel. *

—— dies. deutsch u. latein. 1/4 qu. 4. (20 lith. Blätt.) Ebds. 838. *

—— dies. deutsch, franz., latein. 1/4 qu. 4. (28 lith. Blätt.) Ebds. 838. *

—— griechische Vorschriften. qu. gr. 8. (4 lithogr. Bl.) Stuttgart 850, Schweizerbart'sche Vrlgsh.

— neue Vorschriften für Elementarschulen. qu. 1/4 4. (30 sauber lith. Bl.) Stuttgart 841, Beck u. Fränkel. 1/4 Rthlr.

—— neue Vorschriften für Elementarschulen. qu. gr. 8. (30 lithogr. Bl.) Stuttgart 856, Beck'sche Buchh. *

—— neue griechische und hebräische Vorschriften für gelehrte Schulen. qu. gr. 8. (6 lithogr. Bl.) Stuttgart 857, Schweizerbart'sche Verlagsh. *

— 24 achtzeilige deutsche (lith.) Vorschriften f. Volksschulen. 2. Aufl. qu. gr. 8. Ebend. 875. n. 1. 60

Nadelmann, Hugo [aus Stettin]. Ueber die Schleimendosperme der Leguminosen. (Aus Jahrb. f. wiss. Bot Bd. XXI. H. 4.) Berlin, Druck v. G. Bernstein, 1890; 2 Bl. + 83 S. u. 3 Taf. 8°
Erlangen, Phil. Fak., Inaug. Diss. v. 1890

Nadelschrift, Die, zur Beschreibung von Zeichnungen. Vorlagen für den Gebrauch in Schulen und Zeichen-Ateliers Im Auftrage des k. k. Ministeriums für Cultus und Unterricht herausgegeben von Oskar Beyer, Professor an der Kunstgewerbeschule des k. k. österreichischen Museums für Kunst und Industrie in Wien, etc. Ausgabe *B*. Kleine Ausgabe. (Format: 27—11 *cm*) In Umschlag. Zum Gebrauche für Schulen —.40
Wien: v.Waldheim 1896.

Nadelspitzen, die. 1. Serie. (Bibliothek D. M. C.) (128. m. Abb. u. 82 Taf.) 19,5×29,5 cm. Mülhausen i/E. (910). (Biberach, Dorn.) 1. —

Nadeniczek, J. J., das Privilegium der Nordbahn, ein Hemmschuh der vaterländischen Industrie. gr. 8. (31 S.) Wien 861, Dirnböck's Buchh. *

Nader. Auswahl der vorzüglichsten Denkmäler des Münchner Kirchhofes. München 1839. 4°.

Nader Dr Engelbert: Shakespeares Coriolanus als Gegenstand der deutschen Lectüre in der VII. Realschulclasse 15. Wien I. R. 90.
Progr.

Nader Engelbert: a) Dativ und Instrumental im Beowulf. b) Der Genetiv in Beowulf. Zur Syntax des Beowulf und zum Gebrauche der Casus im Beowulf.
D: Selbstverlag, 1881.
1881 PN 227 Diss. Wien, Univ.

Nader Dr. Engelbert: Lautschrift-Texte zu Nader und Würzner: Elementarbuch der englischen Sprache I—VIII. 9. Wien I. R. 91
Progr.

Nader, E., u. A. **Würzner**, Lehrbuch d. englischen Sprache. 1 u. 2. Tl. gr. 8. Wien, Hölder. n. 3. 50
1 Elementarbuch. Ausg. f. Deutschland. (X, 133 S.) 889. n. 1. 30
2 Grammatik, nebst Aufsatzübgn. u. deutschen Übungsstücken. Ausg. f. Deutschland. (XII, 200 S.) 890. n. 2. 20
Dass. T. 2. 2., verb. Aufl. Ebda. 1897.

Nader, E., u. A. **Würzner**, Lehrbuch der englischen Sprache. 1. Tl. Elementarbuch. 2., wesentlich unveränd. Aufl. Ausg. f. Deutschland. gr. 8. (XII, 137 S.) Wien 894. A. Hölder. Geb. in Leinw. n.n. 1. 70
Dass. 3., unveränd. Aufl. Ebda. 1896.

— u. A. Würzner, Lehrbuch der englischen Sprache. 2 Tle. 8. Ebd. Geb. in Leinw. n. 4. 30
1. Elementarbuch. 6. Aufl. (VIII, 144 S.) 904. 1. 70
2. Grammatik, nebst Aufsatzübungen u. deutschen Uebungsstücken. 3. Aufl. (In neuer Rechtschreibg.) (VI, 210 S.) 902. 2. 60
Dass.T.1. 7.u.8.Aufl. Ebda.1906.1908.

Dass.T.2. 4.,verb.Aufl. Ebda.1907.

Nader, E., u. A. Würzner, Lehrbuch der englischen Sprache f. Lyceen u. andere höh. Mädchenschulen. 1. Tl. Elementarbuch. gr. 8. (VIII, 152 S.) Wien 901. A. Hölder. Geb. in Leinw. n. 2. 10
Dass.2.Aufl. Ebda.1907.

Nader, Engelb., Lehrbuch der englischen Sprache f. Mädchen-Lyzeen u. verwandte Lehranstalten. II. Tl. English grammar with exercises. (VI, 224 S.) gr. 8. Wien 903. A. Hölder. Geb. in Leinw. 2. 80

Nader, Dr. Engelbert, Lehrbuch der englischen Sprache für Mädchenlyzeen und verwandte Lehranstalten. II. Teil: Grammatik. 2., inhaltlich unveränderte, sonach gemäß Min.-Erl. vom 16. Jänner 1904, Z. 1204. allgemein zulässige Auflage. Wien 1910. A. Hölder. Geb. K 3.24.

— — englisches Lesebuch. Mit erläut. Anmerkgn. u. e. Plan v. London. Ausg. f. Deutschland. gr. 8. (VIII, 475 S.) Ebd. 889. n. 3. 60

Nader, E., u. A. Würzner, englisches Lesebuch f. höhere Lehranstalten. Mit literarhistor., sachl. u. sprachl. Anmerkgn. Mit 1 Plan v. London. gr. 8. (VIII, 528 S.) Wien 886. Hölder. geb. n. 4. 80

Nader, E., u. A. Würzner, englisches Lesebuch f. höhere Lehranstalten. Mit litterarhistor. u. erläut. Anmerkgn., 1 Karte der brit. Inseln u. 1 Plan v. London. 2. Aufl. Ausg. f. Deutschland. gr. 8. (XII, 521 S.) Wien 892. A. Hölder. n. 4. —

Nader, E., u. A. Würzner, englisches Lesebuch f. höh. Lehranst. M. litterarhistor. u. erläut. Anmerkgn., 1 Karte d. brit. Inseln u. 1 Plan v. London. 3., unveränd. Aufl. Ausg. f. Deutschland. gr. 8. (VII, 522 S.) Wien 895. A. Hölder. Geb. in Leinw. n.n. 4. 40

— — Englisches Lesebuch f. höhere Lehranstalten. Mit literar-histor. u. erläut. Anmerkgn., 1 Karte der brit. Inseln u. 1 Plan v. London. 5., unveränd. Aufl. (VIII, 534 S.) 8. Ebd. 902. Geb. in Leinw. n. 4. 50

Nader, Dr. E. und Würzner, Dr. A., Englisches Lesebuch für höhere Lehranstalten. Mit literarhistorischen und erläuternden Anmerkungen, einer Karte der britischen Inseln und einem Plane von London. 6., unveränderte Auflage. Wien 1906. A. Hölder. Geh. K 4.56, geb. K 5.16. (VIII, 554 S.)

— u. A. Würzner, englisches Lesebuch f. höh. Lehranstalten. Mit literarhistor. u. erläut. Anmerkgn., 1 Karte der Brit. Inseln u. 1 Plan v. London. 7., nach d. neuen Lehrplane umgearb. Aufl. 1. Tl. (VI, 247 S.) gr. 8. Ebd. 910. Geb. in Leinw. 2. 90

— — englisches Lesebuch f. Mädchen-Lyzeen u. andere höh. Töchterschulen. 1. Tl. Mit 1 Karte der brit. Inseln u. 1 Plane v. London. (In neuer Rechtschreibg.) gr. 8. (VII, 249 S.) Ebd. 902. Geb. in Leinw. n. 3. —

— Englisches Lesebuch f. Mädchen-Lyzeen u. andere höhere Töchterschulen. 2. Tl. Mit e. Abriss der engl. Literaturgeschichte u. sachl. Anmerkgn. in engl. Sprache, e. Karte der Britischen Inseln u. e. Plane v. London. (VI, 282 S.) gr. 8. Ebd. 903. Geb. in Leinw n. 2. 90

Nader, Dr. E. und Würzner, Dr. A., Englisches Lesebuch für Mädchenlyzeen und andere höhere Töchterschulen. I. Teil. 2., unveränderte, somit gemäß Min.-Erl. vom 30. Juli 1902, Z. 24326, allgemein zulässige Auflage. Wien 1908. A. Hölder. Geh. K 2.50, geb. K 3.—.

Nader, Engelb., englisches Leseb. f. Real-Gymnasien. Mit literaturhistor. u. erläut. Anmerkgn., 1 Karte d. Brit. Inseln u. 1 Plan v. London. I. Tl. (Für die III., IV. u. V. Klasse.) (VI, 303 S.) gr. 8. Wien 910. A. Hölder. Geb. in Leinw. 2. 40

Nader, Engelbert Englische Synonyma. Aus Nader & Würzner 'Elementarbuch d. engl. Sprache' u. 'Englisches Lesebuch' f. d. Schulgebrauch zsgest. *Wien 1893.*
in Xenia Austriaca. Bd 1. (97. 396)

— Englische Synonyma. 46. ibd. 98.
Progr.

Nader, E. Zur Syntax des Beówulf. 4 Teile. Brünn, St. R., 1879, 1880; 11 u. 12 S. 1882 (der Genetiv im B.) 16 S.; Wien, R. I. Bez., 1883 (Dativ und Instrumental im B.) 26 S. Progr.

Nader, Jos., oesterreichischer Medizinal-Kalender, s. Medizinal-Kalender.

Nader Josef —. Oesterreichischer Medizinal-Kalender. Zehnter Jahrgang. 1855. Herausgegeben von — —. kl. 8 (258 S.) Wien. Verlag von Tendler und Komp Gedruckt bei Karl Ueberreuter.

Medizinal-Kalender. Oesterreichischer —. Eilfter Jahrgang. 1856. Herausgegeben von Josef Nader, Doktor der Medizin ꝛc. Wien. Verlag von Tendler & Komp. (283 S. 4 Bl 16.)

Nader, Josef — Oesterreichischer Medizinalkalender. 12. Jahrg. 1857. Herausgegeben von — —. Mit dem Porträt des Professors Dr. Th. Helm, k. k. Medizinalrathes und Direktors des allgem. Krankenhauses. Wien. Druck von Karl Ueberreuter. Verlag von Tendler und Komp. (292 S. 8.)

Nader, Josef. Oesterr. Medizinalkalender. 13ter Jahrg. 1858. Herausgegeben von — —. Mit dem Porträt des Prof. Dr. Josef Hyrtl. Wien. Verlag von Tendler und Komp.

Nader, Josef, *Dr. d. Med. u. Chir. etc.* Oesterreichischer Medicinal-Kalender. Vierzehnter Jahrgang. 1859. Mit dem Porträt des Professors Dr. Schuh. *Wien.* Verl. von *Tendler & C.* 297 S. 3 Bl. 8°. 1 fl. 20 kr.

INHALT: Zusammenstellung der durch das Reichsgesetzblatt in den Jahren 1856 und 1857 veröffentlichten Verordnungen, welche das Sanitätswesen betreffen. — Uebersicht der vorzüglichsten Bestimmungen des österr. Strafgesetzes vom 27. Mai 1852 in Beziehung auf Sanitätsverhältnisse. — Gebührentarife, Ordinationsnormen, Münztabellen etc etc.

— österreichischer Medizinal-Schematismus, s. Medizinal-Schematismus.

Nader, J.: De morbis potatorum. D. 8°. Viennae. 1842.

Nader, Jos., Taschenbuch für Aerzte, Wundärzte etc., s. Taschenbuch.

Nader, Jos(eph): Taschenbuch für Ärzte, Wundärzte und Apotheker der österreichischen Monarchie. 263 S., gbd., 1 Plan.

Wien: Kaulfuß & Prandel 1844

— derf. 2. u. 3. Jahrg. 1845 u. 1846. Jeder mit 1 Abbild. Ebend. 845, 46. à n. $^2/_3$ ℛ

Nader Jos. Taschenbuch für Aerzte, Wundärzte und Apotheker für 1853. 12. (214 S.) Wien, C. Gerold u. Sohn 1853.

Nader, L., s. Panorama v. Neapel.

Frmr.-Verein „Bruderbund". Wohlthätigkeitsverein zum Zwecke der Waisenpflege, im Anschlusse an die deutsche Reichsfechtschule in Magdeburg. [Unterz.:] H. **Nadermann.** [Dat.:] Messdorf i. Altmark 1900. 2 Bl. 4° [Kopftit.]
Übersicht der Baar-Eingänge in den Jahren 1897—1899, Bitte um Unterstützung.

Nadermann, Hermann Ludwig

Nadermann, H.L. Commentarii in Hor. Od. I. 3, 17. III. 21, 13. Epist. I. 1, 9. 14 S. . . . .
Münster, Progr 1835

Derf. Dissert. exeget. et critic. de oda Hor XIV. l. III. 18 S.
Münster, Progr. 1825

Nadermann, Herm. Ldw., am Grabe meines Erlösers. 8. Münster 810. 3e Aufl. 821. 4e Aufl. 830. Theissing. 8 ℊ, Schrbp. 10 ℊ

Nadermann, H. L., am Grabe m. Erlösers. 2te mit e. eign Theil verm. Aufl. 8. Münster, Theissing. 815.

Nadermann, Herm. Ldw., Am Grabe meines Erlösers. Ein Erbauungsbuch für Katholiken, vorzüglich in d. Charwoche. 5. Ausg. 8. Münster 842, Theissing'sche Buchh. $^1/_3$ ℛ

Nadermann, Hermann Ludwig, s. Homers Hymne an Demeter

—— Hortensia. 4 (2 B.) Münster 846, libr. Theissing.

— geistl. Lieder, nebst e. Gebeten u. Litaneien. 8. Münster 810. 2e A. 822. Theissing. 12 ℊ

— geistliche Lieder, nebst e. Gebeten u. Litaneien, zum gottes-dienstl. Gebrauche für kathol. Gymnasien. 3e Aufl. gr. 12 Münster 838. Theissing. $^1/_2$ ℛ — Melodien dazu, v. Eberh. Wiens. gr. 12. Ebd. 838. $^1/_4$ ℛ

Nadermann, H. L. Biograph. Nachr. üb. d. verstorb. Prof. König. 15 S. 8. .
Progr. Münster 1822

Nadermann, H.L. Kurze Nachr. üb.d. Leben des verstorb. Prof. Bonse 4 S. 8......
Progr. Münster 1823

— Ode an Se. Maj. Friedrich Wilhelm III., bei Geleg. der zu Münster am 18. Oct. 1815 statt gehabten Huldigung rc. 8. Münster 816 Theissing. 4 ℊ

— Opfer vor Gott, in Gesängen u. Gebeten f. Katholiken. Mit 1 Kpf. 8. Münster 817. 2e A. 826. Theissing. Weiß Drckp. 20 ℊ, Schrbp. 1 ℛ 4 ℊ Neue Aufl. 12. Ebd. 830. 15 ℊ, Velinp. 20 ℊ

Nadermann, H. L., Opfer vor Gott in Gesängen und Gebeten. Für Katholiken. (5e Ausg. od.) 3e Ausg. in 8. Mit Titelkpfr. Münster 834. Theissing. $^5/_6$ ℛ — In fein. Einbande n. $1^2/_3$ ℛ — Schreibp. (ungeb.) 1 ℛ — Velinp. $1^1/_3$ ℛ

— dass. (4e Ausg. oder) 2e Ausg. in 12. Mit Titelkpfr. Ebd. 834. $^5/_8$ ℛ — Velinp. $^5/_6$ ℛ — In fein. Einbande n. $1^1/_2$ ℛ

Nadermann, Hermann Ludwig, s. Ovidius Naso, P. Metamorphoses selectae.

Nadermann's, H. L., Sammlung griechischer Wurzol-wörter. Munst. 819. 8.

— Samml. griech. Wurzelwörter z. Schulgebrauch. 8. Münst. 820. 2e A. 827. Theissing. 8 ℊ

– s. Samml latein. Wurzelwörter

– — Sammlung lateinischer Wurzelwörter. 2te Aufl. 8. Ebend. 816.

Nadermann, H. L., Sammlung lateinischer Wurzelwörter. Ausg. 2. Münster 817. 8. 6 gr.

Nadermann, (H. L.,) Samml. lat. Wurzelwörter. Zum Schulgebrauch. 3e Aufl. gr. 8. Münster 824, Theissing. Rthlr.

Nadermann, Joseph (Johann Joseph) (Delbrück / Westfalen), Quaedam de febre intermittente soporosa. Diss. med. Berlin (Nietack) 27. X. 1832. 25. S. u. Biogr. (M.: E. Delker.) (3.50) 24502
Oppon.: G. Pfeiffer, G. Behn, Fr. Boeger. — Gew.: J. M. Kunders, L. Kottmann.

Nadherny, A. Ueber Wasser-Circulation in Dampf-Kesseln und den Emulseur Dubiau. Vortrag. St. Petersburg 1898.

Nadherny, Ignaz (Freiherr von): Darstellung des Physikatswesens in den österreichisch-deutschen Erblanden, mit Beziehung auf die dießfalls erlassenen Gesetze für Kreis-, Bezirks-, Stadt- und Wundärzte, dann Apotheker, öffentliche Sanitätsindividuen und Behörden überhaupt. 119 S., gbd.

Wien: Mayer 1819

Nadherny, Ign., Darstellung d. Physikatswesens in d. österr.-deutschen Erblanden, mit Bezieh. auf d. diesfalls erlass. Gesetze, f. Kreis-, Bezirks-, Stadt- u. Wundärzte rc. 8. (8½ B.) Wien 831, Schmidl.

Nadherny, Ignaz (Freiherr von): Uiber die Verletzungen in gerichtlich-medizinischer Beziehung für Gerichtsärzte und Richter. 148 S., gbd.

Prag: typ. Haase 1818

— üb. die Verletzungen in gerichtl.-medicin. Beziehung. gr. 8. Prag 818. Krauß. (Enobloch in Leipz.) 1 ℛ

Nadherny, Kaj., General-Register üb. die in Folge ein. a. h. Befehls Sr. k. k. Maj. unt. d. Aufsicht d. k. k. böhm. Landes-guberniums (mit Einschluß d. Ergänzungs-Bandes) erschien. elf Bde. d. Provinzial-Gesetzsamml. d. Königr. Böhmen. Bearb. rc. gr. 8. (. . .) Prag 830, Haase Söhne. Thlr.

Nadherny, Kaj., General-Register über die in Folge eines a. h. Befehls Sr. k. k. Maj. unter d. Aufsicht des k. k. böhm. Landesgouverniums (im Einschluß d. Ergänzungbandes, erschien. 21 Bände der Provinzial-Gesetz-Sammlung für d. J. 1819—1838; dann über die drei Gesetz-Sammlungs-Bände der in d. J. 1816—1818 in dem Königr. Böhmen kundgemachten Gesetze u. Verordnungen. gr. 8. Prag 840. Haase Söhne. $3^2/_3$ ℛ

—— alphabet. geordn. Repertorium üb. d. v. W. Gust. v. Kopetz hrsg. allgem. österreich. Gewerbs-Gesetzkunde. gr. 8. (16 B.) Prag 836, Haase Söhne.
Kopetz, W. G., allgem. österr. Gewerbs-Gesetzkunde. 2 Bde. gr. 8. Wien 829, 30, Volke's Buchh. 6 Thlr., hrbgs. Pr. 3 Thlr.

— s. Sammlung d. in Königr. Böhmen 1816—1818 kund gemachten Gesetze.

Nádherny v. Borutín, Ervin Frhr. v., Pêle-Mêle. (1894.) gr. 16. (90 S.) Prag 897. (Bursik & Kohout.) n. — 80; geb. in Leinw. m. Goldschn. n.n. 1. 40

NADJARIANTZ, ANDREAS. Ueber das β-Naphtyl-Methyl-Keton. Berlin, 1890.

Nadig, Adolf, bacc. jur. Die Vorsätzlichen Tötungsdelicte nach Art. 52 des Stooß'schen Vorentwurfs zu einem schweizerischen Strafgesetzbuch. *Genf 1902: Ch. Zoellner.* (168 S.) 8°
Leipzig, Jur. Diss. v. 1902

Nadig, Albert [prakt. Arzt]. Über Carcinommetastasen in beiden Ovarien. Zürich 1900. 34 S. 1 Bl. 8°.
Zürich. Med. Diss. 1899/1900.

Nadig, Eva. Der Ruef in d'Hauptstadt. Lustspiel in einem Aufzug. 50 S. 8. Aarau, H. R. Sauerländer & Co., 1910. [fr. 1 —]

Der übereifrige Xodscha Nedim ([Türk.] Marâqli Nadîm Ḫwâga). Eine Meddâh-Burleske türkisch u. deutsch mit Erl. zum ersten Mal hrsg. von Dr. Friedrich Giese, Priv.-Doz., Greifswald. Berlin: Mayer & Müller 1907 (X, 33, 25 S.) 8°
— **Bibliothek,** Türkische. Bd 8. (ol. 6,10 2

Nadir Almida, König von Persien. Trauersp. in 6 Akten, von J. G. Siegfried. gr. 8. Leipz. Hartknoch.
Velinp.

NADIR und Guliane, eine physisch-moralische Geschichte. Aus d. Französ. Leipzig 1773. 8°.
Bibl. J. J. Schwabii II. — Selten!
Nadir Khan et Guilianne, conte Persan. Londres 1772. 8°. (Cat. verbotener Bücher Wien 1774.)

Nadir u. Guliane; eine philosoph. moral. Erzählung, a. d. Franz. 8. Leipz. Büschel. 773.

Mirza Nadir, oder Nachrichten und sonderbare Begebenheiten des Marquis von St. T***, Statthalter des Königs von Persien in der Stadt und dem Lande Candahar 4 Thle. A. d. Frz. übers. Breßlau, b. Carl Gfr. Meyer. 8°
O. M. V. 1752. S. 258.

Nadir, und Nadine ein Mährchen von Wieland. Leipzig: Göschen 1791. 8°

NADLER, Anton (Passau): Die Operationen am Nervensystem.- Passau: Keppler 1876. 25 S.
5.8.1876 - Urk (Titel: De operationibus in systemate nervorum faciendis.); Chr 1876/77,9
Diss. Ingolst.-Landsh.-Mchn.

NADLER, Fr. Xav. Kallischematik, oder Anleitung zu einem edlen Anstande und zur schönen, gefälligen Haltung des Körpers, sowohl im gesellschaftlichen Umgange als beim Tanze. Mit . . Abbildgn. München, 1834. Druck von George Jaquet. 8°. (Bibl. Lipperheide no. 3101.)
XX+171 S., 32 Taf. (bez. A, I—XXXI) in Lithogr.

Nadler, Friedrich

Nadler, Fr., Erläuterung und Würdigung deutscher Dichtungen. 8. Bernburg 882. Gotha, Behrend. * 4 50

Nadler, Fr., Erläuterung u. Würdigung deutscher Dichtungen. gr. 8. (VII, 434 S.) Gotha 882. Behrend. n. 5. —

Nadler, Fr., Erläuterung und Würdigung deutscher Dichtungen. 2. (Titel-)Aufl. gr. 8. (VII, 434 S.) [Bernburg 885, Bacmeister.] Gotha, Behrendt. *

Nadler, Fr., Lektionen u. Lektionsentwürfe f. e. eingehende Behandlung poetischer u. prosaischer Stücke in d. Volksschule nebst Grundsätzen üb. Bedeutung, Auswahl u. Behandlung d. Poesie in d. Volksschule. 2 Tle. 8. Hannover, C. Meyer. 6.50; in 1 Bd. geb. 7. 50
1. Für Unter- u. Mittelstufen. (VII, 338 S.) 908. 2. 80
2. Oberstufe. (VII, 459 S.) 908. 3. 70

Nadler, Fr., Ratgeber f. Volksschullehrer 2., erweit. Aufl. gr. 8. (IX, 516 S. m. 37 eingedr. Abbildgn.) Langensalza 890. Beyer & Söhne. n. 5. 40; geb. n. 6. 60

Nadler, Fr., Ratgeber f. Volksschullehrer. 3., erweit. u. verb. Aufl. [Mit Berücksicht. der Allerh. Kabinettsordre vom 1. Mai 1889, d. Beschlusses d. königl. Staatsministeriums vom 17. Juli 1889 u. d. Min.-Erl. vom 18. Oktbr. 1890 betr. den Religions- u. Geschichtsunterricht.] gr. 8. (IX, 543 S. m. 37 Abbildgn.) Langensalza 891. H. Beyer & Söhne n. 5. 40; geb. n. 6 60

— dasselbe. 4., verm. u. verb. Aufl. (Verm. durch die erschienenen Gesetze u. amtl. Bestimmgn., durch e. erweit. Verzeichnis v. Jugendschriften u. e. Belehrg. üb. Lehrformen, besonders üb. das Wesen, die Bildg. u. den rechten Gebrauch der Frage im Unterrichte.) gr. 8. (X, 588 S. m. 37 Abbildgn.) Ebd. 894. n. 5. 40; geb. n.n. 6.60

Nadler, Fr., Ratgeber f. Volksschullehrer. 5., verm. u. verb. Aufl. gr. 8. (X, 624 S. m. 37 Abb.) Langensalza 897. H. Beyer & Söhne. n. 5. 40; geb. n. 6. 60

Nadler, Fr., Ratgeber f. Volksschullehrer. 6., verm. u. verb. Aufl. Vermehrt durch das Besoldungsgesetz u. die dazu erschienenen amtl. Bestimmgn. u. durch e. besonderes Verzeichnis v. Jugendschriften nach Preisgruppen. gr. 8. (X, 685 S. m. 37 Abbildgn.) Langensalza 900. H. Beyer & Söhne. n. 7. —; geb. n. 8. 20

Nadler, Fr., das Wichtigste aus der Poetik. Ein Leitfaden für die Hand der Schüler. gr. 8. (IV, 37 S.) Bernburg 882. Bacmeister. n. — 40

— **das Wichtigste aus der Poetik. Ein Leitfaden f. die Hand der Schüler. 2. verb. Aufl. gr. 8. (IV, 44 S.) Wiesbaden 901. E. Behrend. n. — 40; kart. n. — 50**

Nadler, Friedr. Herrm., das Schulkind und das Gotteshaus. Ein offenes Wort an Alle, welche für die religiöse Erziehung der Kinderwelt zu sorgen haben. gr. 8. (31 S.) Pirna 855, Diller und Sohn.

Nadler, Gottlieb. Ueber das Acetoäthylnitrat, ein Derivat des salpetersauren Aethyls. Zürich 1860.

Nadler, Gottlieb u. V. Merz: Untersuchungen über das Chinolinblau. Frauenfeld 1863.

Nadler, Gottlieb, von Frauenfeld Kt. Thurgau. Assistent am analytischen Laboratorium in Zürich: Untersuchungen über den angeblichen Jodgehalt der Luft und verschiedener Nahrungsmittel. [S. A. aus Vierteljahrsschrift der Naturforsch. Ges. in Zür., Bd VI. S. 382–415.] Zür. Zürcher u. Furrer Dr. 1861. 38 S., 1 Bl., 1 Taf. 8
Zürich, Phil. Diss. v. Dec. 1861 [8. Jan. 1862].

Nadler, Gust. Adf., der Grobian. Lustspiel in 1 Aufzuge. 8. (18 S.) Hermannstadt 880. (Schmiedicke.) n. 1. —

Nadler, Heinr., Czernowitzer Silhouetten. 12. (24 S.) Czernowitz 896. (H. Pardini.) n. — 20

Nadler, Heinr., der katholische Trödler. Eine laun. Skizze. (12 S.) kl. 8. Czernowitz (908). (H. Pardini.) — 20

Nadler, Jakob, pract. Arzt von Obholz-Frauenfeld [Kt. Thurgau]. (Aus dem anatomischen Institut in Zürich.)' Zur Histologie der menschlichen Lippendrüsen. S.A. aus Archiv f. mikrosk. Anatomie u. Entwicklungsgeschichte, Bd 50 (S. 419—436). Bonn F Cohen 1897 2 Bl., S. 419—436, Tafel XXII. 8°
Zürich, Med. Diss. [v 14. Sept. 1897].

Nadler, Josef Eichendorffs Lyrik I. Teil Analyse
Phil. Diss., Prag 1907/1908.

Eichendorff's Lyrik. Ihre Technik u. ihre Geschichte. Von Dr. Josef Nadler Prag C. Bellmann 1908. (242 S.) 8°
= Studien, Prager Deutsche. H. 10.

Nadler, Carl: Über den Zusammenhang der Raumkurve vierter Ordnung erster Spezies mit ihrem Polartetraeder. Berlin 1909: Walter. 38 S. 8°
Rostock, Phil. Diss. v. 16. Juli 1909, Ref. Staude
[Geb. 18. Nov. 73 Berlin; Wohnort: Berlin; Staatsangeh.: Preußen; Vorbildung: Andreas-Realgymn. Berlin Reife M. 93; Studium: Berlin Techn. Hochsch. 3, Univ 7 S.; Rig. 14 Juli 09.] [U 10. 3969

Nadler, Karl (Christian) Gottfried

Nadler, Karl Gottfr., († d. 27. Aug. 1849), Fröhlich Palz, Gott erhalts! Gedichte in Pfälzer Mundart. gr. 8. (XII u 296 S. m. 1 Illustration.) Frankfurt a. M. 847, Brönner. n. 1⅓ ₰ — (Neue Ausg.) gr. 16. (X u. 310 S.) Ebd. 851. n. 16 ngr

Nadler, Carl Gfried., Fröhlich Palz, Gott erhalts! Gedichte in pfälzer Mundart. Neue verm. Ausg. gr. 8. (XII und 312 S. mit eingedr. Holzschn. und 1 Holzschnt.) Frankfurt a. M. 855, Brönner. *

Nadler, Karl Gfried., Fröhlich Palz, Gott erhalts! Gedichte in Pfälzer Mundart. 4. Aufl. 12. (X und 346 S. mit eingedr. Holzschn.) Frankfurt a. M. 863, [Winter.] *

Nadler, Karl Gfr., fröhlich Pfalz, Gott erhalts! Gedichte in pfälzer Mundart. 5. Aufl. Frankfurt a. M. 869. Winter. 16. (X, 356 S.) n. 20 ngr

Nadler, Karl Gfrd., fröhlich Palz, Gott erhalt's! Gedichte in Pfälzer Mundart. 6. Aufl. 16. (X, 237 S. m. 11 Holzschntaf.) Frankfurt a. M. 873. Winter. geb. n. 2. 70

Nadler, Karl Gfr., fröhlich Palz, Gott erhalts. Gedichte in Pfälzer Mundart. 7. Aufl. gr. 16. (VIII, 288 S.) Frankfurt a/M. 879. Heidelberg, Koester. n. 2. 40

—— dass. — Hrsg. von Ludw. Eichrodt. Mit 21 (Holzschn.-) Illustr. von A. Oberländer. (VIII, 275 S.) 1880; 2. Aufl. 8. (X, 275 S.) Lahr 881, Schauenburg. *
geb. in Leinw. *

Nadler, Karl G. Fröhlich Pfalz. Gott erhalt's! Gdte in Pfalzischer Mundart 3d ed Lahr, 1881

—— dass. — Hrsg. von einem Rheinländer. Mit einem Wörterbuch. 8. (VIII, 210 S.) [München 881, Bibliographisch-artist. Institut.] Leipzig, Unflad. *ℳ 1,40.; geb. *

Nadler, Karl Gfr., fröhlich Palz, Gott erhalts! Gedichte in Pfälzer Mundart. 8. Orig.-Ausg. 12. (VIII, 288 S. mit Holzschntaf.) Frankfurt a. M. 882, Winter. geb. *

—— dass. — 8. Aufl. der Orig.-Ausg. 12. (VIII, 288 S. mit Holzschn.) Heidelberg 882, Koester. *
cart. *ℳ 1.60.: geb. *

—— dass. — Hrsg. von einem Rheinländer. Mit einem erklär. Wörterbuch. 2. (Titel-)Aufl. 8. (VIII, 210 S.) Kaiserslautern 883, Gotthold's Verlagsh. *ℳ 1,50.; geb.

Nadler, K. G., fröhlich Pfalz, Gott erhalt's! Hrsg. von Ludw. Eichrodt. Mit 21 (Holzschn.-)Illustr. von A. Oberländer. 4. Aufl. 8. (X, 275 S.) Lahr 888. Schauenburg. geb. n. 2. 25

Nadler, Karl Gfr., fröhlich Palz, Gott erhalts! Gedichte in Pfälzer Mundart. Mit 22 Illustr. v. A. Oberländer. 5. Aufl. 12. (XII, 275 S.) Lahr 892. M. Schauenburg. Geb. in Leinw. n. 2. 25

— dasselbe Gedichte in Pfälzer Mundart. Nebst e. Anh. v. Gedichten anderer Pfälzer Dialekt-Dichter, wie Kobell, Lang, Karl Aug. Woll, Barack u. Lennig. Mit 53 Illustr. v. O. Wisnieski, Kögler, Hugo Engel u. H. Albrecht. 12. (X, 346 S.) Karlsruhe 893. J. Lang. Geb. in Leinw. n. 3. —

Nadler, Karl Gfr., fröhlich Palz, Gott erhalts! Gedichte in Pfälzer Mundart. M. 21 Illustr. v. A. Oberländer. 6. Aufl. 12. (XII, 275 S. m. Bildnis.) Lahr 898. M. Schauenburg. Geb. in Leinw. n. 2. 25

Nadler, Karl Gottfr., fröhlich Palz, Gott erhalts! Gedichte in Pfälzer Mundart. Mit 21 Illustr. v. A. Oberländer. 7. Aufl. (XII, 275 S. m. Bildnis.) kl. 8. Lahr (909). M. Schauenburg. Geb. in Leinw. 2. 25

— dasselbe, s.: Universal-Bibliothek.

Nadler, Max, Kammergerichtsrat in Dahme (Mark), **Begriff**, juristische Natur und rechtliche Behandlung der Verzeihung im Rechte der Schenkung, der Ehescheidung, des Pflichtteils und der Erbunwürdigkeit nach dem Bürgerlichen Gesetzbuche. *Rostock 1902 C Hinstorff.* (92 S.) 8°
Rostock, Jur Diss. v. [25. Dez.] 1902

Nadler, Robert. **Statistischer Beitrag zu dem Verlaufe der Mortalität an Diphtherie, Keuchhusten, Scharlach und Masern in der Schweiz in den Jahren 1876—1900. Diss. Med. Bern. [Mit Figuren und 2 graphischen Tabellen. — Sep.-Abdr. aus Zeitschrift für schweizerische Statistik. Jahrg. 39, Band 2, Liefg. 5.]** 82 S. 8. Bern, Stämpfli & Cie, 1903.

Nadler, Robert. Myositis ossificans traumatica mit spontanem Zurückgang der Muskelverknöcherungen. ⟨Mit 4 Abbildungen.⟩ Aus dem städtischen Krankenhause in Konstanz.... (Sonderabdruck [aus:] Deutsche Zeitschrift für Chirurgie. Bd. 74.) II S. + S. 427—433. 8. [Leipzig, F. C. W. Vogel, 1904.]

Nadler, Robert. Stieldrehung eines soliden Ovarialtumors. Schwere peritoneale Reizung. Exstirpation. Heilung. ⟨Mit 1 Abbildung.⟩ Aus dem städtischen Krankenhause in Konstanz.... (Sonderabdruck [aus:] Deutsche Zeitschrift für Chirurgie. Band 74.) II S. + S. 350—353. 8. [Leipzig, F. C. W. Vogel, 1904.]

Nädler, H., vollständiges deutsch-russisches Wörterbuch. 1—3. Lfg. gr. 8. (S. 1—288.) St. Petersburg 885. 86. Erickson & Co. à n. 1. 60

Nädler, H., vollständiges deutsch-russisches Wörterbuch. 4. u. 5. (Schluss-) Lfg. gr. 8. (S. 289—480.) St. Petersburg 887. Erickson & Co. à Lfg. n. 1. 60 (cplt.: n. 8. —)

Nadobnik, Martin, a. Wielichowo, Prov Posen: Die Abnahme des durchschnittlichen Heiratsalters in Deutschland. (Berlin) 1908 (W. Koebke). (56 S.) 8°
Greifswald, Phil. Fak., Ref. Oldenberg, Diss. v 4. Juli 1908
[Geb. 9. Nov. 83 Wielichowo, Kr. Schmiegel; Wohnort: Wielichowo; Staatsangeh.: Preußen; Vorbildung Gymn. Posen Reife O. 05; Studium: Krakau 1, Berlin 2, Greifswald 3 S., Rig. 13. Febr. 08.]

Nadoleczny, Berufswahl u. körperl. Anlagen, s.: Hahn, M.

NADOLECZNY, Max: Ueber einen Fall von traumatischer Myopie.- München: Kastner & Lossen 1898. 21 S.
25.2.1898 · Chr 1897/98,19; Jv 1897/98,216
Diss. Ingolst.-Landsh.-Mchn.

Nadolle's Wandtafeln f. Werkzeug- u. Maschinenlehre (Metallbearbeitung). 8 Taf. je 2 Bl. zu 111×85 cm. Mit Text. (Je 3 S.) 8. Berlin (907). H. Spamer. à nn 5.—; auf Leinw. m. Stäben à nn 9.50; Texte à —05
1. Werkzeuge z. Festhalten. — 2. Gasrohrschraubstöcke u. Rohrzangen. — 3. Essen u. Gebläse. — 4. Ambosse u. Hämmer. — 5. Maschinenhämmer u. Schmiedezangen. — 6. Gewinde, Gewinde-Schneidekluppen, Gewindebohrer u. Schraubschlüssel. — 7. Bohrmaschinen u. Bohrer. — 8. Stanzen u. Scheren.
Fortsetzung, s.: Frauendienst, M., u. Nadolle.

Verkehr nach Rußland. Eine Sammlung der f. d. Handels- u. Reiseverkehr nach Rußland zu beobachtenden Vorschriften. Im Anschluß an d. deutsch-russ. Handelsvertrag bearb. u. mit Genehmigung d. Auswärt Amtes veröffentl. von Rudolf Nadolny Berlin E. S. Mittler & Sohn 1908. (165 S.) 8° 08. 2865

Nádor, G., a tökéletes magyar. Der perfekte Ungar. s. a. Cray's, D., Sammlung v. Sprachführern.

Nádor, G., a tökéletes magyar. Der perfekte Ungar. Eine Anleitg., ohne Lehrer Ungarisch richtig lesen, schreiben u. sprechen zu lernen. Mit beigefügter vollständ. Aussprache-Bezeichng. gr. 16. (209 S.) Berlin 887. Berliner Verlags-Anstalt (D. Cray). — 90; geb. n. 1.20

Nadór, Heinr., die therapeut. Leistungen d. J. 1908—1909, s.: Pollatschek, Arnold.

Nádosy, Alexander von —. Equitations-Studien Mit besonderer Rücksichtsnahme auf den Unterricht in den Artillerie-Equitationen, zusammengestellt von — —. I. Band. Reit und Fahrunterricht in 6 Heften und mit 33 Abbildungen. 8. Wien. Druck von Karl Gerold und Sohn. 1855.
Enthält: Reit-Unterricht. (VI, 88 S.) — Zäumungslehre (20 S.) — Leitfaden zur Abrichtung der Remonten. (98 S.) — Fahr-Unterricht. (64 S.). — Geschirr- und Beschirrungslehre. (40 S.) — Packordnung. (28 S.) Mit V Tafeln.

Nádosy, A. v. Equitations-Studien. 2. Aufl. Bd 1. 2. Wien 1855. 8° (1. Aufl. 1854.)

Nádosy, Alex. v., Equitations-Studien. Mit besonderer Rücksichtsnahme auf den Unterricht in den Artillerie-Equitationen. 2 Bde. 2. verm. u. verb. Aufl. Wien 855. Gerold. 8. (XII, 336; VIII, 416 S. u. 18 lith. Taf. in 4. u. Fol.) n. 3 Thlr.
Inhalt: 1. Bd.: Reit- und Fahrunterricht in 6 Abthlgn. mit 53 Abbildgn. (auf 6 Taf.) — 2. Bd.: Hippologisches Fach in 6 Abthlgn. mit 170 Abbildgn. (auf 12 Taf.)

Nádosy, Alex. v., Equitations-Studien. Mit besonderer Rücksichtsnahme auf den Unterricht in den Artillerie-Equitationen zusammengestellt. 2 Bde. 3. verb. Aufl. Mit 232 Abbildgn. Wien 859. Gerold. 8. (XI, 783 S. u. 18 lith. Taf. in 4. u. Fol.) 3 Thlr 10 ngr.

Nádosy, Alexander von. Provisorische Geschirr Lehre Vortrags-Behelf für die k. k. Artillerie-Equitationen. (Mit 1 Abbildung.) (Lithographiert. 8. (Wien 1853.)

Nádosy, Alexander von, k. k. Oberst und Kämmerer, Vorstand der kaiserlichen spanischen Hofreitschule zu Wien Militärisch Hyppologische Reise Anmerkungen gesammelt 1864 auf einer Reise durch Deutschland, Belgien, England und Frankreich (Mit 3 Karten und 2 Tafeln Abbildungen.) (Lithographiert.) Fol. (Wien 1864.)

Nadrowski, Rich., Abriß der Wortbildung im Deutschen zum Gebrauche f. höhere Lehranstalten. 8. (VI, 40 S.) Wiesbaden 892. R. Bechtold & Co. n. — 40

Beiträge zur deutschen Wortforschung von R[ich.] Nadrowski, Prof., Marienburg. *(Marienburg [1903]: H. Stamm.)* (12 S.) 8° [Kopft.]

Nadrowski, R., Beiträge zur deutschen Wortforschung. (12 S.) 8. Marienburg (904). (Leipzig, Buchh. G. Fock.) n. — 60

Nadrowski, Rich., üb. d. Entstehg. d. Nibelungenliedes, s.: Festschrift, zum 70. Geburtstage Oskar Schade dargebracht.

Nadrowski, Rich De genuina Demosthenis pro corona orationis forma. 19 S. Progr. *Thorn* 1880.

Nadrowski, Rich. Der Lautwandel, besonders im Griechisch und Latein. (Ein Beitrag zur indoeuropäischen Wortkunde.) 14 S. *Thorn* 1885 Progr.

Nadrowski, Rich., neue Schlaglichter auf dunkeln Gebieten der griechischen und lateinischen Etymologie. gr. 8. (56 S.) Berlin 879, Burmester und Stempell. *

Nadrowski, R., neue Schlaglichter auf dunkeln Gebieten der griechischen u. lateinischen Etymologie. 2., umgearb. Aufl. gr. 8. (V, 134 S.) Berlin 888. Issleib. n. 4. —

Na[illegible]wski vielmehr Nadrowski Rud [illegible]
[illegible]
Berlin. Med Diss. [illegible] Jan 185[illegible]

Nadschi, Muallim. — Aus Muallim Nadschi's Sünbüle. D. Geschichte s. Kindheit. Aus d. Türk. übers. v. Adb. Merx. 12. (XV, 60 S.) Berlin 898. G. Reimer. n. 2.—

Nadson, Ssemjon Jakowlewitsch, Gedichte, s.: Universal-Bibliothek.

Nadt, Johann Ph. Konrad De magis eorumque operibus nec non de Pythonissa Endorea. Halle 1745 8°

Nadyr, Moses Aron, offener Brief eines polnischen Juden an den Redacteur Herrn Heinr. v. Treitschke. gr. 8. (28 S.) Löbau i. W. 880, Skrzeczek. *

Nadzleje, zawiedzione. Powieść niezmyślona. 2 Tomy. (Die getäuschten Hoffnungen. Eine wahre Erzählung. 2 Bde.) 8. (398 S.) Breslau 857, Korn.

Näf, Heinrich, Erziehungsrat; ein Lebensbild. Pfäffers [1898]. V: *Schneebeli, Joh. Jac. & Joh. Jac. Egg.* (Zuwachsverz. d. Bibliotheken in Zürich 1898 ff.)

Naf. Matthias N., der Toggenburger Fabrikherr Lebensbild aus der ersten Hälfte des 19. Jahrhunderts. [Illustriert A.] 8. (Leipzig und Berlin 1881.)

Näf, A., durch Kreuz zur Krone, — die Landmühle, } s.: Edelweiß.

— 20 religiöse Lieder, s.: Nater, J.

Naef, Adolf. Die Organogenese des Cölomsystems und der zentralen Blutgefässe von Loligo. Diss. Phil. [II.] Univ Zürich Mit 3 Tafeln und 14 Figuren im Text. (Abdruck aus der Jenaischen Zeitschrift für Naturwissenschaft, Bd. 45 N F 38 Heft 1 1909) II + 46 S. 8 Jena, Gustav Fischer, 1909.

(Naef, A[lbert].) Schloss Chillon. Album und historische Notizen für Besucher des Schlosses. ([Von] A. N', Architekt.... [Mit 1 Ansicht und 9 Tafeln.]) [II + 6 S.] 8. Lausanne, Pache-Varidel & Co, [1905]. fr. 1. —

Näf, A., Düngerlehre, s.: Schellenberg.

Näf, Albert Gesteins- und Boden kunde, s.a. Amsler, Alfred

Näf, A[lbert], und Amsler, Alfred. Gesteins- und Bodenkunde. Leitfaden für den Unterricht an landwirtschaftlichen Schulen und Lehrbuch für den praktischen Landwirt. Hrg. vom Verbande der Lehrer an den landwirtschaftl. Schulen der Schweiz. Verfasst von A. N', Landwirtschaftslehrer in Brugg, und A' A'.... II + VIII + 102 S. 8. Aarau, Emil Wirz, 1906. [geb. fr. 2. —]
(Landwirtschaftliche Lehrbücher.)

Naef, Alb., das Südportal der Stiftskirche v. S. Ursanne, s.: Kunstdenkmäler der Schweiz. III.

Näf A[lbertine]. Reise Erinnerungen [Umschlag illustriert.] 8. [Regensberg 1892]

Näf, Arnold, auf Felsengrund. Christliche Gabe f. Herz u. Haus. 2. Aufl. gr. 16. (XI, 314 S.) Stuttgart 894. Greiner & Pfeiffer. Geb. in Leinw. m. Goldschn. n. 3. —

Näf, Arnold Geschichte der Kirchgemeinde Glattfelden, mit Hinweisungen auf die Umgebung 8. Bülach 1863.

Näf, Arnold, Geschichte der Kirchgemeinde Hinweil mit Hinweisungen auf die Umgebung. Zürich 870. Schultheß. gr. 8. (V, 232 S.) n. 24 ngr.

Näf, A., Geschichte des Volkes Israel und seiner Religion. Leitfaden für Sekundar- und Ergänzungsschulen. 1. und 2. durchgeseh. Aufl. 8. (39 S.) Zürich 876,78. Schultheß. *

Näf, Arnold. Geschichte des Volkes Israel und seiner Religion. Leitfaden für Mittel-, Sekundar- und Realschulen. 3. Aufl. (*Umschlag:* Mit einem Kärtchen von Palästina.) 49 S. 8. Zürich, Schulthess & Co., 1901. [fr. —.45]

— Neujahrsblatt der Gemeinde Unterstraß 1877. Unsere Kirchen. gr. 8. (40 S.) Zürich 877. Schultheß. n. — 70

Näf A[rnold]. Unsere Kirchen 1 Grossmünster, 2. Predigern, 3 St Leonhard 4 St Moritz. Njbl der Gemeinde Unterstrass. 1877. 8. Zürich 1877

— das Loos der Blinden u. Taubstummen. 2 Vorträge, in Zürich 1879 geh. [Aus: „Schweiz. Zeitschrift f. Gemeinnützigkeit".] gr. 8. (82 S.) Zürich 880. Herzog. n. — 60

Näf, A. Das Nidelbad bei Rüschlikon. Geschichtl. Skizzen. In-16, 39 S. Thalweil, W. Emig. 1879.

— die Gemeinde Rüschlikon u. ihre Umgebung. Nach geschichtl. Quellen geschildert. 8. (147 S.) Horgen 891. (Zürich, S. Höhr.) n. 1. 50

Näf, Arnold. Aus stillen Stunden. Christl. Lieder. gr. 8. (120 S.) Zür. 891, Höhr u. Fäsi. * 2 —

(Näf, Aug.,) histor. Bericht üb. Entstehung, Zweck u. Verhältnisse d. kaufmänn. Korporation u. d. Direktorialfonds in St. Gallen. Aus d. Akten bearb. gr. 8. (5 1/4 B.) St. Gallen 840, (Huber u. Comp.) *

Näf, Aug., s. Bericht, historischer, über Entstehung, Zweck u. Verhältnisse der kaufmännischen Korporation u. des Direktorialfonds in St. Gallen.

Näf, August. Die Bündnisse der Stadt St Gallen mit den deutschen Reichsstädten, namentlich mit denjenigen in Schwaben und am Bodensee. [A.] gr.-8. [Landau 1873.]

Naef, Aug., Chronik oder Denkwürdigkeiten der Stadt u. Landschaft St. Gallen. Mit Inbegriff der damit in Verbindung stehenden Appenzellischen Begebenheiten. Von den ältesten Zeiten bis auf das J. 1848. (In 10 Lfgn.) 1—5. Lfg. gr. 4. (VI S. u. S. 1—320 m. 5 Kpfrst.) Zürich 850. 51, Schultheß. St. Gallen, Scheitlein's Sort. (à n. 5/12 ℛ︀) (n. 2 1/12 ℛ︀)

Naef, Aug., Chronik der Denkwürdigkeiten der Stadt und Landschaft St. Gallen. Mit Inbegriff der damit in Verbindung stehenden Appenzellischen Begebenheiten. Von den ältesten Zeiten bis auf das Jahr 1848. 6. u. 7. Liefg. Zürich 854. Schultheß. gr. 4. (S. 321—464 u. 1 Kpfrtaf.) n. 24 ngr.

Naef, Aug., Chronik oder Denkwürdigkeiten der Stadt und Landschaft St. Gallen. Mit Inbegriff der damit in Verbindung stehenden Appenzellischen Begebenheiten. Von den ältesten Zeiten bis auf das Jahr 1848. 8—12. Liefg. Zürich 859—63. Schultheß. gr. 8. (S. 465—848 u. 1 Kpfrtaf.) Jede Liefg. n. 12½ ngr.

Naef, Aug., Chronik oder Denkwürdigkeiten der Stadt- u. Landschaft St. Gallen. Mit Inbegriff der damit in Verbindung stehenden Appenzell. Begebenheiten. Von der ältesten bis auf die neuere Zeit. 13—15. (Schluß-) Liefg. Zürich 865—67. Schultheß. gr. 4. (S. 849—1084.) Jede Liefg. n. 12½ ngr.

Naef, Aug., Sanct Gallische Denkmünzen. Hrsg vom histor. Verein in St. Gallen. Fol. (13 S. m. e. Photolith.) St. Gallen 871. (Huber & Co.) n. 1. 80

Näf, August. Inhaltsverzeichniss des handschriftlichen Werks. Archiv für die Geschichte der St Gallischen Burgen .., ihrer Besitzer und damit in Verbindung stehenden Ortschaften, im Umfang der Cantone St. Gallen, Appenzell und Thurgau ... Gesammelt und zusammengestellt von A' N' . [A] gr -8. [Landau 1873]

Naef, E., Das Armenwesen im Aargau. 8⁰. Aarau 1888.

Naef, E., 1. Die obligatorische Krankenversicherung für Arbeiter im Kanton Aargau. 8⁰. Aarau 1886.

(N[äf], E[duard].) Die Bodenverschuldung und ihre Ursachen. *Aufdruck:* [Sep.-Abdr. aus:] Neue Zürcher Zeitung [№ 106,] 17. IV. 06. 8 S. 8. [Zürich, Buchdr. der Neuen Z' Z', 1906.]
(*Name des Verf.:* Ed. Näf, Gündelhard, Thurgau... *am Schluss aufgestempelt.*)

Näf, Ed[uard]. Kritik der Motion Steiger (*betr.* Art. 32 bis Abs. 2 der Bundesverfassung *über* den Kleinverkauf nicht gebrannter geistiger Getränke). ⟨Separatabdruck aus der Neuen Zürcher Zeitung.⟩ 22 S. 8. Zürich, Buchdr. der Neuen Zürcher Zeitung, 1903.

Näf, Eduard, Kritik der Motion Steiger. (22 S.) 12. Zürich 903. Rascher & Co. n. — 40

Naef, Eduard, aus Meilen (Kt. Zürich): Über Nitroso-Verbindungen der Thiazolreihe. [Auch in: Liebig's Annalen der Chemie u. Pharm., Bd 265, S. 108—128.] Zür. J. Schabelitz Dr 1891. 39 S. 8°.
Zürich, Phil. Diss. [v. 9. März 1891].

Näf, Ed[uard]. Zur Revision der Gesetzgebung über das Alkoholmonopol. ⟨Separatabdruck aus der Neuen Zürcher Zeitung.⟩ 26 S. 8. Zürich, Ed. Rascher's Erben (*Umschlag: Buchdr. der Neuen Zürcher Zeitung), 1903. [fr. —.40]

Näf, Eduard. Tabakmonopol und Biersteuer. Ein Beitrag zur schweizerischen Wirtschafts- und Finanzpolitik. XXXVI + 360 S. 8. Zürich, Ed. Rascher's Erben, 1903. [fr. 8.—]
Züricher volkswirtschaftliche Studien. Hrg. von Hein(rich) Herkner. Heft 3.

Næf, Eduard. Ein eidgenössisches Tabakmonopol. Diss. Staatsw. Univ. Zürich. XXIV + 192 S. 8. Zürich, Buchdr. des Schweiz. Grütlivereins, 1903.
(Teil 1 eines Buches, betitelt «Tabakmonopol und Biersteuer. Ein Beitrag zur schweizerischen Finanzpolitik».)

Näf, Ed[uard]. Die Tilgungshypothek im Dienste der Landwirtschaft. (Sonderabdruck aus der «Zeitschrift für schweizerische Statistik», Jahrg. 43, 1907 [Band 1, Liefg. 1].) VIII + 107 S. 8. Frauenfeld, Huber & Co., 1907. [fr 2.—]

Näf, E[mil]. Die Buch- und Rechnungsführung bei kleineren Sparkassen. Belehrung über die einfachste und zweckmässigste Art derselben, sowie über die Anfertigung von Jahresabschlüssen und Geschäftsübersichten, verfasst im Auftrage des eidg. Departements des Innern. 51 S. 8. Bern, Druck Hans Feuz (*Aufdruck:* A. Francke, Verlags-Cto.), 1908. [fr. 1. —]

Næf, E[mil]. Buchführung und Rechnungsstellung der gemeinnützigen Anstalten. Referat, vorgelegt der Schweizerischen statistischen Gesellschaft bei ihrer Jahresversammlung in Schaffhausen. Separatabdruck aus der «Zeitschrift für schweizerische Statistik», Jahrg. 1903 = Principes de comptabilité à l'usage des établissements d'utilité publique. Rapport.... Extrait du «Journal de statistique suisse».... 18 S. 4. [Bern, Stämpfli & Cie.]

Näf, E[mil]. Comptabilité des petites caisses d'épargne. Instructions sur la manière la plus simple et la plus pratique de tenir les livres, ainsi que sur celle d'établir le bilan de l'année et le compte rendu financier, rédigé sur la demande du Département fédéral de l'Intérieur. 54 p. 8. Berne, Impr. Hans Feuz (*Aufdruck:* A. Francke, Verlags-Cto.), 1908. [fr. 1. —]

Naef, Emil, Erinnerungen aus Nord-Amerika. Nach eigenen Erlebnissen aufgezeichnet. 8. (184 S.) Aarau 884. (Chur, Kellenberger.) n. 1. 50

Naef, Emil. Die soziale Lage der Handels-Angestellten. Eine Schilderung des kaufmännischen Berufsstandes, nebst Ratschlägen zur Verbesserung der sozialen Lage der H'-A'. II + 23 S. 8. Zürich, Buchdr. Conzett & Cie. — *Aufdruck:* Verlag der Grütli-Buchh. —, 1904 fr. —.50

Naef, E., siehe: *Thierfreund.*

Näf, Ernst: Versuche zur Theorie der elektrolytischen Weißblechentzinnung. 1911. 101 S. 8°
Dresden, Dr.-Ing.-Diss. v. 20. 12. 1910

Naef, G., observationes de Scirrho. 4. Gotting. 802. Brose. 3 gr

Näf, Heinrich, von Winterthur Ueber den Eintritt der Vollendung bei dem Verbrechen der Brandstiftung. Zür. E. Kiesling Dr 1851 39 S. 8°
Zürich, Jur Diss. v. 20. Sept. 1851.

Näf, Heinrich, von Kappel, Kt. Zürich. Ein Dichterleben. Gedichte und Biographie. (Herausg. von Rob. Weber.) Zürich 854. Höhr. 16. (IV, 144 S.) n. 23 ngr.

Näf, J., siehe: *Olten.*

Naef, J. A., l'habile calculateur à l'usage de tous, ou particulier des négociants et artisans. Avec un appendice: une table pour le calcul des jours, et deux tableaux pour réduire les francs en marcs allemands, et vice-versa. 3. éd. corrigée. 8. (63 S.) Solothurn 878. (Jent & Gassmann.) cart. n. 1. —

— der Schnellrechner, dienlich Jedermann, namentlich Handels- u. Gewerbsleuten. Mit einem Anh.: 1 Zeitberechnungstafel, 2 Umwandlungstabellen der Frankenwährung in deutsche Reichs-Markwährung u. umgekehrt. 3., verb. Aufl. 8. (63 S.) Ebend. 878. cart. n. 1 —

Näf, J A · Zeit ist Geld oder Umwandlungstabellen der schweizerischen Masse und Gewichte in meterische Solothurn 1877.

— J. A., Zinstabellen von Kapital Frkn. 1000 (Dezimalzahl). Auf alle Tage des Jahres à $3^1/_2$, 4, $4^1/_2$, $4^3/_4$, 5 und 6 Proc. zur Berechnung der Marktzinse. Nebst einer Zeitrechnungstafel. 6. A. Solothurn, Verlag des Verfassers. cart. 1876.

(Näf, Jacob.) Geschichte des Turnvereins Luzern. Festschrift zur 25jährigen Jubiläumsfeier 1878—1903. [Mit 1 Tafel.] II + 60 S. 8. Luzern, J. Burkhardt, 1903.

Naef, Johannes, z. Z. Assistenzarzt der medicinisch-propaedeutischen Klinik in Zürich von Hausen a. A., Kt Zürich Die spastische Spinalparalyse im Kindesalter Zür Zürcher u. Furrer Dr 1885. 138 S. 8.
Zürich. Med Diss. [v. 25. Febr 1885].

Näf, J[ohann] Ad[olf]. Worte dankbarer Erinnerung an die selig verstorbene Fräulein Karoline Ernst, geboren 17 September 1831, gestorben 26. April 1907 ..., gesprochen am Tage der Beerdigung ... 29. April 1907. 9 S. 8. Zürich, Berichthaus, 1907

Näf, J[ohann] Ad[olf]. Worte der Erinnerung an die selige Frau A(nna) Marie Usteri-Pestalozzi von Zürich, gestorben den 18 September 1906 ..., am Tage ihrer Grablegung ... gesprochen von J Ad. Näf.... 22 S. 8. Zürich, Berichthaus, 1906.

[Näf, Johann Baptist] Vier Predigten, gehalten im Jahre 1871 von einem Geistlichen des Bisthums St Gallen. 8. St. Gallen 1871

Joh. Emil Naef, W. A. Hergt's Nachfolger, Zürich.... Kautschuk & Guttapercha.... (Verzeichnis [der] Artikel.) 23 S. 8. Zürich, Art. Institut Orell Füssli, [1901].

Näf. J[oseph] Das Stift Bero-Münster und das Kloster Muri Eine geschichtliche Vergleichung (Progr.) 8 (Muri 1865 -1866.)

(Näf. J[oseph].) Kurze Geschichte der Alemannen. (Progr.) 8. (Muri 1874.)

— Gold und Silber. Eine Auswanderung aus der Schweiz nach Spanien 1768. Zum Teil nach Akten im Gerichtsarchiv zu Muri. Muri 1872.
Progr.

— Grundzüge der russischen Geschichte. Muri 1878.
Progr.

— Kirchmeier und Rebell. Aus dem 17 Jahrhundert. Nach Akten im Gerichtsarchiv zu Muri. Muri 1869.
Progr.

— Die Länder und Fürsten Europas von 1654—1660. Muri 1879.
Progr.

Näf, J., Römische Strassen und Kolonien in Helvetien. Muri 1876. Progr.

Näf, Konrad Poetische Versuche Zürich: Orell, Füßli und Comp. 1814 8°

Näf, Konr., poet. Versuche. 8. Zürich 813, 2e durchges. u. verm. Ausg. gr. 12. Ebd. 825. Orell. 12 gl.

Naef, Max [med. pract. von Winterthur]: Ein Fall von temporärer totaler, theilweise retrograder Amnesie (durch Suggestion geheilt). Leipzig 1898. 39 S. 8°
Zürich. Med. Diss. 1897/98.

Näf, N., das Gesetz über die Rechtsverhältnisse u. die Verwaltung der m. Gemeindebürgschaft versehenen Sparkassen vom 9. Apr. 1880, erläutert. gr. 8. (47 S.) Lahr 880. Schauenburg. n. 1. 20

Naef, N., das französische und badische Recht der Vermögensabsonderung unter Eheleuten. 12. (XV, 135 S.) Freiburg i. Br. 886, Mohr. geb. * 2 80

Naef, N., das Recht der Liegenschaftsvollstreckung im Großherzogt. Baden. Mit angehängtem Text-Abdruck der einschläg. Rechts-Normen. 8. (XL, 238 S.) Karlsruhe 884. Bielefeld's Verl. n. 3. 20; geb. n. 4. —

—— das Wasserrecht im Großherzogt. Baden. 8. (372 S.) Lahr 883, Schauenburg. *

Näf, Paul, von Zürich Ueber den Schwefelsäurebildungsprocess in den Bleikammern. Zür. F Schulthess Dr. 1883. 60 S. 8°
Zürich, Phil. Diss. [v 10. Dec. 1883].

Naef-Blumer, E[duar]d. Clubführer durch die Glarner-Alpen. Im Auftrag des Centralcomités des S(chweizer) A(lpen) C(lubs) verfasst. [Illustriert.] II + X + 229 S. 8. Schwanden, Buchdr. Dl. Tschudy-Aebly — *Aufdruck:* Glarus, Baeschlin's Buchh. —, 1902. [fr. 1.50, geb. fr. 2. —]

Näf-Hatt, E[mil]. Karte vom Uetliberg, hrg. vom Verschönerungs-Verein von Zürich & Umgebung, für dessen Mitglieder bearbeitet. 2. Aufl. 1905. [2 S.] fol., *mit illustr. Titel* 8.
[S. 1:] *Karte*, bearb. v. E. N'-H'. Massstab 1 : 12 500. 326/558 mm. Topogr. Anstalt J. Schlumpf Winterthur.
[S. 2:] Gebirgs-Ansicht auf dem U' 873 m. üb. Meer nach dem Panorama v[on] X[aver] Imfeld ... in Stein gestochen v[on] A[lbert] Bosshard 1897..., *Kärtchen der* Albiskette *und Text*

Näf-Hatt, E[mil]. Karte von Zürich & Adlisberg, hrg. vom Verschönerungs-Verein von Zürich & Umgebung, für dessen Mitglieder bearb. 2. Aufl. 1902. [2 S.] fol., *mit illustriertem Titel* 8.
[S. 1:] *Karte.* 332/554 mm. Topogr. Anstalt Winterthur. J. Schlumpf.
[S. 2:] Gebirgs-Ansicht vom Loorenkopf 692 m. üb. Meer, ... 1896 aufgenommen und in Stein gestochen von Albert Bosshard..., *etc.*

Näf-Hunn, A., die Alte vom Berge od. der verlorene Sohn, s.: Edelweiß.

Naef-Hunn, A., Margareth, s.: Kinderfreund, der, Nr. 38.

Naef-Hüny, A., siehe: *Marston.*

Näf-Schnorf, Arn. Gedenkblatt an die Näfenfeier, gehalten in Kappel den 11. Oktober 1881 am 350jähr. Gedächtnisstage der Kappeler Schlacht. Den Stammgenossen gewidmet. In-8°, 12 S. Thalweil, Druck von W. Ewig. 1882.

Nafe, Emil, Rechenaufgaben f. Bürgerschulen u. verw. Lehranst. E. Handbuch f. Lehrer. gr. 8. (II, 174 S.) Wien u. Prag 898. F. Tempsky. — Leipzig, G. Freytag. Geb. in Leinw. n. 2. 40

Nafe, F[ranz]: Die Förderinnen im Verein. Ein Beitr. z. Ausbau d. Vereine kath. erwerbstät. Frauen u. Mädchen. — Breslau: Selbstverl.; Goerlich & Coch in Komm. [1907.] 32 S. 8°

Nafe, das Tatsachenmaterial d. Gewerbeinspektionsberichte 1909, betr. das Arbeitsverhältnis der gewerblichen Arbeiterinnen. (12 S.) gr. 8. Berlin (C. 25, Kaiserstr. 37) 910. Verband der kath. Vereine erwerbstät. Frauen u. Mädchen Deutschlands. — 10
Sonderabdruck aus „Arbeiterpräses“.

Naefe, Bruno, aus Wüste-Waltersdorf, Gerichts-Ref. Die Gestaltung der Wandelung nach § 467 B.G.B. unter kurzer Berücksichtigung der Bestimmungen des Römischen Rechts und des Preussischen Allgemeinen Landrechts. *Leipzig-Reudnitz 1900: A. Hoffmann.* (90 S.) 8° [J.]
Jena, Jur. Diss. v. (22. Okt.) 1900

Kuranstalt Näfels, Schweiz, von Dr. med. Emil L. Kahlert, prakt. Arzt. Spezialärztliche Behandlung von Nervenleiden, Magen-, Haut-, Geschlechts- und Frauenkrankheiten.... [Reclame-] Brochüre.... IV + 32 S. 8. [1902.]

Näff, A. Bericht über die projektirte Eisenbahn-Verbindung Olten-Luzern. Lenzb. 1852.

Naeff, August s. Petit-Senn, J[ohn]. Les Gardes suisses... [Genève 1830.]

Naeff, Aug[ust]. Das Rheinthal beim Aufwachen der Eidgenossenschaft. Vorgelesen in der Rheinthalischen Gesellschaft am 6. Dezember 1830. 8. St. Gallen 1831

Naeff, Top, Freudvoll—Leidvoll. Erzählung f. junge Mädchen. Frei nach dem Holl. v. J. Berger. (230 S.) 8. Berlin (905). Globus Verlag. Geb. in Halbleinw. n. 1. —; in Leinw. n.n. 1. 40

Naeff, Top, der stumme Zeuge. Einzig autoris. Übertragg. aus dem Holl. v. Else Otten. (125 S.) 8. Berlin (908). Concordia. 2.—; geb. 3. —

Näff, Wilhelm, und Hertenstein, Adolf. Haupt- und Schlussbericht der Herren Landammann Dr. W' N' und Kriminalgerichtspräsident Dr. A' H' über die ihnen durch Schlussnahme des eidgenössischen Vorortes vom 11. Mai 1838 aufgetragene Sendung als eidgenössische Kommissarien in den Kanton Schwyz. 8. Einsiedeln 1838.

Nafta-Felder [Schlagwort]

Nafta-Felder. Plan der Nafta-Felder in Tustanowice (Galizien). 1 : 5750. 50,5×63 cm. (Mit Text an der Seite.) Berlin (910). (Verlag f. Fachliteratur.) 8. —; auf Leinw. 10. —

Näftenbach. (Njbl.) s. [Hegner, Ulrich].

Nafzger, Friedrich. Ueber die Säuren des Bienenwachses. (Tübingen) Stuttgart, 1882

Nafzger, Frdr., üb. die Säuren d. Bienenwachses. gr. 8. (39 S.) Stuttgart 883. (Tübingen, Fues.) 1. 20

Nagai, Iwao, appr. Arzt a. Nagasaki ⟨Japan⟩: Ein Fall von tuberculöser Basilarmeningitis ausgehend von einer Caries Tuberculosa des Atlas und Epistropheus. München 1905: Kastner & Callwey. (19 S.) 8°
München, Med. Fak., Ref. v. Bollinger, Diss. v. 29. Juli 1905
[Geb. 18. Sept. 67 Nagasaki; Wohnort: Nagasaki; Staatsangeh.: Japan; Vorbildung: Mittelsch. Nagasaki Reife O. 85; Studium: Tokio 10, München 3 S.; Coll. 29. Juli 05; Approb. Tokio 15. Mai 95.]

Nagai, Nagayosi (geb. Tokushima in Japan [illegible] 18[illegible]) Beitrag zur Kenntniss des Eugenols. Berlin 1881 [illegible]
Berlin, Phil. Diss. v. 14. Dez. 1881

Nagai, Shinkizi [aus Tokio (Japan)]: Die Landwirthschaft Japans, ihre Gegenwart und ihre Zukunft. Halle a./S. (Druck v. Johannes Päßler, Dresden) 1886; 2 Bl. + 98 S. + 1 Bl. 8°
Halle, Phil. Fak., Inaug.-Diss. v. [17. Dez.] 1886.

Nagai, Shinkizi, die Landwirthschaft Japans, ihre Gegenwart und ihre Zukunft. gr. 8. (98 S.) Dresden 887, G. Schönfeld's Verlag. * 2 40

Ⓑ **Nagai**, Sch., d. Landwirtschaft Japans. 887. (KBL 26.) Jetzt: Hannover, M. & H. Schaper.

Nagamatsz, Atsusuke, Beiträge zur Kenntniss der Chlorophyllfunktion. Diss. Würzburg 1886. 8°. 30 S.
Sonder-Abdruck aus: Arbeiten des botanischen Instituts in Würzburg, hrsg. von Jul. Sachs. 3. Band 3. Heft. Leipzig 1887, Wilhelm Engelmann. 3 M. 60 Pfg.

Nagamatsz, A., Beiträge zur Kenntniss der Chlorophyllfunction, s. Arbeiten des botanischen Instituts in Würzburg.

Nagamori, Hikohachi: Über experimentelle Erzeugung von Magengeschwüren beim Kaninchen durch Reizungen des Plexus coeliacus. Würzburg 1910: Staudenraus. 32 S. 8°
Würzburg, Med. Diss. v. 20. April 1910, Ref. Borst
[Geb. 30. Aug. 80 Kagawa-ken; Wohnort Würzburg; Staatsangeh. Japan; Vorbildung: Gymn. Takamatsu Reife Juni 99; Studium: Okayama Med. Akad. 8, Würzburg 3 S. Rig. 1 März 10.] [U 10. 4360

Nagao, Skesaburo, der Weg zur Buddha. Berechtigte deutsche Ausg. v. Karl B. Seidenstücker. (VIII, 56 S. m. 1 Taf.) 8. Leipzig (905). Buddhist. Verlag. n. — 80

Nagarah, R. Israel. Hymnen. Nach einer äusserst seltenen Handschrift der k. k. Hofbibliothek zu Wien, zum ersten Male herausgeg. von M. H. Friedländer. *Wien* 1858. Druck der typ.-lit.-art. Anst. von *L. C. Zamarski, C. Dittmarsch & Comp.* XVI, 100 S., 8°. (In hebräischerSprache.)

Nagarah, Israel, Hymnen (in hebr. Sprache). Nach einer äußerst seltenen Handschrift der k. k. Hofbibliothek zu Wien zum erstenmal herausg. von M. H. Friedländer. Wien 858. (Leipzig, C. L. Fritzsche.) 16. (XVI, 100 S.) n. 20 ngr.

Nagarli, ebener und kurzer Fußsteig, oder evangelischer Bußweg. 4. Brünn, (Wolf, Augsb.) 729.

Nāgārjuna, Suhṛllekha: Brief des Nāgārjuna an König Udayana. Aus dem Tibetischen übersetzt von H. Wenzel. Leipzig 1886. (Vgl. Wenzel, H.)

Nagase, Hosuke [aus Tokio '(Japan)'] Die Entwicklung der russischen und englischen Politik Persien und Afghanistan betreffend bis zum Ende des grossen Konfliktes vom Jahre 1838 ... Halle a. S., Hofbuchdr. v. C. A. Kaemmerer & C., 1894; 48 S., 1 Bl. 8.
Halle, Phil. Fak., Inaug.-Diss. v [16. Mai] 1894

Nagavarma's canarese prosody, ed. with an introduction to the work a. an essay on canarese literature by Rev. F. Kittel. gr. 8. (LXXXII, 160 S.) Mangalore 875. Basel, Missionsbuchh. geb. n. 4 —

Nagaya, S., Higo Kinkoroku, deutsche Bearbeitung, s.: Jacoby, Gust., die Schwertzieraten der Prov. Higo.

Nagayo, Shokizi [aus Tokio '(Japan)']: Ueber die Einwirkung der caustischen Alkalien auf das Pepsinferment ... Würzburg, Druck d. Stahel'schen k. Hofbuchdr., 1893; 26 S., 1 Bl. 8.
Würzburg, Med. Fak., Inaug.-Diss. v. 1893

Johannes Nagel. Ein kurzer Abriss seines Lebens. Elberfeld: Luther Bücherverein 1895 (10 S.) 8°
Aus: Nagel: Die Errettung d. ev.-luth. Kirche in Preussen v 1817-1845. 3. Aufl.

Nagel's Bibliothek illustr. Humoresken. I—VI. 8. Berlin, G. E. Nagel. à n. — 50
I. Zug, der, des Herzens u. andere lustige Geschichten. Mit 25 Illustr. v. Rich. Coßmann, Otto Lagemann, Hans Leiter u. a. (63 S.) (902.)
II. Brautwagen, der, u. Anderes. Mit 26 Illustr. v. Rich. Coßmann, Rich. Edler, P. O. Engelhard u. a. (63 S.) (902.)
III. Stammtischgeschichten, der neuen Münchhausiade. 1. Tl. Von J. H. Gier. Mit 20 Illustrationen v. G. Köller. (63 S.) (902.)
IV. Patentsonnenschirm, der, u. andere Humoresken. Mit 26 Illustr. v. W. Arnold, Rich. Coßmann J. Eberz u. a. (63 S.) (902.)
V. Militärhumoresken. Mit 26 Illustr. v. Diba, Eberz, Otto Lagemann, Hans Leiter. (63 S.) (902.)
VI. Geschichten, verteufelte. Mit 29 Illustr. v. Rich. Coßmann, C. Hall, F. Haß, S. Reisacher. (63 S.) (902.)

Nagel's Bibliothek illustrierter Humoresken. 7.—17. Bd. 8. Schöneberg-Berlin, G. E. Nagel. à n. — 50
7. 's Lotterle u. andere Humoresken. Mit 32 Illustr. v. Jos. Ferron, C. Hall, G. Köller u. a. (63 S.) (903.)
8. Aus der Jugendzeit. Mit 27 Illustr. v. R. Coßmann, J. Kuhn-Regnier, E. Kunolt u. a. (63 S.) (903.)
9. Stimmungsbild, e., aus der Großstadt u. andere lustige Geschichten. Mit 27 Illustr. v. F. Albert, C. Hall, J. Kuhn-Regnier u. a. (63 S.) (903.)
10. Fisimatenten. Mit 30 Illustr. v. R. Coßmann, Diba, G. Stingl u. a. (63 S.) (903.)
11. 12. In Liebeswinkeln. Von Teo v. Torn. (128 S.) (903.)
13. 14. Garnison u. Manöver. Militär-Humoresken. Von Frhr. v. Schlicht, Teo v. Torn u. a. Mit 49 Illustr. v. Hans Leiter. (120 S.) (905.)
15. Stammtischgeschichten. Der neuen Münchhausiade. 2. Tl. Von J. H. Giers. Mit 18 Illustr. v. G. Köller. (64 S.) (906.)
16. Baltisches. Humoristische Beiträge zur Sittengeschichte der Letten. Mit 21 Illustr. v. C. Hall u. Arth. Thiele. (63 S.) (906.)
17. Der Mann m. dem Pech u. andere Schnurren. Von Paul A. Kirstein. Mit 22 Illustr. von Rich Coßmann, Otto Lagemann, O. Rödiger u. Arth. Thiele. (64 S.) (906.)

Nagel's Bibliothek illustr. Humoresken. 18. u. 19. Bd. 8. Schöneberg-Berlin, G. E. Nagel. à — 50
18. 19. Lustige Erinnerungen aus meiner Militärzeit. Von Geo. Rudroff. Mit 16 Illustr. v. Hans Leiter. (88 S.) (907.)

Nagel's humoristische fliegende Blätter. Heitere Welt. Illustr. Wochenschrift. Red.: E. Nagel. 8. u. 9. Jahrg. 1903 u. 1904. à 52 Nrn. (à ca. 16 S.) 4. Schöneberg-Berlin, G. E. Nagel. à Jhrg. n. 6. —
Erscheint nicht mehr.

Nagel, Diss. sistens cardaminis pratensis characterem botanicum et usum medicum. Frcf. 4°.
1793

Nagel, Imperator T. Flavius Domitianus a plerisque rerum scriptoribus iniquius [illegible] dicatus. Pr. 1868. 17 S. 4°.

Nagel Geschichte des Klosters St Gallen und seiner Schulanstalten bis auf die Zeit des Verfalls unter den salischen Kaisern. Buch I 35 S. – Progr Halle Päd 1852

Nagel, Geschichte der Turnhalle des M. T. V. Nordhausen, Nordhausen 1900, 4°

Paul Gerhardt Feier Von Pastor **Nagel**-Pattensen. Hannover H Feesche 1907 (15 S.) 8° [F] [08. 5103 7

Nagelii — Dissertatio de Pleiadibus veterum Graecorum. Altorf. 762. 4.

Nagel u. **Hummel**: Das Verfahren der Zwangsversteigerung in das unbewegliche Vermögen zwecks Beitreibung einer Geldforderung nach dem Gesetze vom 13. Juli 1883 im Zusammenhange dargest. 2. Aufl. Dortmund [1889].

Nagel. Vermuthungen über den Ursprung von Esslingen 8. s l 1795

— lustige Welt. Red.: E. Nagel. Jahrg. 1902. 4. Vierteljahr. Oktbr.—Dezbr. 13 Nrn. gr. 4. (à ca. 16 S. m. Abb.) Ebd. 1. 30

— dasselbe. Jahrg. 1903. 52 Nrn. gr. 4. (à ca. 16 S. m. Abbildgn.) Ebd. n. 5. 20
Vergl.: Welt, lustige.

— lustige Welt. Red.: E. Nagel. 12.—14. Jahrg. 1904—1906. à 52 Nrn. (à 16 S. m. Abbildgn.) 4. Ebd. à Jhrg. 5. 20; geb. 8. —

— lustige Welt. Leiter: Schaumburg. 15.—18. Jahrg. 1907—1910. à 52 Nrn. (à ca. 16 S. m. Abb.) 32×23 cm. Ebd. à Jahrg. 5. 20

Zur unbefangenen Würdigung Voltaires. Züge zu einem maur. Lebensbilde Von Dr Nagel Leipzig (1871). 8 31 S.
Sonderabdruck aus der Bauhütte 1870 S 383.

(A. Nagel u. J N Streckfuss), Chronik (u. Statuten) der bürgerlichen Gesellschaft der „Vierzig Martyrer", auch „zum Triangel" genannt, in München, vom J. 1832 bis Ende 1882. (Festschrift zur 50jähr. Jubelfeier.) München 1883. (Nebst Holzsch.-Frontisp.) 8°. 90 S., 1 Bl. Cart.

Nagel, A., die Liebe der Blumen, s.: Sammlung gemeinverständlicher wissenschaftlicher Vorträge. 474

Nagel, A. A. M. Grundriss von **Hamburg**. Hamburg 1834. 1 Bl. 1

Nagel, Adolf [app. Arzt aus Kipfenberg]: Epidemiologischer Bericht über die Diphtherie-Epidemie zu Ingolstadt vom November 1888—October 1889. . . . Würzburg, J. M. Richter's Buch- u. Kunstdr., 1890; 47 S., 1 Taf. 8°
Würzburg, Med. Fak., Inaug.-Diss. v. 1890

Nagel, Adolf (Hrsg.), s. Zeitgedichte.

Nagel, Albrecht: Über den ophthalmoskopischen Befund in myopischen Augen, s. Mittheilungen aus der ophthalmiatrischen Klinik in Tübingen.

Nagel, Albr., die Behandlung der Amaurose und Amblyopieen mit Strychnin. gr. 8. (V, 141 S. mit eingedr. Holzschn.) Tübingen 871, Laupp'sche Buchh. *

– Über die Beziehung dioptrischer Werthe, s. Mittheilungen aus der ophtalmiatrischen Klinik in Tübingen.

Nagel, Albrecht, Dr., Ueber die ungleiche Entfernung von Doppelbildern, welche in verschiedener Höhe gesehen werden. (Aus dem Arch. f. Ophthalmologie. VIII, 2.)

Nagel A, der Farbensinn. (Samml. gemeinverst. wiss. Vorträge 73) Berlin 1869

— der Farbensinn, s. Sammlung gemeinverständl. Vorträge.

— s. Jahresbericht über die Leistungen und Fortschritte im Gebiete der Ophthalmologie.

Nagel, Albr (Eduard) (geb. Danzig 14 6 1833) Observationes quaedam ophthalmoscopicae Berolini (1855). (35 S.) 8°
Berlin. Med. Diss. v 1 Febr 1855

— die Reform des ophthalmologischen Universitäts-Unterrichts. Tübingen 870. (Osiander.) gr. 8. (48 S.) n. 8 ngr.

— die Refractions- u. Accommodations-Anomalien des Auges. Tübingen 866. Laupp'sche Buchh. gr. 8 (V, 217 S. mit 21 in den Text gedr. Holzschn.) n. 1 ₰ 10 ngr.

Nagel, Albr., das Sehen mit zwei Augen und die Lehre von den identischen Netzhautstellen. Lex.-8. (VII und 184 S. mit 4 Stnt. und 37 in den Text gedr. Holzschn.) Leipzig 861, C. F. Winter'sche Verlagsh.

– Die optische Vergrösserung durch Linsen und einfache Linsencombinationen, s. Mittheilungen aus der ophthalmiatrischen Klinik in Tübingen.

Nagel, Albr., die Vorbildung zum medicinischen Studium u. die Frage der Schulreform. gr. 8. (19 S.) Tübingen 890. Laupp. n. — 50

Nagel, Albr. Die Vorbildung zum medicinischen Studium u. die Frage der Schulreform. gr. 8. (19 S.) Tüb. 891, Laupp. * — 50

Nagel, Alexander: Comptoir - und Geschäfts-Vormerk - Kalender für das Jahr 1887 Schmal-Folio. (229 S.) Wien: Nagel 1886.

Nagel, Alexander, Comptoir- und Geschäfts-Vormerkkalender für das Jahr 1888. Schmal-Folio. (251 S.) Wien, Sallmayer & Cie Cart. fl. 1.—

Nagel, Alexander, Comptoir- und Geschäfts-Vormerkkalender für das Jahr 1890. Schmal-Folio. (260 S.) In Comm. Cart. 1.—, in Lnwd. 1.10
Wien: Sallmayer & Co.

Nagel, Ant., († d. 20. Juli 1812.) Abschnitzeln v. d. häusl. Leben e. Schneidermeisters in Baiern. Eine baier. Bürgeridylle. gr. 12. Münch. 819. Fleischmann. 3 gr.

NAGEL, Anton, Abschnitzeln aus dem häuslichen Leben eines Schneidermeisters in Baiern . . . . (hrsg. von Hoheneicher). München 1820.
Anon. Lex. III. p. 199 (nach der Allg. Deutsch. Biogr.).

Nagel, Anton, s. Bürgeraufruhr, der, x.

Nagel, Ant. (Mosaburgensis, Rorae trans Ilmam parochus, et Decanatus Hochenwartensis camerarius), notitiae, *origines Domus Boicae seculis X et XI* illustrantes, ex coaeuis Libri Traditionum membranis *Canoniae Srigue S. Petri Monasteriensis proxime Ciuitatem Voyaburgam*, nostro aeuo Monachorum Monasterium nuncupatae, et ex codice diplomatico *Parthenonis Bergensis*, a *Willetrude*, Pertholdi I Boioariae Ducis viduae, ad Niuuenburgum danubianum an. 976 fundati, quas una suo cum commentario Maximilianeae Scientiarum Academiae Monacensi dedicauit —. Anno MDCCCIII. C. 2 figg. aeneis et 3 tabb. genealog. Monachii, 1804. Sumptibus Academiae Scientiarum boic. 8°. Unbeschn. Correktur-Expl. in modernem Hpgmtb. m. Rückenvergoldung.
LVI—295 pp., 2 Bl. index, 2 Bl. errata.

Nagel, Arno. Beiträge zur Kenntniss der Styrolenderivate. Marburg, 1880.

Nagel, August, a. Vechta in Oldenburg: Über den Einfluß der Kochsalz-Infusion bei Chloroform-Narkose. Würzburg 1907: P. Scheiner. (54 S.) 8°
Würzburg, Med. Fak., Ref. Burkhardt, Diss. v. 1. Dez. 1907
[Geb. 14. Febr. 79 Vechta; Wohnort: Würzburg; Staatsangeh.: Preußen; Vorbildung: Gymn. Vechta; Studium: Bonn 2, Marburg 3, Berlin 1, Würzburg 4 S.; Coll. 17. Dez. 06; Approb. 13. Dez. 06.]

Nagel, August (Friedberg)
Zur Geschichte des Grundbesitzes und des Credits in oberhessischen Städten. Ein Beitrag zur Geschichte der Institute des Immobiliarsachenrechts in deutschen Städten.
Giessen: Keller 1883. 53 S.
Diss. jur. 12.8.1883. vorh. 26. 1a. 11.

Nagel, A., Zur Geschichte des Grundbesitzes und des Credits in oberhessischen Städten. 3. Jahresber. d. Oberhess. Vereins für Localgesch. (Giessen, Roth.) Inaug.-Diss. 8⁰. Giessen, W. Keller, 1883.

Nagel, A., die Grossenhainer Grundlinie, s.: Bruhns, C.

Nagel, Aug., neuestes Hochzeit- u. Polterabendbuch. Eine Auswahl der besten Vortragsstücke u. Aufführgn. ernster u. heiterer Art. (64 S.) 8. Köln (904). Leipzig, J. Püttmann. — 30

— das Landesnivellement, s.: Arbeiten, astronomisch-geodätische, f. die europäische Gradmessung im Königr. Sachsen.

Nagel, August: Lothungen und Lothungsapparate. Leipzig 1878. 4°

Nagel, August: Die Messung der Basis für die Triangulation des erzgebirgischen Kohlenbassins. (1861). 4°

Nagel, A., das trigonometrische Netz I. Ordnung, s.: Arbeiten, astronomisch-geodätische, für die europäische Gradmessung im Königr. Sachsen.

Nagel, August: Das Präcisionsnivellement. Leipzig 1885. 4°

Nagel, A., die Vermessungen im Königr. Sachsen. Eine Denkschrift m. Vorschlägen f. e. auf die europ Gradmessg. zu gründ. rationelle Landesvermessg. Mit 1 tabellar. Uebersicht (in gr. Fol.) u. 8 (lith.) Plänen (in gr. Fol.) Im April 1875 dem königl. sächs. Finanzministerium überreicht u. m. Genehmigg. d. hohen Ministerum veröffentlicht. Lex.-8. (VI, 123 S.) Dresden 876. Huhle in Comm. n. 6 —

Nagel, C. A. Wilhelm, s. Nagel, Wilhelm.

Nagel, Carl, s. Nagel, Karl.

Nagel's, das Leben D. Chr. Sam. Gtl. Ludw., Direct. d. Gymnasiums zu Cleve, nebst e. Auswahl seiner Reden u. Gedichte, durch Fr. v. Ammon u. Th Herold. 2 Thle. Mit Nagel's Bildn. 8. (39½ B.) Cleve 829, Char.

Nagel, Christian Heinrich von, s. Nekrolog

Nagel, Chrn. Heinr., geometrische Analysis. Eine systematische Anleitung zur Auflösung von Aufgaben aus der ebenen Geometrie auf reingeometrischem Wege, für die höhern Klassen der Gymnasien u. Realschulen. gr. 8. (XVI u. 280 S. m. eingedr. Holzschn.) Ulm 850, Wohler. 1 ℛ

Nagel, Ch. H. v., geometrische Analysis. 2. Aufl. gr. 8. Ulm 876. Nürnberg, Korn'sche Buchh. * 4 40

Nagel, Christ. H. v., geometrische Analysis. Eine systemat. Anleitg. zur Auflösg. v. Aufgaben aus der ebenen Geometrie auf reingeometr. Wege. Mit 155 (eingedr.) Holzschn. 2. verb. u. verm. Aufl. gr. 8. (XVI, 264 S.) Ulm 876. Wohler's Verl. n. 4. 40

— Anleitung zur Auflösung geometr. Aufgaben. Ein Anhang zu jedem Lehrbuche der ebenen Geometrie, insbesond. aber zu dem von demselben Verfasser herausg. Mit 7 lithogr. Taf. gr. 8. Ulm 840. Stettin. 5/12 ℛ

— ebene Geometrie. 2. Abth. Die Fundamentalsätze der neueren Geometrie. Mit in den Text eingedr. Holzschn. gr. 8. (S. 143—193.) Ebend. 873. n. 1. 20

Nagel, Chrstn. Heinr., die Idee d. Realschule, nach ihrer theoret. Begründung u. prakt. Ausführung dargestellt. Mit besond. Berücksichtig. v. Thiersch's Schrift: „Ueber d. gegenwärt. Zustand d. öffentl. Unterr. d. westl. Staaten v. Deutschland. gr. 8. (26 B.) Ulm 840, Wagner'sche Vrlsbuchh.

— die Idee der Realschule, nach ihrer theoret. Begründung und prakt. Ausführung dargestellt. Wohlf. Ausg. 1. Heft. gr. 8. Ulm 844, Heerbrandt u. Thämel. pro compl. 1 ℛ

— Lehrbuch der Experimental-Physik für Real- u. Gymnasial-Anstalten. I. Abtheil. — A. u. d. T.: Allgemeine Naturlehre für Gymnasial- und nied. Real-Anstalten. Mit 12 Steintaf. gr. 8. Ulm 842, Wagner'sche Verlags-Buchh. 5/6 ℛ — 2. verb. Aufl. Mit 12 Steintaf. gr. 8. Ulm 844, Stettin'sche Sort.-Buchh. 5/6 ℛ

—— Lehrbuch d. ebenen Geometrie, z. Gebr. bei d. Unterr. in Real- u. Gymnasial-Anstalten. 2., verm. u. verb. Aufl. gr. 8. (9½ B. u. 17 Stnt.) Ulm 839, Wohler'sche Buchh.

—— dass. — Zusätze hierzu. Enth. die bedeutenderen Veränderungen u. Zusätze d. 2. Aufl. gr. 8. (1¼ B. u. 2 Stnt.) Ebds. 839.

— Lehrbuch der ebenen Geometrie zum Gebrauche bei dem Unterrichte in Real- und Gymnasial-Anstalten. 3. verb. u. verm. Aufl. Mit 17 lith. Taf. 8. Ulm 843, Wohler'sche B. 5/6 ℛ — 4. verm. u. verb. Aufl. Mit 16 Taf. 8. Ebend. 845. 24 ngr — 5. unveränd. Aufl. gr. 8. 846. n. 2/3 ℛ

— **Lehrbuch der ebenen Geometrie zum Gebrauche bei dem Unterricht in Real- u. Gymnasial-Anstalten. 6. Aufl. Mit 16 lith. Taf. gr. 8. (VI u. 182 S.) Ebd. 849. — 7. m der 6. gleichlautende Aufl. Mit 16 lith. Taf. gr. 8. (VIII u. 179 S.) Ebd. 850. n. 2/3 ℛ**

Nagel, Chrn. Heinr., Lehrbuch der ebenen Geometrie zum Gebrauche bei dem Unterricht in Real- und Gymnasial-Anstalten. 8. Aufl. 1857. und 9., verm. Aufl. gr 8. (XII und 211 S. mit in den Text gedr. Holzschn.) Ulm 860, Wohler'sche Buchh. *

Nagel, Chrn. Heinr., Lehrbuch der ebenen Geometrie zum Gebrauche bei dem Unterricht in Real- und Gymnasial-Anstalten. 10.—12., verm. Aufl. gr. 8. (VI und 218 S. mit 200 in den Text eingedr. Holzschn.) Ulm 862—68, Wohler'sche Buchh. *
Mit 2 Anh. Aufgaben zu Uebungen in geometr. Berechnungen. (51 S.) *
Der Anh. einzeln.

Nagel Chr H Lehrbuch der ebenen Geometrie 11 u 13. Auflage. Ulm 1865. 73

— Lehrbuch der ebenen Geometrie zum Gebrauche bei dem Unterricht in Real- u. Gymnasialanstalten. 13. Aufl. verm. durch die Elemente der neuern Geometrie. Mit in den Text eingedr. Holzschn. gr. 8. (IV, 267 S) Ebend. 873. n. 3. —; ohne die Elemente der neuern Geometrie n. 2. —

— dasselbe. 2. Anh., Aufgaben zu Uebgn. in geometr. Berechngn. Mit 10 (eingedr.) Holzschn. 2. neu bearb. Aufl. gr 8. (50 S.) Ebend. 875. n.—80 (cplt. m. 2 Anh.: n. 3.—)

—— dass. — 2. Anhang: Aufgaben zu Uebungen in geometr. Berechnungen. 3. Aufl. 8. (48 S. mit 10 eingedr. Holzschn.) Ebendas. 879. *

Nagel, [Christ. H. v.], Lehrbuch der ebenen Geometrie zum Gebrauche bei dem Unterricht in Real- und Gymnasialanstalten. 14. Aufl., verm. durch die Elemente der neuern Geometrie. Nebst 1. und 2. Anhang. 8. (190, 72, 48 S. mit in den Text eingedr. Holzschn.) Ulm 881, [Wohler'sche Buchh.] Korn'sche Buchh. (* M 3.) *

Nagel, [C. H.] v., Lehrbuch der ebenen Geometrie zum Gebrauche bei dem Unterricht in Real- und Gymnasialanstalten. 15. Aufl. gr. 8. (IV, 316 S. mit Holzschn.) Nürnberg 887, Korn'sche Buchh. * 3 —

—— Lehrbuch d. Naturlehre f. Real- u. Gymnasial-Anstalten. 1. Abthl. Allgemeine Naturlehre. 2., verb. Aufl. gr. 8. (14½ B. u. 12 Stnt.) Ulm 844, Stettin'sche Sort.-Buchh.

— Lehrbuch der Naturlehre für Real- u. Gymnasial-Anstalten. 1. Abth. 3. verb. Aufl. A. u. d. T.: Allgemeine Naturlehre für Gymnasial- u. niedere Real-Anstalten. 3. verb. Aufl. Mit 12 Steintaf. gr. 8. (XIV u. 226 S.) Stuttgart 851, Becher 24 ngr — 2. Abth. A. u. d. T.: Industrielle Physik f. höhere Real-Anstalten. Mit 10 Steintaf. gr. 8. (VIII u. 252 S.) Ebd. 847. 1 ₰ (1 u. 2: 1 ₰ 24 ngr)

—— Lehrbuch d. Stereometrie u. d. ebenen Trigonometrie, z. Gebr. bei d. Unterr. in Gymnasial- u. höh. Realanstalten. gr. 8. (12¾ B. u. 18 Stnt.) Ulm 838, Nübling.

Nagel, Chrstn. Heinr., Lehrbuch der Stereometrie u. der ebenen Trigonometrie z. Gebrauche bei d. Unterrichte in Gymnasial- u. höheren Realanstalten. 2. Aufl. 2 Abthlgn. gr. 8. Ulm 844, [Gebr. Nübling.] Thlr. -
A. u. d. Ttln.:
Abthl. 1. Lehrbuch der Stereometrie. (7¾ B. u. 14 Stnt.) 13¾ Ngr.
" 2. Lehrbuch der ebenen Trigonometrie. (5¼ B. u. 5 Stnt.) 13¾ Ngr.

— Lehrbuch der Stereometrie zum Gebrauche bei dem Unterricht in Gymnasial- u. höhern Realanstalten. Mit vielen in den Text gedr. Holzschn. 3. Aufl. Ulm 857. Nübling. gr. 8. (VIII, 110 S.) n. 14 ngr

— Lehrbuch der Stereometrie zum Gebrauche bei dem Unterrichte in Gymnasial- n. höhern Realanstalten. Mit vielen dem Text beigedr. Holzschn. 4. verm. Aufl. gr. 8. (VIII, 118 S.) Ulm 876. Nübling. n. 1. 50

Nagel, v., Lehrbuch der Stereometrie zum Gebrauche bei dem Unterrichte in Gymnasien u. Realschulen. 5., verm. Aufl., hrsg. v. Th. Schröder. gr. 8. (VII, 132 S. m. vielen Holzschn.) Nürnberg 892. Fr. Korn. n. 1 80

— Materialien zur Selbstbeschäftigung d. Schüler bei dem Unterrichte in der ebenen Geometrie. 8. Ebend. 843. ¼ ₰ — 2. verm. Aufl. Mit 3 lith. Tafeln. gr. 8. Ebend. 846. 12 ngr (Aus dess. Lehrbuch d. Geometrie rc. abgedr.)

—— Materialien zur Selbstbeschäftigung der Schüler bei dem Unterricht in der ebenen Geometrie. 3., bedeutend verm. Aufl. gr. 8. (IV und 67 S. mit in den Text gedr. Holzschn.) Ulm 860, Wohler'sche Buchh.

—— Materialien zur Selbstbeschäftigung der Schüler bei dem Unterricht in der ebenen Geometrie. 4., bedeutend verm. Aufl. gr. 8. (68 S. mit in den Text gedr. Holzschn.) Ulm 862, Wohler'sche Buchh.

-- Materialien zur Selbstbeschäftigung der Schüler bei dem Unterricht in der ebenen Geometrie. 5. bedeutend verm. Aufl. Mit in den Text gedr. Holzschn. gr. 8. (74 S.) Ulm 873. Wohler. 1. 20

Nagel, s.: Realienbuch f. Mittelschulen Württembergs.

Nagel, Chr., Rechnungs-Tabellen für alle Fälle des gewöhnlichen Lebens. Mit Einleitung u. Vorrede. 1. Abthl. Zins-Tabellen für ein Kapital von ½ bis 1000 fl. für den Zinsfuß von ¼ bis 6 Proc. von 1 Tag bis zu 1 Jahr. Mit einem Anhange, enthaltend eine Uebersicht des Werthes der gangbaren Gold- u. Silbermünzen. 16. Ulm 842, 43. —

—— Rechnungs-Tabellen f. alle Fälle des gewöhnlichen Lebens. Mit Einleitung u. Vorrede. 1. Abthl. Zins-Tabellen f. ein Kapital von ½ bis 1000 fl. für den Zinsfuß von ¼ bis 6 Proc. von 1 Tag bis zu 1 Jahr. Mit einem Anhange, enthaltend eine Uebersicht des Werthes der gangbaren Gold- u. Silbermünzen. 2., verm. u. verb. Aufl. gr. 16. (23¼ B.) Ulm 845, Wohler'sche Buchh.

—— dass. (Kleinere Ausg.) Für den Zinsfuß von 3—6 Proc. 2., verm. u. verb. Aufl. gr. 16. (11¾ B.) Ebds. 845.

—— dass. 2. Abthl. 2., verm. u. verb. Aufl. 16. (14⅛ B.) Ebds. 846.

— s. Rechnungs-Tabellen.

— Reise-Erfahrungen über den gegenwärt. Zustand des Realschulwesens in Deutschland. Mit besond. Berücksichtigung des Gegensatzes zwischen Nord- u. Süddeutschland, namentlich zwischen Preußen u. Würtemberg. gr. 8. Ulm 844, Stettin'sche Sortim.-Buchh. Stuttg., Becher. 1½ ₰

NAGEL, Ch H : Tafeln zur Berechnung des Geldwerthes für Bau- und Klafterholz für den Preiß eines laufenden Schuhes oder Kubikschuhes oder einer Klafter von 1 Pf bis zu 24 Fl oder Thl Ulm 1843. 7 Bg

—— Tafeln z. Berechnung des Kubikinhalts runden u. vierkantig beschlagenen Holzes nach zehn- u. zwölftheil. Maße. M. erläut. Einleitung. Für Staats-, Forst- u. Landwirthe, Bau- u. Werkleute, Holzhändler rc. br. 8. (9¾ B.) Ulm 843. [Adorf, Müller's Buchh.]

— Tafeln zur Berechnung des Kubikinhalts runden und vierkantig beschlagenen Holzes nach zehn- u. zwölftheil. Maße. Mit erläut. Einleitung. Für Staats-, Forst- u. Landwirthe, Bau- und Werkleute, Holzhändler rc. breit 8. Ulm 843, Selb. ½ ₰

—— Tafeln zur Berechnung des Kubikinhaltes u. Werthes des Bau- u. Klafterholzes. 2. Abthl. Tafeln zur Berechnung des Geldwerthes f. Bau- u. Klafterholz f. den Preis eines laufenden Schuhes od. Kubikschuhes od. einer Klafter von 1 Pf. bis 24 Fl. od. Thlr. rc. gr. 12. (7 B.) Ulm 843. [Adorf, Müller's Buchh.]

Nagel, Chr. Hnr., Theorie der periodischen Decimalbrüche nebst Tabellen zur leichteren Verwandlung gewöhnl. Brüche in Decimalbrüche. gr. 8. Ulm 845, Heerbrandt u. Thämel. Stuttgart, Becher. 24 ngr

Nagel, Chrn. Heinr., Theorie der periodischen Decimalbrüche, nebst Tabellen zur leichten Verwandlg. gewöhnl. Brüche in Decimalbrüche. Neue Ausg. gr. 8. (VI, 148 S.) Stuttgart 884. A. Koch. n. 1. —

—— Untersuchungen üb. d. wichtigsten z. Dreiecke gehör. Kreise. Eine Abhandl. a. d. Gebiete d. rein. Geometrie. gr. 4. ($5^3/_4$ B. u. 3 Stnt.) Ulm 836, Wohler'sche Buchh.

Nagel, E., der natürliche u. künstliche Schlaf. Beitrag zur Gesundheitspflege u. Makrobiotik. gr. 8. (21 S.) Wien 872. (Ficht.) n. 1. 20

Nagel, E., Zwingli's Stellg. zur Schrift. gr. 8. (XI, 118 S.) Freiburg i/B. 896. Tübingen, J. C. B. Mohr. n. 1. 80

Nagel, Eduard

Nagel, Ed., der Curort Trenchin-Teplitz in Ungarn u. seine Schwefelthermen. Mit 6 (lith.) Abbildgn. u. 1 (lith.) Kärtchen in qu. 4. gr. 8. (90 S.) Wien 874. Braumüller. n. 2. -

Nagel, Ed., der Curort Trencsin-Teplitz in Ober-Ungarn u. seine Schwefelthermen. 2. Aufl. 8. (48 S.) Wien 884. Perles. n. 1. —

Nagel Elias in Butschowitz und Moses Goldmann, *Religionslehrer in Nachod.* .תלמוד לשון עבר Lehrbuch der hebräischen Sprache. Nach einer leichtfasslichen Methode in Fragen und Antworten bearbeitet und mit Uebungsaufgaben, Analisen, Uebersetzungen und einem ausführlichen Vokabularium (יסוד הלשון) versehen. *Prag* 1859, *S. Freund.* 286 S., 1 Bl. 8°.

Nagel, Elias, und Mos. Goldmann, Lehrbuch der hebräischen Sprache. Nach einer leichtfaßlichen Methode in Fragen u. Antworten bearb. u. mit Uibungsaufgaben, Analisen, Uibersetzungen u. einem ausführlichen Vokabularium versehen. Prag 859. (Leipzig, Hunger.) gr. 8. (IV, 287 S.) n. 1 thlr 10 ngr.

Nagel, Emil [aus Pasewalk]: Ein Beitrag zur Statistik der Uterusfibromyome … Freiburg i. B., Buchdr. v. Chr. Ströcker, 1891; 29 S., 1 Bl. 8.
Freiburg i. B., Med. Fak., Inaug.-Diss. v. 1891

Nagel, Emil, praktisches Hülfsbuch der Kaffern-Sprache. Zur leichten Verständigung mit den eingeborenen Kaffern Süd-Afrikas bearb. und hrsg. vom Erwerber des Pondo-Landes. 8. (III, 43 S.) Leipzig 887, T. O. Weigel's Nachf. * 1 —

Nagel, E., die Seekrankheit, s. Hausbücher, medicinische.

Nagel, Emil, die Seekrankheit. Ihre Ursachen, Behandlg. u. Verhütg. Ein Rathgeber f. Jedermann. gr. 8. (39 S.) Berlin 876. Denicke. n. — 50

Nagel, Emm. Lebr., s. 1) Versuche in verschied. Dichtungsarten. 2) Briefe, krit., üb. Gegenstände d. alten Literat. (v. J. A. G. Nagel, hrsgg. v. E. L. Nagel).

Nagel, Ernst, Elementarbuch f. d. Unterr. in d. poln. Sprache. 8. (7 B.) Bromberg 838, Levit.

Nagel, Ernst, Lehrbuch der Geschichte vom katholischen Standpunkte aus für gehobene Schulanstalten. Illustrirt mit 17 (lith. u. color.) geographischen Karten. Hildburghausen 864. Nonne. gr. 8. (XII, 244 S.) 1 thlr

—— Lehrgang für den geographischen Unterricht nach der vergleichenden Methode in gehobenen Schulen. 8. (32 S.) Hildburghausen 864, Nonne's Verlag.

Nagel, Ernst, Lehrgang f. den geographischen Unterricht nach der vergleichenden Methode in gehobenen Schulen. 8. (32 S.) Hildburghausen 876. Kesselring. n. — 40

Nagel, Ernst, Magazin volksthümlicher, ernster u. launiger, lehrreicher u. unterhaltender kurzer Vorträge. Gewidmet den verehrlichen Mitgliedern der Gesellenvereine. Mit einem Vorworte von E. Nicht. Hildburghausen 865. Nonne's Verlag. 16. (IV, 291 S.) n. 15 ngr.

Nagel, Ernst (Hrsg.), s. N a g e l, Julius: Kasualreden.

Nagel, Ernst, die königl. Preuss. Provinz od. das Grossherzogth. Posen, aus der 2. Abth. des Atlases für Deutschlands Schulen. Imp. Fol. Lith. u. color. Breslau 850. (Leuckart.) n. 12 ngr

Nagel, E., das Problem der Erlösung. Eine religionsphilosoph., philosophie-geschichtl. u. krit. Untersuchg. gr. 8. (VII, 350 S.) Basel 901. Helbing & Lichtenhahn. n. 5. 20

Das Problem der Erlösung. Eine religionsphilos., philosophiegesch. u. krit. Untersuchung. Von Lic. Dr E. **Nagel**, Pfarrer in Märstetten. *Basel: R. Reich 1901.* (350 S.) 8° [01. 3490]

Nagel, Ernst [Pfr lic. theol.]: Das Problem der Erlösung in der idealistischen Philosophie. Eine philosophiegeschichtliche und kritische Untersuchung. Weinfelden 1900. 227 S. 8°
Zürich, Phil. Diss. I S. 1900/1901

Nagel, Ernst, der kleine Rechtschreiber. Pädagog. streng geordnete, Geistesthätigkeit anregende u. neben jeder Fibel anwendbare Uebungen z. stillen Beschäftigung d. Fibelschützen in d. Schule u. zu Hause f. Lehrer u. Eltern. In 2 Parallelhftn. f. d. Lehrer u. d. Schüler. Schülerheft. 8. ($1^1/_8$ B.) Breslau 846, (Trewendt.) *

—— dass. Lehrerheft. 8. ($^7/_8$ Bog.) Ebds. 846. *

— Reisen nach d. merkwürdigsten Orten Schlesiens, ein unterhalt. Spiel u. vorzügliches Mittel zur Erlernung d. Vaterlandskunde f. die Jugend. 16. Breslau …, Trewendt. Die Ziehnummern n. $^1/_3$ thlr Dies. u. Drehscheibe n. $^2/_3$ thlr Die Karte v. Schlesien n. $^1/_3$ thlr

— die Königl. Preuss. Provinz Schlesien nach den neuesten Aufnahmen. 2. verb. Aufl. Imp. Fol. Lith. u. color. Breslau 851, Leuckart. n. n. $^1/_3$ thlr

— der Sternenhimmel oder die Wunder im Weltall. Ein interess. Lesebuch zum Nutzen u. Vergnügen für Jedermann u. besond. f. d. heranwachs. Jugend. 2. noch vor d. Beendigung d. Werkes nothwendig gewordene Aufl. M. vielen (18 Taf.) verdeutlichenden Lithographien. 16. Breslau 846. (Trewendt.) n. $^2/_3$ thlr

Nagel, F. A., über die Medaille zur Erinnerung an die Ausstellung deutscher Gewerbs-Erzeugnisse in Berlin. Ein Vortrag, gehalten am 22. Febr. 1845 in dem „Verein f. gemeinnützige Zwecke" zu Hirschberg. Auszug aus den Schlesischen Provinzialblättern 1845. 4. Stück. gr. 8. Hirschberg 845, Waldow. 3 ngl

NAGEL, F G., Neue englische Tänze nebst dazu componirter Musik. Mit Kpf. u. 28 Bll. Musiknoten. Leipzig 1768. Quer-16° Rar!
Bartholomäus p. 18.

Nagel, Ferdinand: Der Dativ in der frühmittelenglischen Prosa mit besonderer Berücksichtigung von Synthese und Analyse. Greifswald 1909: Adler. 94 S. 8°
Greifswald, Phil. Diss. v. 17. Juni 1909, Ref. Konrath
[Geb. 25. Dez. 86 Anklam, Wohnort.: Anklam; Staatsangeh.: Preußen; Vorbildung: Gymn. Anklam Reife O. 05, Studium: Freiburg i. B. 2, München 1, Marburg 1, Greifswald 3 S., Rig. 6. Febr 09.] [U 09. 1545

Nagel, Fr. X., Hoiho. Reisebilder. (286 S.) kl. 8. Ravensburg (907). F. Alber. 2.50; geb. 3.20

Nagel, Franz [aus Magdeburg]: Die altfranzösische Übersetzung der Consolatio Philosophiae des Boëthius von Renaut von Louhans. (Aus: Zeitschr. f. Roman. Philol. Bd. XV.) Halle a. S., Druck v. Ehrhardt Karras, 1890; 2 Bl. + 23 + 1 S. 8°
Halle, Phil. Fak., Inaug.-Diss. v. [10. Mai] 1890

Nagel, F[riedrich] Ein Fall von Myomotomie während der Schwangerschaft Büdingen (1897): A. Heller (24 S.) 8°
Erlangen, Med. Diss. v [22.] Juli 1897

Nagel, Friedr., Geschichte d. Amazonen. 8. (21½ B., 1 Abbild. u. 1 Karte.) Stuttgart u. Tübingen 838, Cotta'sche Buchh.

Nagel, Fr., Geschichte und Lage der evangelischen Gemeinden in Altbayern. Vortrag, zum Reformationsfeste 1885 in der St. Moritzkapelle zu Nürnberg für den evangel. Gustav-Adolf-Verein gehalten. gr. 8. (18 S.) Nürnberg 886, Löhe. * — 20

Nagel, Frdr., die deutsche Kaninchenzucht. Ausführliche Beschreibg. sämtl. in Deutschland gezüchteten u. bekannten Kaninchen-Rassen nebst Anleitg. zur Zucht, u. e. Anh.: 1. Anleitung zur Gründg. v. Kaninchenzuchtvereinen. 2. die Leitg. dieser Vereine. Mit 2 Doppeltaf.: Zucht- u. Ausstellungsställe, 7 Taf. m. Abbildgn. edler Rasse- etc. Tiere u. vielen kleinen Rassebildern. (96 S.) 8. Leipzig 906. G. Neusche. n. 1.50

Nagel, Friedr., Liturgie bei d. Uebertritt eines römischen Katholiken in die evangel.-luther. Kirche. Ein Beitrag zu jeder evangel. Agende. 4. (2¾ B.) Nördlingen 844, Beck'sche Bh.

Nagel, *Friedrich Franz*: Ueber imitative und induktive Methode 8 (S. 13—26).
Begrüssungsschrift f. d. Philologen-Vers. zu Bremen Rg. *Vegesack* 1899
Nicht im Tauschverkehr
Progr.

Nagel, Friedr., die Napoleoniden. Ein genealogisch-histor. Tableau. 1. und 2., vielverm. Aufl. 1 Bog. in Imp.-Fol. Leipzig 860, Grunow. *
Feine Ausg. * 2 Thlr.; Prachtausg. *

Nagel, Frdr., zur Nationalfeier am 2. Septbr. Festrede, geh. am 2. Septbr. 1877 bei der Schulfeier im großen Rathhaussaale zu Nürnberg. gr. 8. (8 S.) Nürnberg 877. Raw. n. — 15

— drei Wahrzeichen der Stadt Nürnberg für die evangelische Predigt. Installationspredigt über Röm. 1, 16 am Erntefestsonntage den 1. Oktbr. 1876 in der Kirche zu St. Aegidien in Nürnberg geh. gr. 8. (12 S.) Ebend. 876. n. — 20

— wie nothwendig unserer Zeit die Pfingstgaben sind. Predigt am Pfingstfeste 1878 in der Kirche v. St. Aegidien in Nürnberg [nach dem 2. Attentate auf S. M. den deutschen Kaiser] geh. gr. 8. (12 S.) Ebend. 878. n. — 20

Nagel, Friedrich Gottlieb, s. Nagel, Johann Friedrich Gottlieb

Nagel, Friedrich Gottlob

Nagel, F. G.: „Beiträge zur Vergleichung der Oekonomie der Alten mit der Landwirthschaft unserer Tage", vorgelesen am Stiftungstage des ökonomischen Vereins zu Hayn", Bernburg 1836 (Leipzig, Nauck).

— Beiträge zur Vergleichung der Oekonomie der Alten mit der Landwirthschaft unserer Tage, Vorlesung. gr. 8. Bernburg 838. (Leipzig, Nauck.) n. 1/6 ℛ

Nagel, Friedr. Gtlo., Beiträge z. Vergleichung d. Oekonomie d. Alten mit d. Landwirthschaft uns. Tage, Vorles. gr. 8. (1½ B.) Bernburg 839, Gröning'sche Buchh. *

Nagel, Friedr. Gtlo., offener Brief an meine Freunde. Zur Nachricht über mein bisheriges Schweigen zu der Verketzerung unseres Glaubens. 8. (1 B.) Halberstadt 845, Lindequist u. Schönrock.

—— der Deutschkatholicismus nach seiner Entstehung dargestellt u. nach seinem Werthe gewürdigt. gr. 8. (5¾ B.) Halberstadt 846, Lindequist u. Schönrock.
Aus Dessen das Papstthum etc., besond. abgedruckt.

—— Friedrich Wilhelm III., der Feste u. Milde, König von Preußen. Nach sein. Leben u. Charakter, f. d. preuß. Volk treu u. wahr geschildert. 8. (25¼ B.) Erfurt 843, 44, Müller'sche Bh. -

—— volksthüml. Geschichte d. großen Kriegs-Ereignisse z. Befreiung d. Vaterlandes von d. Herrschaft d. Franzosen in d. denkwürd. J. 1813, 1814 u. 1815. Allen Vaterlandsfreunden als e. Spiegel d. Patriotismus u. deutscher Bürgertugend z. 25jähr Jubelfeier d. siegreich erkämpften Friedens gewid. 5 Lfgn. Breit 8. (40 B. u. 30 Bild.) Erfurt 840, Müllersche Buchh. à 5/12 Thlr.

Nagel, Fr. Gottl., Gott, Vorsehung und Unsterblichkeit in drei Abhandlungen für denkende Christen, welche über die Grundlehren ihres Glaubens mit sich selbst ins Reine zu kommen wünschen. 8. Quedlinburg 837. Ernst. 1/2 ℛ

Nagel, F. G. Kriegsbilder aus d. Heimath, hauptsächl. aus Magdeb., Halberstadt u. Umgegend 1804—15. 8. Halberstadt 1818.

Nagel, Friedr. Gtlo., das Papstthum u. die reformatorischen Bestrebungen in der christl. Kirche, von ihrem Uranfange bis auf Ronge u. Czerski. Ein Volksbuch f. Protestanten u. Katholiken. 6 Lfgn. gr. 16. (36 B.) Halberstadt 845, Lindequist u. Schönrock. à Lfg. 7½ Ngr. Thlr.

— das Papstthum u. die reformatorischen Bestrebungen in der christl. Kirche, von ihrem Uranfange bis auf Ronge und Czerski. Ein Volksbuch f. Protestanten u. Katholiken. 1.—6. Liefg. gr. 16. Halberstadt 845, 46, Lindequist u. S. à 1/4 ℛ

Nagel, F. G., das Papstthum und die reformatorischen Bestrebungen in der christlichen Kirche, von ihrem Uranfange bis auf Ronge und Czerski. Für Protestanten u. Katholiken, welchen es um einen hellern Blick in ihre Kirche u. Kirchenlehre zu thun ist. Neue Ausg. Quedlinburg 862. Ernst. 16. (IV, 572 S.) 20 ngr.

—— dreizehn Predigtumrisse üb. d. heil. Vaterunser, nebst e. Folge vermischter geistl. Amtsvorträge. 8. (21 B.) Quedlinburg 837, Ernst'sche Buchh.

— methodische Schulgrammatik der latein. Sprache, auf das Selbstfinden des Schülers u. gleichmäßige Beschäftigung des selbstthätigen Nachdenkens wie des Gedächtnisses berechnet, auch zum Privat- u. Selbstunterricht herausg. gr. 8. Leipzig 838, Kollmann. 1 ⁿß

—— das heil. Vaterunser f. Christen, welche sich darüber belehren u. daran erbauen wollen, in fortlauf. Erklär. u. Anwend. auf Gemüth u. Leben, nebst e. Zugabe einiger d. besten metr. Paraphrasen bearb. 8. (8½ B.) Neustadt a. d. O. 837, Wagner.

Nagel, Fritz: A u f welcherlei Art suchen Schüler ihren Lehrer zu betrügen. Warum soll, und wie kann am besten solcher Betrug verhütet werden? Neuwied & Leipzig: Heuser 1902. (14 S.) 8°
= Schule, Für die, aus der Schule. H. 99

Nagel, Fritz, auf welcherlei Art suchen Schüler ihren Lehrer zu betrügen?, s.a. Für die Schule aus der Schule.

Nagel, Fritz, Heil Deutschlands Kaiser! Patriotisches Festspiel zu Kaisers Geburtstag in 1 Akt. (16 S.) kl. 8. München. Heidelberg, J. Hörning. 1. —

Nagel, Fritz, unter dem roten Kreuz. Festspiel. Eine Reihenfolge leb. Bilder m. verbind. Dichtung u. Prolog. 12. (28 S. m. Fig.) München 903. Seitz & Schauer. n. 1. —

— Unter dem Roten Kreuz. Festspiel. Eine Reihenfolge leb. Bilder m. verbind. Dichtg. u. Prolog. (Neue Ausg.) (28 S. m. Fig.) kl. 8. Heidelberg 909. J. Hörning. 1. —

Verrat und Kriegslist. Patriot. Festspiel in 2 Akten von Fritz Nagel, Vorst.-Mitgl. d. Landwehr-Ver in Liegnitz. *Landsberg a. W.: Volger & Klein [1902]* (24 S.) 8° [F.]
= Mehrakter, Patriotische. No 1

Nagel, Fritz, e. Weihnachtsgeschichte od. die letzte öffentliche Weihnachtsbescherung armer Kinder. Reich u. Arm zu Nutz u. Frommen erzählt. 8. (73 S.) Magdeburg 883, Heinrichshofen's Verl. 1. —

Nagel, G., die Einheit der christlichen Gemeinde u. ihre prakt. Darstellung. Konferenzrede. 2. Aufl. 8. (37 S.) Witten 900. Buchh. der Stadtmission. — 30

— Das volle Heil in d. Heilandstat. Worte an Fragende u. Suchende. (54 S.) 8. Ebd. (910). — 50; geb. 1. —

Nagel, G., Jesus Christus als Stellvertreter. (83 S.) 8. Bonn (910). J. Schergens. 1. —

[F.] Der grosse Kampf. E. Beitr. z. Beleuchtg d. Frage: 'Kirche oder Gemeinde der Gläubigen?' v. G. Nagel, Prediger in St. Johann a. d. Saar. Tl 1. *Witten a. d. Ruhr: Stadtmiss. (1896).* 8. [97. 1310

Nagel, G., der große Kampf. Ein Beitrag zur Beleuchtg. d. Frage: „Kirche od. Gemeinde d. Gläubigen?" gr. 8. (416 S.) Witten 897. Buchh. d. Stadtmission. n. 2. 80; geb. n. 3 50
Erschien auch in 5 Tln. zum Subskr.-Pr. à n. — 50.

[F.] Zur kirchlichen Krisis. E. Betrachtg üb. d. vierte Weltreich u. d. Kirchen. Von G. Nagel, Pred. in St. Johann a./d. Saar. *Witten: Buchh. d. Stadtmiss. 1896.* (48 S.) 1 Bd 8. [96. 6018

— heilige Rätsel u. ihre Lösung od. das jüd. Volk u. die christl. Gemeinde in ihren gegenseit. Beziehgn. u. in ihren Zielen. Ein biblisch-histor. Zeugnis. gr. 8. (VIII, 235 S.) Ebd. (899). n. 2. 20; geb. n. 3. —

[F.] Sündigen oder Nichtsündigen? E. Betrachtg über 1. Johannes 3, 9 v. G Nagel, Pred. in St. Johann a./d. Saar *Witten: Buchh. d. Stadtmiss. 1896.* (76 S., 1 Bl.) 1 Bd 8. [96. 6019

— **Georg Jakob** (Nürnberg). Commentatio exegetica *Περὶ γενέσεως καὶ κατοικίας ἀνθρώπων* ad illustrandum dictum act. XVII. v. 26. Präs. Joh. Balthasar Bernhold. Altdorf (J. G. Meyer) 17. II. 1740. 16 S. (5.—) 24527
Widm. v.: Joh. Balthasar Bernhold, Johann Gottfried Bernhold (Oppon., dtsch.), Justus Jakob Hauk (Oppon.), L. C. P. Sinold von Schütz (Oppon., dtsch.), Theodor Heinrich Conrad Bernhold.

Nagel, G. J, de proselytis tractis. Altorf 1751 4.

Nagel, George: Über die Bildung fester Oberflächen auf Flüssigkeiten. Heidelberg 1909: Dr. Evangel. Verlag. 44 S. 8°
Heidelberg, Naturw.-math. Diss. v. 30. April 1909, Ref. Lenard
[Geb. 26. Aug. 85 Hamburg, Wohnort Heidelberg; Staatsangeh. Hamburg, Vorbildung. Oberrealsch. vor d Holstentore Hamburg Reife O. 04, Studium Marburg 2, München 2, Kiel 2, Heidelberg 3 S.; Rig. 22 Jan. 09.] [U 09. 2055

Nagel, Gottfried, aus Strehlen Die **Briefe Hammurabi's an Sin-idinnam**. *Leipzig 1900: A. Pries.* (32 S.) 8° ¶ [Erschien vollst. in Beiträge zur Assyriologie u. semit. Sprachwiss., Bd 4, H. 3.]
Berlin, Phil. Diss. v 22. Dez. 1900

Nagel, Gottfried (Bearb.), s. N a g e l , Joh. Die heilsame Gnade.

Nagel, Gottfried, Dr. phil., cand. theol. **Der Zug des Sanherib gegen Jerusalem** nach den Quellen dargestellt. *Leipzig 1902: Hartmann & Wolf.* (VI, 81 S.) 8° ¶ (Erscheint vollst. bei J C Hinrichs in Leipzig.)
Erlangen, Theol. Diss. v [12. Juli] 1902

Nagel, Gottfr., der Zug des Sanherib gegen Jerusalem. Nach den Quellen dargestellt. gr. 8. (VIII, 124 S.) Leipzig 902. J. C. Hinrichs' Verl. n. 2. 50; geb. in Leinw. n. 3. 50

Nagel, Gottlieb, s. N a g e l , Johann Friedrich Gottlieb

Nagel, Gunther (geb. Mülheim an d. Ruhr 15. 6. 1858) Über Athetose Berlin (1881) (34 S.) 8°
Berlin, Med. Diss. v. 29. Juli 1881

Nagel, Gustav, vgl. N a g e l , Johann Friedrich Gottlieb.

Nagel, Gust., Erzählungen. 8. (14 B.) Leipzig 832, Kollmann.

—— interess. Erzählungen. 8. (11 B.) Leipzig 832, Frohberger.

Nagel, Gust., Flowers of the German Classics etc. A. u. d. T.: Deutsches Lesebuch für Engländer, welche die deutsche Sprache studiren, enthaltend einen vollständ. Cursus deutscher Lese- u. Uebersetzungsübungen, nebst einer Sammlung gehaltvoller prosaischer Auszüge und Gedichte aus den deutschen Classikern. gr. 12. Hannover 838. Hahn. 1 ⁿß

Nagel, Gust., über die Gesetzgebung des Geistes u. über National-Erziehung. Nebst einigen andern kleineren Abhandlungen aus dem Gebiete der prakt. Philosophie u. der Dichtung. gr. 8. (IV u. 131 S.) Hannover 849, Klindworth. ⅔ ⁿß

Nagel, Gustav (Bearb.), s. G l e i g , G. R. Gesch. Darstellung d. Feldzugs der Britten gegen d. nordamerikan. Freistaaten ..

Nagel, Gust., s.a. Darstellung d. Geschichte d. Feldzugs d. Britten.

— s. Scherer's militärische Memoiren.

Nagel, Gustav, s. Snodgraß, J J: Der Birmanenkrieg.

Nagel, G. Der Subaltern oder das Tagebuch eines brittischen Offiziers. Nach dem Engl. Hannover 1829. 334 S.

— der Subaltern, s. a. Subaltern.

— Tangu, d. letzte Prinz v. Pegu. Ein Roman. 8. (20 B.) Leipzig 831, Kollmann.

Nagel, Gust. Herm., Gesellenstück e. Fleischers. Meisterstück e. Fleischers, s. Berufsaufsatz, der, in der Fortbildungsschule.

Nagel, Hans, Referendar: Der Aufsichtsrat der Aktiengesellschaft. Borna-Leipzig 1910: Noske. VII, 79 S. 8°
Leipzig, Jur Diss. v. 19. Juli 1910
[Geb. 25. Dez. 80 Röderhof, Kr Oschersleben, Wohnort: Magdeburg; Staatsangeh.: Preußen, Vorbildung Gymn. Halberstadt Reife O. 00; Studium: Berlin 1, Halle 7 S.; Rig. 30. Mai 05.] [U 10. 2814

Nagel, Hans, s.: Jahrhundertfeier, die, des A. B. v. Stetten'schen Töchter-Institutes.

Nagel, Heinr., die Bereitung und Verwendung der Cemente, ferner die Zusammensetzung und Verwendung des Glases. Vorträge, gehalten im Verein Bauhütte zu Stuttgart. gr. 8. (30 S.) Stuttgart 880, [Gerschel und Anheißer.] Anheißer. *

Nagel, Heinr. v. Landesverschönerung. München. Finsterlin 1827

Nagel, Heinr. v., Landesverschönerung u. Landesverbesserung. 8. (8½ B. u. Titkupf.) München 831, (Finsterlin.)

— die ermunterte Seidenzucht in Baiern u. ihre Fortschritte, mit Hinblick auf auswärtige Staaten. Nebst einem Anhange: Gemeinnütz. Bemerkungen bei d. Erziehung d. Seidenraupen. gr. 8. München 826, Finsterlin.

— die Straßenbau-Gesetzgebung in Württemberg. Sammlung der auf den Straßenbau bezügl. Gesetze, Verordnungen u. Verfügungen, m. einem Anh., enth. die wichtigsten straßenbaul. Bestimmungen anderer Staaten. gr. 8. (IV, 211 S. m. 5 Steintaf.) Stuttgart 882. Kohlhammer. n. 3. —

Nagel, Heinr. v., vollständ. Uebersicht d. monatl. Verrichtung im Obst-, Küchen- u. Blumengarten, nach eigner Erfahrung etc. 8. München, 1823. Finsterlin. 1. —

— prakt. Unterricht zum Leinbau in Bayern. Nach eigener Erfahrung u. nach d. Erfahrn. u. Anweisn. ausgezeichn. prakt. Oekonomen bearb. 8. (2¼ B.) München 831, (Finsterlin.)

— prakt. Unterr. zum Mohnbau in Bayern. 8. (1 B.) München 828, (Finsterlin.)

Nagel, Heinrich von: Praktischer Unterricht zum Repsbau in B. München 1837.

Nagel, Heinr. v., prakt. Unterricht z. Repsbau in Bayern. Nach eigener Erfahr. u. d. Anweisn. ausgezeichn. Oekonomen f. d. Landmann bearb. gr. 8. (2 B.) München 840, (Finsterlin.) Thlr. *

— prakt. Unterricht zum Saflorbau in Baiern. 8. Münch. 827. (Finsterlin). 3 gr.

v. Nagel, (H.,) theoret.-prakt. Unterr. z. Seiden-Cultur in Baiern. gr. 8. München 824, Finsterlin.

Nagel, H. Die metrischen Verse Jean Antoine de Baïf's. Diss. Leipzig 1878. 59 S.

— Wasserbau-Vorschriften. Sammlung der in Württemberg gelt. Gesetze, Verordnungen u. Verfügungen im Wasserbau. 16. (80 S.) Stuttgart 879. Wittwer. cart. n. — 80

Nagel, Heinrich [Dr]: Sir Thomas Wyatt und Henry Howard, Earl of Surrey, eine litteratur- und sprachgeschichtliche Studie. I. Teil. Mengeringhausen, Druck d. Weigel'schen Hofbuchdr., 1889; S. 3-37; 4°
Arolsen, RPG, OP 1889 (387)

Nagel, Heinrich Fd.

Nagel, H. F., Schulgeographie f. unt. Klassen höh. Schulanstalten d. Preuß. Staates. 1. Abthl., welche e. allgem. Uebersicht enth. — A. u. d. T.: Leitfaden z. Unterr. in d. Erdbeschreibung rc. 2., verm. Aufl. 8. ... Danzig 828, Anhuth.

Nagel, Hnr. Fd., Leitfaden zum Unterricht in der Erdbeschreibung rc. 3e Aufl. A. u. d. T.: Schulgeographie für untere Classen höherer Schulanstalten des preuß. Staates. 1e Abthl., welche eine allgem. Uebersicht enthält. 2e Aufl. 8. Danzig 838. Anhuth. ¼ ₰

— kurzgefaßtes Schulrechenbuch, z. Leitfaden beim Unterricht in höhern Schulanstalten d. Preuß. Staats. 1e Abthl. Grundrechnungsarten. 8. Danzig ... 2e A. 831. Ebert. 2e Abthl. Proportionsrechnung. 8. Ebd. 828. 8 gr.

Nagel, Herm. (Ferd.) (geb. Pritzwalk 28. 5. 1820) De arthritide. Berolini (1844). (31 S.) 8°
Berlin, Med. Diss. v. 15. Aug. 1844

Nagel, Herm., s. Scribe, E., das Glas Wasser.

Nagel, Hermann [Referendar]: Das Verhältnis des Gerichtsvollziehers zur Partei ... Hamburg, Druck v. Lütcke & Wulff, 1895; 45 S. 8.
Erlangen, Jur. Fak., Inaug.-Diss. v. 1895

Nagel, Hugo, Kopfschmerzen u. Migräne. Deren Wesen, Behandlg. u. Vorhütg. Gemeinverständl. dargest. gr. 8. (70 S.) Berlin 898. H. Steinitz. n. 1.50

Nagel, Hugo, wie werde ich meine Nervosität los? Gemeinverständlich beantwortet. (3. bis 5. [Umschlag-]Tauf.) gr. 8. (63 S.) Berlin 899. H. Steinitz. n. 1. —

Nagel, Hugo, wie werde ich meine Nervosität los? Gemeinverständlich beantwortet. 3. Aufl. (63 S.) 8. Berlin (906). H. Steinitz. n. 1. —

Nagel, J., Festbüchlein zum 300jähr. Jubiläum der Concordienformel für die evangelisch-luther. Gemeinden in Preußen. 8. (XVI, 101 S.) Kottbus 880, Gotthold-Expedition. cart. *

— Gottes Friedensbedingungen. Predigt zur Feier d. zu Frankfurt a. M. abgeschlossenen Friedens zwischen Deutschland u. Frankreich. gr. 8. (25 S.) Ebend. 871. n. — 35

Nagel, J., ein Grundbegriffe des Staatsrechnungswesens. gr. 8. (83 S.) Dresden 896. W. Baensch. n. 1. —

— die Kämpfe der evangelisch-lutherischen Kirche in Preußen seit Einführung der Union. I. Die lutherische Kirche in Preußen u. der Staat. Stuttgart 869. Gütersloh, Bertelsmann. gr. 8. (VII, 280 S.) n. 24 ngr.

Nagel, J (Red), s. Kirchenblatt für die evangelisch-lutherischen Gemeinden in Preussen.

— wider Wangemann. Ein Zeugniß für solche, welche die Wahrheit lieb haben. gr.8. (16 S.) Kottbus 882. Gotthold=Expedition. — 30

— **Jakob Gisebert** (Eßlingen/Württ.), De jure et auctoritate sigilli authentici. Diss. jur. Präs. Justus Henning Boehmer. Halle/Magdeburg (J. Fr. Grunert) 12. V. 1742. 48 S. (5—) 24529
Widm. v.: Justus Henning Boehmer.

Nagel, Jo. Chr., Diss. de celebri spectro quod vulgo die weiße Frau nominant. Wittenb. 4°.
1723 Vgl.Rohde,Joh.Jak.

Nagel, Johann

—— Aufgaben für das mündl. u. schriftl. Rechnen an Knabenbürgerschulen. 3 Hfte. gr. 8. Ebd. n. 1. 10
1 (49 S.) 886. n. — 30. — 2. (68 S.) 888. n. — 40. — 3. (69 S.) 888. n. — 40.

Nagel, Johann, Aufgaben für das mündliche und schriftliche Rechnen an Knaben-Bürgerschulen. I. Heft. 2. verbesserte Auflage. F. Tempsky, Wien und Prag, und G. Freytag, Leipzig 1891. (Min.-Erl. 15. April 1891. Z. 5746) —.20

— — Aufgaben für das mündliche und schriftliche Rechnen an Knaben-Bürgerschulen. II. Heft. 2. verbesserte Auflage. Wien und Prag 1894. Tempsky. (Min.-Erl. v. 15. Juni 1894, Z. 12962.) Gebunden 1 K 10 h

Nagel, Johann, Aufgaben für das mündliche und schriftliche Rechnen an Knaben-Bürgerschulen. III. Heft. 2. verbesserte Auflage. Wien und Prag 1896. F. Tempsky. (Min.-Erl. v. 16. April 1896, Z. 7544.) Geb. —.60

Nagel, Johann. Aufgaben für das mündliche und schriftliche Rechnen an Knaben-Bürgerschulen. I. Heft. 3. verbesserte Auflage. Wien und Prag. F. Tempsky. 1896. (Min.-Erl. v. 30. Nov. 1896, Z. 29284.) Geb. —.40

Nagel Johann, Aufgaben für das mündliche und schriftliche Rechnen an Knabenbürgerschulen. II. Heft. 3., nach dem Lehrplane vom 15. Juli 1907, Z. 2368, umgearbeitete Auflage. Wien 1908 F. Tempsky. Geb. K 1.—.

Nagel Johann, Aufgaben für das mündliche und schriftliche Rechnen an Knabenbürgerschulen. III. Heft. 3., nach dem Lehrplane vom 15. Juli 1907, Z. 2368, umgearbeitete Auflage. Wien 1908. F. Tempsky. Geb. K 1.40.

Nagel Johann, Aufgaben für das mündliche und schriftliche Rechnen an Knaben- und Mädchenbürgerschulen. I. Heft. 4., nach dem Lehrplane vom 15. Juli 1907, Z. 2368, umgearbeitete Auflage. Wien 1908. F. Tempsky. Geb. K 1.—.

— dasselbe, für Mädchenbürgerschulen. 3 Hfte. gr. 8. Ebd. 887. n — 80
1. (49 S.) n. — 30. — 2. 3. (74 S.) n. — 50.

Nagel, Joh., Aufgaben für das mündliche u. schriftliche Rechnen an Mädchen-Bürgerschulen. Unter Mitwirkg. mehrerer Schulmänner hrsg. 3 Hfte. gr. 8. Wien, F. Tempsky. Geb. in Leinw. n. 2. 80
1. 2. u. 3. verb. Aufl. (à III, 56 S.) 896. 897. n. — 80
2. 3., verb. Aufl. (61 S. m. Fig.) 896. n. — 80
3. 2. verb. Aufl. (100 S. m. 2 Fig.) 896. n. 1. 20

Nagel Johann, Aufgaben für das mündliche und schriftliche Rechnen an Mädchenbürgerschulen. II. Heft. 4., nach dem Lehrplane vom 15. Juli 1907, Z. 2368, umgearbeitete Auflage. Wien 1907. F. Tempsky. Geb. K 1.—.

Nagel Johann, Aufgaben für das mündliche und schriftliche Rechnen an Mädchenbürgerschulen. III Heft. 2., nach dem Lehrplane vom 15. Juli 1907, Z. 2368, umgearbeitete Auflage. Wien 1908. F. Tempsky Geb. K 1.10.

Nagel, Joh., Aufgaben f. das mündliche u. schriftliche Rechnen an Volksschulen. 1. Hft. [Rechenfibel.] Zahlenraum 1 bis 20. 4., verb. Aufl. gr. 8. (32 S.) Prag 884. Tempsky. — Leipzig, Freytag. n. — 20

Nagel, J., Rechenbücher. Aufgaben für das mündl. u. schriftl. Rechnen an Volks- u. Bürgerschulen für ungetheilte einclassige Volksschulen. 3 Hfte. gr 8. Prag, Tempsky. — Leipzig, Freytag. n. 1. —
1 1 Schuljahr (Rechenfibel.) Zahlenraum 1 – 10. 5. Aufl. (16 S.) 889. n — 20
2. 2.—4 Schuljahr. Zahlenraum 1—100, Elemente des Bruchrechnens. (56 S.) 889. n. — 40
3. 5.—8. Schuljahr Schlußheft. 2 Aufl. (91 S) 889 n 40

— dasselbe f. dreiclassige Volksschulen. 5 Hfte. gr. 8. Ebd. 895. Geb. n.n. 2. 70
1. 1. Schulj. (Rechen-Fibel.) 7., verb. Aufl. (62 S. m. Fig.) n.n. — 50
2. 2. Schulj. (46 S.) n.n. — 50
3. 3. u. 4. Schulj. (48 S.) n.n. — 50
4. 5. u. 6. Schulj. (46 S.) n.n. — 50
5. 7. u. 8. Schulj. (94 S. m. Fig.) n.n. — 70

— dasselbe an 3classigen Volksschulen 1.—3. u. 5. Hft. gr. 8. Ebd. Geb. n.n. 1. 80
1. 1. Schulj. (Rechen-Fibel.) (Zahlenraum 1—20.) (62 S. m. Fig.) 896. n.n. — 40
2. 2. Schulj. 2. Aufl. Unveränd. Abdr. der 1. Aufl. (46 S.) 897. n.n. — 40
3. 3. u. 4. Schulj. Zahlenraum 1 bis Tausend u. Tausendtel, Schlußrechngn. 2. Aufl. Unveränd. Abdr. der 1. Aufl. (II, 48 S.) 897. n.n. — 40
5. 7. u. 8. Schulj. (94 S.) 896. n.n. — 60

Nagel Johann, Aufgaben für das mündliche und schriftliche Rechnen an dreiklassigen Volksschulen. III. Heft. 4., vermehrte Aulage. Wien 1905. F. Tempsky. Preis, gebunden 50 h.
Dass.H.1. 3.,verb.Aufl. Ebda.1905.

— — Aufgaben für das mündliche und schriftliche Rechnen an dreiklassigen allgemeinen Volksschulen, einschließlich jener für Oberösterreich. Schlußheft. (Früher 4. und 5. Heft.) 3., verbesserte Auflage. Wien 1906. F. Tempsky. Geb. K —.80.

Nagel Johann, Aufgaben für das mündliche und schriftliche Rechnen an dreiklassigen und geteilten einklassigen Volksschulen. Zugleich Ausgabe B für oberösterreichische zweiklassige Volksschulen mit sieben- bis achtjährigem Schulbesuche, dreiklassige Volksschulen und vierklassige Volksschulen, in welchen das 3. und 4. Schuljahr vereinigt sind. III. Heft. 5. Auflage Wien 1908 F Tempsky Geb. K —.50.

Nagel Johann, Aufgaben für das mündliche und schriftliche Rechnen an dreiklassigen Volksschulen Oberösterreichs. II. Heft. 2., verbesserte Auflage. Wien 1904. F. Tempsky
Dass.H.1. 2.,verb.Aufl. Ebda.1905.

Nagel, Rechenbuch. Aufgaben für das mündliche und schriftliche Rechnen an ein- bis dreiclassigen Volksschulen. 3. Heft. 4. verbesserte Auflage. Wien und Prag 1890. Verlag von F. Tempsky. (Min.-Erl. vom 15. Octover 1890. Z. 13909.) Geheftet —.12

Nagel Johann, Aufgaben für das schriftliche und mündliche Rechnen an ein- und mehrklassigen allgemeinen Volksschulen, einschließlich jener Oberösterreichs. I. Heft (Rechenfibel). Zahlenraum 1—20. 13. Auflage. Unveränderter Abdruck der mit Ministerialerlaß vom 7. Oktober 1904, Z. 31431, allgemein zulässig erklärten Auflagen. Wien 1906. F Tempsky. Geb. K —.40

Nagel Johann, Aufgaben für das mündliche und schriftliche Rechnen an fünfklassigen allgemeinen Volksschulen (einschließlich der oberösterreichischen), in welcher jeder Klasse ein Schuljahr entspricht. V Heft. 4. Auflage der allgemeinen Ausgabe. 2. Auflage der oberösterreichischen Ausgabe Wien 1906. F Tempsky. Geb. K —.50.

Nagel's, Joh., Rechenbücher. Aufgaben f. fünfclassige Volksschulen, in welchen jeder Classe e. Schuljahr entspricht. 5 Hfte. gr. 8. (62, 46, 39, 46 u. 40 S.) Wien u. Prag 895 F. Tempsky. Leipzig, G. Freytag. Geb. à n.n. — 50

Nagel, Joh., Rechenbücher. Aufgaben f. d. mündliche u. schriftl. Rechnen für 5classige Volksschulen, in welchen jeder Classe e. Schuljahr entspricht. 1.—3. Hft. gr. 8. Wien, F. Tempsky. Geb. à n.n. — 40

1. 1. Schulj. (Rechen-Fibel.) (Zahlenraum 1—20.) 2. Aufl. Unveränd. Abdr. der 1. Aufl. (62 S. m. Fig.) 897.
2. 2. Schulj. (46 S.) 896.
3. 3. Schulj. Zahlenraum 1—1000, Elemente des Bruchrechnens, Schlußrechnqn. (39 S.) 896.

— dasselbe. 3. Hft. 3. Schulj. Zahlenraum 1 bis 1000 u. Tausendtel, Elemente des Bruchrechnens, Schlussrechngn. Ausg. f. Niederösterreich. gr. 8. (50 S.) Ebd. 896. Geb. n.n. — 40

— dasselbe, Ausg. f. fünfclass. Volksschulen, in welchen jeder Classe ein Schuljahr entspricht. 5. Heft. 5. Schulj. 3. Aufl. Unveränd. Abd. der 2. Aufl. (40 S) gr. 8. Ebd. 902. Geb. n.n. — 40

Nagel, Johann, Aufgaben für das mündliche und schriftliche Rechnen Ausgabe für fünfklassige Volksschulen, in welchen jeder Klasse ein Schuljahr entspricht. 2. Heft. 3., verbesserte Auflage. Wien 1904 F. Tempsky Preis, gebunden 40 h.

Dass.H.1. 5.,verb.Aufl. Ebda.1905.

Nagel Johann, Aufgaben für das mündliche und schriftliche Rechnen an fünfklassigen Volksschulen Oberösterreichs, in welchen jeder Klasse ein Schuljahr entspricht. II. Heft. 2., verbesserte Auflage. Wien 1904. F. Tempsky. Preis, gebunden 40 h.

Dass.H.1. 2.,verb.Aufl. Ebda.1905.

— dasselbe, für getheilte ein- bis dreiclassige Volksschulen. 4 Hfte. gr. 8. Ebd. n. 1.24

1. 1 Schuljahr. (Rechenfibel.) Zahlenraum 1 - 10. 5. Aufl (16 S.) 887 n — 20
2. 2. u. 3. Schuljahr Zahlenraum 1--100 3. Aufl. (36 S) 888. n. — 24
3. 3. u. 4. Schuljahr. Zahlenraum 1—1000 und Tausendtel 3. Aufl (96 S.) 887. n — 20
4. 5.--8. Schuljahr. Schlußheft. 3. Aufl. (91 S.) 889. n - 60

Nagel Johann, Aufgaben für das mündliche und schriftliche Rechnen. Ausgabe A: für geteilte einklassige und zweiklassige oberösterreichische Volksschulen mit sechsjährigem Schulbesuche; für vier- und fünfklassige ober- und niederösterreichische Volksschulen, in welchen das 3. und 4. Schuljahr nicht in einer Klasse vereinigt sind; für fünfklassige ober- und niederösterreichische Volksschulen, in welchen jeder Klasse ein Schuljahr entspricht, für sechs- und mehrklassige Volksschulen in Ober- und Niederösterreich. III. Heft 2., verbesserte Auflage. Wien 1905. F. Tempsky. Geb. K —.50

— — Aufgaben für das mündliche und schriftliche Rechnen an sechsclassigen Volksschulen. (Ausgabe für Niederösterreich.) III. Heft. Wien und Prag 1894. F. Tempsky. (Min.-Erl. v. 15. Juni 1894, Z. 12615.) Gebunden 60 h

—— Aufgaben für sechs- u. mehrclassige Volksschulen. 6 Hfte gr. 8. Ebd. n. 1.78

1. 1 Schuljahr (Rechenfibel) Zahlenraum 1 — 20. 6. Aufl. (32 S.) 889 n. — 20
2. 2 Schuljahr. Zahlenraum 1—100. 4. Aufl. (36 S.) 889. n. — 24
3. 3 Schuljahr. Zahlenraum 1 — 1000, Elemente des Bruchrechnens, Schlußrechnungen. 4. Aufl. (36 S.) 889. n. — 24
4. 4 Schuljahr Erweiterter Zahlenraum, mehrnamige Zahlen, häufiger vorkommende gemeine Brüche. 2. Aufl. (40 S.) 888. n. — 20
5. Gemeine u. Decimalbrüche. 2. Aufl. (40 S) 889. n. — 30
6. 2 Aufl (112 S.) 889. n. — 60

— dasselbe f. sechs- u. mehrclassige Volksschulen. 6 Hfte. gr. 8. Ebd. Geb. n.n. 3.10

1. 1. Schulj. (Rechen-Fibel.) 8., verb. Aufl. (62 S. m. Fig.) 894. n.n. — 50
2. 2. Schulj. 5., verb. Aufl. (46 S.) 895. n.n. — 40
3. 3. Schulj. 5., verb. Aufl. (39 S.) 895. n.n. — 40
4. 4. Schulj. 4., verb. Aufl. (46 S.) 895. n.n. — 40
5. 5. u. 6. Schulj. 4., verb. Aufl. (50 S.) 895. n.n. — 50
6. 7. u. 8. Schulj. 3., verb. Aufl. (110 S. m. Fig.) 895. n.n. — 90

— dasselbe. 3. Hft. 3. Schulj. Zahlenraum 1 bis 1000 u. Tausendtel, Elemente des Bruchrechnens, Schlussrechngn. Ausg. f. Niederösterreich. gr. 8. (50 S.) Ebd. 896. Geb. n.n. — 40

— dasselbe an 6- u. mehrclassigen Volksschulen. 6 Hfte. (Neue Ausg.) gr. 8. Ebd. 896. Geb. n.n. 2.80

1. 1. Schulj. (Rechen-Fibel.) (Zahlenraum 1 bis 20.) 8. verb. Aufl. (62 S. m. Fig.) n.n. — 40
2. 2. Schulj. 5., verb. Aufl. (46 S.) n.n. — 40
3. 3. Schulj. 5., verb. Aufl. (39 S.) n.n. — 40
4. 4. Schulj. 4., verb. Aufl. (46 S.) n.n. — 40
5. 5. u. 6. Schulj. 4., verb. Aufl. (50 S.) n.n. — 40
6. 7. u. 8. Schulj. 3., verb. Aufl. (140 S. m. Fig.) n.n. — 80

Nagel, Johann, Aufgaben für das mündliche und schriftliche Rechnen an sechs- und mehrklassigen Volksschulen. 2. Heft. 6., verbesserte Auflage. Wien 1904. F. Tempsky. Preis, gebunden 40 h.

Dass.H.1. 9.,verb.Aufl. Ebda.1905.

Nagel, Johann, Aufgaben für das mündliche und schriftliche Rechnen an sechs- und mehrklassigen Volksschulen mit Ausnahme Ober- und Niederösterreichs. 3. Heft. Zahlenraum 1—1000. Fortsetzung der Elemente des Bruchrechnens. Schlußrechnungen. 6., verbesserte Auflage. Wien 1904. F. Tempsky Preis, gebunden 40 h.

Nagel Johann, Aufgaben für das mündliche und schriftliche Rechnen an sechs- und mehrklassigen Volksschulen Oberösterreichs. II. Heft 2., verbesserte Auflage. Wien 1904. F. Tempsky Preis, gebunden 40 h.

Nagel, Johann, Aufgaben für das mündliche und schriftliche Rechnen an ungetheilten einclassigen Volksschulen. Verlag von F. Tempsky, Wien und Prag, und G. Freytag, Leipzig 1890. (Min.-Erl. 20. November 1889. Z. 11990.) I. Heft - .10, II. Heft —.20, III. und Schlußheft —.20

Nagel's, Joh., Rechenbücher. Aufgaben f. d. mündl. u. schriftl. Rechnen an ungetheilten einclass. Volksschulen. Unt. Mitwirkg. mehr. Schulmänner hrsg. 3 Hfte. 2., verb. Aufl. gr. 8. Wien u. Prag 894. F. Tempsky. — Leipzig, G. Freytag. Geb. n.n. 1.90

1. 1. Schulj. (Rechenfibel.) (62 S. m. Fig.) n.n. — 50
2. 2.—4. Schulj. (69 S.) n.n. — 60
3. 5.—8. Schulj. (96 S. m. Fig.) n.n. — 80

— Rechenbücher. Aufgaben f. das mündl. u. schriftl. Rechnen an ungetheilten 1class. Volksschulen. Unter Mitwirkg. mehrerer Schulmänner hrsg. 3 Hfte. gr. 8. Ebd. Geb. n.n. 1. 50

1. 1. Schulj. (Rechen-Fibel.) Zahlenraum 1—20.) 2. verb. Aufl. (62 S. m. Fig.) 896. n.n. — 40
2. 2.—4. Schulj. Zahlenraum 1—1000. Elemente des Bruchrechnens. 3. Aufl. Unveränd. Abdr. der 2. Aufl. (69 S.) 897. n.n. — 50
3. 5.—8. Schulj. 3. Aufl. Unveränd. Abdr. der 2. Aufl. (96 S.) 897. n.n. — 60

Nagel Johann, Aufgaben für das mündliche und schriftliche Rechnen. I. Heft (Rechenfibel). (Zahlenraum 1—20.) Wien 1905. F. Tempsky. Preis, gebunden 40 h.

a) Ausgabe für ungeteilte einklassige Volksschulen. 3., verbesserte Auflage.

Nagel Johann, Aufgaben für das mündliche und schriftliche Rechnen an ungeteilten einklassigen Volksschulen. II. Heft. 5., verbesserte Auflage. Wien 1906. F. Tempsky. Geb. K —.80.

Nagel Johann, Aufgaben für das mündliche und schriftliche Rechnen an ungeteilten einklassigen Volksschulen. III. Heft. 5., verbesserte Auflage. Wien 1908. F. Tempsky. Geb. K —.80.

Nagel Johann, Aufgaben für das mündliche und schriftliche Rechnen I. Heft. (Zahlenraum von 1—20.) Wien 1905. F. Tempsky. Geb. K —.40.

a) Ausgabe für ungeteilte einklassige Volksschulen in Oberösterreich 3., verbesserte Auflage.

— dasselbe, für vier- u. fünfclassige Volksschulen. 5 Hfte. gr. 8. Ebd. n. 1. 38

1. 1. Schuljahr. (Rechenfibel) Zahlenraum 1—20. 6. Aufl. (32 S.) 889. n — 20
2. 2. Schuljahr. Zahlenraum 1—100. 3. Aufl. (36 S.) 888 n. — 24
3. 3. Schuljahr. Zahlenraum 1—1000, Elemente des Bruchrechnens, Schlußrechnungen. 5. Aufl. (36 S.) 889. n. — 24
4. 4. u. 5. Schuljahr Erweiterter Zahlenraum, mehrnamige Zahlen, häufiger vorkommende gemeine Brüche. 2 Aufl (40 S.) 888. n — 20
5. 6.—8. Schuljahr Schlußheft 2. Aufl. (92 S.) 889. n — 50

— dasselbe f. vier- u. fünfclassige Volksschulen. 5 Hfte gr. 8. Ebd. Geb. n.n. 2. 70

1. 1. Schulj. (Rechen-Fibel.) 8., verb. Aufl. (62 S. m. Fig.) 894. n.n. — 50
2. 2. Schulj. 6., verb. Aufl. (46 S.) 895. n.n. — 50
3. 3. Schulj. 7., verb. Aufl. (38 S.) 894. n.n. — 50
4. 4.—5. Schulj. 4., verb. Aufl. (48 S.) 895. n.n. — 50
5. 6.—8. Schulj. 4., verb. Aufl. (96 S. m. Fig.) 895. n.n. — 70

— dasselbe. 3. Hft. Ausg. für Niederösterreich. gr. 8. (50 S.) Ebd. 894. Geb. n.n. — 60

— dasselbe an 4- u. 5classigen Volksschulen. 5 Hfte. gr. 8. Ebd. 897. Geb. n.n. 2. 20

1. 1. Schulj. (Rechen-Fibel.) (Zahlenraum 1—20.) 9. Aufl. Unveränd. Abdruck der 8. Aufl. (62 S. m. Fig.) n.n. — 40
2. 2. Schulj. 7. Aufl. Unveränd. Abdr. der 6. Aufl. (46 S.) n.n. — 40
3. 3. Schulj. Zahlenraum 1—1000, Elemente des Bruchrechnens, Schlußrechngn. 8. Aufl. Unveränd. Abdr. der 7. Aufl. (II, 38 S.) n.n. — 40
4. 4.—5. Schulj. 5. Aufl. Unveränd. Abdr. der 4. Aufl. (46 S.) n.n. — 40
5. 6.—8. Schulj. 5. Aufl. Unveränd. Abdr. der 4. Aufl. (96 S.) n.n. — 60

Nagel, Johann, Aufgaben für das mündliche und schriftliche Rechnen an vier- und fünfklassigen Volksschulen. II. Heft. 9., verbesserte Auflage. Wien 1904. F. Tempsky. Preis. gebunden 40 h.
Dass.H.1. 12.,verb.Aufl. Ebda.1905.

— — Aufgaben für das mündliche und schriftliche Rechnen an vier- und fünfklassigen allgemeinen Volksschulen. (Allgemeine und oberösterreichische Ausgabe.) 5. Heft. Der allgemeinen Ausgabe 7., der oberösterreichischen Ausgabe 2. Auflage. Wien 1906. F. Tempsky. Geb. K —.80.

Nagel, Johann, Aufgaben für das mündliche oder schriftliche Rechnen an vier- und fünfklassigen Volksschulen mit Ausnahme Ober- und Niederösterreichs. III. Heft. Zahlenraum von 1 bis 1000 Fortsetzung der Elemente des Bruchrechnens. (Schlußrechnungen.) 10., verbesserte Auflage. Wien 1904. F. Tempsky. Preis, gebunden 40 h.

Nagel Johann, Aufgaben für das mündliche und schriftliche Rechnen an vier- und fünfklassigen Volksschulen Oberösterreichs. II. Heft. 2., verbesserte Auflage. Wien 1904. F. Tempsky. Preis, gebunden 40 h.
Dass.H.1. 2.,verb.Aufl. Ebda.1905.

Nagel Johann, Aufgaben für das mündliche und schriftliche Rechnen an vier- und mehrklassigen Volksschulen. III. Heft. Wien 1907. F. Tempski. *a*) Ausgabe für Böhmen, Schlesien und Steiermark. 4., verbesserte Auflage. Geb. K —.50. *b*) Ausgabe für Ober- und Niederösterreich, Mähren, Kärnten, Krain, Salzburg und Tirol, zugleich Ausgabe A für geteilte einklassige und zweiklassige oberösterreichische Volksschulen mit sechsjährigem Schulbesuche und für vier- und fünfklassige oberösterreichische Volksschulen, in welchen das 3. und 4. Schuljahr nicht in einer Klasse vereinigt sind. 3., unveränderte Auflage. Geb. K —.50.

Nagel Johann, Aufgaben für das mündliche und schriftliche Rechnen an vier- und mehrklassigen allgemeinen Volksschulen, einschließlich jener in Oberösterreich IV. Heft. 9., verbesserte Auflage. Wien 1906. F. Tempsky. Geb. K — 40.

Nagel Johann, Aufgaben für das mündliche und schriftliche Rechnen an zwei-, drei-, vier-, fünf-, sowie sechs- und mehrklassigen allgemeinen Volksschulen, einschließlich jener Oberösterreichs. 2. Heft 10. Auflage. Wien 1906. F. Tempsky. Geb. K —.40.

Nagel, Johann, Aufgaben für das mündliche und schriftliche Rechnen an zweiclassigen und getheilten einclassigen Volksschulen. Wien und Prag 1894. F. Tempsky. (Min.-Erl. v. 9. November 1894, Z. 19415.) 1. Heft. 7. verbesserte Auflage, gebunden 50 h; 2. Heft, gebunden 50 h; 3. Heft, gebunden 50 h; 4. Heft, gebunden

— dasselbe f. zweiclassige (u. getheilte einclassige) Volksschulen. 4 Hfte. gr. 8. Ebd. 895. Geb. n.n. 2. 30

1. 1. Schulj. (Rechen-Fibel.) 7., verb. Aufl. (62 S. m. Fig.) n.n. — 50
2. 2. u. 3. Schulj. (48 S.) n.n. — 50
3. 4. u. 5. Schulj. (47 S.) n.n. — 50
4. 6. u. 7. Schulj. (98 S. m. Fig.) n.n. — 80

— dasselbe an 2classigen (u. getheilten 1classigen) Volksschulen. 1. u. 4. Hft. gr. 8. Ebd. 897. Geb. n.n. 1. —

1. 1. Schulj. (Rechen-Fibel.) (Zahlenraum 1—20.) 8. Aufl. Unveränd. Abdr. der 7. Aufl. (62 S. m. Fig.) n.n. — 40
4. 6. u. 8. Schulj. 2. Aufl. Unveränd. Abdr. der 1. Aufl. (98 S. m. Fig.) n.n. — 60

Nagel's, J., Rechenbücher. Aufgaben für das mündl. u. schriftl. Rechnen an zweiklass. (u. geteilten einklass.) Volksschulen. Unter Mitwirkg. mehrerer Schulmänner hrsg. v. Joh. Vogel. 1. Heft. 1. Schulj. (Rechen-Fibel.) (Zahlenraum 1—20.) 10. Aufl. Unveränd. Abdr. der 9. Aufl. (62 S. m. Fig.) gr. 8. Wien 902. F. Tempsky. Geb. n.n. — 40
Dass.11.,verb.Aufl. Ebda.1905.

Nagel Johann, Aufgaben für das mündliche und schriftliche Rechnen an zweiklassigen (und geteilten einklassigen) Volksschulen. II. Heft. 5., verbesserte Auflage. Wien 1905. F. Tempsky. Preis, gebunden 40 h.

Nagel Johann, Aufgaben für das mündliche und schriftliche Rechnen an zweiklassigen und geteilten einklassigen Volksschulen Oberösterreichs. II. Heft. 2., verbesserte Auflage. Wien 1904. F. Tempsky. Preis, gebunden 40 h.
Dass.H.1. 2.,verb.Aufl. Ebda.1905.

Nagel Johann, Aufgaben für das mündliche und schriftliche Rechnen. Ausgabe B: für zweiklassige oberösterreichische Volksschulen mit sieben- und achtjährigem Schulbesuche, für dreiklassige oberösterreichische Volksschulen; für vierklassige oberösterreichische Volksschulen, in welchen das 3. und 4. Schuljahr in einer Klasse vereinigt sind. III. Heft. 2., verbesserte Auflage. Wien 1905. F. Tempsky. Geb. K —.50.

Nagel, Joh., Aufgaben zum Ziffer-Rechnen. 1. und 2. Sammlung. gr. 8. Wien 873, Lechner's Verlag. *
Inhalt:
Sammlung 1. Die vier Grundrechnungsarten in größeren Zahlen. 3. und 4. Schuljahr. (70 S.) * 60 Pf.
2. Die vier Grundrechnungsarten in gemeinen und Decimal-Brüchen. Regeldetri. 5. und 6. Schuljahr. (92 S.) * 75 Pf.

— Bemerkungen üb. mündliche u. schriftliche Vorübungen beim Schreib-Lese-Unterrichte u. den Gebrauch der Fibel. gr. 8. (31 S.) Ebend. 873. n. — 60

—— Bemerkungen über mündliche und schriftliche Vorübungen beim Schreib-Lese-Unterrichte und den Gebrauch der Fibel. Neue Ausg. gr. 8. (32 S.) Ebendas. 876. *

— — Diss. acad. Circa Quaestionem occupatam: utrum studiosus theologiae quamdiu in academiis aut alibi vivit neque publico admotus est officio matrimonium utiliter contrahere possit? Präs. Christian Röhrensee. Wittenberg (J. M. Goderitsch) 27. IX. 1702. Denuo rec. 1711. (5.50) 24531

Nagel, J., die Errettung der evang.-lutherischen Kirche in Preußen von 1817—1845. Den Gemeinden erzählt. 2. verm. Aufl. Erlangen 868. Deichert. gr. 8. (VI, 210 S.) n. 12 ngr.

Die Errettung der Evang.-lutherischen Kirche in Preussen von 1817–1845. Den Gemeinden erzählt von J(ohannes) Nagel, vorm. Pastor in Radevormwald. 3. Aufl. Mit d. Bild u. Lebensgang d. Verf. *Elberfeld: Luther. Büchervereın 1895.* (XV, 200 S.) 8° [F.] (10. 1496 5

Nagel, Johs., die Errettung der evang.-luther. Kirche in Preußen von 1817—1845. Den Gemeinden erzählt. 4. Aufl. Mit dem Bild u. Lebensgang des Verf. (XV, 200 S.) 8. Elberfeld 905. Luther. Bücherverein. (Hrsg.: D[ettmar] S[chmidt].) Geb. n.n. 1. 50

Nagel, Johs., Paul Gerhardt, s: Kirchen-Geschichte, märkische.

Die heilsame Gnade. Evangelienpredigten von Kirchenrat Johannes Nagel, weil. Dir. d. Oberkirchenkollegiums, hrsg. u. bearb. von Lic. Dr Gottfried Nagel. Halle: R. Mühlmann 1907. (x, 576 S.) 8° [F.]

—— Handbuch für den Rechen-Unterricht an Volks- und Bürgerschulen. 1. Bd. 1. und 2. Abthl. und 2. Bd. gr. 8. Ebendas. 873. [1. Bd. 1. Abthl. (77 S.) 90 Pf.; 2. Abthl. (107 S.) * M. 1,30. — 2. Bd. (158 S.) * M. 1,70.]

Nagel, Joh., Handbuch für den Rechenunterricht an Volks- und Bürgerschulen. Neue Ausg. 2 Bde. gr. 8. Prag 876, Tempsky. *
Inhalt:
Bd. 1. 1. Abthl.: Erste und zweite Stufe. (80 S.) * 50 Pf. — 2. Abthl.: Dritte und vierte Stufe. (112 S.) * 80 Pf.
" 2. Fünfte, sechste und siebente Stufe. (168 S.) * M. 1.

Nagel, J., Kirchenbüchlein f. preußische Lutheraner. 8. (X, 160 S.) Leipzig 876. J. Naumann in Comm. n. 1. 20

— Kirchenbüchlein f. preußische Lutheraner. 2., überarb. Aufl. 8. (VI, 134 S.) Leipzig 888. (J. Naumann.) geb. n. 1. 20

— Kirchenbüchlein f. preußische Lutheraner. 3. überarb. Aufl. (VIII, 132 S.) kl. 8. Elberfeld 899. Luther. Bücherverein. Kart. n.n. — 60; geb. in Leinw. n.n. — 75

— Oesterreich's neue Maße u. Gewichte. gr. 8. (31 S.) Wien 873. Fr. Beck's Verl. n. — 60

Nachrichten aus der Verfolgungszeit der lutherischen Gemeinde Luzine. In Druck gegeben von ihrem derzeit. Pastor Johannes Nagel. Elberfeld: Luth. Bücherverein 1910. 54 S. 8° (11. 1188

Maršan, Michael, und Nagel, Johann, Početnice pro školy obecné. Úkoly ku pamětnému i písemnému počítání v jednotřídních nedílných školách obecných. Prag und Wien 1894. F. Tempsky. (Min.-Erl. v. 18. December 1893, Z. 26739)
I. Heft. Gebunden 50 h
II. Heft. Gebunden 60 h
III. Heft. Gebunden 80 h

Nagel Johann, Rechenbuch für Mädchenbürgerschulen. Ausgabe in einem Bande. Wien 1906. F. Tempsky. Geb. K 2.—.

—— Rechenbuch für Mädchenbürgerschulen. Ausgabe in einem Bande. 2., nach dem Normallehrplane vom 15. Juli 1907, Z. 2368, umgearbeitete Auflage. Wien 1909. Verlag von F. Tempsky.

Nagel, Johann, Erstes Rechenbuch für österreichische allgemeine Volksschulen. 2., verbesserte Auflage. Wien 1903. F. Tempsky. Preis, gebunden 40 h.

Nagel Johann, Zweites Rechenbuch für österreichische allgemeine Volksschulen. 2., verbesserte Auflage. Wien 1903. F. Tempsky. Preis, gebunden 60 h.

Nagel, Johann Rechenbücher, s.a. Nagel Aufgaben f. d. mündl. u. schriftl. Rechnen ...

—— Rechenbücher. Aufgaben für das schriftliche Rechnen an Volks- und Bürgerschulen. 6 Hefte. gr. 8. Ebendas. à Heft * 20 Pf. *
Inhalt:
Heft 1. Rechenfibel. Erstes Schuljahr. Zahlenraum 1 bis 20. 1. Aufl. 1877, 2. umgearb. Aufl. (32 S.) 1878 und 3. verb. Aufl. (36 S.) 879.
" 2. Zweites Schuljahr. Zahlenraum 1 bis 100. (36 S.) 877.
" 3. Drittes Schuljahr. Zahlenraum von 1 bis 1000 und Tausendtel. (24 S.) 877.
" 4. Viertes Schuljahr. (32 S.) 877.
" 5. Fünftes Schuljahr. (32 S.) 877.
" 6. Für die oberen Abtheilungen ein- bis fünfklassiger Volksschulen. Sechstes bis achtes Schuljahr. Mit einer Vorbemerkung für den Lehrer. (32 S.) 877.
Gebrauchsanleitung zum 1. Heft gratis.

Nagel, Joh., Rechenbücher. 1.—5. Heft. gr. 8. Prag, Tempsky. *
Inhalt:
Heft 1. Rechenfibel. Erstes Schuljahr. Zahlenraum 1 bis 20. 4. verb. Aufl. (32 S.) 884. * 20 Pf.
" 2. Zweites Schuljahr. Zahlenraum 1 bis 100. 2. verb. Aufl. (36 S.) 882. * 20 Pf.; 3. verb. Aufl. (36 S.) 886. * 24 Pf.
" 3. Drittes Schuljahr. Zahlenraum von 1 bis 1000 und Tausendtel. 2. verb. Aufl. (36 S.) 883. * 20 Pf.
" 4. Viertes Schuljahr. Erweiterter Zahlenraum, mehrnamige Zahlen, häufiger vorkommende gemeine Brüche. 2. verb. Aufl. (40 S.) 883. * 20 Pf.
" 5. Fünftes Schuljahr. Gemeine und Decimalbrüche. (40 S.) 883. * 30 Pf.
6. Heft. Ebendas. 1877. * 20 Pf.

— dasselbe. 5. u. 6. Schuljahr. Aufgaben für das mündliche u. schriftliche Rechnen. 5. Hft. für allgemeine Volksschulen. gr. 8. (40 S.) Ebend. 881. n. — 20

— dasselbe. 5—8. Schuljahr. 5—7. Hft. für achtclassige Volks- u. Bürgerschulen. gr. 8. Ebend. 881. n. 1. 10
5. (49 S.) n. — 30. — 6. 7. (52 u. 66 S.) à n. 40

—— dass. — Fünftes bis achtes Schuljahr. 5.—7. Heft für achtclass. Volks und Bürgerschulen. gr. 8. Ebendas. 883. *
Inhalt:
Heft 5. Fünftes und sechstes Schuljahr oder für Bürgerschulen 1. Heft. (49 S.) * 30 Pf.
" 6. Siebentes Schuljahr oder für Knabenbürgerschulen 2. Heft. (52 S.) * 40 Pf.
" 7. Achtes Schuljahr oder für Knabenbürgerschulen 3. Heft. (66 S.) * 40 Pf.

— dasselbe. 7. u. 8. Schuljahr. Aufgaben für das mündliche u. schriftliche Rechnen. Oberstufe für 6- u. 7 klassige Volksschulen, sowie Mädchen-Bürgerschulen. gr. 8. (74 S.) Ebend. 879. n. — 50

— **Rechenfibel** od. Uebungsheft zu den vier Grundrechnungsarten im Zahlenraume v. 1—100. 1. u. 2. Schuljahr. gr. 8. (35 S.) Wien 872. Prag, Tempsky. n. — 50

— **Rechenfibel** oder Uebungsheft zu den vier Grundrechnungsarten im Zahlenraume von 1—100. 1. und 2. Schuljahr. 8. (35 S.) Wien 873, Lechner's Verlag. *

— der Rechen-Unterricht in der Volks- und Bürgerschule für Lehrer und Lehramtscandidaten. 4 Hefte. gr. 8. Prag, Tempsky. — Leipzig, Freytag. * 3 90

Inhalt:
Heft 1. I. und II. Stufe. (72 S.) 886. * 50 Pf.
" 2. III. und IV. Stufe. (103 S.) 887. * ℳ 1.20.
" 3. V und VI. Stufe. (III, 64 S.) 887. * 80 Pf.
" 4. VII. und VIII Stufe. (IV, 128 S.) 887. * ℳ 1.40.

Nagel, Joh., der Rechen-Unterricht in der Volks- u. Bürgerschule. 1. Hft. Zahlenraum 1—100. 2., verb. Aufl. gr. 8. (78 S.) Prag 891. Tempsky. — Leipzig, Freytag. n. - 80

— das **Rechnen** im Zahlenraume 1—10 u. 1—20, e. Beitrag zur Reform des Rechenunterrichtes, zugleich Anleitg. zum Gebrauche des 1. Rechenbuches. gr. 8. (III, 64 S. m. Fig.) Ebd. 902. n. 1. —

— das **Rechnen** im Zahlenraume 1—100, e. Beitrag zur Reform des Rechenunterrichtes, zugleich Anleitung zum Gebrauche des 2. Rechenbuches. gr. 8. (II, 62 S. m. Fig.) Ebd. 902. n. — 80

— **Schreib-Lese-Fibel.** 8. (68 S.) Ebend. 872. n. — 50

— **Schreib-Lese-Fibel.** 8. (68 S.) Ebendas. 873. cart. *

— **Schreib-Lese-Fibel.** Neue Ausg. gr. 8. (70 S.) Ebendas. 876. cart. *

— Schreib-, Zeichnen- und Maler-Requisiten, s. Ausstellungs-Bericht, officieller.

— **Zahl- u. Ziffertäfelchen.** 16. Mit kurzer Anleitung. gr. 8. (4 S.) Ebend. 877. Auf Pappe in Kiste. n. 6. —

Nagel, Johann Andreas Gf

Nagel, Jh. Andr. Gf., († d. 10. Aug. 1788.) s. 1) Versuche in verschied. Dichtungsarten. 2) Briefe üb. Gegenstände d. alten Litt. (v. J. A. Gf. Nagel, hrsgg. v. C. L. Nagel).

Nagel, Johann Andreas Michael [Praes.], s. Bernhold, Joahnn Gottfried. Argumentum ad hominem.

Nagel, J. A. M., de calendario vett. Hebraeorum. Altorf. 1746. 4.

— **Johann Andreas Mich.**, Lectorem benevolum ad orationem encomiasticam cras habendam studiosissime invitat et hac prolusione codicem Ms. Gualteri de Castellione. Altdorf/Bayern (J. A. Hessel) (29. III. 1757.) 8 S. (4.—) 24532

Johannes Andreas Michael Nagelius [Nagel]: De Diebus aegyptiacis. [Resp.:] Andreas Fridericus Foderreuther. Altdorfii Noricorum 1757: Hessel. 16 S. 8°

Altdorf, Phil. Diss. v. 5. Okt. 1757

Nagel, Johann Andreas Michael [Praes.], s. Dietelmair, Paul August. De Blityri et Scindapso.

Nagel, Johann Andreas Michael [Praes.], s. Holste, Jacob Christoph Wilhelm. De prima Alcorani sura.

Nagel, J. A. M., judicium Longini de apostolo Paulo. Altorf. 1772. 4.

Nagel, J. A. M., de lingua aramaea. Altorf. 1739. 4.

Nagel, Johann Andreas Michael [Praes.], s. Michahelles, Gottfried: De generibus inferioribus et superioribus.

Nagel, Jh. Andr. Mich., († d. 29. Sept. 1788). s. A. *Pfeiffer*, critica sacra.

Nagel, Johann Andreas Michael [Praes.], s. Schaubert, Jodocus Christoph: De lingua Aramaea.

Nagel, Johann Andreas Michael [Praes.], s. Schwab, Johann Paul: De cognitione philosophica tanquam via ad hominis felicitatem. Pars prior.

Nagel, Johann Andreas Michael [Praes.], s. Schwab, Johann Paul: De Elia Levita Germano.

— s. Chr. G. *Schwarz*, Observationes et ejusd. compendium.

Nagel, Johann Andreas Michael [Praes.], s. Schwarz, Georg Christoph. Vindiciae iuris naturae Christianorum.

Nagel, Johann Andreas Michael [Praes.], s. Seiferheld, Johann Lorenz. Dissertatio philologica partem secundam praefationis tertiae libri Masoret Hammasoret Eliae Levitae Germani continens.

Nagel, Johann Andreas Michael [Praes.], s. Seizmair, Samuel: Dissertatio philosophica qua soriten neque esse neque recte dici syllogismum ostendit ...

— — **Spicilegium novum observationum ad panegyricum Plinii. Präs. Christian Gottlieb Schwarz.** Altdorf (J. W. Kohle) 8. II. 1734. 40 S. (5.—) 24534
Widm. v: C. G. Schwarz, Joh. Heumann (Oppon.), Nik. Schwaebel (Oppon.), Jo. Casp. Schroek (Oppon.).

Nagel, Johann Andreas Michael [Praes.], s. Ulmer, Friedrich Ferdinand: De calendario veterum Hebraeorum.

Nagel, Johann Andreas Michael [Praes.], s. Wiedmann, Johann Simon: Dissertatio philologica praefationem secundam eamque rhytmicam libri Masoret Hammasoret Eliae Levitae Germani continens.

Nagel, Johann Andreas Michael [Praes.], s. Würfel, Andreas. Observationes in versum I. capitis I. Geneseos.

Nagel, Johann Andreas Michael [Praes.], s. Ziegler, Georg Andreas: De gradatione ascendente in summis quatuor principiis metaphysicis.

Nagel, Joh. Ferdinand (Angarus)
Dissertatio inauguralis juridica de majestate et jurisdictione imperatoris.
Giessae 16. Juli 1711: vidua J. R. Vulpii. 43, (1) S. 4°
pro licentia summos in utroque jure honores . rite consequendi.

Nagel, Johann Fr Konrad

Nagel, Jh. Fr. Konr., († d. 15. April 1799,) kurze Anweis. z. Klavierspiel f. Lehrer u. Lernende. 4. Halle 792. 2e A. 802. Hendel. 12 gr.

Anweisung zur Rechenkunst nach der vortheilhaften Art sowol für Lehrer und Lernende, als auch für Personen, die nicht Gelegenheit haben mündlichen Unterricht zu erlangen. 1r Th., worinnen die Anfangsgründe, die Species, die sämtliche Bruchrechnung und die Regel de Tri, ohne und mit Brüchen nach den Grundsätzen der Kettenrechnung erklärt, enthalten sind, von *J. F. Nagel.* Halle, Hendel. 260 S. 8. (16 gr.) 1790.

— Anweis. z. Rechnenkunst nach d. vortheilhaftesten Art ꝛc. 1r Thl. gr. 8. Halle 794. Hendel. 16 gr.

— leichte u. gefällige Aufsätze z. Klavierunterricht. 4. Ebd. 797. Hendel. 20 gr.

Nagel, Johann Friedrich Gottlieb (vgl. Nagel, Gustav)

Nagel, J(oh.). Friedr. Gtli., Abriß d. christl. Religionsunterr. f. Volksschulen, auch f. Konfirmanden d. evangel. Glaubens. 8. (4 B.) Helmstädt 831, Fleckeisen.

Nagel, Johann Friedrich Gottlieb, s. Campe, Robinsonus.

Nagel, Jh. Fr. G., Erzählungen. 8. Lpz. 832. Kollmann. 21 gr.

— interess. Erzählungen. 8. Leipz. 832. Frohberger. 20 gr.

– s. Galen, R. G.

– Gedichte, s. unten Poesien.

—— Handbuch d. christl. Religionsunterr. f. Volksschulen d. evangel. Glaubens, insbesond. f. Confirmanden. 8. (16 B.) Quedlinburg 834, Ernst.

— Hülfsbuch f. junge Schmetterlingssammler, enthaltend das Wissenswürd. aus d. Naturgeschichte aller deutschen Schmetterlinge, Raupen u. Puppen. Mit Kpf. 8. Helmst. 818. Fleckeisen. 20 gr.

— mein Ideal. Poetische Epistel an Friedrich. 8. Halberst. 819. Vogler in Potsd. 5 gr.

Nagel, F. G., theoretisch-prakt. Lehrbuch d. Weisheit u. Tugend ꝛc. gr. 8. Quedlinb. Basse. 814.

J. F. Gli. Nagel's theoret. prakt. Lehrbuch d. Weisheit u. Tugend, od. Grundsätze d. Sittenlehre durch gute u. böse Beispiele a. d. Geschichte erläutert; e. pädagog. Hülfsmittel z. Bildung guter Sitten u. Grundsätze für Lehrer u. Erzieher. *Quedlinb.*, Basse. 815. 8° 1 rthl. 4 gr.

MAPPE, Die rothe. Erzählungen u. Aufsätze vom Verf. der „Wundergeschichten u. Legenden" *(Joh. Friedr Gottlieb Nagel).* Quedlinburg und Leipzig, Basse, 1817 8°
Zahm.
Fehlt im Anon.-Lex.

— Materialien z. Diktiren, hauptsächl. z. ersten Einschärfung d. wichtigsten, d. i., etymolog., orthograph. u. stylistischen Regeln d. Muttersprache. 8. Helmst. 826. Fleckeisen. 5 gr.

— Novellen. 8. Quedlinb. 817. Basse. 1 rthl.

Nagel, Johann Friedrich Gottlieb, s. Oskar u. Malvina.

— Poesien. 8. Quedlinb. 811. Dann unt. d. T.: Gedichte. 8. Ebd. 816. Basse. 14 gr.

— wundervolle Sagen u. abentheuerl. Geschichten aus alter Zeit. 8. Helmst. 819. Fleckeisen. 1 rthl.

-Wundervolle Sagen und abentheuerliche Geschichten aus alter Zeit.
Helmstädt: Fleckeisen 1820. 214 S. 8°

— die Schule d. Verstandesübungen nach d. Stufenfolge, f. Bürger- u. Landschulen. 1r u. 2r Curs. Vorbereit., Sinnanschauungen ꝛc. 8. Magdeb. 817. Creutz. 18 gr. 2r Thl. Logik. 8. Ebd. 820. 18 gr. 3r Thl. nebst e. kurzen Theorie d. Denkübungen ꝛc. 8. Ebd. 824. 1 rthl. — Ders. ohne d. Theorie, auch u. d. T.: Samml. zweckmäß. Epigramme ꝛc. 22 gr.

— — dessen 2r Curs. 8. Ebend. 821.

– die Schule d. Verstandesübungen f. Schulen nach d. Stufenfolge geordnet, nebst einer Theorie d. Denkübungen ꝛc. 3r u. letzter Thl. — A. u. d. T.: Auserles. Sammlung zweckm. Epigramme, Räthsel u. a. Spiele d. Witzes u. d. geschärften Nachdenkens. 8. Magdeb. 824, Creutz.

— Tangu, der letzte Prinz v. Pegu. Ein Roman. 8. Leipz. 831. Kollmann. 1 rthl. 6 gr.

— üb. Verstandesübungen u. d. Unterricht in d. Muttersprache, als Bildungsmittel d. Erkenntnißkräfte. 8. Magdeb. 824. Creutz. 4 gr.

Versuch einer lepidopterologischen Encyklopädie für angehende deutsche Schmetterlingssammler. Von G[ottlieb] Nagel. Helmstädt: Fleckeisen 1809. VIII,308 S. 8°

Nagel, Dr., werden die türkischen Schlachtbänke noch länger vom griech. Blute rauchen? oder: Soll der Erbfeind des Kreuzes die Christenheit noch länger höhnen? 8. Braunschweig, Verf. 821.

— werden die türkischen Schlachtbänke noch länger von griech. Blute rauchen? od. soll d. Erbfeind d. Kreuzes die Christenheit noch länger höhnen? 8. Braunschw. 822. (Vogler in Potsd.) 5 gr.

— einige Worte üb. d. Vorbereitung d. Reformation, Luthers u. Melanchthons Antheil an derselben u. Bemerkk. z. richtigen Würdigung u. Beurtheilung d. „Entwurfs einer Geschichte d. Religion v. Karl van Eß." 8. Helmst. 818. Fleckeisen. 5 gr.

— s. Wundergeschichten u. Legenden.

Nagel, Joseph, approb. Arzt aus Vechta i. Oldenb.: 3 Fälle von Kaiserschnitt mit querem Fundalschnitt. *Greifswald 1900: J. Abel.* (24 S.) 8°
Greifswald, Med. Diss. v. 27 Juli 1900

Nagel, Jul., Ludmilla. Eine Dichtg. (90 S.) kl. 8. Dresden 908. E. Pierson. 1.50; geb. n 2.50

Nagel, Julius

Nagel, Jul., Bis hierher hat der Herr geholfen. Dankpredigt am Schlusse der General-Synode der evangelisch-lutherischen Kirche in Preußen den 10. Oktbr. 1860 gehalten. Breslau, Dülfer. gr. 8. (18 S.) n. 2½ ngr.

— Dankopfer zur Secularfeier des Hubertsburger Friedens am Sonntage Estomihi 1863 dargebracht. Ebend. gr. 8. (23 S.) n. 3 ngr.

Nagel, Jul., darf e. Lutheraner an uniertem Abendmahl teilnehmen?, s.a. Saatkörner aus d. ev.-luther. Kirche. 5.

Darf ein Lutheraner an uniertem Abendmahl teilnehmen? Ein Aufsatz d. sel. Kirchenrats Julius Nagel zu Breslau. Aufs neue hrsg. u. bevorwortet von Superint. Nagel in Strehlen. 2. Aufl. *Elberfeld Luth. Bücherverein 1896.* (32 S.) 8° [F.]
— Saatkörner aus d. Evang.-Luth. Kirche. No 5. [illegible] 5

— Gott befohlen! Abschieds-Predigt, am 12. Sonntag post Trin. dieses Jahres vor der hies. evang.-luth. Gemeinde geh. gr. 8. (21 S.) Breslau 881. Dülfer in Comm. n. — 35

Nagel, Jul., Hallelujah. Dankpredigt am Friedensfeste. Breslau 866. (Dülfer.) gr. 8. (27 S.) n. 3 ngr.

Nagel, Jul. Die Heidenmission e. Zeichen der Zeit, s. Sammlung v. Missionsschriften.

Nagel, Jul., Herr, nun lässest du deinen Diener im Frieden fahren. Predigt zum Ehrengedächtniß des Hrn. Carl Haver, weil. evangel.-luther. Pastors zu Rade vorm Wald, gehalten Sonntag, den 30. Jan. 1853 zu Breslau. gr. 8. (20 S.) Leipzig 853, (Dörffling und Franke.) **

Nagel, Jul., ein Jeglicher eilet auf sein Haus. Predigt z. Eröffnung der General-Synode der evangelisch-luther. Kirche in Preußen am 22. September 1852 zu Breslau gehalten. gr. 8. (24 S.) Breslau 852. Dülfer & Geiser. n. 1/12 ℬ

Nagel, Jul., Kasualreden. Aus dessen Nachlaß hrsg. von Ernst Nagel. gr. 8. (VIII, 375 S.) Leipzig 885, J. Naumann. [*ℳ 5.—.] *ℳ 4.—.; geb. [*ℳ 6.—.] * 5 —

— die Osterhoffnung, eine lebendige Hoffnung. Eine Ostergabe der ev.-luth. Gemeinde in Breslau dargereicht. gr. 8. (16 S.) Ebend. 877. n. — 35

Nagel, J., seine Blätter bleiben grün! Gedächtnißrede am Sarge d. Herrn Joh. Heinr. Glob. Reinsch, weil. Past. der ev.-luth. Parochie Züllichau, Dom. I. p. Epiph. den 10. Januar 1875 geh. gr. 8. (16 S.) Breslau 875. Dülfer's Verl. n. - 30

— die Stimme Gottes am allgemeinen Landes-Bußtage dieses Jahres. Seiner Gemeinde gedeutet. 2. Aufl., welcher zwei auf Veranlassung des Uebertrittes der Pastoren Zöller und Feldner gehaltene Ansprachen beigegeben sind. Ebend. 859. gr. 8. (40 S.) n. 5 ngr.

Der Unionskampf des Pastor Julius Nagel 1835–1847. Ein Erinnerungsblatt. Von J[ulius] Nagel, Pastor, Berlin. Elberfeld: Luth. Bücherverein 1891. (80 S.) 8° [F.]
— Altes u. Neues aus d. luth. Kirche. Bdch. 1 [illegible]

Nagel, Julius, Assistenzarzt der Lungenheilstätte Cottbus: Tausend Heilstättenfälle. Statistische Wertung der Jahrgänge 1900—1904 und kritische Würdigung der kombinierten Anstalts- und Tuberkulinbehandlung in der Lungenheilstätte Cottbus. Leipzig 1906. (55 S.) 8° ¶ (Aus: Beiträge zur Klinik der Tuberkulose Bd 5.)

Leipzig, Med. Fak., Ref. Curschmann, Diss. v. 1. Juni 1906

[Geb. 19. Mai 80 Berlin, Wohnort Kolkwitz, Staatsangeh. Preußen, Vorbildung: Gymn. Cottbus Reife O. 99, Studium: Greifswald 4, Berlin 5 S.; Coll. 1 Juni 06; Approb. 13. April 04.]

—— Worte des Trostes an Hans Besser's Grabe gesprochen. gr. 8. (15 S.) Halle 865, Mühlmann.

Nagel, K. Alexandre Hardys Einfluss auf Pierre Corneille. Diss. Marburg 1884. 36 S.

Nagel, C., Alexandre Hardy's Einfluss auf Pierre Corneille, s.a. Ausgaben u. Abhandlungen aus dem Gebiete der romanischen Philologie.

Nagel, K. Schäden durch Heu-Übergärung und Feuerversicherung Leipzig 1910.

Nagel, Carl *Friedrich Ludwig:* Ueber die Einwirkung von Säurechloriden bei Gegenwart von Aluminiumchlorid auf Oxybenzoësäureester ... Greifswald, Druck v. J. Abel, 1895. S. 8.

Greifswald, Phil. Fak., Inaug.-Diss. v. 23. Dez. 1895

Nagel, Karl, Referendar: Staatsrat und Staatsministerium nach preußischem Staatsrecht. Breslau 1907: Breslauer Genossenschafts-Buchdruckerei. (VIII, 47 S.) 8°

Breslau, Jur. Fak., Ref. Brie-Dahn, Diss. v. 10. Dez. 1907

[Geb. 13. März 85 Breslau; Wohnort: Breslau; Staatsangeh.: Preußen, Vorbildung: Johannes-Gymn. Breslau Reife O. 03; Studium: Breslau 2, Halle 1, Breslau 3 S.; Rig. 14 Nov 07.]

Nagel, Karl, a. Kenzingen ⟨Baden⟩: Untersuchungen über den Armwinkel des Menschen. Stuttgart E. Schweizerbart 1907. (S. 318—352.) 8° ¶ (Aus: Zeitschrift f. Morphologie u. Anthropologie Bd 10 H. 3.)

Freiburg i. B., Med. Fak., Ref. Wiedersheim, Diss. v. 1907

[Geb. 15 April 81 Kenzingen; Wohnort: Stuttgart; Staatsangeb.: Baden, Vorbildung: Eberhard-Ludwigs-Gymn. Stuttgart Reife Juli 01; Studium: Freiburg i. B. 6, Straßburg 2, Freiburg i. B. 2 S., Coll. 21 Dez. 06, Approb. 10. Dez. 06.]

Nagel, Karl Anton

Nagel, [illegible] De signis ex ventre. Berolini 1820. [illegible]

Berlin, Med. Diss. v. 21 Nov. 1820

Nagel, C. A., de signis ex ventre. Dissert. inaug. medica. 8maj. (3¼ B.) Berolini 820. (Hirschwald.)

Nagel, Karl Friedrich

Nagel, C[arl], F[riedr.], Anleitung und Aufforderung zur Errichtung öffentlicher Speise-Anstalten, jetzt zunächst als kräftiges Mittel gegen die Verbreitung der Cholera. Angehängt der 2. Jahresbericht der Altonaer Speiseanstalt für Dürftige und Arme. Altonaer. 1831 Aue.

— Antiquitates Cholericae, s. Tentamen disquirendi quatenus Cholera hodierna maligna veteribus medicis cognita fuerit. Tractatus epistolicus ad Henr. Chr. Schumacher. Altonae. 1833 Aue.

—— über Armenwesen u. Naturalverpflegung d. Armen, mit besond. Rücksicht auf d. Stadt Altona. gr. 8. (6 B.) Altona 830, Aue.

NAGEL, C[ARL] F[RIEDR.], Ueber das Entkräftungsfieber der alten Leute, eine wenig gekannte und bisher noch nicht beschriebene Krankheit. Altona. (Itzehoe). 1829 Aue.

—— Nachricht an d. Publikum üb. d. zweckmäß. Verhaltungsregeln bei e. etwanigen Erscheinung d. morgenländ. Brechruhr (Cholera morbus). gr 8. ... Altona 831, Aue.

— Nachricht an das Publikum über die zweckmäszigsten Verhaltungsmaaszregeln bei einer etwanigen Erscheinung der morgenländischen Brechruhr. 2. unveränd. Abdruck. Altona. 1831. P.

Car Frid. Nagel diss. inaug. exhibens specimen historiae docimasiae pulmonum. Kiliae 1818. 8.

Zwey Vorträge gehalten in der v. u. g. St. J. ▭ Carl zum Felsen zu Altona, von C. F. Nagel. Als Ms. f. Brr. gedr. Altona 1830. 16 S. 8° [Umschlagtit.] 193.

2 Vorträge, gehalten in der v. u. g. St. J. ▭ Carl zum Felsen zu Altona, von C. F. Nagel. Als Ms. f. Brr gedruckt. Altona: 1830. 16 S. 8° [Umschlagtit.]
Üb. Bibel, Winkelmass u. Zirkel u. üb. Sonne, Mond u. Meister.
Rekt. Kneisner, Hamburg.

—— ein Wort üb. d. jetzt grassir. Scharlachfieber. gr. 8. (1 B.) Altona 831, Aue.

Nagel, Carl Heinrich (Pritzwalk/Brandenburg), De tussi convulsiva. Diss. med. Berlin (Nietack) 4. XI. 1835. 30 S. u. Biogr. (2.50) 24524
Oppon.: J. Finzelberg, C. Breithaupt, F. Hammer.

Nagel, Carolus Leopoldus *(geb. Breslau 11 3 1829)* Commentatio de anatomia Salernitana per compendium Salernitanum. Vratislaviae (1852). (32 S.) 8°
Breslau, Med. Diss. v. 20. Nov. 1852

Nagel, Konr. Jh. Ebhrd., f. Chr. Gttl. *Schwarz*, observat. ad Nicuporti etc. u. compend. inst. oratoriar.

Nagel, L., Akatanghi, le petit sonneur. Histoire véritable. Imité de l'allemand. 2. éd. 8. (47 S. m. 1 Holzschn.) Basel 882. Missionsbuchh. n. — 25

Nagel, L., Audeer in Graubünden. Seine Heilquelle u. Umgebg. 8. (68 S. m. 7 Lichtdr.-Taf. u. 1 Karte.) Chur 890. Hitz. n. 1. 50

Nagel, L., die Genialität, e. Schwester der Medialität. Die bibl. Wunderberichte in okkultist. Beleuchtung. 2 metapsych. Aufsätze. (30 S.) gr. 8. Leipzig 903. O. Mutze. n. — 60

Nagel, L., Hilfsbuch f. den evangelischen Religionsunterricht an höheren Lehranstalten m. besond. Berücksicht. der Realschulen. 2 Tle. gr. 8. Berlin, R. Gaertner. n. 3. —; Einbde à n.n. — 40
1. Für die unteren u. mittleren Klassen. (VIII, 252 S. m. 1 farb. Karte v. Palästina.) 893. n. 1. 80
2. Für die oberen Klassen. Mit 1 (farb.) Karte der Missionsreisen Pauli. (IX, 147 S.) 894. n. 1. 20

—f. Verhandlungen der Bonner Conferenz.

Nagel, Leo., Gedichte. 2. stark verm. Aufl. 8. (282 S.) Prag 879, Calve'sche Universitäts-Buchh. *
Die 1. Aufl. erschien 1872 anonym u. d. T.: Dichtergrüße aus Nordböhmen

Nagel, Leo, Herbstblüten. Neue Gedichte. 8. (IV, 224 S.) Dresden 887, Albanus'sche Buchdr. (Chr. Teich.) * 2 50

Nagel, Leo. Die Viehversicherung, ihr Wesen und ihre Entwicklung. Diss. Vet.-Med. Bern. IV + 103 S. 8. Brugg, «Effingerhof», 1901.

Nagel, Leopold Jul.

Nagel, Leop. Jul., Christus ist mein Leben, Sterben ist mein Gewinn. Rede, gehalten zu Breslau den 24. Septbr. 1856 bei dem Leichenbegängnisse des Hrn. Kaufmann A. S. G. Grempler. gr. 8. (20 S.) Breslau 857, Dülfer. *

— Herr, nun lässest du deinen Diener im Frieden fahren. Predigt zum Ehrengedächtniß des Herrn Karl Haver, weil. evang.-luther. Pastors zu Rade vorm Wald, gehalten Sonntag den 30. Jan. 1853 zu Breslau. Leipzig, Dörffling u. Franke in Comm. gr. 8. (20 S.) nn. 3 ngr.

Nagel, Leop. Jul., Sendschreiben an den Herrn Pastor Moll zu Löcknitz. Ein Beitrag zur Union. 8. Stettin 843, Weiß. n. 1/6 ₰

— offenes Sendschreiben an den kirchlichen Central-Verein in der Provinz Sachsen zu Gnadau. Im Namen und Auftrag d. diesjährigen Trieglaffer Prediger-Conferenz ausgefertigt. 8. Ebend. 844. 1/12 ₰

— Was stehet ihr den ganzen Tag müßig. Predigt am Missionsfeste in Stettin. ... Ebend. 842. 3 ngr.

Nagel, Louis, Anhang zur Gedichtsammlung d. deutschen Lesebuches f. höh. Lehranstalten, } f.: **Meyer, Alfr. G.**

Nagel, Louis, f.: **Diktate** zu den Paragraphen der „Regeln f. die deutsche Rechtschreibung".

Nagel, Louis, Leitfaden f. den Unterricht in der deutschen Grammatik, f.: **Meyer, Alfr. G.**

— deutsches Lesebuch, f.: **Meyer, Alfr. G.**

Nagel, Louis,
— deutsche Prosalektüre, } f.: **Meyer, Alfr. G.**

Nagel, Louis · Gustav Alfred Sündermann. *Berlin: R. Gaertner 1898.* (12 S.) 4°
Berlin, Fünfte St. R (HB), OP 1898 (121)

Nagel, Louis Der deutsche Unterricht in den unteren Klassen der Höheren Bürgerschule. 4 (34 S.).
Progr. V städt. höh. Bürgersch. *Berlin* 1892 (112).

Nagel, Louis. Der deutsche Unterricht in den unteren Klassen der höheren Bürgerschule. Progr. gr. 4. (34 S.) Berl. 892, Gaertner. * 1 —

Nagel, Ludwig

Nagel, Ldw., Beitrag zur Erkenntniß und Heilung derjenigen Krankheiten d. Magens, welche man Magenverhärtung, Magenkrebs u. Magenmarkschwamm nennt. Nebst einigen Krankengesch. u. deren Epikrisen. 8. Eisenberg 835. Schone. 1/3 ℛ︎ß

Nagel, Ludw., Beitrag zur Erkenntniß und Heilung derjenigen Krankheiten des Magens, welche man Magenverhärtung, Magenkrebs und Magenmarkschwamm nennt. Nebst einigen Krankengeschichten und deren Epikrisen. 2. (Titel-) Aufl. Eisenberg (835.) 853. Schöne. 8. (64 S.) 9 *ngr.*

Nagel, [Christianus] L[udovicus]. • De Chaldaeis tum populo, tum sacerdotibus in Babylonia. 26 Bl. 8° (4°)
Halle-Wittenberg, Phil. Diss. v 28. Mai 1818
Geb. [Schwerin (Mecklenb.) 18. 4. 1787]
Verf. wurde ohne Rigorosum promoviert.

Nagel. Ludwig [aus Rogasen, Prov Posen]: Ueber Diabetes mellitus mit Hemiplegie ... Berlin, Buchdr. v. Gustav Schade (Otto Francke) (1886); 30 S. + 1 Bl. 8°.
Berlin, Med. Fak., Inaug.-Diss. v 20. Nov. 1886.

Nagel, Ludwig, über Diabetes mellitus mit Hemiplegie. Diss. Berlin 1886, Mayer & Müller. 8°. 30 S.

Nagel, Ludw., d. Gewährleistg. b. Viehhandel, s.: Hirsch, Rob.

— u. Nist, der Gnadentag. Ansprachen bei der ersten hl. Kommunion u. bei Erneuerg. der Taufgelübde. 2. Aufl. (215 S.) 8. Dülmen 910. A. Laumann. 2.—; geb. 3. —

Nagel, Ludwig (Hrsg.), s.a. Gnadentag, Der

L. v. Nagel-Album. gr. 4. (60 Bl. m. Holzschn.) München 883. Braun & Schneider. n. 4. —; Einbd. n.n. 1. 50

Nagel, Ludw., u. Nist, Predigten auf die Feste des Herrn, Weihnachten, Beschneidung u. Epiphanie. (Nists Predigtkollektion.) (VI, 299 S.) 8. Paderborn 911. F. Schöningh. 2.40; geb. 2. 85

Nagel, Ludovicus [Marchicus]: Quaestiones ad participiorum usum Thucydidium pertinentes .... Halis, *typ. W. & S. Loewenthal, Berolini,* 1885; 50 + 2 S. 8°.
Halle, Phil. Fak., Inaug.-Diss. v 16. Sept. 1885.

Nagel, Ludovicus, quaestiones ad participiorum usum Thucydidium pertinentes. Diss. Halle 1885, Lippertsche Buchh. 8°. 50 S.

Nagel, L. v. Skizzen für Reiterei. Landshut 1862 1863. 32 Taf. 4°

Nagel, Ludw., der verlorene Sohn. (Luc. XV, 11—32.) 6 Fastenpredigten nebst 1 Karfreitagspredigt, geh. im Dome zu Speyer in der Fastenzeit 1905. (III, 100 S.) 8. Regensburg 906. F. Pustet. n. 1. —; geb. n. 1. 40

Nagel, Ludwig von. Heitere Scenen aus dem Leben der Reiter und Fahrer. München [1896]. 80 S. mit zahlr. Illustrationen von Nagel. 8°

Nagel, Ludw. v., heitere Scenen aus dem Leben der Reiter u. Fahrer. qu. gr. 4. (79 Bl. m. Holzschn.) München 897. Braun & Schneider. n. 3. —; kart. n. 3. 50

— Treu zur Kirche! Fastenpredigten, geh. in der St. Ludwigskirche in Ludwigshafen 1908. (124 S.) 8. Ebd. 909. 1.—; geb. 1. 60

Nagel, Ludw., die den sieben Hauptsünden entgegengesetzten Tugenden. Fastenpredigten, geh. in der Jesuitenkirche zu Heidelberg in der Fastenzeit 1907. (III, 112 S.) 8. Regensburg 908. F. Pustet. 1.—; geb. in Leinw. 1. 40

Nagel, Martin, a. Strehlen i. Schl. Der physikalische Nachweis vergrösserter Bronchial- und Mediastinaldrüsen. Berlin: S. Karger 1907. (18 S.) 8° ¶ (Aus: Jahrbuch für Kinderheilkunde N. F. Bd 67.)
Erlangen, Med. Fak., Ref. de la Camp, Diss. v. 24. April 1908
[Geb. 9. Sept. 83 Strehlen, Wohnort Erlangen; Staatsangeh.: Preußen; Vorbildung: Gymn. Strehlen Reife O. 02, Studium: Breslau 2, Erlangen 4, Kiel 2, Erlangen 2 S.; Coll. 1 Okt. 07, Approb. 24. April 07.]

Nagel, Max, richtig „Deutsch". Merkbüchlein zur deutschen Rechtschreibg. Eine kurze u. leicht faßl. Anleitg. (32 S.) kl. 8. Berlin (908). O. Dreyer. — 25

Nagel, Michael Theodor

Nagel, Mich. Thdr., tabellar. Uebersicht d. vorzügl. Künste u. Handwerke, z. Gebr. f. Schulen. Mit e. Vorr. v. Jh. Gf. Hasse. 8. Königsberg 792. Nicolovius; (Michelsen in Leipzig). 9 g*

Nagel, Moritz

Nagel, Maur. (Ferd.) (geb. Danzig 7. 9. 1823) De hydronephrosi Berolini (1847). (44 S.) 8°
Berlin, Med. Diss. v. 9. Apr. 1847

Nagel, Maur. (geb. Erfurt 12. 11. 1808) De renum succenturiatorum in mammalibus structura penitiori. Berolini (1834). (32 S.) 4°
Berlin, Med. Diss. v. 17. Dez. 1834

Nagel, O. [app. Arzt aus Tübingen]: Über die Erfolge der Hauttransplantationen nach Thiersch. ... (Aus: Beiträge z. klin. Chirurgie. Bd. IV.) Tübingen, Druck v. H. Laupp jr., 1889; 24 S. 8°
Tübingen, Med. Fak., Inaug.-Diss. v. 1889

Nagel Oskar Über o-Chinolyloxylessigsäure. S 106. Hb. 3. vgr.
Separatabdruck

Nagel, Osk., die Welt als Arbeit. Grundzüge e. neuzeitl. Welt- u. Lebensanschaug. 1. u. 2. Aufl. (208 S.) 8. Stuttgart 909. Franckh. 1.80; geb. 3. —

NAGEL, Paul Erwin (Hausach): Vorderhauptslagen.- Stuttgart: Stuttgarter Vereins-Buchdr, 1910. 69 S.
10.4.1911 - Chr 1910/11,26; U 11.5700
Diss. Ingolst.-Landsh.-Mchn.

Nagel, Peter Conrad: Geschichte der St. Nickolaus Kirche und Schule in Wilkes-Barre, Pa., nebst einem Bericht über die Schwestern der Christlichen Liebe in den Vereinigten Staaten. *Wilkes-Barre, Pa.: Druck des „Leucht-Thurms". 1895. 92 S., ill.*

Nagel, Rich., vierzig Auflagen gegen die Impf-Aerzte. Ein Warn-Ruf f. die Gesetzgeber, e. Spiegel f. die Aerzte, e. Wecke-Ruf. f. das Volk! 8. (32 S.) Barmen 874. Berlin, Grieben. n. — 50

Nagel, Rich., die apostel-geschichte nach Lukas. Aus den grichischen urtexten u. im geiste d. ursprüngl. kristentums übersetzt u. erläutert. 8. (IV, 80 S.) Barmen 889. (Berlin, M. Breitkreuz.) n. 1. 25

Nagel, Rich., der brief an di Hebräer [fon Paulus]. 8. (32 S.) Berlin 891. (M. Breitkreuz.) n. — 20

— der brief d. Paulus an di Galater. 8. (16 S.) Ebd. 891. n. — 10

— di essäischen briefe d. Jakobus, d. Johannes, d. Petrus, d. Joudas. Aus den grich. urtexten u. im geiste d. ursprüngl. kristentums übersetzt u. erläutert 8. (56 S.) Ebd. 888. n. — 75

— di essäischen briefe d. apostels Paulus an di Römer u. an di Korinter. Aus den grich. urtexten u. im geiste d. ursprüngl. kristentums übersetzt u. erläutert. 8. (III, 56 S.) Ebd. 888. n. 1. —

Nagel, rich., di brife des paulus an di filipper u. kolosser, ofeser u. tessalonikor u. an timoteus u. titus. aus d. grichishon urtexte, im geiste des ursprüngl. kristentums übers. 8. (16, 16, 16 u. 16 S.) barmen 889. (Berlin, P. Heidemann.) n. — 60

Nagel, Rich., Christenthum u. Kirchenthum, zwei grundverschiedene Dinge. Aufgedeckt durch die Gegensätze der Urtexte u. Uebersetzungen des neuen Testaments. 8. (44 S.) Barmen 877. Köthen, Schettler's Verl. n. — 40

— Essäerthum u. Christenthum, Fruchtesserthum u. Menschenthum, im Wesen Eins u. Dasselbe. Eine Berichtigung der Schriften von Strauß, Renan, Clemens, Baltzer rc. 8. (52 S.) Barmen 877. (Bädeker) n. — 50

— das Evangelium Kristi od. Der Kampf der Essäer gegen d. Judenthum. E. Veste gegen d. Aberglauben u. Unglauben! E. Brücke zwischen Glauben u. Wissen! D. Weg z. Frieden f. Staat u. Kirche! Aus d. 4 Evangelien zu e. geordn. Ganzen zusammengest. u. nach den besten Urtexten übers. u. m. Erläutergn. vers. 8. (IV, 156 S.) Ebd. 882. Kart. n. 1. 50

— das Euangelium d. Johannes [d. lieblings-jüngers d. heilands] aus dem grich. urtexte u. im geiste d. ursprüngl. kristentums übersetzt u. erläutert. 8. (87 S.) Ebd. 888. n. 1. —

— das Fleischessen vor dem Richterstuhle des Instinkts, der Vernunft, des Gewissens, der Religions-Geschichte und der Naturwissenschaften. 8. (103 S.) Barmen 869. (Elberfeld, Bädeker'sche Buchh.) *

— dass. — oder: Der Weg zur Gesundheit, zum Wohlstande und Glück, zum Paradiese. 3. stark verm. Aufl. 8. (120 S.) Berlin 870, Grieben. *

Nagel, Rich., das Fleischessen vor dem Richterstuhle des Instinkts, des Gewissens und der Vernunft, der Religionsgeschichte und der Naturwissenschaften, oder der Weg zum Paradiese der Gesundheit. 8. Aufl. 8. (94 S.) Berlin 882. (Leipzig, Grieben's Verlag.) *

Nagel, Rich., das Fleischessen vor dem Richterstuhle des Instinkts, des Gewissens u. der Vernunft, der Religionsgeschichte u. der Naturwissenschaften oder der Weg zum Paradiese der Gesundheit. 15. Aufl. 12. (94 S.) Braunschweig 900. A. Graff. n. — 75; geb. n. 1. —

— vier Fragen an die Impf-Aerzte. 8. (63 S.) Barmen 872. (Berlin, Grieben.) *

— di glükseeligkeits-lehre nach lukas. aus dem grichishen urtexte u. im geiste d. urspüngl. kristentums übers. u. erläut. 8. (64 S.) Ebd. 894. n. — 75

— die glückseeligkeitslehre nach Markus, aus dem grich. urtexte u. im geiste d. ursprüngl. kristentums übersetzt u. erläutert. 8. (IV, 64 S.) Ebd. 889. n. 1. —

— dasselbe nach mattäus. 8. (64 S.) Ebd. 894. n. — 60

— Kochbuch für naturtreue Lebensweise. Eine Anweisung, die Speisen u. Getränke einfach, billig, wohlschmeckend u. gesund zu bereiten. Nebst einem Anhang: Gesundheits-Regeln für Vegetarianer. 8. (16 S.) Berlin 881. (F. Lobeck.) n. — 50

— moses u. di profeten. leuchtende forbilder f. alle zeiten u. fölker. ein spigel f. di juden u. kristen der heut. zeit insbesondere f. di antisemiten u. d. kristlichsozialen aus der grich. septuaginta übersetzt, zusammengestellt u. erläutert. 8. (32 S.) Ebd. 890. n — 50

— ohne Fruchtesserthum kein Christenthum. 8. (51 S.) Barmen 877. Bädeker. n. — 50

— vegetarische Perlen aus Gleizès Schriften. 1. aus d. Talüsia, d. h. dem Fruchtessertum od. der Neugeburt d. Menschheit. 2. aus d. Enthüllg. d. Kristentums od. d. Glaubenseinheit f. alle Kristen. Frei bearb. 8. (48 S.) Ebd. 882. n. — 50

Nagel, Rich. Gust. (geb. Pritzwalk Apr. 1825) De morbis protopathicis quaedam. Berolini (1848). (26 S.) 8°
Berlin, Med. Diss. v. 15. Dez. 1848

— das essäische Siebengestirn im neuen testamente, aus dem grich. übers., zusammengestellt u. erläutert. 8. (47 S.) Ebd. 888. n. — 75

— der wissenschaftliche Unwerth der Vivisektionen in allen ihren Arten, s. Humanitäts-Schriften des neuen Berliner Thierschutz-Vereins.

— altjüdische folkssagen aus den überliferten shriften in neuer u. treuer übersezung, also frei fon den landläuf. entstellgn., welche bisher so fielfach gemacht vurden, um die shriften auch f. fleishesser geniesbar zu machen, aus dem besten urtexte, der grich. septuaginta übersezt. 8. (40 S.) Ebd. 890. n. — 50

— zvangs-ehe od. freier libesbund? od. das ehe-leben der isreeliten zur zeit d. moses u. d. jesus. [mit streiflichten auf di gegenvart.] aus den grich. urtexten übersetzt, zusammengestellt u. erläutert. 8. (32 S.) Ebd. 890. n. — 50

Nagel, Rudolf

Nagel, Rud., Beiträge zum geographischen Unterricht. Halle 856. G. Schwetschke. gr. 8. (IX, 54 S.) n. 10 ngr

Nagel, Rud. [Prof. Dr. Dir.]: Bericht über die Feier des 50jährigen Bestehens des Elbinger Realgymnasiums. Elbing, Buchdr. R. Kühn, 1892; 3—19 S. 4.
Elbing, st. RG, OP 1892 (45)

— Preußens Beruf zum deutschen Kaiserthron, s. Preußens Beruf rc.

— Bibel und Gegenwart. Religiöse Reden gehalten im Winter 18$^{53}/_{54}$ vor der deutsch-kathol. Gemeinde zu Brandenburg. 4. Lfg. gr. 8. (32 S.) Remscheid 855, Nagel's Selbstverlag. *

— Bibel und Gegenwart. Religiöse Reden, gehalten im Winter 1853/54 vor der deutsch-kathol. Gemeinde zu Brandenburg. 2—7. Liefg. Remscheid 855, 56. (Leipzig, Mittler.) gr. 8. (46; 34; 30; 34; 36; 40 S.) 2.: n. 6 ngr. 3—7.: à n. 5 ngr.

1. Liefg. ist noch nicht erschienen.

Nagel, Rud., zur Charakteristik der Auffassung des Alten Testaments im Neuen Testament. Eine biblisch-theol. Abhandlung. gr. 8. (IV u. 31 S.) Halle 850, Schmidt. n. 4 ngr.

Nagel, Rudolphus (Leonhardus) *(geb. Danzig 14. 9. 1836)* De conjunctionibus radicalium seriëi aethylicae cum elementis seriëi phosphoricae et metallis. Vratislaviae (1859). (31 S.) 8°

Breslau, Phil. Diss. v. 19. Apr. 1859

Nagel, Rud., über die Entdeckungs-Reisen im mittleren Afrika von Mungo Park bis auf Dr. Vogel. Ein Vortrag gehalten an mehreren Orten. Mit 2 (lith.) Karten (in 4.). Remscheid 862. Krumm. gr. 8. (IV, 43 S.) 10 ngr.

Nagel: Die Entwicklung der chemischen Anschauungen vom Anfang bis zur Vollendung der dualistischen Theorie. 26 S. – Elbing, st. R., Progr. 1871

—— geschichtliche Entwickelung der nordamerikanischen Union. Vorlesungen gehalten vor einer Gesellschaft gebildeter Frauen und Männer. gr. 8. (VI und 130 S.) Leipzig 854, O. Wigand.

Nagel, Rud. (Gust. Adelhardus) (geb. Cleve 2. 9. 1821) De Erechtheo tragoedia Euripidis perdita. Berolini (1842). (96 S.) 8°

Berlin, Phil. Diss. v. 1. Aug. 1842

Nagel, Rud., die gewerblichen Fortbildungsschulen Deutschlands. Reisestudien u. Reformvorschläge, auf Grund eines den königlich preußischen Ministerien des Kultus u. Handels eingereichten Reiseberichts ausgearb. Mit 11 Anlagen. gr. 8. (VII, 144 S.) Dresden 877. Bleyl & Kämmerer. n. 3. —

Nagel, Dr. Rud., Die gewerblichen Fortbildungsschulen Deutschlands. Reisestudien u. Reformvorschläge, auf Grund eines den Kgl. preuss. Ministerien d. Kultus u. Handels eingereichten Reiseberichtes ausgearbeitet. gr. 8°. Eisenach, Bacmeister, 1877.

Nagel, Rud., die gewerblichen Fortbildungsschulen der Prov. Preußen. Im Interesse der gewerbl. Central-Vereins der Prov. Preußen bearb. gr. 8. (54 S.) Danzig 875. Kafemann in Comm. n. 1. —

Nagel, Rud., der moderne Gespensterglauben genannt Spiritismus. Kurz beleuchtet. gr. 8. (VII, 66 S.) Leipzig 880. Breitkopf & Härtel. n. 1. 50

Nagel, Rud., zoologische Hefte, zur Vorbereitung für die Benutzung eines größeren Schulbuches, sowie zur Ergänzung desselben zusammengestellt. 2. umgearb. und verm. Aufl. 8. (IV, 49 S. mit 1 Tab.) Elbing 888, Meißner. cart. * — 75

— die Propheten Jesaias, Jeremias und Ezechiel. Drei biblische Lebensbilder für denkende Christen unserer Zeit gezeichnet. Remscheid 854. (Berlin, Rauh.) gr. 8. (IV, 52 S.) n. 10 ngr.

— die künftige Kirche der deutschen Nation, oder: Was für ein religiöser Umschwung muß vor Allem stattfinden, wenn ein einiges deutsches Reich, ein freies Bürgerthum u. ein dauernder Rechtszustand in Deutschland geschaffen werden soll? Ein Vortrag. Elberfeld 863. (Gotha, Stollberg.) gr. 8. (40 S.) n. 4 ngr.

—— die Kirche der Zukunft. Predigt gehalten am 18. Septbr. vor der christkathol. Gemeinde zu Brandenburg. 8. (29 S.) Brandenburg 853. (Berlin, Nelte, Böltje und Comp.) *

— die Kirche der Zukunft. Predigt gehalten am 18. Septbr. vor der Christkathol. Gemeinde zu Brandenburg. Brandenburg 853. (Berlin, Weidle.) 8. (29 S.) n. 2½ ngr.

Nagel, Rud*olf* Die Lehraufgaben des Realgymnasiums und der Oberrealschule. 4 (S. IX – XXIII der Schuln.).

Progr. Städt. Rg. *Elbing* 1893 (47).

—— mit welchem Rechte nennt man die Dissidenten Ungläubige? Predigt gehalten am 25. Septbr. 1853 vor der christkathol. Gemeinde zu Brandenburg. 8. (32 S.) Brandenburg 854. (Berlin, Nelte, Böltje und Comp.) Thlr. **

— Mit welchem Rechte nennt man die Dissidenten Ungläubige? Predigt gehalten am 25. Septbr. 1853 vor der Christkathol. Gemeinde zu Brandenburg. Brandenburg 854. (Berlin, Weidle.) 8. (32 S.) nn. 2½ ngr.

Nagel, R. Aus der Praxis des griechischen Unterrichtes. 19 S. 4° – Brandenburg G., Progr. 1870.

— über Religions-Unterricht an öffentlichen Schulen insbesondere höheren Schulen. Remscheid 860. (Bonn, Rheinische Verlagsanstalt.) 8. (VIII, 37 S.) n. 4 ngr.

Nagel, Rud. [Dir. Dr.]: **Die naturhistorischen Sammlungen des Elbinger Realgymnasiums.** Elbing, Buchdr. R. Kühn, *1896*; 15 S. 4.

Elbing, st. RG, OP 1896 (46)

— Tabellen zur Einübung der Formen des regelmäßigen griechischen Verbums und ihrer Bedeutungen. Halle 853. Buchhandlung des Waisenhauses. Fol. (8 S.) 6 ngr.

Nagel, Rud., das neue Testament und die neue Politik. 8. (16 S.) Wesel 849, (Nagel.)

Nagel, Rud. (Gust. Adelhard.) Theses theologicae Berolini (1845). (2 Bl.) 4°

Berlin, Theol. Thes. v. 7. Apr. 1845

— eine biblisch-theologische Trilogie mit einem Nachwort über die Kirche der Zukunft. Halle 853. Schmidt. gr. 8. (VIII, 168 S.) n. 20 ngr.

— über den Unterschied der praktischen Lebensreligion Jesu vom bestehenden Kirchenthum. Ein Vortrag. Gotha 864. Stollberg. gr. 8. (30 S.) n. 3 ngr.

— Was muß heutigen Tages aus den alten Kirchen heraustreiben zu freireligiöser Gemeinschaft? Rede gehalten am 22. Oktbr. 1859 in einer freireligiösen Dissidentenversammlung zu Müngsten. Remscheid 860. (Bonn, Rheinische Verlagsanstalt.) gr. 8. (47 S.) n. 5 ngr.

— Was thut Noth, altes Kirchenthum oder freireligiöses Dissidententhum? Drei offene Briefe an den evangelischen Pastor Hasenklever, an das Presbyterium u. an die Bürgerschaft von Remscheid, als Erwiderung auf die Schrift des Pastor Hasenklever: „Dr. Rudolf Nagel, der freireligiöse Dissident u. dessen Verdächtigung meines Glaubens." Remscheid 861. Krumm in Comm. gr. 8. (62 S.) n. 5 ngr.

— Wie man Freigemeindeprediger wird und wie's Einem als Freigemeindeprediger geht. Arnstadt 855. (Leipzig, Mittler.) gr. 8. (34 S.) n. 5 ngr.

—— Wie man Freigemeindeprediger wird und wie's Einem als Freigemeindeprediger geht. Lex.-8. (34 S.) Remscheid 855, Nagel's Selbstverlag. *

Nagel, S. Bruchstücke aus einem französisch-englischen etymologischen Glossar innerhalb des Lateinischen zum Gebrauche der oberen Klassen von Realschulen. Mülheim a./Ruhr, R., 1864. 24 S. 4. Progr.

Nagel, S., englische Lautübungen. Ergänzungsheft zu jeder englischen Grammatik. Mülheim a. d. R. 856. Bagel. gr. 8. (38 S.) n. 6 ngr.

Nagel, S François Villon. Versuch einer kritischen Darstellung seines Lebens nach seinen Gedichten. Mülheim a. d. R., H.B., 1856. 23 S. 4. Progr

— François Villon. Versuch einer kritischen Darstellung seines Lebens nach seinen Gedichten. Mülheim a. d. R. 856. (Reymann.) gr. 4. (23 S.) n. 10 ngr.

Nagel, S., François Villon. Versuch einer krit. Darstellung seines Lebens nach seinen Gedichten. gr. 8. (39 S.) Berlin 877, (Plahn'sche Buchh.) *

Nagel, S., François Villon. Versuch einer kritischen Darstellung seines Lebens nach seinen Gedichten. gr. 8. (39 S.) Berlin 878. Plahn in Comm. n. — 75

Nagel, S., französisch-englisches etymologisches Wörterbuch innerhalb des Lateinischen. Für Studir. u. Lehrer d. Französ. u. Engl. an höheren Unterrichts-Anstalten. Berlin 869. Calvary & Co. Lex.-8. (VII, 378 S.) n. 3 ℛ

Nagel, Sam., Lehre von dem Ebenbilde Gottes ꝛc. 8. Lübeck. 754.

Nagel, Siegfr., Langobardische Geschichten. Dem Paulus Diakonus nacherzählt für die deutsche Jugend. 8. (VI u. 77 S.) Düsseldorf 849, Schaub. 1/4 ℛ

Nagel, Siegfried Robert

Nagel, Siegfr. Rob., drollige Geschichten. 8. (III, 107 S.) Dresden 899. E. Pierson. n. 1.70; geb. n. 2.70

Nagel, Siegfr. Rob., die Hauptwerke der deutschen Literatur. Im Zusammenhang m. ihrer Gattg. erläutert. (VI, 176 S.) gr. 8. Wien 904. F Deuticke n. 2.—

Nagel Siegfried: Helena in der Sage und Dichtung vom Doktor Faust.
1898 PN 1117 Diss. Wien Univ.

Nagel, Siegfried Robert. Deutscher Literaturatlas. Die geographische und politische Verteilung der deutschen Dichtung in ihrer Entwicklung nebst einem Anhang von Lebenskarten der bedeutendsten Dichter. Auf 15 Haupt- und 30 Nebenkarten. 16 S. + 15 Karten. gr.-8. Wien und Leipzig, Carl Fromme, 1907. [cart. M. 6. —]

— Maturitätsfragen aus der deutschen Litteraturgeschichte. gr.8. (IV, 91 S.) Wien 902. F. Deuticke. n. 1.25

Nagel, Siegfr. Rob., Maturitätsfragen aus der deutschen Literaturgeschichte. 2., verb. Aufl. (VII, 91 S.) gr. 8. Wien 909. F. Deuticke. 1 40

— der tote Punkt. Bühnenstück in 3 Aufzügen. 8. (70 S.) Dresden 901. E. Pierson. n. 1. 50

— Die Stadt der Lieder, s.: Pohl's allgemeine Volksbücherei deutsch-österreichischer Schriftsteller.

Nagel, B., allgemein christliche Mission. gr. 8. (20 S.) Friedberg 901. (Bonn, J. Schergens.) n. —25

— Mitteilungen aus dem Werke des Herrn in Indien. Jahr 1901. gr. 8. (12 S.) Ebd. 902. n. —15

Nagel, Vally, s.: Bausteine.

Von lieben Leuten. Erzählt von Vally Nagel. Elberfeld. Luth. Bücherverein 1907 (VIII, 204 S.) 8° [F.] [07. 16836 5

Nagel, Walter *Heinrich* [Referendar aus Hamburg]: Die rechtliche Natur der Zinskoupons ... Halle a. S., Hofbuchdr. v. C. A. Kaemmerer & C., 1891; 65 S., 1 Bl. 8.
Halle, Jur Fak., Inaug.-Diss. v. 21 Dez. 1891

Nagel, Wilhelm, appr Arzt a. Baumholder, Reg.-Bez. Trier: Ein Beitrag zur Kasuistik über angeborene Herzfehler. Freiburg i. B.: Speyer & Kaerner 1908. (31 S.) 8°
Freiburg i. B., Med. Fak., Ref. Krönig, Diss. v. 1908
[Geb. 1 Juni 77 Baumholder: Wohnort: Heidelberg; Staatsangeh.: Oldenburg; Vorbildung: Gymn. Weilburg a. L. Reife M. 00; Studium: München 4, Kiel 2, Berlin 3, Freiburg i. B. 3 S.; Coll. 20. Juli 07; Approb. Juli 06.]

Nagel, Wilh., begleitende Bemerkungen zu Schopenhauers philosophischem System „die Welt als Wille und Vorstellung" als Beitrag zu einer Beurtheilung der darin ausgesprochenen Principien. Bremen 861. Geisler. gr. 8. (48 S.) n. 10 ngr.

Nagel, Wilh., das Christenthum in seiner Wahrheit als Religion der Gegenwart. In systematisch zusammenhängenden Predigten dargestellt. Bremen 855. Geisler. gr. 8. (VIII, 326 S.) n. 2 ℛ.

Nagel, W., das menschliche Ei. [Aus: „Archiv f. mikroskop. Anatomie".] gr. 8. (82 S. m. 2 Taf.) Bonn 888. F. Cohen. n. 5. —

Nagel, Wilh., Entwickelg. u. Entwickelgsfehler d. weibl. Genitalien, s.: Handbuch d. Gynäkologie.

— über die Entwickelung des Urogenitalsystems d. Menschen. [Aus: „Archiv f. mikroskop. Anatomie".] gr. 8. (117 S. m. 4 Taf.) Ebd. 889. n. 5. —

Nagel, Wilh., Erbauungsstunden. Zusammenstellung v. Predigten. gr. 8. (21 B.) Bremen 846, Geisler.

Nagel, Wlh., es ist nicht Recht, Gott meistern zu wollen. Predigt, bei der Einführung der neugewählten Gemeindeältesten zu Jollenbeck gehalten. gr. 8. Bielefeld 838. Velhagen u. Klasing. 1/12 ℛ

—— zur Fortbildung des Christenthums. Eine Zusammenstellung v. Predigten, als Beitrag z. Religion des Geistes. gr. 8. (14 B.) Bremen 845, Schünemann's Verl.

Operative Geburtshülfe für Aerzte und Studierende von Wilhelm Nagel, Prof zu Berlin. Mit 77 Abb. *Berlin: Fischer 1902.* (VIII, 307 S.) 8° [03. 3039

Die weiblichen Geschlechtsorgane. Von Dr. med. Wilhelm Nagel, Berlin. Mit 70 Abb. Jena: G. Fischer 1896. (VIII, 159 S.) 4°(8°)
= Harn- u. Geschlechtsorgane. T. 2, Abt. 1.
= Handbuch d. Anatomie d. Menschen. Bd 7, T. 2, Abt. 1. [06. 1107

— d. Gynäkologie d. prakt. Arztes. gr. 8. (VIII, 375 S. m. 87 Fig. u. 2 Taf.) Berlin 898. Fischer's medic. Buchh. n. 8. —; geb. n. 9. —

Nagel, Wilh., Gynäkologie f. Aerzte u. Studierende. 2. verb. u. verm. Aufl. Mit 68 Abbildgn. im Text u. 38 auf Taf. (VIII, 420 S.) gr. 8. Berlin 904. Fischer's medicin. Buchh. n. 10.—

— Harn- u. Geschlechtsorgane, s.: Disse, J.

Nagel, (C. A.) Wilh., Inbegriff d. Christenthums in seiner Ausbildung zur absoluten Religion. Grundlage für den Confirmandenunterricht, zugleich als Handhabe für die, welche sich selbst unterrichten wollen. 12. (VIII u. 61 S.) Bremen 848, Strack. (Heyse.) 1/4 ℛ︀

—— zwei Predigten am 6. u. 13. April über Luc. 9, v. 61, 62 u. 59, 60 gehalten ꝛc. gr. 8. (1 1/2 B.) Bremen 845, Schünemann's Verl. *

— abgedrungene Rechtfertigung gegen den aus No. 13 des Herold 1844 u. d. T.: „die reine Wahrheit in Sachen des Hochw. Brem. Ministeriums gegen Pastor Nagel" besonders abgedr. Aufsatz. gr. 8. Bremen 845. (Heyse.) n. 1/6 ℛ︀

— zur Religion der Mündigkeit. Blätter in Predigtform in zwanglosen Hftn. 1—3. Hft. gr. 8. (XXVIII u. 289 S.) Bremen 851, Hampe. (1: n. 1/2 ℛ︀ 2 u. 3: à n. 1/2 ℛ︀) n. 1 1/2 ℛ︀

— Salzungen. Ein Erinnerungsblatt für seine Freunde. Bremen 853. (Geisler.) 16. (61 S.) n. 15 ngr.

Nagel, Wilhelm *Erich* [aus Veltheim a. Fallstein]: Zum Stand der Leptothrixfrage ... Halle a. S., Hofbuchdr. v. C. A. Kaemmerer & C., 1894; 34 S., 1 Bl. 8.
Halle, Med. Fak., Inaug.-Diss. v. 16. März 1894

—— Thabor. Samml. ausgewählter Predigten. gr. 12. (9 B.) Bielefeld 838, Velhagen u. Klasing.

Nagel, Wilh., Unterricht über die Bibel, als Vorstufe für den eigentlichen Confirmandenunterricht und Ergänzung meines „Inbegriffs ꝛc." Zunächst für meine Katechumenen. 8. (VI und 61 S.) Bremen 851, Geisler.

— Verständigung über das Wesen der Kunst. Vorgetragen im Künstlerverein zu Bremen am 17. Septbr. u. 1. Octbr. Bremen 856. Geisler. gr. 8. (35 S.) 7 1/2 ngr.

—— zum Wesen des Christenthums. Zusammenstellung von Predigten als Fortsetzung der „Erbauungsstunden." gr. 8. (X und 301 S.) Bremen 848, Geisler.

Nagel, Wilhelm C.: [I.] Ueber Ozomolybdate u. [II.] zur Kenntnis der niedrigsten Oxydationsstufe des Molybdaens. *München 1898: Kastner & Lossen.* (46 S.) 8°
München, Phil. Diss. v. 1899

Nagel, Willibald

Nagel, Wilib. Annalen der englischen Hofmusik. (1509—1649.) (Beilage zu den Monatsheften für Musikgeschichte, Bd. 26.) Leipzig 1894.

Nagel, Dr. Wilibald: Die neueren dramatisch-musikalischen Bearbeitungen der Genovefa-Legende. Ein Beitrag zur Geschichte der Oper Leipz. u. Zür. A. Unflad 1888. 56 S. 8°.
Zürich, Phil. Fac., Habilitationsschrift.

Nagel, Wilib., Beethoven u. seine Klaviersonaten. 2 Bde. (VII, 247 u. IX, 412 S.) gr. 8. Langensalza 903. 905. H. Beyer & Söhne. n. 16.—; geb. n. 19.50

Nagel, Wilibald, Johannes Brahms als Nachfolger Beethoven's. gr. 8. (32 S.) Leipzig 892. Gebr. Hug. n. —60

Nagel, Willibald, Dr.: Die Entwickelung der Musik in Frankreich und England. Berlin: Reuther & Reichard 1898. 49 S. 8°
Darmstadt Te. H., Hab.-Schr. v. 25. 6. 1898

Nagel, Wilib., Geschichte der Musik, s.: Köstlin, H. A.

Geschichte der Musik in England. Von Dr **Wilibald Nagel.** Tl 1. 2. *Strassburg: K. J. Trübner 1894—97.* 2 Bde 8. [97. 6431
1 1894. (VII, 154 S.) 2. 1897 (V S., 1 Bl., 304 S.)

— zur Geschichte der Musik am Hofe v. Darmstadt. gr. 8. (79 u. Musikbeilage 8 S.) Leipzig 901. Breitkopf & Härtel. n. 2.—
Sonderabdruck aus: „Monatshefte f. Musikgesch."

Gluck und Mozart. Ein Vortrag von Prof. Dr. Willibald **Nagel,** Darmstadt. Langensalza: H. Beyer & Söhne 1905. (36 S.) 8°
— **Magazin,** Musikalisches. H. 11. [07. 5481 3

Goethe und Beethoven. Vortrag, geh. in d. Großherz. Techn. Hochschule zu Darmstadt von Dr. Wilibald **Nagel.** *Langensalza: H. Beyer & Söhne 1902.* (25 S.) 8°
— **Magazin,** Musikalisches. H. 6. [03. 10617

Goethe und Mozart. Vortrag, geh. zu Darmstadt von Dr Wilibald **Nagel.** *Langensalza: H. Beyer & Söhne 1904.* (34 S.) 8°
— **Magazin,** Musikalisches. H 8. [04. 19 31

Nagel, Wilibald, aus Mülheim a. d. Ruhr (Rheinpreussen). Die deutsche Idylle im 18. Jahrhundert (Wädensweil A Stutz Dr 1887). 82 S., 1 Bl., 1 Bl. Vita. 8°
Zürich. Phil. Diss. [v 21. Juli 1887].

Nagel, Willibald: Die Musik im täglichen Leben. Ein Beitrag z. Geschichte d. musikal. Kultur unserer Tage.
Langensalza: Beyer 1907 33 S. 8°
(Musikalisches Magazin. H. 18.)

Nagel, Willibald: Studien zur Geschichte der Meistersänger
Langensalza: Beyer 1909. VIII, 216 S. 8°
(Musikalisches Magazin. H. 27.)

— Studien zur Geschichte der Meistersänger, s.: Magazin, musikalisches. 27. Heft.

Nagel, Willibald A.

Nagel, Wilib. A., die Diagnose der praktisch wichtigen angeborenen Störungen des Farbensinnes. gr. 8. (40 S. m. 3 Abb.) Wiesbaden 899. J. F. Bergmann. n. 1.—

Nagel, Willib. A., Einführung in die Kenntnis der Farbensinnstörungen u. ihre Diagnose. (40 S. m. 1 Abbildg.) Lex. 8. Wiesbaden 908. J. F. Bergmann. 1.—

— der Farbensinn der Tiere. Ein Vortrag. gr. 8. (32 S.) Wiesbaden 901. J. F. Bergmann. n. —80

— Handbuch der physiologischen Optik, s.: Helmholtz, H. v.

Nagel, W. A., s.: Handbuch der Physiologie des Menschen.

Nagel, Willib. A., d. Lichtsinn augenloser Tiere. E. biolog. Studie. gr. 8. (III, 120 S. m. 3 Fig.) Jena 896. G. Fischer. n. 2.40

— s.: Sammlung anatomischer u. physiologischer Vorträge u. Aufsätze.

Nagel, Wilibald [aus Tübingen]: Die niederen Sinne der Insekten ... Tübingen, F. Pietzcker, 1892; 67 S., 1 Taf. 8.
Tübingen, Naturw. Fak., Inaug.-Diss. v. 1892

Nagel, Willib., die niederen Sinne der Insekten. Mit 19 autotyp. Abbildgn. gr. 8. (68 S.) Tübingen 892. A. Mosor. n. 2. —

— Tafeln zur Diagnose d. Farbenblindheit. gr. 16. (12 farb. Taf. m. 14 S. Text.) Wiesbaden 898. J. F. Bergmann. In Umschlag n. 1. 20

Vergleichend physiologische und anatomische Untersuchungen über den Geruchs- und Geschmackssinn und ihre Organe m. einleit. Betrachtgn a. d. allgem. vergleich. Sinnesphysiologie v. Dr. rer. nat. et med. Wilibald A. Nagel, Assist. am physiol. Inst. in Tübingen. Gekr. Preisschrift. M. ; z. Th. farb. Taf. *Stuttgart: E. Nägele 1894.* (1 Bl., VIII, 207 S., 7 Taf.) 1 Bd 4.
— Bibliotheca zoologica. H. 18. (96 5113)

Nagel, W. A., s.: Zeitschrift f. Psychologie u. Physiologie der Sinnesorgane.

Nagel, Wold., das Pferd, s.: Lampe, M. A.

— **Wolffgang Philipp** (Eßlingen), De nexu ordinis equestris immediati in Suevia Franconia et Terra Rhenensi, Erga Caesarem et Imperium. Theses inaug. Präs. Michael Grass. Tübingen (H. Franck) Febr. 1715. 16 S. (4.50) 24535

Nagel v. Brawe, Hans [Pseud.], s.a. Dincklage-Campe, Friedrich Frh. v.

Nagel v. Brawe, Hans [Friedr. Frhr. v. Dincklage]. Zu schwerer Std. Novelle 8. (231 S.) Lpz. 892, Reißner. * 3 —, geb. * 4 —

— Mausfall-Marie. Eine Künstlergeschichte. 8. (226 S.) Glogau 891 [C. Flemming.] Berlin, R. Eckstein Nachf. n. 2. 50; geb. n. 3. 50

— besiegte Sieger. Kriegs-Erinnergn. 8. (123 S.) Leipzig 893. Dresden, C. Reißner. n. 1. —

Nagel-Ittlingen, Albr. Frhr. v., e. Beitrag zur Geschichte d. Culturkampfes. Preis-Räthsel. Welche Stelle nachsteh. Rede enth. e. Majestäts-Beleidigg. gegen den deutschen Kaiser u. König v. Preußen? Nebst e. versuchten Lösg. durch e königlich-preuß. Gerichtshof Ehrlichen Leuten zur Prüfg. vorgelegt. gr. 8. (23 S.) Luxemburg 874. Brück. — 50

Nägel, A[dolph], Dipl.-Ing.: Versuche an der Gasmaschine über den Einfluß des Mischungsverhältnisses. 1907. 110 S. 4⁰
¶ Ausz. in: Mitteilungen über Forschungsarbeiten auf d. Gebiete d. Ingenieurwesens. H. 54. 1908; Ausz. in: Zeitschrift d. Vereines deutscher Ingenieure. Bd 51, Halbj. 2.
Dresden Te. H., Hab.-Schr. v. W.-S. 1906/07

Nägel, A., Versuche üb. die Zündgeschwindigkeit explosibler Gasgemische. Versuche an der Gasmaschine üb. den Einfluss des Mischungsverhältnisses, s.a. Mitteilungen üb. Forschungsarbeiten auf dem Gebiete des Ingenieurwesens.

Nägel, Adolph: Versuche über die Zündgeschwindigkeit explosibler Gasgemische. 1907. 44 S. 4⁰ ¶ Auch in: Mitteilungen über Forschungsarbeiten auf d. Gebiete d. Ingenieurwesens. H. 54. 1908; Ausz. in: Zeitschrift d. Vereines deutscher Ingenieure. Bd 52. 1908, Halbj. 1.
Dresden, Dr.-Ing.-Diss. v. 24. 7. 1907

Naegel, Joseph, approb. Arzt aus New-York. Aus d. hygien. Abt. d. Instituts f. Hygiene u. experimentelle Therapie zu Marburg. Ueber das Diphtheriegift, seine Konstitution, Herstellung und Wirkungen. *Marburg 1901: H. Bauer.* (43 S.) 8°
Marburg, Med. Diss. v. 20. März 1901

Nagelberg, Sam., Kitâb as-sagar. Ein botan. Lexikon, zum ersten Male nach e. Berliner Handschrift ediert, m. Einleitg. u. krit. u. erörternden Anmerkgn. versehen. (61 u. XXXII S.) gr. 8. Kirchhain 908. Berlin, Mayer & Müller. 3. —

Nagelberg, Samuel. Kitâb aš-šagar. Ein botanisches Lexikon zum ersten Male nach einer Berliner Handschrift ediert, mit Einleitung und kritischen und erörternden Anmerkungen versehen. Diss. Phil. ⟨I⟩ Univ. Zürich. IV + 63 + II + XXXII S. 8. Kirchhain N.-L., Max Schmersow, 1909.

Nageldinger, [Eugen Emil August] Berührungspunkte der griechischen und der französischen Syntax. *(Strassburg 1899: M. DuMont-Schauberg.)* (S. 3—20.) 4°
Zabern, G. P. 1899 (554)

Nagele A. Disziplinarordnung für die n. ö. LOR. und höhere Landes-Gewerbeschule. 8. Wiener Neustadt LOR. 08
Progr.

— Prospekt der höheren Landes-Gewerbeschule in Wiener-Neustadt. 8. ibd. 06.
Progr.

Nagele A. Satzungen des Vereines zur Unterstützung mittelloser Schüler der n.-ö. L. O. R. und der höheren Gewerbeschule. 4. Wiener Neustadt L. O. R. 08.
Progr.

Nagele, Anton, Festalbum anläßlich des 600-jährigen Jubiläums der Belehnung der Habsburger mit Oesterreich. Festspiele, Gedichte und Reden. 8. (47 S.) Znaim 883, Fournier und Haberler. * 1 30

Nagele Ant.: Die Zahl „Neun." Culturhistorische Skizze. 24. Marburg R. 86.
Progr

Nagele A.: Nochmals die Reiserechnungen Wolfgers v. Ellenbrechtskirchen. Zugleich ein Beitrag zur Waltherfrage. 38. Marburg R. 88.
Progr.

Nagele Anton. Studien zu Walther von der Vogelweide. (80). Marburg R. 92.
Progr.

Nagele Ant. Der Traum in der epischen Dichtung. 15. Marburg R. 89.
Progr.

Nagele, Ant. Zahlensymbolik. Eine culturh. Skizze. Nachträge, Randglossen u. Berichtigungen zum vorjähr. Progr 38 S. – Marburg, R. Progr 1887

Nagele Ferdinand: Versuch einer Besiedlungsgeschichte des Pinzgaues und Pongaues mit besonderer Berücksichtigung des ersteren.
H. 1901 PN 1362 Diss. Wien, Univ.

Nägele, Adam & Ferdinand Nägele. Das gewerbsame Deutschland ... Heilbronn a. N. [1836]. H: *Bickes, Frdr. Adam.* (BrMm)

Nägele, Adam u. Fd., das gewerbsame Deutschland. — Darstellung der schönen Schlosser-Profession in ihrem ganzen Umfange. Herausg. vom Verfasser der Schmiede-Profession. Mit 21 Tafeln Abbildd. 8. Heilbronn 836. Claß. $1^{5}/_{8}$ ₰

Nägele, Adam u. Ferd., das gewerbsame Deutschland. — Darstell. d. schönen Schlosser-Profession in ihrem ganzen Umfange. Hrsg. v. Verf. d. Schmiede-Profession. 8. (20½ B. u. 21 Taf. Abbildn. auf 16 Bl.) Heilbronn 836, [Landherr.]

Nägele, Ant., Beitr. zu einer naturgeschichtl. Darstellung der Entzündung am thier. Körper. gr. 8. Düsseld. 804. Dänzer. 16 gr

—die Kunst, d. menschl. Leben nicht zu verkürzen. gr. 12. Düsseld. 811. Gondon. 12 gr (A. u. d. T.: Einige wohlgemeinte Worte üb. die Kunst ꝛc.)

—das Werden, d. Leben, die Gesundheit, die Krankheit u. der Tod d. menschl. Körpers, nach Brownischer Art dargest. gr. 8. Düsseld. 801. Dänzer. 8 gr

Naegele, E., moderne Menus u. Rezepte. 1. Tl.: Menus f. einfache u. feine Ansprüche. Mit Preisangaben. 2. Tl.: Menus f. Festlichkeiten. Mit Berechng. des Selbstkostenpreises u. m. Rezept-Angaben. (VIII, 232 S.) gr. 8. Hamburg (910). Verlag v. Küche u. Keller. Geb 3 50

Nägele, E., verlorene deutsche Stämme, s. Volksbibliothek, neue.

Naegele, E., Kastell Waldmössingen. [Aus: „Der obergerm.-raet. Limes des Römerreiches".] gr. 4. (9 S. m. 4 Taf. u. 1 Karte.) Heidelberg 897. O. Petters. n. 2, 20

Nägele, Erwin, eine Orientfahrt. Reiseskizzen u. Erinnergn. v. der Mittelmeerfahrt des Dampfers „Kaiserin Maria Theresia" im März 1904. (IV, 114 S. m. Abbildgn.) Lex.-8. Stuttgart (905). E. Schweizerbart. Kart. Nicht im Handel.

Verlags-Verzeichnis. E. Schweizerbart'sche Verlagsbuchhandlung ⟨E. Nägele⟩. 1826–1908. (Verf.. Erwin **Nägele**.) Stuttgart 1908: (C. Grüninger). (188 S.) 8° [08. 4038 2

(Nägele, Eugen, [und] Landenberger, A) Schwäbische Alb (Von E' N'). Urach (Von A. L'). Mit 22 Bildern (*Umschlag* Illustrationen) und einer Karte. (Europäische Wanderbilder № 229 230. 231.) 8. Zürich ([18]94).
Durch Schwaben. Bändchen 5

Nägele, Eugen: Schwäb. Alb, s.a. Wanderbilder, Europ. Nr. 229.

Nägele, Eug., s.a. Alb, die schwäbische.

Nägele, E., Albwanderungen. Erweiterte Ausg. d. 3. Hfts. v.: Tübingen u. seine Umgebg., geschildert f. Fremde u. Einheimische. 2., vollständig umgearb. Aufl. 8. (VIII, 302 S. m. Illustr. u. Karten) Tübingen 890. Fues. cart. n. 3. —

[F.] **Nägele,** Eugen [Prof.]. Beiträge zu Uhland. Uhlands Jugenddichtung. Tübingen, Buchdr. v. W. Armbruster & O. Riecker, 1893; 1 Bl., 1 -48 S. 4.
Tübingen, k G, P 1893 (592)

Nägele, Eug., Beiträge zu Uhland (Jugenddichtung) Progr. gr. 4. (48 S.) Tübingen 893. (F. Fues.) n. 2. —

Nägele, Eugen, Geschichte der Tübinger Liedertafel. Eine Festgabe zur Feier ihres fünfjährigen Bestehens, der Liedertafel gewidmet. gr. 8. (94 S.) Tübingen 879. Fues. n.n. 1 —

Nägele, Eug., aus Schubarts Leben und Wirken. Mit einem Anhang: Schubarts Erstlingswerke und Schuldiktate. gr. 8. (XII, 448 S. mit 4 Taf.) Stuttgart 888, Kohlhammer. * 5 —

Nägele, Eugen Reutlingen – Tübingen – Hohenzollern. Mit 12 Bildern und einer Karte (Europäische Wanderbilder. № 223) 8 Zürich ([18]94).
Durch Schwaben. Bändchen 4

— Reutlingen-Tübingen-Hohenzollern. (Durch Schwaben IV), } s.a. Wanderbilder, europäische.

Nägele F. Bericht üb. d. Klein-Eisenfabrikation i. d. Bezirken Remscheid, Solingen etc. Stuttgart

Nägele F. Katechismus der Schlosserkunst. Stuttgart 1841

Nägele, Franz Carl (Hrsg.):

s.: Annalen, Heidelberger klinische. Bd 1-9, Suppl. 4. Heidelberg: 1825-1833

Nägele, Franz Carl, medicinische Annalen, s. Annalen.

—— das schräg verengte Becken, nebst e. Anh. üb. d. wichtigsten Fehler d. weibl. Beckens überhaupt. Roy.-4. (15¾ B. u. 16 Taf.) Mainz 839, v. Zabern. •
Prachtausg. •

Naegele, Frz. Carl, das schräg verengte Becken nebst einem Anhang über die wichtigsten Fehler des weiblichen Beckens überhaupt. Mit 16 (lith.) Taf. 2. unveränd. (Titel-) Ausg. Imp. 4. (VIII u. 118 S.) Mainz (839) 850, v. Zabern. n. 3 ₰

Naegele, Franz Karl: Das weibliche Becken, betrachtet in Beziehung auf seine Stellung und die Richtung seiner Höhle, nebst Beyträgen zur Geschichte der Lehre von den Beckenaxen. 126 S., gbd., 3 Taf.

Carlsruhe: Müller 1825

Naegelé. Frz. Carl. ein Briefwechsel, s.: Stoltz, Jos. Alexis.

Franciscus Carolus Naegele: Casus rarissimus partus, qui propter exostosin in pelvi absolvi non potuit, praemissis nonnullis de partu difficili ob malam pelvis formam in universum et sigillatim ob exostosin. [Resp.:] Eli de Haber. Heidelbergae 1830: Osswald. 32 S. 4°

Heidelberg, Med. Diss. v. 1830

Nägele, Frz. Karl, de Cephalaematomate seu sanguineo cranii tumore recens natorum. 8maj. Heidelb. 82.. (Osswald). 12 gr

—Erfahrr. u. Abhandll, aus dem Gebiete d. Krankheiten des weibl. Geschlechts, nebst Grundzügen einer Methodenlehre d. Geburtshülfe. Mit 4 Kpf. gr. 8. Manh. 812. Löffler.. 2 ₰ 12 gr

—— Katechismus d. Hebammenkunst, s.a. Dess. Lehrbuch d. Geburtshülfe.

Nägele, Frz. Karl, Katechismus d. Hebammenkunst, als Anh. zur 2. Aufl. sein. Lehrbuches d. Geburtshülfe f. Hebammen; f. Lehrer u. Lernende. gr. 8. (8¼ B.) Heidelberg 834, Mohr.

Naegele, Franz Karl: Katechismus der Hebammenkunst, als Anhang zum Lehrbuche der Geburtshülfe für Hebammen...für Lehrende und Lernende. 4.Aufl. 127 S., gbd.

Heidelberg: Mohr 1839
(Naegele, F.K.: Lehrbuch der Geburtshülfe für Hebammen. 4.Aufl. Anhang)

Naegele, Franz Karl: Katechismus der Hebammenkunst, als Anhang zu dem Lehrbuche der Geburtshülfe für Hebammen...für Lehrende und Lernende. 6.Aufl. 127 S., gbd.

Heidelberg: Mohr 1844
(Naegele, F.K.: Lehrbuch der Geburtshülfe für Hebammen. 6.Aufl. Anhang)

— Lehrbuch d. Geburtshülfe f. Hebammen. gr. 8. Heidelb. 830. Mohr. 1 ℛ 18 gℊ Weiß Pap. 2 ℛ

— Lehrbuch der Geburtshülfe für Hebammen. 2e verm. u. verb. Aufl. Mit 1 Kpfr. gr. 8. Heidelberg 833. Mohr. 2 ℛ — 3e verm. u. verb. Aufl. Mit 1 Kpfr. gr. 8. Ebd. 836. 2⅔ ℛ — 4e verm. u. verb. Aufl. Mit 1 Kpfr. u. dem Anhange: Katechismus der Hebammenkunst. 4e Aufl. gr. 8. Ebd. 839. 2⅔ ℛ — Der Katechismus apart ⅔ ℛ

Naegele, Franz Karl: Lehrbuch der Geburtshülfe für Hebammen. 4.verm.und verbess.Aufl. 406 S., gbd., 1 Taf.

Heidelberg: Mohr 1839
Anhang: Naegele, F.K.: Katechismus der Hebammenkunst. 4.Aufl. 1839

Nägele, Frz. Karl, Lehrbuch der Geburtshülfe f. Hebammen. Mit dem Anhange: Katechismus der Hebammenkunst für Lehrende u. Lernende. 5. verm. u. verb. Aufl. Mit 1 Kpfr. gr. 8. Heidelberg 842, Mohr. 2⅔ ℛ —

Naegele, Franz Karl: Lehrbuch der Geburtshülfe für Hebammen. 6.verm.und verbess.Aufl. 407 S., gbd., 1 Taf.

Heidelberg: Mohr 1844
Anhang: Naegele, F.K.: Katechismus der Hebammenkunst. 6.Aufl. 1844

Naegele, Frz. Carl, Lehrbuch der Geburtshülfe für Hebammen. 7. verm. u. verb. Aufl. Mit 1 Kpfr. u. Holzschnitten. gr. 8. (XVI u. 411 S.) Nebst d. Anhange: Katechismus der Hebammenkunst. 7. Aufl. gr. 8. (IV u. 123 S.) Heidelberg 847, J. C. B. Mohr. — 8. Aufl. gr. 8. (XVI u. 411 S. Katech. IV u. 124 S.) Ebd. 852. 2⅔ ℛ Der Katechismus apart ⅔ ℛ

—— Lehrbuch der Geburtshülfe für Hebammen. 8., verm. und verb. Aufl. gr. 8. (XVI und 411 S. mit 1 Kpfr. und eingedr. Holzschn.) Mit Anhang: Katechismus der Hebammenkunst. 8. Aufl. gr. 8. (IV und 124 S.) Heidelberg 850, J. C. B. Mohr.

Nägele, Frz. Karl, Lehrbuch der Geburtshülfe für Hebammen. Mit 1 Kpfr. u. in den Text eingedr. Holzschn. 9. Aufl. 854. (XVI, 406 S. u. Anh. 119 S.) 2 ℛ 20 ngr — 10. Aufl. Heidelberg 858. Mohr. gr. 8. (XVI, 410 S. und: Katechismus der Hebammenkunst. 124 S.) n. 2 ℛ

Nägele, Frz. Karl, Lehrbuch der Geburtshülfe für Hebammen. Mit 1 Kpfr. u. in den Text gedr. Holzschn. 11. Aufl. Heidelberg 861. J. C. B. Mohr. gr. 8. (XVI, 410 S. u.: Katechismus der Hebammenkunst, als Anhang, für Lehrer u. Lernende IV, 124 S.) n. 2 ℛ

Nägele, Frz. Karl, Lehrbuch der Geburtshülfe für Hebammen. 12. Aufl. Heidelberg 866. J. C. B. Mohr. gr. 8. (XVI, 410 S. mit 1 Kpfr. u. in den Text eingedr. Holzschn.) n. 2 ℛ

— — 13. Aufl. Mit 1 Kpfr. u. in den Text eingedr. Holzschn. u. Katechismus der Hebammenkunst als Anhang. Ebend. 868. gr. 8. (XVI, 410 u. Anh. IV, 124 S.) n. 2 ℛ

Nägele, Fr. K., Lehrbuch der Geburtshilfe f. Hebammen, neue Bearbeitg., s.: Fehling, H.

— über d. Mechanismus d. Geburt. gr. 8. Heidelberg 822. Groos. 12 gℊ

—— zur Methodologie der Geburtshülfe. 1. Lfg.: Grundzüge der allgem. Pathologie und Therapie der Geburt Als Manuscr. für seine Zuhörer dem Druck übergeben. 1 Lfg. gr 8. (56 S.) Heidelberg 847, J. C. B Mohr –

— üb. d. Frau la Chapelle Pratique des Accouchemens etc. (Aus d. 5n Aufl. d. Heidelb. Jahrb. d. Litt. abgedr.) gr. 8. Heidelb. 823. Oßwald. 8 gℊ

Nägele, Franz Karl, s. Puchelt, B. R Commentatio.

— Schilderung d. Kindbettfiebers, welches v. Juni 1811 bis z. April 1812 in d. Entbindungsanstalt zu Heidelberg geherrscht hat. gr. 8. Heidelb. 812. Mohr. 8 gℊ

Naegele, Franz Karl (Hrsg.):

s.: Wigand, Justus Heinrich: Die Geburt des Menschen. Bd 1 - 2. Berlin: 1820

Nägele, Frz. Karl, Ueber den Zweck, Nutzen und die Einrichtung der Armenanstalten. 8°. Barmen 1807.

Nägele, Franz Xaver

Nägele, Frz. Xav., fromme Betrachtungen e. Christen, d. in Gott selig sterben will; od.: Hilfsmittel, sich e. guten Tod zu verschaffen. Gewid. allen Christen, denen ihr Seelenheil am Herzen liegt. 8. (19 B. u. Titlkpfr.) Donauwörth 836. (Regensburg, Manz.)

Nägele, Frz. Xav., fromme Betrachtungen eines Christen, der in Gott selig sterben will, od. Hülfsmittel sich einen guten Tod zu verschaffen. Gewidmet allen Christen denen ihr Seelenheil am Herzen liegt. 2. Aufl. m. 1 Titelk. gr. 8. Donauwörth 840, Veith'sche Buchh. 18 ngl

Nägele, X., der sterb. Christ. Od.: Christl. Anweis., dem Kranken u. Sterbenden beizustehen. Zusammengetr. aus verschied. Stellen d. heil. Schrift, d. heil. Väter u. a. christl. Erbauungsbüchern. gr. 12. (5 B. u. Titlkpfr.) Augsburg 835, Kollmann'sche Buchh.

— die Festtage in der kathol. Kirche. Nach ihrer Rangordnung u. Reihenfolge. Ein Gebet-, Belehrungs- u. Erbauungs-Buch für alle Christen, insbesond. für die reifere Jugend. Mit Morgen-, Abend-, Meß-, Vesper-, Beicht-, Kommunion- und verschied. andern Gebeten. Mit (3) Stahlst. gr. 12. Neuburg a. d. D. 839. Prechtar. ½ ℛ — Mit 5 Stahlst. ⅔ ℛ — Mit 1 Stahlst. ⅓ ℛ

Nägele, Frz. Xav., Jesus Christus, der Erlöser d. Menschengeschlechtes. Oder: Das Leben Jesu Christi von seiner zeitlichen Geburt bis z. seiner Himmelfahrt. Nebst e. kurzen Geschichte v. der Ausbreitung d. christl. Religion. — Mit Morgen-, Abend-, Meß-, Vesper-, Beicht-, Communion- u. a. Gebeten. Eine Belehrungs-, Betrachtungs- u. Erbauungsschrift f. alle Christen. (Mit 1 Stahlst.) gr. 12. Ebend. 841. 2/3 ℛ

— die heilige Charwoche; oder christliche Anleitung, diese heilige Zeit mit Gebeth, Betrachtung, Kirchenbesuch u. Erwägung der heil. Kirchen-Zeremonien gottselig zuzubringen. Ein Gebet(-) und Erbauungsbuch für alle kathol. Christen. Bearb. nach dem röm. Meßbuche, nach dem Brevier u. nach a. liturg. Werken. (Mit 1 Stahlstich.) gr. 12. Neuburg a. d. D. 841, Prechter. 1/2 ℛ

—— das betende Kind. Oder: Gebet-Büchlein f. d. kathol. Schuljugend. Mit Morgen-, Abend-, Meß-, Vesper-, Beicht-, Kommunion- u. verschied. andern Gebeten, Litaneien u. Kreuzweg-Andacht. 12. (6 B. u. 1 Stahlst.) Neuburg a. D. 842, Prechter.

Nägele, Frz. Xav., das betende Kind. Oder Gebet-Büchlein f. die kathol. Schuljugend. 2. verm. Aufl. 12. (180 S. m. 1 Stahlst.) Neuburg 847, Prechter. 4 1/2 ngr

—— das Opfer auf Golgatha. Od.: Erklär. d. Gebete u. Gebräuche bei d. heil. Meßopfer, sammt d. vorzügl. Segnungen d. Kirche. 12. (6 B.) Neuburg a. d. D. 838, Prechter.

— der Priester am Krankenbette. Oder: christliche Anleitung, geistlicher Weise Kranke zu pflegen, und Sterbenden beizustehen. Gesammelt aus der heiligen Schrift, aus d. heiligen Vätern rc. 8. Oettingen 839. (München, Jaquet.) 7 1/2 Sgr

—— der Priester am Krankenbette. Od.: christl. Anleit., geistl. Weise Kranke zu pflegen, u. Sterbenden beizustehen. Gesamm. aus d. heil. Schrift, aus d. heil. Vätern, sowie aus eigenen Betrachtn. u. Erfahrn. 8. (7 1/2 B.) Oettingen 839. (Nördlingen, Beck'sche Buchh.)

Nägele Hans Über substituierte Rhodanine und einige ihrer Aldehydkondensationsprodukte 12. Mitteilung. S 121 II b. 305 vgr
Separatabdruck

Nägele, Hans, Streifzüge durch Vorarlberg, s.: Steub, Ludw.

Naegele, Hermann Franz: Die geburtshülfliche Auskultation. 140 S., gbd.

Mainz: v.Zabern 1838

—— Commentatio de causa quadam prolapsus funiculi umbilicalis in partu, non rara illa quidem, sed minus nota 4maj. (3 3/4 B.) Heidelbergae 839, C. Winter. *

Naegele, Hermann Franz: Lehrbuch der Geburtshülfe. Th.1: Physiologie und Diätetik der Geburt; Th.2: Pathologie und Therapeutik der Geburt; gbd.

Mainz: v.Zabern 1843 - 1845

Nägele, Herm. Franz, Lehrbuch der Geburtshülfe. I. Thl.: Physiologie und Diätetik der Geburt. 2. Aufl. 1847. und 3., verb. Aufl. gr. 8. (VIII und 328 S.) Mainz 850, v. Zabern.

—— dass. — II. Thl.: Pathologie und Therapeutik der Geburt. 1. Abthl. 2. Aufl. 1848. und 3. Aufl. gr. 8. (208 S.) Ebds. 850.

—— dass. — II. Thl.: Pathologie und Therapeutik der Geburt. 2. Abthl. 1. Abschn. gr. 8. (S. 209—368.) Ebds. 849.

Naegele, Herm. Frz., Lehrbuch der Geburtshülfe. 4. verm. etc. Aufl. 2. Thl.: Pathologie und Therapeutik der Geburt. Von §. 692 an fortges. von Wold Ludw. Grenser. II. Abth. 2. Abschnitt. (Schluss.) Mit 22 Holzschn. (im Text.) Mainz 854. v. Zabern. gr. 8. (VIII, XVI, S. 369—736.) 1. u. 2. Thl. n. 3 ℛ 15 ngr

Naegele's, Herm. Fr., Lehrbuch der Geburtshülfe. 5. verm. u. bis auf die neueste Zeit fortgeführte Aufl., besorgt von Wold. Ludw. Grenser. Mit in den Text gedr. Holzschn. Mainz 862. v. Zabern. gr. 8. (1. Hälfte: S. 1—400.) n. 3 ℛ

Naegele's, Herm. Fr., Lehrbuch der Geburtshülfe. 6. Aufl. 867 u. 7. Aufl., den Fortschritten der Wissenschaft entsprechend bearb. u. verm. von Wold. Ludw. Grenser. Mainz 869. v. Zabern. gr. 8. (XXI, 858 S. mit 31 eingedr. Holzschn.) n. 3 ℛ 15 ngr

Naegele's, Herm. Fr., Lehrbuch der Geburtshülfe. 8. Aufl. den Fortschritten der Wissenschaft entsprech. bearb. u. verm. v. Woldem. Ludw. Grenser 2 Thle. gr. 8. Mainz 871. v. Zabern. n. 10. 50
1 Physiologie u. Diätetik der Geburt. (S. 1—288.)
2. Pathologie u. Therapeutik der Geburt. (XVI u. S. 289—812)

Naegele, Hermann Franz: Die Lehre vom Mechanismus der Geburt nebst Beiträgen zur Geschichte derselben. 243 S., gbd.

Mainz: v.Zabern 1838

Nägelé, Max., Studien über altitalisches und römisches Staats- und Rechtsleben als Vorschule der römischen Staats- und Rechtsgeschichte. gr. 8. (VIII und 536 S.) Schaffhausen 849, Hurter'sche Buchh. *

Naegele O, Stuttgart. Illustrierter Katalog von Wagen und Schlitten. Stuttgart

Naegelé, Ortwin, Diätetik der Schwangerschaft. Die wichtigsten Lebensregeln für schwangere Frauen. 16. (VII und 73 S.) Düsseldorf 853, Kaulen. *

Naegelé, Ortwin (Essen), Historia partus, post matris mortem ope forcipis absolut. Diss. med.-obstetr. Berlin (Nietack) 10. III. 1838. 30 S. u. Biogr. (M.: Th. Devens.) (3.—) 24507
Oppon.: G. Davidis, F. Puller, Chr. Willich. — Gew.: Franz Carl Naegelé (Vater), Anton Devens.

NÄGELE, Otto (Streubing): Ueber Dysenterie mit Rücksicht auf das Auftreten während des jüngsten Krieges.- München: Weiss 1871. 16 S.
26.7.1870 - Urk (Titel: De dysenteria.); F 72; Chr 1870/71,14
Diss. Ingolst.-Landsh.-Mchn.

Naegele, Otto, a. Landshut: Wasserversorgung in Bayern. München: J. Schweitzer 1907. (XI, 103 S.) 8° [F.]
Würzburg, Jur. Fak., Ref. Piloty, Diss. v. 30. Nov. 1907
[Geb. 29. April 79 Landshut; Wohnort: Landshut; Staatsangeh.: Bayern; Vorbildung: Gymn. Metten Reife Juli 99; Studium: Berlin 1, München 6, Würzburg 2 S.; Rig. 23. Juli 07.]

Naegele, Otto, die Wasserversorgung in Bayern. Eine Darstellg. sämtl. einschläg. volkswirtschaftl., zivilrechtl., Verwaltungs- u. verwaltungsrechtl., sowie finanziellen Fragen der Wasserversorgg. von dem Ursprunge des Wassers bis zu seinem Verbrauche, unter Zugrundelegg. des neuen bayer. Wassergesetzes. (VIII, 103 S.) gr. 8. München 908. J. Schweitzer Verl. 2. 80

Naegele, Otto, approb. Arzt aus Vilsbiburg, Bayern Aus d. pathol. Institute zu Kiel. Ueber Zungensarkom mit besonderer Berücksichtigung des Kindesalters. *Kiel 1900: P. Peters.* (33 S.) 8°
Kiel, Med. Diss. v. [22. Jan.] 1900

Der sogenannte Hauptzoll. [Von W. Nägele.] [Stuttgart 1866.] 16 S. 8° [Kopftit.]

Hauschronik des Gebäudes, in welchem sich die Frmrloge zu den drei Cedern im J. 1780 befand. 430.

Nägelein, G. V de diptychis ecclesiasticis. Altorf. 1742. 4.

Nägelen, Ant., Handbüchlein der Erzbruderschaft des göttlichen Herzens Jesu. Zugleich ein nützliches Gebet- und Belehrungs-Büchlein für Jedermann. 16. (X und 160 S. mit 1 Stahlst.) Lindau 856, Stettner. *

Nagelen, Ant., Handbüchlein der Erzbruderschaft des göttlichen Herzens Jesu. Zugleich ein nützliches Gebet- und Belehrungs-Büchlein für Jedermann. Neueste Ausg. 16. (X, 160 S. mit 1 Stahlst.) Lindau 879, Stettner.

Nägelen, Ant., Liebe zu Jesus! Lehr- u. Gebetbüchlein für Jedermann, namentlich für Mitglieder der Erzbruderschaft des göttlichen Herzens Jesu. 2. Aufl. Mit 1 Stahlst. Lindau 862. Stettner. 16. (X, 160 S.) 4 *ngr.*

Nägeli, Albert. Johann Martin Usteri. ⟨1763—1827.⟩ ([Mit bibliographischer] Einleitung.) 8.

Ausg. A: Diss. Phil. I. Univ. Zürich. VIII + XL + 284 S. Zürich, Druck Zürcher & Furrer, 1906.

Ausg. B: VIII + XL + 283 S. Zürich, Verlag Füsi & Beer, 1907 [fr. 4. —]

Naegeli, Alfred Das germanische Selbstpfändungsrecht in seiner historischen Entwicklung mit besonderer Rücksicht auf die Schweiz. [Abgeänderte u. erweiterte gekrönte Preisschrift] Zürich. Zürcher u. Furrer Dr. [Schulthess Verl.] 1876 XI, 114 S., 1 Bl. Thesen 8°
Zürich, Jur Diss. v. 5. Aug. 1876.

Naegeli, August [aus Wegeleben, app. Arzt]: Kommt bei der Laënnec'schen Lebercirrhose anfangs eine Vergrösserung der Leber vor? ... Leipzig, G. Thieme, 1893; 19 S. 8.
Tübingen, Med. Fak., Inaug.-Diss. v. 1893

Naegeli, Eduard. Gedichte. ⟨1871—1900.⟩ 70 S. 8. St. Gallen, Zollikofer & Cie., 1908. [fr. 2. —]

Nägeli, Ernst, von Enge (Kt. Zürich)' Beiträge zur Kenntniss der Hydroxylaminreaction. Zür Zürcher u. Furrer Dr. 1883. 35 S. 8°
Zürich, Phil. Diss. [v 6. Febr 1884].

Naegeli, Hans, zur Aetiologie u. Therapie der Angina lacunaris. Diss. gr. 8. (18 S.) Basel 891. (Bern, H. Körber.) n. — 40

Nägeli, Hans s. Ritter, Adolf, und Nägeli, Hans.

Nägeli, Hans Georg

— Biographie, s. Neujahrsstück 268.

Nägeli, Hans Georg. Anleitung zum Gebrauch des Schulgesangbuchs. Zürich 1833.

Nägeli, H. G., Auszug d. Gesangbildungslehre mit neuem Singstoff, mit Beilagen. Leipz. Benj. Fleischer. 811.
Beilage A enthält 15 vierstimmige Schullieder.
Beil. B enth. das Vaterunser v. Wessenberg.

Nägeli, Hans Geo., Auszug aus der Gesangbildungslehre &c. Leipzig 811. ist Verlag von Hoffmeister.

Nägeli, H. G. Darstellung der Pestalozzischen Gesangbilbildungslehre. 8. Zürich, Nägeli. (Benj. Fleischer in Lpz.) 810.

— Erklärung an J. Hottinger als literar. Ankläger d. Freunde Pestalozzi's. 8. Zürich 811. Nägeli. 10 Gr.

— Erklärung an Hrn. Joh. Hottinger, als literar. Ankläger der Freunde Pestalozzi's. 8. Zürich. (Ebend. in Comm.) 814.

— Gesangbildungslehre nach Pestalozzischen Grundsätzen pädagogisch begründet von Michael Traugott Pfeiffer, methodisch bearbeitet von- Zürich 1810.

— u. Pfeifer, Gesangbildungslehre nach Pestalozzischen Grundsätzen. 1r Thl. gr. 4. Zürich 810. (Fr. Fleischer in Lpz.) 5 Thlr. 12 Gr. 2r Thl. Gesanglehre f. Männer. gr. 4. Ebd. 817. 3 Thlr. 3r Thl. Chorgesangschule. gr. 4. Ebd. 822. 4 Thlr. 12 Gr.
Dass. s. a.: Pfeiffer, Mich. Tr.

— Gesangbildungslehre, erste Hauptabtheilung, mit Beilagen. 8. Ebend. 811.
Beilage A enthält 30 einstimmige Singstücke
Beil. B enth. 30 zweistimm. Gesänge.
Beil. C enth. 30 dreistimm. Gesänge.

Nägeli, H. G., u. Pfeifer, Gesangbildungslehre. 2te Hauptabtheil. enthält die Bildung z. Ausführung d. einstimmigen Gesangs, nebst einer Stufenfolge von Chören. 8. Ebend. 812.

— — Gesangbildungslehre. 2te Haupt-Abtheil. Chorgesangschule. gr. 4. Ebend. (Ebend.) 820.

— die Pestalozzische Gesangbildungslehre nach Pfeifers Erfindung kunstwissenschaftl. dargestellt. 8. Zürich 810. Nägeli. (Fr. Fleischer in Leipz.) 12 Gr.

Nägeli, Hans Geo., das Gesangbildungswesen in der Schweiz Mit 4 musikal. Beilagen (22 S. in Fol.), wovon 3 (fünf-sechs- und siebenstimmige) Chöre enthaltend. gr. 8. (41 S. Zürich 858. (Leipzig, Fr. Fleischer.)

— Gesänge deutscher Frauen. 1s Heft. Zürich 811. Nägeli. 22 Gr.

— Clavierauszug der einstimmigen Gesänge. Ebendas. 811.

— — derselbe; der zweistimmigen Gesänge.
Auch unter dem Titel:
Lieder f. die Jugend. Ebend. 811.

— — derselbe; der dreistimmigen Gesänge.
Unter dem Titel:
Geistliche Gesänge. Ebend. 811.

Nägeli, Hans Geo., Laienworte üb. Dr. Strauß Leben Jesu, u. Ansichten geg. dess. Berufung an d. Universität Zürich. 2. Aufl. gr. 8. ($2\frac{1}{2}$ B.) Zürich 839, Orell, Füßli u. Comp.

— s. Laienworte über Dr. Strauß Leben Jesu.

— Lieder f. die Jugend mit obligater Klavierbegleitung u. einer instructiven Vorrede für d. individuellen Gesanglehrer u. die Accompagnatur. 2 Hefte. Zürich 812. Nägeli. 21 Gr.

— Liederkranz auf d. Jahr 1816, 17, 18. 4. Zürich, Nägeli. (à 1 Thlr.) 3 Thlr.

Nägeli, (H. G.,) Liederkränze. 12. Zürich 825, (Leipzig, Fr. Fleischer.)

Nägeli, H. G., 15 vierstimmige Männerchöre, als 2r Hft. der Gesangbildungslehre für den Männerchor. gr. 4. Zürich. (Leipzig, Fr. Fleischer in Comm.) 1/4 Thlr.

Nägeli, (Dr.) Hans Geo., das Recht aus dem Standpunkte der Kultur, besprochen in zwei Redevorträgen. Bevorwortet und herausg von Heinr. Escher. gr. 8. Zürich 836. Orell, Füßli u. Comp. 5 gl

Nägeli, Hans Geo., pädagog. Rede, veranlaßt durch d. Schweizerische gemeinnütz. Gesellschaft, enth. e. Charakteristik Pestalozzi's u. d. Pestalozzianismus, d. Anti- u. d. Pseudo-Pestalozzianismus, d. Erziehungslehre d. Frau Niederer-Kasthofer, u. ihrer Töchter-Erziehungsanstalt in Yverdun. gr. 8. (3¼ B.) Zürich 830, Orell, Füßli u. Comp.

— Schullieder. Auch unt. d. Titel: Geistliche Gesänge. 2s Hft. Ebend. 811.

Nägeli, Hans Georg, siehe: *Taschenbuch, Zürcher.*

— Teutonia. Rundgesänge u. Liederchöre. Doppel-Ausgabe im Klavierauszug u. Stimmenblätter. 1s—12s Hft. Zürich 812. (Leipz., Fr. Fleischer. (jedes Heft 16 gl) 8 ₰

—— Umriß d. Erziehungsaufgabe f. d. gesammte Volksschul-, Indüstrie-, Schul- u. Gymnasial-Wesen. 8. (10½ B.) Zürich 832. Verf. (Leipzig, Fr. Fleischer.)

— Vorlesungen üb. Musik, mit Berücksichtigung d. Dilettanten. gr. 8. Stuttg. 826. v. Cotta. 1 ₰ 16 gl

Naegeli, H[ans] W[ilhelm]. Ueber den operativen Ersatz des gelähmten Quadriceps femoris, insbesondere durch Ueberpflanzung des Tractus iliotibialis. Diss. Med. Univ Zürich. [Illustriert. SA. aus Zeitschrift für orthopädische Chirurgie, Band 21.] IV + 46 S. 8. Stuttgart, Union Deutsche Verlagsgesellschaft, 1908.
Mitteilung aus dem orthopädischen Institut von Dr A[ugust] Lüning und Dr. W[ilhelm] Schulthess... in Zürich.

Nägeli, Heinrich. von Enge [Kt. Zürich]. Beiträge zur Entwicklungsgeschichte der Räderthiere. Zür. E. Kiesling Dr 1852. 31 S., 2 Taf 8°
Zürich, Med. Diss. [v 9. März 1852].

Naegeli, Heinrich. Assistenzarzt am Kantonsspital in Glarus [von Enge Kt. Zürich]. Ueber die Beziehungen der Lues zur Tabes dorsalis. Glarus V Schmid Dr 1887 42 S., 1 Bl. 8°
Zürich, Med. Diss. [v 10. März 1887].

Nägeli, Heinrich s. a. Birrer, Jacob. Erinnerungen ... Hamburg 1847 – Sonderbare Erinnerungen .. – Souvenirs curieux ... Zurich 1843.

Nägeli, H., Erinnerungen, merkwürdige Lebensfahrten u. besondere Ansichten des Jakob Birrer, aus d. Kant. Luzern, der in seinem 4. Lebensjahre an den Kinderblattern gänzlich blind geworden. Nach des blinden Mannes eigenen Angaben getreu dargestellt u. m. einigen erbaul. Betrachtungen u. Liedern von ihm selbst erweitert. 3., verm. u. verb. Aufl. 12. (8½ B. u. Ttlbild.) Carlsruhe 845. (Leipzig, Klinkhardt.) **

Nägeli, Horst, über den Verfall des dramatischen Gesangs in Deutschland und Friedrich Schmitt. Ein offenes Wort an die Vorstände von Bühnen, Conservatorien u. Gesangs-Instituten, an Sänger u. Sängerinnen. Leipzig 864. Matthes. 8. (56 S.) n. 10 ngr

Nägeli, J., Anleitung zur körperlichen und geistigen Erziehung der Kinder für Eltern und Erzieher. 1. Aufl. (VIII und 135 S.) 1849. 9 Ngr. und 2., verm. und verb. Aufl. 8. (XII und 200 S.) Zürich 850, Beyel.

Nägeli, J., Anleitung zur körperlichen und geistigen Erziehung der Kinder für Eltern und Erzieher. 2., sehr verm. u. verb. Aufl. Neue Ausg. Bern 864. Heuberger. 8. (XII, 200 S.) 12 ngr

N(ägeli), J. Der nächtliche Schiffbruch auf dem Bodensee am 11. März 1861 (2., vermehrte Aufl. [Mit 1 Melodie.]) – Das grosse Brandunglück in Glarus am 10. Mai 1861. Zwei Gedichte von J. N. in Sp(eicher). 8 (St Gallen und Rorschach) *o. J.* [ca. 1861].

Nägeli, Johann Jakob

— Entwurf zu einer neuen helvet. Constitution. 8. Zürich 800.

Nägeli, Jh. Jak., Unterricht v. Pflanzung u. Nutzung d. Erdäpfel. 8. Zürich 771.

Nägeli, Carl, die neuern Algensysteme und Versuch zur Begründung eines eigenen Systems der Algen und Florideen. gr. 4. (275 S. und 10 Stnt.) Zürich 847, Schulthess. *

— über den innern Bau der Pflanzen, siehe: Frey, H., die Hartgebilde der niedersten Thiere.

Nägeli, Carl, Beiträge zur wissenschaftlichen Botanik. 1. Heft. Das Wachsthum des Stammes und der Wurzel bei den Gefässpflanzen und die Anordnung der Gefässstränge im Stengel. Mit 19 lith. Taf. Leipzig 858. Engelmann. Lex.-8. (VI, 156 S.) n. 2 ₰. 20 ngr

Nägeli, Carl, Beiträge zur wissenschaftlichen Botanik. 2. u. 3. Heft. Leipzig 860, 63. Engelmann. Lex.-8. n. 6 ₰ 10 ngr
2. Heft: Die Bewegung im Pflanzenreiche. Rechts und Links. Ortsbewegungen der Pflanzenzellen und ihrer Theile [Strömungen]. Untersuchungen über den Flechtenthallus von S. Schwendener. Ueber das angebliche Vorkommen von gelöster oder formloser Stärke bei Ornithogalum. Mit 8 lith. Taf. (IV, 192 S.) n. 2 ₰ 20 ngr
3. Heft: Die Anwendung des Polarisationsmicroscops auf die Untersuchung der organischen Elementartheile. Untersuchungen über den Flechtenthallus von S. Schwendener. II. Laub- u. Gallertflechten. Mit 11 lith. Taf. (IV, 198 S.) n. 3 ₰ 20 ngr

Nägeli, Carl, Beiträge zur wissenschaftlichen Botanik. 4. Heft. Dickenwachsthum des Stengels u. Anordnung der Gefässstränge bei den Sapindaceen. — Entstehung u. Wachsthum der Wurzeln von C. Nägeli u. H. Leitgeb. — Untersuchungen über den Flechtenthallus von S. Schwendener. II. Laub- u. Gallert-Flechten. Leipzig 868. Engelmann. Lex.-8. (IV, 202 S. mit 23 Steintaff., wovon 2 chromolith., in 8. u. qu. 4.) n. 4 ₰ 20 ngr

—— die Bewegung im Pflanzenreiche. Ein populärer Vortrag vor einem gemischten Publikum. Lex.-8. (52 S.) Leipzig 860, Engelmann.
Aus des Verf.: Beiträgen zur wissenschaftlichen Botanik, besonders abgedruckt.

Nägeli, Carl [Wilhelm]. Doctor philos. [von Kirchberg, Kt. Zürich] Die Cirsien der Schweiz. Aus dem fünften Bande der Neuen Denkschriften der allgemeinen schweizerischen Gesellschaft für die gesammten Naturwissenschaften [N 3] besonders abgedruckt. Neuchatel O. Petitpierre Dr. 1840. VIII, 166 S., Taf. I, Ia, II—VIII. 1 Bl. 4°
[Zürich, Phil. Diss. v 8. Mai 1840].

Nägeli, Carl [Wilhelm von]. Die Cirsien der Schweiz. [Mit 7 Tafeln.] (Neue Denkschr. Schweizer Ges. für Naturwiss. Band 5.) 4. (Neuchâtel 1841.)

Nägeli, Carl, Entstehung u. Begriff der naturhistorischen Art. Rede in der öffentlichen Sitzung der k. Akademie der Wissenschaften am 18. März 1865 zur Feier ihres 106. Stiftungstages gehalten. 1. u. 2. Aufl. München 865. (Franz'sche Buchh.) gr. 4. (53 S.)
n. 20 ngr

Nägeli, Karl, zur Entwickelungsgeschichte des Pollens bei den Phanerogamen. gr. 8. (Mit 3 Steintafeln.) Zürich 842, Orell, Füßli u. Comp. 5/12 ₰

Nägeli, Carl v., üb. oligodynamische Erscheinungen in lebenden Zellen, m. e. Vorwort v. S. Schwendener u. e. Nachtrag v. C. Cramer. [Aus: „Denkschr. d. schweiz. naturforsch Gesellsch."] gr. 4. (52 S.) Basel 893. (Georg & Co.) n.n. 2 80

—— Gattungen einzelliger Algen physiologisch und systemat. bearb. gr. 8. (VIII und 139 S. mit 8 Stnt.) Zürich 849, Schulthess. halb ill. * ganz ill. *

— u. A. Peter, die Hieracien Mittel-Europas. Monographische Bearbeitg. der Piloselloiden mit besond. Berücksicht. der mitteleurop. Sippen. Lex.-8. (IX, 931 S.) Ebend. 885. n. 21. —; Einbd. n.n. 3. —

— — dasselbe. 2. Bd. Monographische Bearbeitg. der Archieracien m. besond. Berücksicht. der mitteleuropäischen Sippen. 1. u. 2. Hft. gr. 8. (240 S.) Ebend. 886. n. 7. 40

Nägeli, C. v., u. A. Peter, die Hieracien Mittel-Europas. II. Bd. Monographische Bearbeitg. der Archieracien, m. besond. Berücksicht. der mitteleuropäischen Sippen. 3. Hft. gr. 8. (S. 241 – 340.) München 889. Oldenbourg. n. 3. 50 (I—II, 3.: n. 31. 90)

—— die Individualität in der Natur, s. Vorträge, akademische.

— und S. Schwendener, das Mikroskop. Theorie u. Anwendung desselben. 1. Thl. Theorie des Mikroskops u. der mikroskopischen Wahrnehmung. Mit 140 Holzschn. (im Text). Ebend. 865. Lex.-8. (IV, 252 S.) n. 1 ₰ 18 ngr.

— u. S. Schwendener, das Mikroskop. Theorie u. Anwendung desselben. 2. Thl. Die Anwendung des Mikroskops. Mikroskopische Technik. Polarisationserscheinungen. Mikro-Physik. Mikrochemie. Morphologie. Leipzig 867. Engelmann. Lex.-8. (X u. S. 253—654 mit 136 eingedr. Holzschn.) n. 2 ₰ 6 ngr.

Nägeli, Carl, und S. Schwendener, das Mikroskop. Theorie und Anwendung desselben. 2. verb. Aufl. gr. 8. (XII, 679 S. mit 302 eingedr. Holzschn.) Leipzig 877, Engelmann. *

Nägeli, Carl v., botanische Mittheilungen. 3 Bde. Mit 14 Taf. gr. 8. (IV, 446; IV, 501; III, 534 S.) München 863,66,81. (Leipzig, Osw. Weigel.) * 30 —
Aus: Sitzungsberichte der k. Akademie der Wissenschaften, besonders abgedruckt.

Nägeli, C[arl Wilhelm von]. Ueber Pflanzenkultur im Hochgebirge Eine neue Aufgabe für Pflanzenfreunde. [A.] 8. ([München] 1875.)

Nägeli, C. v., die niederen Pilze in ihren Beziehungen zu den Infectionskrankheiten u. der Gesundheitspflege. gr. 8. (XXXII, 285 S.) München 877. Oldenbourg. n. 6. 60

[Nägeli, Karl·] Vorläufige Saetze ueber die niederen Pilze ... Muenchen, [1877]. 8⁰

Naegeli, Karl, bacc. iur., aus Zürich Die pfandrechtliche Sicherung der Banknoteninhaber im schweizerischen Rechte. *Borna-Leipzig 1902: R. Noske.* (VI, 59 S.) 8°
Leipzig, Jur Diss. v 1902

— Theorie der Gährung. Ein Beitrag zur Molekularphysiologie. gr. 8. (IV, 156 S.) Ebend. 879. n. 3. —

— mechanisch-physiologische Theorie der Abstammungslehre. Mit e. Anh.: 1. Die Schranken der naturwissenschaftl. Erkenntniss, 2. Kräfte u. Gestaltungen im molecularen Gebiet. gr. 8. (XI, 822 S.) München 883. Oldenbourg. n 14. —

Nägeli (C. v.), Mechanisch-physiologische Theorie der Abstammungslehre. München und Leipzig 1884. 8.

—— systematische Uebersicht der Erscheinungen im Pflanzenreich, academ. Vortrag gehalten den 14. März 1853 mit erläuternden Anmerkungen. gr. 4. (III und 68 S.) Freiburg im Br. 853, Wagner'sche Buchh. *

— und Carl Cramer, pflanzenphysiologische Untersuchungen. 4 Hefte. Mit 51 (lith. u. theilw. color.) Taf. Zürich 855—58. Schulthess. gr. 4. n. 18 ₰.
1. Heft: Von C. Nägeli. 855. (3 Bl., 120 S. u. 14 Taf.) n. 4 ₰.
2. Heft: Die Stärkekörner. Morphologische, physiologische, chemisch-physikalische und systematisch-botanische Monographie von C. Nägeli. Unter Mitwirkung von C. Cramer und B. Wartmann. 858. (X, 624 S. u. 16 Taf.) n. 10 ₰.
3. Heft: Von C. Cramer. 855. (3 Bl., 33 S. u. 8 Taf.) n. 1 ₰. 18 ngr.
4. Heft: Von C. Cramer. 857. (IV, 40 S. u. 13 Taf.) n. 2 ₰. 12 ngr.

— Untersuchungen über niedere Pilze aus dem pflanzenphysiologischen Institut in München. gr. 8. (III, 285 S.) Ebend. 882. n. 7. —

Nägeli, Karl von· Verdrängung d. Pflanzenformen durch ihre Mitbewerber München 1874.

— s. Zeitschrift f. wissenschaftl. Botanik.

Nägeli, Kaspar: Über das häufige Vorkommen kleinerer Ausdehnungen der Arterien. Zür. E. Kiesling Dr. 1852. 29 S., 1 Bl. 8⁰
Zürich, Med. Diss. [v 18. Sept. 1852]

Naegeli, Conrad. Bevormundung und beschränkte Handlungsfähigkeit im schweizerischen Recht, unter besonderer Berücksichtigung des Entwurfs zum schweizerischen Civilgesetzbuch. IV + 113 S. 8. 8. Bern, Stämpfli & Cie., 1905.
Ausg. A: Diss. Jur. Bern von K' N'.
Ausg. B: Von Dr. K' N'.... [fr. 2. 40.] Abhandlungen zum schweizerischen Recht, hrg von Dr Max Gmür, Professor.... Heft 9.

N[ageli], C[onrad]. Ein wehmüthiger Blick auf die sinkende Moralität der minderjährigen Jugend des Kantons Zürich. 1810. Von K. N. 8 Zürich 1810

Nägeli, Louis. Die Schulverschmelzungsfrage in der politischen Gemeinde Rapperswil. Von Dr. med. L' N'-Schubiger. II + 24 S. 8. Rapperswil, A. Bauer, 1902.

Naegeli, [Louis]. Alte und neue Verkehrspolitik von Rapperswil. Vortrag von Dr. N'-Schubiger ⟨gehalten in einer öffentlichen Versammlung vom 20. Juni 1908⟩. 22 S. 8. Rapperswil, H. Gasser-Akeret, 1908.

Naegeli, Otto, die Anaemie, s.: Ehrlich, P. u. A. Lazarus.

Naegeli, O[tto]. Über perniciöse Anämie und deren Diagnose. Separatabdruck aus der «Wiener Medizinischen Wochenschrift» ⟨Nr. 34, 1903⟩. II + 8 S. 8. Wien, Moritz Perles.

Naegeli, O[tto]. Ueber die Behandlung der progressiven perniziösen Anämie, von O. N', Zürich. Sonderabdruck aus der «Medizinischen Klinik» 1905 Nr. 2. II + 4 S. 8. (Berlin, Urban & Schwarzenberg.)

Naegeli, Otto, Behandlung u. Heilung v. Nervenleiden u. Nervenschmerzen durch Handgriffe. Für Aerzte u. Laien gemeinverständlich dargestellt. 2. gänzlich umgearb. u. bedeutend verm. Aufl. gr. 8. (VIII, 146 S. m. 22 Abb.) Jena 899. G. Fischer. n. 2. 40; geb. n.n. 3.—

Naegeli, Otto. Blutkrankheiten und Blutdiagnostik. Lehrbuch der morphologischen Hämatologie von Dr. med. O' N', Privatdozent an der Universität Zürich. Mit 19 Figuren im Text und sieben farbigen Tafeln [nebst Tafel-Erklärungen]. (2 Hälften.) XIV + VIII + 520 S. 8. Leipzig, Veit & Comp., (1907–)1908. [*cpl.* M. 16.–, geb. 17. 50]

(1. Hälfte.) Mit (13) Fig' im Text und vier farb Tafeln. II + VIII S. + S. 1–208. 1907 [M 7 –]

2. Hälfte: Mit 6 Fig' im Text und drei farb' Taf' II + XIV S. + S. 209–520. 1908. [M. 9. –]

Naegeli, [Otto]. Ueber die Entstehung der basophil gekörnten roten Blutkörperchen. Von Privatdozent Dr N' in Zürich. Separatabdruck aus der Münchener medizinischen Wochenschrift No. 5, 1904. II + 8 S. 8. ⟨München, J. F. Lehmann.⟩

Nägeli, Otto, im Fälklein. E. fröhl. Badenerfahrt aus alter Zeit. gr. 8. (V, 95 S.) Zürich 898. Th. Schröter. n. 1. 20

Nägeli, Otto, im Fälklein. Eine fröhl. Badenerfahrt aus alter Zeit. 2. [Titel-]Aufl. gr. 8. (V, 95 S.) Zürich [898.] (900). Th. Schröter. Kart. n. 1. 20

Naegeli, O. u. A. **Thellung,** die Flora des Kantons Zürich. I. Tl.: Die Ruderal- u. Adventivflora des Kantons Zürich. (82 S.) gr. 8. Zürich 905. A. Raustein. n. 2. —

Sonderabdruck aus: „Vierteljahresschr. der naturforsch. Gesellschaft Zürich".

— d'Gangfischsegi. E humorist. Kulturbild us de Fufzgerjohre. 8. (VIII, 49 S.) Frauenfeld 898. J. Huber. n. 1. —

Naegeli, Otto, Groppefasnacht u. Seebluest. (V, 124 S.) kl. 8. Frauenfeld (910). Huber & Co. 1. 20

Naegeli, O[tto]. Zur Herkunft der Alpenpflanzen des Zürcheroberlandes von Dr. O. N' ⟨Zürich⟩. ⟨Separatabdruck aus Bericht 8 der zürcherischen botanischen Gesellschaft 1901–1903.⟩ II + 6 S. 8. Zürich-Oberstrass, J. F. Kobold-Lüdi, 1903.

Naegeli, Otto: Die L e u k o c y t e n beim Typhus abdominalis. Leipzig 1900. 37 S. 8° (S.-A aus Deutsches Archiv für klinische Medizin. Bd. 67 S. 279-316.)
Zürich. Med. Hab.-Schr. 1900/1901

Naegeli, Otto. prakt Arzt aus Ermatingen (Thurgau) Aus dem hirnanatomischen Universitätslaboratorium des Herrn Prof. Dr v Monakow in Zürich. Über eine neue mit Cyclopie verknüpfte Missbildung des Centralnervensystems. Mit 4 Tafeln und 4 Figuren im Text (S A. aus Archiv f. Entwickelungsmechanik, Bd V S. 168—215). Leipz. W. Engelmann 1897 52 S., 4 Taf. 8°
Zürich, Med. Diss. [v 13. Mai 1897].

Naegeli, Otto. Nervenleiden und Nervenschmerzen, ihre Behandlung und Heilung durch Handgriffe. Für Ärzte und Laien gemeinverständlich dargestellt von Dr. med. O' N' (Ermatingen). Mit 22 Abbildungen im Text. 3. teilweise umgearbeitete und vermehrte Aufl. XII + 160 S. 8. Jena, Gustav Fischer, 1906. [M. 2. —]

— Die hämatologische Technik, s.: **Schridde**, Herm.

Naegeli, Otto, Therapie v. Neuralgien u. Neurosen durch Handgriffe. gr. 8. (VII, 114 S. m. 18 Holzschn.) Basel 894. C. Sallmann. n. 4. —

Nägeli, Th[eodor]. Friedrich Nietzsche u. das Christentum. Vortrag 8

Evangelische Lehranstalt Schiers. 72. Jahresbericht pro 1908/09 Schiers, Walt & Fopp, (1910). [Beilage:] S. 47–72.

Nägeli, Theodor. Der Wortschatz des Apostels Paulus. 100 S. 8.

Ausg. A: Diss. Phil. Basel. Basel, Basler Berichthaus, 1904.

Ausg. B: Beitrag zur sprachgeschichtlichen Erforschung des Neuen Testaments (**Umschlag*: Diss. Phil. Basel). Goettingen, Vandenhoeck & Ruprecht, 1905 (**Umschlag:* Basel, B' B', 1904).

Nägeli, Walter, Beiträge zur näheren Kenntniss der Stärkegruppe in chemischer u. physiologischer Beziehung. Mit e. (lith. u chromolith.) Taf gr. 8 (115 S.) Leipzig 874. Engelmann. 2. 40

Nägeli, Walter, a. München: Über Derivate des p-Jodacetanilids mit mehrwertigem Jod und die Darstellung einer Amidojodiniumverbindung. Freiburg i. B.: Speyer & Kaerner 1905. (36 S.) 8°
Freiburg i. B., Phil. Fak., Ref. Gattermann, Diss. v. 12. Juli 1905
[Geb. 11. Okt. 82 München, Wohnort. Freiburg, Staatsangeh. Bayern; Vorbildung: Realgymn. Mainz Reife O. 02; Studium: München 2, Freiburg 4 S.; Rig 16. Mai 05.]

Nägeli, Wilhelm, von Kilchberg Kt Zürich Beiträge zur Lehre der elektrischen Muskelreizung Zur F Walder u. S. Dr 1861 30 S., 1 Bl 8°
Zürich, Med Diss. v 16 März 1861

Naegeli-Åkerblom, H[ans]. Algebra, Medizin und Geschichte. Von Dr. H. N'-Ak'-Genf ⟨Schweiz⟩. Sonder-Abdruck aus der Deutschen Aerzte-Zeitung.... [Jahrg. 8,] Heft 3. 1. Februar 1906. II + 14 S. 8. (Berlin, Louis Marcus.)

Naegeli-Akerblom, H[ans]. Alte Bekannte ([unter Heilmitteln und] Behandlungsmethoden). Von Dr. H. N'-A', Rüthi ⟨Rheintal⟩. Sonderabdruck aus «Therapeutische Monatshefte» [Jahrg. 17,] 1903. April. 1 S. 4. ⟨Berlin, Julius Springer.⟩

Naegeli-Akerblom, H., ausgedehnte Gehirnruptur par Contrecoup ohne Schädelknochenfractur [Aus: „Allg. med. Centralzeitg."] gr. 8. (3 S.) Berlin 894. O. Coblentz. n. 1. —

Naegeli-Akerblom, [Hans]. Gelseminintoxikation. Von Dr. N'-Ak' in Genf ⟨Originalmitteilung⟩. Sonderabdruck aus «Therapeutische Monatshefte» [Jahrg. 20,] 1906. Juni. 1 S. 4. ⟨Berlin, Julius Springer⟩

Naegeli-Åkerblom, H[ans]. Das (Burkhard) Rebersche historische Medizinisch-Pharmazeutische Museum in Genf. Von Dr. H. N'-Ak', Privatdozent in Genf [Illustriert.] Sonderabdruck aus «Therapeutische Monatshefte» [Jahrg. 20,] 1906. September. [IV + 10 S.] 4. ⟨Berlin, Julius Springer.⟩

Naegeli-Åkerblom, H[ans]. Odol: ein chemisches Rätsel. Von Dr. H. N'-Ak' ⟨Genf⟩. Separat-Abdruck aus No. 46, Jahrg. 8 der Deutschen Zahnärztlichen Wochenschrift. [38.] 8. [Berlin, Schmitz & Bukofzer, 1905.]

Naegeli-Akerblom, H[ans]. Paraganglin und Hämostasin. Zwei neue Nebennierenpräparate. Von H. N'-Ak', ... Genf. ⟨Originalmitteilung.⟩ Sonderabdruck aus «Therapeutische Monatshefte» [Jahrg. 21,] 1907. Januar. 1 S. 4. ⟨Berlin, Julius Springer.⟩

(Naegeli-Åkerblom, [Hans].) Pyrenol. ([Von H'] N'-Ak' [Genf].) Sonderabdruck aus «Therapeutische Monatshefte» [Jahrg. 20,] 1906. Juni. 1 S. 4. ⟨Berlin, Julius Springer.⟩

Naegeli-Akerblom, H[ans]. Grober Unfug in Tagesblättern. Von Dr. H. N'-Å' ⟨Rüthi-Rheintal⟩. Sonderabdruck aus «Allg(emeine) Med(icinische) Central-Zeitung» (Jahrg. 71,) 1902, No. 9. II + 4 S. 8. (Berlin, Carl Marschner.)

Nageli-Herzog, [Anna]. Gespräche und Gedichte. Zum Vortragen bei festlichen Anlässen des Blauen Kreuzes. II + 36 S. 8. Zürich, Kantonale Agentur des Blauen Kreuzes, 1909. fr. —. 30

Nägelin, F. L., Gesänge d. aargauischen Wehrmänner. gr. 8. 842. (Aarau, H. R. Sauerländer's Sort.-Hdlg.) 1/3 ℔

Naegeli, Heinrich, aus Epfig (i. Els.) Über Meta- und Para-Saccharin. *Freiburg i. B.: Speyer & Kaerner 1902.* (38 S.) 8°
Freiburg i. B., Phil. Diss. v. 1902

Nägelsbach, C W Ed., s. N ä g e l s b a c h , Karl Wilhelm Eduard

Naegelsbach, Ed., Gedanken üb. die Wiedergeburt, veranlaßt durch die Kritik der Schrift: „das Lebensgesetz, bibl. Forschgn. e. Hungrigen, Bayreuth 1867." gr. 8. (90 S.) Bielefeld 871. Velhagen & Klasing. n. 1. —

Nägelsbach, Ed., der Religionsunterricht d. Geistlichen in der Volksschule. Vortrag, geh. bei der XXI. allgemeinen Pastoralkonferenz evangel.-luther. Geistlicher Bayerns zu Nürnberg am 10. Juni 1891. [Aus: „Berichte üb. die Konferenz".] gr. 8. (16 S.) Nürnberg 891. J. Ph. Raw. n. — 20

— zur Vorbereitung auf Beichte u. Abendmahl. Biblische Betrachtgn. zum Vorlesen in Beicht- u. Vorbereitungsgottesdiensten u. zur Selbsterbauung. 8. (IV, 89 S.) München 891. C. H. Beck. n. 1. 20

Nägelsbach, Frdr., Fortschritt im Christentum. Vortrag bei der Diözesansynode Erlangen am 2. VII. 1907. (16 S.) gr. 8. Erlangen (907). (F. Junge.) — 05

Nägelsbach, Frdr., christliche Gedanken, die das Rückert-Denkmal predigt. Predigt, geh. zu Schweinfurt den 12. Oktbr. 1890. gr. 8. (12 S.) Schweinfurt 890. Giegler. n. — 20

Nägelsbach, Frdr., nicht vergeblich! Predigt über 1. Cor. 15, 54—58, geh. bei der 11. Jahresfeier des Landesvereins f. innere Mission in der ev.-luth. Kirche Bayerns in der St. Lorenzkirche zu Nürnberg. gr. 8. (12 S.) Nürnberg 897. F. Banckwitz. n. — 20

— Das trotzige Niederringen der Glaubenszweifel. Predigt üb. das altkirchl. Evangelium des Sonntags Quasimodogeniti, geh. am 3. IV. 1910 in der Neustädter Kirche zu Erlangen. 1. u. 2. Aufl. (Je 15 S.) 8. Erlangen 910. R. Merkel. — 15

Die christlichen Studentenverbindungen u. das Frank'sche Vademecum. Ein Briefwechsel zwischen e. Philister d. Uttenruthia in Erlangen u. Herrn Prof. Geheimr D. [Franz Hermann Reinhold] v. Frank daselbst Mit Vor- u. Schlussw hrsg von dem ersteren, Friedrich Nägelsbach, Pfarrer in Schweinfurt. *Erlangen. F. Junge 1892* (24 S.) 8° (co. 11

Eine Aufgabe aus der Combinationslehre. — Von H Naegelsbach, G. P. — 1879, Erlangen, Th. Jacob. — S. 3—24
Progr. Erlangen, K. Gymn.

Nägelsbach, H. Ueber eine K l a s s e symmetrischer Funktionen. 42 S 4° – Zweibrücken, Progr 1871

Nägelsbach, H. Die Kreiskonchoiden. 32 S. u. Taf. 8. *Erlangen* 1885.
Progr.

Gesetz, Freiheit, Sittlichkeit mit besonderer Beziehung auf das Leben der Schule erörtert. — Von Karl Nägelsbach, G. P. — 1878. Bayreuth, Theod. Burger. — S. 3—46
Progr. Bayreuth, K. Gymn.

Nägelsbach, Karl (Hrsg.), s. N ä g e l s b a c h , Karl Wilhelm Ed. Hebr Grammatik . . 4. Aufl.

Nägelsbach, Karl Friedrich

Naegelsbachi, C. F., vita ac disciplina, s. Weidner, Andr.

Naegelsbach, Carl Friedr., Anmerkungen zur Ilias (Buch I. II., 1—483), nebst Excursen üb. Gegenstände d. homer. Grammatik. Ein Hülfsbuch zum sprachl. Verständniss d. Dichters. gr. 8. (24 B.) Nürnberg 834, Stein. 1 Thlr. 12 Gr., Vlnp.

Nägelsbach, Carl Friedr., Anmerkungen zur Ilias. (Buch I. II, 1—483. III.) nebst einigen Excursen. Ein Hülfsbuch für das Verständniss des Dichters überhaupt. 2., neuausgearb. Aufl. gr. 8. (XX und 324 S.) Nürnberg 850, Geiger.

Nägelsbach's, Carl Friedr. v., Anmerkungen zur Ilias (A. B 1—483. Γ) nebst einigen Excursen. Ein Hülfsbuch für das Verständniss des Dichters überhaupt. 3., vielfach verm. Aufl. Bearb. von Geo. Autenrieth. gr. 8. (XXII und 474 S.) Nürnberg 864, Geiger.

Naegelsbach, Car. Frid., emendationes et explicationes Aeschyleae. Aus d. Abhdlgn. d. k. bayer. Akad. d. W. München 857. Franz in Comm. 4. (44 S.) n. 13 ngr.

Nägelsbach, Carl Friedr., Emendationes et explicationes Aeschyleae. gr. 4. (44 S.) München 858, (Franz.) *
Aus: Abhandlungen der k. bayer Akademie der Wissenschaften, besonders abgedruckt.

Explicationes et emendationes Platonicae. Scrips. Car. Frid. Naegelsbach, G. P — 1836. Ibid. — S. 3—20.
Progr. Nürnberg.

—— Gymnasialpädagogik. Hrsg. von Geo. Autenrieth 8. (XIV und 170 S.) Erlangen (861)62, Bläsing. *

Nägelsbach's, Carl Friedr. v., Gymnasialpädagogik. Hrsg. von Geo. Autenrieth. 2. durchgesehene Aufl. gr. 8. (XX, 172 S. mit dem Bildniss des verew. Verf. in Kpfrst. und 1 Stahlst.) Erlangen 869, Deichert. *

Nägelsbach, Carl Friedr. v., Gymnasial-Pädagogik. Hrsg. von Geo. Autenrieth. 3. durchgeseh. Aufl., mit dem Bildniss des verewigten Verf. (in Stahlst.). 8. (XVI, 175 S.) Erlangen 879, Deichert. *

Nägelsbach, D. C. F., De vera modorum origine. Gel. 1843. 16 S.

— Quaestiones Aeschyleae. Gel. 1858. 28 S. 4°.

—— Rede beim Antritte des Prorektorats der königl. bayerischen Friedrich-Alexanders-Universität Erlangen am 5. Novbr. 1849 gehalten. gr. 4. (10 S.) Erlangen 849, Bläsing. *

— u. J. Schunck, Reden bei der Beerdigung H. v. Raumers, siehe: Schunck, J.

Nägelsbach, Car. Fridr., de religionibus Orestiam Aeschyli continentibus. 4maj. (4½ B.) Erlangae 843. (Norimbergae, Geiger.) *

Naegelsbach, Car. Fr., de religionibus Orestiam Aeschyli continentibus. 4maj. Erlang. 843. (Norimb., Stein.) n. 1/3 ℔

Naegelsbach, C. F., De religionibus Orestiam Aeschyli continentibus. Pr. 1843. 35 S. 4°. 2.—

—— latein. Stilistik f. Deutsche. Ein sprachvergl. Versuch. gr. 8. (29 B.) Nürnberg 846, [Geiger.] *

— latein. Stilistik für Deutsche. Ein sprachvergl. Versuch. gr. 8. Nürnberg 846, Stein. n. 2⅙ ℔

— Lateinische Stilistik für Deutsche. Ein sprachvergleichender Versuch. 2. großentheils umgearb. Aufl. gr. 8. (XXXIV u. 613 S.) Nürnberg 852, Geiger. 3 ₰

—— lateinische Stilistik für Deutsche. Ein sprachvergleichende Versuch. 3., bericht. Aufl. Lex.-8. (XXXVI und 611 S. Nürnberg 858, Geiger.

— lateinische Stilistik für Deutsche. Ein sprachvergleich. Versuch. 4., bericht. Aufl. Nürnberg 865. Geiger. gr. 8. (XXXVIII, 615 S.) 3 ₰

Nägelsbach's, Karl Friedr. v., lateinische Stilistik für Deutsche. 5. Aufl. (41⅛ Bog.) 1870. *M 9.; 6. Aufl. (45 Bog.) 1876. *M 10,80. und 7. Aufl., besorgt von Iwan Müller. gr. 8. (XXXII, 757 S.) Nürnberg 882, Geiger. *

Nägelsbach's, K. F. v., lateinische Stilistik für Deutsche. 8. Aufl., besorgt v. J. Müller. gr. 8. (XXXII, 872 S.) Nürnberg 889. Geiger. n. 13. —

Nägelsbach's, Carl Frdr. v., lateinische Stilistik 9. verm. u. verb. Aufl., besorgt v. Iwan Müller. (XXXII, 942 S.) gr. 8. Nürnberg 905. C. Geiger. n. 12. —

Naegelsbach, Carl Friedr., die homer. Theologie in ihrem Zusammenhange dargest. gr. 8. (24 B.) Nürnberg 840, Stein.

—— Homerische Theologie. 2. Aufl., nach Auftrag des verewigten Verf. bearb. von Geo. Autenrieth. Lex.-8. (XXXV und 424 S.) Nürnberg 861, Geiger.

Nägelsbach's, Carl Frdr. v., homerische Theologie. 3. Aufl., bearb. v. Geo. Autenrieth. gr. 8. (XXXII, 482 S.) Nürnberg 884. Geiger. n. 8. 50

—— die nachhomerische Theologie des griechischen Volksglaubens bis auf Alexander. gr. 8. (XXVI und 488 S.) Nürnberg 856(57,) Geiger. *

—— Uebungen d. latein. Stils, s. Uebungen.
Vgl. Roth, C. L.

— Uebungen des latein. Stils mit Kommentaren u. Hinweisungen auf die Grammatiken von Zumpt, Schulz u. Billroth-Ellendt. 3. Heft, f. reifere Gymnasialschüler. 2. verb. Aufl. gr. 8. Nürnberg 844, Schrag. ½ ₰

—— Uebungen d. latein. Styls mit Kommentaren u. Hinweisungen auf grammat. u. stilist. Werke. 1. Hft. f. reifere Gymnasialschüler. 2., umgearb. Aufl. 8. (9 B.) Nürnberg 846. Schrag.

— Uebungen des Lateinischen Stils mit Kommentaren u. Hinweisungen auf grammat. u. stilist. Werke. 1 u. 3. Hft. 3. Aufl. u. 2. Hft. 2. umgearb. Aufl. Für reifere Gymnasialschüler. gr. 8. (XXVIII u. 423 S.) Nürnberg 852, J. L. Schrag. (à n. 12 ngr) n. 1 ₰ 6 ngr

—— Uebungen des lateinischen Stils mit Kommentaren und Hinweisungen auf grammatische und stilistische Werke 1. Heft für reifere Gymnasialschüler. 4., verb. Aufl. gr. 8 (XII und 132 S.) Leipzig 858, Brandstetter. *

—— dass. — 2. Heft für reifere Gymnasialschüler. 3., verb Aufl. gr. 8. (VI und 136 S.) Ebendas. 858. *

—— dass. — 3. Heft. 4., verb. Aufl. gr. 8. (VIII und 152 S.) Ebendas. 863. *

—— Uebungen des lateinischen Stils mit Kommentaren und Hinweisungen auf grammatische und stilistische Werke. Für reifere Gymnasialschüler bearb. 1. Heft. 5., verb. Aufl. 8. (XIII und 130 S.) Leipzig 867, Brandstetter. *

—— Uebungen des lateinischen Stils mit Kommentaren und Hinweisungen auf grammat. und stilist. Werke. Für reifere Gymnasialschüler bearb. 2. Heft. 4. verb. Aufl., und 3. Heft. 5. verb. Aufl. 8. (XII, 130; VIII, 157 S.) Leipzig 874, Brandstetter. à Heft (*M 1,20.) *
1. Heft. 5. Aufl. Ebendas. 1867. (*M 1,20.) *M 1,40.

—— Übungen des lateinischen Stils für reifere Gymnasialschüler. 3 Hefte. Bearb. von J. A. Baumann. 8. Leipzig, Brandstetter. [1. Heft. 6. verb. Aufl. (XII, 128 S.) 875; 7. verb. Aufl. (VIII, 128 S.) 882; 2. Heft. 5. verb. Aufl. (VIII, 135 S.) 878; 3. Heft. 6. verb. Aufl. (VIII, 157 S.) 879.] à Heft *M 1,40. *

Naegelsbach, Carl Friedr. v., Übungen des lateinischen Stils für reifere Gymnasialschüler. 3. Heft. 7. verb. Aufl., bearb. von J. A. Baumann. 8. (VIII, 155 S.) Leipzig 886, Brandstetter. * 1 40
1. und 2. Heft. Ebendas. 1875,82. à *M 1.40.

Naegelsbach, Carl Frdr. v., Übungen des lateinischen Stils f. reifere Gymnasialschüler. 3. Hft. 8., verm. u. verb. Aufl. in 2 Abteilgn.: Text u. Anmerkgn., bearb. v. Iwan Müller. 8. (VIII, 80 u. 88 S.) Leipzig 901. F. Brandstetter. n. 1. 60; in 2 Bdn. kart. n. 2. —

— Uebungen des lateinischen Stils für reifere Gymnasialschüler u. zum Selbstunterricht. 2. Heft. 7, verm. u. verb. Aufl. in 2 Abtlgn.: Text u. Anmerkgn., bearb v. Iwan Müller. (VI, 86 u. 50 S.) 8. Leipzig 903. F. Brandstetter. n. 1. 60; in 2 Bde. kart. n. 2 —

Commentatio de particulae ΓΕ usu Homerico. Scrips. Carol. Frid. Naegelsbach, G. P — 1830. — S. 3—22.
Progr Nürnberg.

Nägelsbach, Karl Wilhelm Eduard

Nägelsbach, C. W. Ed., über kirchliche Gemeinschaft und Austritt aus der Kirche. Ein Votum. (Nachtrag zu des Verf. früherer Schrift: „Was ist christlich?") Erlangen 854. Bläsing. gr. 8. (IV, 67 S.) 9 ngr

— der Gottmensch. Die Grundidee der Offenbarung in ihrer Einheit und geschichtlichen Entwicklung dargestellt. 1. Bd. A. u. d. T.: Der Mensch der Natur oder die Idee des Gottmenschen auf der ersten Stufe ihrer Verwirklichung im Leben der natürlichen Menschheit von Adam bis Noah. Ein Versuch. Nürnberg 853. Geiger. gr. 8. (XVI, 452 S.) 1 ₰. 24 ngr

—— hebräische Grammatik als Leitfaden für den Gymnasial- und akademischen Unterricht. gr. 8. (XIV und 248 S.) Leipzig 856, Teubner. —

Nägelsbach, Carl Wilh. Ed., hebräische Grammatik als Leitfaden für den Gymnasial- und akadem. Unterricht. 2., verb. und verm. Aufl. gr. 8. (XI und 266 S.) Leipzig 862, Teubner. —

Nägelsbach, Carl Wilh. Ed., hebräische Grammatik als Leitfaden für den Gymnasial- u. akademischen Unterricht. 3., verb. u. verm. Aufl. Leipzig 870. Teubner. gr. 8. (XIV, 285 S.) 22½ ngr

Nägelsbach, Karl Wilh. Ed., hebräische Grammatik als Leitfaden für den Gymnasial- u. akademischen Unterricht. 4., verb. u. verm. Aufl., im Auftrage des verewigten Verf. besorgt von Karl Nägelsbach. gr. 8. (XII, 310 S.) Leipzig 880. Teubner. n. 2. 80

— der Prophet Jeremia, s. Bibelwerk, theologisch-homiletisches.

Nägelsbach, C. W. Ed., der Prophet Jeremias und Babylon. Eine exegetisch-krit. Abhandlung. gr. 8. (VIII und 144 S.) Erlangen 850, Heyder und Zimmer. *

Nägelsbach, C. W. E., der Prophet Jesaja, s. Bibelwerk, theologisch-homiletisches.

— was ist christlich? Eine Reihe polemischer Aufsätze. gr. 8. (VI u. 194 S.) Nürnberg 852, Geiger. 27 ngr

Nägelsbach, Ludwig, Rechtspraktikant aus Erlangen Die einseitigen Willenserklärungen und ihre Geltung im Bürgerlichen Gesetzbuch. *Erlangen 1898: F. Junge.* (112 S.) 8°
Erlangen, Jur Diss. v 25. Mai 1897

Naegelsbach, Wilhelm, aus Bayreuth: Über die während der letzten 12 Jahre in der Erlanger chirurgischen Klinik zur Behandlung gelangten Oberkiefertumoren. *Erlangen 1899: F. Junge.* (74 S.) 8°
Erlangen, Med. Diss. v. 16. Dez. 1897

Weiss und Nagelschmidt, Orientirungs-Kärtchen vom Ammer-See und Umgebung. Bearb. nach dem topograph. Atlas und den Landgerichts-Uebersichts-Karten. 1 : 100,000. Chromolithogr. und color. gr. Fol. Landsberg a. L. 878, Verza. *

Nagelschmidt, Ernst: Zur Kenntnis der substituierten Isophtalsäuren. [1910.] 62 S. 8° ¶ Vgl. Berichte d. Deutschen Chem. Gesellschaft. Jg. 43.
Danzig, Dr.-Ing.-Diss. v. 25. 10. 1910

Nagelschmidt, Frz., über Immunität bei Syphilis nebst Bemerkgn. üb. Diagnostik u. Serotherapie der Syphilis. (70 S.) gr. 8. Berlin 904. A. Hirschwald. n. 1. 60

Nagelschmidt, Franz, approb. Arzt aus Berlin: Aus d. III. med. Klinik d. Charité u. d. Kgl. Univers.-Poliklinik f. Haut- u. Geschlechtskrankheiten zu Berlin. Psoriasis und Glykosurie. *Berlin 1900: L. Schumacher.* (15 S.) 8°
Kiel, Med. Diss. v. [11 Apr] 1900

Nagelschmidt, Walter, Kammergerichtsref.: Der Eigentumsanspruch wegen Besitzentziehung nach gemeinem Recht und dem bürgerlichen Gesetzbuch. *Greifswald 1901: J. Abel.* (44 S.) 8°
Greifswald, Jur. Diss. v. [15. Febr] 1901

Nagelschmitt, Heinrich (Bearb.), s. Armenseelenpredigten.

Begräbnisreden. Gesammelt u. hrsg von Heinrich **Nagelschmitt**. Bd 1 2 Paderborn F. Schöningh
= **Nagelschmitt** Gelegenheitsreden. Bd 2. 4.

Nagelschmitt, Heinr., s.: Chrysologus.

Nagelschmitt, Heinr., die Feier der ersten heiligen Communion der Kinder. Predigten und Anreden bei der Erneuerung des Taufbundes, vor und nach der heil. Communion, am Nachmittage des Communiontages, bei der Entlassung und monatlichen Communion der Kinder. Nebst einer Reihe von einschlägigen, auch zu Vorträgen für Jünglings- und Jungfrauen-Vereine und Bruderschaftsandachten brauchbaren Predigtentwürfen. 2. Aufl. gr. 8. (XI, 552 S.) Paderborn 872, Schöningh. *

Nagelschmitt, Heinr., die Feier der ersten heiligen Communion der Kinder. Predigten, Anreden u. Skizzen. 3., verm. Aufl. gr. 8. (XI, 580 S.) Paderborn 878. F. Schöningh. n. 4. —

Nagelschmitt, Heinr., die Feier der ersten hl. Kommunion der Kinder. Predigten, Anreden u. Skizzen. 4. Aufl. gr. 8. (VIII, 372 S.) Paderborn 894. F. Schöningh. n. 2. 60

— Die Feier der ersten hl. Kommunion der Kinder. Predigten, Anreden u. Skizzen. 5. Aufl. (VI, 390 S.) 8. Paderborn 907. F. Schöningh. 3. 20

Nagelschmitt, Heinr., Frühpredigten auf die Sonn- u. Festtage des Kirchenjahres. Nach älteren Vorbildern bearb. 3. Bd.: A. u. d. T.: Frühpredigten auf die Festtage des Kirchenjahres. 1. u. 2. Jahrg. Paderborn 865. Schöningh. 8. (VI, 242 S.) 18 ngr

—— Gelegenheitsreden. 1. und 2. Bd. gr. 8. Ebendas. *
Inhalt:
Bd. 1. Trauungsreden. (X, 343 S.) 874. *M 2,80.
" 2. Begräbnißreden. 1. Bd. (XII, 320 S.) 875. *M 2,60.

— Gelegenheitsreden. Gesammelt u. hrsg. 3. Bd. A. u. d. T.: Reden bei verschiedenen Veranlassungen. 1. Bd. gr. 8. (X, 369 S.) Ebend. 877. n. 3. —
(1—3.: n. 8. 40)

Nagelschmitt, Heinr., Gelegenheitsreden. Gesammelt und hrsg. 2. Bd. A. u. d. T.: Begräbnißreden. 1. Bd. 2. Aufl. gr. 8. (XII, 320 S.) Paderborn 883, F. Schöningh. *

Nagelschmitt, Heinr., Gelegenheitsreden. Gesammelt u. hrsg. 4. Bd. A. u. d. T.: Begräbnißreden. 2. Bd. 8. (X, 351 S.) Paderborn 885. F. Schöningh. n. 3. —
(1—4.: n. 11. 40)

Nagelschmitt, H., Gelegenheitsreden. Gesammelt u. hrsg. 1. Bd.: Trauungsreden. 2., verm. Aufl. gr. 8. (X, 357 S.) Paderborn 887. F. Schöningh. n. 2. 80

— Gelegenheitsreden. Gesammelt u. hrsg. 4. Bd. A. u. d. T.: Begräbnisreden. 2. Bd. 2. Aufl. gr. 8. (X, 351 S.) Ebd. 894. n. 3. —

Nagelschmitt, Heinr., Gelegenheitsreden. Gesammelt u. hrsg. v N. 2. Bd. Begräbnisreden. I. Bd. 3. Aufl. gr. 8. (XII, 320 S.) Paderborn 896. F. Schöningh. n. 2. 60

Nagelschmitt, Heinr., Gelegenheitsreden. Gesammelt u. hrsg. 1. Bd. Trauungsreden. 3. Aufl. (IX, 272 S.) 8. Paderborn 906. F. Schöningh. n. 2. 40

Nagelschmitt, Heinr., Gelegenheitsreden. Gesammelt u. hrsg. 2. u. 4. Bd. 8. Paderborn 907. F. Schöningh. 6. 20
2. Begräbnisreden. I. Bd. 4. Aufl. (XII, 332 S.) 3. —
4. Begräbnisreden. II. Bd. 3. Aufl. (X, 341 S.) 3. 20

Nagelschmitt, Heinr., die Hauptgebrechen der Zeit. Sieben Fasten-Vorträge. 8. (VII und 119 S.) Crefeld 850, Gehrich und Comp.

Nagelschmitt, Heinr., die Hauptgebrechen der Zeit. Sieben Fasten-Vorträge. 2. Ausg. Crefeld 861. Gehrich & Co. 8. (VII, 119 S.) 7½ ngr

— die Hauptgebrechen der Zeit. Sieben Fasten-Vorträge. 8. (III, 116 S.) Ebd. 891. n. 1. —

Die Hauptgebrechen der Zeit. 7 Fasten-Vorträge von Heinrich **Nagelschmitt**, Oberpfarrer. 2. Aufl. Paderborn: F. Schöningh 1907. (123 S.) 8° [F.] [07. 14418]

Nagelschmitt, Heinr., s.: Leichenreden, kurze u. erbauliche.

—— Predigten auf die Sonn- und Festtage des Kirchenjahres Nach älteren Vorbildern bearb. 2 Bde. A. u. d. T.: Predigten auf die Sonntage des Kirchenjahres. Größtentheils nach H. Benedien bearb. 1. und 2. Jahrg. 8. Paderborn, Schöningh. [1. Bd. (XII und 354 S.) 858. 25 Ngr., 2. (X und 290 S.) 860. 21 Ngr.]

—— der Todesgang Jesu nach Golgatha. Sieben Fasten-Predigten. 8. (III und 116 S.) Crefeld 851, Gehrich und Comp.

— der Todesgang Jesu nach Golgatha. Sieben Fasten-Predigten. 2. Ausg. Crefeld 861. Gehrich & Co. 8. (116 S.) 7½ ngr.

— der Todesgang Jesu nach Golgatha. 7 Fastenpredigten. 8. (112 S.) Ebd. 892. n. 1. —

Trauungsreden. Gesammelt u. hrsg von Heinrich **Nagelschmitt**, weil. Oberpfarrer. Paderborn F. Schöningh
= **Nagelschmitt**: Gelegenheitsreden. 1.

— die letzten Worte des sterbenden Erlösers. Sieben Fasten-Predigten. gr. 8. (IV u. 124 S.) Elberfeld 852, Bädeker. ½ ₰

— die letzten Worte d. sterbenden Erlösers. 7 Fastenpredigten. 8. (III, 128 S.) Ebd. 892. n. 1. —

Nagelschmitt, Heinrich: Die letzten Worte des sterbenden Erlösers. Sieben Fastenpredigten. 2. Aufl. Paderborn Schöningh 1908. 128 S. 8°

— die Zeichen der Zeit.-Gedeutet in 7 Fasten-Vorträgen. 8. (VIII u 111 S.) Crefeld 848, Gehrich & Co. 5/12 ₰

— die Zeichen der Zeit. Sieben Fasten-Vorträge. 8. (IV, 107 S.) Ebd. 890 n. 1. —

—— Die Zeichen der Zeit. Sieben Fasten-Vorträge. 8. (IV, 107 S.) Ebd. 891. * 1 —

Die Zeichen der Zeit. 7 Fasten-Vorträge von Heinrich **Nagelschmitt**. 2. Aufl. Paderborn: F Schöningh 1907 (115 S.) 8° [F.] [07. 14415]

Nagelung u. Weihe, die, der Fahnen am 17. u. 18. Oktbr. 1894 zu Berlin. Mit 2 Abbildgn. Hrsg. v. *,*. gr. 8. (16 S.) Minden 894. W. Köhler. — 30

Nager, Abr., die Religionsphilosophie des Talmud in ihren Hauptmomenten dargestellt. Leipzig 864. (Lorck.) gr. 8. (44 S.) n. 10 ngr.

Nager, Albin Textkritische Bemerkungen zu „Servii grammatici qui feruntur in Vergilii carmina commentarii rec G. Thilo et H. Hagen. Vol. I fasc 1. Lips. 1878." 16 S I Staatsg *Graz* 1882
Progr.

(**Nager, Albin**): Katalog der Lehrer Bibliothek des k. k. I. Staats Gymnasiums in Graz. (Umschlagtitel: Bibliothek.) 8 (S. 3—34). (Umschlagtitel: Fortsetzung des Kataloges der Lehrerbibliothek.) 8 (S. 13—26). (Umschlagtitel: Fortsetzung des Kataloges der Lehrerbibliothek.) 8 (S. 3—20).
Progr. K. k. erstes Staats-G. *Graz* 1898. 1899. 1900

[**Nager, Albin**] Katalog der Lehrer-Bibliothek des k. k. I. Staats-Gymnasiums in Graz. (Umschlagtitel Fortsetzung des Kataloges der Lehrerbibliothek.) S. 3—14. 8.
Progr. K k. erstes Staats-Gymn. *Graz* 1901.

Nager, Felix R[obert]. Beitrag zur Kenntnis seltener Abdominaltumoren (Lymphangioendothelioma cysticum abdominis). Diss. Med. Univ. Zürich. [Mit 2 Tafeln. Sep.-Abdr. aus: Beiträge zur pathologischen Anatomie und zur allgemeinen Pathologie. Band 36.] *Kopftitel:* Aus dem pathologischen Institut der Universität Zürich. (Direktor: Prof. Dr. P[aul] Ernst.) 36 S. 8. Jena, Gustav Fischer, 1904.

Nager, Felix R[obert]. Bericht über die auswärtigen Untersuchungen der Tumorenstation vom 1. Januar 1900 bis 1. Januar 1904. Aus dem pathologischen Institut der Universität Zürich. Dir.: Prof. Dr. P[aul] Ernst. Separatabdruck aus dem Correspondenz-Blatt für Schweizer Aerzte, 1904, Nr. 9. 11 S. gr.-8. [Basel, Schweighauser.]

Nager, F. R., Bildungsanomalien der Paukenhöhle u. Gehörknöchelchen m. Veränderungen des Ductus cochlearis (Typus Siebenmann der angeborenen Taubstummheit), s.: **Anatomie, die, der Taubstummheit.** 3. Lfg.

Nager, Felix R[obert]. Eine statistische Studie über die scarlatinöse Erkrankung des Gehörorgans. Aus der oto-laryngologischen Klinik der Universität Basel. Habilitationsschr. Med. Univ Zürich Mit 3 Tafeln IV + 42 S. 8. Wiesbaden, J. F. Bergmann, 1908.

Nager, Felix R., Dr med., I. Assistent der Klinik. Eine statistische Studie über die scarlatinöse Erkrankung des Gehörorgans. (Aus der otolaryngologischen Klinik der Universität Basel.) Wiesbaden 1908. IV + 42 S. und drei Tafeln. 8°. S.-A. aus der Zeitschrift für Ohrenheilkunde. Bd 57 [8 II. 09.]
Zürich Med Hab.-Schr 1908 09

Nager, F[elix] R[obert]. Die Taubstummheit im Lichte der neuen Forschung und Anschauung. Akademische Antrittsvorlesung, gehalten am 19. Dezember 1908 von Dr. F. R. N., Privat-Dozent ... an der Universität Zürich. [Mit 1 Ansicht.] II + 16 S. 8. Friedberg i. H., Carl Bindernagel — *Aufdruck* Albert Müller's Verlag, Zürich —, (1909). [fr. — 60]

(**N[ager], F[ranz].**) Durch das Urner-Land. ([Illustrierter Führer. Von] Prof. F. N. in A[ltdorf].) Hrg. vom Verkehrsverein Uri. [II + 31 S.] quer-8. (Altdorf, Huber, [1907].)

(**N[ager], F[ranz].**) Durch das Urner-Land. ([Illustrierter Führer. Von] Prof. F. N. in A[ltdorf].) Hrg. vom Verkehrsverein Uri. [2. Aufl.] II + 36 S. quer-8. (Altdorf, Huber, [1908].)

NAGER, Franz (Altdorf/Schweiz): Die Trinitätslehre des hl. Basilius des Grossen. Eine dogmengeschichtliche Studie.- Paderborn: Schöningh 1912. IV,123 S.
18.7.1908 - Chr 1908/09,72; U 12.3601
Diss. Ingolst.-Landsh.-Mchn.

(**Nager**, F[ranz].) Wegleitung für die Prüfung in der Vaterlandskunde (Verfasst von F N. Vom schweizerischen Militardepartement genehmigt.) 8 Bern 1893.
Schweizerische Rekrutenprüfung

Nager, G[ustav]. Ueber Lungen-Sanatorien. Mit spezieller Berücksichtigung des Kantons Luzern. II + 12 S. 8. Luzern, H. Keller, 1901.

Nager, G[ustav]. Die Taubstummen der Luzerner Anstalt Hohenrain. Hierzu die Tafeln XXIII/XXIV. Sonderabdruck aus »Zeitschrift für Ohrenheilkunde« Band 63 [Beigabe 1 Photographie der Anstalt.] II + 44 S. 8. Wiesbaden, J. F. Bergmann, 1902.

Nager, Julius. Einige allgemeine barycentrische Beziehungen nebst Anwendungen auf die Geometrie. 8 (S. 3—50).
Progr. Öffentl. Privatg. an der Stella Matutina *Feldkirch* 1900.

[F.] Die Alpwirtschaft im Kanton Uri. Hrsg v Schweizer alpwirtschaftl. Ver., vf. v Casimir **Nager**, alt-Regiergsrat. *Solothurn: Komm. v Jent & C., Dr d. Zepfel'schen Buchdr 1898.* (162 S., 1 Bl.) 1 Bd 8.
= **Alpstatistik**, Schweizerische. Lfg 5. [98. 8174]

Nägerl, J.: Lesebuch f. höhere Lehranstalten.

Nägerl, A. „Die wichtigsten Denkmäler althochdeutscher Literatur" pg. 3—8. 4°. J. B. Dorn.
Kaufbeuren, Progr. 1861/62

Nagl: Gedanken über den Einfluss der Geschichte auf die religiössittliche Bildung. 8 S.–Prag N., Progr. 1855

Nagl, A., Lehrbuch der Elektrizität u. des Magnetismus. 2. Aufl. 1. Tl. gr. 8. (261 u. IV S. m. 264 Fig.) Mittweida 894. Polytechn. Buchh. n. 6. —

Nagl, A., Lehrbuch der Physik m. mathemat. Begründg. Enth.: Die Mechanik der Flüssigkeiten, die Mechanik der Gase u. die Wärmelehre. 5. Aufl. gr. 8. (VIII, 223 S. m. Fig. u. 1 Taf.) Mittweida 898. Polytechn. Buchh. Geb. in Leinw. n. 5. 60

Nagl, A., d Wichtigste aus d. Chemie d. Metalloïde. 3., verm Aufl. gr. 8. (VIII, 160 S. m. Fig.) Mittweida 897. Polytechn. Buchh. n. 2. 50; geb. n. 3. —

Nagl, A., das Wissenswerteste aus der Physik, s. Weitzel, Karl Geo., d. Schule d. Maschinentechnikers

Nagl, Alfred

Nagl, Alfr., die privatrechtlichen Geldforderungen u. das Finanzpatent vom 20 Hornung 1811. [Aus: „Juristische Blätter."] 8. (33 S.) Wien 875. Schlieper. n. — 60

Nagl. A., Das Tiroler Geldwesen unter Erzherzog Sigmund u. die Entstehung des Silberguldens. [Aus „Wiener numismat. Ztschr."] (VI, 122 S. m. Abbildgn., gr 8. Wien '06, H. Kirsch. 5. —

Nagl, A., Gerbert u die Rechenkunst d. 10. Jahrhunderts. [Aus: „Sitzungsber. d. k. Akad. d. Wiss."] gr. 8. (65 S. m. 4 Taf) Wien 888. (Tompsky.) n 2. —

— Die Neuordnung der Wiener Mark im J. 1767. (40 S.) gr. 8. Ebd 906. nn 2. —
Sonderabdruck aus: „Wiener numismat. Ztschr."

— die Rechenpfennige u. die operative Arithmetik. Mit 3 Taf. [Aus: „Numismat Zeitschr"] gr 8 (60 S.) Wien 888. (Frick.) n. 2. —

— Die Rechentafel der Alten (mit 2 Taf. und 5 Abbildungen im Texte S 177 5 . 3.—
Separatabdruck

Nagl, Erasmus

— s.: **Kommentar, kurzgefasster wissenschaftlicher, zu den hl. Schriften des Neuen Testamentes.**

Nagl, Erasmus, die nachdavidische Königsgeschichte Israels. Ethnograph. u geograph. beleuchtet. Mit Unterstützg. aus der Lackenbacher-Stiftg. in Wien. (XVI, 356 S.) Lex.-8. Wien 905. C. Fromme. n. 8 50

Nagl, Franz u. Alois Lang. Mittheilung aus dem Archiv des deutschen Nationalhospizes S. Maria dell'Anima in Rom. Als Festgabe zu dessen 500jähr. Jubil. dargeboten. (Th. 1 2 in 1 Bde.) Rom Freiburg i. Br Herder in Comm. 1899 8°
1 = Nagl: Urkundliches z. Gesch. d. Anima in Rom.
2 = Lang: Studien z. Bruderschaftsbuche d. Anima in Rom.
= Quartalschrift, Römische, f. christl. Altertumskunde. Suppl. H. 12.

NAGL, Franciscus Symbolico-typica significatio tabernaculi sacri Antiqui Testamenti cum suis utensilibus. — (1883) 154 S. 40 (Handschr.) Diss. 365
Diss.Wien, Univ.

Nagl, Johann Willibald

— **die Declination der drei Geschlechter d. Substantivs im niederösterreichischen Dialekt. Mit zwei Anhängen üb. Anomala, üb. Eigennamen u. Fremdwörter in derselben Mundart. gr. 8. (38 S.) Ebend. 884. n. — 80**

Nagl, Joh. Willib., Einleitung in das Nibelungenlied, s.: Muth, Rich. v.

Nagl Johann: Die Konjugation des schwachen und starken Verbums im niederösterreichischen Dialekt.
D: Selbstverlag. 1883.
1883 PN 306 **Diss.**Wien, Univ.

Nagl, J. Willibald, die Conjugation d. schwachen u. starken Verbums im niederösterreichischen Dialekt. Nebst e. knappen Übersicht üb. den Gebrauch d. Conjunctivs in derselben Mundart. gr. 8. (31 S.) Wien 883. (Gerold's Sohn.) n. — 80

Nagl, Joh. Willib., **deutsche Lehnwörter im Czechischen. [Aus: „Stieböck's Alt-Wien".] 8. (III, 51 S.) Wien 894. Gilhofer & Ranschburg. n. — 60**

— u. Jak. **Zeidler.** Deutsch-österreichische Litteraturgeschichte. Ein Handbuch z. Geschichte der deutschen Dichtg. in Oesterreich-Ungarn. Unt. Mitwirkg. hervorrag. Fachgenossen hrsg. Mit ca. 200 Abb. im Text, 15 Taf. in Farbdr. u. Holzschn. u. 10 Fcsm.-Beilagen. gr. 8. (768 S.) Ebd. 898. Geb. in Leinw. n. 24. —
Erschien auch in 16 Lfgn. à n. 1. —.

— u. Jak. **Zeidler,** deutsch-österreich. Litteraturgeschichte. Ein Handbuch zur Geschichte der deutschen Dichtg. in Oesterreich-Ungarn. Unter Mitwirkg. hervorrag. Fachgenossen hrsg. Hauptbd. (Von der Colonisation bis Kaiserin Maria Theresia.) Mit 22, theils farb. Beilagen u. 122 Abb. im Text. 17. Lfg. gr. 8. (XIX u. S. 769—836.) Wien 899. C. Fromme. n. 1. —; (kplt. n. 17.—; geb. in Leinw. n. 20.—)

— — dasselbe. (2. Bd.) 18.—21. Lfg. gr. 8. (S. 1—192 m. Abb., 1 farb. Taf. u. 1 Fksm.) Ebd. 901. 902. à n. 1. —

— u. J. **Zeidler,** Deutschösterreichische Literaturgeschichte. Ein Handbuch zur Geschichte der deutschen Dichtg. in Oesterreich-Ungarn. Unter Mitwirkg. hervorrag. Fachgenossen hrsg. 22.—28. Lfg. [2. Bd. 5.—11. Lfg.] (S. 193—528 m. Abbildgn. u. 1 Fksm.) gr. 8. Wien (903—906) C. Fromme. à n. 1 —

— u. J. **Zeidler,** deutschösterreichische Literaturgeschichte. Ein Handbuch zur Geschichte der deutschen Dichtung in Oesterreich-Ungarn. Unter Mitwirkg. hervorrag. Fachgenossen hrsg. 29.—32. Lfg. [2. Bd. 12.—15. Lfg.] (S. 529—720 m. Abbildgn.) gr. 8. Wien (907—09). C. Fromme. à Lfg. 1. —

Nagl, J.W (Hrsg.). s.a. Literaturgeschichte, Deutsch-österreichische.

Nagl, Joh. Willib., s.: **Mundarten, deutsche.**

Nagl, J(oh[ann]) W(ilibald). Geographische Namenkunde. Methodische Anwendung der namenkundlichen Grundsätze auf das allgemeiner zugängliche topographische Namenmaterial. Mit 18 Abbildungen im Texte. X + 136 S. gr.-8. Leipzig und Wien, Franz Deuticke, 1903. (*Subscr.* M. 4. —, *einzeln* M. 5. —)
Die Erdkunde. Eine Darstellung ihrer Wissensgebiete, ihrer Hilfswissenschaften und der Methode ihres Unterrichtes. In Verbindung mit ... Dozent Dr. Joh. Wilib. Nagl (Wien), ... Prof. Arth(ur) Vital (Triest), Dr. H(ermann) Walser (Bern) hrg. von Maximilian Klar.... Teil 18....

— da Roanad. Eine Uebertragg. d. deutschen Thierepos in den niederösterreich. Dialekt. 1. Thl. gr. 8. Ebend. 886. n. 10. —
Grammatische Analyse d. niederösterreichischen Dialektes im Anschlusse an den als Probestück der Uebersetzg. abgedruckten VI. Gesang d. Roanad. Mit ausführl. Nachschlagebuch. (X, 536 S.)

Nagl, H. W., der Fuchs Roaner. A lehrreichs u. kurzweiligs Gleichnuß aus derselbigen Zeit, wo d' Viecher noch hab'n red'n künná. Aus uralten 400- bis 600jähr. Büchern neu in die Welt gestellt f. die österreich. Landsleute. gr. 8. (VI, 197 S. m. 1 Bild.) Neukirchen i/Österr. 888. (Wien, Gerold's Sohn.) n. 3. —

— Der Fuchs Roaner. A lehrreichs u. kurzweiliges Gleichnus aus derselb. Zeit, wo d'Viecher noh hab'n red'n künnä. Aus uralten, 400—600 jähr. Büchern neu in die Welt gestellt f. die österreich. Landsleute. 2., verb. Aufl. (XII, 256 S. m. Abbild. u. Bildnis.) 8. Wien 909. H. Kirsch. 3. — ; geb. n 4. —

Nagl, J. W., Deutsche Sprachlehre für Mittelschulen. Gr.-8°. (VI, 248 S.) geb. K 2 60
Wien: Fromme 1905.

— deutsche Sprachlehre f. Mittelschulen. 2., vielfach verb. Aufl. (VI, 250 S.) gr. 8. Wien 906. C. Fromme. Geb. n. 2. 20

Nagl, J. Willibald, über den gegenwärtigen Stand der baierisch-österreichischen Dialektforschung. Mit Excursen üb. die parallele Dialektdichtg. u. verwandte Litteraturzweige. gr. 8. (64 S.) Wien 886. (Gerold's Sohn.) n. 1. —

— Vocalismus der bair.-österr. Mundart, histor. beleuchtet. I. Capitel. D. hohe „A" in d. bair.-österr. Mundart. [Aus: „Blätter d. Vereines f. Landeskde. v. Niederösterreich".] gr. 8. (IV, 124 S.) Wien 895. (C. Fromme.) n. 2. —

Nagl, Josef

Nagl, Jos., der kleine Gratulant. Eine Sammlung von Glückwünschen zum Jahreswechsel, zu Geburts- und Namenstagen, zum Weihnachtsfeste und einigen Gelegenheitsgedichten zu Schulfeierlichkeiten. In neuer Aufl. verfaßt und der lieben Jugend gewidmet. 16. (112 S.) Wien 878, Sallmayer'sche Buchh.

Nagl, Jos., der kleine Gratulant. Eine Sammlung von Glückwünschen zum Jahreswechsel, zu Geburts- und Namenstagen, zum Weihnachtsfeste und einigen Gelegenheitsgedichten zu Schulfeierlichkeiten. 3. Aufl. 16. (96 S.) Wien 882, Sallmayer'sche Buchh. *

Nagl, Jos., der kleine Gratulant. Eine Sammlung von Glückwünschen zum Jahreswechsel, zu Geburts- und Namenstagen, zum Weihnachtsfeste und einigen Gelegenheitsgedichten zu Schulfeierlichkeiten. 4. Aufl. gr. 16. (96 S.) Wien 887, Sallmayer'sche Buchh. *

Nagl, Jos., d. kleine Gratulant, s. a. Schellbach, Anna.

Nagl, Josef Ignaz

Nagl, Jos. Jgn., nöthiger Unterricht in d. Rechtschreibung für Mädchen u. Knaben, die sich d. Gewerbsstande widmen wollen. 8. Salzb. 790. 2e A. 794.

Nagl, Maria Assunta

Galla Placidia von M. Assunta Nagl. Paderborn: F. Schöningh 1908. (VI, 68 S.) 8°
— Studien z. Geschichte u. Kultur d. Altertums. Bd 2, H. 3.

Naegle, August, Dr theol. Die Eucharistielehre des heiligen Johannes Chrysostomus, des Doctor Eucharistiae. *Freiburg i. B. [&] Strassburg: Herder 1900.* (XIII, 308 S.) 8° ¶ (= Strassburger theol. Studien Bd 3, H. 4 u. 5.)
Würzburg, Theol. Diss. v. 1900

Naegle, August, Dr theol., kgl. Hofprediger zu München. Ratramnus und die hl. Eucharistie. Zugleich eine dogmatisch-hist. Würdigung d. ersten Abendmahlsstreites. *(Wien) 1903: (F. Jasper).* (XVIII, 315 S.) 8° ¶ [= Theol. Studien d Görresgesellschaft, 5.]
München, Theol. Hab.-Schr. v. 1903

Ratramnus und die hl. Eucharistie. Zugl. e. dogmat.-hist. Würdigung d. ersten Abendmahlsstreites. Von Dr. theol. August Naegle, Hofpriester zu München. *Wien: Mayer & Co. 1903.* (XX, 315 S.) 8°
— Studien, Theologische, d. Leo-Gesellschaft. 5.

Nägle, Frz., Einführg. in die Kunstgeschichte f. höhere Unterrichtsanstalten. gr. 8. (VIII, 86 S.) Erlangen 897. Th. Blaesing. Kart. n. 1. 20

Nägle, Frz., Einführung in die Kunstgeschichte. 2., neu bearb. Aufl. gr. 8. (124 S. m. 150 Abbildgn.) Erlangen 899. Th. Blaesing. n. 2. 20; kart. n. 2. 50

Naegle, Frz., Einführung in die Kunstgeschichte. 3., neubearb. Aufl. m. 251 Abb. (VIII, 141 S.) Lex. 8. Erlangen 910. Th. Blaesing. Geb. in Leinw. 2.80; m. Goldtitel 3. —

Bildende Kunst und Erziehung. Beitrag zum Bildungsstreben der Gegenwart sowie kurze Betrachtung über Bedeutung und Zweck des Zeichenunterrichtes. — Von Franz Naegle, G.-P — 1907, Erlangen, Junge & S. — P. 3—55.
Progr Erlangen, K Gymn.

Nagler, Staatsminister Gen.-Postmstr. Karl Ferd. Friedr. v., Briefe an einen Staatsbeamten. Als ein Beitrag zur Geschichte des 19. Jahrh. hrsg. von Ernst Kelchner und Karl Mendelssohn-Bartholdy. 2 Thle. gr. 8. (XXV, 300; 320 S.) Leipzig 869, Brockhaus. *

Nagler, die sittlichen Begriffe oder das Wesen des deutschen Stammes. Ein Beitrag zur Bildungsgeschichte. Speyer 859. Lang. gr. 8. (122 S.) n. 24 ngr.

Nagler, ..., Handfibel z. Lesenlernen nach Stephan. Grundsätzen. Ein Handbuch z. Bei- u. Nachhülfe in d. Schule u. zu Hause, f. die Unterklassen in Volksschulen. 8. Schneeb. 820.

Nagler, Franz. Der kleine Franz u sein alter Bill u andere Gdte; Humor u Satire v Oculeus [pseud]. Cleve, 1886.

Nagler, Franz L.

Nagler, Frz. L., neue historische Bibliothek. 1. u. 2. Bd. 8. Bremen 898. Verlag des Tractathauses. Geb. in Leinw. 4. 50
1. Bilder aus der Weltgeschichte. 1. Tl. Autoris. deutsche Ausg. (320 S.) 898. 2. 20
2. Dasselbe. 2. Tl. (347 S.) 899. 2. 30

Nagler, Frz. L., allgemeines Handwörterbuch der heil. Schrift. Eine kurzgefaßte Beschreibung und Erklärung der in der Bibel genannten Städte, Länder, Völker, Personen, Namen, Lehren, Symbole ꝛc. Nebst einem Verzeichniß bedeutender Männer der christl. Kirche vom 1. Jahrh. bis zur Gegenwart. 2. revid. Aufl. gr. 8. (VIII, 504 S. mit 1 lithogr. Karte.) Cincinnati 881. (Philadelphia, Schäfer und Korabi.) geb. *

Nagler, F. Immanuel oder Bilder aus der Höhe Cincinnati, 1885. UC

Nagler, F. L., die Würde des Lammes oder die Erlösung des Menschen. 8. (226 S.) Cincinnati 877. (Philadelphia, Schäfer und Korabi.) geb. *

—— die Zukunft Christi, eine Erklärung der großen Weissagung des Herrn, mit besond. Berücksicht. der Frage: Ob Christus seine Erscheinung vor oder nach dem 1000jährigen Reiche machen wird? nebst einer Antwort auf die Frage: Erwarten die Apostel die Wiederkunft Christi in ihrer Zeit? 8. (222 S.) (Ebendas.) 879. geb. *

Nagler, Franciscus, das Auge des Gesetzes. Operette in 1 Akte. Text u. Musik v. N. Op. 35. Vollständ. Text- u. Regiebuch. (42 S.) kl. 8. Leipzig (909). C. F. W. Siegel. 1. —

'Fatal!' Operette in 1 Aufzuge. Text u. Musik von Franciscus Nagler. Op. 20. Text d. Gesänge. Leipzig Spitzner [um 1900]. 10 S. 8° [10. 7467

Nagler, Franziskus: Heruntergekommen. Ein dramat Spass f. Sängerkreise Op 31 Vollst. Text- u. Regiebuch. Leipzig. Siegel [1904] 24 S. 8°

— heruntergekommen. Ein dramat. Spaß f. Sängerkreise. Text u. Musik v. N. Op 31 Vollständ. Text- u. Regiebuch. (24 S.) kl. 8. Ebd. (906). — 60

— Kinderlieder, f. 3- (auch 4-)stimmigen Kinder- od. Frauenchor komponiert. op. 39. (12 S.) 8. Dresden 907. A. Uhle. n — 50

Die heilige Nacht Ein Weihnachts-Oratorium f. Chor, Soli, Orchester u. Orgel. Text u. Musik von Franciscus Nagler. Op. 63. [Textbuch.] Leipzig Forberg [1910]. 19 S. 8° [11. 19612

— Die Überraschung. Operette in 1 Akte. op. 52. Text v. Gusti Riedel. Textbuch. (23 S.) 8. Leipzig (908). R. Gleißenberg. 1. 50

Nagler, Franziskus: Friedels Wanderschaft Ein Festspiel f Kinderchor in Gesängen u Deklamationen mit Klavierbegleitung. Op 30. Vollst. Textbuch. Leipzig: Siegel [1904]. 32 S. 8°

Nagler, Francisc., Friedels Wanderschaft. Ein Festspiel f. Kinderchor in Gesängen u. Deklamationen m. Klavierbegleitg. Op. 30. Vollständ. Textbuch. (32 S.) 8. Leipzig (906). C. F. W. Siegel. — 60

Der Weihnachtsengel. Weihnachtsfestspiel f. Kinderchor . . von Franziskus Nagler, op. 26. Dichtung von Eres. Text- u. Regiebuch. Leipzig Spitzner [um 1903]. 16 S. 8° [10. 7468

— Im Weihnachtszauber. Eine Weihnachtsfeier in Liedern, Bildern u. Erzählgn. f. Kinder-, Frauenchor u. Solostimmen m. Begleitg. d. Klaviers od. Harmoniums, od. beider Instrumente. op. 48. (23 S.) 8. [Textbuch] Lpz.: Gleißenberg [1908].

Nagler, Georg Kaspar

Nagler, Dr. G. K., Beiträge zur älteren Topographie von München. 3 Hefte in 1 Bde. (Sep. Abdr aus d. Oberbayer Archive, Bd. IX, X, XII.) 8°. Cart.

10, 18 u. 28 S. — Inh. I. Die St. Nikolauskirche auf d. Haberfelde. II. Die ehemal. Kirche des leidenden Heilandes auf d. Gottesacker; die jetzige schmerzhafte Kapelle. die alte u. neue Befestigung von München. mit einem Specimen schwedischer Mannszucht. III. Die alte Kapelle zu U. L. Frau mit der St. Michaels-Gruft Kapelle u. Revision der Nachrichten über die Grabstätte Ludwig des Bayern mit Beziehung auf den alten Denkstein in der Tumba des Kaisermonumentes in der jetzigen Metropolitankirche

——, Albrecht Dürer u. seine Kunst. gr. 8. (12½ B. u. D's. Bildn. n. d. Orig. in d. k. Pinakothek zu München.) München 837, Fleischmann.

Nagler, G. K., s. Künstler-Lexikon, allgemeines.

—— neues allgem. Künstler-Lexicon, od. Nachrichten v. d. Leben u. d. Werken d. Maler, Bildhauer, Baumeister, Kupferstecher, Formschneider, Medailleure, Zeichner, Lithographen etc. Unter Mitwirk. v. Gelehrten, Künstlern, Kunstkennern u. Kunstfreunden bearb. 1—12. Bd. (à 6 Lfgn.) gr. 8. (432¼ B.) München 835—42, Fleischmann. à L. ⅓ Thlr.

Nagler, G. K., neues allgemeines Künstler-Lexicon, od. Nachrichten von dem Leben u. den Werken der Maler, Bildhauer, Baumeister, Kupferstecher etc. 13—16. Bd. à 6 Lfgn. (Poyet—Sole.) gr. 8. München, Fleischmann. [13. (73 B.) 842, 43. 4 Thlr. 15 Ngr., 14., 15. (72 B.) 44, 45. 3 Thlr. 22½ Ngr., 16. (35¾ B.) 46, 47. 2 Thlr. 7½ Ngr.]

Bd. 1—12. Ebendas. 1835—42. 27 Thlr.

Nagler, G. K., neues allgemeines Künstler-Lexicon, oder: Nachrichten von dem Leben und den Werken der Maler, Bildhauer, Baumeister, Kupferstecher etc. 17—21. Bd. (à 6 Lfgn.) und 22. (letzter) Bd. (4 Lfgn.) (Sole, G. G. — Z.) gr. 8. München, Fleischmann. [17. (576 S.) 848., 18. (572 S.) 848., 19. (572 S.) 849., 20. (574 S.) 850., 21. (572 S.) 851., 22. (368 S.) 852., 17—21. Bd. à 2 Thlr. 7½ Ngr., 22. Bd. 1 Thlr. 15 Ngr.] 1:

Nagler, G. K., neues allgemeines Künstler-Lexikon od. Nachrichten v. dem Leben u. den Werken der Maler, Bildhauer, Baumeister, Kupferstecher, Lithographen, Formschneider, Zeichner, Medailleure, Elfenbeinarbeiter etc. 2. Aufl. Unveränd. Abdr. der 1. Aufl. 1835—1852. (In etwa 150 Lfgn.) 1.—59. Lfg. (1. Bd. VIII, 560; 2.—7. Bd. à 560 S. u. 8. Bd. S. 1—224) gr. 8. Linz 904—906. Zentraldruckerei vorm. E. Mareis. à n.n. 1. —

Nagler, G. K., neues allgemeines Künstler-Lexikon od. Nachrichten v. dem Leben u. den Werken der Maler, Bildhauer, Baumeister, Kupferstecher, Lithographen, Formschneider, Zeichner, Medailleure, Elfenbeinarbeiter etc. 2. Aufl. Unveränd. Abdr. der 1. Aufl., 1835—1852. 60.—120. Lfg. (8. Bd. S. 225—496, 9. u. 10. Bd. à 559 S., 11. Bd. 560 S., 12. u. 13. Bd. à 559 S., 14. Bd. 560 S. u. 15. Bd. S. 1—558.) gr. 8. Linz 906—10. Zentraldruckerei vorm. E. Mareis. à Lfg. nn 1. —

— Michel-Angelo Buonarotti. Eine Skizze. (Aus dem Künstler-Lex. abgedr.) gr. 8. Münch. 835. Fleischmann 1. 8

Nagler, G. K., Michel-Angelo Buonarotti als Künstler. Eine Skizze. gr. 8. (2½ B.) München 836, Fleischmann.

Aus: Dess. neu. allgem. Künstler-Lex., besond. abgedruckt.

Nagler, G. K., die Monogrammisten und diejenigen bekannten und unbekannten Künstler aller Schulen, welche sich zur Bezeichnung ihrer Werke eines figürlichen Zeichens, der Initialen des Namens, der Abbreviatur desselben etc. bedient haben. Mit Berücksichtigung von Buchdruckerzeichen, der Stempel von Kunstsammlern etc. Nachrichten über Maler, Zeichner, Bildhauer, Architekten, Kupferstecher etc. Mit den raisonnirenden Verzeichnissen der Werke anonymer Meister, deren Zeichen gegeben sind, und der Hinweisung auf die mit Monogrammen oder Initialen bezeichneten Produkte bekannter Künstler etc. 1. Bd. (in 12 Heften) und 2. Bd. 1. u. 2. Heft. München (857, 58.) Franz. gr. 8. (1. Bd.: XVIII, 1088 S.; 2. Bd.: S. 1—192 mit Holzschn. im Text.) I. 1.: n. 10 *ngr.* I. 2.—II. 1. 2.: à n. 20 *ngr.*

Nagler, G. K., die Monogrammisten und diejenigen bekannten und unbekannten Künstler aller Schulen, welche sich zur Bezeichnung ihrer Werke eines figürlichen Zeichens, der Initialen des Namens, der Abbreviatur desselben etc. bedient haben. 2. Bd. 3—12. Heft. — 3. Bd. 1—12. Heft. — 4. Bd. 1—6. Heft. München 859—64. Franz. gr. 8. (2. Bd.: VIII, S. 193—1121; 3. Bd.: 1143 S.; 4. Bd.: S. 1—576 m. Holzschn.) Jedes Heft n. 20 *ngr.*

Nagler, G. K., die Monogrammisten u. diejenigen bekannten u. unbekannten Künstler aller Schulen, welche sich zur Bezeichnung ihrer Werke eines figürl. Zeichens, der Initialen des Namens, der Abbreviatur desselben etc. bedient haben. 4. Bd. 7—11. Heft. München 865—70. Franz'sche Buchh. gr. 8. (4. Bd. S. 577—1056.) Jedes Heft n. 20 *ngr.*
Bei 4. Bd. 9. Heft ist A. Andresen als Verfasser mitgenannt.

—— und A. Andresen, die Monogrammisten und diejenigen bekannten und unbekannten Künstler aller Schulen, welche sich zur Bezeichnung ihrer Werke eines figürl. Zeichens, der Initialen des Namens, der Abbreviatur desselben etc. bedient haben. 4. Bd. 10. und 11. Heft. gr. 8. (S. 865—1056.) München 869—73, Franz'sche Buchh. à Heft *ℳ 2. *
1.—3. Bd. à 12 Hefte, und 4. Bd. 1.—9. Heft. Ebendas. 1857—68. *ℳ 90.

Nagler, G. K., die Monogrammisten und diejenigen bekannten und unbekannten Künstler, welche sich zur Bezeichnung ihrer Werke eines figürl. Zeichens, der Initialen des Namens, der Abbreviatur desselben etc. bedient haben. Fortgesetzt von Andresen. Nach dem Tode beider fortgesetzt von C. Clauss. 4. Bd. 12. Heft und 5. (Schluss-)Bd. 5 Hefte. gr. 8. [München, Franz'sche Buchh.] Leipzig, Hirth's Verlag. [4. Bd. 12. Heft. (S. 1057—1155.) 871. *ℳ 2.; 5. Bd. 1. Heft. (S. 1—96.) 876. *ℳ 2,80.; 2. Heft. (S. 97—192.) 878. *ℳ 2,80.; 3. Heft. (S. 193—288.) 879. *ℳ 2,80.; 4. Heft. (S. 289—384.) 879. *ℳ 2,80.; 5. Heft. (IV, S. 385—436.) 879. *ℳ 2,40.] *
1.—3. Bd. und 4. Bd. 1.—11. Heft. Ebendas. 1857—73. *ℳ 94. — compl. 5 Bde. *ℳ 110.

Nagler, G. K., die Monogrammisten u. diejenigen bekannten u. unbekannten Künstler, welche sich zur Bezeichng. ihrer Werke e. figürl. Zeichens, der Initialen d. Namens, der Abbreviatur desselben etc. bedient haben. Fortgesetzt v. Andresen. Nach dem Tode beider fortgesetzt v. C. Clauss. 4. Bd. 12. (Schluss-)Hft. u. 5. Bd. 1. Hft. gr. 8. München 876. Franz. n. 4. 80 (I—V, 1.: n. 98. 80)
IV, 12. (S. 1057—1155.) n. 2. —. — V, 1. (S. 1—96.) n. 2. 80

Nagler, G. K., die Monogrammisten u. diejenigen bekannten u. unbekannten Künstler, welche sich zur Bezeichnung ihrer Werke eines figürlichen Zeichens, der Initialen des Namens, der Abbreviatur desselben etc. bedient haben. Fortgesetzt von Andresen. Nach dem Tode beider fortgesetzt von Clauss. 5. Bd. 2—5. Hft. gr. 8. (IV, 436 S.) Leipzig 878. Hirth. n. 13. 70 (cplt.: n. 90. —)

——, Rafael als Mensch u. Künstler dargest. gr. 8. (23½ B. u. R's. Bildn., n. d. Orig.=Gemälde in d. k. Pinakothek zu München.) München 836, Fleischmann.

Alois Senefelder und der geistliche Rath Simon Schmidt als Rivalen in der Geschichte der Erfindung des mechanischen Steindruckes, nicht der Lithographie in höherer Bedeutung. Abwehr der Behauptungen und masslosen Angriffe in F. M. Ferchl's Geschichte der ersten lithogr. Kunstanstalt zu München. Anh. zum neuen allgem. Künstler-Lexicon und zu Ferchl's Schrift. gr. 8. (23 S.) München 862, (Franz'sche Buchh.)

—— acht Tage in München, s. a. Tage, acht, in München.

Nagler, G. K., 8 Tage in München. Wegweiser f. Fremde u. Einheimische. Kurze Beschreibg. der in dieser Hauptstadt befindl. Sehenswürdigkeiten, öffentl. Anstalten, Plätze, Straßen ꝛc. nebst Angabe v. Ausflügen in die nähere u. weitere Umgebg. 13. Aufl., umgearb. v. C. Wetzstein. Mit vielen Vignetten (in eingedr. Holzschn.) u. (3 lith.) Plänen (in qu. 4. u. qu. Fol.) gr. 16. (VIII, 239 S.) Ebend. 876. geb n.n. 2. —

—— Acht Tage in München. Wegweiser für Fremde und Einheimische. Kurze Beschreibung der in dieser Hauptstadt befindl. Sehenswürdigkeiten, öffentl. Anstalten, Plätze, Straßen ꝛc. nebst Angabe von Ausflügen in die nähere und weitere Umgebung. 14. Aufl., umgearb. von C. Wetzstein. gr. 16. (VIII, 221 S. mit vielen Vignetten, eingedr. Holzschn. und 3 lithogr. Plänen in qu. 4. und qu. Fol.) München 881, Franz'sche Buchh. geb. **

Nagler und Karl Wetzstein, acht Tage in München. Illustrirter Führer durch München und seine Umgebung. Mit den vollständ. Katalogen sämmtl. königl. und Staatssammlungen, dem neuesten Plan der Stadt, des Hoftheaters, sowie 76 Ansichten und als Anhang: Wegweiser zu Ausflügen in die Umgegend, nebst 2 Spezialkärtchen. 15. und 16. Aufl. des von N. begründeten Führers, neu bearb. von K. W. 8. (XXII, 246 S.) München 888, Fritsch. *

Nagler, München, s. a. Wetzstein, K.

—— —— drei Tage in München. Wegweiser durch München und seine Umgebung. Auszug aus dem vollständ. Führer: „Acht Tage in München, XVI. Aufl.“ 12. (XXII, 75 S. mit 1 Uebersicht der Sehenswürdigkeiten, 1 Plan und Strassenverzeichniss, 2 Kärtchen von Südbayern und des Starnberger Sees, sowie 7 Ansichten.) Ebendas. 888. *

NAGLER, Gustav: Ueber die Zuverlässigkeit der Nylander'schen Wismuth-Probe beim Nachweis von Zucker im Harn.- München: Wolf 1886. 15 S.
10.7.1886 - Chr 1886/87,10; Jv 1885/86,166
Diss. Ingolst.-Landsh.-Mchn.

Nagler, Gustav, über die Zuverlässigkeit der Nylander'schen Wismuth-Probe beim Nachweis von Zucker im Harn. Diss. München 1886, A. Buchholz. 8°. 15 S.

Nagler, Joh., s.: Bankerutt. Untreue usw.

Nagler. (Johs.), s.. Beiträge, kritische, zur Strafrechtsreform.

Nagler, Johannes, Dr. jur., o. Prof. für Strafrecht Die Geltung der Carolina in Basel. 75 S. 8°.

— Raub u. Erpressung usw., s.: Darstellung, vergleichende, des deutschen u. ausländ. Strafrechts.

— das Strafgesetzbuch f. das Deutsche Reich, s.: Binding, Karl.

Die Teilnahme am Sonderverbrechen. Ein Beitrag z. Lehre von d. Teilnahme. Von Dr. Joh. Nagler, Assessor zu Leipzig. *Leipzig: W. Engelmann 1903.* (170 S.) 8° (03. 1363)

Nagler M.: Auszug aus dem chronologischen Verzeichnisse der Gegenstände im Stadtarchive zu Baden. 19. Baden 77.
Progr.

Naegler, *Woldemar* Carl Annotationes criticae ad C Suetotonium Tranquillum et L. Annaeum Senecam philosophum. 8 (8 S.).
Festschrift z. Erinnerung a. d. 50j. Jubil. Rg. *Nordhausen* 1885.
Nicht im Tauschverkehr
Progr.

Naegler, Carolus De particularum usu apud L. Annaeum Senecam philosophum. P. 1 De particulis concessivis et interrogativis. Halis Saxonum ((1873): Karras. 38 S. 8°
Halle-Wittenberg, Phil. Diss. v 25. März 1873
Geb. Merseburg 15. 2. 1848. V

Nägler, Karl De particularum usu apud L. Annaeum Senecam philosophum. Pars II. De particulis comparativis. 22 S. [P I. diss. in. Halle 1873.] **Progr.** Rg. *Nordhausen* 1880.

Nägler, Kurt. ⟨Aus d. kgl. Inst. f. Infektionskrankh.⟩ Entwicklungsgeschichtliche Studien über Amöben. Berlin (Jena: Fischer) 1908. 51 S. 8° ¶(Aus: Archiv f. Protistenkunde. Bd 15, H. 1.)
Berlin, Phil. Diss. v. 12. Okt. 1908, Ref. F. E. Schulze
[Geb. 9. Dez. 85 Wiendorf; Wohnort: Berlin; Staatsangeh. Anhalt; Vorbildung Gymn. Dessau Reife O. 05; Studium: Marburg 2, München 1, Berlin 3 S.; Rig. 9. Juli 08.] [U 09. 243

Artillerie und Infanterie. Von **Naglo**. Berlin A Bath 1907 (S. 34–63.) 8°
— Zeitfragen, Militärische. H. 15, [2.] [07. 11608

Die ersten 25 Jahre des Elektrotechnischen Vereins herausgegeben von EMIL NAGLO (Mit 1 Tafel.) Berlin 1904 Druck von H S Hermann 8°

Nagold [Schlagwort]

Nagold, s.: Deutschland. Kürschner-Pelp. — Württemberg. Höhenkurvenkarte.

Nagold, s. Geologische Karten. Spezialkarte (Württ.)

Nagold, s.: Schwarzwald. Karte.

Nagoldthal, s.: Enzthal. — Schwarzwald.

***Nagonii,* Jh. Mch.,** civis Rom. et Poëtae laur. ad Uladislaum II. Boh. et Hung. regem poetar. libri IV. ed. L. J. S. (Scherschnick). 8. Leipz. 777. Compt. f. Lit.

Nagorsen, Fritz *Heinrich* [aus Lauenburg i/Pom.]: Ein Beitrag zur Kenntnis von Wirbelsäulenverkrümmungen. E. seltener Fall v. Skoliose ... Greifswald, Buchdr. C. Sell, 1897; 37 S., 1 Bl. 8.
Greifswald, Med. Fak., Inaug.-Diss. v 11 März 1897

Nagórski, Adam v.: Die Strafbestimmungen gegen die unzüchtigen Schriften in geschichtlicher Darstellung. Heidelberg 1910: Zöller. 73 S. 8°
Heidelberg, Jur. Diss. v. 18. März 1910, Ref. v. Lilienthal
[Geb. 9. Okt. 85 Warschau; Wohnort. Heidelberg; Staatsangeh.: Rußland; Vorbildung Gymn Warschau Reife O. 04; Studium: Berlin 1, Heidelberg 1, München 2, Heidelberg 4 S.; Rig. 7. Febr. 10.] [U 10. 1952

NAGÓRSKI, HENRIETTE VON: Betrachtungen über die Moral für das weibliche Geschlecht. Pesth 1847 Eigenthum des F v. Nagórski. Druckerei Landerer u. Heckenast. 140 S. - 180 mm

Henriette v. **Nagorski:** Betrachtt. üb. d. Moral f. d. weibl. Geschl. *Pesth*, Geibel. 847. 8° 25 N*yl*

Nagórski, Sigmund. Das Rechtsverhältnis des unehelichen Kindes zu seinem Vater nach deutschem und französischem Recht in geschichtlicher und rechtsvergleichender Darstellung. Diss. Staatsw. Univ. Zürich. XXVIII + 173 S. 8. Zürich, Gebr. Leemann & Co., 1908.

Nagour, Paul, Okkultismus u. Liebe, s.: Laurent, Emil.

Nagradow, W. J, moderne russische Censur u. Presse vor u. hinter den Coulissen. 8. (XXVIII, 482 S.) Berlin 894 S. Cronbach. n. 6. –

Nagrodzki, Eduard nobilis (geb. Warschau 1812) De nymphomania eiusque curatione Berolini (1834) 31 S. 8°
Berlin, Med. Diss v 10. März 1834

Naguiewski, M Darius

Naguiewski, D., Bibliographie über die römische Litteraturgeschichte in **Russland** von 1709 1889 mit Einleit. u. Register. XI, 48 S. Russisch. 1.25

Naguiewski, D., in quaestiones Sapphicas observationes. gr. 8. (16 S.) Casani 890. (Leipzig, Fock.) n.n. 1. —

Naguiewski, M. Darius, de Juvenalis vita observationes. gr. 8. (VI, 66 S.) Rigae 883. (Dorpat, Karow) n. 1. —

(Nagy, k k F Z M) Bemerkungen über den Feldzug der k. k Nordarmee 1866, mit einem aphoristischen Anhange (Separat Abdruck aus:) „Österreichischen militärischen Zeitschrift" Jahrgang 1867, 2. Bd
8 Wien 1867.

Nagy, Albino, die philosoph. **Abhandlgn. d. Jaqūb ben Isḥāg al-Kindī,** s.: **Beiträge zur Geschichte der Philosophie d. Mittelalters, II, 5.**

Nagy. [Alexander] von • Verhaeltniss der transcendentalen zur formalen Logik bei Kant. 40 S. 4° (2°)
Halle-Wittenberg. Phil. Diss. v 2. Nov 1875
Geb. [Wanowitz b. Brünn (Mähren) 14. (oder 2. ?) 11 1852]

Nagy Dr Anton Elektrische Phänomene durch menschliche Sekrete 3. Feldkirch Lehr Sem. 03.
Progr.

Kleine ungarische Sprachlehre für den Schul- und Privatgebrauch. Mit Lese- u. Übersetzungsübungen u. e. ungar. Vokabular Von Anton **Nagy**. Heidelberg: Groos 1897 VIII, 184 S. 8°
(Lehrbücher Methode Gaspey–Otto–Sauer.) [11. 16873

Nagy, Ant., kleine ungar. Sprachlehre f. den Schul- u. Privatgebrauch. Mit Lese- u. Übersetzungsübgn. u. e. ungarisch-deutschen u. deutsch-ungar. Wörterbuch. (Methode Gaspey-Otto-Sauer.) **2., umgearb. u. verb. Aufl.** (VIII, 235 S.) 8. **Heidelberg 908. J. Groos.**
Geb. in Leinw. 2.—; **Schlüssel. (50 S.) Kart. — 80**

Nagy. Borosanyani Martin, praes. Fr. **Hoffmann,** De potentia et impotentia animae humanae in corpus organ. sibi junctum. Ob u. wie weit die Seele im menschl. Körper wirke. Disquisitio phil. med., in qua animae in producendis motibus voluntariis potentia, spontaneis vero impotentia, sec. philos. sanioris et medicinae rationalis principia explicatur. 68 pp. Hal. 4°.
1729

NAGY, Elemérus Antonius De morali absque religione. — (1894) 101 S. 4° (Handschr) Diss. 529
Diss. Wien, Univ.

Nagy, Georg

— Einleit. in die ungar.-philosoph. Sprachlehre. gr. 8. Wien (Pesth) 793. Kilian. 1 ℳ

Nagy, G., der akadem. Sprachforscher, od. Anleitung z. allgem. Sprachkunde. 8. Pesth, Hartleben. 804.

Nagy, Geo., d. akadem. Sprachforscher, od. Anleit. z. allgem. Sprachkunde rc. Nebst e. ästhet.-krit. Darstellung d. deutschen, ungarischen u. französ. Sprache. 8. Wien 805. Ant. Doll. 10 gr

J. v N(agy) und J. M(anéga). Junius Briefe über das strategische Verhältniss zwischen Oesterreich-Ungarn und Russland. Eine politisch-militärische Studie Mit 1 Uebersichts-Karte Juni 1874. 8. Oedenburg 1874.

Nagy, R. P. J., tractatus theologiae-moralis. 8. Ofen 776. N. A. 790. Typ. 3 gr

Nagy, Jos., Anzeige d. Gesetze, die mit dem allgem. bürgerl. Gesetzbuche im Zusammenhange stehen. gr. 8. Grätz 794. Ferstl. 5 gr

Nagy Josef: Der Italiener Francesco Maria Appendini als südslawischer Historiker und Philolog. H. 1906 PN 2138 Diss.Wien, Univ.

Nagy, Jul., s.: Corpus juris hungarici.

Nagy, K., die Sonne und die Astronomie. Lex.-8. (920 S. mit 1 Tab. in qu. Fol.) Leipzig 866, (Brockhaus.) *

Nagy, Károly, Elemi Algebra. Számírás közönséges jegyekkel. 8. Wien 837. Rohrmann. 1¹/₃ ₰

— Elemi Arithmologia. Arithmographia. Első rész: Számírás különös jegyekkel. A. u. d. T.: Arithmetika. Számírás különös jegyekkel. gr. 8. Bécs..... Rohrmann és Schweigerdnáe. 1¹/₃ ₰; fein Velinp. 1¹/₂ ₰

Nagy, Karl (Hrsg.), s. Babbage, Charles. Logarithmen der natürlichen Zahlen

— A' kis geometra. A' terjedség-tudomany alap-elvei. Második Nyomtatas XXVIII köre metszett táblávval 12. Wien 838. Rohrmann. ³/₄ ₰

— A' kis Számító. Magyar Gyermek' kezikönyve. Második Nyomtatas. 12. Wien 837. Rohrmann. ⁵/₁₂ ₰

Nagy, L., jus Transsilvanico-Saxonicum, s. Jus.

Nagy L, methodischer Leitfaden zu den Denk- und Sprechübungen in der 1. und 2. Volksschulklasse. Ofen 1870

Nagy L, Leitfaden zum Sprachunterricht in der 1. und 2. Klasse der Volksschule. Buda 1871

Nagy L, Leitfaden zum Sprachunterricht in der Volksschule. Buda 1870

Nagy, Ludw., praktischer Lehrgang zur schnellen und leichten Erlernung der ungarischen Sprache nach Dr. F. Ahn. 1. Cursus. 1. und 2. verb. Aufl., und 2. Cursus. 8. (96; 70 S.) Budapest 877—80. (Leipzig, K. F. Köhler.) cart. à Cursus * geb. in 1 Bd. *

—— s. Ollendorff, H. G., Anleitung zur Erlernung der ungarischen Sprache.

Nagy, Ludw., praktischer Sprachführer bei ungarisch-deutschen Gesprächen (Conversations-Buch). [Ungarisch und deutsch.] 16. (IV, 200 S.) Budapest 882, Benkö.

Nagy, Lajos, Praktischer Sprachführer bei ungar.-deutschen Gesprächen. kl. 8. (200 S.) Wien, *Georg Szelinski. 80 kr., geb. 1 fl. 1884

— — Ungar Sprachlehre nach Ollendorff's Methode 8. (272 und 56 S.) *Ebds. Geb. 1 fl. 80 kr. 1884

Nagy de Nyir, Frz., Darstellung d. neueren Ansichten üb. d. Natur d. Salzsäure. gr. 8. Wien 819. Heubner. 10 gr

Nagyküküllö [Schlagwort]

Nagyküküllö. Karte des Komitates Nagyküküllö. 1 : 300,000. 28,4×45 cm. Farbdr. Kronstadt (909). (H. Zeidner.) — 18

Nagzag, ou Mémoires de Christoph Rustant, dit l'Africain. 8. Leips. Sommer.

Nagzag, le, ou le mémoire de Chr. Rustaut dit Africain. gr. 8. Münster, Coppenrath. 771.

Nah u. Fern, s. Familien-Bibliothek, illustrirte.

Von Nah und Fern: May 1874—1877

Weekly Sub-title Wochen-Ausgabe. Circulation 1875, 960 (est.), 1877, 3300. Edited & published by William Thiese, 1874—75 by L. Feuchtinger, 1876—77
Rochester, NY

Nah u. Fern. 1. Jahrg. 1895. 7 Nrn. (Bog.) Leipzig, A. H. Bauhe. à n. — 10
Weiter nicht erschienen.

Aus Nah und Fern: Jahrgang 1—10, Mar 1910—Apr 1919

Quarterly published in interests of students of German, illustrated. Sub-title Eine illustrierte Zeitschrift für unsere deutschen Schüler, Mar—Apr 1910 Eine Zeitschrift für Schule und Haus besonders für Schüler, und unsere höheren Schulen, May 1910—Sept 1916. Eine internationale Zeitschrift für Schule und Haus, besonders für Schüler höherer Lehranstalten, Oct 1916—Apr 1919. Volumes numbered as "Jahrgang" through Apr 1915, then as "vol." Edited by a Board of Editors, Arthur G. Merrill, "Leitender Redakteur" and published by Francis W. Parker School Press, 1910—19
Chicago, IL

Näh- u. Strickbuch, d. neuerfundene, erste Aufg. Mit Kpf. Fol. Nürnb., Schneider u. W. 12 gr

Nahde, Heinrich

Nahde, H., Stammbaum d. preuss. Königshauses, s.: Gritzner, M.

Nahde, Heinr., preussisches Wappenbuch, enth. die seit dem Bestehen des königl. preuss. Herolds-Amtes [1855] durch Standeserhöhungen, Adelsbestätigungen u. Namensvereinigungen, neuverliehenen, beziehungsweise veränderten Wappen. Nach den Acten des königl. Heroldsamtes unter Direction Sr. Exc. des Herrn Grafen Stillfried v. Alcantara u. Rattonitz, kgl. preuss. Wirkl. Geh. Rathes, Ob.-Ceremonienmeisters, Chefs des Heroldsamts etc. bearb. 1. Lfg. gr. 4. (10 Steintaf. m. 4 S. Text.) Berlin 878. Seyler. n. 4. 50

Die Nähe des Weltenmeisters. Festgebet der Maurer Brüderschaft. [Altenburg] o. J. 1 Bl. 8° [Kopftit.]
Gedicht: „Du bist uns nah', wenn fern dem Weltgewühle . . ." 193. 358a.

Nahegebiet [Schlagwort]

Nahegebiet, s.: Mosulgebiet. — Weinbaukarten.

Näher, J., Prospect eines (neuen) Schnellschrift-Systems. (Mit 2 Schrift-Blättern.) 8. Stuttgart 839. Sonnewald. n. 5 gr

Näher, Jak., der Obstgärtner. Kurzes Lehrbuch der Obstbaumzucht für die nordwestlichen Staaten. La Crosse, Wis. 868. (Philadelphia, Schäfer & Koradi.) 8. (48 S. mit eingedr. Holzschn.) 15 ngr.

Näher, Julius

Naeher, J., die militärarchitekton. Anlage d. Ritterburgen d. Feudalzeit, insbes. d. Darstellg. d. verschiod. Bauarten bei den Schwaben, Franken, Normannen, Burgunder u. Longobarden. M. üb. 60 Abb. nach eig. Aufnahmen des Verf. [Aus: „Süddeutsche Bauzeitg."] gr. 8. (III, 116 S.) Dachau-München 893. (Strassburg, E. d'Oleire.) n.n. 2. 20

— d. militärarchitekton. Anlage d. mittelalterl. Städtebefostigung. M. 107 Abb. nach eig. Aufnahmen d. Verf. [Aus: „Süddeutscho Bauzeitg."] gr. 8. (114 S. m. Bildn.) Ebd. 894. n.n. 2. 25

Naeher, Juls, Die militärarchitektonische Aulage der mittelalterlichen Städtebefestigung. Mit 107 Abbildd. Strassburg 1895. gr. 8.
Sep.-Abdr aus Südd. Bauzeitung.

Naeher, Jul., Baudenkmäler der Freiherren v. Müllenheim im Elsass. (32 Taf. m. III S. Text.) qu. 8. Strassburg 905. J. Noiriel. Geb. in Leinw. n. 10. —

Naeher, J., die Baudenkmäler der unteren Neckargegend u. des Odenwaldes. Aufnahme, Autogr. u. Beschreibg. v. J. N. 1.—5. Hft. qu. Fol. Heidelberg, verm. Weiss'sche Univ.-Buchh. n.n. 11. 60

1. Handschuhsheim, Dilsberg, Neckarsteinach, Hirschhorn, Ersheim, Schönau, Stolzeneck u. Stadt Eberbach. (6 S. Text m. 8 Taf.) 891. n.n. 2. —
2. Heiligenberg, Stift Neuburg, Schauenburg, Dossenheim, Strahlenburg, Ladenburg, Ilvesheim, Ziegelhausen, Weinheim, Windeck. (S. 7—16 m. 8 Taf.) 891. n.n. 2. —
3. Heppenheim, Starkenburg, Bensheim, Schönberg, Auerbacher Schloss, Bickenbacher Schloss, Tannenburg, Frankenstein u. Lindenfels. (S. 17—21 m. 8 Taf.) 892. n.n. 2. 50
4. Lichtenberg, Reichenberg, Rodenstein, Otzberg, Breuberg, Michelstadt, Fürstenau, Einhardsbasilika in Steinbach, Erbach, Beerfelden u. der Galgen m. der Cent-Linde, Freienstein, Wildenburg bei Amorbach u. das Kloster Schönau. (S. 23—30 m. 8 Taf.) 892. n.n. 2. 50
5. Zwingenberg, Burgheide bei Eberbach, Minneburg, Mosbach, Lohrbach, Neckarelz, Neuburg, Dauchstein, Horneck, Guttenberg, Ehrenberg, Wimpfen. (S. 31—38 m. 7 Taf.) 893. n.n. 2. 50

Naeher, J., die deutsche Burg, ihre Entstehung u. ihr Wesen insbesondere in Süddeutschland. Mit 73 Holzschn.-Darstellgn. nach eigenen Aufnahmen d. Verf. gr. 8. (III, 44 S.) Berlin 885. Toeche. n. 1. —

— u. H. Maurer, die alt-badischen Burgen u. Schlösser d. Breisgaues. Beiträge zur Landeskunde. gr. 4. (VII, 83 S. m. eingedr. Fig. u. 4 autogr. Taf.) Emmendingen 884. Dölter. n. 3. —

[F.] Die Alt-Badischen Burgen und Schlösser des Breisgaues. Beiträge z. Landeskunde v. J[ulius] Näher u. H[einrich] Maurer. 2., verb., verm. u. m. Abb. vers. Aufl. *Emmendingen: A. Dolter 1896.* (IX S., 1 Bl., 116 S., 11 Taf.) 1 Bd 8. [96. 1699

—— die Burgen in Elsass-Lothringen. Ein Beitrag zur Kenntniss der Militär-Architectur des Mittelalters. 1. Heft: Die Burgen im Unter-Elsass. — 2. Heft: Die Burgen im Ober-Elsass und in Lothringen. gr. 4. (VI, 32; 13 S. mit 15 Taf., die autogr. Aufnahmen von 60 Burgen enth.) Strassburg 886, (Noiriel.) *

—— dass. — 2. Ausg. gr. 4. (VI, 32; 13 S. mit 17 Taf., die Aufnahme von 68 Burgen enth.) (Ebendas.) 886. *

— die Burgen der rheinischen Pfalz. Ein Beitrag zur Landeskunde u. mittelalterl. Kriegsbaukunst, enth. 14 Taf. m. 40 Burgen nach den Selbstaufnahmen d. Verf. 4. (48 S.) Straßburg 887. (Neustadt a. d. H., Gottschick-Witter.) n.n. 6. —

— die Burgen, Schlösser u. Städte d. oberen Kraichgaues. Ein Beitrag zur Landeskunde. 7 Taf. Abbildgn. m. Erklärgn. gr. 4. (16 S.) Karlsruhe 885. (Gutsch). n. 1. —

Naeher, J., die Burgen u. Schlösser in der Umgebung der Stadt Baden-Baden. 6 Blätter m. 40 Orig.-Aufnahmen. [Titel-Ausg. v. „Die Umgebung v. Baden".] gr. 4. (III, 36 S.) Baden-Baden 889. Spies. n. 4. —

— die Burgenkunde f. das südwestdeutsche Gebiet. (XIV, 210 S. m. Abbildgn. u. 1 Karte.) gr. 8. München 901. Süddeutsche Verlagsanstalt. Geb. in Leinw. n. 8. —

— geschichtliche Erinnerungen aus Pforzheim. Federzeichnungen. 1. Hft. Unter den Römern. 4 Blatt. qu. gr. 8. Pforzheim 890. Riecker. n. — 40

Naeher, Jul., Land u. Leute in der brasilianischen Prov. Bahia. Streifzüge. Nebst genauer Angabe der Reisegelegenheiten nach Brasilien u. Beschreibung der Seefahrt von Hamburg nach Brasilien. Mit gegen 50 (eingedr. Holzschn.-)Illustr., nach den Originalen des Verf. gr. 8. (XVI, 280 S.) Leipzig 881. G. Weigel. n. 6. —; geb. n. 7 —

Naeher, Julius Land und Leute in der brasilianischen Provinz Bahia. Streifzüge — Lpg Weigel; Rio de Janeiro. Matthes, Porto Alegre Bruggen (1881). XVI, 280 S. mit gegen 50 Ill.

die Meierhöfe d. Römer u. Germanen, insbes. in Süddeutschland. Ein Beitrag zur Kulturgeschichte uns. Landes. 4. (IV, 19 S. m. 5 Taf.) Heidelberg (893). Ebd n.n. 2. 50

— die römischen Militärstrassen u. Handelswege in Südwestdeutschland, in Elsass-Lothringen und der Schweiz, nebst 1 Karte. gr. 4. (VIII, 42 S.) Strassburg 887. (Noiriel.) n. 3. —

Näher, J. Die römischen Militärstrassen und Handelswege in der Schweiz u. in Südwestdeutschland, insbesondere in Elsass-Lothringen. 2. Aufl. In-4°, 33 S., mit 2 Karten. Strassburg, Commissionsverlag von J. Noiriel. 1888 G 15

— die Ortenau, insbes. deren Burgen, Schlösser, Klöster, Festungen u. bedeutendsten Baudenkmäler. Ein Beitrag zur Kenntnis d. bad. Landes mit 65 Selbstaufnahmen des Verf., in 13 Blättern u. 1 Uebersichtskarte. Lahr 888. Kaufmann. n. 5. —

— Panorama vom Donon im Elsass. 2 Bl. Autogr. qu. schmal Fol. Strassburg 888. Heitz. n. — 60

— Panorama v. dem Hoheneck in den Süd-Vogesen bei Münster. 2 autogr. Taf. qu. Fol. Strassburg i/E. 892. J. H. E. Heitz. n. 1. —

— dasselbe vom Merkurius-Berg bei Baden-Baden. Aufnahme u. Autogr. v. J. N. qu. schmal Fol. Baden-Baden 889. Spies. n. 1. —

— dasselbe vom Odilienberg im Elsass. Aufnahme u. Autogr. v. J. N. 2 Blatt. qu. schmal Fol. Strassburg 888. Heitz. n. — 60

— Panorama vom Odilienberg im Elsass. 2. Aufl. Autogr. 2 Blatt. qu. Fol. Ebd. 891. n. — 60

— dasselbe v. der Plattform d. Strassburger Münsters Aufgenommen u. autograph. 3 Taf. qu. Fol. Ebd. 890. n. 1. —

— dasselbe. 2 Blatt. 2. Aufl. qu. Fol. Ebd. 890. n. 1. —

[Umschlagt.] Panorama vom Porsberge bei Pillnitz. Gezeichnet v. Jul. **Naeher**, Grossh. Bad. Bauinsp. a. D. Hrsg. v Gebirgsver f. d. Sächs. Schweiz. (1 25000.) *Dresden: Dr. v. C. C. Meinhold & S. 1896.* (1 Ktnbl.) 1 Bd 8. [98. 617

— **Panorama v. der Teufelsmühle bei Herrenalb im württembergischen Schwarzwald. Hrsg. v. dem württemberg. Schwarzwaldverein Neuenburg. 2 autogr. Blatt. qu. Fol. Heidelberg 893. (Stuttgart, H. Lindemann.)** n.n. — 50

— **Panorama v. der Wegelsburg im Wasgau. Autogr. 2 Blatt. qu. Fol. Stuttgart 891. J. H. E. Heitz.** n. — 80

Naeher, Jul., Schloß u. Stadt Pforzheim vor der Zerstörung 1688. Mit (farb.) Grundplan. 4. (18 S. m. Abb.) Pforzheim 895. Stuttgart, Holland & Josenhans. n. 1. 50

— **die Stadt Pforzheim u. ihre Umgebung. Ein Beitrag zur Vaterlandskunde. Mit 60 bildl. Darstellgn. in 8 (autogr.) Blättern. Lex.-8. (64 S.) Pforzheim 884. Riecker.** **n. 2. 50**

Nacher, J[ules]. Die Schlosser, Burgen und Klöster der romanischen Schweiz. Ein Beitrag zur Landeskunde, mit 9 Tafeln Abbildungen, 70 autographirte Aufnahmen des Verfassers enthaltend. 4 ⟨Selbstverlag (Lausanne)⟩. Druck . Karlsruhe (1886).

Nacher, F. Schlösser, Burgen u. Klöster d. romanischen Schweiz. Ein Beitrag zur Landeskunde mit 9 Tafeln Abbildungen, 70 autographirte Aufnahmen des Verf. enthaltend. In-4°. Lausanne, Benda. 1886. 5 —

— die Umgebung von Baden. Archäologische Studien. I—VI. gr. 4. (Mit je 1 Bl. Aufnahmen.) Baden-Baden 884. (Spies.) à n. — 80
I. Die Burg Hohenbaden. (7 S.)
II Das Neue Schloß in Baden. (6 S.)
III Die Burg Alt Eberstein. (6 S.)
IV Das Schloß Neu-Eberstein. (5 S.)
V Die Burgen Alt u. Neu Windeck. (6 S.)
VI Die Yburg u. das Schloß Neuweier. (6 S.)

Naeher, J., die Umgebung von Heidelberg. Handschuhsheim, Dilsberg, Neckarsteinach, Hirschhorn m. Erschheim, Schönau, Stolzeneck und Eberbach. Archäologische Studien, Aufnahmen u. Autogr. qu. 4. (8 Taf. m. eingedr. Text.) Heidelberg 890. (vorm. Weiss'sche Buchhandlg., Thdr. Groos.) n.n. 1. 50

— die Umgebung der Residenzstadt Karlsruhe. Ein Beitrag zur Vaterlandskunde m. 47 Orig.-Aufnahmen in 8 Erinnerungsblättern u. 1 Karte d. Umgebg. v. Karlsruhe. gr. 4. (XV, 124 S.) Karlsruhe 884. Gutsch. 3. —; geb. 4. 50

—— die Burg Zwingenberg im Neckarthal. Beschreibung und Geschichte. gr. 8. (19 S. mit 1 autogr. Taf. Orig.-Aufnahmen.) Ebendas. 885. *

— **die Burg Zwingenberg im Neckarthal. Beschreibung u. Geschichte m. 1 (autogr.) Taf. Orig.-Aufnahmen. gr. 8. (19 S.) Karlsruhe 886. Gutsch. n. — 50**

Nahetal [Sachliches OW]

Nahe-Thal, das malerische und romantische, und die Rhein-Nahe-Eisenbahn. Gallerie von Ansichten der schönsten Punkte aus der Nahegegend mit erläuterndem und beschreibendem Texte. Nach Orig.-Aufnahmen von C. u. F. Wießner. Kreuznach 861. Voigtländer. 4. (20 Stahlst. u. 8 S. Text.) n. 3 ß 15 ngr

Nahe- und Saar-Thal, das romantische, aufgeschlossen durch die Rhein-Nahe- und Saarbrücken-Trier-Luxemburger Eisenbahn. Mit in den Text gedr. Abbild. (in Holzschn.) 2 Thle. gr. 16. Kreuznach 864, Voigtländer. à Thl. * 6 Ngr. *
Inhalt:
Thl. 1. Die Rhein-Nahe-Eisenbahn. (VI und 73 S. mit 1 lithogr. Karte.)
" 2. Die Saarbrücken-Trier-Luxemburger Eisenbahn. (III und 89 S. mit 1 lithogr. Plan.)

Nahethal, Soon und Idarwald. Nach der Generalstabskarte bearbeitet, mit zahlreichen Neueintragungen 1 90 000. Kreuznach. 1 Bl. c 1 Sch.

Nahetal [Schlagwort]

Nahethal, s.: Radfahrerkarten.

Nahethal. Touristen-Karte des Nahethales, Soon- u. Idarwaldes. Nach der Generalstabskarte bearb. 1 : 90,000. 41 × 65 cm. Farbendr. Kreuznach 893. R. Voigtländer's Buchdr. Auf Leinw. od. Pappe n. 2. —

Nahgel, Carl, Referendar: Die Reform des amtsgerichtlichen Verfahrens und die Novelle vom 1. Juli 1909. Berlin: Trenkel 1910. 55 S. 8°
Rostock, Jur. Diss. v. 30. Juni 1910, Ref. Wachenfeld
[Geb. 14. April 86 Danzig, Wohnort: Steglitz; Staatsangeh.: Preußen; Vorbildung: Kgl. Gymn. Danzig Reife O. 05; Studium: Berlin 2, Heidelberg 1, Berlin 1, Königsberg 2 S.; Rig. 27. Mai 10.] [U 10. 3868

Nahke, Alexander, aus Reichenbach i. S. **Über einige Dithiënylderivate.** *Rostock 1898: C. Hinstorff.* (51 S.) 8°
Rostock, Phil. Diss. v [2 Juli] 1898

Nahke, Car., Tractatus brevis de Elephantiasi Arabica, adnexis morbi historiis quatuor. (Mit 3 Kpfrtaf.) 8maj. Pragae 839. Fil. Haase. $^1/_{12}$ ß

Nahl, Alex. Thdr., meteorolog. u. naturhistor. Annalen des Jahres 1843. gr. 8. Darmstadt 843, Leske. n. $2^1/_2$ ß

— **meteorolog. und naturhistor. Chronik des Jahres 1842. 3 Hfte. mit Tabellen. gr. 8. Ebend. 843. n. $2^1/_2$ ß**

Náhlik, Ferdinand

Náhlik, Ferd., Führer durch die böhmische Schweiz als Anschluß an die sächsische Schweiz. Böhm. Kamnitz 864. Reinhold. 16. (92 S. u. 4 Lithogr.) n. 15 ngr

Náhlik, Ferd., Führer durch die böhmische Schweiz als Anschluß an die sächs. Schweiz. Böhm. Kamnitz 867. Reinhold. 16. (92 S. mit 4 Steintaff.) cart. n. 15 ngr

Nahlik, Johann Edler von

Nahlik, Jh., Abhandlung über das Verbrechen der Desertion nach den in der k. k. österreich. Armee bestehenden Gesetzen. gr. 8. Hermannstadt 844, Edler v. Hochmeister. $1^1/_3$ ß

Nahlik, J. Abhandlung über das Verbrechen der Desertion nach den in der k k österr Armee bestehenden Gesetzen Hermannstadt 1844. 199 S

Nahlik, Joh. Edler v., über einige Feinde des Waldes, s. Simony, Friedr., Schutz dem Walde!

Nahlik, J. Edl v Geschichte des k. k. 55. Lin.-Inf.-Reg Baron Bianchi. Brünn 1863 275 S

Nählowsky, F., die Versammlung der Geistlichen zu Prag, s. Versammlung.

Nahlowsky, Josef W

Nahlowsky, Jos. W., das Duell. Sein Widersinn und seine moral. Verwerflichkeit. 8. (IV und 44 S.) Leipzig 864, Pernitzsch.

Nahlowsky, Jos. W., das Duell. Sein Widersinn u. seine moral. Verwerflichkeit beleuchtet. 2. Aufl. (39 S.) gr. 8. Langensalza 904. H. Beyer & Söhne. n. — 60

Nahlowsky, Jos. W., allgemeine Ethik. Mit Bezugnahme auf die realen Lebensverhältnisse pragmatisch bearb. 2. Aufl. gr. 8. (XXIV, 366 S.) Leipzig 885. Veit & Co. n. 7. —

Allgemeine Ethik. Mit Bezugnahme auf d. realen Lebensverhältnisse pragmatisch bearb. von Joseph W. **Nahlowsky** 3. Aufl. *Leipzig: Veit & Co. 1903.* (VIII, 281 S.) 8° [03. 11037 4

—— das Gefühlsleben. Dargestellt aus prakt. Gesichtspunkten, nebst einer krit. Einleitung. gr. 8. (VIII und 267 S.) Leipzig 862, Pernitzsch. *

Nahlowsky, Jos. W., das Gefühlsleben. In seinen wesentlichsten Erscheinungen und Bezügen dargestellt. 2. durchges. und verb. Aufl. gr. 8. (XII, 193 S.) Leipzig 884, Veit und Comp. *

Das Gefühlsleben in seinen wesentlichsten Erscheinungen und Beziehungen von Josef W. **Nahlowsky**, weil. Prof., Graz. 3., überarb. Aufl. Hrsg von Chr[istian] Ufer, Rektor in Elberfeld. Leipzig Veit & Co. 1907 (XVI, 206 S.) 8° [07. 14414

— Grundzüge zur Lehre von der Gesellschaft und dem Staate. Ebend. 865. gr. 8. (IV, 53 S.) n. 10 *ngr.*

Nahlowsky, Jos. W., die ethischen Ideen als die waltenden Mächte im Einzel- wie im Staatsleben, nach ihren verschiedenen Beziehungen beleuchtet. Leipzig 865. Pernitzsch. gr. 8. (VI, 98 S.) n. 18 *ngr.*

— die ethischen Ideen als die waltenden Mächte im Einzel- wie im Staatsleben, nach ihren verschiedenen Beziehgn. beleuchtet. 2. Aufl. (VII, 87 S.) gr. 8. Langensalza 904. H. Beyer & Söhne. n. 1.20

Nahlowsky, Jos. W., allgemeine praktische Philosophie [Ethik] pragmatisch bearb. gr. 8. (XXIV, 384 S.) Leipzig 871. Pernitzsch. n. 8. —

— zwei Reden paraenetischen Inhalts. Graz 866. Leuschner & Lubensky. gr. 8. (31 S.) $7\frac{1}{2}$ *ngr.*

NAHLOWSKY, Vincentius De sacramentali charactere extremae unctionis. — (1845) 44 S. 8° (Handschr.) Diss. 168
Diss. Wien, Univ.

Nahm, Georg [aus Darmstadt] Über die Herkunft und Aufgabe des Fruchtwassers. Würzburg, Anton Boegler'sche Buchdr., 1888; 27 S. 8°
Würzburg, Med. Fak., Inaug. Diss. v 1888

Nahm, Jacob [app. Arzt aus Grünstadt '(Rheinpfalz)']: Aetiologie und Genese der Ruptura perinei centralis ... Strassburg i. E., Buchdr. C. Gœller, 1895; 39 S. 8.
Strassburg, Med. Fak., Inaug.-Diss. v 1895

Nahm, *Johann Adam* Manfred [app. Arzt aus Offenburg in Baden. Kais. Marine-Assistenzarzt]: Aus d. chirurg. Klinik zu Kiel. Ein Fall von Lymphangioma perinei et scroti . Kiel, Druck v. H. Fiencke, 1894; 17 S., 1 Bl. 8.
Kiel, Med. Fak., Inaug-Diss. v [4 Juni] 1894

NAHM, Nikolaus: Ueber den multiloculären Echinococcus der Leber mit spezieller Berücksichtigung seines Vorkommens in München.- München: Finsterlin 1887. 1 Bl.,23 S.- S.-Abdr.aus: Münchener Medizinische Wochenschrift.
7.7.1887 - Chr 1887/88,17; Jv 1887/88,213
Diss. Ingolst.-Landsh.-Mchn.

Naehmaschinen-Bazar u. Fahrraeder-Zeitung. Organ des Vereins deutscher Nähmaschinen-Händler. 15. Jahrg. 1894. 12 Nrn. (à ca. 3 Bog. m. Abbildgn.) Fol. Schöneberg b. Berlin, J. G. Talchau. n. 4. —

Nähmaschinen-Bazar u. Fahrräder-Zeitung. Organ d. Vereins deutscher Nähmaschinenhändler. 16.—19 Jahrg. 1895—1898. à 12 Nrn. (à ca. 24 S. m. Abb. Fol. Schöneberg-Berlin, J. G. Talchau. à Jahrg. n. 4.—

Naehmaschinen-Bazar u. Fahrrad-Zeitung. 20. u. 21. Jahrg. 1899 u. 1900. à 12 Nrn. Fol. (à ca. 28 S. m. Abbildgn.) Schöneberg b/Berlin (Erdmannstr. 11), J. G. Talchau. à Jahrg. n. 4. —
Fortsetzung s.: Nähmaschinen-Zeitung, deutsche.

Nähmaschinenfabrik und Eisengießerei A.-G., vorm. H. Koch & Co.: Entwickelungsgeschichte 1860—1910. Bielefeld [1910]

Nähmaschinenfabrik vorm. Frister & Roßmann, A.-G.: Die Haus-Telegraphie und -Telephonie. Berlin 1889

Nähmaschinen-Markt, der. Fach-Blatt f. Nähmaschinen-Industrie u. -Handel. Red.: Herm. Hartding. 3. Jahrg. 1894. 12 Nrn. (2 Bog. m. Abbildgn.) gr. 4. Bielefeld, E. Gundlach. n. 6. —

Nähmaschinen-Techniker, der. Organ für die Interessen u. Fortschritte der Nähmaschinen-Industrie u verwandter Zweige. Red : H. W. Lind. 1.—4. Jahrg. 1887—1890. à 12 Nrn. (B. m. Illustr.) Imp.-4. Berlin, (Polytechn. Buchhandlg.). à Jahrg. n. 5. —

Nähmaschinen-Techniker, s. a. Lind.

Nähmaschinen-Zeitung, deutsche. Redact.: Otto Fischer. 1.—3. Jahrg. 1877—1879. à Jahrg. 12 Nrn. (à 1—$1\frac{1}{2}$ Bog. mit eingedr. Holzschn. und Stnt.) gr. 4. Dresden, (Axt.) à Jahrg. *

Nähmaschinen-Zeitung, deutsche. Organ d. Vereins deutscher Nähmaschinen-Fabrikanten. Red.: Otto Fischer. 3—7. Jahrg. 1878—1882. à 12 Nrn. (à 1—$1\frac{1}{2}$ B. m. eingedr. Holzschn. u. Steintaf.) gr. 4. Dresden, Axt in Comm. à Jahrg. n. 4. —

Nähmaschinen-Zeitung, deutsche. Organ des Vereins deutscher Nähmaschinen-Fabrikanten. Redact.: Otto Fischer. 5.—9. Jahrg. 1880—1884. à Jahrg. 12 Nrn. (à Nr. 1—$1\frac{1}{2}$ Bog. mit eingedr. Holzschn. und Stnt.) gr. 4. Dresden, Kaufmann's Sortiment. à Jahrg. *

Nähmaschinen-Zeitung, deutsche. Organ d. Vereins deutscher Nähmaschinen-Fabrikanten. Red.: Otto Fischer. 9—11. Jahrg. 1884—1886. à 12 Nrn. (à 1—2 B. m. Holzschn. u. Steintaf.) gr. 4. Dresden, (Kaufmann's Sort.). à Jahrg. n. 4. —

Nähmaschinen-Zeitung, deutsche. Organ des Vereins deutscher Nähmaschinen-Fabrikanten. Red.: O. Fischer. 12.—15. Jahrg. 1887—1890. à 12 Nrn. (à 1-2 B. m. eingedr. Holzschn. u. Steintaf.) gr. 4. Dresden, (Kaufmann's Sort.). à Jahrg. n.n. 4. —

Nähmaschinen-Zeitung, deutsche Organ d. Vereins deutscher Nähmaschinen-Fabrikanten. Red.: Otto Fischer. 16.—19. Jahrg. 1891—1894. à 12 Nrn. (à 1—2 Bog. m. Abbildgn.) gr. 4. Dresden, (G A Kaufmann's Sort.). à Jahrg n. 4. —

Nähmaschinen-Zeitung, deutsche. Organ d. Vereins deutscher Nähmaschinen-Fabrikanten. Red.: Otto Fischer. 20. u. 21. Jahrg. 1895—1896. à 12 Nrn. (à ca. 2 Bog. m. Abb.) gr. 4. Dresden (G. A. Kaufmann's Sort.). à Jahrg. n. 4. —
Der 21. Jahrg. war von Herm. Provo redigiert.

— dasselbe. Red.: Herm. Provo. 22. Jahrg. 1897. 12 Nrn. (à ca. 28 S. m. Abb.) gr. 4. Karlsruhe. Ebd. n. 4. —

— dasselbe. 23. Jahrg. 1898. 12 Nrn. (à ca. 28 S. m. Abb.) gr. 4. Schwetzingen. Ebd. n. 4. —
Kann auch halbjährlich bezogen werden.

Nähmaschinen-Zeitung, deutsche. Red.: Herm. Provo. 24. u. 25. Jahrg. 1899 u. 1900. à 12 Nrn. gr. 4. (à ca. 30 S. m. Abbildgn.) Stuttgart. (Dresden, G. A. Kaufmann.) à Jahrg. n. 4. —

— dasselbe. Hervorgegangen aus der Vereinigung der Fachblätter: „Deutsche Nähmaschinen-Zeitg.", Stuttgart, „Nähmaschinen-Bazar", Schöneberg b. Berlin, „Lind's Nähmaschinen-Techniker", Berlin, u. „Nähmaschinen-Markt", Bielefeld. Red.: H. W. Lind u. Gust. Riefenstahl. 26. u. 27. Jahrg. 1901 u. 1902. à 12 Nrn. gr. 4. (à ca. 40 S. m. Abbildgn.) Bielefeld. (Dresden, G. A. Kaufmann's Buchh.) à Jahrg. n. 6. —

Nähmaschinen-Zeitung, deutsche. Hervorgegangen aus der Vereinigg. der Fachblätter: „Deutsche Nähmaschinen-Zeitg.", Stuttgart, „Nähmaschinen-Bazar", Schöneberg b. Berlin, „Lind's Nähmaschinen-Techniker", Berlin, u. „Nähmaschinen-Markt", Bielefeld. Red.: H. W. Lind u. Gust. Riefenstahl. 28.—31. Jahrg. 1903—1906. à 12 Nrn. (à ca. 48 S. m. Abbildgn.) gr. 4. Bielefeld (Dresden, G. A. Kaufmann's Buchh.) à Jhrg. n. 6. —

Nähmaschinen-Zeitung, deutsche. Hervorgegangen aus der Vereinigg. der Fachblätter: „Deutsche Nähmaschinen-Zeitg." Stuttgart, „Nähmaschinen-Bazar", Schöneberg b. Berlin, „Lind's Nähmaschinen-Techniker", Berlin, u. „Nähmaschinen-Markt", Bielefeld. Red.: H.W. Lind u. Gust. Riefenstahl. 32.—35. Jahrg. 1907—1910. à 12 Nrn. (à ca. 54 S. m. Abb.) 33,5×25 cm. Bielefeld. (Dresden, G. A. Kaufmann's Buchh.) à Jahrg. 6. —

Nähmaschinen- u. Velocipede-Zeitung, Wiener. Fachzeitung zur Hebg. der Nähmaschinen- u. Fahrrad-Industrie. Hrsg. u. Red.: C. Repetty 8. Jahrg. Juli 1893—Juni 1894. 12 Nrn. Fol. (26 S. m. Abbildgn.) Wien, I., Bartensteingasse 14, C. Repetty. n. 6. —

Nähmaschinen- u. Velocipede-Zeitung, Wiener. Fachzeitg. zur Hebg. d. Nähmaschinen- u. Fahrrad-Industrie. Hrsg. u. Red.: C. Repetty. 9. u. 10. Jahrg. Juli 1894—Juni 1896. à 12 Nrn. (à ca. 3 Bog. m. Abb.) Fol. Wien (VIII, Langegasse 12). C. Repetty. à Jahrg. n. 6. —

Nähmaschinen-u. Velocipede-Zeitung, Wiener. **Fachzeitung zur Hebung der Nähmaschinen- u. Fahrrad-Industrie. Hrsg. u. Red.: C. Repetty. 15.—17. Jahrg. Juli 1900—Juni 1903. à 12 Nrn. Fol. (à ca. 24 S. m. Abb.) Wien (VIII, Langegasse 12), C. Repetty. à Jahrg. n. 6. —**

Nähmaschinen-Zeitung,

— Wiener. Fachzeitung zur Hebg. der Nähmaschinen-Industrie. Gegründet v. C. Repetty im J. 1886. Hrsg.: Wilh. Friedrich. Red.: Ernest Goldenweiser. 19. Jahrg. Juli 1904 Juni 1905. 12 Nrn. (à ca. 24 S. m Abbildgn.) gr. 4. Wien (VII, Mariahilferstr. 28), Verlag der Nähmaschinen-Zeitg. n. 7. —

Nahmenspiel, s. Namenspiel.

Nahmer, A. v. d: Preis-Liste des Alexanderwerks über Excelsior-Fleischschneidemaschinen mit Elektromotoren. Remscheid . . 1896

Nahmer, A. v. d: Preis-Liste des Alexanderwerks über Maschinen, Apparate und Werkzeuge für Fleischerei und Wurst-Fabrikation. Remscheid . . . 1896

Nahmer, A. v. d: Preis-Liste über Kopir-Pressen. Remscheid . . . 1896

Nahmer, A. v. d: Preis-Liste über hauswirthschaftliche Maschinen. Remscheid . . . 1896

Vom Mittelmeer zum Pontus. Von Dr. Ernst v. der Nahmer Mit 20 Abb. u. 1 Karte. *Berlin: Allgem. Ver. f. Deutsche Litt. 1904.* (324 S.) 8° [F.]
— Verein, Allgemeiner, f. Deutsche Litteratur. Abt. 30, [2.] [04. 6734]

Nahmer, Ernst v. der, vom Mittelmeer zum Pontus. 2. Aufl. (IV, 324 S. m. 20 Abbildgn. u. 1 Karte.) gr. 8. Berlin 904. Allgemeiner Verein f. deutsche Litteratur. n. 6. —; geb. in Leinw. od. Halbfrz. n. 7. 50

von der Nahmer, Ernst [aus Stettin]: Die Wehrverfassungen der deutschen Städte in der zweiten Hälfte des XIV. Jahrhunderts . . Marburg, 1888; 1 Bl. + 51 S. + 1 Bl. 8°
Marburg, Phil. Fak., Inaug.-Diss. v. [16. Jan.] 1888

Nahmer, Ernst von der, die Wehrverfassungen der deutschen Städte in der zweiten Hälfte des XIV. Jahrhunderts. Diss. Marburg 1888, N. G. Elwertsche Univ.-Buchh. 8°. 51 S.

Nahmer, Johanna v. der, Gedichte. (41 S.) Lex.-8. München-Schwabing 905/06 E. W. Bonsels & Co. n. 3. —

Nahmer, Johanna v. der, Hetärenbriefe. 8. (VII, 64 S.) Leipzig 895. W. Friedrich. n. 1. —

Nahmer, Wilhelm von der

v. d. Nahmer, Wlh., üb. d. Advokatenstand. 8. Marb. 819. Krieger. 8 gr.

Nahmer, Wilh. von der, zum Geburtsfeste Sr. Maj. König Friedrich Wilhelms IV. den 15. Oct. 1850. (Gedicht.) gr. 8. (5 S.) Coesfeld 850. (Halle, Riese.)

Nahmer, Wilh. v. d., Handbuch d. Rhein. Particular-Rechts. 1. u. 2. Bd. — A. u. d. T.: Die Land-Rechte d. Ober- u. Mittel-Rheins. 2 Bde. gr. 8. ($91\frac{1}{2}$ B., 4 Tab. u. 1 Stnt.) Frankfurt a. M. 831, Sauerländer.

—— dass. 3. Bd. — A. u. d. T.: Entwickelung d. Territorial- u. Verfassungs-Verhältnisse d. deutschen Staaten an beiden Ufern d. Rheins, vom ersten Beginnen d. franz. Revolution bis in d. neueste Zeit; od.: Ausmittelung der, im Großh. Hessen, Hrzgth. Nassau, in d. Kgl. Preuß. Regierungsbezirken Coblenz, Trier, Aachen, Cölln u. Düsseldorf, u. d. rhein. Besitzungen v. Bayern, Oldenburg, Coburg u. Hessen-Homburg enthalt. früheren Territorien, u. Einleit. in ihre Geschichte u. ält. Staats-Einrichtungen. Ein Handb. f. Staatsmänner rc. gr. 8. ($60\frac{1}{4}$ B., 2 Tab. u. 5 lith. Stammt., 4., Fol. u. gr. Fol.) Frankfurt a. M. 832, Sauerländer. Thlr.

Von der Nahmer, W., Entwickelung der Territorial- und Verfassungs-Verhältnisse der deutschen Staaten an beiden Ufern des Rheins, vom ersten Beginnen der französischen Revolution bis in die neueste Zeit; oder Ausmittelung der im Großherzogtum Hessen, Herzogtum Nassau, in den Königlich preußischen Regierungsbezirken Koblenz, Trier, Aachen, Köln und Düsseldorf und den rheinischen Besitzungen von Bayern, Oldenburg, Koburg und Hessen-Homburg enthaltenen früheren Territorien, und Einleitung in ihre Geschichte und älteren Staats-Einrichtungen. Ein Handbuch für Staatsmänner, Rechtsgelehrte und Verwaltungsbeamte. Frankfurt a. M., 1832. 632 S. mit Tab.

von der Nahmer, Wilh., Handbuch des rheinischen Partikularrechts. 3 Bde. gr. 8. 1831—33, ist Verlag von v. Zabern in Mainz u. der Pr. $4\frac{1}{2}$ ß — 3r Bd. a. u. d. T.: Entwickelung der Territorial- und Verfassungs-Verhältnisse der deutschen Staaten rc.

v. d. Nahmer, (W.,) Samml. d. merkwürdigen Entscheidungen d. Herzogl. Nassauischen Oberappellations-Gerichts zu Wiesbaden. 1r u. 2r Bd. gr 8. Frankf. a. M. 824 u. 25, Hermann. 1r Thl. 2 Rthl. 2r Thl. 2 Rthl. 12 gr.

Samml. d. merkwürd. Entscheidd. d. Herzogl. Nassau. Oberappellat.-Ger. zu Wiesbaden. Hrsg. v. W. v. d. Nahmer. *Frankfurt*, Kettembeil. 824. 25. 2 Bde. gr. 8. (Herabges. Pr. 2 Thl.)

Zabern, Theod. v.: **Trauerrede für Theod. v. Zabern, vorgetragen in der ger.·. und vollk.·. St. Johannis ▭ der vereinigten Freunde im Or.·. von Mainz von Br.·. v. der Nahmer. Am 3ten Dez. 1832. Mainz [1832]: Wirth. 4 Bl. 8° [Umschlagtit.]**
Kl. 1477. 140.

Nahmmacher, Felix: Die Erkrankung des Gehörorgans bei Hyperplasie der Rachentonsille. *Leipzig-Reudnitz 1897: A. Hoffmann.* (21 S.) 8°
Rostock, Med. Diss. v [20. Sept.] 1897

Nahmmacher, Georg Christoph

— Entzifferung einer Maschine, welche d. Lauf d. Erde mit d. Monde u. die Sonne abbildet. Mit 3 Kpfr. 8. Berl. 786. (Reimer) 8 gl

Nahmmacher, Geo. Cph., († 1796.), Mechanismus d. künstl. Electricität, verglichen mit electr. Naturbegebenheiten. Mit Kpf. 8. Berl. 791. (Reimer). 4 gl

Nahmmacher, H(einrich) C(arl), approb. Arzt aus Neubrandenburg ⟨Mecklenb.⟩: Zwei Fälle von primären (auf d. Umschl.: primärem) Carcinom der Vulva. *Kiel 1901: Schmidt & Klaunig.* (21 S.) 8°
Kiel, Med. Diss. v [18. Nov.] 1901

Nahmmacher, Karl, ut de Franzosentid, s.: Reuter, Fritz.

Nahmmacher, Konrad

— Anleitung zur kritischen Kenntnifs der lateinischen Sprache. Leipz. 768. 8. Wien 769. 8. 18 gr. Leipz. 773. 8. Eb. 800. 8.

Nahmmacher, Konr., († d. 6. Mai 1768.) Anleit. z. krit. Kenntniß d. latein. Sprache. 8. Wien 769? nach seinem Tode? Kraus. (Kummer in Leipz.) 18 gl

— — **Commentatio de Augusto ter censum agente ad locum Luc. II. II. Helmstedt (J. Drimborn) 21. III. (1758). 16 S. mit Namen. (4.—) 24540**

Nahmmacher, Conrad (Helmstedt), **Schedium de columna rostrata C. Duili M. F. Cos. Helmstedt (Drimborn) 5. IV. (1757). 16 S. mit Namen. (4.—) 24539**

— — **(Ratzeburg), Diss. moral. sistens exactam generalem scientiarum moralium divisionem. Präs. Johann Friedrich Scholz. Helmstedt (P. D. Schnorr) 15. IV. 1755. 17 S. (5.—) 24543**

— paraphrast. Erklärung d. Leidensgeschichte Jesu. 8. Rost. 764. Bödner. 10 gl

— latein. Grammatik, d. Cellar. zum Grunde gelegt. 8. Leipz. 764. Weygand. 8 gl

— institutiones studii theologici. 8. Rost. 758. Berger. 5 gl

— commentarius de literatura Romana. 8. Braunschw. 758. Waisenh. (Schulbuchh.) 12 gl

— — **Mythologiae contractioris specimen II. Quo orationes in Paedagogii Ilfendesis [Ilfeld] auditor officiose indicit. Wernigerode (J. G. Struck) Febr. 1766. 20 S. mit Namen. (3.50) 24541**

— specimen ontologiae Ciceronianae. Diss. epistola. 4. Helmst. 753.

— praeparatio evangelica. 8. Rost. 758. Berger. 5 gl

— — **(Hohnstein, Helmstedt)) Scripturae variantes in Bibliothecae Ilfeldensis fragmento libri II, III et IIII fastorum Ovidii obuiae quibus sermones a novem juvenibus literarum studiosis in Paedagogii Ilfeld. Wernigerode (J. G. Struck) 13. X. 1765. 24 S. mit Namen. (4.—) 24542**

— s. Chr. Tim. Seidel, Anweis. zu erbaul. Predigen u. dess. Anweis. z. Erklär. d. heil. Schrift.

— theologia Ciceroniana, acced. ontologiae Ciceronis specim. 8. Frankenh. 767. Wittekind. 8 gl

— Diss. philos. inaug. de naturali theologia M. Tullii Ciceronis. Sect. I de existentia Dei. Helmst. 756. — Prolusio de naturali theologia M. T. Ciceronis. Spec. II de conceptibus Dei secundis. ibid. 756.

Näh- und Stickmuster, neue auserlesene, in 15 Blättern. 4. Dresd. Arnold. 814.

Näh- u. Stickmuster, neue auserlesene, in 19 Blättern. 4. Dresd. 814. Arnold. 18 gl. Hbg. Pr. 12 gl.

— ganz neue, z. color. u. weißen Stickerei, mit 11 Kpft. 4. Leipz. 812. Schmidt. 20 gl.

Nahnsen, R Untersuchungen in der Thiophengruppe. Schönebeck 1885

Nahontani, Jos., (Jos. Ant. Habn.) geistl. Jahr, od. kurze u. lehrreiche Gedanken üb. verschied. Schriftstellen, Glaubens- u. Sittenlehren auf jeden Tag d. Jahres. 8. Augsb. 781. Rieger 12 gl.

— lehrreiche Predigten üb. die Leiden Jesu Christi bei den gewöhnl. Fastenandachten. 3 Thle. Augsb. 770—80. Rieger, 12 gl.

— katechet. Unterricht f. Christen wider d. Unglauben unserer Zeiten. 8. Augsb. 784. Rieger. 4 gl.

Nahor, Pierre (Emilie Lerou), Jesus. Ein Roman. Autoris. Uebersetzg. aus dem Franz. v. Walth. Bloch. 1.—3. Aufl. (à XXVI, 304 S.) 8. Berlin 905. B. Behr's Verl. n. 5. —; geb. n. 6. 50

— dasselbe. 4 [Titel-]Aufl. (Volksausg.) (XXVI, 304 S.) 8. Ebd. [905] 906. n. 2. —; geb. n. 3. 50

Nahor, Pierre (Emilie Leron), Jesus. Ein Roman. Autoris. Übersetzg. Aus dem Franz. v. Walth. Bloch. 5. [Titel-] Aufl. (XXVI, 304 S.) 8. Berlin 908. Zehlendorf, B. Behr's Verl. 2.—; geb. 3. —

NAHORJANSKIJ, Nikolaus Des Apollonius Lehre im Zusammenhange mit Häresien des 3. und 4. Jahrhundertes und ihre Bedeutung in der christlichen Kirchengeschichte — (1905) IX, 137 Bl. 4° (Handschr.) Diss. 871
Diss. Wien, Univ.

Nahr, J. N., de Nathanaële ap., a Bartholomaeo non diverso Lips. 1760 4

Nahr, W., Tax- u. Stempel-Wesen in Bayern mit besonderer Berücksichtigung der Notariats-Gesetzgebung, der Untersuchungs-Kosten u. Staats-Verträge. Für Gerichte, Aemter u. Notare auf Grund der Gesetze, Verordnungen u. sonstigen Vollzugs-Vorschriften systematisch dargestellt. Landsberg 864. Verza. gr. 8. (IV, 320 S.) n. 1 fl. 10 ngr.

Nahrath, Gustav. Über Creditwucher, mit spezieller Berücksichtigung des geltenden schweizerischen Strafrechts und der Vorentwürfe zu einem schw. Strafgesetzbuche. Diss. Jur. Bern. 178 S. 8. Eberswalde, Erich Kähler, [1907].

Nahrd, G. F., die Preisaufgabe, s. Jahrbuch deutscher Bühnenspiele.

Nahrhaft, Josef

Nahrhaft, J Beiträge zur homerischen Syntax. S. 41-66. 8° — Wien ROG Lp., Progr. 1871

Nahrhaft, Jos. Der Gebrauch des localen Dativs bei Homer 18 S. 8° — Wien ak G., Progr. 1867

Nahrhaft, Jos., lateinisches Uebungsbuch zu der Grammatik v. Al. Goldbacher. 1. u. 2. Thl. gr. 8. Wien, Schworella & Heick. geb. n. 4. 4; alphabet. Wörterverzeichnis zum 1. Thl. (32 S.) cart. n. — 60
1. (VI, 128 S.) 883. n. 1. 80. — 2. (VI, 188 S.) 884. n. 2. 24

Nahrhaft, Jos., lateinisches Übungsbuch zu der Grammatik von Al. Goldbacher. 2 Thle. 2. gekürzte und verb. Aufl. gr. 8. Wien, Schworella und Heick. [1. Thl. (IV, 120 S.) 886. geb. *M 1.25.; 2. Thl. (VI, 184 S.) 887. geb. *M 1.80.] *

Nahrhaft, Jos., lateinisches Übungsbuch zu der Grammatik v. Al. Goldbacher. 1.—4. Thl. gr. 8. Wien, Schworella & Heick. Geb. in Leinw. n. 7. 80
1. 3., verb. Aufl. (VI, 120 S.) 889. n. 1. 40
2. 3. Aufl. (VI, 184 S.) 892. n. 2. —
3. Casuslehre. Zum Abschluß gebracht u. m. zusammenhäng. Übungsstücken ausgestattet v. J. Walser. (VIII, 186 S.) 889. n. 2. 20
4. Tempus- u. Moduslehre. Bearb. v. J. Walser. (IV, 195 S.) 890. n. 2. 20

Nahrhaft, J., Sammlung lateinischer Uebungsbücher zur Grammatik des Dr. Al. Goldbacher. IV. Theil: Tempus- und Moduslehre. Bearbeitet von J. Walser Wien 1890. Schworella u. Heick. (Min.-Erl. 18. Juni 1890. Z. 11814.) Ungebunden —.90, gebunden 1.10

— dasselbe. Alphabetisches Wörterverzeichnis zum 1. Thl. 2. Aufl. gr. 8. (30 S.) Ebd. 891. Kart. n. — 60

Nahrhaft, Josef, Lateinisches Uebungsbuch zu der Grammatik von Dr. Alois Goldbacher. I. Theil. 4. Auflage. Wien 1893 Schworella und Heick. (Min.-Erl. v. 24 August 1893, Z. 19001.) Gebunden —.70

Nahrhaft's, Jos., latein. Ubungsbuch zu d. Grammatik v. Al. Goldbacher. 1., 2. u. 4. Thl. gr. 8. Wien, Schworella & Heick. Geb. in Leinw. n. 6. 40
1. 6., im wesentl. unveränd. Aufl. (120 S.) 897. n. 1. 40
2. 4., im wesentl. unveränd. Aufl. (184 S.) 898. n. 2. —
4. Tempus- u. Moduslehre. 2. Aufl. M. Zugrundelegg. d. Ausg. v. J. Walser neu bearb. v. Karl Ziwsa. (124 S.) 898. n. 2.

Nahrhaft, Jos., lateinisches Übungsbuch zu der Grammatik v. Al. Goldbacher. 1. u. 3. Thl. gr. 8. Wien, Schworella & Heick. Geb. in Leinw. n. 3.70
1. 8. verb. Aufl. (110 S.) 902. n. 1. 50
3. Casuslehre. 2. Aufl. Mit Zugrundelegung der Ausg. von J. Walser neu bearb. von Karl Ziwsa. (141 S.) 899. n. 2. 20

Nahrhaft, Jos., lateinisches Uebungsbuch zu der Grammatik v. Al. Goldbacher. 1. u. 2. Tl. gr. 8. Wien, Schworella & Heick. Geb. n. 3. 70
1. 7., im wesentlichen unveränd. Aufl. (110 S.) 906. n. 1. 50
2. 5., verb. Aufl. (180 S.) 903. n. 2. 20

Nahrhaft's, J., lateinische Übungsbücher zur Grammatik des Al. Goldbacher. 3., im wesentlichen unveränd. Aufl. Mit Zugrundelegg. der Ausg. v. J. Walser neu bearb. v. Karl Ziwsa. III. u. IV. Tl. gr. 8. Wien, Schworella & Heick. Geb. 3. 60
III Kasuslehre. (141 S.) 907. Geb. 1. 90
IV Tempus- u. Moduslehre. (124 S.) 907. Geb. 1. 70

Nährich, Oscar [aus Lunzendorf, Schlesien]: Die Gefühlsbezirke und die motorischen Punkte des Hundes. Ein Beitrag zur vergleichenden Anatomie und Physiologie. Mit 12 Abbildungen. Dresden (a. d. Umschlag: Zürich) 1903. 111 S. 8°. [31. III. 04.]
Zürich. Phil. Diss. II. S. 1903/1904.

Nährich, Oscar. Die Gefühlsbezirke und die motorischen Punkte des Hundes. Ein Beitrag zur vergleichenden Anatomie und Physiologie. Diss. Phil. [II.] Univ. Zürich. Mit 12 Abbildungen [auf 8 Tafeln]. 112 S. 8. Zürich (Buchdr. Arthur Schönfeld in Dresden) 1903.

Bright's Nähr- und Kraftmehl, therapeutisches Agens als schnellster Wiederersatz verlorener Körperkräfte und Säfte, als treffliches Nährmittel für Kinder jedes Alters. Dessen Eigenschaften und Anwendung von einem praktischen Arzt. Aus dem Englischen. Prag, 1855. Druck der k. k. Hofbuchdruckerei von Gottlieb Haase Söhne. (23 S. kl. 8.)

Nährstand, belehrende und unterhaltende Blätter mit Bildern, für Landwirthschaft, Gärtnerei und Haushaltung. Hrsg. und redig. von F. Stamm. 1—4. Jahrg. 1859—62. à Jahrg. 24 Nrn (à 1 Bog.) Wien, (Wallishausser'sche Buchh.) à Jahrg. *

Die *Nährstoffe* d. Pflanzen Leipz. 1861. 80 S. 4°
(Aus der Natur. Nr 1—5).

Nahrung und Arznei, von billiger. (Fragen, Sozialwissensch. 12) Bremen 1880

Nahrung, Erste, für den gesunden Menschenverstand. Leipzig 1776. 2. A. 1781. 3. A. 1794. 4. A. 1799. V: *Thieme, Carl Traugott.* (MGT) (OL) (KY)

— erste f. d. gesunden Menschenverstand, s. a. K. T. Thieme.

Nahrung, Erste, für den Verstand. O. O. 1807. V: *Seidel, Carl August Gottlieb* [?]. (StAt) Nahrung, Zweite . . . 1807. V: *Seidel, C. A. G.* [?]. (StAt)
Vgl. Nahrung, Zweite, ...

— erste, f. d. keimenden Verstand guter Kinder, insbesondere f. Julius, Karl, Luise, Betty, entworfen v. ihrer Mutter, deutsch u. französ. Mit 24 illum. Kpf. gr. 12. Leipz. 807. Leo. 1 ß 12 gl

— — Erklärung d. Kupfertafeln zur 1sten Nahrung. gr. 12. Ebend. 802.

— erste, für den keimenden Verstand guter Kinder, mit K. 4te Aufl. 12. Leipz. Leo. 815.

Nahrung, erste, für d. keimenden Verstand guter Kinder v. ihrer Mutter. (Mit deutsch. u. franzöſ. Texte.) 5e mit neu gestoch. Kpfrn. verschön. Aufl. 12. Leipz. 824, Leo.

Nahrung, erste, für den keimenden Verstand guter Kinder, von ihrer Mutter. Deutsch u. französisch. Mit ill. Kpfrn. 6e verm. Aufl. gr. 12. Leipzig 835. Leo. 1 1/2 ß

Nahrung, erste, für den keimenden Verstand guter Kinder von ihrer Mutter. 7. Aufl. — Première nourriture pour l'esprit de bons enfans. — First food for the opening minds of good children. 8. (Mit 31 col. Kpfr. und 1 Stahlstich.) Leipzig 843, Leo. H. Fritzsche. n. 1 1/2 ß

Nahrung, erste, für den keimenden Verstand guter Kinder. — Première nourriture pour l'esprit naissant de bons enfans. 8. édition. Avec 31 tables de grav. col. Texte Allemand, Français et Anglais. 8. (87 S.) Leipzig 847, Herm. Fritzsche. n. 1 1/3 ß

— dass. Texte Allemand et Français. 8. (91 S.) Ebd. 847. 1 1/6 ß

Nahrung, erste, für den keimenden Verstand guter Kinder. — Première nourriture pour l'esprit naissant de bons enfans. 9. Édit., revue et corrigée. Texte allemand, français, russe et polonais. gr. 16. (VII und 78 S. mit 31 ill. Kpfrt.) Leipzig 849, H. Fritzsche.

Nahrung, erste, für den keimenden Verstand guter Kinder ꝛc. 9. Aufl. Deutsch-französ.-italien.-polnische Ausg. gr. 16. (VII und 78 S.) Leipzig 849, H. Fritzsche. Thlr.

— erste wissenschaftl., allen edlen jungen Freunden gewidmet. 8. Leipz. 798 (Brockhaus). 22 gl

Nahrung f. Geist u. Herz, od. Samml. sinnreich. u. witziger Einfälle. 8. Oschatz 797. Oldekop. 14 gl

— für Geist und Herz in freundschaftl. Aufsätzen für Stammbücher. Mit Kpfrn. 8. Pesth, Müller. 817.

Nahrung, gesunde. Ein Wort an das Volk von der schweiz. gemeinnützigen Gesellschaft. Zürich 1889

— fürs Herz. 2 Bdchn. 8. Hamb. 793. Bachmann. 20 gl
Forts. unt. d. T.: Melpomene. 1793f.

— fürs Herz, gesammelt aus d. Schriften christl. Menschen. 8. Nürnb. 805. Raw. 2 gl

— des Herzens f. rechtschaffene Lehrer in allen Ständen. 2 Bde. 8. Hamb. 772,73. Reuß. 2 ß

NAHRUNG für weibliche Seelen, welche beglükkend auch selbst glücklich seyn u. bleiben möchten. Hamburg, bey Adolph Schmidt, 1807. Kl. 8°. (2 1/2 Rthl.) (5 Mk. Taussig, Prag, 1907.)
8 Bll. Vorst., 548 S. Enth.

— für weibliche Seelen, welche beglückend auch selbst glücklich seyn u. bleiben mögten. 8. Hamb. 807. (Argés in Leipz.)

Nahrung für Spassvögel, Lustigmacher und muntere Gesellschafter. Bestehend in einer Auswahl d. lustigsten Anekdoten, Schnaken, Schnurrpfeifereyen u. lächerl. Begebenheiten. Leipzig ca. 180*. V: *Kottnauer, Joseph* (?). (BGE V² 293) (KY 3/404, 4/204) (BiblPort)

— f. Spaßvögel, Lustigmacher u. muntere Gesellschafter, s. a. J. Kottnauer, lustig, lebendig u. dessen Vademecum.

— für Spaßvögel, Lustigmacher u. muntre Gesellschafter. Bestehend in einer Auswahl der lustigsten Anekdoten, Schnaken, Schnurpfeifereyen u. lächerlichen Begebenheiten. 2 Bde. v. J. Kottnauer. (d. 1ste hat auch d. Tit.: Lustig Lebendig 4r Thl. d. lustige Vademecum 5r.) 8. Leipz. Joachim.

— für Spaßvögel, Lustigmacher und muntere Gesellschaften, bestehend in einer Auswahl der lustigsten Anekdoten ꝛc. Neue Aufl. 8. (Leipzig, Central-Compt. in Com.) 818.

Nahrung, neue, für Spaßvögel, Lustigmacher u. muntre Gesellschafter. 1r Heft. 8. Leipz. Joachim. 813.

Nahrung, tägliche, des Glaubens u. der Hoffnung besonders für Leidende u. Bedrückte. Ein biblisch-evangel. Schatzkästlein, enth. Gebete u. Verheißungen des Wortes Gottes nebst Stimmen der Kirche in Liederversen. 2. Aufl. gr. 16. (119 S.) Stuttgart 877. Schober. n. — 60; cart. n.n. — 80

NAHRUNG für alle Temperamente. (Belletrist. Wochenschrift, hrsg. von F. Hagemann.) Hamburg 1784. 8°. Selten! (1 Mk. 50 Pfg. Th. Ackermann, München, 1883; jetzt theurer!)

NAHRUNG des Vergnügens für denkende Leser. Eine Wochenschrift. 2 Thle. (soviel erschienen). Hamburg 1771—72. 8°.
Bibl. Kürschner, Lpz., Mai-Auction 1904. No. 152. — Selten!

— des Vergnügens f. denkende Leser. 2 Jahrgg. gr. 8. Hamb. 772, 73. Herold. 4 *ℛ*
Forts.unt.d.T.:Freie Urteile. 1773.

— für Verstand u. Herz, v. e. Bruder Freimaurer hrsgg. (K. L. F. Rabe). 6 Thlr. 8. Stendal 783—90. Franzen u. G. 1 *ℛ* 8 *g*

Nahrung für Verstand und Herz... Stendal 1784—90. V: *Rabe, Carl Ludwig Friedrich.* (MGT) (Kl)

— für Witz u. Gefühl aus d. hinterlassenen Schriften d. Frau Necker. 2 Thle. 8. Chemnitz 799, 800. (Tasché in Gießen). 2 *ℛ* 16 *g*

Nahrung, zweite, f. d. zunehmenden Verstand ꝛc. Deutsch u. Französ. Mit 37 illum. Kpfrn. gr. 12. Leipz. 807. Leo. 1 *ℛ*
Vgl.Nahrung,Erste,...

— — Erklärung d. Kupfertafeln z. 2ten Nahrung. gr. 12. Ebend. 802.
(dieselben in französischer Sprache zu eben den Preisen.)

Nahrung, Zweite, für den zunehmenden Verstand guter Kinder von ihrer Mutter. Deutsch und französisch. Leipzig 1817. V: *Kanitz, Charlotte.* Ü (franz.): *Kind, Auguste geb. Kanitz.* (GGr X, 116) (Zeitschr. f. Büch. N. F. 15, 1923. S. 117)

Nahrung zweyte, für den zunehmenden Verstand guter Kinder, insbes. für Julius, Carl, Louise, Betty, von ihrer Mutter. 8. 4te Aufl. mit K. 8. Leipzig, Leo. 818.

Nahrung, zweite, f. d. zunehm. Verstand guter Kinder, v. ihrer Mutter. 5., durch Bilder u. Text ganz neu gestalt. Aufl. (Deutsch u. Franz.) Breit gr. 16. (18 B., 30 ill. Stndr. u. 1 ill. Karte, Kpfrst.) Leipzig 832, Leo.
Erste Nahrung. 6. Aufl. Ebendas. 1824. 1 Thlr. 12 Gr.

— zweite, für den zunehmenden Verstand guter Kinder von ihrer Mutter. 6. durch Bilder u. Text ganz neu gestalt. Aufl. — Deuxième nourriture pour l'ésprit naissant de bons enfans. 6. édit. revue, et augmentée de sujets et d'explications. 8. (Mit 29 col. Kpfr. u. 1 Landkarte.) Ebend. 843. geb. n. 2 2/3 *ℛ*

— zweite, für den zunehmenden Verstand guter Kinder. — Deuxième nourriture pour l'esprit naissant de bons enfans. 7. édition. Avec 31 tables de grav. col. 8. (XIV u. 271 S.) Ebd. 847. n. 1 1/3 *ℛ*

Nahrungen, gewählte, f. Herz. 8. Wien 797. Legerer. (Liebeskind in Leipz.) 14 *g*

Nahrungen, gewählte, für's Herz, mit Kupf. 8. Daselbst, 797. (Hofmeister) 15 sgl.

Nahrungsmittel, unsere, u. ihre Verfälschg., s.: Miniatur-Bibliothek.

Nahrungsmittel, Ein versäumtes. Blaubeuren o. J. V: *Linck, H. E.* (Tübz 7, 3)

Nahrungsmittel-Anzeiger. 1.—5. Jahrg. 1889—1893. à 52 Nrn. (2 Bog.) Fol. Duisburg, M. Mendelssohn. à Jahrg. n. 2. —

Nahrungsmittel-Börse, allgem. deutsche. Handelsanzeiger u. Fachoffertenblatt f. d. Interessen d. ges. Detailhandels der einschläg. Branchen. Red. v. R. Schulz. Red.: G. Thieme. 1. Jahrg. Septbr—Dezbr. 1898. 11 Nrn. (Bog.) hoch 4. Leipzig, Expedition. 1.—

Nahrungsmittelbuch, Deutsches. Herausgegeben vom Bunde deutscher Nahrungsmittel-Fabrikanten und Händler. Heidelberg 1905. V: *Kayser, R.* (EB)

Nahrungsmittelbuch, deutsches. Hrsg. vom Bunde deutscher Nahrungsmittel-Fabrikanten u. -Händler E. V. (VII, 245 S.) gr. 8. Heidelberg 905. C. Winter, Verl. n. 6.40; geb. n. 7.40

Nahrungsmittelbuch, deutsches. Hrsg. vom Bunde deutscher Nahrungsmittel-Fabrikanten u. -Händler E. V. 2. vielfach geänd. u. verm. Aufl. (VII, 408 S.) gr. 8. Heidelberg 909. Carl Winter. 10.40; geb. in Leinw. n 11.50

Nahrungsmittelgewerbe, unsere. Eine Berufskunde f. Bäcker, Konditoren, Fleischer, Köche u. Kellner. Zum Gebrauche f die Hand der Schüler in Fortbildungs-, Fach- u. Gewerbeschulen hrsg. v. Leipziger Fortbildungsschul-Direktoren u. -Lehrern. (104 S. m. 38 Abb.) 8. Leipzig 904. A. Hahn. Kart. n.n. 1.10; in Geschenkbd. n. 1.40

Nahrungsmittel-Industrie-Berufsgenossenschaft Mannheim. 7 Schriften enthaltend Statuten, Unfallverhütungs-Vorschriften etc. Mannheim 1886-87

Der **Nahrungsmittel Interessent.** Neue Folge d. Allgemeinen Delikatessen- u. Fettwaren Zeitung .. Organ d. Verbandes d. Nahrungsmittel-Interessenten zu Magdeburg. Red. Hugo Lude-mann. Jg. 1. Magdeburg Leistner & Drewfs 1910. 2°(4°)(m. 1914)

Nahrungs- & Genussmittel-Kunde, allgemeine deutsche. Zeitschrift für alle Zweige d. Nahrungs- u. Genussmittel-Branche. Organ für die Verpflegg. der deutschen Armee u. Marine. Schriftleitg.: Fr. Oertel. 1. Jahrg. Febr. 1898—Jan. 1899. 52 Nrn. (Bog. m. Abb.) gr. 4. München, Süddeutsche Verlags-Anst. München. n. 6. —
Kann auch halbjährlich f. n. 3.50 u. vierteljährlich f. n. —. — bezogen werden.

Nahrungsmittel-Markt. Organ f. die Interessen des Nahrungs- u. Genußmittelverkehrs. Red.: Alb. Steinhage. Mit illustr. Beilage: „Der Erzähler". Red.: Thdr. Ficker. 2. Jahrg. 1904. 24 Nrn. (à ca. 8 u. 4 S.) gr. 4. Leipzig (Königsplatz 9), Verlag des Nahrungsmittel-Markt A. Neumann. n. 2. —
Erscheint nicht mehr.

Nahrungssteuer, üb. die, u. Remission in Schlesien, siehe neue Beyträge zur Beschr. von Schlesien 2s Stck.

Nahrungsvortheile zum Besten aller Stände. Dresden 1784. V: *Gottschling, Paul Rudolph.* (MGT) (Ol.) (Kläbe, Neuestes Gel. Dresden. Leipzig 1796.)

Hamburgs und Altonas Nahrungszustand nebst einer Darstellung des Zwischenhandels den Hamburg führt. Hamburg und Altona. 1804.

Nahrwold, Gust. Rob. (geb. Minden in Westf. 19. 4. 1850): Ueber Luftelectricität. Berlin (1876). (30 S.) 8°
Berlin, Phil. Diss. v. 31. Juli 1876

Nahšabī, Dijā' ad-Dīn: Touti Nameh Eine Sammlung Persischer Mährchen von Nechschebi [in der Bearbeitung des Muhammad Qādirī] Deutsche Uebersetzung von Carl Jakob Ludwig Iken. Mit einem Anhange von demselben, und von J. G. L. Kosegarten. Stuttgardt 1822.

Nahšabī, Dijā' ad-Dīn: Tuti-Nameh Das Papagaienbuch ... Nach der türkischen Bearbeitung zum ersten male übersetzt von Georg Rosen. 1. 2. Theil. Leipzig 1858.

Naht, Aug. Adf., russische Konversations-Grammatik, s.: Fuchs, Paul.

— deutsch-russ. Sprachführer, s.: Goldschmidt's Sammlg. prakt. Sprachführer f. Reisende.

†Nahthaler, J. M., (J. Mohr?) Dichtungen. 8. (7½ B.) Kreuznach 830, (Kehr.)

— Nahewein-Lied. 8. Kreuznach 820. Kehr. 1 gl.

—— Nahewein-Lied. (N. Ausg.) 8. (½ B.) Kreuznach 830, Kehr.

Nahum
(Vgl. Chr. F. Hartmann. – Vgl. Propheten.)

— d. Prophet, neu übers. mit Anmerkk. v. H. A. Grimm. 8. Düsseld. 790. Dänzer. 9 gl.

Nahum, Prophet, übersetzt. Giessen 1808. Ü: *Rumpf, Frdr. Carl.* (MGT)

— aus d. Hebräischen übers. von Hnr. Middeltorpf. Mit einer Vorrede u. Anmerkk. v. Dr. Gurlitt. 8. Hamb. 808.

Nahum, (d. Prophet,) neu übersetzt u. erläutert v. K. W. Justi. 8. Leipz. 820. Barth. 9 gl.

Das Buch des Propheten **Nahum**. Erkl. von Otto Happel. Würzburg: Göbel & Scherer 1902. (V,106 S.) 8°

Nahumi Oraculum. Ex praefatione de externae poeseos in vernaculam convertendae ratione versibus germanicis ὁμοιοτελεύτοις et σχολίοις illustr. Armin. Gustav. Hoelemannus. 8maj. Lipsiae 842. (Fr. Fleischer.) n. ½ Rthlr.

Nahumi et Habacuci vaticinia interpret. a E. J. Greve 4maj. Amsterd. 793. 3 Rthlr. 16 gl.

Nahumi de Nino Vaticinium, s. Strauss.

Nahuys, Alexander Petrus

Chymische Abhandlung von der Entstehung des Wassers aus der Verbindung der Grundstoffe der reinen und brennbaren Luft. Aus dem lateinischen mit Erläuterungen und Zusätzen herausgegeben von Johann Andreas Scherer. Wien, 1790. pp. xii-276, 8vo.

— chem. Abhandl. v. d. Entstehung d. Wassers aus d. Verbind. d. Grundstoffe d. reinen u. brennbaren Luft; aus d. Latein. mit Zusätzen v. J. A. Scherer. gr. 8. Wien 790. Beck. 20 gl.

Nahuys, A. P., dissert. chem. de aquae origine etc. 8.maj. Francf. 789. Rthlr.

Nahuys, Maurin, Etat de la question de l'uniformité des monnaies, des poids et des mesures. Traité économique et statistique. Leipzig 865. A. Dürr. gr. 8. (VIII, 70 S.) n. 15 ngr.

Najac, Emile de

Najac, E. de, ein Afrika-Reisender, s. Bloch's, E., Theater-Correspondenz.

Najac, Emile de: Il capitano Bitterlin, s. Emporeo, drammatico.

Najac, E. de, Cyprienne, s.: Sardou, V.

Najac, E. de, u. Alb. **Millaud**, Paragraph 330, s.: Universal-Bibliothek.

Najac, Em. de, } s. Emporeo,
—— ed E. Scribe, la pulzella di trent'anni, } drammatico.

Najade, Die. O. O. 1857. V: *Hallberg, Emilie Emma v.* (ADB)

Najaden, die, eine kom. Oper in 4 Aufz. von J. N. v. Waibel. 8. Constanz, Wallis. 820.

Naide; ein Mährchen, a. d. Franz. d. Grafen v. Hamilton, 8. Hamburg. 749.

NAIDE oder das Mädchen aus dem Morgenlande. Eine Geschichte aus der Vorzeit. Vom Verf. der Hütte am Felsen. 2 Thle. Mit 1 Kpfr. Frankfurt a. Main, bei Geo. Lud. Macklot 1796.
I: Titel, VI u. 243 S. II: Tit., 248 S. — Einiges etwas frei.

Naide, od. d. Mädchen aus d. Morgenlande. 2 Thle. 8. Frankf. 796—800. Gebhardt u. K. 1 Rthlr. 16 gl.

Najmájer, Marie v., Gräfin Ebba. Ein Gedicht. 8. (114 S.) Stuttgart 877. Cotta. n. 2. —

Najmájer, Marie v.: Der Göttin Eigenthum. — Wien: Konegen 1901. VIII, 157 S. 8°

Najmájer, Marie v., Gedichte. Neue Folge. gr. 16. (IX, 154 S.) Wien 873, Dirnböck's Buchh. *

Najmajer, Marie v., nachgelassene Gedichte. (VI, 155 S.) 8. Wien 905. W. Braumüller. n. 2. 50; geb. n. 4. —

Najmájer, Marie v., neue Gedichte. 12. (VIII, 160 S.) Stuttgart 890. Bonz & Co. n. 2. —; geb. m. Goldschn. n. 3. —

— Gurret-ül-Enn. Ein Bild aus Persiens Neuzeit in 6 Gesängen. gr. 16. (211 S.) Wien 874. Rosner. n. 4. —

— Hildegund. — Aennchen v. Tharau. — Der Goldschuh. Dramatischer Nachlaß (XVI, 142 S.) 8. n. 2. 50; geb. in Leinw. n. 3. 40
Wien: Braumüller 1907.

Najmájer, Marie v., Johannisfeuer. Eine Dichtung. 8. (160 S.) Stuttgart 888, Bonz und Comp. * geb. *

Kaiser Julian. Trauerspiel in 5 Akten von Marie v. Najmájer. Wien C. Konegen 1904. (134 S.) 8° [F.]

Najmájer, Marie v., Schneeglöckchen. Wien 869. (Klemm.) 16. (IX, 160 S.) n. 26 ngr.; in engl. Einb. mit Goldschn. n. 1 $ 6 ngr.

— Schneeglöckchen. 2. Aufl. gr. 16. (IX, 160 S.) Wien 873. Dirnböck. n. 2. —

— eine Schwedenkönigin. Historischer Roman. 2 Bde. 8. (179 u. 164 S.) Breslau 882. Schottländer. n. 6. —; geb. n. 8. —

— der Stern v. Navarra. Histor. Roman in 2 Bdn. 8. (239 u. 237 S.) Berlin 900. G. H. Meyer. n. 6. —; geb. n.n. 8. —

(B) Najmájer, M. v., der Stern v. Navarra. 900. (KVL 32.) Jetzt: Berlin. Heilbrunn & Co.

Naiman, Simon, aus Russland: Ein **Beitrag** zur Casuistik des Leberechinococcus. ⟨Aus d. chirurg. Klinik d. Kgl. Charité.⟩ *Berlin (1902): E. Ebering.* (29 S.) 8°
Berlin, Med. Diss. v. 2. Aug. 1902

Najork, Friedrich Karl August, baccalaureus juris a. Leipzig: Die Gegenstände des gesetzlichen Vermieterpfandrechts. Borna-Leipzig 1904: R. Noske. (VIII, 41 S.) 8° [F.]
Leipzig, Jur. Fak., Diss. v. 17. Dez. 1904
[Geb. 11. Sept. 75 Leipzig; Wohnort: Leipzig, Staatsangeh.: Sachsen u. Preußen: Vorbildung: Thomasschule Leipzig Reife O. 95; Studium: Leipzig 5, Berlin 3, Bonn 2 S.; Rig. 16. Jan. 02.]

Najork, Fritz (Friedrich Karl August) (Leipzig). Die Gestaltung der Volksvertretung nach dem Princip der Interessenvertretung. Diss. Leipzig-Reudnitz (A. Hoffmann) 1900. 37 S. u. Biogr. (1.—) 24544

Nairz, O[tto]: Die elektrische Arbeitsübertragung. Mit 144 Abb. Leipzig: Barth 1909. VII, 260 S. 8°
(Wissen u. Können. 12.)

Die Radiotelegraphie. Gemeinverständl. dargest. von O[tto] Nairz, Ingen. Mit 153 Abb. Leipzig: J. A. Barth 1908. (VIII, 271 S.) 8°
= Wissen u. Können. 4.

Naisl (Neissl), Emil

— evangel. Posthörnlein a. d. wahre Glaubens- u. Himmelsstraße. 4. Regensb. Pez. 727.

Naisl (Neissl), Aemil., Refutatio theologica Ludovici a Seckendorff, acerrimi Lutherani dogmatis parastatae. Pedeponti 1730, in 4°. Auch deutsch 1734.

Naisl, Aem., († d. 26. Jun. 1753.) scintillae asceticae ad excitandum et fovendum in praecipua festa et sacratoria tempora 8. Münch. 752. Lentner. 3 gl.

Naissance de Pitt, fils du Lord Chatam, ou Angelina, av. fig. Paris. (Sommer à Leipz.) 799.

Naissances, décès et mariages survenus en Suisse pendant l'année 1871. Publié par le Bureau de statistique. 101 pp. in-4. (Berne.) Zurich, Orell, Fussli & Co. 1874. 4. —

Naito, (Toru), Dr. med., Augenarzt in Tokio ⟨Japan⟩ ⟨Aus d. Universitäts-Augenklinik in Rostock. Prof. Axenfeld.⟩ Pathologisch-anatomische **Untersuchungen** über das Verhalten der Ciliarnerven sowie über amyloide und hyaline Degeneration bei Phthisis bulbi. Mit 2 Taf. *Leipzig: W. Engelmann 1901.* (25 S.) 8° ¶(Aus v. Graefe's Archiv f. Ophthalmol., Bd. 53, H. 1.)
Rostock, Med. Diss. v. [1. Dez.] 1901

Naitschau (Elsterberg), s.: Geologische Karten (Preussen).

Naïveté, la, de la Langue franç., ou morceaux choisis de quelques auteurs franç. etc. 8. Augsb. Stage. 769.

la Naïveté, de la langue francaise f. A H. A. *Mertens*.

Naivetäten und Einfälle. Göttingen 1773. V: *Unzer, Ludw. Aug.* (JL)

Naivetäten und Einfälle, Neue. Göttingen 1773. V: *Unzer, Ludwig August.* (ML) (Ky) (JL)

— u. Einfälle. 8. Götting. 773. Dieterich. 2 gl. Neue Naivitäten u. Einfälle. 8. Ebd. 773. 2 gl.

NAIVITATEN (!) und witzige Einfälle. 10 Bde. (à 6 Hunderte, soviel ersch.?). Gera, Rothe, 1782—94. 8°. (1.—9. Hundert, „Gera 1782 bis 85", zus. 788 S., stellenw. wasserfl., 8 Mk. 50 Pfg., W. H. Kühl, Berlin, c. 1882; 1.—12. Hundert, ebd. „1783—94", 3 Mk. Scheible, 1879; jetzt theurer!)
— Dr. Franz Schnitzer's Bibl. München 1902. No. 125: „Bd. 4, 7, 9, 10 (à 6 Hunderte). Gera 1788, 91, 93, 94."

Naivitäten u. witzige Einfälle.. 10 Bde. 8. Gera 786—94 Rothe. 10 $ (5r—10r Bd. A. u. d. T.: Einfälle, Anekdoten, kl. Erzähll. u. charakterist. Züge. 6 Bde. 6 $)

Naek, August Ferdinand [Praes.], s. Jacob, Johann Friedrich. Schedae criticae.

Nakai, Chozaburo, a. Wakayama, Japan: Die englischen Marineausgaben und deren Deckung seit 1887—88. München 1906: Kastner & Callwey. (126 S.) 8°
München, Staatswirtsch. Fak., Ref. Lotz, Diss. v. 1. Mai 1906
[Geb. 4. Jan. 78 Wakayama; Wohnort: Tokio; Staatsangeh.: Japan; Vorbildung: Mittelsch. Wakayama bis O. 97; Studium Handelshochsch. Tokio 4, Univ. München 10 S., Rig. 1 Mai 06.]

Nakai, T.. Flora Koreana. Pars 1. (304 u. II S. m. 15 Taf. u. 15 Bl. Erklärgn.) Lex. 8. Tokyo 909. (Berlin, R. Friedländer & Sohn.) nn 9. —

— Polygonaceae Koreanae. (In latein. Sprache.) (28 S. m. 1 Taf. u. 1 Bl. Erklärgn.) Lex. 8. Ebd. 908. nn 2. —
2 Sonderabdrücke aus: „Journal of the college of science, imp. univ., Tōkyō".

Nakajima, K(entaro): Ueber direkte und indirekte Messung der Conjugata vera. Würzburg 1909: Becker. 30 S. 8°
Würzburg, Med. Diss. v. 28. Juni 1909, Ref. Hofmeier
[Geb. 8. April 80 Sapporo; Wohnort Würzburg; Staatsangeh.: Japan; Vorbildung: Gymn. Sapporo Reife 96; Studium Tokio 13, Berlin 1, Würzburg 2 S.; Rig. 25. Mai 09.] [U 09.4135

Nakamura, Shun- u. Nozomi no hoshi (Sterne der Hoffnung). Autoris. Uebersetzg. aus dem Japan. v. A. Wendt. (XI, 210 S.) kl. 8. Halle 904. Gebauer-Schwetschke. Kart. n. 2. —

Nakamura, Tomiji: Strangulation des colon ascendens durch Stieldrehung einer Appendix epiploica des Colon ascendens. München 1908. Kastner & Callwey. 20 S. 8°
München, Med. Diss. v. 12. März 1909, Ref. v. Angerer
[Geb. 25. Febr 77 Tokio, Wohnort Tokio, Staatsangeh.: Japan, Vorbildung Priv.-Mittelsch Kinjo Tokio Reife März 97, Studium. Chiba Med. Akad 8, München 2 S., Rig 12 März 09.] [U 09. 3373

NAKAMURA, Yaroku (Tokyo): Über den anatomischen Bau des Holzes der wichtigsten japanischen Coniferen.- Berlin: Springer 1882. 34 S.,Taf.
26.6.1882 - Urk (Titel: De structura anatomica ligni coniferarum quae maximi momenti sunt japonensium.); Chr 1882/83,16
Diss. Ingolst.-Landsh.-Mchn.

Nakasima, Kasuyoshi [aus Tokio (Japan)] Beiträge zur Kenntniss der Prostata Würzburg, Becker's Univ.-Buchdr., 1886; 20 S. u. 1 Taf. 8°
Würzburg, Med. Fak., Inaug. Diss. v. 1886

Nakasima, Kasuyoshi, Beiträge zur Kenntniss der Prostata. Diss. Würzburg 1886, Stahelsche Univ.-Buchh. 8°. 20 S. mit einer Taf.

Nakatenus, Anton: Plus est in re quam in existimatione und Plus est in opinione quam in veritate *Köln 1898: Ph. Gehly.* 141 S., 8°
Erlangen, Jur Diss. v. 28. Juni 1898

Nakatenus, Wilhelm

— kurzer Begriff d. Palmgärtleins. 8. Cöln, Nöthen. 700.

NAKATENUS, WILH(ELM S. J.) Kurzer Begriff des himmlischen Palm-Gärtleins. Mit Zufügung sonderbaren Andachten bey etlichen Bildern sambt der noun dienstägigen Andacht zum Heil. Antonio von Padua. Caschau 1737: Buchdruckerey Soc. Jesu. 30, 3-611, 9 S. 120 mm
-Ders. u. d. T. Kurzer Begriff des himmlischen Palm-Gärtleins in grösserem Druck R. P. W. Nakateni: darinnen nebst unterschiedenen Tag-Zeiten, andächtige und anmütige Morgens- Abends- Mess- Beicht- und Communion-Gebeter, die 1 Bußpsalmen mit zugesetzten Gebetern und viele andere mehr zu finden. Aus vielen Antrieb in diese Form, und Ordnung gebracht, auch mit schönen Kupfern gezieret, ans Liecht gegeben. Tyrnau 1755. Gedruckt in der academischen Buchdruckerey. 14, 528 S. 1 t. - 170 mm

— kurzer Begriff d. Palmgärtleins. 8. Münster 796. Aschendorf. 5 g, Schrbp. 6 g

Nakatenus, W. Kurzer Begriff des himmlischen Palmgärtleins . . . Neueste Aufl. Münster 1807. H: *Bern, Chph.* (Jes)

Nakatenus, Wilh., Blüthen aus dem himmlischen Palmgarten. Der neuen Bearbeitung von Th. Wollersheim 16. Aufl. (Ausg. Nr. VII.) 32. (XVI und 602 S. mit 1 Stahlst. und chromolithogr. Titel.) Köln 864. Bachem.

Nakatenus, Wilh., Blüthen aus dem himmlischen Palmgarten. Der neuen Bearbeitung von Thdr. Wollersheim 19. Aufl. (Ausg. Nr. VIII. Volks-Ausg.) Köln 867. Bachem. 16. (XV, 437 S. mit 1 Stahlst. u. chromolith. Titel.) 10 ngr.

Nakatenus, Wilh., Blüthen aus dem himmlischen Palmgarten. Der neuen Bearbeitg. v. Th. Wollersheim 23. Aufl. [Ausg. VII.] 32. (XV, 591 S. m. 1 Chromolith.) Köln 874. Bachem. 1. 50

— dasselbe. 25. Aufl. [Ausg. Nr. 8. Volks-Ausg.] 16. (XV, 445 S. m. chromolith. Titel u. 1 Stahlst.) Ebend. 876. 1. —

Nakatenus, Wilh., Blüthen aus dem himmlischen Palmgarten. Der neuen Bearbeitung von Th. Wollersheim 26. Aufl. [Ausg. Nr. IX.] 32. (XVI, 624 S. mit chromolith. Titel u. 1 Stahlst.) Köln 880. Bachem. 1. 50

— dasselbe. 27. Aufl. [Ausg. Nr. VIII.] 16. (XV, 451 S. mit chromolith. Titel u. 1 Stahlst.) Ebend. 881. 1. —

Nacatenus, Wilh., Blüthen aus dem Himmlischen Palmgarten. Der neuen Bearbeitung von Thdr. Wollersheim 28. Aufl. [Ausg. Nr. IX.] 32. (XVI, 624 S.) Köln 886, Bachem. *

—— dass. — Der neuen Bearbeitung von Thdr. Wollersheim 29. Aufl. [Ausg. Nr. VIII.] 16. (XV, 451 S. mit chromolithogr. Titel und 1 Stahlst.) Ebendas. 887.

Nakatenus, Wilh., Blüthen aus dem himmlischen Palmgarten. Der neuen Bearbeitg. v. Th. Wollersheim 30. Aufl. (Ausg. Nr. IX.) (Min.-Ausg.) 24. (XVI, 625 S. m. farb. Titel u. 1 Stahlst.) Köln 891. J. P. Bachem. 1. 50

— dasselbe. Der neuen Bearbeitg. v. Thdr. Wollersheim 31. Aufl. (Ausg. Nr. VIII.) 16. (XV, 452 S. m. farb. Titel u. 1 Stahlst.) Ebd. 892 1. —

Blüthen aus dem Himmlischen Palmgarten [Palmetum coeleste] des Wilhelm **Nacatenus** S. J. Der neuen Bearb. von Pfarrer Theodor Wollersheim 34. Aufl. (Ausg Nr 8.) *Köln a. Rh. J. P. Bachem [1901]* (XV 452 S.) 8° [F.] [01. 8260 5

Nakateni, Wilh., Coeleste compendium precum. 12. Colon. 800. (Augsburg, M. Rieger.) 1/8 rthl

—— goldener Himmelsschlüssel. Ein Gebetb. f. kathol. Christen. 12. ... Cöln 832, Mathieux.

Nacateni, s. Hochaltar, himmlischer.

Geistliche Lieder von Wilhelm **Nakatenus**. Hrsg. von Dr. Wilhelm Bremme. Mit 1 Titelb. nach e. alten Altarbilde. *Köln: J. P. Bachem 1903.* (152 S.) 8° [F.] [03. 11350 6

— Coeleste Palmetum variis Officiis, Litaniis, Precibus, Instructionibus, nec non Orationibus Sanctorum per annum. Ad ubertatem et sacras delicias excultum, ornatum, munitum. 18maj. Mainz 826. (Müller). 1 rthl

——, coeleste Palmetum, variis Officiis, Litaniis, Precibus, Instructionibus, Psalmorum Interpret., Meditationibus, Controversiis etc. Nec non Vitis Sanctorum per Annum, cum Operationibus adjunctis, Lectiss. Sacrae Scripturae et Sanct. Patrum adhibitis Testimoniis et Sententiis, ad ubertatem et sacras delicias excultum, ornatum, munitum. 12. (34 B.) Coloniae 830, J. G. Schmitz.

Nakatenus, Wilh., Coeleste Palmetum ad ubertatem et sacras delicias excultum, ornatum, munitum, plur. novis iisque lectiss. Sanctor. Patrum et L. Blosii obsitum floribus pietatis. 16. (50 B. u. 10 Stahlst. m. Titvign.) Mechliniae 846. (Moguntiae, Kirchheim, Schott et Thielmann.) * 1 Thlr. 12 Ngr. M. 1 Stahlst. *

Nakatenus, Wilh., coeleste palmetum ad ubertatem et sacras delicias excultum, ornatum, munitum, etc. gr. 16. (800 S. m. 1 Stahlst.) Mechliniae 847. (Moguntiae, Kirchheim & Schott.) n. 27 ngr Mit 10 Stahlst. n. 1 rthl 12 ngr

Nakatenus, Wilh., coeleste palmetum ad ubertatem et sacras delicias exultum, ornatum, munitum. Excerptum, nonnullisque lectissimis et in usum confitentium et communicantium optissimis obsitum floribus pietatis. Editio III. Augustae Trevir. 856. Braun. 16. (XV, 248 S. u. 1 Stahlst.) n. 10 ngr; Velinp. n. 15 ngr.

—— coeleste palmetnm ad ubertatem et sacras delicias excultum, ornatum, munitum plurimis novis iisque lectissimis sanctorum patrum et venerabilis viri L. Blosii orsitum floribus pietatis. Editio V. 16. (XXII und 774 S. mit 1 Stahlst.) Mechliniae 866. (Paderborn, Schöningh.) *

Nakatenus, Wilhelm. Coeleste Palmetum lectissimis pietatis exercitiis ornatum ... **Editio novissima ... Ratisbonae 1872. H:** *Schneider, Joseph.* **(Jes)**

— coeleste palmetum. Lectissimis pietatis exercitiis ornatum. Ed. novissima expurgata. 16. (IV, 483 S. m. 1 Stahlst.) Regensburg 872. Pustet. 2. 10

— coeleste Palmetum. Lectissimis pietatis exercitiis ornatum studio et opera Gu. N. Ed. Ratisbonensis II., revisa et aucta a Matth. Aymans. 12. (XVIII, 492 S. m. 1 Stahlst.) Regensburg 893. F. Pustet. 2. 10; geb. in Halbchagrin n. 2.60; in Ldr. m. Goldschn. n. 3. 20

Nakateni, Guil., S. J., parvum coeleste palmetum, e majore libro excerptum et usui juventutis litterarum studiosae accommodatum a Matth. Aymans, S. J. 16. (XIV, 447 S. m. Vignetten u. 1 Stahlst.) Regensburg 896. F. Pustet. 1. —; geb. in Leinw. n. 1. 60; in Ldr. m. Goldschn. n. 2. 40

Himmlischer Palm-Garten, Zur beständigen Andacht, und geistlichen Ubungen; Nicht allein mit Tagzeitē, Litaneyen, Gebettern, Betrachtungen, &c. Sondern auch mit ... Unterweisungen und Lehr-Stücken ... annehmlich gezieret Durch R.P. Wilhelmum Nakatenum ... In Verlag Jacob Friederich Bez, Buchhändlers in Constantz, Anno Christi 1756.

— Dass. neu verdeutscht v. H. Fischer. 12. Cöln 809. (Schiffers in Aachen). 12 gr

—— himml. Palmgarten, od. kathol. Gebetbuch f. alle Stände. 12. ... Cöln 832, Mathieux.

— der himmlische Palmgarten. Ein kathol. Gebet- u. Erbauungsbuch. Neu aus d. Latein. übers. Mit eingedr. Holzschn. v. Gubitz. gr. 16. Coblenz 843, Hergt. 1 ß Feinere Ausg. mit 1 Stahlst. 1⅙ ß

Nakatenus, Wilh., der himmlische Palmgarten. Nach der latein. und deutschen Ausg. übers., bearb., zum Gebrauche bequemer geordnet und mit vielen neuen Pflanzen aus dem Paradiese der Kirche bereichert von Thdr. Wollersheim. 1. Aufl. (XII und 685 S.) 1850. und 2. Aufl. gr. 12. (XII und 688 S. mit 1 Stahlst.) Köln 851. (Bachem.) *

— der himmlische Palmgarten. Nach der latein. und deutschen Ausg. übers., bearb., zum Gebrauch bequemer geordnet und mit vielen neuen Pflanzen aus dem Paradiese der Kirche bereichert von Thdr. Wollersheim. Mit 1 Stahlst. 3. Aufl. Köln 854. Bachem. 12. (XII, 614 S.) n. 25 ngr

— der himmlische Palmgarten. Auszug aus der vollständigen Ausgabe von Thdr. Wollersheim. Köln 855. Bachem. 12. (XII, 600 S. u. 1 Stahlst.) n. 15 ngr

—— dass. — Auszug aus der vollständ. Ausg. Ausg. in großer Schrift. (Ausg. Nr. 3.) 12. (III und 575 S. mit Titel in Farbendr. und 1 Stahlst.) Ebendas. 858

Nakatenus, Wilh., der himmlische Palmgarten. Vollständige Ausg. Nach dem latein. und deutschen Orig. bearb., zum Gebrauche bequemer geordnet und mit vielen neuen Pflanzen aus dem Paradiese der Kirche bereichert von Thdr. Wollersheim. (Ausg. Nr. 1.) 5. Aufl. 1859. und 12. Aufl. gr. 8. (XVI und 597 S. mit lithogr. Titel und 1 Stahlst.) Köln 861, Bachem. Thlr. *

—— dass. — (Ausg. Nr. 4.) 8. Aufl. Miniat.-Ausg. 24. (III und 618 S. mit 1 Stahlst. und Titel in Holzschn. und in Tondr.) Ebendas. 859.

—— dass. — (Ausg. Nr. 5.) 9 Aufl. 12. (XVI und 631 S. mit 1 Stahlst. und chromolithogr. Titel.) Ebendas. 860.

—— dass. — (Ausg. Nr. 2.) 10. Aufl. 12. (XVI und 631 S. mit 1 Stahlst.) Ebendas. 860. *

—— dass. — Auszug. (Ausg. Nr. 3.) 11. Aufl. Feine Ausg. in großer Schrift. 12. (VII und 588 S. mit 1 Stahlst.) Ebendas. 861.

—— dass. — (Ausg. Nr. 6.) 13. Aufl. gr. 8. (XVI und 597 S. mit 1 lithogr. Prachttitel in Farbendr.) Ebendas. 861.

—— dass. — Der neuen Bearbeitung von Thdr. Wollersheim 14. Aufl. Min.-Ausg. (Nr. 4.) 32. (III und 620 S. mit 1 Stahlst.) Ebendas. 863.

—— dass. — Auszug aus der vollständ. Ausg. der neuen Bearbeitung von Thdr. Wollersheim. 15. Aufl. (Ausg. Nr. 2.) 12. (XVI und 607 S. mit 1 Stahlst.) Ebendas. 864. *

— der himmlische Palmgarten. Vollständige Ausg. Nach dem latein. u. deutschen Orig. bearb., zum Gebrauche bequemer geordnet u. mit vielen neuen Pflanzen aus dem Paradiese der Kirche bereichert von Thdr. Wollersheim. 17. Aufl. (Ausg. Nr. 1.) Köln 865. Bachem. gr. 8. (XVI, 596 S. mit 1 Stahlst.) 25 ngr

— — Der neuen Bearbeitung v. Thdr. Wollersheim 18. Aufl. Min.-Ausg. (Nr. 4.) Ebend. 867. 32. (640 S. mit 1 Stahlst.) 22½ ngr

—— der himmlische Palmgarten. Vollständige Ausg. Nach dem latein. und deutschen Orig. bearb., zum Gebrauche bequemer geordnet und mit vielen neuen Pflanzen aus dem Paradiese der Kirche bereichert von Thdr. Wollersheim. 21. Aufl. Ausg. I. gr. 8. (XVI, 588 S. mit 1 Stahlst.) Köln 872, Bachem. *

—— dass. — Auszug aus der vollständ. Ausg. Der neuen Bearbeitung von Thdr. Wollersheim 20. Aufl. Ausg. Nr. II. gr. 16. (XVI, 595 S. mit 1 Stahlst.) Ebendas. 872. *

Nakatenus, Wilh., himmlischer Palmgarten. Ein Gebet- u. Erbauungsbuch f. kathol. Christen. Der neuen Bearbeitg. v. Thdr. Wollersheim. 22. Aufl. Miniatur-Ausg. (No. 4.) 16. (533 S. m. 1 Stahlst.) Köln 873. Bachem. 2. 25

Nakatenus, W., S. J., Himmlischer Palmgarten. Ausgabe Nr. 5 mit grober Schrift. Mit 2 Bildern u. vielen Holzschn. 520 Stn. 12. Einsiedeln, Gebr. Benziger. 1874. 1. 60

—— der himmlische Palmgarten. Auszug aus der vollständ. Ausg. Der neuen Bearbeitung von Thdr. Wollersheim 24. Aufl. Ausg. Nr. 2. gr. 16. (XVI, 596 S. mit 1 Stahlst.)
Köln: Bachem 1876.

— der himmlische Palmgarten. Nach der Textausg. vom J. 1760 frei bearb. u. neuerdings hrsg. v. e. Kuratpriester. 16. (IV, 724 S. m. e. Stahlst.) Paderborn 890. Bonifacius-Druckerei. 1. —

[F. u. Ant.] Der himmlische Palmgarten des Wilhelm **Nacatenus**, S. J. Nach d. Textausg. v. J. 1760 frei bearb. u. neuerdings hrsg. v. e. Kuratpriester *Paderborn: Bonifacius-Dr [1895]* (1 Bl., IV, 724 S. 1 Taf.) 1 Bd 8.

Nakatenus, Wilh., S. J., der himmlische Palmgarten. Vollständige Ausg. (Nr. I.) Neu bearb. v. Frz. Miller, S. J. Der gesamten Ausgaben 36. Aufl. 12. (XV, 756 S. m. Titelbild.) Köln (901). J. P. Bachem. Geb. in Leinw. n. 4. —

—— himmlischer Palm-Garten zur beständigen Andacht. Mit Meß-, Beicht- und Communion-Gebeten, Litaneien und Betrachtungen reich besetzt, fruchtbar gegründet und annehmlich geziert. 8. (466 S. mit 1 Stnt.) Soest 859, Nasse'sche Verlagsbuchh. *

— himmlischer Palm-Garten zur beständigen Andacht. Mit Meß-, Beicht- u. Communion-Gebeten, Litaneien u. Betrachtungen reich besetzt, fruchtbar gegründet u. annehmlich geziert. 1—3. Aufl. Soest 859—62. Nasse. 8. (456 S.) n. 10 ngr.

—— himmlischer Palmgarten f. fromme kath. Christen etc. Neueste nach dem Urterte bearb. Ausg. 8. (40 B. u. 3 Stahlst.) Würzburg 842, Etlinger'sche Vrlgsb. 1 Thlr.; Velinp. 1

—— dass. Für fromme kathol. Christen, enthaltend vollständ. Meß-, Beicht- u. Communion-Andachten, Tagzeiten u. s. w. A. d. heil. Schrift u. d. Vätern zusammengetragen. Neueste nach d. Urterte bearb. Ausg. 8. (30 B. u. 3 Stahlst.) Würzburg 846, Etlinger'sche Vrlgsb. *

— himmlischer Palmgarten f. fromme kathol. Christen. Enthaltend vollständ. Meß-, Beicht- u. Communion-Andachten, Tagzeiten, Litaneien, Gebete, Betrachtungen etc. Aus der heiligen Schrift u. den Vätern zusammengetragen. Neueste nach dem Urterte bearb. Ausg. 8. (VIII u. 470 S.) Würzburg 850, Etlinger. 2/3 ℛ

— der kleine Palmgarten. 8. Münst. 807. Aschendorf. 12 g' Schrbp. 16 g'. f. Schrbp. 20 g'

— der kleine Palmgarten. 3. verb. Aufl. 12. (VIII u. 604 S. m. 1 Stahlst.) Münster 850, Aschendorff. 1/2 ℛ

[F.] Der kleine Palm-Garten v. Wilhelm **Nakateni**, aus d. Gesellsch. Jesu. 4., verb. Aufl. *Münster i. W.: Aschendorff 1896.* (VIII, 671 S., 1 Taf.) 1 Bd 8. [98. 2467

Nakatenus, Wlh., himmlisches Palmgärtlein. Ein christkath. Gebet- u. Erbauungs-Buch. Zur beständ. Andacht und zu geistl. Uebungen. Vor mehr als 2 Jahrh. in deutscher dann auch in lateinischer Sprache verfaßt. Nun neu überarbeitet u. mit einigen Zusätzen verm. durch Jos. Laurent. Die darin enthalt. Lieder größtentheils bearb. von Fr. Schlosser. Mit 6 Stahlst. von Jos. Keller nach Zeichn. von Ed. Steinle. 6 Liefg. 8. Düsseldorf 842, 43, Buddeus. (à n. 1/2 ℛ) n. 3 ℛ

Nakatenus, Wilhelm. Himmlisches Palmgärtlein . . . Düsseldorf 1843. H: *Laurent, Joh. Carl Mauritz & Frdr. Chph. Schlosser.* (BrMm)

— himmlisches Palmgärtlein mit ausgewählten Gebeten und Lobeserhebungen Gottes, vorzüglich mit d. kirchl. Tagzeiten der sel. Jungfrau Maria. 12. (Mit 1 Abbild.) Zug 844. (Einsiedeln, Gebr. Benziger.) 11/24 ℛ

—— himmlisches Palmgärtlein. Zur beständigen Andacht u. geistl. Uebungen. Neu bearb. u. mit Zusätzen verm. Ausg. 8. (45 1/4 B. u. 1 Kpfr.) Düsseldorf 845, Buddeus. *

—— himmlisches Palmgärtlein. Katholisches Gebet- und Erbauungsbuch. Vor mehr als 2 Jahrhunderten zuerst in deutscher dann in lateinischer Sprache verfaßt. Neu überarb. und mit verschiedenen Zusätzen verm. durch Jos. Laurent. Die darin enthaltenen Lieder größtentheils übers. oder bearb. von Friedr. Schlosser. 2., gänzlich durchgeseh. und verm. Aufl. Mit 1 Titkpfr. 8. (VI und 621 S.) Düsseldorf 856, Buddeus. Vlnp. mit 6 Stahlst. *

Nakatenus, Wilhelm. Das himmlische Palmgärtlein. Durchgesehen. Münster 1857. H: *Müller, Gerhard Wilhelm.* (Rass)

Nakatenus, Wilh., himmlisches Palmgärtlein. Durchges., verm. und zu einem vollständ. Gebetbuche umgearb. von einem Priester der Diöc. Münster. Münster 857. Aschendorff. 16. (502 S.) n. 10 ngr.; Velinp. 15 ngr.

— himmlisches Palmgärtlein. Katholisches Gebet- u. Erbauungsbuch. Vor mehr als zwei Jahrhunderten zuerst in deutscher dann in lateinischer Sprache verfaßt. Neu überarb. u. mit verschiedenen Zusätzen verm. durch Jos. Laurent. 3., gänzlich durchgesehene u. verm. Aufl. Ausg. auf Velin-Pap. mit 6 Stahlst. Düsseldorf 859. J. Buddeus. gr. 8. (495 S.) n. 2 ℛ 20 ngr.

—— himmlisches Palmgärtlein. Ein Gebet- und Andachtsbuch für kathol. Christen. Nach dem latein. und deutschen Orig. neu bearb. Größere Ausg. 32. (476 S. mit 2 Stahlst.) Einsiedeln 862, Gebr. Benziger.
Feine Ausg.

—— dass. — Min.-Ausg. 32. (316 S. mit feinen Bildern, 2 Stahlst.) Ebendas. 863.
Feine Ausg. mit blauer Randeinfassung.

— himmlisches Palmgärtlein. Ein Gebet- u. Andachtsbuch für kathol. Christen. Nach dem latein. u. deutschen Orig. neu bearb. 2. Aufl. Einsiedeln 866. Gebr. Benziger. 32. (316 S. mit eingedr. Holzschn. u. 2 Stahlst.) 10 ngr.

Nacatenus, Wilh., himmlisches Palmgärtlein. Ein Gebet- und Erbauungsbuch für kathol. Christen. gr. 16. Einsiedeln 874, Gebr. Benziger. Ausg. Nr. I.
Ausg. Nr. II. mit 2 Farbendruckbildern
Mit 2 Stahlst.
Ausg. Nr III. in blauer Einfassung

Nakatenus, Wilh., Palmgärtlein. Katholisches Gebet- u. Andachtsbuch. 32. (VI, 504 S. m. Farbendr.-Titel u. 1 Stahlst.) Münster 882. Aschendorff. — 60

Nakatenus, W., himmlisches Palmgärtlein. Gebet- u. Andachtsbuch f. kathol. Christen. Nach dem latein. u. deutschen Original neu bearb. und mit Gedichten von Gall Morel, sowie m. vielen beliebten Andachten verm. Ausg. Nr. 2. 16. (446 S. m. farb. Titel u. 2 Stahlst.) Einsiedeln 890. Benziger & Co. geb. m. Goldschn. n. 1. 80

Nakatenus, des ehrw., himmlisches Palmgärtlein. Gebet- u. Andachtsbuch f. kathol. Christen. Mit Zugrundelegg. des latein. Originals bearb. von Jos. Betschart. 16. (448 S. m. farb. Titel u. 1 Farbdr.) Einsiedeln (900). Eberle, Kälin & Co. Geb. von n. 1. — bis n. 4. —

Himmlisches Palmgärtlein [Coeleste Palmetum]. Gebet- u. Andachtsbuch f. kath. Christen. Von d. ehrw. Vater Wilhelm **Nakatenus**, S.J. Nach d. latein. u. deutschen Orig. neu bearb. Ausg. No 1. *Einsiedeln, Köln: Benziger & Co. [um 1902].* (318 S.) 8° [F.] [03. 16090

Himmlisches Palmgärtlein [Coeleste Palmetum]. Gebet- u. Andachtsbuch f. kath. Christen. Von d. ehrw. Vater Wilhelm **Nakatenus** aus d. Ges. Jesu. Nach d. lat. u. deutschen Orig. neu bearb. u. mit Gedichten von P. Gall Morel, sowie mit vielen beliebten Andachten verm. Ausg. No 2. *Einsiedeln, Köln: Benziger & Co. [um 1902].* (446 S.) 8° [F.] [03. 13046

Nacatene, Guill., le Palmier céleste, ou Heures de l'église, enrichies d'exercices chrétiens, offices, litanies, prières et méditations. (Trad. de Latin.) Nouv. édit., revue et corr. gr. in-12. (28 B. u. Ttlkpfr.) Vienne 828, Schaumburg et Comp.

Nakatenus, W. Le Palmier céleste, ou Heures de l'Eglise, traduit ... Vienne 1829. Ü: *Passy, Anton.* (Th)

Preis dem Allerhöchsten! [Coeleste Palmetum, Ausz. deutsch.] Gebet- u. Andachtsbuch f. kath. Christen. Bearb. nach d. ehrw. P. Wilhelm **Nakatenus**. 10. Aufl. *Einsiedeln, Köln: Benziger & Co. [um 1902].* (335 S.) 8° [F.]

Preis dem Allerhöchsten! [Coeleste Palmetum, Ausz. deutsch.] Gebet- u. Andachtsbuch f. kath. Christen. Bearb. nach d. ehrw. P. Wilhelm **Nakatenus**, aus d. Ges. Jesu. Ausg. 1. *Einsiedeln, Köln: Benziger & Co. [um 1902].* (334 S.) 8° [F.]

— s. a. Preis d. Allerhöchsten!

— christliche Unterweisung. 12. Augsburg, J. Wolf. 707.

Nakatenus, W., s. Wegweiser zum Himmel.

Die | Marianische Woche. | Sieben Gebete | der | heiligen Mutter Gottes | Maria, | für jeden Tag der Woche, | zu Verehrung | der | allerseligsten Jungfrau Maria. | Aus dem himmlischen Palmgarten | des | Wilhelm Nakatenus P. R. | Gedruckt zu Maria-Einsiedeln. | Preis 6 kr.
o. J. (um 1864), 16 S.; 8°, Fig. S. 2: Gnadenbild von Einsiedeln.
Diöz.-B. Rottenburg D 25/201 ang.

Nakayama, Shigeki, pr. Arzt: Ueber Pfannenfrakturen. ⟨Mit 3 Abb.⟩ München 1908: Kastner & Callwey. 54 S. 8°
München, Med. Diss. v. 30. Sept. 1908, Ref. v. Angerer
[Geb. 21. Sept. 79 Nagano; Wohnort: Nagano; Staatsangeh.: Japan; Vorbildung: Prov.-Mittelsch. Nagano Reife März 98; Studium: Chiba Med. Akad. 8, München 1 S.; Rig. 30. Sept. 08.] [U 09. 3374

Russische Gefechts-Vorschrift. ⟨Nakás wojskám w boju [Nakaz vojskam v boju].⟩ Als Entwurf erschienen im Sommer 1900. Vollinhaltl. übers. vom k. u. k. Hauptm. Victor Grzesicki. Mit 5 Beilagen, darunter 11 Taf. *Wien: L. W. Seidel & Sohn 1901* (VIII, 212 S.) 8° [01. 196

Nakazawa, Tatsuso: Aus d. anatom. Inst. d. Univ. Marburg. Zur Blutentwicklung bei Triton cristatus. Marburg 1908: Friedrich. 25 S. 8°
Marburg, Med. Diss. v. 6. Dez. 1908, Ref. Gasser
[Geb. 25. Febr. 79 Naganoken; Wohnort: Tokio; Staatsangeh.: Japan; Vorbildung: Gymn. Nagano Reife März 95, Studium Chiba Med. Hochsch. 10, Marburg 3 S.; Rig. 10. Aug. 08.] [U 09. 3148

Nake, Bruno, der Briefwechsel zwischen Cicero u. Decimus Brutus. [Aus: „Jahrbb. f. class. Philol. 8. Suppl.-Bd."] gr. 8. (54 S.) Leipzig 876. Teubner. n. 1. 60

Nake, Bruno, de Planci et Ciceronis epistulis. Berlin 866. (Calvary & Co.) 4. (40 S.) n. 16 *ngr.*

Nake, Brvno ⟨geb. am 18 Juni 1838 in Dresden⟩: Historia critica M. Tvlli Ciceronis Epistvlarvm ... Bonnae, typ. impr. C. Georgi (1861). 2 Bl., 42 S., 1 Bl. 8. ¶ Erschien zugleich selbständig bei Henry & Cohen in Bonn.
Bonn, Phil. Fak., Diss. v. 13 März 1861

Nake, B., Vorübungen zur Anfertigung lateinischer Aufsätze. gr. 8. (45 S.) Berlin 879. Weidmann. n. — 60

Nake, B., Vorübungen zur Anfertigung lateinischer Aufsätze. 2. verb. und verm. Aufl. gr. 8. (63 S.) Berlin 885, Weidmann'sche Buchh. *

Nake, Ernst [Referendar]: Das rechtliche Verhältnis des Volkes zu seiner Vertretung ... Kirchhain N.-L., Druck v. M. Schmersow, *1896*; 2 Bl., 50 S. 8.
Gottingen, Jur. Fak., Inaug.-Diss. v [21 März] 1896

Nake, R., Lehrbuch f. den Koch- u. Haushaltungsunterricht, s.: Kriessner, Ch.

Nake, Rudolf, aus Dresden: [I.] **Hydroxylaminderivate der Paratoluolsulfinsäure.** [II.] **Einwirkung von Formaldehyd auf Paratoluolsulfinsäure.** *Dresden 1898: W. Baensch.* (27 S.) 8°
Rostock, Phil. Diss. v [14. Nov] 1898

Näke, August Ferdinand

Index praelectionum ... in academia Borussica Rhenana per m. aest. a. 1822 ... habendarum. [Inest Augusti Ferdinandi **Naekii** de Soph. Antig. v. 1146 et Oed. R. v. 190 prooemium.] Bonnae, litt. Bohresianis (1822). 1 Bl., IV, 10 S. 4. ¶ D. Abh. ist wieder abgedr. in des Verf. Opusc. philol. ed. Welcker I 1842 S. 78 ff.

Index praelectionum ... in academia Borussica Rhenana per m. hib. a. 1823—24 ... habendatum [!]. — [Inest Augusti Ferdinandi **Naekii** de Catulli carm. LXII 13 sqq. et XI prooemium. Accedunt Additam. ad Comment. de Pacuvii Duloreste (Ind. prael. 1822—23) et ad veterum de oculis atque auribus disceptationem (Ind. prael. 1821).] Bonnae, litt. C. F. Thormanni (1823). 1 Bl., VIII, 9 S. 4. ¶ D. Abh. ist wieder abgedr. in des Verf. Opusc. philol. ed. Welcker I 1842 S. 101 ff.

Index praelectionum ... in academia Borussica Rhenana per m. hib. a. 1821—22 ... habendarum. [Inest Augusti Ferdinandi **Naekii** de Hor. carm. III 11 prooemium.] Bonnae, litt. Bohresianis (1821). 1 Bl., VI, 10 S. 4. ¶ D. Abh. ist wieder abgedr. in des Verf. Opusc. philol. ed. Welcker I 1842 S. 73 ff.

Naeke, A. F., De Choerilo. Pr. 1827. 5 S. 4°.

Näke, August Ferdinand, s. Choerilus Opera.

Index praelectionum ... in universitate Fridericia Wilhelmia Rhenana per m. aest. a. 1838 ... habendarum. [Inest Augusti Ferdinandi **Naekii** de compage Iliadis prooemium. Accedit conquestio de morte Caroli Friderici Heinrichii.] Bonnae, litt. C. Georgii (1838). XII, 11 S., 3 Bl. 4. ¶ D. Abh. ist wieder abgedr. in des Verf. Opusc. philol. ed. Welcker I 1842 S. 263 ff.

Index praelectionum ... in universitate Fridericia Wilhelmia Rhenana per m. hib. a. 1835—36 ... habendarum. [Insunt duae Augusti Ferdinandi **Naekii** in Aesch. Pers. v. 655 sq. et Aristoph. Av. v. 928 sqq. coniecturae.] Bonnae, litt. C. Georgii (1835). IV, 11 S., 3 Bl. 4. ¶ D. Abh. ist wieder abgedr. in des Verf. Opusc. philol. ed. Welcker I 1842 S. 234 ff.

Enth. zugleich d. Preisaufgaben f. d. J 1835—36

Index praelectionum ... in universitate Fridericia Wilhelmia Rhenana per m. aest. a. 1831 ... habendarum. [Inest Augusti Ferdinandi **Naekii** de Niebuhrii et Hassii morte conquestio.] Bonnae, litt. C. F. Thormanni (1831). IV, 11 S., 5 Bl. 4. ¶ D. Prooem. ist wieder abgedr in des Verf. Opusc. philol. ed. Welcker I 1842 S. 185 f.

Index praelectionum ... in universitate Fridericia Wilhelmia Rhenana per m. aest. a. 1834 .. habendarum. [Inest Augusti Ferdinandi **Naekii** de Dicaearcho grammatico, Aristarchi auditore prooemium.] Bonnae, litt. C. Georgii (1834). VI, 11 S., 3 Bl. 4. ¶ D. Abh. ist wieder abgedr. in des Verf. Opusc. philol. ed. Welcker I 1842 S. 214 ff.

Index praelectionum ... in academia Borussica Rhenana per m. hib. a. 1825—26 ... habendarum. [Inest Augusti Ferdinandi **Naekii** de grammaticae et criticae dignitate praefatiuncula.] Bonnae, litt. C. F. Thormanni (1825). 16 S., 1 Tab. 4. ¶ D. Abh. ist wieder abgedr. in des Verf. Opusc. philol. ed. Welcker I 1842 S. 145 ff.

Enth. zugleich d. Preisaufgaben f. d. J. 1825—26

Index praelectionum ... in academia Borussica Rhenana per m. aest. a. 1821 ... habendarum. [Inest Augusti Ferdinandi **Naekii** prooemium Disceptationem de oculis atque auribus inter veteres agitatam exhibens.] Bonnae, litt. Bohresianis (1821). 1 Bl., IV, 10 S. 4. ¶ D. Abh ist wieder abgedr in des Verf. Opusc. philol. ed. Welcker I 1842 S. 70 ff. — Ein Nachtr im Ind. prael. 1823—24.

Naekii, Aug. Ferd., dissertationes quatuor, s.: Cato, Valerius.

Index praelectionum ... in academia Borussica Rhenana per m. aest. a. 1825 .. habendarum. [Inest Augusti Ferdinandi **Naekii** de diversorum temporum eruditionis diversitate praefatiuncula.] Bonnae, litt. C. F. Thormanni (1825). 12 S., 1 Tab. 4. ¶ D. Abh. ist wieder abgedr in des Verf. Opusc. philol. ed. Welcker I 1842 S. 144 ff.

Index praelectionum ... in academia Borussica Rhenana per m. hib. a. 1822—23 ... habendarum. [Inest Augusti Ferdinandi **Naekii** Commentatio de Pacuvii Duloreste.] Bonnae, litt. C. F. Thormanni (1822). 1 Bl., VIII, 10 S. 4. ¶ D. Abh. ist wieder abgedr. in des Verf. Opusc. philol. ed. Welcker I 1842 S. 83 ff. — Ein Nachtr. im Ind. prael. 1823—24.

Index praelectionum ... in universitate Fridericia Wilhelmia Rhenana per m. hib. a. 1834—35 ... habendarum. [Inest Augusti Ferdinandi **Naekii** de ἠδέ et ἰδέ particulis apud Homerum prooemium.] Bonnae, litt. C. Georgii (1834). VI, 11 S., 3 Bl. 4. ¶ D. Abh. ist wieder abgedr. in des Verf. Opusc. philol. ed. Welcker I 1842 S. 218 ff.

Enth. zugleich d. Preisaufgaben f. d. J. 1834—35

Index praelectionum ... in universitate Fridericia Wilhelmia Rhenana per m. aest. a. 1832 ... habendarum. [Inest Augusti Ferdinandi **Naekii** de duplici Pers. Aeschyli editione prooemium.] Bonnae, litt. C. Georgii (1832). XII, 12 S., 6 Bl. 4. ¶ D. Abh. ist wieder abgedr. in des Verf. Opusc. philol. ed. Welcker I 1842 S. 193 ff. — Epimetrum im Ind. prael. a. 1832—33.

Index praelectionum .. in universitate Fridericia Wilhelmia Rhenana per m. hib. a. 1832—33 ... habendarum. [Inest Augusti Ferdinandi **Naekii** quaestionis de duplici Pers. Aeschyli editione epimetrum.] Bonnae, litt. C. Georgii (1832). VI, 12 S., 4 Bl. 4. ¶ D. Epim. ist wieder abgedr in des Verf. Opusc. philol. ed. Welcker I 1842 S. 203 ff. — D. Quaestio erschien im Ind. prael. a. 1832.

Enth. zugleich d. Preisaufgaben f. d. J. 1832—33

Index praelectionum ... in universitate Fridericia Wilhelmia Rhenana per m. hib. a. 1833—34 ... habendarum. [Inest Augusti Ferdinandi **Naekii** de Ennii epigr. ap. Orosium IV 1 prooemium.] Bonnae, litt. C. Georgii (1833). 2 Bl., 11 S., 3 Bl. 4. ¶ D. Abh. ist wieder abgedr in des Verf. Opusc. philol. ed. Welcker I 1842 S. 211 ff.

Enth. zugleich d. Preisaufgaben f. d J. 1833—34

Index praelectionum ... in academia Borussica Rhenana per m. aest. a. 1827 .. habendarum. [Inest Augusti Ferdinandi **Naekii** prooemium de epigrammate carminibus Catulli in codicibus et ed. princ. praemisso.] Bonnae, litt. C. F. Thormanni (1827). 21 S., 4 Bl. 4. ¶ D. Abh. ist wieder abgedr in d. Allgem. Schul-Ztg 1827 II Nr. 98 und in des Verf. Opusc. philol. ed. Welcker I 1842 S. 150 ff.

Index praelectionum ... in universitate Fridericia Wilhelmia Rhenana per m. aest. a. 1837 ... habendarum. [Inest Augusti Ferdinandi **Naekii** de Euseb. Praep. evang. IV 16 p. 155b praefatiuncula.] Bonnae, litt. C. Georgii (1837). IV, 11 S., 3 Bl. 4. ¶ D. Abh. ist wieder abgedr. in des Verf. Opusc. philol. ed. Welcker I 1842 S. 250 ff.

Index praelectionum ... in universitate Fridericia Wilhelmia Rhenana per m. aest. a. 1836 .. habendarum. [Inest Augusti Ferdinandi **Naekii** de Callimachi fragm. 43, 47, 499 (Schn. 483) prooemium.] Bonnae, litt. C. Georgii (1836). 1 Bl., VI, 11 S., 3 Bl. 4. ¶ D. Abh. ist mit d. übrigen Arbeiten des Verf. über d. Hecale vereint in s. Opusc. philol. ed. Welcker II 1845 = Callimachi Hecale. Fragm. coll. et disp. A. F Naeke.

Index praelectionum ... in universitate Fridericia Wilhelmia Rhenana per m. hib. a. 1829—30 ... habendarum. [Inest Aug. Ferd. **Naekii** de Callimachi fragm. 251 prooemium.] Bonnae, litt. C. F. Thormanni (1829). V, 11 S., 6 Bl. 4. ¶ D. Abh. ist wieder abgedr. in d. Allgem. Schulztg 1830 II Nr. 23 und in des Verf. Opusc. philol. ed. Welcker I 1842 S. 175 ff.

Enthält zugleich die Preisaufgaben für d. J. 1829—30

Index praelectionum ... in universitate Fridericia Wilhelmia Rhenana per m. hib. a. 1838—39 ... habendarum. [Inest Augusti Ferdinandi **Naekii** de novo Choerili fragmento prooemium.] Bonnae, litt. C. Georgii (1838). 2 Bl., 11 S., 3 Bl. 4. ¶ D. Abh. ist wieder abgedr. in des Verf. Opusc. philol. ed. Welcker I 1842 S. 273 ff.

Enth. zugleich d. Preisaufgaben f. d. J. 1838—39

Index praelectionum ... in universitate litt. Fridericia Guilelmia Rhenana per m. hib. a. 1828—29 ... habendarum. [Inest Augusti Ferdinandi **Naekii** prooemium de variis, quibus in veterum monumentis adulterina a genuinis vel non antiqua ab antiquis distinguantur, indiciorum generibus.] Bonnae, litt. C. F. Thormanni (1828). 16 S., 6 Bl. 4. ¶ D. Abh. ist wieder abgedr. in des Verf. Opusc. philol. ed. Welcker I 1842 S. 168 ff.

Enth. zugleich d. Preisaufgaben f. d. J. 1828—29

Index praelectionum ... in universitate Fridericia Wilhelmia Rhenana per m. hib. a. 1830—31 .. habendarum. [Inest Augusti Ferdinandi **Naekii** de Latinorum genitivo in *ai* exeunte prooemium.] Bonna, litt. C. F. Thormanni (1830). VI, 12 S., 6 Bl. 4. ¶ D. Abh. ist wieder abgedr in d. Allgem. Schulztg 1831 II Nr 9 und in des Verf. Opusc. philol. ed. Welcker I 1842 S. 181 ff.

Enth. zugleich d. Preisaufgaben f. d. J. 1830—31

Index praelectionum ... in universitate Fridericia Wilhelmia Rhenana per m. hib. a. 1836—37 ... habendarum. [Inest Augusti Ferdinandi **Naekii** de Gregorio Nazianzeno Homeri et Callimachi imitatore prooemium.] Bonnae, litt. C. Georgii (1836). 1 Bl., IX, 11 S., 4 Bl. 4. ¶ D. Abh. ist wieder abgedr. in des Verf. Opusc. philol. ed. Welcker I 1842 S. 236 ff.

Enth. zugleich d. **Preisaufgaben** f. d. J. 1836—37

Sollemnia natalitia . . . Friderici Wilhelmi III d. III Aug. ab universitate Fridericia Wilhelmia Rhenana . . . celebranda . . . indicit Augustus Ferdinandus **Naekius**, ord. phil. h. t. decanus. — Inest dissertatio de Callimachi Hecale. Bonnae, litt. C. F. Thormanni 1829. 27, 4 S. 4. ¶ Mit den übrigen Arbeiten des Verf. über denselben Gegenstand vereint in seinen Opusc. philol. ed. Welcker II 1845 = Callimachi Hecale. Fragm. coll. et disp. A. F. Naeke.

Enth. zugleich d. **Preisaufgaben** f. d. J. 1829—30 und in einem später ausgegebenen Anhang (*Anf.*: Gratam atque exoptatam. Vobis, Cives, accipitis *Programmatis nuper ad indicendum diem festum, Natalem Regis, editi Appendiculam.*) d. **Ergebnisse d. Preisbewerbungen** d. J. 1827—28 u. 1828—29

— Callimachi Hecale. S.-A. 1886. 100 S.

Index praelectionum ... in universitate Fridericia Wilhelmia Rhenana per m. aest. a. 1830 ... habendarum. [Inest Augusti Ferdinandi **Naekii** de Moschi Idyll. I (Εὐρώπη) v. 108 sqq. prooemium.] Bonnae, litt. C. F. Thormanni (1830). VI, 11 S. 4. ¶ D. Abh. ist wieder abgedr. in d. Allgem. Schulztg 1830 II Nr. 83 und in des Verf. Opusc. philol. ed. Welcker I 1842 S. 178 ff.

Index praelectionum ... in universitate litt. Fridericia Guilelmia Rhenana per m. aest. a. 1829 ... habendarum. [Inest Augusti Ferdinandi **Naekii** de locis aliquot Aeschyl. (Agam. 1235 et 1268, Prom. 354) prooemium.] Bonnae, litt. C. F. Thormanni (1829). IV, 11 S., 5 Bl. 4. ¶ D. Abh. ist wieder abgedr. in d. Allgem. Schulztg 1830 II Nr. 12 und in des Verf. Opusc. philol. ed. Welcker I 1842 S. 173 ff.

Index praelectionum ... in academia Borussica Rhenana per m. hib. a. 1826—27 ... habendarum. [Inest Augusti Ferdinandi **Naekii** de aliquot Pomponii Sabini in Vergilium commentariorum locis praefatiuncula.] Bonnae, litt. C. F. Thormanni (1826). 17 S., 4 Bl. 4. ¶ D. Abh. ist wieder abgedr. in des Verf. Opusc. philol. ed. Welcker I 1842 S. 148 f.

Enth. zugleich d. **Preisaufgaben** f. d. J. 1826—27

Index praelectionum ... in universitate Fridericia Wilhelmia Rhenana per m. aest. a. 1833 ... habendarum. [Inest Augusti Ferdinandi **Naekii** de loco Suidae v. Ἀρκάδας μιμούμενοι prooemium.] Bonnae, litt. C. Georgii (1833). IV, 11 S., 3 Bl. 4. ¶ D. Abh. ist wieder abgedr. in des Verf. Opusc. philol. ed. Welcker I 1842 S. 208 ff.

Näke, Aug. Ferd., Rhein. Museum f. Philologie, s. Museum.

Index praelectionum ... in universitate Fridericia Wilhelmia Rhenana per m. aest. a. 1835 ... habendarum. [Inest Augusti Ferdinandi **Naekii** de Nonno Homeri et Callimachi imitatore prooemium.] Bonnae, litt. C. Georgii (1835). 1 Bl., VIII, 11 S., 3 Bl. 4. ¶ D. Abh. ist wieder abgedr. in des Verf. Opusc. philol. ed. Welcker I 1842 S. 223 ff.

Index praelectionum ... in academia Borussica Rhenana per m. hib. a 1827—28 ... habendarum. [Insunt Augusti Ferdinandi **Naekii** ad collectionem Choerili fragmentorum novae observationes.] Bonnae, litt. C. F. Thormanni (1827). 15 S., 4 Bl. 4. ¶ Die Abh. ist wieder abgedr. in d. Allgem. Schul-Ztg 1827 II Nr 100 und in des Verf. Opusc. philol. ed. Welcker I 1842 S. 158 ff.

Enth. zugleich d. **Preisaufgaben** f. d. J. 1827—28

Naeke, Aug. Ferdin., Opuscula philologica. Edid. Fr. Th. Welcker. Vol. I. 8maj. (23½ B.) Bonnae 842, Weber.
Velinp.

—— dass. Vol. II. Et s. t.: Callimachi Hecale. Fragmenta collegit et disposuit Aug. Ferd. Naeke. 8maj. (18 B.) Ibid. 845.

Oratio natalibus Friderici Guilelmi III ... celebrandis d. III Aug. 1821 [ab Augusto Ferdinando **Naekio** De desiderio saeculorum ante actorum] habita in academia Borussica Rhenana. Bonnae, litt. Bohresianis (1821). 16 S. 4. ¶ Wieder abgedr. in des Verf. Opusc. philol. ed. Welcker I 1842 S. 276 ff.

Index praelectionum ... in universitate Fridericia Wilhelmia Rhenana per m. hib. a. 1837—38 ... habendarum. [Inest Augusti Ferdinandi **Naekii** oratio de antiquitatis simplicitate natalibus Friderici Guilelmi III celebrandis d. III m. Aug. a. 1837 habita.] Bonnae, litt. C. Georgii (1837). XII, 10 S., 4 Bl. 4. ¶ D. Rede ist wieder abgedr. in des Verf. Opusc. philol. ed. Welcker I 1842 S. 253 ff.

Enth. zugleich d. **Preisaufgaben** f. d. J. 1837—38

Index praelectionum . . . in academia Borussica Rhenana per m. aest. a. 1824 . . . habendarum. [Inest Augusti Ferdinandi **Naekii** de Eurip. Phoeniss. v 408 prooemium.] Bonnae, litt. C. F. Thormanni (1824). VIII, 9 S. 4. ¶ D. Abh. ist wieder abgedr. in des Verf. Opusc. philol. ed. Welcker I 1842 S. 111 ff

Index praelectionum .. in academia Borussica Rhenana per m. aest. a. 1823 . . . habendarum. [Inest Augusti Ferdinandi **Naekii** de Aristot. Poet. XVIII 14 et XIV 16 prooemium.] Bonnae, litt. C. F. Thormanni (1823). 1 Bl., VI, 10 S. 4. ¶ D. Abh. ist wieder abgedr in des Verf. Opusc. philol. ed. Welcker I 1842 S. 94 ff.

Sollemnia natalitia .. Friderici Guilelmi III d. III Aug. ab academia Borussica Rhenana . celebranda indicunt rector et senatus. — Praemissa est [Augusti Ferdinandi **Naekii**] disputatio de Iulio Pomponio Sabino, Virgilii interprete. Bonnae, litt. C. F. Thormanni 1824. 1 Bl., 20 S. 4. ¶ D. Abh. ist wieder abgedr in des Verf. Opusc. philol. ed Welcker I 1842 S 119 ff. — Ein Nachtr. im Ind. prael. 1824—25.

Enth. zugleich d. **Ergebnisse d. Preisbewerbung** d. J. 1822—23 und d. **Preisaufgaben** f. d. J. 1824—25

Index praelectionum .. in academia Borussica Rhenana per m. hib. a. 1824—25 .. habendarum. [Inest Augusti Ferdinandi **Naekii** Additamentum ad disputationem de Iulio Pomponio Sabino.] Bonnae, litt. C. F. Thormanni (1824). 1 Bl., V, 9 S., 1 Bl. 4. ¶ D. Abh. ist wieder abgedr. in des Verf. Opusc. philol. ed. Welcker I 1842 S. 139 ff. — D. Disp. de Pomp Sab. ist das Progr. zum 3 Aug. 1824.

Enth. zugleich d. **Preisaufgaben** f. d. J. 1824—25

Index praelectionum . . . in academia Borussica Rhenana per m. aest. a. 1826 . . . habendarum. [Inest Augusti Ferdinandi **Naekii** praefatiuncula scholarum indicis seritatem excusans.] Bonnae, litt. C. F. Thormanni (1826). 14 S., 1 Tab. 4. ¶ D. Vorr. ist wieder abgedr in des Verf. Opusc. philol. ed. Welcker I 1842 S. 147.

Principis Serenissimi Friderici Wilhelmi Borussici **regni heredis** iter Rhenanum piis votis prosequitur universitas Fridericia Wilhelmia Rhenana interprete Augusto Ferdinando **Naekio**, Prof. eloq. D. XXIX Oct. a. 1833. (Bonnae, litt. C. Georgii 1833.) 4 Bl. 4. ¶ Mit deutscher Übers. wieder abgedr. in des Verf. Opusc. philol. ed. Welcker I 1842 S. 313 ff.

Index praelectionum ... in universitate Fridericia Wilhelmia Rhenana per m. hib. a. 1831—32 ... habendarum. [Inest Augusti Ferdinandi **Naekii** de quaestione orthographica, quid recte observata allitteratio sermonis latini polleat, prooemium.] Bonnae, litt. C. Georgii (1831). VI, 12 S., 6 Bl. 4. ¶ D. Abh. ist wieder abgedr. in des Verf. Opusc. philol. ed. Welcker I 1842 S. 186 ff.

Enth. zugleich d. **Preisaufgaben** f. d. J. 1831—32

Sanctum foedus coniugii principum Friderici Guilelmi Borussici regni heredis et Elisabethae Boioaricae [d. XXIX m. Nov a. 1823] publice pleque celebrat academia Borussica Rhenana carmine Augusti Ferdinandi **Naekii** eloq. prof. Bonnae, litt. C. F. Thormanni 1823. 4 Bl. 2.

Näke, Aug. Fd., schedae criticae. 4. Halle 812.

Naeke. A. F Schedae criticae. Diss. 1812. 32 S. 4° —.90

Näke, A. F Ueber die thebanische Tetralogie des Aeschylus. Dem Andenken Ludw. Schopens gewidmet von F. Ritschl. S.-A. 1872. 22 S.

Index praelectionum . . in academia Borussica Rhenana per m. aest. a. 1828 . . habendarum. [Inest Augusti Ferdinandi **Naekii** de Theocrito principe et inventore poesis bucolicae prooemium.] Bonnae, litt. C. F. Thormanni (1828). 18 S., 5 Bl. 4.
¶ D. Abh. ist wieder abgedr in d Allgem. Schulztg 1828 II Nr 100 und in des Verf. Opusc philol. ed. Welcker I 1842 S. 161 ff.

Näke, Aug. Ferd., Wallfahrt nach Sesenheim. Herausg. von K. A. Varnhagen von Ense. gr. 16. Berlin 840. Duncker u. Humblot. ⅜ ℛ

Näke, K. A., s. Leander, f. Winterabende.

LEANDER (d. i. *Carl Adolph Naeke*), Erzählungen für Winterabende. Hrsg. von Fr. Laun (d. i. Friedr. Aug. Schulz). 2 Bde. Leipzig 1818. 8°.
Weller, Lex. Ps. p. 312.

Nakel, Ernst, Darlegung u. Beurteilung der Erziehungsgrundsätze A. H. Franckes. Ein Beitrag zur Geschichte des Pietismus in der Pädagogik. 8. (24 S.) Ober-Glogau 881. Handel. — 30

Nakel, P., Anleitung zum Unterrichte im Rechnen, s.: Dorn, J.

Nakel, P., Aufgaben zum schriftlichen Rechnen, s. Dorn, J.

Näkel, F. R., prakt. Anleitung z. Pflege, Zucht u. Veredl. d. Schafe, z. Schafschur u. Wäsche d. Wolle, so wie z. Behandl. d. Schafe im Krankheitszustande. Nebst e. Anh., d. Zucht d. Rindviehes 2c. betreff. 8. (11½ B.) Berlin 837, Lewent.

Nakonz, Carl Guido (Leipzig), De nystagmo. Diss. ophthalmol.-med. Moderat. Otto Bernhard Kuehn. Leipzig (A. Edelmann) 12. VIII. 1858. 15 S. mit Biogr. (M.: J. Wechsler.) (3.50) 24545

Nakwaska, Karolina, Dwór wiejski. 3 tomy. 8. Poznań 843. (Leipzig, Brockhaus.) n. 4⅔ ℛ

Nakwaska, Karoline z Potockich, dwór wiejski dzieło poświęcone gospodyniom polskim przydatne i osobom w mieście mieszkającym. 2. wydanie poprawne i wielu dodatkami powiększone. 3 tomy. Lipsk 857—60. Michelsen. 8. (XV, 348 S.; 4 Bl., 412; XI, 308 S.) n. 4 ℛ.

Nakwaska, Pania Karol. Z Potochich, Powiesci Dladzicci, W trzech Częściach. Widanie ozdobne. 1—3. Thl. 8. Leipzig, Michelsen. [1. (11¼ B.) 2. (11 B.) 846., 3. (10⅞ B.) 47. à 18¾ Ngr.] Thlr.

Nal und Damajanti, übers. 2c. von E. Meier, s. Dichtungen, die classischen, der Inder.

Nal u. Damajanti. Eine ind. Geschichte, bearb. v. Fr. Rückert. gr. 12. (10½ B.) Frankfurt a. M. 828, Sauerländer.

NAL, König und sein Weib. Indische Sage Deutsch metrisch bearb von Eduard Lobedanz 1863. 8° Mk 5—.) (2 Mk., Hlnbd., Gust Fock ohne Ortsangabe.)

Nala, eine indische Dichtung des Wjasa. A. d. Sanskrit im Versmaaße der Urschrift übersetzt und mit Anmerk. begleitet von J. G. L. Kosegarten. 8. Jena, Frommann. 820.

Nala und Damayanti, s. Universal-Bibliothek, Nr. 2116.

Nala och Damayanti en Indisk Dikt ur Mahâbhârata från originalet öfversatt och med förklarende noter försedd af H. Kellgren. 8. (XXXIV u. 200 S.) Helsingfors 852. (Leipzig, Brockhaus.) n. ¾ ℛ

Nalas und Damajanti. Eine indische Dichtung, aus d. Sanskrit übers. v. Frz. Bopp. gr. 12. (12 B.) Berlin 838, Nicolaische Buchh. *

Nalbach, Lothar Moselaner Max Phimmel an der Pforte zum Himmel Eine den Moselwein verherrlichende Legende. Trier 1900. 4 gez. Bl -- 121*

Nalbandian, Wahan, aus Wan (Türkisch-Armenien) Leopold von Rankes Bildungsjahre und Geschichtsauffassung. *Leipzig 1901: B. G. Teubner* (42 S.) 8° ¶[Erschien vollst. 1901 als Leipziger Studien aus d. Geb. d. Gesch., Bd 8, H 2] Leipzig, Phil. Diss. v [3. Sept] 1901

Leopold v Rankes Bildungsjahre und Geschichtsauffassung Von Dr Wahan Nalbandian *Leipzig B. G Teubner 1902.* (VIII, 103 S.) 8° = Studien, Leipziger, aus d. Gebiet d. Geschichte. Bd 8, H. 2 (01. 12029

Nald, R. O., Licht u. Schwere od. die Zurückführung der Licht- u. Wärmeerscheinungen auf die allgemeine Schwere. gr. 8. (100 S.) Berlin 886. Polytechn. Buchh. n. 1. 50

Nalècz, Irène de, das Benehmen bei Tisch. 12. (23 S.) Regensburg (899). E. Stahl. n. — 50

Ⓑ Nalècz, Irene de, das Benehmen bei Tisch. — Das Garnieren. — Katechismus der Dienerschaft. 890. (KBL 32.) Jetzt: Berlin, Hellbraun & Co.

— das Garnieren, das Anrichten, das Servieren, das Tranchieren der Fleischspeisen, des Geflügels, des Wildes, der Würste, der Fische, der Torten u. Kuchen, des Obstes. Mit e. Anleitg., e. Aufsatz zu garnieren. [Aus: „Katechismus der gutgeschulten Dienerschaft".] 12. (16 S.) Ebd. 899. n. — 30

— Katechismus der gutgeschulten Dienerschaft des vornehmen u. des bürgerl. Hauses. Mit e. Anh., das Tranchieren, Anrichten u. Garnieren der Fleischspeisen u. Geflügel, der Fische, Kuchen u. Früchte. 8. (56 S.) Ebd. (899). n. — 50

Nalepa, Alfred

Nalepa, A., die Anatomie der Phytopten. [Mit 2 Taf.] [Aus: „Sitzungsber. der k. Akad. d. Wiss."] Lex.-8. (51 S.) Wien 888. (Tempsky) n. 1 20

Nalepa, Alfr., die Anatomie der Tyroglyphen. 1. Abthl. Lex.-8. (32 S. mit 2 lithogr. Taf.) Wien 884, (Gerold's Sohn.) *

—— die Anatomie der Tyroglyphen. 2. Abthl. Lex.-8. (52 S. mit 3 lithogr. Taf.) (Ebendas.) 885. *
1. Abthl. (Ebendas.) 1884. *ℳ 1.—.
Vorstehende zwei Schriften sind aus: Sitzungsberichte der k. Akademie der Wissenschaften, besonders abgedruckt.

Nalepa, Alfr., neue Arten der Gattung Phytoptus Duj. u. Cecidophyes Nal. [Aus: „Denkschr. d. k. Akad. d. Wiss."] Imp.-4. (16 S. m. 4 Taf.) Wien 892. (F. Tempsky.) n. 2. 80

— Beiträge zur Anatomie der Stylommatophoren. [Mit 3 (2 lith. u. 1 chromolith.) Taf.] Lex.-8. (66 S.) Wien: Gerold's S. 1883. n. 2. 80

Nalepa Alfred Dr Beiträge zur Anatomie der Stylommatophoren mit 3 Taf.). S. 87
I. 237 „ 2.80
Separatabdruck

— Beiträge zur Kenntniss der Phyllocoptiden. [Aus: „Nova Acta der ksl. Leop.-Carol. deutschen Akad. der Naturforscher".] gr. 4. (36 S. m. 6 Taf.) Halle 894. (Leipzig, W. Engelmann.) n. 7. —

Nalepa, Alfr., Beiträge zur Kenntniss d. Gattgn. Phytoptus Duj. u. Monaulax Nal. [Aus: „Denkschr. d. k. Akad. d. Wiss."] Imp.-4. (16 S. m. 4 Taf.) Wien 895. (C. Gerold's Sohn.) n. 2. 70

Nalepa, Alfr., Beiträge zur Systematik der Eriophyiden. (13 S. m. 3 Taf. u. 3 Bl. Erklärgn.) 4. Wien 904. (A. Hölder.) n. 2. 50
Sonderabdruck aus: „Denkschr. d. k. Akad. d. Wiss."

—— Beiträge zur Systematik der Phytopten. Lex.-8. (45 S. m. 9 Taf.) Wien 889, (Tempsky). * 3 —
Aus: Sitzungsber. d. k. Akad. d. Wissensch., besonders abgedruckt.

Eriophyidae '(Phytoptidae)' bearb. v. Prof. Dr. Alfred Nalepa in Wien. M. 3 Abb. im Texte *Berlin: R. Friedländer & Sohn 1898.* (IX, 74 S.) 4.(8).
= Tierreich, Das. E. Zsstellg . d. rezenten Tierformen. Lfg 4. (98, 10178

Nalepa, Alfr. Neue Gallmilben, s.a. Acta, nova, academiae caesareae Leopoldino-Carolinae.

— neue Gallmilben. [Aus: „Nova Acta d. ksl. Leop.-Carol. deutschen Akad. d. Naturforscher".] gr. 4. (35 S. m. 4 Taf.) Ebd. 891. n. 5. —

— Genera u. Species der Familie Phytoptida. [Aus: „Denkschr. d. k. Akad. d. Wiss."] Imp.-4. (20 S. m. 4 lith. Taf.) Wien 891. (F. Tempsky) n. 2. 80

Nalepa, Alfr., Grundrisz der Naturgeschichte des Tierreiches f. die unteren Klassen der Mittelschulen u. verwandter Lehranstalten. Mit besond. Berücksicht. der Beziehgn. zwischen Körperbau u. Lebensweise bearb. Mit 296 Holzschn., 3 kolor. Taf. u. 1 Erdkarte. (In neuer Rechtschreibg.) gr. 8. (IV, 218 S.) Wien 902. A. Hölder. Geb. in Leinw. n. 2. 60

Nalepa, A., Grundriß der Naturgeschichte des Tierreiches für die unteren Klassen der Mittelschulen und verwandter Lehranstalten. 2. Aufl. Gr.-8°. (ill. 218 S. mit 3 Tafeln und 1 Karte) K 2.50, geb. K 3.
Wien: Hölder 1904.

— Grundriss der Naturgeschichte des Tierreiches f. die unteren Klassen der Mittelschulen u. verwandter Lehranstalten. Mit besond. Berücksicht. der Beziehgn. zwischen Körperbau u. Lebensweise bearb. Mit 290 Holzschn., 31 kolor. Bildern u. 1 Erdkarte. 3., verb. Aufl. (IV, 231 S.) gr. 8. Ebd. 905. Geb. n. 2. 60

Nalepa, A., Grundriß der Naturgeschichte des Tierreiches für die unteren Klassen der Mittelschulen und verwandter Lehranstalten. 4. Aufl. Gr.-8°. (ill. IV, 236 S.) K 2.50, geb. K 3.—
Wien: Hölder 1908.

Nalepa, Alfr., Grundriss der Naturgeschichte des Tierreiches f. die unteren Klassen der Mittelschulen u. verw. Lehranstalten. Mit besond. Berücksicht. der Beziehgn. zwischen Körperbau u. Lebensweise bearb. 5., dem neuen Lehrplan entsprech. Aufl. Mit 294 Holzschn.. 32 kolor. Bildern u. 1 Erdkarte. (IV, 236 S.) gr. 8. Wien 910. A. Hölder. Geb. in Leinw. 2. 60

—— die Intercellularräume des Epithels und ihre physiologische Bedeutung bei den Pulmonaten. Lex.-8. (10 S. mit 1 chromolithogr. Taf.) (Ebendas.) 883. **
aus: Sitzungsberichte der k. Akademie der Wissenschaften, besonders abgedruckt.

Zur Kenntniss der Gattung Eriophyes Sieb., em. Nal. von Dr. Alfred Nalepa. (Mit 5 Tafeln.) Besonders abgedruckt aus dem LXVIII. Bande der Denkschriften der mathematisch-naturwissenschaftlichen Classe der kaiserlichen Akademie der Wissenschaften. Wien. 1899. In Comm. Gerold's Sohn. 4°. 18 S. fl. 1.70

— z. Kenntniss d. Phyllocoptinen. [Aus: „Denkschr. d. k. Akad. d. Wiss."] gr. 4. (16 S. m. 5 Taf.) Wien 896. (C. Gerold's Sohn.) n. 3. 30

—— Landwirtschaftslehre f. österreichische Lehrer-Bildungsanstalten, s. Schneider, Ant. Rud.

Nalepa, Alfred Die Naturgeschichte der Gallmilben. 8 (S. 3—30).
Progr. K. k. Staatsg. IV Bezirk *Wien* 1894
Der ergänzte Sonderabdruck 8 (84 S.) ist vergriffen.

— der Schulgarten, s.: Lehrbuch der speciellen Methodik.

— zur Systematik der Gallmilben. [Aus: „Sitzungsber. d. k. Akad. d. Wiss."] Lex.-8. (30 S. m. 7 Taf.) Wien 890. (Tempsky.) n. 2. 20

Naller, W.: Über das Wesen des Ostracismus in Athen. 16 S. 8° — Olmütz d. OG., Progr 1872

Nalli-Rutenberg, Agathe, mein liebes, altes Berlin! Erinnerungen. Die Abbildgn. stammen aus der Sammlg. des Hrn. Carl Heinr. Goldschmidt, Berlin. (160 S. m. 12 Taf.) 8. Berlin (907). Verlag Continent. 2.—; geb. 3. 50

— Edelsteine aus der Märchenwelt. 2. verm. u. verb. Aufl. (VII, 166 S. m. Bildnis u. 8 Vollbild.) 8. Stuttgart (909). G. Weise. Geb. in Leinw. 3. —

Nalli-Rutenberg, Agathe· Prinzessin Goldhaar, s. Geschichten, Intime.

Ragout fin. Novellen v Norden u. Süden von A. Nalli. Berlin H. Bermühler [1908]. (231 S.) 8° [Ant. u. F.] (08, 7410

Nalli-Rutenberg, Agathe

Rosa. Ein Lebensbild. Von Agathe Rutenberg [d.i. Agathe Nalli-Rutenberg].
Leipzig: Hübner 1857. 192 S. 8°

Nalli, A.,
— am Sylvesterabend, } s.: Geschichten, intime.

[F.] Was die Wellen rauschen. Neue Märchen von A Nalli-Rutenberg M. 5 Ill. i. Lichtdr. *Berlin: C. Koepsel 1896.* (1 Bl., II, 138 S., 1 Bl., 5 Taf.) 1 Bd 8. (97 1852

Sein totes Weib und andere Novellen. Von A[gathe] Nalli-Rutenberg. Berlin: Bermühler [1910]. 167 S. 8°

Nallino, Carol. Alph., s.: Al-Battânî sive Albatenii opus astronomicum.

Nallino, C. A., chrestomathia Qorani arabica. Notas adiecit, glossarium confecit C. A. N. gr. 8. (IV, 74 u. VI, 68 S.) Leipzig 893. R. Gerhard. n. 4. 50

Nally, A., die Rache einer Frau. In Civita Vecchia. 2 Novellen. 12. (124 S.) Berlin 890. Alb. Goldschmidt. n. —50

Nalodaya. — Sanscritum carmen Calidaco adscriptum, una cum Pradschnacari Mithilensis scholiis edid. Lat. interpret. atque annotat. crit. instr. F. Benary. 4maj. (19½ B.) Berolini 830, Dümmler.

Nalop, Ioannes Henricus Ludovicus • De libri Iobi aetate recte definienda philologicarum rationum, historicarum atque dogmaticarum ope, cum opinionum omnium super hac re evulgatarum censura. Commentatio praemio in certamine literario publico decorata. 102 S. 8° (4°)
Halle-Wittenberg, Phil. Diss. v 15 Febr 1826
Geb. [Hornburg (Kr Halberstadt) 21 10. 1803]
N etiam publice de thesibus quibusdam cum sociis assumtis disputavit (Acta)

Nalop, L., quae fuerit in Oriente de Messia opinio ante Christum. Hal. 1830 4.

Nalop, L. Quae fuerint in Oriente de Messia opiniones ante Christum. 28 S. . . . .
Schulpforte, Progr 1830

Nalus, Carmen sanscritum e Mahàbhàrato; edidit latine vertit, et adnotationibus illustravit, Franc. Bopp. gr. in 8. Londini, Parisii et Argent. Treuttel et Würtz. 819.

Nalus, Carmen sanscritum e Mahâbhârato; edidit, latine vertit et adnotationibus illustravit Franc. Bopp. gr. 8 London, Paris u. Strassb. 820. Treuttel u. W. 9 ₰ 8 gr

Nalus Mahâ-Bhârati episodium, s. Bopp, F.

— Mahâ-Bhârati episodium. Altera emend. edit. Fasc. I et II. Textus Sanscritus c interpretatione latina et annotationibus criticis. Ed. Frz. Bopp. 4. Berl. 830—32. Nicolai. 4 ₰

Nalus, Maha-Bharati episodium. Textus sanscritus cum interpretatione latina et annotationibus criticis curante Franc. Bopp. Tertia emendata editio. Berlin 868. Nicolai's Verl. 4. (XV, 236 S.) n. 4 ₰

Naemann oder Altes und Neues. 2. Kön. 5. Basel 1841 ... H: *Passavant, Theophil.* (Zu) (Ky)

Naeman, oder Altes u. Neues (vom Pfarrer Passavant). 2. Könige, Cap. 5. größtes 12. Basel 841, Bahnmaier. n. ¾ ₰
— 2. durchgesehene Aufl. gr. 12. Ebend. 844. n. ¾ ₰

Naeman, oder Altes und Neues. 3. Aufl. Basel 1856. V: *Passavant, Theophil.* (Mitth. Alex Seeligmüller-Riga-Sassenhofen.)

Naemann, oder Altes und Neues. (2. Könige, Cap. 5.) 3., umgearb. Aufl. gr. 8. (VII und 457 S.) Basel 856, Bahnmaier's Buchh. *

Naemann, der Syrer. 2. Aufl. 8. (24 S.) Elberfeld 878, (Langewiesche's Buchh.) *

Naeman, der Syrer. 4. Aufl. 8. (24 S.) Elberfeld 884. (Faßbender.) n. — 10

Namaszczony, Napisał Jan z Puszczy. Leipzig 865. Rhode? 8. (15 S.) n. 8 ngr

Namba, Teruho, prakt. Arzt a. Japan: Angeborene echte Lumbalhernie kombiniert mit Pseudolumbalhernie auf derselben Seite. (Mit einer Abbildung.) München 1907: Kastner & Callwey. (31 S., 1 Taf.) 8°
München, Med. Fak., Ref. v. Bollinger, Diss. v. 7. Mai 1908
[Geb. 15. Jan. 79 Okayama (Japan); Wohnort: Tokio; Staatsangeh.: Japan; Vorbildung: Tokiofu-Gymn. Tokio Reife April 98; Studium: Med. Akad. Chiba 9, München 3 S.; Rig. 7. Mai 08.]

Namdlaw, B., (L. Waldman), kleine Scherze. Eine Frühstücks-Lectüre für Jung- und Alt-Gesellen. 8. (80 S.) Kampen 872, (L. van Hulst.) *

Namdlaw, Flodul [Pseud], s. Waldmann, Ludolf

Name [Sachliches OW]

Der **Name** des Herrn ist ein festes Schloss. Erzählungen f. d. christl. Haus. Lengerich i. W.: Bischof & Klein [1905]. (64 S.) 8° [F.]
— Hinauf die Herzen! No 8. [cf. 1906 6

Name, Der, des Elbstromes. Dresden 1887. V: *Richter, Carl.* (Cat. d. Stadtbibl. Zürich. Zürich 1864—97.)

Name, Der grosse, eines Landesfürsten . . . Bresl. 1786. V: *Hermes, Johann Timotheus.* (Kat. d. Druckschr. üb. Breslau. Breslau 1903. S. 21.)

Name Jesus, der heiligste, das sicherste Hülfsmittel in Krankheiten, wo kein Arzt helfen kann. Oder: Beispiele von Krankenheilungen durch gläubiges Gebet. Aus d. darüber geführten Protokollen und mehreren Schriften zusammengetragen vom Verfasser der Gebetbücher: Schritte zur vollkommenen Liebe Gottes; Jesus Christus, der wahre Gott u Mensch rc. 16 — 46 Bdchn. 8. Regensburg 837. Manz. (à ⅓ ₰) 1⅓ ₰

Name Jesus, d. heiligste, das sicherste Hilfsmittel in Krankheiten, wo kein Arzt helfen kann. Od.: Beispiele v. Krankenheilungen durch gläub. Gebet. A. d. darüber geführten Protokollen u. mehr. Schriften zusammen getragen v. Verf. d. Gebetbücher: Schritte zur vollkommenen Liebe Gottes, rc. 6 Bdchn. 8. Regensburg, Manz. [1. (7 B.) 837., 2. (7 B.) 838., 3. 1. u. 2. Aufl. (à 7 B.) 839, 42., 4. (7½ B.) 840. à ⅓ Thlr., 5. 1—3. Aufl. (à 8 B.) 841, 42., 6. (7 B.) 842. à ⅜ Thlr.]

Name Jesu, der heiligste, das sicherste Hilfsmittel in Krankheiten, wo kein Arzt helfen kann. Oder: Beispiele von Krankenheilungen durch gläubiges Gebet. Aus den darüber geführten Protokollen u. mehr. a. Schriften zusammengetragen vom Verf. der Gebetbücher: Schritte zur vollkomm. Liebe Gottes, rc. 3. u. 5. Bdchn. 2. Aufl. und 6. Bdchn. 8. Regensburg 842, Manz. 3. B. ⅓ ₰ 5. 6. B. à ⅜ ₰ 1.—6. B. 2¹¹/₂₄ ₰

— dass. Gesammtausg. Neue Aufl. gr. 8. Ebd. 842. 1⅔ ₰

Name, Der heiligste, Jesus, das sicherste Hilfsmittel in Krankheiten, wo kein Arzt helfen kann, oder: Beispiele von Krankenheilungen durch gläubiges Gebet. Aus den darüber geführten Protokollen und mehreren anderen Schriften zusammengetragen vom Verfasser des Gebetbuches: »Schritte zur vollkommenen Liebe Gottes«. Regensburg 1842—44. V: *Blum, Georg.* (Russell IX, 659)

Name Jesus, der heiligste, das sicherste Hilfsmittel in Krankheiten, wo kein Arzt helfen kann. (Gesammtausg. N. Aufl.) 2. Bd. A. u. d. T.: Der allezeit siegende Christ im Kampfe mit den unsichtbaren Feinden seines zeitlichen u. ewigen Wohlstandes rc. Von Oswald. Auf's neue hrsg. gr. 8. (22 B.) Regensburg 841, Manz.

1. Bd. Ebendas. 1842.

Name, der heiligste, Jesus, das sicherste Hilfsmittel in Krankheiten, wo kein Arzt helfen kann. Oder: Beispiele von Krankenheilungen durch gläub. Gebet. Aus den darüber geführten Protokollen und mehreren anderen Schriften zusammengetragen vom Verf. der Andachtsbücher: Schritte zur vollkommenen Liebe Gottes; Jesus Christus, der wahre Gott und Mensch; Herr, erhöre mein Gebet rc. Gesammtausg. Neue Aufl. gr. 8. (III, 503 S.) Regensburg 886, Verlags-Anstalt, vorm. Manz. 5 —

Name, der, „Jesus". (16 S.) Barmen 873. (Wiemann). n. — 20

Name, sein. Hohel. 1, 3. 16. (64 S.) Stuttgart 898. Buchh. d. Evang. Gesellschaft. — 25

Name [Verfasser]

Name, Adam, Antichrist. Drama in 5 Akten. 8. (126 S.) Leipzig 886. Fr. Richter. n. 2. —

Namegawnov, D. ..., an die Aufklärung unserer Zeit. Ein Gedicht. 12. Reutlingen 821. Litt.-Comt. 2 Gr

Namen z. Bezeichn. d. Obstsorten in d. Baumschule, nach d. ersten 12 Theilen d. Obstgärtners. gr. Fol. Weimar, Ind.-Compt. — 2½

— der sämmtl. Gattungen v. Käfern nach Linnéischem System. Fol. Erlang. 783. Palm. 6 Gr

— der sämmtlichen Gattungen von Schmetterlingen nach dem Linnéischen System in 3 Tab. Fol. Erlangen, Palm. 784.

IM Namen der Gerechtigkeit! (Bauern-Justiz im Dorfe Enghausen, betreffend die Wittwe Thielemann; scherzhaft-lascives Protokoll.) O. O. u. J. (c. 1895). 1 Bl. gr 8° in Einf., nur auf 1 Seite bedruckt.

— Jesus (der), das leichteste u. sicherste Mittel wider alle Anfechtungen. 12. Augsb. 815. Doll. (Landsh., Krüll). 1 Gr

Namen der Künstler, welche bei den Kunst-Ausstellungen zu Berlin die kleine und die grosse Medaille für Kunst erhalten haben. Berlin 1864. 8°

Namen, Die, unserer Obst- und Traubensorten. [Stuttg. 1880.] V: *Hartmann, Julius.* (Heyd)

— aller Plätze, Straßen, Häuser rc. der Stadt Prag. 8. Prag. Schönfeld. 794.

IM Namen des Vaters und des Sohnes. Ofen 1756: Druck. Landerer. 2 f. - 8°

Namen, die, der europäischen Völkerschaften. 8. Leipz. 773. Böhme. (Enobloch). 3 Gr

Namenbüchlein

— Nr. 1 u. 2. anfängl. Uebungen d. deutschen Buchstaben- u. Sylben-Kenntniß. Nr. 3. Erste Leseübungen. 8. Zürich, (Schultheß). 1 Gr

Namenbüchlein, od. erster Unterricht im Lesen u. in d. Religion, f. Kinder. 8. Gmünd 814. Ritter. 1 Gr

Namen-Büchlein oder Verzeichniss und Erklärung der gebräuchlichsten Taufnamen mit beigefügten entsprechenden Bibelsprüchen ... Tübingen 1852. V: *Eifert, Max.* (zu) (Ky) (UBTüb C, S. 292)

Namen-Büchlein oder Verzeichniß u. Erklärung der gebräuchlichsten Taufnamen mit beigefügten entsprechenden Bibelsprüchen. Für Eltern, Lehrer u. Kinder zusammengestellt von M. Eifert). 8. (IV u. 137 S.) Tübingen 852. (Stuttgart, Mäcken.) 1/3 Thlr

Namenbüchlein. Ein Ratgeber f. Eltern. gr. 16. (16 S.) Dresden 892. (Niederlage d. Vereins zur Verbreitg. christl. Schriften.) n. — 10

Namenbüchlein. Nr. 1—14. Anna, Auguste, Charlotte, Friedricke, Johanna, Josephine, Julie, Karoline, Katharina, Luise, Margarethe, Marie, Rosa, Therese. In Enveloppe. Elegant ausgestattet .30

Wien: Ges.f.graph.Industrie 1897.

Namenbüchlein, Berliner. Scherz und Ernst aus dem Allgemeinen Wohnungs-Anzeiger für Berlin und Umgebungen auf das Jahr 1855. (Von Fel. Geisheim.) Berlin 855. Herb. 8. (XVI, 90 S.) n. 12 ngr.

Namenbüchlein, Breslauer, d. i. Einwohner-Namen der Haupt- und Residenzstadt Breslau ... Leipzig 1843. H: *Hoffmann genannt von Fallersleben, August Heinrich.* (GGr)

Namen-Büchlein, Erfurtisches. Anhang zu dem Erfurter Adreßbuch. Ein Scherz. gr. 16. (7 S.) Erfurt 878, Körner'sche Buchh.

— Französ., worin Anleitt. z. Buchstabiren u. Lesen enthalten sind. 8. Wien 786. Wucherer. 4 Gr

Namenbuchlein zum Gebrauche der Stadtschulen in den k. k. Staaten. 8. (78 S. 1 Bl.) Wien Gedruckt bei Leopold Grund. 1847. Ungebunden 5 kr.; Gebunden in led. Rücken 8. kr. C. M
Wien: Vlg.d.Schulbücher-Verschleiß-Administration.

Namenbüchlein zum Gebrauche der Stadtschulen in den k. k. Staaten. 8 (78 S. 1 Bl.) Wien. Gedruckt bei Leopold Grund. 1849. Ungebunden 5 kr.; Gebunden in led. Rücken 8 kr. C. M.
Ebda.

Namenbüchlein zum Gebrauche der Stadtschulen in den k. k. Staaten. Libretto di Nomi ad uso delle Scuole di Citta negl' Imper. Reg. Stati. 8. (156 S. 2 Bl.) — (Mit deutschem und italienischem Text) Wien. Gedruckt bei Leopold Grund. 1849. Ungebunden 10 kr. Gebunden in Leinwandrücken 14 kr. C. M. Ebda.

Namenbüchlein, Hannoversches. Einwohner-Namen der Königlichen Haupt- und Residenzstadt Hannover, nach ihrer Bedeutung geordnet und erläutert, von H. v. F. Hannover [1852]. V: *Hoffmann genannt von Fallersleben, Aug. Heinr.* (GGr)

Namen-Büchlein, hochdeutsches lutherisches, s. ABC- und Namen-Büchlein.

— katholisches, für die deutschen Landschulen. 8. Salzb. 793. Duyle. 1 gr.

Namenbüchlein | für die | lieben Kleinen in katholischen Schulen. | Von C. P. | (Fig.: *Lasset die Kindlein zu mir kommen*, ..., 47 × 61) | Dieses Büchlein, | sammt den damit übereinstimmenden Tabellen, ist zu haben: | In Saargemünd, bei Hrn. Johannes Weiß; | In Saint-Avold, bei Hrn. Creuzer; | In Metz, bei Hrn. Kin; | In Bolchen, bei Hrn. Petri; | In Thionville, bei Hrn. Weiß.
Kol.: Straßburg, gedruckt bei L. F. Le Roux.
o. J. (1851), 24 S., 193 × 106.
BNP X. 35025.

— kleines, m. K. 8. Nürnb. Schneider. illum.

Namen- und Buchstabirbüchlein, Neueingerichtetes, ... für die 1. Klasse. 3. Ausg. Zug 1807. V: *Brandenburg, Xav. Dom.* (Cat. d. Stadtbibl. Zürich. Zürich 1864—97.)

— neuverfertigtes, m. K. 8. Nürnberg, Endter. m. illum. K.

— wahres, für kleine Schulkinder, auch diejenigen, welche die deutsche Sprache nicht verstehen, nebst Anh. von Briefen u. Titulaturen. gr. 8. Wien. 759. Trattner. 1.3 gr.

—— Wienerisches. Ein Beitrag zu einer humorist. Bevölkerungsstatistik der k. k. Reichs-Haupt- und Residenz-Stadt Wien. 2 Heftchen. 16. (à 16 S.) Ebendas. 878. à Heftchen 10 Pf.

Nähmen-Büchlein, Wohl-Eingerichtetes, Darauß Jeder vernünfftiger Mensch lehrnen kan Buchstabieren, u. Lesen. Clagenfurt, Kleinmayr, 1755. Duodez. 32 S.

Namen- u Städte-Errather, der, (ein Spiel. Mit 24 lithogr. Taf., nebst Auflösungen.) 32. Magdeburg 834. Robrahn u. Comp. In Etui 1/8 Thlr.

Namenkunde, Geographische. O. O. [1896]. V: *Oppermann, Edmund.* (Cat. d. Stadtbibl. Zürich. Zürich 1864—97.)

Namen-Liste der Offiziere des 10. Bundes-Armee-Corps bei der Concentrirung im J. 1843. gr. 8. (2½ B.) Hannover 843, Hahn'sche Hofbuchh.

Namenliste der Offiziere des 10. Bundes-Armee-Korps bei der Konzentrierung i. J. 1843. Hannover 1843. 40 S.

Namenliste d. gebliebenen u. verwundeten Officiere d. Königl. deutschen Legion u. d. Hannöv. Truppen in der Schlacht bei Waterloo am 18. Juni 1815. gr. Fol. Lüneburg, Herold u. W. 4 gr.

Namenlos. Gedichte v. * * *. 8. (VIII, 216 S.) Wien 895. Gesellsch. f. graph. Industrie. n. 3. —; geb. n. 4. 25

Namenlos. Gedichte. 2. Aufl., s.: Wolff, Johanna.

Namen- u. Sachregister der Abhandlungen u. Berichte der philolog.-histor. Classe der königl. sächs. Gesellschaft der Wissenschaften. 1846—1895. Sachregister. Lex.-8. (III u. S. 39—282.) Leipzig 898. B. G. Teubner. n. 8. —

Namen- und Sachregister zu den Mittheilungen seliger Geister, s. Sach- und Namenregister.

Namen- u. Sach-Register, vollständiges, zum Archiv für das Studium der neueren Sprachen u. Literaturen. Herausg. von Ludw. Herrig u. Heinr. Viehoff. 5 Bde. gr. 8. (22 S.) Elberfeld 851, (Iserlohn) Bädeker. 1/6 Thlr.

Namensfest, das. Eine Erzählung für Kinder. Mit einem Anhang: die acht Seligkeitslehren Jesu, erkläret mit lehrreichen sittl. Anwendungen v. A. Dörle. Mit 1 Stahlst. Neue Ausg. gr. 12. Augsburg 843, M. Rieger'sche B. 1/3 Thlr.

Namensfest Das N.-F. von Hans Caspar Hirzel, Alt-Seckelmeister [Gedicht] 8 Zurich, den 6 Januar 1820

Das Höchsterwünschte Nahmens-Fest Friedrichs des Grossen, welches die Residentz-Stadt Berlin celebriret hat den 5. Mertz 1759. Wurde besungen von A. S. Berlin 1759. 4. 6 Bl. 33 Str.
Eylt zum Aaltar, streut Weyrauch auf!
Eylt rühmet Gottes Allmachts Werke.

Namensfest, des Königs, v. G. A. v. R. 8. Regensb. 820. Daisenberger. 4 Kr.

DAS NAMENSFEST des Allerdurchlauchtigsten, Grossmächtigsten Königes und Herren, Herren Friederich des Zweiten, Königes in Preussen, Marggrafen zu Brandenburg, wird die Königliche deutsche Gesellschaft nächsten Donnerstag den 5ten März feierlich begehen, wozu Sie sich die Gegenwart der Edlen, Gelehrten und Freunde des Vaterlandes unterthänig, gehorsamst und ergebenst erbittet. ib. 1750. — fol.

Namensfest, Das unruhige, oder der Weiberstreit. Ein Lustspiel in fünf Aufzügen. Neue veränderte Auflage des ehemaligen Stammbaums. Wien 1776. V: *Gebler, Tobias Philipp Freiherr von.* (saar 4/412) (BiblPort)

Namenspatrone, die, d. Ingolstädter Festungswerke. gr. 8. (IV, 66 S.) Ingolstadt 888. (Krüll'sche Hofbuchhandlg.) n.n. — 60

Namenspatrone, hl., enth. 38 kurze Lebensbeschreibgn. frommer Personen. 16. (192 S.) Regensburg 896. Nationale Verlagsanstalt. In Umschlag n. — 40

Namenspiel z. Zeitvertreib und zur Erweckung des Nachdenkens. 8. Quedlinb. Reußner. (Ernst.) 776.

Namenspiel zum Zeitvertreib u. z. Erweckung d. Nachdenkens. 2te Aufl. 8. Quedlinb. Ernst. 812.

Namenspiel z. Zeitvertreib u. zur Erweckung d. Nachdenkens. 8. Quedlinb. 776. N. A. 817. Ernst. 4 gl

Namens-Register, Alphabetisches, zum vollständigen Ortsverzeichnisse der im Reichsrathe vertretenen Königreiche u. Länder nach den Ergebnissen der Volkszählung vom 31. December 1880. Herausgeg. von der k. k. statistischen Central-Commission in Wien. II. unveränderter Abdruck. gr. 8. (165 S.) geh. 1 fl. 50 kr.
Wien: Hölder 1882.

Namensschwestern, die; aus d. Italien. von E. Richter. 2 Bdchen. 8. Braunschw. 831. (Fr. Fleischer in Leipz.) 1 ₰ 12 gl

Namensschwestern, die, nach e. ungedr. italien. Handschr. frei übertr. v. E. Richter. 2 Bdchn. 8. (25 B.) Braunschweig 831, [Horneyer.]

Namens-Verzeichniß der Abgesandten aus Schleswig-Holstein. (Frankfurt a. M.) o. J. 8° [Kopft.]

Namens-Verzeichniß von Aebten u. Aebtissinen Bairischer und Oesterreichischer Klöster als Hilfsmittel bei Bearbeitung und Benützung von Nekrologien. 8. (28 S.) Wien, A. Pichlers Witwe und Sohn, 1853.

Alphabetisches Namenverzeichniß sämmtlicher Armen, welche Unterstützung aus der hiesigen Armencasse empfangen Kiel 1836 8°

—— mit der ihnen im Armenjahre aus der hiesigen Armencasse gereichten Unterstützung Kiel. 8°
48, 1841 51, 1844 54—77, 1847—71

Namens-Verzeichniss, alphabetisches, der k. und k. österreichisch-ungar. Consularfunctionäre, sowie der k. und k. österreichisch-ungar. Consularämter in sämmtlichen fremden Staaten. Jänner 1886—1888. Zusammengestellt im k. und k. Ministerium des kaiserl. Hauses und des Aeusseren. Lex.-8. (30; 31; 31 S.) Wien, Hof- und Staatsdruckerei. à Jahrg. * — 40

Namens-Verzeichniss, alphabetisches, der k. u. k. österr.-ungar. Consularfunctionäre, sowie d. k. u. k. österr.-ungar. Consularämter in sämmtl. fremden Staaten. März 1889; Febr. 1890; Febr. 1891; März 892. Zusammengestellt im k. u. k. Ministerium d. kaiserl. Hauses u. d. Aeusseren. Lex.-8. (31; 31; 32; 32 S.) Wien, (Hof- u. Staatsdruckerei). à Ausg. * — 40

Namens-Verzeichniss, Alphabetisches, der k. u. k. österr.-ungar. Consular-Functionäre, sowie der k. u. k. österr.-ungar. Consular-Aemter im Auslande. Februar 1893. Lex.-8. (32 S.) Ebda.1893. —.20

Namens-Verzeichniss, alphabetisches, der k. u. k. österr.-ungar. Consularfunctionäre, sowie der k. u. k. österr.-ungar. Consularämter im Auslande. Febr. 1894. Zusammengestellt im k. u. k. Ministerium des kais. Hauses u. des Aeussern. Lex.-8. (32 S.) Wien 894. (Hof- u. Staatsdruckerei.) n. — 40

Namens-Verzeichniss der k. u. k. österr.-ungar. Consular-Functionäre, sowie der k. u. k. österr.-ungar. Consularämter im Auslande. 1895. Februar. Lex.-8. (33 S.) Ebda.1895.

Namens-Verzeichniss, Alphabetisches, der k. u. k. österr.-ungar. Consular-Functionäre, sowie der k. u. k. österr.-ungar. Consularämter im Auslande. 1896. Februar. Lex.-8. (34 S.) Ebda.1896. —.20

Namens-Verzeichniss, Alphabetisches, der k. u. k. österr.-ungar. Consular-Functionäre, sowie der k. u. k. österr.-ungar. Consular-Aemter im Auslande. 1897. Februar. Lex.-8. (34 S.) Ebda.1897. —.20

— alphabet., d. k. u. k. österr.-ungar. Consularfunctionäre, sow. d. k. u. k. österr.-ungar. Consularämter im Auslande. März 1898. Zusammengest. im k. u. k. Ministerium d. k. u. k. Hauses u. d. Aeussern. Lex.-8. (35 S.) Ebd. 898. n. — 40

Alphabetisches Namens-Verzeichnis der k. u. k. österr.-ungar Consularfunctionäre sowie der k. u. k. österr.-ungar. Consularämter im Auslande. Ende März 1899. Zusammengestellt im k. und k. Ministerium des kais. u. kön. Hauses und des Aeusseren. Wien. 1899. [In Comm. Hof- und Staatsdruckerei.] 4° 36 S. fl. — 20

Alphabetisches Namens-Verzeichnis der k. u. k. österr.-ungar. Consularfunctionäre, sowie der k. u. k. österr.-ungar. Consularämter. März 1901. Zusammengestellt im k. und k. Ministerium des kais. und kön. Hauses und des Aeussern. Wien. 1901. [Hof- und Staatsdruckerei.] Lex.-8°. 36 S. K —.40

— alphabetisches, der k. u. k. österr.-ungar. Consularfunctionäre, sowie der k. u. k. österr.-ungar. Consularämter. März 1902. Zusammengestellt im k. u. k. Ministerium des kais. u. kön. Hauses u. des Aeussern. Lex.-8. (38 S.) Ebd. (902). n. — 40

Alphabetisches Namens-Verzeichnis der k. u. k. österr.-ungar. Consularfunctionäre sowie der k. u. k. österr.-ungar Consularämter März 1903. Lex.-8° (38 S.) K —.40
Wien: Hof-u.Staatsdruck.1903.

Namens-Verzeichnis, alphabetisches, der k. u. k. österr.-ungar. Consularfunctionäre, sowie der k. u. k. österr.-ungar. Consularämter. März 1904. Zusammengestellt im k. u. k. Ministerium des kais. u. kön. Hauses u. des Aeussern. (39 S.) Lex.-8. Wien, Hof- und Staatsdruckerei. 1904. —. 40.

Namens-Verzeichnis, alphabetisches, der k. u. k. österr.-ungar Consularfunctionäre, sowie der k. u. k. österr.-ung. Consularämter. Zusammengestellt im k. u. k. Ministerium des kais. u. kön. Hauses u. des Aeussern nach dem Stande vom 31. XII 1904. (39 S.) Lex.-8. Wien, Hof- u. Staatsdruckerei. 1905

— alphabetisches, der k. u. k. österr.-ungar. Consularfunctionäre, sowie der k. u. k. österr.-ungar. Consularämter. Zusammengestellt im k. u. k. Ministerium des kais. u. kön. Hauses u. des Aeussern nach dem Stande vom 25. I. 1906. (39 S.) Lex.-8. Ebd. 906. n. — 40

Namens-Verzeichniss, alphabetisches, der k. u. k. österr.-ungar. Consularfunctionäre, sowie der k. u. k. österr.-ungar. Consularämter. Zusammengestellt im k. u. k. Ministerium des kais. u. kön. Hauses u. des Aeussern nach dem Stande vom 10. I. 1908. (39 S.) Lex.-8. Wien, Hof- u. Staatsdruckerei. 1908 —. 40.

Namensverzeichnis, alphabetisches, der k. u. k. österr.-ungar. Konsularfunktionäre, sowie der k. u. k. österr.-ungar. Konsularämter. Zusammengestellt im k. u. k. Ministerium des kais. u. kön. Hauses u. des Äussern nach dem Stande vom 20. I. 1909. (40 S.) Lex.-8. Wien, Hof- u. Staatsdruckerei. 1909 —. 40.

Namensverzeichnis, alphabetisches, der k. u. k. österr.-ungar Konsularfunktionäre, sowie der k. u. k. österr.-ungar. Konsularämter Zusammengestellt im k. u. k. Ministerium des k. u. k. Hauses u. des Äussern nach dem Stande vom 20. I. 1910. (40 S.) Lex.-8. Wien, Hof- u. Staatsdruckerei. 1910. —. 40.

— alphabetisches, ausgezeichneter Männer, deren die allgem. Literatur-Geschichte gedenkt. gr. 4. Braunschw., Reichard. 21 gl

Alphabetisches Namen-Verzeichniss derer Personen, von denen in der „Lebens- und Regierungs-Geschichte Friedrichs des andern Königs in Preussen (3 Thle., Leipzig 1784—88 8.)" genealogische Nachrichten vorkommen. Leipzig 1790. Bey Adam Friedrich Böhmen. 8.

Namens-Verzeichniß, alphabet., der in d. gr. bad. Regierungsblättern v. 1803—1834 incl. vorkomm. Staatsdiener v. Civil- u. Militärstande, mit beigesetzten Dienstveränderungen. u. Ehrenauszeichnn. gr. 8. (8 B.) Baden-Baden 835, Marx'sche Buchh. *

Namensverzeichniss der □ „Comenius" Or. Budapest. 1898. Budapest 1898: Markovits és Garai. 4 Bl. 8⁰. [Umschlagtit.] 430.

Namens-Verzeichniß sämmtlicher Herren Ehren-, wirkenden und wirklichen Mitglieder des böhmischen Forstvereines mit Schluß des Vereinsjahres 1854. 8 (30 S.) Prag. Druck von Kath. Gerzabek.

Namens-Verzeichniss der Freimaurer-Grossloge von Ungarn für die drei Johannisgrade und der unter ihrem Schutze arbeitenden Joh. Freimr-Logen. 3 Hefte. Budapest. Druck v Fanda. 1880, 1881 u. 1882. 8. 71, 76 u. 80 S. Deutsch u. ungarisch.

Namensverzeichnis der vornehmsten Gelehrten, die sich um die Wissenschaften verdient gemacht haben. Braunschweig 1802. V: *Metz*, *G. H.* (Ky)

Namen-Verzeichniß d. vornehmst. Gelehrt., d. s. um d. Wissenschaften verdient gemacht hab. v. Metz. 4. Braunschweig, Reichard. 802.

Namens Verzeichniss der gefallenen und den Wunden erlegenen k. k. Generale und Oberste. Vom Beginn des dreissigjährigen Krieges bis inclusive 1878. 4. Wien 1887.

— der Gerichts- u. Verwaltungs-Beamten von Baden, Elsass-Lothringen, Hessen u. Württemberg. gr. 16. (52, 49, 25 u. 34 S.) Ebend. 877. à n. — 75

Namens-Verzeichniss Schleswig-Holsteinischer Kampfgenossen Hamburg 1869. 8⁰

Namensverzeichnis der auf der 1873 in Wien geordneten Weltausstell. zusammengestellten Kollektivausstell. im Unterrichtsfach. (Deutsch u ungar.) Budapest 1873

— der Lehrer höherer Lehranstalten von Baden, Elsass-Lothringen, Hessen, Pfalz u. Württemberg. gr. 16. (50, 22, 16, 37 u. 41 S.) Ebend. 877. à n. — 75

Namen-Verzeichniß der P. T. Herren Mitglieder des Abgeordnetenhauses. 3. Session 1864—1865. Mit Angabe des Standes, des ständigen Wohnsitzes, des Landtags-Wahlbezirkes, des Wohnortes in Wien u. s. w., mit einem lith. Plane des Sitzungssaales u. der mit den Namen der Herren Abgeordneten bezeichneten Sitzplätze. Wien 865. Hof- u. Staatsdruckerei. 12. (74 S.) n. 8 ngr.

Namen(s)-Verzeichniß der Mitglieder des Abgeordnetenhauses. IV Session (1867-1868). Mit einer lithographirten Tafel. 16. (69 S.) Wien: k. k. Hof- und Staatsdruckerei 1868.

Namen-Verzeichniß der Mitglieder des Abgeordnetenhauses. IX. Session. Nach dem Stande im Decbr. 1882. 8. (115 S.) Wien 882, Hof- und Staatsdruckerei. *

Namensverzeichniss der Mitglieder des Abgeordnetenhauses. IX Session. Nach dem Stande im Jänner 1883. gr. 8. (117 S.) Wien, Hof- u. Staatsdruckerei. 40 kr. 1883

—— der Mitglieder des Abgeordnetenhauses. X. und XI. Session. Nach dem Stande im Octbr. 1885, und im Octbr. 1886. gr. 8. (116; 114 S.) Ebendas. 885,86. à Jahrg. * — 80

Namen(s)-Verzeichniß der Mitglieder des Abgeordnetenhauses. X. Session. Nach dem Stande im April 1887 8⁰ (116 S.) Ebd. 1887.

Namenverzeichniß der Mitglieder des Abgeordnetenhauses X. Session. Nach dem Stande im Februar 1889. 8. (114 S.) —.40
Wien: Hof-u.Staatsdruck.1889.

Namens-Verzeichniß der Mitglieder des Abgeordnetenhauses (sammt Anhang, enthaltend das Verzeichniß der Wahlbezirke, respective Wahlkörper und deren Vertreter). X. Session. Nach dem Stande im Februar 1890. 8. (157 S) —.40
Wien: Hof-u.Staatsdruck.1890.

Namen-Verzeichniß der Mitglieder des Abgeordnetenhauses. XI. Session. Nach dem Stande im Jannar 1893. Mit dem Plane des Sitzungssaales des Abgeordnetenhauses. 8. (157 S.) —.40
Ebda.1893.

Namen-Verzeichnis der Mitglieder d. Abgeordnetenhauses. XI Session. Nach dem Stande im Octbr. 1893. 8. (157 S. m. 1 Plan.) Wien 893. (Hof- u. Staatsdruckerei.) n. — 80

Namens-Verzeichnis der Mitglieder d. Abgeordnetenhauses. XI. Session. 9. März 1895. gr. 8. (157 S. m. Plan d. Sitzungssaales.) Wien 895. (Hof- u. Staatsdruckerei.) n. — 80

Namens-Verzeichniß der Mitglieder des Abgeordnetenhauses. XI. Session. 8. November 1895. 8. (157 S.) Ebda.1895. —.40

— dasselbe. XII. Session. Mitte April 1897. gr. 8. (207 S. m. 1 Plan.) Ebd. 897. n. — 80

Namens-Verzeichniß der Mitglieder des Abgeordnetenhauses. XIII. Session. Ende September 1897. Gr.-8. (207 S. mit Plan) —.40
Wien: Hof-u.Staatsdruck.1897.

Namens-Verzeichniß der Mitglieder des Abgeordnetenhauses. XIV. Session. 10. März 1898. Mit Plan. Gr.-8. (207 S.) Ebda.1898. —.40

Namens-Verzeichniß der Mitglieder des Abgeordnetenhauses. XIV. Session. 1. Ausgabe. Ende April 1898 mit Plan. Gr.-8. (205 S.) — 40
Wien: Hof-u.Staatsdruck.

— dasselbe. Mitte Septbr. 1898. gr. 8. (207 S. m. 1 Plan.) Ebd. 898. n. — 80

(F) Namens-Verzeichniss der Mitglieder des Abgeordnetenhauses. XVI. Session. 1. Ausgabe. Anfang November 1899. Wien. 1899. Hof- und Staatsdruckerei. 8°. 205 S. mit 1 Tafel fl. —.40

(F) Namens-Verzeichniss der Mitglieder des Abgeordnetenhauses. XVI. Session. 2. Ausgabe. Anfang Februar 1900. Wien. 1900. Hof- und Staatsdruckerei. 8° 207 S. mit 1 Tafel. K —.80

(F) Namens-Verzeichnis der Mitglieder des Abgeordnetenhauses. XVII. Session. 3. Ausgabe. Anfang März 1901. Wien. 1901. Hof- u. Staatsdruckerei. Gr.-8°. 207 S. mit 1 Tafel. K 1.—

(F) Namens-Verzeichnis der Mitglieder des Abgeordnetenhauses. XVII. Session. 5. Ausgabe. Mitte Mai 1901. Wien. 1901. Hof- und Staatsdruckerei. Gr.-8°. 207 S. mit 1 Tafel. K 1.—

(F) Namens-Verzeichnis der Mitglieder des Abgeordnetenhauses. XVII. Session. 6. Ausgabe. Ende October 1901 Wien. 1901. Hof- und Staatsdruckerei. Gr.-8°. 207 S. mit 1 Tafel K 1.—

(F) Namens-Verzeichnis der Mitglieder des Abgeordnetenhauses. XVII. Section. 8. Ausgabe. Mitte März 1902. Gr.-8°. (207 S. mit 1 Tafel) K 1.—
Wien: Hof-u.Staatsdruck.1902.

(F) Namens-Verzeichnis der Mitglieder des Abgeordnetenhauses. 17 Session. 10. Ausgabe. Gr.-8°. (307 S. mit 1 Karte)
Wien: Hof-u.Staatsdruck.1902.

(F) Namens-Verzeichnis der Mitglieder des Abgeordnetenhauses. 17. Session. 11. Ausgabe. Gr.-8°. (205 S.) K 1.—
Wien: Hof-u.Staatsdruck.1903.

Namensverzeichnis der Mitglieder des Abgeordnetenhauses. XVII. Session. April 1905. (207 S. m. 1 Plan) 8. Wien 905. (Hof- u. Staatsdruckerei.) n. 1. —

Namenverzeichnis der Mitglieder des Abgeordnetenhauses. XVIII. Session. 13. VII. 1907. (1. Ausg.) (245 S.) gr. 8. Wien 907. (Hof- u. Staatsdruckerei.) 1. —

Namensverzeichnis der Herren Mitglieder der Gesellschaft der Musse. Riga 1802. V: *Schwartz, Johann Christoph.* (R-N)

Namenverzeichniß der sämmtlichen P. T. Herren Mitglieder der Marianischen Liebesversammlung aus der Liebe des Nächsten von der Mutter Gottes Maria von Karlshof bei St. Apollinari zur Unterstützung der Witwen und Waisen. 8. (54 S.) Prag, Dr. K. Geřábek 1853.
(Dasselbe auch in Böhmischer Sprache.)

Namensverzeichniß der sämmtl. P. T. Herren Mitglieder der Marianischen Liebesversammlung aus der Liebe des Nächsten von der Mutter Gottes Maria vom Karlshof bei St. Apollinari zur Unterstützung der Witwen und Waisen. Prag. Druck von Kath. Gerzabek. 1857. (63 S. 8.)

Namensverzeichnis der sämmtlichen Mitglieder E. Hochehrwürdigen Ministerii zu Hamburg ... Hamb. 1790. V: *Hoepfner, Johann Nicolaus.* (schr)

— Provisorisches, d. Mitglieder d. Abgeordnetenhauses. X. Session. Lex.-8. (10 S.) Ebds. 10 kr.
Wien: Hof-u.Staatsdruck.1885.

— provisorisches, der Mitglieder d. Abgeordnetenhauses. XI. Session. Nach dem Stande im April 1891. gr. 8. (101 S.) Ebd. 891. * — 80

— der im Sommer- u. Winterhalbjahr 1830—1832 auf d. Universität zu Leipz. anwesenden Herren Studirenden. Im Auftrag d. Universitätsgerichts. 4. Leipz., Serig.

Namensverzeichnis der 20000 Turner des 3. Deutschen Turnfestes zu Leipzig 1.—5. 8. 1863, n. Festbeschreibung u. Rede v. Prof. v. Treitschke. Leipzig. 136 S., 8°.

— der Volksschullehrer von Baden, Elsass-Lothringen u. der Pfalz. qu. 4. u. gr. 16. (84, 47 u. 37 S.) Ebend. 877. à n. 1. —

Namen- und Wohnung- Verzeichniss der Abgeordneten zur Schleswig-Holsteinischen Landesversammlung. Schleswig im März 1849. Fol.

Namens- u. Wohnungs-Verzeichniss der Gewerbe- u. Handeltreibenden Ungarns. Zufolge Anordng. Sr. Exc. d Herrn kön. ung. Handelsministers auf Grund der Daten der letzten Volkszählg. verf. durch Jos. v. Jekelfalussy. gr. 8. (LXVI, 2436 S.) Budapest 892. (Singer & Wolfner.) Geb. in Leinw. n. 30. —

Namens-Verzeichnisse der Aerzte von Baden, Braunschweig, Elsass-Lothringen, Hessen, Mecklenburg-Schwerin u. Strelitz, Oldenburg, Pfalz, Königr. Sachsen, Schleswig-Holstein, den Thüringischen Staaten u. Württemberg. gr. 16. (24, 23, 31, 21, 22, 4, 9, 52, 31, 24 u. 34 S.) Mannheim 877 Bensheimer. à n. — 75

Namer, A., prakt. Unterricht üb. d. Anbau d. peruanischen Jungferntabacks, od. Anweis., wie d. nach Ungarn gebrachte Jungferntaback behandelt werden muß etc. Mit 1 Kpf. N. A. Preßb. 820. Landes. (Leipz., Andrä). 10 gr.

NAMESTINK, A. R.: Darstellung d. Wappen- u. Adelsbeweises nach d. allgem. u. besond. polit. Gesetzen Oesterreichs, in Verbind. m. d. allg. bürgerl. Gesetzbuche, d. Gerichtsordn., Heraldik u. Diplomatik zu histor. u. jurist. Entscheidd., nebst e. pract. Theile u. Vormundschafts-, Abstamm.- u. Standesprocesse u. Proben d. alt. Häuser Kinsky, Hoyos, Attems, Báthory, Lettau etc. Als Handbuch. f. d. Adel, f. öffentl. Beamte bei polit. u. gerichtl. Stellen, dann Profess., Wappenkönige, Advokaten, Agenten, Archivare, Geschichtsforscher u. alle jene, welche mit Adelsbeweisen, Stammbäumen u. Ahnenproben zu thun haben. *Wien*, 824. gr. 8. (2 Thl.)

Namestnik, A. R., Darstell. d. Wappen- u. Adelsbeweises nach d. allgem. u. besond. polit. Gesetzen Oesterreichs, in Verbind. mit dem allgem. bürgerl. Gesetzbuche, der Gerichtsordnung, Heraldik u. Diplomatik zu histor. u. jurist. Entscheidungen etc. gr. 8. Wien 824. Grund. 2 fl.

Namias, Rud., theoretisch-praktisches Handbuch der photograph. Chemie. I. Bd.: Photograph. Negativprozesse u. orthochromat. Photographie. Nach der 3. italien. Aufl. übers. v. A. Valerio u. C. Stürenburg. (VIII, 406 S.) 8. Halle 907. W. Knapp. 8. —

Namiesky, Anton Fidelis: Christus u. Moses. Für u. gegen die Juden. (5 Abth.) Wien 1817-23. Gedr. u. in Commiss. bei Carl Gerold. 8⁰
VIII-118, 96, 91, 96, 84 S.

Namiesky, Anton Fidelis, Christus und Moses, für und gegen die Juden. Wien, Gerold, 1819 - 24. 8°. 5 Bde.

Namiesky, ((A. F.,) Christus u. Moses für u. gegen die Juden. 3r—5r Thl. 8. Wien 821—824, Gerold. 1 Rthl. 12 gr. 1r—5r Thl.

Namiesky, A. von, etwas üb. die 5 Gebote der Kirche. 8. Wien, Rehm. 813.

— das Lob d. sel. Jungfrau Maria, z. heilsamen Betrachtung f. alle treuen Verehrer d. Mutter Gottes. 8. Wien 814. N. A. 826. Wimmer. 8 gr.

Namiesky, (A. F.,) die Macht u. d. Ansehen d. christkathol. Kirche, eine nöthige Stütze d. Staats. 8. Wien 824, Gerold. Rthlr.

Namiesky, Ant. Fidelis, Was und welches ist die wahre Religion? Wien, Gerold, 1825, 8°

— das Wunder d. christ-kathol. Religion, od. d. kathol. Kirche. 8. Wien 814. Rehm. 6 gr.

Namiot, Mairim (Maier), approb. Arzt aus Slonim (Rußl.): **Ueber Ptosisoperationen** mit besonderer Berücksichtigung der Operationsmethoden von Heisrath und Heß. *Berlin (1904): E. Ebering.* (30 S.) 8°
Freiburg i. B., Med. Diss. v 1904

Namislo, Frz., der Abfertigungsdienst, s.: Leitfäden f. den Selbstunterricht u. den Unterricht an Eisenbahnschulen.

Der Nachtwachter und der Pudel oder Der schwarze u. d. weisse Mohr Eine lustige Wirthshausscene u. Gerichtsverhandlung in 2 Aufz. von A Namledieh. *Bonn* *I. Heidelmann [1900]* (16 S.) 8° [F.]
— Theaterbibliothek, A. Heidelmann's. II. 25. [01. 1005

Namledieh, A. (A. Heidelmann), der Nachtwächter u. der Pudel, s. a. Heidelmann's, A., Theaterbibliothek.

Namlos, Osk., der fleißige Peter. Für Kinder im Alter von 3—7 Jahren. gr. 4. (9 Bl. m. farb. Abbildgn.) Mainz 891. Jos. Wirth'sche Hofbuchdr. Kart. 1.60

NAMOR (Palindrom für „Roman"), Die unüberwindliche Stärcke der Liebe, in der wahrhafften Liebes- und Lebens-Geschichte der Durchlaucht. Hertzogin Gismunda abgeschildert. Mit 4 Kpfrn. O. O. 1728. 8⁰. 19 Bogen. Sehr selten!
Nach Boccaccio's „Gismunda". — Cat. Meissner II.

Nampon, Untersuchungen über die katholische Lehre des Conciliums von Trient, als Mittel der Wiedervereinigung aller christl. Bekenntnisse. Aus dem Französ. 2 Bde. Regensburg 854. Manz. gr. 8. (XVI, 344; VIII, 365 S.) 2 Rthlr. 7½ ngr.

Nampon, P., Die Unterscheidungslehren der Katholiken u. Protestanten oder Beleuchtung der kathol. Lehre des Konziliums von Trient als Mittel der Wiedervereinigung aller christlichen Bekenntnisse. Regensburg, Manz (jetzt Verlagsanst.), 1873, gr. 8°, 2 Bde, 344 u. 365 S., 2. Aufl., 6,75 Mk.
Die 1 Aufl. erschien u. d. T. Untersuchungen über die kath. Lehre des Konzils v. Trient als Mittel der Wiedervereinigung aller christl. Bekenntnisse. Das. 1864. Der Inhalt dieses Buches wurde zuerst in Form von Konferenzreden vor einem aus Kathol. u. Protestant. bestehenden Auditorium zu Genf vom Verf. mit großem Beifall vorgetragen. Vgl. Kath. Littblätter zur Sion 1856, S. 71.

Namremmiz, Hnr. Thdr., 350 entschleierte Geheimnisse aus dem Nachlasse der berühmten Chemiker, Oeconomen u. Sympathiseurs Dan. Groos, Andr. Schulze u. Nathus. Krumm; auf vieljährige, meistens 75jähr. Erfahrung gegründet. Bereichert mit vielen für vortrefflich erklärten Mitteln und Recepten. 3. Aufl. 16. Heilbronn 842, Drechsler'sche Buchh. (J. M. Flammer.) Verklebt n. ⅔ Rthlr.

Namschanowsky, N. B., Offenes Sendschreiben an Joh. Ronge, zeit. Volksrestaurateur ꝛc. in Breslau. Breslau (Marienburg, Dormann) 1845, 8°, 20 Pf.

Namslau [Schlagwort]

— s. a.: **Breslau, Reg.-Bez.**

Namslau, Kreis, s.: Kreiskarten.

Namslau, Kreis. **Baron,** Paul, Karte des Kreises Namslau, bearb. nach den neuesten Hilfsquellen. 6 Blatt à 40×52 cm. Farbdr. Liegnitz (900). P. Baron. n. 8.—; auf Leinw. m. Stäben n. 12.—

Namsler, G. G. D.: Über die Rindvich-Pest und deren Behandlung nach darüber geführten Akten in den Jahren 1813—1814. Breslau 1816. VIII, 144 S.

Namsler, G. G. D., († 1815.) die Rindviehpest, nach aktenmäßig-begründ. Erfahr. in den J. 1813 u. 14. 8. Bresl. 816. W. G. Korn. 12 gr.

Das hochste Gut. Lied v Paul Namsorg *Berlin: A. Hoffmann 1895.* (3 S., 1 Bl.) 1 Bd 4.

Namur [Schlagwort]

Namur, s.: Woerl's Reisehandbücher.

Namurcensis — Comitatus — etc. calamo et sumtibus Matth. Seutteri Aug. Vindel. 1: 155,000. 1 Bl.

Namvr — Comitatvs — Tabula Geographica ex mappis Frizianis depromta correctior reddita per Homannianos Heredes. Norimb. A. 1746. 1: 92,500. 1 Bl.

Namur [Verfasser]

Namur, Antonius, professor-bibliothecarius in Athenaeo Magno-Ducali Luciliburgensi (geb. am 12 März 1812 in Luxemburg): De lacrymatoriis sive de lagenulis lacrymarum [!] propinquorum colligendis apud Romanos aptatis ... Luciliburgi, typ. V. Buck 1855. IV, 5—19 S. 8.
Bonn, Phil. Fak., Diss. v. 17 Apr. 1855

Namur, Antoine: Akademische Lobrede, gehalten bei der Jubelfeier des Herrn Directors Müller in der Aula des kgl. grossherzogl. Athenäums zu Luxemburg. 29. Mai 1861 Luxemburg: Pet. Brück 1861 22 S. 12⁰

Namur, Aug., catalogue de la bibliothèque de l'Athénée royal grandducal de Luxembourg, précédé d'une notice historique sur cet établissement. Luxembourg 855. Bück. gr. 8. (1 Bl., 836 S.) n. 2 Rthlr.

Namur, Barthélémy · Recueil deren besten Antiquitäten zu finden in verschiedenen Oertern besonders in Rom. Alle mit ihren Proportionen gezeichnet auf academische Art. 1758. 2⁰

Namur, François Pierre Joseph

Namur, J., analyse chimique des gypses ou plâtres du grand-duché de Luxembourg. 8. (30 S) Luxembourg 885. Brück. — 60

Namur, François Pierre Joseph: Ein Blick in die geologischen und mineralogischen Verhältnisse des Mosel- und Sauerbeckens, nebst chemischer Analyse der Gypse. S. 1-25. Echternach, Progymn., Progr. 1883/84

Namur, François Pierre Joseph. Geschichte und Arbeit. Eine culturhistorische Skizze. S. 5-23. Echternach, Progymn., Progr. 1871/72

Namur, François Pierre Joseph. Die Gypslager an der untern Sauer in Bezug auf ihren Werth im Handel und in der Landwirthschaft. S. 54-58. Echternach, École d'agriculture, Progr. 1861/62

Namur, François Pierre Joseph: Eine Reise nach Esch auf der Attertbahn. Echternach 1880. 12°

Namur, François Pierre Joseph. Die Sandsteinfelsen der Untersauer von Bollendorf bis Born. 1860.

Namur, François Pierre Joseph. Wahrheit und Dichtung. [Diekirch. Justin Schroell.] 8 S. 8°

Namur, P., Bibliographie Académique Belge, ou Répertoire systématique et analytique des Mémoires, extraits de Mémoires, Dissertations, Observations, Essais et Mémoires des prix publiés jusqu'à ce jour par l'ancienne et la nouvelle Académie de Bruxelles. Précédée d'un Précis historique de l'Académie et suivie d'un Répertoire alphabétique général des noms d'Auteurs. Lex.-8. Liége 838. (Bonn, Marcus.) n. $1^1/_3$ ℛ

— Bibliographie des ouvrages publiés sous le nom d'ana; accompagnée de notes critiques, historiques et littéraires. gr. in 8. Bruxelles 839. (Bonn, Marcus.) n. 1 ℛ

— Bibliographie paléographico-diplomatico-bibliologique générale, ou Répertoire systématique indiquant 1) tous les ouvrages relatifs à la Paléographie; à la Diplomatique; à l'histoire de l'imprimerie et de la librairie; à la Bibliographie; aux Bio-Bibliographes et à l'histoire des Bibliothèques; 2) la notice des recueils périodiques, littéraires et critiques des différents pays. Suivi d'un Répertoire alphabétique général. II Tomes. gr. in-8. Liége 838. (Bonn, Marcus.) n. $4^7/_{12}$ ℛ

— histoire des bibliothèques publiques de la Belgique. Tom. I.: Bibliothèque de Bruxelles. gr. in-8. Bruxelles 840. (Bonn, Marcus.) n. $2^2/_3$ ℛ

Namur, P., Histoire des Bibliothèques publiques de la Belgique. Tome II. Aussi s. le titre: Histoire de la Bibliothèque de Louvain. gr. in-8. (Mit 1 Bildniss.) Bruxelles 841, Muquardt. n. $2^5/_6$ ℛ — Tom. III. Bibliothèque de Liège. gr. in-8. (Mit 1 Kupfer.) le même 842. n. $2^5/_6$ ℛ (T. I—III. bei Muquardt.)

— Manuel du Bibliothécaire, accomp. de notes critiques, historiques et littéraires. gr. in-8. Bruxelles 834. (Mayer et Somerhausen; Aix-la-Chapelle, Mayer.) n. 2 ℛ

— Projet d'un nouveau systeme bibliographique des connaissances humaines. gr. in-8. Bruxelles 839. (Bonn, Marcus.) n. 1 ℛ

Namy. Eine Geschichte aus Japan. 8. (28 S.) Gernsbach 887. Christl. Kolportage-Verein. n. — 8

Namy. Eine Geschichte aus Japan. 12. (39 S.) Frankfurt a/M. 899. Lichtenthal, Christl. Kolportage-Verein. n. — 12

Namzasch, A. Vom Nordpol zum Südpol. Eine neue Idee der Luftschiffahrt. Mit 1 Titelbild (der „Triumph" in den Wolken). In-12°. 71 S. Glarus, Schweizer. Verlags-Anstalt. 1896. 1 20

NANA, Judith. Lolo & Cie. Mit einem Vorwort von Eugène Gaillet. Aus dem Französischen übersetzt. Budapest 1884. Zu haben in allen Buchhandlungen. 8° 48 S.

NANA, Judith, Lolo u. Cie. Mit einem Vorwort von E. Gaillet. Deutsche Ausgabe. Budapest, Gust. Grimm, 1884. 8° (Mk. 1,80.) (2 Mk. F. Waldau, 1909.)

Ñāṇatiloka, s.: Buddha, des, Reden.

Das Wort des Buddha. Eine Übersicht über d. ethisch-philosoph. System d. Buddha in d. Worten d. Sutta-Piṭakaṁ des Pāli-Kanons nebst Erl. Von Bhikkhu Ñāṇatiloka. Mit e. Einl. versehen von Karl Seidenstücker. Leipzig. Th. Grieben 1906. (XX, 72 S.) 8° [illegible]

Nancey, C. M., poésies choisies de Henri Heine, suivies de diverses autres poésies allemandes, trad. en vers. Berlin 858. Behr. 16. (XI, 147 S.) n. 20 ngr.

Nancy, s.: Europa. Liebenow.

Nancy, od. d. Unglücksfälle d. Unbesonnenheit u. Eifersucht. 8. Wien, Camesina.

— — dasselbe französisch. 8. Frankf. Gebhardt u. K. (a. Hermann.) 771.

Nancy, od. die unvorsichtige Aufführung. 8. Halle 778. Franke. 6 ℊ

Nancy oder die Schule der Eheleute. Ein Originallustspiel in 5 Aufzügen. Aufgeführt im kk. Nationaltheater. Wien 1778. V: *Bianchi, J. A. v.* (Theaterkalender 1779. Gotha. S. 167) (BIBLPORT)

Nandchen, Das blonde. Ein Spiegel für viele. Weissenfels u. Leipzig 1794. V: *Cramer, Carl Gottlob.* (BGE V³, 294)

— das blonde, s. a. K. G. Cramer, der braune Robert.

— das blonde, s. a. Robert der braune.

NANDCHEN D*** oder das Opfer der Eyfersucht nicht Roman, aus diesem Kriege von einem Augenzeuge (sic!). Mit gestoch. Titel u. Titelvignette. Amsterdam bei Ludwig Hennemann (Frankfurt a. M., Zeßler), 1799. (Vorr. unterz.: *A. D. Th.* Kaiserslautern 1796.)

Stellenweise anstößiger Roman in Dialogform. Tit. m. Vign. ((Portr.) u. 142 S. — Selten! Weller, fing. Dr., hat unrichtig „Nantchen".

Nandchen D*,** od. das Opfer d. Eifersucht, nicht Roman aus dies. Kriege, v. ein. Augenzeugen. 8. Amsterdam. (Diez in Frankf.) 799.

Nandelstaedt, E., die Werk- u. Pflastersteine, die Bekleidungs- u. Schottersteine Westdeutschlands, ihre Eigenschaften u. Gewinnungsstellen in Deutschland, Frankreich, Belgien, Norwegen u. Schweden etc. Mit ausführl. Firmen-Verzeichnissen u. zahlr. Abbildgn. der Bruchbetriebe (im Text u. auf 6 Taf.). (VII, VI, 211 S.) gr. 8. Hannover 910. Dr. M. Jänecke. Geb. in Leinw. 12. 50

Nándori, Mathiae, Sapiens Architectus, qui aedificavit Domum super Petram, propositus Dominis Lutheranis sive rigidis, sive mollibus, ut noscere se incipiant, qui sint. Opusculum in duas partes divisum. 4. Ofen 775. Typograph. 8 ℊ

Naendrup, Hub (Hrsg). s. Abhandlungen, Kolonialrechtliche

Dr Hubert **Naendrup**, Prof. Begriff des Rechtscheins und Aufgabe der Rechtscheinsforschung Munster (Westf.) Coppenrath 1910. 30 S. 8°
(Naendrup Rechtscheinsforschungen H 1)

Naendrup, Hub., Dogmengeschichte der Arten mittelalterlicher Ehrenminderungen, s.: Festgabe f. Felix Dahn.

— Entwickelung u. Ziele des Kolonialrechts. Vortrag, geh. auf der Görres-Versammlg. in Paderborn am 25. IX. 1907. (31 S.) gr. 8. Münster 907. Universitäts-Buchh. F. Coppenrath. — 80

Naendrup, Hubert, Dr jur., Gerichtsass. **Zur Geschichte deutscher Grunddienstbarkeiten.** *Breslau 1900: Schles. Volkszeitungs-Buchdr.* (85 S.) 8° [J.]
Breslau, Jur. Hab.-Schr. v. 8. Jan. 1900

Naendrup, Hub., zur Geschichte deutscher Grunddienstbarkeiten. gr. 8. (85 S.) Paderborn 900. Junfermann. n. 2. 40

Dr Hubert **Naendrup**, Prof. Die Gewere Theorien. Munster (Westf.): Coppenrath 1900. 84 S. 8°
(Naendrup Rechtscheinsforschungen. H 2) [10. 11926

Naendrup, Hubert, Gerichtsref. **Protesterhebung mangels Zahlung trotz Angebotes an den Protestbeamten.** *Paderborn 1899: Junfermann.* (42 S.) 8°
Breslau, Jur Diss. v 1899

Naendrup, H, Rechtscheinsforschungen. 1 Heft. Begriff des Rechtscheins u. Aufgabe der Rechtscheinsforschg. (III, 36 S.) Lex-8. Münster, Universitätsbuchh F Coppenrath. 1910 1 25.

Naendrup, H, Rechtscheinsforschungen. 2. Heft. Die Gewerbetheorien. (III, 84 S.) Lex-8. Münster, Universitätsbuchh. F Coppenrath. 1910 2. 50.

Nandsen, Frdr., Licht u. Wahrheit. Ein Sang f. alle, auf welche das Ende der Welt gekommen ist. (I. u. II. Tl.) (III, 423 S.) 8. Berlin 903. Herm. Walther. n. 5. —; geb. n. 6. 50

— dasselbe. III. Tl.: Leben. (III, 228 S.) 8. Ebd. 904. n. 3. —

Nandy, Gopinath, der Märtyrer v. Allahabad. 2. Aufl. 8. (48 S.) Basel 882. Missionsbuchh. n. — 20

NANETTE oder die tändelnde Venus. Mit 12 Kpfrn. Berlin 1792. 8° (In München ex bibl. erot. Krenneriana, auch in Wien, Stadtbibl. Secr A 31)
Grösste Seltenheit! 3 Stücke, einzeln paginirt —

Nanette et Lucas; ou la Paysanne curieuse. Com. en 1 Act. p. Framery. 8. Berlin, Rottmann.

Nani, Gerolamo Enrico, der böse Blick (Malocchio). Schauspiel in 4 Aufzügen. Alleinige vom Verf. autoris. Übersetzg. v. Ed. Wüst. gr. 8. (XVI, 76 S.) Lahr 900. Groß & Schauenburg. n. 1. 50

Nani, G. E., Seelenstürme, s.: Universal-Bibliothek.

Nani, S. v., s.: Leitfaden zum richt. Gebrauche d. Pianoforte-Pedals.

Naenia Luthero-Bornea aeternum resonans Das ist Ewig-widerschallendes Klag-Geschrey u. Trauer-Echo dess Fünfften Affengelisten D Martini Luderi, und Catharinae von Born (so!) seines weiland gewesten Kebsweibs. Gedruckt zu Freyburg anno 1714. 4°
8 Bll — Beck, bibl. luth. no. 937 (2½ Mk., jetzt viel theurer!) Enthält ein Gedicht von 40 Versen voll der unfläthigsten Ausdrücke über Luther u. Katharina v Bora.
— — — — Dasselbe. Ibid. 1725 4° (In München L. eleg. m. 252, 21)
Beide Drucke sehr rar!

Nänie, Prosaisch poetische, auf das Erdbeben zu Lissabon. Schwabach 1775. V: *Schubart, Christian Friedrich Daniel.* (schstr S. 237)

Nänie bey Schmerbers Urne. [Frankfurt a. M. 1787.] 2 Bl. 8° [Kopftit.]
Kl. 1385. „Weit eröfnet seine Tiefen . . .“ 193.

Nanjio, Bunyin, s.: **Bibliotheca, buddhica.** (Saddharmapundarika.)

Nanine. Ein Lstspl. in 3 Aufz.; aus d. Französ. übers. v. Jos. Marie v. Dûfresne. 8. Münch. 776. ... (s. auch Voltaire.)

Nanine; oder das besiegte Vorurtheil. Lustsp. von Voltaire. 8. Leipz. (Stage in Augsburg). 776.

NANINE und Laurin, eine baierische Idylle. O. O 1778. 8°. (In München 2 Expll.: Biogr. 446, 2; Bavar. 4003. II, 3.) Rar!

G(iovan) M(aria) **Nanino** 'Vienn' Himeneo' 'Steig', Hymen, nieder'. Fünfstimmiges Madrigal aus 'Madrigali a 5 Voci di G. M Nanino et di Annibal Stabile' (Venetia, 1581). Deutscher Text von John Bernhoff. Hrsg. von W[illiam] Barclay Squire (Leipzig Breitkopf & Härtel [1905].) (11 S.) 4° [Kopft.]
— **Madrigale,** Ausgewählte, u. mehrstimmige Gesänge berühmter Meister d. 16. u. 17. Jhs. N. F 26. [07. 13724

Nanke, ..., Friedenspredigt. 8. Bresl., W. G. Korn. 4 K

Nanke, *Walter* [Dr.]: Die Kohlehydrate m. bes. Berücks. ihrer physiolog. Bedeutg u. d. landwirtschaftlich-techn. Gewerbe. (E. Ergänzg z. chem. Lehrbuch.) *Samter, Druck v. M. Krueger, 1894;* 27—53 S. 8.
Samter Landwirthschafts-S. OP 1893**

Nanke, Walter [aus Tilsit]: Vergleichend-anatomische Untersuchungen über den Bau von Blüten- und vegetativen Axen dikotyler Holzpflanzen Königsberg i. Pr, Hartungsche Buchdr (1886); 4 + 58 S. u. 6 Taf 8°
Königsberg, Phil. Fak., Inaug.-Diss. v 13. März 1886.

Nanke, Walter, vergleichend-anatomische Untersuchungen über den Bau von Blüten- und vegetativen Axen dikotyler Holzpflanzen. Inaugural-Dissertation. gr. 8. (54 S. mit 6 Stnt.) Königsberg i. Pr. 886, (Koch's Antiqu.) ** 1 20

Nanking, s.: China, Karte v. Ostchina.

Nann, Josefa, Heidekraut. Gedichte. (120 S.) kl. 8. Brixen 906. (Preßvereins-Buchh.) n. 1. 60

NANNE (so?), Die verlassene, eine wahre Geschichte. Prag und Wien 1797 8°.
Kayser p. 90 hat „Nanne“, Bibl. Bülov. II, 4, 151 hat „Nonne“.

Nanne, die verlassene; e. Geschichte. 16. Prag 797. Neureutter. (Leipz., Hinrichs). 10 𝒦

Nanne, Otto, die Disjunctivobligation. Inaugural-Dissertation. gr. 8. (IV, 64 S.) Heidelberg 880. C. Winter. n. 2. —

Nanne, St., öffentliche Begründung der Klage bei dem Hannoverschen Generalkriegsgerichte gegen den General-Adjutanten u. Gen.-Lieut. v. Tschirschnitz. Berlin 864. (Fernbach jun.) gr. 8. (16 S.) 5 ngr.

— Briefe aus den Welfischen Landen im 19. Jahrhundert. Ein Ruf an die öffentliche Meinung für Sittlichkeit u. Gemeinwohl. 2. Aufl. Ebend. 864. gr. 8. (34 S.) 10 ngr.

— die Militairfrage Preußens vom militairisch-politischen Standpunkte. gr. 8. (107 S.) Hannover 863, Rümpler. *

Nannerini, Al., S. J., s.: Lilie, die, v. Castiglione.

Nannes, Gottfried, Assistent an der landw. Versuchsstation Skara, Schweden: Untersuchungen über die Löslichkeit der Phosphorsäure und über die Hygroskopicität einiger typischen Bodenarten aus Skaraborgs Län. Königsberg i. Pr. 1906: H. Jaeger. (98 S.) 8°

Königsberg, Phil. Fak., Ref. Stutzer, Diss. v. 15. Okt. 1906

[Geb. 20. Okt. 68 Näshult (Schweden); Wohnort: Skara (Schweden); Staatsangeh.: Schweden; Vorbildung: Techn. Elementarsch. Borås Reife O. 91; Studium: Stockholm 3, Gothenburg 8, Halle 1 S.; Rig. 18. Juli 06.]

Nannestadt, F., meletema de solenni deductione regiae coniugis Salomoneae descr. I. Reg. IX. 4. Copenhag. Mumme. 754.

— Hilaria Harhusiensia die unctionis regiae Frieder. V. celebr. 4. ibid. 749.

Nanni. Ein Puppenmärchen für grosse Kinder . . . V: *Walouieff, Frau von.* (Verlagskatalog J. A. Barth. Leipz. 1880. S. 111.)

Nanni. Ein Puppen-Märchen für große Kinder von ***. Mit 21 (eingedr.) Holzschn. nach G. Sundblad. gr. 8. (VII, 148 S.) Leipzig 878. Barth. n. 3. —

Nanninga, *Arnoldus Willem* [aus Groningen '(Holland)']: Ueber 3-Methylazobenzol und 2-4-Dimethylazobenzol . . Heidelberg, Univ.-Buchdr. v. J. Hörning, 1894; 44 S., 1 Bl. 8.
Heidelberg, Naturw.-math. Fak., Inaug.-Diss. v. [10. Aug.] 1894

Nannucci, Vincenzio, teorica di nomi della lingua Italiana. Tomo I. 8. (XXXVIII u. 796 S.) Firenze 847. (München, Franz.) n. n. 6 ℛ

Nanny und Adelinde, oder die Macht der Sympathie. Breslau u. Leipzig 1808. V: *Haugwitz, Caroline Albert. Eleonore Louise von geb. von Rohr.* (schl) (MGT) (Nowack, Schles. Schriftst.-Lex. Bresl. 1836 —43. V, 71.)

Nanny u. Adelinde, od. die Macht d. Sympathie, v. Arminia (Louise v. Haugwitz). 8. Bresl. 808. W. G. Korn. 1 ℛ

Nänny, Gustav
Nänny, G., Elemente christlicher Lehre. 2 Thle. gr. 8. (XVI, 296; IV, 291 S.) Aachen 872, Mayer. *

Nänny, Gust., Predigt bei meiner Einführung in das evangel. Pfarramt zu Aachen. gr. 8. Aachen 845, Mayer. 1/4 ℛ

Nänny, J. C., Gedichte. 8. (19½ B.) Frankfurt a. M. 833, Sauerländer.

Naenny, S., Abécédaire des petits enfants, s. Abécédaire.

Nansen, Fridtjof. (Festschrift.) Fol. (16 S. m. Abb. u. 2 Taf.) Kristiania 896. K. F. Koehler, Barsort. n. 2. —

Nansen, Fridtjof, auf Schneeschuhen durch Grönland. Autoris. deutsche Uebersetzg. v. M. Mann. (In 2 Bdn. oder 20 Lfgn.) Mit 159 Abbildgn. u. 4 Karten. 1. Bd. gr. 8. (III, 400 S.) Hamburg 891. Verlagsanstalt u. Druckerei, A.-G. n. 10. —; geb. n. 11. —; in Lfgn. à n. 1. —

— auf Schneeschuhen durch Grönland. Autoris. deutsche Uebersetzg. v. M. Mann. Mit 159 Abbildgn. u. 4 Karten. 2. (Schluß-)Bd. gr. 8. (IV, 455 S.) Hamburg 891. Verlagsanstalt u. Druckerei, A.-G. n. 10. —; geb. n. 11. — (kplt.: n. 20. —; geb. n. 22. —)

[F.] Auf Schneeschuhen durch Grönland. Von Dr. Fridtjof Nansen. Autoris. dtsch. Uebs. v. M[athilde] Mann. 2. Ausg. M. 159 Abb. u. 4 Kt. Bd 1. 2. *Hamburg: Verlagsanst. u. Dr. A.-G. 1897.* 2 Bde 8.
1 (2 Bl., 400 S., 1 Portr.) 2. (IV, 455 S., 4 Kt.) [97. 7281

Nansen, Fridtjof, wissenschaftliche Ergebnisse v F. Nansen's Durchquerung v. Grönland 1888, s.: Mohn, H.

Nansen, Fridtjof. Wissenschaftliche Ergebnisse v. Dr. F. Nansen's Durchquerung v. Grönland 1888, s. Petermann's, A., Mittheilungen.

Fridtjof Nansen. Eskimoleben [Eskimoliv]. Aus d. Norweg übers. von M[argarete] Langfeldt. *Leipzig & Berlin: G. H. Meyer 1903.* (VIII, 304 S.) 8° [F.]

Fridjof Nansen Eskimoleben [Eskimoliv]. Aus d. Norweg. übers. von M[argarete] Langfeldt. 5.–10. Taus. *Leipzig & Berlin: G. H. Meyer 1903.* (VIII, 304 S.) 8° [F.] [03. 8.4; 7

Nansen, Fridtjof, Eskimoleben. Aus dem Norweg. übers. v. M. Langfeldt. 2. Zehntaus. (VIII, 304 S. m. Abbildgn.) gr. 8. Berlin 903. [G. H. Meyer.] Imberg & Lesson. 4. —; geb. 5. —

Fridtjof Nansen. Eskimoleben [Eskimoliv]. Aus d. Norweg übers. von M[argarete] Langfeldt. 2 Zehntaus. (Neue ill. Ausg.) Leipzig & Berlin. G. H. Meyer 1903. (VIII, 304 S.) 8° [F.] [05. 1108; 11

Fridtjof Nansen Eskimoleben [Eskimoliv]. Aus d. Norweg übers von M[argarete] Langfeldt Neue ill. Ausg Berlin Globus Verl. [um 1903]. VIII, 304 S. 8° A 11. 443*10

Nansen, Fridtjof, Eskimoleben. Aus dem Norweg. übers. v. M. Langfeldt. Neue illustr. Ausg. 16.—18. Tauf. (VIII, 304 S. m. Abbildgn. u. 16 Taf.) 8. Berlin (910). Globus Verlag. Geb. 2. 25

— Methods for measuring direktion and velocity of currents in the sea, s.: Publications de circonstance du conseil permanent international pour l'exploration de la mer. Nr. 34.

[F.] In Nacht und Eis. Die Norwegische Polarexpedition 1893—1896. Von Fridtjof **Nansen.** (1 u. 2 M. e. Beitr. v. Kapitän (Otto) Sverdrup. 207 Abb., 8 Chromotaf. u. 4 Kt.) Autoris. Ausg. Bd 1 2. [&] Suppl. *Leipzig F. A. Brockhaus 1897 98* 3 Bde 8.
1 1897 (X, 527 S. 2 Portr., 1 Portr.-Taf. 31 Taf., 2 Kt.)
2 1897 (VIII, 507 S. 38 Taf., 2 Kt.)
Suppl. 1898. [A. T.] Wir Framleute. Von Bernh. Nordahl. Nansen u. ich auf 86° 14. Von Lieut. Hjalmar Johansen. (VIII, 519 S., 28 Portr. u. Taf.) [98. 3876

Nansen, Fridtjof, in Nacht u. Eis. D. norweg. Polarexpedition 1893—1896. Mit e. Beitrag v. Sverdrup, 211 Abb., 8 Chromotaf. u. 4 Karten. Neue rev. Ausg. 2 Bde. gr. 8. (X, 527 u. VIII, 539 S.) Leipzig 898. F. A. Brockhaus. n. 18. —; geb. in Leinw. n. 20. —
Erschien auch in 30 Lfgn. à n. —60.

— in Nacht u. Eis. Die norweg. Polarexpedition 1893 bis 1896. Nach dem Orig.-Werk bearb. von J. Hennings. (In stenogr. Schrift.) 3. Aufl. (88 S. m. Bildnis.) 8. Berlin (903). Frz. Schulze. n. 1. 20; kart. n. 1. 60

In Nacht und Eis [Fram ofver Polhafvet]. Die norwegische Polarexpedition 1893 - 1896. Von Fridtjof **Nansen**. Nach d. Originalwerk bearb. von J. Hennings. 3. Aufl. Berlin F. Schulze (1905). (88 S.) 8° [Text stenogr.] [05 6584

— Auf der Nordpolfahrt, s.: Jugendbücherei, deutsche.

Nansen, Fridtjof, s.: **North Polar Expedition, the Norwegian, 1893—1896.**

— Norwegen u. die Union m. Schweden. (V, 71 S.) gr. 8. Leipzig 905. F. A. Brockhaus. n. 1. —

Nansen, F. Die jährlichen Schwankungen d. Wassermassen im norwegischen Nordmeer,
s. Hansen, B. Helland-

Nansen, Pet., e. glückliche Ehe. 8. (168 S. m. 1 Bild.) Berlin 894. S. Fischer, Verl. n. 2. —; geb. n. 3. —

Nansen, Pet., e. glückliche Ehe. 2. Aufl. 8. (168 S.) Berlin 896. S. Fischer, Verl. n. 2. —; geb. n. 3. —

Nansen, Pet., eine glückliche Ehe. 4. Aufl. 8. (172 S.) Berlin 899. S. Fischer, Verl. n. 2. —

Nansen, Pet., eine glückliche Ehe. 5. Aufl. (9. u. 10. Taus.) (172 S.) 8. Berlin 905. S. Fischer, Verl. n. 2. —; geb. n.n. 3. —

— Judiths Ehe. E. Roman in Gesprächen. 8. (183 S.) Ebd. 899. n. 2. —

Judiths Ehe von Peter **Nansen**. 3. Taus. Berlin: S. Fischer 1906. (191 S.) 8° [07. 9506 11

— die Feuerprobe. Novellen. 1. u. 2. Aufl. 8. (à V, 158 S.) Ebd. 899. 902. n. 2.—; geb. n.n. 3. —

— Gottesfriede. 8. (V, 231 S.) Ebd. 896. n. 3. —; geb. n. 4. —

— Gottesfriede. 3. u. 4. Aufl. 8. (à V, 231 S.) Ebd. 899. 902. n. 3. —; geb. n.n. 4. —

— Gottesfriede. 5. u. 6. Aufl. (V, 231 S.) 8. Ebd. 904. 906. n. 3. —; geb. n.n. 4. —

Nansen, Pet., Gottesfriede. 7. Aufl. (13.—14. Taus.) (V, 231 S.) 8. Berlin 908. S. Fischer, Verl. 3.—; geb. n 4. —

— Jugend u. Liebe. Ausgewählte Novellen. (Autoris. Übertragg. v. Mathilde Mann. 1.—3. Taus.) (328 S. m. Bildnis.) 8. Ebd. 909. 3.50; geb. n 4. 50

— Maria. E. Buch d. Liebe. 2. Aufl. (2.—3. Taus.) 8. (165 S.) Ebd. 896. n. 2. —; geb. n. 3. —

— Maria. Ein Buch der Liebe. 4. u. 5. Aufl. 8. (à 165 S.) Ebd. 899. 902. n. 2. —; geb. n.n. 3. —

— Maria. Ein Buch der Liebe. 6. Aufl. (10. u. 11. Taus.) (165 S.) 8. Ebd. 905. n. 2. —; geb. n.n. 3. —

— Maria. Ein Buch der Liebe. 7. Aufl. (165 S.) 8. Berlin 908. S. Fischer, Verl. 2. —

— Julies Tagebuch. Roman. 8. (235 S.) Ebd. 895. n. 3. 50; geb. n. 4. 50

— Julies Tagebuch. Roman. 3. Aufl. 8. (253 S.) Ebd. 900. n. 3. 50; geb. n. 4. 50

— Julies Tagebuch. Roman. 4. Aufl. (7. u. 8. Taus.) (253 S.) 8. Ebd. 908. 3. 50

Nansen, Peter: Julies Tagebuch. Roman. Berlin: S. Fischer (1910). 175 S. 8°
(Fischer's Bibliothek zeitgenöss. Romane. Jg. 2, Bd 8.)

— dasselbe. s. a. Fischer's Bibliothek zeitgenössischer Romane. II, 8.

Peter **Nansen**: Aus dem Tagebuch eines Verliebten. Liebeslieder u. Anderes. (Autoris. Übs. v. Mathilde Mann.) *Berlin. S. Fischer 1897.* (2 Bl., 152 S.) 1 Bd 8.
= Collection Fischer Bd 4. [98. 1879

— aus dem Tagebuch eines Verliebten. Liebeslieder u. Anderes. 2. Aufl. 8. (III, 164 S.) Ebd. 900. n. 2.—; geb. n. 3. —

— aus d. ersten Universitätsjahre. Ein Roman in Briefen. (Autor. Uebersetzg. v. M. Mann.) 8. (211 S.) Berlin 896. S. Fischer, Verl. n. 3. —; geb. n. 4. —

— aus dem ersten Universitätsjahre. Ein Roman in Briefen. 2. Aufl. 8. (211 S.) Ebd. 900. n. 3. —; geb. n. 4. —

Nante im Bierkeller oder das öffentliche u. mündliche Berlin. Von Hans in allen Gassen. 8. Leipzig 843, Naumburg. n. 1/3 ß

Nante im Club. Politisches Possenspiel in unzähligen Bildern. Erstes u. Zweites. 8. (21 S.) Leipzig 847, Naumburg. n. 1/12 ß

Nante & Comp. oder Spaß muß sind! sagt Neumann. 8. Grünberg 843, Levysohn. 1/6 ß

— bei der Einholung. Berliner Local-Scene v. J. J. Amor. 8. Berlin 841. (Rubach) n. 1/6 ß

Nante auf d. Berlin-Potsdamer-Eisenbahn. Von L*. (Ludw. Lenz.) 1—5. Hft. 8. Berlin, [Danz.] à 1/4 Thlr. Thlr.
Hft. 1. Nante auf. d. Berl.-Potsd.-Eisenbahn. 4. Aufl. (3 B.) 839.
- 2. Nante in Potsdam u. im Lustlager bei Nedlitz. 3. Aufl. (3 B.) 839.
- 3. Nante's Weihnachtswanderung u. Neujahrsgruß. 2. Aufl. (2 B.) 840.
- 4. Das Kunst-Kabinet. Kom. Scene in Gesang. (2 1/4 B. u. 1 col. Bild.) 840.
- 5. Nante's Darstellungen scheinbarer Zauberei. (3 B.) 841.

—— mit Familie, auf d. Berlin-Potsdamer-Eisenbahn. Nebst Gesprächen üb. d. Berlin-Sächsische Eisenbahn. gr. 12. (1 2/3 B.) Leipzig 839, Müller. (Berlin, Hayn.)

— als Fremdenführer, s. Wize, Berliner, 86 Hft.

— auf der Frankfurter Messe. 8. Leipzig 840. (Schreck.) n. 1/6 rß

Nante Strumpf mit seinem Sohne August u. Madame Buffey, geborne Breese auf d. Freiberger Ausstellung. gr. 12. Freiberg 846, Engelhardt. 3 ngl

Nante-Strumpfs hinterlass. Papiere. Hrsg. von u. z. Besten seiner strumpflosen Familie. 1—7. Bd. 12. Berlin, Bade. à 1/4 Thlr.
A. u. d. Ttln.:
Bd. 1. Nante Strumpfs Weltgang. In Berlin. 1. Hft. 1—4. Aufl. (2 B.) 838.
- 2. Ein Maskenball im Collosseum. (2 1/4 B.) 838.
- 3. Tutti frutti. Wachsfiguren-Cabinet. — Nante's Nachtgedanken. — Auctionsscene. 1—3. Aufl. (à 2 B.) 839.
- 4. Nante Strumpf's Weltgang. In Berlin. 2. Hft. (1 B. u. 5 Federzeichn. v. Th. Hosemann.) 839.
- 5. Nante Strumpf's Künstlerleben. Berliner Local-Posse mit Gesang. Hrsg. v. Joh. Edmüller. (2 B.) 840.
- 6. Mörder u. Gespenster aus Nante's Tagebuch, od.: Chronik d. ungebild. Welt. (2 B.) 841.
- 7. Nante Strumpf bei d. Einholung. Berliner Local-Scenen. (2 3/4 B.) 841.

Nante. Schleswig-holsteinische Nebelbilder, gezeigt und erklärt. Mit einem colorirten Titelkupfer von Ch. Hucklenbroich. Leipzig. J. Jackowitz 1847. 22 S. 8.

NANTE II., Nesselhiebe. (Theater-Anekdoten.) 1842.
Weller, Lex. Ps. p. 378.

NANTE, Hedw. Fried. (55 jähr. Kammerjungfer), Jungfern-Quodlibet und Junggesellen-Allerley, bestehend in nützlichen Geheimnissen und bewährtesten Kunststückgen. O. O. (Nürnberg) 1766. 8°. 2 Bogen.
Cat. Meissner III. p. 203. — Ungemein selten! Der Pseud. nicht bei Weller.

Nante's philosophische Ansichten über die Kammer-Minoritäter. Eine interessante Unterhaltung zwischen Nante u. Brennecke. Stenographirt von Ullo Bohmhammel, desorganisirter Bürgerwehrs-Vize-Gefreiter. 4. (8 S.) Berlin 849, Hopf. 1 1/2 ngl

Nante's Tod. Tragödie von H. v. A., s. Wize, Berliner.

Nantes, s.a. Bernardo de Nantes.

Catecismo da lingua Kariris composto pelo R. P. Fr. Bernardo de **Nantes**, publ. de novo por Julio Platzmann. Ed. facs. *Leipzig: B. G. Teubner 1896.* (VI, 363 S.) 8°

Kapitän [Capitaine]. Erzählung von Frau [Claire Julie] v. **Nanteuil**. Aus d. Franz. übers. *Münster i. W.: Regensberg (1903).* (235 S.) 8° [J.]
= Jugend- u. Volksbibliothek. No 1–4. [03. 14961

Nanteuil, M. de, in der Sklaverei. Aus dem Franz. (376 S.) 8. Heiligenstadt 909. F. W. Cordier. 2.—; geb. 2. 75

Nanteuil, Mme. de, das geheimnisvolle Strandgut. Frei bearb. nach dem Franz. gr. 8. (272 S. m. 80 Illustr.) Einsiedeln 899. Verlagsanstalt Benziger & Co.
Geb. in Leinw. 3. 60

Nantikow, Leo v., „geschaßt“, oder die Lehrer essen nicht das beste Brot. Zeitgemälde in 3 Aufzügen. 8. (18 S.) Arnswalde 877. Wendt in Comm. 1. —

— Trichinen oder Cohn, der Heirathswerber. Lustspiel in 1 Akt. gr. 16. (15 S.) Ebend. 877. n. — 75

Bauführung. Bearb. von P **Nantke**. Mit 7 Abb. Hannover. M. Jänecke 1908. (81 S.) 8°
= **Bibliothek** d. gesamten Technik. Bd 98. [08. 11085 7

Nantke, P. Holzbaukunst am deutschen Bürgerhause. Mit 120 Abb. Hannover Jänecke 1909 144 S. 8°
(Bibliothek d. gesamten Technik. Bd 111.)

— Holzbaukunst am deutschen Bürgerhause, s.: Bibliothek der gesamten Technik.

— Leitfaden f. Baupolizei u. Gesetzeskunde, s.: Sammlung v. Leitfäden f. den Unterricht an Baugewerkschulen.

Nan tschang fu, s.: China. Karte.

Nanu, Helene Alexander, a. Jassy ⟨Rumänien⟩: Zur Psychologie der Zahlauffassung. Würzburg 1904: C. J. Becker. (56 S.) 8°
Würzburg, Phil. Fak., Ref. Külpe, Diss. v. 30. Juli 1904
[Geb. 20. Juni 74 Jassy; Wohnort: Jassy; Staatsangeh.: Rumänien; Vorbildung: Mädchengymn. Jassy Reife O. 93; Studium: Jassy 5, Leipzig 2, Berlin 2, Würzburg 3 S.; Rig. 17 Mai 04.]

Nanu, Stefan [aus Alexandria '(Rumän.)']: Der Wortschatz des Istrischen ... Fasc. 1: Einleitg u. Buchstaben A. Leipzig, Druck v. A. Pries, 1895; 2 Bl., 51 S. 8.
Leipzig, Phil. Fak., Inaug.-Diss. v [23. Febr.] 1895

Nanz, Schubkrafts Hinweisung auf das Land des stillen Friedens. gr. 4. Wartenstein. Firdorff u. K. 812.

Nanz, Carl Friedr., die Besessenen im neu. Testam. Ein exeget. Versuch mit Rücksicht auf Dr. Strauss Leben Jesu. gr. 8. (3 B.) Reutlingen 840, [Maecken Sohn.]

—— christl. Kindsleichenreden, in Verbind. mit mehr. evangel. Geistlichen hrsg. 1—4 Hft. gr. 8. Reutlingen, [Mäcken Sohn.] [1—3. (à 3 B.) 839., 4. (3 1/4 B.) 840. à 4 1/2 Gr.]

Nanz, Karl Fr., der Pietismus in Württemberg. Eine historische Skizze. 8. Stuttgart 841, Etzel. 3/8 rß

—— der Pietismus in Württemberg. Eine histor. Skizze. 8. (4 B.) Stuttgart 841, [Rommelsbacher.]

— Emanuel Swedenborg der nordische Seher. Sein Leben u. seine Lehre, nebst einer kurzen Kritik der letztern vom biblischen Standpunkte aus. gr. 12. Ravensburg 841, Gradmann u. Knapp. 1/4 rß

Nanz, Carl Frdr., Emanuel Swedenborg, der nordische Seher. Sein Leben u. seine Lehre, nebst einer kurzen Kritik der letztern vom bibl. Standpunkte. 2. (Titel-)Ausg. 8. (IV u. 67 S.) Schw. Hall (841) 851, Haspel. 1/4 rß

Naogeorgus, Thomas, Pammachius, s.: Litteraturdenkmäler, lateinische, d. XV. u. XVI. Jahrh.

Naogeorg, Pammachius, s.: National-Litteratur, deutsche.

Naomi oder die letzten Tage Jerusalems. Leipz. 1867. V: *Webb, J. B.* (EB)

Naomi, oder die letzten Tage Jerusalems. Aus dem Engl. 1. Heft. Leipzig 867. Verl. des christl. Ver. im nördl. Deutschl. 8. (IV, 356 S.) geb. 1¼ ngr

Naomi, od. die letzten Tage Jerusalems. Aus dem Engl. Hrsg. v. christl. Vereine im nördl. Deutschland. 5. Aufl. gr 8. (356 S.) Eisleben 888. Christl. Verein im nördl. Deutschland. geb. 1. 20

Naomi od. die letzten Tage v. Jerusalem. Von der Verfasserin der „Pomponia". 8. (522 S.) Dresden 893. O Brandner. n. 4. 20; geb. n. 5. 50

— dasselbe. Frei nach dem Engl. übers. von Emmy v. Feilitzsch. (96 S. m. Abbildgn. u. 4 Vollbildern.) 8. Ebd. (904). Kart. n. — 40

Naomi od. die letzten Tage Jerusalems. Aus dem Engl. 7. Aufl. (348 S.) 8. Eisleben 905. Christl. Verein im nördl. Deutschland. Geb. in Leinw. 1. —

Naomi oder Die letzten Tage von Jerusalem. [Roman. Neue, Titel-Ausgabe. Mit illustriertem Umschlag.] II + 522 S. 8. Konstanz, Carl Hirsch; Für die Schweiz: Evangelische Buchh., Emmishofen, [1906]. [geb. M. 3. —]
Original-Ausg.: Dresden 1893.

Naoum, Demetrius F., baccalaureus juris a. Syra: Der Abschluß von völkerrechtlichen Verträgen insbesondere nach griechischem Staatsrecht ⟨Art. 32 der Griechischen Staatsverfassung⟩. Athen 1905: P. D. Sakellarios. (70 S.) 8°
Leipzig, Jur. Fak., Diss. v. 23. Jan. 1905
[Geb. 21 März 81 Syra, Griechenland, Wohnort: Alexandria; Staatsangeh.: Griechenland, Vorbildung. Griech. Handelsschule (wiss. Abt.) Halki b. Konstantinopel Reife Sommer 98: Studium Bern, Leipzig; Rig. 14. Febr. 03.]

Nuoúm, Phokion P. (Leipzig), Über Umlagerungen der stereoisomeren Dibenzalbernsteinsäuren und α-Benzal-γ-Diphenylitaconsäuren. Diss. Leipzig (Metzger u. Wittig) 1899. 86 S. u. Biogr. (M.: H. Wulzo.) (1.50) Seiner Mutter gew. 24546

Napevi za orgle k pesmarici cerkveni V Celovcu, Leon, 1852 Quart 254 S.

Napfgebiet, s.: **Schweiz. Atlas.**

Naphahns sieben Verwandlung. u. sechs Stürme aufs Ehebette. Seitenstück zu Hannchens Hin- u. Herzüge. 8. Pegau, Günther. (H. Richter in Leipz.) 801.

NAPHTA Organ des Galizischen Landes- Petroleum- Vereines fur die Petroleum und Erdwachs-Industrie Herausgegeben und redigirt von R Zaloziecki 10 vols. 4to. Leipzig, 1893–1902 +

Naphtha. Organ des galiz. Landes-Petroleum-Vereins f. die Petroleum- u. Erdwachs-Industrie. Hrsg. u. red. v. Roman Załoziecki. 7. Jahrg. 1899. 24 Hfte. Lex.-8. (à ca. 16 S. m. Abbildgn.) Lemberg. (Leipzig, J. A. Barth.) n. 15. —

— Zeitschrift f. die Petroleum-Industrie u. Tiefbohrtechnik. Organ des galiz. Landes-Petroleum-Vereins f. d. Petroleum- u. Erdwachs-Industrie. Hrsg. u. red. von Roman Załoziecki. 8. Jahrg. 1900. 24 Hfte. Lex.-8. (à ca. 20 S. m. Abbildgn.) Ebd. n. 15. —

— dasselbe. Unter besond. Mitwirkg. v. Alfr. Buresz, C. Engler, A. Fauck u. a. hervorrag. Fachmännern hrsg. v. Roman Załoziecki. 9. Jahrg. 1901. 24 Nrn. hoch 4. (à ca. 20 S.) Ebd. n. 16. —

— dasselbe. Hrsg. v. Roman Załoziecki. 10. Jahrg. 1902. 24 Nrn. hoch 4. (à ca. 20 S.) Ebd. n. 16. —

Naphta. Organ des galiz. Landes-Petroleum-Vereines. Chefred.: R. Załoziecki. Mitred.: S. Bartroszewicz. 11.—14. Jahrg. 1903—1906. à 24 Hefte. (à ca. 16 S. m. Fig.) hoch 4. Lemberg. (Leipzig, J. A. Barth.) à Jhrg. n. 16. —

Naphta. Organ des galiz. Landes-Petroleum-Vereines. Chefred.: R. Załoziecki. Mitred.: S. Bartoszewicz. 15. u. 16. Jahrg. 1907 u. 1908. à 24 Hefte. (à ca. 20 S.) Lex. 8. Lemberg (Leipzig, J. A. Barth.) à Jahrg. 16. —

Naphtali, Bernhard, oder die Religion der Religionen. Roman v. H. Frohreich. 8. Leipz. Hinrichs. 811.

Das aufrichtige Herz, dargebracht in treuer Liebe vom Br Naphtali. Reichenbach o. J.: Milisch. 2 Bl. 8° [Umschlagtit.]
Lied ohne Noten: „Was lenkt zu unser's stillen Tempels Pforte . . ." 143.

Naphtali, Max, diplom. techn Chemiker aus Berlin I. Beiträge zur Friedel-Crafts'schen Reaction. II. Ueber Orthophenetidin und seine Derivate. *Berlin 1899: E. Wertheim.* (50 S.) 8°
Heidelberg, Naturw.-math. Diss. v [3. Nov.] 1898

Naphtali, Th., s. Theater von M. Scribe u A.

Naphthaly-Lied, Das. [Zürich 1874.] V: *Attenhofer, Eduard.* (Cat. d. Stadtbibl. Zürich. Zürich 1864—97.)

Napier, Arthur

Napier, A., altengl. Glossen, } s. Studien, eng-
— Isidor's Contra Judaeos, } lische. 11. 13. Bd.

Napier, Arth., über die Werke des altenglischen Erzbischofs Wulfstan. Inaugural-Dissertation. gr. 8. (71 S.) Weimar 882. (Berlin, Mitscher & Röstell.) n. 2. —

Napier, Sir Charles James, († d. 25. Aug. 1853), die Vertheidigung Englands durch Freicorps u. Milizen. Offener Brief an die Mitglieder des Parlaments. gr. 16. (32 S.) Braunschweig 852, Jeger. n. ⅙ ₰

Napier, W., einige Bemerkungen über das Verbindungs-Tracé bei Zürich der Bahnen beider Seeufer. 13 Sn. gr. 8. Zürich, Druck v. Orell, Füssli & Co. 1901

Napier, William, Cyril Thornton. Nach dem Engl. v. W. Du Roi. 3 Thle. 8. Braunschweig 845, Leibrock. 4 ₰

Der 'Katolik' und das schlesische Centrum von 1889 bis 1903, von Adam **Napieralski**. Beuthen O./S.: Katolik 1903. (59 S.) 8° [07. 13157 2

NAPIERALSKI, BERNARD. Ueber einige secundäre Diamine der Fettreihe. Zur Kenntniss einer neuen Isochinolinsynthese. (Basel) Zürich, 1893. Diss.

Napierski, A. W.: Die Polhöhe von Mitau. Mitau 1873. 4°

Napierski, Johann Gf., s. Gesangbuch, Landeshutisches.

— drei Hirtenbriefe an die evangel. Geistlichkeit d. Landeshut. Inspection. gr. 4. Jauer 774, 75.

Napierski, Jh. Gf., († ...) Landshutisches Kirchenjubelfest. 8. Jauer 770.

Napierski, Jh. Gf., v. christl. Schulen. 8. Bresl. 770.

— kurze Vorstellung v. d. ganzen christl. Lehre, wie sie in den evangel. luther. Katechismustabellen stehet, zergliedert rc. 8. Jauer 773.

Napiersky, J., vier Sträusse aus Alpenblumen, nach der Natur gemalt. gr. 4. (4 Chromolith.) Berlin 881. Winckelmann & Söhne. n. 6. — ; einzelne Blätter à 1. 50

Napiersky, J. G. L., s.: Bodecker's Chronik livländischer u. rigascher Ereignisse 1593—1638.

Napiersky, J. G. L., die Erbebücher der Stadt Riga. 1384—1579. Hrsg. v. der Gesellschaft f. Geschichte u. Alterthumskunde der Ostseeprovinzen Russlands. Lex.-8. (LXXXIII, 515 S.) Riga 888. Kymmel's Sort. n. 10. —

Napiersky, J. G. L., die Quellen d. Rigischen Stadtrechts bis zum J. 1673. Mit 2 (photolith.) Schriftproben (in qu. gr. 4. u. Fol.). gr. 8. (CXXXIV, 348 S.) Riga 876. Deubner. n. 10 40

Napiersky, Karl Eduard

Napiersky, Karl Ed., fortgesetzte Abhandl. v. Liefländ. Geschichtschreibern. gr. 8. Mietau 823. (Reyher). 1 rf 4 gr

Napiersky, (K. E.,) fortgesetzte Abhandl. v. Liefländ. Geschichtschreibern. gr 8. Mietau 824. (Reyher.)

Napiersky, Carl Ed., Actenstücke z. Gesch. d. Noldeschen Händel in Kurland etc., s. Monumenta Livoniae.

Napiersky, Car. Ed., de Diplomate, quo Albertus, episcopus Livoniae, declaratur princeps imperii Romano-Germanici, num authenticum sit, et quo anno datum: Disquisitio histor.-diplomat.-crit. 8. (2½ B.) Riga 832, (Frantzen.)

Napiersky, Carl Ed., Ditleb von Alnpeke. Ergänzung des von Liborius Bergmann hrsg. Fragments einer Urkunde der ältesten livländischen Geschichte in Versen, nach der heidelberg. Handschrift jener Reimchronik, mit e. Facsimile derselben u. einigen Erläuterungen hrsg. gr. 8. (8½ B.) Riga 844, Frantzen's Vrlgs.-Comptoir. (Leipzig, Friedr. Fleischer.) *

(——) Index corporis histor.-diplomat. Livoniae, Esthoniae, Curoniae, s. Index.

Napiersky, C. E., Index corporis historico-diplomatici Livoniae; oder Kurzer Auszug aus derjenigen Urkunden-Samml., welche für die Geschichte und das alte Staatsrecht Liv-, Ehst- und Kurlands aus dem geheimen, chemal. Dt. Ordens-Archive zu Königsberg zusammengebracht worden ist. T. 1. 2. — Riga und Dorpat: Frantzen 1833—1835.

Napiersky, Karl Eduard, s. Inland, Das.

— s. Monumenta Livoniae.

—— allgem. Schriftsteller- u. Gelehrten-Lexikon d. Provinzen Livland, Esthland u. Kurland, s. Recke, J. F. v.

Napiersky, K. E., s.: Urkunden, russisch-livländische

Napiersky, C. E., Verzeichniss der neu erschienenen Schriften zur Geschichte Liv-, Ehst- und Kurlands, s. Verzeichniss.

Napiersky, C. E., Verzeichniss der neu erschienenen Schriften zur Geschichte Liv-, Ehst- und Kurland's. I. Für die Jahre 1847—55. (Abgedr. aus d. Mittheilungen aus der livl. Geschichte.) Riga 857. Kymmel. (Leipzig, C. F. Fleischer.) gr. 8. (43 S.) 5 ngr.

Napiersky, Leonh., die Morgengabe des rigischen Rechts. Eine auf Antrag der Juristen-Facultät rc. gedruckte Candidatenschrift. gr. 8. Dorpat 842. (Gläser) n. 1/3 rf

Napiersky, Leonh., die Morgengabe des rigischen Rechts. Eine auf Antrag der Juristen-Facultät rc. gedruckte Candidatenschrift. gr. 8. (4⅝ B.) Dorpat 842. (Moskau, Severin's Verl.) *

Napir, A., s.: Christbaum, geistlicher.

Napoleana, oder Napoleon und seine Zeit. Eine Sammlung von Actenstücken, Anekdoten, Urtheilen und theilweise noch ungedruckten Memoiren. 3 Hefte (soviel ersch.). (Hrsg. von Friedr. Gleich.) Leipzig, Brockhaus, 1823. 8°. (2 Rthl.) (6 Mk. Hugo Streisand, Berlin, 1906.) 152, 156, 168 SS.

Anon.-Lex. III. p. 200 hat „Napoleana" (nach Brockhaus' Verlags-Cat.).

Napoleana, oder Napoleon u. seine Zeit, e. Samml. v. Aktenstücken, Anekdoten, Urtheilen u. theilweise noch ungedr. Memoiren. 3 Hefte. gr. 8. Leipzig 823 u. 24, Brockhaus.

Napoleon [Sachliches OW]

Napoleon v. Heyne, s. Heyne, C. T., Geschichte Napoleons.

—— Stimmen aus d. Norden u. Süden, s. Mohnike, G. Chr. Fr.

— Beweis, daß er nie existirt hat. Großes Erratum. Aus d. Franz. übersetzt. 2e Aufl. 16. Jetzt Crantz in Berlin. 1/12 rf

Napoleon, politische Comödie. s. Reimar, Fr.

Napoleon, polit. Comodie, s. Fr. Rückert

Napoleon. Politische Komödie. Stuttgart und Tübingen 1815. V: *Rückert, Friedrich.* (Kat. Schaper 69. S. 48.)

Napoleon eine biographische Skizze. A. d. Franz. ... Stuttgart u. Tübingen 1821. V: *Le Bret, Jean Fréd.* (MGT) (Ky)

— eine biograph. Skizze; aus d. Französ. mit Anmerkk. (v. F. K. le Bret). Mit 1 Kpf. 12. Stuttg. 821. v. Cotta. 1 rf 8 gr

— eine biograph. Schilderung, u. zugl. ein geordn. Auszug aus dessen eigenen, v. d. Generalen Gourgaud u. Montholon herausgg. Memoiren; aus d. Tagebüchern des Grafen Lascases u. d. Dr. O'Meara u. Antommarchi, so wie aus den Schriften d. Barone Fain u. Fl. de Chaboulon. gr. 8. Dresd. 826. Wagner. 1 rf 6 gr

Napoleon. Roman. Vom Verf. des Türken u. a. m. gr. 12. Leipzig 839. Focke. 1 ℛ

Napoleon auf dem Schiffe Bellerophon, s. Maitland.

— u. d. General Bertrand; eine Unterredung auf der Insel Elba. 8. Frankf. Körner. 814.

Napoleon und der General Bertrand, eine Unterredung auf der Insel Elba. 8. Frankfurt 1815.

Napoleon Bonaparte. Berlin 1803—4. V: *Bülow, Dietr. Hnr. v.* (MGT)

—— dargest. nach d. besten Quellen v. *r. 23 Lfgn. M. 46 Stahlst., n. Originalgemälden d. berühmtesten Maler Frankreichs. gr. 8. (70 B.) Leipzig 836—38, Kollmann. à * 1/3 Thlr. *
Gallerie zu Napoleon. Prachtausg. in Stahlstichen nach Originalgemälden d. berühmt. Maler Frankreichs. 11 Lfgn. (46 Bl. auf chin. Pap.) gr. 4. Ebendas. * 11 Thlr. 12 Gr.

—— dargestellt nach den besten Quellen von *r. 23 Lfrgg. mit Stahlstichen. gr. 8. Leipzig 836—38. Kollmann. (à n. 1/3 ℛ) 7 2/3 ℛ — 2r Abdruck. 23 Lfrgg. mit 46 Stahlstichen. breit gr. 8. Ebd. 838, 39. (à n. 1/3 ℛ) in 2 Bde. cart. 7 2/3 ℛ

Napoleon Bonaparte dargestellt nach den besten Quellen ... Leipz. 1839. 1842. 3. Aufl. 1846. V: ***Becker, Gottfried Wilhelm.*** (Pr) »1847« H: ***Reiche, K. F.*** (BrMm)

Napoleon. Dargestellt nach den besten Quellen v. *r. 3. Aufl. m. 24 neuen Stahlst. 23 Lfgn. 2 Bde. gr. 8. (69 B.) Leipzig 846, 47, Kollmann. à Lfg. 5 Ngr.

Napoleon Bonaparte und seine Besieger. Braunschweig 1815. V: *Warnecke, Joh. Friedrich.* (Mitth. Dr. H. Bäsecke.)

— Bonaparte und seine Brüder, (Schattenrisse). Nebst einem Gespräch auf der Reise. N. d. Franz. v. K. Müchler. 8. Berlin, Wilde. 816.

Napoleon Buonaparte genannt Ernst Graf oder das noch seit 1830 ungelöste Räthsel für Sachsen. O. O. u. J. (Dresden 1857). 8° 16 S. (1 Mk. Mindestgebot, R. Zinke's Dresdner Octob.-Auct., 1908)
„Von grösster Seltenheit; soll s. Z. auf Veranlassung Napeleon's III. aufgekauft worden sein."

— Bonaparte erster Kaiser der Franzosen. 8. Berlin, Litfas.

Napoleon Bonaparte, der grosse Kaiser der Franzosen, sein Leben, seine Heldenthaten u. sein Ende. 8. Nürnberg 1832.

Napoleon Bonaparte der große Kaiser der Franzosen, sein Leben, seine Heldenthaten u. sein Ende. Ein Büchlein f. Jedermann. Mit e. Anhange, enthalt. die beliebtesten Gedichte über Napoleon u. seine Helden. 32. (84 Seiten.) Nürnberg 842, Winter.

Napoleon Buonaparte nach seinem Leben und Wirken von seiner Jugend bis zu seiner Verbannung. 2 Bde. London (Basse in Quedlinburg) 1815.
Weller, fingirte Druckorte.

Napoleon Bonaparte als Mensch, Bürger, Krieger und Regent geschildert ... Gera 1800. V: *Bergk, Johann Adam.* (NN) (MGT) (Ky) (Wr)

— Buonaparte, als Mensch, Bürger, Krieger u. Regent geschildert. Nebst Bemerkk. über die neueste Verfassung d. französ. Republik, (von J. A. Bergk). 8. Gera 800.

— Bonaparte czyli Obrazy bitew i czynów wojennych Bohatera; 90 rycin na stali podług malowideł w Muzeum Wersalskiem i innych pomników z dodatkiem historycznych objaśnień podług PP. Bourienne, Fain, Gourgaud, Hazlitt, Hugo, Mignet, Norvins, Segur, Thiers i innych przez Jana Nep. Bobrowicza. 8. Lipsku 837, 38. Breitkopfa i Haertela. 3 1/3 ℛ (Mit d. Umschl.-Tit.: Kronika Malownicza.)

Napoleon Bonaparte und das französische Volk im Jahr 1814 ... Germanien 1814. V: ***Weinhold, Carl August.*** (Ky) (MGT) (Wr)

— Buonaparte u. das französ. Volk im J. 1814, (von K. A. Weinhold). gr. 8. Dresd. 814. Arnold. 6 gl.

— u. d. französ. Volk unter seinem Consulate, (v. G. v. Schlabrendorf; herausgg. von J. F. Reichardt). gr. 8. Germanien. (Hamb.) 804. (Campe). 2 ℛ

Napoleon Bonaparte und das französische Volk unter seinem Consulate. Germanien [Hamb.] 1804—6. V: *Schlabrendorf, Gustav Graf von.* (ADB) H: *Reichardt, Joh. Frdr.* (Wr) (Ky)

Napoleon Buonaparte, was er war und was er ist. 2 Bde Mit 1 Kpf O O 1814. 8° (Max Perl's Berliner Octob.-Auction 1907, no. 1057, Beibd 4)

— Was er war u. was er ist? Mit 2 Kupf. (Ansicht d. Insel Elba u. Napoleons Abfahrt nach der Insel Elba.) 3 Bde. 8. Prag, Enders. 814 u. 15.

— Buonaparte, was er war, und was er ist. Eine freymüthige Darstellung seines Lebens und seiner Thaten. Mit Kupfern. 4r Bd. 8. Prag, Enders. 816.

— wie er leibt u. lebt, u. das französ. Volk unter seinem Consulate u. unter ihm. 2 Bde. (1r Bd. v. Graf. v. Schlabrendorf; hrsgg. v. J. F. Reichard, 2r Bd. aus d. Engl. v. J. A. Bergk.) gr. 8. Germanien u. Petersb. 804 u. 6. (Hamb., Campe). 3 ℛ 6 gl.

Napoleon Bonaparte, wie er leibt und lebt, und das französische Volk unter ihm. Germanien u. Petersburg 1804-14. V (Bd. 1): *Schlabrendorf, Gustav Graf von.* H (Bd. 1): *Reichardt, Joh. Frdr.* V (Bd. 2): *Bergk, Johann Adam.* (NN) V: *Schlabrendorf, G. Gf v.* (ADB) (Cat. d. Stadtbibl. Zürich. Zürich 1864—97.) V (Bd. 1): *Schlabrendorf, G. Gf v.* H (Bd. 1) & V (Bd. 2): *Bergk, J. A.* (Pr) (MGT) (Ky)

Napoleon Buonaparte wie er leibt und lebt, und das französische Volk unter ihm. Aus dem Englischen (deutsches Original). Petersburg [Hamburg] 1806. V: *Bergk, Johann Adam.* (BGE V⁸, 305/06)

— Wie er leibt u. lebt, u. d. franz. Volk unter ihm. Aus d. Engl. 2 Bde. gr. 8. Petersb. (Hamb. Hoffmann u. Campe.) 805 u. 14. (1r 2 Rthlr. 12 gr. 2r 1 Rthlr. 16 gr.)

— Buonapartes Abschied an die Völker d. Erde; aus d. Franzöſ. 8. Leipz. 821. Paul Vogel. 4 ℊ

— Abſchied, f.·Abſchied.

Napoleon Bonaparte's, Ersten Kaisers der Franzosen, Feldzüge im Jahre 1805, historisch-politisch bearbeitet. (Mit 1 Portrait und 1 Karte) 8. Altona 1806.

— Feldzüge im J. 1805—6. 2 Thle. Mit Kpf. 8. Altona 806 Bechtold. 1 ℛ 16 ℊ

— Buonapartes Krankheit, Tod u. Leiche; nach d. Berichte seines Leibarztes Dr. Arnott. Nebst dem Berichte über die Leichenöffnung; aus d. Engl. gr. 8. Leipz. 823. Rein. 6 ℊ

— Buonaparte's Leben, Aus, 2 Bände mit 17 Kupf. 8. Breslau, Graß, Barth und C. (Leipzig, Barth.) 817 und 818.

Napoleon Bonaparte's Leben und Thaten in einer Reihe interessanter und noch wenig bekannter Anekdoten und Charakterzüge. Nebst einem Anhange: Die Tage von Moskau im J. 1812 ausführlich erzählt. 12. (IV und 208 S.) Wien 861, Leo's Verlagsexpedition.

Napoleon Buonaparte's zweiter Sturz v. d. französ. Throne durch die alliirten Mächte 1815. 8. Nürnb. 815. Campe. 16 ℊ

— Buonaparte's Wiederkehr, (v. L. v. Dresch). 8. o. O. 815.

Napoleon, sein Character u. seine Zeit. Nach d. 3. Aufl. v. W. E. Channing's „Analysis of the Character of Napoleon Bonaparte." Mit e. Einleit. u. Anmerkn. v. K. H. Hermes. gr. 8. (8¼ B.) Leipzig 831, Dyk.

Napoleon in Dresden. Zwei Unterredungen des Kaisers mit dem Dichter Barjaud und dem Minister Daru, nebst mehreren Anekdoten. Hrsg. von F. v. D. Dresden 1813. 56 S.

Napoleon in Dresden. Hrsg. von F. v. D. Dresden 1813—14. V: *Dressler von Scharfenstein, F. von*, nicht: *Guehery, Louis Amanly.* (Zahn & Jaensch in Dresden. Kat. 108. Saxonica. 1907.)

— in Dresden. (Zwei Unterredungen d. Kaisers mit d. Dichter Barjaud, u. des Ministers Daru; nebst mehreren Anekdoten u. Charakterzügen, Napoleon u. seine Umgebung betreffend, (v. L. A. de Guehery). 8. Dresd. 813. Arnold. 5 ℊ 2s Hft. Tagebuch meiner Reise mit d. Hauptquartier des Kais. Napoleon v. Dresden nach Löwenberg u. zurück. Bemerkk. über die Schlacht bei Dresden ꝛc.), von F. v. D. (v. Ebd.) Ebd. 814. 12 ℊ 3s Hft. Napoleon auf Elba, von F. v. D. (L. A. de Guehery). 8. Ebd. 816. 4 ℊ 2e Aufl. 3 Thle in 1 Bde. 8. Ebd. 816. 12 ℊ

Napoleon III., ſ. Alexander, Rich.

Napoleon III [d Dritte]

— — Die Ursachen der Capitulation von Sedan. Von einem Franzosen. (Aus dem Grossen Generalstabe.) Aus dem Französischen von A. Mels. Mit 2 lithogr. Schlachtplänen. 8. Berlin 1870.

Napoleon III. in Deutschland. 1. u. 2. durchgeſ. Aufl. Stuttgart 857. Scheible. gr. 8. (32 S.) n. 7½ ngr.

— und Deutschland. 1. u. 2. Aufl. Wien 860. F. Klemm. gr. 8. (37 S.) n. 10 ngr.

— und England. Aus dem Französ. Leipzig 858. Friedlein. 8. (48 S.) 6 ngr.

— und England. Aus dem Französ. 8. (48 S.) Leipzig 858, [Schrag's Verlag.]

— dass. — gr. 8. (21 S.) Berlin 858, Friedländer'sche Buchdruckerei. *

— und Europa. gr. 16. (21 S.) Leipzig 860, Kollmann.

— und Europa's Frieden. Berlin 856. Verlags-Comptoir. (Huber u. Co.) 8. (16 S.) n. 2½ ngr.

— Kaiser, und der Geisterbeschwörer. Wunderbare und überraschende Vorhersagungen der dem Kaiser Napoleon III. warnend und drohend erschienenen Geister seines Vaters, seiner Mutter und des Kaisers Napoleon I. Von einem aus Paris und Frankreich Ausgewiesenen. Nach vertraul., schriftl. Mittheilungen. Fortsetzung und Schluß der bereits in 5. Aufl. erschienenen Flugschrift: „Wunderbare und höchst interessante Prophezeihungen des schwarzen Doctors ꝛc." gr. 8. (46 S.) München 859, Fleischmann's Separat-Conto. *

Napoleon III und seine Geschichte Cäsars. (IV 47) 8. Frankfurt a/M. 1865.

— und seine Geschichte Julius Cäsar's. 8. (IV und 47 S.) Frankfurt a. M. 866, Boselli'sche Buchh. *

Kaiser Napoleon III. und seine Herrschaft. Pariser Betrachtungen von einem Nicht-Diplomaten. 8. Dresden 1863.

— Kaiser, und seine Herrschaft. Pariser Betrachtungen von einem Nicht-Diplomaten. Dresden 864. Meinhold & Söhne. 8. (VI, 177 S.) 15 ngr.

— Kaiser der Franzosen, sein Leben u. seine Thaten. Reutlingen 870. Enßlin & Laiblin. gr. 16. (53 S.) 2 ngr.

— und die Legitimen. 1. und 2., unveränd. Abdr. 8. (31 S.) Schwerin 860, Oertzen und Comp. *

— und die Kurhessische Leih- und Commerzbank. Göttingen 859. Wigand. 8. (8 S.) n. 1 ngr.

Napoleon III und Machiavelli. Eine Beleuchtung der napoleonischen Politik. Bamberg 1864. V: *Fechenbach, Carl Freiherr von.* (BMarsch 212)

— und Machiavelli. Eine Beleuchtung der napoleonischen Politik. Bamberg 864. Buchner in Comm. gr. 8. (XXIV, 212 S.) n. 1 ℛ

Napoleon III., der Mann der grössten Attentate des 19. Jahrhunderts . . . Cöln [Leipzig] 1859]. V: *Callot, Eduardv.* (wr)

—— der Mann der größten Attentate des 19. Jahrhunderts von einem Conservativen. Lex.-8. (75 S.) Köln 859. (Leipzig, Kollmann.)

—— dass. — 2. Aufl. Lex.-8. (75 S.) Leipzig 859, Kollmann.

—— und seine weltgeschichtliche Mission. Ein Mahnruf in der zwölften Stunde. gr. 8. (15 S.) Berlin 859, Verlags-Magazin. *

— der Mordbrenner, der Verräther gegen Heer u. Landwehr Bisher noch unenthüllte Geheimnisse aus seinem Leben. Berlin 870. Löchner. gr. 8. (16 S.) n. 2½ ngr.

—— und Pius IX., s. Sammlung von Schriften über die römische Frage.

Napoleon III. [Napoleon Louis Bonaparte] Präsident d. franz. Republik, präsumtiver Kaiser der Franzosen [rechtmäß. Thronerbe des Kaisers]. Sein Leben, seine Schicksale u. sein Charakter, Geschichte des Prozesses über die Aufstände Louis Napoleons ꝛc. Aus den besten französ. Quellen. Mit Louis Napoleons (lith.) Portr. u. 2 (lith.) Scenenbildern aus seinem Leben. 8. (44 S) Meißen 849, Goedsche. ¼ ₰

—— und die deutsche Presse. gr. 8. (19 S) Berlin 858, Vossische Sortiments-Buchh.

— und Preußen Berlin 859. (Steinthal.) gr. 8. (16 S.) n. 5 ngr.

—— und Preußen. Antwort eines deutschen Flüchtlings auf „Preußen in 1860" von Edm. About. Lex.-8. (42 S.) London 860, Petsch und Comp. [Leipzig, Keil.] *

Napoleon III., das politische Project Heinrich's IV., gegen das Haus Oestreich u. der zukünftige europäische Areopag. Hamburg 859. Hoffmann & Campe. 8. (91 S.) 7½ ngr.

Napoleon III. ohne Schminke. Geheimnissvolle Enthüllungen aus gefundenen Papieren in Saint-Cloud. München, o J 8°
Dr. Franz Schnitzer's Bibl., München 1902, no. 1142, Beibd.

—— der entlarvte Verräther und bluttriefende Tyrann. Aufruf an die deutsche Nation und alle bedrohten Völker. Von einem deutschen Patrioten. 1.—5. Aufl. gr. 8. (16 S.) Breslau 870, Gebhardi.

—— III. und die gegenwärtige Weltkrisis. gr. 8. (71 S.) Leipzig 855. [Kaiserslautern, Meuth.] *

Napoleon III. Flucht aus Metz nach Paris. Leipzig 870. G. Schulze. 8. (15 S.) 1 ngr.

—— verhängnißvollstes Jahr: 1870. Enthüllungen über sein Treiben, seine Politik, seinen Sturz und seinen Verrath an der französ. Nation. Aus dem Französ. des Jean de Ch.-l. 4 Lfgn. 8. (IV, 264 S.) Leipzig 871, Serbe'sche Verlagsh. [Zander.] (à Lfg. * 50 Pf.) *

— auf Elba, meine Reise nach Porto Ferrajo ꝛc. v. G. Lancelotti, aus d. Franz. 8. Ebend. 815.

Napoleon auf Elba . . . Dresden 1816. V: *Guehery, Louis Amanley de.* (Ky)

— et son époque. 2e Edit. (Ein farbig gedrucktes Blatt mit Napoleon's Bild in ganzer Figur u. Facsimile u. 3 Vignetten.) Imp.-Fol. Paris (et Leipz.) 833. Bossange père. n. 1⅓ ₰

— als Eroberer v. Kunstschätzen, und Gerechtigkeitsverwaltung üb. d. franz. Central-Museum, nebst einem Vorschlage an Deutschlands Fürsten. gr. 8. Wiesbaden, Schellenberg. 816.

Napoleon I., s. Fournier, Aug. — Fröhlich, Frz.

Napoleon I Herausgegeben von Dr. Julius v **Pflugk-Harttung**, kgl. Archivar am Geh. Staatsarchive in Berlin etc unter Mitwirkung von Karl v. **Bardeleben**, Generalleutnant z. D., August **Koim**, Oberst z. D., Oskar v **Lettow Vorbeck**, Oberst a. D, Dr. Richard Graf **Du Moulin-Eckart**, Professor der Geschichte etc., Alfred **Stenzel**, Kapitän zur See a. D. Mit Illustrationen von **Andreas** — **Bellangé** — **Berthault** — **Couché** — **David** — etc. etc (1. Band.) Revolution und Kaiserreich. (Mit 2 Karten und 2 Abbildungen unpaginiert u. vielen Abb. im Texte) (2. Band.) Das Erwachen der Völker. (Mit 4 Karten, 1 Abbildung, 1 Facsimile u. vielen Abb. im Text.) (2 Bde.)
gr 8 Berlin 1900 1901

Napoleon I. Revolution und Kaiserreich. Hrg. von Dr. Julius v[on] Pflugk-Harttung ... unter Mitwirkung von Karl v[on] Bardeleben ...: August Keim ...; Oskar v[on] Lettow-Vorbeck ...; Dr. Richard Graf Du Moulin-Eckart ...; Alfred Stenzel... mit Illustrationen [und 4 Tafeln].... 1.-5. Tausend. VIII + 560 S. 4. Berlin, J. M. Spaeth. [1901]. [geb. M. 8. 50]

— Revolution u. Kaiserreich. Hrsg. von Jul. v. Pflugk-Harttung unter Mitwirkg. von Karl v. Bardeleben, Aug. Klein, Osk. v. Lettow-Vorbeck u. a., m. Illustr. v. Andreas, Bellangé, Berthault u. a. 1.—7. Taus. gr. 4. (à VIII, 558 S.) Berlin (901). J. M. Spaeth. n. 7. 50; geb. in Leinw. n. 8. 50; erhöht. Pr. n. 10. —; geb. in Leinw. n. 12. —; in Halbfrz. n. 15. —

— (2. Bd.) Das Erwachen der Völker. Hrsg. von Jul. v. Pflugk-Harttung unter Mitwirkg. von Karl v. Bardeleben, Hans Dechend, Aug. Fournier, Gust. Krahmer, Edm. Meyer, m. Illustr. v. Adam, Alvarez-Dumont, Andreas u. a. u. m. Holzschn. aus der xylograph. Kunst-Anstalt v. P. Brend'amour & Co. in Düsseldorf. 1.—5. Taus. gr. 4. (XIV, 499 S. m. 3 Karten.) Ebd. (901). n. 7. 50; geb. in Leinw. n. 8. 50; erhöht. Pr. n. 10. —; geb. in Leinw. n. 12. —; in Halbfrz. n. 15. —

Napoleon I. [der Erste] Hrsg. von Dr. Julius v Pflugk-Harttung unter Mitw von mit Ill. (1 2.)
Berlin J. M. Spaeth (1901-[02]). 2 Bde. 4° (8°)
1 Revolution u. Kaiserreich. 8. Taus. 1901.
2. Das Erwachen d. Völker. 1-5 Taus. 1902.

— hrsg. von Jul. v. Pflugk-Hartung, neue Aufl., s.: Revolution u. Kaiserreich. u. Erwachen. das. der Völker.

Napoleon I. 60 Lfgn. 8. Leipzig, H. Schmidt & C. Günther. à n. — 30

Laurent, Charles, der König v. Rom. Uebertr. von Osk. Marschall v. Bieberstein. Mit Illustr. (IV, 348 S.) 899.

Masson, Frdr., Napoleon I. u. die Frauen. Mit 61 Abbildgn. u. 2 Briefen in Fcsm. Uebertr. von Osk. Marschall v. Bieberstein. 9.—16. Taus. (314 S.) (903.)

— Napoleon I. zu Hause. Der Tageslauf in den inneren Gemächern der Tuilerien. Uebertr. u. bearb. von Osk. Marschall v. Bieberstein. Mit 12 Orig.-Vollbildertaf. von F. v. Myrbach. (III, 303 S.) (903.)

Turquan. Jos., die Generalin Bonaparte. Uebertr. u. bearb. von Osk. Marschall v. Bieberstein. (VII, 318 S. m. Abb.) (903.)

— die Königin Hortense. Nach den Aussagen v. Zeitgenossen. Uebertr. u. bearb. von Osk. Marschall v. Bieberstein. 2 Bde. (XV, 211 u. XII, 220 S. m. Abbildgn.) 897.

— die Kaiserin Josephine. Mit 9 Illustr. Uebertr. u. bearb. von Osk. Marschall v. Bieberstein. (324 S.) 896.

— Caroline Murat, Königin v. Neapel. Nach Aeußergn. ihrer Zeitgenossen. Uebertr. u. bearb. von Osk. Marschall v. Bieberstein. (236 S. m. Abb. u. 1 Taf.) 897.

— das Liebesleben Napoleon I. Uebertr. u. bearb. von Osk. Marschall v. Bieberstein. 2. Aufl. (VIII, 266 S.) 904.

— die Schwestern Napoleons Elisa u. Pauline Borghese. Nach Aeußergn. ihrer Zeitgenossen. Uebertr. u. bearb. von Osk. Marschall v. Bieberstein. (V, 285 S. m. Abb. u. 1 Taf.) (896.)

— dasselbe. 2. Serie. 1.—121. Lfg. gr. 8 Ebd. (906). à n. — 30
Antommarchi, F., Napoleon I. kurz vor seinem Tode. Nach dem Journal des A. Uebertr. v. Osk. Marschall v. Bieberstein. 2 Tle. (V, 225 u. III, 192 S. m. 2 Taf.) 903.
Aus den Memoiren d. Herzogin v. Abrantès. Hrsg. u. bearb. von B. Freifrau v. Weinbach, geb. Kaulbach. (S. 1—240.) 903.
Briefe Napoleon I. an seine Gemahlin Josephine u. Briefe Josephine's an Napoleon u. ihre Tochter, die Königin Hortense. Uebertr., m. erläut. Anmerkgn. von Osc. Marschall v. Bieberstein. (VI, 336 S. m. Abbildgn.) 901.
Grand Carteret, Johs., Napoleon I. in der Caricatur. Uebertr. von Osk. Marschall v. Bieberstein. (IV, 108 S. m. Abbildgn.) 4. (899.)
Jerôme Bonaparte, Mad. (Elisab. Patterson), Briefe. Deutsch v. Henry Perl. (XVI, 124 S. m. Abbildgn. u. 1 Bildnistaf.) 900.
Kaisenberg, Mor. v., L'Aigle et l'Aiglon. Napoleon I. u. sein Sohn Der Lebensroman eines Enterbten. Ein Zeit- u. Lebensbild in 3 Abschnitten nach bisher wenig bekannten Quellen in ganz neuer Beleuchtg., dargestellt u. m. zahlr. Orig.-Portraits sowie and. Illustr. versehen. (XV, 280 S.) 901.
— Napoleon I. u. Eugénie Désirée Clary-Bernadotte. Roman aus dem Leben e. Königin in 3 Abschnitten. Ein Zeit- u. Lebensbild nach bisher theilw. noch nicht bekannten französ. u. schwed. Quellen. (IV, 423 S. m. Abbildgn. u. 7 Taf.) 901.
Masson, Frdr., die verstoßene Josephine, Gemahlin Napoleon I. (1809—1814.) Uebertr. von Osk. Marschall v. Bieberstein. (VIII u. S. 1.—278 m. Abbildgn.) 902.
Nikolaj Michajlowitsch, Grossfürst, die Fürsten Dolgorukij, die Mitarbeiter Kaiser Alexanders I in den ersten Jahren seiner Regierung. Aus dem Russ. Mit 12 Portr. Autoris. vom Verf. durchgeseh. Ausg. (VIII, 190 S.) Lex.-8. 902.
Perl, Henry, Napoleon I. in Venetien. Nach authent. Daten. (VII, 243 S. m. 2 Abbildgn.) 901
Potocka, der Gräfin, Memoiren. 1794—1820. Veröffentlicht v. Casimir Stryienski. Nach der 8. französ. Aufl. bearb. von Osk. Marschall v. Bieberstein. Mit prachtvollen Illustr. u. dem Portr. der Verf. von Angelica Kauffmann. 4.—6. Taus. (VIII, 261 S.) 904.
— dasselbe. II. Thl. (Schlußbd.). Reise d. Gräfin Potocka-Wonsowicz nach Italien 1826—27. Hrsg. v. Casimir Stryienski. Mit noch bisher unveröffentlichten Briefen d. Königin Caroline v. Neapel, d. Königin Katharina v. Westphalen u. A. Uebertr. von Osk. Marschall v. Bieberstein. Mit Anh.: Das Tagebuch der Gräfin Franziska Krasinska. 1759—1762. Veröffentlicht v. Olymp Chodzko. Nach der französ. Uebersetzg. bearb. v. Konr. Fischer. Mit vielen Illustr. (VI, 180 u. XXVIII, 184 S.) 8. 900.
[Rapp.] Die Memoiren des General Rapp, Adjutanten Napoleon I. Geschrieben v. ihm selbst Uebertr. von Osk. Marschall v. Bieberstein. Mit dem Bildniß des General Rapp. (XVI, 346 S.) 902.
Rosebery, Lord, Napoleon I. am Schluß seines Lebens. Uebertr. von Osk. Marschall v. Bieberstein. Mit 97 Illustr. Autoris. Ausg. (III, 278 S.) 901.
Turquan, Jos., eine Adoptivtochter Napoleon I. Stephanie, Großherzogin v. Baden. Nach Aussagen v. Zeitgenossen u. bisher unveröffentlichten Dokumenten. Uebertr. u. bearb. von Osc. Marschall v. Bieberstein. (IV, 192 S.) 902.
— Frau Récamier u. ihre Freunde. Ein Frauenbild aus bewegter Zeit. Nach histor. Quellen u. bisher noch unveröffentlichten Dokumenten. In freier Uebertragg. von Osc. Marschall v. Bieberstein. (VIII, 338 S. m. 1 Bildnis.) 903.
— die Bürgerin Tallien Ein Frauenbild aus d. Zeit d. französ. Revolution. Nach Aussagen der Zeitgenossen u. bis jetzt noch unveröffentlichten Documenten. Uebertr. von Osk. Marschall v. Bieberstein. (VIII, 323 S.) 899.
— Welt u. Halbwelt unter dem Konsulat u. dem I. Kaiserreich. Uebertr. u. bearb. von Osk. Marschall v. Bieberstein. (S. 1 bis 334.) 898.
Welschinger, Henry, Mirabeau in Berlin als geheimer Agent der französischen Regierung 1786—1787. Nach Orig.-Berichten in den Staats-Archiven v. Berlin u. Paris. Uebertr. u. bearb. von Osk. Marschall v. Bieberstein. (VIII, 487 S. m. 2 Bildnissen.) 900.

— 2. Serie. 122.—133. Lfg. gr. 8. Leipzig (907). H. Schmidt & Günther. à Lfg. — 30
Aus den Memoiren der Herzogin v. Abrantès. Hrsg. u. bearb. von B. Freifrau v. Weinbach, geb. Kaulbach. (S. 241—285.) 903.
Erinnerungsblätter aus dem Leben Luise Mühlbachs. Gesammelt u. hrsg. v. ihrer Tochter Thea Ebersberger. (XVII, 307 S. m. Bildnis.) 902.
Notovitch, Nic., Alexander III. u. seine Umgebung. Uebertr. von Osk. Marschall v. Bieberstein. (VII, 244 S.) (894.)

Napoleon I., der Feldherr, Staatsmann u. Mensch in seinen Werken, bearb. v. Frdr. M. Kircheisen, s.: Aus der Gedankenwelt grosser Geister. 7. Bd.

Napoleon I. und sein Hof. 4. Bd.: Napoleon und Marie Luise. 1810—1815. Memoiren der Generalin Durand, erste Palastdame der Kaiserin Marie Luise. Deutsche Orig.-Ausg. von Adf. Ebeling. 1.—3. Aufl. 8. (VIII, 328 S.) Köln 887, A. Ahn. * 6 —
1.—3. Bd. Ebendas. 1890—82. *M 18.—; s.
Remusat, Gräfin, Napoleon I. und sein Hof.

Napoleon I. und sein Hof. (Deutsche Orig.-Ausg. von Adolf Ebeling.) Bd. 1–4. Köln & Leipzig A. Ahn 1891–1901 4 Bde 8° [J.]
1–3 = Remusat, [Claire de]: Memoiren 1802–1810. (Hrsg. Paul de Remusat.)
1. 3. 5. u. 6. Aufl. 1901 2. 4. Aufl. 1891
4 = Durand Generalin Memoiren 1810–1815. 4. Aufl. 1891
= Memoiren-Bibliothek. [1–4.]

Napoleon der Erste und Lezte (!) oder die Geschichte des französisch russisch germanischen Kriegs in Epigrammen. Mit historischen Noten und moralischen Glossen. Ein Denkmal auf jeden 19. Octobertag. Schleiz 1814 bei Heinrich August Mauke. (Vorwort: Geschrieben am Michaelisfeste 1814. H.) 8° 55 S.
Goedeke VII, 862, no. 189[1]

Napoleon I., Kaiser rc. in Preußen, Andeutung u. Wünsche von Europa. 8. Berl. 807. Schöne. 8 ℊ

Napoleon I. Prophezeihung. Eine Botschaft aus der Geisterwelt, so in der Stadt Washington am 14. und 16. Jan. 1854 in Gegenwart mehrerer Zeugen vom Geiste Napoleons verkündet wurde. 16. (13 S.) Oldenburg 854. (Bremen, Kühtmann und Comp.)

Napoleon I. Prophezeiung. Eine Botschaft aus der Geisterwelt, so in der Stadt Washington am 14. u. 16. Jan. 1854 in Gegenwart mehrerer Zeugen vom Geiste Napoleons verkündet wurde. Oldenburg 854. Stalling. 16. (13 S.) 3 ngr.

—— des Ersten Zeugnisse von Christus. Hrsg. wider Ronge, Strauß, Renan, Schenkel und Genossen. Zu reifl. Nachdenken für Jedermann. 8. (12 S.) Basel 864, Spittler. *

— in s. Feldzuge nach Rußland, als Feldherr u. Mensch gewürdigt. 8 Nürnb. Campe. 814.

— in Frankreich; aus d. Rhein. Merkur. gr. 8. Hamb. 815. Perthes u. B. 4 ℊ

Napoleon, Franz Karl Joseph, Herzog v. Reichstadt. Seine Geburt, seine Erziehung u. jetzige Stellung, nebst vielen seltenen Zügen aus seinem Leben; aus d. Französ. gr. 12. Lpz. 831. Michelsen. 9 ℊ

Napoleon II. Herzog v. Reichstadt. Seine Geburt, Erziehung und Stellung am Hofe zu Wien, nebst vielen seltenen Zügen aus seinem Leben. (Titel correkt?) Leipzig 1832. 8° (R. Zinke's Dresdner März-Auct. 1906, no. 259.)

Napoleon u. seine Freunde! Die Krankheiten der Großen od. der moderne Götzendienst. gr. 8. (21 S.) Berlin 873. (Albrecht.) — 50

Napoleon der Gaukler, oder Glückseligkeit durch Zerstörung. Deutschland (Müller in Erfurt). 1814. (l. c.)

— der Gaukler, od. Glückseligkeit durch Zerstörung. 8. Erf. 814. (Müller); (a. Weygand in Leipz.) 9 ℊ

Napoleon, seine Generale u. Soldaten. In 3 Abthlgn. 1. Abth. A. u. d. T.: Geschichte des Kaisers Napoleon v. P. M. Laurent. Illustr. von Horaz Vernet. Neue (Titel-) Ausg. [Mit 458 Abbildgn.] 3 Lfgn. hoch 4. (904 S. m. 3 Holzschntaf. u. eingedr. Holzschn.) Leipzig (841. 42) 51. 52, Avenarius & Mendelssohn. — 2. Abth. A. u. d. T.: Die Generale der französischen Republik u. des Kaiserreichs. Von dem Verf. der Soldaten der Republik u. des Kaiserreichs. Mit 50 Portraits nach den besten Orig. Neue (Titel-) Ausg. 3 Lfgn. hoch 4. (X u. 555 S. m. 51 Holzschntaf.) Ebd. (846. 47) 851. 52. — 3. Abth. A. u. d. T.: Die Soldaten der französ. Republik u. d. Kaiserreichs. Von Hippolyte Bellangé. Neue (Titel-) Ausg. 4 Lfgn. hoch 4. (XII u. 368 S. m. 50 col. Holzschntaf.) Ebd. (843. 44) 852. (à Lfg. n. 1 ₰) cplt. n. 10 ₰

Napoleon, seine Generale und Soldaten. (In 3 Abthlgn.) 1. Abthl. A. u. d. T.: Geschichte des Kaisers Napoleon von P. M. Laurent. Illustrirt von Horaz Vernet. Neue (Titel-) Ausg. (Mit 458 Abbild.) hoch 4. (904 S. mit 3 Holzschnt. und eingedr. Holzschn.) Leipzig 851, Avenarius und Mendelssohn. *

—— dass. — 2. Abthl. A. u. d. T.: Die Generale der französischen Republik und des Kaiserreichs. Von dem Verf. der Soldaten der Republik und des Kaiserreichs. Mit 50 Portr. nach den besten Orig. Neue (Titel-)Ausg. hoch 4. (IX und 555 S. mit 51 Holzschnt. in Tondr.) Ebds. 851. *

— u. George, oder: Wer wird siegen? Mit 1 Karte von d. Canal zwisch. England u. Frankreich. (A. u. d. T.: Ueber d. Seekrieg u. das gegenseitige Verhältniß d. Seemächte, vom Verf. d. Napoleon u. Pitt.) 8. Berl. 808. (Sander). 10 gr.

— u. George, od. Wer wird siegen? Mit 1 Charte von d. Canal zwischen England u. Frankreich. Auch unt. d. Titel: Ueber d. Seekrieg u. d gegenseitige Verhältniß d. Seemächte, vom Verf. des Napoleon u. Pitt. 8. Berl. N. Soc. Buchh. 808. geh.

— Grenadier. Ein Gedicht, nach Vernet, von C. v. K. Mit 1 Vign. Berl. 827. Nauck. 3 gr.

— bei Hanau. Histor. Novelle. 8. Hanau 840. König. 1 1/2 Thlr.

— als Held, Staatsmann u. Staatsgefangener. 8. Magdeb. 822. v. Schütz. 10 gr. (Serig in Leipz.) 6 gr.

—— und seine Helden, s. Auer, C. F. R.

— und der Herzog von Vicenza. Nach den vertraulichen Mittheilungen Caulaincourts, Großstallmeisters, Gesandten in St. Petersburg u. Minister d. Aeußern d. Kaiserreichs, von Charl. von Sor. Herausg. von R. O. Spazier. 2 Bde. à 2 Hälften. gr. 12. Stuttgart 837. Hallberger. 2 1/2 Thlr.

— im Jahre 1814, von e. Deutschen. (K. A. Weinhold.) gr. 8. Dresd., Arnold. 6 gr.

— über, Kaiser der Franzosen, Betrachtung über den Zustand von Europa, (von H. v. Bülow). 8. Berl. 804. (Reimer). 16 gr.

Napoleon u. Graf v. Kervegan. Nach d. Franz. 16. (39 S.) Berlin 852. Hertz. n. 1/6 Thlr.

— im häusl. Kreise, s. Durand.

— der Letzte. Autoris. Ausg. 8. (VIII, 399 S.) Teschen 872. Prochaska. n. 4. 50

Louis Napoleon. Von dem Verfasser Unserer Politik. 2. Aufl. Berlin. 1852 8°

Louis Napoleon Bonaparte,

—— die Sphinx auf dem französischen Kaiserthron. 1—3., verm. Aufl. Mit zwei Nachträgen: Villafranca und Frei-Deutschland. Ein Viertel vor Zwölf! 8. (III und 194 S.) Hamburg 859. 60. O. Meißner. Thlr.

Napoleon, Louis, ohne Schminke. Eine Studie unter Benützg. v. officiellen u. v. noch nicht veröffentlichten Papieren. 8. (80 S.) München 873. Homolatsch. — 75

Napoleon, Ludwig, und die Diener seines Willens, s. Lorck's Zeithefte.

— ad praecipua regiminis et bellorum suorum momenta satyricis versibus adumbrata a Fr. H. Bispink etc. 8. Halae, Ruff. 815.

— in Paris. Ein Wort an Deutsche, von e. Deutschen. 8. Berl. 815. Maurers B. 4 gr.

— u. Pitt, oder wer wird siegen? Mit illum. Karte. gr. 8. Berl. 805. Oehmigke. 16 gr. Mit n. Titel: Napoleon u. Georg 2c. Ebd. 808. (Sander). 10 gr. (Vgl. oben: Napol. u. George.)

— u. Pitt, oder: Wer wird siegen? Vom Verfass. des Napoleon, mit 1 Charte von d. Canal zwischen England u. Frankreich. gr. 8. Berl. Neue Societ. Buchh. 805.

— — (Bonaparte) auf St. Helena 2c. s. Warden.

—— auf St. Helena. Ein zweiter Προμηθεὺς δεσμώτης. (Eine dramat. Dichtung.) gr. 8. (2 1/2 B.) Leipzig 838, [Fest'sche Vrlsbuchh.)

— auf St. Helena. Ein zweiter Προμηθεὺς δεσμώτης. (Eine dramat. Dichtung.) gr. 8. Leipzig 838. Wuttig. 1/4 Thlr.

— auf St. Helena und seine Reise dahin. Zwey Gedichte. gr. 8. Leipzig Andreä. 816.

Napoleon in Spanien im Jahre 1808. Militärisches Drama in 4 Akten. Wien, 1856. Druck von M. Lell. (8 S. 8.)

Napoléon. Der Prinz N. in Strasburg Stuttgart 1838 s. [Laity, Armand].

Napoleon, der Prinz, in Straßburg, oder geschichtl. Darstellung des Aufstandes vom 30. Oct. 1836. Von e. Augenzeugen. Nach d. franz. Handschrift übers. gr. 8. Stuttg. 838. Fritz. 1/2 Thlr.

Napoleon, der Prinz, in Straßburg, od. geschichtl. Darstell. d. Aufstandes v. 30. Okt. 1836. Von e. Augenzeugen. N. d. franz. Handschr. übers. gr. 8. (7 B.) Stuttgart 838, [Gärtner.]

—— tel qu'il fut. Portrait impartial, tracé par un contemporain. 8. (10 1/8 B.) Stuttgart 837, Metzler.

Napoléon III., l'empereur, et son gouvernement. Études parisiennes par un non-diplomate. Traduit de l'allemand. Dresden 864. Meinhold & Söhne. 8. (VI, 149 S.) n. 16 ngr.

Napoleon der Unerreichbare. Skizze seines Lebens und vorzüglich des letzten Feldzugs. Altona. U. A. [1807]. 4. P. (M. Portr.).

— und die Verträge von 1814 u. 1815 unpartheiisch dargestellt. Leipzig 861. C. H. Mayer. 8. (44 S.) n. 6 ngr.

—— und sein Zeitalter. Ein farbig gedr. Blatt mit d. col. Abbild. Napoleons in ganzer Figur. Imp.-Fol. Leipzig 835, [Lorck.] *

— und sein Zeitalter. Ein farbig gedrucktes Blatt mit der sauber color. Abbild. Napoleon's in ganzer Figur. Imp.-Fol. Leipzig 835. Weber. n. 2/3 Thlr.

— seinen Zeitgenossen gegenüber. Aus d. Französ. 2 Bde. 8. Quedlinb. 827. Basse. 2 Thlr 8 gr.

— vor seinen Zeitgenossen, s. Gesch. d. Kriege 2c. 14—66 Bdchn.

— vor seinen Zeitgenossen, s. Gesch. d. Kriege 2c. 64—86 Bändchen.

Napoleon vor seinen Zeitgenossen. A. d. Franz. ... Darmstadt 1827-28. Ü: *Schulz, Wilhelm.* (Ky) (HS)

Napoleon [Verfasser]

Antwort des Prinzen Napoleon an den Herzog von Aumale (Orleans). gr. 8. (16 S.) Wien. Förster & Brüder. 1861. 15 kr.

(Napoleon.) — Rede des Prinzen Napoleon. Gehalten in der Sitzung des französischen Senats am 1. März 1861. Berlin 861. J. Springer. gr. 8. (VI, 82 S.) n. 10 ngr.

Napoléon I, s.a. B o n a p a r t e, Napoléon

Napoléon Bonaparte, s.: **Auteurs français**, VI.

Napoleon's Ansichten von der Gottheit Jesu, sowie von Religion, Priestern u. Kirchenthum, Protestantismus u. Katholicismus. Durch D. G. v. Ekendahl. gr. 8. (21 B.) Weimar 842, Voigt.

— Ansichten u. Urtheile ꝛc., s. **Darstell.** d. wichtigsten ꝛc. Weltereignisse.

— Seine wichtigsten Ansichten u. Urteile, aus seinen eigenen Reden u. Briefen zusammengestellt v. Paul Rogal. (112 S.) 8. Braunschweig (907). K. Pfankuch. 1.60; geb. 2. 20

— Aeußerungen gegen die kathol. Geistlichkeit zu Breda. 2e A. 8. Brem. 811. Kunst- u. Ind.-Compt.

Napoleon I., berühmte Aussprüche u. Worte von Corsika bis St. Helena. (Gesammelt u. hrsg. von Rob. Rehlen.) (311 S. m. 1 Bildnis.) kl. 8. Leipzig 906. J. Zeitler. n. 2. 75; geb. in Ldr. n. 4. 50; Luxusausg n. 8. —

Napoleon [I. Kaiser von Frankreich] - Briefe Gesammelt u. hrsg von Hans Landsberg Berlin. Pan-Verl. 1906. (XIII, 457 S.) 8° [F.]
(Napoleon-Bibliothek.)
— **Museum**, Das. [5.] [08 6473

Napoleon-Briefe. Gesammelt u. hrsg. v. Hans Landsberg. (Napoleon-Bibliothek.) 1. u. 2. Aufl. (à XIII, 457 S.) 8. Berlin 906. 907. Pan-Verlag. Kart. n. 4. —; geb. in Leinw. n. 4 50

Napoleon-Briefe. Gesammelt u. hrsg. v. Hans Landsberg. (Napoleon-Bibliothek.) 4. Aufl. (XIII, 478 S.) 8. Berlin 908. Pan-Verlag. Kart. 5.—; geb. in Leinw. 5. 50

Napoleon I., 800 bis jetzt ungedruckte Briefe, s. **B r i e f e.**

N a p o l e o n I. Briefe Napoleons des Ersten in drei Bänden. Auswahl aus der gesamten Korrespondenz des Kaisers, hrg. von F(riedrich) M[ax] K i r c h e i s e n. 8. Stuttgart Robert Lutz, 1909—1910. [je M. 5. 50, geb. 7.—]

Band 1: (1784—1801.) XXIV + 281 S. 1909.
Band 2: (1801—1808.) VIII + 284 S. 1910.
Band 3: (1809—1821.) XVI + 300 S. 1910.

— Briefe in 3 Bdn. **Auswahl aus der gesamten Korrespondenz des Kaisers, hrsg. v. F. M. Kircheisen.** 1. u. 2. Aufl. (XXIV, 281; VIII, 284 u. XVI, 300 S.) 8. Stuttgart 909. 10. R. Lutz. à 5.50; geb. in Leinw. à 7.—: in Halbfrz. à 8. 50

Napoleon I., Briefe an seine Gemahlin Josephine, s.a. **B r i e f e.**

— an Josefine, s.a. **L i e b e s b r i e f e** berühmter Männer u. Frauen.

Napoleon's B r i e f e an Josephine während d. ersten Feldzuges in Italien, des Consulats und des Kaiserreichs, und Briefe Josephinens an Napoleon u. an ihre Tochter. Aus d. Franz. übersetzt von L. G. Förster. 2 Thle. Mit Fac-similes. gr. 12. Quedlinburg 833, Basse. 1½ ℛ

Napoleon's B r i e f e an Josephine ꝛc., aus d. Franz. von E. M. Oettinger. (In 3 Abthll.) Mit sämmtl. (7) im franz. Originale befindl. Fac-similes. gr. 12. Berlin 834. Krause'sche Buchh., jetzt Stackebrandt. 1⅓ ℛ

— dies., aus d. Franz. von Hnr. Elsner. 1r u. 2r Thl. gr. 8. Stuttgart 838, 39. (1r Thl. Fritz. 1 ℛ — 2r Thl. Ebd., Gärtner. 1⅛ ℛ) 2⅛ ℛ

N a p o l e o n I. B r i e f e a n J o s e p h i n e u n d B r i e f e J o s e p h i n e's a n H o r t e n s e, nebst J o s e p h i n e's L e b e n s g e s c h i c h t e. Bearbeit. von der *Königin Hortense*, deutsch von Oskar M a r s c h a l l v. B i e b e r s t e i n. Mit 10 Illustr. Leipzig 1901. 8°. (Br. Mk. 5—, Origlwdbd. 6—.) (1 Mk. 90 Pfg., br., Lipsius & Tischer, Kiel, 1908.)

Napoleon I B r i e f e an seine Gemahlin Josephine und Briefe Josephine's an Napoleon und Ihre Tochter, die Königin Hortense Uebertr mit erl Anm. von Oscar Marschall v Bieberstein. Leipzig Schmidt & Günther 1901 (VI, 336 S) 8°

Napoleon's ungedruckte **Briefe**, s.: **Hüffer**, H.

— Briefwechsel mit seinem Bruder Joseph, s. **B r i e f w e c h s e l.**

N a p o l é o n I. C o d e C i v i l. — B ü r g e r l i c h e s G e s e t z b u c h.

— — deutsch, von P. F. Cramer. 3 Thle. gr. 8. Düsseldorf, Schreiner 804.

— Dass. ins Deutsche übers. mit Anmerkk. v. Frz. Lassaulx. gr. 8. Cobl. 805. vollständ. Sachregister v. dems. gr. 8. Ebd. 805. N. A. 809. Pauli u. C. 2 ℛ

— Dass. mit Anmerkk. von F. Lassaulx. 5 Bde. gr. 8. Cobl. 807, 8. Pauli u. C. 4 ℛ 14 ℊ

— Code civile. gr. 8. Leipz. 807. Fr. Fleischer. 1 ℛ 12 ℊ

— — deutsch, im Auszuge f. d. Bürger u. Landmann. 8. Bremen, Müller. 808.

— — deutsch im Auszuge f. Gelehrte u. Ungelehrte. 8. Delmenhorst, Barth. 808.

— — deutsch, nach seinen Abweichungen von dem deutschen Rechte, von Pfeifer. 2 Bde. gr. 8. Götting. Dieterich. 808, 10. (1r 2 Rthlr. 12 gr. 2r 2 Rthlr.)

— — deutsch, im Auszuge von J. F. Schwedler. 8. Halle, Dietlein. 808.

— 8. Cöln, Rommerskirchen. 808.

— — deutsch, von Bachofen. 8. Ebend. 808.

— Dass. deutsch u. französ. 8. Cöln 808. Rommerskirchen. 2 ℛ

— Dass. französ. gr. 8. Leipz. 808. Hinrichs. 12 ℊ Französ. u. deutsch. gr. 8. Schrbp. 1 ℛ — Dass. deutsch hrsgg. v. K. L. M. Müller. gr. 8. Ebd. 808. Schrbp. 12 ℊ

Napoléon I., Code Civil. (Bürgerl. Gesetzbuch.) gr. 8. Leipz. 808. Voss. 1 ℛ 16 ℊ — Dass. deutsch hrsgg. v. C. D. Erhard. gr. 8. Leipz. 808, 2e A. 811. Ebd. 2 ℛ kl. 4. Schrbp. 3 ℛ 8 ℊ gr. 4. Velinpap. 5 ℛ 8 ℊ — Dass. mit französ. u. deutsch. Text. gr. 8. Ebd. 808. 4 ℛ Berichtigungen u. Verbesserr. v. C. D. Erhard. gr. 8. Ebd. 811. 8 ℊ Schrbp. kl. 4. 12 ℊ Velinp. gr. 4. 16 ℊ mit französ. u. deutschem Text zusammen. gr. 8. 16 ℊ

— édition seule officielle et pouvant être alléguée dans le royaume de Westphalie, en français, allemand et latin par Leist etc. gr. 8. Strassb. 808. Levrault. 5 ß 12 gℓ Sachregister dazu. 2 ß 4 gℓ — Dass. deutsch u. französ. gr. 8. Ebd. 808 3 ß 12 gℓ Sachregister dazu. 1 ß 8 gℓ

— édition seule officielle et pouvant être alléguée dans le Royaume de Westphalie, en français, allemand et latin. p. Leist etc. gr. 8. Strab. Levrault. (Götting. Dankwerts.) 808.

— — le même en français seul. gr. 8. ibid. 808.

— — — Sachregister dazu.

— — dasselbe deutsch allein. gr. 8. Ebend. 808.

— — — Sachregister dazu.

— Dass. deutsch hrsgg. v. Ldw. Spielmann. gr. 8. Straßb. 808. Treuttel u. W. 1 ß 12 gℓ — Dass. deutsch u. französ. gr. 8. Ebd. 808. 3 ß Sachregister dazu 12 gℓ — édition stéréotype. gr. 8. Ebd. 808. 1 ß 12 gℓ gr. 18. 16 gℓ

— Dass. avec des notes indicatives des lois romaines par H. J. B. Dard. gr. 4. Strassb. 808. Treuttel u. W. 4 ß 12 gℓ

— — nach den officiellen Ausgaben übersetzt, nebst Angabe der Abweichungen des Lassaulx, Daniel, Erhard ꝛc. deutsch und französisch. 2 Bde. gr. 8. Gießen, Heyer. 809.
weiß Druckp.
Postp.

— — deutsch mit Zusätzen und Handlungsgesetzen, als Landrecht für das Großherzogthum Baden. 12. Carlsruhe, Macklot. 809.
Pithlr.
Velinp.

— — deutsch, von F. Lassaulx. gr. 8. Cobl. Pauli u. C. 809.

— Dass. deutsch. 8. Cöln 809. Rommerskirchen. 1 ß 8 gℓ

— supplément de Code civile et de Procédure civile, ou récueil compl. des Senatus-consultus, Lois, Décrets etc. gr. 8. Leipz. 809. Voss. 1 ß 4 gℓ — Dass. deutsch hrsgg. v. C. D. Erhard. gr. 8. Ebd. 809. 2 ß kl. 4. Schrbp. 3 ß 8 gℓ gr. 4. Velinpap. 5 ß 8 gℓ
Vgl. C o d e civil.

— — — dass. mit französ. u. deutschem Texte. gr. 8. Ebend. 809.

— — deutsch, mit erläuternden u. vergleichenden Anmerkungen u. Formularen von A. Bachofen. gr. 8. Düsseldorf, Schreiner. 810.

— Codex. N. u. d. T.: die Gesetzgebung Napoleons; bargest. u. commentirt v. F. Lassaulx. 3 Bde. gr. 8. Cobl. 808 — 10. Pauli u. C. 5 ß 4 gℓ

— — dasselbe, (auch unt. d. Titel: die Gesetzgebung Napoleons) dargestellt u. commentirt von F. Lassaulx. 3 Bde. gr. 8. Ebend. 810.

— Dass. französ. gr. 8. Cöln 810. Keil. 1 ß 10 gℓ deutsch, nach d. officiellen Texte d. Herrn Daniels hrsgg. gr. 8. Cöln 810. Keil. (Du-Mont-Schauberg). 1 ß 10 gℓ

— — dasselbe deutsch und französisch. gr. 8. Ebend. 810.

— — — Anhang dazu, oder Sammlung d. Gesetze, Decrete ꝛc. deutsch u. französisch. gr. 8. Ebend. 810.

— — deutsch für die Bergischen Lande. gr. 8. Strasburg, Levrault. 810.

— deutsch, mit erläuternden u. vergleichenden Anmerkk. u. Formularen von A. Bachofen gr. 8. Düsseld. 811. Schreiner. 4 ß 16 ß

— Dass. offizielle Ausgabe f. Westphalen, Supplement-Band. Französ. u. deutsch. gr. 8. Hannov. 811. Hahn. 1 ß 20 gℓ Hbg. Pr. 20 gℓ blos deutsch 20 gℓ Hbg. Pr. 10 gℓ

— — dass. deutsch herausg. von Erhard. 2te Aufl. gr. 8. Leipz. Voß. 811.

— — dass. Berichtigungen u. Verbesserungen seiner Uebersetzung, von C. D. Erhard. gr. 8. Ebend. 811.

— — dasselbe auf Schreibp. kl. 4.

— — dass. auf Velinp. gr. 4.

— — dasselbe, mit franz. u. deutsch. Text zusammen. gr. 8.
Druckp.

Napoleon I. Code civile. — Bürgerliches Gesetzbuch, deutsch übersetzt von Daniels. 4te Aufl. 8. Cöln, Keil. 812.

— Dass. ins Deutsche übersetzt von Daniels. 4e Aufl. 8. Cöln 812. Keil. (Du-Mont-Schauberg). 2 ß — Dass. deutsch u. französ. gr. 8. Ebd. 810. 4 ß Französ. 2 ß Anhang dazu, od. Samml. d. Gesetze, Decrete ꝛc. Deutsch u. französ. gr. 8. Ebd. 810. 18 gℓ — Dass. deutsch. gr. 8. Ebd. 810. 9 gℓ

— Code, der, im gedrängten Auszuge, nebst Anmerkk., ingleichen e. kurzer Anh. in Bezug auf d. Westphäl. Gesetzgebung. 8. Magdeb. 812. Creutz. 1 ß 8 gℓ Schrbp. 1 ß 12 gℓ

— — dass. im Auszug f. Praktiker. 8. Magdeb. Creuz.
Schreibp.

Napoléon I. Code de Commerce. Handels-Gesetzbuch.

— gr. 8. Leipz. G. Fleischer. 807.

— — deutsch. gr. 8. Ebend. 808.

— — deutsch u. franz. 8. Ebend. 808.
Schreibp.

— — deutsch, von J. F. Schwebler. 8. Halle, Dietlein. 808.

— — deutsch, mit zur Seite stehendem Originaltext der richtigsten Gesetzstellen. gr. 8. Hamburg, Campe. 808.

— — deutsch mit einer Abhandlung üb. den Handel nach Indien. gr. 8. Hamb. Vollmer. 808.

— le même. 8. Cöln 808. Rommerskirchen. 12 gℓ — Dass. aus d. Französ. v. K. Bachofen. 8. Ebd. 808. 10 gℓ — Dass. deutsch u. französ. 8. Ebd. 808. 1 ß

— le même. gr. 8. Leipz. 808. Hinrichs. 16 gℓ Schreibp. 20 gℓ Hbg. Pr. 5 gℓ Velinp. 1 ß 12 gℓ — Dass. deutsch, hrsgg. v. K. L. M. Müller. gr. 8. Ebd. 808. 16 gℓ Schrbp. 20 gℓ Hbg. Pr. 5 gℓ Velinp. 1 ß 12 gℓ — Dass. deutsch u. französ. gr. 8. Ebd. 808. 1 ß 8 gℓ Schreibp. 1 ß 16 gℓ Hbg. Pr. 10 gℓ Velinp. 3 ß

— le même. gr. 8. Leipz. 808. Voss. 16 gℓ — Dass. deutsch. Herausgg. v. C. D. Erhard. gr. 8. Ebd. 808. 2e Aufl. 813. 20 gℓ kl. 4. Schrbp. 1 ß 8 gℓ gr. 4. Velinp. 2 ß 4 gℓ — Dass. deutsch u. französ. gr. 8. Ebd. 808. 1 ß 16 gℓ

— — deutsch, von J. P. Ackermann. 8. Mannheim, Löffler. 808.

— le même. 18. Strassb. 808. König. 10 gr.

— édition stéréotype. gr. 8. Strasbourg, Treuttel et Würz. 808.

— avec les exposés des motifs etc. 12. Basel 809. Flick. 16 gr.

— Code de Commerce. (Handels-Gesetzbuch.) avec les exposés de motifs, présentes ou corps législatifs par les orateurs du d'état; suivie d'une table alphabet. des matières. 12 Basel 809. (Neukirch). 16 gr.

— — deutsch, mit Bemerkungen f. Handelsleute von A. Mann. 2 Thle. gr. 8. Mainz, Kupferberg. 809.

— le même. 18. Cöln 810. Keil. (Du-Mont-Schauberg). 14 gr. — Deutsch nach dem officiellen Texte von Herrn Daniels. gr. 8. Ebd. 810. 1 rthl. — Dass. deutsch u. französ. gr. 8. Ebd. 810. 2 rthl.

— Code de Commerce. — Handels-Gesetzbuch. gr. 8. Ebend. 811.

— — dass. deutsch übersetzt von Daniels. 3te Aufl. gr. 8. Ebend. 812.

— — dass. franz. u. deutsch. 3te Aufl. gr. 8. Ebend. 812.

— — dass. von Erhard. Neue Ausg. mit d. franz. Text zur Seite. gr. 8. Leipz. Voß. 813.

Napoléon I. Code Criminel, (ou Pénal.) — Peinliches Gesetzbuch oder Straf-Codex.

— — deutsch, von F. Lassaulx. gr. 8. Coblenz, Pauli u. C. 809.

— 8. Cöln, Rommerskirchen. 809.

— — deutsch, von Bachofen. gr. 8. Ebend. 809.

— deutsch nach dem officiellen Texte übers. von Daniels u. Blanchard. gr. 8. Cöln 810. 2e A. 812. Keil. (Du-Mont-Schauberg). 2 rthl. — Dass. deutsch u. französ. gr. 8. Ebd. 810. 4 rthl.

— Code pénal. 8. Cöln 810. Rommerskirchen. 12 gr. — Dass. deutsch v. B. Willmann. 8. Ebd. 810. 14 gr.

— — dass. deutsch u. französisch. gr. 8. Ebend. 810.

— — deutsch, mit Anmerkungen u. der Criminal-Prozeßordnung von Handrich. gr. 8. Magdeburg, Heinrichshofen. 810.

— Code Criminel, (ou Pénal). — Peinliches Gesetzbuch oder Straf-Codex. gr. 8. Strassb. 810. Treuttel u. W. 1 rthl. 4 gr. — édit. stéréotype. 18. ibid 810. 18 gr. — Dass. ins Deutsche übers. v. F. C. Flachsland. 8. Straßb. 809. Treuttel u. W. 21 gr.

— Code pénal. gr. 8. Lpz. 811. Voss. 18 gr. — Dass. deutsch v. F. Lassaulx. gr. 8. Cobl. 809. Pauli u. C. 18 gr. — Dass. deutsch v. Jos. Birnbaum. gr. 8. Trier 810. Linz. 10 gr. —

— Code Criminel — peinl. Gesetzbuch. II Ptes. IIde Edition. gr. 8. Cöln, Keil. 812.

— — dass. deutsch übersetzt von Daniels. 2 Thle. 2te Aufl. gr. 8. Ebend. 812.

— — dass. franz. u. deutsch. 2 Thle. 2te Aufl. gr. 8. Ebend. 812.

— Code Criminel de la France. Criminalgesetzbuch Frankreichs, aus dem Franz. übers. v. Daniels. u. Blanchard. 2 Thle. 2te verb. Aufl. gr. 8. Ebend. 813.

Napoléon I. Code d'Instruction criminelle. — Criminal-Prozeß-oder Gerichtsordnung.

— le même. 8. Cöln 809. Rommerskirchen. 12 gr. — Dass. deutsch. 8. Ebd. 808. 10 gr. — Deutsch u. französ. gr. 8. Ebd. 809. 1 rthl.

— — deutsch, von Bachofen. gr. 8. Ebend. 809.

— Dass. ins Deutsche übers. 8. Leipz., Köhler. 1 rthl.

— Code d'instruction criminelle, (Criminal-Prozeß- od. Gerichtsordnung). gr. 8. Leipz. 809. Voss. 1 rthl. 12 gr. — Dass. deutsch v. F. C. Flaxland. gr. 8. Straßb. 809. Treuttel u. W. 21 gr. — édit. stéréotype. gr. 8. ibid. 809. 1 rthl. 12 gr. gr. 18. ibid. 809. 16 gr.

— Dass. deutsch f. das Königr. Westphalen. 8. Cassel 810. (Besson in Leipz.) 10 gr. — Dass. deutsch u. französ. 8. Ebd. 810. 18 gr. — Mit Wolfraths Rede. gr. 8. Ebd. 808. 1 rthl. 16 gr.

— Dass. übers. v. T. Hartleben. gr. 8. Frankf. 811. Varrentrapp. 2 rthl. 8 gr.

Napoléon I. Code de Procédure Civile — Bürgerliche Gerichtsordnung.

— gr. 8. Leipzig, Gerh. Fleischer. 807.

— Dass. deutsch mit zur Seite stehendem Original-Text od. richtigsten Gesetzstellen. gr. 8. Hamb. 808. Campe. 1 rthl. 12 gr.

Napoleon I., Code de procedure Civile. Deutsch m. e. Abhandl. üb. den Handel nach Indien. gr. 8. Hamb. 808. Vollmer. (Herold jun.) 8 gr.

— le même. gr. 8. Leipz. 808. Hinrichs. 16 gr. Hbg. Pr. 5 gr. Dass. deutsch hrsgg von K. L. M. Müller. gr. 8. Ebd. 808. Schrbp. 20 gr. Hbg. Pr. 5 gr. Velinp. 1 rthl. 12 gr. — Dass. deutsch u. französ. gr. 8. Ebd. 808. 1 rthl. 8 gr. Schrbp. 1 rthl. 16 gr. Hbg. Pr. 10 gr. Velinp. 3 rthl.

— Code de Procédure Civile. (Bürgerliche Gerichtsordnung). gr. 8. Leipz. 808. Voss. 1 rthl. — Deutsch herausgg. v. C. D. Erhard. gr. 8. Ebd. 808. 2e A. 813. 1 rthl. 8 gr. kl. 4. Schreibp. 1 rthl. 20 gr. gr. 4. Velinpap. 3 rthl. — Dass. mit deutsch. u. französ. Texte. gr. 8. Ebd. 808. 2 rthl. 16 gr.

— Dass. ins Deutsche übers. v. J. J. Ackermann. 8. Manh. 808. Löffler. 18 gr.

— — deutsch mit Anmerkungen von F. Lassaulx. gr. 8. Cobl. Pauli u. C. 809.

— — dasselbe, wohlfeile Ausgabe. 8. Ebend. 810.

— le même. 8. Cöln 809. Rommerskirchen. 12 gr. — Dass. ins Deutsche übers. mit Formularien zur Erläuterung rc. 8. Ebd. 810. 1 rthl. 4 gr. Die Formulare apart 10 gr. — Dass. deutsch u. französ. gr. 8. Ebd. 809. 1 rthl.

— — deutsch von Bachofen. gr. 8. Ebend. 809.

— le même; édit. stéréotype. gr. 8. Strassb. 809. Treuttel u. W. 1 rthl.

— le même. gr. 8. Cöln 810. Keil. 1 rthl. 10 gr. — Deutsch nach d. officiellen Texte v. Herrn Daniels. gr. 8. Ebd. 810. 3e A. 812. 1 rthl. 10 gr. — Dass. deutsch u. französ. gr. 8. Ebd. 810. 2 rthl. 20 gr.

— — dasselbe; deutsch herausg. von Erhard. 2te Aufl. gr. 8. Leipz. Voß. 813.

— Codex e patrio in latinum Sermonem translatus; quaedam addita legum e jure romano confer. indic. edit. H. B. Gibault. 8maj. Strassb. 809. Treuttel u. W. 2 Thlr. 12 gr.

Napoleon I. Bonaparte. Darstellung d Feldzüge Friedrichs II im 7jähr Kriege, mit Bemerkungen Dem Grafen Montholon diktiert Aus der Minerva besonders abgedruckt Jena 1824 160 [illegible]

Napoleon Bonaparte. Denkschrift und dessen Ansicht der gegenwärtigen Weltlage Aus Berichten von Northumberland 2 Auflage 8. Wiesbaden 1816.

(Napoleon I) Denkwürdigkeiten zur Geschichte Frankreichs unter Napoleon, von ihm zu St. Helena den Generalen, welche seine Gefangenschaft getheilt haben, diktiert. Memoiren, niedergeschrieben durch Gourgaud (3 Bde) Anmerkungen und Mittheilungen durch Montholon. (5 Bde.) A d. Französ. 8 Bde 8. Berlin 1822. 23.

Vgl.Napoleon I.:Mémoires...

— Disciplinargesetzbuch f. die Advokaten. Aus dem Franz. übers. von Th. Bergk. 8. Brem. Heyse. 811.

— Einleitung zur Gesetzgebung Napoleons, nebst Handbuche für Staatsdiener u. Bürger. gr. 8. Düsseldorf, Schreiner. 808.

Dass.s.a.: E i n l e i t u n g . . .

Napoleon's, (Bonaparte,) Gedanken, Betrachtungen ꝛc., s. Chaussier, H.

— Geschichte, nach dessen eigenen Angaben. Aus d. Franz. von L. Gallois frei übersetzt. Im Anhange Napoleon's Testament. 8. 1829. (Leipzig, Dörffling.) $1\frac{5}{12}$ Thlr.

Napoleon I. Geschichte Julius Cäsars. Ubersetzung. 8. Augsburg 1836. — Übers. u. hersg. von K Barth. (159) 8. ib. 1865. 2,00. — A d. Französ. von W Liphard. (VIII 168) 8. M 2 Taf. Berlin 1866. 2,25.

Napoleon, I., Kaiser, Geschichte Cäsars. Uebers. und hrsg. von Karl Barth. 8. (159 S.) Augsburg 865, Kranzfelder'sche Buchh.

—— Geschichte Julius Cäsar's. Auf der Insel St. Helena nach dem Dictat des Kaisers niedergeschrieben von M. Marchand. Aus dem Französ. übers. von W. Liphard. 8. (VIII und 168 S. mit 2 Stnt.) Berlin 865, Mode's Verlag.

— Gesetzbuch, französisch u. deutsch nach der offiziellen Ausgabe übersetzt von A. v. Daniels. 3e verm. Aufl. gr. 8. (Cöln) 810. Gaul u. T. $2\frac{1}{4}$ Thlr. — dass. blos deutsch. gr. 8. Ebd. 808. 1 Thlr.

Napoleon I. Gesetzbuch, nach d. officiellen Ausgaben übersetzt v. Gerhardi; nebst Angabe d. Abweichungen d. Uebersetzungen von Lassaulx, Daniels, Erhard, Müller u. Spielmann. Deutsch u. französ. 2 Bde. gr. 8. Gießen 809. Heyer. 3 Thlr. Weiß Drckp. 4 Thlr. Hbg. Pr. 2 Thlr. 12 gr. Postp. 6 Thlr. — Dass. in 8. Ebd. 1 Thlr. 12 gr.

— Dass. deutsch mit Zusätzen u. Handlungsgesetzen, als Landrecht f. d. Großherzogthum Baden. 12. Karlsr. 809. (Müller). 3 Thlr.

— Dass. deutsch, nach seinen Abweichungen von d. deutschen Rechte, s. P. W. Pfeiffer.

— Gesetzbuch, oder das in den Königl. Preuß. Rhein-Provinzen geltende bürgerl. Recht. Uebersetzt von P. F. Cremer. 2e, nach dem neuesten offiziellen Texte verb. u. mit d. Inhalts-Verzeichnisse u. einem vollständ. alphabet. Register verm. Aufl. (6 Lfrgn.) gr. 8. Crefeld 834. Schüller. n. 1 Thlr., jetzt n. ½ Thlr.

—— Gesetzbuch, od. das in d. Kgl. Preuß. Rhein-Provinzen gelt. bürgerl. Recht. Uebers. v. P. F. Cremer. 2., nach d. neuest. offiziell. Texte verbess., u. mit d. Inhalts-Verzeichn. u. e. vollständ. alphabet. Register verm. Aufl. (6 Lfgn.) gr. 8. ($33\frac{1}{4}$ B.) Crefeld 834, 35, Schüller.

— bürgerl. Gesetzbuch, deutsch, im Auszuge v. J. F. Schwedler. 2e verm. Aufl. 8. Halle 808. Dietlein. 8 gr.

— Dass. deutsch im Auszuge f. d. Bürger u. Landmann. 8. Bremen 808. Müller. 8 gr.

— Dass. deutsch, im Auszuge f. Gelehrte u. Ungelehrte. 8. Delmenhorst 808. Barth. 8 gr.

— dass. über d. gerichtl. Verfahren in Criminalsachen, oder Criminal-Prozeß-Ordnung, franz. u. deutsch von A. v. Daniels. gr. 8. (Cöln) 812. Gaul u. Tonger. 1 Thlr.

— Grundsätze, Ansichten u. Aeußerungen üb. Kriegskunst, Kriegsgeschichte u. Kriegswesen. Aus seinen Werken dargestellt, v. F. v. Kausler. 1r u. 2r Thl. gr. 8. Leipz. 827. Baumgärtner. 3 Thlr. 12 gr.

—— Grundsätze ꝛc. 2. Thl., s. Kausler, Fr. v.

— Grundsätze des Kriegs, aus d. Französ. v. *r. gr. 12. Leipz. 827, Vombleu, Michelsen u. C.

Napoleons Grundsätze des Krieges. („Maximes de guerre de Napoléon", Paris 1827) Aus dem Französischen von *r. Verfasser des „Krieges der Franzosen und ihrer Alliirten 1812 bis 1815". 8. Leipzig 1828.

Napoleons Grundsätze des Krieges. A. d Franz. von *r (G W Becker) Leipzig 1828. 136 S.

—— Grundsätze d. Kriegs. A. d. Franz. v. *r. (G. W. Becker.) 12. (6 B.) Leipzig 828, [Michelsen.]

Napoleons I. Handelsgesetzbuch; nach d. franz. Orig.-Ausg. verd., m. e. Einleit. u. ein. erklär. Anmerkk., auch e. vollst. Sachregist. hrsg. v. Ch. Du. ERHARD. *Lpz.*, Voss. (1.—2. A. 808.) Neue verb. A. nach d. franz. Texte. 813. 8. (1 Thl. 16 Gr.)

— Handels-Gesetzbuch, franz. u. deutsch; übersetzt v. A. v. Daniels. gr. 8. Ebd. 812. 1 Thlr. — dass. blos deutsch. ½ Thlr.

Napoleon's I. ausgewählte Correspondenz. Mit Ermächtigung der zur Veröffentlichung derselben bestellten Staatscommission aus dem Französ. übers. von Heinr. Kurz. 8 Bde. 8. (XII, 505 S. mit 1 chromolithogr. Karte in 4.; VIII, 503; XII, 500 S.) Hildburghausen [Leipzig] 868, Bibliogr. Institut. à Bd. * M 8. * M 9.; geb. *

Napoleon's I. ausgewählte Correspondenz. Mit Ermächtigg. der zur Veröffentlichung derselben bestellten Staatscommission aus dem Franz. übers. von Heinr. Kurz. 3 Bde. Hildburghausen 868—70. bibliogr. Institut. 8. (XII, 505 S. mit 1 chromolith. Karte in 4., VIII, 503 S. u. XI, 500 S.) Jeder Bd. n. 1 Thlr.; cplt. geb. n. 3 Thlr. 15 ngr.

— u. Papst Pius VII. Die Korrespondenz zwischen dem röm. u. französisch-kaiserl. Hofe. Dokumente zur Anfangsgeschichte des Kulturkampfes in Frankreich. Hrsg v. J. W-r. (IV, 102 S.) 8. Leipzig (906). Deutsche Verlagsactiengesellschaft. n. 1. 50

— Leben. Von ihm selbst. (In 10 Bdn.) Übers. u. hrsg v. Heinr. Conrad. Meine ersten Siege. (In 6 Bdn.) 1. u. 2. Bd. 1. u. 2. Aufl. (XIX, 326 S. m. 5 Karten u. XVI, 388 S. m. 2 Karten.) 8. Stuttgart (910). R. Lutz. Subskr.-Pr. à 6.—; geb. in Leinw. à 7.—; in Halbfrz. à n 8. 50

Napoleons [I. Kaiser von Frankreich] Leben. Von ihm selbst. 10 Bde. Übers. u. hrsg. von Heinrich Conrad. 3. Aufl. (Bd 1) Stuttgart. Lutz (1910). 8° 10. 1331 0

— kurze Lebensbeschreibung; hrsgg. von D. D. gr. 8. Mainz 821. Müller. 6 Gr

— Lettres et notes à Carnot pendant les 100 jours. gr. 8. Brüssel 819. (Leipz., Fr. Fleischer). 12 Gr

Napoleon's Maximen der Kriegführung. Mit Anmerkungen v. dem russ. General Burnod u. dem französ. General Husson; u. verglichen mit den Grundsätzen anderer großen Feldherrn, Strategen u. Tactiker, als: Montecuculi, Turenne, Condé ꝛc. Parallelisirt durch einen königl. preuß. Artillerieofficier. gr. 8. (VIII u. 182 S.) Weimar 852, Voigt. 2/3 Thlr

—— Memoiren, s. †Geib, K., Denkwürdigkeiten.

—— dies., übers. v. H. Gauß, s. Memoiren ꝛc.

Memoiren Napoleon Bonaparte's. Gesammelt etc. von dem Herausgeber der Memoiren Ludwig's XVIII 5 Bde. Mit Portrait. Weimar 1834. 8° (Ausrufspreis 2 Mk. 50 Pfg., R. Zinke's Dresdner März-Auction 1908:)

— Mémoires pour servir à l'histoire de France, publiés sur les manusrits entiérement, corrigés de la main de Napoleon. gr. 8. Vol. I—VIII. (Mémoires etc. p. Gourgaud. Tom. I—IV. Notes et mélanges p. Montholon. Tom I, II, III, V. Vol. I—IV.) gr. 8. Berl. 822—24. Reimer. 12 Thlr 18 Gr Velinp. 20 Thlr

— dieselben in deutscher Uebersetzung: Denkwürdigkeiten ꝛc. 1r—8r Bd. gr 8. Ebd. 822—24. Eb.

— Dass. nach d. Französ. u. Engl. von M. Lange. Mit 1 Kpf. u. 1 Vign. 8. Augsb. 821. Bäumer. 20 Gr

Napoleon von ihm selbst geschildert. London [Speyer] 1818. V: *Cosfinières, Ant. Sim. Gabr.* (Wr)

— peint par lui-même. Napoleon, von ihm selbst geschildert Deutsch u. französ. gr. 8. Frankf. a. M. 818. Sauerländer 18 Gr (a. Kolb in Speyer. 6 Gr)

Napoleon I. In e. Auswahl d. denkwürdigsten Urteile ꝛc., s.: Kochler's Bibliothek f. Alle.

Napoleon I [Kaiser von Frankreich]. [Ausz.] Hrsg. von Dr. Otto Krack. Berlin Concordia [1907]. (110 S.) 8°
= Stimme, Die, der Großen. Bd 3. 08. 979

— Notaten, aufgefangene Papiere, bei d. Retirade aus Moskau. 8. St. Petersb. 814. (Leipz., Kummer). 4 Gr

Napoleon's Novellen. Dessen Erzähll. in d. Abendzirkeln zu Malmaison. Nach d. Französ. von C. Niedmann. 2 Thle. 8. Braunschw. 827. (Fr. Fleischer in Leipz.) 2 Thlr 12 Gr

Napoleon's, Novellen. Dessen Erzählungen in den Abendzirkeln zu Malmaison, aus d. Stegreif gegeben. Nach d. Franz. der Madame C....n, frei bearb. v. C. Niedmann. 2 Bde. 8. Wolfenbüttel 827, Verlags-Cptr.

Napoleon, Oeuvres complètes. (par F. L. Lindner et F. K. le Bret). Tom. I—IV. gr. 8. Stuttg., v. Cotta. (1r—3r à 1 Thlr 20 Gr, 4r 2 Thlr 8 Gr) 7 Thlr 20 Gr

Napoleon der Erste Kaiser von Frankreich. Oeuvres complètes. Stuttg. et Tüb. 1822—23. H: *Lindner, Frdr. Ldw. & Alb. Lebret.* (NN) (CBH) (MGT) (Ky)

— Pönal-Codex, od. Gesetzbuch der Verbrechen u. Strafen, übers. nach d. officiellen Ausg. v. F. C. Flaxland. gr. 8. Straßb. u. Paris 811. Treuttel u. W. 1 Thlr 4 Gr

Napoléon I. Précis des guerres de Jules César, écrit sous sa dictée par le Général Marchand 8 Avec 1 pl Paris 1836 8 Bruxelles 1836 (14½ f) 16 av 1 pl Stuttgart 1826 2,25 (15½ f) 8

— la même. (Mit 1 Steint.) 16. Stuttg. 836. Brodhag. 3/4 Thlr

—— Précis des guerres de César. Ecrit p. Marchand à l'ile de St. Hélène sous la dictée de l'Empereur, et suivi de plusieurs fragmens inédits p. Napoléon. 8. (15½ B. u. 1 Stnt.) Stoutgart 836, Metzler.

—— le même. — 16. (14½ B. u. 1 Stnt.) Stoutgart 836, [Scheible, Rieger u. Sattler.]

—— le même, s. Collection portat., Serie III. Livr. 88, 89.

Napoléon Ier, proclamations militaires. Z. Schul- u. Privatgebrauch hrsg. v. J. Bauer. M. e. Wörterverzeichnis. 8. (IV, 114 S.) München 896. J. Lindauer. n. 1. 20; kart. n. 1. 40

— Die militärischen Proclamationen und Ansprachen . 1796—1815. Chronologisch geordnet und herausgegeben von K A Martin Hartmann. 8. Oppeln 1890.

Dass. s. a.: Hartmann, Karl Aug. Martin.

— Proclamationen an die Völker Europas. 8. Lpz. 814. (Cnobloch). 4 Gr

— Rede am 14. Febr. 1814 vor dem gesetzgebenden Corps gehalten. 8. Ebend. 814.

— Regierungskunst, von ihm selbst nach sr. Thronentsagung in Fontainebleau verfaßt. 8. Würzb. 814. Stahel. 4 Gr

Napoleons [I. Kaiser von Frankreich] Schriften und Gespräche hrsg. von Hans Landsberg. Berlin Pan-Verl. 1909 VII, 213 S. 8°
(Napoleon-Bibliothek. Bd 3.) (Das Museum. [Bd 7])

Napoleon I., militärische Schriften, s. a. Klassiker, militärische, des In- u. Auslandes.

Napoléon I. Militärische Schriften. Erl. durch Boi. Berlin 1881. 8°

— Selbstgeständnisse; aus d. Französ., nebst e. kurzen Abrisse seiner Lebensgeschichte nach den Jahren geordnet, (von J. A. Bergk). 1e u. 2e Bdchen. gr. 8. Leipz. 823 u. 24. Exped. d. Aufsehers. (à 12 gGr.) 1 Thlr.

Napoleons Selbstgestandnisse, aus d. Französischen (ubers von Johann Adam Bergk). Nebst einem kurzen Abrisse seiner Lebensgeschichte Leipzig 1823—24. Anon.-Lex. IV p 67 (nach Kayser, Meusel u. dem Neuen Nekrolog).

— Selbstschilderung, Auszüge aus d. echten Handschrift Napoleon Buonaparte's, von e. Amerikaner; aus d. Französ. übers. von W. A. Lindau. 8. Dresd. 818. Arnold. 9 gGr.

Napoleon der Erste Kaiser von Frankreich. Selbstschilderung, Auszüge aus Napoleons erster Handschrift ... Dresd. 1818. Ü: *Lindau, Wilh. Adolph.* (NN)

— Stammbuch, (dessen Lebensabriß — Blumen auf dessen Grab gestreut — dessen Testament). Mit dessen Bildn. u. 1 Vign. Dinkelsbühl 826, Walthr. (Leipz., Centr.-Cptr.)

— Strafgesetzbuch f. das Großherzogthum Frankfurt. gr. 8. Frankf. Eichenberg. 812.

Napoleon I., peinl. u. Polizei-Strafgesetzbuch nach d. Originalausgabe übersetzt von T. Hartleben. gr. 8. Frankf. Varrentrapp. 811.

— Testament. Edition conforme à celle de Londres. gr. 8 Brüssel 824. (Leipz., Voss). 8 gGr.

— Testament. A. d. Franz. Nebst e. Verzeichn. d. neuen Namen, welche die Großen d. franz. Reichs unt. Napoleon erhalten haben. 2., m. Anmerkn. versch. Ausg. gr. 8. (2 B.) Quedlinburg 840, Ernst'sche Buchh.

— polit. Testament. Nebst e. Verzeichnisse seiner Vermächtnisse. 822. 2e mit d. polit. Testament Peters d. Großen verm. Aufl. Aus d. Französ. (v. J. A. Bergk). gr. 8. Leipz. 824. Exped. d. europ. Aufs. 4 gGr.

— Testament. Aus d. Französ. 2e, mit erläut. Anmerkk. versch. u. verbess. Ausg. Ein Anhang zu Napoleons polit. Testamente. gr. 8. Leipz. 825, Exped. d. Aufsehers.

— (polit.) Testament. 2e Aufl. gr. 8. Leipz. 824. Rein. 3 gGr.

— (polit.) Testament 2e Aufl gr. 8. Leipz. 825. Rein.

— Uebersicht d. Kriege Cäsars. Vom Kaiser auf St. Helena dictirt, niedergeschrieben v. Marchand. Mit mehreren bisher noch ungedr. Fragmenten v. Napoleon. A. d. Franz. 8. (15½ B. u. 1 Stnt.) Stuttgart 836, Metzler'sche Buchh.

— Unterhaltungen auf St. Helena. Eine Auswahl seiner denkwürd. Urtheile u. Ansichten üb. Kriegskunst, Politik, Gesetzgeb., Verwalt., sowie üb. ausgezeichnete Personen zc. Nebst Berücksichtig. seiner höchst wicht. Weissagungen üb. d. polit. Ereignisse d. jüngsten Vergangenheit, d. Gegenwart u. Zukunft uns. Zeit. In alphabet. Ordn. aus d. Denkwürdigkeiten seiner nächsten Umgebungen zusammengest. u. aus d. Franz. übers. v. H. Spindler. 4 Bdchn. 16. (25 B.) Leipzig 839, 40, Glück.

— Urtheile, während seines Aufenthaltes auf St. Helena über Vergangenheit u. Zukunft; gesammelt von d. Grafen Lascases, bekannt gemacht von Dr. le Bret. Französ. u. deutsch. gr. 8. Stuttg. 822. v. Cotta. 12 gGr.

— Urtheile, Aussprüche und Aeußerungen im Staatsrathe u. im Privatleben über Staatsverfassung, Politik, Religion, Cultus, Gesetzgebung, Kriegskunst, Polizei- u. Finanzwesen, Unterricht u. Erziehung, Conscription, die Ehrenlegion und versch. and. Gegenstände. Nebst e. Anhange: Urtheile desselben über berühmte Personen zc. Aus zuverlässigen Quellen geschöpft u. herausg. v. A. Kuhn. 12. Weimar u. Ilmenau 834, Voigt. 2/3 Thlr.

— Werke. Nach den vorhand. Quellen chronologisch geordnet, Deutsch von L. v. Alvensleben. Als Supplement zu Heyne's Geschichte Napoleons. 1e—6e Bdchn. Mit 3 Lithogr. 16. Chemnitz 840 Goedsche u. Comp. à 1/8 Thlr.

Napoleon's Werke. Nach den vorhandenen Quellen chronologisch geordnet. Deutsch v. L. v. Alvensleben. Als Supplement zu Heyne's Geschichte Napoleons. 2.—6. Bdchen. Mit 14 Lithogr. 16. Chemnitz 841, Goedsche, Sohn. à 1/8 Thlr.

— hinterlassene Werke. Nach den vorhandenen Quellen bearbeitet von L. v. Alvensleben. Ein Supplement zu allen Geschichten Napoleons. 2. Stereotypausg. in 1 Bd. Mit 16 Bildern u. Napoleons Facsimile. 16. Leipzig 842, Binder. (Bamberg.) 24 ngr

Napoléon III, s.a. Bonaparte, Charles Louis Napoléon

Napoleon III., Louis Bonaparte, Auswahl aus seinen Schriften, s. Auswahl.

(Napoleon Louis Bonaparte.) Auswahl aus den Schriften Napoleons III. Aus dem Französ. von einem Offizier. Berlin 856. Moeser. gr. 8. (VIII, 215 S.) 1 Thlr.

Napoleon III., Bemerkungen üb. die militairische Organisation d. norddeutschen Bundes. Aus dem Franz. v. A. Mels. Lex.-8. (87 S.) Berlin 871. Simion. n. 3. —

Napoleon [III] Politische und Militärische Betrachtungen über die Schweiz Von N. Louis C[harles] Bonaparte .. 8 Zürich 1833 Orell u. Co

— geschichtliche Fragmente, 1688 und 1830. Deutsch von F. A. Stilch. Breslau 856. Aland. 8. (143 S.) n. 25 ngr

Napoléon-Louis Bonaparte. (Napoleon III) Fragments historiques 1688 et 1830 Écrits dans la citadelle de Ham le 10 mai 1841 8. Berlin 1862.

Napoleon III., Geschichte Julius Cäsars, s. Geschichte.

(Napoleon III) Geschichte Julius Caesars. Vom Verfasser autorisirte Übersetzung (von F Ritschl). 2 Bde. (XVI. 940) 8. M. 36 Taf. Wien 1865—66. 28,00. — Billige Ausgabe. 2 Bde. (XII. 940) 8. M. 36 Taf. ib. 1865—66. 9,50. — A. d. Französ. 2 Bde. (410,) 8. Naumburg 1866. 6,00.

— — Geschichte Julius Cäsars. Commentirt von Wilhelm Rüstow, Oberst Brigadier Nebst erklärenden Karten und Plänen in Farbendruck 8. Stuttgart 1867

— Histoire de Jules César, s. Histoire.

— Ideen Napoleon's. Aus d. Franz. Mit einer Einleitung von Franz Schulte. gr. 8. Köln 840. (Kohnen.) n. 5/6 Thlr.

— Napoleonische Ideen. Deutsch von F. Frhrn. v. Biedenfeld. gr. 8. (11 B.) Weimar 840, Voigt.

Napoleon Bonaparte L., die napoleonischen Ideen. Im Ausz. übers. Giessen 1865

Napoleon (III.), Louis Bonaparte: Napoleonische Ideen Mit Ermächtigung Sr. Majestät des Kaisers Napoleon III in's Deutsche übertragen von Dr. Arnold Hirsch. (XVI u. 135 S.) Wien: Czermak 1865. 8⁰

— s. auch Napoleonische Ideen.

—— dass. — s. Staats-Bibliothek, die.

Napoléon (III.), Louis Bonaparte: Des Idees Napoleoniennes. Berlin. 1860. 8⁰

Napoléon-Louis Bonaparte, Prince, Manuel d'Artillerie, à l'usage des officiers d'Artillerie de la République Helvétique. (Mit 39 Steintaf.) gr.in-8. Zurich 836. Orell, Fussli et Comp. n. 1 5/6 Thlr.

Napoléon Louis Bonaparte. Manuel d'artillerie à l'usage des officiers d'artillerie de la république helvétique (XXIII 528, 39) 8 Zuric 1836 39 5,25

Napoleon Bonaparte's, Louis, geheime Memoiren. Hrsg. von L. Schubar (Lubarsch.) Einzig rechtmäßig deutsche Ausg. 48 Lfgn. 8. Berlin, Lubarsch's Selbstverlag. [1. Bd. (507 S.) 860. * 1 Thlr. 10 Ngr., 2. (512 S.) 860. * 1 Thlr. 10 Ngr., 3. (504 S.) 860. * 1 Thlr. 10 Ngr., 4. (504 S.) 861. * 1 Thlr. 20 Ngr., 5. (560 S.) 862. * 2 Thlr. 5 Ngr.] à Lfg. * 5 Ngr. *

—— dass. — 6—8. Bd. oder Neue Folge 1—3. Bd.: Regierungsgeschichte Napoleons III. 8. Ebendas. 862. [6. Bd. (696 S.) 7. (726 S.) 8. (823 S.) à Bd. * 2 Thlr. 5 Ngr.] *

Napoleons geheime Memoiren, deutsch, hrsg. von Schubar 10 Thle. Berlin 1860—65. Kl. 8⁰. Vergriffen und selten! (25 Mk. Heinr Kerler, Ulm, 1911.)

(Napoléon III.) Note sur l'organisation militaire de la confédération de l'Allemagne du Nord. Wilhelmshöhe 1871. 4°.
Dass. deutsch u. d. T: Bemerkungen über die militärische Organisation des Norddeutschen Bundes, von A. Meis. Berlin 1871. 8°

-- — Neues System für die Feld-Artillerie Resultate der i. J. 1850 gemachten Versuche ꝛc Veröffentlicht vom Kapitän Fave. Deutsch von einem Artillerie-Offizier Pest 1853. 133 S

—— **geheimes Testament an sein Gattin, Sohn und Freunde.** 8. (48 S.) Leipzig 873, G. Schulze. *

— **über die Vergangenheit und Zukunft der Artillerie.** Aus dem Französ. von H. Müller II. 2 Thle. Berlin 856: Decker. 8. (4 Bl., 290 S.; VIII, 351 S.) 2 Thlr. 7½ ngr.

Napoleon III. über die Vergangenheit und Zukunft der Artillerie. Aus dem Französ. von H. Müller II. 2. Thl. 8. (VIII und 351 S.) Berlin 857, Decker'sche geheime Ober-Hofbuchdruckerei.
1. Bd. Ebendas. 1856. 1 Thlr.

Napoleon III. Über die Vergangenheit und Zukunft der Artillerie. Berlin 1859(?) Ü: *Müller, Herm.* (Scheffer, Die Preuss. Publizistik i. J. 1859. Berlin 1902, S. 14.)

Napoleon's III. Werke. Aus dem Französ. übers. von Aug. Vict. Richard. 4 Bde. oder 18 Lfgn. Lex.-8. Leipzig 857. 58. Voigt und Günther. [1. Bd. (352 S.) 2. (414 S.) 3. (810 S.) 4. (824 S.)] à Lfg. * 15 Ngr. Thlr. *

Napoleonade, Die, ein komisches Gedicht. Gedruckt auf der Insel Pia Nossa, 1814.
Weller, fingirte Druckorte. — Höchst selten!

Napoleon-Bibliothek. Hrsg. von Hans Landsberg (1.) 4. Aufl. Berlin: Pan-Verl. 1908. 8° 10. 6600

Napoleon-Gallerie. 20 Gedenkblätter in Stahl radirt nach Gemälden berühmter Künstler. Illustrationen zu den Werken von Thiers, Ségur, Mignet u. A., mit Text v. Carl Sachs. 3 Liefg. gr. 8. Carlsruhe 840, Noeldeke. à ¼ Thlr.

Napoleon-Gallerie. **20 Gedenkblätter in Stahl radirt nach Gemälden berühmter Künstler. Illustrationen zu den Werken von Thiers, Ségur, Mignet u. A. mit Text v. Carl Sachs. 3 Lfgn. gr. 8. (20 Stahlst. u. 1½ B. Text.) Carlsruhe 844, Nöldeke. Thlr. à**

Napoleoniden, die. Revid. Abdr. aus dem Geschäfts-Kalender für 1853. Sulzbach 853. v. Seidel. gr. 8. (16 S.) 2½ ngr.

Napoleoniden, die. Kurzer Lebensabriß der hervorragendsten Mitglieder des Hauses Bonaparte, von Madame Lätitia an bis auf die Gegenwart und der Napoleoniden Einfluß auf die Geschicke Europas. gr. 8. (VI und 254 S.) Weimar 859, Voigt.

Napoleoniden, die. Kurzer Lebensabriß der hervorragendsten Mitglieder des Hauses Bonaparte, von Madame Lätitia an bis auf die Gegenwart u. der Napoleoniden Einfluß auf die Geschicke Europas.
2. verm. Aufl. Weimar 862. Voigt. gr. 8. (VIII, 282 S.) 1 Thlr.

Napoleonischer **Kalender, worin auf jeden Tag d. J. eine denkwürdige Epoche aus Napoleons Leben von seiner Geburt bis zu seinem Tode enthalten sind. Aus d. Französ. 12. Leipz. 822, Müller.**

— dass. aus d. Franz. v. Dr. Heinichen, s. Heinichen.

Napoleonlieder von Vict. Hugo, Baggesen, Rückert, Byron, Zedlitz, Barthelemy u. s. w. Zusammengestellt v. Ernst Ortlepp. Seitenstück zu d. Schillerliedern u. Götheliedern. 16. (21⅞ B.) Ulm 843, Friedr. Ebner.

Napoleon-Patiencen, 200. (Von Hugo Reichsfrhr. Gudenus.) 8. (XI, 100 S.) Breslau 898. J. U. Kern's Verl. Geb. in Leinw. n. 5. —; Auflösgn. (12 S.) n. — 50

Napoleon's **(Bonaparte), Abdankungsnächte im Jahr 1815, von St. Didier. gr. 8. Leipz. Baumgärtner. 816.**

Napoleons Abentheuer auf seiner letzten Fahrt u. Rückkehr nach u. von Deutschland. Eine Haupt- u. Staatsaction. Angehängt das Vater Unser d. Bauern. 8. Zeitz 814. Webel. 2 gr.

— Aufenthalt, Tod u. Begräbniß auf St. Helena. Mit ill. Kpf. Leipz., Mag. f. Ind. u. Litt. 12 gr.

— große Auction; aus d. Französ. mit Anmerkk. 8. Leipz. 814. Rein. 3 gr.

— Bau u. Sturz, v. J. G. R. Phylalethes. gr. 8. Braunschweig, Vieweg. 814.

— Beichte, s. Sarrazin.

——'s Ehrentempel. Ein Cyclus d. vorzüglichern üb. d. Kaiser Napoleon u. seine Zeit erschien. Memoiren, Biographien u. Anecdoten 1—26. Bdchn. — A. u. d. T.: Denkwürdigkeiten d. Hzgs v. Rovigo, ehemal. Polizeiministers d. Kaisers Napoleon. 26 Bdchn 16. (199 B.) Stuttgart 828—30, Brodhag. à 3 Gr.

Napoleon's Ehrentempel ꝛc. 27—32. Bdchn. — A. u. d. T.: Gesch. Napoleons u. d. großen Armee währ. d. J. 1812. Von d. General Grafen v. Ségur. 6 Bdchn. 16. (46 B.) Stuttgart 831, Brodhag. à 3 Gr. Thlr.

—— s.a.Ehrentempel, Napoleons.

— selbstgebaute Fallbrücke. 8. Prenzlau 814. Ragoczy. 4 Gr.

— Feldzug 1796, s.: Beiheft zum Militär-Wochenblatt

— Feldzug in Deutschland, s. Pellet.

Napoleon's Feldzug nach Rußland, s. Engelhorn's, J., illustrirte Volksbücher.

— Feldzug in Rußland 1812. Aus d. Französ. der: Histoire de l'Expedition de Russie par M*** (Chambray) übers. u. mit neuen Planen, Karten u. Erläuterungen versehen v. L. Blesson 2 Bde. Nebst 1 Heft mit 4 Karten u. 4 Tab. gr. 8. Berl. 824, Dunker u. H.

— Feldzug in Sachsen im J. 1813; e. treue Skizze dieses Krieges. von e. Augenzeugen O. v. O. 8. (Dresd.) 816. (Arnold). 2e Aufl., s. E. O. v. Odeleben.

— 's Feldzüge, Bericht von der Schlacht bey Marengo von Alexander Berthier, a. d. Franz. gr. 4. Tübingen, Cotta. 810. m. Charte.

— Feldzuge, historisch-krit. Gemählde ihrer Ursachen und Wirkungen d. Michaud de Villette, von **r. 18 Bdchen. 8. Leipz. Engelmann. 815.

— Feldzüge, s.a.Michaud de Vilette.

Napoleons Feldzüge von 1815, u. seine Rechtfertigung. Geschrieben auf St. Helena; aus d. Französ. gr. 8. Gotha, Hennings. 18 Gr.

— Feldzüge in Aegypten u. Syrien, Bericht von Berthier; aus d. Französ. 8. Magdeb. 801. v. Schütz. (Lauffer in Lpz.) 12 Gr.

— — in Egypten und Syrien, Bericht von Berthier, a. d. Franz. 8. Magdeb. v. Schütz. (auch Sommer in Lpz.) 801.

— Generalbeichte; der Orakelspruch d. Zeit; der satyr. Blumenstrauß; Steckbrief d. Deutschen hinter Napoleon. 8. Meißen 814. Goedsche. 2 Gr.

— Geschichte v. seiner Geburt bis auf gegenwärtige Zeiten. 4 Bde. 8. Leipz. Hinrichs. 806.

— Großthaten. Eine Haupt- u. Staats-Aktion. 8. Zeitz ... Webel. 2 Gr.

— Großthaten u. sein Ruhm als Feldherr. Neue veränderte u. stark verm. Aufl. m. 1 K. 8. Leipz. Rein u. Comp. 814.

— edle Handlungen gegen den Rheinbund, den Papst u. seine wohlwollenden Gesinnungen geg. die Deutschen. 8. Lpz. 814. Rein. 2 Gr.

— geheime Intriguen. 8. Marb. 814. Krieger. 8 Gr.

— Jugend-Geschichte. 8. Lpz.: Hinrichs.

— Kriegszug von Elba nach Paris, vom 26. Febr. bis 20. März 1815. 8. Erf. 815. Müller. (Weygand in Leipz.) 8 Gr.

— Leben u. Ende mit einer Zugabe v. Charakterzügen. gr. 8. Wiesbaden 822, Schellenberg.

—— polit. u. militair. Leben, s.a.Jomini, H. Bar. v.

— polit. u. militair. Leben, von ihm selbst erzählt, vor d. Richterstuhle Cäsar's, Alexanders u. Friedrichs II., (von General Jomini). Aus d. Französ. 1r—4r Bd. Mit 1 Steindr. gr. 8. Tübing. 825—29. Osiander. 6 Thlr. 8 Gr.

— politisches u. militärisches Leben, von ihm selbst erzählt vor d. Richterstuhle Cäsars, Alexanders u. Friedrichs des Zweiten. Aus d. Franz. des Generals Janini vom Oberst von Batz. 2e Ausg. 1. Bd. 1e Lfrg. gr. 8. Tübingen 841. Osiander. 1/4 Thlr.

— Leben, Salbung u. Krönung. Mit 1 Kpf. 8. Halle ... 2e A. 806. Dietlein. 6 Gr.

Napoleons Leben u. Thaten. Geschildert nach Thiers, Hugo, Montholon, Laurent u. and. Originalquellen. 3 Lfgn. gr. 12. (15 B. u. 3 Stnt.) München 840. [Augsburg, Jaquet's Brlgsh.] Thlr.

— Leben u. Thaten zwischen Moskau u. Elba, siehe Keil, J. C.

— merkwürdige Lebensjahre, nebst Beschreibung von Helena, mit K. gr. 8. Wien, Gerold. 815.

— imposante Leichenfeier und die Versetzung seiner irdischen Ueberreste von der Insel St. Helena, in den Dom des Invaliden-Palais zu Paris, am 15. Dec. 1840. Eine treue, chronolog. Schilderung aller, auf diese großartige Feier bezügl. Begebnisse, aus authent. Quellen geschöpft. gr. 12. Preßburg 841. (Wien, Singer u. Goering.) 1/4 Thlr.

— Mißhandlungen d. Schweiz; e. histor. Commentar zu d. Antwort d. verbündet. Mächte auf d. Schweizer Neutralitätsakte. 8. Germ. 814. (Frkf. a. M., Schäfer). 8 Gr.

— Reise v. d Insel Elba bis Paris. 8. Wien 815. v. Mösle. 3 Gr. (Leipz. Kummer.)

— Reise von Fontainebleau nach Frejus, v. 17.—19. April 1814; hrsgg. v. Gr. Truchses v. Waldburg. 8. Berl. 815. Maurers B. 8 Gr.

— Reiseabentheuer von Fontainebleau nach d. Insel Elba; aus d. Französ. (v. J. A. Bergk). gr. 8. Leipz. 815. Baumgärtner. 18 Gr.

— Schatten an seinem Grabe. Lith. gr. 4. Wesel, Becker. 6 Gr.

— Sprünge u. endliches Schicksal. Eine Skizze in Versen. 8. Coblenz 816. Hölscher. 4 Gr.

— Strategie im J. 1813 von d. Schlacht v. Groß-Görschen bis z. Schlacht v. Leipzig, von C. v. W. gr. 8. Berl. 827. Mittler. 16 ℊℊ

Napoleon's Strategie im Lichte der modernen kriegswissenschaftlichen Kritik. Von General v. R..... (VII, 88 S. m. eingedr. Kartenskizzen.) 8. Berlin 907. Risels deutsche Centrale f. Militärwissenschaft. 2. 50

— Tod auf St. Helena, und die Versetzung seiner Ueberreste nach Paris. Nebst angehängter kurzer Darstellung seines Lebens und seiner Familie, u. einem chronolog. Verzeichniß von ihm gelieferten Schlachten. Mit dem Bildnisse Napoleons. 8. Reutlingen 841, Kurtz'sche Buchh. (Leipzig, Herbig.) 1/8 ℛ

—— Todtenfeier. Officieller Bericht aller Feierlichkeiten von d. Abfahrt d. Fregatte la Belle-Poule an bis zur Beisetzung seiner irdischen Ueberreste. gr. 8. (2 B. u. 3 Abbild.) Heidelberg 841, Groos.
Vgl. Opis etc.

— Todtenfeier. Officieller Bericht aller Feierlichkeiten von der Abfahrt der Fregatte la Belle-Poule an bis zur Beisetzung seiner irdischen Ueberreste. Mit den Abbildungen des kaiserl. Adlers, des Innern d. Fregatte, des Leichnams u. des Trauerwagens. gr. 8. Heidelberg 841, Groos. 1/3 ℛ

— Traumbilder. s. Geschichte des Hofes von St. Cloud. 3ter Theil.

— Wiedererscheinen, oder: Was will, was kann er? gr. 8. Berl. 815. Duncker u. H. 4 ℊℊ

— Wiedererscheinung in Frankreich. 8. Leipz. 815. Liebeskind. 6 ℊℊ

Napoleons-Album. Hrsg. v. Ed. Brinckmeier. Mit Illustrationen nach H. Vernet, V. Adam, A. Meyer. Lex.-8. (22 B. u. 22 Stnt. m. N's Standbild in Bronce-Druck.) Braunschweig 842, Oehme u. Müller. *

Napoleons-Berg, der, bei Jena d. 7. Octbr. 1808. Mit 1 Kpf. 4. Jena 809. (Hennings in Neisse). 6 ℊℊ

— 's-Berg, der, bey Jena d. 7. Octbr. 1808. 4. Jena, Seidler. 809.

Napoleon'sche Gedichte. Zum Besten d. Unglücklichen in Lyon. 16. (2¾ B.) Leipzig 840, Böhme. (?)

Napoleons-Kalender, oder Nachrichten aus des Kaisers Napoleon's Leben, auf jeden Tag im Jahre. 2e verm. Aufl. 8. Quedlinburg 840. Ernst. 1/6 ℛ

Napolski, Alexander von, a. Mülheim a. d. Ruhr: Beitrag zur Kenntnis der Gesteine der Republik Honduras. Leipzig 1904: Osw. Schmidt. (46 S.) 8°
Tübingen, Naturw. Fak., Ref. Koken, Diss. v. 19. Nov. 1903 [Rig. 19. Nov. 03.]

Napolski, Max von

Napolski, M. v. Leben und Werke des Trobadors Ponz de Capduoill. Diss. Marburg 1879. 29 S.

Napolski, Max v., Leben u. Werke des Trobadors Ponz de Capduoill. gr. 8. (152 S.) Halle 880. Niemeyer. n. 4. —

Napolski, Stanislaus von [aus Mülheim a. d. Ruhr]: Beiträge zur Charakteristik mittelalterlichen Lebens an den Höfen Südfrankreichs, gewonnen aus Zeugnissen provenzalischer Dichtungen Marburg, *Hauptmann'sche Buchdr., Bonn,* 1885; 39 S. 8°
Marburg, Phil. Fak., Inaug.-Diss. v. 5. Dez. 1885.

Napolski, Stanislaus von, Beiträge zur Charakteristik mittelalterlichen Lebens an den Höfen Südfrankreichs, gewonnen aus Zeugnissen provenzalischer Dichtungen. Diss. Marburg 1885, N. G. Elwertsche Univ.-Buchh. 8°. 39 S.

von Napolski, Stanislaus [Dr.]: Höfische Erziehung und **höfisches** Wesen im Mittelalter. E. Beitr. z. Kulturgesch. Südfrankreichs, gewonnen aus Zeugnissen provenzal. Dichtgn. Charlottenburg, Druck v. A. Gertz, 1892; 3—30 S. 4.
Charlottenburg, st. HM, P 1892**

Napolski, St. v., u. M. v. Napolski, Lehrbuch der französ. Sprache, s.: Boerner, Otto.

Napolski, S. v., Karl Weise, ein Sänger nach d. Herzen d. Volkes. Sein Lebensbild. 8. (46 S. m. Bild.) Berlin 890. Schorß, Verl. n. — 50

Napolski, St. v., Karl Weise, e. Sänger nach dem Herzen d. Volkes. Sein Lebensbild. 8. (46 S.) Berlin 891. Schorß. n. — 50

NAPOTNIK, Michael: Controversia de haereticorum baptismi valore inter papam Stephanum I. et Cyprianum Carthaginensem episcopum agitata. — (1880) 124 S. 40 (Handschr.) Diss. 384
Diss. Wien, Univ.

Napotnik, Mich., s.: Gesta et statuta synodi dioecesanae.

Napp, Ed., das Bild. Dem deutschen Christenvolk und seinen Fürsten. 8. Neubrandenburg 845. (Brünslow.) n. 8 ℊℊ

Napp, Ernestus (geb. am 2 März 1855 in Krombach Westf.): De rebvs imperatore M. Avrelio Antonino in oriente gestis ... Bonnae, typ. J. F. Carthaus 1879. 134 S. 8. ¶ Erschien zugleich selbständig bei Habicht in Bonn m. d. Zusatz: Quaestiones hist. et chronol. de bello Armeniaco Parthico et de Avidii Cassii seditione.
Bonn, Phil. Fak., Diss. v. 24 Apr. 1879

Napp, Ernst, de rebus imperatore M. Aurelio Antonino in oriente gestis. Quaestiones historicae atque chronologicae de bello armeniaco parthico et de Avidii Cassii seditione. Accedunt appendices et conspectus titulorum. gr. 8. (VI, 130 S.) Bonn 879, Habicht's Buchh. *

Napp, Ernst, üb. Ziel, Methode u. Hilfsmittel d. geographischen Unterrichts an Gymnasien u. Realanstalten. Kritische Bemerkgn. u. Vorschläge, auf Grund der in Preußen gelt Bestimmgn. dargeboten. gr. 8. (144 S.) Breslau 891. F. Hirt. n. 2. —

— dasselbe. 2., durch e. Besprechg. der neuen preuß. Lehrpläne vom J. 1891 vervollständ. Ausg. gr. 8. (XXIV, 144 S.) Ebd. 892. n. 1. 50

Napp, Hermann [aus St. Goar a. Rhein] Aus d. med. Kinderpoliklinik zu Bonn. Beiträge zur Symptomatologie und Epidemiologie des Icterus catarrhalis bei Kindern ... Bonn, Buchdr. J. Bach Wwe, 1893; 30 S., 1 Bl. 8.
Bonn, Med. Fak., Inaug.-Diss. v. [5. Aug.] 1893

Napp, H., s.: Neisser, A., stereoscop. medicin. Atlas.

Napp, L., der Glaube an die göttliche Weltregierung. Vortrag, geh. am 4 Febr. 1894 im evangel. Vereinshause zu Görlitz. gr. 8. (12 S.) Görlitz 894. (H. Tzschaschel.) n. — 20

Napp, Ludwig U n t e r s u c h u n g der sprachlichen Eigenthümlichkeiten des Livre des Miracles de Notre Dame de Chartres Bonn, Univ -Buchdr v C Georgi, 1886, (nur Titelbl., Vita u Thesen.) 8°
Bonn, Phil Fak., Inaug.-Diss. v 11 Aug. 1886.

Napp, L., Untersuchung der sprachlichen Eigenthümlichkeiten d. Livre des miracles de Notre Dame de Chartres. Inaug.-Diss. gr. 8. (54 S.) Wiesbaden 886 Bergmann n. 2. —

Napp, Ludwig [aus Roelsdorf bei Dueren]: Untersuchung der sprachlichen Eigenthümlichkeiten des Livre des Miracles de Notre Dame de Chartres .. Würzburg, Druck d. Thein'schen Druck. (Stürtz), 1887; 54 S. + 1 Bl. 8°
Bonn, Phil. Fak., Inaug.-Diss. v. 11. Aug. 1886.

Napp, Otto, über die Bildung polypöser Adenome u. Carcinome in atrophischer Magenschleimhaut. Diss. gr. 8. (38 S.) Freiburg i/B. 900. Speyer & Kaerner. n. 1. —

Napp, Rich., die Argentinische Republik. Im Auftrag des Argentinischen Central-Comité's für die Philadelphia-Ausstellung u. mit dem Beistand mehrerer Mitarbeiter bearb. Mit 6 (lith. u. chromolith.) Karten. gr 8. (III, 495 S.) Buenos Aires 876. (Berlin, Behr.) 10. —

Napp, Richard: Die Argentinische Republik — Buenos Aires 1876: Sociedad Anónima. 495, XCVII S. mit 6 Kt. und 11 Taf

Napravnik, Franz

Napravnik, Frz., geometrische Formenlehre für Mädchenbürgerschulen und vier- bis siebenclass. Volksschulen. 2 Thle. gr. 8. Prag, Tempsky. [1. Thl. 1. und 2. durchges. Aufl. (VIII, 62 S. mit 89 eingedr. Holzschn.) 881,83; 2. Thl. (VI, 60 S. mit 35 eingedr. Holzschn.) 881.] à Thl. * 60 Pf. *

Napravnik, Frz., geometrische Formenlehre f. Mädchen-Bürgerschulen. 2 Thle. gr. 8. Prag 885. Tempsky. à n. — 60; Einbd. à n.n. — 20
1. Mit 89 eingedr. Holzschn. 3. Aufl. (VIII, 56 S.)
2. Mit 35 eingedr. Holzschn. 2. Aufl. (VI, 58 S.)

Napravnik, Frz., geometrische Formenlehre f. Mädchen-Bürgerschulen. 3 Thle. gr. 8. Wien u. Prag 896. F. Tempsky. — Leipzig, G. Freytag. Geb. in Leinw à n. — 80
1. I. Classe. 7., umgearb. Aufl. (IV, 58 S. m. 79 Holzschn. u. 2 Taf.)
2. II. Classe. 6., umgearb. Aufl. (IV, 54 S. m. 50 Holzschn. u. 2 Taf.)
3. III. Classe. (IV. 58 S. m. 51 Holzschn. u. 2 Taf.)

Napravnik, Frz., geometrische Formenlehre f Mädchen-Bürgerschulen. I. Tl. (I. Klasse.) Mit 79 in den Text gedr. Holzschn. u. 2 Fig.-Taf. 9. Aufl. Inhaltlich unveränd., nach der neuen Rechtschreibg. hergestellter Abdr. der 8. Aufl. (IV, 52 S.) 8. Wien 904. F. Tempsky. Geb. n. — 80

— Geometria combinata col disegno geometriao per le scuole cittadine. Traduzione eseguita col consenso dell' autore sulla 9. ed. tedesca da R. Merluzzi e G. Hayek. Con 329 fig. intercalate nel testo e 23 tavole. (Ed. indivisa.) (III, 219 S.) 8. Wien 906. A. Pichler's Wwe. & Sohn. Geb. n. 2. 60

Napravnik, Frz., Geometria combinata col disegno geometrico per le scuole cittadine. Traduzione eseguita col consenso dell' autore sulla. 9. ed. tedesca da R. Merluzzi e G. Hayek. Con 329 fig. intercalate nel testo e 23 tavole. (Ed. indivisa.) 2. ed. Ristampa inalterata della prima ed. (III, 219 S.) 8. Wien 907. A. Pichler's Wwe & Sohn. Geb. 2. 60

—— Geometrie und geometrisches Zeichnen für Knaben-Bürgerschulen. 3 Thle. gr. 8. Wien 885—89, Pichler's Wwe. und Sohn. à Thl. * 60 Pf. *
Inhalt:
Thl. 1. Für die 1. Classe dreiclassiger Bürgerschulen oder die 6. Classe achtclassiger Volksschulen. 3.—8. unveränd. Aufl. (79 S. mit 123 eingedr. Holzschn.)
" 2. Für die 2. Classe dreiclassiger Bürgerschulen. 2.—5. durchges. Aufl. (III, 84 S. mit 94 eingedr. Holzschn.)
" 3. Für die 3. Classe. 2. und 3. Aufl. (92 S mit 100 Holzschn.)

Napravnik, Frz., Geometrie u. geometrisches Zeichnen f Knaben-Bürgerschulen. 3 Thle. Für die 1.—3. Classe gr 8 Wien 890. Pichler's Wwe. & Sohn. cart. à n. — 76
I Mit 123 Holzschn 9. Aufl (79 S.) — II Mit 94 Holzschn 6. Aufl (81 S.) — III. Mit 100 Holzschn 3. Aufl. (92 S.) 889

Napravnik, Franz, Geometrie und geometrisches Zeichnen für Knabenbürgerschulen. I. Theil. Für die erste Classe der Knaben Bürgerschulen. Mit 123 in den Text gedruckten Holzschnitten. 14. Aufl. 8. (79 S.) —.30, geb. Ebda. 1895.
— — II. Theil. Für die 2. Classe der Knaben-Bürgerschulen. Mit 94 in den Text gedruckten Holzschnitten. 10. Auflage. 8. (84 S.) Gebunden Ebda. 1895.
— — III. Theil. Für die 3. Classe der Knaben-Bürgerschulen. Mit 100 in den Text gedruckten Holzschnitten. 7. Aufl. 8. (92 S.) Ebda. 1895

Napravnik, Franz, Geometrie und geometrisches Zeichnen für Knaben-Bürgerschulen. I. Theil, für die 1. Classe der Knaben-Bürgerschulen. Mit 117 in den Text gedruckten Abbildungen und acht Figurentafeln. 15. umgearbeitete Auflage. Wien 1895. A. Pichler's Witwe und Sohn. (Min. Erl. v. 17. December 1895, Z. 29459.) Geheftet —.40

— Geometrie u. geometr. Zeichnen f. Knaben-Bürgerschulen. 3 Thle. gr. 8. Wien, A. Pichler's Wwe. & Sohn. Geb. n. 2. 50
1. F. d. 1. Classe. 16., umgearb. Aufl. (IV, 60 S. m. 117 Abb. u. 8 Taf.) 897. n. — 80
2. F. d. 2. Classe. 12. Aufl. Unveränd. Abdr. d. 11. Aufl. (IV, 72 S. m. 102 Abb. u. 8 Taf.) 898. n. — 80
3. F. d. 3. Classe. 8., umgearb. Aufl. (IV, 75 S. m. 114 Abb. u. 3 Taf.) 896. n. — 90

NAPRAVNIK, Franz
(F) Geometrie und geometrisches Zeichnen für Knaben-Bürgerschulen von Franz Napravnik. I. Theil. Für die 1. Classe der Knaben-Bürgerschulen. Mit 117 in den Text gedruckten Abbildungen und 8 Figurentafeln. 17. Auflage. Unveränderter Abdruck der mit Erlass des hohen k. k. Ministeriums für Cultus und Unterricht vom 17. December 1895, Z. 29459, zum Lehrgebrauche an Knaben-Bürgerschulen für zulässig erklärten 15., umgearbeiteten Auflage. Wien. 1899. Pichlers W. & S. Gr.-8° 58 S. Geb —.40

NAPRAVNIK, Franz
(F) Geometrie und geometrisches Zeichnen für Knaben-Bürgerschulen von Franz Napravnik. III. Theil. Für die 3. Classe der Knaben-Bürgerschulen. Mit 114 in den Text gedruckten Abbildungen und 3 Figurentafeln. 9. Auflage. Unveränderter Abdruck der mit Erlass des hohen k. k. Ministeriums für Cultus und Unterricht vom 7 Mai 1896, Z. 9973, zum Unterrichtsgebrauche an Knaben-Bürgerschulen für zulässig erklärten 8., umgearbeiteten Auflage. Wien. 1899. Pichlers W. & S. Gr.-8°. 75 S. Geb. fl. —.45

Napravnik, Frz., Geometrie u. geometrisches Zeichnen für Knaben-Bürgerschulen. 3 Tle. gr. 8. Wien, A. Pichler's Wwe. & Sohn. Geb. in Leinw. n. 2. 50
1. Für die 1. Klasse der Knaben-Bürgerschulen. Mit 117 in den Text gedr. Abbildgn. u. 8 Fig.-Taf. 18. Aufl. Nach der neuen Rechtschreibg. bericht., sonst unveränd. Abdr. der 15., umgearb. Aufl. (IV, 60 S.) 902. n — 90
2. Für die 2. Klasse der Knaben-Bürgerschulen. Mit 102 in den Text gedr. Abbildgn. u. 8 Fig.-Taf. 13. Aufl. Unveränd. Abdr. der 11. umgearb. Aufl (IV, 72 S.) 900. n. — 80
3. Für die 3. Klasse der Knaben-Bürgerschulen. Mit 114 in den Text gedr. Abbildgn. u. 3 Fig.-Taf. 10. Aufl. Nach der neuen Rechtschreibg bericht., sonst unveränd. Abdr. der 8., umgearb. Aufl. (IV, 75 S.) 902. n. — 80

— Geometrie u. geometrisches Zeichnen für Knaben-Bürgerschulen. 3 Tle. gr. 8. Ebd. Geb. in Leinw. n. 2. 50
1. Für die 1. Klasse der Knaben-Bürgerschulen. Mit 117 in den Text gedr. Abbildgn. u. 8 Fig.-Taf. 19. Aufl. Unveränd. Abdr. der 18. Aufl. (IV, 60 S.) 904. n. - 80
2. Für die 2. Klasse der Knaben-Bürgerschulen. Mit 102 in den Text gedr. Abbildgn. u. 8 Fig.-Taf. 14. Aufl. Nach der neuen Rechtschreibung bericht., sonst unveränd. Abdr. der 11 umgearb. Aufl. (V, 72 S.) 904. n. — 80
3. Für die 3. Klasse der Knaben-Bürgerschulen. Mit 114 in den Text gedr. Abbildgn. u. 3 Fig.-Taf. 11. Aufl. Unveränd. Abdr. der 10. Aufl. (IV, 75 S.) 905. n. — 90

(F) **Napravnik**, F., Geometrie und geometrisches Zeichnen für Knabenbürgerschulen. I. Teil. Für die erste Klasse der Knabenbürgerschulen. 20. Aufl. Gr.-8° (58 S.) geb. K —.80
Ebda. 1907.

(F) **Napravnik**, F., Geometrie und geometrisches Zeichnen für Knabenbürgerschulen. II. Teil. Für die zweite Klasse der Knabenbürgerschulen. 15. Aufl. Gr.-8°. (72 S.) geb. K —.80
Ebda. 1907.

Napravnik Franz, Geometrie und geometrisches Zeichnen für Knabenbürgerschulen. I. Teil. Für die I. Klasse der Knabenbürgerschulen. Mit 117 in den Text gedruckten Abbildungen und 8 Figurentafeln. 21 Auflage. Nach dem neuen Lehrplane bearbeitet. Wien 1908. A. Pichlers Witwe und Sohn. Geb. K —.80.

— Geometrie u. geometrisches Zeichnen f. Knaben-Bürgerschulen. 3 Tle. gr. 8. Ebd. Geb. 2. 70
I. Für die 1. Klasse der Knaben-Bürgerschulen. Mit 117 in den Text gedr. Abbildgn. u. 8 Fig.-Taf. 22. Aufl. Nach dem neuen Lehrplane. Unveränd. Abdr. der 21. Aufl. (IV, 60 S.) 910. Geb. — 80
II. Für die 2. Klasse der Knaben-Bürgerschulen. Mit 106 in den Text gedr. Abbildgn. u. 8 Fig.-Taf. 16., nach dem Lehrplane vom 15. VII. 1907, Z. 2368, umgearb. Aufl. (IV, 75 S.) 909. Geb — 80
III. Für die 3. Klasse. Mit 115 in den Text gedr. Abbildgn. u. 8 Fig.-Taf. 12., nach den neuen Lehrplänen bearb. Aufl. (94 S.) 908. Geb. 1 10

Napravnik, Franz, Geometrie und geometrisches Zeichnen für Knabenbürgerschulen Mit 329 in den Text gedruckten Abbildungen und 23 Figurentafeln. Ausgabe in einem Band. Gr.-8. (VIII, 200 S.) In Lnwd. geb. 1.—
Ebda. 1897.

— dasselbe. 2. Aufl. Ausg. in 1 Bde. Mit 329 in den Text gedr. Abbildgn. u. 23 Fig.-Taf. Nach der neuen Rechtschreibg. bericht., sonst unveränd. Abdr. der 1. Aufl. (VIII, 201 S.) gr. 8. Ebd. 904. Geb. in Leinw. n. 2. —

— dasselbe. 3. Aufl. Ausg. in 1 Bde. Mit 329 in den Text gedr. Abbildgn. u. 23 Fig.-Taf. Unveränderter Abdr. der 2. Aufl. (VIII, 201 S.) gr. 8. Ebd. 907. Geb. 2. —

—— dass. — für Mädchen-Bürgerschulen. 3 Thle. gr. 8. Prag 885, Tempsky. [1. Thl. (VII, 56 S. mit 85 Holzschn.) * 60 Pf.; 2. Thl. (IV, 56 S. mit 61 Holzschn.) * 60 Pf.; 3. Thl. (IV, 48 S. mit 37 Holzschn.) * 48 Pf.] *

— dasselbe f. Mädchen-Bürgerschulen. 3 Tle. 8. Wien 908. F. Tempsky. Geb. à — 80
I. (I. Klasse.) Mit 74 Textfig. u. 2 Fig.-Taf. 11., nach dem Lehrplan vom 15. VII. 1907, Zahl 2368, umgearb. Aufl. (52 S.)
II. (II. Klasse.) Mit 63 Textfig. u. 2 Fig.-Taf. 9., nach dem Lehrplan vom 15. VII. 1907, Zahl 2368, umgearb. Aufl. (55 S.)
III. (III. Klasse.) Mit 35 Textfig. u. 2 Fig.-Taf. 4., nach dem Lehrplan vom 15. VII. 1907, Zahl 2368, umgearb. Aufl. (52 S.)

— dasselbe. Mit 164 Textfig. u. 6 Fig.-Taf. Ausg. in 1 Bde. (146 S.) 8. Ebd. 908. Geb. 1. 80

— Vollständig gelöste Maturitätsaufgaben aus der Mathematik. Für Schüler der obersten Klassen an Realschulen u. Gymnasien sowie zum Selbststudium. (III, 233 S. m. Fig.) gr. 8. Wien 907. F. Deuticke. 3. —

Naprawnik, Louise, (verehel. Moltke), der Maisgries und seine Verwendung zu leichten und wohlfeilen Speisen in dieser schweren und theuren Zeit. Eine ergänzende Einlage zu jedem Kochbuch. Berlin 856. Moltke. 8. (8 S.) 1½ ngr.

Naprstek, Václav, neueste Gespräche in čechischer u. deutscher Sprache, nebst Wortsammlg. 3., verm. Aufl. 12. (112 S.) Wien 892. (Leipzig, Literar. Anstalt A. Schulze.) n. — 72

Dasselbe für Čechen, um Deutsch zu lernen. 12. (136 S) —.40
Wien: A. Wenedikt & S. 1891.

Náprstek, Václav, schnelldeutsch f. Čechen. Čechisch-deutsches Übersetzungsbuch od. Anleitg. wie Čechen in kürzester Zeit deutsch lernen können. 6. Aufl. (80 S.) kl. 8. Wien 909. F. C. Mickl. 1. —

Náprstek, V., Čechischer Sprachführer als bestes Hilfsmittel, die čechische Sprache rasch und gründlich durch Selbstunterricht sprechen, schreiben und verstehen zu lernen. 6. Aufl. [Hilfsbücher Nr. 63/64.] 8°. (80 S.) K 1.—
Wien: Mickl 1909.

Naprstek, Wenzel, Čechoslawischer Sprachquetscher. Leichtfaßliche Methode, die čechische Sprache in 12 Lectionen zu erlernen. 12. (160 S.) geh. 36 kr.
Wien: A. Wenedikt 1881.

Naprstek, Wenzel, čechoslavischer Sprachquetscher. Eine leichtfaßl. Methode, die čech. Sprache in 12 eingetheilten Lectionen richtig lesen, schreiben u. sprechen zu lernen. Mit e. Anh. v. beigefügten Gesprächen, Spracheigenheiten u. reichhalt. Wortsammlg. 5., verb. Aufl. 16. (160 S.) Wien 895. (Leipzig, Literar. Anstalt A. Schulze.) n. — 80

Kolibri 360 GmbH
Ferdinand-Jühlke-Straße 7
99095 Erfurt, Deutschland
produktsicherheit@kolibri360.de